AF860625

DER NEUE KOSMOS

WELT—— ALMANACH & ATLAS

2022

DATEN | FAKTEN | KARTEN

DER NEUE KOSMOS WELT-ALMANACH & ATLAS 2022

DATEN | FAKTEN | KARTEN

KOSMOS

Aus Gründen der besseren Lesbarkeit wird auf die gleichzeitige Verwendung männlicher und weiblicher Sprachformen verzichtet.
Sämtliche Personenbezeichnungen gelten gleichwohl für beiderlei Geschlecht.

VORWORT

Die Welt entdecken, die Welt erleben, die Welt verstehen, dieser Dreiklang treibt uns Menschen seit jeher dazu an, unsere Kenntnisse über die höchst unterschiedlichen Länder dieser Erde und unseren Horizont ständig zu erweitern. Gerade das Wissen um das Erscheinungsbild der Welt mittels Daten, Fakten und Karten trägt dazu bei, die heutige Zeit und unsere sich kontinuierlich verändernden Lebensumstände besser zu begreifen. Um einen wissenschaftlich fundierten, aber leicht verständlichen Blick auf das Weltgeschehen zu ermöglichen, haben wir den neuen **KOSMOS Welt- Almanach & Atlas 2022** sorgfältig erarbeitet und mit den aktuellsten Inhalten ausgestattet.

Wir tragen in diesem Werk der Globalisierung Rechnung indem wir, ungeachtet ihrer Größe, ihrer Lage oder ihrer politischen Bedeutung über sämtliche Staaten und Länder der Erde informieren und Einflüsse und Zusammenhänge aufzeigen.

Nach den *GLOBALEN THEMEN* folgt der zentrale Kern- und Ausgangspunkt des Werks, die *STAATEN IM FOKUS*, die neben den aktuellsten verfügbaren Statistikdaten auch jeden der 196 Staaten mit einem Rückblick über die politischen, wirtschaftlichen und sozialen Ereignisse, von Mitte 2020 bis Mitte des aktuellen Jahres, umfassend und ausführlich darstellen. Mit den Kapiteln *EUROPÄISCHE UNION, VEREINTE NATIONEN und INTERNATIONALE ORGANISATIONEN* sowie den Kapiteln *WIRTSCHAFT* und *UMWELT* erweitern wir den Blick auf das große Ganze, das unsere Welt und unser Leben bestimmt.

Dieser ausführliche Thementeil bietet, zusammen mit den *GLOBALEN THEMEN*, relevantes Wissen und macht unsere komplexe Welt verständlicher. Ein *GLOSSAR* hilft bei zahlreichen Begriffen und Abkürzungen.

Ein besonderes Highlight ist der vollständige *WELTATLAS*, der präzise Kartografie und fundierte geografische Informationen perfekt vereint. Alle Kartenskizzen im *ALMANACH* besitzen einen Verweis auf die entsprechende Seite im *WELTATLAS*, der beste Orientierung bietet.

Der neue **KOSMOS Welt- Almanach & Atlas 2022** ist das perfekte Nachschlagewerk für alle politisch, wirtschaftlich und an ihrer Umwelt Interessierten. Handlich, leicht und im besten Sinne preiswert sollte der neue **KOSMOS Welt- Almanach & Atlas 2022** in der Schule, im Studium, im Beruf oder auf Reisen immer dabei sein.

Die KOSMOS-Kartografie — Stuttgart, im Juli 2021

INHALTSVERZEICHNIS

Farben der Kontinente

Afrika

Asien

Australien und Ozeanien

Europa

Nord- und Mittelamerika

Südamerika

Die im Titel, der Übersichtskarte, in den Tabellen und anderen Elementen verwendeten Farben zeigen auf einen Blick die Zugehörigkeit eines Staates zu einem Kontinent. Gleichzeitig finden sich diese Farben auch in den politischen Übersichten im Atlasteil wieder.

Impfstoffentwicklung

Nach Angaben der WHO waren im Juli 2021 weltweit 292 COVID-19-Impfstoffe in der Entwicklung, davon hatten 108 die klinische Testphase erreicht. 13 Impfstoffe waren zur Anwendung freigegeben, davon die meisten auf dem Weg bedingter, vorläufiger oder Notfallzulassungen. In der EU waren 4 Impfstoffe zugelassen: Comirnaty (Biontech/Pfizer), mRNA-1273 (Moderna), Vaxzevria (AstraZeneca) sowie Ad26. COV2.S (Johnson & Johnson). Hinsichtlich ihrer Zulassung geprüft wurden CVnCoV (CureVac/Bayer), NVX-CoV2723 (Novavax), Coronavac (Sinovac) und der russische Impfstoff Sputnik V.
Die verfügbaren Impfstoffe lassen sich in unterschiedliche Klassen einteilen:
mRNA-Impfstoffe: Sie enthalten die genetischen Baupläne für Erreger-Antigene, die Spike-Proteine des Coronavirus, mit deren Hilfe sie an die Wirtszelle andocken. Gelangt der Impfstoff in die Körperzellen, produzieren diese die entsprechenden Proteinstrukturen des Virus. Das löst eine Immunreaktion aus, bei der Antikörper gebildet werden. Nach diesem neuartigen Verfahren arbeiten u. a. die COVID-19-Impfstoffe von Biontech/Pfizer und Moderna:

Comirnaty/BNT162b2

Hersteller/Entwickler: Biontech/Pfizer
Dosierung: 2 Injektionen im Abstand von 3–6 Wochen
Lagerung: -70°, bei 2–8° ca. 5 Tage haltbar.

COVID-19 Vaccine Moderna/mRNA-1273

Hersteller/Entwickler: Moderna/NIAID
Dosierung: 2 Injektionen im Abstand von 4 Wochen
Lagerung: -20°

Ebenfalls ein mRNA-Impfstoff ist **CVnCoV** von Bayer und dem Tübinger Unternehmen CureVac.

Vektorimpfstoffe: Auch Vektorimpfstoffe arbeiten mit dem Erbgut von SARS-CoV-2. Allerdings nutzen diese nicht wie die mRNA-Impfstoffe flüssige Nano-Partikel als Trägersubstanz, sondern die genetische Information wird in ein unschädlich gemachtes anderes Virus, z. B. ein Schnupfenvirus, eingebaut und gelangt so in die Körperzellen.

Vaxzevria/Covishield/AZD1222

Hersteller/Entwickler: AstraZeneca, Univ. Oxford
Dosierung: 2 Injektionen im Abstand von 9–12 Wochen
Lagerung: Kühlschranktemperatur

COVID-19 Vaccine Janssen

Hersteller: Janssen-Cilag/Johnson & Johnson
Dosierung: 1 Injektion
Lagerung: Kühlschranktemperatur

Neben den in der EU zugelassenen Impfstoffen von AstraZeneca und Johnson & Johnson ist auch der russische Sputnik V ein Vektorimpfstoff. In die Diskussion gerieten die Vektorimpfstoffe im März 2021, als es bei Jüngeren nach Verabreichung in seltenen Fällen zum Auftreten von Hirnvenenthrombosen kam, die durch die Impfung verursacht sein könnten. Daraufhin wurden die Impfungen von unter 60-Jährigen mit AstraZeneca kurzzeitig ausgesetzt.

Totimpfstoffe: Eine Reihe von COVID-19-Impfstoffen funktioniert nach dem klassischen Muster, auf dem auch Impfstoffe etwa gegen Tetanus oder Polio etc. beruhen: Dabei werden abgetötete Erreger oder Bestandteile des Erregers injiziert, gegen die der Körper Antikörper bildet. Zur Klasse der Totimpfstoffe gegen COVID-19 gehört etwa der chinesische Impfstoff **BBIP-CorV**, der in verschiedenen Ländern Asiens, Afrikas und Lateinamerikas zugelassen ist. Innerhalb Europas wird BBIP-CorV in Ungarn und Serbien verimpft.

Weitere Impfstofftypen: DNA-Impfstoffe funktionieren nach ähnlichem Muster wie mRNA-Impfstoffe, nur dass die DNA, die den Bauplan für das Antigen enthält, erst im Zellkern verankert werden und dort in RNA transkribiert werden muss. DNA-Impfstoffe gegen das Coronavirus sind bisher nicht zugelassen worden, es befinden sich aber einige in der klinischen Testphase. Als aussichtsreiche Kandidaten gelten auch **proteinbasierte Impfstoffe**. Das heißt, sie enthalten Oberflächenproteine des Virus als Antigen – das Prinzip, nach dem etwa auch Grippeimpfstoffe funktionieren. Zu den proteinbasierten Corona-Impfstoffen zählt etwa NVX-CoV2723 der US-Firma Novavax, der derzeit in der EU und den USA auf seine Zulassung geprüft wird. Zu den proteinbasierten Impfstoffen zählen auch Peptid-Impfstoffe. Diese verwenden statt ganzer Proteine nur Fragmente von synthetisch hergestellten Proteinen. Sie sollen unmittelbar die T-Zellen stimulieren und so eine Immunantwort generieren. Einen solchen Ansatz verfolgt ein an der Universität Tübingen entwickelter Impfstoff CoviVac, den das Paul-Ehrlich-Institut am 25.11.2020 zur klinischen Prüfung zugelassen hat.

Wirksamkeit der Impfstoffe: Nach bisherigem Kenntnisstand erreichen die derzeit verfügbaren Impfstoffe eine Wirksamkeit von 65 % (Johnson & Johnson) bis zu etwa 95 % bei den mRNA-Impfstoffen. Die „Wirksamkeit" bezeichnet, um wie viel Prozent geringer das Risiko einer Corona-Erkrankung als bei einer nicht geimpften Person ist. Erkranken in der Gruppe der Nicht-Geimpften z. B zwei Personen an Corona, in der Gruppe der Geimpften nur eine, ist der Impfstoff zu 50 % wirksam.

CORONA-CHRONOLOGIE

02.07.2020: Der Deutsche Bundestag beschließt im Rahmen eines Nachtragshaushalts die zusätzliche Aufnahme von 217.8 Mrd. € Schulden.
03.07.: Die EU-Kommission erlaubt den Einsatz des Ebola-Medikaments Remdesivir zur Behandlung an COVID-19 Erkrankter.
21.07.: Die Staats- und Regierungschefs der EU einigen sich auf ein Hilfspaket von 750 Mrd. €.
27.07.: Die WHO erklärt die Corona-Pandemie zum schwersten Gesundheitsnotstand ihrer Geschichte.
01.08.: In Berlin demonstrieren nach Polizeiangaben etwa 30 000 Menschen gegen die Corona-Politik.
07.–16.08.: Im US-Bundesstaat South Dakota treffen sich 460 000 Biker zur Sturgis Motorcycle Rally. Das Festival soll nach Hochrechnungen von US-Wissenschaftlern in der Folge für mehr als 200 000 Corona-Infektionen in den USA verantwortlich sein.
11.08.: In Russland wird mit Sputnik V der weltweit erste Impfstoff gegen COVID-19 zur allgemeinen Anwendung zugelassen.
29.08.: Demonstration gegen die Corona-Politik mit etwa 38 000 Teilnehmern in Berlin. Einigen Demonstrierenden gelingt es, kurzzeitig die Treppen des Reichstagsgebäudes zu besetzen.
Oktober: In vielen europäischen Ländern steigt die Zahl der Neuinfektionen wieder stark an.
01.10.: Die Europäische Arzneimittelbehörde EMA beginnt mit der Prüfung des Impfstoffs von AstraZeneca.
02.10.: US-Präsident Donald Trump und seine Frau Melania werden positiv auf das Coronavirus getestet. Nach drei Tagen im Krankenhaus kehrt Trump am 06.10. ins Weiße Haus zurück.
25.10.: Spanien ruft wegen der Pandemie zum zweiten Mal den nationalen Notstand aus und verhängt eine nächtliche Ausgangssperre.
28.10.: In Deutschland beschließen Bund und Länder mit Wirkung vom 02.11. einen Teil-Lockdown, der Kontaktbeschränkungen vorsieht sowie die Schließung von Kultur-, Gastronomie- und Sporteinrichtungen. Schulen, Handel und Wirtschaftsbetriebe bleiben geöffnet.
31.10.: In den USA werden erstmals mehr als 100 000 Neuinfektionen innerhalb eines Tages registriert.
07.11.: Die Gesundheitsminister von Bund und Ländern einigen sich auf eine gemeinsame Strategie bei den Impfungen. Die Impfstoffbeschaffung übernimmt der Bund.
07.11.: In Leipzig demonstrieren Tausende gegen die Corona-Politik, darunter auch Hooligans und Rechtsextremisten. Es kommt zu gewalttätigen Ausschreitungen.
11.11.: Die EU-Kommission schließt mit dem Impfstoffhersteller Biontech/Pfizer einen Vertrag über die Lieferung von 300 Mio. Impfstoffdosen.
13.11.: Mit 9586 erreicht Österreich einen Höchststand an Neuinfektionen innerhalb eines Tages.
17.11.: In Österreich tritt ein harter Lockdown in Kraft. Schulen und Geschäfte bleiben geschlossen, es gilt eine ganztägige Ausgangssperre.
18.11.: Deutscher Bundestag und Bundesrat beschließen ein neues Infektionsschutzgesetz.
30.11.: „Corona-Pandemie" wird in Deutschland zum „Wort des Jahres" gekürt.
02.12.: In Großbritannien wird der Impfstoff von Biontech/Pfizer zugelassen.
Bund und Länder beschließen eine vorzeitige Verlängerung des geltenden Teil-Lockdowns bis zum 10.01.2021
05.12.: Impfstart in Russland mit Sputnik V.
08.12.: Impfstart in Großbritannien
11.12.: Der Deutsche Bundestag verabschiedet den Haushalt 2021, der die Aufnahme von pandemiebedingten Schulden in Höhe von 180 Mrd. € vorsieht.
13.12.: Bund und Länder beschließen einen harten Lockdown ab dem 16.12., der auch die Schließung von Kitas und Schulen beinhaltet. Treffen an Weihnachten sind nur im engsten Familienkreis möglich.
15.12.: Großbritannien meldet der WHO die neue, hochansteckende COVID-19-Variante B1.17.
18.12.: Das südafrikanische Gesundheitsministerium meldet eine neue Corona-Mutation. Mit 31 553 Neuinfektionen innerhalb eines Tages erreicht Deutschland einen Höchststand.
19.12.: Der Impfstoff von Biontech/Pfizer erhält eine ordentliche Zulassung in der Schweiz.
21.12.: Impfstart in den USA und Österreich. Die EU-Kommission genehmigt den Impfstoff von Biontech/Pfizer.
27.12.: Impfstart in Deutschland, Italien und Spanien
30.12.: Großbritannien lässt den AstraZeneca-Impfstoff zu.
31.12.2020: In China erhält der Impfstoff von Sinopharm eine vorläufige Zulassung.
01.01.2021: Der Impfstoff von Biontech/Pfizer erhält eine Notfallzulassung der WHO.
05.01.: Bund und Länder beschließen eine Verlängerung und Verschärfung des geltenden Lockdowns.
06.01.: In der EU wird der Impfstoff von Moderna zugelassen. Als letztes EU-Land starten die Niederlande ihre Impfkampagne.
08.01.: Großbritannien lässt Moderna-Impfstoff zu. In den USA erreicht die Zahl der an einem Tag gemeldeten Neuinfektionen mit 307 570 ihren bisherigen Höhepunkt in der Pandemie. Die EU schließt mit Biontech/Pfizer einen Vertrag über weitere 300 Mio. Impfstoffdosen.
12.01.: Schweiz lässt Moderna-Impfstoff zu. Mit 4493 werden in den USA so viele Tote gemeldet wie noch nie seit Beginn der Pandemie.

19.01.: Bund und Länder beschließen eine Pflicht zum Tragen von medizinischen Masken in Bussen und Bahnen sowie beim Einkaufen.
20.01.: In Deutschland stirbt erstmals ein Mensch nach einer zweiten Infektion mit Corona.
27.01.: AstraZeneca gibt bekannt, der EU zunächst nicht so viel Impfstoff liefern zu können wie vereinbart. Die EU fordert, AstraZeneca aus GB-Werken zur Verfügung zu stellen.
28.01.: EU lässt AstraZeneca zu.
06.02.: China lässt den Impfstoff der Firma Sinovac zu.
09.02.: Eine WHO-Expertenkommission erklärt nach vierwöchiger Untersuchung, es gebe keine Anhaltspunkte dafür, dass das Coronavirus aus einem Labor entwichen sein und so die Pandemie ausgelöst haben könnte.
03.03.: Bund und Länder einigen sich auf eine Verlängerung des Lockdowns bis zum 28.03.
04.03.: Die deutsche STIKO empfiehlt AstraZeneca auch für über 65-Jährige.
07.03.: Der CSU-Bundestagsabgeordnete Georg Nüßlein tritt wegen der Annahme umstrittener Provisionszahlungen bei der Vermittlung von Geschäften mit Schutzmasken aus der Unionsfraktion aus.
08.03.: In Deutschland dürfen Blumenläden, Gartenmärkte und Buchhandlungen wieder öffnen. Der Bundestagsabgeordnete Nikolaus Löbel (CDU) kündigt in der Masken-Affäre die Niederlegung seines Mandats an und tritt aus seiner Partei aus.
11.03.: Die EU-Kommission lässt den Impfstoff von Johnson & Johnson zu.
Mitte März: Beginn der zweiten Infektionswelle in Indien. Die Zahl der täglich gemeldeten Neuinfektionen steigt von unter 20 000 bis auf 354 531 am 25.04.
15.03.: Deutschland setzt nach Berichten über Thrombosen Impfungen mit AstraZeneca aus.
17.03.: Laut RKI macht die britische Mutante inzwischen 72 % der Corona-Fälle in Deutschland aus.
17.03.: WHO und EMA (18.03.) bekräftigen ihre Empfehlung für den AstraZeneca-Impfstoff.
19.03.: Die Biontech-Gründer Uğur Şahin und Özlem Türeci erhalten das Bundesverdienstkreuz.
23.03.: Bund und Länder beschließen einen harten Lockdown über die Ostertage.
24.03.: Die Bundesregierung nimmt die für Ostern geplanten Ruhetage nach Protesten zurück. Bundeskanzlerin Angela Merkel entschuldigt sich öffentlich für ihren „Fehler".
26.03.: Die EU beschließt, dass in der EU produzierter AstraZeneca-Impfstoff die EU vorerst nicht verlassen darf.
30.03.: Die Gesundheitsminister der Länder beschließen, AstraZeneca vorerst nur bei über 60-Jährigen zu verimpfen.
31.03.: Russland lässt Impfstoff für Tiere zu.
01.04.: Wegen der stark steigenden COVID-19-Infektionszahlen stoppt Indien als größter Impfstoffproduzent der Welt vorübergehend den Export von im eigenen Land hergestellten AstraZeneca-Impfstoffen. Davon betroffen sind vor allem ärmere Länder, die Impfstoffe über die COVAX-Initiative erhalten sollten.
06.04.: In Deutschland dürfen jetzt auch Hausärzte gegen COVID-19 impfen.
21.04.: Der Bundestag verabschiedet das geänderte Infektionsschutzgesetz, das eine bundeseinheitliche Corona-Notbremse beinhaltet. Am 22.04. stimmt auch der Bundesrat dem Gesetz zu.
24.04.: Die Bundesnotbremse tritt in Kraft.
26.04.: Die EU verklagt AstraZeneca wegen nicht eingehaltener Impfstofflieferungen.
29.04.: Mit 904 883 gemeldeten Fällen innerhalb eines Tages erreicht die Pandemie ihren globalen Höchststand.
06.05.: Mit 414 433 innerhalb eines Tages gemeldeten Fällen erreicht die Pandemie in Indien ihren Höchststand. In Deutschland geben die Gesundheitsminister von Bund und Ländern AstraZeneca für alle Altersgruppen frei.
08.05.: Die EU bestellt weitere 1.8 Mrd. Impfdosen bei Biontech/Pfizer.
12.05.: Innerhalb eines Tages werden in Deutschland mehr als 1.35 Mio. Menschen gegen COVID-19 geimpft.
19.05.: In Österreich und Frankreich öffnen die Cafés wieder.
31.05.: Die EMA gibt den Impfstoff von Biontech/Pfizer auch für 12 bis 15-Jährige frei.
01.06.: Die WHO beschließt die Umbenennung der Corona-Mutationen nach dem griechischen Alphabet.
07.06.: In Deutschland entfällt die Impfpriorisierung.
11.06.: Der Deutsche Bundestag beschließt eine Verlängerung der Pandemie-Notlage. Die Fußball-EM beginnt, in allen Stadien wird Publikum zugelassen.
19.06.: In Deutschland liegt die 7-Tage-Inzidenz mit 9.3 nach neun Monaten zum ersten Mal wieder unter 10.
19./20.06.: Wegen zahlreicher Infektionen mit der Delta-Variante wird der Großraum Lissabon abgeriegelt.

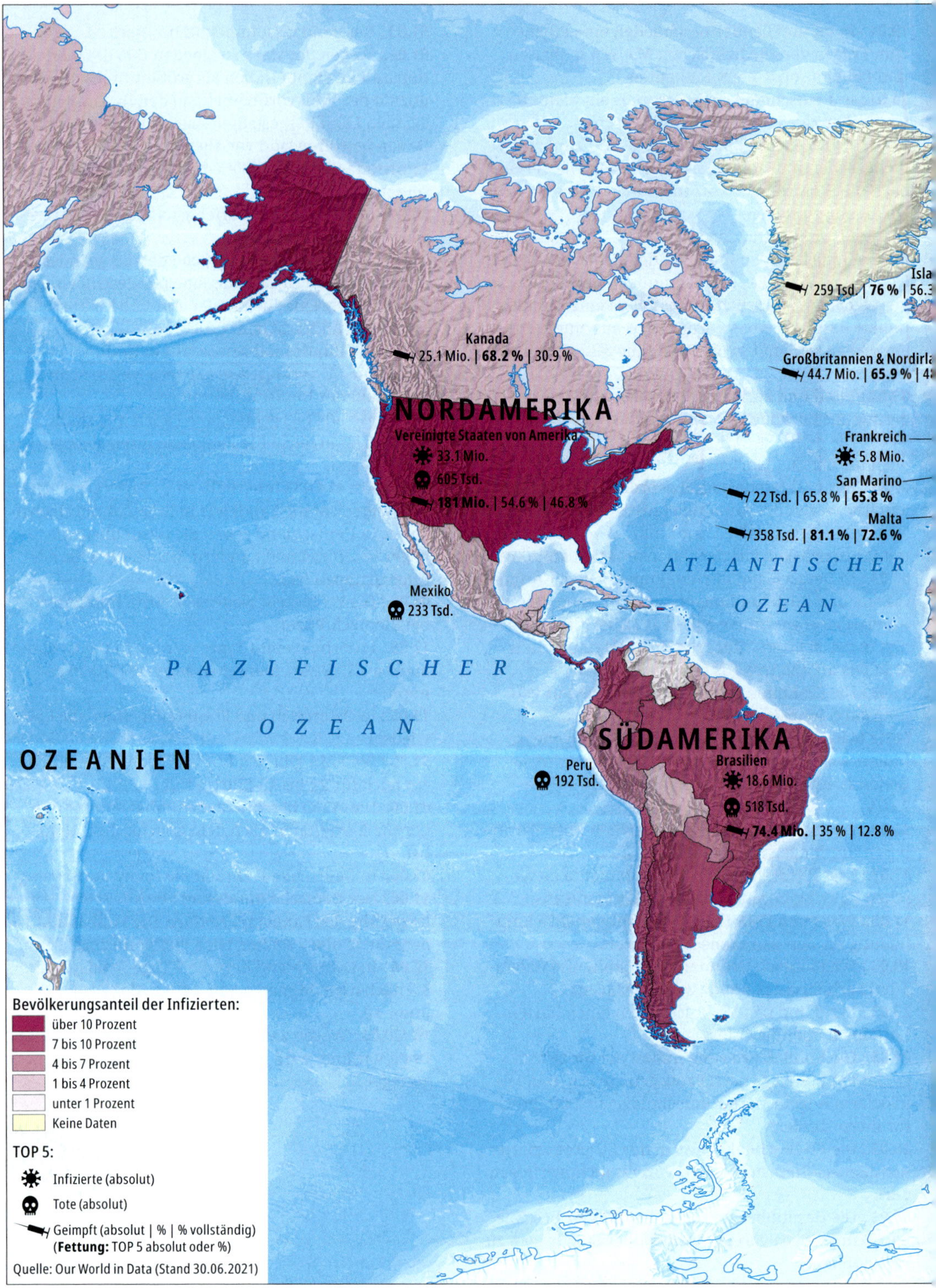

259 Tsd. | 76 %
Kanada
25.1 Mio. | 68.2 % | 30.9 %
44.7 Mio. | 65.9 %
NORDAMERIKA
Vereinigte Staaten von Amerika
33.1 Mio.
605 Tsd.
181 Mio. | 54.6 % | 46.8 %
Frankreich
5.8 Mio.
San Marino
22 Tsd. | 65.8 % | 65.8 %
Malta
358 Tsd. | 81.1 % | 72.6 %
ATLANTISCHER
OZEAN
Mexiko
233 Tsd.
PAZIFISCHER
OZEAN
OZEANIEN
SÜDAMERIKA
Peru
192 Tsd.
Brasilien
18.6 Mio.
518 Tsd.
74.4 Mio. | 35 % | 12.8 %
Bevölkerungsanteil der Infizierten:
über 10 Prozent
7 bis 10 Prozent
4 bis 7 Prozent
1 bis 4 Prozent
unter 1 Prozent
Keine Daten
TOP 5:
Infizierte (absolut)
Tote (absolut)
Geimpft (absolut | % | % vollständig)
(Fettung: TOP 5 absolut oder %)
Quelle: Our World in Data (Stand 30.06.2021)

Russland
5.4 Mio.
Deutschland
45.3 Mio. | 54.1 % | 36.2 %
UROPA
Israel
5.6 Mio. |
64.6 % | 59.7 %
China
622 Mio. | 43.2 % | 15.5 %
Mittelmeer
A S I E N
Indien
30.4 Mio.
399 Tsd.
271.4 Mio. |
19.7 % | 4.2 %
PAZIFISCHER
OZEAN
AFRIKA
Bahrain
1.1 Mio. | 62.2 % | 58 %
Seychellen
71 Tsd. | 71.9 % | 68.4 %
INDISCHER
OZEAN
OZEANIEN
AUSTRALIEN

Fälle

Welt	182 202 370
Afrika	**5 504 549**
Südafrika	1 973 972
Marokko	531 361
Tunesien	420 103
Ägypten	281 282
Äthiopien	276 174
Asien	**55 820 827**
Indien	30 411 634
Türkei	5 425 652
Iran	3 204 557
Indonesien	2 178 272
Philippinen	1 412 559
Australien und Ozeanien	**54 936**
Australien	30 643
Papua-Neuguinea	17 098
Fidschi	4418
Neuseeland	2743
Salomonen	20
Europa	**48 260 346**
Frankreich	5837 265
Russland	5 449 594
Großbritannien	4 817 298
Italien	4 259 909
Spanien	3 808 960
Nord- und Südamerika	**72 560 990**
USA	33 664 970
Brasilien	18 557 141
Argentinien	4 470 374
Kolumbien	4 240 982
Mexiko	2 519 269

Tote

Welt	3 947 020
Afrika	**142 948**
Südafrika	60 647
Ägypten	16 169
Tunesien	14 959
Marokko	9296
Äthiopien	4320
Asien	**790 589**
Indien	399 459
Iran	84 264
Indonesien	58 491
Türkei	49 732
Philippinen	24 662
Australien und Ozeanien	**1131**
Australien	910
Papua-Neuguinea	173
Neuseeland	26
Fidschi	21
Vanuatu	1
Europa	**1 105 367**
Russland	132 973
Großbritannien	128 404
Italien	127 566
Frankreich	111 244
Deutschland	90 945
Nord- und Südamerika	**1 906 970**
USA	604 714
Brasilien	518 066
Mexiko	233 047
Peru	192 331
Kolumbien	106 544

Geimpft

Welt	1 831 534 808
Afrika	**35 695 162**
Marokko	9 993 673
Ägypten	3 502 181
Südafrika	3 026 636
Nigeria	2 241 662
Tunesien	1 272 434
Asien	**1 101 128 493**
China	622 000 000
Indien	271 410 023
Türkei	34 715 498
Japan	29 645 387
Indonesien	29 279 142
Australien und Ozeanien	**7 439 471**
Australien	6 144 110
Neuseeland	705 062
Fidschi	278 954
Papua-Neuguinea	50 460
Samoa	49 546
Europa	**307 278 927**
Deutschland	45 307 672
Großbritannien	44 719 762
Italien	34 065 747
Frankreich	33 533 728
Spanien	25 320 606
Nord- und Südamerika	**379 992 755**
USA	180 674 739
Brasilien	74 354 809
Mexiko	30 903 150
Kanada	25 722 762
Argentinien	16 504 606

Vollständig geimpft

Welt	851 559 623
Afrika	**15 645 109**
Marokko	9 116 132
Nigeria	1 155 810
Ägypten	780 460
Simbabwe	555 277
Tunesien	548 997
Asien	**378 907 420**
China	223 299 000
Indien	57 748 116
Japan	15 265 185
Türkei	15 110 572
Indonesien	13 465 499
Australien und Ozeanien	**2 128 844**
Australien	1 501 475
Neuseeland	444 546
Fidschi	43 345
Samoa	5117
Salomonen	3692
Europa	**206 418 928**
Großbritannien	32 872 450
Deutschland	30 352 916
Frankreich	20 094 222
Italien	18 730 251
Spanien	17 519 587
Nord- und Südamerika	**248 459 322**
USA	154 884 686
Brasilien	27 121 995
Mexiko	19 358 590
Kanada	11 662 058
Chile	10 340 292

Bis zum 30.06.2021 gemeldete Infizierte, Tote und Geimpfte (Quelle: Our World in Data)

Konflikte

Für 2020 zählt die Arbeitsgemeinschaft Kriegsursachenforschung der Universität Hamburg 29 Kriege und bewaffnete Konflikte weltweit, davon mit 10 am meisten in Subsahara-Afrika. Auch Europa rückte wieder stärker in den Blickpunkt des Konfliktgeschehens.

Geopolitische Lage: 2020/21 war die weltpolitische Lage weiterhin vom Konflikt und der Rivalität zwischen China und den USA beherrscht. Ein erstes Spitzentreffen von Politikern beider Länder nach dem Amtsantritt des neuen US-Präsidenten Joe Biden am 18.03.2021 ließ zunächst keine Verbesserung des Verhältnisses beider Staaten gegenüber der Amtszeit Donald Trumps erkennen. Auch in der Politik gegenüber Afghanistan folgte der neue US-Präsident dem Kurs seines Vorgängers: Am 14.04.2021 kündigte Joe Biden an, bis zum 11.09.2021 alle US-Truppen aus **Afghanistan** abzuziehen. Am 15.04.2021 erklärten auch die übrigen NATO-Staaten den Rückzug ihrer Truppen aus Afghanistan binnen weniger Monate. Nach dem Beginn des Truppenabzugs am 01.05.2021 kam es in Afghanistan wieder zu verstärkten Kämpfen zwischen Taliban und der afghanischen Armee. Zudem verschlechterte sich das Verhältnis von USA und EU zu Russland noch einmal deutlich. Noch unter der Regierung Trump waren die USA am 22.11.2020 aus dem Open-Skies-Abkommen zwischen der NATO und Russland ausgetreten, das beiden Seiten gegenseitige Überwachungsflüge gestattet, da Russland sich nicht an die vertraglichen Verpflichtungen halte. Im März 2021 ließ **Russland** mehr als 100 000 Soldaten an der Grenze zur Ukraine aufmarschieren, darauf versicherte US-Präsident Joe Biden der Ukraine die „unerschütterliche Unterstützung" durch die USA und kündigte eine Erhöhung der amerikanischen Militärhilfe für die Ukraine an. Auch die Vergiftung des russischen Oppositionspolitikers Alexej Nawalny mit dem Nervengift Nowitschok am 20.08.2020 sorgte für Spannungen im Verhältnis zu Russland, da der russische Geheimdienst im Verdacht steht, die Tat begangen zu haben, was Russland zurück wies. Am 15.10.2020 verkündete die EU Sanktionen gegen Russland in Form von Einreiseverboten und Kontensperrungen gegen mehrere russische Politiker. Diese wurden am 02.03.2021 verschärft. Die russische Regierung verhängte ihrerseits Sanktionen gegen hochrangige EU-Vertreter. Bestehen blieb der Konflikt in der Arktis, wo Norwegen, USA, Großbritannien und Dänemark u. a. im vergangenen Jahr zum ersten Mal seit 1991 in der ausschließlich russischen Wirtschaftszone eine militärische Operation durchführten.

Kriege und bewaffnete Konflikte: Im Juli 2020 brach der seit Jahrzehnten schwelende Konflikt zwischen Armenien und Aserbaidschan um die Region **Bergkarabach** wieder auf und eskalierte im September 2020 zum offenen Krieg. Auf beiden Seiten beteiligten sich Zehntausende Soldaten an diesem Krieg, die Zahl der Todesopfer wird auf etwa 7000 geschätzt. Unter russischer Vermittlung vereinbarten Armenien und Aserbaidschan am 09.11.2020 einen Waffenstillstand, der am 10.11.2020 in Kraft trat. Das Abkommen sah vor, dass Armenien an Aserbaidschan Gebiete abtreten musste, gleichzeitig sicherte es die armenische Kontrolle über Bergkarabachs Hauptstadt Stepanakert zu und russische Militärpräsenz, um den Korridor zwischen Armenien und Bergkarabach zu überwachen. Infolge des Krieges verloren 80 000 Armenier und 40 000 Aserbaidschaner ihre Heimat.
Im **Nahen Osten** weitete sich der Dauerkonflikt zwischen Israel und der radikalislamischen Hamas zum Krieg aus: Nachdem es im Mai 2021 wegen der drohenden Zwangsräumung arabischer Familien in Ostjerusalem zu schweren Ausschreitungen und zu gewaltsamen Zusammenstößen zwischen Palästinensern und israelischen Sicherheitskräften kam, feuerte die Hamas am 10.05.2021 aus dem Gazastreifen Hunderte Raketen auf israelische Ziele ab. Die israelische Regierung reagierte mit massiven Luftangriffen auf Gaza und kündigte auch den Einsatz von Bodentruppen an. In Gaza starben bei den Luftangriffen nach Angaben des Gesundheitsministeriums 109 Menschen, auf israelischer Seite waren offiziellen Angaben zufolge 8 Todesopfer zu beklagen.
Unvermindert weiter ging 2020 der seit 6 Jahren tobende Vielfrontenkrieg im **Jemen**, wo nicht nur verschiedene Bürgerkriegsparteien, sondern regionale Mächte wie Saudi-Arabien oder Iran involviert sind. Einen von Saudi-Arabien im März 2021 vorgelegten Friedensplan lehnten die jemenitischen Huthi-Rebellen ab.
Im **libyschen Bürgerkrieg** gab es dagegen nach 11 Jahren Anzeichen der Entspannung. Am 23.10.2020 vereinbarten die gewählte „Regierung der nationalen Einigung" und die sog. „Libysche Nationalarmee" des aufständischen Generals Chalifa Haftar in Genf einen Waffenstillstand. Am 07.11.2020 einigten sich beide Parteien sowie weitere Bürgerkriegsakteure bei UN-vermittelten Gesprächen zudem auf die Durchführung von Wahlen am 24.12.2021. Am 05.02.2021 wurde zunächst von 75 Vertretern unterschiedlicher politischer und Stammesgruppen eine Übergangsregierung unter dem Geschäftsmann Abdul Hamid Dbaibah gewählt.
Auch 2020/21 war der Kontinent mit den meisten Kriegen und gewaltsam ausgetragenen Konflikten Afrika. Im Vielvölkerstaat **Äthiopien** eskalierte der Konflikt zwischen der Zentralregierung und der nördlichen Provinz Tigray, die seit Längerem von nach Unabhängigkeit strebenden Kräften dominiert wird. Obwohl die Regierung von Ministerpräsident Abiy Ahmed unter Verweis auf die Pandemie die für den 29.08.2020

angesetzten nationalen und regionalen Wahlen verschoben hatte, hielt Tigray am 09.09.2020 Regionalwahlen ab, die die tigrayische Befreiungsfront TPLF gewann. Anfang November überfielen mutmaßlich tigrayische Kräfte Stützpunkte der äthiopischen Armee, was mehrere Todesopfer forderte. Darauf griff die äthiopische Armee, unterstützt von amharischen Regionaltruppen und Milizen, Tigray an. Auch das Nachbarland Eritrea beteiligte sich auf der Seite Äthiopiens militärisch an dem Konflikt. Am 28.11.2020 verkündete Premier Abiy Ahmed den Sieg über die abtrünnige Provinz und erklärte den Konflikt offiziell für beendet. Dennoch gehen die Kämpfe weiter.
Im westafrikanischen **Mali** putschte das Militär am 18.08.2020 gegen die Regierung und zwang Präsident Ibrahim Boubacar Keita zum Rücktritt. Ihm wurde u. a. vorgeworfen, nicht genug gegen den islamistischen Terror unternommen zu haben, der das Land seit Jahren erschüttert. Am 27.09.2020 wurde eine Übergangsregierung gebildet, die Mali aus der Krise führen und nach 18 Monaten Wahlen abhalten soll. Zum Präsidenten wurde der frühere Verteidigungsminister Bah N'Daw bestimmt. Am 24.05.2021 putschte das Militär erneut und zwang Präsident und Regierungschef zum Rücktritt. Am 07.06.2021 wurde Armee-Oberst Assimi Goïta, der bereits den Putsch vom August 2020 angeführt hatte, als Übergangspräsident vereidigt. Am 10.06.2021 kündigte Frankreichs Präsident Macron an, einen Großteil der 5100 in Mali stationierten französischen Soldaten abzuziehen. Islamismus sorgt auch in weiteren Staaten Subsahara-Afrikas für Destabilisierung und Gewalt. Betroffen sind in der Region neben Mali v. a. Niger, Burkina Faso, Tschad und Nigeria: Dort sind sowohl mit Al-Qaida verbundene Gruppen aktiv als auch ein IS-Ableger, ISWAP.
Im Tschad wurde Präsident Idriss Déby am 20.04.2021 offiziellen Angaben zufolge im Kampf gegen Rebellen getötet. Auch in der seit Jahren von ethnischen und Ressourcenkonflikten erschütterten **DR Kongo** war der Terror der islamistischen ADF 2020 für zahlreiche Angriffe auf Dörfer, Militärstützpunkte und auch Angehörige der UN-Blauhelmmission in der DR Kongo mit insgesamt mehr als 1000 Toten verantwortlich.
Im südostafrikanischen **Mosambik** weitete sich der Konflikt der Zentralregierung mit Islamisten in der nördlichen Provinz Cabo Delgado zum Krieg aus: Im März 2021 überrannten islamistische Milizen die Stadt Palma, töteten zahlreiche Menschen und trieben Tausende zur Flucht. Erst am 04.04.2021 gelang es der mosambikanischen Armee, die Stadt zurückzuerobern. Die mosambikanische Regierung rief die Staaten der Südafrikanischen Entwicklungsgemeinschaft SADC zu Hilfe.

Asien: Am 01.02.2021 putschte das Militär in **Myanmar** gegen die Regierung. Die Generäle verkündeten den Ausnahmezustand, lösten das Parlament auf und nahmen die demokratisch gewählte Regierung fest, darunter auch De-facto-Regierungschefin Aung San Suu Kyi. Gegen die Machtübernahme des Militärs gingen in den folgenden Wochen Zehntausende auf die Straßen, obwohl Militär und Polizei mit äußerster Härte gegen die Demonstrierenden vorgingen.

UN-Friedensmissionen: Seit 1948 haben die Vereinten Nationen 71 Blauhelmmissionen durchgeführt. Der größte Anteil entfällt dabei mit 24 auf Afrika. Derzeit (Stand: Mai 2021) unterhält die UNO 12 Friedensmissionen, 6 davon in Afrika, 3 im Nahen Osten, 2 in Europa und eine in Asien. Insgesamt sind im Rahmen dieser Missionen 87 889 Blauhelmsoldaten aus 121 Ländern im Einsatz, die Kosten liegen bei 6.58 Mrd. US$ pro Jahr. Die personalintensivste Friedensmission ist **UNMISS** im Südsudan, die seit 2011 läuft und deren Mandat der UN-Sicherheitsrat im März 2021 noch einmal erweitert hat. Maximal können gut 19 000 Militär- und Polizeikräfte im Rahmen

von UNMISS eingesetzt werden. Das Jahresbudget beträgt ca. 1.2 Mrd. US$. Bereits seit 1999 operiert die Mission **MONUSCO**, die die Lage im Bürgerkriegsland DR Kongo stabilisieren soll. Hier sind derzeit etwa 15 000 Polizei- und Militärkräfte eingesetzt. Die Kosten belaufen sich auf mehr als 1.15 Mrd. US$ pro Jahr. Mit 241 toten Blauhelmen und sonstigen Missionsmitarbeitern ist **MINUSMA** in Mali, die seit 2013 läuft, der gefährlichste der aktuellen Blauhelmeinsätze. Etwa 15 000 Soldaten und Polizeikräfte sind derzeit dort stationiert. Auch im ersten Halbjahr 2021 kamen etwa 50 UN-Mitarbeiter dort ums Leben. Bei einem Selbstmordanschlag am 25.06.2021 auf MINUSMA-Truppen wurden 12 Bundeswehrsoldaten schwer verletzt. Nach zwölfeinhalb Jahren endete im Dezember 2020 die Mission UNAMID, die die Einhaltung des Waffenstillstands und des Friedensabkommens in Darfur überwachen sollte. Stattdessen beschloss der UN-Sicherheitsrat die Einsetzung einer zivilen Mission. **UNITAMS** soll den politischen Transformationsprozess im Sudan begleiten.

Deutsche Beteiligung an Friedenseinsätzen: Insgesamt waren Anfang Mai 2021 2851 Bundeswehrsoldatinnen und -soldaten an Auslandseinsätzen beteiligt. Das größte Kontingent entfiel mit 1038 auf die NATO-Mission **„Resolute Support"** in Afghanistan. Allerdings hat zum 01.05.2021 die Rückverlegung der Truppen nach Deutschland begonnen, da die Mission bis September 2021 ausläuft. 902 Bundeswehrkräfte sind außerdem im Rahmen der UN-Friedensmission **MINUSMA** in Mali im Einsatz, hinzu kommen 97 Soldaten, die für die EU-Ausbildungsmission **EUTM** im Einsatz sind. Am 19.05.2021 verlängerte der Deutsche Bundestag die Mandate für MINUSMA und EUTM um ein Jahr. Ferner sind 236 Bundeswehrkräfte am Anti-IS-Einsatz in Syrien und Irak beteiligt und 204 an der EU-Mission **EUNAVFOR MED IRINI**, die das Waffenembargo gegen Libyen durchsetzen und Menschenschmuggel verhindern soll. Bei einer weiteren Operation im Mittelmeer, der NATO-Mission „Sea Guardian", stellt die Bundeswehr 82 Einsatzkräfte, außerdem 62 bei den KFOR-Truppen im Kosovo sowie kleinere Kontingente bei weiteren UN-Einsätzen.

Kriege und bewaffnete Konflikte 2020

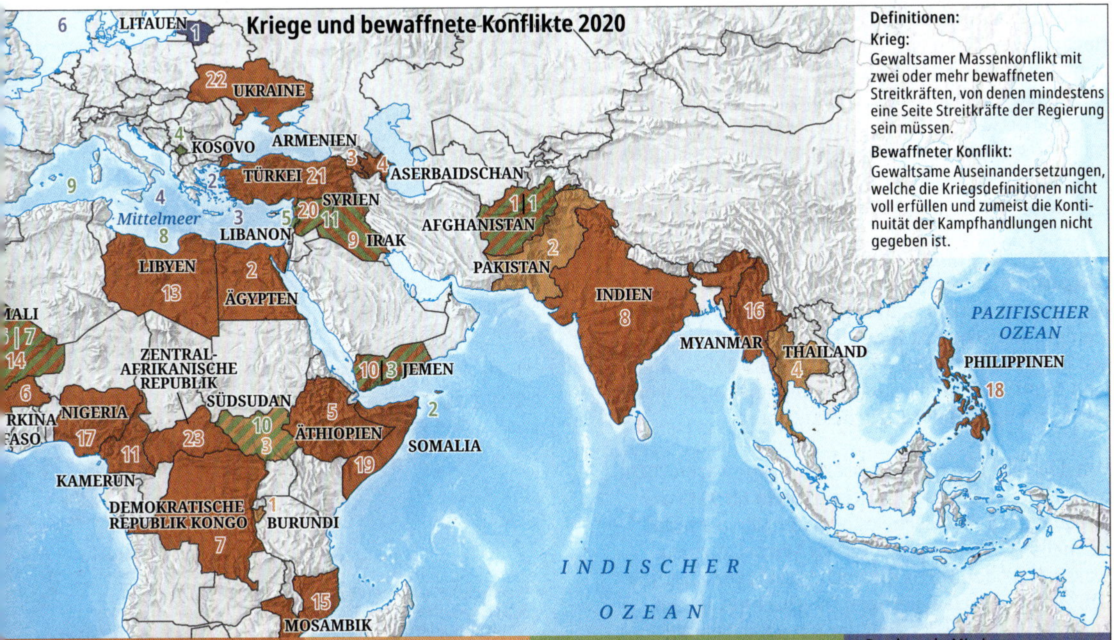

Definitionen:

Krieg:
Gewaltsamer Massenkonflikt mit zwei oder mehr bewaffneten Streitkräften, von denen mindestens eine Seite Streitkräfte der Regierung sein müssen.

Bewaffneter Konflikt:
Gewaltsame Auseinandersetzungen, welche die Kriegsdefinitionen nicht voll erfüllen und zumeist die Kontinuität der Kampfhandlungen nicht gegeben ist.

12 Kolumbien (1964)
13 Libyen (2011)
14 Mali (2012)
15 Mosambik (2019)
16 Myanmar
Ostmyanmar (1948)
Westmyanmar (2016)
17 Nigeria (200)
18 Philippinen (1970)
19 Somalia (1988)
20 Syrien (2011)
21 Türkei (2004)
22 Ukraine (2014)
24 Zentralafrikanische Republik (2006)
Quelle: Arbeitsgemeinschaft Kriegsursachenforschung Hamburg, 2020

Konflikte (Beginn):
1 Burundi (2018)
2 Pakistan (2007)
3 Südsudan (2010)
4 Thailand (2004)

Bundeswehr Einsätze:
1 Afghanistan (Resolute Support)
2 Dschibuti (EUNAVFOR Somalia Atalanta)
3 Jemen (UNMHA)
4 Kosovo (KFOR)
5 Libanon (UNIFIL)
6 Mali (EUTM Mali)
7 Mali (MINUSMA)
8 Mittelmeer (EUNAVFOR MED Irini)
9 Mittelmeer (Sea Guardian)
10 Südsudan (UNMISS)
11 Syrien|Irak
(Counter Daesh/Capacity Building Iraq)
12 Westsahara (MINURSO)
Quelle: Bundeswehr, 2021

Bundeswehr Missionen:
1 Litauen
(Enhanced Forward Presence)
2 Mittelmeer (Ägäis (SNMG 2))
3 Mittelmeer (SNMG 2)
4 Mittelmeer (SNMCMG 2)
5 Nordatlantischer Ozean (SNMG 1)
6 Nordsee (SNMCMG 1)

Naturkatastrophen

2020 registrierte die Rückversicherungs-Gesellschaft Munich Re mit 987 (2019: 858) relevanten Schadensereignissen deutlich mehr als im langjährigen Mittel (2010–19: 694, 1990–2019: 538). Als relevant definiert die Munich Re Ereignisse mit Todesopfern und ab einer Schadenshöhe, deren Schwellenwert sie entsprechend dem Entwicklungsstand eines Landes festlegt.

Die Schadenswerte lagen 2020 mit rd. 207 Mrd. US$ Gesamt- und 82 Mrd. US$ versicherten Schäden deutlich höher als 2020 (166 Mrd. US$ gesamt, 56 Mrd. US$ versichert). Sie liegen damit auch höher als im langjährigen Mittel (2010–19: 202 Mrd. US$ gesamt, 71 Mrd. US$ versichert; 1990–2019: 156 Mrd. US$ gesamt, 47 Mrd. US$ versichert). Die deutliche Zunahme inflationsbereinigter gesamtwirtschaftlicher Schäden seit den 1980er-Jahren ist laut Munich Re zurückzuführen auf die Zunahme von Werten durch sozioökonomisches Wachstum sowie auf die wachsende Konzentration von Personen und Werten in Hochrisikogebieten wie den hochwassergefährdeten Gebieten Europas oder den von Tornados heimgesuchten Regionen der USA. 2020 waren weltweit nur 39 % (2019: 34 %, 2010–19: 35 %, 1990–2019: 30 %) der Schäden versichert, da die Versicherungsquote in den aufstrebenden Ökonomien Asiens gering ist, dort aber große Schäden entstehen.

Weltweit gab es durch Naturkatastrophen rd. 8036 **Todesopfer** (2019: 9405). Damit setzt sich der Trend fort, dass trotz steigender Zahl der Katastrophen immer weniger Menschen zu Tode kommen als im langjährigen Durchschnitt (2010–19: 37 105, 1990–2019: 51 543). Laut Munich Re ist das auf bessere Katastrophenvorsorge und Baustandards zurückzuführen.

Von den relevanten Schadensereignissen waren 2020 wie im langjährigen Durchschnitt **mehr als 90 % wetterbedingt**. Laut Munich Re führt der Klimawandel vermehrt zu Wetterextremen wie Wirbelstürmen, Starkregen oder Dürre, die auch Waldbrände begünstigt. 2020 wie im langjährigen Durchschnitt stehen an erster Stelle bei der Zahl der Katastrophen die Überschwemmungen und Erdrutsche, dicht gefolgt von Stürmen. Auch wenn einzelne Extremwetter-Ereignisse nicht auf den Klimawandel zurückgeführt werden können, so passen sie laut Munich Re doch zu den erwartbaren Folgen eines jahrzehntelangen Erwärmungstrends von Atmosphäre und Ozeanen.

Sechs der zehn teuersten Naturkatastrophen trafen die USA. An der Spitze (13 Mrd. US$, davon 10 Mrd. US$ versichert) steht der Kategorie-4-Hurrikan Laura, der am 27.08.2020 im Westen von Louisiana mit bis zu 240 km/h auf Land traf. Die Hurrikansaison im Nordatlantik übertraf mit 30 Stürmen (davon 13 Hurrikane) den bisherigen Rekord von 2005 mit 28 Stürmen (15 Hurrikane). 12 Wirbelstürme trafen auf US-Küsten, so viele wie nie zuvor in einer Saison. Die Schäden in Nordamerika beliefen sich auf 43 Mrd. US$ (26 Mrd. US$ versichert). Einige Wirbelstürme nahmen vor dem Landfall an Stärke zu, ein Phänomen, das seit einigen Jahren verstärkt auftritt. Anders als in früheren Jahren traten am Ende der Saison besonders starke Stürme auf. Als wesentliche **Ursachen** für die ungewöhnlich vielen Hurrikane nennt Munich Re hohe Ozeantemperaturen, bedingt durch den Klimawandel, und das natürliche Klimaphänomen „La Niña“ mit ungewöhnlichen Luftdruckunterschieden zwischen Südamerika und Asien. Auch die Schäden durch Schwergewitter lagen höher als im Vorjahr (40 Mrd. US$ gesamt, 30 Mrd. US$ versichert; 2019: 30 bzw. 20 Mrd. US$). Im gesamten Westen der USA bis in den Staat Washington ganz im Norden gab es große Waldbrände (rd. 16 Mrd. US$ Schäden,

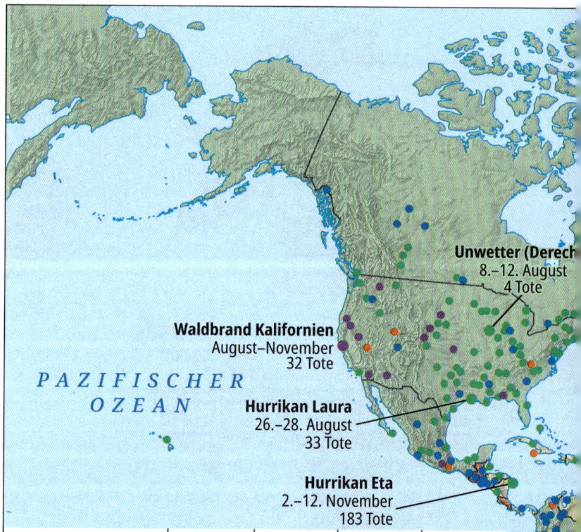

	2020	2019	Mittelwert 2010–2019	Mittelwert 1990–2019
• Hydrologische Ereignisse (Überschwemmung, Massenbewegung)				
Schadensereignisse	52 %	43 %	45 %	42 %
Schaden (versichert)	22 % (4 %)	29 % (4%)	21 % (10 %)	22 % (9 %)
Tote	65 %	59 %	17 %	13 %
• Meteorologische Ereignisse (Sturm)				
Schadensereignisse	38 %	38 %	38 %	38 %
Schaden (versichert)	64 % (82 %)	61 % (90 %)	47 % (66 %)	46 % (72 %)
Tote	30 %	30 %	8 %	27 %
• Klimatologische Ereignisse (Extremtemperaturen, Dürre, Waldbrand)				
Schadensereignisse	6 %	11%	11 %	12 %
Schaden (versichert)	11 % (13 %)	9 % (6 %)	13 % (13 %)	13 % (10 %)
Tote	2 %	7 %	20 %	11 %
• Geophysikalische Ereignisse (Erdbeben, Tsunami, vulkanische Aktivität)				
Schadensereignisse	4 %	7 %	7 %	8 %
Schaden (versichert)	2 % (1 %)	2 % (0.2 %)	19 % (12 %)	19 % (9 %)
Tote	3 %	3 %	54 %	50 %

Quelle: Munich Re, NatCatSERVICE (2020)

rd. 11 Mrd. US$ versichert); 47 Menschen starben. In einigen Staaten waren es die größten je beobachteten Brände.

Die teuerste Naturkatastrophe des Jahres ereignete sich in Asien: Das durch den Sommermonsun ausgelöste Hochwasser in China (17 Mrd. US$ Gesamtschaden, ca. 2 % versichert). Der schadenträchtigste tropische Wirbelsturm war der Zyklon Amphan, der am 20.05.2020 an der Grenze zwischen Indien und Bangladesch auf Land traf (14 Mrd. US$, sehr wenig versichert). In Kyushu im Süden Japans führten Starkniederschläge zu Überschwemmungen. 80 Menschen starben, mehr als 1 Mio. Menschen flohen aus der Region. Die Türkei wurde von zwei größeren Erdbeben getroffen. In Ostanatolien führten Erschütterungen mit einer Magnitude (MW) von 6.8 am 24.01.2020 zu 41 Toten und rd. 1600 Verletzten. Ein Beben mit Epizentrum in der Ägäis mit 7.0 MW am 30.10.2020 traf v. a. die Millionenstadt Izmir; 119 Menschen starben, mehr als 1000 wurden verletzt. Es kam zu einem Tsunami mit Wellen bis 1.5 Meter.

Die Schäden in Europa waren geringer als in den Vorjahren. Für den Herbst typische Starkniederschläge trafen die Mittelmeerküste in Italien und Südfrankreich und führten örtlich zu extremen Schäden. An einem Tag fielen in der Grenzregion bis zu 600 l/m² Regen, Sturzfluten zerstörten dort Hunderte Häuser, Brücken und Straßen. In Kroatien ereigneten sich zahlreiche Erdbeben. Am 22.03.2020 lag das Epizentrum wenige Kilometer nördlich der Hauptstadt Zagreb; bei dem Beben mit 5.3 MW entstanden starke Schäden in der Altstadt; es gab eine Tote, 27 teils schwer Verletzte. Die nach 1964 errichteten Gebäude überstanden das Beben ohne oder mit leichten Schäden – damals waren Vorschriften für erdbebensicheres Bauen eingeführt worden. Am 29.12.2020 ereignete sich nach sieben Vorbeben das stärkste Erdbeben seit 140 Jahren mit 6.4 MW; das Epizentrum lag nahe der Stadt Petrinja, rd. 50 km südwestlich von Zagreb. Mehr als 41 000 Gebäude wurden beschädigt oder zerstört, bis 31.12.2020 folgten ca. 200 Nachbeben. Geschätzte Schadenshöhe: 5 Mrd. €. Sieben Menschen starben, 26 wurden verletzt.

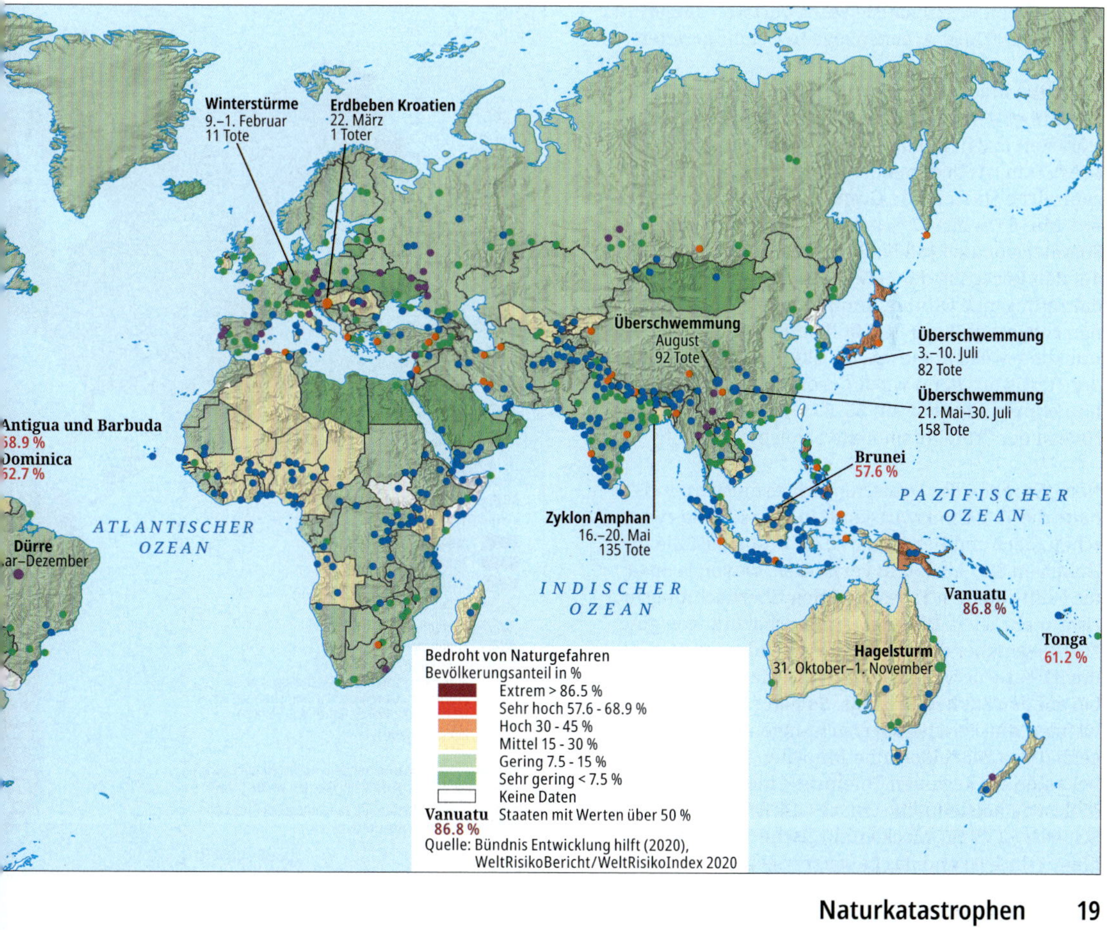

Tourismus

Überall auf der Welt hat die Corona-Pandemie 2020/21 zu einem dramatischen Einbruch des Reiseverkehrs geführt. Dadurch ist nach Einschätzung der Welttourismusorganisation der Vereinten Nationen (UNWTO) die Zahl touristischer Reisen unter das Niveau des Jahres 1990 zurückgefallen. Gegenüber 2019 verzeichnet die Organisation für 2020 einen weltweiten Rückgang der Reisen von 1.5 Mrd. auf 381 Mio.

Asien, das als Weltregion von der Pandemie betroffen war und wo die Staaten besonders harte Einreisebeschränkungen verhängten, hatte zwischen April und Dezember mit Tourismusrückgängen von 95 % und mehr zu kämpfen, sodass der Verlust für die Region Asien/Pazifik aufs ganze Jahr 2020 gerechnet 84 % betrug. In Afrika und dem Nahen Osten ging der internationale Tourismus 2020 um 75 % zurück, in Europa um 70 % und in Nord- und Südamerika um 69 %. Die UNWTO schätzt, dass durch die Corona-Pandemie 2020 im Tourismussektor insgesamt 2 Bio. US$ an Wirtschaftsleistung verloren gingen und 100–200 Mio. Arbeitsplätze in Gefahr gerieten.

In **Europa** brach der internationale Tourismus 2020 gegenüber dem jeweiligen Vorjahresmonat am stärksten in den Monaten April (-98 %) und Mai (-96 %) ein, als in der ersten Phase der Pandemie zahlreiche Staaten ihre Grenzen für Touristen schlossen. Mit -67 % bis -72 % lagen die Verluste in den Sommermonaten Juli bis September niedriger, was auf den Rückgang der COVID-19-Infektionen und die darauffolgende Öffnung zahlreicher Urlaubsregionen zurückzuführen ist. Mit dem Beginn der zweiten Infektionswelle in Europa ab Oktober 2020 musste der Tourismus dann wieder größere Rückschläge hinnehmen, die aber mit 85–87 % nicht ganz das Niveau der Frühjahrsmonate erreichten.

Nach Angaben des Deutschen Tourismusverbands hatte die Tourismuswirtschaft in **Deutschland** zwischen März und Dezember 2020 Umsatzausfälle in Höhe von 68.7 Mrd. € zu verkraften, wovon je etwa die Hälfte auf den Tages- und den Übernachtungstourismus entfielen. Die Zahl der Übernachtungen ging 2020 gegenüber dem Vorjahr im Bundesdurchschnitt um 39 % zurück. Die größten Verluste entfielen dabei auf den Städtetourismus: So hatte Berlin 64 % weniger touristische Übernachtungen als 2019, dicht gefolgt von Düsseldorf und München. Am wenigsten bekamen die Regionen Chiemsee-Chiemgau (-14.4 %), schleswig-holsteinische Ostsee (-14 %), Sächsische Schweiz (-13.9 %), Mecklenburgische Schweiz/Seenplatte (-11.1 %) und das Lausitzer Seenland (-7.2 %) den Rückgang an touristischen Übernachtungen zu spüren. Vor allem die Zahl der Reisenden aus dem Ausland ging mit -68.5 % stark zurück (inländische Gäste: -43.4 %).

Im **Reiseverhalten** der Deutschen zeigten sich infolge der Pandemie große Unterschiede: Vor allem wurden deutlich weniger Kurztrips (2–4 Tage) unternommen. Deren Zahl ging um 60 % auf 37.1 Mio. zurück, die Zahl der Reisenden verringerte sich um 23 % auf 29 Mio. Bei den längeren Urlaubsreisen (ab 5 Tagen) ergab sich ein Rückgang von 29 % auf 50.1 Mio, bei der Zahl der Reisenden um 19 % auf 44.6 Mio.

Zudem verreisten die Deutschen mehr und länger im eigenen Land: Von den 50.1 Mio. Urlaubsreisen (ab 5 Tage) entfielen 22.8 Mio. auf inländische Reiseziele, das sind 4.1 Mio. mehr als 2019. Stark zurück gingen Reisen ins Ausland: Nur noch 3.9 Mio. reisten 2020 nach Spanien (-57 %), 2.9 Mio. nach Italien (-53 %) und 2.3 Mio. in die Türkei (-47 %). Stärker nachgefragt waren außerdem kontaktarme Reisewege und

Unterkünfte: So nahm sowohl die Zahl der Reisen zu, die mit dem eigenen Pkw unternommen wurden, als auch die Buchung von Campingplätzen, Wohnmobilen und Ferienwohnungen oder -häusern.

In **Österreich** ging die Zahl der Übernachtungen 2020 um 35.9 % zurück und die Zahl der Touristen um 45.8 %. Am stärksten sank die Zahl der Übernachtungen in Wien (-74 %), am geringsten waren die Rückgänge in Kärnten (-17.1 %) und der Steiermark (-24.5 %). Noch dramatischer waren die Einbrüche in der Wintersaison 2020/2021: So ging zwischen November 2020 und März 2021 die Zahl der Übernachtungen um 92.4 % zurück, die Zahl der Gäste um 94 %. Bei den Touristen aus dem Ausland lag der Wert sogar bei -97.2 % (deutsche Gäste: -98.2 %). Am stärksten betroffen waren die Regionen Tirol (-97.8 %), Salzburg (-96.7 %) und Vorarlberg (-95.9 %).

Auch die Österreicher selbst verreisten 2020 deutlich weniger als sonst: Insgesamt wurden 12 Mio. Urlaubsreisen (inkl. Kurztrips) unternommen, was einem Rückgang von 43.3 % entspricht. Auch in Österreich zeigt sich ein Trend zum Reisen im eigenen Land: Verreiste 2019 nur gut die Hälfte der Menschen innerhalb Österreichs, waren es 2020 beinahe drei Viertel (73.3 %). Beliebtestes ausländisches Reiseziel war erstmals Deutschland, auf das 23.6 % der Auslandsreisen der Österreicher entfielen, gefolgt von Italien (21.6 %).

Auch die **Schweiz** hatte 2020 einen Einbruch im Tourismus zu verzeichnen: So ging die Zahl der Gäste gegenüber dem Vorjahr um 45.8 % zurück, die der Übernachtungen um 40 %. Das sind nach Angaben des Schweizer Bundesamts für Statistik so wenige wie zuletzt Ende der 1950er-Jahre. Vor allem kamen deutlich weniger Gäste aus dem Ausland (-71.3 %), was einem Rückgang der Übernachtungen um 66.1 % entspricht. Besonders stark war der Einbruch bei Touristen aus Asien: So besuchten 94.7 % weniger Inder die Schweiz als 2019, 92.5 % weniger Chinesen und 91.9 % weniger Japaner. Vergleichsweise moderat waren dagegen die Rückgänge beim Inlandstourismus mit 17.1 % (Übernachtungen: -8.6 %).

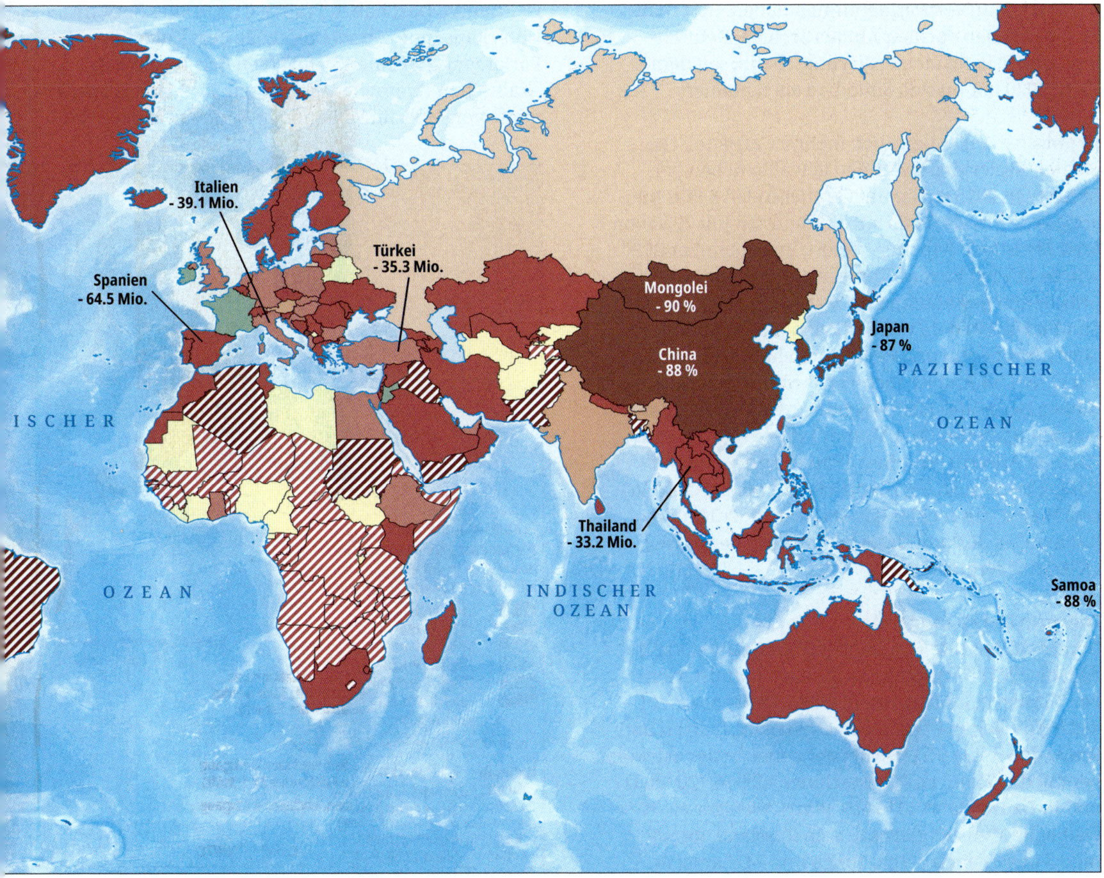

Frauen in der Politik

Noch nie war global gesehen der Frauenanteil in Parlamenten und Regierungsämtern so hoch wie derzeit. Von einer Gleichstellung von Frauen und Männern, wie sie das nachhaltige Entwicklungsziel 5 der Vereinten Nationen vorsieht, ist die Politik allerdings noch weit entfernt.

Staatsoberhäupter/ Regierungschefinnen:
Nur 12 der gewählten **Staatsoberhäupter** auf der Welt sind Frauen. Innerhalb Europas stehen in Estland, Griechenland und der Slowakei Frauen an der Staatsspitze, seit dem 15.11.2020 auch in der Republik Moldau (Maia Sandu) und seit dem 04.04.2021 auch im Kosovo (Vjosa Osmani). Ähnlich niedrig liegt die Zahl der weiblichen Regierungschefs: 17 der 196 Staaten auf der Welt werden von Frauen regiert. Die größte regionale Konzentration von Regierungschefinnen findet sich in Skandinavien, wo mit Norwegen (Erna Solberg), Dänemark (Mette Fredriksen), Island (Katrín Jakobsdóttir) und Finnland (Sanna Marin) 4 der 5 Staaten Ministerpräsidentinnen haben. Innerhalb Europas haben darüber hinaus Serbien, Deutschland und Estland eine Regierungschefin, seit dem 11.12.2020 mit Ingrida Šimonytė auch Litauen.

In jüngster Zeit haben auch mehrere afrikanische Staaten Regierungschefinnen gewählt, neben der bereits seit 2015 in Namibia amtierenden Saara Kuugongelwa-Amadhila: So wird Gabun seit Juli 2020 von Rose Christiane Raponda regiert, im September 2020 wurde in Togo Victoire Tomegah Dobgé zur Ministerpräsidentin gewählt und im März 2021 folgte Samia Suluhu Hassan dem verstorbenen John Magufuli als Staatspräsidentin und Regierungschefin von Tansania nach. Neu im Amt ist auch Perus Ministerpräsidentin Violeta Bermúdez (seit November 2020). Außerdem werden Barbados (Mia Mottley) sowie Neuseeland (Jacinda Ardern) von einer Frau regiert – und mit Bangladesch auch ein islamisches Land: Scheich Hasina Wajed, die Tochter des Staatsgründers Mujibur Rahman, ist dort mit Unterbrechungen bereits seit 1996 Ministerpräsidentin.

Frauen in Ministerämtern:
Den höchsten Anteil an Ministerinnen hatte (Stand Anfang 2021) Nicaragua, wo 10 der 17 Ministerien von Frauen geführt wurden, was 58.8 % entspricht. Auf dem zweiten Platz liegen Österreich, Belgien und Schweden mit je 57.1 % Ministerinnen. In der Schweiz beträgt der Anteil an Ministerinnen 42.9 %, (20. Platz) und in Deutschland 40 % (25. Platz). Weniger als 10 % weibliche Minister gibt es u. a. in Russland, Rumänien, Polen, Bangladesch, Tonga und Afghanistan. 12 Länder haben rein männliche Regierungen, darunter Saudi-Arabien, Jemen, Papua-Neuguinea und Vietnam. Die Ressorts, die am häufigsten von Frauen geführt werden, sind Umwelt, Soziales, Familie, Arbeit, Bildung und Kultur.

Frauenanteil in den nationalen Parlamenten:
Nach Angaben der globalen Vereinigung nationaler Parlamente IPU sind weltweit derzeit 25.5 % der Parlamentssitze mit Frauen besetzt.

Nach Weltregionen betrachtet, ist der Frauenanteil am höchsten in den Parlamenten Nord- und Südamerikas (32.1 %), gefolgt von Europa mit 30.5 %. An dritter Stelle liegt Subsahara-Afrika mit 25.1 %. In Asien (20.4 %) und der Pazifikregion (20.9 %) sind gut ein Fünftel der Abgeordneten weiblich. Schlusslicht ist die Region Naher Osten/Nordafrika. Dort sind lediglich 17.7 % der Parlamentsmitglieder Frauen. Im EU-Parlament sitzen 40 % Frauen.

Nur in drei Staaten liegt der Frauenanteil in den nationalen Parlamenten bei 50 % oder mehr. An der Spitze ist Ruanda: Dort haben Frauen 61.3 % aller Sitze im Unterhaus inne. An zweiter Stelle liegt Kuba mit 53 % Parlamentarierinnen, gefolgt von den Vereinigten Arabischen Emiraten. Hier gilt seit 2019 eine Frauenquote von 50 % im Föderativen Nationalrat der kons-

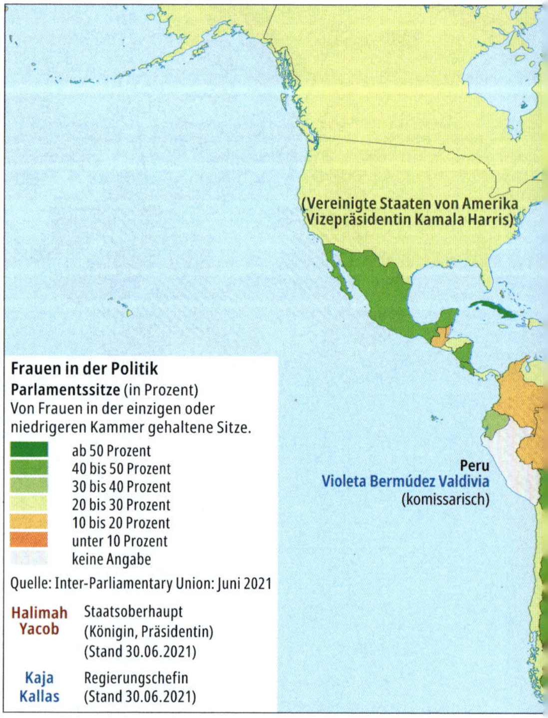

titutionellen Erbmonarchie. Auf Platz 4, 5 und 6 folgen Neuseeland (48.3 %), Mexiko (48.2 %) und Nicaragua (47.3 %). Als erstes europäisches Land liegt Schweden mit einem Frauenanteil von 47 % auf Platz 7. Mit lediglich 31.5 % weiblichen Bundestagsabgeordneten liegt Deutschland auf Platz 47 – noch hinter einigen afrikanischen Staaten. Höher ist der Frauenanteil im Nationalrat der Schweiz (Rang 20 mit 42 %) und Österreich (Rang 24 mit 39.9 %). Erst auf Platz 66 liegen die USA mit 27.2 % weiblichen Abgeordneten im Repräsentantenhaus, was in etwa dem Frauenanteil im afghanischen Unterhaus (27.0 %) entspricht. Die geringste Repräsentanz von Frauen im Parlament gibt es in Mikronesien und Papua-Neuguinea, in deren Parlamenten derzeit nur Männer sitzen. Unter 5 % liegt der Frauenanteil auch in den Parlamenten im Jemen, in Kuwait, Oman, den Malediven und dem Libanon.

Maßnahmen zur Erhöhung des Frauenanteils in den Parlamenten:
In mehr als 100 Staaten der Welt werden Maßnahmen getroffen, um einen bestimmten Frauenanteil in den Parlamenten zu garantieren bzw. diesen zu erhöhen. Das Spektrum reicht dabei von freiwilligen Quotierungen der Kandidatenlisten durch die Parteien bis zur Vorgabe fester Frauenquoten per Gesetz. **Frauenquoten** für die Parlamente gibt es vor allem in einigen afrikanischen und arabischen Ländern, diese liegen allerdings meist unter 30 %. Dennoch geht mit diesen Quoten oft eine beträchtliche Erhöhung des Anteils weiblicher Abgeordneter einher, etwa in Ägypten, wo das Parlament im Juni 2020 entschied, 25 % der Sitze für Frauen zu reservieren. Innerhalb Europas hat nur Albanien eine gesetzliche Frauenquote für das Parlament: Dort müssen 29 der 140 Mandatsträger Frauen sein.

Ein verbreitetes Mittel, um den Frauenanteil in den Parlamenten zu erhöhen, sind **Vorgaben bzgl. der Kandidatenlisten** der Parteien. Entsprechende Gesetze gibt es auch in einigen europäischen Ländern: In Spanien etwa darf die Abweichung beim Geschlechterverhältnis auf den Wahllisten 60:40 nicht überschreiten, und in Frankreich müssen Parteien laut Parité-Gesetz mit finanziellen Sanktionen rechnen, wenn sie ihre Kandidatenlisten nicht alternierend mit Männern und Frauen besetzen. Keine gesetzlichen Vorgaben hingegen machen die skandinavischen Staaten, die dennoch einen hohen Frauenanteil in den Parlamenten aufweisen können. Auch in Deutschland, Österreich und der Schweiz sind quotierte Kandidatenlisten eine freiwillige Maßnahme der Parteien. Versuche, diese Parität gesetzlich zu verankern, wurden in Deutschland auf Länderebene unternommen, scheiterten aber bisher vor Gericht. Zuletzt kippte das Brandenburger Verfassungsgericht am 23.10.2020 ein entsprechendes Gesetz der Landesregierung.

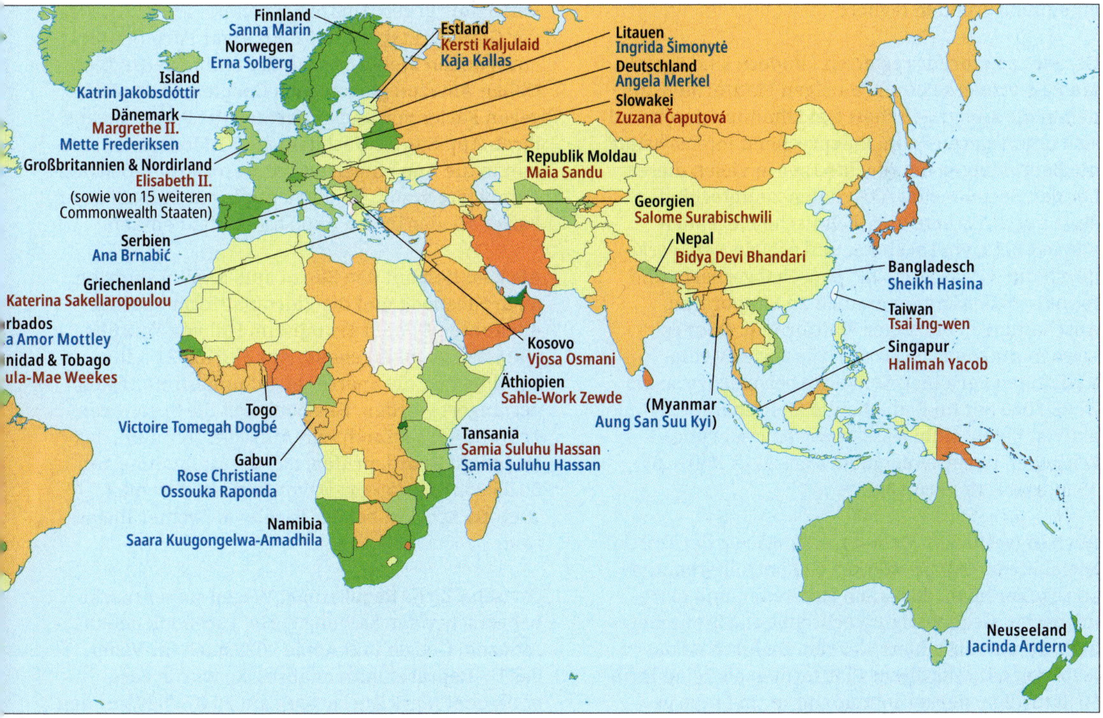

Social Media

Nach dem Report „Digital 21“ nutzen Stand April 2021 4.33 Mrd. Menschen auf der Welt eine oder mehrere Social-Media-Plattformen. Das entspricht etwa 55 % der Weltbevölkerung. Gegenüber dem Vorjahr betrug der Zuwachs etwa eine halbe Mrd. Menschen.

Die weltweit meistgenutzte Social-Media-Plattform 2021 war weiterhin Facebook mit 2.78 Mrd. Usern (April 2021), gefolgt von Youtube mit 2.29 Mrd. An dritter Stelle lag WhatsApp mit 2.0 Mrd. Die Bilderplattform Instagram wurde von 1.29 Mrd. Menschen genutzt, und die Multifunktions-App WeChat des chinesischen Unternehmens Tencent kam auf 1.23 Mrd. Die Videoplattform TikTok hatte 732 Mio. Nutzer, Telegram 550 Mio., Snapchat 528 Mio. und Twitter 396 Mio.

In **Deutschland** gibt es Stand Januar 2021 66 Mio. Social-Media-Nutzer, was 78.7 % der Bevölkerung entspricht. Allein im vergangenen Jahr sind 7.7 Mio. neue Nutzer dazugekommen. In Österreich (79.9 %) und der Schweiz (81.8 %) ist der Anteil der Social-Media-Nutzer geringfügig höher. Die durchschnittliche Nutzungsdauer von Social-Media-Anwendungen liegt in allen drei Ländern bei knapp unter eineinhalb Stunden täglich.

Gerade in autoritär regierten Ländern sind Social-Media-Netzwerke oft die einzigen Plattformen, auf denen die Zivilgesellschaft frei kommunizieren und sich organisieren kann. Entsprechend intensiv sind die Bemühungen der Machthaber in vielen dieser Länder, Social-Media-Aktivitäten zu unterbinden, etwa durch Verbote und technische Blockaden wie in China, wo Facebook und soziale Netzwerke durch die „Great Firewall“ pauschal gesperrt sind. Immer wieder kommt es auch zu temporären Abschaltungen einzelner Plattformen. Oder es werden drakonische Strafen für Social-Media-Aktivitäten verhängt: So wurde beispielsweise am 25.08.2020 der im Exil lebende Menschenrechtsaktivist Bahey eldin Hassan wegen regierungskritischer Tweets von einem Gericht in Kairo zu 15 Jahren Haft verurteilt.

Auch in westlichen Demokratien wächst der Druck, Social-Media-Inhalte stärker zu kontrollieren und zu regulieren, da dort auch Hassreden und extremistisches Gedankengut verbreitet und Menschen bedroht und diffamiert werden. Dadurch ist das Selbstverständnis dieser Plattformen als reine Infrastrukturdienstleister immer stärker in Frage gestellt worden. Auf Druck der Öffentlichkeit und der Gesetzgeber haben die Betreiber von Social-Media-Netzwerken begonnen, die dort verbreiteten Inhalte stärker zu kontrollieren: So begann der Kurznachrichtendienst Twitter im Mai 2020, Tweets, die problematische Inhalte haben, mit Warnhinweisen zu versehen oder ihnen Faktenchecks gegenüberzustellen. Betroffen von solchen Warnhinweisen waren auch zahlreiche Tweets von US-Präsident Donald Trump, vor allem, als dieser nach der verlorenen Präsidentschaftswahl vom 02.11.2020 auf Twitter immer wieder von Wahlfälschungen und Wahlbetrug sprach und die Demokraten beschuldigte, ihm den Wahlsieg „gestohlen“ zu haben, obwohl alle von den Republikanern angestrebten Klagen von den Gerichten zurückgewiesen wurden. Nachdem radikale Anhänger des abgewählten US-Präsidenten Donald Trump am 06.01.2021 das Washingtoner Kapitol gestürmt hatten, sperrte Twitter dessen Account dauerhaft – mit der Begründung, es bestehe das Risiko einer weiteren Anstiftung zur Gewalt durch den Ex-Präsidenten. Auch die Twitter-Accounts von mehr als 70 000 QAnon-Anhängern, einer rechtsextremistischen Verschwörungsideologie, wurden gelöscht. Die bei Trump-Anhängern als Twitter-Alternative beliebte Social-Media-App „Parler“ wurde am 10.01.2021 von Amazon aus dessen Cloud-Hosting-Angebot entfernt, sodass die App offline war. Ein Antrag von Parler auf einstweilige Verfügung gegen Amazon scheiterte am 21.01.2021 vor Gericht. Erst am 15.02.2021 war Parler dank eines neuen Web-Hosts wieder online verfügbar. Neben Amazon gingen auch Google und Apple gegen Parler vor und entfernten die Plattform aus ihren App-Stores. Nachdem ein KI-Moderationssystem in die App eingebaut wurde, das Hass-Beiträge herausfiltern soll, kündigte Apple am 19.04.2021 an, Parler wieder in den App Store aufzunehmen.

Als Reaktion auf den Sturm aufs Kapitol sperrten auch Facebook und die Videoplattform Youtube die Konten Donald Trumps, im Fall von Youtube zunächst vorübergehend. Am 27.01.2021 teilte Youtube mit, die Sperre sei auf unbestimmte Zeit verlängert worden. Facebook ließ die Sperre von Trumps Konto durch sein Aufsichtsgremium, das Oversight Board, prüfen, das die Maßnahme am 05.05.2021 bestätigte. Davon betroffen ist auch Trumps Account bei der Facebook-Tochter Instagram.

Wirtschaftliche Regulierung: Wegen seiner marktbeherrschenden Stellung geriet Facebook neben Amazon, Google und Apple 2020 auch ins Visier des US-Repräsentantenhauses. So wurde Facebook-Chef Mark Zuckerberg am 29.07.2020 vor den

Justizausschuss des US-Kongresses geladen, um dort zum Vorwurf des Missbrauchs seiner Marktmacht durch die Übernahme der potenziellen Konkurrenten WhatsApp und Instagram Stellung zu nehmen. Am 09.12.2020 reichten die US-Wettbewerbsbehörde FTC und 48 Bundesstaaten Klage wegen unlauteren Wettbewerbs gegen Facebook ein. Am 11.03.2021 beantragte Facebook vor Gericht die Abweisung der Klage. Am 15.12.2020 stellte auch die EU-Kommission einen Digitalpakt vor, der Facebook und andere Internetkonzerne künftig stärker regulieren soll.

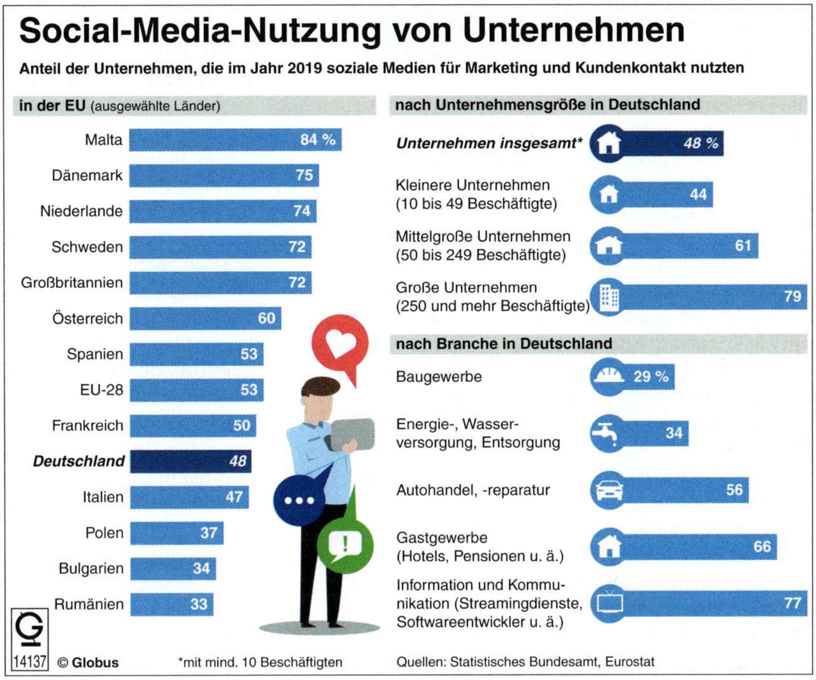

In **Australien** eskalierte im Februar 2021 ein geplantes neues Mediengesetz, das Online-Plattformen dazu verpflichten wollte, ihre durch Nachrichteninhalte generierten Werbeeinnahmen mit den Medienhäusern zu teilen. Nachdem das Repräsentantenhaus als erste der beiden Kammern des australischen Parlaments das Gesetz am 17.02.2021 gebilligt hatte, blockierte Facebook ab dem 18.02.2021 die Einträge auf den Facebookseiten der großen Medienhäuser und Medienanstalten. Nach tagelangen Verhandlungen mit Facebook wurde das Gesetz in einigen Punkten entschärft, u. a. bekommen die Internetkonzerne mehr Zeit, Vereinbarungen mit den Medienhäusern zu treffen. In der abgewandelten Form wurde das Mediengesetz am 25.02.2021 vom Parlament endgültig beschlossen.

In den USA gerieten im Sommer 2020 zwei Social-Media-Unternehmen zwischen die Fronten des chinesisch-amerikanischen Handelsstreits. Am 06.08.2020 unterzeichnete US-Präsident Donald Trump ein Dekret, das es US-Bürgern untersagte, künftig Geschäftsbeziehungen zu den chinesischen Unternehmen Bytedance und Tencent zu unterhalten, da diese im Verdacht stünden, die Daten von US-Bürgern an die chinesische Regierung zu übermitteln. De facto kam dies einem Verbot der beiden populären Social-Media-Apps TikTok (Bytedance) und WeChat (Tencent) gleich.

Im Fall von **TikTok** verfügte Trump überdies, die US-Sparte sei innerhalb von 90 Tagen an ein amerikanisches Unternehmen zu verkaufen. Nachdem Verhandlungen mit Microsoft gescheitert waren, billigte Trump am 20.09.2020 einen Deal, der dem Softwarekonzern Oracle im Verbund mit der Supermarktkette Walmart 20 % Anteile an Bytedance sichern sollte. Da die endgültige Einigung der beteiligten Unternehmen noch ausstand, drohte gleichwohl ein Download-Stopp der TikTok-App in den USA. Dagegen erwirkten TikTok sowie Influencer, die ihren Lebensunterhalt mit TikTok-Videos verdienen, vor mehreren US-Gerichten einstweilige Verfügungen. Am 08.12.2020 stufte außerdem ein Bundesgericht in Washington Trumps Dekret vom August als unrechtmäßig ein. Dagegen legte die US-Regierung am 28.12.2020 Berufung ein. Mit der Regierungsübernahme von Joe Biden im Januar 2021 setzte die US-Regierung die Fortführung des Rechtsstreits vorerst aus.

Im Fall des Verbots der **WeChat**-App erwirkte eine Gruppe von Nutzern, die „US WeChat Users Alliance“, am 19.09.2020 eine einstweilige Verfügung gegen das Verbot von WeChat in den USA. Die Entscheidung wurde vom Gericht u. a. damit begründet, dass es unter den Kommunikationsplattformen keinen adäquaten Ersatz für die chinesischsprachige Bevölkerung in den USA gebe, da Menschen ohne Englischkenntnisse die anderen Apps nicht nutzen könnten.

Journalismus

Die Pressefreiheit beinhaltet das Recht, Informationen und Meinungen unzensiert in den klassischen Medien Presse, Radio und TV sowie im Internet zu publizieren. Sie gilt als wichtige Voraussetzung der politischen Willensbildung und damit als essenziell für die Demokratie. Nach Einschätzung der Organisation „Reporter ohne Grenzen" (ROG) hat sich durch die Corona-Pandemie die Lage der Pressefreiheit in vielen Ländern verschlechtert: Repressive Staaten nutzten die Krise, um die Freiheit der Berichterstattung weiter einzuschränken. Auch Demokratien täten sich schwer damit sicherzustellen, dass Journalistinnen und Journalisten ihre Arbeit ungehindert machen können. So sieht Reporter ohne Grenzen die Pressefreiheit in 73 % der Länder ganz oder teilweise eingeschränkt.

Nur noch 12 Staaten stuft ROG hinsichtlich des Grades an Pressefreiheit als „gut" ein, darunter 9 westeuropäische Staaten, dazu Costa Rica, Jamaika und Neuseeland. Platz 1 der Rangliste der Pressefreiheit 2021 belegt wie in den Vorjahren Norwegen, gefolgt von Finnland, Schweden und Dänemark. Auf Platz 10 liegt die Schweiz. Deutschland (Rang 13) wurde von Reporter ohne Grenzen 2021 von gut auf zufriedenstellend heruntergestuft, v. a. wegen der zahlreichen Angriffe auf Journalisten durch Extremisten und bei Demonstrationen gegen die Corona-Politik der Regierung. Österreich machte gegenüber dem Vorjahr einen Platz gut und liegt jetzt auf Rang 17.

In 12 % der Staaten sieht Reporter ohne Grenzen „sehr gravierende" Einschränkungen der Pressefreiheit. Zum wiederholten Mal belegt Eritrea den letzten Platz in der Rangliste der Pressefreiheit: Dort stehen die Medien vollständig unter der Kontrolle der autoritären Regierung. Kaum besser ist die Situation in Nordkorea, Turkmenistan und China.

Nach **Weltregionen** betrachtet ist die Pressefreiheit am umfassendsten in **Westeuropa** garantiert: Für alle westeuropäischen Staaten stuft ROG die Situation als gut oder zufriedenstellend ein. In **Osteuropa** dagegen wurde kein einziger Staat hinsichtlich der Gewährung von Pressefreiheit als „gut" eingestuft, und mit Rumänien, Tschechien, der Slowakei und den baltischen Staaten erreichten auch nur wenige Länder ein zufriedenstellendes Niveau. Als „schwierig" schätzt ROG die Lage in Bulgarien ein, das damit EU-Schlusslicht in Sachen Pressefreiheit ist, u. a. weil die dortigen Behörden wenig bis gar nichts gegen die zahlreichen Übergriffe und Drohungen gegen Medienschaffende unternehmen. Prekär ist auch die Situation in Russland, wo 2020 zahlreiche Gesetze verabschiedet wurden, die die Pressefreiheit weiter einschränken. In Weißrussland hat die Lukaschenko-Regierung nach der unter Fälschungsverdacht stehenden Präsidentschaftswahl vom August den Kurs gegenüber Medien und Journalisten weiter verschärft: Printmedien stehen unter Zensur, es kommt zu Internetblockaden und zahlreiche Medienschaffende wurden zumindest vorübergehend inhaftiert.

In **Nordamerika** ist die Pressefreiheit laut ROG auf zufriedenstellendem Niveau: Kanada steht mit Platz 14 recht gut da, auch die Pressefreiheit in den USA (Rang 44) wird als zufriedenstellend eingestuft. Vor allem seit dem Amtsantritt von Präsident Joe Biden im Januar 2021 sieht Reporter ohne Grenzen deutliche Verbesserungen, u. a. weil Biden die täglichen Pressekonferenzen im Weißen Haus wieder ins Leben gerufen hat, die von seinem Vorgänger Donald Trump zwischenzeitlich ausgesetzt worden waren.

Sehr unterschiedlich ausgeprägt ist die Pressefreiheit in **Lateinamerika und der Karibik**. Hier finden sich mit Costa Rica und Jamaika Staaten, die zu den weltweit führenden zählen, aber auch Länder wie Kuba oder Venezuela, in denen die Pressefreiheit stark eingeschränkt ist. Ebenfalls problematisch ist die Situation in Brasilien. Dort hat der rechtspopulistische Präsident Jair Bolsonaro mit seinen permanenten Verbalattacken gegen Journalisten ein Klima geschaffen, in dem Bolsonaro-Anhänger Medienschaffende auch körperlich angriffen.

In **Asien** gibt es keinen einzigen Staat, in dem Pressefreiheit als „gut" eingestuft wird, und mit Südkorea und Taiwan erreichen lediglich zwei Länder die Kategorie „zufriedenstellend". Besonders kritisch ist die Situation in China, das mit Rang 177 einen der letzten Plätze weltweit belegt. Dort kontrolliert die Regierung rigoros die Verbreitung von Nachrichten und Informationen und es sitzen mehr Medienschaffende wegen ihrer Arbeit im Gefängnis als irgendwo sonst auf der Welt.

Auch in **Subsahara-Afrika** gibt es keinen Staat, in dem die Situation bzgl. der Pressefreiheit uneingeschränkt positiv zu bewerten ist und lediglich sechs Länder, in denen sie nach Einschätzung von ROG zufriedenstellend ist: Ghana, Burkina Faso, Botswana, Namibia, Südafrika und der Inselstaat Cabo Verde. Dort garantiert die Verfassung sehr weitreichende Pressefreiheit. In Subsahara-Afrika befinden sich einige der Länder, in denen die Pressefreiheit im weltweiten Vergleich am stärksten eingeschränkt ist, darunter auch Schlusslicht Eritrea. Ähnlich prekär ist die Situation in Äquatorialguinea, wo totale staatliche Kontrolle der Medien und Zensur herrschen, wie in Dschibuti und in Somalia.

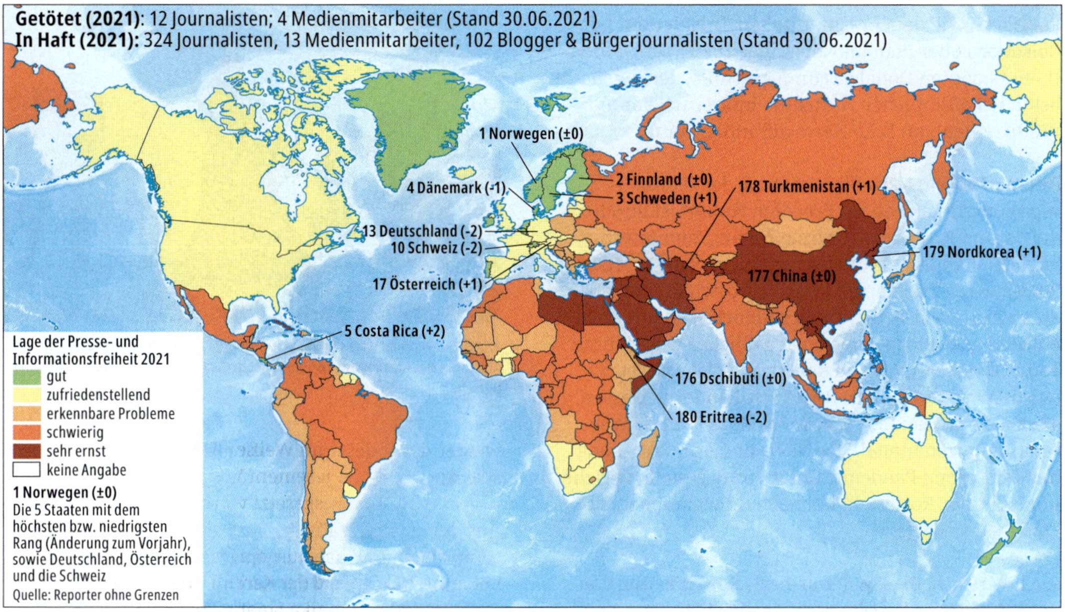

Die Weltregion, in der es am wenigsten Pressefreiheit gibt, ist nach wie vor **Nordafrika und der Nahe Osten:** Hier erreicht kein einziger Staat die Kategorien „gut" oder „zufriedenstellend" und mit Israel, Kuwait und Tunesien auch nur drei Länder die Einstufung „erkennbare Probleme". In allen anderen Staaten der Region ist die Situation bzgl. der Pressefreiheit schwierig bis sehr ernst: In Ägypten etwa kam es zu mehreren Verhaftungswellen gegen Journalisten, und auf dem Höhepunkt der Corona-Pandemie verbot die Regierung die Veröffentlichung aller anderen als der von den Behörden verbreiteten Infektionszahlen.

Bedrohungen der Pressefreiheit: Nach wie vor geht die größte Gefahr für die Pressefreiheit von **Staaten** und Regierungen aus. Das gilt nicht nur für autoritäre Regime: Auch in Demokratien wie Ungarn wurde 2020 durch Notstandsgesetze die freie Berichterstattung über die Corona-Pandemie eingeschränkt. Öffentlich-rechtliche und ein Teil der privaten Medien stehen unter der Kontrolle der Regierung, etwa die unabhängige Nachrichtenplattform index.hu, in deren Holding sich ein der Regierung Orbán nahestehender Investor eingekauft hat. Ähnlich ist die Entwicklung in Polen: Dort hat die rechtskonservative PiS-Regierung inzwischen großen Einfluss auf den öffentlich-rechtlichen Rundfunk gewonnen.

Neben solchen staatlichen Eingriffen bedrohen **Konzentrationsprozesse auf dem Medienmarkt** mehr und mehr die Pressefreiheit, selbst in Ländern wie Schweden, wo laut ROG inzwischen über 90 % der Tageszeitungen in den Händen von 6 Eigentümern sind, was zu einem Verlust an Meinungsvielfalt führt. In den USA hat das Einbrechen des Anzeigenmarkts durch die Corona-Pandemie den Prozess des Lokalzeitungssterbens beschleunigt und verschärft. Eine ähnliche Entwicklung findet in der Schweiz statt: Auch dort sind Lokalzeitungen geschlossen worden, andere mussten Sparmaßnahmen treffen, die die journalistische Qualität und Vielfalt beeinträchtigen.

In vielen Ländern wird die Pressefreiheit auch durch **zivile Akteure** bedroht. Das gilt zum einen für Konfliktgebiete mit fragiler Staatlichkeit wie z. B. Afghanistan. Dort kommt es immer wieder zu Angriffen auf Medienschaffende durch radikale Gruppen wie die Taliban. Häufig sind die Behörden weder willens noch in der Lage, Journalisten vor diesen Angriffen zu schützen. Auf der anderen Seite werden auch in etablierten Demokratien Journalisten immer häufiger das Ziel von Angriffen durch Privatpersonen: Das Spektrum reicht dabei von Hassmails und Drohungen im Internet bis zu tätlichen Angriffen auf offener Straße. Auch hier hat die Corona-Pandemie die Lage verschärft: So wurden nicht nur in Deutschland, sondern auch in Ländern wie Italien und Frankreich im Zuge von Protesten gegen die staatlichen Corona-Maßnahmen immer wieder Reporter von Demonstrierenden verbal und physisch angegriffen. Hintergrund solcher Angriffe ist ein generelles und wachsendes Misstrauen gegen die sogenannten „Mainstream-Medien" bei einem Teil der Bevölkerung. Dieses Misstrauen wird von populistischen

Politikern wie dem brasilianischen Präsidenten Jair Bolsonaro oder dem im November 2020 abgewählten US-Präsidenten Donald Trump geschürt, der Journalisten bei öffentlichen Auftritten immer wieder als Produzenten von Fake News diffamiert hatte.

Internetfreiheit: Nach Einschätzung der US-Nichtregierungsorganisation „Freedom House" ist durch die Corona-Pandemie der freie Zugang zum Internet in vielen Ländern dramatisch eingeschränkt worden. Regierungen nutzten die Krise als Vorwand, um unabhängige Nachrichtenseiten zu blockieren und Journalisten oder Blogger wegen angeblicher Verbreitung von Falschmeldungen zu belangen. Solche Gesetze wurden in einer ganzen Reihe von Ländern erlassen, etwa in Malaysia: Dort wurde im März 2021 die Verbreitung sogenannter Fake News im Zusammenhang mit der Corona-Pandemie unter Strafe gestellt, was die Kontrolle der Regierung über alle Informationen zu COVID-19 sicherte.

Auch verstärkt die Pandemie nach Einschätzung von „Freedom House" die Tendenz in vielen Staaten, eine Art nationales Internet zu installieren, in dem aus Regierungssicht unerwünschte Inhalte aus dem Ausland nicht zugänglich sind. So schuf etwa Russland bereits Ende 2019 die gesetzliche Grundlage für ein eigenes nationales Internet, das sogenannte „RuNet". Auch im Iran wird seit Jahren daran gearbeitet, das Internet in ein nationales Intranet umzuwandeln, das unerwünschte ausländische Inhalte blockiert.

Besonders schlecht ist es um die Internetfreiheit in China bestellt, das auch 2020 in der Rangliste von „Freedom House" wieder den letzten Platz belegt: Dort blockiert bereits seit Jahren eine „Great Firewall" den freien Zugang zum Internet. Tausende westliche Websites sind gesperrt, außerdem überwacht ein Heer von Zensoren alle Online-Inhalte. Inzwischen ist es auch immer weniger möglich, diese Blockaden durch Virtual Private Networks zu umgehen.

Kaum Einschränkungen der Internetfreiheit sieht „Freedom House" dagegen in Island. Auch die Situation in Deutschland, Frankreich, Großbritannien, Italien, Kanada und den USA wird als gut eingeschätzt.

Getötete und inhaftierte Journalisten

Nach Angaben von Reporter ohne Grenzen wurden 2020 weltweit mindestens 50 Medienschaffende im Zusammenhang mit ihrer Arbeit getötet. 42 davon wurden gezielt ermordet, andere etwa bei der Berichterstattung über soziale Proteste. Am 12.12.2020 wurde im Iran der Journalist Ruhollah Sam hingerichtet – damit wurde weltweit zum ersten Mal seit 30 Jahren

Aktivisten von Reporter ohne Grenzen stehen bei einer Mahnwache am Jahrestag des Mordes am Exiljournalisten Kashoggi vor der saudi-arabischen Botschaft.

wieder die Todesstrafe an einem Journalisten vollstreckt.

Aus dem ersten Halbjahr 2021 sind bisher 12 Fälle von ermordeten Journalisten und Medienmitarbeitern bekannt. Darunter auch ein Fall in einem EU-Land: Am 09.04.2021 wurde Giorgios Karaivaz, ein Polizeireporter, der zu den Aktivitäten krimineller Banden in Griechenland recherchierte, auf offener Straße erschossen.

Am gefährlichsten leben Journalisten weiterhin in Mexiko: Dort wurden 2020 acht Journalisten zum Teil bestialisch getötet. Auch im Irak (6) und in Afghanistan (5) war die Zahl ermordeter Journalisten hoch. Unter den afghanischen Opfern ist auch Malalai Maiwand, eine TV-Journalistin, die sich für die Rechte von Frauen eingesetzt hatte. Sie wurde am 10.12.2020 in Jalalabad vermutlich von Anhängern des IS erschossen.

2020 galten außerdem 54 Journalisten als entführt, davon 34 in Syrien, 11 im Irak und 9 im Jemen. Etwa in der Hälfte der Fälle waren IS-Angehörige für die Taten verantwortlich.

Wegen ihrer Arbeit inhaftiert wurden 2020 weltweit mindestens 387 Medienschaffende, darunter 252 professionelle Journalisten und 122 Blogger. Mit 117 entfiel fast ein Drittel dieser Fälle auf China. Darunter ist die chinesischstämmige australische Journalistin Cheng Lei, die für China Global Television arbeitet und die seit dem 14.08.2020 festgehalten wird. Auch in Saudi-Arabien (34) und Ägypten (30) ist die Zahl der Journalisten, die 2020 zumindest zeitweise wegen ihrer Arbeit im Gefängnis saßen, hoch.

Staaten im Fokus

Benutzerhinweise

Flagge

Balken mit Farbe des Kontinents

Kanada

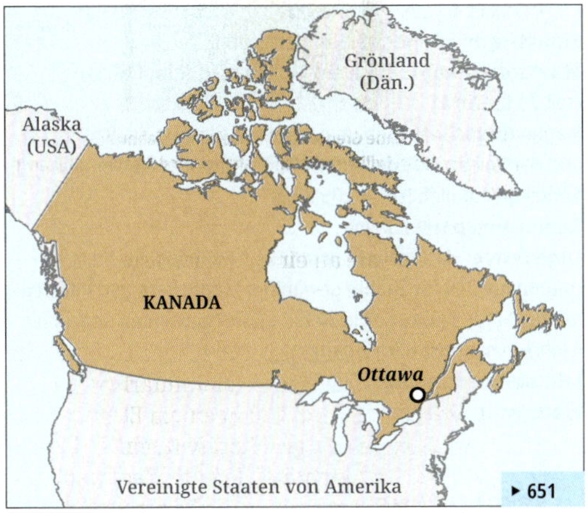

▸ 651

Übersichtskarte

Verweis zur Atlasseite

Fakten und statistische Daten

Ländername	Kanada
Zeitzonen	MEZ -4:30 h bis -9 h
Fläche in km²	9 984 670 (Rang 2)
Anzahl der Einwohner	38 Millionen (Rang 38)
Einwohnerzahl pro km²	4 (Rang 188)
Hauptstadt	Ottawa
Amtssprachen	Englisch, Französisch

WIRTSCHAFT

BIP: 1.64 Bio. US$
Wachstum BIP: -5.4 %
BIP/Kopf: 43 278 US$
Inflation: 0.7 %
Außenhandel: Import 413.71 Mrd. US$ (Kfz und -Teile 13.3 %, Maschinen 12.6 %, Chemische Erzeugnisse 12.4 %, Nahrungsmittel 7.8 %, Elektronik 7.6 %), Export 390.67 Mrd. US$ (Erdöl

Farben der Kontinente

- Afrika
- Asien
- Australien und Ozeanien
- Europa
- Nord- und Mittelamerika
- Südamerika

Die im Titel, der Übersichtskarte, in den Tabellen und anderen Elementen verwendeten Farben zeigen auf einen Blick die Zugehörigkeit eines Staates zu einem Kontinent. Gleichzeitig finden sich diese Farben auch in den politischen Übersichten im Atlasteil wieder.

Quellen zu den Fakten und Daten

Kategorie	Quellen mit Stand
Ländername	Länderverzeichnis für den amtlichen Gebrauch in der Bundesrepublik Deutschland (Auswärtiges Amt, 2020)
Fläche in km²	United Nations Statistics Division - Surface area (Vereinte Nationen, 2020); World Development Indicators - Surface area (Weltbank, 2020)
Anzahl der Einwohner	United Nations Population Division - Total Population (Vereinte Nationen, 2020); World Development Indicators - Population, total (Weltbank, 2020)
Einwohnerzahl pro km²	Berechnet aus der Anzahl der Einwohner und der Fläche in km²
Hauptstadt, Regierungssitz	Länderverzeichnis für den amtlichen Gebrauch in der Bundesrepublik Deutschland (Auswärtiges Amt, 2020)
Bevölkerungsanteil	World Development Indicators - Population ages 0-14, total; Population ages 15–64, total; Population ages 65 and above, total (Weltbank, 2020)
Bevölkerungsverteilung	World Development Indicators - Urban population; Rural population (Weltbank, 2020)
Bevölkerungswachstum	World Development Indicators - Population growth (annual) (Weltbank, 2020); United Nations Population Division - Population growth rate (Vereinte Nationen, 2020)
Lebenserwartung	United Nations Population Division - Life expectancy at birth, females; Life expectancy at birth, males (Vereinte Nationen, 2020)
Alphabetenrate	World Development Indicators - Literacy rate, adult female (ages 15 and above); Literacy rate, adult male (ages 15 and above) (Weltbank, 2018)
Bruttoinlandsprodukt (BIP)	World Economic Outlook Database - GDP, current prices (Internationaler Währungsfonds, 2020); World Development Indicators - GDP (current) (Weltbank, 2020)
Wachstum BIP	World Economic Outlook Database - Real GDP growth (Internationaler Währungsfonds, 2020); World Development Indicators - GDP growth (annual) (Weltbank, 2020)
BIP pro Kopf	World Economic Outlook Database - GDP per capita, current prices (Internationaler Währungsfonds, 2020); World Development Indicators - GDP per capita (current) (Weltbank, 2020)
Inflation	World Economic Outlook Database - Inflation rate, average consumer prices (Internationaler Währungsfonds, 2020); World Development Indicators - Inflation, consumer prices (annual) (Weltbank, 2020)
Außenhandel	International trade statistics - Merchandise imports; Merchandise exports (Welthandelsorganisation, 2020); Wirtschaftsdaten kompakt - Einfuhrgüter nach SITC; Ausfuhrgüter nach SITC (Germany Trade & Invest, 2020)
Erwerbstätige nach Sektoren	Employment In Agriculture; Employment In Industry; Employment In Services (Trading Economics, 2020); World Development Indicators - Employment in agriculture; Employment in industry; Employment in services (Weltbank, 2020)
Arbeitslosenquote	Unemployment Rate (Trading Economics, 2020); World Development Indicators - Unemployment, total (Weltbank, 2020)
CO_2-Emissionen pro Kopf	Kohlendioxidemissionen je Einwohner (Destatis, 2019)

Anmerkung: Neben den angegebenen Hauptquellen wurden verschiedene weitere Quellen genutzt.

Leichte Abweichungen in den Zahlen ergeben sich durch unterschiedliche Berechnungszeiträume und/oder durch Rundung der Werte.

Die Kategorien Wichtige Städte, Bevölkerungsgruppen, Religionen und Sprachen sind in absteigender Reihenfolge angegeben.

Afghanistan

▸ 692

Ländername	Islamische Republik Afghanistan
Zeitzone	MEZ +3:30 h
Fläche in km²	652 864 (Rang 40)
Anzahl der Einwohner	38.9 Millionen (Rang 37)
Einwohnerzahl pro km²	60 (Rang 123)
Hauptstadt	Kabul
Amtssprachen	Dari, Paschtu
Verwaltungsgliederung	34 Provinzen
Wichtige Städte	Kabul, Herat, Kandahar, Mazar-e-Sharif, Jalalabad, Kunduz
Autokennzeichen | ISO-Code	AFG | AFG
Währung	1 Afghani = 100 Puls
Nationalfeiertag	19. August (Unabhängigkeit 1919)

Das unwirtliche Bergland am Hindukusch war von alters her Schauplatz kriegerischer Auseinandersetzungen und ein Durchgangsland mit wechselnden Herrschern. Die strategisch bedeutsame Lage und die Möglichkeit, diese Nahtstelle des asiatischen Handels zu kontrollieren, weckte häufig das Interesse fremder Mächte. In jüngster Zeit führte ein blutiger Bürgerkrieg das Land ins Chaos. Der internationale Militäreinsatz 2001 bis 2021 hat einer politischen Neuordnung den Weg geebnet. Sie wird aber seitdem vom Wiedererstarken der islamistischen Taliban bedroht. Afghanistan ist seit 2004 eine islamische Republik.

GEOGRAFIE

Geografische Lage: Von 29°23‘ bis 38°28‘ nördlicher Breite sowie von 60°29‘ bis 74°54‘ östlicher Länge (Zentralasien)
Höchster Punkt: Nowshak 7485 m
Klima: Kontinentales Steppenklima, im Südwesten Wüstenklima, im Nordosten Hochgebirgsklima

POLITIK

Staatsform: Islamische Präsidialrepublik
Staatsoberhaupt: Präsident Mohammad Ashraf Ghani (seit 29.09.2014)
Regierungschef: Mohammad Ashraf Ghani (seit 29.09.2014) und der Vorsitzende des Hohen Rates für nationale Versöhnung Abdullah Abdullah (seit 17.05.2020)
Regierungspartei: keine
Legislative: Nationalversammlung, bestehend aus Volksvertretung mit 250 für 5 Jahre gewählten Mitgliedern und Ältestenrat mit 34 für 3 Jahre sowie 34 für 4 Jahre gewählten und 34 für 5 Jahre ernannten Mitgliedern
Jahr der Verfassung: 2004
Wahlrecht: 18 Jahre

BEVÖLKERUNG

Bevölkerungsanteil: <15 Jahre 41.8 %, 15–64 Jahre 55.5 %, >64 Jahre 2.7 %
Verteilung: Stadt 26 %, Land 74 %
Wachstum: 2.3 %
Lebenserwartung: Frauen 67 Jahre, Männer 64 Jahre
Alphabetenrate: Frauen 29.8 %, Männer 55.5 %
Bevölkerungsgruppen: Paschtunen, Tadschiken, Hazara, Usbeken u. a.
Religion: Muslime
Sprachen: Dari, Paschtu, Usbekisch, Englisch, Turkmenisch, Urdu, u. a.

WIRTSCHAFT

BIP: 19.13 Mrd. US$
Wachstum BIP: -5 %
BIP/Kopf: 581 US$
Inflation: 5.6 %
Außenhandel: Import 6.48 Mrd. US$ (Nahrungsmittel 19.7 %, Kohle 9.9 %, Petrochemie 9.2 %, Textilien und Bekleidung 6 %, Nichtmetallische Mineralien 5.4 %), Export 783 Mio. US$ (Nahrungsmittel 61.8 %, Rohstoffe außer Brennstoffe 24.7 %, Kohle 8 %, Textilien und Bekleidung 3.5 %, Metallwaren 0.8 %)
Erwerbstätige nach Sektoren: Landwirtschaft 42.4 %, Industrie 18.2 %, Dienstleistungen 39.4 %
Arbeitslosenquote: 11.7 %
CO_2-Emission/Kopf: 0.3 t

RÜCKBLICK

Internationale Militärpräsenz: Am 14.04.2021 verkündete Präsident Joe Biden den **vollständigen Rückzug der US-Streitkräfte** aus Afghanistan bis zum 11.09.2021. Damit soll die amerikanische Militärpräsenz am 20. Jahrestag der Anschläge auf das World Trade Center in New York enden. Außenminister Anthony Blinken unterrichtete am 14.04.2021 die Außen -und Verteidigungsminister der NATO über die Entscheidung Washingtons; die Verbündeten erklärten, ihre im Rahmen der NATO-Mission „Resolute Support" in Afghanistan stationierten Kräfte ebenfalls bis zum 11.09.2021 abzuziehen. Die Taliban warfen den USA den Bruch des im Februar 2020 mit der Vorgängerregierung unter Donald Trump geschlossenen bilateralen Abkommens vor, das den Abzug der US-Truppen bis zum 01.05.2021 vorsah und drohten mit verstärkten Angriffen. Bei einem Besuch in Kabul versicherte Außenminister Antony Blinken Präsident Ashraf Ghani am 15.04.2021 der fortgesetzten Unterstützung der USA auch nach dem Abzug der noch etwa 9500 Soldaten der NATO-Staaten und ihrer Verbündeten. Sorgen vor einem überstürzten Abzug der internationalen Truppen wurden durch Überlegungen in Washington verstärkt, die Rückführung der Soldaten bereits zum 04.07.2021 zu bewerkstelligen. Mehrere Verbündete, darunter Deutschland, zogen ihre letzten Soldaten bis zum 30.06.2021 ab.

Friedensgespräche: Die Frage des Gefangenenaustauschs verzögerte den Beginn der im Februar 2020 von US-Regierung und den Taliban vereinbarten innerafghanischen Friedensgespräche. Erst nachdem eine Große Stammesversammlung (Loya Jirga) am 06.08.2020 die Freilassung auch solcher Taliban angeordnet hatte, die von der Regierung als Beteiligte an schweren Verbrechen angesehen wurden, begannen am 12.09.2020 die Friedensverhandlungen im katarischen Doha. Die Regierung war durch den Friedensbeauftragten der Regierung, Abdullah Abdullah, und Außenminister Hanif Atmar, der als Vertrauter von Präsident Ghani gilt, vertreten. In zentralen Fragen – Waffenstillstand, Machtbeteiligung der Taliban, Frauenrechte – kam es in den folgenden Monaten zu keinen Ergebnissen. Auch eine internationale Friedenskonferenz in Moskau, an der neben Russland, die VR China, Pakistan, die USA, die afghanische Regierung und die Taliban teilnahmen, endete im März nur mit einem unverbindlichen Friedensappell.

Bürgerkrieg: Die Zahl der zivilen Opfer der Kampfhandlungen ging nach Angaben der UN-Mission für Afghanistan (Unama) 2020 mit 8820 Toten und Verwundeten gegenüber dem Vorjahr um 15 % zurück. Etwa ein Viertel der Zivilopfer rechnete die Unama Operationen der Sicherheitskräfte, 62 % aufständischen Aktionen zu. Es gab im Berichtsjahr zahlreiche Sprengstoffanschläge, deren Urheberschaft oft im Dunkeln blieb. Häufig war die Volksgruppe der schiitischen Hazara das Ziel solcher Attacken, was für die Täterschaft des Islamischen Staates (IS) spricht. Der Beginn der Friedensverhandlungen in Doha war nicht mit einer Entspannung verbunden: In den ersten drei Monaten des Jahres 2021 nahmen die Angriffe militanter Gruppen mit vorwiegend zivilen Opfern laut amerikanischen Quellen um 37 % gegenüber dem Vorjahr zu; etwa 100 000 neue Binnenflüchtlinge waren die Folge. Im selben Zeitraum stieg die Zahl der „Insider-Angriffe" von Angehörigen der Sicherheitskräfte um 82 % gegenüber dem Vorjahr an – 115 Soldaten kamen dabei ums Leben. Armee und Sicherheitskräfte gerieten seit der Ankündigung des Komplettrückzugs der internationalen Streitkräfte unter verstärkten Druck der Taliban, die mehrere Bezirke einnahmen und auf mehrere Provinzhauptstädte vorrückten. Ein revidierter US-Geheimdienstbericht hielt einen Zusammenbruch der verfassungsmäßigen Organe noch im Winter 2021/22 für möglich.

Corona-Pandemie: Der Verlauf der Pandemie folgte im Berichtsjahr dem weltweiten Trend: Nach einem Höhepunkt im Juni 2020 gingen die Ansteckungs- und Todesraten zurück, um im Oktober wieder anzusteigen und im Januar 2021 einen zweiten Höhepunkt zu erreichen. Die dritte Welle erreichte im April einen neuerlichen Höhepunkt. Statistiken spiegelten die reale Lage nur unzureichend wider: Das vom Bürgerkrieg in Mitleidenschaft gezogene Gesundheitssystem, die verbreitete Mangelernährung sowie großteils beengte und unhygienische Wohnverhältnisse ließen weit höhere Fallzahlen erwarten. Nach einer stichprobenhaften Testung von rund 11 000 Bürgern verschiedener Altersgruppen schätzte das Gesundheitsministerium im August 2020 die Gesamtzahl der Infizierten auf etwa 10 Mio., rund das 300-fache der bis dahin von den Krankenhäusern Gemeldeten. Gesundheitsministerium und WHO bemühten sich um Impfschutz. Bis Ende Juni lag das Tagespensum bei etwa 14 000 Impfungen, insgesamt waren bis dahin ca. eine Mio. Dosen verabreicht worden. 120 000 Impfdosen waren im Rahmen des COVAX-Programm geliefert worden; zudem sollen die VR China 400 000 und Indien 500 000 Dosen gespendet haben.

Ägypten

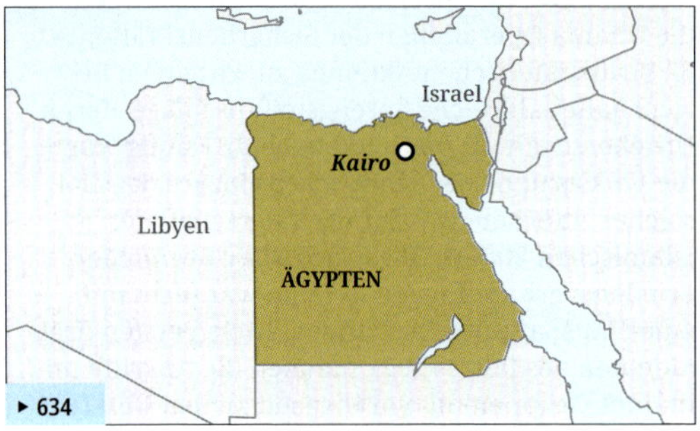

▸ 634

Ländername	Arabische Republik Ägypten
Zeitzone	MEZ +1 h
Fläche in km²	1 010 408 (Rang 29)
Anzahl der Einwohner	102.3 Millionen (Rang 14)
Einwohnerzahl pro km²	101 (Rang 85)
Hauptstadt	Kairo
Amtssprache	Arabisch
Verwaltungsgliederung	27 Provinzen
Wichtige Städte	Kairo, Alexandria, Gizeh, Shoubra al-Khaima, Port Said, Suez
Autokennzeichen | ISO-Code	ET | EGY
Währung	1 Ägyptisches Pfund = 100 Piaster
Nationalfeiertag	23. Juli (Revolution 1952)

Götter und Pharaonen, Pyramiden und Hieroglyphen sind die Symbole für die frühe ägyptische Hochkultur. Das Land im Nordosten des afrikanischen Kontinents ist eine Brücke zwischen Orient und Okzident, ein Land zwischen Tradition und Moderne, Arm und Reich im Schatten einer glanzvollen Vergangenheit. 2011 endete nach Massenprotesten der Bevölkerung das autoritäre Regime des seit 1981 herrschenden Präsidenten Mubarak. Nach der „Arabischer Frühling" genannten Revolution übernahmen die Muslimbrüder mit Mohammed Mursi die politische Führung. Nach erneuten Unruhen und Massenprotesten kam es Mitte 2013 zum Militärputsch. Seither regiert der Militär Abdel Fattah al-Sisi das Land.

GEOGRAFIE

Geografische Lage: Von 22° bis 31°39' nördlicher Breite sowie von 24°41' bis 36°54' östlicher Länge (Nordafrika)
Höchster Punkt: Jabal Katrina 2637 m
Klima: Halbwüsten- und Wüstenklima

POLITIK

Staatsform: Präsidiale Republik
Staatsoberhaupt: Präsident Abdel Fattah al-Sisi (seit 08.06.2014)
Regierungschef: Premierminister Mustafa Madbouly (seit 07.06.2018)
Regierungspartei: Hizb Mustaqbal Watan (Partei der Zukunft der Nation)
Legislative: Zweikammer-Parlament: Repräsentantenhaus mit 596 für 5 Jahre gewählten und 28 ernannten Mitgliedern und Senat mit 300 Sitzen, davon 100 ernannten und 200 gewählten Mitgliedern
Jahr der Verfassung: 2014
Wahlrecht: 18 Jahre

BEVÖLKERUNG

Bevölkerungsanteil: <15 Jahre 33.9 %, 15–64 Jahre 60.7 %, >64 Jahre 5.4 %
Verteilung: Stadt 42.8 %, Land 57.2 %
Wachstum: 1.9 %
Lebenserwartung: Frauen 75 Jahre, Männer 70 Jahre
Alphabetenrate: Frauen 65.5 %, Männer 76.5 %
Bevölkerungsgruppen: Ägypter u. a.
Religionen: Muslime, Christen
Sprache: Arabisch

WIRTSCHAFT

BIP: 361.85 Mrd. US$
Wachstum BIP: 3.6 %
BIP/Kopf: 3587 US$
Inflation: 5.7 %
Außenhandel: Import 60.7 Mrd. US$ (Nahrungsmittel 17.5 %, Chemische Erzeugnisse 15.1 %, Rohstoffe außer Brennstoffe 8.7 %, Maschinen 8.2 %, Kfz und -Teile 7.5 %), Export 26.12 Mrd. US$ (Chemische Erzeugnisse 17.5 %, Nahrungsmittel 16.4 %, Gold 10.9 %, Petrochemie 10.8 %, Textilien und Bekleidung 9.7 %)
Erwerbstätige nach Sektoren: Keine Angabe
Arbeitslosenquote: 8.3 %
CO_2-Emission/Kopf: 2.5 t

RÜCKBLICK

Parlamentswahl: Die in zwei Runden am 24. und 25. Oktober sowie am 7. und 8. November 2020 abgehaltene Parlamentswahl endete wie von Beobachtern erwartet mit einer **absoluten Mehrheit** der Partei von **Präsident al-Sisi**, Hizb Mustaqbal Watan (Partei der Zukunft der Nation). Die Wahlbeteiligung betrug jeweils nur 29 %. Auf Grund der harten staatlichen **Repressionen gegen Oppositionsparteien, Journalisten und Demonstranten** und der Zersplitterung der Opposition war mit einem solchen Ergebnis gerechnet worden. Ein Großteil der individuellen Kandidaten und anderen Parteien, die auch einen relevanten Anteil an Sitzen erreichen konnten, wird als loyal dem Präsidenten gegenüber beschrieben.

Wirtschaft: Trotz eines pandemiebedingten signifikanten Einbruchs in der wichtigen Tourismusbranche, auf die 5.5 % des BIP und 9.5 % der Arbeitsplätze entfallen, gehörte Ägypten zu den wenigen afrikanischen Staaten, die 2020 ein **Wachstum** des Bruttoinlandsprodukts verzeichneten. Die durch COVID-19 ausgelösten globalen ökonomischen Verwerfungen führten zu sinkenden Exporten, jedoch konnte ein gestiegener inländischer Konsum bei einer deutlich gesunkenen Inflation negative Effekte abfedern. Insgesamt konnte wegen einer Phase der Implementation von **austeritätspolitischen Reformen** seit 2016 das Gesamtdefizit beim staatlichen Haushalt trotz der Pandemie im Vergleich zu 2019 stabil gehalten werden. Nichtsdestotrotz führten die Umstände 2020 zu einer Umkehr der in den vorherigen Jahren noch positiven Kapitalflüsse ins Land. Aufgrund des erhöhten Refinanzierungsbedarfs griff der Staat auf Gelder verschiedener supranationaler Fazilitäten wie **COVID-19-Hilfsgeldern** aus der „Rapid Credit Facility" des Internationalen Währungsfonds zurück.

Ausgrabungen: Im April 2021 wurde veröffentlicht, dass Archäologen die vermutlich größte **antike Stadt** Ägyptens freilegen. Die Strukturen samt Lehmhäusern, Werkzeugen und anderen Gegenständen liegen in der Provinz Luxor und sollen ca. 3000 Jahre alt sein und somit aus der Ära unter König Amenophis III. stammen. Erste Teile der Stadt wurden bereits in den 1930er-Jahren freigelegt, durch die Ausmaße der neuen Funde werden diese jedoch als eine der **wichtigsten Entdeckungen** der letzten Jahrzehnte in Ägypten gehandelt.

Suezkanal: Am 23.03.2021 lief der Containerfrachter „Ever Given", der vom taiwanesischen Konzern Evergreen betrieben wird, im Suezkanal auf Grund. Dieser war für 6 Tage **blockiert**, was zu weltweiten Verzögerungen in Logistikketten führte. Als Reaktion wurde der Frachter unter Schadensersatzforderungen von den Behörden festgesetzt und ein weiterer **Kanalausbau** angekündigt.

Nil: Nachdem im Jahr 2020 bereits 5 Mrd. m^3 Nilwasser durch die Fortsetzung der Bautätigkeiten am äthiopischen Grand-Ethiopian-Renaissance-Staudamm **aufgestaut** wurden, kündigte die äthiopische Regierung Pläne für weitere 13.5 Mrd. m^3 im Jahr 2021 an. Dadurch haben sich die **diplomatischen Spannungen** zwischen der ägyptischen und der äthiopischen Regierung nochmals verschärft. Es folgten weitere militärische Drohungen von ägyptischer Seite, die eine Wasserknappheit befürchtet.

Neue Hauptstadt: Der Bau der Planstadt, die bisher unter dem Namen „New Administrative Capital" gehandelt wird und bei Fertigstellung die neue Hauptstadt Ägyptens werden und 6.5 Mio. Einwohner beherbergen soll, schreitet weiterhin **mit hohem Tempo** voran. Der Bau des zentralen Geschäftsviertels der Stadt wird aktuell federführend von der China State Construction Engineering Corporation durchgeführt. Dabei soll unter anderem noch im Jahr 2021 der dann höchste Wolkenkratzer des afrikanischen Kontinents seine letzte Bauphase erreichen. Zusätzlich wird an einem neuen Parlament, einem neuen Präsidentenpalast und dem zukünftig größten Flughafen des Landes gebaut.

Menschenrechtslage: Die staatlichen Repressionen in Ägypten haben sich so weit verschärft, dass Anfang 2021 über 100 NGOs ein Eingreifen des UN-Menschenrechtsrats forderten. Bei der 46. Sitzung des Rates trugen 31 Staaten eine gemeinsame Erklärung vor, in der Übergriffe und Repressionen angeprangert wurden. Die Zahl der **Hinrichtungen** hat sich laut einem Bericht von Amnesty International im Jahr 2020 **verdreifacht**. Mit mindestens 107 nachgewiesenen Todesurteilen, wovon mindestens 23 im Zusammenhang mit politischer Gewalt standen, rangierte Ägypten 2020 weltweit auf Platz 2.

Lockdown: Auf die ersten COVID-19-Fälle im Land reagierte die Regierung unter anderem mit temporären **Ausgangssperren**. Die Regelungen führten zu einem kurzfristigen deutlichen Anstieg der Arbeitslosigkeit und auch zu bisweilen anhaltenden sinkenden Einkommen bei über 70 % der Haushalte. Die Regierung reagierte mit verschiedenen Programmen, die größtenteils auf direkte Geldtransfers zu vulnerablen Haushalten abzielten. Diese wurden von Beobachtern jedoch aufgrund der staatlich forcierten Austeritätspolitik als unzureichend beschrieben.

Corona-Verlauf, Zeitraum 1. Januar 2020–30. Juni 2021
Werte als Bevölkerungsanteil, außer bei der Letalität

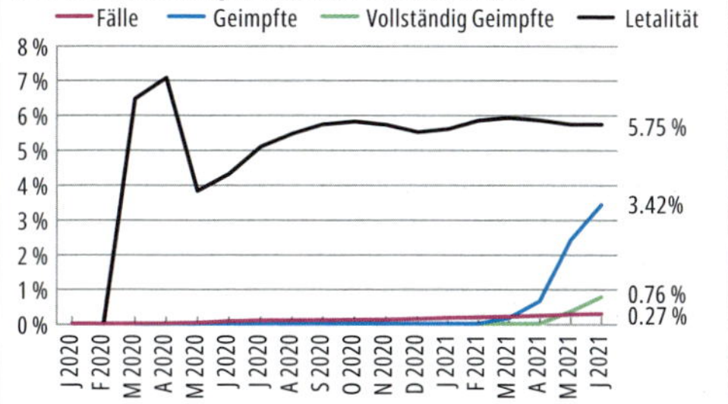

Quelle: Our World in Data, 30.06.2021

Albanien

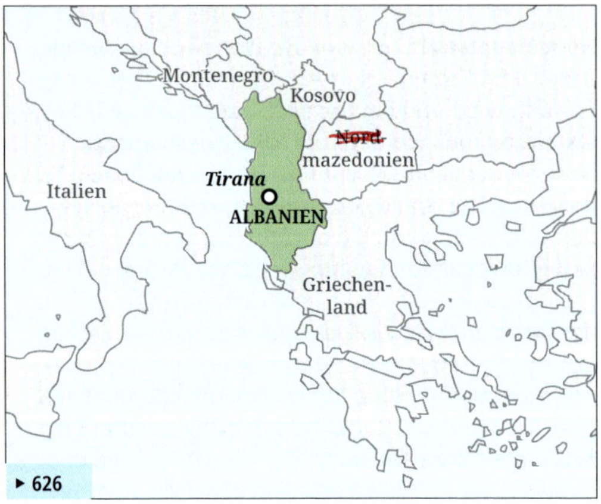

▸ 626

Ländername	Republik Albanien
Zeitzone	MEZ ±0 h
Fläche in km^2	28 748 (Rang 141)
Anzahl der Einwohner	2.8 Millionen (Rang 137)
Einwohnerzahl pro km^2	99 (Rang 88)
Hauptstadt	Tirana
Amtssprache	Albanisch
Verwaltungsgliederung	12 Bezirke
Wichtige Städte	Tirana, Durrës, Vlorë, Elbasan, Shkodër
Autokennzeichen | ISO-Code	AL | ALB
Währung	Lek
Nationalfeiertag	28. November (Unabhängigkeit 1912)

Das Land der Skipetaren gehörte durch die jahrzehntelange kommunistische Diktatur zu den abgeschlossensten und isoliertesten Regionen der Welt. Seit seiner politischen Öffnung Anfang der 1990er-Jahre bemüht sich Albanien im Spannungsfeld der Balkanhalbinsel um Integration in die internationale Gemeinschaft. 2009 wurde das Land Mitglied der NATO. Seit 2014 ist es Beitrittskandidat der EU, 2020 wurde eine politische Einigung über die Aufnahme von Beitrittsverhandlungen erzielt.

GEOGRAFIE

Geografische Lage: Von 39°38' bis 42°39' nördlicher Breite sowie von 19°16' bis 21°02' östlicher Länge (Südosteuropa)
Höchster Punkt: Korab 2764 m
Klima: Im Landesinneren kontinentales Klima, an der Küste Mittelmeerklima

POLITIK

Staatsform: Parlamentarische Republik
Staatsoberhaupt: Präsident Ilir Meta (seit 24.07.2017)
Regierungschef: Ministerpräsident Edi Rama (seit 16.09.2013)
Regierungspartei: PSSH (Partia Socialiste e Shqipërisë, Sozialistische Partei Albaniens)
Legislative: Parlament mit 140 für 4 Jahre gewählten Mitgliedern
Jahr der Verfassung: 1998
Wahlrecht: 18 Jahre

BEVÖLKERUNG

Bevölkerungsanteil: <15 Jahre 17.2 %, 15–64 Jahre 68.1 %, >64 Jahre 14.7 %
Verteilung: Stadt 62.1 %, Land 37.9 %
Wachstum: -0.6 %
Lebenserwartung: Frauen 80 Jahre, Männer 77 Jahre
Alphabetenrate: Frauen 97.8 %, Männer 98.5 %
Bevölkerungsgruppen: Albaner, Griechen u. a.
Religionen: Muslime, Christen, Sonstige
Sprachen: Albanisch, Minderheitensprachen

WIRTSCHAFT

BIP: 15.15 Mrd. US$
Wachstum BIP: -3.5 %
BIP/Kopf: 5287 US$
Inflation: 1.6 %
Außenhandel: Import 5.57 Mrd. US$ (Nahrungsmittel 10.2 %, Textilien und Bekleidung 9.8 %, Chemische Erzeugnisse 8.2 %, Kfz und -Teile 5.7 %, Petrochemie 3.2 %), Export 2.51 Mrd. US$ (Textilien und Bekleidung 19.7 %, Schuhe 19.3 %, Nahrungsmittel 7 %, Rohstoffe außer Brennstoffe 2.4 %, Strom 1.7 %)
Erwerbstätige nach Sektoren: Landwirtschaft 36.1 %, Industrie 20.2 %, Dienstleistungen 43.7 %
Arbeitslosenquote: 11.7 %
CO_2-Emission/Kopf: 1.9 t

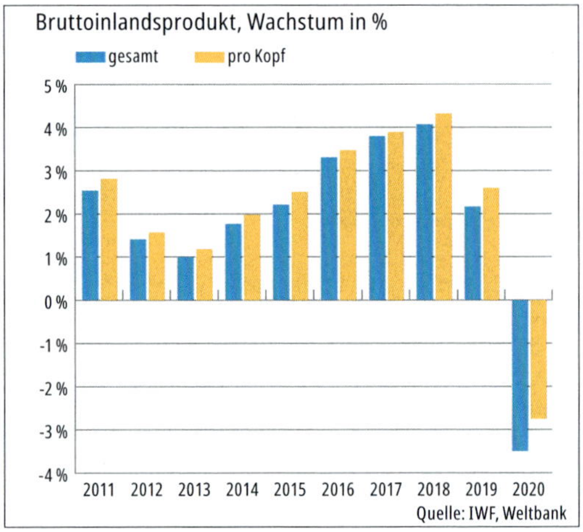

Quelle: IWF, Weltbank

RÜCKBLICK

Parlamentswahlen: Bei den Parlamentswahlen am 25.04.2021 verteidigten die **Sozialisten** (PSSH) unter der Führung von Ministerpräsident Edi Rama mit 48.7 % der Stimmen (74 Sitze) ihre **absolute Mehrheit** im Parlament. Die Demokratische Partei (PDSH) folgte mit 39.4 % (59 Sitze, +13) an zweiter Stelle. Ihre Gewinne gingen auf Kosten der Sozialistischen Bewegung für Integration (LSI), die rund die Hälfte ihrer Stimmen einbüßte und auf nur noch 6.8 % kam (4 Sitze, -15). Als vierter Partei gelang den Sozialdemokraten (PSD) mit 2.3 % (3 Sitze, +2) der Einzug ins Parlament. Die Wahlbeteiligung lag mit 46.3 % nur geringfügig unter der von 2017. Die PSSH war in acht Wahlkreisen, darunter auch in Tirana, stärkste Partei. Die Hochburgen der PDSH lagen wie bisher im Norden des Landes, wo sie in vier Wahlkreisen stärkste Partei wurde. Im Wahlkampf wurde bei einer Auseinandersetzung von Anhängern rivalisierender Parteien in Elbasan am 21.04.2021 ein Lokalpolitiker der PSSH getötet. Vorausgegangen war den Wahlen eine Verfassungsänderung am 30.07.2020, die das Wahlrecht betraf; am 05.10.2021 folgte ein entsprechendes Gesetz. Die Oppositionsparteien, die seit Februar 2019 das Parlament boykottierten, lehnten die Änderungen ab, da sie gegen eine von allen Parteien getroffene Vereinbarung verstießen. Auch die Venedig-Kommission des Europarats, die dessen Mitgliedstaaten in verfassungsrechtlichen Fragen berät, kritisierte die Wahlrechtsänderungen, insbesondere die Eile, mit der sie erfolgten, und den Verzicht auf einen Konsens mit der Opposition.

Verfassungsgericht: Das Verfassungsgericht, das drei Jahre lang beschlussunfähig war, konnte am 24.12.2020 seine Arbeit wieder aufnehmen, nachdem Staatspräsident Ilir Meta zwei Richter ernannt hatte und das Gericht damit wie vorgesehen aus 6 Mitgliedern bestand. In einem Urteil erklärte es am 05.05.2021 ein Gesetz, das vorsieht, dass die Polizei jede öffentliche Versammlung ohne Angabe von Gründen untersagen könne, für verfassungswidrig und wies das Parlament an, dies zu korrigieren.

Proteste: Am 09.12.2020 kam es in Tirana, Shkodër und weiteren Städten zu Protesten mit Hunderten von Teilnehmern, nachdem ein Polizist einen jungen Mann erschossen hatte, der während der infolge der Corona-Pandemie verhängten Ausgangssperre außerhalb seiner Wohnung angetroffen wurde. Die Proteste, die auch am folgenden Tag weitergingen, eskalierten in gewaltsamen Auseinandersetzungen mit der Polizei. Innenminister Sandër Lleshaj trat am 10.12.2020 zurück.

Regierung: Der bisherige Landwirtschaftsminister Bledi Çuçi trat am 16.12.2020 an die Stelle des zurückgetretenen Innenministers Lleshaj. Verteidigungsministerin Olta Xhaçka übernahm am 04.01.2021 die Leitung des Außenministeriums, nachdem der stellvertretende Außenminister Gent Cakaj am 29.12.2020 zurückgetreten war. Nominell stand Ministerpräsident Rama seit Anfang 2019 an der Spitze des Außenministeriums, da sich Staatspräsident Meta geweigert hatte, Cakaj zum Außenminister zu ernennen. Neuer Verteidigungsminister wurde Niko Peleshi, ein früherer stellvertretender Ministerpräsident.

Konflikt mit Staatspräsident: Der schon längere Zeit bestehende Konflikt zwischen der Regierung und Staatspräsident Meta dauerte an. Ein Parlamentsausschuss stellte am 18.07.2020 eine Verletzung von Amtspflichten des Staatsoberhaupts fest, insbesondere im Zusammenhang mit den Kommunalwahlen 2019. Diese rechtfertigten indes nicht eine Amtsenthebung. Am 07.05.2021 setzte das Parlament erneut einen Untersuchungsausschuss ein, nachdem mehrere sozialistische Abgeordnete Meta beschuldigt hatten, in die Wahlen eingegriffen und offen Partei für die oppositionellen Parteien ergriffen zu haben. Am 09.06.2021 beschloss das Parlament, ein Amtsenthebungsverfahren gegen Meta einzuleiten. Ihm wurde vorgeworfen, gegen 16 Artikel der Verfassung verstoßen zu haben. Die endgültige Entscheidung über eine Amtsenthebung liegt beim Verfassungsgericht.

Corona-Pandemie: Nachdem im Sommer und Frühherbst 2020 die Zahl der Infektionen mit dem SARS-CoV-2-Virus gering geblieben war, stieg diese im November deutlich an. Die Regierung verschärfte daraufhin am 09.11.2020 die Maßnahmen und ordnete zwischen 22:00 und 6:00 Uhr eine Ausgangssperre an. Außerhalb der Wohnung galt bereits zuvor eine allgemeine Maskenpflicht. Versammlungen einschließlich Sport-und Kulturveranstaltungen wurden untersagt, das Studium an den Hochschulen wurde komplett auf digitales Format umgestellt. Ab Mitte Dezember gingen die Infektionszahlen wieder zurück, bevor im Januar 2021 eine Infektionswelle einsetzte, die ihren Höhepunkt im Februar erreichte und danach langsam abflaute. Am 11.01.2021 wurde mit den Impfungen begonnen.

Algerien

▸ 632

Ländername	Demokratische Volksrepublik Algerien
Zeitzone	MEZ ±0 h
Fläche in km²	2 381 741 (Rang 10)
Anzahl der Einwohner	43.9 Millionen (Rang 33)
Einwohnerzahl pro km²	18 (Rang 169)
Hauptstadt	Algier
Amtssprachen	Arabisch, Berberisch (Tamazight)
Verwaltungsgliederung	48 Provinzen
Wichtige Städte	Algier, Oran, Constantine, Annaba, Batna, Blida
Autokennzeichen | ISO-Code	DZ | DZA
Währung	1 Algerischer Dinar = 100 Centimes
Nationalfeiertage	5. Juli (Unabhängigkeit 1962), 1. November (Revolution 1954)

Algerien, der größte Staat Afrikas, erstreckt sich von der dicht besiedelten Küste des westlichen Mittelmeeres bis zur menschenleeren Wüste der Sahara. In dem zentralen Maghrebland haben sich über Jahrhunderte orientalische, europäische und afrikanische Einflüsse vermischt. Vor allem die französische Kolonialzeit hat deutliche Spuren hinterlassen. Infolge der langjährigen Auseinandersetzungen mit den islamischen Fundamentalisten steht das Land heute an einer Wendemarke.

GEOGRAFIE

Geografische Lage: Von 18°59′ bis 37°06′ nördlicher Breite sowie von 8°41′ westlicher bis 11°58′ östlicher Länge (Nordafrika)
Höchster Punkt: Tahat 2918 m
Klima: An der Küste warmes Mittelmeerklima, im Atlasgebirge Steppenklima, südlich des Atlas heißes Wüstenklima

POLITIK

Staatsform: Präsidiale Republik
Staatsoberhaupt: Präsident Abdelmadjid Tebboune (seit 19.12.2019)
Regierungschef: Premierminister Abdelaziz Djerrad (seit 28.12.2019)
Regierungspartei: FLN (Nationale Befreiungsfront)
Legislative: Parlament, bestehend aus Nationalversammlung mit 462 für 5 Jahre gewählten Mitgliedern und Nationalrat mit 96 für 6 Jahre gewählten und 46 ernannten Mitgliedern (jeweils alle 3 Jahre teilerneuert)
Jahr der Verfassung: 2020
Wahlrecht: 18 Jahre

BEVÖLKERUNG

Bevölkerungsanteil: <15 Jahre 30.8 %, 15–64 Jahre 62.5 %, >64 Jahre 6.7 %
Verteilung: Stadt 73.7 %, Land 26.3 %
Wachstum: 1.8 %
Lebenserwartung: Frauen 78 Jahre, Männer 76 Jahre
Alphabetenrate: Frauen 75.3 %, Männer 87.4 %
Bevölkerungsgruppen: Araber, Berber u. a.
Religion: Muslime
Sprachen: Arabisch, Berbersprachen, Französisch

WIRTSCHAFT

BIP: 144.29 Mrd. US$
Wachstum BIP: -6 %
BIP/Kopf: 3263 US$
Inflation: 2.4 %
Außenhandel: Import 35.12 Mrd. US$ (Nahrungsmittel 17.2 %, Maschinen 16.5 %, Chemische Erzeugnisse 13 %, Eisen und Stahl 8.1 %, Kfz und -Teile 7.3 %), Export 21.52 Mrd. US$ (Gas 40 %, Erdöl 36.1 %, Petrochemie 18.3 %, Chemische Erzeugnisse 2.2 %, Erdölnebenerzeugnisse 1.6 %)
Erwerbstätige nach Sektoren: Landwirtschaft 9.7 %, Industrie 30.6 %, Dienstleistungen 59.7 %
Arbeitslosenquote: 12.8 %
CO_2-Emission/Kopf: 4.2 t

RÜCKBLICK

Proteste: Die große, das öffentliche Leben in Algerien prägende Protestbewegung **Hirak** hat auch 2021 weiterhin mit diversen landesweiten **Demonstrationen und Streiks** Druck auf die von ihr kritisierte Regierung ausgeübt. Die Proteste wurden zunächst nach dem Ausbruch der Corona-Pandemie eingestellt. Gegen Ende des Jahres 2020 und noch einmal besonders verstärkt ab Februar 2021 kam es jedoch wieder zu regelmäßigen Veranstaltungen mit mehreren Zehntausend Teilnehmern in verschiedensten Landesteilen.

Anhänger der Hirak-Bewegung auf der 112. Freitagsdemonstration am 09.04.2021 in Algier.

Verfassungsreform: Im Kontext der sich nicht beruhigenden Proteste stieß Präsident Abdelmadjid Tebboune einen Prozess zur Reform der Verfassung an. Dazu war im November 2020 eine Volksabstimmung angesetzt, durch die die Reform bestätigt werden sollte. Die Abstimmung wurde jedoch von Hirak und weiten Teilen der Bevölkerung **boykottiert**. Zwar stimmte eine deutliche Mehrheit für den Entwurf, durch die geringe Wahlbeteiligung von nur 23 % stimmten im Verhältnis zur Gesamtzahl der Wahlberechtigten jedoch weniger als 14 % mit Ja. Von Seiten der Protestbewegung wurde der Entwurf als Farce bezeichnet, mit dem keine tatsächlichen, tiefgreifenden Veränderungen in dem von ihr als veraltet und korrupt verstandenen politischen System des Landes möglich seien. Trotzdem wurde die neue Verfassung am 30.12.2020 per Dekret des Präsidenten **in Kraft** gesetzt. Sie legt einen Fokus auf mehr Rechte und Freiheiten für Individuen, dabei wird jedoch beispielsweise **kritisiert**, dass diese nicht einklagbar seien. Außerdem wurden durch die Reform die Befugnisse der Armee erweitert und die grundsätzliche Architektur des algerischen Präsidialsystems beibehalten.

Festnahmen: Unter dem Vorwurf, die nationale Einheit gefährdet zu haben, wurde der algerische Journalist Khaled Drareni im Sommer 2020 zu 3 Jahren Haft verurteilt. NGOs wie Reporter ohne Grenzen sprachen von einem **politischen Prozess**. Mehrere Duztend inhaftierte Anhänger der Bewegung wurden aufgrund einer **Begnadigung** durch den Präsidenten, welche als Antwort auf Ängste wegen der wiederaufflammenden Proteste interpretiert wurde, im Februar 2021 unter Vorbehalt freigelassen. Unter ihnen Drareni, der sich zu einer Symbolfigur der Bewegung entwickelt hat. Im April 2021 kam es jedoch zu einer neuen **Welle der Verhaftungen** von Hirak-Aktivisten.

Wirtschaft: Nachdem das BIP trotz der weiterhin anhaltenden **Wirtschaftskrise** und der starken Abhängigkeit vom Ölpreis 2019 leicht gestiegen war, befand sich Algerien 2020 wieder deutlich in einer Rezession. Durch das Zusammenwirken der schon länger bestehenden strukturellen Probleme und den in Algerien starken sozioökonomischen Auswirkungen der Corona-Pandemie schrumpfte das reale Wachstum des BIP um 6 %. Für 2021 ist wieder ein leichtes Wachstum prognostiziert, was aber nicht den Verlust aus dem Vorjahr kompensieren dürfte. Der **Rückgang der Einnahmen** aus Öl- und Gasexporten trug zu einer weiteren Ausweitung des öffentlichen und des außenwirtschaftlichen Defizits bei. Im Vergleich zum Vorjahr hat sich das Haushaltsdefizit 2020 auf 13.6 % des BIP mehr als verdoppelt.

Fiskalpolitik: Die starke Ausrichtung auf Öl- und Gasexporte und die damit einhergehenden Importabhängigkeiten erhöhten das **Leistungsbilanzdefizit**, was die bereits in den Vorjahren stark unter Druck gekommenen **Devisenreserven** weiter schmälerte. Bei einer anhaltend negativen Entwicklung könnten die Dollarreserven des Staates bis Ende 2021 aufgebraucht sein. Aufgrund der Auswirkungen der Pandemie lag der Preis, zu dem algerisches Rohöl exportiert werden konnte, im zweiten Quartal 2020 mehr als 50 % unter dem von der Regierung im Budget eingeplanten Wert. Als Reaktion darauf kündigte Präsident Tebboune zunächst im März 2020 an, die **Staatsausgaben** um 30 % zu senken, später wurde die **Reduzierung** sogar auf 50 % korrigiert. Parallel lehnte die Regierung im Mai Kredite des IWF unter Verweis auf eine daraus folgende Reduzierung der nationalen Souveränität und eine potenzielle Einflussnahme auf die Position der Regierung bezüglich der Republik Westsahara ab. Dadurch erhöhten sich im Kontext der Corona-Pandemie primär die inländischen, nicht die ausländischen Schulden des Staates.

Corona-Pandemie: Bezüglich der COVID-19-Infektionen gehörte Algerien in Relation zur Bevölkerungsgröße im nordafrikanischen Vergleich zu den weniger betroffenen Staaten. Im Zuge der Pandemie kam es zu einem vergleichsweise **strengen** Lockdown, der unter anderem auch noch 2021 verlängerte Grenzschließungen und Ausgangssperren beinhaltete. Die **Impfkampagne** gegen COVID-19 in Algerien war bis Mai 2021 noch nicht richtig angelaufen. Unter anderem wegen Lieferschwierigkeiten der COVAX-Initiative wurden weniger als 500 000 Dosen ausgeliefert. Jedoch kündigte die algerische in Kooperation mit der russischen Regierung im April 2021 an, ab September selbst im Land Sputnik V produzieren zu lassen.

Andorra

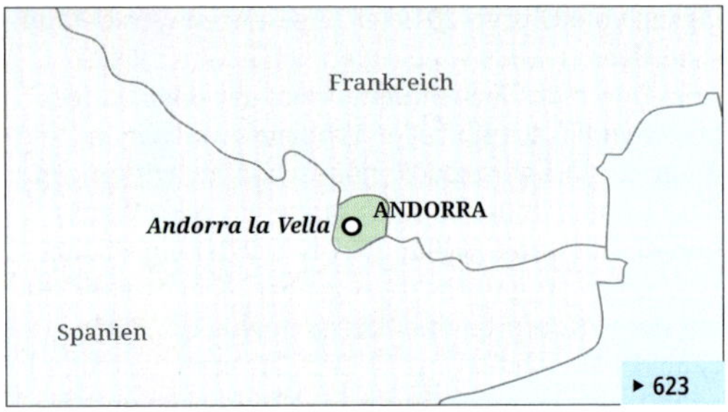

▸ 623

Ländername	Fürstentum Andorra
Zeitzone	MEZ ±0 h
Fläche in km²	468 (Rang 180)
Anzahl der Einwohner	77 265 (Rang 186)
Einwohnerzahl pro km²	165 (Rang 54)
Hauptstadt	Andorra la Vella
Amtssprache	Katalanisch
Verwaltungsgliederung	7 Gemeinden
Wichtige Städte	Andorra la Vella, Escaldes-Engordany, Encamp
Autokennzeichen | ISO-Code	AND | AND
Währung	1 Euro = 100 Cent
Nationalfeiertag	8. September (Gründung 1278 und Tag der Jungfrau von Meritxell)

Der Zwergstaat in den östlichen Pyrenäen bietet eine verfassungsrechtliche Besonderheit: Das Wintersport- und Steuerparadies hat zwei ausländische Staatsoberhäupter, den spanischen Bischof von La Seu d'Urgell und den französischen Staatspräsidenten. Dieses institutionelle Kuriosum geht auf einen Vertrag aus dem Jahre 1278 zurück. Das moderne Andorra bietet den zahlreichen Tagestouristen günstige zollfreie Einkaufsmöglichkeiten. Im Winter locken mehrere Skigebiete.

GEOGRAFIE

Geografische Lage: Von 42°26' bis 42°39' nördlicher Breite sowie von 1°24' bis 1°46' östlicher Länge (Südwesteuropa)
Höchster Punkt: Coma Pedrosa 2946 m
Klima: Schneereiches, wintermildes Klima mit kühlen, feuchten Sommern

POLITIK

Staatsform: Parlamentarisches Co-Fürstentum
Staatsoberhaupt: Bischof von La Seu d'Urgell Monsigneur Joan Enric Vives i Sicília (seit 12.05.2003) und der französische Staatspräsident Emmanuel Macron (seit 14.05.2017)
Regierungschef: Ministerpräsident Xavier Espot Zamora (seit 16.05.2019)
Regierungsparteien: DPA (Demòcrates per Andorra), PS (Partit Socialdemòcrata), Unió Laurediana
Legislative: Generalrat mit 28 für 4 Jahre gewählten Mitgliedern
Jahr der Verfassung: 1993
Wahlrecht: 18 Jahre

BEVÖLKERUNG

Bevölkerungsanteil: <15 Jahre 13.4 %, 15–64 Jahre 69.3 %, >64 Jahre 17.3 %
Verteilung: Stadt 87.9 %, Land 12.1 %
Wachstum: 0.2 %
Lebenserwartung: Frauen 85 Jahre, Männer 81 Jahre
Alphabetenrate: Frauen 99 %, Männer 99 %
Bevölkerungsgruppen: Andorraner, Spanier, Portugiesen, Franzosen u. a.
Religionen: Christen, Sonstige
Sprachen: Katalanisch, Spanisch, Französisch, Portugiesisch

WIRTSCHAFT

BIP: Keine Angabe
Wachstum BIP: -12 %
BIP/Kopf: Keine Angabe
Inflation: Keine Angabe
Außenhandel: Import 1.45 Mrd. US$, Export 116 Mio. US$
Erwerbstätige nach Sektoren: Keine Angabe
Arbeitslosenquote: Keine Angabe
CO_2-Emission/Kopf: Keine Angabe

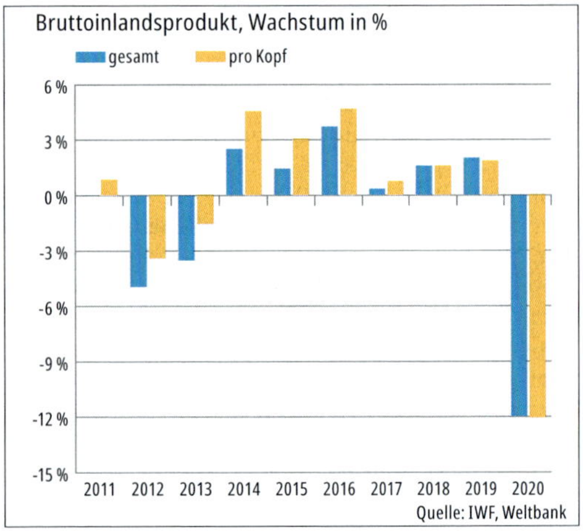

RÜCKBLICK

Kabinettsumbildung: Am 19.05.2021 verkündete Regierungschef Xavier Espot Zamora eine Kabinettsumbildung, die auch die Neustrukturierung mehrerer Ministerien umfasste. Der bisherige Minister für Raumordnung, Jordi Torres Falcó, wurde in das neugeschaffene Ressort Tourismus und Telekommunikation versetzt. Der bisherige Sozialminister Victor Filloy Franco übernahm das Ressort Raumordnung und Wohnungswesen. Judith Pallarés, bisher Ministerin für den öffentlichen Dienst und Bürgerbeteiligung, wurde zur Ministerin für Soziales, Jugend und Gleichstellung bestimmt. Das Amt des Ministers für öffentlichen Dienst und Bürgerbeteiligung übernahm vorübergehend Regierungschef Espot.

IWF: Am 16.10.2020 wurde Andorra als 190. Mitglied in den Internationalen Währungsfonds (IWF) aufgenommen.

Iberoamerikanischer Gipfel: Beim iberoamerikanischen Gipfel in Andorra forderten die Regierungschefs von Spanien, Portugal, Andorra sowie 19 lateinamerikanischen Ländern am 21.04.2021 eine gerechtere Verteilung von COVID-19-Impfstoffen. Spaniens Ministerpräsident Pedro Sánchez kündigte an, sein Land werde Lateinamerika 7.5 Mio. Impfdosen zur Verfügung stellen.

Corona-Pandemie: Gemessen an der Bevölkerungszahl war Andorra 2020/21 das Land mit der höchsten Infektionsdichte der Welt. Nachdem es im Frühsommer 2020 so gut wie keine Neuinfektionen mehr gab, stieg deren Zahl ab August wieder deutlich an und erreichte am 12.10.2020 mit 299 innerhalb eines Tages gemeldeten Neuinfektionen ihren Höchststand seit Beginn der Pandemie. Bis Weihnachten sanken die täglichen Neuinfektionen auf unter 30, um dann bis Mitte Januar wieder auf bis zu etwa 130 pro Tag anzusteigen. Ab April 2021 waren die Zahlen dann stark rückläufig und lagen Mitte Mai im Sieben-Tages-Durchschnitt bei etwa 20 täglichen Neuinfektionen. Am 17.05.2021 teilte Gesundheitsminister Joan Martínez Benazet mit, insgesamt hätten sich seit Pandemiebeginn 13 555 Menschen mit dem Coronavirus infiziert, 127 seien an der Krankheit gestorben. Am 01.07.2021 galten 70 Menschen in Andorra als aktuell mit dem Coronavirus infiziert. Nach Angaben des Gesundheitsministeriums haben 42 % der Bevölkerung inzwischen eine Impfung erhalten.

Angola

▸ 640

Ländername	Republik Angola
Zeitzone	MEZ ±0 h
Fläche in km²	1 246 700 (Rang 22)
Anzahl der Einwohner	32.9 Millionen (Rang 44)
Einwohnerzahl pro km²	26 (Rang 154)
Hauptstadt	Luanda
Amtssprache	Portugiesisch
Verwaltungsgliederung	18 Provinzen
Wichtige Städte	Luanda, Lubango, Huambo, Cabinda, Benguela, Uíge, Malanje
Autokennzeichen | ISO-Code	ANG | AGO
Währung	1 Kwanza = 100 Cêntimos
Nationalfeiertag	11. November (Unabhängigkeit 1975)

Nach der Befreiung von der portugiesischen Kolonialherrschaft stürzte der südafrikanische Staat in einen jahrzehntelangen Bürgerkrieg. Mindestens eine Million Tote, Millionen von Flüchtlingen und eine desaströse Wirtschaftslage bildeten dessen bittere Bilanz. Dabei gehört Angola aufgrund seiner Bodenschätze zu den potenziell reichsten Ländern Afrikas.

GEOGRAFIE

Geografische Lage: Von 4°24' bis 18°02' südlicher Breite sowie von 11°40' bis 24°04' östlicher Länge (Südwestafrika)
Höchster Punkt: Moco 2620 m
Zugehöriges: Cabinda (Exklave)
Klima: Savannenklima, im Süden wintertrockenes Klima, an der südlichen Küste heißes Wüstenklima

POLITIK

Staatsform: Präsidiale Republik
Staatsoberhaupt und Regierungschef: Präsident João Manuel Gonçalves Lourenço (seit 26.09.2017)
Regierungspartei: MPLA (Movimento Popular de Libertação de Angola)
Legislative: Nationalversammlung mit 220 für 5 Jahre gewählten Mitgliedern
Jahr der Verfassung: 2010
Wahlrecht: 18 Jahre

BEVÖLKERUNG

Bevölkerungsanteil: <15 Jahre 46.4 %, 15–64 Jahre 51.4 %, >64 Jahre 2.2 %
Verteilung: Stadt 66.8 %, Land 33.2 %
Wachstum: 3.2 %
Lebenserwartung: Frauen 64 Jahre, Männer 59 Jahre
Alphabetenrate: Frauen 53.4 %, Männer 80 %
Bevölkerungsgruppen: Ovimbundu, Kimbundu, Bakongo, Mestizen, Europäer u. a.
Religionen: Christen, Sonstige
Sprachen: Portugiesisch, Bantusprachen

WIRTSCHAFT

BIP: 62.44 Mrd. US$
Wachstum BIP: -4 %
BIP/Kopf: 2012 US$
Inflation: 22.3 %
Außenhandel: Import 9.72 Mrd. US$ (Nahrungsmittel 17.7 %, Petrochemie 14.8 %, Maschinen 13.1 %, Chemische Erzeugnisse 10 %, Fahrzeuge 9.7 %), Export 20.98 Mrd. US$ (Erdöl 86.9 %, Gas 4.6 %, Fahrzeuge 3.2 %, Rohstoffe außer Brennstoffe 3.2 %, Petrochemie 0.6 %)
Erwerbstätige nach Sektoren: Landwirtschaft 50.2 %, Industrie 8.1 %, Dienstleistungen 41.7 %
Arbeitslosenquote: 7.7 %
CO_2-Emission/Kopf: 0.8 t

RÜCKBLICK

Innenpolitik: Auch wenn sich das Land unter Führung von Staats- und Regierungschef **João Manuel Gonçalves Lourenço** politisch stabil zeigte, war die soziale und wirtschaftliche Lage angespannt. Der am 27.03.2020 wegen der Corona-Pandemie verhängte **Ausnahmezustand** hatte in abgeschwächter Form weiterhin Bestand. Es gab Kontakt- und Ausgangsbeschränkungen sowie für den Handel reglementierte Öffnungszeiten. Amnesty International und die nationale Menschenrechtsorganisation OMUNGA warfen der Regierung Mitte 2020 vor, die Notstandsmaßnahmen zu nutzen, **um Grundrechte willkürlich einzuschränken.** Bei der Durchsetzung von Ausgangsbeschränkungen seien die Sicherheitskräfte **mit exzessiver Gewalt** vorgegangen, sodass es insbesondere in sozial schwachen Wohnvierteln auch zu Todesopfern gekommen sei. Allein zwischen Mai und Juli 2020 seien 7 Jugendliche getötet worden.

Zusammenstöße: In den angolanischen **Diamantenregionen** in den östlichen Provinzen Lunda Norte und Lunda Sul war es Ende Januar/Anfang Februar 2021 zu gewaltsamen Zusammenstößen zwischen Demonstrierenden und Polizeikräften gekommen, dabei wurden mehrere Menschen getötet. Die „Bewegung des portugiesischen Protektorats Lunda Tchokwe“ (MPPLT), die u. a. für eine Separierung der Lunda-Region von Angola eintritt, hatte öffentliche **Proteste für bessere Lebensbedingungen** und für mehr **Teilhabe am Diamantenreichtum** initiiert. Nach Aussagen der Aktivisten waren die Sicherheitskräfte in den Folgetagen systematisch mit Waffengewalt gegen mutmaßliche Anhänger der MPPLT vorgegangen. Dabei sei es zu unzähligen **Verhaftungen** und mehreren **Todesopfern** gekommen. Die Regierung gab den Demonstrierenden die Schuld an der Eskalation.

Wirtschaft: Während die gesundheitlichen Folgen der Corona-Pandemie vergleichsweise moderat blieben, litt Angola unter deren ökonomischen Folgen: Die weltwirtschaftliche Rezession führte auch beim **Erdöl, Angolas Hauptexportprodukt**, zu sinkender Nachfrage und damit zum **Preisverfall**. Die seit 2016 anhaltende Wirtschaftskrise verschärfte sich 2020 noch einmal und das BIP zeigte Schätzungen zufolge bis 2021 ein **Negativwachstum**. Die Regierung war bemüht, das Fundament der **Wirtschaft zu verbreitern** und forcierte den Abbau bzw. die Exploration von anderen **Rohstoffen** wie Diamanten, Phosphate, Kobalt, Kupfer, Nickel, Eisenerz und Lithium sowie den **Ausbau des Agrarsektors**, der die Basis für eine Nahrungsmittelindustrie mit neuen Beschäftigungsmöglichkeiten bilden sollte. Die Pläne setzten die Errichtung einer angemessenen **Verkehrsinfrastruktur** und eine verbesserte **Energieversorgung** voraus. Im Februar 2021 bewilligte die Weltbank für den Ausbau des Stromnetzes einen Kredit von 250 Mio. US$.

Antigua und Barbuda

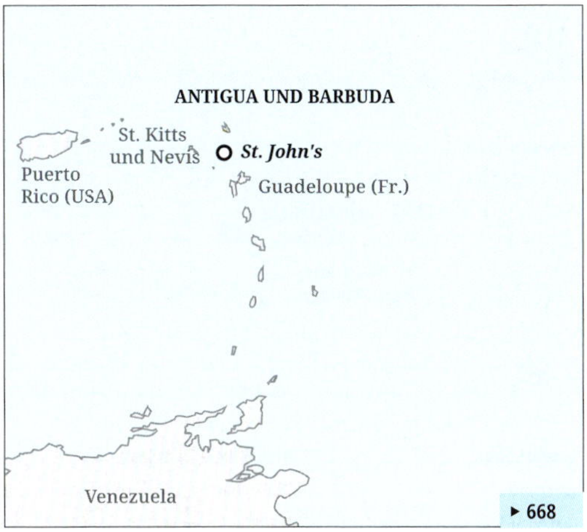

▸ 668

Ländername	Antigua und Barbuda
Zeitzone	MEZ -5 h
Fläche in km²	442 (Rang 183)
Anzahl der Einwohner	97 928 (Rang 185)
Einwohnerzahl pro km²	222 (Rang 45)
Hauptstadt	St. John's
Amtssprache	Englisch
Verwaltungsgliederung	6 Gemeinden und 2 abhängige Gebiete
Wichtige Städte	St. John's, All Saints, Liberta, Potters Village
Autokennzeichen | ISO-Code	AG | ATG
Währung	1 Ostkaribischer Dollar = 100 Cents
Nationalfeiertag	1. November (Unabhängigkeit 1981)

Antigua gehört mit Barbuda und der Felsinsel Redonda zum nördlichen Teil der Kleinen Antillen. Seit dem Niedergang der Zuckerindustrie ist der Tourismus die wichtigste Devisenquelle des karibischen Inselstaats. Seit dem Ausbleiben des Tourismus während der Corona-Pandemie ist das Land von Rezession und Wirtschaftseinbrüchen betroffen.

GEOGRAFIE

Geografische Lage: Von 16°59' bis 17°44' nördlicher Breite sowie von 61°40' bis 61°54' westlicher Länge (Karibik)
Höchster Punkt: Boggy Peak (Mount Obama) 402 m
Klima: Tropisch-wechselfeucht mit relativ geringen Temperaturschwankungen

POLITIK

Staatsform: Parlamentarische Demokratie unter konstitutioneller Monarchie
Staatsoberhaupt: Britische Königin, vertreten durch den Generalgouverneur Sir Rodney Williams (seit 14.08.2014)
Regierungschef: Premierminister Gaston Browne (seit 13.06.2014)
Regierungspartei: ALP (Antigua Labour Party)
Legislative: Parlament, bestehend aus Repräsentantenhaus mit 18 für 5 Jahre gewählten Mitgliedern und Senat mit 17 ernannten Mitgliedern
Jahr der Verfassung: 1981
Wahlrecht: 18 Jahre

BEVÖLKERUNG

Bevölkerungsanteil: <15 Jahre 21.9 %, 15–64 Jahre 68.8 %, >64 Jahre 9.3 %
Verteilung: Stadt 24.4 %, Land 75.6 %
Wachstum: 0.8 %
Lebenserwartung: Frauen 78 Jahre, Männer 76 Jahre
Alphabetenrate: Frauen 99.4 %, Männer 98.4 %
Bevölkerungsgruppen: Afrikaner u. a.
Religionen: Christen, Sonstige
Sprachen: Englisch, Kreolisch

WIRTSCHAFT

BIP: 1.39 Mrd. US$
Wachstum BIP: -17.3 %
BIP/Kopf: 14 168 US$
Inflation: 1.1 %
Außenhandel: Import 484 Mio. US$, Export 20 Mio. US$
Erwerbstätige nach Sektoren: Keine Angabe
Arbeitslosenquote: Keine Angabe
CO_2-Emission/Kopf: 4.9 t

RÜCKBLICK

Corona-Pandemie: 2020 verzeichnete das Land rd. 395 600 Touristenankünfte und damit einen Rückgang von 62.5 % gegenüber 2019. Zwischen Januar und März 2021 brachen die Ankünfte im Vergleich zum Vorjahr um 75 % ein. Der Kreuzfahrthafen in Antigua, an dem zwischen März 2019 und Februar 2020 rd. 600 000 Kreuzfahrttouristen gelandet waren, ist seit April 2020 geschlossen. Ab Juni 2020 wurden die Grenzen wieder für Touristen geöffnet, doch es kamen kaum Besucher. Das deutsche Robert-Koch-Institut nahm den Inselstaat am 23.04.2021 von der Liste der Risikogebiete. Vor der Corona-Pandemie hatte der Tourismus ca. 60 % zum Bruttoinlandsprodukt beigetragen und war damit der wichtigste Wirtschaftszweig.

Wirtschaft: Als Folge der ausbleibenden Touristen verzeichnete das Land 2020 einen Wirtschaftseinbruch um 17.3 % und damit eine der stärksten Rezessionen in der Region. Der Internationale Währungsfonds rechnete im April 2021 für das laufende Jahr mit einem weiteren Einbruch um 3.0 %. Die Arbeitslosigkeit stieg 2020 von 8 % auf rd. 30 % an. Vom Einbruch des Tourismus waren auch andere Bereiche betroffen. Der Bausektor, der 2019 noch ein Wachstum von 6.6 % gezeigt hatte, brach 2020 um 22 % ein. Die Bereiche Transport, Logistik und Kommunikation verzeichneten Rückgänge um 25.2 % und auch der Großhandel brach um 13.5 % ein.

Corona-Maßnahmen: Die Regierung legte während der Corona-Krise verschiedene Hilfsprogramme auf. Mehrere tausend Menschen profitierten von einem Notfallernährungsprogramm. Im Rahmen eines staatlichen Hilfsprogramms erhielten Bedürftige zudem Gutscheine für den Einkauf in Supermärkten. Im Zuge der im April 2020 gestarteten Pandemic Relief Barrel Initiative wurden bis Ende Januar 2021 13 500 Hilfspakete mit Lebensmitteln, Toilettenartikeln, Desinfektionsmitteln, Masken und Seife verteilt.

Forderung an Großbritannien: Im März 2021 forderte Premierminister Gaston Browne in einem Brief an den britischen Premier Boris Johnson eine Entschädigung für Ausfälle im Tourismus. Eine britische Zeitung hatte zuvor irrtümlicherweise berichtet, dass auf dem Inselstaat eine neue Variante des SARS-CoV-2-Virus („Antigua-Variante") aufgetreten sei. Sie bezog sich dabei auf Aussagen der britischen Gesundheitsbehörde Public Health England. Nach dem Bericht war es zu Hotel-Stornierungen gekommen. Browne forderte als Kompensation die Bereitstellung von 100 000 Dosen des Impfstoffs AstraZeneca.

LIAT: Am 01.11.2020 nahm die regionale Fluggesellschaft Leeward Islands Air Transport Service (LIAT) ihren Betrieb mit einem Flug nach Dominica wieder auf. Ende Juni 2020 hatte Premier Gaston Browne die Einstellung des Betriebs und eine Neugründung unter demselben Namen bekannt gegeben. Die 1956 gegründete Fluglinie mit Sitz in Saint John's war bereits vor Corona angeschlagen. Sie betreibt ein Streckennetz zwischen den karibischen Inseln.

Äquatorialguinea

▸ 637

Ländername	Republik Äquatorialguinea
Zeitzone	MEZ ±0 h
Fläche in km²	28 052 (Rang 142)
Anzahl der Einwohner	1.4 Millionen (Rang 151)
Einwohnerzahl pro km²	50 (Rang 132)
Hauptstadt	Malabo
Amtssprachen	Spanisch, Französisch, Portugiesisch
Verwaltungsgliederung	2 Regionen mit 8 Provinzen
Wichtige Städte	Bata, Malabo, Ebebiyín, Aconibe, Añisok
Autokennzeichen | ISO-Code	GQ | GNQ
Währung	1 CFA-Franc (BEAC) = 100 Centimes
Nationalfeiertag	12. Oktober (Unabhängigkeit 1968)

Eine rücksichtslose Diktatur trieb den aus zwei spanischen Überseeprovinzen entstandenen afrikanischen Staat am Golf von Guinea ins politische und ökonomische Abseits. Reiche Erdöl- und Erdgasfunde Anfang der 1990er-Jahre machten es zum drittgrößten Exporteur in Subsahara-Afrika. Die rund 2000 km² große Insel Bioko vor der Küste von Kamerun und die vor der Küste Gabuns liegende 17 km² große Insel Annobón gehören zu Äquatorialguinea.

GEOGRAFIE

Geografische Lage: Von 0°55′ bis 2°20′ nördlicher Breite sowie von 9°21′ bis 11°20′ östlicher Länge (Zentralafrika)
Höchster Punkt: Pico Basile 3008 m
Klima: Tropisches, feuchtheißes Regenwaldklima

POLITIK

Staatsform: Präsidiale Republik
Staatsoberhaupt: Präsident Teodoro Obiang Nguema Mbasogo (seit 03.08.1979)
Regierungschef: Premierminister Francisco Pascual Obama Asue (seit 23.06.2016)
Regierungspartei: PDGE (Partido Democrático de Guinea Ecuatorial)
Legislative: Nationalversammlung, bestehend aus Abgeordnetenkammer mit 100 für 5 Jahre gewählten Mitgliedern und Senat mit 55 für 5 Jahre gewählten und 15 ernannten Mitgliedern
Jahr der Verfassung: 1991
Wahlrecht: 18 Jahre

BEVÖLKERUNG

Bevölkerungsanteil: <15 Jahre 36.8 %, 15–64 Jahre 60.8 %, >64 Jahre 2.4 %
Verteilung: Stadt 73.1 %, Land 26.9 %
Wachstum: 3.4 %
Lebenserwartung: Frauen 60 Jahre, Männer 58 Jahre
Alphabetenrate: Frauen 92.4 %, Männer 97.3 %
Bevölkerungsgruppen: Fang, Bubi, Mdowe, Annobon, Bujeba u. a.
Religionen: Christen, Muslime
Sprachen: Spanisch, Französisch, Portugiesisch, Fang, Bubi u. a.

WIRTSCHAFT

BIP: 9.52 Mrd. US$
Wachstum BIP: -5.8 %
BIP/Kopf: 6773 US$
Inflation: 4.8 %
Außenhandel: Import 1.75 Mrd. US$, Export 3.2 Mrd. US$
Erwerbstätige nach Sektoren: Landwirtschaft 42.5 %, Industrie 18.6 %, Dienstleistungen 38.9 %
Arbeitslosenquote: 9.2 %
CO_2-Emission/Kopf: 2.6 t

RÜCKBLICK

Explosion: Bei mehreren massiven Detonationen in Bata, der größten Stadt des Landes, zu denen es Anfang März 2021 vermutlich wegen auf Munitionsdepots übergreifender agrarischer Feuer gekommen war, starben mindestens 99 Menschen und Hunderte wurden verletzt. Ein Großteil der Häuser im betroffenen Stadtviertel wurde zerstört. Wegen des Ausmaßes der Katastrophe bat das Außenministerium die internationale Gemeinschaft um Hilfe.

Wirtschaft: Die Auswirkungen der Corona-Pandemie, vor allem der Verfall des Ölpreises, hat die Wirtschaft des Landes hart getroffen. Jedoch steckte das ökonomisch wenig diversifizierte Land auch schon davor in einer Wirtschaftskrise. Der Rückgang des BIP um 5.8 % im Jahr 2020 war das achte Rezessionsjahr in Folge. Aufgrund der Verschlechterung der Außenhandelsbedingungen und eines Rückgangs der Ölexporte um 41.5 % erhöhte sich das Leistungsbilanzdefizit auf 9.9 % des BIP im Jahr 2020, verglichen mit 5.9 % im Jahr 2019.

Außenpolitik: Im Februar 2021 wurde bekannt, dass Teodoro Obiang dem israelischen Premierminister Netanjahu zugesichert habe, die äquatorialguineische Botschaft nach Jerusalem zu verlegen. Damit folgt Obiang einem Vorstoß der israelischen Regierung aus den letzten Jahren, Staaten zur Verlagerung ihrer Botschaft und somit indirekt zu einer Anerkennung von Jerusalem als Hauptstadt Israels zu bewegen, trotz der völkerrechtlich umstrittenen Situation. Im April 2021 traf sich der äquatorialguineische Vizepräsident mit Vertretern der türkischen Regierung, wobei ein Abkommen bezüglich Freihandel, Investitionen und Steuerkooperation verkündigt wurde.

Prozess: Das oberste Gericht der Vereinten Nationen in Den Haag entschied Anfang Dezember 2020 zugunsten von Frankreich im Prozess um eine beschlagnahmte Villa, die dem Vizepräsidenten und Sohn vom Präsidenten, Teodorin Obiang, zugeschrieben wird. Die Beschlagnahmung fand im Zuge eines Korruptionsprozesses in Frankreich gegen den Vizepräsidenten statt. Die äquatorialguineische Regierung hatte jedoch argumentiert, dass es sich um einen Teil ihrer diplomatischen Mission handele.

Lockdown: Es wurde von verhältnismäßig strengen Maßnahmen berichtet, auch 2021 kam es zu deutlichen Beschränkungen von interregionaler Mobilität und Ausgangssperren. Trotz einer unsicheren Datenlage bezüglich der COVID-19-Fälle scheint das Land in Relation zur Bevölkerungsgröße im regionalen Vergleich im Mittelfeld zu liegen.

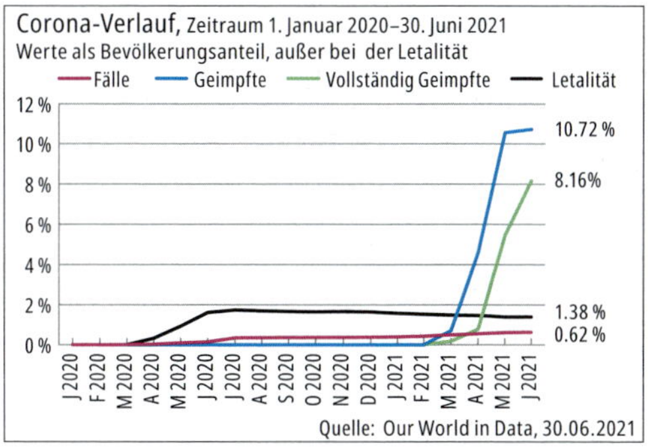

Argentinien

▸ 674

Ländername	Argentinische Republik
Zeitzone	MEZ -4 h
Fläche in km²	2 780 400 (Rang 8)
Anzahl der Einwohner	45.2 Millionen (Rang 32)
Einwohnerzahl pro km²	16 (Rang 173)
Hauptstadt	Buenos Aires
Amtssprache	Spanisch
Verwaltungsgliederung	23 Provinzen und 1 autonome Stadt
Wichtige Städte	Buenos Aires, Córdoba, Rosario, La Plata, Mar del Plata, Mendoza, San Miguel de Tucumán
Autokennzeichen | ISO-Code	RA | ARG
Währung	1 Argentinischer Peso = 100 Centavos
Nationalfeiertag	25. Mai (Revolution 1810)

Argentinien, der nach Brasilien zweitgrößte Staat Lateinamerikas, bietet vom subtropischen Regenwald bis zur Steppe eine enorme landschaftliche Vielfalt. Das Silberland – der Name Argentinien leitet sich vom lateinischen „argentum" für Silber ab – lockte jahrzehntelang europäische Auswanderer an. Der Export von Getreide, Wolle und Rindfleisch machte Argentinien Anfang des 20. Jahrhunderts wohlhabend. In den letzten Jahrzehnten wurde Argentinien jedoch immer wieder von schweren Wirtschaftskrisen heimgesucht.

GEOGRAFIE

Geografische Lage: Von 21°47′ bis 55°03′ südlicher Breite sowie von 53°40′ bis 73°35′ westlicher Länge (Südamerika)
Höchster Punkt: Aconcagua 6961 m
Klima: Warmgemäßigtes bis subtropisches Klima im Norden und in der Mitte, im Süden kühlgemäßigt bis subpolar

POLITIK

Staatsform: Präsidiale Bundesrepublik
Staatsoberhaupt und Regierungschef: Präsident Alberto Ángel Fernández (seit 10.12.2019)
Regierungspartei: Frente de Todos (Partido Justicialista/ Peronista)
Legislative: Nationalkongress, bestehend aus Abgeordnetenhaus mit 257 für 4 Jahre gewählten Mitgliedern und Senat mit 72 für 6 Jahre gewählten Mitgliedern (jeweils alle 2 Jahre teilerneuert)
Jahr der Verfassung: 1853
Wahlrecht: 18 Jahre

BEVÖLKERUNG

Bevölkerungsanteil: <15 Jahre 24.4 %, 15–64 Jahre 64.2 %, >64 Jahre 11.4 %
Verteilung: Stadt 92.1 %, Land 7.9 %
Wachstum: 1 %
Lebenserwartung: Frauen 80 Jahre, Männer 73 Jahre
Alphabetenrate: Frauen 99.1 %, Männer 98.9 %
Bevölkerungsgruppen: Italiener, Spanier, Mestizen, Deutsche, Indigene u. a.
Religionen: Christen (v. a. Katholiken), Juden, Sonstige
Sprachen: Spanisch, indigene Sprachen u. a.

WIRTSCHAFT

BIP: 388.28 Mrd. US$
Wachstum BIP: -10 %
BIP/Kopf: 8555 US$
Inflation: 42 %
Außenhandel: Import 42.35 Mrd. US$ (Chemische Erzeugnisse 21 %, Maschinen 15.7 %, Kfz und -Teile 11.2 %, Elektronik 8.2 %, Rohstoffe außer Brennstoffe 6.2 %), Export 54.88 Mrd. US$ (Nahrungsmittel 44.6 %, Rohstoffe außer Brennstoffe 7 %, Kfz und -Teile 6.6 %, Natürliche Öle, Fette und Wachse 6.1 %, Chemische Erzeugnisse 5 %)
Erwerbstätige nach Sektoren: Landwirtschaft 0.1 %, Industrie 21 %, Dienstleistungen 78.9 %
Arbeitslosenquote: 11.7 %
CO_2-Emission/Kopf: 4.4 t

VERWALTUNGSGLIEDERUNG

Verwaltungseinheit	Fläche in km²	Einwohner	Hauptstadt
Buenos Aires	307 571	17.4 Mio.	La Plata
Catamarca	102 602	411 800	San Fernando del Valle de Catamarca

Verwaltungseinheit	Fläche in km²	Einwohner	Hauptstadt
Chaco	99 633	1.2 Mio.	Resistencia
Chubut	224 686	608 700	Rawson
Ciudad Autónoma de Buenos Aires	203	3.1 Mio.	Keine
Córdoba	165 321	3.7 Mio.	Córdoba
Corrientes	88 199	1.1 Mio.	Corrientes
Entre Ríos	78 781	1.4 Mio.	Paraná
Formosa	72 066	600 200	Formosa
Jujuy	53 219	762 400	San Salvador de Jujuy
La Pampa	143 440	355 400	Santa Rosa
La Rioja	89 680	388 400	La Rioja
Mendoza	148 827	2 Mio.	Mendoza
Misiones	29 801	1.2 Mio.	Posadas
Neuquén	94 078	655 500	Neuquén
Río Negro	203 013	738 100	Viedma
Salta	155 488	1.4 Mio.	Salta
San Juan	89 651	772 900	San Juan
San Luis	76 748	502 000	San Luis
Santa Cruz	243 943	356 600	Río Gallegos
Santa Fe	133 007	3.5 Mio.	Santa Fe
Santiago del Estero	136 351	968 300	Santiago del Estero
Tierra del Fuego	21 571	169 200	Ushuaia
Tucumán	22 524	1.7 Mio.	San Miguel de Tucumán

RÜCKBLICK

Corona-Pandemie: Präsident Alberto Fernández verlängerte die von ihm im März 2020 verhängten landesweiten **strikten Ausgangsbeschränkungen (ASPO)** bis November 2020 mehrfach. Insgesamt stand das Land 230 Tage unter einer der weltweit strengsten und längsten Quarantänen. Dennoch wurde Argentinien ab Mitte 2020 heftig von Corona getroffen. Zunächst war der Großraum Buenos Aires betroffen, Ende 2020 breitete sich das Virus landesweit aus. Bis Ende Juni 2021 hatten sich 4.4 Mio. Menschen infiziert, über 90 000 erlagen den Folgen der Krankheit. Internationales Aufsehen erregten die Corona-Maßnahmen in der seit 1995 von Gouverneur Gildo Insfrán regierten **Provinz Formosa**. Potenziell Infizierte wurden in Isolationszentren untergebracht, 7500 von außerhalb der Provinz einreisende Anwohner durften monatelang nicht an ihre Wohnorte zurückkehren.

Nach einem zwischenzeitlichen Rückgang der Infektionszahlen und regionalen Lockerungen ab 30.11.2020 erreichte Argentinien im April 2021 die **zweite SARS-CoV-2-Welle**. Am 19.04.2021 traten erneut Ausgangssperren und Schulschließungen in Hochinzidenzgebieten in Kraft. Der Schulbetrieb war erst Ende Februar 2021 vorzeitig nach den Sommerferien aufgenommen worden. Der Bürgermeister von Buenos Aires, Horacio Rodríguez Larreta, legte gegen die Schulschließungen erfolgreich Klage beim Obersten Gerichtshof ein.

Zu den **nationalen Maßnahmen** im Kampf gegen Corona und die wirtschaftlichen Auswirkungen der Pandemie zählten neben Schulschließungen ein **Notfallprogramm** für die Arbeit und Produktion (ATP), **Bonuszahlungen** (umgerechnet 150 US$) an bedürftige Familien (IFE), Hilfsleistungen an Unternehmen und Beschäftigte im informellen Sektor, zinslose Kredite für Unternehmer und Selbstständige sowie ein Entlassungsverbot. Darüber hinaus untersagte die Regierung Wohnungsräumungen aufgrund von ausbleibenden Mietzahlungen und das Abstellen von öffentlichen Dienstleistungen (Wasser, Gas, Strom, Internet). Der öffentliche Personennahverkehr und der Fernverkehr wurden systemrelevanten Berufsgruppen vorbehalten.

Im Dezember 2020 beschloss das Parlament die Einführung einer einmaligen **Reichensteuer** für rd. 12 000 Argentinier (rd. 0.02 % der Bevölkerung) mit einem Vermögen von über 2.44 Mio. US$. Sie belief sich auf bis zu 3.5 % auf Vermögen im Inland und bis zu 5.3 % auf Vermögen im Ausland. Finanziert werden sollen mit der Steuer pandemiebedingte Ausgaben im Gesundheits- und Bildungssektor, die Unterstützung kleiner und mittelständischer Unternehmen, der Sozialfonds für Armenviertel sowie die Ankurbelung der staatlichen Erdgasförderung. Bis Anfang Mai 2021 wurden über die Reichensteuer rd. 3.2 Mrd. US$ eingenommen.

Die **Impfkampagne** begann am 29.12.2020 mit dem russischen Impfstoff Sputnik V. Statt der verabredeten 15 Mio. Impfdosen wurden bis Ende Januar 2021 nur 820 000 Einheiten geliefert. Verhandlungen mit Biontech/Pfizer waren zuvor aus vertragsrechtlichen Gründen gescheitert. Am 21.01.2021 ließ sich Alberto Fernández als erster Staatschef Lateinamerikas impfen. Im April 2021 starteten die Impfungen mit dem indischen AstraZeneca-Impfstoff Covishield, dem chinesischen Impfstoff Sinopharm sowie mit AstraZeneca aus der ersten Lieferung der COVAX-Initiative. Gleichzeitig begann das Land mit den Vorbereitungen einer lokalen Produktion des Vakzins Sputnik V.

Die nationale **Impfstrategie** sah eine Priorisierung der Beschäftigten im Gesundheitssektor (736 000 Personen), der Dozenten und Angestellten im Schulbetrieb (1.3 Mio.) und der Sicherheitskräfte (500 000) vor, danach Politiker, über 60-Jährige (7.3 Mio.) sowie Vorerkrankte (5.6 Mio.). Im Zuge eines **Impfskandals** trat Gesundheitsminister Ginés González García am 19.02.2021 zurück. Zuvor war bekannt geworden, dass er über 70 Politikern und Freunden bevorzugten Zugang zu einer Impfung verschafft hatte. Nach Medienberichten gab es rd. 3000 verdächtige Impftermine.

Justizreform: Präsident Fernández gab am 29.07.2020 die Details einer umstrittenen Justizreform bekannt. Mit ihr sollen u. a. Änderungen im Strafrecht und bei den Ermittlungen in Korruptionsverfahren eingeführt sowie die Zahl der Verfassungsrichter erhöht werden. Kritiker sahen in der geplanten Reform ein Mittel zur Freisprechung der wegen Korruptionsverdacht angeklagten Ex-Präsidentin Cristina Fernández Kirchner.

Abtreibungsgesetz: Das Parlament legalisierte am 30.12.2020 den freiwilligen Schwangerschaftsabbruch. Das Gesetz erlaubt medizinischen Einrichtungen Abtreibungen bis zur 14. Schwangerschaftswoche. Vorher war ein Schwangerschaftsabbruch nur nach einer Vergewaltigung und bei einem Gesundheitsrisiko der Mutter legal, bei einem Verstoß drohte eine Gefängnisstrafe von bis zu 4 Jahren. Argentinien ist somit das erste große Land in Lateinamerika, in dem eine Abtreibung legal und kostenlos vorgenommen werden kann. Zuletzt war eine entsprechende Gesetzesvorlage im August 2018 im Senat gescheitert. Landesweit begleiteten Abtreibungsgegner und -befürworter die Parlamentsdebatte mit Demonstrationen. Nach Schätzungen werden in Argentinien jedes Jahr zwischen 370 000 und 520 000 Schwangerschaftsabbrüche heimlich durchgeführt, von denen 38 000 mit medizinischen Problemen einhergehen. Das Gesetz gilt als großer Erfolg der Frauenbewegung, die auch gegen die hohe Zahl an **Femiziden** vorgeht. Für landesweite Empörung sorgte die Ermordung der 18-jährigen Úrsula Bahillo am 09.02.2021 durch ihren Ex-Freund, einen Polizisten, gegen den sie zuvor mehrfach Anzeige erstattet hatte. Nach Angaben der NGO Observatorio Lucía Perez wurden 2020 301 Frauenmorde begangen, bis Mitte Mai 2021 waren es 114.

Wirtschaftslage: Bereits vor Corona befand sich Argentinien in einer schweren Wirtschafts- und Finanzkrise. Im Zug der Corona-Krise brach das BIP 2020 um 10 % ein, für 2021 rechnete der IWF im April 2021 mit einem Wachstum um 5.8 %. Die Krise wirkte sich direkt auf Beschäftigung und Armutsniveau aus – alleine zwischen März und Oktober 2020 wurden 2.5 Mio. Arbeitsplätze vernichtet und im April 2021 galten 42 % der Bevölkerung als arm. Das Haushaltsdefizit lag im April 2021 bei 6 % des BIP, neue Auslandsschulden zur Sanierung des Haushaltes konnte das Land aufgrund der hohen Verschuldung nicht aufnehmen. Der argentinische Peso wertete 2020 gegenüber dem US$ um rd. 45 % ab und die Zentralbankreserven in Fremdwährungen nahmen um 12.6 % ab. Am 15.09.2020 verkündete die Regierung eine Verschärfung der Zugangsbeschränkungen von Devisengeschäften. Alle Arbeitnehmer und -geber, die von Sozialhilfe, Kurzarbeit oder Corona-Sonderkrediten profitieren, verloren dadurch ihren Zugang zu Devisen. Bis dahin war ein monatlicher Erwerb von 200 US$ erlaubt.

Umschuldung: Am 31.08.2020 gab Wirtschaftsminister Martín Guzman die Umstrukturierung von Auslandsschulden in Höhe von 68 Mrd. US$. bekannt. 99 % der Gläubiger nahmen die Umschuldung an, die einen Schuldenschnitt in Höhe von 37.7 Mrd. US$, die Senkung der Zinsen von 7 auf 3.7 % sowie einen Aufschub der Rückzahlungsfrist beinhaltete. Für die ausstehenden Schulden beim IWF kann dagegen kein Schuldenschnitt vorgenommen werden. Sie stammen aus einem unter Präsident Mauricio Macri 2018 aufgenommenen Kredit in Höhe von 56 Mrd. US$, von dem 45 Mrd. US$ ausgezahlt worden waren.

Ausland: Am 24.03.2021 trat Argentinien aus der **Lima-Gruppe** aus. Die Gruppe war 2017 in Lima mit dem Ziel gegründet worden, die Demokratie in Venezuela wiederherzustellen. Die Finanz- und Handelsaufsichtsbehörde stellte umgehend die Überwachung von Geld- und Warenflüssen von führenden Regierungsmitgliedern Venezuelas ein. Am 16.12.2020 übernahm Argentinien den 6-monatigen Vorsitz des Wirtschaftsblocks **Mercosur**. Das Land richtete am 26.03.2021 anlässlich des 30-jährigen Jubiläums des Bündnisses ein virtuelles Gipfeltreffen aus.

Maradona: Für weltweite Anteilnahme sorgte der Tod des Fußballstars **Diego Armando Maradona**, der am 25.11.2020 im Alter von 60 Jahren an Atem- und Herzversagen verstarb. Präsident Fernández kündigte eine dreitägige Staatstrauer an, der Sarg des Fußballers wurde im Regierungspalast aufgebahrt.

„Diego Armando Maradona, 1960 – unendlich", steht auf dem Plakat, das von einem weiblichen Fan vor dem Regierungspalast in Buenos Aires hochgehalten wird. Tausende Argentinier warteten dort, um Abschied vom Fußballstar zu nehmen.

Armenien

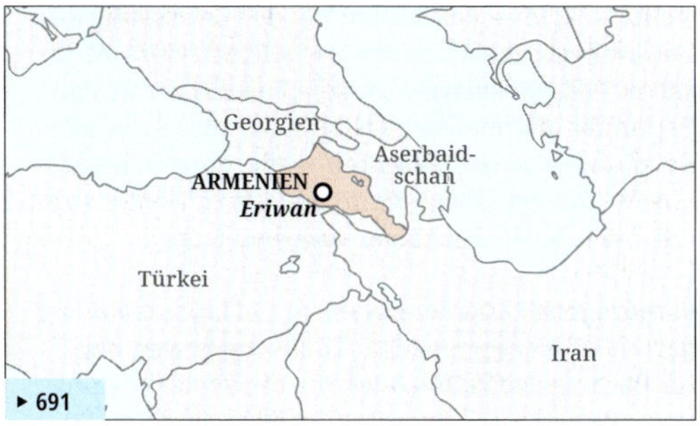

▸ 691

Ländername	Republik Armenien
Zeitzone	MEZ +3 h
Fläche in km²	29 743 (Rang 139)
Anzahl der Einwohner	3 Millionen (Rang 134)
Einwohnerzahl pro km²	100 (Rang 86)
Hauptstadt	Eriwan
Amtssprache	Armenisch
Verwaltungsgliederung	10 Provinzen und 1 Stadt
Wichtige Städte	Eriwan, Gjumri, Wanadsor, Wagharschapat, Hrasdan
Autokennzeichen | ISO-Code	AM | ARM
Währung	1 Dram = 100 Luma
Nationalfeiertage	28. Mai (Unabhängigkeit 1918), 21. September (Unabhängigkeit 1991)

Das kleine Land im Kaukasus ist eine alte Kulturlandschaft: orientalisch beeinflusst, aber christlich geprägt. Hier entstand im 4. Jahrhundert die erste Nationalkirche der Welt. Ihr heiliger Berg Ararat liegt heute jedoch jenseits der Staatsgrenze in der Türkei, so wie auch viele Armenier außerhalb ihrer Landesgrenzen leben.

GEOGRAFIE

Geografische Lage: Von 38°52′ bis 41°17′ nördlicher Breite sowie von 43°26′ bis 46°36′ östlicher Länge (Vorderasien)
Höchster Punkt: Aragaz 4090 m
Klima: Kontinentalklima mit trocken heißen Sommern und kalten Wintern

POLITIK

Staatsform: Parlamentarische Demokratie
Staatsoberhaupt: Präsident Armen Sargsjan (seit 09.04.2018)
Regierungschef: Ministerpräsident Nikol Paschinjan (seit 08.05.2018)
Regierungspartei: IKD (Mein Schritt)
Legislative: Nationalversammlung mit 132 für 5 Jahre gewählten Mitgliedern
Jahr der Verfassung: 1995
Wahlrecht: 18 Jahre

BEVÖLKERUNG

Bevölkerungsanteil: <15 Jahre 20.8 %, 15–64 Jahre 67.4 %, >64 Jahre 11.8 %
Verteilung: Stadt 63.3 %, Land 36.7 %
Wachstum: 0.2 %
Lebenserwartung: Frauen 79 Jahre, Männer 71 Jahre
Alphabetenrate: Frauen 99.7 %, Männer 99.8 %
Bevölkerungsgruppen: Armenier, Jesiden u. a.
Religionen: Christen (v. a. Armenisch-Apostolisch), Sonstige
Sprachen: Armenisch, Kurdisch u. a.

WIRTSCHAFT

BIP: 12.34 Mrd. US$
Wachstum BIP: -7.6 %
BIP/Kopf: 4155 US$
Inflation: 1.2 %
Außenhandel: Import 4.56 Mrd. US$ (Nahrungsmittel 13.3 %, Chemische Erzeugnisse 11.1 %, Maschinen 10.2 %, Gas 9.8 %, Textilien und Bekleidung 5.3 %), Export 2.54 Mrd. US$ (Rohstoffe außer Brennstoffe 31.1 %, Getränke und Tabak 19.4 %, Gold 10.2 %, Nahrungsmittel 9.9 %, Textilien und Bekleidung 5.4 %)
Erwerbstätige nach Sektoren: Landwirtschaft 28.9 %, Industrie 17.5 %, Dienstleistungen 53.6 %
Arbeitslosenquote: 20.2 %
CO_2-Emission/Kopf: 2 t

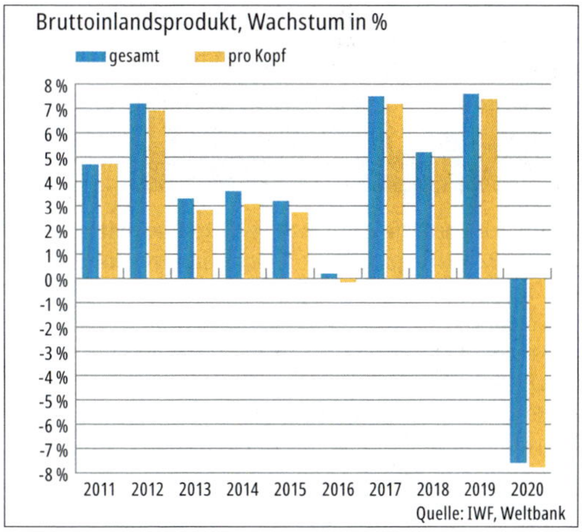

RÜCKBLICK

Im zweiten Krieg gegen Aserbaidschan um Bergkarabach vom 27.09. bis 09.11.2020 erlitten Armenien und die von Armeniern bewohnte Exklave (armenisch „Republik Arzach“), eine Niederlage. Sie brachte die Regierung von Ministerpräsident Nikol Paschinjan innenpolitisch in schwere Bedrängnis.

Niederlage: Armenien musste nach den **Waffenstillstandsbedingungen** vom 10.11.2020 alle im ersten Krieg um Bergkarabach 1992–1994 besetzten Gebiete („Sicherheitszone“) auf aserbaidschanischem Staatsgebiet – mit überwiegend zerstörten und verlassenen Orten – räumen und die Kontrolle der nun verkleinerten Region Bergkarabach durch eine russische Friedenstruppe akzeptieren, die auch den einzig verbliebenen Landzugang aus Armenien kontrolliert (Latschin-Korridor). Nach der Einnahme von Schuschi, der zweitgrößten Stadt Bergkarabachs, am 07.11.2020 durch aserbaidschanische Streitkräfte hatten Paschinjan und der „Präsident“ von Bergkarabach Arajik Harutjunjan einem Waffenstillstand zugestimmt, der ihnen von den Oppositionsparteien in Armenien sogleich **als „Verrat“ ausgelegt** wurde. Demonstranten besetzten das Parlament und plünderten Regierungsgebäude. Straßenproteste und Autoblockaden gab es außer in Eriwan vor allem in Gjumri, der zweitgrößten Stadt Armeniens.

Brennende Häuser in Stepanakert, Bergkarabach, nach einem Raketenangriff am 03.10.2020.

Krise: Auf **Forderungen nach** seinem **Rücktritt** reagierte Ministerpräsident Paschinjan im November mit der Entlassung mehrerer Minister, u. a. für Äußeres und Verteidigung. Daneben gab es Absetzbewegungen aus dem Regierungsbündnis „Mein Schritt“, das nun seine Zweidrittelmehrheit im Parlament einbüßte. Wegen eines angeblichen Mordkomplotts und der Organisation von „Massenunruhen“ wurden mehrere Oppositionspolitiker festgenommen; gegen einige wurde strafrechtlich ermittelt. Die politische **Konfrontation** verschärfte sich im Februar 2021, als Paschinjan die Einsatzfähigkeit von Kurzstreckenraketen, die Armenien von Russland erworben hatte, im Bergkarabach-Krieg anzweifelte. Auf heftige **Kritik aus der Armeeführung**, die er mit einem Putschversuch gleichstellte, reagierte Paschinjan mit der Entlassung des Generalstabschefs und seines Stellvertreters. Auch gab es **Polizeieinsätze** gegen die Parteizentrale der Republikanischen Partei (HHK), bis zur „Samtenen Revolution“ 2018 die bestimmende, danach jedoch abgewählte politische Kraft, und gegen Demonstranten, die u. a. Hochschulgebäude besetzten.

Vorgezogene Parlamentswahlen: 17 Oppositionsparteien formten am 03.12.2020 eine **Bewegung zur Rettung des Vaterlandes**, die die Regierung mit Demonstrationen unter Druck setzte. Im März 2021 verständigte sich Paschinjan mit Staatspräsident Armen Sargsjan (parteilos) auf Neuwahlen. Am 25.04.2021 erklärte Paschinjan seinen Rücktritt, um die **Auflösung der Nationalversammlung** zu ermöglichen, blieb aber bis zu den am 20.06.2021 angesetzten Wahlen geschäftsführend im Amt. Aus den Wahlen ging Paschinjans Bündnis „Mein Schritt“ (IKD) mit 54.0 % der Stimmen als Sieger hervor. Daneben erreichten noch zwei Formationen Parlamentsmandate: der Block "Armenien" des ehemaligen Staatspräsidenten Robert Kotscharjan mit 21.1 %, und der Block „Ich habe Ehre“ von Ex-Präsident Sersch Sargsjan mit 5.2 %. Die Wahlbeteiligung lag bei 49.4 %. Die OSZE bezeichnete die Wahl als transparent und frei, den Wahlkampf jedoch als polarisiert.

Anerkennung: Anlässlich des seit 2015 jährlich von Armeniern im In- und Ausland am 24.04.2020 begangenen Gedenktags für die Massaker an rund 1.5 Mio. Armeniern im Osmanischen Reich erkannte **US-Präsident Joe Biden** diese in einer Erklärung als **Völkermord** (Genozid) an. Für Armenien war dieser Schritt ein diplomatischer Erfolg. Die Türkei verurteilte ihn scharf. Sie wehrt sich gegen die Kennzeichnung als Völkermord, vielmehr verbindet sie die damalige Verfolgung und Vertreibung mit dem militärischen Geschehen im Ersten Weltkrieg.

Wirtschaft: Nach einem **BIP-Einbruch** 2020 wird für 2021 wieder mit einem moderaten Wachstum gerechnet, sollte es wegen der **Corona-Pandemie** nicht wieder zu einem Lockdown wie im Herbst 2020 kommen. Die Infektionszahlen waren Mitte November auf einen Höchststand geklettert, bevor Armenien im April 2021 von einer dritten Welle, allerdings mit niedrigeren Infektionsraten, erfasst wurde. Das seit 2018 **niedrige Investitionsniveau** soll durch staatliche Konjunkturprogramme angehoben werden. Größtes Infrastrukturprojekt der nächsten Jahre ist eine Nord-Süd-Autobahn.

Aserbaidschan

▸ 691

Ländername	Republik Aserbaidschan
Zeitzone	MEZ +3 h
Fläche in km²	86 600 (Rang 112)
Anzahl der Einwohner	10.1 Millionen (Rang 91)
Einwohnerzahl pro km²	117 (Rang 73)
Hauptstadt	Baku
Amtssprache	Aserbaidschanisch
Verwaltungsgliederung	59 Kreise (Rayon), 10 Städte und 1 autonome Republik mit 7 Kreisen und 1 Stadt
Wichtige Städte	Baku, Gäncä, Sumqayıt, Mingä-tschewir, Xırdalan
Autokennzeichen | ISO-Code	AZ | AZE
Währung	1 Aserbaidschan-Manat = 100 Qäpik
Nationalfeiertag	28. Mai (Unabhängigkeit 1918)

Aserbaidschan ist der größte und bevölkerungsreichste Kaukasusstaat. Er ist reich an Erdöl und Erdgas. Der Konflikt mit Armenien um das ehemals Autonome Gebiet Bergkarabach lastet als Hypothek auf der seit 1991 unabhängigen Republik. Das Land wird immer wieder wegen seiner autoritären Staatsführung kritisiert.

GEOGRAFIE

Geografische Lage: Von 38°24′ bis 41°53′ nördlicher Breite sowie von 44°46′ bis 50°38′ östlicher Länge (Vorderasien)
Höchster Punkt: Bazardüzü 4466 m
Zugehöriges: Autonome Republik Nachitschewan (Exklave)
Klima: Warmes Wüsten- und Steppenklima, höhenabhängiges Gebirgsklima

POLITIK

Staatsform: Präsidiale Republik
Staatsoberhaupt: Präsident İlham Äliyev (seit 15.10.2003)
Regierungschef: Ministerpräsident Äli Äsädov (seit 08.10.2019)
Regierungspartei: YAP (Neues Aserbaidschan)
Legislative: Nationalversammlung mit 125 für 5 Jahre gewählten Mitgliedern
Jahr der Verfassung: 1995
Wahlrecht: 18 Jahre

BEVÖLKERUNG

Bevölkerungsanteil: <15 Jahre 23.5 %, 15–64 Jahre 69.7 %, >64 Jahre 6.8 %
Verteilung: Stadt 56.4 %, Land 43.6 %
Wachstum: 0.9 %
Lebenserwartung: Frauen 76 Jahre, Männer 71 Jahre
Alphabetenrate: Frauen 99.7 %, Männer 99.9 %
Bevölkerungsgruppen: Aserbaidschaner, Lesgier, Russen, Armenier u. a.
Religionen: Muslime (v. a. Schiiten), Christen
Sprachen: Aserbaidschanisch, Russisch, Armenisch u. a.

WIRTSCHAFT

BIP: 42.61 Mrd. US$
Wachstum BIP: -4.3 %
BIP/Kopf: 4218 US$
Inflation: 2.8 %
Außenhandel: Import 10.73 Mrd. US$ (Nahrungsmittel 14.5 %, Maschinen 12.6 %, Chemische Erzeugnisse 12.5 %, Kfz und -Teile 7.4 %, Eisen und Stahl 6.2 %), Export 13.74 Mrd. US$ (Erdöl 68.1 %, Gas 16 %, Nahrungsmittel 5.1 %, Petrochemie 2.1 %, Chemische Erzeugnisse 1.8 %)
Erwerbstätige nach Sektoren: Landwirtschaft 35.5 %, Industrie 15 %, Dienstleistungen 49.5 %
Arbeitslosenquote: 6.3 %
CO_2-Emission/Kopf: 3.6 t

UMSTRITTENES GEBIET

Republik Arzach | Bergkarabach (bis 2017)
Fläche in km²: 11 458
Anzahl der Einwohner: 148 900
Hauptstadt: Stepanakert
Status: De-facto-Regime, Gebiet ist völkerrechtlich Teil der Republik Aserbaidschan
Regierungschef: Präsident Arajik Harutjunjan

RÜCKBLICK

In einem 44-tägigen Krieg konnte Aserbaidschan einen Großteil der 1992–1994 an Armenien verlorenen Gebiete in und um die Region Bergkarabach zurückerobern bzw. sich die Rückgabe sichern. In Armenien führte die Niederlage zu einer innenpolitischen Krise.

Krieg um Bergkarabach: Den Waffengang eröffnete Aserbaidschan am 27.09.2020 als „Gegenoffensive" zur „Wiederherstellung seiner territorialen Integrität". Für sein Vorgehen erhielt der autoritär regierende Staatspräsident İlham Äliyev innenpolitisch breite Unterstützung. Bereits ab 12.07.2020 hatte es an der Grenze zu armenischem Staatsgebiet **mehrtägige Gefechte** mit 17 Toten gegeben. Und im Juli/August hatten die aserbaidschanische und **türkische Armee** knapp zweiwöchige **Militärmanöver** durchgeführt. Türkisches Militär und von der Türkei angeworbene Söldner aus Syrien kämpften an der Seite Aserbaidschans gegen die Streitkräfte der von keinem Staat anerkannten „Republik Arzach", die von Freiwilligen aus Armenien unterstützt wurden. Beide Seiten setzten Land- und Luftstreitkräfte ein. Die aserbaidschanische Armee war deutlich überlegen; als entscheidend erwiesen sich **Kampfdrohnen** aus türkischer und israelischer Produktion. Aserbaidschan und Armenien griffen auch zivile Objekte auf dem jeweils anderen Staatsgebiet an. Menschenrechtsorganisationen dokumentierten Raketenbeschuss und Bombardierung von Wohngebieten, den völkerrechtswidrigen Einsatz von Streumunition sowie die Tötung von Gefangenen. Bis zu 100 000 Menschen flohen aus dem Kampfgebiet nach Armenien. Die aserbaidschanische Seite erzielte vor allem im Süden von Bergkarabach und der von Armenien besetzten „Sicherheitszone" Geländegewinne. Nach dem Fall der strategisch wichtigen Stadt Schuscha nahe Stepanakert, der Hauptstadt Bergkarabachs, vermittelte **Russland** am 10.11.2020 einen **Waffenstillstand**. Zwei vorherige Versuche, ein russischer (10.10.2020) und ein US-amerikanischer (18.10.2020), waren fehlgeschlagen. Der russische Staatspräsident Wladimir Putin lehnte am 07.10.2020 ein militärisches Eingreifen zugunsten des Verbündeten Armenien ab, solange kein armenisches Staatsgebiet angegriffen werde. Nach offiziellen Angaben gab es auf aserbaidschanischer Seite 2783 **Gefallene**, aufseiten Bergkarabachs 2300. Amnesty International berichtete am 14.01.2021 von 146 getöteten **Zivilisten**. Bei einer **„Siegesparade"** am 10.12.2020 in Baku, an der auch sein türkischer Amtskollege Recep Tayyip Erdoğan teilnahm, erhob Präsident Äliyev weitere Territorialforderungen gegenüber Armenien.

Vereinbarungen: Gemäß des Waffenstillstandsabkommens durfte Aserbaidschan seine militärischen Eroberungen behalten. Das **Territorium Bergkarabachs** wurde **verkleinert** und die Landverbindung zum armenischen Staatsgebiet auf den „Latschin-Korridor" beschränkt. Im Rumpfgebiet wurde eine russische Friedenstruppe mit rund 2000 Angehörigen stationiert; in einem „Kontrollzentrum" waren

auch türkische Militärs vertreten. Der russische Geheimdienst FSB übernahm neben der **Grenzkontrolle** zu Iran und zur Türkei nun auch die Überwachung der neuen „Kontaktlinie" zu Aserbaidschan. Armenien musste alle übrigen Gebiete der früheren Sicherheitszone bis 01.12.2020 räumen. **Kriegsgefangene** sollten **ausgetauscht** werden, außerdem die bis 1994 aus Bergkarabach und der Sicherheitszone **vertriebenen Aserbaidschaner** unter Aufsicht des UN-Flüchtlingskommissariats (UNHCR) **zurückkehren.** Armenien und Aserbaidschan vereinbarten bei einem Gipfeltreffen am 11.01.2021 in Moskau auch **Transportkorridore** über das jeweils andere Staatsgebiet. Dazu gehört auch die Reaktivierung einer 1992 stillgelegten **Bahnverbindung** entlang der Grenze zu Iran über Südarmenien in die aserbaidschanische Exklave Nachitschewan. Den Startschuss gab Präsident Äliyev am 14.02.2021 für eine Teilstrecke im Distrikt Füzuli. Für den **Wiederaufbau** der unter seine Hoheit gefallenen Gebiete richtete Aserbaidschan einen **Fonds** ein.

Erdgas: Mit der Fertigstellung der 878 km langen **Transadriatischen Pipeline** (TAP) von der türkisch-griechischen Grenze über Albanien nach Apulien (Süditalien) im Oktober 2020 wurde ein wichtiges Teilstück des Südlichen Gaskorridors (SGC) vollendet. Aus dem aserbaidschanischen Feld Shah Deniz 2 im Kaspischen Meer sollen pro Jahr 10 Mrd. m^3 nach Europa geliefert werden (Beginn: 01.12.2020). Die TAP setzt die 2019 in Betrieb genommenene Transanatolische Pipeline (TANAP) fort.

Äthiopien

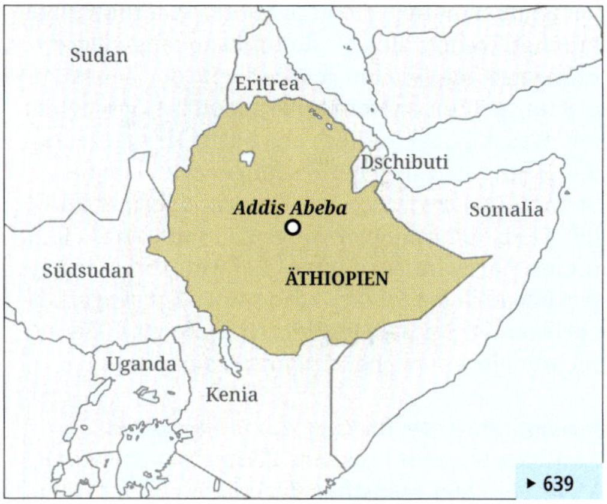

▸ 639

Ländername	Demokratische Bundesrepublik Äthiopien
Zeitzone	MEZ +2 h
Fläche in km²	1 104 300 (Rang 26)
Anzahl der Einwohner	115 Millionen (Rang 12)
Einwohnerzahl pro km²	104 (Rang 82)
Hauptstadt	Addis Abeba
Amtssprache	Amharisch
Verwaltungsgliederung	10 Regionalstaaten und 2 Städte
Wichtige Städte	Addis Abeba, Gonder, Mekele, Adama, Awasa, Bahir Dar, Dire Dawa
Autokennzeichen | ISO-Code	ETH | ETH
Währung	1 Birr = 100 Santim
Nationalfeiertag	28. Mai (Endes des Derg-Regimes 1991)

Äthiopien hat eine eindrucksvolle Landschaft, weltberühmte Kulturdenkmäler und eine lange Tradition als einziges afrikanisches Land, das über die Jahrhunderte seine Unabhängigkeit bewahren konnte. Doch in den letzten Jahrzehnten wurde das einst blühende christliche Reich am Schnittpunkt großer Kulturen zum Symbol für Hungersnot und Armut. Krieg, Terror und Dürre brachten großes Leid über die Bevölkerung. Einer politischen und wirtschaftlichen Stabilisierung stehen auch nach dem Ende des langjährigen Bürgerkriegs viele Hindernisse entgegen.

GEOGRAFIE

Geografische Lage: Von 3°24′ bis 14°53′ nördlicher Breite sowie von 32°59′ bis 47°59′ östlicher Länge (Nordostafrika)
Höchster Punkt: Ras Dashen 4620 m
Klima: Im Hochland wintertrockenes, subtropisches Klima, im Tiefland trockenheißes Savannenklima

POLITIK

Staatsform: Parlamentarische Bundesrepublik
Staatsoberhaupt: Präsidentin Sahle-Work Zewde (seit 25.10.2018)
Regierungschef: Ministerpräsident Abiy Ahmed Ali (seit 02.04.2018)
Regierungspartei: keine
Legislative: Parlament, bestehend aus Rat der Volksvertreter mit 547 für 5 Jahre gewählten Mitgliedern und Bundesrat mit 153 für 5 Jahre gewählten Mitgliedern
Jahr der Verfassung: 1995
Wahlrecht: 18 Jahre

BEVÖLKERUNG

Bevölkerungsanteil: <15 Jahre 39.9 %, 15–64 Jahre 56.5 %, >64 Jahre 3.6 %
Verteilung: Stadt 21.7 %, Land 78.3 %
Wachstum: 2.5 %
Lebenserwartung: Frauen 69 Jahre, Männer 65 Jahre
Alphabetenrate: Frauen 44.4 %, Männer 59.2 %
Bevölkerungsgruppen: Oromo, Amhara, Somalier, Tigray, Sidama, Gurage, Welaita u. a.
Religionen: Christen, Muslime, Ethnische
Sprachen: Amharisch, Oromo, Somali, Tigrinya, Englisch u. a.

WIRTSCHAFT

BIP: 96.61 Mrd. US$
Wachstum BIP: 6.1 %
BIP/Kopf: 994 US$
Inflation: 20.4 %
Außenhandel: Import 14.14 Mrd. US$ (Maschinen 15.4 %, Chemische Erzeugnisse 15.2 %, Nahrungsmittel 10.6 %, Petrochemie 8.4 %, Fahrzeuge 5.8 %), Export 3.48 Mrd. US$ (Nahrungsmittel 52.7 %, Rohstoffe außer Brennstoffe 23.1 %, Textilien und Bekleidung 3.8 %, Leder und -waren 3.3 %, Fahrzeuge 2.7 %)
Erwerbstätige nach Sektoren: Landwirtschaft 65.6 %, Industrie 10.4 %, Dienstleistungen 24 %
Arbeitslosenquote: 2.8 %
CO_2-Emission/Kopf: 0.2 t

RÜCKBLICK

Wahlen: Am 21.06.2021 fanden in einem Teil der äthiopischen Bundesstaaten lang erwartete **Parlamentswahlen** statt. Kurz vor dem Termin hatte die nationale Wahlkommission den Urnengang in den zwei Bundesstaaten Somali und Harari aus organisatorischen Gründen auf September 2021 verschoben.
Auch in der Krisenregion Tigray und in einigen anderen Wahlkreisen fanden aus Sicherheitsgründen keine Wahlen statt. Die offiziellen Ergebnisse

standen noch aus. Erwartet wurde aber ein Sieg der 2019 gegründeten **Wohlstandspartei** von Ministerpräsident **Abiy Ahmed**. Ursprünglich waren die Wahlen bereits für August 2020 angesetzt worden. Aufgrund der **Corona-Pandemie** ordnete die Regierung aber eine **Verschiebung** des Urnengangs zunächst auf den 05.06.2021 an, um ihn dann Mitte Mai 2021 erneut um 16 Tage zu verschieben. Als Gründe wurden die schleppende Registrierung der Wähler und die verzögerte Zustellung der Wahlunterlagen angegeben. Bereits im Vorfeld der Wahlen hatten sich einige **Oppositionsparteien** aufgrund der innerstaatlichen Krisensituation **von der Abstimmung distanziert** und angekündigt, keine Kandidaten aufstellen zu wollen. Die Oromo-Befreiungsfront (OLF), eine frühere Rebellengruppe, die als politische Partei großen Rückhalt bei der Ethnie der Oromo findet, protestierte gegen die Inhaftierung mehrerer ihrer politischen Führer und gegen die Schließung ihrer Büros und boykottierte die Wahlen. Andere forderten als Alternative einen Nationalen Dialog, um die verhärteten Fronten im Land aufzubrechen. Auch internationale Wahlbeobachter z. B. aus der EU äußerten Bedenken am Wahlprozess und sagten ihre Beteiligung ab.

Hintergrund: Die ersten freien Wahlen seit Jahrzehnten galten als wichtiger **Prüfstein für** den demokratischen Reformkurs von Ministerpräsident **Abiy Ahmed**, der 2018 die Regierung übernommen hatte. Bei seinem Amtsantritt galt der Vertreter der Bevölkerungsmehrheit der Oromo national wie international als Hoffnungsträger für eine Öffnung des zuvor autoritär regierten Vielvölkerstaates. Seine Politik der Liberalisierung und Versöhnung (u. a. mit dem Nachbarstaat und jahrelangen Konfliktpartner Eritrea) brachte Abiy 2019 den Friedensnobelpreis ein. Im selben Jahr flammten aber die **Spannungen zwischen den** mehr als 80 **ethnischen Gruppen** wieder auf. Als einer der Gründe dafür sahen Beobachter auch den übereilten politischen und gesellschaftlichen Umbau des Landes.

Bundesstaat Tigray: Neben anderen Regionen, in denen es ebenfalls zu gewaltsamen Protesten und bewaffneten Auseinandersetzungen zwischen verschiedenen Volksgruppen oder zwischen Aufständischen und Sicherheitskräften kam, war der nördliche Bundesstaat Tigray der **Hauptkonfliktherd**. Die äthiopische Zentralregierung begann Anfang November 2020 eine **Militäroffensive gegen die** dortige Regionalmacht, die Volksbefreiungsfront von Tigray **(TPFL)**, daraufhin wurde der Ausnahmezustand über die Region verhängt. Zuvor hatte die TPFL im September 2020 in Tigray eigenmächtig Regionalwahlen abhalten lassen, obwohl die Regierung in Addis Abeba die Wahlen allgemein verschoben hatte. Als kurze Militäroperation angekündigt, weitete sich der Konflikt zu langwierigen blutigen Kämpfen aus. Auf der Seite der Zentralregierung griffen eritreische Truppen ins Geschehen ein, was die Lage weiter verschärfte. Hintergrund des Konflikts waren bereits länger schwelende Spannungen zwischen der Zentralregierung und der TPFL, die Äthiopien lange Zeit mit harter Hand regiert hatte. Im Zuge seines Reformprozesses hatte Abiy auch die Funktionäre seiner Vorgängerzeit entmachtet. Seitdem fühlte sich die Region Tigray nicht mehr ausreichend politisch vertreten.

Humanitäre Krise: Im Zuge des militärischen Konflikts wurden Tausende Zivilpersonen getötet. Mehr als **1 Mio. Menschen flüchteten** vor der Gewalt. Menschenrechtsorganisationen warfen beiden Lagern und insbesondere auch den beteiligten eritreischen Truppen **schwere Menschenrechtsverletzungen** wie Massaker und systematische Vergewaltigungen vor. Mitte Juni 2021 kündigte die Afrikanische Union die Einsetzung einer Untersuchungskommission an, die den Vorwürfen nachgehen sollte. Die medizinische und die Nahrungsversorgung waren prekär, weil die mehr als 5 Mio. Einwohner der Region nahezu vollständig **von der Außenwelt abgeschnitten** waren. Nach UN-Angaben waren im Juni 2021 rund 90 % der Menschen dringend auf Nahrungsmittelhilfen angewiesen. Die UN warnte vor einer schweren **Hungerkrise**.

Nil-Staudamm: Der im Norden Äthiopiens entstehende **Grand-Ethiopian-Renaissance-Staudamm** sorgte weiterhin für massiven Streit unter den Nilanrainerstaaten **Äthiopien, Ägypten und Sudan**. Während Äthiopien mit dem 6000-Megawatt-Staudamm vor allem die Energieversorgung im eigenen Land ausbauen wollte, befürchtete insbesondere Ägypten, das am Unterlauf des Nils liegt, eine Wasserknappheit, weil der Damm das Nilwasser zu stark abriegeln könnte, und pochte auf eine **festgelegte Durchlassquote**. Nachdem die äthiopische Regierung bereits 2020 mit der Aufstauung begonnen hatte, kündigte Abiy im April 2021 wiederholt an, den Nil in der Regenzeit ab Juli 2021 weiter aufzustauen, um den Stausee zu befüllen.

Australien

▸ 710

Ländername	Australien
Zeitzonen	MEZ +7 h bis +9 h
Fläche in km²	7 692 060 (Rang 6)
Anzahl der Einwohner	25.7 Millionen (Rang 55)
Einwohnerzahl pro km²	3 (Rang 194)
Hauptstadt	Canberra
Amtssprache	Englisch
Verwaltungsgliederung	6 Bundesstaaten und 2 Territorien
Wichtige Städte	Sydney, Melbourne, Brisbane, Perth, Adelaide, Gold Coast, Newcastle, Canberra
Autokennzeichen | ISO-Code	AUS | AUS
Währung	1 Australischer Dollar = 100 Cents
Nationalfeiertag	26. Januar (Ankunft der Siedler 1788)

Australien ist der kleinste Kontinent der Erde. Riesige Wüsten und ausgedehnte Senken mit rot gefärbten, trockenen Böden bilden sein dünn besiedeltes bzw. unbewohntes Herz. Die bemerkenswertesten Naturwahrzeichen des Kontinents sind der Uluru, der auch als Ayers Rock bekannt ist, und das Große Barriereriff, das größte Korallenriff der Erde. Wenngleich das Outback genannte, dürre Buschland das Bild Australiens geprägt hat, so zeichnet sich der Staat heute durch eine technologisch weit fortgeschrittene und entwickelte Gesellschaft aus. Der moderne Flugverkehr und neue Telekommunikationssysteme vernetzen das Land eng mit der übrigen Welt.

GEOGRAFIE

Geografische Lage: Von 10°03' bis 43°38' südlicher Breite sowie von 112°54' bis 153°38' östlicher Länge (Ozeanien)
Höchster Punkt: Mount Kosciuszko 2228 m
Klima: Im Norden tropisches, im Süden subtropisches bis warmgemäßigtes, im Inneren Wüstenklima

POLITIK

Staatsform: Föderale parlamentarische Demokratie unter konstitutioneller Monarchie
Staatsoberhaupt: Britische Königin, vertreten durch den Generalgouverneur David Hurley (seit 01.07.2019)
Regierungschef: Premierminister Scott Morrison (seit 24.08.2018)
Regierungsparteien: Liberal Party of Australia, National Party of Australia
Legislative: Bundestag, bestehend aus Repräsentantenhaus mit 151 für 3 Jahre gewählten Mitgliedern und Senat mit 76 für 6 Jahre gewählten Mitgliedern (alle 3 Jahre teilerneuert)
Jahr der Verfassung: 1901
Wahlrecht: 18 Jahre

BEVÖLKERUNG

Bevölkerungsanteil: <15 Jahre 19.3 %, 15–64 Jahre 64.5 %, >64 Jahre 16.2 %
Verteilung: Stadt 86.2 %, Land 13.8 %
Wachstum: 1.3 %
Lebenserwartung: Frauen 86 Jahre, Männer 82 Jahre
Alphabetenrate: Frauen 99 %, Männer 99 %
Bevölkerungsgruppen: Briten, Australier, Iren, Italiener, Deutsche, Chinesen, Inder, Griechen u. a.
Religionen: Christen, Muslime, Buddhisten, Hindus, Sonstige
Sprachen: Englisch, Chinesisch, Italienisch u. a.

WIRTSCHAFT

BIP: 1.36 Bio. US$
Wachstum BIP: -2.4 %
BIP/Kopf: 52 825 US$
Inflation: 0.9 %
Außenhandel: Import 208.45 Mrd. US$ (Kfz und -Teile 11.3 %, Maschinen 11.1 %, Chemische Erzeugnisse 10.9 %, Elektronik 10.8 %, Nahrungsmittel 6.1 %), Export 250.35 Mrd. US$ (Rohstoffe außer Brennstoffe 39 %, Kohle 12.3 %, Nahrungsmittel 10 %, Gold 7.2 %, Chemische Erzeugnisse 3.1 %)
Erwerbstätige nach Sektoren: Landwirtschaft 2.5 %, Industrie 19.8 %, Dienstleistungen 77.7 %
Arbeitslosenquote: 6.6 %
CO_2-Emission/Kopf: 17.3 t

VERWALTUNGSGLIEDERUNG

Verwaltungseinheit	Fläche in km²	Einwohner	Hauptstadt
Australian Capital Territory	2358	431 200	Canberra
New South Wales	801 150	8.2 Mio.	Sydney
Northern Territory	1 347 791	246 500	Darwin
Queensland	1 729 742	5.2 Mio.	Brisbane
South Australia	984 321	1.8 Mio.	Adelaide
Tasmanien	68 401	541 100	Hobart
Victoria	227 444	6.7 Mio.	Melbourne
Western Australia	2 527 013	2.7 Mio.	Perth

AUSSENGEBIETE

Ashmore- und Cartierinseln
Fläche in km²: 5
Anzahl der Einwohner: Unbewohnt
Hauptstadt: Keine
Status: Hoheitsgebiet ohne Selbstverwaltung seit 1933
Regierungschef: Generalgouverneur David John Hurley

Australisches Antarktis-Territorium
Fläche in km²: 5 896 500
Anzahl der Einwohner: Nur Forscher
Hauptstadt: Keine
Status: Beansprucht seit dem 13. Juni 1933
Regierungschef: Verwalter Kim Ellis (Direktor der Australian Antarctic Division)

Heard- und McDonaldinseln
Fläche in km²: 371 (Insel Heard: 368, McDonaldinseln: 3)
Anzahl der Einwohner: Unbewohnt
Hauptstadt: Keine
Status: Hoheitsgebiet ohne Selbstverwaltung seit 1947
Regierungschef: Verwalter Kim Ellis (Direktor der Australian Antarctic Division)

Kokosinseln | Keelinginseln
Fläche in km²: 14
Anzahl der Einwohner: 572
Hauptstadt: West Island
Status: Selbstverwaltetes Außengebiet seit 1955
Regierungschef: Verwalterin Natasha Griggs

Korallenmeerinseln
Fläche in km²: 3
Anzahl der Einwohner: Nur Personal
Hauptstadt: Keine
Status: Hoheitsgebiet seit 1969
Regierungschef: Generalgouverneur David John Hurley

Norfolkinsel
Fläche in km²: 37
Anzahl der Einwohner: 1748
Hauptstadt: Kingston
Status: Selbstverwaltetes Außengebiet seit 1914
Regierungschef: Verwalter Eric Russell Hutchinson

Weihnachtsinsel
Fläche in km²: 137
Anzahl der Einwohner: 1843
Hauptstadt: Flying Fish Cove
Status: Selbstverwaltetes Außengebiet seit 1958
Regierungschef: Verwalterin Natasha Griggs

RÜCKBLICK

Corona-Pandemie: Lockerungen des im März 2020 verhängten Lockdowns lösten zu Beginn des australischen Winters eine zweite Infektionswelle aus: Am 02.07.2020 überschritt die Zahl der täglichen Neuinfektionen die Zahl von 100, am 02.08.2020 wurde mit 641 Erstinfektionen der Höhepunkt der Pandemie erreicht. Die auf der Ebene der Bundesstaaten wieder eingeführten Kontaktbeschränkungen, Schulschließungen und Reisebeschränkungen wirkten rasch: Im Oktober 2020 wurde der letzte von 910 Corona-Toten gezählt, bis zum 06.05.2021 infizierten sich insgesamt 29 978 Australier. Besonders effektiv war die konsequente Grenzkontrolle: Im gesamten Berichtsjahr galt für In- und Ausländer eine strikte 14-tägige Quarantäne. Wegen der geringen Kapazitäten in den Quarantäne-Hotels mussten viele Australier über Wochen auf ihre Rückreise warten. Auch Reisen in andere Bundesstaaten erforderten eine Quarantäne, insgesamt sollen bis zum 30.04.2021 nach Informationen des Gesundheitsministeriums etwa 500 000 Menschen in den Spezialhotels untergebracht worden sein. In wenigen Einzelfällen kam es dort trotz Sicherheitsmaßnahmen zu Ansteckungen, auf die die Einzelstaaten mit der Verhängung kurzer regionaler Lockdowns reagierten. Die Abschottung war laut Umfragen populär. Kritik bei aus Indien stammenden Bürgern löste das generelle Verbot der Einreise aus Indien aus, das die Regierung am 03.05.2021 mit Strafen von bis zu 5 Jahren Haft und 66 000 AUS $ bewehrte.
Stärker in die Kritik geriet die Bundesregierung wegen der schlechten Versorgung mit einigen Impfstoffen; am Ende des Berichtsjahrs waren erst 8% vollständig, 25% der Bevölkerung einfach geimpft worden.

Internetgesetz: Am 25.02.2021 verabschiedete das Parlament ein Gesetz über die Beteiligung australischer Medienunternehmen an den Gewinnen amerikanischer Internetplattformen. Zeitungen und Verlage hatten geltend gemacht, dass Suchmaschinen und Soziale Netzwerke mit den journalistischen Leistungen unrechtmäßig enorme Werbeeinnahmen generierten, während diese bei ihnen rückläufig seien. Bei den Netzkonzernen traf insbesondere die Einführung einer obligatorischen Schiedsstelle auf Widerspruch, die Zahlungen an die Verlage anordnen kann. Bei einer Anhörung im Senat am 22.01.2021 drohte eine Managerin des Unternehmens Alphabet, das die Suchmaschine Google betreibt, mit einer Sperrung bestimmter Inhalte; das Netzwerk Facebook unterdrückte im Februar zeitweilig australische Nachrichten auf seinen Seiten. Dies löste öffentliche Empörung, zugleich aber Nachverhandlungen mit den Konzernen und Modifikationen am Gesetz in letzter Minute aus: Diese dienten dazu, bindende Schiedssprüche möglichst durch Abkommen zwischen Konzernen und Verlagen zu vermeiden.

Nationalsymbole: In seiner Neujahrsansprache gab Premier Scott Morrison am 31.12.2020 eine Änderung am Text der Nationalhymne bekannt, durch die das historische Erbe der Ureinwohner vor der britischen Besiedelung seit 1788 anerkannt werden soll; es war die zweite Textänderung seit 1984, als Premier Bob Hawke exklusiv männliche Formulierungen strich. Politische Aktivisten kritisierten die Feier des „Australia Day" am 26.01.2021, den sie als Jahrestag der „Invasion" der Weißen für ungeeignet hielten, der gesamten Nation als Feiertag zu dienen.

Kabinettsumbildung: Am 28.03.2021 tauschte Premierminister Scott Morrison zwei Amtsinhaber von Schlüsselressorts aus: Verteidigungsministerin Linda Reynolds durch den bisherigen Innenminister Peter Dutton und Justizminister Christian Porter durch Michaelia Cash. Dutton und Reynolds wechselten auf weniger bedeutende Kabinettsposten. Hintergrund dieser Degradierung waren wochenlange Diskussionen über sexuelle Gewalt in Parlaments- und Regierungskreisen, die seit Ende Februar die Öffentlichkeit beschäftigten. Dutton war in einem posthum veröffentlichten Brief einer Frau eine Vergewaltigung im Jahr 1988 vorgeworfen worden. Reynolds hatte die Glaubwürdigkeit einer Mitarbeiterin in Zweifel gezogen, die behauptet hatte, von einem ranghöheren Beamten im Büro der Ministerin vergewaltigt worden zu sein. Die Vorkommnisse standen im Zusammenhang einer öffentlichen Debatte über ein **frauenverachtendes Klima innerhalb der politischen Klasse** in Canberra. In den Medien kursierten Aufnahmen von sexuellen Handlungen und Berichte von Prostituiertenbesuchen in Abgeordnetenbüros. Premierminister Morrison, der selbst wegen einiger Äußerungen unter politischen Druck geriet, sprach sich für Frauenfördermaßnahmen aus, um die männliche Dominanz im politischen Zentrum des Landes zu brechen.

Außenpolitik: Die nach Ausbruch der Corona-Pandemie gestiegenen **Spannungen mit der VR China** erhielten durch die Hongkong-Politik Pekings weiteren Zündstoff: Auf die Verkündigung des umstrittenen Sicherheitsgesetzes für Hongkong reagierte Canberra am 09.07.2020 mit einer Suspendierung des Auslieferungsabkommens mit Hongkong, da die Garantie eines rechtsstaatlichen Verfahrens entfallen sei. Außerdem lockerte die Regierung Aufenthaltsbestimmungen für Studenten und Arbeitskräfte aus Hongkong. Peking reagierte mit einer Ausdehnung der Handelsbeschränkungen für australische Agrarprodukte, Canberra verweigerte im August die Erlaubnis für den Verkauf eines australischen Milcherzeugers in japanischem Besitz an ein chinesisches Unternehmen. Im November 2020 übergab ein Mitarbeiter der chinesischen Botschaft wider die diplomatischen Usancen australischen Journalisten eine Liste mit politischen Forderungen Pekings an die Adresse Canberras mit 14 Vorbedingungen für den Abbau der Handelsbarrieren. Die Eiszeit in den Beziehungen zur VR China ging mit einer **Vertiefung der Beziehungen zur USA und deren indo-pazifischen Partnern** einher: Vom 17.–20.11.2020 nahm Australien im Golf von Bengalen erstmals seit 2007 wieder an einem gemeinsamen Seemanöver mit den Streitkräften der USA, Indiens und Japans teil; mit Japan wurde am 17.11.2020 eine Vereinbarung über weitere gemeinsame Militärmanöver geschlossen. Die Außenminister der vier Staaten tagten am 06.10.2020 in Tokio; im Zentrum der Beratungen stand die wachsende Aktivität der VR China im Südchinesischen Meer.

Wirtschaft: Die pandemiebedingt erste Rezession seit 1991 wurde 2021 bereits wieder überwunden – nach einer Prognose des Internationalen Währungsfonds wird die Wirtschaft nach einer Schrumpfung von 2.4 % im Vorjahr 2021 wieder um 4.5 % wachsen, obwohl der Tourismussektor und die Landwirtschaft weiterhin von den Einreisebeschränkungen stark in Mitleidenschaft gezogen blieben. Doch die starke Nachfrage der VR China nach Rohstoffen bewirkte einen Aufschwung. Der niedrige Leitzins begünstigte eine Inflation der Immobilienpreise. Am 15.06.2021 einigte sich Premier Scott Morrison in London als erster Regierungschef seit dem Austritt Großbritanniens aus der EU mit dem britischen Premier Boris Johnson auf ein Freihandelsabkommen.

Umwelt: Ausgelöst vom Wetterphänomen La Niña kam es im Osten im australischen Sommer zu extremen Niederschlägen. Insbesondere in New South Wales kam es seit Januar zu großen Überschwemmungen. Den Höhepunkt bildete Dauerregen im März, der extreme Pegelstände der Flüsse und Staudämme verursachte; weit über 1000 Menschen mussten aus Notlagen gerettet, 18 000 Menschen evakuiert werden.

Bahamas

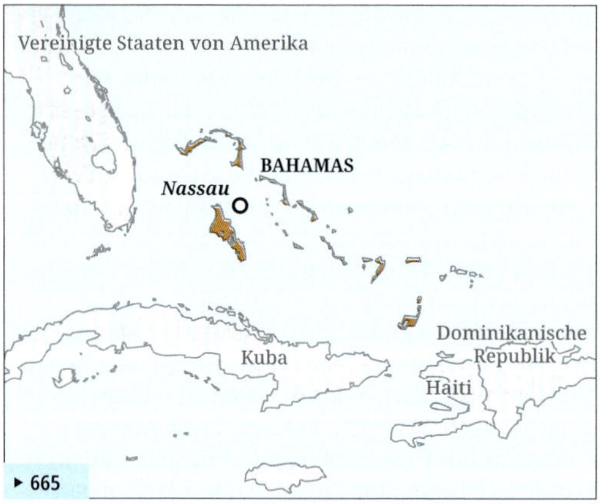

▸ 665

Ländername	Commonwealth der Bahamas
Zeitzone	MEZ -6 h
Fläche in km²	13 940 (Rang 156)
Anzahl der Einwohner	393 248 (Rang 172)
Einwohnerzahl pro km²	28 (Rang 153)
Hauptstadt	Nassau
Amtssprache	Englisch
Verwaltungsgliederung	32 Distrikte und 1 Insel
Wichtige Städte	Nassau, Freeport, Marsh Harbour
Autokennzeichen | ISO-Code	BS | BHS
Währung	1 Bahama-Dollar = 100 Cents
Nationalfeiertag	10. Juli (Unabhängigkeit 1973)

Der Archipel wurde 1492 von Christoph Kolumbus entdeckt, der hier erstmals den Boden der Neuen Welt betrat. Heute ist die karibische Inselgruppe ein Ferienparadies, Drehscheibe des Kreuzfahrttourismus und internationales Finanzzentrum. Ein innenpolitisches Problem ist die Gewaltkriminalität in Zusammenhang mit dem Drogenschmuggel.

GEOGRAFIE

Geografische Lage: Von 20°55′ bis 26°56′ nördlicher Breite sowie von 72°45′ bis 79°36′ westlicher Länge (Atlantischer Ozean)
Höchster Punkt: Mount Alvernia 63 m
Klima: Subtropisches, mäßig feuchtes Klima mit geringen Temperaturschwankungen

POLITIK

Staatsform: Parlamentarische Demokratie unter konstitutioneller Monarchie
Staatsoberhaupt: Britische Königin, vertreten durch den Generalgouverneur Cornelius Alvin Smith (seit 28.06.2019)
Regierungschef: Premierminister Hubert Alexander Minnis (seit 11.05.2017)
Regierungspartei: FNM (Free National Movement)
Legislative: Parlament, bestehend aus Abgeordnetenhaus mit 39 für 5 Jahre gewählten Mitgliedern und Senat mit 16 für 5 Jahre ernannten Mitgliedern
Jahr der Verfassung: 1973
Wahlrecht: 18 Jahre

BEVÖLKERUNG

Bevölkerungsanteil: <15 Jahre 21.6 %, 15–64 Jahre 70.7 %, >64 Jahre 7.7 %
Verteilung: Stadt 83.2 %, Land 16.8 %
Wachstum: 1 %
Lebenserwartung: Frauen 76 Jahre, Männer 72 Jahre
Alphabetenrate: Frauen 96.5 %, Männer 94.7 %
Bevölkerungsgruppen: Afrikaner u. a.
Religion: Christen
Sprachen: Englisch, Kreolisch

WIRTSCHAFT

BIP: 11.25 Mrd. US$
Wachstum BIP: -16.3 %
BIP/Kopf: 29 221 US$
Inflation: 0 %
Außenhandel: Import 2.46 Mrd. US$, Export 469 Mio. US$
Erwerbstätige nach Sektoren: Keine Angabe
Arbeitslosenquote: 25.6 %
CO_2-Emission/Kopf: 6.1 t

RÜCKBLICK

Corona-Pandemie: Die Bahamas gehören zu den am stärksten von der Pandemie betroffenen Ländern der Karibik. Ende 2020 verzeichnete der Inselstaat bereits über 7500 Infektionen, bis Ende Juni 2021 stieg die Zahl auf rd. 12 500 Infizierte und rd. 250 Todesfälle. Zeitweise wurde der Schiffsverkehr zwischen den einzelnen Inseln eingestellt. Zur Bekämpfung der Folgen der Corona-Pandemie legte die Regierung ein Notfallprogramm auf. Es umfasste die Bereitstellung von Lebensmitteln, die Verdoppelung der Dauer des Bezugs von Arbeitslosengeld, den Aufschub der Steuerzahlung für Firmen, die mindestens 80 % ihrer Arbeitskräfte behielten, sowie günstige Kredite für kleine und mittlere Unternehmen.

Wirtschaft: 2020 brach die Wirtschaft um 16.3 % ein, für 2021 geht der IWF von einem moderaten Wachstum von 2 % aus. Zudem erwartet der IWF den Anstieg der öffentlichen Verschuldung um 22 % gegenüber dem Vor-Corona-Niveau auf 90 % des Bruttoinlandsproduktes. Neben der Corona-Krise litt das Land weiterhin an den wirtschaftlichen

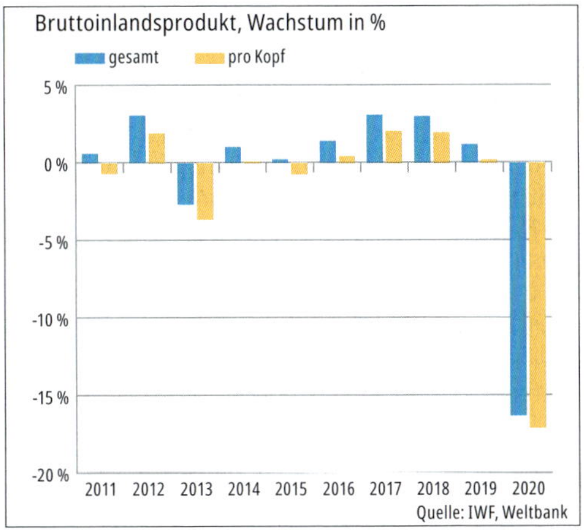

Folgen des Hurrikans Dorian, der den Inselstaat im September 2019 überquert und zu schweren Schäden geführt hatte.

Tourismus: Die Einkünfte aus dem Tourismus brachen 2020 um 75.1 % ein. Vor Corona hatte der Tourismus rund die Hälfte der Wirtschaftsleistung des Landes erwirtschaftet. 2019 hatten die Bahamas rd. 1.7 Mio. Touristen empfangen. Der Tourismussektor ist zudem der größte Arbeitgeber. Die Arbeitslosenquote stieg coronabedingt von 10.0 % (2019) auf 25.6 % (2020). Mitte Juni 2020 wurden die Grenzen für ausländische Reisende wieder geöffnet, doch der Tourismus kam nur schleppend wieder in Gang. Aufgrund der hohen Infektionszahlen in den USA durften im Juli 2020 keine US-amerikanischen Touristen einreisen. Zum 01.11.2020 wurde die zeitweise geltende generelle Quarantänepflicht für einreisende Touristen wieder abgeschafft. Der Ausnahmezustand wurde dagegen mehrfach verlängert und dauerte Ende Juni 2021 weiterhin an.

IWF-Kredit: Am 01.06.2020 bewilligte der IWF einen Notfallkredit (Rapid Financing Instrument) in Höhe von 250 Mio. US$. Noch im Februar 2020 hatte die Regierung eine vom IWF bereitgestellte Soforthilfe für die Schäden durch Hurrikan Dorian in Höhe von 200 000 US$ abgelehnt.

Sand-Dollar: Im Oktober 2020 führten die Bahamas mit dem Bahamas Sand Dollar das weltweit erste voll verfügbare Digitale Zentralbankgeld (CBDC) ein. Die zentral ausgegebene digitale Währung ist für alle Bürger der Bahamas verfügbar und wird schrittweise in das kommerzielle Bankensystem integriert. Der Wert des Sand Dollar ist an den bahamaischen Dollar gekoppelt, der wiederum an den Wert des US$ gekoppelt ist.

Bahrain

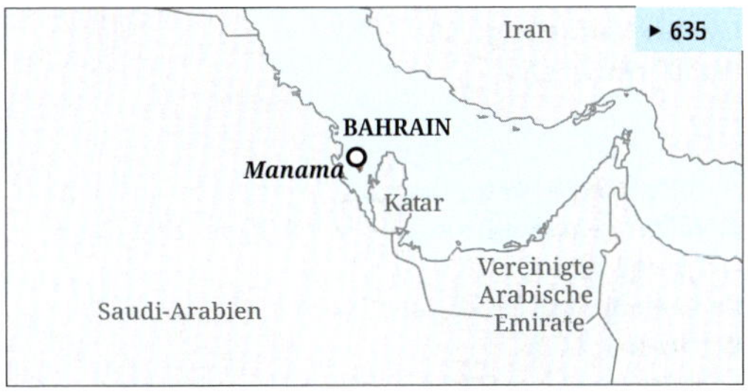

Ländername	Königreich Bahrain
Zeitzone	MEZ +2 h
Fläche in km²	771 (Rang 174)
Anzahl der Einwohner	1.7 Millionen (Rang 150)
Einwohnerzahl pro km²	2207 (Rang 3)
Hauptstadt	Manama
Amtssprache	Arabisch
Verwaltungsgliederung	4 Bezirke
Wichtige Städte	Manama, Muharrak, Riffa, Hamad, A'ali
Autokennzeichen | ISO-Code	BRN | BHR
Währung	1 Bahrain-Dinar = 1000 Fils
Nationalfeiertag	16. Dezember (Unabhängigkeit 1971)

Bevor Erdöl dem kleinen Königreich am Persischen Golf Wohlstand bescherte, gehörten Süßwasserquellen und Perlen zu seinen Kostbarkeiten. Die Erdölvorräte sind bald erschöpft, folglich muss sich der Golfstaat auf stetig abnehmende Fördermengen einstellen. 2011 wurden Proteste der schiitischen Bevölkerungsmehrheit gegen das sunnitische Königshaus blutig niedergeschlagen.

GEOGRAFIE

Geografische Lage: Von 25°47′ bis 26°15′ nördlicher Breite sowie von 50°27′ bis 50°37′ östlicher Länge (Vorderasien)
Höchster Punkt: Jabal ad-Dukhan 134 m
Klima: Wüstenklima mit hoher Luftfeuchtigkeit

POLITIK

Staatsform: Konstitutionelle Monarchie
Staatsoberhaupt: König Hamad bin Isa Al Khalifa (seit 07.03.1999)
Regierungschef: Ministerpräsident Prinz Salman bin Hamad Al Khalifa (seit 11.11.2020)
Regierungspartei: keine

Legislative: Nationalversammlung, bestehend aus Abgeordnetenhaus mit 40 für 4 Jahre gewählten Mitgliedern und Konsultativrat mit 40 ernannten Mitgliedern
Jahr der Verfassung: 2002
Wahlrecht: 20 Jahre

BEVÖLKERUNG

Bevölkerungsanteil: <15 Jahre 18.3 %, 15–64 Jahre 79.1 %, >64 Jahre 2.6 %
Verteilung: Stadt 89.5 %, Land 10.5 %
Wachstum: 3.6 %
Lebenserwartung: Frauen 79 Jahre, Männer 77 Jahre
Alphabetenrate: Frauen 94.9 %, Männer 98.8 %
Bevölkerungsgruppen: Bahrainer, Asiaten, Araber, Afrikaner, Europäer u. a.
Religionen: Muslime, Christen, Sonstige
Sprachen: Arabisch, Englisch, Persisch, Urdu

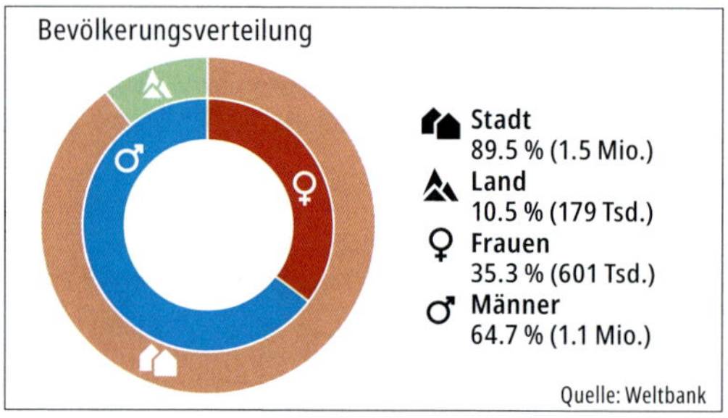

Der Anteil der männlichen Bevölkerung liegt bei fast 70 %, weil die extrem hohe Anzahl von ausländischen Arbeitskräften zur Einwohnerzahl dazugezählt wird.

WIRTSCHAFT

BIP: 33.9 Mrd. US$
Wachstum BIP: -5.4 %
BIP/Kopf: 22 402 US$
Inflation: -2.3 %
Außenhandel: Import 12.68 Mrd. US$ (Erdöl 27.8 %, Rohstoffe außer Brennstoffe 9.2 %, Maschinen 8.6 %, Nahrungsmittel 7.7 %, Kfz und -Teile 6.6 %), Export 14.01 Mrd. US$ (Petrochemie 48.1 %, Nichteisenmetalle 13.3 %, Rohstoffe außer Brennstoffe 7.5 %, Chemische Erzeugnisse 5.6 %, Eisen und Stahl 4.7 %)
Erwerbstätige nach Sektoren: Landwirtschaft 1 %, Industrie 35.1 %, Dienstleistungen 63.9 %
Arbeitslosenquote: 4.1 %
CO_2-Emission/Kopf: 21.6 t

RÜCKBLICK

Corona-Pandemie: Die Zahl der Neuinfektionen ging auch in den Sommermonaten 2020 nicht entscheidend zurück, was vermutlich darauf zurückzuführen war, dass sich Viele in klimatisierten Innenräumen aufhielten. Zu einem dramatischen Anstieg mit über 5000 Neuinfektionen pro Woche kam es ab Ende März 2021. Bis Mitte Mai verdreifachte sich diese Zahl, obwohl die Impfkampagne rasch voranschritt. Insgesamt wurden seit Beginn der Pandemie bis zum 30.06.2021 offiziell 265 643 Infektionen und 1351 Todesfälle gemeldet, was 0.09 % der Bevölkerung entsprach. 59.9 % waren vollständig geimpft.

Abkommen mit Israel: Am 15.09.2020 unterzeichnete Außenminister Abdullatif bin Raschid az-Zayani in Washington das Abkommen über die Normalisierung der Beziehungen mit Israel. Bereits am 11.09.2020 waren diplomatische Beziehungen aufgenommen worden. Die beiden Länder, die nie gegeneinander Krieg geführt hatten, pflegten bereits seit 1994 informelle Kontakte. Unter der Bevölkerung Bahrains, vor allem unter der schiitischen Mehrheit, wurde das Abkommen ablehnend aufgenommen. So kritisierte die schiitische Partei Wifak es als Verrat am Islam und an den Arabern. Zayani traf am 18.11.2020 zu seinem ersten offiziellen Besuch in Israel ein.

Tod des Ministerpräsidenten: Khalifa bin Salman Al Khalifa, ein Onkel König Hamads, der seit der Unabhängigkeit des Landes 1971 an der Spitze der Regierung stand und damit der am längsten amtierende Ministerpräsident der Welt war, starb am 11.11.2020 im Alter von 84 Jahren. Khalifa war vor allem beim schiitischen Bevölkerungsteil verhasst; bei den Protesten 2011 wurde sein Rücktritt gefordert. Kronprinz Salman bin Hamad Al Khalifa übernahm das Amt des Regierungschefs.

Todesurteile: Das Oberste Gericht bestätigte am 13.07.2020 die Todesurteile gegen zwei schiitische Aktivisten. Die beiden, die sich 2011 an den Protesten gegen die Regierung und das Herrscherhaus beteiligt hatten, waren 2014 nach einem tödlichen Bombenanschlag in einem Dorf bei Manama verhaftet und danach verurteilt worden. Menschenrechtsorganisationen sprachen davon, dass die Geständnisse der beiden auf Folter beruhten. Im Rahmen einer anschließenden Untersuchung durch die Staatsanwaltschaft stellten Ärzte fest, dass die beiden in der Tat gefoltert worden waren. Das erste Urteil wurde aufgehoben und der Fall in einem neuen Prozess behandelt. Doch auch dieser endete im Januar 2020 mit einem Schuldspruch und Todesurteilen, die nun ihre endgültige Bestätigung fanden.

Bangladesch

▸ 694

Ländername	Volksrepublik Bangladesch
Zeitzone	MEZ +5 h
Fläche in km²	147 570 (Rang 92)
Anzahl der Einwohner	164.7 Millionen (Rang 8)
Einwohnerzahl pro km²	1116 (Rang 7)
Hauptstadt	Dhaka
Amtssprache	Bengalisch
Verwaltungsgliederung	8 Regionen
Wichtige Städte	Dhaka, Chittagong, Narayanganj, Khulna, Rajshahi, Sylhet
Autokennzeichen | ISO-Code	BD | BGD
Währung	1 Taka = 100 Poisha
Nationalfeiertag	26. März (Unabhängigkeit 1971)

Der Name „Goldenes Bengalen" erinnert an vergangene Zeiten, als das überaus fruchtbare Gebiet im Mündungsbereich von Ganges und Brahmaputra, dem größten Flussdelta der Welt, als Kornkammer Indiens den Menschen Wohlstand und Reichtum bescherte. Die Gegenwart des 1971 gegründeten und somit jüngsten Staates Südasiens sieht jedoch immer noch wenig glänzend aus. Einerseits konnte es dank seines wirtschaftlichen Aufschwungs seine sozialen und ökonomischen Indikatoren stark verbessern, zählt aber weiterhin zu den ärmsten Ländern des asiatischen Kontinents. Andererseits gibt es die zunehmende Bedrohung durch den global ansteigenden Meeresspiegel. Er sorgt für häufige und folgenreiche Überflutungen des dicht bevölkerten Landes.

GEOGRAFIE

Geografische Lage: Von 20°44′ bis 26°37′ nördlicher Breite sowie von 88°01′ bis 92°39′ östlicher Länge (Südasien)
Höchster Punkt: Keokradong 1230 m
Klima: Tropisches Monsunklima mit hoher Luftfeuchtigkeit und hohen Niederschlägen

POLITIK

Staatsform: Parlamentarische Republik
Staatsoberhaupt: Präsident Abdul Hamid (seit 24.04.2013)
Regierungschef: Premierministerin Sheikh Hasina (seit 06.01.2009)
Regierungspartei: AL (Awami-Liga)
Legislative: Nationalversammlung mit 350 für 5 Jahre gewählten Mitgliedern
Jahr der Verfassung: 1972
Wahlrecht: 18 Jahre

BEVÖLKERUNG

Bevölkerungsanteil: <15 Jahre 26.8 %, 15–64 Jahre 68 %, >64 Jahre 5.2 %
Verteilung: Stadt 38.2 %, Land 61.8 %
Wachstum: 1 %
Lebenserwartung: Frauen 75 Jahre, Männer 71 Jahre
Alphabetenrate: Frauen 71.2 %, Männer 76.7 %
Bevölkerungsgruppen: Bengalen u. a.
Religionen: Muslime, Hindus
Sprachen: Bengalisch, Regionalsprachen

WIRTSCHAFT

BIP: 329.12 Mrd. US$
Wachstum BIP: 3.8 %
BIP/Kopf: 1998 US$
Inflation: 5.6 %
Außenhandel: Import 52.41 Mrd. US$ (Baumwolle, Garne, Stoffe und Stapelfaser 22.5 %, Maschinen und Anlagen 20.3 %, Erdöl und Erdölprodukte 9.8 %, Metalle 8.3 %, Kunststoffe 4.8 %), Export 33.6 Mrd. US$ (Textilien und Bekleidung 85.6 %, Leder, Lederwaren und Schuhe 3.2 %, Jute und Jutewaren 2.6 %, Fisch und Shrimps, tiefgekühlt 1.2 %)
Erwerbstätige nach Sektoren: Landwirtschaft 37.8 %, Industrie 21.6 %, Dienstleistungen 40.6 %
Arbeitslosenquote: 5.3 %
CO_2-Emission/Kopf: 0.7 t

RÜCKBLICK

Corona-Pandemie: Die Regierung glaubte, die Pandemie 2020 erfolgreich eingedämmt zu haben, doch stiegen die Infektionszahlen seit Anfang März 2021 erneut stark an, sodass am 05.04.2021 neuerlich ein weitreichender Lockdown verhängt wurde; Ausnahmen galten nur für den Handel mit lebensnotwendigen Gütern und die Industrie. Zur wirtschaftlichen Abfederung verkündete Premierministerin Sheikh Hasina zugleich ein Hilfsprogramm im Umfang von 8 Mrd. US$. Ausweislich der offiziellen Statistik wurde der Höhepunkt der zweiten Pandemiewelle am 09.04.2021 überschritten. Daher wurde der Lockdown am 28.04.2021 wieder aufgehoben. Daraufhin nahm die Zahl der Infektionen erneut exponentiell zu und erreichte Anfang Juli 2021 neue Rekordwerte. Die im Februar 2021 begonnene Impfung der Bevölkerung geriet ins Stocken, als Indien die Ausfuhr von Impfstoffen stoppte. Im Mai kam die Immunisierungskampagne zum Erliegen. Im Vertrauen auf weitere indische Lieferungen war zudem die Vorratsbewirtschaftung für die nötigen Zweitimpfungen vernachlässigt worden, sodass selbst für die Geimpften der nachhaltige Nutzen in Zweifel gestellt wurde.

Politik: Die von der Awami League (AL) geführte Regierung setzte ihre repressive Linie fort, wobei diese nicht auf Angehörige der oppositionellen Bangladesh Nationalist Party (BNP) oder islamistischer Organisationen beschränkt war, sondern auch konkurrierende Gruppen innerhalb der AL und Journalisten einschloss. Das umstrittene „Digital Security Act" stellte weiterhin eine dauernde **Bedrohung der Presse- und Meinungsfreiheit** dar – nach dem Tod eines inhaftierten Journalisten forderte der UN-Menschenrechtsbeauftragte am 01.03.2021 eine Untersuchung des Vorfalls und eine Revision des Gesetzes. Das Justizministerium kündigte daraufhin eine Gesetzesnovelle an und setzte am 03.03.2021 den seit Mai 2020 inhaftierten Karikaturisten Ahmed Kishore auf freien Fuß. Bei Kommunalwahlen kam es vielerorts zu gewaltsamen Auseinandersetzungen und zu Anschlägen auf Kandidaten. Islamistische Gruppen taten sich mit **Attacken auf Hindus** hervor. Den Höhepunkt dieser Gewaltwelle erlebte das Land beim **Besuch des indischen Premierministers Narendra Modi** am 16./17.03.2021. Landesweit kam es zu Protestzügen, in deren Verlauf Hindu-Tempel und Geschäfte verwüstet wurden. Die Zusammenstöße mit der Polizei in vielen Städten erreichten in Chittagong die schlimmsten Ausmaße, wo 11 Demonstranten erschossen wurden.

Gesellschaft: Die verbreitete sexuelle Gewalt gegen Frauen erhielt durch ein Verbrechen in Noakhali die Aufmerksamkeit der nationalen Öffentlichkeit: Am 02.09.2020 hatten 9 Männer eine Frau vor den Augen ihres Ehemanns vergewaltigt und anschließend mit Videoaufnahmen erpresst. Als das Verbrechen schließlich durch die Verbreitung eines Videos über das Internet bekannt wurde, löste es im Oktober 2020 Protestkundgebungen in Dhaka aus, auf denen die Hinrichtung der Täter gefordert wurde. Menschenrechtsorganisationen beklagten, dass nur ein kleiner Teil der bekanntwerdenden Vergewaltigungsdelikte – ein Fünftel davon Gruppenvergewaltigungen – geahndet würden, weil die Opfer vielfach der Unterschicht angehörten. Die Regierung führte am 13.10.2020 auf dem Verordnungswege die **Todesstrafe für Vergewaltigungsverbrechen** ein und ließ umgehend 5 Häftlinge hinrichten, die 2015 an einer Gruppenvergewaltigung beteiligt gewesen waren.

Wirtschaft: Der Einbruch auf den Exportmärkten infolge der Corona-Pandemie traf die Textilbranche 2020 schwer. Um so wichtiger war der rekordhohe Anstieg der Rücküberweisungen von Gastarbeitern, die die Regierung mit einem Bonus von 2 % stimuliert hatte. Zahlungsbilanz und Außenwert des Taka blieben stabil, die nach Ausbruch der Pandemie hochgeschnellte Arbeitslosigkeit ging schon im September 2020 stark zurück. Die Textilproduktion erreichte zwar noch nicht das Vorkrisenniveau, die Nachfrage nach einfacher Freizeitbekleidung zog aber an.

Flüchtlingsfrage: In den Flüchtlingslagern in Cox' Bazar kam es seit September 2020 zu gewaltsamen Auseinandersetzungen zwischen rivalisierenden Gruppen, die Regierung machte Drogenbanden verantwortlich. Wiederholt wurden Teile der Lager angezündet, der schlimmste Brand ereignete sich am 22.03.2021: Nach Schätzungen verloren 45 000 Menschen ihr Obdach, 400 wurden vermisst und mindestens 15 starben. Die Regierung drängte erfolglos auf eine Rückführung der aus Myanmar 2017 geflohenen Rohingya – die Regierung des Nachbarlandes sperrte sich weiterhin dagegen. Am 03.12.2020 begann die Regierung gegen starke Bedenken in der internationalen Gemeinschaft, Rohingya aus den Flüchtlingslagern in Cox' Bazar auf die unbewohnte Insel Bhasan Khar im Golf von Bengalen zu deportieren. Menschenrechtsorganisationen zweifelten die Freiwilligkeit der Umsiedlung an. Bis zum 03.03.2021 waren etwa 13 000 Rohingya auf die Insel gebracht worden. Vom 17.–20.03.2021 besuchte eine UN-Delegation die Insel, um ihre Eignung als Aufenthaltsort der Flüchtlinge zu prüfen.

Barbados

▸ 668

Ländername	Barbados
Zeitzone	MEZ -5 h
Fläche in km²	431 (Rang 184)
Anzahl der Einwohner	287 371 (Rang 175)
Einwohnerzahl pro km²	667 (Rang 8)
Hauptstadt	Bridgetown
Amtssprache	Englisch
Verwaltungsgliederung	11 Gemeinden
Wichtige Städte	Bridgetown, Speightstown, Oistins
Autokennzeichen | ISO-Code	BDS | BRB
Währung	1 Barbados-Dollar = 100 Cents
Nationalfeiertag	30. November (Unabhängigkeit 1966)

Barbados ist die östlichste Insel der Kleinen Antillen. Sie wurde im 16. Jahrhundert von den Spaniern entdeckt. Später kam sie in den Besitz Englands und galt als Musterschüler der britischen Kolonialmacht. Erst Anfang der 1960er-Jahre begann der Weg in die Unabhängigkeit, der 1966 erfolgreich abgeschlossen wurde.

GEOGRAFIE

Geografische Lage: Von 13°03′ bis 13°21′ nördlicher Breite sowie von 59°26′ bis 59°39′ westlicher Länge (Karibik)
Höchster Punkt: Mount Hillaby 340 m
Klima: Tropisch-wechselfeucht mit Regenzeit von Juli bis November

POLITIK

Staatsform: Parlamentarische Demokratie unter konstitutioneller Monarchie
Staatsoberhaupt: Britische Königin, vertreten durch die Generalgouverneurin Dame Sandra Mason (seit 08.01.2018)
Regierungschef: Premierministerin Mia Amor Mottley (seit 25.05.2018)
Regierungspartei: BLP (Barbados Labour Party)
Legislative: Parlament, bestehend aus Abgeordnetenhaus mit 30 für 5 Jahre gewählten Mitgliedern und Senat mit 21 ernannten Mitgliedern
Jahr der Verfassung: 1966
Wahlrecht: 18 Jahre

BEVÖLKERUNG

Bevölkerungsanteil: <15 Jahre 16.8 %, 15–64 Jahre 66.5 %, >64 Jahre 16.7 %
Verteilung: Stadt 31.2 %, Land 68.8 %
Wachstum: 0.1 %
Lebenserwartung: Frauen 81 Jahre, Männer 78 Jahre
Alphabetenrate: Frauen 99.6 %, Männer 99.6 %
Bevölkerungsgruppen: Afrikaner u. a.
Religionen: Christen, Sonstige
Sprachen: Englisch, Bajan

WIRTSCHAFT

BIP: 4.36 Mrd. US$
Wachstum BIP: -17.6 %
BIP/Kopf: 15 163 US$
Inflation: 2.9 %
Außenhandel: Import 1.52 Mrd. US$, Export 345 Mio. US$
Erwerbstätige nach Sektoren: Landwirtschaft 2.6 %, Industrie 18.9 %, Dienstleistungen 78.5 %
Arbeitslosenquote: 12.8 %
CO_2-Emission/Kopf: 13.3 t

RÜCKBLICK

Corona-Pandemie: Bis Ende 2020 verzeichnete das Land mit weniger als 400 Infizierten und 7 Todesfällen relativ niedrige Fallzahlen. Aufgrund steigender Infektionszahlen kündigte Ministerpräsidentin Mia Mottley jedoch am 26.01.2021 einen zweiwöchigen Lockdown an, der die bereits bestehende Ausgangssperre von 19 bis 6 Uhr verlängerte und die Öffnungszeiten von Supermärkten einschränkte. Nach Verlängerung des Lockdowns erfolgte ab 01.03.2021 wieder eine schrittweise Öffnung.
Die Corona-Pandemie wirkte sich wirtschaftlich besonders auf den **Tourismussektor** und damit die Haupteinnahmequelle des Landes aus. Nachdem

der Tourismus zwischen März und Juni 2020 vollständig zum Erliegen gekommen war, erfolgte im Juli 2020 eine vorsichtige Öffnung für den internationalen Tourismus. Am 12.07.2020 wurde der kommerzielle Flugverkehr von und nach Barbados wieder aufgenommen. Je nach Herkunftsland mussten sich Einreisende jedoch in eine mindestens 14-tägige Quarantäne begeben, ab 04.11.2020 auch bei Einreisen aus Deutschland. Ab August 2020 bot das Land **Arbeitsvisa** an, mit denen Ausländer bis zu einem Jahr steuerfrei im Homeoffice arbeiten konnten. Das entsprechende Visum kostete 2000 US$ für Einzelpersonen und 3000 US$ für Familien.

Wirtschaft: Aufgrund der Corona-Krise und ihren Folgen für den Tourismus verzeichnete das Bruttoinlandsprodukt 2021 einen Einbruch um 17.6 %. Für 2021 rechnete der IWF im April 2021 mit einem Wachstum um 4.1 %. Er geht dabei davon aus, dass der Tourismus in der zweiten Jahreshälfte wieder anzieht.

IWF-Revision: Im Mai 2021 prüfte der Internationale Währungsfonds zum vierten und letzten Mal die Umsetzung der Maßnahmen, die er an die Vergabe eines Kredites im Oktober 2018 geknüpft hatte. Demnach hatten sich die internationalen Reserven zwischen 2018 und 2021 von 220 Mio. auf 1.3 Mrd. US$ erhöht. Der IWF hatte dem angeschlagenen Land eine 4-jährige Erweiterte Fondsfazilität gewährt, die den Zugang zu insgesamt 464 Mio. US$ ermöglichte.

Nachwahl: Am 11.11.2020 fand in St George North eine Nachwahl für den Sitz des Abgeordneten Gline Clarke statt. Clarke hatte sein Mandat nach 26 Jahren Parlamentszugehörigkeit niedergelegt, um Barbados als Hochkommissar (höchster diplomatischer Vertreter zwischen Commonwealth-Ländern) in Kanada zu vertreten. Die Wahl gewann Toni Moore, der wie Clarke der Barbados Labour Party angehört.

Republik: Am 16.09.2020 kündigte Premierministerin Mia Mottley an, dass sich das Land von der britischen Krone lösen und eine eigene Republik gründen wolle. Bis zum 55. Unabhängigkeitstag am 30.11.2021 wolle das Land endgültig aus dem britischen Commonwealth Realm austreten. Barbados hatte 1966 formell seine Unabhängigkeit erhalten, Staatsoberhaupt ist aber weiterhin Königin Elisabeth II. als britische Monarchin.

Belarus

▸ 614

Ländername	Republik Belarus; auch: Weißrussland
Zeitzone	MEZ +2 h
Fläche in km²	207 600 (Rang 84)
Anzahl der Einwohner	9.4 Millionen (Rang 96)
Einwohnerzahl pro km²	45 (Rang 136)
Hauptstadt	Minsk
Amtssprachen	Belarussisch, Russisch
Verwaltungsgliederung	6 Bezirke (Oblast) und 1 Stadt
Wichtige Städte	Minsk, Gomel, Witebsk, Grodno, Mahiljou, Brest
Autokennzeichen | ISO-Code	BY | BLR
Währung	1 Belarus-Rubel = 100 Kopeken
Nationalfeiertag	3. Juli (Unabhängigkeit 1944)

Belarus (auch: Weißrussland) ist auch nach der Unabhängigkeit 1991 noch immer politisch und ökonomisch sehr eng mit Russland verbunden. Oppositionelle Bewegungen werden von dem diktatorisch herrschenden Staatspräsidenten systematisch unterdrückt. Grundlegende marktwirtschaftliche Reformen und Privatisierungen der staatlich gelenkten Industrie zur Belebung der Ökonomie lassen auf sich warten.

GEOGRAFIE

Geografische Lage: Von 51°14′ bis 56°09′ nördlicher Breite sowie von 23°10′ bis 32°43′ östlicher Länge (Osteuropa)
Höchster Punkt: Djsarschynskaja 346 m
Klima: Kühlgemäßigtes Klima

POLITIK

Staatsform: Präsidiale Republik
Staatsoberhaupt: Präsident Alexander Lukaschenko (seit 20.07.1994)
Regierungschef: Ministerpräsident Roman Golowtschenko (seit 04.06.2020)
Regierungspartei: keine
Legislative: Nationalversammlung, bestehend aus Repräsentantenkammer mit 110 für 4 Jahre gewählten Mitgliedern und Rat der Republik mit 56 für 4 Jahre gewählten und 8 ernannten Mitgliedern
Jahr der Verfassung: 1994
Wahlrecht: 18 Jahre

BEVÖLKERUNG

Bevölkerungsanteil: <15 Jahre 17.2 %, 15–64 Jahre 67.2 %, >64 Jahre 15.6 %
Verteilung: Stadt 79.5 %, Land 20.5 %
Wachstum: -0.2 %
Lebenserwartung: Frauen 80 Jahre, Männer 70 Jahre
Alphabetenrate: Frauen 99.7 %, Männer 99.8 %
Bevölkerungsgruppen: Belarussen, Russen, Polen, Ukrainer u. a.
Religionen: Christen, Sonstige
Sprachen: Russisch, Belarussisch, Polnisch, Ukrainisch u. a.

WIRTSCHAFT

BIP: 60.2 Mrd. US$
Wachstum BIP: -0.9 %
BIP/Kopf: 6399 US$
Inflation: 5.5 %
Außenhandel: Import 32.6 Mrd. US$ (Erdöl 16.7 %, Chemische Erzeugnisse 11 %, Maschinen 9.7 %, Nahrungsmittel 8.4 %, Gas 7 %), Export 29.04 Mrd. US$ (Chemische Erzeugnisse 15.9 %, Petrochemie 15.8 %, Nahrungsmittel 14.7 %, Kfz und -Teile 5.9 %, Maschinen 5.5 %)
Erwerbstätige nach Sektoren: Landwirtschaft 10.8 %, Industrie 30.2 %, Dienstleistungen 59 %
Arbeitslosenquote: 5.3 %
CO_2-Emission/Kopf: 7 t

RÜCKBLICK

Fälschungen bei der Präsidentenwahl zugunsten von Machthaber Alexander Lukaschenko provozierten Massenproteste, die das diktatorische Regime durch exzessive Polizeigewalt und mithilfe der Strafjustiz bekämpfte. Außenpolitisch suchte Lukaschenko den Schulterschluss mit Russland.

Präsidentschaftswahl: Die Nichtzulassung von vier Kandidaten der außerparlamentarischen Opposition zur Präsidentenwahl bzw. ihre Inhaftierung führte zu einer **starken politischen Mobilisierung** zugunsten der im Juli 2020 als Kandidatin zugelassenen Swetlana Tichanowskaja. Aus dem Urnengang, der vom 04. bis zum 09.08.2020 durchgeführt wurde, ging der Amtsinhaber Lukaschenko, der zum 6. Mal antrat, nach Angaben der Zentralen Wahlkommission mit einem Stimmenanteil von 80.1 % als Sieger hervor; Tichanowskaja habe 10.1 %, drei weitere Bewerber hätten zusammen rd. 4 % erhalten. Wahlbeobachter der OSZE waren nicht eingeladen worden. Das Ergebnis wurde anhand unabhängiger Zählungen und Nachwahlbefragungen als **grobe Fälschung** interpretiert; Tichanowskaja habe einen deutlichen Vorsprung erzielt. EU und USA werteten die Wahl als **weder frei noch fair** und erkannten das Ergebnis nicht an. **Tichanowskaja** erklärte sich am 10.08.2020 zur Wahlsiegerin, bevor sie tags darauf **zur Ausreise gezwungen** wurde. Zur friedlichen Machtübergabe regte sie einen **Koordinierungsrat** an, der sich am 18.08.2020 bildete.

Proteste: Die offensichtlichen Wahlfälschungen riefen **landesweit Proteste** hervor. Schauplatz von **Großkundgebungen** war vor allem Minsk, wo sich von August bis Oktober 2020 immer sonntags Zehntausende, teils auch mehr als 100 000 Menschen zu „Mottomärschen" zusammenfanden. Frauen, Rentner, Studenten und Berufsgruppen wie Ärzte, Sanitäter, IT-Beschäftigte und Journalisten fanden zu eigenen Protestformen zusammen. Im August/September gab es auch **Streiks** in Industrieunternehmen und beim staatlichen Rundfunk. Für die Organisation und den Zusammenhalt der Proteste spielten **Social-Media-Kanäle** und unabhängige Newsportale eine große Rolle. Ab November 2020 verlagerten sich die Aktionen **in Wohngebiete** außerhalb der Zentren, wo **„Mikroprotestmärsche"**, Nachbarschaftstreffen und kulturelle Veranstaltungen mit mehreren Hundert Teilnehmern spontan verabredet wurden, um einer Konfrontation mit der Polizei (Miliz) auszuweichen.

Der Staat schlägt zurück: Von Anfang an trat das Lukaschenko-Regime den Protesten mit **massiver Gewalt**, vor allem durch Spezialkräfte der Miliz (OMON), Schläger- und Greiftrupps (mindestens sechs Tote), sowie mit rund 34 000 Festnahmen von August 2020 bis Ende Januar 2021 (nach Angaben der Menschenrechtsorganisation Wjasna) und Arreststrafen entgegen, ab Februar 2021 auch mit Hunderten **Verfahren vor Strafgerichten**. Internet und Mobilfunk wurden zeitweise blockiert, Medien verboten und Journalisten, auch ausländischen, die Arbeitserlaubnis entzogen oder sie wurden strafrechtlich verfolgt. Studierenden drohte die

Zwangsexmatrikulation, Streikenden die Entlassung. Durch Festnahmen, Strafanklagen und Abschiebungen wurde das **Führungsgremium des Koordinierungsrats** nahezu **handlungsunfähig**. Aufrufe der Präsidentschaftskandidatin Tichanowskaja aus dem Exil zu einem „Generalstreik" und ein **„Volksultimatum"** (Oktober) an Lukaschenko, zurückzutreten, die Gewalt einzustellen und „politische Gefangene" freizulassen, hielten die Proteststimmung aufrecht, blieben aber ohne nachhaltige Wirkung, weil der **Staats- und Sicherheitsapparat** nach einer kurzen Phase des Kontrollverlusts im August weiterhin **funktionierte**. Abgeschirmt von der Öffentlichkeit wurde Lukaschenko am 23.09.2020 für eine **weitere Amtszeit** als Staatsoberhaupt **vereidigt**.

Ausland: Die Protestbewegung versuchte Lukaschenko als auslandsgesteuert, zunächst durch Russland, später dann den „Westen", zu verunglimpfen. An der Grenze zu Litauen und Polen ließ er die Armee gegen eine angebliche „NATO-Invasion" in Gefechtsbereitschaft setzen (18.08.2020). Sein „Angebot" zu einer **Verfassungsreform mit Neuwahlen** bis 2022 nahm der russische Präsident Wladimir Putin auf, den Lukaschenko bis 29.05.2021 viermal in **Russland** traf, das mit Belarus in einer mehrfach verabredeten, aber nie verwirklichten Staatenunion verbunden ist. Putin sagte seinem Amtskollegen u. a. die Unterstützung durch russische Sicherheitskräfte und einen Kredit über 1.5 Mrd. US$ zu. Andererseits verhängte die **EU** von Oktober bis Dezember 2020 gegen 88 Personen und sieben Institutionen, die für die Repression verantwortlich gemacht wurden, **Strafmaßnahmen** (Reiseverbote, Einfrieren von Vermögenswerten), auch gegen Lukaschenko persönlich. Am 18.01.2021 entzog der Internationale **Eishockey**-Verband Belarus die Ausrichtung der WM. Eishockey ist Nationalsport in Belarus.

Entführung: Am 23.05.2021 erzwang Belarus die **Notlandung** einer Passagiermaschine, die auf dem Flug von Athen nach Vilnius war, in Minsk. Ziel der Geheimdienstaktion war, den Journalisten und Exiloppositionellen **Roman Protasewitsch** festzunehmen. Die EU entzog kurz darauf der belarussischen Fluggesellschaft Belavia die Landerechte; europäische Luftfahrtgesellschaften verzichteten darauf, Belarus weiter anzufliegen. Hinzu kamen am 21.06.2021 Strafmaßnahmen der EU gegen weitere 78 Personen und 8 Organisationen, Einschränkungen für Finanztransaktionen und **Einfuhrverbote** für belarussische Hauptexportgüter. Die USA, Kanada und Großbritannien zogen mit Sanktionen nach.

Belgien

▸ 612

Ländername	Königreich Belgien
Zeitzone	MEZ ±0 h
Fläche in km²	30 528 (Rang 137)
Anzahl der Einwohner	11.6 Millionen (Rang 81)
Einwohnerzahl pro km²	379 (Rang 23)
Hauptstadt	Brüssel
Amtssprachen	Niederländisch, Französisch, Deutsch
Verwaltungsgliederung	3 Regionen mit 10 Provinzen
Wichtige Städte	Antwerpen, Gent, Charleroi, Lüttich, Brüssel, Schaerbeek
Autokennzeichen | ISO-Code	B | BEL
Währung	1 Euro = 100 Cent
Nationalfeiertag	21. Juli (Vereidigung von König Leopold I. 1831)

Das Königreich Belgien gehört zu den kleineren europäischen Staaten. Bereits im Mittelalter entwickelten sich Flandern und Brabant zu bedeutenden Gewerbe- und Handelszentren. Seit der Staatsgründung 1830 prägt der Dauerkonflikt zwischen Flamen und Wallonen die Innenpolitik. Bei der europäischen Einigung im 20. Jahrhundert übernahm Belgien eine führende Rolle. Als Sitz zahlreicher EU-Behörden und der Zentrale der NATO ist Brüssel heute die „heimliche Hauptstadt Europas".

GEOGRAFIE

Geografische Lage: Von 49°30′ bis 51°30′ nördlicher Breite sowie von 2°31′ bis 6°22′ östlicher Länge (Westeuropa)
Höchster Punkt: Botrange 694 m
Klima: Gemäßigtes Seeklima

POLITIK

Staatsform: Parlamentarische Monarchie
Staatsoberhaupt: König Philippe (seit 21.07.2013)

Regierungschef: Ministerpräsident Alexander De Croo (seit 01.10.2020)
Regierungspartei: siehe Rückblick
Legislative: Parlament, bestehend aus Abgeordnetenkammer mit 150 für 5 Jahre gewählten Mitgliedern und Senat mit 60 für 5 Jahre gewählten Mitgliedern
Jahr der Verfassung: 1993
Wahlrecht: 18 Jahre

BEVÖLKERUNG

Bevölkerungsanteil: <15 Jahre 17 %, 15–64 Jahre 63.7 %, >64 Jahre 19.3 %
Verteilung: Stadt 98.1 %, Land 1.9 %
Wachstum: 0.6 %
Lebenserwartung: Frauen 84 Jahre, Männer 80 Jahre
Alphabetenrate: Frauen 99 %, Männer 99 %
Bevölkerungsgruppen: Flamen, Wallonen, Italiener, Marokkaner, Franzosen, Türken u. a.
Religionen: Christen, Muslime
Sprachen: Niederländisch, Französisch, Deutsch

WIRTSCHAFT

BIP: 513.09 Mrd. US$
Wachstum BIP: -6.4 %
BIP/Kopf: 44 529 US$
Inflation: 0.4 %
Außenhandel: Import 394.64 Mrd. US$ (Chemische Erzeugnisse 26.8 %, Kfz und -Teile 11.9 %, Nahrungsmittel 8.4 %, Maschinen 7.1 %, Rohstoffe außer Brennstoffe 5.2 %), Export 419.34 Mrd. US$ (Chemische Erzeugnisse 33.8 %, Kfz und -Teile 11.7 %, Nahrungsmittel 9.8 %, Maschinen 6.4 %, Nichtmetallische Mineralien 3.8 %)
Erwerbstätige nach Sektoren: Landwirtschaft 0.9 %, Industrie 20.6 %, Dienstleistungen 78.5 %
Arbeitslosenquote: 6 %
CO_2-Emission/Kopf: 9 t

RÜCKBLICK

Regierungsbildung: 493 Tage nach der Wahl vom 26.05.2019 und nach mehreren vergeblichen Anläufen einer Regierungsbildung einigten sich 7 Parteien am 30.09.2020 auf eine Koalition, die über eine Mehrheit im Parlament verfügt. An der sog. „Vivaldi"-Koalition sind vier Parteienfamilien beteiligt: die wallonischen und flämischen Sozialisten (PS und sp.a), die wallonischen Liberalen (MR) und ihr flämisches Pendant Open VLD, die Grünen aus beiden Landesteilen (Ecolo und Groen) sowie die flämischen Christdemokraten CD&V. Als **Ministerpräsident** wurde am 01.10.2020 der Vorsitzende der Open VLD, **Alexander De Croo**, vereidigt. Die bisherige geschäftsführende Ministerpräsidentin Sophie Wilmès (MR) übernahm das Amt der Außenministerin. Zum Wirtschafts- und Arbeitsminister wurde Pierre-Yves Dermagne (PS) bestimmt, zum Finanzminister Vincent Van Peteghem (CD&V). Innenministerin wurde Annelis Verlinden (CD&V). Frank Vandenbroucke (sp.a) übernahm das Sozialministerium und Vincenct Van Quickenborne (Open VLD) das Justizministerium. Mit der flämischen Grünen-Politikerin Petra De Sutter wurde außerdem erstmals eine offen Transsexuelle in die Regierung bestellt: Im Kabinett De Croo hat sie den Posten der Ministerin für Staatsbetriebe und Beamtenangelegenheiten inne. Am 03.10.2020 sprach das Parlament der neuen Regierung das Vertrauen aus.

Belgiens König Philippe (m.) empfängt den neuen Premierminister Alexander De Croo (2.v.l.) und sein zukünftiges Kabinett im Königlichen Palast in Brüssel am 01.10.2020.

Atomkraft: Am 30.09.2020 wies ein Gericht in Brüssel eine Sammelklage gegen den Betrieb des nur 60 km von Aachen entfernten **Atommeilers Tihange 2** ab, der **wegen Sicherheitsmängeln umstritten** ist. Tihange 2 soll 2023 vom Netz gehen. Geklagt hatten neben der Städteregion Aachen auch das Land Rheinland-Pfalz sowie Kommunen, Unternehmen und Privatpersonen aus Deutschland, den Niederlanden und Belgien.

Corona-Pandemie: Angesichts stark steigender täglicher Neuinfektionen auf mehr als 20 000 beschloss die Regierung am 16. und 30.10.2020 erneute Maßnahmen, die auch eine nächtliche Ausgangssperre umfassten. Ab Mitte November sank die Zahl der täglichen Neuinfektionen auf etwa 3000. Nach einem erneuten Anstieg im März auf über 6000 Neuinfektionen pro Tag wurde ab 27.03.2020 eine vierwöchige „Osterpause" verhängt. Ab dem 08.05.2021 durfte die Außengastronomie wieder öffnen. Bis zum 26.05.2021 waren 15.22 % der Belgier vollständig gegen COVID-19 geimpft, eine Erstimpfung hatten 38.32 %.

Belize

▸ 666

Ländername	Belize
Zeitzone	MEZ -7 h
Fläche in km²	22 966 (Rang 148)
Anzahl der Einwohner	397 621 (Rang 171)
Einwohnerzahl pro km²	17 (Rang 172)
Hauptstadt	Belmopan
Amtssprache	Englisch
Verwaltungsgliederung	6 Distrikte
Wichtige Städte	Belize City, Belmopan, San Ignacio, San Pedro
Autokennzeichen | ISO-Code	BZ | BLZ
Währung	1 Belize-Dollar = 100 Cents
Nationalfeiertage	10. September (Schlacht von St. George's Caye 1798), 21. September (Unabhängigkeit 1981)

Erst 1981 wurde Belize, bis 1973 Britisch-Honduras, von den Briten in die Unabhängigkeit entlassen, seitdem ist das Land Mitglied im Commonwealth. Zuckerrohr- und Bananenplantagen sowie der Tourismus bilden das wirtschaftliche Rückgrat des kleinen zentralamerikanischen Landes.

GEOGRAFIE

Geografische Lage: Von 15°53' bis 18°29' nördlicher Breite sowie von 87°47' bis 89°14' westlicher Länge (Zentralamerika)
Höchster Punkt: Doyle's Delight 1124 m
Klima: Feuchttropisches Klima

POLITIK

Staatsform: Parlamentarische Demokratie unter konstitutioneller Monarchie
Staatsoberhaupt: Britische Königin, vertreten durch den Generalgouverneur (kommissarisch) Stuart Leslie (seit 30.04.2021)
Regierungschef: Premierminister Johnny (John Antonio) Briceño (seit 12.11.2020)
Regierungspartei: PUP (People's United Party)
Legislative: Nationalversammlung, bestehend aus Repräsentantenhaus mit 31 für 5 Jahre gewählten Mitgliedern und Senat mit 14 ernannten Mitgliedern
Jahr der Verfassung: 1981
Wahlrecht: 18 Jahre

BEVÖLKERUNG

Bevölkerungsanteil: <15 Jahre 29.2 %, 15–64 Jahre 65.8 %, >64 Jahre 5 %
Verteilung: Stadt 46 %, Land 54 %
Wachstum: 1.8 %
Lebenserwartung: Frauen 78 Jahre, Männer 72 Jahre
Alphabetenrate: Frauen 84.1 %, Männer 75.2 %
Bevölkerungsgruppen: Mestizen, Kreolen, Maya, Garifuna, Inder, Mennoniten u. a.
Religionen: Christen, Sonstige
Sprachen: Englisch, Spanisch, Kreolisch, Maya u. a.

WIRTSCHAFT

BIP: 1.65 Mrd. US$
Wachstum BIP: -14.1 %
BIP/Kopf: 3945 US$
Inflation: 0.1 %
Außenhandel: Import 787 Mio. US$, Export 324 Mio. US$
Erwerbstätige nach Sektoren: Landwirtschaft 16.6 %, Industrie 15.7 %, Dienstleistungen 67.7 %
Arbeitslosenquote: 7.8 %
CO_2-Emission/Kopf: 1 t

RÜCKBLICK

Parlamentswahlen: Premierminister Dean Barrow gab am 05.10.2020 als Termin für die nächsten Parlamentswahlen den 11.11.2020 bekannt. Bei den Parlamentswahlen werden die 31 Sitze des Repräsentantenhauses gewählt. Die People's United Party (PUP) erzielte mit ihrem Spitzenkandidaten Johnny Briceño mit 59.6 % die meisten Stimmen und gewann 26 Sitze (+14 Sitze gegenüber der Wahl 2015). Die PUP stellte damit das erste Mal seit 2003 die Mehrheit im Parlament. Die bisher regierende Mitte-Rechts-Partei United Democratic Party (UDP) fuhr unter Patrick Faber mit 38.8 % ihr schlechtestes Ergebnis seit 1998 ein und gewann lediglich 5 Sitze (-14 Sitze gegenüber 2015). Für die Belize People's Front trat mit Nancy Marin die erste weibliche Parteiführerin und Kandidatin für das Amt des Premierministers an. Ihre Partei erzielte 0.5 % und zog damit nicht ins Parlament ein. Die Wahlbeteiligung lag bei 81.8 %. Am Wahltag wurde das Land vom Tropensturm Eta heimgesucht, der aber in Belize zu keinen großen Schäden führte. Das Parteiensystem von Belize wird seit Jahrzehnten von den beiden großen Parteien UDP und PUP beherrscht, keine weitere Partei schaffte bisher den Einzug in das Parlament. Nachdem die UDP seit 2008 drei Wahlerfolge in Folge erzielt hatte, vollzog sich bei den Wahlen im November 2020 ein Machtwechsel. Der bisherige Amtsinhaber, Dean Barrow vom UDP, durfte aus Verfassungsgründen nach einer dreimaligen Amtszeit nicht mehr zur Wahl antreten. Der Spitzenkandidat der UDP, John Saldivar, trat nach einer Schmiergeldaffäre in den USA als Parteivorsitzender zurück. Im Juli 2020 wurde Patrick Faber als neuer Parteivorsitzender der UDP und damit als Spitzenkandidat für die Wahlen im November 2020 gewählt.

Ergebnis der Parlamentswahl (11.11.2020)
Regierung: PUP unter Ministerpräsident Johnny Briceño

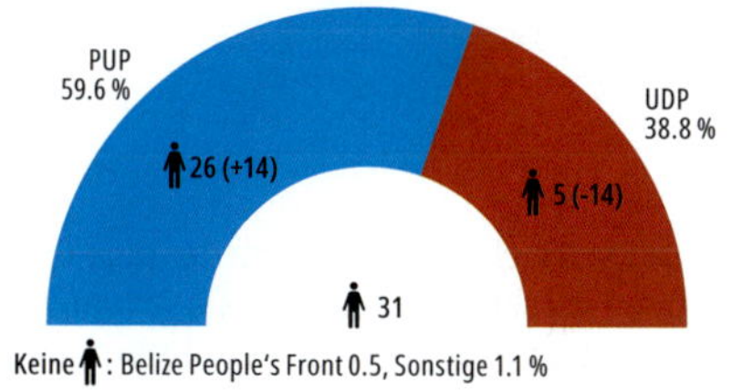

Premierminister: Am 12.11.2020 wurde Johnny Briceño zum 5. Premierminister seit der Unabhängigkeit 1981 vereidigt. Er ist seit 2016 Vorsitzender der People's United Party (PUP). 1998 bis 2007 war er stellvertretender Premierminister in der Regierung Said Musa (1998–2008) und von 2008 bis 2011 sowie von 2016 bis 2020 Oppositionsführer. Am 16.12.2020 ernannte Briceño seine neue Regierung. Er selbst übernahm das Finanzministerium.

Wirtschaft: Nachdem das Land die erste Corona-Welle im Frühjahr 2020 relativ gut überstanden hatte, verzeichnete es im Sommer 2020 hohe Infektionszahlen. Gleichzeitig brach die Zahl der Touristenankünfte 2020 im Vergleich zum Vorjahr um 72 % ein. Zuletzt hatte der Tourismus 60 % der Devisen und 40 % des Bruttoinlandsproduktes generiert. Als Folge des Einbruchs des Tourismussektors verzeichnete das BIP 2020 einen Rückgang um 14.1 %. Die öffentliche Verschuldung stieg von 98 % des BIP in 2019 auf 126 % in 2020 an. Am 01.11.2020 öffnete das Land wieder seine Grenzen für internationale Touristen. Der Aufenthalt und das Reisen im Land waren jedoch nur in bestimmten Hotels und mit zertifizierten Reiseunternehmen gestattet.

Benin

▸ 637

Ländername	Republik Benin
Zeitzone	MEZ ±0 h
Fläche in km²	114 763 (Rang 100)
Anzahl der Einwohner	12.1 Millionen (Rang 77)
Einwohnerzahl pro km²	106 (Rang 79)
Hauptstadt	Porto-Novo
Regierungssitz	Cotonou
Amtssprache	Französisch
Verwaltungsgliederung	12 Departements
Wichtige Städte	Cotonou, Porto-Novo, Parakou, Godomey, Abomey-Calavi
Autokennzeichen | ISO-Code	DY | BEN
Währung	1 CFA-Franc (BCEAO) = 100 Centimes
Nationalfeiertag	1. August (Unabhängigkeit 1960)

Das westafrikanische Land, das sich als schmaler Streifen von der Guineaküste 650 km weit nordwärts bis in den Sahel erstreckt, entstand 1960 durch Grenzziehung am Kartentisch der einstigen Kolonialmacht Frankreich. Anfang der 1990er-Jahre gelang Benin der friedliche Übergang von der Diktatur zur Demokratie.

GEOGRAFIE

Geografische Lage: Von 6°13′ bis 12°24′ nördlicher Breite sowie von 0°46′ bis 3°50′ östlicher Länge (Westafrika)
Höchster Punkt: Mont Sokbaro 658 m
Klima: Im Süden feuchtheißes, im Norden trockenes, tropisches Klima

POLITIK

Staatsform: Präsidiale Republik
Staatsoberhaupt und Regierungschef: Präsident Patrice Guillaume Athanase Talon (seit 06.04.2016)

Regierungsparteien: UP (L'Union progressiste), BR (Bloc républicain)
Legislative: Nationalversammlung mit 83 für 4 Jahre gewählten Mitgliedern
Jahr der Verfassung: 1990
Wahlrecht: 18 Jahre

BEVÖLKERUNG

Bevölkerungsanteil: <15 Jahre 41.9 %, 15–64 Jahre 54.8 %, >64 Jahre 3.3 %
Verteilung: Stadt 48.4 %, Land 51.6 %
Wachstum: 2.7 %
Lebenserwartung: Frauen 64 Jahre, Männer 60 Jahre
Alphabetenrate: Frauen 31.1 %, Männer 54 %
Bevölkerungsgruppen: Fon, Adja, Yoruba, Bariba, Fulbe, Otamari, Yoa-Lokpa, Dendi u. a.
Religionen: Christen, Muslime, Ethnische, Sonstige
Sprachen: Französisch, Fon, Yoruba u. a.

WIRTSCHAFT

BIP: 15.19 Mrd. US$
Wachstum BIP: 2 %
BIP/Kopf: 1251 US$
Inflation: 3 %
Außenhandel: Import 3.56 Mrd. US$ (Nahrungsmittel 33.5 %, Petrochemie 12.5 %, Chemische Erzeugnisse 12.1 %, Kfz und -Teile 7.1 %, Maschinen 5.1 %), Export 2.61 Mrd. US$ (Rohstoffe außer Brennstoffe 64.4 %, Nahrungsmittel 15.6 %, Natürliche Öle, Fette und Wachse 3.9 %, Eisen und Stahl 3.2 %, Petrochemie 2.9 %)
Erwerbstätige nach Sektoren: Landwirtschaft 38 %, Industrie 19.1 %, Dienstleistungen 42.9 %
Arbeitslosenquote: 2.5 %
CO_2-Emission/Kopf: 0.7 t

RÜCKBLICK

Präsidentschaftswahlen: Die politische **Krise**, die sich durch den faktischen Ausschluss der wichtigsten Oppositionsparteien bereits seit den vorherigen Wahlen abzeichnete, setzte sich auch bei der Präsidentschaftswahl 2021 fort. Der seit 2016 amtierende Präsident Patrice Talon war bei **nur zwei Gegenkandidaten** der Einzige, dem von Beobachtern Siegeschancen eingeräumt wurden. Bei der Wahl 2016 gab es insgesamt noch 33 Kandidaten. Das ist zum einen auf einen **Boykott** durch Teile der Opposition zurückzuführen, die **Repressionen** und Demokratieabbau durch den Präsidenten kritisieren. Zum anderen kam es zur Ablehnung der meisten trotzdem angetretenen Kandidaten durch die oberste Wahlbehörde. Das liegt in erster Linie an einem **neuen Wahlgesetz** aus dem Jahr 2019, das bestimmte Mindesterfolge bei vorherigen Wahlen für eine Kandidatur vorsieht, was aufgrund der damaligen Boykotte nur regierungsnahe Parteien profitieren ließ. Aussichtsreiche Kandidaten wurden vor der Wahl entweder festgenommen oder befanden sich im Exil und konnten nicht antreten. Den beiden anderen Nominierten wurde aus Teilen der Opposition und Zivilgesellschaft vorgeworfen, von Präsident Talon installiert worden zu sein. Bei einer leicht gesunkenen Wahlbeteiligung erhielt Talon mit Abstand die Mehrheit der Stimmen und wurde so **wiedergewählt**. Aus Teilen der Opposition wurden Vorwürfe des Wahlbetrugs laut.

Ergebnis der Präsidentschaftswahl (11.04.2021)
Präsident: Patrice Talon (unabhängig)

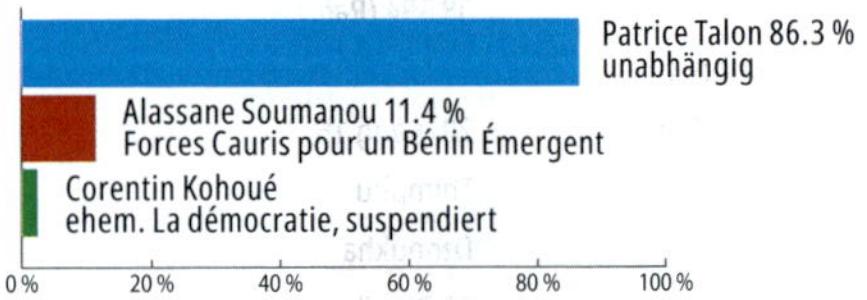

Wirtschaft: Die Wirtschaft Benins wurde ungeachtet des geringen Infektionsgeschehens hart von den Auswirkungen von **COVID-19** getroffen. Es konnte zwar noch ein Wachstum des BIP erzielt werden, jedoch weit unter dem Niveau der Vorjahre. Im April 2021 wurde öffentlich, dass die Weltbank 25 Mio. US$ bereitstellt, um Klein- und Kleinstunternehmen im Land zu unterstützen.

Corona-Pandemie: Im westafrikanischen Vergleich führte die Regierung zur Pandemiebekämpfung am wenigsten Reisebeschränkungen ein. Innerhalb des Landes wurden zwar Maßnahmen ergriffen, doch auch die fielen vergleichsweise **weniger streng** aus. Trotzdem gehörte Benin zu den westafrikanischen Ländern mit den geringsten Infektionszahlen.

Pressefreiheit: In der Rangliste der Pressefreiheit 2020, die durch die NGO Reporter ohne Grenzen veröffentlicht wurde, landete Benin auf Platz 113, was ein Absacken um 17 Plätze innerhalb eines Jahres bedeutet. Dies wurde auf einen **Anstieg von Zensur, Schikanen und Repressalien**, unter anderem gegen Journalisten, zurückgeführt.

Bhutan

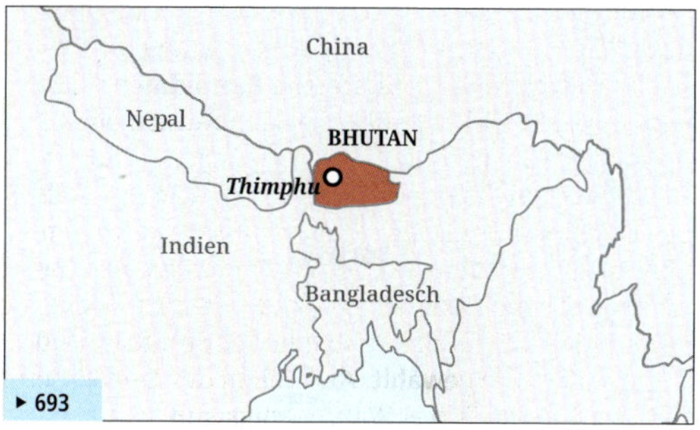

▸ 693

Ländername	Königreich Bhutan
Zeitzone	MEZ +5 h
Fläche in km²	38 394 (Rang 133)
Anzahl der Einwohner	771 612 (Rang 162)
Einwohnerzahl pro km²	20 (Rang 164)
Hauptstadt	Thimphu
Amtssprache	Dzongkha
Verwaltungsgliederung	20 Distrikte
Wichtige Städte	Thimphu, Phuntsholing, Paro, Geylegphug, Samdrup Jongkhar
Autokennzeichen | ISO-Code	BHT | BTN
Währungen	1 Ngultrum = 100 Chhetrum, Indische Rupie = 100 Paisa
Nationalfeiertag	17. Dezember (Thronbesteigung von König Ugyen Wangchuck 1907)

Lange galt das buddhistische Königreich im Himalaja als das verschlossenste Land der Welt, in dem die Zeit stehen geblieben zu sein schien. Erst seit einigen Jahrzehnten gestattet das „Land des Drachen“ Einblicke in sein Inneres und bemüht sich um wirtschaftliche und politische Entwicklung – ohne dabei die eigene Kultur und Tradition aus den Augen zu verlieren. Seit mehr als 30 Jahren gilt das „Bruttonationalglück“ als wichtigstes Entwicklungsziel.

GEOGRAFIE

Geografische Lage: Von 26°42′ bis 28°19′ nördlicher Breite sowie von 88°44′ bis 92°05′ östlicher Länge (Südasien)
Höchster Punkt: Gangkar Puensum 7570 m
Klima: Randtropisches Klima im Süden, nach Norden in Hochgebirgsklima übergehend

POLITIK

Staatsform: Konstitutionelle Monarchie
Staatsoberhaupt: König Jigme Khesar Namgyel Wangchuk (seit 09.12.2006)
Regierungschef: Premierminister Lotay Tshering (seit 07.11.2018)
Regierungspartei: keine
Legislative: Parlament, bestehend aus Nationalversammlung mit 47 für 5 Jahre gewählten Mitgliedern und Nationalrat mit 20 für 5 Jahre gewählten und 5 ernannten Mitgliedern
Jahr der Verfassung: 2008
Wahlrecht: 18 Jahre

BEVÖLKERUNG

Bevölkerungsanteil: <15 Jahre 24.9 %, 15–64 Jahre 68.9 %, >64 Jahre 6.2 %
Verteilung: Stadt 42.3 %, Land 57.7 %
Wachstum: 1.1 %
Lebenserwartung: Frauen 73 Jahre, Männer 72 Jahre
Alphabetenrate: Frauen 57.1 %, Männer 75 %
Bevölkerungsgruppen: Ngalongs, Nepalesen, Indigene u. a.
Religionen: Buddhisten, Hindus, Sonstige
Sprachen: Dzongkha, Sharchopka, Lhotshamkha u. a.

WIRTSCHAFT

BIP: 2.5 Mrd. US$
Wachstum BIP: -0.8 %
BIP/Kopf: 3359 US$
Inflation: 4.2 %
Außenhandel: Import 768 Mio. US$, Export 433 Mio. US$
Erwerbstätige nach Sektoren: Landwirtschaft 54.6 %, Industrie 11.1 %, Dienstleistungen 34.3 %
Arbeitslosenquote: 3.7 %
CO_2-Emission/Kopf: 2.6 t

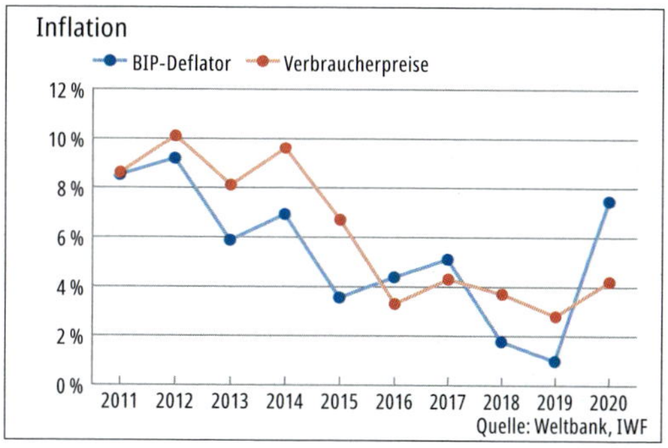

RÜCKBLICK

Corona-Pandemie: Die Regierung hielt an den Restriktionen des Grenzverkehrs von Gütern und Personen weitgehend fest, Wanderarbeiter aus Nepal und Indien blieben ausgeschlossen, einheimische Rückreisende mussten lange Quarantänezeiten in Kauf nehmen. Im März hielt König Jigme Khesar Namgyel Wangchuk freiwillig eine Woche Isolation ein, nachdem er den Süden des Landes besucht hatte; Premierminister Lotay Tshering begab sich nach einer Reise nach Bangladesch für drei Wochen in Quarantäne. Bis zum 26.05.2021 konnte die Gesamtzahl der offiziell Infizierten auf 1423 begrenzt werden, ein Toter war zu beklagen. Im Januar spendete Indien dem Nachbarland im Rahmen der von Neu-Delhi ausgerufenen „Impffreundschaft“ 550 000 Impfdosen; der Impfbeginn verzögerte sich aber bis zum 27.03.2021, weil die Regierung auf Rat eines Mönchsgremiums auf günstige astrologische Bedingungen für den Impfbeginn wartete, der dann ohne organisatorische Verzögerungen stattfand: In 1200 Impfzentren wurden 85 % der Erwachsenen innerhalb einer Woche geimpft. Auf Bevorratung der Dosen für eine zweite Impfung – und damit auch auf eine Priorisierung – verzichtete die Regierung, die insofern fest auf eine zweite Lieferung aus Indien vertraute.

Politik: Erneut standen Grenzfragen und damit das Verhältnis zu den beiden Großmächten Indien und VR China im Blickfeld: Im Oktober wurden Satellitenbilder bekannt, auf denen ein neu errichtetes chinesisches Dorf auf bhutanischem Gebiet zu sehen war. Die Regierung wiegelte ab und leugnete die Existenz einer chinesischen Siedlung, die besonders in indischen Medien zu empörten Reaktionen führte. Beobachter vermuteten, dass Thimphu mit seiner Taktik dem wachsenden chinesischen Druck auszuweichen versuchte, um nicht Indien, wie 2017 beim Konflikt um eine chinesische Straße in Doklam, in eine Schutzmachtrolle zu drängen.

Wirtschaft: Durch die Importbeschränkungen und den abrupten Einbruch des Tourismus schrumpfte die Wirtschaft im Berichtsjahr nach Schätzung der Asiatischen Entwicklungsbank um 3.4 %. Positiv schlugen in der Leistungsbilanz die Exporteinnahmen aus dem 2019 eröffneten Wasserkraftwerk Mangdechhue zu Buche. Die Inflation der Lebensmittelpreise, die Zunahme notleidender Kredite und eine rasch auf über 5 % steigende Arbeitslosenquote – mehr als 50 000 Arbeitsplätze in der Tourismusbranche entfielen – zeigten, dass das Land von der Pandemie ökonomisch stark getroffen wurde. 7000 Jugendliche erhielten im Rahmen des staatlichen Programms „Build Bhutan“ eine Ausbildung.

Bolivien

▸ 671

Ländername	Plurinationaler Staat Bolivien
Zeitzone	MEZ -5 h
Fläche in km²	1 098 581 (Rang 27)
Anzahl der Einwohner	11.7 Millionen (Rang 80)
Einwohnerzahl pro km²	11 (Rang 182)
Hauptstadt	Sucre
Regierungssitz	La Paz
Amtssprachen	Spanisch, Quechua, Aimara, Guaraní
Verwaltungsgliederung	9 Departements
Wichtige Städte	Santa Cruz de la Sierra, El Alto, La Paz, Cochabamba, Oruro, Sucre
Autokennzeichen | ISO-Code	BOL | BOL
Währung	1 Boliviano = 100 Centavos
Nationalfeiertag	6. August (Unabhängigkeit 1825)

Der südamerikanische Binnenstaat reicht von den vergletscherten Hochgebirgszügen der Anden im Westen bis in ein von zahlreichen Flüssen durchzogenes tropisches Tiefland im Osten. Politisch ist das Land nie zur Ruhe gekommen – seit seiner Unabhängigkeit 1825 hat es zahlreiche Militärputsche erlebt. Von 2006 bis zu seinem Rücktritt 2019 regierte Evo Morales Ayma als erster indigener Präsident das Land. Im November 2020 hat mit Luis Acre ein Vertrauter Morales das Amt des Staatspräsidenten übernommen.

GEOGRAFIE

Geografische Lage: Von 9°41′ bis 22°54′ südlicher Breite sowie von 57°28′ bis 69°40′ westlicher Länge (Südamerika)
Höchster Punkt: Nevado Sajama 6542 m
Klima: Im Hochland trocken und kühl, im Tiefland feucht und heiß

POLITIK

Staatsform: Präsidiale Republik
Staatsoberhaupt und Regierungschef: Präsident Luis Arce (seit 08.11.2020)
Regierungspartei: MAS (Movimiento al Socialismo)
Legislative: Parlament, bestehend aus Abgeordnetenkammer mit 130 für 5 Jahre gewählten Mitgliedern und Senat mit 36 für 5 Jahre gewählten Mitgliedern
Jahr der Verfassung: 2009
Wahlrecht: 18 Jahre

BEVÖLKERUNG

Bevölkerungsanteil: <15 Jahre 30.2 %, 15–64 Jahre 62.3 %, >64 Jahre 7.5 %
Verteilung: Stadt 70.1 %, Land 29.9 %
Wachstum: 1.4 %
Lebenserwartung: Frauen 75 Jahre, Männer 69 Jahre
Alphabetenrate: Frauen 88.6 %, Männer 96.5 %
Bevölkerungsgruppen: Mestizen, Quechua, Aimara u. a.
Religionen: Christen (v. a. Katholiken), Sonstige
Sprachen: Spanisch, Quechua, Aimara und weitere 34 Sprachen

WIRTSCHAFT

BIP: 39.38 Mrd. US$
Wachstum BIP: -7.7 %
BIP/Kopf: 3360 US$
Inflation: 0.9 %
Außenhandel: Import 7.08 Mrd. US$ (Chemische Erzeugnisse 18.5 %, Petrochemie 12.8 %, Maschinen 11.9 %, Nahrungsmittel 9.5 %, Kfz und -Teile 9.2 %), Export 7.02 Mrd. US$ (Gas 28.7 %, Rohstoffe außer Brennstoffe 24.1 %, Gold 17.5 %, Nahrungsmittel 14.2 %, Natürliche Öle, Fette und Wachse 4.7 %)
Erwerbstätige nach Sektoren: Landwirtschaft 30.4 %, Industrie 19.4 %, Dienstleistungen 50.2 %
Arbeitslosenquote: 5.6 %
CO_2-Emission/Kopf: 2.2 t

RÜCKBLICK

Luis Arce, * 28.09.1963
Wirtschaftsstudium an der Universidad Mayor de San Andrés, 1987–2006 Finanzökonom bei der bolivianischen Zentralbank, 1996/97 Masterstudium an der University of Warwick, anschließend auch Hochschullehrer für Wirtschaft, Finanzen und Bankenwesen an verschiedenen in- und ausländischen Universitäten, 2006–2019 Finanzminister in der Regierung Morales, 2009–2019 auch Wirtschaftsminister; 18.10.2020 Sieg bei den Präsidentschaftswahlen; seit 08.11.2020 Staatspräsident in der Nachfolge von Interimspräsidentin Jeanine Áñez.

Wahlen: Bei den neu angesetzten Präsidentschafts- und Parlamentswahlen am 18.10.2020 setzte sich der Movimiento al Socialismo (MAS) mit Ex-Wirtschafts- und Finanzminister Luis Arce (2006–2019) als Präsidentschaftskandidat mit 55.1 % der Stimmen deutlich durch. Gleichzeitig erhielt der MAS die Mehrheit im Abgeordnetenhaus und im Senat. Die gemäßigt konservative Comunidad Ciudadana (CC) mit Ex-Staatspräsident Carlos Mesa Gisbert (2003–2005) erlangte 28.8 % der Stimmen, die neue rechte Partei Creemos erzielte mit ihrem Spitzenkandidat Luis Fernando Camacho 14.0 %. Sonstige Parteien wurden weit abgeschlagen. Die Wahlbeteiligung lag bei 88.4 %.

Ergebnis der Parlamentswahl (18.10.2020)
Regierung: MAS unter Präsident Luis Arce

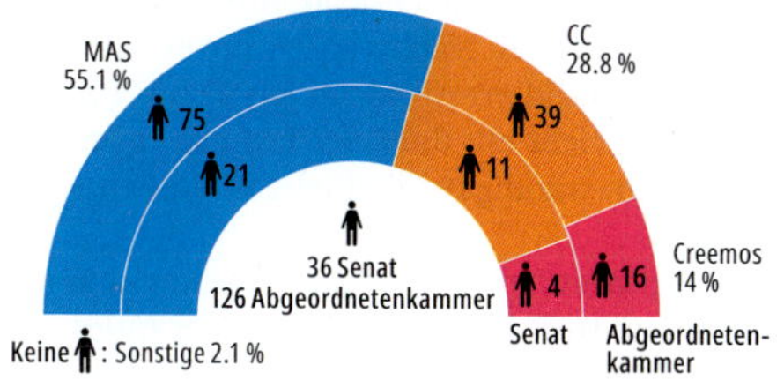

Mit Luis Arce ging ein enger Vertrauter von Ex-Präsident Evo Morales (2006–2019) als Sieger aus den Wahlen hervor. Bei den regulären Wahlen am 20.10.2019 war dieser direkt wiedergewählt worden, doch nachdem Zweifel an seiner Kandidatur und am Ablauf der Wahl aufgekommen waren, hatte eine Protestwelle das Land lahmgelegt. In der Folge hatte Morales im November 2019 Neuwahlen angekündigt, war anschließend unter dem Druck des Militärs zurückgetreten und nach Mexiko und später nach Argentinien ins Exil gegangen. Jeanine Áñez Chávez vom konservativen Movimiento Demócrata Social (MDS) folgte ihm als Übergangspräsidentin im Amt. Morales sprach von einem vom Militär erzwungenen Rücktritt und Putsch. Präsidentin Áñez hatte die Neuwahlen anschließend per Gesetz zugelassen. Die Wahlen waren für den 03.05.2020 angesetzt worden, wurden aber im Zuge der Corona-Krise zunächst auf den 06.09.2020 und dann auf den 18.10.2020 verschoben. Sie wurden von der europäischen Wahlbeobachtungsmission, der Organisation Amerikanischer Staaten und weiteren Gruppen beobachtet. Über 50 % der neuen Abgeordneten sind Frauen. Damit hat Bolivien nach Ruanda und Kuba den weltweit höchsten Frauenanteil in einem Parlament.

Neuer Präsident: Am 08.11.2020 wurde Luis Arce (MAS) als neuer Staatspräsident Boliviens vereidigt. Vize-Präsident wurde David Choquehuanca, der in der Regierung Morales das Amt des Außenministers innehatte (2006–2017). In der neuen Regierung trat Rogelio Mayta an die Spitze des Außenministeriums.

Rückkehr Morales: Ex-Staatspräsident Evo Morales kehrte einen Tag nach der Vereidigung von Arce am 09.11.2020 aus dem Exil in Argentinien zurück. Zuvor hatte ein Gericht den Haftbefehl gegen Morales sowie mehrere seiner Mitstreiter aufgehoben. Nach dem Rücktritt von Morales hatte die Generalstaatsanwaltschaft im Dezember 2019 Haftbefehl gegen den Ex-Präsidenten unter dem Vorwurf von Rebellion, Terrorismus und Finanzierung von Terrorismus erlassen, im Juli 2020 erhob sie Anklage gegen den Ex-Präsidenten. Morales hatte als erster Indigener 13 Jahre lang das Amt des Präsidenten inne. Morales' Intention, bei den Nachwahlen für einen Sitz im Senat zu kandidieren, wurde am 07.09.2020 vom Verfassungsgericht mit der Begründung abgelehnt, dass er keinen ständigen Wohnsitz in Bolivien habe.

Straßenblockaden: Im Vorfeld der Wahlen kam es wiederholt zu Unruhen und Straßenblockaden, alleine im August 2020 wurden 75 Straßenblockaden errichtet. Als Folge schlugen Krankenhäuser Alarm, weil die Blockaden die Sauerstoffversorgung für COVID-19-Patienten und Neugeborene gefährdeten. Die Regierung errichtete eine Luftbrücke zur Versorgung von abgeschnittenen Städten. Die extreme politische Polarisierung der Bevölkerung in Regierungsanhänger und -gegner gilt als ein Erbe der Regierungszeit von Evo Morales.

Wahlkampf: Am 17.09.2020, einen Monat vor den Wahlen, zog sich Interimspräsidentin Jeanine Áñez als Kandidatin für die bevorstehenden Präsidentschaftswahlen zurück und wirkte damit der Zersplitterung des rechtskonservativen Lagers entgegen. Obwohl Áñez zu Beginn ihrer Interimsamtszeit versichert hatte, keine eigene Kandidatur anzustreben, hatte sie im Januar 2020 ihre Kandidatur bekannt gegeben. Am 28.09.2020, 3 Wochen vor der Wahl, wechselte Áñez drei Minister aus, darunter Wirtschaftsminister Óscar Ortiz. Eine Woche vor der Wahl zog auch Ex-Präsident Jorge Quiroga (2001/02) seine Kandidatur zurück. Er war bereits bei den Präsidentschaftswahlen 2005 und 2014 angetreten und beide Male Evo Morales unterlegen.

Festnahme Áñez: Am 13.03.2021 wurden Ex-Übergangspräsidentin Jeanine Áñez festgenommen und in eine viermonatige Untersuchungshaft überführt. Ihr wurden Verschwörung, Aufruhr und Terrorismus vorgeworfen, weil sie an dem von der neuen Regierung als Putsch gegen Ex-Präsident Evo Morales angesehenen Ereignissen beteiligt gewesen war. Für eine politische Entmachtung über ein parlamentarisches Verfahren wäre eine Zweidrittelmehrheit im Parlament erforderlich gewesen, über die die Regierungspartei MAS nicht verfügte. Vor Áñez waren auch der ehemalige Polizeikommandant und der ehemalige Oberbefehlshaber der Streitkräfte festgenommen worden.

Corona-Pandemie: Bolivien erlebte mehrere schwere Wellen der Pandemie, die das Land im Juli/August 2020, Januar 2021 und Mai 2021 trafen. Angesichts des Mangels an Testmöglichkeiten lag die Dunkelziffer hoch, auch wegen des großen Anteils im informellen Beschäftigungssektor.
Nach Angaben der Weltbank arbeiten 62.3 % der Beschäftigten im informellen Sektor mit niedriger sozialer Absicherung. Das Gesundheitssystem brach unter der Pandemie zusammen, die Kliniken waren im August 2020 mit zu mehr als 100 % überbelegt. Mediziner empfahlen zeitweise eine privatärztliche Hilfe zuhause statt des Besuchs von Gesundheitseinrichtungen. Im Juli 2020 wurde mit Präsidentin Jeanine Áñez das dritte Staatsoberhaupt in Lateinamerika positiv auf das SARS-CoV-2-Virus getestet. Im gleichen Monat stellte die Regierung mit dem Programm Crédito 1, 2, 3 ein **Förderprogramm** mit zinsgünstigen und staatlich garantierten Krediten vor.
Nach den Wahlen im Oktober 2020 löste die neue MAS-Regierung viele der zuvor geltenden Beschränkungen in Wirtschaft, Gesellschaft und Bildungssektor auf. Die Regierung überließ die weiteren Maßnahmen den Regionen und Kommunen. Die ersten **Impfstoffe** erreichten das Land mit 20 000 Dosen des russischen Impfstoffs Sputnik V am 28.01.2021. Bolivien profitiert zudem von seinem Zugang zur COVAX-Initiative.

Wirtschaftslage: Im Zuge der Corona-Pandemie brach die Wirtschaft 2020 um 7.7 % ein. Für 2021 rechnet der Internationale Währungsfonds mit einem Wachstum von 5.5 %.

Waldbrände: Nach massiven Waldbränden in der Region Quiquitania im Nordosten des Landes rief Interimspräsidentin Jeanine Áñez am 16.09.2020 in der Region den Notstand aus. Sie hob einen Erlass aus dem Jahr 2019 auf, der eine kontrollierte Abholzung und das Abbrennen von Wald für die Ausdehnung von Ackerflächen erlaubte. Innerhalb eines Monats waren 20 000 ha Wald zerstört worden.

Bosnien und Herzegowina

▸ 619

Ländername	Bosnien und Herzegowina
Zeitzone	MEZ ±0 h
Fläche in km²	51 209 (Rang 125)
Anzahl der Einwohner	3.3 Millionen (Rang 132)
Einwohnerzahl pro km²	64 (Rang 120)
Hauptstadt	Sarajevo
Amtssprachen	Bosnisch, Serbisch, Kroatisch
Verwaltungsgliederung	2 Entitäten und 1 Distrikt
Wichtige Städte	Sarajevo, Banja Luka, Tuzla, Zenica, Mostar
Autokennzeichen | ISO-Code	BIH | BIH
Währung	1 Konvertible Mark = 100 Fening
Nationalfeiertag	Nicht landesweit einheitlich

Die Gegensätze zwischen den ethnischen Gemeinschaften bilden das Hauptproblem des Landes, das nach dem Auseinanderbrechen Jugoslawiens entstand und durch einen blutigen Bürgerkrieg gezeichnet wurde, dem rund 100 000 Menschen zum Opfer fielen. Ohne politische Kooperation zwischen Bosniaken, Serben und Kroaten werden wirtschaftliche Prosperität und innere Stabilität nicht zu erreichen sein. Als Wahrzeichen für die Versöhnung gilt die zerstörte und wieder restaurierte Brücke von Mostar.

GEOGRAFIE

Geografische Lage: Von 42°34′ bis 45°17′ nördlicher Breite sowie von 15°43′ bis 19°37′ östlicher Länge (Südosteuropa)
Höchster Punkt: Maglić 2386 m
Zugehöriges: Distrikt Brčko (Sonderverwaltungsgebiet), Föderation Bosnien und Herzegowina (Teilstaat), Serbische Republik (Teilstaat)
Klima: Gemäßigtes Kontinentalklima, im Süden Mittelmeerklima

POLITIK

Staatsform: Parlamentarische Republik
Staatsoberhaupt: Staatspräsidium, bestehend aus Milorad Dodik (Serbe), Željko Komšić (Kroate) und Šefik Džaferović (Bosnier) (seit 07.10.2018)
Regierungschef: Ministerpräsident Zoran Tegeltija (seit 05.12.2019)
Regierungsparteien: SDA (Partei der demokratischen Aktion), SNSD (Bund der unabhängigen Sozialdemokraten), SBB (Bund für eine bessere Zukunft Bosniens und Herzegowinas), HDZ BiH (Kroatische demokratische Gemeinschaft Bosniens und Herzegowinas), DF (Demokratische Front)
Legislative: Parlamentarische Versammlung, bestehend aus Repräsentantenhaus mit 42 für 4 Jahre gewählten Mitgliedern und Haus der Völker mit 15 für 4 Jahre gewählten Mitgliedern
Jahr der Verfassung: 1995
Wahlrecht: 18 Jahre

BEVÖLKERUNG

Bevölkerungsanteil: <15 Jahre 14.5 %, 15–64 Jahre 67.6 %, >64 Jahre 17.9 %
Verteilung: Stadt 49 %, Land 51 %
Wachstum: -0.6 %
Lebenserwartung: Frauen 80 Jahre, Männer 75 Jahre
Alphabetenrate: Frauen 94.9 %, Männer 99.2 %
Bevölkerungsgruppen: Bosniaken, Serben, Kroaten u. a.
Religionen: Muslime, Christen, Sonstige
Sprachen: Bosnisch, Serbisch, Kroatisch

WIRTSCHAFT UND VERKEHR

BIP: 19.39 Mrd. US$
Wachstum BIP: -5.5 %
BIP/Kopf: 5913 US$
Inflation: -0.6 %
Außenhandel: Import 9.87 Mrd. US$ (Nahrungsmittel 12.8 %, Chemische Erzeugnisse 12.6 %, Petrochemie 8.1 %, Maschinen 7.5 %, Kfz und -Teile 7.2 %), Export 6.15 Mrd. US$ (Rohstoffe außer Brennstoffe 9.1 %, Metallwaren 9 %, Maschinen 8.2 %, Chemische Erzeugnisse 8 %, Möbel und -teile 7.9 %)
Erwerbstätige nach Sektoren: Landwirtschaft 15.1 %, Industrie 32.3 %, Dienstleistungen 52.6 %
Arbeitslosenquote: 16.8 %
CO_2-Emission/Kopf: 9.6 t

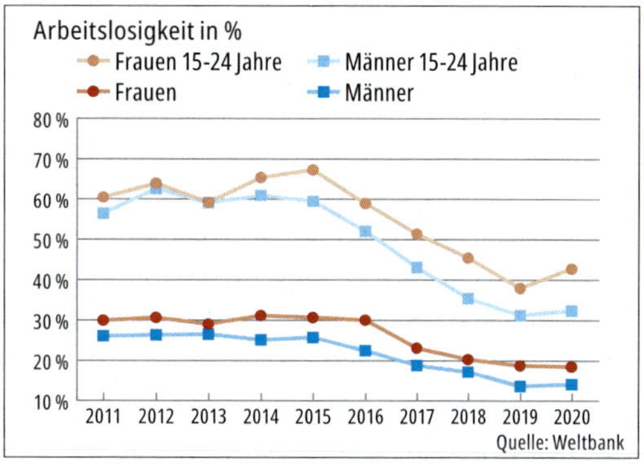

RÜCKBLICK

Corona-Pandemie: Ab Mitte Oktober 2020 stieg die Zahl der Neuinfektionen wieder an, die Anfang November einen Höhepunkt erreichte und dann wieder zurückging. Erst Ende Februar 2021 kam es zu einem erneuten Anstieg bis Ende März, bevor danach ein stufenweiser und deutlicher Rückgang einsetzte. Diese letzte Welle war auch von dem bisher größten Anstieg an Todesfällen begleitet. Der Ministerpräsident der Föderation Bosnien und Herzegowina, Fadil Novalić, erkrankte an COVID-19, konnte nach einer zweiwöchigen Behandlung im Krankenhaus aber am 28.07.2020 entlassen werden. Veteranenminister Salko Bukvarević dagegen verstarb am 29.07.2020. Insgesamt wurden seit Beginn der Pandemie bis zum 30.06.2021 offiziell 205 004 Infektionen und 9645 Todesfälle gemeldet, was 0.29 % der Bevölkerung entsprach. 4.7 % waren vollständig geimpft.

Kommunalwahlen: Am 15.11.2020 fanden die Kommunalwahlen statt. Ursprünglich waren sie für den 04.10.2020 vorgesehen gewesen, mussten aber infolge finanzieller Engpässe im Zusammenhang mit der Corona-Pandemie um 6 Wochen verschoben werden. **Die ethnischen Parteien blieben weiterhin dominierend.** Die meisten Bürgermeister stellte nun der (bosnisch-serbische) Bund der unabhängigen Sozialdemokraten (SNSD) mit 44 (+12), auch wenn die Partei in Banja Luka, der Hauptstadt der Republika Srpska (RS) das Bürgermeisteramt an die (gleichfalls bosnisch-serbische) Partei des demokratischen Fortschritts (PDP) verlor. Die (bosniakische) Partei der demokratischen Aktion (SDA) kam mit 27 (-6) Bürgermeistern an zweiter Stelle, vor der Kroatischen Demokratischen Gemeinschaft Bosnien-Herzegowina (HDZ BiH) mit 22 (+3). Es folgten die Serbische Demokratische Partei mit 16 wie bisher sowie die (nicht ethnisch ausgerichteten) Sozialdemokraten (SDP) mit 13 (+5) Bürgermeistern. Die Wahlbeteiligung lag mit 50 % 3.9 Prozentpunkte unter der von 2016. **Erstmals seit 12 Jahren** fanden **auch in Mostar Kommunalwahlen** statt, allerdings erst am 20.12.2020, nachdem im Juli endlich das entsprechende Gesetz gemäß einem diesbezüglichen Urteil des Europäischen Gerichtshofs für Menschenrechte von 2019 modifiziert worden war. Die Wahlen in Srebrenica und Doboj mussten wegen Unregelmäßigkeiten am 21.02.2021 wiederholt werden. Zur Bürgermeisterin von Sarajevo wählte der Gemeinderat der Stadt am 08.04.2021 Benjamina Karić (SDP), die sich keiner der drei Titularnationen Bosniens zurechnet.

Migration: Die Internationale Organisation für Migration (IOM) der UN kündigte die Schließung des Lagers Lipa zum 18.12.2020 an. Sie warf den bosnischen Behörden vor, trotz wiederholter Aufforderungen das Lager nicht mit elementaren Dienstleistungen wie Strom, Wasser und Straßenanschluss versorgt zu haben. In dem an der Grenze zu Kroatien gelegenen **Kanton Una-Sana** gab es bereits seit einiger Zeit **Spannungen zwischen der Bevölkerung und den Migranten**, von denen nur ungefähr die Hälfte in offiziellen Lagern wohnten und die Übrigen mehr oder weniger wild oder in improvisierten Lagern campierten. Die lokalen Behörden warfen der bosnischen Regierung und der EU vor, nur wenig zu tun, um die mit der Migration verbundenen Probleme in Bosnien zu lösen, die in den letzten 3 Jahren nach der weitgehenden Schließung der ursprünglichen Balkanroute über Ungarn gewachsen waren. Nachdem die bosnische Regierung am 21.12.2020 beschlossen hatte, das Lager Lipa in ein Containercamp mit einer Kapazität für 1500 Personen umzuwandeln, nahm die IOM ihre Entscheidung wieder zurück. Am 23.12.2020 wurde das Lager durch einen Brand vollständig zerstört. Die vorübergehend evakuierten Lagerbewohner kehrten schließlich zurück, nachdem die Armee dort Zelte errichtet hatte. Die Einrichtung eines weiteren Camps wurde nicht zuletzt durch die SDA verhindert, die verlangte, dass die Migranten in ganz Bosnien verteilt werden sollten. Die RS weigerte sich bislang kategorisch, auf ihrem Gebiet Migrantenlager einzurichten.

Srebrenica-Jahrestag: Angesichts der Corona-Pandemie fand die **Gedenkfeier** aus Anlass des 25. Jahrestags des Genozids von Srebrenica am 11.07.2020 **in stark reduziertem Umfang** statt. 8 während des letzten Jahres identifizierte Opfer wurden neu beigesetzt. Der für die vom ICTY nicht abgeschlossenen Prozesse zuständige Internationale Residualmechanismus für die Ad-hoc-Strafgerichtshöfe (MICT) **bestätigte** am 08.06.2021 die in der ersten Instanz verhängte **lebenslängliche Haftstrafe** für den einstigen Befehlshaber der bosnisch-serbischen Armee **Ratko Mladić** als direkt Verantwortlicher für den Genozid von Srebrenica, den Beschuss der Zivilbevölkerung Sarajevos, die ethnische Säuberung der von serbischer Seite beanspruchten Teile Bosniens sowie die Geiselnahme von Angehörigen der UN-Friedenstruppe. Am 30.06.2021 wurden der frühere serbische Geheimdienstchef Jovica Stanišić und sein Stellvertreter Franko Simatović wegen der Unterstützung von Kriegsverbrechen in der Region von Bosanski Šamac 1992 zu 12 Jahren Haft verurteilt, in anderen Anklagepunkten aber freigesprochen. Ihr Freispruch von 2013 war 2015 wegen prozessualer Fehler aufgehoben und ein neues Verfahren angeordnet worden. Gegen das Urteil kann Revision eingelegt werden.

Botswana

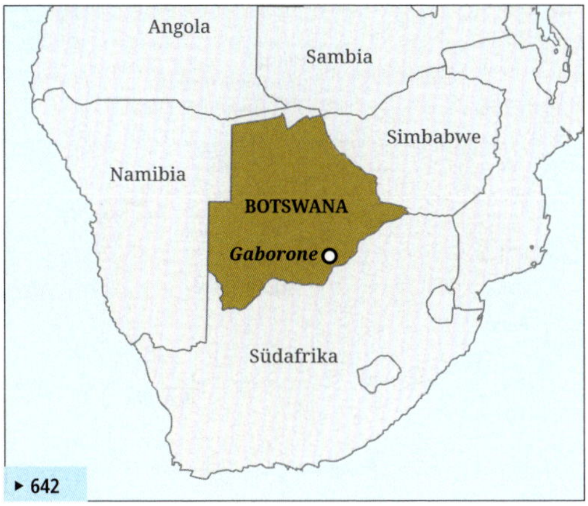

▸ 642

Ländername	Republik Botswana; auch: Botsuana
Zeitzone	MEZ +1 h
Fläche in km²	582 000 (Rang 46)
Anzahl der Einwohner	2.4 Millionen (Rang 142)
Einwohnerzahl pro km²	4 (Rang 188)
Hauptstadt	Gaborone
Amtssprachen	Setswana, Englisch
Verwaltungsgliederung	10 Distrikte und 6 Städte
Wichtige Städte	Gaborone, Francistown, Molepolole, Maun, Mogoditshane
Autokennzeichen | ISO-Code	RB | BWA
Währung	1 Pula = 100 Thebe
Nationalfeiertag	30. September (Unabhängigkeit 1966)

Botswana ist berühmt für seine ergiebigen Diamantenminen und die einzigartige Tierwelt, die die offenen Halbwüsten- und Savannenlandschaften bevölkert. Viele Botswaner haben jedoch keinen Anteil an diesen natürlichen Reichtümern, knapp ein Fünftel lebt in Armut. Das frühere britische Protektorat wurde 1966 unabhängig.

GEOGRAFIE

Geografische Lage: Von 17°47′ bis 26°54′ südlicher Breite sowie von 19°59′ bis 29°21′ östlicher Länge (Südafrika)
Höchster Punkt: Otse Hill 1491 m
Klima: Semiarides Klima mit geringen Niederschlägen meist im Sommer

POLITIK

Staatsform: Präsidiale Republik
Staatsoberhaupt und Regierungschef: Präsident Mokgweetsi Eric Keabetswe Masisi (seit 01.04.2018)
Regierungspartei: BDP (Botswana Democratic Party)
Legislative: Nationalversammlung mit 63 für 5 Jahre gewählten Mitgliedern und von Amts wegen der Präsident sowie der Generalstaatsanwalt
Jahr der Verfassung: 1966
Wahlrecht: 18 Jahre

BEVÖLKERUNG

Bevölkerungsanteil: <15 Jahre 33.4 %, 15–64 Jahre 62.1 %, >64 Jahre 4.5 %
Verteilung: Stadt 70.9 %, Land 29.1 %
Wachstum: 2.1 %
Lebenserwartung: Frauen 73 Jahre, Männer 67 Jahre
Alphabetenrate: Frauen 88.7 %, Männer 86.7 %
Bevölkerungsgruppen: Sotho-Tswana, Shona, San, Khoikhoi, Ndebele u. a.
Religionen: Christen, Ethnische, Sonstige
Sprachen: Setswana, Englisch, Bantusprachen

WIRTSCHAFT

BIP: 15.91 Mrd. US$
Wachstum BIP: -8.3 %
BIP/Kopf: 6781 US$
Inflation: 2 %
Außenhandel: Import 6.32 Mrd. US$, Export 4.22 Mrd. US$
Erwerbstätige nach Sektoren: Landwirtschaft 20.4 %, Industrie 18.1 %, Dienstleistungen 61.5 %
Arbeitslosenquote: 17.7 %
CO_2-Emission/Kopf: 3 t

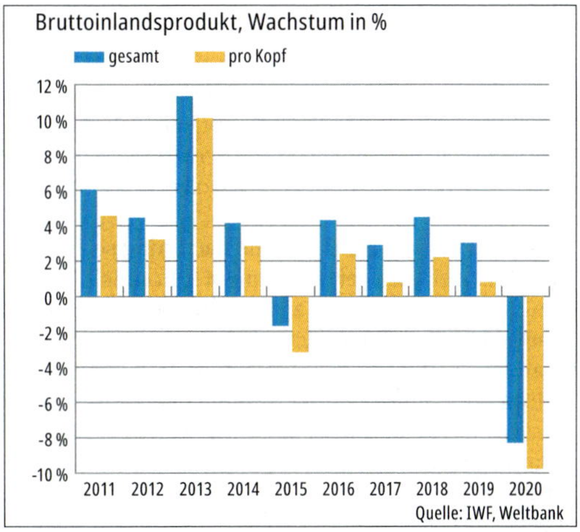

RÜCKBLICK

Corona-Pandemie: In der ersten Jahreshälfte 2021 war Botswana insbesondere im Großraum Gaborone von einer weiteren Welle der Corona-Pandemie **stark betroffen**. Unter den Infektionsfällen fanden sich auch vermehrt **neue Varianten von COVID-19**. Im Rahmen der COVAX-Initiative der Weltgesundheitsorganisation (WHO) erhielt das Land am 31.03.2021 mit **24 000 Impfdosen** die erste Charge von insgesamt 100 000 Dosen des Impfstoffs AstraZeneca. Das Gesundheitsministerium gab der Altersgruppe der über 75-Jährigen die Priorität in der Impfreihenfolge.

Wirtschaft: Ökonomisch betrachtet wurde Botswana mit seinen dominierenden Wirtschaftssäulen Bergbau und Tourismus **hart von der Pandemie** und ihren Folgen **getroffen**. Der Export des Hauptausfuhrproduktes Diamanten verringerte sich 2020 im Vergleich zum Vorjahr um 20 %. Der Tourismus kam durch die weltweiten Reisebeschränkungen nahezu zum Erliegen. Für 2020 wurde ein realer **Rückgang des Wirtschaftswachstums** von rund 8 % erwartet. Die Staatsführung unter Präsident Mokgweetsi Maisi war bemüht, durch die **Verbreiterung der Wirtschaftsbasis** die Abhängigkeit von Rohstoffexporten zu mildern. Als vielversprechende Alternativen galten die Bereiche Logistik, Finanzdienste, touristische Dienstleistungen und die industrielle Weiterverarbeitung von Ressourcen.

Steuererhöhungen: Die Regierung passte ihren **Haushaltsplan 2021/22** den verminderten öffentlichen Einnahmen durch den Exporteinbruch und die steuerlichen Einbußen durch den Lockdown an und beschloss Steuerhöhungen. Ab 01.04.2021 wurde die **Mehrwertsteuer** von 12 auf 14 %, die **Quellensteuer** auf Dividenden von 7.5 auf 10 % erhöht. Außerdem wurde auf **Benzin** eine Abgabe von einem botswanischen Pula (0.08 €) pro Liter sowie eine Abgabe auf **gezuckerte Getränke** erhoben. Botswana zählt zu den wirtschaftlich aufstrebenden Ländern Afrikas, allerdings gilt knapp ein Fünftel der Bevölkerung als arm.

Neue Brücke: Im Mai 2021 wurde nach rund sechs Jahren Bauzeit die **über den Sambesi** führende Kazungula Bridge offiziell eröffnet. Die 923 m lange **Straßen- und Eisenbahnbrücke**, finanziert durch die Japan International Cooperation Agency und die African Development Bank, verbindet **Botswana** mit dem Nachbarland **Sambia**. Sie ersetzt den bisherigen zeitaufwendigen Fährverkehr und soll den **Handelsverkehr** zwischen den südafrikanischen Häfen und den nördlich gelegeneren Ländern massiv **beschleunigen** und auch finanziell rentabler machen.

Brasilien

▸ 671

Ländername	Föderative Republik Brasilien
Zeitzonen	MEZ -4 h bis -6 h
Fläche in km²	8 515 767 (Rang 5)
Anzahl der Einwohner	212.6 Millionen (Rang 6)
Einwohnerzahl pro km²	25 (Rang 156)
Hauptstadt	Brasília
Amtssprache	Portugiesisch
Verwaltungsgliederung	26 Bundesstaaten und 1 Bundesdistrikt
Wichtige Städte	São Paulo, Rio de Janeiro, Salvador da Bahia, Brasília, Fortaleza, Belo Horizonte, Manaus, Curitiba, Recife
Autokennzeichen | ISO-Code	BR | BRA
Währung	1 Real = 100 Centavos
Nationalfeiertag	7. September (Unabhängigkeit 1822)

Der größte und bevölkerungsreichste Staat Südamerikas ist ein Land der Superlative und der Kontraste. Während der Norden und der Nordosten relativ wenig entwickelt sind, spielt sich im Süden das Wirtschaftsleben ab. Brasilien verfügt über riesige, teilweise noch unerschlossene Rohstoffvorkommen und mit Amazonien über das größte tropische Regenwaldgebiet der Erde. Die sozialen Gegensätze zwischen Reich und Arm sind gewaltig. Nach Jahrzehnten der Militärherrschaft kehrte das Land 1985 zur Demokratie zurück.

GEOGRAFIE

Geografische Lage: Von 5°16' nördlicher bis 33°45' südlicher Breite sowie von 34°48' bis 74°01' westlicher Länge (Südamerika)
Höchster Punkt: Pico da Neblina 2994 m
Klima: Überwiegend tropisches Savannenklima, im Süden und Südosten subtropisch gemäßigtes Klima, im Hochland wintertrockenes subtropisches Klima, im Norden tropisches Regenwaldklima

POLITIK

Staatsform: Präsidiale Bundesrepublik
Staatsoberhaupt und Regierungschef: Präsident Jair Messias Bolsonaro (seit 01.01.2019)
Regierungspartei: PSL (Partido Social Liberal)
Legislative: Nationalkongress, bestehend aus Abgeordnetenkammer mit 513 für 4 Jahre gewählten Mitgliedern und Bundessenat mit 81 für 8 Jahre gewählten Mitgliedern
Jahr der Verfassung: 1988
Wahlrecht: 16 Jahre

BEVÖLKERUNG

Bevölkerungsanteil: <15 Jahre 20.7 %, 15–64 Jahre 69.7 %, >64 Jahre 9.6 %
Verteilung: Stadt 87.1 %, Land 12.9 %
Wachstum: 0.7 %
Lebenserwartung: Frauen 80 Jahre, Männer 72 Jahre
Alphabetenrate: Frauen 93.4 %, Männer 93 %
Bevölkerungsgruppen: Portugiesen, Afrikaner, Italiener, Deutsche, Spanier, Indigene u. a.
Religionen: Christen, Ethnische, Sonstige
Sprachen: Portugiesisch, indigene Sprachen

WIRTSCHAFT

BIP: 1.43 Bio. US$
Wachstum BIP: -4.1 %
BIP/Kopf: 6783 US$
Inflation: 3.2 %
Außenhandel: Import 166.28 Mrd. US$ (Chemische Erzeugnisse 25 %, Maschinen 11.2 %, Elektronik 9.1 %, Petrochemie 7.3 %, Kfz und -Teile 6.8 %), Export 209.88 Mrd. US$ (Rohstoffe außer Brennstoffe 30.4 %, Nahrungsmittel 20.7 %, Erdöl 10.7 %, Maschinen 6.1 %, Eisen und Stahl 5.1 %)
Erwerbstätige nach Sektoren: Landwirtschaft 9.1 %, Industrie 19.6 %, Dienstleistungen 71.3 %
Arbeitslosenquote: 13.7 %
CO_2-Emission/Kopf: 2.2 t

VERWALTUNGSGLIEDERUNG

Verwaltungseinheit	Fläche in km²	Einwohner	Hauptstadt
Acre	164 173	894 470	Rio Branco
Alagoas	27 831	3.4 Mio.	Maceió
Amapá	142 471	861 773	Macapá
Amazonas	15 591 678	4.2 Mio.	Manaus
Bahia	564 760	14.9 Mio.	Salvador de Bahia
Ceará	148 894	9.2 Mio.	Fortaleza
Distrito Federal	5761	3.1 Mio.	Brasília
Espírito Santo	46 074	4.1 Mio.	Vitória
Goiás	340 243	7.1 Mio.	Goiânia
Maranhão	329 651	7.1 Mio.	São Luís
Mato Grosso	903 207	3.5 Mio.	Cuiabá
Mato Grosso do Sul	357 148	2.8 Mio.	Campo Grande
Minas Gerais	586 514	21.3 Mio.	Belo Horizonte
Pará	1 245 871	8.7 Mio.	Belém
Paraíba	56 467	4 Mio.	João Pessoa
Paraná	199 298	11.5 Mio.	Curitiba
Pernambuco	98 068	9.6 Mio.	Recife
Piauí	251 755	3.3 Mio.	Teresina
Rio de Janeiro	43 750	17.4 Mio.	Rio de Janeiro
Rio Grande do Norte	52 810	3.5 Mio.	Natal
Rio Grande do Sul	281 707	11.4 Mio.	Porto Alegre
Rondônia	237 765	1.8 Mio.	Porto Velho
Roraima	223 645	631 181	Boa Vista
Santa Catarina	95 731	7.3 Mio.	Florianópolis
São Paulo	248 219	46.3 Mio.	São Paulo
Sergipe	21 938	2.3 Mio.	Aracaju
Tocantins	277 424	1.6 Mio.	Palmas

RÜCKBLICK

Corona-Pandemie: Brasilien zählt zu den weltweit am schwersten von der Corona-Pandemie betroffenen Ländern. Während der **ersten Welle** Mitte 2020 waren nur in den USA die Zahlen höher. Dennoch spielte Präsident Jair Bolsonaro die Gefährlichkeit des Virus herunter. Er sprach im Zusammenhang mit COVID-19 von einer „kleinen Grippe" und stemmte sich gegen die von der Weltgesundheitsorganisation WHO empfohlenen Maßnahmen. Die Strategie beim Kampf gegen das Virus führte wiederholt zu Spannungen zwischen den nationalen und bundesstaatlichen Behörden. Am 07.07.2020 gab Bolsonaro bekannt, selbst an COVID-19 erkrankt zu sein. Nach einem kurzen Einbruch der Infektionszahlen im September/Oktober 2020 stiegen die Zahlen im November wieder an. Ab Mitte Januar 2021 überrollte Brasilien eine **zweite Corona-Welle.** Am 04.04.2021 verzeichnete das Land mit 4200 Toten innerhalb eines Tages einen neuen

Rekord. Im Mai und Juni 2021 gab es täglich über 80 000 Neuinfektionen und fast 3000 Todesfälle. Bis Ende Juni 2021 hatten sich rd. 18.5 Mio. Brasilianer infiziert. Mitte Juni 2021 überstieg die Zahl der Todesfälle 500 000. Dabei spielte die SARS-CoV-2-Variante P.1 (später als Gamma-Variante bezeichnet) eine wichtige Rolle. Sie war im Januar 2021 erstmals im Amazonasgebiet aufgetreten und hatte sich von dort landesweit verbreitet. Diese Mutation gilt als gefährlicher und ansteckender als andere Virusvarianten. 2021 wurden weitere Varianten wie P.2 und N9 entdeckt. Im Januar 2021 mussten Krankenhäuser in Manaus die Sauerstoffzufuhr für die Erkrankten reduzieren, da die Nachfrage dreimal so hoch war wie das Angebot.

Wirtschaft: Zur Abfederung der wirtschaftlichen Folgen der Pandemie unterstützte die Regierung die Bevölkerung 2020 mit **massiven Sozialprogrammen**. Mit Ausgaben in Höhe von 11.8 % des Bruttoinlandseinkommens nahm Brasilien weltweit Platz 24 unter den Ländern ein, die ihre Wirtschaft mit staatlichen Maßnahmen förderten. Kein anderes Entwicklungs- oder Schwellenland gab so hohe Summen für wirtschaftliche Krisenhilfsmaßnahmen aus. So erhielten 2020 rd. 66 Mio. Einwohner und damit ein Drittel der Bevölkerung **Geldhilfen (auxílio emergencial)** in Höhe von monatlich umgerechnet knapp 100 €. Von April bis Dezember 2020 profitierten auch Kleinunternehmer, Arbeitslose sowie Beschäftigte im informellen Sektor von dem Programm. In Brasilien sind rd. 40 Mio. Menschen informell beschäftigt. Banken boten zudem kleinen und mittelständischen Unternehmen zinsgünstige Kredite an, bei denen der Staat zwischen 80 und 100 % des Risikos übernahm. Neben finanziellen Unterstützungen wurden Maßnahmen wie flexible Arbeitszeitkonten, kurzfristige Anordnungen von Betriebsferien, Vorziehen von Feiertagen und Ferien sowie eine erweiterte Homeoffice-Regelung eingeführt. Arbeitsverträge konnten bis zu 120 Tage ganz ausgesetzt oder Kurzarbeit vereinbart werden. Ende 2020 liefen die meisten Hilfsmaßnahmen aus, neue Maßnahmen wiesen wesentlich geringere Budgets auf. So profitierten 2021 nur noch rd. 45 Mio. Menschen vom Programm auxílio emergencial und die monatlichen Auszahlungen betrugen nur noch ein Viertel des gesetzlichen Mindestlohns. Während die Hilfsprogramme 2020 insgesamt Transferzahlungen in Höhe von 70 Mrd. US$ umfassten, waren es 2021 nur noch 8 Mrd. US$.
Vom Beginn der Corona-Krise im März 2020 bis März 2021 waren vier verschiedene **Gesundheitsminister** für die Bekämpfung des Virus verantwortlich. Während Luis Henrique Mandetta wegen unterschiedlicher Meinungen mit Präsident Bolsonaro über Corona-Schutzmaßnahmen im April 2020 entlassen wurde und Nelson Teich aus dem selben Grund im Mai 2020 vom Amt zurücktrat, gab Eduardo Pazuello im März 2021 aus gesundheitlichen Gründen sein Amt auf. Am 23.03.2021 trat der Kardiologe Marcelo Queiroga an die Spitze des Gesundheitsministeriums.
Nach Ausbruch der Pandemie führten mehrere Impfstoffhersteller in Brasilien **klinische Studien** zur Wirksamkeit ihrer Impfstoffe durch, darunter Biontech/Pfizer, Johnson & Johnson, AstraZeneca und der chinesische Impfstoffhersteller Sinovac. Die Regierung versäumte es aber, rechtzeitig Impfstoffe auf dem internationalen Markt zu bestellen. Der Gouverneur von São Paulo, João Dória, bemühte sich dagegen schon im Juni 2020 um Impfdosen von Sinovac. Nachdem sich Präsident Bolsonaro zunächst dagegen sträubte, bestellte seine Regierung im Januar 2021 ebenfalls über 100 Mio. Dosen des Sinovac-Impfstoffs sowie mehr als 210 Mio. Dosen von AstraZeneca. Die nationale **Impfkampagne** startete am 17.01.2021, das Militär verteilte den Impfstoff auf die 26 Bundesstaaten und den Bundesdistrikt. Ende April 2021 verweigerte die Gesundheitsbehörde Anvisa dem russischen Impfstoff Sputnik V die Zulassung. Sie begründete dieses u. a. mit Mängeln in den klinischen Studienprotokollen, aber auch in der Vermehrung von Adenoviren in menschlichen Zellen, was nach Angaben des Herstellers ausgeschlossen war. Brasilien war das weltweit erste Land, das Sputnik V aus Sicherheitsgründen die Genehmigung verweigerte. Der Impfstoff ist in 62 Ländern für den Notfalleinsatz zugelassen.

Kommunalwahlen: Bei den landesweiten Kommunalwahlen am 15.11.2020 und den Stichwahlen am 29.11.2020 setzten sich in den 5570 Städten und Gemeinden überwiegend Kandidaten von gemäßigten Mitte-rechts-Parteien durch. Dagegen zählten Vertreter der politischen Linken und auch rechtspopulistische Kandidaten oftmals zu den Verlierern. In Rio de Janeiro setzte sich mit Eduardo Paes ein Kandidat der Mitte-rechts-Partei Democratas (DEM) gegen den evangelikalen Bischof der Universalkirche, ein Vertrauter von Präsident Bolsonaro, durch. Eduardo Paes bekleidete das Amt des Bürgermeisters von Rio de Janeiro bereits 2009–2016. Die linke Arbeiterpartei (PT) konnte erstmals seit der Rückkehr zur Demokratie 1985 kein einziges Bürgermeisteramt in den Hauptstädten der 26 Bundesstaaten gewinnen. Auch das Bolsonaro-Lager scheiterte in allen großen Städten. Frauen konnten sich nur bei 12 % der Ämter durchsetzen, davon in nur einer der 26 Landeshauptstädte. Die Wahlbeteiligung lag pandemiebedingt bei nur 77 %.

Neue Kongresspräsidenten: Am 01.02.2021 wurden turnusgemäß die Ämter der Präsidenten von Abgeordnetenhaus und Senat neu besetzt. Bereits in der ersten Abstimmungsrunde setzten sich die von Präsident Jair Bolsonaro favorisierten Bewerber durch. Mit Arthur Lira an der Spitze der Abgeordnetenkammer und Rodrigo Pacheco an der Spitze des Senats muss Bolsonaro nicht mehr mit einem Amtsenthebungsverfahren rechnen, das durch den Präsidenten des Abgeordnetenhauses eingeleitet werden muss. Seit Beginn seiner Amtszeit im Januar 2019 wurden mehr als 100 Impeachment-Anträge gegen den umstrittenen Präsidenten eingereicht.

Untersuchungsausschuss: Am 14.04.2021 ließ der Oberste Gerichtshof eine Untersuchung gegen den Präsidenten zu, die dessen **Umgang mit der Corona-Krise** beleuchten soll. Der Untersuchungsausschuss unter Leitung von Senator Renan Cahlheiro tagte ab 27.04.2021 und sollte u. a. die Förderung von unwirksamen Medikamenten vonseiten der Regierung, die Absetzung von drei Gesundheitsministern, den Zusammenbruch des Gesundheitswesens in Amazonien sowie die Frage der Impfstoffbeschaffung untersuchen. Ein Vertreter des Pharmaunternehmens Pfizer erklärte vor dem Ausschuss, dass es ab August 2020 der Regierung neun Angebote für den Erwerb von Impfstoffen unterbreitet hatte, diese aber bis März 2021 unbeantwortet geblieben waren.

Petrobras: Am 19.02.2021 verkündete Präsident Bolsonaro einen Wechsel an der Spitze des halbstaatlichen Ölkonzerns Petrobras. Erstmals seit 1989 übernahm mit Ex-General Silva e Luna ein Militär die Leitung des Unternehmens. Seit Amtsantritt von Bolsonaro im Januar 2019 gelangten zahlreiche Militärangehörige in zentrale Posten der Regierung. So sind 11 der 23 Ministerposten mit Militärs besetzt, neben dem Verteidigungsministerium auch Resorts wie Bergbau und Bildung.

Kabinettsumbildung: Präsident Bolsonaro ernannte am 30.03.2021 6 der 23 Minister neu. Er ersetzte den zuvor zurückgetretenen Außenminister Ernesto Araújo durch den Karrierediplomaten Carlos Alberto Franco França. Gleichzeitig entließ Bolsonaro Verteidigungsminister Fernando Azevedo e Silva und ersetzte ihn durch Walter Souza Braga Netto. Daraufhin traten alle drei Kommandeure der Teilstreitkräfte zurück. Bei 3 Ministerien wechselten die jeweiligen Minister untereinander.

Lula: Am 08.03.2021 hob ein Richter des Obersten Gerichtes alle vier Urteile gegen Ex-Präsident Luiz Inácio Lula da Silva (2003–2010) auf. Er begründete dies mit Verfahrensfehlern bezüglich der Zuständigkeiten der Gerichte. Die Fälle müssen vor einem anderen Bundesgericht neu aufgerollt werden. Bis dahin erlangte Lula sämtliche politischen Rechte wieder. Am 15.04.2021 bestätigte das Plenum des Obersten Gerichtshofs das Urteil. Durch die Aufhebung des Urteils könnte Lula auch als Kandidat bei den Präsidentschaftswahlen 2022 teilnehmen. Der Politiker der Arbeiterpartei war seit 2017 in mehreren Korruptionsverfahren zu 17 Jahren Freiheitsstrafe verurteilt worden. 2019 wurde er nach 580 Tagen aus der Haft entlassen, weil er noch nicht alle Instanzen ausgeschöpft hatte.

Schwangerschaftsabbruch: Aufsehen erregte im August 2020 die legale Abtreibung eines 10-jährigen Mädchens, das von seinem Onkel mehrfach missbraucht worden war. Vor dem Krankenhaus demonstrierten Abtreibungsgegner. Zuvor hatte Frauen- und Familienministerin Damares Alves die Entscheidung der Justiz für eine Abtreibung bedauert. Nach dem Vorfall verschärfte die Ministerin die Vorschriften für eine **Abtreibung nach Vergewaltigung**. Damit wurden Ärzte dazu verpflichtet, eine Vergewaltigung bei der Polizei zu melden und mögliche Beweise einzureichen, die zur Identifizierung des Täters beitragen sollen. Zudem müssen sie einen Bericht zu dem Eingriff anfertigen, der von drei Fachkräften unterzeichnet werden muss, und die Schwangere dazu auffordern, sich den Embryo auf Ultraschallbildern anzuschauen. Das Thema Schwangerschaftsabbrüche wird in Brasilien kontrovers diskutiert. Abtreibungen sind nur nach einer Vergewaltigung, bei Gefahr des Lebens der Mutter und bei Nichtlebensfähigkeit des Fötus legal. Viele Frauen treiben illegal und unter hohem Gesundheitsrisiko ab.

Wirtschaft: Mit einem Einbruch des Bruttoinlandsprodukts um 4.1 % stand Brasilien im regionalen Vergleich gut da. Für 2021 rechnet der IWF mit einem Wachstum von 3.7 %. Der Staat legte 2020 Corona-Hilfsprogramme in Höhe von rd. 100 Mrd. US$ auf. Nachdem die Zentralbank während der Krise den Leitzins auf ein historisches Tief von 2.0 % gesenkt hatte, erhöhte sie am 18.03.2021 erstmals seit 6 Jahren den Leitzins auf 2.75 %. Ziel war die Bekämpfung der zunehmenden Inflation. Die Corona-Krise wirkte sich massiv auf den Arbeitsmarkt aus: Zwischen Mai und November 2020 verloren 4 Mio. Brasilianer ihren Job, was nach Angaben der Weltbank 2020 zu einer Arbeitslosenquote von 13.7 % führte.

Waldbrände: Die Vernichtung des **Regenwaldes** in Amazonien setzte sich fort. Zwischen August 2019 und Juli 2020 wurden über 11 000 km² Regenwald gerodet. Im Vorjahreszeitraum waren es rd. 9800 km² gewesen. Im September 2020 erreichte die Zahl der registrierten Waldbrände mit rd. 32 000 einen neuen Höchststand innerhalb der letzten 10 Jahre. Die meisten Waldbrände gehen von Bodenspekulanten, Rinderzüchtern und illegalen Holzfällern aus. Präsident Bolsonaro sieht im Umwelt- und Klimaschutz ein Wachstumshemmnis für die Wirtschaft. Auch die Sumpflandschaft des **Pantanal** erlitt weitere Zerstörungen. Nach Beobachtungen der NASA verbrannten zwischen Januar und Oktober 2020 mindestens 22 % des Feuchtgebietes auf brasilianischem Boden. Von dem mit 230 000 km² Fläche größten Binnenfeuchtgebiet der Welt entfallen 150 000 km² auf den mittleren Südwesten Brasiliens, der Rest erstreckt sich auf Bolivien und Paraguay.

Entschädigungszahlungen VW: Der VW-Konzern einigte sich im September 2020 mit den brasilianischen Justizbehörden auf einen Vergleich über eine Entschädigung früherer Mitarbeiter wegen **Menschenrechtsverletzungen** während des Militärregimes (1964–1985). Der Konzern zahlt umgerechnet rd. 5.6 Mio. € Entschädigung, davon 2.6 Mio. € an eine Vereinigung ehemaliger betroffener Mitarbeiter und deren Rechtsnachfolgern. Ein anderer Teil des Geldes fließt an Universitäten und Projekte, die die Diktaturzeit erforschen oder daran erinnern. VW do Brasil hatte während der Militärdiktatur mit dem herrschenden Militär kollaboriert. Eine Studie des Historikers Christopher Kopper der Universität Bielefeld hatte 2017 die Rolle des VW-Konzerns untersucht.

Razzia: Bei einer Razzia gegen Drogenbanden in der Favela Jacarezinho in Rio de Janeiro wurden am 06.05.2021 bei einem mehrstündigen Schusswechsel 29 Menschen getötet, darunter ein Polizist. Medien berichteten von einem **Massaker**, bei dem Menschen, die sich bereits ergeben hatten, hingerichtet wurden. Amnesty International forderte eine unabhängige Untersuchung. In den Favelas von Rio de Janeiro kommt es fast täglich zu Auseinandersetzungen zwischen Drogenhändlern und Polizisten. Allein 2019 waren in Rio de Janeiro 1810 Menschen von der Polizei getötet worden. Gleichzeitig fallen jährlich Tausende von Menschen dem Kampf zwischen rivalisierenden Banden zum Opfer, 2020 waren es 43 892 Menschen.

Copa América: Trotz Protesten trug das Land vom 13.06. bis 10.07.2021 das Fußballturnier Copa América aus. Der Oberste Gerichtshof hatte zuvor ein Verbot der Austragung abgelehnt. Wenige Wochen vor Turnierstart waren nacheinander Kolumbien und Argentinien als ursprüngliche Gastgeber zurückgetreten.

Brunei

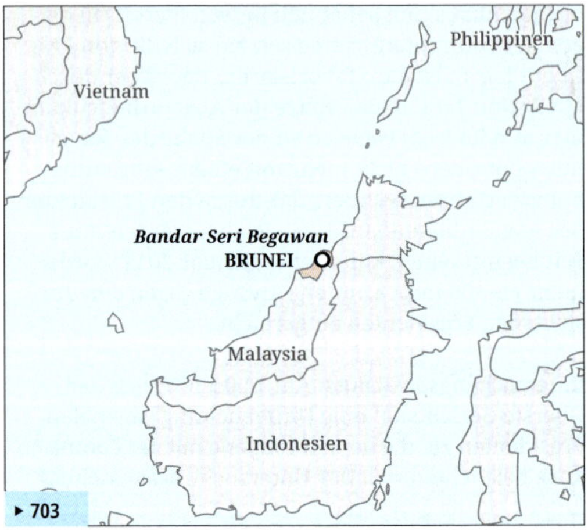

▸ 703

Ländername	Brunei Darussalam
Zeitzone	MEZ +7 h
Fläche in km²	5765 (Rang 165)
Anzahl der Einwohner	437 483 (Rang 170)
Einwohnerzahl pro km²	76 (Rang 108)
Hauptstadt	Bandar Seri Begawan
Amtssprache	Malaiisch
Verwaltungsgliederung	4 Distrikte
Wichtige Städte	Bandar Seri Begawan, Kuala Belait, Seria, Tutong
Autokennzeichen | ISO-Code	BRU | BRN
Währung	1 Brunei-Dollar = 100 Cents
Nationalfeiertag	23. Februar (Unabhängigkeit 1984)

Ähnlich wie in anderen Staaten Südostasiens, ist auch die Geschichte Bruneis geprägt vom Einfluss fremder Länder und Kulturen. Die ausgesprochen autoritären Herrschaftsstrukturen in dem islamischen Sultanat verbinden sich mit großem Reichtum. Doch die nur noch wenige Jahrzehnte reichenden Bodenschätze verlangen eine wirtschaftliche Neuorientierung.

GEOGRAFIE

Geografische Lage: Von 4°01′ bis 5°03′ nördlicher Breite sowie von 114° bis 115°22′ östlicher Länge (Südostasien)
Höchster Punkt: Bukit Pagon 1850 m
Klima: Tropisches Regenwaldklima

POLITIK

Staatsform: Absolute Monarchie
Staatsoberhaupt und Regierungschef: Sultan Haji Hassanal Bolkiah Mu'izzaddin Waddaulah (seit 05.10.1967)
Regierungspartei: keine
Legislative: Legislativrat mit 33 für 5 Jahre ernannten Mitgliedern
Jahr der Verfassung: 1959
Wahlrecht: 18 Jahre

BEVÖLKERUNG

Bevölkerungsanteil: <15 Jahre 22.3 %, 15–64 Jahre 72.1 %, >64 Jahre 5.6 %
Verteilung: Stadt 78.2 %, Land 21.8 %
Wachstum: 1 %
Lebenserwartung: Frauen 77 Jahre, Männer 75 Jahre
Alphabetenrate: Frauen 96.3 %, Männer 98.1 %
Bevölkerungsgruppen: Malaien, Chinesen, Indigene u. a.
Religionen: Muslime, Buddhisten, Sonstige
Sprachen: Malaiisch, Englisch, Chinesisch

WIRTSCHAFT

BIP: 12.02 Mrd. US$
Wachstum BIP: 1.2 %
BIP/Kopf: 26 089 US$
Inflation: 1.9 %
Außenhandel: Import 4.91 Mrd. US$ (Maschinen 23.3 %, Eisen und Stahl 12.1 %, Nahrungsmittel 10.9 %, Metallwaren 10 %, Petrochemie 6.5 %), Export 6.48 Mrd. US$ (Gas 49.9 %, Erdöl 41.1 %, Chemische Erzeugnisse 3.8 %, Maschinen 1.5 %)
Erwerbstätige nach Sektoren: Keine Angabe
Arbeitslosenquote: 8.4 %
CO_2-Emission/Kopf: 16 t

Die chinesische Botschafterin in Brunei Yu Hong (l.) und Haji Erywan, Bruneis stellvertretender Außenminister, bei der Spendenübergabe von über 50 000 Sinopharm-Impfdosen, am 09.02.2021 in Bandar Seri Begawan.

RÜCKBLICK

Corona-Pandemie: Im Sultanat infizierten sich bis zum 26.05.2021 insgesamt 236 Menschen mit COVID-19, bis zu diesem Datum waren 3 Menschen an der Krankheit gestorben. Die rasche Zunahme der Ansteckungen wie im März 2020 wiederholte sich nicht, 2021 war kein exponentielles Wachstum der Inzidenz erkennbar. Die wenigen Infektionen im Jahr 2021 führte die Regierung auf positiv getestete Einreisende zurück, seit dem 06.05.2020 soll es keine Ansteckungen im Inland mehr gegeben haben, im Berichtszeitraum (seit Juni 2020) war kein neuer Todesfall verzeichnet worden. Um das Land wieder vollständig für den Fremdenverkehr und Geschäftsreisende öffnen zu können, startete die Regierung am 03.04.2021 eine Impfkampagne mit dem Ziel, 70 % der Bevölkerung zu immunisieren. Im Rahmen der COVAX-Initiative handelte die Regierung die Lieferung von Impfstoff des britisch-schwedischen Herstellers AstraZeneca für 20 % der Bevölkerung aus; die VR China spendete 52 000 Dosen, was für weitere 12 % reichte. Bis zum 26.05.2021 hatten 33 850 Einwohner eine erste Impfung erhalten. Sultan Hassanal Bolkiah wurde am 23.04.2021 zum zweiten Mal geimpft.

Wirtschaft: Um die ökonomischen Folgen der Corona-Pandemie abzufedern, zahlte die Regierung an Kleinunternehmen, die 97 % aller Betriebe stellen, Lohnkosten- und Unterhaltszuschüsse; sie dekretierte, dass Privathaushalten und Betrieben die Tilgung von Krediten gestundet wurde. Der Absturz in eine Deflation wurde vermieden. Vielmehr stiegen die Preise 2020 so stark wie zuletzt 2008. Die Investitionen der Vorjahre in die Erneuerung der Industriekapazität, besonders der 3.5 Mrd. US$ teure Neubau einer Erdölraffinerie und petrochemischen Fabrik zahlten sich aus, für 2021 lagen die Hoffnungen auf den anziehenden Weltmarktpreisen für Öl und Gas, auf den Erträgen einer neuen Düngemittelfabrik und der nächsten Ausbaustufe der Raffinerie des chinesischen Konzerns Hengyi in Pulau Muara Besar, die ein Volumen von 13 Mrd. US$ haben soll. Die Raffinerie, die erste im Sultanat, war am 03.11.2019 zunächst mit einer Aromatenanlage in Betrieb gegangen. Bis 2024 sehen die Planungen einen Ausbau der Raffineriekapazität von 8 auf 22 Mio. Tonnen vor.

Bulgarien

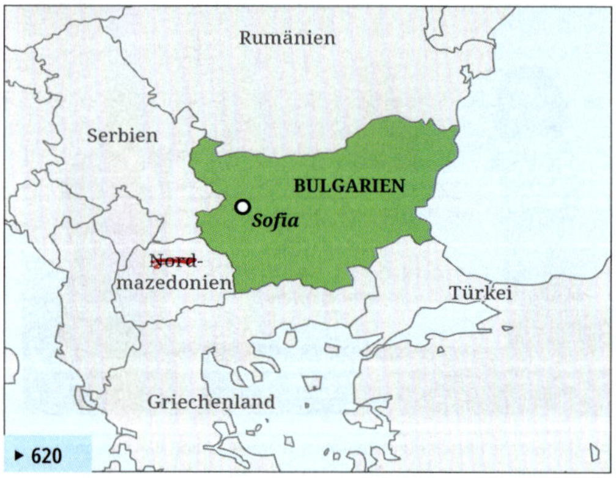

▸ 620

Ländername	Republik Bulgarien
Zeitzone	MEZ +1 h
Fläche in km²	111 002 (Rang 103)
Anzahl der Einwohner	6.9 Millionen (Rang 105)
Einwohnerzahl pro km²	62 (Rang 122)
Hauptstadt	Sofia
Amtssprache	Bulgarisch
Verwaltungsgliederung	28 Bezirke (Oblast)
Wichtige Städte	Sofia, Plowdiw, Warna, Burgas, Russe, Stara Sagora
Autokennzeichen | ISO-Code	BG | BGR
Währung	1 Lew = 100 Stotinki
Nationalfeiertag	3. März (Befreiung vom Osmanischen Reich 1878)

Das Land im Nordosten der Balkanhalbinsel ist natur- und kulturgeografisch ein Übergangsland zwischen Europa und dem Orient. Thraker, Griechen, Römer, Byzantiner und Osmanen haben ihre Spuren hinterlassen. Die wechselvolle Geschichte mündete nach dem Zweiten Weltkrieg in eine kommunistische Volksrepublik und in die enge Anbindung an die UdSSR. Heute ist das marktwirtschaftlich orientierte Bulgarien Mitglied der NATO und der Europäischen Union.

GEOGRAFIE

Geografische Lage: Von 41°14′ bis 44°14′ nördlicher Breite sowie von 22°21′ bis 28°36′ östlicher Länge (Südosteuropa)
Höchster Punkt: Musala 2925 m
Klima: Übergangszone zwischen mediterranem und kontinentalem Klima

POLITIK

Staatsform: Parlamentarische Republik
Staatsoberhaupt: Präsident Rumen Radew (seit 22.01.2017)
Regierungschef: Ministerpräsident (eingesetzt) Stefan Janew (seit 12.05.2021)
Regierungsparteien: keine (Interimsregierung)
Legislative: Nationalversammlung mit 240 für 4 Jahre gewählten Mitgliedern
Jahr der Verfassung: 1991
Wahlrecht: 18 Jahre

BEVÖLKERUNG

Bevölkerungsanteil: <15 Jahre 14.7 %, 15–64 Jahre 63.9 %, >64 Jahre 21.4 %
Verteilung: Stadt 75.7 %, Land 24.3 %
Wachstum: -0.7 %
Lebenserwartung: Frauen 79 Jahre, Männer 72 Jahre
Alphabetenrate: Frauen 98 %, Männer 98.7 %
Bevölkerungsgruppen: Bulgaren, Türken, Roma u. a.
Religionen: Christen, Muslime
Sprachen: Bulgarisch, Türkisch, Minderheitensprachen

WIRTSCHAFT

BIP: 68.56 Mrd. US$
Wachstum BIP: -3.8 %
BIP/Kopf: 9919 US$
Inflation: 1.2 %
Außenhandel: Import 34.83 Mrd. US$ (Chemische Erzeugnisse 13.7 %, Maschinen 8.4 %, Erdöl 8.3 %, Rohstoffe außer Brennstoffe 8.1 %, Nahrungsmittel 7.6 %), Export 31.83 Mrd. US$ (Nahrungsmittel 11.5 %, Chemische Erzeugnisse 10.8 %, Elektrotechnik 9.2 %, Nichteisenmetalle 9.1 %, Petrochemie 7.4 %)
Erwerbstätige nach Sektoren: Landwirtschaft 6.3 %, Industrie 30.1 %, Dienstleistungen 63.6 %
Arbeitslosenquote: 5.7 %
CO_2-Emission/Kopf: 6.2 t

RÜCKBLICK

Parlamentswahlen: Bei den Parlamentswahlen am 04.04.2021 konnte sich die konservativ-liberale Partei Bürger für eine europäische Entwicklung Bulgariens (GERB) von Ministerpräsident Bojko Borisow mit 26.2 % (75 Sitze, -20) zwar als stärkste Partei behaupten, aber mit dem schlechtesten Ergebnis seit ihrer Gründung. An zweiter Stelle folgte die neugegründete, teilweise populistisch ausgerichtete Gruppierung „Es gibt ein solches Volk“ (ITN) des Musikers und Fernsehshowproduzenten Slawi Trifonow mit 17.7 % (51 Sitze). Die Wahlallianz um die Sozialisten (BSP) verlor mit 15 % (43 Sitze, -37) fast die Hälfte ihrer Stimmen. An vierter Stelle lag die Bewegung für Rechte und Freiheiten (DPS) mit 10.5 % (30 Sitze, +4), die vor allem von Angehörigen der türkischen

Ergebnis der Parlamentswahl (04.04.2021)
Regierung: Interimsregierung unter Ministerpräsident Stefan Janew

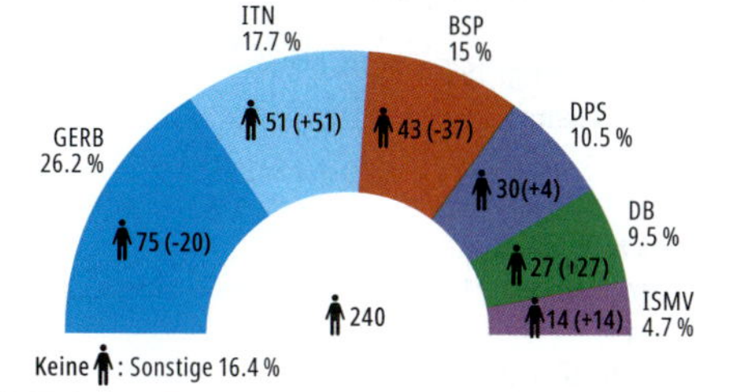

Minderheit gewählt wird. Zwei weitere neue, reformerisch ausgerichtete Gruppierungen gelangten ebenfalls ins Parlament: Demokratisches Bulgarien (DB) mit 9.5 % (27 Sitze) sowie „Steh auf! Ganoven raus" (ISMV) mit 4.7 % (14 Sitze), ein Bündnis mehrerer zum Teil aus den Protesten der letzten Jahre hervorgegangener Gruppen. Nationalistische und rechtsextreme Parteien gelangten diesmal nicht ins Parlament. Die Wahlbeteiligung von 49.1 % – 2017 hatte sie noch fast 5 Prozentpunkte höher gelegen – war die niedrigste seit dem Ende der kommunistischen Herrschaft.
GERB erhielt als stärkste Fraktion zuerst das Mandat zur Regierungsbildung. Da die neuen Parteien weder mit GERB noch mit der BSP koalieren wollten, die sie beide als in Korruption verstrickt betrachten, führte sowohl dieser Versuch wie auch der Trifonows im Anschluss zu keinem Ergebnis. Staatspräsident Rumen Radew setzte am 11.05.2021 eine Interimsregierung ein, die u. a. Neuwahlen am 11.07.2021 durchführen sollte. Zum neuen Ministerpräsidenten ernannte Radew seinen verteidigungspolitischen Berater Stefan Janew.

Protestwelle: Den Wahlen vorausgegangen war eine monatelange Protestwelle. Diese setzte ein, nachdem am 09.07.2020 bei einer Razzia der Generalstaatsanwaltschaft im Präsidialbüro zwei Berater des Präsidenten vorübergehend festgenommen worden waren. Treibende Kräfte der Proteste in Sofia und anderen Städten gegen die Regierung und Generalstaatsanwalt Iwan Geschew, denen Verwicklung in Korruption und die Begünstigung einflussreicher Geschäftsleute vorgeworfen wurde, waren Unternehmer und Angestellte aus der boomenden IT-Branche. Staatspräsident Radew, der ähnliche Vorwürfe erhob, unterstützte die Proteste. Ministerpräsident Borisow versuchte, mit einer Umbildung des Kabinetts am 24.07.2020 den Druck von der Regierung zu nehmen, indem er den Finanz-, Gesundheits-, Innen- und Tourismusminister, denen vorgeworfen wurde, den Interessen eines umstrittenen Geschäftsmanns zu dienen, auswechselte. Auch im Justizministerium gab es nach dem Rücktritt des Amtsinhabers Danail Kirilow am 26.08.2020 einen Wechsel. All dies führte indessen genauso wenig zu einem Ende der Proteste wie Borisows Pläne einer Verfassungsänderung.

Russland: Sechs frühere oder noch aktive Mitarbeiter bulgarischer Geheimdienste wurden wegen des Verdachts auf **Spionage für den russischen Militärgeheimdienst GRU** festgenommen, wie am 19.03.2021 bekanntgegeben wurde. Am 22.03.2021 wurden 2 russische Diplomaten ausgewiesen, nachdem bereits am 24.09.2020 zwei andere wegen Spionageverdachts zum Verlassen Bulgariens aufgefordert worden waren. Am 28.04.2021 eröffnete die Generalstaatsanwaltschaft gegen 6 russische Staatsbürger Ermittlungen. Dabei ging es um mehrere Zwischenfälle, die sich zwischen 2011 und 2020 in der bulgarischen Rüstungsindustrie ereignet hatten, zum Teil mit Todesopfern. Die Generalstaatsanwaltschaft glaubte auch eine Verbindung zu dem Giftanschlag auf den bulgarischen Waffenhändler Emilian Gebrew 2015 zu erkennen. Am 29.04.2021 wurde ein weiterer Angehöriger der russischen Botschaft ausgewiesen, bereits der siebte innerhalb von anderthalb Jahren.

Corona-Pandemie: Nachdem die Zahl der Neuinfektionen über die Sommermonate 2020 wie in anderen europäischen Ländern relativ gering geblieben war, setzte Mitte Oktober eine große Infektionswelle ein, die ihren Höhepunkt Mitte November erreichte und sich Ende Dezember langsam abschwächte. Die Behörden reagierten ab Ende Oktober mit zunehmend restriktiveren Maßnahmen, die Ende November auch die Schließung von Restaurants, Einkaufszentren, Schulen, Universitäten und anderen Einrichtungen umfassten. Ende Januar 2021 begann die Zahl der Neuinfektionen erneut zu steigen, bis zu einem neuen Höhepunkt Ende März und anschließendem Rückgang. Insgesamt wurden seit Beginn der Pandemie bis zum 30.06.2021 offiziell 421 751 Infektionen und 18 049 Todesfälle gemeldet, was 0.26 % der Bevölkerung entsprach. 11.4 % waren vollständig geimpft.

Proteste wegen Corona-Schließungen von Restaurants und Geschäften am 27.01.2021 in Sofia.

Burkina Faso

▸ 636

Ländername	Burkina Faso
Zeitzone	MEZ -1 h
Fläche in km²	272 967 (Rang 73)
Anzahl der Einwohner	20.9 Millionen (Rang 59)
Einwohnerzahl pro km²	77 (Rang 106)
Hauptstadt	Ouagadougou
Amtssprache	Französisch
Verwaltungsgliederung	13 Regionen
Wichtige Städte	Ouagadougou, Bobo-Dioulasso, Koudougou, Ouahigouya, Kaya
Autokennzeichen | ISO-Code	BF | BFA
Währung	1 CFA-Franc (BCEAO) = 100 Centimes
Nationalfeiertag	11. Dezember (Ausrufung der Republik 1958)

Burkina Faso, das frühere Obervolta, ist aus den Mosi-Königreichen hervorgegangen. Lange stand das Land unter französischer Kolonialherrschaft. Nach Jahren der politischen Wirren nach der Unabhängigkeit ist die politische Lage heute weitgehend fragil und von Gewalt geprägt. Burkina Faso gehört zu den ärmsten Ländern der Erde.

GEOGRAFIE

Geografische Lage: Von 9°23′ bis 15°05′ nördlicher Breite sowie von 5°31′ westlicher bis 2°23′ östlicher Länge (Westafrika)
Höchster Punkt: Téna Kourou 749 m
Klima: Wechselfeuchtes, tropisches Klima

POLITIK

Staatsform: Präsidiale Republik
Staatsoberhaupt: Präsident Roch Marc Christian Kaboré (seit 29.12.2015)
Regierungschef: Premierminister Christophe Joseph Marie Dabiré (seit 21.01.2019)
Regierungspartei: MPP (Mouvement du peuple pour le progrès)
Legislative: Nationalversammlung mit 127 für 5 Jahre gewählten Mitgliedern
Jahr der Verfassung: 1991
Wahlrecht: 18 Jahre

BEVÖLKERUNG

Bevölkerungsanteil: <15 Jahre 44.4 %, 15–64 Jahre 53.2 %, >64 Jahre 2.4 %
Verteilung: Stadt 30.6 %, Land 69.4 %
Wachstum: 2.8 %
Lebenserwartung: Frauen 63 Jahre, Männer 61 Jahre
Alphabetenrate: Frauen 32.7 %, Männer 50.1 %
Bevölkerungsgruppen: Mossi, Fulbe, Gurma, Bobo, Gurunsi, Senufo, Bissa, Lobi, Dagara, Tuareg u. a.
Religionen: Muslime, Christen, Ethnische
Sprachen: Französisch, Gur- und Mandesprachen, Arabisch

WIRTSCHAFT

BIP: 16.54 Mrd. US$
Wachstum BIP: 0.8 %
BIP/Kopf: 791 US$
Inflation: 1.9 %
Außenhandel: Import 3.89 Mrd. US$ (Petrochemie 23.8 %, Chemische Erzeugnisse 12.7 %, Maschinen 12.5 %, Nahrungsmittel 8.6 %, Kfz und -Teile 8.4 %), Export 4.49 Mrd. US$ (Gold 69.6 %, Rohstoffe außer Brennstoffe 15.3 %, Nichteisenmetalle 4.8 %, Nahrungsmittel 4.4 %, Maschinen 1.1 %)
Erwerbstätige nach Sektoren: Landwirtschaft 24.6 %, Industrie 33.9 %, Dienstleistungen 41.5 %
Arbeitslosenquote: 5 %
CO_2-Emission/Kopf: 0.2 t

RÜCKBLICK

Wahlen: Trotz bewaffneter Konflikte in einigen Teilen des Landes wurden am 22.11.2020 Präsidentschafts- und Parlamentswahlen abgehalten. Wegen der zugespitzten Sicherheitslage und der Pandemie war der Wahlkampf deutlich **eingeschränkt**. Die anhaltende Gewalt führte dazu, dass in einem Fünftel des Landes nicht gewählt werden konnte. Deswegen wurde vor der Wahl zunächst ein neues Gesetz verabschiedet, nachdem Wahlen trotz eines solch beschränkten Zugangs zu Wahlurnen gültig sind. Bereits im Vorfeld der Wahl kamen Vorwürfe hinsichtlich eines anstehenden Wahlbetrugs aus Teilen der Opposition. **Amtsinhaber** Roch Marc Christian Kaboré gewann im ersten Durchgang der Wahl eine **absolute Mehrheit**. 12 Gegenkandidaten waren angetreten. Trotz der Vorwürfe wurde die

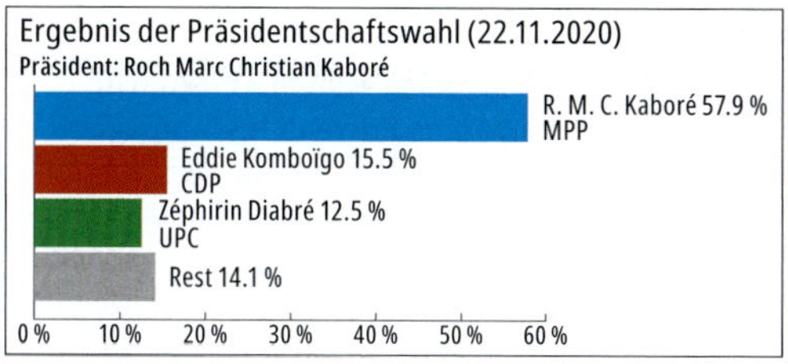

Wahl von Beobachtern als die freieste der letzten Jahre beschrieben.

Sicherheitslage: Die bewaffneten Konflikte, die besonders seit 2018 zugenommen haben, setzten sich fort. Dabei wurde auch 2020 die große Mehrheit der Attacken als **dschihadistisch motiviert** beschrieben. Es kam in diesem Kontext im Jahr 2020 zu mehr als 2000 Todesopfern unter Zivilisten. In sechs der 13 Regionen des Landes wurde wegen der bewaffneten Konflikte der Notstand ausgerufen. Die Angriffe haben sich weiter in den Süden des Landes verlagert. In diesem Zusammenhang kam es zu ivorisch-burkinischen Anti-Terror-Operationen an der gemeinsamen Grenze. Die in den letzten Jahren erstarkte **Bürgerwehr** Koglwéogo hatte weiter Zulauf.

Wirtschaft: Vor allem wegen der Pandemie sank das Wachstum des BIP 2020 unter 1 %. Seit 2016 hatte das Wachstum immer über 5 % gelegen. Sowohl die Inflation als auch das Haushaltsdefizit stiegen, im regionalen Vergleich jedoch nur **moderat**. Profitiert wurde von einem deutlichen Anstieg des **Baumwollpreises** im Jahr 2020, nachdem dieser seit Mitte 2018 stark zurückgegangen war. Auch der internationale Preis für Gold als wichtigstes Exportgut stieg auf Grund der Pandemie deutlich.

Auswirkungen der Konflikte: Seit 2019 wurden über 1 Mio. Menschen **vertrieben**. Dabei ist auch 2021 keine Entspannung zu erkennen, allein in den ersten Tagen des Mai 2021 flohen 17 500 Menschen wegen einer Reihe bewaffneter Angriffe im Norden und Osten des Landes. Aufgrund der Konfliktlage waren 2020 mehr als 3 Mio. Menschen im Land von akutem **Hunger** betroffen. In dem Zusammenhang sammelten die Vereinten Nationen im Oktober 2020 1 Mrd. US$ zur Ernährungssicherung in der Sahelregion.

Burundi

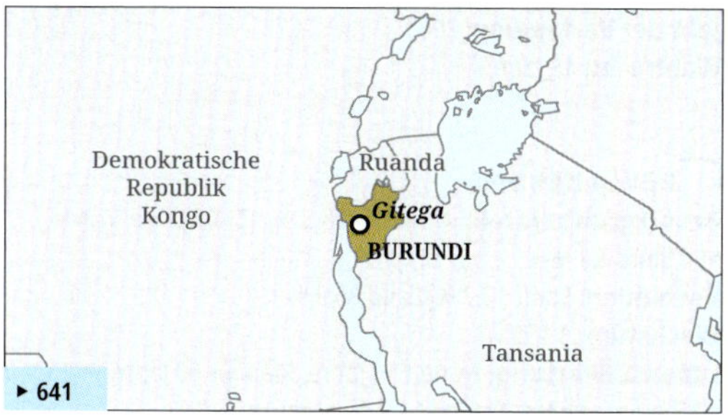

▸ 641

Ländername	Republik Burundi
Zeitzone	MEZ +1 h
Fläche in km²	27 830 (Rang 143)
Anzahl der Einwohner	11.9 Millionen (Rang 78)
Einwohnerzahl pro km²	427 (Rang 17)
Hauptstadt	Gitega
Amtssprachen	Kirundi, Französisch, Englisch
Verwaltungsgliederung	18 Provinzen
Wichtige Städte	Bujumbura, Gitega, Muyinga, Ngozi, Rumonge, Cibitoke
Autokennzeichen | ISO-Code	BU | BDI
Währung	1 Burundi-Franc = 100 Centimes
Nationalfeiertag	1. Juli (Unabhängigkeit 1962)

Das ostafrikanische Land ist einer der kleinsten Staaten des Kontinents. Seine Geschichte wurde durch den jahrhundertelangen und zuletzt immer blutiger ausgetragenen Konflikt zwischen den rivalisierenden Völkern der Hutu und der Tutsi geprägt, der das Land bis an den Rand des Untergangs getrieben hat. Die humanitäre Situation ist prekär.

GEOGRAFIE

Geografische Lage: Von 2°18′ bis 4°28′ südlicher Breite sowie von 28°59′ bis 30°50′ östlicher Länge (Ostafrika)
Höchster Punkt: Mont Heha 2670 m
Klima: Tropisches Hochlandklima mit 2 Regenzeiten

POLITIK

Staatsform: Präsidiale Republik
Staatsoberhaupt: Präsident Évariste Ndayishimiye (seit 15.06.2020)
Regierungschef: Premierminister Alain-Guillaume Bunyoni (seit 23.06.2020)
Regierungspartei: CNDD-FDD (Conseil National Pour la Défense de la Démocratie - Forces pour la Défense de la Démocratie)

Legislative: Parlament, bestehend aus Nationalversammlung mit 123 für 5 Jahre gewählten Mitgliedern und Senat mit 36 für 5 Jahre gewählten Mitgliedern
Jahr der Verfassung: 2005
Wahlrecht: 18 Jahre

BEVÖLKERUNG

Bevölkerungsanteil: <15 Jahre 45.3 %, 15–64 Jahre 52.4 %, >64 Jahre 2.3 %
Verteilung: Stadt 13.7 %, Land 86.3 %
Wachstum: 3.1 %
Lebenserwartung: Frauen 64 Jahre, Männer 60 Jahre
Alphabetenrate: Frauen 61.2 %, Männer 76.3 %
Bevölkerungsgruppen: Hutu, Tutsi, Twa (Pygmäen) u. a.
Religionen: Christen, Muslime, Sonstige
Sprachen: Kirundi, Französisch, Englisch, Swahili u. a.

Bevölkerungsverteilung

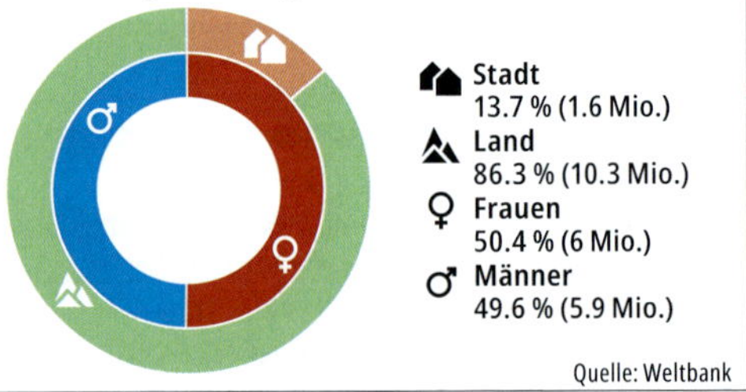

Quelle: Weltbank

WIRTSCHAFT

BIP: 3.01 Mrd. US$
Wachstum BIP: -1.3 %
BIP/Kopf: 254 US$
Inflation: 7.3 %
Außenhandel: Import 914 Mio. US$, Export 205 Mio. US$
Erwerbstätige nach Sektoren: Landwirtschaft 92 %, Industrie 1.4 %, Dienstleistungen 6.6 %
Arbeitslosenquote: 0.8 %
CO_2-Emission/Kopf: < 0.1 t

Inflation

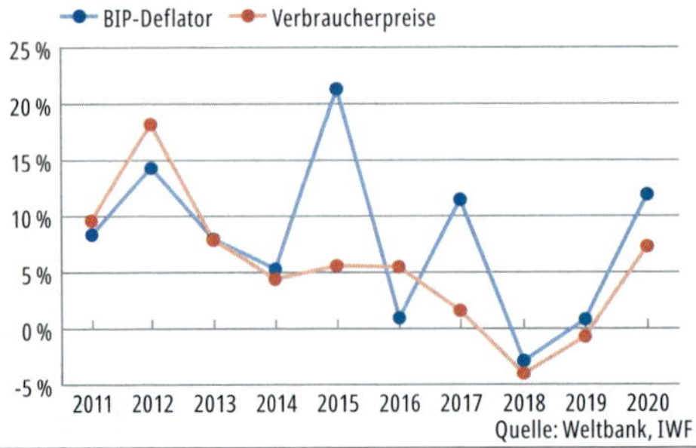

Quelle: Weltbank, IWF

RÜCKBLICK

Corona-Pandemie: Kurz nach seinem Amtsantritt brachte Ndayishimiye eine Präventionskampagne gegen COVID-19 auf den Weg. Während sein Vorgänger Nkurunziza die Pandemie geleugnet und auch bei den Wahlen im Mai 2020 keinerlei Hygienemaßnahmen verordnet hatte, sprach sich der neue Präsident für Massenuntersuchungen aus. Bis Mai 2021 gab es über 4200 bestätigte COVID-19-Infektionen. Die Pandemie beeinträchtigte auch die wirtschaftliche Entwicklung: Nach Prognosen des IWF sollte das BIP 2020 um 3.2 % zurückgehen.

Neue Staatsführung: Unter der Führung des neuen Präsidenten **Évariste Ndayishimiye** blieb die innenpolitische Lage angespannt. Wie zuvor bereits erwartet, setzte der langjährige Vertraute Pierre Nkurunzizas (Regierungszeit 2005–2020) die **repressive Politik seines** Mitte 2020 verstorbenen **Vorgängers** in vielen Bereichen fort. Seit Jahren werden den staatlichen Sicherheitsorganen des Landes schwere **Menschenrechtsverletzungen** wie extralegale Hinrichtungen, Folter und Gewalt gegen Frauen und Mädchen vorgeworfen. Hinzu kommen massive Einschränkungen der Grundrechte. Eine UN-Untersuchungskommission bewertete in ihrem im September 2020 vorgelegten Bericht auch die aktuelle Menschenrechtslage als kritisch. In Burundi herrsche weiterhin ein Klima der Angst und Unterdrückung. **Politische Gegner** oder vermeintlich regierungskritische Personen würden durch Einschüchterungsmaßnahmen, Verfolgung und Folter **massiv unter Druck gesetzt.** Öffentlich kritisiert wurde auch, dass Ndayishimiye mehrere Regierungsposten mit möglichen Verantwortlichen für vergangene Unrechtstaten im Umfeld der umstrittenen Wahlen 2015 besetzt hatte, darunter auch Premierminister Alain-Guillaume Bunyoni und Innenminister Gervais Ndirakobuca, die beide auf einer Sanktionsliste der EU standen.

Humanitäre Lage: In ihrer im Januar 2021 veröffentlichten jährlichen Analyse zu den **vergessenen Krisen** weltweit setzte die NGO CARE Burundi auf den ersten Rang. Kein anderes Land habe 2020 weniger mediale Aufmerksamkeit erfahren, obwohl sich Burundi in einer prekären humanitären **Notlage** befand. Der im Oktober 2020 erschienene Welthunger-Index stufte die Hungersituation als „sehr ernst" ein. Mehr als die Hälfte aller Kinder unter fünf Jahren waren **unterernährt** und zeigten **Wachstumsverzögerungen.** In dem dicht besiedelten Binnenland waren rund 3.6 Mio. Menschen **auf Hilfe von außen angewiesen.** Etwa drei Viertel der Bevölkerung litten unter **absoluter Armut** und hatten nach der Definition der Weltbank täglich weniger als 1.90 US$ zu ihrer Verfügung.

Cabo Verde

▸ 636

Ländername	Republik Cabo Verde; auch: Kap Verde
Zeitzone	MEZ -2 h
Fläche in km²	4033 (Rang 167)
Anzahl der Einwohner	555 988 (Rang 167)
Einwohnerzahl pro km²	138 (Rang 64)
Hauptstadt	Praia
Amtssprache	Portugiesisch
Verwaltungsgliederung	22 Bezirke
Wichtige Städte	Praia, Mindelo, Santa Maria, Pedra Badejo
Autokennzeichen | ISO-Code	CV | CPV
Währung	1 Cabo-Verde-Escudo = 100 Centavos
Nationalfeiertag	5. Juli (Unabhängigkeit 1975)

Ein Kranz vulkanischer Inseln bildet 600 Kilometer vor der afrikanischen Westküste einen der kleinsten Staaten der Welt. Die desolate Wirtschaftslage zwang einen großen Teil der Bevölkerung zur Auswanderung. Die Corona-Pandemie traf Cabo Verde besonders heftig.

GEOGRAFIE

Geografische Lage: Von 14°48′ bis 17°12′ nördlicher Breite sowie von 22°40′ bis 25°22′ westlicher Länge (Westafrika)
Höchster Punkt: Pico de Fogo 2829 m
Klima: Trockenheißes, subtropisches Klima

POLITIK

Staatsform: Parlamentarische Republik
Staatsoberhaupt: Präsident Jorge Carlos Fonseca (seit 09.09.2011)
Regierungschef: Premierminister José Ulisses Correia (seit 20.04.2016)
Regierungspartei: MpD (Movimento para a Democracia)
Legislative: Nationalversammlung mit 72 für 5 Jahre gewählten Mitgliedern
Jahr der Verfassung: 1992
Wahlrecht: 18 Jahre

BEVÖLKERUNG

Bevölkerungsanteil: <15 Jahre 28.1 %, 15–64 Jahre 67.1 %, >64 Jahre 4.8 %
Verteilung: Stadt 66.7 %, Land 33.3 %
Wachstum: 1.1 %
Lebenserwartung: Frauen 76 Jahre, Männer 70 Jahre
Alphabetenrate: Frauen 82 %, Männer 91.7 %
Bevölkerungsgruppen: Kreolen, Afrikaner, Europäer u. a.
Religionen: Christen (v. a. Katholiken), Muslime, Sonstige
Sprachen: Portugiesisch, Kreolisch

WIRTSCHAFT

BIP: 1.75 Mrd. US$
Wachstum BIP: -14 %
BIP/Kopf: 3148 US$
Inflation: 0.6 %
Außenhandel: Import 736 Mio. US$ (Nahrungsmittel 26.8 %, Petrochemie 11 %, Chemische Erzeugnisse 8 %, Maschinen 7 %, Kfz und -Teile 5.9 %), Export 50 Mio. US$ (Nahrungsmittel 80.1 %, Textilien und Bekleidung 10.6 %, Schuhe 5.3 %, Maschinen 0.6 %, Getränke und Tabak 0.5 %)
Erwerbstätige nach Sektoren: Keine Angabe
Arbeitslosenquote: 13.4 %
CO_2-Emission/Kopf: 1.8 t

RÜCKBLICK

Corona-Pandemie: In Relation zu seiner Einwohnerzahl verzeichnete Cabo Verde 2020 und im ersten Halbjahr 2021 von allen westafrikanischen Staaten mit Abstand die **meisten COVID-19-Infektionen**. Während die Infektionswerte in den anderen Ländern der Region zu fast jedem Zeitpunkt deutlich unter dem globalen Durchschnitt lagen, lagen sie in Cabo Verde fast durchgängig deutlich darüber. Mit über 500 täglichen Neuinfektionen pro 1 Mio. Einwohnern waren die Wochen Ende April und Anfang März 2021 die ansteckungsreichsten. Das Land gehörte in diesem Zeitraum zu den am stärksten betroffenen Staaten der Welt.

Lockdown: Entsprechend der hohen Infektionszahlen verhängte die Regierung des Landes verschiedene **strenge Maßnahmen**, die aufgrund der Topografie als Inselgruppe beispielsweise Verordnungen zu einer Einstellung des Personenverkehrs zwischen den einzelnen Inseln beinhalteten. Cabo Verde gehörte im regionalen Vergleich zu den Ländern, die am längsten ihre Flug- und Seehäfen vollständig für den Personenverkehr geschlossen hielten. Auch im ersten Halbjahr 2021 war das Aktivitätsniveau im **Flugverkehr** noch deutlich unter der Ausgangslage vor der Pandemie. Am 30.04.2021 wurde wegen einer neuen COVID-19-Welle wieder ein landesweiter Ausnahmezustand ausgerufen.

Wirtschaft: Wegen der rigiden Mobilitätseinschränkungen und der gleichzeitigen hohen Abhängigkeit vom Tourismussektor wurde die Wirtschaft Cabo Verdes hart von der Pandemie getroffen. Das reale BIP-Wachstum brach um einen der höchsten Werte auf dem gesamten afrikanischen Kontinent ein, es kam zu einer **Schrumpfung** von 14 %. Es wurden verschiedene staatliche Unterstützungsprogramme initiiert, die laut Beobachtern jedoch nicht ausreichten, um die negativen sozioökonomischen Effekte abzufedern. Aufgrund dieser Mehrausgaben und den gleichzeitig schrumpfenden Einnahmen kam es 2020 zu einem deutlichen Anstieg der **Staatsverschuldung**, weswegen das Land als bereits in oder kurz vor einer Schuldenkrise stehend bewertet wird.

Parlamentswahlen: Am 18.04.2021 wurden Parlamentswahlen abgehalten. Dabei gelang es der regierenden Partei MpD trotz leichter Verluste, ihre absolute Mehrheit an Sitzen zu **verteidigen**. Trotz einer gestiegenen Wahlbeteiligung gelang es der größten Oppositionspartei PAICV nicht, ihr Ergebnis im Vergleich zur letzten Wahl wesentlich zu verbessern.

Ergebnis der Parlamentswahl (18.04.2021)
Regierung: Movimento para a Democracia (MpD)

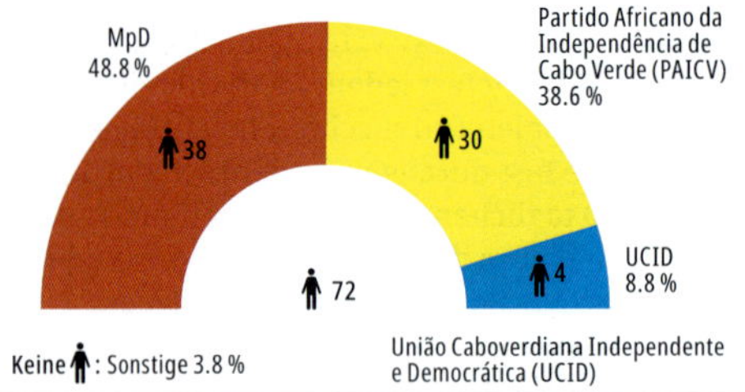

Chile

▸ 674

Ländername	Republik Chile
Zeitzonen	MEZ -4 h bis -5 h
Fläche in km²	756 102 (Rang 37)
Anzahl der Einwohner	19.1 Millionen (Rang 63)
Einwohnerzahl pro km²	25 (Rang 156)
Hauptstadt	Santiago de Chile
Amtssprache	Spanisch
Verwaltungsgliederung	16 Regionen
Wichtige Städte	Santiago de Chile, Puente Alto, Antofagasta, Viña del Mar, Valparaíso, San Bernardo
Autokennzeichen | ISO-Code	RCH | CHL
Währung	1 Chilenischer Peso = 100 Centavos
Nationalfeiertag	18. September (Unabhängigkeit 1810)

Chile erstreckt sich als schmaler Landstreifen zwischen dem Südpazifik und den Anden, zu seinem Hoheitsgebiet zählen mehrere Inseln im Pazifik. Von der extrem trockenen Wüste Atacama im Norden bis zu den Eisfeldern Patagoniens weist das Land eine Vielzahl landschaftlicher Kontraste auf. Die auf reichen Rohstoffvorkommen basierende Wirtschaft, die vom Aufschwung Chinas profitiert, zählte bisher zu den stabilsten Volkswirtschaften Südamerikas, die allerdings seit Ende 2019 durch Massenproteste stark geschwächt wird. Eine der Hauptforderungen wird nun eingelöst und eine neue Verfassung ausgearbeitet.

GEOGRAFIE

Geografische Lage: Von 17°30' bis 55°55' südlicher Breite sowie von 66°25' bis 75°43' westlicher Länge (Südamerika)
Höchster Punkt: Nevado Ojos del Salado 6893 m
Zugehöriges: Osterinsel
Klima: Im Norden Wüstenklima, in Mittelchile warmgemäßigt mit Winterregen, im Süden kühl und regenreich

POLITIK

Staatsform: Präsidiale Republik
Staatsoberhaupt und Regierungschef: Präsident Sebastián Piñera Echenique (seit 11.03.2018)
Regierungspartei: Chile Vamos (Allianz)
Legislative: Nationalkongress, bestehend aus Abgeordnetenkammer mit 155 für 4 Jahre gewählten Mitgliedern und Senat mit 43 für 8 Jahre gewählten Mitgliedern (alle 4 Jahre teilerneuert)
Jahr der Verfassung: 1981
Wahlrecht: 18 Jahre

BEVÖLKERUNG

Bevölkerungsanteil: <15 Jahre 19.2 %, 15–64 Jahre 68.5 %, >64 Jahre 12.3 %
Verteilung: Stadt 87.7 %, Land 12.3 %
Wachstum: 0.9 %
Lebenserwartung: Frauen 83 Jahre, Männer 78 Jahre
Alphabetenrate: Frauen 96.3 %, Männer 96.5 %
Bevölkerungsgruppen: Spanier, Mapuche, Aymara, Diaguita u. a.
Religionen: Christen, Sonstige
Sprachen: Spanisch, indigene Sprachen

WIRTSCHAFT

BIP: 252.76 Mrd. US$
Wachstum BIP: -5.8 %
BIP/Kopf: 12 990 US$
Inflation: 3 %
Außenhandel: Import 59.03 Mrd. US$ (Kfz und -Teile 12.1 %, Chemische Erzeugnisse 12 %, Maschinen 11.5 %, Nahrungsmittel 8.7 %, Elektronik 7.9 %), Export 71.73 Mrd. US$ (Rohstoffe außer Brennstoffe 37.2 %, Nahrungsmittel 22.8 %, Nichteisenmetalle 21.9 %, Chemische Erzeugnisse 5.4 %, Getränke und Tabak 2.9 %)
Erwerbstätige nach Sektoren: Landwirtschaft 8.8 %, Industrie 22 %, Dienstleistungen 69.2 %
Arbeitslosenquote: 11.5 %
CO_2-Emission/Kopf: 4.9 t

RÜCKBLICK

Verfassung: In einer Volksabstimmung sprachen sich am 25.10.2020 über 78.3 % der Wähler für die Ausarbeitung einer neuen Verfassung aus. 79 % der Abstimmenden votierten dafür, dass diese neue Verfassung durch eine eigens dafür geschaffene Verfassunggebende Versammlung erarbeitet werden soll. Diese soll aus 155 gewählten Delegierten bestehen, die sich jeweils zur Hälfte aus Männern und Frauen zusammensetzt und im April 2021 gewählt wurde. Die Beteiligung an der Abstimmung lag bei knapp 51 % der Wahlberechtigten.
Die 1980 unter der Militärdiktatur von Augusto Pinochet (1973–1990) eingeführte Verfassung ist seit Jahren umstritten. Sie gibt der Privatwirtschaft in vielen Bereichen eine übergeordnete Bedeutung, u. a. im Bildungssystem, im Gesundheitswesen und in der Altersvorsorge. Der Ruf nach einer neuen Verfassung war eine der Hauptforderungen der Massenproteste, die das Land ab Oktober 2019 erlebte und bei denen mindestens 30 Menschen zu Tode kamen. Regierung und Opposition hatten sich daraufhin im November 2019 auf die Einleitung eines verfassungsgebenden Prozesses geeinigt.
Die **Wahl zur Verfassunggebenden Versammlung** wurde coronabedingt vom 11.04.2021 auf den 15./16.05.2021 verschoben. 1369 Kandidaten bewarben sich um die 155 Sitze, darunter 95 Kandidaten für die 17 Sitze, die für Indigene reserviert waren. Dadurch wurden die 10 indigenen Gemeinschaften berücksichtigt, die 11 % der Gesamtbevölkerung ausmachen. Neben Kandidaten etablierter Parteien bewarben sich zahlreiche unabhängige Kandidaten, die teilweise auf eigenen Listen kandidierten. Die Unabhängigen gewannen bei der Wahl mit 48 der 155 Sitze den größten Anteil in der Verfassunggebenden Versammlung, gefolgt von 38 Sitzen der Regierungskoalition Vamos por Chile und 27 Sitzen der Parteienliste Apruebo Dignidad, u. a. mit den Parteien des Frente Amplio und der Kommunistischen Partei. Die regierende Rechte erhielt somit nur ein Viertel der Sitze und verfehlte die Sperrminorität von einem Drittel deutlich.
Das Verfassungskonvent soll in den nächsten 9 bis 12 Monaten eine neue Verfassung ausarbeiten, die anschließend mit einer Zwei-Drittel-Mehrheit dieses Gremiums verabschiedet werden und dann in einer erneuten Volksabstimmung den Wählern vorgelegt werden muss.

Kommunal- und Regionalwahlen: Gleichzeitig mit der Wahl der Verfassunggebenden Versammlung stand am 15./16.05.2021 die Wahl von 2613 kommunalen Mandaten (Bürgermeister und Stadträte)

und neuen Gouverneuren (Gobernadores) an. Erstmals in der Geschichte des Landes wurden die Gouverneure als regionale Exekutive direkt vom Volk gewählt. Zuvor wurden die regionalen Verwalter vom Staatspräsidenten als Intendanten eingesetzt. Die Gouverneure übernehmen deren Funktionen als Chefs der regionalen Verwaltung und Vorsitzende des Regionalrates. Sie sind verantwortlich für den Haushaltsplan sowie die entwicklungspolitischen Ziele ihrer jeweiligen Regionen. Erhält keiner der Kandidaten beim ersten Wahlgang einen Stimmenanteil von mindestens 40 %, folgt eine Stichwahl. Die bisherige Position der Intendanten wurde abgeschafft, dafür wird ein neues Amt eines regionalen Repräsentanten des Präsidenten geschaffen, der vom Präsidenten ernannt wird.
Wie bei der Wahl zur Verfassunggebenden Versammlung setzten sich bei den Gouverneurswahlen viele unabhängige Kandidaten durch, so bereits im ersten Wahlgang in den Regionen Valparaíso und Magallanes. 13 der 16 Positionen wurden erst bei der Stichwahl am 13.06.2021 entschieden.
Bei den Kommunalwahlen setzte sich die 30-jährige Iraćí Hassler von der Kommunistischen Partei als Bürgermeisterin der Hauptstadt Santiago durch. Mit 38.9 % der Stimmen schlug sie den amtierenden konservativen Bürgermeister Felipe Alessandri, der nur 35.3 % der Stimmen erhielt.

Kabinett: Präsident Sebastián Piñera führte am 28.07.2020 eine Kabinettsumbildung durch, bei der er 4 der 24 Ministerien neu besetzte. Es war die vierte Kabinettsumbildung seit Beginn seiner Amtszeit im März 2018, fast alle Ressorts wurden unter der Regierung Piñera mindestens einmal neu besetzt. Andrés Allamand übernahm das Außenministerium, Mario Desbordes das Verteidigungsministerium und Víctor Pérez das Innenministerium. Víctor Pérez trat bereits am 04.11.2020 von seinem Amt zurück. Er kam damit einer drohenden Amtsenthebung zuvor, mit der er politisch für den gewaltsamen Umgang mit Demonstranten verantwortlich gemacht werden sollte. Neuer Innenminister wurde Rodrigo Delgado. Es war der dritte Wechsel an der Spitze des Innenministeriums innerhalb eines Jahres.

Corona-Pandemie: Chile war bis Mitte 2020 trotz strengem Lockdown eines der weltweit am meisten von der Corona-Pandemie betroffenen Länder. Nach über 100 Tagen Quarantäne mit Ausgangssperren verkündete Präsident Piñera am 19.07.2020 mit dem Programm **Paso a Paso** den Übergang zur „neuen Normalität". Mit der schrittweisen Öffnung und der bei Bedarf erneuten Schließung einzelner Kommunen konnten die Neuinfektionen bis Ende 2020 auf unter 2000 Fälle am Tag gesenkt werden. Anfang 2021 stiegen die Fallzahlen wieder kontinuierlich an und erreichten Mitte April bis Mitte Juni über 8000 tägliche Neuinfektionen.
Chile bemühte sich frühzeitig und diversifiziert um die Beschaffung von **Impfstoffen**. Das Land bestellte jeweils 10 Mio. Dosen der Impfstoffe von Biontech/Pfizer und Sinovac sowie insgesamt weitere 30 Mio. Dosen von AstraZeneca, Johnson & Johnson und der COVAX-Initiative. Das Land einigte sich dabei mit den Herstellern auf ein Preisniveau in Abhängigkeit von der Wirksamkeit der Impfstoffe. Die ersten Lieferungen erreichten Chile am 24. und 31.12.2020. Nach dem von Präsident Piñera am 17.12.2020 verkündeten **Impfplan** wurde zunächst das Gesundheitspersonal in besonders betroffenen Regionen einschließlich der Hauptstadtregion geimpft. Ab dem 18.01.2021 folgten Menschen über 80 Jahre. Mitte Februar 2021 waren bereits 10 % der 19 Mio. Chilenen geimpft, bis Ende Juni waren es über 10 Mio. und damit 57 % der Bevölkerung. Damit lag das Land nicht nur im regionalen Vergleich weit vorne, sondern auch vor Deutschland und der EU. Chile profitierte bei seiner Impfkampagne von einem guten Netzwerk an medizinischen Einrichtungen wie Arztpraxen und Gesundheitszentren, die über das ganze Land verteilt sind. Zudem wurden Schulen, Sportstadien und öffentliche Plätze zu Impfstationen umfunktioniert.

Mapuche: Anfang August 2020 besetzten indigene Mapuche die Stadtverwaltung von Curacautín in der Provinz Araucanía. Als daraufhin Teile der lokalen Bevölkerung gegen die Besetzung protestierten, kam es zu Ausschreitungen, bei denen 48 Personen verhaftet wurden. Auslöser des Konfliktes war der Hungerstreik einiger inhaftierter Mapuche, die die Freilassung von politischen Häftlingen forderten. Unter den Streikenden befand sich der indigene Geistliche (Machi) Celestine Córdova, der 2014 wegen der Ermordung eines Agrarunternehmers und dessen Ehefrau zu 18 Jahren Haft verurteilt worden war. Am 18.08.2020 beendete Córdova nach 107 Tagen seinen Hungerstreik. Zuvor hatte er mit der Regierung ausgehandelt, an einer traditionellen Zeremonie seines Volkes teilnehmen zu dürfen.

Wirtschaft: Die Corona-Krise führte 2020 zu einem Wirtschaftseinbruch um 5.8 %. Bereits 2019 war die Wirtschaft infolge von Massenprotesten lediglich um 1.0 % gewachsen. Ende Mai 2020 hatte der IWF dem Land einen Bereitschaftskredit in Höhe von 23.93 Mrd. US$ und einer 24-monatigen Laufzeit bewilligt.

China

▸ 694

Ländername	Volksrepublik China
Zeitzone	MEZ +7 h
Fläche in km²	9 596 961 (Rang 4)
Anzahl der Einwohner	1.4 Milliarden (Rang 1)
Einwohnerzahl pro km²	147 (Rang 59)
Hauptstadt	Peking
Amtssprache	Hochchinesisch (Mandarin)
Verwaltungsgliederung	22 Provinzen, 5 autonome Regionen, 4 Städte und 2 Sonderverwaltungsgebiete
Wichtige Städte	Shanghai, Peking, Guangzhou, Shenzhen, Tianjin, Chengdu, Wuhan, Dongguan, Hongkong, Chongqing, Hangzhou, Nanjing, Shenyang, Xi'an
Autokennzeichen | ISO-Code	CHN | CHN
Währung	1 Yuan (Renminbi) = 10 Jiao = 100 Fen
Nationalfeiertag	1. Oktober (Ausrufung der Republik 1949)

Mit seinen 1.4 Milliarden Einwohnern ist China der bevölkerungsreichste Staat der Erde. Im Osten wird er von einer 14 000 km langen Meeresküste, im Westen und Süden durch gewaltige Gebirge sowie ausgedehnte Steppen und Hochebenen begrenzt. Trotz seiner wechselvollen Geschichte hat sich China vom ersten Kaiserreich bis zur heutigen Volksrepublik eine starke staatliche Tradition bewahrt. Das straff organisierte Land erlebte in den letzten Jahren einen beispiellosen Wirtschaftsboom. Damit stieg das totalitäre kommunistische Regime zu einem globalen ökonomischen Machtfaktor auf.

GEOGRAFIE

Geografische Lage: Von 18°10' bis 53°34' nördlicher Breite sowie von 73°36' bis 134°46' östlicher Länge (Ostasien)
Höchster Punkt: Mount Everest 8848 m
Klima: Überwiegend winterkaltes gemäßigtes Klima, im Süden randtropisches Monsunklima

POLITIK

Staatsform: Volksrepublik
Staatsoberhaupt: Präsident Xi Jinping (seit 14.03.2013)
Regierungschef: Ministerpräsident Li Keqiang (seit 15.03.2013)
Regierungspartei: Kommunistische Partei China
Legislative: Nationaler Volkskongress mit 2980 für 5 Jahre gewählten Mitgliedern
Jahr der Verfassung: 1982
Wahlrecht: 18 Jahre

BEVÖLKERUNG

Bevölkerungsanteil: <15 Jahre 17.7 %, 15–64 Jahre 70.3 %, >64 Jahre 12 %
Verteilung: Stadt 61.4 %, Land 38.6 %
Wachstum: 0.3 %
Lebenserwartung: Frauen 79 Jahre, Männer 75 Jahre
Alphabetenrate: Frauen 95.2 %, Männer 98.5 %
Bevölkerungsgruppen: Han-Chinesen, Zhuang u. a.
Religionen: Buddhisten, Christen, Muslime, Ethnische
Sprachen: Chinesisch, Minderheitensprachen

WIRTSCHAFT

BIP: 14.72 Bio. US$
Wachstum BIP: 2.3 %
BIP/Kopf: 10 484 US$
Inflation: 2.4 %
Außenhandel: Import 2.06 Bio. US$ (Elektronik 24.5 %, Rohstoffe außer Brennstoffe 14.3 %, Chemische Erzeugnisse 10.4 %, Erdöl 8.6 %, Maschinen 6.8 %), Export 2.59 Bio. US$ (Elektronik 26.3 %, Textilien und Bekleidung 11.4 %, Elektrotechnik 9.4 %, Maschinen 8.7 %, Chemische Erzeugnisse 6.5 %)
Erwerbstätige nach Sektoren: Landwirtschaft 24.7 %, Industrie 28.2 %, Dienstleistungen 47.1 %
Arbeitslosenquote: 5.2 %
CO_2-Emission/Kopf: 8.1 t

VERWALTUNGSGLIEDERUNG

Verwaltungseinheit	Fläche in km²	Einwohner	Hauptstadt
Anhui	139 900	61 Mio.	Hefei
Autonomes Uigurisches Gebiet | Xinjiang	1 646 900	25.9 Mio.	Ürümqi
Beijing	16 800	21.9 Mio.	Peking
Chongqing	82 000	32.1 Mio.	Chongqing
Fujian	123 100	41.5 Mio.	Fuzhou

Verwaltungseinheit	Fläche in km²	Einwohner	Hauptstadt
Gansu	366 500	25 Mio.	Lanzhou
Guangdong	197 100	126 Mio.	Guangzhou
Guangxi	220 400	50.1 Mio.	Nanning
Guizhou	174 000	38.6 Mio.	Guiyang
Hainan	34 300	10.1 Mio.	Haihkou
Hebei	202 700	74.6 Mio.	Shijiazhuang
Heilongjiang	463 600	31.9 Mio.	Harbin
Henan	167 000	99.4 Mio.	Zhengzou
Hongkong	1108	7.5 Mio.	Hongkong
Hubei	187 500	57.8 Mio.	Wuhan
Hunan	210 500	66.4 Mio.	Changsha
Innere Mongolei | Nei Mongol	1 177 500	24 Mio.	Hohhot
Jiangsu	102 600	84.7 Mio.	Nanjing
Jiangxi	164 800	45.2 Mio.	Nanchang
Jilin	187 000	24.1 Mio.	Changchun
Liaoning	151 000	42.6 Mio.	Shenyang
Macau	30	683 100	Macau
Ningxia	66 400	7.2 Mio.	Yinchuan
Qinghai	721 000	5.9 Mio.	Xining
Shaanxi	195 900	39.5 Mio.	Xi'an
Shandong	153 300	101.5 Mio.	Jinan
Shanghai	6200	24.9 Mio.	Shanghai
Shanxi	157 100	34.9 Mio.	Taiyuan
Sichuan	487 000	83.7 Mio.	Chengdu
Tianjin	11 300	13.9 Mio.	Tianjin
Tibet | Xizang	1 221 600	3.6 Mio.	Lhasa
Yunnan	436 200	47.2 Mio.	Kunming
Zhejiang	101 800	64.6 Mio.	Hangzhou

RÜCKBLICK

Corona-Pandemie: China scheint die Ausbreitung des Coronavirus erfolgreich eingedämmt zu haben und die Regierung Chinas wertet dies als großen Erfolg ihres Krisenmanagements. Zumindest lassen die übermittelten Daten darauf schließen. Am 01.06.2020 lag die Zahl der Corona-Fälle in China bei 84 629 (in Deutschland bei 183 979), und es wurden 4645 Todesfälle gemeldet (in Deutschland 2497 Fälle). In den darauffolgenden Monaten gab es immer wieder Meldungen über lokale Ausbrüche, doch wurden seitens der chinesischen Behörden sofort drastische Maßnahmen ergriffen: ganze Städte, Dörfer oder Wohnviertel wurden abgeriegelt und alle Bewohner getestet und unter Quarantäne gestellt. Außerdem hat das Land ein Überwachungssystem geschaffen, das dazu beiträgt, dass Corona-Fälle schnell entdeckt und alle Kontaktpersonen schnell ausfindig gemacht und in Quarantäne genommen werden können. Reisen nach China sind durch die rigiden Einreisebestimmungen nur bedingt möglich, denn China versucht, sich nach außen weitgehend abzuschotten. Dadurch sind die Zahlen in China im weltweiten Vergleich nur gering gestiegen. Zum Zeitpunkt 31.05.2021 lag die Zahl der an Corona Erkrankten bei 102 991 (in Deutschland laut RKI bei 3.68 Mio. Fällen) und durch Corona gestorben sind 4846 Menschen (in Deutschland waren es 88 442). Bis 31.05.2021 wurden in China 388.3 Mio. Impfungen durchgeführt.
Chinesische Pharmaunternehmen haben schon früh mit Hochdruck an der **Entwicklung von Impfstoffen** gearbeitet. Im Juli 2020 wurden die ersten Dosen in China verimpft, insbesondere an Militärangehörige, Klinik- und Pflegepersonal sowie Angestellte von Staatskonzernen, obwohl die Impfstoffe noch nicht die finale klinische Testphase durchlaufen hatten. Aufgrund der umfassenden strikten Maßnahmen nach dem Auftreten von Corona-Fällen, herrschte chinaweit nur eine geringe Infektionsrate und kein dringender Bedarf, den Impfstoff im eigenen Land weiter einzusetzen. Daher verhandelte China mit anderen Ländern, in denen chinesische Impfstoffe getestet und angewandt werden sollten, dazu gehörten Brasilien, Indonesien, Malaysia und die Türkei. Auch weitere Länder, die sich von der weltweiten Impfstoffverteilung benachteiligt fühlten, wurden von China beliefert.
Am 28.01.2021 durfte eine **internationale Expertengruppe der WHO** endlich in der Stadt Wuhan ihre Arbeit aufnehmen. Bereits im Mai 2020 war eine Untersuchung nach dem Ursprung des Coronavirus unter Leitung der WHO beschlossen worden. China hatte daraufhin die Einreise eines internationalen Expertenteams immer wieder hinausgezögert. Das Programm der ersten WHO-Mission wurde durch die chinesischen Behörden streng reglementiert und der freie Zugang zu Forschungen und Daten war nur eingeschränkt möglich. Der mit Spannung erwartete Abschlussbericht des Teams spricht von einer großen Wahrscheinlichkeit, dass **das Virus aus der Tierwelt auf den Menschen übertragen** wurde. Als mögliche Zwischenwirte kämen Fledermäuse oder Schuppentiere in Betracht, aber auch Nerze oder Katzen seien als Überträger des Virus denkbar.
Der Verdacht, dass das Virus aus einem der **drei Forschungslabore in Wuhan** entwichen sein könnte, und sich vielleicht durch erkrankte Mitarbeiter verbreitete, hat sich laut des Expertenteams nicht bestätigt und wird als sehr unwahrscheinlich angenommen. Behauptungen, dass die Wissenschaftler auf Druck chinesischer Behörden zu diesem Schluss gekommen seien, wies der Leiter der WHO-Expertengruppe Peter Ben Embarek zurück. Auch eine absichtliche

Herstellung des Coronavirus könne aufgrund der analysierten Genome ausgeschlossen werden.
China besteht darauf, dass auch in anderen Ländern nach einem möglichen **Ursprung des Virus** gesucht werden müsse. Nach einer von der chinesischen Regierung propagierten These, könne das Virus auch über tiefgefrorene Lebensmittel aus dem Ausland nach China eingeschleppt worden sein. Tatsächlich waren Coronaviren auf einigen Importprodukten gefunden worden. Doch wurde diese Behauptung von Wissenschaftlern als höchst unwahrscheinlich zurückgewiesen.
Am 07.05.2021 erteilte die WHO erstmals einem **chinesischen Corona-Impfstoff des Pharmaunternehmens Sinopharm eine Notfallzulassung.** Das sollte die weltweite Impfkampagne voranbringen, denn damit können UN-Organisationen das Mittel kaufen und an ärmere Länder verteilen. Darüber hinaus wird erwartet, dass China sein im Februar 2021 gegebenes Versprechen einlöst und 10 Mio. Impfdosen an das internationale Impfstoffprogramm COVAX liefert. Wie die meisten Impfstoffhersteller lässt Sinopharm nichts über Preise verlauten. Ein **zweiter chinesischer Impfstoff der Firma Sinovac Life Scienes** wird derzeit noch von der WHO geprüft. Auch die Europäische Arzneimittelagentur EMA hat seit Anfang Mai 2021 ein beschleunigtes Zulassungsverfahren für den Sinovac-Impfstoff eingeleitet.
Bisher hat sich die chinesische Regierung geweigert, ausländische Impfstoffe in China zuzulassen. Im Mai 2021 wurde bekannt, dass das deutsche Pharmaunternehmen Biontech zusammen mit dem chinesischen Pharmakonzern Shanghai Fosun Pharmaceuticals ein Joint Venture bilden möchte. Geplant ist, den mRNA-basierten COVID-19-Impfstoff in China herzustellen, dafür gibt das Mainzer Unternehmen Biontech auch sein Know-how an den chinesischen Partner Fosun weiter.

Nationaler Volkskongress NVK: Zur Eröffnung des NVK präsentierte Ministerpräsident Li Keqiang am 05.03.2021 vor annähernd 3000 Delegierten seinen Regierungsbericht. Darin erklärte er, dass China sich einer Reihe von Herausforderungen stellen müsse, darunter den vielen durch die Corona-Pandemie verursachten Problemen. Li verkündete für 2021, trotz der weltweit unsicheren Wirschaftslage als Folge der Corona-Pandemie, einen Anstieg des **Bruttoinlandsprodukts (BIP) von mehr als 6 %.** China konnte 2020 im Gegensatz zu anderen großen Volkswirtschaften eine **Steigerung der Wirtschaftsleistung um 2.3 %** (das BIP in Deutschland sank 2020 auf -5 %) erzielen.
In 2020 wurden in den Städten 11.86 Mio. neue Arbeitsplätze geschaffen und die **Arbeitslosenquote lag bei 5.2 %.** Für 2021 ist mit einem Zuwachs der Arbeitslosenzahlen zu rechnen, doch Li verspricht eine stabile Beschäftigungslage in den Städten, die Schaffung von 11 Mio. neuen Arbeitsplätzen und die Arbeitslosigkeit bei einer Quote von 5.5 % zu halten. China hat es 2020 geschafft, die noch verbliebenen **5.51 Mio. verarmten Landbewohner aus der absoluten Armut** zu holen. Es war ein erklärtes Ziel der kommunistischen Partei, vor den Feiern ihres 100-jährigen Bestehens 2021, das Land aus der absoluten Armut zu führen.
Li betonte in seiner Rede, dass China keine **Einmischung des Auslands in die internen Angelegenheiten Hongkongs und Macaus** zulasse. Gleichzeitig werde seine Regierung die korrekte Umsetzung des Prinzips von „ein Land, zwei Systeme" in Hongkong gewährleisten und der Sonderverwaltungszone ein hohes Maß an Autonomie zusichern. Das **Wahlsystem Hongkongs** müsse reformiert werden, um zu verhindern, dass ausländische Kräfte Einfluss nehmen.
Li kündigte eine **Modernisierung der Volksarmee** an, um ihre Kampfbereitschaft zu erhöhen, und um auf Bedrohungen von außen besser reagieren zu können. Laut Li werden die Ausgaben für Verteidigung in diesem Jahr um 6.8 % (6.6 % in 2020) steigen auf 1.355 Mrd. CN¥. Damit liegt China weltweit auf Platz 2 hinter der USA.
Die Bemühungen zur **Eindämmung und Kontrolle der Corona-Pandemie** dürfen laut Li nicht nachlassen und es seien immer noch Maßnahmen nötig, um das Auftreten von Cluster-Ausbrüchen zu verhindern, und die Regierung werde der chinesischen Bevölkerung kostenlose Impfungen bereitstellen. Auch international habe China 2020 einen Beitrag zur Corona-Bekämpfung geleistet mit der Lieferung von 220 Mrd. Masken, 2.3 Mrd. Schutzausrüstungen und einer Milliarde Testkits.
Im **14. Fünfjahresplan für 2021–2025** wird ein ehrgeiziges Ziel formuliert. Die chinesische Regierung will mehr in **Forschung und Entwicklung (F&E)** investieren. Ein Hauptaugenmerk liegt auf der Grundlagenforschung als Basis des wissenschaftlichen und technologischen Fortschritts. Dazu werde ein 10-Jahres-Aktionsplan formuliert, der die Unabhängigkeit von ausländischem Expertenwissen ermöglichen soll. Dafür hat die Regierung für 2021 eine Anhebung des Budgets für die Grundlagenforschung um 10.6 % beschlossen. Außerdem werden Investitionen in F&E in den nächsten 5 Jahren mit einer jährlichen Rate von mindestens 7 % wachsen.

Sozialpolitik: Ende 2020 wurde in China eine aufwendige Volksbefragung durchgeführt (die letzte erfolgte 2010), um Daten zu Personen und Haushalten zu sammeln, darunter Informationen zu Alter, Erziehung, Arbeit, Migration und Familienstand. Die Volkszählung ergab einen Anstieg der Bevölkerung auf 1.412 Mrd. in 2020 (in 2010 1.34 Mrd.), doch ist die Geburtenrate weiterhin rückläufig. 2020 wurden laut Zahlen des Nationalen Statistikamtes 12 Mio. Kinder geboren, im Vergleich zu 2019 mit 14.65 Mio. ein Rückgang von 22 %. Damit hat China **die niedrigste Geburtenrate seit fast 70 Jahren**. Das macht deutlich, dass die 2016 eingeführte 2-Kind-Politik nicht den gewünschten Effekt hat. Auch die Bekanntgabe der Regierung im Mai 2021, dass Ehepaare auch ein 3. Kind haben dürfen, wird aus drei Gründen nicht viel ändern: 1. Der als Folge der 1-Kind-Politik entstandende Männerüberschuss trägt zu der sinkenden Geburtenrate bei. Im Jahr 2020 gab es auf die Bevölkerung insgesamt gesehen 34.9 Mio. mehr Männer als Frauen. 2. Zudem steigt die Zahl von jungen Frauen, die hochgebildet, wirtschaftlich unabhängig und unverheiratet sind. Was früher in der chinesischen Gesellschaft als Stigma galt, wird immer mehr akzeptiert. 3. Außerdem gibt es klare finanzielle Gründe für Ehepaare, sich nur für ein Kind zu entscheiden. Sie scheuen die hohen Mietpreise und die Kosten für das Aufziehen und die Ausbildung eines weiteren Kindes. Angesichts der sinkenden Geburtenrate und gleichzeitig steigender Lebenserwartung überlegt die chinesische Regierung, das Rentenalter zu erhöhen. Bisher gehen Männer mit 60 und Frauen mit 55 Jahren in Rente. Prognosen chinesischer Demografen zufolge wird Chinas Bevölkerung noch vor 2030 stetig abnehmen – mit negativen Folgen für den Arbeitsmarkt und das Rentensystem.

China hat eine der **höchsten Scheidungsraten** weltweit. Um dieser Entwicklung entgegenzuwirken, aber auch mit Blick auf die sinkenden Geburtenraten, hat die chinesische Regierung ein Gesetz erlassen, das zusammen mit dem neuen Zivilgesetzbuch ab dem 01.01.2021 in Kraft getreten ist. Danach sollen Ehepaare, die sich zu einer Scheidung entschlossen haben, nach einer Bedenkzeit von einem Monat, ihre Entscheidung noch einmal bestätigen. Das soll verhindern, dass sie sich zu übereilt und impulsiv entscheiden. Laut Angaben des Ministry of Civil Affairs (MCA) wurden 296 000 Scheidungen im 1. Quartal 2021 registriert, ein Rückgang von ca. 72 % zum 4. Quartal 2020 (1.06 Mio registrierte Scheidungen).

Wirtschaft: Chinas Bruttoinlandsprodukt (BIP) erreichte im Jahr 2020 mit rund 101.6 Bio. CN¥ einen neuen Rekordwert. Damit hat sich die Wirtschaftsleistung der VR China innerhalb von zehn Jahren nahezu verdreifacht.

Die chinesische Wirtschaft wird sich dieses Jahr auf eine schwächere Inlandsnachfrage einstellen

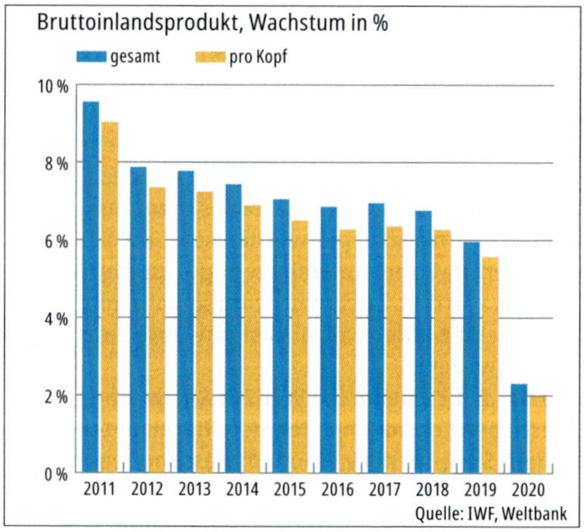

müssen. Auch Klein- und Mittelständische Unternehmen, das Rückgrat der chinesischen Wirtschaft, werden mit erheblichen finanziellen Schwierigkeiten zu kämpfen haben und Li Keqiang hatte in seiner Regierungserklärung von den Geschäftsbanken gefordert, die Kreditvergabe an die Privatwirtschaft um 30 % zu steigern. Darüber hinaus werde die Politik der systematischen Steuer- und Abgabensenkungen fortgesetzt und zeitlich begrenzte Maßnahmen, wie z. B. Erleichterungen bei Umsatz- und Einkommenssteuer verlängert.

Anfang November 2020 hatten die Behörden den geplanten **Börsengang der Alibaba-Finanztochter Ant Group** mit Verweis auf neue Regeln gestoppt. Es hätte der größte Börsengang aller Zeiten werden sollen. Auch an anderer Front geriet Alibaba ins Kreuzfeuer, das sich nun wegen angeblicher Monopolvergehen vor der chinesischen Kartellbehörde verantworten muss.

Antikorruption: Im Januar 2021 erklärte Staatspräsident Xi Jinping, dass im Kampf gegen Korruption zwar historische Erfolge erzielt wurden, die Situation aber weiterhin schwierig bleibe.

In 2020 wurde laut einem **Abschlussbericht der Zentralen Disziplinarkommission Chinas (CCDI)** gegen 24 führende Beamte und Parteimitglieder ermittelt. Außerdem wurden 618 000 Korruptionsfälle untersucht, die zu einer Bestrafung von 604 000 Personen geführt haben. Auch wurden 1421 der Korruption verdächtigte Flüchtige nach China zurückgebracht und 2.95 Mrd. CN¥ (rund 380 Mio. €) aus illegalen Transaktionen in 2020 sichergestellt.

Im September 2020 wurde **Ren Zhiqiang** wegen Korruption, Veruntreuung und Machtmissbrauch zu 18 Jahren Haft verurteilt, alles Straftaten, die er während seiner Tätigkeit als Manager und später als Vorstand eines staatlichen Immobilienkonzerns begangen haben soll. Das ihm zur Last gelegte korrupte Verhalten gilt als vorgeschoben, denn Ren ist zwar Mitglied, aber auch prominenter und scharfer Kritiker der KP Chinas.

Pressearbeit und Medien: In 2020 wurde die Arbeit von chinesischen Journalisten, Bloggern und Bürgerjournalisten streng nach den Maßgaben der Kommunistischen Partei unter Staats- und Parteichef Xi Jinping zentral gesteuert und kontrolliert. Gemäß der Organisation Reporter ohne Grenzen befinden sich derzeit 73 Journalisten in chinesischen Gefängnissen, darunter viele, die für Presseorgane in der Provinz Xinjiang gearbeitet haben.
Auch **ausländische Journalisten und Korrespondenten** können nur eingeschränkt und unter ständiger Kontrolle der Sicherheitsbehörden in China arbeiten. China versucht zunehmend, im Ausland durch eigene Medienagenturen Einfluss zu erlangen. Diese Entwicklung wird immer mehr, auch in den USA und Europa, wahrgenommen. So wurde im Februar 2021 dem englischsprachigen Fernsehsender China Global Television Network (CGTN) durch die englische Medienaufsichtsbehörde Ofcom die Sendelizenz entzogen. Vorausgegangen waren Vorwürfe gegen den Nachrichtenkanal, dass er in seiner redaktionellen Arbeit letztendlich von der KP China kontrolliert werde. Dies ist nach britischem Recht unzulässig. Außerdem untersucht Ofcam angebliche Verstöße des chinesischen Senders gegen journalistische Prinzipien der Unparteilichkeit, Respekt der Privatsphäre und Richtigkeit der Berichterstattung. Speziell geht es dabei auch um erzwungene Geständnisse, die als Interviews getarnt, medienwirksam in Szene gesetzt werden. Die Reaktion der chinesischen Regierung auf den Entzug der Sendegenehmigung durch Ofcam war prompt und sie erhob ihrerseits schwere Vorwürfe gegen die BBC, Falschnachrichten über die Situation in Hongkong, in der autonomen Provinz Xinjiang oder allgemein über die Corona-Lage in China zu verbreiten.

Klima- und Umweltpolitik: Chinas Nationale Energiebehörde (NEA) hat einen **Höchstwert bei der Installation neuer Windkraftanlagen für 2020** gemeldet mit einer Leistung von rund 71.7 Gigawatt. Das war gut ein Viertel der neu hinzugekommenen Windkraftleistung auf der Welt (rund 278 Gigawatt). Schubwirkung für diesen ungewöhnlichen Kapazitätszuwachs in China von fast einem Drittel zu 2019 dürfte auch die geplante Kürzung der staatlichen Subventionen um rund 25 % sein. Neue Windkraftprojekte an Land erhalten 2021 zudem keine subventionierten Einspeistarife mehr. Trotzdem bleibt China auch 2021 nach Prognosen der Internationalen Energieagentur (IEA) weiterhin führend auf diesem Sektor. Auch der Neubau von Solaranlagen wird in China stark subventioniert und vorangetrieben. China ist hier ebenfalls weltweit Spitzenreiter. Für 2021 wurden die Fördermittel um mehr als das Doppelte angehoben. Damit sollen aber nicht nur Betreiber von Solaranlagen unterstützt werden, sondern auch Solarenergieprojekte, insbesondere in der Inneren Mongolei.
Obwohl in erneuerbare Energien 2020 in China beträchtlich investiert wurde, nur noch übertroffen von der EU, reichen die Wind- und Solarkapazitäten nicht aus, um annähernd den chinesischen Strombedarf zu decken. Weiterhin sind Kohle, Erdöl und Gas die Hauptenergieträger und machen 72 % der Stromerzeugung aus. Doch Chinas erklärtes Ziel ist es, dass nach 2030 die CO_2-Emissionen nicht mehr weiter ansteigen und bis 2060 Kimaneutralität zu erreichen. Zur Erfüllung dieser ehrgeizigen Klimaziele soll auch die Atomenergie vermehrt genutzt werden; für die nächsten Jahre sind 19 Atomkraftwerke geplant.

Raumfahrt: China arbeitet seit Jahren an einem ambitionierten Weltraumprogramm. Das größte Projekt ist der **Bau der eigenen Raumstation Tiangong (Himmelspalast)**, die bis 2022 fertiggestellt werden soll. Nachdem eine Beteiligung Chinas an der internationalen Raumfahrtmission ISS am Veto der USA scheiterte, wird das Prestigeprojekt seit Jahren mit Hochdruck vorangetrieben. Am 29.04.2021 brachte eine Trägerrakete das Hauptmodul Tianhe (himmlische Harmonie) erfolgreich in seine Umlaufbahn. Schon in den nächsten Monaten sollen Fracht- und Versorgungsflüge zur Fertigstellung der Raumstation erfolgen. China wird diese Raumstation ohne internationale Beteiligung betreiben, doch es sind Kooperationen bei wissenschaftlichen Experimenten u. a. mit dem deutschen Max-Planck-Institut angedacht.
Bereits im Dezember 2020 war es chinesischen Raumfahrttechnikern gelungen, mittels einer Rückkehrkapsel rund **1.8 kg Mondgestein zur Erde zu bringen**. Damit ist China neben den USA und der ehemaligen Sowjetunion die dritte Nation, der dies gelungen ist. Anhand der Bodenproben erhoffen sich Wissenschaftler neue Erkenntnisse über die vulkanische Aktivität und die Geschichte des Mondes.
Die **Marsmission der chinesischen Raumfahrtbehörde** war ebenfalls erfolgreich. Am 16.05.2021 setzte das Landemodul einer Raumsonde auf der Oberfläche des Roten Planeten auf. An Bord befand sich der

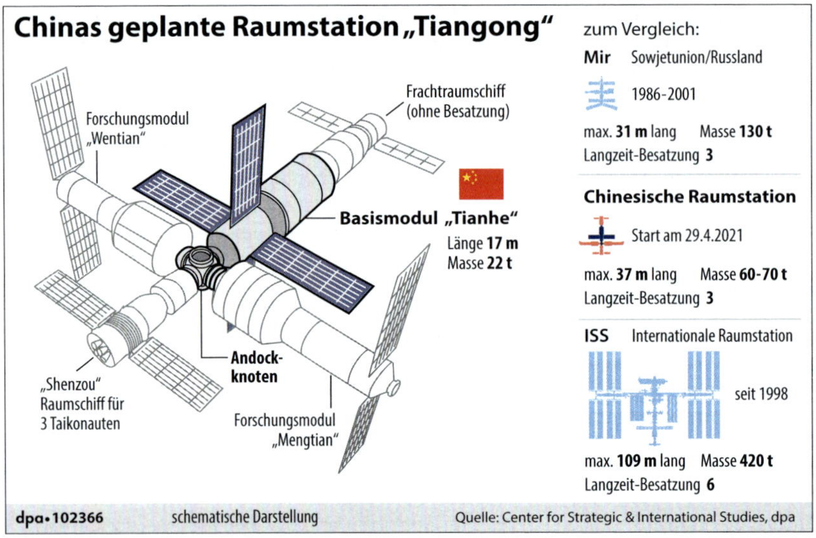

Rover Zhurong, der Untersuchungen zur Beschaffenheit des Erdreichs und des Oberflächenklimas auf dem Mars durchführen soll.

Xinjiang: In der Provinz Xinjiang wird laut Berichten von internationalen Medien und Menschenrechtsorganisationen die muslimische Minderheit der Uiguren systematisch unterdrückt und in Umerziehungslager geschickt. Laut der Organisation Human Rights Watch werden eine Mio. Uiguren in Lagern festgehalten. Dort müssen sie die chinesische Hochsprache lernen und ihrem Glauben abschwören. Auch gibt es Hinweise auf Zwangssterilisationen und Geburtenverhinderung. Das sind Maßnahmen, die laut UN-Konvention unter Strafe stehen, wenn sie mit der Absicht durchgeführt werden, eine ethnische Gruppe ganz oder teilweise zu zerstören. Die Parlamente von Kanada, Großbritannien und den Niederlanden haben das Vorgehen Chinas klar als Völkermord bezeichnet.
China hält dagegen, dass es sich bei den Lagern um Ausbildungs- und Trainingscamps handele, was durch Filmreportagen aus diesen Lagern bewiesen werden soll. Außerdem sehe die chinesische Regierung genau wie der Westen, ihr Handeln im Kampf gegen Terrorismus legitimiert und will der Gefahr, die von uigurischen bewaffneten Kämpfern ausgehe, entgegentreten.

Außenhandel: Auch 2020 hat China trotz der Corona-Krise seine Position als **weltweit größter Exporteur von Waren** mit einem Anteil von 16.1 % (2.233 Mrd. €) noch ausbauen können, gefolgt von der EU (2.132 Mrd. €, 15.4 %), und den USA (1.468 Mrd. €, 10.6 %) und Japan (630 Mrd. €, 4.6 %). China lag 2020 auf Platz drei der weltweit größten Importeure (1.857 Mrd. €, 13.1 %), nur übertroffen von den USA (2.293 Mrd. €, 16.1 %) und der EU (1.940 Mrd. €, 13.7 %). In 2020 wurden die USA als bisher wichtigster Handelspartner der **Europäischen Union** von China abgelöst. Dabei profitierten die EU-Staaten von der wiedererstarkten Wirtschaftskraft in China im 2. Halbjahr 2020 und einer dadurch wieder steigenden Nachfrage, insbesondere nach Kraftwagen sowie Geräten aus den Bereichen Elektro-, Mess- und Regeltechnik. Deutschland profitierte von dieser Entwicklung und ist unter den EU-Ländern der größte Exporteur von Waren nach China mit einem Handelsvolumen von 96.4 Mrd. € (16.8 % der außereuropäischen Exporte Deutschlands). Die Anteile der anderen EU-Staaten bei den Warenexporten nach China sind weitaus geringer, an zweiter Stelle liegt Frankreich mit 17.4 Mrd. €, gefolgt von den Niederlanden mit 15.6 Mrd. €. Bei der Einfuhr von Gütern aus China in die EU führen die Niederlande die Länderliste an, mit einem Handelsvolumen von 91 Mrd. €. An zweiter Stelle liegt Deutschland mit einem Warenwert von 82 Mrd. €. Damit kommt rund ein Fünftel (21.7 %) aller außereuropäischen Importe Deutschlands aus China. Die größten Anteile an den aus China importierten Gütern lagen in den Bereichen Telekommunikation, Elektronik und Bekleidung. Es herrschte 2020 auch coronabedingt eine starke Nachfrage nach medizinischer Ausrüstung (u. a. Masken, Selbsttests, Schutzkleidung).
Das **EU-China Investitionsabkommen CAI** (Comprehensive Agreement on Investment), das am 30.12.2020 nach jahrelangen Verhandlungen beschlossen wurde, sollte schwerpunktmäßig Verbesserungen in den Bereichen Marktzugang, Angleichung der Wettbewerbsbedingungen und Nachhaltigkeit (Umwelt- und Arbeitsstandards) schaffen. China profitiert von den offenen Märkten in der EU. Gleichzeitig aber haben europäische Unternehmen in China immer noch mit ungleichen Wettbewerbsbedingungen (Joint-Venture-Zwang in einzelnen Branchen, teilweise nur Minderheitsbeteiligungen etc.) im Vergleich zu chinesischen

Unternehmen zu kämpfen. Ein weiteres zentrales Problem ist ein durch rechtliche Vorschriften und spezielle Praktiken erzwungener Technologietransfer. Ob das Investitionsabkommen tatsächlich in diesen Punkten Abhilfe schaffen kann, wird von Unternehmen, Verbänden und politischen Parteien eher kritisch gesehen. Im Mai 2021 wurde das Abkommen aufgrund der **Sanktionen Chinas gegen einzelne EU-Parlamentarier und die Parlamentskommission für Menschenrechte** entsprechend eines Beschlusses des Europäischen Parlamentes erst einmal ausgesetzt. Vorausgegangen waren Sanktionen der EU-Mitgliedstaaten im März gegen vier chinesische Funktionäre und eine chinesische Institution wegen Unterdrückung und Ausbeutung der muslimischen Minderheit der Uiguren in China.
Nach acht Jahren Verhandlungen wurde am 15.11.2020 **das größte Freihandelsabkommen der Welt RCEP** (Regional Comprehensive Economic Partnership) anlässlich des Gipfeltreffens der 10 ASEAN-Staaten (Brunei, Indonesien, Kambodscha, Laos, Malaysia, Myanmar, Philippinen, Singapur, Thailand, Vietnam) unterschrieben. Zu den Unterzeichnerstaaten des Vertrages gehören neben dem ASEAN-Staatenbund deren Dialogpartner China, Japan, Südkorea sowie Australien und Neuseeland. Indien als weiterer Dialogpartner hatte von Anfang an mit verhandelt, war aber Ende 2019 aus den Verhandlungen ausgestiegen, vor allem, weil es mit dem geforderten Zollabbau eine Überflutung des Marktes mit chinesischen Waren befürchtete.

Außenpolitik: Das **politsche Verhältnis zwischen den USA und China** ereichte Mitte 2020 unter der Regierung Donald Trump einen Tiefststand. Doch auch der neue Präsident Joe Biden, seit 20.01.2021 im Amt, will gegenüber China Stärke demonstrieren. Dabei setzt er, anders als sein Vorgänger, auf die Bündnispartner in Europa und Asien. Bei den ersten bilateralen Gesprächen hat die Regierung Biden die alten Konfliktthemen aufgegriffen und erneut Kritik geäußert bezüglich unfairer wirtschaftlicher Praktiken seitens China, widerrechtliche Einflussnahme in Hongkong, Menschenrechtsverletzungen und Provokationen im Südchinesischen Meer durch die chinesische Marine. Hauptstreitpunkt bleibt weiterhin der seit 2018 schwelende Handelskonflikt. Präsident Trumps Versuche, das Handelsdefizit mit China zu senken, auch durch hohe Strafzölle auf alle Importe aus China, hatten keinen Erfolg, es war 2020 noch größer als in den Jahren zuvor. Der Handelsstreit wird noch prekärer durch eine Verfügung Bidens, wonach US-Amerikanern untersagt werden soll, mit chinesischen Firmen Geschäfte zu machen, die nachweislich Überwachungstechnologie herstellen, die zu Menschenrechtsverletzungen beitragen. Dazu gehört der chinesische Netzwerk-Ausrüster und Smartphone-Anbieter Huawei.

Südchinesisches Meer: Das Territorium ist ein umkämpftes Gebiet mit großer strategischer Bedeutung, denn neben vermuteter Energieressourcen und Fischvorkommen befinden sich hier einige der international wichtigsten Schifffahrtsrouten. China erhebt aufgrund angeblich historischer Rechte Anspruch auf beinahe das ganze Seegebiet. Um diesem Nachdruck zu verleihen, hat die Regierung in den letzten Jahren einige Riffe zu künstlichen Inseln aufgeschüttet und darauf Militärbasen errichtet. Dadurch ist nun eine fast vollkommene Überwachung des Seegebiets möglich. Die Anrainerstaaten Vietnam, Malaysia, Indonesien, Philippinen und Taiwan machen jedoch ebenfalls ihre territorialen Ansprüche geltend und erklären die Ansprüche Pekings für unrechtmäßig. Unterstützt werden sie dabei von den USA, die dort mit zwei Flugzeugträgern präsent sind und damit notfalls bereit wären, militärisch einzugreifen.

Hongkong: Die Wirtschaftsmetropole hat in 2020 einen noch größeren Einbruch des BIP von -6.1 % zu verzeichnen als 2019. Grund dafür ist die Corona-Pandemie, aber auch die restriktiven Maßnahmen und die Einflussnahme der chinesischen Regierung scheinen Wirkung zu zeigen, denn Hongkong wird nicht mehr als ein Ort mit großer wirtschaftlicher Freiheit angesehen. Nach einem Umfrageergebnis der amerikanischen Handelskammer aus dem Herbst 2020 überlegen 40 % der US-Firmen aufgrund der gegenwärtigen Entwicklungen, Hongkong zu verlassen. Die im vorigen Jahr verabschiedeten neuen Sicherheitsgesetze, die nun den chinesischen Sicherheitsorganen freien Handlungsspielraum lassen, haben zu einer massiven Unterdrückung der Demokratiebewegung Hongkongs geführt. Gewählte Parlamentarier, führende Aktivisten und Unterstützer der Bewegung wurden festgenommen und zu Gefängnisstrafen verurteilt.
Das **neue Wahlrecht für Hongkong**, das während des NVK im März 2021 beschlossen wurde, bedeutet eine weitere Einschränkung der demokratischen Grundrechte der ehemaligen britischen Kronkolonie. Damit ist keine freie Wahl für das Parlament Hongkongs mehr möglich; denn von nun an dürfen nur noch Kandidaten, die durch eine pekingtreue Wahlkommission überprüft wurden, antreten. Noch 2019 erlangten bei den Lokalwahlen die Vertreter des demokratischen Lagers 90 % der Mandate. Dieser neuerliche Eingriff in die Autonomie Hongkongs wurde international zwar verurteilt, hatte aber noch keine tiefgreifenden Sanktionen gegen China zur Folge.

Costa Rica

▸ 667

Ländername	Republik Costa Rica
Zeitzone	MEZ -7 h
Fläche in km²	51 100 (Rang 126)
Anzahl der Einwohner	5.1 Millionen (Rang 120)
Einwohnerzahl pro km²	100 (Rang 86)
Hauptstadt	San José
Amtssprache	Spanisch
Verwaltungsgliederung	7 Provinzen
Wichtige Städte	San José, Limón, Heredia, Alajuela, Liberia, Puntarenas
Autokennzeichen | ISO-Code	CR | CRI
Währung	1 Colón = 100 Céntimos
Nationalfeiertag	15. September (Unabhängigkeit 1821; 2021: 13. September)

Der beeindruckende Naturreichtum lässt Costa Rica seinen Namen („reiche Küste“) zu Recht tragen. Das überwiegend von Weißen bewohnte zentralamerikanische Land blickt auf eine vergleichsweise stabile ökonomische und politische Entwicklung zurück.

GEOGRAFIE

Geografische Lage: Von 8°02′ bis 11°13′ nördlicher Breite sowie von 82°34′ bis 85°57′ westlicher Länge (Zentralamerika)
Höchster Punkt: Cerro Chirripó 3819 m
Klima: Tropisches Klima, im Osten dauerfeucht, im Südwesten wechselfeucht

POLITIK

Staatsform: Präsidiale Republik
Staatsoberhaupt und Regierungschef: Präsident Carlos Alvarado Quesada (seit 08.05.2018)
Regierungspartei: PAC (Partido Acción Ciudadana)
Legislative: Legislativversammlung mit 57 für 4 Jahre gewählten Mitgliedern
Jahr der Verfassung: 1949
Wahlrecht: 18 Jahre

BEVÖLKERUNG

Bevölkerungsanteil: <15 Jahre 20.8 %, 15–64 Jahre 68.9 %, >64 Jahre 10.3 %
Verteilung: Stadt 80.8 %, Land 19.2 %
Wachstum: 0.9 %
Lebenserwartung: Frauen 83 Jahre, Männer 78 Jahre
Alphabetenrate: Frauen 97.9 %, Männer 97.8 %
Bevölkerungsgruppen: Europäer, Mestizen, Indigene, Afrikaner u. a.
Religionen: Christen, Sonstige
Sprachen: Spanisch, Englisch, Kreolisch

WIRTSCHAFT

BIP: 61.45 Mrd. US$
Wachstum BIP: -4.8 %
BIP/Kopf: 11 982 US$
Inflation: 0.7 %
Außenhandel: Import 14.94 Mrd. US$ (Chemische Erzeugnisse 18.6 %, Nahrungsmittel 11 %, Petrochemie 9.7 %, Elektronik 7.6 %, Kfz und -Teile 6 %), Export 12.17 Mrd. US$ (Nahrungsmittel 37.3 %, Mess- und Regeltechnik 23.2 %, Chemische Erzeugnisse 7.8 %, Elektrotechnik 5.2 %, Rohstoffe außer Brennstoffe 2.5 %)
Erwerbstätige nach Sektoren: Landwirtschaft 11.9 %, Industrie 19.8 %, Dienstleistungen 68.3 %
Arbeitslosenquote: 19.9 %
CO_2-Emission/Kopf: 1.8 t

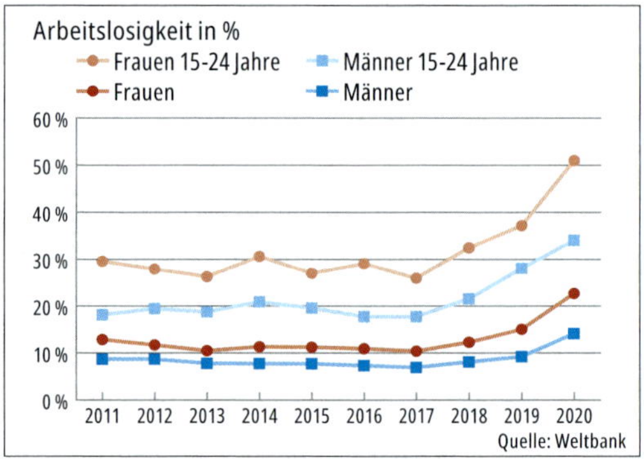

RÜCKBLICK

Corona-Pandemie: Nach anfänglichen Erfolgen bei der Eindämmung des Coronavirus stiegen die Fallzahlen ab Juni 2020 kontinuierlich an. Dennoch landeten im September 2020 die ersten Touristen im Land. Zunächst breitete sich das Coronavirus im landwirtschaftlich geprägten Norden des Landes aus, dann im Valle Central mit der Hauptstadt San José, wo rund zwei Drittel der Bevölkerung leben. Nach einem Rückgang im Februar und März 2021 stiegen die Infektionszahlen

Mitte April 2021 erneut stark an und erreichten im Mai 2021 erstmals über 3000 Neuinfektionen pro Tag. Bis Ende Juni 2021 verzeichnete das Land über 350 000 Infizierte und rd. 4500 Todesfälle. Das deutsche Robert-Koch-Institut wies Costa Rica am 09.05.2021 als Hochinzidenzgebiet aus. Trotz der hohen Infektionszahlen blieb die Zahl der Todesfälle auf niedrigem Niveau.

Wirtschaft: Die Corona-Krise führte zum stärksten Wirtschaftseinbruch seit den 1980er-Jahren. 2020 sank das BIP um 4.8 %. Für 2021 erwartet der IWF ein Wachstum um 2.6 %. Der Einbruch des Tourismussektors, der vor der Corona-Krise mit 6 % zum BIP und 19 % am Export beitrug und rd. 200 000 Arbeitsplätze stellte, verstärkte die Krise. Die Arbeitslosenquote stieg von 12.4 % (2019) auf 19.9 % (2020) an. Im Zuge der Krise nahm das Land erstmals seit den 1980er-Jahren **Verhandlungen mit dem IWF** auf. Dieser hatte Costa Rica im April 2020 einen Notfallkredit (RFI) in Höhe von 504 Mio. US$ für Maßnahmen zur Bekämpfung der Pandemie zur Verfügung gestellt. Nach weiteren Verhandlungen folgte im März 2021 im Rahmen einer erweiterten Fondsfazilität (EFF) ein **36-monatiger Kredit** in Höhe von 1.778 Mrd. US$, von denen 296.5 Mio. US$ sofort abrufbar waren. Die langwierigen Verhandlungen mit dem IWF wurden u. a. am 30.09.2020 von landesweiten Demonstrationen begleitet.

Fischereigesetz: Am 30.10.2020 legte Präsident Carlos Alvarado Quesada sein Veto gegen ein umstrittenes Gesetz zur Schleppnetzfischerei ein. Das am 22.10.2020 in der Gesetzgebenden Versammlung verabschiedete Gesetz sah die Reaktivierung der industriellen Fischerei in Küstennähe vor. Am nächsten Tag war es zu massiven Protesten von über 100 Umwelt- und Klimaschutzorganisationen gekommen, die durch die Schleppnetzfischerei Schäden am Meeresboden und Folgen für die Flora und Fauna der Küstenökosysteme befürchteten. Es war das erste Mal seit seinem Amtsantritt im Mai 2018, dass Präsident Alvarado ein Veto gegen ein Gesetz einlegte.

OECD: Am 25.05.2021 trat Costa Rica als 38. Mitglied der Organisation für wirtschaftliche Zusammenarbeit und Entwicklung (OECD) bei. Präsident Carlos Alvarado hatte am 21.05.2021 ein entsprechendes Gesetz unterzeichnet, das der Kongress zuvor genehmigt hatte. Auf die 38 Mitglieder der 1961 gegründeten Organisation entfallen 80 % des weltweiten Bruttoinlandsprodukts und 60 % des weltweiten Handels.

Côte d'Ivoire

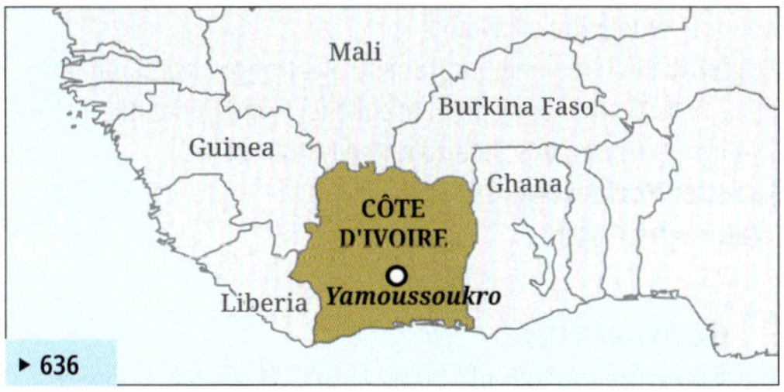

▸ 636

Ländername	Republik Côte d'Ivoire; auch: Elfenbeinküste
Zeitzone	MEZ -1 h
Fläche in km²	322 463 (Rang 68)
Anzahl der Einwohner	26.4 Millionen (Rang 53)
Einwohnerzahl pro km²	82 (Rang 101)
Hauptstadt	Yamoussoukro
Regierungssitz	Abidjan
Amtssprache	Französisch
Verwaltungsgliederung	12 Distrikte und 2 autonome Distrikte
Wichtige Städte	Abidjan, Bouaké, Daloa, Korhogo, Yamoussoukro, San-Pédro
Autokennzeichen | ISO-Code	CI | CIV
Währung	1 CFA-Franc (BCEAO) = 100 Centimes
Nationalfeiertag	7. August (Unabhängigkeit 1960)

Unter Präsident Félix Houphouët-Boigny, dem „Vater der Nation", erlebte die ehemalige französische Kolonie nach afrikanischen Maßstäben ein kleines Wirtschaftswunder. Doch durch die Machtkämpfe seiner Nachfolger wurde das Erreichte wieder verspielt. 2002 zerbrach das Land in einen von der Regierung kontrollierten Süden und einen von Rebellen gehaltenen Norden. Nach dem Friedensabkommen von 2007 kommt die innenpolitische Stabilisierung nur in kleinen Schritten voran.

GEOGRAFIE

Geografische Lage: Von 4°21' bis 10°44' nördlicher Breite sowie von 2°30' bis 8°37' westlicher Länge (Westafrika)
Höchster Punkt: Mont Nimba 1752 m
Klima: Feuchttropisches im Süden, im Norden Savannenklima mit Sommerregen

POLITIK

Staatsform: Präsidiale Republik
Staatsoberhaupt: Präsident Alassane Ouattara (seit 21.05.2011)

Regierungschef: Premierminister (kommissarisch) Patrick Achi (seit 10.03.2021)
Regierungspartei: RHDP (Rassemblement des Houphouëtistes pour la Démocratie et la Paix)
Legislative: Parlament, bestehend aus Nationalversammlung mit 249 für 5 Jahre gewählten Mitgliedern und Senat mit 99 für 5 Jahre gewählten und 33 ernannten Mitgliedern
Jahr der Verfassung: 2016
Wahlrecht: 18 Jahre

BEVÖLKERUNG

Bevölkerungsanteil: <15 Jahre 41.5 %, 15–64 Jahre 55.6 %, >64 Jahre 2.9 %
Verteilung: Stadt 51.7 %, Land 48.3 %
Wachstum: 2.5 %
Lebenserwartung: Frauen 59 Jahre, Männer 57 Jahre
Alphabetenrate: Frauen 40.5 %, Männer 53.7 %
Bevölkerungsgruppen: Akan, Gur, Mande, Kru u. a.
Religionen: Muslime, Christen, Ethnische
Sprachen: Französisch, Regionalsprachen

WIRTSCHAFT

BIP: 61.4 Mrd. US$
Wachstum BIP: 2.3 %
BIP/Kopf: 2278 US$
Inflation: 2.5 %
Außenhandel: Import 10.65 Mrd. US$ (Nahrungsmittel 18.4 %, Chemische Erzeugnisse 15.8 %, Erdöl 14.2 %, Maschinen 8.8 %, Kfz und -Teile 6 %), Export 12.24 Mrd. US$ (Nahrungsmittel 50.1 %, Rohstoffe außer Brennstoffe 12.2 %, Gold 8.5 %, Petrochemie 8.5 %, Erdöl 7.1 %)
Erwerbstätige nach Sektoren: Keine Angabe
Arbeitslosenquote: 3.5 %
CO_2-Emission/Kopf: 0.5 t

RÜCKBLICK

Präsidentschaftswahl: Trotz Pandemie und fortschreitender Spaltung der politischen Landschaft wurden am 31.10.2020 Präsidentschaftswahlen abgehalten. Der amtierende Präsident Alassane Ouattara wurde mit 95 % der Stimmen **wiedergewählt**. Der Wahl vorausgegangen war jedoch zunächst eine Ankündigung Ouattaras, nicht erneut zu seiner dann dritten Amtszeit antreten zu wollen. Sein Wunschkandidat, der damalige Premierminister Amadou Gon Coulibaly verstarb jedoch im Juli 2020. Danach revidierte Ouattara die Entscheidung, was von der Opposition als Verfassungsbruch kritisiert wurde. Alle als aussichtsreich beschriebenen Gegenkandidaten riefen entweder zu einem **Boykott** der Wahl auf, oder gegen sie wurden im Vorfeld der Wahl juristische Verfahren eröffnet, weswegen sie **nicht antreten** durften. Dementsprechend war bei fehlender Konkurrenz ein solches Wahlergebnis erwartet worden. Vor und nach der Wahl kam es zu diversen **Protesten** der Opposition. Bei gewaltsamen Ausschreitungen verloren 87 Menschen ihr Leben. Zu den von Beobachtern befürchteten neuen Unruhen wie bei der Wahl 2010 kam es jedoch nicht. Die Opposition kündigte das Einrichten einer Gegenregierung an, welche jedoch keinen politischen Einfluss erzielen konnte.

Parlamentswahl: Ungeachtet der politischen Krise wurden am 06.03.2021 Wahlen zur Nationalversammlung abgehalten. Im Gegensatz zur vorangegangenen Wahl wurde diese jedoch nicht boykottiert, alle größeren **Oppositionsparteien nahmen teil**. Jedoch kam es aufgrund der Zersplitterung der Opposition zu Aufspaltungen und nur für Teile des Landes zu gemeinsamen Listen. Nach der Wahl

Ergebnis der Parlamentswahl (06.03.2021)
Regierung: Rassemblement des houphouëtistes pour la démocratie et la paix (RHDP)

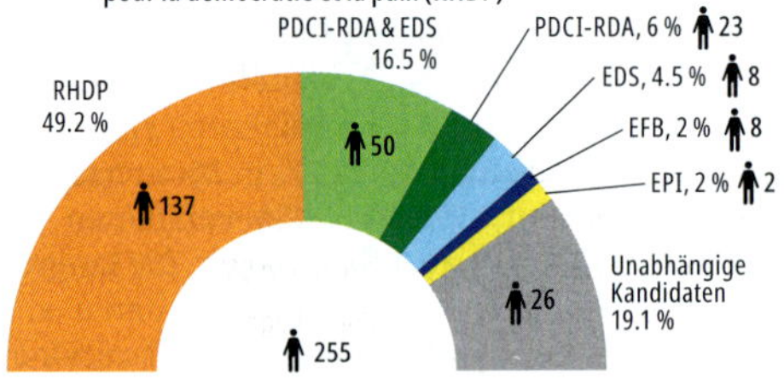

Keine : Sonstige 0.7 %
Parti démocratique de Côte d'Ivoire-Rassemblement démocratique africain (PDCI-RDA)
Ensemble pour la démocratie et la souveraineté (EDS)
Ensemble pour bâtir (EPB)
Front populaire ivoirien (FPI)

verkündeten sowohl die Koalition des Präsidenten (RHDP) als auch die größte Oppositionspartei (PDCI) mit der von ihr angeführten Liste eine Mehrheit erzielt zu haben. Laut amtlichem Endergebnis gewann jedoch die RHDP deutlich, aus der Opposition wurden Vorwürfe des Wahlbetrugs laut. Die offizielle Wahlbeteiligung lag mit 38 % in etwa auf dem Niveau der vorherigen Parlamentswahlen.

Wirtschaft: Die Wachstumsrate des BIP ist primär wegen der Corona-Pandemie im Jahr 2020 deutlich eingebrochen. Die am stärksten von Einschnitten betroffenen Exportsektoren waren Erdölprodukte (-27 %) und Forstwirtschaft (-17 %). Infolgedessen kam es zu einem moderaten Anstieg der Inflation und einem deutlichen Anstieg des Leistungsbilanzdefizits von 1.9 % (2019) auf 3.5 % (2020). Die **Staatsverschuldung** ist in Relation zum BIP weiter deutlich angestiegen und wird 2020 40 % übersteigen, was jedoch noch unter dem in der ECOWAS forcierten Maximum von 70 % liegt.

Dänemark

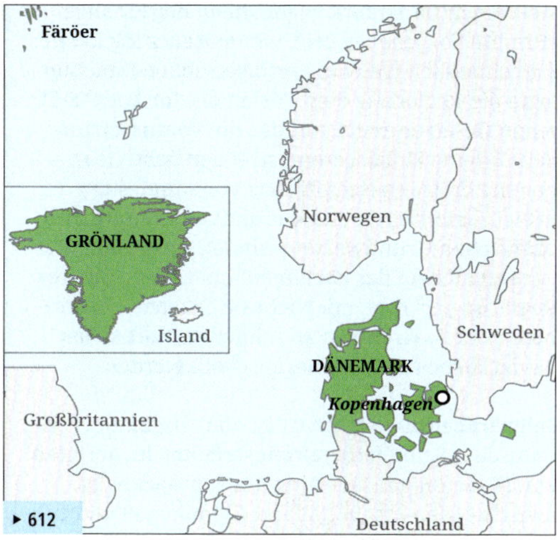

▸ 612

Ländername	Königreich Dänemark
Zeitzone	MEZ ±0 h
Fläche in km²	42 921 (Rang 130)
Anzahl der Einwohner	5.8 Millionen (Rang 113)
Einwohnerzahl pro km²	136 (Rang 65)
Hauptstadt	Kopenhagen
Amtssprache	Dänisch
Verwaltungsgliederung	5 Regionen
Wichtige Städte	Kopenhagen, Aarhus, Odense, Aalborg, Frederiksberg
Autokennzeichen | ISO-Code	DK | DNK
Währung	1 Dänische Krone = 100 Øre
Nationalfeiertag	5. Juni (Verfassung 1849)

Dänemark ist das Brückenland zwischen Mittel- und Nordeuropa. Die weißen Kreidefelsen von Møn, die gepflegten Bauernhöfe inmitten von Wiesen und Feldern, die prachtvollen Schlösser und die vitale Atmosphäre der Hauptstadt Kopenhagen sind die Kennzeichen des Staats. Zum Königreich gehören auch Grönland und die Färöer, die sich beide in Selbstverwaltung regieren.

GEOGRAFIE

Geografische Lage: Von 54°34' bis 57°45' nördlicher Breite sowie von 8°06' bis 15°09' östlicher Länge (Nordeuropa)
Höchster Punkt: Yding Skovhøj 173 m
Klima: Gemäßigtes Seeklima

POLITIK

Staatsform: Parlamentarische Monarchie
Staatsoberhaupt: Königin Margrethe II. (seit 14.01.1972)
Regierungschef: Ministerpräsidentin Mette Frederiksen (seit 27.06.2019)
Regierungspartei: SD (Sozialdemokraten)
Legislative: Volksversammlung mit 179 für 4 Jahre gewählten Mitgliedern
Jahr der Verfassung: 1953
Wahlrecht: 18 Jahre

BEVÖLKERUNG

Bevölkerungsanteil: <15 Jahre 16.3 %, 15–64 Jahre 63.6 %, >64 Jahre 20.1 %
Verteilung: Stadt 88.1 %, Land 11.9 %
Wachstum: 0.3 %
Lebenserwartung: Frauen 83 Jahre, Männer 79 Jahre
Alphabetenrate: Frauen 99 %, Männer 99 %
Bevölkerungsgruppen: Dänen, Türken u. a.
Religionen: Christen (v. a. Protestanten), Muslime
Sprachen: Dänisch, Minderheitensprachen

WIRTSCHAFT

BIP: 352.24 Mrd. US$
Wachstum BIP: -3.3 %
BIP/Kopf: 60 494 US$
Inflation: 0.3 %
Außenhandel: Import 96.78 Mrd. US$ (Chemische Erzeugnisse 13.6 %, Nahrungsmittel 11.6 %, Maschinen 10.6 %, Elektronik 8.3 %, Kfz und -Teile 7.9 %), Export 108.07 Mrd. US$ (Chemische Erzeugnisse 26.4 %, Nahrungsmittel 16.6 %, Maschinen 14 %, Textilien und Bekleidung 5.4 %, Elektronik 4.1 %)
Erwerbstätige nach Sektoren: Landwirtschaft 2.1 %, Industrie 18.3 %, Dienstleistungen 79.6 %
Arbeitslosenquote: 5.7 %
CO_2-Emission/Kopf: 5.4 t

AUSSENGEBIETE

Färöer

Fläche in km²: 1396
Anzahl der Einwohner: 53 305
Hauptstadt: Tórshavn
Status: Autonomie seit 1948
Regierungschef: Ministerpräsident Bárður Nielsen, Reichsombudsfrau Lene Moyell Johansen

Grönland

Fläche in km²: 410 450
Anzahl der Einwohner: 56 367
Hauptstadt: Nuuk
Status: Selbstverwaltungsrecht und innere Autonomie seit 1979
Regierungschef: Ministerpräsident Múte Egede, Reichsombudsfrau Mikaela Engell

RÜCKBLICK

Corona-Pandemie: Hatte Dänemark die erste Welle der Corona-Pandemie im Frühjahr 2020 mit einem strikten, aber kurzen Lockdown bewältigt, wurde es im Herbst des Jahres mit **hohen Infektionszahlen** konfrontiert. Erneut ließ die sozialdemokratische Minderheitsregierung von Ministerpräsidentin Mette Frederiksen die Grenzen für den Personenverkehr weitgehend schließen. Im Dezember 2020 wurde ein **zweiter Lockdown** des öffentlichen Lebens verhängt, der bis Anfang April galt. Über die weitgehende Öffnung bis Mitte Juni verständigten sich die Parlamentsparteien am 18.05.2021. Dänemark wies 2020 vergleichsweise wenige Todesfälle auf und trat mit einer **umfassenden Teststrategie**, Impfungen ab 28.12.2020 sowie mit einem digitalen **„Corona-Pass"** (April 2021) hervor. Für Aufsehen sorgte im Oktober/November 2020 die verfügte **Keulung** des Gesamtbestands an **Zuchtnerzen**, insgesamt 17 Mio. Tieren, um, so die Begründung, die Ansteckung des Menschen mit einer Mutation des SARS-CoV-2-Virus zu verhindern. Die Tötung gesunder Tiere geschah **ohne gesetzliche Grundlage**, sodass der Minister für Ernährung und Fischerei zurücktrat (18.11.2020). In der Nerzzucht war Dänemark mit rund 800 Farmen Weltmarktführer.

Bespitzelung: Die unabhängige Aufsichtsbehörde für die Geheimdienste (TET) veröffentlichte einen Bericht über die rechtswidrige **Ausspähung dänischer Bürger** und Regierungsstellen **durch** den **Auslandsgeheimdienst** (FE), die Weitergabe von deren Daten an die US-amerikanische NSA und über Versuche, dies zu vertuschen. Informationen darüber kamen im November 2019 von Whistleblowern. Der FE-Chef wurde daraufhin am 25.08.2020 suspendiert, sein Amtsvorgänger (bis 2015) durfte seinen Posten als Botschafter in Deutschland nicht antreten. Der Auslandsnachrichtendienst ist dem Verteidigungsminister unterstellt. Außerdem enthüllten internationale Medien am 29.05.2021, gestützt auf Geheimdienstquellen, dass der FE mit der NSA 2012–2014 kooperiert habe, um europäische Politiker in Deutschland, Frankreich, den Niederlanden, Norwegen und Schweden abzuhören.

Migration und Integration: Zur Extremisten-Bekämpfung trat im März 2021 ein Gesetz in Kraft, das die Finanzierung gesellschaftlicher Organisationen aus dem Ausland beschränkt. Als Grundlage dienen Listen von Personen oder Organisationen, die „antidemokratischer Spenden" verdächtigt werden. Beobachtungsobjekte sind vor allem Moscheevereine; sie erhalten in der Regel auch Zuwendungen aus dem Ausland. Ab Ende 2020 ging die Regierung dazu über, **Flüchtlingen aus Syrien** die Aufenthaltsberechtigung zu entziehen. Damit stellte sich Dänemark gegen die in der EU abgestimmte Vorgehensweise, wonach eine Rückkehr ausschließlich freiwillig erfolgen sollte. Daneben legte die Regierung dem Parlament im April 2021 einen Gesetzentwurf vor, der die Voraussetzungen für eine **Einbürgerung** strenger fasst, sie u. a. an eine Vollzeitbeschäftigung von mindestens dreieinhalb Jahren und das aktive Bekenntnis zu „dänischen Grundwerten" bindet. Am 03.06.2021 verabschiedete das Parlament ein Gesetz, das der Regierung erlaubt, mit Nicht-EU-Staaten Abkommen über Asylzentren zu schließen; dort sollen Asylgesuche für Dänemark gestellt werden.

Fehmarnbelttunnel: Am 01.01.2021 begannen auf dänischer Seite **Vorbereitungsarbeiten** (u. a. Hafen) zur 18 km langen Querung des Fehmarnbelts zwischen den Inseln Lolland (Dänemark) und Fehmarn (Deutschland). Die je zwei Röhren für Auto und Eisenbahn sollen bis etwa 2029 als Absenktunnel im Meeresboden verwirklicht werden. Den Bau verantwortet ein dänisches Staatsunternehmen; die Kosten von schätzungsweise 10 Mrd. € sollen über eine Maut refinanziert werden. Auf deutscher Seite sollen für die Hinterlandanbindung vor allem Eisenbahnstrecken erweitert bzw. neu verlegt werden. **Klagen** u. a. von Naturschutzverbänden gegen den deutschen Planfestungsbeschluss wies das Bundesverwaltungsgericht (Leipzig) am 03.11.2020 vollständig ab.

Grönland: Bei der **vorgezogenen Parlamentswahl** am 06.04.2021 löste die links-ökologische Inuit Ataqatigiit (IA) die sozialdemokratische Siumut, die seit der Herstellung der inneren Autonomie 1979 die Politik dominierte, mit einem Stimmenanteil von 37.4 % als stärkste Partei ab. Den Wahlkampf dominierte das **Bergbauprojekt Kvanefjeld** im Süden bei Narsaq – zugleich Grund für das Auseinanderbrechen der von Siumut geführten Regierungskoalition. Die IA wandte sich vor allem dagegen, weil große Abraumhalden in der Nähe von Wohngebieten entstehen und mit der Erschließung von Seltenen Erden auch radioaktives Uran und Thorium abgebaut würden. Mit der drittstärksten Partei Naleraq (12.3 %) bildete die IA unter ihrem Vorsitzenden **Múte Egede** als Ministerpräsident am 16.04.2021 eine Regierung. Beide Parteien strebten die Unabhängigkeit Grönlands an.

Deutschland

▸ 612

Ländername	Bundesrepublik Deutschland
Zeitzone	MEZ ±0 h
Fläche in km²	357 376 (Rang 63)
Anzahl der Einwohner	83.2 Millionen (Rang 19)
Einwohnerzahl pro km²	233 (Rang 41)
Hauptstadt	Berlin
Amtssprache	Deutsch
Verwaltungsgliederung	16 Bundesländer
Wichtige Städte	Berlin, Hamburg, München, Köln, Frankfurt am Main, Stuttgart, Düsseldorf, Leipzig, Dortmund, Essen, Bremen, Dresden, Hannover, Nürnberg
Autokennzeichen | ISO-Code	D | DEU
Währung	1 Euro = 100 Cent
Nationalfeiertag	3. Oktober (Wiedervereinigung 1990)

Aufgrund seiner Lage „mitten in Europa" stand Deutschland schon immer im Fokus der unterschiedlichsten politischen, sozialen und geistig-kulturellen Strömungen. Die meiste Zeit seiner Geschichte in viele Kleinstaaten und Territorien zersplittert, vollzog sich die nationale Einigung erst spät; 1871 wurde das Deutsche Reich gegründet. Zum großen Teil verantwortlich für den Ausbruch des Ersten Weltkriegs und schuld an der Entfesselung des Zweiten Weltkriegs, hat sich Deutschland nach der Überwindung der nationalsozialistischen Unrechtsherrschaft zu einer stabilen, in Europa fest verankerten Demokratie und zu einem der wirtschaftlich stabilsten Staaten der Welt entwickelt.

GEOGRAFIE

Geografische Lage: Von 47°16' bis 55°04' nördlicher Breite sowie von 5°51' bis 15°01' östlicher Länge (Mitteleuropa)
Höchster Punkt: Zugspitze 2962 m
Klima: Gemäßigtes Klima; im Nordwesten ozeanisch bestimmt, nach Süden und Osten hin zunehmend kontinentaler Charakter

POLITIK

Staatsform: Parlamentarische Bundesrepublik
Staatsoberhaupt: Bundespräsident Frank-Walter Steinmeier (seit 19.03.2017)
Regierungschef: Bundeskanzlerin Angela Merkel (seit 22.11.2005)
Regierungsparteien: CDU (Christlich Demokratische Union Deutschlands), SPD (Sozialdemokratische Partei Deutschlands)
Legislative: Parlament, bestehend aus Bundestag mit 709 für 4 Jahre gewählten Mitgliedern und Bundesrat mit 69 ernannten Mitgliedern
Jahr der Verfassung: 1949
Wahlrecht: 18 Jahre

BEVÖLKERUNG

Bevölkerungsanteil: <15 Jahre 14 %, 15–64 Jahre 64.4 %, >64 Jahre 21.6 %
Verteilung: Stadt 77.5 %, Land 22.5 %
Wachstum: 0.2 %
Lebenserwartung: Frauen 84 Jahre, Männer 79 Jahre
Alphabetenrate: Frauen 99 %, Männer 99 %
Bevölkerungsgruppen: Deutsche, Türken, Polen u. a.
Religionen: Christen, Muslime
Sprachen: Deutsch, Minderheitensprachen

WIRTSCHAFT

BIP: 3.8 Bio. US$
Wachstum BIP: -5.3 %
BIP/Kopf: 45 733 US$
Inflation: 0.4 %
Außenhandel: Import 1.17 Bio. US$ (Chemische Erzeugnisse 14.7 %, Kfz und -Teile 10 %, Maschinen 9.1 %, Elektronik 8.8 %, Nahrungsmittel 6.8 %), Export 1.38 Bio. US$ (Chemische Erzeugnisse 17 %, Maschinen 15.9 %, Kfz und -Teile 14.7 %, Elektrotechnik 7.3 %, Elektronik 5.2 %)
Erwerbstätige nach Sektoren: Landwirtschaft 1.2 %, Industrie 26.8 %, Dienstleistungen 72 %
Arbeitslosenquote: 4.3 %
CO_2-Emission/Kopf: 8.5 t

Sitzverteilung im 19. Deutschen Bundestag (Direktmandat | Listenplatz), insgesamt 709 Sitze

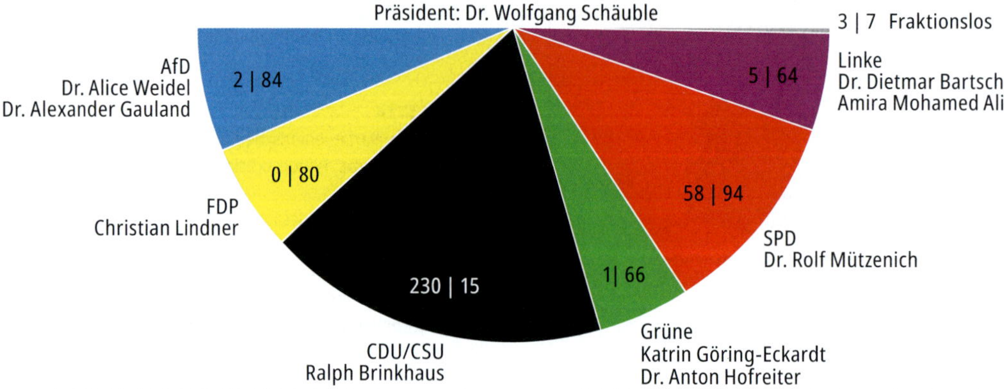

	CDU|CSU	SPD	AfD	FDP	Linke	Grüne	Fraktionslos
BW:	38	16	11	12	6	13	–
BY:	45	18	14	12	7	11	1
BE:	6	5	4	3	6	4	–
BB:	9	4	5	2	4	1	–
HB:	1	2	1	–	1	1	–
HH:	4	5	1	2	2	2	–
HE:	17	12	6	6	4	5	–
MV:	6	2	3	1	3	1	–

	CDU|CSU	SPD	AfD	FDP	Linke	Grüne	Fraktionslos
NI:	21	20	7	7	5	6	–
NW:	42	40	13	20	12	12	3
RP:	14	9	4	4	3	3	–
SL:	3	3	1	1	1	1	–
SN:	12	4	7	3	6	2	4
ST:	9	3	3	2	4	1	1
SH:	10	6	1	3	2	3	1
TH:	8	3	5	2	3	1	–

BW = Baden-Württemberg, BY = Bayern, BE = Berlin, BB = Brandenburg, HB = Bremen, HH = Hamburg, HE = Hessen, MV = Mecklenburg-Vorpommern, NI = Niedersachsen, NW, Nordrhein-Westfalen, RP = Rheinland-Pfalz, SL = Saarland, SN = Sachsen, ST = Sachsen-Anhalt, SH = Schleswig-Holstein, TH = Thüringen (Stand: 30.06.2021)

Stimmenverteilung Bundesrat, insgesamt 69 Stimmen

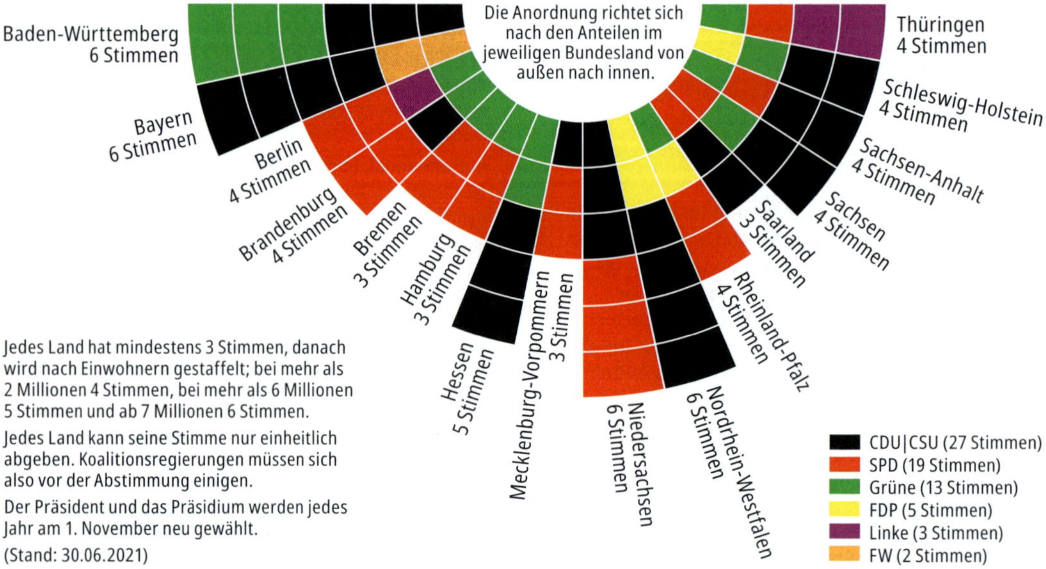

Jedes Land hat mindestens 3 Stimmen, danach wird nach Einwohnern gestaffelt; bei mehr als 2 Millionen 4 Stimmen, bei mehr als 6 Millionen 5 Stimmen und ab 7 Millionen 6 Stimmen.

Jedes Land kann seine Stimme nur einheitlich abgeben. Koalitionsregierungen müssen sich also vor der Abstimmung einigen.

Der Präsident und das Präsidium werden jedes Jahr am 1. November neu gewählt.

(Stand: 30.06.2021)

BEHÖRDEN UND EINRICHTUNGEN

Amt | Institution	Amtsinhaber	Amtsantritt
Bundespräsident	Dr. Frank-Walter Steinmeier,	März 2017
Bundespräsidialamt	Stephan Steinlein,	März 2017
Bundeskanzlerin	Dr. Angela Merkel, CDU	November 2005
Bundestagspräsident	Dr. Wolfgang Schäuble, CDU	Oktober 2017
Bundespresseamt	Steffen Seibert,	August 2010
Bundeskanzleramt	Prof. Dr. Helge Braun, CDU	März 2018
Staatsministerin für Kultur und Medien (BKM)	Prof. Monika Grütters, CDU	Dezember 2013
Beauftragte der Bundesregierung für Migration, Flüchtlinge und Integration	Annette Widmann-Mauz, CDU	März 2018
Beauftragte der Bundesregierung für Digitalisierung	Dorothee Bär, CSU	März 2018
Beauftragter für die Nachrichtendienste des Bundes	Johannes Geismann, CDU	März 2018
BM der Finanzen	Olaf Scholz, SPD	März 2018
BM des Innern, für Bau und Heimat	Horst Seehofer, CSU	März 2018
Beauftragter der Bundesregierung für jüdisches Leben in Deutschland und den Kampf gegen Antisemitismus	Dr. Felix Klein	Mai 2018
Beauftragter der Bundesregierung für Aussiedlerfragen und nationale Minderheiten	Dr. Dr. h.c. Bernd-Bernhard Fabritius, CSU	April 2018
BM für Wirtschaft und Energie	Peter Altmaier, CDU	März 2018
Auswärtiges Amt	Heiko Maas, SPD	März 2018
BM der Justiz und für Verbraucherschutz	Christine Lambrecht, SPD	Juni 2019
BM für Arbeit und Soziales	Hubertus Heil, SPD	März 2018
BM der Verteidigung	Annegret Kramp-Karrenbauer, CDU	Juli 2019
Wehrbeauftragte des deutschen Bundestages	Dr. Eva Högl, SPD	Mai 2020
BM für Ernährung und Landwirtschaft	Julia Klöckner, CDU	März 2018
BM für Familie, Senioren, Frauen und Jugend	Christine Lambrecht (kommissarisch), SPD	Mai 2021
BM für Gesundheit	Jens Spahn, CDU	März 2018
BM für Verkehr und digitale Infrastruktur	Andreas Scheuer, CSU	März 2018
BM für Umwelt, Naturschutz und nukleare Sicherheit	Svenja Schulze, SPD	März 2018
BM für Bildung und Forschung	Anja Karliczek, CDU	März 2018
BM für wirtschaftliche Zusammenarbeit und Entwicklung	Dr. Gerd Müller, CSU	März 2018

Bundesgerichte

Bundesverfassungsgericht (BVerfG) in Karlsruhe	Dr. Stephan Harbarth	Mai 2020
Bundesgerichtshof (BGH) in Karlsruhe	Bettina Limperg	Juli 2014
Bundesarbeitsgericht (BAG) in Erfurt	Ingrid Schmidt	März 2005
Bundesfinanzhof (BFH) in München	Dr. Hans-Josef Thesling	März 2021
Bundessozialgericht (BSG) in Kassel	Prof. Dr. Rainer Schlegel	Oktober 2016
Bundesverwaltungsgericht (BVerwG) in Leipzig	Prof. Dr. Dr. h.c. Klaus Rennert	Juli 2014
Bundespatentgericht (BPatG) in München	Dr. Regina Hock	April 2021

Bundesbehörden (Auswahl)

Bundesagentur für Arbeit	Detlef Scheele	April 2017
BA für Bevölkerungsschutz und Katastrophenhilfe	Armin Schuster	November 2020
BA für Migration und Flüchtlinge	Dr. Hans-Eckhard Sommer	Juni 2018
BA für Naturschutz	Prof. Dr. Beate Jessel	November 2007
BA für Verfassungsschutz	Thomas Haldenwang	November 2018
Bundeskartellamt	Andreas Mundt	November 2009
Bundeskriminalamt	Holger Münch	Dezember 2014
Bundesnachrichtendienst	Dr. Bruno Kahl	April 2016
Bundesrechnungshof	Kay Scheller	Juli 2014
Deutsche Bundesbank	Jens Weidmann	Mai 2011
Deutsche Rentenversicherung Bund	Gundula Roßbach	Januar 2017
Kraftfahrt-Bundesamt	Richard Damm	Februar 2020
Statistisches Bundesamt	Dr. Georg Thiel	Oktober 2017
Umweltbundesamt	Prof. Dr. Dirk Messner	Januar 2020
Robert Koch-Institut	Prof. Dr. Lothar H. Wieler	März 2015
Paul-Ehrlich-Institut	Prof. Dr. Klaus Cichutek	Dezember 2009

Religionsgemeinschaften (Auswahl)

Katholische Kirche in Deutschland	Bischof Dr. Georg Bätzing	März 2020
Evangelische Kirche in Deutschland (EKD)	Prof. Dr. Heinrich Bedford-Strohm	November 2014
Zentralrat der Juden in Deutschland	Dr. Josef Schuster	November 2014
Koordinationsrat der Muslime in Deutschland (KRM)	Erol Pürlü	April 2021

Im Bundestag vertretene Parteien

CDU - Christlich Demokratische Union Deutschlands	Armin Laschet	Januar 2021
CSU - Christlich-Soziale Union in Bayern	Dr. Markus Söder	Januar 2019
SPD - Sozialdemokratische Partei Deutschlands	Saskia Esken, Dr. Norbert Walter-Borjans	Dezember 2019
AfD - Alternative für Deutschland	Tino Chrupalla, Dr. Jörg Meuthen	Nov. 2019, Juli 2015
FDP - Freie Demokratische Partei	Christian Lindner	Dezember 2013
Die Linke	Susanne Hennig-Wellsow, Janine Wissler	März 2021
Bündnis 90 / Die Grünen	Annalena Baerbock, Dr. Robert Habeck	Januar 2018

Arbeitgeberverbände (Auswahl)

Bundesvereinigung der Deutschen Arbeitgeberverbände (BDA)	Dr. Rainer Dulger	November 2020
Bundesverband der deutschen Industrie e. V. (BDI)	Siegfried Russwurm	Januar 2021
Deuscher Industrie- und Handelskammertag (DIHK)	Peter Adrian	März 2021
Zentralverband des deutschen Handwerks (ZDH)	Hans Peter Wollseifer	Januar 2014

Arbeitnehmerverbände (Auswahl)

Deutscher Gewerkschaftsbund (DGB)	Reiner Hoffmann	Mai 2014
IG Metall (IGM)	Jörg Hofmann	Oktober 2015
Vereinte Dienstleistungsgewerkschaft (ver.di)	Frank Werneke	September 2019

AUSLANDSVERTRETUNGEN

Staat	Internet
Afghanistan	www.botschaft-afghanistan.de
Ägypten	www.egyptian-embassy.de
Albanien	www.ambasadat.gov.al/germany
Algerien	www.algerische-botschaft.de
Andorra	Ambaixada_Alemanya@govern.ad
Angola	www.botschaftangola.de
Antigua und Barbuda	www.antigua-barbuda.com
Äquatorialguinea	www.botschaft-aequatorialguinea.de
Argentinien	www.ealem.mrecic.gov.ar
Armenien	www.germany.mfa.am/de
Aserbaidschan	www.berlin.mfa.gov.az
Äthiopien	www.aethiopien-botschaft.de
Australien	www.germany.embassy.gov.au
Bahamas	Information@bahamashclondon.net
Bahrain	www.mofa.gov.bh/berlin/Home
Bangladesch	www.bangladeshembassy.de
Barbados	www.foreign.gov.bb
Belarus	www.germany.mfa.gov.by/de
Belgien	www.diplomatie.belgium.be/germany
Belize	www.embassyofbelizebrussels.org
Benin	www.ambassade-benin.de
Bhutan	Keine Angabe
Bolivien	www.bolivia.de
Bosnien und Herzegowina	www.botschaftbh.de
Botswana	www.embassyofbotswana.de
Brasilien	berlim.itamaraty.gov.br
Brunei	www.mfa.gov.bn/germany-berlin
Bulgarien	www.mfa.bg/embassies/germany
Burkina Faso	www.embassy-bf.org
Burundi	www.burundiembassy-germany.de
Cabo Verde	www.embassy-capeverde.de
Chile	www.echile.de
China	www.china-botschaft.de
Costa Rica	www.botschaft-costarica.de
Côte d'Ivoire	www.ambaci.de
Dänemark	www.tyskland.um.dk
Dominica	www.dominicahighcommission.co.uk
Dominikanische Republik	www.dr-botschaft.de
Dschibuti	www.dschibuti-botschaft.de
Ecuador	info@ecuadorembassy.de
El Salvador	embasal@embasalva.de
Eritrea	www.botschaft-eritrea.de
Estland	berlin.mfa.ee
Eswatini	www.eswatini-embassy.eu
Fidschi	www.fijiembassy.be
Finnland	www.finlandabroad.fi/web/deu/startseite
Frankreich	www.ambafrance-de.org
Gabun	www.amba-allemagne.ga
Gambia	www.gambiaembassybrussels.be
Georgien	www.germany.mfa.gov.ge
Ghana	www.ghanaemberlin.de
Grenada	info@grenadaembassy.be
Griechenland	www.mfa.gr/germany/de/the-embassy
Großbritannien und Nordirland	www.gov.uk/government/world/germany
Guatemala	www.botschaft-guatemala.de
Guinea	www.amba-guinee.de
Guinea-Bissau	www.botschaft-guinea-bissau-berlin.de
Guyana	www.embassyofguyana.be
Haiti	secretariat@ambassade-haiti.de
Honduras	www.embajadahonduras.de
Indien	www.indianembassyberlin.gov.in
Indonesien	www.kemlu.go.id/berlin
Irak	www.iraqiembassy-berlin.de
Iran	info@iranbotschaft.de
Irland	www.embassyofireland.de
Island	www.mfa.is/de
Israel	www.israel.de
Italien	www.ambberlino.esteri.it
Jamaika	info@jamador.de
Japan	www.de.emb-japan.go.jp
Jemen	www.yemenembassy.de
Jordanien	www.jordanembassy.de
Kambodscha	www.kambodscha-botschaft.de
Kamerun	www.ambacam.de
Kanada	www.kanada.de
Kasachstan	www.gov.kz/memleket/entities/mfa-berlin?lang=en
Katar	berlin.embassy.qa
Kenia	www.kenyaembassyberlin.de
Kirgisistan	kgembassy.de@mfa.gov.kg
Kiribati	honoraryconsul-kiribati@aug-bolten.de
Kolumbien	alemania.embajada.gov.co
Komoren	ambacom.bxl@outlook.fr
Kongo, Demokratische Republik	www.ambardc.de
Kongo, Republik	www.botschaftkongobzv.de
Korea, Demokratische Volksrepublik	info@dprkorea-emb.de
Korea, Republik	deu.mofa.go.kr
Kosovo	www.ambasada-ks.net/de
Kroatien	de.mfa.hr/de

Staat	Internet
Kuba	recepcion@botschaft-kuba.de
Kuwait	www.kuwait-botschaft.de
Laos	www.laos-botschaft.de
Lesotho	lesothoembassyberlin@gmail.com
Lettland	www.mfa.gov.lv/de
Libanon	www.libanesische-botschaft.info
Liberia	www.liberiaembassygermany.de
Libyen	www.libyanembassy.de
Liechtenstein	www.berlin.liechtenstein.li
Litauen	de.mfa.lt/de/de
Luxemburg	berlin.mae.lu
Madagaskar	www.botschaft-madagaskar.de
Malawi	www.malawiembassy.de
Malaysia	www.kln.gov.my/web/deu_berlin
Malediven	www.maldivesembassy.de
Mali	www.ambassademali.de
Malta	www.foreignaffairs.gov.mt/en/Pages/Home.aspx
Marokko	www.botschaft-marokko.de
Marshallinseln	www.rmiembassyus.org
Mauretanien	www.mauretanien-embassy.de
Mauritius	mauritius-berlin.govmu.org
Mexiko	embamex.sre.gob.mx/alemania
Mikronesien	www.fsmembassydc.org
Moldau, Republik	www.germania.mfa.gov.md
Monaco	berlin@ambassade-monaco.de
Mongolei	www.berlin.embassy.mn
Montenegro	www.mvp.gov.me
Mosambik	www.embassy-of-mozambique.de
Myanmar	www.meberlin.com
Namibia	www.namibia-botschaft.de
Nauru	nauru.consulate@brisbane.gov.nr
Nepal	https://de.nepalembassy.gov.np/
Neuseeland	www.mfat.govt.nz/germany
Nicaragua	www.nicaraguaportal.de/diplomatische-vertretungen/botschaften/embanic-de
Niederlande	www.sieunddieniederlande.nl
Niger	www.ambassadeniger.de
Nigeria	www.nigeriaembassygermany.org
Nordmazedonien	berlin@mfa.gov.mk
Norwegen	www.norway.no/de/germany
Oman	botschaft-oman@t-online.de
Österreich	www.oesterreichische-botschaft.de
Pakistan	www.pakemb.de
Palau	www.palauembassy.org
Panama	www.botschaft-panama.de
Papua-Neuguinea	kundu.brussels@skynet.be
Paraguay	www.botschaft-paraguay.de
Peru	www.embaperu.de
Philippinen	www.philippine-embassy.de
Polen	www.berlin.msz.gov.pl
Portugal	www.berlim.embaixadaportugal.mne.pt/pt
Ruanda	www.rwanda-botschaft.de
Rumänien	berlin.mae.ro
Russland	russische-botschaft.ru/de

Staat	Internet
Salomonen	www.solomonislandsembassy.com
Sambia	www.zambiaembassy.de
Samoa	www.samoaembassybelgium.com
San Marino	dipartimentoaffariesteri@pa.sm
São Tomé und Príncipe	ambassade@saotomeeprincipe.be
Saudi-Arabien	embassies.mofa.gov.sa/sites/Germany
Schweden	www.schweden.org
Schweiz	www.eda.admin.ch/berlin
Senegal	www.botschaft-senegal.de
Serbien	www.berlin.mfa.gov.rs
Seychellen	seyhc.london@btconnect.com
Sierra Leone	www.slembassy-germany.org
Simbabwe	www.zimembassyberlin.com/de/
Singapur	www.mfa.gov.sg/berlin
Slowakei	www.mzv.sk/web/berlin-de/home
Slowenien	www.berlin.embassy.si
Somalia	somaliembassyberlin@gmail.com
Spanien	www.spanischebotschaft.de
Sri Lanka	www.srilanka-botschaft.de
St. Kitts und Nevis	www.gov.kn
St. Lucia	www.govt.lc
St. Vincent und die Grenadinen	www.gov.vc
Südafrika	www.suedafrika.org
Sudan	www.sudan-embassy.de
Südsudan	www.embassy-southsudan.de
Suriname	amb.belgie@foreignaffairs.gov.sr
Syrien	www.mofaex.gov.sy/berlin-embassy
Tadschikistan	www.mfa.tj/de/berlin
Taiwan	www.roc-taiwan.org/de
Tansania	www.tzembassy.go.tz
Thailand	www.thaiembassy.de
Timor-Leste	consulatetlberlin@typos1.com
Togo	www.ambatogoberlin.de
Tonga	Keine Angabe
Trinidad und Tobago	www.foreign.gov.tt/hclondon
Tschad	www.ambatchadberlin.de
Tschechien	www.mzv.cz/berlin
Tunesien	at.berlin@tunesien.tn
Türkei	berlin.emb.mfa.gov.tr/Mission
Turkmenistan	germany.tmembassy.gov.tm/de
Tuvalu	tuvaluembassy@skynet.be
Uganda	berlin.mofa.go.ug
Ukraine	www.germany.mfa.gov.ua/de
Ungarn	berlin.mfa.gov.hu
Uruguay	www.urualemania.de
Usbekistan	www.uzbekistan.de
Vanuatu	info@vanuatuembassy.be
Vatikanstadt	www.nuntiatur.de
Venezuela	www.botschaft-venezuela.de
Vereinigte Arabische Emirate	www.mofa.gov.ae
Vereinigte Staaten von Amerika	www.usembassy.de
Vietnam	www.vietnambotschaft.org
Zentralafrikanische Republik	ambassadercafrance@yahoo.fr
Zypern	www.mfa.gov.cy/embassyberlin

RÜCKBLICK

Nachdem Deutschland im europäischen Vergleich gut durch die erste Corona-Welle im Frühjahr 2020 gekommen war, trafen die zweite und dritte Welle das Land kaum weniger stark als die Nachbarländer. Bis Mitte 2020 waren offiziell rund 9000 Menschen im Zusammenhang mit einer Corona-Infektion gestorben. In den darauffolgenden 12 Monaten kamen 80 000 Tote hinzu. Vor allem in der zweiten Welle im Winter 2020/21 verzeichnete das Statistische Bundesamt eine deutliche Übersterblichkeit. Die Corona-Maßnahmen sorgten für einen weiteren Wirtschaftseinbruch sowie hohe Staatsausgaben und sie spalteten die Gesellschaft: Während die überwiegende Mehrheit die Maßnahmen befürwortete, protestierte eine sich zunehmend radikalisierende Bewegung dagegen. Auch die Vorbereitung der Parteien auf die Bundestagswahl im Herbst 2021 war durch die Pandemie geprägt. Die meisten Parteitage fanden digital statt. Die Wahl des Spitzenkandidaten zog sich vor allem bei der Union hin.

Corona-Pandemie: Kurz bevor in den ersten Bundesländern die Sommerferien endeten, kündigte Gesundheitsminister Jens Spahn (CDU) am 27.07.2020 eine **Corona-Testpflicht für Reiserückkehrer aus Risikogebieten** an. Sie galt ab dem 08.08.2020. Für alle anderen Reiserückkehrer aus dem Ausland war der Test freiwillig. Trotz der Test- und Quarantäneverpflichtung für Reiserückkehrer aus Risikogebieten stiegen die Infektionszahlen ab Mitte August 2020 wieder deutlich. Am 27.08.2020 einigten sich Bund und Länder auf ein Bußgeld von mindestens 50 € bei Verstößen gegen die Maskenpflicht, am 29.09.2020 verständigten sie sich, die Zahl der Gäste bei privaten Feiern zu begrenzen und ein Verbot von Alkoholausschank in Regionen mit hohen Infektionszahlen zu verhängen.

Am 17.10.2020 rief Bundeskanzlerin Angela Merkel (CDU) die Menschen in ihrer wöchentlichen Videobotschaft auf, Kontakte einzuschränken und auf Feiern und Reisen zu verzichten. Am 21.10.2020 wurde **Gesundheitsminister Spahn positiv auf das Coronavirus getestet**, nachdem er am Tag zuvor an einer privaten Veranstaltung teilgenommen hatte, bei der um nicht meldepflichtige Spenden für seinen Bundestagswahlkampf geworben wurde (bis 9999 €). Am 28.10.2020 beschlossen Bund und Länder, Wirtschaft und Gesellschaft ab dem 02.11.2020 teilweise wieder runterzufahren (**Lockdown light**): Restaurants, Hotels sowie Kultur- und Freizeiteinrichtungen mussten schließen. Den betroffenen Unternehmen sagten Bundesfinanzminister Olaf Scholz (SPD) und Wirtschaftsminister Peter Altmaier (CDU) am 30.10.2020 schnelle und großzügige Unterstützung zu: Betriebe mit bis zu 50 Beschäftigten sollten 75 % des Umsatzes für den für 4 Wochen geplanten Lockdown erhalten. Wegen bürokratischer Hürden verlief die Auszahlung der sog. **November- und Dezemberhilfen** schleppend. Bei den Hilfsprogrammen im Frühjahr hatten zahlreiche Betrüger Anträge gestellt und Geld erhalten.

Am 18.11.2020 verabschiedeten Bundestag und Bundesrat eine **Änderung des Infektionsschutzgesetzes**. Damit wurden die Corona-Maßnahmen rechtlich klarer geregelt. Die rechtlich möglichen Grundrechtseingriffe wurden beschrieben und über den Inzidenzwert Kriterien definiert, wann sie angewandt werden können. Außerdem sah das Gesetz vor, dass die Verordnungen von Bund und Ländern jeweils nur für 4 Wochen gelten dürfen. Zuvor hatten Gerichte immer wieder einzelne Maßnahmen aufgehoben, weil die Regeln im Infektionsschutzgesetz nicht genau genug waren. Die Opposition kritisierte, dass das Gesetz dem Parlament zu wenig Einfluss einräume. Gegner der Corona-Maßnahmen bezeichneten die Novelle als „Ermächtigungsgesetz". Am Tag der Verabschiedung hatten mehrere AfD-Politiker Kritikern der Corona-Maßnahmen und des Gesetzentwurfs über Besucherausweise den Zutritt zum Reichstagsgebäude ermöglicht. Die Kritiker bedrängten andere Abgeordnete.

Am 02.12.2020 beschlossen Bund und Länder, den Teillockdown bis zum 10.01.2021 zu verlängern. Das von der zweiten Welle besonders betroffene Sachsen kündigte am 08.12.2020 einen **harten Lockdown** an: Schulen in Sachsen gingen ab dem 14.12.2020 in den Distanzunterricht, Kitas stellten auf Notbetreuung um und die nicht lebensnotwendigen Geschäfte mussten schließen. Nach einer Verständigung von Bund und Ländern folgten die übrigen Länder am 16.12.2020 in den harten Lockdown. Am 13.12.2020 kündigte Finanzminister Scholz für die betroffenen Unternehmen Hilfen an: Bis zu 90 % der Fixkosten werde der Bund übernehmen, bis zu einem Maximum von 500 000 € pro Monat und Betrieb. Die sog. **Überbrückungshilfe III** sollte ab Januar 2021 ausgezahlt werden. Die Hilfszusage für Unternehmen und Soloselbstständige war ursprünglich bis Ende Juni 2021 begrenzt. Am 09.06.2021 wurde sie bis Ende September 2021 verlängert.

Die Impfkampagne in Deutschland begann am 27.12.2020 zunächst mit sehr wenigen Dosen. Bundesgesundheitsminister Spahn hatte die Länder zuvor aufgefordert, bis Mitte Dezember Impfzent-

Prof. Lothar H. Wieler, Präsident des Robert-Koch-Instituts (RKI) und Jens Spahn, Bundesminister für Gesundheit (CDU), auf ihrer wöchentlichen Pressekonferenz zur Corona-Lage, in Berlin am 22.01.2021.

ren einzurichten. Am 18.12.2020 stellte Spahn die Impfverordnung vor, die eine Reihenfolge festlegte, nach der die Menschen in Deutschland geimpft werden sollten. Die Priorisierung in drei Gruppen beruhte auf einer Empfehlung des Nationalen Ethikrats vom 09.11.2020. Danach sollten zunächst alle über 80-Jährigen geimpft werden sowie Menschen in Pflegeheimen, Altenpflegepersonal sowie Personal auf Intensivstationen, in Notaufnahmen und im Rettungsdienst. Die Bundesregierung sagte am 01.02.2021 zu, bis zum Ende des Sommers allen ein Impfangebot zu machen. Am 19.01.2021 einigten sich Bund und Länder darauf, in Läden und öffentlichen Verkehrsmitteln **nur noch medizinische Masken** zu erlauben.

Am 08.03.2021 wurden **erste Corona-Maßnahmen** gelockert. Gartenmärkte, Buchhandlungen und Friseure durften wieder öffnen. Angesichts der stärker ansteckenden britischen Virusvariante (Alpha-Variante), die sich in Deutschland stark ausbreitete, einigten sich Bund und Länder in der Nacht vom 22./23.03.2021 nach langen Verhandlungen auf eine sog. **Osterruhe**: Rund um die Osterfeiertage sollte das öffentliche Leben komplett runtergefahren werden. Nach massiven Protesten u. a. aus der Wirtschaft nahm Bundeskanzlerin Merkel den Beschluss am 24.03.2021 zurück und entschuldigte sich. Am 28.03.2021 forderte Merkel die Länder auf, die im Infektionsschutzgesetz festgelegte Notbremse ab einer Inzidenz von 100 pro 100 000 Einwohnern innerhalb von 7 Tagen umzusetzen. Andernfalls werde die Bundesregierung das regeln. Am 14.04.2021 beschloss die Bundesregierung, das Infektionsschutzgesetz zu verschärfen und ab einer Inzidenz von 100 bundeseinheitliche Corona-Regeln einzuführen. Der Bundestag beschloss die sog. **Bundesnotbremse** am 21.04.2021 mit den Stimmen von Union und SPD, der Bundesrat stimmte am 22.04.2021 zu. Die Bundesnotbremse galt ab dem 24.04.2021. In Kreisen mit einer Inzidenz über 100 wurden u. a. nächtliche Ausgangssperren eingeführt, Restaurants, Kultur- und Freizeiteinrichtungen mussten schließen, private Treffen wurden stark beschränkt. Schulen und Hochschulen durften ab einer Inzidenz von 165 keinen Präsenzunterricht mehr geben mit Ausnahme von Abschluss- und Förderklassen. Es galt eine Homeoffice-Pflicht, wo immer das möglich war. Sobald die Zahlen unter die Schwelle von 100 fielen, konnten die Länder die Corona-Regeln wieder selbst festlegen. Thüringen unterschritt den Wert als letztes Bundesland am 24.05.2021. Am 30.06.2021 lief die Bundesnotbremse aus. Die Inzidenz war auf einen Wert von 5.2 gesunken.

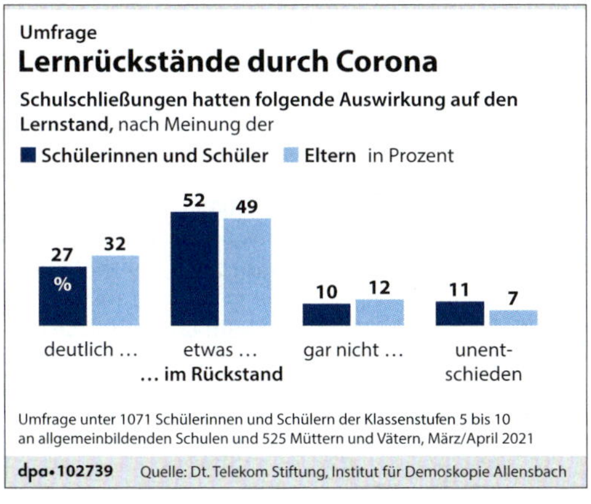

Demonstrationen gegen die Corona-Maßnahmen, vielfach initiiert durch die sog. Querdenken-Bewegung fanden großen Zulauf. So protestierten am 01.08.2020 rd. 20 000 Menschen in Berlin, meist ohne Abstand und Masken. Am 29.08.2020 löste die Polizei eine Demonstration von rd. 38 000 Menschen auf, weil sie sich nicht an die Hygieneregeln hielten. Rd. 300–400 durchbrachen die Absperrung vor dem Reichstag, wurden auf den Treppen jedoch von Polizisten aufgehalten. Für Aufsehen sorgte auch, dass einige Demonstranten Reichs- und Reichskriegsflaggen dabeihatten. Weitere große Demonstrationen der Querdenken-Bewegung gab es am 07.11.2020 in Dresden (45 000 Teilnehmer), am 18.11.2020 in Berlin (rd. 9000 Teilnehmer), am 20.03.2021 in Karlsruhe (20 000 Teilnehmer). Immer wieder kam es im Zuge von Anti-Corona-Maßnahmen-Protesten zu Angriffen auf Polizisten und Medienvertreter. Am 25.04.2021 gab der Verfassungsschutz in Baden-Württemberg bekannt, dass die sog. **Querdenken-Bewegung als Beobachtungsfall** eingestuft wurde, weil sie sich radikalisiert habe und von Extremisten und Verfassungsfeinden unterwandert sei. Damit konnten Nachrichtendienste V-Leute in der Bewegung platzieren und in begründeten Fällen Telefon- und Onlinedaten überwachen. Am 28.04.2021 stellte der Bundesverfassungsschutz Teile der Querdenken-Bewegung auch bundesweit unter Beobachtung. Er warf der Bewegung eine „Delegitimierung des Staates“ vor.

Am 25.02.2021 hob der Bundestag die Immunität des CSU-Bundestagsabgeordneten und stellvertretenden Unionsfraktionsvorsitzenden **Georg Nüsslein** auf. Nach Hinweisen aus Liechtenstein wurden noch am selben Tag Haus und Büros von Nüsslein und mehreren Firmen durchsucht. Es war der **Beginn der Maskenaffäre**, in deren Verlauf mehrere Politiker der Union zurücktreten mussten, weil sie für die Vermittlung von medizinischer Schutzausrüstung viel Geld angenommen hatten. Nüsslein soll 660 000 € dafür erhalten haben, dass er einem Maskenhersteller Verträge mit der Bundesregierung und der bayerischen Landesregierung verschaffte. Am 26.02.2021 ließ Nüsslein den stellvertretenden Fraktionsvorsitz ruhen, am 07.03.2021 trat er aus der Unionsfraktion und am 08.03.2021 aus der CSU aus. Er blieb jedoch Bundestagsabgeordneter. Am 05.03.2021 wurde bekannt, dass auch der CDU-Bundestagsabgeordnete **Nikolas Löbel** eine Provision von 250 000 € für die Vermittlung von Schutzmasken erhalten hatte. Löbel bezeichnete die Summe als „marktübliche Vergütung“. Am 07.03.2021 kündigte er seinen Rückzug aus der Politik an und legte am 08.03.2021 sein Bundestagsmandat nieder. Auch der Bundestagsabgeordnete **Mark Hauptmann** (CDU) zog sich nach Vorwürfen aus Partei und Bundestag zurück. Der bayerische Landtagsabgeordnete und Ex-Justizminister **Alfred Sauter** (CSU) legte am 21.03.2021 seine Parteiämter nieder und ließ seine Fraktionszugehörigkeit ruhen, blieb jedoch im Landtag und in der CSU. Er hatte gegen hohe Provisionen offenbar nicht nur Maskendeals vermittelt, sondern auch für Antigenschnelltests bei Ministerpräsident Markus Söder geworben. Gegen mehrere der Politiker ermittelte die Staatsanwaltschaft wegen des Verdachts der Korruption und der Steuerhinterziehung. In der Öffentlichkeit problematisiert wurde auch, dass der Modeinfluencer **Joe Laschet**, der Sohn des nordrhein-westfälischen Ministerpräsidenten Armin Laschet im Frühjahr 2020 einen Kontakt zwischen seinem Auftraggeber, dem Textilhersteller **Van Laack**, und seinem Vater hergestellt hatte. Van Laack erhielt daraufhin Millionenaufträge für Masken und Schutzkittel.

Bundespräsident Frank-Walter Steinmeier übergibt am 20.05.2021 im Schloss Bellevue die Entlassungsurkunde an die bisherige Bundesfamilienministerin Franziska Giffey (SPD).

Bundesregierung, Bundespräsident und Bundestag

Plagiatsvorwürfe verfolgten Bundesfamilienministerin Franziska Giffey. Die Vorwürfe, sie habe in Teilen ihrer Doktorarbeit nicht korrekt zitiert, waren bereits 2018 laut geworden. Die Affäre schien sich aber weitgehend erledigt zu haben, nachdem die Freie Universität Berlin Giffey im Oktober 2019 lediglich eine Rüge erteilt hatte. Am 06.11.2020 kündigte die Uni jedoch an, die Arbeit erneut zu prüfen. Daraufhin verzichtete Giffey am 13.11.2020 darauf, ihren Doktortitel zu führen. Am 28.11.2020 wählte die Berliner SPD sie zur neuen Ko-Landesvorsitzenden und am 24.04.2021 zur Spitzenkandidatin für die Wahl zum Abgeordnetenhaus im September. Am 13.05.2021 berichteten Medien, dass die Uni Giffey den Doktortitel aberkennen würde. Daraufhin erklärte sie am 19.05.2021 ihren **Rücktritt** als Bundesfamilienministerin, ihre Positionen in der Berliner SPD behielt sie. Am 10.06.2021 gab die Uni bekannt, dass die Rüge aufgehoben wird und Giffey den Doktortitel verliert. Die Uni begründete die Entscheidung damit, dass eine Rüge nur in minderschweren Fällen einer Täuschung möglich sei, Giffey aber „mindestens mit bedingtem Vorsatz gehandelt“ habe. Giffeys Aufgaben als Bundesministerin für Familien, Senioren, Frauen und Jugend übernahm am 20.05.2021 Bundesjustizministerin Christine Lambrecht zusätzlich.

Bundespräsident Frank-Walter Steinmeier erklärte am 28.05.2021, dass er für eine zweite Amtszeit zur Verfügung steht. Fünf Jahre nach seiner Wahl durch die Bundesversammlung steht voraussichtlich im Februar 2022 die Neuwahl des Bundespräsidenten an. Steinmeier zeigte sich offen für Gegenkandidaten. Wen die Parteien jeweils unterstützen, wird sich voraussichtlich erst nach der Bundestagswahl im September 2021 entscheiden.

Gegen die Stimmen der Opposition verabschiedete der Bundestag am 07.10.2020 eine **Wahlrechtsreform**. Ziel war die Verkleinerung des Bundestags, der sich durch Überhang- und Ausgleichsmandate zuletzt aufgebläht hatte. Statt regulär 598 gab es seit 2017 709 Abgeordnete im Bundestag. Die Reform beließ es bei der Zahl von 299 Wahlkreisen für die Bundestagswahl 2021. Erst 2024 sollen die Wahlkreise neu zugeschnitten und auf 280 reduziert werden. Die Reform legte aber fest, dass **Überhangmandate nur noch teilweise ausgeglichen** werden. Überhangmandate entstehen, wenn eine Partei mehr Direktkandidaten in den Bundestag entsendet, als ihr Mandate nach den Zweitstimmen zustehen. Damit die anderen Parteien durch diese Regel nicht benachteiligt werden, werden Überhangmandate seit 2013 ausgeglichen. Die Kompensation soll ab 2021 erst ab dem 3. Überhangmandat erfolgen. Außerdem werden Direktmandate mit Listenmandaten in anderen Bundesländern verrechnet, bevor es zu einem Ausgleich kommt.

Die Transparenzregeln für Bundestag und Bundesregierung wurden verschärft. Am 25.03.2021 führte der Bundestag ein **Lobbyregister** ein, in das sich professionelle Interessenvertreter eintragen müssen, wenn sie Bundestagsabgeordnete oder Ministeriumsmitarbeiter treffen wollen. Das Register soll deutlich machen, wer auf einen Gesetzgebungsprozess Einfluss nimmt. **Nach der Maskenaffäre** gaben sich die Abgeordneten am 11.06.2021 auch selbst strengere Regeln. Danach müssen Abgeordnete **Nebeneinkünfte** künftig auf den Betrag genau veröffentlichen, wenn sie 1000 € pro Monat oder 3000 € im Jahr übersteigen. Unternehmensbeteiligungen müssen ab 5 % angegeben werden. Bezahlte Beratertätigkeit oder Lobbyarbeit wurde Abgeordneten ebenso verboten wie bezahlte Vorträge und die Annahme von Spenden.

Parteien

CDU/CSU: Nach der Rücktrittsankündigung von Parteichefin Annegret Kramp-Karrenbauer vom Februar 2020 blieb die **Führungsfrage der CDU lange ungeklärt**. Am 26.10.2020 entschied das Präsidium angesichts der 2. Welle der Corona-Pandemie, den für Dezember 2020 geplanten Parteitag zu verschieben. Am 14.12.2020 gab die Parteiführung bekannt, dass die CDU erstmals auf einem digitalen Parteitag über den neuen Vorsitzenden entscheiden wird. Am 16.01.2021 stellten sich der Ministerpräsident von Nordrhein-Westfalen Armin Laschet, der ehemalige Fraktionschef im Bundestag Friedrich Merz sowie der Außenpolitiker und Ex-Bundesumweltminister Norbert Röttgen den 1001 Delegierten des Online-Parteitags zur Wahl. **In der Stichwahl setzte sich Laschet** gegen Merz mit 552 zu 466 Stimmen **durch**. Anschließend sagte Laschet, er wolle Partei und Gesellschaft zusammenführen und innerparteilich als Mannschaftskapitän agieren.

Über die **Frage der Kanzlerkandidatur entbrannte in der Union ein Machtkampf** zwischen den Parteivorsitzenden von CDU und CSU, dem NRW-Ministerpräsidenten Laschet und dem bayerischen Ministerpräsidenten Söder. Am 11.04.2021 erklärten beide ihre Bereitschaft, die Union in den Bundestagswahlkampf zu führen. Söder kündigte an, ein Votum der CDU für Laschet zu akzeptieren. Zu diesem Zeitpunkt lag Söder in den Umfragen deutlich vor Laschet. Am 12.04.2021 sprach sich die Parteiführung der CDU für Laschet aus, die der CSU für Söder. Nach Gesprächen zwischen beiden Kandidaten stimmte der CDU-Bundesvorstand in der Nacht vom 19./20.04.2021 ab: Von den 46 Mitgliedern stimmten 31 für Laschet als Kanzlerkandidat, 9 für Söder, 6 enthielten sich. Söder zog daraufhin am 20.04.2021 seine Kandidatur zurück. CSU-Generalsekretär Marcus Blume bezeichnete Söder als „Kandidat der Herzen". Am 20.06.2021 einigten sich die Spitzen von CDU und CSU auf das gemeinsame **Wahlprogramm für die Bundestagswahl**. Es versprach einen Modernisierungsschub, bei gleichzeitiger Stabilität und Sicherheit. Steuererhöhungen schloss das Programm aus. Der nur noch für sehr hohe Einkommen geltende Solidaritätszuschlag sollte abgeschafft werden. Außerdem kündigte die Union eine Unternehmenssteuerreform an. Die Wahlkampagne stellte die Union am 06.07.2021 unter das Motto **„Deutschland gemeinsam machen"**.

Armin Laschet, CDU-Kanzlerkandidat, CDU-Bundesvorsitzender und Ministerpräsident von Nordrhein-Westfalen und Markus Söder, CSU-Vorsitzender und Ministerpräsident von Bayern, kommen zur Klausur der Spitzen von CDU und CSU zur Verabschiedung des Wahlprogramms für die Bundestagswahl am 21.06.2021 in Berlin.

SPD: Als erste Partei legte sich die SPD auf einen **Kanzlerkandidaten** fest. Der Parteivorstand nominierte am 11.08.2020 Bundesfinanzminister **Olaf Scholz**. Am Tag zuvor hatten die Parteivorsitzenden Saskia Esken und Norbert Walter-Borjans Scholz vorgeschlagen. Belastet wurde die Kandidatur, weil Scholz als Bundesfinanzminister im Wirecard-Untersuchungsausschuss im Bundestag und als ehemaliger Hamburger Bürgermeister im Cum-Ex-Untersuchungsausschuss in der Hamburger Bürgerschaft aussagen musste. Am 05.05.2021 wählte der Online-Bundesparteitag Scholz auch offiziell zum Spitzenkandidaten. Gleichzeitig verabschiedeten die Delegierten das **Wahlprogramm** mit dem Titel „Zukunft.Respekt.Europa". Schwerpunkte waren mehr Klimaschutz, gute Arbeitsbedingungen und mehr soziale Gerechtigkeit.

Bereits am 31.07.2020 hatte die Bundesschiedskommission der SPD den ehemaligen Berliner Finanzsenator **Thilo Sarrazin aus der Partei ausgeschlossen**. Mit mehreren Büchern und öffentlichen Äußerungen hatte Sarrazin den Islam und die Migrationspolitik der Bundesregierung kritisiert. Das Parteigericht erklärte, dass Sarrazins Ansichten nicht mit den Grundsätzen der SPD vereinbar seien und ihr schweren Schaden zufügten. Nachdem 2 Parteiausschlussverfahren gescheitert waren, lief das 3. seit Dezember 2018.

AfD: Die AfD hielt auch bei hohen Corona-Inzidenzzahlen ihre Bundesparteitage in Präsenz ab. Am 28.11.2020 verabschiedete die Partei in Kalkar ihr erstes **Rentenkonzept**. Es sah einen flexiblen Renteneintritt sowie höhere Renten für Eltern und Geringverdiener vor. Politiker, die meisten Beamten und Selbstständige sollten dem Konzept zufolge in die gesetzliche Rente einzahlen. Bei dem Parteitag in Dresden beschloss die AfD am 11.04.2021 ihr **Wahlprogramm für die Bundestagswahl**. Über die Spitzenkandidaten entschieden die Mitglieder in einer Urwahl. Am 25.05.2021 stand fest: **Ko-Parteichef Tino Chrupalla und Ko-Fraktionschefin Alice Weidel** führen die AfD in den Bundestagswahlkampf. Das Duo wurde vom ehemaligen, als rechtsextrem eingestuften Flügel unterstützt und erhielt 71 % der Stimmen. Ko-Partei- und Fraktionschef Jörg Meuthen hatte mit Joana Cotar und Joachim Wundrak eigene Kandidaten vom gemäßigten Flügel ins Rennen geschickt, war aber gescheitert.

Das Bundesschiedsgericht der AfD schloss den ehemaligen Brandenburger Landes- und Fraktionschef **Andreas Kalbitz** am 25.07.2020 aus der Partei aus. Grund waren Kontakte ins rechtsextreme Milieu. Am 22.08.2020 lehnte das Landgericht Berlin einen Eilantrag von Kalbitz gegen den Beschluss ab. Am 22.01.2021 folgte das Berliner Kammergericht. Am 25.02.2021 klagte die AfD vor dem Bundesverfassungsgericht (BVerfG) dagegen, dass das Bundesamt für Verfassungsschutz (BfV) die AfD als Gesamtpartei zum Verdachtsfall oder als gesichert extremistische Bewegung einstuft. Die Partei galt seit 2020 als Prüffall. Nach einer Videokonferenz von BfV-Chef Thomas Haldenwang mit den Verfassungsschutzchefs der Länder wurde am 03.03.2021 bekannt, dass das BfV die **AfD zum Verdachtsfall hochgestuft** hat. Die Partei konnte damit mit nachrichtendienstlichen Mitteln beobachtet werden. Offiziell äußerte sich das BfV wegen des offenen Gerichtsverfahrens nicht. **Die AfD klagte** vor dem Verwaltungsgericht Köln **gegen die Einstufung**. Das Gericht erklärte am 08.07.2021, dass eine Entscheidung erst nach der Bundestagswahl fallen wird.

Grüne: Auf einer digitalen Bundesdelegiertenkonferenz vom 20.–22.11.2020 verabschiedeten die Grünen ein **neues Grundsatzprogramm**, dass das Programm von 2002 ablöste. Unter dem Motto „zu achten und zu schützen – Veränderung schafft Halt" rückte es die Partei programmatisch weiter in die Mitte. Schwerpunkte waren der Klimaschutz (u. a. mit dem Ziel, die Erderwärmung auf 1.5 Grad zu begrenzen) und die soziale Gerechtigkeit. Am 19.04.2021 nominierte der Bundesvorstand der Grünen Parteichefin **Annalena Baerbock als Kanzlerkandidatin** für die Bundestagswahl im September 2021. Zuvor hatten sich Baerbock und der Ko-Vorsitzende **Robert Habeck** intern geeinigt, wer antritt. Auf einem digitalen Parteitag wurde Baerbock am 12.06.2021 mit 98.6 % der Stimmen als Kanzlerkandidatin bestätigt. Es war das erste Mal, dass die Grünen mit einer Kanzlerkandidatin antraten. In die Kritik geriet Baerbock, weil sie Sonderzahlungen der Grünen zu spät beim Bundestag angemeldet hatte, ihren offiziellen Lebenslauf auf der Homepage der Partei mehrfach korrigieren

Annalena Baerbock und Robert Habeck unterhalten sich nach Habecks Rede auf dem Online-Kongress der Grünen in Berlin am 11.06.2021.

musste und ihr vorgeworfen wurde, in einem Buch zum Wahlkampf nicht ordentlich zitiert zu haben. Die Grünen und Baerbock verloren daraufhin in den Umfragen deutlich. Nach Medienspekulationen über einen Wechsel der Kanzlerkandidatin bezeichnete Habeck das am 10.07.2021 als „Kokolores".

FDP: Parteichef Christian Lindner gab am 17.08.2020 bekannt, dass der Wirtschaftsminister von Rheinland-Pfalz, **Volker Wissing, neuer Generalsekretär der FDP** wird. Auf dem Bundesparteitag in Berlin wurde er am 19.09.2020 zum Nachfolger von Linda Teuteberg gewählt. Das Wahlprogramm für die Bundestagswahl verabschiedeten die Delegierten auf dem Online-Parteitag vom 14.–16.05.2021. Es trug den Titel „Nie gab es mehr zu tun". Die Partei lehnt darin Tempolimits, Dieselfahrverbote und eine Festlegung auf batterieelektrische Antriebe ab. Sie will den Solidaritätsbeitrag komplett abschaffen, die Unternehmenssteuern auf 25 % begrenzen und den Spitzensteuersatz erst ab 90 000 € Jahreseinkommen greifen lasen.

Linke: Am 27.02.2021 wählte die Linke auf einem Online-Parteitag mit der damaligen Thüringer Landes- und Fraktionsvorsitzenden **Susanne Henning-Wellsow** und der hessischen Fraktionsvorsitzenden **Janine Wissler** ein neues **Führungsduo**. Die bisherigen Parteivorsitzenden Katja Kipping und Bernd Riexinger hatten am 28./29.08.2020 angekündigt, dass sie nach 8 Jahren an der Parteispitze nicht wieder antreten würden. Am 10.05.2021 nominierte der Parteivorstand **Janine Wissler** und den Fraktionschef im Bundestag **Dietmar Bartsch** zu **Spitzenkandidaten** für den Bundestagswahlkampf. Ihr Wahlprogramm verabschiedeten die Linken auf einem Online-Parteitag am 20.06.2021. Schwerpunkte waren Forderungen nach einem garantierten Mindesteinkommen, einer Mindestrente von 1200 € im Monat ab 65 Jahren und einer Vermögenssteuer.

Finanzen, Klima, Wirtschaft, Verkehr

Die Haushaltsaufstellung und -beratung stand fast ganz im Zeichen der Corona-Krise. Am 11.12.2020 verabschiedete der Bundestag mit den Stimmen von Union und SPD in dritter Lesung den Haushalt 2021. Er sah Ausgaben von 498.6 Mrd. € vor. Die Neuverschuldung lag bei 179.8 Mrd. €. Damit blieb das Haushaltsvolumen rd. 10 Mrd. € unter dem Haushaltsansatz für 2020 inkl. der beiden Nachtragshaushalte (509.3 Mrd. €). Bereits im April 2021 war ein **Nachtragshaushalt** nötig. Der Bundestag beschloss am 23.04.2021 mit den Stimmen der Koalition weitere Kreditermächtigungen von 60.4 Mrd. €. Damit summierten sich die neuen Schulden für 2021 auf 240.2 Mrd. €. Grund für die zusätzlichen Ausgaben waren die Entwicklung der 2. und 3. Corona-Welle sowie die damit verbundenen Ausgaben für eine Test- und Impfkampagne und weitere Unterstützungsmaßnahmen für die Wirtschaft und Gesellschaft. Positiv schlug laut Bericht des Bundesfinanzministers vom 22.06.2021 zu Buche, dass die tatsächliche Nettokreditaufnahme im Jahr 2020 um 87 Mrd. € niedriger ausfiel, als mit dem 2. Nachtragshaushalt vom Juni 2020 veranschlagt (130.5 statt 217.8 Mrd. €). Grund war, dass die Ausgaben deutlich unter dem Voranschlag geblieben waren und sich die Einnahmen besser entwickelt hatten. Der **Haushaltsentwurf der Regierung für 2022** vom 23.06.2021 sah ebenfalls eine hohe Neuverschuldung vor: Um 100 Mrd. € sollen die Ausgaben (443 Mrd. €) die Einnahmen übersteigen. Die Bundesnotbremse soll weiter ausgesetzt bleiben.

Auf Benzin, Diesel, Heizöl und Erdgas wird seit Anfang 2021 eine CO_2-Abgabe von 25 € pro Tonne erhoben, um Anreiz für weniger Treibhausgasemissionen zu setzen. Dazu hatten Bundestag (28.10.2010) und Bundesrat (08.11.2020) das **Brennstoffemissionshandelsgesetz** geändert. Bis 2035 steigt der Preis schrittweise auf 35 € pro Tonne. Danach wird der Preis freigegeben und soll sich in einem Korridor zwischen 35 und 60 € pro Tonne CO_2 bewegen.
Um den Ausbau von Wind- und Solarstrom weiter zu fördern, änderte der Bundestag am 17.12.2020 das **Erneuerbare-Energien-Gesetz (EEG)**. Die Novelle schrieb vor, dass der Strom in Deutschland ab 2050 komplett klimaneutral sein soll. Um die Akzeptanz von Windkraft zu erhöhen, erlaubte das neue Gesetz Anlagenbetreibern, die benachbarten Kommunen künftig mit 0.2 Cent pro Kilowattstunde an den Erträgen zu beteiligen. Der Weiterbetrieb von Altanlagen, die nach 20 Jahren aus der EEG-Förderung rausfallen, wurde erleichtert.

Dank der Corona-Pandemie konnte Deutschland das **Klimaschutzziel für 2020 einhalten** und die Treibhausgasemissionen um mindestens 40 % im Vergleich zu 1990 reduzieren. Am 16.03.2021 gab das Bundesumweltamt bekannt, dass die Werte sogar um 40.8 % gesunken waren. Dazu beigetragen hatte u. a. der starke Rückgang der Emissionen im Verkehr und in Teilen der Produktion in der Pandemie.

Das Bundesverfassungsgericht (BVerfG) erklärte am 29.04.2021 das **Klimaschutzgesetz von 2019 in Teilen** für **verfassungswidrig**. Es gab damit der Klage

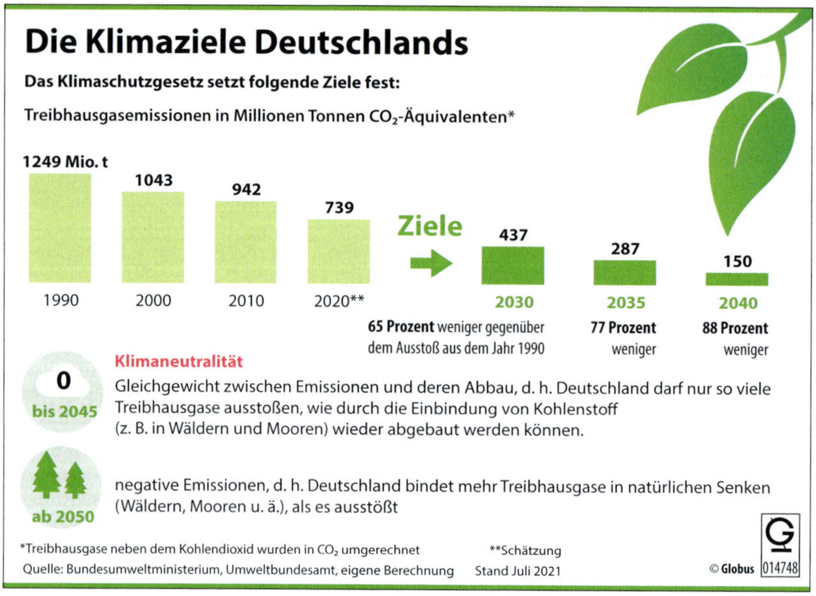

von jungen Klimaschützerinnen und Klimaschützern statt. Die Richter monierten, dass das Gesetz nur bis zum Jahr 2030 Vorgaben für die Verringerung von Treibhausgasen machte. Eine hohe Last der Klimaschutzmaßnahmen werde damit auf die Zeit nach 2030 verlagert. In dieser Zeit wären drastische Maßnahmen nötig, um das Ziel des Pariser Klimaabkommens zu erreichen, den Anstieg der globalen Durchschnittstemperatur auf deutlich unter 2 Grad zu begrenzen. Damit würden die Freiheitsrechte der jüngeren Generation stark eingeschränkt. Das sei nicht mit dem Grundgesetz zu vereinbaren, urteilten die Richter. Sie verpflichteten den Gesetzgeber, bis Ende 2022 einen Emissionspfad für die Zeit nach 2030 festzulegen. In Reaktion auf das Urteil legte die Bundesregierung am 12.05.2021 den Entwurf für ein **neues Klimaschutzgesetz** vor. Am 24.06.2021 wurde es vom Bundestag beschlossen, am 25.06.2021 stimmte der Bundesrat zu. Die Novelle sieht vor, die **Treibhausgasemissionen schneller zu reduzieren**. Es wurden jährliche Reduktionsziele bis 2040 vorgegeben. Bis 2030 soll der CO_2-Ausstoß danach um 65 % im Vergleich zu 1990 sinken (bislang 55 %), bis 2040 um 88 %. 2045 soll Deutschland klimaneutral sein (bislang 2050). Um die Ziele zu erreichen, senkte das Gesetz die zulässigen Emissionsmengen für die einzelnen Sektoren ab (Industrie, Verkehr, Gebäude, Landwirtschaft). Zusätzlich verabschiedete die Regierung am 23.06.2021 ein **Sofortprogramm für Investitionen in den Klimaschutz** von 8 Mrd. €. Davon sollten 5.5 Mrd. € in die energetische Sanierung von Gebäuden und den klimafreundlichen Neubau von Sozialwohnungen fließen. 1 Mrd. € war für den Verkehrssektor vorgesehen, 1 Mrd. € für die Transformation der Industrieproduktion.

Auf der Suche nach einem Endlager für Atommüll stellte die Bundesgesellschaft für Endlagerung (BGE) am 28.09.2020 ihren Zwischenbericht vor. Darin identifiziert sie 90 Gebiete, deren Bodenbeschaffenheit für die Endlagerung von Atommüll geeignet seien. Der Atommüll

kann dem Bericht zufolge in Ton-, Salz- oder Granitgestein gelagert werden. Rd. 54 % der Fläche der Bundesrepublik kommen laut BGE infrage. Der Salzstock Gorleben in Niedersachsen, der seit 1977 als Atommüllendlager erkundet wurde, war nicht dabei. Der Salzstock sei in Bewegung und käme deswegen nicht infrage, so die Gutachter. Im nächsten Schritt wird die BGE die möglichen Atommüllstandorte weiter eingrenzen. In einem Beteiligungsprozess, der am 05.02.2021 begann, werden die Ergebnisse des Zwischenberichts diskutiert. Interessierte Bürger können mitmachen. 2031 soll das Endlager gefunden sein, ab 2050 die Einlagerung von Atommüll beginnen.

Im Zusammenhang mit der Insolvenz und dem **Bilanzskandal des Finanzdienstleisters Wirecard** setzte der Bundestag am 01.10.2020 mit den Stimmen der Opposition einen **Untersuchungsausschuss** ein. Er sollte das Verhalten der Bundesregierung und der zuständigen Bundesbehörden untersuchten und klären, ob sie ihrer Aufsichtspflicht nachgekommen sind. Insgesamt befragte der Ausschuss 110 Zeugen, darunter Bundeskanzlerin Merkel (23.04.2021) und Bundesfinanzminister Scholz (22.04.2021). Im **Abschlussbericht** des Ausschusses vom 22.06.2021 warfen Opposition und Union **Finanzminister Scholz und der Bafin schwere Versäumnisse** vor. Der Verdacht der Geldwäsche und der Bilanzmanipulation gegen Wirecard habe seit 2008 bzw. 2015 im Raum gestanden, sei aber ignoriert worden. Die Opposition machte u. a. Ex-Unions-Politiker dafür verantwortlich, die Kontakte bis ins Kanzleramt genutzt hätten, um für Wirecard zu lobbyieren. Beim Landgericht München gingen bis Mitte 2021 rd. 400 **Schadenersatzklagen gegen die Wirtschaftsprüfungsgesellschaft EY (Ernst & Young)** ein, die jahrelang die Bilanzen von Wirecard geprüft hatte.

Am 03.03.2021 schloss die Bundesanstalt für Finanzaufsicht (Bafin) die **Greensill Bank** in Bremen für den Kundenverkehr und stellte Strafanzeige wegen des Verdachts der Bilanzfälschung. Die Tochter der britisch-australischen Greensill-Gruppe hatte Anleger mit besonders hohen Zinsen gelockt. Am 15.03.2021 stellte die Bafin einen Insolvenzantrag für die Bank. Am 16.03.2021 eröffnete das Bremer Amtsgericht das Insolvenzverfahren. Einlagen von Privatanlegern waren bis 100 000 € durch den Einlagensicherungsfonds gedeckt. Für rund 50 Kommunen aus ganz Deutschland, deren Anlagen seit 2017 nicht mehr durch den Einlagensicherungsfonds geschützt sind, ging es z. T. um Millionensummen.

Soziales

Nach Corona-Ausbrüchen auf Schlachthöfen verabschiedete der Bundestag am 16.12.2020 strengere Regeln für den Arbeitsschutz. Per Gesetz ist seit dem 01.01.2021 der Einsatz von Subunternehmen in der fleischverarbeitenden Industrie verboten. Seit dem 01.04.2021 ist auch der Einsatz von Leiharbeitern nur noch in Ausnahmefällen möglich. Bis dahin waren Werkverträge mit Subunternehmen aus Osteuropa üblich, die Arbeiter zu Billiglöhnen und schlechten Arbeits- und Wohnbedingungen beschäftigten. Die Arbeitszeitvorschriften müssen fortan eingehalten und die Arbeitszeit elektronisch aufgezeichnet werden. Außerdem schrieb das Gesetz Standards für die Unterbringung in Gemeinschaftsunterkünften vor. Betriebe mit weniger als 50 Mitarbeitern wurden von den neuen Regeln ausgenommen. Eilanträge gegen das neue Gesetz wies das Bundesverfassungsgericht am 29.12.2020 ab. Am 12.05.2021 reichten mehrere Zeitarbeitsunternehmen Verfassungsbeschwerde ein.

Die Pflegereform soll für eine bessere Bezahlung der Pflegekräfte sorgen und Heimbewohner von Kosten entlasten. Das Gesetz, das der Bundestag am 11.06.2021 verabschiedete, sieht vor, dass Kranken- und Pflegekassen ab dem 01.09.2022 Versorgungsverträge nur noch mit Einrichtungen abschließen dürfen, die Tariflöhne zahlen. Bis dahin verdienten laut Bundesarbeitsministerium rd. 300 000 Pflegekräfte weniger als den Tariflohn. Gleichzeitig regelt das Gesetz, dass Pflegeheimbewohner ab 2022 einen Zuschuss zu den Pflegekosten bekommen, der mit der Pflegedauer steigt, von 5 % im 1. Jahr auf 80 % ab dem 4. Jahr.

Der Bundestag beschloss am 11.06.2021 einen Rechtsanspruch auf **Ganztagsbetreuung für alle Grundschüler**, die ab 2026 eingeschult werden. Dazu müssten laut Bundesregierung rd. 800 000 weitere Ganztagsplätze geschaffen werden. Mindestens 8 Stunden Betreuung versprach das Gesetz den Eltern von Kindern in der 1.–4. Klasse, auch in den Ferien. Das Gesetz sah lediglich 4 Wochen Schließzeit vor. Der Bundestag hatte bereits am 19.11.2020 ein Sondervermögen von 3.5 Mrd. € genehmigt, mit dem der Bund die Länder bei den nötigen Investitionen für Räume und Ausstattung unterstützt. Gleichzeitig sagte der Bund einen jährlichen Zuschuss zu den Betriebskosten von 1 Mrd. € zu. Trotzdem **stoppten die Länder den Gesetzentwurf** am 25.06.2021 **im Bundesrat** und verwiesen ihn an den Vermittlungsausschuss. Die Länder fordern, dass sich der Bund zur Hälfte an den laufenden Kosten für Personal und Betrieb von rd. 4.5 Mrd. € beteiligt.

Das Lieferkettengesetz, das am 11.06.2021 den Bundestag und am 25.06.2021 den Bundesrat passierte, verpflichtet die großen Unternehmen in Deutschland, sich international bei ihren Vertragspartnern **für Menschenrechte und Umweltschutz** einzusetzen. Laut Gesetz müssen Unternehmen mit mehr als 3000 Mitarbeitern ab 2023 dafür sorgen, dass Menschenrechte und Umweltstandards in ihrer Produktions- und Lieferkette eingehalten werden. Die Sorgfaltspflicht schreibt den Unternehmen dabei eine aktive Rolle zu. Sie müssen Verstößen gegen die Menschenrechte etwa durch Kinder- oder Zwangsarbeit vorbeugen, ggf. Abhilfe schaffen, Beschwerdemöglichkeiten einrichten und regelmäßig Bericht erstatten. Ab 2024 gilt das für Unternehmen mit mehr als 1000 Mitarbeitern.

Große Unternehmen ab 2000 Beschäftigten müssen künftig **Frauen in ihren Führungsgremien** berücksichtigen. Dazu beschloss der Bundestag am 11.06.2021 das 2. Führungspositionen-Gesetz. Danach muss in börsennotierten Unternehmen ab drei Vorständen mindestens eine Frau im obersten Gremium sitzen. Das Gleiche gilt für große Unternehmen mit paritätischer Mitbestimmung, also Arbeitnehmervertretern im Aufsichtsrat. Die Quote muss nur berücksichtigt werden, wenn die Posten neu besetzt werden. Insgesamt waren in Deutschland **66 Unternehmen von der neuen Regel betroffen**. Von denen hatte mehr als ein Drittel keine Frau in ihren Führungsgremien. Kleinere börsennotierte oder paritätisch mitbestimmte Unternehmen müssen laut neuem Gesetz begründen, wenn es keine Frauen in der obersten Führungsebene gibt.

Online-Glücksspiel ist seit dem 01.07.2021 legal in Deutschland. Möglich machte das ein neuer Glücksspielstaatsvertrag, den die Ministerpräsidentinnen und Ministerpräsidenten der Länder am 29.10.2020 unterzeichneten. Bis dahin hatte nur Schleswig-Holstein entsprechende Lizenzen vergeben. Die Länder begründeten die bundesweite Legalisierung damit, dass im Ausland ein großer Schwarzmarkt bestehe, der nur schwer zu kontrollieren und zu regulieren sei. Die Gefahren der Spielsucht seien dort größer als in einem legalen Markt. Der neue Glücksspielstaatsvertrag regelte, dass sich Spieler für Online-Spiele und -Wetten mit Klarnamen und Adresse registrieren müssen und anbieterübergreifend monatlich höchstens 1000 € einsetzen können. Außerdem wurde eine zentrale Spielersperrdatei eingeführt, um Glücksspielsucht zu bekämpfen. Auch Vorkehrungen gegen Geldwäsche wurden getroffen. Bis zum 28.04.2021 ratifizierten die Landtage aller 16 Bundesländer den Vertrag. Neu geschaffen wurde eine gemeinsame Glücksspielaufsichtsbehörde in Sachsen-Anhalt (Halle/Saale). Am 23.06.2021 beschloss der Bundestag außerdem eine **Steuer auf Online-Glücksspiele** von 5.3 %. Sie orientiert sich am Steuersatz für Sportwetten.

Die Stasiakten gehören künftig zum Bundesarchiv. Das hat der Bundestag am 19.11.2020 beschlossen. Die Zuständigkeit für den Akten- und Dokumentenfundus wechselte zum 21.06.2021. Damit endete nach 31 Jahren die Geschichte der Stasi-Unterlagenbehörde. Der letzte Bundesbeauftragte für die Stasi-Unterlagen, Roland Jahn, wurde am 17.06.2021 offiziell verabschiedet. Physisch blieben die Akten dort, wo sie bisher lagerten: in der ehemaligen Zentrale des Ministeriums für Stasisicherheit (MfS) in Berlin sowie in den regionalen Archivstandorten. Dort bleiben die Stasi-Akten sowohl für die Forschung als auch für betroffene Bürger zugänglich. Die rd. 1300 Mitarbeiter der Stasi-Unterlagenbehörde wurden vom Bundesarchiv übernommen. Am 10.06.2021 wählte der Bundestag die ehemalige DDR-Oppositionelle Evelyn Zupke zur **Bundesbeauftragten für die Opfer der SED-Diktatur**. Das Amt wurde mit dem Beschluss zum Übergang der Stasiakten ins Bundesarchiv neu geschaffen. Zu den Aufgaben der für 5 Jahre gewählten Bundesbeauftragten gehört die Beratung des Bundestags und anderer offizieller Stellen sowie die Arbeit mit den Opferverbänden und für die Opfer der SED-Diktatur. Einmal im Jahr legt sie dem Bundestag einen Bericht vor. Bei ihrem Amtsantritt mahnte Zupke, dass vor allem im Westen noch zu wenig für die Opfer der SED-Diktatur getan werde.

Weil die **Mieten in Ballungsräumen** immer stärker stiegen, beschloss der Bundestag am 25.06.2021 die **Pflicht für einen Mietspiegel** für Kommunen ab 50 000 Einwohnern. Der Mietspiegel liefert Vergleichsmieten. Sie können bei Mieterhöhungen herangezogen werden und zur Ermittlung der zulässigen Höchstmiete dienen, wenn in der Region eine Mietpreisbremse gilt. Bislang gab es in fast der Hälfte der Gemeinden mit Mietpreisbremse keinen Mietspiegel, sodass dort die Mietpreisbremse kaum durchsetzbar war. Zuvor hatte das Bundesverfassungsgericht (BVerfG) den **Berliner Mietendeckel** am 15.04.2021 für nichtig erklärt, weil für das Mietrecht allein der Bund zuständig sei. Der Mietendeckel hatte ab Februar 2020 die Mieten von 1.5 Mio. Berliner Wohnungen für 5 Jahre eingefroren und ab dem 23.11.2020 besonders hohe Mieten abgesenkt. Mit dem Urteil des BVerfG mussten Mieter z. T. hohe Nachzahlungen leisten.

Das Kükentöten ist ab dem 01.01.2022 in Deutschland verboten. Der Bundestag beschloss am

21.05.2021 ein entsprechendes Gesetz für die Legehennenhaltung, das Bundeslandwirtschaftsministerin Julia Klöckner vorgelegt hatte. Bis dahin wurden jährlich bis zu 40 Mio. männliche Küken getötet, weil sie keinen wirtschaftlichen Nutzen bringen. Hintergrund war ein Urteil des Bundesverwaltungsgerichts vom Juni 2019. Danach ist Kükentöten nicht mit dem Tierschutz vereinbar.

Die Zukunftskommission Landwirtschaft übergab am 06.07.2021 ihren Abschlussbericht an die Bundesregierung. Um die Landwirtschaft nachhaltiger, umwelt- und klimafreundlicher zu machen, empfahlen die 31 Mitglieder aus Landwirtschaft, Wirtschaft, Verbraucher-, Umwelt- und Tierschutz sowie Wissenschaft grundlegende Veränderungen, u. a. hin zu weniger tierischen Produkten. Agrarwirtschaft müsse sich auch unter diesen Bedingungen für die Landwirte lohnen. Deshalb müssten Verbraucher bereit sein, mehr für Lebensmittel zu zahlen, und der Staat müsse den Umbau fördern, schrieb die Kommission.

Innere Sicherheit, Bundeswehr, Außenpolitik

Vor dem Hintergrund mehrerer **großer Missbrauchsfälle**, die in den Monaten zuvor bekannt geworden waren, verschärfte der Bundestag am 25.03.2021 das Strafgesetzbuch und verabschiedete ein Gesetzespaket, um die Strafverfolgung und Prävention zu verbessern. Danach gelten **Kindesmissbrauch und Kinderpornografie künftig grundsätzlich als Verbrechen**. Es gilt eine Mindeststrafe von einem Jahr Gefängnis. Das gewerbsmäßige Verbreiten von sogenannter Kinderpornografie wird künftig mit mindestens 2 Jahren Gefängnis bestraft. Um die Strafverfolgung zu erleichtern, erhielten die Ermittler mehr Befugnisse für die Online-Durchsuchung von Handys und Computern. Laut **Polizeilicher Kriminalstatistik**, die am 26.05.2021 vorgestellt wurde, stieg die Zahl der Fälle von Kindesmissbrauch 2020 um 7 % auf 14 500 Fälle. Zudem wurden fast 19 000 Fälle von Kinderpornografie registriert, 50 % mehr als 2019. Da längst nicht alle Taten bekannt werden, ist die Zahl der tatsächlich betroffenen Kinder, Ermittlern zufolge, noch wesentlich größer.

Nach dem Bekanntwerden rechtsextremer und rassistischer Chat-Gruppen bei der Polizei in mehreren Bundesländern gab das Bundesinnenministerium am 08.12.2020 bekannt, dass Innenminister Seehofer eine wissenschaftliche **Studie zur Polizei** in Auftrag gegeben hat. Über 3 Jahre soll die Deutsche Hochschule der Polizei die Motivation bei der Berufswahl, den Berufsalltag sowie Gewalt im Polizeialltag untersuchen. Eine Studie, die sich explizit mit Rassismus bei der Polizei beschäftigt, wie sie mehrere Politiker gefordert hatten, lehnte Seehofer ab.

Bei der Spezialeinheit der Bundeswehr Kommando Spezialkräfte (KSK) gab es nach Rechtsextremismusvorwürfen und dem Entwenden von Munition einen weiteren Skandal. Am 19.02.2021 wurde bekannt, dass der **KSK-Kommandeur Markus Kreitmayr** Soldaten im Frühjahr 2020 ermöglicht hatte, geklaute Munition straffrei zurückzugeben. Dabei kam mehr Munition zusammen, als vermisst wurde, neben Zehntausenden Schuss Munition u. a. Hand- und Nebelgranaten. Am 21.03.2021 kündigte Verteidigungsministerin Kramp-Karrenbauer interne Vorermittlungen wegen der Amnestie gegen Kreitmayr an. Die Staatsanwaltschaft Tübingen leitete am 31.03.2021 strafrechtliche Ermittlungen ein. Am 09.06.2021 legte der Generalinspekteur der Bundeswehr Eberhard Zorn seinen Abschlussbericht über das KSK vor. Er konstatiert eine **jahrelange „Fehlkultur" und „regelungsfreie Räume"**. Die im Juni 2020 angeordnete Reform des KSK sah Zorn bereits weitgehend umgesetzt. Am 15.06.2021 gab Kramp-Karenbauer bekannt, dass Kommandeur Kreitmayr zum 01.09.2021 abgelöst wird. **Neuer KSK-Chef** soll **Ansgar Meyer** werden, der bis Ende Juni 2021 das Bundeswehrkontingent in Mazar-e-Sharif in Afghanistan befehligte.

Der Bundestag verlängerte am 25.03.2021 die Beteiligung am **NATO-Einsatz** im Rahmen der Ausbildungs- und Beratungsmission „Resolute Support" **in Afghanistan** bis zum 31.01.2022. 432 Abgeordnete stimmten dafür, 176 dagegen, 21 enthielten sich. Am 14.04.2021 beschloss die NATO den Abzug aus

Soldaten der Bundeswehr steigen aus einem Transportflugzeug der Luftwaffe. Die letzten Soldaten des deutschen Afghanistan-Einsatzes sind auf dem niedersächsischen Fliegerhorst Wunstorf ankommen. Am Vorabend war der Einsatz nach fast 20 Jahren beendet worden. Die Soldaten waren mit vier Militärmaschinen aus dem Feldlager in Mazar-e-Sharif im Norden von Afghanistan ausgeflogen worden.

Afghanistan. Am 30.06.2021 kehrten die letzten 264 deutschen Soldaten nach Deutschland zurück. Für Kritik sorgte, dass bei ihrer Ankunft in Wunstorf kein Mitglied der Bundesregierung und des Bundestags anwesend waren. Verteidigungsministerin Kramp-Karrenbauer und die Bundeswehrführung erklärten dies mit dem Wunsch der Soldaten nach einer stillen und schnellen Heimkehr zu ihren Familien. Für den 31.08.2021 war ein Großer Zapfenstreich vor dem Reichstag und ein Appell im Innenhof des Bendlerblocks am Berliner Sitz des Verteidigungsministeriums geplant.

Am 19.05.2021 verlängerte der Bundestag mit 499 zu 147 Stimmen die Beteiligung der Bundeswehr **Stabilisierungsmission der Vereinten Nationen in Mali** (Minusma) um ein Jahr. Am 25.06.2021 wurde eine Patrouille **Ziel eines Selbstmordattentats**. 13 Soldaten wurden verletzt, 12 Deutsche und ein Belgier, 3 davon schwer. Am 03.07.2021 besuchte Verteidigungsministerin Annegret Kramp-Karrenbauer das Feldlager in Mali. Zu dem Anschlag bekannte sich am 06.07.2021 die islamistische Terrorgruppe JNIM, die zum Al-Qaida-Netzwerk gehört. Die Bundeswehr erklärte das Schreiben am 08.07.2021 für authentisch.

Am 07.01.2021 gründete Mecklenburg-Vorpommern eine Stiftung, um mögliche US-Sanktionen gegen den Bau der **umstrittenen Gaspipeline Nord Stream 2** zu umgehen. Die Stiftung Klima und Umweltschutz MV sollte Material und Maschinen für die am Bau der Pipeline beteiligten Firmen zu besorgen. Das Stiftungskapital steuerte zum größten Teil die Nord Stream 2 AG bei. Die USA verhängten am letzten Amtstag der Regierung von US-Präsident Donald Trump erstmals **Sanktionen gegen ein russisches Unternehmen**, das am Bau der Pipeline beteiligt war. Am 18.05.2021 verzichteten die USA unter der neuen Regierung von Präsident Joe Biden auf Sanktionen gegen die Nord Stream 2 AG und deren Manager, um die Beziehungen zu Deutschland nicht zu belasten. Die Sanktionen gegen russische Schiffe und Unternehmen wurden jedoch aufrechterhalten. Nord Stream 2 sei **ein schlechter Deal für Europa, erklärte US-Präsident Biden** am 20.05.2021.

Rohre für den Bau der Erdgaspipeline Nord Stream 2 von Russland nach Deutschland und der Leitung Baltic Pipe von Dänemark nach Polen werden im Hafen Mukran auf der Insel Rügen gelagert.

Vermischtes

Der Rundfunkbeitrag wurde nicht wie geplant zum 01.01.2021 von 17.50 € auf 18.36 € **erhöht**. Nachdem 15 Landtage der Anhebung um 86 Cent pro Monat bereits zugestimmt hatten, zog der Ministerpräsident von Sachsen-Anhalt, Reiner Haseloff, den entsprechenden Gesetzentwurf am 08.12.2020 zurück. In der Koalition aus CDU, SPD und Grünen gab es keine Mehrheit für den höheren Beitrag. SPD und Grüne waren dafür, aber Haseloffs CDU-Fraktion und die oppositionelle AfD waren dagegen. Da alle Länder einstimmig über den Rundfunkbeitrag entscheiden müssen, war die Erhöhung damit vorerst vom Tisch. Am 09.12.2020 kündigten ARD, ZDF und Deutschlandfunk eine Klage vor dem Bundesverfassungsgericht (BVerfG) gegen die Blockade aus Sachsen-Anhalt an. Am 22.12.2020 lehnte das BVerfG Eilanträge der Rundfunkanstalten ab. Wann das Gericht eine Entscheidung in der Hauptsache trifft, ist nicht bekannt.

Beim ersten **bundesweiten Warntag** am 10.09.2020 gab es zahlreiche Pannen. So zeigten die offiziellen Warn-Apps NINA und KATWARN den Probealarm nicht pünktlich um 11 Uhr, sondern erst mit deutlicher Verspätung an. Das Bundesamt für Bevölkerungsschutz und Katastrophenhilfe (BBK) erklärte dies damit, dass nicht nur eine zentrale Alarmierung erfolgte, sondern zahlreiche Leitstellen entgegen der Absprache eigene Meldungen rausgeschickt hatten, sodass die Systeme überlastet waren. Sirenen gibt es an vielen Orten nicht mehr, andere funktionierten nicht. Das Bundesinnenministerium erklärte den Probealarm daher noch am selben Tag zum **Fehlschlag**. Am 16.09.2020 gab Bundesinnenminister Seehofer die **Ablösung des BBK-Chefs Christoph Unger** bekannt. Nachfolger wurde am 10.11.2020 der bisherige CDU-Bundestagsabgeordnete und innenpolitische Sprecher Armin Schuster. Am 30.06.2021 sagte das Bundesinnenministerium den bundesweiten Warntag für 2021 ab. Der **nächste Warntag soll im September 2022** stattfinden. Bis dahin sollen die Warnsysteme besser koordiniert und ausgebaut werden, u. a. indem Sirenen installiert oder instandgesetzt werden.

0
100 km
Dänemark
OSTSEE
NORDSEE
Kiel
SCHLESWIG-
HOLSTEIN
MECKLENBURG-
VORPOMMERN
Schwerin
Hamburg
Bremen
NIEDERSACHSEN
Polen
BERLIN
Potsdam
Hannover
Niederlande
Magdeburg
BRANDENBURG
SACHSEN-
ANHALT
NORDRHEIN-
WESTFALEN
Düsseldorf
Dresden
Erfurt
SACHSEN
HESSEN
THÜRINGEN
Belgien
Wiesbaden
RHEINLAND-
PFALZ
Mainz
Tschechien
Luxem-
burg
SAAR-
LAND
Saarbrücken
Stuttgart
BAYERN
BADEN-
WÜRTTEMBERG
Frankreich
München
Österreich
Schweiz

Baden-Württemberg

Ländername	Baden-Württemberg
Fläche in km²	35 748
Anzahl der Einwohner	11.1 Millionen
Einwohnerzahl pro km²	311
Hauptstadt	Stuttgart
Amtssprache	Deutsch
Verwaltungsgliederung	4 Regierungsbezirke, 35 Landkreise und 9 kreisfreie Städte
Wichtige Städte	Stuttgart, Karlsruhe, Mannheim, Freiburg im Breisgau, Heidelberg, Ulm, Heilbronn, Pforzheim, Reutlingen
Gründungstag	25. April 1952

Deutschlands südwestlichstes Bundesland hat mit dem 1493 m hohen Feldberg im Südschwarzwald die höchste Erhebung aller deutschen Mittelgebirge.

GEOGRAFIE

Geografische Lage: Von 47°32' bis 49°48' nördlicher Breite sowie von 7°31' bis 10°30' östlicher Länge
Höchster Punkt: Feldberg 1493 m

POLITIK

Oberhaupt: Ministerpräsident Winfried Kretschmann
Legislative: Landtag mit 154 für 5 Jahre gewählten Abgeordneten
Sitzverteilung: Grüne 58, CDU 42, SPD 19, FDP 18, AfD 17
Stimmen im Bundesrat: 6

Ergebnis der Landtagswahl (14.03.2020)
Regierung: Grüne, CDU

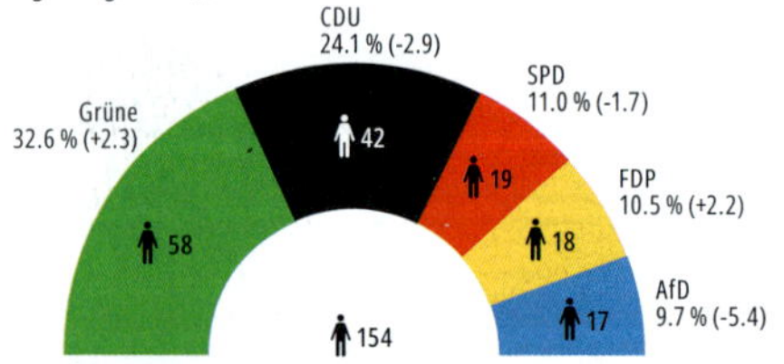

Keine : Linke 3.6 % (+0.7); FW 3.0 % (+2.9); Sonstige 5.5 % (+1.9)

BEVÖLKERUNG

Bevölkerungsanteil: <15 Jahre 14 %, 15–64 Jahre 65.6 %, >64 Jahre 20.4 %
Verteilung: Stadt 54.7 %, Land 45.3 %
Wachstum: 0 %
Ausländeranteil: 16.6 %

WIRTSCHAFT

BIP: 500.79 Mrd. Euro
Wachstum BIP: -4.2 %
BIP/Kopf: 45 108 Euro
Erwerbstätige nach Sektoren: Landwirtschaft 1.1 %, Industrie 31 %, Dienstleistungen 67.9 %
Arbeitslosenquote: 4.3 %

RÜCKBLICK

Haushalt: Der Landtag beschloss am 14.10.2020 den 2. **Nachtragshaushalt** für 2020/21. Er sah 8.6 Mrd. € neue Schulden vor, u. a. 2.2 Mrd. € als Hilfe für die Kommunen bei der Pandemie-Bewältigung, 1.2 Mrd. € für ein Investitionsprogramm, um die Wirtschaft anzukurbeln sowie 4.4 Mrd. € um Einnahmeausfälle auszugleichen. Die veranschlagten Gesamtausgaben für 2020 stiegen damit auf 60.6 Mrd. €, für 2021 auf 52.6 Mrd. €.
„Querdenker": Als erstes Bundesland ließ der Landesverfassungsschutz seit dem 09.12.2020 Teile der **„Querdenken"-Bewegung** beobachten. Grund war die Nähe zu Reichsbürgern und Extremisten. Die Bewegung gegen die Corona-Politik hatte im Frühjahr 2020 ihren Ausgang in Stuttgart genommen.
Bei der Landtagswahl am 14.03.2021 erzielten die Grünen von Ministerpräsident Winfried Kretschmann mit 32.6 % (+2.3) das beste Ergebnis, das jemals eine Grüne Partei auf Länderebene erzielt hat. Die Partei gewann 58 der 70 Wahlkreise. Der bisherige Koalitionspartner CDU verlor weiter und landete nur noch bei 24.1 % (-2.9). Von den Oppositionsparteien gewann nur die FDP hinzu (10.5 %, +2.2). Die SPD verlor leicht und wurde mit 11.0 % (-1.7) drittstärkste Kraft im Landtag. Die AfD büßte mehr als ein Drittel ihres Stimmenanteils ein und wurde mit 9.7 % (-5.4) kleinste Fraktion im Landtag.
Koalition: Nach der Wahl konnten sich die Grünen zwischen einer erneuten Koalition mit der CDU und einem Ampelbündnis mit SPD und FDP entscheiden. Am 03.04.2021 nahmen sie Koalitionsgespräche mit der CDU auf. Beide Parteien einigten sich am 01.05.2021 auf einen **Koalitionsvertrag**. Schwerpunkte waren der Klimaschutz und die Bewältigung der Pandemiefolgen. Vorgesehen ist u. a. ein massiver Ausbau von Solar- und Windanlagen. Jeder Neubau soll künftig Photovoltaik auf dem Dach haben, entlang von Autobahnen und Zugstrecken sollen Freiflächenanlagen entstehen. Am 12.05.2021 wählte der Landtag **Kretschmann** mit 95 von gültigen 152 Stimmen erneut zum Ministerpräsidenten. Seinem Kabinett gehören 6 grüne und 5 CDU-Minister an.
Das neue Naturschutzgesetz verabschiedete der Landtag am 22.07.2020. Es verbietet u. a. den Einsatz von Pestiziden in Naturschutzgebieten. Außerdem soll bis 2030 der Einsatz von künstlichen Pflanzenschutzmitteln um 40–50 % reduziert und der Ökolandbau auf 30–40 % ausgebaut werden. Streuobstwiesen sollen erhalten bleiben.
Das neue Polizeigesetz verabschiedete der Landtag am 30.09.2020. Es ermöglicht u. a. den Einsatz von Bodycams in Diskotheken, Clubs und Wohnungen. Ebenso erleichtert es Personenkontrollen bei Großveranstaltungen.

Bayern

Ländername	Freistaat Bayern
Fläche in km²	70 542
Anzahl der Einwohner	13.1 Millionen
Einwohnerzahl pro km²	186
Hauptstadt	München
Amtssprache	Deutsch
Verwaltungsgliederung	7 Regierungsbezirke, 71 Landkreise und 25 kreisfreie Städte
Wichtige Städte	München, Nürnberg, Augsburg, Regensburg, Ingolstadt, Würzburg, Fürth, Erlangen
Gründungstag	8. November 1918

Bayerns bekannteste Landschaft sind die Nördlichen Kalkalpen mit Deutschlands höchstem Berg, der 2962 Meter hohen Zugspitze. Das Alpenvorland mit seinen vielen Seen schließt sich nördlich an. Darauf folgt fruchtbares Hügelland, das nördlich der Donau in Mittelgebirge übergeht: im Osten und Nordosten der Bayerische Wald, der Oberpfälzer Wald, das Fichtelgebirge und der Frankenwald sowie Anteile am Spessart und der Rhön. Dazwischen liegt das Schichtstufenland mit dem Mittelfränkischen Becken.

GEOGRAFIE

Geografische Lage: Von 47°16' bis 50°34' nördlicher Breite sowie von 8°59' bis 13°49' östlicher Länge
Höchster Punkt: Zugspitze 2962 m

POLITIK

Oberhaupt: Ministerpräsident Dr. Markus Söder
Legislative: Landtag mit 205 für 5 Jahre gewählten Abgeordneten
Sitzverteilung: CSU 84, Grüne 38, Freie Wähler 27, SPD 22, AfD 19, FDP 11, Fraktionslos 4
Stimmen im Bundesrat: 6

BEVÖLKERUNG

Bevölkerungsanteil: <15 Jahre 13.7 %, 15–64 Jahre 65.8 %, >64 Jahre 20.5 %
Verteilung: Stadt 42.3 %, Land 57.7 %
Wachstum: 0.1 %
Ausländeranteil: 14.9 %

WIRTSCHAFT

BIP: 610.22 Mrd. Euro
Wachstum BIP: -4.1 %
BIP/Kopf: 46 498 Euro
Erwerbstätige nach Sektoren: Landwirtschaft 1.6 %, Industrie 27.1 %, Dienstleistungen 71.3 %
Arbeitslosenquote: 3.8 %

RÜCKBLICK

Gesundheitsministerin Melanie Huml (CSU) geriet zu Beginn der 2. Corona-Welle am 12.08.2020 in die Kritik, weil Teststationen für Reiserückkehrer die Testergebnisse nicht oder zu langsam übermittelt hatten. Von 85 000 Getesteten hatten 44 000 auch nach Tagen noch kein Ergebnis erhalten, darunter 900 positiv Getestete. Huml bot ihren Rücktritt an, Ministerpräsident Markus Söder hielt jedoch zunächst an ihr fest. Am 06.01.2021 tauschte er die Gesundheitsministerin dennoch aus: Huml wechselte in die Staatskanzlei und wurde Staatsministerin für Europaangelegenheiten und Internationales, ein Amt, das neu geschaffen wurde. Zum neuen Gesundheitsminister machte Söder den bisherigen Staatssekretär im Gesundheitsministerium und Leiter des Corona-Krisenstabs **Klaus Holetschek** (CSU).
High-Tech-Agenda: Die Regierung beschloss am 14.09.2020 eine deutliche Ausweitung der 2019 beschlossenen High-Tech-Agenda. Das Programm, mit dem Hochtechnologieforschung und -entwicklung in Bayern gefördert wird, wurde von ursprünglich 2 Mrd. € auf 3.5 Mrd. € aufgestockt. Zielmarke war eigentlich 2023 gewesen, nun sollte es schneller gehen mit anvisierten zusätzlichen 1000 Professorinnen und Professoren, 10 000 Studienplätzen, 20 Forschungszentren und zahlreichen Gebäudesanierungen.
Den Haushalt für 2021 verabschiedete der Landtag am 25.03.2021. Er sah Ausgaben von 71.2 Mrd. € vor. Allein 8.3 Mrd. € flossen in einen Sondertopf für coronabedingte Ausgaben (u. a. für Impfzentren und Tests). Inhaltliche Schwerpunkte sollten Digitalisierung, Bildung und innere Sicherheit sein, u. a. mit mehr Stellen an Schulen (1000) und bei der Polizei (500). Auch weitere Gelder für die beschleunigte High-Tech-Agenda waren vorgesehen.
Volksbegehren: Der Bayerische Verfassungsgerichtshof erklärte das Volksbegehren **„6 Jahre Mietenstopp"** am 16.07.2020 für unzulässig. Mietrecht sei Sache des Bundes, urteilte das Gericht. Hinter dem Bündnis, dass seit 2019 52 000 Unterschriften gesammelt hatte, standen u. a. der Deutsche Mieterbund, Sozialverbände, SPD, Grüne und Linke. Das Bündnis legte am 18.08.2020 Verfassungsbeschwerde in Karlsruhe ein. Mit dem Urteil des Bundesverfassungsgerichts zum Berliner Mietendeckel vom 15.04.2021 scheiterte das Volksbegehren endgültig.
Messerattacke: Drei Frauen starben am 26.06.2021 bei einer Messerattacke in Würzburg. Der Angreifer, ein 24-jähriger Flüchtling aus Somalia, war kurz zuvor noch in psychiatrischer Behandlung gewesen. Bei der Tat hatte er in einem Kaufhaus ein Messer gekauft und scheinbar wahllos 3 Frauen erstochen, 7 weitere Menschen wurden verletzt. Die Ermittler schlossen ein islamistisches Motiv nicht aus.

Berlin

Ländername	Berlin
Fläche in km²	891
Anzahl der Einwohner	3.7 Millionen
Einwohnerzahl pro km²	4112
Amtssprache	Deutsch
Verwaltungsgliederung	12 Bezirke und 97 Ortsteile
Wichtige Bezirke	Pankow, Mitte, Tempelhof-Schöneberg, Charlottenburg-Wilmersdorf
Gründungstag	3. Oktober 1990

Berlin liegt in einem eiszeitlichen Urstromtal, in dem heute die Spree fließt. In der Stadt finden sich viele Seen, die ihren Ursprung in der Weichsel-Eiszeit haben, wie etwa die schmalen Grunewaldseen. Die Havelseen, der Tegeler See und der Große Wannsee im Westen sowie der Große Müggelsee im Südosten sind die größten Seen. Berlin umfasst außerdem ausgedehnte Wälder wie den Grunewald und viele Naturschutzgebiete. Die höchste natürliche Erhebung sind die Müggelberge mit 115 Meter Meereshöhe.

GEOGRAFIE

Geografische Lage: Von 52°21' bis 52°40' nördlicher Breite sowie von 13°05' bis 13°45' östlicher Länge
Höchster Punkt: Großer Müggelberg 115 m

POLITIK

Oberhaupt: Regierender Bürgermeister Michael Müller
Legislative: Abgeordnetenhaus mit 160 für 5 Jahre gewählten Abgeordneten
Sitzverteilung: SPD 38, CDU 31, Die Linke 27, Grüne 27, AfD 22, FDP 11, Fraktionslos 4
Stimmen im Bundesrat: 4

BEVÖLKERUNG

Bevölkerungsanteil: <15 Jahre 14.2 %, 15–64 Jahre 66.6 %, >64 Jahre 19.2 %
Verteilung: Stadt 100 %, Land 0 %
Wachstum: -0.1 %
Ausländeranteil: 22.5 %

WIRTSCHAFT

BIP: 154.63 Mrd. Euro
Wachstum BIP: -1.4 %
BIP/Kopf: 42 221 Euro
Erwerbstätige nach Sektoren: Landwirtschaft 0 %, Industrie 10.9 %, Dienstleistungen 89.1 %
Arbeitslosenquote: 10.4 %

RÜCKBLICK

Der **Flughafen Berlin-Brandenburg (BER) eröffnete** am 31.10.2020 mit 9-jähriger Verspätung. Am Tag vor der Eröffnung drohte die Flughafengesellschaft Berlin-Brandenburg FBB mit der Einstellung des Flugbetriebs noch 2020, sollten die Gesellschafter Berlin, Brandenburg und der Bund nicht rasch ein Darlehen von 201 Mio. € auszahlen. Der Hauptausschuss des Abgeordnetenhauses gab daraufhin den Berliner Anteil von 74.5 Mio. € frei. Am 09.11.2020 hob nach mehr als 70 Jahren die letzte Maschine vom **Flughafen Tegel** ab.

Das Bundesverfassungsgericht erklärte den Berliner Mietendeckel am 15.04.2021 **für verfassungswidrig**. Das Mietrecht liege allein in der Kompetenz des Bundes, urteilten die Richter. Die Länder seien nicht zuständig. Der Mietendeckel hatte ab Februar 2020 die Mieten von 1.5 Mio. Berliner Wohnungen für 5 Jahre auf dem Stand von Juni 2019 eingefroren und ab dem 23.11.2020 besonders hohe Mieten abgesenkt. Mit dem Urteil waren Mieterinnen und Mieter verpflichtet, wieder die vertraglich vereinbarte Miete zu zahlen und die Differenz seit November nachzuzahlen. Der Wohnungskonzern Vonovia und die landeseigenen Wohnungsbaugesellschaften verzichteten auf die Nachzahlung. Der Senat beschloss am 20.04.2021 ein 10 Mio. € schweres Hilfspaket. Mieter mit wenig Einkommen konnten daraus ein zinsloses Darlehen beantragen. Der Senat rechnete mit 40 000 Fällen. Für Bezieher von Arbeitslosengeld II, Grundsicherung oder Asylbewerberleistungen übernahm die Stadt die zusätzlichen Kosten.

Die SPD wählte Bundesfamilienministerin **Franziska Giffey** und **Raed Saleh** am 24.11.2020 zu den neuen Landesvorsitzenden. Am 24.04.2021 nominierte ein Landesparteitag Giffey zur Spitzenkandidatin für die Wahl zum Abgeordnetenhaus im September. Die CDU bestimmte am 19.06.2021 ihren Landesvorsitzenden Kai Wegner zum Spitzenkandidaten. Die Linke geht mit Kultursenator Klaus Lederer ins Rennen, die Grünen mit Bettina Jarasch. Bei der AfD setzte sich am 13.03.2021 Kristin Brinker knapp mit 122 zu 120 Stimmen gegen Beatrix von Storch durch. Die FDP nominierte am 15.11.2020 Sebastian Czaja.

Hausbesetzung: Am 09.10.2020 räumte die Polizei ein besetztes Haus im Stadtteil Friedrichshain. Zuvor hatte das Landgericht Berlin im Juni einer Räumungsklage des Eigentümers stattgegeben. In der **Liebigstraße 34** hatten zuletzt 57 Frauen in einem linksradikalen Wohnprojekt gelebt. In der besetzten **Rigaer Straße 94** setzte die Polizei am 16.06.2021 mit rd. 1000 Beamten eine Brandschutzbegehung gewaltsam durch. Tags zuvor hatten die Bewohner Barrikaden errichtet und mit Flaschen, Steinen und Feuerwerkskörpern geworfen. 65 Polizisten wurden verletzt.

Brandenburg

Ländername	Brandenburg
Fläche in km²	29 654
Anzahl der Einwohner	2.5 Millionen
Einwohnerzahl pro km²	85
Hauptstadt	Potsdam
Amtssprachen	Deutsch, Sorbisch, Niederdeutsch
Verwaltungsgliederung	14 Landkreise und 4 kreisfreie Städte
Wichtige Städte	Potsdam, Cottbus, Brandenburg an der Havel, Frankfurt (Oder)
Gründungstag	3. Oktober 1990

Die teils ebene, teils leicht hügelige Landschaft Brandenburgs wurde durch die Eiszeiten geprägt. Im Nordosten und in der Mitte des Landes herrscht seenreiches, leicht hügeliges Jungmoränenland vor. Die übrigen Gebiete sind seenarmes Altmoränengebiet. Einen Großteil des Landes nehmen in West-Ost-Richtung verlaufende Urstromtäler ein. Durch sie fließen die Flüsse Havel, Spree, Rhin, Nuthe, Dahme und Elbe. Mit einer Vielzahl von Kanälen, Feuchtgebieten und etwa 3000 Seen ist Brandenburg das gewässerreichste Bundesland.

GEOGRAFIE

Geografische Lage: Von 51°21′ bis 53°33′ nördlicher Breite sowie von 11°16′ bis 14°46′ östlicher Länge
Höchster Punkt: Kutschenberg 201 m

POLITIK

Oberhaupt: Ministerpräsident Dr. Dietmar Woidke
Legislative: Landtag mit 88 für 5 Jahre gewählten Abgeordneten
Sitzverteilung: SPD 25, AfD 23, CDU 15, Grüne 10, Die Linke 10, BVB/Freie Wähler 5
Stimmen im Bundesrat: 4

BEVÖLKERUNG

Bevölkerungsanteil: <15 Jahre 13.3 %, 15–64 Jahre 61.8 %, >64 Jahre 24.9 %
Verteilung: Stadt 32.8 %, Land 67.2 %
Wachstum: 0.4 %
Ausländeranteil: 5.4 %

WIRTSCHAFT

BIP: 73.93 Mrd. Euro
Wachstum BIP: -1.1 %
BIP/Kopf: 29 282 Euro
Erwerbstätige nach Sektoren: Landwirtschaft 2.4 %, Industrie 22.1 %, Dienstleistungen 75.5 %
Arbeitslosenquote: 6.2 %

RÜCKBLICK

Haushalt: Der Landtag verabschiedete am 17.12.2020 mit den Stimmen der Koalition den **Haushalt für 2021**. Er sah Rekordausgaben von 15.5 Mrd. € vor. Wegen der Corona-Krise enthielt er neue Schulden von 2.7 Mrd. €. Die Schuldenbremse setzte der Landtag bis 2022 aus. Am 24.05.2021 beschloss das Kabinett einen Nachtragshaushalt, der die Ausgabenermächtigung für Corona-Ausgaben von bislang 235 Mio. € auf 750 Mio. € erhöhte. Am 17.06.2021 wurde er vom Landtag verabschiedet. Damit stieg das Haushaltsvolumen 2021 auf 16 Mrd. €.
Impfkampagne: Am 12.03.2021 entschuldigte sich **Gesundheitsministerin Ursula Nonnenmacher** (Grüne) für den schleppenden Start der Impfkampagne. Mitte März 2021 lag Brandenburg im Ländervergleich auf dem letzten Platz bei den Erstimpfungen. Am 17.03.2021 entzog Ministerpräsident Dietmar Woidke Nonnenmacher die Zuständigkeit und ordnete sie dem Innenministerium von Michael Stübgen (CDU) zu. Dort wurde ein neuer Krisenstab eingerichtet, der für Lagerung und Transport der Impfdosen zuständig war und Impfzentren, mobile Impfteams und Impfungen durch Hausärzte koordinierte.
Am 20.09.2020 legte Innenminister Stübgen den **Verfassungsschutzbericht** 2019 vor. Danach stieg die Zahl der dem rechtsextremen Spektrum zugerechneten Personen innerhalb eines Jahres um mehr als 1000 auf 2765. Die größte Gefahr ging laut Stübgen von der AfD und dem Verein „Zukunft Heimat" aus, dessen Chef Hans-Christoph Bernd am 27.10.2020 AfD-Fraktionschef im Landtag wurde als Nachfolger des am 25.07.2020 aus der Partei ausgeschlossenen Andreas Kalbitz.
Die AfD klagte am 08.12.2020 vor dem Landesverfassungsgericht gegen die öffentliche Einstufung als **rechtsextremistischer Verdachtsfall**. Der Landesverfassungsschutz hatte die Einstufung im Juni 2020 vorgenommen und mit der Beobachtung der Partei begonnen. Am 19.01.2021 reichte die Partei zwei Eilanträge nach, um zu erreichen, dass das Innenministerium nicht über den Fall berichten darf und die Beobachtung durch den Verfassungsschutz überprüft wird. Am 26.03.2021 wies das Landesverfassungsgericht die Eilanträge ab.
Der US-Autobauer Tesla kündigte am 24.07.2020 den Aufbau einer eigenen Batteriefertigung in Grünheide an. Am 03.06.2021 beantragte Tesla die Genehmigung dafür. Die neuen Unterlagen mussten bis zum 15.07.2021 öffentlich ausgelegt werden. Eine endgültige Genehmigung der Fabrik durch das Landesamt für Bau und Umwelt stellte Wirtschaftsminister Jörg Steinbach für Ende 2021 in Aussicht. Ursprünglich hatte Tesla den Produktionsstart für Juli 2021 geplant.

Bremen

Ländername	Freie Hansestadt Bremen
Fläche in km²	419
Anzahl der Einwohner	680 130
Einwohnerzahl pro km²	1622
Amtssprachen	Deutsch, Niederdeutsch
Verwaltungsgliederung	7 Bezirke und 28 Stadtteile
Wichtige Städte	Bremen, Bremerhaven
Gründungstag	22. Januar 1947

Das Bundesland Freie Hansestadt Bremen besteht aus den Städten Bremen und Bremerhaven. Bremen liegt als „Insel" innerhalb Niedersachsens an der Unterweser und ist von Bremerhaven, an der Mündung der Weser in die Nordsee gelegen, etwa 60 Kilometer entfernt. Der Zwei-Städte-Staat ist das kleinste der 16 Bundesländer. Den Hauptteil des Landes bildet die Stadt Bremen, die auch Sitz der Landesregierung ist.

GEOGRAFIE

Geografische Lage: Bremen: Von 53°01′ bis 53°14′ nördlicher Breite sowie von 8°30′ bis 8°59′ östlicher Länge; Bremerhaven: Von 53°29′ bis 53°37′ nördlicher Breite sowie von 8°31′ bis 8°39′ östlicher Länge

Höchster Punkt: Friedehorstpark 33 m

POLITIK

Oberhaupt: Präsident des Senats und Bürgermeister Dr. Andreas Bovenschulte

Legislative: Bürgerschaft mit 84 für 4 Jahre gewählten Abgeordneten

Sitzverteilung: CDU 23, SPD 23, Grüne 16, Die Linke 10, FDP 5, AfD 4, Fraktionslos 3

Stimmen im Bundesrat: 3

BEVÖLKERUNG

Bevölkerungsanteil: <15 Jahre 13.7 %, 15–64 Jahre 65.2 %, >64 Jahre 21.1 %

Verteilung: Stadt 100 %, Land 0 %

Wachstum: -0.2 %

Ausländeranteil: 20.2 %

WIRTSCHAFT

BIP: 31.58 Mrd. Euro

Wachstum BIP: -5.4 %

BIP/Kopf: 46 469 Euro

Erwerbstätige nach Sektoren: Landwirtschaft 0.1 %, Industrie 18.5 %, Dienstleistungen 81.4 %

Arbeitslosenquote: 11.4 %

RÜCKBLICK

In der 2. Corona-Welle war Bremen früh stark betroffen. Am 07.10.2020 stieg die Inzidenz pro 100 000 Einwohner auf über 50. Die Stadt Bremen galt als innerdeutsches Risikogebiet. Alle Großveranstaltungen wurden abgesagt (u. a. die Ersatzveranstaltung für den traditionellen Freimarkt), Fußball-Bundesligist Werder Bremen musste wieder ohne Zuschauer spielen. Ab dem 12.10.2020 galt eine Sperrstunde ab 23 Uhr, ab dem 17.10.2020 weitete der Senat die Maskenpflicht im Freien auf belebte Plätze aus.
Am 03.11.2020 beschloss der Senat, allen Senioren über 65 kostenfrei 10 FFP2-Masken pro Monat zur Verfügung zu stellen. Dafür wurden 2 Mio. € aus dem Corona-Fonds veranschlagt. Im Februar 2021 erhielten alle Bürger über 16 jeweils 5 FFP2-Masken per Post. Hintergrund war die Pflicht zum Tragen medizinischer Masken seit dem 01.02.2021. Als erstes Bundesland erreichte Bremen am 08.06.2021 die Marke von 50 % Erstgeimpften.
Haushalt: Am 18.11.2020 beschloss die Bürgerschaft den Haushalt 2021. Er umfasste Ausgaben in Höhe von 5.5 Mrd. € und damit nur rd. 100 Mio. € weniger als beim Rekordhaushalt 2020. Bei erwarteten Einnahmen von 4.7 Mrd. € ergab sich ein Defizit von 800 Mio. €. Allein 650 Mio. waren für den Bremen-Fonds vorgesehen, der 2020 zur Bewältigung der Corona-Krise eingerichtet worden war. Wie schon für 2020 rief das Land eine Notsituation aus, die die Aussetzung der Schuldenbremse ermöglichte. Finanzsenator Dietmar Strehl (Grüne) erklärte, dass die Notsituation vermutlich auch 2022 noch bestehen werde.
Bremen gilt nicht länger als Haushaltsnotlageland.
Am 21.06.2021 erklärte der Stabilitätsrat von Bund und Ländern das Haushaltssanierungsverfahren für abgeschlossen. Das Gremium hatte 10 Jahre lang die Bremer Finanzen überwacht, um sicherzustellen, dass das Land ab 2020 die Schuldenbremse einhält. Im Gegenzug hatte Bremen vom Bund jährlich 400 Mio. € Konsolidierungshilfen erhalten.
Am 19.02.2021 wurde bekannt, dass die **Bremerhavener Lloyd-Werft** zum Jahresende stillgelegt werden soll. Der Eigentümer, der Genting-Konzern, will sich aus der Werft zurückziehen.
Im Polizeikostenstreit wies das Oberverwaltungsgericht am 25.11.2020 eine Klage der Deutschen Fußball Liga (DFL) gegen einen Gebührenbescheid des Landes Bremen ab. Bremen musste seine Forderung jedoch leicht reduzieren auf 385 900 €. Die DFL und das Land Bremen stritten seit 2015 über die Kosten für ein Hochrisikospiel gegen den HSV. Die DFL reichte die Kosten an Werder weiter. Nach dem Werder-Abstieg kündigte Innensenator Ulrich Mäurer (SPD) am 21.06.2021 an, auch in der 2. Liga Polizeikosten für Hochrisikospiele einzutreiben.

Hamburg

Ländername	Freie und Hansestadt Hamburg
Fläche in km²	755
Anzahl der Einwohner	1.9 Millionen
Einwohnerzahl pro km²	2453
Amtssprachen	Deutsch, Niederdeutsch
Verwaltungsgliederung	7 Bezirke und 104 Stadtteile
Wichtige Bezirke	Wandsbek, Hamburg-Nord, Hamburg-Mitte, Altona
Gründungstag	23. Mai 1949

Hamburg liegt an der Elbe, an der Stelle, wo Alster und Bille in den Fluss münden. Die Alster ist zur Außenalster und zur Binnenalster aufgestaut. Gut 100 Kilometer flussabwärts mündet die Elbe in der Deutschen Bucht in die Nordsee. Der Wechsel von Ebbe und Flut macht sich in Hamburg noch bemerkbar. Im Süden hat der Stadtstaat Anteil an den Schwarzen Bergen und den Harburger Bergen. Zu Hamburg gehört auch die Insel Neuwerk in der Elbmündung. Der dortige Nationalpark Hamburgisches Wattenmeer ist seit 2011 Bestandteil des UNESCO-Weltnaturerbes Wattenmeer.

GEOGRAFIE

Geografische Lage: Von 53°24' bis 53°44' nördlicher Breite sowie von 9°44' bis 10°20' östlicher Länge
Höchster Punkt: Hasselbrack 116 m

POLITIK

Oberhaupt: Erster Bürgermeister Dr. Peter Tschentscher
Legislative: Bürgerschaft mit 123 für 5 Jahre gewählten Abgeordneten
Sitzverteilung: SPD 54, Grüne 33, CDU 15, Die Linke 13, AfD 6, Fraktionslos 2
Stimmen im Bundesrat: 3

BEVÖLKERUNG

Bevölkerungsanteil: <15 Jahre 14.3 %, 15–64 Jahre 67.5 %, >64 Jahre 18.2 %
Verteilung: Stadt 100 %, Land 0 %
Wachstum: 0.3 %
Ausländeranteil: 17.4 %

WIRTSCHAFT

BIP: 118.13 Mrd. Euro
Wachstum BIP: -4.4 %
BIP/Kopf: 64 022 Euro
Erwerbstätige nach Sektoren: Landwirtschaft 0.2 %, Industrie 12.5 %, Dienstleistungen 87.3 %
Arbeitslosenquote: 8 %

RÜCKBLICK

Haushalt: Die Bürgerschaft beschloss am 03.06.2021 mit den Stimmen von SPD und Grünen den **Doppelhaushalt 2021/22**. Er sah für 2021 Ausgaben von 18.1 Mrd. € und für 2022 Ausgaben von 17.6 Mrd. € vor. In beiden Jahren reichten die Einnahmen nicht, um die Belastungen durch die Corona-Pandemie zu stemmen. Es waren neue Schulden in Höhe von 2.4 Mrd. € (2021) bzw. 1.7 Mrd. € vorgesehen. Höhere Ausgaben waren u. a. eingeplant für Arbeit und Soziales, außerdem für Investitionen in Digitalisierung, Klimaschutz und Mobilität.

Cum-Ex-Affäre: Die Bürgerschaft richtete am 31.10.2020 mit den Stimmen von CDU, Linken und einer FDP-Abgeordneten einen **Untersuchungsausschuss** zur Cum-Ex-Affäre ein. Er sollte der Frage nachgehen, warum das Finanzamt der Warburg Bank, die in den Skandal verwickelt war, 2016 47 Mio. € Steuernachforderungen erließ. U. a. geht es um die Rolle des damaligen Bürgermeisters Olaf Scholz sowie des damaligen Finanzsenators Peter Tschentscher. Der Ausschuss konstituierte sich am 06.11.2020.

Stilllegung: Am 01.12.2020 erteilte die Bundesnetzagentur die Genehmigung, beide Blöcke des umstrittenen **Steinkohlekraftwerks Moorburg** stillzulegen. Der Betreiber Vattenfall erhielt eine Stilllegungsprämie und stellte am 18.12.2020 den kommerziellen Betrieb ein. Seit dem 07.07.2021 fungierte es auch nicht mehr als Reserve und wurde endgültig stillgelegt. Das Kraftwerk war erst 2015 ans Netz gegangen und sollte eigentlich bis 2038 Strom liefern. Klimaschützer hatten die vorzeitige Abschaltung gefordert.

Nach den Ausschreitungen beim G20-Gipfel 2017 verurteilte das Landgericht am 10.07.2020 den Hauptangeklagten zu 3 Jahren Haft, 2 weitere Angeklagte wurden zu Bewährungsstrafen verurteilt. Gegen 2 damals noch Jugendliche verhängte das Gericht je 120 Arbeitsstunden. Weitere Angeklagte hatte die Staatsanwaltschaft bis dahin nicht identifiziert

Der Senat brachte am 16.03.2021 ein **neues Grundsteuermodell** auf den Weg. Es berücksichtigt auch Lage, Flächengröße und Nutzungsart und weicht somit vom Modell des Bundesfinanzministeriums ab. Nach Angaben von Stadtentwicklungssenatorin Dorothee Stapelfeldt (SPD) legt das Hamburger Modell ein besonderes Augenmerk auf den großen Bedarf an bezahlbarem Wohnraum. Eine besonders hohe Grundsteuer für leere, baureife Grundstücke soll den Wohnungsbau beschleunigen. Insgesamt soll der Stadtstaat keine höheren Einnahmen erzielen. Die Grundsteuer musste neu geregelt werden, weil das Bundesverfassungsgericht 2018 die bisherigen Vorgaben für nichtig erklärt hatte. Die neuen Regeln sollen 2025 in Kraft treten.

Hessen

Ländername	Hessen
Fläche in km²	21 116
Anzahl der Einwohner	6.3 Millionen
Einwohnerzahl pro km²	298
Hauptstadt	Wiesbaden
Amtssprache	Deutsch
Verwaltungsgliederung	3 Regierungsbezirke, 21 Landkreise und 5 kreisfreie Städte
Wichtige Städte	Frankfurt am Main, Wiesbaden, Kassel, Darmstadt, Offenbach am Main, Hanau
Gründungstag	19. September 1945

Mit einem Anteil von etwa 40 % ist Hessen das waldreichste Bundesland Deutschlands. Der Westen gehört mit Taunus, Hohem Westerwald, Rothaargebirge und Gladenbacher Bergland zum Rheinischen Schiefergebirge. Nach Nordosten und Osten schließt das Hessische Bergland an, das von den hessischen Senken durchzogen ist, an denen sich die Verkehrswege orientieren. Der Naturpark Hoher Vogelsberg in der Mitte Hessens ist das flächenmäßig größte zusammenhängende Gebiet vulkanischer Gesteine in Mitteleuropa. Im Süden hat Hessen Anteil an der Oberrheinischen Tiefebene, dem Odenwald und dem Spessart.

GEOGRAFIE

Geografische Lage: Von 49°24′ bis 51°39′ nördlicher Breite sowie von 7°46′ bis 10°14′ östlicher Länge

Höchster Punkt: Wasserkuppe 950 m

POLITIK

Oberhaupt: Ministerpräsident Volker Bouffier

Legislative: Landtag mit 137 für 5 Jahre gewählten Abgeordneten

Sitzverteilung: CDU 40, Grüne 29, SPD 29, AfD 17, FDP 11, Die Linke 9, Fraktionslos 2

Stimmen im Bundesrat: 5

BEVÖLKERUNG

Bevölkerungsanteil: <15 Jahre 14 %, 15–64 Jahre 65.2 %, >64 Jahre 20.8 %

Verteilung: Stadt 58.7 %, Land 41.3 %

Wachstum: 0.1 %

Ausländeranteil: 18.1 %

WIRTSCHAFT

BIP: 281.42 Mrd. Euro

Wachstum BIP: -4.3 %

BIP/Kopf: 44 750 Euro

Erwerbstätige nach Sektoren: Landwirtschaft 0.7 %, Industrie 20.7 %, Dienstleistungen 78.6 %

Arbeitslosenquote: 5.6 %

RÜCKBLICK

Haushalt: Am 03.02.2021 verabschiedet der Landtag den Haushalt 2021. Er sah Ausgaben von 30.1 Mrd. € bei Einnahmen von 29.3 Mrd. € vor. Eingeschlossen war eine Tilgung von 200 Mio. € der Kredite, die 2020 für die Bewältigung der Corona-Pandemie aufgenommen worden waren.

Polizei: Am 04.07.2020 wurden mit **„NSU 2.0" unterzeichnete Drohmails** an die Fraktionschefin der Linken im Landtag, Janine Wissler, bekannt. Vor den Drohmails waren ihre Daten auf einem hessischen Polizeicomputer abgefragt worden. Bedroht wurden auch die Frankfurter Anwältin Seda Basay-Yildiz sowie die Berliner Kabarettistin Idil Baydar, ebenfalls mit vorherigen Abfragen von nicht öffentlich zugänglichen Daten von hessischen Polizeicomputern. Innenminister Peter Beuth (CDU) setzte am 10.07.2020 einen Sonderermittler ein, um dem **Verdacht eines rechtsextremen Netzwerks bei der Polizei** nachzugehen. Am 14.07.2020 versetzte Beuth Landespolizeipräsident Udo Münch in den einstweiligen Ruhestand. Gleichzeitig ordnete Beuth neue Logins bei der Polizei an. Neuer Polizeipräsident wurde am 17.07.2020 Roland Ullmann. Am 18.08.2020 setzte Beuth eine Expertenkommission ein, die ein neues Leitbild der Polizei entwickeln und Konsequenzen aus den Skandalen vorschlagen sollte. Am 05.05.2021 wurde in Berlin ein 53-Jähriger verhaftet, der die Drohmails geschrieben haben soll. Am 09.06.2021 wurden die Wohnungen von 6 Polizisten des SEK des Polizeipräsidiums Frankfurt durchsucht. Hintergrund waren **Ermittlungen gegen insgesamt 49 Polizeibeamte wegen rechtsradikaler Chatgruppen**, darunter allein 19 aktive Beamte des Frankfurter SEK. Innenminister Peter Beuth kündigte daraufhin am 10.06.2021 an, dass das SEK aufgelöst wird.

Nach dem Mord am Kasseler Regierungspräsidenten Walter Lübcke verurteilte das Oberlandesgericht Stephan Ernst am 28.01.2021 wegen Mordes zu lebenslanger Haft. Ernst hatte am 05.08.2020 gestanden, im Juni 2019 den tödlichen Schuss abgeben zu haben.

Aus der Kommunalwahl am 14.03.2021 ging die CDU landesweit mit 28.5 % (-0.4) als stärkste Partei hervor, gefolgt von der SPD mit 24.0 % (-4.5). Die Grünen kamen auf 18.4 % (+7.1). Die AfD fiel auf 6.9 % (-5.0), die FDP verbesserte sich auf 6.7 % (+0.3). In **Frankfurt** wurden die Grünen erstmals stärkste Fraktion. Am 21.05.2021 einigten sie sich mit SPD, FDP und Volt auf einen Koalitionsvertrag. Das 4er-Bündnis drohte zu scheitern, als die FDP-Basis den Vertrag am 26.05.2021 ablehnte. Mit einer Zusatzvereinbarung erklärten sich schließlich alle 4 Parteien einverstanden, so dass die Koalition am 14.06.2021 zustande kam.

Mecklenburg-Vorpommern

Ländername	Mecklenburg-Vorpommern
Fläche in km²	23 295
Anzahl der Einwohner	1.6 Millionen
Einwohnerzahl pro km²	69
Hauptstadt	Schwerin
Amtssprachen	Deutsch, Niederdeutsch
Verwaltungsgliederung	6 Landkreise und 2 kreisfreie Städte
Wichtige Städte	Rostock, Schwerin, Neubrandenburg, Stralsund, Greifswald, Wismar
Gründungstag	3. Oktober 1990

Mecklenburg-Vorpommern besteht aus den Landesteilen Mecklenburg im Südwesten und Vorpommern im Nordosten. Die Eiszeit hat hier eine hügelige Moränenlandschaft hinterlassen, in die rund 2000 größere und kleinere Seen eingebettet sind. Das größte zusammenhängende Seengebiet bildet ganz im Süden die Mecklenburgische Seenplatte, die zusammen mit der nördlich anschließenden Mecklenburgischen Schweiz rund ein Drittel des Bundeslands einnimmt. Dem Festland vorgelagert sind die zwei größten Inseln Deutschlands, Rügen und Usedom, deren östlichster Teil zu Polen gehört.

GEOGRAFIE

Geografische Lage: Von 53°06′ bis 54°41′ nördlicher Breite sowie von 10°36′ bis 14°23′ östlicher Länge
Höchster Punkt: Helpter Berg 179 m

POLITIK

Oberhaupt: Ministerpräsidentin Manuela Schwesig
Legislative: Landtag mit 71 für 5 Jahre gewählten Abgeordneten
Sitzverteilung: SPD 26, CDU 18, AfD 14, Die Linke 11, Fraktionslos 2
Stimmen im Bundesrat: 3

BEVÖLKERUNG

Bevölkerungsanteil: <15 Jahre 12.8 %, 15–64 Jahre 61.9 %, >64 Jahre 25.3 %
Verteilung: Stadt 36.1 %, Land 63.9 %
Wachstum: 0.2 %
Ausländeranteil: 5.1 %

WIRTSCHAFT

BIP: 46.01 Mrd. Euro
Wachstum BIP: -1.4 %
BIP/Kopf: 28 590 Euro
Erwerbstätige nach Sektoren: Landwirtschaft 3 %, Industrie 19.3 %, Dienstleistungen 77.7 %
Arbeitslosenquote: 8 %

RÜCKBLICK

Innenminister Lorenz Caffier (CDU) erklärte am 17.11.2020 seinen Rücktritt. Zuvor war bekannt geworden, dass er 2018 eine Waffe bei einem Händler gekauft hatte, dem später Verbindungen zur rechtsextremen Nordkreuz-Gruppierung vorgeworfen wurden. Nachfolger wurde am 27.11.2020 der bisherige CDU-Fraktionschef Thorsten Renz.
Haushalt: Die Landesregierung beschloss am 29.09.2020 mit den Stimmen von SPD, CDU und Linken den **2. Nachtragshaushalt für 2020/21**. Die jährlichen Ausgaben stiegen auf knapp 9 Mrd. €., insgesamt umfasst er 2.2 Mrd. € neue Schulden, die im Wesentlichen in den Corona-Fonds fließen sollten.
Nord Stream 2: Um mögliche US-Sanktionen gegen den Bau der Gaspipeline Nord Stream 2 zu umgehen, gründete der Landtag mit den Stimmen von SPD, CDU und Linken am 07.01.2021 in einer Sondersitzung die **Stiftung Klima- und Umweltschutz MV**. Sie sollte Material und Maschinen für die am Bau der Pipeline beteiligten Firmen kaufen. Stiftungen waren nicht von den Sanktionsandrohungen betroffen.
Am 19.05.2021 reichte die Deutsche Umwelthilfe beim Verwaltungsgericht Klage gegen die Stiftung ein. Die Klimastiftung diene nicht dem Umweltschutz, sondern nur wirtschaftlichen Interessen.
Das Verwaltungsgericht Schwerin hat am 14.07.2021 einen Eilantrag gegen die Gründung der Klima- und Umweltschutzstiftung des Landes Mecklenburg-Vorpommern abgelehnt. Die Klage ist laut Gericht formell nicht zulässig.
Werftenkrise: Um die **drohende Insolvenz der MV Werften** abzuwenden, bewilligte der Bund Kredite in Höhe von 193 Mio. €, wie die Landesregierung am 01.01.2021 mitteilte. Die Werften in Wismar, Warnemünde und Stralsund mit 2800 Arbeitsplätzen waren durch die Corona-Pandemie in Schieflage geraten. Der Landtag billigte am 31.05.2021 einen weiteren Kredit von 72 Mio. € und erhöhte die Bürgschaftsquote von 80 % auf 90 %. Zusätzlich sagte Bundeswirtschaftsminister Peter Altmaier am 03.06.2021 einen weiteren 300 Mio. Euro-Kredit zu. Laut Wirtschaftsminister Harry Glawe (CDU) bürgte das Land damit insgesamt für 400 Mio. €, der Bund für 500 Mio €. Trotzdem begann am 02.07.2021 der Stellenabbau: 640 Werftarbeiter wechselten in eine Transfergesellschaft.
Die SPD wählte Ministerpräsidentin **Manuela Schwesig** am 18.06.2021 zur **Spitzenkandidatin für die Landtagswahl** im September. Die CDU stellte sich am 21.06.2021 hinter ihren Landesvorsitzenden Michael Sack. Die AfD wählte am 16.05.2021 den Fraktionschef Nikolaus Kramer zum Spitzenkandidaten, die Linkspartei am 13.03.2021 ihre Fraktionschefin Simone Oldenburg.

Niedersachsen

Ländername	Niedersachsen
Fläche in km²	47 710
Anzahl der Einwohner	8 Millionen
Einwohnerzahl pro km²	168
Hauptstadt	Hannover
Amtssprachen	Deutsch, Friesisch, Niederdeutsch
Verwaltungsgliederung	37 Landkreise, 8 kreisfreie Städte und eine kommunale Körperschaft
Wichtige Städte	Hannover, Braunschweig, Oldenburg (Oldb), Osnabrück, Wolfsburg, Göttingen, Salzgitter, Hildesheim
Gründungstag	8. November 1946

Niedersachsen, das Land zwischen Ems und Elbe, reicht bis zur Nordseeküste mit den sieben ostfriesischen Inseln. Weitere Regionen sind an der holländischen Grenze Ostfriesland, das Emsland und die Grafschaft Bentheim. Das Oldenburger Münsterland grenzt an den Stadtstaat Bremen. Das Weserbergland im Süden gehört mit Teilen des Teutoburger Waldes und des Wiehengebirges zu den Mittelgebirgen Niedersachsens. Im Osten liegen die Lüneburger Heide, das Braunschweiger Land und der Harz mit der höchsten Erhebung Niedersachsens, dem Wurmberg mit 971 Metern.

GEOGRAFIE

Geografische Lage: Von 51°17' bis 53°54' nördlicher Breite sowie von 6°40' bis 11°35' östlicher Länge

Höchster Punkt: Wurmberg 971 m

POLITIK

Oberhaupt: Ministerpräsident Stephan Weil

Legislative: Landtag mit 137 für 5 Jahre gewählten Abgeordneten

Sitzverteilung: SPD 54, CDU 50, Grüne 12, FDP 11, Fraktionslos 10

Stimmen im Bundesrat: 6

BEVÖLKERUNG

Bevölkerungsanteil: <15 Jahre 13.7 %, 15–64 Jahre 64.2 %, >64 Jahre 22.1 %

Verteilung: Stadt 41.5 %, Land 58.5 %

Wachstum: 0.1 %

Ausländeranteil: 10.7 %

WIRTSCHAFT

BIP: 295.9 Mrd. Euro

Wachstum BIP: -3.5 %

BIP/Kopf: 37 005 Euro

Erwerbstätige nach Sektoren: Landwirtschaft 2.4 %, Industrie 23.8 %, Dienstleistungen 73.8 %

Arbeitslosenquote: 5.9 %

RÜCKBLICK

Haushalt: Gegen die Stimmen der Opposition verabschiedete der Landtag in einer Sondersitzung am 15.07.2020 den **2. Nachtragshaushalt für 2020**. Er sah wegen der Corona-Krise zusätzliche Ausgaben von 8.4 Mrd. € vor, 7.8 Mrd. € davon über Kredite finanziert. Die Gesamtausgaben für 2020 stiegen damit auf die Rekordsumme von 43.2 Mrd. €. FDP und AfD kritisierten die Summe als zu groß, die Grünen hätten gerne mehr Geld für Investitionen zur Verfügung gestellt. Der Landtag verabschiedete am 10.12.2020 den **Haushalt 2021** mit einem Volumen von 35.9 Mrd. €. Wegen der hohen Pandemie-Ausgaben und der Einnahmeausfälle, waren 1.1 Mrd. € neue Schulden vorgesehen.

Am 01.09.2020 brachte die Regierung das neue **Verfassungsschutzgesetz** auf den Weg. Es sollte den Einsatz von V-Leuten bei der Beobachtung von Extremisten erleichtern. Neue Regeln zur Stammdatenabfrage von Geldkonten machte Geldströme nachvollziehbarer. Der Verfassungsschutz darf jetzt auch die Daten von Jugendlichen ab 14 Jahren speichern, die des Extremismus verdächtig werden (bisher 16 Jahre). Dagegen ist er nicht mehr verpflichtet, jedes Auskunftsersuchen eines Bürgers über gespeicherte Daten zu erfüllen. Ein Recht auf Auskunft hat nur noch, wer auf einen konkreten Fall oder ein besonderes Interesse verweisen kann. Der Landtag verabschiedete das Gesetz am 06.07.2021.

Am 28.04.2021 beschloss der Landtag gegen die Stimmen der Grünen die **Auflösung der Pflegekammer** zum 30.11.2021. Die Kammer war 2018 als Interessenvertretung der Pflegenden eingerichtet worden. Für Ärger hatten vor allem Beiträge für die Pflichtmitgliedschaft gesorgt. Für 2020 hatte das Land die Beiträge übernommen. Nach der Auflösung der Kammer wurden alle Beiträge zurückerstattet. Das Land rechnete insgesamt mit Kosten von 12.4 Mio. €.

Niedersachsen weitete am 10.06.2021 den **Nationalpark Niedersächsisches Wattenmeer** aus. Als 3. Zone kamen Siedlungsräume auf den Ostfriesischen Inseln und an der Küste hinzu. 30 Kommunen waren aufgefordert, sich zu entscheiden, ob sie der neuen Entwicklungszone beitreten wollen. Dort soll in Zukunft nachhaltige Landwirtschaft und nachhaltiger Tourismus gefördert werden.

Am 16.11.2020 wurde ein **neues Kita-Gesetz** auf den Weg gebracht. Das alte stammte aus dem Jahr 1993. Die Novelle schrieb erstmals einheitliche Qualitätsstandards vor. Außerdem war eine 3. Fachkraft pro Kindergartengruppe vorgesehen. Ab 2023 sollten dazu 2000 zusätzliche Auszubildende in die Kitas kommen, in bezahlter dualer Ausbildung. Opposition und Betroffene kritisierten das Gesetz als halbherzig. Es passierte am 06.07.2021 den Landtag.

Nordrhein-Westfalen

Ländername	Nordrhein-Westfalen
Fläche in km²	34 112
Anzahl der Einwohner	17.9 Millionen
Einwohnerzahl pro km²	525
Hauptstadt	Düsseldorf
Amtssprache	Deutsch
Verwaltungsgliederung	5 Regierungsbezirke, 31 Landkreise und 22 kreisfreie Städte
Wichtige Städte	Köln, Düsseldorf, Dortmund, Essen, Duisburg, Bochum, Wuppertal, Bielefeld, Bonn, Münster
Gründungstag	23. August 1946

Nordrhein-Westfalen grenzt an die Niederlande und Belgien. Die bestimmenden Landschaften sind das Norddeutsche Tiefland sowie Teile der Deutschen Mittelgebirgsschwelle. In Westfalen sind dies Eggegebirge und Teutoburger Wald und im Nordosten das Weserbergland. Der nordrhein-westfälische Anteil am Rheinischen Schiefergebirge besteht linksrheinisch aus der nördlichen Eifel und den Ausläufern des Hohen Venns, rechts des Rheins erheben sich Siebengebirge, Bergisches Land und das Sauerland mit dem 841 Meter hohen Kahlen Asten im Rothaargebirge.

GEOGRAFIE

Geografische Lage: Von 50°19′ bis 52°31′ nördlicher Breite sowie von 5°51′ bis 9°28′ östlicher Länge
Höchster Punkt: Langenberg 843 m

POLITIK

Oberhaupt: Ministerpräsident Armin Laschet
Legislative: Landtag mit 199 für 5 Jahre gewählten Abgeordneten
Sitzverteilung: CDU 72, SPD 69, FDP 28, Grüne 14, AfD 13, Fraktionslos 3
Stimmen im Bundesrat: 6

BEVÖLKERUNG

Bevölkerungsanteil: <15 Jahre 13.9 %, 15–64 Jahre 64.9 %, >64 Jahre 21.2 %
Verteilung: Stadt 80.5 %, Land 19.5 %
Wachstum: -0.1 %
Ausländeranteil: 15.4 %

WIRTSCHAFT

BIP: 697.13 Mrd. Euro
Wachstum BIP: -2.8 %
BIP/Kopf: 38 876 Euro
Erwerbstätige nach Sektoren: Landwirtschaft 0.8 %, Industrie 22.2 %, Dienstleistungen 77 %
Arbeitslosenquote: 7.8 %

RÜCKBLICK

Haushalt: Am 15.12.2020 beschloss der Landtag mit den Stimmen der schwarz-gelben Koalition den **Haushalt für 2021**. Er beinhaltete Ausgaben von 84 Mrd. € und kam ohne neue Schulden aus. Zusätzlich stand ein 25 Mrd. € Corona-Rettungsschirm zur Verfügung, der im Frühjahr 2020 auf Kreditbasis eingerichtet worden war. Dessen Tilgung soll 2024 beginnen.
Maskendeals mit der Modefirma van Laack aus Mönchengladbach, die auf Vermittlung des Sohns von Ministerpräsident Armin Laschet (CDU) zustande gekommen waren, sorgten für Kritik der Opposition. Am 29.11.2020 war bekannt geworden, dass der Modeinfluencer Joe Laschet den Kontakt im März 2020 hergestellt hatte. Das Land bestellte ohne Ausschreibung 30 Mio. Masken und 10 Mio. medizinische Kittel bei van Laack für insgesamt 45.4 Mio. €. Einen weiteren Auftrag über gut 1 Mio. Masken für die Polizei vom 06.11.2020, der ohne Ausschreibung erfolgt war, musste das Land rückabwickeln.
Polizei: Innenminister Herbert Reul (CDU) gab am 16.09.2020 die **Suspendierung von 29 Polizisten** bekannt. Die Beamten hatten in internen Chatgruppen rechtsextreme Inhalte geteilt. 14 Polizisten wurden aus dem Dienst entfernt, gegen 15 wurden Disziplinarmaßnahmen eingeleitet. Es gab Razzien in zahlreichen Wohnungen und Polizeirevieren. Für das besonders betroffene Polizeipräsidium Essen ordnete Reul eine Sonderinspektion an. Außerdem richtet er eine Stabsstelle ein, die rechtsextremistische Tendenzen bei der Polizei untersuchen soll.
Klima: Am 01.07.2021 verabschiedete der Landtag das neue **Klimaschutzgesetz**. Danach soll das Land bis 2045 klimaneutral werden.
Im **Missbrauchsfall von Bergisch-Gladbach** verurteilte das Landgericht Köln einen Angeklagten am 06.10.2020 zu 12 Jahren Haft mit anschließender Sicherheitsverwahrung. Die Staatsanwaltschaft Köln ermittelte in dem Zusammenhang gegen mehr als 200 Tatverdächtige. Im **Missbrauchsfall von Münster** verurteilte das Landgericht Münster 4 Männer am 06.07.2021 wegen schweren sexuellen Missbrauchs zu 10 bis 14 Jahren Haft mit anschließender Sicherheitsverwahrung. Auch sie hatten Aufnahmen ihrer Taten im Darknet verbreitet. Die Ermittler hatten mehr als 50 Tatverdächtige identifiziert.
Der Landesverfassungsgerichthof in Münster kritisierte am 20.04.2021 die langsame Herausgabe von Akten an den **Lügde-Untersuchungsausschuss** durch das Innen- und das Justizministerium. Geklagt hatten SPD und Grüne. Das Justizministerium erklärte dies mit der aufwendigen Pseudonymisierung der Akten. Justizminister Peter Biesenbach sagte am 21.05.2021 zu, mehr Personal für die Aktenaufbereitung einzustellen.

Rheinland-Pfalz

Ländername	Rheinland-Pfalz
Fläche in km²	19 858
Anzahl der Einwohner	4.1 Millionen
Einwohnerzahl pro km²	206
Hauptstadt	Mainz
Amtssprache	Deutsch
Verwaltungsgliederung	24 Landkreise und 12 kreisfreie Städte
Wichtige Städte	Mainz, Ludwigshafen am Rhein, Koblenz, Trier, Kaiserslautern
Gründungstag	30. August 1946

Mittelgebirge und Flüsse prägen die Landschaft von Rheinland-Pfalz. Der Nationalpark Eifel ist vom früheren Vulkanismus geprägt. Der Naturpark Pfälzerwald ist Deutschlands größtes zusammenhängendes Waldgebiet.

GEOGRAFIE

Geografische Lage: Von 48°57′ bis 50°56′ nördlicher Breite sowie von 6°06′ bis 8°30′ östlicher Länge

Höchster Punkt: Erbeskopf 816 m

POLITIK

Oberhaupt: Ministerpräsidentin Marie-Luise „Malu" Dreyer

Legislative: Landtag mit 101 für 5 Jahre gewählten Abgeordneten

Sitzverteilung: SPD 39, CDU 31, Grüne 10, AfD 9, FDP 6, Freie Wähler 6

Stimmen im Bundesrat: 4

Ergebnis der Landtagswahl (14.03.2020)
Regierung: SPD, Grüne, FDP

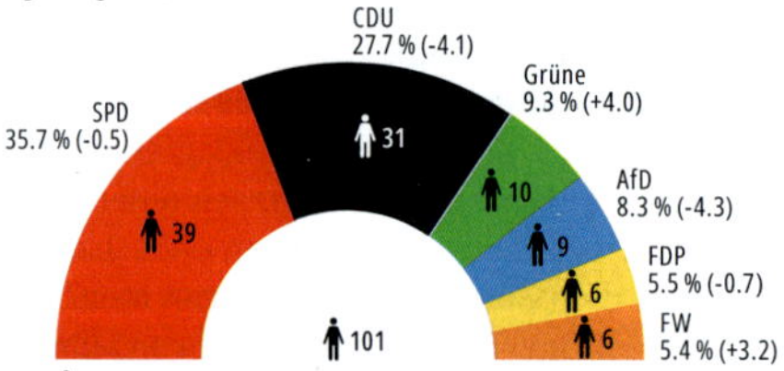

Keine: Linke 2.5 % (-0.3); Sonstige 5.7 % (+2.9)

BEVÖLKERUNG

Bevölkerungsanteil: <15 Jahre 13.5 %, 15–64 Jahre 64.5 %, >64 Jahre 22 %

Verteilung: Stadt 46.2 %, Land 53.8 %

Wachstum: 0.1 %

Ausländeranteil: 12.5 %

WIRTSCHAFT

BIP: 141.9 Mrd. Euro

Wachstum BIP: -3.1 %

BIP/Kopf: 34 673 Euro

Erwerbstätige nach Sektoren: Landwirtschaft 1.9 %, Industrie 25.3 %, Dienstleistungen 72.8 %

Arbeitslosenquote: 5.4 %

RÜCKBLICK

Haushalt: Am 27.08.2020 legte Finanzministerin Doris Ahnen (SPD) den Entwurf für den 2. Nachtragshaushalt für 2020 mit einer Rekordverschuldung von 3.5 Mrd. € vor. Das Geld sollte in ein Corona-Sondervermögen fließen und wurde u. a. benötigt, um pandemiebedingte Steuerausfälle auszugleichen. Am 23.09.2020 passierte der Nachtragshaushalt das Parlament. Am 15.12.2020 verabschiedete der Landtag den **Haushalt für 2021**. Er sah Ausgaben von 19.9 Mrd. € und Einnahmen von 18.6 Mrd. € vor. Das Defizit von 1.3 Mrd. € sollte durch Kredite gedeckt werden. Mehr Geld war u. a. für Bildung und mehr Personal bei Polizei und Justiz vorgesehen.

Aus der Landtagswahl am 14.03.2021 ging die SPD von Ministerpräsidentin Malu Dreyer mit 35.7 % (-0.5) als stärkste Kraft hervor. Der Koalitionspartner, die Grünen, konnten deutlich zulegen und kamen auf 9.3 % (+4.0). Die ebenfalls an der Ampelkoalition beteiligte FDP verlor leicht auf 5.5 % (-0.7). Die CDU rutschte auf 27.7 % ab (-4.1) und erzielte damit ihr bislang schlechtestes Ergebnis. Die AfD verlor mit 8.3 % (-4.3) ein gutes Drittel ihres Stimmanteils. Die Freien Wähler zogen mit 5.5 % erstmals in den Landtag ein.

Koalition: Bereits am 15.03.2021 begannen die Sondierungsgespräche für eine **neue Koalition aus SPD, Grünen und FDP**. Bis zum 03.05.2021 einigten sich die 3 Parteien auf einen Koalitionsvertrag, den sie am 10.05.2021 unterzeichneten. Schwerpunkte waren der Klimaschutz, Digitalisierung und die Entwicklung der Innenstädte. Ziel der neuen Ampelkoalition war es, bis 2030 ganz auf erneuerbare Energien umzustellen und das Land bis 2040 klimaneutral zu machen; Klimaschutz soll als Staatsziel in der Verfassung verankert werden. Mit einer 100 Mio. Euro-Förderung der Biotechnologie will die Koalition den Forschungsstandort stärken, nach dem Vorbild des Mainzer Unternehmens Biontech, das den ersten zugelassenen Corona-Impfstoff entwickelt hatte. Geplant ist die Senkung des Wahlalters bei Kommunal- und Landtagswahlen auf 16 Jahre. Am 18.05.2021 wählte der Landtag **Malu Dreyer (SPD) erneut** zur **Ministerpräsidentin.** In einer Regierungserklärung stellte sie am 16.06.2021 das Programm der neuen Ampelregierung vor.

Am 07.07.2021 einigten sich die Fraktionen aller Parteien im Landtag außer der AfD auf eine **Diätenerhöhung für die Abgeordneten**. Von 6992 € im Jahr 2021 sollten die Bezüge in drei Stufen bis 2024 auf 7754 € steigen. Hintergrund war ein Beschluss von 2017, wonach sich die Bezüge an denen der hauptamtlichen Bürgermeister kleinerer Kommunen orientieren sollten. 2020 hatten die Abgeordneten wegen der Corona-Pandemie auf eine Diätenerhöhung verzichtet.

Saarland

Ländername	Saarland
Fläche in km²	2571
Anzahl der Einwohner	983 991
Einwohnerzahl pro km²	383
Hauptstadt	Saarbrücken
Amtssprache	Deutsch
Verwaltungsgliederung	6 Landkreise
Wichtige Städte	Saarbrücken, Neunkirchen, Homburg, Völklingen, St. Ingbert, Saarlouis
Gründungstag	17. Dezember 1947

Deutschlands kleinster Flächenstaat ist im Norden leicht gebirgig. Die höchste Erhebung des Landes ist der Dollberg im Schwarzwälder Hochwald des Hunsrücks mit 695 Meter Meereshöhe. Südlich davon liegt das leicht hügelige Saar-Nahe-Bergland mit Acker- und Waldflächen sowie der Saarkohlenwald mit seinen reichen Kohlelagerstätten. Weitere Landschaften sind im äußersten Süden das fruchtbare Bliesgau, im Südwesten das große Waldgebiet des Warndt und im Westen das Saargau. Längster Fluss ist die Saar. In der Talweitung von Saarlouis münden die wichtigsten Nebenflüsse Nied und Prims.

GEOGRAFIE

Geografische Lage: Von 49°06′ bis 49°38′ nördlicher Breite sowie von 6°20′ bis 7°23′ östlicher Länge
Höchster Punkt: Dollberg 695 m

POLITIK

Oberhaupt: Ministerpräsident Tobias Hans
Legislative: Landtag mit 51 für 5 Jahre gewählten Abgeordneten
Sitzverteilung: CDU 24, SPD 17, Die Linke 6, AfD 2, Fraktionslos 2
Stimmen im Bundesrat: 3

BEVÖLKERUNG

Bevölkerungsanteil: <15 Jahre 12.2 %, 15–64 Jahre 63.7 %, >64 Jahre 24.1 %
Verteilung: Stadt 48.1 %, Land 51.9 %
Wachstum: -0.3 %
Ausländeranteil: 13 %

WIRTSCHAFT

BIP: 33.61 Mrd. Euro
Wachstum BIP: -5 %
BIP/Kopf: 34 125 Euro
Erwerbstätige nach Sektoren: Landwirtschaft 0.4 %, Industrie 25.4 %, Dienstleistungen 74.2 %
Arbeitslosenquote: 7.3 %

RÜCKBLICK

Haushalt: Der Landtag verabschiedet am 09.12.2020 mit den Stimmen der Koalition aus CDU und SPD den **Doppelhaushalt 2021/22**. Mit Ausgaben von 5.0 Mrd. € (2021) bzw. 5.1 Mrd. € (2022) lag sein Volumen deutlich über dem der vorangegangenen Jahre. Die größten Posten waren die Ausgaben für Bildung und Kultur, für Wirtschaft und für Gesundheit. Das kreditfinanzierte „Sondervermögen Pandemie" umfasste 409 Mio. € (2021) bzw. 296 Mio. € (2022). Zusammen mit dem Defizit im Kernhaushalt, plante die Regierung für beide Jahre mit 850 Mio. € neuen Schulden. Linke und AfD stimmten gegen den Haushalt.
Im Vorfeld der Bundestagswahl zerstritten sich sowohl die Grünen als auch die Linken über die Aufstellung der Wahllisten. **Bei den Grünen** gab es schon im Vorfeld Streit über den Einfluss von Ex-Parteichef Hubert Ulrich auf die Delegiertenauswahl. Am 20.06.2021 wählte die Landesdelegiertenkonferenz Ulrich zum Spitzenkandidaten, obwohl der erste Listenplatz laut Satzung eigentlich einer Frau vorbehalten ist. Der neue Ko-Parteichef Ralph Rouget trat bereits am 25.06.2021 wieder zurück, weitere Vorstandmitglieder folgten in den folgenden Tagen. Der Restvorstand berief für den 17.07.2021 einen neuen Parteitag ein. **Eine Mitgliederversammlung der Linken wählte** am 06.06.2021 den Landeschef und Bundestagsabgeordneten Thomas Lutze zum Spitzenkandidaten. Fraktionschef Lafontaine rief daraufhin am 16.06.2021 dazu auf, die Linke nicht zu wählen. Der Landesvorstand forderte daher den Parteiausschluss Lafontaines. Gegen Lutze ermittelt die Staatsanwaltschaft. Ihm wird Stimmenkauf im Bundestagswahlkampf 2017 vorgeworfen.
Das Saarland wird bei der **Reform der Grundsteuer** vom Bundesmodell abweichen. Das kündigte Finanzminister Peter Strobel (CDU) am 17.12.2020 an. Das Bundesmodell würde laut Strobel Gewerbeimmobilien bevorzugen, sodass es für Mieter und Wohnungsbesitzer teurer würde. Das Saarland will Wohngrundstücke dagegen besserstellen. Zum 01.01.2022 sollen alle Grundstücke neu bewertet werden.
In Dillingen wurde am 21.07.2020 die bundesweit erste Anlage für **wasserstoffbasierte Stahlproduktion** eingeweiht. Beteiligt waren die Dillinger Hütte und Saarstahl. CO_2-freier, „grüner" Stahl gilt angesichts des Klimawandels als Zukunftstechnologie.
Der chinesische Batteriehersteller SVolt kündigte am 17.11.2020 an, dass er seine Europaproduktion im Saarland ansiedeln will. Das Saarland hatte sich gegen 30 Wettbewerber durchgesetzt. In Überherrn und Hausweiler sollen ab Ende 2023 bis zu 500 000 Batterien für E-Autos pro Jahr gebaut werden. SVolt will dafür rd. 2 Mrd. € investieren. Es sollen bis zu 2000 Arbeitsplätze entstehen.

Sachsen

Ländername	Freistaat Sachsen
Fläche in km²	18 450
Anzahl der Einwohner	4.1 Millionen
Einwohnerzahl pro km²	220
Hauptstadt	Dresden
Amtssprachen	Deutsch, Sorbisch
Verwaltungsgliederung	10 Landkreise und 3 kreisfreie Städte
Wichtige Städte	Leipzig, Dresden, Chemnitz, Zwickau, Plauen, Görlitz
Gründungstag	3. Oktober 1990

Sachsen umfasst sowohl Flachland im Norden als auch Mittelgebirge im Süden. Im Osten grenzt Sachsen mit der Lausitzer Neiße an Polen und im Süden an die Tschechische Republik. Große Teile des Landes gehören zum Einzugsbereich der Elbe. Das Bundesland gliedert sich in die Regionen Sächsisches Burgen- und Heideland im Westen, Sächsisches Elbland in der Mitte, Oberlausitz/Niederschlesien im Nordosten, Sächsische Schweiz südlich von Dresden sowie Erzgebirge und Vogtland im Südwesten. Die höchste Erhebung des Landes ist der 1215 Meter hohe Fichtelberg, der zweithöchste Berg des Erzgebirges.

GEOGRAFIE

Geografische Lage: Von 50°10' bis 51°40' nördlicher Breite sowie von 11°54' bis 15°01' östlicher Länge
Höchster Punkt: Fichtelberg 1215 m

POLITIK

Oberhaupt: Ministerpräsident Michael Kretschmer
Legislative: Landtag mit 119 für 5 Jahre gewählten Abgeordneten
Sitzverteilung: CDU 45, AfD 36, Die Linke 14, Grüne 12, SPD 10, Fraktionslos 2
Stimmen im Bundesrat: 4

BEVÖLKERUNG

Bevölkerungsanteil: <15 Jahre 13.3 %, 15–64 Jahre 60.2 %, >64 Jahre 26.5 %
Verteilung: Stadt 58.4 %, Land 41.6 %
Wachstum: -0.4 %
Ausländeranteil: 5.5 %

WIRTSCHAFT

BIP: 125.57 Mrd. Euro
Wachstum BIP: -2.6 %
BIP/Kopf: 30 903 Euro
Erwerbstätige nach Sektoren: Landwirtschaft 1.3 %, Industrie 26.6 %, Dienstleistungen 72.1 %
Arbeitslosenquote: 6.3 %

RÜCKBLICK

Haushalt: Der Landtag verabschiedete mit den Stimmen von CDU, SPD und Grünen am 20.05.2021 den **Doppelhaushalt 2021/22**. Linke und AfD votierten dagegen. Insgesamt sind Ausgaben von 43.2 Mrd. € vorgesehen (2021: 21.3 Mrd. €, 2022: 21.8 Mrd. €). Die Kreditaufnahme für den Corona-Bewältigungsfonds wurde auf 6 Mrd. € begrenzt.
Der Landtag beschloss am 18.05.2021 eine **Diätenerhöhung**. Zum 01.04.2022 sollen die Bezüge der Abgeordneten von 5943 € auf 6237 € steigen. Von einer geplanten Diätenerhöhung bereits zum 01.11.2021 hatten die Koalitionsfraktionen nach breiter Kritik am 05.05.2021 Abstand genommen.
Nach mehreren Schulversuchen und einem Volksantrag ließ der Landtag am 15.07.2020 die **Gemeinschaftsschule als Schulform** zu. Damit ist ein gemeinsames Lernen von der 1. bzw. 5. bis zur 12. Klasse möglich. Ab dem 01.08.2020 konnten Gemeinschaftsschulen starten. Voraussetzung war, dass es in Großstädten ab Jahrgangstufe 5 mindestens 4 Parallelklassen gibt und in Mittelzentren 3. Für den ländlichen Raum wurde die „Oberschule Plus“ möglich gemacht. Ein zusätzliches Lernangebot soll dort sicherstellen, dass Schüler nach der 10. Klasse problemlos in die Oberstufe wechseln können.
Die Munitionsaffäre erschütterte das Landeskriminalamt. Am 30.03.2021 nahmen die Generalstaatsanwaltschaft und das Landeskriminalamt Ermittlungen gegen 17 sächsische LKA-Beamte eines Mobilen Einsatzkommandos (MEK) auf. Ihnen wurden der Diebstahl von Munition sowie Verstöße gegen das Waffenrecht vorgeworfen. Die Ermittler prüften Verbindungen zur rechtsextremen Gruppierung Nordkreuz. Der Leiter des MEK und 3 Schießtrainer sollen 2018 mindestens 7000 Schuss Munition entwendet und als Bezahlung für ein privates Schießtraining in Güstrow verwendet haben. Am 07.04.2021 entband Innenminister Roland Wöller (CDU) den LKA-Chef und den zuständigen Abteilungsleiter von ihren Funktionen.
In der Leipziger Innenstadt lief am 07.11.2020 eine **Demonstration der Bewegung „Querdenken“** gegen die Corona-Maßnahmen aus dem Ruder. Zuvor war der Versuch der Stadt Leipzig, die Demonstration auf ein großes Gelände am Stadtrand zu verlegen, am Oberverwaltungsgericht gescheitert. Weil die meisten der mehr als 20 000 Teilnehmer keine Maske trugen und keinen Abstand hielten, löste die Polizei die Versammlung auf. Es kam zu Ausschreitungen, bei denen Polizisten und Journalisten verletzt wurden. Auch bei einer Gegendemo linker Gruppierungen gab es Gewalt.

Sachsen-Anhalt

Ländername	Sachsen-Anhalt
Fläche in km²	20 457
Anzahl der Einwohner	2.2 Millionen
Einwohnerzahl pro km²	107
Hauptstadt	Magdeburg
Amtssprache	Deutsch
Verwaltungsgliederung	11 Landkreise und 3 kreisfreie Städte
Wichtige Städte	Halle (Saale), Magdeburg, Dessau-Roßlau, Lutherstadt Wittenberg, Halberstadt
Gründungstag	3. Oktober 1990

Sachsen-Anhalt hat Anteil am Norddeutschen Tiefland und an der Mittelgebirgsschwelle. Größter Fluss ist die Elbe. Der höchste Berg ist der Brocken mit 1141 m Meereshöhe im Nationalpark Hochharz.

GEOGRAFIE

Geografische Lage: Von 50°56' bis 53°03' nördlicher Breite sowie von 10°34' bis 13°14' östlicher Länge
Höchster Punkt: Brocken 1141 m

POLITIK

Oberhaupt: Ministerpräsident Dr. Reiner Haseloff
Legislative: Landtag mit 97 für 5 Jahre gewählten Abgeordneten
Sitzverteilung: CDU 40, AfD 23, Die Linke 12, SPD 9, FDP 7, Grüne 6
Stimmen im Bundesrat: 4

Ergebnis der Landtagswahl (06.06.2021)
Regierung: stand noch nicht fest

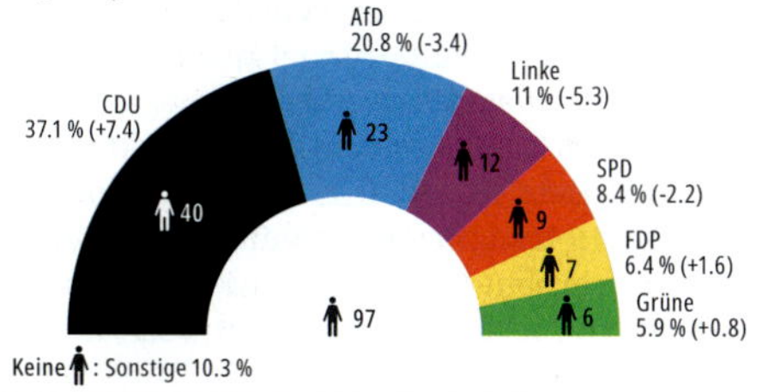

BEVÖLKERUNG

Bevölkerungsanteil: <15 Jahre 12.3 %, 15–64 Jahre 60.7 %, >64 Jahre 27 %
Verteilung: Stadt 35.4 %, Land 64.6 %
Wachstum: -0.6 %
Ausländeranteil: 5.5 %

WIRTSCHAFT

BIP: 62.65 Mrd. Euro
Wachstum BIP: -2.3 %
BIP/Kopf: 28 652 Euro
Erwerbstätige nach Sektoren: Landwirtschaft 1.9 %, Industrie 26 %, Dienstleistungen 72.1 %
Arbeitslosenquote: 7.8 %

RÜCKBLICK

Bei der Landtagswahl am 06.06.2021 wurde die CDU von Ministerpräsident Rainer Haseloff mit 37.1 % mit Abstand stärkste Fraktion (+7.4). Der bisherige Koalitionspartner SPD landete mit 8.4 % erstmals bei einem einstelligen Ergebnis (-2.2), die Grünen behaupteten sich mit 5.9 % (+0.8). Die Oppositionsparteien AfD (20.8 %; -3.4) und Linke (11.0 %; -5.3) verloren beide deutlich. Die FDP zog mit 6.4 % (+1.5) erstmals seit 2011 wieder in den Landtag ein.
Koalition: Nach der Wahl hatte die CDU als Wahlsieger verschiedene Optionen: eine Fortsetzung der Koalition mit SPD und Grünen, eine Koalition mit SPD und FDP und auch eine Koalition allein mit der SPD hätte eine Mehrheit von einer Stimme. **CDU, SPD und FDP** einigten sich am 07.07.2021 auf Koalitionsverhandlungen.
Bei der konstituierenden Sitzung des Landtags am 06.07.2021 wählten die Abgeordneten den bisherigen Staatssekretär für Kultur **Gunnar Schellenberger (CDU)** zum **Landtagspräsidenten.**
Innenminister Holger Stahlkecht (CDU) brachte im Konflikt über den Rundfunkbeitrag am 04.12.2020 in einem Zeitungsinterview einen Koalitionsbruch und eine von der CDU geführte Minderheitsregierung ins Gespräch. Noch am selben Tag wurde er von Ministerpräsident Haseloff **entlassen**. Die Zuständigkeit für Inneres und Sport übernahm Finanzminister Michael Richter ab dem 08.12.2020 zusätzlich.
Als einziges Bundesland stimmte Sachsen-Anhalt der geplanten **Erhöhung des Rundfunkbeitrags** nicht zu. Ministerpräsident Haseloff zog am 08.12.2020 einen entsprechenden Gesetzentwurf zurück. Damit scheiterte der Medienstaatsvertrag und die Beitragserhöhung um 86 Cent konnte nicht wie geplant zum 01.01.2021 in Kraft treten.
Das Volksbegehren für mehr Lehrer scheiterte. Am 30.09.2020 gaben die Organisatoren bekannt, dass es nicht gelungen sei, die geforderte Zahl von 163 000 Unterschriften zu sammeln. Im Land fehlten zu Schuljahresbeginn rund 500 Lehrer, Tausende Unterrichtsstunden fielen aus. Ministerpräsident Reiner Haseloff und Bildungsminister Marco Tullner (beide CDU) kündigten am 01.10.2020 Gespräche mit allen Beteiligten über einen **„Schulfrieden"** an. Am 29.04.2021 stellten sie als Ergebnis **47 Thesen zur Zukunft des Bildungswesens** vor. Danach sollen Grundschulen flexibler organisiert werden, um wohnortnahe Angebote zu erhalten.
Nach dem rechtsterroristischen Anschlag in Halle verurteilte das Oberlandesgericht Naumburg den Angeklagten am 21.12.2020 wegen Mordes, Mordversuchs und Volksverhetzung zu lebenslanger Haft mit anschließender Sicherungsverwahrung.

Schleswig-Holstein

Ländername	Schleswig-Holstein
Fläche in km²	15 801
Anzahl der Einwohner	2.9 Millionen
Einwohnerzahl pro km²	184
Hauptstadt	Kiel
Amtssprachen	Deutsch, Friesisch, Dänisch, Niederdeutsch
Verwaltungsgliederung	11 Landkreise und 4 kreisfreie Städte
Wichtige Städte	Kiel, Lübeck, Flensburg, Neumünster, Norderstedt
Gründungstag	23. August 1946

Wind, Wellen und der Wechsel von Ebbe und Flut prägen die Westküste Schleswig-Holsteins an der Nordsee. Ihr vorgelagert sind die Nordfriesischen Inseln, die Marschinseln und die Halligen sowie das Wattenmeer. Maßnahmen zur Landgewinnung wurden im Lauf der Jahrhunderte oft durch Sturmfluten zunichtegemacht. Deiche schützen die Küste nun vor diesen Naturgewalten. Das zweimal täglich überflutete Watt ist Lebensraum für Vögel, Fische und Seehunde. Ein Teil davon, das Schleswig-Holsteinische Wattenmeer, wurde 1985 als Nationalpark eingerichtet und ist seit 2009 UNESCO-Weltnaturerbe.

GEOGRAFIE

Geografische Lage: Kernland: Von 53°22‘ bis 55°04‘ nördlicher Breite sowie von 7°55‘ bis 11°19‘ östlicher Länge; Helgoland: Bei 54°11‘ nördlicher Breite und 7°54‘ östlicher Länge
Höchster Punkt: Bungsberg 167 m

POLITIK

Oberhaupt: Ministerpräsident Daniel Günther
Legislative: Landtag mit 73 für 5 Jahre gewählten Abgeordneten
Sitzverteilung: CDU 25, SPD 21, Grüne 10, FDP 9, AfD 3, SSW 3, Fraktionslos 2
Stimmen im Bundesrat: 4

BEVÖLKERUNG

Bevölkerungsanteil: <15 Jahre 13.4 %, 15–64 Jahre 63.5 %, >64 Jahre 23.1 %
Verteilung: Stadt 53.2 %, Land 46.8 %
Wachstum: 0.2 %
Ausländeranteil: 9.4 %

WIRTSCHAFT

BIP: 97.22 Mrd. Euro
Wachstum BIP: -1.5 %
BIP/Kopf: 33 452 Euro
Erwerbstätige nach Sektoren: Landwirtschaft 2.2 %, Industrie 19.9 %, Dienstleistungen 77.9 %
Arbeitslosenquote: 6 %

RÜCKBLICK

Haushalt: 2020 stieg die **Neuverschuldung** mit dem 4. Nachtragshaushalt auf 6.7 Mrd. €. Von den neuen Schulden sollten 1.3 Mrd. Steuerausfälle wegen der Corona-Pandemie ausgleichen, 4.5 Mrd. € waren als Notkredit gedacht, mit dem Investitionen in die Infrastruktur, Hilfen für die Kommunen sowie Impf- und Testkapazitäten bezahlt werden sollten. Der Landtag billigte den Plan am 30.10.2020 mit den Stimmen aller Fraktionen. Kritik kam vom Landesrechnungshof und vom Bund der Steuerzahler.
Am 24.02.2021 verabschiedete der Landtag mit den Stimmen der Jamaika-Koalition und des SSW den **Haushalt für 2021**. Er sah Einnahmen von 12.8 Mrd. € und Ausgaben von 14.4 Mrd. € vor. Mehr Geld war u. a. für Bildung, Klimaschutz und Digitalisierung vorgesehen.
Fehmarnbeltunnel: Das **Bundesverwaltungsgericht in Leipzig wies** am 03.11.2020 **Klagen** von Umweltverbänden und Fährunternehmen gegen den Fehmarnbeltunnel ab. Die Richter sahen den Umweltschutz und die Schifffahrt durch die Bauauflagen genügend geschützt. Auf dänischer Seite erfolgte am 01.01.2021 der symbolische erste Spatenstich. Der gut 17 Kilometer lange Straßen- und Eisenbahn-Tunnel unter der Ostsee soll von Fehmarn nach Lolland führen.
Polizei: Der Landtag verabschiedete am 26.02.2021 das neue **Polizeigesetz**. Es ermöglicht u. a. den Einsatz von Bodycams und Tasern. Ziel war es laut Innenministerin Sabine Sütterlin-Waack (CDU), Polizisten mehr Rechtssicherheit im Einsatz zu geben. Das Gesetz regelte auch den sogenannten finalen Rettungsschuss näher, der in Ausnahmesituationen nun auch bei Kindern unter 14 Jahren erlaubt ist. Die SPD stimmte deshalb dagegen.
Klima: Am 01.06.2021 beschloss das Kabinett ein **Klimaschutzgesetz**. Es sieht u. a. vor, dass beim Austausch einer Heizungsanlage zumindest ein Anteil von 15 % aus erneuerbarer Energie kommen muss. Wenn größere Parkplätze neu gebaut werden, sollen diese mit Photovoltaik überdacht sein. Kritik kam aus der Immobilienwirtschaft. Das Gesetz soll im Herbst 2021 vom Landtag verabschiedet werden.
Am 21.05.2021 beschloss der Landtag die **Auflösung der Pflegeberufekammer** innerhalb von 6 Monaten. Zuvor hatten sich bis zum 26.03.2021 91.8 % der Mitglieder in einer Befragung gegen einen Weiterbestand der Kammer ausgesprochen. Die Pflegeberufekammer war als Interessenvertretung erst 2018 gegründet worden.
Die AfD-Fraktion im Landtag verlor am 25.09.2020 durch den Austritt des Abgeordneten Frank Brodehl **ihren Fraktionsstatus**. Brodehl trat auch aus der Partei aus. Er warf der Parteiführung vor, sich zunehmend zu radikalisieren.

Thüringen

Ländername	Freistaat Thüringen
Fläche in km²	16 202
Anzahl der Einwohner	2.1 Millionen
Einwohnerzahl pro km²	131
Hauptstadt	Erfurt
Amtssprache	Deutsch
Verwaltungsgliederung	17 Landkreise und 6 kreisfreie Städte
Wichtige Städte	Erfurt, Jena, Gera, Weimar, Gotha, Eisenach, Nordhausen
Gründungstag	3. Oktober 1990

Die Mitte und der nordwestliche Teil Thüringens werden vom Thüringer Becken eingenommen, wo unter anderem die Unstrut fließt. Südlich davon erstrecken sich der Thüringer Wald und das Thüringer Schiefergebirge. Der Freistaat umfasst ebenso Teile der Rhön im Südwesten sowie Teile des Südharzes, den Kyffhäuser und einen Teil der Goldenen Aue im Norden. Im äußersten Nordwesten liegt das Eichsfeld. Die Ostthüringisch-Vogtländische Hochfläche wird von der Saale durchflossen. Im Nordosten befindet sich ein kleines Gebiet Thüringens in der Leipziger Tieflandsbucht.

GEOGRAFIE

Geografische Lage: Von 50°12′ bis 51°38′ nördlicher Breite sowie von 9°53′ bis 12°39′ östlicher Länge
Höchster Punkt: Großer Beerberg 983 m

POLITIK

Oberhaupt: Ministerpräsident Bodo Ramelow
Legislative: Landtag mit 90 für 5 Jahre gewählten Abgeordneten
Sitzverteilung: Die Linke 29, AfD 22, CDU 21, SPD 8, Grüne 5, FDP 5
Stimmen im Bundesrat: 4

BEVÖLKERUNG

Bevölkerungsanteil: <15 Jahre 12.8 %, 15–64 Jahre 61 %, >64 Jahre 26.2 %
Verteilung: Stadt 33 %, Land 67 %
Wachstum: -0.6 %
Ausländeranteil: 5.5 %

WIRTSCHAFT

BIP: 61.54 Mrd. Euro
Wachstum BIP: -2.8 %
BIP/Kopf: 28 953 Euro
Erwerbstätige nach Sektoren: Landwirtschaft 1.7 %, Industrie 29.6 %, Dienstleistungen 68.7 %
Arbeitslosenquote: 6.1 %

RÜCKBLICK

Landtagswahl: Wegen der hohen Infektionszahlen in der 2. Corona-Welle verständigten sich Linke, SPD, Grüne und CDU am 14.01.2021 darauf, die eigentlich für den 25.04.2021 **geplante Neuwahl des Landtags zu verschieben**. Die vorgezogene Landtagswahl soll jetzt parallel zur Bundestagswahl am 26.09.2021 stattfinden. Die rot-rot-grüne Minderheitsregierung wurde seit März 2020 von der CDU toleriert. Die vorgezogene Neuwahl war Teil der Absprachen der 4 Parteien. Am 01.07.2021 reichten Linke, SPD und Grüne einen **Antrag auf Auflösung des Landtags** ein. Bei der geplanten Abstimmung am 19.07.2021 ist eine Zweidrittelmehrheit nötig.
Haushalt: Der Landtag verabschiedete am 21.12.2020 den **Haushalt für 2021**. Dafür stimmten neben den Fraktionen der Minderheitsregierung aus Linken, SPD und Grünen auch die Abgeordneten der CDU. Grundlage war der Stabilitätspakt auf den sich die 4 Parteien im März 2020 geeinigt hatte. Der Haushalt sah Ausgaben von 12 Mrd. € vor. Die geplante Neuverschuldung lag bei 1.6 Mrd. €. Mehr Geld war u. a. für Bildung (mehr Lehrer, Tablets und Computer) sowie den Strukturwandel in der Wirtschaft eingeplant. Außerdem sollten die Kommunen zusätzliche 200 Mio. € bekommen. AfD und FDP stimmten gegen den Haushalt.
Der Verfassungsgerichtshof erklärte das **Paritätsgesetz** am 15.07.2020 für **verfassungswidrig** und gaben damit einer Klage der AfD statt. Das Gesetz von 2019 hatte den Parteien vorgeschrieben, Wahllisten abwechselnd mit Männern und Frauen zu besetzen. Ziel war es, den Frauenanteil im Parlament zu erhöhen. Am 17.08.2020 legten auf Initiative des Landesfrauenrats 13 Thüringerinnen Beschwerde beim Bundesverfassungsgericht gegen das Urteil ein.
Im Konflikt über die Kosten der **Sanierung der Kali-Gruben** begann am 20.08.2020 der Prozess vor dem Oberverwaltungsgericht Weimar. Thüringen forderte eine stärkere Beteiligung des Bundes. Das Land finanziert seit 1999 die Sanierung der ehemaligen DDR-Bergwerke durch den Konzern K+S. Dafür hatte es vom Bund einmalig 227 Mio. € erhalten. Der Sanierungsfonds ist seit Jahren aufgebraucht. Parallel dazu reichte Thüringen am 18.06.2021 Klage beim Bundesverfassungsgericht ein, um eine 75-prozentige Beteiligung des Bundes an den Kosten zu erreichen. Am 18.12.2020 stimmte der Landtag dem geänderten **Staatsvertrag mit Hessen über die Entsorgung von Abwässern der Kali-Industrie** zu. Statt in die Weser sollen die Laugen, die beim Kali-Abbau in Hessen entstehen, künftig in die stillgelegte Grube Springen im Wartburgkreis abgeleitet werden. Dazu müssen zwei Tunnel durch eine Gesteinswand gelegt werden, die als Sicherungspfeiler dient.

Dominica

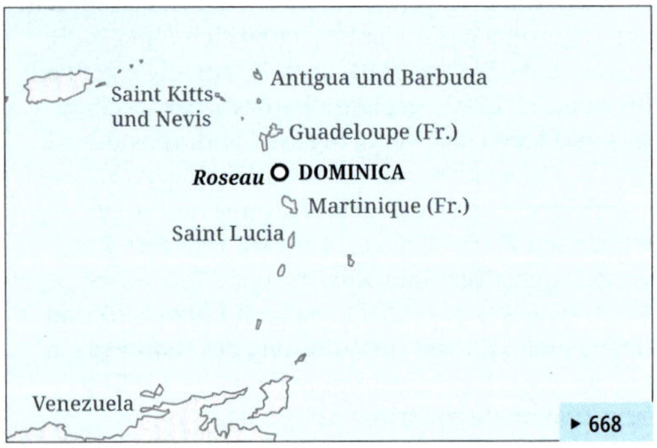

▸ 668

Ländername	Commonwealth Dominica
Zeitzone	MEZ -5 h
Fläche in km²	750 (Rang 175)
Anzahl der Einwohner	71 991 (Rang 187)
Einwohnerzahl pro km²	96 (Rang 90)
Hauptstadt	Roseau
Amtssprache	Englisch
Verwaltungsgliederung	10 Gemeinden
Wichtige Städte	Roseau, Portsmouth, Canefield, Marigot
Autokennzeichen | ISO-Code	WD | DMA
Währung	1 Ostkaribischer Dollar = 100 Cents
Nationalfeiertag	3. November (Unabhängigkeit 1978)

Dominica gilt mit seiner tropischen Tier- und Pflanzenwelt als die ursprünglichste Insel der Kleinen Antillen. Sie wurde 1493 von Christoph Kolumbus entdeckt. 1978 entließ die Kolonialmacht Großbritannien Dominica in die Unabhängigkeit.

GEOGRAFIE

Geografische Lage: Von 15°12′ bis 15°38′ nördlicher Breite sowie von 61°15′ bis 61°29′ westlicher Länge (Karibik)
Höchster Punkt: Morne Diablotins 1447 m
Klima: Feuchttropisches Klima mit hohen Niederschlägen

POLITIK

Staatsform: Parlamentarische Republik
Staatsoberhaupt: Präsident Charles Savarin (seit 01.10.2013)
Regierungschef: Premierminister Roosevelt Skerrit (seit 08.05.2005)
Regierungspartei: Dominica Labour Party
Legislative: Versammlungshaus mit 21 für 5 Jahre gewählten und 9 ernannten Mitgliedern
Jahr der Verfassung: 1978
Wahlrecht: 18 Jahre

BEVÖLKERUNG

Bevölkerungsanteil: <15 Jahre 21.4 %, 15–64 Jahre 66.5 %, >64 Jahre 12.1 %
Verteilung: Stadt 71.1 %, Land 28.9 %
Wachstum: 0.3 %
Lebenserwartung: Frauen 81 Jahre, Männer 75 Jahre
Alphabetenrate: Frauen 93.8 %, Männer 93.8 %
Bevölkerungsgruppen: Afrikaner, Mestizen, Indigene u. a.
Religionen: Christen, Sonstige
Sprachen: Englisch, Kreolisch

WIRTSCHAFT

BIP: 517 Mio. US$
Wachstum BIP: -10.4 %
BIP/Kopf: 6904 US$
Inflation: -0.3 %
Außenhandel: Import 227 Mio. US$, Export 21 Mio. US$
Erwerbstätige nach Sektoren: Keine Angabe
Arbeitslosenquote: Keine Angabe
CO_2-Emission/Kopf: 1.4 t

RÜCKBLICK

Corona-Pandemie: Das Infektionsaufkommen bewegte sich auf niedrigem Niveau. Bis Ende Juni 2021 verzeichnete Dominica 193 positive COVID-19-Fälle und keinen einzigen Todesfall. Indien stellte dem Land im Februar 2021 im Rahmen der „Vaccine Friendship"-Initiative 35 000 Dosen des indischen Impfstoffs Covishield gratis zur Verfügung. Der Impfstoff reichte für die Hälfte der knapp 72 000 Einwohner des Landes. Am 11.02.2021 dankte Premierminister Roosevelt Skerrit dem indischen Premier Narendra Modi für die Lieferung.

Tourismus: Aufgrund der geringen Fallzahlen öffnete sich das Land frühzeitig für den Tourismus. Einreisende mussten jedoch einen aktuellen negativen PCR-Test vorlegen und sich fünf Tage in Quarantäne begeben. Das Land bot ab 01.10.2020 mit dem „Safe in Nature Programme" die Möglichkeit an, diese Quarantäne indirekt zu umgehen. Die Besucher wurden von zertifizierten Transportdiensten von den Flughäfen bzw. Einreisehäfen zu zertifizierten Hotels gebracht, wo sie die ersten 5 bis 7 Tage ihres Aufenthaltes verbrachten und von dort eine Auswahl an betreuten Aktivitäten zu Wasser und zu Land unternehmen konnten. Im März 2021 lancierte das Land das Programm „Work in Nature Programme", welches Ausländern für 800 US$ (für Familien 1200 US$) ein 18-monatiges Visum für einen Arbeitsaufenthalt im Homeoffice gewährt. Voraussetzung ist ein Jahreseinkommen von mindestens 50 000 US$.

Wirtschaft: Die Wirtschaft litt unter dem Einbruch im Tourismussektor, der sich auch auf andere Wirtschaftsbereiche auswirkte. 2020 brach das Bruttoinlandsprodukt um 10.4 % ein und auch für 2021 rechnete der Internationale Währungsfonds mit einem Wirtschaftsrückgang um 0.4 %. Um den Ausfall der durch den Tourismus generierten Einnahmen zu kompensieren, hatte der Internationale Währungsfonds Dominica, Grenada und St. Lucia im April 2020 einen Nothilfekredit in Höhe von 65.6 Mio. US$ gewährt, von denen 14 Mio. US$ auf Dominica entfielen. Der Kredit sollte auch dazu beitragen, die wirtschaftlichen Folgen des Hurrikans Maria abzufedern, der im September 2017 zu massiven Zerstörungen geführt hatte.

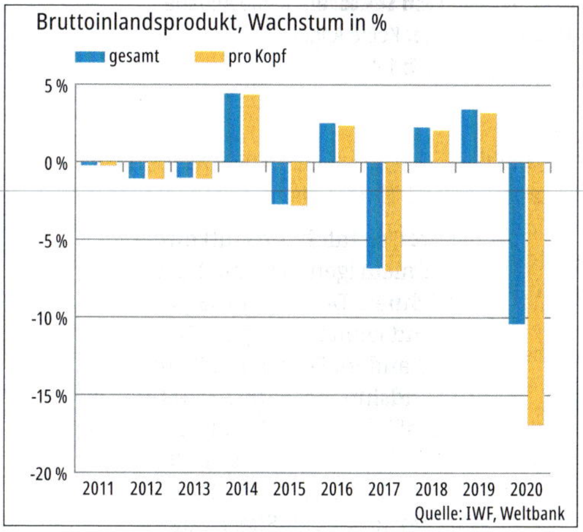

Energieprojekt: Im Mai 2021 schloss die Regierung mit den Vereinigten Arabischen Emiraten ein Abkommen für ein hurrikansicheres Projekt zur Energiegewinnung ab. Das 50-Mio.-US$-Projekt unterstützt die Anlage eines Batterie-Einspeicherungssystems, das dem Land auf Grundlage von erneuerbaren Energien Reservestrom liefert und zur Stabilisierung des Stromnetzes beiträgt.

Steueroase: Die EU setzte Dominica im Februar 2021 erneut auf ihre schwarze Liste der Steueroasen. Sie warf dem Land ein zu geringes Entgegenkommen bezüglich des Austauschs von Steuerinformationen vor. Im Juni 2019 hatte die EU das Land von der schwarzen Liste heruntergenommen.

Dominikanische Republik

▸ 665

Ländername	Dominikanische Republik
Zeitzone	MEZ -5 h
Fläche in km²	48 671 (Rang 128)
Anzahl der Einwohner	10.8 Millionen (Rang 85)
Einwohnerzahl pro km²	223 (Rang 43)
Hauptstadt	Santo Domingo
Amtssprache	Spanisch
Verwaltungsgliederung	10 Regionen
Wichtige Städte	Santo Domingo, Santiago de los Caballeros, Los Alcarrizos, Salvaleón de Higüey, Concepción de la Vega, San Cristóbal
Autokennzeichen | ISO-Code	DOM | DOM
Währung	1 Dominikanischer Peso = 100 Centavos
Nationalfeiertag	27. Februar (Unabhängigkeit 1844)

Der Karibikstaat, der von der tropischen Plantagenwirtschaft lebt, lockt seit dem Aufschwung der Tourismusindustrie Millionen von ausländischen Gästen an. Vom westlichen Nachbarn Haiti, mit dem sich die Dominikanische Republik die Insel Hispaniola teilt, hat sich das Land vor über 160 Jahren getrennt.

GEOGRAFIE

Geografische Lage: Von 17°33′ bis 19°56′ nördlicher Breite sowie von 68°20′ bis 72°01′ westlicher Länge (Karibik)
Höchster Punkt: Pico Duarte 3098 m
Klima: Randtropisches Klima mit regenreichen Sommern

POLITIK

Staatsform: Präsidiale Republik
Staatsoberhaupt und Regierungschef: Präsident Luis Rodolfo Abinader Corona (seit 16.08.2020)
Regierungspartei: PLD (Partido de la Liberación Dominicana)
Legislative: Nationalkongress, bestehend aus Abgeordnetenkammer mit 190 für 4 Jahre gewählten Mitgliedern und Senat mit 32 für 4 Jahre gewählten Mitgliedern
Jahr der Verfassung: 2015
Wahlrecht: 18 Jahre

BEVÖLKERUNG

Bevölkerungsanteil: <15 Jahre 27.4 %, 15–64 Jahre 65 %, >64 Jahre 7.6 %
Verteilung: Stadt 82.5 %, Land 17.5 %
Wachstum: 1 %
Lebenserwartung: Frauen 78 Jahre, Männer 71 Jahre
Alphabetenrate: Frauen 93.8 %, Männer 93.8 %
Bevölkerungsgruppen: Mestizen, Europäer, Afrikaner u. a.
Religionen: Christen, Sonstige
Sprachen: Spanisch, Kreolisch

WIRTSCHAFT

BIP: 78.73 Mrd. US$
Wachstum BIP: -6.7 %
BIP/Kopf: 7530 US$
Inflation: 3.8 %
Außenhandel: Import 17.09 Mrd. US$ (Chemische Erzeugnisse 13 %, Nahrungsmittel 10.4 %, Petrochemie 9.6 %, Kfz und -Teile 7.1 %, Maschinen 6.6 %), Export 10.36 Mrd. US$ (Nahrungsmittel 11.4 %, Getränke und Tabak 11.2 %, Textilien und Bekleidung 9.8 %, Mess- und Regeltechnik 9.8 %, Chemische Erzeugnisse 8.9 %)
Erwerbstätige nach Sektoren: Landwirtschaft 8.8 %, Industrie 19.9 %, Dienstleistungen 71.3 %
Arbeitslosenquote: 8.9 %
CO_2-Emission/Kopf: 2.5 t

RÜCKBLICK

Luis Rodolfo Abinader Corona * 12.07.1967
Studium der Wirtschaftswissenschaften am Instituto Tecnológico de Santo Domingo (INTEC); Tätigkeit in Konzernleitung der familieneigenen Grupo Empresarial Abinader Corona; 2005 Vizepräsident des Partido Revolucionario Dominicano (PRD); 2012 Kandidatur als Vizepräsident des unterlegenen Hipólito Mejía Domínguez (PRD) bei Präsidentschaftswahl; 2014 Mitbegründer des Partido Revolucionario Moderno (PRM); 2014/2015 Parteipräsident des PRM; 2016 erfolglose Kandidatur für PRM bei Präsidentschaftswahl; am 05.07.2020 im 1. Wahlgang Sieg bei der Präsidentschaftswahl; seit 16.08.2020 Staatspräsident in Nachfolge von Danilo Medina Sánchez (PLD).

Präsidentschafts- und Parlamentswahlen: Bei den Präsidentschaftswahlen am 05.07.2020 setzte sich Luis Abinader vom oppositionellen, linkszentristischen Partido Revolucionario Moderno (PRM) mit einem Erdrutschsieg durch. Mit einem Stimmenanteil von 52.5 % konnte er die Wahl bereits im ersten Wahlgang für sich entscheiden. Der Kandidat des regierenden Partido de la Liberación Dominicana (PLD), Gonzalo Castillo, konnte nur 37.5 % der Stimmen auf sich vereinen. Der bisherige Präsident Danilo Medina Sánchez durfte nach zwei Amtszeiten nicht mehr kandidieren. Ex-Präsident Leonel Fernández Reyna (Fuerza del Pueblo, FP) erhielt 8.9 %. Drei weitere Kandidaten waren weit abgeschlagen. Die Wahlbeteiligung lag bei 55.3 %. Bei den gleichzeitig stattfindenden **Parlamentswahlen** errang der PRM in beiden Kammern ebenfalls erdrutschartige Siege. Er konnte die Zahl seiner Mandate im 32-sitzigen Senat auf 19 (+16 Sitze im Vergleich zu den Wahlen 2016) und in der 190-köpfigen Abgeordnetenkammer auf 97 (+36 Sitze) erhöhen. Die ursprünglich für den 17.05.2020 geplanten Wahlen waren coronabedingt um 2 Monate verschoben worden.

Ergebnis der Präsidentschaftswahl (05.07.2020)
Präsident: Luis Abinader Corona (Partido Revolucionario Moderno, PRM)

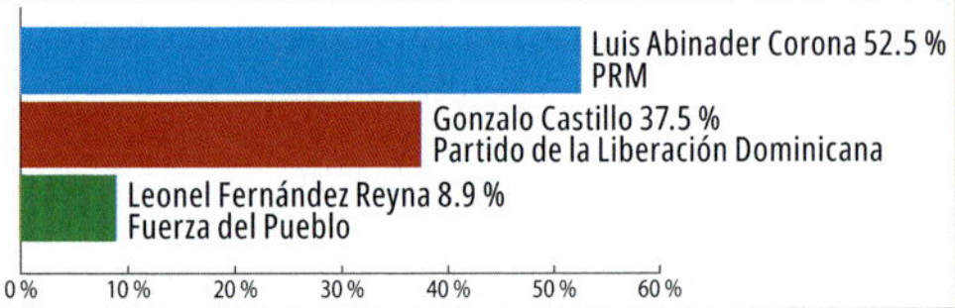

Neue Regierung: Am 16.08.2020 wurde Luis Abinader Corona (PRM) als neuer Staatspräsident vereidigt. In der Regierung, die am gleichen Tag vereidigt wurde, übernahm Roberto Álvarez Gil das Außenministerium.

Corona-Pandemie: Das Land war eines der am schwersten von der Corona-Pandemie betroffenen Länder der Region. Die Fallzahlen stiegen seit Beginn der Pandemie kontinuierlich an und erreichten im Juli 2020 bis über 1700 tägliche Neuinfektionen. Nach einem kurzen Rückgang stiegen die Infektionsfälle ab Oktober 2020 erneut an und erreichten Ende Januar 2021 neue Höchstwerte. Im August 2020 hatte die neue Regierung den Ausnahmezustand und die zuvor eingeführten Sozialhilfeprogramme fortgesetzt. Bis Ende 2020 wurde die Zahl der Intensivbetten verdoppelt und das Budget des Gesundheits- und Sozialministeriums auf 950 Mio. € erhöht. Im Zuge der Corona-Pandemie brach die **Wirtschaft** 2020 um 6.7 % ein. Für 2021 rechnet der IWF mit einem Wachstum um 5.5 %.

Dschibuti

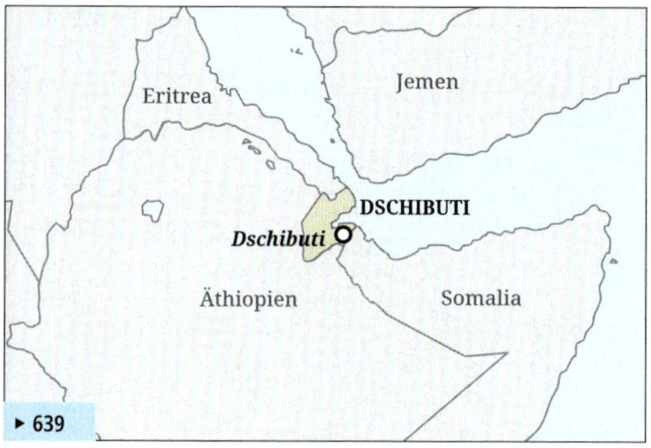

▸ 639

Ländername	Republik Dschibuti
Zeitzone	MEZ +2 h
Fläche in km²	23 200 (Rang 147)
Anzahl der Einwohner	988 002 (Rang 158)
Einwohnerzahl pro km²	43 (Rang 140)
Hauptstadt	Dschibuti
Amtssprachen	Französisch, Arabisch
Verwaltungsgliederung	5 Regionen und 1 Stadt
Wichtige Städte	Dschibuti, Ali Sabieh, Tadjoura, Obock
Autokennzeichen | ISO-Code	DJI | DJI
Währung	1 Dschibuti-Franc = 100 Centimes
Nationalfeiertag	27. Juni (Unabhängigkeit 1977)

Der kleine Wüstenstaat hat am Horn von Afrika eine strategisch wichtige Lage. Dschibuti ist ein unwirtlicher Landstrich, der seinen Bewohnern ein entbehrungsreiches Leben abverlangt. Nach wie vor spielen die ökonomischen und politischen Beziehungen zum früheren Mutterland Frankreich eine entscheidende Rolle. Neben Frankreich sind auch die USA aus strategischen Gründen ständig in Dschibuti militärisch präsent.

GEOGRAFIE

Geografische Lage: Von 10°56′ bis 12°42′ nördlicher Breite sowie von 41°45′ bis 43°25′ östlicher Länge (Nordostafrika)
Höchster Punkt: Moussa Ali 2028 m
Klima: Trockenheißes Klima

POLITIK

Staatsform: Präsidiale Republik
Staatsoberhaupt: Präsident Ismaïl Omar Guelleh (seit 08.05.1999)
Regierungschef: Premierminister Abdoulkader Kamil Mohamed (seit 01.04.2013)
Regierungspartei: UMP (Union pour la Majorité Présidentielle)
Legislative: Nationalversammlung mit 65 für 5 Jahre gewählten Mitgliedern
Jahr der Verfassung: 1992
Wahlrecht: 18 Jahre

BEVÖLKERUNG

Bevölkerungsanteil: <15 Jahre 28.9 %, 15–64 Jahre 66.4 %, >64 Jahre 4.7 %
Verteilung: Stadt 78.1 %, Land 21.9 %
Wachstum: 1.5 %
Lebenserwartung: Frauen 70 Jahre, Männer 65 Jahre
Alphabetenrate: Frauen 60 %, Männer 58.4 %
Bevölkerungsgruppen: Somali, Afar u. a.
Religionen: Muslime (v. a. Sunniten), Christen
Sprachen: Französisch, Arabisch, Somali, Afar

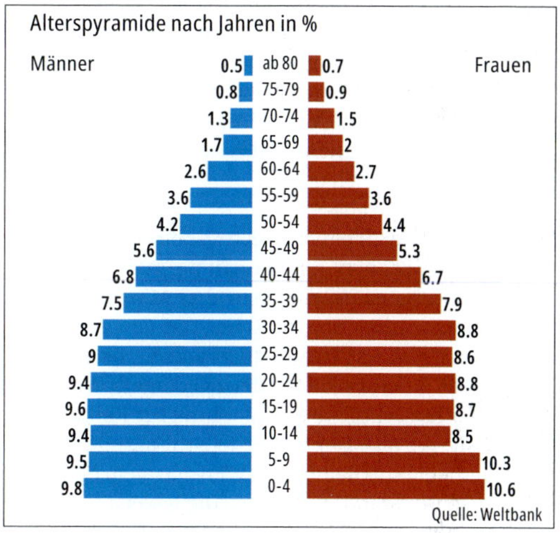

WIRTSCHAFT

BIP: 3.41 Mrd. US$
Wachstum BIP: -1 %
BIP/Kopf: 3074 US$
Inflation: 2.9 %
Außenhandel: Import 3.31 Mrd. US$, Export 2.84 Mrd. US$
Erwerbstätige nach Sektoren: Landwirtschaft 32.4 %, Industrie 13.3 %, Dienstleistungen 54.3 %
Arbeitslosenquote: 11.6 %
CO_2-Emission/Kopf: 1.1 t

RÜCKBLICK

Präsidentschaftswahlen: Am 09.04.2021 wurde der seit 1999 amtierende Präsident **Ismaïl Omar Guelleh** mit 97.3 % der Stimmen für eine weitere Amtzeit von fünf Jahren **wiedergewählt.** Als einziger Konkurrent erhielt Zakaria Ismael Farah, Kandidat des

Mouvement pour le Dévelopment et l'Équilibre de la Nation Djiboutienne (MDEND), 2.7 % der Stimmen. Die Wahlbeteiligung lag bei 76.4 %. Die übrigen Oppositionsparteien hatten sich entschieden, die in ihren Augen unfaire Wahl zu boykottieren und keine Kandidaten aufzustellen. Der Staatspräsident, der zugleich Staatschef, Vorsitzender der Regierung und Oberbefehlshaber der Armee ist, besitzt eine große Machtfülle und darf seit einer Verfassungsänderung 2010 unbegrenzt wiedergewählt werden.

Innenpolitische Lage: Unter der autoritären Herrschaft von Präsident Guelleh zeigte sich Dschibuti weiterhin politisch stabil. Trotz Verbesserungen bei der Menschenrechtslage gab es immer wieder Berichte über die **Einschränkung von Grundrechten** und über willkürliche Verhaftungen. Auf der aktuellen Liste der Pressefreiheit, die von der international tätigen Nichtregierungsorganisation Reporter ohne Grenzen jährlich herausgegeben wird, rangierte Dschibuti 2021 auf Platz 176 von insgesamt 180 Ländern. Die Sicherheitslage in den Grenzregionen zu Eritrea, Somalia und teilweise auch Äthiopien war fragil.

Sicherheitsrat: 2020 bewarb sich Dschibuti für die Periode 2022/2023 um einen nicht permanenten Sitz im UN-Sicherheitsrat, scheiterte aber Mitte 2020 bei einer **Kampfabstimmung** an Kenia, das von der Afrikanischen Union (AU) unterstützt wurde. Dschibuti hatte zuvor Beschwerde bei der AU eingelegt, da es deren offensichtliche Parteinahme für Kenia als unzulässig wertete. Der Sicherheitsrat besteht aus den ständigen Mitgliedern USA, Frankreich, Großbritannien, Russland und China, die jeweils ein Vetorecht besitzen. Daneben gibt es zehn nicht ständige Mitglieder, darunter drei afrikanische Länder, die nach einer zweijährigen Amtszeit rotieren.

Malaria: 2020/2021 breitete sich mit der **Anopheles stephensi** insbesondere in den städtischen Gebieten des Landes eine in der Region neue Moskitoart aus. Extrem anpassungsfähig und auch bei heißesten Temperaturen überlebensfähig, ließ sie einen rasanten **Anstieg von Malariainfektionen** befürchten. Die Mückenart, die ursprünglich in Indien, in einigen Ländern Südostasiens und auf der Arabischen Halbinsel vorkommt, war bereits 2019 in größeren Zahlen am Horn von Afrika gesichtet worden. Der Malariaerreger wird durch den Stich von Mücken auf den Menschen übertragen. Bisher war das Ansteckungsrisiko in den ländlichen Regionen höher als im urbanen Bereich. Die Anopheles stephensi brütet aber bevorzugt in Behältern mit Trinkwasser, die in großer Anzahl in Städten zu finden sind.

Ecuador

▸ 667

Ländername	Republik Ecuador
Zeitzone	MEZ -6 h
Fläche in km²	257 217 (Rang 76)
Anzahl der Einwohner	17.6 Millionen (Rang 66)
Einwohnerzahl pro km²	69 (Rang 116)
Hauptstadt	Quito
Amtssprache	Spanisch
Verwaltungsgliederung	24 Provinzen
Wichtige Städte	Guayaquil, Quito, Cuenca, Santo Domingo, Machala, Durán
Autokennzeichen | ISO-Code	EC | ECU
Währung	1 US-Dollar = 100 Cents
Nationalfeiertag	10. August (Unabhängigkeit 1809)

Auf kleinstem Raum zeigen Natur und Landschaft Ecuadors eine faszinierende Vielfalt. Die Wirtschaftsentwicklung hängt am Export von Erdöl, dessen Förderung im Amazonasgebiet zu gravierenden Umweltproblemen geführt hat und auf den Widerstand der indigenen Bevölkerung gestoßen ist. 2008 stimmte die Bevölkerung in einem Referendum einer neuen Verfassung zu, die die Rechte des Präsidenten stärkt.

GEOGRAFIE

Geografische Lage: Von 1°26′ nördlicher bis 5°01′ südlicher Breite sowie von 75°14′ bis 81°01′ westlicher Länge (Südamerika)
Höchster Punkt: Chimborazo 6267 m
Zugehöriges: Galápagosinseln
Klima: Im Küstengebiet und östlichen Amazonastiefland feuchtheißes Tropenklima, im Hochland der Anden subtropisches bis gemäßigtes Klima

POLITIK

Staatsform: Präsidiale Republik
Staatsoberhaupt und Regierungschef: Präsident Guillermo Lasso Mendoza (seit 24.05.2021)
Regierungspartei: CREO-SUMA (Alianza por el Cambio)
Legislative: Nationalversammlung mit 137 für 4 Jahre gewählten Mitgliedern
Jahr der Verfassung: 2008
Wahlrecht: 16 Jahre

BEVÖLKERUNG

Bevölkerungsanteil: <15 Jahre 27.4 %, 15–64 Jahre 65 %, >64 Jahre 7.6 %
Verteilung: Stadt 64.2 %, Land 35.8 %
Wachstum: 1.5 %
Lebenserwartung: Frauen 80 Jahre, Männer 75 Jahre
Alphabetenrate: Frauen 92.1 %, Männer 93.8 %
Bevölkerungsgruppen: Mestizen, Indigene, Europäer, Afrikaner u. a.
Religionen: Christen (v. a. Katholiken), Sonstige
Sprachen: Spanisch, indigene Sprachen

WIRTSCHAFT

BIP: 96.66 Mrd. US$
Wachstum BIP: -7.5 %
BIP/Kopf: 5520 US$
Inflation: -0.3 %
Außenhandel: Import 17.96 Mrd. US$ (Chemische Erzeugnisse 18.7 %, Petrochemie 11.4 %, Nahrungsmittel 10.5 %, Maschinen 9.3 %, Erdölnebenerzeugnisse 8.2 %), Export 20.23 Mrd. US$ (Nahrungsmittel 46.9 %, Erdöl 34.6 %, Rohstoffe außer Brennstoffe 5.8 %, Petrochemie 4.2 %, Kork- und Holzwaren 1.3 %)
Erwerbstätige nach Sektoren: Landwirtschaft 29.4 %, Industrie 18.2 %, Dienstleistungen 52.4 %
Arbeitslosenquote: 6.2 %
CO_2-Emission/Kopf: 2.4 t

RÜCKBLICK

Guillermo Lasso Mendoza *16.11.1955
1994–2012 Vorstandsvorsitzer der Banco de Guayaquil; 1998 Gouverneur von Guayas; 1999 Superminister für Wirtschaft; 2012 Gründung der rechtskonservativen Bewegung „Creando Oportunidades" (CREO, dt. Ich glaube); 2013 Zweitplatzierter bei den Präsidentschaftswahlen hinter Rafael Correa; ab 2013 Oppositionsführer; 2017 Niederlage gegen Lenin Moreno bei den Stichwahlen um das Präsidentschaftsamt; am 11.04.2021 Sieg in der Stichwahl gegen Andrés Arauz bei den Präsidentschaftswahlen; seit 24.05.2021 Staatspräsident in Nachfolge von Lenín Moreno Garcés (Alianza PAIS)

Präsidentschafts- und Parlamentswahlen: Bei der Präsidentschaftswahl am 07.02.2021 gewann Andrés Arauz des neuen Linksbündnisses Unión por la Esperanza 32.7 % der Stimmen. Damit erreichte er nicht die für einen direkten Wahlsieg erforderlichen 40 %. Die Zweit- und Drittplatzierten, der links-grüne Kandidat und Präfekt der Provinz Azuay, Yaku Pérez von der Indigenen-Partei Movimiento de Unidad Plurinacional Pachakutik (MUPP-18), und der konservative Banker Guillermo Lasso (Creando Oportunidades, CREO) erzielten mit jeweils rund 20 % nahezu die gleichen Stimmenanteile. Xavier Hervas von der Linkspartei Izquierda Democrática (ID) erreichte 15.7 %. 12 weitere Kandidaten lagen weit abgeschlagen.
Die Kandidatur von Arauz wurde von Ex-Präsident Rafael Correa (2007–2017) unterstützt, in dessen Regierung Arauz Minister für Wissen und menschliches Talent (2015–2017) war. Arauz verfolgt wie sein Mentor Correa die Politik des „Sozialismus des 21. Jahrhunderts". Amtsinhaber Lenín Moreno (Alianza PAÍS) (2017–2021) war nicht erneut angetreten. Er hatte als ehemaliger Vizepräsident in der Regierung Correa nach seiner Wahl zum Präsidenten eine ideologische Wende von links nach rechts vollzogen, die ihn in der Wählergunst abstürzen ließ.
Yaku Pérez warf Guillermo Lasso nach dem knappen Wahlergebnis Wahlmanipulation vor und forderte eine Neuauszählung der Stimmen in mehreren Provinzen. In der bevölkerungsreichsten Provinz Guayas wurden alle Wahlurnen neu ausgezählt, in weiteren 16 der insgesamt 24 Provinzen die Hälfte der Urnen. Am 19.02.2021 gab die Wahlkommission das amtliche Endergebnis bekannt. Dennach entfielen auf Lasso 19.7 % der Stimmen und auf Pérez 19.4 %, womit Lasso in die Stichwahl am 11.04.2021 einzog. Die Wahlbeteiligung lag bei 81 %.
Auch bei den gleichzeitig stattfindenden **Parlamentswahlen** konnte keine politische Richtung eine klare Mehrheit erzielen. Die meisten Stimmen erhielt mit 32.2 % die Unión por la Esperanza, die dadurch 49 der insgesamt 137 Sitze gewann. Pachakutik folgte mit 16.8 % und 27 Mandaten und sicherte sich damit 23 zusätzliche Mandate gegenüber der letzten Wahl 2017. Die regierende Alianza PAÍS verlor sämtliche 74 Sitze.
Bei der **Stichwahl** der Präsidentschaftswahl am 11.04.2021 setzte sich überraschenderweise der konservative Guillermo Lasso (CREO) mit 52.4 % der Stimmen gegen den linken Kandidaten Andrés Arauz (Union por la Esperanza) durch, der lediglich 47.6 % der Stimmen erhielt. Die Wahlbeteiligung lag bei 84.3 %. Guillermo Lasso hatte nach seinem Einzug in die Stichwahl zahlreiche Stimmen aus anderen politischen Lagern hinzugewinnen können. Durch einen Imagewechsel sprach er dabei auch jüngere Wähler an.

Regierung: Am 24.05.2021 wurde Guillermo Lasso zum Präsidenten vereidigt. Am selben Tag ernannte er sein Kabinett. Eine seiner ersten Amtshandlungen war die Schaffung eines neuen Sportministeriums, das aus dem ehemaligen Sportsekretariat hervorging. Lasso verfügt im Parlament nur über eine Minderheit und muss sich bei jeder Gesetzesinitiative auf neue Mehrheiten stützen.

Kabinettsumbildungen: Während der letzten Monate der Amtszeit von Lenin Moreno gab es eine Reihe von Umbesetzungen im Kabinett. Am 07.07.2020 trat Vizepräsident Otto Sonnenholzner zurück, am folgenden Tag auch Außenminister José Valencia. Präsident Moreno ernannte am 09.07.2020 Luis Gallegos zum neuen Außenminister. Zur neuen Vizepräsidentin wählte das Parlament am 17.07.2020 María Alejandra Muñoz. Am 05.03.2021 trat der neue Außenminister Luis Gallego zurück, ihm folgte am 15.03.2021 Manuel Mejía Dalmau ins Amt. Ebenfalls am 05.03.2021 trat Innenminister Patricio Pazmiño nach blutigen Aufständen in Gefängnissen von seinem Amt zurück. Neuer Innenminister wurde Gabriel Martínez. Martínez war damit der dritte Innenminister innerhalb eines Jahres, Pazmiños Vorgängerin María Paula Romo war am 24.11.2020 mit 104 zu 18 Stimmen aus dem Amt gewählt worden. Hintergrund war der Einsatz von Tränengas bei den Massenprotesten im Oktober 2019. An der Spitze des Gesundheitsministeriums gab es innerhalb weniger Wochen drei Wechsel: Nachdem Rodolfo Farfán Gesundheitsminister Juan Carlos Zevallos López am 01.03.2021 abgelöst hatte, reichte er am 19.03.2021 nach nur 19 Amtstagen seinen Rücktritt ein. Sein Nachfolger Mauro Falconí García trat am 08.04.2021 zurück. Präsident Moreno vereidigte am gleichen Tag mit Camilo Salinas Ochoa den 6. Gesundheitsminister seit Beginn seiner Amtszeit im Mai 2017.

Correa: Am 07.09.2020 bestätigte der nationale Gerichtshof in letzter Instanz das Urteil gegen Ex-Präsident Rafael Correa (2007–2017). Ein Gericht hatte diesen im Februar 2020 in Abwesenheit wegen Korruption zu einer 8-jährigen Haftstrafe sowie einem 25-jährigen Verbot, politische Ämter zu übernehmen, verurteilt. Durch das Urteil wurde Correa auch eine Teilnahme an den Präsidentschaftswahlen 2021 untersagt. Correa lebt seit 2017 mit seiner belgischen Frau im Exil in Belgien.

Corona-Pandemie: Ecuador wurde schwer von der Corona-Pandemie getroffen. Von etwa 17 Mio. Menschen hatten sich bis Mitte 2021 über 450 000 infiziert, mehr als 20 000 waren verstorben. Experten vermuteten eine hohe Dunkelziffer. Im April 2021 erreichte das

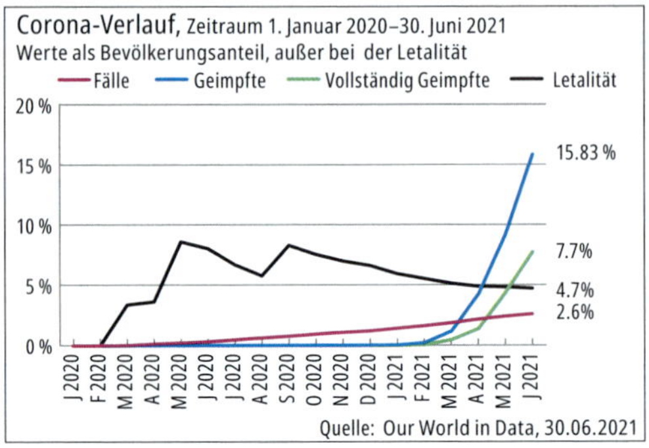

Land einen Höchststand von insgesamt fast 44 000 Neuinfektionen. Die schleppend verlaufende Impfkampagne begann am 21.01.2021 nach der Lieferung der ersten Impfdosen von Biontech/Pfizer. Später wurden auch die Impfstoffe AstraZeneca und Sinovac sowie Dosen aus der COVAX-Initiative eingesetzt.

Wirtschaft: Bereits vor der Corona-Pandemie war das Land aufgrund des Verfalls des Ölpreises in eine **Wirtschaftskrise** geraten. Nachdem das Bruttoinlandsprodukt 2019 stagniert hatte, brach es 2020 um 7.5 % ein. Angesichts der wirtschaftlichen Lage einigte sich Ecuador am 03.08.2020 mit seinen Gläubigern auf eine **Umschuldung** von Staatsanleihen in Höhe von 17 Mrd. US$. Die Schuldenlast reduzierte sich durch die Vereinbarung um 1.5 Mrd. US$, die Rendite wurde von 9.2 % auf 5.2 % gesenkt und die Rückzahlungsfrist von 6.1 auf 12.7 Jahre verdoppelt. Am 30.09.2020 gewährte der **Internationale Währungsfonds** dem Land eine 27-monatige Erweiterte Fondfazilität in Höhe von 6.5 Mrd. US$, von denen 2020 bereits 4 Mrd. ausgezahlt wurden. 2021 sollen 1.5 Mrd. und 2022 die letzte Mrd. abrufbar sein. Präsident Lenin Moreno kündigte zur Finanzierung des Kredits einen harten Sparkurs mit Kürzungen im Staatshaushalt und Steuererhöhungen an. Er verpflichtete sich dazu, das jährliche Haushaltsdefizit in Höhe von rd. 9 Mrd. US$ bis Ende 2022 in einen Überschuss von 600 Mio. US$ umzuwandeln.

Gefängnismeutereien: Bei Auseinandersetzungen zwischen rivalisierenden Banden sind im Februar 2021 mindestens 79 Menschen ums Leben gekommen. Die Auseinandersetzungen waren in vier Gefängnissen in Guayaquil, Cuenca und Latacunga ausgebrochen. Auslöser war ein interner Machtkampf innerhalb der Bande Los Choneros, der mächtigsten Bande des Landes, deren Anführer im Dezember 2020 ermordet worden war. Viele Haftanstalten werden von Gangs kontrolliert, die aus den Gefängnissen heraus ihre kriminellen Geschäfte organisieren.

El Salvador

▸ 666

Ländername	Republik El Salvador
Zeitzone	MEZ -7 h
Fläche in km²	21 041 (Rang 150)
Anzahl der Einwohner	6.5 Millionen (Rang 111)
Einwohnerzahl pro km²	308 (Rang 29)
Hauptstadt	San Salvador
Amtssprache	Spanisch
Verwaltungsgliederung	14 Departements
Wichtige Städte	San Salvador, Soyapango, Santa Ana, San Miguel, Apopa, Mejicanos
Autokennzeichen | ISO-Code	ES | SLV
Währung	1 US-Dollar = 100 Cents
Nationalfeiertag	15. September (Unabhängigkeit 1821)

Nach dem blutigen Bürgerkrieg von 1979–1992 ist der Frieden in den kleinen zentralamerikanischen Staat zurückgekehrt. Die einstige Guerillabewegung FMLN ist heute im Parlament vertreten. Auch heute noch existieren extreme Unterschiede zwischen Arm und Reich.

GEOGRAFIE

Geografische Lage: Von 13°09′ bis 14°27′ nördlicher Breite sowie von 87°42′ bis 90°07′ westlicher Länge (Zentralamerika)
Höchster Punkt: El Pital 2730 m
Klima: An der Küste tropisch, im Hochland gemäßigt

POLITIK

Staatsform: Präsidiale Republik
Staatsoberhaupt und Regierungschef: Präsident Nayib Bukele Ortez (seit 01.06.2019)
Regierungspartei: Nuevas Ideas
Legislative: Legislativversammlung mit 84 für 3 Jahre gewählten Mitgliedern
Jahr der Verfassung: 1983
Wahlrecht: 18 Jahre

BEVÖLKERUNG

Bevölkerungsanteil: <15 Jahre 26.6 %, 15–64 Jahre 64.8 %, >64 Jahre 8.6 %
Verteilung: Stadt 73.4 %, Land 26.6 %
Wachstum: 0.5 %
Lebenserwartung: Frauen 78 Jahre, Männer 69 Jahre
Alphabetenrate: Frauen 86.7 %, Männer 90.6 %
Bevölkerungsgruppen: Mestizen, Europäer u. a.
Religionen: Christen, Sonstige
Sprache: Spanisch

WIRTSCHAFT

BIP: 24.61 Mrd. US$
Wachstum BIP: -8.6 %
BIP/Kopf: 3794 US$
Inflation: 0.2 %
Außenhandel: Import 10.59 Mrd. US$ (Nahrungsmittel 18.9 %, Chemische Erzeugnisse 17.2 %, Textilien und Bekleidung 11.2 %, Maschinen 7.2 %, Petrochemie 6.8 %), Export 5.03 Mrd. US$ (Textilien und Bekleidung 38.2 %, Nahrungsmittel 19.6 %, Chemische Erzeugnisse 9.4 %, Papier, Pappe 5.8 %, Elektrotechnik 4.7 %)
Erwerbstätige nach Sektoren: Landwirtschaft 16 %, Industrie 22.1 %, Dienstleistungen 61.9 %
Arbeitslosenquote: 7 %
CO_2-Emission/Kopf: 1.1 t

RÜCKBLICK

Parlamentswahl: Bei der Parlamentswahl am 28.02.2021 erzielte die Partei Nuevas Ideas von Staatspräsident Nayib Bukele (seit 2019) mit 66.5 % der Stimmen einen Erdrutschsieg. Mit 56 der 84 Sitze gewann sie die zur Kontrolle der Legislativen benötigte Zweidrittelmehrheit. Die zuletzt das Parlament dominierende rechte Alianza Republicana Nacionalista (ARENA) erhielt mit 12.1 % 14 Sitze (–23), der linke Frente Farabundo Martí para la Liberación Nacional (FMLN) erzielte 6.9 % (-19 Sitze). Die Wahlbeteiligung lag bei 50.3 %. Wie bei der Präsidentschaftswahl 2019 brach Nayib Bukele damit das Zweitparteiensystem aus dem linken FMLN und der rechten ARENA auf, das seit Ende des Bürgerkrieges 1992 das politische Geschehen bestimmte. Bukele hatte Nuevas Ideas erst 2017 gegründet, Parteichef ist sein Cousin Xavier Zablah Bukele. Auch bei den gleichzeitig stattfindenden Kommunalwahlen dominierte Nuevas Ideas mit 50.8 % der Stimmen deutlich.

Ergebnis der Parlamentswahl (28.02.2021)
Regierung: Nuevas Ideas

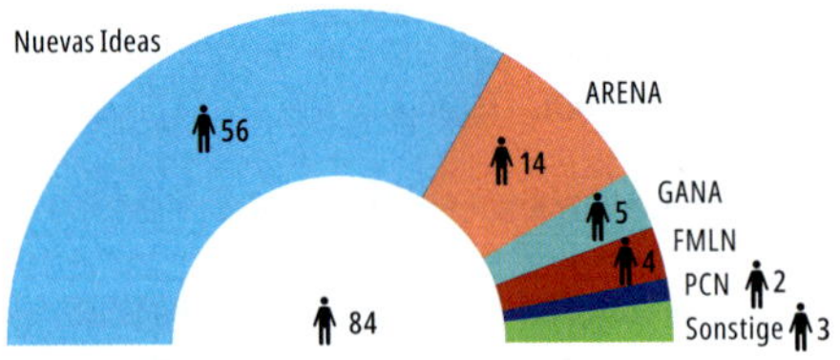

Gran Alianza por la Unidad Nacional (GANA)
Partido de Concertación Nacional (PCN)

Oberster Gerichtshof: Das neu gewählte Parlament stimmte in seiner ersten Sitzung am 01.05.2021 für die Absetzung aller 5 Richter des Obersten Gerichts und von Generalstaatsanwalt Raúl Melará. Die USA stellten daraufhin die Hilfsgelder für mehrere Behörden, u. a. für das Parlament, den obersten Gerichtshof, die Generalstaatsanwaltschaft und die Polizei ein.

Bitcoins: Nach einem Vorschlag von Präsident Nayid Bukele beschloss das Parlament am 09.06.2021, die Kryptowährung Bitcoin als gesetzliches Zahlungsmittel einzuführen. Nach Inkrafttreten des Gesetzes wäre El Salvador das weltweit erste Land, das Bitcoins als gesetzliches Zahlungsmittel nutzt. Zwei Drittel der Bevölkerung verfügen über kein eigenes Bankkonto, mit Bitcoins kann der Zahlungsverkehr über Smartphones erfolgen.

Massaker El Motoze: Am 21.09.2020 verweigerte das Militär auf Anordnung von Präsident Bukele den Zugriff auf die Militärakten zum Massaker El Motoze. Im Rahmen von Ermittlungen gegen 15 Ex-Militärs wegen Kriegsverbrechen und Verbrechen gegen die Menschlichkeit hatte der zuständige Richter zuvor die Öffnung der Militärarchive gefordert. Beim Massaker von El Motoze im Dezember 1981 hatte das Militär 978 Personen getötet, darunter 533 Kinder. Der Bürgerkrieg forderte zwischen 1980 und 1992 rd. 75 000 Opfer. Seit das oberste Gericht 2016 das 1993 erlassene Amnestiegesetz gekippt hatte, kommt es nur zögerlich zu einer juristischen Aufarbeitung des Bürgerkrieges. Ein spanisches Gericht verurteilte im September 2020 Ex-General und Ex-Verteidigungsminister Inocente Montano wegen der Ermordung von 5 spanischen Jesuiten im November 1989 zu einer Haftstrafe von 130 Jahren.

Corona-Pandemie: Präsident Nayid Bukele setzte beim Kampf gegen das Coronavirus drastische Mittel ein. Nach Angaben von Amnesty International wurden 2020 rd. 2000 Menschen wegen vermeintlicher Verstöße gegen die Quarantänepflicht bis zu 30 Tage in Quarantänezentren festgehalten.

Eritrea

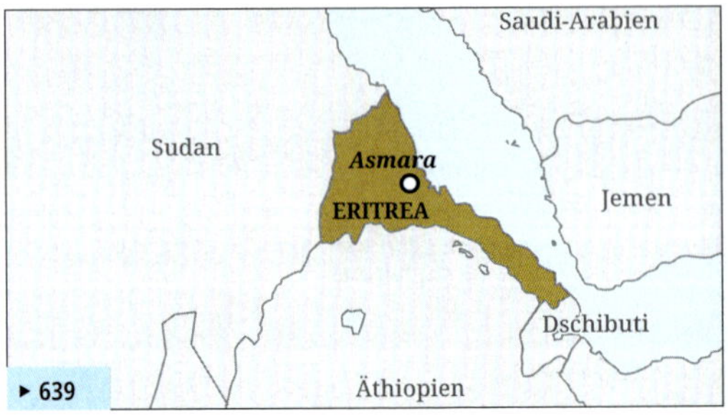

▸ 639

Ländername	Staat Eritrea
Zeitzone	MEZ +2 h
Fläche in km²	117 600 (Rang 99)
Anzahl der Einwohner	3.5 Millionen (Rang 130)
Einwohnerzahl pro km²	30 (Rang 150)
Hauptstadt	Asmara
Amtssprachen	Tigrinya, Arabisch, Englisch
Verwaltungsgliederung	6 Regionen
Wichtige Städte	Asmara, Keren, Akordat, Dekemhare, Mendefera
Autokennzeichen | ISO-Code	ER | ERI
Währung	1 Nakfa = 100 Cents
Nationalfeiertag	24. Mai (Unabhängigkeit 1993)

Der Name Eritrea leitet sich vom griechischen Erythra Thalassa ab und bedeutet „Rotes Meer“. 30 Jahre Krieg haben den drittjüngsten souveränen Staat Afrikas nahezu ruiniert. Nun versuchen seine Bewohner, ihr zerstörtes Land möglichst aus eigener Kraft wieder aufzubauen. 2018 wurde mit dem Nachbarn und früheren Mutterland Äthiopien ein Friedensvertrag unterzeichnet und die diplomatischen Beziehungen wieder aufgenommen. Der Einsatz eritreischer Truppen in Tigray löste internationale Kritik aus.

GEOGRAFIE

Geografische Lage: Von 12°22′ bis 18° nördlicher Breite sowie von 36°25′ bis 43°07′ östlicher Länge (Nordostafrika)
Höchster Punkt: Soira 3018 m
Klima: Trockenheißes Halbwüstenklima, im Hochland gemäßigt

POLITIK

Staatsform: Präsidiale Republik
Staatsoberhaupt und Regierungschef: Präsident Isaias Afwerki (seit 24.05.1993)

Regierungspartei: PFDJ (People's Front for Democracy and Justice)
Legislative: Nationalversammlung mit 150 für 5 Jahre gewählten Mitgliedern
Jahr der Verfassung: 1997 (noch nicht in Kraft gesetzt)
Wahlrecht: 18 Jahre

BEVÖLKERUNG

Bevölkerungsanteil: <15 Jahre 38.2 %, 15–64 Jahre 57.8 %, >64 Jahre 4 %
Verteilung: Stadt 41.3 %, Land 58.7 %
Wachstum: 1.5 %
Lebenserwartung: Frauen 69 Jahre, Männer 64 Jahre
Alphabetenrate: Frauen 68.9 %, Männer 84.4 %
Bevölkerungsgruppen: Tigrinya, Tigre, Saho, Kunama, Rashaida, Bilen u. a.
Religionen: Muslime, Christen
Sprachen: Tigrinya, Arabisch, Englisch, Tigre, Afar u. a.

WIRTSCHAFT

BIP: 2.09 Mrd. US$
Wachstum BIP: -0.6 %
BIP/Kopf: 588 US$
Inflation: 4.9 %
Außenhandel: Import 965 Mio. US$, Export 556 Mio. US$
Erwerbstätige nach Sektoren: Landwirtschaft 60.8 %, Industrie 8.4 %, Dienstleistungen 30.8 %
Arbeitslosenquote: 7.4 %
CO_2-Emission/Kopf: 0.1 t

RÜCKBLICK

Tigray-Konflikt: Im November 2020 griff Eritrea mit seiner Armee in den Konflikt in der nordäthiopischen Provinz Tigray ein und löste damit internationale Kritik aus. In der Unruheregion Tigray hatte die äthiopische Regierung Anfang November 2020 eine Militäroffensive gegen die Volksbefreiungsfront TPLF begonnen, in deren Folge es dort zu einer humanitären Notlage mit unzähligen Flüchtlingen kam. Eritrea und Äthiopien hatten monatelang die Anwesenheit eritreischer Truppen in Tigray bestritten. Erst auf internationalen Druck forderte der äthiopische Regierungschef Abiy Ahmed im März 2021 Eritrea zum Truppenabzug auf. Nicht eindeutig geklärt war, ob die äthiopische Regierung Eritrea zur militärischen Unterstützung aufgefordert hatte. Die offizielle Erklärung Äthiopiens lautete, dass eritreische Soldaten infolge eines Raketenangriffs auf ihre Hauptstadt Asmara die Grenze zum Nachbarstaat überschritten hätten. Tatsächlich war es am 14.11.2020 in Asmara zu Explosionen gekommen, für die sich die TPLF verantwortlich erklärte. Eritrea hatte sich mit Äthiopien, seinem früheren Mutterland, 1998–2000 in einem gewaltsamen Grenzkonflikt gegenübergestanden. Nachdem es jahrelang zu keinerlei diplomatischen Beziehungen zwischen den beiden Staaten gekommen war, hatte Abiy Ahmed als neuer äthiopischer Ministerpräsident 2018 einen Friedensprozess angestoßen.

Vorwürfe: Die Menschenrechtsorganisationen Amnesty International und Human Rights Watch warfen den eritreischen Truppen in Tigray massive Menschenrechtsverletzungen wie Massentötungen, systematische Vergewaltigungen und Massenplünderungen vor. Nach einem im März 2021 veröffentlichten Bericht der äthiopischen Menschenrechtskommission EHRC waren die eritreischen Soldaten im November 2020 für ein Massaker an mindestens 100 Zivilisten im nördlichen Tigray verantwortlich.

Abschottung: Obwohl sich Eritrea um den Ausbau der wirtschaftlichen Zusammenarbeit mit den Nachbarstaaten am Horn von Afrika und den Anrainerstaaten des Roten Meeres bemühte, blieb das Land politisch weitestgehend isoliert. Da die staatliche Führung nur wenige offizielle Informationen und statistische Zahlen preisgibt, ist die Datenlage unvollständig und eine Einschätzung schwierig. Seit der Abtrennung von Äthiopien 1993 wird das Land von Staatspräsident Isaias Afwerki geführt, der als Staatsoberhaupt, Regierungschef, Oberbefehlshaber der Streitkräfte, Parlaments- und Parteivorsitzender eine große Machtfülle besitzt. In seiner Hand liegt auch die Ernennung der Regierung und der Obersten Richter. Eritrea hat keine Verfassung und de facto auch keine Gewaltenteilung. Die 1994 aus der Befreiungsbewegung hervorgegangene People's Front for Democracy and Justice (PFDJ) ist die einzige zugelassene Partei. Oppositionsarbeit ist nur aus dem Exil möglich. Grundrechte wie Meinungs-, Versammlungs- und Religionsfreiheit sind stark eingeschränkt. Bei der Pressefreiheit setzte die Nichtregierungsorganisation Reporter ohne Grenzen Eritrea 2020 an das Ende ihrer 180 Länder umfassenden Liste. Die Eritreer sind zu einem zeitlich unbefristeten „Nationaldienst" verpflichtet, der Züge von Zwangsarbeit trägt. Jährlich flüchten Tausende Eritreer außer Landes.

Estland

Ländername	Republik Estland
Zeitzone	MEZ +1 h
Fläche in km²	45 227 (Rang 129)
Anzahl der Einwohner	1.3 Millionen (Rang 153)
Einwohnerzahl pro km²	29 (Rang 151)
Hauptstadt	Tallinn
Amtssprache	Estnisch
Verwaltungsgliederung	15 Bezirke
Wichtige Städte	Tallinn, Tartu, Narva, Pärnu, Kohtla-Järve
Autokennzeichen | ISO-Code	EST | EST
Währung	1 Euro = 100 Cent
Nationalfeiertag	24. Februar (Unabhängigkeit 1918)

Durch die geografische und historische Nähe zu Nordeuropa hat sich das nördlichste und kleinste baltische Land immer als ein Vorposten westlicher Kultur verstanden. Deshalb steht die wirtschaftliche und politische Ausrichtung Estlands heute ganz im Zeichen des 2004 vollzogenen Beitritts zur NATO und zur Europäischen Union.

GEOGRAFIE

Geografische Lage: Von 57°31′ bis 59°40′ nördlicher Breite sowie von 21°50′ bis 28°11′ östlicher Länge (Osteuropa)
Höchster Punkt: Suur Munamägi 318 m
Klima: Winterfeucht-kaltes Klima

POLITIK

Staatsform: Parlamentarische Republik
Staatsoberhaupt: Präsidentin Kersti Kaljulaid (seit 10.10.2016)
Regierungschef: Ministerpräsidentin Kaja Kallas (seit 25.01.2021)
Regierungsparteien: Koalition ER (Reformpartei) und EK (Zentrumspartei)
Legislative: Parlament mit 101 für 4 Jahre gewählten Mitgliedern
Jahr der Verfassung: 1992
Wahlrecht: 18 Jahre

BEVÖLKERUNG

Bevölkerungsanteil: <15 Jahre 16.5 %, 15–64 Jahre 63.1 %, >64 Jahre 20.4 %
Verteilung: Stadt 69.2 %, Land 30.8 %
Wachstum: 0.3 %
Lebenserwartung: Frauen 83 Jahre, Männer 75 Jahre
Alphabetenrate: Frauen 99.9 %, Männer 99.9 %
Bevölkerungsgruppen: Esten, Russen, Ukrainer, Belarussen u. a.
Religion: Christen
Sprachen: Estnisch, Russisch u. a.

WIRTSCHAFT

BIP: 31 Mrd. US$
Wachstum BIP: -2.9 %
BIP/Kopf: 23 330 US$
Inflation: -0.6 %
Außenhandel: Import 17.34 Mrd. US$ (Chemische Erzeugnisse 12.4 %, Nahrungsmittel 8.2 %, Kfz und -Teile 8.2 %, Maschinen 7.6 %, Elektronik 7.3 %), Export 16.38 Mrd. US$ (Elektronik 9.5 %, Maschinen 8.4 %, Nahrungsmittel 8.1 %, Rohstoffe außer Brennstoffe 7.7 %, Elektrotechnik 7.2 %)
Erwerbstätige nach Sektoren: Landwirtschaft 3.1 %, Industrie 29.4 %, Dienstleistungen 67.5 %
Arbeitslosenquote: 6.5 %
CO_2-Emission/Kopf: 14.2 t

RÜCKBLICK

Rücktritt: Ministerpräsident Jüri Ratas trat am 13.01.2021 zurück. Anlass war eine **Korruptionsaffäre**, in die seine Zentrumspartei (EK) verwickelt war. Die Staatsanwaltschaft ermittelte, weil die EK als Gegenleistung für einen staatlichen Kredit aus den Corona-Hilfen über rund 40 Mio. € für ein Immobilienprojekt in der Hauptstadt Tallinn eine Spende erhalten haben soll. Die Dreiparteienkoalition war seit ihrer Bildung im April 2019 besonders durch die **polarisierende Politik** der rechtspopulistischen Konservativen Volkspartei (EKRE) belastet worden. Vier ihrer fünf Minister wurden bis November 2020 ausgetauscht. Eine von EKRE geforderte Volksabstimmung gegen die Homosexuellenehe lehnte das Parlament am 13.01.2021 ab.

Neue Regierung: Staatspräsidentin Kersti Kaljulaid beauftragte Oppositionsführerin Kaja Kallas

Ministerpräsidentin Kaja Kallas am 25.05.2021 auf dem EU-Gipfel in Brüssel.

mit der Regierungsbildung. Die Vorsitzende der liberalen **Reformpartei** (ER) bildete mit der **Zentrumspartei**, drittstärkste Fraktion im Parlament, eine **Koalition**. Die EK wurde von einem Großteil der russischsprachigen Bevölkerungsminderheit Estlands gewählt. Das Parlament bestätigte das am 26.01.2021 vereidigte Kabinett aus je sieben Ministern der ER und EK (ohne Ratas) am Folgetag. Kallas ist die **erste Ministerpräsidentin** Estlands. Einen Schwerpunkt setzte ihre Regierung neben der Bewältigung der Corona-Krise in der Bildungspolitik. So soll frühzeitiges Erlernen der estnischen Sprache insbesondere die schulischen und beruflichen Chancen der russischen Muttersprachler erhöhen.

Corona-Pandemie: Die **zweite Infektionswelle** mit dem SARS-CoV-2-Virus ab Oktober/November 2020 erfasste Estland erst im Februar/März 2021 mit stark steigenden Ansteckungsraten. Im Unterschied zu seinen baltischen Nachbarn hatte die Regierung im Herbst auf einen **Lockdown verzichtet**, verfügte nun aber landesweite Kontaktbeschränkungen. Ab Mai 2021 ging die 7-Tage-Inzidenz wieder deutlich zurück. Zum Vorteil gereichte Estland die hohe Impfbereitschaft der Bevölkerung und ein **digitalisiertes Gesundheitswesen**, was die Organisation von Tests, Impfungen (ab 27.12.2020) und Nachverfolgungen Infizierter erleichterte.

Wirtschaft: Im EU-Vergleich war der **Einbruch** des BIP 2020 mit einem Minus von 2.9 % **gering**, weil der Export und der Privatkonsum dank staatlicher Überbrückungshilfen für Betroffene wenig zurückgingen. Auf der anderen Seite wurde der **Tourismus**, der 8 % des BIP (2019) erwirtschaftete, **hart getroffen**. 2021 erwartete die Europäische Kommission in ihrer Frühjahrsprognose trotz wieder wachsender Wirtschaft eine Arbeitslosenquote von 7.9 %.

Eswatini

▸ 643

Ländername	Königreich Eswatini; auch: Swasiland
Zeitzone	MEZ +1 h
Fläche in km²	17 363 (Rang 154)
Anzahl der Einwohner	1.2 Millionen (Rang 157)
Einwohnerzahl pro km²	67 (Rang 117)
Hauptstadt	Mbabane
Regierungssitz	Lobamba
Amtssprachen	Siswati, Englisch
Verwaltungsgliederung	4 Regionen
Wichtige Städte	Manzini, Mbabane, Big Bend, Malkerns, Nhlangano
Autokennzeichen | ISO-Code	SD | SWZ
Währungen	1 Lilangeni = 100 Cents, 1 Rand = 100 Cents
Nationalfeiertag	6. September (Unabhängigkeit 1968)

In Eswatini, dem zweitkleinsten Staat des festländischen Afrika, hält sich im Schatten der Weltöffentlichkeit die letzte absolutistische Monarchie des Kontinents an der Macht. Wirtschaftlich und politisch ist der Binnenstaat nahezu vollständig von seinem großen Nachbarn, der Republik Südafrika, abhängig. Zwei Drittel der Bevölkerung lebt in Armut.

GEOGRAFIE

Geografische Lage: Von 25°44′ bis 27°19′ südlicher Breite sowie von 30°47′ bis 32°07′ östlicher Länge (Südafrika)
Höchster Punkt: Emlembe 1862 m
Klima: Subtropisches Klima

POLITIK

Staatsform: Absolute Monarchie
Staatsoberhaupt: König Mswati III. (seit 25.04.1986)
Regierungschef: Premierminister Themba Nhlanganiso Masuku (seit 13.12.2020)
Regierungspartei: keine
Legislative: Parlament, bestehend aus Nationalversammlung mit 63 für 5 Jahre gewählten und 10 ernannten Mitgliedern und Senat mit 10 für 5 Jahre gewählten und 20 ernannten Mitgliedern
Jahr der Verfassung: 2006
Wahlrecht: 18 Jahre

BEVÖLKERUNG

Bevölkerungsanteil: <15 Jahre 37.4 %, 15–64 Jahre 58.5 %, >64 Jahre 4.1 %
Verteilung: Stadt 24.2 %, Land 75.8 %
Wachstum: 1 %
Lebenserwartung: Frauen 65 Jahre, Männer 57 Jahre
Alphabetenrate: Frauen 88.5 %, Männer 88.3 %
Bevölkerungsgruppen: Swasi, Zulu, Europäer u. a.
Religionen: Christen (v. a. Zionisten), Muslime, Sonstige
Sprachen: Siswati, Englisch

WIRTSCHAFT

BIP: 3.95 Mrd. US$
Wachstum BIP: -3.3 %
BIP/Kopf: 3504 US$
Inflation: 3.9 %
Außenhandel: Import 1.52 Mrd. US$, Export 1.64 Mrd. US$
Erwerbstätige nach Sektoren: Landwirtschaft 12.3 %, Industrie 23.5 %, Dienstleistungen 64.2 %
Arbeitslosenquote: 23.4 %
CO_2-Emission/Kopf: 0.8 t

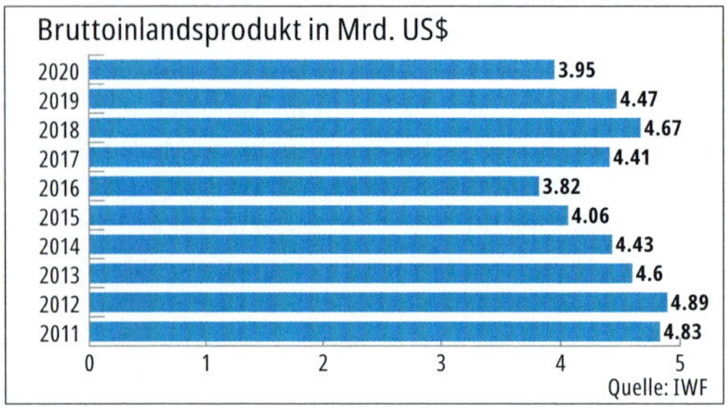

RÜCKBLICK

Corona-Pandemie: 2020/21 häuften sich in Eswatini (bis 2018 Swasiland), der letzten absoluten Monarchie Afrikas, auch unter Spitzenpolitikern **Todesfälle**, die direkt oder indirekt mit einer COVID-19-Infektion zusammenhingen. Innerhalb weniger Wochen kamen drei Mitglieder des Kabinetts zu Tode: Am 13.12.2020 verstarb Premierminister Ambrose Mandvulo Dlamini. Die Amtsgeschäfte übernahm kommissarisch sein Stellvertreter Themba Masuku. Am 16.01.2021 erlag Cristian Ntshangase, Minister für den Öffentlichen Dienst, den Folgen einer COVID-19-Infektion und am 23.01.2021 verstarb der Minister für Arbeit und Soziale Sicherheit, Makhosi Vilakati. Im Februar 2021 erklärte sich König Mswati III. öffentlich als von einer COVID-19-Infektion genesen und dankte der Führung Taiwans für ihre Unterstützung in Form von antiviralen Medikamenten. Die mehrwöchige Behandlung im Ausland von Premierminister Dlamini, der Anfang Dezember 2020 in eine südafrikanische Klinik geflogen worden war, wo er schließlich auch verstarb, löste öffentlichen Unmut aus. Die zivilgesellschaftliche Organisation Swaziland Solidarity Network (SSN) und auch die politische Jugendorganisation SWAYOCO übten Kritik an der privilegierten Sonderbehandlung Dlaminis und verwiesen auf das marode nationale Gesundheitswesen, mit dem sich der Rest der Bevölkerung abfinden müsse.

Humanitäre Lage: In Eswatini leben nach Angaben der Weltbank etwa zwei Drittel der Bewohner unter der Armutsgrenze. Viele haben Vorerkrankungen wie Staublunge und Tuberkulose (als Folge von einer Beschäftigung im Bergbau), außerdem gehört das Land noch immer zu **den am meisten von HIV/Aids betroffenen Staaten**. Nach den aktuellsten Erhebungen von UNAIDS, dem Gemeinsamen Programm der UN für HIV/Aids, waren 2019 rund 27 % der 15- bis 49-Jährigen mit dem HI-Virus infiziert. 2100 Erwachsene starben 2019 an den Folgen. Etwa 95 % der Betroffenen hatten aber Zugang zu antiretroviraler Therapie, die die Vermehrung der HI-Viren im Körper unterdrückt. Zu der schlechten Gesundheitslage kam die Corona-Pandemie hinzu: Bis Mai 2021 waren nach offiziellen Angaben über 18 000 Menschen mit COVID-19 infiziert und bereits mehr als 670 Personen daran verstorben. Eswatini galt als Region mit besonders hohem Infektionsrisiko, weil vermehrt Fälle der neuen, ansteckenderen Varianten auftraten.

Proteste: Das von Importen und von der wirtschaftlichen Entwicklung seines übermächtigen Nachbarn Südafrika abhängige Binnenland hatte in allen Bereichen mit Engpässen zu kämpfen, weil Südafrika 2020 als Reaktion auf die Pandemie alle Landesgrenzen geschlossen hatte. Die Bevölkerung reagierte auf die **soziale und wirtschaftliche Notlage** sowie auf die fehlende politische Teilhabe mit öffentlichen Protesten, die von der autoritären Staatsführung mit Repressionen beantwortet wurden.

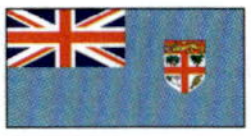

Fidschi

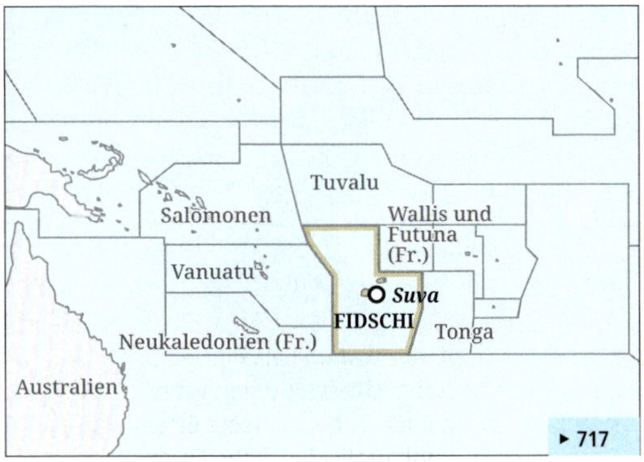

▸ 717

Ländername	Republik Fidschi
Zeitzone	MEZ +11 h
Fläche in km²	18 272 (Rang 152)
Anzahl der Einwohner	896 444 (Rang 159)
Einwohnerzahl pro km²	49 (Rang 133)
Hauptstadt	Suva
Amtssprachen	Fidschi, Fidschi-Hindi, Englisch
Verwaltungsgliederung	4 Regionen mit 14 Provinzen und 1 abhängiges Gebiet
Wichtige Städte	Suva, Nasinu, Lautoka, Nadi, Nausori
Autokennzeichen | ISO-Code	FJI | FJI
Währung	1 Fidschi-Dollar = 100 Cents
Nationalfeiertag	10. Oktober (Unabhängigkeit 1970)

Als Inbegriff des Inselparadieses mit Palmen, Sonne, Sand und Meer sowie mit guter Anbindung an den internationalen Luftverkehr konnte sich Fidschi zum Zentrum des Südseetourismus entwickeln. Die politische Stabilität leidet allerdings unter dem ethnischen Konflikt zwischen indischstämmigen und melanesischen Insulanern.

GEOGRAFIE

Geografische Lage: Von 12°29′ bis 21°43′ südlicher Breite sowie von 174°35′ östlicher Länge bis 178°14′ westlicher Länge (Ozeanien)
Höchster Punkt: Tomanivi 1324 m
Klima: Tropisch-maritimes Klima

POLITIK

Staatsform: Parlamentarische Republik
Staatsoberhaupt: Präsident Jioji Konousi Konrote (seit 12.11.2015)
Regierungschef: Premierminister Josaia Voreqe Bainimarama (seit 05.01.2007)
Regierungspartei: FF (FijiFirst)
Legislative: Parlament mit 51 für 4 Jahre gewählten Mitgliedern
Jahr der Verfassung: 2013
Wahlrecht: 18 Jahre

BEVÖLKERUNG

Bevölkerungsanteil: <15 Jahre 29 %, 15–64 Jahre 65.2 %, >64 Jahre 5.8 %
Verteilung: Stadt 57.2 %, Land 42.8 %
Wachstum: 0.7 %
Lebenserwartung: Frauen 69 Jahre, Männer 66 Jahre
Alphabetenrate: Frauen 99.1 %, Männer 99.1 %
Bevölkerungsgruppen: Melanesier, Inder, Rotumanen, Europäer, Chinesen u. a.
Religionen: Christen, Hindus, Muslime
Sprachen: Fidschi, Fidschi-Hindi, Englisch

WIRTSCHAFT

BIP: 4.32 Mrd. US$
Wachstum BIP: -19 %
BIP/Kopf: 4797 US$
Inflation: -2.6 %
Außenhandel: Import 1.72 Mrd. US$ (Petrochemie 19.3 %, Nahrungsmittel 14.4 %, Chemie 8.7 %, Kfz 8.2 %, Maschinen 7.5 %), Export 822 Mio. US$ (Nahrungsmittel 28.8 %, Petrochemie 19.6 %, Getränke und Tabak 15.3 %, Rohstoffe außer Brennstoffe 6.2 %, Textilien und Bekleidung 5.2 %)
Erwerbstätige nach Sektoren: Landwirtschaft 35.7 %, Industrie 13.3 %, Dienstleistungen 51 %
Arbeitslosenquote: 4.8 %
CO_2-Emission/Kopf: 1.5 t

RÜCKBLICK

Corona-Pandemie: Dank rasch verhängter Einreiseverbote und Ausgangsbeschränkungen wurden bis zum 11.05.2021 nur 140 Ansteckungen nachgewiesen, 3 Menschen starben im Zusammenhang mit einer COVID-19-Infektion. Am 19.04.2021 führte die Infektion einer Frau zur Vertagung der Pläne zur Öffnung des Landes für ausländische Touristen. 289 Neuinfektionen im Mai und ein Todesfall am 13.05.2021 erhärteten den Verdacht, dass Infektionen nicht auf Auslandskontakte zurückzuführen waren, sondern das Virus unter den Einheimischen verbreitet war. Ende Mai begann die Zahl der Infizierten exponentiell zu wachsen;

im Juli wurde eine Rate von täglich mehr als 1000 Neuinfektionen erreicht, die Zahl der Todesopfer nahm auf 111 zu. Am 01.07.2021 waren etwa 3300 Infizierte isoliert. Australien und Neuseeland entsandten im Juni medizinisches Personal. Als erste pazifische Nation begann Fidschi am 09.03.2021 mit der Impfung der Bürger – die ersten 12 000 Dosen erhielt das Land von der EU, die im Rahmen der COVAX-Initiative weitere 96 000 Dosen zu spenden versprach. Fidschi, das nach dem Militärputsch 2006 zeitweise als Einflusstor der VR China im pazifischen Raum gegolten hatte, profitierte vom impfdiplomatischen Wettbewerb im indopazifischen Raum: Indien sagte 100 000 Dosen, Neuseeland 250 000 Dosen, die VR China eine unbekannte Anzahl Dosen zu. Bis zum 31.05.2021 wurden mindestens 93 000 Impfdosen verabreicht.

Außenpolitik: Am 15.01.2021 wurde die frühere Oberste Richterin Nazhat Shameen Khan mit 29 von 47 Stimmen zur Präsidentin des UN-Menschenrechtsrats gewählt. Zuvor hatte sich die turnusmäßig vorschlagberechtigte Asien-Pazifik-Gruppe, dem Vernehmen nach wegen des Ausscherens der VR China, nicht auf die Kandidatin einigen können. In der Kampfabstimmung im Rat setzte sich Khan gegen Kandidaten aus Bahrain und Usbekistan durch. Dem Vernehmen nach hatten Syrien, Saudi-Arabien, Russland und die VR China in Genf gegen Khans Kandidatur gearbeitet.

Wirtschaft: Die Corona-Pandemie zehrte die Wohlstandsgewinne der vergangenen Jahre vollständig auf, 2020 schrumpfte die Wirtschaft um 19 %, weil der Tourismus zum Erliegen kam. Die rekordhohen Rücküberweisungen von Gastarbeitern und UN-Soldaten konnten das sich stark ausweitende Zahlungsbilanzdefizit nicht verhindern, das Land war schon vor den Zyklonen auf internationale Finanzhilfe angewiesen.

Zyklon: Am 17.12.2020 überquerte der Wirbelsturm „Yasi“ mit bis zu 300 Stundenkilometern Fidschi. Die Regierung hatte den Notstand ausgerufen, etwa 27 000 Menschen wurden evakuiert. 4 Menschen starben, über 8000 Wohnhäuser und 90 Schulen wurden zerstört. Auch große Teile der Ernte wurden vernichtet, die Regierung schätzte die Schadenssumme auf 250 Mio. US$. Im Januar richtete der Zyklon „Ana“ weitere Schäden an.

Finnland

Ländername	Republik Finnland
Zeitzone	MEZ +1 h
Fläche in km²	338 440 (Rang 65)
Anzahl der Einwohner	5.5 Millionen (Rang 115)
Einwohnerzahl pro km²	16 (Rang 173)
Hauptstadt	Helsinki
Amtssprachen	Finnisch, Schwedisch
Verwaltungsgliederung	19 Regionen
Wichtige Städte	Helsinki, Espoo, Tampere, Vantaa, Oulu, Turku
Autokennzeichen | ISO-Code	FIN | FIN
Währung	1 Euro = 100 Cent
Nationalfeiertag	6. Dezember (Unabhängigkeit 1917)

Das „Land der tausend Seen“ – in Wirklichkeit sind es rund 188 000 – ist bekannt für seine unberührten Naturlandschaften und Wälder. Über Jahrhunderte hinweg wurde die Entwicklung Finnlands von den mächtigen Nachbarn bestimmt. Dennoch gelang es den Finnen, die sich in Sprache und Kultur von den skandinavischen und slawischen Völkern unterscheiden, ihre nationale Identität zu wahren. In den letzten Jahrzehnten hat Finnland seine besondere Lage genutzt, um als Mittler zwischen Ost und West zu wirken.

GEOGRAFIE

Geografische Lage: Von 59°49′ bis 70°05′ nördlicher Breite sowie von 20°37′ bis 31°34′ östlicher Länge (Nordeuropa)
Höchster Punkt: Haltiatunturi 1328 m
Klima: Im Norden polares, sonst winterfeucht-kaltes Klima

POLITIK

Staatsform: Parlamentarische Republik
Staatsoberhaupt: Präsident Sauli Niinistö (seit 01.03.2012)
Regierungschef: Ministerpräsidentin Sanna Marin (seit 10.12.2019)
Regierungsparteien: Koalition SDP (Sozialdemokraten), KESK (Zentrumspartei), VIHR (Grüne), VAS (Linksverband), SFP/RKP (Schwedische Volkspartei)
Legislative: Parlament mit 200 für 4 Jahre gewählten Mitgliedern
Jahr der Verfassung: 2000
Wahlrecht: 18 Jahre

BEVÖLKERUNG

Bevölkerungsanteil: <15 Jahre 15.9 %, 15–64 Jahre 61.6 %, >64 Jahre 22.5 %
Verteilung: Stadt 85.5 %, Land 14.5 %
Wachstum: 0.2 %
Lebenserwartung: Frauen 85 Jahre, Männer 79 Jahre
Alphabetenrate: Frauen 99 %, Männer 99 %
Bevölkerungsgruppen: Finnen, Schweden, Russen, Esten u. a.
Religionen: Christen, Sonstige
Sprachen: Finnisch, Schwedisch, Russisch u. a.

WIRTSCHAFT

BIP: 270.64 Mrd. US$
Wachstum BIP: -2.9 %
BIP/Kopf: 48 981 US$
Inflation: 0.4 %
Außenhandel: Import 67.73 Mrd. US$ (Chemische Erzeugnisse 10.9 %, Maschinen 10.6 %, Kfz und -Teile 9 %, Elektronik 7 %, Rohstoffe außer Brennstoffe 7 %), Export 66.06 Mrd. US$ (Maschinen 16.8 %, Papier, Pappe 10 %, Rohstoffe außer Brennstoffe 9.4 %, Chemische Erzeugnisse 6.9 %, Kfz und -Teile 6.4 %)
Erwerbstätige nach Sektoren: Landwirtschaft 3.5 %, Industrie 22 %, Dienstleistungen 74.5 %
Arbeitslosenquote: 7.8 %
CO_2-Emission/Kopf: 7.8 t

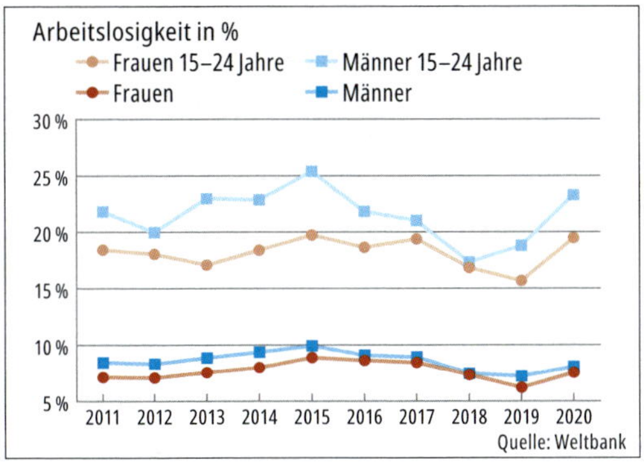

RÜCKBLICK

Corona-Pandemie: In der **zweiten Welle** der Corona-Pandemie im Herbst 2020 war Finnland, wie schon während der ersten Welle im Frühjahr, im Europavergleich von einer **geringen Infektionsrate** betroffen. Impfungen begannen am 27.12.2020. Der steile Anstieg der Fallzahlen im Februar/März 2021 ging vor allem auf die Hauptstadtregion und später auf die südfinnische Region Päijät-Häme (Lahti) zurück. Darauf reagierte die Fünf-Parteien-Regierung von Ministerpräsidentin Sanna Marin neben schärferen Einreisebestimmungen (ab 27.01.2021) mit dem **Ausnahmezustand** (01.03.–27.04.2021). Dieser erlaubte Kontaktbeschränkungen und das Zurückfahren des öffentlichen Lebens. Der Einzelhandel blieb jedoch offen, die Gastronomie musste nur regional schließen (bis 18.04.2021). Einbußen infolge der **Teil-Lockdowns** erlitten besonders Tourismus, Forstwirtschaft und Chemiebranche. Dennoch fiel der **BIP-Rückgang** 2020 mit 2.9 % **moderat** aus. Bis April 2021 legte die Regierung, vor allem für Unternehmen mit starken Umsatzeinbußen, drei **Hilfspakete** auf. Der Konjunkturbelebung dienten auch staatlich geförderte Infrastrukturprojekte.

Patientenakten: Ab Oktober 2020 veröffentlichten kriminelle Computerhacker im Internet vertrauliche Krankenakten, bis Januar 2021 rund 32 000. Der **Datendiebstahl** betraf ein Unternehmen, das **Psychotherapien** organisierte und begleitete. Von dessen Datenbank waren vermutlich 40 000 Unterlagen gestohlen worden. Ein Versuch, das Unternehmen zu erpressen, scheiterte. Stattdessen wurde von Betroffenen „Schweigegeld" gefordert; 25 000 meldeten sich bei den Behörden. Der Schaden war auch deshalb so groß, weil die Patientendaten mit dem **Personenkennzeichen** verbunden waren; damit identifizieren sich die Finnen bei Behörden, Banken und im Geschäftsleben.

Familien: Neben der Bewältigung der Corona-Pandemie war das Thema **Gleichstellung** ein Schwerpunkt der Regierungspolitik. So erhalten Väter und Adoptiveltern ab Oktober 2021 in der **Elternzeit** (12–14 Monate mit Elterngeld) die gleichen Rechte wie die Mütter.

Lebensart: Am 17.12.2020 setzte die UNESCO die **finnische Sauna** auf die Liste des **Immateriellen Kulturerbes**. Deren Zahl wird in Finnland auf mehr als 3 Mio. geschätzt. Zum vierten Mal in Folge landete Finnland 2021 auf dem Spitzenplatz im **World Happiness Report**. Er misst die subjektive Lebenszufriedenheit u. a. anhand von Lebenserwartung, Einkommensniveau, sozialer Unterstützung und des gesellschaftlichen Vertrauens.

Frankreich

▸ 617

Ländername	Französische Republik
Zeitzone	MEZ ±0 h
Fläche in km²	551 500 (Rang 48)
Anzahl der Einwohner	67.4 Millionen (Rang 21)
Einwohnerzahl pro km²	122 (Rang 70)
Hauptstadt	Paris
Amtssprache	Französisch
Verwaltungsgliederung	18 Regionen
Wichtige Städte	Paris, Marseille, Lyon, Toulouse, Nizza, Nantes, Montpellier, Straßburg, Bordeaux, Lille, Rennes
Autokennzeichen | ISO-Code	F | FRA
Währung	1 Euro = 100 Cent
Nationalfeiertag	14. Juli (Sturm auf die Bastille 1789)

In seiner langen Geschichte spielte Frankreich immer wieder eine besondere Rolle. Die Französische Revolution 1789 schuf die Voraussetzungen für die Entstehung des modernen demokratischen Nationalstaates mit starkem Nationalbewusstsein. Jahrhundertelang war die Hauptstadt Paris Mittelpunkt der zentralistisch regierten „Grande Nation", erst in den letzten Jahrzehnten konnten die einzelnen Regionen ein eigenes Profil gewinnen. Zu Beginn des 21. Jahrhunderts stellten wirtschaftliche Stagnation und soziale Probleme das „republikanische Modell" einer laizistischen und freiheitlichen Gesellschaft auf die Probe. Zu Frankreich gehören zahlreiche Überseegebiete in der Karibik, in Südamerika sowie im Pazifischen und im Indischen Ozean.

GEOGRAFIE

Geografische Lage: Von 41°22' bis 51°05' nördlicher Breite sowie von 5°08' westlicher bis 9°34' östlicher Länge (Westeuropa)
Höchster Punkt: Mont Blanc 4810 m
Klima: Ozeanisches Klima, im Süden mediterranes Winterregenklima

POLITIK

Staatsform: Semipräsidiale Republik
Staatsoberhaupt: Präsident Emmanuel Macron (seit 14.05.2017)
Regierungschef: Premierminister Jean Castex (seit 03.07.2020)
Regierungspartei: LREM (La République en Marche)
Legislative: Parlament, bestehend aus Nationalversammlung mit 577 für 5 Jahre gewählten Mitgliedern und Senat mit 348 für 6 Jahre gewählten Mitgliedern (alle 3 Jahre teilerneuert)
Jahr der Verfassung: 1958
Wahlrecht: 18 Jahre

BEVÖLKERUNG

Bevölkerungsanteil: <15 Jahre 17.7 %, 15–64 Jahre 61.6 %, >64 Jahre 20.7 %
Verteilung: Stadt 81 %, Land 19 %
Wachstum: 0.2 %
Lebenserwartung: Frauen 86 Jahre, Männer 80 Jahre
Alphabetenrate: Frauen 99 %, Männer 99 %
Bevölkerungsgruppen: Franzosen, Slaven, Afrikaner, Indochinesen u. a.
Religionen: Christen, Muslime, Sonstige
Sprachen: Französisch, Regionalsprachen

WIRTSCHAFT

BIP: 2.6 Bio. US$
Wachstum BIP: -8.2 %
BIP/Kopf: 39 907 US$
Inflation: 0.5 %
Außenhandel: Import 582.35 Mrd. US$ (Chemische Erzeugnisse 13.1 %, Maschinen 11.2 %, Kfz und -Teile 11.1 %, Nahrungsmittel 7.8 %, Elektronik 6.1 %), Export 488.34 Mrd. US$ (Chemische Erzeugnisse 18 %, Maschinen 12 %, Fahrzeuge 10.4 %, Kfz und -Teile 9.2 %, Nahrungsmittel 8.4 %)
Erwerbstätige nach Sektoren: Landwirtschaft 2.4 %, Industrie 19.9 %, Dienstleistungen 77.7 %
Arbeitslosenquote: 8.6 %
CO_2-Emission/Kopf: 4.8 t

AUSSENGEBIETE

Überseegebiete
Integraler Bestandteil Frankreichs und der EU

Französisch-Guayana
Fläche in km²: 83 846
Anzahl der Einwohner: 294 146
Hauptstadt: Cayenne
Status: Übersee-Département seit 1947
Regierungschef: Präfekt Thierry Queffelec

Guadeloupe
Fläche in km²: 1628
Anzahl der Einwohner: 375 693
Hauptstadt: Basse-Terre
Status: Übersee-Département seit 1946
Regierungschef: Präfekt Alexandre Rochatte

La Réunion
Fläche in km²: 2512
Anzahl der Einwohner: 857 809
Hauptstadt: St-Denis
Status: Übersee-Département seit 1946
Regierungschef: Präfekt Jacques Billant

Martinique
Fläche in km²: 1128
Anzahl der Einwohner: 354 824
Hauptstadt: Fort-de-France
Status: Übersee-Département seit 1946
Regierungschef: Präfekt Stanislas Cazelles

Mayotte
Fläche in km²: 374
Anzahl der Einwohner: 288 926
Hauptstadt: Mamoudzou
Status: Übersee-Département seit 2011
Regierungschef: Präfekt Jean-François Colombet

Autonomer Sonderstatus, keine EU-Mitglieder

Französisch-Polynesien
Fläche in km²: 4167 (Australinseln: 148, Gambierinseln: 248, Gesellschaftsinseln: 1647, Marquesasinseln: 1274 Tuamotu-Archipel: 850)
Anzahl der Einwohner: 280 904
Hauptstadt: Papeete
Status: Teilweise selbstverwaltetes Überseeland seit 2004
Regierungschef: Präsident Édouard Fritch, Hochkommissarin Dominique Sorain

Neukaledonien
Fläche in km²: 18 280
Anzahl der Einwohner: 271 960
Hauptstadt: Nouméa
Status: Überseegemeinschaft mit besonderem Status seit 2003
Regierungschef: Thierry Santa, Hochkommissar Laurent Prévost

St-Barthélemy
Fläche in km²: 24
Anzahl der Einwohner: 10 124
Hauptstadt: Gustavia
Status: Autonome Überseegemeinschaft seit 2007
Regierungschef: Präfekt Serge Gouteyron

St-Martin
Fläche in km²: 50
Anzahl der Einwohner: 38 659
Hauptstadt: Marigot
Status: Autonome Überseegemeinschaft seit 2007
Regierungschef: Präfekt Serge Gouteyron

St-Pierre und Miquelon
Fläche in km²: 242 (St-Pierre: 26, Miquelon-Langlade: 216)
Anzahl der Einwohner: 5985 (Saint-Pierre: 5400, Miquelon-Langlade: 585)
Hauptstadt: St-Pierre
Status: Autonome Überseegemeinschaft seit 2003
Regierungschef: Präfekt Christian Pouget

Wallis und Futuna
Fläche in km²: 140 (Wallis: 76, Futuna und Alofi: 64)
Anzahl der Einwohner: 11 558 (Wallis: 8333, Futuna: 3225)
Hauptstadt: Mata-Utu
Status: Autonome Überseegemeinschaft seit 2003
Regierungschef: Präfekt Hervé Jonathan

SONSTIGE ÜBERSEEGEBIETE

Clipperton
Fläche in km²: 7
Anzahl der Einwohner: Unbewohnt
Hauptstadt: Keine
Status: Überseegebiet mit besonderem Status seit 2007, Staatseigentum der französischen Republik
Regierungschef: Hochkommissarin Dominique Sorain

Französische Süd- und Antarktisgebiete
Fläche in km²: 439 781 (Adélieland: 432 114, Amsterdam: 55, Crozetinseln: 352, Kerguelen: 7215, St-Paul: 6, Îles Éparses: 39)
Anzahl der Einwohner: Nur Militär, Forscher und Personal
Hauptstadt: keine
Status: Überseegebiet mit besonderem Status seit 1955, Îles Éparses seit 2007
Regierungschef: Präfekt Charles Giusti

RÜCKBLICK

Die Politik von Präsident Emanuel Macron blieb auch mit dem neuen Regierungschef Jean Castex umstritten. Bei der Senatswahl im September 2020 konnte sich Macrons Partei La Rébublique en Marche (LREM) zwar stabilisieren. Der grüne Aufwärtstrend hielt jedoch an und die Konservativen behaupteten ihre Mehrheit in der zweiten Parlamentskammer. Die 2. und 3. Welle der Corona-Pandemie trafen Frankreich stark, jedoch war das Gesundheitswesen dem Infektionsgeschehen dieses Mal besser gewachsen.

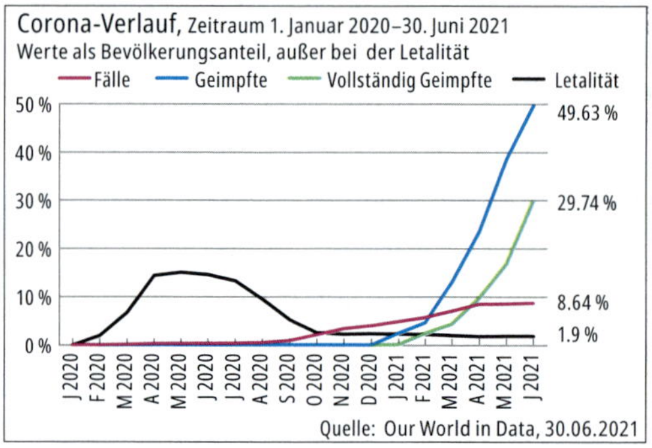

Corona-Pandemie: Bis Ende Juni 2021 verzeichnete Frankreich 111 244 Tote und gehörte damit innerhalb Europas zu den relativ schwer von der Pandemie getroffenen Staaten. Nach dem Ende der ersten Infektionswelle wurden am 11.07.2020 die meisten Einschränkungen aufgehoben. Lediglich Diskotheken blieben geschlossen und Veranstaltungen mit mehr als 5000 Besuchern verboten. Bereits wenige Wochen später, im August, begann die **2. Welle der Pandemie**. Die Zentralregierung erklärte immer mehr Regionen zu Zonen mit aktiver Viruszirkulation, angefangen mit Bouches-du-Rhône am 13.08.2020. Ab Mitte Oktober wurden in der Île-de-France und anderen Großstädten nächtliche Ausgangssperren verhängt. Ab dem 30.10.2020 mussten u. a. Restaurants, Kinos und Museen schließen. Am 15.12.2020 verhängte die Regierung im ganzen Land eine Ausgangssperre ab 20 Uhr. Präsident Macron wurde am 17.12.2020 positiv auf das Virus getestet.

Ab dem 16.01.2021 zog die Regierung die Sperrstunde auf 18 Uhr vor. Nachdem die Zahl der Neuinfektionen in der **3. Welle** wieder stark gestiegen war und die Intensivstationen an ihre Belastungsgrenze stießen, verkündete die Regierung am 18.03.2021 einen Teillockdown für die Île-de-France, Nordfrankreich und die Côte d'Azur. In diesen Regionen mussten ab dem 19.03.2020 die meisten Läden schließen. An 4 von 5 Tagen der Arbeitswoche gab es eine Homeoffice-Pflicht. Die Schulen blieben zunächst geöffnet. Ab dem 03.04.2021 wurde der Lockdown auf ganz Frankreich ausgeweitet. Der Bewegungsradius wurde auf 10 km um den Wohnsitz eingeschränkt. Außerdem erließ die Regierung ein Alkoholverbot. Auch die Krippen sowie die Grund- und Mittelschulen wurden für 3 bzw. 4 Wochen geschlossen.

Nachdem die Zahl der Neuinfektionen deutlich gesunken war, verkündete Macron am 30.04.2021 einen 4-stufigen **Öffnungsplan**. Danach durfte ab dem 03.05.2021 wieder Schulsport und anderer Sport draußen in kleinen Gruppen stattfinden. Die nächtliche Ausgangssperre wurde ab dem 03.05.2021 schrittweise verkürzt. Ab dem 19.05.2021 konnten Restaurant-Terrassen, Museen und Kinos unter Auflagen wieder öffnen. Ab dem 09.06.2021 entfiel die Homeoffice-Pflicht. Die meisten übrigen Einschränkungen entfielen am 30.06.2021.

Während eines Interviews am Nationalfeiertag kündigte Präsident Macron am 14.07.2020 ein **Wirtschaftsprogramm** an, um den ökonomischen Einbruch durch die Pandemie aufzufangen. Am 03.09.2020 stellten Wirtschafts- und Finanzminister Bruno Le Maire und Premierminister Jean Castex den Plan „France Relance“ vor. Er umfasst Investitionen von 100 Mrd. € in den Haushaltsjahren 2021/22. 40 % davon kommen aus dem Europäischen Wiederaufbauplan. 30 Mrd. € sollen demnach in Klimaschutz und Umbau der Energiewirtschaft fließen, weitere 34 Mrd. € sollen Unternehmen steuerlich entlasten. Die restlichen 36 Mrd. sind für die Digitalisierung von Staat und Verwaltung, die bessere Ausstattung von Krankenhäusern, Kulturförderung sowie Maßnahmen gegen Arbeitslosigkeit eingeplant. Ziel war es, bis 2022 wieder das Vorkrisenniveau zu erreichen.

Wegen der hohen Opferzahlen vor allem in der ersten Corona-Welle gab der **Gerichtshof der Republik**, der für mögliche Verfehlungen von Regierungsmitgliedern zuständig ist, am 04.07.2020 einem Teil der 90 Klagen von Bürgern gegen das Regierungshandeln in der Pandemie statt und leitete am 07.07.2020 **Ermittlungen** gegen den gerade zurückgetretenen Premierminister Édouard Philippe sowie die ehemalige Gesundheitsministerin Agnès Buzyn und ihren Nachfolger Olivier Véran ein. Vorwürfe gab es u. a. wegen der noch Mitte März 2020 abgehaltenen ersten Runde der Kommunalwahl und der fehlenden Schutzausrüstung in der Frühphase der Pandemie. Am 17.09.2020 klagten außerdem 200 Angehörige von COVID-19-Opfern Premierminister Castex wegen des Umgangs mit der Pandemie vor dem Gerichtshof der Republik an. Am 03.03.2021 kam die Klage von 55 Lehrerinnen und Lehrern hinzu, die Bildungsminister Jean-Michel Blanquer vorwarfen, das Leben der Lehrkräfte zu gefährden.

Kabinett Castex: Nach dem schwachen Abschneiden der LREM in der 2. Runde der Kommunalwahlen im Juni 2020 und dem Rücktritt der Regierung Philippe ernannte Präsident Macron am 03.07.2020 Jean Castex zum neuen Premierminister. Castex war als hochrangiger Verwaltungsbeamter zuvor u. a. für die Olympia-Bewerbung von Paris und die Lockerung der Corona-Maßnahmen zuständig gewesen. Nach seiner Ernennung trat er aus der Partei Les Républicains aus, wurde aber nicht Mitglied von LREM. Am 07.07.2020 benannte Castex seine Ministerinnen und Minister. Viele Mitglieder des alten Kabinetts blieben im Amt. Neuer Innenminister wurde der bisherige Budgetminister Gérald Darmanin (LREM), neuer Justizminister der Staranwalt Eric Dupont-Moretti (parteilos), neue Umweltministerin Barbara Pompili von den Grünen (Europe Ecologie les Verts, EELV).

Senatswahlen: Turnusgemäß wurde am 27.09.2020 die Hälfte der 348 Senatoren neu gewählt. Die Mehrheit blieb bei den bürgerlich-konservativen Parteien um die Republikaner (+4) und die Union Centriste (+3). Die Regierungspartei LREM konnte im Rahmen des Rassemblement des démocrates, progressistes et indépendants (RDPI) ihre 23 Sitze im Senat halten. Am meisten hinzugewonnen haben die Grünen, die 12 Sitze gewannen und eine Fraktion bilden konnten.

Regionalwahlen: Am 20. und 27.06.2021 wählten die 13 Regionen Frankreichs sowie die 5 Überseedepartements ihre Räte. Es war die zweite Wahl der Regionalräte, nachdem die Regionen 2015 durch eine Gebietsreform geschaffen worden waren. Die Wahlbeteiligung war sehr niedrig (1. Runde 33.7 %, 2. Runde 34.7 %). Es blieben fast alle Regionalpräsidenten im Amt. Bei den Räten gewann das bürgerlich-konservative Lager um die Républicains hinzu. Das linke Lager um Sozialisten (Parti Socialiste) und Grüne behauptete sich. Wahlverlierer waren die Regierungspartei LREM, die zum ersten Mal bei Regionalwahlen angetreten war, sowie das Rassemblement Nationale von Marine Le Pen, das im Vergleich zu 2015 rund ein Drittel der Wähler verlor. Beide konnten in keiner Region eine Mehrheit gewinnen.

Terror: Mehrere **islamistische Anschläge** erschütterten Frankreich. Zwei der Attentäter begründeten ihre Tat mit den Mohammed-Karikaturen, die die Satire-Zeitschrift „Charlie Hebdo" seit 2005 veröffentlicht hatte. Der erste war ein Asylbewerber aus Pakistan, der am 25.09.2020 zwei Mitarbeiter einer Medienfirma vor den ehemaligen Redaktionsräumen von „Charlie Hebdo" in Paris mit dem Messer angriff. Am 16.10.2020 enthauptete außerdem ein Tschetschene den **Geschichtslehrer Samuel Paty** in Conflans-Sainte-Honorine bei Paris. Paty hatte im Unterricht Mohammed-Karikaturen gezeigt und war dafür vom Vater einer Schülerin in den sozialen Medien stark kritisiert und angezeigt worden. Zehntausende trauerten am 17.10.2020 um Paty und demonstrierten für Meinungsfreiheit. Am 29.10.2020 ermordete ein Tunesier, der erst kurz zuvor nach Frankreich eingereist war, zwei Gottesdienstbesucherinnen und den Küster einer katholischen Kirche in Nizza. Am 23.04.2021 tötete ein weiterer Tunesier eine Mitarbeiterin einer Polizeiwache im Pariser Vorort Rambouillet.
Gut fünf Jahre nach den Anschlägen auf die Redaktion von „Charlie Hebdo" fielen am 16.12.2020 die Urteile gegen 14 Hintermänner und -frauen. Das Gericht sprach Haftstrafen zwischen 10 und 30 Jahren gegen die Mittäter aus. Einige Angeklagte gingen in Berufung.

Gegen Parallelgesellschaften: In der seit Anfang 2020 schwelenden Debatte über den Umgang mit dem radikalen Islamismus kritisierte Präsident Macron am 02.10.2020 in einer **Grundsatzrede** den Separatismus von Teilen der Gesellschaft, vor allem im muslimischen Umfeld. Dazu brachte die Regierung am 09.12.2020 das **Separatismus-Gesetz** in die Nationalversammlung ein. Es sieht vor, Angriffe auf Beamte und Lehrkräfte unter Strafe zu stellen und Heimunterricht, Polygamie, Zwangsheirat und Jungfräulichkeitsbescheinigungen zu verbieten. Außerdem erhielten die Präfekten der Departements die Befugnis, Moscheen zu schließen und religiöse Vereine zu verbieten. Widerstand kam u. a. von anderen Religionsgemeinschaften, die einen Eingriff des Staates in religiöse Belange sahen, was in Frankreich seit der strikten Trennung von Kirche und Staat (Laizität) im Jahr 1905 nicht vorgesehen ist. Nationalversammlung und Senat konnten sich bis zum 02.07.2021 nicht auf eine gemeinsame Fassung des Separatismus-Gesetzes einigen. Zusätzlich ließ Präsident Macron eine **Charta** erarbeiten, in der sich die muslimischen Verbände u. a. verpflichten sollen, ab 2024 nur noch Imame zu beschäftigen, die in Frankreich ausgebildet wurden.
Für Aufsehen sorgte ein **offener Brief von 20 Ex-Generälen** und hunderten weiteren Militärs vom

21.04.2021, dem 60. Jahrestag des Putsches von Algier. Darin warnten die Verfasser, Frankreich drohe ein Bürger- und „Rassenkrieg“, initiiert durch Islamismus und „Horden aus den Vorstädten“. Die Ex-Generäle forderten eine Abkehr von der „Laschheit“ im Umgang mit dieser Gefahr sowie eine strikte Anwendung der Gesetze, andernfalls würde das Militär zur Wahrung der Werteordnung einschreiten. Generalstabschef François Lecointre distanzierte sich am 28.04.2021 von der Aktion und kündigte an, dass sich die Ex-Generäle und aktive Militärs vor einem Militärgericht verantworten müssen.

Polizeigewalt: Mehrere Fälle von Polizeigewalt wurden öffentlich. So verprügelten mehrere Polizisten am 21.11.2020 den **schwarzen Musikproduzenten Michel Zecler** brutal in seinem Studio und warfen eine Tränengasgranate, nachdem dieser zuvor auf der Straße keine Maske getragen hatte. Zecler wurde wegen Widerstands gegen die Staatsgewalt festgenommen, u. a. weil die Polizisten fälschlich behaupteten, er habe sie mit einer Waffe bedroht. Frei kam er erst, als ein Video des Übergriffs auftauchte. Innenminister Darmanin ließ daraufhin die 4 Polizisten vorläufig vom Dienst suspendieren, 2 kamen in Untersuchungshaft. 100 000 Menschen demonstrierten am 29.11.2020 gegen Gewalt und Rassismus bei der Polizei. Präsident Macron kündigte eine Online-Plattform an, auf der Menschen Polizeigewalt melden können.
Umgekehrt protestierten Sicherheitskräfte gegen vermehrte Gewalt gegen Polizeibeamte, u. a. am 19.05.2021. Nach mehreren Todesfällen (s. o.) hatte die Regierung am 20.10.2020 das **Globale Sicherheitsgesetz** auf den Weg gebracht, das die Polizei besser schützen soll. Einzelne Polizisten im Einsatz zu filmen, so dass diese identifizierbar und damit potenziell gefährdet sind, sollte unter Strafe gestellt werden. Umstritten war auch der geplante Einsatz von Überwachungsdrohnen bei Demonstrationen. Dagegen protestierten im November und Dezember 2020 mehrere 100 000 Menschen in ganz Frankreich. Vor allem in Paris kam es wiederholt zu Ausschreitungen, gegen die die Polizei massiv vorging. Am 14.04.2021 passierte das Gesetz das Parlament. Der Verfassungsrat kassierte allerdings am 20.05.2021 Teile des Gesetzentwurfes, u. a. das Verbot, Polizisten abzulichten sowie den Drohneneinsatz. Am 25.05.2021 traten die übrigen neuen Regelungen in Kraft.

Justiz: Präsident Macron kündigte am 05.06.2021 „Generalstände der Justiz“ für die Wochen nach den Sommerferien 2021 an. **An den Veranstaltungen sollen Richter, Staatsanwälte, Justizangestellte**, aber auch die Zivilgesellschaft teilnehmen. Vorausgegangen war massive Kritik an der Justiz. Der Unmut entzündete sich am Urteil im Mordfall der Jüdin Sarah Halimi. Die 65-jährige war 2017 von einem 27-jährigen Mann aus Togo verprügelt und aus dem Fenster gestoßen worden. Zeugen hatten von Allahu-akbar-Rufen und Gebeten des Täters berichtet. Alle 3 Gerichtsinstanzen gingen von einer Schuldunfähigkeit des Täters aufgrund eines psychotischen Schubs aus, obwohl der Mann vorher nicht psychiatrisch aufgefallen war. Nach dem Urteil des Kassationshofs vom 16.04.2021 als höchstes Gericht protestierten Zehntausende gegen das Urteil. An den Demonstrationen nahmen auch die Bürgermeisterin von Paris Anne Hidalgo und LREM-Chef Christophe Castaner teil.

Klima: Nachdem der Bürgerkonvent für das Klima im Juni 2020 insgesamt 149 Vorschläge vorgelegt hatte, verabschiedete die Regierung auf dieser Grundlage am 10.02.2021 einen umfangreichen **Gesetzentwurf zu Klima und Resilienz**. Ziel ist es, den CO_2-Ausstoß bis 2030 auf 40 % der Werte von 1990 zu begrenzen. Der Entwurf nahm die Bereiche Ernährung und Konsum, Transport, Wohnen und Arbeiten in den Blick. Er umfasst eine nationale Strategie für den Kohleausstieg und das Verbot für die Neuzulassung von Verbrennungsfahrzeugen ab 2030. Außerdem ist vorgesehen, Inlandsflüge zu verbieten, wenn es zum Zielort eine Bahnverbindung gibt, die weniger als 2.5 Std. dauert. Grundsätzlich sollen Kunden für Inlandsflüge ab 2024 den CO_2-Ausstoß kompensieren müssen. Werbung für fossile Energieträger soll verboten werden. Der Gesetzentwurf hat zahlreiche Vorschläge des Konvents abgeschwächt. Das Tempolimit von 130 auf 110 km/h zu verringern, lehnte Präsident Macron ganz ab. Die Nationalversammlung stimmte dem Gesetz am 04.05.2021 in 1. Lesung zu.

Atomkraft: Am 25.02.2021 verlängerte die Atombehörde die maximale Laufzeit von Kernkraftwerken von 40 auf 50 Jahre. 13 aktive Reaktoren haben die 40 Jahre bereits überschritten. Für einen längeren Betrieb macht die Atombehörde höhere Sicherheitsstandards zur Auflage.

Forschung: Die Regierung brachte am 24.07.2020 einen Gesetzentwurf auf den Weg, der für die Forschung einen langfristigen Finanzrahmen schaffen sollte und zugleich die Arbeits- und Karrierebedingungen an den Hochschulen regelt. Bis 2030 sind insgesamt zusätzlich 25 Mrd. € für die Forschung vorgesehen. U. a. sollen nach anglo-ame-

rikanischem Modell Juniorprofessuren finanziert werden, um bis zu 25 % des wissenschaftlichen Nachwuchses auf diesem Karriereweg zu rekrutieren. Langfristiges Ziel ist es, 3 % des BIP in Forschung zu investieren. Wissenschaftler hatten das seit Jahren gefordert. Vielen Forschungseinrichtungen geht das Gesetz nicht weit genug. Am 20.11.2020 passierte es trotzdem das Parlament und trat am 24.12.2020 in Kraft.
Am 08.04.2021 gab Präsident Macron bekannt, dass er die wichtigste Kaderschmiede des Landes, die **École Nationale d'Administration (ENA)**, schließen wird. An ihre Stelle soll ein „Institut du Service Public" (ISP) mit Sitz in Straßburg treten, an dem in Zukunft die höheren Verwaltungsbeamten ausgebildet werden. In dem Institut sollen 12 weitere Elitehochschulen des Landes aufgehen. Ziel ist es u. a., den Zugang auch für bildungsfernere Schichten zu erleichtern und mehr Transparenz zu schaffen. Während der Gelbwestenproteste der Jahre 2018/19 war die Kritik an der ENA besonders laut. Macron hatte daraufhin 2019 ihre Schließung zugesagt. Er selbst, ebenso wie weitere Staatspräsidenten bzw. Ministerpräsidenten der V. Republik haben an der ENA studiert. Sie gilt als Reproduktionsstätte der Eliten in Politik, Wirtschaft und Verwaltung.

Digitalsteuer: Im November 2020 verschickte das Finanzministerium erste Forderungen an große Internetkonzerne auf der Grundlage der 2019 eingeführten Digitalsteuer. Zuvor hatte es ein Moratorium gegeben, nachdem die USA mit Strafzöllen auf französische Produkte gedroht hatten, für den Fall, dass Frankreich die US-Internetkonzerne mit einer neuen Steuer zur Kasse bittet.

Aufarbeitung der Kolonialgeschichte: Am 20.01.2021 legte eine 2018 vom Präsidenten beauftragte Historikerkommission den Abschlussbericht über die Kolonialherrschaft in **Algerien** vor. Darin wird die Öffnung aller Archive und die Einrichtung einer binationalen Wahrheitskommission gefordert. Es geht um eine halbe Mio. Algerier und rd. 30 000 Franzosen, die im Algerienkrieg gestorben sind, sowie um rd. 90 000 algerische Söldner und deren Angehörige, die nach Kriegsende 1962 nach Frankreich geflohen waren sowie um Algerien-Franzosen (Pieds-Noirs), die mit der Unabhängigkeit Algerien verlassen mussten. In einem Akt der Versöhnung erkannte Macron am 02.03.2021 an, dass ein bekannter algerischer Jurist und Aktivist während der Schlacht um Algier 1957 durch französisches Militär gefoltert und ermordet wurde.

Bei einem Staatsbesuch in **Ruanda** räumte Präsident Macron eine Mitverantwortung Frankreichs für den Völkermord an den Tutsi im Jahr 1994 ein, dem 800 000 Menschen zum Opfer gefallen sind. Unter Präsident François Mitterrand hatte Frankreich die regierenden radikalen Hutu damals u. a. mit Waffen beliefert.

Elsass: Seit dem 01.01.2021 sind die Departements Haut-Rhin und Bas-Rhin auf der Grundlage des Elsass-Gesetzes von 2019 zur Euro-Gebietskörperschaft Elsass (Collectivité Européenne d'Alsace, CEA) fusioniert. Vorausgegangen waren in den beiden elsässischen Departements Proteste gegen die Gebietsreform von 2015, mit der die Region Elsass aufgelöst und die beiden Departements der Region Grand Est zugeschlagen worden waren. Die neue Gebietskörperschaft CEA genießt Sonderrechte, u. a. in Bezug auf die grenzüberschreitende Zusammenarbeit, die Zweisprachigkeit an den Schulen und die Verantwortung für die eigenen Straßen (mit Ausnahme der mautpflichtigen Autobahnen). Die beiden früheren Departements behalten ihren Status als Präfektur. In den übrigen Gebieten des Grand Est wird skeptisch auf die größeren Kompetenzen der CEA geschaut.

Überseegebiete: Beim zweiten Referendum innerhalb von zwei Jahren votierte die Mehrheit der 180 000 Wahlberechtigten des französischen Überseegebiets Neukaledonien am 04.10.2020 für einen Verbleib bei Frankreich. Die Zustimmung für den Verbleib sank jedoch von 56.4 % im Jahr 2018 auf 53.3 %.

Korruption: Das Pariser Strafgericht verurteilte Ex-Präsident **Nicolas Sarkozy** am 01.03.2021 in der Bettencourt-Affäre wegen Bestechung und unerlaubter Einflussnahme zu einer Haftstrafe von 3 Jahren; 2 Jahre wurden zur Bewährung ausgesetzt. Sarkozy kann die Freiheitsstrafe auch zuhause mit einer Fußfessel absolvieren. Er hat angekündigt, gegen das Urteil in Berufung zu gehen. In einem zweiten Prozess muss sich Sarkozy seit dem 20.04.2021 gemeinsam mit 14 weiteren Angeklagten gegen den Vorwurf der illegalen Finanzierung des Präsidentschaftswahlkampfes 2012 verteidigen.
Den Ex-Ministerpräsidenten **Édouard Balladur** sprach der Gerichtshof der Republik am 04.03.2021 in der Karachi-Affäre vom Vorwurf der illegalen Finanzierung des Präsidentschaftswahlkampfes 1995 frei – aus Mangel an Beweisen. Den damaligen Außenminister **François Léotard** verurteilte das Gericht zu zwei Jahren Haft auf Bewährung und einer Geldstrafe von 100 000 €. Léotard kündigte Berufung an.

Gabun

▸ 637

Ländername	Gabunische Republik
Zeitzone	MEZ ±0 h
Fläche in km²	267 668 (Rang 75)
Anzahl der Einwohner	2.2 Millionen (Rang 143)
Einwohnerzahl pro km²	8 (Rang 183)
Hauptstadt	Libreville
Amtssprache	Französisch
Verwaltungsgliederung	9 Provinzen
Wichtige Städte	Libreville, Port-Gentil, Franceville, Owendo, Oyem
Autokennzeichen | ISO-Code	G | GAB
Währung	1 CFA-Franc (BEAC) = 100 Centimes
Nationalfeiertag	17. August (Unabhängigkeit 1960)

Gabun ist dank seiner natürlichen Ressourcen einer der reichsten Staaten Westafrikas. Trotzdem lebt ein großer Teil der Bevölkerung in Armut. In Europa ist das Land vor allem durch das Wirken Albert Schweitzers bekannt, der 1913 in Lambaréné ein Urwaldhospital gründete. Präsident Omar Bongo regierte von 1967 bis zu seinem Tod 2009 und war der am längsten herrschende Staatschef in Afrika. Am 30. August 2009 gewann Verteidigungsminister Ali Bongo Ondimba die Wahlen und wurde damit Nachfolger seines Vaters als Präsident.

GEOGRAFIE

Geografische Lage: Von 2°19′ nördlicher bis 3°55′ südlicher Breite sowie von 8°42′ bis 14°30′ östlicher Länge (Zentralafrika)
Höchster Punkt: Mont Iboundji 1575 m
Klima: Feuchtheißes, tropisches Klima

POLITIK

Staatsform: Präsidiale Republik
Staatsoberhaupt: Präsident Ali Bongo Ondimba (seit 16.10.2009)
Regierungschef: Premierministerin Rose Christiane Ossouka Raponda (seit 16.07.2020)
Regierungspartei: PDG (Parti Démocratique Gabonais)
Legislative: Parlament, bestehend aus Nationalversammlung mit 142 für 5 Jahre gewählten Mitgliedern und Senat mit 67 für 6 Jahre gewählten Mitgliedern
Jahr der Verfassung: 1991
Wahlrecht: 18 Jahre

BEVÖLKERUNG

Bevölkerungsanteil: <15 Jahre 37.3 %, 15–64 Jahre 59.2 %, >64 Jahre 3.5 %
Verteilung: Stadt 90.1 %, Land 9.9 %
Wachstum: 2.4 %
Lebenserwartung: Frauen 69 Jahre, Männer 65 Jahre
Alphabetenrate: Frauen 83.4 %, Männer 85.9 %
Bevölkerungsgruppen: Bantu, Fang, Bapounou, Nzebi, Obamba u. a.
Religionen: Christen, Muslime
Sprachen: Französisch, Bantusprachen

WIRTSCHAFT

BIP: 15.64 Mrd. US$
Wachstum BIP: -1.8 %
BIP/Kopf: 7421 US$
Inflation: 1.3 %
Außenhandel: Import 2.94 Mrd. US$, Export 4.9 Mrd. US$
Erwerbstätige nach Sektoren: Landwirtschaft 32.4 %, Industrie 10.8 %, Dienstleistungen 56.8 %
Arbeitslosenquote: 20.5 %
CO_2-Emission/Kopf: 1.6 t

RÜCKBLICK

Neue Regierung: Präsident Ali Bongo Ondimba ernannte am 16.07.2020 die bisherige Verteidigungsministerin **Rose Christiane Ossouka Raponda** zur neuen Regierungschefin. Als erste Frau in diesem Amt in der Geschichte Gabuns löste die 56-Jährige Julien Nkoghe Bekale ab, der 18 Monate lang als Premierminister amtiert hatte. Sechs Tage später wurde die 33-köpfige neue Regierung, darunter elf Frauen, vereidigt. In dem nur geringfügig umgebildeten Kabinett übernahmen zwei Vertraute des Präsidenten Ministerposten: Michael Moussa Adamo wurde Verteidigungsminister und Pacôme Moubele Boubeya Außenminister. Die Neubesetzung an der Spitze der Regierung geschah auch vor dem Hintergrund der Corona-Pandemie: Die neue Premierministerin sollte die Wirtschaft nach den krisenhaften Monaten infolge der Pandemie wiederbeleben und die soziale Versorgung der Bevölkerung sicherstellen. Bis Mitte 2021 war Gabun von COVID-19 und seinen Auswirkungen insbesondere in der Hauptstadtregion sowie in den Städten Franceville und Lambaréné stark betroffen. Bis Mai 2021 wurden offiziell mehr als 24 000 bestätigte Fälle und mehr als 150 Todesfälle registriert.

Frauenrechte: Die neue Regierungschefin brachte u. a. mehrere Gesetzesentwürfe zur Stärkung der Stellung von Frauen auf den Weg. Im März 2021 verabschiedete der Ministerrat drei Entwürfe, die **Gewalt gegen Frauen** mindern und die männliche Vorrangstellung in der Ehe beseitigen sollten. In Gabun galt bisher der Mann als alleiniges Familienoberhaupt; die Ehefrau war gesetzlich verpflichtet, seinen Weisungen zu folgen. Die Weltbank wies Gabun in ihrem Anfang 2021 veröffentlichten Bericht „Women, Business and Law 2021" bezüglich der Förderung der Frauenrechte den 41. Rang von 48 Ländern im südlichen Afrika zu.

Homosexualität: Am 07.07.2020 unterzeichnete der Präsident ein Gesetz zur **Entkriminalisierung** von Homosexualität, das die bisherige Rechtsprechung aufhob, wonach gleichgeschlechtliche sexuelle Handlungen mit einer Freiheitsstrafe von bis zu sechs Monaten sanktioniert werden konnten. Gabun zählt damit zu den wenigen afrikanischen Ländern, die Homosexualität nicht mehr unter Strafe stellen.

Wirtschaft: In seiner wirtschaftlichen Ausrichtung folgte Gabun weiterhin dem bis 2025 ausgelegten Plan Stratégique Gabon Emergent (PSGE), der die **Verbreiterung der Wirtschaftsbasis** durch die Förderung von Landwirtschaft, Bergbau und Dienstleistungen, den Ausbau der Infrastruktur, Korruptionsbekämpfung, Bildungsförderung, mehr wirtschaftliche und politische Teilhabe der Bevölkerung und Nachhaltigkeit in den Mittelpunkt stellte. Das Land ist ein bedeutender Exporteur von Erdöl und Erdgas, allerdings waren die Ölfelder zunehmend ausgebeutet, sodass sich die Fördermengen stetig verringerten. Die wirtschaftlichen Folgen der Corona-Pandemie wie z. B. der **Verfall des Erdölpreises** auf dem Weltmarkt setzten der Volkswirtschaft stark zu. Das für 2020 prognostizierte Wirtschaftswachstum von 5.0 % sank laut IWF auf -1.8 %.

Gambia

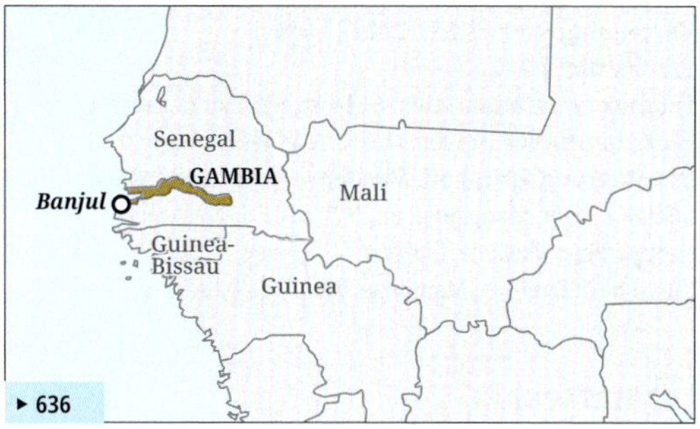

▸ 636

Ländername	Republik Gambia
Zeitzone	MEZ -1 h
Fläche in km²	11 295 (Rang 160)
Anzahl der Einwohner	2.4 Millionen (Rang 141)
Einwohnerzahl pro km²	214 (Rang 47)
Hauptstadt	Banjul
Amtssprache	Englisch
Verwaltungsgliederung	5 Regionen und 1 Stadt
Wichtige Städte	Serekunda, Brikama, Bakau, Lamin, Banjul
Autokennzeichen | ISO-Code	WAG | GMB
Währung	1 Dalasi = 100 Bututs
Nationalfeiertag	18. Februar (Unabhängigkeit 1965)

Gambia ist das kleinste Land auf dem afrikanischen Festland – und fast vollständig von Senegal umschlossen. Mit ihm war der westafrikanische Staat in seiner Geschichte eng verbunden, das letzte Mal zwischen 1982 und 1989 als Konföderation Senegambia.

GEOGRAFIE

Geografische Lage: Von 13°04' bis 13°49' nördlicher Breite sowie von 13°49' bis 16°50' westlicher Länge (Westafrika)
Höchster Punkt: Unbenannt 53 m
Klima: Wechselfeuchtes Klima der Randtropen

POLITIK

Staatsform: Präsidiale Republik
Staatsoberhaupt und Regierungschef: Präsident Adama Barrow (seit 18.02.2017)
Regierungspartei: UDP (United Democratic Party)
Legislative: Nationalversammlung mit 48 für 5 Jahre gewählten und 5 ernannten Mitgliedern
Jahr der Verfassung: 1996
Wahlrecht: 18 Jahre

BEVÖLKERUNG

Bevölkerungsanteil: <15 Jahre 44 %, 15–64 Jahre 53.5 %, >64 Jahre 2.5 %
Verteilung: Stadt 62.6 %, Land 37.4 %
Wachstum: 2.9 %
Lebenserwartung: Frauen 64 Jahre, Männer 61 Jahre
Alphabetenrate: Frauen 41.6 %, Männer 61.8 %
Bevölkerungsgruppen: Mandinka, Fulbe, Wolof, Diola, Soninke, Serer, Manjago u. a.
Religionen: Muslime, Christen
Sprachen: Englisch, Mandinka, Wolof, Fulfulde u. a.

WIRTSCHAFT

BIP: 1.91 Mrd. US$
Wachstum BIP: 0 %
BIP/Kopf: 791 US$
Inflation: 5.9 %
Außenhandel: Import 695 Mio. US$, Export 100 Mio. US$
Erwerbstätige nach Sektoren: Keine Angabe
Arbeitslosenquote: 9.6 %
CO_2-Emission/Kopf: 0.3 t

RÜCKBLICK

Verfassungsänderung: Zur Weiterführung des demokratischen Reformprozesses, der 2017 mit dem Ende der autokratischen Präsidentschaft von Yahya Jammeh begann, sollte im Jahr 2020 eine neue Verfassung verabschiedet werden. Diese sollte unter anderem eine **Begrenzung** der Präsidentschaft auf **maximal 10 Jahre** beinhalten. Dabei kam es jedoch zu Kontroversen, ob Präsident Adama Barrow seine bisherigen drei Jahre im Amt auf die begrenzte Maximaldauer angerechnet werden. Der Entwurf, der im September 2020 dem Parlament vorgelegt wurde, sah eine solche Anrechnung vor. Insgesamt wurde der Entwurf von Beobachtern als **progressiv** gelobt und von einer deutlichen Mehrheit der Bevölkerung befürwortet. Jedoch stimmten Anhänger Barrows im Parlament aufgrund der erwähnten Klausel gegen die Verfassungsänderung, weswegen die nötige Zweidrittelmehrheit **nicht erreicht** wurde. Nach Kritik aus Opposition und Zivilgesellschaft wurde der Entwurf erneut in eine Revisionsphase gegeben.

Verbleib im Amt: Präsident Barrow war mit der Prämisse angetreten, lediglich 3 Jahre, bis Dezember 2019, im Amt zu bleiben. Dass er immer noch im Amt ist und Neuwahlen erst für Ende 2021 geplant sind, wurde von der Zivilgesellschaft vehement kritisiert.

ECOWAS-Truppen: Präsident Barrow hat 2020 eine **Verlängerung** der Anwesenheit der EECOWAS-Eingreiftruppe gefordert, die wegen der Verfassungskrise 2017 ausgesandt worden war. Trotz der Kritik aus Teilen der Bevölkerung an der Anwesenheit ausländischer Truppen im Land wurde dieser Bitte von Seiten der ECOWAS auf einer Versammlung am 07.09.2020 nachgekommen.

Wirtschaft: Wegen der großen Relevanz des Tourismussektors und migrantischer Rücküberweisungen kam es durch die nationalen und globalen politischen Maßnahmen zur Mobilitätsbeschränkung wegen der Pandemie zu einem deutlichen **Einbruch** der Wirtschaftsleistung.

Corona-Pandemie: Insgesamt gehört Gambia zu den auch im regionalen Vergleich weniger stark von COVID-19-Infektionen betroffenen Staaten. Lediglich im August 2020 kam es zu einer stärkeren Welle an Neuinfektionen, die deutlich über den sonst in Westafrika beobachteten Werten lag. In diesem Kontext führte die Regierung eine der **strengsten** Maßnahmenpakete zur Eindämmung der Pandemie ein. Land- und Seegrenzen wurden geschlossen. Diese Maßnahmen wurden im Oktober 2020 größtenteils wieder gelockert, Anfang 2021 jedoch zum Teil wieder eingeführt.

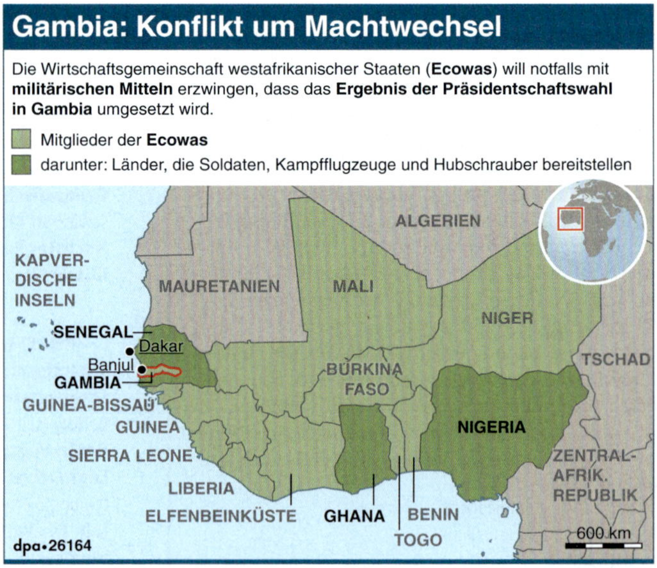

Georgien

▸ 691

Ländername	Georgien
Zeitzone	MEZ +3 h
Fläche in km²	69 700 (Rang 119)
Anzahl der Einwohner	3.7 Millionen (Rang 129)
Einwohnerzahl pro km²	53 (Rang 128)
Hauptstadt	Tiflis
Amtssprache	Georgisch
Verwaltungsgliederung	9 Regionen, 2 autonome Republiken und 1 Stadt
Wichtige Städte	Tiflis, Batumi, Kutaissi, Rustawi, Sochumi
Autokennzeichen | ISO-Code	GE | GEO
Währung	1 Lari = 100 Tetri
Nationalfeiertag	26. Mai (Unabhängigkeit 1918)

Die gebirgige Kaukasusregion zwischen Schwarzem und Kaspischem Meer hat frühe Großreiche hervorgebracht und eine bedeutende christliche Kulturtradition entwickelt. Seit der Auflösung der sowjetischen Zwangsordnung ist die staatliche Einheit Georgiens durch innere Konflikte bedroht. Die Auseinandersetzungen mit den abtrünnigen Gebieten Südossetien und Abchasien führten schließlich 2008 zum militärischen Zusammenstoß mit Russland. Dessen Auswirkungen sind bis heute zu spüren.

GEOGRAFIE

Geografische Lage: Von 41°03′ bis 43°35′ nördlicher Breite sowie von 39°59′ bis 46°42′ östlicher Länge (Vorderasien)
Höchster Punkt: Schchara 5201 m
Klima: Im Westen feuchtgemäßigtes, im Südosten kontinentales Steppenklima, am Schwarzen Meer mediterranes Klima

POLITIK

Staatsform: Semipräsidiale Republik
Staatsoberhaupt: Präsidentin Salome Surabischwili (seit 16.12.2018)
Regierungschef: Ministerpräsident Irakli Garibaschwili (seit 22.02.2021)
Regierungspartei: KO-DS (Georgischer Traum-Demokratisches Georgien)
Legislative: Parlament mit 150 für 4 Jahre gewählten Mitgliedern
Jahr der Verfassung: 1995
Wahlrecht: 18 Jahre

BEVÖLKERUNG

Bevölkerungsanteil: <15 Jahre 20.2 %, 15–64 Jahre 64.5 %, >64 Jahre 15.3 %
Verteilung: Stadt 59.5 %, Land 40.5 %
Wachstum: -0.2 %
Lebenserwartung: Frauen 78 Jahre, Männer 70 Jahre
Alphabetenrate: Frauen 99.3 %, Männer 99.4 %
Bevölkerungsgruppen: Georgier, Aserbaidschaner, Armenier, Russen u. a.
Religionen: Christen (v. a. Orthodoxe), Muslime
Sprachen: Georgisch, Aserbaidschanisch, Armenisch u. a.

WIRTSCHAFT

BIP: 15.73 Mrd. US$
Wachstum BIP: -6.1 %
BIP/Kopf: 4248 US$
Inflation: 5.2 %
Außenhandel: Import 8.01 Mrd. US$ (Kfz und -Teile 14.2 %, Chemische Erzeugnisse 11.2 %, Nahrungsmittel 10 %, Petrochemie 8 %, Rohstoffe außer Brennstoffe 7.7 %), Export 3.34 Mrd. US$ (Kfz und -Teile 20.9 %, Rohstoffe außer Brennstoffe 19.7 %, Getränke und Tabak 15.4 %, Chemische Erzeugnisse 9.8 %, Eisen und Stahl 9.6 %)
Erwerbstätige nach Sektoren: Landwirtschaft 41.3 %, Industrie 14.2 %, Dienstleistungen 44.5 %
Arbeitslosenquote: 12 %
CO_2-Emission/Kopf: 3.4 t

UMSTRITTENE GEBIETE

Abchasien

Fläche in km²: 8660
Anzahl der Einwohner: 245 424
Hauptstadt: Sochumi
Status: De-facto-Regime, Gebiet ist völkerrechtlich Teil von Georgien
Regierungschef: Präsident Aslan Bschania

Südossetien

Fläche in km²: 3900
Anzahl der Einwohner: 53 532
Hauptstadt: Zchinwali
Status: De-facto-Regime, Gebiet ist völkerrechtlich Teil von Georgien
Regierungschef: Präsident Anatoli Bibilow

RÜCKBLICK

Die Konfrontation zwischen Regierung und Opposition verschärfte sich nach der Parlamentswahl vom 31.10./21.11.2020. Konnte Georgien die erste Welle der Corona-Pandemie erfolgreich eindämmen, hatte es im Herbst 2020 mit dramatisch steigenden Infektionszahlen zu kämpfen.

Kompromiss: Die seit 2019 andauernden, häufig mit Straßendemonstrationen und mithilfe der Strafjustiz ausgetragenen **Konflikte** zwischen der von der Partei Georgischer Traum-Demokratisches Georgien (KO-DS) geführten Regierung und der größten Oppositionspartei Vereinte Nationalbewegung (ENM) konnten im Vorfeld der Parlamentswahl durch eine Wahlrechtsreform kurzzeitig entschärft werden. Diese kam unter **außenpolitischer Vermittlung** durch die EU und USA zustande – ein wiederkehrendes Muster. Danach wurde die Zahl der Abgeordneten, die nach dem **Verhältniswahlrecht** (Listen) bestimmt werden, eine Kernforderung der ENM, von 77 auf 120 erhöht. Statt 73 sollten nur noch 30 Wahlkreismandate nach dem Mehrheitswahlrecht (absolute Mehrheit erforderlich) vergeben werden. Zuvor hatte Staatspräsidentin Salome Surabischwili zwei prominente **Politiker,** den früheren Bürgermeister von Tiflis Gigi Ugulawa und Ex-Verteidigungsminister Irakli Okruaschwili, **begnadigt**. Sie waren wegen Amtsmissbrauchs bzw. Beteiligung an Unruhen strafrechtlich verurteilt worden.

Parlamentswahl: Mit 48.2 % der Stimmen verteidigte die von April 2018 bis Januar 2021 vom Milliardär Bidsina Iwanischwili geführte KO-DS ihre führende Position, obwohl ihr Bündnis mit mehreren anderen Parteien (KO) auseinandergebrochen war. Die ENM erreichte 27.2 %. Aufgrund der von 5 % auf 1 % **herabgesetzten Sperrklausel** erhielten sieben weitere Parteien zwischen einem und fünf Mandate; die Partei Europäisches Georgien (ES) stürzte von 21 auf 4 Sitze ab. Die Mehrheit der **Oppositionsparteien** warfen Regierung und KO-DS nach dem ersten Wahlgang Wahlfälschung und Stimmenkauf vor. Sie **boykottierten die Stichwahl,** bei der die Beteiligung von 56.1 % auf 26.3 % fiel. Internationale Wahlbeobachter, etwa von OSZE und Europarat, bewerteten die **Wahl** als **weitgehend frei und fair**, bemängelten aber Versuche, Druck auf Wähler auszuüben, schleppende Stimmenauszählung und den Einsatz administrativer Ressourcen für die KO-DS.

Konfrontation: Die 60 Abgeordneten der Opposition blieben der konstituierenden Sitzung der Nationalversammlung am 11.12.2020 fern. Die meisten von ihnen hielten den **Boykott des Parlaments** auch danach aufrecht. Internationale Vermittlungsbemühungen scheiterten, u. a. durch EU-Ratspräsident Charles Michel, der am 01.03.2021 nach Tiflis gereist war. Allerdings setzte das Parlament einen Untersuchungsausschuss ein, um die Wahlfälschungsvorwürfe zu klären. Mit der **Verhaftung des ENM-Vorsitzenden** (ab Dezember 2020) Nikanor Melia verschlechterte sich das politische Klima weiter. Melia wurde vorgeworfen, im Juni 2019 zur Erstürmung des Parlaments aufgerufen und sich Auflagen der Justiz für einen Verbleib auf freiem Fuß widersetzt zu haben. Der **neue Ministerpräsident** Irakli Garibaschwili ließ einen Tag nach seiner Wahl (22.02.2021) die ENM-Zentrale von Polizeispezialkräften besetzen und 22 Personen festnehmen. Dort hatte sich Melia mit anderen Oppositionspolitikern verschanzt. Garibaschwilis Amtsvorgänger Giorgi Gacharia war vor einem solchen Schritt zurückgeschreckt, um den Konflikt nicht anzuheizen. Er trat am 18.02.2021 als Regierungschef zurück und verließ auch die KO-DS. Garibaschwili, 2013–2015 Ministerpräsident und ab 2019 Verteidigungsminister, ist ein langjähriger Vertrauter des Parteigründers Iwanischwili. Mit der Forderung der Opposition nach internationalen Sanktionen gegen Regierungspolitiker und Justizvertreter **verhärteten sich die Fronten** weiter.

Corona-Pandemie: Hatte Georgien im Frühjahr 2020 die Pandemie u. a. mit harten Kontakt- und Reisebeschränkungen zurückgedrängt, wurde das Land ab Oktober 2020 von der **zweiten Welle** umso härter erfasst. Der **steile Anstieg der Infektionszahlen** kulminierte am 20.12.2020 mit einer Sieben-Tage-Inzidenz von fast 4500. Impfstoff stand erst ab April 2021 bereit. Die Regierung verfügte von November 2020 bis Februar 2021 einen weiteren **Lockdown**. Zum 01./08.03.2021 wurden die Einschränkungen im Wirtschaftsleben aufgehoben. Die EU beteiligte sich finanziell an den **Hilfspaketen**, die für Unternehmen, Selbstständige und Arbeitslose u. a. Steuererleichterungen, Kreditzuschüsse und Einmalzahlungen vorsahen. **Einkommensverluste** gab es **besonders im Tourismus**, in dem ein Zehntel des BIP erwirtschaftet wurde, sowie im Gast- und Hotelgewerbe. Die Zahl der ausländischen Touristen ging 2020 gegenüber dem Vorjahr um vier Fünftel auf 1.6 Mio. zurück.

Ghana

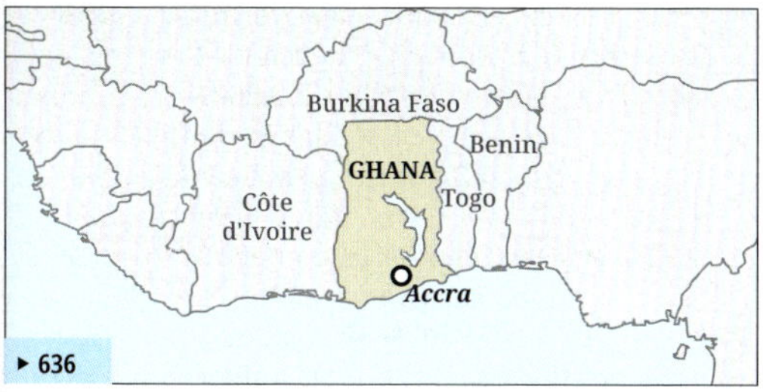

▸ 636

Ländername	Republik Ghana
Zeitzone	MEZ -1 h
Fläche in km²	238 537 (Rang 80)
Anzahl der Einwohner	31.1 Millionen (Rang 47)
Einwohnerzahl pro km²	130 (Rang 69)
Hauptstadt	Accra
Amtssprache	Englisch
Verwaltungsgliederung	16 Regionen
Wichtige Städte	Accra, Kumasi, Sekondi-Takoradi, Ashaiman, Tamale, Cape Coast
Autokennzeichen | ISO-Code	GH | GHA
Währung	1 Cedi = 100 Pesewas
Nationalfeiertag	6. März (Unabhängigkeit 1957)

Ghana war das Kernland des alten Ashantireichs und Teil der ehemaligen britischen Kolonie Goldküste. Sein Name leitet sich vom mittelalterlichen Reich Ghana im westlichen Sudan ab, mit dem die heutige Republik jedoch nichts gemein hat. Wiederholt ergriff das Militär die Macht und verhinderte die Festigung demokratischer Verhältnisse. Erst seit den 1990er-Jahren gibt es demokratische und soziale Fortschritte.

GEOGRAFIE

Geografische Lage: Von 4°44′ bis 11°10′ nördlicher Breite sowie von 3°16′ westlicher bis 1°11′ östlicher Länge (Westafrika)
Höchster Punkt: Mount Afadjato 880 m
Klima: Tropisches Savannenklima

POLITIK

Staatsform: Präsidiale Republik
Staatsoberhaupt und Regierungschef: Präsident Nana Addo Dankwa Akufo-Addo (seit 07.01.2017)
Regierungspartei: NPP (New Patriotic Party)
Legislative: Parlament mit 275 für 4 Jahre gewählten Mitgliedern
Jahr der Verfassung: 1993
Wahlrecht: 18 Jahre

BEVÖLKERUNG

Bevölkerungsanteil: <15 Jahre 37.1 %, 15–64 Jahre 59.7 %, >64 Jahre 3.2 %
Verteilung: Stadt 57.3 %, Land 42.7 %
Wachstum: 2.1 %
Lebenserwartung: Frauen 65 Jahre, Männer 63 Jahre
Alphabetenrate: Frauen 74.5 %, Männer 83.5 %
Bevölkerungsgruppen: Akan, Mole-Dagbon, Ewe, Ga-Dangme, Gurma, Guan, Grusi, Mande u. a.
Religionen: Christen, Muslime, Ethnische
Sprachen: Englisch, Kwa- und Gursprachen

WIRTSCHAFT

BIP: 68.42 Mrd. US$
Wachstum BIP: 0.9 %
BIP/Kopf: 2223 US$
Inflation: 9.9 %
Außenhandel: Import 12.35 Mrd. US$ (Kfz und -Teile 15.7 %, Nahrungsmittel 15.2 %, Chemische Erzeugnisse 14.7 %, Maschinen 13.9 %, Nichtmetallische Mineralien 4.6 %), Export 14.48 Mrd. US$ (Gold 37 %, Erdöl 31.3 %, Nahrungsmittel 20.4 %, Rohstoffe außer Brennstoffe 3.9 %, Chemische Erzeugnisse 1.7 %)
Erwerbstätige nach Sektoren: Landwirtschaft 28.5 %, Industrie 22.2 %, Dienstleistungen 49.3 %
Arbeitslosenquote: 4.5 %
CO_2-Emission/Kopf: 0.6 t

RÜCKBLICK

Wahlen: Am 07.12.2020 fanden in Ghana Präsidentschafts- und Parlamentswahlen statt. **Amtsinhaber Akufo-Addo** schlug seinen Gegenkandidaten und Vorgänger Mahama knapp. Seine Partei NPP verlor jedoch ihre Mehrheit im Parlament. Es kam zur besonderen Situation, dass die NPP und die oppositionelle NDC alle bis auf einen einzigen Sitz unter sich aufteilen und genau **gleich viele** Sitze erhielten. Der eine unabhängige Kandidat, der einen Sitz erringen konnte, wurde von der NPP zum stellvertretenden Parlamentssprecher gewählt,

Ergebnis der Parlamentswahl (07.12.2020)
Regierung: New Patriotic Party

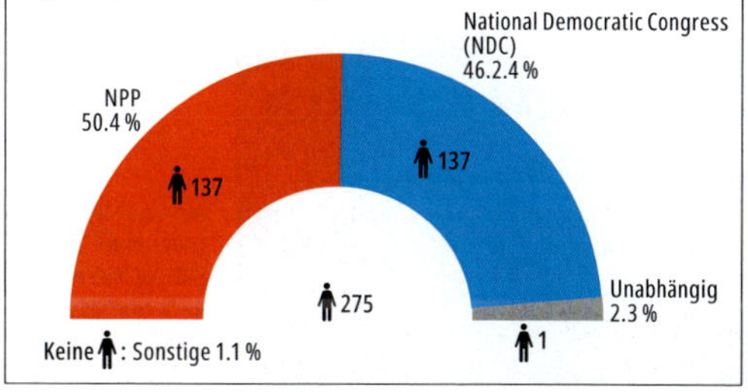

um trotzdem eine funktionierende Mehrheit zu erreichen. Für ghanaische Verhältnisse kam es zu unüblich vielen **Unruhen** in Zusammenhang mit der Wahl. Dabei kamen mindestens fünf Menschen ums Leben. Unüblich waren auch die Vorwürfe des **Wahlbetrugs**. Am 30.12.2020 reichte die NDC eine Beschwerde beim Obersten Gerichtshof Ghanas ein, in der sie das offizielle Wahlergebnis anzweifelte. Dieser wies die Klage am 04.03.2021 einstimmig als unbegründet ab.

Wirtschaft: Wegen des allgemeinen Rückgangs globaler Nachfrage nach Ressourcen und speziell des Einbruchs des Ölpreises wurde die Wirtschaft hart von der **Pandemie** getroffen. Aufgrund starker Wirtschaftsleistung in den Vorjahren und einer günstigen Entwicklung des Kakao- und Goldpreises war jedoch bereits Anfang 2021 wieder eine deutliche **Positiventwicklung** zu erkennen. Gleichzeitig sind die Staatsschulden weiter gewachsen. Wegen eines Anteils von 50.2 % der Haushaltsausgaben, der 2020 für die Begleichung von Krediten verwendet werden musste, ist von einer Schuldenkrise die Rede.

Separatismus: Am 01.09.2020 hat die sogenannte Western Togoland Restoration Front (WTRF/FRTO) die **Unabhängigkeit** des östlichsten Streifens Ghanas an der Grenze zu Togo, dem sog. **West-Togoland** erklärt. Das Gebiet besteht vor allem aus der Region Volta und gehörte historisch zur deutschen Kolonie Togo. Aufgrund einer postulierten kulturellen Unterrepräsentation im ghanaischen Staat hat es hier bereits in der Vergangenheit separatistische Bestrebungen gegeben. Es kam zu verschiedenen kleineren bewaffneten Auseinandersetzungen und bis April 2021 zu Dutzenden Festnahmen.

Corona-Pandemie: Ghana war im Februar 2021 das erste Land, das Impfstoffe über die COVAX-Initiative erhalten hat. Weil im Land vergleichsweise früh und konsequent eine **Infrastruktur** für die Handhabung von COVID-19 Impfstoffen aufgebaut worden war, wurden von anderen Staaten Dosen in größerem Umfang an Ghana abgegeben, die in jenen Ländern sonst abgelaufen wären.

Am 07.02.2021 trafen rund 500 000 AstraZeneca-Impfdosen als Spende aus Indien ein.

Grenada

▸ 668

Ländername	Grenada
Zeitzone	MEZ -5 h
Fläche in km²	345 (Rang 186)
Anzahl der Einwohner	112 519 (Rang 181)
Einwohnerzahl pro km²	326 (Rang 28)
Hauptstadt	St. George's
Amtssprache	Englisch
Verwaltungsgliederung	6 Gemeinden und 1 abhängiges Gebiet
Wichtige Städte	St. George's, Gouyave, Grenville, Victoria
Autokennzeichen | ISO-Code	WG | GRD
Währung	1 Ostkaribischer Dollar = 100 Cents
Nationalfeiertag	7. Februar (Unabhängigkeit 1974)

Grenada, die südlichste der Inseln über dem Wind, ist auch als Gewürzinsel bekannt. Aufgrund ihrer herausragenden Bedeutung für die Exportwirtschaft schmückt die Muskatnuss seit der Unabhängigkeit des Landes, 1974, die Staatsflagge.

GEOGRAFIE

Geografische Lage: Von 12° bis 12°32′ nördlicher Breite sowie von 61°25′ bis 61°47′ westlicher Länge (Karibik)
Höchster Punkt: Mount St. Catherine 840 m
Klima: Feuchttropisches Klima mit Trockenzeit von Januar bis Mai

POLITIK

Staatsform: Parlamentarische Demokratie unter konstitutioneller Monarchie
Staatsoberhaupt: Britische Königin, vertreten durch die Generalgouverneurin Cécile La Grenade (seit 07.05.2013)
Regierungschef: Premierminister Keith Mitchell (seit 20.02.2013)

Regierungspartei: NNP (New National Party)
Legislative: Parlament, bestehend aus Repräsentantenhaus mit 15 für 5 Jahre gewählten Mitgliedern und Senat mit 13 für 5 Jahre ernannten Mitgliedern
Jahr der Verfassung: 1974
Wahlrecht: 18 Jahre

BEVÖLKERUNG

Bevölkerungsanteil: <15 Jahre 23.8 %, 15–64 Jahre 66.4 %, >64 Jahre 9.8 %
Verteilung: Stadt 36.5 %, Land 63.5 %
Wachstum: 0.5 %
Lebenserwartung: Frauen 75 Jahre, Männer 70 Jahre
Alphabetenrate: Frauen 98.6 %, Männer 98.6 %
Bevölkerungsgruppen: Afrikaner, Mestizen, Inder u. a.
Religionen: Christen, Ethnische, Sonstige
Sprachen: Englisch, Kreolisch

WIRTSCHAFT

BIP: 1.04 Mrd. US$
Wachstum BIP: -13.5 %
BIP/Kopf: 9186 US$
Inflation: -0.7 %
Außenhandel: Import 370 Mio. US$, Export 19 Mio. US$
Erwerbstätige nach Sektoren: Keine Angabe
Arbeitslosenquote: Keine Angabe
CO_2-Emission/Kopf: 2.1 t

RÜCKBLICK

Corona-Pandemie: Das Land wurde nur in geringem Ausmaß von der Pandemie getroffen. Bis Ende Juni 2021 wurden rd. 160 Infektionsfälle und ein einziger Todesfall registriert. Nach dem Auftreten des ersten COVID-19-Falls hatte Premierminister Keith Michell im März 2020 den nationalen Notstand ausgerufen und einen vollständigen Lockdown inkl. ganztägiger Ausgangssperre ausgerufen. Es gelang ihm damit, die Ausbreitung des Virus einzudämmen. Von Mitte Juni bis Mitte Oktober 2020 wurde kein neuer Infektionsfall registriert. Im Dezember 2020 wurden bis zu 28 aktive Fälle am Tag registriert, danach flachte die Infektionskurve wieder ab. Zwischen Mitte April und Ende Juni 2021 wurden erneut keine neuen Infektionsfälle registriert. Im Zuge der Öffnungsstrategien wurden ab 15.07.2020 kommerzielle Flüge wieder zugelassen. Die Behörden stuften Touristen anhand der Inzidenzwerte in ihren Herkunftsländern in 3 Kategorien ein. Auch Touristen aus Gebieten mit geringem Risiko mussten sich in eine 10-tägige Isolation begeben und eine Tracing-App herunterladen. Im April 2021 gab die Regierung bekannt, dass auch vollständig Geimpfte 48 Stunden in Quarantäne müssen, bevor das Ergebnis eines PCR-Tests vorliegt. Der seit März 2020 geltende Ausnahmezustand und die nächtliche Ausgangssperre wurden im Mai 2021 bis November 2021 verlängert.

Wirtschaft: Im Gegensatz zu den gesundheitlichen Folgen der Pandemie waren die **wirtschaftlichen Folgen** enorm. Das Bruttoinlandsprodukt brach 2020 um 13.5 % ein, für 2021 erwartet der Internationale Währungsfonds einen weiteren Rückgang um 1.5 %. Besonders verheerend wirkte sich der ausbleibende Tourismus aus. 2019 hatte das Land rd. 525 000 Touristenankünfte verzeichnet, was 4.7 Touristen pro Einwohner entsprach. Die Einnahmen aus dem Tourismus hatten zuletzt mit 45 % am Bruttoinlandsprodukt beigetragen. Angesichts der Corona-Krise hatte der IWF im April 2020 Grenada, Dominica und St. Lucia einen Nothilfekredit gewährt, von dem 22.4 Mio. US$ auf Grenada entfielen.

Arbeitsvisum für Ausländer: Um weitere Einnahmen zu generieren, verabschiedete das Parlament am 21.05.2021 ein Gesetz zur Fernarbeit. Es erlaubt Ausländern einen einjährigen Arbeitsaufenthalt im Homeoffice. Voraussetzung ist ein Jahreseinkommen von mindestens 100 000 EC$ (rd. 37 000 US$). Die Gebühr für das Visum beträgt für Einzelpersonen 1500 US$ und für Familien 2000 US$.

Kabinettsumbildung: Am 06.10.2020 führte Premierminister Keith Mitchell eine Kabinettsumbildung durch. Dabei zogen keine neuen Minister in das Kabinett ein, vielmehr erhielten die meisten bisherigen Kabinettsmitglieder andere oder zusätzliche Zuständigkeiten. Premier Mitchell gab die bisher von ihm geführten Ressorts Finanzen, Wirtschaftsplanung und -entwicklung sowie die physische Entwicklung an Gregory Bowen ab und übernahm stattdessen Jugend und Katastrophenmanagement. Der bisherige Handelsminister Oliver Joseph trat an die Spitze des Außenministeriums.

Griechenland

▸ 626

Ländername	Hellenische Republik
Zeitzone	MEZ +1 h
Fläche in km²	131 957 (Rang 95)
Anzahl der Einwohner	10.7 Millionen (Rang 86)
Einwohnerzahl pro km²	81 (Rang 102)
Hauptstadt	Athen
Amtssprache	Griechisch
Verwaltungsgliederung	13 Regionen und 1 autonome Mönchsrepublik
Wichtige Städte	Athen, Thessaloniki, Patras, Piräus, Lárissa, Heraklion
Autokennzeichen | ISO-Code	GR | GRC
Währung	1 Euro = 100 Cent
Nationalfeiertage	25. März (Unabhängigkeit 1821), 28. Oktober (Ablehnung des Ultimatums von Mussolini 1940)

Griechenland gilt als Mutterland der Demokratie und Wiege der abendländischen Kultur. Die antiken Stätten und die vielfältige Inselwelt locken Millionen von Touristen an. Die Aufnahme in die Europäische Gemeinschaft 1981 schien neue Perspektiven für die Weiterentwicklung des Landes zu eröffnen. Eine eklatante Steigerung des Haushaltsdefizites führte Griechenland jedoch 2010 an den Rand des Staatsbankrotts. Nach einer langen Wirtschaftskrise erholt sich die Wirtschaft seit 2017 wieder.

GEOGRAFIE

Geografische Lage: Von 34°49‘ bis 41°45‘ nördlicher Breite sowie von 19°38‘ bis 28°14‘ östlicher Länge (Südeuropa)
Höchster Punkt: Olymp 2917 m
Klima: Mittelmeerklima mit trockenheißen Sommern und feuchtmilden Wintern

POLITIK

Staatsform: Parlamentarische Republik
Staatsoberhaupt: Präsidentin Katerina Sakellaropoulou (seit 13.03.2020)
Regierungschef: Ministerpräsident Kyriakos Mitsotakis (seit 08.07.2019)
Regierungspartei: Nea Dimokratia
Legislative: Parlament mit 300 für 4 Jahre gewählten Mitgliedern
Jahr der Verfassung: 1975
Wahlrecht: 17 Jahre

BEVÖLKERUNG

Bevölkerungsanteil: <15 Jahre 13.7 %, 15–64 Jahre 64.1 %, >64 Jahre 22.2 %
Verteilung: Stadt 79.7 %, Land 20.3 %
Wachstum: -0.1 %
Lebenserwartung: Frauen 85 Jahre, Männer 80 Jahre
Alphabetenrate: Frauen 96.5 %, Männer 98.3 %
Bevölkerungsgruppen: Griechen, Albaner u. a.
Religionen: Christen (v. a. Orthodoxe), Muslime, Sonstige
Sprache: Griechisch

WIRTSCHAFT

BIP: 189.26 Mrd. US$
Wachstum BIP: -8.2 %
BIP/Kopf: 17 670 US$
Inflation: -1.3 %
Außenhandel: Import 55.51 Mrd. US$ (Chemische Erzeugnisse 20 %, Erdöl 12.6 %, Nahrungsmittel 11.1 %, Maschinen 5.8 %, Elektronik 5.6 %), Export 35.09 Mrd. US$ (Petrochemie 19.8 %, Nahrungsmittel 17 %, Chemische Erzeugnisse 16.3 %, Nichteisenmetalle 6.7 %, Rohstoffe außer Brennstoffe 4 %)
Erwerbstätige nach Sektoren: Landwirtschaft 11.7 %, Industrie 15.2 %, Dienstleistungen 73.1 %
Arbeitslosenquote: 16.8 %
CO_2-Emission/Kopf: 5.9 t

RÜCKBLICK

Corona-Pandemie: Nachdem die Zahl der COVID-19-Infektionen während der Sommermonate 2020 gering und relativ stabil geblieben war, stieg sie ab Ende Oktober deutlich an, um ab Ende November wieder zurückzugehen. Ab 07.11.2020 galten erneut Lockdown-Maßnahmen, die ab Mitte Dezember vorübergehend gelockert wurden. Im Februar und vor allem im März 2021 setzte eine massive neue Infektionswelle ein, die zu einer erneuten Verschärfung der Maßnahmen führte. Erst ab Mitte Mai schwächte sie sich langsam ab. Die offizielle Impfkampagne begann am 04.01.2021

Ab dem Frühjahr wurde gezielt auch die komplette Bevölkerung einzelner Inseln geimpft, um den Start in die Tourismussaison zu erleichtern. Insgesamt wurden seit Beginn der Pandemie bis zum 30.06.2021 offiziell 421 829 Infektionen und 12 695 Todesfälle gemeldet, was 0.12 % der Bevölkerung entsprach. 34.8 % waren vollständig geimpft.

Spannungen in der Ägäis: Die Ankündigung der türkischen Regierung, das Forschungsschiff Oruç Reis zu seismischen Untersuchungen in der Nähe der griechischen Insel Kastelorizo zu entsenden, führte im Juli und August 2020 zu den größten bilateralen Spannungen seit dem Januar 1996, als es fast zu einem Krieg zwischen Griechenland und der Türkei gekommen wäre. Athen betrachtet das betreffende Gebiet als Teil der eigenen Ausschließlichen Wirtschaftszone (AWZ) entsprechend der UN-Seerechtskonvention (UNCLOS). Diese sieht auch für (bewohnte) Inseln eine AWZ mit einer Ausdehnung von bis zu 200 Seemeilen vor. Diese darf zwar von ausländischen Schiffen befahren werden, untersagt sind allerdings Eingriffe in das ausschließliche Nutzungsrecht des Meeresbodens. Die Türkei sieht in der Ägäis einen seerechtlichen Sonderfall. Die griechischen Inseln säßen auf dem türkischen Festlandsockel, die Grenze verlaufe als Mittellinie zwischen dem griechischen und türkischen Festland. Die östlich dieser Linie liegenden griechischen Inseln seien Enklaven innerhalb des türkischen Ägäisteils. Die UNCLOS gelte außerdem schon deshalb nicht, weil die Türkei ihr nicht beigetreten sei.
Am 28.07.2020 kündigte die Türkei an, man werde die seismischen Untersuchungen vorerst nicht durchführen. Am 06.08.2020 unterzeichneten Griechenland und Ägypten nach 15-jährigen Verhandlungen ein Abkommen über die Abgrenzung der beiderseitigen AWZ. Die türkische Regierung erklärte darauf, gestützt auf ihr Abkommen mit Libyen vom November 2019, das vom libyschen Parlament indes nicht ratifiziert worden war, es gebe keine Seegrenze zwischen Griechenland und Ägypten. Am 11.08.2020 wurde die Oruç Reis, begleitet von einem Flottenverband, in die Region bei Kastelorizo entsandt. Wie bereits im Juli zeigte auch die griechische Marine in dem Gebiet massive Präsenz. Griechenlands Standpunkt wurde in der Region von Israel und Ägypten unterstützt, ebenso von Frankreich, dessen Staatspräsident Emmanuel Macron am 12.08.2020 ankündigte, man werde künftig stärkere militärische Präsenz im östlichen Mittelmeer zeigen.
Nachdem die Türkei am 14.09.2020 angekündigt hatte, die Oruç Reis aus dem umstrittenen Gebiet abzuziehen, vereinbarten die beiden Länder am 24.09.2020, Sondierungsgespräche über die mit den maritimen Grenzen und jeweiligen Ansprüchen verbundenen Fragen aufzunehmen. Solche hatten bis 2016 insgesamt 60 Mal stattgefunden, bevor sie auf Wunsch der Türkei eingestellt wurden. Außerdem verständigte man sich auf einen Deeskalationsmechanismus im Rahmen der NATO, wie am 01.10.2020 bekanntgegeben wurde, um künftig in Situationen, die militärisch zu eskalieren drohten, über einen direkten Kommunikationskanal zu verfügen. Am 25.01.2021 fand in Istanbul die erste Runde der Sondierungsgespräche statt. Zugleich intensivierten sich die diplomatischen Kontakte. Außenminister Nikos Dendias weilte am 15.04.2021 zu Gesprächen in Ankara, sein türkischer Amtskollege Mevlüt Çavusoglu am 31.05.2021 in Athen, nachdem er zuvor in der Region Thrakien mit Angehörigen der dortigen muslimischen türkischsprachigen Minderheit zusammengetroffen war.

Erweiterte Hoheitsgewässer im Ionischen Meer: Im Ionischen Meer dehnte Griechenland seine Hoheitsgewässer von 6 auf 12 Seemeilen aus, wie es gemäß der UN-Seerechtskonvention möglich ist. Das entsprechende Gesetz wurde am 20.01.2021 vom Parlament verabschiedet. In der Ägäis hat Athen bislang auf einen solchen Schritt verzichtet, der von türkischer Seite mehrfach als Kriegsgrund bezeichnet wurde.

Rüstungsprogramm: Angesichts der Spannungen mit der Türkei stellten Verteidigungsminister Nikos Panagiotopoulos und Generalstabschef Konstantinos Floros am 23.09.2020 im verteidigungs- und außenpolitischen Ausschuss des Parlaments ein Modernisierungsprogramm der Streitkräfte für die kommenden 15 Jahre in Höhe von 60 Mrd. € vor. So sollen u. a. 18 neue Kampfflugzeuge vom Typ Rafale sowie mindestens 4 neue Fregatten angeschafft werden. Der Kaufvertrag für die Rafale wurde am 25.01.2021 unterzeichnet. Die Dauer des Wehrdienstes bei den Landstreitkräften wurde ab 2021 von 9 auf 12 Monate ausgeweitet, auf die gleiche Dauer wie bereits in Marine und Luftwaffe. Außerdem sollen 15 000 zusätzliche Berufssoldaten eingestellt werden.

Prozess gegen Rechtsextreme: Die rechtsextreme Partei Chrysi Avgi (Goldene Morgenröte), die von 2012 bis 2019 im Parlament vertreten war, wurde vom Berufungsgericht Athen am 07.10.2020 als eine kriminelle Vereinigung eingestuft. Ausgangspunkt des Prozesses war der Mord an dem Linksaktivisten und Rapper Pavlos Fyssas im September 2013 durch ein Mitglied der Chrysi Avgi. Der Prozess, in dem es nicht zuletzt darum ging festzustellen, inwieweit die Parteiführung in den Mord und weitere Gewaltakte gegen politische Gegner und Ausländer verstrickt war, begann im Frühjahr 2015. Insgesamt 38 Mitglieder der Organisation wurden zu Haftstrafen verurteilt. Nikos Michaliolakos, der Gründer und „Führer" der Chrysi Avgi, und 6 weitere Angehörige der Parteiführung müssen für 13 Jahre wegen der Leitung einer kriminellen Vereinigung ins Gefängnis. Der Mörder von Fyssas wurde zu lebenslanger Haft verurteilt, zahlreiche weitere Angeklagte zu jeweils mehrjährigen Haftstrafen.

Migration: Das Aufnahmelager Moria auf Lesbos wurde in der Nacht zum 09.09.2020 durch einen von Bewohnern des Lagers gelegten Brand zerstört. Das für eine Kapazität von knapp 3000 Personen angelegte Camp war zu jenem Zeitpunkt von rund 12 500 Personen bewohnt. Die Armee errichtete für sie ein neues Lager in der Nähe des bereits bestehenden Camps Kara Tepe. Sechs Afghanen wurden im März und Juni 2021 wegen Brandstiftung zu mehrjährigen Haftstrafen verurteilt, gegen die sie Berufung einlegten. 2020 gelangten mit knapp 9700 deutlich weniger Flüchtlinge und Migranten auf die in der Nähe der türkischen Küste gelegenen ostägäischen Inseln. 2019 waren es noch rund 59 700 gewesen. Dies war eine Folge der schärferen Überwachung der Seegrenzen. Allerdings wurden auch immer wieder Vorwürfe laut, die griechische Küstenwache würde Personen, die versuchten, auf die Inseln zu gelangen, völkerrechtswidrig zurückdrängen. Dieses Vorgehen werde auch von den dort eingesetzten Kräften der EU-Grenzschutzbehörde Frontex geduldet, teilweise seien diese selbst beteiligt.

Migrantenlager auf griechischen Inseln

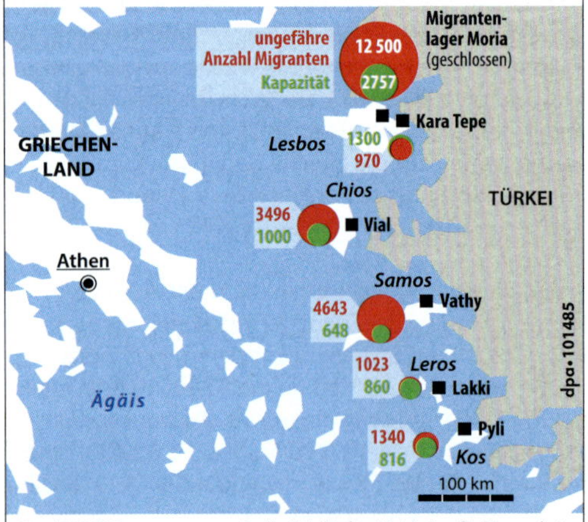

Stand 13.9.2020 Quelle: Griechisches Ministerium für Bürgerschutz

Großbritannien und Nordirland

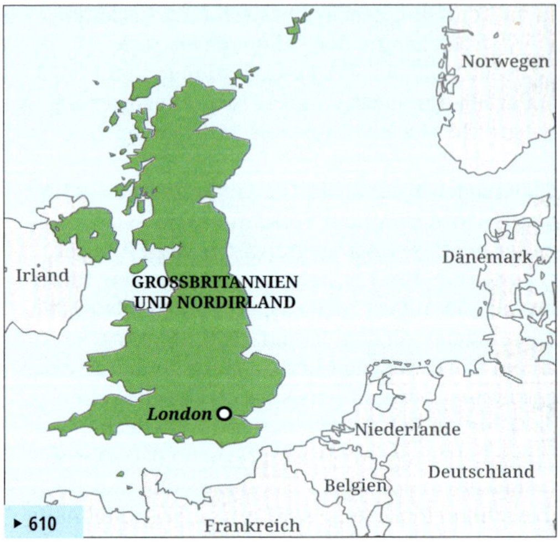

▸ 610

Ländername	Vereinigtes Königreich Großbritannien und Nordirland; auch: Vereinigtes Königreich
Zeitzone	MEZ -1 h
Fläche in km²	242 495 (Rang 78)
Anzahl der Einwohner	67.2 Millionen (Rang 22)
Einwohnerzahl pro km²	277 (Rang 33)
Hauptstadt	London
Amtssprache	Englisch
Verwaltungsgliederung	4 Landesteile mit 179 Unitary Authorities, 26 Grafschaften (County) und 11 Distrikte
Wichtige Städte	London, Birmingham, Glasgow, Liverpool, Bristol, Manchester, Sheffield, Leeds, Edinburgh
Autokennzeichen | ISO-Code	GB | GBR
Währung	1 Pfund Sterling = 100 Pence
Nationalfeiertag	inoffiziell 2. Samstag im Juni (Feier zum Geburtstag der Königin)

Als Zentrum des Britischen Empires war das Vereinigte Königreich bis zum Aufstieg der USA im 20. Jahrhundert stärkste Großmacht und erste Weltmacht der Moderne. Inzwischen sind nahezu alle früheren Kolonien zu unabhängigen Staaten geworden, die meisten blieben aber über das Commonwealth dem einstigen Mutterland verbunden, das dank seiner dynamischen Wirtschaft für die Herausforderungen der Globalisierung gut gerüstet erscheint. Ein wichtiges Symbol für die nationale Identität der Briten ist auch heute noch die Monarchie. Seit 1973 war Großbritannien Mitglied der EU, die sie mit dem Ablauf eines Referendums zum 31. Januar 2020 verlassen hat.

GEOGRAFIE

Geografische Lage: Von 49°55′ bis 60°51′ nördlicher Breite sowie von 8°37′ westlicher bis 1°46′ östlicher Länge (Westeuropa)
Höchster Punkt: Ben Nevis 1343 m
Zugehöriges: Akrotiri und Dekelia (Militärbasen auf Zypern)
Klima: Kühlgemäßigtes, vom Golfstrom begünstigtes Klima

POLITIK

Staatsform: Parlamentarische Monarchie
Staatsoberhaupt: Königin Elisabeth II. (seit 02.02.1952)
Regierungschef: Premierminister Boris Johnson (seit 24.07.2019)
Regierungspartei: Tories (Conservative Party)
Legislative: Parlament, bestehend aus Oberhaus mit 794 ernannten Mitgliedern und Unterhaus mit 650 für 5 Jahre gewählten Mitgliedern
Jahr der Verfassung: Keines
Wahlrecht: 18 Jahre

BEVÖLKERUNG

Bevölkerungsanteil: <15 Jahre 17.7 %, 15–64 Jahre 63.7 %, >64 Jahre 18.6 %
Verteilung: Stadt 83.9 %, Land 16.1 %
Wachstum: 0.6 %
Lebenserwartung: Frauen 83 Jahre, Männer 80 Jahre
Alphabetenrate: Frauen 99 %, Männer 99 %
Bevölkerungsgruppen: Briten, Inder, Pakistani u. a.
Religionen: Christen, Muslime, Hindus, Sonstige
Sprachen: Englisch, Walisisch, Schottisch-Gälisch

WIRTSCHAFT

BIP: 2.71 Bio. US$
Wachstum BIP: -9.9 %
BIP/Kopf: 40 406 US$
Inflation: 0.9 %
Außenhandel: Import 634.71 Mrd. US$ (Maschinenbauerzeugnisse 23.3 %, Chemische Erzeugnisse 12.8 %, Straßenfahrzeuge 10.2 %, Nahrungsmittel 9.4 %, Erdöl 5.1 %), Export 403.32 Mrd. US$ (Maschinenbauerzeugnisse 23 %, Fertigwaren 14.2 %, Chemische Erzeugnisse 17.1 %, Straßenfahrzeuge 9.1 %, Erdöl 7.7 %)
Erwerbstätige nach Sektoren: Landwirtschaft 1 %, Industrie 17.7 %, Dienstleistungen 81.3 %
Arbeitslosenquote: 4.3 %
CO_2-Emission/Kopf: 5.4 t

VERWALTUNGSGLIEDERUNG

Verwaltungseinheit	Fläche in km²	Einwohner	Hauptstadt
England	130 395	56.3 Mio.	London
Nordirland	13 562	1.9 Mio.	Belfast
Schottland	77 925	5.5 Mio.	Edinburgh
Wales	20 735	3.2 Mio.	Cardiff

KRONBESITZUNGEN

Keine Teile des Vereinigten Königreichs

Guernsey
Fläche in km²: 78
Anzahl der Einwohner: 65 150
Hauptstadt: St. Peter Port
Status: Kronbesitzung mit Selbstverwaltung
Regierungschef: Chief Minister Peter Ferbrache, Vizegouverneur Sir Ian Corder

Isle of Man
Fläche in km²: 572
Anzahl der Einwohner: 85 032
Hauptstadt: Douglas
Status: Kronbesitzung mit Selbstverwaltung
Regierungschef: Chief Minister Howard Quayle, Vizegouverneur Sir Richard Gozney

Jersey
Fläche in km²: 116
Anzahl der Einwohner: 107 796
Hauptstadt: St. Helier
Status: Kronbesitzung mit Selbstverwaltung
Regierungschef: Chief Minister John Le Fondré, Vizegouverneur Sir Stephen Dalton

ÜBERSEEGEBIETE

Verschiedene Grade von Selbstverwaltung

Anguilla
Fläche in km²: 91
Anzahl der Einwohner: 15 117
Hauptstadt: The Valley
Status: Teilautonomie seit 1980
Regierungschef: Premierminister Ellis Webster, Gouverneurin Dileeni Daniel-Selvaratnam

Bermuda
Fläche in km²: 54
Anzahl der Einwohner: 63 903
Hauptstadt: Hamilton
Status: Selbstverwaltung seit 1968
Regierungschef: Premierminister Edward David Burt, Gouverneurin Rena Lalgie

Britisches Antarktis-Territorium
Fläche in km²: 1 709 400
Anzahl der Einwohner: Nur Forscher
Hauptstadt: Rothera
Regierungschef: Kommissar Ben Merrick, Verwalter Stuart Doubleday

Britisches Territorium im Indischen Ozean (Chagosarchipel)
Fläche in km²: 60 (Landfläche)
Anzahl der Einwohner: Nur Militär und Personal
Hauptstadt: Diego Garcia

Status: Überseegebiet, bis 2036 an die USA verpachtet
Regierungschef: Kommissar Ben Merrick, Verwalter Kit Pyman

Britische Jungferninseln

Fläche in km²: 150
Anzahl der Einwohner: 30 237
Hauptstadt: Road Town
Status: Teilautonomie seit 1960, eigene Verfassung seit 1967
Regierungschef: Premierminister Andrew A. Fahie, Gouverneur John Rankin

Cayman Islands

Fläche in km²: 240
Anzahl der Einwohner: 66 720
Hauptstadt: George Town
Status: Teilautonomie seit 1971
Regierungschef: Premierminister Wayne Panton, Gouverneur Martyn Roper

Falklandinseln

Fläche in km²: 12 173
Anzahl der Einwohner: 3533
Hauptstadt: Stanley
Status: Innere Autonomie mit eigener Verfassung seit 1985
Regierungschef: Gouverneur Nigel Phillips, Verwalter Barry Rowland

Gibraltar

Fläche in km²: 7
Anzahl der Einwohner: 33 691
Hauptstadt: Gibraltar
Status: Teilautonomie
Regierungschef: Chief Minister Fabian Picardo, Gouverneur Sir David Steel

Montserrat

Fläche in km²: 102
Anzahl der Einwohner: 4649
Hauptstadt: Plymouth
Regierungssitz: Brades
Status: Teilautonomie seit 1960
Regierungschef: Premierminister Easton Taylor-Farrell, Gouverneur Andrew Pearce

Pitcairninseln

Fläche in km²: 49
Anzahl der Einwohner: 50
Hauptstadt: Adamstown
Status: Teilautonomie
Regierungschef: Bürgermeisterin Charlene Warren-Peu, Gouverneurin Laura Clarke

St. Helena, Ascension und Tristan da Cunha

Fläche in km²: 394 (St. Helena: 121, Ascension: 88, Tristan da Cunha: 185)
Anzahl der Einwohner: 5633 (St. Helena: 4534, Ascension: 806, Tristan da Cunha: 293)
Hauptstadt: Jamestown
Status: Selbstverwaltung mit neuer Verfassung von 2009
Regierungschef: Gouverneur Philip Rushbrook

Südgeorgien und Südliche Sandwichinseln

Fläche in km²: 4065 (Südgeorgien: 3755, Südliche Sandwichinseln: 310)
Anzahl der Einwohner: Hauptsächlich Forscher
Hauptstadt: King Edward Point
Status: Teilweise Selbstverwaltung mit eigener Verfassung von 1985
Regierungschef: Kommissar Nigel Phillips

Turks- und Caicosinseln

Fläche in km²: 950
Anzahl der Einwohner: 38 718
Hauptstadt: Cockburn Town
Status: Innere Autonomie seit 1962
Regierungschef: Washington Misick, Gouverneur Nigel Dakin

RÜCKBLICK

Eine frühzeitige Impfkampagne verbesserte die Reputation der Regierung Johnson bei der Bekämpfung der Corona-Pandemie. Die Beziehungen zur EU blieben trotz Abschluss eines Freihandelsabkommens angespannt, zudem nahmen die Spannungen in Nordirland zu. In Schottland gingen die Nationalisten, in England die Konservativen gestärkt aus Wahlen hervor.

Corona-Pandemie: Die zögerliche und widersprüchliche Reaktion der Regierung auf die Corona-Pandemie seit dem Frühjahr 2020, die mutmaßlich zu den europaweit höchsten Ansteckungs- und Todeszahlen beigetragen hatte, hatte ein erhöhtes **Misstrauen in das Krisenmanagement Boris Johnsons** und seines Gesundheitsministers Matt Hancock zur Folge, das bis in die Reihen der konservativen Parlamentsfraktion reichte: Am 30.09.2020 verlängerte das Unterhaus die Sondervollmachten der Regierung mit der Einschränkung, dass die Verhängung einer landesweiten Ausgangssperre nur mit Parlamentsbeschluss möglich sei. Ein neuerlicher Anstieg der Infektionszahlen im Herbst, auf den am 05.11.2020 bis zum 02.12.2020 ein zweiter nationaler Lockdown folgte, bestärkte die Kritiker der Regierung – am 01.12.2020 versagte ein Teil der Unterhausfraktion der Regierung die Gefolgschaft, als weitere Corona-Maßnahmen zur Abstimmung standen; nur die Enthaltung der Labour-Abgeordneten verhinderte ein Scheitern der Regierungsvorlage. Nachdem am 31.12.2020 mit 70 797 die meisten täglichen Neuinfektionen seit Beginn der Pandemie registriert wurden, wurde am 05.01.2021 ein dritter nationaler Lockdown beschlossen, der bis Juni galt. Die Beschleunigung des Infektionsgeschehens hatte auch mit einer im November nachgewiesenen Mutation des Virus

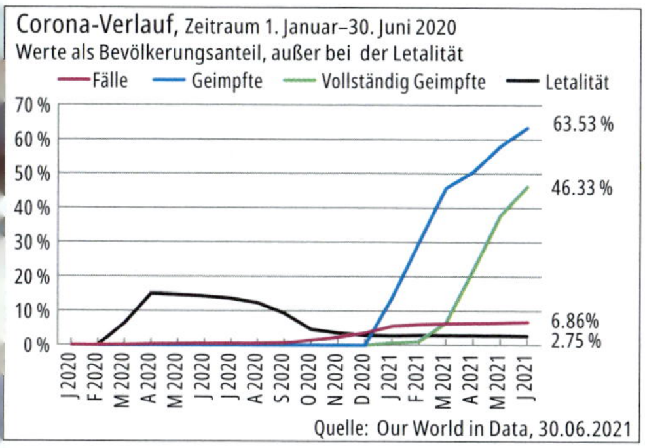

zu tun, die besonders ansteckend war und rasch den Urtyp verdrängte – sie wurde international als „britische Mutante" (B.1.1.7) stark beachtet und sprang bald auf den Kontinent über. Sie sorgte dafür, dass die Zahl der täglich an COVID-19 Gestorbenen am 27.01.2021 mit 1725 einen neuen Höhepunkt erreichte. Diese Fälle nahmen dann rasch ab, denn inzwischen hatte der **Beginn der Impfungen am 08.12.2020 die Wende bei den Infektionen eingeleitet**. Spiegelbildlich nahm das Ansehen der offiziellen Corona-Politik zu, denn die Immunisierung der Bevölkerung hatte früher als in der EU und in den USA begonnen. Dies war zurückzuführen auf die eilige und großzügige Bestellung bei den potentiellen Impfstofflieferanten – es wurden Verträge über die Lieferung der 9-fachen Menge der benötigten Impfdosen abgeschlossen –, die anschließende forcierte Notfallzulassung der lieferbaren Präparate und die Existenz eines eingespielten Nationalen Gesundheitsdienstes. Die Entscheidung der Regierung, die Frist zwischen erster und zweiter Impfung über das von den Herstellern empfohlene Maß hinaus auszuweiten, beschleunigte die Zahl der Erstimpfungen. Die kompetitive Rhetorik der Regierung, die den Impfvorsprung als nachträgliche Rechtfertigung des EU-Austritts darstellte, führte von Beginn an zu einer **Verstimmung in der EU**. Sie wuchs sich zu einer offenen Konfrontation aus, als die Kritik an der schleppenden Impfkampagne auf dem Kontinent zunahm und die EU-Kommission London beschuldigte, mit dem Hersteller AstraZeneca vertragliche Regelungen getroffen zu haben, die zur Benachteiligung der EU geführt hätten. Dieser Vorwurf wurde in Westminster zurückgewiesen, ebenso **wiederholte Drohungen der EU-Kommission mit einem Exportverbot für Impfpräparate** nach Großbritannien. Die raschen Fortschritte der Impfkampagne, die bis zum März die selbstgesteckten Ziele übertraf, erlaubte es, die **Beschränkungen des öffentlichen Lebens planmäßig zu lockern**: Die Schließung der Schulen wurde am 08.03.2021 beendet, seit dem 23.04.2021 konnten auch Handel und Gastronomie wieder öffnen. Seit April nahm allerdings die **Verbreitung der sog. „indischen Mutante"** (B.1.617.2) zu, woraufhin am 25.05.2021 Restriktionen in 8 Kommunen, darunter Bolton, Blackburn und Leicester, verhängt wurden. Einige EU-Staaten erklärten Großbritannien erneut zum Risikogebiet und ordneten Einreisequarantänen an. Nach einem Tiefpunkt am 02.05.2021 nahm die Zahl der Ansteckungen wieder zu. Johnson geriet wegen seines Hinauszögerns einer Einreisesperre aus Indien in die Kritik. Höhere Infektionszahlen veranlassten die Regierung, die bereits als „Freedom Day" angekündigte Aufhebung aller Corona-Restriktionen am 21.06.2021 um einen Monat zu verschieben. .

EU: Am 30.12.2020 ratifizierten beide Häuser des Parlaments ein Handels- und Partnerschaftsabkommen mit der EU, auf das sich beide Seiten erst am 24.12.2020 geeinigt hatten. Es regelte die beiderseitigen wirtschaftlichen Beziehungen vom 01.01.2021 an; bis zu diesem Termin war Großbritannien noch übergangsweise Mitglied im Binnenmarkt und in der Zollunion. Beide Seiten vereinbarten den freien Warenverkehr ohne Zölle und Mengenbeschränkungen; da London einer Personenverkehrsfreiheit keinesfalls zustimmen wollte – eine Ausnahme wurde für Gibraltar gemacht –, kam auch **keine Einigung über Dienstleistungsfreiheit** zustande. Etwa die Hälfte der britischen Exporte, insbesondere Finanzdienstleistungen, sind damit vom unbeschränkten Zugang zum EU-Binnenmarkt ausgenommen. Bei der Forderung der EU nach Anerkennung der Binnenmarktregeln bei der Produktion von Exportgütern wurde ein **konfliktträchtiger Kompromiss** gefunden: Großbritannien wird bestehendes EU-Recht, etwa bei Umweltschutz oder Arbeitnehmerrechten übernehmen, künftige Rechtssetzungen aber nicht zwingend übernehmen; die EU behielt sich vor, etwaiges Dumping und wettbewerbsverzerrende Beihilfen durch Handelsbeschränkungen zu ahnden. In Streitfällen wird nicht der EuGH zuständig sein, sondern ein zu bildendes **Schiedsgericht**. Nichttarifäre Handelshemmnisse und Rechtsanpassungen sollen in einer Vielzahl von Kommissionen behandelt werden. Eine Fortsetzung der Kooperation in Polizei- und Sicherheitsfragen wurde vereinbart, sie beinhaltet aber gemäß dem gleichzeitig geschlossenen **Abkommen über die Sicherheit geteilter Informationen** keinen automatischen Zugang Großbritanniens zu europäischen Datenbanken. Bei der wirtschaftlich kaum bedeutenden, aber symbolisch wichtigen **Fischereifrage** musste sich London mit einer Reduzierung der Fangquoten europäischer Fischer in britischen Gewässern um 25 % zufriedengeben; ab 2026 sollen neu auszuhandelnde Quoten gelten. Das EU-Parlament ratifizierte das Handels- und Partnerschaftsabkommen, das zunächst provisorisch in Kraft gesetzt worden war, nach einer Verschiebung und trotz offen geäußerter Zweifel an der Vertragstreue Londons, am 28.04.2021. Die Berufung des Chefunterhändlers des Freihandelsvertrags **David Frost ins Kabinett** und seine Bestellung zum Koordinator der Beziehungen zur EU und den 27 EU-Staaten am 01.03.2021 wurde allgemein als Signal eines weiterhin „harten" Kurses gegenüber Brüssel gedeutet.

Nordirland: Das Nordirland-Protokoll im Rahmen des im Januar 2020 unterzeichneten EU-Austrittsvertrags erwies sich als größte Konfliktquelle zwischen London und Brüssel. Für Empörung in Brüssel sorgte ein am 22.09.2020 vom Unterhaus verabschiedetes Gesetz zur Sicherung des Binnenmarkts in Großbritannien, das Bestimmungen des Nordirland-Protokolls verletzte, wie die Regierung selbst einräumte. Es wurde durch die Einigung auf ein Freihandelsabkommen zwar obsolet, doch das Misstrauen in die Vertragstreue Londons blieb groß. Umgekehrt hatten im Januar 2021 – umgehend zurückgezogene – Überlegungen in der EU-Kommission, Impfstofflieferungen über die innerirische Grenze zu unterbinden und sich dabei auf eine Klausel des Nordirland-Protokolls zu berufen, Proteste britischer Politiker aller Parteien zur Folge. Die Implementierung des vereinbarten Warenkontrollsystems in den Häfen an der Irischen See, mit dem der freie Güterverkehr an der inneririschen Grenze sichergestellt werden sollte, warf große Probleme auf: Wegen des bürokratischen Aufwands wurden **Lieferketten unterbrochen**, auf der irischen Seite kam es im Januar zu Engpässen in Supermärkten. Der Transitverkehr zwischen Irland und dem Kontinent verlagerte sich rasch nach Cork und Dublin. **Gewaltdrohungen nordirischer Unionisten gegen Zollinspektoren** führten dazu, dass Beamte in Belfast und der Hafenstadt Larne aus Sicherheitsgründen am 01.02.2021 abgezogen wurden. Um die Versorgung Nordirlands mit Gütern des täglichen Bedarfs aus Großbritannien sicherzustellen, vereinbarten Brüssel und London die Aussetzung bestimmter Kontrollen bis zum 01.04.2021. Weil die EU die Aussetzung der Kontrollen bis 2023 ablehnte, verlängerte London diese Frist am 03.03.2021 einseitig bis zum 01.10.2021, was in Brüssel Empörung auslöste. Die **politische Entwicklung in Nordirland** war von der Verschärfung der konfessionellen Spannungen geprägt. Die Entscheidung der Polizei, Teilnehmer an der Beerdigung eines früheren IRA-Funktionärs, bei der Corona-Bestimmungen missachtet worden waren, nicht strafrechtlich zu verfolgen, löste im April über mehrere Tage hinweg **in Belfast und Derry gewalttätige Proteste von Protestanten** aus, bei denen mehr als 50 Polizisten verletzt wurden. Die Enttäuschung über die Politik Londons in der irischen Frage war bei den Protestanten weit verbreitet. Die **Democratic Unionist Party (DUP)** forderte die Kündigung des Nordirland-Protokolls, das sie als Beginn der Ablösung Nordirlands vom Vereinigten Königreich sieht. Noch weiter gingen paramilitärische Untergrundgruppen, deren Dachverband LCC am 03.03.2021 das Karfreitagsabkommen von 1998 als obsolet erklärte. Die Radikalisierung der DUP setzte sich fort: Am 28.04.2021 erklärte die **Parteivorsitzende und Erste Ministerin Arlene Foster ihren Rücktritt**; Zu ihrem Nachfolger wählte die Partei am 14.05.2021 Edwin Poots, der dem evangelikalen Flügel angehört; Poots wurde bereits am 22.06.2021 von Jeffrey Donaldson abgelöst, der in der Frage des Nordirland-Protokolls eine flexiblere Haltung einnahm. Unter Katholiken wurden Stimmen zahlreicher, die angesichts der Bevölkerungsentwicklung ein Referendum über eine Vereinigung mit der Republik Irland für aussichtsreich hielten. Für Unmut unter Katholiken sorgte die Reaktion von Premierminister Johnson auf einen **Bericht des High Courts in Belfast über die Unruhen von Ballymurphy im August 1971**. Die Richterin hatte nach einem langen Untersuchungsverfahren am 11.05.2021 geurteilt, dass 9 Opfer des exzessiven Armeeeinsatzes – darunter ein Weltkriegsinvalide, eine Mutter von 8 Kindern und ein katholischer Priester – als unschuldige Opfer der Staatsgewalt anzusehen seien. Anders als Premier David Cameron 2010 nach der Veröffentlichung des Saville-Berichts über den „Bloody Sunday" 1972 zögerte Johnson eine Erklärung zu den Verbrechen zunächst hinaus; seine schließlich am 12.05.2021 im Unterhaus abgegebene Erklärung des Bedauerns über die damaligen Ereignisse wurde von den Angehörigen der Ballymurphy-Opfer als unzureichend zurückgewiesen. Wegen des 2019 abgegebenen **Wahlversprechens Johnsons, eine Amnestie für Armeeangehörige während des Bürgerkriegs in Nordirland durchzuführen**, unterstellte man dem Premier, sein Lavieren nach dem Ballymurphy-Urteil gründe in der Rücksichtnahme auf die Veteranen. Deren ungeduldiges Bestehen auf Schutz vor Strafverfolgung hatte am 20.04.2021 zur **Demission des Veteranenministers** Johnny

Mercer geführt, der dem taktierenden Premier „Verrat“ an den Soldaten vorgeworfen hatte. Eine Amnestierung der Soldaten war nicht nur in der Conservative Party umstritten, sie wurde auch von nordirischen Unionisten strikt abgelehnt, weil sie ohne eine Amnestierung der IRA kaum denkbar wäre.

Schottland: Bei der Parlamentswahl am 06.05.2021 konnte die nationalistische SNP ihre Stellung als stärkste Partei ausbauen, zur absoluten Mehrheit fehlte ihr nur ein Mandat. Wahlsieger waren die Grünen, während Labour und Liberaldemokraten in ihrer einstigen Hochburg weiter verloren und die Tories stagnierten. Am 18.05.2021 wurde die SNP-Vorsitzende **Nicola Sturgeon** mit den Stimmen ihrer Fraktion erneut in das Amt der Ersten Ministerin gewählt. Sie sah in dem Wahlsieg eine Bestätigung ihrer Forderung nach einem baldigen Unabhängigkeitsreferendum, die auch von den Grünen unterstützt wird; Premier Boris Johnson wies diese Forderung bei seinem Telefonat mit Sturgeon am 09.05.2021 erneut zurück. Die nationalistische Politik Johnsons hatte der SNP Auftrieb gegeben und verhindert, dass innenpolitische Defizite im Wahlkampf eine prominente Rolle spielten: Die **seit Jahren schwelende Drogenproblematik** – 2019 starben 1264 Schotten wegen Drogenmissbrauchs, erstmals eine höhere Quote als in den USA – blieb ungelöst, sodass Sturgeon vor der Wahl ihren Gesundheitsminister auswechselte. Auch **Sturgeons Rolle bei den Untersuchungen gegen ihren Vorgänger Alex Salmond**, der 2018 wegen des Vorwurfs versuchter Vergewaltigungen aus der SNP ausgetreten war, schadete der Regierungschefin kaum: Ein Untersuchungsbericht sprach sie am 22.03.2021 von Fehlverhalten frei; das Parlament sprach ihr am 23.03.2021 mit 65 zu 31 Stimmen das Vertrauen aus. Salmonds neugegründete Partei Alba erhielt bei der Parlamentswahl nur 1.7 % der Stimmen und konnte kein Mandat erringen.

Wales: Bei der Parlamentswahl am 06.05.2021 erzielte die Labour Party das beste Ergebnis ihrer Geschichte und errang die Hälfte der Sitze; der Erste Minister Mark Drakeford wurde am 12.05.2021 in seinem Amt bestätigt. Voraussehbare Wahlverliererin war nach vollzogenem Brexit die britisch-nationalistische UKIP. Es wurde als großer Erfolg Drakefords gewertet, dass Labour sich dem Negativtrend seiner Partei in England und Schottland entziehen und sogar einen Teil der UKIP-Wähler gewinnen konnte, wenn auch ein etwas größerer Teil der UKIP-Sympathisanten zur Conservative Party wechselte; die walisisch-nationalistische Plain Cymru stagnierte, die ebenfalls sezessionistische Green Party gewann nur leicht hinzu; wie in Schottland erlitten die Liberaldemokraten empfindliche Verluste.

England: Bei der **Nachwahl im Unterhauswahlkreis Hartlepool** im Nordosten Englands am 06.05.2021 konnte die Conservative Party einen Erdrutschsieg feiern: Jill Mortimer gewann das Mandat mit 52 % der Stimmen vor dem Kandidaten der Labour Party, der nur 29 % erhielt. Seit 1964 hatte Labour dieses Mandat gehalten. Diese Nachwahl war mit größerem Interesse als üblich verfolgt worden, weil Kommentatoren gespannt waren, ob es den Tories gelingen würde, die Zustimmung im traditionell links wählenden Norden für den Brexit – beim Referendum 2016 hatten 70 % der Wähler Hartlepools für den EU-Austritt gestimmt – in eine dauerhafte Bindung der Wähler an ihre Partei zu verwandeln. Johnsons Versprechen einer Angleichung des Lebensstandards an den Süden

Premierminister Boris Johnson und die Siegerin der Nachwahl Jill Mortimer auf der Jacksons Wharf in Hartlepool, County Durham.

Englands durch staatliche Infrastrukturmaßnahmen – unter der **Parole „Level up“** – zielte auf frühere Labour-Wähler. Der für einen Premier bei einer Nachwahl ungewöhnlich starke Wahlkampfeinsatz Johnsons in Hartlepool war ein Indiz dafür, dass die Wähler die Affären des Regierungschefs als nebensächlich einschätzten und ihm die Erfolge der Impfkampagne zugutehielten. Weitere Nachwahlergebnisse im Juni und Juli setzten Labour-Chef Keir Starmer weiter unter Druck.

Lobbyismus: Die Conservative Party geriet durch Indiskretionen in Erklärungsnöte, die die engen Beziehungen ihres Führungspersonals zu privaten Interessenten dokumentierten. Premier Johnson geriet in Verdacht, die Renovierung der Inneneinrichtung in Downing Street 10 entsprechend der Geschmacksvorstellungen seiner Lebensgefährtin mithilfe anonymer privater Spender finanziert zu haben.

Polizeigesetz: Am 09.03.2021 brachte die Regierung ein umfassendes Gesetz zur Polizei- und Justiz-

„Kill-the-Bill"-Demonstrationszug am 01.05.2021 durch London.

reform ein, das zahlreiche Verschärfungen der Strafbestimmungen – etwa bei Denkmalschändungen – und mehr Durchgriffsrechte der Polizei, nicht zuletzt bei gewaltfreien illegalen Demonstrationen, vorsieht. Aus Protest gegen das Gesetzesvorhaben kam es im März zu Demonstrationen und gewalttätigen Ausschreitungen in Bristol, Manchester und Sheffield, die sich an Ostern auf zahlreiche weitere Städte ausdehnten.

Flüchtlinge: Am 24.03.2021 stellte Innenministerin Priti Patel eine Reform der Asylpraxis vor. Angesichts der Zunahme von Bootsflüchtlingen, von denen 2020 etwa 8500 Großbritannien erreichten, sah sie schärfere Sanktionen für illegale Einwanderer und Schlepper vor: Letzteren soll lebenslängliche Haft drohen, den Flüchtlingen die umgehende Abschiebung; auch ein vorübergehendes Aufenthaltsrecht soll nach spätestens 30 Monaten enden und regelmäßig von den Behörden überprüft werden. 2019 waren 36 000 Asylanträge gestellt worden; 7400 Bewerber waren abgeschoben worden. Patel bekundete, die Zahl der Abschiebungen erhöhen und stattdessen mehr legale Zuwanderer aus humanitären Motiven ins Land lassen zu wollen. Seit 2015 waren auf diesem Weg 25 000 Flüchtlinge aus Lagern in Syrien nach Großbritannien geholt worden.

Außenpolitik: Am 16.03.2021 stellte Boris Johnson im Unterhaus das neue Weißbuch der Regierung vor, das die außenpolitischen Leitlinien für die kommenden Jahre vorgibt. Darin wird die Bedeutung des indo-pazifischen Raums für die Exportnation Großbritannien betont, die **Politik der VR China** wird als **Herausforderung für britische Interessen und Werte** bezeichnet. Im Berichtsjahr wurden wiederholt die Reibungspunkte zwischen London und Peking erkennbar: Die Unterdrückung der Demokratiebewegung in Hongkong, die Masseninternierung von Uiguren und die provokanten Gebietsansprüche Pekings im Südchinesischen Meer bestärkten das chinakritische Lager in Westminster. So kündigte Johnson an, einen der beiden Flugzeugträger in das Südchinesische Meer zu entsenden. Peking verhängte im März 2021 ein Einreiseverbot gegen die Mitglieder der „China Research Group", einer chinakritischen Gruppe konservativer Parlamentarier. Johnson bekannte sich zu einer aktiveren Rolle Großbritanniens bei der Verteidigung der internationalen Ordnung und betonte die Bedeutung militärischer Abschreckung: **Gesteigerte Militärausgaben** sollen in eine Vergrößerung des Nuklearwaffenarsenals, in die Abwehr von Cyberangriffen und der Marine fließen, während die Heeresstärke weiter reduziert werden soll, ohne Verpflichtungen gegenüber der NATO zu vernachlässigen.
Am 23.06.2021 kam es zu einem **militärischen Zwischenfall mit Russland**: Ein Zerstörer der Royal Navy wurde auf dem Weg nach Odessa, wo er an einem Manöver mit Einheiten der Ukraine und der USA teilnahm, mit Warnschüssen vor den Bug zum Kurswechsel gezwungen. Moskau warf Großbritannien eine provakante Verletzung von angeblichen Hoheitsgewässern vor der Krim vor und drohte künftig schärfere Reaktionen an. London bestritt zunächst die Tatsache eines Zusammenstoßes und erklärte das russische Feuer zu Schießübungen; mitgereiste Journalisten stützten jedoch die russische Version.

Fischereikonflikt: Am 06.05.2021 entsandte Premier Johnson zwei Fregatten in die Gewässer um die Kanalinsel Jersey, um die einheimischen Fischer vor protestierenden französischen Fischern zu schützen; zuvor war es zu Zusammenstößen gekommen. Hintergrund sind die Klagen der Franzosen darüber, dass die Fischereibehörde in Jersey bürokratische Schikanen einführte, um die im Freihandelsabkommen mit der EU vorgesehene Lizensierung französischer Fischer zu sabotieren. Teile der französischen Regierung drohten im Verlauf des Konflikts, der nach einigen Tagen beruhigt werden konnte, die Stromversorgung Jerseys zu kappen.

Wirtschaft: Die Wirtschaft schrumpfte 2020 um 9.9 %; Unterstützungsmaßnahmen der Regierung, insbesondere ein Kurzarbeitergeld im Umfang von 80 % des letzten Lohnes, die das Haushaltsdefizit auf den höchsten Stand seit 1944 trieben, und Krediterleichterungen der Bank of England stabilisierten aber den Arbeitsmarkt und die Lage der verschuldeten privaten Haushalte und Unternehmen. Das am 04.03.2021 vorgelegte Budget von Schatzkanzler Rishi Sunak sah eine neuerliche Schuldenaufnahme im Haushaltsjahr 2021/22 in Höhe von 234 Mrd. £ vor.

Guatemala

▸ 666

Ländername	Republik Guatemala
Zeitzone	MEZ -7 h
Fläche in km²	108 889 (Rang 105)
Anzahl der Einwohner	16.9 Millionen (Rang 69)
Einwohnerzahl pro km²	155 (Rang 58)
Hauptstadt	Guatemala-Stadt
Amtssprache	Spanisch
Verwaltungsgliederung	22 Departements
Wichtige Städte	Guatemala-Stadt, Mixco, Villa Nueva, Cobán, Quetzaltenango, Escuintla
Autokennzeichen | ISO-Code	GCA | GTM
Währung	1 Quetzal = 100 Centavos
Nationalfeiertag	15. September (Unabhängigkeit 1821)

In keinem anderen Land Mittelamerikas ist der Anteil der indigenen Bevölkerung so groß wie in Guatemala. Gerade sie hatte unter dem langjährigen Bürgerkrieg zu leiden. Auch der 1996 geschlossene Frieden hat an der politischen und gesellschaftlichen Vorherrschaft der weißen Minderheit kaum etwas geändert.

GEOGRAFIE

Geografische Lage: Von 13°45′ bis 17°49′ nördlicher Breite sowie von 88°13′ bis 92°15′ westlicher Länge (Zentralamerika)
Höchster Punkt: Tajumulco 4220 m
Klima: Wechselfeuchtes, tropisches Klima, im Hochland kühler

POLITIK

Staatsform: Präsidiale Republik
Staatsoberhaupt und Regierungschef: Präsident Alejandro Eduardo Giammattei Falla (seit 14.01.2020)
Regierungspartei: VAMOS
Legislative: Nationalkongress mit 160 für 4 Jahre gewählten Mitgliedern
Jahr der Verfassung: 1986
Wahlrecht: 18 Jahre

BEVÖLKERUNG

Bevölkerungsanteil: <15 Jahre 33.3 %, 15–64 Jahre 61.6 %, >64 Jahre 5.1 %
Verteilung: Stadt 51.8 %, Land 48.2 %
Wachstum: 1.5 %
Lebenserwartung: Frauen 77 Jahre, Männer 72 Jahre
Alphabetenrate: Frauen 76.4 %, Männer 86.8 %
Bevölkerungsgruppen: Mestizen, Maya, Xinca u. a.
Religionen: Christen, Sonstige
Sprachen: Spanisch, Mayasprachen

WIRTSCHAFT

BIP: 77.07 Mrd. US$
Wachstum BIP: -1.5 %
BIP/Kopf: 4289 US$
Inflation: 2.4 %
Außenhandel: Import 18.2 Mrd. US$ (Chemische Erzeugnisse 19.1 %, Nahrungsmittel 15.3 %, Petrochemie 9 %, Elektronik 7.1 %, Kfz und -Teile 6.7 %), Export 11.57 Mrd. US$ (Nahrungsmittel 44.4 %, Textilien und Bekleidung 14.3 %, Chemische Erzeugnisse 11.9 %, Natürliche Öle, Fette und Wachse 4.7 %, Eisen und Stahl 4.6 %)
Erwerbstätige nach Sektoren: Landwirtschaft 31.3 %, Industrie 18.4 %, Dienstleistungen 50.3 %
Arbeitslosenquote: 4.6 %
CO_2-Emission/Kopf: 1.2 t

RÜCKBLICK

Corona-Pandemie: Das Land wurde hart von der Corona-Pandemie getroffen. Im regionalen Vergleich zeigte Guatemala zeitweise die **höchste Sterberate** aller Länder Mittelamerikas. Die Dunkelziffer der Infektionszahlen wurde deutlich höher vermutet. Aufgrund der hohen Anzahl der Beschäftigten im informellen Sektor verfügte die Regierung weder einen Lockdown noch eine strikte Quarantäne. Zeitweise gab es jedoch Ausgangssperren am Wochenende. Im Zuge der Öffnungen führte die Regierung ab Juli 2020 ein vierstufiges regionales System in Abhängigkeit von der aktuellen Infektionslage ein. Die **Wirtschaft** brach 2020 mit 1.5 % im regionalen Vergleich jedoch nur gering ein, für 2021 rechnete der Internationale Währungsfonds mit einem Wachstum um 4.5 %. Im Juni 2020 hatte er dem Land einen Nothilfekredit in Höhe von 594 Mio. US$ gewährt.

Haushaltsplan: Am 18.11.2020 verabschiedete das Parlament im Eilverfahren und ohne öffentliche Debatte den Haushaltsplan 2021. Es handelte sich um den bisher umfangsreichsten Haushaltsplan mit der **höchsten Neuverschuldung** in der Geschichte des Landes. Er sah Ausgaben in Höhe von 99.699 Mrd. Quetzales (rd. 10.5 Mrd. €) vor. Nur 2020 war der Haushalt mit 107.75 Mrd. Quetzales pandemiebedingt höher ausgefallen. Ein Drittel der Ausgaben sollte durch eine Neuverschuldung finanziert werden. Trotz des Rekordbudgets sah der Haushaltsplan Kürzungen in den Bereichen Gesundheit und Soziales vor. Eine ursprünglich geplante Kürzung im Bereich Hungerbekämpfung wurde im letzten Moment wieder herausgenommen. Auch das Budget des Justizapparates sollte um die Hälfte gekürzt werden. Kritiker befürchteten, dass ein Großteil des Budgets in dunkle Kanäle fließen würden. Der Haushaltsplan war auf Drängen von Präsident Alejandro Giammattei Falla trotz heftiger Kritik der Öffentlichkeit, von Arbeitgeberverbänden, der Bischofskonferenz und auch von Vizepräsident Guillermo Castillo vom Parlament verabschiedet worden. Bei einer Pressekonferenz am 20.11.2020 erklärte Vizepräsident Castillo, er hätte Präsident Alejandro Giammattei Falla vorgeschlagen, dass beide ihre Ämter niederlegen. Beim Verfassungsgericht wurden mehrere Klagen gegen den Haushalt eingereicht. Am 21.11.2020 kam es zu landesweiten Protesten gegen den Haushaltsplan. Die Demonstranten forderten Präsident Giammattei auf, sein Veto gegen das Budget einzulegen. In Guatemala-Stadt legten Demonstranten Feuer an einen Bürotrakt des Parlaments. Die Organisation Amerikanischer Staaten (OAS) sowie die Gruppe der 13 Geberländer riefen zum Dialog auf. Nach den Protesten entschied das Parlament, den Haushaltsplan Präsident Giammattei nicht zur Unterschrift vorzulegen, wodurch er nicht wie geplant in Kraft treten konnte.

Innenminister: Am 19.11.2020 wurde Gendri Reyes zum neuen Innenminister ernannt, nachdem Oliveria García Rodas seinen Rücktritt eingereicht hatte. Er hatte das Amt erst am 04.06.2020 übernommen. Rodas hatte dem US-amerikanischen Verband Planned Parenthood ohne Rücksprache eine Registrierung als Nichtregierungsorganisation erteilt. Der Verband betreibt Sexualmedizin, Gynäkologie und Familienplanung. In Guatemala ist eine Abtreibung weiterhin nur bei der Gefährdung der Mutter legal.

Verhältnis zu den USA: Mit dem Regierungswechsel in den USA verbesserte sich die Beziehung zwischen Guatemala und den USA. Präsident Biden setzte Anfang Februar 2021 das Drittstaaten-Abkommen aus. Dieses war von der Regierung Trump mit Guatemala im Juli 2019 abgeschlossen worden und sah die massive Rückführung von Migranten in den USA vor. Anfang April 2021 traf sich der Beauftragte der Biden-Regierung für die Länder des Nördlichen Dreiecks, Ricardo Zuñiga, mit Politikern und Vertretern der Zivilgesellschaft und der Justiz. Die in den USA lebenden Guatemalteken sind eine wichtige Säule in der Wirtschaft des Landes. Sie tragen durch ihre Rücküberweisungen mit rd. 15 % zum BIP bei. 2020 überstiegen die Rücküberweisungen erstmals 11 Mrd. US$. Angesichts der zunehmenden Hungersnot versprach US-Vizepräsidentin Kamala Harris am 26.04.2021 die Bereitstellung von 310 Mio. US$ an humanitärer Hilfe.

Migrationskarawanen: Anfang 2021 durchquerten mehrere Massenströme von Migranten das Land Richtung Mexiko, um von dort in die USA zu gelangen. Am 17.01.2021 stoppten Sicherheitskräfte einen Marsch mit Tausenden von Menschen. Mehrere Gruppen von insgesamt rd. 9000 Menschen hatten zuvor die Grenze von Honduras nach Guatemala überquert. Ende März 2021 sicherte Mexiko seine Grenze mit Guatemala vor den Migrantenströmen und schloss für 30 Tage alle Grenzen.

Tropenstürme Eta und Iota: Am 05./06.11.2020 führte Tropensturm Eta zu Schäden auf vier Fünfteln der Landesfläche. Er forderte rund 150 Todesopfer. Die meisten Menschen kamen in einem Dorf in Alta Verapaz ums Leben, wo ein Erdrutsch 25 Häuser verschüttete. Die Straßenverbindung zwischen der Hauptstadt und dem Hafen Santo Tomás de Castilla an der Atlantikküste wurde unterbrochen. Landesweit wurden 16 Straßenbrücken weggerissen und 17 weitere Brücken beschädigt. Über 15 000 Häuser wurden unbewohnbar. Wenige Tage später brachte Tropensturm Iota weitere Regenfälle und Überschwemmungen.

Hunger: Infolge der Pandemie stieg die Zahl der Hungernden dramatisch, nach Angaben des Welternährungsprogramms der Vereinten Nationen (WFP) hat sie sich innerhalb eines Jahres vervierfacht. Verstärkt wurden die Ernährungsprobleme durch hohe Lebensmittelpreise, den pandemiebedingten Verlust von Arbeitsplätzen sowie den durch die Tropenstürme verursachten Ernteverlusten.

Guinea

▸ 636

Ländername	Republik Guinea
Zeitzone	MEZ -1 h
Fläche in km²	245 857 (Rang 77)
Anzahl der Einwohner	13.1 Millionen (Rang 75)
Einwohnerzahl pro km²	53 (Rang 128)
Hauptstadt	Conakry
Amtssprache	Französisch
Verwaltungsgliederung	8 Regionen
Wichtige Städte	Conakry, Nzérékoré, Kankan, Ma-néah, Dubréka, Kindia
Autokennzeichen | ISO-Code	RG | GIN
Währung	Guinea-Franc
Nationalfeiertag	2. Oktober (Unabhängigkeit 1958)

Das westafrikanische Land erlangte 1958 die Unabhängigkeit von der ehemaligen Kolonialmacht Frankreich. Unter den folgenden autoritären Regierungen konnten sich weder intakte demokratische Strukturen noch geordnete Wirtschaftsverhältnisse entwickeln. Die Präsidentschaftswahl von 2010 wird als erste demokratische Wahl seit der Unabhängigkeit des Landes eingestuft. Trotz seiner natürlichen Reichtümer lebt der Großteil der Bürger in Armut.

GEOGRAFIE

Geografische Lage: Von 7°11′ bis 12°40′ nördlicher Breite sowie von 7°40′ bis 15°05′ westlicher Länge (Westafrika)
Höchster Punkt: Mont Nimba 1752 m
Klima: Wechselfeuchtes, tropisches Klima

POLITIK

Staatsform: Präsidiale Republik
Staatsoberhaupt: Präsident Alpha Condé (seit 21.12.2010)
Regierungschef: Premierminister Ibrahima Kassory Fofana (seit 24.05.2018)
Regierungspartei: RPG (Rassemblement du Peuple de Guinée)
Legislative: Nationalversammlung mit 114 für 5 Jahre gewählten Mitgliedern
Jahr der Verfassung: 2010
Wahlrecht: 18 Jahre

BEVÖLKERUNG

Bevölkerungsanteil: <15 Jahre 43 %, 15–64 Jahre 54 %, >64 Jahre 3 %
Verteilung: Stadt 36.9 %, Land 63.1 %
Wachstum: 2.8 %
Lebenserwartung: Frauen 63 Jahre, Männer 61 Jahre
Alphabetenrate: Frauen 22 %, Männer 43.6 %
Bevölkerungsgruppen: Fulbe, Malinke, Susu, Guerze, Kissi u. a.
Religionen: Muslime, Christen, Ethnische
Sprachen: Französisch, Fulfulde, Malinke, Susu u. a.

WIRTSCHAFT

BIP: 15.46 Mrd. US$
Wachstum BIP: 5.2 %
BIP/Kopf: 1106 US$
Inflation: 10.6 %
Außenhandel: Import 3.26 Mrd. US$ (Nahrungsmittel 23.9 %, Maschinen 18.6 %, Petrochemie 13.6 %, Kfz und -Teile 12.3 %, Chemische Erzeugnisse 9.5 %), Export 4.9 Mrd. US$ (Gold 63.9 %, Rohstoffe außer Brennstoffe 27.6 %, Nahrungsmittel 4.2 %, Nichtmetallische Mineralien 1.4 %, Petrochemie 0.5 %)
Erwerbstätige nach Sektoren: Landwirtschaft 61.2 %, Industrie 6.2 %, Dienstleistungen 32.6 %
Arbeitslosenquote: 4.4 %
CO_2-Emission/Kopf: 0.2 t

RÜCKBLICK

Präsidentschaftswahl: Das politische Klima rund um die Wahl am 18.10.2020 war, ähnlich wie beim Verfassungsreferendum Anfang 2020, angespannt. Amtsinhaber Alpha Condé hätte mit seinen bisherigen **zwei Amtszeiten** das in der Verfassung verankerte **Maximum** erreicht. Er argumentierte jedoch, dass die umstrittene **Verfassungsänderung** seine angerechneten Amtszeiten wieder auf Null gesetzt hätte. Noch bevor die offiziellen Endergebnisse veröffentlicht wurden, erklärten sich sowohl er als auch der Oppositionsführer Diallo zum Sieger. Nachdem die Auszählung des Wahlergebnisses einen deutlichen Sieg von Condé zeigte,

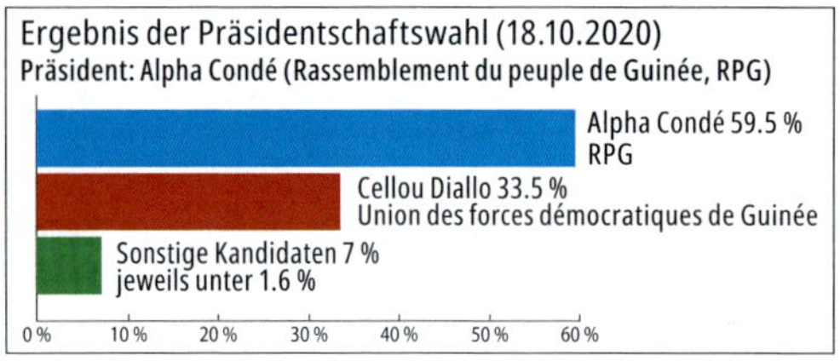

sprach Diallo von Wahlbetrug in großem Umfang. Dutzende Menschen starben bei **Protesten** im Vorfeld und im Nachgang der Wahl.

Wirtschaft: Hervorzuheben ist, dass die guineische Wirtschaft bezüglich des Bruttoinlandsprodukts **gegenüber** der globalen Pandemie relativ resilient war. Das BIP-Wachstum lag 2020 bei 5.2 %, also nur leicht unter dem Wert von 5.6 % im Vorjahr. Das ist primär auf den stark wachsenden **Bergbausektor** zurückzuführen. Der dort erzielte Zuwachs von 18.4 % ist vor allem auf eine wiedererstarkte Nachfrage nach Bauxit und Aluminium in China zurückzuführen. Seit 2017 ist Guinea Chinas wichtigster Exporteur für diese Rohstoffe. Nichtsdestotrotz haben die meisten Geschäftsfelder außerhalb des Bergbausektors wegen der Maßnahmen zur Pandemiebekämpfung Einschnitte erlebt.

Ebola: Neben der Corona-Pandemie, die in Guinea laut den offiziellen Zahlen im regionalen Vergleich geringe Infektionswerte erreichte, kam es auch zu einem **erneuten Ausbruch** von Ebola. Im Februar 2021 wurde dieser von offizieller Seite bestätigt. Er scheint in keinem Zusammenhang mit dem jüngsten Ausbruch in der DR Kongo zu stehen. Bis zum 08.05.2021 wurden 23 Fälle und 12 Todesopfer gemeldet. Danach wurden bis Mitte 2021 keine neuen Fälle verzeichnet, der Ausbruch war zu diesem Zeitpunkt jedoch noch nicht für beendet erklärt. Dass es im Gegensatz zur Epidemie 2014 im jetzigen Fall zunächst zu keiner größeren Ausbreitung kam, wird den Impfungen und der deutlich ausgebauten Infrastruktur zur Rückverfolgung von Infektionen zugeschrieben.

Korruption: In Genf kam es Anfang 2021 zum Prozess gegen Beny Steinmetz wegen der Korruptionsaffäre, die auch in der guineischen Öffentlichkeit für große Debatten gesorgt hat. In erster Instanz wurde er schuldig gesprochen, durch Bestechung in **höchsten politischen Ebenen** in Guinea **Abbaurechte** für lokale Eisenerzvorkommen erhalten zu haben.

Guinea-Bissau

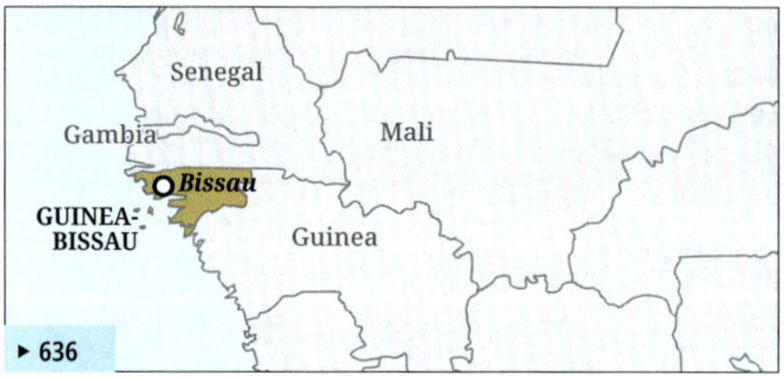

▸ 636

Ländername	Republik Guinea-Bissau
Zeitzone	MEZ -1 h
Fläche in km²	36 125 (Rang 135)
Anzahl der Einwohner	2 Millionen (Rang 147)
Einwohnerzahl pro km²	54 (Rang 127)
Hauptstadt	Bissau
Amtssprache	Portugiesisch
Verwaltungsgliederung	3 Provinzen mit 8 Regionen sowie 1 autonomen Sektor
Wichtige Städte	Bissau, Gabú, Bafatá, Canchungo
Autokennzeichen | ISO-Code	RGB | GNB
Währung	1 CFA-Franc (BCEAO) = 100 Centimes
Nationalfeiertag	24. September (Unabhängigkeit 1973)

Der westafrikanische Kleinstaat ist eines der ärmsten Länder der Welt und leidet noch immer an den Folgen der über 500-jährigen portugiesischen Fremdherrschaft. Zwei Drittel der Bevölkerung leben unterhalb der Armutsgrenze.

GEOGRAFIE

Geografische Lage: Von 10°56′ bis 12°41′ nördlicher Breite sowie von 13°40′ bis 16°44′ westlicher Länge (Westafrika)
Höchster Punkt: Unbenannt 300 m
Klima: Wechselfeuchtes, tropisches Klima

POLITIK

Staatsform: Semipräsidiale Republik
Staatsoberhaupt: Präsident Umaro Sissoco Embaló (seit 27.02.2020)
Regierungschef: Premierminister Nuno Gomes Nabiam (seit 28.02.2020)
Regierungspartei: PAIGC (Partido Africano para a Independência da Guiné e Cabo Verde)
Legislative: Volksversammlung mit 102 für 4 Jahre gewählten Mitgliedern
Jahr der Verfassung: 1984
Wahlrecht: 18 Jahre

BEVÖLKERUNG

Bevölkerungsanteil: <15 Jahre 41.9 %, 15–64 Jahre 55.2 %, >64 Jahre 2.9 %
Verteilung: Stadt 44.2 %, Land 55.8 %
Wachstum: 2.4 %
Lebenserwartung: Frauen 61 Jahre, Männer 57 Jahre
Alphabetenrate: Frauen 30.8 %, Männer 62.2 %
Bevölkerungsgruppen: Fulbe, Balanta, Mandinka, Pepel, Manjaco, Beafada, Mancanha, Bijago u. a.
Religionen: Muslime, Christen, Ethnische
Sprachen: Portugiesisch, Kreolisch, Regionalsprachen

WIRTSCHAFT

BIP: 1.43 Mrd. US$
Wachstum BIP: -2.4 %
BIP/Kopf: 790 US$
Inflation: 1.5 %
Außenhandel: Import 343 Mio. US$, Export 171 Mio. US$
Erwerbstätige nach Sektoren: Keine Angabe
Arbeitslosenquote: 3.2 %
CO_2-Emission/Kopf: 0.2 t

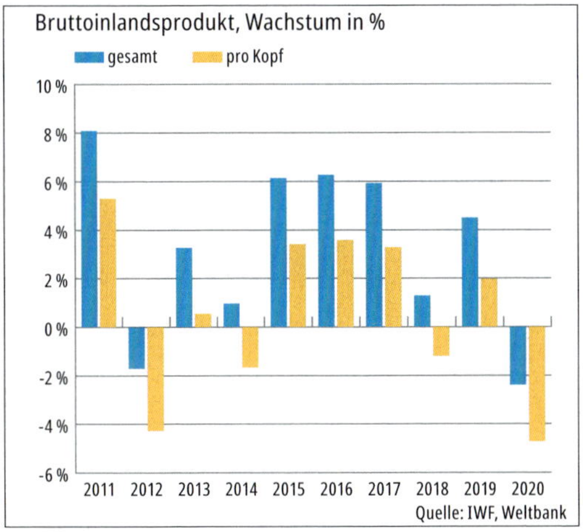

RÜCKBLICK

Anerkennung der Wahl: Zunächst hatten sich auch 2020 und 2021 die politischen Anspannungen nach dem chaotischen Wahlverlauf 2019 nicht entschärft. Zwar konnte Umaro Sissoco Embaló mit Hilfe des Militärs und nachträglichen internationalen Anerkennungen seiner Regierung letztendlich im Februar 2020 seine Amtszeit als Präsident antreten. Die zuvor regierende Oppositionspartei PAIGC, die sich nach der Wahl auch zum Sieger erklärt hatte, sprach jedoch weiterhin von **Wahlbetrug** und sogar von einem Putsch. Embaló konnte seine Macht jedoch **konsolidieren** und im Juni 2021 erkannte die PAIGC schlussendlich doch seinen Sieg an.

Wirtschaft: Nach der seit 2015 relativ positiven Entwicklung des jährlichen BIP-Wachstums kam es aufgrund der Maßnahmen gegen die Corona-Pandemie 2020 zu einer **Schrumpfung** um 2.4 %. Das ist primär auf die Entwicklungen des internationalen Preises für Cashews und der globalen Nachfrage nach den Nüssen im Angesicht der Pandemie zurückzuführen. Mehr als 80 % der Bevölkerung sind vom Anbau der **Cashewnüsse** abhängig. Sowohl Staatsschulden als auch Inflation stiegen in diesem Zusammenhang, jedoch jeweils weiterhin auf im regionalen Vergleich niedrigem Niveau.

Streiks: Im Kontext der angespannten ökonomischen Lage kam es in den letzten beiden Jahren zu diversen Streiks. Die Nationale Gewerkschaft der Arbeiter von Guinea-Bissau (UNTG) hatte seit November 2020 immer wieder zu Generalstreiks im **öffentlichen Dienst** aufgerufen, um unter anderem eine Verdopplung des Mindestlohns einzufordern. So waren beispielsweise Schulen und Krankenhäuser immer wieder von Schließungen betroffen.

Angriff auf Radiostation: Nachdem die heutige Oppositionspartei PAIGC, als sie 2019 noch an der Macht war, selbst **regierungskritische** Radiosender schließen ließ, wurde am 25.07.2020 wiederum eine die PAIGC unterstützende Radiostation angegriffen. Dabei wurde die Übertragungstechnik zerstört. Im Vorfeld erhielt der Sender diverse Drohungen. Unter Präsident Embaló wurde von einem immer **repressiveren Umgang** mit der Presse berichtet, seit Februar 2020 kam es zu mindestens 10 Übergriffen gegenüber Journalisten.

Corona-Pandemie: Nachdem es im regionalen Vergleich Anfang Mai 2020 zu überdurchschnittlich vielen Neuinfektionen kam, entspannte sich die epidemiologische Situation seitdem. Es wurde ein landesweiter Notstand ausgerufen, der auch 2021 immer wieder verlängert wurde.

Guyana

▸ 668

Ländername	Kooperative Republik Guyana
Zeitzone	MEZ -5 h
Fläche in km²	214 969 (Rang 83)
Anzahl der Einwohner	786 559 (Rang 161)
Einwohnerzahl pro km²	4 (Rang 188)
Hauptstadt	Georgetown
Amtssprache	Englisch
Verwaltungsgliederung	10 Regionen
Wichtige Städte	Georgetown, Linden, New Amsterdam, Corriverton
Autokennzeichen | ISO-Code	GUY | GUY
Währung	1 Guyana-Dollar = 100 Cents
Nationalfeiertag	23. Februar (Kooperative Republik 1970)

Das Land an der Nordostküste Südamerikas ist aufgrund seiner Kolonialgeschichte wirtschaftlich und kulturell eng mit den karibischen Inseln verbunden. Die Gegensätze zwischen den Bevölkerungsgruppen indischer und afrikanischer Abstammung führten in der Vergangenheit oft zu heftigen politischen und sozialen Konflikten. Neu entdeckte Erdölvorkommen schüren die Hoffnungen auf wirtschaftlichen Aufschwung.

GEOGRAFIE

Geografische Lage: Von 1°11' bis 8°33' nördlicher Breite sowie von 56°29' bis 61°24' westlicher Länge (Südamerika)
Höchster Punkt: Roraima 2810 m
Klima: Tropisches Regenwaldklima

POLITIK

Staatsform: Präsidiale Republik
Staatsoberhaupt: Präsident Mohamed Irfaan Ali (seit 02.08.2020)
Regierungschef: Premierminister Mark Phillips (seit 02.08.2020)
Regierungspartei: PPP (People's Progressive Party)
Legislative: Nationalversammlung mit 65 für 5 Jahre gewählten Mitgliedern
Jahr der Verfassung: 1980
Wahlrecht: 18 Jahre

BEVÖLKERUNG

Bevölkerungsanteil: <15 Jahre 27.7 %, 15–64 Jahre 65.3 %, >64 Jahre 7 %
Verteilung: Stadt 26.8 %, Land 73.2 %
Wachstum: 0.5 %
Lebenserwartung: Frauen 73 Jahre, Männer 67 Jahre
Alphabetenrate: Frauen 85 %, Männer 86.3 %
Bevölkerungsgruppen: Inder, Afrikaner, Mestizen, Indigene u. a.
Religionen: Christen, Hindus, Muslime, Sonstige
Sprachen: Englisch, Kreolisch, Hindi, Urdu

WIRTSCHAFT

BIP: 5.77 Mrd. US$
Wachstum BIP: 43.4 %
BIP/Kopf: 7327 US$
Inflation: 0.7 %
Außenhandel: Import 2.03 Mrd. US$, Export 2.46 Mrd. US$
Erwerbstätige nach Sektoren: Landwirtschaft 16.8 %, Industrie 22.9 %, Dienstleistungen 60.3 %
Arbeitslosenquote: 15.8 %
CO_2-Emission/Kopf: 1.9 t

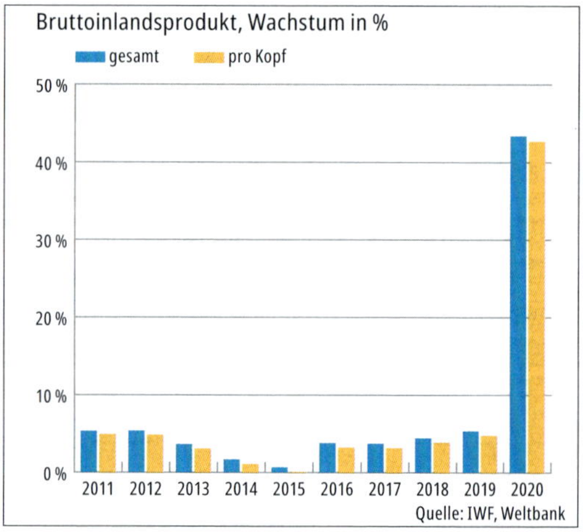

RÜCKBLICK

Corona-Pandemie: Obwohl das Land bereits im März 2020 sämtliche Grenzen schloss, wurde es schwer von der Pandemie getroffen. Im Oktober 2020 setzte der internationale Flugverkehr wieder ein. Die Landgrenzen waren auch im Juni 2021 weiter geschlossen und auch die nächtliche Ausgangssperre galt weiterhin.

Neuer Präsident und neue Regierung: Am 02.08.2020 wurde Mohamed Irfaan Ali als **neuer Staatspräsident** vereidigt. Vizepräsident wurde der ehemalige Staatspräsident Bharrat Jagdeo (1999–2011). Wenige Tage zuvor hatte die karibische Gemeinschaft (CARICOM) angeordnet, dass die Ergebnisse der Neuauszählung zu den Parlamentswahlen am 02.03.2020 als amtliches Wahlergebnis gelten. Die oppositionelle People's Progressive Party (PPP) von Mohamed Irfaan Ali kam demnach auf 50.7 % der Stimmen und sicherte sich mit 33 der insgesamt 65 Sitze in der Nationalversammlung die absolute Mehrheit. Im Vergleich zu den letzten Wahlen 2015 gewann sie eine Stimme hinzu. Die bisher regierende A Partnership for National Unity (APNU) erhielt 47.3 % und 31 Mandate, 2 weniger als bei den letzten Wahlen. Ein Sitz ging an ein Bündnis aus 3 weiteren Parteien. Insgesamt nahmen 9 Parteien an den Wahlen teil. Die Wahlbeteiligung lag bei 70.2 %.
Dieses Ergebnis stand bereits im Juni 2020 fest, aber aufgrund politischen und juristischen Tauziehens um die Gültigkeit der Stimmauszählung verzögerte sich die Bekanntmachung des Endergebnisses mehrfach. Die Neuauszählung hatte im Mai 2020 begonnen und wurde live im Fernsehen übertragen. Ihr waren ebenfalls wochenlange Verhandlungen und Betrugsvorwürfe vorausgegangen.
Nach dem Amtsantritt von Präsident Mohamed Irfaan Ali wurden am 02. und 05.08.2020 die Mitglieder der neuen Regierung vereidigt. Mark Philipps (PPP) steht der Regierung als **neuer Premierminister** vor, neuer Außenminister wurde Hugh Todd.
Die Parlamentswahlen vom 02.03.2020 galten als die wichtigsten Wahlen seit der Unabhängigkeit 1966, da 2016 vor der Küste des Landes eines der weltweit größten Erdölvorkommen gefunden worden war. Die von dem damaligen Präsidenten David Granger, ein Afro-Guyaner, mit ExxonMobil geführten Verhandlungen waren von der Indo-guyanischen Opposition als nicht ausreichend kritisiert worden. Nach einem Misstrauensantrag im Dezember 2018 waren nach einem monatelangen juristischen Streit Neuwahlen für den 02.03.2020 festgelegt worden.

Wirtschaft: ExxonMobil hatte Ende Januar 2020 ein weiteres Ölfeld entdeckt und seine Förderprognose von 6 auf 8 Mrd. Barrel Erdöl erhöht. Guyana war dadurch das einzige Land in der Region und eines der wenigsten weltweit, das 2020 keine Rezession erlebte, vielmehr wuchs das Bruttoinlandsprodukt um 43.4 %.

Haiti

▸ 665

Ländername	Republik Haiti
Zeitzone	MEZ -6 h
Fläche in km²	27 750 (Rang 144)
Anzahl der Einwohner	11.4 Millionen (Rang 82)
Einwohnerzahl pro km²	411 (Rang 21)
Hauptstadt	Port-au-Prince
Amtssprachen	Haitianisch, Französisch
Verwaltungsgliederung	10 Departements
Wichtige Städte	Port-au-Prince, Carrefour, Delmas, Pétionville, Gonaïves, Cap-Haïtien
Autokennzeichen | ISO-Code	RH | HTI
Währung	1 Gourde = 100 Centimes
Nationalfeiertag	1. Januar (Unabhängigkeit 1804)

Die ehemals reiche französische Plantagenkolonie erlebte im 19. und 20. Jahrhundert zahlreiche Aufstände und Diktaturen. Heute ist der Karibikstaat, der 1804 als erstes Land Lateinamerikas die Unabhängigkeit erreichte, wirtschaftlich und politisch zerrüttet. Die prekäre ökonomische und zivilgesellschaftliche Lage Haitis wurde durch die Erdbebenkatastrophe von 2010 verschärft und hält durch regelmäßig auftretende Naturkatastrophen bis heute an.

GEOGRAFIE

Geografische Lage: Von 18°02' bis 20°05' nördlicher Breite sowie von 71°38' bis 74°29' westlicher Länge (Karibik)
Höchster Punkt: Pic de la Selle 2680 m
Klima: Tropisch-wechselfeuchtes Klima mit Trockenzeit im Winter

POLITIK

Staatsform: Präsidiale Republik
Staatsoberhaupt: Präsident Jovenel Moïse (seit 07.02.2017)
Regierungschef: Premierminister Claude Joseph (seit 14.04.2021)
Regierungspartei: keine
Legislative: Parlament, bestehend aus Abgeordnetenkammer mit 119 für 4 Jahre gewählten Mitgliedern und Senat mit 30 für 6 Jahre gewählten Mitgliedern (alle 2 Jahre teilerneuert)
Jahr der Verfassung: 1987
Wahlrecht: 18 Jahre

BEVÖLKERUNG

Bevölkerungsanteil: <15 Jahre 32.5 %, 15–64 Jahre 62.4 %, >64 Jahre 5.1 %
Verteilung: Stadt 57.1 %, Land 42.9 %
Wachstum: 1.2 %
Lebenserwartung: Frauen 67 Jahre, Männer 62 Jahre
Alphabetenrate: Frauen 58.3 %, Männer 65.3 %
Bevölkerungsgruppen: Afrikaner, Mestizen, Europäer u. a.
Religionen: Christen, Ethnische, Sonstige
Sprachen: Haitianisch, Französisch

WIRTSCHAFT

BIP: 14.29 Mrd. US$
Wachstum BIP: -3.7 %
BIP/Kopf: 1253 US$
Inflation: 22.9 %
Außenhandel: Import 2.97 Mrd. US$, Export 721 Mio. US$
Erwerbstätige nach Sektoren: Landwirtschaft 28.3 %, Industrie 6.6 %, Dienstleistungen 65.1 %
Arbeitslosenquote: 14.5 %
CO_2-Emission/Kopf: 0.3 t

RÜCKBLICK

Corona-Pandemie: Das Land wurde vergleichsweise gering von der Pandemie betroffen, führte aber nur wenige Tests durch. Bis Anfang Juni 2021 gab es nach offiziellen Angaben lediglich rd. 15 000 registrierte Infektionen und rd. 320 Todesfälle.
Bis Ende Juni 2021 hatte die Impfkampagne noch nicht begonnen. Im April 2021 hatte die Regierung eine Lieferung von 456 000 Dosen des Impfstoffs AstraZeneca abgelehnt, die sie über die COVAX-Initiative erhalten sollte, Anfang Juni sagte sie der Lieferung doch noch zu. Bereits vor dem Ausbruch der Corona-Pandemie herrschte in dem Land eine **humanitäre Krise**, auch als Folge des schweren Erdbebens von 2010 mit rund 300 000 Todesopfern und dem anschließenden Ausbruch der Cholera. Zudem führte der **tropische Wirbelsturm Laura** am 23.08.2020 zu weiteren Zerstörungen durch heftige Regenfälle und Überschwemmungen. Nach einer Einschätzung des UN-Büros für humanitäre Angelegenheiten benötigt fast die Hälfte der Bevölkerung Haitis humanitäre Hilfe. Wirtschaftlich litt das Land unter der Pandemie auch dadurch, dass viele im Ausland lebende Haitianer ihre Arbeit verloren hatten und die Rücküberweisungen ausblieben. Vor Corona hatten diese mit rd. 30 % zum Bruttoinlandsprodukt beigetragen. Nachdem das BIP bereits 2019 einen Einbruch um 1.7 % verzeichnet hatte, brach die Wirtschaft 2020 um weitere 3.7 % ein.

Machtkampf um Präsidentenamt: Anfang Februar 2021 eskalierte ein Streit um die Rechtmäßigkeit der restlichen Amtszeit von Präsident Jovenel Moïse. Die Opposition forderte den Präsidenten auf, sein Amt bis zum 07.02.2021 aufzugeben. Nach Ablauf dieses Ultimatums kam es zu Protesten, bei denen mindestens 23 Personen verhaftet wurden, darunter ein Richter des Obersten Gerichtshofs und eine hohe Polizeioffizierin. Ihnen wurde die Beteiligung an einem Putschversuch vorgeworfen, bei dem der Präsident nach eigenen Angaben getötet werden sollte. Oppositionelle riefen am 08.02.2021 Joseph Mécène Jean-Louis, Richter des Obersten Gerichts, als **Übergangspräsidenten** aus. Damit hatte das Land zwei Präsidenten.
Jovenel Moïse war bei den Wahlen im Oktober 2015 gewählt worden, die Wahl wurde wegen Unstimmigkeiten 2016 wiederholt. Dadurch hatte Moïse das Amt des Präsidenten statt im Februar 2016 erst am 07.02.2017 angetreten. Die Opposition und Teile der Justiz sahen den Beginn seiner fünfjährigen Amtszeit 2016 und somit 2021 als beendet, nach Ansicht des Präsidenten endet sein Mandat erst im Februar 2022. In dieser Auffassung wurde er von der Organisation Amerikanischer Staaten und den USA unterstützt. Präsident Jovenel Moïse war in großen Teilen der Bevölkerung umstritten. Die Opposition erhob Korruptionsvorwürfe gegen ihn und brachte ihn in Verbindung mit gewalttätigen Gangs. Jovenel Moïse wurde in der Nacht zum 07.07.2021 von Angreifern in seinem Privathaus überfallen und erschossen. Nach der Ermordung wurden mehrere Verdächtige getötet. Vier „Söldner“ wurden erschossen und zwei weitere von der Polizei festgenommen.

Termine für Wahlen: Anfang Januar 2021 verkündete Präsident Jovenel Moïse unter dem Druck der Opposition den 19.09.2021 als Termin für die nächsten Präsidentschafts- und Parlamentswahlen. Die zweite Runde soll am 21.11.2021 stattfinden.

Die Parlamentswahlen hätten im Oktober 2019 abgehalten werden sollen, waren aber wegen gewalttätiger Proteste abgesagt worden. Nachdem im Januar 2020 die reguläre Legislaturperiode des Parlaments geendet hatte, hatte Präsident Jovenel Moïse das Parlament aufgelöst und regierte seitdem per Dekret und ohne legislative Kontrolle.

Verfassungsreferendum: Gleichzeitig mit dem Termin für die Präsidentschafts- und Parlamentswahlen legte Präsident Jovenel Moïse im Januar 2021 den Termin für ein Verfassungsreferendum am 25.04.2021 fest. Aufgrund der politischen Krise wurde dieser Termin zunächst auf den 27.06.2021 und dann auf den 26.09.2021 verschoben. Mit dem Referendum soll die Verfassung von 1987 u. a. dahingehend geändert werden, dass ein Präsident die Möglichkeit einer zweiten Amtszeit erhält und das Amt des Premierministers abgeschafft werden soll. Am 29.03.2021 demonstrierten Tausende gegen das geplante Referendum.

Rücktritt Premierminister: Am 13.04.2021 erklärte Premierminister Joseph Jouthe seinen Rücktritt. Er war am 02.03.2020 von Präsident Jovenel Moïse als dritter Premierminister innerhalb eines Jahres ernannt worden. Am 14.04.2021 ernannte Präsident Moïse den bisherigen Außenminister Claude Joseph interimsmäßig zum neuen Premierminister.

Kriminalität: Die soziale und politische Krise ging mit einer hohen Kriminalität einher. Am 01.09.2020 starben bei Auseinandersetzungen zwischen rivalisierenden Banden in Bel Air, einem Stadtteil von Port-au-Prince, mindestens 20 Menschen. Anfang Juni 2021 erreichte die Bandengewalt in der Hauptstadt Port-au-Prince einen neuen Höhepunkt, Hunderte Wohnhäuser und Geschäfte gerieten in Brand. Nach UN-Angaben wurden rd. 5600 Menschen aus der Stadt vertrieben. Kriminelle Banden versuchten immer wieder durch **Entführungen** Lösegeld zu erzwingen. Nach Angaben der Menschenrechtsorganisation Défenseurs Plus gab es 2020 rd. 1000 Entführungen. Die Angst vor Entführungen führte teilweise dazu, dass Schulen geschlossen blieben. Für Empörung sorgte im November 2020 die Ermordung der 22-jährigen Studentin Evelyne Sincère, deren Eltern das geforderte Lösegeld nicht aufbringen konnten. Am 11.04.2021 entführten mutmaßliche Mitglieder einer Gang mindestens 11 Menschen, darunter 5 Geistliche. Ein Priester und eine Nonne waren Franzosen. Die Entführer forderten 1 Mio. US$ Lösegeld, ließen die Entführten aber nach Vermittlung der französischen und der US-amerikanischen Botschaft wieder frei.

Honduras

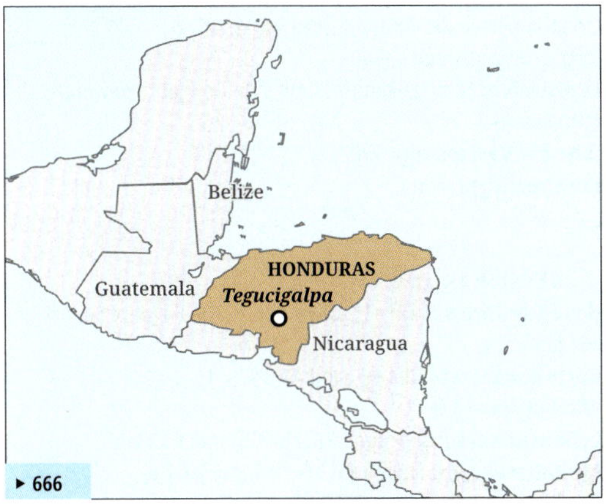

▸ 666

Ländername	Republik Honduras
Zeitzone	MEZ -7 h
Fläche in km²	112 492 (Rang 101)
Anzahl der Einwohner	9.9 Millionen (Rang 92)
Einwohnerzahl pro km²	88 (Rang 97)
Hauptstadt	Tegucigalpa
Amtssprache	Spanisch
Verwaltungsgliederung	18 Departements
Wichtige Städte	Tegucigalpa, San Pedro Sula, Choloma, La Ceiba, El Progreso
Autokennzeichen | ISO-Code	HN | HND
Währung	1 Lempira = 100 Centavos
Nationalfeiertag	15. September (Unabhängigkeit 1821)

Das mittelamerikanische Land hat seit seiner Unabhängigkeit zahlreiche Militärputsche erlebt. US-amerikanische Konzerne machten es Anfang des 20. Jahrhunderts zum weltweit größten Bananenexporteur. Seit Beginn der 1980er-Jahre waren die innenpolitischen Verhältnisse stabil. 2009 kam es zu einer schweren Verfassungs- und Staatskrise. Seither kommt es unter wechselnden Präsidenten immer wieder zu Unruhen und Massenprotesten. Das Land hat eine der höchsten Kriminalitätsraten weltweit, vor allem bei Tötungsdelikten.

GEOGRAFIE

Geografische Lage: Von 12°59' bis 16°30' nördlicher Breite sowie von 83°08' bis 89°22' westlicher Länge (Zentralamerika)
Höchster Punkt: Cerro Las Minas 2849 m
Klima: Tropisches Klima

POLITIK

Staatsform: Präsidiale Republik
Staatsoberhaupt und Regierungschef: Präsident Juan Orlando Hernández Alvarado (seit 27.01.2014)
Regierungspartei: keine
Legislative: Nationalkongress mit 128 für 4 Jahre gewählten Mitgliedern
Jahr der Verfassung: 1982
Wahlrecht: 18 Jahre

BEVÖLKERUNG

Bevölkerungsanteil: <15 Jahre 30.6 %, 15–64 Jahre 64.4 %, >64 Jahre 5 %
Verteilung: Stadt 58.4 %, Land 41.6 %
Wachstum: 1.6 %
Lebenserwartung: Frauen 78 Jahre, Männer 73 Jahre
Alphabetenrate: Frauen 87.3 %, Männer 87.1 %
Bevölkerungsgruppen: Mestizen, Indigene u. a.
Religionen: Christen, Sonstige
Sprachen: Spanisch, indigene Sprachen, Englisch

WIRTSCHAFT

BIP: 23.69 Mrd. US$
Wachstum BIP: -8 %
BIP/Kopf: 2383 US$
Inflation: 3.5 %
Außenhandel: Import 9.87 Mrd. US$ (Petrochemie 17 %, Chemische Erzeugnisse 16.4 %, Nahrungsmittel 15.8 %, Kfz und -Teile 7.1 %, Maschinen 6.1 %), Export 7.73 Mrd. US$ (Nahrungsmittel 63.6 %, Natürliche Öle, Fette und Wachse 5.3 %, Elektrotechnik 5 %, Rohstoffe außer Brennstoffe 4.2 %, Gold 4 %)
Erwerbstätige nach Sektoren: Landwirtschaft 30.1 %, Industrie 19.7 %, Dienstleistungen 50.2 %
Arbeitslosenquote: 9.4 %
CO_2-Emission/Kopf: 1.1 t

RÜCKBLICK

Corona-Pandemie: Das Land wurde schwer von der Pandemie getroffen, verlässliche Angaben zu Infektionszahlen gab es aber aufgrund mangelnder Tests nicht. Bis Juni 2021 waren rd. 250 000 Infektionen registriert worden. Die Impfkampagne verlief schleppend und startete erst Ende Februar 2021 nach der Schenkung von 5000 Impfdosen aus Israel. Im März 2021 begannen die Impfungen mit Impfstoffen aus der COVAX-Initiative.
Im Gegensatz zu anderen lateinamerikanischen Ländern erhielt Honduras keinen Impfstoff aus China, da das Land diplomatische Beziehungen zu Taiwan pflegt. Im Juni 2021 hielt die zu Beginn der Pandemie eingeführte landesweite nächtliche Ausgangssperre zwischen 22 und 5 Uhr an, bis Oktober 2020 hatte sie zwischen 20 und 6 Uhr bestanden. Tagsüber waren nur essentielle Aktivitäten erlaubt, teilweise nur an bestimmten Tagen, in Abhängigkeit von der letzten Ziffer der Ausweisnummer.

Wirtschaft: Die Pandemie traf die Wirtschaft hart. Das Bruttoinlandsprodukt sank 2020 um 8.0 %. Der IWF hatte dem Land im Juli 2019 einen Stand-by-Kredit in Höhe von 323 Mio. US$ gewährt und die Kreditsumme im Juni 2020 auf 557 Mio. US$ erhöht. Die Folgen der Pandemie und der Wirbelstürme Eta und Iota entzogen vielen Menschen die Lebensgrundlage und führten das Land in eine **humanitäre Krise**. Aus diesem Grund versuchten immer mehr Menschen, in die USA zu emigrieren. Am 15.01.2021 startete in San Pedro Sula eine Gruppe von rund 8000 Migranten in Richtung USA.

Präsident unter Druck: Am 30.03.2021 verurteilte ein US-Gericht in New York Juan Antonio Hernández, den Bruder von Staatspräsidenten Juan Orlando Hernández (seit 2014), wegen Rauschgiftschmuggels, Waffenvergehens und Falschaussage zu einer lebenslangen Haftstrafe. Zudem beschlagnahmte das Gericht mindestens 138.5 Mio. US$ an Einnahmen aus dem Drogenhandel. Hernández soll zwischen 2004 und 2018 daran beteiligt gewesen sein, mindestens 185 t Kokain in die USA gebracht zu haben. Er soll mit dem Drogengeld u. a. den Wahlkampf des Partido Nacional unterstützt und im Gegenzug Schutz vor Strafverfolgung erhalten haben. Präsident Juan Orlando Hernández soll ebenfalls in den Kokainschmuggel verwickelt gewesen sein, wurde jedoch nicht angeklagt.

Journalistenmorde: Internationales Aufsehen erregte der Mord an dem Reporter German Vallecillo und seinem Kameramann. Sie wurden in La Ceiba in ihrem Auto umgebracht. Nach Angaben der Nationalen Menschenrechtskommission wurden seit 2001 über 80 Journalisten ermordet. 97 % der Fälle wurden nicht aufgeklärt.

Tropenstürme Eta und Iota: Am 06.11.2020 führte Tropensturm Eta zu schweren Überschwemmungen. Der ehemalige Hurrikan durchzog das Land mit Windgeschwindigkeiten von bis zu 240 km/h und forderte mindestens 23 Menschenleben. Nach Schätzungen verursachte er wirtschaftliche Schäden in Höhe von 5 Mrd. US$ und betraf fast 1.6 Mio. Menschen. Zwei Wochen später verursachte Wirbelsturm Iota weitere Schäden und mindestens 16 Todesopfer.

Indien

▸ 698

Ländername	Republik Indien
Zeitzone	MEZ +4:30 h
Fläche in km²	3 287 263 (Rang 7)
Anzahl der Einwohner	1.4 Milliarden (Rang 2)
Einwohnerzahl pro km²	420 (Rang 18)
Hauptstadt	Neu-Delhi
Amtssprachen	Hindi, Englisch
Verwaltungsgliederung	28 Bundesstaaten und 8 Unionsterritorien
Wichtige Städte	Delhi, Mumbai, Kolkata, Bangalore, Chennai, Hyderabad, Ahmedabad, Surat, Pune, Jaipur
Autokennzeichen | ISO-Code	IND | IND
Währung	1 Indische Rupie = 100 Paise
Nationalfeiertage	26. Januar (Verfassung 1950), 15. August (Unabhängigkeit 1947), 2. Oktober (Geburtstag Mahatma Gandhis 1869)

Kaum ein anderes Land weist solche Gegensätze auf wie Indien, ist es doch zugleich rückständiges Agrarland und aufsteigende Industrienation. Die in jüngster Zeit stark wachsende Volkswirtschaft hat sich in der Informations- und Biotechnologie weltweit einen Namen gemacht. Starkes Bevölkerungswachstum und mangelhafte Infrastruktur bremsen aber die Entwicklung. Religiöse Konflikte sind bis heute neben dem vom Kastensystem geprägten sozialen Gefälle Ursachen innenpolitischer Auseinandersetzungen und Krisen. Im Schmelztiegel der verschiedensten Sprachen, Völker und Kulturen steht eine extrem arme Bevölkerungsmehrheit einer kleinen reichen Oberschicht gegenüber. Außenpolitische Spannungen birgt der Kashmirkonflikt mit dem muslimischen Nachbarland Pakistan, mit dem Indien die lange britische Kolonialvergangenheit teilt.

GEOGRAFIE

Geografische Lage: Von 6°45′ bis 35°30′ nördlicher Breite sowie von 68°09′ bis 97°22′ östlicher Länge (Südasien)
Höchster Punkt: Kanchenjunga 8586 m
Klima: Hochgebirgsklima in Kashmir und im Himalaja; im Norden subtropisches, im Süden tropisches Monsunklima

POLITIK

Staatsform: Parlamentarische Bundesrepublik
Staatsoberhaupt: Präsident Ram Nath Kovind (seit 25.07.2017)
Regierungschef: Premierminister Narendra Modi (seit 26.05.2014)
Regierungspartei: BJP (Bharatiya Janata Party)
Legislative: Parlament, bestehend aus Unterhaus mit 543 für 5 Jahre gewählten und 2 ernannten Mitgliedern und Oberhaus mit 233 für 6 Jahre gewählten und 12 ernannten Mitgliedern
Jahr der Verfassung: 1950
Wahlrecht: 18 Jahre

BEVÖLKERUNG

Bevölkerungsanteil: <15 Jahre 26.2 %, 15–64 Jahre 67.3 %, >64 Jahre 6.5 %
Verteilung: Stadt 34.9 %, Land 65.1 %
Wachstum: 1 %
Lebenserwartung: Frauen 71 Jahre, Männer 69 Jahre
Alphabetenrate: Frauen 65.8 %, Männer 82.4 %
Bevölkerungsgruppen: Inder u. a.
Religionen: Hindus, Muslime, Christen, Sonstige
Sprachen: Hindi, Englisch, Regionalsprachen

WIRTSCHAFT

BIP: 2.71 Bio. US$
Wachstum BIP: -8 %
BIP/Kopf: 1965 US$
Inflation: 6.2 %
Außenhandel: Import 371.92 Mrd. US$ (Erdöl 17.5 %, Chemie 14.6 %, Elektronik 10.6 %, Maschinen 7.3 %, Gold 6 %), Export 276.23 Mrd. US$ (Chemie 19.2 %, Nahrungsmittel 11.3 %, Textilien und Bekleidung 10.2 %, Petrochemie 9.5 %, Nichtmetallische Mineralien 7.4 %)
Erwerbstätige nach Sektoren: Landwirtschaft 41.5 %, Industrie 26.2 %, Dienstleistungen 32.3 %
Arbeitslosenquote: 7.1 %
CO_2-Emission/Kopf: 1.9 t

VERWALTUNGSGLIEDERUNG

Verwaltungseinheit	Fläche in km²	Einwohner	Hauptstadt
Andamanen und Nikobaren	8249	399 000	Fort Blair
Andhra Pradesh	162 970	52.5 Mio.	Amaravati (De-facto-Hauptstadt)
Arunachal Pradesh	83 743	1.5 Mio.	Itanagar
Assam	78 438	34.7 Mio.	Dispur
Bihar	94 163	121.3 Mio.	Patna
Chandigarh	114	1.2 Mio.	Chandigarh
Chhattisgarh	135 192	29.1 Mio.	Raipur
Dadra und Nagar Haveli und Daman und Diu	603	1 Mio.	Daman
Delhi	1483	20.2 Mio.	Delhi
Goa	3702	1.5 Mio.	Panaji
Gujarat	196 244	68.9 Mio.	Gandhinagar
Haryana	44 212	29.1 Mio.	Chandigarh
Himachal Pradesh	55 673	7.3 Mio.	Shimla
Jammu und Kashmir	42 241	13.3 Mio.	Srinagar und Jammu
Jharkhand	79 716	37.9 Mio.	Ranchi
Karnataka	191 791	66.3 Mio.	Bangalore
Kerala	38 852	35.3 Mio.	Thiruvananthapuram
Ladakh	59 146	295 000	Leh
Lakshadweep	30	68 000	Kavaratti
Madhya Pradesh	308 252	83.4 Mio.	Bhopal
Maharashtra	307 713	123.3 Mio.	Mumbai
Manipur	22 327	3.1 Mio.	Imphal
Meghalaya	22 429	3.3 Mio.	Shillong
Mizoram	21 081	1.2 Mio.	Aizawl
Nagaland	16 579	2.2 Mio.	Kohima
Odisha	155 707	43.9 Mio.	Bhubaneswar
Puducherry	490	1.5 Mio.	Puducherry
Punjab	50 362	30.1 Mio.	Chandigarh
Rajasthan	342 239	78.3 Mio.	Jaipur
Sikkim	7096	670 000	Gangtok
Tamil Nadu	130 060	76 Mio.	Chennai
Telangana	112 077	37.5 Mio.	Hyderabad
Tripura	10 486	4 Mio.	Agartala
Uttar Pradesh	240 928	227.9 Mio.	Lucknow
Uttarakhand	53 483	11.3 Mio.	Dehra Dun
West Bengal	88 752	97.5 Mio.	Kolkata

RÜCKBLICK

Corona-Pandemie: Indien war von der im Januar 2020 ausgebrochenen Corona-Pandemie in mehrfacher Hinsicht stark und nachhaltig betroffen: als dicht besiedeltes Land mit hohem Armutsanteil und unterdimensioniertem Gesundheitssystem sowie als Ort pharmazeutischer Forschung und größter Impfstoffproduzent der Welt. Nach den schwerwiegenden wirtschaftlichen Folgen der nationalen Ausgangssperre im Frühjahr 2020 setzte die Regierung darauf, durch eine **beschleunigte Entwicklung eines Impfstoffs** die Voraussetzung für eine Immunisierung der Bevölkerung und ein vielversprechendes Exportgut zu schaffen. Am 16.01.2021, nach einer Notfallzulassung eines von indischen Forschern entwickelten Vakzins, begann die Impfkampagne, die auch auf den in Lizenz produzierten Impfstoff eines europäischen Unternehmens zurückgreifen konnte. Bereits in der ersten Phase, als Senioren und Pflegepersonal im Zentrum standen, blieb das **Impftempo deutlich hinter den Zielen** zurück. Inzwischen hatten sich gegenüber dem Sommer 2020 die Prioritäten der Regierung verschoben, nicht zuletzt wegen der seit Herbst 2020 deutlich gesunkenen Ansteckungsraten, die von Wissenschaftlern auf einen mutmaßlich hohen Anteil von resistenten Genesenen zurückgeführt wurden. **Am 01.02.2021 erklärte Premierminister Modi den Kampf gegen die Seuche als gewonnen.** Modi nutzte die Situation zur Verbesserung seines internationalen Ansehens: Unter dem Schlagwort der **„Impffreundschaft"** stiftete die Regierung bis März 2021 mindestens 48 Ländern über 10 Mio. Dosen Impfstoff und sagte der COVAX-Initiative längerfristig die Lieferung von 1.1 Mrd. Dosen zu. Zu den Direktempfängern gehörten vorrangig benachbarte Staaten und Mitglieder des Commonwealth. Modi zeigte wiederholt seine Genugtuung über diese Leistungen der Pharmaindustrie, ein Aktivposten im **impfdiplomatischen Wettstreit mit der VR China**. Doch auf dem Höhepunkt des Selbstbewusstseins begann eine zweite Pandemiewelle: Nach einem Tiefpunkt am 12.02.2021 stieg die Zahl der gemeldeten Infektionen täglich an, im März wurde die Zunahme exponentiell. Dennoch lehnte die Regierung eine nationale Ausgangssperre ab, woraufhin die meisten Einzelstaaten diese Maßnahme verhängten. Das nationale **Exportverbot von Impfstoff** und auch einiger Medikamente für die Behandlung von COVID-19 war eine Reaktion auf den drohenden Kollaps des Gesundheitssystems, der sich besonders in der Hauptstadt abzeichnete: Die Krankenhäuser waren dem Ansturm von Erkrankten nicht mehr gewachsen, der Mangel an Betten und Sauerstoff verhinderte die Beatmung von Patienten. Der Preis für Sauerstoff schnellte in die Höhe, Krankenhäuser wiesen Hilfesuchende ab, die Krematorien konnten nicht mehr alle Verstorbenen einäschern. Die Bilder von offenen Feuern, in denen an COVID-19 Verstorbene inmitten der Städte verbrannt wurden, gingen im April um die Welt. Sie stammten überwiegend aus Delhi, wo die Kompetenzüberschneidungen zwischen nationaler Regierung, Stadtregierung und Bezirken wesentlich zum schlechten Management der Krise beitrugen. Auf nationaler Ebene waren die offiziellen Ansteckungs- und Todesraten inzwischen die höchsten der Welt: Am 01.05.2021 infizierten sich erstmals mehr als 400 000 Menschen an einem Tag, in Expertenkreisen wurden 10–30 mal höhere Zahlen diskutiert. Auch die offizielle Zahl von täglich 3500 Toten galt bei Experten wegen der hohen Dunkelziffer als wenig aussagekräftig und jedenfalls als deutlich zu niedrig. Als Treiber der rasanten Infektionswelle galten **Großveranstaltungen** wie das Kumbh Mela Fest in Haridwar, bei dem im April Zehntausende Gläubige dicht gedrängt im Ganges rituelle Bäder nahmen, oder **Kundgebungen während des Wahlkampfes** in verschiedenen Einzelstaaten, darunter Westbengalen und Tamil Nadu, bei denen Spitzenpolitiker, nicht zuletzt Premierminister Modi, demonstrativ den Kontakt zu den Anhängern suchten. In der Mittelschicht spielte der Binnentourismus eine Rolle. Auf der Suche nach der Ursache der weltweit höchsten Infektionsrate wurde auch eine als **„indische Mutante"** bezeichnete Virusmutation (B.1.617.2) diskutiert, die infektiöser war als das Ursprungsvirus und nach einer Untersuchung in Punjab den älteren Typus weitgehend verdrängte. Wegen der nur allmählich sinkenden Ansteckungszahlen – am 06.06.2021 wurden noch 114 460 Neuinfektionen registriert – wurde der Lockdown erst am 14.06.2021 in Delhi, Mumbai und einigen Flächenstaaten teilweise außer Kraft gesetzt. Bis Juni sank die Zahl der Neuinfektionen deutlich.

Wahlen: Die hindu-nationalistische Bharatiya Janata Party (BJP) von Premierminister Narendra Modi erzielte bei **Parlamentsnachwahlen** in 11 Bundesstaaten am 03.11.2020 erdrutschartige Gewinne: In den größeren Staaten nahm die BJP dem Indian National Congress (INC) in Gujarat sämtliche Mandate, in Madhya Pradesh 18 von 28 neu zu besetzenden Mandaten ab. Diese Erfolge gingen über die übliche Tendenz der Wähler hinaus, die in Neu-Delhi regierende Partei auch in den Einzelstaaten zu favorisieren. Die Erfolgsserie der BJP brachte diese ihrem Ziel näher, im gesamten Land zur dominierenden Partei aufzusteigen. Doch bei den **Parlamentswahlen in 6 Bundesstaaten** verebbte die Erfolgswelle der BJP: In Bihar, wo vom 27.10.–07.11.2020 ein neues Parlament gewählt wurde, setzte sich die Koalition aus Janata Dal und BJP nur knapp durch: Der dort seit 2005 nahezu ununterbrochen regierende Nitish Kumar wurde erneut Chefminister, musste jedoch zwei Regionalparteien an seinem Kabinett beteiligen. Die von der zweiten großen Corona-Welle überschatteten **Wahlen im April fielen für die BJP enttäuschend aus**: In Assam konnten sie ihre führende Position zwar behaupten, doch in Westbengalen, wo die BJP einen ungewöhnlich aufwendigen Wahlkampf geführt hatte, blieb der All India Trinamool Congress (TMC) mit großem Abstand stärkste Partei. Die populäre Chefministerin Mamata Banerjee, die als Gegenspielerin Narendra Modis auftrat, wurde am 05.05.2021 für ihre dritte Amtszeit vereidigt.

Bauernproteste: Reformen des Agrarmarkts im September 2020 lösten eine Protestwelle von Bauern aus. Kernkonflikt war die Liberalisierung der Preise, die mit der Abschaffung des Verkaufs von Grundnahrungsmitteln auf staatlichen Großhandelsmärkten verbunden war, die den Bauern einen Mindestpreis garantiert hatten. Seit November kam es zu Massendemonstrationen in Delhi, an denen sich besonders Bauern aus Haryana und dem Punjab beteiligten. Vertreter der Regierung werteten die Proteste, bei denen besonders Sikhs hervortraten, als unpatriotisch ab, insbesondere als sie Straßenblockaden am Nationalfeiertag am 26.01.2021 organisierten, in deren Verlauf einige von ihnen auch in das „Rote Fort", ein Nationaldenkmal, eindrangen und es zu gewaltsamen Auseinandersetzungen mit der Polizei kam. Wiederholte Konzessionsangebote der Regierung wurden von den Bauernvertretern als unzureichend zurückgewiesen. Unterstützung erhielten die Landwirte von verschiedenen Seiten: Der Oberste Gerichtshof setzte die Agrarreformgesetze am 12.01.2021 vorläufig außer Kraft und forderte die Regierung zur Bildung einer Vermittlungskommission auf. Internationale Klimaschutzaktivisten solidarisierten sich in sozialen Netzwerken mit den Bauern, woraufhin die Regierung Disha Ravi, Mitbegründerin der indischen Sektion von „Fridays for Future", unter dem Vorwurf aufrührerischer Aktivitäten am 14.02.2021 in Haft nahm; nach internationalen Protesten kam sie am 19.02.2021 wieder frei.

Frauenrechte: Die Vergewaltigung und Tötung einer jungen kastenlosen Frau in Uttar Pradesh durch vier Männer, die höheren Kasten angehörten, löste im September 2020 Protestkundgebungen und Solidaritätsbekundungen aus. Insbesondere waren daran weibliche Dalit (Kastenlose) beteiligt. Im November erschien eine Studie, die dokumentierte, dass 80 % der Vergewaltigungen in Indien von Angehörigen höherer sozialer Schichten an kastenlosen Frauen verübt werden, denen der Zugang zu Polizei und Justiz erschwert ist. Die Zahl der gemeldeten Vergewaltigungsdelikte ist seit der Protestwelle 2012, nach einer Gruppenvergewaltigung in Delhi, angestiegen. Doch eine effektive Strafverfolgung ist damit nicht verbunden, wie das Verhalten der Polizei von Uttar Pradesh erneut zeigte.

Terrorismus: Der Dauerkonflikt mit den maoistischen Naxaliten nahm 2020 gegenüber dem Vorjahr an Intensität leicht ab, es wurden 239 Todesopfer gezählt, darunter 134 Naxaliten, 44 Soldaten und 61 Zivilisten. Die Anschläge waren nicht auf die traditionellen Hochburgen wie Odisha und Chhattisgarh beschränkt, sondern ereigneten sich auch in Kerala und Arunachal Pradesh. Eine im Januar 2021 begonnene Offensive der Sicherheitskräfte erhöhte die Opferraten. Am 03.04.2021 eröffneten die Naxaliten in Chhattisgarh ihre größte Offensivoperation seit 2017 und töteten 22 Soldaten.

Kashmirkonflikt: Die Spannungen in Jammu und Kashmir nahmen zu und spornten militante Organisationen zu Attacken auf Sicherheitskräfte, regierungsnahe Funktionäre und Beamte an – ein führender BJP-Politiker wurde am 08.07.2020 in Bandipora Opfer eines Attentats, in Srinagar kam es zu offenen Gefechten zwischen Sicherheitskräften und militanten Separatisten. Insgesamt nahm die Zahl der Opfer von Kämpfen und Anschlägen 2020 gegenüber dem Vorjahr mit 321 um etwa 12 % zu. Die Regierung in Delhi beschuldigte aus Pakistan eingedrungene Extremisten, für die Gewalt verantwortlich zu sein, doch ein im Juli bekannt gewordener Geheimdienstbericht widersprach dieser Behauptung und verwies darauf, dass 95 % der im ersten Halbjahr 2020 getöteten Extremisten Einheimische aus Jammu und Kashmir gewesen seien. Auch unter gemäßigten Politikern stieg der Unmut über die Politik der Regierung, die 2019 den Autonomiestatus der Region aufgehoben und tausende führende Repräsentanten der muslimischen Bevölkerungsmehrheit inhaftiert hatte. Zum Jahrestag dieser Entscheidung am 05.08.2020 verhängte die Regierung eine Ausgangssperre. Am 06.08.2020 wurde der BJP-Politiker Manoj Singh zum Gouverneur von Jammu und Kashmir ernannt; als Voraussetzung für Neuwahlen kündigte Premierminister Modi am 15.08.2020 eine Wahlkreisreform an. Am 22.08.2020 reagierten die gemäßigten Parteien mit einer gemeinsamen Erklärung, in der sie die Wiederherstellung der verfassungsmäßigen Autonomierechte forderten. Die Regierung blieb auf Konfrontationskurs. Am 17.07.2020 wurde

Indische paramilitärische Einheiten patroullieren durch Srinagar am 07.04.2021.

die Abwicklung und Privatisierung zahlreicher Staatsbetriebe angekündigt, darunter einer Dachorganisation für kleinere Betriebe der Region. Die oppositionellen Parteien sahen darin den Ausdruck einer „Kolonialisierung“ Kashmirs. In diesem Zusammenhang blieb auch die Aufhebung des Verbots zum Erwerb von Grundeigentum durch Auswärtige ein heftig umstrittenes Projekt der Regierung, dessen erneute Ankündigung am 27.10.2020 zu einer Protesterklärung der Oppositionsparteien Anlass gab. Die Regierung in Delhi, die am 18.08.2020 den Abzug von 10 000 im Vorjahr zusätzlich stationierten Paramilitärs ankündigte, weil sich die Sicherheitslage verbessert habe, beurteilte die politische Situation allem Anschein nach weiterhin als prekär: Zahlreiche Vertreter der muslimischen Intelligenz blieben aufgrund des „Public Security Act“ in Haft; die nach 14 Monaten Haft am 13.10.2020 entlassene frühere gemäßigte Chefministerin Mehbooba Mufti, die bis 2018 eine Koalitionsregierung ihrer People's Democratic Party (PDP) mit der BJP geführt hatte, wurde danach mehrfach mit Hausarrest belegt. Die Kommunalwahlen im November und Dezember wurden von Gewaltanschlägen überschattet. In der Hauptstadt Srinagar, wo die Kongresspartei und die PDP die Wahl boykottierten, wurde am 27.11.2020 Junaid Azim Mattu zum neuen Bürgermeister gewählt, der nach seiner Wahl der Jammu Kashmir Apni Party beitrat, die gute Beziehungen zur Regierung in Delhi unterhält.

Pakistan: Die indische Politik in Jammu und Kashmir verschärfte die bilateralen Spannungen, an der Waffenstillstandslinie („Line of Control“) nahmen 2020 die Zwischenfälle mit Opfern unter Soldaten und Zivilisten zu. Auf der UN-Generalversammlung machte sich Pakistan erneut zum Anwalt der muslimischen Bevölkerungsmehrheit in Jammu und Kashmir, Premier Imran Khan kündigte außerdem an, dass Pakistan nun seinerseits das von ihm besetzte Territorium Gilgit-Baltistan zu einem Bundesstaat aufwerten werde. Schon die Eröffnung eines Wasserkraftwerks in Gilgit-Baltistan durch Khan am 14.07.2020 hatte zu einer Protestnote Delhis Anlass gegeben. Eine **überraschende Wendung** erfolgte am 25.02.2021, als beide Seiten nach Geheimverhandlungen den **Waffenstillstand** erneuerten und ihn in den kommenden Monaten auch einhielten. **Weitere Entspannungssignale** folgten: Am 23.03.2021, dem pakistanischen Nationalfeiertag, übermittelte Premier Modi den Wunsch nach herzlichen bilateralen Beziehungen, auch der pakistanische Armeechef Qamar Javed Bajwa gab eine gleichgerichtete Erklärung ab. Am 23./24.03.2021 kam in Delhi erstmals seit August 2019 wieder die gemeinsame Indus-Kommission zu Beratungen zusammen, die Pakistan nach der Aufhebung der Autonomie von Jammu und Kashmir abgebrochen hatte.

VR China: Die Rivalität zwischen beiden Mächten bekam durch den Kashmir-Konflikt weitere Nahrung. Das chinesisch-pakistanische Projekt eines Wirtschaftskorridors CPEC verläuft durch den pakistanisch besetzten Teil Kashmirs – das am 14.07.2020 eröffnete Wasserkraftwerk in Gilgit-Baltistan wurde von der VR China mitfinanziert, was in Delhi Besorgnis auslöste. Nachdem im Juni 2020 bei handgreiflichen Auseinandersetzungen zwischen Grenztruppen im Galwan-Tal an der Waffenstillstandslinie („Line of Actual Control") 20 indische und 4 chinesische Soldaten – überwiegend durch Abstürze – ums Leben gekommen waren, kam es im August und September zu weiteren Auseinandersetzungen zwischen Grenztruppen, bei denen seit Jahrzehnten erstmals wieder Schusswaffen zum Einsatz kamen; eine russische Vermittlung am 04.09.2020 scheiterte zunächst. Beide Seiten verständigten sich erst am 11.02.2021 auf einen beiderseitigen Rückzug der Truppen aus umstrittenen Zonen; außerdem wurden weitere Konsultationen angekündigt, um den Grenzstreit beizulegen.

USA: Die Regierung setzte angesichts der zunehmenden Spannungen mit der VR China ihren Kurs der engen Anlehnung an die USA fort: Das Treffen der Außenminister der vier Partnerstaaten USA, Japan, Indien und Australien („Quad") am 06.10.2020 in Tokio war ausdrücklich den Herausforderungen durch die Politik Pekings gewidmet. Der Besuch des US-Verteidigungsministers Mark Esper in Delhi vom 26./27.10.2020 diente der Teilhabe Indiens am militärischen Informationsaustausch via Satellit; vom 17.–20.11.2020 veranstalteten die vier Quad-Partner eine gemeinsame Marineübung im Golf von Bengalen, die USA entsandten den Flugzeugträger „Nimitz". Auch nach dem Regierungswechsel in Washington änderte sich an den Prioritäten in den bilateralen Beziehungen nichts: In einem Telefonat der beiden Regierungschefs am 08.02.2021 wurde eine Vertiefung der indo-pazifischen Kooperation verabredet.

Wirtschaft: Der Lockdown im März 2020 löste einen Einbruch der Wirtschaftstätigkeit aus, der im bis 31.03.2021 laufenden Fiskaljahr eine Schrumpfung der Wirtschaftsleistung um 7–8 % bewirkte. Seit September 2020 waren Signale für einen Aufschwung zu erkennen, die Regierung erhöhte ihre Ausgaben, doch blieben die privaten Investitionen und Konsumausgaben schwach, ein Großteil der Bankkredite diente zur Liquidität der von der Pandemie getroffenen Dienstleister. Die gestiegene Inflation, insbesondere der Preisanstieg bei Lebensmitteln, belastete die privaten Haushalte. Die Notenbank hielt die Zinsen deutlich unterhalb der Inflationsrate, um die Wirtschaft anzukurbeln. Um Erschütterungen des Finanzmarkts zu verhindern, verbot die Notenbank im September 2020 den Geschäftsbanken, die Größenordnung fauler Kredite zu veröffentlichen. Am 01.03.2021 wurde dieses Verbot gelockert, doch setzte die Regierung den Grenzwert für Notleidende Kredite von 100 000 auf 10 Mio. Rupien herauf. Das Budget für das Fiskaljahr 2021 sah eine Nettokreditaufnahme im Umfang von 6.8 % des BIP vor, deutlich oberhalb der mittelfristig gesetzten Obergrenze von 4.5 %.

Religion: Am 05.08.2020 legte Premierminister Modi in Ayodhya den Grundstein zum umstrittenen Bau eines Hindu-Tempels; in seiner Rede bezeichnete er dies als neues Kapitel in der ruhmreichen Geschichte Indiens, weil damit der Geburtsort des Gottes Ram „befreit" werde. Bis zu ihrer Zerstörung durch marodierende Hindus 1992 hatte dort die Babri-Moschee gestanden, das seither betriebene hindu-nationalistische Neubauprojekt war erst 2019 vom Obersten Gerichtshof gebilligt worden. In den kommenden Monaten kam es wiederholt zu Zusammenstößen von Muslimen und Hindus, besonders in Uttar Pradesh. Dort wie in Bihar wurden einzelne Muslime wiederholt Opfer von hinduistischen Mobs. Am 22.11.2020 verabschiedete das von der BJP dominierte Parlament von Uttar Pradesh ein **antimuslimisches Gesetz**, das die „Zwangsbekehrung" hinduistischer Frauen durch die Heirat mit einem muslimischen Mann verbot. Dieses faktische Verbot von Mischehen begründeten Hindu-Nationalisten damit, es gelte, die angebliche muslimische Praxis des „Love Jihad" zu unterbinden.

Indonesien

▸ 702

Ländername	Republik Indonesien
Zeitzonen	MEZ +6 h bis +8 h
Fläche in km²	1 910 931 (Rang 14)
Anzahl der Einwohner	273.5 Millionen (Rang 4)
Einwohnerzahl pro km²	143 (Rang 62)
Hauptstadt	Jakarta
Amtssprache	Indonesisch
Verwaltungsgliederung	32 Provinzen, 1 Sonderregion und 1 Hauptstadtdistrikt
Wichtige Städte	Jakarta, Bekasi, Surabaya, Depok, Bandung, Tangerang, Medan, Semarang, Palembang, Makassar
Autokennzeichen | ISO-Code	RI | IDN
Währung	1 Rupiah = 100 Sen
Nationalfeiertag	17. August (Unabhängigkeit 1945)

Die mit Indonesien verbundenen Superlative – der größte Inselstaat der Welt, das bevölkerungsreichste islamische Land, 350 Ethnien mit mindestens ebenso vielen Sprachen und Dialekten, der artenreichste tropische Regenwald – verweisen auf die großen Herausforderungen, denen sich das südostasiatische Land stellen muss, um die innere Einheit, den demokratischen Wandel und die wirtschaftliche Prosperität zu sichern sowie zugleich den gesellschaftlichen Frieden und das reiche Naturerbe zu bewahren.

GEOGRAFIE

Geografische Lage: Von 5°55′ nördlicher bis 10°55′ südlicher Breite sowie von 95°01′ bis 140°59′ östlicher Länge (Südostasien)
Höchster Punkt: Puncak Jaya 4884 m
Klima: Tropisches Monsunklima

POLITIK

Staatsform: Präsidiale Republik
Staatsoberhaupt und Regierungschef: Präsident Joko Widodo (seit 20.10.2014)
Regierungspartei: PDI-P (Partai Demokrasi Indonesia - Perjuangan)
Legislative: Volksversammlung, bestehend aus Repräsentantenhaus mit 575 für 5 Jahre gewählten Mitgliedern und Regionalversammlung mit 136 für 5 Jahre gewählten Mitgliedern
Jahr der Verfassung: 1945
Wahlrecht: 17 Jahre

BEVÖLKERUNG

Bevölkerungsanteil: <15 Jahre 25.9 %, 15–64 Jahre 67.8 %, >64 Jahre 6.3 %
Verteilung: Stadt 56.6 %, Land 43.4 %
Wachstum: 1.1 %
Lebenserwartung: Frauen 74 Jahre, Männer 70 Jahre
Alphabetenrate: Frauen 94 %, Männer 97.3 %
Bevölkerungsgruppen: Javaner, Sundanesen, Malaien, Bataker, Maduresen, Betawi, Minangkabau, Buginesen, Bantenesen u. a.
Religionen: Muslime, Christen, Hindus
Sprachen: Indonesisch, Englisch, Niederländisch, Javanisch u. a.

WIRTSCHAFT UND VERKEHR

BIP: 1.06 Bio. US$
Wachstum BIP: -2.1 %
BIP/Kopf: 3922 US$
Inflation: 2 %
Außenhandel: Import 141.62 Mrd. US$ (Maschinen 14.9 %, Chemie 14.1 %, Nahrungsmittel 9.1 %, Elektronik 8 %, Petrochemie 7.6 %), Export 163.31 Mrd. US$ (Kohle 13 %, Öle, Fette und Wachse 10 %, Rohstoffe außer Brennstoffe 8.9 %, Nahrungsmittel 7.9 %, Chemie 7.8 %)
Erwerbstätige nach Sektoren: Landwirtschaft 27.7 %, Industrie 22.6 %, Dienstleistungen 49.7 %
Arbeitslosenquote: 4.1 %
CO_2-Emission/Kopf: 2.3 t

RÜCKBLICK

Corona-Pandemie: Kontaktbeschränkungen wurden eher behutsam verordnet, allein die Schulen blieben seit März 2020 durchgehend geschlossen. Die Statistiken gaben in dem zerklüfteten Inselstaat nur die Tendenz des Infektionsgeschehens wieder: Die Öffnung des Fremdenverkehrs im Dezember hatte zu einem raschen Anstieg der Fallzahlen geführt. **Bei der Impfung der Bevölkerung ging das Land unkonventionelle Wege**: Im Januar begann man, nach der öffentlichkeitswirksamen Impfung von Präsident Joko Widodo und der Unbedenklichkeitserklärung muslimischer Autoritäten, mit der Impfung des medizinischen Personals, gefolgt vom Öffentlichen Dienst; gemäß **Priorisierung** wurde die erwachsene Bevölkerung im arbeitsfähigen Alter vor den vulnerableren Älteren geimpft. Im Februar wurde eine **zusätzliche Impfkampagne durch die Industrie- und Handelskammer** beauftragt. Dieser VCR impfte seit dem 17.05.2021 die Beschäftigten der Unternehmen und deren Angehörige. Der **Mangel an Impfstoffen** hemmte indes beide Kampagnen, seit dem Höhepunkt am 26.03.2021 ging die Zahl der täglich Geimpften rasch zurück. Dazu trugen auch bürokratische Schikanen und logistische Probleme bei: Der öffentliche Gesundheitsdienst griff zunächst und dann überwiegend auf seit Dezember 2020 von der VR China gelieferte oder von arabischen Staaten gespendete Vakzine zurück; seit März 2021 wurde das Land auch im Rahmen der COVAX-Initiative beliefert. Der VCR wurde von der staatlichen Verteilungsagentur bei der Vakzinzuteilung nachrangig behandelt, um den Verdacht einer unlauteren Privilegierung von vornherein zu vermeiden. Bis zum 10.06.2021 waren erst knapp 30 Mio. Impfdosen verabreicht worden. Seit dem 06.06.2021 stieg die Zahl der Infizierten exponentiell an; täglich wurden Zehntausende neue Kranke registriert. Das Rote Kreuz warnte am 29.06.2021 davor, die Pandemie könne katastrophale Ausmaße annehmen.

Wirtschaftsreformen: Am 05.10.2020 verabschiedete das Parlament ein von der Regierung als „Gesetz zur Schaffung von Arbeitsplätzen" bezeichnetes Gesetz, das Normen in insgesamt 79 bestehenden Gesetzen grundlegend veränderte und deshalb in der Öffentlichkeit „**Omnibus-Gesetz**" genannt wurde. Es war Ziel des Projekts der Regierung, die Wirtschaft durch **Entbürokratisierung** zu entfesseln und das Land für ausländisches Kapital attraktiver zu machen. Neben der Beschleunigung von Antragsverfahren, der Entschärfung von Umweltauflagen und der Gründung eines Staatsfonds für Investitionshilfen standen **Eingriffe in das Arbeitsrecht im Zentrum der Reform**: Kündigungen von Arbeitnehmern wurden erleichtert, Leih- und Zeitarbeit ausgeweitet, Mindestlöhne gesenkt. Die Reform löste **wochenlang Protestdemonstrationen** aus, zu denen Gewerkschaften, Menschenrechtsgruppen und Umweltorganisationen aufriefen. Sie waren nicht nur auf die Hauptstadt beschränkt, sondern griffen auf Yogyakarta, Medan, Palembang und Makassar über. Neben dem Eingriff in Arbeitnehmerrechte standen die direkten Einflussnahmen von Unternehmerverbänden auf das Gesetzesprojekt im Zentrum der Kritik. Auf dem Höhepunkt der Demonstrationen kam es zu schweren **Auseinandersetzungen mit der Polizei**: Vom 05.10.–09.10.2021 wurden dabei mehr als 100 Demonstranten verletzt, etwa 4000 wurden inhaftiert.

28.10.2020 in Jakarta: Tausende Studenten demonstrieren gegen das „Omnibus-Gesetz".

Korruption: Die Antikorruptionsbehörde KPK ließ am 25.11.2020 bzw. 06.12.2020 zwei amtierende Minister verhaften: Fischereiminister Edhy Prabowo hatte Schmiergeld für die Lockerung bestandsschonender Exportbeschränkungen kassiert; Sozialminister Juliari Batubara soll von Unternehmen Bestechungsgelder für die Vergabe von COVID-19-Hilfspaketen gefordert haben.

Islamismus: Im November 2020 kehrte der Führer der Islamischen Verteidigungsfront (FDI), Rizieq Shihab, aus dem Exil in Saudi-Arabien zurück, wohin er 2017 nach einer Pornographie-Anklage ausgewichen war, die inzwischen von der Staatsanwaltschaft fallengelassen worden war. Er hielt mehrere Massenveranstaltungen ab, bei denen demonstrativ die Corona-Regeln missachtet wurden. Bei einer Auseinandersetzung am 07.12.2020 wurden 6 bewaffnete Leibwächter von Sicherheitskräften erschossen, der FDI-Führer am 12.12.2020 verhaftet. Am 30.12.2020 wurde die FDI als terroristische Organisation verboten, Rizieq Shibab am 27.05.2021 zu 8 Monaten Haft wegen Verstößen gegen die Corona-Verordnungen verurteilt. Zunehmenden Islamisierungstendenzen begegnete die Regierung, als sie am 03.02.2021 in einer vielbeachteten Verordnung die Ausweitung von Verschleierungsanordnungen in Schulen auf Nichtmuslime untersagte, die sich in einigen Regionen, darunter Aceh, eingebürgert hatte. Hingegen gab die vorzeitige Haftentlassung des islamistischen Predigers Abu Bakar Bashir am 08.01.2021, der als Drahtzieher des Terroranschlags auf Bali 2002 gilt, radikalen Tendenzen Auftrieb. Im Berichtsjahr wurden von Islamisten auf Sulawesi wiederholt tödliche Attentate auf Christen verübt.

Papua: Spannungen und Gewalt in den beiden Provinzen auf der Insel nahmen zu: Am 29.04.2021 erklärte die Regierung zahlreiche separatistische Verbände zu „terroristischen Organisationen"; der Sprecher des West Papua National Committee, Victor Jaimo, wurde am 09.05.2021 in Jayapura wegen seiner Befürwortung eines Unabhängigkeitsreferendums im Vorfeld der Unruhen 2019 verhaftet; Human Rights Watch sprach von einer politisch motivierten Anklage und forderte Jaimos Freilassung.

Wirtschaft: 2020 fiel die Wirtschaft erstmals seit der Asienkrise 1998 in eine **Rezession**: Die Wirtschaftsleistung schrumpfte um 2.1 %. Die Arbeitslosenquote erreichte im August 2020 mit 7.1 % den höchsten Stand seit 2011. Verglichen mit anderen Volkswirtschaften der Region fiel der Corona-Schock aber schwächer aus, weil der Tourismus (mit Ausnahme Balis) eine geringere Rolle spielt und das Anziehen der Rohstoffpreise half – besonders die Nachfrage nach Holz und Palmöl war hoch. Hinzu kam die Rücksichtnahme auf die Belange der Industrie beim Erlass von Corona-Maßnahmen und ein **staatliches Konjunkturpaket** in Höhe von 46.7 Mrd. US$. Es beinhaltete neben Arbeitsersatzleistungen und freien ärztlichen Dienstleistungen im Rahmen der Pandemiebekämpfung eine Ermäßigung der Körperschaftssteuer. Der Etat 2021 setzte diese Linie fort und sah eine Neuverschuldung von 5.7 % des BIP vor. Die strukturell gesunde Finanzsituation gestattete eine antizyklische Fiskalpolitik, der Schuldenstand des Staates stieg schnell von 30 auf 38.8 % des BIP. Daneben verfolgte die staatliche Wirtschaftspolitik auch **strategische Ziele**: Durch ein Exportverbot für Nickel versuchte die Regierung den Aufbau einer einheimischen Batterieproduktion zu fördern. Dies verschärfte **handelspolitische Spannungen**: Die EU verklagte Indonesien am 25.01.2021 vor dem Schiedsgericht der WTO wegen der Subventionen für Nickel und Stahl; Jakarta hat dort umgekehrt gegen europäische Zölle auf Palmöl geklagt. Der kurzfristige Rückgang der Konsumentennachfrage verstellte nicht den Blick auf die **wachsende Bedeutung des indonesischen Marktes, insbesondere für Digitalunternehmen**: Im Mai 2021 wurde der Zusammenschluss des erfolgreichen Vermittlungsdienstleisters Gojek mit dem E-Commerce-Unternehmen Tokopedia bekanntgegeben.

Sonstiges: Am 21.04.2021 sank vor Bali aus ungeklärter Ursache eines der 5 Unterseeboote der Marine. Nach einer mehrtägigen Suchaktion gab die Marineleitung am 25.04.2021 den Tod aller 53 Besatzungsmitglieder bekannt.

Irak

▸ 691

Ländername	Republik Irak
Zeitzone	MEZ +2 h
Fläche in km²	435 052 (Rang 58)
Anzahl der Einwohner	40.2 Millionen (Rang 36)
Einwohnerzahl pro km²	92 (Rang 94)
Hauptstadt	Bagdad
Amtssprachen	Arabisch, Kurdisch
Verwaltungsgliederung	18 Bezirke
Wichtige Städte	Bagdad, Mossul, Basra, Kirkuk, Nadschaf, Arbil, Sulaimaniya, Kerbela
Autokennzeichen | ISO-Code	IRQ | IRQ
Währung	Irak-Dinar
Nationalfeiertag	3. Oktober (Unabhängigkeit 1932)

Der Kernraum des Iraks, das durch die Flüsse Euphrat und Tigris begrenzte Mesopotamien, war die Wiege einer der ersten Hochkulturen der Menschheit. Seinen heutigen Namen erhielt der Irak erst nach der Eroberung durch die Araber. Reiche Erdölvorkommen ließen die Wirtschaft in der zweiten Hälfte des 20. Jahrhunderts stark wachsen. Die langen Jahre der Diktatur Saddam Husseins und der 3. Golfkrieg endeten in einem Desaster, aus dem sich das Land bis heute mühsam zu befreien sucht.

GEOGRAFIE

Geografische Lage: Von 29°04' bis 37°23' nördlicher Breite sowie von 38°46' bis 48°34' östlicher Länge (Vorderasien)
Höchster Punkt: Cheekha Dar 3611 m
Klima: Von Westen nach Osten Übergang vom Wüsten- über Halbwüstenklima zu einem subtropischen sommertrockenen Klima; im Nordosten herrscht ein winterfeuchtes Steppenklima vor

POLITIK

Staatsform: Parlamentarische Bundesrepublik
Staatsoberhaupt: Präsident Barham Salih (seit 02.10.2018)
Regierungschef: Ministerpräsident Mustafa al-Kadhimi (seit 07.05.2020)
Regierungspartei: keine
Legislative: Repräsentantenrat mit 329 für 4 Jahre gewählten Mitgliedern
Jahr der Verfassung: 2005
Wahlrecht: 18 Jahre

BEVÖLKERUNG

Bevölkerungsanteil: <15 Jahre 37.7 %, 15–64 Jahre 58.8 %, >64 Jahre 3.5 %
Verteilung: Stadt 70.9 %, Land 29.1 %
Wachstum: 2.3 %
Lebenserwartung: Frauen 73 Jahre, Männer 69 Jahre
Alphabetenrate: Frauen 44 %, Männer 56.2 %
Bevölkerungsgruppen: Araber, Kurden u. a.
Religionen: Muslime (v. a. Schiiten), Christen, Sonstige
Sprachen: Arabisch, Kurdisch, Turkmenisch u. a.

WIRTSCHAFT

BIP: 172.12 Mrd. US$
Wachstum BIP: -10.9 %
BIP/Kopf: 4289 US$
Inflation: 0.6 %
Außenhandel: Import 43.3 Mrd. US$ (Maschinen und Fahrzeuge 38.5% Industriell gefertigte Waren 27.2% Mineralöle 9.8% Chemikalien 6.7% %, Pflanzliche und tierische Öle und Fette 6.4 %), Export 39.34 Mrd. US$ (Erdöl 99.9 %)
Erwerbstätige nach Sektoren: Landwirtschaft 17.8 %, Industrie 22.4 %, Dienstleistungen 59.8 %
Arbeitslosenquote: 13.7 %
CO_2-Emission/Kopf: 4.9 t

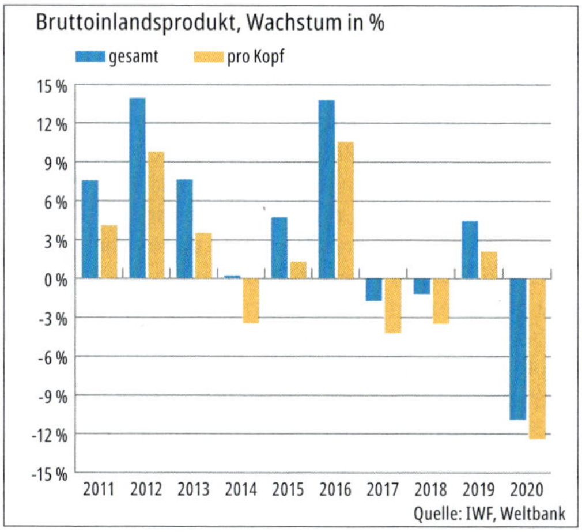

RÜCKBLICK

Papstbesuch: Vom 05.03.–08.03.2021 weilte Papst Franziskus zu einem Besuch im Irak. Diese erste Visite eines Papstes überhaupt wurde nicht nur von den noch rund 300 000 Christen im Land erfreut begrüßt, sondern ebenso von großen Teilen der muslimischen Bevölkerungsmehrheit. In Nadschaf traf der Papst mit dem einflussreichen schiitischen Großayatollah Ali as-Sistani zusammen. Dieser betonte, er wünsche sehr, dass die irakischen Christen in Sicherheit und Frieden und mit vollen verfassungsmäßigen Rechten im Land leben könnten. In Ur, das in der jüdischen, christlichen und islamischen Tradition als Heimatstadt des biblischen Erzvaters Abraham gilt, fand ein interreligiöses Treffen statt, an dem neben Christen und Muslimen auch Vertreter religiöser Minderheiten wie Jesiden und Mandäer teilnahmen. Den Abschluss der Reise bildete eine Messe im Fußballstadion von Arbil in der Autonomen Region Kurdistan.

Papst Franziskus in den Ruinen der Großen al-Tahira-Kirche, bei einer Gedenkfeier für die Kriegstoten, am 07.03.2021 in Baghdida, Mossul.

Fortgesetzte Proteste: Die Proteste gegen die Regierung und die politische Klasse, die im Oktober 2019 begonnen und zum Rücktritt der Regierung geführt hatten, wurden fortgesetzt, wenngleich mit etwas geringerer Intensität. Rund 600 Personen kamen innerhalb eines Jahres bei diesen Protesten ums Leben, ca. 30 000 wurden verletzt. Bei einem Zusammenstoß mit Anhängern des schiitischen Geistlichen und Politikers Moktada as-Sadr in Nasiriya am 27.11.2020 kamen 8 Menschen ums Leben. Am 09.05.2021 wurde ein Aktivist im Südirak erschossen, am 10.05.2021 ein Mordversuch auf einen mit der Protestbewegung verbundenen Journalisten verübt. Rund 30 Aktivisten waren bis dahin gezielt ermordet und Dutzende entführt worden, ohne dass Täter ermittelt wurden, die vor allem in den Reihen proiranischer Milizen vermutet werden.

Auch in Kurdistan brachen Proteste aus. Beschäftigte im Öffentlichen Dienst und Rentner erhielten ihre Bezüge seit Monaten nicht mehr voll ausgezahlt. Die Regionalregierung hängt finanziell von den Überweisungen aus Bagdad ab, doch seit 6 Jahren gelang es nicht, die finanziellen Fragen zwischen Arbil und Bagdad dauerhaft zu regeln, weshalb man sich immer wieder mit provisorischen Lösungen zufriedengeben musste. In Sulaimaniya protestierten Anfang Dezember 2020 die Lehrer. Die Sicherheitskräfte griffen massiv, zum Teil auch mit scharfer Munition ein, mehr als 10 Personen wurden getötet. Darauf breiteten sich die Proteste auch in anderen kurdischen Städten aus, wobei es erneut zu Todesopfern kam. Hunderte wurden verhaftet. Ein oppositioneller Fernsehsender wurde geschlossen. Seit 3 Jahren war es immer wieder zu Protesten von Staatsbediensteten gekommen.

„Islamischer Staat": Seit der militärischen Niederlage des „Islamischen Staats" (IS) sind dessen untergetauchte Kämpfer zu ihrer alten Taktik von Angriffen aus dem Hinterhalt und Sprengstoffanschlägen zurückgekehrt. Im November 2020 wurden in der Provinz Salaheddin und in Bagdad mehr als 20 Angehörige der Sicherheitskräfte bei Attacken getötet. Am 21.01.2021 kam es zu einem Selbstmordanschlag auf einem Markt in Bagdad mit mindestens 32 Todesopfern, der schwerste Vorfall dieser Art seit Januar 2018, als derselbe Markt Schauplatz eines Attentats war. In der Nacht zum 01.05.2021 wurden im Raum Bagdad, im Bezirk Diyala und im kurdischen Norden Angriffe verübt, denen insgesamt 26 Personen, vor allem Angehörige der Sicherheitskräfte bzw. der kurdischen Peschmerga zum Opfer fielen. Abu Yaser al-Isawi, einer der ranghöchsten IS-Kommandanten, wurde von Anti-Terror-Einheiten bei Kirkuk getötet, teilte Ministerpräsident Mustafa al-Kadimi am 28.01.2021 mit. Gemäß Angaben der Regierung fungierte Isawi seit Ende 2017 als Anführer des IS im Irak und stand damit direkt hinter Abu Ibrahim al-Haschimi-al-Kuraischi, der die Führung des IS übernommen hatte, nachdem dessen „Kalif" Abu Bakr al-Baghdadi im Oktober 2019 in Syrien getötet worden war.

US-Präsenz im Irak: Die USA reduzierten ihre militärische Präsenz bis Ende 2020 von 5200 auf rund 3000 Soldaten, was mit den Fortschritten im Ausbildungsstand der irakischen Streitkräfte gerechtfertigt wurde. Die verbleibenden Soldaten sollten sich auf Ausbildungsaufgaben und Luftunterstützung sowie die Drohnenüberwachung konzentrieren. Wie schon im Vorjahr kam es weiterhin zu Angriffen auf US-Ziele, die von proiranischen schiitischen Milizen ausgingen. Am 28.09.2020 wurde der Bagdader Flughafen, auf dem US-Truppen stationiert sind, mit einer Rakete beschossen, die indes ein Wohnhaus in der Nähe traf und dabei fünf der (irakischen) Bewohner tötete. Fast 40 Raketenattacken wurden von Juli bis Ende September gezählt. Am 17.11.2020 wurden mehrere Raketen auf die US-Botschaft abgefeuert. Beim Raketenbeschuss eines US-Stützpunkts beim Flughafen Arbil in der Nacht zum 16.02.2021 wurde ein ziviler Mitarbeiter getötet. Die Verantwortung übernahm eine erst vor kurzem aufgetretene Gruppe, die sich „Brigaden der Wächter des Blutes" nennt. Im August 2020 hatte sie mit Sprengstoffanschlägen auf Nachschublieferungen für die US-Armee auf sich aufmerksam gemacht. Dabei handelt es sich nicht um die einzige obskure Gruppe, die sich zu Anschlägen bekennt. Vermutet wird, dass sich dahinter proiranische Milizen verbergen. Im März und Mai 2021 kam es zu weiteren Raketenangriffen. Bei Luftangriffen der US-Armee in der Nacht zum 28.06.2021 auf Stellungen schiitischer Milizen im irakisch-syrischen Grenzgebiet wurden 7 Kämpfer getötet.

Türkische Angriffe auf PKK: Die türkische Armee setzte ihre Angriffe auf mutmaßliche Stützpunkte der Arbeiterpartei Kurdistans (PKK) im Nordirak fort. Dabei wurden am 11.08.2020 zwei irakische Grenzoffiziere durch türkische Drohnen getötet, worauf die irakische Regierung den für den 13.08.2020 geplanten Besuch des türkischen Verteidigungsministers absagte. Bei einer am 10.02.2021 in den Gara-Bergen bei Dohuk durchgeführten türkischen Militäroperation kamen 13 seit mehreren Jahren von der PKK gefangengehaltene türkische Soldaten, Polizisten und Geheimdienstmitarbeiter ums Leben. Bei einem Drohnenangriff auf ein Lager kurdischer Flüchtlinge aus der Türkei am 05.06.2021 wurden 3 Bewohner des Lagers getötet.

Corona-Pandemie: In den Sommermonaten 2020 war ein langsamer stetiger Anstieg zu verzeichnen, bis zu einem ersten Höhepunkt Ende September. Danach sanken die Zahlen, bevor die nächste Welle im Februar einsetzte, die Ende April mit über 54 000 gemeldeten Infektionen innerhalb einer Woche ihren Höhepunkt erreichte. Allerdings waren diesmal trotz höherer Fallzahlen weniger Todesfälle zu verzeichnen. Im März erhielt das Land aus China 50 000 Sinopharm-Impfdosen. Ende März trafen auch die ersten Impfdosen aus dem COVAX-Programm der UN ein. Insgesamt wurden bis zum 30.06.2021 offiziell 1 338 604 Infektionen und 17 156 Todesfälle gemeldet, was 0.04 % der Bevölkerung entsprach. 0.7 % waren vollständig geimpft.

Iran

▸ 691

Ländername	Islamische Republik Iran
Zeitzone	MEZ +2:30 h
Fläche in km²	1 648 195 (Rang 17)
Anzahl der Einwohner	84 Millionen (Rang 18)
Einwohnerzahl pro km²	51 (Rang 130)
Hauptstadt	Teheran
Amtssprache	Persisch
Verwaltungsgliederung	31 Provinzen
Wichtige Städte	Teheran, Meschhed, Isfahan, Shiraz, Täbris, Karaj, Kum, Ahvaz
Autokennzeichen | ISO-Code	IR | IRN
Währung	Iranischer Rial
Nationalfeiertage	11. Februar (Sieg der Revolution 1979), 1. April (Ausrufung der Republik 1979)

Iran ist der bevölkerungsreichste und nach Saudi-Arabien der größte Staat Vorderasiens. 1979 beendete die Islamische Revolution die mehr als 2500 Jahre alte Geschichte der Monarchie. Die orthodoxe religiöse Führung führte das erdölreiche Land in die außenpolitische Isolation. Die schweren Unruhen nach den Präsidentschaftswahlen 2009 offenbarten die inneren Gegensätze der islamischen Theokratie. Abgesehen davon befindet sich die iranische Wirtschaft, u. a. durch die Sanktionen infolge des Konflikts um das iranische Atomprogramm, in einer tiefen Krise.

GEOGRAFIE

Geografische Lage: Von 25°05′ bis 39°46′ nördlicher Breite sowie von 44°01′ bis 63°19′ östlicher Länge (Vorderasien)
Höchster Punkt: Demawend 5671 m
Klima: Warmes, sommertrockenes Klima sowie kontinentales Steppen- und Wüstenklima, im Nordwesten winterkaltes Klima, am Kaspischen Meer subtropisches Klima

POLITIK

Staatsform: Islamische Republik
Religiöses Staatsoberhaupt und Revolutionsführer: Ayatollah Seyed Ali Musavi Khamene'i (seit 06.05.1989)
Präsident und Regierungschef: Hassan Rohani (seit 03.08.2013) und Ebrahim Raisi (ab 03.08.2021)
Regierungspartei: keine
Legislative: Islamische Versammlung mit 290 für 4 Jahre gewählten Mitgliedern
Jahr der Verfassung: 1979
Wahlrecht: 18 Jahre

BEVÖLKERUNG

Bevölkerungsanteil: <15 Jahre 24.7 %, 15–64 Jahre 68.7 %, >64 Jahre 6.6 %
Verteilung: Stadt 75.9 %, Land 24.1 %
Wachstum: 1.3 %
Lebenserwartung: Frauen 78 Jahre, Männer 76 Jahre
Alphabetenrate: Frauen 80.8 %, Männer 90.4 %
Bevölkerungsgruppen: Perser, Aserbaidschaner, Kurden, Araber u. a.
Religion: Muslime (v. a. Schiiten)
Sprachen: Persisch, Aserbaidschanisch, Kurdisch u. a.

WIRTSCHAFT

BIP: 635.72 Mrd. US$
Wachstum BIP: 1.5 %
BIP/Kopf: 7555 US$
Inflation: 36.5 %
Außenhandel: Import 38.76 Mrd. US$ (Maschinen 25 %, Nahrungsmittel 19.2 %, Chemische Erzeugnisse 14.5 %, Optische Erzeugnisse 4.1 %, Fahrzeuge 3.2 %), Export 54.24 Mrd. US$ (Erdöl und Gas 60 %, Chemische Erzeugnisse 17.4 %, Nahrungsmittel 5.9 %, Eisen und Stahl 3.3 %)
Erwerbstätige nach Sektoren: Keine Angabe
Arbeitslosenquote: 11 %
CO_2-Emission/Kopf: 8.5 t

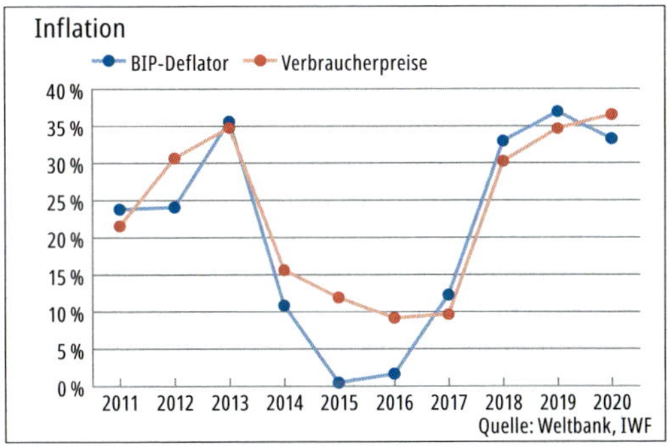

RÜCKBLICK

Weitere Verstöße gegen das Atomabkommen: Der Generaldirektor der Internationalen Atomenergiebehörde (IAEA), Rafael Grossi, führte vom 24.–26.08.2020 in Teheran Gespräche mit Außenminister Mohammed Dschavad Zarif und Präsident Hassan Rohani. Dabei einigte man sich darauf, den Inspektoren der IAEA den Zugang zu zwei Anlagen zu gewährleisten. Die Inspektoren besuchten die beiden Orte Anfang und Ende September, um Proben zu sammeln. Das Parlament verabschiedete am 03.12.2020 ein Gesetz, das den Ausstieg aus dem Zusatzprotokoll des Abkommens von 2015 postuliert, womit der Zugang der IAEA-Inspektoren stark eingeschränkt würde. Außerdem sollen jährlich 120 kg Uran auf 20 % angereichert werden und in Arak ein zweiter Schwerwasserreaktor gebaut werden. Präsident Rohani kritisierte das Gesetz. In der Atomanlage in Fordo wurde am 04.01.2021 damit begonnen, den Urananreicherungsgrad von 4.5 auf 20 % zu steigern. Grossi reiste ein weiteres Mal nach Teheran, nachdem dort angekündigt worden war, man werde ab dem 23.02.2021 die Zusammenarbeit mit den IAEA-Inspektoren reduzieren. Dies betreffe die freiwilligen Transparenzmaßnahmen und die im Zusatzprotokoll angeführten kurzfristigen Besuche von Inspektoren. Damit wäre diesen nicht mehr der unbegrenzte Zugang zu den iranischen Atomanlagen gewährt worden, was das Abkommen faktisch obsolet gemacht hätte. Bei Gesprächen am 20. und 21.02.2021 gelang Grossi eine vorläufige, für 3 Monate geltende Vereinbarung. Iran willigte ein, den Inspektoren weiterhin Kontrollen zu erlauben. Man werde aber nicht mehr den gleichen Zugang wie bisher gewähren und nicht generell alle Aufnahmen aus Überwachungskameras zur Verfügung stellen. Die IAEA bestätigte am 17.03.2021, dass in der unterirdischen Urananreicherungsanlage in Natanz nun leistungsfähigere Zentrifugen vom Typ IR-4 im Einsatz seien. Diese seien gemäß iranischen Angaben fünfmal schneller als Zentrifugen vom herkömmlichen Typ IR-1. Das Abkommen hatte indes vorgesehen, dass nur langsamere Zentrifugen eingesetzt werden dürften, um eine rasche Produktion von waffenfähigem Uran für Atombomben zu erschweren.

Zwischenfälle in Atomanlagen: Am 11.04.2021 kam es in der Urananreicherungsanlage in Natanz zu einem Stromausfall. Ali Akbar Salehi, der Leiter der Atomenergiebehörde, sprach von einem Sabotageakt, ohne indes konkrete Beschuldigungen vorzunehmen oder genauere Angaben zu den Schäden zu machen. Die „New York Times" berichtete, es habe eine große Explosion in der Atomanlage gegeben, wodurch das gesamte autarke interne Stromnetz zerstört worden sei. Erst in 9 Monaten könne der Iran die Urananreicherung fortsetzen. Israelische Medien wiederum sprachen davon, der Auslandsgeheimdienst Mossad habe durch einen Cyberangriff den Stromausfall hervorgerufen. Die iranische Seite erklärte, die Notstromversorgung sei bereits am 12.04.2021 wiederhergestellt und auch die Urananreicherung nicht unterbrochen worden. Alireza Zakani, der Leiter des Forschungszentrums des Parlaments, sprach davon, dass Tausende von Zentrifugen beschädigt worden seien, was von Regierungsseite nicht bestätigt wurde. Am 13.04.2021 kündigte die Atomenergiebehörde an, man werde noch am selben Tag beginnen, den Anreicherungsgrad auf 60 % zu erhöhen. Unklar blieb, inwieweit man dazu noch in der Lage war. Der Stromausfall in Natanz war nicht der einzige Vorfall dieser Art. Bereits am 02.07.2020 war dort ein Feuer ausgebrochen, wovon offensichtlich die Montagehalle für neue Zentrifugen betroffen war. Einige Stunden danach übernahm eine bislang unbekannte Gruppe mit dem Namen „Geparden der Heimat" die Verantwortung. Schon zuvor war es an anderen Orten zu Zwischenfällen solcher Art gekommen, wie sie sich auch danach erneut ereigneten. Dabei muss es sich nicht immer um Sabotage handeln. Es kann ebenso die Folge von Schlamperei, Korruption oder Sanktionen sein, die den Import von Ersatzteilen erschweren.

Atomphysiker ermordet: Am 27.11.2020 wurde der Atomphysiker Mohsen Fachrisadeh in Teheran ermordet. Die näheren Umstände blieben unklar, da von iranischer Seite mehrere unterschiedliche Versionen des Anschlags präsentiert wurden. Der Verdacht richtete sich gegen Israel. Fachrisadeh lehrte und forschte an der Imam-Hussein-Universität, die zum Umfeld der Revolutionswächter gehört. Er selbst soll der Truppe als General angehört haben und bis zur offiziellen Beendung des militärischen Teils des iranischen Atomprogramms 2003 eine führende Rolle bei den entsprechenden Forschungsarbeiten gespielt haben.

USA verstärken Druck: Die US-Regierung verschärfte ihre gegen Iran gerichteten Maßnahmen. Am 20.08.2020 löste sie den im Abkommen von 2015 vorgesehenen Snapback-Mechanismus aus, um die Wiederherstellung aller zuvor verhängten UN-Sanktionen zu erzwingen. Der UN-Sicherheitsrat teilte indes mit überwältigender Mehrheit nicht die Auffassung der US-Regierung, da diese 2018 selbst das Abkommen aufgekündigt hatte und somit nicht den Snapback-Mechanismus auslösen konnte. Um das zum 18.10.2020 auslaufende Waffenembargo gegen Iran zu konterkarieren, verhängte US-Präsident Donald Trump am 21.09.2020 weitere Sanktionen. Am 08.10.2020 wurden die Finanzsanktionen verschärft, um Iran faktisch vom internationalen Bankensystem abzuschneiden. Alle Geldinstitute, die nicht innerhalb von 45 Tagen ihre Geschäftsbeziehungen mit iranischen Banken beendeten, wurden mit Strafe bedroht. Am 26.10.2020 folgte eine Reihe weiterer Sanktionen, die Institutionen und Personen im iranischen Erdölsektor betrafen.

Geänderte Iranpolitik unter Joe Biden: Die Iranpolitik änderte sich indes mit der neuen US-Regierung, die die Rückkehr zum Abkommen anstrebte. Sie verlangte von Iran, zuerst alle Bestimmungen des Abkommens zu erfüllen, bevor die Sanktionen aufgehoben werden könnten. Irans Präsident Rohani forderte seinerseits den neuen US-Präsidenten Joe Biden auf, zuerst sollten die USA zu ihren Verpflichtungen zurückkehren. Außenminister Zarif wies darauf hin, dass nicht Iran das Abkommen verlassen habe, sondern die USA, und schloss vorerst diesbezügliche Verhandlungen aus. Dennoch begannen am 06.04.2021 in Wien Gespräche, um das Abkommen zu neuem Leben zu erwecken.

Präsidentenwahlen: Zu den Präsidentenwahlen wurden vom Wächterrat nur 7 von 592 Kandidaten zugelassen, 5 davon aus dem konservativen Lager, darunter das Oberhaupt der Justiz Ebrahim Raisi, der 2017 Rohani in der Stichwahl unterlegen war. Zentralbankchef Abdolnasser Hemmati galt als Moderater, während Mohsen Mehralizadeh, ein früherer Vizepräsident, dem Reformlager zugerechnet wurde. Etliche bekannte Politiker blieben ausgeschlossen, unter ihnen der frühere Präsident Mahmud Ahmadi-Nejad, der ehemalige Parlamentspräsident Ali Laridschani und Eschagh Dschahangiri, einer der derzeitigen Vizepräsidenten. Ebrahim Raisi ging aus der iranischen Präsidentenwahl am 18.06.2021, wie erwartet, als klarer Sieger hervor. Die Wahlbeteiligung von 48.3 % war die niedrigste in der Geschichte der Islamischen Republik, in Teheran lag sie sogar bei nur 24.1 %. Raisi trug als Oberhaupt der Justiz die Verantwortung für zahlreiche Hinrichtungen von Teilnehmern an den landesweiten Protesten 2018/19.

Menschenrechte: Die Menschenrechtsanwältin Nasrin Sotudeh begann am 11.08.2020 aus Protest gegen die katastrophalen Haftbedingungen einen Hungerstreik. Sotudeh war 2019 zu 38 Jahren Haft und 148 Peitschenhieben verurteilt worden, nachdem sie Frauen verteidigt hatte, die an den Protesten gegen den Verhüllungszwang teilgenommen hatten. Nachdem sich ihr Gesundheitszustand massiv verschlechtert hatte, beendete sie am 26.09.2020 ihren Hungerstreik. Am 08.11.2020 wurde sie zu einem kurzen Hafturlaub nach Hause entlassen, musste aber gegen die Empfehlung der Ärzte bereits am 02.12.2020 wieder zurückkehren. Am 01.10.2020 war ihr der alternative Nobelpreis verliehen worden.
Am 13.12.2020 wurde der Blogger Ruhollah Zam, der Sohn eines bekannten Reformgeistlichen, hingerichtet. Er war 2009 nach der Niederschlagung der Proteste gegen die Manipulationen bei der Präsidentenwahl nach Frankreich geflohen. Dort betrieb er die regimekritische Website und den Telegram-Kanal „Amad News“. Im Oktober 2019 wurde er bei einer Wallfahrt im Irak von iranischen Agenten entführt und im Juni 2020 wegen Spionage, der Verbreitung von Falschinformationen und des Aufrufs zum Umsturz zum Tode verurteilt. Die Hinrichtung erfolgte, kurz nachdem das Oberste Gericht das Urteil bestätigt hatte.

Ausländische Bürger als Geiseln: Die australische Wissenschaftlerin Kylie Moore-Gilbert, die im September 2018 verhaftet worden war, wurde am 25.11.2020 freigelassen und konnte das Land verlassen. Sie hatte in Ghom an einer Konferenz teilgenommen. Nach ihrer Festnahme war sie in einem geheimem Verfahren wegen Spionage zu 10 Jahren Haft verurteilt worden. Nun wurde sie gegen 3 Iraner, die wegen Umgehung der Sanktionen im Ausland inhaftiert waren, ausgetauscht.
Der britisch-iranische Anthropologe Kameel Ahmady wurde wegen Zusammenarbeit mit einer feindlichen Regierung am 13.12.2020 zu 9 Jahren Haft und einer Geldstrafe in Höhe von 727 000 $ verurteilt. Ihm waren u. a. Förderung von Homosexualität, der Besuch Israels, die Kooperation und Kommunikation mit feindlichen Medien und falsche Angaben gegenüber dem Menschenrechtsberichterstatter der UN vorgeworfen worden. Ahmady war im August 2019 verhaftet worden.
Die britisch-iranische Doppelbürgerin Nazanin Zaghari-Ratcliffe, die 2016 verhaftet und im April 2017 verurteilt worden war, weil sie angeblich geplant habe, die Regierung in Iran zu stürzen, wurde am 07.03.2021 aus ihrem Hausarrest entlassen, nachdem ihre 5-jährige Haftstrafe abgelaufen war. Sie wurde indes sofort mit einer neuen Anklage wegen „Propaganda gegen das System“ konfrontiert, da sie 2009 an einer Protestkundgebung vor der iranischen Botschaft in London teilgenommen

habe. Am 26.04.2021 wurde sie zu einem Jahr Haft verurteilt.

Diplomat wegen geplantem Anschlag verurteilt: Der iranische Diplomat Asadollah Asadi wurde am 04.02.2021 in Belgien zu 20 Jahren Haft verurteilt. Ihm war vorgeworfen worden, einen Anschlag auf ein Treffen des oppositionellen Nationalen Widerstandsrats von Iran (den politischen Flügel der Volksmudschahedin) in Paris im Juni 2018 geplant zu haben. Dieses Vorhaben war damals durch eine gemeinsame Aktion französischer, deutscher und belgischer Sicherheitskräfte vereitelt worden. Der in Österreich akkreditierte Asadi war in Deutschland, wo er keine Immunität genoss, verhaftet und an Belgien ausgeliefert worden. Drei Mitangeklagte wurden gleichfalls mit mehrjährigen Haftstrafen belegt. Nachdem Asadi seinen Revisionsantrag am 05.05.2021 zurückgezogen hatte, wurde das Urteil rechtskräftig.

Gespräche mit Saudi-Arabien: Anfang April 2021 trafen hohe Mitarbeiter des iranischen und saudischen Geheimdienstes in Bagdad zu Gesprächen unter irakischer Vermittlung zusammen. Beide Seiten versuchen einen Weg zu finden, um die Spannungen zwischen beiden Ländern zu mindern. Das iranische Außenministerium bestätigte erstmals am 10.05.2021 die Gespräche, erklärte aber, es sei noch zu früh, um nähere Details anzuführen.

Corona-Pandemie: Die Pandemie flaute auch während der Sommermonate 2020 kaum ab. Im Oktober stiegen die Infektionszahlen dann deutlich an, bis zu einem ersten Höhepunkt im November. Nach einem gewissen Rückgang kam es ab Ende März 2021 zu einem erneuten Anstieg der Fallzahlen, mit einem neuen Höhepunkt Mitte April, als innerhalb einer Woche 165 000 Fälle gezählt wurden. Seit November 2020 sank die Zahl der wöchentlichen Infektionen nie unter 40 000. Die Impfkampagne kam nur schleppend in Gang. Gesundheitsminister Said Namaki bezeichnete die Lage im April 2021 als äußerst kritisch, in 257 Städten herrsche Alarmstufe Rot. Die Zahl der Todesfälle lag deutlich höher als angesichts eines niedrigen Durchschnittsalters der Bevölkerung zu erwarten wäre. Dies spiegelt auch den desolaten Zustand des Gesundheitswesens wider, das wie viele Sektoren unter den jahrelangen und seit 2018 noch verschärften Sanktionen leidet. Insgesamt wurden bis zum 30.06.2021 offiziell 3 192 809 Infektionen und 84 127 Todesfälle gemeldet, was 0.1 % der Bevölkerung entsprach. 1.2 % waren vollständig geimpft.

Irland

▸ 611

Ländername	Irland
Zeitzone	MEZ -1 h
Fläche in km²	69 797 (Rang 118)
Anzahl der Einwohner	5 Millionen (Rang 123)
Einwohnerzahl pro km²	72 (Rang 110)
Hauptstadt	Dublin
Amtssprachen	Englisch, Irisch
Verwaltungsgliederung	28 Grafschaften (County) und 3 Städte
Wichtige Städte	Dublin, Cork, Limerick, Galway, Waterford
Autokennzeichen | ISO-Code	IRL | IRL
Währung	1 Euro = 100 Cent
Nationalfeiertag	17. März (Saint Patrick's Day)

Irland, die westliche der beiden großen Britischen Inseln, wird zu Recht „Grüne Insel" genannt. Üppiger Graswuchs überzieht das Land wie ein grüner Teppich, das grüne, dreiblättrige Kleeblatt ist das inoffizielle Nationalsymbol. Fünf Sechstel der Insel bilden die Republik Irland, der nordöstliche Teil, Nordirland, gehört zu Großbritannien. Der Gegensatz zwischen der stark katholisch geprägten Republik und dem vornehmlich protestantisch ausgerichteten Nachbarstaat belastete über Jahrhunderte das beiderseitige Verhältnis.

GEOGRAFIE

Geografische Lage: Von 51°27′ bis 55°23′ nördlicher Breite sowie von 6° bis 10°29′ westlicher Länge (Westeuropa)
Höchster Punkt: Carrauntoohil 1041 m
Klima: Durch den Golfstrom beeinflusstes ozeanisches Klima

POLITIK

Staatsform: Parlamentarische Republik
Staatsoberhaupt: Präsident Michael D. Higgins (seit 11.11.2011)
Regierungschef: Premierminister Micheál Martin (seit 27.06.2020)
Regierungsparteien: Koalition Fianna Fáil, Fine Gael und Green Party
Legislative: Parlament, bestehend aus Repräsentantenhaus mit 158 für 5 Jahre gewählten Mitgliedern und Senat mit 49 gewählten und 11 ernannten Mitgliedern
Jahr der Verfassung: 1937
Wahlrecht: 18 Jahre

BEVÖLKERUNG

Bevölkerungsanteil: <15 Jahre 20.8 %, 15–64 Jahre 64.6 %, >64 Jahre 14.6 %
Verteilung: Stadt 63.7 %, Land 36.3 %
Wachstum: 1.2 %
Lebenserwartung: Frauen 84 Jahre, Männer 81 Jahre
Alphabetenrate: Frauen 99 %, Männer 99 %
Bevölkerungsgruppen: Iren u. a.
Religionen: Christen (v. a. Katholiken), Muslime, Sonstige
Sprachen: Englisch, Irisch

WIRTSCHAFT

BIP: 418.72 Mrd. US$
Wachstum BIP: 2.5 %
BIP/Kopf: 83 850 US$
Inflation: -0.5 %
Außenhandel: Import 97.97 Mrd. US$ (Chemische Erzeugnisse 25.2 %, Fahrzeuge 14.9 %, Elektronik 9.4 %, Nahrungsmittel 9.2 %, Maschinen 6.7 %), Export 178.73 Mrd. US$ (Chemische Erzeugnisse 65.8 %, Elektronik 8.3 %, Nahrungsmittel 7.1 %, Mess- und Regeltechnik 3.7 %, Maschinen 2.1 %)
Erwerbstätige nach Sektoren: Landwirtschaft 4.5 %, Industrie 18.5 %, Dienstleistungen 77 %
Arbeitslosenquote: 5.9 %
CO_2-Emission/Kopf: 7.5 t

RÜCKBLICK

Corona-Pandemie: Von einer niedrigen Basis kommend wurde Irland im Dezember zum **Land mit den weltweit höchsten Inzidenzen**: Auf dem Höhepunkt der Welle wurden am 07.01.2021 täglich 6503 Neuinfizierte gemeldet, die meisten Toten wurden am 03.02.2021 mit 93 verzeichnet. Die Intensivstationen der Krankenhäuser waren überlastet. Ursache der plötzlichen Entwicklung war die **Lockerung der am 22.10.2020 verhängten strikten Reise-, Verkaufs- und Kontaktbeschränkungen** um die Weihnachtstage: Zwischen den Grafschaften setzte ein reger Besuchsverkehr ein, ein Einreiseverbot für Großbritannien wegen der dort grassierenden, besonders infektiösen Kent-Virus-Mutante (1.1.7) am 21.12.2020 kam zu spät: Geschätzt waren bereits **30 000 Iren aus England vor den Weihnachtstagen in die Heimat gekommen**. Hinzu kam, dass die **Einreise über Nordirland** weiterhin ungehindert möglich war, da die Regierung in Dublin die innerirische Grenze nicht kontrollieren wollte, um der eigenen Linie in den Brexit-Verhandlungen mit Großbritannien nicht untreu zu werden und die Bevölkerung nicht zu verstimmen. Diese Politik war nicht unumstritten: Die nationalistische Sinn Féin forderte eine „gesamtirische Corona-Strategie", was voraussehbar auf entschiedenen Widerstand der Unionisten in Belfast traf. Stattdessen **verschärfte die Regierung im Januar 2021 den Lockdown**: Geschäfte und Schulen wurden geschlossen, Bewegungen außerhalb des Hauses reglementiert und polizeilich kontrolliert. Die Schulen wurden im März teilweise geöffnet, aber erst im Mai wurden partielle Geschäftsöffnungen („Click and Collect") und Inlandsreisen gestattet, kulturelle Einrichtungen konnten wieder besucht werden. Die 7-Tage-Inzidenz fiel am 18.05.2021 auf unter 50, um dann rasch abzusinken. Seit dem 16.05.2021 wurden keine Todesfälle mehr gemeldet. Die Impfkampagne brachte für Irland als bevorzugtem Produktionsstandort amerikanischer Pharmaunternehmen auch strategische Vorteile mit sich: Am 18.05.2021 gab das Unternehmen Pfizer den Betriebsbeginn einer **Impfstoffproduktionsanlage in Dublin** bekannt; im März hatte Regierungschef Micheál Martin schon vor den Folgen von nationalen Exportverboten für die globale Impfstoffproduktion gewarnt.

Brexit-Folgen: In den Verhandlungen der EU mit Großbritannien über ein Freihandelsabkommen drängte Dublin beide Seiten zu Kompromissbereitschaft, um die **Gefahr von Kontrollen an der inneririschen Grenze** zu bannen; dabei kam ihr der Wahlsieg der Demokraten in den USA zu Hilfe, die ein weitaus größeres Verständnis und Interesse für irische Fragen zeigte als die Trump-Administration. So versicherten der Präsidentschaftskandidat Joe Biden und die Mehrheitsführerin im Repräsentantenhaus Nancy Pelosi den irischstämmigen Wählern im September 2020, dass sie im Falle eines mit dem britischen Binnenmarktgesetzentwurf implizierten Bruchs des Karfreitagsabkommens ein Handelsabkommen mit London keinesfalls mittragen würden. Nach seiner Wahl wiederholte Biden diese Drohung am 10.11.2020 in seinem ersten Telefonat mit Boris Johnson. Auf der anderen Seite bremste Dublin auch die Hardliner in Brüssel: Überlegungen der EU-Kommission, an der inneririschen Grenze Kontrollen zu veranlassen, um ein Verbot von Impfstofflieferungen nach Großbritannien durchzusetzen, trafen in Dublin auf ebenso einhellige Ablehnung wie in Belfast und London; sie wurden bald fallengelassen. Die **Einhaltung des Karfreitagsabkommens war eine Priorität irischer Diplomatie**: Die Gewaltausbrüche in Nordirland lösten in Dublin Sorgen aus. Auch intervenierte Premier Martin bei seinem britischen Amtskollegen wegen dessen Aussagen, eine Amnestierung britischer Soldaten wegen schwerer Vergehen im nordirischen Bürgerkrieg zwischen 1971 und 1998 ins Auge zu fassen.

Wirtschaft: Der lange und konsequente Lockdown belastete die Wirtschaft. Die Arbeitslosigkeit stieg während der Pandemie von etwa 5 auf 20 %. Ein zusätzlicher Unsicherheitsfaktor war das Ausscheiden des wichtigsten Handelspartners Großbritannien aus dem Europäischen Wirtschaftsraum, dessen Konsequenzen für Irland selbst nach der Einigung zwischen Brüssel und London auf ein Freihandelsabkommen unklar blieben. Hier gab es jedoch auch positive Effekte, weil die irischen Unternehmen sich frühzeitig um alternative Handelsrouten und Produktionsketten bemühten; britische Firmen bauten ihre Niederlassungen in Irland aus. Finanzdienstleistungen und die Transportbranche zählten zu den ersten Gewinnern. 2020 wuchs das BIP um 2.5 %, das Wachstum übertraf die Prognosen bei weitem und beschleunigte sich sogar während des verschärften Lockdowns im ersten Quartal 2021. Die Nationalbank wies im Februar 2021 darauf hin, dass das BIP im Fall Irlands ein besonders fragwürdiger Wohlstandsindikator ist: Die Präsenz amerikanischer Unternehmen, zumeist der Pharma-, Computer- und Internetbranche, die ihre Gewinne repatriieren und i. d. R. wenig Steuern zahlen, verzerrt die volkswirtschaftliche Gesamtrechnung: Das Bruttonationaleinkommen liegt etwa ein Drittel unter dem BIP.

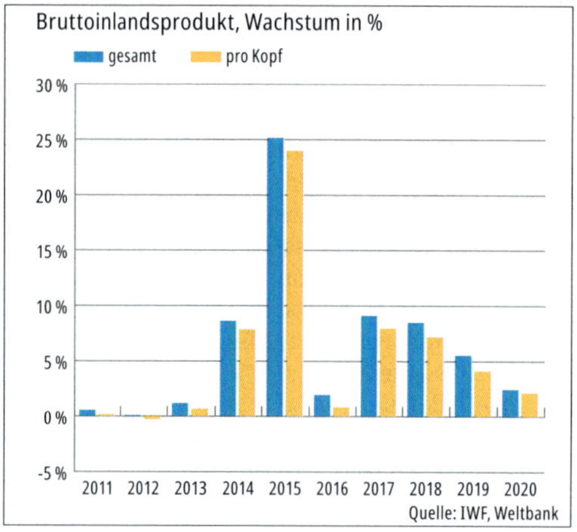

Island

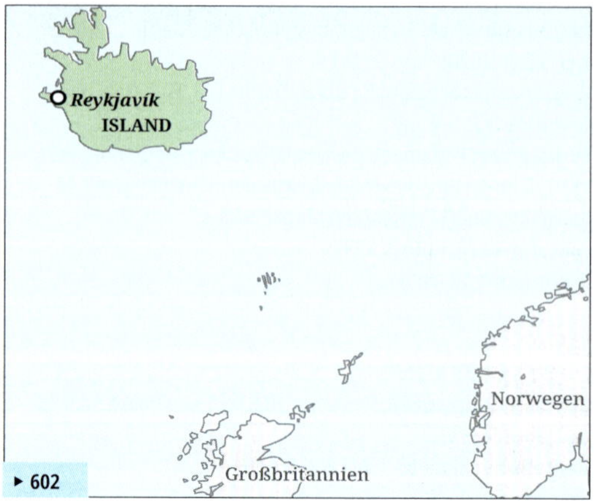

▸ 602

Ländername	Republik Island
Zeitzone	MEZ -1 h
Fläche in km²	103 000 (Rang 106)
Anzahl der Einwohner	366 425 (Rang 173)
Einwohnerzahl pro km²	4 (Rang 188)
Hauptstadt	Reykjavík
Amtssprache	Isländisch
Verwaltungsgliederung	8 Regionen
Wichtige Städte	Reykjavík, Kópavogur, Hafnarfjördhur, Akureyri, Gardhabær
Autokennzeichen | ISO-Code	IS | ISL
Währung	Isländische Krone
Nationalfeiertag	17. Juni (Ausrufung der Republik 1944)

Das Land am Rand des Europäischen Nordmeers ist eine archaisch anmutende Naturlandschaft. Es ist eine Welt aus schwarzer Vulkanasche, weißen Gletscherfeldern, tosenden Wasserfällen und sagenumwitterten Einöden. Erst 1944 wurde die Insel, die bereits im 10. Jahrhundert mit dem Althing den Vorläufer eines modernen Parlaments ausbildete, zur unabhängigen Republik. Sie erlebte in den Jahren 2008 bis 2011 eine schwere Finanzkrise. Nur mit drastischen Mitteln gelang es, das Land und seine Banken zu stabilisieren. Diese rigorosen Maßnahmen haben bewirkt, dass sich die Wirtschaft schnell erholte.

GEOGRAFIE

Geografische Lage: Von 63°24' bis 66°34' nördlicher Breite sowie von 13°30' bis 24°32' westlicher Länge (Nordeuropa)
Höchster Punkt: Hvannadalshnúkur 2119 m
Klima: Im Norden polares, im Süden kühles ozeanisches Klima

POLITIK

Staatsform: Parlamentarische Republik
Staatsoberhaupt: Präsident Guðni Þorlacius Jóhannesson (seit 01.08.2016)
Regierungschef: Premierministerin Katrin Jakobsdóttir (seit 30.11.2017)
Regierungsparteien: Koalition VG (Links-Grüne Bewegung), SFF (Unabhängigkeitspartei) und FSF (Fortschrittspartei)
Legislative: Parlament mit 63 für 4 Jahre gewählten Mitgliedern
Jahr der Verfassung: 1944
Wahlrecht: 18 Jahre

BEVÖLKERUNG

Bevölkerungsanteil: <15 Jahre 19.4 %, 15–64 Jahre 65 %, >64 Jahre 15.6 %
Verteilung: Stadt 93.9 %, Land 6.1 %
Wachstum: 1.6 %
Lebenserwartung: Frauen 85 Jahre, Männer 82 Jahre
Alphabetenrate: Frauen 99 %, Männer 99 %
Bevölkerungsgruppen: Isländer u. a.
Religionen: Christen, Sonstige
Sprache: Isländisch

WIRTSCHAFT

BIP: 21.72 Mrd. US$
Wachstum BIP: -6.6 %
BIP/Kopf: 59 634 US$
Inflation: 2.9 %
Außenhandel: Import 5.7 Mrd. US$ (Nahrungsmittel 10.5 %, Chemische Erzeugnisse 10.4 %, Rohstoffe außer Brennstoffe 9.8 %, Kfz und -Teile 9.2 %, Elektrotechnik 9.1 %), Export 4.59 Mrd. US$ (Nahrungsmittel 48 %, Nichteisenmetalle 35 %, Eisen und Stahl 2.7 %, Natürliche Öle, Fette und Wachse 2.2 %, Maschinen 2.1 %)
Erwerbstätige nach Sektoren: Landwirtschaft 3.8 %, Industrie 16.1 %, Dienstleistungen 80.1 %
Arbeitslosenquote: 5 %
CO_2-Emission/Kopf: 11.5 t

RÜCKBLICK

Corona-Pandemie: Mit den meisten Tests pro Einwohner in Europa, strenger Isolation für Virusinfizierte und konsequenter Nachverfolgung von Kontakten mit anschließender Quarantäne überwand Island auch die **zweite Welle** der Corona-Pandemie mit einem Höhepunkt Mitte Oktober 2020 innerhalb weniger Wochen **ohne Todesfälle**. Bis Ende Juni 2021 sollen alle Isländer über 16 Jahre mindestens einmal geimpft sein; die Kampagne startete am 26.12.2020. Ab Februar 2021 wurden **Einschränkungen** des öffentlichen Lebens schrittweise aufgehoben.

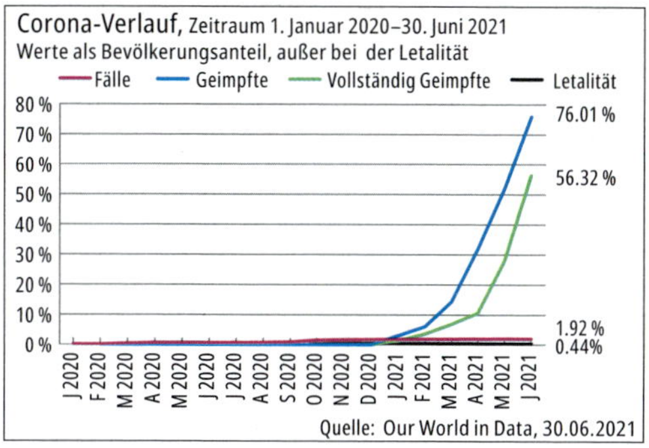

Rezession: Die Pandemie führte zu einem **Wirtschaftseinbruch** von real 6.6 % (2020). Betroffen waren vor allem Außenhandel und Tourismus; die Übernachtungszahlen verringerten sich gegenüber 2019 um 65 %. Beschäftigte und Unternehmen mit Einnahmeausfällen konnten **Direkthilfen und Steuererleichterungen** in Anspruch nehmen. Von staatlichen Investitionen sollen bis 2025 besonders Gesundheitswesen und Forschung profitieren.

Arktischer Rat: Am 20.05.2021 konferierten in Reykjavík erstmals die **Außenminister der USA** und **Russlands**, Anthony Blinken und Sergej Lawrow. Anlass war das 25-jährige Bestehen des Arktischen Rats. Blinken war am 18.05.2021 von seinem isländischen Amtskollegen Guðlaugur Þór Þórðarson empfangen worden. Beide würdigten den 70. Jahrestag des Verteidigungsabkommens zwischen den USA und Island, das auch zu einer ständigen Stationierung von US-Truppen auf der Insel (bis 2006) geführt hatte. Island gehört seit 1949 der NATO an, besitzt aber keine eigene Armee.

Vulkanausbruch: Nach 781 Jahren Ruhe und seit einem Jahr durch Zehntausende kleinerer Erdbeben angekündigt, kam in dem tektonisch aktiven Krýsuvík-Gebiet auf der Halbinsel Reykjanes wieder Magma an die Erdoberfläche. Dort stößt die Plattenbruchzone des mittelatlantischen Rückens auf Island. Etwa 30 km südwestlich von Reykjavík öffneten sich ab 19.03.2021 bis zu acht Erdspalten, aus denen sich, zuerst an einer Bergflanke des Fagradalsfjall, glutflüssige Lava über unbewohntes Gebiet ergoss.

Naturschutz: Am 30.11.2020 legte die Regierung einen Gesetzentwurf vor, der 40 000 km² des zentralen **Hochlands** zu einem **Nationalpark** machen soll. Dazu soll auch der Nationalpark Vatnajökull ausgeweitet werden. Das größte Gletschergebiet Europas gehört seit 2019 zum UNESCO-Welterbe.

Israel

▸ 690

Ländername	Staat Israel
Zeitzone	MEZ +1 h
Fläche in km²	22 072 (Rang 149)
Anzahl der Einwohner	9.2 Millionen (Rang 97)
Einwohnerzahl pro km²	418 (Rang 20)
Hauptstadt	Jerusalem
Amtssprache	Hebräisch
Verwaltungsgliederung	6 Bezirke
Wichtige Städte	Jerusalem, Tel Aviv-Jaffa, Haifa, Rishon Le Ziyyon, Petah Tikwa, Ashdod
Autokennzeichen | ISO-Code	IL | ISR
Währung	1 Neuer Schekel = 100 Agorot
Nationalfeiertag	14. Mai (Unabhängigkeit 1948; 2022: 4./5. Mai)

Mit Unterstützung der Vereinten Nationen wurde 1948 der Staat Israel gegründet. Nach der Unabhängigkeit begann für das Land ein stetiger Kampf um Frieden und Sicherheit. Bis heute konnte der damit verbundene Nahostkonflikt trotz zahlreicher internationaler Vermittlungsbemühungen nicht beigelegt werden. Besonders der nach wie vor unbefriedigende Status Palästinas und der Palästinenser erschwert eine tragfähige Friedenslösung. Israel war Vorreiter in der Impfkampagne gegen das Coronavirus.

GEOGRAFIE

Geografische Lage: Von 29°29‘ bis 33°24‘ nördlicher Breite sowie von 34°15‘ bis 35°53‘ östlicher Länge (Vorderasien)
Höchster Punkt: Har Meron 1208 m
Klima: Warmes, sommertrockenes Mittelmeerklima, im Süden Wüstenklima

POLITIK

Staatsform: Parlamentarische Demokratie
Staatsoberhaupt: Präsident Jitzchak Herzog (seit 09.07.2021)
Regierungschef: Premierminister Naftali Bennett (seit 13.06.2021)
Regierungsparteien: Jesch Atid (Es gibt eine Zukunft), Kachol Lavan (Blau-Weiß), Jamina (Nach rechts), Avoda (Arbeitspartei), Jisrael Beitenu (Israel, unser Zuhause), Tikva Chadascha (Neue Hoffnung), Meretz (Tatkraft), Ra'am (HaReshima HaAravit HaMe'uhedet, Vereinte Arabische Liste)
Legislative: Parlament (Knesset) mit 120 für 4 Jahre gewählten Mitgliedern
Jahr der Verfassung: Keine kodifizierte Verfassung
Wahlrecht: 18 Jahre

BEVÖLKERUNG

Bevölkerungsanteil: <15 Jahre 27.8 %, 15–64 Jahre 59.8 %, >64 Jahre 12.4 %
Verteilung: Stadt 92.6 %, Land 7.4 %
Wachstum: 1.8 %
Lebenserwartung: Frauen 85 Jahre, Männer 82 Jahre
Alphabetenrate: Frauen 96.8 %, Männer 98.7 %
Bevölkerungsgruppen: Juden, Araber u. a.
Religionen: Juden, Muslime, Christen, Sonstige
Sprachen: Hebräisch, Arabisch, Englisch

WIRTSCHAFT

BIP: 402.64 Mrd. US$
Wachstum BIP: -2.4 %
BIP/Kopf: 43 689 US$
Inflation: -0.6 %
Außenhandel: Import 69.9 Mrd. US$ (Chemische Erzeugnisse 13.6 %, Elektronik 10.2 %, Maschinen 10.2 %, Kfz und -Teile 8.3 %, Nahrungsmittel 8.1 %), Export 49.63 Mrd. US$ (Chemische Erzeugnisse 26.9 %, Elektronik 14 %, Nichtmetallische Mineralien 11.6 %, Mess- und Regeltechnik 8.8 %, Maschinen 7.3 %)
Erwerbstätige nach Sektoren: Landwirtschaft 0.9 %, Industrie 16.8 %, Dienstleistungen 82.3 %
Arbeitslosenquote: 4.6 %

UMSTRITTENE GEBIETE

Palästinensische Gebiete (Westjordanland und Gazastreifen)
Fläche in km²: 6025 (Westjordanland: 5660, Gazastreifen: 365)
Anzahl der Einwohner: 5 101 152 (Westjordanland: 3.1 Millionen, Gazastreifen: 2 Millionen)
Hauptstadt: Ramallah
Status: Teilautonomie
Regierungschef: Präsident Mahmud Abbas

RÜCKBLICK

Erneut Wahlen: Die seit Mai 2020 im Amt befindliche Regierungskoalition brach bereits Ende des Jahres wieder auseinander, da sich Ministerpräsident Benjamin Netanjahu nicht an die vereinbarte Verabschiedung eines zwei- statt einjährigen Haushalts hielt. Nachdem die Frist für die Abstimmung über das Budget vom 24.08.2020 auf den 23.12.2020 verschoben worden war, lehnte eine Mehrheit der Abgeordneten der Knesset am 21.12.2020 eine erneute Verlängerung dieser Frist ab. Damit wurde das Parlament automatisch aufgelöst und Neuwahlen angesetzt.
Diese, die vierten innerhalb von zwei Jahren, fanden am 23.03.2021 statt. 13 Parteien gelangten ins Parlament. Mit 24.2 % (30 Sitze, -7) blieb der rechtsnationale Likud unter Führung Netanjahus stärkste Partei, gefolgt von der zentristischen Jesch Atid (Es gibt eine Zukunft) mit 13.9 % (17, +1) und der die religiösen orientalischen Juden vertretenden Schas mit 7.2 % (9). Die gleichfalls zentristische Partei Blau-Weiß unter der Führung von Verteidigungsminister Benny Gantz konnte sich mit 6.6 % (8, -4) besser als erwartet halten. Es folgte die rechtsnationale Jamina (Nach rechts) mit 6.2 % (7, +4), die Arbeitspartei unter ihrer neuen Vorsitzenden Merav Michaeli mit 6.1 % (7, +5), das Vereinigte Thora-Judentum mit 5.6 % (7), die säkular-nationalistische Jisrael Beitenu (Israel, unser Zuhause) mit 5.6 % (7), die Religiöse Zionistische Partei, ein Zusammenschluss mehrerer rechtsextremer Gruppierungen, mit 5.1 % (6, +4), die Gemeinsame Liste, ein Zusammenschluss mehrerer säkularer arabischer Parteien mit 4.8 % (6, -5), die von dem früheren Minister Gideon Saar neugegründete rechtsnationale Tikva Chadascha (Neue Hoffnung) mit 4.7 % (6), die linksliberale Meretz mit 4.6 % (6, +2), und die islamisch-konservative Ra'am mit 3.8 % (4).
Staatspräsident Reuven Rivlin beauftragte am 06.04.2021 als ersten den amtierenden Regierungschef mit der Regierungsbildung, doch Netanjahu musste das Mandat ergebnislos am 04.05.2021 zurückgeben, worauf der bisherige Oppositionsführer Yair Lapid (Jesch Atid) zum Zug kam. Diesem gelang es, kurz vor dem Ablauf des Mandats am 02.06.2021, eine Koalition aus Jesch Atid, Blau-Weiß, Jamina, Tikva Chadascha, Jisrael Beitenu, der Arbeitspartei, Meretz und Ra'am zu schaffen, die von Links bis Rechts alle Kräfte umfasste, die die Ablösung Netanjahus anstrebten. Das Amt des Regierungschefs soll jeweils 2 Jahre von Naftali Bennett, dem Vorsitzenden von Jamina, und Lapid übernommen werden. Die Knesset sprach der neuen Regierung am 13.06.2021 in einer turbulenten Sitzung, die von Störmanövern der Likud-Abgeordneten begleitet war, mit 60:59 Stimmen das Vertrauen aus. Lapid wurde neuer Außenminister, Verteidigungsminister Gantz (Blau-Weiß) verblieb im Amt. Auch die übrigen Parteiführer waren im Kabinett vertreten: Avigdor Lieberman (Jisrael Beitenu) als Finanzminister, Gideon Saar (Tikva Chadascha) als Justizminister, Merav Michaeli (Arbeitspartei) als Verkehrsministerin, Nitzan Horowitz (Meretz) als Gesundheitsminister sowie der Ra'am-Vorsitzende Mansur Abbas als stellvertretender Minister im Amt des Ministerpräsidenten mit der Zuständigkeit für arabische Angelegenheiten.

Neuer Staatspräsident: Die Knesset wählte am 02.06.2021 Jitzchak Herzog zum neuen Staatspräsidenten und Nachfolger des bisherigen Amtsinhabers Rivlin, dessen 7-jährige Amtszeit im Juli endete. Herzog, ein früherer Minister, Vorsitzender der Arbeitspartei und Oppositionsführer, ist ein Sohn des einstigen Staatspräsidenten (1983–1993) Chaim Herzog und ein Enkel des ersten aschkenasischen Chefrabbiners von Israel.

Prozess und Proteste gegen Netanjahu: Das Jerusalemer Bezirksgericht lehnte am 19.07.2020 den Antrag des wegen Korruption, Betrugs und Untreue angeklagten Regierungschefs ab, seinen Prozess erneut zu verschieben. Der Prozess begann Anfang 2021, der Angeklagte trat am 08.02.2021 selbst kurz vor Gericht auf und wies alle Vorwürfe zurück. Seine hartnäckige Weigerung, zurückzutreten, führte immer wieder zu Protesten, die sich oft auch gegen die inkonsistente Corona-Politik der Regierung sowie das Ausbleiben versprochener finanzieller Unterstützung richteten, wofür Netanjahu gleichfalls verantwortlich gemacht wurde.

Normalisierungsabkommen mit arabischen Ländern: Netanjahu unterzeichnete am 15.09.2020 in Washington Normalisierungsabkommen mit Bahrain und den Vereinigten Arabischen Emiraten, die durch ihre Außenminister vertreten waren. Am Zustandekommen dieser Abkommen war die US-Regierung maßgeblich beteiligt, insbesondere der Schwiegersohn Präsident Donald Trumps Jared Kushner. Mit diesen sog. Abraham-Abkommen rückten die beiden Golfstaaten von der Friedensinitiative der Arabischen Liga von 2002 ab. Diese hatte vorgesehen, die Beziehungen zu Israel erst nach einem Friedensvertrag mit den Palästinensern zu normalisieren. Die Annäherung wurde auch dadurch gefördert, dass die arabischen

Golfstaaten sich zunehmend durch Iran bedroht fühlten. Die Knesset ratifizierte die beiden Abkommen am 15.10.2020. Weitere arabische Länder normalisierten ihre Beziehungen zu Israel, so Marokko, wie Trump am 10.12.2020 mitteilte. Marokko hatte schon früher Verbindungsbüros in Israel unterhalten, diese vor 20 Jahren aus Protest gegen die massive militärische Bekämpfung der zweiten Intifada der Palästinenser aber geschlossen; sie sollen nun wieder eröffnet werden. Auch der Sudan unterzeichnete am 06.01.2021 ein Normalisierungsabkommen. Eine israelische Delegation unter der Leitung des Geheimdienstministers Eli Cohen weilte am 25.01.2021 zu Gesprächen in Khartum. Auch in diesen beiden letzten Fällen spielten die USA eine Rolle. So erkannte die Regierung Trump die Annexion der Westsahara durch Marokko an und strich den Sudan aus der Liste von Staaten, die Terrorismus fördern.

Auseinandersetzungen in Jerusalem: Seit Mitte April 2020 kam es in Jerusalem jeden Abend zu Protesten von Palästinensern gegen von der Polizei errichtete Absperrungen am Damaskus-Tor. Dort pflegte man sich früher nach dem abendlichen Fastenbrechen während des muslimischen Fastenmonats Ramadan zu versammeln, was 2020 wegen der Corona-Maßnahmen nicht möglich war. 2021 wurde es, obwohl die Infektionen stark zurückgegangen waren, durch Maßnahmen der Polizei verhindert. Am 23.04.2021 provozierte eine Gruppierung aus dem Umfeld der rechtsextremen Religiösen Zionistischen Partei mit einem Aufmarsch die Palästinenser; radikale Islamisten riefen ihrerseits zum Widerstand in Jerusalem auf. Die Palästinenser stießen mit der Polizei, die die beiden Gruppen auseinanderzuhalten versuchte, zusammen, es gab Dutzende von Verletzten. Zugleich hielt man bereits seit mehreren Wochen Proteste gegen die Zwangsräumung ab, die mehreren palästinensischen Familien im Ostjerusalemer Viertel Scheich Dscharrah drohte. Diese verfügten über keine Besitztitel über ihre Häuser, die sie dort nach dem Krieg von 1948 und der damaligen Teilung Jerusalems errichtet hatten. Die Spannungen stiegen vor allem in der letzten Woche des Ramadan. Am 08. und 11.05.2021 drang die Polizei auf dem Tempelberg in die Al-Aksa-Moschee ein. Ein Fahnenmarsch rechtsextremer Gruppen am Jerusalem-Tag am 10.05.2021, der an die Eroberung des Ostteils der Stadt im 6-Tage-Krieg 1967 erinnert, wurde von der Regierung erst kurz zuvor untersagt.

Raketen auf Israel, Angriffe auf den Gazastreifen: Die islamistische Hamas nutzte die aufgeheizte Situation und begann am 11.05.2021 vom Gazastreifen aus mit einem massiven Raketenbeschuss Israels. Dabei setzte sie erstmals auch eine Rakete mit einer Reichweite von mehr als 200 km sowie Kamikaze-Drohnen ein. Der Islamische Dschihad feuerte gleichfalls Raketen ab. Einige Raketen erreichten Jerusalem, der Ben-Gurion-Flughafen bei Lod musste zeitweise geschlossen werden. Die israelische Armee reagierte mit der Operation „Wächter der Mauern" mit Luftangriffen und Artilleriebeschuss auf Hamas-Positionen im Gazastreifen. Dabei wurde auch ein Hochhaus angegriffen, in dem sich Büros der Nachrichtenagentur AP und des katarischen Fernsehsenders al-Jazeera befanden. Dutzende von Wohnhäusern wurden bombardiert. Bei den Angriffen soll auch ein 15 km langes, teilweise in mehreren Ebenen übereinander gelagertes Tunnelsystem der Hamas zerstört worden sein. Auch kam es zu gezielten Tötungen von Kommandanten der Hamas und des Islamischen Dschihad.
Zugleich kam es in mehreren israelischen Städten zu Auseinandersetzungen zwischen jüdischen und arabischen Einwohnern. Teils bewaffnete Randalierer in Lod, Akko, Bat Yam, Tiberias, Haifa und anderen Orten attackierten und verwüsteten Synagogen und Moscheen, öffentliche Einrichtungen, Geschäfte, Restaurants und Hotels von Angehörigen der jeweils anderen Seite, mehrere Personen wurden getötet oder schwer verletzt. In Lod wurde eine nächtliche Ausgangssperre verhängt. Bei Zusammenstößen mit israelischen Sicherheitskräften im Westjordanland und in Ostjerusalem kamen 27 Palästinenser ums Leben.
Schließlich willigten beide Seiten am 20.05.2021 in einen von Ägypten und dem UN-Sonderkoordinator für den Nahen Osten Tor Wennesland vermittelten Waffenstillstand ein, der am frühen Morgen des 21.05.2021 in Kraft trat. Nach Angaben der UN wurden durch Kriegshandlungen im Gazastreifen 258 Gebäude mit 1148 Wohnungen, Büros und Läden zerstört. Während auf israelischer Seite 13 Todesopfer zu beklagen waren – bis auf einen Soldaten allesamt Zivilisten, darunter 2 Kinder und 3 Ausländer – wurden auf palästinensischer Seite 256 Tote gezählt, Hamas-Kämpfer, aber auch Zivilisten (darunter 66 Kinder). Da die Hamas sich oft inmitten von Wohnvierteln einrichtet, nahm sie Opfer unter der Zivilbevölkerung in Kauf. Die israelische Armee warnte, wenngleich nicht immer, die Bewohner der betroffenen Häuser vor einem bevorstehenden Angriff. Die Hamas griff ihrerseits fast ausschließlich zivile Ziele an. Wie sich im Verlauf des Konflikts zeigte, hatte sie ihr Raketenarsenal in den letzten Jahren erheblich erweitert und verbessert. Sie feuerte diesmal mit einer deutlich

höheren Frequenz und einer größeren Reichweite als während des mehrwöchigen Krieges im Sommer 2014. Das israelische Raketenabwehrsystem Iron Dome fing indes viele der Raketen ab, nach offiziellen Angaben ca. 90 %.
Auch in den Monaten zuvor war es immer wieder vereinzelt zu Raketenbeschuss aus dem Gazastreifen und nachfolgenden israelischen Luft- und Artillerieangriffen gekommen, im August 2020 in größerem Umfang. Dabei brachten die Palästinenser wie schon in früheren Jahren auch Feuerballons zum Einsatz, die Brände auf israelischen Feldern verursachten.

Keine Annexion im Westjordanland: Die Ankündigung Netanjahus, am 01.07.2020 mit dem Verfahren zur Annexion von Teilen des Westjordanlands und des Jordantals zu beginnen, wurde nicht umgesetzt. Dies lag nicht zuletzt daran, dass der Koalitionspartner Blau-Weiß, namentlich Verteidigungsminister Gantz und Außenminister Gabi Ashkenazi, ein unilaterales Vorgehen ohne Einbeziehung der palästinensischen Seite deutlich abgelehnt hatte. Auch von Seiten der Sicherheitskräfte wurden erhebliche Bedenken geäußert. Schließlich verpflichtete sich Israel im Zusammenhang mit den Normalisierungsabkommen mit den VAE und Bahrain, auf die Annexion zu verzichten. Der Ausbau der Siedlungen in den besetzten Gebieten ging indes weiter. Nach Angaben der sich für eine Verständigung mit den Palästinensern einsetzenden israelischen Organisation Peace Now wurden 2020 über 12 000 Wohneinheiten in Siedlungen im Westjordanland bewilligt, so viele wie noch nie innerhalb eines Jahres seit dem Beginn der Zählung durch die Organisation 2012.

Palästinensische Wahlen abgesagt: Fatah und die Hamas einigten sich am 24.09.2020 auf die Abhaltung von Wahlen in den palästinensischen Gebieten. Anfang Februar 2021 verständigten sich die beiden und weitere politische Gruppierungen auf die entsprechenden Regeln und Termine für die Parlamentswahlen am 22.05.2021 und Präsidentenwahlen am 31.07.2021. Man vereinbarte auch, ein Gericht einzusetzen, das gegebenenfalls Beschwerden im Zusammenhang mit der Durchführung der Wahl prüfen und das Resultat bestätigen soll. Fatah und Hamas sicherten zu, in ihrem jeweiligen Machtbereich, also im Westjordanland bzw. im Gazastreifen, allen die Durchführung des Wahlkampfs zu ermöglichen und politische Gefangene zuvor freizulassen. Doch am 30.04.2021 gab der palästinensische Präsident Mahmud Abbas die Verschiebung der Wahlen bekannt, ohne indes einen neuen Termin zu benennen. Er begründete dies damit, dass es unsicher sei, ob Israel die Durchführung der Wahlen in Ostjerusalem gestatten werde. Die letzten Wahlen fanden 2006 statt.

Corona-Pandemie: Auf den mehrfachen Anstieg der COVID-19-Infektionen reagierte die Regierung jeweils mit der Verschärfung der entsprechenden Maßnahmen bis hin zu zwei mehrwöchigen Lockdowns ab dem 18.09. bzw. 27.12.2020. Die Einschränkungen wurden in den Wohnvierteln der orthodoxen Juden indes häufig nicht beachtet, was sich in entsprechend hohen Infektionszahlen widerspiegelte. Der Höhepunkt des Infektionsgeschehens lag Mitte Januar mit fast 60 000 Infektionen innerhalb einer Woche. Bereits am 20.12.2020 begannen die Impfungen. Schon in den ersten 10 Tagen wurden fast 650 000 Personen geimpft. Überall im Land wurden Impfzentren eingerichtet und zum Teil wurde bis in die Nacht hinein geimpft. Die Armee teilte am 11.03.2021 mit, über 80 % ihrer Angehörigen seien bereits zweimal geimpft worden oder von COVID-19 genesen, womit man Herdenimmunität erreicht habe. Auch in der Gesamtbevölkerung zeigte sich der Erfolg in den ab Mitte März rasant zurückgehenden Infektionszahlen. Die freiheitsbeschränkenden Maßnahmen wurden Schritt für Schritt zurückgenommen. Das Oberste Gericht entschied am 01.03.2021, dass die Regierung nicht den Inlandsgeheimdienst Schin Bet einsetzen dürfe, um Corona-Infektionen zu verfolgen. Diese Form der Überwachung stelle eine Gefahr für die Demokratie dar. Ab dem 14.03.2021 müsse die Nutzung dieser Überwachungstechnik deutlich eingegrenzt werden. Insgesamt wurden bis zum 30.06.2021 offiziell 841 869 Infektionen und 6431 Todesfälle gemeldet, was 0.07 % der Bevölkerung entsprach. 57.1 % waren vollständig geimpft.
Auch die Palästinenser in Ostjerusalem wurden bei den Impfungen berücksichtigt, da sie Mitglieder israelischer Krankenversicherungen sind. Außerdem übernahm Israel die Impfungen für 100 000 in Israel arbeitende Palästinenser. Für das Westjordanland und den Gazastreifen stellte Israel weitere Impfdosen zur Verfügung, allerdings nur für bestimmte Berufsgruppen wie medizinisches Personal. Weitere Impfdosen kamen aus dem COVAX-Programm der WHO. In den palästinensischen Gebieten ging die Zahl der Infektionen, die Anfang April mit fast 18 000 innerhalb einer Woche ihren Höhepunkt erreichte, ab Mai deutlich zurück. Insgesamt wurden bis zum 30.06.2021 offiziell 342 855 Infektionen und 3830 Todesfälle gemeldet, was 0.08 % der Bevölkerung entsprach.

Italien

▸ 618

Ländername	Italienische Republik
Zeitzone	MEZ ±0 h
Fläche in km²	302 073 (Rang 72)
Anzahl der Einwohner	59.6 Millionen (Rang 24)
Einwohnerzahl pro km²	197 (Rang 52)
Hauptstadt	Rom
Amtssprache	Italienisch
Verwaltungsgliederung	15 Regionen und 5 autonome Regionen
Wichtige Städte	Rom, Mailand, Neapel, Turin, Palermo, Genua, Bologna, Florenz, Bari, Catania, Venedig
Autokennzeichen | ISO-Code	I | ITA
Währung	1 Euro = 100 Cent
Nationalfeiertag	2. Juni (Referendum zur Gründung 1946)

In der Antike war Italien Mittelpunkt des römischen Weltreichs. Der Untergang Westroms 476 n. Chr. zog den Verlust der politischen Einheit nach sich, die erst im 19. Jahrhundert wieder erreicht wurde. Heute gehört das südeuropäische Land zur Europäischen Union und ist Mitglied in der Wirtschaftsvereinigung der G7. Dabei sind alte Strukturprobleme, etwa der Gegensatz zwischen „reichem" Norden und „armem" Süden, immer noch nicht befriedigend gelöst. Die Corona-Pandemie traf Italien europaweit mit am schwersten.

GEOGRAFIE

Geografische Lage: Von 36°39′ bis 47°05′ nördlicher Breite sowie von 6°36′ bis 18°31′ östlicher Länge (Südeuropa)
Höchster Punkt: Monte Bianco (Mont Blanc) 4810 m
Klima: Im Norden warmgemäßigtes Klima, ansonsten Mittelmeerklima

POLITIK

Staatsform: Parlamentarische Republik
Staatsoberhaupt: Präsident Sergio Mattarella (seit 03.02.2015)
Regierungschef: Ministerpräsident Mario Draghi (seit 13.02.2021)
Regierungsparteien: M5S (MoVimento 5 Stelle), PD (Partito Democratico), Lega, Art. 1 (Articolo Uno), FI (Forza Italia), IV (Italia Viva)
Legislative: Parlament, bestehend aus Abgeordnetenkammer mit 630 für 5 Jahre gewählten Mitgliedern und Senat mit 315 für 5 Jahre gewählten Mitgliedern und 6 ernannten Mitgliedern
Jahr der Verfassung: 1948
Wahlrecht: 18 Jahre

BEVÖLKERUNG

Bevölkerungsanteil: <15 Jahre 13 %, 15–64 Jahre 63.7 %, >64 Jahre 23.3 %
Verteilung: Stadt 71 %, Land 29 %
Wachstum: -0.3 %
Lebenserwartung: Frauen 86 Jahre, Männer 82 Jahre
Alphabetenrate: Frauen 99 %, Männer 99.4 %
Bevölkerungsgruppen: Italiener u. a.
Religionen: Christen (v. a. Katholiken), Muslime
Sprachen: Italienisch, Deutsch, Französisch, Ladinisch, Slowenisch u. a.

WIRTSCHAFT

BIP: 1.88 Bio. US$
Wachstum BIP: -8.9 %
BIP/Kopf: 31 288 US$
Inflation: -0.1 %
Außenhandel: Import 422.88 Mrd. US$, Export 496.11 Mrd. US$
Erwerbstätige nach Sektoren: Landwirtschaft 3.6 %, Industrie 25.6 %, Dienstleistungen 70.8 %
Arbeitslosenquote: 9.3 %
CO_2-Emission/Kopf: 5.6 t

RÜCKBLICK

Nach Spanien verzeichnete Italien 2020 mit einem BIP-Minus von 8.9 % den größten Wirtschaftseinbruch unter den EU-Staaten während der Corona-Pandemie. Das Land erhält deshalb gemeinsam mit Spanien auch den größten Anteil an **EU-Wiederaufbauhilfen**. Über den Streit um die Verwendung der

EU-Hilfen zerbrach Anfang 2021 die Mitte-Links-Regierung von Giuseppe Conte. Mario Draghi bildete daraufhin ein parteiübergreifendes Kabinett der nationalen Einheit. Es ist auf wichtigen Posten nicht mit Parteipolitikern, sondern mit Experten besetzt. Seitdem sind die offen ausgetragenen politischen Konflikte geringer geworden.

Corona-Pandemie: Bis zum 30.06.2021 verzeichnete Italien 127 566 Corona-Tote. Anders als in der 1. Welle der Pandemie, die vor allem Norditalien getroffen hatte, breitete sich das Virus in der 2. und 3. Welle praktisch in alle Regionen aus. Einer der ersten neuen Hotspots war im August 2020 die bei Urlaubern beliebte Insel Sardinien. Weitere frühe Infektionsherde entwickelten sich auf Sizilien und Lampedusa, dort vor allem unter Flüchtlingen. Ab Oktober 2020 stiegen die Zahlen schnell: Von ca. 1700 täglichen Neuinfektionen explodierten sie auf fast 35 000 auf dem Höhepunkt der 2. Welle Mitte November 2020. Die 2. Welle schwächte sich Mitte Februar 2021 auf ca. 12 000 täglich registrierte Neuinfektionen ab. Die von der Alpha-Variante geprägte 3. Welle ließ die Zahlen bis in die zweite Märzhälfte noch einmal auf ca. 23 000 steigen.
Nach den lokalen Anstiegen der Corona-Zahlen ließ die Regierung ab dem 17.08.2020 wieder Diskos und Clubs schließen und verhängte eine Maskenpflicht abends und nachts auf belebten Plätzen. Im Oktober wurden die Maßnahmen verschärft: Ab dem 08.10.2020 galt eine Maskenpflicht draußen, wenn Menschen nicht allein unterwegs waren. Ab dem 26.10.2020 wurden Theater, Kinos, Fitnessstudios und Schwimmbäder geschlossen. Bars und Restaurants durften nur noch bis 18 Uhr Gäste empfangen. In mehreren Regionen traten nächtliche Ausgangssperren in Kraft. Bürger wurden aufgefordert, ihre Gemeinden nicht zu verlasen. Am 06.11.2020 führte die Regierung ein **Ampelsystem** mit abgestuften Maßnahmen je nach Infektionsgeschehen ein (weiße, gelbe, orange, rote Zonen). Landesweit galt eine nächtliche Ausgangssperre zwischen 22 und 5 Uhr. In Gegenden mit hoher Inzidenz (rote Zone) galt eine ganztägige Ausgangssperre, nicht lebensnotwendige Geschäfte mussten schließen. Alle weiterführenden Schulen ab Klasse 7 gingen dort in den Distanzunterricht, das Verlassen der eigenen Gemeinde war ohne triftigen Grund verboten. Über die Weihnachtsfeiertage erklärte die Regierung ganz Italien zur roten Zone (24.12.2020–06.01.2021), gleiches galt über Ostern (03.–05.04.2021).
Nach einem Rückgang der Zahlen beschloss die Regierung am 22.04.2021, die Corona-Maßnahmen schrittweise zu lockern. Reisen innerhalb Italiens wurden ab dem 26.04.2021 wieder möglich für Genesene, Geimpfte und Getestete, die einen grünen Pass erhielten. Außerdem durften in den gelben Zonen Restaurants und Bars wieder Gäste empfangen. Veranstaltungen draußen wurden unter Auflagen wieder erlaubt. Die nächtliche Ausgangssperre wurde ab Mitte Mai 2021 schrittweise verkürzt. Ab dem 21.06.2021 entfiel sie ganz. Ab dem 01.06.2021 konnten auch die Innenräume der Restaurants wieder öffnen.
Per Gesetz führte die Regierung am 04.02.2021 einen **nationalen Gedenktag für die Opfer der Corona-Pandemie** ein. Datum ist jährlich der 18.03. Am ersten Gedenktag besuchte Ministerpräsident Draghi am 18.03.2021 die in der ersten Welle besonders betroffene Stadt Bergamo.

Regierung: Mitten in der zweiten Welle der Corona-Pandemie **zerbrach die Regierung Conte**. Anlass waren Unstimmigkeiten über die Verwendung der Milliardenhilfen aus dem EU-Wiederaufbaufonds. Der kleinste Koalitionspartner, Italia Viva von Ex-Premier Matteo Renzi, forderte mehr Zukunftsinvestitionen (Infrastruktur, Innovationen, Reformen) und mehr Mitsprache des Parlaments. Nach monatelangen Querelen erklärte Renzi am 13.01.2021 den Austritt aus der Koalition und den Rückzug der beiden Italia-Viva-Ministerinnen Teresa Bellanove (Landwirtschaft, Ernährung, Forstwirtschaft) und Elena Bonetti (Chancengleichheit, Familie) aus der Regierung. Zuvor hatte das Kabinett ein Wiederaufbauprogramm in Höhe von 229 Mrd. €, ohne auf Renzis Forderungen einzugehen. Damit fehlte Conte die Mehrheit im Senat. Am 20.01.2021 überstand er dank einiger Stimmen aus der Opposition zwar eine Vertrauensabstimmung, trotzdem trat er am 26.01.2021 zurück.
Staatspräsident Sergio Mattarella sprach sich gegen Neuwahlen in der Pandemie aus. Sondierungen innerhalb der alten Koalition scheiterten, deshalb beauftragte Mattarella am 03.02.2021 den parteilosen Wirtschaftswissenschaftler und Ex-Präsidenten der Europäischen Zentralbank **Mario Draghi** mit der Regierungsbildung. Draghi **schuf eine Regierung der nationalen Einheit**, getragen von einem breiten Bündnis aus M5S, Partito Democratico (PD), Lega, Articolo Uno (Art. 1), Italia Viva (IV) und Forza Italia (FI). Von den im Parlament vertretenen Parteien waren nur die Fratelli d'Italia ganz rechts im politischen Spektrum sowie die Kleinstpartei Sinistra Italiana ganz links nicht vertreten.
Am 12.02.2021 **präsentierte Draghi sein Kabinett**. Parteilose Experten übernahmen wichtige Ressorts, u. a. das Justizministerium, das Wirtschafts- und Finanzministerium sowie die Ressorts für Digitalisierung, Infrastruktur und ökologischen Umbau. Keiner der

Parteichefs der Koalition ist Mitglied des Kabinetts. Einige Mitglieder der Regierung Conte blieben auf ihren Posten, u. a. Außenminister Luigi di Maio (M5S), Gesundheitsminister Roberto Speranza (LeU), Verteidigungsminister Lorenzo Guerini (PD) und Innenministerin Luciana Lamorgese (parteilos). **Staatspräsident Mattarella vereidigte die neue Regierung** am 13.02.2021. In Vertrauensabstimmungen im Abgeordnetenhaus und im Senat erreichte die Regierung am 17./18.02.2021 jeweils große Mehrheiten. 15 Senatoren und 21 Abgeordnete der M5S, die der Draghi-Regierung ihre Stimme verweigert hatten, wurden aus der Partei ausgeschlossen.

Verfassungsreform: In einem Referendum stimmten die Italiener am 20./21.09.2020 für die **Verkleinerung des Parlaments**. Ursprünglich hätte die Abstimmung bereits am 29.03.2020 stattfinden sollen, war jedoch wegen der Corona-Pandemie verschoben worden. Mit 69.96 % votierten die Wahlberechtigten dafür, die Zahl der Sitze in der Abgeordnetenkammer von 630 auf 400 und im Senat von 315 auf 200 zu verringern. Das Referendum war notwendig geworden, weil 2019 im Senat die nötige Zweidrittelmehrheit für die Verfassungsänderung gefehlt hatte. Die Verkleinerung war eine der zentralen Forderungen der M5S. Sie soll 100 Mio. € pro Jahr sparen und tritt mit der nächsten nationalen Parlamentswahl in Kraft, spätestens am 28.05.2023. Bis dahin soll auch eine **Wahlrechtsreform** vorliegen, die u. a. die Mischung aus Verhältnis- und Mehrheitswahlrecht abschafft und das Wahlalter für den Senat bei den Wahlberechtigten von 25 auf 18 Jahre und bei den angehenden Senatorinnen und Senatoren von 40 auf 25 Jahre senkt.

Parteien: Am 05.06.2021 kündigte Lega-Chef Salvini ein **Fraktionsbündnis der Lega mit der FI** um Silvio Berlusconi im Parlament an. Das Bündnis der Mitte-Rechts-Parteien innerhalb der Regierungskoalition soll sich nach dem Willen von Salvini gemeinsam auf die Parlamentswahl 2023 vorbereiten. Hintergrund ist offenbar die wachsende Zustimmung für die Fratelli d'Italia von Oppositionsführerin Giorgia Meloni, die im Frühjahr in Umfragen zur Lega aufschloss. Die FI hatte dem Bündnis bis Ende Juni 2021 noch nicht zugestimmt.

Nationaler Wiederaufbauplan: Wenige Tage vor Ablauf der EU-Frist Ende April, präsentierte Draghi am 23.04.2021 den Nationalen Wiederaufbauplan seiner Regierung (Piano Nazionale di Ripresa e Resilienza, PNRR). Darin ist festgelegt, wie Italien bis 2026 die Gelder aus dem Europäischen Aufbaufonds Next Generation EU nutzen will, um aus der Corona-Krise gestärkt hervorzugehen. Am 25.04.2021 passierte der Plan das Kabinett, am 28./29.04.2021 beide Kammern des Parlaments. Am 30.04.2021 wurde er der EU-Kommission vorgelegt. Kritik gab es aus den Parlamenten daran, dass die Regierung den Hunderte Seiten umfassenden Plan so kurzfristig vorgelegt hatte, dass eine genaue Prüfung und Diskussion nicht mehr möglich war. Der PNRR umfasst 191.5 Mrd. € EU-Mittel und verteilt sich auf 6 Bereiche: Der größte Anteil fließt mit 59.5 Mrd. € in den ökologischen Umbau (u. a. Hochgeschwindigkeitsbahnstrecken, regenerative Energien, Gebäudedämmung); 40.3 Mrd. € gehen in Digitalisierung, Innovation, Wettbewerbsfähigkeit, Kultur und Tourismus; 25.4 Mrd. € in den Ausbau der Infrastruktur für eine nachhaltige Mobilität; 30.9 Mrd. € in Bildung und Forschung, 19.8 Mrd. € in Arbeitsmarkt- und soziale Projekte sowie 15.6 Mrd. € in die Stärkung des Gesundheitssystems. Neben den von der EU vorgegebenen Schwerpunkten Ökologie und digitaler Wandel widmet sich der Plan vor allem dem Bereich der Modernisierung und Verschlankung der öffentlichen Verwaltung. Hintergrund ist, dass sich in Italien viele Infrastrukturprojekte wegen der komplizierten Vorschriften, Anträge, Zuständigkeiten und Abläufe in der Verwaltung in der Regel jahrelang verzögern. Ziel des PNRR ist, mit den enormen Investitionen ein BIP-Wachstum von jährlich 3.3 % zu erreichen. Zusätzlich wurde am 28./29.04.2021 ein 30.6 Mio. Euro-Fonds verabschiedet, mit dem die Regierung Zukunftsprojekte finanzieren will, die nicht unter die Vorgaben der EU für den PNRR fielen. Eine erste Maßnahme war die Vereinfachungsverordnung, die am 28.05.2021 das Abgeordnetenhaus passierte. Sie regelt, wie die Maßnahmen des PNRR kontrolliert werden, und vereinfacht Prüf- und Antragsverfahren. Die Auszahlung der ersten EU-Mittel war für Juli 2021 vorgesehen.

Wirtschaft: Die Mehrländerbörse Euronext mit Sitz in Amsterdam kaufte am 29.04.2021 die **Mailänder Börse** (Borsa Italiana) für 4.444 Mrd. €. Der Verkauf der einzigen Wertpapierbörse Italiens wurde am 08.10.2020 bekannt, bedurfte aber noch der Zustimmung der Aufsichtsbehörden. Die Deutsche Börse und der Schweizer SIX hatten ebenfalls Interesse an einer Fusion. Um das Gewicht Italiens in dem bislang von Frankreich dominierten Börsenverbund Euronext zu stärken, beteiligten sich die Förderbank Cassa Depositi e Prestiti (CDP) und die Bank Intesa Sanpaolo an Euronext. Der bisherige Eigentümer der Mailänder Börse, die London Stock Exchange, war aus kartellrechtlichen Gründen zum Verkauf gezwungen, um einen Anbieter für Finanzmarktdaten übernehmen zu können.

Seenotrettung: Streitpunkt in der Regierung bzw. zwischen Regierung und der Opposition blieb die Seenotrettung. Nach dem Ende des 1. Lockdowns stieg die Zahl der Migranten wieder an, die über das Mittelmeer Italien erreichten. Im 2. Halbjahr 2020 kamen mehr als 27 000 Flüchtende über das Mittelmeer nach Italien. Ziele waren vor allem Lampedusa und Sizilien. Am 11.05.2021 verzeichnete Lampedusa innerhalb von 24 Stunden die Ankunft von mehr als 2000 Flüchtlingen – die höchste Zahl seit mehr als zwei Jahren. Im August 2020 riefen der Bürgermeister von Lampedusa sowie der Regionalpräsident von Sizilien die Regierung in Rom zum Handeln auf, als zahlreiche Migranten mit dem Coronavirus infiziert waren. Eigenmächtig schloss Regionalpräsident Nello Musumeci daraufhin am 24.08.2020 die Flüchtlingshotspots auf Sizilien.
Immer wieder setzten die Behörden Schiffe, die von privaten Organisationen für die Seenotrettung genutzt wurden, monatelang in italienischen Häfen fest. So setzte die italienische Küstenwache vom 20.07. bis 21.12.2020 die Ocean Viking der französischen Hilfsorganisation SOS Méditerranée wegen technischer und betrieblicher Mängel fest. Zuvor hatte das Schiff am 04.07.2020 170 Migranten nach Sizilien gebracht, die die Crew auf dem Mittelmeer gerettet hatte. Auch die als Rettungsschiffe eingesetzten Alan Kurdi sowie Sea-Watch 3 und 4 deutscher Hilfsorganisationen mussten auf Geheiß italienischer Behörden jeweils für Monate im Hafen bleiben. Seit März 2021 wieder im Einsatz, wurde das deutsche Seenotrettungsschiff Sea-Eye IV am 05.06.2021 erneut in Palermo festgesetzt mit der Begründung, es habe zu viele Menschen gerettet.
Am 05.10.2020 schwächte die Mitte-Links-Regierung von Conte die 2019 vom damaligen Innenminister Salvini eingeführten **Sicherheitsgesetze** ab, die auf die private Seenotrettung zielten. Die Gesetze sahen u. a. vor, dass Rettungsboote beschlagnahmt werden konnten und Geldbußen von bis zu 1 Mio. € drohten. Die Regierung Conte reduzierte das Bußgeld auf max. 50 000 €. Auch die Regierung Draghi machte den Umgang mit illegaler Migration über das Mittelmeer zu einer Priorität. Draghi unternahm seine erste Auslandsreise als Regierungschef am 06.04.2021 nach **Libyen**. Gegenüber der EU drängte Draghi auf eine Wiederaufnahme und Ausweitung des Abkommens von Malta (2019), in dem Deutschland und Frankreich zugesagt hatten, einen Teil der Bootsflüchtlinge zu übernehmen.
Ex-Innenminister Salvini muss sich ab dem 15.09.2021 vor einem Gericht in Palermo wegen Freiheitsberaubung und Amtsmissbrauch verteidigen. Das Gericht ließ am 17.04.2021 eine Klage der spanischen Hilfsorganisation Open Arms zu. Salvini hatte im August 2019 dafür gesorgt, dass die Open Arms mit 160 Flüchtlingen an Bord drei Wochen lang an der Einfahrt in einen italienischen Hafen gehindert wurde. Eine ähnliche Klage gegen Salvini wies ein Gericht in Catania am 14.05.2021 ab. Bei dem Vorfall hatte es sich um ein Schiff der Küstenwache mit 131 Migranten an Bord gehandelt. Die Klage der deutschen Kapitänin Carola Rakete gegen Salvini wegen Anstiftung zu Verbrechen scheiterte. Eine Untersuchungsrichterin in Mailand stellte das Verfahren am 17.05.2021 ein. Rakete hatte Salvini vorgeworfen, im Internet Hass gegen sie verbreitet zu haben. Umgekehrt erhob die Staatsanwaltschaft im sizilianischen Trapani am 04.03.2021 Anklage gegen 21 private Seenotretter wegen des Verdachts auf Schleuserei. Die Ermittler warfen den Helfern mehrerer Hilfsorganisationen vor, sich 2016/17 mit Schleusern verständigt und Migranten direkt von ihnen übernommen zu haben.

Infrastruktur: In Venedig wurde am 03.10.2020 erstmals das **Hochwassersperrwerk Mose** (Modulo Sperimentale Elettromeccanico) eingesetzt. 78 Stahlbarrieren wurden an den drei Öffnungen der Lagune aufgestellt. Sie sollen verhindern, dass das historische Stadtzentrum überschwemmt wird und starke Schäden angerichtet werden, wie zuletzt 2019. Das Sperrwerk ist eines der größten Infrastrukturprojekte Italiens der letzten Jahrzehnte. Planungen dazu liefen seit dem Hochwasser von 1966.
Nach dem **Einsturz der Morandi-Brücke auf der A10 in Genua** im August 2018 mit 43 Toten wurde die neue Autobahnbrücke (Genova San Giorgio) am 03.08.2020 eingeweiht. Das Unglück selbst war auf fehlende Wartungsarbeiten zurückzuführen. Das ergab ein Untersuchungsbericht, der am 22.12.2020 veröffentlicht wurde. Auch die staatliche Aufsicht hatte versagt. 69 Personen droht eine Anklage. Die verantwortliche Autobahnbetreibergesellschaft Atlantia musste auf politischen Druck hin am 31.05.2021 ihre 88-prozentigen Anteile an der Autostrade per l'Italia an ein staatliches Konsortium verkaufen.
In Stresa am Lago Maggiore starben 14 Menschen am 23.05.2021 nach einem **Seilbahnunglück**. Kurz vor der Bergstation am Monte Mottarone war das Zugseil gerissen. Die eigentlich vorgesehene Notbremsung erfolgte nicht und die betroffene Gondel stürzte mit 15 Passagieren in die Tiefe. Ein Kind überlebte. Die Ermittlungen ergaben, dass ein Beschäftigter zuvor die Bremse blockiert hatte, um ein technisches Problem zu kaschieren. Am 26.05.2021 wurden der Chef der Betreibergesellschaft sowie zwei Mitarbeiter festgenommen.

Jamaika

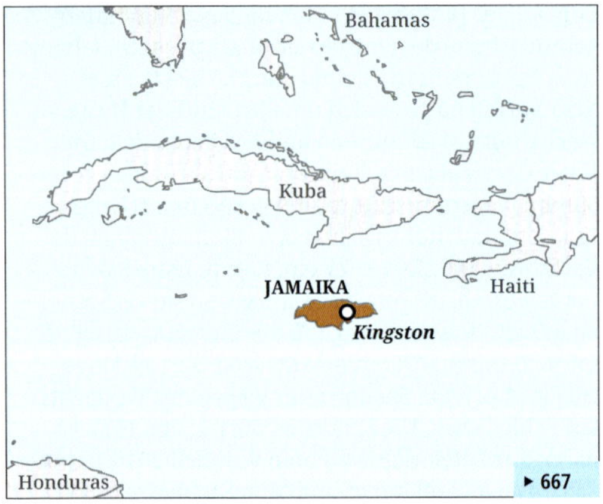

▸ 667

Ländername	Jamaika
Zeitzone	MEZ -6 h
Fläche in km²	10 990 (Rang 161)
Anzahl der Einwohner	3 Millionen (Rang 135)
Einwohnerzahl pro km²	269 (Rang 36)
Hauptstadt	Kingston
Amtssprache	Englisch
Verwaltungsgliederung	14 Gemeinden
Wichtige Städte	Kingston, Portmore, Spanish Town, Montego Bay, Mandeville
Autokennzeichen | ISO-Code	JA | JAM
Währung	1 Jamaika-Dollar = 100 Cents
Nationalfeiertag	6. August (Unabhängigkeit 1962)

Die zu den Großen Antillen gehörende Karibikinsel war einst Zentrum des britischen Sklavenhandels und größte Zuckerkolonie Großbritanniens. Heute bilden der Bauxitbergbau und der Tourismus die Stützen der Wirtschaft. Eines der größten innenpolitischen Probleme ist seit längerer Zeit die hohe Kriminalitätsrate.

GEOGRAFIE

Geografische Lage: Von 17°42′ bis 18°31′ nördlicher Breite sowie von 76°11′ bis 78°22′ westlicher Länge (Karibik)
Höchster Punkt: Blue Mountain Peak 2256 m
Klima: Feuchttropisches Klima mit Trockenzeit im Winter

POLITIK

Staatsform: Parlamentarische Demokratie unter konstitutioneller Monarchie
Staatsoberhaupt: Britische Königin, vertreten durch den Generalgouverneur Sir Patrick Linton Allen (seit 26.02.2009)
Regierungschef: Premierminister Andrew Michael Holness (seit 03.03.2016)
Regierungspartei: JLP (Jamaica Labour Party)
Legislative: Parlament, bestehend aus Repräsentantenhaus mit 63 für 5 Jahre gewählten Mitgliedern und Senat mit 21 für 5 Jahre ernannten Mitgliedern
Jahr der Verfassung: 1962
Wahlrecht: 18 Jahre

BEVÖLKERUNG

Bevölkerungsanteil: <15 Jahre 23.4 %, 15–64 Jahre 67.6 %, >64 Jahre 9 %
Verteilung: Stadt 56.3 %, Land 43.7 %
Wachstum: 0.4 %
Lebenserwartung: Frauen 76 Jahre, Männer 73 Jahre
Alphabetenrate: Frauen 92.7 %, Männer 83.4 %
Bevölkerungsgruppen: Afrikaner, Mestizen, Inder u. a.
Religionen: Christen, Sonstige
Sprachen: Englisch, Kreolisch

WIRTSCHAFT

BIP: 13.95 Mrd. US$
Wachstum BIP: -10.2 %
BIP/Kopf: 5096 US$
Inflation: 5.2 %
Außenhandel: Import 4.47 Mrd. US$ (Nahrungsmittel 16.2 %, Petrochemie 14.2 %, Chemische Erzeugnisse 10.3 %, Erdöl 10 %, Kfz und -Teile 8.6 %), Export 1.13 Mrd. US$ (Rohstoffe außer Brennstoffe 53.1 %, Petrochemie 18.6 %, Nahrungsmittel 13.9 %, Getränke und Tabak 8.1 %, Chemische Erzeugnisse 2.3 %)
Erwerbstätige nach Sektoren: Landwirtschaft 15.7 %, Industrie 16.2 %, Dienstleistungen 68.1 %
Arbeitslosenquote: 8.4 %
CO_2-Emission/Kopf: 2.6 t

RÜCKBLICK

Corona-Pandemie: In den ersten Monaten war das Land vergleichsweise wenig von der Pandemie betroffen, im März 2021 wurden jedoch bis über 650 Neuinfektionen am Tag registriert. Die im April 2020 eingeführte nächtliche Ausgangssperre hielt auch im Juni 2021 noch an, war jedoch in Abhängigkeit vom Infektionsgeschehen mehrfach verkürzt oder verlängert worden. Am 15.03.2021 erhielt Jamaika als erstes Land in der Karibik im Rahmen der COVAX-Initiative eine Lieferung von 14 400 Impfdosen.

Parlamentswahlen: Premierminister Andrew Holness gab am 11.08.2020 den 03.09.2020 als **Termin** für die nächsten Parlamentswahlen bekannt. Auf Weisung des Premiers löste Generalgouverneur Patrick Allen am 13.08.2020 das Parlament auf. Am 18.08.2020 registrierten sich insgesamt 139 Kandidaten (105

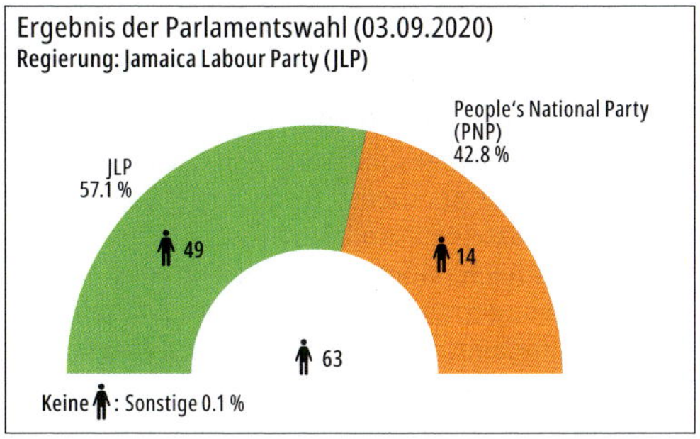

Männer und 34 Frauen) für die 63 Parlamentsplätze. Die Verfassung sieht eine 5-jährige Legislaturperiode vor, sodass die Wahlen in Abhängigkeit vom letzten Wahltermin 25.02.2016 regulär zwischen dem 25.02. und 10.06.2021 stattfinden sollten. Holness begründete die vorgezogenen Wahlen mit der erforderlichen Zustimmung zu seiner Corona-Politik.
Bei den Wahlen verzeichnete die regierende wirtschaftsliberal-konservative Jamaica Labour Party (JLP) einen **Erdrutschsieg** von 57.1 % der Stimmen. Sie gewann 17 zusätzliche Sitze und mit 49 von 63 Sitzen die absolute Mehrheit im Parlament. Die oppositionelle sozialdemokratische People's National Party (PNP) unter Peter Philipps kam mit 42.8 % nur noch auf 14 Mandate. In der letzten Legislaturperiode war die JLP-Regierung aufgrund einer äußerst knappen Mehrheit von 32 zu 31 Sitzen stets auf die geschlossene Unterstützung ihrer Fraktion angewiesen gewesen. Die Wahlbeteiligung lag bei 37.9 %, die niedrigste seit 1983.
Am 07.09.2020 wurde Andrew Holness zu seiner **zweiten Amtszeit** als Premierminister vereidigt. In seiner Regierung blieben die Schlüsselministerien unverändert. Holness behielt das Ressort Verteidigung, Kamina Johnson Smith blieb Außenministerin.

Wirtschaft: Wirtschaftlich war das Land insbesondere von dem **Zusammenbruch des Tourismussektors** betroffen, der vor Corona mit 20 % zum Bruttoinlandsprodukt beigetragen hatte. Mitte Juni 2020 waren die Grenzen für Touristen zwar wieder geöffnet worden, aber nur für Reisen in einem dafür vorgesehenen Korridor an der Nordküste, später auch in einem Korridor an der Südwestküste. Zudem gab es für Touristen Test- und Quarantänepflichten und die Pflicht zum Herunterladen einer COVID-19-App. Neben dem Einbruch im Tourismus machten die sinkenden Rücküberweisungen der im Ausland lebenden Jamaikaner, die vor Corona mit 15 % zum BIP beigetragen hatten, der Wirtschaft zu schaffen. Das BIP brach 2020 um 10.2 % ein, für 2021 rechnete der Internationale Währungsfonds mit einem schwachen Wachstum um 1.5 %.

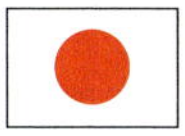

Japan

▸ 697

Ländername	Japan
Zeitzone	MEZ +8 h
Fläche in km²	377 930 (Rang 62)
Anzahl der Einwohner	125.8 Millionen (Rang 11)
Einwohnerzahl pro km²	333 (Rang 26)
Hauptstadt	Tokio
Amtssprache	Japanisch
Verwaltungsgliederung	47 Präfekturen
Wichtige Städte	Tokio, Yokohama, Osaka, Nagoya, Sapporo, Fukuoka, Kobe, Kawasaki, Kyoto, Saitama, Hiroshima, Sendai
Autokennzeichen | ISO-Code	J | JPN
Währung	Yen
Nationalfeiertage	11. Februar (Gründung 660 v. Chr.), 23. Februar (Geburt des Kaisers 1960)

Nippon, Land der aufgehenden Sonne, nennen die Japaner ihr Land – der rote Kreis auf weißem Grund in der Nationalflagge steht für die leuchtende Sonnenscheibe. Erst in der zweiten Hälfte des 19. Jahrhunderts hat Japan seine lange außenpolitische Isolation beendet. Innerhalb kürzester Zeit wurde das agrarisch geprägte und feudalistisch strukturierte Inselreich nach der Katastrophe des Zweiten Weltkriegs zu einer der führenden Weltwirtschaftsmächte.

GEOGRAFIE

Geografische Lage: Von 24°13' bis 45°31' nördlicher Breite sowie von 122°56' bis 153°59' östlicher Länge (Ostasien)
Höchster Punkt: Fuji 3776 m
Klima: Im Norden winterfeucht-kaltes Klima, in der Mitte warmes, wintertrockenes Klima, im Süden subtropisches Klima

POLITIK

Staatsform: Parlamentarische Monarchie
Staatsoberhaupt: Kaiser Naruhito (seit 01.05.2019)
Regierungschef: Ministerpräsident Yoshihide Suga (seit 16.09.2020)
Regierungspartei: LDP (Liberaldemokratische Partei)
Legislative: Nationalversammlung, bestehend aus Repräsentantenhaus mit 465 für 4 Jahre gewählten Mitgliedern und Senat mit 242 für 6 Jahre gewählten Mitgliedern (alle 3 Jahre teilerneuert)
Jahr der Verfassung: 1947
Wahlrecht: 18 Jahre

BEVÖLKERUNG

Bevölkerungsanteil: <15 Jahre 12.4 %, 15–64 Jahre 59.2 %, >64 Jahre 28.4 %
Verteilung: Stadt 91.8 %, Land 8.2 %
Wachstum: -0.3 %
Lebenserwartung: Frauen 88 Jahre, Männer 82 Jahre
Alphabetenrate: Frauen 99 %, Männer 99 %
Bevölkerungsgruppen: Japaner u. a.
Religionen: Ethnische (Shintoisten), Buddhisten, Christen
Sprache: Japanisch

WIRTSCHAFT

BIP: 5.05 Bio. US$
Wachstum BIP: -4.8 %
BIP/Kopf: 40 146 US$
Inflation: 0 %
Außenhandel: Import 634.51 Mrd. US$ (Elektronik 14 %, Chemische Erzeugnisse 11.5 %, Nahrungsmittel 8.6 %, Erdöl 6.9 %, Rohstoffe außer Brennstoffe 6.7 %),
Export 641.38 Mrd. US$ (Kfz und -Teile 18.9 %, Maschinen 18.5 %, Chemische Erzeugnisse 12.3 %, Elektronik 9.1 %, Elektrotechnik 8 %)
Erwerbstätige nach Sektoren: Landwirtschaft 3.4 %, Industrie 24.1 %, Dienstleistungen 72.5 %
Arbeitslosenquote: 3 %
CO_2-Emission/Kopf: 9.1 t

RÜCKBLICK

Regierungswechsel: Ende August 2020 gab der amtierende Ministerpräsident Shinzo Abe überraschend seinen Rücktritt aus gesundheitlichen Gründen bekannt. Abe war der dienstälteste Regierungschef Japans und prägte das Land durch seine Wirtschaftspolitik nachhaltig. Er war 2012 mit dem ehrgeizigen Ziel angetreten, Japan aus einer fast zwei Jahrzehnte andauernden wirtschaftlichen Stagnation zu befreien. Sein dreigleisig angelegter Plan, mit aggressiver geldpolitischer Lockerung, Schaffung fiskalischer Anreize mit hohen Milliardenbeträgen und strukturellen Reformen, um private Investitionen anzukurbeln, hatte anfangs einen positiven Effekt auf Japans Wirtschaft. Doch Abes ambitionierter Reformpolitik, bekannt als **Abenomics**, wird nach seiner 7-jährigen Amtszeit ein eher durchwachsener Erfolg bescheinigt.
Als Nachfolger Abes, der ihm sowohl als Parteivorsitzender als auch als Ministerpräsident folgt, wählte die Liberaldemokratische Partei (LDP) Yoshihide Suga. Diese Ernennung verspricht politische Kontinuität, denn Suga war langjähriger Kabinettschef an der Seite Abes und hat dessen Politk mitgetragen.

Wirtschaft: Die japanische Wirtschaft befindet sich bereits seit September 2019 in einer Rezession. Der private Konsum, der mehr als die Hälfte des japanischen Bruttoinlandsprodukts ausmacht, wird seit Jahren durch einen schleppenden Anstieg der Löhne gebremst. Die Inlandsnachfrage ist dadurch zu einem Schwachpunkt der japanischen Wirtschaft geworden, noch verstärkt durch die Erhöhung der Mehrwertsteuer auf 10 % im Oktober 2019. Bedingt durch die Corona-Pandemie erfolgte ein besonders dramatischer Rückgang des BIP im 2. Quartal 2020 von -28.6 %. Die japanische Regierung leitete daraufhin im Juli 2020 mehrere Kampagnen ein, um die Inlandsnachfrage wieder anzukurbeln. Darunter waren verschiedene Rabattaktionen, die den inländischen Tourismus und die Nachfrage nach Konsumgütern wiederbeleben sollten. Tatsächlich waren diese verschiedenen Kampagnen erfolgreich und trugen zu einer Erholung der inländischen Wirtschaft bei. Im 3. Quartal 2020 verzeichnete das BIP einen Rekordzuwachs und auch im 4. Quartal 2020 nahm die Wirtschaftsleistung zu. Trotz dieser Steigerungen im letzten Halbjahr 2020 sank das reale BIP auf das gesamte Jahr gesehen um 4.8 % – der erste Rückgang seit einem 5.7 prozentigen Einbruch in den Tagen der globalen Finanzkrise 2009. Gleichzeitig stieg die japanische Staatsverschuldung auf ein Rekordhoch von mehr als 250 % des Bruttoinlandsprodukts.

Corona-Pandemie: Japan hatte mit 767 808 Corona-Infizierten (Stand 06.06.2021) eine relativ niedrige Fallzahl im Vergleich zu Deutschland, das zur gleichen Zeit 3.7 Mio. Infizierte aufwies. Japan verfügt über eine höhere Zahl an Krankenhausbetten pro Kopf als andere Industrieländer, doch die Zahl an bereitstehenden Intensivbetten für Corona-Kranke ist unterdurchschnittlich. Als es Anfang 2021 zu einem Ausbruch einer Mutante des Coronavirus kam, gerieten einzelne Krankenhäuser an ihre Kapazitätsgrenze und Kranke konnten nicht behandelt werden. Das gleiche passierte erneut, während der sogenannten 4. Corona-Welle im Mai 2021, nur knapp 2 Monate vor den Olympischen Spielen. Das zeigt die Schwächen des japanischen Gesundheitssystems auf, denn Kliniken und Krankenhäuser sind mehrheitlich nicht in staatlicher Hand, sondern werden von Ärzten gegründet und können sich daher, auch finanziell, nicht schnell auf Notsituationen einstellen. Die Regierung beschloss daher Anfang 2021, jedes hinzukommende Intensivbett finanziell zu unterstützen. Auch die öffentlichen Gesundheitszentren waren überlastet. Aufgrund von Einsparungen wurde ihre Zahl in den letzten Jahren stark reduziert und sie mussten nun mit nur begrenzten Kapazitäten Corona-Tests durchführen und die Nachverfolgung der Infektionsketten bewältigen. So geriet das Krisenmanagement der Regierung unter Ministerpräsident Suga immer mehr in die Kritik. Auch die Schutzimpfungen gegen COVID-19 kamen nur langsam voran. Erst im Februar 2021 erhielt der Biontech/Pfizer-Impfstoff in Japan die Zulassung und kurz danach kam es bei dem Pharmaunternehmen zu Lieferengpässen. Bis Anfang Juni 2021 haben nur 11 % der Bevölkerung eine Erstimpfung erhalten und nur rund 5 % der Bevölkerung sind vollständig, also zweimal geimpft. Japan ist damit im Vergleich zu anderen Industriestaaten weit im Rückstand.

Fukushima: Offiziell kommt die Stilllegung des Atomkraftwerks in Fukushima gut voran, doch die Betreiberfirma Tepco kämpft seit den Kernschmelzen mit einem schwerwiegenden Problem: Grundwasser sickert in die Untergeschosse der Reaktoren ein und wird radioaktiv kontaminiert. Die Speicherkapazität für das verseuchte Wasser ist jedoch bald erschöpft. Daher hatte Tepco der Regierung schon 2019 vorgeschlagen, dass Wasser in den Pazifik einzuleiten. Gegen diese Maßnahme hatte es starke Proteste von Seiten der einheimischen Fischindustrie und Umweltorganisationen gegeben. Nach jahrelangen heftigen Kontroversen entschied die japanische Regierung am 13.04.2021, dass das Wasser in den pazifischen Ozean abgelassen werden darf. Doch soll das Wasser soweit gereinigt und verdünnt werden, dass der Anteil radioaktiver Substanzen unter den gesetzlichen Grenzwert fällt. Die umliegenden Meeresanrainerstaaten Südkorea, China und Taiwan reagierten empört auf diese Entscheidung Japans. Doch trotz auch internationaler Proteste stimmte die Internationale Atomenergie-Organisation IAEO der kontrollierten Ableitung des Wassers zu. Auch die USA stellte sich auf die Seite Japans und lobte Japans Transparenz in dieser Angelegenheit.

Außenhandel: Japan liegt 2020 sowohl im Export- als auch im Importhandel weltweit gesehen auf dem vierten Platz. Das Exportvolumen sank jedoch im Vergleich zum Vorjahr um 9.2 %. Dieser Wert wäre vielleicht noch höher ausgefallen, doch profitierte Japan von der chinesischen Nachfrage nach Elektroteilen, womit sich China unabhängig von Lieferungen aus den USA und anderen Ländern machen will.

China: Die japanische Regierung hat China aufgrund der Menschenrechtsverletzungen gegen die uigurische Minderheit in Xinjiang und der unrechtmäßigen Einmischung in die Autonomie Hongkongs in ungewöhnlich scharfer Weise kritisiert. Doch den von der Regierung Biden beschlossenen Sanktionen gegen China, denen auch einige EU-Staaten folgten, haben sie sich nicht angeschlossen.
Japan taktiert gegenüber China eher vorsichtig, denn der große Nachbar ist immer noch einer der wichtigsten Handelspartner Japans. Zudem ist die japanische Wirtschaft von Rohstoffen aus China abhängig, wie z. B. die **Seltenen Erden** für ihre Halbleiterindustrie.

Südkorea: Die Beziehung zwischen Japan und Südkorea ist aufgrund des schwelenden Streits über eine finanzielle Wiedergutmachung für die noch lebenden sogenannten Trostfrauen während der japanischen Okkupation immer noch angespannt. Die neue US-Regierung unter Präsident Joe Biden versucht, ausgleichend auf die beiden Länder einzuwirken, um mit ihnen zusammen eine wirksame Bündnisgemeinschaft gegen China bilden zu können.

USA: Der japanische Ministerpräsident Yoshihide Suga war der erste offizielle ausländische Staatsgast nach dem Amtsantritt des neuen US-Präsidenten Joe Biden. Diese Einladung unterstreicht die Rolle Japans als wichtiger Bündnispartner gegen das wachsende Machtstreben und die militärischen Provokationen Chinas im indopazifischen Raum. Präsident Biden erneuerte das Sicherheitsversprechen der USA, Japan im Notfall auch militärisch beizustehen. Für Japan ist diese militärische Allianz wichtig, um gegen mächtige Nachbarn, wie China und Russland bestehen zu können. Dazu hat die USA 55 000 Soldaten auf japanischem Boden stationiert, auch um seine strategischen Interessen in diesem Gebiet zu wahren.

Nordkorea: Japans Ministerpräsident Suga verkündete im April 2021 eine Verlängerung der Sanktionen gegen Nordkorea um zwei Jahre. Damit ist auch weiterhin jeglicher Handel zwischen den beiden Ländern untersagt und auch nordkoreanische Schiffe dürfen keine japanischen Häfen anlaufen. Japan ist verärgert über den erneuten Waffentest Nordkoreas im März 2021, bei dem 2 Kurzstreckenraketen Richtung offenes Meer abgefeuert wurden. Damit verstieß Nordkorea gegen ein Verbot der Vereinten Nationen.
Außerdem wartet Japan schon seit Jahrzehnten auf eine völlige Aufklärung der Entführungen von 13 japanischen Staatsbürgern in den 1970er- und 1980er-Jahren. Erst 2002 hatte Nordkorea zugegeben, Japaner mit dem Ziel entführt zu haben, nordkoreanische Spione in japanischer Sprache und Kultur zu unterrichten. Ein Jahr später durften 5 Japaner ausreisen und nach Japan zurückkehren. Über das Schicksal der anderen 8 heißt es, sie seien bereits gestorben oder nie in Nordkorea gewesen.

Olympische Sommerspiele 2021: Im Juli 2020 sollten in Japan die Olympischen Spiele stattfinden, doch wurden sie aufgrund der Corona-Pandemie abgesagt und auf den Sommer 2021 verschoben. Doch obwohl Japan im März 2021 bekannt gab, dass die Sportveranstaltung ohne ausländische Zuschauer stattfinden werde, ist die Angst in der japanischen Bevölkerung groß, dass die Sportler und ihre Entourage neue Virusvarianten ins Land bringen. Laut einer landesweiten Umfrage der Nachrichtenagentur Kyodo Mitte Mai 2021 sprachen sich rund 60 % der Japaner für eine erneute Absage der Spiele aus. Auch der japanische Ärzteverband schloss sich dieser Forderung an und machte auf die Situation in den Krankhäusern aufmerksam, die durch die Corona-Pandemie voll ausgelastet seien und über nur wenig freie Kapazitäten verfügten.

Jemen

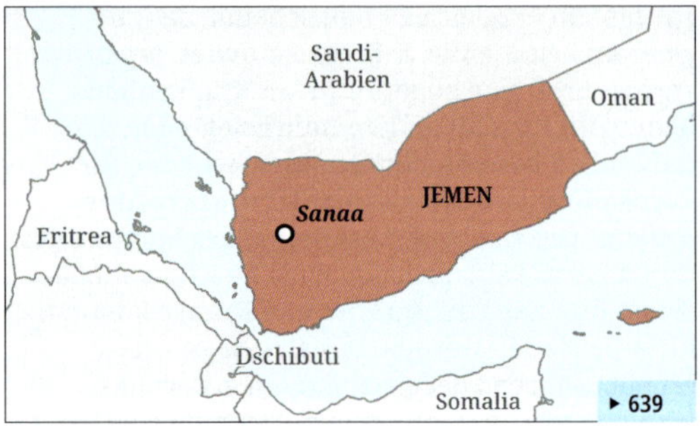

▸ 639

Ländername	Republik Jemen
Zeitzone	MEZ +2 h
Fläche in km²	527 968 (Rang 49)
Anzahl der Einwohner	29.8 Millionen (Rang 48)
Einwohnerzahl pro km²	56 (Rang 125)
Hauptstadt	Sanaa
Amtssprache	Arabisch
Verwaltungsgliederung	21 Bezirke und 1 Hauptstadtdistrikt
Wichtige Städte	Sanaa, Aden, Taiz, Ibb, Hodeida, Damar
Autokennzeichen | ISO-Code	YEM | YEM
Währung	1 Jemen-Rial = 100 Fils
Nationalfeiertag	22. Mai (Wiedervereinigung 1990)

In der Antike war das Gebiet des heutigen Staates unter dem Namen „Arabia felix“, das glückliche Arabien, bekannt. Hier nahm die zum Mittelmeer führende Weihrauchstraße ihren Anfang. Nord- und Südjemen, die unterschiedliche politische und gesellschaftliche Wege zurückgelegt hatten, fanden 1990 zur staatlichen Einheit, deren Erhalt in einem blutigen Konflikt vom Norden erzwungen wurde. Allerdings war diese Einheit von Anfang an brüchig und immer wieder – bis in die Gegenwart – von kriegerischen Auseinandersetzungen begleitet.

GEOGRAFIE

Geografische Lage: Von 12°07′ bis 19° nördlicher Breite sowie von 42°33′ bis 54°32′ östlicher Länge (Vorderasien)
Höchster Punkt: Jabal an-Nabi Shu'aib 3760 m
Klima: Wüstenklima mit hoher Luftfeuchtigkeit an der Küste, im Gebirge Sommerregen

POLITIK

Staatsform: Präsidiale Republik
Staatsoberhaupt: Präsident Abed Rabbo Mansur Hadi (seit 21.02.2012)

Regierungschef: Ministerpräsident Main Abdulmalik Said (seit 15.10.2018)
Regierungspartei: Allgemeiner Volkskongress
Legislative: Parlament, bestehend aus Repräsentantenhaus mit 301 für 6 Jahre gewählten Mitgliedern (seit 2015 aufgelöst)
Jahr der Verfassung: 1991
Wahlrecht: 18 Jahre

BEVÖLKERUNG

Bevölkerungsanteil: <15 Jahre 38.8 %, 15–64 Jahre 58.2 %, >64 Jahre 3 %
Verteilung: Stadt 37.9 %, Land 62.1 %
Wachstum: 2.3 %
Lebenserwartung: Frauen 68 Jahre, Männer 64 Jahre
Alphabetenrate: Frauen 55 %, Männer 85.1 %
Bevölkerungsgruppen: Araber, Afrikaner, Asiaten, Europäer u. a.
Religion: Muslime
Sprache: Arabisch

WIRTSCHAFT

BIP: 20.14 Mrd. US$
Wachstum BIP: -5 %
BIP/Kopf: 620 US$
Inflation: 26.2 %
Außenhandel: Import 7.37 Mrd. US$ (Nahrungsmittel 37.3 %, Petrochemie 28.3 %, Chemische Erzeugnisse 7 %, Eisen und Stahl 4.5 %, Kfz und -Teile 4.4 %), Export 927 Mio. US$ (Nahrungsmittel 97.9 %, Kork- und Holzwaren 0.6 %, Natürliche Öle, Fette und Wachse 0.5 %, Textilien und Bekleidung 0.3 %, Chemische Erzeugnisse 0.2 %)
Erwerbstätige nach Sektoren: Keine Angabe
Arbeitslosenquote: 13.4 %
CO_2-Emission/Kopf: 0.4 t

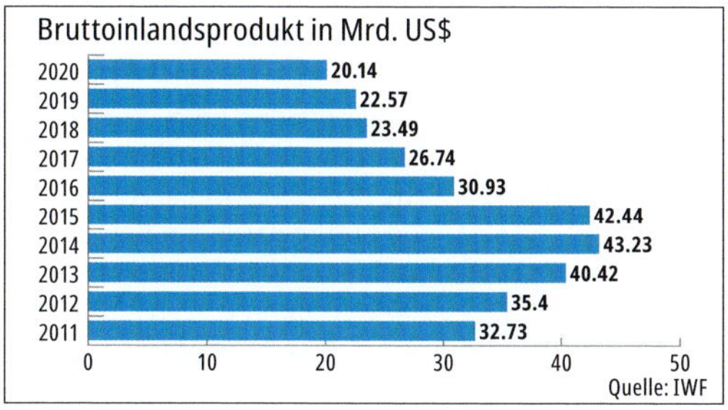

RÜCKBLICK

Corona-Pandemie: Das reale Ausmaß der Pandemie im Jemen lässt sich nur erahnen, da die offiziell gemeldeten Zahlen von weniger als 10 000 nur einen Bruchteil der tatsächlichen Infektionen ausmachen dürften. Dies zeigte sich auch darin, dass die Zahl der Todesfälle ungefähr einem Fünftel der gemeldeten Infektionen entsprach. Von Juli 2020 bis Januar 2021 wurden nur wenig Fälle gemeldet, bevor es dann ab Februar zu einem deutlichen Anstieg der Fallzahlen mit einem Höhepunkt Ende März kam. Am 31.03.2021 traf im Jemen eine erste Tranche von 360 000 Impfdosen aus dem COVAX-Programm der WHO ein.

Kein Ende der Kampfhandlungen: Die von Saudi-Arabien angeführte ausländische Militärkoalition, die die international anerkannte Regierung im Krieg gegen die zaiditischen (schiitischen) Huthi-Rebellen unterstützt, begann eine größere militärische Operation nach Angriffen der Huthi-Rebellen auf Ziele in Saudi-Arabien im Juli 2020. Diese setzte am 01.07.2020 mit Dutzenden von Luftangriffen auf den Flughafen von Sanaa sowie Saada im Kerngebiet der Huthis ein. Damit beendete die Koalition die Waffenruhe, die sie im April 2020 einseitig ausgerufen hatte. Allerdings änderten diese und weitere Luftangriffe nichts daran, dass die Huthi weiter vorrückten. In der Provinz al-Dschauf versuchten die Regierungstruppen im August und September zuvor an die Huthi gefallenes Terrain zurückzuerobern, allerdings ohne größere Erfolge. Auch in der nominell unter Kontrolle der Regierung befindlichen Provinz al-Baida waren Kämpfe im Gange. Im Januar 2021 kam es südlich der Hafenstadt Hodeida zu für beide Seiten verlustreichen Kämpfen, die nur wenig Gebietsveränderungen mit sich brachten. Anfang 2021 kontrollierten die Huthi wieder fast das gesamte Gebiet des früheren Nordjemen. Die Regierungstruppen hielten lediglich noch die Provinz Marib. Dort hatten die Huthi Anfang September 2020 eine Offensive eröffnet, auf die sie einen großen Teil ihrer Kräfte konzentrierten, um die dort befindlichen Erdölfelder in Besitz zu nehmen. Nach einigen Wochen relativer Ruhe, die sie dafür nutzten, ihre Truppen zu verstärken, begannen sie dort im Februar 2021 mit einer neuen Offensive und rückten auf die gleichnamige Hauptstadt der Provinz vor, um die heftig gekämpft wurde. Der Vormarsch der Huthi konnte auch nicht durch massive Luftangriffe gestoppt werden.

Weiterhin Angriffe auf Saudi-Arabien: Die Huthi setzten ihre bereits in den Vorjahren praktizierten Raketen- und Drohnenangriffe auf Ziele in Saudi-Arabien fort, deren Frequenz sie 2021 sogar noch steigerten. Am 09.09.2020 wurde ein Dorf in der Provinz Djizan im Süden Saudi-Arabiens getroffen und 5 Einwohner leicht verletzt. Am 10.02.2021 ging ein Flugzeug auf dem Flughafen Abha im Süden nach einem Drohnenangriff in Flammen auf. Ende Februar wurden Angriffe auf mehrere Ziele, darunter

Riad, abgewehrt. Im März und April wiederholten sich Attacken dieser Art.

Gefangenenaustausch: Nach Gesprächen in der Schweiz verständigten sich die Huthi und ihre Gegner auf einen Gefangenenaustausch, der insgesamt 1081 Personen, 681 Huthis und 400 Regierungssoldaten sowie Verbündete, darunter auch 15 Saudi und 4 Sudanesen, betraf, wie der UN-Sondergesandte für den Jemen, Martin Griffiths, am 27.09.2020 mitteilte. Der Austausch, der unter der Aufsicht des Internationalen Komitees vom Roten Kreuz (IKRK) am 15.10.2020 begann, war zwar nicht der erste, aber der größte seit Kriegsausbruch 2014.

Katastrophale humanitäre Situation: Eine Geberkonferenz, die die UN am 01.03.2021 durchführte, ergab mit 1.7 Mrd. US$-Zusagen weniger als die Hälfte der als nötig erachteten 3.85 Mrd. US$. Die USA kündigten 191 Mio. an, Saudi-Arabien 430 Mio. US$, Deutschland 241 Mio. US$. Schrumpfende Budgets erzwangen 2020 den Abbruch vieler Hilfsprogramme, etwa im Bereich der medizinischen Versorgung oder der Nahrungsmittelhilfe. Zwei Drittel der Einwohner des Landes waren auf Hilfe angewiesen, um zu überleben. Gemäß einem Bericht der UN vom Oktober 2020 verschlechterte sich in diesem Jahr die Lage durch die Pandemie, den fortgesetzten wirtschaftlichen Niedergang und den wieder eskalierenden militärischen Konflikt deutlich. 2021 dürften nach Einschätzung der UN mehr als 16 Mio. Jemeniten, rund die Hälfte der Bevölkerung, von Hunger und 400 000 Kinder unter 5 Jahren vom Hungertod bedroht sein. Die Lage verschlechterte sich auch durch die schweren Überschwemmungen infolge starker Regenfälle zwischen Mitte Juli und Anfang August 2020, die vor allem die Provinzen Marib, Lahidsch, Hadramaut und Schabwa betrafen. Dabei kamen mehr als 170 Menschen ums Leben. Von Mitte April bis Anfang Mai 2021 kam es erneut zu Überschwemmungen, wobei die Zahl der Todesopfer deutlich geringer blieb.

Geänderte Jemenpolitik der USA: Kurz vor dem Regierungswechsel in den USA am 20.01.2021 stufte der abtretende US-Außenminister Michael Pompeo die Huthi als Terrororganisation ein. Dies hätte harte Sanktionen zur Folge gehabt, was die humanitäre Krise im Jemen weiter verschärft hätte. Pompeos Nachfolger Anthony Blinken machte Pompeos Schritt nicht zuletzt deshalb wieder rückgängig, wie er am 05.02.2021 dem Kongress mitteilte. Bereits am 04.02.2021 hatte der neue US-Präsident Joe Biden angekündigt, man werde Saudi-Arabien und die anderen Länder, die am Krieg im Jemen beteiligt sind, nicht mehr bei offensiven Operationen unterstützen. Dies betraf zum Beispiel die Unterstützung bei der Identifizierung von Zielen oder die Betankung von Flugzeugen in der Luft. Ebenso werde der Verkauf von für solche Operationen benötigten Waffen wie hochpräzise Lenkraketen eingestellt. Biden ernannte den Diplomaten Timothy Lenderking zum US-Sondergesandten für den Jemen.

Bemühungen um eine Waffenruhe: Da sie militärisch wieder erfolgreich waren und durch weitere Siege ihre künftige Verhandlungsposition stärken wollten, ignorierten die Huthi die Friedensbemühungen der UN und der neuen US-Regierung weitgehend und wiesen auch das saudische Angebot einer Waffenruhe, wie sie der saudische Außenminister Faisal bin Farhan Al Saud am 22.03.2021 vorgeschlagen hatte, zurück. Die Anti-Huthi-Koalition teilte am 10.06.2021 mit, man stoppe die Luftangriffe, um die Suche nach einer friedlichen Lösung des Konflikts zu erleichtern. Von dritter Seite wurden verstärkt Vermittlungsbemühungen unternommen. So versuchten omanische Vermittler in Sanaa Anfang Juni die Huthi davon zu überzeugen, das Angebot einer Waffenruhe zu akzeptieren. Ganz offensichtlich suchte die saudische Regierung, auch im Zusammenhang mit den im April

Hunger im Jemen

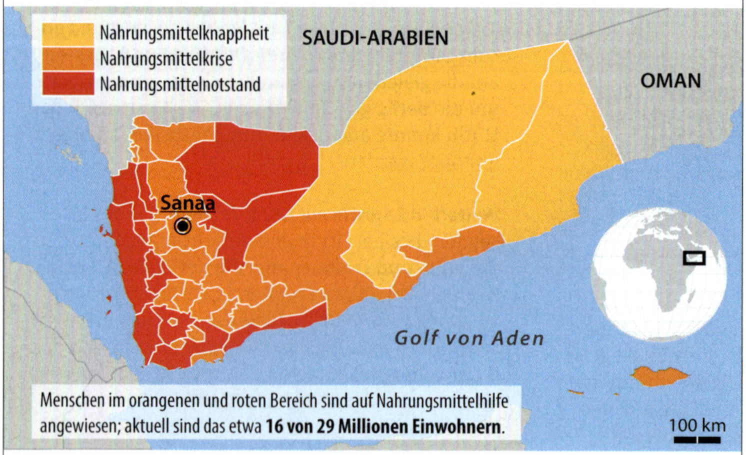

dpa•102095 Stand: August - Dezember 2020 Quelle: UN-Nothilfebüro (OCHA) bekannt gewordenen Gesprächen mit Iran, verstärkt nach Möglichkeiten, ihr militärisches Engagement im Jemen zu beenden.

Süden: Der Übergangsrat für den Süden (STC) erklärte am 29.07.2020 nach Verhandlungen in der saudischen Hauptstadt Riad, er verzichte darauf, die unter seiner Kontrolle befindlichen Gebiete, darunter Aden, selbst zu verwalten, wie er es noch im April angekündigt hatte. Stattdessen wolle man das von Saudi-Arabien vermittelte Abkommen von Riad vom November 2019 umsetzen. Darin war eine Teilung der Macht zwischen dem STC und der Regierung vorgesehen. Beide Seiten sollten ihre Truppen aus Aden abziehen, die Stadt sollte danach von ausländischen Einheiten kontrolliert werden. Die Milizen des STC sollten in die Streitkräfte der Regierung eingegliedert werden. Nun waren dem STC einige Zugeständnisse gemacht worden, indem die Posten des Gouverneurs von Aden, des Polizeichefs und zwei weitere Ministerien für sie reserviert wurden. Innerhalb von 30 Tagen sollte die vorgesehene Einheitsregierung gebildet werden und die Milizen des STC sich aus Aden zurückziehen. Doch am 26.08.2020 zog sich der STC erneut von den Gesprächen zurück, unter anderem weil die militärische Konfrontation zwischen den beiden Seiten in der Provinz Abyan eskaliert war und die Gehälter für die im Öffentlichen Dienst Beschäftigten nicht gezahlt worden waren. Die Kämpfe in Abyan gingen auch in den folgenden Monaten weiter, doch am 26.12.2020 wurde schließlich die aus 24 Ministern bestehende gemeinsame Regierung unter Ministerpräsident Main Abdulmalik Said, der bereits seit Oktober 2018 an der Spitze des Kabinetts stand, in Riad vereidigt. Die Mitglieder der neuen Regierung trafen am 30.12.2020 in Aden ein. Kurz nach ihrer Ankunft auf dem Flughafen schlug dort eine von den Huthi abgefeuerte Rakete ein und tötete 26 Personen, allerdings niemand aus dem Kabinett.

Brand in Migrantengefängnis: Am 07.03.2021 kam es in einem Gefängnis in Sanaa, in dem Migranten interniert waren, zu einem Brand, bei dem 44 der Insassen ums Leben kamen und fast 200 verletzt wurden. Nach einer Untersuchung von Human Rights Watch, die auf Berichten von Augenzeugen beruhte, war der Brand von Huthi-Kämpfern verursacht worden, die damit offensichtlich die Migranten für ihre zuvor erfolgten Proteste bestrafen wollten. Trotz des Krieges ist der Jemen weiterhin ein Transitland für afrikanische Migranten, vor allem aus Äthiopien, deren Ziel Saudi-Arabien ist. Kamen 2019 noch 140 000, sank die Zahl 2020 angesichts der Pandemie auf knapp 40 000. 6000 sollen nach Schätzung der Internationalen Organisation für Migration (IOM) im Jemen inhaftiert sein.

Jordanien

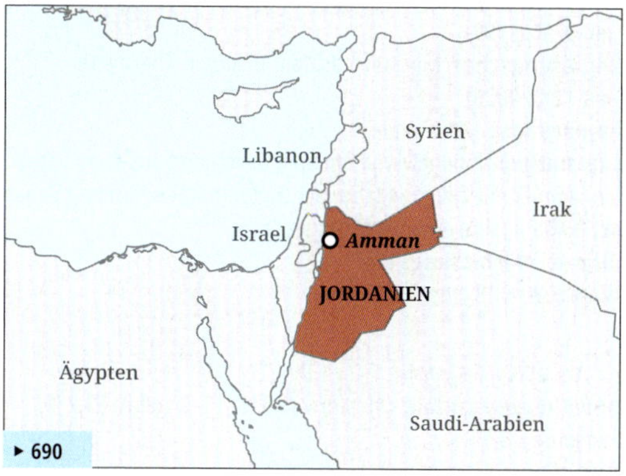

▸ 690

Ländername	Haschemitisches Königreich Jordanien
Zeitzone	MEZ +1 h
Fläche in km²	89 318 (Rang 110)
Anzahl der Einwohner	10.2 Millionen (Rang 90)
Einwohnerzahl pro km²	114 (Rang 74)
Hauptstadt	Amman
Amtssprache	Arabisch
Verwaltungsgliederung	12 Bezirke
Wichtige Städte	Amman, Zerka, Irbid, Ar-Rusayfah, Quwaisima, Wadi as-Sir
Autokennzeichen | ISO-Code	JOR | JOR
Währung	1 Jordan-Dinar = 100 Piaster
Nationalfeiertag	25. Mai (Unabhängigkeit 1946)

Der Staat Jordanien in seinen heutigen Grenzen ist eine Schöpfung des 20. Jahrhunderts. Zuvor war das Gebiet immer ein Teil anderer Reiche, später ein Spielball zwischen den Interessen der westlichen Großmächte. Die gemäßigte Haltung gegenüber Israel führte zu Konflikten mit den Palästinensern, die erst nach blutigen Kämpfen beigelegt werden konnten. Im Gegensatz zu anderen Staaten der arabischen Welt ist die politische und soziale Situation in dem Land, das zum größten Teil aus Wüste besteht, als stabil zu bezeichnen.

GEOGRAFIE

Geografische Lage: Von 29°11′ bis 33°22′ nördlicher Breite sowie von 34°57′ bis 39°18′ östlicher Länge (Vorderasien)
Höchster Punkt: Jabal Umm ad-Dami 1854 m
Klima: Im Süden und Osten kontinentales Wüstenklima, in den westlichen Bergländern Mittelmeerklima

POLITIK

Staatsform: Konstitutionelle Monarchie
Staatsoberhaupt: König Abdullah II. bin al-Hussein (seit 07.02.1999)
Regierungschef: Ministerpräsident Bisher al-Khasawneh (seit 12.10.2020)
Regierungspartei: keine
Legislative: Nationalversammlung, bestehend aus Abgeordnetenkammer mit 130 für 4 Jahre gewählten Mitgliedern und Senat mit 65 für 4 Jahre ernannten Mitgliedern
Jahr der Verfassung: 1952
Wahlrecht: 18 Jahre

BEVÖLKERUNG

Bevölkerungsanteil: <15 Jahre 32.9 %, 15–64 Jahre 63.2 %, >64 Jahre 3.9 %
Verteilung: Stadt 91.4 %, Land 8.6 %
Wachstum: 1 %
Lebenserwartung: Frauen 76 Jahre, Männer 73 Jahre
Alphabetenrate: Frauen 97.8 %, Männer 98.6 %
Bevölkerungsgruppen: Araber u. a.
Religionen: Muslime (v. a. Sunniten), Christen
Sprache: Arabisch

WIRTSCHAFT

BIP: 43.48 Mrd. US$
Wachstum BIP: -2 %
BIP/Kopf: 4259 US$
Inflation: 0.4 %
Außenhandel: Import 16.98 Mrd. US$ (Nahrungsmittel 17.4 %, Chemische Erzeugnisse 11.3 %, Textilien und Bekleidung 7.3 %, Maschinen 6.9 %, Kfz und -Teile 6.9 %), Export 7.83 Mrd. US$ (Chemische Erzeugnisse 30.6 %, Textilien und Bekleidung 24.2 %, Nahrungsmittel 12.1 %, Rohstoffe außer Brennstoffe 6 %, Maschinen 3.4 %)
Erwerbstätige nach Sektoren: Landwirtschaft 3 %, Industrie 24.4 %, Dienstleistungen 72.6 %
Arbeitslosenquote: 18.5 %
CO_2-Emission/Kopf: 2.8 t

RÜCKBLICK

Parlamentswahlen: Am 10.11.2020 fanden Parlamentswahlen statt. Die meisten der 115 in Wahlkreisen gewählten Abgeordneten waren Geschäftsleute und Vertreter von Stämmen, unter ihnen allein 20 höhere Armeeoffiziere im Ruhestand. 99 wurden erstmals ins Parlament gewählt. Frauen gelang der Einzug lediglich über die 15 für sie reservierten Sitze, 4 Jahre zuvor waren weitere 5 auch in Wahlkreisen erfolgreich gewesen. Lediglich 18 Kandidaten von Parteien waren erfolgreich, darunter auch die Islamische Aktionsfront (IAF) mit 10 Sitzen (-5). Die Wahlbeteiligung lag mit 29.9 % deutlich unter der von 2016 mit 36 %. Die IAF ist der politische Flügel der Muslimbrüder. Sie wird vom Staat toleriert, während die Mutterorganisation seit 2014 als illegal betrachtet wird, weil sie ihre Zulassung nicht entsprechend dem Parteiengesetz aus jenem Jahr erneuert hat. Nachdem sie dagegen geklagt hatte, entschied das Oberste Gericht am 15.07.2020, die Organisation der Muslimbrüder aufzulösen.

Angebliche Umsturzpläne: König Abdullahs Halbbruder Prinz Hamza wurde am 03.04.2021 unter Hausarrest gestellt. Gleichzeitig wurden mehr als ein Dutzend Personen verhaftet, darunter Hassan bin Zaid, ein weiteres Mitglied der königlichen Familie, und Bassem Awadallah, ein früherer Finanzminister und Leiter des Büros des Königs. Außenminister Ayman Safadi erklärte bei einer Pressekonferenz, die drei Personen seien bereits längere Zeit durch die Sicherheitsbehörden abgehört worden. Sie hätten beabsichtigt, die Bürger gegen den Staat aufzuwiegeln und Unruhe zu stiften, womit sie die nationale Sicherheit gefährdet hätten. Hamza hatte in der Vergangenheit mehrfach die Regierung kritisiert, der er vorwarf, die eigenen Interessen über jene der Bürger des Landes zu stellen. Am 22.04.2021 wurden 16 der Verhafteten wieder auf freien Fuß gesetzt, lediglich Hassan bin Zaid und Awadallah blieben weiter in Haft. Hamza soll nicht vor Gericht gestellt werden, wie offiziell verlautete. Er habe dem König seine Unterstützung und Treue versichert und stehe jetzt unter dessen Schutz.

Corona-Pandemie: Im September 2020 begann die Zahl der COVID-19-Infektionen wieder zu steigen und erreichte im November einen ersten Höhepunkt, bevor die Zahlen wieder zurückgingen. Im Februar 2021 setzte eine neue Welle ein, die bis Mitte März anwuchs und sich danach wieder abschwächte. Die im März 2020 eingeführten Restriktionen wurden fast die ganze Zeit beibehalten, lediglich im Februar 2021 wurden sie gelockert. So kehrten – vorübergehend – auch die Schüler in die Schulen zurück, die fast ein Jahr lang geschlossen geblieben waren.

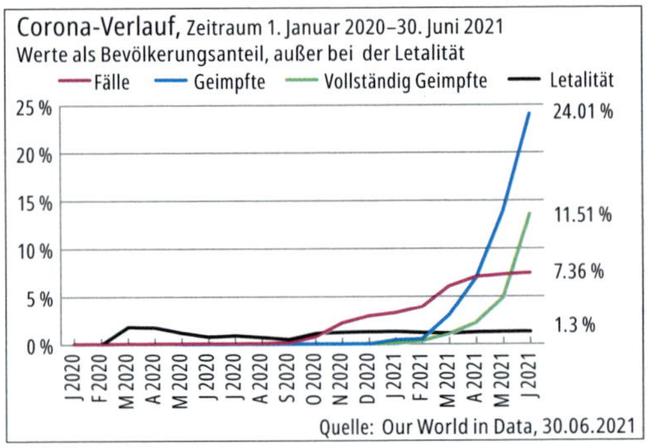

Kambodscha

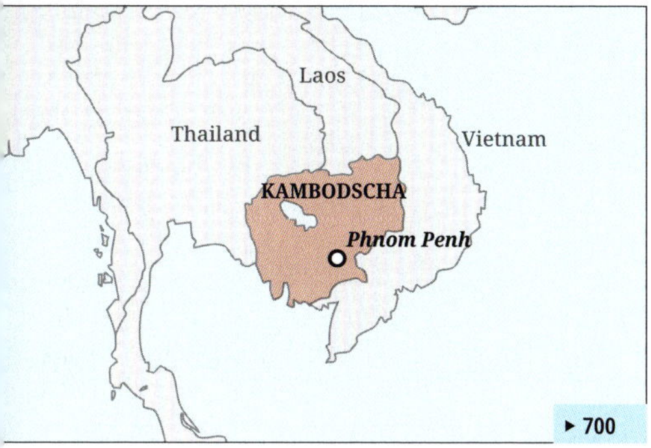

▸ 700

Ländername	Königreich Kambodscha
Zeitzone	MEZ +6 h
Fläche in km²	181 035 (Rang 88)
Anzahl der Einwohner	16.7 Millionen (Rang 71)
Einwohnerzahl pro km²	92 (Rang 94)
Hauptstadt	Phnom Penh
Amtssprache	Khmer
Verwaltungsgliederung	24 Provinzen und 1 Sonderverwaltungsgebiet
Wichtige Städte	Phnom Penh, Siem Reap, Battambang, Sihanoukville, Sisophon
Autokennzeichen | ISO-Code	K | KHM
Währung	Riel
Nationalfeiertag	9. November (Unabhängigkeit 1953)

Einst ein bedeutendes Reich in Südostasien, geriet Kambodscha im 19. Jahrhundert in koloniale Abhängigkeit. Im 20. Jahrhundert wurde das Land in den Strudel des Ost-West-Konflikts hineingezogen und erlebte die Terrorherrschaft der Roten Khmer. Trotz reicher Agrarressourcen gehört es heute immer noch zu den ärmsten Ländern der Erde.

GEOGRAFIE

Geografische Lage: Von 10°25′ bis 14°42′ nördlicher Breite sowie von 102°19′ bis 107°37′ östlicher Länge (Südostasien)
Höchster Punkt: Phnom Aural 1813 m
Klima: Feuchtheißes, tropisches Monsunklima

POLITIK

Staatsform: Parlamentarische Monarchie
Staatsoberhaupt: König Norodom Sihamoni (seit 14.08.2004)
Regierungschef: Premierminister Hun Sen (seit 30.11.1998)
Regierungspartei: Kambodschanische Volkspartei
Legislative: Parlament, bestehend aus Nationalversammlung mit 125 für 5 Jahre gewählten Mitgliedern und Senat mit 60 für 6 Jahre gewählten und 2 ernannten Mitgliedern
Jahr der Verfassung: 1993
Wahlrecht: 18 Jahre

BEVÖLKERUNG

Bevölkerungsanteil: <15 Jahre 30.9 %, 15–64 Jahre 64.2 %, >64 Jahre 4.9 %
Verteilung: Stadt 24.2 %, Land 75.8 %
Wachstum: 1.4 %
Lebenserwartung: Frauen 72 Jahre, Männer 68 Jahre
Alphabetenrate: Frauen 75 %, Männer 86.5 %
Bevölkerungsgruppen: Khmer, Cham u. a.
Religionen: Buddhisten, Muslime, Sonstige
Sprachen: Khmer, Vietnamesisch, Chinesisch, Französisch

WIRTSCHAFT

BIP: 25.95 Mrd. US$
Wachstum BIP: -3.5 %
BIP/Kopf: 1655 US$
Inflation: 2.9 %
Außenhandel: Import 19.17 Mrd. US$ (Textilien und Bekleidung 25.8 %, Kfz und -Teile 11 %, Petrochemie 8.5 %, Maschinen 7.7 %, Chemische Erzeugnisse 7.4 %), Export 17.07 Mrd. US$ (Textilien und Bekleidung 57.5 %, Schuhe 8.6 %, Handtaschen und Reiseartikel 7.3 %, Nahrungsmittel 4.2 %, Kfz und -Teile 3 %)
Erwerbstätige nach Sektoren: Landwirtschaft 31.2 %, Industrie 29.6 %, Dienstleistungen 39.2 %
Arbeitslosenquote: 0.3 %
CO_2-Emission/Kopf: 1 t

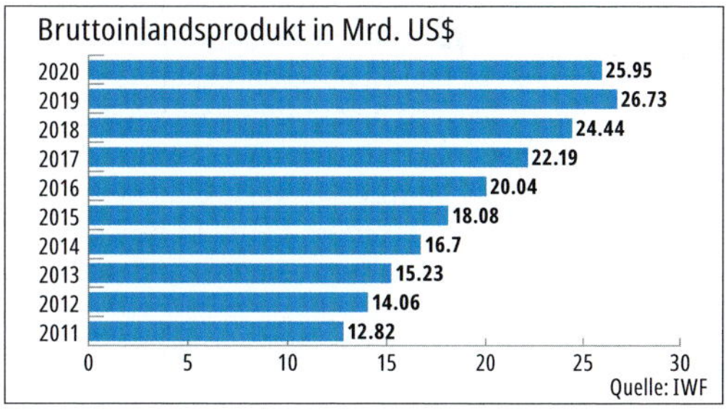

RÜCKBLICK

Corona-Pandemie: Nach einem glimpflichen Verlauf der ersten Welle 2020 schien die Pandemie Anfang 2021 eingedämmt. Doch nach vermehrten Neuinfektionen seit Februar kam es im April zu einem exponentiellen Anstieg des Infektionsgeschehens; lokale Medien machten 2 chinesische Prostituierte

Auf dem Flughafen von Phnom Penh werden am 19.06.2021 Impfstoffdosen aus China entladen.

als Ursprung der Welle aus. Die Regierung forcierte die Impfkampagne, die dank Vakzinspenden aus der VR China und im Rahmen der COVAX-Initiative im März 2021 zügiger anlief als in Nachbarstaaten. Am 26.04.2021 verhängte die Regierung schließlich einen nationalen **Lockdown**, der aber lokale Differenzierungen vorsah. So galt in Phnom Penh die nächtliche Ausgangssperre im ganzen Stadtgebiet, während tagsüber die Kontaktbeschränkungen in drei Zonen entsprechend der Infektionshäufigkeit abgestuft wurden; in den am meisten betroffenen Gebieten blieben Fabriken und die Lebensmittelmärkte geschlossen. **In den Sperrbezirken kam es zu Hungerprotesten**. Internationale NGOs forderten vergeblich den Zugang zu den „roten Zonen"; der UN-Menschenrechtsrat kritisierte außerdem eine Smartphone-App zur Nachverfolgung von Bewegungen und Kontakten am 07.05.2021 als unverhältnismäßigen Eingriff in individuelle Freiheiten. Lockerungen der Beschränkungen am 22.05.2021 führten umgehend zu einem neuerlichen Anstieg der Infektionen.

Repression: Am 01.03.2021 wurden gegen 9 hohe Funktionäre der oppositionellen Partei der Nationalen Rettung (CNRP) in Abwesenheit Haftstrafen zwischen 20 und 25 Jahren ausgesprochen; der in London lebende Parteigründer Sam Rainsy wurde wegen „Angriff auf die institutionelle Ordnung" und Aufwiegelung zu 25 Jahren Haft verurteilt. Etwa 150 Parteimitglieder der unteren Funktionsebene standen laut Menschenrechtsorganisationen unter Anklage.

Wirtschaft: Die Pandemie belastete die Wirtschaft schwer, sie schrumpfte 2020 um mindestens 3 %: Der Nachfrageeinbruch auf dem Welttextilmarkt traf das Land noch härter als die Strafzölle der EU wegen der Menschenrechtsvergehen. Die Einreisesperre im März 2020 legte den Tourismus fast völlig lahm. Nach Schätzungen wurden etwa 500 000 Kambodschaner arbeitslos. Die Regierung senkte die Steuern, erhöhte die Staatsausgaben; zum Schutz der Banken angesichts der hohen privaten Verschuldung weitete die Notenbank die Geldmenge aus.

Kamerun

▸ 637

Ländername	Republik Kamerun
Zeitzone	MEZ ±0 h
Fläche in km²	475 650 (Rang 53)
Anzahl der Einwohner	26.5 Millionen (Rang 52)
Einwohnerzahl pro km²	56 (Rang 125)
Hauptstadt	Yaoundé
Amtssprachen	Französisch, Englisch
Verwaltungsgliederung	10 Regionen
Wichtige Städte	Douala, Yaoundé, Garoua, Bamenda, Maroua, Bafoussam
Autokennzeichen | ISO-Code	CAM | CMR
Währung	1 CFA-Franc (BEAC) = 100 Centimes
Nationalfeiertag	20. Mai (Staatlichen Vereinigung 1972)

Afrika en miniature: Innerhalb der Landesgrenzen Kameruns findet sich ein Mosaik aus dichten Regenwäldern, mit Mangroven bestandenen Sümpfen, weißen Palmenstränden, vulkanischen Bergländern, tierreichen Savannen und staubigen Halbwüsten. Politisch ist das Land von gewaltsamen Konflikten geprägt.

GEOGRAFIE

Geografische Lage: Von 1°39' bis 13°05' nördlicher Breite sowie von 8°30' bis 16°12' östlicher Länge (Zentralafrika)
Höchster Punkt: Kamerunberg (Fako) 4095 m
Klima: Überwiegend feuchtheißes, tropisches Klima, im Norden Savannenklima

POLITIK

Staatsform: Präsidiale Republik
Staatsoberhaupt: Präsident Paul Biya (seit 06.11.1982)
Regierungschef: Premierminister Joseph Dion Ngute (seit 07.01.2019)
Regierungspartei: RDPC (Rassemblement Démocratique du Peuple Camerounais)

Legislative: Parlament, bestehend aus Nationalversammlung mit 180 für 5 Jahre gewählten Mitgliedern und Senat mit 70 für 5 Jahre gewählten und 30 ernannten Mitgliedern
Jahr der Verfassung: 1972
Wahlrecht: 20 Jahre

BEVÖLKERUNG

Bevölkerungsanteil: <15 Jahre 42.1 %, 15–64 Jahre 55.2 %, >64 Jahre 2.7 %
Verteilung: Stadt 57.6 %, Land 42.4 %
Wachstum: 2.6 %
Lebenserwartung: Frauen 61 Jahre, Männer 58 Jahre
Alphabetenrate: Frauen 71.6 %, Männer 82.6 %
Bevölkerungsgruppen: Bantu, Kirdi, Fulbe u. a.
Religionen: Christen, Muslime, Ethnische, Sonstige
Sprachen: Französisch, Englisch, Regionalsprachen

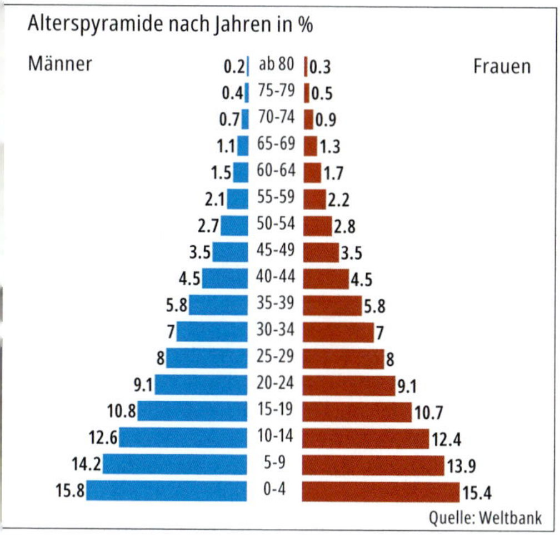

WIRTSCHAFT

BIP: 39.02 Mrd. US$
Wachstum BIP: -2.8 %
BIP/Kopf: 1470 US$
Inflation: 2.8 %
Außenhandel: Import 5.36 Mrd. US$ (Nahrungsmittel 20.6 %, Chemische Erzeugnisse 13.6 %, Maschinen 9.7 %, Petrochemie 8.4 %, Kfz und -Teile 6.7 %), Export 3.66 Mrd. US$ (Erdöl 39.3 %, Rohstoffe außer Brennstoffe 22.6 %, Nahrungsmittel 21.3 %, Nichteisenmetalle 4.5 %, Petrochemie 3.4 %)
Erwerbstätige nach Sektoren: Landwirtschaft 42.9 %, Industrie 15.1 %, Dienstleistungen 42 %
Arbeitslosenquote: 3.6 %
CO_2-Emission/Kopf: 0.4 t

RÜCKBLICK

Konfliktlage: Es gab weiterhin **keine Entspannung** bezüglich der verschiedenen gewaltsamen Konflikte. Sowohl in der Auseinandersetzung zwischen dem kamerunischen Staat und **separatistischen Kräften** aus dem englischsprachigen Westen als auch im Konflikt mit den verschiedenen islamistischen Milizen kam es regelmäßig zu bewaffneten Angriffen mit Todesopfern. Die multidimensionale Konfliktlage wird zunehmend komplexer. Auf Seiten der primär durch die konkurrierenden islamistischen Terrororganisationen **Boko Haram** und **Islamic State West Africa Province** (ISWAP) geprägten grenznahen Konflikte ist eine zunehmende Fragmentierung der Akteursgruppen zu beobachten. Die Führungsriege des **Ambazonia Governing Council** (AGovC), einer der zwei wichtigsten Sammelorganisationen von Gruppen des bewaffneten separatistischen Aufstands im Westen hat im April 2021 ein **Bündnis** mit der Organisation Indigenous People of Biafra (IPOB) verkündet. Diese ist die zentrale Gruppe des separatistischen Aufstands im Südosten Nigerias und selbst zunehmend in bewaffnete Angriffe verwickelt. Es soll zu einer Kooperation der militärischen Arme dieser Bewegungen kommen, was eine zusätzliche grenzübergreifende Dimension schafft. Es liegen Berichte zu **Kriegsverbrechen** sowohl von Seiten der staatlichen Kräfte als auch der in den verschiedenen Konflikten aktiven Milizen vor. Laut den Vereinten Nationen hat sich 2020 die Anzahl von Fällen sexueller Gewalt im Zusammenhang mit den Konflikten deutlich erhöht.

Proteste: Am 22.09.2020 wurden trotz der zunehmenden staatlichen Repressionen gegen die Opposition und der starken Fragmentierung der Oppositionsbewegungen gemeinsame **regierungskritische Demonstrationen** organisiert. Bei den Protesten wurde der Rücktritt des Präsidenten gefordert, jedoch konnten sie unter anderem wegen der Festnahme diverser Oppositioneller kein Momentum gewinnen.

Wirtschaft: Durch die Kombination der sicherheitspolitischen Lage und der Auswirkungen der Maßnahmen zur Bekämpfung der Corona-Pandemie war Kamerun 2020 das Land, dessen Wirtschaft im zentralafrikanischen Vergleich am stärksten getroffen wurde. Die **Schrumpfung** der Wirtschaftsleistung ist primär auf den Rückgang des **Ölpreises** zurückzuführen, aber auch andere Sektoren gaben deutlich nach. Die Wirtschaft spezifisch im englischsprachigen Westen kollabiert laut Beobachtern. Die Staatseinnahmen in diesem Landesteil sind eingebrochen.

Kanada

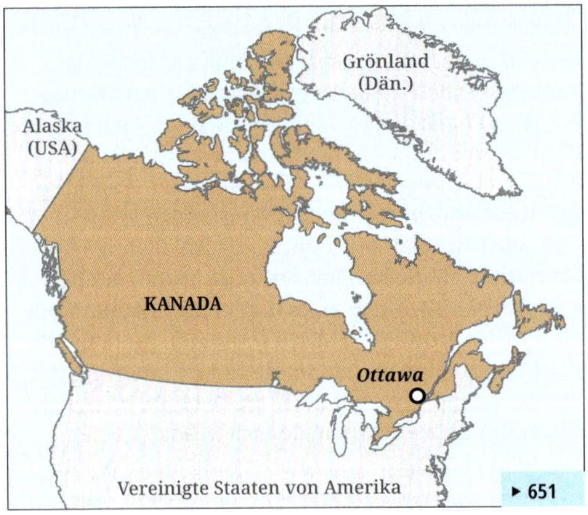

▸ 651

Ländername	Kanada
Zeitzonen	MEZ -4:30 h bis -9 h
Fläche in km²	9 984 670 (Rang 2)
Anzahl der Einwohner	38 Millionen (Rang 38)
Einwohnerzahl pro km²	4 (Rang 188)
Hauptstadt	Ottawa
Amtssprachen	Englisch, Französisch
Verwaltungsgliederung	10 Provinzen und 3 Territorien
Wichtige Städte	Toronto, Montreal, Calgary, Ottawa, Edmonton, Mississauga, Winnipeg, Vancouver, Brampton, Hamilton, Québec
Autokennzeichen | ISO-Code	CDN | CAN
Währung	1 Kanadischer Dollar = 100 Cents
Nationalfeiertag	1. Juli (Autonomie 1867)

Der nach Russland zweitgrößte Flächenstaat der Erde erstreckt sich über fünfeinhalb Zeitzonen zwischen Pazifik und Atlantik. Kanada verfügt neben reichen Bodenschätzen über die größten Süßwasserreserven der Welt. Die Bevölkerung konzentriert sich auf einem schmalen Streifen an der Grenze zu den USA. Nunavut im dünn besiedelten Norden liegt in der Selbstverwaltung der Inuit. Innenpolitischen Konfliktstoff bilden seit Langem die Autonomiebestrebungen der Frankokanadier in der Provinz Québec.

GEOGRAFIE

Geografische Lage: Von 41°40′ bis 83°07′ nördlicher Breite sowie von 52°37′ bis 141° westlicher Länge (Nordamerika)
Höchster Punkt: Mount Logan 5959 m
Klima: Überwiegend kühles Kontinentalklima, im Westen gemäßigtes Klima, im Norden polares Klima

POLITIK

Staatsform: Föderale parlamentarische Demokratie unter konstitutioneller Monarchie
Staatsoberhaupt: Britische Königin, vertreten durch die Generalgouverneurin Mary Simon (seit 26.07.2021)
Regierungschef: Premierminister Justin Trudeau (seit 04.11.2015)
Regierungspartei: LP (Liberal Party of Canada)
Legislative: Parlament, bestehend aus Unterhaus mit 338 für 4 Jahre gewählten Mitgliedern und Senat mit 105 ernannten Mitgliedern
Jahr der Verfassung: 1982
Wahlrecht: 18 Jahre

BEVÖLKERUNG

Bevölkerungsanteil: <15 Jahre 15.8 %, 15–64 Jahre 66.1 %, >64 Jahre 18.1 %
Verteilung: Stadt 81.6 %, Land 18.4 %
Wachstum: 1.1 %
Lebenserwartung: Frauen 84 Jahre, Männer 81 Jahre
Alphabetenrate: Frauen 99 %, Männer 99 %
Bevölkerungsgruppen: Kanadier, Briten, Franzosen, Iren, Deutsche, Chinesen, Italiener, Indigene (First Nations), Inder u. a.
Religionen: Christen, Muslime, Hindus, Buddhisten, Juden, Sonstige
Sprachen: Englisch, Französisch, Minderheitensprachen

WIRTSCHAFT

BIP: 1.64 Bio. US$
Wachstum BIP: -5.4 %
BIP/Kopf: 43 278 US$
Inflation: 0.7 %
Außenhandel: Import 413.71 Mrd. US$ (Kfz und -Teile 13.3 %, Maschinen 12.6 %, Chemische Erzeugnisse 12.4 %, Nahrungsmittel 7.8 %, Elektronik 7.6 %), Export 390.67 Mrd. US$ (Erdöl 12.3 %, Kfz und -Teile 11.5 %, Nahrungsmittel 11 %, Rohstoffe außer Brennstoffe 9.7 %, Chemische Erzeugnisse 9.3 %)
Erwerbstätige nach Sektoren: Landwirtschaft 1.4 %, Industrie 19.4 %, Dienstleistungen 79.2 %
Arbeitslosenquote: 9.5 %
CO_2-Emission/Kopf: 15.7 t

VERWALTUNGSGLIEDERUNG

Verwaltungseinheit	Fläche in km²	Einwohner	Hauptstadt
Alberta	640 330	4.4 Mio.	Edmonton
British Columbia	922 503	5.2 Mio.	Victoria
Manitoba	552 371	1.4 Mio.	Winnipeg
Neufundland und Labrador	370 514	520 438	St. John's
New Brunswick	71 389	782 078	Fredericton
Northwest Territories	1 143 794	45 136	Yellowknife
Nova Scotia	52 942	979 449	Halifax
Nunavut	1 877 779	39 407	Iqaluit
Ontario	908 699	14.8 Mio.	Toronto
Prince Edward Island	5686	159 819	Charlottetown
Québec	1 356 625	8.6 Mio.	Québec
Saskatchewan	588 244	1.2 Mio.	Regina
Yukon	474 713	42 192	Whitehorse

RÜCKBLICK

Corona-Pandemie: Die Pandemie bildete die größte Herausforderung für die Minderheitsregierung der Liberal Party (LP) von Premierminister Trudeau. Ab Oktober 2020 wurde Kanada von der **zweiten Ansteckungswelle** erreicht; Höhepunkt war Mitte Januar 2021. Dabei blieb die 7-Tage-Inzidenz allerdings deutlich unter dem Niveau des Nachbarlandes USA. Trotz weitgehender Einreisesperren, Test-, Quarantäne- und Isolierungsvorschriften, teils auch im Binnenland bei Überschreitung von Provinzgrenzen, erreichten besonders ansteckende Varianten des SARS-CoV-2-Virus Kanada, sodass die Neuerkrankungen während der **dritten Welle** im April 2021 teils über denen in den USA lagen. Lieferengpässe bei Impfstoffen (ab 06.01.2021 verfügbar) drosselten das Impftempo zunächst. Erst ab März 2021 legten die Impfungen deutlich zu, sodass Ende Juni 2021 drei Viertel der Bevölkerung mindestens einmal geimpft waren. Die betroffenen Provinzen und Kommunen, die in erster Linie für die Anti-Corona-Maßnahmen zuständig waren, reagierten mit Kontakt-und Versammlungsbeschränkungen sowie **Lockdowns** von Wirtschaft, Kultur und öffentlichem Leben.

Bewältigung: Die Corona-Pandemie führte 2020 zu einem **BIP-Minus** von 5.4 %. Besonders betroffen waren Luftfahrt, Tourismus und Gastgewerbe sowie die Öl- und Gasbranche (aufgrund gefallener Marktpreise). Dennoch setzte bereits im 4. Quartal 2020 eine deutliche wirtschaftliche **Erholung** ein, die sich insbesondere bei Immobilien und im Export zeigte. Für 2021 prognostizierte der Internationale Währungsfonds in seinem Ausblick vom April ein BIP-Wachstum von 5.0 %. Mit umfangreichen **Finanzhilfen** versuchte der Bund die Umsatz- und Einkommenseinbußen Betroffener abzufedern. Die Schwerpunkte lagen bei **Direkthilfen**, sowohl für Unternehmen als auch für Privathaushalte, Lohnsubventionen und zinsfreien Darlehen für kleine Unternehmen. Mit 500 Mio. kan$ die höchste Einzelunterstützung erhielt die Fluggesellschaft Air Canada. Die politische Opposition und Nichtregierungsorganisationen kritisierten die **mangelnde Transparenz** bei der Mittelvergabe an Firmen und Institutionen. Im November 2020 kündigte die Regierung ein zusätzliches **Konjunkturprogramm** von 80 Mrd. kan$ an, verteilt über drei Haushaltsjahre und konzentriert auf Klimaschutz und Bildung. Die wichtigsten **Corona-Hilfen** sollen bis 2022 laufen, so der im April 2021 vorlegte Haushaltsplan für das folgende Fiskaljahr.

Rücktritte: Am 17.08.2020 trat **Finanzminister** Bill Morneau zurück; Amtsnachfolger wurde die stellvertretende Premierministerin Chrystia Freeland. Anlass des Rücktritts war die Vergabe eines Regierungsauftrags ohne Ausschreibung an ein Unternehmen, das ein Programm im Umfang von 900 Mio. kan$ zur Unterstützung von Studierenden, die Freiwilligenarbeit leisten, verwirklichen sollte. Sowohl Morneau als auch Premierminister Trudeau waren mit der Firma verbunden (Redehonorare, Beschäftigung von Familienangehörigen). Ein von der oppositionellen Conservative Party (CP) und ihrem neuen Vorsitzenden (ab August 2020) Erin O'Toole wegen Korruption eingebrachtes **Misstrauensvotum** gegen Trudeau im Oktober 2020 wurde mithilfe der New Democratic Party (NDP) und der Grünen im Unterhaus abgewiesen. **Generalgouverneurin** Julie Payette verzichtete am 21.01.2021 auf ihr Amt als höchste Vertreterin der britischen Krone in Kanada, nachdem ihr eine Untersuchung des Kronrats (Privy Council) – formell das oberste Regierungsgremium – Mobbing gegen Mitarbeiter nachgewiesen hatte.

Untersuchung: Der **Absturz** eines ukrainischen **Verkehrsflugzeugs** am 08.01.2020, durch eine iranische Flugabwehrrakete, setzte eine Untersuchung durch einen kanadischen Regierungsbeauftragten, Ralph Goodale, in Gang, weil 85 der 169 getöteten Insassen aus Kanada kamen. Sein Bericht vom Dezember 2020 **bemängelte** die **Ermittlungen** durch Iran als unzureichend, sodass die kanadische Regierung im Januar 2021 ein eigenes Forensik-Team einsetzte, ohne allerdings Zugang zu den geborgenen Flugzeugtrümmern zu haben.

Strittige Statements: Frankreich bekundete diplomatisches Missfallen gegenüber einer Aussage von Premierminister Trudeau. Er hatte Meinungsfreiheit als „nicht grenzenlos“ beschrieben, und zwar im Zusammenhang mit dem tödlichen Attentat auf den Lehrer Samuel Paty, der am 16.10.2020 in Paris wegen Unterrichtung der Mohammed-Karikaturen von einem Islamisten ermordet wurde. Die Unterdrückung der Uiguren in der Provinz Xinjiang in der **Volksrepublik China** bewertete das kanadische Parlament im Februar 2021 als **Genozid** gemäß der UN-Konvention zum Völkermord. Die Resolution hatte für die Regierung, die sie nicht unterstützte, keine bindende Wirkung. Kanada beteiligte sich jedoch im März an **Sanktionen** einiger Staaten und der EU gegen Verantwortliche für die dortigen Menschenrechtsverstöße.

Keystone XL: Einen **Rückschlag für die kanadische Ölindustrie** bedeutete das Dekret von US-Präsident Joe Biden am 21.01.2021, die **Erlaubnis** seines Amtsvorgängers zum Bau der Ölpipeline Keystone XL zu **widerrufen**, sodass die kanadische Betreiberfirma den 2020 begonnenen Bau im Juni 2021 aufgab. Über die 1900 km lange Leitung zwischen der kanadischen Provinz Alberta und dem US-Staat Nebraska sollte aus den **Ölsandvorkommen** zwei Drittel mehr Rohöl als bislang (rund 500 000 Barrel pro Tag) zur Weiterverarbeitung in Raffinerien am Golf von Mexiko transportiert werden. Proteste hatten sich an der Erschließung weiterer Ölsandvorkommen (Alberta) und der damit verbundenen Umweltverschmutzung, möglicher Wasserverunreinigung (Mittlerer Westen) und fehlender Wirtschaftlichkeit entzündet, sodass US-Präsident Barack Obama das Projekt 2015 stoppte. Trump hingegen nahm das Projekt während seiner Regierungszeit wieder auf.

Trudeau gedenkt am 01.06.2021 an der Ewigen Flamme in Ottawa der 215 Kinder, die in einem Massengrab des ehemaligen Internats für Indigene in Kamloops (British Columbia) gefunden wurden. Kurze Zeit später wurden auf dem Gelände einer anderen früheren Residential School bei Regina (Saskatchewan) 751 unmarkierte Gräber entdeckt.

Kasachstan

▸ 684

Ländername	Republik Kasachstan
Zeitzonen	MEZ +4 h bis +5 h
Fläche in km²	2 724 902 (Rang 9)
Anzahl der Einwohner	18.8 Millionen (Rang 64)
Einwohnerzahl pro km²	7 (Rang 186)
Hauptstadt	Nur-Sultan
Amtssprachen	Russisch, Kasachisch
Verwaltungsgliederung	14 Bezirke und 4 Städte
Wichtige Städte	Almaty, Nur-Sultan, Schymkent, Aqtöbe, Qaraghandy, Taras
Autokennzeichen | ISO-Code	KZ | KAZ
Währung	1 Tenge = 100 Tiyn
Nationalfeiertag	16. und 17. Dezember (Unabhängigkeit 1991)

Nach Russland, zu dem enge politische und wirtschaftliche Beziehungen bestehen, ist Kasachstan der zweitgrößte Nachfolgestaat der Sowjetunion. Die reichen Bodenschätze haben dem zentralasiatischen Land nach der Unabhängigkeit zu einem gewissen Wohlstand verholfen. Das autoritäre Präsidialregime verhinderte bislang eine Demokratisierung nach westlichem Vorbild.

GEOGRAFIE

Geografische Lage: Von 40°35‘ bis 55°26‘ nördlicher Breite sowie von 46°29‘ bis 87°19‘ östlicher Länge (Zentralasien)
Höchster Punkt: Khan Tengri 6995 m
Klima: Trockenes Kontinentalklima

POLITIK

Staatsform: Präsidiale Republik
Staatsoberhaupt: Präsident Qassym-Schomart Toqajew (seit 20.03.2019)

Regierungschef: Ministerpräsident Askar Mamin (seit 21.02.2019)
Regierungspartei: Nur Otan
Legislative: Parlament, bestehend aus Unterhaus mit 98 für 5 Jahre gewählten und 9 ernannten Mitgliedern und Senat mit 34 für 6 Jahre gewählten und 15 ernannten Mitgliedern (alle 3 Jahre teilerneuert)
Jahr der Verfassung: 1995
Wahlrecht: 18 Jahre

BEVÖLKERUNG

Bevölkerungsanteil: <15 Jahre 29.1 %, 15–64 Jahre 63 %, >64 Jahre 7.9 %
Verteilung: Stadt 57.7 %, Land 42.3 %
Wachstum: 1.3 %
Lebenserwartung: Frauen 78 Jahre, Männer 69 Jahre
Alphabetenrate: Frauen 99.7 %, Männer 99.8 %
Bevölkerungsgruppen: Kasachen, Russen, Usbeken, Ukrainer, Uiguren, Tataren, Deutsche u. a.
Religionen: Muslime, Christen
Sprachen: Russisch, Kasachisch

WIRTSCHAFT

BIP: 164.79 Mrd. US$
Wachstum BIP: -2.6 %
BIP/Kopf: 8733 US$
Inflation: 6.8 %
Außenhandel: Import 37.22 Mrd. US$ (Maschinen 21.5 %, Chemische Erzeugnisse 11.3 %, Nahrungsmittel 8.1 %, Eisen und Stahl 6.3 %, Elektrotechnik 6 %), Export 46.45 Mrd. US$ (Erdöl 58.1 %, Rohstoffe außer Brennstoffe 7.5 %, Nichteisenmetalle 7.4 %, Gas 6 %, Eisen und Stahl 5.9 %)
Erwerbstätige nach Sektoren: Landwirtschaft 15.4 %, Industrie 20.5 %, Dienstleistungen 64.1 %
Arbeitslosenquote: 6 %
CO_2-Emission/Kopf: 14.9 t

RÜCKBLICK

Corona-Pandemie: Kasachstan wies in Zentralasien bis zum Mai 2021 die meisten Ansteckungen mit dem SARS-CoV-2-Virus auf; inoffizielle Schätzungen gingen bis zu einem Drittel der Bevölkerung aus. Aufgrund des niedrigen Durchschnittsalters gab es trotz einer zeitweiligen Überlastung des Gesundheitswesens vergleichsweise wenige Todesfälle. Dem **zweiten Lockdown im Sommer 2020** folgten in einer **dritten Welle** ab März 2021 erneute Beschränkungen von privaten Kontakten, im Personenverkehr, bei der Einreise (Visazwang bis 31.12.2021), im öffentlichen Leben und der Wirtschaft, differenziert nach Infektionslage („Risikozonen"). **Impfungen** gegen COVID-19 begannen am 01.02.2021 verhalten und nur für ausgewählte Berufsgruppen, weil nur wenig Impfstoff russischer Herkunft vorhanden war. Neben Lockdowns hatte die Wirtschaft 2020 auch einen **Preisverfall beim Erdöl,** dem wichtigsten Exportprodukt, zu verkraften. Ein starker Wirtschaftseinbruch wurde jedoch verhindert: durch staatliche **Antikrisenhilfen**, die 2021 für kleine und mittlere Unternehmen ausgeweitet wurden, und forcierte **Langzeitprogramme** im Wohnungsbau und zur Modernisierung der Infrastruktur.

Wahlen: Die Wahlen zum **Unterhaus** am 10.01.2021 bestätigte die von Ex-Präsident Nursultan Nasarbajew geführte Partei **Nur Otan** mit offiziell 71.1 % der Stimmen in ihrer **beherrschenden Stellung**. Lediglich zwei weitere regimetreue Parteien erhielten weitere Mandate. Wegen mangelnder Fairness hatte die außerparlamentarische Opposition zum **Boykott** aufgerufen. Vor und nach der Wahl gab es vereinzelt Proteste, die jedoch rasch unterbunden wurden. Am 18.01.2021 bildete Ministerpräsident Askar Mamin erneut eine **Regierung mit** nahezu **unveränderter Besetzung**. In den Staatsorganen behielten Nasarbajew als „Führer der Nation" und seine Familie großen Einfluss.

China: Als Reaktion auf **antichinesische Proteste** im März und April 2021 wurde ein im Mai von Staatspräsident Qassym-Schomart Toqajew unterzeichnetes Gesetz verstanden, das Ausländern bzw. (mehrheitlich) ausländischen Unternehmen Besitz oder Pacht von **Agrarland** verbietet. 2016 hatte sein Amtsvorgänger, ebenfalls nach Protesten, ein Moratorium verhängt. Die VR China ist Kasachstans wichtigster Handelspartner, Investoren aus China treffen jedoch auf starke **Vorbehalte** in der Bevölkerung. Weitere Kritik rief die zunehmende **Wasserentnahme** in der chinesischen autonomen Region Xinjiang aus dem Ili, dem Hauptzufluss des Balchaschsees, hervor. Nach einem im Januar 2021 veröffentlichten internationalen Gutachten sinkt dadurch, neben übermäßiger Beanspruchung durch Kasachstan, der Spiegel des wichtigen Trinkwasserreservoirs immer weiter. Die **Unterdrückung der Muslime in Xinjiang**, die außer den Uiguren auch Kasachen (rund 11.5 Mio. Angehörige) trifft, mobilisierte in Kasachstan Familienangehörige von Verschwundenen. Ihr Engagement, Anfang 2021 u. a. mit einer 100-tägigen **Mahnwache** vor dem Konsulat Chinas in Almaty, traf auf Verfolgungen durch Behörden und Justiz Kasachstans.

Katar

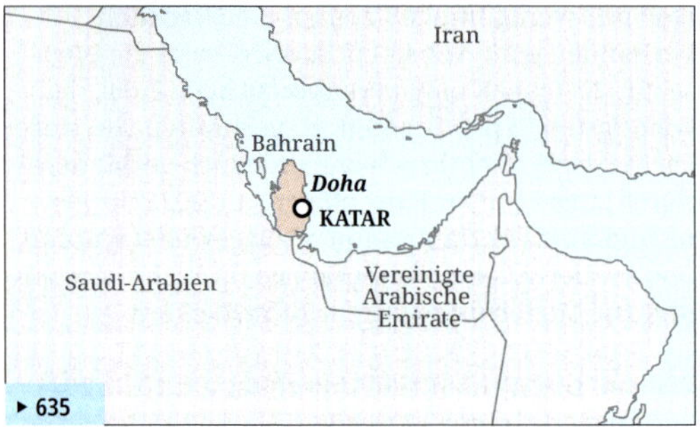

▸ 635

Ländername	Staat Katar
Zeitzone	MEZ +2 h
Fläche in km²	11 607 (Rang 159)
Anzahl der Einwohner	2.9 Millionen (Rang 136)
Einwohnerzahl pro km²	248 (Rang 37)
Hauptstadt	Doha
Amtssprache	Arabisch
Verwaltungsgliederung	8 Gemeinden
Wichtige Städte	Ar-Rayyan, Doha, Ash-Schahaniyya, Adh-Dhachira, Al-Chaur
Autokennzeichen | ISO-Code	Q | QAT
Währung	1 Katar-Riyal = 100 Dirham
Nationalfeiertag	18. Dezember (Vereinigung der lokalen Stämme 1878)

Das auf einer Halbinsel im Persischen Golf gelegene reiche Emirat umfasst ein extrem ödes und unfruchtbares Wüstengebiet. Vor dem Ölboom lebten hier nur wenige nomadische Beduinen und Perlenfischer. Die Verfassung von 2005 soll die Basis für eine behutsame Demokratisierung bilden.

GEOGRAFIE

Geografische Lage: Von 24°34' bis 26°10' nördlicher Breite sowie von 50°45' bis 51°37' östlicher Länge (Vorderasien)
Höchster Punkt: Qurayn Abu al-Bawl 103 m
Klima: Wüstenklima

POLITIK

Staatsform: Absolute Monarchie
Staatsoberhaupt: Emir Tamim bin Hamad Al Thani (seit 26.06.2013)
Regierungschef: Premierminister Khalid bin Khalifa Al Thani (seit 28.01.2020)
Regierungspartei: keine
Legislative: Beratende Versammlung mit 41 Mitgliedern, für 3 Jahre ernannt
Jahr der Verfassung: 2005
Wahlrecht: 18 Jahre

BEVÖLKERUNG

Bevölkerungsanteil: <15 Jahre 13.6 %, 15–64 Jahre 84.7 %, >64 Jahre 1.7 %
Verteilung: Stadt 99.2 %, Land 0.8 %
Wachstum: 1.7 %
Lebenserwartung: Frauen 82 Jahre, Männer 79 Jahre
Alphabetenrate: Frauen 94.7 %, Männer 93.1 %
Bevölkerungsgruppen: Inder, Pakistani, Nepalesen, Katarer, Araber u. a.
Religionen: Muslime, Christen, Hindus, Buddhisten
Sprachen: Arabisch, Persisch, Englisch, Urdu

Bevölkerungsverteilung

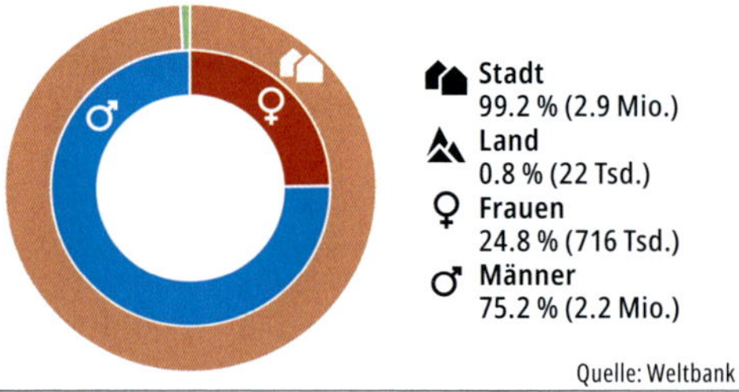

Quelle: Weltbank

WIRTSCHAFT

BIP: 146.09 Mrd. US$
Wachstum BIP: -2.6 %
BIP/Kopf: 52 144 US$
Inflation: -2.7 %
Außenhandel: Import 25.65 Mrd. US$ (Maschinen 16.8 %, Nahrungsmittel 10.1 %, Chemische Erzeugnisse 8.5 %, Fahrzeuge 6.6 %, Kfz und -Teile 5.6 %), Export 51.12 Mrd. US$ (Gas 61.9 %, Erdöl 17 %, Petrochemie 7 %, Chemische Erzeugnisse 5.7 %, Nichteisenmetalle 1.8 %)
Erwerbstätige nach Sektoren: Landwirtschaft 1.2 %, Industrie 54.4 %, Dienstleistungen 44.4 %
Arbeitslosenquote: 3.4 %
CO_2-Emission/Kopf: 38.8 t

RÜCKBLICK

Corona-Pandemie: Nach der ersten COVID-19-Welle im Frühjahr 2020 verlief das Infektionsgeschehen danach verhalten, selten wurden mehr als 2000 Fälle pro Woche gezählt. Erst im Februar 2021 stiegen die Zahlen wieder markant an, wenngleich nicht im gleichen Ausmaß wie ein Jahr zuvor. Allerdings war die Zahl der Todesfälle diesmal deutlich höher als damals. Im Mai gingen die Infektionszahlen wieder zurück. Am 23.12.2020 begann man mit den Impfungen, die danach rasch voranschritten. Insgesamt wurden seit Beginn der Pandemie bis zum 30.06.2021 offiziell 221 953 Infektionen und 588 Todesfälle gemeldet, was 0.02 % der Bevölkerung entsprach. 49.7 % waren vollständig geimpft.

Ende des Konflikts mit den Nachbarstaaten: Wie der kuwaitische Außenminister Ahmed Nasir al-Mohammed Al Sabah, der als Vermittler gewirkt hatte, am 04.01.2021 mitteilte, einigten sich Katar und seine Nachbarn Saudi-Arabien, Bahrain und die Vereinigten Arabischen Emirate (VAE) auf ein Ende des seit Juni 2017 andauernden Konflikts. Damals hatten die 3 Golfstaaten, denen sich auch Ägypten anschloss, die diplomatischen Beziehungen abgebrochen, die Grenzen zu Katar geschlossen und eine vollständige Blockade über das Land verhängt. Häfen und Flughäfen wurden für katarische Schiffe und die Fluggesellschaft Qatar Airways geschlossen, ebenso die Hoheitsgewässer und der Luftraum. Dem Emirat wurde u. a. die Unterstützung von terroristischen Organisationen vorgeworfen, womit vor allem die Muslimbrüder gemeint waren, denen das Emirat als Stützpunkt diente. Unerwünscht war auch die Berichterstattung des Fernsehsenders Al-Jazeera. Nun waren die Blockadestaaten zur Normalisierung der Beziehungen bereit, ohne dass eine einzige ihrer damaligen Forderungen von Katar erfüllt worden war.
Schon am folgenden Tag traf Emir Scheich Tamim bin Hamad Al Thani in al-Ula in Saudi-Arabien ein, wo er erstmals wieder am jährlichen Gipfeltreffen des Golfkooperationsrats (GCC) teilnahm. Der saudische Thronfolger Mohammed bin Salman Al Saud empfing den katarischen Monarchen persönlich. Wie der saudische Außenminister Faisal bin Farhan Al Saud nach dem Gipfeltreffen erklärte, wollen alle vier an der Blockade beteiligten Länder – neben den drei Golfstaaten auch Ägypten – die diplomatischen Beziehungen zu Katar wiederherstellen und die Wirtschaftsblockade beenden. Katar verzichtete seinerseits auf rechtliche Schritte, wie Milliardenklagen gegen Banken in Luxemburg, den VAE und Saudi-Arabien oder Entschädigung für Qatar Airways für den infolge der Sperrung des Luftraums der Blockadestaaten entstandenen Schaden. Am 09.01.2021 öffneten die VAE und Saudi-Arabien ihre Landgrenze zu Katar. Mit Ägypten verständigte sich Katar am 20.01.2021 über die Wiederaufnahme der diplomatischen Beziehungen.

Kenia

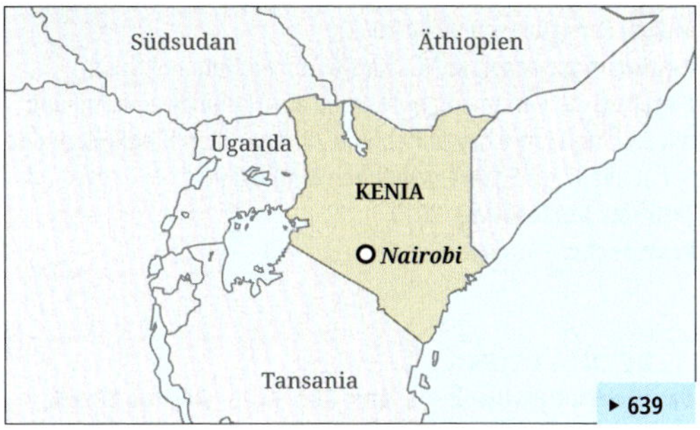

▸ 639

Ländername	Republik Kenia
Zeitzone	MEZ +2 h
Fläche in km²	580 367 (Rang 47)
Anzahl der Einwohner	53.8 Millionen (Rang 27)
Einwohnerzahl pro km²	93 (Rang 93)
Hauptstadt	Nairobi
Amtssprachen	Swahili, Englisch
Verwaltungsgliederung	47 Bezirke
Wichtige Städte	Nairobi, Mombasa, Nakuru, Ruiru, Eldoret, Kisumu
Autokennzeichen | ISO-Code	EAK | KEN
Währung	1 Kenia-Schilling = 100 Cents
Nationalfeiertag	12. Dezember (Unabhängigkeit 1963)

Das ostafrikanische Land am Indischen Ozean präsentiert sich facettenreich als Großwildparadies in einer einzigartigen Naturlandschaft mit Trockensavannen, grünem Hochland, tropischem Regenwald, Vulkankegeln und weißen Palmenstränden. Kulturelle Vielfalt und geheimnisvolle Riten traditioneller Religionen kontrastieren mit ethnischen Rivalitäten und dem Elend der Slums vor den Luxusfassaden der Großstädte. Früher individuelles Ziel für Abenteurer und Weltenbummler, ist der Tourismus heute für Kenia einer der wichtigsten Devisenbringer.

GEOGRAFIE

Geografische Lage: Von 5°30′ nördlicher bis 4°41′ südlicher Breite sowie von 33°53′ bis 41°53′ östlicher Länge (Ostafrika)
Höchster Punkt: Mount Kenia 5199 m
Klima: Im Hochland wintertrockenes, subtropisches Klima; nach Osten und Südosten hin Übergang vom trockenheißen Halbwüstenklima zum wechselfeuchten Savannenklima

POLITIK

Staatsform: Präsidiale Republik
Staatsoberhaupt und Regierungschef: Präsident Uhuru Muigai Kenyatta (seit 09.04.2013)
Regierungspartei: KANU (Kenya African National Union)
Legislative: Parlament, bestehend aus Nationalversammlung mit 337 für 5 Jahre gewählten und 12 ernannten Mitgliedern und Senat mit 67 für 5 Jahre gewählten Mitgliedern
Jahr der Verfassung: 2010
Wahlrecht: 18 Jahre

BEVÖLKERUNG

Bevölkerungsanteil: <15 Jahre 38.6 %, 15–64 Jahre 58.9 %, >64 Jahre 2.5 %
Verteilung: Stadt 28 %, Land 72 %
Wachstum: 2.3 %
Lebenserwartung: Frauen 69 Jahre, Männer 65 Jahre
Alphabetenrate: Frauen 78.2 %, Männer 85 %
Bevölkerungsgruppen: Kikuyu, Luhya, Kalejin, Luo, Kamba, Somali, Kisii, Mijikenda, Meru, Massai, Turkana u. a.
Religionen: Christen, Muslime, Ethnische, Sonstige
Sprachen: Swahili, Englisch, indigene Sprachen

WIRTSCHAFT

BIP: 99.29 Mrd. US$
Wachstum BIP: -0.1 %
BIP/Kopf: 2039 US$
Inflation: 5.3 %
Außenhandel: Import 15.44 Mrd. US$ (Petrochemie 17.5 %, Chemische Erzeugnisse 13.8 %, Nahrungsmittel 10.3 %, Maschinen 9.6 %, Kfz und -Teile 6.8 %), Export 6.03 Mrd. US$ (Nahrungsmittel 38.9 %, Rohstoffe außer Brennstoffe 17.3 %, Chemische Erzeugnisse 8.5 %, Petrochemie 7.6 %, Textilien und Bekleidung 6.6 %)
Erwerbstätige nach Sektoren: Landwirtschaft 53.8 %, Industrie 7.4 %, Dienstleistungen 38.8 %
Arbeitslosenquote: 3 %
CO_2-Emission/Kopf: 0.4 t

RÜCKBLICK

Urteil gegen Verfassungsinitiative: Das Oberste Gericht erklärte am 13.05.2021 einen vorgelegten Gesetzentwurf zur Änderung der kenianischen Verfassung als mit der staatlichen Grundordnung nicht vereinbar und stoppte damit die von der Staatsführung angestoßene Initiative. Die Richter begründeten ihre Entscheidung mit der Art und Weise, wie die **Building Bridges Initiative (BBI)** zustande gekommen war: Präsident Uhuru Kenyatta habe die Verfassung verletzt, indem er einen Prozess zur **Änderung der staatlichen Grundordnung** in Gang gesetzt hätte, der eigentlich von den kenianischen Bürgern hätte eingeleitet werden müssen. Kenyatta hatte die BBI nach den umstrittenen Wahlen 2017, in deren Umfeld es zu gewaltsamen Zusammenstößen gekommen war, gemeinsam mit seinem Wahlkontrahenten Raila Odinga auf den Weg gebracht. Bevor das Oberste Gericht die BBI stoppte, war der Gesetzentwurf bereits von beiden Kammern des Parlaments mit großer Mehrheit angenommen worden. Die Initiative war in Kenia **heftig umstritten**. Sie sah u. a. die Einführung eines Premierministers, die Erhöhung der Anzahl der Wahlkreise um mindestens 70 und die Vergrößerung des Parlaments um bis zu 300 nicht gewählte Abgeordnete vor. Während die Staatsführung die Initiative als Instrument für mehr politische Teilhabe der ethnischen Vielfalt im tief gespaltenen Vielvölkerstaat Kenia sah, werteten Kritiker sie als schleichende Kleptokratie und als Mittel, um politische Dynastien zu belohnen. In der Bevölkerung zeigte sich wenig Verständnis für den Plan, die Exekutive aufzublähen und damit zu verteuern, während drängende Probleme wie die Bekämpfung von Arbeitslosigkeit und Armut vernachlässigt würden.

Flüchtlingscamps: Kenia setzte Ende April 2021 das UN-Flüchtlingshilfswerk (UNHCR) formell davon in Kenntnis, dass das Land seine großen Flüchtlingscamps **Dadaab** an der somalischen Grenze und **Kakuma** im Nordwesten am 30.06.2022 schließen würde. Für die insgesamt rund 400 000 Flüchtlinge mehrheitlich aus Somalia, Südsudan und der Demokratischen Republik Kongo sah die Regierung die sogenannte Rückführung auf freiwilliger Basis oder für Betroffene aus der Ostafrikanischen Gemeinschaft die Erteilung einer Aufenthalts- und Arbeitserlaubnis vor. Im März 2021 hatte Kenia dem UNHCR ein 14-tägiges Ultimatum gestellt, um einen Fahrplan für die **Schließung der Lager**, die zu den weltweit größten gehören, zu präsentieren. Bereits 2016 hatte Kenia schon einmal die Schließung angekündigt. Das Vorhaben wurde aber gerichtlich gestoppt. Die Regierung begründete ihr Vorgehen damit, dass die Versorgung der großen Zahl an Flüchtlingen nach humanitären Mindeststandards die wirtschaftlichen Möglichkeiten des Staates überfordere.

Corona-Impfkampagne: Bis Mitte Mai 2021 hatte Kenia rund 940 000 Menschen mit der ersten Dosis der COVID-19-Impfstoffe versorgt, das waren weniger als 2 % der Bevölkerung. Die Impftaskforce des Landes bemühte sich um eine gerechte, alle Regionen erreichende Verteilung. Aufgrund von **Problemen bei der Organisation und fehlender**

Infrastruktur konnten in den ländlichen Gebieten aber nicht alle Impfdosen verabreicht werden und mussten verfallen, während in den Ballungsräumen viele Impfwillige abgewiesen werden mussten. Zu der **schleppenden Belieferung** mit Impfstoffen über die im April 2020 von der WHO, der EU-Kommission sowie Frankreich gegründeten COVAX-Initiative kam im Mai 2021 die **Aussetzung des Impfstoffexports durch Indien**, das selbst akut von der Pandemie betroffen war. Aufgrund dieser Hindernisse konnte der Zeitplan für die Impfungen insbesondere auch für die zweite Dosis nicht eingehalten werden. Experten warnten, dass unzureichende Impfungen in Entwicklungsländern die Entstehung von weiteren Mutationen des Coronavirus begünstigen und nationale Krisen auslösen könnten.

UN-Sicherheitsrat: Mitte 2020 konnte sich Kenia im zweiten Wahlgang gegen Dschibuti bei der Kandidatur um einen **nicht permanenten Sitz** im UN-Sicherheitsrat durchsetzen. Ab dem 01.01.2021 nahm das Land für die Dauer von zwei Jahren einen Sitz im internationalen Gremium ein.

Grenzstreit: Im Dezember 2020 eskalierte der seit Jahren schwelende Konflikt zwischen **Kenia und Somalia** erneut. Somalia brach alle diplomatischen Beziehungen zu seinem Nachbarn ab mit der Begründung, Kenia verletze die somalische Souveränität, indem es sich in innere Angelegenheiten einmische. Bei dem Streit ging es auch um den **Grenzverlauf im Indischen Ozean**, insbesondere um die Zuteilung eines rund 160 000 km² großen keilförmigen Gebiets, das reiche Vorkommen an Erdöl und Erdgas aufweisen könnte.

Wirtschaft: Durch den **eher milden Lockdown** infolge der Corona-Pandemie war die kenianische **Wirtschaft vergleichsweise wenig betroffen**. Wichtige ökonomische Säulen wie die Nahrungsmittelindustrie oder die Logistikbranche blieben von Einschränkungen ausgenommen. Allerdings wies das Land bereits vor der Pandemie einen **hohen Schuldenstand** von mehr als 60 % des BIP auf, der durch neue Kredite weiter gesteigert wurde. Ende 2020 prognostizierten Wirtschaftsexperten Kenia für 2020 ein Wirtschaftswachstum von -0.5 % bis + 1.5 % und für 2021 einen BIP-Anstieg von 2.2 % bis 5.2 %. Am 20.05.2021 eröffnete der Präsident den neuen **Tiefwasserhafen** auf der Insel **Lamu** im Südosten. Die 3 Mrd. US$ teure Anlage sollte den benachbarten Binnenländern Äthiopien und Südsudan als Warenumschlagplatz dienen und Kenia zum ostafrikanischen Logistikzentrum machen.

Kirgisistan

▸ 684

Ländername	Kirgisische Republik
Zeitzone	MEZ +5 h
Fläche in km²	199 949 (Rang 85)
Anzahl der Einwohner	6.6 Millionen (Rang 110)
Einwohnerzahl pro km²	33 (Rang 147)
Hauptstadt	Bischkek
Amtssprachen	Kirgisisch, Russisch
Verwaltungsgliederung	7 Bezirke und 2 Städte
Wichtige Städte	Bischkek, Osch, Dschalal-Abad, Karakol, Tokmok
Autokennzeichen | ISO-Code	KS | KGZ
Währung	1 Som = 100 Tyjyn
Nationalfeiertag	31. August (Unabhängigkeit 1991)

Das Gebirgsland Kirgisistan gehört zu den ärmsten Nachfolgestaaten der Sowjetunion. Durch einen politischen Umsturz, die „Tulpenrevolution", wurde 2005 der autoritär regierende Staatspräsident zum Rücktritt gezwungen. Die wirtschaftlich desolate Lage großer Teile der Bevölkerung verbesserte sich jedoch nicht. 2010 kam es zu einem neuerlichen Umsturz und einer Verfassungsänderung in Richtung parlamentarische Demokratie, die 2021 jedoch wieder zugunsten eines Präsidialsystems verworfen wurde.

GEOGRAFIE

Geografische Lage: Von 39°11' bis 43°16' nördlicher Breite sowie von 69°14' bis 80°15' östlicher Länge (Zentralasien)
Höchster Punkt: Jengish Chokusu (Pik Pobedy) 7439 m
Klima: Kontinentales Steppenklima, Gebirgsklima

POLITIK

Staatsform: Parlamentarische Republik
Staatsoberhaupt: Präsident Sadyr Schaparow (seit 28.01.2021)
Regierungschef: Ministerpräsident Ulukbek Maripow (seit 03.02.2021)
Regierungspartei: keine
Legislative: Oberster Rat mit 120 für 5 Jahre gewählten Mitgliedern
Jahr der Verfassung: 2010
Wahlrecht: 18 Jahre

BEVÖLKERUNG

Bevölkerungsanteil: <15 Jahre 32.6 %, 15–64 Jahre 62.6 %, >64 Jahre 4.8 %
Verteilung: Stadt 36.9 %, Land 63.1 %
Wachstum: 2.1 %
Lebenserwartung: Frauen 76 Jahre, Männer 68 Jahre
Alphabetenrate: Frauen 99.5 %, Männer 99.7 %
Bevölkerungsgruppen: Kirgisen, Usbeken, Russen, Dungan u. a.
Religionen: Muslime (v. a. Sunniten), Christen, Sonstige
Sprachen: Kirgisisch, Russisch, Usbekisch

WIRTSCHAFT

BIP: 7.47 Mrd. US$
Wachstum BIP: -8 %
BIP/Kopf: 1146 US$
Inflation: 6.3 %
Außenhandel: Import 3.68 Mrd. US$ (Petrochemie 12.3 %, Textilien und Bekleidung 11.8 %, Chemische Erzeugnisse 11.6 %, Nahrungsmittel 9.6 %, Maschinen 8.8 %), Export 1.96 Mrd. US$ (Gold 42.4 %, Rohstoffe außer Brennstoffe 15.6 %, Nahrungsmittel 11.2 %, Textilien und Bekleidung 5.8 %, Nichtmetallische Mineralien 4.2 %)
Erwerbstätige nach Sektoren: Keine Angabe
Arbeitslosenquote: 7.9 %
CO_2-Emission/Kopf: 1.9 t

RÜCKBLICK

Unruhen: Bei den **Parlamentswahlen** vom 04.10.2020 errangen nur vier von 15 Parteien Mandate im Obersten Rat, darunter als stärkste Kraft Birimdik (Einheit) von Staatspräsident Sooronbaj Dscheenbekow mit 24.5 % vor der ihm nahestehenden Mekenim (Meine Heimat) Kirgisistan mit 23.9 %. Ein Drittel der Stimmen (Wahlbeteiligung: 56 %) blieb aufgrund der Siebenprozentklausel bei der Sitzverteilung unberücksichtigt. Das Ergebnis rief **Proteste** hervor, die am 05.10.2020 mit der Besetzung u. a. von Parlaments- und Präsidentensitz in Bischkek, der Vertreibung von Amtsträgern, auch in anderen Städten, sowie **Straßengewalt** (ein Toter, ca. 1000 Verletzte) zwischen verschiedenen Gruppen und Plünderungen eskalierten. Verurteilte **Politiker** wurden **aus der Haft befreit**, darunter Ex-Präsident Almasbek Atambajew und Sadyr Schaparow, ein einflussreicher Politiker der Bakijew-Ära (bis 2010). Am 06.10.2020 annullierte die Zentrale Wahlkommission das Wahlresultat. Opposition und Zivilgesellschaft, die nach einem Korruptionsskandal um den früheren Vizechef der Zollverwaltung mobilisiert waren, gelang es nicht, im **Machtvakuum** Fuß zu fassen. Stattdessen ließ sich Schaparow am 14.10.2020, nach zwei gescheiterten Versuchen, vom Parlament zum Ministerpräsidenten wählen.

Machtwechsel: Staatspräsident Dscheenbekow erklärte am 15.10.2020 seinen **Rücktritt**, da es ihm nicht gelungen war, mit der Entlassung des Armee- und des Geheimdienstchefs sowie der Verhängung des Ausnahmezustands Handlungsfreiheit zurückzugewinnen. Als auch der Parlamentspräsident darauf verzichtete, das höchste Staatsamt übergangsweise zu führen, übernahm **Schaparow** am 16.10.2020. Er wurde am 10.01.2021 mit 79.8 % der Stimmen (Beteiligung: 39.2 %) **zum Staatspräsidenten gewählt** (Amtseinführung am 28.01.2021). Gleichzeitig sprachen sich in einem Referendum 81 % für die von ihm angestrebte **Rückkehr zum Präsidialsystem** aus, wie es bis 2010 bestanden hatte. Eine **neue Verfassung**, die am 11.04.2021 in einer weiteren Volksabstimmung mit 79.3 % angenommen wurde, bestätigte dies. Die Amtszeit des Präsidenten beträgt künftig fünf Jahre; eine Wiederwahl ist möglich (bis dahin einmal sechs Jahre). Die Zahl der Parlamentssitze wird von 120 auf 90 verringert und ein Verfassungsgericht geschaffen. Der Versuch Schaparows, sich mit **Tadschikistan** über **strittige Grenzverläufe** zu verständigen, wurde durch einen gewaltsamen Konflikt um die Exklave Woruch gestoppt (28./29.04.2021).

Corona-Pandemie: Trotz einer 2. und 3. Welle der Corona-Pandemie im Juli 2020 und von März bis Mai 2021 **verzichtete** Kirgisistan **auf einen scharfen Lockdown** wie im Frühjahr 2020. Im Sommer 2020 hatte sich mit vergleichsweise hohen Todeszahlen erneut die **geringe Leistungsfähigkeit des Gesundheitswesens** gezeigt. Impfungen starteten erst am 28.03.2021 mit nur wenigen Dosen eines russischen Impfstoffs, in erster Linie für medizinisches Personal. Corona- und politische Krise ließen Binnenkonsum, Import und Investitionen einbrechen und hinterließen 2020 ein BIP-Minus von 8 %. Erst 2021 soll sich die Wirtschaft nach der Prognose des IWF vom April erholen (+6 %).

Kiribati

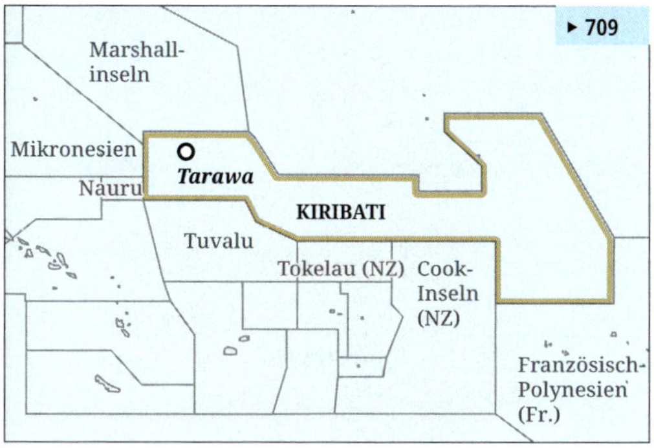

Ländername	Republik Kiribati
Zeitzonen	MEZ +11 h bis +13 h
Fläche in km²	811 (Rang 173)
Anzahl der Einwohner	119 446 (Rang 179)
Einwohnerzahl pro km²	147 (Rang 59)
Hauptstadt	Tarawa
Amtssprachen	Kiribatisch, Englisch
Verwaltungsgliederung	3 Inselgruppen mit 6 Distrikten
Wichtige Städte	South Tarawa, Betio, Bikenibeu, Teaoraereke
Autokennzeichen | ISO-Code	KIR | KIR
Währungen	1 Kiribati-Dollar, 1 Australischer Dollar = 100 Cents
Nationalfeiertag	12. Juli (Unabhängigkeit 1979)

Der zu Mikronesien gehörende pazifische Inselstaat ist ein Tropenparadies, das vom Anstieg des Meeresspiegels infolge der globalen Erderwärmung stark bedroht ist. Die überwiegend nur wenige Meter aus dem Ozean ragenden Inseln könnten versinken.

GEOGRAFIE

Geografische Lage: Von 4°43′ nördlicher bis 11°28′ südlicher Breite sowie von 172°45′ östlicher bis 151°47′ westlicher Länge (Ozeanien)
Höchster Punkt: Unbenannt 81 m
Klima: Tropisches, ozeanisches Klima

POLITIK

Staatsform: Präsidiale Republik
Staatsoberhaupt und Regierungschef: Präsident Taneti Maamau (seit 11.03.2016)
Regierungspartei: TKP (Tobwaan Kiribati Party)
Legislative: Parlament mit 44 für 4 Jahre gewählten und 1 ernanntes Mitglied
Jahr der Verfassung: 1979
Wahlrecht: 18 Jahre

BEVÖLKERUNG

Bevölkerungsanteil: <15 Jahre 35.9 %, 15–64 Jahre 59.9 %, >64 Jahre 4.2 %
Verteilung: Stadt 55.6 %, Land 44.4 %
Wachstum: 1.6 %
Lebenserwartung: Frauen 73 Jahre, Männer 64 Jahre
Alphabetenrate: Frauen 97.7 %, Männer 97.7 %
Bevölkerungsgruppen: Mikronesier, Polynesier u. a.
Religionen: Christen, Sonstige
Sprachen: Kiribatisch, Englisch

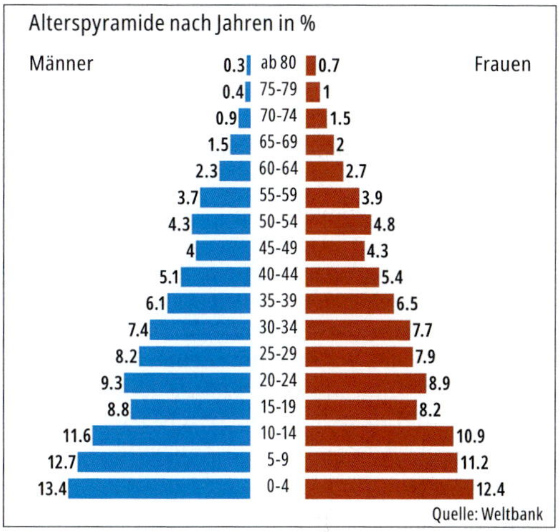

Quelle: Weltbank

WIRTSCHAFT

BIP: 199.57 Mio. US$
Wachstum BIP: -0.5 %
BIP/Kopf: 1688 US$
Inflation: 2.5 %
Außenhandel: Import 184 Mio. US$, Export 12 Mio. US$
Erwerbstätige nach Sektoren: Keine Angabe
Arbeitslosenquote: Keine Angabe
CO_2-Emission/Kopf: 0.3 t

RÜCKBLICK

Corona-Pandemie: Ein rudimentäres Gesundheitssystem und der hohe Anteil an Diabetikern weckten begründete Besorgnis vor einem Überspringen der Pandemie auf die Inseln. Durch ein striktes Einreiseverbot wurde das **Virus ferngehalten**: Bis zum Ende der Berichtsperiode waren auf den Inseln noch keine Ansteckungen bekannt geworden. Die sozialen Folgen der konsequenten Abschottung waren erheblich: **Hauptbetroffene waren die im Ausland festsitzenden Matrosen**, die oft arbeitslos geworden waren und denen die Heimreise verwehrt wurde. Am 19.11.2020 wurden erstmals 62 negativ getestete Kiribatier, die auf den Marshallinseln gestrandet waren, eingeflogen und in ein Quarantäne-Zentrum verbracht; ein **restriktives Vorgehen in der Repatriierungsfrage** wurde danach beibehalten. So wurde das Repatriierungsprogramm am 21.05.2021 suspendiert, nachdem zwei Matrosen eines vor Betio ankernden taiwanesischen Fischtrawlers, darunter ein Kiribatier, positiv getestet worden waren. Am 25.05.2021 kamen im Rahmen des COVAX-Programms die ersten 24 000 Impfdosen auf der Insel an, die von Neuseeland und Australien gespendet worden waren; die Impfkampagne begann in den dicht besiedelten Distrikten Süd-Tarawa und Betio.

Fischerei: Im Juli 2020 wurden die Umstände des Todes eines Inspekteurs auf einem taiwanesischen Fischtrawler, der schwere Kopfverletzungen aufwies, von der Polizei untersucht. Zwei Taiwanesen wurden nach dem Verhör in Betio auf freien Fuß gesetzt; die Angehörigen des Familienvaters forderten Aufklärung; seit 2010 sind 10 Inspekteure auf ausländischen Schiffen ums Leben gekommen, mindestens 5 unter ungeklärten Umständen. Mutmaßlich waren sie in Streit mit den Besatzungen geraten, weil sie Verstöße gegen Fangvorschriften monierten.

Trinkwasser: Ein akuter Wassernotstand auf Banaba konnte am 01.04.2021 durch die Lieferung einer neuen Entsalzungsanlage behoben werden. Ausbleibende Regenfälle hatten das Überleben der 300 Einwohner gefährdet. Sie forderten von Neuseeland und Australien Entschädigungen für die Vernichtung des Trinkwasserreservoirs in der Zeit des Phosphatabbaus auf der Insel.

Wirtschaft: Zwar gingen die Rücküberweisungen von Matrosen 2020 weniger stark zurück als befürchtet, doch auch der Einbruch im Tourismus belastete die Wirtschaft stark. Auf mittlere Sicht hofft die Regierung, Kiribati werde dank der Relikte von Schlachten aus dem Zweiten Weltkrieg zusätzliche Touristen anziehen können.

Kolumbien

▸ 667

Ländername	Republik Kolumbien
Zeitzone	MEZ -6 h
Fläche in km²	1 141 748 (Rang 25)
Anzahl der Einwohner	50.9 Millionen (Rang 29)
Einwohnerzahl pro km²	45 (Rang 136)
Hauptstadt	Bogotá D. C.
Amtssprache	Spanisch
Verwaltungsgliederung	32 Departements und 1 Hauptstadtdistrikt
Wichtige Städte	Bogotá D. C., Medellín, Cali, Barranquilla, Cartagena, Soacha, Cúcuta, Soledad, Bucaramanga
Autokennzeichen | ISO-Code	CO | COL
Währung	1 Kolumbianischer Peso = 100 Centavos
Nationalfeiertag	20. Juli (Unabhängigkeit 1810)

Kolumbien ist der einzige südamerikanische Staat, der sowohl an den Pazifik als auch an das Karibische Meer grenzt. Die kolumbianische Bevölkerung leidet seit Jahrzehnten unter sozialen Konflikten, Menschenrechtsverletzungen und blutigen Auseinandersetzungen mit Guerillaorganisationen und Drogenkartellen.

GEOGRAFIE

Geografische Lage: Von 12°28' nördlicher bis 4°14' südlicher Breite sowie von 66°52' bis 79°03' westlicher Länge (Südamerika)
Höchster Punkt: Pico Cristóbal Colón 5775 m

Klima: An der Pazifikküste und im östlichen Tiefland tropisches Regenwaldklima, im Norden Savannenklima, in den Hochtälern der Kordilleren wintertrockenes, subtropisches Klima

POLITIK

Staatsform: Präsidiale Republik
Staatsoberhaupt und Regierungschef: Präsident Iván Duque Márquez (seit 07.08.2018)
Regierungspartei: CD (Centro Democrático)
Legislative: Kongress, bestehend aus Repräsentantenhaus mit 172 für 4 Jahre gewählten Mitgliedern und Senat mit 108 für 4 Jahre gewählten Mitgliedern
Jahr der Verfassung: 1991
Wahlrecht: 18 Jahre

BEVÖLKERUNG

Bevölkerungsanteil: <15 Jahre 22.2 %, 15–64 Jahre 68.8 %, >64 Jahre 9 %
Verteilung: Stadt 81.4 %, Land 18.6 %
Wachstum: 1.1 %
Lebenserwartung: Frauen 80 Jahre, Männer 75 Jahre
Alphabetenrate: Frauen 95.3 %, Männer 94.9 %
Bevölkerungsgruppen: Europäer, Mestizen, Indigene u. a.
Religionen: Christen (v. a. Katholiken), Sonstige
Sprache: Spanisch

WIRTSCHAFT

BIP: 271.46 Mrd. US$
Wachstum BIP: -6.8 %
BIP/Kopf: 5336 US$
Inflation: 2.5 %
Außenhandel: Import 43.49 Mrd. US$ (Chemische Erzeugnisse 19.7 %, Nahrungsmittel 10.2 %, Elektronik 10 %, Kfz und -Teile 9.2 %, Maschinen 9.1 %), Export 31.01 Mrd. US$ (Erdöl 32.9 %, Kohle 14.4 %, Nahrungsmittel 13.1 %, Chemische Erzeugnisse 7.9 %, Petrochemie 7.4 %)
Erwerbstätige nach Sektoren: Landwirtschaft 16.4 %, Industrie 20 %, Dienstleistungen 63.6 %
Arbeitslosenquote: 15.4 %
CO_2-Emission/Kopf: 1.7 t

RÜCKBLICK

Corona-Pandemie: Kolumbien war eines der am stärksten von der Pandemie betroffenen Länder in der Region. Bis Ende Juni 2021 verzeichnete das Land über 4.2 Mio. Infektionen und über 100 000 Tote. Die erste Welle erlebte Kolumbien im August 2020, die 2. Welle im Januar 2021 und eine 3. Welle setzte nach Ostern im April 2021 ein. Die Regierung hatte am 17.03.2020 den wirtschaftlichen, sozialen und ökologischen Notstand ausgerufen und im Laufe des Jahres 2020 insgesamt 164 Dekrete erlassen, von denen einige vom Verfassungsgericht für verfassungswidrig erklärt wurden. Am 31.08.2020 wurde die landesweite Quarantäne in eine selektive Isolierung umgewandelt, die fast alle Aktivitäten unter der Beachtung von Hygienemaßnahmen erlaubte. Regional galten weiterhin nächtliche Ausgangssperren und Alkoholverbote, zudem wurde regional der Zugang zu Restaurants und Geschäften in Abhängigkeit von der letzten Ziffer im Ausweis auf bestimmte Tage beschränkt. Das Land hatte sich insgesamt 61.5 Mio. Impfdosen von verschiedenen Herstellern vertraglich zugesichert und will bis Ende 2021 ca. 70 % der Bevölkerung impfen.

Geplante Steuerreform: Am 15.04.2021 stellte Präsident Iván Duque die Pläne für eine Steuerreform vor. Sie sah vor, die Mehrwertsteuer auf bisher steuerfreie Produkte zu erweitern, die Obergrenze für steuerfreies Einkommen von rd. 1000 US$ auf 540 US$ herabzusetzen und mehrere Freibeträge für Haushalte der unteren Mittelschicht zu streichen. Mit der Steuerreform sollten rd. 6.6 Mrd. US$ eingenommen und damit das Haushaltsloch gestopft werden. Coronabedingt war das **Haushaltsdefizit** von 2.2 % des Bruttoinlandsproduktes im Jahr 2019 auf 8.6 % in 2020 gestiegen. Kolumbien hatte 2019 von allen 37 OECD-Ländern mit 19.7 % das zweitniedrigste Steueraufkommen.
Die Pläne wurden von weiten Teilen der Gesellschaft, aber auch von oppositionellen Parteien der Mitte wie dem Partido de la U und dem Partido Liberal Colombiano heftig kritisiert, da sie überwiegend die Schwächsten der Gesellschaft betrafen und zur weiteren Verarmung beitragen würden. Am 16.04.2021 rief die größte Gewerkschaft Central Unitaria de Trabajadores (CUT) für den 28.04.2021 zu einem unbeschränkten **Generalstreik** auf. Am ersten Streiktag und an den folgenden Tagen kam es zu heftigen Protesten, die teilweise in Gewalt, Vandalismus und Plünderungen umschlugen. Die Armee unterstützte die Polizei bei der Niederschlagung der Proteste und auch die Sondereinheit ESMAD kam zum Einsatz. Am 03.05.2021 zog Präsident Duque die Pläne für die Steuerreform zurück, am selben Tag trat Finanzminister Alberto Carrasquilla zurück. Sein Amt wurde vom bisherigen Handelsminister José Manuel Restrepo übernommen.

Weitere Proteste: Nach der Rücknahme der Pläne für die Steuerreform setzten sich die Proteste dennoch fort und richteten sich gegen eine Gesundheitsreform, die ebenfalls zurückgenommen wurde. Bis zum 12.05.2021 zählte das Institut für Entwicklungs- und Friedensstudien (Indepax) 39 Tote, 1055 Ver-

haftungen und Hunderte von Verletzten, bis zum 10.06.2021 waren es bereits 68 Tote. Aufgrund der unruhigen Lage sagte der südamerikanische Fußballverband CONMEBOL am 20.05.2021 die für den 13.06.–10.07.2021 geplante Teilaustragung der Copa América ab.
Bereits im September 2020 war es in Bogotá nach dem Tod des Anwalts Javier Ordoñez zu heftigen **Ausschreitungen von überwiegend jungen Menschen** gekommen. Der Anwalt hatte gegen die Quarantäneregeln verstoßen, bei seiner Festnahme war mehrfach eine Elektroschockpistole zum Einsatz gekommen, an dessen Folgen er am 09.09.2020 verstarb. Die anschließenden Proteste forderten mindestens 10 Todesopfer. Die Jugendlichen zerstörten über 20 Polizeistationen.

Hausarrest Uribe: Der Oberste Gerichtshof verhängte am 04.08.2020 präventiven Hausarrest gegen Ex-Präsident Álvaro Uribe Vélez (2002–2010). Gegen Uribe lief ein Verfahren wegen Korruption, Betrug und Zeugenmanipulation. Ihm werden zudem Verbindungen zu paramilitärischen Gruppen vorgeworfen. Unmittelbar nach Bekanntwerden der historischen Entscheidung gab es trotz harter Quarantänebestimmungen Demonstrationen von Gegnern und Unterstützern Uribes. Am 18.08.2020 gab Uribe bekannt, auf seinen Sitz im Senat zu verzichten. Im Oktober 2020 wurde der Hausarrest aufgehoben, das Verfahren war jedoch weiter anhängig. Uribe ist die zentrale Führungsfigur der Regierungspartei Centro Democrático, zudem Senator und der politische Ziehvater von Präsident Iván Duque (seit 2018).

Aufarbeitung des Bürgerkrieges: Im Februar 2021 veröffentlichte die im Rahmen des Friedensvertrages mit der Farc gegründete Sonderjustiz einen Bericht zu Verbrechen der Armee gegen Zivilisten zwischen 2002 und 2008. Álvaro Uribe Vélez (2002–2010) war während seiner Präsidentschaft mithilfe der Armee und paramilitärischer Gruppen mit harter Hand gegen die Farc-Guerilla vorgegangen. Dabei hatten Militärs auch Zivilisten ermordet und diese als Guerilleros ausgegeben (Falsos positivos), um vorgegebene Quoten zu erfüllen und Prämien zu kassieren. Nach dem Bericht der Sonderjustiz hat die Armee während Uribes Amtszeit auf diese Weise mindestens 6402 Zivilisten getötet und als feindliche Guerillakämpfer ausgegeben. Diese Zahl war dreimal so hoch wie bisherige Schätzungen. Die Sonderjustiz hatte auch Informationen zu über 21 000 Entführungen in den Jahren 1982 bis 2012 zusammengestellt. Ende 2020 bat die Farc-Führung die Angehörigen der Geiseln um Verzeihung. Im Januar 2021 klagte die Sonderjustiz erstmals Farc-Kommandanten wegen Entführung an. Im Februar 2021 bekannten sich 6 ehemalige Anführer für ihre während des Konflikts begangenen Verbrechen für schuldig. Der Friedensvertrag sieht für geständige Farc-Kämpfer einen 5- bis 8-jährigen Hausarrest vor, Haftstrafen schließt er aus.
Präsident Juan Manuel Santos (2010–2018) hatte sich 2016 mit der Farc auf ein Friedensabkommen geeinigt, welches den Bürgerkrieg nach 52 Jahren beendete. Der bewaffnete Konflikt hatte über 250 000 Menschenleben gefordert, rund 7 Mio. Kolumbianer wurden vertrieben. 2017 hatten über 7000 Farc-Kämpfer ihre Waffen abgegeben, doch die Reintegration verlief schleppend und stieß auf wachsenden Widerstand in der Bevölkerung. Seit 2016 wurden 262 ehemalige Farc-Kämpfer getötet. Viele ehemalige Rebellen haben sich mittlerweile kämpfenden Dissidentengruppen angeschlossen. Um sich von diesen zu distanzieren, nannte sich die aus der Guerillabewegung entstandene Farc-Partei am 24.01.2021 in Partido Comunes um.

Gewalt: Die Gewalt im Land erreichte den höchsten Stand seit 2013. Laut dem Institut für Entwicklungs- und Friedensstudien (Indepax) wurden 2020 mindestens 307 Menschenrechtler ermordet. Zudem gab es 91 Massaker mit 381 Opfern. Verantwortlich gemacht für die Massaker wurden paramilitärische Gruppen, die Guerilla-Organisation Nationale Befreiungsarmee (ELN), dissidente Farc-Kämpfer sowie der Golf-Clan und andere Drogenkartelle. Bei den Auseinandersetzungen ging es überwiegend um Revierkämpfe und Einschüchterungen. Präsident Iván Duque setzte auf eine Strategie der Konfrontation und hatte 2019 die Friedensverhandlungen mit der ELN beendet, nachdem bei einem Attentat auf eine Polizeischule 23 Menschen getötet worden waren. Am 25.06.2021 wurde ein Hubschrauber mit Präsident Iván Duque, Verteidungsminister Diego Molano und Innenminister Daniel Palacios in der Nähe der Stadt Cúcuta beschossen.

Schutzstatus für venezolanische Flüchtlinge: Präsident Ivan Duque und der UN-Hochkommissar für Flüchtlinge, Filippo Grandi, gaben am 08.02.2021 bekannt, dass rd. einer Mio. venezolanischer Flüchtlinge ohne geregelten Aufenthalt ein 10-jähriger Schutzstatus gewährt wird. Dieser beinhaltete neben der Möglichkeit, legal in Kolumbien zu arbeiten, auch den Zugang zur Grundversorgung inkl. der COVID-19-Impfung. Noch im Dezember 2020 hatte Präsident Duque verkündet, dass venezolanische Flüchtlinge ohne offiziellen Aufenthaltsstatus in Kolumbien kein Anrecht auf eine Corona-Schutzimpfung hätten. Über 1.7 Mio. von insgesamt rd. 5.4 Mio.

venezolanischen Flüchtlingen hielten sich Anfang 2021 in Kolumbien auf. Rd. 966 000 von ihnen waren illegal im Land, 760 000 hatten eine temporäre Aufenthaltsgenehmigung. Zu Beginn der Corona-Pandemie waren bis Anfang August 2020 fast 100 000 Venezolaner in ihre Heimat zurückgekehrt.

Wirtschaft: Die Wirtschaft brach 2020 um 6.8 % ein, für 2021 rechnete der IWF mit einem Wachstum um 5.1 %. Der starke Anstieg des Haushaltsdefizits war einer der Gründe für die geplante Steuerreform, die ab Ende April 2021 zu heftigen Protesten führte. Die öffentliche Verschuldung stieg von 55.6 % in 2019 auf 72 % in 2020. Zur Verringerung der Einnahmen trug auch der niedrige Ölpreis bei. Der Erdölsektor hatte zuletzt einen Anteil von 10 % an den Staatseinnahmen gehabt. 2020 gingen die Exporte im Vergleich zu 2019 um 21.4 % zurück, wobei die Rohstoffexporte einen Einbruch um 39.5 % verzeichneten. Auch die Importe sanken um 17.5 %. Der IWF hatte dem Land am 01.05.2020 eine zweijährige flexible Kreditlinie in Höhe von 10.8 Mrd. US$ gewährt, die am 25.09.2020 auf 17.6 Mrd. US$ erhöht wurde. Im Dezember 2020 rief das Land davon 5.4 Mrd. US$ ab.
Zur Ankurbelung des Konsums erlies die Regierung an drei Tagen im Juni, Juli und November 2020 die Mehrwertsteuer (19 %) auf bestimmte Produkte. Außerdem strich sie bis Ende 2020 die Mehrwertsteuer auf alle touristischen Dienstleistungen. Am 20.07.2020 präsentierte Präsident Iván Duque das **Konjunkturpaket** Nuevo Compromiso por el Futuro de Colombia. Es sah für den Zeitraum 2021 bis 2026 Ausgaben in Höhe von 100 Bio. Pesos (26.9 Mrd. US$) vor, was rund 10 % des BIP entsprach. Es sollte zu 60 % vom öffentlichen Sektor und zu 40 % von der Privatwirtschaft finanziert werden. Das Programm sah 4 Punkte vor: 1. Schaffung von 1 Mio. Arbeitsplätzen, u. a. durch die Förderung von kleinen und mittleren Unternehmen sowie vorgezogener Durchführung von Infrastrukturprojekten, 2. Grünes Wachstum durch 24 strategische Erneuerbare-Energien-Projekte, 3. Unterstützung für arme und schutzbedürftige Bevölkerungsgruppen, u. a. durch die Verlängerung des Nothilfeprogramms Programa Ingreso Solidario für 3 Mio. Haushalte bis Juni 2021 sowie 4. Unterstützung von ländlichen Gebieten. Bis zur Verabschiedung des Gesetzes im Februar 2021 wurde das Programm erweitert und sah bei einer Gesamtsumme von 135 Bio. Pesos (37.5 Mrd. US$) – rd. 12.5 % des BIP – die Schaffung von 2 Mio. Arbeitsplätzen vor. 2020 lebten 45 % der Bevölkerung unterhalb der **Armutsgrenze**, 10 % mehr als 2019. 15 % der Kolumbianer leben in extremer Armut.

Komoren

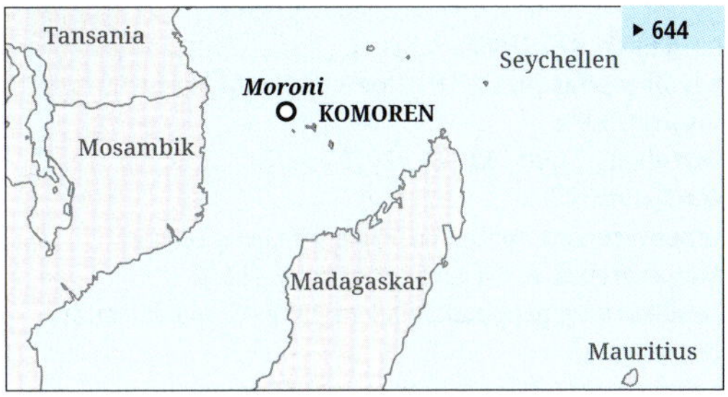

▸ 644

Ländername	Union der Komoren
Zeitzone	MEZ +2 h
Fläche in km²	2235 (Rang 170)
Anzahl der Einwohner	869 595 (Rang 160)
Einwohnerzahl pro km²	389 (Rang 22)
Hauptstadt	Moroni
Amtssprachen	Komorisch, Arabisch, Französisch
Verwaltungsgliederung	3 autonome Inseln mit 16 Präfekturen
Wichtige Städte	Moroni, Mutsamudu, Fomboni, Domoni, Tsémbehou
Autokennzeichen | ISO-Code	COM | COM
Währung	Komoren-Franc
Nationalfeiertag	6. Juli (Unabhängigkeit 1975)

Obwohl geografisch zusammengehörend, gehen die Komoren seit 1975 politisch getrennte Wege. Während die Insel Mayotte für den Verbleib bei Frankreich votierte, bildeten Njazidja, Mwali und Nzwani eine unabhängige Inselrepublik. Deren staatliche Einheit wurde durch politische Gewalt und sezessionistische Bestrebungen immer wieder in Frage gestellt.

GEOGRAFIE

Geografische Lage: Von 11°22' bis 12°23' südlicher Breite sowie von 43°13' bis 44°32' östlicher Länge (Indischer Ozean)
Höchster Punkt: Kartala 2361 m
Klima: Tropisch-maritimes Klima

POLITIK

Staatsform: Präsidiale Bundesrepublik
Staatsoberhaupt und Regierungschef: Präsident Azali Assoumani (seit 26.05.2016)
Regierungspartei: CRC (Convention for the Renewal of the Comoros)
Legislative: Unionsversammlung mit 33 für 5 Jahre gewählten Mitgliedern

Jahr der Verfassung: 2001
Wahlrecht: 18 Jahre

BEVÖLKERUNG

Bevölkerungsanteil: <15 Jahre 39 %, 15–64 Jahre 57.9 %, >64 Jahre 3.1 %
Verteilung: Stadt 29.4 %, Land 70.6 %
Wachstum: 2.2 %
Lebenserwartung: Frauen 66 Jahre, Männer 63 Jahre
Alphabetenrate: Frauen 53 %, Männer 64.6 %
Bevölkerungsgruppen: Antalote, Cafre, Makoa, Oimatsaha, Sakalava u. a.
Religionen: Muslime (v. a. Sunniten), Sonstige
Sprachen: Komorisch, Arabisch, Französisch

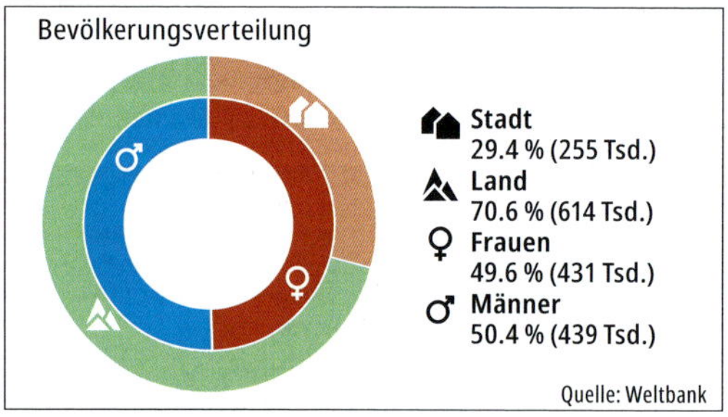

WIRTSCHAFT

BIP: 1.22 Mrd. US$
Wachstum BIP: -0.5 %
BIP/Kopf: 1362 US$
Inflation: 1.1 %
Außenhandel: Import 217 Mio. US$, Export 26 Mio. US$
Erwerbstätige nach Sektoren: Landwirtschaft 49.9 %, Industrie 13 %, Dienstleistungen 37.1 %
Arbeitslosenquote: 8.4 %
CO_2-Emission/Kopf: 0.2 t

RÜCKBLICK

Neubesetzung: Am 28.09.2020 wurden im Rahmen einer **Kabinettsumbildung** die Ministerien Äußeres und Internationale Kooperation, Landwirtschaft, Fischerei und Umwelt, Raumordnung, Stadtentwicklung und Landverkehr, Post, Telekommunikation, Digitalwirtschaft und Information sowie Meeres- und Lufttransport neu besetzt. Dhoihir Dhoulkamal übernahm das Außenministerium. Die Neuzuteilung war notwendig geworden, weil bereits im April 2020 einige Minister die Regierung verlassen hatten, nachdem sie als Abgeordnete ins Parlament gewählt worden waren. Die **innenpolitische Lage** in der föderalen Inselrepublik, die im Laufe ihrer Geschichte als unabhängiger Staat bereits einige Umstürze und Putschversuche erlebt hat, blieb **angespannt.**

Corona-Pandemie: Ab Ende Dezember 2020 wurde das Land von einer **zweiten Welle** von COVID-19-Infektionen mit 146 Todesfällen und 3881 Infizierten (Stand: 02.06.2021 nach Zahlen des Centers for Systems Science and Engineering der Johns Hopkins University) erfasst. Die Fallzahlen entsprachen einem Bevölkerungsanteil von rund 0.5 %. Die Regierung verhängte eine nächtliche Ausgangssperre, eine Maskenpflicht, Abstandsgebote und Reglementierungen bei der Einreise. Im Mai 2021 hatte sich die Lage wieder weitestgehend beruhigt. **Unterstützung** erhielten die Komoren im März 2021 **von der Volksrepublik China**, die ein medizinisches Team sowie medizinisches Material auf die Inseln schickte und 100 000 COVID-19-Impfstoffdosen spendete. Im April 2021 ließen sich Präsident Azali Assoumani und die First Lady Ambari Azali öffentlichkeitswirksam mit dem in China hergestellten Serum Sinopharm impfen und eröffneten damit die **nationale Impfkampagne**. Zunächst wurden die Impfstoffe an medizinisches Personal, an Lehrkräfte, militärische Kräfte, ältere Komorer und an Menschen mit Vorerkrankungen verabreicht.

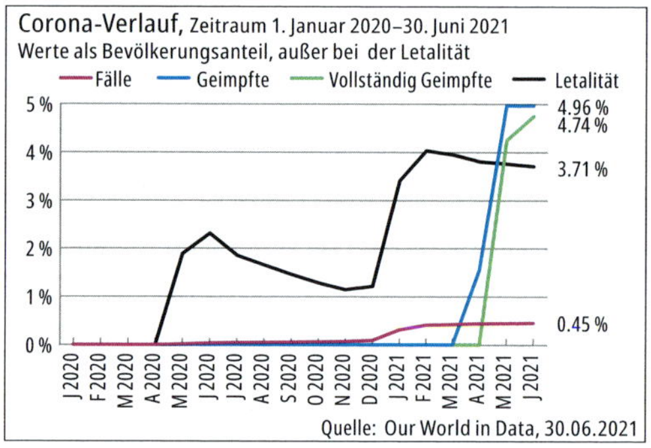

Wirtschaft: Unter Berücksichtigung der Pandemie und ihren ökonomischen Folgen sollte das **BIP** 2020 im Vergleich zum Vorjahr nach Schätzungen um 1.8 % **zurückgehen**. Zum schwachen Wirtschaftswachstum kamen hohe Arbeitslosigkeit, die nicht gesicherte Versorgung mit Nahrungsmitteln sowie Energieengpässe in Form von Stromausfällen hinzu. Die Landwirtschaft blieb der wichtigste Wirtschaftsbereich, allerdings war die Anbaufläche klein und fachliches Know-how für eine hochintensive Bewirtschaftung nicht ausreichend vorhanden.
Die Komoren blieben stark **von den Zuwendungen der Geberländer abhängig**. Traditionell wichtigster Geber war Frankreich, aber auch der Einfluss Chinas wuchs stark. Außerdem unterhielt das Land gute Beziehungen zu Indien und einigen arabischen Staaten.

Kongo, Demokratische Republik

▸ 640

Ländername	Demokratische Republik Kongo
Zeitzonen	MEZ ±0 h bis +1 h
Fläche in km²	2 344 858 (Rang 11)
Anzahl der Einwohner	89.6 Millionen (Rang 16)
Einwohnerzahl pro km²	38 (Rang 144)
Hauptstadt	Kinshasa
Amtssprache	Französisch
Verwaltungsgliederung	25 Provinzen und 1 Hauptstadt-distrikt
Wichtige Städte	Kinshasa, Lubumbashi, Mbuji-Mayi, Kananga, Kisangani, Bukavu, Kolwezi
Autokennzeichen | ISO-Code	CGO | COD
Währung	1 Kongo-Franc = 100 Centimes
Nationalfeiertag	30. Juni (Unabhängigkeit 1960)

Das Land im Herzen Afrikas, früher unter dem Namen Zaire bekannt, zählt zu den rohstoffreichsten Ländern des Kontinents. Trotzdem steht für die Bevölkerung nach Jahrzehnten des Bürgerkriegs und der Misswirtschaft der Kampf ums tägliche Überleben im Vordergrund. Weiter schwelende Kämpfe in den Ostprovinzen wurden 2013 durch die Etablierung einer UN-Eingreiftruppe militärisch beigelegt.

GEOGRAFIE

Geografische Lage: Von 5°23′ nördlicher bis 13°28′ südlicher Breite sowie von 12°13′ bis 31°17′ östlicher Länge (Zentralafrika)
Höchster Punkt: Margherita Peak 5109 m
Klima: Tropisches Regenwaldklima im Norden, wechselfeuchtes Savannenklima im Süden, in den Höhenlagen im Osten gemäßigt

POLITIK

Staatsform: Semipräsidiale Republik
Staatsoberhaupt: Präsident Félix Antoine Tshisekedi Tshilombo (seit 24.01.2019)
Regierungschef: Ministerpräsident Jean-Michel Sama Lukonde Kyenge (seit 15.02.2021)
Regierungspartei: FCC (Front Commun pour le Congo)
Legislative: Parlament, bestehend aus Nationalversammlung mit 500 für 5 Jahre gewählten Mitgliedern und Senat mit 108 für 5 Jahre gewählten Mitgliedern
Jahr der Verfassung: 2006
Wahlrecht: 18 Jahre

BEVÖLKERUNG

Bevölkerungsanteil: <15 Jahre 45.8 %, 15–64 Jahre 51.2 %, >64 Jahre 3 %
Verteilung: Stadt 45.6 %, Land 54.4 %
Wachstum: 3.1 %
Lebenserwartung: Frauen 63 Jahre, Männer 59 Jahre
Alphabetenrate: Frauen 66.5 %, Männer 88.5 %
Bevölkerungsgruppen: Bantu u. a.
Religionen: Christen, Muslime, Sonstige
Sprachen: Französisch, Bantusprachen

WIRTSCHAFT

BIP: 49.08 Mrd. US$
Wachstum BIP: -0.1 %
BIP/Kopf: 541 US$
Inflation: 11.3 %
Außenhandel: Import 6.4 Mrd. US$ (Chemische Erzeugnisse 14.8 %, Maschinen 14.5 %, Nahrungsmittel 9 %, Rohstoffe außer Brennstoffe 7.1 %, Kfz und -Teile 5.6 %), Export 9.2 Mrd. US$ (Nichteisenmetalle 65.2 %, Chemische Erzeugnisse 22.3 %, Rohstoffe außer Brennstoffe 9.2 %, Metallwaren 1.1 %, Nahrungsmittel 0.8 %)
Erwerbstätige nach Sektoren: Keine Angabe
Arbeitslosenquote: 4.6 %
CO_2-Emission/Kopf: < 0.1 t

RÜCKBLICK

Machtsieg: Mitte April 2021 stellte Präsident Félix Tshisekedi (* Léopoldville, heute Kinshasa, 13.06.1963) eine neue Regierung vor, die am 26.04.2021 vom Parlament bestätigt wurde. Der politischen Neuausrichtung war ein **mehrmonatiger Machtkampf** zwischen dem Präsidenten und seinem Vorgänger, dem langjährigen Amtsinhaber Joseph Kabila, vorausgegangen. Tshisekedi, der lange als Kabilas Marionette galt, war 2018 durch öffentlich angezweifelte Wahlen ins Amt gekommen. Konfrontiert mit einer massiven Kabila-Mehrheit im Parlament, hatte er eine stark unter Spannung stehende

Regierungskoalition mit dem Kabila-Lager gebildet. Mit der Begründung, dass diese Machtverhältnisse seine Reformbestrebungen eklatant behinderten, hatte sich der Präsident mit Erfolg um eine eigene Parlamentsmehrheit für sein politisches Lager bemüht, was zur **Auflösung der Koalition** führte. Einem **Misstrauensantrag** gegen den amtierenden Ministerpräsidenten Sylvestre Ilunga Ilunkamba wurde am 27.01.2021 mit 367 zu sieben Stimmen stattgegeben. Zwei Tage später trat Ilunga Ilunkamba zurück.

Neue Regierung: Angeführt von **Sama Lukonde Kyenge**, der am 15.02.2021 zum **neuen Ministerpräsidenten ernannt** worden war, zählte die neue Regierung 57 Mitglieder, darunter 14 Frauen. Die Ressorts Inneres, Finanzen, Verteidigung und Bildung wurden mit Ministern aus dem inneren Präsidentenzirkel besetzt, andere Bereiche wie das stellvertretende Ministerpräsidentenamt, das Umwelt- und Außenministerium bekleideten **Vertreter der langjährigen Opposition gegen Kabila**. Als ihre Hauptaufgaben sah die neue Regierung die Befriedung der Konfliktlage vor allem im Osten des Landes, politische Stabilisierung sowie Verbesserungen bei Bildung und Gesundheit an.

Sicherheitslage: Bewaffnete Gruppen überzogen das Land, insbesondere die östlichen und nordöstlichen Landesteile, weiterhin mit brutalen **Gewalttaten**, die sich vor allem **gegen die Zivilbevölkerung** richteten. In den Grenzprovinzen Ituri, Nord- und Süd-Kivu, Tanganyika und Haut-Katanga waren nach offiziellen Angaben über **150 verschiedene Milizverbände** unterwegs, die dort zum Teil offenbar unterstützt von den Nachbarländern um Einfluss und um die Rohstoffvorkommen kämpften. Ihnen stellten sich Regierungstruppen entgegen, die ebenfalls mit dem Vorwurf konfrontiert waren, bei ihrem Einsatz Menschenrechtsverletzungen zu begehen. Außerdem befanden sich Soldaten der **UN-Friedensmission MONUSCO** im Land, die die Zivilbevölkerung schützen und die Rebellen bekämpfen sollten. Ihr Mandat wurde am 18.12.2020 für ein weiteres Jahr bis zum 20.12.2021 verlängert. Im Januar 2021 wurden bei einem Angriff mit Macheten und Messern auf ein Dorf im Osten mindestens 22 Menschen getötet. Kurz zuvor waren in der Nähe bereits die Leichen von 21 weiteren Menschen entdeckt worden. Im Februar 2021 forderte ein Überfall auf einen Konvoi des UN-Welternährungsprogramms (World Food Programme, WFP) nördlich der Grenzstadt Goma drei Todesopfer, darunter der italienische Botschafter. Für eine Reihe von Taten wurde die **Allied Democratic Force (ADF)**, eine ursprünglich in Uganda agierende islamistische Miliz, verantwortlich gemacht. Allein zwischen Januar und März 2021 sollte die ADF nach UN-Angaben in Kongo etwa 200 Menschen getötet haben.

Politischer Dialog: Die Regierung rief Ende März 2021 zu einem innergemeinschaftlichen Dialog für Frieden und Sicherheit in der Hauptstadt Kinshasa auf, an dem Vertreter verschiedener Bevölkerungsgruppen sowie Milizenvertreter, Friedensaktivisten, Politiker und kirchliche Vertreter teilnahmen.

Ausnahmezustand: Im Frühjahr führten Regierungstruppen eine **Großoffensive gehen die ADF** durch und verhängten am 06.05.2021 wegen anhaltender Gewalt den Ausnahmezustand über die **Provinzen Ituri und Nord-Kivu**. Dabei wurden die zivilen Lokalregierungen und die Ziviljustiz durch Militärverwaltungen und Militärgerichte ersetzt. Trotz des Ausnahmezustands kam es Ende Mai 2021 bei Angriffen auf die Dörfer Boga (Ituri) und Tchabi (Nord-Kivu) zu einem schweren Massaker mit mindestens 50 Todesopfern, darunter auch Binnenvertriebene.

Vulkanausbruch: Am 22.05.2021 kam es zu einem Ausbruch des Vulkans **Nyiragongo**, der im Virunga-Nationalpark **nahe** der Millionenstadt **Goma** an der Grenze zu Ruanda liegt. Mehrere Dörfer wurden durch den Lavafluss zerstört. **Tausende** der Bewohner Gomas **flüchteten in Panik**, ein Großteil über die Grenze nach Ruanda. Der Lavastrom stoppte aber kurz vor der Großstadt und floss überwiegend durch den Nationalpark. Angesichts weiterer drohender Eruptionen und Nachbeben ordneten die Behörden in den Folgetagen die **Teilevakuierung** der Stadt an. Nach UN-Angaben gab es rund 500 000 Vertriebene. Die Strom- und Wasserversorgung wurde durch den Vulkanausbruch schwer beeinträchtigt, die UN leisteten humanitäre Nothilfe.

Kongo, Republik

▸ 640

Ländername	Republik Kongo
Zeitzone	MEZ ±0 h
Fläche in km²	342 000 (Rang 64)
Anzahl der Einwohner	5.5 Millionen (Rang 116)
Einwohnerzahl pro km²	16 (Rang 173)
Hauptstadt	Brazzaville
Amtssprache	Französisch
Verwaltungsgliederung	12 Departements
Wichtige Städte	Brazzaville, Pointe-Noire, Dolisie, Nkayi, Kindamba
Autokennzeichen | ISO-Code	RCB | COG
Währung	1 CFA-Franc (BEAC) = 100 Centimes
Nationalfeiertag	15. August (Unabhängigkeit 1960)

Die Republik Kongo erstreckt sich entlang des gleichnamigen Flusses zu beiden Seiten des Äquators. Um es von der benachbarten Demokratischen Republik Kongo (Kongo-Kinshasa) zu unterscheiden, wird das Land auch nach seiner Hauptstadt Kongo-Brazzaville genannt. Nach blutigen Konflikten in den 1990er-Jahren bemüht sich die gegenwärtige Regierung um nationale Versöhnung, die jedoch vor allem durch ethnische Gegensätze erschwert wird.

GEOGRAFIE

Geografische Lage: Von 3°42′ nördlicher bis 5°01′ südlicher Breite sowie von 11°08′ bis 18°39′ östlicher Länge (Zentralafrika)
Höchster Punkt: Mont Nabemba 1020 m
Klima: Tropisches Regenwaldklima

POLITIK

Staatsform: Präsidiale Republik
Staatsoberhaupt: Präsident Denis Sassou Nguesso (seit 25.10.1997)
Regierungschef: Premierminister Anatole Collinet Makosso (seit 12.05.2021)
Regierungspartei: PCT (Parti congolais du travail)
Legislative: Parlament, bestehend aus Nationalversammlung mit 151 für 5 Jahre gewählten Mitgliedern und Senat mit 69 für 6 Jahre gewählten Mitgliedern (alle 3 Jahre teilerneuert)
Jahr der Verfassung: 2002
Wahlrecht: 18 Jahre

BEVÖLKERUNG

Bevölkerungsanteil: <15 Jahre 41.3 %, 15–64 Jahre 56 %, >64 Jahre 2.7 %
Verteilung: Stadt 67.8 %, Land 32.2 %
Wachstum: 2.5 %
Lebenserwartung: Frauen 66 Jahre, Männer 63 Jahre
Alphabetenrate: Frauen 74.6 %, Männer 86.1 %
Bevölkerungsgruppen: Bantu u. a.
Religionen: Christen, Muslime, Sonstige
Sprachen: Französisch, Bantusprachen

WIRTSCHAFT

BIP: 10.23 Mrd. US$
Wachstum BIP: -7.8 %
BIP/Kopf: 2186 US$
Inflation: 2.4 %
Außenhandel: Import 1.7 Mrd. US$, Export 3.34 Mrd. US$
Erwerbstätige nach Sektoren: Keine Angabe
Arbeitslosenquote: 10.3 %
CO_2-Emission/Kopf: 1 t

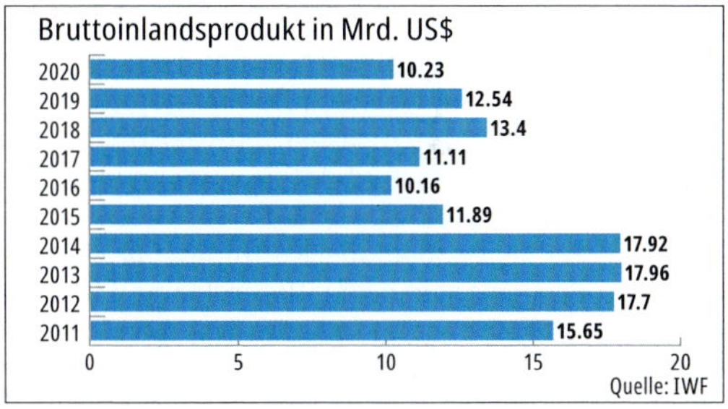

RÜCKBLICK

Wahlen: Bei den Präsidentschaftswahlen am 21.03.2021 wurde der seit 1979 fast ununterbrochen amtierende Präsident Denis Sassou Nguesso (* 1943) für eine weitere fünfjährige Periode wiedergewählt. Eine Verfassungsänderung hatte ihm 2015 den Weg für weitere Amtszeiten freigemacht. Zu den Wahlen waren insgesamt sieben Kandidaten angetreten. Nach Angaben der nationalen Wahlkommission erhielt Sassou Nguesso 88.6 % der Stimmen. Mit 7.8 % erreichte Guy Brice Parfait

Ergebnis der Präsidentschaftswahl (21.03.2021)
Präsident: Sassou Nguesso (Parti Congolais du Travail)

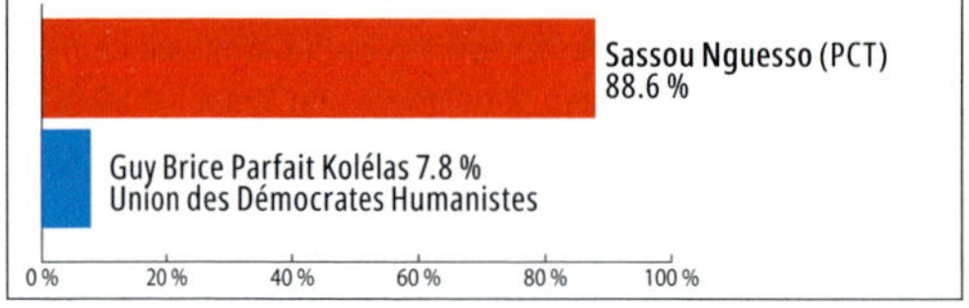

Kolélas von der Union des Démocrates Humanistes (UDH-Yuki) die zweitmeisten Stimmen, die anderen Kandidaten waren chancenlos. Die Wahlbeteiligung lag bei 67.6 %. Der aussichtsreichste Gegenkandidat Kolélas verstarb noch am Wahltag an einer schweren COVID-19-Infektion. Als wichtigste Oppositionspartei hatte die Union Panafricaine pour la Démocratie Sociale (UPADS) die Wahlen boykottiert. Auch Vertreter der kongolesischen Bischofskonferenz hatten bereits im Februar 2021 ernsthafte Vorbehalte bezüglich der Transparenz der Abstimmung geäußert und das Fehlen von unabhängigen Wahlbeobachtern und den Ausschluss von Kandidaten gerügt. Die Regierungspartei Parti Congolais du Travail (PCT) und das Militär bilden die Machtbasis für die autokratische Langzeitherrschaft des Präsidenten. Gemeinsam mit der PCT kontrolliert er die staatstragenden Positionen und die wirtschaftlichen Ressourcen. Gegen die Präsidentenfamilie werden immer wieder Korruptionsvorwürfe erhoben. Auf dem Korruptionsindex von Transparency International lag das Land 2020 weit hinten auf Rang 165 von insgesamt 180 Staaten.

Neue Regierung: Sassou Nguesso ernannte am 12.05.2021 den promovierten Juristen Anatole Collinet Makosso (* 1965), bisher Minister für Grund- und Sekundarschulbildung, zum neuen Premierminister. Drei Tage später stellte der Präsident ein neues 36-köpfiges Kabinett vor, dem auch acht Frauen angehörten. Unter den neu in die Regierung eingetretenen Ministern war auch Denis Christel Sassou Nguesso, der Sohn des Präsidenten. Er übernahm das Ressort Internationale Zusammenarbeit und Förderung von öffentlich-privaten Partnerschaften.

Wirtschaft: Die Republik Kongo gehört zu den größten Erdölexporteuren des afrikanischen Kontinents. Der Verfall der Rohstoffpreise auf dem Weltmarkt und sinkende Fördermengen beeinträchtigten jedoch die wirtschaftliche Entwicklung, die zudem nur einer kleinen Bevölkerungselite zugutekam. Die wirtschaftlichen Belastungen durch die Corona-Pandemie führten zu weiteren Einbußen.

Korea, Demokratische Volksrepublik

Ländername	Demokratische Volksrepublik Korea; auch: Nordkorea
Zeitzone	MEZ +8 h
Fläche in km²	120 538 (Rang 97)
Anzahl der Einwohner	25.8 Millionen (Rang 54)
Einwohnerzahl pro km²	214 (Rang 47)
Hauptstadt	Pjöngjang
Amtssprache	Koreanisch
Verwaltungsgliederung	9 Provinzen und 3 Städte
Wichtige Städte	Pjöngjang, Hamheung, Nampo, Gaeseong, Wonsan, Cheongjin
Autokennzeichen | ISO-Code	KP | PRK
Währung	1 Won = 100 Chon
Nationalfeiertag	9. September (Gründung 1948)

Das politisch und wirtschaftlich abgeschottete Land im Norden der koreanischen Halbinsel ist einer der wenigen Staaten auf der Welt unter einer kommunistischen Diktatur. Die Nuklearpolitik des totalitären Regimes in der Hauptstadt Pjöngjang hat zu internationalen Spannungen geführt.

GEOGRAFIE

Geografische Lage: Von 37°41' bis 43°01' nördlicher Breite sowie von 124°19' bis 130°42' östlicher Länge (Ostasien)
Höchster Punkt: Paektusan 2744 m
Klima: Kontinental beeinflusstes wintertrockenes Monsunklima

POLITIK

Staatsform: Volksrepublik
Staatsoberhaupt: Oberster Führer (de facto) Kim Jong-un (seit 17.12.2011)

Regierungschef: Ministerrats-Vorsitzender Kim Tok-hun (seit 13.08.2020)
Regierungspartei: PdAK (Partei der Arbeit Koreas)
Legislative: Oberste Volksversammlung mit 687 für 5 Jahre gewählten Mitgliedern
Jahr der Verfassung: 1972
Wahlrecht: 17 Jahre

BEVÖLKERUNG

Bevölkerungsanteil: <15 Jahre 19.8 %, 15–64 Jahre 70.8 %, >64 Jahre 9.4 %
Verteilung: Stadt 62.4 %, Land 37.6 %
Wachstum: 0.4 %
Lebenserwartung: Frauen 76 Jahre, Männer 69 Jahre
Alphabetenrate: Frauen 99 %, Männer 99 %
Bevölkerungsgruppen: Koreaner u. a.
Religionen: Buddhisten, Konfuzionisten, Christen, Ethnische
Sprache: Koreanisch

WIRTSCHAFT

BIP: Keine Angabe
Wachstum BIP: Keine Angabe
BIP/Kopf: Keine Angabe
Inflation: Keine Angabe
Außenhandel: Import 860 Mio. US$, Export 110 Mio. US$
Erwerbstätige nach Sektoren: Keine Angabe
Arbeitslosenquote: 2.8 %
CO_2-Emission/Kopf: 1.6 t

RÜCKBLICK

Corona-Pandemie: Seit Beginn der Corona-Pandemie Anfang 2020 wurden aus Nordkorea offiziell keine Corona-Fälle gemeldet. Das Land schottete sich nach außen hin ab und schloss auch den für viele Nordkoreaner lebenswichtigen Grenzhandel mit China. Internationale Experten gehen davon aus, dass das Virus bereits auf diesem Wege, noch vor der Grenzschließung, nach Nordkorea gelangt ist.
Im Juli 2020 wurde von staatlichen Medien verkündet, dass Machthaber Kim Jong-un die Abriegelung der Stadt Kaesong an der südkoreanischen Grenze angeordnet habe. Angeblich als Vorsichtsmaßnahme vor einer möglichen Ansteckungsgefahr durch eine infizierte Person, die von Südkorea aus über die schwerbewachte Grenze ins Land gekommen sei und das Virus erstmals eingeschleppt habe. Dies ist der offiziell bisher einzige bekanntgemachte Verdachtsfall, dessen Folgen jedoch im Dunkeln blieben und Mitte August wurde die Ausgangssperre für Kaesong wieder aufgehoben. Ende August sprach Kim Jong-un auf einer Sitzung des Politbüros laut staatlicher Medien von Lücken in der Virus-Bekämpfung und forderte verstärkte Anstrengungen von Partei und Bevölkerung. Trotzdem wurde auch in den folgenden Monaten gegenüber der WHO immer wieder versichert, dass keine Infektionsfälle aufgetreten seien.

Wirtschaft: Nordkorea hat sich durch seine strikte Abschottung als Schutzmaßnahme vor der Corona-Pandemie noch mehr isoliert als es durch die gegen das Land verhängten Sanktionen ohnehin schon war. Der **Handel mit China**, dem mit Abstand wichtigsten Wirtschaftspartner, sank in 2020 um 80 %. Davon sind besonders die Importe aus China betroffen, da das Regime in Pjöngjang aus Angst vor einer COVID-19-Ansteckung diese stark reduziert hat. Vor der Corona-Krise betrug der Anteil des nordkoreanischen Import- und Exporthandels mit China geschätzte 90 %. Der Grund für die starke Abhängigkeit Nordkoreas von dem Nachbarland ist besonders durch die verschärften internationalen Sanktionen zu erklären, die u. a. 2018 zu einem Einbruch der nordkoreanischen Wirtschaft um 57 % führten. Außerdem ermöglicht China dem nordkoreanischen Regime einige durch die UN verhängte Sanktionen zu umgehen, um an wichtige Produkte wie Öl, Gas oder Kohle zu kommen.

Kim Jong-un während einer Militärparade zum 75. Jahrestag der nordkoreanischen Arbeiterpartei am 10.10.2020.

8. Parteitag – Fünfjahresplan: Auf dem 8. Parteitag Anfang Januar 2021 wiederholte Kim Jong-un seine ungewöhnlich klare Aussage aus 2020, dass sein Land vor unerwarteten Herausforderungen stehe und sich **die im letzten Fünfjahresplan formulierten Entwicklungsziele ernsthaft verzögert** hätten. Dafür nannte er folgende Gründe: pandemiebedingte Grenzschließung mit dem größten Handelspartner China, Naturkatastrophen und internationale Sanktionen. Außerdem kündigte er als wichtige Ziele des neuen Fünfjahresplanes an, staatliche Investitionen auf die Metallindustrie und die chemische Industrie zu konzentrieren, um die Produktion in allen Sektoren der Wirtschaft zu unterstützen. Zum Auftakt eines mehrtägigen Treffens des Zentralkomitees der herrschenden Partei der Arbeit Koreas (PdAK) in Pjöngjang am **16.06.2021**, kritisierte Kim Jong-un, dass die Versorgung der Bevölkerung mit

Nahrungsmitteln und Gütern des täglichen Bedarfs sehr prekär sei, und das nicht nur als Folge der Corona-Pandemie, sondern auch durch Umwelt- und Unwetterkatastrophen. Er wies die dort Anwesenden an, entsprechende Maßnahmen zur Lösung des Problems zu ergreifen.

Raketentests: Wie bereits in den vergangenen Jahren setzte Nordkorea seine Tests mit Marschflugkörpern und ballistischen Raketen fort. So feuerte das nordkoreanische Militär im März 2021 zwei Kurzstreckenraketen in Richtung offenes Meer.
Da diese Raketen je nach Bauart auch mit Atomsprengköpfen bestückt werden können, verstößt dieser Test gegen bestehende UN-Resolutionen. Doch für Kim Jong-un stellen sie eine Machtdemonstration und Herausforderung gegenüber der neuen US-Regierung unter Präsident Joe Biden dar, denn im Vorfeld dieser Raketentests hatten Südkorea und die USA gemeinsam in der Region Militärübungen abgehalten.
Kim Jong-un hatte auf dem 8. Parteitag Anfang Januar 2021 angekündigt, dass das Nuklearwaffen- und Raketenprogramm sehr erfolgreich sei, aber noch leistungsfähiger und weiter ausgebaut werden müsse. Die Bedrohung durch die USA wird immer wieder betont, daher auch das Einschwören der Bevölkerung auf neue militärische Entwicklungsziele, die Militärparaden vom Oktober 2020 und Januar 2021 belegen dies sehr eindrücklich.

Cyber-Krieg: Nordkoreas Fähigkeiten in der Cyberkriegsführung wurden erstmals 2014 weltweit bekannt, als es beschuldigt wurde, einen **Hackerangriff auf Sony Pictures Entertainment** ausgeführt zu haben, angeblich eine Vergeltungsaktion für den satirischen Film „The Interview", in dem der nordkoreanische Machthaber Kim Jong-un verspottet wird. Diese Cyperattacke führte dazu, dass mehrere unveröffentlichte Filme sowie eine riesige Menge an vertraulichen Dokumenten online gestellt wurden. Seitdem wurde Nordkorea für eine Reihe von aufsehenerregenden Hackerangriffen verantwortlich gemacht, darunter ein Cyber-Bankraub auf die Zentralbank von Bangladesch, bei dem 81 Mio. US$ erbeutet wurden. Außerdem wird hinter der weltweiten **Cyberattacke mit der Schadstoffsoftware WannaCry in 2017**, bei dem etwa 300 000 Computer in 150 Ländern infiziert wurden, ebenfalls Nordkorea vermutet. Durch diesen Angriff waren mehrere öffentliche Einrichtungen betroffen, darunter zahlreiche Kliniken in Großbritannien.
Das Cyberprogramm Nordkoreas stelle eine wachsende Spionage-, Diebstahl- und Angriffsgefahr dar, so heißt es in einem Dokument der höchsten US-Geheimdienstbehörde DNI (Director of National Intelligence). Darin wird die Regierung in Pjöngjang beschuldigt, Milliardenbeträge von Finanzinstitutionen und Kryptowährungsbörsen zu stehlen, um u. a. ihr Atom- und Raketenprogramm zu finanzieren.
Laut einem im Juli 2020 veröffentlichten US-Militärbericht verfügt die nordkoreanische Regierung derzeit über eine 6000 Mann starke „Cyberwarfare"-Einheit, bekannt als Büro 121, die von mehreren Ländern aus operiert, darunter Belarus, China, Indien, Malaysia und Russland. Die Rekruten des Büro 121 werden in verschiedenen Programmiersprachen und Betriebssystemen an speziellen Einrichtungen wie der University of Automation in Pjöngjang ausgebildet.

USA: Seit dem Treffen zwischen US-Präsident Trump und Nordkoreas Machthaber Kim Jong-un im Februar 2019 in Vietnam, kam es zu keinen nennenswerten Versuchen einer Annäherung zwischen den beiden Ländern. Auf dem 8. Parteitag, kurz vor der Amtseinführung des neuen US-Präsidenten Joe Biden, bezeichnete Kim Jong-un die USA als den größten Feind seines Landes und Fortschritte bei der Denuklearisierung würden gänzlich von einem Ende der amerikanischen Aggression abhängen.
Für den neuen US-Präsidenten hat der Nordkorea-Konflikt keine Priorität. Außerdem kann sich die USA bei der Durchsetzung der strengen Sanktionen gegen Nordkorea auf seine Bündnispartner in der Region, Südkorea und Japan, sowie auch auf die Europäische Union verlassen. Schwierig gestaltet sich das Verhältnis zu China. Die Fronten zwischen den beiden Großmächten wurden gleich in den ersten Wochen von Bidens Präsidentschaft sichtbar, daher ist es eher unwahrscheinlich, dass China die Sanktionspolitik der USA unterstützen wird. Nordkorea stellt für China keine Bedrohung dar, da die Abhängigkeit des nordkoreanischen Regimes viel zu groß ist und das Land ohne den einzigen verbliebenen Wirtschaftspartner kaum existieren kann.

Korea, Republik

▸ 696

Ländername	Republik Korea; auch: Südkorea
Zeitzone	MEZ +8 h
Fläche in km²	100 284 (Rang 107)
Anzahl der Einwohner	51.8 Millionen (Rang 28)
Einwohnerzahl pro km²	516 (Rang 13)
Hauptstadt	Seoul
Amtssprache	Koreanisch
Verwaltungsgliederung	9 Provinzen und 8 Städte
Wichtige Städte	Seoul, Busan, Incheon, Daegu, Daejeon, Gwangju, Suwon, Ulsan, Changwon
Autokennzeichen | ISO-Code	ROK | KOR
Währung	Südkoreanischer Won
Nationalfeiertag	15. August (Unabhängigkeit 1945)

Das dicht besiedelte Land im Süden der koreanischen Halbinsel gehört zu den „Tigerstaaten", den wirtschaftlich rasch aufstrebenden Ländern Ost- und Südostasiens. In den Beziehungen zu Nordkorea bemühte man sich um eine vorsichtige Annäherung. Seit 2000 finden sporadisch Familienzusammenführungen an der Grenze statt.

GEOGRAFIE

Geografische Lage: Von 33°12′ bis 38°35′ nördlicher Breite sowie von 124°37′ bis 129°35′ östlicher Länge (Ostasien)
Höchster Punkt: Hallasan 1950 m
Klima: Von Norden nach Süden Übergang von wintertrockenkaltem Klima zu mildem feuchtgemäßigtem bis subtropischem Klima

POLITIK

Staatsform: Präsidiale Republik
Staatsoberhaupt: Präsident Moon Jae-in (seit 10.05.2017)
Regierungschef: Premierminister Kim Boo-kyum (seit 14.05.2021)
Regierungspartei: DMC (Deobureo-minju-Partei)
Legislative: Nationalversammlung mit 300 für 4 Jahre gewählten Mitgliedern
Jahr der Verfassung: 1988
Wahlrecht: 18 Jahre

BEVÖLKERUNG

Bevölkerungsanteil: <15 Jahre 12.5 %, 15–64 Jahre 71.7 %, >64 Jahre 15.8 %
Verteilung: Stadt 81.4 %, Land 18.6 %
Wachstum: 0.1 %
Lebenserwartung: Frauen 86 Jahre, Männer 80 Jahre
Alphabetenrate: Frauen 96.6 %, Männer 99.2 %
Bevölkerungsgruppen: Koreaner u. a.
Religionen: Christen, Buddhisten
Sprachen: Koreanisch, Englisch

WIRTSCHAFT

BIP: 1.63 Bio. US$
Wachstum BIP: -1 %
BIP/Kopf: 31 497 US$
Inflation: 0.5 %
Außenhandel: Import 467.63 Mrd. US$ (Elektronik 17 %, Chemische Erzeugnisse 10.9 %, Maschinen 9.9 %, Erdöl 9.5 %, Rohstoffe außer Brennstoffe 6.2 %), Export 512.5 Mrd. US$ (Elektronik 15.5 %, Chemische Erzeugnisse 14.5 %, Maschinen 10.5 %, Kfz und -Teile 10.4 %, Elektrotechnik 6.6 %)
Erwerbstätige nach Sektoren: Keine Angabe
Arbeitslosenquote: 4.6 %
CO_2-Emission/Kopf: 12.7 t

RÜCKBLICK

Corona-Pandemie: Als das Coronavirus im Februar 2020 erstmals in Südkorea festgestellt wurde, reagierte das Land mit einer Kombination aus Massentests, Kontaktverfolgung per Handy-App, gezielten Quarantänen und einem Mehrstufenplan für soziale Kontaktbeschränkungen. Im Sommer 2020 glaubte die Regierung, die Situation unter Kontrolle zu haben und sah nicht die Notwendigkeit, sich zu diesem Zeitpunkt schon für weltweit noch in der Entwicklung befindliche Impfstoffe vormerken zu lassen. Aufgrund dessen konnte erst im Februar 2021 in Südkorea mit den Schutzimpfungen gegen COVID-19 begonnen werden.
Die Zahl der Infektionen ist mit 149 191 bestätigten Fällen (Stand 14.06.2021) und nur 1993 Todesfällen im Verhältnis zu einer Bevölkerungszahl von 51.7 Mio. sehr niedrig und die südkoreanische Regierung wertet ihre Maßnahmen zur Bekämpfung der Pandemie als Erfolg. Auch ohne strenge Ausgangsregeln konnte die Ausbreitung des Virus im Inland begrenzt werden und das öffentliche Leben, wenn auch in eingeschränktem Maße, wei-

tergehen. Erst im November 2020 kam es wieder zu einem nennenswerten Anstieg der Corona-Erkrankungen und die südkoreanische Regierung verschärfte die Vorschriften für Restaurants, Nachtclubs, Karaoke-Bars, religiöse Dienste, Hochzeiten, Beerdigungen und öffentliche Einrichtungen.

Wirtschaft: Für Südkorea ist der durch die Corona-Pandemie bedingte wirtschaftliche Abschwung viel schwächer ausgefallen als in den meisten anderen Industrieländern. Ein frühzeitiger, effektiver und weniger restriktiver Umgang mit dem Virus waren ebenfalls Faktoren, die der südkoreanischen Wirtschaft halfen, die Pandemie zu überstehen.
Der Einbruch des Bruttoinlandsprodukts (BIP) fiel für das gesamte Geschäftsjahr 2020 mit nur 1 % im Vergleich zu vielen anderen fortgeschrittenen Volkswirtschaften (das BIP in Deutschland sank um 5 %) sehr milde aus.
Die **starke Auslandsnachfrage nach Halbleitern, Unterhaltungselektronik und Gesundheitsprodukten** während der Pandemie erwies sich als Schub für die exportorientierte Wirtschaft Südkoreas. Die weltweite Tendenz, pandemiebedingt von zu Hause aus zu arbeiten, hatte zu dieser vermehrten Nachfrage nach Elektronik und Halbleitern beigetragen. Im Gegensatz dazu hat die Inlandsnachfrage jedoch nachgelassen. Südkorea hatte bei seiner Bekämpfung der Corona-Pandemie auf strenge Abschottungsmaßnahmen und Ausgangsbeschränkungen verzichtet, was den Umsatz des inländischen Handels nicht so stark einbrechen ließ wie in anderen Industrieländern. Die Regierung hofft auf einen Anstieg des Inlandskonsums im Laufe des Jahres 2021, da mit einer zügigen Durchführung der Schutzimpfungen eine Wiederaufnahme der normalen Wirtschaftstätigkeit möglich erscheint und das Vertrauen der Verbraucher dadurch gestärkt wird.
Experten warnen jedoch, dass ein erneuter Anstieg der Corona-Fälle und eine bisher noch niedrige Impfquote kurzfristig Risiken für das Wachstum darstellen könnten. Auch die schwache Beschäftigungslage werde das Tempo der Verbrauchererholung verlangsamen. In 2020 war die Arbeitslosenquote auf zuletzt 4.6 % und im Januar 2021 weiter auf 5.4 % gestiegen. Beschäftigte im Einzelhandel oder Hotel- und Gaststättengewerbe haben ihre Arbeitsplätze verloren, was insbesondere auf staatliche Maßnahmen zur Eindämmung der Pandemie zurückzuführen ist.

Haushalt: Anfang Dezember 2020 genehmigte das südkoreanische Parlament rund 2.7 Mrd. US$ an neuen Subventionen zur wirtschaftlichen Entlastung von Kleinunternehmern und Selbstständigen, die vom Wiederaufleben der COVID-19-Pandemie und den von der Regierung erlassenen Restriktionen betroffen sind. Diese Summe wurde in den Haushalt 2021 aufgenommen, der mit 504 Mrd. US$ der größte in der Geschichte des Landes ist.
Schon im September 2020 war ein Finanzpaket von 7.8 Bio. Won (rund 5.7 Mrd. €) beschlossen worden, um Kleinunternehmern eine einmalige Zahlung von bis zu 2 Mio. Won (rund 1450 €) pro Person zukommen zu lassen. Im Mai waren Mittel in Höhe von 14.3 Bio. Won (rund 10.5 Mrd. €) zur Verteilung an alle Haushalte bereitgestellt worden.

USA: Die neue US-Regierung legt großen Wert auf gute Beziehungen mit Südkorea. Während Präsident Trump von der südkoreanischen Regierung noch eine unverhältnismäßig hohe Kostenübernahme für die Stationierung von 28 500 US-Soldaten und die Errichtung einer Militärbasis verlangte, konnte nach Joe Bidens Amtsantritt schnell eine Einigung über eine finanzielle Kostenteilung erzielt werden. **Die USA baut auf eine starke Bündnispartnerschaft mit Japan und Südkorea**, als ein schlagkräftiges Gegengewicht zu den Machtbestrebungen Chinas in dieser Region. Aber auch Südkorea braucht die USA dringend als militärische Schutzmacht und um den Konflikt mit Nordkorea zu lösen.

Präsident Moon Jae-in während einer Pressekonferenz zusammen mit US-Präsident Joe Biden, anlässlich seines USA-Besuches am 21.05.2021.

Japan: Der neue US-Präsident Biden setzt, anders als sein Vorgänger, auf seine Bündnispartner im Südpazifik und hofft daher auch wieder auf eine Annäherung zwischen Südkorea und Japan. Doch für Südkorea ist dieser Schritt nicht leicht, da die Kolonial- und Kriegsverbrechen Japans immer noch nachwirken und Ausgleichzahlungen für Zwangsarbeiter von namhaften japanischen Firmen wie Mitsubishi Heavy Industries gefordert werden.

Kosovo

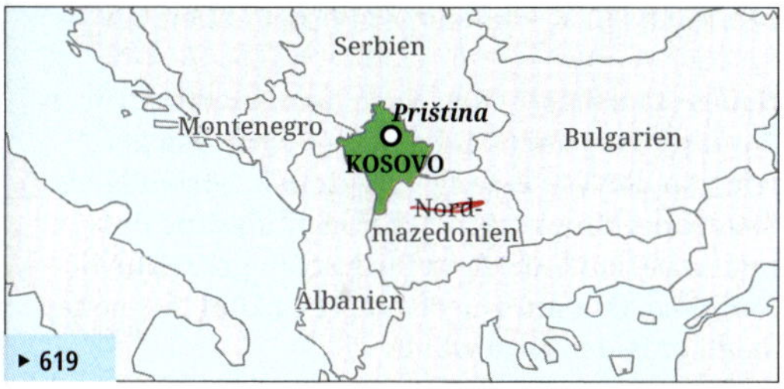

▸ 619

Ländername	Republik Kosovo
Zeitzone	MEZ ±0 h
Fläche in km²	10 887 (Rang 162)
Anzahl der Einwohner	1.8 Millionen (Rang 149)
Einwohnerzahl pro km²	163 (Rang 56)
Hauptstadt	Priština
Amtssprachen	Albanisch, Serbisch
Verwaltungsgliederung	38 Gemeinden
Wichtige Städte	Priština, Prizren, Kosovska Mitrovica, Gnjilane, Peć
Autokennzeichen | ISO-Code	RKS | XXK
Währung	1 Euro = 100 Cent
Nationalfeiertag	17. Februar (Unabhängigkeit 2008)

Der junge Kleinstaat ist ein Binnenland auf der Balkanhalbinsel. Am 17.02.2008 billigte das Parlament des seit 1999 unter UN-Verwaltung stehenden Kosovo die einseitige Proklamation der staatlichen Unabhängigkeit, die bis heute international für Debatten sorgt.

GEOGRAFIE

Geografische Lage: Von 41°51′ bis 43°16′ nördlicher Breite sowie von 20°01′ bis 21°46′ östlicher Länge (Südosteuropa)
Höchster Punkt: Đeravica 2656 m
Klima: Gemäßigtes Kontinentalklima

POLITIK

Staatsform: Parlamentarische Republik
Staatsoberhaupt: Präsidentin Vjosa Osmani (seit 04.04.2021)
Regierungschef: Ministerpräsident Albin Kurti (seit 22.03.2021)
Regierungspartei: LVV (Lëvizja Vetëvendosje, Bewegung Selbstbestimmung)
Legislative: Parlament mit 120 für 4 Jahre gewählten Mitgliedern
Jahr der Verfassung: 2008
Wahlrecht: 18 Jahre

BEVÖLKERUNG

Bevölkerungsanteil: <15 Jahre 24.1 %, 15–64 Jahre 68.1 %, >64 Jahre 7.8 %
Verteilung: Keine Angabe
Wachstum: -0.8 %
Lebenserwartung: Frauen 74 Jahre, Männer 71 Jahre
Alphabetenrate: Frauen 89.8 %, Männer 97.7 %
Bevölkerungsgruppen: Albaner, Bosniaken, Serben, Türken u. a.
Religionen: Muslime, Christen
Sprachen: Albanisch, Serbisch, Bosnisch u. a.

WIRTSCHAFT

BIP: 7.79 Mrd. US$
Wachstum BIP: -6 %
BIP/Kopf: 4310 US$
Inflation: 0.2 %
Außenhandel: Import 3.3 Mrd. US$ (Bearbeitete Waren 21.6 %, Maschinen und Fahrzeuge 21.3 %, Nahrungsmittel und lebende Tiere 17.6 %, Chemische Erzeugnisse 13.1 %, Fertigwaren 10.5 %), Export 475 Mio. US$ (Bearbeitete Waren 32 %, Rohstoffe außer Brennstoffe 18.7 %, verschiedene Fertigwaren 16.8 %, Nahrungsmittel und lebende Tiere 8 %, Getränke und Tabak 7.5 %)
Erwerbstätige nach Sektoren: Landwirtschaft 2.2 %, Industrie 28.2 %, Dienstleistungen 69.6 %
Arbeitslosenquote: 25.6 %
CO_2-Emission/Kopf: 4.5 t

RÜCKBLICK

Corona-Pandemie: Die Zahl der Infektionen nahm Ende Oktober 2020 wieder zu, ging nach einem ersten Höhepunkt Mitte November aber bis Ende Dezember wieder zurück. Ende Februar 2021 setzte eine neue Welle ein, die nach einem Höhepunkt Anfang April rasch und deutlich zurückging. Am 29.03.2021 trafen die ersten Impfdosen aus dem COVAX-Programm der WHO ein, noch am selben Tag wurde Ministerpräsident Kurti als Erster geimpft. Bis zum 30.06.2021 wurden offiziell 107 706 Infektionen und 2248 Todesfälle gemeldet, was 0.12 % der Bevölkerung entsprach. 1 % waren vollständig geimpft.

Neuwahlen: Das **Verfassungsgericht erklärte** am 21.12.2020 die **Wahl der Regierung** unter Avdullah **Hoti** durch das Parlament im Juni 2020 **für ungültig**, da ein wegen Betrugs verurteilter Abgeordneter daran teilgenommen hatte. Da die Regierung somit nicht mehr über die erforderliche Mehrheit im Parlament verfügte, wurden Neuwahlen erforderlich. Diese fanden am 14.02.2021 statt und führten zu einer Umwälzung der politischen Landschaft.

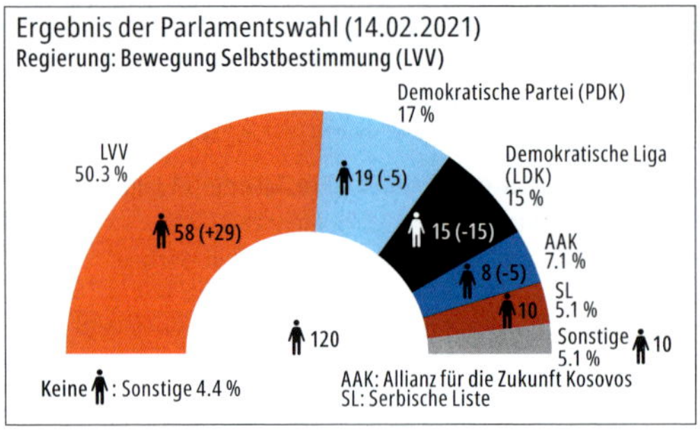

Der linksnationalistischen Bewegung Selbstbestimmung (Lëvizja Vetëvendosje, LVV), bislang schon stärkste Partei, gelang es im Bündnis mit der neuen liberalkonservativen Gruppierung Guxo (Wagen) unter Führung der Parlamentspräsidentin Vjosa Osmani mit 50.3 % (58, +29) ihren Stimmenanteil fast zu verdoppeln. Mit großem Abstand folgten die Demokratische Partei (PDK) mit 17 % (19, -5), die Demokratische Liga (LDK) mit 12.7 % (15, -15), die Allianz für die Zukunft Kosovos (AAK) mit 7.1 % (8, -5) und die Serbische Liste mit 5.1 % (10). Außerdem gelangten 10 Vertreter von Minderheiten ins Parlament. Mit 48.8 % lag die Wahlbeteiligung so hoch wie noch nie seit der Unabhängigkeitserklärung 2008.

Albin Kurti, der Vorsitzende der LVV, der im März 2020 nach nur zwei Monaten im Amt des Ministerpräsidenten vom damaligen Parlament gestürzt worden war, wurde am 22.03.2021 zum **Regierungschef** gewählt. Eine Koalition mit anderen (albanischen) Parteien war diesmal nicht nötig, es genügte die Unterstützung durch die Abgeordneten der ethnischen Minderheiten.

Anklage gegen ehemalige UÇK-Führer: Der Veteranenverband der einstigen Befreiungsarmee von Kosovo (UÇK) gelangte in den Besitz von Dokumenten des Sondergerichts für Kosovo mit Aussagen und Namen von Zeugen in den Strafverfahren gegen frühere Führungskader der UÇK und gab diese im September 2020 an Medien weiter. Er forderte dazu auf, die Dokumente zu publizieren, um die – unterstellte – Voreingenommenheit des Gerichts zu belegen. Bis auf wenige Ausnahmen verzichteten die Medien indes darauf. Hysni Gucati, der Vorsitzende des Veteranenverbandes wurde am 25.09.2020 verhaftet und vom Sondergericht wegen der Weitergabe der Dokumente unter Anklage gestellt. **Staatspräsident Hashim Thaçi trat** am 05.11.2020 **zurück**, nachdem die gegen ihn gerichtete Anklage richterlich bestätigt worden war. Ihm und anderen hochrangigen UÇK-Kadern wurden Verbrechen an Serben und Roma, aber auch Albanern vorgeworfen. Der Geheimdienst der UÇK bzw. PDK soll rund 200 politische Gegner, darunter zahlreiche LDK-Politiker, ermordet haben.

Neues Staatsoberhaupt: Nach dem Rücktritt Thaçis amtierte Parlamentspräsidentin **Vjosa Osmani**, wie von der Verfassung vorgesehen, vorläufig als Staatsoberhaupt, nach der Konstituierung des neuen Parlaments dann ihr Nachfolger Glauk Konjufca. Osmani wurde am 04.04.2021 zur neuen Staatspräsidentin gewählt.

Die kosovarische Präsidentin Vjosa Osmani bei ihrem ersten offiziellen Auslandsbesuch in der Schweiz am 03.03. 2021, seit ihrer Wahl im Februar.

Abkommen mit Serbien: Ministerpräsident Hoti unterzeichnete zusammen mit dem serbischen Präsidenten Aleksandar Vučić am 04.09.2020 in Washington ein von Richard Grenell, dem Sondergesandten des US-Präsidenten Donald Trump für Serbien und Kosovo, forciertes Abkommen. Dieses bestand vorwiegend aus Absichtserklärungen. So sollen die Verkehrsverbindungen zwischen den beiden Staaten ausgebaut werden und beide Seiten wollen Hochschuldiplome des jeweils anderen Landes anerkennen. Kosovo will vorerst seine Bemühungen um Aufnahme in internationale Organisationen nicht weiter verfolgen und Serbien im Gegenzug seine Kampagne gegen die Anerkennung der Unabhängigkeit Kosovos unterbrechen. Darüber hinaus ging es um Fragen, die nicht die beiden Länder, sondern die außenpolitische Agenda der Regierung Trump betrafen. So verpflichteten sich beide Länder, Ausrüstungen für das 5G-Mobilfunknetz, die von nicht zuverlässigen Verkäufern – gemeint war China – stammten, zu verbieten. Außerdem erklärten sie die libanesische radikalschiitische Hisbollah zur terroristischen Organisation und erkannten Jerusalem als Hauptstadt Israels an. Kosovo nahm am 01.02.2021 diplomatische Beziehungen zu Israel auf und eröffnete am 14.03.2021 als erster mehrheitlich muslimischer Staat seine Botschaft in Jerusalem.

Kroatien

▸ 619

Ländername	Republik Kroatien
Zeitzone	MEZ ±0 h
Fläche in km²	56 594 (Rang 124)
Anzahl der Einwohner	4 Millionen (Rang 128)
Einwohnerzahl pro km²	72 (Rang 110)
Hauptstadt	Zagreb
Amtssprache	Kroatisch
Verwaltungsgliederung	20 Komitate und 1 Stadt
Wichtige Städte	Zagreb, Split, Rijeka, Osijek, Zadar
Autokennzeichen | ISO-Code	HR | HRV
Währung	1 Kuna = 100 Lipa
Nationalfeiertag	30. Mai (Verfassung 1990)

Nach fast 900 Jahren entstand 1991 durch den Zerfall Jugoslawiens wieder ein souveräner kroatischer Staat, dessen Bevölkerung die Unabhängigkeit mit Krieg und Vertreibung teuer bezahlen musste. Noch heute sind die Nachwirkungen in Wirtschaft und Politik zu spüren. Gut erholt hat sich der früher schon bedeutende Tourismus.

GEOGRAFIE

Geografische Lage: Von 42°25′ bis 46°33′ nördlicher Breite sowie von 13°30′ bis 19°24′ östlicher Länge (Südosteuropa)
Höchster Punkt: Dinara 1831 m
Klima: Gemäßigt kontinentales Klima, an der Küste Mittelmeerklima

POLITIK

Staatsform: Parlamentarische Republik
Staatsoberhaupt: Präsident Zoran Milanović (seit 18.02.2020)
Regierungschef: Ministerpräsident Andrej Plenković (seit 19.10.2016)
Regierungspartei: Koalition HDZ (Hrvatska Demokratska Zajednica, Kroatische Demokratische Gemeinschaft) und SDSS (Samostalna Demokratska Srpska Stranka, Selbständige Demokratische Serbische Partei)
Legislative: Parlament mit 151 für 4 Jahre gewählten Mitgliedern
Jahr der Verfassung: 1990
Wahlrecht: 18 Jahre

BEVÖLKERUNG

Bevölkerungsanteil: <15 Jahre 14.5 %, 15–64 Jahre 64.2 %, >64 Jahre 21.3 %
Verteilung: Stadt 57.6 %, Land 42.4 %
Wachstum: -0.4 %
Lebenserwartung: Frauen 82 Jahre, Männer 75 Jahre
Alphabetenrate: Frauen 98.7 %, Männer 99.6 %
Bevölkerungsgruppen: Kroaten, Serben u. a.
Religionen: Christen (v. a. Katholiken), Muslime, Sonstige
Sprachen: Kroatisch, Minderheitensprachen

WIRTSCHAFT

BIP: 56.92 Mrd. US$
Wachstum BIP: -9 %
BIP/Kopf: 14 072 US$
Inflation: 0.3 %
Außenhandel: Import 26.65 Mrd. US$ (Chemische Erzeugnisse 16.8 %, Nahrungsmittel 11.3 %, Maschinen 8.3 %, Textilien und Bekleidung 7 %, Kfz und -Teile 6.5 %), Export 17.07 Mrd. US$ (Chemische Erzeugnisse 13.8 %, Nahrungsmittel 12.2 %, Maschinen 7.4 %, Rohstoffe außer Brennstoffe 7.3 %, Elektrotechnik 7 %)
Erwerbstätige nach Sektoren: Landwirtschaft 5.8 %, Industrie 27.5 %, Dienstleistungen 66.7 %
Arbeitslosenquote: 7.2 %
CO_2-Emission/Kopf: 4.6 t

RÜCKBLICK

Corona Pandemie: Ministerpräsident Plenković konnte bei den Wahlen im Juli 2020 davon profitieren, dass die Fallzahlen bis dahin ausgesprochen niedrig geblieben waren. Bis zum 01.07.2020 waren knapp 3000 Fälle aufgetreten, die Zahl der Todesfälle lag bei 107. Plenković schrieb dies den strengen Maßnahmen seiner Regierung zu. Das Verfassungsgericht lehnte es mehrfach, so zuletzt am 14.09.2020, ab zu überprüfen, inwieweit mit der Pandemie verbundene Gesetze und Verordnungen verfassungsgemäß seien. Die Zahl der COVID-19-Infektionen begann ab Mitte Oktober deutlich anzusteigen; Mitte Dezember erreichten sie mit 25 000 Infektionen innerhalb einer Woche ihren

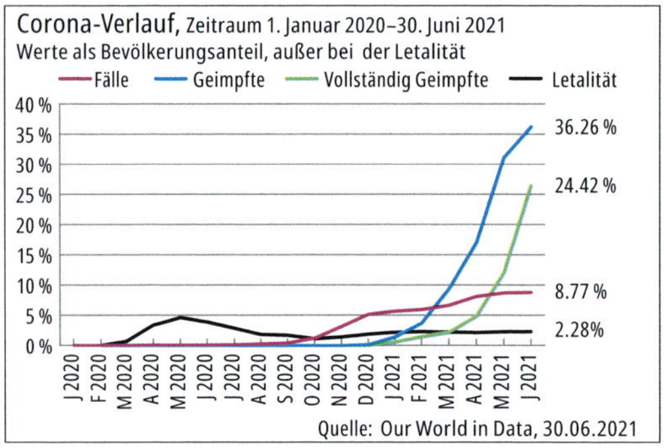

Höhepunkt. Danach gingen die Zahlen bis Mitte Februar 2021 auf ungefähr ein Zehntel zurück, um danach erneut zu steigen. Mitte April erreichte die neue Welle mit 15 000 Infektionen in einer Woche ihren Höhepunkt, bevor sie wieder abflaute. Die Impfkampagne begann am 27.12.2020.

Parlamentswahlen: Bei den Parlamentswahlen am 05.07.2020 wurde das von der nationalkonservativen Kroatischen Demokratischen Gemeinschaft (**HDZ**) angeführte Wahlbündnis unter Ministerpräsident Andrej Plenković mit 37.3 % (66 Sitze, +5) **stärkste Kraft**, vor der von den Sozialdemokraten (SDP) dominierten Allianz Neustart mit 24.9 % (41 Sitze, – 4). An dritter Stelle folgte die neu gegründete konservativ-nationalistische Vaterländische Bewegung des Musikers und Fernsehunterhalters Miroslav Škoro (DP) mit 10.9 % (16 Sitze), vor der Brücke unabhängiger Listen (MOST) mit 7.4 % (8 Sitze, -5), der Grün-Linken Koalition mit 7 % (7 Sitze), der liberalen Pametno (Vernünftig) mit 4 % (3 Sitze), der Kroatischen Volkspartei-Liberale Demokraten (HNS-LD) mit 1.3 % (1 Sitz, -8) und der Volkspartei-Reformisten (NS-R) mit 1 % (1 Sitz). Des weiteren gelangten 3 Abgeordnete der Selbständigen Serbischen Demokratischen Partei (SDSS) sowie je ein Vertreter der ungarischen und der Roma-Minderheit und 3 Unabhängige ins Parlament. Die Wahlbeteiligung von 46.4 % – 2016 hatte sie noch

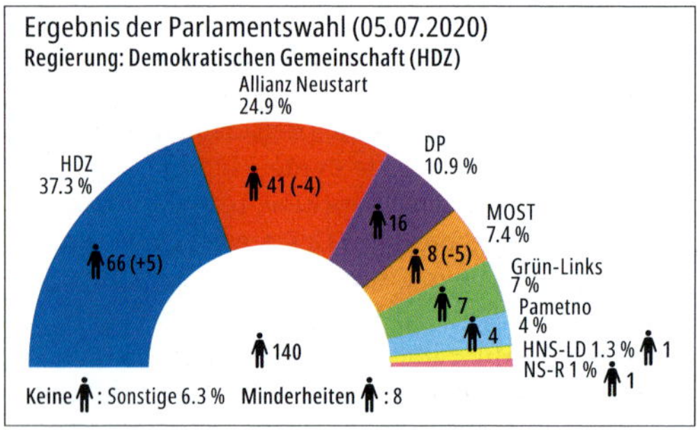

bei 54.4 % gelegen – war die geringste seit 1990. **Plenković bildete** eine **Minderheitsregierung**, die am 23.07.2020 im Parlament mit 76 von 151 Stimmen eine knappe Mehrheit erhielt. 8 Minderheitenvertreter sowie die HNS und die NS-R unterstützten sie. 14 der 18 Kabinettsmitglieder saßen bereits in der Vorgängerregierung und behielten meist ihre Ressorts. 16 gehörten der HDZ an, einer der SDSS. Finanzminister Zdravko Marić ist parteilos.

Kommunal- und Regionalwahlen: Bei den Kommunal- und Regionalwahlen am 16. und 30.05.2021 konnte die **HDZ** ihre Position als **stärkste Partei** behaupten, nun **auch in den Städten**, dort aber vor allem infolge des anhaltenden Stimmenverlusts der SDP. Während in 15 von 20 Komitaten HDZ-Kandidaten zu Präfekten gewählt wurden, konnte sich in den 4 größten Städten lediglich in Osijek ein Bewerber der Partei durchsetzen. In der Hauptstadt Zagreb setzte sich in der Stichwahl am 30.05.2021 Tomislav Tomašević, der Vorsitzende der Partei „Možemo!“ („Wir können“) mit 65.3 %, deutlich gegen Miroslav Škoro durch. „Možemo!“ gehört der Grün-Linken Koalition an, zu deren Parlamentsabgeordneten Tomašević gehörte. Zagrebs langjähriger Bürgermeister Milan Bandić, der eine siebte Amtszeit angestrebt hatte, war am 28.02.2021 nach einem Herzinfarkt verstorben. „Možemo!“ wurde im Stadtrat auch zur stärksten Fraktion, wenngleich sie für die Mehrheit der Unterstützung durch die SDP bedarf. In Split setzte sich in der Stichwahl ein Kandidat des Zentrums durch, wie sich Pametno mittlerweile nannte, in Rijeka jener der SDP.

Korruption: Der **frühere Ministerpräsident Ivo Sanader** wurde am 13.11.2020 von einem Zagreber Gericht der Korruption für schuldig befunden und zu 8 Jahren Haft **verurteilt**. Er muss überdies mehr als 15 Mio. Kuna zurückerstatten (2 Mio. €) sowie eine Geldstrafe von 3.5 Mio. Kuna (ca. 460 000 €) entrichten. Über fiktive Aufträge von Staatsunternehmen an die PR-Agentur Fimi Media waren zwischen 2003 und 2009 Gelder direkt auf schwarze Konten der HDZ bzw. private Konten Sanaders geflossen. Ein früheres Urteil war im Oktober 2015 vom Obersten Gericht wegen Formfehlern aufgehoben und ein neuer Prozess angeordnet worden. Das neue Urteil ist noch nicht rechtskräftig. Neben Sanader wurden 2 Mitangeklagte zu geringeren Haftstrafen verurteilt, ein weiterer wurde freigesprochen. Sanader befindet sich seit 2019 in Haft und verbüßt eine Strafe aus einem anderen Korruptionsfall. Zwei weitere Verfahren sind noch nicht abgeschlossen.

Kuba

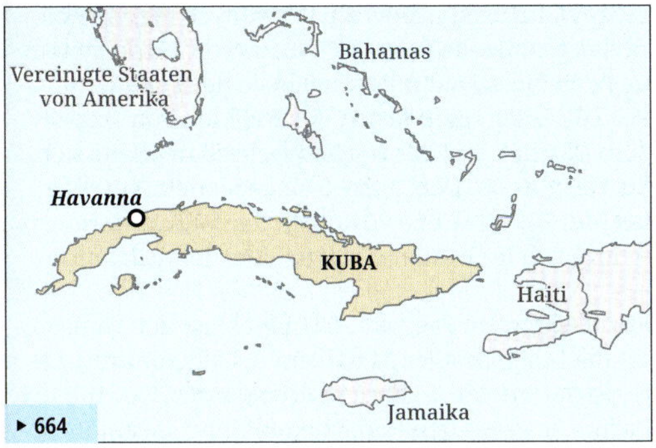

▸ 664

Ländername	Republik Kuba
Zeitzone	MEZ -6 h
Fläche in km²	109 884 (Rang 104)
Anzahl der Einwohner	11.3 Millionen (Rang 83)
Einwohnerzahl pro km²	103 (Rang 84)
Hauptstadt	Havanna
Amtssprache	Spanisch
Verwaltungsgliederung	15 Provinzen und 1 Sonderverwaltungsgebiet
Wichtige Städte	Havanna, Santiago de Cuba, Camagüey, Holguín, Santa Clara, Guantánamo
Autokennzeichen | ISO-Code	C | CUB
Währung	1 Kubanischer Peso = 100 Centavos
Nationalfeiertag	1. Januar (Sieg der Revolution 1959)

Die größte Insel der Großen Antillen lebt seit Jahrhunderten vom Zuckerrohranbau. Heute bildet der Tourismus die wichtigste Devisenquelle der Karibikinsel, die sich nach dem Zusammenbruch des Ostblocks als eine der letzten Bastionen des Sozialismus versteht. Auch nach der offiziellen Übernahme der Staatsführung durch Raúl Castro Ruz, dem Bruder Fidel Castros, im Jahr 2008 war ein Systemwechsel unmöglich. Miguel Mario Díaz-Canel Bermúdez ist seit 10. Oktober 2019 Präsident. Auch mit ihm ist ein Systemwechsel nicht in Sicht.

GEOGRAFIE

Geografische Lage: Von 19°50′ bis 23°16′ nördlicher Breite sowie von 74°08′ bis 84°57′ westlicher Länge (Karibik)
Höchster Punkt: Pico Turquino 1974 m
Klima: Randtropisches wechselfeuchtes Klima mit Trockenzeit im Winter

POLITIK

Staatsform: Volksrepublik
Staatsoberhaupt: Präsident Miguel Díaz-Canel Bermúdez (seit 10.10.2019)
Regierungschef: Premierminister Manuel Marrero Cruz (seit 21.12.2019)
Regierungspartei: PCC (Partido Comunista de Cuba)
Legislative: Nationalversammlung mit 605 für 5 Jahre gewählten Mitgliedern
Jahr der Verfassung: 2019
Wahlrecht: 16 Jahre

BEVÖLKERUNG

Bevölkerungsanteil: <15 Jahre 15.9 %, 15–64 Jahre 68.2 %, >64 Jahre 15.9 %
Verteilung: Stadt 77.2 %, Land 22.8 %
Wachstum: -0.1 %
Lebenserwartung: Frauen 81 Jahre, Männer 77 Jahre
Alphabetenrate: Frauen 99.8 %, Männer 99.7 %
Bevölkerungsgruppen: Europäer, Mestizen, Afrikaner u. a.
Religionen: Christen, Ethnische
Sprache: Spanisch

WIRTSCHAFT UND VERKEHR

BIP: Keine Angabe
Wachstum BIP: -11 %
BIP/Kopf: Keine Angabe
Inflation: Keine Angabe
Außenhandel: Import 8.04 Mrd. US$ (Mineralische Brennstoffe und Schmierstoffe 23.9 %, Maschinen und Fahrzeuge 22.5 %, Nahrungsmittel 16.8 %, Chemische Erzeugnisse 10.3 %), Export 2.18 Mrd. US$ (Mineralölerzeugnisse 22.5 %, Chemische Erzeugnisse 19.3 %, Getränke, Tabak 16.7 %, Nahrungsmittel 12.4 %)
Erwerbstätige nach Sektoren: Landwirtschaft 17.3 %, Industrie 16.8 %, Dienstleistungen 65.9 %
Arbeitslosenquote: 3.9 %
CO_2-Emission/Kopf: 2.7 t

RÜCKBLICK

Corona-Pandemie: Kuba war zu Beginn der Pandemie relativ gering von der Pandemie betroffen. Das Land verfügt über ein robustes Gesundheitssystem und hatte rigorose Maßnahmen wie Ausgangssperren, Masken- und strenge Isolationspflicht für Kontaktpersonen eingeführt und diese streng kontrolliert. Erst ab Januar 2021 stiegen die täglichen Neuinfektionen auf über 200 Fälle und stiegen ab Mitte Juni 2021 exponentiell an. Das Land entwickelte fünf **eigene Impfstoffkandidaten** gegen COVID-19. Soberano 02 und Abdala befanden sich ab Mai 2021 in der letzten von drei Studienphasen. Die erforderlichen Tests wurden in Kuba und im Iran durchgeführt. Am 15.05.2021 startete eine umfangreiche Impfstudie mit dem Impfstoff Abdala in jenen Stadtteilen von Havanna, die am stärksten von der Pandemie betroffen waren. Bis Ende 2021 plant das Land die Herstellung von 100 Mio. Impfdosen. Es will damit nicht nur die eigene Bevölkerung impfen, sondern den Impfstoff auch exportieren.

Machtwechsel in der KP: Am 19.04.2021 vollzog sich auf dem 8. Parteitag der Kommunistischen Partei ein historischer Machtwechsel. Nach dem Amtsverzicht des Vorsitzenden der Partei, Raúl Castro Ruz, folgte ihm sein politischer Ziehsohn Miguel Díaz-Canel Bermúdez ins Amt. 2018 hatte Castro bereits Díaz-Canel das Amt des Präsidenten des Staats- und des Ministerrats übergeben, 2019 übernahm Díaz-Canel das Amt des Staatspräsidenten. Nach 62 Jahren hielt damit erstmals kein Castro die Fäden der Macht in der Hand, sondern jemand, der erst nach der Revolution 1959 geboren wurde. Jahrzehntelang hatte der 2016 verstorbene Revolutionsführer Fidel Castro alle wichtigen Ämter inne. 2006 hatte er sie an seinen Bruder Raúl abgegeben, der in einer 15-jährigen Übergangszeit den Generationswechsel vorbereitet hatte.

Wirtschaft: Das Land durchlebte die schwerste Wirtschaftskrise seit dem Ende der Sowjetunion. Die Wirtschaft schrumpfte 2020 um 11 %. Der coronabedingte Einbruch im Tourismussektor traf die Wirtschaft hart, zudem erhielt das Land keinen Zugang mehr zu verbilligtem Erdöl aus Venezuela und litt weiter unter den US-Sanktionsmaßnahmen. Die **Versorgungslage** verschlechterte sich dramatisch, coronabedingt kam es zu einer Verknappung von Lebensmitteln und anderer Güter des Grundbedarfs. Bereits vor Corona musste das Land zwei Drittel seiner Lebensmittel importieren. Am 20.07.2020 eröffnete die Regierung über 70 staatliche Supermärkte, die Nahrungsmittel und Hygieneprodukte gegen Fremdwährung verkaufen. Um in den Läden einkaufen zu können, benötigt man ein an eine Fremdwährung gekoppeltes Konto bei einer staatlichen Bank und muss mit einer Debitkarte bezahlen. Im November 2020 musste der US-Finanzdienstleister **Western Union** seine Büros in Kuba schließen, weil der lokale Partner Fincimex auf der schwarzen Liste der Unternehmen steht, mit denen US-Konzerne keine Geschäfte machen dürfen. Zuvor hatte Western Union nach eigenen Angaben Geschäfte von täglich bis zu 2.4 Mio. US$ mit Kuba abgewickelt. Viele Kubaner erhalten Unterstützung in Form von Überweisungen von Angehörigen in den USA. Im Juni 2021 gab die Zentralbank bekannt, dass ab dem 21.06.2021 alle Banken vorübergehend die Annahme von Bareinzahlungen in US$ einstellen.

Aufgabe des Zwei-Währungssystems: Zum 01.01.2021 schaffte Kuba nach einem Vierteljahrhundert das Zwei-Währungssystems ab. Der konvertible, an den Dollar gekoppelte Peso CUC wurde von Markt genommen, einziges Zahlungsmittel blieb der kubanische Peso CUP, der einen festen Wechselkurs von 1 zu 24 zum US$ hat. Der informelle Wechselkurs hatte sich bis Februar 2021 bei 1 zu 50 eingependelt und stieg bis Juni 2021 auf 1 zu 70 an. Mit der Währungsreform wurden viele Grundnahrungsmittel deutlich teurer.

Privatsektor: Im Februar 2021 beschloss der Ministerrat die Freigabe aller 2110 beim Arbeitsministerium registrierten Berufe für den Privatsektor. Nur für 124 Berufe, u. a. aus den Bereichen Bildung, Gesundheit, Medien, Militär sowie Wasser- und Energiewirtschaft galt diese Regelung nicht. Zuvor war nur in 127 Berufen die Privatwirtschaft erlaubt gewesen, in denen bereits rd. 600 000 Kleinst- und Kleinunternehmer auf eigene Rechnung arbeiteten, was 13 % der Erwerbstätigen entsprach. Ab April 2021 durften Landwirte selber Groß- und Einzelhandel betreiben, die bisherige staatliche Monopolstellung entfiel.

Tourismus: Im Zuge der Corona-Krise erfuhr der Tourismus einen starken Einbruch. Bis 2019 hatte er mit 10 % zum Bruttoinlandsprodukt beigetragen und 500 000 Kubaner beschäftigt. Von Ende März bis Mitte Oktober 2020 befand sich der Tourismussektor im Lockdown, danach öffnete sich Kuba wieder dem internationalen Tourismus im Urlaubsgebiet Varadero. Aufgrund steigender Infektionszahlen wurden im Februar 2021 Ausgangssperren ab 21 Uhr und für Touristen eine bis zu einwöchige Einreisequarantäne verhängt.

Verhältnis zu den USA: Das Verhältnis zu den USA blieb angespannt. Am 23.09.2020 gab US-Präsident Donald Trump bekannt, dass Reisende aus den USA nicht mehr in Gebäuden übernachten durften, die Eigentum der kubanischen Regierung sind. Außerdem verbot er die Einfuhr von Alkohol und Tabak aus Kuba. 2019 hatte die US-Regierung mit einer Vielzahl von Verboten den US-Tourismus nahezu zum Stillstand gebracht und die Rücküberweisungen von Exil-Kubanern beschränkt. In seiner vierjährigen Amtszeit verhängte Trump 243 Sanktionen gegen Kuba, zusätzlich zu dem seit 1960 bestehenden Embargo. Kurz vor dem Ende seiner Regierungszeit setzte er Kuba am 11.01.2021 auf die Terrorliste, auf der auch der Iran, Nordkorea und Syrien stehen. Unter der neuen Regierung Joe Biden änderte sich nichts am politischen Kurs der USA gegenüber dem Land, sie nahm keine der alten und neuen Sanktionen zurück.

Kuwait

▸ 635

Ländername	Staat Kuwait
Zeitzone	MEZ +2 h
Fläche in km²	17 818 (Rang 153)
Anzahl der Einwohner	4.3 Millionen (Rang 127)
Einwohnerzahl pro km²	240 (Rang 39)
Hauptstadt	Kuwait-Stadt
Amtssprache	Arabisch
Verwaltungsgliederung	6 Bezirke
Wichtige Städte	Jalib ash-Shuyukh, As Salimiyah, Al Farwaniyah, Kuwait-Stadt
Autokennzeichen | ISO-Code	KWT | KWT
Währung	1 Kuwait-Dinar = 1000 Fils
Nationalfeiertag	25. Februar (Krönung von Scheich Abdullah 1950)

Das seit 250 Jahren von der Familie Al Sabah regierte Emirat am Nordende des Persischen Golfs entwickelte sich dank seiner reichen Erdölvorräte im 20. Jahrhundert vom armen Wüstenterritorium zu einem der reichsten Länder der Erde. Die durch den 2. Golfkrieg entstandenen Schäden sind inzwischen wieder behoben.

GEOGRAFIE

Geografische Lage: Von 28°32′ bis 30°06′ nördlicher Breite sowie von 46°32′ bis 48°26′ östlicher Länge (Vorderasien)
Höchster Punkt: Ash-Shaqayah 283 m
Klima: Wüstenklima

POLITIK

Staatsform: Konstitutionelle Monarchie
Staatsoberhaupt: Emir Nawaf al-Ahmad Al Sabah (seit 30.09.2020)
Regierungschef: Ministerpräsident Sabah al-Khaled Al Sabah (seit 19.11.2019)
Regierungspartei: keine
Legislative: Nationalversammlung mit 50 für 4 Jahre gewählten und 15 ernannten Mitgliedern
Jahr der Verfassung: 1962
Wahlrecht: 21 Jahre

BEVÖLKERUNG

Bevölkerungsanteil: <15 Jahre 21.5 %, 15–64 Jahre 75.5 %, >64 Jahre 3 %
Verteilung: Stadt 100 %, Land 0 %
Wachstum: 1.5 %
Lebenserwartung: Frauen 77 Jahre, Männer 75 Jahre
Alphabetenrate: Frauen 94.9 %, Männer 96.7 %
Bevölkerungsgruppen: Kuwaiter, Araber, Asiaten, Afrikaner u. a.
Religionen: Muslime, Christen, Sonstige
Sprachen: Arabisch, Englisch

WIRTSCHAFT

BIP: 107.94 Mrd. US$
Wachstum BIP: -8.1 %
BIP/Kopf: 22 105 US$
Inflation: 2.1 %
Außenhandel: Import 29.3 Mrd. US$ (Nahrungsmittel 14.9 %, Kfz und -Teile 13 %, Chemische Erzeugnisse 12.2 %, Maschinen 10.6 %, Elektronik 7.5 %), Export 35.96 Mrd. US$ (Erdöl 72.2 %, Petrochemie 15.4 %, Chemische Erzeugnisse 4 %, Gas 3.4 %, Kfz und -Teile 1.7 %)
Erwerbstätige nach Sektoren: Landwirtschaft 2 %, Industrie 24.4 %, Dienstleistungen 73.6 %
Arbeitslosenquote: 6.8 %
CO_2-Emission/Kopf: 23.3 t

RÜCKBLICK

Corona-Pandemie: Die Zahl der COVID-19-Infektionen blieb fast durchgängig hoch, lediglich von Mitte November 2020 bis Ende Januar 2021 war ein Rückgang zu erkennen, bevor es zu einem neuen, anhaltenden Anstieg kam. Auch die Zahl der Todesfälle stieg markant. Daran änderten auch die verschärften Maßnahmen, wie ein nächtliches Ausgangsverbot nichts. Nach 2 Monaten wurde diese Maßnahme am Ende des Ramadan zum Aid al-Fitr am 12.05.2021 wieder aufgehoben. Die Impfkampagne begann am 24.12.2020. Insgesamt wurden bis zum 30.06.2021 offiziell 354 851 Infektionen und 1961 Todesfälle gemeldet, was 0.04 % der Bevölkerung entsprach.

Neuer Emir: Emir Sabah al-Ahmed al-Dschaber Al Sabah verstarb am 29.09.2020 im Alter von 91 Jahren. Seit 2006 war er Kuwaits Staatsoberhaupt gewesen, zuvor hatte er 40 Jahre lang das Außen-

Emir Nawaf al-Ahmed Al Sabah bei der Eröffnung der 16. Legislaturperiode des Parlaments am 15.12.2020 in Kuwait.

ministerium geleitet. Der 83-jährige bisherige Kronprinz Nawaf al-Ahmed Al Sabah, ein Halbbruder des Verstorbenen, wurde am 30.09.2020 vereidigt.

Parlamentswahlen: Am 05.12.2020 fanden Parlamentswahlen statt. 24 der 50 neu gewählten Abgeordneten wurden mehr oder weniger oppositionellen Strömungen zugerechnet, im bisherigen Parlament waren es 16 gewesen. Die mit den Muslimbrüdern verbundene Islamische Konstitutionelle Bewegung errang 3 Sitze. Sechs Abgeordnete gehörten der schiitischen Minderheit an. Zwei Drittel der bisherigen Abgeordneten wurden nicht wiedergewählt, 31 der Gewählten zogen erstmals ins Parlament ein. Die einzige weibliche Abgeordnete wurde nicht wiedergewählt.

Neue Regierung: Nachdem die Regierung nach den Wahlen zurückgetreten war, ernannte Emir Nawaf am 14.12.2020 eine neue Regierung, der 10 neue Minister, darunter der Erdöl- und der Finanzminister, angehörten. Das Kabinett wurde erneut von Sabah al-Khaled Al Sabah geleitet, der seit November 2019 als Ministerpräsident im Amt war. Neben ihm gehörten 4 weitere Mitglieder der Herrscherfamilie dem Kabinett an, darunter der Innen-, der Verteidigungs- und der Außenminister. Doch bereits am 12.01.2021 trat die Regierung zurück, nachdem das Parlament die Befragung des Ministerpräsidenten beantragt hatte. Das neue Kabinett wurde am 03.03.2021 vereidigt. Vier bisherige Minister, die im Parlament auf Kritik gestoßen waren, gehörten der neuen Regierung nicht mehr an. **Kuwait** ist, wie andere Golfstaaten auch, angesichts des Rückgangs der Erdöleinnahmen **mit erheblichen Budgetproblemen konfrontiert**. Am 23.09.2020 wurde es von der Ratingagentur Moody's erstmals im Bonitätsgrad herabgestuft.

Laos

▸ 700

Ländername	Demokratische Volksrepublik Laos
Zeitzone	MEZ +6 h
Fläche in km²	236 800 (Rang 82)
Anzahl der Einwohner	7.3 Millionen (Rang 103)
Einwohnerzahl pro km²	31 (Rang 148)
Hauptstadt	Vientiane
Amtssprache	Laotisch
Verwaltungsgliederung	17 Provinzen und 1 Präfektur
Wichtige Städte	Vientiane, Savannakhet, Pakse, Luang Prabang, Phonsavan
Autokennzeichen | ISO-Code	LAO | LAO
Währung	Kip
Nationalfeiertag	2. Dezember (Ausrufung der Republik 1975)

Laos ist der einzige Binnenstaat Südostasiens. Das auf weite Strecken sehr dünn besiedelte Land ist im Vergleich zu seinen Nachbarstaaten noch weitgehend unerschlossen. Laos gehört zu den ärmsten Ländern der Welt. Das sozialistische Regime ließ bislang nur vorsichtige Wirtschaftsreformen zu.

GEOGRAFIE

Geografische Lage: Von 13°55' bis 22°30' nördlicher Breite sowie von 100°06' bis 107°40' östlicher Länge (Südostasien)
Höchster Punkt: Phou Bia 2817 m
Klima: Tropisches Monsunklima

POLITIK

Staatsform: Volksrepublik
Staatsoberhaupt: Präsident Thongloun Sisoulith (seit 22.03.2021)
Regierungschef: Ministerpräsident Phankham Viphavanh (seit 22.03.2021)
Regierungspartei: LRVP (Laotische Revolutionäre Volkspartei)

Legislative: Nationalversammlung mit 164 für 5 Jahre gewählten Mitgliedern
Jahr der Verfassung: 1991
Wahlrecht: 18 Jahre

BEVÖLKERUNG

Bevölkerungsanteil: <15 Jahre 31.9 %, 15–64 Jahre 63.8 %, >64 Jahre 4.3 %
Verteilung: Stadt 36.3 %, Land 63.7 %
Wachstum: 1.5 %
Lebenserwartung: Frauen 70 Jahre, Männer 66 Jahre
Alphabetenrate: Frauen 79.4 %, Männer 90 %
Bevölkerungsgruppen: Lao, Khmou, Hmong, Phouthay, Tai, Makong, Katong, Lue, Akha u. a.
Religionen: Buddhisten, Christen, Sonstige
Sprachen: Laotisch, Thai, Vietnamesisch, Französisch, Regionalsprachen

WIRTSCHAFT

BIP: 19.08 Mrd. US$
Wachstum BIP: -0.4 %
BIP/Kopf: 2626 US$
Inflation: 5.1 %
Außenhandel: Import 5.24 Mrd. US$ (Petrochemie 12.7 %, Nahrungsmittel 10.4 %, Maschinen 9.4 %, Kfz 8.8 %, Chemie 8.3 %), Export 6.05 Mrd. US$ (Strom 22.8 %, Rohstoffe außer Brennstoffe 21.1 %, Nahrungsmittel 16.7 %, Nichteisenmetalle 7.6 %, Elektronik 6 %)
Erwerbstätige nach Sektoren: Keine Angabe
Arbeitslosenquote: 1 %
CO_2-Emission/Kopf: 1 t

RÜCKBLICK

Corona-Pandemie: Nachdem 2020 wegen weitgehender Abschottung nur einzelne Infektionen aufgetreten waren, nahmen die Ansteckungen

Der stellvertretende Premierminister Kikeo Khaykhamphithoune (l.) und der chinesische Botschafter in Laos Jiang Zaidong (r.) bei der Übergabe der von China gespendeten Sinopharm-Vakzine am 15.06.2021 in Vientiane.

seit dem 20.04.2021 rasch zu und erreichten am 26.04.2021 mit 113 Neuinfektionen ihren Höhepunkt; am 22.04.2021 wurde ein Lockdown verhängt. In den ersten zwei Monaten der Anfang April gestarteten Impfkampagne wurden fast 1 Mio., von der VR China gespendete Dosen verabreicht. Das Impftempo ließ im Juni deutlich nach.

Führungswechsel: Vom 13.01.–15.01.2021 fand in Vientiane der 11. Parteitag der Kommunistischen Partei statt: Der 75 Jahre alte, seit 2016 amtierende Regierungschef **Thongloun** Sisolith wurde am 15.01.2021 zum neuen Generalsekretär der Partei gewählt. Als faktischer Führer des Landes übernahm er von seinem 83-jährigen Vorgänger **Bounnhang** Vorachit auch das Amt des Staatspräsidenten; als Ministerpräsident folgte ihm der bisherige Vizepräsident **Phankham** Viphavanh nach, der als Präsident der vietnamesisch-laotischen Gesellschaft über enge Beziehungen nach Hanoi verfügt. Die traditionelle, in den letzten Jahren durch die Teilnahme an Pekings Projekt einer Neuen Seidenstraße und die forcierte Staudammstrategie Vientianes **abgekühlte Freundschaft mit Vietnam** wurde symbolisch untermauert: Am 20.03.2021 wurde das neue Parlamentsgebäude in Vientiane eingeweiht, dessen Baukosten in Höhe von 111 Mio. US$ ein Geschenk Vietnams waren; in der ersten Sitzung wählte dort am 22.03.2021 die Nationalversammlung den neuen Staatspräsidenten und den Regierungschef. Gleichwohl war das **Revirement an der Staatsspitze kein Zeichen für einen schwindenden Einfluss der VR China,** die in den letzten Jahren als Handelspartner und Kreditgeber Vietnam überflügelt hat – Beobachter bemerkten, dass Thongloun eine Schulfreundin des chinesischen Generalsekretärs Xi Jinping zu seiner engsten Beraterin ernannte. Die am 27.05.2021 eingesetzte **Taskforce zur engen Überwachung der sozialen Medien** machte deutlich, dass die politische Führung keinerlei politische Liberalisierung im Sinn hat.

Wirtschaft: Als Pandemiefolge schrumpfte die Wirtschaft 2020 erstmals seit der Asienkrise 1998. Die Staatsschulden stiegen auf über 60 % des BIP, größter Gläubiger ist die **VR China**. Der am 14.01.2021 vorgestellte neue Fünfjahresplan setzt eine Vertiefung der Beziehungen voraus. Eine chinesische Gesellschaft verpflichtete sich am 11.03.2021 zu 2 Mrd. US$ Investitionen in das laotische Stromnetz; dieses wurde an ein Joint Venture übertragen, an dem die Chinesen einen 90-prozentigen Anteil erhielten.

Lesotho

▸ 643

Ländername	Königreich Lesotho
Zeitzone	MEZ +1 h
Fläche in km²	30 355 (Rang 138)
Anzahl der Einwohner	2.1 Millionen (Rang 144)
Einwohnerzahl pro km²	71 (Rang 114)
Hauptstadt	Maseru
Amtssprachen	Sesotho, Englisch
Verwaltungsgliederung	10 Distrikte
Wichtige Städte	Maseru, Maputsoe, Mohale's Hoek, Mafeteng, Hlotse
Autokennzeichen | ISO-Code	LS | LSO
Währungen	1 Loti = 100 Lisente, 1 Rand = 100 Cents
Nationalfeiertag	4. Oktober (Unabhängigkeit 1966)

Wie ein „Dach" erhebt sich das unzugängliche Bergkönigreich über der Republik Südafrika, von der es vollständig umschlossen wird und wirtschaftlich abhängig ist. 1993 endeten lange Jahre der autokratischen Herrschaft. Die Verfassung wurde am 2. April 1993 verabschiedet. Sie legt die Staatsform des Landes als parlamentarische Monarchie mit Zweikammerparlament fest. Der König, seit dem 7. Februar 1996 Letsie III., hat weitgehend nur repräsentative Funktionen; eine aktive Teilnahme am politischen Geschehen ist ihm durch die Verfassung untersagt. In der Lebensmittelversorgung ist das Land auf Hilfe von außen angewiesen.

GEOGRAFIE

Geografische Lage: Von 28°34' bis 30°40' südlicher Breite sowie von 27° bis 29°26' östlicher Länge (Südafrika)
Höchster Punkt: Thabana Ntlenyana 3482 m
Klima: Subtropisches Höhenklima

POLITIK

Staatsform: Konstitutionelle Monarchie
Staatsoberhaupt: König Letsie III. (seit 07.02.1996)
Regierungschef: Premierminister Moeketsi Majoro (seit 20.05.2020)
Regierungsparteien: ABC (All Basotho Convention), DC (Democratic Congress), BNP (Basotho National Party), MEC (Movement for Economic Change), PFD (Popular Front for Democracy) und RCL (Reformed Congress of Lesotho)
Legislative: Parlament, bestehend aus Nationalversammlung mit 120 für 5 Jahre gewählten Mitgliedern und Senat mit 33 für 5 Jahre ernannten Mitgliedern
Jahr der Verfassung: 1993
Wahlrecht: 18 Jahre

BEVÖLKERUNG

Bevölkerungsanteil: <15 Jahre 32.2 %, 15–64 Jahre 62.8 %, >64 Jahre 5 %
Verteilung: Stadt 29 %, Land 71 %
Wachstum: 0.8 %
Lebenserwartung: Frauen 58 Jahre, Männer 52 Jahre
Alphabetenrate: Frauen 84.9 %, Männer 67.7 %
Bevölkerungsgruppen: Sotho, Europäer, Asiaten u. a.
Religion: Christen
Sprachen: Sesotho, Englisch

WIRTSCHAFT

BIP: 2.07 Mrd. US$
Wachstum BIP: -4.5 %
BIP/Kopf: 1003 US$
Inflation: 4.9 %
Außenhandel: Import 1.88 Mrd. US$ (Industrieerzeugnisse 25.2 %, Maschinen und Transportmittel 15 %, Nahrungsmittel und lebende Tiere 14.5 %), Export 934 Mio. US$ (Bekleidung 52.5 %, Diamanten 27.1 %)
Erwerbstätige nach Sektoren: Landwirtschaft 8.4 %, Industrie 41.9 %, Dienstleistungen 49.7 %
Arbeitslosenquote: 24.6 %
CO_2-Emission/Kopf: 0.3 t

RÜCKBLICK

Innenpolitische Spannungen: Ein **Machtkampf** innerhalb der seit 2017 regierenden Partei All Basotho Convention (ABC) führte im April 2021 zur **Entlassung** mehrerer ABC-Kabinettsmitglieder durch Premierminister Moeketsi Majoro. Ihres Ministeramtes enthoben wurden Tefo Mapesela (Landwirtschaft und Ernährungssicherung), Motlohi Maliehe (Forstwesen und Bodenerhaltung), Mamoipone Senauoane (Polizei und öffentliche Sicherheit) und Nqosa Mahao, der das Justizministerium geführt hatte und gleichzeitig stellvertretender Vorsitzender der ABC gewesen war. Mahao reagierte auf seine Entlassung mit der **Gründung einer neuen Partei**, der Basotho Action Party (BAP). Bereits im Februar 2021 hatte Premier Majoro sein Kabinett umgebildet, indem er einige Ressortwechsel vorgenommen und die Ministerin für Arbeit und Beschäftigung, Keketso Rants'o (Reformed Congress of Lesotho, RCL) sowie den Minister für Verteidigung und nationale Sicherheit, Maliehe Prince Maliehe (ABC), entlassen hatte. Maliehes Nachfolger im Verteidigungsressort, Lekhetho Mosito (ABC), musste sein Amt aber kurz darauf wegen mangelnder Unterstützung durch seine Partei wieder aufgeben. Die die politische Stabilität bedrohenden innerparteilichen Konflikte und die daraus folgenden Parteiabspaltungen oder -neugründungen sind charakteristisch für die Politik des Königreichs. Die Machtkämpfe drehen sich in der Regel weniger um die ideologische Ausrichtung als vielmehr um persönliche Ambitionen einzelner Politiker.

Ernährungslage: Auch 2020/21 konnte Lesotho seine Bevölkerung nicht selbst versorgen und war **auf** internationale **Nahrungsmittelhilfe angewiesen**. Der Welthunger-Index bezeichnete die Lage im Land für 2020 als „ernst". Im Februar 2021 waren nach Angaben des Welternährungsprogramms rund 311 000 Menschen, etwa 15 % der Bevölkerung, bei der Ernährung auf Unterstützung von außen angewiesen.

HIV/Aids: Die Immunschwächekrankheit Aids behinderte weiterhin die allgemeine Entwicklung des Landes. Obwohl die Zahl der HIV-Infizierten und der Aids-Todesfälle im Vergleich zu 2010 rückläufig war, gehörte HIV/Aids noch immer zu den **Haupttodesursachen**. Außerdem zeigten von Aids Betroffene ein höheres Ansteckungsrisiko für Tuberkulose, Lungenkrankheiten und Darminfektionen. Die aktuellsten Erhebungen des Gemeinsamen UN-Programms für HIV/Aids bezifferten die Zahl der mit dem HI-Virus infizierten Erwachsenen 2019 auf 340 000. Unter den 15- bis 49-Jährigen lag die **HIV-Rate** 2019 bei **22.8 %**. In Zusammenhang mit Aids wurden 4800 Todesfälle registriert, davon rund 1000 Kinder und Jugendliche unter 15 Jahren. Die Zahl der Aids-Waisen betrug 85 000.

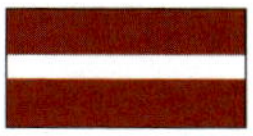

Lettland

▸ 608

Ländername	Republik Lettland
Zeitzone	MEZ +1 h
Fläche in km²	64 573 (Rang 122)
Anzahl der Einwohner	1.9 Millionen (Rang 148)
Einwohnerzahl pro km²	29 (Rang 151)
Hauptstadt	Riga
Amtssprache	Lettisch
Verwaltungsgliederung	110 Bezirke und 9 Städte
Wichtige Städte	Riga, Daugavpils, Liepaja, Jelgava, Jurmala
Autokennzeichen | ISO-Code	LV | LVA
Währung	1 Euro = 100 Cent
Nationalfeiertag	18. November (Unabhängigkeit 1918)

Der baltische Staat gehört seit 2004 zur NATO und zur Europäischen Union. Der vergleichsweise hohe Lebensstandard verlieh Lettland schon zu Sowjetzeiten hohe Anziehungskraft, die ihm aber ein russisches Minderheitenproblem hinterlassen hat. 2008 überschattete die internationale Finanz- und Wirtschaftskrise die innenpolitische Entwicklung. Die strikte Haushaltsdisziplin half Lettland aus der Krise. Lettland hat zum 1. Januar 2014 den Euro eingeführt und ist damit das 18. Mitglied der Euro-Zone.

GEOGRAFIE

Geografische Lage: Von 55°40' bis 58°05' nördlicher Breite sowie von 20°58' bis 28°13' östlicher Länge (Osteuropa)
Höchster Punkt: Gaising 311 m
Klima: Winterfeucht-kühles Klima

POLITIK

Staatsform: Parlamentarische Republik
Staatsoberhaupt: Präsident Egils Levits (seit 08.07.2019)
Regierungschef: Ministerpräsident Arturs Krišjānis Kariņš (seit 23.01.2019)
Regierungsparteien: Koalition V (Einheit), AP (Liberale), JKP (Konservative), NA (Nationale Allianz)
Legislative: Parlament mit 100 für 4 Jahre gewählten Mitgliedern
Jahr der Verfassung: 1922
Wahlrecht: 18 Jahre

BEVÖLKERUNG

Bevölkerungsanteil: <15 Jahre 16.4 %, 15–64 Jahre 62.9 %, >64 Jahre 20.7 %
Verteilung: Stadt 68.3 %, Land 31.7 %
Wachstum: -0.6 %
Lebenserwartung: Frauen 80 Jahre, Männer 70 Jahre
Alphabetenrate: Frauen 99.9 %, Männer 99.9 %
Bevölkerungsgruppen: Letten, Russen, Belarussen, Ukrainer, Polen, Litauer u. a.
Religion: Christen
Sprachen: Lettisch, Russisch u. a.

WIRTSCHAFT

BIP: 33.48 Mrd. US$
Wachstum BIP: -3.6 %
BIP/Kopf: 17 560 US$
Inflation: 0.1 %
Außenhandel: Import 18.29 Mrd. US$ (Chemische Erzeugnisse 12.3 %, Nahrungsmittel 12 %, Elektronik 10.3 %, Maschinen 6.1 %, Kfz und -Teile 5.5 %), Export 16.18 Mrd. US$ (Nahrungsmittel 14.9 %, Rohstoffe außer Brennstoffe 13.1 %, Elektronik 10.3 %, Chemische Erzeugnisse 8.8 %, Kork- und Holzwaren 5.5 %)
Erwerbstätige nach Sektoren: Landwirtschaft 6.5 %, Industrie 23.7 %, Dienstleistungen 69.8 %
Arbeitslosenquote: 8.2 %
CO_2-Emission/Kopf: 4.4 t

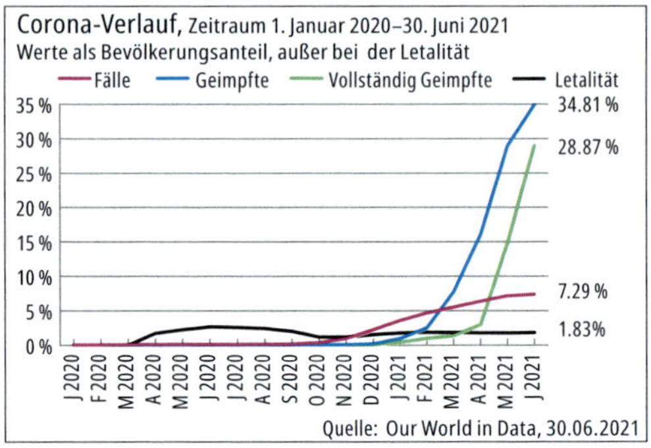

RÜCKBLICK

Corona-Pandemie: Aufgrund deutlich steigender Ansteckungen mit dem SARS-CoV-2-Virus verhängte die Regierung am 09.11.2020 zum zweiten Mal im Jahr 2020 den **Notstand**, um landesweit das öffentliche und Geschäftsleben zu beschränken. Auch nach der Aufhebung am 07.04.2021 wurden jedoch viele Hygienevorschriften aufrechterhalten. Die Pandemie hatte 2020 vor allem Export und Privatkonsum einbrechen lassen. Nach einem im EU-Vergleich moderaten BIP-Minus 2020 von 3.6 % erwartete die Europäische Kommission in ihrem Frühjahrsgutachten 2021 wieder ein Wachstum von 3.5 %.

Urteil: Am 22.02.2021 endete nach zwölf Jahren ein Strafprozess gegen den Bürgermeister von Ventspils, **Aivars Lembergs** und zwei Geschäftspartner, darunter sein Sohn, mit Freiheitsstrafen von zwei bis fünf Jahren, u. a. wegen Geldwäsche und Bestechung sowie Vermögensentzug. Lembergs stand seit 1988 an der Spitze der für den Rohstoffexport wichtigen Hafenstadt. Er gehörte zu den **reichsten Männern Lettlands** und war 2017 in eine Affäre um informelle politische **Einflussnahme** („Oligarchen-Gespräche") verwickelt. Gegen ihn und vier mit ihm verbundene Körperschaften hatten die USA Ende 2019 **Sanktionen** verhängt, sodass sich die lettische Regierung veranlasst sah, die **Hafengesellschaft von Ventspils** zu übernehmen. Lembergs waren seit Prozessbeginn Amtshandlungen untersagt, er konnte seine Stellung jedoch halten. Seine Regionalpartei war mit der Union der Grünen und Bauern (ZZS) verbündet, die 2015/16–2019 den Staatspräsidenten und den Ministerpräsidenten stellte.

Machtwechsel in Riga: Bei der **Kommunalwahl** am 29.08.2020 in der größten Stadt des Baltikums wurde die bisherige Koalition um das sozialdemokratische Harmonie-Zentrum (SDPS) durch eine Mitte-rechts-Koalition abgelöst, wie sie in ähnlicher Form ab 2019 auch auf nationaler Ebene regierte. Nach einer undurchsichtigen Vergabe der städtischen Abfallentsorgung erwirkte die lettische Regierung die **Auflösung** und Neuwahl **des Stadtrats**. Die SDPS-geführte Stadtregierung wurde mit einem Verlust von zwei Dritteln der Mandate für langjährige Misswirtschaft abgestraft.

Ausweisung: Nach dem Hissen der weiß-rot-weißen Flagge vor einem Rigaer Hotel, in dem Teilnehmer der Eishockey-WM untergebracht waren, wies **Belarus** am 24.05.2021 alle **lettischen Diplomaten** aus. Lettland reagierte darauf spiegelbildlich. Die Farben waren das Symbol der Protestbewegung in Belarus gegen das Lukaschenko-Regime.

Libanon

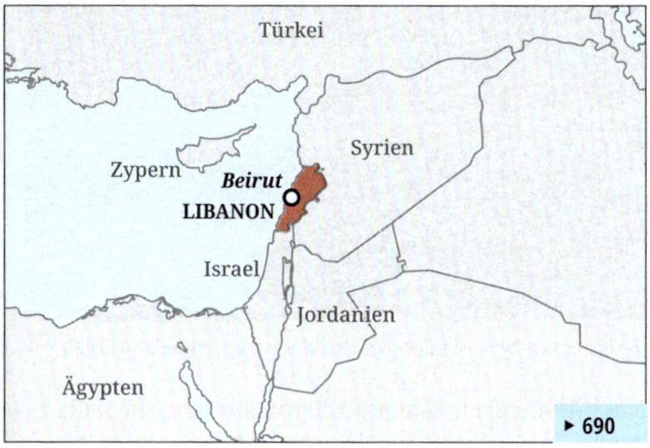

▸ 690

Ländername	Libanesische Republik
Zeitzone	MEZ +1 h
Fläche in km²	10 452 (Rang 163)
Anzahl der Einwohner	6.8 Millionen (Rang 108)
Einwohnerzahl pro km²	653 (Rang 10)
Hauptstadt	Beirut
Amtssprache	Arabisch
Verwaltungsgliederung	8 Bezirke
Wichtige Städte	Beirut, Tripoli, Sidon, Tyros, Zahle
Autokennzeichen | ISO-Code	RL | LBN
Währung	1 Libanesisches Pfund = 100 Piaster
Nationalfeiertag	22. November (Unabhängigkeit 1943)

Der kleine Staat an der levantinischen Mittelmeerküste bietet nicht nur in der ethnischen und religiösen Zusammensetzung seiner Bevölkerung, sondern auch im Landschaftscharakter eine große Vielfalt. Nach langjährigem Bürgerkrieg und syrischer Vorherrschaft schien das Land vor einem Neubeginn zu stehen, bevor es 2006 wieder in den Sog des Nahostkonflikts geriet.

GEOGRAFIE

Geografische Lage: Von 33°03′ bis 34°41′ nördlicher Breite sowie von 35°06′ bis 36°36′ östlicher Länge (Vorderasien)
Höchster Punkt: Qurnat as-Sawda 3088 m
Klima: Warmes, sommertrockenes Mittelmeerklima

POLITIK

Staatsform: Parlamentarische Republik
Staatsoberhaupt: Präsident Michel Aoun (seit 31.10.2016)
Regierungschef: Ministerpräsident Hassan Diab (seit 21.01.2020)
Regierungspartei: keine
Legislative: Nationalversammlung mit 128 für 4 Jahre gewählten Mitgliedern
Jahr der Verfassung: 1926
Wahlrecht: 21 Jahre

BEVÖLKERUNG

Bevölkerungsanteil: <15 Jahre 25.1 %, 15–64 Jahre 67.4 %, >64 Jahre 7.5 %
Verteilung: Stadt 88.9 %, Land 11.1 %
Wachstum: -0.4 %
Lebenserwartung: Frauen 81 Jahre, Männer 77 Jahre
Alphabetenrate: Frauen 93.3 %, Männer 96.9 %
Bevölkerungsgruppen: Araber, Armenier u. a.
Religionen: Muslime, Christen, Sonstige
Sprachen: Arabisch, Französisch, Englisch, Armenisch u. a.

WIRTSCHAFT

BIP: 19.13 Mrd. US$
Wachstum BIP: -25 %
BIP/Kopf: 2802 US$
Inflation: 88.2 %
Außenhandel: Import 11.36 Mrd. US$ (Petrochemie 19 %, Nahrungsmittel 14.5 %, Chemische Erzeugnisse 13.4 %, Kfz und -Teile 8 %, Maschinen 6.3 %), Export 4.02 Mrd. US$ (Chemische Erzeugnisse 16.9 %, Nahrungsmittel 16.7 %, Nichtmetallische Mineralien 10.9 %, Gold 9.8 %, Rohstoffe außer Brennstoffe 8.6 %)
Erwerbstätige nach Sektoren: Landwirtschaft 13.4 %, Industrie 22.3 %, Dienstleistungen 64.3 %
Arbeitslosenquote: 6.6 %
CO_2-Emission/Kopf: 4.5 t

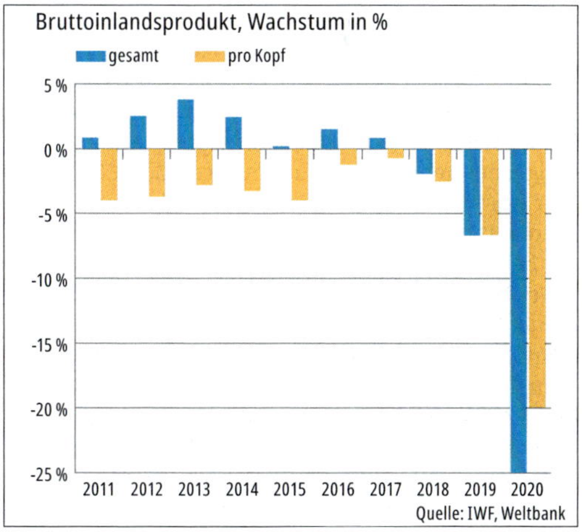

RÜCKBLICK

Corona-Pandemie: Nach einem leichten Anstieg der Infektionen im Herbst 2020 kam es Ende Dezember und im Januar 2021 zu einer regelrechten Explosion der Fallzahlen und Todesfälle. Während der Weihnachts- und Neujahrszeit waren fast alle Maßnahmen von den Behörden aufgehoben worden, Restaurants und andere Lokalitäten waren geöffnet und überfüllt. Am 07.01.2021 verhängte die Regierung einen dreiwöchigen Lockdown und verschärfte diesen am 14.01.2021 durch eine ganztägige Ausgangssperre bis zum 25.01.2021. Die Wohnungen durften selbst für Lebensmitteleinkäufe nicht mehr verlassen werden. Die Fallzahlen blieben aber weiterhin hoch und sanken erst ab Mitte April. In Tripoli kam es Ende Januar, Anfang Februar zu heftigen Protesten gegen den Lockdown. Dabei wurden Verwaltungsgebäude und Wohnsitze von Politikern und Geschäftsleuten attackiert. 80 % der Einwohner der Stadt leiden unter Armut, die sich durch die Corona-Maßnahmen noch weiter verschärft hat. Die Zahl der Todesfälle ist infolge des Zustands des Gesundheitswesens trotz einer im Durchschnitt jungen Bevölkerung hoch. Die Impfungen begannen am 14.02.2021.

Explosionskatastrophe: Am 04.08.2020 kam es im Hafen von Beirut zu einer gewaltigen Explosion, bei der 190 Menschen ums Leben kamen und mehr als 6500 verletzt wurden. Zahlreiche Gebäude wurden vollständig oder teilweise zerstört, darunter auch 3 Krankenhäuser. 300 000 Menschen verloren ihre Wohnung. Die hervorgerufenen Schäden wurden auf 5 bis 15 Mrd. $ geschätzt. **Ursache der Katastrophe** waren **2750 t Ammoniumnitrat**, die seit Mai 2014 in einem Hangar **im Hafen** lagerten. Dabei handelte es sich um die Fracht eines Schiffs, das im Dezember 2013 von den Hafenbehörden beschlagnahmt worden war, nachdem 2 Unternehmen wegen ausstehender Schulden gegen den Eigentümer des Schiffs vor libanesischen Gerichten geklagt hatten. Insgesamt sechsmal wandten sich seither die Zoll- und Sicherheitsbehörden des Hafens mit Schreiben an die zuständigen Justizvertreter und ersuchten unter Hinweis auf die drohenden Gefahren um die rasche Entfernung der Chemikalien, ohne dass dies geschehen wäre. Erst nachdem man festgestellt hatte, dass die betreffende Halle nicht bewacht wurde und außerdem infolge eines Lochs in der Wand und einer fehlenden Tür für Unbefugte zugänglich war, ordnete der Generalstaatsanwalt an, diese Mängel zu beheben. Die damit beauftragten Handwerker lösten durch ihre Schweißarbeiten offensichtlich ein Feuer und damit die nachfolgende Explosion aus.

Der Hafen von Beirut wenige Tage nach der Explosion vom 04.08.2020.

Nach mehreren Monaten Ermittlungen, die sich gegen Zoll- und Hafenbeamte richtete – obwohl diese die Behörden regelmäßig gewarnt hatten – richtete sich das Augenmerk des ermittelnden Staatsanwalts Fadi Sawan auf die verantwortlichen Politiker. Am 10.12.2020 erhob er Anklage wegen Fahrlässigkeit gegen den geschäftsführenden Ministerpräsidenten Hassan Diab, den früheren Finanzminister Ali Hassan Khalil und die beiden ehemaligen Transportminister Ghazi Zaiter und Yusef Finyanus. Die Betreffenden verweigerten indes kategorisch jede Zusammenarbeit mit der Justiz. Sie seien durch ihre von der Verfassung garantierte Immunität, die einzig durch das Parlament aufgehoben werden könne, vor Strafverfolgung geschützt. Schließlich reichten zwei der Inkriminierten beim Obersten Gericht den Antrag ein, den Staatsanwalt wegen Inkompetenz und Verstoß gegen die Verfassung seines Amtes zu entheben. Das Gericht entschied am 18.02.2021 im Sinne der Kläger. Sawan sei befangen, weil auch seine eigene Wohnung bei der Explosion zerstört worden war. Außerdem habe er illegal gehandelt, indem er die Immunität der ehemaligen Minister ignoriert habe.

Proteste und Rücktritt der Regierung: Am 06.08.2020 traf der französische Präsident Emmanuel Macron in Beirut ein, wo er den Schauplatz der Katastrophe besuchte und mit Bürgern sprach. Er versprach schnelle Hilfe von Seiten Frankreichs und forderte angesichts der von ihm kritisierten korrupten Strukturen zu Reformen auf. Im Anschluss traf er Staatspräsident Michel Aoun und Ministerpräsident Hassan Diab sowie weitere einflussreiche Politiker. Am 08.08.2020 demonstrierten Tausende in Beirut und forderten die Regierung zum Rücktritt auf. Mehrere Ministerien wurden vorübergehend besetzt. Auch an den folgenden Tagen wiederholten sich die Proteste, die wie schon am 08.08.2020 zum Teil in Zusammenstöße mit den Sicherheitskräften mündeten. Zahlreiche Personen wurden verletzt, ein Polizist kam ums Leben.

Nachdem zwei Minister unter dem Druck der Forderungen der Demonstranten am 09.08.2020 zurückgetreten waren, folgte am 10.08.2020 die gesamte Regierung. Schon am 03.08.2020, noch vor der Explosion, war Außenminister Nassif Hitti, eines der wenigen unabhängigen Kabinettsmitglieder, aus Protest zurückgetreten. Er warf dabei der Regierung vor, nicht im Geringsten an der Beseitigung von Missständen interessiert zu sein. Am 31.08.2020 wurde Libanons Botschafter in Deutschland, Mustafa Adib, von Staatspräsident Aoun mit der Regierungsbildung beauftragt. Adib, ein langjähriger Berater des früheren Ministerpräsidenten Najib Mikati, galt vielen, die in der Protestbewegung aktiv waren, als eng mit der korrupten politischen Klasse verbunden.
Macron weilte Anfang September 2020 aus Anlass des 100. Jahrestags der Bildung des sog. Grand Liban, als der Libanon als französisches Mandatsgebiet in seinen heutigen Grenzen entstand, erneut in Beirut. Er mahnte eindringlich, innerhalb von 2 Wochen eine neue und zu Reformen bereite Regierung zu bilden. Andernfalls werde es keine Hilfsgelder, sondern Sanktionen geben. Die Regierungsbildung wurde aber vor allem durch die beiden schiitischen Parteien Hisbollah und Amal erschwert, die darauf beharrten, dass das Finanzministerium von einem Politiker aus den Reihen der Amal übernommen werde. Adib gab schließlich am 26.09.2020 sein Mandat zurück. Schließlich wurde am 22.10.2020 der im Oktober 2019 zurückgetretene mehrfache Ministerpräsident Saad al-Hariri mit der Regierungsbildung beauftragt.

Hariri-Tribunal: Das UN-Sondertribunal für den Libanon in Den Haag, das das Attentat auf den früheren Ministerpräsidenten Rafik al-Hariri 2005 und weitere in der Folge verübte Attentate aufklären sollte, urteilte am 18.08.2020 lediglich die Schuld des Angeklagten Salim Ayash sei eindeutig erwiesen. Ayash soll das Mordkommando angeführt haben. Die Staatsanwaltschaft habe nicht beweisen können, dass Mustafa Badreddin, ein hochrangiger Hisbollah-Kommandant, der zentrale Drahtzieher des Anschlags gewesen sei. Badreddin war im Mai 2016 in Syrien ums Leben gekommen. Drei weitere Angeklagte wurden freigesprochen. Der ganze Prozess hatte in Abwesenheit aller Angeklagten stattgefunden. Auf die mögliche Involvierung der Hisbollah und der syrischen Führung in das Attentat ging das Gericht nicht ein.

Liberia

▸ 636

Ländername	Republik Liberia
Zeitzone	MEZ -1 h
Fläche in km²	111 369 (Rang 102)
Anzahl der Einwohner	5.1 Millionen (Rang 122)
Einwohnerzahl pro km²	45 (Rang 136)
Hauptstadt	Monrovia
Amtssprache	Englisch
Verwaltungsgliederung	15 Bezirke
Wichtige Städte	Monrovia, Gbarnga, Buchanan, Ganta, Kakata
Autokennzeichen | ISO-Code	LB | LBR
Währungen	1 Liberianischer Dollar = 100 Cents, 1 US-Dollar = 100 Cents
Nationalfeiertag	26. Juli (Unabhängigkeit 1847)

Liberia ist die älteste afrikanische Republik. Als Zufluchtsstätte für befreite Sklaven aus den USA wurde 1847 das „Land der Freiheit" gegründet. Doch diese Freiheit genoss nur die Minderheit der Amerikoliberianer, die Bevölkerungsmehrheit wurde unterdrückt. Die gesellschaftlichen Spannungen entluden sich 1989 in einem blutigen Bürgerkrieg, der die staatliche Ordnung zerstörte.

GEOGRAFIE

Geografische Lage: Von 4°21′ bis 8°34′ nördlicher Breite sowie von 7°23′ bis 11°29′ westlicher Länge (Westafrika)
Höchster Punkt: Mount Wuteve 1440 m
Klima: Tropisches, feuchtheißes Regenwaldklima

POLITIK

Staatsform: Präsidiale Republik
Staatsoberhaupt und Regierungschef: Präsident George Manneh Weah (seit 22.01.2018)
Regierungspartei: keine
Legislative: Nationalversammlung, bestehend aus Repräsentantenhaus mit 73 für 6 Jahre gewählten Mitgliedern und Senat mit 30 für 9 Jahre (gestaffelt) gewählten Mitgliedern

Jahr der Verfassung: 1986
Wahlrecht: 18 Jahre

BEVÖLKERUNG

Bevölkerungsanteil: <15 Jahre 40.4 %, 15–64 Jahre 56.3 %, >64 Jahre 3.3 %
Verteilung: Stadt 52.1 %, Land 47.9 %
Wachstum: 2.4 %
Lebenserwartung: Frauen 66 Jahre, Männer 63 Jahre
Alphabetenrate: Frauen 34.1 %, Männer 62.7 %
Bevölkerungsgruppen: Kpelle, Bassa, Grebo, Gio, Mano, Kru, Lorma, Kissi, Gola, Krahn, Vai, Mandinka, Gbandi u. a.
Religionen: Christen, Muslime
Sprachen: Englisch, Regionalsprachen

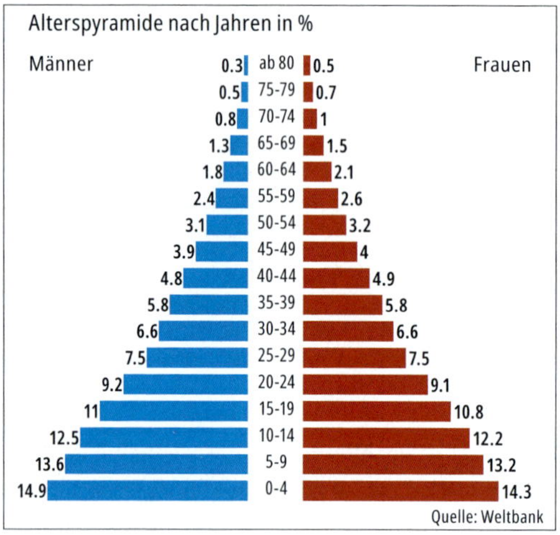

WIRTSCHAFT

BIP: 3.03 Mrd. US$
Wachstum BIP: -3 %
BIP/Kopf: 646 US$
Inflation: 17 %
Außenhandel: Import 728 Mio. US$, Export 411 Mio. US$
Erwerbstätige nach Sektoren: Landwirtschaft 43 %, Industrie 10.1 %, Dienstleistungen 46.9 %
Arbeitslosenquote: 3.3 %
CO_2-Emission/Kopf: 0.2 t

RÜCKBLICK

Wahlen: Nach einer pandemiebedingten Verschiebung wurden am 08.12.2020 sowohl **Senatswahlen** als auch ein **Verfassungsreferendum** abgehalten. Die verschiedenen eingebrachten Verfassungsänderungen betrafen die Begrenzung von Amtszeiten und die Einführung der doppelten Staatsbürgerschaft. Präsident George Weah gilt als Verfechter der Änderungen. Aus Teilen der Opposition wurden Befürchtungen laut, dass dieser das Referendum nutzen könnte, um eine von der Verfassung nicht vorgesehene dritte Amtszeit anzustreben. Dem widersprach Weah jedoch. Alle acht vorgelegten Änderungsvorschläge erhielten eine Mehrheit der abgegebenen Simmen. Jedoch erreichte keiner die nötige Zweidrittelmehrheit, weswegen die Änderungen **nicht in Kraft** traten. Die Senatswahl endete mit einem deutlichen **Sieg der Opposition**. Die Wahl, die in die Mitte der Amtszeit von Präsident Weah fiel, wurde als Abstimmung über die Zufriedenheit der Bevölkerung mit seiner Politik diskutiert. Dementsprechend wurde besonders der Umschwung von vormals von der Regierungspartei CDC dominierten Regionen zur Oppositionskoalition CPP als Schlappe für den Präsidenten gehandelt. Trotzdem konnte die CDC einen Sitz mehr als noch bei der letzten Senatswahl 2014 erringen, es handelt sich dementsprechend nicht um einen Einbruch der Unterstützung, sondern eher um das Ergebnis einer neuerdings stärker kooperierenden Opposition.

Staatliche Repressionen: Es wurde über ein zunehmend repressives Klima gegenüber **Vertretern der Presse** unter Präsident Weah berichtet. Mehrere Journalisten haben sich ins Ausland abgesetzt. Ende März 2021 wurde durch den Staatspräsidenten in der Region Maryland eine **Ausgangssperre** verhängt, nachdem es dort zu gewaltsamen Protesten gekommen ist. Auch im Kontext der COVID-19-Pandemie kam es zu Berichten über den Einsatz unverhältnismäßiger Gewalt bei der Durchsetzung der Präventionsmaßnahmen. Das Maßnahmenbündel wurde ansonsten jedoch von Beobachtern als angemessen und schnell eingeführt gelobt.

Wirtschaft: Bereits vor den Auswirkungen der COVID-19-Pandemie befand sich Liberia in einer **ökonomischen Krise**. Im Zusammenhang mit der Pandemie verschärfte sich diese. Es kam zu einem Einbruch des Wirtschaftswachstums um 3 %. Die **Staatsverschuldung** stieg bis Ende September 2020 auf 49 % des BIP, verglichen mit 38 % im September 2019. Die Inflation liegt weiterhin auf hohem Niveau, ging aber im Vergleich zu 2019 auf Grund der im Kontext der Pandemie gedämpften Gesamtnachfrage leicht zurück.

Libyen

Ländername	Staat Libyen
Zeitzone	MEZ +1 h
Fläche in km²	1 759 541 (Rang 16)
Anzahl der Einwohner	6.9 Millionen (Rang 107)
Einwohnerzahl pro km²	4 (Rang 188)
Hauptstadt	Tripolis
Amtssprache	Arabisch
Verwaltungsgliederung	22 Bezirke
Wichtige Städte	Tripolis, Bengasi, Misurata, Tobruk, Sebha
Autokennzeichen | ISO-Code	LAR | LBY
Währung	1 Libyscher Dinar = 1000 Dirham
Nationalfeiertag	17. Februar (Beginn der Revolution 2011)

Libyen besteht zu über 90 % aus kargem Wüstenland und war im Altertum Teil der Kulturwelt rund um das Mittelmeer. Ende der 1960er-Jahre ergriff der Revolutionsführer Oberst Muammar al-Gaddafi die Macht. Er manövrierte Libyen durch seine unberechenbare Politik wiederholt ins weltpolitische Abseits. Massenproteste und Demonstrationen der Bevölkerung eskalierten 2011 zu einem blutigen Konflikt, der schließlich zum Ende des Regimes führte. Nach dem Tod des Diktators stand das Land vor einem schwierigen Neubeginn.

GEOGRAFIE

Geografische Lage: Von 19°30′ bis 33°11′ nördlicher Breite sowie von 9°17′ bis 25°09′ östlicher Länge (Nordafrika)
Höchster Punkt: Bikku Bitti (Pik Bette) 2285 m
Klima: Wüstenklima, an der Küste warmes Mittelmeerklima

POLITIK

Staatsform: Republik
Staatsoberhaupt: Präsidialrat-Vorsitzender Mohammad Younes Mnefi (seit 05.02.2021)
Regierungschef: Premierminister Abdul Hamid Mohammed Dbaibah (seit 05.02.2021)
Regierungspartei: keine
Legislative: Repräsentantenhaus mit 200 gewählten Mitgliedern
Jahr der Verfassung: Keine Verfassung seit 1978
Wahlrecht: 18 Jahre

BEVÖLKERUNG

Bevölkerungsanteil: <15 Jahre 27.8 %, 15–64 Jahre 67.7 %, >64 Jahre 4.5 %
Verteilung: Stadt 80.7 %, Land 19.3 %
Wachstum: 1.4 %
Lebenserwartung: Frauen 76 Jahre, Männer 70 Jahre
Alphabetenrate: Frauen 85.6 %, Männer 96.7 %
Bevölkerungsgruppen: Berber, Araber u. a.
Religionen: Muslime (v. a. Sunniten), Christen
Sprachen: Arabisch, Berbersprachen, Italienisch, Englisch

WIRTSCHAFT

BIP: 21.8 Mrd. US$
Wachstum BIP: -59.7 %
BIP/Kopf: 3281 US$
Inflation: 22.3 %
Außenhandel: Import 13.36 Mrd. US$ (Maschinen und Transportausrüstungen 53.5 %, Vorstoffe 16 %, Lebensmittel und Lebende Tiere 11.2 %, Sonstige verarbeitete Waren 9.5 %, Chemikalien 4.7 %), Export 7.77 Mrd. US$ (Erdöl und Erdgas 95 %)
Erwerbstätige nach Sektoren: Landwirtschaft 18.8 %, Industrie 21.7 %, Dienstleistungen 59.5 %
Arbeitslosenquote: 19.4 %
CO_2-Emission/Kopf: 7.9 t

RÜCKBLICK

Waffenruhe: Vertreten durch die UN-gestützte Regierung in Westlibyen und General Khalifa Haftar für Ostlibyen, erklärten im August 2020 die beiden Hauptkonfliktparteien gemeinsam einen sofortigen Waffenstillstand. Die Waffenruhe folgte auf eine Phase der Konsolidierung der jeweiligen Territorien, die eine kurzfristige **militärische Lösung** auf beiden Seiten **unwahrscheinlich** erscheinen ließ. Die Niederlegung der Waffen wurde im folgenden Oktober offiziell ratifiziert und dabei das Ziel der Schaffung einer **einheitlichen Regierung** für das gesamte Staatsgebiet erklärt. Vorangegangen war eine **Rücktrittsankündigung** des UN-gestützten Premierministers der Regierung in Tripolis, al-Sarraj, der damit offiziell die Friedensbemühungen voranbringen wollte. Auch die Regierung von Ostlibyen unter Abdallah al-Thani trat im September 2020 zurück, nachdem diese nach dem Rückschlag der Westlibyenoffensive unter General Haftar deutlich geschwächt war und es zu größeren Protesten in Ostlibyen kam. Die Waffenruhe wurde bis Mitte 2021 größtenteils eingehalten, obwohl es immer wieder Berichte von kleineren **gewalttätigen Auseinandersetzungen** gab und Funde auf extralegale Tötungen hinwiesen.

Einheitsregierung: Auf die Ankündigung der Einrichtung einer Einheitsregierung, die im Kontext der Waffenruhe getroffen wurde, folgte eine Phase der Sondierung zwischen den diversen Akteursgruppen und den zwei Hauptkriegsparteien. Anfang Februar gipfelte das auf einer UN-Konferenz in der Wahl einer Übergangsregierung der nationalen Einheit durch libysche Delegierte. Die zentrale Aufgabe des Kabinetts wurde definiert als die **Organisation von Wahlen**, die für Dezember 2021 angesetzt wurden. Zusätzlich soll dieses den Entwurf einer **neuen Verfassung** und die Einführung eines neuen Wahlrechts ausarbeiten. Die Interimsregierung soll nach den Wahlen zurücktreten. Für Beobachter kam überraschend, dass auch General Haftar im Februar 2021 seine **Unterstützung** für die neue Übergangsregierung ankündigte, wodurch diese eine deutlich umfassendere Legitimation als vorherige Abkommen erhielt. Im März 2021 wurde die Regierung schließlich durch das Parlament in Tripolis gebilligt. Das Kabinett unter dem neuen Premierminister **Abdul Hamid Mohammed Dbaibah** erhielt international **viel Zuspruch**. Jedoch wurde er kurz nach Amtseinführung in einem UN-Bericht der Korruption bezichtigt und Beobachter stellten immer wieder die Handlungsfähigkeit der Regierung vor dem Hintergrund der großen **politischen Herausforderungen** und der territorialen Fragmentierung in Frage. Die neue Regierung besteht aus einer für lokale Verhältnisse unüblich hohen Anzahl von Ministern, um mit der Vergabe von diversen Posten möglichst viele Teile des Landes und Akteursgruppen mit einzubinden.

Waffenembargo: Es kam zu mehreren diplomatischen Konflikten von Seiten der **Türkei**, nachdem verschiedene Akteure türkische Schiffe festhielten. Dies geschah vor dem Hintergrund der Durchsetzung des international verkündigten Waffenembargos. So wurden mehrfach türkische Schiffe von der ostlibyschen Küstenwache **festgesetzt**. Daneben kam es im November 2020 zu einer Durchsuchung eines türkischen Schiffs durch die deutsche Marine, die im Rahmen der EU-Mission Irini handelte.

Ausländische Kombattanten: Im März 2021 forderte der UN-Sicherheitsrat den **Abzug** aller ausländischen Truppen und Söldner, deren Zahl auf bis zu 20 000 geschätzt wird. Auch libysche Politiker stellten diese Forderung seit der Verkündigung des Waffenstillstands wiederholt. Es wird von wachsendem Unmut in der Bevölkerung über die große Präsenz der ausländischen Kämpfer berichtet. Deren Anwesenheit und die Interessen der hinter ihnen stehenden internationalen Akteure wird von Beobachtern als das **größte Hindernis** bezüglich eines nachhaltigen Friedens in Libyen gesehen, nachdem die innerstaatlichen Konfliktparteien in den letzten Monaten verstärkt in Verhandlungen getreten sind.

Bundesaußenminister Heiko Maas und Nadschla al-Mankusch, Außenministerin von Libyen, geben eine Pressekonferenz zur zweiten Berliner Libyen-Konferenz am 23.06.2021.

Flucht: Die Anzahl der Flüchtenden, die auf ihrem Weg über das Mittelmeer **zurückgebracht** und in die Hände **libyscher Behörden** übergeben werden, steigt. In der ersten Jahreshälfte 2021 waren es bereits mehr als 10 000. Die Europäische Union hat im Mai 2021 Verhandlungen mit der libyschen Regierung bekanntgegeben, bei denen die libysche Seite im Gegenzug zu ökonomischer Unterstützung von der EU ihre **Grenzinfrastruktur** ausbauen und damit die Überfahrt von Flüchtenden noch stärker behindern soll.

Wirtschaft: Im Angesicht der **multiplen Krisen** brach das BIP um fast 60 % ein. Ausschlaggebend dafür waren der globale Einbruch der Nachfrage nach Rohöl im Kontext der pandemiebedingen Mobilitätseinschränkungen und die **Blockade** der wichtigsten **Ölfelder** durch die ostlibyschen Gewaltakteure. Im September 2020 kündigte General Haftar an, die im Januar desselben Jahres begonnene Blockade der Ölproduktion zu beenden. Das war mit einer Einigung mit der westlibyschen Regierung (GNA) bezüglich der Verteilung der Ölgewinne einhergegangen. Die Produktion normalisierte sich gegen Ende des Jahres.

Liechtenstein

▸ 618

Ländername	Fürstentum Liechtenstein
Zeitzone	MEZ ±0 h
Fläche in km²	160 (Rang 191)
Anzahl der Einwohner	38 137 (Rang 191)
Einwohnerzahl pro km²	238 (Rang 40)
Hauptstadt	Vaduz
Amtssprache	Deutsch
Verwaltungsgliederung	11 Gemeinden
Wichtige Städte	Schaan, Vaduz, Triesen
Autokennzeichen | ISO-Code	FL | LIE
Währung	1 Schweizer Franken = 100 Rappen
Nationalfeiertag	15. August (Mariä Himmelfahrt)

Unternehmen schätzen den alpinen Zwergstaat zwischen Österreich und der Schweiz vor allem als Steuerparadies. Darüber hinaus bietet das souveräne Fürstentum dem Besucher aber auch reizvolle Naturlandschaften und bedeutende Kulturschätze. Nicht zuletzt sichert es seinen Bewohnern einen hohen Lebensstandard.

GEOGRAFIE

Geografische Lage: Von 47°03′ bis 47°16′ nördlicher Breite sowie von 9°29′ bis 9°37′ östlicher Länge (Mitteleuropa)
Höchster Punkt: Vorder-Grauspitz 2599 m
Klima: Relativ mild, winterfeucht

POLITIK

Staatsform: Konstitutionelle Monarchie
Staatsoberhaupt: Fürst Hans-Adam II. (seit 13.11.1989)
Regierungschef: Daniel Risch (seit 25.03.2021)
Regierungsparteien: VU (Vaterländische Union), FBP (Fortschrittliche Bürgerpartei)
Legislative: Landtag mit 25 für 4 Jahre gewählten Mitgliedern
Jahr der Verfassung: 1921
Wahlrecht: 18 Jahre

BEVÖLKERUNG

Bevölkerungsanteil: <15 Jahre 15.2 %, 15–64 Jahre 65.9 %, >64 Jahre 18.9 %
Verteilung: Stadt 14.4 %, Land 85.6 %
Wachstum: 0.3 %
Lebenserwartung: Frauen 86 Jahre, Männer 82 Jahre
Alphabetenrate: Frauen 99 %, Männer 99 %
Bevölkerungsgruppen: Liechtensteiner, Schweizer, Österreicher, Deutsche, Italiener u. a.
Religionen: Christen (v. a. Katholiken), Muslime
Sprachen: Deutsch, Italienisch u. a.

WIRTSCHAFT

BIP: Keine Angabe
Wachstum BIP: Keine Angabe
BIP/Kopf: Keine Angabe
Inflation: Keine Angabe
Außenhandel: Keine Angabe
Erwerbstätige nach Sektoren: Keine Angabe
Arbeitslosenquote: 1.5 %
CO_2-Emission/Kopf: Keine Angabe

RÜCKBLICK

Corona-Pandemie: Obwohl die Corona-Infektionszahlen niedrig waren, entfielen am 15.08.2020 erstmals seit 80 Jahren Festakt und Volksfest zum Fürstentag. Die 2. Welle der Pandemie traf das Fürstentum mit voller Wucht. Auf dem Höhepunkt am 26.12.2020 lag die 7-Tage-Inzidenz bei 787, einem der höchsten Werte in ganz Europa. Ab dem 20.12.2020 verschärfte die Regierung die Anti-Corona-Maßnahmen: Die Schulferien wurden bis zum 11.01.2021 verlängert, Sport in Innenräumen verboten. Restaurants, Bars und Clubs mussten schließen, ebenso Kinos, Theater und Freizeitparks. Das Skigebiet blieb offen. Alle Veranstaltungen wurden abgesagt, private Treffen auf maximal 10 Personen beschränkt.

Wahlen: Am 07.02.2021 wählten die rd. 20 000 Wahlberechtigten einen neuen Landtag. Regierungschef Adrian Hasler von der Fortschrittlichen Bürgerpartei (FBP) trat nicht wieder an. Die FBP ging erstmals mit einer Frau als Spitzenkandidatin in die Wahl, mit der Botschafterin bei der EU Sabine Monauni. Der stellvertretende Regierungschef Daniel Risch kandidierte für die Vaterländische Union (VU) für den Posten als Regierungschef. Mit je 35.9 % gingen FBP und VU fast gleichstark aus der Wahl hervor. Die VU lag lediglich mit 42 Stimmen vorn. Die Unabhängigen (DU) scheiterten mit 4.2 % an der 8 %-Hürde. Die liberalen Demokraten pro Liechtenstein (DPL) schafften aus dem Stand 11.1 %. Auf die grüne Freie Liste (FL) entfielen 12.9 %. Am 16.03.2021 einigten sich VU und FBP auf einen Koalitionsvertrag. Risch wurde am 25.03.2021 als neuer Regierungschef und Finanzminister vereidigt, Monauni (zuständig für Inneres, Wirtschaft und Umwelt) als seine Stellvertreterin. Die VU erhielt zwei weitere Ministerposten (Äusseres und Infrastruktur; Bildung, Justiz und Sport), die FBP einen (Gesellschaft und Kultur) sowie den Posten des Landtagspräsidenten.

Volksabstimmungen: Gleich drei Vorlagen scheiterten bei Volksabstimmungen am 30.08.2020. So sprachen sich 61.5 % **gegen die doppelte Staatsbürgerschaft für Bürger der Schweiz und der EU** bzw. des Europäischen Wirtschaftsraums aus. Wer Liechtensteiner werden will, muss also auch künftig auf seine bisherige Staatsbürgschaft verzichten. Liechtensteiner dagegen dürfen weiterhin ausländische Staatsbürgerschaften haben. 78.8 % stimmten dagegen, dass Frauen und Männer künftig zu gleichen Teilen in politischen Gremien vertreten sind. Die Bürger folgten damit einer Empfehlung der Mehrheit des Parlaments. Abgelehnt hat das Stimmvolk mit 62.3 % auch das Regierungsvorhaben, einen Kredit von 71.3 Mio. sfr. aufzunehmen, um die durch Liechtenstein verlaufende S-Bahn zwischen Feldkirch in Österreich und Buch in der Schweiz zu erneuern. U. a. hätte damit der Straßenverkehr durch Pendler reduziert werden sollen.

Verurteilung: Ex-Außenministerin **Aurelia Frick** und ihr damaliger Generalsekretär René Schierscher **wurden am** 23.04.2021 **wegen Täuschung vom Kriminalgericht** zu einer bedingten Geldstrafe von jeweils 40 000 sfr. verurteilt. Das Gericht sah es als erwiesen an, dass sie 2018 mit fingierten Rechnungen Parlament und Regierung getäuscht hatten, um eine Budgetüberschreitung in Höhe von 5650 sfr. für Leistungen von Beratungsgesellschaften zu kaschieren und so keinen Nachtragshaushalt beantragen zu müssen. Über die Affäre hatte das Parlament Frick 2019 das Vertrauen entzogen. Die Staatsanwaltschaft legte Berufung ein, weil sie den schwereren Vorwurf des Missbrauchs der Amtsgeschäfte erhebt. Weil eine Zeugin im Laufe des Prozesses außerdem ausgesagt hatte, dass Frick sie auch als Beraterin für die geplante Gründung einer Frauenpartei mit 32 000 sfr. aus der Staatskasse bezahlt habe, nahm die Staatsanwaltschaft Ermittlungen auf.

Litauen

▸ 614

Ländername	Republik Litauen
Zeitzone	MEZ +1 h
Fläche in km²	65 286 (Rang 121)
Anzahl der Einwohner	2.8 Millionen (Rang 138)
Einwohnerzahl pro km²	43 (Rang 140)
Hauptstadt	Vilnius
Amtssprache	Litauisch
Verwaltungsgliederung	10 Bezirke
Wichtige Städte	Vilnius, Kaunas, Klaipeda, Šiauliai, Panevežys
Autokennzeichen | ISO-Code	LT | LTU
Währung	1 Euro = 100 Cent
Nationalfeiertag	16. Februar (Unabhängigkeit 1918)

Litauen, der größte und bevölkerungsreichste baltische Staat, galt lange Zeit als der ökonomisch rückständigste. Nicht zuletzt durch den EU-Beitritt 2004 konnte das Land jedoch in der Entwicklung aufholen. Die weltweite Wirtschafts- und Finanzkrise führte allerdings zu einem schweren Rückschlag. In den letzten Jahren konnte sich die Wirtschaft wieder erholen. Seit 2015 ist Litauen Mitglied der Euro-Zone.

GEOGRAFIE

Geografische Lage: Von 53°53′ bis 56°27′ nördlicher Breite sowie von 20°56′ bis 26°48′ östlicher Länge (Osteuropa)
Höchster Punkt: Aukštojas 294 m
Klima: Winterfeucht-kühles Klima

POLITIK

Staatsform: Semipräsidiale Republik
Staatsoberhaupt: Präsident Gitanas Nausėda (seit 12.07.2019)

Regierungschef: Ministerpräsidentin Ingrida Šimonytė (seit 11.12.2020)
Regierungsparteien: Koalition TS-LKD (Vaterlandsunion und Christdemokraten), LRLS (Liberale Bewegung), LP (Freiheitspartei)
Legislative: Parlament mit 141 für 4 Jahre gewählten Mitgliedern
Jahr der Verfassung: 1992
Wahlrecht: 18 Jahre

BEVÖLKERUNG

Bevölkerungsanteil: <15 Jahre 15.5 %, 15–64 Jahre 63.9 %, >64 Jahre 20.6 %
Verteilung: Stadt 68 %, Land 32 %
Wachstum: 0 %
Lebenserwartung: Frauen 82 Jahre, Männer 70 Jahre
Alphabetenrate: Frauen 99.8 %, Männer 99.8 %
Bevölkerungsgruppen: Litauer, Polen, Russen, Weißrussen u. a.
Religion: Christen (v. a. Katholiken)
Sprachen: Litauisch, Russisch, Polnisch u. a.

WIRTSCHAFT

BIP: 55.69 Mrd. US$
Wachstum BIP: -0.8 %
BIP/Kopf: 19 916 US$
Inflation: 1.1 %
Außenhandel: Import 33.14 Mrd. US$ (Chemische Erzeugnisse 16.1 %, Nahrungsmittel 10.1 %, Maschinen 8.9 %, Erdöl 7.4 %, Kfz und -Teile 7.4 %), Export 32.77 Mrd. US$ (Chemische Erzeugnisse 17.5 %, Nahrungsmittel 14.2 %, Maschinen 7.5 %, Möbel und -teile 6.9 %, Rohstoffe außer Brennstoffe 6 %)
Erwerbstätige nach Sektoren: Landwirtschaft 6.6 %, Industrie 25.9 %, Dienstleistungen 67.5 %
Arbeitslosenquote: 8.4 %
CO_2-Emission/Kopf: 4.8 t

RÜCKBLICK

Machtwechsel: Bei den Parlamentswahlen vom 11. und 25.10.2020 wurde die **Mitte-links-Regierung** von Ministerpräsident Saulius Skvernelis **abgewählt.** In der Listenwahl baute die oppositionelle **Vaterlandsunion und Christdemokraten (TS-LKD)** mit der parteilosen früheren Finanzministerin Ingrida Šymonitė als Spitzenkandidatin mit einem Stimmenanteil von 25.8 % ihre Position als **stärkste Kraft** aus. Auch in der Stichwahl, in der die 71 Direktkandidaten bestimmt werden, war die Partei, anders als 2016, erfolgreich. Ihre Wählerbasis hatte die TS-LKD vor allem in den größeren Städten. Insgesamt erlangten zehn Parteien Mandate im Seimas. Šymonitė formte mit zwei liberalen Parteien, LRLS und LP, eine **Mitte-rechts-Koalition.** Sie wurde am 24.11.2020 vom Parlament als Ministerpräsidentin bestätigt. Am 11.12.2020 trat die neue Regierung ihr Amt an.

Corona-Pandemie: Die Niederlage der heterogenen Vier-Parteien-Koalition von Ministerpräsident Skvernelis wurde auch mit ihrem **mangelhaften Management** der Corona-Pandemie erklärt. Dessen Regierung hatte auf die **zweite Ansteckungswelle** mit dem SARS-CoV-2-Virus, die Litauen im Oktober/November 2020 **Höchstwerte** in Europa bescherte, nur verhalten mit regionalen Beschränkungen („Risikozonen") reagiert. Erst die Regierung Šymonitė verhängte im Dezember 2020 einen **landesweiten Lockdown** (bis 31.05.2021) mit strengen Kontaktbe-

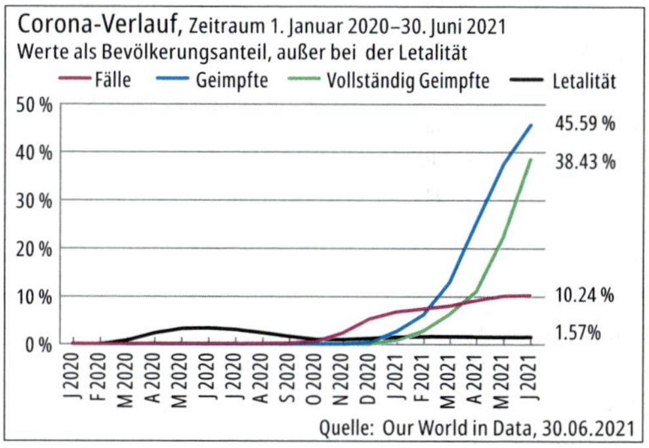

schränkungen und Hygieneauflagen. Schulen und Hochschulen sowie Gaststätten mussten schließen, Kultureinrichtungen teilweise; der Einzelhandel blieb weitgehend offen. Die staatlichen Corona-Hilfen für Beschäftigte und Unternehmen mit Einkommenseinbußen summierten sich auf etwa ein Zehntel des BIP. Ein nur geringer Rückgang von Binnenkonsum und Export führte 2020 mit einem Minus von 0.8 % zum **geringsten BIP-Rückgang in der EU.**

Solidarität: Zehntausende Menschen bildeten am 23.08.2020 eine rund 30 km lange **Menschenkette** zwischen der Hauptstadt Vilnius und der Grenze zu Belarus, um ihre **Verbundenheit mit der Protestbewegung** gegen das Lukaschenko-Regime zu zeigen. Zusammen mit Estland und Lettland verhängte Litauen am 31.08.2020, noch vor der EU, **Sanktionen** gegen 30 Verantwortliche wegen Wahlfälschung und Repression in Belarus. Ähnlich wie aus Polen erhielt die demokratische Opposition gegen Lukaschenko aus Litauen besonders starke Unterstützung. Beide Staaten mussten im Oktober 2020 ihre **Botschafter aus Belarus zurückrufen** und ihr dortiges diplomatisches Personal verringern.

Luxemburg

▸ 612

Ländername	Großherzogtum Luxemburg
Zeitzone	MEZ ±0 h
Fläche in km²	2586 (Rang 169)
Anzahl der Einwohner	632 275 (Rang 164)
Einwohnerzahl pro km²	244 (Rang 38)
Hauptstadt	Luxemburg
Amtssprachen	Luxemburgisch, Französisch, Deutsch
Verwaltungsgliederung	12 Kantone
Wichtige Städte	Luxemburg, Esch-sur-Alzette, Differdingen, Düdelingen
Autokennzeichen | ISO-Code	L | LUX
Währung	1 Euro = 100 Cent
Nationalfeiertag	23. Juni (Geburtstagsfeier des Großherzogs)

Der westeuropäische Kleinstaat hat sich jahrhundertelang mit seinen mächtigen Nachbarn arrangieren müssen und sich im 20. Jahrhundert der europäischen Einigung verschrieben. Einst vor allem von Eisen und Stahl abhängig, ist das Großherzogtum heute auch ein wichtiges internationales Finanzzentrum. Gemessen an der Wirtschaftsleistung pro Einwohner und am Pro-Kopf-Einkommen darf sich Luxemburg zu den reichsten Staaten der Erde zählen.

GEOGRAFIE

Geografische Lage: Von 49°26′ bis 50°10′ nördlicher Breite sowie von 5°43′ bis 6°30′ östlicher Länge (Westeuropa)
Höchster Punkt: Kneiff 560 m
Klima: Gemäßigtes maritim-kontinentales Klima

POLITIK

Staatsform: Konstitutionelle Monarchie
Staatsoberhaupt: Großherzog Henri (seit 07.10.2000)
Regierungschef: Premierminister Xavier Bettel (seit 05.12.2018)
Regierungsparteien: LSAP (Lëtzebuerger Sozialistesch Aarbechterpartei), DP (Demokratesch Partei), Gréng (Déi Gréng)
Legislative: Abgeordnetenkammer mit 60 für 5 Jahre gewählten Mitgliedern
Jahr der Verfassung: 1868
Wahlrecht: 18 Jahre

BEVÖLKERUNG

Bevölkerungsanteil: <15 Jahre 15.6 %, 15–64 Jahre 70.1 %, >64 Jahre 14.3 %
Verteilung: Stadt 91.5 %, Land 8.5 %
Wachstum: 2 %
Lebenserwartung: Frauen 84 Jahre, Männer 80 Jahre
Alphabetenrate: Frauen 99 %, Männer 99 %
Bevölkerungsgruppen: Luxemburger, Portugiesen, Franzosen, Italiener, Belgier, Deutsche, Spanier, Briten u. a.
Religionen: Christen, Muslime
Sprachen: Luxemburgisch, Französisch, Deutsch u. a.

WIRTSCHAFT

BIP: 73.2 Mrd. US$
Wachstum BIP: -1.3 %
BIP/Kopf: 116 921 US$
Inflation: 0 %
Außenhandel: Import 20.81 Mrd. US$ (Kfz und -Teile 14.6 %, Chemische Erzeugnisse 12.2 %, Nahrungsmittel 9.8 %, Maschinen 8.5 %, Rohstoffe außer Brennstoffe 5.7 %), Export 13.8 Mrd. US$ (Eisen und Stahl 13.3 %, Maschinen 13.1 %, Chemische Erzeugnisse 12 %, Kfz und -Teile 8.6 %, Nahrungsmittel 7.9 %)
Erwerbstätige nach Sektoren: Landwirtschaft 1 %, Industrie 11.6 %, Dienstleistungen 87.4 %
Arbeitslosenquote: 7 %
CO_2-Emission/Kopf: 16.3 t

RÜCKBLICK

Corona-Pandemie: Mit etwa 11 % Infizierten war Luxemburg gemessen an der Einwohnerzahl stark von der Pandemie betroffen. Eine zweite Infektionswelle erreichte das Land bereits ab Mitte Juli 2020, sodass verschiedene europäische Länder, darunter am 14.07.2020 Deutschland, Luxemburg zum Risikogebiet erklärten und Reisewarnungen aussprachen. Nachdem die Zahl der täglichen Neuinfektionen ab Mitte Oktober noch einmal stark auf über 800 anstieg, verschärfte die Regierung die Maßnahmen zur Eindämmung der Pandemie: Ende Oktober trat eine nächtliche Ausgangssperre zwischen 23 und 6 Uhr in Kraft, am 23.11.2020 wur-

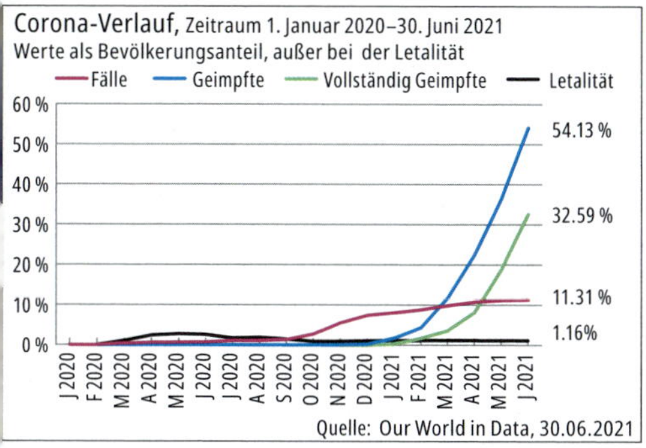

de darüber hinaus ein Teillockdown beschlossen, der auch die Schließung von Cafés, Restaurants, Fitnessstudios und Kinos vorsah. Diese Maßnahmen wurden mehrfach verlängert. Am 07.04.2021 durfte die Außengastronomie wieder öffnen, am 16.05.2021 auch der Innenbereich. Die nächtliche Ausgangssperre wurde am 13.06.2021 aufgehoben. Am 27.12.2020 begann die Impfkampagne, die zunächst nur schleppend anlief. Bis Mitte Juni waren etwa 160 000 Menschen vollständig gegen Corona geimpft, weitere 263 000 hatten die erste Impfung erhalten. Insgesamt hatten sich 70 466 Menschen mit dem Coronavirus infiziert, 818 waren an der Krankheit gestorben.

Steuerstreit: Im Steuerstreit der EU-Kommission mit **Amazon und Luxemburg** entschied das Gericht der Europäischen Union (EuG) am 12.05.2021 zugunsten von Amazon. Das Gericht schloss sich der Ansicht der Kommission nicht an, dass die niedrigen Steuersätze, die Luxemburg Amazon auf Grund von sog. „Tax Rulings" gewährt, gegen EU-Beihilferecht verstoßen. 2017 hatte die EU-Kommission angeordnet, dass Amazon, das seinen Europa-Hauptsitz in Luxemburg hat, 250 Mio. € Steuern nachzahlen muss. Dagegen hatte Amazon geklagt.

Landwirtschaft: Zum 01.01.2021 trat die letzte Stufe des Verbots des umstrittenen Pflanzenschutzmittels **Glyphosat** in Kraft. Seitdem dürfen auch keine Restbestände mehr auf Felder und Weinberge ausgebracht werden.

UN-Menschenrechtsrat: Am 10.12.2020 stellte Außenminister Jean Asselborn die Kampagne vor, mit der sich Luxemburg um einen Sitz im UN-Menschenrechtsrat für die Periode 2022–2024 bewirbt.

Madagaskar

▸ 644

Ländername	Republik Madagaskar
Zeitzone	MEZ +2 h
Fläche in km²	587 295 (Rang 45)
Anzahl der Einwohner	27.7 Millionen (Rang 51)
Einwohnerzahl pro km²	47 (Rang 135)
Hauptstadt	Antananarivo
Amtssprachen	Malagasy, Französisch
Verwaltungsgliederung	22 Regionen
Wichtige Städte	Antananarivo, Toamasina, Antsirabe, Mahajanga, Fianarantsoa, Toliara
Autokennzeichen | ISO-Code	RM | MDG
Währung	1 Ariary = 5 Iraimbilanja
Nationalfeiertag	26. Juni (Unabhängigkeit 1960)

Madagaskar ist die viertgrößte Insel der Erde und liegt rund 400 km vor der afrikanischen Ostküste. Die erdgeschichtlich frühe Isolierung führte zu einer eigenständigen Entwicklung der artenreichen Pflanzen- und Tierwelt. Die bedeutende Stellung als Handelsplatz begünstigte die Entwicklung eines zentralistischen Königreichs im 19. Jahrhundert. Das moderne Madagaskar gehört jedoch zu den ärmsten Ländern der Welt.

GEOGRAFIE

Geografische Lage: Von 11°57′ bis 25°36′ südlicher Breite sowie von 43°13′ bis 50°30′ östlicher Länge (Indischer Ozean)
Höchster Punkt: Maromokotro 2876 m
Klima: Tropisch entlang der Küste, gemäßigt im Landesinneren, trocken im Süden

POLITIK

Staatsform: Semipräsidiale Republik
Staatsoberhaupt: Präsident Andry Rajoelina (seit 19.01.2019)
Regierungschef: Premierminister Christian Ntsay (seit 08.06.2018)
Regierungspartei: keine
Legislative: Parlament, bestehend aus Nationalversammlung mit 151 für 5 Jahre gewählten Mitgliedern und Senat mit 12 für 5 Jahre gewählten und 6 ernannten Mitgliedern
Jahr der Verfassung: 2010
Wahlrecht: 18 Jahre

BEVÖLKERUNG

Bevölkerungsanteil: <15 Jahre 40.1 %, 15–64 Jahre 56.8 %, >64 Jahre 3.1 %
Verteilung: Stadt 38.5 %, Land 61.5 %
Wachstum: 2.6 %
Lebenserwartung: Frauen 69 Jahre, Männer 66 Jahre
Alphabetenrate: Frauen 72.4 %, Männer 77.3 %
Bevölkerungsgruppen: Merina, Cotiers, Franzosen, Inder, Kreolen, Komorer u. a.
Religionen: Christen, Muslime, Ethnische
Sprachen: Malagasy, Französisch, Englisch

WIRTSCHAFT

BIP: 13.84 Mrd. US$
Wachstum BIP: -4.2 %
BIP/Kopf: 502 US$
Inflation: 4.2 %
Außenhandel: Import 3.22 Mrd. US$ (Petrochemie 14.3 %, Nahrungsmittel 11.8 %, Textilien und Bekleidung 11.5 %, Chemische Erzeugnisse 10.6 %, Maschinen 7.2 %), Export 1.99 Mrd. US$ (Nahrungsmittel 35.7 %, Nichteisenmetalle 20.6 %, Textilien und Bekleidung 20 %, Rohstoffe außer Brennstoffe 9.1 %, Gold 3.2 %)
Erwerbstätige nach Sektoren: Landwirtschaft 63.8 %, Industrie 9.1 %, Dienstleistungen 27.1 %
Arbeitslosenquote: 1.9 %
CO_2-Emission/Kopf: 0.2 t

RÜCKBLICK

Corona-Pandemie: Mit der Impfung von Gesundheitsminister Jean Louis Rakotovao startete Mitte Mai 2021 die **erste Phase der Impfkampagne**, die sich auf im Gesundheitswesen Tätige, auf Senioren und auf Menschen mit Vorerkrankungen konzentrierte. Die staatliche Führung hatte zunächst das im Land hergestellte **Kräutertonikum „Covid Organics"** als alternatives Mittel gegen die Wirkung des COVID-19-Virus präferiert und das ungetestete Mittel auch in andere Staaten exportiert. Im März und April 2021 wurde ein **sprunghafter Anstieg** der Infektionszahlen registriert, der das Gesundheitssystem an seine Belastungsgrenzen brachte.

Wirtschaft: Infolge der Pandemie verzeichnete das Wirtschaftswachstum 2020 nach Schätzungen der Weltbank einen massiven **Einbruch** von -4.2 %. Für 2021–2023 wurde eine Erholung von 3–5 % erwartet. Die **Staatsverschuldung stieg weiter an** und sollte 2021 rund 47 % des BIP erreichen. Mit den Bereichen Landwirtschaft (Vanille, Nelken), Nahrungsmittel- und Textilindustrie, Bergbau (Nickel, Kobalt, Ilmenit) und Tourismus verfügte die Wirtschaft über eine vergleichsweise breite Basis.

Innenpolitische Lage: Nach jahrzehntelanger Unbeständigkeit blieb die politische Lage unter Präsident Andry Rajoelina weitgehend stabil. Allerdings mehrten sich öffentliche **Demonstrationen und Proteste** der politischen Opposition, die von der wachsenden **wirtschaftlichen und sozialen Not** im Land, noch verstärkt durch die Folgen der Corona-Pandemie, getragen waren. Mit einem Pro-Kopf-Einkommen von unter 500 US$ pro Jahr gehörte Madagaskar zu den ärmsten Staaten weltweit. Um geplante Aktionen der Opposition zu verhindern, wurden im Februar 2021 alle politischen Kundgebungen in der Hauptstadt Antananarivo untersagt. Im März 2021 kam es in mehreren Städten zu öffentlichen Protesten von Studierenden, die die Auszahlung ihrer seit mehreren Monaten ausstehenden staatlichen Studienbeihilfen forderten.

Hungerkrise: Infolge **mehrjähriger Dürre** und anderer klimabedingter Extremerscheinungen wie Sand- und Wirbelstürmen war der **Süden der Insel** 2021 von einer Hungersnot bedroht. Im Januar 2021 forderten die UN die Weltgemeinschaft auf, für die Region Soforthilfen in Höhe von 76 Mio. US$ bereitzustellen. **1.35 Mio. Menschen** waren im April 2021 nach Angaben des Welternährungsprogramms (WFP) akut auf Hilfe angewiesen. In einigen südlichen Distrikten litt mehr als ein Viertel der Bevölkerung unter **Mangelernährung**. Um zu überleben, griffen die Betroffenen auf Blätter, rohe Kaktusfrüchte und Heuschrecken zurück, so das WFP. Die Weltbank gab den Anteil der **Kinder**, die auf Madagaskar **chronisch unterernährt** und damit in ihrer Entwicklung bedroht waren, mit 47 % an. Die ausfallenden Ernten verstärkten zudem die Armut, weil rund 80 % der Bevölkerung von landwirtschaftlichen Erträgen lebten.

Malawi

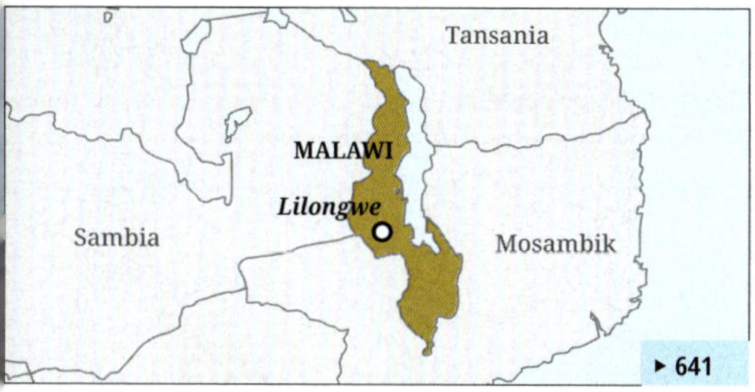

Ländername	Republik Malawi
Zeitzone	MEZ +1 h
Fläche in km²	118 484 (Rang 98)
Anzahl der Einwohner	19.1 Millionen (Rang 62)
Einwohnerzahl pro km²	161 (Rang 57)
Hauptstadt	Lilongwe
Amtssprache	Englisch
Verwaltungsgliederung	3 Regionen mit 28 Distrikten
Wichtige Städte	Lilongwe, Blantyre, Mzuzu, Zomba, Karonga
Autokennzeichen | ISO-Code	MW | MWI
Währung	1 Malawi-Kwacha = 100 Tambala
Nationalfeiertag	6. Juli (Unabhängigkeit 1964)

Mit seinen Bergen, Seen, Wasserfällen, den Savannen und Wäldern ist das kleine Land im Südosten Afrikas ein wahres Naturparadies. Doch für die Menschen verblassen all diese Schönheiten angesichts eines Lebens in einem der ärmsten Länder der Welt, das drei Jahrzehnte von Hastings Kamuzu Banda (1898–1997) autoritär regiert wurde. Die letzten Präsidentschafts- und Parlamentswahlen fanden am 23.06.2020 statt.

GEOGRAFIE

Geografische Lage: Von 9°23′ bis 17°08′ südlicher Breite sowie von 32°40′ bis 35°54′ östlicher Länge (Südostafrika)
Höchster Punkt: Sapitwa 3002 m
Klima: Tropisches, wechselfeuchtes Klima

POLITIK

Staatsform: Präsidiale Republik
Staatsoberhaupt und Regierungschef: Präsident Lazarus Chakwera (seit 28.06.2020)
Regierungspartei: MCP (Malawi Congress Party)
Legislative: Nationalversammlung mit 193 für 5 Jahre gewählten Mitgliedern
Jahr der Verfassung: 1995
Wahlrecht: 18 Jahre

BEVÖLKERUNG

Bevölkerungsanteil: <15 Jahre 43 %, 15–64 Jahre 54.4 %, >64 Jahre 2.6 %
Verteilung: Stadt 17.4 %, Land 82.6 %
Wachstum: 2.7 %
Lebenserwartung: Frauen 68 Jahre, Männer 62 Jahre
Alphabetenrate: Frauen 55.2 %, Männer 69.8 %
Bevölkerungsgruppen: Chewa, Lomwe, Yao, Ngoni, Tumbuka, Sena, Mang'anja, Tonga, Nyanja u. a.
Religionen: Christen, Muslime, Ethnische, Sonstige
Sprachen: Englisch, Chichewa, Bantusprachen

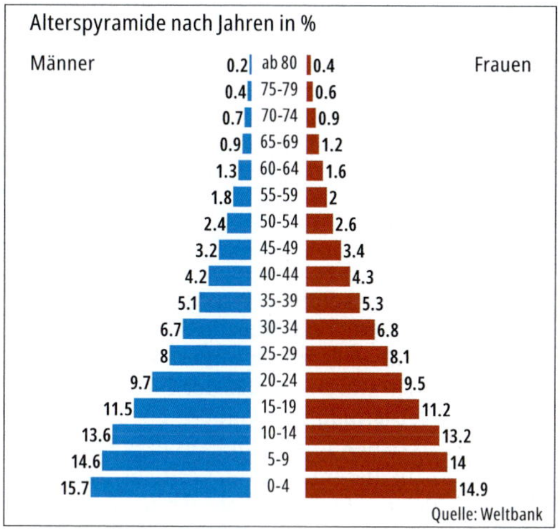

WIRTSCHAFT

BIP: 8.49 Mrd. US$
Wachstum BIP: 0.6 %
BIP/Kopf: 407 US$
Inflation: 8.6 %
Außenhandel: Import 2.64 Mrd. US$ (Chemische Erzeugnisse 22.9 %, Maschinen 9.5 %, Petrochemie 7.2 %, Kfz und -Teile 7.1 %, Nahrungsmittel 6.5 %), Export 788 Mio. US$ (Getränke und Tabak 54.9 %, Nahrungsmittel 30.1 %, Rohstoffe außer Brennstoffe 8.1 %, Chemische Erzeugnisse 1.4 %, Maschinen 0.9 %)
Erwerbstätige nach Sektoren: Landwirtschaft 43.2 %, Industrie 13.8 %, Dienstleistungen 43 %
Arbeitslosenquote: 6 %
CO_2-Emission/Kopf: 0.1 t

RÜCKBLICK

Neue Regierung: Am 08.07.2020 ernannte der wenige Tage zuvor, am 28.06.2020, als neuer **Staatspräsident** vereidigte **Lazarus Chakwera** ein neues Kabinett. Nachdem das Verfassungsgericht im Februar 2020 das Ergebnis der Präsidentschaftswahlen von 2019 überraschend annulliert hatte, war Chakwera am 23.06.2020 bei den Wiederholungswahlen als Nachfolger von Peter Mutharika Sieger geworden. Als Präsident und Regierungschef stand er **an der Spitze eines Bündnisses aus neun Oppositionsparteien**. Das neue Kabinett setzte sich vorwiegend aus Vertretern der Präsidentenpartei Malawi Congress Party (MCP) sowie aus Mitgliedern des 2018 gegründeten United Transformation Movement (UTM) zusammen. Die Besetzung wurde von der Öffentlichkeit beanstandet. Dabei wurde u. a. kritisiert, dass zwischen einigen Ministern offenbar enge familiäre oder persönliche Beziehungen bestanden und andere mit ihren neuen Kabinettsposten mutmaßlich für ihre zuvor geleistete politische Unterstützung belohnt werden sollten. Der Minister für Lokalverwaltung, Lingson Kambewa Waidon Belekanyama, und der Minister für Verkehr und öffentliche Arbeiten, Mohammed Sidik Mia verstarben beide am 12.01.2021 infolge einer COVID-19-Infektion. Ihre Posten blieben zunächst vakant.

Veruntreuung: Die staatliche Aufsicht stellte im April 2021 fest, dass Teile eines 7.8 Mio. US$ schweren **COVID-19-Fonds** für andere Zwecke missbraucht worden waren. Infolge der Untersuchung kam es zur **Verhaftung** von zum Teil hochrangigen Personen aus dem Kabinett und aus dem Büro des Präsidenten. In diesem Rahmen verfügte Chakwera, der die Bekämpfung von Korruption zu einer seiner Hauptaufgaben erklärt hatte, am 18.04.2021 auch die **Entlassung von Arbeitsminister Ken Edward Kandodo**. Diesem wurde die missbräuchliche Verwendung von Fondsmitteln in Höhe von 613 000 Kwacha (etwa 624 €) zur Last gelegt, die er als Aufwandsentschädigung für eine Reise nach Südafrika genutzt hatte.

Corona-Impfstoff: Im Mai 2021 vernichtete Malawi als erstes Land weltweit offiziell rund 20 000 Dosen des britisch-schwedischen Corona-Impfstoffs AstraZeneca. Die staatlichen Gesundheitsbehörden hatten die **Verbrennung der Vakzine** angeordnet, da deren Haltbarkeitsdatum abgelaufen war und sie mit dieser Maßnahme der verbreiteten Impfskepsis entgegenwirken wollten.

Todesstrafe: Der Oberste Gerichtshof erklärte am 29.04.2021 die Todesstrafe für nicht mit der staatlichen Grundordnung vereinbar und veranlasste damit de facto ihre Abschaffung. Seit 1975 hatte es keine Hinrichtungen mehr gegeben.

Malaysia

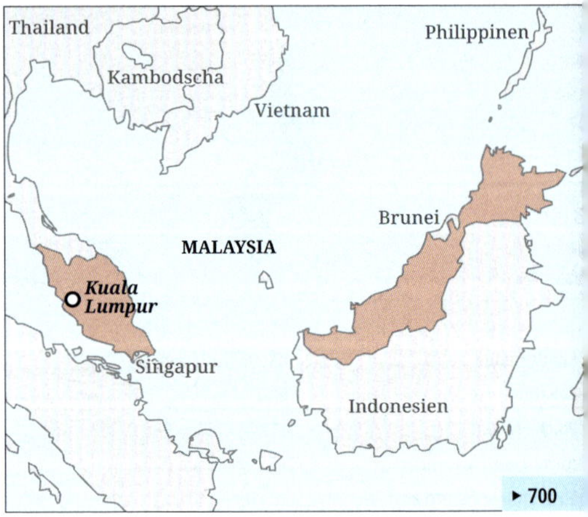

▸ 700

Ländername	Malaysia
Zeitzone	MEZ +7 h
Fläche in km²	330 323 (Rang 67)
Anzahl der Einwohner	32.4 Millionen (Rang 45)
Einwohnerzahl pro km²	98 (Rang 89)
Hauptstadt	Kuala Lumpur
Regierungssitz	Putrajaya
Amtssprache	Malaysisch
Verwaltungsgliederung	13 Bundesstaaten und 3 Bundesterritorien
Wichtige Städte	Kuala Lumpur, Subang Jaya, Kelang, Johor Bahru, Ipoh, Ampang Jaya, Kuching, Petaling Jaya, Shah Alam
Autokennzeichen | ISO-Code	MAL | MYS
Währung	1 Ringgit = 100 Sen
Nationalfeiertage	31. August (Unabhängigkeit 1957), 16. September (Gründung 1963)

Das geografisch zweigeteilte Land in Südostasien hat in nur kurzer Zeit den Sprung von einem Entwicklungsland zu einer wachstumsstarken Industrienation geschafft. Erst in jüngster Zeit wurden die vom Raubbau bedrohten artenreichen Tropenwälder teilweise unter Schutz gestellt. Ein innenpolitisches Problem bilden die starken ethnischen Spannungen sowie das regionale Entwicklungsgefälle.

GEOGRAFIE

Geografische Lage: Von 0°51′ bis 7°21′ nördlicher Breite sowie von 99°39′ bis 119°17′ östlicher Länge (Südostasien)
Höchster Punkt: Kinabalu 4095 m
Klima: Feuchtheißes Tropenklima

POLITIK

Staatsform: Föderale parlamentarische Wahlmonarchie
Staatsoberhaupt: König Abdullah Ri'ayatuddin (seit 31.01.2019)
Regierungschef: Premierminister Muhyiddin bin Haji Mohammed Yassin (seit 01.03.2020)
Regierungspartei: PKR (People's Justice Party)
Legislative: Parlament, bestehend aus Repräsentantenhaus mit 222 für 5 Jahre gewählten Mitgliedern und Senat mit 26 für 3 Jahre gewählten und 44 ernannten Mitgliedern
Jahr der Verfassung: 1957
Wahlrecht: 18 Jahre

BEVÖLKERUNG

Bevölkerungsanteil: <15 Jahre 23.4 %, 15–64 Jahre 69.4 %, >64 Jahre 7.2 %
Verteilung: Stadt 77.2 %, Land 22.8 %
Wachstum: 1.3 %
Lebenserwartung: Frauen 78 Jahre, Männer 74 Jahre
Alphabetenrate: Frauen 91.1 %, Männer 96.3 %
Bevölkerungsgruppen: Malaien, Chinesen, Inder u. a.
Religionen: Muslime, Buddhisten, Christen, Hindus, Sonstige
Sprachen: Malaysisch, Englisch, Chinesisch, Tamil

WIRTSCHAFT

BIP: 338.28 Mrd. US$
Wachstum BIP: -5.6 %
BIP/Kopf: 10 270 US$
Inflation: -1.1 %
Außenhandel: Import 189.86 Mrd. US$ (Elektronik 23 %, Chemie 11 %, Petrochemie 8.5 %, Maschinen 8.2 %, Nahrungsmittel 6.1 %), Export 234.13 Mrd. US$ (Elektronik 31.8 %, Chemie 8.4 %, Petrochemie 6.3 %, Elektrotechnik 6 %, Öle, Fette und Wachse 4.6 %)
Erwerbstätige nach Sektoren: Landwirtschaft 10.1 %, Industrie 26.8 %, Dienstleistungen 63.1 %
Arbeitslosenquote: 4.6 %
CO_2-Emission/Kopf: 7.7 t

RÜCKBLICK

Corona-Pandemie: Nachdem das Land 2020 vergleichsweise wenige Ansteckungen verzeichnete, zwang eine zweite Welle im Januar 2021 zur Neuauflage erheblicher Einschränkungen; nach deren Lockerung im März nahm die Inzidenz wieder rasant zu: Am 03.06.2021 wurde mit 8209 täglichen Fällen der bisherige Höhepunkt der Pandemie erreicht. Die Regierung stritt den **Vorwurf der Nachlässigkeit** ab und verwies darauf, dass am Ende des Ramadans die Bürger sich massenhaft über die Beschränkungen hinweggesetzt hatten. Am

Corona-Verlauf, Zeitraum 1. Januar 2020–30. Juni 2021
Werte als Bevölkerungsanteil, außer bei der Letalität

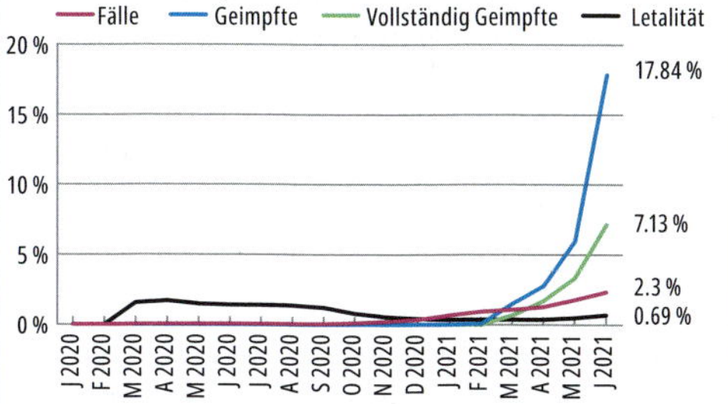

Quelle: Our World in Data, 30.06.2021

01.06.2021 verfügte die Regierung eine **Schließung der meisten Fabriken** und eine strikte Ausgangssperre; die Polizei errichtete landesweit über 800 **Straßensperren**, um die Mobilität zu unterbinden. Nach Lockerungen und Schulöffnungen stieg die Infektionsrate seit Mitte Juni auf neue Höhen.

Innenpolitik: Im Juli 2020 endete die umstrittene, mit den Corona-Kontaktbeschränkungen begründete Vertagung des Parlaments. Dennoch blieb das politische Kräfteverhältnis unübersichtlich, wie sich am 13.07.2020 bei der **Wahl des Parlamentspräsidenten** zeigte: Zwar gelang es der Koalitionsregierung aus den maliisch-nationalistischen Parteien UNMO und Bersatu mit der islamistischen Wohlfahrtspartei PAS und dem Bündnis der regionalen Parteien Sarawaks (GPS) mit 111 gegen 109 ihren Kandidaten durchzusetzen, womit der im Mai 2020 ausgebremste Misstrauensantrag gegen Regierungschef Muhyiddin Yassin politisch erledigt zu sein schien. Doch war die **hauchdünne parlamentarische Mehrheit der Regierung** vom Verhalten einiger Abgeordneter abhängig, die unter Korruptionsanklage standen und daher versucht sein konnten, ihre Stimme gegen Amnestieversprechen anzubieten. Am 01.09.2020 erklärte Oppositionsführer Anwar Ibrahim von der Gerechtigkeitspartei (Keadilan), über eine Mehrheit im Parlament zu verfügen. Doch erhielt er vom Staatsoberhaupt nicht den Auftrag, eine Regierung zu bilden; stattdessen verhängte der amtierende König Sultan Abdullah Sulan Ahmad Shah am 12.01.2021 einen erweiterten **Ausnahmezustand** aufgrund der Corona-Pandemie, der bis zum 01.08.2021 gelten sollte; der Regierungschef erklärte, dass vor dem Ende des Notstands nicht mit einer Einberufung des Parlaments oder Neuwahlen zu rechnen sei.

Außenpolitik: Während seines Besuchs in Kuala Lumpur warnte der chinesische Außenminister Wang Yi am 13.10.2020 die ASEAN-Staaten davor, sich im **Territorialdisput im Südchinesischen Meer**

von den USA instrumentalisieren zu lassen. Außenminister Hishammudin Hussein plädierte für „regionale Diplomatie“, um den Konflikt zu entschärfen. Unterdessen wurden Spannungen mit der **VR China** sichtbar: Am 09.10.2020 setzte die Marine 6 chinesische Boote wegen illegaler Fischerei fest; am 19.11.2020 bedrängte die chinesische Küstenwache eine Ölbohrplattform in der exklusiven Wirtschaftszone Malaysias – die Marine entsandte daraufhin ein Patrouillenschiff. Im Mai drangen 16 chinesische Militärflugzeuge weit in den Luftraum über Sarawak ein. Auch mit den **Philippinen** verschärften sich die Spannungen: Am 27.08.2020 protestierte die Regierung bei der UNO gegen die „exzessiven“ Ansprüche Manilas auf die Spratlyinseln und auf Sabah im Norden Borneos.

1MDB: Am 28.07.2020 verurteilte der High Court in Kuala Lumpur den 2018 abgewählten Ministerpräsidenten Najib Razak wegen Machtmissbrauchs, Untreue und Geldwäsche zu 12 Jahren Haft sowie zu einer Geldstrafe in Höhe von 49 Mio. US$. Najib hatte sich am Staatsfonds 1MDB persönlich bereichert; auch Familienmitglieder gehörten zu den Nutznießern, die besonders auch in der langjährigen Regierungspartei UNMO zu finden waren. Das US-Justizministerium schätzte, dass zwischen 2008 und 2015 etwa 4.5 Mrd. US$ aus dem Vermögen des Staatsfonds veruntreut worden sind. Najib blieb gegen Kaution auf freiem Fuß und legte Berufung gegen das Urteil ein. Die Investmentbank Goldman Sachs, die bei der Kreditaufnahme des Staatsfonds führend beteiligt gewesen war, einigte sich mit den Justizbehörden Malaysias im August 2020 auf Entschädigungszahlungen von bis zu 3.9 Mrd. US$.

Wirtschaft: Die Pandemie traf das Exportland 2020 hart. Auch schlug der durch die Kontaktbeschränkungen ausgelöste, von steigender Arbeitslosigkeit verstärkte Einbruch der privaten Konsumnachfrage zu Buche. Trotz einer Erholung der Nachfrage nach Industrieprodukten in der zweiten Jahreshälfte schrumpfte die Wirtschaft 2020 um 5.6 %. Ein von der Regierung eingerichteter COVID-Hilfsfonds im Umfang von 9.2 Mrd. US$ dämpfte den Abschwung, doch starke Impulse gingen von der öffentlichen Hand nicht aus, weil öffentliche Investitionen wegen der Kontaktbeschränkungen stockten und ein Programm zur Digitalisierung der mittelständischen Unternehmen stockte. Hoffnungen lagen auf zentralen Verkehrsprojekten wie der hochmodernen Putrajaya Eisenbahnlinie, die die Überlastung des Großraums Kuala Lumpur verringern soll und deren Eröffnung im August 2021 erwartet wurde, oder dem Ausbau des Pan Borneo Highways.

Malediven

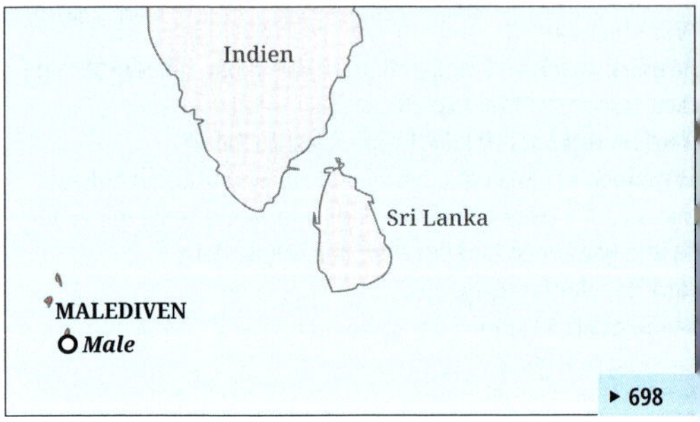

▸ 698

Ländername	Republik Malediven
Zeitzone	MEZ +4 h
Fläche in km²	300 (Rang 188)
Anzahl der Einwohner	540 542 (Rang 168)
Einwohnerzahl pro km²	1802 (Rang 5)
Hauptstadt	Male
Amtssprache	Dhivehi
Verwaltungsgliederung	19 Distrikte und 2 Städte
Wichtige Städte	Male, Hithadhoo, Fuvahmulah
Autokennzeichen | ISO-Code	MV | MDV
Währung	1 Rufiyaa = 100 Laari
Nationalfeiertag	26. Juli (Unabhängigkeit 1965)

Das tropische Inselparadies mit seinen weißen Sandstränden und den bunten, artenreichen Korallenbänken lebt hauptsächlich vom Tourismus. Demokratische Wahlen beendeten 2008 das autokratische Regime des seit 1978 regierenden Präsidenten Maumoon Abdul Gayoom. Das Fortbestehen des Archipels ist durch den steigenden Meeresspiegel infolge des globalen Klimawandels bedroht.

GEOGRAFIE

Geografische Lage: Von 7°06' nördlicher bis 0°41' südlicher Breite sowie von 72°41' bis 73°45' östlicher Länge (Indischer Ozean)
Höchster Punkt: Unbenannt 2 m
Klima: Feuchtheißes Monsunklima

POLITIK

Staatsform: Präsidiale Republik
Staatsoberhaupt und Regierungschef: Präsident Ibrahim Mohamed Solih (seit 17.11.2018)
Regierungspartei: DRP (Dhivehi Rayyithunge Party)
Legislative: Parlament mit 87 für 5 Jahre gewählten Mitgliedern
Jahr der Verfassung: 2008
Wahlrecht: 18 Jahre

BEVÖLKERUNG

Bevölkerungsanteil: <15 Jahre 19.6 %, 15–64 Jahre 76.8 %, >64 Jahre 3.6 %
Verteilung: Stadt 40.7 %, Land 59.3 %
Wachstum: 1.8 %
Lebenserwartung: Frauen 81 Jahre, Männer 78 Jahre
Alphabetenrate: Frauen 98.1 %, Männer 97.3 %
Bevölkerungsgruppen: Singhalesen, Dravidier, Araber, Asiaten, Afrikaner u. a.
Religion: Muslime (v. a. Sunniten)
Sprachen: Dhivehi, Englisch

WIRTSCHAFT

BIP: 3.76 Mrd. US$
Wachstum BIP: -32.2 %
BIP/Kopf: 9934 US$
Inflation: -1.6 %
Außenhandel: Import 1.84 Mrd. US$ (Petrochemie 14.9 %, Nahrungsmittel 14.8 %, Maschinen 10.3 %, Rohstoffe außer Brennstoffe 7.1 %, Chemische Erzeugnisse 6.6 %), Export 286 Mio. US$ (Nahrungsmittel 98.2 %, Rohstoffe außer Brennstoffe 1.4 %, Elektrotechnik 0.2 %, Fahrzeuge 0.1 %)
Erwerbstätige nach Sektoren: Landwirtschaft 8.2 %, Industrie 18.3 %, Dienstleistungen 73.5 %
Arbeitslosenquote: 7.2 %
CO_2-Emission/Kopf: 2 t

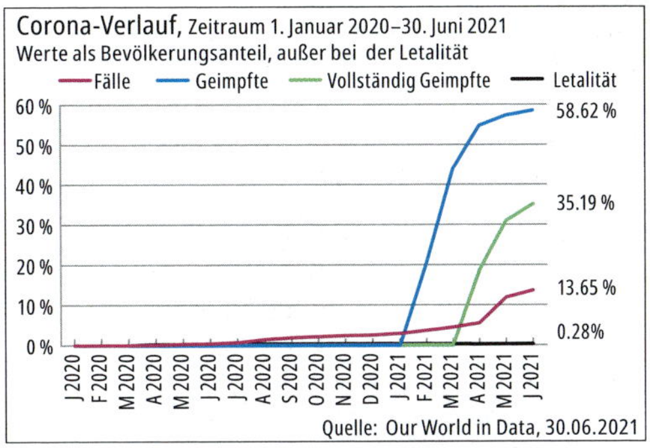

RÜCKBLICK

Corona-Pandemie: Wegen der Ausrichtung des Landes auf den Tourismus hatte die Pandemie **schwerste ökonomische Konsequenzen**: Der Einreisestopp im Frühjahr 2020 führte dazu, dass, aufs Jahr betrachtet, die niedrigsten Gästezahlen seit 2005 verzeichnet wurden. **62 % weniger Übernachtungen** im Gesamtjahr bedeuteten einen entsprechend hohen Einnahmeverlust der Hotels, den die Regierung durch erhebliche Kompensationszahlungen abfederte. Obwohl die **Einreisesperre am 14.07.2020 wieder aufgehoben** wurde, nahm die Zahl der Ankünfte nur sehr langsam wieder zu und selbst in der Hochsaison um die Jahreswende blieben sie weit hinter dem Vorjahreszeitraum zurück. Immerhin konnten dank eines **Reiseabkommens mit Indien** die ausbleibenden Gäste aus der VR China teilweise kompensiert werden. So wurde im ersten Quartal 2021 der Rückgang der Gäste auf 22 % begrenzt. Um so schwerwiegender war der Rückschlag durch die zweite Pandemiewelle in Indien. Um das touristische Interesse in Ostasien und Europa wieder zu beleben, war ein effizientes Corona-Management entscheidend: Die am 01.02.2021 begonnene **Impfkampagne** war gut organisiert: Sie erfasste Einheimische und Ausländer mit Wohnsitz auf den Malediven gleichermaßen und kostenlos. Die relative gute Versorgung mit Impfstoff – sowohl die VR China, Indien als auch Israel spendeten Vakzine – erlaubte es, bis zum 31.03.2021 etwa 42 % der Bevölkerung zu impfen. Gesundheitsminister Abdulla Mausoom brachte daher im April 2021 die Überlegung auf, Touristen ein Impfangebot zu machen und sie damit ins Land zu locken. Der **exponentielle Anstieg von Infektionen seit Mitte April**, der bis zum 27.05.2021 mit täglich etwa 1300 Neuinfektionen einen Höhepunkt erreichte, machte Hoffnungen auf einen baldigen Touristenboom jedoch hinfällig.

Politik: Am 06.05.2021 scheiterte in Male ein Mordanschlag auf den Ex-Präsidenten und amtierenden Parlamentspräsidenten Mohamed Nasheed – er wurde mit schweren Verletzungen nach Deutschland ausgeflogen und operiert; die Regierung bat die australische Polizei um Hilfe bei der Aufklärung des Verbrechens. Drei tatverdächtige Islamisten wurden verhaftet.

Bundestagspräsident Wolfgang Schäuble empfängt den Parlamentspräsidenten der Republik Malediven, Mohamed Nasheed, am 24.06.2021 in Berlin.

Wirtschaft: Der öffentliche Schuldenstand stieg 2020 um ein gutes Viertel auf 149 % des BIP – trotz des Basiseffekts aufgrund der pandemiebedingt um 32 % geschrumpften Wirtschaftsleistung gab dies zu **Sorgen um die Zahlungsfähigkeit** des Landes Anlass, die der Internationale Währungsfond und Ratingagenturen mit Abwertungen der Kreditwürdigkeit des Landes kundtaten.

Mali

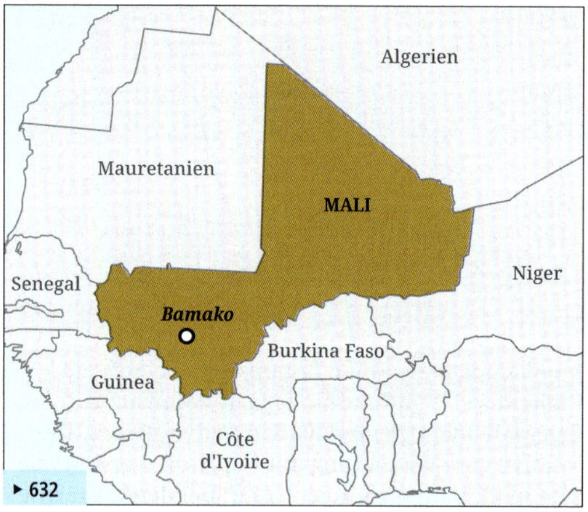

▸ 632

Ländername	Republik Mali
Zeitzone	MEZ -1 h
Fläche in km²	1 240 192 (Rang 23)
Anzahl der Einwohner	20.3 Millionen (Rang 60)
Einwohnerzahl pro km²	16 (Rang 173)
Hauptstadt	Bamako
Amtssprache	Französisch
Verwaltungsgliederung	10 Regionen und 1 Hauptstadtdistrikt
Wichtige Städte	Bamako, Sikasso, Kalabankoro, Koutiala, Ségou, Kayes
Autokennzeichen | ISO-Code	RMM | MLI
Währung	1 CFA-Franc (BCEAO) = 100 Centimes
Nationalfeiertag	22. September (Unabhängigkeit 1960)

Die Republik im Herzen Westafrikas ist ein Vielvölkerstaat mit reichem kulturellem Erbe. So bestanden im Mittelalter auf dem Gebiet des heutigen Staates verschiedene Großreiche, die wegen ihrer Kultur hohes Ansehen in der islamischen Welt genossen. Heute gilt Mali mit seiner Binnenlage und der fortschreitenden Ausbreitung der Wüste, die mit immer wiederkehrenden Dürreperioden verknüpft ist, als besonders benachteiligtes Land. Die Anzahl der Binnenflüchtlinge ist hoch.

GEOGRAFIE

Geografische Lage: Von 10°08′ bis 25° nördlicher Breite sowie von 12°16′ westlicher bis 4°14′ östlicher Länge (Westafrika)
Höchster Punkt: Hombori Tondo 1155 m
Klima: Im Norden Wüstenklima, im Süden feuchttropisches Savannenklima

POLITIK

Staatsform: Semipräsidiale Republik
Staatsoberhaupt und Regierungschef: Interimspräsident Assimi Goïta (seit 28.05.2021)
Regierungsparteien: RPM (Rassemblement pour le Mali), ADEMA-PASJ (Alliance pour la Démocratie en Mali)
Legislative: Nationalversammlung mit 147 für 5 Jahre gewählten Mitgliedern
Jahr der Verfassung: 1992
Wahlrecht: 18 Jahre

BEVÖLKERUNG

Bevölkerungsanteil: <15 Jahre 47 %, 15–64 Jahre 50.5 %, >64 Jahre 2.5 %
Verteilung: Stadt 43.9 %, Land 56.1 %
Wachstum: 3 %
Lebenserwartung: Frauen 60 Jahre, Männer 59 Jahre
Alphabetenrate: Frauen 25.7 %, Männer 46.2 %
Bevölkerungsgruppen: Bambara, Fulbe, Sarakole, Senufo, Malinke, Dogon, Sonrai, Bobo u. a.
Religionen: Muslime, Christen
Sprachen: Französisch, Bambara, Fulfulde u. a.

WIRTSCHAFT

BIP: 17.64 Mrd. US$
Wachstum BIP: -2 %
BIP/Kopf: 897 US$
Inflation: 0.6 %
Außenhandel: Import 5.14 Mrd. US$, Export 4.21 Mrd. US$
Erwerbstätige nach Sektoren: Landwirtschaft 62.3 %, Industrie 7.6 %, Dienstleistungen 30.1 %
Arbeitslosenquote: 7.5 %
CO_2-Emission/Kopf: < 0.1 t

RÜCKBLICK

Erster Militärputsch: Sowohl im August 2020 als auch im Mai 2021 kam es zu Staatsstreichen, die von Oberst **Assimi Goïta** angeführt wurden. Dieser stürzte beim ersten Coup den damaligen Präsidenten Ibrahim Boubacar Keïta, gegen den zu diesem Zeitpunkt eine Welle an Demonstrationen zugange war. Am 19.08.2020 wurde die Bildung des „Comité national pour le salut du peuple" (CNSP) als Militärjunta verlautbart. Ein nicht unerheblicher Teil der malischen Zivilbevölkerung und von Akteuren der Anti-Keïta-Oppositionsbewegung **M5-RFP** unterstützte den Putsch. Es folgten eine Reihe von Sanktionen, unter anderem durch die ECOWAS. In den folgenden Verhandlungen zur Beendigung der Sanktionen wurde festgelegt, dass eine von zivilen Entscheidungsträgern angeführte Übergangsregierung eingesetzt werden muss. Goita gab in diesem Kontext die Rolle als Staatsoberhaupt ab und übernahm ab dem 25.09.2020 das Amt des Interims-Vizepräsidenten. Das CNSP erklärte den ehemaligen Offizier **Bah N'Daw** zum Präsidenten. Mit dieser Berufung wurde die konstitutionelle Ordnung wiederhergestellt, das CNSP blieb jedoch weiterhin bestehen. Zwar öffnete die Militärregierung bereits drei Tage nach dem Putsch wieder die **Ländergrenzen**, jedoch hielten die Nachbarstaaten die Grenzen aufgrund der anhaltenden Macht der Putschisten einseitig geschlossen. Nachdem die ECOWAS die Forderung nach einer Abschaffung der Junta erneuerte, wurde diese am 18.01.2021 per Dekret aufgelöst.

Zweiter Putsch: Am 24.05.2021 wurden Premierminister Ouane und Präsident N'Daw **festgenommen**. Kurz zuvor hatten sie ein neues Kabinett vorgestellt, das mehr unterschiedliche Akteursgruppen einbezogen hatte, jedoch einige Goïta nahestehende Akteure ausschloss. Am nächsten Tag verkündete die Armee, dass sie die beiden abgesetzt habe, da diese den Übergang sabotierten und sich nicht an die ausgehandelte **Machtteilung mit Goïta** hielten. Mali wurde als Reaktion auf den zweiten Putsch sowohl von der ECOWAS als auch der Afrikanischen Union suspendiert. Vor allem der zweite Putsch wurde von vielen internationalen Institutionen scharf kritisiert. Dementsprechend ist eine **verstärkte Isolation** des Landes zu beobachten. Die Weltbank fror alle Zahlungen an das Land ein, bis eine zivile Regierung wiederhergestellt sei. Beobachter sprechen bei den Putschen zum Teil von einer Abkehr von Frankreich und einer Annäherung an Russland.

Sicherheitslage: Die Konfliktlage bleibt vielschichtig und die Akteursgruppen fragmentiert. Die allgemeine Sicherheitslage hat sich weiter verschlechtert. Insgesamt ist die zuvor zu beobachtende, rasante jährliche Zunahme an bewaffneten Angriffen durch die verschiedenen Akteursgruppen etwas ausgebremst. Gleichzeitig sind die Berichte über Menschenrechtsverletzungen und **extralegale Tötungen** durch das malische Militär deutlich gestiegen. Die Angriffe auf Zivilbevölkerung und Militär durch die unterschiedlichen, teils rivalisierenden islamistischen Gruppen im Norden hielten an. Gleichzeitig etablierten sich diese Gruppen verstärkt in zentralen Regionen des Landes und die **Ausbreitung** in südlichen Landesteilen setzte sich fort. Ebenfalls hielten die simultan existierenden bewaffneten Auseinandersetzungen zwischen ethno-linguistischen Gruppen an. Bei diversen Überfällen auf Dörfer in diesem Kontext kam es zu Hunderten Todesopfern.
Ein Selbstmordattentäter hat am 25.06.2021 eine Patrouille deutscher UN-Soldaten angegriffen und dabei mehrere Menschen verletzt. Der Angriff soll sich in der Nähe des Dorfes Ichagara, in der Gemeinde Tarkint ereignet haben.

Vertreibung und Flucht: Die Anzahl der vertriebenen Personen hat sich 2020 um mehr als 100 000 erhöht. Damit sind mehr als 300 000 Menschen von der IOM als Binnenflüchtlinge registriert. Im Kontext der zunehmend erodierten Sicherheitslage und der politischen Instabilitäten haben sich dabei sowohl **Gewalt** an als auch **Hunger** unter Geflüchteten 2020 signifikant erhöht.

Französische Militärpräsenz: Anfang 2021 hatte die ehemalige Kolonialmacht mit 5100 Soldaten so viel Militär wie noch nie in der Sahelregion stationiert. Es kam zu vermehrten **Protesten** in der malischen Zivilbevölkerung gegen die französische Präsenz. Deren Militäreinsätze gelten als **gescheitert** in ihrem Ziel, zu einer Stabilisierung der Region beizutragen. Außerdem kam es auf französischer Seite zu diplomatischen Spannungen wegen der Staatsstreiche. In diesem Zusammenhang wurden nach dem Putsch im Mai 2021 alle gemeinsamen Militäroperationen mit der malischen Armee ausgesetzt. Im Juni 2021 schließlich verkündigte der französische Präsident Macron das **Ende der „Operation Barkhane"**.

Wirtschaft: Nach einem starken Vorjahr kam es 2020 zu einem **Rückgang** des BIP um 2 % als Resultat aus den Verwerfungen wegen der Militärputsche und den Auswirkungen von COVID-19. Dabei sind die Nettoexporte gesunken und es kam zu einer Schrumpfung im sekundären und tertiären Sektor. Das **Haushaltsdefizit** vergrößerte sich deutlich von -1.8 % des BIP im Jahr 2019 auf -6.1 % im Jahr 2020. Im Oktober 2020 veranstalteten die Vereinten Nationen eine Geberkonferenz, bei der 1.7 Mrd. US$ an Hilfsgeldern primär für die Nahrungssicherung in der Sahelregion zugesagt wurden.

Malta

▸ 625

Ländername	Republik Malta
Zeitzone	MEZ ±0 h
Fläche in km²	315 (Rang 187)
Anzahl der Einwohner	525 285 (Rang 169)
Einwohnerzahl pro km²	1665 (Rang 6)
Hauptstadt	Valletta
Amtssprachen	Maltesisch, Englisch
Verwaltungsgliederung	68 Gemeinden
Wichtige Städte	Birkirkara, Mosta, San Pawl il-Baħar, Qormi, Valletta
Autokennzeichen | ISO-Code	M | MLT
Währung	1 Euro = 100 Cent
Nationalfeiertage	31. März (Abzug der britischen Streitkräfte 1979), 7. Juni (Aufstand 1919), 8. September (Ende der Belagerungen 1565, 1800 und 1943), 21. September (Unabhängigkeit 1964), 13. Dezember (Verfassung 1974)

Die kleine, seit 2004 zur Europäischen Union gehörende Inselgruppe im Mittelmeer blickt aufgrund ihrer strategischen Lage auf eine wechselvolle Geschichte zurück. Phönizier, Römer, Byzantiner, Araber, Normannen, Kreuzritter und Briten hinterließen ein in Europa einmaliges Geflecht kultureller Bezüge. Die Zeugnisse dieser lebhaften Vergangenheit, die über sechs Jahrtausende von megalithischen Kultstätten über frühchristliche Katakomben bis zu den Festungsanlagen des Malteserordens reichen, sind heute Anziehungspunkte eines wachsenden Tourismus.

GEOGRAFIE

Geografische Lage: Von 35°48′ bis 36°05′ nördlicher Breite sowie von 14°11′ bis 14°34′ östlicher Länge (Südeuropa)
Höchster Punkt: Ta'Dmejrek 253 m
Klima: Mittelmeerklima

POLITIK

Staatsform: Parlamentarische Republik
Staatsoberhaupt: Präsident George Vella (seit 04.04.2019)
Regierungschef: Premierminister Robert Abela (seit 13.01.2020)
Regierungspartei: PL (Partit Laburista)
Legislative: Repräsentantenhaus mit 65 für 5 Jahre gewählten Mitgliedern
Jahr der Verfassung: 1964
Wahlrecht: 18 Jahre

BEVÖLKERUNG

Bevölkerungsanteil: <15 Jahre 14.4 %, 15–64 Jahre 64.3 %, >64 Jahre 21.3 %
Verteilung: Stadt 94.7 %, Land 5.3 %
Wachstum: 4.1 %
Lebenserwartung: Frauen 84 Jahre, Männer 81 Jahre
Alphabetenrate: Frauen 96 %, Männer 93 %
Bevölkerungsgruppen: Malteser u. a.
Religion: Christen (v. a. Katholiken)
Sprachen: Maltesisch, Englisch, Italienisch

WIRTSCHAFT

BIP: 14.56 Mrd. US$
Wachstum BIP: -7 %
BIP/Kopf: 28 294 US$
Inflation: 0.8 %
Außenhandel: Import 5.21 Mrd. US$ (Fahrzeuge 25.3 %, Petrochemie 22.7 %, Chemische Erzeugnisse 9.2 %, Nahrungsmittel 8.2 %, Elektronik 6 %), Export 2.68 Mrd. US$ (Petrochemie 27.9 %, Elektronik 13.7 %, Chemische Erzeugnisse 13.6 %, Nahrungsmittel 7.7 %, Fahrzeuge 4.9 %)
Erwerbstätige nach Sektoren: Landwirtschaft 0.9 %, Industrie 18 %, Dienstleistungen 81.1 %
Arbeitslosenquote: 4.1 %
CO_2-Emission/Kopf: 2.4 t

RÜCKBLICK

Corona-Pandemie: Bereits Ende Juli 2020 begann auf Malta die **2. Welle**, die Mitte Oktober mit einer 7-Tage-Inzidenz von rund 220 ihren vorläufigen Höhepunkt erreichte. In der **3. Welle** gehörte Malta Mitte März 2021 mit einer Inzidenz von 500 zu den europäischen Hotspots. Eindämmungsmaßnahmen und eine erfolgreiche Impfkampagne sorgten jedoch für Abhilfe. Ab dem 12.04.2021 lockerte die Regierung die Maßnahmen. Zuerst öffneten Kinderbetreuungseinrichtungen und Schulen wieder. Als erstes EU-Land erklärte Malta am 26.05.2021, dass mehr als 70 % der erwachsenen Bevölkerung mit mindestens einer Dosis gegen Corona geimpft sind. Malta erreichte dies, indem es Impfdosen aufkaufte, die andere EU-Staaten nicht wollten. Ab dem 01.06.2021 öffnete sich Malta wieder für den internationalen Tourismus.

Mordfall Galizia: Im Prozess um den Mord an der Investigativjournalistin **Daphne Caruana Galizia** bekannte sich Vince Muscat am 23.02.2021 in allen Anklagepunkten schuldig. Das Gericht verurteilte ihn am gleichen Tag zu 15 Jahren Gefängnis. Muscat muss außerdem die Gerichtskosten in Höhe von 42 000 € tragen. Das Strafmaß hatten seine Anwälte im Gegenzug für eine umfassende Aussage Muscats im Mordfall ausgehandelt. Das Verfahren gegen die beiden Mitangeklagten Alfred und George Degiorgio lief weiter.
Einer der Kronzeugen im Verfahren, **Melvin Theuma**, wurde am 22.07.2020 schwer verletzt in seiner Wohnung gefunden, einen Tag bevor er aussagen sollte. Die Ermittler selbst sprachen von einem Selbstmordversuch. Theuma gilt als Mittelsmann zwischen den Auftraggebern und den Mördern der Journalistin. Für ein Geständnis war ihm von der Staatsanwaltschaft Straffreiheit zugesagt worden. Theuma überlebte und belastete in seiner Aussage am 29.04.2021 den Unternehmer **Yorgen Fenech** als Drahtzieher. Er habe ihm 150 000 € für den Mord gezahlt. Sowohl Theuma als auch Vince Muscat beschuldigten außerdem den damaligen Vize-Polizeichef Silvio Valletta, Informationen über die Journalistin und das Ermittlungsverfahren an die mutmaßlichen Täter weitergegeben zu haben.
Fenech belastete vor Gericht **Keith Schrembi**, den damaligen Stabschef des Premierministers, hinter dem Attentat zu stehen. Schembri wurde am 20.03.2021 wegen Geldwäsche, Betrug, krimineller Verschwörung und Fälschung angeklagt und festgenommen. Mit ihm wurden 10 weitere Personen verhaftet, die im Verdacht stehen, an den Straftaten beteiligt gewesen zu sein.
Am 15.08.2020 **reichte der langjährige Generalstaatsanwalt Peter Grech seinen Rücktritt** ein. Zuvor hatten maltesische Zeitungen am 07.07.2020 berichtet, dass Grech 2016 Polizei und Justiz davor gewarnt hatte, Korruptions- und Geldwäsche-Vorwürfen gegen die damaligen Regierungsmitglieder Keith Schembri und Konrad Mizzi im Zusammenhang mit den Panama-Papers nachzugehen und entsprechende Beweise zu sichern. Grech hatte außerdem zunächst verhindert, dass Valletta von dem Fall abgezogen wurde.
Im Rahmen einer auf internationalen Druck des Europarats zustande gekommenen **öffentlichen Untersuchung (public inquiry)** sagten außerdem der ehemalige Energieminister Konrad Mizzi (27.11.2020), Ex-Premierminister Joseph Muscat (04.12.2020) sowie Ex-Stabschef Keith Schembri (14.12.2020) aus. Alle beteuerten ihre Unschuld. Die Kommission widersetzte sich der Aufforderung von Premierminister Robert Abela, die Untersuchung bis zum 15.12.2020 abzuschließen.

Wirtschaft: Wegen des **Verkaufs von Staatsbürgerschaften** leitete die EU-Kommission am 20.10.2020 ein Vertragsverletzungsverfahren gegen Malta ein. Malta verkauft seit 2014 Staatsbürgerschaften und erzielte daraus bis Ende 2020 Einnahmen in Höhe von 1.4 Mrd. €. Interessenten müssen 650 000 € in einen Staatsfonds zahlen, Immobilien im Wert von mindestens 350 000 € erwerben sowie 150 000 € in maltesischen Staatsanleihen anlegen. Familienangehörige kosten extra. Ein Aufenthalt auf Malta ist dazu nicht nötig, der Erwerb einer Immobilie genügt. Der maltesische Pass, mit dem alle Rechte eines EU-Bürgers verbunden sind, ist u. a. für reiche Chinesen, Russen und Araber interessant. Kritiker sehen in den „Goldenen Pässen" ein Einfallstor für organisierte Kriminalität in Europa.
Moneyval, das Europaratsorgan für die Bekämpfung von **Geldwäsche und Terrorismusfinanzierung** bescheinigte Malta am 27.05.2021, seine Maßnahmen verbessert zu haben. 2019 war Malta noch durch die Geldwäsche-Prüfung von Moneyval gefallen. U. a. die Deutsche Bank hatte sich daraufhin aus Kommissionsgeschäften mit maltesischen Banken zurückgezogen. Trotz der positiven Moneyval-Beurteilung setzte die Financial Action Task Force (FATF) Malta am 23.06.2021 als ersten EU-Staat auf die graue Liste von Staaten, die nicht genügend gegen Geldwäsche tun. Premierminister Abela bezeichnete die Entscheidung als ungerecht, kündigte aber weitere Reformen an, um die Maßnahmen gegen Geldwäsche und Terrorismusfinanzierung zu verschärfen.

Vogelfang: Wegen Verstoßes gegen die **Vogelschutzrichtlinie** leitete die EU-Kommission am 03.12.2020 ein weiteres Vertragsverletzungsverfahren ein. Hintergrund ist die alljährliche Jagd auf Zugvögel (vor allem auf Finken). Nachdem der Europäische Gerichtshof (EuGH) die Praxis 2018 verboten hatte, hatte Maltas Regierung im Oktober 2020 eine „wissenschaftliche Studie" ins Leben gerufen, die den Vogelfang weiter ermöglicht. Am 09.06.2021 setzte die EU-Kommission Malta eine einmonatige Frist, Abhilfe zu schaffen und drohte mit einem erneuten Gang vor den EuGH.

Abtreibung: Die unabhängige Abgeordnete Marlene Farrugia brachte am 12.05.2021 überraschend einen Gesetzentwurf im Parlament ein, der eine **Entkriminalisierung** von Abtreibung vorsieht. Malta ist das einzige EU-Land, in dem Abtreibung in jeder Form verboten ist. Frauen, die abtreiben, droht eine Haftstrafe von bis zu drei Jahren, Helfer werden mit einer Geldstrafe belegt.

Marokko

Ländername	Königreich Marokko
Zeitzone	MEZ -1 h
Fläche in km²	446 550 (Rang 57)
Anzahl der Einwohner	36.9 Millionen (Rang 40)
Einwohnerzahl pro km²	83 (Rang 100)
Hauptstadt	Rabat
Amtssprachen	Arabisch, Tamazight
Verwaltungsgliederung	12 Regionen
Wichtige Städte	Casablanca, Fès, Tanger, Marrakesch, Rabat, Meknès, Oujda, Kénitra, Agadir
Autokennzeichen | ISO-Code	MA | MAR
Währung	1 Marrokanischer Dirham = 100 Centimes
Nationalfeiertage	30. Juli (Thronbesteigung von König Mohammed VI. 1999), 18. November (Unabhängigkeit 1956)

Das Königreich im Nordwesten Afrikas am Eingang des Mittelmeers ist nur durch die Straße von Gibraltar von Europa getrennt. Marokkos Geschichte ist maßgeblich vom Konflikt zwischen der jeweiligen Zentralregierung und den unabhängigen Stämmen der Gebirgs- bzw. Wüstenregionen geprägt worden. Heute ist das Land mit orientalischer Tradition sowie landschaftlicher und kultureller Vielfalt für Touristen aus aller Welt ein beliebtes Reiseziel. Marokko beansprucht das Gebiet Westsahara, die ehemalige spanische Kolonie Spanisch-Sahara, die an der afrikanischen Nordwestküste zwischen Marokko und Mauretanien liegt.

GEOGRAFIE

Geografische Lage: Von 21°25′ bis 35°55′ nördlicher Breite sowie von 1°02′ bis 17°01′ westlicher Länge (Nordafrika)
Höchster Punkt: Toubkal 4167 m
Klima: Im Norden warmes Mittelmeerklima mit Winterregen, im Süden Steppenklima, in den Hochlagen des Atlasgebirges auch winterfeucht-kühles Klima

POLITIK

Staatsform: Parlamentarische Monarchie
Staatsoberhaupt: König Mohammed VI. (seit 23.07.1999)
Regierungschef: Premierminister Saadeddine Othmani (seit 05.04.2017)
Regierungsparteien: PJD (Parti de la Justice et du Développement), PAM (Parti Authenticité et Modernité), USFP (Union Socialiste des Forces Populaires)
Legislative: Parlament, bestehend aus Repräsentantenversammlung mit 395 für 5 Jahre gewählten Mitgliedern und Senat mit 120 für 6 Jahre gewählten Mitgliedern
Jahr der Verfassung: 2011
Wahlrecht: 18 Jahre

BEVÖLKERUNG

Bevölkerungsanteil: <15 Jahre 26.8 %, 15–64 Jahre 65.6 %, >64 Jahre 7.6 %
Verteilung: Stadt 63.5 %, Land 36.5 %
Wachstum: 1.2 %
Lebenserwartung: Frauen 78 Jahre, Männer 76 Jahre
Alphabetenrate: Frauen 64.6 %, Männer 83.3 %
Bevölkerungsgruppen: Araber, Berber u. a.
Religionen: Muslime (v. a. Sunniten), Sonstige
Sprachen: Arabisch, Tamazight, Französisch, Berbersprachen

WIRTSCHAFT

BIP: 113.55 Mrd. US$
Wachstum BIP: -7 %
BIP/Kopf: 3158 US$
Inflation: 0.6 %
Außenhandel: Import 43.83 Mrd. US$ (Petrochemie 10.5 %, Maschinen 10.2 %, Chemische Erzeugnisse 10.2 %, Kfz und -Teile 9.9 %, Nahrungsmittel 9.2 %), Export 27.16 Mrd. US$ (Nahrungsmittel 20 %, Chemische Erzeugnisse 16.3 %, Elektrotechnik 15.6 %, Kfz und -Teile 13 %, Textilien und Bekleidung 12.5 %)
Erwerbstätige nach Sektoren: Landwirtschaft 34.1 %, Industrie 21.8 %, Dienstleistungen 44.1 %
Arbeitslosenquote: 10.2 %
CO_2-Emission/Kopf: 2 t

UMSTRITTENES GEBIET

Demokratische Arabische Republik Sahara | UN-Bezeichnung: Westsahara
Fläche in km²: 266 000
Anzahl der Einwohner: 597 000
Hauptstadt: Laayoune
Status: Teilautonomie
Regierungschef: Präsident Brahim Ghali

Marshallinseln

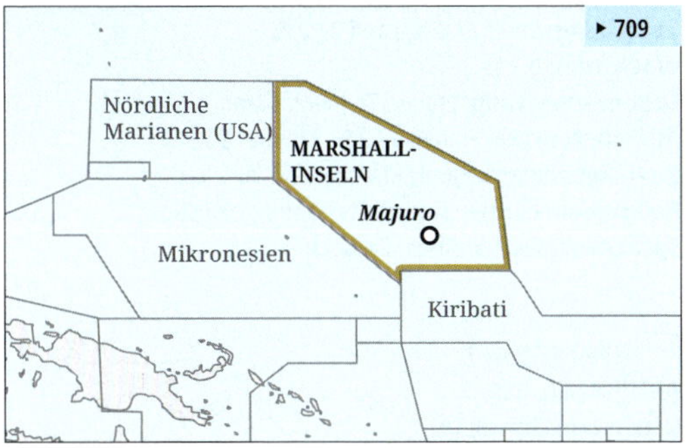

Ländername	Republik Marshallinseln
Zeitzone	MEZ +11 h
Fläche in km²	181 (Rang 190)
Anzahl der Einwohner	59 194 (Rang 188)
Einwohnerzahl pro km²	327 (Rang 27)
Hauptstadt	Majuro
Amtssprachen	Marshallesisch, Englisch
Verwaltungsgliederung	24 Gemeinden
Wichtige Städte	Majuro, Ebeye, Laura, Ajeltake
Autokennzeichen | ISO-Code	MH | MHL
Währung	1 US-Dollar = 100 Cents
Nationalfeiertag	1. Mai (Verfassung 1979)

Die Marshallinseln liegen im mittleren Pazifik. Traurige Berühmtheit erlangten die Atolle Bikini und Eniwetok, die zwischen 1946 und 1958 durch US-amerikanische Nuklearwaffentests radioaktiv verseucht wurden und schwere Umweltschäden mit unkalkulierbaren Langzeitfolgen erlitten.

GEOGRAFIE

Geografische Lage: Von 4°34′ bis 14°37′ nördlicher Breite sowie von 165°17′ bis 172°02′ östlicher Länge (Ozeanien)
Höchster Punkt: Unbenannt 10 m
Klima: Tropisch-maritimes Klima

POLITIK

Staatsform: Präsidiale Republik
Staatsoberhaupt und Regierungschef: Präsident David Kabua (seit 13.01.2020)
Regierungspartei: keine
Legislative: Nationalparlament, bestehend aus Volkskammer mit 33 für 4 Jahre gewählten Mitgliedern und Rat der Stammesführer mit 12 für 1 Jahr ernannten Mitgliedern
Jahr der Verfassung: 1979
Wahlrecht: 18 Jahre

RÜCKBLICK

Westsahara, Diplomatie und Flüchtende: Es kam zu einer Reintensivierung des Konflikts zwischen der marokkanischen Besatzungsmacht und der westsaharischen **Frente Polisario**. Nachdem Anhänger der Polisario im November 2020 eine Straße blockierten, die eine wichtige Logistikachse zwischen Marokko und Mauretanien darstellt, kam es zu einem gewaltsamen Eingreifen durch marokkanische Truppen. Das wertete die Polisario als **Aufkündigung** des 1991 vereinbarten Waffenstillstands. Brahim Ghali, Präsident der besetzten **Demokratischen Arabischen Republik Sahara**, begab sich im April 2021 zur Behandlung einer COVID-19-Erkankung nach Spanien. Wegen dieser Behandlung und neuer Konfliktdynamiken kam es zu diplomatischen Verstimmungen zwischen der marokkanischen und spanischen Regierung. Berichten zufolge hat Marokko deswegen im Mai 2021 die **Grenzpatrouillen** im Gebiet um die spanische Enklave Ceuta massiv eingeschränkt. Dies ermöglichte Tausenden von **Migranten**, von der Küste aus nach Ceuta zu schwimmen. Wegen bilateraler Abkommen schob Spanien die meisten erwachsenen Migranten wieder nach Marokko ab. Die spanische Regierung stockte ihr Personal zur Grenzabwehr deutlich auf und sprach von einem Angriff auf Spanien und die Europäische Union.

Israel: Unter Einwirken der US-Administration unter Präsident Trump haben die Regierungen Marokkos und Israels ihre **diplomatischen Beziehungen** wiederaufgenommen. Ein solcher Schritt galt lange Zeit als unwahrscheinlich. Gleichzeitig gilt auch der Einfluss von jüdischen Marokkanern und die große Gruppe an Israelis mit marokkanischem Hintergrund als Mitauslöser. Marokko beheimatet die größte jüdische Gemeinschaft in Nordafrika. Im November 2020 kam es zur Einführung von jüdischer Geschichte als Unterrichtsthema in marokkanischen Schulen und im Folgemonat zum ersten Direktflug zwischen den beiden Ländern.

Wirtschaft: Aufgrund der Auswirkungen der COVID-19-Pandemie kam es zur ersten **Rezession** seit mehr als zwei Jahrzehnten. Ausschlaggebend waren Einbrüche im wichtigen **Tourismussektor** und in der Nachfrage bei den wichtigsten Handelspartnern wegen der starken Auswirkungen der Pandemie in Europa. Positiv wirkte sich hingegen das Wachstum des größten Hafens des Kontinents, Tanger-Med, und die im regionalen Vergleich überdurchschnittlich schnelle **Impfkampagne** aus.

BEVÖLKERUNG

Bevölkerungsanteil: <15 Jahre 32.9 %, 15–64 Jahre 62.4 %, >64 Jahre 4.7 %
Verteilung: Stadt 77.8 %, Land 22.2 %
Wachstum: 0.7 %
Lebenserwartung: Frauen 76 Jahre, Männer 72 Jahre
Alphabetenrate: Frauen 98.2 %, Männer 98.3 %
Bevölkerungsgruppen: Marshaller u. a.
Religionen: Christen (v. a. Protestanten), Sonstige
Sprachen: Marshallesisch, Englisch

WIRTSCHAFT

BIP: 234 Mio. US$
Wachstum BIP: -5.5 %
BIP/Kopf: 4240 US$
Inflation: 0.6 %
Außenhandel: Import 75 Mio. US$, Export 44 Mio. US$
Erwerbstätige nach Sektoren: Keine Angabe
Arbeitslosenquote: Keine Angabe
CO_2-Emission/Kopf: Keine Angabe

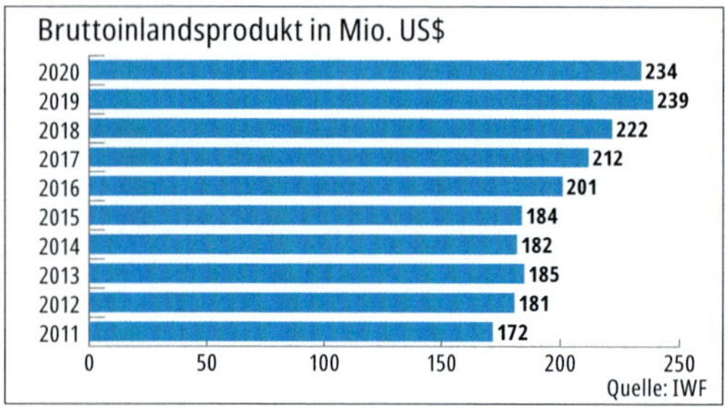

RÜCKBLICK

Corona-Pandemie: Das Überspringen von COVID-19 auf die Marshallinseln konnte nahezu unterbunden werden: Bis zum 31.03.2021 waren nur 4 Einwohner infiziert worden und galten als geheilt; das seit 2019 grassierende **Denguefieber**, das allein in Majuro bis Oktober 2020 etwa 3500 Einwohner befiel, belastete das Gesundheitssystem weit stärker. Die Sorge vor Corona war jedoch groß: **Rückreisende** Bürger aus dem US-Bundesstaat Arkansas, wo zahlreiche Marshaller arbeiten und bis zum August 2020 mindestens 70 von ihnen an COVID-19 starben, mussten auf Hawaii und anschließend auf der Armeebasis Kwajalein eine **fünfwöchige Quarantäne** durchlaufen; erst am 01.04.2021 reduzierte das Kabinett diese Isolationsphase auf vier Wochen; bis dahin waren etwa 1000 Bürger in die Heimat zurückgekehrt. Dank des Assoziierungsabkommens mit den USA betraf die dortige Ausfuhrsperre für Impfstoffe die Marshallinseln nicht, im Gegenteil, **wegen der Reisefreiheit hatten die USA grundsätzlich ein Interesse an der Immunisierung der Marshaller**: Bereits im Januar 2021 begann die Impfkampagne, zunächst in den dichter besiedelten Orten. Bis zum 13.04.2021 hatten dort etwa 75 % der erwachsenen Bevölkerung eine Erstimpfung erhalten, in Majuro besaß die Hälfte der Erwachsenen sogar schon vollständigen Impfschutz. 10 000 Dosen des Präparats von Johnson & Johnson, die am 09.04.2021 vom US Center for Disease Control geliefert wurden, wurden für die Außeninseln reserviert, weil es nur eine Impfung erforderte. Im Juni begann die Regierung im Hafen von Majuro auch Impfungen für ausländische Seeleute anzubieten. **Die ökonomischen Folgen der Pandemie waren erheblich**: Die Wirtschaft schrumpfte 2020 um 5.5 %, weil die Einreisebeschränkungen insbesondere die Fischerei behinderten, so dass hier erhebliche Einnahmen wegbrachen. Zugleich belasteten Ausgleichszahlungen an Unternehmen, die zwischen 900 und 50 000 US$ Unterstützung beantragen konnten, die öffentlichen Kassen.

Außenpolitik: Die knappe Niederlage des Marshaller Diplomaten Gerald Zackios bei der Wahl des neuen Generalsekretärs des Pacific Island Forum (PIF) am 03.02.2021 gegen den früheren Ministerpräsidenten der Cook Islands, Henry Puna, der die Unterstützung Neuseelands und Australiens besaß, löste eine **Krise des Pacific Island Forum** aus: Die fünf mikronesischen Mitglieder – die Marshallinseln, Kiribati, die Föderierten Staaten Mikronesiens, Nauru und Palau – kündigten nach einer gemeinsamen Konferenz am 08.02.2021 ihren Austritt aus dem Forum an, weil sie ein ungeschriebenes Gesetz der Rotation zwischen Melanesien, Polynesien und Mikronesien an der Spitze des PIF verletzt sahen.

Mauretanien

Ländername	Islamische Republik Mauretanien
Zeitzone	MEZ -1 h
Fläche in km²	1 030 700 (Rang 28)
Anzahl der Einwohner	4.6 Millionen (Rang 125)
Einwohnerzahl pro km²	5 (Rang 187)
Hauptstadt	Nouakchott
Amtssprache	Arabisch
Verwaltungsgliederung	15 Regionen
Wichtige Städte	Nouakchott, Nouâdhibou, Kiffa, Mbera, Kaédi
Autokennzeichen | ISO-Code	RIM | MRT
Währung	1 Ouguiya = 5 Khoums
Nationalfeiertag	28. November (Unabhängigkeit 1960)

Nur archäologische Funde erinnern heute noch daran, dass das Gebiet des von Dürreperioden und wachsender Armut geplagten Wüstenstaates im Nordwesten Afrikas einst zu großen Teilen fruchtbares Land war. Nach der Unabhängigkeit 1960 etablierten sich autoritäre Regime. Erst in den 1990er-Jahren setzten zaghafte Demokratisierungsbemühungen ein. Macht und politischer Einfluss des Militärs konnten jedoch nicht entscheidend eingedämmt werden. 2009 fanden das erste Mal wieder Präsidentschaftswahlen statt.

GEOGRAFIE

Geografische Lage: Von 14°44′ bis 27°17′ nördlicher Breite sowie von 4°49′ bis 17°05′ westlicher Länge (Nordwestafrika)
Höchster Punkt: Kediet ej-Jill 915 m
Klima: Wüstenklima

POLITIK

Staatsform: Präsidiale Republik
Staatsoberhaupt: Präsident Mohamed Ould Cheikh Ghazouani (seit 02.08.2020)
Regierungschef: Premierminister Mohamed Ould Bilal Messoud (seit 06.08.2020)
Regierungspartei: UPR (Union pour la république)
Legislative: Nationalversammlung mit 157 für 5 Jahre gewählten Mitgliedern
Jahr der Verfassung: 1991
Wahlrecht: 18 Jahre

BEVÖLKERUNG

Bevölkerungsanteil: <15 Jahre 39.7 %, 15–64 Jahre 57.1 %, >64 Jahre 3.2 %
Verteilung: Stadt 55.3 %, Land 44.7 %
Wachstum: 2.7 %
Lebenserwartung: Frauen 67 Jahre, Männer 64 Jahre
Alphabetenrate: Frauen 43.4 %, Männer 63.7 %
Bevölkerungsgruppen: Araber, Berber, Halpulaar, Fulbe, Soninke, Wolof, Bambara u. a.
Religion: Muslime
Sprachen: Arabisch, Fulfulde, Soninke, Wolof, Französisch

WIRTSCHAFT

BIP: 8.18 Mrd. US$
Wachstum BIP: -2.2 %
BIP/Kopf: 1971 US$
Inflation: 2.3 %
Außenhandel: Import 3.04 Mrd. US$ (Petrochemie 28.1 %, Nahrungsmittel 15.8 %, Maschinen 11.2 %, Fahrzeuge 9.3 %, Metallwaren 5.3 %), Export 2.4 Mrd. US$ (Nahrungsmittel 48.6 %, Rohstoffe außer Brennstoffe 48.5 %, Natürliche Öle, Fette und Wachse 1.8 %, Chemische Erzeugnisse 1.1 %)
Erwerbstätige nach Sektoren: Landwirtschaft 50.6 %, Industrie 13.1 %, Dienstleistungen 36.3 %
Arbeitslosenquote: 10.7 %
CO_2-Emission/Kopf: 1.6 t

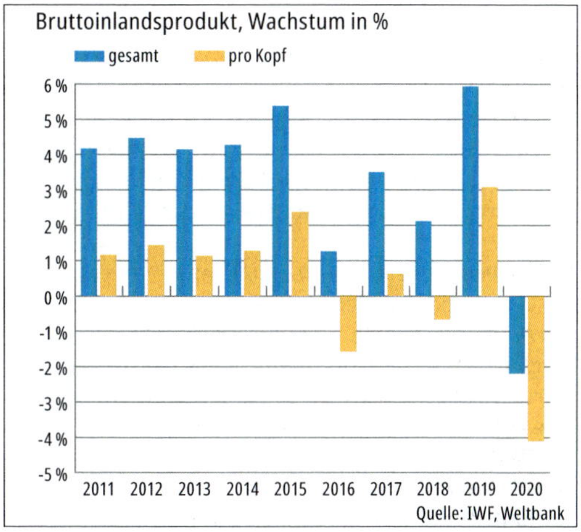

RÜCKBLICK

Rücktritt des Premierministers: Ismail Ould Bedda Ould Cheikh Sidiya, der im August 2020 unter dem neuen Präsidenten Mohamed Ould Ghazouani zum Premierminister ernannt wurde, trat im August 2020 zurück. Berichten zufolge wurde ihm im Kontext von **Korruptionsermittlungen** der Rücktritt nahegelegt. Diese richten sich gegen die Regierung des ehemaligen Präsidenten Abdel Aziz, in der Sidiya bereits ein Ministeramt innehatte. Mohamed Ould Bilal Messoud ersetzt ihn seitdem im Amt des Premierministers.

Festnahme von Abdel Aziz: Im Juni 2021 kam es zur Verhaftung des ehemaligen Präsidenten Mohamed Ould Abdel Aziz. Dieser wurde bereits im März 2021 zusammen mit damaligen Weggefährten wegen Korruption, Geldwäsche und unrechtmäßiger Bereicherung angeklagt. Die Verhaftung folgte auf Verstöße gegen Vorgaben seines **Hausarrests**, unter den er seit Anklageerhebung gestellt war.

Proteste: Im August 2020 kam es zu einer großen Demonstration in der Region Brakna. Dabei kritisierten Tausende Protestierende den **Landraub**, als den sie die Konzession eines 3200 Hektar großen Gebiets zur agrarischen Nutzung an einen ausländischen Investor verstehen. Das Projekt wird bereits seit 2015 vorangetrieben, scheitert jedoch seitdem am lokalen Widerstand. Im Juni 2021 kam es zu spontanen größeren Protesten in Nouakchott. Die Demonstranten forderten die Anwendung der **Scharia** aufgrund einer wahrgenommenen Verschlechterung der Sicherheitslage. Sicherheitskräfte trieben die Demonstranten gewaltsam auseinander.

Polisario: Wegen der Zunahme der Aktivitäten der separatistischen Polisario in der Westsahara, die von Marokko besetzt wird, gab es immer wieder Komplikationen an der nördlichen **Grenze** Mauretaniens. Dabei kam es zu vollständigen Blockaden, die zur temporären **Unterbrechung** von Versorgungsketten im Norden Mauretaniens führten.

Corona-Pandemie: Obwohl Mauretanien im regionalen Vergleich bezüglich COVID-19-Infektionen keine Spitzenrolle einnahm und damit im weltweiten Vergleich zu den **weniger betroffenen** Staaten zählte, wurden auch 2021 noch strenge Maßnahmen wie eine nächtliche **Ausgangssperre** durchgesetzt.

Wirtschaft: Nach einem starken Wachstum 2019 **schrumpfte** das Bruttoinlandsprodukt 2020. Der Staatshaushalt geriet wegen der Pandemie ins Defizit. Die Eisenerzexporte brachen um ein Drittel ein.

Mauritius

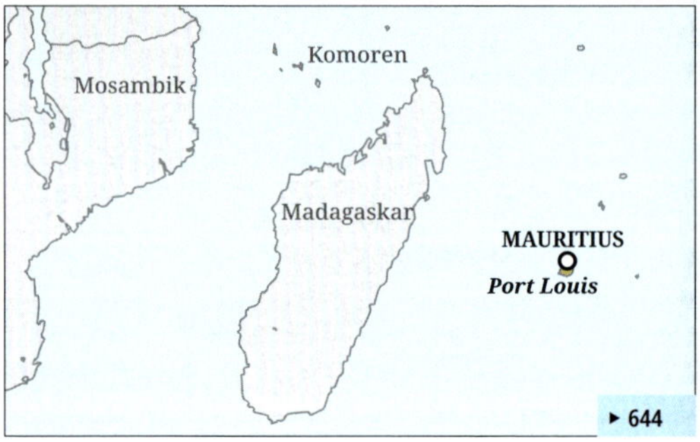

▸ 644

Ländername	Republik Mauritius
Zeitzone	MEZ +3 h
Fläche in km²	2040 (Rang 171)
Anzahl der Einwohner	1.3 Millionen (Rang 155)
Einwohnerzahl pro km²	620 (Rang 11)
Hauptstadt	Port Louis
Amtssprachen	Englisch, Französisch
Verwaltungsgliederung	9 Distrikte und 3 abhängige Gebiete
Wichtige Städte	Port Louis, Vacoas-Phoenix, Beau Bassin-Rose Hill, Curepipe, Quatre Bornes
Autokennzeichen | ISO-Code	MS | MUS
Währung	1 Mauritius-Rupie = 100 Cents
Nationalfeiertag	12. März (Unabhängigkeit 1968 und Verfassung 1992)

Ihren hohen Bekanntheitsgrad verdankt die Inselgruppe Mauritius, deren Name sich von Moritz von Oranien ableitet, einer britischen Briefmarke: der legendären Blauen Mauritius von 1847. Heute gilt das Land im Westen des Indischen Ozeans neben den Seychellen als das Touristenparadies unter den afrikanischen Inseln. Die Havarie eines Frachters löste 2020 eine Ölpest mit ökologischen und wirtschaftlichen Folgen aus.

GEOGRAFIE

Geografische Lage: Von 10°19′ bis 20°31′ südlicher Breite sowie von 56°31′ bis 63°30′ östlicher Länge (Indischer Ozean)
Höchster Punkt: Piton de la Petite Rivière Noire 828 m
Klima: Wechselfeuchtes, tropisches Klima

POLITIK

Staatsform: Parlamentarische Republik
Staatsoberhaupt: Präsident Prithvirajsing Roopun (seit 02.12.2019)
Regierungschef: Premierminister Pravind Kumar Jugnauth (seit 24.01.2017)

Regierungspartei: MSM (Mouvement Socialiste Militant)
Legislative: Nationalversammlung mit 62 für 5 Jahre gewählten und bis zu 8 ernannten Mitgliedern
Jahr der Verfassung: 1968
Wahlrecht: 18 Jahre

BEVÖLKERUNG

Bevölkerungsanteil: <15 Jahre 16.8 %, 15–64 Jahre 70.7 %, >64 Jahre 12.5 %
Verteilung: Stadt 40.8 %, Land 59.2 %
Wachstum: 0 %
Lebenserwartung: Frauen 79 Jahre, Männer 72 Jahre
Alphabetenrate: Frauen 89.4 %, Männer 93.4 %
Bevölkerungsgruppen: Inder, Kreolen, Chinesen, Franzosen u. a.
Religionen: Hindus, Christen, Muslime
Sprachen: Englisch, Morisyen (Kreolisch), Französisch u. a.

WIRTSCHAFT UND VERKEHR

BIP: 11.4 Mrd. US$
Wachstum BIP: -15.8 %
BIP/Kopf: 8993 US$
Inflation: 2.5 %
Außenhandel: Import 4.23 Mrd. US$ (Nahrungsmittel 18 %, Petrochemie 15.6 %, Chemische Erzeugnisse 8.7 %, Kfz und -Teile 7.1 %, Maschinen 6 %), Export 1.79 Mrd. US$ (Textilien und Bekleidung 36.2 %, Nahrungsmittel 35.2 %, Nichtmetallische Mineralien 5.4 %, Chemische Erzeugnisse 4.6 %, Mess- und Regeltechnik 1.9 %)
Erwerbstätige nach Sektoren: Landwirtschaft 5.9 %, Industrie 25.1 %, Dienstleistungen 69 %
Arbeitslosenquote: 10.9 %
CO_2-Emission/Kopf: 3.4 t

Ölkatastrophe vor Mauritius

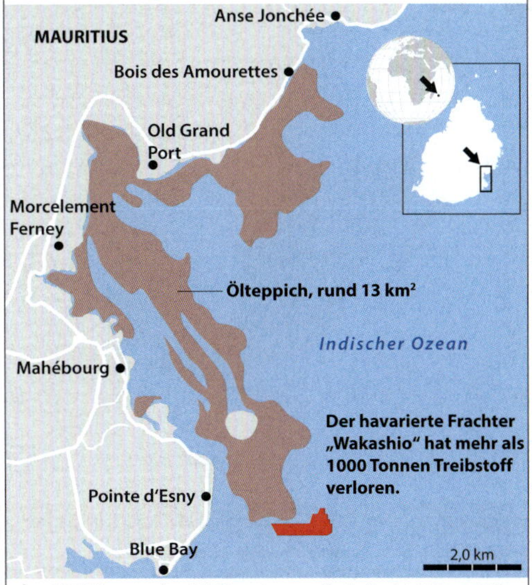

dpa•101353 Stand: 10. August Quelle: Vereinte Nationen, Unitar

RÜCKBLICK

Kabinettsumbildung: Durch zwei **Rücktritte** wurde die Regierung im Februar 2021 umgebildet. Am 06.02.2021 legte Nandcoomar Bodha an der Spitze des Ressorts Äußeres, regionale Integration und internationaler Handel sein Amt nieder. Nachfolger wurde Alan Ganoo, der bereits das Ministerium für Landtransport und Stadtbahnen führte. Am 10.02.2021 trat Handels- und Vebraucherschutzminister Yogida Sawmynaden zurück. Seinen Posten übernahm zusätzlich der Minister für Arbeit, Personalentwicklung und Ausbildung Soodesh Satkam Callichurn.

Umweltkatastrophe: Aufgrund der **Havarie eines Frachters** vor der Südostküste von Mauritius rief Premierminister Pravind Jugnauth Anfang August 2020 den **Umweltnotstand** aus und bat um internationale Unterstützung. Am 25.07.2020 war der unbeladene japanische Frachter „Wakashio" auf seinem Weg nach Brasilien in einer Lagune auf einem Korallenriff auf Grund gelaufen. Bevor das 300 m lange Schiff geborgen werden konnte, gelangten mindestens 1000 Tonnen Treibstoff ins Meer und bedrohten die Inselnatur mit ihren einzigartigen Korallenriffen. Mit selbst gebauten Barrieren versuchten Tausende Menschen vergeblich, den verheerenden **Ölteppich** von den Küsten fernzuhalten. Später zerbrach der Frachter in zwei Teile. Der Bug wurde auf hoher See versenkt, das etwa 7500 Tonnen schwere Heck wurde im Februar 2021 in tagelanger Arbeit demontiert. Die Regierung erklärte das Ereignis zur **schlimmsten ökologischen Katastrophe** in der Geschichte des Inselstaates.

Demonstrationen: Infolge der Havarie kam es in der Hauptstadt Port Louis zu öffentlichen Protesten. Die Demonstrierenden forderten den Rücktritt der Regierung, der sie ein **Versagen bei der Ölpest** vorwarfen. Die staatliche Führung habe nicht schnell genug beim Abpumpen des Treibstoffes reagiert. Auch die internationale Umweltschutzorganisation Greenpeace verlangte eine nähere Untersuchung des Vorfalls, die Aufschluss geben sollte, warum sich der Frachter dem Riff so stark annähern konnte und warum erst Tage später Hilfe an der Havariestelle eintraf.

Tourismus: Die Ölkatastrophe bedrohte auch den ohnehin durch die **Corona-Pandemie** beeinträchtigten Tourismussektor. Die Regierung hatte 2020/21 den **internationalen Reiseverkehr** mehrmals erheblich **eingeschränkt.** Im Juni 2021 wurde beschlossen, die Einreise von geimpften Touristen ab dem 15.07.2021 wieder zu ermöglichen.

Mexiko

▸ 663

Ländername	Vereinigte Mexikanische Staaten
Zeitzonen	MEZ -7 h bis -9 h
Fläche in km²	1 964 375 (Rang 13)
Anzahl der Einwohner	128.9 Millionen (Rang 10)
Einwohnerzahl pro km²	66 (Rang 119)
Hauptstadt	Mexiko-Stadt
Amtssprache	Spanisch
Verwaltungsgliederung	31 Bundesstaaten und 1 Hauptstadtdistrikt
Wichtige Städte	Mexiko-Stadt, Ecatepec de Morelos, Guadalajara, Puebla, Ciudad Juárez, Tijuana, León, Zapopan, Monterrey, Nezahualcóyotl
Autokennzeichen | ISO-Code	MEX | MEX
Währung	1 Mexikanischer Peso = 100 Centavos
Nationalfeiertag	16. September (Erklärung der Unabhängigkeit 1810)

Der nach Brasilien bevölkerungsreichste Staat Lateinamerikas wird zwar geografisch zu Zentralamerika gerechnet, orientiert sich wirtschaftlich jedoch an den USA. Zu den Hauptproblemen der Innenpolitik zählen in den letzten Jahren der Kampf gegen die Drogenkartelle sowie Migration.

GEOGRAFIE

Geografische Lage: Von 14°33′ bis 32°43′ nördlicher Breite sowie von 86°42′ bis 118°24′ westlicher Länge (Nord- und Zentralamerika)
Höchster Punkt: Citlaltépetl (Pico de Orizaba) 5636 m
Klima: Im Norden subtropisches Steppen- bis Wüstenklima, im zentralen Hochland warmes wintertrockenes, im Süden tropischfeuchtheißes Klima

POLITIK

Staatsform: Präsidiale Bundesrepublik
Staatsoberhaupt und Regierungschef: Präsident Andrés Manuel López Obrador (seit 01.12.2018)
Regierungsparteien: MORENA (Movimiento Regeneración Nacional), PT (Partido del Trabajo), PVEM (Partido Verde Ecologista de México)
Legislative: Nationalkongress, bestehend aus Abgeordnetenkammer mit 500 für 3 Jahre gewählten Mitgliedern und Senat mit 128 für 6 Jahre gewählten Mitgliedern
Jahr der Verfassung: 1917
Wahlrecht: 18 Jahre

BEVÖLKERUNG

Bevölkerungsanteil: <15 Jahre 25.8 %, 15–64 Jahre 66.5 %, >64 Jahre 7.7 %
Verteilung: Stadt 80.7 %, Land 19.3 %
Wachstum: 1.1 %
Lebenserwartung: Frauen 78 Jahre, Männer 72 Jahre
Alphabetenrate: Frauen 94.6 %, Männer 96.2 %
Bevölkerungsgruppen: Mestizen, Indigene, Europäer u. a.
Religionen: Christen (v. a. Katholiken), Sonstige
Sprachen: Spanisch, indigene Sprachen

WIRTSCHAFT

BIP: 1.08 Bio. US$
Wachstum BIP: -8.2 %
BIP/Kopf: 8421 US$
Inflation: 3.4 %
Außenhandel: Import 393.25 Mrd. US$ (Elektronik 16.2 %, Maschinen 12.7 %, Chemische Erzeugnisse 11.1 %, Elektrotechnik 8.9 %, Kfz und -Teile 7.9 %), Export 417.67 Mrd. US$ (Kfz und -Teile 23.3 %, Elektronik 16 %, Elektrotechnik 9.9 %, Maschinen 9.3 %, Nahrungsmittel 6.9 %)
Erwerbstätige nach Sektoren: Landwirtschaft 12.4 %, Industrie 26.2 %, Dienstleistungen 61.4 %
Arbeitslosenquote: 4.7 %
CO_2-Emission/Kopf: 3.7 t

RÜCKBLICK

Corona-Pandemie: Mexiko wurde hart von der Pandemie betroffen. Lange Zeit galt es als das Land mit der **höchsten Todesrate** von Infizierten, bis es im Mai 2021 von Peru abgelöst wurde. Bis Juni 2021 waren 9.3 % aller an COVID-19 Infizierten verstorben, im weltweiten Durchschnitt lag die Mortalitätsrate bei 2.3 %. Im Juni 2021 registrierte das Land bei rd. 2.5 Mio. Infizierten über 230 000 Todesfälle und rangierte mit der Zahl der Toten hinter den USA, Brasilen und Indien auf Platz 4. Die hohe Todesrate wird als mögliches Indiz dafür gesehen, dass die Zahl der Infizierten wesentlich höher liegt. Am 24.12.2020 startete Mexiko als erstes

Land in Lateinamerika mit seiner **Impfkampagne.** Sie begann mit der Impfung von medizinischem Personal, der ab 15.02.2021 eine Massenimpfung der über 60-Jährigen folgte. Nachdem das Land zunächst nur Verträge mit Biontech/Pfizer, CanSino und AstraZeneca abgeschlossen hatte, vereinbarte Präsident Andrés Manuel López Obrador (AMLO) nach stockenden Lieferungen mit seinem russischen Amtskollegen Wladimir Putin Ende Januar 2021 den Kauf des russischen Sputnik-Impfstoffs. Die Impfstoffhersteller Johnson & Johnson, AstraZeneca und der chinesische Hersteller CanSino hatten in Mexiko klinische Studien durchgeführt.

Lokalwahlen: Aus den Lokalwahlen in den Bundesstaaten Coahuila und Hidalgo am 18.10.2020 gingen der oppositionelle Partido Revolucionario Institutional (PRI) und die Regierungspartei MORENA gestärkt hervor. Die Wahlen waren coronabedingt vom 07.06.2020 auf den 18.10.2020 verschoben worden.

Superwahltag: Zur Halbzeit der Präsidentschaft von Andrés Manuel López Obrador (AMLO) fanden am 06.06.2021 Zwischenwahlen statt. Die umfangreichsten Wahlen in der Geschichte des Landes galten als Testlauf für die Präsidentschaftswahl 2024. Zur Wahl standen rund 21 000 Ämter, davon 15 der 32 Gouverneursposten, 500 nationale Abgeordnete, 1926 Bürgermeisterämter, 15 107 Stadträte sowie 2122 „Sindicaturas" (gewählte kommunale Rechtsbeistände). Die Partei MORENA von Präsident López Obrardor und die Arbeiterpartei Partido del Trabajo (PT) schlossen sich erstmals mit dem Partido Verde Ecologista de México (PVEM) zur Wahl zur Koalition Juntos Hacemos Historia zusammen. Zum Oppositionsbündnis Va por México gehörten der Partido Acción Nacional (PAN), Partido Revolucionario Institucional (PRI) und Partido de la Revolución Democrática (PRD). Die Oppositionspartei Movimiento Ciudadano (MC) trat ohne Koalitionspartner an. In den **Parlamentswahlen** wurden 500 Abgeordnete gewählt, davon 300 durch Direktmandat und 200 nach proportionaler Vertretung. Fast 90 % der Abgeordneten strebten eine Wiederwahl an, was bei dieser Wahl erstmals möglich war. Das Bündnis aus MORENA, PT und PVEM verpasste mit 279 Sitzen die für umfangreiche Verfassungsreformen nötige qualifizierte Mehrheit von 333 Sitzen, erzielte jedoch die einfache Mehrheit (> 251 Sitze). Alleine 197 der 279 Sitze entfielen auf MORENA. Das Oppositionsbündnis Va por México gewann 197 Mandate, wovon 111 auf den Partido Acción Nacional (PAN) entfielen. Bei der **Wahl der 15 Gouverneure** setzte sich die Regierungspartei MORENA mit ihren Koalitionsparteien mit 11 Mandaten deutlich durch. Überraschend konnte die grüne Partei PVEM den Bundesstaat San Luis Potosí für sich gewinnen. Erstmals wurden 6 Frauen zu Gouverneurinnen gewählt. Bei den **Lokalwahlen** in Mexiko-Stadt, wo alle 16 Bezirksbürgermeister gewählt wurden, musste MORENA dagegen 4 von 10 Posten wieder abgeben. Die Wahlbeteiligung lag bei 52 %, die höchste bei einer Zwischenwahl im 21. Jahrhundert. Der Wahlkampf wurde von **Gewalt und politisch motivierter Kriminalität** begleitet. Zwischen September 2020 und dem Wahltag im Juni 2021 wurden 96 Politiker ermordet, davon 35 Wahlkandidaten. Die Wahl wurde von internationalen Wahlbeobachtern, u. a. von der Organisation Amerikanischer Staaten (OAS) beobachtet. Das Wahlinstitut INE registrierte am Wahltag 6040 Vorfälle. Wegen angedrohter Gewalt mussten mehrere Wahllokale früher schließen, einige konnten erst gar nicht öffnen.

Ergebnis der Wahl der Abgeordnetenkammer (06.06.2021)
Regierung: Koalition Juntos Hacemos Historia

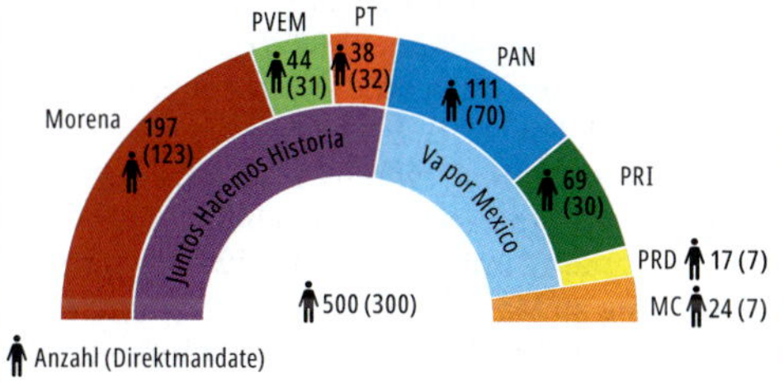

Strafverfolgung von Ex-Präsidenten: Im September 2020 stimmte der Oberste Gerichtshof der Durchführung eines Referendums zu, mit dem die Bevölkerung der Einleitung einer strafrechtlichen Verfolgung von ehemaligen Präsidenten zustimmen sollte. Präsident López Obrador hatte im August 2020 einen entsprechenden Antrag beim Gericht eingereicht. Zuvor waren beim Senat über 2.5 Mio. Unterschriften eingegangen, die sich für solche Verfahren aussprachen. Das Referendum wurde für den 01.08.2021 angesetzt, bei einem positiven Ergebnis könnten erstmals gegen Ex-Präsidenten wegen Korruption, Menschenrechtsverletzungen und anderen Straftaten ermittelt werden. Im August 2020 war die Aussage des ehemaligen Chefs des staatlichen Ölkonzerns Pemex, Emilio Lozoya, bekannt geworden, der als Kronzeuge im Korruptionsskandal um den brasilianischen Baukonzern Odebrecht 17 hochrangige Politiker belastete, darunter Ex-Präsident Enrique Peña Nieto (2012–2018).

USMCA: Am 01.07.2020 trat das Nordamerikanische Freihandelsabkommen USMCA (United States Mexico Canada Agreement) in Kraft. Es war 2018 zwischen den USA, Kanada und Mexiko beschlossen worden und ersetzt das seit 1994 bestehende NAFTA-Abkommen. Das neue Abkommen sieht insbesondere in der

Landwirtschaft und der Automobilindustrie neue Regelungen vor. So erhöhte sich die verbindliche regionale Mindestwertschöpfung für Pkw von bisher 62.5 % auf 75 %. 40–45 % der Teile aus der Kfz-Branche müssen aus Hochlohnregionen innerhalb Nordamerikas mit einem Durchschnittslohn von mindestens 16 US$ stammen. Auch 70 % des verwendeten Stahls und Aluminiums müssen aus der Region stammen.

Verhältnis zu den USA: Am 15.10.2020 nahmen US-amerikanische Sicherheitskräfte Ex-Verteidigungsminister **Salvador Cienfuegos** (2012–2018) bei seiner Einreise am Flughafen in Los Angeles fest. Die USA warfen ihm bandenmäßigen Drogenschmuggel und Geldwäsche vor. Präsident Andrés Manuel López Obrador kritisierte das nicht abgesprochene Vorgehen der USA. Am 18.11.2020 kehrte Cienfuegos nach Mexiko zurück, nachdem die USA in einem ungewöhnlichen Schritt aufgrund außenpolitischer Überlegungen von einer Anklage abgesehen und zugleich die Bereitstellung von Beweismaterial angekündigt hatten. Anfang 2021 stellte die mexikanische Staatsanwaltschaft das Verfahren ein. Der Fall führte zu Spannungen zwischen den beiden Nachbarstaaten. Am 15.12.2020 verabschiedete das Parlament nach nur 10-tägiger Beratung eine Gesetzesreform, mit der ausländische Agenten gegenüber den Behörden rechenschaftspflichtig sind und keine diplomatische Immunität mehr genießen. Das betraf neben Mitarbeitern des FBI und der CIA auch die rd. 50 in Mexiko arbeitenden Agenten der US-Antidrogenbehörde DEA.
Der US-Regierungswechsel wurde überwiegend positiv bewertet. Am 02.03.2021 besprachen US-Präsident Joe Biden und Präsident López Obrador in einer Videokonferenz das Thema Migration. Bidens Vorgänger Donald Trump hatte die Grenze für Migranten geschlossen und eine Mauer errichten lassen. Bei ihrem Besuch in Mexiko im Juni 2021 gab US-Vizepräsidentin Kamala Harris zusammen mit Präsident AMLO mehrere Vorhaben beim Kampf gegen den Menschen- und Drogenhandel und den Waffenschmuggel bekannt.

Migration: Tausende von **Migranten aus Mittelamerika** versuchten, über Mexiko in die USA zu gelangen. Allein im Mai 2021 wurden rd. 170 000 illegale Übertritte registriert. Verstärkt wurde die Migration durch die wirtschaftliche und humanitäre Krise in Mittelamerika. Die Migranten sind oftmals Polizeiwillkür oder den Drogenkartellen ausgeliefert, die durch Entführungen Lösegeld erpressen. Am 22.01.2021 wurden bei einem Massaker in Tamaulipas unweit der Grenze zu den USA 19 Leichen in einem ausgebrannten Fahrzeug entdeckt, darunter 17 Migranten aus Guatemala und ein Schlepper. Wenige Tage später wurden 12 Polizisten festgenommen, denen die Generalstaatsanwaltschaft Mord, Machtmissbrauch und Falschaussage vorwarf. Sie sollen die Migranten erschossen und anschließend verbrannt haben.

43 verschwundene Studenten: Bei den Ermittlungen zu den 43 im Jahr 2014 in Ayotzinapa verschwundenen Studenten gab es Fortschritte. Im Juni 2021 gab die zuständige Sonderstaatsanwaltschaft den Fund der sterblichen Überreste eines dritten Studenten bekannt. Im Juli 2020 waren 46 neue Haftbefehle gegen Beamte erlassen worden, die in den Fall verwickelt sein sollen, u. a. den ehemaligen Leiter der Ermittlungen der Generalbundesanwaltschaft, Tomás Zerón, der sich ins Ausland absetzte. Ihm wurde Folter und Verschwindenlassen der Studenten sowie Manipulation des Tatorts vorgeworfen. Die Studenten waren im September 2014 bei einer Fahrt zu einer Demonstration mit einem von ihnen gekaperten Bus von der Polizei angehalten und mutmaßlich einem Drogenkartell übergeben worden, das die Studenten ermordete. Die Hintergründe der Tat sind weiterhin nicht geklärt. Nach Angaben von Amnesty International sind in den letzten 10 Jahren fast 64 000 Menschen verschwunden, davon 6957 im Jahr 2020.

Wirtschaft: Mexiko befand sich bereits vor der Corona-Pandemie in einer Rezession. Das Bruttoinlandsprodukt war 2019 um 0.1 % und 2020 coronabedingt um 8.2 % eingebrochen, der stärkste Wirtschaftseinbruch in der Geschichte des Landes. Für 2021 rechnete der IWF mit einem Wachstum um 5.0 %. Im Oktober und November 2020 stellten Regierung und Privatsektor ein Infrastrukturpaket mit insgesamt 68 Projekten mit einem Gesamtvolumen von umgerechnet rund 24 Mrd. US$ vor, von denen 95 % aus privaten Mitteln stammen soll. Ein Großteil der Summe soll in den konventionellen Energiesektor fließen. Als Folge der Corona-Pandemie gingen in den ersten 5 Monaten der Krise über 1 Mio. formeller Arbeitsplätze verloren, insbesondere in der Gastronomie, dem Tourismus und der industriellen Fertigung. Im August 2020 galten fast 55 % der Bevölkerung als arm, allein in 2020 sind 9 Mio. Menschen in die Armut abgerutscht.

Bahnunglück: Beim Einsturz einer U-Bahn-Überführung in Mexiko-Stadt am 03.05.2021 kamen mindestens 26 Menschen ums Leben, mindestens 79 weitere wurden verletzt. Mehrere Waggons eines Metrozuges der Linie 12 waren in die Tiefe gestürzt. Als Ursache des Einsturzes wurden Baumängel vermutet. Die Linie 12 musste bereits kurz nach ihrer Fertigstellung ab März 2014 für mehr als 1.5 Jahre wegen struktureller Mängel ihren Betrieb einstellen.

Mikronesien

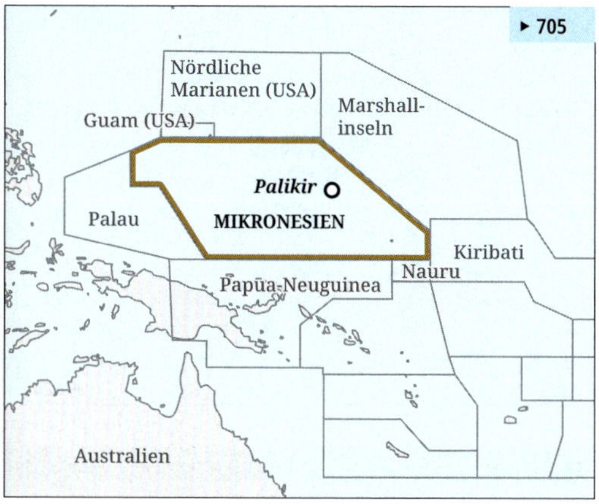

Ländername	Föderierte Staaten von Mikronesien
Zeitzonen	MEZ +9 h bis +10 h
Fläche in km²	702 (Rang 178)
Anzahl der Einwohner	115 021 (Rang 180)
Einwohnerzahl pro km²	164 (Rang 55)
Hauptstadt	Palikir
Amtssprachen	Englisch, Chuukesisch, Pohnpeanisch, Kosraeanisch, Yapesisch, Ulithisch, Woleaianisch
Verwaltungsgliederung	4 Bundesstaaten
Wichtige Städte	Weno, Net, Kitti, Palikir
Autokennzeichen | ISO-Code	FSM | FSM
Währung	1 US-Dollar = 100 Cents
Nationalfeiertag	3. November (Unabhängigkeit 1986)

Die Föderierten Staaten von Mikronesien umfassen neben den zu den Westkarolinen zählenden Yapinseln die Ostkarolinen, die größte Gruppe in der „Welt der kleinen Inseln" im westlichen Pazifik. Aufgereiht wie auf einer Perlenschnur ziehen sich Hunderte von Inseln und kleinsten Eilanden über eine Strecke von mehr als 2500 km.

GEOGRAFIE

Geografische Lage: Von 5°16′ bis 9°35′ nördlicher Breite sowie von 138°04′ bis 163°03′ östlicher Länge (Ozeanien)
Höchster Punkt: Nanlaud 782 m
Klima: Tropisch-maritimes Klima mit starken Niederschlägen

POLITIK

Staatsform: Präsidiale Bundesrepublik
Staatsoberhaupt und Regierungschef: Präsident David W. Panuelo (seit 11.05.2019)
Regierungspartei: keine
Legislative: Parlament mit 10 für 2 Jahre gewählten und 4 für 4 Jahre gewählten Mitgliedern
Jahr der Verfassung: 1979
Wahlrecht: 18 Jahre

BEVÖLKERUNG

Bevölkerungsanteil: <15 Jahre 31.2 %, 15–64 Jahre 64.4 %, >64 Jahre 4.4 %
Verteilung: Stadt 22.9 %, Land 77.1 %
Wachstum: 1.1 %
Lebenserwartung: Frauen 70 Jahre, Männer 66 Jahre
Alphabetenrate: Frauen 82.5 %, Männer 93.7 %
Bevölkerungsgruppen: Mikronesier, Polynesier u. a.
Religionen: Christen, Sonstige
Sprachen: Englisch, Chuukesisch, Pohnpeanisch, Kosraeanisch, Yapesisch, Ulithisch, Woleaianisch u. a.

WIRTSCHAFT

BIP: 408 Mio. US$
Wachstum BIP: -5.4 %
BIP/Kopf: 3899 US$
Inflation: 0.5 %
Außenhandel: Import 205 Mio. US$, Export 46 Mio. US$
Erwerbstätige nach Sektoren: Keine Angabe
Arbeitslosenquote: Keine Angabe
CO_2-Emission/Kopf: Keine Angabe

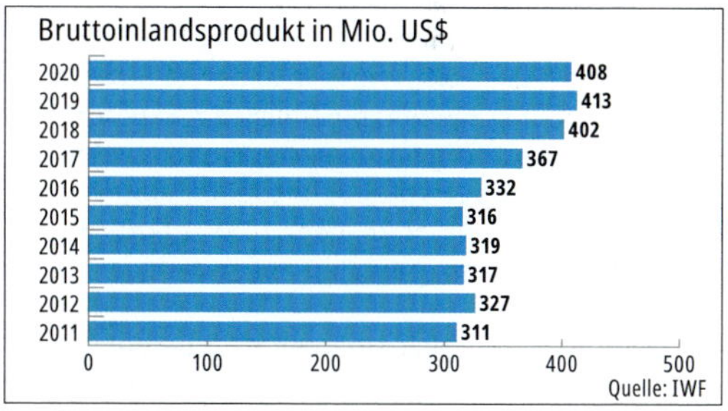

RÜCKBLICK

Corona-Pandemie: Die im März 2020 verhängte Einreisesperre blieb im Berichtsjahr bestehen, sodass bis zum 31.03.2021 nur ein Einwohner erkrankte. Heimkehrer aus den USA mussten ausgedehnte Isolierung in Quarantäneeinrichtungen auf sich nehmen. Um jegliche Gefahr eines

Eintrags des Coronavirus durch kontaminierte Gegenstände auszuschließen, sagte **Staatspräsident David Panuelo** am 03.12.2020 die Teilnahme der Föderierten Staaten an der jährlichen humanitären Weihnachtsspende der USA ab. Bei dieser wirft die US-Luftwaffe über entlegenen Inseln des Westpazifiks seit den 1950er-Jahren Weihnachtspakete ab – die Zusage der US-Luftwaffe, dass das in Schutzbekleidung gehüllte Personal Abstandsregeln einhalten werde und die Pakete vor Abwurf desinfiziert würden, konnte die **Ängste in der Bevölkerung** nicht ausräumen. Auf mehr Kritik stieß die Entscheidung Panuelos im Januar 2021, einem regierungseigenen Schiff, das von den Philippinen zurückkehrte, die Einfahrt in den Hafen von Pohnpei zu gestatten, obwohl ein Besatzungsmitglied positiv auf COVID-19 getestet worden war. In einer **Ansprache an die Nation** begründete Panuelo am 14.01.2021 seine Entscheidung mit der Fürsorge für die Besatzung – darunter ein 12-Jähriger – angesichts der Piratengefahr und verwies darauf, dass die gesamte Besatzung strikt isoliert worden sei. Die **Impfkampagne** begann dank der Spende von Vakzinen durch die USA bereits Anfang Januar: Bis zum 31.03.2021 waren 14.9 % erstgeimpft, 9.3 % besaßen bereits den vollen Impfschutz. Verglichen mit den ebenfalls mit den USA assoziierten Nachbarstaaten – Palau und den Marshallinseln – war die Impfgeschwindigkeit geringer. Die **ökonomischen Folgen der Abschottungspolitik** waren spürbar: 2020 schrumpfte die Wirtschaft um 5.4 %, für 2021 erwartet die Asiatische Entwicklungsbank ein Fortdauern der Rezession wegen Beschränkungen des Tourismus und der Fischerei.

Wahlen: Am 02.03.2021 wurden 10 der 14 Sitze im Parlament neu vergeben; die übrigen 4 Senatoren haben eine vierjährige Amtsperiode und stehen erst 2023 wieder zur Wahl. Alle 10 Kandidaten wurden wiedergewählt, in 4 der 10 Wahlkreise waren keine Gegenkandidaten angetreten.

Recht: Im August und September 2020 beschlagnahmte die Zollbehörde mehrfach Waffenlieferungen in den Häfen von Yap und Pohnpei; das Waffenrecht ist restriktiv. Im September 2019 war die Generalstaatsanwältin erschossen worden, die sich durch ihr Vorgehen gegen sexuellen Missbrauch in den Familien und gegen Menschenhandel einen Namen gemacht hatte. Die Durchsetzung staatlichen Rechts gerät oft an die Grenzen archaischer Anschauungen, die familiäre Entschädigung individueller Bestrafung vorziehen.

Moldau, Republik

▸ 620

Ländername	Republik Moldau; auch: Moldawien
Zeitzone	MEZ +1 h
Fläche in km²	33 846 (Rang 136)
Anzahl der Einwohner	2.6 Millionen (Rang 139)
Einwohnerzahl pro km²	77 (Rang 106)
Hauptstadt	Chişinău
Amtssprache	Rumänisch
Verwaltungsgliederung	32 Kreise, 3 Städte und 2 Territorien
Wichtige Städte	Chişinău, Tiraspol, Bălţi, Tighina, Rîbniţa
Autokennzeichen | ISO-Code	MD | MDA
Währung	1 Moldau-Leu = 100 Bani
Nationalfeiertag	27. August (Unabhängigkeit 1991)

Der heutige Staat am Südostrand Europas, östlich des Flusses Pruth, doch ohne direkten Zugang zum Schwarzen Meer, hat eine wechselvolle Geschichte. Die ehemalige Sowjetrepublik war im Mittelalter Teil des Fürstentums Moldau. Nach der Unabhängigkeit 1991 hemmte bis heute der Konflikt um Transnistrien die Entwicklung des Landes.

GEOGRAFIE

Geografische Lage: Von 45°28‘ bis 48°29‘ nördlicher Breite sowie von 26°37‘ bis 30°08‘ östlicher Länge (Osteuropa)
Höchster Punkt: Bălăneşti 429 m
Klima: Kontinentalklima

POLITIK

Staatsform: Parlamentarische Republik
Staatsoberhaupt: Präsidentin Maia Sandu (seit 16.11.2020)
Regierungschef: Ministerpräsident Aureliu Ciocoi (seit 01.01.2021)
Regierungsparteien: keine
Legislative: Parlament mit 101 für 4 Jahre gewählten Mitgliedern
Jahr der Verfassung: 1994
Wahlrecht: 18 Jahre

BEVÖLKERUNG

Bevölkerungsanteil: <15 Jahre 15.9 %, 15–64 Jahre 71.6 %, >64 Jahre 12.5 %
Verteilung: Stadt 42.8 %, Land 57.2 %
Wachstum: -1.7 %
Lebenserwartung: Frauen 76 Jahre, Männer 68 Jahre
Alphabetenrate: Frauen 99.1 %, Männer 99.6 %
Bevölkerungsgruppen: Moldauer, Rumänen, Ukrainer, Gagausen, Russen, Bulgaren u. a.
Religion: Christen (v. a. Orthodoxe)
Sprachen: Rumänisch, Russisch, Gagausisch u. a.

WIRTSCHAFT UND VERKEHR

BIP: 11.5 Mrd. US$
Wachstum BIP: -7.5 %
BIP/Kopf: 4366 US$
Inflation: 3.8 %
Außenhandel: Import 5.42 Mrd. US$ (Chemische Erzeugnisse 15.1 %, Nahrungsmittel 12.2 %, Elektrotechnik 7.7 %, Maschinen 7.5 %, Textilien und Bekleidung 7.3 %), Export 2.48 Mrd. US$ (Nahrungsmittel 21.2 %, Elektrotechnik 19.1 %, Textilien und Bekleidung 12.2 %, Rohstoffe außer Brennstoffe 10.7 %, Getränke und Tabak 7.5 %)
Erwerbstätige nach Sektoren: Landwirtschaft 35.4 %, Industrie 17.1 %, Dienstleistungen 47.5 %
Arbeitslosenquote: 4.7 %
CO_2-Emission/Kopf: 2.3 t

UMSTRITTENES GEBIET

Transnistrien
Fläche in km²: 4163
Anzahl der Einwohner: 468 900
Hauptstadt: Tiraspol
Status: De-facto-Regime, Gebiet ist völkerrechtlich Teil der Republik Moldau
Regierungschef: Präsident Wadim Krasnoselski

RÜCKBLICK

Wahlen: Bei der Wahl des **Staatspräsidenten** am 01./15.11.2020 standen sich als Favoriten dieselben Kontrahenten gegenüber wie 2016. Diesmal gewann die europäisch orientierte, kurzzeitige Ministerpräsidentin (2019) **Maia Sandu** gegen den prorussischen Amtsinhaber **Igor Dodon**. Bereits im ersten Wahlgang mit 36.2 % Erstplatzierte vor Dodon (32.6 %) und dem Bürgermeister von Bălţi, Renato Usatîi (16.9 %), setzte sich Sandu in der Stichwahl mit 57.8 % durch. Sie konnte auf die fast geschlossene Zustimmung der **Auslandsmoldauer** zählen und gewann auch erstmals die Mehrheit in der Hauptstadt Chişinău. Gemessen an der Bevölkerungszahl lebten in keinem anderen Staat Europas mehr Staatsbürger (als Arbeitsmigranten) im Ausland. Sandu verkörperte den Willen, **Korruption und Vetternwirtschaft** zu **bekämpfen**.

Tauziehen: Sandu trat ihr Amt am 24.12.2020 an. Tags zuvor war Ministerpräsident Ion Chicu zurückgetreten. Sein Amt übernahm am 01.01.2021 geschäftsführend Außenminister Aureliu Ciocoi (parteilos). Im 2019 gewählten Parlament hatte die **Staatspräsidentin** eine **Mehrheit gegen sich:** Dodons Sozialisten (PSRM), die Demokratische Partei (PDM) des diskreditierten und aus Moldau geflohenen „Oligarchen" Vlad Plahotniuc (inkl. Verbündeter) und die Partei von Ilan Şor (PPŞ); der Ex-Bürgermeister von Orhei (2015–2019) wurde verdächtigt, sich 2014 am „Bankraub des Jahrhunderts" beteiligt zu haben, der Moldau in eine Krise stürzte. **Vorgezogene Wahlen**, wie sie Sandu anstrebte, kann das Staatsoberhaupt im parlamentarischen System Moldaus nur erreichen, wenn die Regierungsbildung zweimal scheitert. In dem **Machtkampf** (ab Januar 2021) mit mehreren Nominierungen für das Amt des Regierungschefs griff auch das Verfassungsgericht ein. Erst nach dem Rückzug einer Bewerberin von PSRM und PPŞ im März 2021 klärte sich die Lage und das Gericht ließ am 15.04.2021 die **Auflösung des Parlaments** zu. Die Neuwahlen wurden für den 11.07.2021 angesetzt.

Corona-Pandemie: Moldau gehörte zu den Staaten mit den **höchsten COVID-19-Ansteckungsraten in Europa.** Ab Juli 2020 baute sich eine zweite Infektionswelle auf, die im Februar 2021 nur kurz abebbte, um im folgenden Frühjahr noch höher auszuschlagen. Vom 30.11.2020 bis 30.05.2021 galt ein **landesweiter Lockdown** mit Kontakt- und Veranstaltungsverboten sowie Schließungen im öffentlichen, Kultur- und Wirtschaftsleben. Finanziell sowie bei der Beschaffung von Impfstoff (Impfungen ab 02.03.2021) und medizinischer Ausrüstung war Moldau auf **internationale Hilfen** angewiesen.

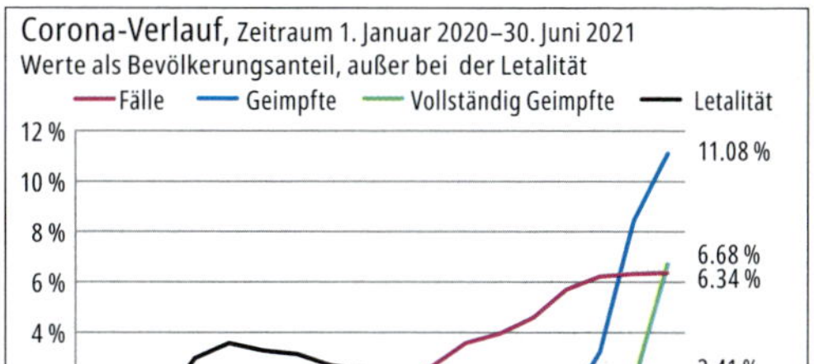

Monaco

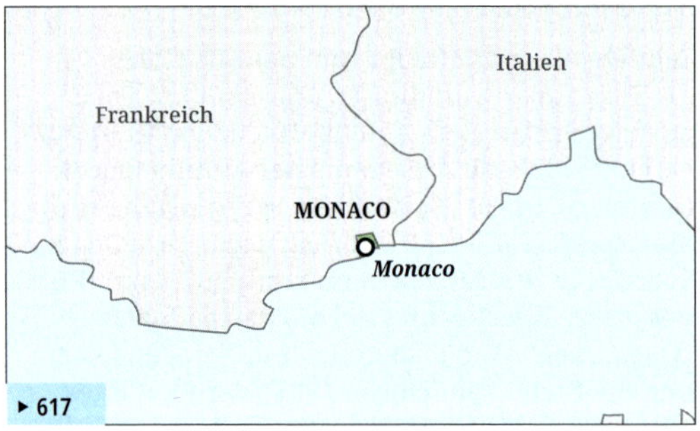

▸ 617

Ländername	Fürstentum Monaco
Zeitzone	MEZ ±0 h
Fläche in km²	2 (Rang 195)
Anzahl der Einwohner	39 244 (Rang 190)
Einwohnerzahl pro km²	19 622 (Rang 1)
Hauptstadt	Monaco
Amtssprache	Französisch
Verwaltungsgliederung	9 Stadtbezirke
Autokennzeichen | ISO-Code	MC | MCO
Währung	1 Euro = 100 Cent
Nationalfeiertag	19. November (Saint Rainier's Day)

Der Touristenmagnet am Ligurischen Meer, in der Nähe von Nizza, ist nach der Vatikanstadt der kleinste selbstständige Staat der Erde. Schon den Römern war Monaco als Herculis Monoeci portus bekannt. Das Steuerparadies für prominente Großverdiener wird vom Fürstenhaus Grimaldi beherrscht. Die außenpolitische Vertretung hat Frankreich inne.

GEOGRAFIE

Geografische Lage: Von 43°44′ bis 43°46′ nördlicher Breite sowie von 7°22′ bis 7°26′ östlicher Länge (Westeuropa)
Höchster Punkt: Unbenannt 161 m
Klima: Mediterranes Klima

POLITIK

Staatsform: Konstitutionelle Monarchie
Staatsoberhaupt: Fürst Albert II. (seit 05.04.2005)
Regierungschef: Staatsminister Pierre Dartout (seit 01.09.2020)
Regierungspartei: Primo! Priorité Monaco
Legislative: Nationalrat mit 24 für 5 Jahre gewählten Mitgliedern
Jahr der Verfassung: 1962
Wahlrecht: 18 Jahre

BEVÖLKERUNG

Bevölkerungsanteil: <15 Jahre 9.4 %, 15–64 Jahre 55.4 %, >64 Jahre 35.2 %
Verteilung: Stadt 100 %, Land 0 %
Wachstum: 0.7 %
Lebenserwartung: Frauen 93 Jahre, Männer 85 Jahre
Alphabetenrate: Frauen 99 %, Männer 99 %
Bevölkerungsgruppen: Monegassen, Franzosen, Italiener, Briten, Belgier, Schweizer, Deutsche, Russen u. a.
Religion: Christen (v. a. Katholiken)
Sprachen: Französisch, Monegassisch

WIRTSCHAFT UND VERKEHR

BIP: Keine Angabe
Wachstum BIP: Keine Angabe
BIP/Kopf: Keine Angabe
Inflation: Keine Angabe
Außenhandel: Keine Angabe
Erwerbstätige nach Sektoren: Keine Angabe
Arbeitslosenquote: Keine Angabe
CO_2-Emission/Kopf: Keine Angabe

RÜCKBLICK

Corona-Pandemie: Die Regierung verhängte am 30.10.2020 zusätzliche Corona-Maßnahmen: Im ganzen Fürstentum galt eine Maskenpflicht und es gab eine Sperrstunde ab 20 Uhr. Bars mussten schließen. Restaurants, Theater und Casinos durften bis 21:30 Uhr Gäste empfangen. Für deren Besucher wurde die Sperrstunde auf 22 Uhr festgelegt. Die **2. Welle** der Pandemie in Monaco erreichte am 08.11.2020 ihren Höhepunkt. Die Inzidenz lag bei 317, fiel dann aber rasch wieder ab.
Ab Mitte Dezember stiegen die Infektionszahlen erneut an und erreichten am 10.01.2021 einen neuen Spitzenwert von 378, Höhepunkt der **3. Welle** war der 06.02.2021 mit einer Inzidenz von 398. Schon vorher steuerte die Regierung dagegen. Ab dem 02.01.2020 durften Restaurants nur noch Monegas-

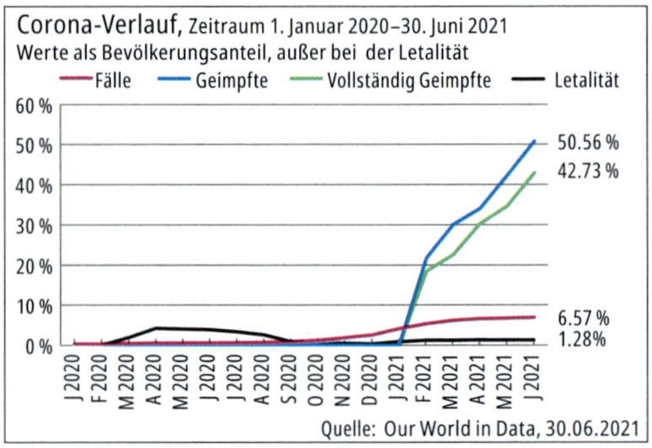

sen und Menschen bewirten, die in Monaco arbeiten. Am 05.01.2021 wurden Sport- und Schwimmhallen geschlossen. Gleichzeitig appellierte die Regierung an Unternehmen, „massiv" aus dem Homeoffice arbeiten zu lassen. Ziel war, möglichst wenig Viruseintrag von außen zu haben. Deshalb war ab dem 09.01.2021 auch die Einreise nach Monaco nur noch mit zwingendem Grund (Arbeit, Krankenbesuch) möglich. Ab dem 11.01.2021 wurde die Sperrstunde auf 19 Uhr vorverlegt, Restaurants durften ab 19 Uhr keine Gäste mehr empfangen. Lockerungen begannen am 19.04.2021 damit, dass die Sperrstunde verkürzt wurde.

Regierung: Am 01.09.2020 übernahm **Pierre Dartout** das Amt des Staatsministers von seinem Vorgänger Serge Telle. Dartout war zuletzt Präfekt des französischen Départements Bouches-du-Rhône. Fürst Albert II. hatte ihn am 18.05.2020 zum Nachfolger bestimmt.
Als eine seiner ersten Amtshandlungen präsentierte Dartout am 10.09.2020 den **Investitionsförderplan** (Plan de Relance de l'investissement, PRI) über 75 Mio. €, der die ökonomischen Folgen der Pandemie abmildern soll. 25 Mio. € wurden für die Energiewende bereitgestellt, 20 Mio. € für die Digitalisierung, mit weiteren 20 Mio. € stützte die Regierung das heimische Handwerk, mit 10 Mio. € den lokalen Einzelhandel.
Am 18.12.2020 verabschiedete der Nationalrat einstimmig den **Haushalt für 2021**. Wegen der Corona-Pandemie sah er ein Defizit von 115 Mio. € vor. Erstmals seit 2015 überstiegen die geplanten Ausgaben (1.583 Mrd. €) damit die Einnahmen (1.468 Mrd. €). Neben dem PRI (75 Mio. €) schlugen zusätzliche Investitionen in den Wohnungsbau (26 Mio. €) und geringere Steuereinnahmen zu Buche.

Gesetzgebung: Am 23.12.2020 verschärfte die Nationalversammlung das **Gesetz gegen Geldwäsche, Terrorismusfinanzierung und Korruption**. Die Novelle setzte im Wesentlichen die 5. Geldwäscherichtlinie der Europäischen Union um. Das Gesetz sieht u. a. ein neues Register für Bankkonten und Tresore vor. Bargeldkäufe sind weiterhin bis 30 000 € möglich. Jedoch muss man sich ab einem Kauf von 10 000 € künftig ausweisen. Der Euro bleibt die Währung des Nicht-EU-Lands. Das Gesetz trat zum 01.01.2021 in Kraft.

Mongolei

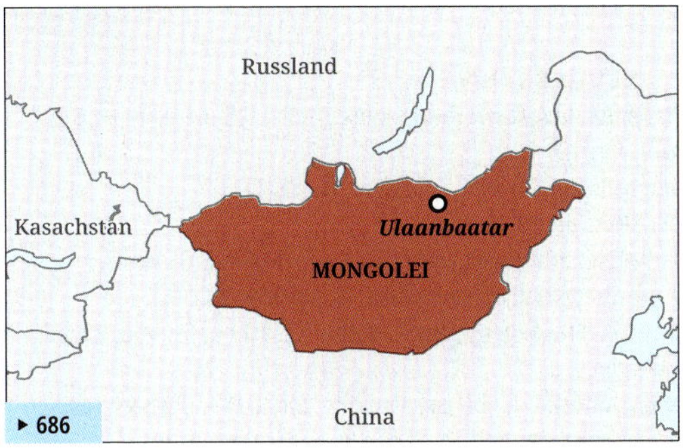

▸ 686

Ländername	Mongolei
Zeitzonen	MEZ +6 h bis +7 h
Fläche in km²	1 564 116 (Rang 18)
Anzahl der Einwohner	3.3 Millionen (Rang 133)
Einwohnerzahl pro km²	2 (Rang 196)
Hauptstadt	Ulaanbaatar
Amtssprache	Mongolisch
Verwaltungsgliederung	21 Provinzen und 1 Stadt
Wichtige Städte	Ulaanbaatar, Erdenet, Darchan, Tschojbalsan, Mörön
Autokennzeichen | ISO-Code	MGL | MNG
Währung	Tögrög
Nationalfeiertage	11. Juli (Unabhängigkeit 1921), 26. November (Ausrufung der Republik 1924)

Im Mittelalter schufen die Mongolen ein Weltreich, das von Korea bis Ungarn reichte. Unter der kommunistischen Herrschaft im 20. Jahrhundert war das dünn besiedelte Steppenland völlig von der UdSSR abhängig. Nur langsam vollzog sich der Wandel zu Demokratie und Marktwirtschaft.

GEOGRAFIE

Geografische Lage: Von 41°35′ bis 52°08′ nördlicher Breite sowie von 87°44′ bis 119°54′ östlicher Länge (Ostasien)
Höchster Punkt: Khuiten Uul 4374 m
Klima: Winterkaltes Trockenklima

POLITIK

Staatsform: Parlamentarische Republik
Staatsoberhaupt: Präsident Khaltmaa Battulga (seit 10.07.2017)
Regierungschef: Premierminister Luvsannamsrai Oyun-Erdene (seit 27.01.2021)
Regierungspartei: MVP (Mongolische Volkspartei)

Legislative: Parlament mit 76 für 4 Jahre gewählten Mitgliedern
Jahr der Verfassung: 1992
Wahlrecht: 18 Jahre

BEVÖLKERUNG

Bevölkerungsanteil: <15 Jahre 31.1 %, 15–64 Jahre 64.6 %, >64 Jahre 4.3 %
Verteilung: Stadt 68.7 %, Land 31.3 %
Wachstum: 1.6 %
Lebenserwartung: Frauen 74 Jahre, Männer 66 Jahre
Alphabetenrate: Frauen 98.6 %, Männer 98.2 %
Bevölkerungsgruppen: Chalcha, Kasachen, Durvud, Bayad, Burjaten u. a.
Religionen: Buddhisten, Muslime, Ethnische, Christen
Sprachen: Mongolisch, Russisch, Kasachisch

WIRTSCHAFT

BIP: 13.14 Mrd. US$
Wachstum BIP: -5.3 %
BIP/Kopf: 3916 US$
Inflation: 3.7 %
Außenhandel: Import 5.29 Mrd. US$ (Petrochemie 19 %, Kfz und -Teile 16.3 %, Maschinen 13.2 %, Nahrungsmittel 8.1 %, Chemische Erzeugnisse 7.3 %), Export 7.58 Mrd. US$ (Rohstoffe außer Brennstoffe 43.2 %, Kohle 40.8 %, Erdöl 4.8 %, Nahrungsmittel 1.9 %, Nichteisenmetalle 0.9 %)
Erwerbstätige nach Sektoren: Landwirtschaft 26.9 %, Industrie 19.5 %, Dienstleistungen 53.6 %
Arbeitslosenquote: 7.5 %
CO_2-Emission/Kopf: 11.4 t

RÜCKBLICK

Corona-Pandemie: Die mongolische Regierung in Ulaanbaatar hatte direkt Anfang 2020 strikte Maßnahmen ergriffen, um die Ausbreitung des Coronavirus einzudämmen, auch aus der Befürchtung heraus, dass das Gesundheitssystem durch eine hohe Zahl von Infizierten völlig überfordert sein würde. Die Grenze zu China wurde für den Personenverkehr geschlossen und die WHO leistete Unterstützung bei den Präventivmaßnahmen gegen die Pandemie, dazu gehörte die Durchführung umfangreicher Tests, die Rückverfolgung von Kontakten und eine Verbesserung des Gesundheitssystems. Tatsächlich war bis Ende 2020 kein Todesfall zu verzeichnen und es gab nur 1142 gemeldete Fälle bei einer Bevölkerungszahl von 3.3 Mio. Seit Anfang März 2021 stieg die Zahl der COVID-19-Erkrankten jedoch stetig und lag am 21.06.2021 bei 98 050 Fällen (459 gemeldete Todesfälle). Bemerkenswert ist, dass Anfang Juni 2021 rund 60 % der Mongolen bereits ihre zweite Impfung erhalten haben und in der Hauptstadt Ulaanbaatar über 80 % der Bewohner zumindest einmal geimpft worden sind. Trotzdem nimmt die Zahl der Corona-Fälle täglich zu. Es wird vermutet, dass die mehrheitlich aus China und auch Russland kommenden bereitgestellten Impfstoffe zwar wirksam gegen schwere Verläufe der Krankheit sind, aber nicht immer gegen eine Ansteckung.

Rücktritt der Regierung: Am 20.01.2021 trat **Premierminister Ukhnaagiin Khurelsukh** knapp 7 Monate nach seiner Wiederwahl überraschend zurück. Anlass war angeblich die Entrüstung über ein in sozialen Netzwerken verbreitetes Video über eine an COVID-19 erkrankte Frau, frierend in der Kälte mit ihrem Baby, darauf wartend, dass sie in die Quarantänestation aufgenommen wird. Das löste eine Welle von Demonstrationen aus, als Kritik an den unzureichenden Maßnahmen der Regierung zur Eindämmung der Corona-Pandemie. Dabei war bis Ende 2020 die Erfolgsbilanz der Regierung beachtlich und ihr bisheriges Vorgehen von der WHO gelobt worden. Laut Beobachtern ist der Unmut in der Bevölkerung eher Ausdruck der derzeitigen schwierigen wirtschaftlichen Situation und der hohen Arbeitslosigkeit. Nachfolger von Khurelsukh wurde Luvsannamsrain Oyun-Erdene, der Kabinettchef der zurückgetretenen Regierung.

Wirtschaft: Nach drei Jahren robusten Wachstums sank das Bruttoinlandsprodukt der Mongolei im Jahr 2020 um 5.3 %, aufgrund von Logistikproblemen im Bergbau und coronabedingter Einschränkungen. Bei den Exporten sowie der Inlandsnachfrage nach Gütern und Dienstleistungen war trotz der Pandemie ein Zuwachs zu verzeichnen, jedoch konnte das den Rückgang ausländischer Direktinvestitionen um 28.8 % nicht auffangen. Mit der Erholung der Weltwirtschaft und damit einer hohen Exportnachfrage nach Mineralien wird für 2021 ein BIP-Wachstum von 4.8 % prognostiziert.
Die Mongolei trat am 29.09.2020 formell dem **Asia-Pacific Trade Agreement (APTA)** bei und ist damit das siebte Mitglied des Handelsabkommens, das 1975 zwischen Bangladesch, Indien, Laos, der Republik Korea und Sri Lanka unterzeichnet wurde.

Sandsturm: Mitte März 2021 breitete sich ein Sandsturm von der südlichen Mongolei über einen großen Teil Nordchinas aus und drang bis auf die koreanische Halbinsel vor. Nach Angaben der örtlichen Behörden war es der schlimmste seit einem Jahrzehnt, der mindestens neun Menschen tötete. Laut Greenpeace Ostasien hat die Häufigkeit von Sandstürmen in der Mongolei in den letzten Jahrzehnten aufgrund des **Klimawandels und der langfristigen Abholzung und Bodenerosion im Süden des Landes zugenommen**.

Montenegro

▸ 619

Ländername	Montenegro
Zeitzone	MEZ ±0 h
Fläche in km²	13 812 (Rang 157)
Anzahl der Einwohner	621 718 (Rang 165)
Einwohnerzahl pro km²	45 (Rang 136)
Hauptstadt	Podgorica
Amtssprache	Montenegrinisch
Verwaltungsgliederung	24 Gemeinden
Wichtige Städte	Podgorica, Nikšić, Bar, Bijelo Polje, Herceg-Novi, Pljevlja
Autokennzeichen | ISO-Code	MNE | MNE
Währung	1 Euro = 100 Cent
Nationalfeiertag	21. und 22. Mai (Unabhängigkeit 2006, 13. und 14. Juli (Unabhängigkeit 1878)

Mit der Unabhängigkeitserklärung vom 3. Juni 2006 beschritt Montenegro, das „Land der schwarzen Berge", endgültig den Weg zu einer eigenständigen politischen Entwicklung. Das schwer zugängliche Bergland an der Adria verfügt über eindrucksvolle Landschaften und sieht im Tourismus seine große wirtschaftliche Chance. Montenegro steht in Beitrittsverhandlungen mit der EU.

GEOGRAFIE

Geografische Lage: Von 41°51' bis 43°33' nördlicher Breite sowie von 18°26' bis 20°21' östlicher Länge (Südosteuropa)
Höchster Punkt: Zla Kolata 2534 m
Klima: Gemäßigt kontinentales, an der Küste mediterranes Klima

POLITIK

Staatsform: Parlamentarische Republik
Staatsoberhaupt: Präsident Milo Đukanović (seit 20.05.2018)
Regierungschef: Ministerpräsident Zdravko Krivokapić (seit 04.12.2020)
Regierungsparteien: ZBCG (Za budućnost Crne Gore, Für die Zukunft Montenegros), MNN (Mir je naša nacija, Frieden ist unsere Nation), URA (Ujedinjena reformska akcija, Vereinte Reformaktion)
Legislative: Parlament mit 81 für 4 Jahre gewählten Mitgliedern
Jahr der Verfassung: 2007
Wahlrecht: 18 Jahre

BEVÖLKERUNG

Bevölkerungsanteil: <15 Jahre 18 %, 15–64 Jahre 66.2 %, >64 Jahre 15.8 %
Verteilung: Stadt 67.5 %, Land 32.5 %
Wachstum: 0 %
Lebenserwartung: Frauen 79 Jahre, Männer 75 Jahre
Alphabetenrate: Frauen 98.3 %, Männer 99.5 %
Bevölkerungsgruppen: Montenegriner, Serben, Bosniaken, Albaner u. a.
Religionen: Christen (v. a. Orthodoxe), Muslime, Sonstige
Sprachen: Montenegrinisch, Serbisch, Bosnisch, Albanisch u. a.

WIRTSCHAFT

BIP: 4.79 Mrd. US$
Wachstum BIP: -15.2 %
BIP/Kopf: 7689 US$
Inflation: -0.2 %
Außenhandel: Import 2.4 Mrd. US$ (Nahrungsmittel 18.8 %, Chemische Erzeugnisse 13 %, Maschinen 7.2 %, Kfz und -Teile 5.8 %, Elektrotechnik 5.2 %), Export 419 Mio. US$ (Rohstoffe außer Brennstoffe 22.4 %, Nichteisenmetalle 15.8 %, Strom 13.9 %, Chemische Erzeugnisse. 8.5 %, Nahrungsmittel 8.2 %)
Erwerbstätige nach Sektoren: Landwirtschaft 7.8 %, Industrie 19.2 %, Dienstleistungen 73 %
Arbeitslosenquote: 15.9 %
CO_2-Emission/Kopf: 4 t

RÜCKBLICK

Corona-Pandemie: Von Ende Oktober 2020 bis Ende März 2021 wurden hohe Infektionszahlen verzeichnet, erst Anfang April 2021 sanken sie wieder unter 2500 pro Woche und gingen danach jahres-

zeitlich bedingt deutlich zurück. Zu den Opfern der Pandemie zählte auch der am 30.10.2020 verstorbene Metropolit der Serbisch-Orthodoxen Kirche in Montenegro Amfilohije.

Parlamentswahlen: Bei den Parlamentswahlen am 30.08.2020 blieb die seit 30 Jahren an der Macht befindliche Demokratische Partei der Sozialisten (DPS) mit 35.1 % (30 Sitze, -6) stärkste Partei, vor dem Bündnis „Für die Zukunft Montenegros“ (ZBCG) mit 32.6 % (27 Sitze, +6). Zu diesem gehörten u. a. die Demokratische Front (DF), ein Zusammenschluss mehrerer proserbisch ausgerichteter Oppositionsparteien, und die Sozialistische Volkspartei (SNP). An dritter Stelle stand das mehrere moderate Gruppierungen umfassende Bündnis „Frieden ist unsere Nation“ (MNN) mit 12.5 % (10 Sitze, -2), vor der Mitte-Links ausgerichteten Vereinten Reformaktion (URA) mit 5.5 % (4 Sitze, +2), den Sozialdemokraten Montenegros (SD) mit 4.1 % (3 Sitze, +1), der Bosniakischen Partei (BS) mit 4 % (3 Sitze, +1), den Sozialdemokraten (SDP) mit 3.1 % (2 Sitze, -2), der Albanischen Liste (AL) mit 1.6 % (1 Sitz) und der Albanischen Koalition (AK) mit 1.1 % (1 Sitz, +1).

Regierungswechsel: Die bisherigen Oppositionsparteien verfügten im neuen Parlament über eine knappe Mehrheit von 41 der 81 Sitze. ZBCG, MNN und URA verständigten sich auf eine gemeinsame Regierung, mit der die DPS erstmals in die Opposition verwiesen wurde. Neuer Ministerpräsident wurde Zdravko Krivokapić, der das Bündnis ZBCG angeführt hatte. Er bildete eine Expertenregierung aus 12 parteilosen Ministern. Man wolle vor allem in der Außenpolitik keine grundlegenden Änderungen, sondern auf dem prowestlich und auf den EU-Beitritt ausgerichteten Weg bleiben und an der montenegrinischen Eigenständigkeit festhalten. Das Parlament sprach der neuen Regierung am 04.12.2020 das Vertrauen aus.

Änderung des Religionsgesetzes: Das im Dezember 2019 verabschiedete Religionsgesetz, das vor allem von der größten Religionsgemeinschaft, der Serbisch-Orthodoxen Kirche, kritisiert worden war, der u. a. die Verstaatlichung ihrer Kirchengebäude drohte, spielte auch während des Wahlkampfs eine wichtige Rolle. Die Oppositionsparteien sprachen sich für eine Änderung aus, was nach ihrer Regierungsbildung auch erfolgte. So wurde die Verpflichtung für die Religionsgemeinschaften, sich neu registrieren zu lassen und einen eindeutigen Besitznachweis für ihre Immobilien zu erbringen, gestrichen. Das Parlament verabschiedete die Änderungen endgültig am 20.01.2021 und überstimmte damit ein Veto von Staatspräsident Milo Djukanović.

Mosambik

▸ 643

Ländername	Republik Mosambik
Zeitzone	MEZ +1 h
Fläche in km²	799 380 (Rang 34)
Anzahl der Einwohner	31.3 Millionen (Rang 46)
Einwohnerzahl pro km²	39 (Rang 142)
Hauptstadt	Maputo
Amtssprache	Portugiesisch
Verwaltungsgliederung	11 Provinzen
Wichtige Städte	Maputo, Matola, Nampula, Beira, Chimoio, Tete
Autokennzeichen | ISO-Code	MOC | MOZ
Währung	1 Metical = 100 Centavos
Nationalfeiertag	25. Juni (Unabhängigkeit 1975)

Das Land im südöstlichen Afrika, das als einziger nicht englischsprachiger Staat Mitglied des Commonwealth ist, wurde durch koloniale Ausbeutung, blutige Befreiungskämpfe und einen grausamen Bürgerkrieg in seiner Entwicklung weit zurückgeworfen. Auf die Erschließung der großen natürlichen Ressourcen stützt sich die Hoffnung auf eine bessere Zukunft.

GEOGRAFIE

Geografische Lage: Von 10°28′ bis 26°52′ südlicher Breite sowie von 30°13′ bis 40°51′ östlicher Länge (Südostafrika)
Höchster Punkt: Monte Binga 2436 m
Klima: Wechselfeuchtes, tropisches Klima

POLITIK

Staatsform: Präsidiale Republik
Staatsoberhaupt: Präsident Filipe Jacinto Nyusi (seit 15.01.2015)
Regierungschef: Premierminister Carlos Agostinho do Rosário (seit 17.01.2015)
Regierungspartei: FRELIMO (Frente de Libertação de Moçambique)
Legislative: Versammlung mit 250 für 5 Jahre gewählten Mitgliedern
Jahr der Verfassung: 2004
Wahlrecht: 18 Jahre

BEVÖLKERUNG

Bevölkerungsanteil: <15 Jahre 44.1 %, 15–64 Jahre 53.1 %, >64 Jahre 2.8 %
Verteilung: Stadt 37.1 %, Land 62.9 %
Wachstum: 2.9 %
Lebenserwartung: Frauen 64 Jahre, Männer 58 Jahre
Alphabetenrate: Frauen 50.3 %, Männer 72.6 %
Bevölkerungsgruppen: Makua, Tsonga, Lomwe, Sena u. a.
Religionen: Christen, Muslime, Sonstige
Sprachen: Portugiesisch, Bantusprachen

WIRTSCHAFT UND VERKEHR

BIP: 14.38 Mrd. US$
Wachstum BIP: -0.5 %
BIP/Kopf: 450 US$
Inflation: 3.1 %
Außenhandel: Import 6.47 Mrd. US$ (Petrochemie 19.2 %, Nahrungsmittel 12.4 %, Chemische Erzeugnisse 12 %, Maschinen 10.6 %, Kfz und -Teile 7.3 %), Export 3.58 Mrd. US$ (Kohle 33.1 %, Nichteisenmetalle 25.4 %, Strom 7.7 %, Rohstoffe außer Brennstoffe 7.1 %, Nahrungsmittel 7 %)
Erwerbstätige nach Sektoren: Landwirtschaft 69.9 %, Industrie 8.6 %, Dienstleistungen 21.5 %
Arbeitslosenquote: 3.4 %
CO_2-Emission/Kopf: 0.3 t

RÜCKBLICK

Islamistische Angriffe: Die extremistische Gewalt in der nördlichen Provinz **Cabo Delgado** setzte sich 2020/21 weiter fort und beeinträchtigte die allgemeine Sicherheitslage. Seit 2017 verüben Anhänger einer islamistischen Gruppe in der rohstoffreichen Region gezielt Angriffe auf staatliche Einrichtungen, insbesondere aber auch auf Zivilpersonen. Der Konflikt brachte nach UN-Angaben bereits mehr als 2000 Menschen den Tod, **Hunderttausende flüchteten** vor der Gewalt. Die Menschenrechtsorganisation Amnesty International berichtete im Zusammenhang mit den Angriffen und Kampfhandlungen von schweren **Menschenrechtsverletzungen** wie Hinrichtungen, Verstümmelungen und Entführungen. Die extremistische Gruppe, die sich seit 2019 als Teil der Terrorbewegung „Islamistischer Staat (IS)“ versteht, zielte auf die Errichtung eines Staates, der die Scharia als Grundlage anerkennt. Sie eröffnete in der Region eigene Koranschulen und bemühte sich um die Rekrutierung vorwiegend jugendlicher Kämpfer. Im August 2020 nahmen die Extremisten die Hafenstadt Mocímboa da Praia ein. Im November 2020 brannten sie mehrere Dörfer nieder, verschleppten Frauen und Kinder und töteten mehr als 50 Menschen. Im März 2021 brachten sie vorübergehend die **Küstenstadt Palma** unter ihre Kontrolle. Tausende Menschen flüchteten teils zu Fuß, teils mit Booten vor den Angriffen und vor den heftigen Kämpfen zwischen Milizionären und Regierungssoldaten in die rund 250 Kilometer entfernte Provinzhauptstadt Pemba, wo bereits Hunderttausende Binnenvertriebene lebten. Die UN bezeichnete die **humanitäre Lage** als äußerst **besorgniserregend.** Neben Nahrungsmangel bedrohten auch Krankheiten wie Malaria, Cholera und COVID-19 die Flüchtlinge.

Internationale Unterstützung: Die südafrikanische Staatengemeinschaft **SADC** plante 2021, eine 3000-köpfige militärische **Eingreiftruppe** in den Norden Mosambiks zu entsenden. Auch der Nachbarstaat **Tansania** bot im Kampf gegen die Terrormilizen seine Kooperation an und die ehemalige Kolonialmacht **Portugal** stellte 60 Soldaten in Aussicht, die die nationalen Streitkräfte im Terrorkampf schulen sollten. Mosambik reagierte verhalten, da es offenbar um seine staatliche Eigenständigkeit fürchtete und hinter den Angeboten wirtschaftliche und machtpolitische Interessen vermutete.

Wirtschaftliche Konsequenzen: Die Zunahme der Gewalt veranlasste im April 2021 den französischen Erdölkonzern Total, sein nahe Palma angesiedeltes milliardenschweres **Projekt zur Erschließung von Erdgasvorkommen** aufzugeben. Die für 2024 anvisierte Förderung von Erdgas sollte Mosambiks Wirtschaft einen starken Entwicklungsschub geben. Der durch den **Rückzug** verursachte volkswirtschaftliche Schaden, der auch das wirtschaftliche Umfeld der Gasförderung berücksichtigte, wurde auf rund 90 Mio. US$ geschätzt.

Myanmar

Ländername	Republik der Union Myanmar
Zeitzone	MEZ +5:30 h
Fläche in km²	676 577 (Rang 39)
Anzahl der Einwohner	54.4 Millionen (Rang 26)
Einwohnerzahl pro km²	80 (Rang 105)
Hauptstadt	Naypyidaw
Amtssprache	Birmanisch
Verwaltungsgliederung	7 Staaten, 7 Regionen und 1 Unionsterritorium
Wichtige Städte	Rangun (Yangon), Mandalay, Naypyidaw, Taunggyi, Bago, Mawlamyine
Autokennzeichen | ISO-Code	MYA | MMR
Währung	1 Kyat = 100 Pyas
Nationalfeiertage	4. Januar (Unabhängigkeit 1948), 2021: 28. November (Studentenproteste gegen die britische Herrschaft 1920)

Die Republik der Union Myanmar, wie das Land Birma (bzw. englisch Burma) nach der Umbenennung durch das Militärregime seit 1989 heißt, ist durch Staatssozialismus und ein autoritäres Regime an den wirtschaftlichen Abgrund geführt worden. 2011 bis 2021 befand sich das Land, mit der Friedensnobelpreisträgerin Aung San Suu Kyi in Regierungsverantwortung, in einem Demokratisierungs- und Friedensprozess. Am 01.02.2021 löste ein Militärputsch, verbunden mit der Inhaftierung von Aung San Suu Kyi, Massenproteste aus. Internationale Kritik gab es wegen der Vertreibung der Volksgruppe der Rohingya durch die burmesische Armee.

GEOGRAFIE

Geografische Lage: Von 9°47′ bis 28°32′ nördlicher Breite sowie von 92°10′ bis 101°10′ östlicher Länge (Südostasien)
Höchster Punkt: Hkàkabo Ràzi 5881 m
Klima: Monsunklima

POLITIK

Staatsform: Parlamentarische Republik
Staatsoberhaupt: Präsident (nach Militärputsch eingesetzt) Myint Swe (seit 01.02.2021)
Regierungschef: Vorsitzender des Staatsverwaltungsrates (De-facto-Machthaber) Min Aung Hlaing (seit 01.02.2021) und De-facto Regierungschefin (gewählt, aber seit 01.02.2021 in Haft) Aung San Suu Kyi (seit 08.11.2020)
Regierungspartei: NUP (Partei der nationalen Einheit)
Legislative: Volksversammlung, bestehend aus Repräsentantenhaus mit 330 für 5 Jahre gewählten und 110 ernannten Mitgliedern und Haus der Nationalitäten mit 168 für 5 Jahre gewählten und 56 ernannten Mitgliedern
Jahr der Verfassung: 2008
Wahlrecht: 18 Jahre

BEVÖLKERUNG

Bevölkerungsanteil: <15 Jahre 25.5 %, 15–64 Jahre 68.3 %, >64 Jahre 6.2 %
Verteilung: Stadt 31.1 %, Land 68.9 %
Wachstum: 0.7 %
Lebenserwartung: Frauen 70 Jahre, Männer 64 Jahre
Alphabetenrate: Frauen 71.8 %, Männer 80 %
Bevölkerungsgruppen: Birmanen, Shan, Karen, Rakhine, Chinesen, Inder, Mon u. a.
Religionen: Buddhisten, Christen, Muslime
Sprachen: Birmanisch, Englisch, Regionalsprachen

WIRTSCHAFT UND VERKEHR

BIP: 81.26 Mrd. US$
Wachstum BIP: 3.2 %
BIP/Kopf: 1527 US$
Inflation: 5.7 %
Außenhandel: Import 17.95 Mrd. US$ (Petrochemie 13.6 %, Maschinen 13.2 %, Chemie 12.7 %, Textilien und Bekleidung 10.2 %, Eisen und Stahl 8.2 %), Export 16.8 Mrd. US$ (Textilien und Bekleidung 27.7 %, Nahrungsmittel 25.3 %, Erdgas 19.9 %, Rohstoffe außer Brennstoffe 6.3 %, Nichteisenmetalle 5.8 %)
Erwerbstätige nach Sektoren: Landwirtschaft 48.1 %, Industrie 16.3 %, Dienstleistungen 35.6 %
Arbeitslosenquote: 1.8 %
CO_2-Emission/Kopf: 0.9 t

RÜCKBLICK

Militärputsch: Am 01.02.2021 wurden Staatspräsident Win Myint und Aung San Suu Kyi, die Vorsitzende der regierenden National League for

Democracy (NLD) und faktische Regierungschefin, ebenso die meisten Minister und ein Teil der Abgeordneten verhaftet; etwa 400 wurden unter Hausarrest gestellt. Am 02.02.2021 übernahm ein „Staatsverwaltungsrat" unter der Führung von Generalstabschef Min Aung Hlaing die Regierung. **Hintergrund des Militärcoups war der Wahlsieg der NLD bei den Parlamentswahlen** am 08.11.2020, bei denen die Regierungspartei 258 der 315 vergebenen Mandate – in 15 Wahlkreisen war wegen des Bürgerkriegs mit separatistischen Gruppen die Wahl abgesagt worden – gewann und damit ihr Ergebnis von 2015 noch überbot. Die militärnahe USDP hatte hingegen Mandate eingebüßt. Die Militärführung hatte bereits vor der Wahl angebliche Wahlfälschungen der Regierung beanstandet und erkannte das Wahlergebnis nicht an – internationale Wahlbeobachter erklärten demgegenüber, dass die Wahlen, bei Mängeln im Einzelnen, fair und transparent gewesen seien. Mit dem Putsch verhinderte das Militär im letzten Moment, dass sich das Repräsentantenhaus am 02.02.2021 konstituierte. Neuwahlen stellte die Junta vage, frühestens 2022, in Aussicht. Die an unbekanntem Ort isolierte Aung San Suu Kyi wurde verschiedener Verbrechen und Vergehen angeklagt; am 24.05.2021 erhielten ihre Anwälte erstmals Zugang zu ihr; am 07.06.2021 begann ihr Prozess.

Widerstand: In vielen Städten kam es zu friedlichen Massenprotesten gegen den Putsch: Hunderttausende forderten die Freilassung Aung San Suu Kyis – das zunächst abwartende Verhalten der Polizei konnte als Zeichen dafür gewertet werden, dass die Putschisten vom Ausmaß der Gegenwehr des Volkes überrascht waren. Auch die Sperrung des Internet erwies sich als untaugliches Mittel, um die Proteste zu ersticken. Diese wurden von Studenten, Schülern, Lehrern und Klinikpersonal getragen; Mitarbeiter von Ministerien und Behörden schlossen sich an, sodass die Proteste den **Charakter eines Generalstreiks** annahmen und das öffentliche Leben zum Erliegen kam. Schließlich entschied sich die Führung für eine **brutale Niederschlagung der Proteste**: Seit dem 28.02.2021 setzten die Sicherheitskräfte scharfe Munition ein, die Armee besetzte Krankenhäuser und Schulen. Die Demonstrationen ließen sich so nicht vollständig unterbinden, Barrikaden wurden errichtet, flexiblere Protestformen entwickelt. Die Anhänger der Demokratie gingen dabei höchste Risiken ein: Bis zum 11.06.2021 wurden laut Menschenrechtsorganisationen **etwa 850 Demonstranten getötet**. Über 3000 wurden vorübergehend verhaftet, mehrere Demokratieaktivisten kamen im Polizeigewahrsam ums Leben.

Gegenregierung: Am 09.03.2021 trat erstmals eine im Untergrund agierende Parlamentariergruppe hervor, die sich als „Komitee, die das Parlament repräsentiert" bezeichnete; am 16.04.2021 ging daraus eine „Regierung der nationalen Einheit" hervor; ihr gehörten neben Abgeordneten der NLD auch Vertreter ethnischer Minderheiten und Aktivisten der Straßenproteste an. Sie erklärten nicht allein die Junta für illegal, sondern auch die Verfassung von 2008 für ungültig, die die Volksherrschaft durch Vetorechte des Militärs einschränkte, und setzten an ihre Stelle eine „föderale Verfassung", die die Forderungen der nationalen Minderheiten berücksichtigte. Trotz dieses Bruchs mit dem geltenden Recht forderte die Einheitsregierung von der internationalen Gemeinschaft als einzig legitime Vertretung der Nation anerkannt zu werden – als Ausdruck dieses Anspruchs auf die Rechtsnachfolge wurden Aung San Suu Kyi als Staatsrätin und Win Myint als Staatspräsident ungeachtet ihrer Inhaftierung in ihren Ämtern bestätigt; das Amt des Ministerpräsidenten übernahm der untergetauchte Präsident der Zweiten Kammer, Mahn Win Khaing Than (NLD).

Internationale Reaktionen: Der UN-Sicherheitsrat rief am 04.02.2021 in einer einstimmigen Erklärung zur Freilassung der Inhaftierten und Fortsetzung des 2011 begonnenen demokratischen Prozesses in Myanmar auf. Eine Verurteilung des Putsches, die Forderung nach Wiedereinsetzung von Parlament und Regierung oder gar Sanktionen, wie ein Antrag Großbritanniens gefordert hatte, scheiterten an den Vetomächten Russland und VR China. Die UN-Vollversammlung forderte am 18.06.2021 mit 119 gegen die Stimme von Belarus bei 36 Enthaltungen ein Rüstungsembargo. Neuseeland, die USA, Großbritannien und Kanada verhängten im Februar **Sanktionen** gegen die Mitglieder der Junta. Nach der Eskalation der Gewalt fror die USA im März Devisenbestände Myanmars bei der US-Notenbank ein und verschärfte die Sanktionen; die EU suspendierte am 04.03.2021 die Entwicklungshilfe und verhängte am 22.03.2021 ebenfalls Sanktionen gegen die Junta-Mitglieder. Der **ASEAN-Sondergipfel** in Jakarta am 25.04.2021, zu dem Min Aung Hlaing trotz Protest der Gegenregierung eingeladen wurde, verabschiedete einen **Fünfpunkteplan**, der die Einstellung der Gewalt, einen Dialog der Konfliktparteien in Myanmar und die Mediation eines Sondergesandten der Staatengruppe vorsah, die aber nicht zustande kam. Tatsächlich war die ASEAN gespalten: So boykottierten Indonesien, Malaysia und Singapur die **Parade zum „Tag der Streitkräfte"** in Naypyidaw am 27.03.2021, während Thailand,

Laos und Vietnam Vertreter entsandten, ebenso wie Indien und **Russland**, das durch den stellvertretenden Verteidigungsminister Aleksander Fomin ranghoch vertreten war. Bei einem Treffen mit Min Aung Hlaing am 26.03.2021 betonte Fomin das Interesse Russlands an den „strategischen“ Beziehungen mit Myanmar; am 21.01.2021 hatte Verteidigungsminister Sergej Shoigu in Naypyidaw Vereinbarungen über russische Rüstungslieferungen zur Modernisierung von Armee und Marine Myanmars geschlossen. Die **VR China** vermied offizielle Parteinahmen nach dem Putsch; dennoch galt Peking weithin als dessen Nutznießer. Im März wurden mehrere chinesische Textilfabriken in Rangun in Brand gesetzt.

Minderheiten: Der Militärputsch bewirkte einen Rückschlag für die Friedensbemühungen mit den nicht-birmanischen Milizen. Am 20.02.2021 brach ein Bündnis von 10 Milizen, die zuvor mit dem Militär einen Waffenstillstand geschlossen hatten, die politischen Gespräche mit der neuen Regierung ab. Die Armee blieb in den Staaten Chin, Kachin, Shan, Kayah und Kayin sowie in den Regionen Sagaing, Magway und Mandalay in Kämpfe mit Milizen verwickelt; die UNO berichtete im Juni, dass in Kayah etwa 100 000 Menschen auf der Flucht vor der exzessiven Gewalt der Armee seien. Auch in Rhakine, wo die Arakan Army im Februar noch Waffenstillstandsverhandlungen mit der Armee aufgenommen hatte, kam es im März 2021 wieder verstärkt zu Kämpfen. Einige Milizen erklärten ihre Solidarität mit der Demokratiebewegung. Die Gegenregierung gab am 05.05.2021 die Gründung einer **„Volksverteidigungsarmee“** bekannt: Berichte sprachen von der Bildung lokaler Einheiten; offenbar sollten die bestehenden ethnischen Milizen aber den Kern der Widerstandsarmee bilden.

Corona-Pandemie: Der Ausbruch einer zweiten Welle im Oktober 2020 traf die Wirtschaft schwer: Prognosen gehen von einer Schrumpfung der Wirtschaft im Fiskaljahr 2021 von 9.8 % aus. Die Probleme für Textilindustrie und Tourismus verstärkten sich durch den Putsch. Die Impfkampagne lief spät und langsam mit von der VR China gespendeten Vakzinen an: Bis zum 22.06.2021 waren erst 3 Mio. Impfdosen verteilt worden. Die Fallzahlen waren bis dahin wegen geschlossener Grenzen und mangelhafter Erhebung mit 148 617 Infizierten und 3265 Verstorbenen eher gering; sie zogen allerdings im Juni 2021 an.

Namibia

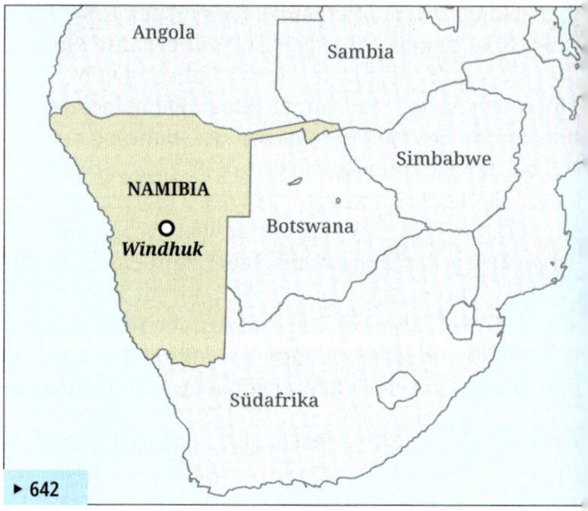

▸ 642

Ländername	Republik Namibia
Zeitzone	MEZ +1 h
Fläche in km²	824 116 (Rang 33)
Anzahl der Einwohner	2.5 Millionen (Rang 140)
Einwohnerzahl pro km²	3 (Rang 194)
Hauptstadt	Windhuk
Amtssprache	Englisch
Verwaltungsgliederung	14 Regionen
Wichtige Städte	Windhuk, Rundu, Walvis Bay, Swakopmund, Oshakati
Autokennzeichen | ISO-Code	NAM | NAM
Währungen	1 Namibia-Dollar = 100 Cents, 1 Rand = 100 Cents
Nationalfeiertag	21. März (Unabhängigkeit 1990)

Der junge Staat im Südwesten Afrikas auf dessen Territorium die Wüste Namib liegt, eines der trockensten Gebiete der Erde, gehörte von 1885 bis 1919 zum deutschen Kolonialreich. Im 20. Jahrhundert musste sich Namibia gegen den Widerstand Südafrikas die Unabhängigkeit erkämpfen.

GEOGRAFIE

Geografische Lage: Von 16°57′ bis 28°58′ südlicher Breite sowie von 11°43′ bis 25°16′ östlicher Länge (Südwestafrika)
Höchster Punkt: Königstein 2573 m
Klima: Subtropisches Trockenklima

POLITIK

Staatsform: Präsidiale Republik
Staatsoberhaupt: Präsident Hage Geingob (seit 21.03.2015)
Regierungschef: Premierministerin Saara Kuugongelwa-Amadhila (seit 21.03.2015)

Regierungspartei: SWAPO Party of Namibia (South-West Africa People's Organisation)
Legislative: Parlament, bestehend aus Nationalversammlung mit 96 für 5 Jahre gewählten und 8 ernannten Mitgliedern und Nationalrat mit 42 für 5 Jahre gewählten Mitgliedern
Jahr der Verfassung: 1990
Wahlrecht: 18 Jahre

BEVÖLKERUNG

Bevölkerungsanteil: <15 Jahre 36.8 %, 15–64 Jahre 59.6 %, >64 Jahre 3.6 %
Verteilung: Stadt 52 %, Land 48 %
Wachstum: 1.8 %
Lebenserwartung: Frauen 67 Jahre, Männer 61 Jahre
Alphabetenrate: Frauen 91.4 %, Männer 91.6 %
Bevölkerungsgruppen: Ovambo, Kavangos, Herero, Damara, Mestizen, Europäer, Nama, Caprivian, San, Baster u. a.
Religionen: Christen, Ethnische
Sprachen: Englisch, Bantusprachen, Afrikaans, Deutsch u. a.

WIRTSCHAFT

BIP: 10.56 Mrd. US$
Wachstum BIP: -7.2 %
BIP/Kopf: 4175 US$
Inflation: 2.6 %
Außenhandel: Import 6.58 Mrd. US$ (Nichteisenmetalle 22.8 %, Chemische Erzeugnisse 10.4 %, Rohstoffe außer Brennstoffe 9.6 %, Nahrungsmittel 9.2 %, Petrochemie 7.9 %), Export 3.5 Mrd. US$ (Nichteisenmetalle 31.6 %, Nichtmetallische Mineralien 18.9 %, Rohstoffe außer Brennstoffe 15.7 %, Nahrungsmittel 15.1 %, Gold 7 %)
Erwerbstätige nach Sektoren: Landwirtschaft 21.8 %, Industrie 16.4 %, Dienstleistungen 61.8 %
Arbeitslosenquote: 20.4 %
CO_2-Emission/Kopf: 1.7 t

Bruttoinlandsprodukt in Mrd. US$

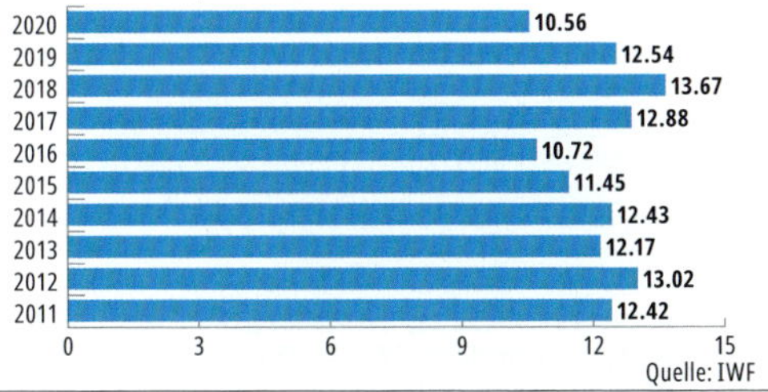

RÜCKBLICK

Corona-Pandemie: Namibia war von COVID-19 und den Folgen der Pandemie stark betroffen und galt Mitte 2021 aufgrund der Ausbreitung von Virusvarianten als **Gebiet mit besonders hohem Infektionsrisiko**. Die Pandemie verlief auch in Namibia in mehreren Wellen, auf die die Regierung jeweils mit der Verschärfung der Maßnahmen wie Ausgangssperren reagierte. Am 17.09.2020 endete der sechsmonatige Ausnahmezustand. Weitere Pandemieregelungen basierten auf der bestehenden Gesundheits- und Seuchengesetzgebung. Im Juni 2021 stieg die Zahl der Infektionen und der Todesfälle in Zusammenhang mit COVID-19 stark an. Mitte des Monats gab es rund 70 000 bestätigte Fälle und über 1100 Todesfälle. Das Gesundheitsministerium gab einen **akuten Mangel an Intensivplätzen** und einen zeitweisen Mangel an Sauerstoff bekannt. Präsident Hage Geingob ordnete für die Dauer von zwei Wochen die **Abriegelung der Hauptstadt** Windhuk an, in der mehr als die Hälfte der Infektionsfälle aufgetreten war.

Aussöhnungsabkommen: Im Mai 2021 einigten sich **Namibia und Deutschland** nach einer Verhandlungsdauer von fast sechs Jahren auf einen Versöhnungsvertrag, der die **Untaten der deutschen Kolonialzeit** aufarbeiten sollte. 1884–1915 hatte das Deutsche Reich als Kolonialmacht in Namibia (früher Deutsch-Südwestafrika) Aufstände der Volksgruppen der **Herero und Nama** brutal niedergeschlagen. Dabei waren etwa 65 000 Herero und 10 000 Nama – jeweils ein Großteil der gesamten Ethnie – getötet worden. Die deutsche Regierung erkannte mit dem Abkommen erstmals die Verbrechen offiziell als **Völkermord** an und bot als finanzielle Wiedergutmachung **Unterstützungszahlungen** von 1.1 Mrd. € an, die über einen Zeitraum von 30 Jahren gezahlt werden sollten. Die namibische Regierung hatte ursprünglich 40 Mrd. US$ gefordert. Vertreter der Herero und Nama begrüßten zwar das Schuldeingeständnis vonseiten Deutschlands, lehnten aber die Entschädigungssumme als unzureichend ab. Außerdem kritisierten sie ihre fehlende Repräsentation am Verhandlungstisch.

Wirtschaft: Der zeitweilige Lockdown und der globale Abschwung infolge der Pandemie trafen die namibische Wirtschaft 2020 massiv. Für 2021–2023 erwarteten Experten wieder ein leichtes Wachstum von 2.6–3.3 %. Der **Bergbau** (Diamanten, Uran) als einer der wichtigsten Wirtschaftszweige litt unter dem Einbruch der weltweiten Nachfrage und unter dem niedrigen Preisniveau. Der **Tourismus** als wichtige Devisenquelle und bedeutender Arbeitsmarkt ging durch die Reisebeschränkungen stark zurück. Der bereits zuvor an Mitteln **knappe Staatshaushalt** verfügte über wenig Kapazitäten, um den Konjunktureinbruch abzufedern.

Nauru

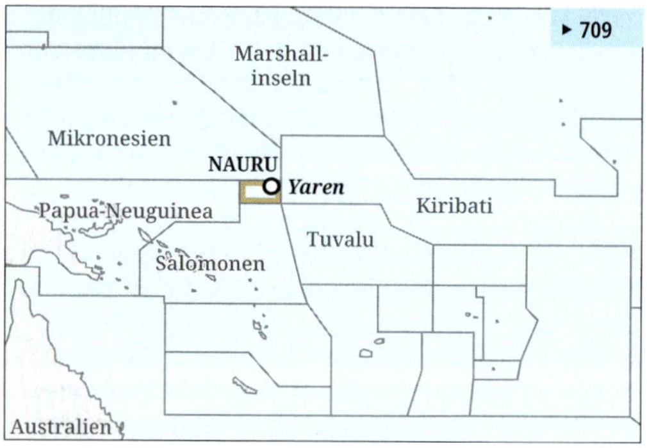

Ländername	Republik Nauru
Zeitzone	MEZ +11 h
Fläche in km²	21 (Rang 194)
Anzahl der Einwohner	10 834 (Rang 195)
Einwohnerzahl pro km²	516 (Rang 13)
Hauptstadt	Yaren
Amtssprache	Nauruisch
Verwaltungsgliederung	14 Distrikte
Autokennzeichen | ISO-Code	NAU | NRU
Währung	1 Australischer Dollar = 100 Cents
Nationalfeiertag	31. Januar (Unabhängigkeit 1968)

Dank reicher Phosphatvorkommen genossen die Bewohner der Pazifikinsel viele Jahre die Vorzüge eines wohlhabenden Sozialstaats. Doch da die Vorräte sich dem Ende zuneigen, ist die Zukunft der kleinsten Inselrepublik der Welt ungewiss.

GEOGRAFIE

Geografische Lage: Von 0°29′ bis 0°33′ südlicher Breite sowie von 166°54′ bis 166°58′ östlicher Länge (Ozeanien)
Höchster Punkt: Unbenannt 61 m
Klima: Tropisches Klima

POLITIK

Staatsform: Parlamentarische Republik
Staatsoberhaupt und Regierungschef: Präsident Lionel Aingimea (seit 27.08.2019)
Regierungspartei: NFP (Nauru First Party)
Legislative: Parlament mit 19 für 3 Jahre gewählten Mitgliedern
Jahr der Verfassung: 1968
Wahlrecht: 20 Jahre

BEVÖLKERUNG

Bevölkerungsanteil: <15 Jahre 30.9 %, 15–64 Jahre 65.6 %, >64 Jahre 3.5 %
Verteilung: Stadt 100 %, Land 0 %
Wachstum: 0.6 %
Lebenserwartung: Frauen 72 Jahre, Männer 64 Jahre
Alphabetenrate: Frauen 97.2 %, Männer 95.7 %
Bevölkerungsgruppen: Nauruer, Kiribatier u. a.
Religionen: Christen, Sonstige
Sprachen: Nauruisch, Englisch, Regionalsprachen

Die UN-Botschafterin von Nauru Margo Dieye, während einer Rede am 08.04.2021 vor den Vereinten Nationen in New York.

WIRTSCHAFT

BIP: 114 Mio. US$
Wachstum BIP: 0.7 %
BIP/Kopf: 8867 US$
Inflation: 1 %
Außenhandel: Import 44 Mio. US$, Export 60 Mio. US$
Erwerbstätige nach Sektoren: Keine Angabe
Arbeitslosenquote: Keine Angabe
CO_2-Emission/Kopf: Keine Angabe

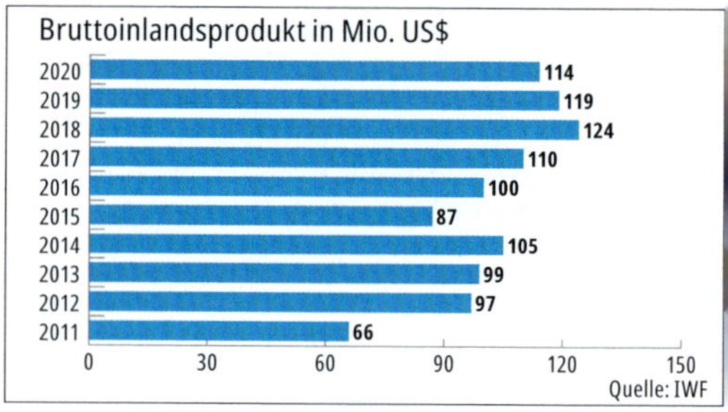

RÜCKBLICK

Corona-Pandemie: Wie die übrigen westpazifischen Inselstaaten konnte auch Nauru 2020 durch einen rigorosen Einreisestopp das Überspringen des SARS-CoV-2-Virus auf die Bevölkerung verhindern: Es gab **keine Infizierten**. Dies war, angesichts der hohen Verbreitung von Diabetes und Adipositas ein wichtiger Erfolg. Auch **die erste Phase der Impfkampagne verlief sehr erfolgreich**: Dank einer Spende Indiens konnte im April und Mai 2021 die gesamte erwachsene Bevölkerung bis zum 07.05.2021 ein erstes Mal gegen COVID-19 geimpft werden; die von der Gesundheitsbehörde veröffentlichte Zahl von 7393 Erstgeimpften übertraf sogar die bei der Volkszählung ermittelte Zahl von 6812 Volljährigen; die überzähligen 2607 Impfdosen sollen bei der Zweitimpfung im Juli 2021 eingesetzt werden. Es war nach dem indischen Exportstopp unklar, ob die etwa 5000 für eine vollständige Zweitimpfung aller Erwachsenen noch fehlenden Dosen bis dahin eingegangen sein werden.

Wirtschaft: Die Einreisebeschränkungen belasteten die Wirtschaft – sie verzögerten laufende Infrastrukturvorhaben und verteuerten die Importe. Die **wirtschaftliche Aktivität verlangsamte sich**: Im Fiskaljahr 2021, deckungsgleich mit dem Berichtszeitraum, erwartete die Asiatische Entwicklungsbank ein Wachstum von 1.5 %. Die Inflationsrate fiel 2020 auf 1.0 %; die um 20 % erhöhten **Zolltarife auf Alkohol und Zigaretten** – das Land hat eine der höchsten Raucherquoten weltweit – ließ in der zweiten Jahreshälfte die Preise kurzfristig stärker steigen. Der neue Wohlstand seit 2012, der durch die Einnahmen aus dem Thunfischfang und aus den Zahlungen aus Australien für das exterritoriale Flüchtlingslager herrührte, wurde zuletzt zweifelhafter: Sorgen bereitete das wahrscheinlich **bevorstehende Ende des Regional Processing Centers** Australiens, in dem zuletzt nur noch 150 Bootsflüchtlinge interniert waren. Seit 2012 hat es viel Geld in die Kassen gespült: Im Haushaltsjahr 2019/20 steuerte es 150 Mio. australische Dollar oder 56 % zum Etat bei; die Fischereilizenzen trugen 73 Mio. A$ bei. Die dritte Säule des Wohlstands hat stark an Bedeutung verloren: Am 03.07.2020 feierte das Land den **50. Jahrestag der Nationalisierung des Phosphattagebaus**, der zuvor privatwirtschaftlich von australischen, britischen und neuseeländischen Eignern betrieben worden war; er hatte der Insel bis zur Jahrtausendwende zeitweise erheblichen materiellen Wohlstand eingebracht, hat sie aber, nach weitgehender Ausbeutung des Rohstoffs, nachhaltig verwüstet.

Nepal

▸ 693

Ländername	Nepal
Zeitzone	MEZ +4:45 h
Fläche in km²	147 181 (Rang 93)
Anzahl der Einwohner	29.1 Millionen (Rang 49)
Einwohnerzahl pro km²	198 (Rang 51)
Hauptstadt	Kathmandu
Amtssprache	Nepali
Verwaltungsgliederung	7 Provinzen
Wichtige Städte	Kathmandu, Pokhara, Lalitpur, Biratnagar, Bharatpur, Birganj
Autokennzeichen | ISO-Code	NEP | NPL
Währung	1 Nepalesische Rupie = 100 Paisa
Nationalfeiertag	20. September (Verfassung 2015)

Nepal weist eine Vielfalt von Landschaften auf, die vom subtropischen Regenwald bis zu den Gletscherregionen der höchsten Berge im Himalaja reichen. Die Beendigung des Bürgerkriegs mit der maoistischen Guerilla führte 2006 zur Parlamentarisierung des Regierungssystems und 2008 zur Abschaffung der Monarchie.

GEOGRAFIE

Geografische Lage: Von 26°21′ bis 30°25′ nördlicher Breite sowie von 80°02′ bis 88°10′ östlicher Länge (Südasien)
Höchster Punkt: Mount Everest 8848 m
Klima: Warmes, wintertrockenes Monsunklima; im Hochgebirge Eisklima

POLITIK

Staatsform: Parlamentarische Bundesrepublik
Staatsoberhaupt: Präsidentin Bidya Devi Bhandari (seit 29.10.2015)
Regierungschef: Ministerpräsident Khadga Prasad Sharma Oli (seit 15.02.2018)
Regierungsparteien: CPN-UML (Kommunistische Partei Nepals/Vereinigte Marxisten-Leninisten), CPN-MC (Kommunistische Partei Nepals/Maoistisches Zentrum)
Legislative: Bundestag, bestehend aus Repräsentantenhaus mit 275 für 5 Jahre gewählten Mitgliedern und Nationalversammlung mit 56 für 6 Jahre gewählten und 3 ernannten Mitgliedern (alle 2 Jahre teilerneuert)
Jahr der Verfassung: 2015
Wahlrecht: 18 Jahre

BEVÖLKERUNG

Bevölkerungsanteil: <15 Jahre 28.8 %, 15–64 Jahre 65.4 %, >64 Jahre 5.8 %
Verteilung: Stadt 20.6 %, Land 79.4 %
Wachstum: 1.8 %
Lebenserwartung: Frauen 73 Jahre, Männer 70 Jahre
Alphabetenrate: Frauen 59.7 %, Männer 78.6 %
Bevölkerungsgruppen: Chhetri, Brahmanen, Magar, Tharu, Tamang, Newar, Kami, Yadav, Rai, Gurung, Sherpa u. a.
Religionen: Hindus, Buddhisten, Muslime, Christen, Ethnische
Sprachen: Nepali, Maithili, Bhojpuri, Tharu, Tamang, u. a.

WIRTSCHAFT

BIP: 34.47 Mrd. US$
Wachstum BIP: -1.9 %
BIP/Kopf: 1196 US$
Inflation: 6.1 %
Außenhandel: Import 10.68 Mrd. US$ (Nahrungsmittel 12.8 %, Petrochemie 10.9 %, Chemische Erzeugnisse 10.5 %, Eisen und Stahl 9.7 %, Maschinen 8.7 %), Export 818 Mio. US$ (Textilien und Bekleidung 44.7 %, Nahrungsmittel 25.7 %, Eisen und Stahl 6.6 %, Chemische Erzeugnisse 6.1 %, Rohstoffe außer Brennstoffe 3.9 %)
Erwerbstätige nach Sektoren: Landwirtschaft 64.5 %, Industrie 15.3 %, Dienstleistungen 20.2 %
Arbeitslosenquote: 4.4 %
CO_2-Emission/Kopf: 0.5 t

RÜCKBLICK

Corona-Pandemie: Bis zum 24.06.2021 starben offiziell 8894 Nepalesen an der Seuche. Den größten wirtschaftlichen Schaden richtete die Pandemie im Fremdenverkehr an: Im Fiskaljahr 2020 gingen die Gästezahlen um 81 % zurück; erst die Aufhebung der Quarantänepflicht im Februar 2021, vor Beginn der Saison, belebte die Nachfrage nach Bergtouren; der einträgliche Verkauf von 408 Lizenzen allein für die Besteigung des Mount Everest war neuer Jahresrekord und wurde mit dem dringenden Bedarf nach Devisen und Arbeitsmöglichkeiten für die Sherpas gerechtfertigt. Die Kritik an dieser Öffnung der Region um den Mount Everest wuchs, als die Infektionszahlen im April schnell stiegen und für Kathmandu am 29.04.2021 ein strikter Lockdown verkündet wurde; der Höhepunkt war am 11.05.2021 mit 9317 Neuinfektionen erreicht; auch grassierte COVID-19 unter den Bergtouristen, die um die knappsten Ressourcen – Intensivbetten und Sauerstoff – mit einheimischen Patienten konkurrierten.

Verfassungskrise: Vor dem Hintergrund wachsender Kritik am Corona-Management der Regierung eskalierten die Flügelkämpfe in der regierenden Kommunistischen Partei (NCP): Rücktrittsforderungen gegen Ministerpräsident Khadga Prasad Sharma Oli aus Teilen der Partei, beantwortete die auf Olis Seite stehende Staatspräsidentin Bidya Bhandari am 20.12.2020 mit der **Auflösung des Parlaments** und der Ankündigung von Neuwahlen. Der Zerfall der NCP, landesweite Straßenproteste mit massivem

Studenten verbrennen eine Figur des Premierministers Sharma Oli aus Protest gegen die Auflösung des Parlaments.

Polizeieinsatz und Verfassungsklagen waren die Folge. Am 23.02.2021 kassierte das **Oberste Gericht** die Auflösungsverfügung Bhandaris und ordnete die Einberufung des Parlaments an. Am 07.03.2021 erklärte das Gericht überdies die 2018 erfolgte Fusion der beiden großen marxistischen Parteien zur NCP als unrechtmäßig, weil dadurch die Rechte einer kleineren Partei gleichen Namens verletzt worden seien. Damit wurden **die leninistische UML und die maoistische CPN-M per Gerichtsbeschluss wieder ins Leben gerufen**. Beide rangen in den folgenden Wochen um die Unterstützung der wichtigsten Oppositionsparteien – des Nepali Congress (NC) und der im Terai verankerten JSP. Am 10.05.2021 sprach das Parlament Oli das Misstrauen aus, doch weil die Opposition an der Bildung einer mehrheitsfähigen Regierung scheiterte, berief Staatspräsidentin Bhandari Oli am 13.05.2021 erneut zum Ministerpräsidenten, löste am 21.05.2021 erneut das Parlament auf und schrieb Neuwahlen für November 2021 aus. 146 der 275 Parlamentsabgeordneten strengten eine Verfassungsklage an.

Neuseeland

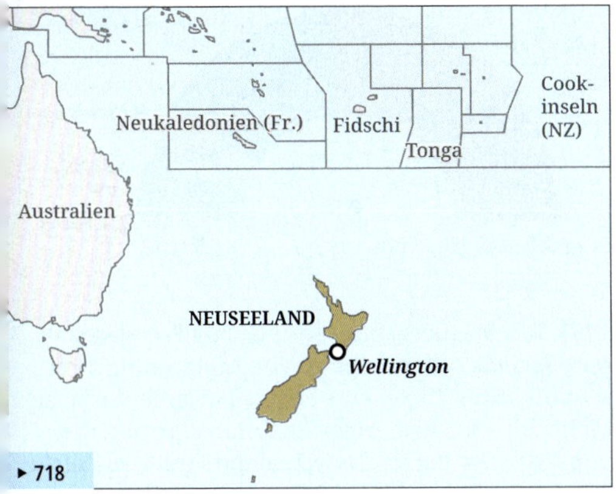

▸ 718

Ländername	Neuseeland
Zeitzone	MEZ +11 h
Fläche in km²	268 107 (Rang 74)
Anzahl der Einwohner	5.1 Millionen (Rang 121)
Einwohnerzahl pro km²	19 (Rang 166)
Hauptstadt	Wellington
Amtssprachen	Englisch, Maori, Gebärdensprache
Verwaltungsgliederung	17 Regionen
Wichtige Städte	Auckland, Christchurch, Wellington, Hamilton, Tauranga, Dunedin
Autokennzeichen | ISO-Code	NZ | NZL
Währung	1 Neuseeland-Dollar = 100 Cents
Nationalfeiertag	6. Februar (Vertrag von Waitangi 1840)

Neuseeland ist mit seinem von alpinen bis zu subtropischen Landschaften reichenden Spektrum außerordentlich reizvoll und zieht in zunehmendem Maße Touristen an. In den letzten Jahrzehnten haben sich die Bindungen an das einstige Mutterland Großbritannien gelockert, denn seine politische und wirtschaftliche Zukunft sieht Neuseeland immer mehr im pazifisch-asiatischen Raum.

GEOGRAFIE

Geografische Lage: Von 34°24′ bis 47°17′ südlicher Breite sowie von 166°28′ bis 178°34′ östlicher Länge (Ozeanien)
Höchster Punkt: Aoraki (Mount Cook) 3764 m
Zugehöriges: Chathaminseln
Klima: Im Norden subtropisches, ansonsten warm-gemäßigtes Klima

POLITIK

Staatsform: Parlamentarische Demokratie unter konstitutioneller Monarchie
Staatsoberhaupt: Britische Königin, vertreten durch die Generalgouverneurin Dame Patricia Lee Reddy (seit 14.09.2016)
Regierungschef: Premierministerin Jacinda Ardern (seit 26.10.2017)
Regierungsparteien: Koalition Labour Party, Green Party, New Zealand First
Legislative: Parlament mit 120 für 3 Jahre gewählten Mitgliedern
Jahr der Verfassung: Keines
Wahlrecht: 18 Jahre

BEVÖLKERUNG

Bevölkerungsanteil: <15 Jahre 19.4 %, 15–64 Jahre 64.2 %, >64 Jahre 16.4 %
Verteilung: Stadt 86.7 %, Land 13.3 %
Wachstum: 2.1 %
Lebenserwartung: Frauen 84 Jahre, Männer 81 Jahre
Alphabetenrate: Frauen 99 %, Männer 99 %
Bevölkerungsgruppen: Europäer, Maori, Chinesen, Inder, Samoaner, Tongaer, Philippiner u. a.
Religionen: Christen, Hindus, Muslime, Buddhisten, Ethnische, Sonstige
Sprachen: Englisch, Maori, Gebärdensprache u. a.

WIRTSCHAFT

BIP: 209.33 Mrd. US$
Wachstum BIP: -3 %
BIP/Kopf: 41 127 US$
Inflation: 1.7 %
Außenhandel: Import 37.19 Mrd. US$ (Chemische Erzeugnisse 11.6 %, Maschinen 11.4 %, Nahrungsmittel 11.2 %, Kfz und -Teile 10.9 %, Elektronik 8.1 %), Export 38.9 Mrd. US$ (Nahrungsmittel 60.9 %, Rohstoffe außer Brennstoffe 11.1 %, Chemische Erzeugnisse 4.6 %, Getränke und Tabak 3.9 %, Maschinen 2.5 %)
Erwerbstätige nach Sektoren: Landwirtschaft 5.6 %, Industrie 19.4 %, Dienstleistungen 75 %
Arbeitslosenquote: 4.6 %
CO_2-Emission/Kopf: 8.1 t

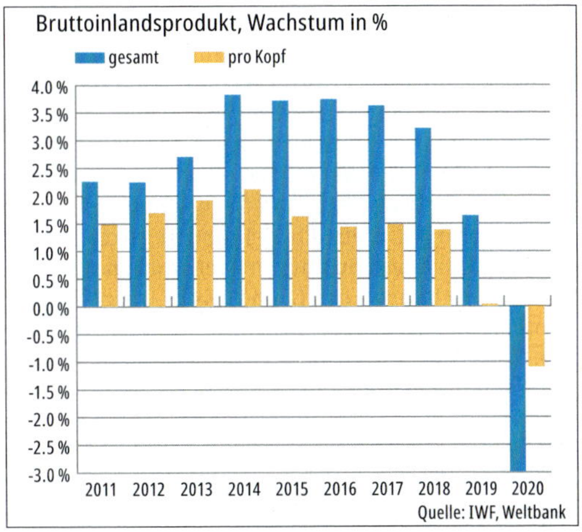

ASSOZIIERTE GEBIETE

Cookinseln
Fläche in km²: 237
Anzahl der Einwohner: 17 564
Hauptstadt: Avarua
Status: Autonomer, selbstverwalteter Staat in freier Assoziierung seit 1965
Regierungschef: Premierminister Mark Brown, Generalgouverneurin Dame Patricia Reddy

Niue
Fläche in km²: 261
Anzahl der Einwohner: 1719
Hauptstadt: Alofi
Status: Autonomes, selbstverwaltetes Gebiet in freier Assoziierung seit 1974
Regierungschef: Premierminister Dalton Tagelagi, Generalgouverneurin Dame Patricia Reddy

AUSSENGEBIET

Tokelau
Fläche in km²: 10
Anzahl der Einwohner: 1499
Hauptstadt: Fakaofo
Status: Integraler Teil mit teilweiser Selbstverwaltung
Regierungschef: Kelihiano Kalolo, Generalgouverneurin Dame Patricia Reddy

RÜCKBLICK

Corona-Pandemie: Das 2020 eingeführte **Einreiseverbot** wurde im ganzen Berichtsjahr beibehalten, trotz äußerst niedriger Fallzahlen: Bis zum 24.06.2021 hatten sich 2723 Bürger infiziert, das Gros war bereits im Frühjahr 2020 genesen. Auch die 26 Todesopfer verstarben überwiegend zu Beginn der Pandemie; 2021 war nur ein Toter zu beklagen. Das **Erliegen des Tourismus** nahm man trotz erheblicher ökonomischer Folgen in Kauf. Dafür verschaffte das Einreiseverbot den Bürgern **ein hohes Maß an Alltagsnormalität**, solange keine Ansteckungen bekannt wurden. Schon auf Einzelfälle reagierte die Regierung scharf: So wurden etwa in Auckland am 28.02.2021 für 7 Tage Schulen, Restaurants und kulturelle Einrichtungen geschlossen, nachdem ein Mann positiv getestet worden war. Mit der Abschottung des Landes ging eine geringe Impfbereitschaft einher: Bis zum 14.06.2021 waren erst 12.2 % der Erwachsenen mit der ersten Dosis geimpft worden.

Wiederwahl: Die Parlamentswahl am 17.10.2020 ergab einen **Erdrutschsieg der regierenden Labour Party** und das beste Stimmergebnis einer Partei seit 1951. Das Wahlergebnis ermöglichte **Premierministerin Jacinda Ardern** eine zweite Amtszeit und verschaffte ihrer Partei eine eigene parlamentarische Mehrheit – ihr bisheriger Koalitionspartner, die populistische Partei „New Zealand First", zog nicht wieder ins Parlament ein. Der aggressive Wahlkampf der Kandidatin der konservativen National Party, Judith Collins, verfing bei den Wählern nicht. Arderns integrativer Stil und der ganz auf die **Beliebtheit der Regierungschefin** ausgerichtete Wahlkampf verschafften ihr Vorteile im Kampf um die politische Mitte. Auf diese war auch ihr **gemäßigtes Wahlprogramm** ausgerichtet, statt Steuern auf Vermögen und Kapitaleinkünfte, kündigte es lediglich einen höheren Einkommenssteuersatz für Bestverdiener an. Ferner gehörten staatliche Infrastrukturprogramme, Kredite für kleine Unternehmen und Zuschüsse zur Einstellung von Arbeitslosen zu den Labour-Forderungen. Das zweite **Kabinett Ardern** war demonstrativ divers, ihm gehörten 8 Frauen, 5 Maori und 3 bekennende Homosexuelle an. Das **Ziel der Liberalisierung der Gesellschaft** erhielt noch am Wahltag einen Dämpfer: Das Wahlvolk lehnte bei einer Volksbefragung die Freigabe von Cannabis ab, während es bei einer Volksabstimmung die Liberalisierung der Sterbehilfe für Todkranke befürwortete.

Ergebnis der Parlamentswahl (17.10.2020)
Regierung: Premierministerin Jacinda Ardern

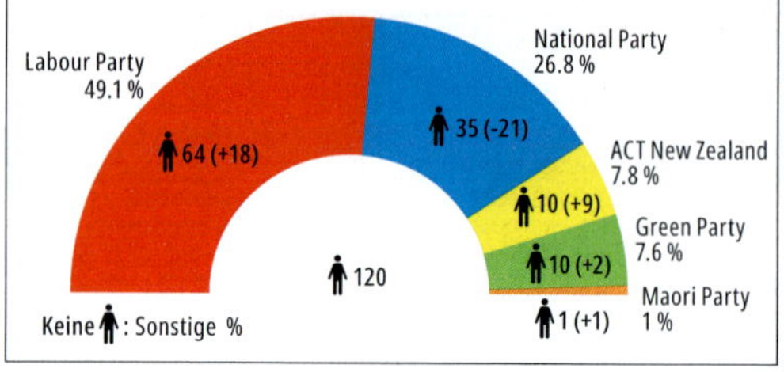

Die neuseeländische Premierministerin Jacinda Ardern auf der Siegesfeier der Labour Party nach ihrer Wiederwahl am 17.10.2020 in Auckland.

Nicaragua

▸ 666

Ländername	Republik Nicaragua
Zeitzone	MEZ -7 h
Fläche in km²	130 373 (Rang 96)
Anzahl der Einwohner	6.6 Millionen (Rang 109)
Einwohnerzahl pro km²	51 (Rang 130)
Hauptstadt	Managua
Amtssprache	Spanisch
Verwaltungsgliederung	15 Departements und 2 autonome Regionen
Wichtige Städte	Managua, León, Tipitapa, Masaya, Ciudad Sandino, Chinandega
Autokennzeichen | ISO-Code	NIC | NIC
Währung	1 Córdoba Oro = 100 Centavos
Nationalfeiertag	15. September (Unabhängigkeit 1821)

Die Somoza-Diktatur und der langjährige Bürgerkrieg haben Nicaragua zu einem der ärmsten Staaten Lateinamerikas gemacht. Seit Anfang der 1990er-Jahre arbeitet das Land an seinem wirtschaftlichen Wiederaufbau. Um ausländische Investoren anzulocken, trat Nicaragua 2019 der zentralamerikanischen Zollunion bei, der bereits Guatemala, Honduras und El Salvador angehören.

GEOGRAFIE

Geografische Lage: Von 10°43′ bis 15°02′ nördlicher Breite sowie von 82°43′ bis 87°41′ westlicher Länge (Zentralamerika)
Höchster Punkt: Mogotón 2107 m
Klima: Tropisches Klima, kühler in den Hochlagen

POLITIK

Staatsform: Präsidiale Republik
Staatsoberhaupt und Regierungschef: Präsident Daniel Ortega Saavedra (seit 10.01.2007)
Regierungspartei: FSLN (Frente Sandinista de Liberación Nacional)
Legislative: Nationalversammlung mit 90 für 5 Jahre gewählten und 2 ernannten Mitgliedern
Jahr der Verfassung: 1987
Wahlrecht: 16 Jahre

BEVÖLKERUNG

Bevölkerungsanteil: <15 Jahre 29.5 %, 15–64 Jahre 64.8 %, >64 Jahre 5.7 %
Verteilung: Stadt 59 %, Land 41 %
Wachstum: 1.2 %
Lebenserwartung: Frauen 78 Jahre, Männer 71 Jahre
Alphabetenrate: Frauen 82.8 %, Männer 82.4 %
Bevölkerungsgruppen: Mestizen, Europäer, Afrikaner, Indigene u. a.
Religionen: Christen, Sonstige
Sprachen: Spanisch, Miskito, Kreolisch, indigene Sprachen

WIRTSCHAFT

BIP: 12.15 Mrd. US$
Wachstum BIP: -3 %
BIP/Kopf: 1870 US$
Inflation: 3.7 %
Außenhandel: Import 6.71 Mrd. US$ (Textilien und Bekleidung 20.8 %, Chemische Erzeugnisse 14.2 %, Nahrungsmittel 11.4 %, Petrochemie 8.8 %, Elektrotechnik 6.1 %), Export 5.19 Mrd. US$ (Nahrungsmittel 36.6 %, Textilien und Bekleidung 29.2 %, Elektrotechnik 9.7 %, Gold 9.5 %, Getränke und Tabak 5.8 %)
Erwerbstätige nach Sektoren: Landwirtschaft 30.6 %, Industrie 15.6 %, Dienstleistungen 53.8 %
Arbeitslosenquote: 5.8 %
CO_2-Emission/Kopf: 0.9 t

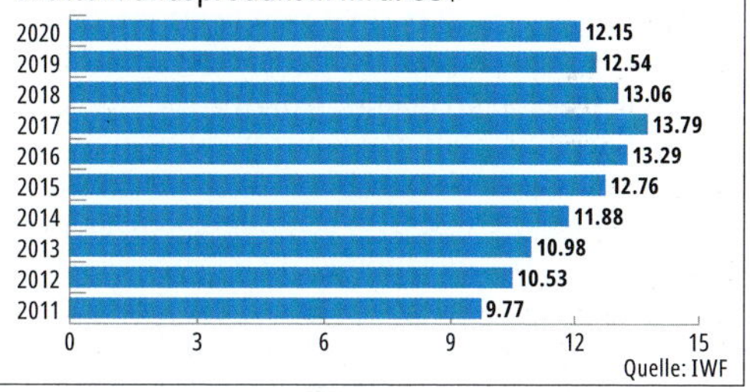

RÜCKBLICK

Corona-Pandemie: Zu Beginn der Pandemie hatte Präsident Ortega das Virus kleingeredet und sich nicht an die Empfehlungen der WHO gehalten. Bis Ende Juni 2021 waren offiziell nur rund 8000 Infektionsfälle und ca. 200 Todesfälle bestätigt worden. Das Land ist auf Spenden von Impfstoffen angewiesen. Im Februar 2021 trafen erstmals 200 000 Dosen des russischen Impfstoffs Sputnik als Schenkung ein.

Repressive Gesetze: Das von der Regierungspartei Frente Sandinista de Liberación Nacional (FSLN) beherrschte Parlament beschloss mehrere Gesetze, die der Grundlage für die Repression von oppositionellen Kandidaten für die für den 07.11.2021 geplanten Präsidentschaftswahlen dienten. Im September 2020 verabschiedete es das Gesetz über Cyber-Kriminalität, das auf kritische Medien zielte und das Verbreiten von angeblichen Falschmeldungen unter Strafe stellte. Im Oktober 2020 folgte das „Gesetz zur Regulierung ausländischer Agenten". Mit ihm müssen sich alle Personen, die mit Geldern in Berührung kommen, die Organisationen aus dem Ausland erhalten, in einer von der Regierung geführten Liste als „ausländische Agenten" registrieren lassen. Am 21.12.2020 beschloss das Parlament das „Gesetz zur Verteidigung der Rechte des Volkes auf Unabhängigkeit, Souveränität und Selbstbestimmung für den Frieden".

Oberster Wahlrat: Im Mai 2021 entzog der zuvor von Präsident Daniel Ortega neu besetzte Oberste Wahlrat mehreren Parteien, u. a. dem Partido de Renovación Democrática (PRD) ihren legalen Status. Als einzige Oppositionspartei konnte sich der konservative Ciudadanos por la Libertad (CxL) beim CSE registrieren. Dieser nahm daraufhin Politiker des PRD trotz deren Zugehörigkeit zu einem rivalisierenden Oppositionsbündnis in seine Reihen auf.

Oppositionelle: Bis Mitte Juni 2021 wurden 13 prominente Oppositionspolitiker festgenommen, denen teilweise die Planung terroristischer Aktionen mit Finanzierung durch ausländische Mächte vorgeworfen wurde. Am 02.06.2021 verhängte ein Gericht Hausarrest gegen die parteiunabhängige Präsidentschaftskandidatin **Cristiana Chamorro**. Ihr wurde Geldwäsche im Zusammenhang mit der von ihr geleiteten und nach ihrer Mutter, Ex-Präsidentin Violetta Barrios de Chamorro, benannten Stiftung vorgeworfen. Am Wochenende 12./13.06.2021 wurden 5 Mitglieder der Oppositionspartei Unión Democrática Renovadora (Unasomos) inhaftiert, u. a. Präsidentin Suyen Barahona und Vizepräsident Hugo Torres. Zuvor waren die Präsidentschaftskandidaten Arturo Cruz, Félix Maradiaga und Juan Sebastián Chamorro festgenommen worden.

Wirtschaft: Das Land befand sich bereits seit 2018 in einer Rezession. 2020 brach das BIP um weitere 3.0 % ein. Am 20.11.2020 genehmigte der IWF einen Kredit in Höhe von 185.32 Mio. US$, um die durch die Corona-Krise verursachten Ausgaben zu stemmen. Weitere Probleme brachte der **Kategorie-4-Hurrikan Eta**, der am 03.11.2020 mit Windgeschwindigkeiten bis zu 220 km/h in Nicaragua auf Land traf und schwere Schäden anrichtete.

Niederlande

▸ 612

Ländername	Königreich der Niederlande
Zeitzone	MEZ ±0 h
Fläche in km²	41 542 (Rang 131)
Anzahl der Einwohner	17.4 Millionen (Rang 68)
Einwohnerzahl pro km²	420 (Rang 18)
Hauptstadt	Amsterdam
Regierungssitz	Den Haag
Amtssprache	Niederländisch
Verwaltungsgliederung	12 Provinzen
Wichtige Städte	Amsterdam, Rotterdam, Den Haag, Utrecht, Eindhoven, Leiden
Autokennzeichen | ISO-Code	NL | NLD
Währung	1 Euro = 100 Cent
Nationalfeiertag	27. April (Geburtstag des Königs Willem-Alexander 1967)

Das Königreich der Niederlande wird volkstümlich oft als „Holland" bezeichnet, wenngleich dieser Name eigentlich nur für das Marschland im Westen mit den Provinzen Nord- und Südholland gilt. Das grüne Land am Meer ist bekannt für seine Tulpenzucht, die Käseproduktion und die riesigen Gewächshäuser, in denen Sonderkulturen wie Tomaten, Paprika und Salat angebaut werden.

GEOGRAFIE

Geografische Lage: Von 50°45' bis 53°33' nördlicher Breite sowie von 3°21' bis 7°12' östlicher Länge (Westeuropa)
Höchster Punkt: Vaalserberg 322 m
Klima: Gemäßigtes Seeklima

POLITIK

Staatsform: Parlamentarische Monarchie
Staatsoberhaupt: König Willem-Alexander (seit 30.04.2013)
Regierungschef: Ministerpräsident Mark Rutte (seit 14.10.2010)
Regierungsparteien: VVD (Volkspartij voor Vrijheid en Democratie), D66 (Democraten 66), CDA (Christen-Democratisch Appèl), CU (ChristenUnie)

Legislative: Parlament, bestehend aus Zweiter Kammer mit 150 für 4 Jahre gewählten Mitgliedern und Erster Kammer mit 75 für 4 Jahre gewählten Mitgliedern
Jahr der Verfassung: 1815
Wahlrecht: 18 Jahre

BEVÖLKERUNG

Bevölkerungsanteil: <15 Jahre 15.7 %, 15–64 Jahre 64.3 %, >64 Jahre 20 %
Verteilung: Stadt 92.2 %, Land 7.8 %
Wachstum: 0.6 %
Lebenserwartung: Frauen 84 Jahre, Männer 81 Jahre
Alphabetenrate: Frauen 99 %, Männer 99 %
Bevölkerungsgruppen: Holländer, Türken, Marokkaner, Indonesier, Deutsche, Surinamesen u. a.
Religionen: Christen, Muslime, Sonstige
Sprachen: Niederländisch, Friesisch

WIRTSCHAFT

BIP: 909.5 Mrd. US$
Wachstum BIP: -3.8 %
BIP/Kopf: 52 248 US$
Inflation: 1.1 %
Außenhandel: Import 596.75 Mrd. US$ (Elektronik 15.1 %, Chemische Erzeugnisse 13.9 %, Nahrungsmittel 10.3 %, Maschinen 7.7 %, Kfz und -Teile 5.3 %), Export 674.48 Mrd. US$ (Chemische Erzeugnisse 17.8 %, Nahrungsmittel 13.7 %, Elektronik 11.6 %, Maschinen 10 %, Petrochemie 6.3 %)
Erwerbstätige nach Sektoren: Landwirtschaft 2 %, Industrie 15.8 %, Dienstleistungen 82.2 %
Arbeitslosenquote: 4.1 %
CO_2-Emission/Kopf: 9.1 t

AUSSENGEBIETE

Aruba

Fläche in km²: 180
Anzahl der Einwohner: 106 766
Hauptstadt: Oranjestad
Status: Autonomes Land, Sonderstatus seit 1986
Regierungschef: Premierministerin Evelyn Wever-Croes, Gouverneur Alfonso Boekhoudt

Curaçao

Fläche in km²: 444
Anzahl der Einwohner: 155 014
Hauptstadt: Willemstad
Status: Autonomes Land, Sonderstatus seit 2010
Regierungschef: Premierminister Gilmar Pisas, Gouverneurin Lucille Andrea George-Wout

Karibische Niederlande (Bonaire, Saba und Sint Eustatius)

Fläche in km²: 322 (Bonaire: 288, Saba: 13, Sint Eustatius: 21)
Anzahl der Einwohner: 26 805 (Bonaire: 21 745, Saba: 1918, Sint Eustatius: 3142)
Hauptstadt: Kralendijk (Bonaire), The Bottom (Saba), Oranjestad (Sint Eustatius)
Status: Besondere Gemeinden seit 2010
Regierungschef: Gouverneur Jan Helmond

Sint Maarten

Fläche in km²: 34
Anzahl der Einwohner: 40 812
Hauptstadt: Philipsburg
Status: Autonomes Land, Sonderstatus seit 2010
Regierungschef: Premierministerin Silveria E. Jacobs, Gouverneur Eugene Bernard Holiday

RÜCKBLICK

Corona-Pandemie: Nachdem im Frühsommer 2020 die Neuinfektionen fast ganz zum Erliegen gekommen waren, stiegen sie ab Mitte Juli 2020 zunächst moderat, ab Mitte September 2020 dann wieder exponentiell an und überschritten im Oktober 2020 die Marke von täglich 10 000. Am 14.10.2020 verkündete die Regierung neue Einschränkungen, die u. a. die Schließung von Cafés und Restaurants beinhalteten. Am 28.10.2020 beschloss das Parlament ein Gesetz, das der Regierung auf drei Monate befristet zeitlich begrenzte Grundrechtseinschränkungen der Bürger zur Pandemiebekämpfung erlaubte. Nachdem die Zahl der Neuinfektionen nicht signifikant zurückging und die Krankenhäuser drohten, an die Auslastungsgrenze zu gelangen, wurde zum 15.12.2020 ein harter Lockdown beschlossen, der auch die Schließung der Schulen und aller nicht lebensnotwenigen Geschäfte umfasste. Gleichwohl stieg die Zahl der Neuinfektionen in der Weihnachtswoche wieder auf über 10 000 pro Tag. Als letzter EU-Staat starteten die Niederlande am 08.01.2021 ihre Impfkampagne. Am 11.01.2021 wurde der Lockdown um weitere drei Wochen verlängert und am 20.01.2021 durch zusätzliche Maßnahmen verschärft, darunter eine nächtliche Ausgangssperre zwischen 21 Uhr und 4:30 Uhr. Dagegen zogen Gegner der Corona-Maßnahmen vor Gericht und bekamen am 16.02.2021 zunächst Recht. Ein Eilantrag der Regierung sorgte jedoch noch am gleichen Tag dafür, dass die Ausgangssperre bis zur Entscheidung im Berufungsverfahren in Kraft blieb. Am 26.02.2021 bestätigte das Gericht die Rechtmäßigkeit der Ausgangssperre endgültig. Trotz weiterhin hoher Inzidenzzahlen hob die Regierung die Ausgangssperre zum 28.04.2021 auf und setzte schrittweise Lockerungen wie die Öffnung der Außengastronomie in Gang. Ab Mitte Mai 2021 ging die Zahl der Neuinfektionen stark zurück. Insgesamt hatten sich bis zum 28.06.2021 1.68 Mio. Niederländer mit dem Coronavirus infiziert, 17 741 waren an der Krankheit gestorben.

Kinderzuschlagaffäre/Regierungskrise: Am 15.01.2021 trat die Regierung von Mark Rutte geschlossen zurück, nachdem ihr eine Untersuchungskommission eine Mitverantwortung in der sog. Kinderzuschlagaffäre (Toeslagenaffaire) attestiert hatte. Im Kampf gegen angeblichen Sozialbetrug war Tausenden von Eltern zwischen 2014 und 2019 zu Unrecht die Betreuungsbeihilfe gestrichen und in zahlreichen Fällen bereits gezahltes Geld zurückgefordert worden, was die Betroffenen in finanzielle Nöte stürzte. Trotz des Rücktritts blieb die Regierung mit Ausnahme von Wirtschaftsminister Eric Wiebes (VVD) geschäftsführend im Amt. Wiebes war in der Vorgängerregierung als Finanzstaatssekretär für die Finanzämter zuständig gewesen. Wegen der Affäre trat auch der frühere Sozialminister Lodewijk Asscher von seinem Amt als Fraktionsvorsitzender der sozialdemokratischen PvdA zurück.

Parlamentswahlen: Bei den Wahlen vom 15.–17.03.2021 gewannen 17 Parteien Sitze im Parlament, so viele wie nie zuvor. Stärkste Kraft wurde die rechtsliberale VVD von Premierminister Mark Rutte mit 21.87 % (+0.6 Punkte). An zweiter Stelle lag die linksliberale D66, die 2.6 Prozentpunkte hinzugewann und auf 15.02 % der Stimmen kam, gefolgt von der PVV des Rechtspopulisten Geert Wilders, die 10.79 % der Stimmen erzielte (-2.3 Punkte). Verluste (-2.9 Punkte) musste auch die christdemokratische CDA hinnehmen, die 9.5 % der Stimmen gewann. Die Sozialisten (SP) kamen auf 5.98 %, die sozialdemokratische PvdA auf 5.73 % und die grüne Partei GroenLinks auf 5.16 %. Das nationalkonservative und EU-skeptische Forum voor Democratie gewann 3.2 Punkte dazu und erzielte 5.02 % der Stimmen. Die Wahlbeteiligung lag mit 78.71 % etwas niedriger als bei der Parlamentswahl 2017 (81.9 %).

Regierungsbildung: Eine Fortsetzung der bisherigen Regierungskoalition aus VVD, D66, CDA und CU scheiterte zunächst an Uneinigkeiten in medizinisch-ethischen Fragen, in denen v. a. ChristenUnie und die liberale D66 konträre Positionen vertreten. Zusätzlich belastet wurde die Regierungsbildung dadurch, dass sich der geschäftsführende Ministerpräsident Mark Rutte bereits zwei Wochen nach der Wahl einer Vertrauensabstimmung im Parlament stellen musste, da er Medien und Öffentlichkeit über Inhalte der Sondierungsgespräche belogen haben soll. Rutte gewann die Vertrauensabstimmung am 02.04.2021 knapp. Bis zur Sommerpause des Parlaments gelang es nicht, eine Regierungskoalition zu bilden, da zwischen VVD, D66 und CDA keine Einigkeit darüber gefunden wurde, wer anstelle der CU in die Regierungskoalition eintreten solle.

Rechtspopulismus: Nachdem die Jugendorganisation des „Forum voor Democratie“ wegen antisemitischer Äußerungen und Vorfällen in die Schlagzeilen geriet, erklärte der Parteivorsitzende Thierry Baudet am 23.11.2020 seinen Verzicht auf die Spitzenkandidatur bei der Parlamentswahl 2021, weitere Abgeordnete des FvD traten zurück oder verließen die Partei. Der Ex-FvD-Politiker Joost Eerdmans gründete im Dezember 2020 die Partei JA21, der sich weitere abtrünnige FvD-Politiker anschlossen. JA21 gewann bei der Parlamentswahl im März 2021 2.37 % der Stimmen und drei Sitze. Am 13.05.2021 erklärten drei weitere Abgeordnete des FvD ihren Austritt aus der Parlamentsfraktion und kündigten die Gründung einer neuen Partei an.

Proteste: Nachdem das Parlament am 21.01.2021 eine nächtliche Ausgangssperre beschlossen hatte, kam in mehreren Städten zu gewalttätigen Protesten gegen die Corona-Maßnahmen.

Klimaschutz: Am 26.05.2021 entschied ein Gericht in Den Haag, dass der Mineralölkonzern Shell seinen CO_2-Ausstoß bis 2030 um 45 % gegenüber dem Wert von 2019 senken muss. Nach dem Urteil des Gerichts tragen Shells Emissionen zur Erderwärmung bei, die die niederländische Bevölkerung gefährden. Ursprünglich hatte Shell vor, seine CO_2-Emissionen bis 2030 nur um 20 % zu reduzieren. Dagegen hatten sieben Umweltverbände geklagt.

Menschenrechte: Als erstes Parlament eines EU-Staats stufte die zweite Kammer des niederländischen Parlaments am 25.02.2021 die Menschenrechtsverletzungen der chinesischen Behörden an der Minderheit der Uiguren als Völkermord ein.

Flug MH17: Im Prozess wegen des Abschusses eines Passagierflugzeugs der Malaysian Airline am 17.07.2014 begann am 07.06.2021 das Hauptverfahren gegen die vier Angeklagten, drei Russen und einen Ukrainer. Keiner der Angeklagten erschien vor Gericht, da Russland die Auslieferung verweigert hatte. Beim Abschuss des Flugzeugs waren alle 298 Menschen an Bord ums Leben gekommen, die meisten der Opfer waren Niederländer. Neben diesem Verfahren hatte die Regierung bereits am 10.07.2020 angekündigt, eine Staatenklage gegen Russland vor dem Europäischen Gerichtshof für Menschenrechte anzustrengen.

Niger

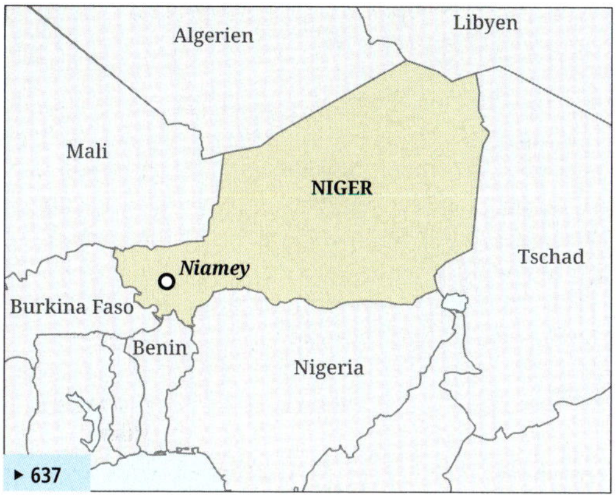

▸ 637

Ländername	Republik Niger
Zeitzone	MEZ ±0 h
Fläche in km²	1 267 000 (Rang 21)
Anzahl der Einwohner	24.2 Millionen (Rang 56)
Einwohnerzahl pro km²	19 (Rang 166)
Hauptstadt	Niamey
Amtssprache	Französisch
Verwaltungsgliederung	7 Regionen und 1 Hauptstadtdistrikt
Wichtige Städte	Niamey, Maradi, Zinder, Tahoua, Agadez
Autokennzeichen | ISO-Code	RN | NER
Währung	1 CFA-Franc (BCEAO) = 100 Centimes
Nationalfeiertag	18. Dezember (Ausrufung der Republik 1958)

Niger leitet seinen Namen von dem gleichnamigen Fluss ab, der den äußersten Südwesten des Binnenstaates durchfließt. Die geografisch mit Anteilen an der Sahara, dem Sahel und dem Sudan gelegene Nation ist das größte westafrikanische Land.

GEOGRAFIE

Geografische Lage: Von 11°42′ bis 23°31′ nördlicher Breite sowie von 0°09′ bis 15°58′ östlicher Länge (Westafrika)
Höchster Punkt: Idoukal-n-Taghès 2022 m
Klima: Trockenheißes Klima, im Südwesten mit Sommerregen; im Nordosten extremes Wüstenklima

POLITIK

Staatsform: Semipräsidiale Republik
Staatsoberhaupt: Präsident Mohamed Bazoum (seit 02.04.2021)
Regierungschef: Premierminister Ouhoumoudou Mahamadou (seit 03.04.2021)
Regierungspartei: PNDS-Tarayya (Parti nigérien pour la démocratie et le socialisme-Tarayya)
Legislative: Nationalversammlung mit 171 für 5 Jahre gewählten Mitgliedern
Jahr der Verfassung: 2010
Wahlrecht: 18 Jahre

Ergebnis der Wahl zur Nationalversammlung (27.12.2020)
Regierung: Parti nigérien pour la démocratie et le socialisme (PNDS)

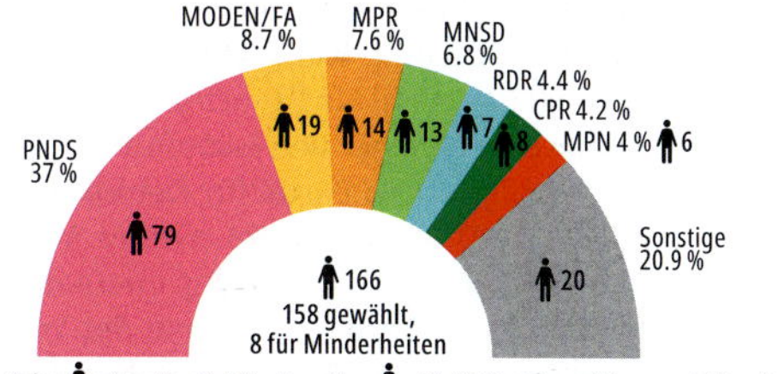

Keine: Sonstige 6.4 % Sonstige: 20 (12 Parteien mit je max. 3 Sitzen)
Mouvement démocratique nigérien pour une fédération africaine (MO-DEN/FA)
Mouvement patriotique pour la république (MPR)
Mouvement national pour la société de développement (MNSD)
Renouveau démocratique et républicain (RDR)
Congrès Pour la République (CPR)
Mouvement Patriotique Nigérien (MPN)

BEVÖLKERUNG

Bevölkerungsanteil: <15 Jahre 49.7 %, 15–64 Jahre 47.7 %, >64 Jahre 2.6 %
Verteilung: Stadt 16.6 %, Land 83.4 %
Wachstum: 3.8 %
Lebenserwartung: Frauen 64 Jahre, Männer 62 Jahre
Alphabetenrate: Frauen 22.6 %, Männer 39.1 %
Bevölkerungsgruppen: Hausa, Zarma, Tuareg, Fulbe, Kanuri u. a.
Religion: Muslime
Sprachen: Französisch, Hausa, Songhai u. a.

WIRTSCHAFT

BIP: 13.7 Mrd. US$
Wachstum BIP: 1.2 %
BIP/Kopf: 566 US$
Inflation: 2.8 %
Außenhandel: Import 2.25 Mrd. US$, Export 925 Mio. US$
Erwerbstätige nach Sektoren: Landwirtschaft 74.8 %, Industrie 7.2 %, Dienstleistungen 18 %
Arbeitslosenquote: 0.7 %
CO_2-Emission/Kopf: 0.1 t

RÜCKBLICK

Wahlen: Am 27.12.2020 fanden sowohl Präsidentschaftswahlen als auch Wahlen zur Nationalversammlung statt. Da im ersten Durchgang kein Präsidentschaftskandidat die absolute Mehrheit erhielt, gab es am 21.02.2021 einen zweiten Durchgang. Amtsvorgänger Mahamadou Issoufou hatte durch seine **Abdankung** nach seiner zweiten Amtsperiode den Weg für die erste **geordnete Machtübergabe** seit der Unabhängigkeit des Landes freigemacht. Es wurden 30 Kandidaten zugelassen, jedoch nicht der Bewerber der wichtigen Oppositionspartei MNSD, Hama Amadou. Begründet wurde die Nichtzulassung mit seiner Verurteilung aus dem Jahr 2017. In diesem, von ihm selbst als politisch motiviert bezeichneten Prozess, wurde er wegen Menschenhandel verurteilt. **Mohamed Bazoum** wurde im Vorfeld der Wahl als Favorit gehandelt. Er war der **Wunschnachfolger** von Issoufou und Vorsitzender der nigrischen Partei für Demokratie und Sozialismus (PNDS-Tarayya). Im zweiten Wahldurchgang gewann er knapp gegen den ehemaligen Präsidenten **Mahamane Ousmane**, der mit der von ihm neugegründeten Partei „Demokratische und republikanische Erneuerung“ (RDR-Tchanji) angetreten war. In der Nationalversammlung wurde die PNDS mit Abstand stärkste Kraft und konnte 4 Sitze dazugewinnen. Sowohl der Einzug Ousmanes in die Stichwahl als auch der geringe Abstand im Endergebnis waren von Beobachtern nicht erwartet worden. Ousmane und auch Amadou zweifelten das Ergebnis an. Ihre **Einwände** wurden im März 2021 jedoch vom Verfassungsgericht abgelehnt und Bazoum zum Präsidenten erklärt.

Sicherheit und Proteste: Wegen des umstrittenen Wahlergebnisses kam es im Februar 2021 zu Massendemonstrationen und einzelnen gewaltsamen Ausschreitungen. Sicherheitskräfte gingen hart gegen die Protestierenden vor, mindestens zwei Menschen kamen ums Leben. Hama Amadou wurde unter dem Vorwurf festgenommen, die Gewalt angestachelt zu haben. Kurz vor der Amtseinführung von Präsident Bazoum kam es Regierungsangaben zufolge zu einem misslungenen Putschversuch. Nach der Wahl nahmen terroristische Aktivitäten in den Grenzregionen zu Burkina Faso und Mali deutlich zu. Mehrere Hundert Menschen wurden bei Anschlägen im März 2021 getötet.

Wirtschaft: Nach mehreren Jahren, in denen das Wachstum des BIP bei über 5 % pro Jahr gelegen hatte, sank es 2020 im Kontext der Pandemie und der angespannten Sicherheitslage auf 1.2 %. Nachdem sich die Staatsschulden in den Vorjahren bei ungefähr 40 % des BIP stabilisiert hatten, stiegen diese auf fast 50 %.

Nigeria

▸ 637

Ländername	Bundesrepublik Nigeria
Zeitzone	MEZ ±0 h
Fläche in km²	923 768 (Rang 31)
Anzahl der Einwohner	206.1 Millionen (Rang 7)
Einwohnerzahl pro km²	223 (Rang 43)
Hauptstadt	Abuja
Amtssprache	Englisch
Verwaltungsgliederung	36 Bundesstaaten und 1 Hauptstadtterritorium
Wichtige Städte	Lagos, Ibadan, Benin City, Kano, Port Harcourt, Kaduna, Aba, Abuja, Maiduguri, Ilorin, Ogbomosho
Autokennzeichen | ISO-Code	NGR | NGA
Währung	1 Naira = 100 Kobo
Nationalfeiertag	1. Oktober (Unabhängigkeit 1960)

Nigeria nimmt als militärisch starke Regionalmacht und auch aufgrund seines Reichtums an Erdöl unter den Nationen südlich der Sahara eine Sonderstellung ein. Gleichwohl spiegeln die konfliktträchtigen ethnischen und religiösen Gegensätze der zahlreichen Bevölkerungsgruppen mit unterschiedlichen Traditionen die Grundprobleme des afrikanischen Kontinents wider. Sie bilden das größte Hindernis für eine dauerhaft stabile demokratische und wirtschaftliche Entwicklung des Landes.

GEOGRAFIE

Geografische Lage: Von 4°16′ bis 13°53′ nördlicher Breite sowie von 2°40′ bis 14°40′ östlicher Länge (Westafrika)
Höchster Punkt: Chappal Wadi 2419 m
Klima: Tropisches Regenwaldklima im Süden, Savannenklima im Norden

POLITIK

Staatsform: Präsidiale Bundesrepublik
Staatsoberhaupt und Regierungschef: Präsident Muhammadu Buhari (seit 29.05.2015)
Regierungspartei: APC (All Progressives Congress)
Legislative: Nationalversammlung, bestehend aus Repräsentantenhaus mit 360 für 4 Jahre gewählten Mitgliedern und Senat mit 109 für 4 Jahre gewählten Mitgliedern
Jahr der Verfassung: 1999
Wahlrecht: 18 Jahre

BEVÖLKERUNG

Bevölkerungsanteil: <15 Jahre 43.5 %, 15–64 Jahre 53.8 %, >64 Jahre 2.7 %
Verteilung: Stadt 52 %, Land 48 %
Wachstum: 2.5 %
Lebenserwartung: Frauen 56 Jahre, Männer 54 Jahre
Alphabetenrate: Frauen 52.7 %, Männer 71.3 %
Bevölkerungsgruppen: Hausa, Yoruba, Igbo, Fulbe, Tiv, Kanuri, Ibibio, Ijaw u. a.
Religionen: Muslime, Christen
Sprachen: Englisch, Hausa, Yoruba, Igbo, Fulfulde u. a.

WIRTSCHAFT

BIP: 429.42 Mrd. US$
Wachstum BIP: -1.8 %
BIP/Kopf: 2083 US$
Inflation: 13.2 %
Außenhandel: Import 56.61 Mrd. US$ (Maschinen 19.8 %, Petrochemie 14.9 %, Kfz und -Teile 11.8 %, Chemische Erzeugnisse 11.6 %, Nahrungsmittel 8.8 %), Export 34.54 Mrd. US$ (Erdöl 76.5 %, Gas 10.1 %, Fahrzeuge 6.1 %, Metallwaren 3.9 %, Nahrungsmittel 1 %)
Erwerbstätige nach Sektoren: Landwirtschaft 34.7 %, Industrie 12.2 %, Dienstleistungen 53.1 %
Arbeitslosenquote: 9 %
CO_2-Emission/Kopf: 0.5 t

RÜCKBLICK

#EndSARS: Gegen **Polizeigewalt** der „Special Anti-Robbery Squad" (SARS) kam es zu einzelnen Demonstrationen. Daraus entwickelte sich im Oktober 2020 eine der größten **Protestbewegungen** in der Geschichte Nigerias. Es wurde mit gewaltsamen Einsätzen des Militärs und der Polizei sowie mit Ausgangssperren in verschiedenen Landesteilen reagiert. Dutzende Demonstranten wurden erschossen. Die Forderungen der Protestierenden weiteten sich zu einer allgemeinen Regierungskritik aus.

Proteste gegen die Regierung von Präsident Buhari am 12.06.2021 in Lagos.

Sicherheitslage: Beobachter sprechen von der instabilsten Sicherheitslage in der Geschichte des Landes. Mehr als 300 000 Kinder sollen bisher wegen der Konflikte im Norden Nigerias ums Leben gekommen sein. Massenentführungen haben deutlich zugenommen. Bei diversen Vorfällen im Norden wurden erneut mehrere Hundert Schüler entführt. Hauptsächlich verantwortlich war dabei die Terrorgruppe **Boko Haram**. Deren Anführer, Abubakar Shekau, beging im Mai 2021 während einer bewaffneten Auseinandersetzung Suizid. Beobachtern zufolge führte dies jedoch nicht zu einer Entspannung, sondern einer stärkeren Fragmentierung der Akteurslandschaft und zu einer Stärkung der rivalisierenden Miliz „Islamischer Staat Provinz Westafrika" (**ISWAP**) in der Region. Die separatistische Gruppierung „Indigenous People of Biafra" (**IPOB**) war zunehmend in gewaltsame Aktivitäten im Osten des Landes verwickelt und kündigte im Mai 2021 ein Bündnis mit anglophonen separatistischen Kräften aus Kamerun an. Wegen der ausbleibenden stabilisierenden Wirkung der Maßnahmen der Sicherheitskräfte leitete Präsident Buhari im Januar 2021 größere personelle Umstrukturierungen im Militär ein.

Wirtschaft: Wegen der COVID-19-Pandemie und der deswegen eingeführten Mobilitätseinschränkungen brach temporär die globale Nachfrage nach Öl ein. Primär deshalb rutschte die Wirtschaft 2020 in eine Rezession. Das BIP ging um 1.8 % zurück. Drei Jahre der ökonomischen Erholung waren in der vulnerablen, wenig diversifizierten Wirtschaft vorausgegangen. Beobachter gehen davon aus, dass durch die diversen Maßnahmen der Regierung zur Abfederung des ökonomischen Einflusses der Pandemie ein deutlich schwerwiegenderer wirtschaftlicher Einbruch verhindert wurde.

Twitter: Das soziale Netzwerk hatte Schätzungen zufolge 40 Mio. Nutzer im Land. Mit der Begründung, die Plattform stünde Akteuren zur Verfügung, die gegen die Interessen des Landes agieren, wurde die Plattform im Juni 2021 gesperrt.

~~Nord~~mazedonien

▸ 626

Ländername	Republik ~~Nord~~mazedonien
Zeitzone	MEZ ±0 h
Fläche in km²	25 713 (Rang 146)
Anzahl der Einwohner	2.1 Millionen (Rang 146)
Einwohnerzahl pro km²	81 (Rang 102)
Hauptstadt	Skopje
Amtssprachen	Mazedonisch, Albanisch
Verwaltungsgliederung	80 Gemeinden
Wichtige Städte	Skopje, Kumanovo, Bitola, Prilep, Tetovo
Autokennzeichen | ISO-Code	NMK | MKD
Währung	1 Denar = 100 Deni
Nationalfeiertag	8. September (Unabhängigkeit 1991)

Der kleine Balkanstaat mit großer Vergangenheit unter der Herrschaft der Argeaden stand seit der Unterwerfung durch Rom über 2000 Jahre unter wechselnden Fremdherrschaften. Historisch begründete Vorbehalte Griechenlands sowie das Streben der albanischen Minderheit nach Selbst- und Mitbestimmung erschwerten den Start in die Unabhängigkeit und belasteten in der Folgezeit die Außen- und Innenpolitik. ~~Nord~~mazedonien reichte 2004 seinen Beitrittsantrag bei der EU ein.

GEOGRAFIE

Geografische Lage: Von 40°51′ bis 42°22′ nördlicher Breite sowie von 20°27′ bis 23°01′ östlicher Länge (Südosteuropa)
Höchster Punkt: Korab 2764 m
Klima: Kontinental beeinflusstes Mittelmeerklima

POLITIK

Staatsform: Parlamentarische Republik
Staatsoberhaupt: Präsident Stevo Pendarovski (seit 12.05.2019)
Regierungschef: Ministerpräsident Zoran Zaev (seit 31.08.2020)
Regierungsparteien: SDSM (Sozialdemokratische Union Mazedoniens), BDI (Demokratische Union für Integration) und PDSH (Demokratische Partei der Albaner)
Legislative: Parlament mit 120 für 4 Jahre gewählten Mitgliedern
Jahr der Verfassung: 1991
Wahlrecht: 18 Jahre

BEVÖLKERUNG

Bevölkerungsanteil: <15 Jahre 16.3 %, 15–64 Jahre 69.2 %, >64 Jahre 14.5 %
Verteilung: Stadt 58.5 %, Land 41.5 %
Wachstum: 0 %
Lebenserwartung: Frauen 78 Jahre, Männer 74 Jahre
Alphabetenrate: Frauen 96.7 %, Männer 98.8 %
Bevölkerungsgruppen: Mazedonier, Albaner, Türken, Roma, Serben u. a.
Religionen: Christen, Muslime, Sonstige
Sprachen: Mazedonisch, Albanisch u. a.

WIRTSCHAFT UND VERKEHR

BIP: 12.29 Mrd. US$
Wachstum BIP: -4.5 %
BIP/Kopf: 5918 US$
Inflation: 1.2 %
Außenhandel: Import 8.71 Mrd. US$ (Nichteisenmetalle 15.1 %, Chemische Erzeugnisse 11.8 %, Elektrotechnik 8.1 %, Nahrungsmittel 7.9 %, Petrochemie 6.8 %), Export 6.64 Mrd. US$ (Chemische Erzeugnisse 24.3 %, Elektrotechnik 14.7 %, Maschinen 12.5 %, Eisen und Stahl 9 %, Textilien und Bekleidung 7.9 %)
Erwerbstätige nach Sektoren: Keine Angabe
Arbeitslosenquote: 18.4 %
CO_2-Emission/Kopf: 4.3 t

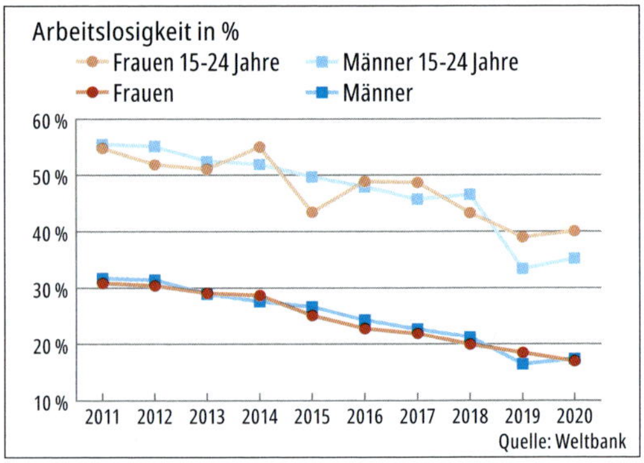

RÜCKBLICK

Corona-Pandemie: Der Verlauf der Infektionswellen ähnelte dem in anderen Ländern der Region. Ende Oktober 2020 setzte ein deutlicher Anstieg ein, der Mitte November seinen Höhepunkt mit über 7500 Fällen pro Woche erreichte. Die Infektionen gingen ab Dezember wieder zurück. Ende Februar 2021 setzte dann eine neue Welle ein, die in der Woche vom 05.–11.04.2021 ihren Höhepunkt mit mehr als 8200 Fällen erreichte, bevor der jahreszeitlich bedingte Rückgang einsetzte. Am 17.02.2021 wurden die ersten Impfungen durchgeführt, die medizinisches Personal betrafen, nachdem das Land 4680 von Serbien im Rahmen von dessen Impfdiplomatie gespendete Dosen erhalten hatte. Am 29.03.2021 traf die erste größere Lieferung von 24 000 Vakzinen aus dem COVAX-Programm der WHO ein, am 01.04.2021 begannen Impfungen im größeren Rahmen. Am 30.04.2021 trafen 200 000 von China gespendete Impfdosen des Sinopharm-Vakzins ein. Weitere 600 000 Impfdosen aus chinesischer Produktion wurden zugesagt. Insgesamt wurden bis zum 30.06.2021 offiziell 155 682 Infektionen und 5484 Todesfälle gemeldet, was 0.26 % der Bevölkerung entsprach. 10.6 % waren vollständig geimpft.

Parlamentswahlen: Bei den Parlamentswahlen am 15.07.2020 lag das von den **Sozialdemokraten** (SDSM) angeführte Bündnis „Wir können" mit 35.9 % (46 Sitze, -8) **an erster Stelle**, vor der Allianz „Erneuerung" um die nationalkonservative Innere Mazedonische Revolutionäre Organisation – Demokratische Partei für die Mazedonische Nationale Einheit (VMRO-DPMNE) mit 34.6 % (44, -7). Beide büßten Stimmen ein, während die anderen Parteien meist hinzugewannen, wie die (albanische) Demokratische Union für Integration (BDI) mit 11.5 % (15, +5), die Allianz für die Albaner (AA) mit 9 % (12, +9) und die Linke, die mit 4.1 % (2) erstmals ins Parlament gelangte. Verluste erlitt die Demokratische Partei der Albaner (PDSH) mit 1.5 % (1, -1). Die Wahlbeteiligung lag mit 52 % markant niedriger als 2016 (66.8 %).

Regierungsbildung: SDSM und BDI verständigten sich auf eine **Koalition**. Die BDI gab dabei ihre Wahlkampfforderung nach einem albanischen Regierungschef auf. Allerdings vereinbarte man, dass 100 Tage vor den nächsten Wahlen ein Albaner dieses Amt übernehmen soll. Neben der BDI beteiligte sich auch die PDSH an der Regierung. Talat Xhaferi (BDI behielt das Amt des Parlamentspräsidenten. 62 Abgeordnete (von 120) sprachen der von Zoran Zaev (SDSM) geführten neuen Regierung am 30.08.2020 das Vertrauen aus. Im Kabinett fanden nur wenige Veränderungen statt. So wechselten Bujar Osmani und Nikola Dimitrov, bisher Europa- und Außenminister, in das jeweils andere Ressort.

Blockade der EU-Beitrittsverhandlungen durch Bulgarien: Bereits 2019 hatte Bulgarien mit Forderungen gegenüber Nordmazedonien eine neue Hürde vor der Aufnahme von Beitrittsverhandlungen errichtet. Es warf Skopje vor, den Freundschaftsvertrag von 2017 letztlich nicht umzusetzen, so etwa bei der Darstellung der gemeinsamen Vergangenheit in den Schulbüchern. Bei Gesprächen am 15./16.10.2020 konnten die Differenzen betreffend Geschichte, Sprache und Identität Nordmazedoniens nicht überwunden werden. Bulgarien blockierte am 17.11.2020 das Kooperationsabkommen zwischen der EU-Grenzschutzbehörde Frontex und Nordmazedonien und insistierte einmal mehr, es gebe weder eine mazedonische Sprache noch eine mazedonische Nation. Auch beim Treffen der EU-Europaminister am 08.12.2020 gelang es nicht, die bulgarischen Einwände zu überwinden. Der für die Erweiterung zuständige EU-Kommissar Oliver Várhelyi schlug deshalb vor, den für Albanien und Nordmazedonien vorgesehenen gemeinsamen Beginn der Beitrittsverhandlungen zu entkoppeln. Deutschland und die Slowakei sprachen sich jedoch am 07.05.2021 dezidiert dagegen aus. Darauf schlugen Várhelyi und die portugiesische Ratspräsidentschaft vor, die Beitrittsgespräche im Juni 2021 zu beginnen und die bilateralen Verhandlungen parallel dazu zu führen. Doch auch Gespräche, die Ministerpräsident Zaev in Begleitung des Europa- und des Außenministers am 17.06.2021 in Sofia führte, erbrachten **keine Aufhebung des bulgarischen Vetos**.

Verschiebung der Volkszählung: Am 27.03.2021 beschloss das Parlament im Konsens von Regierungs- und Oppositionsparteien, den für den 29.03.2021 festgesetzten Beginn der Volkszählung in den September zu verschieben. Priorität solle zuerst die Impfung der Bevölkerung gegen COVID-19 haben. **Oppositionsführer Hristijan Mickoski**, von dem die Initiative ausging, **kündigte an, man werde den Boykott der parlamentarischen Arbeit beenden**. Seit den Wahlen drohte häufig das für Beschlussfassungen notwendige Quorum an Abgeordneten zu fehlen. Allerdings gelang es dem Parlament nicht, die für die Verschiebung notwendigen Gesetzesänderungen termingerecht zu verabschieden. Die Statistikbehörde verzichtete dennoch darauf, mit dem Zensus zu beginnen. 2002 hatte letztmals eine Volkszählung stattgefunden. Ihre Durchführung ist eine der zentralen Forderungen der EU im Vorfeld von Beitrittsverhandlungen.

Norwegen

Ländername	Königreich Norwegen
Zeitzone	MEZ ±0 h
Fläche in km²	386 194 (Rang 61)
Anzahl der Einwohner	5.4 Millionen (Rang 118)
Einwohnerzahl pro km²	14 (Rang 179)
Hauptstadt	Oslo
Amtssprachen	Norwegisch, Samisch
Verwaltungsgliederung	11 Provinzen
Wichtige Städte	Oslo, Bergen, Trondheim, Stavanger, Bærum
Autokennzeichen | ISO-Code	N | NOR
Währung	1 Norwegische Krone = 100 Øre
Nationalfeiertag	17. Mai (Verfassung 1814)

Die Geschicke des im Westen der skandinavischen Halbinsel gelegenen Königreichs werden seit Jahrhunderten vom Meer bestimmt, das als Nahrungsquelle, Verkehrsweg und Lagerstätte von Energierohstoffen dient. Schon heute versucht Norwegen, seine Zukunft mit den Einnahmen aus der Förderung von Erdöl und Erdgas abzusichern. Diese Zukunft liegt jedoch politisch, wenn es nach dem Willen der Mehrheit der Bevölkerung geht, außerhalb der Europäischen Union.

GEOGRAFIE

Geografische Lage: Von 58° bis 71°10′ nördlicher Breite sowie von 4°39′ bis 31°05′ östlicher Länge (Nordeuropa)
Höchster Punkt: Galdhøpiggen 2469 m
Zugehöriges: Bouvet (Südatlantik)
Klima: An der Küste ozeanisches, sonst winterfeucht-kaltes Klima

POLITIK

Staatsform: Parlamentarische Monarchie
Staatsoberhaupt: König Harald V. (seit 17.01.1991)
Regierungschef: Ministerpräsidentin Erna Solberg (seit 16.10.2013)
Regierungsparteien: Koalition Høyre (Konservative), Venstre (Liberale), KF (Christliche Volkspartei)
Legislative: Parlament mit 169 für 4 Jahre gewählten Mitgliedern
Jahr der Verfassung: 1814
Wahlrecht: 18 Jahre

BEVÖLKERUNG

Bevölkerungsanteil: <15 Jahre 17.3 %, 15–64 Jahre 65.2 %, >64 Jahre 17.5 %
Verteilung: Stadt 83 %, Land 17 %
Wachstum: 0.6 %
Lebenserwartung: Frauen 84 Jahre, Männer 81 Jahre
Alphabetenrate: Frauen 99 %, Männer 99 %
Bevölkerungsgruppen: Norweger u. a.
Religionen: Christen, Muslime, Sonstige
Sprachen: Norwegisch, Samisch, Finnisch

WIRTSCHAFT

BIP: 362.01 Mrd. US$
Wachstum BIP: -0.8 %
BIP/Kopf: 67 176 US$
Inflation: 1.3 %
Außenhandel: Import 80.45 Mrd. US$ (Maschinen 11.7 %, Kfz und -Teile 11.3 %, Chemische Erzeugnisse 9.8 %, Nahrungsmittel 7.2 %, Elektronik 6.9 %), Export 84.46 Mrd. US$ (Erdöl 27.5 %, Gas 16.6 %, Nahrungsmittel 14.2 %, Nichteisenmetalle 6.9 %, Maschinen 4.7 %)
Erwerbstätige nach Sektoren: Landwirtschaft 2 %, Industrie 19.1 %, Dienstleistungen 78.9 %
Arbeitslosenquote: 4.6 %
CO_2-Emission/Kopf: 8.9 t

AUSSENGEBIETE

Jan Mayen
Fläche in km²: 377
Anzahl der Einwohner: Nur Personal (Flughafen und Wetterstation)
Hauptstadt: Olonkinbyen
Status: Eingegliedertes Gebiet seit 1930
Regierungschef: Gouverneurin Kjerstin Askholt

SONSTIGE ÜBERSEEGEBIETE

Spitzbergen | Svalbard
Fläche in km²: 61 022
Anzahl der Einwohner: 2459
Hauptstadt: Longyearbyen
Status: Eingegliedertes Gebiet seit 1925
Regierungschef: Gouverneurin Kjerstin Askholt

RÜCKBLICK

Corona-Pandemie: Norwegen bewältigte 2020/21 drei Ansteckungswellen mit dem SARS-CoV-2-Virus zusammen mit Island und Finnland am besten in Europa. **Infektions- und Todesraten** waren **sehr niedrig**. Mit Unterbrechungen im Sommer 2020 galten, nach einem Ampelsystem, in Gebieten mit vielen Infektionen strenge Kontaktbeschränkungen und **Lockdowns** des öffentlichen, Kultur- und Wirtschaftslebens. Generelle **Einreiseverbote** schlossen nur Staatsbürger, Dienstreisende und einige ausländische Saisonarbeiter aus. **Quarantäne- und Testpflichten** wurden ab 27.05.2021 u. a. für den Europäischen Wirtschaftsraum und Großbritannien gelockert bzw. gemildert. Von Ende April bis Ende Juni 2021 verringerte die Regierung die Pandemiebeschränkungen nach einem vierstufigen **Ausstiegsplan**. Für Entschädigungsklagen hunderter Betroffener sorgte die **Abweisung** von Ausländern, die in Norwegen wohnten und arbeiten, aber keine Niederlassungserlaubnis hatten, ab Februar 2021 bereits **an der Staatsgrenze**.

Auswirkung: Mit einem BIP-Minus von nur 0.8 % (Festland: -2.5 %) gab es im Europavergleich 2020 nur eine **Konjunkturdelle,** für Norwegen aber die tiefste seit den 1970er-Jahren. Investitionen, Binnenkonsum und Ausfuhrerlöse gingen deutlich zurück, letztere besonders stark aufgrund eines zeitweiligen Ölpreisverfalls. Mit einem breiten Spektrum von **Antikrisenmaßnahmen** stützte die Regierung Unternehmen, Beschäftigte, Arbeitslose und besonders betroffene Kommunen u. a. mit Lohnzuschüssen, verlängerter Kurzarbeit und Arbeitslosenunterstützung sowie weiteren Finanzhilfen. Die meisten Maßnahmen wurden bis Juli oder August 2021 **verlängert**.

Täuschung: Ein Prozess wegen **vermuteter rechtsextremistischer Straftaten** endete am 16.01.2021 mit einer Freiheitsstrafe von einem Jahr und acht Monaten für Laila Anita Bertheussen, Lebensgefährtin von Tor Mikkel Wara, eines Politikers der rechtspopulistischen Fortschrittspartei (FP). Mit **fingierten Drohungen** und Brandsätzen hatte sie eine Theatergruppe zu diskreditieren versucht, die für ein Stück auch Privathäuser von „Rassisten“ filmte. Wara war nach der Aufnahme von Ermittlungen im März 2019 als Justizminister zurückgetreten. Die FP gehörte 2013–2020 Mitte-rechts-Koalitionen von Ministerpräsidentin Erna Solberg an.

Erdrutsch: Bei einem Erdrutsch in **Ask** (Gemeinde Gjerdrum), 25 km nordöstlich von Oslo, kamen am 30.12.2020 mindestens neun Menschen ums Leben. Auf einer Länge von 700 m war ein **Hang in Bewegung** geraten und hatte ein Dutzend Häuser mit sich gerissen. 1000 Bewohner wurden vorsorglich evakuiert, 600 durften im Februar 2021 wieder in ihre Wohnungen zurück. Das Gebiet war bebaut worden, obwohl der Untergrund aus wasserreichem Fließton als instabil galt.

Spitzbergen: Anlässlich des 100-jährigen Bestehens des Spitzbergen-Vertrags forderte Russland Norwegen im Februar 2021 auf, „nicht gerechtfertigte“ Beschränkungen (Flugrechte, Aufenthaltsrechte) aufzuheben. Der von 44 Staaten unterzeichnete Vertrag von 1921 hatte das **Svalbard-Archipel** norwegischer Souveränität unterstellt, den Unterzeichnern aber Zugang und wirtschaftliche Tätigkeit erlaubt; lediglich Russland machte davon Gebrauch, u. a. mit einem Kohlebergwerk. Über die **Gewässer** um die polare Inselgruppe gab es erst später internationale Vereinbarungen. Norwegen beansprucht dieses „Sondergebiet“ jedoch als **exklusive Wirtschaftszone** (bis 200 Seemeilen Abstand zur Küste). Mit der EU kam es Anfang März 2021 zum Streit, weil diese dort höhere **Dorschfangquoten** erlaubte, als Norwegen zugestand. Spitzbergen gewinnt **strategische Bedeutung**, weil immer mehr Gebiete im Nordpolargebiet eisfrei werden: für den Fang nordwärts ziehender Fischschwärme, für zusätzliche Schiffsbewegungen, auch militärische, und den möglichen Abbau von Bodenschätzen.

Stromverbindung: Nach vier Jahren Bauzeit ging das 623 km lange Hochspannungs-Gleichstromkabel **NordLink** (Baukosten: ca. 2 Mrd. €) am 09.12.2020 ans Netz (offizielle Einweihung am 27.05.2021). Es führt, größtenteils als Seekabel, von Tonstad nach Wilster (Schleswig-Holstein) und dient einem **flexiblen Stromaustausch**: Deutschland erhält überschüssige Elektrizität aus Wasserkraft, mit dem Norwegen fast vollständig den nationalen Bedarf deckt, Norwegen profitiert von Überangeboten durch Windenergie in Norddeutschland.

Elektroauto-Boom: 2020 wurden in Norwegen als erstem Staat der Welt mehr vollelektrische Autos als Benzin-, Diesel oder Hybrid-Fahrzeuge neu zugelassen: 54 % von 140 400. **Ab 2025** dürfen **keine Pkw** und leichte Nutzfahrzeuge **mit Verbrennungsmotor** mehr verkauft werden. E-Autos sind billiger als andere Pkw, da der Staat sie **subventioniert:** Beim Kauf entfallen Mehrwertsteuer und Importzölle – wegen der hohen Sätze entscheidende Kaufargumente. Nachlässe gibt es außerdem bei der Kfz-Steuer und aus öffentlichen Ladestationen (bisher überwiegend in Stadtregionen) fließt Billigstrom.

Oman

▸ 692

Ländername	Sultanat Oman
Zeitzone	MEZ +3 h
Fläche in km²	309 500 (Rang 71)
Anzahl der Einwohner	5.1 Millionen (Rang 119)
Einwohnerzahl pro km²	16 (Rang 173)
Hauptstadt	Maskat
Amtssprache	Arabisch
Verwaltungsgliederung	11 Bezirke
Wichtige Städte	Sib, Bawschar, Salala, Matrah, Sohar, Maskat
Autokennzeichen | ISO-Code	OM | OMN
Währung	1 Omanischer Rial = 1000 Baiza
Nationalfeiertag	18. November (Unabhängigkeit 1650 und Geburtstag des Sultans Qabus ibn Said 1940)

Ein Machtwechsel 1970 und der Reichtum aus den Erdölfunden katapultierten das Sultanat im Südosten der Arabischen Halbinsel innerhalb kurzer Zeit in die Moderne. In der Außenpolitik bemüht sich das Land um eine vermittelnde Position in der seit Jahrzehnten krisengeschüttelten Region.

GEOGRAFIE

Geografische Lage: Von 16°39′ bis 26°23′ nördlicher Breite sowie von 51°59′ bis 59°51′ östlicher Länge (Vorderasien)
Höchster Punkt: Jabal ash-Shams 2980 m
Klima: Heißes Wüsten- und Halbwüstenklima

POLITIK

Staatsform: Absolute Monarchie
Staatsoberhaupt und Regierungschef: Sultan Haitham bin Tarik bin Taimur Al Said (seit 11.01.2020)
Regierungspartei: keine
Legislative: Konsultativrat, bestehend aus Beratender Versammlung mit 86 für 4 Jahre gewählten Mitgliedern und Staatsrat mit 86 für 4 Jahre ernannten Mitgliedern
Jahr der Verfassung: 1996
Wahlrecht: 21 Jahre

BEVÖLKERUNG

Bevölkerungsanteil: <15 Jahre 22.5 %, 15–64 Jahre 75 %, >64 Jahre 2.5 %
Verteilung: Stadt 86.3 %, Land 13.7 %
Wachstum: 2.6 %
Lebenserwartung: Frauen 81 Jahre, Männer 76 Jahre
Alphabetenrate: Frauen 92.7 %, Männer 97 %
Bevölkerungsgruppen: Araber, Belutschen, Inder, Pakistani, Sri Lanker, Bangladescher, Afrikaner u. a.
Religionen: Muslime, Christen, Hindus, Sonstige
Sprachen: Arabisch, Englisch, Belutschi, Swahili, Urdu u. a.

WIRTSCHAFT

BIP: 63.19 Mrd. US$
Wachstum BIP: -6.4 %
BIP/Kopf: 14 216 US$
Inflation: -0.9 %
Außenhandel: Import 20.84 Mrd. US$ (Maschinen 15.4 %, Nahrungsmittel 12.5 %, Eisen und Stahl 9.5 %, Chemische Erzeugnisse 9.3 %, Kfz und -Teile 7.5 %), Export 30.92 Mrd. US$ (Erdöl 48.1 %, Gas 10.8 %, Petrochemie 10.4 %, Chemische Erzeugnisse 7.1 %, Eisen und Stahl 3.5 %)
Erwerbstätige nach Sektoren: Landwirtschaft 4.4 %, Industrie 32.8 %, Dienstleistungen 62.8 %
Arbeitslosenquote: 5 %
CO_2-Emission/Kopf: 18.6 t

RÜCKBLICK

Corona-Pandemie: Der Höhepunkt der ersten Infektionswelle, die im Frühjahr 2020 eingesetzt hatte, wurde Mitte Juli 2020 mit fast 11 000 Fällen pro Woche erreicht. Danach gingen die Zahlen wieder zurück, bevor es von Ende September bis Mitte Oktober 2020 erneut zu einem leichten Anstieg kam. Bis Mitte März 2021 entwickelten sich die Infektionszahlen nur verhalten, bevor ein neuer Anstieg einsetzte. Mitte Juni 2021 wurden wieder über 10 000 Fälle pro Woche gezählt. Die **Impfkampagne** kam nur langsam in Gang, richtig **begann** sie erst **Anfang Juni 2021**.

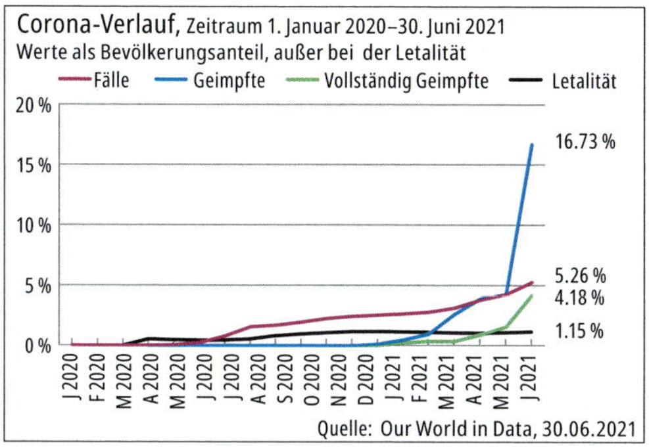

Proteste: Ab dem 23.05.2021 kam es für mehrere Tage in einigen Städten zu Protesten, an denen jeweils einige 100 Personen teilnahmen. Die Polizei griff meist nicht ein. In den Protesten äußerte sich die **Unzufriedenheit mit der** sich verschlechternden **wirtschaftlichen Lage**, die sich durch die COVID-19-Pandemie noch zugespitzt hatte. Die Einnahmen des Landes sind in einer wenig diversifizierten Wirtschaft vor allem von Erdöl- und Erdgasexporten abhängig, die 70 % der Staatseinnahmen ausmachen. 2020 sank die Wirtschaftsleistung um 6.4 %, während das Haushaltsdefizit 17.3 % des BIP entsprach und die Staatsschulden von 60 auf 81 % des BIP anstiegen. Sultan Haitham bin Tarik Al Said wies 2020 die Ministerien an, ihr Budget jeweils um 10 % zu kürzen. Außerdem wurde eine **Mehrwertsteuer eingeführt**, auch wenn viele Produkte und Dienstleistungen von ihr ausgenommen blieben. Als Reaktion auf die Proteste kündigte der Herrscher die **Schaffung von 32 000 neuen Stellen im Öffentlichen Dienst** an, in dem bereits 42 % der Berufstätigen beschäftigt sind. Im Privatsektor wiederum machen Ausländer 86 % der Beschäftigten aus. Bereits seit einigen Jahren versucht man, die Wirtschaft zu „omanisieren". Am 24.01.2021 wurde mitgeteilt, dass **ausländische Arbeitskräfte künftig von bestimmten Arbeitsplätzen ausgeschlossen** werden. Vor allem in höheren Positionen sollen sie durch Omaner ersetzt werden. Die Regierung kündigte außerdem an, 2022 mehr als 2700 ausländische Lehrer durch Omaner zu ersetzen. Offiziellen Angaben zufolge verließen zwischen März 2020 und März 2021 rund 205 000 ausländische Arbeitskräfte das Land.

Erstmals Thronfolgeregelung: Am 11.01.2021 erließ Sultan Haitham ein Dekret, mit dem die Thronfolge geregelt wurde. Der älteste Sohn des jeweils amtierenden Sultans gilt als Thronfolger. Dhi Yazan bin Haitham Al Said, derzeit Minister für Kultur, Sport und Jugend, wurde am 12.01.2021 als Kronprinz vereidigt, der erste in der Geschichte Omans.

Österreich

▸ 618

Ländername	Republik Österreich
Zeitzone	MEZ ±0 h
Fläche in km²	83 871 (Rang 113)
Anzahl der Einwohner	8.9 Millionen (Rang 99)
Einwohnerzahl pro km²	106 (Rang 79)
Hauptstadt	Wien
Amtssprache	Deutsch
Verwaltungsgliederung	9 Bundesländer
Wichtige Städte	Wien, Graz, Linz, Salzburg, Innsbruck, Klagenfurt
Autokennzeichen | ISO-Code	A | AUT
Währung	1 Euro = 100 Cent
Nationalfeiertag	26. Oktober (Beschluss der Neutralität 1955)

Die Alpenrepublik im Herzen Europas steht für landschaftliche Schönheit und kulturelle Vielfalt. Das Land, das unter den Habsburgern zur Großmacht aufstieg und während des Kalten Krieges an der Nahtstelle zwischen den beiden großen politischen Blöcken lag, hat heute seinen festen Platz in der Europäischen Union. Es ist wichtige Drehscheibe im Handel mit den jungen Demokratien Osteuropas.

GEOGRAFIE

Geografische Lage: Von 46°23′ bis 49°01′ nördlicher Breite sowie von 9°31′ bis 17°09′ östlicher Länge (Mitteleuropa)
Höchster Punkt: Großglockner 3798 m
Klima: Mitteleuropäisches Übergangsklima, in höheren Lagen Hochgebirgsklima

POLITIK

Staatsform: Parlamentarische Bundesrepublik
Staatsoberhaupt: Bundespräsident Alexander Van der Bellen (seit 26.01.2017)

Regierungschef: Bundeskanzler Sebastian Kurz (seit 07.01.2020)
Regierungsparteien: Koalition ÖVP (Österreichische Volkspartei), GRÜNE (Die Grünen - Die Grüne Alternative)
Legislative: Bundesversammlung, bestehend aus Nationalrat mit 183 für 5 Jahre gewählten Mitgliedern und Bundesrat mit 61 für 5 oder 6 Jahre ernannten Mitgliedern
Jahr der Verfassung: 1920
Wahlrecht: 16 Jahre

BEVÖLKERUNG

Bevölkerungsanteil: <15 Jahre 14.4 %, 15–64 Jahre 66.4 %, >64 Jahre 19.2 %
Verteilung: Stadt 58.7 %, Land 41.3 %
Wachstum: 0.4 %
Lebenserwartung: Frauen 84 Jahre, Männer 79 Jahre
Alphabetenrate: Frauen 99 %, Männer 99 %
Bevölkerungsgruppen: Österreicher, Deutsche, Bosniaken, Türken, Serben, Rumänen u. a.
Religionen: Christen, Muslime
Sprachen: Deutsch, Minderheitensprachen

WIRTSCHAFT UND VERKEHR

BIP: 428.62 Mrd. US$
Wachstum BIP: -6.6 %
BIP/Kopf: 48 154 US$
Inflation: 1.4 %
Außenhandel: Import 171.96 Mrd. US$ (Chemische Erzeugnisse 13.4 %, Maschinen 12.2 %, Kfz und -Teile 11.6 %, Nahrungsmittel 6.5 %, Elektrotechnik 5.9 %), Export 168.94 Mrd. US$ (Maschinen 17.4 %, Chemische Erzeugnisse 12.5 %, Kfz und -Teile 11.1 %, Elektrotechnik 6.2 %, Nahrungsmittel 5.5 %)
Erwerbstätige nach Sektoren: Landwirtschaft 3.5 %, Industrie 25 %, Dienstleistungen 71.5 %
Arbeitslosenquote: 5.8 %
CO_2-Emission/Kopf: 8.2 t

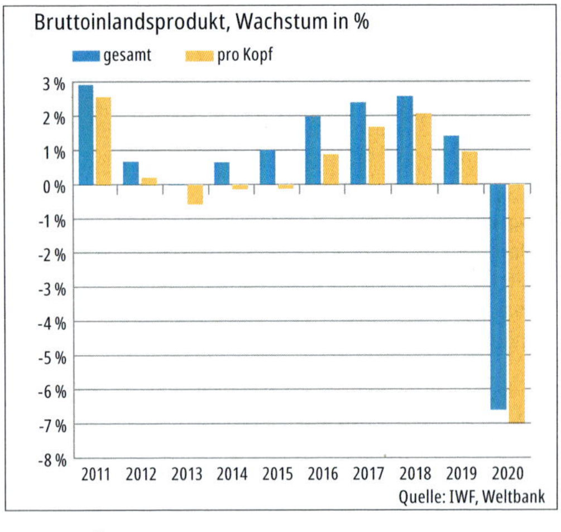

VERWALTUNGSGLIEDERUNG

Verwaltungseinheit	Fläche in km²	Einwohner	Hauptstadt
Burgenland	3965	294 436	Eisenstadt
Kärnten	9536	561 293	Klagenfurt
Land Salzburg	7155	558 410	Salzburg
Land Wien	415	1.9 Mio.	Wien
Niederösterreich	19 180	1.7 Mio.	St. Pölten
Oberösterreich	11 983	1.5 Mio.	Linz
Steiermark	16 399	1.2 Mio.	Graz
Tirol	12 648	757 634	Innsbruck
Vorarlberg	2602	397 139	Bregenz

RÜCKBLICK

Zwei Themen dominierten, die Corona-Pandemie und die politische Krise infolge des Ibiza-Videos von 2019. Nach der FPÖ rückte dabei die ÖVP ins Zentrum. Gegen Bundeskanzler Sebastian Kurz sowie seine engen Vertrauten Finanzminister Gernot Blümel und Kabinettschef Bernhard Bonelli leitete die Wirtschafts- und Korruptionsstaatsanwaltschaft (WKStA) Ermittlungen ein. Erstmals in der Geschichte der Republik setzte zudem der Bundespräsident ein Exekutionsverfahren in Gang – gegen Finanzminister Blümel, um dessen Kooperation mit dem parlamentarischen Untersuchungsausschuss zu erzwingen. Mit Thomas Schmidt, dem Chef der Österreichischen Beteiligungs-AG (ÖBAG), musste ein Vertrauter von Kurz zurücktreten.

Corona-Pandemie: Bereits ab Anfang Juli 2020 stiegen die Corona-Infektionszahlen wieder. Am 24.07.2020 führte die Regierung deshalb die Maskenpflicht im Einzelhandel wieder ein, die erst im Juni weitgehend abgeschafft worden war. Am 04.09.2020 installierte die Regierung zudem die sogenannte **Corona-Ampel**. Sie gab auf Bezirksebene das Infektionsgeschehen in vier Stufen wieder (Grün, Gelb, Orange, Rot). Neben den reinen Infektionszahlen wurden auch Cluster und die Auslastung des Gesundheitssystems für die Ampelfarbe berücksichtigt. Je nach Farbe sollten die Maßnahmen angepasst werden, das lag allerdings in der Zuständigkeit der regionalen Verantwortlichen und wurde uneinheitlich gehandhabt. Ab dem 14.09.2020 galt bundesweit in öffentlichen Innenräumen eine Maskenpflicht. Die Maßnahmen für die Gastronomie wurden schrittweise verschärft. Weil der Verfassungsgerichtshof (VerfGH) am 22.07.2020 einige der **früheren Corona-Beschränkungen für verfassungswidrig** erklärt hatte, brachte die Regierung am 16.09.2020 eine **Neufassung des COVID-19-Maßnahmengesetzes** auf den Weg, die am 23.09.2020 vom Bundesrat gegen die Stimmen von

NEOS und FPÖ verabschiedet wurde. Sie gab der Regierung das Recht, das Verlassen der Privatwohnung und das Betreten von öffentlichen Räumen zu untersagen. Auf dieser Grundlage verhängte die Regierung ab dem 03.11.2020 den **„Lockdown light"**, mit nächtlichen Ausgangssperren zwischen 20 und 6 Uhr. In ganz Österreich stand die Corona-Ampel auf Rot. Abgesehen von Beerdigungen waren alle Veranstaltungen untersagt, Freizeiteinrichtungen, Hotels und Gaststätten mussten für Gäste schließen. Unis und weiterführende Schulen gingen wieder in den Distanzunterricht. Trotzdem stieg die 7-Tage-Inzidenz bis Mitte November 2020 auf über 500 pro 100 000 Einwohner. Ab dem 17.11.2020 wurden deshalb die Maßnahmen verschärft: Geschäfte, die nicht zum täglichen Bedarf gehörten, mussten schließen, auch die Grundschulen mussten in den Distanzunterricht. Der dreiwöchige harte Lockdown endete am 07.12.2020.
Einen dritten harten Lockdown verhängte die Regierung ab dem 26.12.2020. Er endete am 08.02.2021: Alle Läden und viele Dienstleistungsbetriebe durften wieder aufmachen. Ab dem 13.02.2021 kehrten die Schüler wieder in die Schulen zurück, die unteren Klassenstufen in voller Präsenz, die Oberstufen mit Wechselunterricht in Halbgruppen. Gleichzeitig wurde eine Testpflicht an Schulen eingeführt, um das Infektionsgeschehen kontrollieren zu können. Im Ostteil des Landes gab es auf dem Höhepunkt der 3. Corona-Welle wegen der Überlastung der Krankenhäuser vom 01.04. bis zum 02.05.2021 einen erneuten harten Lockdown, mit ganztägigen Ausgangsbeschränkungen, Geschäfte und körpernahe Dienstleistungen mussten wieder schließen. Am 09.05.2021 legte die Bundesregierung einen Öffnungsplan vor, der bis zum 30.06.2021 schrittweise die meisten Corona-Maßnahmen zurücknahm.
Bei der **Impfstoffbestellung** über die EU hatte Österreich stärker auf das günstigere und leichter zu transportierende Vakzin von AstraZeneca gesetzt als andere finanzstarke Mitglieder. Als AstraZeneca die Liefermengen drastisch kürzte, geriet Österreichs Impfplan durcheinander. Kanzler Kurz forderte am 14.03.2021 deshalb von der EU eine Korrektur der Impfstoffverteilung – ohne Erfolg. Am 31.03.2021 twitterte Kurz, dass Österreich 1 Mio. Dosen des russischen Impfstoffs Sputnik V kaufen werde, der bereits ab April geliefert werde. Weil es keine EU-Zulassung für Sputnik V gab und Biontech überraschend mehr liefern konnte als geplant, wurde aus dem Deal nichts.

Der Haushalt für das Jahr 2021, den der Nationalrat am 19.11.2020 verabschiedete, stand ganz im Zeichen von Corona. Er sah Ausgaben von 97.8 Mrd. € vor, bei Einnahmen von lediglich 75.2 Mrd. Das Rekorddefizit von 22.6 Mrd. € war vor allem auf pandemiebedingte Mehrausgaben wie Kurzarbeiter- und Arbeitslosengeld sowie Wirtschaftshilfen zurückzuführen. Hinzu kam ein massiver Rückgang der Steuereinnahmen. Das BIP brach 2020 um 6.6 % ein.

Die **Ischgl-Kommission** präsentierten am 12.10.2020 ihren 300-seitigen **Abschlussbericht**. Die Experten hatten untersucht, welche Fehler zu Beginn der ersten Corona-Welle in Ischgl und im Paznauntal gemacht wurden, sodass die Region zu einem frühen Super-Hotspot der Pandemie in Europa wurde. In ihrem Bericht werfen die Experten sowohl den lokalen Behörden und Verantwortlichen als auch dem Land Tirol und der Bundesregierung Versäumnisse vor. U. a. sei zu spät auf die steigenden Infektionszahlen reagiert und z. T. wahrheitswidrig informiert worden. Bundeskanzler Kurz habe mit der öffentlichkeitswirksamen Verkündigung der Quarantäneanordnung für die Region zudem die überstürzte Abreise Tausender provoziert. Dem Land Tirol warfen die Experten vor, wissentlich die Unwahrheit gesagt zu haben. Der Bürgermeister von Ischgl soll die Anweisung zur Schließung der Skilifte 2 Tage lang zurückgehalten haben. Die **Staatsanwaltschaft Innsbruck** erklärte am 02.06.2021, dass die Ermittlungen zum Fall Ischgl vorläufig abgeschlossen seien. Es gebe 5 Beschuldigte. Der 1500 Seiten starke Ermittlungsbericht wurde ans Justizministerium weitergeleitet. Bis Ende Juni 2021 war unklar, ob Anklage erhoben wird.

Regierung: Die **Bundesministerin für Arbeit, Familie und Jugend, Christine Aschbacher (ÖVP)**, trat am 09.01.2021 nach Plagiatsvorwürfen zurück. Zuvor hatte der Salzburger Plagiatsprüfer Stefan Weber ihr vorgeworfen, sowohl in der Diplomarbeit von 2006 als auch in der Dissertation 2020 nicht korrekt zitiert zu haben. Nachfolger wurde am 11.01.2021 der parteilose Volkswirtschaftler Martin Kocher. Er war zuvor Leiter des Instituts für Höhere Studien (IHS) in Wien. Die Zuständigkeit für Familie und Jugend ging am 01.02.2021 ins Kanzleramt, sodass sich Kocher ausschließlich um den Bereich Arbeit kümmerte.
Gesundheitsminister Rudolf Anschober (Grüne) legte sein Amt am 13.04.2021 aus gesundheitlichen Gründen nieder. Nachfolger wurde der Arzt Wolfgang Mückstein (Grüne).

Korruption: Die **Wirtschafts- und Korruptionsstaatsanwaltschaft (WKStA)** ermittelte, ausgehend vom Ibiza-Video, zum Verdacht auf Korruption im

Regierungshandeln. Am 11.02.2021 informierte sie Finanzminister **Gernot Blümel** darüber, dass er als **Beschuldigter in der Casinos-Affäre** geführt wird. Blümel musste für die Ermittler sein Handy entsperren und abgeben. Bei einer Hausdurchsuchung am selben Tag wurden Tablets, USB-Sticks und ein Laptop konfisziert. Gleichzeitig fand eine Durchsuchung beim Glückspielkonzern Novomatic statt. Hintergrund war eine Chatnachricht des Novomatic-Chefs Harald Neumann an Blümel aus dem Jahr 2017. Neumann hatte Blümel um die Vermittlung eines Treffens mit dem damaligen Außenminister Kurz gebeten. Dieser sollte helfen, eine hohe Steuernachzahlung in Italien abzumildern. In der gleichen Nachricht stellte Neumann Spendengelder für die ÖVP in Aussicht. Die WKStA hatte deshalb wegen des Verdachts der Korruption Ermittlungen aufgenommen. Auch Neumann wurde als Beschuldigter geführt. Blümel und Neumann bestritten die Vorwürfe. Ein Misstrauensvotum im Parlament überstand Blümel am 16.02.2021 mit den Stimmen von ÖVP und Grünen. Am 25.02.2021 stellte die WKStA in der Angelegenheit auch im Finanzministerium Emails sicher.
Am 08.06.2021 trat der **Chef der Staatsholding, der Österreichischen Beteiligungs AG (ÖBAG), Thomas Schmidt**, zurück. Hintergrund waren Chatprotokolle, die am 28.03.2021 im Rahmen des Ibiza-Untersuchungsausschusses bekannt geworden waren. Sie stammten von Schmidts Handy, das die WKStA 2019 im Zuge der Ermittlungen zur Casinos-Affäre beschlagnahmt hatte. Die Protokolle legten nahe, dass Schmidt als Generalsekretär im Finanzministerium 2017 die Struktur der neu zu schaffenden ÖBAG selbst festgelegt und einen wesentlichen Einfluss auf die Besetzung der Aufsichtsratsposten hatte. Als die ÖBAG 2019 an den Start ging, wählte der Aufsichtsrat Schmidt zum Alleinvorstand der ÖBAG. Kurz vor der Berufung Schmidts hatte Kanzler Kurz seinem Vertrauten Schmidt laut Chatprotokollen noch einmal zugesichert: „Kriegst eh alles, was Du willst.".
Die ÖBAG verwaltet Staatsbeteiligungen im Wert von 27 Mrd. €, u. a. an Telekom Austria, Casinos Austria, Österreichischer Post, Bundesimmobiliengesellschaft und am Mineralölkonzern OVM.
Nach Anzeigen von SPÖ und NEOS nahm die WKStA am 12.05.2021 auch **Ermittlungen gegen Kanzler Kurz** und dessen Kabinettschef Bernhard Bonelli wegen möglicher vorsätzlicher Falschaussagen im Untersuchungsausschuss auf. Kurz und Bonelli hatten im Ausschuss bestritten, dass Kurz Einfluss auf die Bestellung von Schmidt zum ÖBAG-Chef hatte. Kurz bestritt eine (vorsätzliche) Falschaussage und kündigte an, auch im Fall einer Anzeige gegen ihn nicht zurückzutreten. Nach Bekanntwerden der Ermittlungen kritisierte Kurz den Untersuchungsausschuss und die WKStA scharf und unterstellte politische Motive für die Ermittlungen. Ebenfalls am 12.05.2021 wies der VfGH das Bundeskanzleramt an, weitere Unterlagen an den Untersuchungsausschuss zu liefern. Es geht um die Mails von rd. 600 Mitarbeitern.
Der Ibiza-Untersuchungsausschuss (offiziell: Untersuchungsausschuss betreffend mutmaßliche Käuflichkeit der türkis-blauen Bundesregierung), tagte seit Juli 2020 insgesamt 46 Mal (9.–54. Sitzung). U. a. untersuchte der Ausschuss die Berufung des Alleinvorstands der neu geschaffenen Staatsholding ÖBAG, Thomas Schmidt. Außerdem ging er dem Verdacht nach, dass der Glücksspielkonzern Novomatic möglicherweise über den damaligen Wiener ÖVP-Chef und jetzigen Finanzminister Blümel Regierungshilfe für Unternehmensinteressen in Anspruch genommen hat und dafür an die ÖVP oder ihr nahestehende Vereine gespendet hat.
Streit gab es um die Lieferung von Akten durch das Finanzministerium an den Ausschuss. Lange weigerte sich **Finanzminister Blümel** und verwies darauf, dass die angeforderten Mail-Accounts auch private Nachrichten enthielten. Der Verfassungsgerichtshof (VfGH) wies Blümel am 03.03.2021 an, alle vom Ausschuss angeforderten Akten zur Verfügung zu stellen. Als der Finanzminister dem nicht nachkam, beantragte der VfGH am 06.05.2021 bei Bundespräsident Alexander Van der Bellen, den Beschluss zu exekutieren, d. h. mit allen Mitteln durchzusetzen. Das Finanzministerium lieferte noch am gleichen Tag 204 Aktenordner mit ausgedruckten Mails. Gleichzeitig stufte das Ministerium alle Mails als geheim ein. Deshalb durfte der Ausschuss sie nicht digitalisieren oder kopieren, was die Recherche erschwerte. Weil von wichtigen Mitarbeitern im Finanzministerium nur sehr wenige Mails übermittelt wurden und auch Mails fehlten, die aus Ermittlungsakten der WKStA bekannt waren, bezweifelte die Opposition im Ausschuss, dass das Finanzministerium vollständig geliefert hatte. Blümel bestritt das. Am 24.06.2021 beauftragte der Bundespräsident daraufhin das Straflandesgericht Wien zu prüfen, ob die Akten aus dem Finanzministerium vollständig sind (**Exekutionsbeschluss**). Unklar war, ob das Gericht in den wenigen Wochen bis zum Ende des Untersuchungsausschusses am 15.07.2021 zu Ergebnissen kommen würde. Obwohl noch viele Fragen offen und nicht alle Dokumente gesichtet waren, sollte der Ausschuss am 15.07.2021 seine Arbeit einstellen. Der Abschlussbericht sollte im September 2021 vorgelegt werden. Die Opposition hatte beantragt, den Ausschuss zu verlängern, ÖVP und Grüne stimmten am 28.05.2021 jedoch dagegen. Die Grünen begründeten ihr Nein damit, dass die Opposition im Herbst 2021 einen

neuen Ausschuss einsetzen könne. Allerdings müsste ein neuer Ausschuss alle Akten neu beantragen, die des alten Untersuchungsausschusses werden bei dessen Ende vernichtet.

Parteien: Norbert Hofer erklärte am 01.06.2021 seinen Rücktritt als **Parteichef der FPÖ**. Der gemäßigte Hofer stand seit Monaten im innerparteilichen Machtkampf mit Clubobmann (Fraktionschef) Herbert Kickl, der als Gegner der Corona-Maßnahmen stärker polarisierte. Am 07.06.2021 nominierte der Parteivorstand Kickl zum Nachfolger. Die Delegierten eines außerordentlichen Bundesparteitags wählten Kickl am 19.06.2021 in Wien mit 88.2 % zum neuen Parteiobmann.

Innere Sicherheit und Verteidigung: Am Abend des 02.11.2020 erschoss ein 20-jähriger Attentäter in der Wiener Innenstadt mit einem Sturmgewehr 4 Menschen. 23 weitere wurden verletzt, zum Teil schwer, darunter ein Polizist. Die Polizei konnte den **Terroranschlag** nach wenigen Minuten beenden, indem sie den Attentäter erschoss. Es handelte sich um einen in Österreich geborenen Islamisten mit albanischen Wurzeln. Er war den Behörden als gewaltbereit bekannt, u. a. hatte er 2018/19 versucht, nach Afghanistan und Syrien auszureisen, um sich dem Islamischen Staat anzuschließen. Das Bundesamt für Verfassungsschutz und Terrorismusbekämpfung (BVT) geriet in die Kritik, weil es im Oktober 2020 von slowakischen Behörden informiert worden war, dass der spätere Täter versucht hatte, in der Slowakei Munition für ein Sturmgewehr zu kaufen. Das BVT war dem Hinweis nicht nachgegangen.
Innenminister Karl Nehammer (ÖVP) präsentierte am 15.03.2021 Pläne für eine grundlegende **BVT**. Vorausgegangen war die BVT-Affäre, bei der es um versuchte politische Einflussnahme und um Parteilichkeit des BVT ging. Mit der Reform sollte das BVT überführt werden in die **Direktion für Staatsschutz und Nachrichtendienst** (DSN). Die Abteilung Staatsschutz kümmert sich um die Gefahrenabwehr, während sich die Abteilung Nachrichtendienst der Gefahrenerforschung widmet. Neu war, dass die DSN künftig vom Parlament durch einen Geheimdienstausschuss kontrolliert wird. Dazu musste die Verfassung mit Zweidrittelmehrheit geändert werden. SPÖ und FPÖ hatten den Plänen der Regierung bereits im Vorfeld zugestimmt. Die Novelle sollte am 08.07.2021 vom Nationalrat verabschiedet werden.
Am 11.11.2020 stellte das Oberlandesgericht Wien das **Eurofighter-Verfahren** gegen Airbus endgültig ein. Laut Gericht hatte es nicht genügend Ermittlungsergebnisse gegeben. Im Verfahren ging es um den Vorwurf, dass Airbus in den Kaufpreis Bestechungsgelder miteingepreist hatte. Drei parlamentarische Untersuchungsausschüsse hatten sich seit 2006 mit der Affäre befasst.
Verteidigungsministerin Klaudia Tanner (ÖVP) kündigte am 16.06.2021 eine **umfassende Heeresreform** an. Ziel ist eine schlankere Verwaltung. Es sollten Doppelstrukturen im Verteidigungsministerium abgebaut werden. Die mit einer Entscheidung befassten Ebenen sollten von bislang 4 bis 5 auf künftig nur noch 2 Ebenen reduziert werden. Für das Heer selbst waren keine Änderungen vorgesehen. Im Verteidigungsministerium wurden aus bisher fünf Sektionen drei Generaldirektionen. Der Generalstabschef sollte gleichzeitig die Generaldirektion für Landesverteidigung führen. Generalstabschef blieb zunächst Robert Brieger, der im Juni 2022 Vorsitzender des EU-Militärausschusses werden soll. Viele andere Stellen sollten neu ausgeschrieben werden. Die Reform soll bis April 2022 abgeschlossen werden.
Am 18.06.2021 verließ der letzte österreichische Soldat Afghanistan. Auf dem Höhepunkt des NATO-Einsatzes im Jahr 2005 waren rd. 100 Soldaten des Bundesheeres gleichzeitig in Afghanistan stationiert. Eigene Todesopfer gab es während der 20-jährigen Mission nicht.

Bildung und Wissenschaft: Der Verfassungsgerichtshof kippte am 11.12.2020 das **Kopftuchverbot**. Das Gesetz aus dem Mai 2019 verstieß gegen das Gebot der Gleichbehandlung sowie gegen die Religions- und Meinungsfreiheit, urteilten die Richter. Es richte sich zwar allgemein gegen das Tragen weltanschaulich oder religiös geprägter Kleidung, durch die formulierten Ausnahmen ziele es aber klar auf das muslimische Kopftuch (Hijab).
Bundeskanzler Kurz und Bildungsminister Heinz Faßmann kündigten am 23.06.2021 an, dass rd. 150 000 Schülerinnen und Schüler der 5. und 6. Klassen im ersten Semester des Schuljahres 2021/22 mit **Tablets oder Laptops** ausgestattet werden. 93 % aller Schulen hatten sich für ein entsprechendes Programm beworben. Die Schulen konnten selbst entscheiden, welche Geräte sie bekommen. Eltern müssen sich mit 25 % an den Kosten beteiligen. Wer wirtschaftlich dazu nicht in der Lage ist, kann vom Selbstbehalt befreit werden. Für schnelles Internet sollen bis 2023 außerdem alle Schulen mit Glasfaser versorgt werden. Insgesamt rechnet das Bildungsministerium mit Kosten von 250 Mio. €. Ein Teil soll über das Programm NextGenerationEU finanziert werden. Ob und wann die übrigen ca. 1 Mio. Schülerinnen und Schüler mit digitalen Endgeräten ausgestattet werden, ist noch nicht bekannt.

Klimaschutz: Umweltministerin Leonore Gewessler (Grüne) legte am 09.04.2021 den **Entwurf für ein neues Klimaschutzgesetz** vor, der noch mit der ÖVP abgestimmt werden muss. Laut Medienberichten sieht er vor, dass Österreich bis 2040 klimaneutral wird. Bis 2030 sollen die Treibhausgas-Emissionen halbiert werden. Für die einzelnen Sektoren schrieb der Entwurf jährliche CO_2-Emissionsbudgets vor. Wird das Budget überschritten, sind Strafzahlungen in einen Zukunftsinvestitionsfonds vorgesehen, die von Bund und Ländern geleistet werden müssten. Außerdem soll ein Klimakabinett mit Vertretern von Bund und Ländern eingerichtet werden, das bei sich abzeichnender Überschreitung der CO_2-Vorgaben frühzeitig Gegenmaßnahmen auf den Weg bringen soll. Im Klimakabinett vertreten sein sollen auch Mitglieder eines Expertenrats und eines Bürgerrats, die ebenfalls neu gegründet werden sollen.

Wahl: Bei der **Landtagswahl in Wien** am 11.10.2020 erreichte die SPÖ von Bürgermeister und Landeshauptmann Michael Ludwig 41.6 % und verbesserte damit ihr Ergebnis von 2015 um 2.0 Prozentpunkte. Der bisherige Koalitionspartner, die Grünen, legten ebenfalls zu auf 14.8 % (+3.0). Die größten Gewinne erzielte die ÖVP, die auf 20.4 % kam (+11.2). Auch NEOS übersprang wieder die 5-Prozent-Hürde und landete bei 7.5 % (+1.3). Verlierer der Wahl war die FPÖ. Sie verlor zwei Drittel ihrer Wähler und kam nur auf 7.1 % (-23.8). Grund war die Spaltung des rechtspopulistischen Lagers nach der Ibiza-Affäre. Der Spitzenkandidat von 2015, Ex-FPÖ-Chef Heinz-Christian Strache, trat mit einer eigenen Partei, dem Team Strache an, scheiterte mit 3.3 % jedoch an der 5-Prozent-Hürde.
Nach der Wahl sondierte die SPÖ mit ÖVP, Grünen und NEOS. Am 27.10.2020 gab der Landesvorsitzende Ludwig bekannt, dass die SPÖ Koalitionsverhandlungen mit NEOS aufnimmt. Die Gespräche waren am 17.11.2020 abgeschlossen. Im Koalitionsvertrag einigten sich beide Parteien u. a. auf ein Konjunkturprogramm von 600 Mio. € zur Überwindung der Corona-Krise. Das Ganztagsschulangebot und die Sprachförderung für Nicht-Muttersprachler soll ausgebaut werden. Für den Klimaschutz sollen öffentliche Verkehrsmittel ausgebaut, die Zahl der Einpendler reduziert und die Taxiflotte bis 2025 auf E-Antrieb umgestellt werden. Die erste SPÖ-NEOS-Koalition auf Landesebene wurde am 24.11.2020 vereidigt. Regierungchef blieb Ludwig, Vizeregierungschef wurde Christoph Wiederkehr (NEOS), der das Ressort Bildung, Jugend, Integration und Transparenz übernahm. Die SPÖ-Stadträte behielten ihre Posten aus der Vorgängerregierung.

Pakistan

Ländername	Islamische Republik Pakistan
Zeitzone	MEZ +4 h
Fläche in km²	796 095 (Rang 35)
Anzahl der Einwohner	220.9 Millionen (Rang 5)
Einwohnerzahl pro km²	277 (Rang 33)
Hauptstadt	Islamabad
Amtssprachen	Urdu, Englisch
Verwaltungsgliederung	4 Provinzen, 2 Gebiete unter Bundesverwaltung und 1 Hauptstadtterritorium
Wichtige Städte	Karatschi, Lahore, Faisalabad, Rawalpindi, Gujranwala, Peshawar, Multan, Hyderabad, Islamabad, Quetta
Autokennzeichen | ISO-Code	PK | PAK
Währung	1 Pakistanische Rupie = 100 Paisa
Nationalfeiertage	23. März (Unterzeichnung der Lahore-Resolution 1940), 14. August (Unabhängigkeit 1947)

Pakistan ist ein noch junges Land, das mit der Unabhängigkeit des kolonialen Britisch-Indiens 1947 erstmals auf der politischen Landkarte Südasiens erschien und in seinen heutigen Grenzen erst seit 1971 besteht. Die spannungsreiche Beziehung zu Indien und die Entwicklung in Afghanistan beeinflussen den politischen Kurs des von einer fortschreitenden Islamisierung der Gesellschaft geprägten Staates.

GEOGRAFIE

Geografische Lage: Von 23°42′ bis 37°03′ nördlicher Breite sowie von 60°51′ bis 77°03′ östlicher Länge (Südasien)
Höchster Punkt: K2 8611 m
Klima: Trockenheißes Monsunklima, im Norden winterkaltes Gebirgsklima

POLITIK

Staatsform: Parlamentarische Bundesrepublik
Staatsoberhaupt: Präsident Arif-ur-Rehman Alvi (seit 09.09.2018)
Regierungschef: Premierminister Imran Ahmad Khan Niazi (seit 18.08.2018)
Regierungspartei: PTI (Pakistan Tehreek-e-Insaf)
Legislative: Parlament, bestehend aus Nationalversammlung mit 342 für 5 Jahre gewählten Mitgliedern und Senat mit 100 für 6 Jahre gewählten Mitgliedern (alle 3 Jahre teilerneuert)
Jahr der Verfassung: 1973
Wahlrecht: 18 Jahre

BEVÖLKERUNG

Bevölkerungsanteil: <15 Jahre 34.8 %, 15–64 Jahre 60.8 %, >64 Jahre 4.4 %
Verteilung: Stadt 37.2 %, Land 62.8 %
Wachstum: 2 %
Lebenserwartung: Frauen 68 Jahre, Männer 66 Jahre
Alphabetenrate: Frauen 46.5 %, Männer 71.1 %
Bevölkerungsgruppen: Panjabi, Paschtunen, Sindhi, Saraiki, Muhadschir, Belutschen u. a.
Religionen: Muslime (v. a. Sunniten), Sonstige
Sprachen: Urdu, Englisch, Panjabi, Sindhi, Paschtu, Belutschi

WIRTSCHAFT

BIP: 262.8 Mrd. US$
Wachstum BIP: -0.4 %
BIP/Kopf: 1260 US$
Inflation: 10.7 %
Außenhandel: Import 45.85 Mrd. US$ (Chemische Erzeugnisse 16.6 %, Rohstoffe außer Brennstoffe 12.7 %, Maschinen 9.6 %, Petrochemie 9.2 %, Nahrungsmittel 7.4 %), Export 21.98 Mrd. US$ (Textilien und Bekleidung 59.8 %, Nahrungsmittel 18.4 %, Chemische Erzeugnisse 4.9 %, Rohstoffe außer Brennstoffe 3.3 %, Nichteisenmetalle 2 %)
Erwerbstätige nach Sektoren: Landwirtschaft 35.9 %, Industrie 25.8 %, Dienstleistungen 38.3 %
Arbeitslosenquote: 4.6 %
CO_2-Emission/Kopf: 1.1 t

RÜCKBLICK

Corona-Pandemie: Mit 952 907 Infizierten und 22 152 Todesopfern besaß Pakistan am 25.06.2021 eine relativ günstige Pandemiebilanz. Die Regierung schrieb dies der Strategie lokaler, „smarter" Lockdowns zu, die angesichts einer relativ immobilen Bevölkerung sinnvoll erschien und die wirtschaftlichen und sozialen Kosten eines nationalen Lockdowns vermied. Die relativ niedrigen offiziellen **Inzidenzwerte und Sterbeziffern waren fragwürdig**: So gingen nur Meldungen der staatlichen Krankenhäuser in die Statistik ein, private Ärzte klagten darüber, dass ihre Meldungen ignoriert würden. Auch führten Gerüchte, Vorurteile und spekulative Behauptungen religiöser Autoritäten dazu, dass die Ansteckung mit COVID-19 insbesondere auf dem Land stigmatisiert und daher häufig verschwiegen wurde. Die **mangelnde Aufklärung der Bevölkerung**, ein verbreitetes Misstrauen in das staatliche Gesundheitssystem und die regierungsamtlichen Erfolgsmeldungen führten laut Beobachtern zu einer verbreiteten Sorglosigkeit im Umgang mit dem Virus, was die Ausbreitung der Pandemie 2021 beschleunigte. Sowohl der Premierminister als auch der Armeechef infizierten sich in dieser dritten Welle der Pandemie. Die staatliche **Impfkampagne** begann am 01.02.2021 mit der Vergabe der ersten 500 000 Dosen, ein Geschenk der VR China. Im Rahmen der COVAX-Initiative wurden Pakistan am 30.01.2021 7 Mio. Impfdosen für den Monat März, weitere 10 Mio. bis zum Juni 2021 zugesagt. Bis zum 24.06.2021 waren mehr als 13 Mio. Dosen verimpft worden. **Für Beamte und Arbeitnehmer verfügte die Regierung am 09.06.2021 eine Impfpflicht**. Bei Kontaktbeschränkungen blieb man zurückhaltender: Ungeachtet der raschen Zunahme der Infektionen stimmte Premier Imran Khan auf Druck der Provinzen erst am 24.03.2021 einem weitgehend auf Gastronomie, den Nahverkehr und öffentliche Veranstaltungen beschränkten Lockdown zu, der ab 01.04.2021 flächendeckend in Sindh ebenso wie im besonders betroffenen Punjab galt. Ein Gottesdienstverbot hob **Premierminister Imran Khan** vor dem Ramadan auf Drängen des Klerus wieder auf. Zugleich machte er **Zugeständnisse an die Geistlichkeit** als Gegenleistung für die Einhaltung von Hygienestandards in den Moscheen. Ende April wurde der Höhepunkt der Infektionen überschritten.

Politik: Unter dem Druck von Korruptionsermittlungen gegen führende Oppositionspolitiker schlossen sich 11 Parteien am 20.09.2020 zur Pakistan Democratic Movement (PDM) zusammen, die im Oktober in mehreren Städten Protestkundgebungen veranstaltete, auf denen Regierungschef Imran Khan zum Rücktritt aufgefordert und der Einfluss des Militärs auf die Regierung kritisiert wurde. Die früher verfeindeten Oppositionsparteien PPP und PML-N führten die Allianz an. Die Nationale Antikorruptionsbehörde NAB verschärfte ihre Ermittlungen, unter anderem nahm sie Oppositionsführer Shabaz Sharif (PML-N) am 28.10.2020 in Haft. Die **Regionalwahlen in Gilgit-Baltistan** am 15.11.2020 wurden zu einem Kräftemessen, die nationale Politikprominenz beteiligte sich am Wahlkampf.

Auch mithilfe des Versprechens, das Territorium zum Bundesstaat aufzuwerten, konnte die PTI ihren Wahlsieg sicherstellen. Die zunehmende Polarisierung prägte auch die Nachwahlen im Februar 2021, die der Opposition Mandatsgewinne brachten; der Wahlkampf war von Gewalt überschattet. Der Versuch der Regierung, die geheime Stimmabgabe bei den **Senatswahlen** am 03.03.2021 abzuschaffen, wurde am 01.03.2021 vom Obersten Gerichtshof kassiert. Bei den Senatswahlen, bei denen die Hälfte der Senatssitze neu besetzt wurde, gewann die PTI erwartungsgemäß auf Kosten der PMQ-N des früheren Premiers Nawaz Sharif Mandate hinzu, diese errang jedoch in ihrer Hochburg Punjab einige Sitze. Die PPP konnte ihre Mandate, die sie vorwiegend in Sindh gewann, behaupten. Besondere Aufmerksamkeit erregte der **Wahlerfolg der PPP in der Hauptstadt** Islamabad, wo der frühere Premier Yousaf Raza Gillani mit äußerst knapper Mehrheit das Mandat gegen den amtierenden Finanzminister Abdul Hafeez Shaikh von der PTI errang. Nach den Senatswahlen brachen die Gegensätze zwischen PML-N und PPP wieder auf, die PPP lehnte einen, von der PNL-N geforderten, Parlamentsboykott ab. Die **Islamisten** erzielten bei den Wahlen wie üblich schwache Resultate. Zur Mobilisierung ihrer Anhänger nutzten die Islamisten nicht Wahlen, sondern Einzelereignisse: Der erneute Abdruck von Karikaturen des Propheten Mohammed in einer Pariser Satire-Zeitschrift und die Verteidigung des Rechts auf Kunst- und Meinungsfreiheit durch den französischen Präsidenten Emanuel Macron lösten im November Protestkundgebungen und Straßenblockaden von Islamisten aus, auf denen Strafmaßnahmen gegen Frankreich gefordert wurden. Die radikalislamische Partei Tehreek e Labbaik Pakistan (TLP) setzte der Regierung ein Ultimatum für die von ihr in Aussicht gestellte Ausweisung des französischen Botschafters und kündigte einen Protestmarsch auf die Hauptstadt an. Wenige Tage vor Ablauf des Ultimatums wurde der TLP-Vorsitzende Saad Rizvi am 12.04.2021 in Lahore verhaftet; gewaltsame Auseinandersetzungen zwischen TLP-Anhängern und Polizei mit Todesopfern waren die Folge. Das Innenministerium leitete am 14.04.2021 das Verbot der TLP auf der Grundlage des Antiterrorgesetzes ein.

Gesellschaft: Die Gefährdung von Frauen durch sexuelle Gewalt wurde durch die Vergewaltigung einer Frau während einer Autopanne im Oktober 2020 erneut erkennbar, als der Polizeichef von Lahore dem Opfer im Fernsehen die Mitschuld an dem Verbrechen wegen unvorsichtigen Verhaltens gab. Frauenfeindliche Einstellungen der Beamten sind ein Hindernis für die Aufklärung von Sexual-

Protestzug am Internationalen Weltfrauentag am 09.03.2021 in Karatschi.

verbrechen. Ein Erfolg beim Abbau frauenfeindlicher Tendenzen im Justizsystem war das am 03.01.2021 erklärte **Verbot von Jungfräulichkeitstests** durch das Oberste Gericht in Lahore, das der Praxis, durch entwürdigende anatomische Tests Rückschlüsse auf die Sexualmoral von Frauen zu ziehen, einen Riegel vorschob. Die Gleichberechtigung von Frauen traf weiterhin auf starke Widerstände: Demonstrantinnen, die am 08.03.2021 an Kundgebungen zum **Weltfrauentag** teilnahmen, waren gefährdet. Islamistische Gruppierungen forderten, die Organisatorinnen wegen Blasphemie anzuklagen. In Peshawar nahm ein Gericht eine entsprechende Anzeige als zulässig an.

Wirtschaft: Die Pandemie traf eine bereits stagnierende Wirtschaft hart. Exporte und der wichtige private Konsum gingen zurück, die Regierung erhöhte die Staatsausgaben, wobei die Auslandsverschuldung stieg. Die Notenbank bemühte sich darum, die überschuldeten Unternehmen und Banken zu stabilisieren. Dies trug sowohl in der Industrie als auch in der Landwirtschaft Früchte, die abgesehen von der wetterbedingt schwächeren Baumwollproduktion, höhere Investitionen und Erträge verzeichnete.

Kultur: Das Projekt, in Islamabad den ersten Hindu-Tempel zu bauen, von Premierminister Imran Khan als Zeichen der religiösen Toleranz befürwortet und mit einer Kostenzusage von 100 Mio. Rupien unterstützt, endete wenige Wochen nach Baubeginn mit einem **Rückschlag für die Religionsfreiheit**: Nach der wiederholten Verwüstung der Baustelle durch Islamisten verkündete die Regierung am 11.07.2020 das Ende des Vorhabens. Islamistische Agitation und Drohungen gefährdeten auch die **Kunstfreiheit**. So wurde einer Filmkomödie trotz einiger Glättungen auf Geheiß der Zensurstellen die Freigabe der staatlichen Behörden verweigert, weil Islamisten Protestaktionen angekündigt hatten.

Palau

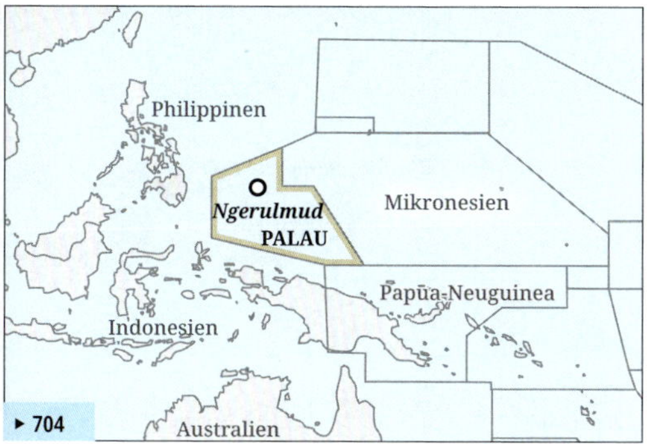

▸ 704

Ländername	Republik Palau
Zeitzone	MEZ +8 h
Fläche in km²	459 (Rang 181)
Anzahl der Einwohner	18 092 (Rang 193)
Einwohnerzahl pro km²	39 (Rang 142)
Hauptstadt	Ngerulmud (Melekeok)
Amtssprachen	Palauisch, Englisch
Verwaltungsgliederung	16 Staaten
Wichtige Städte	Koror, Meyuns, Airai
Autokennzeichen | ISO-Code	PAL | PLW
Währung	1 US-Dollar = 100 Cents
Nationalfeiertage	9. Juli (Verfassung 1980), 1. Oktober (Unabhängigkeit 1994)

Die westlichste Inselgruppe Mikronesiens besteht aus 241 Inseln und Eilanden. Dank seiner spektakulären Unterwasserwelt gehört das ehemalige US-Treuhandgebiet zu den schönsten Tauchrevieren der Welt.

GEOGRAFIE

Geografische Lage: Von 2°57′ bis 7°44′ nördlicher Breite sowie von 131°08′ bis 134°40′ östlicher Länge (Ozeanien)
Höchster Punkt: Mount Ngerchelchuus 242 m
Klima: Tropisches Klima

POLITIK

Staatsform: Präsidiale Republik
Staatsoberhaupt und Regierungschef: Präsident Surangel Whipps Jr. (seit 21.01.2021)
Regierungspartei: keine
Legislative: Nationalkongress, bestehend aus Abgeordnetenhaus mit 16 für 4 Jahre gewählten Mitgliedern und Senat mit 13 für 4 Jahre gewählten Mitgliedern
Jahr der Verfassung: 1981
Wahlrecht: 18 Jahre

BEVÖLKERUNG

Bevölkerungsanteil: <15 Jahre 18.7 %, 15–64 Jahre 71.9 %, >64 Jahre 9.4 %
Verteilung: Stadt 81 %, Land 19 %
Wachstum: 0.5 %
Lebenserwartung: Frauen 78 Jahre, Männer 71 Jahre
Alphabetenrate: Frauen 96.3 %, Männer 96.8 %
Bevölkerungsgruppen: Palauer, Asiaten u. a.
Religionen: Christen, Muslime, Ethnische, Sonstige
Sprachen: Palauisch, Englisch, Sonsorolesisch, Filipino u. a.

WIRTSCHAFT

BIP: 254 Mio. US$
Wachstum BIP: -10.3 %
BIP/Kopf: 14 412 US$
Inflation: 0 %
Außenhandel: Import 150 Mio. US$, Export 4 Mio. US$
Erwerbstätige nach Sektoren: Keine Angabe
Arbeitslosenquote: Keine Angabe
CO_2-Emission/Kopf: 59.9 t

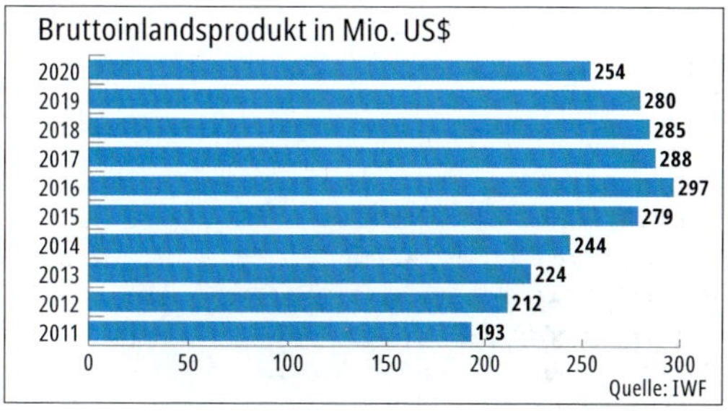

RÜCKBLICK

Corona-Pandemie: Wie vielen Inselstaaten gelang es auch Palau, durch rigorose Einreiseverbote für Ausländer und scharfe Quarantäneregeln für rückkehrende Einheimische das Virus fernzuhalten. Erst am 31.05.2021 wurde die erste Einwohnerin positiv getestet, die sich aber noch in Quarantäne befand, sodass keine reale Ausbreitungsgefahr bestand. Ökonomisch war das Land wegen der zentralen **Bedeutung des Tourismus** stärker als andere Pazifikstaaten von der Pandemie beeinträchtigt. Die Wirtschaft schrumpfte trotz eines staatlichen Unterstützungsprogramms für die Privatwirtschaft 2020 um 10.3 %, für 2021 erwartet die Asiatische Entwicklungsbank einen weiteren Abschwung von 7.8 %. Präsident Surangel Whipps Jr. gab deshalb die Parole aus, es gelte, die Pandemiestrategie von „COVID-19-Free" zu „COVID-19-Safe" weiterzuentwickeln. Ein erster Schritt zur Wiederbelebung des Fremdenverkehrs war der **Start eines exklusiven Einreiseprogramms in Zusammenarbeit mit Taiwan**, dem drittwichtigsten Herkunftsland der Tauchtouristen, das eine hervorragende Pandemiebilanz aufwies; am 01.04.2021 reisten die ersten 71 Gäste aus Taipeh an, die streng von der einheimischen Bevölkerung isoliert wurden und sich nur in geführten Gruppen bewegen durften. Von zentraler Bedeutung für die Überwindung der wirtschaftlichen Krise war die Impfung der Bevölkerung. Die Assoziierung mit den USA war hilfreich: Seit Januar 2021 erhielt das Land genügend Impfstoff für eine umfassende Impfkampagne, die Palau weltweit an die Spitze brachte: Bis zum 19.05.2021 hatten 84 %, bis zum 31.05.2021 **97 % der Erwachsenen beide Impfdosen** erhalten; für die Bewohner schwer zugänglicher Inseln lieferten die USA schon im März Einmalimpfstoff. Auch genügend Vakzine für die Impfung der 12–17 Jährigen sagte die US-Regierung zu. Am 22.05.2021 öffnete die Regierung das Land für Touristen mit vollständigem Impfschutz.

Eröffnung des „Palau-Taiwan-Travel-Corridor" mit Palaus Präsident Surangel Whipps Jr. und dem Vizepräsidenten Taiwans William Lai am 30.03.2021 in Taipeh, Taiwan.

Wahlen: Am 03.11.2020 fanden die Stichwahl für das Präsidentenamt und die Neuwahl des Parlaments statt; 61 % der Wahlberechtigten nahmen teil. Mit 57 % wurde der Unternehmer **Surangel Whipps Jr.** zum Staatspräsidenten gewählt; er folgt dem international als Klimaschützer und Verfechter eines nachhaltigen Tourismus auf Palau bekannt gewordenen Tommy Remengesau Jr. nach, der nach zwei aufeinanderfolgenden Amtszeiten nicht wieder antreten durfte; Whipps ist mit Remengesau verschwägert und war ihm 2016 nur knapp unterlegen.

Panama

Ländername	Republik Panama
Zeitzone	MEZ -6 h
Fläche in km²	75 320 (Rang 116)
Anzahl der Einwohner	4.3 Millionen (Rang 126)
Einwohnerzahl pro km²	57 (Rang 124)
Hauptstadt	Panama-Stadt
Amtssprache	Spanisch
Verwaltungsgliederung	10 Provinzen und 5 autonome Territorien
Wichtige Städte	Panama-Stadt, San Miguelito, Las Cumbres, La Chorrera, Tocumen, Pacora
Autokennzeichen | ISO-Code	PA | PAN
Währungen	1 Balboa = 100 Centésimos, 1 US-Dollar = 100 Cents
Nationalfeiertag	3. November (Unabhängigkeit 1903)

Panamas Geschichte wurde geprägt von der Lage zwischen Pazifik und Atlantik. Nach der von den USA betriebenen Unabhängigkeit 1903 und der Fertigstellung des Panamakanals 1914 blieb das Land unter US-amerikanischem Einfluss. Erst Ende 1999 erloschen die Hoheitsrechte der USA über die Kanalzone.

GEOGRAFIE

Geografische Lage: Von 7°12′ bis 9°37′ nördlicher Breite sowie von 77°10′ bis 83°03′ westlicher Länge (Zentralamerika)
Höchster Punkt: Barú 3475 m
Klima: Tropisches Klima

POLITIK

Staatsform: Präsidiale Republik
Staatsoberhaupt und Regierungschef: Präsident Laurentino Cortizo Cohen (seit 01.07.2019)
Regierungsparteien: Koalition PRD (Partido Revolucionario Democrático), MOLIRENA (Movimiento Liberal Republicano Nacionalista)

Legislative: Nationalversammlung mit 71 für 5 Jahre gewählten Mitgliedern
Jahr der Verfassung: 1972
Wahlrecht: 18 Jahre

BEVÖLKERUNG

Bevölkerungsanteil: <15 Jahre 26.5 %, 15–64 Jahre 65 %, >64 Jahre 8.5 %
Verteilung: Stadt 68.4 %, Land 31.6 %
Wachstum: 1.6 %
Lebenserwartung: Frauen 82 Jahre, Männer 76 Jahre
Alphabetenrate: Frauen 94.9 %, Männer 96 %
Bevölkerungsgruppen: Mestizen, Guaymí, Kuna, Afrikaner, Europäer u. a.
Religion: Christen (v. a. Katholiken)
Sprachen: Spanisch, indigene Sprachen, Englisch, Kreolisch

WIRTSCHAFT

BIP: 52.94 Mrd. US$
Wachstum BIP: -17.9 %
BIP/Kopf: 12 373 US$
Inflation: -1.6 %
Außenhandel: Import 15.36 Mrd. US$ (Nahrungsmittel und Getränke 22.6 %, Chemische Erzeugnisse 19.7 %, Mineralische Brennstoffe 11.5 %, Kernreaktoren und Kessel 9.7 %, Elektrische Maschinen 7.2 %), Export 10.36 Mrd. US$ (Kupfererze und -konzentrate 61.8 %, Bananen 8.8 %, Fischmehl 1.8 %, Teakholz 1.7 %, Palmöl 1.6 %)
Erwerbstätige nach Sektoren: Landwirtschaft 13.7 %, Industrie 18.8 %, Dienstleistungen 67.5 %
Arbeitslosenquote: 18.5 %
CO_2-Emission/Kopf: 2.8 t

RÜCKBLICK

Corona-Pandemie: Trotz strikter Maßnahmen war Panama das am stärksten von der Pandemie betroffene Land Zentralamerikas. Ende 2020 wies es zeitweise die weltweit höchsten täglichen Neuinfektionen im Verhältnis zur Einwohnerzahl auf. Bis Ende Juni 2021 wurden fast 400 000 Infektionen verzeichnet, was einer Infektionsrate von über 9 % der Bevölkerung entsprach. Nach einem 5-monatigen totalen Lockdown von Ende März bis Anfang September 2020 durchlief das Land eine Öffnungsphase, führte aber ab Weihnachten erneut einen kompletten Lockdown ein. Viele Familien standen vor dem wirtschaftlichen Ruin, 2020 erhöhte sich die Arbeitslosenquote auf 18.5 %, im informellen Sektor stieg sie von 44.9 auf 52.8 %.

Wirtschaft: Nachdem das Land 3 Jahrzehnte lang ein dynamisches Wachstum verzeichnet hatte, schrumpfte das Bruttoinlandsprodukt 2020 um 17.9 %, der stärkste Einbruch aller Länder Zentralamerikas. Panamas wichtigste Wirtschaftssektoren sind der Handel sowie der Transport- und Kommunikationssektor, die durch den monatelangen Lockdown besonders betroffen waren. Der internationale Flughafen Tocumen nahm nach 7-monatiger Pause erst am 12.10.2020 wieder den Betrieb auf. Im Juli 2020 stellte die Regierung einen **12-Punkte-Plan zur Erholung der Wirtschaft** vor. Er umfasst u. a. die Bereitstellung von vergünstigten Krediten für kleine Betriebe sowie den Aufbau von staatlichen Infrastrukturprogrammen. Der IWF gewährte dem Land am 19.01.2021 eine zweijährige Liquiditätslinie in Höhe von 2.7 Mrd. US$. Bereits im April 2020 hatte der IWF Panama einen Nothilfekredit in Höhe von 515 Mio. US$ gewährt. Die Regierung emittierte zudem auf den internationalen Finanzmärkten Staatsanleihen in Höhe von rund 8.2 Mrd. US$.

Pacto del Bicentenario: Präsident Laurenino Corizo rief mit dem Pacto del Bicentenario (Pakt zur Zweihundertjahrfeier, in Bezug zur 200-jährigen Unabhängigkeit von Spanien) ein umfangreiches Entwicklungsprogramm ins Leben. Erstmals hatten alle Bürger die Möglichkeit, auf einer Internet-Plattform namens Agora, die neben Spanisch auch in den drei wichtigsten indigenen Sprachen des Landes zugänglich war, eigene Vorschläge einzubringen. Bis Ende Januar 2021 waren über 25 000 Vorschläge eingegangen. Diese wurden anschließend gesichtet, bevor sich von Mitte April bis Ende Juni 2021 regionale Kommissionen mit ihnen beschäftigten. Der finale Text des Entwicklungsprogramms wird im November 2021 erwartet, anschließend soll die Umsetzungsphase beginnen.

Korruptionsvorwürfe: Am 01.07.2020 standen die beiden Ex-Präsidenten Ricardo Martinelli Berrocal (2009–2014) und Juan Carlos Varela Rodríguez (2014–2019) in zwei verschiedenen Korruptionsverfahren vor Gericht. Die jeweiligen Richter verhängten gegen beide ein Ausreiseverbot und die Pflicht, sich einmal im Monat bei Gericht zu melden. Martinelli soll während seiner Amtszeit mit öffentlichen Mitteln einen Zeitungsverlag gekauft haben, Varela war in den Korruptionsskandal um den brasilianischen Baukonzern Odebrecht verwickelt.

Papua-Neuguinea

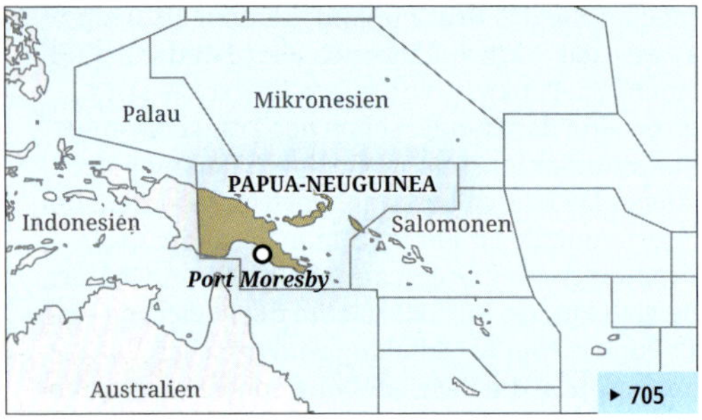

▸ 705

Ländername	Unabhängiger Staat Papua-Neuguinea
Zeitzonen	MEZ +9 h bis +10 h
Fläche in km²	462 840 (Rang 54)
Anzahl der Einwohner	8.9 Millionen (Rang 98)
Einwohnerzahl pro km²	19 (Rang 166)
Hauptstadt	Port Moresby
Amtssprachen	Tok Pisin, Hiri Motu, Englisch
Verwaltungsgliederung	20 Provinzen, 1 autonome Region und 1 Hauptstadtdistrikt
Wichtige Städte	Port Moresby, Lae, Wewak, Madang, Mount Hagen
Autokennzeichen | ISO-Code	PNG | PNG
Währung	1 Kina = 100 Toea
Nationalfeiertag	16. September (Unabhängigkeit 1975)

Der Hauptteil des Landes, das erst seit 1975 unabhängig ist, besteht aus dem Ostteil von Neuguinea, der nach Grönland zweitgrößten Insel der Welt. Aufgrund der unwegsamen Natur lebten die zahlreichen Völker bis in die jüngste Vergangenheit weitgehend isoliert und von der Außenwelt abgeschieden.

GEOGRAFIE

Geografische Lage: Von 1°21′ bis 11°38′ südlicher Breite sowie von 140°51′ bis 155°58′ östlicher Länge (Ozeanien)
Höchster Punkt: Mount Wilhelm 4509 m
Klima: Tropisches, feuchtheißes Klima

POLITIK

Staatsform: Parlamentarische Demokratie unter konstitutioneller Monarchie
Staatsoberhaupt: Britische Königin, vertreten durch den Generalgouverneur Robert Dadae (seit 28.02.2017)
Regierungschef: Premierminister James Marape (seit 07.06.2019)
Regierungspartei: PNC (People's National Congress Party)
Legislative: Nationalparlament mit 111 für 5 Jahre gewählten Mitgliedern
Jahr der Verfassung: 1975
Wahlrecht: 18 Jahre

BEVÖLKERUNG

Bevölkerungsanteil: <15 Jahre 35.1 %, 15–64 Jahre 61.3 %, >64 Jahre 3.6 %
Verteilung: Stadt 13.3 %, Land 86.7 %
Wachstum: 1.9 %
Lebenserwartung: Frauen 66 Jahre, Männer 63 Jahre
Alphabetenrate: Frauen 57.9 %, Männer 65.3 %
Bevölkerungsgruppen: Melanesier, Papua, Mikronesier, Polynesier u. a.
Religion: Christen
Sprachen: Tok Pisin, Hiri Motu, Englisch, indigene Sprachen

Alterspyramide nach Jahren in %

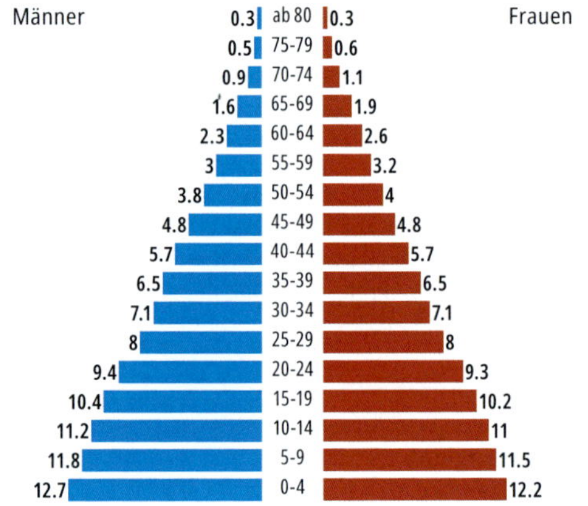

Quelle: Weltbank

WIRTSCHAFT

BIP: 23.58 Mrd. US$
Wachstum BIP: -3.9 %
BIP/Kopf: 2685 US$
Inflation: 5 %
Außenhandel: Import 2.75 Mrd. US$ (Maschinen 15.7 %, Nahrungsmittel 14.7 %, Halbwaren 13.5 %, Petrochemie 9.9 %, Chemie 7.2 %), Export 8.5 Mrd. US$ (Erdgas 34.3 %, Gold 20.4 %, Erze 12.3 %, Kork und Holz 7.1 %, Nahrungsmittel 6.8 %)
Erwerbstätige nach Sektoren: Landwirtschaft 57.8 %, Industrie 6.7 %, Dienstleistungen 35.5 %
Arbeitslosenquote: 2.7 %
CO_2-Emission/Kopf: 0.5 t

RÜCKBLICK

Corona-Pandemie: 2020 konnte das SARS-CoV-2-Virus kaum Fuß fassen – Schließungen von Schulen und Betrieben waren rasch verordnet worden, mindestens so hilfreich dürfte die entschiedene Pandemiebekämpfung und Abschottung in Australien und Neuseeland gewesen sein. Doch im März 2021 und dann im Mai kam es zu exponentiell steigenden Ansteckungen: Bisheriger Höhepunkt war der 13.05.2021, als 771 Neuinfektionen verzeichnet wurden. Bis zum 20.06.2021 wurden insgesamt 16 821 Einwohner positiv getestet, 173 Todesfälle wurden auf COVID-19 zurückgeführt. Nicht allein in Port Moresby, sondern **in 19 von 22 Provinzen konnte die Seuche nachgewiesen werden**, trotz sehr geringer Testkapazitäten – im ganzen Land waren bis zum 18.06.2021 erst 126 000 Menschen getestet worden. Als Einfallstor erwies sich die Landgrenze zum indonesischen West-Papua. Premierminister James Marape hielt eine Ansteckungsrate von 25 % für realistisch, zumal auch sehr abgelegene Landesteile nachweislich betroffen waren. Das niedrige Durchschnittsalter der Bevölkerung von 22 Jahren machte die Annahme einer hohen Zahl von symptomfreien Verläufen plausibel; die verbreiteten Risikofaktoren Diabetes und Tuberkulose und die sehr geringe Krankenhausbettenzahl lösten unter Fachleuten indes Besorgnis aus, umso mehr, als die **Impfkampagne äußerst schleppend** anlief. Bis zum 18.06.2021 waren erst etwa 41 000 Einwohner geimpft worden, obwohl Indien und Australien mehr als die doppelte Anzahl an Impfdosen gespendet hatten, die nun abzulaufen drohten. Aus Neuseeland wurden im Juni weitere 146 000 Impfdosen geschickt. Als Ursache für die Verzögerung wurde die **mangelnde Impfbereitschaft der Bevölkerung** aufgrund verbreiteter Gerüchte in den sozialen Medien genannt. Die Regierung und der ökumenische Rat der Kirchen des Landes appellierten am 18.06.2021 dringend an die Bevölkerung, sich impfen zu lassen.

Politik: Am 04.06.2021 fand die Nachwahl im Wahlkreis Port Moresby Nordwest statt, der nach dem Tod des Mandatsträger 2019 verwaist war; die Nachwahl galt als Stimmungstest im Blick auf die Parlamentswahl 2022. Erhebliche Unregelmäßigkeiten im Wahlregister führten dazu, dass mehrere Kandidaten bei der Wahlkommission wegen Wahlfälschung Klage einreichten; der Wahltermin war mehrfach kurzfristig verschoben worden.

Wirtschaft: Die Pandemie-Maßnahmen schränkten die wirtschaftliche Tätigkeit erheblich ein, **besonders betroffen war der Bergbau:** In der größten Goldmine Lihir wurde wenig geschürft, die Porgera-Mine stellte nach Lizenzentzug sogar den Betrieb ein. Die Wirtschaft schrumpfte 2020, die Verschuldung des Landes nahm schnell auf 60 % des BIP zu.

Paraguay

▸ 674

Ländername	Republik Paraguay
Zeitzone	MEZ -5 h
Fläche in km²	406 752 (Rang 59)
Anzahl der Einwohner	7.1 Millionen (Rang 104)
Einwohnerzahl pro km²	18 (Rang 169)
Hauptstadt	Asunción
Amtssprachen	Guaraní, Spanisch
Verwaltungsgliederung	17 Departementos und 1 Stadt
Wichtige Städte	Asunción, Ciudad del Este, San Lorenzo, Luque, Capiatá, Lambaré
Autokennzeichen | ISO-Code	PY | PRY
Währung	1 Guaraní = 100 Céntimos
Nationalfeiertag	14. und 15. Mai (Unabhängigkeit 1811)

Der südamerikanische Binnenstaat erlebte seit seiner Unabhängigkeit verheerende Grenzkriege gegen seine Nachbarn und wurde im Inneren von diktatorischen Regimen geprägt. Bis heute behindern die großen sozialen Gegensätze, unzureichende Strukturen und die extreme Korruption die wirtschaftliche und gesellschaftliche Entwicklung.

GEOGRAFIE

Geografische Lage: Von 19°17‘ bis 27°35‘ südlicher Breite sowie von 54°15‘ bis 62°39‘ westlicher Länge (Südamerika)
Höchster Punkt: Cerro Peró (Tres Candú) 842 m
Klima: Im Norden wechselfeucht-tropisches Klima, sonst warmes subtropisches Klima, im Gran Chaco sehr trocken

POLITIK

Staatsform: Präsidiale Republik
Staatsoberhaupt und Regierungschef: Präsident Mario Abdo Benítez (seit 15.08.2018)
Regierungspartei: Partido Colorado

Legislative: Nationalkongress, bestehend aus Abgeordnetenkammer mit 80 für 5 Jahre gewählten Mitgliedern und Senatorenkammer mit 45 für 5 Jahre gewählten Mitgliedern
Jahr der Verfassung: 1992
Wahlrecht: 18 Jahre

BEVÖLKERUNG

Bevölkerungsanteil: <15 Jahre 28.9 %, 15–64 Jahre 64.3 %, >64 Jahre 6.8 %
Verteilung: Stadt 62.2 %, Land 37.8 %
Wachstum: 1.2 %
Lebenserwartung: Frauen 77 Jahre, Männer 72 Jahre
Alphabetenrate: Frauen 93.5 %, Männer 94.5 %
Bevölkerungsgruppen: Mestizen u. a.
Religionen: Christen (v. a. Katholiken), Sonstige
Sprachen: Guaraní, Spanisch, indigene Sprachen u. a.

WIRTSCHAFT

BIP: 35.88 Mrd. US$
Wachstum BIP: -0.9 %
BIP/Kopf: 4946 US$
Inflation: 1.8 %
Außenhandel: Import 10.22 Mrd. US$ (Elektronik 20 %, Chemische Erzeugnisse 17.7 %, Petrochemie 12.5 %, Kfz und -Teile 8.3 %, Maschinen 7.9 %), Export 8.53 Mrd. US$ (Nahrungsmittel 34.9 %, Rohstoffe außer Brennstoffe 24.1 %, Strom 20.5 %, Natürliche Öle, Fette und Wachse 5.7 %, Elektrotechnik 3.6 %)
Erwerbstätige nach Sektoren: Landwirtschaft 19.9 %, Industrie 18 %, Dienstleistungen 62.1 %
Arbeitslosenquote: 7.6 %
CO_2-Emission/Kopf: 1.2 t

RÜCKBLICK

Corona-Pandemie: Die Fallzahlen verliefen zunächst moderat. Im Rahmen der „Cuarentena Inteligente“ verfolgte die Regierung eine 4-Stufen-Öffnungsstragie. Bis Ende Juli 2020 war mit Ausnahme der Hauptstadt Asunción und zwei weiteren Departamentos landesweit Phase 4 in Kraft getreten. Im Oktober 2020 wurde der 4-Stufen-Plan von neuen flexiblen Maßnahmen auf Landesebene, wie die Maskenpflicht in der Öffentlichkeit, abgelöst. Im März 2021 erreichten die Infektionen eine zweite Welle, die das Gesundheitssystem an seine Grenzen brachte. Die Impfkampagne verlief schleppend und begann am 22.02.2021 nach der Lieferung von 4000 russischen Sputnik-Dosen. Bis Ende Juni 2021 hatten erst 6 % der Bevölkerung eine Erstimpfung und 3.5 % eine zweite Impfung erhalten.

Proteste: Vor dem Hintergrund der ansteigenden Infektionszahlen, dem Zusammenbruch der Gesundheitsversorgung und dem Fehlen von

Protestierende fordern am 07.03.2021 in Asunción die Absetzung von Präsident Mario Abdo Benitez wegen seines schlechten Managements während der Corona-Pandemie.

Impfstoffen, verbunden mit der Wirtschaftskrise und Korruption, kam es ab 05.03.2021 zu heftigen Protesten. Noch am gleichen Tag trat Gesundheitsminister Julio Mazzoleni zurück, Nachfolger wurde Julio Cesar Borba Vargas. Die Demonstranten forderten auch den Rücktritt von Präsident Mario Abdo Benítez und seines gesamten Kabinetts. Ein **Antrag auf Einleitung eines Amtsenthebungsverfahrens** des Präsidenten wurde am 17.03.2021 vom Parlament abgewiesen. Nur 36 statt der erforderlichen 53 Parlamentarier stimmten für die Einleitung des Verfahren, 42 dagegen.

Wirtschaft: Mit einem Schrumpfen des BIP um 0.9 % verzeichnete das Land 2020 von allen lateinamerikanischen Ländern (mit Ausnahme von Guyana) den geringsten Wirtschaftseinbruch. Zur Bekämpfung von COVID-19 nahm das Land Staatsanleihen im Wert von 1.6 Mrd. € auf, womit es ein historisches Niveau der Staatsverschuldung von fast 30 % erreichte.

Guerilla: Anfang September 2020 hoben Sicherheitskräfte das Hauptlager der linken Guerillagruppe **Ejército del Pueblo Paraguay (EPP)** aus. Die Regierung gab an, dabei auch einige Rebellen getötet zu haben. Später stellte sich heraus, dass es sich bei den Getöteten um zwei 11-jährige argentinische Mädchen handelte, Verwandte eines Rebellenführers. Argentinien und die UNO verlangten eine Aufklärung des Vorfalls. Am 09.09.2020 entführte die Guerilla Ex-Vizepräsident Óscar Denis (2012/13) und einen seiner Arbeiter. Im Austausch forderte die Guerilla Lebensmittelhilfen in Höhe von 2 Mio. US$ für Indigene sowie die Freilassung zweier inhaftierter Anführer. Nach vier Tagen wurde der Arbeiter freigelassen, Óscar Denis war auch im Juni 2021 weiterhin verschwunden. Die Regierung setzte ein Kopfgeld in Höhe von 130 000 US$ aus. Der **marxistische EPP** wurde 2008 gegründet und besteht aus 50 bis 80 Mitgliedern. Er finanziert sich überwiegend über Erpressungen und Entführungen. Mindestens 66 Morde an Zivilisten und Sicherheitskräften gehen auf sein Konto.

Peru

Ländername	Republik Peru
Zeitzone	MEZ -6 h
Fläche in km²	1 285 216 (Rang 19)
Anzahl der Einwohner	33 Millionen (Rang 43)
Einwohnerzahl pro km²	26 (Rang 154)
Hauptstadt	Lima
Amtssprache	Spanisch
Verwaltungsgliederung	25 Regionen und 1 Stadt
Wichtige Städte	Lima, Arequipa, Trujillo, Chiclayo, Piura, Cusco, Huancayo
Autokennzeichen | ISO-Code	PE | PER
Währung	1 Sol = 100 Céntimos
Nationalfeiertag	28. Juli (Unabhängigkeit 1821)

Das ehemalige Zentrum des Inkareichs diente in der spanischen Kolonialzeit als wichtiger Rohstofflieferant. Auch heute basiert die Wirtschaft des drittgrößten Landes Südamerikas auf seinen reichen Bodenschätzen. Jahrzehntelang von Diktatoren beherrscht und vom Terrorismus gebeutelt, versucht Peru heute, sich von den Schatten seiner jüngsten Vergangenheit zu befreien.

GEOGRAFIE

Geografische Lage: Von 0°02′ bis 18°21′ südlicher Breite sowie von 68°41′ bis 81°21′ westlicher Länge (Südamerika)
Höchster Punkt: Nevado Huascarán 6768 m
Klima: Tropisches Klima, an der Küste Wüstenklima, in den Anden tropische Höhenklimate

POLITIK

Staatsform: Präsidiale Republik
Staatsoberhaupt: Übergangspräsident Francisco Rafael Sagasti Hochhausler (seit 17.11.2020) und Präsident Pedro Castillo (seit 28.07.2021)
Regierungschef: Premierministerin (kommissarisch) Violeta Bermúdez Valdivia (seit 18.11.2020)
Regierungspartei: Koalition aus verschiedenen Parteien
Legislative: Kongress mit 130 für 5 Jahre gewählten Mitgliedern
Jahr der Verfassung: 1993
Wahlrecht: 18 Jahre

BEVÖLKERUNG

Bevölkerungsanteil: <15 Jahre 24.7 %, 15–64 Jahre 66.6 %, >64 Jahre 8.7 %
Verteilung: Stadt 78.3 %, Land 21.7 %
Wachstum: 1.4 %
Lebenserwartung: Frauen 80 Jahre, Männer 74 Jahre
Alphabetenrate: Frauen 91.7 %, Männer 97.1 %
Bevölkerungsgruppen: Mestizen, Indigene, Europäer, Afrikaner u. a.
Religion: Christen
Sprachen: Spanisch, Quechua, indigene Sprachen

WIRTSCHAFT

BIP: 203.77 Mrd. US$
Wachstum BIP: -11.1 %
BIP/Kopf: 6084 US$
Inflation: 1.8 %
Außenhandel: Import 36.1 Mrd. US$ (Chemische Erzeugnisse 15.2 %, Maschinen 10.8 %, Nahrungsmittel 9.5 %, Kfz und -Teile 9 %, Elektronik 8.4 %), Export 42.41 Mrd. US$ (Rohstoffe außer Brennstoffe 38.8 %, Nahrungsmittel 21.2 %, Gold 14.6 %, Nichteisenmetalle 7.7 %, Petrochemie 5.1 %)
Erwerbstätige nach Sektoren: Landwirtschaft 27.2 %, Industrie 15.2 %, Dienstleistungen 57.6 %
Arbeitslosenquote: 13.6 %
CO_2-Emission/Kopf: 1.7 t

RÜCKBLICK

Politische Krise um Präsidenten: Der Konflikt zwischen Präsident Martín Vizcarra Cornejo und dem Parlament spitzte sich weiter zu. Am 15.07.2020 wurde mit Pedro Cateriano der vierte Premierminister unter der Präsidentschaft Vizcarras (seit 2018) vereidigt, seine 3 Vorgänger waren wegen mangelnder Unterstützung durch das Parlament zurückgetreten. Auch Cateriano verlor ein Misstrauensvotum am 04.08.2020 und trat zurück. Neuer Premierminister wurde der bisherige Verteidigungsminister, General a. D. Walter Martos Ruiz. Die Vertrauensabstimmung am 11.08.2020 überstand diese Regierung mit 115 zu 5 Stimmen.

Ein **Amtsenthebungsverfahren gegen Präsident Martín Vizcarra** scheiterte am 18.09.2020 mit 78 zu 32 Stimmen. Bei einem zweiten Amtsenthebungsverfahren innerhalb von 60 Tagen **enthob das Parlament Vizcarra** am 09.11.2020 mit 105 Stimmen der 130 Abgeordneten **des Amtes**. Beide Male wurde Vizcarra moralische Untauglichkeit vorgeworfen, beim erstem Mal wegen der Beeinflussung von Zeugen bei einem Fall von Vetternwirtschaft, beim zweiten Mal aufgrund der Vorwürfe, in seiner Zeit als Gouverneur der Region Moquegua (2010–2014) Schmiergelder zur Vergabe von Bauprojekten angenommen zu haben. Verfassungsgemäß übernahm Parlamentspräsident **Manuel Merino** am 10.11.2020 die Amtsgeschäfte des abgesetzten Präsidenten und ernannte am 11.11.2020 Ántero Flores-Aráoz Esparza zum neuen Premierminister mit neuer Regierung. Da viele, insbesondere junge Peruaner die Absetzung von Vizcarra als parlamentarischen Staatsstreich auffassten und die Übergangsregierung unter Merino als illegitim ansahen, kam es zur größten Protestwelle seit 20 Jahren. Dabei kamen am 14.11.2020 zwei Demonstranten ums Leben, Hunderte wurden verletzt. 13 von 18 Ministern der Übergangsregierung kündigten daraufhin ihren Rücktritt an. Nach einem Ultimatum durch den Kongress trat auch Interimspräsident Manuel Merino am 15.11.2020 zurück. Am 16.11.2020 wählte das Parlament den Abgeordneten Francisco Rafael Sagasti Hochhausler des liberalen Partido Morado mit 97 zu 26 Stimmen zum neuen Parlamentspräsidenten und damit zum neuen **Übergangspräsidenten**. Sagasti wurde am 17.11.2020 vereidigt und soll die Amtsgeschäfte bis zur Übernahme durch einen gewählten Präsidenten im Juli 2021 fortführen. Unter Sagasti trat am 18.11.2020 eine neue Regierung unter der parteilosen Violeta Bermúdez an. Das Parlament bestätigte diese Regierung am 03.12.2020 mit 111 zu 7 Stimmen. Innenminister Rúben Vargas trat bereits nach 2 Wochen von seinem Amt zurück. Nachfolger wurde Cluber Aliaga Lodtmann, der ebenfalls nur wenige Tage im Amt blieb und dem am 07.12.2020 José Elice Navarro folgte. Im Zuge des Skandals um vorgezogene Impfungen („Vacunagate") traten im Februar 2021 Gesundheitsministerin Pilar Mazzetti Soler und Außenministerin Elizabeth Astete von ihren Ämtern zurück. Neuer Gesundheitsminister wurde Óscar Ugarte Ubilluz, neuer Außenminister Allan Wagner Tizón.

Präsidentschafts- und Parlamentswahlen: Bei der ersten Runde der **Präsidentschaftswahl** am 11.04.2021 traten 18 Kandidaten an. Der weitgehend unbekannte Lehrer und Gewerkschafter Pedro Castillo von der marxistisch-leninistischen Partei Perú Libre erhielt überraschend mit 19.1 % die meisten Stimmen. Auf dem zweiten Platz landete die rechtspopulistische Keiko Fujimori (Fuerza Popular) mit 13.4 %. Beide Kandidaten qualifizierten sich für die Stichwahl. Platz 3 nahm der konservative Raphael López Aliaga (Renovación Popular) mit 11.8 % ein. 5 weitere Kandidaten erzielten zwischen 5 und 10 %, 9 weitere Kandidaten, darunter Ex-Präsident Ollanta Humala (2011–2016), wurden weit abgeschlagen.
Bei den gleichzeitig stattfindenden **Parlamentswahlen** gelang 9 Fraktionen der Einzug in den 130-sitzigen Kongress. Auch hier erzielten Perú Libre mit 17.4 % (37 Sitze) und Fuerza Popular mit 12.0 % (24 Sitze) die meisten Stimmen. 11 Parteien konnten die 5-Prozent-Hürde nicht überwinden und verloren damit ihre Zulassungen. Die Wahlbeteiligung lag trotz Wahlpflicht bei lediglich 71.7 %.

Stichwahl: Bei der Stichwahl für das Präsidentschaftsamt zwischen dem marxistisch-leninistischen Pedro Castillo (Perú Libre) und der rechtskonservativen Keiko Fujimori (Fuerza Popular) am 06.06.2021 gab es ein Kopf-an-Kopf-Rennen, bei dem nach Auszählung aller Stimmen 50.125 % auf Castillo und 49.875 % auf Fujimori entfielen – eine Differenz von rund 44 000 Stimmen. Da Fujimori fast 1000 juristische Anfechtungen des Wahlergebnisses bei der Wahlbehörde ONPE einreichte, konnte diese den endgültigen Wahlsieg von Pedro Castillo erst am 19.07.2021 bekannt geben.
Der Stichwahl war ein **erbitterter Wahlkampf** vorausgegangen. Wahlplakate warnten bei einem Sieg von Castillo vor den Folgen des Kommunismus. Viele Peruaner transferierten ihr Geld aus Angst vor Enteignung ins Ausland, Investitionsvorhaben wurden verschoben. Bei einem **Massaker** der Guerilla Leuchtender Pfad am 23.05.2021 mit 14 Opfern in einer abgelegenen Bergregion riefen die Täter in einem Bekennerschreiben dazu auf, nicht für Fujimori zu stimmen. Der Dorfschullehrer Castillo stammt aus der armen Region Cajamarca und wurde als Anführer eines Lehrerstreiks 2017 bekannt. Mit seinem Wahlprogramm setzte er sich für eine Verfassungsänderung ein, die eine massive Verstaatlichung von Ressourcen und Wirtschaftszweigen ermöglichen soll. Der Wahlkampf von Keiko Fujimori zielte dagegen auf eine neoliberale Wirtschaftspolitik und eine Rückkehr der harten Hand bei der Bekämpfung der Kriminalität. Die ehemalige Kongressabgeordnete stand als Vorsitzende der Partei „Fuerza Popular" zum dritten Mal in einer Stichwahl zur Präsidentschaft. Sie ist die Tochter von Ex-Präsident Alberto Fujimori (1990–2000), der wegen Menschenrechtsverletzungen eine 25-jährige Haftstrafe verbüßt.

Corona-Pandemie: Das Land wurde hart von der Pandemie getroffen. Mit 2 Mio. Infizierten und rund 190 000 Toten bis Ende Juni 2021 lag die **Sterblichkeitsrate** bei über 9 %. Im Januar 2021 erreichte eine zweite Welle das Land. Für große Teile des Landes wurde die höchste Stufe der vier Risikostufen und damit ein erneuter Lockdown ausgerufen. Am 01.03.2021 hob die Regierung die strikte Quarantäne auf, ließ aber die nächtliche Ausgangssperre und das sonntags ganztägige Ausgangsverbot bestehen. Im April 2021 wurde eine verschärfte Maskenpflicht eingeführt, bei der neben zwei Gesichtsmasken zusätzlich ein Gesichtsschild getragen werden muss. Ausnahmezustand und nächtliche Ausgangssperren waren auch Ende Juni 2021 noch gültig.
Die Regierung gab für **Konjunkturmaßnahmen** insgesamt rd. 38.7 Mrd. US$ aus. Mit 19 % des BIP zählte Peru damit zu den Staaten mit den höchsten Ausgaben im Kampf gegen die wirtschaftlichen Folgen von Corona. Das Programm Reaktiv Peru vergab an über 500 000 besonders von der Pandemie betroffene Unternehmen zinsgünstige Kredite in Höhe von 16.7 Mrd. US$. Ein staatlicher Fonds stellte weitere Kredite für kleine und mittlere Unternehmen bereit, zudem gab es staatliche Kredite für kleine Landwirte sowie für kleine und mittlere Unternehmen im Tourismus. Von diesen Corona-Hilfen kamen nur wenige bei der armen Bevölkerung an. Nach Schätzungen arbeiten 70 bis 80 % der Bevölkerung im informellen Sektor und 40 % haben kein Bankkonto. Die Arbeitslosenquote im Großraum Lima verdoppelte sich von 6.6 % in 2019 auf 13.0 % in 2020. Zugleich stieg die landesweite Armutsrate von 21.7 % auf 27.5 %.
Bereits Anfang 2021 sicherte sich das Land vertraglich bei verschiedenen Herstellern Impfdosen für die gesamte Bevölkerung. Die **Impfkampagne** startete am 09.02.2021 mit Dosen des chinesischen Herstellers Sinopharm. Für Aufsehen erregte der als **„Vacunagate"** bezeichnete Impfskandal, als im Februar 2021 bekannt wurde, dass mindestens 470 Regierungsmitglieder und deren Bekannte, u. a. der damalige Präsident Martín Vizcarra und mehrere Minister sowie Universitätsrektoren, Agrarindustrielle und der Vatikanbotschafter bereits ab September 2020 mit Sinopharm geimpft worden waren. Das chinesische Unternehmen hatte im August 2020 eine Impfstudie mit 3200 Impfeinheiten in Peru durchgeführt, überschüssige Dosen wurden anschließend an die Staatsdiener verteilt.

Wirtschaft: Die politische Krise und die Folgen der Pandemie wirkten sich auf die Wirtschaft aus. 2020 brach das Bruttoinlandsprodukt um 11.1 % ein, der erste Einbruch nach 22 Jahren Wachstum. Für 2021 erwartete der Internationale Währungsfonds ein Wachstum um 8.5 %.

Philippinen

Ländername	Republik der Philippinen
Zeitzone	MEZ +7 h
Fläche in km²	310 798 (Rang 70)
Anzahl der Einwohner	109.6 Millionen (Rang 13)
Einwohnerzahl pro km²	353 (Rang 24)
Hauptstadt	Manila
Amtssprachen	Filipino, Englisch
Verwaltungsgliederung	17 Regionen
Wichtige Städte	Quezon, Manila, Davao, Caloocan, Cebu, Zamboanga, Taguig, Antipolo, Pasig
Autokennzeichen | ISO-Code	RP | PHL
Währung	1 Philippinischer Peso = 100 Centavos
Nationalfeiertag	12. Juni (Erklärung der Unabhängigkeit 1898)

Die Philippinen, jahrhundertelang in spanischem Kolonialbesitz, erhielten ihren Namen nach dem spanischen König Philipp II. im Jahr 1543. Hauptprobleme des vom Katholizismus geprägten südostasiatischen Inselreichs sind die weit verbreitete Armut, das hohe Bevölkerungswachstum und separatistische Bestrebungen der muslimischen Minderheiten.

GEOGRAFIE

Geografische Lage: Von 4°39′ bis 21°07′ nördlicher Breite sowie von 116°57′ bis 126°37′ östlicher Länge (Südostasien)
Höchster Punkt: Mount Apo 2954 m
Klima: Tropisches Monsunklima

POLITIK

Staatsform: Präsidiale Republik
Staatsoberhaupt und Regierungschef: Präsident Rodrigo Duterte (seit 30.06.2016)
Regierungspartei: PDP-Laban (Partido Demokratiko Pilipino - Lakas ng Bayan)
Legislative: Kongress, bestehend aus Repräsentantenhaus mit 304 für 3 Jahre gewählten Mitgliedern und Senat mit 24 für 6 Jahre gewählten Mitgliedern (alle 3 Jahre teilerneuert)
Jahr der Verfassung: 1987
Wahlrecht: 18 Jahre

BEVÖLKERUNG

Bevölkerungsanteil: <15 Jahre 30 %, 15–64 Jahre 64.4 %, >64 Jahre 5.6 %
Verteilung: Stadt 47.4 %, Land 52.6 %
Wachstum: 1.3 %
Lebenserwartung: Frauen 76 Jahre, Männer 67 Jahre
Alphabetenrate: Frauen 98.2 %, Männer 98.1 %
Bevölkerungsgruppen: Tagalog, Bisaya, Cebuano, Ilocano, Hiligaynon, Bikol, Waray u. a.
Religionen: Christen (v. a. Katholiken), Muslime, Sonstige
Sprachen: Filipino, Englisch, Regionalsprachen

WIRTSCHAFT

BIP: 362.24 Mrd. US$
Wachstum BIP: -9.5 %
BIP/Kopf: 3330 US$
Inflation: 2.6 %
Außenhandel: Import 90.65 Mrd. US$ (Elektronik 20.5 %, Nahrungsmittel 10.5 %, Chemie 9.9 %, Maschinen 7.9 %, Kfz 7.3 %), Export 63.77 Mrd. US$ (Elektronik 49.2 %, Elektrotechnik 12.3 %, Nahrungsmittel 7 %, Rohstoffe außer Brennstoffe 4 %, Maschinen 3.3 %)
Erwerbstätige nach Sektoren: Landwirtschaft 22.5 %, Industrie 19.8 %, Dienstleistungen 57.7 %
Arbeitslosenquote: 8.7 %
CO_2-Emission/Kopf: 1.4 t

RÜCKBLICK

Corona-Pandemie: Trotz rasch ergriffener und besonders strenger Kontaktverbote gelang es der Regierung nur unzureichend, das Pandemiegeschehen unter Kontrolle zu bringen: Eine erste Lockerung am 01.07.2020 brachte die Kliniken rasch an ihre Kapazitätsgrenze. Nach **Demonstrationen des Gesundheitspersonals** verhängte Präsident Rodrigo Duterte bereits am 01.08.2020 erneut Ausgehverbote und Betriebsschließungen; die Schulen waren ohnehin geschlossen geblieben. Nach einem Höhepunkt von mehr als 4000 täglichen Neuinfektionen im August, beruhigte sich die Lage, die neue Lockerungen erlaubte. Doch im Februar 2021 nahmen die Ansteckungen exponentiell zu und erreichten Mitte April mit mehr als 11 000 täglichen Infektionen einen neuen Höhepunkt. Zu diesem Zeitpunkt waren erst etwa 0.5 % der Bevölkerung vollständig geimpft; bis zum 20.06.2021 konnten nur 2.1 Mio. Einwohner den vollen Impfschutz erhalten, 1.3 Mio. waren bis dahin positiv getestet worden. Misstrauen in die Vakzine chinesischer Herkunft wurde für die **verbreitete Impfskepsis** verantwortlich gemacht; auch die Erinnerung an Fehler bei der Impfkampagne gegen das Denguefieber 2017 dürfte dazu beigetragen haben, dass 63 % der befragten Filipinos sich zu ihrer Impfskepsis bekannten. In einer Fernsehansprache sprach Duterte am 21.06.2021 von einer nationalen Krise und drohte Impfverweigerern mit Haft und Zwangsimpfung.

VR China: Die Hinwendung zur VR China seit dem Amtsantritt von Präsident Rodrigo Duterte 2016 wurde durch **konfrontatives Vorgehen Pekings im Südchinesischen Meer** beendet. Mehrere Vorfälle zeigten, dass die Regierung in Manila nicht länger bereit war, Verletzungen der territorialen Integrität durch die chinesische Küstenwache zu übergehen. Von der Marineführung gedrängt, berief sich Duterte am 22.09.2020 in einer Botschaft an die UN-Generalversammlung erstmals auf ein 2016 ergangenes Urteil des Internationalen Schiedsgerichts in Den Haag, das chinesische Ansprüche auf die Spratlyinseln als seerechtswidrig qualifiziert hatte und von Duterte bislang heruntergespielt worden war. Am 05.11.2020 kündigte Dutertes Sicherheitsberater die **Aufstellung einer Spezialeinheit zur Sicherung der eigenen Ansprüche innerhalb der 200-Meilen-Zone** an. Im August hatte die Regierung nach langem Zögern formellen Protest gegen die Konfiszierung eines philippinischen Fischerbootes durch die chinesische Küstenwache im Mai 2020 eingelegt; am 27.01.2021 folgte eine weitere Protestnote gegen das neue chinesische Gesetz über die Küstenwache. Am 21.03.2021 verschärfte ein neuerlicher **Protest gegen die Entsendung von 287 chinesischen paramilitärischen Schiffen zum Whitsun Reef** (Spratlyinseln) die Spannung. Am 12.04.2021 wurde deshalb der chinesische Botschafter ins Außenministerium einbestellt. Zwischen März und Mai fanden nahezu täglich **anti-chinesische Demonstrationen in Manila** statt. Eine Marineübung in der Nähe der Spratlyinseln beantwortete Peking am 28.04.2021 mit einem diplomatischen Protest. Im Unterschied zu Ministern seines Kabinetts war

Duterte bemüht, den Konflikt nicht weiter anzuheizen, um die ausstehenden chinesischen Impfstofflieferungen nicht zu gefährden.

USA: Spiegelbildlich zu den wachsenden Spannungen mit Peking häuften sich die Anzeichen für eine **Wiederannäherung an die USA**, die ungeachtet der Kündigung des Visiting Forces Agreement (VFA) durch Duterte im Februar 2020 mehrfach ihre Solidarität im Falle chinesischer Aggressionen bekundeten. Duterte zögerte das Inkrafttreten der VFA-Kündigung mehrfach hinaus; Außenminister Teodoro Locsin und Verteidigungsminister Delfin Lorenzana plädierten dafür, das Abkommen wieder dauerhaft in Kraft zu setzen.

Wirtschaft: Die wirtschaftlichen und sozialen Kosten der Pandemie waren enorm: Die Wirtschaftsleistung schrumpfte 2020 um 9.5 % – die **erste Rezession seit 1998**. Die Arbeitslosigkeit betraf vor allem die Arbeiterschaft und Tagelöhner: Die Weltbank stufte Ende 2020 ein Viertel der Bevölkerung als arm ein; **Hunger und die Unterernährung von Kindern** hatten zugenommen. Die Rücküberweisungen von Gastarbeitern und Seeleuten, die 2019 etwa 9 % des Volkseinkommens ausmachten, stabilisierten sich in der zweiten Jahreshälfte. Doch der private Konsum und die Investitionen der Unternehmen brachen ein; ein von Duterte am 26.03.2021 ausgefertigtes **Steuerreformgesetz**, das die Steuersätze für größere Unternehmen auf 25 %, für Kleinunternehmen auf 20 % absenkte, sollte hier Anreize setzen.

Naturkatastrophen: Der Taifun „Vamco", der 21. Tropensturm im Jahr 2020, überquerte in der Nacht zum 12.11.2020 die Insel Luzon und hinterließ schwere Überschwemmungen auch in Manila: Mindestens 67 Menschen starben; etwa 200 000 waren rechtzeitig evakuiert worden. Am 01.11.2020 waren dort bereits durch den Taifun „Goni" erhebliche Verwüstungen angerichtet worden. Die UN-Behörde zur Koordinierung humanitärer Maßnahmen zählte 845 000 Hilfsbedürftige. Präsident Duterte führte die katastrophalen Stürme auf den Klimawandel zurück.

Polen

▸ 613

Ländername	Republik Polen
Zeitzone	MEZ ±0 h
Fläche in km²	312 679 (Rang 69)
Anzahl der Einwohner	38 Millionen (Rang 39)
Einwohnerzahl pro km²	121 (Rang 71)
Hauptstadt	Warszawa (Warschau)
Amtssprache	Polnisch
Verwaltungsgliederung	16 Woiwodschaften
Wichtige Städte	Warszawa (Warschau), Kraków, Łódź, Wrocław, Poznan, Gdansk, Szczecin
Autokennzeichen | ISO-Code	PL | POL
Währung	1 Złoty = 100 Groszy
Nationalfeiertage	3. Mai (Verfassung 1791), 11. November (Unabhängigkeit 1918)

Im späten Mittelalter wurde Polen zur europäischen Großmacht, die aber mit den polnischen Teilungen Ende des 18. Jahrhunderts unterging. Nicht zerstört wurde das Nationalbewusstsein der Polen, das auch die Gräuel der nationalsozialistischen Besatzungszeit und die totalitäre kommunistische Herrschaft überdauerte. Nationale Bindeglieder sind das Bekenntnis zur katholischen Religion sowie die gemeinsame Sprache.

GEOGRAFIE

Geografische Lage: Von 49° bis 54°50' nördlicher Breite sowie von 14°07' bis 24°09' östlicher Länge (Mitteleuropa)
Höchster Punkt: Rysy (Meeraugspitze) 2499 m
Klima: Übergangszone zwischen gemäßigtem ozeanischem und winterkaltem kontinentalen Klima

POLITIK

Staatsform: Parlamentarische Republik
Staatsoberhaupt: Präsident Andrzej Duda (seit 06.08.2015)
Regierungschef: Ministerpräsident Mateusz Morawiecki (seit 12.12.2017)
Regierungspartei: PiS (Prawo i Sprawiedliwość, Recht und Gerechtigkeit)
Legislative: Parlament, bestehend aus Sejm mit 460 für 4 Jahre gewählten Mitgliedern und Senat mit 100 für 4 Jahre gewählten Mitgliedern
Jahr der Verfassung: 1997
Wahlrecht: 18 Jahre

BEVÖLKERUNG

Bevölkerungsanteil: <15 Jahre 15.2 %, 15–64 Jahre 66 %, >64 Jahre 18.8 %
Verteilung: Stadt 60 %, Land 40 %
Wachstum: 0 %
Lebenserwartung: Frauen 83 Jahre, Männer 75 Jahre
Alphabetenrate: Frauen 99.7 %, Männer 99.9 %
Bevölkerungsgruppen: Polen, Schlesier u. a.
Religion: Christen (v. a. Katholiken)
Sprachen: Polnisch, Minderheitensprachen

WIRTSCHAFT

BIP: 594.18 Mrd. US$
Wachstum BIP: -2.7 %
BIP/Kopf: 15 654 US$
Inflation: 3.4 %
Außenhandel: Import 257.17 Mrd. US$ (Chemische Erzeugnisse 14.7 %, Maschinen 10.6 %, Elektronik 9.2 %, Kfz und -Teile 8.1 %, Nahrungsmittel 7.8 %), Export 271.07 Mrd. US$ (Nahrungsmittel 11.8 %, Kfz und -Teile 9.7 %, Chemische Erzeugnisse 9.4 %, Maschinen 9.3 %, Elektrotechnik 8.9 %)
Erwerbstätige nach Sektoren: Landwirtschaft 8.9 %, Industrie 32 %, Dienstleistungen 59.1 %
Arbeitslosenquote: 3.6 %
CO_2-Emission/Kopf: 8.4 t

RÜCKBLICK

Corona-Pandemie: Wie andere europäische Länder war auch Polen von zwei neuen Wellen der COVID-19-Pandemie betroffen. Die erste setzte im Oktober 2020 ein und erreichte Mitte November 2020 mit knapp 170 000 Fällen innerhalb einer Woche ihren Höhepunkt, die zweite setzte Mitte Februar 2021 ein. Auf ihrem Höhepunkt vom 22.–28.03.2021 wurden über 190 000 Fälle gezählt. Die Regierung reagierte auf die Infektionswellen jeweils mit restriktiven Lockdown-Maßnahmen. Todesfälle spiegelten die jeweilige Entwicklung wider, gingen bei niedrigeren Fallzahlen aber nicht stets im gleichen Maß zurück. Hier zeigten sich die

Corona-Verlauf, Zeitraum 1. Januar 2020–30. Juni 2021
Werte als Bevölkerungsanteil, außer bei der Letalität

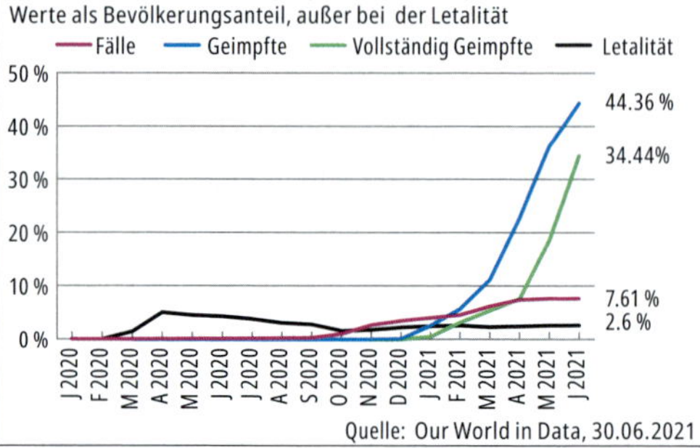

Quelle: Our World in Data, 30.06.2021

Mängel im Gesundheitswesen, das schon seit längerem am Weggang von Ärzten und Pflegepersonal ins Ausland leidet. Die Impfungen begannen am 28.12.2020 und betrafen, wie in anderen Ländern auch, zuerst das medizinische Personal.

Zweiter Wahlgang der Präsidentenwahlen: Im entscheidenden **zweiten Wahlgang** der Präsidentenwahlen am 12.07.2020 konnte sich **Amtsinhaber Andrzej Duda**, der Kandidat der regierenden nationalkonservativen Partei Recht und Gerechtigkeit (PiS) mit 51 % **knapp gegen den Warschauer Bürgermeister Rafał Trzaskowski**, den Kandidaten des von der liberal-konservativen Bürgerplattform (PO) angeführten Wahlbündnisses Bürgerkoalition (KO) mit 49 % **durchsetzen**. Das Wahlergebnis fiel so knapp wie nie zuvor seit dem Ende der kommunistischen Herrschaft aus. Mit 68.2 % lag die Wahlbeteiligung nicht nur höher als im ersten Wahlgang (64.5 %); im Vergleich mit den letzten Präsidentschaftswahlen 2015 betrug die Steigerung 13 Prozentpunkte, die zweithöchste Wahlbeteiligung seit 1990. Die unter 50-jährigen Wähler entschieden sich mit deutlicher Mehrheit für Trzaskowski. Duda dominierte in den Dörfern, Kleinstädten und ländlichen Gebieten. Dort nahm die Wahlbeteiligung nach der ersten Runde auch stärker zu als in den Großstädten.

Spannungen in der Regierung: Nachdem die ultrakonservative **Kleinpartei „Solidarisches Polen"** (SP), die bei den Parlamentswahlen 2019 zu dem von PiS angeführten Bündnis „Vereinigte Rechte" gehörte, am 18.09.2020 **gegen das geplante neue Tierschutzgesetz** sowie ein anderes Gesetz gestimmt hatte, das nachträgliche Straffreiheit für mit Korruption verbundene Materialbeschaffung im Zusammenhang mit der COVID-19-Pandemie vorsah, kam es zu einer Regierungskrise. Schließlich einigte man sich am 26.09.2020 auf einen **neuen Koalitionsvertrag**. Die Regierung soll künftig aus 12 Ministern

aus den Reihen von PiS sowie je einem – statt wie bisher zwei – von SP sowie von Porozumienie (Verständigung), der anderen der „Vereinigten Rechten" angehörenden, konservativ-liberalen Kleinpartei, bestehen. Justizminister Zbigniew Ziobro, der SP-Vorsitzende, verblieb im Amt, während Jarosław Gowin, der Vorsitzende von Porozumienie, als Minister für regionale Entwicklung in das Kabinett zurückkehrte. Auch der PiS-Vorsitzende Jarosław **Kaczyński**, der bislang einfacher Sejm-Abgeordneter war, **trat als stellvertretender Ministerpräsident ins Kabinett ein**, wo er das staatliche Sicherheitskomitee leitete und außerdem das Justiz-, Verteidigungs- und Innenministerium beaufsichtigte.
Die von der Regierung **geplante Zusatzbesteuerung von Medien** wurde von Porozumienie abgelehnt. Niemand habe sie in dieser Sache konsultiert, erklärte die Partei am 12.02.2021. Die Regierung wollte die Werbeeinnahmen der Medien mit einer Steuer von 2 bis 15 % belegen, was sie als Solidaritätsabgabe zur Bekämpfung der Pandemie bezeichnete. Laut Ministerpräsident Mateusz Morawiecki gehe es vor allem um multinationale Giganten wie Facebook, Google und Apple. Tatsächlich sahen sich jedoch vor allem die privaten und staatsunabhängigen Medien bedroht, unter denen die regierungskritischen bereits mit einem Werbeboykott der Staatsunternehmen und Ministerien konfrontiert waren. Am 10.02.2021 protestierten mehr als 40 Medienhäuser, unter ihnen auch 5 Fernsehsender, mit einem Streiktag gegen die Absichten der Regierung. In einer Protesterklärung, die in den großen Tageszeitungen erschien, hieß es, die Pandemie sei nur ein Vorwand, um die unabhängige Berichterstattung zu erschweren.

Veränderungen in der Regierung: Außenminister Jacek Czaputowicz trat am 20.08.2020 von seinem Amt zurück. Seine Nachfolge trat am 26.08.2020 der bisherige Vorsitzende des außenpolitischen Ausschusses des Sejm, Zbigniew Rau, an. Am selben Tag wurde außerdem der bisherige Präsident des nationalen Gesundheitsfonds, Adam Niedzielski, zum neuen Gesundheitsminister anstelle des am 18.08.2020 zurückgetretenen Łukasz Szumowski ernannt. Diesem war u. a. vorgeworfen worden, das Ministerium habe zu einem mehrfach überhöhten Preis und durch Vermittlung des Bruders des Ministers Masken von fragwürdiger Qualität beschafft.

Abtreibung weiter eingeschränkt: Das Verfassungsgericht entschied am 22.10.2020 in einer Klage, die von 119 Abgeordneten vor allem aus den Reihen der Regierungsfraktion eingebracht worden war.

Protestmarsch gegen das neue Abtreibungsgesetz am 29.01.2021 in Krakau.

Diese wendete sich gegen die 1997 eingeführte Möglichkeit der Abtreibung in Fällen, in denen der Fötus schwere Missbildungen aufwies, die Gesundheit der Frau gefährdet oder die Schwangerschaft die Folge von Inzest oder Vergewaltigung war. Von den 2019 erfassten 1100 legalen Abtreibungen waren 98 % durch schwere und irreversible Schäden des Embryos indiziert. Das Verfassungsgericht urteilte nun, diese Regelung verstoße gegen die Verfassung, womit die ohnehin **bereits restriktive Abtreibungsgesetzgebung zusätzlich verschärft** wurde. Das Urteil führte zu einer anhaltenden **Protestwelle in zahlreichen Groß- und Kleinstädten**. Treibende Kraft bei den Protesten war die Organisation Allpolnischer Frauenstreik. Die Forderungen dieser heterogenen Protestbewegung wurden aber letztlich nur von linken Parteien in vollem Umfang unterstützt. Nach der Publikation des Urteils kam es ab dem 27.01.2021 zu einem vorübergehenden Wiederaufleben der Proteste. Es untersagte zwar nicht kategorisch jeden Schwangerschaftsabbruch, gestattete ihn aber nur für den Fall, dass das Leben oder die Gesundheit der Mutter bedroht seien oder die Schwangerschaft die Folge einer Vergewaltigung sei.

Urteile des Verfassungsgerichts ungültig: Der Europäische Gerichtshof für Menschenrechte (EGMR) stellte in einem Urteil vom 07.05.2021 fest, dass die 2015 nach den Parlamentswahlen von der damals neuen Mehrheitsfraktion der PiS **vorgenommene Änderung der Zusammensetzung des Verfassungsgerichts rechtswidrig** war. Insofern besitzen Urteile jenes Gerichts, an denen die betreffenden Richter mitwirkten, keine Rechtskraft. Das Urteil erfolgte, nachdem ein Unternehmen, das in Polen auf Entschädigung durch den Staat geklagt hatte und damit in allen Instanzen gescheitert war, zuletzt auch beim Verfassungsgericht, sich schließlich an den EGMR gewandt hatte. Dieser stellte nun eine Verletzung des Anspruchs auf rechtliches Gehör vor einem ordentlichen Gericht fest, der von Artikel 6 der Europäischen Menschenrechtskonvention (EMRK) garantiert werde.

Zweifelhafte Rechtsstaatlichkeit: Die **EU-Kommission** legte am 30.09.2020 ihren **Bericht zum Stand der Rechtsstaatlichkeit** in den Mitgliedsländern der Union vor. Diese sah sie insbesondere in Polen und Ungarn bedroht. Der PiS-Vorsitzende Kaczyński drohte am 13.10.2020 in einem Interview an, den EU-Haushalt für die kommenden 7 Jahre und den geplanten Corona-Fonds in Höhe von 1.8 Bio. € mit einem Veto zu belegen, sollte die EU an dem geplanten Verfahren bei Verstößen gegen die Rechtsstaatlichkeit – wie Eingriffen in die Unabhängigkeit der Justiz oder in die Pressefreiheit – festhalten. Dieses Verfahren sieht vor, dass in einem solchen Fall EU-Gelder, die an die Mitgliedsländer fließen, gekürzt oder gestrichen werden können. Nachdem die Mehrheit der EU-Staaten sich dafür ausgesprochen hatte, die Entscheidung über den Rechtsstaatsmechanismus nicht einstimmig, sondern mit Mehrheitsbeschluss zu fällen, **blockierten Polen und Ungarn** am 16.11.2020 die **Zustimmung zum Budget**, bei dem Einstimmigkeit erforderlich ist. Schließlich akzeptierten sie am 09.12.2020 eine von der deutschen Ratspräsidentschaft vorgeschlagene Lösung. In einer **Zusatzerklärung** wurde vom Rechtsstaatsmechanismus **betroffenen Ländern die Möglichkeit eingeräumt**, **gegen einen entsprechenden Beschluss der EU-Kommission vor dem EuGH zu klagen**, was aufschiebende Wirkung bei der Anwendung des Mechanismus hat. Die mögliche Kürzung von EU-Geldern soll im Übrigen erst ab 2021 zur Anwendung kommen und keine rückwirkende Geltung haben. Gegen Polen und Ungarn laufen bereits entsprechende Verfahren, die somit aber keine konkreten Folgen haben dürften.
Obwohl der EuGH die **Disziplinarkammer des Obersten Gerichts** im April 2020 aufgefordert hatte, vorerst ihre Tätigkeit ruhen zu lassen, solange die Vorwürfe mangelnder Unabhängigkeit und Unparteilichkeit nicht geklärt seien, **fällte** diese **weiterhin Entscheidungen**. Die Regierung hatte die Kompetenzen der Kammer verändert, so dass deren Verfahren formal nicht als Disziplinierung galten, obwohl sie es der Sache nach weiterhin waren.
Die EU-Kommission forderte deshalb die polnische Regierung am 03.12.2020 dazu auf, in der Sache Stellung zu nehmen, und drohte mit einer weiteren Klage vor dem EuGH. Diese erfolgte am 31.03.2021, nachdem die dem Justizministerium unterstehende Generalstaatsanwaltschaft die Disziplinarkammer ersucht hatte, die Immunität von drei Richtern des Obersten Gerichts aufzuheben.

Portugal

▸ 622

Ländername	Portugiesische Republik
Zeitzone	MEZ -1 h
Fläche in km²	92 226 (Rang 109)
Anzahl der Einwohner	10.3 Millionen (Rang 89)
Einwohnerzahl pro km²	112 (Rang 75)
Hauptstadt	Lissabon
Amtssprache	Portugiesisch
Verwaltungsgliederung	18 Distrikte und 2 autonome Regionen
Wichtige Städte	Lissabon, Porto, Vila Nova de Gaia, Amadora, Braga, Funchal
Autokennzeichen | ISO-Code	P | PRT
Währung	1 Euro = 100 Cent
Nationalfeiertag	10. Juni (Tod des Nationaldichters Luís de Camões 1580)

Mit seinem Beitritt zur Europäischen Gemeinschaft hat Portugal nach Jahrzehnten der Isolation 1986 den Anschluss an Europa gefunden. Das kleine Land im äußersten Südwesten Europas war im 15. und 16. Jahrhundert eine bedeutende Seefahrer- und Handelsnation, die zahlreiche Kolonien in Übersee besaß. Im 20. Jahrhundert erlebte Portugal mehrere Putsche und Revolutionen. Mit der Nelkenrevolution befreite es sich 1974 von der über 40 Jahre währenden Salazar-Diktatur und erlebte die Entwicklung eines liberalen Gesellschaftssystems.

GEOGRAFIE

Geografische Lage: Von 36°59' bis 42°09' nördlicher Breite sowie von 6°12' bis 9°30' westlicher Länge (Südwesteuropa)
Höchster Punkt: Ponta do Pico 2351 m
Zugehöriges: Azoren, Madeira
Klima: Warmgemäßigtes Atlantikklima, nach Süden zunehmend Mittelmeerklima

POLITIK

Staatsform: Parlamentarische Republik
Staatsoberhaupt: Präsident Marcelo Rebelo de Sousa (seit 09.03.2016)
Regierungschef: Ministerpräsident António Costa (seit 26.11.2015)
Regierungspartei: PS (Partido Socialista)
Legislative: Parlament mit 230 für 4 Jahre gewählten Mitgliedern
Jahr der Verfassung: 1976
Wahlrecht: 18 Jahre

BEVÖLKERUNG

Bevölkerungsanteil: <15 Jahre 13.1 %, 15–64 Jahre 64.2 %, >64 Jahre 22.7 %
Verteilung: Stadt 66.3 %, Land 33.7 %
Wachstum: 0.2 %
Lebenserwartung: Frauen 85 Jahre, Männer 79 Jahre
Alphabetenrate: Frauen 95.1 %, Männer 97.4 %
Bevölkerungsgruppen: Portugiesen u. a.
Religion: Christen (v. a. Katholiken)
Sprachen: Portugiesisch, Mirandés

WIRTSCHAFT

BIP: 231.35 Mrd. US$
Wachstum BIP: -7.6 %
BIP/Kopf: 22 489 US$
Inflation: -0.1 %
Außenhandel: Import 77.52 Mrd. US$ (Chemische Erzeugnisse 15.6 %, Nahrungsmittel 12.5 %, Kfz und -Teile 10.6 %, Maschinen 7.9 %, Elektronik 6.8 %), Export 61.51 Mrd. US$ (Kfz und -Teile 13.9 %, Chemische Erzeugnisse 9.6 %, Textilien und Bekleidung 8.6 %, Nahrungsmittel 8.5 %, Maschinen 6.4 %)
Erwerbstätige nach Sektoren: Landwirtschaft 5.7 %, Industrie 24.6 %, Dienstleistungen 69.7 %
Arbeitslosenquote: 7.2 %
CO_2-Emission/Kopf: 4.7 t

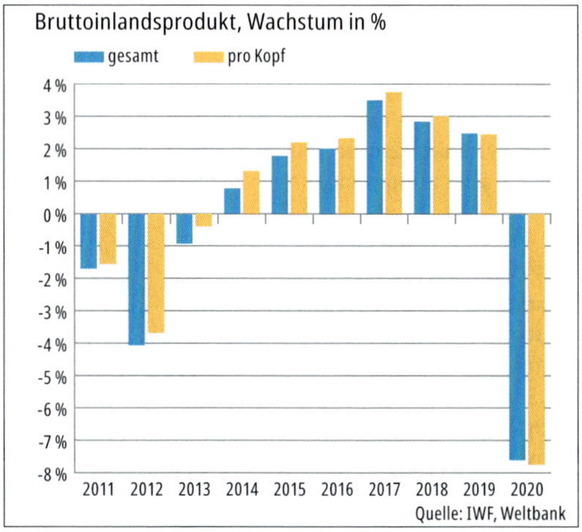

RÜCKBLICK

Corona-Pandemie: Ab Ende September 2020 stieg die Zahl der Neuinfektionen bis Mitte Oktober 2020 auf mehr als 2000 pro Tag wieder stark an, sodass die Regierung am 14.10.2020 den Katastrophenfall ausrief und neue Kontakt- und Ausgangsbeschränkungen verhängte. Angesichts weiter steigender Infektionszahlen von mehr als 4500 täglich wurde am 30.10.2020 ein Teil-Lockdown für 121 Gemeinden, darunter Porto und Lissabon, beschlossen, der am 09.11.2020 um eine nächtliche Ausgangssperre ergänzt wurde. Nach Weihnachten überschritt die Zahl der Neuinfektionen die 10 000er-Marke und erreichte am 28.01.2021 mit 16 432 einen Höchststand seit Beginn der Pandemie und war gemessen an der Bevölkerungszahl die höchste Inzidenz weltweit. Am 22.01.2021 verkündete die Regierung die Schließung sämtlicher Schulen, Kitas und Universitäten für 15 Tage. Die Landesgrenzen wurden geschlossen, auch Portugiesen durften das Land nur noch in Ausnahmefällen verlassen. Die explodierende Zahl der COVID-Infektionen brachte das Gesundheitssystem an den Rand des Zusammenbruchs, die Regierung bat um internationale Hilfe. Die deutsche Bundeswehr schickte am 03.02.2021 ein 26-köpfiges Team aus Ärzten, Pflegern und Hygieneexperten sowie Beatmungsgeräte und andere medizinische Ausrüstung. Österreich bot an, 10 portugiesische Intensivpatienten zu übernehmen. Obwohl die Zahl der Neuinfektionen ab Februar 2021 deutlich sank und im März 2021 unter 1000 täglich lag, verlängerte die Regierung den Notstand bis zum 31.03.2021. Parallel wurden Mitte März 2021 erste Lockerungen wie die Öffnung von Kitas und Grundschulen beschlossen. Am 05.04.2021 wurden auch weiterführende Schulen sowie die Außengastronomie, kleinere Geschäfte und Museen wieder geöffnet. Ab dem 19.04.2021 waren auch Einreisen nach Portugal wieder möglich. Am 29.04.2021 endete der Ausnahmezustand. Ab Juni 2021 stiegen die Infektionszahlen wieder an, wenn auch moderater als im Dezember 2020 und Januar 2021. Besonders betroffen war der Großraum Lissabon, auf den etwa 70 % aller Neuinfektionen entfielen, mehrheitlich mit der besonders ansteckenden Delta-Variante. Um eine weitere Ausbreitung ins Land zu verhindern, riegelte die Regierung für das Wochenende des 19./20.06.2021 den Großraum Lissabon ab. Wegen der Verbreitung der Delta-Variante stufte das deutsche Robert-Koch-Institut am 26.06.2021 Portugal als Virusvariantengebiet ein, was auch eine 14-tägige Quarantänepflicht für Reiserückkehrer einschließt. Bis zum 30.06.2021 hatten sich insgesamt 877 195 Portugiesen mit COVID-19 infiziert, was einer Infektionsrate von 8.6 % entspricht. 17 092 Menschen waren an der Krankheit gestorben (1.95 %). 5.56 Mio. Erstimpfungen wurden durchgeführt, 32.83 % der Bevölkerung waren bereits vollständig geimpft.

Wahlen: Bei der Präsidentschaftswahl am 24.01.2021 wurde der Konservative Marcelo Rebelo de Sousa (PSD) mit 60.7 % der Stimmen im Amt bestätigt. Ana Gomes (PS) wurde mit 12.97 % der Stimmen Zweite, gefolgt vom Kandidaten der rechtspopulistischen Chega! („Es reicht"), André Ventura, der mit 11.9 % überraschend gut abschnitt. Die Wahlbeteiligung lag bei 39.24 %.

EU: Zum 01.01.2021 übernahm Portugal turnusgemäß für sechs Monate die EU-Ratspräsidentschaft. Zu den Schwerpunkten der Ratspräsidentschaft erklärte Portugal die Bewältigung der wirtschaftlichen, gesellschaftlichen und gesundheitspolitischen Folgen der Pandemie, außerdem die Weiterentwicklung des europäischen Sozialmodells.

Wirtschaft und Arbeitsmarkt: Infolge der Corona-Pandemie stiegt die Arbeitslosigkeit stark an und erreichte im Mai 2021 7.2 % (nach ILO-Kriterien). Hinzu kamen 12.8 % Unterbeschäftigung. Das BIP ging 2020 um 7.6 % zurück, das Haushaltsdefizit betrug 12.3 Mrd. €. Als erstes EU-Land legte Portugal der EU-Kommission am 22.04.2021 einen Wiederaufbauplan für die Wirtschaft nach der Pandemie vor, der eine Voraussetzung für die Bewilligung von EU-Mitteln aus dem Recovery Fund ist. Am 16.06.2021 genehmigte die EU-Kommission den Plan, was den Weg für Zuschüsse in Höhe von 13.9 Mrd. € freimachte.

Wirtschaft: Am 02.07.2020 erklärte die Regierung, zur Rettung der angeschlagenen Fluglinie TAP die Aktienmehrheit des Luftfahrtunternehmens zu übernehmen. Dazu kaufte der Staat dem Konzern Atlantic Gateway 22.5 % der Aktienanteile von TAP für 55 Mio. € ab und wird fortan 72.5 % an TAP halten.

Sterbehilfe: Am 29.01.2021 beschloss das Parlament eine Legalisierung medizinisch begleiteter Sterbehilfe. Für das Gesetz stimmten 136 Abgeordnete, 78 votierten dagegen und 4 enthielten sich der Stimme. Wegen Zweifeln an der Verfassungsmäßigkeit legte Staatspräsident de Sousa das Gesetz dem Verfassungsgericht vor, das in seiner Entscheidung vom 15.03.2021 das Gesetz vorerst kippte. Nach Ansicht der Richter waren die Voraussetzungen, unter denen Sterbehilfe möglich sein sollte, im Gesetz nicht präzise genug definiert.

Ruanda

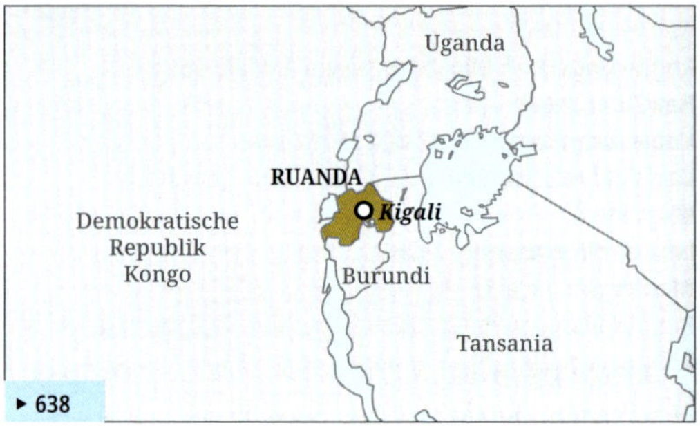

▸ 638

Ländername	Republik Ruanda
Zeitzone	MEZ +1 h
Fläche in km²	26 338 (Rang 145)
Anzahl der Einwohner	13 Millionen (Rang 76)
Einwohnerzahl pro km²	492 (Rang 15)
Hauptstadt	Kigali
Amtssprachen	Kinyarwanda, Französisch, Englisch
Verwaltungsgliederung	4 Provinzen und 1 Stadt
Wichtige Städte	Kigali, Gisenyi, Ruhengeri, Butare, Gitarama
Autokennzeichen | ISO-Code	RWA | RWA
Währung	1 Ruanda-Franc = 100 Centimes
Nationalfeiertag	1. Juli (Unabhängigkeit 1962)

Das „Land der 1000 Hügel" ist einer der am dichtesten besiedelten Staaten Afrikas. Das kleine Binnenland ist mit der Hypothek des historischen Konflikts zwischen der Minderheit der Tutsi und der Mehrheit der Hutu genauso belastet wie der Nachbarstaat Burundi.

GEOGRAFIE

Geografische Lage: Von 1°04' bis 2°50' südlicher Breite sowie von 28°51' bis 30°53' östlicher Länge (Ostafrika)
Höchster Punkt: Karisimbi 4507 m
Klima: Tropisches Hochlandklima

POLITIK

Staatsform: Präsidiale Republik
Staatsoberhaupt: Präsident Paul Kagame (seit 22.04.2000)
Regierungschef: Premierminister Edouard Ngirente (seit 30.08.2017)
Regierungspartei: FPR (Front patriotique rwandais)
Legislative: Parlament, bestehend aus Abgeordnetenkammer mit 80 für 5 Jahre gewählten Mitgliedern und Senat mit 12 für 8 Jahre gewählten und 14 ernannten Mitgliedern

Jahr der Verfassung: 2003
Wahlrecht: 18 Jahre

BEVÖLKERUNG

Bevölkerungsanteil: <15 Jahre 39.5 %, 15–64 Jahre 57.4 %, >64 Jahre 3.1 %
Verteilung: Stadt 17.4 %, Land 82.6 %
Wachstum: 2.5 %
Lebenserwartung: Frauen 71 Jahre, Männer 67 Jahre
Alphabetenrate: Frauen 69.4 %, Männer 77.6 %
Bevölkerungsgruppen: Hutu, Tutsi, Twa (Pygmäen) u. a.
Religionen: Christen, Muslime
Sprachen: Kinyarwanda, Französisch, Englisch, Swahili

WIRTSCHAFT

BIP: 10.37 Mrd. US$
Wachstum BIP: -0.2 %
BIP/Kopf: 819 US$
Inflation: 8 %
Außenhandel: Import 3.41 Mrd. US$ (Petrochemie 15.2 %, Nahrungsmittel 12.3 %, Chemische Erzeugnisse 11.2 %, Maschinen 8.4 %, Gold 7.6 %), Export 1.4 Mrd. US$ (Nahrungsmittel 32.8 %, Gold 26.1 %, Petrochemie 12.9 %, Rohstoffe außer Brennstoffe 12.1 %, Natürliche Öle, Fette und Wachse 3.2 %)
Erwerbstätige nach Sektoren: Landwirtschaft 61.7 %, Industrie 9.1 %, Dienstleistungen 29.2 %
Arbeitslosenquote: 15.3 %
CO_2-Emission/Kopf: 0.1 t

RÜCKBLICK

Innenpolitische Lage: Unter der Führung von Präsident Paul Kagame blieb Ruanda **politisch stabil**. Die Regierung verfolgte ihren Kurs zur allgemeinen Entwicklung des Landes weiter, allerdings blieb die Demokratisierung weit hinter dem sozio-ökonomischen Fortschritt zurück. Die politischen Strukturen waren stark auf den seit 2000 amtierenden Präsidenten und seine Partei Front patriotique rwandais (FPR)/Rwandese Patriotic Front (RPF) zugeschnitten. Die **Meinungs- und Versammlungsfreiheit** waren **eingeschränkt**, die parlamentarische Opposition, kritischer Journalismus und Menschenrechtsaktivisten waren **Repressionen** ausgesetzt. Die staatlichen Sicherheitskräfte standen unter dem Vorwurf, durch willkürliche Verhaftungen, Folter und Tötungen Menschenrechte zu verletzen.

Anklage: Im August 2020 wurde der seit Jahren im Exil lebende **Paul Rusesabagina** festgenommen. Der Regierungskritiker behauptete, er sei bei einem Aufenthalt in Dubai entführt und zu seiner Verhaftung nach Ruanda gezwungen worden. Im September 2020 wurde Anklage gegen ihn erhoben. Ihm wurde u. a. vorgeworfen, er habe eine bewaffnete Gruppe gegründet und diese vom Ausland aus zu tödlichen Anschlägen in Ruanda befehligt. Rusesabagina gehörte zur Führung der ruandischen Bewegung für demokratischen Wandel (Mouvement Rwandais pour le Changement Démocratique, **MRCD**), einer 2017 gegründeten, im Exil befindlichen **Oppositionsgruppe**, die der ruandischen Regierung kritisch gegenübersteht. Ihr **bewaffneter Arm**, die Forces nationales de libération (**FNL**) wurde für Menschenrechtsverbrechen in den Jahren 2018 und 2019 verantwortlich gemacht. Die Staatsanwaltschaft forderte für Rusesabagina lebenslange Haft und weitere 170 Jahre Freiheitsstrafe. Der Angeklagte wies alle Vorwürfe zurück.

Diplomatischer Neuanfang: Der französische Präsident Emmanuel Macron räumte bei einem Staatsbesuch in Ruanda im Mai 2021 zum ersten Mal eine **politische Verantwortung Frankreichs** bei dem **Völkermord in Ruanda 1994** ein. Sein Land habe zu lange gezögert, die Wahrheit zu prüfen und habe damit das Schlimmste ermöglicht, sagte Macron bei einer **Rede am Genozid-Denkmal** in der ruandischen Hauptstadt Kigali. 1994 hatten radikale Hutus in Ruanda innerhalb von drei Monaten mindestens 800 000 Tutsi und gemäßigte Hutus ermordet. Das französische Militär war zeitgleich im Rahmen eines UN-Mandats im Land. Nach dem Genozid hatte die neue ruandische Führung Frankreich vorgeworfen, dem damaligen ruandischen Regime Rückendeckung gegeben und sich damit an den Gräueltaten mitschuldig gemacht zu haben. Der Konflikt hatte zu einer jahrelangen diplomatischen Eiszeit zwischen beiden Ländern geführt. 2019 hatte Macron eine **Historikerkommission** mit der Untersuchung der Rolle Frankreichs beim Völkermord in Ruanda beauftragt. Im März 2021 legte die Kommission ihre Ergebnisse vor und attestierte der französischen Regierung unter der damaligen Leitung von François Mitterrand eine **Mitverant-**

Der französische Präsident Macron während seiner Rede am Völkermord-Denkmal in Kigali am 27.05.2021.

wortung am Genozid**, aber keine direkte Mittäterschaft. Macrons öffentliches Eingeständnis wurde als Chance für einen diplomatischen Neubeginn gewertet.

Vulkanausbruch: Der Ausbruch des Vulkans **Nyiragongo** in der Region **Goma** in der benachbarten Demokratischen Republik Kongo am 22.05.2021 hatte auch Auswirkungen auf das ruandische Grenzgebiet. In der Nacht vom 22. auf den 23.05.2021 öffnete Ruanda seine Grenzen für die aus Goma flüchtenden Massen, die vor allem in der Grenzstadt Gisenyi Obdach fanden. Die **Nachbeben** der Vulkaneruptionen, die nach offiziellen Messungen der ruandischen Behörden die Stärke 4.9 erreichten, führten aber auch in Ruanda selbst zu **Fluchtbewegungen**. Unzählige Bewohner Gisenyis verließen die Stadt Richtung Osten, um vor den Erdstößen ins Landesinnere zu fliehen.

Ernennung: Im Oktober 2020 ernannte Papst Franziskus den **Erzbischof von Kigali**, Antoine Kambanda, als einzigen afrikanischen Vertreter zum **Kardinal** in der Riege der 13 neuen Kardinäle, die im November 2020 im Vatikan im Rahmen eines zeremoniellen Aktes in ihr Amt eingeführt wurden. Kambanda ist der erste aus Ruanda stammende Kardinal.

Wirtschaft: Das **Entwicklungsziel** der Regierung, mit einem jährlichen Wirtschaftswachstum von über 10 % bis 2035 in die Gruppe der Staaten mit „gehobenem mittleren Einkommen" aufzusteigen, wurde 2020 **durch die Corona-Pandemie** zunächst **gebremst**. Teile der Dienstleistungsbranche wie Transport, Handel und Tourismus litten massiv unter den Lockdown-Maßnahmen, die 2020 und 2021 verhängt wurden. Für 2021 prognostizierte die Economist Intelligence Unit aber bereits wieder einen **BIP-Anstieg** von rund 4 %, für 2022 von 6.5 %. Als afrikanisches „Musterland" hatte Ruanda bei der internationalen Gebergemeinschaft wie der Weltbank und der Afrikanischen Entwicklungsbank sowie bei Ländern wie Deutschland, Großbritannien, den USA und Japan weiterhin einen guten Stand. Mit der Volksrepublik China, der Türkei, Katar und Israel standen auch neue **Gebernationen** bereit. Sie finanzierten vor allem große **Infrastrukturprojekte** wie den 2017 begonnenen Bau des Bugesera International Airports und andere Projekte in den Bereichen Umwelt, Energie und Transport.

Rumänien

▸ 620

Ländername	Rumänien
Zeitzone	MEZ +1 h
Fläche in km²	238 391 (Rang 81)
Anzahl der Einwohner	19.3 Millionen (Rang 61)
Einwohnerzahl pro km²	81 (Rang 102)
Hauptstadt	Bukarest
Amtssprache	Rumänisch
Verwaltungsgliederung	41 Kreise und 1 Stadt
Wichtige Städte	Bukarest, Cluj-Napoca, Timișoara, Iași, Constanța, Craiova
Autokennzeichen | ISO-Code	RO | ROU
Währung	1 Rumänischer Leu = 100 Bani
Nationalfeiertag	1. Dezember (Vereinigung mit Siebenbürgen 1918)

Schon der Name Rumäniens mit seinem Bezug auf das antike Rom verweist auf Ursprung und Orientierung des südosteuropäischen Volkes, das im Spannungsfeld der Großmächte Byzanz bzw. Osmanisches Reich, Russland und Österreich über Jahrhunderte die Verbindung zum Westen suchte. Im 20. Jahrhundert durchlief das Land alle Formen der Herrschafts- und Regierungsgewalt im Schnelldurchlauf – vom Feudalstaat über die nationalkommunistische Diktatur bis zur Demokratie.

GEOGRAFIE

Geografische Lage: Von 43°39' bis 48°16' nördlicher Breite sowie von 20°15' bis 29°42' östlicher Länge (Südosteuropa)
Höchster Punkt: Moldoveanu 2544 m
Klima: Gemäßigtes Kontinentalklima

POLITIK

Staatsform: Semipräsidiale Republik
Staatsoberhaupt: Präsident Klaus Werner Iohannis (seit 21.12.2014)
Regierungschef: Ministerpräsident Florin Cîțu (seit 23.12.2020)
Regierungsparteien: Koalition PNL (Nationalliberale Partei), USR-PLUS (Bündnis aus Union Rettet Rumänien und Partei Freiheit, Einheit und Solidarität), UDMR (Demokratische Ungarische Union Rumäniens)
Legislative: Parlament, bestehend aus Abgeordnetenkammer mit 330 für 4 Jahre gewählten Mitgliedern und Senat mit 136 für 4 Jahre gewählten Mitgliedern
Jahr der Verfassung: 1991
Wahlrecht: 18 Jahre

BEVÖLKERUNG

Bevölkerungsanteil: <15 Jahre 15.5 %, 15–64 Jahre 65.2 %, >64 Jahre 19.3 %
Verteilung: Stadt 54.2 %, Land 45.8 %
Wachstum: -0.4 %
Lebenserwartung: Frauen 80 Jahre, Männer 73 Jahre
Alphabetenrate: Frauen 98.6 %, Männer 99.1 %
Bevölkerungsgruppen: Rumänen, Ungarn, Roma u. a.
Religion: Christen (v. a. Orthodoxe)
Sprachen: Rumänisch, Ungarisch u. a.

WIRTSCHAFT

BIP: 247.21 Mrd. US$
Wachstum BIP: -3.9 %
BIP/Kopf: 12 797 US$
Inflation: 2.6 %
Außenhandel: Import 92.12 Mrd. US$ (Chemische Erzeugnisse 14.6 %, Maschinen 11.2 %, Elektrotechnik 9.6 %, Nahrungsmittel 8.9 %, Kfz und -Teile 8.7 %), Export 70.72 Mrd. US$ (Kfz und -Teile 17.1 %, Elektrotechnik 16.7 %, Maschinen 10.3 %, Nahrungsmittel 6.9 %, Textilien und Bekleidung 5 %)
Erwerbstätige nach Sektoren: Landwirtschaft 21.3 %, Industrie 30.2 %, Dienstleistungen 48.5 %
Arbeitslosenquote: 4.8 %
CO_2-Emission/Kopf: 4 t

RÜCKBLICK

Corona-Pandemie: Die Entwicklung der Infektionszahlen entsprach mehr oder weniger der in den meisten europäischen Ländern. Die Zahlen stiegen im Oktober und vor allem im November 2020 an, mit einem Höhepunkt von fast 60 000 Infizierten in der Woche vom 16.–22.11.2020, bevor ein Rückgang einsetzte. Ende Februar 2021 begannen die Zahlen erneut zu steigen und erreichten Ende März 2021 mit knapp 40 000 pro Woche ihren Höhepunkt, bevor sie wieder zurückgingen. Die Todesfälle entwickelten sich entsprechend. Am 28.03.2021 und an den folgenden Tagen kam es landesweit zu heftigen Straßenprotesten gegen die staatlichen Corona-Maßnahmen. Am 29.03.2021 wurden landesweit mehr als 30 000 Teilnehmer geschätzt, teilweise kam es zu gewaltsamen Ausschreitungen. Initiiert wurden die Proteste vor allem von nationalistischen Kreisen. Die neue Partei AUR, die sich bereits im Wahlkampf gegen die Corona-Politik gestellt hatte, spielte dabei eine nicht unwesentliche Rolle. Im europäischen Vergleich waren die Einschränkungen indes relativ gering. Gesundheitsminister Vlad Voiculescu wurde nach einer **Reihe von Fehlleistungen im staatlichen Gesundheitswesen** am 14.04.2021 von Ministerpräsident Cîțu entlassen. So starben u. a. drei COVID-19-Patienten in mobilen Intensivstationen, weil die Beatmungsgeräte versagten. Die Nachfolge Voiculescus trat am 21.04.2021 Ioana Mihăilă an, zuvor Staatssekretärin im selben Ministerium und Ärztin. Die Impfungen begannen am 27.12.2020. Sie betrafen in der ersten Phase das medizinische Personal, in der zweiten Risikogruppen und schließlich die gesamte Bevölkerung. Insgesamt wurden bis zum 30.06.2021 offiziell 1 080 792 Infektionen und 34 195 Todesfälle gemeldet, was 0.18 % der Bevölkerung entsprach. 23.3 % waren vollständig geimpft.

Parlamentswahlen: Bei den Parlamentswahlen am 06.12.2020 blieben die **Sozialdemokraten (PSD)** zwar stärkste Partei, **verloren** aber **rund ein Drittel ihrer Stimmen**. Bei den Wahlen zur Abgeordnetenkammer erhielten sie 28.9 % (110 Sitze, -44), gefolgt von den Nationalliberalen (PNL) mit 25.2 % (93, +24). An dritter Stelle lag das liberal und reformorientiert ausgerichtete Bündnis der Union Rettet Rumänien (USR) und der Partei Freiheit, Einheit und Solidarität (PLUS) mit 15.4 % (55, +25). Neu ins Parlament gelangte die neugegründete nationalistische Allianz für die Einheit der Rumänen (AUR) mit 9.1 % (33), vor der Demokratischen Ungarischen Union (UDMR) mit 5.7 % (21). Des Weiteren wurden 18 Abgeordnete ethnischer Minderheiten gewählt. Bei den Wahlen zum Senat unterschieden sich die

Ergebnis der Parlamentswahl (06.12.2020)
Regierung: PNL, USR-PLUS, UDMR

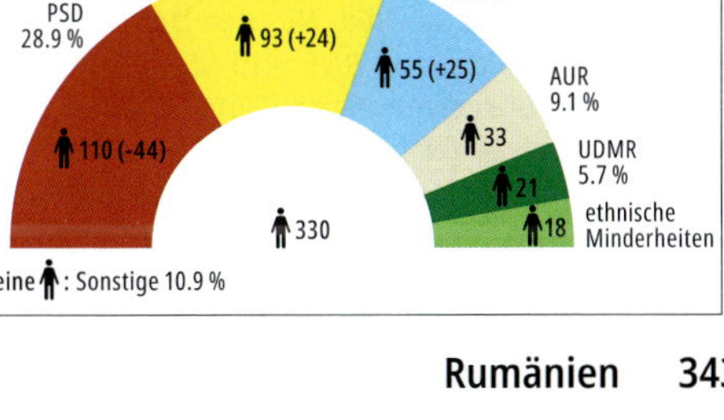

Ergebnisse nur leicht, die PSD erhielt 29.3 % (47, -20), die PNL 25.6 % (41, +11), USR-PLUS 15.9 % (25, +12), die AUR 9.2 % (14) und die UDMR 5.9 % (9). Die **Wahlbeteiligung** von 31.9 % war die **geringste seit dem Ende der kommunistischen Ära**. Bei den regionalen Schwerpunkten der Parteien gab es wenig Änderungen, jene der PSD lagen einmal mehr im Süden und Nordosten des Landes, wenngleich sie auch dort Einbußen verzeichnete, jene der PNL vor allem in Siebenbürgen. USR-PLUS dominierte in Bukarest und in der Diaspora, wo sie jeweils stärkste Partei wurde.

Regierungsbildung: Ministerpräsident Ludovic Orban trat nach dem schwachen Wahlergebnis der PNL am 07.12.2020 zurück, Verteidigungsminister Nicolae Ciucă übernahm geschäftsführend die Leitung der Regierung. PNL, USR-PLUS und

Der neue rumänische Ministerpräsident Florin Cîţu am 11.05.2021 in Brüssel bei einem Treffen der EU-Kommission.

UDMR vereinbarten am 21.12.2020, eine Koalition zu bilden. **Neuer Ministerpräsident** wurde der bisherige Finanzminister **Florin Cîţu**. 9 Mitglieder des Kabinetts gehören der PNL, 7 USR-PLUS und 4 der UDMR an. Etliche Minister saßen bereits im Kabinett Orban, so der (parteilose) Außenminister Bogdan Aurescu oder Verteidigungsminister Ciucă. Das Parlament sprach der neuen Regierung am 23.12.2020 das Vertrauen aus.

Kommunalwahlen: Bereits bei den Kommunalwahlen am 27.09.2020 hatten sich die Verluste der PSD abgezeichnet, die nur noch in 13 der Kreishauptstädte den Bürgermeister stellte (2016 waren es 19 gewesen), die PNL dagen in 15 (2016 11), USR-PLUS in 4. In Bukarest setzte sich Nicuşor Dan, der gemeinsame Kandidat von PNL und USR-PLUS, gegen die bisherige Bürgermeisterin Gabriela Firea (PSD) durch. Auch viele der bisherigen PSD-Bezirksbürgermeister in der Hauptstadt wurden nicht wiedergewählt. In Timişoara wurde mit dem Deutschen Dominic Fritz (USR-PLUS) erstmals der Bürger eines anderen EU-Landes zum Bürgermeister einer rumänischen Stadt gewählt.

Justiz: Der **Europäische Gerichtshof (EuGH)** nahm am 18.05.2021 in einem Urteil Stellung zu Fragen der Rechtsstaatlichkeit und Unabhängigkeit der Justiz in Rumänien. Dabei ging es insbesondere um die im Dezember 2017 von der damaligen PSD-Regierung geschaffene Sonderbehörde, die Ermittlungen gegen Richter und Staatsanwälte durchführen soll sowie die Bestimmung, dass Richter und Staatsanwälte persönlich für Justizirrtümer haften sollen und der Staat ausdrücklich verpflichtet ist, die Entschädigungssummen einzutreiben. Dagegen hatten in Rumänien Vereinigungen von Richtern und Staatsanwälten geklagt, worauf die damit befassten Gerichte sich an den EuGH gewandt hatten. Dieser sah in der Sonderbehörde die **Gefahr politischer Einflussnahme auf die Justiz**. Es sei sicherzustellen, dass sie nicht in diesem Sinne genutzt werden kann. Die jeweilige konkrete Entscheidung liege indes bei den rumänischen Gerichten. Der Generalanwalt des EuGH hatte bereits am 23.09.2020 sein Votum in dieser Sache abgegeben und davon gesprochen, dass die Sonderbehörde gegen europäisches Recht verstoße und die Rechtsstaatlichkeit sowie die richterliche Unabhängigkeit bedrohe. Darauf forderten zwei Richtervereinigungen am 24.09.2020 die sofortige Abschaffung der Behörde, was aber vorerst an den Mehrheitsverhältnissen im Parlament scheiterte, in dem die PSD noch die größte Fraktion stellte. Erst die Wahlen im Dezember 2020 veränderten die Mehrheitsverhältnisse. Am 24.03.2021 verabschiedete die Abgeordnetenkammer ein **Gesetz, mit dem die umstrittene Behörde abgeschafft wurde**. Ein Gerichtsverfahren gegen einen Richter soll künftig nur nach der Zustimmung des Obersten Richterrats möglich sein. Das Gesetz **muss** indes **noch den Senat passieren**.

Russland: Wie in Bulgarien, Tschechien und der Slowakei kam es auch in Rumänien zu diplomatischen Konflikten mit der russischen Botschaft. Am 26.04.2021 wurde der stellvertretende russische Militärattaché Aleksej Grischaew zur persona non grata erklärt. Offensichtlich hatte der Diplomat, der ein Mitarbeiter des russischen Miitärgeheimdienstes GRU sein soll, versucht, rumänische Informanten zu rekrutieren, um an geheime Informationen über das rumänische Militär und die NATO zu gelangen. Außenminister Aurescu hatte am Vortag die Äußerungen des russischen Botschafters zurückgewiesen, der Rumänien mit Blick auf die Situation in der Ukraine davor gewarnt hatte, sich von NATO-Hitzköpfen in ein militärisches Abenteuer hineinziehen zu lassen.

Russland

▸ 615

Ländername	Russische Föderation
Zeitzonen	MEZ +1 h bis +11 h
Fläche in km²	17 098 246 (Rang 1)
Anzahl der Einwohner	144.1 Millionen (Rang 9)
Einwohnerzahl pro km²	8 (Rang 183)
Hauptstadt	Moskau
Amtssprache	Russisch
Verwaltungsgliederung	21 Republiken, 9 Regionen, 46 Bezirke (Oblast), 1 autonomer Bezirk, 4 autonome Kreise, 2 Städte (ohne die umstrittene Republik Krim und die autonome Stadt Sewastopol)
Wichtige Städte	Moskau, Sankt Petersburg, Nowosibirsk, Jekaterinburg, Nischni Nowgorod, Kasan, Tscheljabinsk, Omsk, Samara, Rostow am Don, Ufa, Krasnojarsk, Perm, Woronesch, Wolgograd
Autokennzeichen | ISO-Code	RUS | RUS
Währung	1 Russischer Rubel = 100 Kopeken
Nationalfeiertag	12. Juni (Deklaration der staatlichen Souveränität 1990)

Russland ist auch im Vergleich mit der untergegangenen UdSSR noch ein Land von kontinentalem Ausmaß. Es ist fast doppelt so groß wie die USA und erstreckt sich über elf Zeitzonen sowie mehr als 9000 km von der Ostsee und dem Schwarzen Meer über Osteuropa und Sibirien bis zum Pazifischen Ozean. Die schwere Krise nach Einführung der Marktwirtschaft ist überwunden. In der Innenpolitik haben autoritäre Tendenzen an Boden gewonnen. In der Außenpolitik dominiert neues Großmachtbewusstsein.

GEOGRAFIE

Geografische Lage: Von 41°12′ bis 81°52′ nördlicher Breite sowie von 26°57′ östlicher bis 169° westlicher Länge (Osteuropa und Nordasien)
Höchster Punkt: Elbrus 5642 m
Klima: Im europäischen Teil Russlands und im westlichen Sibirien winterfeucht-kaltes Klima, nach Osten zunehmend wintertrocken-kaltes Klima, nördliche Küstenzone polares Klima, am Schwarzen Meer mild

POLITIK

Staatsform: Semipräsidiale Republik
Staatsoberhaupt: Präsident Wladimir Wladimirowitsch Putin (seit 08.05.2012)
Regierungschef: Ministerpräsident Michail Wladimirowitsch Mischustin (seit 16.01.2020)
Regierungspartei: ER (Einiges Russland)
Legislative: Bundesversammlung, bestehend aus Staatsduma mit 450 für 5 Jahre gewählten Mitgliedern und Föderationsrat mit 170 für 4 Jahre ernannten Mitgliedern
Jahr der Verfassung: 1993
Wahlrecht: 18 Jahre

BEVÖLKERUNG

Bevölkerungsanteil: <15 Jahre 18.4 %, 15–64 Jahre 66.1 %, >64 Jahre 15.5 %
Verteilung: Stadt 74.8 %, Land 25.2 %
Wachstum: -0.2 %
Lebenserwartung: Frauen 78 Jahre, Männer 67 Jahre
Alphabetenrate: Frauen 99.7 %, Männer 99.7 %

WIRTSCHAFT

BIP: 1.47 Bio. US$
Wachstum BIP: -3.1 %
BIP/Kopf: 10 037 US$
Inflation: 3.4 %
Außenhandel: Import 239.75 Mrd. US$ (Chemische Erzeugnisse 15.6 %, Maschinen 14.7 %, Kfz und -Teile 9.5 %, Elektronik 9.4 %, Nahrungsmittel 9 %), Export 331.75 Mrd. US$ (Erdöl 28.6 %, Petrochemie 15.7 %, Chemische Erzeugnisse 5.1 %, Eisen und Stahl 4.5 %, Nahrungsmittel 4.5 %)
Erwerbstätige nach Sektoren: Keine Angabe
Arbeitslosenquote: 5.7 %
CO_2-Emission/Kopf: 12.4 t

VERWALTUNGSGLIEDERUNG

Verwaltungseinheit	Fläche in km²	Einwohner	Hauptstadt
Republik Adygeja	7792	463 167	Maikop
Republik Altai	92 903	220 954	Gorno-Altaisk
Republik Baschkortostan	142 947	4 Mio.	Ufa
Republik Burjatien	351 334	985 431	Ulan-Ude
Republik Chakassien	61 569	532 036	Abakan
Republik Dagestan	50 270	3.1 Mio.	Machatschkala
Republik Inguschetien	3123	516	Magas
Republik Kabardino-Balkarien	12 470	869	Naltschik
Republik Kalmückien | Chalmg Tangtsch	74 731	269 984	Elista
Republik Karatschai-Tscherkessien	14 277	465 357	Tscherkessk
Republik Karelien	180 520	609 071	Petrosawodsk
Republik Komi	416 774	813 590	Syktywkar
Republik Mari El	23 375	675 332	Joschkar-Ola
Republik Mordwinien	26 128	778 965	Saransk
Republik Nordosseti-en-Alanien	7987	693	Wladikawkas
Republik Sacha | Jakutien	3 083 523	981 971	Jakutsk
Republik Tatarstan	67 847	3.9 Mio.	Kasan
Republik Tuwa	168 604	330 368	Kysyl
Tschetschenische Republik	16 165	1.5 Mio.	Grosny
Tschuwaschische Republik	18 343	1.2 Mio.	Tscheboksary
Udmurtische Republik	42 061	1.5 Mio.	Ischewsk
Region Altai	167 996	2.3 Mio.	Barnaul
Region Chabarowsk	787 633	1.3 Mio.	Chabarowsk
Region Kamtschatka	464 275	311 667	Petropawlowsk-Kamtschatski
Region Krasnodar	75 485	5.7 Mio.	Krasnodar
Region Krasnojarsk	2 366 797	2.9 Mio.	Krasnojarsk
Region Perm	160 236	2.6 Mio.	Perm
Region Primorje	164 673	1.9 Mio.	Wladiwostok
Region Stawropol	66 160	2.8 Mio.	Stawropol
Region Transbaikalien	431 892	1.1 Mio.	Tschita
Oblast Amur	361 908	781 846	Blagoweschtschensk
Oblast Archangelsk	589 913	1.1 Mio.	Archangelsk
Oblast Astrachan	49 024	997 778	Astrachan
Oblast Belgorod	27 134	1.5 Mio.	Belgorod
Oblast Brjansk	34 857	1.2 Mio.	Brjansk
Oblast Irkutsk	774 846	2.4 Mio.	Irkutsk
Oblast Iwanowo	21 437	987 032	Iwanowo
Oblast Jaroslawl	36 177	1.2 Mio.	Jaroslawl
Oblast Kaliningrad	15 125	1 Mio.	Kaliningrad
Oblast Kaluga	29 777	1 Mio.	Kaluga
Oblast Kemerowo	95 725	26.3 Mio.	Kemerowo
Oblast Kirow	120 374	1.3 Mio.	Kirow
Oblast Kostroma	60 211	628 423	Kostroma
Oblast Kurgan	71 488	818 570	Kurgan
Oblast Kursk	29 997	1.1 Mio.	Kursk
Oblast Leningrad	83 908	1.9 Mio.	St. Petersburg
Oblast Lipezk	24 047	1.1 Mio.	Lipezk
Oblast Magadan	462 464	139 034	Magadan
Oblast Moskau	44 329	7.7 Mio.	Moskau
Oblast Murmansk	144 902	732 864	Murmansk
Oblast Nischni Nowgorod	76 624	3.2 Mio.	Nischni Nowgorod
Oblast Nowgorod	54 501	592 415	Weliki Nowgorod
Oblast Nowosibirsk	177 756	27.9 Mio.	Nowosibirsk
Oblast Omsk	141 140	1.9 Mio.	Omsk
Oblast Orenburg	123 702	1.9 Mio.	Orenburg
Oblast Orjol	24 652	724 686	Orjol
Oblast Pensa	43 352	1.3 Mio.	Pensa
Oblast Pskow	55 399	620 249	Pskow
Oblast Rjasan	39 605	1.1 Mio.	Rjasan
Oblast Rostow	100 967	4.2 Mio.	Rostow am Don
Oblast Sachalin	87 101	485 621	Juschno-Sachalinsk
Oblast Samara	53 565	3.2 Mio.	Samara
Oblast Saratow	101 240	2.4 Mio.	Saratow
Oblast Smolensk	49 779	921 127	Smolensk
Oblast Swerdlowsk	194 307	4.3 Mio.	Jekaterinburg
Oblast Tambow	34 462	994 420	Tambow
Oblast Tjumen	1 464 173	3.8 Mio.	Tjumen
Oblast Tomsk	314 391	1.1 Mio.	Tomsk
Oblast Tscheljabinsk	88 529	3.4 Mio.	Tscheljabinsk
Oblast Tula	25 679	1.4 Mio.	Tula
Oblast Twer	84 201	1.2 Mio.	Twer
Oblast Uljanowsk	37 181	1.2 Mio.	Uljanowsk
Oblast Wladimir	29 084	1.3 Mio.	Wladimir
Oblast Wolgograd	112 877	2.5 Mio.	Wolgograd
Oblast Wologda	144 527	1.2 Mio.	Wologda
Oblast Woronesch	52 216	2.3 Mio.	Woronesch
Jüdische Autonome Oblast	36 271	156 500	Birobidschan
AK der Chanten und Mansen | Jugra	534 801	534 801	Chanty-Mansisk
AK der Jamal-Nenzen	769 250	769 250	Salechard
AK der Nenzen	176 810	44 389	Narjan-Mar
AK der Tschuktschen	721 481	49 527	Anadyr
Moskau	2561	12.7 Mio.	Moskau
Sankt Petersburg	1403	5.4 Mio.	St. Petersburg

RÜCKBLICK

Die Vergiftung des Oppositionspolitikers und Antikorruptionsaktivisten Alexej Nawalny wuchs sich zur internationalen Affäre aus. Die Beziehungen zur EU und den USA verschlechterten sich weiter.

Giftanschlag: Nawalny fiel nach einer Wahlkampfveranstaltung in Tomsk (Westsibirien) auf dem Rückflug nach Moskau am 20.08.2020 ins Koma. Nach einem zweitägigen Klinikaufenthalt in Omsk wurde er mit einem Privatflugzeug **nach Berlin** ausgeflogen, wo er in der Charité versorgt wurde (Entlassung: 22.09.2020). Der ärztliche Verdacht (24.08.2020), Nawalny sei vergiftet worden, wurde von Labors in Deutschland, Frankreich und Schweden sowie am 13.10.2020 von der Organisation zur Kontrolle des Chemiewaffenverbots (OPCW) bestätigt. Als Ursache galt der **Nervenkampfstoff**

„Gift – die Waffe von Frauen, Feiglingen und Eunuchen"; Unterstützung aus den Reihen der nicht zugelassenen, politisch rechts orientierten Libertären Partei Russlands für Alexej Nawalny am 20.08.2020 in St. Petersburg.

Nowitschok, der ab 1995 für Anschläge genutzt worden war, zuletzt 2018 gegen den ehemaligen Doppelagenten Sergej Skripal in Großbritannien. Der Verdacht, Nawalny kontaminiert zu haben, fiel auf eine Sonderheit des russischen **Inlandsgeheimdiensts (FSB)**, dessen Agenten Nawalny überwachten. Das ergaben Bewegungs-, Fluggast- und Telefonverbindungsdaten, die am 14.12.2020 ein internationales Recherchenetzwerk veröffentlichte, sowie inoffizielle Hinweise aus Geheimdienstkreisen. Die russische Regierung wies die **Vorwürfe** zurück und warf westlichen Geheimdiensten eine „Inszenierung" vor. Die Bestände an chemischen Waffen seien gemäß der Konvention von 1997 bis 2010 vernichtet worden.

Verurteilung: Am 17.01.2021 nach Moskau zurückgekehrt, wurde Nawalny am selben Tag in einem Eilverfahren zu 30 Tagen Haft verurteilt. Da er gegen seine Bewährungsauflagen (Meldepflicht) nach einem – vom Europäischen Gerichtshof für Menschenrechte (EGMR) 2017 als willkürlich gerügten – Urteil von 2014 verstoßen habe, musste er nach einem erneuten Richterspruch vom 02.02.2021 eine Strafe in einem **Arbeitslager** antreten, die nach Berufung am 20.02.2021 auf zweieinhalb Jahre (unter Anrechnung verhängten Hausarrests) festgelegt wurde. Parallel wurde Nawalny wegen Verleumdung eines Weltkriegsveteranen zu einer hohen Geldstrafe verurteilt. Der EGMR ordnete an, Nawalny sofort freizulassen. Stattdessen wurde der Politiker am 25.02.2021 in eine „Besserungskolonie" bei Pokrow, rund 100 km östlich von Moskau, verlegt. Dort trat er am 31.03.2021 wegen fehlender medizinischer Behandlung in einen **Hungerstreik**. Nach einer Verlegung in eine Krankenstation des Strafvollzugs in Wladimir brach Nawalny diesen am 23.04.2021 ab. **Urteile des EGMR** stehen in Russland seit 2019 unter nationalgesetzlichem, seit 2020 unter verfassungsrechtlichem **Vorbehalt**. Meist zahlte Russland geforderte Entschädigungen, in Nawalnys Fall setzte die Justiz ein weiteres Strafurteil von 2013 unverändert wieder in Kraft.

Ungleiches Kräftemessen: Der Giftanschlag gegen Nawalny hatte auch in Russland, vor allem in Social-Media-Kanälen, ebenso große Aufmerksamkeit erzielt wie unmittelbar nach Nawalnys Rückkehr ein **Internetvideo** seiner Antikorruptionsstiftung (FBK) über ein **Anwesen an der Schwarzmeerküste**, das Präsident Wladimir Putin zugeschrieben wurde **(„Putins Palast")**. Es veranlasste die Präsidialverwaltung zur Stellungnahme, dass Putin „keine Beziehung" dazu habe. Die erneute Festnahme Nawalnys provozierte am 23. und 31.01.2021 in etwa 100 Städten **Proteste Zehntausender**. Ein **massives Polizeiaufgebot** versuchte die ausnahmslos verbotenen Kundgebungen aufzulösen. Nach Angaben von Bürgerrechtsorganisationen gab es mehr als 8000 Festnahmen; verhängt wurden zahllose Geldstrafen und Arreststrafen. Die **Nawalny-Organisationen** und ihre Mitarbeiter standen unter großem Verfolgungsdruck, sodass deren Kampagnenfähigkeit schwand. Auch das harte und willkürliche Vorgehen der Sicherheitskräfte wirkte abschreckend, sodass am 21.04.2021 einem **Demonstrationsaufruf** zur Unterstützung Nawalnys deutlich weniger Menschen als Ende Januar 2021 folgten. Die Moskauer Staatsanwaltschaft beantragte am 16.04.2021, Nawalnys spendenfinanzierte Stiftungen und Regionalvertretungen („Stäbe") als **extremistische Organisationen** einzustufen. Dem gab ein Gericht am 10.06.2021 u. a. mit der Begründung statt, dass die Nawalny-Organisationen die Ansicht verbreiteten, ein Machtwechsel in Russland sei nötig. Die 39 Stäbe hatten ihre Arbeit bereits am 26.04.2021 einstellen müssen. Mitarbeitern, Unterstützern und Spendern drohten nun mehrjährige Haftstrafen. Nach **Meinungsumfragen** des unabhängigen Instituts Lewada glaubte Anfang 2021 eine Mehrheit der offiziellen Darstellung, Nawalny sei ein „Werkzeug ausländischer Geheimdienste". Andererseits zeigten sie schwindendes Vertrauen in Präsident Putin.

Chabarowsk: Die **Verhaftung** von Sergej Furgal, des **Gouverneurs** der Region Chabarowsk, am 09.07.2020 unter der Beschuldigung des Mordes an zwei Geschäftsleuten 2004/05 löste eine **Protestwelle** mit regelmäßigen „Samstagsdemonstrationen" in der gleichnamigen Regionshauptstadt aus; bis August nahmen jeweils Zehntausende daran teil. Angeheizt wurden die Proteste durch die Ernennung eines neuen geschäftsführenden Gouverneurs durch Präsident Putin am 20.07.2020. Im September 2020 ebbten die offiziell verbotenen Kundgebungen ab, am 10.10.2020 schritten Polizei und Justiz erstmals mit Festnahmen bzw. Arreststrafen ein. Im Januar 2021 endeten die Proteste vorläufig. Die gerichtlichen **Untersuchungen** gegen Furgal in Moskau ergaben bis Mai 2021 keine Beweise für die Anschuldigungen. Der **Politiker der Liberaldemokratischen Partei** (LDPR), die zur „Systemopposition" gehört, war Abgeordneter in der Staatsduma (ab 2007), bevor er 2018 mit rund 70 % der Stimmen gegen den Amtsinhaber von der Kremlpartei Einiges Russland zum Gouverneur gewählt und mit Sparmaßnahmen im Beamtenapparat populär wurde. Die LDPR gewann 2019 auch die Mehrheit im Regionalparlament. Die Proteste in Chabarowsk waren die bis dahin stärksten außerhalb Moskaus und St. Petersburgs seit 2018/19. Beobachter wiesen auf eine wachsende **Unzufriedenheit** in der Bevölkerung hin, die sich in erster Linie bei lokalen oder sozialen Fragen öffentlichkeitswirksam Bahn brechen würden.

Regional- und Kommunalwahlen: Bei Direktwahlen zu den Oberhäuptern von 18 Föderationssubjekten am 13.09.2020 wurden alle Amtsinhaber aus den Reihen von **Einiges Russland** (ER), die teils als Unabhängige antraten, bestätigt. Ebenso behielt ER die Mehrheit in den elf neu gewählten Regionalparlamenten. Allerdings kamen dort auch **Parteineugründungen** zum Zuge, die der „Machtvertikalen" nahestanden – meist auf Kosten der bisherigen Systemopposition aus Liberaldemokraten, Kommunisten und Gerechtes Russland. Kommunalwahlen fanden u. a. in 22 Regionshauptstädten statt. Mithilfe von Bündnissen und Nawalnys Strategie des „klugen Wählens" (Stimmabgabe für die aussichtsreichsten Anti-ER-Kandidaten) verlor ER die Mehrheit lediglich in den Stadtparlamenten von Nowosibirsk, Tomsk und Tambow (Zentralrussland). **Wahlmanipulationen** wurden begünstigt durch die gesetzlich geschaffene Möglichkeit des vorzeitigen Wählens (11./12.09.2020), u. a. mit geschlossenen Stimmabgaben von Belegschaften und Wahlurnen „vor der Haustür". Auch war die Registrierung von Kandidaten und die Ausübung des passiven Wahlrechts weiter erschwert worden. Die Zahl der zugelassenen Parteien hatte gegenüber den Regionalwahlen 2019 um rund 30 % abgenommen.

Weniger Freiraum: Die Tätigkeit von unabhängigen Internet-Newsportalen, Social-Media-Plattformen, Nichtregierungsorganisationen und Privatinitiativen sowie das Demonstrationsrecht und Recht zur freien Meinungsäußerung wurden durch neue Gesetze und die Verschärfung bestehender Vorschriften ab Anfang 2021 weiter eingeschränkt. So gelten Einzelmahnwachen nun als **unerlaubte Demonstrationen**. Online-Plattformen müssen seit 01.02.2021 Informationen darüber blockieren und dürfen andererseits staatliche Medien nicht „diskriminieren". Verstöße gegen den **Jugendschutz** dienten als Begründung für Geldstrafen (Januar 2021) und die Verlangsamung der Datengeschwindigkeit, wie im März 2021 für den Kurznachrichtendienst Twitter. Daneben müssen seit April 2021 auf internetfähigen Geräten **russische Apps** installiert sein. Diese Maßnahmen standen im Zusammenhang mit dem Ziel, ein „souveränes russisches Internet" (Runet) zu schaffen (Gesetz vom 01.11.2019). Als Hebel gegen Regimekritik diente die Qualifizierung als **„ausländischer Agent"** beim Justizministerium. Diese vor allem gegen NGO gerichtete Vorschrift zieht strenge Veröffentlichungs- und Finanznachweispflichten nach sich. Seit 2021 können auch Einzelpersonen davon betroffen sein. Diese Einstufung traf im April/Mai 2021 viel genutzte **Online-Nachrichtenportale** wie VTimes, newsru.com und Meduza, die daraufhin ihre Arbeit einstellten bzw. stark einschränkten. Verbindungen zu „unerwünschten Organisationen" (ab 2015), welche die nationale Sicherheit und Verfassungsordnung bedrohten, waren Anlass für Durchsuchungen, Beschlagnahmungen, Geldbußen oder auch Festnahmen. Gegen solche **Schikanen** protestierte die Journalistin Irina Slawina mit ihrer **Selbstverbrennung** am 02.10.2020 in Nischni Nowgorod. Kritik aus den Reihen von Wissenschaft und Bildung rief ein Gesetz vom 01.06.2021 hervor, das **„aufklärerische Tätigkeit"**

wie freie Bildungsarbeit von einer behördlichen Erlaubnis abhängig macht. Gegen Anwälte und Journalisten ging die Justiz u. a. mit dem **Vorwurf des „Staatsverrats"** vor, der etwa greift, wenn Informationen aus Ermittlungsakten, die als geheim deklariert sind, weitergegeben werden, so gegen den Strafverteidiger Iwan Pawlow (30.04.2021).

Corona-Pandemie: Mit Höhepunkten im November und Dezember 2020 wurde Russland im Herbst 2020 von einer **zweiten Ansteckungswelle** mit dem SARS-CoV-2-Virus erfasst. Erneut erhöhen sich die Infektionsraten Anfang Juni 2021, sodass die Metropolen Moskau und St. Petersburg Einschränkungen wie verkürzte Restaurant-Öffnungszeiten, Schließungen von Parks, „Selbstisolierung" kranker und alter Nichtgeimpfter sowie „arbeitsfreie Tage" bzw. Homeoffice-Pflicht erließen. Auf **Lockdowns** wie im Frühjahr 2020 wurde in Russland vorerst **verzichtet.** Die offizielle Zahl bestätigter Corona-Todesfälle war 2020 im internationalen Vergleich mit 57 000 sehr niedrig (bis Juni 2021: 133 000). Doch überstieg die statistische **Übersterblichkeit** das Niveau von 2019 um mehr als das Sechsfache. Daneben wurde von einer hohen **Dunkelziffer** an Infektionen und Erkrankungen mit bis zu einem Drittel der Bevölkerung ausgegangen. Ende Juni 2021 waren lediglich 12 % der Einwohner mindestens einmal geimpft. Die **Skepsis gegenüber** den drei in Russland entwickelten, produzierten und ausschließlich verfügbaren **Impfstoffen** war groß. Sie wurden bereits vor Abschluss der international üblichen vorklinischen Testphasen verimpft, zuerst an Berufsgruppen mit vielen Außenkontakten, später auch an über 60-Jährige. Den ersten Impfstoff, Sputnik V, ließ das Gesundheitsministerium bereits am 11.08.2020 zu. Als **erster Staat in Europa** startete Russland im Dezember 2020 seine nationale **Impfkampagne** und bot Sputnik V bzw. später eine Einmal-Variante („Light") auch im Ausland an, allerdings entgegen offizieller Verlautbarungen meist nur in geringen Mengen und vorwiegend in anderen GUS-Staaten. Zum 01.07.2021 gab die Regierung Sputnik V auch für zahlende **„Impftouristen"** frei. Am 14.06.2021 hatte Moskaus Bürgermeister Sergej Sobjanin eine **Impfpflicht** mit Zeitvorgaben für Betriebe und Behörden der Metropole verordnet, andere Regionen zogen nach.

Massenimpfung am 07.07.2021 auf dem Moskauer Messegelände.

Bewältigung: Die Corona-Pandemie bremste zwar die **Wirtschaft**, das BIP ging 2020 jedoch im Europavergleich nur moderat um 3.1 % zurück. 2021 rechnete der Internationale Währungsfonds (IWF) in seinem Ausblick vom April mit einem Plus von 3.8 %. Auf der anderen Seite waren kleine und mittlere Unternehmen von Lockdown und Konsumrückgang, vor allem aber dem Zwang zur Lohnfortzahlung in der staatlich dekretierten „arbeitsfreien Zeit", belastet. Die meisten staatlichen **Hilfsprogramme** liefen im 2. Halbjahr 2020 aus, Steuererleichterungen für Unternehmen blieben erhalten; hinzu kamen Anfang 2021 zinsgünstige Darlehen für Unternehmen. Besonders betroffene **Branchen** erhielten **Finanzhilfen**, etwa der Luftverkehr und die Autoindustrie. Ein weiterer Schwerpunkt war das **Gesundheitswesen**, das außerhalb der Städte unter einer schwachen Grundversorgung litt und auch in den Metropolen im Winter 2020/21 die hohe Zahl an COVID-19-Fällen kaum bewältigen konnte. Angesichts des Mangels an ausländischen Arbeitsmigranten infolge von Grenzschließungen zum Schutz vor Ausbreitung der Corona-Pandemie, schlug der Leiter der Strafvollzugsbehörde im Mai 2021 vor, **Insassen von Strafkolonien auf Baustellen** einzusetzen – freiwillig und bezahlt. Der Vorschlag erhielt breite Unterstützung im Parlament.

Amoklauf: Ein 19-Jähriger tötete am 11.05.2021 in seiner ehemaligen **Schule in Kasan** (Tatarstan) acht Schülerinnen und Schüler sowie eine Lehrerin; zwei Dutzend weitere Personen wurden verletzt. Der Täter wurde überwältigt und festgenommen. Die Waffe, ein halbautomatisches Gewehr, hatte er zwei Wochen vorher legal erworben. Für den Kauf **erlaubter Schusswaffen** ist ein psychologisches Gutachten notwendig. Die Altersgrenze liegt bei 18 Jahren; eine Heraufsetzung war 2018 nach einer ähnlichen Gewalttat eines 18-Jährigen mit 20 Toten an einer Berufsschule in Kertsch (Krim) gescheitert. Die für Waffenlizenzen zuständige Nationalgarde gab die Zahl der Gewehre in privater Hand mit 6.6 Mio. an. Auf diese Größenordnung wurde auch die Zahl der **illegalen** Schusswaffen in Russland geschätzt.

Ausschluss: Das Internationale **Sportschiedsgericht** (CAS) bestätigte am 17.12.2020 im Berufungsverfahren das Verbot der Welt-Anti-Doping-Agentur (Wada) für Russland, bei internationale Sportveranstaltungen anzutreten, halbierte den Zeitraum der **Sperre** jedoch auf zwei Jahre. So dürfen an den Olympischen Spielen in Tokio (Sommer 2021) und Peking (Winter 2022) sowie an der Fußball-WM in Katar (2022) nur Athleten „aus Russland", die sich nachweislich nicht an der **Manipulation von Doping-Proben** 2012–2015 beteiligt bzw. davon profitiert haben, unter neutraler Flagge teilnehmen.

Sanktionsspirale: Wegen der Vergiftung des Oppositionspolitikers Alexej Nawalny verhängten die **EU** und Großbritannien am 15.10.2020 **Einreise- und Vermögenssperren** gegen sechs hohe Regierungsvertreter, darunter den Chef des Inlandsgeheimdienst (FSB) Aleksandr Bortnikow und den Leiter der Präsidialverwaltung Sergej Kirijenko sowie wegen des Verstoßes gegen das internationale Waffenembargo für Libyen gegen den Unternehmer Jewgeni Prigoschin; er wurde verdächtigt, russische Söldner („Wagner-Gruppe") zu finanzieren. Sanktioniert wurde auch ein Forschungsinstitut, das für die Vernichtung der chemischen Waffen in russischen Beständen verantwortlich gewesen war. Am 02.03.2021 folgten weitere Strafmaßnahmen der EU gegen vier hohe Staatsbeamte wegen **Menschenrechtsverletzungen**. Zum 01.10.2020 wurde der Umfang der Sanktionen im Zusammenhang mit der völkerrechtswidrigen **Annexion der Krim** (2014) durch Russland und der russischen Aggression im Osten der **Ukraine** auf insgesamt 177 Personen und 48 Organisationen erweitert (u. a. Reiseverbote, Einfrieren von Vermögen, Beschränkung von Wirtschaftsbeziehungen). Russland antwortete mit entsprechenden Strafmaßnahmen gegen EU-Vertreter. Am 05.02.2021, kurz nach dem Besuch des Hohen Vertreters der EU für Außen- und Sicherheitspolitik Josep Borrell, in Moskau, wies Russland außerdem **Diplomaten** aus drei EU-Staaten aus. Der russische Außenminister Sergej Lawrow bezeichnete die EU als „unzuverlässigen Partner". Mit der **Ausweisung** acht weiterer EU-Diplomaten reagierte Russland am 30.04.2021 spiegelbildlich auf die Ausweisung russischer Diplomaten aus mehreren EU-Staaten; Anlass waren Vorwürfe Tschechiens gegen den russischen Militärgeheimdienst (GRU).
Die **USA** verhängten am 15.04.2021 Sanktionen gegen Personen (Ausweisung von zehn Diplomaten), sechs russische Technologiefirmen und ein Verbot für amerikanische Banken, russische Staatsanleihen zu erwerben. Die Begründung: Einmischung in die Präsidentenwahlen 2020 in den USA, ein

Gipfeltreffen der Präsidenten Joe Biden (USA) und Wladimir Putin (Russland) am 16.06.2021 in der Villa La Grange am Genfer See (Schweiz).

großer Hackerangriff gegen ein Softwareunternehmen und russische Angebote in Afghanistan, für US-Soldaten „Kopfgeld" zu bezahlen. Am 26.04.2021 schlossen sich die USA wegen des Giftanschlags auf Nawalny Strafmaßnahmen der EU gegen russische Staat- und Regierungsangehörige an. Russland setzte seinerseits Tschechien und die USA am 14.05.2021 auf eine **Liste „unfreundlicher Staaten"**. Damit verbunden war das Verbot, Ortskräfte in diplomatischen Vertretungen zu beschäftigen, bzw. die Aufforderung, deren Zahl zu verringern, was die Arbeitsfähigkeit der Botschaften und Konsulate im Gastland empfindlich herabsetzte. **Cyberangriffe**, hinter denen die USA Hacker mit Verbindungen zur russischen Regierung vermuteten, waren ein prominentes Thema auf dem **Gipfeltreffen** zwischen den **Präsidenten Joe Biden und Wladimir Putin** am 16.06.2021 in Genf (Schweiz). Beide verabredeten dort die Wiederentsendung ihrer **Botschafter.** Russland hatte seinen Vertreter am 17.03.2021 aus Washington zurückbeordert und am 16.04.2021 den US-Botschafter aufgefordert, Russland zu verlassen, sowie zehn US-Diplomaten ausgewiesen – Biden hatte Putin zuvor in einem Interview als „Killer" bezeichnet.

Nord Stream 2: Ungeachtet von Sanktionen der USA wurde das Projekt einer zweiten Erdgasleitung durch die Ostsee zwischen Russland und Deutschland (1230 km) nach einem knappen Jahr Unterbrechung ab Dezember 2020 fortgesetzt. Die **Verlegung** von Röhren in deutschen und dänischen Gewässern übernahmen nun russische Spezialschiffe. Mit der Pipeline (Transportkapazität: 55 Mrd. m^3 pro Jahr), die parallel zu Nord Stream 1 verläuft, würde Russland seine führende Position bei der **Erdgasversorgung Europas** festigen und zugleich den Transit durch die Ukraine verringern. Nord Stream 2 wird von einer Tochtergesellschaft des russischen Staatskonzerns Gazprom (Kapitalan-

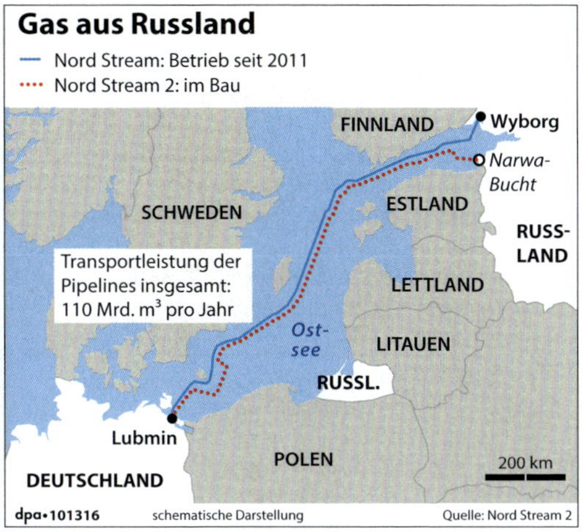

teil: 51 %) gebaut; daneben sind Gasversorger aus Deutschland, Frankreich und den Niederlanden beteiligt. Gazprom, Monopolist für den Export von Erdgas via Pipeline aus Russland, plante auch den Transport von Wasserstoff durch Nord Stream.

Rüstungskontrolle: Nach den USA kündigte auch Russland am 18.01.2021 an, sich aus dem **Vertrag über den Offenen Himmel** (2002, 34 Vertragsstaaten) zur gegenseitigen Beobachtung von Militäreinrichtungen und Truppenbewegungen zurückzuziehen. Andererseits verständigten sich Russland und die USA auf eine Verlängerung des **New-START-Vertrags** (2011) mit Obergrenzen für Strategische Atomwaffen (Sprengköpfe, Trägersysteme) um fünf Jahre. Staatsduma und Föderationsrat ratifizierten diese am 29.01.2021. Unter Präsident Donald Trump hatten die USA vergeblich versucht, für eine Vertragsverlängerung neue Bedingungen auszuhandeln. Stattdessen schlug Präsident Putin am 26.10.2020 vor, die Stationierung von **Marschflugkörpern** im westlichen Teil Russlands zu beenden. Diese waren der Anstoß für die USA gewesen, 2019 aus dem INF-Vertrag (1987) zur Abschaffung bodengestützter atomarer Mittelstreckenwaffen in Europa auszusteigen. Russland strebte die Einbeziehung von Raketenabwehrsystemen der USA in mögliche Gespräche zur Rüstungskontrolle an. Dazu sollen, wie auf dem Genfer Gipfeltreffen am 16.06.2021 vereinbart, Arbeitsgruppen eingerichtet werden.

Drohkulisse: Für Alarmstimmung in der Ukraine und für Besorgnis der NATO sorgte ein Großmanöver im Südwesten Russlands, auf der besetzten Halbinsel Krim (Landeoperation) und im Schwarzen Meer. Daran nahmen im März/April 2021 ca. 100 000 Soldaten aller Teilstreitkräfte teil. Dazu wurden zusätzliche Verbände aus anderen Teilen Russlands und Kriegsschiffe der Kaspi-Flotte herangeführt. Das Verteidigungsministerium stellte den größten **Truppenaufmarsch** in der Grenzregion seit 2014 als Überprüfung der Gefechtsbereitschaft dar, auch um Meldepflichten der OSZE für Militärmanöver zu umgehen. Begleitet wurde das Manöver von Rhetorik gegen die NATO, die zur selben Zeit mit 28 000 Soldaten aus 16 Staaten, darunter auch der Ukraine, auf der Balkanhalbinsel übte. Zusätzlich sperrte am 24.04.2021 Russland die **Meerenge von Kertsch** ins Asowsche Meer bis 31.10.2021 für Kriegs- und staatliche Schiffe anderer Staaten. Die Ukraine befürchtete einen weiteren militärischen Übergriff Russlands auf ihr Territorium. Verteidigungsminister Sergej Schoigu ließ bis 01.05.2021 einen „Teilrückzug" durchführen.

Kooperation: Demonstrativ suchte Russland den Schulterschluss mit der **VR China**. Bei einer der wenigen persönlichen politischen Treffen während der Corona-Pandemie verfassten die Außenminister Sergej Lawrow und Wang Yi am 22.03.2021 anlässlich des Lawrow-Besuchs im Touristenort Guilin (Südchina) eine gemeinsame **Erklärung**, mit der sich beide Staaten von „westlichen Vorstellungen" distanzierten und gleichzeitig für eine multilaterale Zusammenarbeit zwischen „ebenbürtigen" Staaten warben, die auf jede Einmischung in die „inneren Angelegenheiten" des jeweils anderen verzichten. Außerdem verabredeten sie den gemeinsamen Bau einer **Weltraumstation auf dem Mond.** Für China war Russland vor allem ein wichtiger Partner im Energie- und Rüstungsbereich. Im **Gleichklang** verhinderten beide Staaten als Vetomächte **im UN-Sicherheitsrat** eine Verurteilung des Assad-Regime in Syrien, das von Russland militärisch unterstützt wurde, und der Militärjunta in Myanmar, die im Februar 2021 gegen die Regierung geputscht hatte. Mit der **Türkei** stimmte sich Russland beim Vorgehen in Syrien und Libyen ab, obwohl beide Akteure dort jeweils Kriegsgegner unterstützten und es in Nordsyrien zu militärischen Zusammenstößen kam, etwa am 26.10.2020, als die russische Luftwaffe eine von der Türkei protegierte Islamisten-Miliz in der Provinz Idlib angriff. In **Absprache** mit der Türkei kontrollierte Russland außerdem den von ihm vermittelten Waffenstillstand nach einem Krieg zwischen Aserbaidschan und Armenien um Bergkarabach. Am 05.05.2021 vereinbarten die Präsidenten Putin und Recep Tayyip Erdoğan, einander bei der Bekämpfung der Corona-Pandemie zu unterstützen.

Salomonen

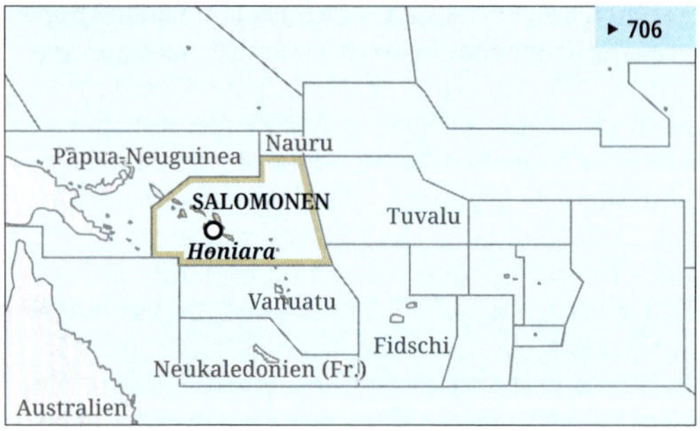

Ländername	Salomonen
Zeitzone	MEZ +10 h
Fläche in km²	28 896 (Rang 140)
Anzahl der Einwohner	686 878 (Rang 163)
Einwohnerzahl pro km²	24 (Rang 160)
Hauptstadt	Honiara
Amtssprache	Englisch
Verwaltungsgliederung	9 Provinzen und 1 Hauptstadt-distrikt
Wichtige Städte	Honiara, Auki, Tandai, Malango
Autokennzeichen | ISO-Code	SOL | SLB
Währung	1 Salomonen-Dollar = 100 Cents
Nationalfeiertag	7. Juli (Unabhängigkeit 1978)

Ihren Namen verdanken die nordöstlich von Australien gelegenen Salomonen spanischen Seefahrern, die im 16. Jahrhundert auf der Suche nach dem legendären Goldschatz König Salomons auf die Inselgruppe stießen.

GEOGRAFIE

Geografische Lage: Von 6°36′ bis 12°17′ südlicher Breite sowie von 155°30′ bis 168°50′ östlicher Länge (Ozeanien)
Höchster Punkt: Popomanaseu 2335 m
Klima: Feuchttropisches Klima

POLITIK

Staatsform: Parlamentarische Demokratie unter konstitutioneller Monarchie
Staatsoberhaupt: Britische Königin, vertreten durch den Generalgouverneur Sir David Vunagi (seit 07.07.2019)
Regierungschef: Premierminister Manasseh Damukana Sogavare (seit 24.04.2019)
Regierungspartei: keine
Legislative: Nationalparlament mit 50 für 4 Jahre gewählten Mitgliedern
Jahr der Verfassung: 1978
Wahlrecht: 21 Jahre

BEVÖLKERUNG

Bevölkerungsanteil: <15 Jahre 40 %, 15–64 Jahre 56.3 %, >64 Jahre 3.7 %
Verteilung: Stadt 24.7 %, Land 75.3 %
Wachstum: 2.5 %
Lebenserwartung: Frauen 75 Jahre, Männer 71 Jahre
Alphabetenrate: Frauen 69 %, Männer 83.7 %
Bevölkerungsgruppen: Melanesier, Polynesier, Mikronesier u. a.
Religionen: Christen (v a. Protestanten), Sonstige
Sprachen: Englisch, Pidgin, indigene Sprachen

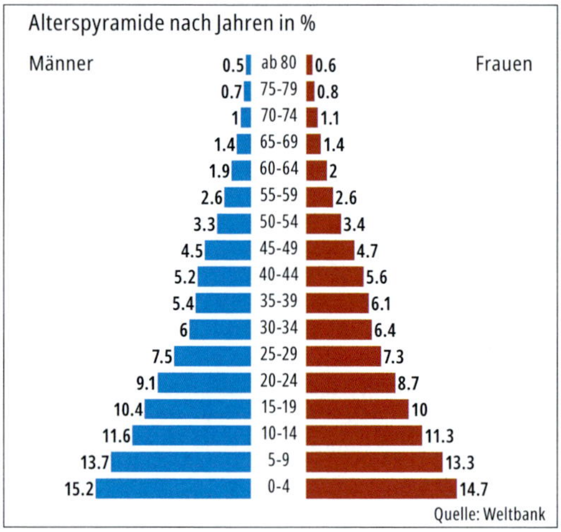

WIRTSCHAFT

BIP: 1.57 Mrd. US$
Wachstum BIP: -4.5 %
BIP/Kopf: 2392 US$
Inflation: 3.4 %
Außenhandel: Import 477 Mio. US$, Export 366 Mio. US$
Erwerbstätige nach Sektoren: Landwirtschaft 37.1 %, Industrie 9.6 %, Dienstleistungen 53.3 %
Arbeitslosenquote: 0.8 %
CO_2-Emission/Kopf: 0.2 t

RÜCKBLICK

Corona-Pandemie: Seit Mitte 2020 stellten die Repatriierungen eigener Bürger, die im Ausland gestrandet waren, trotz Quarantänemaßnahmen das Hauptrisiko dar. Am 03.10.2020 war ein Student, der in einer Gruppe von den Philippinen zurückkehrte, der erste an COVID-19 erkrankte Bürger des Landes; bis zum März 2021 kamen 19 weitere hinzu, danach wurden keine Neuinfektionen mehr gemeldet. Bei den meist jungen Infizierten verlief die Krankheit mild. Ungeachtet dessen wurde der Ausnahmezu-

Eine Hilfslieferung von chinesischen Sinopharm-Impfdosen auf dem Flughafen von Honiara am 12.04.2021.

stand bis zum Juli 2021 verlängert, zumal die Polizei Grenzübertritte aus Papua-Neuguinea nicht völlig unterbinden konnte. Mit einer Bevölkerungsdichte von etwa 6000 Einwohnern pro Quadratkilometer, einem unzureichend mitgewachsenen Gesundheitssystem und oft informellen und unhygienischen Wohnverhältnissen war **die Hauptstadt Honiara potenziell ein idealer Nährboden für eine Virusepidemie**. Angesichts der schnell steigenden Infektionswellen in Papua-Neuguinea, Indonesien und auf den Philippinen war man bestrebt, die Bevölkerung rechtzeitig und möglichst umfassend zu immunisieren. Impfstoffe erhielt das Land im Rahmen der COVAX-Initiative und von der VR China. Die Impfkampagne lief nur langsam an – Premier Manasseh Sogavare machte dafür am 18.06.2021 in einer **Ansprache an die Nation** die in sozialen Medien, insbesondere von einem Teil des Gesundheitspersonals, verbreiteten Falschinformationen über die Impfstoffe verantwortlich und drohte mit Strafen.

Politik: Der Streit wegen des 2019 vollzogenen Schwenks Sogavares in der China-Politik setzte sich fort. Nach dessen Entscheidung, mit Blick auf die Pacific Games 2023, am 02.09.2020 die **Einreise chinesischer Bauarbeiter ungeachtet der pandemiebedingten Grenzschließung** zu erlauben, weigerte sich Sogavares' Widersacher, der Regierungschef Malaitas Daniel Suidani, die Chinesen auf seine Insel zu lassen und kündigte ein Unabhängigkeitsreferendum an; ein gegen Suidani von Sogavare-Anhängern eingebrachtes Misstrauensvotum scheiterte am 14.10.2020 mit 6 gegen 24 Stimmen.

Wirtschaft: Das BIP schrumpfte 2020 um 4.5 %. Pandemiebedingt fiel der Export von Holz um 12 %; der Fischfang ging sogar um 40 % zurück. Angesichts der wachsenden Bevölkerung ist längerfristig ein starkes Wirtschaftswachstum Regierungsziel. Zum Ausbau der dafür notwendigen Stromerzeugung vereinbarte die Regierung mit Australien am 18.06.2021 den Bau eines Wasserkraftwerks; Canberra stellte dafür 45 Mio. US$ bereit.

Sambia

▸ 641

Ländername	Republik Sambia
Zeitzone	MEZ +1 h
Fläche in km²	752 612 (Rang 38)
Anzahl der Einwohner	18.4 Millionen (Rang 65)
Einwohnerzahl pro km²	24 (Rang 160)
Hauptstadt	Lusaka
Amtssprache	Englisch
Verwaltungsgliederung	10 Provinzen
Wichtige Städte	Lusaka, Kitwe, Ndola, Kabwe, Chingola, Mufulira
Autokennzeichen | ISO-Code	Z | ZMB
Währung	1 Sambischer Kwacha = 100 Ngwee
Nationalfeiertag	24. Oktober (Unabhängigkeit 1964)

Kupfer bestimmt seit Jahrzehnten die wirtschaftliche Entwicklung der Republik im Herzen Afrikas. Namensgebend für das Land ist der Sambesi, der im äußersten Nordwesten des Landes entspringt und an der Grenze zu Simbabwe mit den imposanten Victoriafällen in eine über 110 m tiefe Schlucht stürzt.

GEOGRAFIE

Geografische Lage: Von 8°12' bis 18°04' südlicher Breite sowie von 21°59' bis 33°40' östlicher Länge (Südafrika)
Höchster Punkt: Mafinga 2301 m
Klima: Wechselfeuchtes, tropisches Klima

POLITIK

Staatsform: Präsidiale Republik
Staatsoberhaupt und Regierungschef: Präsident Edgar Lungu (seit 20.01.2015)
Regierungspartei: PF (Patriotic Front)
Legislative: Nationalversammlung mit 156 für 5 Jahre gewählten und 8 ernannten Mitgliedern
Jahr der Verfassung: 1991
Wahlrecht: 18 Jahre

BEVÖLKERUNG

Bevölkerungsanteil: <15 Jahre 44 %, 15–64 Jahre 53.9 %, >64 Jahre 2.1 %
Verteilung: Stadt 44.6 %, Land 55.4 %
Wachstum: 2.9 %
Lebenserwartung: Frauen 67 Jahre, Männer 61 Jahre
Alphabetenrate: Frauen 83.1 %, Männer 90.6 %
Bevölkerungsgruppen: Bemba, Tonga, Chewa, Lozi, Nsenga, Tumbuka, Ngoni, Lala, Kaonde, Namwanga, Lunda, Mambwe, Luvale, Lamba u. a.
Religionen: Christen (v a. Protestanten), Sonstige
Sprachen: Englisch, Bantusprachen

WIRTSCHAFT

BIP: 18.53 Mrd. US$
Wachstum BIP: -3.5 %
BIP/Kopf: 981 US$
Inflation: 16.3 %
Außenhandel: Import 5.32 Mrd. US$ (Chemische Erzeugnisse 27.3 %, Maschinen 13.4 %, Kfz und -Teile 8 %, Nahrungsmittel 6.2 %, Erdöl 4.4 %), Export 7.8 Mrd. US$ (Nichteisenmetalle 73.6 %, Rohstoffe außer Brennstoffe 5.2 %, Nahrungsmittel 4.5 %, Nichtmetallische Mineralien 3.6 %, Chemische Erzeugnisse 3.5 %)
Erwerbstätige nach Sektoren: Landwirtschaft 48.5 %, Industrie 10.8 %, Dienstleistungen 40.7 %
Arbeitslosenquote: 12.2 %
CO_2-Emission/Kopf: 0.4 t

Für Sambia stellt nicht nur die Corona-Pandemie eine große Bedrohung dar. Aufnahme vom Welt-Aids-Tag am 01.12.2020 in Lusaka.

RÜCKBLICK

Wahlkampf: In einer angespannten innenpolitischen Atmosphäre begann am 12.05.2021 offiziell der Wahlkampf für die **Präsidentschafts- und Parlamentswahlen** am **12.08.2021**. Neben Präsident **Edgar Lungu** stellten sich weitere 18 Kandidaten für das Amt des Staatsoberhauptes zur Verfügung, darunter auch **Hakainde Hichilema**, Führer der United Party for National Development, der stärksten Oppositionspartei, der bereits fünfmal zu den Wahlen angetreten war. Im Juni 2021 bestätigte das Verfassungsgericht noch einmal, dass Lungu für eine weitere Amtszeit kandidieren durfte. Die Opposition hatte wiederholt versucht, Lungu wegen der in der Verfassung festgelegten Begrenzung auf zwei Amtszeiten von der Präsidentenwahl 2021 auszuschließen. Lungu war 2015 für seinen verstorbenen Vorgänger Michael Sata ins Amt gekommen und hatte sich dann 2016 durch Wahlen bestätigen lassen. Das Verfassungsgericht wertete die Legislaturperiode 2016–2021 als Lungus erste Amtszeit. Aufgrund sprunghaft steigender COVID-19-Infektionen wurden Mitte Juni 2021 **politische Kundgebungen ausgesetzt** und erneut strenge Maßnahmen wie Schulschließungen verhängt.

Zahlungsunfähigkeit: Mitte November 2020 musste sich Sambia infolge der Corona-Pandemie als erstes Land weltweit zahlungsunfähig erklären, weil es die zu diesem Zeitpunkt anstehenden Zinszahlungen in Höhe von 42.5 Mio. US$ nicht leisten konnte. Zu den rund 11.2 Mrd. US$ **Auslandsschulden** gehörten auch in den Jahren 2012–2015 aufgenommene Eurobonds von insgesamt 3 Mrd. US$, die zwischen 2022 und 2027 zurückgezahlt werden mussten. Die Bitten an die privaten Inhaber der **Eurobonds**, einen Zahlungsaufschub für den Schuldendienst zu gewähren, waren vorab gescheitert. Nur die China Development Bank räumte Sambia einen Aufschub für seine Zahlungen ein. Im ersten Halbjahr 2021 befand sich das Land in **Verhandlungen** mit privaten Gläubigern, aber auch mit dem IWF über mögliche Szenarien der **Stundung**, **Umschuldung und Entschuldung**. Bereits vor der Corona-Pandemie war Sambia nach IWF-Angaben von einer Schuldenkrise bedroht gewesen. Der Einbruch der Weltmarktpreise für das Hauptexportgut Kupfer und die wirtschaftlichen Folgen der Lockdown-Maßnahmen hatten das Land zusätzlich massiv belastet.

Heuschreckeninvasion: Die zuvor in Ostafrika grassierende Heuschreckenplage weitete sich in der zweiten Jahreshälfte 2020 auf das südliche Afrika aus. In Sambia waren im Oktober 2020 rund **300 000 Hektar Land** von Heuschrecken befallen. Die gefräßigen Schwärme zerstörten die Lebensgrundlage von tausenden Landwirten und Viehzüchtern. Die UN-Ernährungs- und Landwirtschaftsorganisation FAO erarbeitete mit dem nationalen Landwirtschaftsministerium einen Notfallplan, der neben akuter Abhilfe auch auf Früherkennung setzte.

Samoa

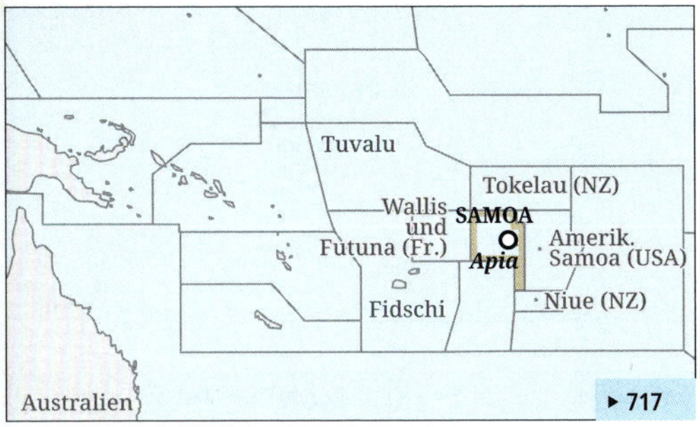

▸ 717

Ländername	Unabhängiger Staat Samoa
Zeitzone	MEZ +12 h
Fläche in km²	2842 (Rang 168)
Anzahl der Einwohner	198 410 (Rang 177)
Einwohnerzahl pro km²	70 (Rang 115)
Hauptstadt	Apia
Amtssprachen	Samoanisch, Englisch
Verwaltungsgliederung	11 Distrikte
Wichtige Städte	Apia, Vaitele, Faleasiu
Autokennzeichen | ISO-Code	WS | WSM
Währung	1 Tala = 100 Sene
Nationalfeiertag	1. Juni (Unabhängigkeit 1962)

Samoa gilt als die Wiege Polynesiens. Mehr als anderswo haben sich hier noch traditionelle Kultur und dörfliche Lebensweise erhalten. Politisch ist die Inselgruppe zweigeteilt: Die östlichen Inseln sind seit 1899 Territorium der USA, die westlichen wurden 1962 als Westsamoa (Name bis 1997) unabhängig.

GEOGRAFIE

Geografische Lage: Von 13°28′ bis 14°03′ südlicher Breite sowie von 171°26′ bis 172°47′ westlicher Länge (Ozeanien)
Höchster Punkt: Mount Silisili 1858 m
Klima: Feuchttropisches Klima

POLITIK

Staatsform: Parlamentarische Republik
Staatsoberhaupt: Gewählter Häuptling Afioga Tuimaleali'ifano Va'aletoa Sualauvi II. (seit 21.07.2017)
Regierungschef: Premierminister Tuila'epa Sa'ilele Malielegaoi (seit 24.11.1998)
Regierungspartei: FAST (Fa'atuatua i le Atua Samoa ua Tasi)
Legislative: Legislativversammlung mit 50 für 5 Jahre gewählten Mitgliedern
Jahr der Verfassung: 1962
Wahlrecht: 21 Jahre

BEVÖLKERUNG

Bevölkerungsanteil: <15 Jahre 37.2 %, 15–64 Jahre 57.7 %, >64 Jahre 5.1 %
Verteilung: Stadt 17.9 %, Land 82.1 %
Wachstum: 0.7 %
Lebenserwartung: Frauen 76 Jahre, Männer 71 Jahre
Alphabetenrate: Frauen 99.2 %, Männer 99 %
Bevölkerungsgruppen: Samoaner, Neuseeländer u. a.
Religionen: Christen, Sonstige
Sprachen: Samoanisch, Englisch

WIRTSCHAFT

BIP: 804 Mio. US$
Wachstum BIP: -3.2 %
BIP/Kopf: 3961 US$
Inflation: 1.5 %
Außenhandel: Import 312 Mio. US$, Export 37 Mio. US$
Erwerbstätige nach Sektoren: Landwirtschaft 29.9 %, Industrie 23.3 %, Dienstleistungen 46.8 %
Arbeitslosenquote: 8.9 %
CO_2-Emission/Kopf: 0.7 t

RÜCKBLICK

Corona-Pandemie: Durch Einreiseverbote und Quarantäneregelungen konnte das Virus weitgehend ferngehalten werden: Bis zum 23.06.2021 waren erst 3 Infizierte aufgefallen; etwa 45 178 Einwohner hatten eine Erstimpfung erhalten; wegen tragischer Fehler bei der Masern-Impfkampagne 2019 war die Zurückhaltung der Bevölkerung aber groß. Nach der Missachtung geltender Besuchsverbote und Hygieneregeln im Krankenhaus von Apia drohte die Regierung im Juni 2021 mit empfindlichen Geldstrafen.

Politik: Das seit 1998 von Tuila'epa Sa'ilele Malielegaoi regierte Land geriet nach den Parlamentswahlen am 09.04.2021 in eine **Verfassungskrise**. Bei der Wahl war eine aussichtsreiche Parteineugründung (FAST Party) angetreten, die sich weitgehend aus Abtrünnigen der regierenden HRPP rekrutierte. Sie profitierte von der Unzufriedenheit in der Bevölkerung mit einer Reihe von Regierungsprojekten wie dem Aufbau einer eigenständigen Gerichtsbarkeit für Landkonflikte. Das **Ergebnis der Parlamentswahl war äußerst knapp und umstritten:**

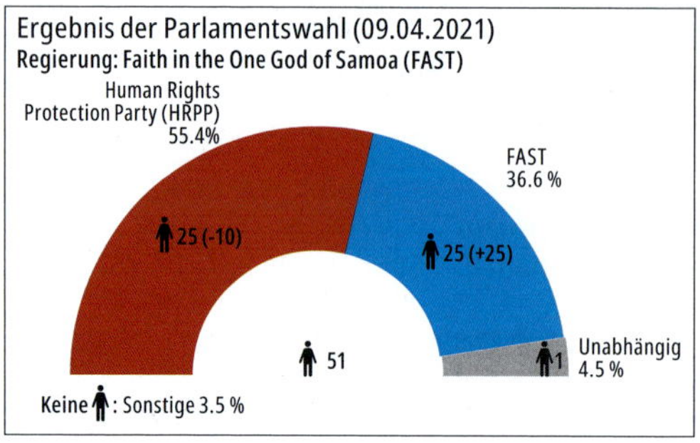

Beide Parteien erhielten 25 Mandate, das entscheidende 51. Mandat ging an einen Unabhängigen. Da dieser bereit war, die Oppositionskandidatin Fiame Naomi Mata'afa – die Tochter des ersten Ministerpräsidenten des Landes – zur Regierungschefin zu machen, griff Tuila'epa zu einer **trickreichen Auslegung des Wahlrechts**: Da das Wahlgesetz eine Frauenquote von 10 % vorschreibt, aber nur fünf weibliche Abgeordnete gewählt worden waren, ordnete die Wahlkommission am 20.04.2021 das Nachrücken einer weiblichen HRPP-Kandidatin an, damit das Quorum erfüllt wurde. Um das nun entstandene Patt aufzulösen, schrieb das Staatsoberhaupt Tuimaleali'ifano Va'aletoa Sualauvi II. am 03.05.2021 auf Geheiß des Regierungschefs Neuwahlen aus; das Oberste Gericht hob diese Entscheidung am 17.05.2021 auf und ordnete den Zusammentritt des gewählten Parlaments an. Da die Regierung das Parlamentsgebäude aber am 24.05.2021, dem 45. Tag nach der Wahl und damit dem letzten verfassungsmäßig zulässigen Tag der Konstituierung, verriegelte, fand die erste **Sitzung des Rumpfparlaments** in einem Zelt vor dem Parlamentsgebäude statt; Fiame Naomi Mata'afa wurde als erste weibliche Regierungschefin in ihr Amt eingeschworen. Das Oberste Gericht stellte am 25.06.2021 die Verfassungswidrigkeit dieser Wahl fest; zugleich ordnete es den Zusammentritt des vollzähligen Parlaments innerhalb von 7 Tagen an.

Die neu gewählte Premierministerin Fiame Naomi Mata'afa am 24.05.2021 in Apia.

San Marino

▸ 618

Ländername	Republik San Marino
Zeitzone	MEZ ±0 h
Fläche in km²	61 (Rang 192)
Anzahl der Einwohner	33 938 (Rang 192)
Einwohnerzahl pro km²	556 (Rang 12)
Hauptstadt	San Marino
Amtssprache	Italienisch
Verwaltungsgliederung	9 Gemeinden
Wichtige Städte	Serravalle, Borgo Maggiore, San Marino
Autokennzeichen | ISO-Code	RSM | SMR
Währung	1 Euro = 100 Cent
Nationalfeiertag	3. September (Gründung 301)

San Marino, allseits von Italien umgeben, ist nicht nur die kleinste Republik Europas, sondern auch eine der ältesten der Welt. Seit Jahrhunderten konnte sie ihre Unabhängigkeit gegen alle Machtansprüche von außen behaupten. Die Wirtschaft des Landes basiert in erster Linie auf dem lebhaften Tourismus sowie auf dem Bankenwesen und dem Verkauf von landeseigenen Briefmarken und Münzen.

GEOGRAFIE

Geografische Lage: Von 43°54‘ bis 43°59‘ nördlicher Breite sowie von 12°23‘ bis 12°30‘ östlicher Länge (Südeuropa)
Höchster Punkt: Monte Titano 739 m
Klima: Mediterranes Klima

POLITIK

Staatsform: Parlamentarische Republik
Staatsoberhaupt: Capitani Regenti (kollegial halbjährlich amtierend regierend) Gian Carlo Venturini und Marco Nicolini (seit 01.04.2021)
Regierungschef: Luca Beccari (seit 08.01.2020)
Regierungsparteien: Koalition PDCS (Partito Democratico Cristiano Sammarinese), RETE (Movimento Rete), DML (Domani - Motus Liberi), NpIR (Noi per la Repubblica)

Legislative: Parlament mit 60 für 5 Jahre gewählten Mitgliedern
Jahr der Verfassung: 1600 und 1974
Wahlrecht: 18 Jahre

BEVÖLKERUNG

Bevölkerungsanteil: <15 Jahre 14.7 %, 15–64 Jahre 65 %, >64 Jahre 20.3 %
Verteilung: Stadt 97.5 %, Land 2.5 %
Wachstum: 0.2 %
Lebenserwartung: Frauen 87 Jahre, Männer 84 Jahre
Alphabetenrate: Frauen 99.9 %, Männer 99.9 %
Bevölkerungsgruppen: San-Marinesen, Italiener u. a.
Religion: Christen (v. a. Katholiken)
Sprachen: Italienisch, Romagnol

WIRTSCHAFT

BIP: 1.5 Mrd. US$
Wachstum BIP: -9.7 %
BIP/Kopf: 44 818 US$
Inflation: 0.2 %
Außenhandel: Keine Angabe
Erwerbstätige nach Sektoren: Landwirtschaft 0.3 %, Industrie 32.6 %, Dienstleistungen 67.1 %
Arbeitslosenquote: 1.5 %
CO_2-Emission/Kopf: Keine Angabe

RÜCKBLICK

Corona-Pandemie: Wie schon in der ersten Welle war San Marino auch von der 2. und 3. Corona-Welle stark betroffen. Die 7-Tage-Inzidenz lag im November 2020 zeitweise über 600, im März 2021 sogar über 700. Bis Ende Juni 2021 hatte sich jeder 6. Bürger infiziert. 90 der knapp 34 000 Einwohner San Marinos starben seit Beginn der Pandemie im Zusammenhang mit einer Corona-Infektion. Am 19.02.2021 ließ San Marino den russischen Corona-Impfstoff Sputnik V zu. Ab dem 12.05.2021 bot der Stadtstaat Touristen Sputnik-V-Impfungen an. Voraussetzung war, dass Interessierte sich im Abstand von drei Wochen für jeweils drei Tage im Hotel in San Marino einmieteten. Die Impfungen selbst kosteten 50 €. Das Programm sollte den Tourismus ankurbeln.

Staatspräsidenten: Das Amt der Staatspräsidenten (Capitani Regenti) übernahmen am 01.10.2020 der Christdemokrat Alessandro Cardelli (PDCS) und Mirco Dolcini (Domani Motus Liberi). Turnusgemäß wurden sie am 01.04.2021 abgelöst von Gian Carlo Venturini (PDCS), der das Amt nach 1996/97 zum 2. Mal innehatte, und Marco Nicolini von der Bürgerbewegung RETE.

Verhältnis zu Italien: Am 26.05.2021 vereinbarten die Außenminister von San Marino und Italien in Rom eine **verstärkte Zusammenarbeit**. Zuletzt hatte es keine institutionalisierte Kooperation gegeben. Künftig soll es mindestens einmal im Jahr ein Treffen der Außenminister sowie ein Treffen einer gemischten Kommission geben, zudem regelmäßige Treffen der Botschafter und anderer Amtsträger. Unter anderem vereinbarten beide Seiten, sich in internationalen Angelegenheiten abzustimmen und über Kandidaturen in multilateralen Organisationen zu informieren. Die Absichtserklärung hat eine Laufzeit von fünf Jahren und verlängert sich automatisch, wenn keine der beiden Seiten sie aufkündigt. Die Opposition sah durch die Kooperation San Marinos Souveränität und seine Position der „aktiven Neutralität" in Gefahr.

Banca Nazionale Sammarinese: Im Fall der 2019 durch die Zentralbank geretteten Bank Credito Industriale Sammarinese (CIS, seit Juli 2019 Banca Nazionale Sammarinese) legte der parlamentarische Untersuchungsausschuss am 26.10.2020 seinen Abschlussbericht vor. Danach hatten hochrangige Politiker, Richter und Wirtschaftsvertreter jahrelang verhindert, dass die Zentralbank das Kreditinstitut genauer unter die Lupe nahm. Einer der Drahtzieher war demnach der Investmentbanker Francesco Confuorti, der die Aufsicht der Zentralbank ausschaltete. Insgesamt entstand ein Schaden von mehreren 100 Mio €. Zahlreiche Strafverfahren laufen noch.

Cannabis: Das Parlament legalisierte am 18.06.2021 medizinisches Cannabis. Danach sind Anbau, Verarbeitung, Vertrieb und Nutzung von Cannabis zu therapeutischen Zwecken erlaubt. San Marino hofft so, attraktiv für Pharmafirmen zu werden.

Abtreibungsgesetz: Die Sanmarinesische Frauenunion (Unione Donne Sammarinesi) reichte am 01.06.2021 3028 Unterschriften für ein Referendum zur **Legalisierung von freiwilligen Abtreibungen** ein. Am 11.06.2021 erklärte das zuständige Gremium, dass das nötige Quorum (1070 Unterschriften) erreicht ist. Bisher hat San Marino eines der strengsten Abreibungsgesetze in Europa. Der Vorschlag der Frauenunion sieht eine Angleichung an die Regeln in Italien vor: die Möglichkeit der Abtreibung innerhalb der ersten 12 Schwangerschaftswochen, später nur noch bei Gefahr für Leben oder Gesundheit der Mutter. Das Referendum soll im Herbst 2021 stattfinden.

São Tomé und Príncipe

▸ 637

Ländername	Demokratische Republik São Tomé und Príncipe
Zeitzone	MEZ -1 h
Fläche in km²	964 (Rang 172)
Anzahl der Einwohner	219 161 (Rang 176)
Einwohnerzahl pro km²	227 (Rang 42)
Hauptstadt	São Tomé
Amtssprache	Portugiesisch
Verwaltungsgliederung	6 Distrikte und 1 autonome Region
Wichtige Städte	São Tomé, Trindade, Santana, Neves
Autokennzeichen | ISO-Code	STP | STP
Währung	1 Dobra = 100 Cêntimos
Nationalfeiertag	12. Juli (Unabhängigkeit 1975)

Auf dem Archipel im Golf von Guinea errichteten Portugiesen im 15. Jahrhundert die ersten tropischen Plantagen der Welt. Die Unabhängigkeit erhielten die Nachfahren der einst hierher verschleppten Sklaven erst 1975.

GEOGRAFIE

Geografische Lage: Von 0°01‘ bis 1°42‘ nödlicher Breite sowie von 6°28‘ bis 7°28‘ östlicher Länge (Zentralafrika)
Höchster Punkt: Pico de São Tomé 2024 m
Klima: Tropisches feuchtheißes Klima

POLITIK

Staatsform: Semipräsidiale Republik
Staatsoberhaupt: Präsident Evaristo do Espírito Santo Carvalho (seit 03.09.2016)
Regierungschef: Ministerpräsident Jorge Bom Jesus (seit 03.12.2018)
Regierungspartei: ADI (Acção Democrática Independente)
Legislative: Nationalversammlung mit 55 für 4 Jahre gewählten Mitgliedern
Jahr der Verfassung: 1975
Wahlrecht: 18 Jahre

BEVÖLKERUNG

Bevölkerungsanteil: <15 Jahre 41.8 %, 15–64 Jahre 55.2 %, >64 Jahre 3 %
Verteilung: Stadt 74.4 %, Land 25.6 %
Wachstum: 1.9 %
Lebenserwartung: Frauen 73 Jahre, Männer 68 Jahre
Alphabetenrate: Frauen 89.5 %, Männer 96.2 %
Bevölkerungsgruppen: Mestizen, Angolaner, Mosambikaner, Kapverdier, Portugiesen, Chinesen u. a.
Religionen: Christen, Sonstige
Sprachen: Portugiesisch, Kreolisch

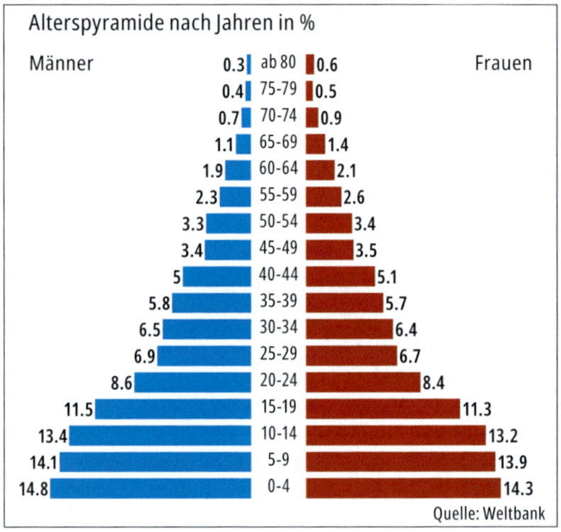

WIRTSCHAFT

BIP: 418 Mio. US$
Wachstum BIP: -6.5 %
BIP/Kopf: 1918 US$
Inflation: 9.8 %
Außenhandel: Import 136 Mio. US$, Export 16 Mio. US$
Erwerbstätige nach Sektoren: Landwirtschaft 18.7 %, Industrie 18.4 %, Dienstleistungen 62.9 %
Arbeitslosenquote: 13.9 %
CO_2-Emission/Kopf: 0.8 t

RÜCKBLICK

Corona-Pandemie: Im Vergleich zu anderen zentralafrikanischen Staaten wies das Land hohe Infektionszahlen auf. Gleichzeitig gehörte es Mitte 2021 im regionalen Vergleich zu den Saaten mit den meisten verabreichten COVID-19-Impfdosen. Der Ausnahmezustand wurde pandemiebedingt auch

2021 immer wieder verlängert und die Einreise von Touristen begrenzt.

Neues Wahlgesetz: Im November 2020 wurde eine umstrittene Anpassung des Wahlgesetzes im Parlament angenommen. Die Änderung beinhaltet unter anderem, dass es in der **Diaspora** geborenen oder lebenden são-toméischen Staatsbürgern untersagt wird, für das Amt des Präsidenten zu kandidieren. Dabei wurden Spekulationen laut, ob die Anpassung des Gesetzes primär darauf abzielt, eine zukünftige Kandidatur des ehemaligen Ministerpräsidenten **Patrice Trovoada** zu verhindern. Dieser lebt seit 2019 im Ausland und gilt als aussichtsreichster Kandidat der Oppositionspartei „Acção Democrática Independente" (ADI). Wegen der Kontroversen **verweigerte** Präsident Evaristo Carvalho seine Unterschrift. Das Gesetz ging erneut in Revision.

Wirtschaft: Ökonomisch wurde das Land 2020 schwer von der Pandemie getroffen. Das Land wies eine der stärksten Kontraktionen des BIP in der Region auf. Hauptgründe waren dabei das Ausbleiben von **Touristen** und die reduzierten Mengen an exportiertem **Kakao**. Zusätzlich gehörte São Tomé und Príncipe 2020 im regionalen Vergleich zu den Ländern mit dem größten Rückgang migrantischer **Rücküberweisungen** in Relation zum Vorjahr. Im Kontext der Pandemie stiegen 2020 die Staatsschulden auf 105 % des BIP. Getrieben wurde dieser Anstieg auch durch die massiven Ölimporte zur Stromerzeugung, die 22 % der Gesamtimporte im Jahr 2020 ausmachten. Internationale Akteure sprechen dabei von einer beginnenden **Schuldenkrise**.

Gehaltsanpassungen und Streiks: In einem vom IWF begleiteten Prozess wollte die são-toméische Regierung 2021 eine Gehaltsanpassung im öffentlichen Dienst vornehmen. Im Zentrum stand dabei laut Regierungsaussagen, wieder eine Verhältnismäßigkeit zwischen den weit auseinanderliegenden Gehaltsniveaus herzustellen. Dementsprechend sollten höhere Gehälter gekappt und niedrige erhöht werden. Als Reaktion traten im Mai 2021 Richter und andere hohe Beamte in einen Streik, um gegen die geplante Kürzung ihrer Gehälter zu protestieren. In den vorherigen Monaten kam es bereits zu mehreren Streiks verschiedener Beamtengruppen, bei denen es hauptsächlich um die Forderung nach Gehaltserhöhungen ging.

Saudi-Arabien

▸ 635

Ländername	Königreich Saudi-Arabien
Zeitzone	MEZ +2 h
Fläche in km²	2 149 690 (Rang 12)
Anzahl der Einwohner	34.8 Millionen (Rang 41)
Einwohnerzahl pro km²	16 (Rang 173)
Hauptstadt	Riad
Amtssprache	Arabisch
Verwaltungsgliederung	13 Regionen
Wichtige Städte	Riad, Djidda, Mekka, Medina, Dammam, Taif, Tabuk
Autokennzeichen | ISO-Code	KSA | SAU
Währung	1 Saudi-Riyal = 100 Halala
Nationalfeiertag	23. September (Vereinigung 1932)

Das Königreich Saudi-Arabien ist das einzige Land der Welt, das mit „Saud" den Namen einer Familie trägt. Die saudischen Monarchen bezeichnen sich als „Hüter der heiligen Stätten" in Mekka und Medina. Bis heute bestimmen der Islam und Stammestraditionen die gesellschaftlichen Strukturen des Landes.

GEOGRAFIE

Geografische Lage: Von 16°22' bis 32°07' nördlicher Breite sowie von 34°29' bis 55°38' östlicher Länge (Vorderasien)
Höchster Punkt: Jabal as-Sawda 3133 m
Klima: Trockenheißes Wüstenklima, an den Küsten hohe Luftfeuchtigkeit

POLITIK

Staatsform: Absolute Monarchie
Staatsoberhaupt und Regierungschef: König Salman bin Abdulaziz Al Saud (seit 23.01.2015)
Regierungspartei: keine
Legislative: Konsultativrat mit 150 für 4 Jahre ernannten Mitgliedern
Jahr der Verfassung: 1992
Wahlrecht: 18 Jahre

BEVÖLKERUNG

Bevölkerungsanteil: <15 Jahre 24.7 %, 15–64 Jahre 71.8 %, >64 Jahre 3.5 %
Verteilung: Stadt 84.3 %, Land 15.7 %
Wachstum: 1.6 %
Lebenserwartung: Frauen 77 Jahre, Männer 74 Jahre
Alphabetenrate: Frauen 92.7 %, Männer 97.1 %
Bevölkerungsgruppen: Araber, Afrikaner, Asiaten u. a.
Religionen: Muslime (v. a. Sunniten), Christen, Hindus, Buddhisten
Sprachen: Arabisch, Englisch

WIRTSCHAFT

BIP: 701.47 Mrd. US$
Wachstum BIP: -4.1 %
BIP/Kopf: 20 178 US$
Inflation: 3.4 %
Außenhandel: Import 132.75 Mrd. US$ (Nahrungsmittel 12.3 %, Chemische Erzeugnisse 11.2 %, Kfz und -Teile 10.4 %, Maschinen 10.2 %, Elektronik 8.1 %), Export 173.49 Mrd. US$ (Chemische Erzeugnisse 14.5 %, Nahrungsmittel 1.2 %, Nichteisenmetalle 0.8 %, Rohstoffe außer Brennstoffe 0.7 %, Eisen und Stahl 0.4 %)
Erwerbstätige nach Sektoren: Landwirtschaft 2.3 %, Industrie 24.8 %, Dienstleistungen 72.9 %
Arbeitslosenquote: 8.2 %
CO_2-Emission/Kopf: 18 t

Bruttoinlandsprodukt, Wachstum in %

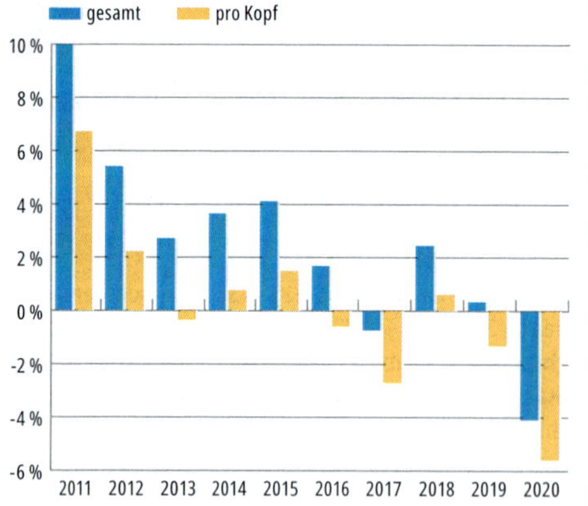

Quelle: IWF, Weltbank

RÜCKBLICK

Corona-Pandemie: Die offiziell gemeldete Zahl der Infektionen ging ab Juli 2020 kontinuierlich zurück. Anfang Januar 2021 wurden weniger als 1000 pro Woche gemeldet, bevor die Zahlen wieder anstiegen und ab Ende Mai 2021 rd. 8000 pro Woche ausmachten. Zeitweise waren Moscheen und Geschäfte mehrere Wochen geschlossen. Ab März 2020 waren saudischen Bürgern Auslandsreisen untersagt, ab dem 17.05.2021 wurden sie für Geimpfte und Genesene wieder gestattet. Umgekehrt wurde auch die Einreise nach Saudi-Arabien weitgehend untersagt oder im Umfang stark beschränkt, wie bei der großen Pilgerfahrt (Hadsch) zu den heiligen Städten Mekka und Medina 2020. Wie das zuständige Ministerium am 07.05.2021 mitteilte, dürfen Angestellte nur dann an ihren Arbeitsplatz zurückkehren, wenn sie geimpft sind. Die Impfungen begannen am 17.12.2020. Insgesamt wurden bis zum 30.06.2021 offiziell 486 106 Infektionen und 7804 Todesfälle gemeldet, was 0.02 % der Bevölkerung entsprach.

Mordfall Kashoggi: Am 03.07.2020 begann in Istanbul ein Prozess gegen 20 saudische Staatsbürger im Fall des im Oktober 2018 im saudischen Generalkonsulat in Istanbul ermordeten Dissidenten Dschamal Khashoggi. Zwei enge Vertraute des Kronprinzen Mohammed bin Salman Al Saud, der frühere stellvertretende Geheimdienstchef Ahmed al-Assiri und Saud bin Abdullah al-Kahtani, ein ehemaliger enger Berater, sollen gemäß der Anklage das Mordkommando zusammengestellt und nach Istanbul entsandt haben. Die türkische Staatsanwaltschaft warf ihnen deshalb die Anstiftung zu vorsätzlichem Mord vor. Der Prozess fand in Abwesenheit aller Angeklagten statt. Die im Dezember 2019 von einem saudischen Gericht gegen 5 in den Fall verwickelten Personen verhängten **Todesstrafen** wurden **in 20-jährige Haftstrafen umgewandelt**, wie am 07.09.2020 bekanntgegeben wurde. Der Fall sei damit für die saudische Justiz abgeschlossen. Hatice Cengiz, **die Verlobte Kashoggis,** reichte zusammen mit der von diesem gegründeten Organisation Democracy for the Arab World Now (Dawn) gegen den Kronprinzen und 28 weitere Personen am 20.10.2020 **Schadensersatzklage vor einem Gericht in Washington ein**. Der US-Präsident Joe Biden ließ am 26.02.2021 den **Bericht US-amerikanischer Geheimdienste** über den Fall veröffentlichen, den sein Vorgänger Donald Trump zuvor unter Verschluss gehalten hatte. Darin wird **Mohammed bin Salman für den Mord verantwortlich gemacht**. Das US-Außenministerium verhängte Einreisebeschränkungen gegen 76 saudische Staatsbürger, von denen angenommen werde, dass sie an

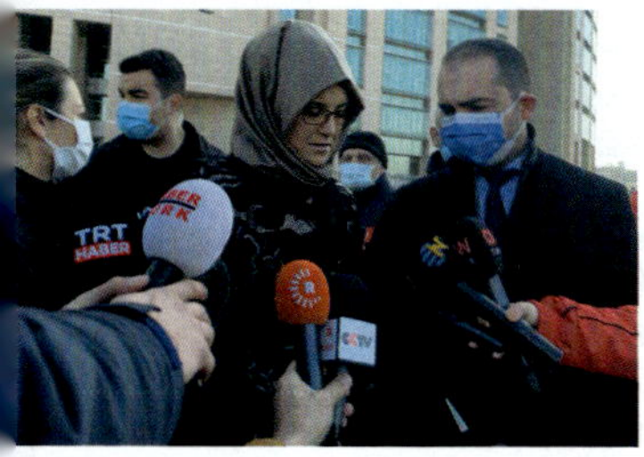

Die Verlobte des in Istanbul getöteten saudischen Journalisten Khashoggi, Hatice Cengiz, beantwortet am dritten Prozessestag, am 04.03.2021, außerhalb des Gerichts die Fragen von Journalisten.

der Bedrohung von im Ausland lebenden Dissidenten beteiligt gewesen seien.

Frauenrechte: Die **Frauenrechtlerin Ludschain al-Hathlul**, die im März 2018 vom saudischen Geheimdienst aus den Vereinigten Arabischen Emiraten verschleppt worden war und sich seither in Haft befand, wurde von einem Sonderstrafgericht für Terrorismus am 28.12.2020 **zu 5 Jahren und 8 Monaten Haft verurteilt**. Ihr war vorgeworfen worden, sie habe die nationale Sicherheit gefährdet, das politische System stürzen wollen und im Auftrag ausländischer Mächte gehandelt. Hathlul, die nach Angaben ihrer Familie während ihrer Haft gefoltert wurde, hatte sich u. a. für die Aufhebung des Verbots, dass Frauen selbst ein Auto steuern dürfen, eingesetzt. Am 10.02.2021 wurde sie **aus der Haft entlassen**. Sie wurde allerdings mit einem 5-jährigen **Ausreiseverbot** belegt. Neben Hathlul waren 2018 noch 12 weitere Frauenrechtlerinnen verhaftet worden, deren Gerichtsverfahren weitergeführt wurden; 5 von ihnen befanden sich noch in Haft. Zwei weitere Frauenrechtlerinnen, Samar Badawi und Nasima as-Sadah, wurden auf freien Fuß gesetzt, wie am 27.06.2021 bekannt wurde. Sie waren seit August 2018 inhaftiert gewesen.

Hinrichtungen: Die Todesurteile gegen 3 Schiiten wurden am 07.02.2021 in 10-jährige Haftstrafen umgewandelt. Sie befanden sich seit 2012 in Haft, nachdem sie, noch minderjährig, an Protesten gegen die Regierung zu Beginn des letzten Jahrzehnts teilgenommen hatten. Die Menschenrechtskommission des Königreichs hatte bereits im April 2020 bekanntgegeben, man werde künftig keine Personen mehr hinrichten, die zum Zeitpunkt des ihnen vorgeworfenen Vergehens noch minderjährig waren. Dennoch wurde ein anderer junger Schiit, der wegen Teilnahme an einer bewaffneten Rebellion zum Tode verurteilt worden war, am 15.06.2021 hingerichtet. Zum Zeitpunkt der ihm vorgeworfenen Handlungen soll er erst 17 Jahre alt gewesen und sein Geständnis durch Folter erzwungen worden sein. Amnesty International hatte bereits im Vorjahr nach der Ankündigung der Menschenrechtskommission darauf hingewiesen, dass bei Straftaten im Sinne des Anti-Terror-Gesetzes auch bei Minderjährigen keine Ausnahme von der Todesstrafe gemacht werde. Gemäß offiziellen Angaben wurden 2020 27 Hinrichtungen vollzogen, 85 % weniger als im Vorjahr. Dies war die Folge davon, dass Todesstrafen im Zusammenhang mit Drogendelikten vorerst nicht vollzogen wurden.

Absetzung von Amtsträgern: Die staatlichen Medien berichteten am 21.08.2020, dass mehrere Amtsträger wegen Korruptionsvorwürfen im Zusammenhang mit Tourismusprojekten abgesetzt wurden. Darunter befanden sich u. a. die Gouverneure der Städte Umludsch und al-Wadschh am Roten Meer, der Kommandeur der Grenzpolizei sowie Beamte des Innenministeriums. Der Befehlshaber der im Jemen intervenierenden Koalitionsstreitkräfte, Fahad bin Turki Al Saud, sowie sein Sohn Abdelaziz, der stellvertretende Gouverneur von al-Dschauf, wurden gleichfalls wegen Korruptionsvorwürfen am 31.08.2020 entlassen. Auch anderen Offizieren und Beamten des Verteidigungsministeriums wurde **Korruption** vorgeworfen. An die Stelle Fahads trat auf Empfehlung von Kronprinz Mohammed der bisherige stellvertretende Generalstabschef Mutlak bin Salim al-Azima. Unklar blieb, inwieweit die Korruptionsvorwürfe der eigentliche Grund für die Amtsenthebung waren oder ob der Kronprinz lediglich die Positionen mit ihm treu ergebenen Personen besetzen wollte.

Strafe für Mord an ausländischer Hausangestellten: Wegen Mordes an einer Hausangestellten aus Bangladesch wurde am 14.02.2021 eine saudische Arbeitgeberin zum Tod verurteilt. Sie hatte die Bangladescherin jahrelang misshandelt und im März 2019 schließlich getötet. Ihr Ehemann war bereits zuvor zu einer Haftstrafe von 3 Jahren verurteilt worden, weil er der Angestellten eine medizinische Behandlung verweigert hatte und sie überdies Arbeiten außerhalb des eigenen Haushalts verrichten ließ. **Ausländische Arbeitskräfte** sind in Saudi-Arabien und anderen Golfstaaten **infolge des Kafala-Systems**, das sie von ihrem inländischen Bürgen (Kafil), meist dem Arbeitgeber, abhängig macht, **weitgehend schutzlos**. Urteile wie dieses sind äußerst selten.

Haushaltsdefizit: Das Haushaltsdefizit war 2020 mit 79 Mrd. $, was 12 % des BIP entsprach, mehr als doppelt so groß wie 2019. Die Staatseinnahmen waren infolge des niedrigen Erdölpreises und der wegen der COVID-19-Pandemie stark reduzierten Pilgerzahlen in Mekka und Medina deutlich zurückgegangen. Die Mehrwertsteuer wurde deshalb von 5 auf 15 % angehoben, Zusatzleistungen für Beamte wurden gestrichen. Insgesamt soll das Budget für 2021 um 7 % reduziert werden.

Schweden

▸ 604

Ländername	Königreich Schweden
Zeitzone	MEZ ±0 h
Fläche in km²	447 425 (Rang 56)
Anzahl der Einwohner	10.4 Millionen (Rang 88)
Einwohnerzahl pro km²	23 (Rang 162)
Hauptstadt	Stockholm
Amtssprache	Schwedisch
Verwaltungsgliederung	21 Provinzen
Wichtige Städte	Stockholm, Göteborg, Malmö, Uppsala, Linköping, Örebro, Västerås
Autokennzeichen | ISO-Code	S | SWE
Währung	1 Schwedische Krone = 100 Öre
Nationalfeiertag	6. Juni (Wahl von König Gustav Wasa 1523)

Im größten Land Skandinaviens prägten die Gletscher der Eiszeiten Landschaften und Naturräume. Vom 16. bis 18. Jahrhundert erlebte Schweden den Auf- und Abstieg als europäische Großmacht. Seit dem 19. Jahrhundert verfolgte das Land eine Politik der Neutralität. Mit dem Beitritt zur EU 1995 entschloss es sich zur Teilnahme an einer vertieften Integration Europas.

GEOGRAFIE

Geografische Lage: Von 55°21' bis 69°02' nördlicher Breite sowie von 11°07' bis 24°10' östlicher Länge (Nordeuropa)
Höchster Punkt: Kebnekaise 2097 m
Klima: Winterfeucht-kaltes Klima, im Süden ozeanisches Klima

POLITIK

Staatsform: Parlamentarische Monarchie
Staatsoberhaupt: König Carl XVI. Gustaf (seit 15.09.1973)
Regierungschef: Ministerpräsident Stefan Löfven (seit 03.10.2014)
Regierungsparteien: Koalition SAP (Sozialdemokratische Arbeiterpartei), MP (Grüne)
Legislative: Reichstag mit 349 für 4 Jahre gewählten Mitgliedern
Jahr der Verfassung: 1975
Wahlrecht: 18 Jahre

BEVÖLKERUNG

Bevölkerungsanteil: <15 Jahre 17.6 %, 15–64 Jahre 62 %, >64 Jahre 20.4 %
Verteilung: Stadt 88 %, Land 12 %
Wachstum: 0.7 %
Lebenserwartung: Frauen 85 Jahre, Männer 81 Jahre
Alphabetenrate: Frauen 99 %, Männer 99 %
Bevölkerungsgruppen: Schweden, Syrer, Finnen, Iraker u. a.
Religionen: Christen, Muslime, Sonstige
Sprachen: Schwedisch, Finnisch, Minderheitensprachen

WIRTSCHAFT

BIP: 537.61 Mrd. US$
Wachstum BIP: -2.8 %
BIP/Kopf: 51 796 US$
Inflation: 0.7 %
Außenhandel: Import 149.16 Mrd. US$ (Chemische Erzeugnisse 11.7 %, Kfz und -Teile 10.5 %, Elektronik 10 %, Maschinen 9.8 %, Nahrungsmittel 9.4 %), Export 155.54 Mrd. US$ (Chemische Erzeugnisse 14.2 %, Maschinen 13.7 %, Kfz und -Teile 12.9 %, Rohstoffe außer Brennstoffe 7.1 %, Elektronik 6.5 %)
Erwerbstätige nach Sektoren: Landwirtschaft 1.6 %, Industrie 17.7 %, Dienstleistungen 80.7 %
Arbeitslosenquote: 8.4 %
CO_2-Emission/Kopf: 4.4 t

RÜCKBLICK

Corona-Pandemie: In der zweiten und dritten Welle der COVID-19-Pandemie im Herbst 2020 bzw. Frühjahr 2021 wies Schweden im europäischen Vergleich sehr **hohe Ansteckungs- und Todeszahlen** auf – und die höchste nationale Übersterblichkeit seit der Spanischen Grippe 1918/19. Das Bestreben, vor allem **vulnerable Gruppen**, Alte und Kranke, zu schützen, wurde verfehlt, wie ein im November 2020 vorgelegter Untersuchungsbericht der Gesundheitsaufsicht zur ersten Pandemiewelle feststellte. Danach waren drei Viertel der Toten Pflegebedürftige. Zur Eindämmung ging Schweden einen Sonderweg: mit **Empfehlungen der staatlichen Gesundheitsbehörde**

FHM, die von den 21 Provinzen, abhängig von der Infektionslage, umgesetzt wurden. Auf zusätzliche gesetzliche Einschränkungen wurde verzichtet. **Kritik an der Corona-Strategie** ließ die rot-grüne Minderheitsregierung von Ministerpräsident Stefan Löfven allerdings ein **Pandemiegesetz** vorlegen, das der Reichstag am 08.01.2021 verabschiedete. Es ermächtigte die Regierung, zunächst bis 30.09.2021, **Beschränkungen** für Kontakte, bei Veranstaltungen, Öffnungszeiten und dem Alkoholverkauf sowie Hygieneregeln auch mithilfe von Bußgeldern durchzusetzen. Das geschah per Verordnung teilweise bereits Ende 2020. Ab 01.06.2021 wurden die Beschränkungen wieder gelockert.

Wirtschaft: Der Verzicht auf allgemeine Lockdowns verhinderte eine **Rezession** nicht, weil der Konsum deutlich zurückging und viele Unternehmen Investitionen verringerten, ihre Mitarbeiter ins Homeoffice schickten oder Stellen abbauten. 2020 ging das BIP gegenüber dem Vorjahr um 2.8 % zurück. Einen stärkeren Einbruch verhinderten **umfangreiche Hilfen** für Unternehmen. Die Erwerbslosenquote lag Ende 2020 dennoch um ein Drittel höher als im Vorjahr. Dies verschärfte besonders die **Jugendarbeitslosigkeit** mit Quoten im 2. Halbjahr 2020 von bis zu 28 %. Viele Unternehmen verzichteten auf Neueinstellungen bzw. eine für sie teure Umwandlung von befristeten in unbefristete Stellen, sodass sich das „Zweiklassensystem“, einerseits sichere und gut bezahlten Jobs, andererseits zeitlich befristete Arbeitsverhältnisse mit niedriger Bezahlung, verschärfte. Eine **Arbeitsmarktreform**, wie sie die Regierung sowie Zentrumspartei (CP) und Liberale (FP) verabredet hatten, kam nicht zustande.

Bandenkriminalität: Die gewaltsamen Auseinandersetzungen zwischen kriminellen Banden in immer mehr Städten hielten an. Am 02.08.2020 geriet eine Zwölfjährige in Botkyrka (Provinz Stockholm) in eine Schießerei und starb. Am 30.06.2021 wurde in Göteborg ein Polizist erschossen. Die **Sonderoperation** der Polizei („Raureif“) im 1. Halbjahr 2020 mit stärkerer Präsenz in Vierteln mit sozialen Problemen und einem hohen Migrantenanteil („besonders gefährdete Gebiete“), Razzien, Verhaftungen und Durchsuchungen hatte die Gewalt zwischen verfeindeten Gangs nur geringfügig zurückgehen lassen.

Einwanderung: Die öffentlich sichtbare organisierte Kriminalität und die soziale Segregation beflügelten die politische Debatte um ein neues Einwanderungs- und Asylrecht, das die Übergangsregelungen von 2016 ablösen sollte. Ein Gesetzentwurf der Regierung schlug im April 2021 die Beibehaltung einer grundsätzlich befristeten **Aufenthaltserlaubnis** für die ersten drei Jahre und Beschränkungen beim **Familiennachzug** vor. Die rechtspopulistischen Schwedendemokraten (SD), ab 2018 drittstärkste politische Kraft im Parlament, sowie die Konservativen (MS) forderten **Obergrenzen** in der Immigration. Die Liberalen (FP) kündigten im März 2021 an, die rot-grüne Regierung nicht mehr zu stützen. Ihr **Kurswechsel** an die Seite von MS und Christdemokraten (KdS) führte zu einem gemeinsamen Gesetzentwurf mit der SD. Er schränkte u. a. Aufenthaltsgenehmigungen aus humanitären Gründen ein. Allerdings lag die Zahl der Asylanträge 2020 bei lediglich 13 000. Während der „Flüchtlingskrise“ 2015 waren es mehr als zehnmal so viele gewesen.

Sturz: Am 21.06.2021 war **erstmals** ein **Misstrauensvotum** des Parlaments gegen eine Regierung in der schwedischen Geschichte **erfolgreich**: Ein Antrag der Linkspartei (VP), die bis dahin die Löfven-Regierung gestützt hatte, erhielt 181 Stimmen, 109 Abgeordnete stimmten dagegen, 51 enthielten sich. Anlass war der Versuch von Rot-Grün sowie Liberalen und Zentrumspartei (CP), eine seit 1968 geltende **„Mietpreisbremse“** für Neubauten (ab 2022) **aufzuheben**, um den Wohnungsbau zu stimulieren. Mietpreise werden in Rahmenvereinbarungen zwischen Mieterbund und Wohnungswirtschaft gedeckelt. Es mangelt an Mietwohnungen. Auf der anderen Seite standen hohe Preise für Eigenheime, was die **Verschuldung** von Privathaushalten wachsen ließ. Ministerpräsident Löfven hatte nun die Möglichkeit, innerhalb einer Woche zurückzutreten, oder vorgezogene Reichstagswahlen anzusetzen – zusätzlich zur turnusgemäßen Wahl im September 2022. Er trat am 28.06.2021 zurück. Weil der Opposition nur zwei Stimmen fehlten, wurde Löfven vom Parlament am 07.07.2021 als Ministerpräsident bestätigt.

Verteidigung: Die im Oktober 2021 von der Regierung vorgelegte Verteidigungsplanung für die nächsten fünf Jahre sah eine **Erhöhung der Militärausgaben** um 40 % vor. Mehr Personal für die Streitkräfte (Berufs- und Zeitsoldaten, Wehrpflichtige, Reservisten), 90 000 bis 2030, sowie eine Aufrüstung mit Kampfflugzeugen und U-Booten sollen einer stärkeren **Bedrohung durch Russland** Rechnung tragen. Neben der militärischen Zusammenarbeit mit Finnland kam auch eine **NATO-Mitgliedschaft** stärker in den Blick. Den Auftrag, eine solche Option zu **prüfen,** erging im Dezember 2020 mit den Stimmen der bürgerlichen Parteien und der Schwedendemokraten an den zuständigen Parlamentsausschuss. Für die Beibehaltung der **Bündnisfreiheit** traten die Linksparteien ein.

Schweiz

▸ 618

Ländername	Schweizerische Eidgenossenschaft
Zeitzone	MEZ ±0 h
Fläche in km²	41 291 (Rang 132)
Anzahl der Einwohner	8.6 Millionen (Rang 100)
Einwohnerzahl pro km²	209 (Rang 49)
Hauptstadt	Bern
Amtssprachen	Deutsch, Französisch, Italienisch, Rätoromanisch
Verwaltungsgliederung	26 Kantone
Wichtige Städte	Zürich, Genf, Basel, Bern, Lausanne, Winterthur
Autokennzeichen | ISO-Code	CH | CHE
Währung	1 Schweizer Franken = 100 Rappen/ Centimes
Nationalfeiertag	1. August (Bundesbrief 1291)

Auf einem Gebiet, das von den alpinen Gebirgszügen eher unterteilt als begrenzt wird, ist seit dem Mittelalter eine Nation entstanden, die in sich verschiedene Sprachgemeinschaften, Konfessionen und Mentalitäten vereinigt. Die historisch gewachsenen, sehr unterschiedlich großen Kantone haben dabei ihre Eigenart und auch die politische Autonomie bewahrt. Dank einer flexiblen, exportorientierten Industrie, eines gut ausgebauten Finanzwesens und eines traditionell starken Tourismus gehört die strikter politischer Neutralität verpflichtete Schweiz zu den reichsten Staaten der Erde.

GEOGRAFIE

Geografische Lage: Von 45°49′ bis 47°48′ nördlicher Breite sowie von 5°57′ bis 10°28′ östlicher Länge (Mitteleuropa)
Höchster Punkt: Dufourspitze 4634 m
Klima: Feuchtgemäßigtes Klima im Norden, in den Alpen Gebirgsklima, im Süden mediterrane Einflüsse

POLITIK

Staatsform: Föderale Republik
Staatsoberhaupt: Bundespräsident Guy Parmelin (seit 01.01.2021)
Legislative: Bundesversammlung, bestehend aus Nationalrat mit 200 für 4 Jahre gewählten Mitgliedern und Ständerat mit 46 für 4 Jahre gewählten Mitgliedern
Jahr der Verfassung: 2000
Wahlrecht: 18 Jahre
Staatsreligion: Keine

BEVÖLKERUNG

Bevölkerungsanteil: <15 Jahre 15 %, 15–64 Jahre 65.9 %, >64 Jahre 19.1 %
Verteilung: Stadt 73.9 %, Land 26.1 %
Wachstum: 0.7 %
Lebenserwartung: Frauen 86 Jahre, Männer 82 Jahre
Alphabetenrate: Frauen 99 %, Männer 99 %
Bevölkerungsgruppen: Schweizer, Deutsche, Italiener, Portugiesen, Franzosen u. a.
Religionen: Christen, Muslime, Sonstige
Sprachen: Deutsch, Französisch, Italienisch, Rätoromanisch

WIRTSCHAFT

BIP: 747.43 Mrd. US$
Wachstum BIP: -3 %
BIP/Kopf: 86 849 US$
Inflation: -0.7 %
Außenhandel: Import 291.44 Mrd. US$ (Gold 30.5 %, Chemische Erzeugnisse 19.5 %, Maschinen 5.2 %, Kfz und -Teile 5.1 %, Textilien und Bekleidung 3.7 %), Export 319.23 Mrd. US$ (Chemische Erzeugnisse 39 %, Gold 22.6 %, Maschinen 7 %, Optik 5.8 %)
Erwerbstätige nach Sektoren: Landwirtschaft 2.9 %, Industrie 20 %, Dienstleistungen 77.1 %
Arbeitslosenquote: 4.9 %
CO_2-Emission/Kopf: 4.6 t

VERWALTUNGSGLIEDERUNG

Verwaltungseinheit	Fläche in km²	Einwohner	Hauptstadt
Aargau	1404	685 845	Aarau
Appenzell Ausserrhoden	243	55 445	Herisau
Appenzell Innerrhoden	173	16 128	Appenzell
Basel-Landschaft	518	289 468	Liestal
Basel-Stadt	37	195 844	Basel
Bern	5959	1 Mio.	Bern
Freiburg	1671	321 783	Freiburg
Genf	282	508 774	Genf
Glarus	685	40 590	Glarus
Graubünden	7105	199 021	Chur
Jura	839	73 584	Delémont

Verwaltungseinheit	Fläche in km²	Einwohner	Hauptstadt
Luzern	1493	413 920	Luzern
Neuenburg	802	176 496	Neuenburg
Nidwalden	276	43 087	Stans
Obwalden	491	37 930	Sarnen
Schaffhausen	298	83 152	Schaffhausen
Schwyz	908	160 480	Schwyz
Solothurn	790	276 469	Solothurn
St. Gallen	2031	510 734	St. Gallen
Tessin	2812	351 491	Bellinzona
Thurgau	992	279 547	Frauenfeld
Uri	1076	36 703	Altdorf
Waadt	3212	805 098	Lausanne
Wallis	5225	345 525	Sion
Zug	239	127 642	Zug
Zürich	1729	1.6 Mio.	Zürich

RÜCKBLICK

Corona-Pandemie: Die 2. Welle der Corona-Pandemie traf die Schweiz im Herbst 2020 relativ hart. Ab Anfang Oktober 2020 stiegen die Zahlen rasch und erreichte ihren Höhepunkt am 08.11.2020 mit einer 7-Tage-Inzidenz von 666 pro 100 000 Einwohner. Innerhalb weniger Wochen waren viele Krankenhäuser stark belastet. COVID-19-Patienten belegten bis in den Januar 2021 **fast die Hälfte der Intensivbetten**. Ab dem 19.10.2020 galten deswegen verschärfte Corona-Maßnahmen. Unter anderem wurde eine Maskenpflicht in vielen öffentlichen Innenräumen sowie im öffentlichen Nah- und Fernverkehr eingeführt. Ab dem 29.10.2020 verschärfte die Regierung die Kontaktbeschränkungen und weitete die Maskenpflicht auf den Arbeitsplatz, weiterführende Schulen sowie belebte Plätze aus. Läden, Restaurants und Bars mussten ab 23 Uhr schließen. Diskotheken durften gar nicht erst öffnen. Am 02.11.2020 mussten alle Hochschulen auf Onlineunterricht umstellen, die Schulen blieben offen. Besonders betroffene Kantone verschärften die Maßnahmen auf eigene Faust. Der Bund zog die Sperrstunde ab dem 12.12.2020 auf 19 Uhr vor. Ab dem 22.12.2020 wurden Restaurants, Kultur- und Freizeiteinrichtungen für Besucher geschlossen. Die Regierung appellierte an die Bürger, nach Möglichkeit zuhause zu bleiben. Ab dem 18.01.2021 galt eine Homeoffice-Pflicht. Geschäfte, die nicht zum täglichen Bedarf gehörten, mussten schließen.
Erste Lockerungen begannen ab dem 01.03.2021: Läden sowie die Außenbereiche von Kultur- und Freizeiteinrichtungen durften mit Hygiene- und Testkonzepten wieder öffnen. Weitere Erleichterungen folgten am 19.04.2021 (u. a. Öffnung der Außengastronomie) und am 31.05.2021 (u. a. Öffnung der Innenräume von Restaurants, Veranstaltungen mit bis zu 100 Personen in Innenräumen und 300 Personen draußen). Der Bundesrat setzte fortan stärker auf Appelle als auf Verbote. Zum 26.06.2021 hob er die meisten Corona-Maßnahmen auf. Kontaktbeschränkungen entfielen weitgehend, die Maskenpflicht galt nur noch in Gebäuden und öffentlichen Verkehrsmitteln. Die Homeoffice-Pflicht entfiel, wenn Arbeitgeber den nötigen Abstand sicherstellen konnten. Für Großveranstaltungen gab es keine Besucher-Obergrenze mehr, vorausgesetzt ein Hygienekonzept lag vor.

Bundesrat: Die Vereinigte Bundesversammlung wählte am 09.12.2020 den Bundesrat für Wirtschaft, Bildung und Forschung **Guy Parmelin** (Schweizerische Volkspartei, SVP) **zum neuen Bundespräsidenten.** Er erhielt 188 von 202 gültigen Stimmen und löste am 01.01.2021 turnusgemäß die scheidende Bundespräsidentin Simonetta Sommaruga (Sozialdemokratische Partei, SP) ab. Zum neuen Vizepräsidenten des Bundesrats wurde Außenminister Ignazio Cassis (FDP. Die Liberalen) mit 162 gültigen Stimmen gewählt. Nach der Wahl rief Parmelin zu Solidarität bei der Bewältigung der Pandemie auf. Alle müssten einen Beitrag leisten, unabhängig von Alter, Herkunft oder gesellschaftlicher Stellung.

Verhältnis zur EU: Mit deutlicher Mehrheit lehnten Volk (61.7 %) und Stände am 27.09.2020 die **Begrenzungsinitiative** ab. Die Initiative war 2018 u. a. von der SVP eingebracht worden und hatte zum Ziel, das **Personenfreizügigkeitsabkommen mit der EU** außer Kraft zu setzen oder zu kündigen. Das Abkommen erlaubt es EU-Bürgern, in der Schweiz zu wohnen und zu arbeiten. Mit der Personenfreizügigkeit wären auch die anderen bilateralen Abkommen mit der EU automatisch beendet worden (Guillotine-Klausel).
Mit dem Nein zur Begrenzungsinitiative war der Weg frei, weiter mit der EU über das **institutionelle Rahmenabkommen** zu verhandeln. Die Gespräche hatten 2014 begonnen, ursprünglich, um der Schweiz größere Rechtssicherheit zu bieten. Es ging u. a. darum zu regeln, wie der Rechtsrahmen automatisch angepasst wird, wenn sich EU-Recht ändert, und um Fragen der Streitschlichtung. Seit 2018 lag ein Vertragsentwurf vor. Drei Punkte waren strittig: das Schiedsgericht, die automatische Rechtsübernahme und die Arbeitnehmerfreizügigkeit. Am 21.04.2021 reiste Bundespräsident Parmelin nach Brüssel, um mit EU-Kommissionspräsidentin Ursula von der Leyen mögliche

Kompromisse auszuloten. Das Spitzengespräch blieb ohne Ergebnis. Parmelin sprach hinterher von „fundamentalen Differenzen". **Die Schweiz brach am 26.05.2021 die Verhandlungen über das Rahmenabkommen ab.** Ausschlaggebend war der Konflikt über den Schutz der Schweizer Löhne (gegen Lohndumping) und über den Zugang von arbeitslosen EU-Bürgern zu den Schweizer Sozialkassen. Vor allem die SVP begrüßte den Abbruch der Verhandlungen. Sie hatte vor einem Verlust der Souveränität gewarnt. Die Gewerkschaften hatten auf den Lohnschutz bestanden. Die EU bedauerte offiziell die „einseitige Entscheidung". Als Zeichen des guten Willens kündigte der Bundesrat am 26.05.2021 an, dass er das Parlament bitten werde, die sog. **Kohäsionsmilliarde** im Herbst 2021 freizugeben. Es ging um 1.3 Mrd. sfr, die die Schweiz an die neuen EU-Mitglieder (seit 2004) zahlen muss. Seit 2019 hatte die Schweiz das Geld zurückgehalten und dafür Zugeständnisse der EU gefordert. Die Bedingungen für die Auszahlung sollten jetzt entfallen.
Die EU ist mit Abstand der größte Handelspartner der Schweiz. Es gelten rund 100 bilaterale Verträge. Die EU hatte schon im Vorfeld gedroht, dass auslaufende Verträge ohne Rahmenvertrag nicht verlängert werden. Als erstes traf dies am 26.05.2021 den Gesundheitssektor. An dem Tag trat eine neue EU-Medizinprodukteverordnung in Kraft. Damit endete automatisch die gegenseitige Anerkennung von **Medizinprodukten**. Die Schweiz gilt dort jetzt als Drittstaat und muss höhere bürokratische Anforderungen erfüllen. EU-Kommissionspräsidentin von der Leyen kündigte an, dass die EU im Herbst Vorschläge für zukünftige Verhandlungen mit der Schweiz unterbreiten werde.

Haushalt: Für 2020 verzeichnete die Schweiz wegen der Corona-Krise ein **Rekorddefizit** von 15.8 Mrd. sfr, nachdem der Einnahmeüberschuss 2019 noch 3.6 Mrd. sfr betragen hatte. Allein die Kurzarbeiterentschädigung schlug mit 10.8 Mrd. sfr zu Buche. Hinzu kam die Belastung durch den Corona-Erwerbsersatz (2.2 Mrd. sfr) und ein Einnahmerückgang aufgrund des Konjunktureinbruchs von 3.5 Mrd. sfr. Das ging aus der Staatsrechnung 2020 hervor, die der Bundesrat am 19.03.2021 vorlegte. Für 2021 rechnete der Bund mit einem Defizit von rd. 20 Mrd. sfr, im Wesentlichen durch Ausgaben für die Abfederung der Pandemie.
Am 30.06.2021 legte der Bundesrat seinen **Haushaltsentwurf für 2022** vor. Darin ging die Regierung davon aus, dass die Corona-Folgen dann weitgehend überwunden sein werden und rechnete mit einem ausgeglichenen Haushalt. Der Budgetentwurf sah Einnahmen von 78.6 Mrd. sfr vor. Dem standen geplante Ausgaben in Höhe von 78.0 Mrd. sfr gegenüber. Bei den Einnahmen aus Kapitalvermögen und der Mehrwertsteuer ging die Regierung von Zuwächsen aus. Vor allem aber sollen die Corona-Ausgaben deutlich sinken. Mehr Geld war u. a. für das CO_2-Gesetz vorgesehen.

Klimaschutz: Überraschend lehnte die Mehrheit (51.6 %) das **Gesetz zur Verminderung von Treibhausgasemissionen** in der Volksabstimmung vom 13.06.2021 ab. Ziel des Gesetzes war, den CO_2-Ausstoß der Schweiz bis 2030 zu halbieren. Dazu sollten die Abgaben auf Heizöl und Erdgas erhöht und eine Flugticketabgabe eingeführt werden. Mehr als die Hälfte der Einnahmen aus den neuen CO_2-Abgaben sollte an Bevölkerung und Wirtschaft zurückfließen, vom Rest sollten klimafreundliche Projekte finanziert werden. Außerdem sollte Benzin für die Verbraucher teurer werden, damit die Mineralölimporteure in Klimaschutz investieren können. Neubauten sollen keine fossilen Brennstoffe mehr benötigen dürften. Die Gegner des Gesetzes (SVP, sowie kleinere Wirtschaftsverbände) bezeichneten die Maßnahmen als nutzlos und zu teuer, gerade für kleine und mittlere Einkommen und Unternehmen. Vor allem in ländlichen Kantonen dominierten die Gegner des Gesetzes. Um die **Klimaziele von Paris** zu erreichen, muss der Bundesrat nun ein neues Gesetz vorlegen.

Soziales: Justizministerin Karin Keller-Sutterer (FDP) bekannte sich im Namen des Bundesrats am 14.12.2020 zum Versagen der Schweizer Behörden im Fall von hunderten **illegalen Adoptionen aus Sri Lanka** zwischen 1973 und 1997. Der Handel mit Adoptivkindern war zuvor auf Betreiben des Nationalrats an der Zürcher Hochschule für Angewandte Wissenschaften in einer Studie aufgearbeitet worden. Danach hatten Schweizer Behörden zwischen 1973 und 1997 insgesamt 950 Einreisebewilligungen für Kinder aus Sri Lanka ausgestellt. Sie wurden von Ehepaaren in der Schweiz adoptiert, in der Regel gegen den Willen der leiblichen Mutter und mit gefälschten Papieren. Die Studie ergab, dass die Kinder in Sri Lanka teilweise aus Krankenhäusern entführt oder auf sog. Baby-Farmen für den „Export" nach Europa gezeugt worden waren. Warnungen über die illegalen Praktiken gingen seit 1982 bei den Schweizer Behörden ein, wurden aber ignoriert. Keller-Sutter sprach den Betroffenen und ihren Familien ihr Bedauern aus und sagte Hilfe bei der Suche nach den biologischen Familien zu. Außerdem sollte die aktuelle Adoptionspraxis auf mögliche Missstände geprüft werden. Das UNO-Komitee gegen

das gewaltsame Verschwindenlassen begrüßte am 11.05.2021 die Anerkenntnis des Behördenversagens durch die Schweiz. Es forderte aber Entschädigungen für die Betroffenen und klarere Gesetze gegen illegale Adoptionen.
Am Ständemehr scheiterte am 29.11.2020 eine Volksinitiative für ein Lieferkettengesetz (**Konzernverantwortungsinitiative**), das in der Schweiz ansässige Firmen verpflichten wollte, auch im Ausland international anerkannte Menschenrechte und Umweltstandards zu respektieren und bei Partnerunternehmen durchzusetzen. Bei mangelnder Sorgfalt sollten Schweizer Unternehmen für Schäden haften, wenn diese Grundsätze verletzt werden. Während sich eine knappe Mehrheit des Stimmvolks (50.7 %) für die Initiative aussprach, waren die meisten Stände dagegen. Sie folgten damit einer Beschlussempfehlung des Bundesrats, der auf Umsetzungsprobleme und zu befürchtende Wettbewerbsnachteile für Schweizer Unternehmen hinwies.
Die Bundesversammlung verabschiedete am 18.12.2020 eine Änderung des Zivilgesetzbuches. Damit erhielten **gleichgeschlechtliche Paare** die Möglichkeit, zu **heiraten**. Außerdem dürfen lesbische Paare Kinder mithilfe künstlicher Befruchtung zeugen. Ein Komitee aus SVP und Eidgenössischer-Demokratischer Union (EDU) ergriff das Referendum. Am 26.09.2021 findet eine **Volksabstimmung über die Ehe für alle** statt.
Seit dem 01.01.2021 können Väter im ersten halben Jahr nach der Geburt ihrer Kinder zwei Wochen bezahlten **Vaterschaftsurlaub** nehmen. Bis dahin waren es lediglich zwei Tage. Das Volk stimmte dem entsprechenden Bundesgesetz am 27.09.2020 mit großer Mehrheit (60.3 %) zu. Im Gegenzug wurden die Sozialversicherungsabgaben um 0.05 Prozentpunkte erhöht.
Am 07.03.2021 stimmten Volk (51.2 %) und Stände für ein **Verhüllungsverbot an öffentlichen Orten**. Hinter der Volksinitiative von 2017 stand das SVP-nahe Egerkinger Komitee, das sich nach eigener Aussage gegen eine „Islamisierung" der Schweiz wendet. Im Kanton Tessin besteht seit 2016 ein Verbot, das Gesicht zu verhüllen. Das Egerkinger Komitee hatte 2010 schon das Verbot des Baus von Minaretten per Volksinitiative durchgesetzt.

Verteidigung: Denkbar knapp scheiterte ein Referendum gegen die **Beschaffung neuer Kampfjets**, das die „Gruppe für eine Schweiz ohne Armee", die SP und die Grünen initiiert hatten. 50.1 % der Stimmbürger votierten am 27.09.2020 für das Gesetz von 2019. Damit kann die Schweiz Kampfflugzeuge für maximal 6 Mrd. sfr kaufen. Am 30.06.2021 beschloss der Bundesrat den Kauf von 36 Kampfflugzeugen des Typs F-35A vom US-Konzern Lockheed Martin sowie fünf bodengestützten Patriot-Luftabwehrsystemen des US-Herstellers Raytheon. Der Kauf musste vom Parlament noch genehmigt werden. Bis 2030 sollen die neuen Kampfjets die F/A-18 von Boeing und die F-5 Tiger von Northrop ersetzen. Die „Gruppe für eine Schweiz ohne Armee", SP und Grüne haben bereits angekündigt, dass sie auch gegen diesen Entscheid eine Volksinitiative starten werden.

Jurafrage: In Moutier fand am 28.03.2021 erneut eine **Volksabstimmung über die Kantonszugehörigkeit** der überwiegend frankophonen Gemeinde mit 7500 Einwohnern statt. 54.9 % votierten für einen Wechsel vom überwiegend deutsch-sprachigen und protestantischen Bern zum überwiegend französisch-sprachigen und katholischen Jura. Eine erste Abstimmung von 2017 war 2019 vom bernischen Verwaltungsgericht für ungültig erklärt worden, u. a. weil die Gemeinde Moutier selbst als Organisatorin der Abstimmung gegen das Neutralitätsgebot verstoßen hatte und es Unstimmigkeiten bei den

Jubel bei den Befürwortern des Übergangs von Moutier in den Kanton Jura.

Stimmberechtigten gab. Die Entscheidung beendet einen jahrzehntelangen Konflikt, dessen Ursprünge auf den Wiener Kongress von 1815 zurückgingen. Ein erster Erfolg der Separatisten war 1978 die Gründung des Kantons Jura. Über die Grenzziehung zwischen Bern und Jura gab es bis in die 1990er-Jahre teils bürgerkriegsartige Auseinandersetzungen zwischen Separatisten und Pro-Bernern. Der Übergang von Moutier zum Kanton Jura soll nun bis 2027 erfolgen. Innerhalb des Kantons Bern steht damit die Zukunft der Region Berner Jura infrage, deren Hauptort Moutier ist.

Senegal

▸ 636

Ländername	Republik Senegal
Zeitzone	MEZ -1 h
Fläche in km²	196 712 (Rang 86)
Anzahl der Einwohner	16.7 Millionen (Rang 70)
Einwohnerzahl pro km²	85 (Rang 99)
Hauptstadt	Dakar
Amtssprache	Französisch
Verwaltungsgliederung	14 Regionen
Wichtige Städte	Dakar, Pikine, Touba, Thiès, Kaolack
Autokennzeichen | ISO-Code	SN | SEN
Währung	1 CFA-Franc (BCEAO) = 100 Centimes
Nationalfeiertag	4. April (Unabhängigkeit 1960)

Senegal ist der westlichste Staat des afrikanischen Kontinents. Der erste Präsident, Léopold Sédar Senghor (Regierungszeit von 1960–1980), machte die Négritude, die Rückbesinnung auf die afrikanische Kultur und Geschichte, zur Identitätsgrundlage des Landes. Das Land nahm in der Bewältigung der Corona-Pandemie eine Vorreiterrolle ein.

GEOGRAFIE

Geografische Lage: Von 12°18′ bis 16°41′ nördlicher Breite sowie von 11°23′ bis 17°32′ westlicher Länge (Westafrika)
Höchster Punkt: Unbenannt 581 m
Klima: Tropisches Savannenklima

POLITIK

Staatsform: Präsidiale Republik
Staatsoberhaupt und Regierungschef: Präsident Macky Sall (seit 02.04.2012)
Regierungspartei: APR-Yaakaar („Alliance for the Republic" Party)
Legislative: Nationalversammlung mit 165 für 5 Jahre gewählten Mitgliedern
Jahr der Verfassung: 2001
Wahlrecht: 18 Jahre

BEVÖLKERUNG

Bevölkerungsanteil: <15 Jahre 42.6 %, 15–64 Jahre 54.3 %, >64 Jahre 3.1 %
Verteilung: Stadt 48.1 %, Land 51.9 %
Wachstum: 2.7 %
Lebenserwartung: Frauen 70 Jahre, Männer 66 Jahre
Alphabetenrate: Frauen 39.8 %, Männer 64.8 %
Bevölkerungsgruppen: Wolof, Tukulor, Serer, Mandinka, Diola, Soninke, Europäer, Libanesen u. a.
Religionen: Muslime, Christen
Sprachen: Französisch, Wolof, Fulfulde, Serer u. a.

WIRTSCHAFT

BIP: 24.45 Mrd. US$
Wachstum BIP: 0.8 %
BIP/Kopf: 1460 US$
Inflation: 2.5 %
Außenhandel: Import 7.88 Mrd. US$ (Nahrungsmittel 19.7 %, Petrochemie 14.8 %, Chemische Erzeugnisse 10.7 %, Maschinen 8.3 %, Erdöl 5.6 %), Export 4.09 Mrd. US$ (Nahrungsmittel 23.7 %, Gold 18.7 %, Petrochemie 15.6 %, Rohstoffe außer Brennstoffe 12.9 %, Chemische Erzeugnisse 11.6 %)
Erwerbstätige nach Sektoren: Landwirtschaft 29.4 %, Industrie 13.6 %, Dienstleistungen 57 %
Arbeitslosenquote: 7.1 %
CO_2-Emission/Kopf: 0.6 t

RÜCKBLICK

Corona-Pandemie: Senegal nahm im regionalen Kontext eine besondere Stellung im Kampf gegen die Pandemie ein. Aufgrund der vorhandenen Expertise bezüglich **Mitigationsstrategien** (Eindämmung und Abschwächung des Virus), aber auch durch die Laborinfrastruktur, kam dem Land eine beratende Rolle in der Region zu. Der Maßnahmenkatalog zur Eingrenzung von COVID-19 erfuhr **weltweites Lob**. In den ersten Monaten der Pandemie wurden diverse Behandlungszentren im Land aufgebaut und dafür zum Teil Gefängnisse umgenutzt. Jedoch kam es gegen Ende des Jahres 2020 zur Schließung vieler dieser Zentren wegen geringer Auslastung. Senegal wies zu dieser Zeit sehr geringe Fallzahlen auf. Anfang 2021 kam es zu einer neuen Welle an Infektionen. Als Reaktion wurden **Ausgangssperren** in Teilen des Landes verhängt. Es kam zu größeren Demonstrationen gegen die Maßnahmen.

Demonstrationen: Im Februar 2021 hob das senegalesische Parlament die Immunität des Oppositionspolitikers **Ousmane Sonko** wegen Vergewaltigungsvorwürfen auf. Dieser gilt gerade unter jungen Senegalesen als politischer Hoffnungsträger. Als

Ousmane Sonko (m.) auf einer Protestkundgebung auf der Place de la Nation in Dakar am 12.06.2021.

er Anfang März 2021 schließlich **verhaftet** wurde, kam es zu den größten landesweiten Protesten der vergangenen 10 Jahre. Der Prozess wurde als politisch inszeniert bezeichnet. Auch Sonko selbst sprach von einem politischen Prozess und rief zu weiteren **Demonstrationen** auf. Es kam zu diversen, teils gewaltsamen Ausschreitungen mit mehreren Toten. Beobachter beurteilten eine im Juni 2021 verabschiedete Anpassung des Kriminalrechts, die laut Regierungsangaben der Terrorabwehr dienen sollte, als Reaktion auf die Protestwellen. Die parlamentarische Opposition und soziale Bewegungen wie M2D und Y'en a Marre sprachen von massiven **Freiheitseinschränkungen**. Es kam zu erneuten Demonstrationen.

Wirtschaft: Obwohl der Einbruch des BIP-Wachstums im Senegal 2020 weniger heftig als in anderen Ländern der Region war, bedeuten lediglich 0.8 % Wachstum einen harten **Einschnitt** verglichen mit den starken Vorjahren. Die deutlichsten Rückgänge wurden im Tourismus- und Transportsektor beobachtet. Die Regierung antwortete auf die verschärfte ökonomische Situation vieler Senegalesen, die wegen der pandemiebedingten Mobilitätseinschränkungen mit Einkommenseinbrüchen zu kämpfen hatten, mit einer Reihe von **Soforthilfeprogrammen**. Berichten zufolge kamen diese jedoch nur bei einer begrenzten Anzahl von Bedürftigen an. Zwar kam es zu einem Anstieg der Staatsschulden in Relation zum BIP, dieser wird jedoch von Beobachtern als moderat und die Gefahr einer Überschuldung bis jetzt als gering angesehen.

Serbien

▸ 619

Ländername	Republik Serbien
Zeitzone	MEZ ±0 h
Fläche in km²	77 612 (Rang 111)
Anzahl der Einwohner	6.9 Millionen (Rang 106)
Einwohnerzahl pro km²	89 (Rang 96)
Hauptstadt	Belgrad
Amtssprache	Serbisch
Verwaltungsgliederung	24 Kreise und 1 Stadt, davon 7 Kreise in der Autonomen Provinz Vojvodina
Wichtige Städte	Belgrad, Novi Sad, Niš, Kragujevac, Subotica
Autokennzeichen | ISO-Code	SRB | SRB
Währung	Serbischer Dinar
Nationalfeiertag	15. und 16. Februar (Verabschiedung der Verfassung 1835)

Nach der Auflösung der Staatenunion Serbien und Montenegro 2006 geht Serbien seinen Weg in der internationalen Politik alleine. Die Unabhängigkeitserklärung des Kosovo, die unbefriedigende Wirtschaftslage und die schwierige Aufarbeitung der jüngsten Vergangenheit sind große innen- und außenpolitische Belastungsfaktoren. Serbien steht in Beitrittsverhandlungen mit der EU.

GEOGRAFIE

Geografische Lage: Von 42°14' bis 46°10' nördlicher Breite sowie von 18°51' bis 22°59' östlicher Länge (Südosteuropa)
Höchster Punkt: Midzor 2169 m
Klima: Gemäßigtes Kontinentalklima

POLITIK

Staatsform: Parlamentarische Republik
Staatsoberhaupt: Präsident Aleksandar Vučić (seit 01.06.2017)
Regierungschef: Ministerpräsidentin Ana Brnabić (seit 29.06.2017)

Regierungsparteien: Koalition SNS (Serbische Fortschrittspartei), SPS (Sozialistische Partei Serbiens), SPAS (Serbische Patriotische Allianz)
Legislative: Nationalversammlung mit 250 für 4 Jahre gewählten Mitgliedern
Jahr der Verfassung: 2006
Wahlrecht: 18 Jahre

BEVÖLKERUNG

Bevölkerungsanteil: <15 Jahre 15.4 %, 15–64 Jahre 65.6 %, >64 Jahre 19 %
Verteilung: Stadt 56.4 %, Land 43.6 %
Wachstum: -0.5 %
Lebenserwartung: Frauen 79 Jahre, Männer 74 Jahre
Alphabetenrate: Frauen 97.5 %, Männer 99.1 %
Bevölkerungsgruppen: Serben, Ungarn, Roma, Bosniaken u. a.
Religionen: Christen (v. a. Orthodoxe), Muslime
Sprachen: Serbisch, Ungarisch u. a.

WIRTSCHAFT

BIP: 52.96 Mrd. US$
Wachstum BIP: -1 %
BIP/Kopf: 7636 US$
Inflation: 1.7 %
Außenhandel: Import 26.23 Mrd. US$ (Chemische Erzeugnisse 15.7 %, Maschinen 9.9 %, Nahrungsmittel 6.7 %, Elektrotechnik 6.4 %, Textilien und Bekleidung 4.8 %), Export 19.5 Mrd. US$ (Nahrungsmittel 15.1 %, Elektrotechnik 11.7 %, Chemische Erzeugnisse 9.9 %, Maschinen 9.9 %, Textilien und Bekleidung 4.8 %)
Erwerbstätige nach Sektoren: Landwirtschaft 15.1 %, Industrie 27.4 %, Dienstleistungen 57.5 %
Arbeitslosenquote: 9.1 %
CO_2-Emission/Kopf: 7.6 t

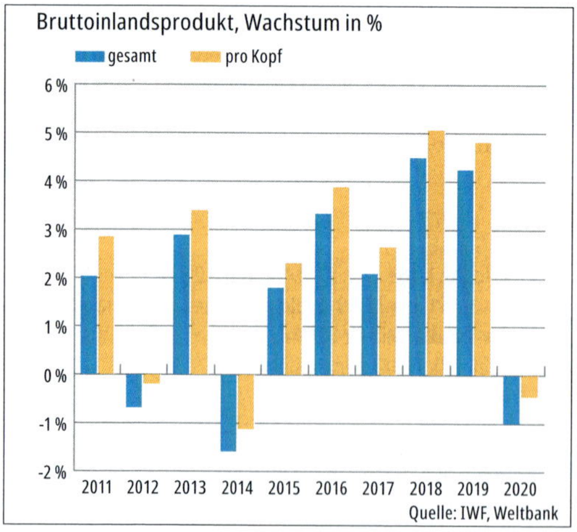

RÜCKBLICK

Corona-Pandemie: In Belgrad, Novi Sad und weiteren Städten kam es ab dem 07.07.2020 ungefähr eine Woche lang zu **Protesten** Tausender **gegen die Corona-Politik der Regierung** und die angekündigte erneute Verhängung restriktiver Maßnahmen wie Ausgangsverbote an den Wochenenden. Teilweise eskalierten die Proteste zu gewaltsamen Auseinandersetzungen mit der Polizei, wie am 08.07.2020 in Belgrad. In Novi Sad wurden das Büro der SNS, das Gebäude des Fernsehens und das Rathaus attackiert. Die Polizei ging mit exzessiver Gewalt gegen Demonstranten und auch Journalisten, die nicht für staatliche Medien arbeiteten, vor. Umgekehrt kam es zu Angriffen von Demonstranten gegen Mitarbeiter des Staatsfernsehens RTS. Die Regierung hatte nahezu übergangslos während und wegen des Wahlkampfs fast alle Maßnahmen aufgehoben und auch Massenveranstaltungen zugelassen. Als die Infektionszahlen wieder anstiegen, griff sie erneut zu restriktiven Maßnahmen. Die Infektionen gingen zurück, stiegen aber ab Ende Oktober 2020 wieder deutlich an, mit einem Höhepunkt Anfang Dezember 2020 mit mehr als 50 000 pro Woche. Nach einem Rückgang setzte ab Mitte Februar 2021 eine neue Welle ein, die in der zweiten Märzhälfte 2021 ihren Höhepunkt mit fast 35 000 Infektionen pro Woche erreichte. Zu den Opfern der Pandemie gehörte auch der 90-jährige Patriarch der Serbisch-Orthodoxen Kirche, Irinej, der am 20.11.2020 verstarb, sowie einige weitere Bischöfe.
Mehr als 350 Ärzte verlangten in einem am 21.07.2020 publizierten **Offenen Brief** die Ersetzung des nationalen Krisenstabs. Sie konstatierten, das öffentliche Gesundheitswesen in Serbien befinde sich infolge der Fehler von Amtsträgern in einer katastrophalen Situation. Außerdem forderten sie die Behörden auf, **festzulegen, wie die Zahl der Infizierten, Erkrankten und Toten zuverlässig ermittelt werden kann.** Ein Mitglied des Krisenstabs gab am 29.09.2020 zu, dass die Zahl der Todesfälle im Juni dreimal höher lag als offiziell angegeben. Er führte dies auf ein neues IT-System zurück, ohne aber konkreter zu werden. Bei der am 24.12.2020 beginnenden Impfkampagne setzte Serbien vor allem auf russische und chinesische Impfstoffe. Die Impfkampagne schritt am Anfang rasch voran, Mitte April 2021 sollen bereits 1.2 Mio. (von 7 Mio.) Einwohner des Landes zum zweiten Mal geimpft worden sein. Angesichts einer in der Bevölkerung weit verbreiteten Impfskepsis geriet die Kampagne ins Stocken. Um zu vermeiden, dass Impfdosen ihr Haltbarkeitsdatum überschritten, spendete Serbien Nachbarländern Vakzine. Außerdem wurden Ausländer, nicht nur aus den unmittelbaren Nach-

barstaaten, eingeladen, sich in Serbien impfen zu lassen. Insgesamt wurden bis zum 30.06.2021 offiziell 716 458 Infektionen und 7043 Todesfälle gemeldet, was 0.1 % der Bevölkerung entsprach. 35.3 % waren vollständig geimpft.

Regierungsbildung: Obwohl am 03.08.2020 das Ende Juni gewählte Parlament zu seiner konstituierenden Sitzung zusammentrat und die Mehrheitsverhältnisse klar waren, dauerte es bis zum 28.10.2020, bis die **neue Regierung, erneut unter** der Leitung von **Ana Brnabić**, gebildet wurde. Die Sozialisten (SPS) und die rechtsgerichtete Serbische Patriotische Allianz (SPAS), die beiden einzigen neben der Siegerin der Wahl, der rechtspopulistischen Fortschrittspartei (SNS) im Parlament vertretenen Parteien – die meisten Oppositionsparteien hatten die Wahlen boykottiert – wurden ebenfalls an der Regierung beteiligt, so dass **im Parlament keine Opposition** vorhanden war. Von den 24 Kabinettsmitgliedern gehörten 13 SNS an, 2 SPS, 1 SPAS, 4 kleine Parteien stellten jeweils einen Minister, 4 waren parteilos. 15 Regierungsmitglieder waren neu im Kabinett. Noch vor der Regierungsbildung kündigte Staatspräsident Aleksandar Vučić am 20.10.2020 an, dass die nächsten Parlamentswahlen bereits im April 2022 stattfinden werden, zusammen mit den dann anstehenden Präsidentenwahlen.

Abkommen mit Kosovo: Präsident Vučić unterzeichnete am 04.09.2020 zusammen mit Kosovos Ministerpräsident Avdullah Hoti in Washington ein Abkommen, das vorwiegend aus bilateralen Absichtserklärungen bestand. Darüber hinaus ging es um Fragen, die die außenpolitische Agenda von US-Präsident Donald Trump betrafen. So kündigten beide Länder an, Jerusalem als Hauptstadt Israels anzuerkennen und ihre Botschaft dort zu eröffnen. Vučić erklärte indes mehrfach, infolge der Anerkennung Kosovos durch Israel werde die serbische Botschaft nicht nach Jerusalem verlegt werden.

Untersuchung von NGO: 37 regierungsunabhängige Organisationen (NGO) und 20 unabhängige Journalisten, die die Politik der Regierung kritisch beobachten, waren Ende Juli 2020 mit Polizeirazzien konfrontiert. Unter den Betroffenen waren auch die beiden wichtigsten Journalistenvereinigungen Serbiens, das renommierte Balkan Investigative Reporting Network (BIRN) und das Helsinki-Komitee. Sie mussten **Untersuchungen wegen angeblicher Geldwäsche und Terrorismusfinanzierung** über sich ergehen lassen. Staatspräsident Vučić stritt am 30.07.2020 in einer Pressekonferenz ab, dass die Aktion sich gezielt gegen Regierungskritiker richte.

Seychellen

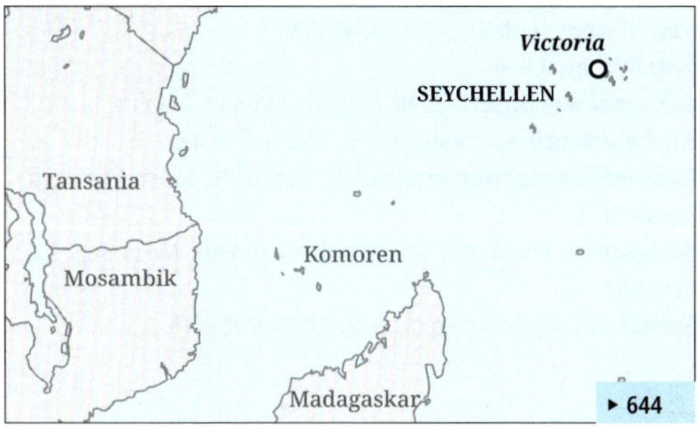

▸ 644

Ländername	Republik Seychellen
Zeitzone	MEZ +3 h
Fläche in km²	457 (Rang 182)
Anzahl der Einwohner	98 462 (Rang 184)
Einwohnerzahl pro km²	215 (Rang 46)
Hauptstadt	Victoria
Amtssprachen	Seychellenkreol, Englisch, Französisch
Verwaltungsgliederung	27 Distrikte
Autokennzeichen | ISO-Code	SY | SYC
Währung	1 Seychellen-Rupie = 100 Cents
Nationalfeiertag	29. Juni (Unabhängigkeit 1976)

Seit der Anbindung an den internationalen Flugverkehr 1971 entwickelte sich die von Vasco da Gama entdeckte Inselgruppe im Indischen Ozean, rund 1000 km nördlich von Madagaskar, zu einem exklusiven Ziel des internationalen Tourismus.

GEOGRAFIE

Geografische Lage: Von 3°47′ bis 9°45′ südlicher Breite sowie von 46°12′ bis 56°17′ östlicher Länge (Indischer Ozean)
Höchster Punkt: Morne Seychellois 905 m
Klima: Tropisch-maritimes Klima

POLITIK

Staatsform: Präsidiale Republik
Staatsoberhaupt und Regierungschef: Präsident Wavel Ramkalawan (seit 26.10.2020)
Regierungspartei: LDS (Linyon Demokratik Seselwa)
Legislative: Nationalversammlung mit 35 für 5 Jahre gewählten Mitgliedern
Jahr der Verfassung: 1993
Wahlrecht: 18 Jahre

BEVÖLKERUNG

Bevölkerungsanteil: <15 Jahre 23.8 %, 15–64 Jahre 68.2 %, >64 Jahre 8 %
Verteilung: Stadt 57.5 %, Land 42.5 %
Wachstum: 0.9 %
Lebenserwartung: Frauen 77 Jahre, Männer 70 Jahre
Alphabetenrate: Frauen 96.4 %, Männer 95.4 %
Bevölkerungsgruppen: Kreolen, Franzosen, Inder, Chinesen, Araber u. a.
Religionen: Christen (v. a. Katholiken), Hindus, Muslime, Sonstige
Sprachen: Seychellenkreol, Englisch, Französisch

WIRTSCHAFT

BIP: 1.13 Mrd. US$
Wachstum BIP: -13.4 %
BIP/Kopf: 11 639 US$
Inflation: 1.2 %
Außenhandel: Import 1.03 Mrd. US$, Export 446 Mio. US$
Erwerbstätige nach Sektoren: Landwirtschaft 4.1 %, Industrie 15.5 %, Dienstleistungen 80.4 %
Arbeitslosenquote: 3 %
CO_2-Emission/Kopf: 11 t

RÜCKBLICK

Corona-Pandemie: Mitte 2021 war das Land von COVID-19 stark betroffen. Mit mehr als 200 Infektionen pro 100 000 Einwohnern auf sieben Tage zählte es zu den **Hochinzidenzgebieten**. Im Mai 2021 lag die Sieben-Tage-Inzidenz sogar zum Teil deutlich über 1000. Gleichzeitig gehörten die Seychellen aber auch zu den Staaten mit der **weltweit höchsten Impfquote**: Anfang Mai 2021 waren rund 68 % der Bevölkerung einmal geimpft und fast 60 % sogar zweimal. Auch etwa 37 % der Neuinfizierten waren nach Angaben des Gesundheitsministeriums vollständig geimpft und hatten sich dennoch mit dem Virus angesteckt. Allerdings waren diese Infektionen bezüglich der Krankheitsverläufe eher mild

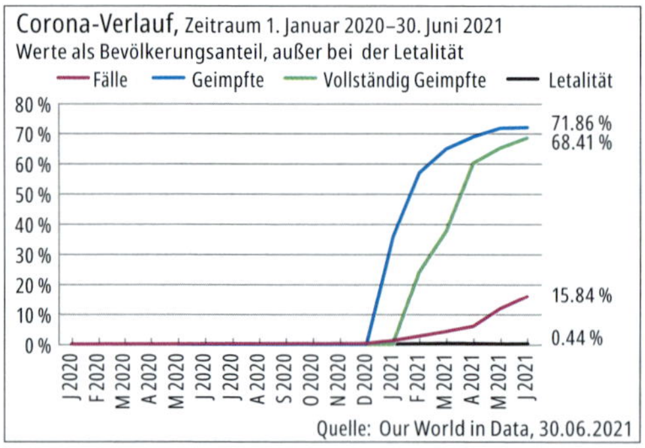

verlaufen. Die Weltgesundheitsorganisation untersuchte das Phänomen hoher Infektionszahlen trotz hoher Impfquoten, um allgemeine Schlüsse über die Wirksamkeit der auf den Seychellen verwendeten COVID-19-Impfstoffe ziehen zu können.

Wahlen: Bei den Präsidentschaftswahlen vom 22.–24.10.2020 konnte sich erstmals seit der Unabhängigkeit 1976 der Oppositionskandidat durchsetzen: **Wavel Ramkalawan** vom Bündnis Linyon Demokratik Seselwa (LDS) erhielt 54.9 %

Präsident Wavel Ramkalawan in seinem Büro im State House in Victoria, Mahe, am 25.02.2021.

der Stimmen, auf den bisherigen Amtsinhaber Danny Faure von der Partei United Seychelles (US) entfielen 43.5 %. Für Alain St. Ange, Kandidat der Partei One Seychelles, votierten 1.6 % der Wähler. Der langjährige Oppositionsführer und ordinierte anglikanische Geistliche Ramkalawan (* 1961), der bereits zum sechsten Mal bei Wahlen angetreten war, wurde am 26.10.2020 als **neuer Staatspräsident** vereidigt. Bei den zeitgleich abgehaltenen **Parlamentswahlen** bekam seine Partei LDS 54.8 % und 25 Sitze (2016: 49.6 %, 19 Sitze) und die US 42.4 % und 10 Sitze (2016: 49.2 %, 14 Sitze). One Seychelles konnte mit 2.2 % keinen Sitz erreichen. Die Wahlbeteiligung lag bei 88.5 %.

Neue Regierung: Am 30.10.2020 bestätigte das Parlament das neue **13-köpfige Kabinett**, dem auch fünf Ministerinnen angehörten. Als Staatspräsident und Chef der Regierung appellierte Ramkalawan an die Bevölkerung, Toleranz zu üben, ideologische Spaltungen zu überwinden und sich für die **nationale Einheit** des Inselstaates zu engagieren. Zu den Hauptaufgaben der neuen Führung gehörten der Umgang mit den akut schon **spürbaren Folgen des Klimawandels** und die Bewältigung des wirtschaftlichen Einbruchs infolge der Corona-Pandemie.

Sierra Leone

▸ 636

Ländername	Republik Sierra Leone
Zeitzone	MEZ -1 h
Fläche in km²	72 300 (Rang 117)
Anzahl der Einwohner	8 Millionen (Rang 102)
Einwohnerzahl pro km²	110 (Rang 77)
Hauptstadt	Freetown
Amtssprache	Englisch
Verwaltungsgliederung	4 Provinzen und 1 Gebiet
Wichtige Städte	Freetown, Kenema, Bo, Koidu-Sefadu, Makeni
Autokennzeichen | ISO-Code	WAL | SLE
Währung	1 Leone = 100 Cents
Nationalfeiertag	27. April (Unabhängigkeit 1961)

Freetown, die Hauptstadt des westafrikanischen Staates Sierra Leone, wurde 1787 als neue Heimat für freigelassene Sklaven gegründet. Nach einem langjährigen Bürgerkrieg zählt das an Bodenschätzen reiche Land zu den ärmsten Ländern der Welt. Die 2014 ausgebrochene Ebola-Epidemie hat die humanitäre Notlage weiter verschlimmert. Im November 2015 wurde das Land von der WHO für ebolafrei erklärt.

GEOGRAFIE

Geografische Lage: Von 6°55' bis 10° nördlicher Breite sowie von 10°17' bis 13°18' westlicher Länge (Westafrika)
Höchster Punkt: Bintimani 1948 m
Klima: Tropisches Regenwaldklima

POLITIK

Staatsform: Präsidiale Republik
Staatsoberhaupt: Präsident Julius Maada Bio (seit 04.04.2018)
Regierungschef: Chief Minister Jacob Jusu Saffa (seit 30.04.2021)
Regierungspartei: SLPP (Sierra Leone People's Party)
Legislative: Parlament mit 146 für 5 Jahre gewählten Mitgliedern
Jahr der Verfassung: 1991
Wahlrecht: 18 Jahre

BEVÖLKERUNG

Bevölkerungsanteil: <15 Jahre 40.3 %, 15–64 Jahre 56.7 %, >64 Jahre 3 %
Verteilung: Stadt 42.9 %, Land 57.1 %
Wachstum: 2.1 %
Lebenserwartung: Frauen 56 Jahre, Männer 54 Jahre
Alphabetenrate: Frauen 34.9 %, Männer 51.6 %
Bevölkerungsgruppen: Temne, Mende, Limba, Kono, Fullah, Loko, Koranko, Sherbro, Mandinka, Kreolen u. a.
Religionen: Muslime, Christen
Sprachen: Englisch, Mende, Temne, Kreolisch u. a.

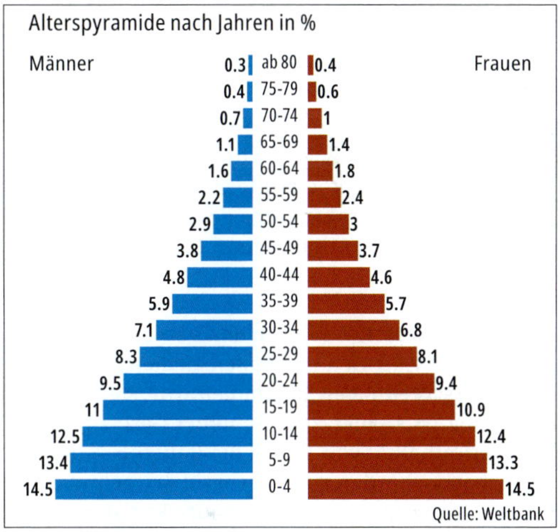

WIRTSCHAFT

BIP: 4.2 Mrd. US$
Wachstum BIP: -2.2 %
BIP/Kopf: 527 US$
Inflation: 15.7 %
Außenhandel: Import 1.26 Mrd. US$, Export 367 Mio. US$
Erwerbstätige nach Sektoren: Landwirtschaft 54.4 %, Industrie 6.5 %, Dienstleistungen 39.1 %
Arbeitslosenquote: 4.6 %
CO_2-Emission/Kopf: 0.2 t

RÜCKBLICK

Corona-Pandemie: Im Jahr 2020 wurden im Land sehr niedrige Infektionswerte gemeldet. Es kam zu einem Lockdown, der jedoch weniger scharf als in den Nachbarländern ausfiel. Im Januar 2021 kam es zu einer etwas intensiveren Infektionswelle, die von Maßnahmen wie einer landesweiten **Ausgangssperre** begleitet wurden. Es gab mehrere landesweite **Ärztestreiks**. Kritisiert wurden unter anderem von der Regierung angekündigte, aber ausbleibende COVID-19-Sonderzahlungen.

Korruptionsprozess: Präsident Julius Maada Bio hat eine Kommission eingesetzt, die potentielle Korruption der Vorgängerregierung untersuchen soll. Ab Oktober 2020 versuchte die Anti-Korruptions-Kommission (ACC), den ehemaligen **Präsidenten Ernest Bai Koroma** zu dem Vorwurf der Verstrickung in **irreguläre Geschäfte** zu befragen. Dieser verweigerte sich jedoch zunächst einer Vernehmung. Demonstrierende **Unterstützer** behinderten Sitzungen der Kommission und warfen ihr einen politischen Schauprozess gegen Koroma vor. Im Folgemonat erschien dieser vor der Kommission, die Ermittlungen dauern an.

Demonstration: Am 18.06.2021 schossen Sicherheitskräfte auf eine Demonstration in Makeni. Die Proteste richteten sich gegen die Verlegung eines **Kraftwerks** zum Freetown International Airport, das dort die Wiederaufnahme des Flugverkehrs ermöglichen sollte. Mindestens 5 Menschen kamen **zu Tode**.

Cybercrime-Gesetz: Weil es in den vergangenen Jahren nach Aufrufen in **sozialen Medien** zu mehreren **Ausschreitungen** gekommen war, stellte die Regierung im August 2020 ein neues Gesetz gegen Cyberkriminalität vor. Es soll die Befugnisse der Sicherheitsbehörden zur Internetüberwachung deutlich ausweiten. Diverse Akteure kritisierten den Entwurf wegen einer potenziellen Einschränkung der **Meinungsfreiheit** hart.

Wirtschaft: Ein wichtiger Faktor für die Kontraktion des BIP im Jahr 2020 waren ein pandemiebedingter Rückgang der globalen Nachfrage nach bestimmten **Bergbauprodukten** wie Diamanten. 2021 war jedoch eine deutliche Erholung im Bergbausektor zu erkennen. Das ist unter anderem auf die stärkere Nachfrage nach Eisenerz aus China im Zuge der chinesischen Wirtschaftssanktionen gegen Australien zurückzuführen. Im Mai 2021 wurde bekannt, dass die Regierung ein größeres Gebiet Land an einen chinesischen Staatskonzern verkauft, der dort einen **Fischerhafen** bauen soll. Da es sich um einen Nationalpark und eine für Ökotourismus genutzte Küstenlandschaft handelt, wurde das Vorhaben vielfach kritisiert.

Simbabwe

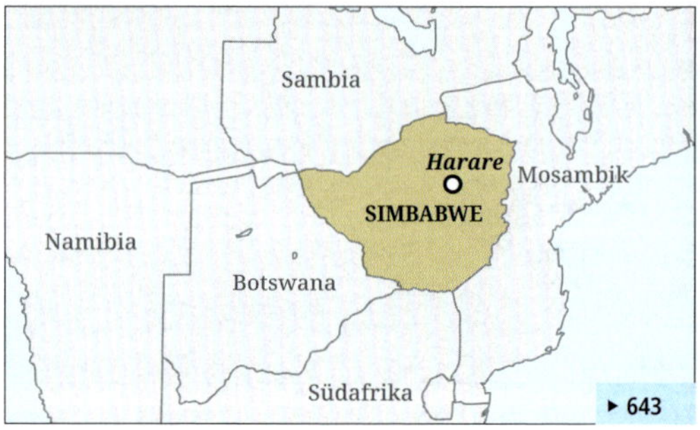

▸ 643

Ländername	Republik Simbabwe
Zeitzone	MEZ +1 h
Fläche in km²	390 757 (Rang 60)
Anzahl der Einwohner	14.9 Millionen (Rang 74)
Einwohnerzahl pro km²	38 (Rang 144)
Hauptstadt	Harare
Amtssprachen	Shona, Nord-Ndebele, Englisch, Chewa, Chibarwe, Kalanga, Khoisan, Nambya, Ndau, Shangani, Sotho, Tonga, Tswana, Venda, Xhosa, Gebärdensprache
Verwaltungsgliederung	10 Provinzen
Wichtige Städte	Harare, Bulawayo, Chitungwiza, Mutare, Epworth, Gweru, Kwekwe
Autokennzeichen | ISO-Code	ZW | ZWE
Währung	1 Simbabwe-Dollar = 100 Cents
Nationalfeiertag	18. April (Unabhängigkeit 1980)

Der Name des im Südosten Afrikas gelegenen Binnenstaates geht auf die mittelalterliche Stadt Simbabwe zurück, deren Ruinen südöstlich von Masvingo liegen. Die despotische Herrschaft Robert Mugabes (bis 2017) hat das Land in den letzten Jahren in eine schwere Krise geführt. Die zivilgesellschaftliche und wirtschaftliche Ordnung ist dadurch völlig zerstört worden. Am 30. Juli 2018 fanden Präsidentschafts- und Parlamentswahlen statt, aus denen Emerson Mnangagwa, ein Vertrauter Mugabes, mit seiner Partei ZANU-PF als Sieger hervorging.

GEOGRAFIE

Geografische Lage: Von 15°37′ bis 22°24′ südlicher Breite sowie von 25°13′ bis 33°03′ östlicher Länge (Südafrika)
Höchster Punkt: Mount Inyangani 2592 m
Klima: Tropisches Höhenklima

POLITIK

Staatsform: Präsidiale Republik
Staatsoberhaupt und Regierungschef: Präsident Emmerson Dambudzo Mnangagwa (seit 24.11.2017)
Regierungspartei: ZANU-PF (Zimbabwe African National Union - Patriotic Front)
Legislative: Parlament, bestehend aus Nationalversammlung mit 270 für 5 Jahre gewählten Mitgliedern und Senat mit 80 für 5 Jahre gewählten Mitgliedern
Jahr der Verfassung: 2013
Wahlrecht: 18 Jahre

BEVÖLKERUNG

Bevölkerungsanteil: <15 Jahre 41.9 %, 15–64 Jahre 55.1 %, >64 Jahre 3 %
Verteilung: Stadt 32.2 %, Land 67.8 %
Wachstum: 1.5 %
Lebenserwartung: Frauen 63 Jahre, Männer 60 Jahre
Alphabetenrate: Frauen 88.3 %, Männer 89.2 %
Bevölkerungsgruppen: Shona, Ndebele u. a.
Religionen: Christen (v. a. Protestanten), Ethnische
Sprachen: Shona, Nord-Ndebele, Englisch, Chewa, Chibarwe, Kalanga, Khoisan, Nambya, Ndau, Shangani, Sotho, Tonga, Tswana, Venda, Xhosa, Gebärdensprache

WIRTSCHAFT

BIP: 21.04 Mrd. US$
Wachstum BIP: -8 %
BIP/Kopf: 1385 US$
Inflation: 557.2 %
Außenhandel: Import 4.95 Mrd. US$ (Petrochemie 27.4 %, Chemische Erzeugnisse 18.7 %, Maschinen 12.2 %, Kfz und -Teile 7.2 %, Nahrungsmittel 5.4 %), Export 4.06 Mrd. US$ (Rohstoffe außer Brennstoffe 35.9 %, Getränke und Tabak 19.5 %, Eisen und Stahl 5.4 %, Nahrungsmittel 4 %, Nichteisenmetalle 1.5 %)
Erwerbstätige nach Sektoren: Landwirtschaft 66.3 %, Industrie 6.5 %, Dienstleistungen 27.2 %
Arbeitslosenquote: 5.7 %
CO_2-Emission/Kopf: 0.6 t

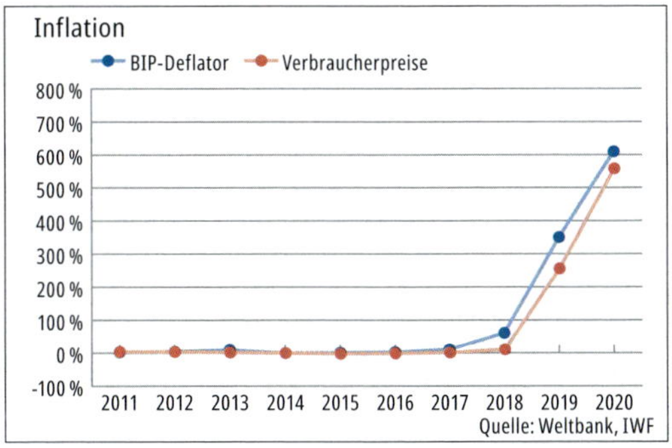

RÜCKBLICK

Repressionen: 2020/21 befand sich Simbabwe, verschärft durch die wirtschaftlichen Auswirkungen der Corona-Pandemie, in einer desolaten politischen, gesellschaftlichen und wirtschaftlichen Lage. Die Regierung unter Präsident Emmerson Mnangagwa reagierte auf die wachsenden **sozialen Spannungen** mit harten Repressionen wie **Einschüchterungen, unrechtmäßigen Festnahmen, Folter und Entführungen** gegen vermeintliche Regierungsgegner. Menschenrechtsaktivisten warfen der staatlichen Führung auch vor, unter dem Deckmantel der Pandemie-Bekämpfung Grundrechte massiv einzuschränken. So wurden unter dem Vorwurf, sie hätten Corona-Beschränkungen missachtet, seit März 2020 Tausende Menschen festgenommen. Im Juli und August 2020 wurden mehrere Regierungskritiker wie der investigative Journalist Hopewell Chin'onom und die Oppositionspolitiker Jacob Ngarivhume und Job Sikhala verhaftet, weil sie u. a. zu einer für den 31.07.2020 geplanten **landesweiten Demonstration gegen Korruption** aufgerufen hatten. Die Proteste wurden aber durch das harte Vorgehen der Sicherheitskräfte bereits im Vorfeld unterbunden. Zu den Maßnahmen gehörten die Einschränkung der Bewegungsfreiheit, die Belagerung von Städten und Gemeinden sowie die Sperrung von Transitrouten. Die **Katholische Bischofskonferenz**, die bereits in der Vergangenheit zu einem, allerdings verpufften, nationalen Dialog aufgerufen hatte, übte im August 2020 in einem Hirtenbrief auf überraschend deutliche Art **Kritik an dem restriktiven Vorgehen** der Regierung und prangerte die alarmierende Ausweitung der Korruption im Land an.

Kabinettsumbildung: Zwischen Mitte 2020 und Frühjahr 2021 wurden mehrere **Ministerposten** aufgrund von Entlassungen, aber auch Sterbefällen in Zusammenhang mit COVID-19-Infektionen **neu besetzt**. Als Nachfolger des langjährigen Agrarministers Perence Shiri, der Ende Juni 2020 verstorben war, wurde im August 2020 Anxious Jongwe Masuka vereidigt. Das Amt des im Juli 2020 entlassenen Gesundheitsministers Obadiah Moyo ging einen Monat später auf Vizepräsident Constantino Chiwenga über. Ebenfalls im August 2020 wurde Energieminister Fortune Chasi durch Soda Zhemu ersetzt. Im Januar 2021 verlor die Regierung gleich drei Mitglieder durch **COVID-19**: Ellen Gwaradzimba, Ministerin für Angelegenheiten der Provinz Manicaland, Außenminister Sibusiso Moyo und Verkehrsminister Joel Matiza. Weitere Minister mussten stationär behandelt werden. Im Februar 2021 übernahm Felix Mhona das Verkehrsressort, im März 2021 Frederick Shava das Außenministerium. Infolge der wachsenden Zahl an COVID-19-Todesfällen veranlasste die Regierung im Januar 2021 noch einmal eine Verschärfung des Lockdowns und verhängte u. a. eine weitreichende Ausgangssperre von 18–6 Uhr.

„Covidgate"-Skandal: Die Entlassung von Gesundheitsminister Moyo im Juli 2020 stand in Zusammenhang mit einem Fall von massiver **Korruption**, der in der nationalen Presse als „Covidgate"-Skandal bezeichnet wurde. Der Minister hatte ohne ordnungsgemäße Ausschreibung **überteuerte Corona-Schutzausrüstung** wie Schutzmasken in Höhe von 60 Mio. US$ geordert. Unklar blieb, wer tatsächlich von dem inzwischen gestoppten Deal profitiert hätte. Öffentlich wurden Mutmaßungen über eine Verbindung der Präsidentenfamilie zu der begünstigten Firma angestellt.

Soziale Lage: Die ohnehin prekäre Situation der Bevölkerung verschärfte sich durch die Corona-Pandemie weiter. Die **hohe Arbeitslosigkeit** nahm durch die Beschränkungen noch einmal massiv zu. Tausende Arbeitsmigranten kehrten aus Südafrika nach Simbabwe zurück und Tausende Menschen, die in den Städten im Zuge des Lockdowns ihre Jobs (vorübergehend) verloren hatten, machten sich auf den Weg in ihre Dörfer. Insbesondere die im informellen Sektor tätige, sozial schwächere Bevölkerungsgruppe war plötzlich ohne jegliche Versorgung. Die Weltbank schätzte die unter extremer **Armut** leidende Zahl der Simbabwer 2020 auf rund 7.9 Mio. Das UN-Welternährungsprogramm warnte 2020 vor einer massiven **Hungerkrise** und bezifferte die Zahl der Menschen, die 2020 auf Nahrungsmittelhilfen angewiesen waren, auf 1.8 Mio.

Wirtschaft: Bereits vor der Pandemie befand sich die simbabwische Wirtschaft mit dem Bergbau als tragender Säule in einer ernsten Krise, die sich 2020/21 weiter verschärfte. Hoffnung gaben die Mitte 2021 wieder steigenden Rohstoffpreise für Platin-Metalle, Gold, Chrom u. a. und die dank ausreichender Niederschläge **üppigen Ernten**. Mit Blick auf die zu erwartenden heimischen Ernteerträge untersagte die Regierung Ende Mai 2021 den Import von Mais und Maismehl. Nach einem Negativwachstum von -7.4 % für 2019 und -8 % für 2020 prognostizierte der IWF für **2021** einen **BIP-Zuwachs von 3.1 %.**

Entschädigungsabkommen: Im Juli 2020 einigten sich die Regierung und die Bauernvereinigung Commercial Farmers' Union auf die Entschädigung von weißen Farmern, die im Zuge der **Landreform 2000–2003** enteignet worden waren. Innerhalb von fünf Jahren sollte an die rund 3500 Betroffenen eine Entschädigungssumme von insgesamt rund 3 Mrd. € fließen.

Singapur

Ländername	Republik Singapur
Zeitzone	MEZ +7 h
Fläche in km²	719 (Rang 177)
Anzahl der Einwohner	5.7 Millionen (Rang 114)
Einwohnerzahl pro km²	7908 (Rang 2)
Hauptstadt	Singapur
Amtssprachen	Englisch, Chinesisch, Malaiisch, Tamil
Verwaltungsgliederung	5 Distrikte
Autokennzeichen | ISO-Code	SGP | SGP
Währung	1 Singapur-Dollar = 100 Cents
Nationalfeiertag	9. August (Unabhängigkeit 1965)

Der Stadtstaat, dessen Name sich aus dem Sanskrit herleitet und „Löwenstadt" bedeutet, ist mit seiner modernen Wolkenkratzersilhouette ein Symbol für den wirtschaftlichen Aufstieg Asiens im Rahmen der Globalisierung.

GEOGRAFIE

Geografische Lage: Von 1°16' bis 1°27' nördlicher Breite sowie von 103°38' bis 104° östlicher Länge (Südostasien)
Höchster Punkt: Bukit Timah 164 m
Klima: Immerfeuchtes Tropenklima

POLITIK

Staatsform: Parlamentarische Republik
Staatsoberhaupt: Präsidentin Halimah Yacob (seit 14.09.2017)
Regierungschef: Premierminister Lee Hsien Loong (seit 12.08.2004)
Regierungspartei: PAP (People's Action Party)
Legislative: Parlament mit 93 für 5 Jahre gewählten Mitgliedern und 11 ernannten Mitgliedern
Jahr der Verfassung: 1965
Wahlrecht: 21 Jahre

BEVÖLKERUNG

Bevölkerungsanteil: <15 Jahre 12.3 %, 15–64 Jahre 74.3 %, >64 Jahre 13.4 %
Verteilung: Stadt 100 %, Land 0 %
Wachstum: -0.3 %
Lebenserwartung: Frauen 86 Jahre, Männer 82 Jahre
Alphabetenrate: Frauen 95.9 %, Männer 98.9 %
Bevölkerungsgruppen: Chinesen, Malaien, Inder u. a.
Religionen: Buddhisten, Christen, Muslime, Hindus, Ethnische (Daoisten)
Sprachen: Englisch, Chinesisch, Malaiisch, Tamil

WIRTSCHAFT

BIP: 339.98 Mrd. US$
Wachstum BIP: -5.4 %
BIP/Kopf: 58 902 US$
Inflation: -0.2 %
Außenhandel: Import 329.83 Mrd. US$ (Elektronik 27 %, Petrochemie 12.8 %, Maschinen 12 %, Chemische Erzeugnisse 8.3 %, Erdöl 6.7 %), Export 362.53 Mrd. US$ (Elektronik 29.7 %, Chemische Erzeugnisse 13.8 %, Petrochemie 11.8 %, Maschinen 11.3 %, Elektrotechnik 4.3 %)
Erwerbstätige nach Sektoren: Landwirtschaft 0.7 %, Industrie 15.2 %, Dienstleistungen 84.1 %
Arbeitslosenquote: 3.1 %
CO_2-Emission/Kopf: 9.1 t

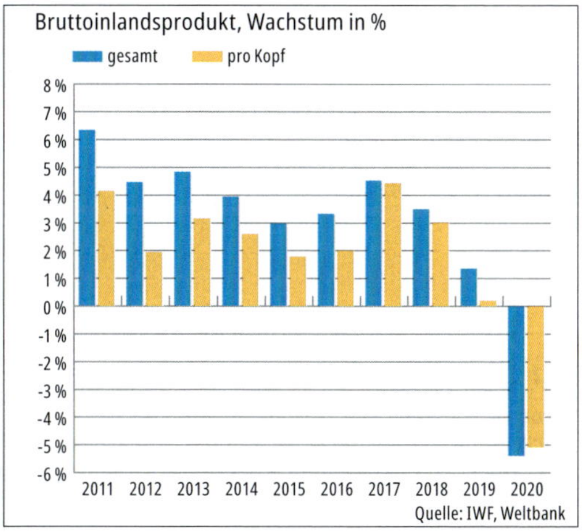

RÜCKBLICK

Corona-Pandemie: Nach hohen Ansteckungsraten zu Beginn der Pandemie, die besonders in den Quartieren der Gastarbeiter nur schwer unter Kontrolle zu bringen war, konnte die **Inzidenz im Berichtsjahr durchgehend niedrig** gehalten werden: Regionale Einreiseverbote, Quarantänepflichten, eine funktionierende Überwachung der Kontakte durch sogenanntes Tracing und gezieltes Testen ließen die nationale Corona-Politik als besonders erfolgreich erscheinen. Singapur war das erste asiatische Land, das – am 30.12.2020 – eine **Impfkampagne** startete: Bis zum 01.07.2021 waren etwa 5.4 Mio. Impfdosen verabreicht worden, wobei es auffällig war, dass chinesischer Impfstoff von vielen Bürgern dem europäischen und amerikanischen vorgezogen wurde, wegen mutmaßlicher Vorteile bei Reisen in die VR China. Der Stadtstaat schien sich von der großen Ansteckungswelle in Süd- und Südostasien 2021 abkoppeln zu können. Doch im Mai wurden verschiedene **neue Ansteckungsherde** erkennbar, deren Ursache unklar blieb. Die Corona-Task-Force verlängerte umgehend die Einreisequarantäne, schloss alle Schulen und erwog neuerliche Schließung von Betrieben und Behörden. Die für 2021 erwartete wirtschaftliche Erholung nach der **pandemiebedingten Rezession 2020**, als das BIP um 5.4 % schrumpfte, wurde wieder zweifelhaft. 2020 hatte das Herunterfahren der wirtschaftlichen Aktivität sehr hohe Kosten verursacht. Nicht zuletzt durch Ausgleichsmaßnahmen stiegen die Staatsausgaben im Fiskaljahr 2020, das am 31.03.2021 endete, um 63 %.

Politik: Die Parlamentswahl am 10.07.2020 verschaffte der Regierungspartei People's Action Party (PAP) erwartungsgemäß erneut eine große Mehrheit in der Volksvertretung, in der sie 83 der 93 Mandate errang; die oppositionelle Arbeiterpartei erhöhte die Zahl ihrer Mandate von 6 auf 10. Die erdrückende Überlegenheit der PAP war wesentlich auf das Mehrheitswahlrecht zurückzuführen; ihr Stimmenanteil ging von 69.9 % auf 61.1 % zurück. Hintergrund dieses **Denkzettels der Wähler an die seit 1965 regierende PAP** war die Teilnahme der im Vorjahr neu gegründeten Progressive Party (PSP), die die Unterstützung von Lee Hsien Yang, des Sohns des Staatsgründers Lee Kuan Yew, besaß, der sich mit seinem älteren Bruder und aktuellen Regierungschef Lee Hsien Loong überworfen hatte. Die PSP erzielte aus dem Stand einen Wähleranteil von 10.1 %, zu einem Mandat im Parlament reichte es nicht. Angesichts des organisatorischen Rückstands war das **Ergebnis der PSP ein Achtungserfolg**. Einige prominente Regierungsmitglieder wie Finanzminister Heng Swee Keat konnten ihren Wahlkreis nur mit Mühe gewinnen.

Slowakei

▸ 619

Ländername	Slowakische Republik
Zeitzone	MEZ ±0 h
Fläche in km²	49 035 (Rang 127)
Anzahl der Einwohner	5.5 Millionen (Rang 117)
Einwohnerzahl pro km²	111 (Rang 76)
Hauptstadt	Bratislava
Amtssprache	Slowakisch
Verwaltungsgliederung	8 Regionen
Wichtige Städte	Bratislava, Košice, Prešov, Žilina, Banská Bystrica
Autokennzeichen | ISO-Code	SK | SVK
Währung	1 Euro = 100 Cent
Nationalfeiertage	29. August (Aufstand gegen die NS-Regierung 1944), 1. September (Verfassung 1992)

Nach anfänglichen Problemen nach der Unabhängigkeit 1993 konnte sich die Wirtschaft durch eine mutige Reformpolitik stabilisieren. 2004 wurde die Slowakische Republik Mitglied der NATO und der EU, zum 1. Januar 2009 auch der Euro-Zone.

GEOGRAFIE

Geografische Lage: Von 47°45′ bis 49°36′ nördlicher Breite sowie von 16°51′ bis 22°32′ östlicher Länge (Mitteleuropa)
Höchster Punkt: Gerlsdorfer Spitze 2655 m
Klima: Gemäßigtes Kontinentalklima

POLITIK

Staatsform: Parlamentarische Republik
Staatsoberhaupt: Präsidentin Zuzana Čaputová (seit 15.06.2019)
Regierungschef: Ministerpräsident Eduard Heger (seit 01.04.2021)
Regierungsparteien: Koalition OĽaNo (Obyčajní ľudia a nezávislé osobnosti, Einfache Leute und unabhängige Persönlichkeiten), SaS (Sloboda a Solidarita, Freiheit und Solidarität), Za ľudí (Für die Menschen), Sme rodina (Wir sind eine Familie)
Legislative: Nationalrat mit 150 für 4 Jahre gewählten Mitgliedern
Jahr der Verfassung: 1992
Wahlrecht: 18 Jahre

BEVÖLKERUNG

Bevölkerungsanteil: <15 Jahre 15.6 %, 15–64 Jahre 67.7 %, >64 Jahre 16.7 %
Verteilung: Stadt 53.8 %, Land 46.2 %
Wachstum: 0.1 %
Lebenserwartung: Frauen 81 Jahre, Männer 74 Jahre
Alphabetenrate: Frauen 99.6 %, Männer 99.6 %
Bevölkerungsgruppen: Slowaken, Ungarn, Roma u. a.
Religionen: Christen, Sonstige
Sprachen: Slowakisch, Ungarisch, Roma u. a.

WIRTSCHAFT

BIP: 104.09 Mrd. US$
Wachstum BIP: -5.2 %
BIP/Kopf: 19 071 US$
Inflation: 2 %
Außenhandel: Import 84.47 Mrd. US$ (Kfz und -Teile 17 %, Elektronik 13 %, Maschinen 10.9 %, Elektrotechnik 9.6 %, Chemische Erzeugnisse 8.7 %), Export 86.19 Mrd. US$ (Kfz und -Teile 34.1 %, Elektronik 12.8 %, Maschinen 9.7 %, Elektrotechnik 6.6 %, Chemische Erzeugnisse 4 %)
Erwerbstätige nach Sektoren: Keine Angabe
Arbeitslosenquote: 6.8 %
CO_2-Emission/Kopf: 6.6 t

RÜCKBLICK

Corona-Pandemie: Die Zahl der Infektionen begann im Oktober 2020 deutlich zu steigen, bereits am 01.10.2020 verhängte die Regierung den Notstand, wie dies bereits von Mitte März bis Mitte Juni 2020 der Fall gewesen war. Als eine Maßnahme wurde ab Ende Oktober 2020 die gesamte Bevölkerung Antigen-Schnelltests unterzogen, was aber nur vorübergehend für einen Rückgang der Infektionen sorgte. Im Dezember 2020 stieg deren Zahl wieder deutlich an und blieb, von vorübergehenden Rückgängen abgesehen, bis Mitte März 2021 auf hohem Niveau. Durchgängig hoch blieb von Ende Dezember 2020 bis April 2021 die Zahl der Todesfälle, was die Mängel im öffentlichen Gesundheitswesen offenlegte. Zeitweise starben 30 % der in Krankenhäusern behandelten COVID-19-Patienten. Am 28.12.2020 verabschiedete das Parlament mit der erforderlichen Drei-Fünftel-Mehrheit eine Verfassungsänderung, mittels derer der Notstand beliebig um jeweils 40 Tage verlängert werden kann. Zuvor war dessen Dauer auf maximal 90 Tage begrenzt gewesen, womit er am 29.12.2020 nicht mehr hätte verlängert werden können. Insgesamt wurden seit Beginn der Pandemie bis zum 30.06.2021 391 642 Infektionen und 12 510 Todesfälle gemeldet, was 0.23 % der Bevölkerung entsprach. 28.8 % waren vollständig geimpft.

Rücktritt des Ministerpräsidenten: Unterschiedliche Auffassungen über die Strenge der Maßnahmen im Zusammenhang mit der COVID-19-Pandemie führten von Anfang an zu **Spannungen in der seit März 2020 regierenden Koalition**, vor allem zwischen Ministerpräsident Igor Matovič und Wirtschaftsminister Richard Sulík. Als sich Matovič im Februar 2021 eigenmächtig um die Beschaffung des russischen Impfstoffs Sputnik V bemühte und für diesen eine nationale Notfallzulassung forderte, obwohl das Kabinett einen solchen Alleingang abgelehnt hatte, eskalierten die Spannungen. Unter dem Druck zweier Koalitionspartner, die dezidiert und aus außenpolitischen Erwägungen Sputnik V ablehnten, musste Gesundheitsminister Marek Krajčí, der sich für den Impfstoff eingesetzt hatte, am 12.03.2021 zurücktreten. Anstatt sich um eine Verständigung mit den Koalitionspartnern zu bemühen, steigerte Matovič mit eigenen Forderungen die Spannungen. Sulík und die 3 übrigen Minister der liberalen Partei Freiheit und Solidarität (SaS) traten zurück, die beiden anderen Koalitionspartner, Za L'udí (Für die Menschen) und Sme Rodina (Wir sind eine Familie) zogen gleichfalls einen Teil ihrer Minister ab. Schließlich musste sich **Matovič** am 28.03.2021 dem Druck beugen und trat als Regierungschef zurück. **Finanzminister Eduard Heger**, der als deutlich weniger polarisierend gilt, trat am 01.04.2021 seine **Nachfolge** an, während Matovič an Hegers Stelle ins Finanzressort wechselte. Die meisten Minister verblieben in ihren Ämtern, lediglich im Gesundheits- und im Arbeitsministerium gab es neue Gesichter. Das Parlament sprach dem neuen Kabinett am 04.05.2021 sein Vertrauen aus.

Mordfall Kuciak: Im Fall des im Februar 2018 zusammen mit seiner Verlobten Martina Kušnírová ermordeten Journalisten Ján Kuciak wurde einer der direkten Täter am 03.09.2020 von dem für organisierte Kriminalität zuständigen Sondergericht in Pezinok zu 25 Jahren Haft verurteilt. Der mitangeklagte Unternehmer Marian **Kočner**, den die Staatsanwaltschaft beschuldigte, der Auftraggeber des Verbrechens gewesen zu sein, sowie seine Vertraute Alena Zsuzsová wurden aus Mangel an Beweisen **freigesprochen**. Die Anklage habe sich allein auf Indizien gestützt. **Das Oberste Gericht hob** indes am 15.06.2021 die beiden **Freisprüche auf** und ordnete ein **neues Verfahren** an. Das Gericht habe Beweise, die die Staatsanwaltschaft vorgelegt habe, nicht zugelassen. Ein weiterer direkt in die Ausführung der Tat verwickelter Beschuldigter, Miroslav Maček, war bereits im April 2020 zu 23 Jahren Haft verurteilt worden, wobei sein Geständnis als strafmildernd gewertet wurde. Das Oberste Gericht erhöhte diese Strafe am 02.12.2020 auf 25 Jahre. Ein weiteres Urteil gegen Kočner, das im Februar 2020 wegen der Fälschung von Schuldscheinen, mit denen Kočner in den Besitz von 69 Mio. € gelangt war, verhängt worden war, wurde am 12.01.2021 vom Obersten Gericht bestätigt und erlangte damit Rechtskraft. Kočner und ein Mitangeklagter wurden zu 19 Jahren Haft verurteilt, Ersterer überdies zu einer Strafe von 10 000 €.

Bewaffnete Beamte bringen Marian Kočner am 15.06.2021 zum Gerichtssaal.

Diplomatischer Konflikt mit Russland: Ministerpräsident Heger kündigte am 22.04.2021 die **Ausweisung von 3 russischen Diplomaten** an. Dieser Schritt erfolge nach Überprüfung der Aktivitäten der Botschaft, sei aber auch als Akt der Solidarität gegenüber Tschechien zu verstehen, wo es infolge mutmaßlicher Aktivitäten des russischen Militärgeheimdienstes GRU zu einem diplomatischen Konflikt gekommen war. Wie in Prag war auch in Bratislava die Zahl der Mitarbeiter der russischen Botschaft deutlich größer, als es angesichts des Gastlandes zu erwarten wäre. Bereits im August 2020 waren 3 russische Diplomaten ausgewiesen worden.

Slowenien

▸ 618

Ländername	Republik Slowenien
Zeitzone	MEZ ±0 h
Fläche in km²	20 273 (Rang 151)
Anzahl der Einwohner	2.1 Millionen (Rang 145)
Einwohnerzahl pro km²	104 (Rang 82)
Hauptstadt	Ljubljana
Amtssprache	Slowenisch
Verwaltungsgliederung	212 Gemeinden
Wichtige Städte	Ljubljana, Maribor, Kranj, Koper, Celje
Autokennzeichen | ISO-Code	SLO | SVN
Währung	1 Euro = 100 Cent
Nationalfeiertag	25. Juni (Unabhängigkeit 1991)

Slowenien nimmt eine führende wirtschaftliche Rolle unter den Nachfolgestaaten des zerfallenen Jugoslawien ein. Zerklüftete Hochgebirge, bizarre Karstlandschaften und die Seebäder an der kurzen Adriaküste locken immer mehr Touristen ins Land.

GEOGRAFIE

Geografische Lage: Von 45°25′ bis 46°52′ nördlicher Breite sowie von 13°22′ bis 16°31′ östlicher Länge (Südosteuropa)
Höchster Punkt: Triglav 2864 m
Klima: Teilweise kontinentales bis alpines Klima, an der Küste mediterranes Klima

POLITIK

Staatsform: Parlamentarische Republik
Staatsoberhaupt: Präsident Borut Pahor (seit 22.12.2012)
Regierungschef: Ministerpräsident Janez Janša (seit 13.03.2020)
Regierungsparteien: Koalition SDS (Slovenska demokratska stranka, Slowenische demokratische Partei), SMC (Stranka modernega centra, Partei des modernen Zentrums), NSi (Nova Slovenija Krščanska ljudska stranka, Neues Slowenien - Christliche Volkspartei)
Legislative: Parlament, bestehend aus Nationalversammlung mit 90 für 4 Jahre gewählten Mitgliedern und Nationalrat mit 40 für 5 Jahre gewählten Mitgliedern
Jahr der Verfassung: 1991
Wahlrecht: 18 Jahre

BEVÖLKERUNG

Bevölkerungsanteil: <15 Jahre 15.1 %, 15–64 Jahre 64.1 %, >64 Jahre 20.8 %
Verteilung: Stadt 55.1 %, Land 44.9 %
Wachstum: 0.6 %
Lebenserwartung: Frauen 84 Jahre, Männer 79 Jahre
Alphabetenrate: Frauen 99.6 %, Männer 99.7 %
Bevölkerungsgruppen: Slowenen, Serben, Kroaten, Bosniaken u. a.
Religionen: Christen, Muslime
Sprachen: Slowenisch, Serbisch, Kroatisch u. a.

WIRTSCHAFT

BIP: 52.84 Mrd. US$
Wachstum BIP: -5.5 %
BIP/Kopf: 25 211 US$
Inflation: -0.1 %
Außenhandel: Import 42.12 Mrd. US$ (Chemische Erzeugnisse 27 %, Kfz und -Teile 10 %, Maschinen 8.7 %, Nahrungsmittel 6.5 %, Elektrotechnik 6.3 %), Export 44.78 Mrd. US$ (Chemische Erzeugnisse 27.5 %, Kfz und -Teile 13 %, Maschinen 10.6 %, Elektrotechnik 8.6 %, Nahrungsmittel 4 %)
Erwerbstätige nach Sektoren: Landwirtschaft 5.1 %, Industrie 33.4 %, Dienstleistungen 61.5 %
Arbeitslosenquote: 5.2 %
CO_2-Emission/Kopf: 7.4 t

RÜCKBLICK

Corona-Pandemie: Im Oktober 2020 setzte eine markante Infektionswelle ein, die mehr oder weniger bis Anfang Februar 2021 anhielt, ohne wie in anderen Ländern durch einen zeitweiligen Rückgang gemildert zu werden. Daran änderten

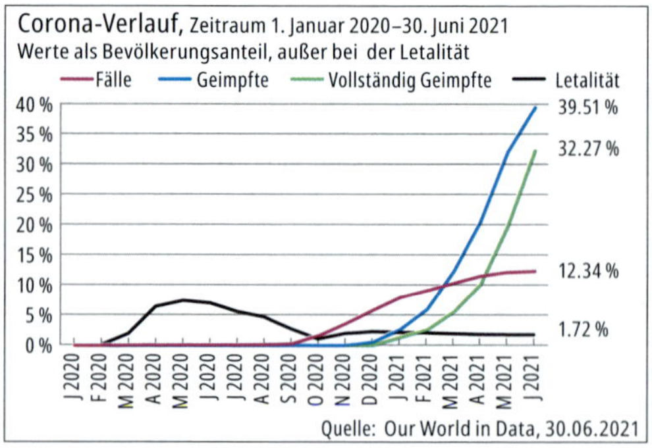

auch die zum Teil sehr restriktiven Maßnahmen wie ein nächtliches Ausgangsverbot nichts. Im März 2021 kam es noch einmal zu einem, wenngleich geringeren, Anstieg. Insgesamt wurden seit Beginn der Pandemie bis zum 30.06.2021 257 288 Infektionen und 4748 Todesfälle gemeldet, was 0.23 % der Bevölkerung entsprach. 31.6 % waren vollständig geimpft.

Regierung: Die Landwirtschaftsministerin Aleksandra Pivec trat am 09.09.2020 als Vorsitzende der Rentnerpartei DeSUS zurück, am 05.10.2020 auch als Ministerin. Ihr war die Verbindung dienstlicher und privater Reisen vorgeworfen worden. Karl Erjavec, den Pivec erst im Januar im Vorsitz der Partei abgelöst hatte, wurde am 05.12.2020 zu ihrem Nachfolger gewählt. Am 07.12.2020 verließ DeSUS die Regierungskoalition unter Ministerpräsident Janez Janša. Auch nach dem Ausscheiden von DeSUS behielt die nun noch aus 3 Parteien bestehende Regierung, die von der Slowenischen Nationalen Partei (SNS) und 2 Minderheitenvertretern parlamentarisch unterstützt wurde, eine knappe Mehrheit. Mehrere Misstrauensanträge der Opposition gegen Mitglieder des Kabinetts scheiterten. Am 02.04.2021 beantragten die Oppositionsparteien im Parlament die Durchführung eines Amtsenthebungsverfahrens gegen den Ministerpräsidenten. Das Parlament lehnte den Antrag am 26.05.2021 ab.

Proteste gegen Regierung: Die Regierung Janša sah sich schon bald nach ihrem Amtsantritt im März 2020 mit wöchentlichen Protesten in der Hauptstadt Ljubljana, aber auch anderen Städten, konfrontiert. Am 27.04.2021, dem Jahrestag der Gründung der Befreiungsfront im 2. Weltkrieg 1941 gegen die deutsche und italienische Okkupation des Landes, beteiligten sich in Ljubljana rund 10 000 Personen an einer Kundgebung, die den Rücktritt Janšas forderten.

EU-Staatsanwaltschaft: Justizministerin Lilijana Kozlovič (SMC) trat am 27.05.2021 zurück, nachdem Ministerpräsident Janša die Ernennung zweier delegierter Staatsanwälte, die für die neue EU-Staatsanwaltschaft in Slowenien tätig werden sollten, abgelehnt hatte. Die beiden waren vom Rat der Staatsanwälte nominiert und von Kozlovič bestätigt worden. Zum Verhängnis wurde ihnen, dass sie an einem früheren Korruptionsverfahren gegen Janša beteiligt gewesen waren.

Somalia

▸ 639

Ländername	Bundesrepublik Somalia
Zeitzone	MEZ +2 h
Fläche in km²	637 657 (Rang 41)
Anzahl der Einwohner	15.9 Millionen (Rang 73)
Einwohnerzahl pro km²	25 (Rang 156)
Hauptstadt	Mogadischu
Amtssprachen	Somali, Arabisch
Verwaltungsgliederung	18 Regionen
Wichtige Städte	Mogadischu, Hargeysa, Burco, Berbera, Marka, Boosaaso
Autokennzeichen | ISO-Code	SO | SOM
Währung	1 Somalia-Schilling = 100 Senti
Nationalfeiertag	1. Juli (Gründung 1960)

Von dem einstigen „Götterland“ Punt, das den ägyptischen Pharaonen Weihrauch und Myrrhe lieferte, ist heute wenig geblieben. Bürgerkriegswirren und Dürrekatastrophen haben das Land am Horn von Afrika zerrüttet. Zum Problem für die internationale Gemeinschaft wurden in jüngster Zeit die von Somalia aus operierenden Piraten. Die Regionen Somaliland und Puntland im Norden des Landes streben nach politischer wie wirtschaftlicher Selbstständigkeit.

GEOGRAFIE

Geografische Lage: Von 11°59′ nördlicher bis 1°42′ südlicher Breite sowie von 40°58′ bis 51°25′ östlicher Länge (Nordostafrika)
Höchster Punkt: Shimbiris 2416 m
Klima: Trockenheißes Wüstenklima

POLITIK

Staatsform: Parlamentarische Bundesrepublik
Staatsoberhaupt: Präsident Mohamed Abdullahi Mohamed (seit 16.02.2017)
Regierungschef: Premierminister Mohamed Hussein Roble (seit 23.09.2020)
Regierungspartei: keine
Legislative: Bundestag, bestehend aus Unterhaus mit 275 für 4 Jahre gewählten Mitgliedern und Oberhaus mit 54 für 4 Jahre gewählten Mitgliedern
Jahr der Verfassung: 2012
Wahlrecht: 18 Jahre

BEVÖLKERUNG

Bevölkerungsanteil: <15 Jahre 46.1 %, 15–64 Jahre 50.9 %, >64 Jahre 3 %
Verteilung: Stadt 46.1 %, Land 53.9 %
Wachstum: 2.9 %
Lebenserwartung: Frauen 59 Jahre, Männer 56 Jahre
Alphabetenrate: Frauen 25.8 %, Männer 49.7 %
Bevölkerungsgruppen: Somalier, Bantu u. a.
Religion: Muslime (v. a. Sunniten)
Sprachen: Somali, Arabisch, Italienisch, Englisch u. a.

WIRTSCHAFT

BIP: 4.92 Mrd. US$
Wachstum BIP: -1.5 %
BIP/Kopf: 327 US$
Inflation: Keine Angabe
Außenhandel: Keine Angabe
Erwerbstätige nach Sektoren: Landwirtschaft 83 %, Industrie 3.5 %, Dienstleistungen 13.5 %
Arbeitslosenquote: 13.1 %
CO_2-Emission/Kopf: 0.1 t

RÜCKBLICK

Misstrauensvotum: Das Parlament in Mogadischu sprach **Premierminister Hassan Ali Khaira** am 25.07.2020 mit 170 zu 8 Stimmen das Misstrauen aus und zwang ihn damit zum **Rücktritt**. Diese Maßnahme war u. a. damit begründet worden, dass es Khaira bis Mitte 2020 nicht gelungen war, einen Fahrplan für die Präsidentschafts- und Parlamentswahlen abzustimmen, die 2020/21 stattfinden sollten. Für den Übergang ging das Amt des Regierungschefs auf den bisherigen stellvertretenden Premierminister Mahdi Mohamed Guled über. Staatspräsident Mohamed Abdullahi Mohamed ernannte am 17.09.2020 **Mohamed Hussein Roble zum neuen Premierminister**. Dieser stellte am 19.10.2020 seine neue Regierung vor, die bis zu den Wahlen amtieren sollte. Während wichtige Ressorts wie Finanzen, Äußeres und Planung personell unverändert blieben, wurden viele andere Posten neu besetzt.

Wahlfahrplan: Nach monatelangen Debatten einigten sich Präsident Mohamed und die Zentralregierung auf der einen Seite und die Repräsentanten der mächtigen föderalen Regionen auf der anderen Seite im September 2020 auf einen Wahlablauf. Dabei war der ursprüngliche Plan, den Präsidenten und das Parlament in einer allgemeinen **Volkswahl** zu bestimmen, wegen der anhaltend schlechten Sicherheitslage und aus organisatorischen Gründen **aufgegeben** worden. Allein die Registrierung der Wähler unter den mehr als 15 Mio. Einwohnern Somalias hätte den zeitlichen Rahmen gesprengt. Stattdessen verständigte man sich auf **indirekte Wahlen** wie sie bereits 2012 und 2017 abgehalten worden waren: Dabei bestimmen Clan-Älteste Delegierte, die wiederum die Abgeordneten des Unterhauses wählen. Die Abgeordneten des Senats werden durch die Parlamente der Bundesstaaten gewählt. Die Parlamentarier beider Kammern bestimmen dann den Präsidenten.

Politische Krise: Die kurzfristige Verschiebung der für Anfang Februar 2021 angesetzten Wahlen ließen die innenpolitischen Spannungen eskalieren und stürzten das Land in eine **Verfassungskrise**. Bis zuletzt war es Präsident Mohamed nicht gelungen, mit den Vertretern der verschiedenen Regionen die letzten Modalitäten wie die Besetzung der Wahlkommission zu klären. Hinzu kam, dass die reguläre Amtszeit des Präsidenten am 08.02.2021 endete. Mohamed sollte aber bis zur Vereinbarung eines neuen Wahltermins weiter als Staatsoberhaupt amtieren. Zwischen der Zentralregierung und oppositionellen Kräften begann eine harte Machtprobe um die nächsten Wahlen, die auch in gewalttätigen Aktionen mündete. Im Februar 2021 kam es in Mogadischu im Vorfeld einer von der Opposition organisierten Kundgebung unter Einsatz von Schusswaffen zu heftigen **Gefechten zwischen staatlichen Sicherheitskräften und mit der Opposition sympathisierenden Milizionären.** Dabei wurden mindestens zwei Menschen getötet und zahlreiche verletzt. Oppositionsvertreter sprachen dem Präsidenten die Machtbefugnis ab und warfen ihm die Verzögerung der Wahlen vor. Am 12.04.2021 ließ sich Mohamed mit der Annahme einer Resolution durch das Parlament seine Amtszeit um zwei Jahre verlängern. Dieser massiv umstrittene Schritt, bei dem zudem der Senat als zweite Kammer umgangen wurde, heizte die Proteste im Land weiter an und forderte auch internationale Reaktionen z. B.

von UN, EU und den USA heraus. In einer Fernsehansprache kündigte der Präsident am 28.04.2021 an, die **Amtszeitverlängerung** zurückzunehmen und in nächster Zeit Wahlen anzuberaumen. Premierminister Roble wurde mit der Organisation des Wahlprozesses beauftragt.

Terror: Die militant islamistische **Al-Shabaab-Miliz** kontrollierte noch immer große Teile des Südens und des Zentrums und verübte im Land auch 2020/21 **Anschläge** auf die Zivilbevölkerung, auf zivile Einrichtungen wie Hotels und Restaurants, auf Politiker, Sicherheitskräfte und Militärstützpunkte. Zahlreiche Menschen kamen dabei zu Tode. Neben den Terrorakten bedrohten auch die Machtkonflikte mit den 18 Gliedstaaten die bundesstaatliche Ordnung.

Mitarbeiter des Roten Halbmondes bergen Tote und Verletzte nach einem Autobombenanschlag im Zentrum Mogadischus am 10.07.2021.

AMISOM: Die Zentralregierung in Mogadischu konnte ihre Machtposition nur mit Unterstützung der African Union Mission to Somalia (AMISOM) behaupten. Die mittlerweile ausschließlich von Äthiopien, Burundi, Dschibuti, Kenia und Uganda gestellten **multilateralen Truppen**, die **mit** einem **UN-Mandat** ausgestattet sind, begleiten seit 2007 die Entwicklung im Land. Das Mandat der rund 20 000-köpfigen Mission wurde im August 2020 bis zum 31.08.2021 verlängert.

Humanitäre Lage: Somalia stand 2021 erneut vor einer **Hungerkrise**. Nach UN-Angaben waren Mitte 2021 rund 2.7 Mio. Menschen in Somalia von Hunger bedroht, darunter auch etwa 840 000 Kinder unter fünf Jahren. Über 80 % der Landesfläche waren von mittlerer bis schwerer **Trockenheit** betroffen. Durch die sich ausbreitende Dürre wurden **Ernteausfälle** bei Getreide und Gemüse um bis zu 80 % erwartet. Für die Viehhaltung gab es kein Weideland mehr, sodass zahlreiche Tierbestände verendeten. Hinzu kamen neue **Heuschreckenschwärme**, die die letzten Reste der Ernte vernichteten.

Spanien

▸ 622

Ländername	Königreich Spanien
Zeitzone	MEZ ±0 h
Fläche in km²	505 944 (Rang 51)
Anzahl der Einwohner	47.5 Millionen (Rang 30)
Einwohnerzahl pro km²	94 (Rang 92)
Hauptstadt	Madrid
Amtssprache	Spanisch
Verwaltungsgliederung	17 Regionen
Wichtige Städte	Madrid, Barcelona, Valencia, Sevilla, Saragossa, Málaga
Autokennzeichen | ISO-Code	E | ESP
Währung	1 Euro = 100 Cent
Nationalfeiertag	12. Oktober (Ankunft von Kolumbus in Amerika 1492)

Im 16. Jahrhundert stieg das Land im Südwesten Europas zur Weltmacht auf. Der Niedergang im 17. und 18. Jahrhundert begünstigte die Abkapselung gegenüber dem übrigen Europa. Nach dem Ende der Franco-Diktatur 1975 setzte Spanien auf Demokratisierung und europäische Integration. Diesen Prozess begleiteten ein schneller wirtschaftlicher Aufschwung und ein radikaler gesellschaftlicher Umbruch. Nach der schweren Wirtschaftskrise 2009 ließ die spanische Volkswirtschaft die Jahre der lang anhaltenden Rezession ab 2014 hinter sich. Allerdings leidet das Land immer noch unter einer hohen Jugendarbeitslosigkeit.

GEOGRAFIE

Geografische Lage: Von 35°16′ bis 43°48′ nördlicher Breite sowie von 9°17′ westlicher bis 4°21′ östlicher Länge (Südwesteuropa)
Höchster Punkt: Pico de Teide 3718 m
Zugehöriges: Kanarische Inseln
Klima: Im Norden ozeanisches, ansonsten Mittelmeerklima

POLITIK

Staatsform: Parlamentarische Monarchie
Staatsoberhaupt: König Felipe VI. (seit 19.06.2014)
Regierungschef: Ministerpräsident Pedro Sánchez Pérez-Castejón (seit 02.06.2018)
Regierungsparteien: Koalition PSOE (Partido Socialista Obrero Español), UP (Unidos Podemos)
Legislative: Parlament, bestehend aus Abgeordnetenhaus mit 350 für 4 Jahre gewählten Mitgliedern und Senat mit 266 für 4 Jahre gewählten Mitgliedern
Jahr der Verfassung: 1978
Wahlrecht: 18 Jahre

BEVÖLKERUNG

Bevölkerungsanteil: <15 Jahre 14.4 %, 15–64 Jahre 65.6 %, >64 Jahre 20 %
Verteilung: Stadt 80.8 %, Land 19.2 %
Wachstum: 0.5 %
Lebenserwartung: Frauen 86 Jahre, Männer 81 Jahre
Alphabetenrate: Frauen 98 %, Männer 98.9 %
Bevölkerungsgruppen: Spanier, Marokkaner, Rumänen u. a.
Religionen: Christen, Sonstige
Sprachen: Spanisch, Katalanisch, Baskisch, Galizisch u. a.

WIRTSCHAFT

BIP: 1.28 Bio. US$
Wachstum BIP: -11 %
BIP/Kopf: 27 132 US$
Inflation: -0.3 %
Außenhandel: Import 324.99 Mrd. US$ (Chemische Erzeugnisse 16.1 %, Kfz und -Teile 10.2 %, Nahrungsmittel 9.2 %, Maschinen 7.8 %, Textilien und Bekleidung 7.2 %), Export 307 Mrd. US$ (Nahrungsmittel 15.7 %, Kfz und -Teile 15.4 %, Chemische Erzeugnisse 13.9 %, Maschinen 7.1 %, Textilien und Bekleidung 5.1 %)
Erwerbstätige nach Sektoren: Landwirtschaft 4 %, Industrie 20.2 %, Dienstleistungen 75.8 %
Arbeitslosenquote: 15.5 %
CO_2-Emission/Kopf: 5.6 t

EXKLAVEN

Ceuta

Fläche in km²: 19
Anzahl der Einwohner: 84 202
Hauptstadt: Keine
Status: Autonome Stadt seit 1995
Regierungschef: Präsident Juan Jesús Vivas Lara

Melilla

Fläche in km²: 13
Anzahl der Einwohner: 87 076
Hauptstadt: Keine
Status: Autonome Stadt seit 1995
Regierungschef: Präsident Juan José Imbroda

RÜCKBLICK

Corona-Pandemie: Bereits ab Anfang Juli 2020 stieg die Zahl der täglichen Neuinfektionen wieder deutlich an, nachdem es im Mai und Juni 2020 so gut wie keine neuen Corona-Fälle mehr gegeben hatte und am 21.06.2020 der landesweite Ausnahmezustand aufgehoben worden war. Nachdem deutsche und britische Touristen am Wochenende des 11./12.07.2020 unter Missachtung von Abstands- und Hygieneregeln exzessive Partys gefeiert hatten, schloss die Regionalregierung für zwei Monate alle Vergnügungslokale an der Playa de Palma. Am 16.07.2020 gedachte Spanien mit einer großen Zeremonie im Königspalast seiner bis dahin 28 400 Corona-Toten. Am 31.07.2020 erklärte das Robert-Koch-Institut die Regionen Aragón, Katalonien und Navarra zu Risikogebieten, bis zum 02.09.2020 wurde die Reisewarnung auf ganz Spanien ausgeweitet. In vielen spanischen Regionen wurden lokale Ausgangssperren verhängt, auch in der Hauptstadt Madrid, wo ab 21.09.2020 mehrere Stadtteile und einige umliegende Kommunen abgeriegelt wurden. Angesichts von mehr als 20 000 täglichen Neuinfektionen rief die Regierung am 25.10.2020 erneut den Notstand aus, den das Parlament auf Antrag der Regierung am 29.10.2020 auf sechs Monate verlängerte. Infolge der Maßnahmen sank die Zahl der Neuinfektionen bis Dezember 2020 auf unter 10 000 am Tag, um nach Weihnachten sprunghaft wieder anzusteigen. Am 15.01.2021 erreichten die täglichen Neuinfektionen mit 34 378 ihren bisherigen Höchststand in der Pandemie. Bis zum März 2021 sanken die Infektionszahlen so weit, dass das Robert-Koch-Institut Mallorca von der Liste der Risikogebiete strich. Am 09.05.2021 endete der sechsmonatige Notstand, bereits ab März waren touristische Einreisen wieder erlaubt. Insgesamt hatten sich bis Anfang Juli 2021 gut 3.8 Mio. Spanier mit dem Coronavirus infiziert, 81 000 Menschen waren gestorben. 55.5 % hatten eine Erstimpfung erhalten, 39.5 % hatten bereits den vollen Impfschutz.

Wahlen: Bei den vorgezogenen Regionalwahlen in Madrid am 04.05.2021 gewann der konservative Partido Popular von Regionalpräsidentin Isabel Díaz Ayuso 22.5 Prozentpunkte hinzu und wurde mit 44.73 % der Stimmen deutlich stärkste Kraft. Auf den zweiten Platz kam die linke „Más Madrid“ mit 16.97 % der Stimmen, gefolgt vom sozialistischen PSOE mit 16.85 % und der rechtspopulistischen Vox mit 9.13 %. Das linksalternative Wahlbündnis Unidas Podemos erzielte 7.21 %. Größter Wahlverlierer waren die bisher mitregierenden liberalen Ciudadanos, die 15.89 Punkte einbüßten und nur noch auf 3.57 % der Stimmen kamen. Die Wahlbeteiligung lag bei 76.25 %.

Politiker: Wegen des enttäuschenden Abschneidens seiner Partei bei den Regionalwahlen in Madrid **erklärte Podemos-Spitzenkandidat** und -Generalsekretär **Pablo Iglesias** am 04.05.2021 **seinen Rückzug** von allen politischen Ämtern. Mitte März hatte Iglesias seinen Posten als Minister für soziale Rechte und als Vizeministerpräsident der spanischen Regierung aufgegeben, um als Spitzenkandidat bei den Regionalwahlen gegen Madrids Regionalpräsidentin Isabel Díaz Ayuso anzutreten. Zu Iglesias' Nachfolgerin als Sozialministerin wurde die bisherige Staatssekretärin Ione Belarra Urteaga ernannt, den Posten der Vizeministerpräsidentin übernahm Arbeitsministerin Yolanda Díaz Pérez. Zu Iglesias' Nachfolgerin als Generalsekretärin von Podemos wurde am 13.06.2021 Ione Belarra Urteaga gewählt.

Katalonien: Am 28.09.2020 bestätigte der Oberste Gerichtshof in Madrid die Absetzung des katalanischen Regionalpräsidenten Quim Torra durch ein Gericht in Barcelona. Dieses hatte Torra am 19.12.2019 wegen „Ungehorsams" mit einem 18-monatigen Verbot belegt, öffentliche Ämter zu bekleiden, da Torra sich geweigert hatte, ein Plakat, das die Freilassung inhaftierter Separatisten forderte, von öffentlichen Gebäuden entfernen zu lassen. Aufgrund des Urteils gab Torra sein Amt als Regionalpräsident am 28.09.2020 an seinen Stellvertreter Pere Aragonès ab. Am 21.12.2020 löste Aragonès das Parlament auf und rief für den 14.02.2021 **Neuwahlen** aus. Bei dieser Wahl wurde die sozialistische PSC, die für einen Verbleib Kataloniens bei Spanien eintritt, mit 23.03 % stärkste Kraft. Dahinter folgten zwei Parteien, die für die Unabhängigkeit eintraten: die linke Esquerra Republicana de Catalunya (ERC) mit 21.3 % und die liberal-konservative Junts per Catalunya (20.07 %). Die Wahlbeteiligung war mit 51.29 % deutlich niedriger als bei der vorangegangen Wahl 2017 (79.09 %). Am 17.05.2021 einigten sich ERC und Junts auf die Bildung einer Koalitionsregierung unter dem ERC-Vorsitzenden Pere Aragonès. Am 21.05.2021 wurde Aragonès vom Parlament zum Regionalpräsidenten gewählt.

Separatisten: Der Nationale Staatsgerichtshof in Madrid sprach am 20.10.2020 den früheren Polizeichef Kataloniens, Josep Lluís Trapero, sowie drei mitangeklagte Beamte vom Vorwurf der Rebellion im Zusammenhang mit dem illegalen Unabhängigkeitsreferendum 2017 frei. Am 22.06.2021 begnadigte die spanische Zentralregierung neun katalanische Separatisten, die wegen der Abhaltung des Referendums festgenommen und 2019 zu Haftstrafen zwischen 9 und 13 Jahren verurteilt worden waren. Unter den Begnadigten ist auch der frühere stellvertretende Regionalpräsident Kataloniens Orol Junqueras. Im Vorfeld hatten Zehntausende in Madrid gegen die Begnadigungspläne demonstriert.
Auf Antrag Spaniens hob das EU-Parlament am 08.03.2021 die Immunität des ehemaligen katalanischen Regionalpräsidenten Carles Puigdemont sowie des ehemaligen Gesundheitsministers Toni Comín und der ehemaligen Kulturministerin Clara Ponsatí auf. Die drei katalanischen Politiker waren nach dem Unabhängigkeitsreferendum 2017 ins Ausland geflohen, um sich der drohenden Strafverfolgung zu entziehen, und waren 2019 ins EU-Parlament gewählt worden. Gegen die Aufhebung der Immunität riefen die betroffenen Politiker den Gerichtshof der EU an, der am 02.06.2021 urteilte, dass diese bis zu einer endgültigen Entscheidung in der Sache ihre Immunität vorläufig behalten dürfen.

Wirtschaft und Arbeitsmarkt: Infolge der Corona-Pandemie brach die spanische Wirtschaftsleistung 2020 um 11 % ein, gegenüber -6.8 % im Durchschnitt der Eurozone. Auch im ersten Quartal 2021 lag die Wirtschaftsleistung Spaniens noch 4.3 % unter der des Vorjahreszeitraums. Durch die Krise stieg die Arbeitslosenquote bis Ende 2020 auf 15.5 %. Im ersten Quartal 2021 lag sie bei 15.98 %. Am 16.06.2021 genehmigte die EU-Kommission den Pandemie-Wiederaufbauplan Spaniens, was den Weg freimacht für Zuschüsse und Kredite aus dem Recovery Fund der EU.

Klimaschutz: Am 14.05.2021 beschloss das Parlament ein Gesetz, das Spanien bis 2050 klimaneutral machen soll. Zu den Maßnahmen gehören ein Verkaufsverbot für Fahrzeuge mit Verbrennungsmotor ab 2040 sowie ein Fahrverbot für Autos mit Verbrennungsmotor ab 2050. Seinen CO_2-Ausstoß will Spanien bis 2030 um 23 % gegenüber dem Wert von 1990 verringern. Dazu soll der Anteil der erneuerbaren Energien an der Energieversorgung auf 42 % steigen und bei der Stromproduktion auf 74 %.

Banken: Am 18.09.2020 stimmten die Verwaltungsräte von Bankia und Caixabank einer Fusion beider Geldhäuser zu. Durch den Zusammenschluss entsteht die größte Bank des Landes. Am 16.04.2021 wurde die neue Bank ins Handelsregister eingetragen.

Sterbehilfe: Das Parlament beschloss am 18.03.2021 eine Legalisierung der Sterbehilfe. Für das Gesetz hatten 202 Abgeordnete gestimmt, 141 dagegen, 2 enthielten sich der Stimme. Das Gesetz ermöglicht schwer und unheilbar Erkrankten, Sterbehilfe zu bekommen.

Terrorismus: Am 27.05.2021 wurden drei Hintermänner der islamistischen Anschläge von Barcelona und Cambrils zu Haftstrafen von 53 Jahren und 6 Monaten, 46 Jahren und 8 Jahren verurteilt. Im August 2017 war ein Terrorist mit einem Lieferwagen in eine Menschenmenge auf dem Boulevard Las Ramblas in Barcelona gefahren und hatte 14 Menschen getötet und 118 weitere verletzt. Kurz danach wurde auch in Cambrils ein Fahrzeug in eine Personengruppe gelenkt, dabei war eine Frau ums Leben gekommen. Die unmittelbaren Tatbeteiligten waren von der Polizei während der Fahndung erschossen worden.

Gleichstellung: Am 13.10.2020 erließ die Regierung ein Dekret, das die ungleiche Bezahlung von Frauen und Männern bei gleichwertiger Arbeit mit einer Geldbuße belegt. Firmen wurden verpflichtet, entsprechende Gehaltstabellen offenzulegen.

Migration: 2020/21 wurde Spanien vermehrt Ziel von Flüchtlingen und Migranten aus Afrika. Auf den Kanarischen Inseln kamen mit etwa 23 000 so viele Flüchtlinge und Migranten an wie seit 2006 nicht mehr. Nach Schätzungen der IOM kamen 2020 600 Migranten bei dem Versuch, von Westafrika aus die Kanaren zu erreichen, ums Leben. Mitte Mai 2021 gelang es innerhalb von 36 Stunden etwa 8000 Menschen, von Marokko aus die Grenze zur spanischen Exklave Ceuta zu überwinden. Die meisten von ihnen wurden von den spanischen Behörden umgehend wieder nach Marokko abgeschoben. Die spanische Regierung warf Marokko vor, die Grenzkontrollen ausgesetzt zu haben, um Spanien im Streit um die von Marokko beanspruchte Konfliktregion Westsahara zu erpressen, nachdem der Führer der dortigen Unabhängigkeitsbewegung im April 2021 wegen einer COVID-19-Infektion in ein spanisches Krankenhaus gebracht wurde.

Monarchie: Nachdem Spaniens Oberster Gerichtshof im Juni 2020 Ermittlungen gegen den emeritierten König Juan Carlos wegen des Verdachts auf Annahme von Schmiergeld aufgenommen hatte, kündigte Juan Carlos Anfang August 2020 an, das Land zu verlassen. Nach Angaben des Königshauses hält er sich in den Vereinigten Arabischen Emiraten auf.

Sri Lanka

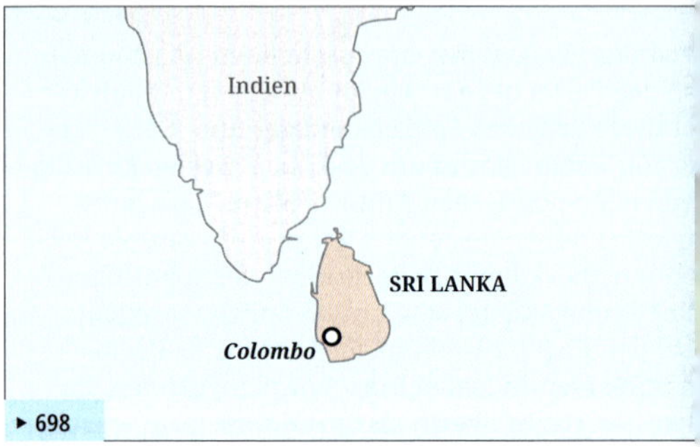

Ländername	Demokratische Sozialistische Republik Sri Lanka
Zeitzone	MEZ +4:30 h
Fläche in km²	65 610 (Rang 120)
Anzahl der Einwohner	21.9 Millionen (Rang 58)
Einwohnerzahl pro km²	334 (Rang 25)
Hauptstadt	Colombo
Regierungssitz	Sri Jayewardenepura
Amtssprachen	Singhalesisch, Tamil
Verwaltungsgliederung	9 Provinzen
Wichtige Städte	Colombo, Kaduwela, Maharagama, Kesbewa, Dehiwala-Mount Lavinia, Moratuwa
Autokennzeichen | ISO-Code	CL | LKA
Währung	1 Sri-Lanka-Rupie = 100 Cents
Nationalfeiertag	4. Februar (Unabhängigkeit 1948)

Die ethnischen Gegensätze zwischen Singhalesen und Tamilen führten seit 1983 zu einem blutigen Bürgerkrieg, der tiefe Spuren in Politik und Gesellschaft der Tropeninsel hinterließ. Nach der Zerschlagung der tamilischen Rebellenorganisation „Liberation Tigers of Tamil Eelam“ 2009 erlangte die Regierung nach mehr als zwei Jahrzehnten wieder die Kontrolle über das gesamte Land.

GEOGRAFIE

Geografische Lage: Von 5°55′ bis 9°50′ nördlicher Breite sowie von 79°39′ bis 81°53′ östlicher Länge (Südasien)
Höchster Punkt: Pidurutalagala 2524 m
Klima: Tropisches, feuchtheißes Monsunklima

POLITIK

Staatsform: Präsidiale Republik
Staatsoberhaupt: Präsident Gotabaya Rajapaksa (seit 18.11.2019)

Regierungschef: Premierminister Mahinda Rajapaksa (seit 21.11.2019)
Regierungspartei: UNP (United National Party)
Legislative: Parlament mit 225 für 6 Jahre gewählten Mitgliedern
Jahr der Verfassung: 1978
Wahlrecht: 18 Jahre

BEVÖLKERUNG

Bevölkerungsanteil: <15 Jahre 23.7 %, 15–64 Jahre 65.1 %, >64 Jahre 11.2 %
Verteilung: Stadt 18.7 %, Land 81.3 %
Wachstum: 0.5 %
Lebenserwartung: Frauen 80 Jahre, Männer 74 Jahre
Alphabetenrate: Frauen 91 %, Männer 93 %
Bevölkerungsgruppen: Singhalesen, Tamilen, Moors u. a.
Religionen: Buddhisten, Hindus, Muslime, Christen
Sprachen: Singhalesisch, Tamil, Englisch

WIRTSCHAFT

BIP: 80.7 Mrd. US$
Wachstum BIP: -3.6 %
BIP/Kopf: 3679 US$
Inflation: 4.6 %
Außenhandel: Import 15.99 Mrd. US$ (Textilien und Bekleidung 15.7 %, Petrochemie 10.4 %, Chemie 10.1 %, Nahrungsmittel 9.9 %, Maschinen 7.5 %), Export 10.14 Mrd. US$ (Textilien und Bekleidung 52.2 %, Nahrungsmittel 16.9 %, Kautschukwaren 5.9 %, Baustoffe, Glas und Keramik 3.8 %, Rohstoffe außer Brennstoffe 3.2 %)
Erwerbstätige nach Sektoren: Landwirtschaft 23.7 %, Industrie 30.4 %, Dienstleistungen 45.9 %
Arbeitslosenquote: 4.8 %
CO_2-Emission/Kopf: 1.3 t

RÜCKBLICK

Corona-Pandemie: 2020 konnte das SARS-CoV-2-Virus durch Einreisestopp und Quarantänen recht gut eingedämmt werden, wenngleich die Ansteckungen im Oktober 2020 zunahmen. Doch erst seit Mitte April 2021 kam es zu exponentiell steigenden Inzidenzen, der vorläufige Höhepunkt der Welle wurde Mitte Juni 2021 überschritten, als erneute Lockdown-Maßnahmen zu greifen begannen. Bis zum 01.07.2021 waren knapp 3.7 Mio. von der VR China und von Indien gespendete Impfdosen verteilt worden.

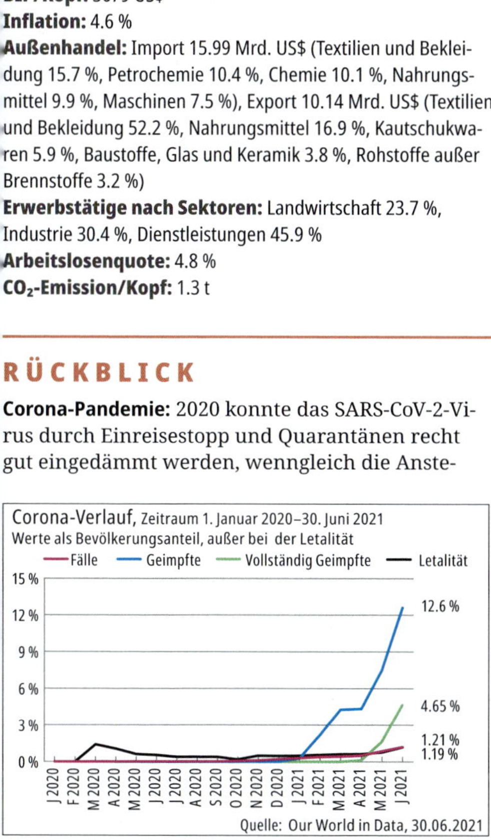

Wahlen: Die Parlamentswahlen am 05.08.2020 endeten mit einem **Erdrutschsieg der nationalistischen SLPP** von Ministerpräsident Mahinda Rajapaksa. Die angestrebte Zweidrittelmehrheit im Parlament verpasste die Partei nur knapp. Der im November 2019 nach dem Wahlsieg seines Bruders Gotabaya bei der Präsidentenwahl an die Spitze der Regierung zurückgekehrte Rajapaksa hatte im Wahlkampf **kostenträchtige Wahlversprechen** gemacht: Dazu zählten eine kräftige Senkung der Einkommensteuer, der massive Ausbau staatlicher Dienstleistungen, die Einführung eines Mindestlohns für Plantagenarbeiter und ein Schuldenmoratorium für Unternehmen. Die Regierungspartei profitierte von der **Zerstrittenheit der Opposition**, deren im Januar 2020 erfolgte Einigung auf eine gemeinsame Wahlplattform bereits im März wieder geplatzt war. Der Überrest dieser Sammlungsbewegung, die SJB („Vereinte Volksmacht"), die sich wesentlich aus einem Flügel der langjährigen Regierungspartei UNP rekrutierte, erhielt immerhin noch die Stimmen von einem knappen Viertel der Wähler; der Rest der liberalen UNP, die Wahlsiegerin von 2015, trat unter dem alten Parteinamen an und erlebte ein Debakel: Die Partei gewann mit 2 % der Wählerstimmen nur noch ein einziges Mandat. Auch die Parteien der tamilischen Minderheit, die TNA und die separatistische TNPF, mussten erhebliche Einbußen hinnehmen, ebenso die Kommunisten (NPP). Die **Oppositionsparteien verfügten damit über keine Sperrminorität**; die Unterstützung der rechtsnationalistischen EPDP und 3 Stimmen von den Kleinstparteien genügten der Regierung, um ihr Ziel einer Verfassungsreform umzusetzen.

Verfassungsreform: Am 22.10.2020 verabschiedete das Parlament den 20. Zusatz zur Verfassung, durch den die Macht des Präsidenten gegenüber dem Parlament in weitem Umfang gestärkt wird: So sind Premier und Minister nun allein dem Präsidenten verantwortlich und können ohne Mitwirkung des Parlaments ernannt oder entlassen werden; auch kann das Staatsoberhaupt künftig bereits nach der Hälfte der Legislaturperiode die Auflösung des Parlaments anordnen. Aktuellere Bedeutung hatte die Entmachtung des Parlaments bei der Beaufsichtigung der Wahlkommission, der Anti-Korruptionskommission oder der Menschenrechtskommission, die künftig dem Präsidenten unterstehen, ebenso wie der Generalstaatsanwalt, Polizei und Justiz. Oppositionsabgeordnete protestierten im Parlament gegen die Verfassungsreform; aber auch die unpolitische Vereinigung der Anwälte des Landes kritisierte die **Preisgabe einer unabhängigen Justiz**. Mehrere bekannte Strafankläger und Polizisten, die sich mit der Untersuchung von Korruption und Menschenrechtsverletzungen im Umkreis des Rajapaksa-Clans einen Namen gemacht hatten, darunter der Stellvertretende Generalstaatsanwalt Thusith Mudalige, wurden von der neuen Regierung selbst mit strafrechtlichen Untersuchungen überzogen, wobei ihnen rechtliches Gehör versagt wurde. Eine **Resolution des UN-Menschenrechtsrats** am 23.03.2021, die gegen den Widerstand der VR China bei Stimmenthaltung Indiens beschlossen worden war, beauftragte das UN-Hochkommissariat für Menschenrechte, einen Bericht über die Lage in Sri Lanka zu erstellen.

Wirtschaft: Die hausgemachte Wirtschaftsflaute seit 2018 wuchs sich unter den Bedingungen der Pandemie zu einer Rezession aus: Das BIP schrumpfte 2020 um 3.6 %, sowohl die Produktion als auch der Tourismus brachen ein. Wegen staatlicher Hilfszahlungen stieg der Schuldenstand auf über 100 % des BIP, es setzte Kapitalflucht ein. 2021 begann eine rasche Abwertung der Rupie gegenüber dem US$, was den Schuldendienst weiter verteuerte. Die Regierung ergriff eine Reihe von **Maßnahmen zur Währungsstabilisierung**: Exporteuren wurde auferlegt, ihre Einnahmen innerhalb eines halben Jahres zu repatriieren und ein Viertel in Landeswährung zu transferieren. Den Banken wurden bestimmte Währungsabsicherungen untersagt. Der Umtausch der Überweisungen von Gastarbeitern in Landeswährung wurde von der Regierung durch Zuschüsse gefördert. Um die **angeschlagene Zahlungsfähigkeit des Landes** zu stärken, stellte die VR China im März 2021 einen zusätzlichen Kreditrahmen von 10 Mrd. Yuan zur Verfügung; die chinesische Entwicklungsbank gab weitere Mittel frei, auch der Internationale Währungsfonds bot seine Hilfe an. Ein sozial schmerzhaftes Krisensymptom war die trotz Rezession steigende Inflation, insbesondere der Lebensmittelpreise.

St. Kitts und Nevis

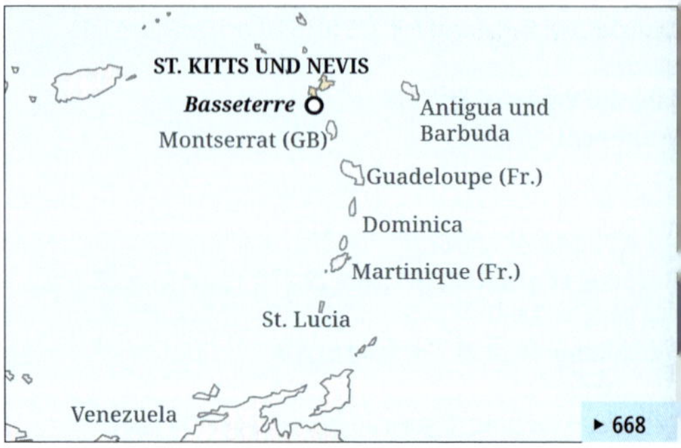

▸ 668

Ländername	Föderation St. Kitts und Nevis
Zeitzone	MEZ -5 h
Fläche in km²	261 (Rang 189)
Anzahl der Einwohner	53 192 (Rang 189)
Einwohnerzahl pro km²	204 (Rang 50)
Hauptstadt	Basseterre
Amtssprache	Englisch
Verwaltungsgliederung	14 Gemeinden
Wichtige Städte	Basseterre, Charlestown, St. Paul's
Autokennzeichen | ISO-Code	KAN | KNA
Währung	1 Ostkaribischer Dollar = 100 Cents
Nationalfeiertag	19. September (Unabhängigkeit 1983)

Der aus den Inseln St. Kitts und Nevis bestehende Karibikstaat der Kleinen Antillen hat sich durch gezielte Tourismusförderung von seiner Abhängigkeit vom Zuckerrohr befreit.

GEOGRAFIE

Geografische Lage: Von 17°06′ bis 17°25′ nördlicher Breite sowie von 62°32′ bis 62°52′ westlicher Länge (Karibik)
Höchster Punkt: Mount Liamuiga 1156 m
Klima: Tropisch-wechselfeucht mit Trockenzeit von Januar bis April

POLITIK

Staatsform: Föderale parlamentarische Demokratie unter konstitutioneller Monarchie
Staatsoberhaupt: Britische Königin, vertreten durch den Generalgouverneur Samuel Weymouth Tapley Seaton (seit 01.09.2015)
Regierungschef: Premierminister Timothy Sylvester Harris (seit 18.02.2015)
Regierungsparteien: Koalition PLP (People's Labour Party), CCM (Concerned Citizens' Movement), PAM (People's Action Movement)

Legislative: Nationalversammlung mit 11 für 5 Jahre gewählten und 3 ernannten Mitgliedern
Jahr der Verfassung: 1983
Wahlrecht: 18 Jahre

BEVÖLKERUNG

Bevölkerungsanteil: <15 Jahre 19.9 %, 15–64 Jahre 70.1 %, >64 Jahre 10 %
Verteilung: Stadt 30.8 %, Land 69.2 %
Wachstum: 0.7 %
Lebenserwartung: Frauen 79 Jahre, Männer 74 Jahre
Alphabetenrate: Frauen 99 %, Männer 99 %
Bevölkerungsgruppen: Afrikaner, Mestizen, Europäer, Inder u. a.
Religionen: Christen (v. a. Protestanten), Sonstige
Sprachen: Englisch, Kreolisch

WIRTSCHAFT

BIP: 852 Mio. US$
Wachstum BIP: -18.7 %
BIP/Kopf: 14 919 US$
Inflation: -0.6 %
Außenhandel: Import 258 Mio. US$, Export 55 Mio. US$
Erwerbstätige nach Sektoren: Keine Angabe
Arbeitslosenquote: Keine Angabe
CO_2-Emission/Kopf: 3.4 t

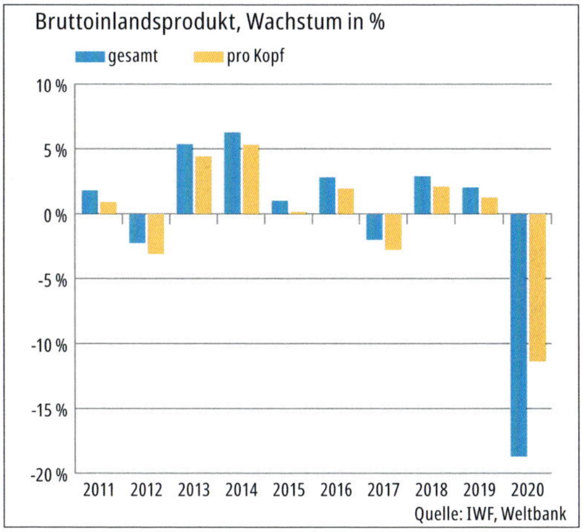

RÜCKBLICK

Corona-Pandemie: Das Land registrierte von März 2020 bis Mai 2021 **nur wenige COVID-19-Infektionen**. Die Regierung hatte zu Beginn der Pandemie harte Maßnahmen verhängt und die Grenzen für Reisende aus Ländern mit hohen Infektionszahlen geschlossen. Ab Ende März 2020 galt für mehrere Wochen eine absolute Ausgangssperre, die nur für Einkäufe unterbrochen werden durfte. Ab Mai 2020 galt nur noch eine nächtliche Ausgangssperre. Am 31.10.2020 wurden die Grenzen für internationale Reisende wieder geöffnet, wenn diese bei der Einreise einen negativen Test vorlegten und eine Tracing-App herunterluden. Ab Februar 2021 wurde die Einreise aus Großbritannien, ab Mai zudem die aus Brasilien, Südafrika und Indien untersagt. Bis zum 21.05.2021 lag die Gesamtzahl der Infizierten unterhalb der 50er-Marke und es war kein einziger Todesfall registriert worden. Im Juni 2021 stiegen die Infektionszahlen exponentiell an, der Peak wurde Mitte Juni mit einem Inzidenzwert von über 400 Neuinfektionen pro 100 000 Einwohner in 7 Tagen erreicht, am 17.06.2021 wurde der erste Todesfall registriert. Ende Juni 2021 verzeichnete das Land 457 bestätigte Infektionen und 3 Todesfälle.
Die Regierung reagierte auf die steigenden Infektionszahlen mit einem **Lockdown** ab dem 12.06.2021, der neben einer verlängerten nächtlichen Ausgangssperre auch die Schließung aller nicht essentiellen Geschäfte, Freizeiteinrichtungen und Restaurants umfasste. Am 19.06.2021 verhängte die Regierung den Ausnahmezustand, der Ende Juni bis Ende 2021 verlängert wurde. Ab dem 27.06. bis mindestens 11.07.2021 durften nur noch Personen in systemrelevanten Berufen ihre Wohnungen verlassen. Das deutsche Robert-Koch-Institut stufte St. Kitts und Nevis ab 20.06.2021 als Risikogebiet ein. Gleichzeitig vermeldete das Land Fortschritte bei der **Impfkampagne**. Ende Juni 2021 hatten über 42 % der Bevölkerung ihre erste und über 33 % ihre zweite Impfdosis erhalten.

Wirtschaft: Der Einbruch im Tourismus machte sich 2020 mit einem Rückgang des Bruttoinlandproduktes um 18.7 % deutlich bemerkbar. Auch für 2021 rechnete der IWF mit einer Rezession um 2.0 %. St. Kitts und Nevis ist demnach nach St. Lucia das wirtschaftlich am stärksten von der Krise betroffene Land der Karibik.

Citizenship-by-Investment-Program: Im Zug der Corona-Krise verbesserte die Regierung die Bedingungen für das Citizenship-by-Investment-Program (CBI). Bis Ende 2021 müssen Familien mit bis zu 4 Personen nur 150 000 US$ in einen Fonds anlegen und nicht wie bisher 195 000 US$. St. Kitts und Nevis hatte 1984 als erstes Land weltweit das **Passprogramm** eingeführt, welches Ausländern, die in das Land investieren, die Staatsbürgerschaft und einen Reisepass verschafft. Damit verbunden ist neben dem Recht auf Aufenthalt, Arbeit und Studium in St. Kitts und Nevis auch die Möglichkeit, in 157 Länder visafrei bzw. mit einem Einreisevisum einzureisen.

St. Lucia

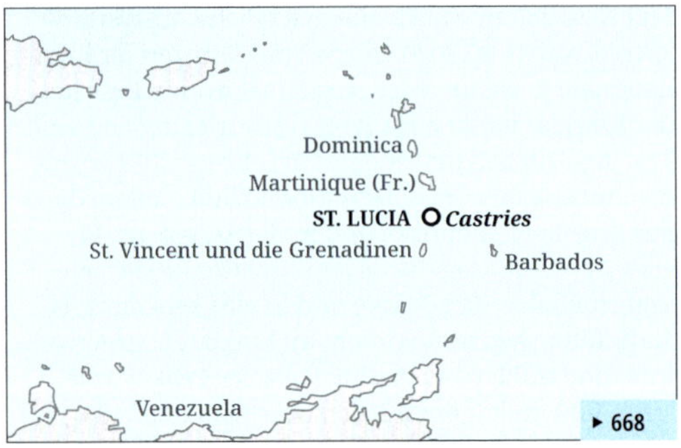

▸ 668

Ländername	St. Lucia
Zeitzone	MEZ -5 h
Fläche in km²	617 (Rang 179)
Anzahl der Einwohner	183 629 (Rang 178)
Einwohnerzahl pro km²	298 (Rang 30)
Hauptstadt	Castries
Amtssprache	Englisch
Verwaltungsgliederung	10 Distrikte
Wichtige Städte	Castries, Bexon, Babonneau
Autokennzeichen | ISO-Code	WL | LCA
Währung	1 Ostkaribischer Dollar = 100 Cents
Nationalfeiertag	13. Dezember (Tag der heiligen Lucia)

Das Tropenparadies mit seinen Sandstränden und Vulkanlandschaften gilt als eine der schönsten Inseln der Kleinen Antillen und ist ein beliebtes Feriengebiet internationaler Touristen.

GEOGRAFIE

Geografische Lage: Von 13°43' bis 14°07' nördlicher Breite sowie von 60°53' bis 61°05' westlicher Länge (Karibik)
Höchster Punkt: Mount Gimie 950 m
Klima: Feuchttropisches Klima

POLITIK

Staatsform: Parlamentarische Demokratie unter konstitutioneller Monarchie
Staatsoberhaupt: Britische Königin, vertreten durch den Generalgouverneur Sir Emmanuel Neville Cenac (seit 12.01.2018)
Regierungschef: Premierminister Allen Chastanet (seit 07.06.2016)
Regierungspartei: UWP (United Workers Party)
Legislative: Parlament, bestehend aus Abgeordnetenhaus mit 17 für 5 Jahre gewählten Mitgliedern und Senat mit 11 für 5 Jahre ernannten Mitgliedern
Jahr der Verfassung: 1979
Wahlrecht: 18 Jahre

BEVÖLKERUNG

Bevölkerungsanteil: <15 Jahre 18 %, 15–64 Jahre 71.8 %, >64 Jahre 10.2 %
Verteilung: Stadt 18.8 %, Land 81.2 %
Wachstum: 0.5 %
Lebenserwartung: Frauen 78 Jahre, Männer 75 Jahre
Alphabetenrate: Frauen 90.6 %, Männer 89.5 %
Bevölkerungsgruppen: Afrikaner, Mestizen, Inder u. a.
Religionen: Christen, Sonstige
Sprachen: Englisch, Kreolisch

WIRTSCHAFT

BIP: 1.69 Mrd. US$
Wachstum BIP: -18.9 %
BIP/Kopf: 9351 US$
Inflation: -1.8 %
Außenhandel: Import 600 Mio. US$, Export 69 Mio. US$
Erwerbstätige nach Sektoren: Keine Angabe
Arbeitslosenquote: 17.1 %
CO_2-Emission/Kopf: 1.6 t

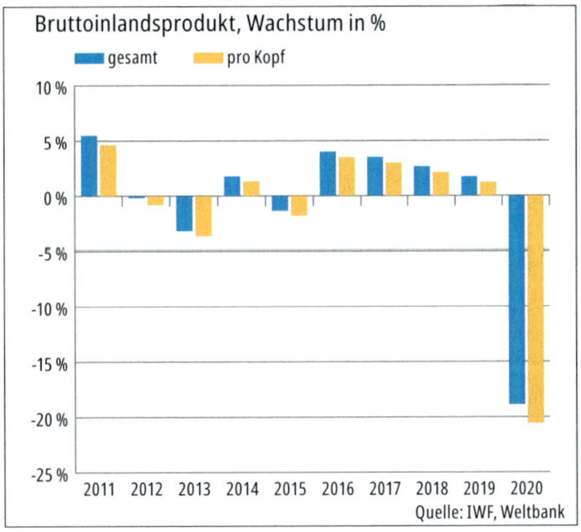

RÜCKBLICK

Corona-Pandemie: Dank eines schnellen und harten Lockdowns mit Einschränkungen der Bewegungsfreiheit und nächtlichen Ausgangssperren blieb St. Lucia zu Beginn der Pandemie von großen Ausbrüchen verschont. Nachdem das Land Ende April 2020 eine mehrtägige Phase ohne jegliche Neuinfektionen verbracht hatte, verfügte die Regierung im Mai 2020 erste Lockerungen. Im Juni 2020 wurde der Flughafen wieder geöffnet und die ersten Touristen durften einreisen, mussten jedoch ein negatives Testergebnis vorweisen und durften nur in jeweils einem einzigen zertifizierten Hotel übernachten oder 14 Tage in Quarantäne verbringen. Für Reisende aus anderen karibischen Staaten, die zu einem **„Travel Bubble"** zusammengeschlossen waren, entfiel die Testpflicht. Die nächtliche Ausgangssperre wurde am 15.07.2020 aufgehoben, am 01.10.2020 wurde der Ausnahmezustand beendet. Ab Mitte Januar 2021 stiegen die Infektionszahlen stark an und erreichten zeitweise täglich bis zu fast 400 Neuinfektionen. Das deutsche Robert-Koch-Institut stufte das Land am 07.02.2021 als Risikogebiet und vom 14.02. bis 21.03.2021 als Hochinzidenzgebiet ein. Bis Ende Juni 2021 verzeichnete St. Lucia rund 5300 bestätigte Infektionsfälle und rund 85 Todesfälle. Unterstützung bei der Bekämpfung der Pandemie erhielt das Land von 110 kubanischen Ärzten und Krankenschwestern. Das UN-Entwicklungsprogramm UNDP, Japan und Taiwan unterstützten St. Lucia mit medizinischer Ausrüstung. Die Regierung legte mehrere Programme zur Abschwächung der wirtschaftlichen Folgen der Pandemie auf und gewährte Menschen, die durch die Pandemie arbeitslos geworden waren, finanzielle Hilfe. Von April bis September 2020 unterstützte das Economic Relief Programme (ERP) zudem 11 800 bedürftige Einwohner. 1000 bedürftige Haushalte wurden jede Woche mit einem Lebensmittelpaket beliefert. Die Zahl der auf Sozialhilfe angewiesenen Haushalte stieg um 1000 von 2600 auf 3600.

Wirtschaft: Der Pandemie wirkte sich besonders stark auf den Tourismussektor aus, der im März 2020 zum Erliegen kam. Neben den direkten touristischen Einrichtungen wie Hotels und Restaurants waren auch andere Bereiche des Dienstleistungssektors wie der Handel und die Transportbranche vom Ausbleiben der Touristen betroffen. Die Zahl der Touristen war von 1 297 163 im Jahr 2019 auf 458 943 im Jahr 2020 gesunken, was einem Rückgang um 65 % entsprach. Die Zahl der Kreuzfahrttouristen fiel im gleichen Zeitraum von über 700 000 auf 130 000. Durch die Ausgangssperren wurde auch die Bauwirtschaft stark beeinträchtigt, sie brach um 9.9 % ein. Das Bruttoinlandsprodukt sank 2020 um 18.9 % – der stärkste **Wirtschaftseinbruch** in der Karibik und nach Venezuela der stärkte Einbruch in ganz Lateinamerika. Für 2021 rechnete der Internationale Währungsfonds mit einem Wachstum um 3.1 %.

St. Vincent und die Grenadinen

▸ 668

Ländername	St. Vincent und die Grenadinen
Zeitzone	MEZ -5 h
Fläche in km²	389 (Rang 185)
Anzahl der Einwohner	110 947 (Rang 182)
Einwohnerzahl pro km²	285 (Rang 32)
Hauptstadt	Kingstown
Amtssprache	Englisch
Verwaltungsgliederung	6 Gemeinden
Wichtige Städte	Kingstown, Georgetown, Argyle
Autokennzeichen | ISO-Code	WV | VCT
Währung	1 Ostkaribischer Dollar = 100 Cents
Nationalfeiertag	27. Oktober (Unabhängigkeit 1979)

Die vulkanische Inselgruppe, die zu den Kleinen Antillen gehört und erst spät in das europäische Kolonialsystem einbezogen wurde, ist ein beliebter Anlaufpunkt des Kreuzfahrt- und Jachttourismus. Von den insgesamt 32 Inseln sind nur acht bewohnt.

GEOGRAFIE

Geografische Lage: Von 12°35' bis 13°43' nördlicher Breite sowie von 61°07' bis 61°28' westlicher Länge (Karibik)
Höchster Punkt: La Soufrière 1234 m
Klima: Tropisch-maritimes Klima

POLITIK

Staatsform: Parlamentarische Demokratie unter konstitutioneller Monarchie
Staatsoberhaupt: Britische Königin, vertreten durch die Generalgouverneurin Susan Dilys Dougan (seit 01.08.2019)
Regierungschef: Premierminister Ralph Gonsalves (seit 29.03.2001)
Regierungspartei: ULP (United Labour Party)
Legislative: Nationalversammlung mit 15 für 5 Jahre gewählten und 6 ernannten Mitgliedern

Jahr der Verfassung: 1979
Wahlrecht: 18 Jahre

BEVÖLKERUNG

Bevölkerungsanteil: <15 Jahre 21.9 %, 15–64 Jahre 68.2 %, >64 Jahre 9.9 %
Verteilung: Stadt 53 %, Land 47 %
Wachstum: 0.3 %
Lebenserwartung: Frauen 75 Jahre, Männer 70 Jahre
Alphabetenrate: Frauen 95.5 %, Männer 95.8 %
Bevölkerungsgruppen: Afrikaner, Mestizen, Indigene, Inder, Europäer u. a.
Religionen: Christen (v. a. Protestanten), Sonstige
Sprachen: Englisch, Kreolisch

WIRTSCHAFT

BIP: 787 Mio. US$
Wachstum BIP: -4.2 %
BIP/Kopf: 7122 US$
Inflation: -0.6 %
Außenhandel: Import 322 Mio. US$, Export 51 Mio. US$
Erwerbstätige nach Sektoren: Keine Angabe
Arbeitslosenquote: 20.3 %
CO_2-Emission/Kopf: 1.3 t

RÜCKBLICK

Corona-Pandemie: Das Land war zunächst nur wenig von der Corona-Pandemie betroffen, erst im Januar und Februar 2021 erreichte die Inzidenz mit Werten von über 300 ihren Höchststand. Das deutsche Robert-Koch-Institut stufte das Land ab 14.02.2021 für 2 Wochen als Hochinzidenzgebiet ein. Ab März 2021 sanken die Zahlen wieder. Bis Ende Juni 2021 hatten sich rd. 2200 Menschen infiziert, 12 waren an COVID-19 verstorben. 17 % der Bevölkerung hatte eine Erstimpfung erhalten, Zweitimpfungen gab es noch keine.

Vulkan La Soufrière: Nach dem Ausbruch des Vulkans La Soufrière am 09.04.2021 mussten rd. 20 000 Menschen ihre Häuser verlassen, 30 Dörfer wurden evakuiert. Mehrere Kreuzfahrtschiffe wurden eingesetzt, um Menschen auf Nachbarinseln in Sicherheit zu bringen. Rund 3500 Menschen wurden in 85 Notunterkünften aufgenommen. Premier Ralph Gonsalves hatte vor dem Ausbruch die höchste Alarmbereitschaft ausgerufen. Der Vulkan im Norden der Insel hatte bei seinem Ausbruch eine bis zu 8 km hohe Aschesäule ausgestoßen und fast die gesamte Insel mit Asche bedeckt, auch die Flüsse, aus denen Trinkwasser gewonnen wird. Auf der gesamten Insel kam es zu Engpässen bei der

Trinkwasser- und Stromversorgung. Die Vereinten Nationen mobilisierten Wasser und Hygieneartikel, doch der Zugang zur Insel war eingeschränkt. Anfang Mai 2021 führten starke Regenfälle zu Schlamm- und Geröllawinen. Am 04.05.2021 wurde die Warnstufe von Rot auf Orange heruntergestuft. Auch Ende Juni 2021 war der Vulkan noch aktiv. Das nördliche Drittel der Insel lag weiterhin in einer roten Zone und durfte nur mit behördlicher Genehmigung betreten werden.
Der 1234 m hohe La Soufrière ist der einzige aktive Vulkan auf der Insel und war zuletzt 1979 ausgebrochen. 1902 waren bei einem Ausbruch 1500 Menschen ums Leben gekommen.

Parlamentswahl: Bei der Parlamentswahl am 05.11.2020 erhielt die oppositionelle New Democratic Party (NDP) unter Godwin Friday zwar 50.3 % der Stimmen, errang aber nur 6 der 15 zur Wahl stehenden Sitze. Die regierende Unity Labour Party (ULP) mit Premierminister Ralph Gonsalves erhielt mit 49.6 % erstmals seit 1998 weniger Stimmen als die NDP. Sie erlangte aber durch das Mehrheitswahlrecht 9 der 15 Mandate und damit erneut die Mehrheit im Parlament, sogar mit einem Sitz mehr als bei der Wahl 2015. Die Wahlbeteiligung betrug 66.9 %.

Premierminister: Ralph Gonsalves wurde am 07.11.2020 zu seiner fünften Amtszeit in Folge vereidigt. Er regiert das Land seit März 2001. In der am 10.11.2020 vereidigten neuen Regierung übernahm Gonsalves zusätzlich das Außenministerium.

UN-Sicherheitsrat: Im November 2020 übernahm das Land für einen Monat den Vorsitz des UN-Sicherheitsrates, dem es seit Januar 2020 erstmalig angehörte.

Südafrika

▸ 642

Ländername	Republik Südafrika
Zeitzone	MEZ +1 h
Fläche in km²	1 221 037 (Rang 24)
Anzahl der Einwohner	59.3 Millionen (Rang 25)
Einwohnerzahl pro km²	49 (Rang 133)
Hauptstadt	Pretoria/Tshwane (Exekutive), Kapstadt (Legislative), Bloemfontein (Judikative)
Amtssprachen	isiZulu, isiXhosa, Afrikaans, Sepedi, Setswana, Englisch, Sesotho, Xitsonga, Siswati, Tshivenda, Süd-Ndebele
Verwaltungsgliederung	9 Provinzen
Wichtige Städte	Johannesburg, Pretoria, Durban, Kapstadt, Gqeberha (Port Elizabeth), Bloemfontein
Autokennzeichen | ISO-Code	ZA | ZAF
Währung	1 Rand = 100 Cents
Nationalfeiertag	27. April (Erste demokratische Wahlen 1994)

Das Land an der Südspitze des afrikanischen Kontinents ist ein Land der Gegensätze. Die Natur spannt einen weiten Bogen von grünen Küstenstreifen bis zu kargen Wüsten, von weiten Plateaus und tief eingeschnittenen Tälern bis zu wilden Steilküsten und einladenden Sandstränden. Südafrika ist aber auch das Land, in dem lange Zeit die Mehrheit der Schwarzen von der Minderheit der Weißen mit dem international geächteten Apartheidsystem unterdrückt und ausgebeutet wurde. Was die Todeszahlen angeht, war Südafrika besonders stark getroffen von der Corona-Pandemie.

GEOGRAFIE

Geografische Lage: Von 22°08' bis 34°49' südlicher Breite sowie von 16°28' bis 32°54' östlicher Länge (Südafrika)
Höchster Punkt: Mafadi 3450 m
Klima: Im Norden warmes, wintertrockenes Klima, im Osten feuchtgemäßigtes Klima, im Inneren Steppenklima, nach Westen hin Übergang zum Wüstenklima, im Südwesten warmes, sommertrockenes Klima

POLITIK

Staatsform: Parlamentarische Republik
Staatsoberhaupt und Regierungschef: Präsident Cyril Ramaphosa (seit 15.02.2018)
Regierungspartei: ANC (African National Congress)
Legislative: Parlament, bestehend aus Nationalversammlung mit 400 für 5 Jahre gewählten Mitgliedern und Provinzrat mit 90 für 5 Jahre ernannten Mitgliedern
Jahr der Verfassung: 1997
Wahlrecht: 18 Jahre

BEVÖLKERUNG

Bevölkerungsanteil: <15 Jahre 28.8 %, 15–64 Jahre 65.7 %, >64 Jahre 5.5 %
Verteilung: Stadt 67.4 %, Land 32.6 %
Wachstum: 1.3 %
Lebenserwartung: Frauen 68 Jahre, Männer 61 Jahre
Alphabetenrate: Frauen 86.5 %, Männer 87.7 %
Bevölkerungsgruppen: Zulu, Xhosa, Basotho, Venda, Tswana, Tsonga, Swazi, Ndebele, Coloureds, Europäer, Inder, Asiaten u. a.
Religionen: Christen, Muslime, Ethnische, Sonstige
Sprachen: isiZulu, isiXhosa, Afrikaans, Sepedi, Setswana, Englisch, Sesotho, Xitsonga, Siswati, Tshivenda, Süd-Ndebele u. a.

WIRTSCHAFT

BIP: 302.11 Mrd. US$
Wachstum BIP: -7 %
BIP/Kopf: 5067 US$
Inflation: 3.3 %
Außenhandel: Import 84.06 Mrd. US$ (Chemische Erzeugnisse 14.5 %, Maschinen 11.3 %, Elektronik 8.4 %, Erdöl 7.4 %, Nahrungsmittel 6.4 %), Export 85.83 Mrd. US$ (Rohstoffe außer Brennstoffe 18 %, Nichteisenmetalle 15.4 %, Nahrungsmittel 10 %, Kfz und -Teile 9.8 %, Gold 7.9 %)
Erwerbstätige nach Sektoren: Landwirtschaft 5 %, Industrie 22.7 %, Dienstleistungen 72.3 %
Arbeitslosenquote: 28.7 %
CO_2-Emission/Kopf: 8.5 t

RÜCKBLICK

Corona-Pandemie: Mit fast 2 Mio. Infektionen und über 60 000 Todesfällen (Stand Mitte 2021) war Südafrika von den absoluten Zahlen betrachtet das **am stärksten** von COVID-19 **betroffene Land Afrikas**. Nachdem sich die Neuinfektionen nach der zweiten Welle im März/April 2021 auf niedrigem Niveau stabilisiert hatten, zogen die Zahlen im Juni 2021 wieder massiv an. Gleichzeitig breitete sich die erstmals in Indien aufgetretene **Delta-Variante** des Virus stark aus. Die Regierung verordnete erneut die zweithöchste Corona-Alarmstufe mit massiven Beschränkungen des öffentlichen Lebens. Bis Mitte 2021 waren nur 4 % der Bevölkerung gegen COVID-19 geimpft. Damit lag das Ziel der staatlichen Führung, bis Ende 2021 rund 40 Mio. der insgesamt 58.6 Mio. Südafrikaner durch Impfungen zu immunisieren, in weiter Ferne. Ramaphosa forderte die **Freigabe von Impfstoffpatenten**, um die Impfstofflücke zwischen Industriestaaten und Entwicklungsländern zu verkleinern. Außerdem forcierte er die **lokale Impfstoffproduktion**. Im Rahmen einer Zusammenarbeit von Weltgesundheitsorganisation, den Partnern der COVAX-Initiative, lokalen Pharmafirmen und einem wissenschaftlichen Netzwerk sollte Mitte 2021 in Südafrika ein **Zentrum für den Technologietransfer von Impfstoffen** entstehen. Diese Einrichtung sollte durch Schulungen und Lizenzvergaben auch anderen afrikanischen Ländern die Chance zur Impfstoffherstellung geben und Afrika so mehr Selbstbestimmung in der Corona-Pandemie ermöglichen.

Parteiinterner Machtkampf: Behindert durch die gravierenden wirtschaftlichen und sozialen Folgen der Corona-Pandemie war Präsident **Cyril Ramaphosa** weiterhin darum bemüht, die Rechtsstaatlichkeit wieder zu stärken, das Vertrauen in die staatlichen Institutionen wiederherzustellen und die systematische **Korruption** unter seinem Vorgänger Jacob Zuma **aufzuarbeiten**, der 2018 wegen des Vorwurfs der Misswirtschaft und Korruption als Präsident abgesetzt worden war. Ramaphosas Kampf gegen Vetternwirtschaft und persönliche Bereicherung traf in seiner Partei, dem seit 1994 regierenden African National Congress (ANC), auf massiven Widerstand. Der **ANC** war **tief gespalten** in ein den alten Status quo manifestierendes Zuma- und ein reformbereites Ramaphosa-Lager. 2020/21 mehrten sich die Zeichen, dass Ramaphosa den Machtkampf für sich und seine Anhänger gewinnen könnte. Im April 2021 räumte der Präsident öffentlich schwere Versäumnisse seiner Partei bei der Bekämpfung der jahrelangen Ausbeutung des Landes durch die politische Führung ein.

Suspendierung: Gegen den Generalsekretär des ANC, **Ace Magashule**, wurde im November 2020 wegen Korruption ein Haftbefehl erlassen. Ihm wurde vorgeworfen, als damaliger Regierungschef der Region Free State an **korrupten Machenschaften** um Bauprojekte beteiligt gewesen zu sein. Nach den Statuten seiner Partei hätte der hochrangige Funktionär seine Ämter eigentlich ruhen lassen müssen, doch Magashule kam dieser Verpflichtung nicht nach. Nachdem ihm der ANC eine Frist gesetzt hatte, selbst zurückzutreten und diese verstrichen war, wurde der Generalsekretär von Ramaphosa Anfang Mai 2021 **seiner Ämter enthoben**. Der stets markig auftretende ANC-Veteran widersprach öffentlich seiner Suspendierung und forderte seinerseits die Amtsenthebung des Präsidenten. Das Gerichtsverfahren gegen Magashule sollte im August 2021 eröffnet werden.

Verurteilung: Das Verfassungsgericht verurteilte den ehemaligen Präsidenten **Jacob Zuma** am 29.06.2021 wegen Missachtung des Gerichts zu einer **Haftstrafe von 15 Monaten**. Zuma musste sich vor einer Untersuchungskommission verantworten, die seit 2018 wegen Korruptionsverdacht und mutmaßlichem Betrug im öffentlichen Sektor während seiner Amtszeit 2009–2018 gegen ihn ermittelt. Da er zu keiner Kooperation bereit gewesen war und mehrere Einladungen der Kommission ignoriert hatte, griff das oberste Gericht mit einer gerichtlichen Vorladung ein, der Zuma aber ebenfalls nicht nachkam, was das Gericht als **Missachtung** einstufte. Es ordnete an, dass sich der Ex-Präsident innerhalb von fünf Tagen den Behörden zum Antreten der Haftstrafe stellen musste, andernfalls drohte ihm ein polizeiliches Ingewahrsamnehmen. Ramaphosas Vorgänger wird vorgeworfen, während seiner Amtszeit die ohnehin in Südafrika weitverbreitete Korruption auf eine beispiellose neue Ebene gehoben zu haben, die zum **Ausverkauf des Staates zugunsten persönlicher Interessen** führte. So soll er z. B. Angehörigen einer einflussreichen Familie lukrative Staatsaufträge zugeschoben und ihnen ermöglicht haben, auf die Besetzung des Kabinetts Einfluss zu nehmen. Die Tatsache, dass mit Zuma zum ersten Mal in der Rechtsgeschichte des unabhängigen Südafrikas ein ehemaliger politischer Führer zu einer Haftstrafe verurteilt worden war, wurde von Beobachtern als Zeichen für die Unabhängigkeit der Justiz gewertet.

Neuer Vorsitzender: Am 01.11.2020 wurde **John Steenhuisen** zum neuen Vorsitzenden der **Democratic Alliance** (DA), der größten liberaldemokratisch orientierten Oppositionspartei gewählt. Zuvor hatte Steenhuisen, ein Politiker mit weißer Hautfarbe, nach dem Rücktritt von Mmusi Maimane 2019 bereits als Interimschef die Führung der Partei innegehabt. Die DA galt lange Zeit als Partei für die weiße Bevölkerungsminderheit. Mit Maimane war 2015 erstmals ein schwarzer Politiker an die Spitze der Partei getreten und hatte die DA in der

Folgezeit auch für schwarze Wähler attraktiv gemacht. 2019 kam es zum Rücktritt gleich mehrerer schwarzer Funktionäre, die Teilen der Partei eine rassistische Haltung vorwarfen. Mit der Wahl von Steenhuisen wurde erwartet, dass die DA ihre Klientelpolitik für die weiße Bevölkerungsgruppe ausweitete. Als einzige oppositionelle Partei konnte die DA bisher die Allmacht des ANC brechen, indem sie seit 2009 in Western Cape, in einer von insgesamt neun Provinzen, die Regierung stellte.

Umbenennungen: Im Februar 2021 verfügte die staatliche Führung die Umbenennung von Ortsbezeichnungen und Flughäfen und **tilgte** damit **alte Kolonialnamen**. Port Elizabeth, die größte Stadt der Provinz Eastern Cape, erhielt den IsiXhosa-Namen Gqeberha. Das nahegelegene Uitenhage wurde zu Kariega, King William's Town zu Qonce, Maclear zu Nqanqarhu und das Städtchen Berlin zu Ntabozuko. Der Flughafen von Port Elizabeth wurde in Chief Dawid Stuurman International Airport und der von East London in King Phalo Airport umbenannt. **IsiXhosa**, die Sprache der Xhosa, zählt zu den afrikanischen Muttersprachen und gehört in Südafrika zu den elf Amts- und Verkehrssprachen. Mit dem Namensgebungsprozess, der bereits in den Jahren zuvor zu verschiedenen Umbenennungen geführt hatte, löst sich Südafrika auch sprachlich von der Kolonialzeit und dem die schwarze Bevölkerungsmehrheit massiv unterdrückenden Apartheidsregime.

Wirtschaftliche und soziale Lage: Die seit Jahren vom Wachstum **wenig dynamische Wirtschaft** brach durch die coronabedingten Lockdowns massiv ein. 2020 verzeichnete das BIP ein **Negativwachstum** von -7.0 %. Für 2021 und 2022 wurde ein leichter Zuwachs von 3.1 % bzw. 2.0 % erwartet. Die **Staatsverschuldung** betrug 2020 rund 77 % des BIP und sollte bis 2022 auf etwa 84 % steigen. Die ohnehin hohe **Arbeitslosenquote** von offiziell etwa 30 % stieg 2020/21 weiter an. Südafrika gehört im internationalen Vergleich zu den Ländern mit der höchsten Ungleichheit bei der Verteilung von Einkommen. Waren bereits vor der Pandemie etwa 56 % der Bevölkerung von **Armut** betroffen, weitete sich die Notlage noch einmal aus. Millionen von Südafrikanern litten unter Armut sowie Nahrungsmittelunsicherheit und kämpften ums Überleben.

Sudan

▸ 634

Ländername	Republik Sudan
Zeitzone	MEZ +1 h
Fläche in km²	1 886 068 (Rang 15)
Anzahl der Einwohner	43.8 Millionen (Rang 34)
Einwohnerzahl pro km²	23 (Rang 162)
Hauptstadt	Khartum
Amtssprachen	Arabisch, Englisch
Verwaltungsgliederung	18 Bundesstaaten
Wichtige Städte	Omdurman, Khartum, Khartum-Nord, Nyala, Port Sudan, Kassala
Autokennzeichen | ISO-Code	SUD | SDN
Währung	1 Sudanesisches Pfund = 100 Piaster
Nationalfeiertag	1. Januar (Unabhängigkeit 1956)

Einst berühmt für seinen Reichtum an Gold und Elfenbein, haben Dürren und Bürgerkriege die Geschichte des seit 1956 unabhängigen Sudan geprägt. Die Rivalität zwischen dem arabisch-islamischen Norden und dem afrikanisch-christlichen Süden führte 2011 schließlich zur Loslösung des Südens und zur Bildung der unabhängigen Republik Südsudan. Mitte 2021 begann der Truppenabzug der UN-Mission UNAMID aus der Region Darfur.

GEOGRAFIE

Geografische Lage: Von 8°41' bis 22°14' nördlicher Breite bis 21°49' bis 38°37' östlicher Länge (Nordostafrika)
Höchster Punkt: Jabal Marra 3088 m
Klima: Im Norden Wüstenklima, südlich von Khartum Halbwüstenklima

POLITIK

Staatsform: Präsidiale Republik
Staatsoberhaupt: Vorsitzender des Souveränitätsrats Abdel Fattah Abdelrahman Burhan (seit 21.08.2019)
Regierungschef: Ministerpräsident Abdalla Hamdok (seit 21.08.2019)
Regierungspartei: FFC (Forces of Freedom and Change)
Legislative: Übergangsregierung mit 11 Mitgliedern
Jahr der Verfassung: 2019
Wahlrecht: 17 Jahre

BEVÖLKERUNG

Bevölkerungsanteil: <15 Jahre 39.8 %, 15–64 Jahre 56.5 %, >64 Jahre 3.7 %
Verteilung: Stadt 35.3 %, Land 64.7 %
Wachstum: 2.4 %
Lebenserwartung: Frauen 67 Jahre, Männer 64 Jahre
Alphabetenrate: Frauen 56.1 %, Männer 65.4 %
Bevölkerungsgruppen: Araber, Fur, Beja, Nuba, Fallata u. a.
Religionen: Muslime (v. a. Sunniten), Christen, Ethnische
Sprachen: Arabisch, Englisch, Dinka, Nubisch u. a.

WIRTSCHAFT

BIP: 34.37 Mrd. US$
Wachstum BIP: -3.6 %
BIP/Kopf: 775 US$
Inflation: 163.3 %
Außenhandel: Import 9.2 Mrd. US$ (Nahrungsmittel 28.3 %, Maschinen 12.4 %, Petrochemie 11.5 %, Chemische Erzeugnisse 11.2 %, Kfz und -Teile 9.5 %), Export 3.78 Mrd. US$ (Nahrungsmittel 29 %, Rohstoffe außer Brennstoffe 28.6 %, Gold 25.2 %, Erdöl 11.9 %, Petrochemie 2.2 %)
Erwerbstätige nach Sektoren: Landwirtschaft 39.7 %, Industrie 15.9 %, Dienstleistungen 44.4 %
Arbeitslosenquote: 17.7 %
CO_2-Emission/Kopf: 0.4 t

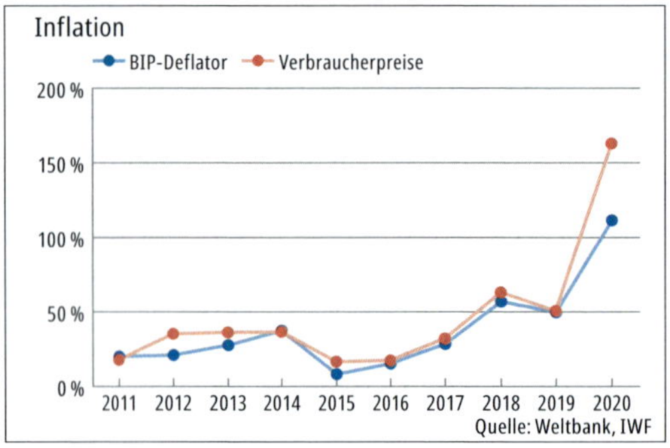

RÜCKBLICK

Friedensabkommen: Die **sudanesische Übergangsregierung**, die 2019 nach dem Sturz des langjährigen autoritären Präsidenten Omar Hassan Ahmad al-Baschir gebildet worden war, unterzeichnete im Oktober 2020 im südsudanesischen Juba mit der **Revolutionären Front**, einem Bündnis mehrerer bewaffneter Gruppierungen im Land, ein Friedensabkommen. Der Vertrag sollte die Unruheregionen Darfur im Westen und Süd-Kordofan und Blauer Nil im Süden, wo sich jahrelang Rebellen und staatliche Kräfte gegenübergestanden hatten, stabilisieren. Ausgehandelt wurden u. a. die **Aufteilung der politischen Macht** in der Interimsregierung, Regelungen zum Landbesitz und zur Rückkehr von aus der Region Darfur Geflüchteten sowie zur juristischen Aufarbeitung von Verbrechen während des 2003 ausgebrochenen Bürgerkriegs in Darfur. Da das Abkommen von zwei wichtigen Rebellengruppen boykottiert wurde, blieb der Friedensschluss fragil. Trotzdem galt der Vertrag als **zentraler Schritt im Reformprozess** zu mehr Rechtsstaatlichkeit und Demokratie.

Neue Regierung: Gemäß den Vereinbarungen des Friedensabkommens löste Ministerpräsident Abdalla Hamdok am 07.02.2021 seine im September 2019 gebildete Übergangsregierung auf. Am folgenden Tag ernannte er ein **neues Kabinett**, dem auch, wie im Vertrag festgehalten, **Vertreter der Rebellen** angehörten. Zu den insgesamt 25 Ministern zählte auch Dschibril Ibrahim, Kopf der im Darfur-Konflikt agierenden Rebellengruppe Bewegung für Gerechtigkeit und Freiheit (JEM), der das Finanzressort übernahm. Die neue Regierung sollte Sudan am Ende der Übergangszeit, etwa Anfang 2024, zu demokratischen Wahlen führen. Auf dem Weg dahin galt es, das Land vor dem politischen und wirtschaftlichen Kollaps zu bewahren.

Sicherheitslage: Trotz des friedlichen politischen Kurswechsels blieb die Lage angespannt. In den Darfur-Regionen sowie in Südkordofan und Blauer Nil kam es **weiterhin** zu bewaffneten **Auseinandersetzungen mit Todesopfern** zwischen nationalen Streitkräften und Rebellen, aber auch zwischen verschiedenen Bevölkerungsgruppen, die mit Gewalt um die Nutzung von Weideland oder Wasserquellen kämpften. Auch **Demonstrationen und Streiks** hielten an. Die öffentlichen Proteste entzündeten sich meist am schleppenden Gang der politischen Reformen und an der wirtschaftlich angespannten Lage. Ein Großteil der Bevölkerung litt unter der starken Inflation und dem stetigen Preisanstieg für Grundnahrungsmittel, der vor allem durch Güterknappheit und den Abbau von Subventionen hervorgerufen wurde.

Truppenabzug: Im Januar 2021 begann der Abzug der Militär- und Polizeikräfte der **UN-Mission UNAMID** (African Union/UN Hybrid Operation in Darfur), die seit 2007 vorwiegend zum Schutz der Zivilbevölkerung in der Krisenregion **Darfur** stationiert gewesen waren. Bis Ende Juni 2021 sollten alle Kräfte das Land verlassen haben. Im Juni 2020 hatte der UN-Sicherheitsrat beschlossen, das zum 31.12.2020 auslaufende UNAMID-Mandat nicht zu verlängern und war damit dem Wunsch der sudanesischen Übergangsregierung entgegengekommen. Die UNAMID-Mission wurde am 01.01.2021 durch die neue **zivile Mission UNITAMS** (United Nations Transitional Assistance Mission in Sudan) ersetzt, die den demokratischen Übergang und den Friedensprozess des Sudan begleiten sollte.

Notstand: Ministerpräsident Hamdok erklärte im September 2020 für drei Monate den Notstand und reagierte damit auf die verheerenden **Überschwemmungen** durch den übertretenden Flusslauf des Nils, die vor allem **Nord-Darfur** im Westen des Landes und den **Bundesstaat Sennar** im Süden betrafen. Dort waren mehr als 800 000 **Häuser** beschädigt oder **zerstört** worden. Etwa 380 000 Menschen verloren nach Angaben des UN-Büros zur Koordinierung humanitärer Hilfe (OCHA) durch die Wassermassen ihre Unterkünfte. Mindestens **99 Menschen starben**, zahlreiche andere wurden verletzt. Die Fluten fügten auch der Infrastruktur schwere Schäden zu: Zahlreiche Straßen waren durch massive Verschlammung für Hilfsgüterlieferungen nicht passierbar. Außerdem wurde in manchen Regionen sauberes Trinkwasser knapp, was die Einhaltung der in der Corona-Pandemie verordneten Hygiene erschwerte.

Wirtschaft: Verschärft durch die Pandemie, befand sich das hochverschuldete Land 2020/21 in einer tiefen **Wirtschaftskrise**. Es gab jedoch Anzeichen für eine Verbesserung der internationalen Wirtschaftsbeziehungen und für einen Schuldenabbau. Als wichtiges Signal gewertet wurde im Dezember 2020 die Streichung Sudans von der US-amerikanischen Liste der Staaten, die Terrorismus unterstützen. Verschiedene Länder, darunter auch Deutschland, beschlossen die bilaterale Entwicklungszusammenarbeit wiederaufzunehmen. Auf der internationalen **Sudankonferenz** am 17./18.05.2021 in Paris sagte Frankreich einen Überbrückungskredit in Höhe von 1.2 Mrd. € und den Erlass der bilateralen Schulden von etwa 4.1 Mrd. € zu. Außerdem stellten weitere Länder einen Verzicht auf die Rückzahlung von Krediten in Aussicht. Die Weltbank und der Internationale Währungsfonds beschlossen am 29.06.2021, Verhandlungen mit dem Sudan über einen **Schuldenerlass** zu beginnen.

Südsudan

Ländername	Republik Südsudan
Zeitzone	MEZ +1 h
Fläche in km²	619 745 (Rang 43)
Anzahl der Einwohner	11.2 Millionen (Rang 84)
Einwohnerzahl pro km²	18 (Rang 169)
Hauptstadt	Juba
Amtssprache	Englisch
Verwaltungsgliederung	10 Bundesstaaten
Wichtige Städte	Juba, Wau, Malakal, Yei, Yambio
Autokennzeichen | ISO-Code	SSD | SSD
Währung	1 Südsudanesisches Pfund = 100 Piaster
Nationalfeiertag	9. Juli (Unabhängigkeit 2011)

Das erst 2011 durch die Loslösung von der Republik Sudan entstandene Land ist noch wenig erschlossen und nur dünn besiedelt. Seine wirtschaftliche Zukunft sieht es in den reichen Erdölvorkommen. Allerdings fehlen noch eine staatliche Infrastruktur und politische Stabilität, um sie zum Wohle der Menschen zu nutzen.

GEOGRAFIE

Geografische Lage: Von 3°29′ bis 12°13′ nördlicher Breite bis 24°07′ bis 35°16′ östlicher Länge (Nordostafrika)
Höchster Punkt: Kinyeti 3187 m
Klima: Wechselfeuchtes Savannenklima

POLITIK

Staatsform: Präsidiale Republik
Staatsoberhaupt und Regierungschef: Präsident Salva Kiir Mayardit (seit 09.07.2011)
Regierungspartei: SPLM (Sudan People's Liberation Movement)
Legislative: Parlament, bestehend aus Nationaler Übergangslegislativversammlung mit 550 ernannten Mitgliedern und Rat der Staaten mit 50 ernannten Mitgliedern

Jahr der Verfassung: 2011
Wahlrecht: 18 Jahre

BEVÖLKERUNG

Bevölkerungsanteil: <15 Jahre 41.3 %, 15–64 Jahre 55.3 %, >64 Jahre 3.4 %
Verteilung: Stadt 20.2 %, Land 79.8 %
Wachstum: 1.2 %
Lebenserwartung: Frauen 60 Jahre, Männer 57 Jahre
Alphabetenrate: Frauen 28.9 %, Männer 40.3 %
Bevölkerungsgruppen: Dinka, Nuer, Shilluk, Azande, Bari, Kakwa, Kuku, Murle, Mandari, Didinga, Ndogo, Bviri, Lndi, Anuak, Bongo, Lango, Dungotona, Acholi, Baka, Fertit u. a.
Religionen: Ethnische, Christen, Muslime
Sprachen: Englisch, Arabisch, Dinka u. a.

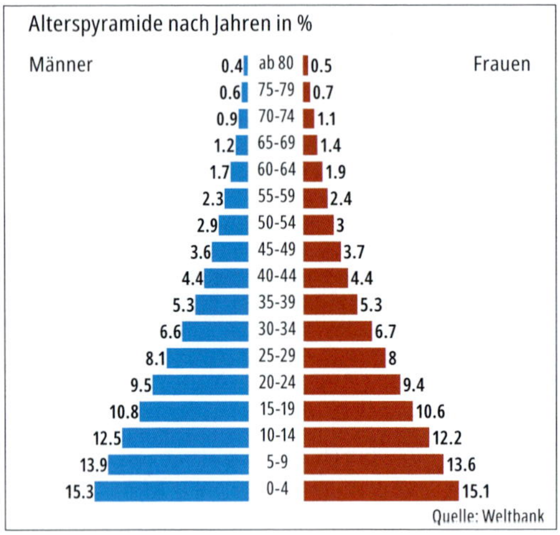

WIRTSCHAFT

BIP: 4.07 Mrd. US$
Wachstum BIP: -6.6 %
BIP/Kopf: 296 US$
Inflation: 38 %
Außenhandel: Keine Angabe
Erwerbstätige nach Sektoren: Landwirtschaft 56.1 %, Industrie 14.1 %, Dienstleistungen 29.8 %
Arbeitslosenquote: 12.7 %
CO_2-Emission/Kopf: 0.1 t

RÜCKBLICK

Sicherheitslage: 2020/21 kam es in Südsudan wieder verstärkt zu **Gewaltausbrüchen**, die vorwiegend von **bewaffneten Milizen** ausgingen, die entlang ethnischer Linien in verschiedene Lager gespalten waren. Obwohl der blutige Bürgerkrieg durch die Wiederbelebung eines Friedensvertrages 2018 und die Bildung einer Regierung der nationalen Einheit im Jahr 2000 beendet worden war, nahmen die Auseinandersetzungen zwischen den Volksgruppen wieder zu. Dabei wurden Dörfer angegriffen und niedergebrannt, **Menschen verschleppt**, Kinder als Milizionäre rekrutiert und hunderte von Südsudanesen **vertrieben**. Zahlreiche Zivilisten starben in Zusammenhang mit ethnischen Spannungen, kriminellen Angriffen und Viehdiebstählen. Die Gewalt richtete sich auch gegen Mitarbeiter humanitärer Hilfsorganisationen, die daraufhin zum Teil ihre Kräfte abzogen. Ein im Februar 2021 veröffentlichter Bericht des UN-Menschenrechtsrats sprach von einem Ausmaß an Gewalt, das bereits etwa 75 % des Staatsgebietes betraf. Beobachtet wurde auch, dass immer ausgefeiltere Waffen zum Einsatz kamen, was auf staatliche Unterstützung oder die Beteiligung von externen Kräften schließen ließ. Die UN-Experten forderten die Übergangsregierung auf, Maßnahmen zu ergreifen, um die **innere Stabilität wiederherzustellen**. Das Mandat der UN-Friedensmission **UNMISS** wurde am 12.03.2021 bis zum 31.03.2022 verlängert. Zu ihren Hauptaufgaben gehört der Schutz der Zivilbevölkerung, die Beobachtung der Menschenrechtssituation und die Sicherung des Zugangs zu humanitären Hilfsmaßnahmen.

Schleppende Umsetzung: Bis Mitte 2021 war das 2018 erneuerte Abkommen als wichtige Basis für die Befriedung des Landes nur unvollständig umgesetzt. Zwar hatten die beiden Kontrahenten des Bürgerkriegs, **Salva Kiir und Riek Machar**, als Präsident und Erster Vizepräsident im Februar 2020 eine **Einheitsregierung** gebildet, weitere grundlegende Vereinbarungen standen aber bis Mitte 2021 noch aus. Einen hohen Stellenwert hatte z. B. die **Bildung einer Kommission für Wahrheit, Versöhnung und Heilung** eingenommen sowie die Errichtung eines damit verbundenen unabhängigen Gerichtshofs, der die gravierenden Menschenrechtsverletzungen während des Bürgerkriegs untersuchen und ggf. strafrechtlich verfolgen sollte. Nach langer Verzögerung hatte die Übergangsregierung im Januar 2021 zugestimmt, ein **hybrides Gericht** einzurichten. Mitte 2021 starteten die Beratungen für die Kommission. Eine weitere wichtige Übereinkunft des Friedensabkommens war die **Bildung einer**

nationalen Armee, die bestehend aus etwa 83 000 Kräften alle Lager des Bürgerkriegs vereinen sollte. Obwohl sich die Regierung verpflichtet hatte, bis zum 31.05.2021 eine Streitkraft zu formieren, stand das Vorhaben noch aus. Ein UN-Gremium warnte im April 2021 davor, die Umsetzung des Abkommens weiter zu verschleppen, da sonst auch vor dem Hintergrund der wachsenden Gewalt das erneute Aufflammen eines großangelegten Konfliktes drohe.

Neues Parlament: Präsident Kiir löste am 08.05.2021 das Parlament auf und gab zwei Tage später die Zusammensetzung der neuen Volksvertretung bekannt. Gemäß den Vorgaben des Friedensabkommens von 2018 war mit diesem verspäteten Akt die **Zahl der Abgeordneten** von 400 auf 550 **erweitert** worden. 332 der Sitze wurden vom Präsidenten bestimmt, 128 von Vizepräsident Machar und 90 weitere von den übrigen Vertragspartnern.

Überschwemmungen: Durch schwere Regenfälle und Überschwemmungen des Nils wurden von Juli bis Oktober 2020 **Teile des Südsudans schwer verwüstet**. Betroffen waren vor allem die zentralen Bundesstaaten **Jonglei und Lakes**, wo nach UN-Angaben Anfang Oktober 2020 rund 1 Mio. Menschen unter der Naturkatastrophe litten. Etwa 368 000 Nilanwohner flüchteten vor den Wassermassen.

Humanitäre Lage: Im Frühjahr 2021 schätzte die UN die Zahl der Menschen in Südsudan, die auf humanitäre Hilfe angewiesen waren, auf 8.3 Mio. Das war der Höchststand seit der Unabhängigkeit 2011. Hervorgerufen durch wieder eskalierende Konflikte, durch Wetterextreme und die wirtschaftlichen Auswirkungen der Corona-Pandemie litt 2021 ein Großteil der Bevölkerung unter **Ernährungsunsicherheit**. Etwa 7 Mio. Menschen, darunter viele Kinder, waren von Hunger bedroht.

Wirtschaft: Als erste von fünf geplanten Anlagen nahm im März 2021 die **Erdölraffinerie in Bentiu**, der Hauptstadt des Bundesstaates Unity, ihren Betrieb auf. Sie sollte das Land selbst und die Nachbarstaaten mit Benzin- und Dieselkraftstoff versorgen. Insgesamt mit einer Produktionskapazität von 10 000 Barrel pro Tag ausgestattet, wurde sie zunächst mit einer Kapazität von 3000 Barrel pro Tag betrieben. Seit der Trennung beider Staaten ist Südsudan in Besitz der lukrativen Erdölfelder.

Suriname

▸ 669

Ländername	Republik Suriname
Zeitzone	MEZ -4 h
Fläche in km²	163 820 (Rang 90)
Anzahl der Einwohner	586 634 (Rang 166)
Einwohnerzahl pro km²	4 (Rang 188)
Hauptstadt	Paramaribo
Amtssprache	Niederländisch
Verwaltungsgliederung	10 Distrikte
Wichtige Städte	Paramaribo, Lelydorp, Nieuw Nikkerie, Meerzorg, Moengo
Autokennzeichen | ISO-Code	SME | SUR
Währung	1 Suriname-Dollar = 100 Cent
Nationalfeiertag	25. November (Unabhängigkeit 1975)

Erst 1975 erlangte das Land im Nordosten Südamerikas seine Unabhängigkeit von den Niederlanden. Hauptpfeiler der Wirtschaft sind die reichen Bauxitvorkommen, die den größten Teil der Deviseneinnahmen sichern.

GEOGRAFIE

Geografische Lage: Von 1°50′ bis 6° nördlicher Breite sowie von 53°59′ bis 58°04′ westlicher Länge (Südamerika)
Höchster Punkt: Julianatop 1280 m
Klima: Tropisches, feuchtheißes Regenwaldklima

POLITIK

Staatsform: Präsidiale Republik
Staatsoberhaupt: Präsident Chandrikapersad Santokhi (seit 12.08.2010)
Regierungschef: Vizepräsident Ronnie Brunswijk (seit 16.07.2020)
Regierungspartei: NDP (Nationale Democratische Partij)
Legislative: Nationalversammlung mit 51 für 5 Jahre gewählten Mitgliedern

Jahr der Verfassung: 1987
Wahlrecht: 18 Jahre

BEVÖLKERUNG

Bevölkerungsanteil: <15 Jahre 26.7 %, 15–64 Jahre 66.2 %, >64 Jahre 7.1 %
Verteilung: Stadt 66.1 %, Land 33.9 %
Wachstum: 0.9 %
Lebenserwartung: Frauen 75 Jahre, Männer 69 Jahre
Alphabetenrate: Frauen 92.7 %, Männer 96.1 %
Bevölkerungsgruppen: Inder, Afrikaner, Kreolen, Javaner, Mestizen u. a.
Religionen: Christen, Hindus, Muslime, Ethnische, Sonstige
Sprachen: Niederländisch, Sranan, Englisch u. a.

WIRTSCHAFT UND VERKEHR

BIP: 2.41 Mrd. US$
Wachstum BIP: -13.5 %
BIP/Kopf: 3988 US$
Inflation: 34.9 %
Außenhandel: Import 1.44 Mrd. US$, Export 2.31 Mrd. US$
Erwerbstätige nach Sektoren: Landwirtschaft 7.4 %, Industrie 23.5 %, Dienstleistungen 69.1 %
Arbeitslosenquote: 8.6 %
CO_2-Emission/Kopf: 3.6 t

RÜCKBLICK

Corona-Pandemie: Nachdem das Land zunächst nur wenig von der Pandemie betroffen war, stiegen die Infektionszahlen im August 2020 stark an, sodass zusätzlich zu den bestehenden **nächtlichen Ausgangssperren** alle Grenzen geschlossen wurden. Ende September 2020 wurden die Flugverbindungen in die Niederlande sowie Inlandsflüge wieder aufgenommen, im Dezember wurden die Grenzen erneut geschlossen.
Obwohl im Land seit März 2020 durchgehend nächtliche Ausgangssperren herrschten, kam es ab Anfang Mai 2021 erneut zu einem starken Anstieg der Infektionszahlen. Das deutsche Robert-Koch-Institut stufte Suriname am 23.05.2021 als Hochinzidenzgebiet ein. Am 31.05.2021 wurde ein landesweiter Lockdown eingeführt, bei dem auch Supermärkte und Bäckereien nur montags, mittwochs und freitags öffnen durften. Mitte Juni 2021 wurde die Spitze der 2. Welle mit Inzidenzwerten von über 250 registriert. Bis Ende Juni hatten sich fast 22 000 Menschen infiziert, über 500 waren an COVID-19 verstorben.
Die **Impfkampagne** startete im März 2021 nach der Lieferung von 1000 von 50 000 zugesagten Impfdosen aus Indien. Über die COVAX-Initiative hatte Suriname die Zusage zur Lieferung von 79 200 AstraZeneca-Dosen im ersten Halbjahr 2021 erhalten. Anfang Mai 2021 bat das Land offiziell die Vereinigten Staaten sowie die **ehemalige Kolonialmacht Niederlande** um Überlassung von Impfstoff-Überschüssen zu einem günstigen Preis. Daraufhin sicherten die Niederlande eine Lieferung von 700 000 Impfdosen zu, die ausreichen sollten, um alle Erwachsenen zu impfen.

Neuer Präsident: Das Parlament wählte am 13.07.2020 **Chan Santokhi** ohne Gegenstimmen zum neuen Staatspräsidenten. Er löste damit **Désiré Delano Bouterse** ab, der das Amt seit 2010 innehatte. Am 16.07.2020 legte Santokhi seinen Amtseid ab. Neuer Vizepräsident wurde Ronnie Brunswijk, neuer Außenminister Albert Ramdin. Vizepräsident Brunswijk war in den 1980er-Jahren zunächst Bodyguard des damaligen Diktators Désiré Bouterse (1980–1987) gewesen, hatte sich dann mit ihm überworfen und gründete 1986 das Guerilla Jungle Commando, um gegen die Diktatur von Bouterse zu kämpfen.

Der surinamische Präsident Chan Santokhi hält eine Pressekonferenz ab über die Finanzkrise in seinem Land am 28.10.2020 in Paramaribo.

Chan Santokhi war im Mai 2020 mit seiner oppositionellen Vooruitstrevende Hervormings Partij (VHP) bei den Parlamentswahlen als klarer Sieger hervorgegangen und hatte die regierende Nationale Democratische Partij (NDP) vom damaligen Staatspräsidenten Désiré Bouterse als Mehrheit im Parlament abgelöst. Die Wahl von Santokhi beendete den jahrzehntelangen Machteinfluss von Désiré Bouterse, der Suriname nach seiner Unabhängigkeit zunächst als Diktator (1980–1987) und 2010 bis 2021 als Präsident beherrschte. Bouterse war im November 2019 wegen der Tötung von 15 Oppositionellen im Jahr 1982 („Dezembermorde") zu 20 Jahren Haft verurteilt worden, doch seine Immunität schützt ihn bis heute vor der Vollstreckung des Urteils.

Syrien

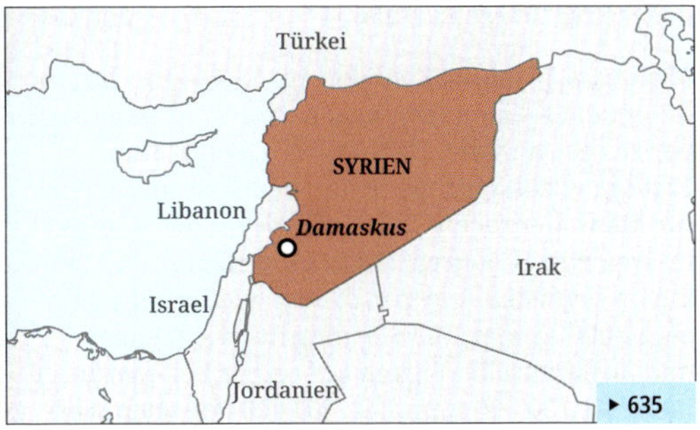

▸ 635

Ländername	Arabische Republik Syrien
Zeitzone	MEZ +1 h
Fläche in km²	185 180 (Rang 87)
Anzahl der Einwohner	17.5 Millionen (Rang 67)
Einwohnerzahl pro km²	95 (Rang 91)
Hauptstadt	Damaskus
Amtssprache	Arabisch
Verwaltungsgliederung	14 Provinzen
Wichtige Städte	Aleppo, Damaskus, Homs, Hama, Latakia, Deir es-Sor
Autokennzeichen | ISO-Code	SYR | SYR
Währung	1 Syrisches Pfund = 100 Piaster
Nationalfeiertag	17. April (Abzug der französischen Truppen und Unabhängigkeit 1946)

Im Altertum stand die Region unter dem Einfluss bedeutender Hochkulturen. Im 7. und 8. Jahrhundert war Damaskus unter den Omaijaden das Zentrum des islamischen Weltreichs. Der heutige Staat spielt eine wichtige Rolle im Nahostkonflikt. 2011 entwickelte sich durch eine Protestbewegung gegen das herrschende Regime ein Bürgerkrieg, der bis heute andauert und geschätzt fast eine halbe Million Todesopfer gefordert und bis zu 12 Millionen Menschen zu Flüchtlingen gemacht hat.

GEOGRAFIE

Geografische Lage: Von 32°19′ bis 37°19′ nördlicher Breite sowie von 35°43′ bis 42°23′ östlicher Länge (Vorderasien)
Höchster Punkt: Hermon 2814 m
Klima: Im Westen Mittelmeerklima, im Osten Wüstenklima

POLITIK

Staatsform: Präsidiale Republik
Staatsoberhaupt: Präsident Baschar al-Assad (seit 17.07.2000)
Regierungschef: Ministerpräsident Hussein Arnus (seit 11.06.2020)
Regierungspartei: Arabische Sozialistische Baath-Partei
Legislative: Volksversammlung mit 250 für 4 Jahre gewählten Mitgliedern
Jahr der Verfassung: 2012
Wahlrecht: 18 Jahre

BEVÖLKERUNG

Bevölkerungsanteil: <15 Jahre 30.8 %, 15–64 Jahre 64.4 %, >64 Jahre 4.8 %
Verteilung: Stadt 55.5 %, Land 44.5 %
Wachstum: 2.5 %
Lebenserwartung: Frauen 78 Jahre, Männer 69 Jahre
Alphabetenrate: Frauen 81 %, Männer 91.7 %
Bevölkerungsgruppen: Araber, Kurden, Armenier u. a.
Religionen: Muslime (v. a. Sunniten), Christen, Sonstige
Sprachen: Arabisch, Kurdisch, Armenisch u. a.

Alterspyramide nach Jahren in %

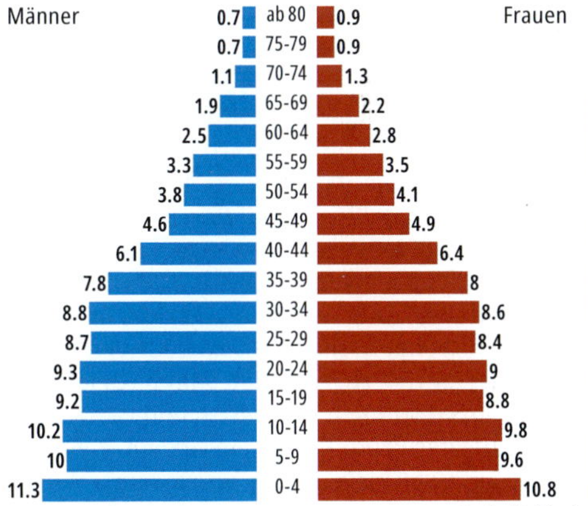

Quelle: Weltbank

WIRTSCHAFT

BIP: Keine Angabe
Wachstum BIP: Keine Angabe
BIP/Kopf: Keine Angabe
Inflation: Keine Angabe
Außenhandel: Import 4.8 Mrd. US$, Export 2.3 Mrd. US$
Erwerbstätige nach Sektoren: Keine Angabe
Arbeitslosenquote: 9 %
CO_2-Emission/Kopf: 1.6 t

RÜCKBLICK

Corona-Pandemie: Weiterhin blieben die offiziellen Zahlen zur Entwicklung der COVID-19-Pandemie – bis zum 30.06.2021 wurden 25 515 Infektionen und 1876 Todesfälle gemeldet – weit von der tatsächlichen Lage entfernt. Human Rights Watch sprach in einem Bericht vom 02.09.2020 davon, dass in den Gebieten unter der Kontrolle des Regimes zahlreiche Ärzte und Pflegepersonal an COVID-19 gestorben waren, was aber verschwiegen wurde. Auch das Gesundheitsministerium gestand ein, dass es ihm nicht möglich sei, umfassende Tests im Land durchzuführen. Gemäß offiziellen Angaben starben im August 2020 33 Ärzte an COVID-19, was mehr als die Hälfte der insgesamt 64 Todesfälle in der Gesamtbevölkerung war, woraus sich die Fragwürdigkeit dieser Zahlen erkennen lässt. Schutzausrüstung für das medizinische und das Pflegepersonal fehlte weiterhin in ausreichender Menge. Von dem, was die WHO diesbezüglich dem Land zur Verfügung stellte, kam nur ein Teil in den Krankenhäusern an. Der Anteil der vollständig Geimpften war mit 0.03 % am 30.06.2021 minimal.

Wahlen: Präsident Baschar al-Assad ließ in den Gebieten, die sein Regime kontrollierte, am 19.07.2020 **Parlamentswahlen** durchführen. Die von seiner Baath-Partei angeführte Nationale Einheitsliste gewann 177 von 250 Sitzen. Die **Wahlbeteiligung** lag mit 33 % **noch niedriger als 2016** mit 57 %, obwohl das Regime inzwischen einen größeren Teil des Landes beherrschte. Am 26.05.2021 fanden **Präsidentenwahlen** statt. Wer kandidieren wollte, musste die letzten 10 Jahre in Syrien gelebt haben und die Unterstützung von mindestens 35 Parlamentariern vorweisen. Das Verfassungsgericht ließ neben dem Amtsinhaber Assad am 03.05.2021 von 51 Kandidaten lediglich 2 zu: Abdallah Salum Abdallah von der Sozialistischen Unionistischen Partei, einer Abspaltung der Baath-Partei, ein Abgeordneter, der auch schon der Regierung als stellvertretender Minister angehört hatte. Mahmud Ahmad Marai, der der staatlich geduldeten Opposition des Nationalen Koordinationskomitees für demokratischen Wandel angehörte, war der zweite Gegenkandidat. Der Stimmenanteil von Asad wurde mit 95.2 % angegeben, neben 3.3 % für Marai und 1.5 % für Abdallah. Die Wahlbeteiligung lag bei 78.6 %.

Regierung: Assad ernannte am 30.08.2020 eine **neue Regierung unter** Ministerpräsident **Hussein Arnus**, dessen Vorgänger Imad Chamis er im Juni entlassen hatte. Arnus war im Vorgängerkabinett Minister für Wasserresourcen. Die **Mehrheit der Minister** übernahm er **aus der alten Regierung**, lediglich 12 Posten wurden neu besetzt, darunter jene des Finanz-, Energie- und Gesundheitsministers. Der seit 2006 im Amt befindliche Außenminister Walid al-Muallim verstarb am 16.10.2020. Seine Nachfolge trat sein bisheriger Stellvertreter Faisal Mekdad an. Der Gouverneur der Zentralbank, Hazem Karful, wurde von Asad am 13.04.2021 entlassen. Zu seinem Nachfolger wurde am 20.04.2021 Mohammad Issam Hazimeh ernannt, zuvor einer der Stellvertreter Karfuls.

Bilanz von 10 Jahren Konflikt: Am 15.03.2011 begann mit einem kleinen friedlichen Protest in Damaskus der seither anhaltende Konflikt. Gemäß der in London ansässigen Syrischen Beobachtungsstelle für Menschenrechte (SOHR) forderte der Konflikt in Syrien in 10 Jahren **388 652 Todesopfer**, 117 388 davon Zivilisten und von diesen wiederum mehr als 22 000 Kinder. Die Streitkräfte des Regimes und ausländische Milizen auf seiner Seite verloren mehr als 130 000 Kämpfer. **200 000 Personen** werden **vermisst**. Mindestens 16 000 Menschen kamen in den Gefängnissen des Regimes ums Leben, es wird vermutet, dass weitere 88 000 dort zu Tode gefoltert wurden. **Über die Hälfte der Bevölkerung** wurde aus ihrem ursprünglichen Wohnort **vertrieben**. Mittlerweile kontrolliert das Regime über 60 % des Landes, vor allem die bevölkerungsreichen Gebiete im Westen. Mit 6800 Toten verzeichnete man 2020 die niedrigste Opferzahl seit Beginn des Konflikts, 2019 waren es noch mehr als 10 000 gewesen. Das blutigste Jahr war 2014 mit über 76 000 Toten. Obwohl die Intensität der Kämpfe stark zurückgegangen ist, war eine **Friedenslösung weiterhin nicht in Sicht**. So war bei den Gesprächen vom 16./17.02.2021 in Sotschi (Russland) im Rahmen des von der Türkei, Russland und Iran initiierten Astana-Formats, den ersten in diesem Rahmen seit Dezember 2019, keinerlei Entwicklung zu erkennen, ebenso wenig wie bei den Syrien-Gesprächen unter der Ägide der UN in Genf.

Wirtschaftlicher Niedergang: Der wirtschaftliche und finanzielle Verfall des Landes setzte sich ungebremst fort. Im Jahr 2020 stiegen die Preise für

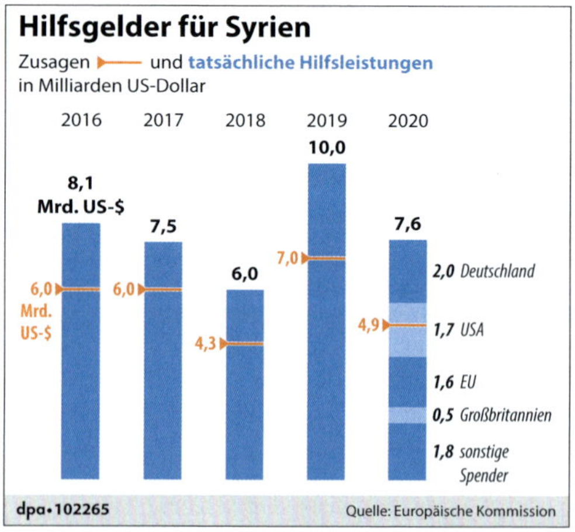

Grundnahrungsmittel um mehr als 200 %; damit erreichten sie das 20-fache von vor dem Krieg. 9 von 10 Syrern mussten mit weniger als 2 $ pro Tag auskommen. Manche Händler akzeptierten nur ausländische Währungen als Zahlungsmittel. Im Herbst 2020 verschärfte sich die **Brotknappheit**. Anfang November 2020 verdoppelte die Regierung den Preis für subventioniertes Brot und kürzte die Rationen. Das Welternährungsprogramm (WFP) der UN schätzte im November 2020 die Zahl der Syrer, die **auf Nahrungsmittelhilfe angewiesen** waren, auf **9.3 Mio.**, mehr als die Hälfte der noch in Syrien Lebenden. Im Frühjahr 2019 lag diese Zahl noch bei 6.6 Mio.

Anti-Regime-Proteste im Süden: In der südwestlichen **Provinz Daraa** häuften sich **Proteste und Auseinandersetzungen zwischen früheren Rebellen und Regimekräften**. Nach Razzien von Sicherheitskräften des Regimes am 08.10.2020 kam es zu Straßenblockaden. Kontrollposten wurden angegriffen, Angehörige von Regimeeinheiten getötet oder gefangen genommen. Die Armee beschoss darauf die Städte Daraa und Al Karak mit Artillerie. Erst nach russischer Vermittlung beruhigte sich die Lage wieder. Am 14.10.2020 wurde ein ehemaliger Rebellenkommandant erschossen, vermutlich von Geheimdienstagenten. Seine Beisetzung am 15.10.2020, an der rund 3000 Personen teilnahmen, geriet zu einer Protestkundgebung. Am 16.03.2021 geriet eine Einheit der Armee, die einen früheren Rebellenkommandanten verhaften wollte, in einen Hinterhalt, 21 Soldaten wurde getötet. Die früheren Rebellen kontrollierten weiterhin etliche Regionen in der Provinz. Sie hatten sich 2018 mit dem Regime verständigt, wobei ihnen gestattet wurde, ihre leichten Waffen zu behalten. Die Slogans bei den Protesten richteten sich nicht nur gegen das Assad-Regime, sondern ebenso gegen die iranische Präsenz in der Provinz. Die ehemaligen Rebellen genießen teilweise russische Protektion. Auch in der östlich angrenzenden **Provinz Suweida**, deren Bevölkerung mehrheitlich aus **Drusen** besteht, kam es zu Unmutsäußerungen gegen das Regime, so etwa am 28.01.2021, nachdem ein Armeegeneral einen drusischen geistlichen Würdenträger beleidigt hatte. Am 10.07.2020 mussten Regimekräfte unter dem Druck drusischer Milizionäre 8 festgenommene Demonstranten wieder freilassen.

Syrische Demokratische Kräfte: Die von den kurdischen Volksverteidigungseinheiten (YPG) dominierten **Syrischen Demokratischen Kräfte (SDF)** sahen sich **weiterhin mit Angriffen der türkischen Armee oder syrischer islamistischer Kämpfer**, die von der Türkei besoldet wurden, **konfrontiert**. Die türkische Artillerie beschoss im Dezember 2020 und Anfang Januar 2021 Stellungen der SDF, während syrische Kämpfer weitgehend ohne Erfolg versuchten, von der SDF gehaltene Dörfer zu erobern. Auf diese Weise stiegen auch die Spannungen mit den in der Region präsenten russischen Einheiten, die zusätzliche Posten errichteten und bereits bestehende verstärkten. Am 09.02.2021 kam es bei Manbidsch zu einem russisch-türkischen Feuerwechsel. Die türkische Luftwaffe bombardierte am 20.03.2021 ein Dorf bei Ain Isa, gleichentags fanden auch heftige Kämpfe zwischen SDF-Einheiten und syrischen Kämpfern statt. Die **Türkei setzte auch die Wasserversorgung als Waffe ein**, befindet sich doch das Wasserwerk Aluk, das große Teile des von der SDF kontrollierten Gebiets versorgt, in dem von der Türkei im Oktober 2019 besetzten Gebiet. So kann die Wasserzufuhr nach Belieben abgestellt werden, was etwa im August 2020 der Fall war.
Russland bemühte sich, zwischen den SDF und dem Regime zu vermitteln. Bei Verhandlungen im Februar 2021 verständigte man sich auf eine Beendigung der zuvor immer wieder aufflammenden Kämpfe zwischen den beiden Seiten in den Provinzen Hasakah und Aleppo. Ein vonseiten des Regimes vorgebrachter Vorschlag, die SDF-Einheiten in die syrische Armee zu integrieren, wurde abgelehnt. Ende Januar 2021 stellten die SDF die Öllieferungen an das Regime ein; nach anschließenden Verhandlungen über die Bedingungen der Lieferungen wurden diese am 08.03.2021 wieder aufgenommen.

Rebellengebiete: Die russische Luftwaffe attackierte am 26.10.2020 ein Ausbildungslager der von der Türkei finanzierten islamistischen Miliz Failak asch-Scham bei Kafr Tacharim. Dabei wurden fast 100 Kämpfer getötet. Der Angriff erfolgte offensichtlich gezielt und war nicht zuletzt als politische Botschaft an die Türkei gedacht. Diese hatte wichtige Bestandteile des im März 2020 vereinbarten Waffenstillstands bislang nicht erfüllt. Weder waren, wie vereinbart, extremistische Rebellengruppen entwaffnet noch die Straße M4 durch gemeinsame russisch-türkische Patrouillen gesichert worden. In den direkt von der Türkei besetzten Gebieten in den Provinzen Aleppo und Hasakah kam es zwischen dem 30.01. und 16.02.2021 zu zahlreichen Sprengstoffanschlägen. Die islamistische Hayat Tahrir asch-Scham (HTS, Bewegung für die Befreiung der Levante) setzte ihre Bemühungen fort, ihre dominierende Position unter den Rebellen zu konsolidieren und ging im Januar und Februar 2021, wie schon zuvor, gegen konkurrierende Rebellengruppen vor.

Nachdem China und Russland im Dezember 2019 ihr Veto gegen die Verlängerung von UN-Hilfslieferungen in nicht von der Regierung in Damaskus kontrollierte Gebiete über jordanische und irakische Grenzübergänge eingelegt hatten, verblieben nur die beiden Grenzübergänge zur Türkei von Bab as-Salam und Bab al-Hawa. Bab as-Salam musste schließlich auf Druck Russlands ebenfalls geschlossen werden, obwohl internationale Hilfsorganisationen in einem Offenen Brief an den UN-Sicherheitsrat dies abgelehnt und außerdem die Wiederaufnahme der Lieferungen über den irakischen Grenzübergang al-Yarubiya gefordert hatten. Russland machte seine Zustimmung zur Verlängerung der Hilfslieferungen aber von der Schließung Bab as-Salams abhängig. Die entsprechende, für 12 Monate gültige Resolution, die am 11.07.2020 verabschiedet wurde, sah **Bab al-Hawa als einzigen Grenzübergang für die Hilfslieferungen** vor.

Islamischer Staat: Mobile Zellen des „Islamischen Staats" (IS) blieben auch nach dem Verlust der letzten territorialen Bastionen im März 2019 **aktiv. Fast jeden Monat kam es zu Überfällen und Anschlägen**. Am 17.08.2020 fielen ein russischer General und ein syrischer Milizkommandant in Deir es-Sor einem Bombenanschlag zum Opfer. Während des gesamten Oktobers 2020 kam es in der Wüste zu heftigen Kämpfen zwischen dem IS und den zum Teil durch die russische Luftwaffe unterstützten Regimekräften. Eine Säuberungsoperation von Regimekräften in der ersten Dezemberhälfte 2020 in der zentralen Wüste war nur mäßig erfolgreich. Die Angriffe des IS gingen auch in den kommenden Monaten weiter. Laut Angaben der SOHR wurden von März 2019 bis Dezember 2020 mehr als 1000 Soldaten und Milizionäre des Regimes sowie 140 ausländische Milizionäre bei Angriffen und Anschlägen des IS getötet, der seinerseits fast 600 Kämpfer einbüßte. Auch in den Gebieten unter Kontrolle der SDF kam es zu Anschlägen des IS. Oft wurden gezielt arabische Stammesführer ermordet, um sie von der Kooperation mit den SDF und den in der Region präsenten US-Einheiten abzsuchrecken.
Die SDF begannen im Juli 2020, die weniger radikalen ausländischen Frauen und deren Kinder aus dem Internierungslager für IS-Anhänger von al-Hol in das Lager Roj zu verlegen. Insgesamt sollen 395 Familien betroffen sein. In Roj wurde jede Familie in einem eigenen Zelt untergebracht, auch wurde keine Ganzkörperverhüllung gestattet. Im Lager al-Hol leben über 60 000, vor allem aus Syrien und Irak stammende Anhänger des Islamischen Staats (IS) und Familienangehörige, über die Hälfte jünger als 5 Jahre. Nachdem die Zahl der von dem IS weiterhin treu Ergebenen durchgeführten Morde an anderen Lagerinsassen auf mehr als 40 gestiegen war, führten die SDF ab Ende März 2021 zahlreiche Razzien in dem Lager durch. Mindestens 150 IS-Angehörige wurden verhaftet und mehrere IS-Zellen aufgedeckt.

Israelische Luftschläge: Die israelische Luftwaffe intensivierte ihre **Angriffe auf Positionen der iranischen Revolutionswächter** bzw. in iranischem Sold stehende ausländische Milizen in Syrien, die fast jeden Monat stattfanden. Im November 2020 kamen bei 2 Angriffen auf Ziele bei Albu Kamal im Osten des Landes über 30 ausländische Milizionäre ums Leben. Ab dem 24.12.2020 erfolgten innerhalb von 16 Tagen 6 Luftschläge gegen Stützpunkte der Revolutionswächter. Bei den bis dahin schwersten Luftangriffen in der Nacht zum 13.01.2021 auf Ziele bei Deir es-Sor und Albu Kamal im Osten des Landes wurden nach Angaben der SOHR mindestens 57 Personen getötet. Im Februar und März 2021 erfolgten weitere Luftschläge.
Bei israelischen Angriffen auf syrische Positionen handelte es sich um Reaktionen auf zuvor erfolgten Beschuss israelischer Ziele auf den Golanhöhen, wie er am 24.07.2020 erfolgte, oder die Abwehr von Infiltrationsversuchen am 02.08.2020, auf die Tags darauf Luft- und Hubschrauberangriffe auf syrische militärische Ziele folgte. Am 03.02.2021 erfolgten Schläge gegen mehrere Hisbollah-Stellungen in der Provinz Kuneitra. Eine offensichtlich fehlgeleitete syrische Luftabwehrrakete, die am 22.04.2021 mitten in Israel niederging, führte zu Luftschlägen gegen die Abschussstelle und andere Ziele in Syrien.

Tadschikistan

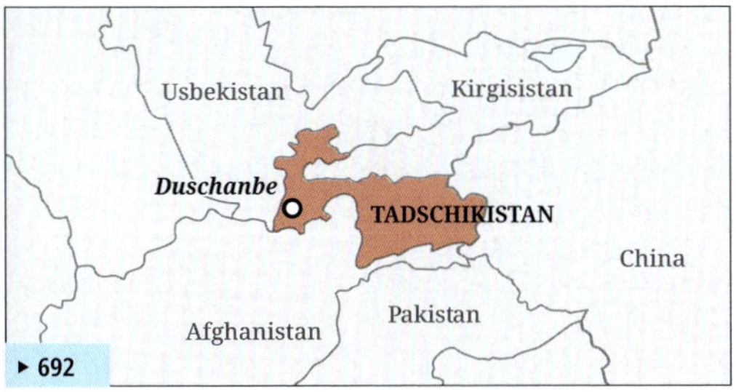

▸ 692

Ländername	Republik Tadschikistan
Zeitzone	MEZ +4 h
Fläche in km²	143 226 (Rang 94)
Anzahl der Einwohner	9.5 Millionen (Rang 95)
Einwohnerzahl pro km²	67 (Rang 117)
Hauptstadt	Duschanbe
Amtssprachen	Tadschikisch, Russisch
Verwaltungsgliederung	2 Provinzen, 1 autonome Provinz, 1 Distrikt und 1 Hauptstadtdistrikt
Wichtige Städte	Duschanbe, Chudschand, Qurghonteppa, Kulob, Istarawschan
Autokennzeichen | ISO-Code	TJ | TJK
Währung	1 Somoni = 100 Diram
Nationalfeiertag	9. September (Unabhängigkeit 1991)

Das kleine mittelasiatische Land, dessen Fläche fast zur Hälfte im Pamir liegt, ist der ärmste Nachfolgestaat der Sowjetunion. Geschwächt durch die Folgen eines mehrjährigen Bürgerkriegs, erholt sich die Wirtschaft des autoritär regierten Landes nur langsam. Das Land hat immer wieder mit Wasserknappheit zu kämpfen.

GEOGRAFIE

Geografische Lage: Von 36°41‘ bis 41°02‘ nördlicher Breite sowie von 67°21‘ bis 75°10‘ östlicher Länge (Zentralasien)
Höchster Punkt: Pik Ismoil Somoni 7495 m
Klima: Hochgebirgsklima, zum Teil kontinentales Steppenklima

POLITIK

Staatsform: Präsidiale Republik
Staatsoberhaupt: Präsident Emomali Rahmon (seit 16.11.1994)
Regierungschef: Premierminister Kohir Rasulzoda (seit 30.11.2013)
Regierungspartei: keine
Legislative: Oberste Versammlung, bestehend aus Repräsentantenhaus mit 63 für 5 Jahre gewählten Mitgliedern und Nationalversammlung mit 25 für 5 Jahre gewählten und 9 ernannten Mitgliedern
Jahr der Verfassung: 1994
Wahlrecht: 18 Jahre

BEVÖLKERUNG

Bevölkerungsanteil: <15 Jahre 37.3 %, 15–64 Jahre 59.6 %, >64 Jahre 3.1 %
Verteilung: Stadt 27.5 %, Land 72.5 %
Wachstum: 2.3 %
Lebenserwartung: Frauen 74 Jahre, Männer 69 Jahre
Alphabetenrate: Frauen 99.7 %, Männer 99.8 %
Bevölkerungsgruppen: Tadschiken, Usbeken, Kirgisen, Russen u. a.
Religionen: Muslime (v. a. Sunniten), Sonstige
Sprachen: Tadschikisch, Usbekisch, Kirgisisch, Russisch u. a.

WIRTSCHAFT

BIP: 8 Mrd. US$
Wachstum BIP: 4.5 %
BIP/Kopf: 844 US$
Inflation: 8.6 %
Außenhandel: Import 3.11 Mrd. US$ (Maschinen und Anlagen 15.5 %, Nichtedelmetalle und Erzeugnisse 14.8 %, Erdöl- und Erdölprodukte 11.3 %, Transportmittel 11.1 %, Mineralische Stoffe 9.7 %), Export 1.84 Mrd. US$ (Mineralische Stoffe 53.5 %, Spinnstoffe und Erzeugnisse 25.9 %, Strom 8.8 %, Nichtedelmetalle und Erzeugnisse 4.1 %)
Erwerbstätige nach Sektoren: Landwirtschaft 44.2 %, Industrie 16 %, Dienstleistungen 39.8 %
Arbeitslosenquote: 7.5 %
CO_2-Emission/Kopf: 1 t

RÜCKBLICK

Corona-Pandemie: Präsident Rahmon erklärt die COVID-19-Pandemie am 26.01.2021 für beendet. Nach Zahlen des Gesundheitsministeriums waren bis dahin genau 13 308 Infektionsfälle und 90 Tote registriert worden. Nichtsdestotrotz soll es eine **Massenimpfkampagne** mit Impfstoff aus der COVAX-Initiative und aus Russland geben. Am stärksten zu spüren bekam Tadschikistan die Pandemie durch den Einbruch bei den **Rücküberweisungen** der Arbeitsmigranten; schätzungsweise eine halbe Million arbeitete in Russland. Fast die Hälfte der einheimischen Bevölkerung lebte in absoluter Armut.

Wasser: Bei **Gefechten** zwischen Polizei und Militär aus Tadschikistan sowie Kirgisistan am 28.04.2021 an der Grenze zur tadschikischen **Exklave Woruch** kamen wahrscheinlich 55 Menschen ums Leben;

auf kirgisischer Seite gab es nach offiziellen Angaben 189 Verletzte. Siedlungen wurden zerstört und Zehntausende Bewohner mussten auf kirgisisches Gebiet evakuiert werden. Auslöser des Konflikts waren Vorwürfe von tadschikischer Seite, aus einem vom Fluss Isfara gespeisten Reservoir würde unrechtmäßig Wasser abgezapft. Russland vermittelte am 29.04.2021 einen Waffenstillstand. Der Grenzzusammenstoß war der bis dahin blutigste. Hintergrund war ein Vorschlag des neuen Präsidenten Kirgisistans, Sadyr Schaparow, die **Grenze** zwischen beiden Staaten vollständig zu **demarkieren** (bis dahin knapp die Hälfte) und Woruch gegen kirgisisches Gebiet zu tauschen. Letzteres lehnte der Staatspräsident Tadschikistans Emomali Rahmon bei einem Kurzbesuch der Exklave Anfang April ab. Beide Staaten verlegten **Sicherheitskräfte** in die Region. Eine intensivere Wasserentnahme zum Reisanbau und zur Versorgung einer wachsenden Einwohnerzahl in der Region des Ferganatals verstärkte die periodische **Wasserknappheit** – auch eine Folge des globalen Klimawandels.

Regime: Präsident Rahmon ließ sich am 11.10.2020 bei **Wahlen** bestätigten. Das offizielle Ergebnis, 92.1 % für den Amtsinhaber, und die angegebene Wahlbeteiligung, 85.3 %, wurden von unabhängiger Seite angezweifelt. Wie bis dahin alle Präsidentenwahlen wertete die OSZE auch diese als **weder frei noch fair.** Abgesehen von vier „Zählkandidaten", trat erstmals kein Vertreter der Opposition gegen Rahmon an, weil die Sozialdemokraten, die einzig zugelassene Oppositionspartei, die Wahl als **„illegitim"** boykottierten. Politik und Wirtschaft werden von Rahmon, der seit 1994 regiert, und seiner Familie majorisiert. **Personenkult, Repression** und **Vetternwirtschaft** sind Kennzeichen des Systems.

Russland: Die militärische **Partnerschaft** Tadschikistans mit Russland wird als Reaktion auf eine sich verschlechternde Sicherheitslage im Nachbarland Afghanistan durch ein gemeinsames **Luftverteidigungssystem** vertieft, so eine Ankündigung des russischen Verteidigungsministers Sergej Schoigu am 27.04.2021. Beide Staaten hatten zuvor ein Großmanöver durchgeführt. In Tadschikistan besitzt Russland eine Militärbasis, wo auch Soldaten aus Tadschikistan ausgebildet werden. Das zentralasiatische Land ist Mitglied in der russisch geführten **Verteidigungsorganisation** ODKB.

Taiwan

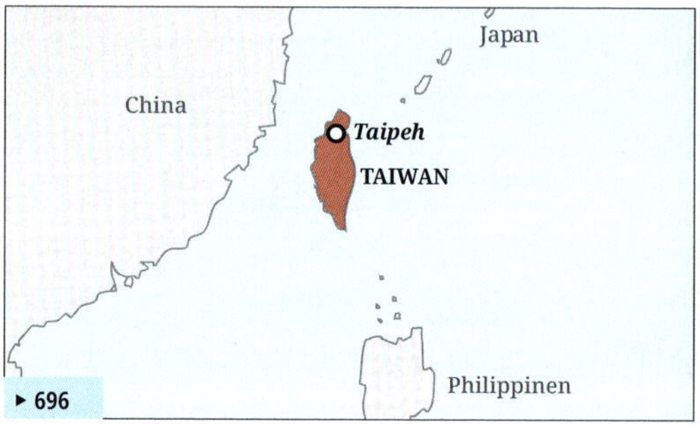

▸ 696

Ländername	Republik China
Zeitzone	MEZ +7 h
Fläche in km²	36 193 (Rang 134)
Anzahl der Einwohner	23.8 Millionen (Rang 57)
Einwohnerzahl pro km²	658 (Rang 9)
Hauptstadt	Taipeh
Amtssprache	Chinesisch (Taiwanisches Minnan)
Verwaltungsgliederung	13 Bezirke und 9 Städte
Wichtige Städte	Neu-Taipeh, Taichung, Kaohsiung, Taipeh, Taoyuan, Tainan
Autokennzeichen | ISO-Code	RC | TWN
Währung	1 Neuer Taiwan-Dollar = 100 Cents
Nationalfeiertag	10. Oktober (Wuchang-Aufstand 1911)

Die Insel vor der chinesischen Festlandküste wird international nur von wenigen Ländern der Erde als unabhängiger Staat anerkannt. Dabei gehört Taiwan zu den wichtigsten Wirtschaftsmächten der Welt. Die politischen Zukunftsoptionen sind Beibehaltung des Status quo, Wiedervereinigung mit der Volksrepublik China oder Abschied vom Prinzip eines vereinigten Chinas, was die Führung in Peking allerdings strikt ablehnt.

GEOGRAFIE

Geografische Lage: Von 21°54' bis 25°17' nördlicher Breite sowie von 119°27' bis 122° östlicher Länge (Ostasien)
Höchster Punkt: Yu Shan 3952 m
Klima: Feuchtgemäßigtes, subtropisches bis tropisches Klima

POLITIK

Staatsform: Semipräsidiale Republik
Staatsoberhaupt: Präsidentin Tsai Ing-wen (seit 20.05.2016)
Regierungschef: Premierminister Su Tseng-chang (seit 14.01.2019)

Regierungspartei: DPP (Democratic Progressive Party)
Legislative: Legislativ-Yuan mit 113 für 4 Jahre gewählten Mitgliedern
Jahr der Verfassung: 1947
Wahlrecht: 20 Jahre

BEVÖLKERUNG

Bevölkerungsanteil: <15 Jahre 12.7 %, 15–64 Jahre 71.5 %, >64 Jahre 15.8 %
Verteilung: Stadt 78.9 %, Land 21.1 %
Wachstum: 0.2 %
Lebenserwartung: Frauen 83 Jahre, Männer 78 Jahre
Alphabetenrate: Frauen 97.3 %, Männer 99.7 %
Bevölkerungsgruppen: Han Chinesen, Malaien, Polynesier u. a.
Religionen: Buddhisten, Christen, Ethnische (Daoisten, Konfuzianer)
Sprachen: Chinesisch, Taiwanesisch, Hakka, Englisch

WIRTSCHAFT

BIP: 668.51 Mrd. US$
Wachstum BIP: 3.1 %
BIP/Kopf: 28 306 US$
Inflation: -0.2 %
Außenhandel: Import 258 Mio. US$ (Elektronik 25.3 %, Maschinen 12.4 %, Chemische Erzeugnisse 11.3 %, Erdöl 7.5 %, Elektrotechnik 4.5 %), Export 329 Mio. US$ (Elektronik 42.8 %, Chemische Erzeugnisse 10.5 %, Maschinen 7.3 %, Elektrotechnik 5.3 %, Metallwaren 3.8 %)
Erwerbstätige nach Sektoren: Keine Angabe
Arbeitslosenquote: 3.9 %
CO_2-Emission/Kopf: 11.7 t

RÜCKBLICK

Corona-Pandemie: Taiwan galt lange Zeit als **vorbildlich in der Bekämpfung von COVID-19**. Die taiwanesische Regierung hatte schon kurz nachdem die Zahl der Corona-Fälle in der VR China zu steigen begann, Besucher aus Festlandchina, Hongkong und Macau streng kontrolliert und unter Quarantäne gestellt. Schon bald musste sich jeder Einreisende einer 14-tägigen Quarantäne unterziehen, später wurde zusätzlich noch ein Corona-Negativtest verlangt. Die Einhaltung der Quarantäne sowohl von ausländischen Besuchern als auch von aus dem Ausland heimgekehrten Taiwanern wird durch Überwachungskameras in Hotels oder Handyortung streng kontrolliert. Es stehen hohe Geldstrafen (bis zu 29 000 €) auf Zuwiderhandlung, etwa Ausschalten des Handys oder unerlaubtes Verlassen des Hotelzimmers.
Für 2020 wurden bei einer Bevölkerungszahl von 23.5 Mio. nur 823 Fälle registriert und 7 Menschen starben an COVID-19. Die niedrigen Fallzahlen führten auch dazu, dass eine Schutzimpfung für die Bevölkerung vonseiten der Regierung nicht nachdrücklich verfolgt wurde. Seit April 2021 steigen die Zahlen im Vergleich zu den vorangegangenen Monaten jedoch dramatisch. Als Grund dafür wird u. a. die **nachlässige Kontrolle** bei Flugpiloten vermutet, die das Coronavirus bei ihren Besuchen in Bars und Restaurants verbreitet haben. Ende Juni 2021 gab es 14 804 bestätigte Corona-Fälle und 648 Tote. Die Beschaffung von Impfdosen wurde zum Problem und ein Lieferangebot aus der VR China wollte die taiwanesische Präsidentin Tsai Ing-wen nicht annehmen. Japan schickte Anfang Juni 2021 kurzfristig 1.2 Mio. Dosen AstraZeneca. Die VR China kommentierte die Hilfsaktion Japans als Einmischung in die inneren Angelegenheiten Chinas.

Wirtschaft: Taiwans Wirtschaft wuchs 2020 entgegen dem globalen Trend um 3.1 % und überflügelte sogar die Wirtschaftsleistung der VR China (+2.3 %). Der durch die Corona-Pandemie bedingte plötzliche Anstieg der Nachfrage nach Elektronik für Telearbeit und Homeoffice führte für Marken wie Acer und AsusTek Computer zu einem großen Umsatzzuwachs. Taiwans Technologie-Hardware-Sektor boomt aufgrund der weltweiten Nachfrage nach Halbleiterchips, die in 5G-Mobiltelefonen und High-End-Computern zum Einsatz kommen. Der **weltweit größte unabhängige Auftragsfertiger für Halbleiterprodukte, Taiwan Semiconductor Manufacturing Company**, profitiert besonders davon, doch auch er kann den **globalen Mangel an Halbleiterchips** nicht auffangen. Im Januar 2021 klagte insbesondere die Autobranche über Engpässe. Auch die deutsche Autoindustrie war massiv betroffen und musste ihre Produktion drosseln. Daraufhin intervenierte die deutsche Bundesregierung mit Erfolg bei der taiwanesischen Wirtschaftsministerin. Obwohl der taiwanesische Chiphersteller in die Erweiterung seiner Produktion investiert, wird nach Meinung von Experten die Knappheit noch bis 2022 anhalten.

Außenpolitik: Kurz nach Amtsantritt des neuen US-Präsidenten Joe Biden drangen chinesische Militärflugzeuge in den taiwanesischen Luftraum ein, um „die nationale Souveränität und Sicherheit zu schützen". Eine Warnung an die USA, aber gleichzeitig auch an Taiwan, das von China als abtrünnige Provinz betrachtet wird. Taiwan sieht sich jedoch als souveräner Staat, mit eigener Verfassung, eigenem Militär und gewählten Repräsentanten. **Präsident Joe Biden sicherte Taiwan seine Unterstützung zu** und das militärische Kräftemessen zwischen den beiden Großmächten in der Taiwanstraße, die immer wieder auch von US-Kriegsschiffen durchfahren wird, hält weiter an.

Tansania

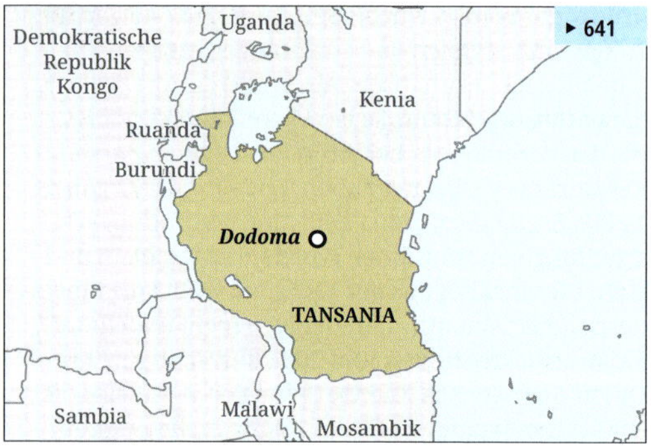

▸ 641

Ländername	Vereinigte Republik Tansania
Zeitzone	MEZ +2 h
Fläche in km²	947 303 (Rang 30)
Anzahl der Einwohner	59.7 Millionen (Rang 23)
Einwohnerzahl pro km²	63 (Rang 121)
Hauptstadt	Dodoma
Regierungssitz	Daressalam
Amtssprachen	Swahili, Englisch
Verwaltungsgliederung	31 Regionen
Wichtige Städte	Daressalam, Mwanza, Sansibar, Arusha, Mbeya, Morogoro, Tanga, Dodoma
Autokennzeichen | ISO-Code	EAT | TZA
Währung	1 Tansania-Schilling = 100 Cents
Nationalfeiertage	26. April (Vereinigung von Tanganjika und Sansibar 1964), 9. Dezember (Unabhängigkeit 1961)

Tanganjika und Sansibar schlossen sich 1964 zur Vereinigten Republik Tansania zusammen. Der ostafrikanische Staat beherbergt mit dem Kibo im Kilimandscharo-Massiv den höchsten Gipfel Afrikas. Seine weiten Savannen sind Lebensraum für viele Großwildarten.

GEOGRAFIE

Geografische Lage: Von 0°59′ bis 11°44′ südlicher Breite sowie von 29°19′ bis 40°27′ östlicher Länge (Ostafrika)
Höchster Punkt: Kilimandscharo (Kibo) 5895 m
Klima: Tropisches Savannenklima, im Hochland gemäßigt

POLITIK

Staatsform: Präsidiale Republik
Staatsoberhaupt und Regierungschef: Präsidentin Samia Suluhu Hassan (seit 19.03.2021)
Regierungspartei: CCM (Chama Cha Mapinduzi)
Legislative: Nationalversammlung mit 382 für 5 Jahre gewählten und 10 ernannten Mitgliedern
Jahr der Verfassung: 1977
Wahlrecht: 18 Jahre

BEVÖLKERUNG

Bevölkerungsanteil: <15 Jahre 43.6 %, 15–64 Jahre 53.8 %, >64 Jahre 2.6 %
Verteilung: Stadt 35.2 %, Land 64.8 %
Wachstum: 2.9 %
Lebenserwartung: Frauen 68 Jahre, Männer 64 Jahre
Alphabetenrate: Frauen 73.1 %, Männer 83.2 %
Bevölkerungsgruppen: Bantu u. a.
Religionen: Christen, Muslime, Ethnische
Sprachen: Swahili, Englisch, Regionalsprachen

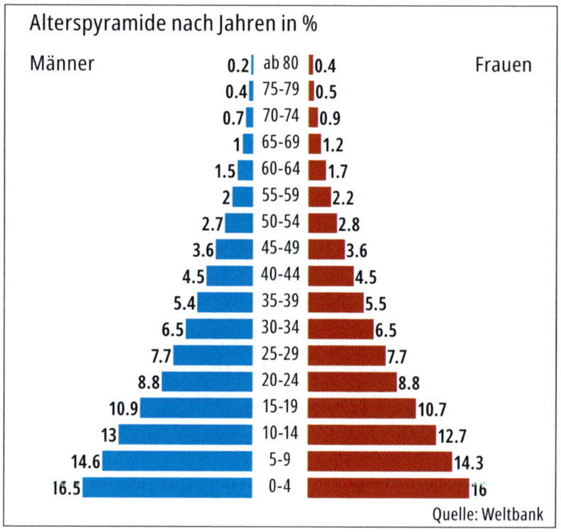

WIRTSCHAFT

BIP: 63.24 Mrd. US$
Wachstum BIP: 1 %
BIP/Kopf: 1090 US$
Inflation: 3 %
Außenhandel: Import 8.42 Mrd. US$ (Petrochemie 19.1 %, Chemische Erzeugnisse 18.6 %, Maschinen 11.5 %, Kfz und -Teile 9.4 %, Eisen und Stahl 6.5 %), Export 4.96 Mrd. US$ (Nahrungsmittel 17.4 %, Maschinen 8.6 %, Metallwaren 8.4 %, Chemische Erzeugnisse 7.4 %, Möbel und -teile 6.7 %)
Erwerbstätige nach Sektoren: Landwirtschaft 64.9 %, Industrie 6.8 %, Dienstleistungen 28.3 %
Arbeitslosenquote: 2.2 %
CO_2-Emission/Kopf: 0.2 t

RÜCKBLICK

Wahlen: Bei den Präsidentschaftswahlen am 28.10.2020 wurde Amtsinhaber **John Pombe Magufuli** mit 84 % der Stimmen für weitere fünf Jahre bestätigt. Er gewann deutlich vor dem Oppositionskandidaten **Tundu Lissu**, der 13 % erhielt. Die weiteren 13 Kandidaten blieben erfolglos. Die Wahlbeteiligung lag nach offiziellen Angaben bei 50.7 %. Im teilautonomen Staatsgebiet Sansibar setzte sich mit 76 % der Stimmen Hussein Ali Mwinyi durch, ebenfalls Kandidat von Magufulis Chama Cha Mapinduzi-Partei der Revolution (CCM). Bei den gleichzeitig abgehaltenen Parlamentswahlen erreichte die **CCM**, die am längsten regierende Partei Afrikas, eine deutliche **Zweidrittelmehrheit**, die auch Verfassungsänderungen ermöglichte. Die Oppositionsparteien verloren dagegen so deutlich, dass de facto ein Einparteienparlament entstand. Lissus Partei für Demokratie und Fortschritt (CHADEMA) und die Alliance for Change and Transparancy-Patriots (ACT-Wazalendo) beanstandeten den Wahlablauf, riefen ihre Anhänger zu Protesten auf und forderten eine Wahlwiederholung. Auch internationale Beobachter kritisierten **Unregelmäßigkeiten** und unfaire Bedingungen. CHADEMA-Führer Lissu, der 2017 ein Attentat in Dodoma nur knapp überlebt hatte und erst im Vorfeld des Urnengangs nach Tansania zurückgekehrt war, flüchtete nach den Wahlen 2020 wieder außer Landes, weil er Morddrohungen erhalten hatte. Am 05.11.2020 fand die Vereidigung des Präsidenten für eine weitere Amtszeit statt. Am 12.11.2020 wurde der bisherige Premierminister Kassim Majaliwa von Magufuli erneut mit der Regierungsbildung beauftragt, die Anfang Dezember 2020 abgeschlossen war.

Repressionen: Amnesty International dokumentierte in seinem Report 2020 zahlreiche **Menschenrechtsverstöße im Umfeld der Wahlen** 2020: Kritisch über die staatliche Führung berichtende Presseorgane und Sendeanstalten waren von Strafen und Verboten bedroht. Die internationale Berichterstattung wurde eingeschränkt, Menschenrechtsorganisationen in ihrer Arbeit behindert und zahlreiche führende **Oppositionsmitglieder** sowie deren Anhänger **verhaftet**. Die Repressionen reihten sich ein in den zunehmend rigiden Führungskurs, der sich seit dem Amtsantritt Magufulis 2015 kontinuierlich in Tansania verbreitet hatte und von kritischen Stimmen als ein **Klima der Angst** bezeichnet wurde. Insbesondere Oppositionspolitiker, Journalisten und Menschenrechtsaktivisten waren regelmäßig Bedrohungen, Einschüchterungsversuchen und Verhaftungen ausgesetzt. Dazu gab es auch Morde und Fälle von Verschwindenlassen von missliebigen Personen. Auf allen internationalen Messskalen zur Demokratisierung und Menschenrechtslage zählte Tansania in der Amtszeit Magufulis zu den Staaten mit dem stärksten Negativtrend.

Neues Staatsoberhaupt: Nachdem sich Präsident Magufuli ab Februar 2021 abrupt aus der Öffentlichkeit zurückgezogen hatte, wurde am 17.03.2021 überraschend sein Tod verkündet. Die offizielle Todesursache lautete Herzversagen, spekuliert wurde aber über eine COVID-19-Infektion. Gemäß der Verfassung rückte Vizepräsidentin **Samia Suluhu Hassan** (CCM) als erste Frau an die Staatsspitze nach und wurde am 19.03.2021 für die verbliebene Amtszeit bis 2025 vereidigt. Neuer Vizepräsident wurde der bisherige Finanzminister Philip Isdor Mpango. Bei der Besetzung des Kabinetts gab es nur geringfügige Änderungen. Zu den ersten Amtshandlungen der Präsidentin gehörte die Aufhebung von Restriktionen gegenüber der Presse und den Medien, was als vorsichtige **Neuausrichtung des Regierungskurses** gewertet wurde.

Corona-Pandemie: Unter der Führung von Suluhu Hassan wich das Land auch stellenweise von seiner bisherigen Verharmlosungsstrategie gegenüber der Corona-Pandemie ab. Magufuli hatte zunächst die Existenz des Virus in Tansania bestritten, dann Gebete und Heilkräuter als wirksame Gegenmittel empfohlen und das öffentliche Leben und den Tourismus nahezu ohne Einschränkungen weiter aufrechterhalten. Auch waren keine Impfstoffe angefordert worden. Ab April 2020 hatte das Land keine Zahlen mehr über Infektionen und Todesfälle veröffentlicht. Die neue Präsidentin bildete ein **wissenschaftliches Expertenkomitee** zur Corona-Pandemie, das der staatlichen Führung u. a. empfahl, sich der COVAX-Impfinitiative anzuschließen. Auch auf Druck der UN und des IWF, der mit der Verzögerung eines Staatskredites in Höhe von 571 Mio. US$ drohte, gab die Regierung Ende Juni 2021 wieder **offizielle Zahlen zum Infektionsgeschehen** frei. Demnach wurden zu diesem Zeitpunkt 70 Menschen in Kliniken mit Sauerstoff versorgt.

Wirtschaft: Mit einem **BIP-Wachstum** von 1.0 % für 2020 und geschätzt 2.7 % für 2021 zeigte die Wirtschaft Tansanias eine vergleichsweise positive Entwicklung. Da kein Lockdown verhängt wurde, gingen die Geschäfte aller Sektoren mit Ausnahme des Tourismus nur leicht zurück. Die Regierung setzte auf den **Ausbau der Infrastruktur**, der vor allem dem Transport und der Energieversorgung dienen sollte, und war dafür auf Kredite internationaler Geber angewiesen.

Thailand

▸ 700

Ländername	Königreich Thailand
Zeitzone	MEZ +6 h
Fläche in km²	513 120 (Rang 50)
Anzahl der Einwohner	69.8 Millionen (Rang 20)
Einwohnerzahl pro km²	136 (Rang 65)
Hauptstadt	Bangkok
Amtssprache	Thai
Verwaltungsgliederung	76 Provinzen und 2 Sonderverwaltungseinheiten
Wichtige Städte	Bangkok, Nonthaburi, Pak Kret, Hat Yai, Nakhon Ratchasima, Chiang Mai
Autokennzeichen | ISO-Code	T | THA
Währung	1 Baht = 100 Satang
Nationalfeiertag	5. Dezember (Geburtstag des verstorbenen Königs Bhumibol Adulyadej 1927)

Während der Expansion des europäischen Kolonialismus bewahrte Thailand, das bis 1939 Siam hieß, als einziges Land der Region die Souveränität. König Bhumipol aus der seit 1782 regierenden Chakri-Dynastie, der 2006 sein 60-jähriges Thronjubiläum feierte und 2016 verstorben ist, verfügte dank seines Ansehens in der Bevölkerung über innenpolitischen Einfluss, der weit über seine verfassungsmäßigen Rechte hinaus ging. Sein Sohn Maha Vajiralongkorn ist seit dem 1. Dezember 2016 thailändischer König.

GEOGRAFIE

Geografische Lage: Von 5°38′ bis 20°27′ nördlicher Breite sowie von 97°21′ bis 105°39′ östlicher Länge (Südostasien)
Höchster Punkt: Doi Inthanon 2565 m
Klima: Tropisches Monsunklima

POLITIK

Staatsform: Konstitutionelle Monarchie
Staatsoberhaupt: König Maha Vajiralongkorn Phra Vajiraklaochaoyuhua (Rama X.) (seit 01.12.2016)
Regierungschef: Ministerpräsident Prayuth Chan-o-cha (seit 25.08.2014)
Regierungsparteien: Koalition PPRP (Phalang-Pracharat-Partei), PTP (Pheu-Thai-Partei)
Legislative: Nationalversammlung, bestehend aus Repräsentantenhaus mit 489 für 4 Jahre gewählten Mitgliedern und Senat mit 250 für 5 Jahre ernannten Mitgliedern
Jahr der Verfassung: 2017
Wahlrecht: 18 Jahre

BEVÖLKERUNG

Bevölkerungsanteil: <15 Jahre 16.6 %, 15–64 Jahre 70.5 %, >64 Jahre 12.9 %
Verteilung: Stadt 51.4 %, Land 48.6 %
Wachstum: 0.3 %
Lebenserwartung: Frauen 81 Jahre, Männer 74 Jahre
Alphabetenrate: Frauen 91.2 %, Männer 94.7 %
Bevölkerungsgruppen: Thai, Burmesen u. a.
Religionen: Buddhisten, Muslime, Christen
Sprachen: Thai, Regionalsprachen

WIRTSCHAFT UND VERKEHR

BIP: 501.89 Mrd. US$
Wachstum BIP: -6.1 %
BIP/Kopf: 7190 US$
Inflation: -0.8 %
Außenhandel: Import 206.99 Mrd. US$ (Elektronik 12.8 %, Chemische Erzeugnisse 10.8 %, Maschinen 10.2 %, Erdöl 9.6 %, Elektrotechnik 6.5 %), Export 231.47 Mrd. US$ (Elektronik 14.1 %, Nahrungsmittel 13.3 %, Kfz und -Teile 11.2 %, Chemische Erzeugnisse 10.4 %, Maschinen 8.6 %)
Erwerbstätige nach Sektoren: Landwirtschaft 31.2 %, Industrie 22.5 %, Dienstleistungen 46.3 %
Arbeitslosenquote: 1 %
CO_2-Emission/Kopf: 4 t

RÜCKBLICK

Corona-Pandemie: 2020 wurden wegen rascher Grenzschließung nur wenige Infektionen gemeldet. Doch am 02.04.2021 begann eine rasante Zunahme von Erkrankungen; eine Schließung der Schulen und andere Maßnahmen hatten kaum Wirkung: Im Mai 2021 überschritten die täglichen Neuinfektionen mehrfach die Marke von 5000. Nach einem erneuten Anstieg im Juni 2021 ordnete die Regierung am 28.06.2021 in Bangkok und 5 Provinzen Restaurantschließungen und verschärfte Kontaktverbote an. Die geplante probeweise

Öffnung Phukets für vollständig geimpfte Touristen am 01.07.2021 wurde aber beibehalten; andere Destinationen sollten im Juli folgen. Angesichts der **Wirtschaftsflaute** – 2020 schrumpfte die Wirtschaft um 6.1 % – besaß die Revitalisierung des Tourismus höchste Priorität. Doch auch die Warenexporte, besonders in die Märkte Asiens und Europas, gingen pandemiebedingt um 5.8 % zurück; dank der wachsenden Nachfrage aus den USA und der VR China erholte sich die Exportwirtschaft bereits in der zweiten Jahreshälfte 2020.

Protestbewegung: Nach dem Verbot der Partei Future Forward im Februar 2020 und der Verhaftung einiger Demokratieaktivisten brach sich die Unzufriedenheit der jungen Generation im Juli 2020 mit einer Protestwelle gegen die 2014 durch einen Putsch an die Macht gelangte Militärregierung unter Ministerpräsident Prayuth Chan-o-cha Bahn. **Ausgangspunkt war eine von einer Studentenvereinigung organisierte Kundgebung** von etwa 2500 Studenten am 18.07.2020 am Demokratiedenkmal in Bangkok, auf der ultimativ die Auflösung des Parlaments, der Erlass einer neuen demokratischen Verfassung und ein Ende der Verfolgung von Regierungskritikern gefordert wurde. Am 19.07.2020 kam es zu gleichgerichteten Demonstrationen auch in anderen Universitätsstädten, am 20.07.2020 wurde in Bangkok auch vor einer Militärkaserne gegen den **Einfluss der Streitkräfte** auf die Regierung protestiert. Die Regierung reagierte zunächst verhalten auf die Demonstrationen und stellte eine Verfassungsreform in Aussicht. Zugleich begann sie aber nach einer Demonstration am 03.08.2020, führende Aktivisten vorübergehend in Haft zu nehmen, so am 07.08.2020 den Menschenrechtsanwalt Anon Nampa, der es am 03.08.2020 gewagt hatte, die Abschaffung des Gesetzes gegen Majestätsbeleidigung zu fordern, das bis zu seiner Aussetzung 2017 – auf Bitten des neuen Monarchen – wegen seiner extrem hohen Strafandrohungen die wichtigste Waffe gegen oppositionelle Regungen gewesen war. Die üblichen Mechanismen politischer Unterdrückung schienen bei der jungen Generation nicht länger zu verfangen, die **Nutzung von sozialen Medien und spontane Protestformen** stellten die Polizei vor Probleme. Die Fortdauer der Proteste trotz der Verhaftungen mussten die Regierung davon überzeugen, dass ein Hinhalten der Demonstranten nicht länger erfolgversprechend war; eine Demonstration am 10.08.2020, auf der die Rolle des Monarchen und des Militärs direkt angegriffen wurden, und die bislang mit 20 000 Teilnehmern größte Demonstration in Bangkok am 16.06.2020 bestätigten sie darin: Am 18.08.2020 zog Prayuth die Zusage einer Verfassungsreform zurück. Als die Proteste daraufhin im September und Oktober 2020 nicht nachließen, griff die Regierung seit dem 19.11.2020 zum Mittel der **Reaktivierung des Majestätsbeleidigungsgesetzes**; bis zum 17.12.2020 waren bereits 33 Aktivisten aufgrund dieses Gesetzes angeklagt worden. Die Repression, der Anstieg der Corona-Infektionen und die Enttäuschung darüber, dass die breitere Bevölkerung sich nicht der Protestbewegung anschloss, ließ diese seit der Jahreswende erlahmen; radikalere Kräfte traten in den Vordergrund: Bei weniger Zulauf endeten Demonstrationen häufiger in Auseinandersetzungen mit der Polizei.

Monarchie: König Maha Vajiralongkorn geriet als Urheber der reaktionären Verfassungsreform 2016 ebenso wie durch seinen Lebenswandel in das Zentrum der politischen Auseinandersetzungen. Die Unterstellung der Krongüter unter die Kontrolle des Monarchen löste Unmut aus, zumal im Staatsetat 2021 umgerechnet 1.1 Mrd. US$ für den Haushalt des Staatsoberhaupts vorgesehen waren. Aufsehen erregte auch die am 02.09.2020 erfolgte Begnadigung und Wiedereinsetzung seiner Konkubine, die er 2019 zur „Ehrenwerten königlichen Gefährtin" ernannt, später aber hatte verhaften lassen; im Dezember 2020 zirkulierten intime Fotografien dieser Zweitfrau in der ausländischen Presse. Die protestierenden Studenten nahmen besonders Anstoß daran, dass der Monarch die meiste Zeit des Jahres ein Playboy-Leben in Deutschland führte: Am 26.10.2020 marschierten Zehntausende zur Deutschen Botschaft in Bangkok und forderten dort die Ausweisung des Königs – die Regierung in Berlin erkannte jedoch keinen Gesetzesverstoß des Monarchen.

König Maha Vajiralongkorn am 05.12.2020 anlässlich der Feierlichkeiten für den verstorbenen König Bhumibol in Bangkok.

Timor-Leste

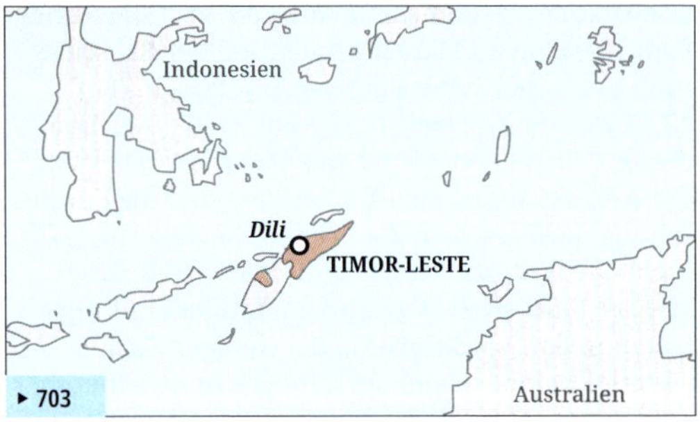

▸ 703

Ländername	Demokratische Republik Timor-Leste; auch: Osttimor
Zeitzone	MEZ +8 h
Fläche in km²	14 919 (Rang 155)
Anzahl der Einwohner	1.3 Millionen (Rang 154)
Einwohnerzahl pro km²	88 (Rang 97)
Hauptstadt	Dili
Amtssprachen	Tetum, Portugiesisch
Verwaltungsgliederung	12 Gemeinden und 1 Sonderverwaltungsregion
Wichtige Städte	Dili, Baucau, Maliana, Lospalos, Same
Autokennzeichen | ISO-Code	TL | TLS
Währung	1 US-Dollar = 100 Cents
Nationalfeiertage	20. Mai (Wiederherstellung der Unabhängigkeit 2002), 28. November (Verkündigung der Unabhängigkeit 1975)

Das südostasiatische Land auf der Insel Timor erhielt 2002 die Unabhängigkeit nach langer portugiesischer Kolonialzeit und indonesischer Fremdherrschaft. Um eine stabile politische und wirtschaftliche Entwicklung zu erreichen, ist das Land außenpolitisch vor allem auf gute Beziehungen zu Australien und Indonesien angewiesen.

GEOGRAFIE

Geografische Lage: Von 8°08‘ bis 9°31‘ südlicher Breite sowie von 124°02‘ bis 127°19‘ östlicher Länge (Südostasien)
Höchster Punkt: Tatamailau 2963 m
Zugehöriges: Oe-Cusse Ambeno (Exklave)
Klima: Tropisches Monsunklima

POLITIK

Staatsform: Parlamentarische Republik
Staatsoberhaupt: Präsident Francisco Guterres Lú Olo (seit 20.05.2017)
Regierungschef: Premierminister Taur Matan Ruak (seit 22.06.2018)
Regierungspartei: AMP (Aliança da Maioria Parlamentar)
Legislative: Nationalparlament mit 65 für 5 Jahre gewählten Mitgliedern
Jahr der Verfassung: 2002
Wahlrecht: 17 Jahre

BEVÖLKERUNG

Bevölkerungsanteil: <15 Jahre 36.8 %, 15–64 Jahre 58.9 %, >64 Jahre 4.3 %
Verteilung: Stadt 31.3 %, Land 68.7 %
Wachstum: 1.9 %
Lebenserwartung: Frauen 72 Jahre, Männer 68 Jahre
Alphabetenrate: Frauen 64.2 %, Männer 71.9 %
Bevölkerungsgruppen: Tetum, Mambai, Tokodede, Galoli, Kemak, Baikeno, Bunak, Fataluku, Bakasai u. a.
Religion: Christen (v. a. Katholiken)
Sprachen: Tetum, Portugiesisch, Indonesisch, Englisch, Regionalsprachen

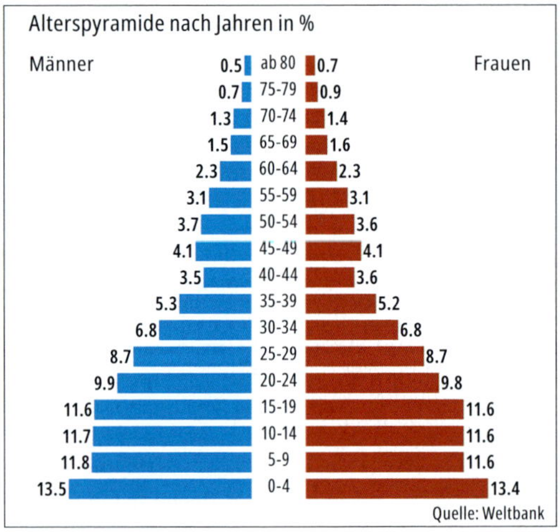

WIRTSCHAFT UND VERKEHR

BIP: 1.79 Mrd. US$
Wachstum BIP: -7.9 %
BIP/Kopf: 1359 US$
Inflation: 0.5 %
Außenhandel: Import 499 Mio. US$, Export 43 Mio. US$
Erwerbstätige nach Sektoren: Keine Angabe
Arbeitslosenquote: 5.1 %
CO_2-Emission/Kopf: 0.3 t

RÜCKBLICK

Corona-Pandemie: 2020 konnte durch Einreisesperren das Virus zunächst ferngehalten werden. Doch am 27.02.2021 wurde der erste Infizierte gemeldet; im März 2021 nahmen die Ansteckungen zu; der erste Todesfall im Zusammenhang mit COVID-19 war am 06.04.2021 zu beklagen. Ein exponentieller Anstieg erreichte am 30.05.2021 seinen Höhepunkt – bis zum 01.07.2021 wurden insgesamt 9278 Infektionen und 24 Tote gemeldet. Von offizieller Seite wurde der Taifun im März 2021 für den raschen Anstieg verantwortlich gemacht, weil die Situation in den Notunterkünften Hygiene- und Abstandsgebote untergrub. Die Impfkampagne begann am 07.04.2021; bis zum 01.07.2021 waren 228 766 Dosen eingesetzt worden. Die VR China hatte 100 000 Einheiten gespendet; Australien war der zweite große Spender.

Taifun: Am 29.03.2021 überquerte ein Wirbelsturm die Insel und richtete große Schäden an: Schwere Überschwemmungen und Erdrutsche waren die direkte Folge, nach einem UNICEF-Bericht vom 18.06.2021 kamen 48 Menschen ums Leben, 30 367 Haushalte, davon 81 % in Dili, mussten schwere Beschädigungen ihrer Häuser hinnehmen. Tausende Familien mussten über Monate in Hilfsunterkünften wohnen. Anfang Mai 2021 waren die 30 Evakuierungscenter rund um die Hauptstadt noch mit etwa 6000 Bewohnern belegt. Die Ernte von Mais und Reis wurde in erheblichem Maß beeinträchtigt: Auf mehr als 2000 Hektar waren die Pflanzen zerstört worden.

Wirtschaft: Die Wirtschaft wurde von der Pandemie stark in Mitleidenschaft gezogen, das BIP sank 2020 um 7.9 %. Der Einbruch des privaten Konsums, auch durch den Wegzug zahlungskräftiger Ausländer wegen des mangelhaften Gesundheitssystems, schlug zu Buche, der schwache Ölpreis war ein weiterer Schlag für das Land, das 80 % seines Haushalts aus den Öleinnahmen bestreitet: Die Einnahmen aus der Förderung fielen von 430 Mio. auf 169 Mio. US$, ebenso gingen die Steuereinnahmen von 327 Mio. auf 137 Mio. US$ zurück. Der durch Corona-Hilfsmaßnahmen und die Maßnahmen nach dem Taifun stark in Anspruch genommene Staatshaushalt geriet an seine Grenzen. Staatliche Schutz- und Testmaßnahmen wurden aus dem „Petroleumfonds“ bestritten, der eigentlich als Rücklage für die Zeit nach der Erschöpfung der nationalen Ölbestände vorgesehen ist.

Togo

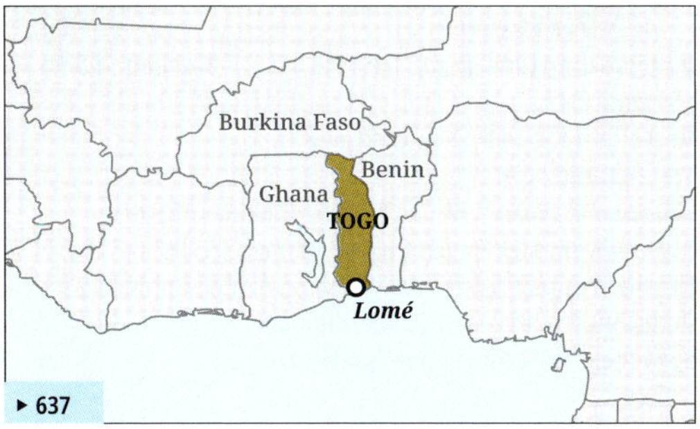

Ländername	Republik Togo
Zeitzone	MEZ -1 h
Fläche in km²	56 785 (Rang 123)
Anzahl der Einwohner	8.3 Millionen (Rang 101)
Einwohnerzahl pro km²	146 (Rang 61)
Hauptstadt	Lomé
Amtssprache	Französisch
Verwaltungsgliederung	5 Regionen
Wichtige Städte	Lomé, Kara, Sokodé, Kpalimé, Atakpamé
Autokennzeichen | ISO-Code	TG | TGO
Währung	1 CFA-Franc (BCEAO) = 100 Centimes
Nationalfeiertag	27. April (Unabhängigkeit 1960)

Togo ist der kleinste Staat an der westafrikanischen Küste, dessen Bevölkerung sich aus etwa 40 verschiedenen ethnischen Gruppen zusammensetzt. Die westafrikanische Republik benannte sich bei ihrer Unabhängigkeit 1960 nach einem nahe der Hauptstadt Lomé gelegenen Dorf am Togosee.

GEOGRAFIE

Geografische Lage: Von 6°06′ bis 11°08′ nördlicher Breite sowie von 0°10′ westlicher bis 1°47′ östlicher Länge (Westafrika)
Höchster Punkt: Mont Agou 986 m
Klima: Tropisches Savannenklima

POLITIK

Staatsform: Präsidiale Republik
Staatsoberhaupt: Präsident Faure Essozimna Gnassingbé (seit 04.05.2005)
Regierungschef: Premierministerin Victoire Tomegah Dogbé (seit 28.09.2020)
Regierungspartei: UNIR (Union pour la République)
Legislative: Nationalversammlung mit 91 für 5 Jahre gewählten Mitgliedern

Jahr der Verfassung: 1992
Wahlrecht: 18 Jahre

BEVÖLKERUNG

Bevölkerungsanteil: <15 Jahre 40.6 %, 15–64 Jahre 56.5 %, >64 Jahre 2.9 %
Verteilung: Stadt 42.8 %, Land 57.2 %
Wachstum: 2.4 %
Lebenserwartung: Frauen 62 Jahre, Männer 60 Jahre
Alphabetenrate: Frauen 51.2 %, Männer 77.3 %
Bevölkerungsgruppen: Ewe, Kabiye, Akebu, Gurma u. a.
Religionen: Christen, Muslime, Ethnische
Sprachen: Französisch, Ewe, Kabiye u. a.

WIRTSCHAFT

BIP: 7.5 Mrd. US$
Wachstum BIP: 0.7 %
BIP/Kopf: 905 US$
Inflation: 1.8 %
Außenhandel: Import 2.03 Mrd. US$ (Chemische Erzeugnisse 21.1 %, Nahrungsmittel 14 %, Kfz und -Teile 9.4 %, Textilien und Bekleidung 8 %, Maschinen 7.9 %), Export 638 Mio. US$ (Rohstoffe außer Brennstoffe 23.1 %, Chemische Erzeugnisse 11 %, Nichtmetallische Mineralien 10.3 %, Nahrungsmittel 9.4 %, Kfz und -Teile 6.8 %)
Erwerbstätige nach Sektoren: Landwirtschaft 37.2 %, Industrie 12.9 %, Dienstleistungen 49.9 %
Arbeitslosenquote: 4 %
CO_2-Emission/Kopf: 0.4 t

RÜCKBLICK

Corona-Pandemie: Im Jahr 2020 wurden durchgängig sehr **niedrige** Infektionszahlen gemeldet. Im Jahr 2021 kam es zu einer etwas intensiveren Infektionswelle, die jedoch vergleichbar mit gemeldeten Zahlen aus den Nachbarländern und somit noch weit unterhalb der globalen Durchschnittswerte lag. Im Land galten verhältnismäßig **strenge Maßnahmen** zur Bekämpfung der Pandemie.

Regierungswechsel: Nach der Wahl im Februar 2020, in der die dynastische Regierungspartei Union pour la République (UNIR) gewonnen hatte, kündigte Präsident Faure Gnassingbé nicht an, wann ein neuer Premierminister und damit eine neue Regierung ernannt werden würde. Im Kontext der COVID-19-Pandemie verzögerte sich der Regierungswechsel dann weiter. Ende September trat die vorherige Regierung schließlich zurück. **Victoire Tomegah Dogbé** trat die Nachfolge von Premierminister Komi Selom Klassou an. Damit ist zum ersten Mal in der Geschichte des Landes eine Frau zur Premierministerin berufen worden.

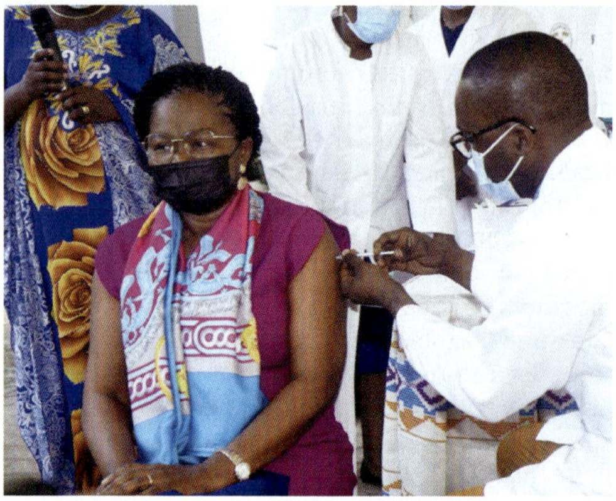

Zum Auftakt der ersten landesweiten Impfaktion lässt sich die neue Premierministerin Victoire Tomegah Dogbé am 10.03.2021 in Lomé impfen.

Sie hatte zuvor bereits ein Ministerinnenamt inne und arbeitete bei den Vereinten Nationen. Am 28.11.2020 kam es zu größeren Protesten der Opposition gegen das Wahlergebnis vom Februar 2020 und vor allem den Wiederantritt von Gnassingbé trotz seines Überschreitens der verfassungsmäßig verankerten Anzahl maximaler präsidialer Amtszeiten.

Festnahmen: Im Zuge dieser Proteste im November 2020 wurden die ehemaligen Präsidentschaftskandidaten **Kafui Adjamagbo-Johnson** und der ebenfalls dem Oppositionsbündnis **Dynamique Monseigneur Kpodrzo** (DMK) angehörende **Gérard Yaovi Djossou** festgenommen. Diese hatten zu Protesten gegen behördliche Unterdrückung der Opposition aufgerufen. Die Staatsanwaltschaft warf ihnen Pläne zur Destabilisierung des Landes vor. Nach scharfer Kritik aus der togolesischen Zivilgesellschaft und von internationalen Akteuren kamen sie am 17.12.2020 wieder **frei**. Die Anklagen wurden jedoch nicht fallengelassen.

Wirtschaft: Wie auch in den meisten Nachbarländern brach das BIP-Wachstum 2020 im Kontext der Pandemie auf unter 1 % ein. Im Vergleich zu 2019 wuchs das **Haushaltsdefizit** stark von 0.8 % auf 4.7 % des BIP an, da die Einnahmen sanken und die Gesundheitsausgaben stiegen. Trotz der geringen COVID-19-Infektionszahlen hatte die Pandemie deutliche Auswirkungen auf die sozioökonomische Lage der meisten Togolesen. Besonders die Grenzschließungen, die auch 2021 anhielten, stellten ein Problem für Händler und Konsumenten dar.

Tonga

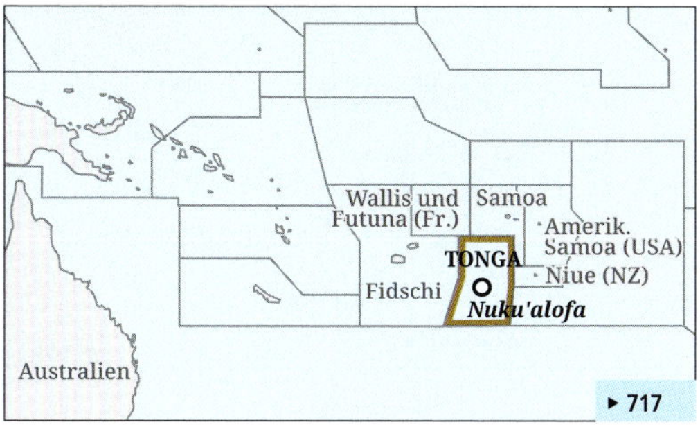

▸ 717

Ländername	Königreich Tonga
Zeitzone	MEZ +12 h
Fläche in km²	747 (Rang 176)
Anzahl der Einwohner	105 697 (Rang 183)
Einwohnerzahl pro km²	141 (Rang 63)
Hauptstadt	Nuku'alofa
Amtssprachen	Tongaisch, Englisch
Verwaltungsgliederung	5 Regionen
Wichtige Städte	Nuku'alofa, Neiafu, Haveloloto
Autokennzeichen | ISO-Code	TON | TON
Währung	1 Pa'anga = 100 Seniti
Nationalfeiertag	4. November (Verfassung 1875; 2022: 8. November)

Unter den Staaten des pazifischen Raums nimmt Tonga eine Sonderstellung ein, denn als einzige Inselgruppe konnte das Königreich seine Souveränität über Jahrhunderte erhalten. Lediglich zwischen 1900 und 1970 war Tonga britisches Protektorat. In jüngster Zeit verstärken sich Forderungen nach demokratischen Reformen.

GEOGRAFIE

Geografische Lage: Von 15°34' bis 22°20' südlicher Breite sowie von 173°43' bis 176°13' westlicher Länge (Ozeanien)
Höchster Punkt: Mount Kao 1030 m
Klima: Tropisch-maritimes Klima

POLITIK

Staatsform: Konstitutionelle Monarchie
Staatsoberhaupt: König Tupou VI. (seit 18.03.2012)
Regierungschef: Premierminister Pohiva Tu'i'onetoa (seit 08.10.2019)
Regierungspartei: DPFI (Democratic Party of the Friendly Islands)
Legislative: Legislativversammlung mit 26 für 3 Jahre gewählten Mitgliedern
Jahr der Verfassung: 1875
Wahlrecht: 21 Jahre

BEVÖLKERUNG

Bevölkerungsanteil: <15 Jahre 34.8 %, 15–64 Jahre 59.3 %, >64 Jahre 5.9 %
Verteilung: Stadt 23.1 %, Land 76.9 %
Wachstum: 1.1 %
Lebenserwartung: Frauen 73 Jahre, Männer 69 Jahre
Alphabetenrate: Frauen 99.5 %, Männer 99.4 %
Bevölkerungsgruppen: Tongaer u. a.
Religionen: Christen, Sonstige
Sprachen: Tongaisch, Englisch

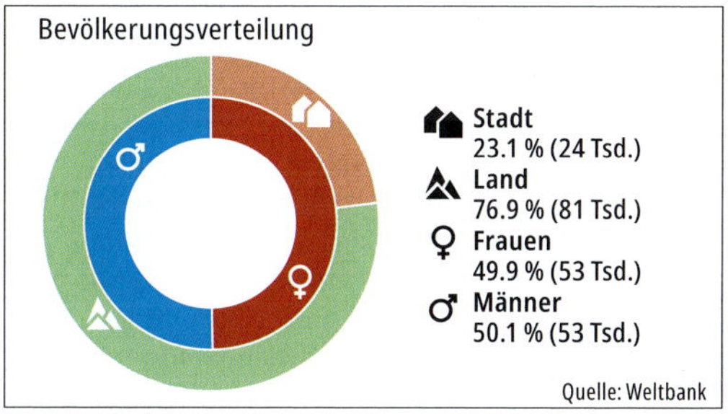

WIRTSCHAFT

BIP: 514 Mio. US$
Wachstum BIP: -0.5 %
BIP/Kopf: 5125 US$
Inflation: 0.2 %
Außenhandel: Import 214 Mio. US$, Export 14 Mio. US$
Erwerbstätige nach Sektoren: Landwirtschaft 23.7 %, Industrie 29.2 %, Dienstleistungen 47.1 %
Arbeitslosenquote: 4.4 %
CO_2-Emission/Kopf: 1.2 t

RÜCKBLICK

Corona-Pandemie: Zwar konnte das Virus dank einer Einreisesperre ferngehalten werden, doch musste in Kauf genommen werden, dass der Tourismus zum Erliegen kam. Die noch kaum von den Zyklonen Gina und Harold erholte Wirtschaft schrumpfte im Fiskaljahr 2021 nach Schätzung der Asiatischen Entwicklungsbank um etwa 5.3 %. Um wieder Einreisen erlauben zu können, setzte die Regierung auf die Immunisierung der Bevölkerung: Am 15.04.2021 begann die Impfung mit den ersten 24 000 Dosen aus dem COVAX-Programm: Prinzessin Pilolevu Tuita führte die Riege der Freiwilligen an, zu der auch der Premierminister und der Chef der Gesundheitsbehörde gehörten.

Innenpolitik: Seit dem Tod des Regierungschefs Akilisi Pohiva im September 2019 trat an die Stelle der eindeutigen Polarisierung zwischen der Demokratischen Partei und dem Adel eine neue Frontstellung, die ein nicht weniger **aggressives politisches Klima** erzeugte: Die aus Abtrünnigen gebildete „Volkspartei" führte, gestützt auf die Adelsbank im Parlament, die Regierung, die von der in die Opposition gedrängten Demokratischen Partei verbissen bekämpft wurde. Wohl auch mit Blick auf die Parlamentswahlen im November 2021 betrieben die Demokraten ein **Misstrauensvotum gegen Premierminister Pohiva Tu'i'onetoa**, das im Dezember 2020 eingebracht und überraschend von Vizepremier Sione Vuna Fa'otusia unterstützt wurde, der zur Opposition übertrat. Es wurde bei Beginn der Parlamentssession am 12.01.2021 mit 13 gegen 9 Stimmen abgewehrt – ein Abgeordneter konnte nicht mitstimmen, weil er pandemiebedingt keine Einreiseerlaubnis erhielt. Die Opposition warf der Regierung die **Verschwendung öffentlicher Gelder** vor. Nahrung erhielt dieser Vorwurf durch den Fall der Ministerin für Tourismus und Infrastruktur, Akosita Lavulavu: Diese war 2018 gemeinsam mit ihrem Vorgänger in Amt und Mandat und Ehemann Etuate Lavulavu wegen Veruntreuung öffentlicher Gelder inhaftiert, 2019 von der neuen Regierung aber auf freien Fuß gesetzt und sogar ins Kabinett berufen worden. Weil das Ehepaar nachweislich 250 000 US$ veruntreut hatte, indem es eine in Teilen nur auf dem Papier bestehende Schule betrieb und, um öffentliche Gelder zu erhalten, Immatrikulationsverzeichnisse gefälscht hatte, wurden beide am 04.06.2021 vom Obersten Gericht des Betrugs, der Veruntreuung und der versuchten Zeugenbestechung schuldig gesprochen und am 02.07.2021 zu 6 Jahren Gefängnis verurteilt; von ihrem Ministeramt war Lavulavu bereits am 18.06.2021 zurückgetreten.

Trinidad und Tobago

▸ 668

Ländername	Republik Trinidad und Tobago
Zeitzone	MEZ -5 h
Fläche in km²	5127 (Rang 166)
Anzahl der Einwohner	1.4 Millionen (Rang 152)
Einwohnerzahl pro km²	273 (Rang 35)
Hauptstadt	Port of Spain
Amtssprache	Englisch
Verwaltungsgliederung	9 Regionen, 3 Bezirke (Borough), 2 Städte und 1 Kreis (Ward)
Wichtige Städte	Chaguanas, San Fernando, Scarborough, Port of Spain, Arima
Autokennzeichen | ISO-Code	TT | TTO
Währung	1 Trinidad-und-Tobago-Dollar = 100 Cents
Nationalfeiertag	31. August (Unabhängigkeit 1962)

Dank ihrer großen Erdöl- und Erdgasvorkommen erlebte die 1498 von Kolumbus entdeckte karibische Inselgruppe seit den 1990er Jahren einen Wirtschaftsboom. Dieser wurde durch die steigenden Rohstoffpreise der vergangenen Jahre zunächst verstärkt, bevor sich, eben dieser Abhängigkeit von der Erdölindustrie geschuldet, eine mehrjährige Rezession abzeichnete.

GEOGRAFIE

Geografische Lage: Von 10°02' bis 11°21' nördlicher Breite sowie von 60°31' bis 61°56' westlicher Länge (Karibik)
Höchster Punkt: Cerro del Aripo 940 m
Klima: Tropisch-wechselfeucht mit Trockenzeit von Januar bis Mai

POLITIK

Staatsform: Parlamentarische Republik
Staatsoberhaupt: Präsidentin Paula-Mae Weekes (seit 19.03.2018)
Regierungschef: Premierminister Keith Rowley (seit 09.09.2015)
Regierungspartei: PNM (People's National Movement)

Legislative: Parlament, bestehend aus Repräsentantenhaus mit 42 für 5 Jahre gewählten Mitgliedern und Senat mit 32 für 5 Jahre ernannten Mitgliedern
Jahr der Verfassung: 1976
Wahlrecht: 18 Jahre

BEVÖLKERUNG

Bevölkerungsanteil: <15 Jahre 20.1 %, 15–64 Jahre 68.4 %, >64 Jahre 11.5 %
Verteilung: Stadt 53.2 %, Land 46.8 %
Wachstum: 0.3 %
Lebenserwartung: Frauen 76 Jahre, Männer 71 Jahre
Alphabetenrate: Frauen 98.3 %, Männer 99.1 %
Bevölkerungsgruppen: Inder, Afrikaner, Mestizen u. a.
Religionen: Christen, Hindus, Muslime, Sonstige
Sprachen: Englisch, Kreolisch, Hindi, Spanisch u. a.

WIRTSCHAFT

BIP: 21.53 Mrd. US$
Wachstum BIP: -7.8 %
BIP/Kopf: 15 384 US$
Inflation: 0.6 %
Außenhandel: Import 5 Mrd. US$ (Erdöl 28.3 %, Maschinen 11.1 %, Nahrungsmittel 9.5 %, Chemische Erzeugnisse 7.5 %, Kfz und -Teile 7.1 %), Export 4.61 Mrd. US$ (Chemische Erzeugnisse 32 %, Gas 29 %, Petrochemie 11.7 %, Fahrzeuge 8.3 %, Eisen und Stahl 5.4 %)
Erwerbstätige nach Sektoren: Landwirtschaft 2.9 %, Industrie 26.6 %, Dienstleistungen 70.5 %
Arbeitslosenquote: 6.7 %
CO_2-Emission/Kopf: 23.8 t

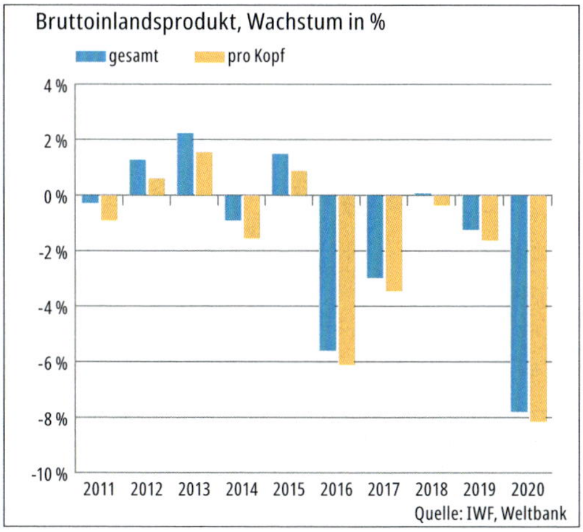

RÜCKBLICK

Corona-Pandemie: Bis zu den Parlamentswahlen im August 2020 gab es nur 8 bestätigte Todesfälle im Zusammenhang mit COVID-19. In den letzten beiden Wochen vor den Wahlen war die Gesamtzahl der bestätigten Infektionen jedoch um 67 auf insgesamt 208 gestiegen. Die neue Regierung ließ daraufhin Strände, Restaurants und Bars schließen. Nach anschließenden Öffnungen und einem unbedeutenden Infektionsgeschehen stiegen die Neuinfektionen ab Mitte April 2021 exponentiell an und erreichten Ende Mai 2021 ihren Höhepunkt. Bis Ende Juni 2021 wurden über 33 000 Infektionsfälle und rund 850 Todesfälle registriert, davon alleine 352 im Juni. Die Regierung verhängte am 17.05.2021 den Ausnahmezustand und führte eine nächtliche Ausgangssperre ein, die mindestens bis zum 04.07.2021 verlängert wurde. Das deutsche Robert-Koch-Institut stufte das Land ab 23.05.2021 als Hochinzidenzgebiet ein.

Parlamentswahlen: Bei den Parlamentswahlen am 10.08.2020 gewann der regierende People‘s National Movement (PNM) unter Premierminister Keith Rowley 49.1 % der Stimmen, 2.6 % weniger als bei der letzten Wahl 2015. Der PNM sicherte sich damit 22 (-1) der insgesamt 41 Sitze im Parlament. Der United National Congress (UNC) von Ex-Premierministerin Kamla Persad-Bissessar (2010–15) gewann 47.1 % (+7.5) und 19 Mandate (+2). Die Wahlbeteiligung lag bei 58 %. Oppositionsführerin Kamla Persad-Bissessar weigerte sich zunächst, das Wahlergebnis anzuerkennen. Nach der Neuauszählung von 5 Wahlkreisen räumte der UNC jedoch seine Niederlage ein. Vorherrschende Themen im Wahlkampf waren die Corona-Pandemie, Korruption, die steigende Kriminalität im Zusammenhang mit dem Drogenhandel und erstmals die Migration aus Venezuela.
Keith Rowley wurde am 19.08.2020 zu seiner zweiten Amtszeit als **Premierminister** vereidigt. Er hatte mit dem afrotrinidadischen People‘s National Movement (PNM) und einem Bündnis mit anderen Parteien 2015 den indotrinidadischen UNC abgelöst, der zuvor 5 Jahre an der Macht gewesen war. In der neuen Regierung trat Amery Browne an die Spitze des Außenministeriums. Die übrigen Schlüsselministerien blieben unverändert. Neu geschaffen wurde ein Ministerium für Jugendentwicklung und Nationale Dienste. Zuvor war die Jugendentwicklung unter das Ressort des Sportministeriums gefallen. Das Kommunikationsressort wurde als eigenes Ministerium abgeschafft und in das Büro des Premierministers integriert.

Wirtschaft: Aufgrund seiner Abhängigkeit von der Erdöl- und petrochemischen Industrie hatte das Land bereits vor der Corona-Krise eine 4-jährige Rezession durchlebt. Nachdem die Wirtschaft 2019 um 1.2 % eingebrochen war, verzeichnete sie 2020 einen Rückgang um 7.8 %.

Tschad

▸ 634

Ländername	Republik Tschad
Zeitzone	MEZ ±0 h
Fläche in km²	1 284 000 (Rang 20)
Anzahl der Einwohner	16.4 Millionen (Rang 72)
Einwohnerzahl pro km²	13 (Rang 180)
Hauptstadt	N'Djamena
Amtssprachen	Arabisch, Französisch
Verwaltungsgliederung	23 Provinzen
Wichtige Städte	N'Djamena, Moundou, Abéché, Sarh, Kelo
Autokennzeichen | ISO-Code	TCH | TCD
Währung	1 CFA-Franc (BEAC) = 100 Centimes
Nationalfeiertag	11. August (Unabhängigkeit 1960)

Die koloniale Grenzziehung, die keine Rücksicht auf die ethnischen und religiösen Unterschiede innerhalb der Bevölkerung nahm, legte den Keim für die inneren Konflikte, die das Land im Zentrum Afrikas seit seiner Unabhängigkeit vor schwere Probleme stellen.

GEOGRAFIE

Geografische Lage: Von 7°27' bis 23°27' nördlicher Breite sowie von 13°27' bis 23°59' östlicher Länge (Zentralafrika)
Höchster Punkt: Emi Koussi 3415 m
Klima: Wüstenklima im Norden, wechselfeuchtes Tropenklima im Süden

POLITIK

Staatsform: Präsidiale Republik
Staatsoberhaupt: Präsident Mahamat Idriss Déby Itno (seit 20.04.2021)
Regierungschef: Interims-Premierminister Albert Pahimi Padacké (seit 26.04.2021)
Regierungspartei: MPS (Mouvement Patriotique du Salut)
Legislative: Nationalversammlung mit 188 für 4 Jahre gewählten Mitgliedern
Jahr der Verfassung: 2018
Wahlrecht: 18 Jahre

BEVÖLKERUNG

Bevölkerungsanteil: <15 Jahre 46.5 %, 15–64 Jahre 51 %, >64 Jahre 2.5 %
Verteilung: Stadt 23.5 %, Land 76.5 %
Wachstum: 3 %
Lebenserwartung: Frauen 56 Jahre, Männer 53 Jahre
Alphabetenrate: Frauen 14 %, Männer 31.3 %
Bevölkerungsgruppen: Sara, Kanembu, Araber, Wadai, Gorane, Massa, Bulala, Marba, Mundang, Bidiyo, Dadjo, Tupuri, Gabri u. a.
Religionen: Muslime, Christen
Sprachen: Arabisch, Französisch, Regionalsprachen

WIRTSCHAFT

BIP: 10.74 Mrd. US$
Wachstum BIP: -0.9 %
BIP/Kopf: 654 US$
Inflation: 3.5 %
Außenhandel: Import 2.49 Mrd. US$, Export 2.15 Mrd. US$
Erwerbstätige nach Sektoren: Landwirtschaft 76.3 %, Industrie 2.1 %, Dienstleistungen 21.6 %
Arbeitslosenquote: 2.3 %
CO_2-Emission/Kopf: 0.1 t

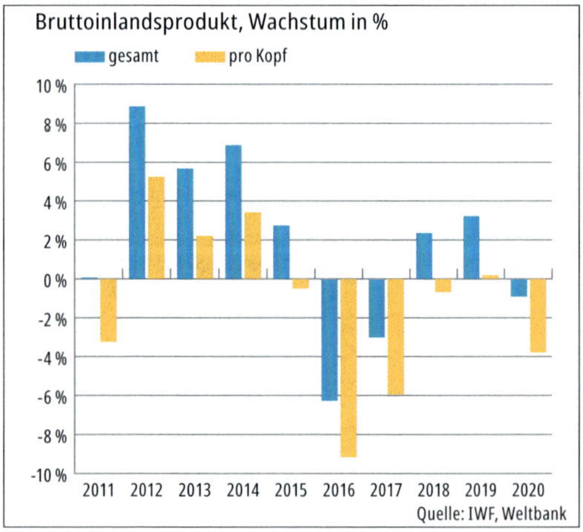

RÜCKBLICK

Präsidentschaftswahlen: Das seit 1990 amtierende Staatsoberhaupt **Idriss Déby** wurde bei den Wahlen am 11.04.2021 für eine **sechste Amtszeit** wiedergewählt. Eine Verfassungsänderung hatte 2018 die Ausweitung der Amtszeiten möglich gemacht. Bereits vor dem Urnengang galt der Präsident als sicherer Wahlsieger. Er erhielt 79 % der Stimmen, der ehemalige Premierminister Albert Pahimi Padacké erreichte 10 %. Die übrigen acht Kandidaten blieben chancenlos. Die Abstimmung war von Teilen der Opposition boykottiert worden. Die zuletzt 2011 abgehaltenen **Parlamentswahlen** wurden **erneut verschoben** und die Abgeordnetenmandate bis zu neuen Wahlen verlängert. Im Vorfeld der Abstimmung hatte es **Unruhen** gegeben. Insbesondere in der Hauptstadt N'Djamena demonstrierten zahlreiche Menschen gegen eine weitere Amtszeit des Präsidenten und forderten Déby zum Machtverzicht auf. Die Sicherheitskräfte vertrieben die Protestierenden unter Einsatz von Tränengas und nahmen viele von ihnen fest. Auch nach den Wahlen kam es zu Aufständen. Hinter der Fassade einer demokratischen Verfassung, die Gewaltenteilung, Grundrechte und politische Mitbestimmung verankert, stabilisierte das Déby-Regime seine Macht mit repressiven Mitteln. Freie Meinungsäußerung war nicht möglich und politische Gegner wurden auch unter Inkaufnahme von schweren Menschenrechtsverletzungen systematisch unterdrückt.

Militärischer Übergangsrat: Am 20.04.2021, neun Tage nach den Wahlen, wurde der plötzliche **Tod Débys** bekannt gegeben. Nach offiziellen Angaben war der 68-jährige Präsident zu einem Frontbesuch der nationalen Truppen im Norden des Landes aufgebrochen und dort bei einem Rebellenangriff lebensgefährlich verletzt worden. Die Macht wurde von einem Militärrat übernommen, der den Sohn Idriss Débys, **Mahamat Déby** (* 1984), an seine Spitze setzte. Diese Maßnahme stand im Widerspruch zur Verfassung, die im Falle des Todes des Präsidenten die Amtsübernahme durch den Präsidenten der Nationalversammlung vorsah. Der Militärrat setzte anschließend die **Verfassung außer Kraft**, löste Regierung und Parlament auf und kündigte nach einer **Übergangsphase** von 18 Monaten freie Wahlen an. Am 26.04.2021 ernannte Mahamat Déby den ehemaligen Premierminister Padacké zum führenden Kopf einer zivilen Übergangsregierung. Nach der Regierungsbildung erkannten Teile der Opposition den Militärrat als staatliche Autorität an.

Proteste: Die nicht verfassungsgemäße Machtübernahme führte zu heftigen Protesten der Bevölkerung. Während mehrere afrikanische Staatschefs Mahamat Déby und damit den Militärrat als neue Staatsmacht akzeptierten und auch die ehemalige Kolonialmacht Frankreich, heute ein wichtiger Bündnispartner, den Wechsel billigte, verurteilte die nationale Opposition den Akt als **Staatsstreich** und forderte einen alle Kräfte umfassenden **Dialog über eine zivile Übergangsperiode**. Einem Aufruf der oppositionellen Parteien und Organisationen der Zivilgesellschaft folgend, kamen am 27.04.2021, ungeachtet eines einen Tag zuvor ausgesprochenen Verbots öffentlicher Kundgebungen, Tausende Menschen in N'Djamena zu Demonstrationen zusammen. Sie protestierten gegen die Herrschaft des Militärs und gegen Frankreich. Bei den Auseinandersetzungen mit den Sicherheitskräften gab es mehrere Todesopfer.

Sicherheitslage: Als Land der Sahelzone, wo verschiedene bewaffnete Gruppen operierten, war Tschad 2020/21 von gleich mehreren Unruheherden umgeben. In der **Tschadseeregion** kam es regelmäßig zu terroristischen Angriffen auf staatliche Sicherheitskräfte, aber auch auf Zivilpersonen. Im April 2021 griffen dort islamistische Extremisten Militärstellungen an. Dabei wurden nach offiziellen Angaben mindestens 12 Soldaten und 40 Rebellen getötet. Zur gleichen Zeit kämpfte die Armee auch im Wüstengebiet nahe der Grenze zu Niger gegen verschiedene Milizengruppen. Außerdem engagierte sich das Land weiter bei der Bekämpfung der Terrorbewegung **Boko Haram**. Am 11.04.2021, dem Wahltag, drang die **Rebellengruppe** Front für Wandel und Eintracht in Tschad (Front pour l'alternance et la concorde au Tchad, **FACT**) von der libyschen Grenze ins Landesinnere bis kurz vor die Hauptstadt N'Djamena vor. Beobachter befürchteten, dass die FACT-Rebellen das Machtvakuum im politisch destabilisierten Land ausnutzen und ihren Einflussbereich vergrößern könnten. International galt Tschad seit Jahren als wichtiger **Stabilitätsanker** im krisenhaften Sahel und vor allem für den Westen als starker **Militärpartner** bei der Terrorbekämpfung. Eine Destabilisierung des Landes wurde als Gefahr für die gesamte Region wahrgenommen.

Soziale Lage: Auf der Entwicklungsrangliste des UNDP belegte Tschad 2020 den drittletzten Platz von insgesamt 189 Staaten. Rund **42 %** der Bevölkerung lebten nach Angaben der Weltbank **unter der Armutsgrenze**. Der Welthunger-Index stufte die Hungersituation in dem Wüstenstaat 2020 als „sehr ernst" ein und setzte Tschad auf den letzten Platz seines Länderrankings. Rund **40 %** der Gesamtbevölkerung galten 2020 als **unterernährt**, etwa ebenso groß war der Anteil an Kindern unter fünf Jahren, die durch Mangelernährung in ihrem Wachstum beeinträchtigt waren.

Tschechien

▸ 613

Ländername	Tschechische Republik
Zeitzone	MEZ ±0 h
Fläche in km²	78 868 (Rang 115)
Anzahl der Einwohner	10.7 Millionen (Rang 87)
Einwohnerzahl pro km²	136 (Rang 65)
Hauptstadt	Prag
Amtssprache	Tschechisch
Verwaltungsgliederung	14 Regionen
Wichtige Städte	Prag, Brno, Ostrava, Plzeň, Liberec, Olomouc
Autokennzeichen | ISO-Code	CZ | CZE
Währung	1 Tschechische Krone = 100 Heller
Nationalfeiertag	28. Oktober (Unabhängigkeit 1918)

Die Tschechische Republik – Kurzform Tschechien – ist ein junger Staat. Sie entstand 1993 durch die Teilung der Tschechischen und Slowakischen Föderativen Republik. In den Kernräumen Böhmen und Mähren bestand schon zu Zeiten der österreichisch-ungarischen Doppelmonarchie im 19. Jahrhundert eine gut ausgebaute Industrie. Nach marktwirtschaftlichen Reformen ist das Land heute eine wachstumsorientierte, moderne Industrienation, die von einem starken Exportgeschäft und ausländischen Investitionen profitiert.

GEOGRAFIE

Geografische Lage: Von 48°33′ bis 51°02′ nördlicher Breite sowie von 12°05′ bis 18°50′ östlicher Länge (Mitteleuropa)
Höchster Punkt: Schneekoppe 1603 m
Klima: Gemäßigtes Kontinentalklima

POLITIK

Staatsform: Parlamentarische Republik
Staatsoberhaupt: Präsident Miloš Zeman (seit 08.03.2013)
Regierungschef: Ministerpräsident Andrej Babiš (seit 06.12.2017)
Regierungsparteien: Koalition ANO (Akce nespokojených občanů, Aktion unzufriedener Bürger), ČSSD (Česká strana sociálně demokratická, Tschechische Sozialdemokratische Partei)
Legislative: Parlament, bestehend aus Abgeordnetenkammer mit 200 für 4 Jahre gewählten Mitgliedern und Senat mit 81 für 6 Jahre gewählten Mitgliedern (alle 2 Jahre teilerneuert)
Jahr der Verfassung: 1993
Wahlrecht: 18 Jahre

BEVÖLKERUNG

Bevölkerungsanteil: <15 Jahre 15.8 %, 15–64 Jahre 64.1 %, >64 Jahre 20.1 %
Verteilung: Stadt 74.1 %, Land 25.9 %
Wachstum: 0.3 %
Lebenserwartung: Frauen 82 Jahre, Männer 77 Jahre
Alphabetenrate: Frauen 99 %, Männer 99 %
Bevölkerungsgruppen: Tschechen, Mährer, Slowaken u. a.
Religion: Christen
Sprachen: Tschechisch, Slowakisch u. a.

WIRTSCHAFT

BIP: 241.46 Mrd. US$
Wachstum BIP: -5.6 %
BIP/Kopf: 22 579 US$
Inflation: 3.2 %
Außenhandel: Import 170.14 Mrd. US$ (Elektronik 20.2 %, Chemische Erzeugnisse 11.8 %, Maschinen 11.2 %, Kfz und -Teile 9 %, Elektrotechnik 9 %), Export 191.68 Mrd. US$ (Kfz und -Teile 19 %, Elektronik 18 %, Maschinen 12 %, Elektrotechnik 9 %, Chemische Erzeugnisse 6.8 %)
Erwerbstätige nach Sektoren: Landwirtschaft 2.6 %, Industrie 37.1 %, Dienstleistungen 60.3 %
Arbeitslosenquote: 2.9 %
CO_2-Emission/Kopf: 9.9 t

RÜCKBLICK

Corona-Pandemie: Die erste Welle der COVID-19-Pandemie nach dem Sommer erreichte ihren Höhepunkt Ende Oktober 2020 mit mehr als 84 000 Infektionsfällen innerhalb einer Woche. Diese Zahl wurde Anfang Januar 2021, bei der nächsten Welle, mit über 90 000 sogar überschritten. Anfang März war ein weiterer Höhepunkt mit 85 000 zu verzeichnen, bevor ab April 2021 die Zahlen deutlich zurückgingen. Am 05.10.2020 wurde der Notstand verhängt, der erst am 11.04.2021 endete. Die hohen Infektionszahlen waren nicht zuletzt auch eine Folge der oft unentschlossenen und inkonsequenten Corona-Politik der Regierung. Im Februar 2021 wurden zeitweise die Bahnverbindungen nach Deutschland eingestellt, wo Tschechien als Virusmutationsgebiet eingestuft worden war. Der Leiter des Staatlichen Gesundheitsinstituts, Pavel Březovský, trat am 14.01.2021 von seinem Amt zurück, nachdem bekanntgeworden war, dass auch Angehörige von Mitarbeitern des Instituts geimpft worden waren, obwohl sie nicht zu den priorisierten Gruppen gehörten. Insgesamt wurden bis zum 30.06.2021 1 667 287 Infektionen und 30 303 Todesfälle gemeldet, was 0.28 % der Bevölkerung entsprach. 29.9 % waren vollständig geimpft.

Senats- und Regionalwahlen: Am 02./03.10.2020 fanden neben den Senatswahlen, bei denen 27 der insgesamt 81 Sitze zur Wahl standen, auch Regionalwahlen statt. Die Stichwahl für die Senatoren erfolgte am 09./10.10.2020. **Am erfolgreichsten** war **die liberal-konservative Gruppierung Bürgermeister und Unabhängige (STAN)** mit 11 Senatoren, gefolgt von der konservativen Demokratischen Bürgerpartei (ODS) mit 5, den Christdemokraten (KDU-ČSL) mit 3, der liberal-konservativen Tradition, Verantwortung und Prosperität (TOP 09) mit 2 und der Gruppierung Senator 21 (SEN 21) mit 2 Senatoren. Die stärkste Regierungspartei, die populistische Aktion unzufriedener Bürger (ANO), musste sich mit einem Sitz begnügen. Die Wahlbeteiligung in der ersten Runde betrug 36.3 %, in der zweiten 16.7 %. Nach den Wahlen bildete STAN mit 19 Senatoren die stärkste Fraktion, vor der ODS mit 18 und der KDU-ČSL mit 12. Die Regierungskoalition aus ANO und Sozialdemokraten (ČSSD) verfügte im Senat lediglich über 8 Sitze (ANO 5, ČSSD 3).
Bei den Wahlen zu den Kreisparlamenten wurde ANO mit 21.8 % (178 Sitze, +2) insgesamt **stärkste Kraft**, in 10 von 13 Kreisen lag sie an erster Stelle. Während die meisten Parteien mehr oder weniger hinzugewannen – die größten Gewinne verzeichnete die Piratenpartei, die die Zahl ihrer Sitze von 5 auf 99 steigern konnte –, verloren die ČSSD und die Kommunisten (KSČM) mehr als die Hälfte ihrer Wähler. Die ČSSD behielt noch 37 Sitze (-88), die KSČM 13 (-86).

Interessenkonflikte des Ministerpräsidenten: Die EU-Kommission wiederholte am 24.10.2020 ihre Einschätzung, dass bei Ministerpräsident Andrej Babiš ein Interessenkonflikt vorliege. Er nehme weiterhin Einfluss auf das Unternehmen Agrofert, das er 2017 zwei Treuhandfonds übergeben hatte. Die **Polizei empfahl**, nach dem Abschluss von Vorermittlungen am 31.05.2021 im Fall der Wellness-Anlage „Storchennest" **Anklage zu erheben**. Es bestehe der Verdacht, dass, anders als von Babiš deklariert, es sich nicht um ein kleines subventionsberechtigtes Unternehmen, sondern einen Teil des Großkonzerns Agrofert handle. Auch die neue Europäische Staatsanwaltschaft nahm sich am 12.06.2021 des Falls an.

Sozialdemokraten: Beim Online-Parteitag der ČSSD am 09.04.2021 wurde Jan **Hamáček**, stellvertretender Ministerpräsident und Innenminister, **als Parteivorsitzender** bereits im ersten Wahlgang **bestätigt**. Hamáček war, im Unterschied zu seinen Herausforderern, Außenminister Tomáš Petříček und der früheren Bildungsministerin Kateřina Valachová, ein Befürworter der Regierungskoalition mit ANO. **Petříček** wurde am 12.04.2021 **als Außenminister entlassen**, Hamáček übernahm darauf kurzzeitig selbst die Leitung des Ministeriums, bevor am 21.04.2021 Jakub Kulhanek, zuvor Staatssekretär im Innenministerium, zum Außenminister ernannt wurde. Die Gründe für die Entlassung Petříčeks lagen, neben seiner skeptischen Haltung zur Koalition, auch in einem Streit mit Staatspräsident Miloš Zeman über die Zulassung des russischen Impfstoffs Sputnik V.

Vier Gesundheitsminister: Im Gesundheitsministerium kam es innerhalb eines Jahres zu vier Wechseln in der Leitung. Auf Adam Vojtěch folgte am 21.09.2020 Roman Prymula, der jedoch bereits am 29.10.2020 wegen eines Verstoßes gegen die Pandemiemaßnahmen entlassen wurde. Sein Nachfolger Jan Blatný, zuvor stellvertretender Direktor des Universitätskrankenhauses von Brno, wurde am 07.04.2021 abberufen. Hintergrund war offensichtlich ein Streit mit Staatspräsident Miloš Zeman über die Notfallzulassung des russischen Impfstoffs Sputnik V. Sein Nachfolger Petr Arenberger, der Leiter der Universitätsklinik in Prag, trat schon am 25.05.2021 wieder zurück, da er seine Eigentumserklärung nicht richtig ausgefüllt hatte. Am 26.05.2021 kehrte Adam Vojtěch wieder in sein früheres Ministerium zurück.

Strafverfolgung eingestellt: Wie die Bezirksstaatsanwaltschaft Prag 1 am 23.09.2020 mitteilte, wurde die im November 2019 eingeleitete strafrechtliche Verfolgung dreier führender Politiker des ehemaligen kommunistischen Regimes der Tschechoslowakei wegen des Schusswaffengebrauchs an der Grenze eingestellt. Miloš Jakeš, der einstige Generalsekretär der Kommunistischen Partei, war am 10.07.2020 verstorben. Der ehemalige Ministerpräsident Lubomír Štrougal und der damalige Innenminister Vratislav Vajnar leiden an einer Geisteskrankheit.

Diplomatischer Konflikt mit Russland: Die tschechische Regierung kündigte am 17.04.2021 die **Ausweisung von 18 russischen Diplomaten** an. Mitarbeiter des russischen Militärgeheimdienstes GRU sollen in die Explosion eines Munitionslagers in Vrbetice (Mähren) im Oktober und Dezember 2014 verwickelt gewesen sein. 2 Personen kamen dabei ums Leben, mehrere Dörfer mussten evakuiert werden. Einem Medienbericht zufolge vermutet die tschechische Polizei, dass der GRU mit einem Sabotageakt die Lieferung von Rüstungsmaterial an die Ukraine verhindern wollte. Russland wies im Gegenzug 16 tschechische Diplomaten aus. Darauf kündigte Tschechiens Außenminister Jakub Kulhánek am 22.04.2021 an, man werde bis Ende Mai bis zu 70 Mitarbeiter der russischen Botschaft des Landes verweisen, um deren aus fast 100 Personen bestehende Belegschaft auf den Umfang der tschechischen Vertretung in Moskau zu reduzieren. Von tschechischer Seite wurde geschätzt, dass ungefähr die Hälfte der Mitarbeiter für den Geheimdienst tätig seien. Es fiel auch auf, dass die Zahl der mit diplomatischen Nummernschildern angemeldeten Autos jene der stationierten Diplomaten übertraf. Industrieminister Karel Havlíček gab am 19.04.2021 bekannt, das russische Unternehmen Rosatom werde von der Ausschreibung für den Bau eines neuen Reaktors im Atomkraftwerk Dukovany ausgeschlossen. **Russland setzte** im Gegenzug **Tschechien** am 14.05.2021 **auf eine Liste unfreundlicher Staaten**, zusammen mit den USA. Die Anzahl der Personen, die für die tschechische Vertretung in Moskau arbeiten dürfen, wurde auf 19 begrenzt. Das tschechische Außenministerium konstatierte, dass das russische Vorgehen der Wiener Übereinkunft über diplomatische Beziehungen widerspreche.

Die Aufräumarbeiten haben begonnen, nachdem am 24.06.2021 ein verheerender Tornado in der Gemeinde Hruška schwere Verwüstungen anrichtete.

Tunesien

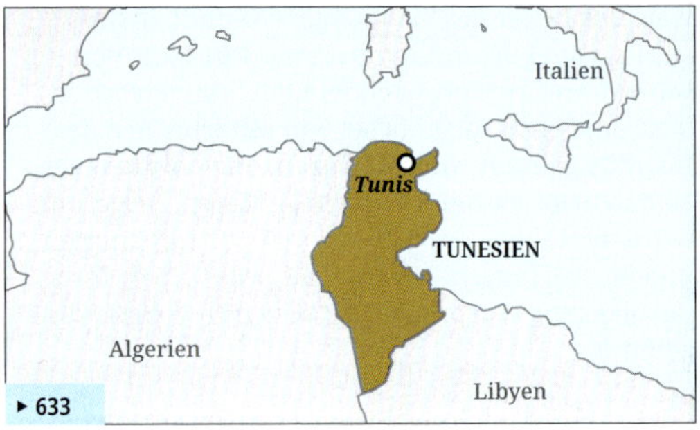

▸ 633

Ländername	Tunesische Republik
Zeitzone	MEZ ±0 h
Fläche in km²	163 610 (Rang 91)
Anzahl der Einwohner	11.8 Millionen (Rang 79)
Einwohnerzahl pro km²	72 (Rang 110)
Hauptstadt	Tunis
Amtssprache	Arabisch
Verwaltungsgliederung	24 Bezirke
Wichtige Städte	Tunis, Sfax, Sousse, Ettadhamen, Kairouan, Bizerte
Autokennzeichen | ISO-Code	TN | TUN
Währung	1 Tunesischer Dinar = 1000 Millimes
Nationalfeiertag	20. März (Unabhängigkeit 1956)

Der kleinste Maghreb-Staat Tunesien bildet mit seinen vielfältigen Landschaften und dem reichen kulturellen Erbe einen Mikrokosmos der mediterranen Welt. Hier verschmolzen römisch-christliche, arabisch-islamische und europäische Einflüsse. Nach Jahren der Unterdrückung und landesweiten Massenprotesten, die 2010/11 den „Arabischen Frühling" in Gang setzten, steht das Land vor einem demokratischen Neubeginn. 2014 wurde eine neue Verfassung verabschiedet.

GEOGRAFIE

Geografische Lage: Von 30°14' bis 37°21' nördlicher Breite sowie von 7°29' bis 11°34' östlicher Länge (Nordafrika)
Höchster Punkt: Chambi 1544 m
Klima: Mediterranes Klima an der Küste, Wüstenklima im Landesinneren

POLITIK

Staatsform: Semipräsidiale Republik
Staatsoberhaupt: Präsident Kais Saied (seit 23.10.2019)

Regierungschef: Ministerpräsident Hichem Mechichi (seit 02.09.2020)
Regierungspartei: Ennahda (Bewegung der Wiedergeburt)
Legislative: Versammlung der Volksvertreter mit 217 für 5 Jahre gewählten Mitgliedern
Jahr der Verfassung: 2014
Wahlrecht: 18 Jahre

BEVÖLKERUNG

Bevölkerungsanteil: <15 Jahre 24.3 %, 15–64 Jahre 66.8 %, >64 Jahre 8.9 %
Verteilung: Stadt 69.6 %, Land 30.4 %
Wachstum: 1.1 %
Lebenserwartung: Frauen 79 Jahre, Männer 75 Jahre
Alphabetenrate: Frauen 72.2 %, Männer 86.1 %
Bevölkerungsgruppen: Araber, Europäer u. a.
Religionen: Muslime (v. a. Sunniten), Sonstige
Sprachen: Arabisch, Berbersprachen, Französisch

WIRTSCHAFT

BIP: 39.55 Mrd. US$
Wachstum BIP: -8.8 %
BIP/Kopf: 3323 US$
Inflation: 5.7 %
Außenhandel: Import 18.35 Mrd. US$ (Chemische Erzeugnisse 11.6 %, Elektrotechnik 9.6 %, Textilien und Bekleidung 9.3 %, Petrochemie 9.1 %, Maschinen 8.4 %), Export 13.81 Mrd. US$ (Elektrotechnik 21.5 %, Textilien und Bekleidung 17.6 %, Chemische Erzeugnisse 7.5 %, Nahrungsmittel 6.5 %, Maschinen 5 %)
Erwerbstätige nach Sektoren: Landwirtschaft 12.7 %, Industrie 32.5 %, Dienstleistungen 54.8 %
Arbeitslosenquote: 16.7 %
CO_2-Emission/Kopf: 2.7 t

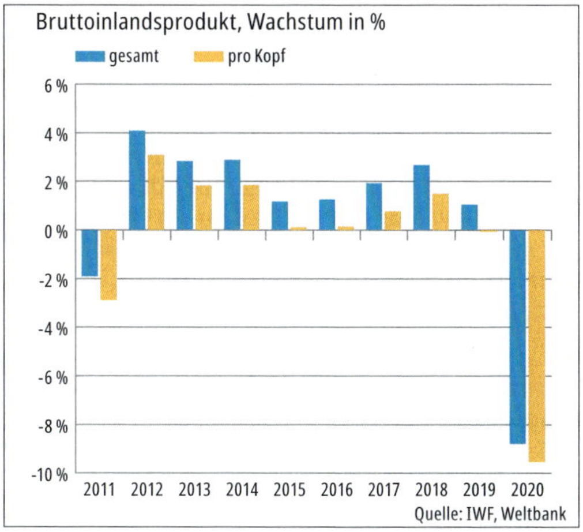

RÜCKBLICK

Corona-Pandemie: 2020 war ein vergleichbarer Verlauf der Infektionswerte wie in Nachbarländern zu beobachten. In der ersten Hälfte des Jahres 2021 war Tunesien jedoch hinsichtlich Fallzahlen deutlich **stärker betroffen** als angrenzende Länder. Es kam im Januar, April und Juli 2021 zu **Infektionswellen**. Seit Oktober 2020 war dauerhaft landesweit eine nächtliche Ausgangssperre in Kraft, zusätzlich gab es, je nach Infektionsraten, strenge ortsspezifische **Lockdowns**. Zwar gilt das tunesische Gesundheitssystem als eines der besten der Region, jedoch haben laut Beobachtern die zahlreichen Regierungskrisen eine konsistente Strategie zur Pandemiebekämpfung verhindert. Es fanden mehrere Streiks von medizinischem Personal wegen schlechter Arbeitsbedingungen statt. 2021 kam es vermehrt zu Warnungen vor einem **Kollaps** des Gesundheitssystems.

Proteste: Im Kontext der durch die Pandemie nochmals verschärften sozioökonomischen Krise und der parteipolitischen Fehden kam es zu einer neuen Welle **ziviler Unruhen**. Ein Höhepunkt wurde im Januar 2021 erreicht. Dabei kam es zu gewaltsamen Ausschreitungen und Hunderten von **Festnahmen**. Die Demonstrierenden kritisierten zunächst vor allem die grassierende und durch die Maßnahmen gegen die COVID-19-Pandemie noch zusätzlich verschärfte **Arbeitslosigkeit** und Korruption sowie Stillstand in der Regierung. Immer wieder standen auch die Austeritätspolitik der vergangenen Jahre und die große sozioökonomische Ungleichheit sowie die fehlenden Gegenmaßnahmen in der Kritik. Nachdem Sicherheitskräfte mit Gewalt und Festnahmen reagierten, waren Ende Januar 2021 **Polizeibrutalität** und staatliche Repressionen gegen die Protestbewegungen im Fokus der Demonstrationen. Es kam 2020 und im ersten Halbjahr 2021 zu diversen landesweiten **Streiks** in verschiedensten Arbeitsbereichen. Die Ennahda-Partei gilt Beobachtern zufolge zwar als geschwächt, hat aber weiterhin die größte Anhängerschaft. Bei ver-

Anhänger der PDL (Parti destourien libre) demonstrieren gegen die Ennahda-Partei am 19.06.2021 in Tunis.

schiedenen Auseinandersetzungen zwischen der Ennahda und anderen Parteien um Regierungskonstellationen kam es deswegen mehrfach zu Massendemonstrationen, bei denen Anhänger der Partei für die Durchsetzung ihrer parteipolitischen Ziele protestierten.

Regierungswechsel: Es gab weiterhin Schwierigkeiten, eine stabile Regierungskoalition zu stellen. So wurde im September 2020 bereits **die dritte Regierung** seit den Parlamentswahlen im Oktober 2019 vereidigt. Es kam auch danach zu **Konflikten** zwischen den Koalitionsparteien, die zweitweise zu einem Regierungsstillstand und Protesten führten. Unter anderem kam es zu einer **politischen Krise**, nachdem sich Präsident Kais Saied ab Januar 2021 weigerte, einer bereits im Parlament abgesegneten Kabinettsumbildung zuzustimmen. Er sprach von einem Verfassungsbruch, da er bezüglich der Umbildung nicht informiert worden sei, und warf darüber hinaus mehreren der potenziell neuen Regierungsmitglieder vor, in Korruption verwickelt zu sein. Beobachter halten diese Auseinandersetzung für ein Symptom eines generelleren **Zerwürfnisses** zwischen dem Präsidenten und der **Ennahda-Partei**, beispielsweise über die Frage, ob es zukünftig ein präsidiales oder ein parlamentarisches System geben soll. Im Juni 2021 rief der Präsident im Kontext der Krise zu einem offenen **nationalen Dialog** auf, bei dem alle Parteien Vorschläge für eine Verfassungsreform einbringen sollen.

Wirtschaft: Das Land verzeichnete 2020 eine der stärksten **Schrumpfungen** des BIP in der Region. Die Produktion ging in allen Sektoren außer der Fischerei und Landwirtschaft zurück. Es kam zu einer **massiven Abnahme** von Exportvolumen und Investments. Verglichen mit 3.5 % im Vorjahr wuchs das Haushaltsdefizit auf 13 % des BIP, weil die Ausgaben zur Bewältigung der Pandemie stark anstiegen, während gleichzeitig die Einnahmen sanken. Die **Staatsschulden** haben sich in Relation zum BIP seit 2011 verdoppelt. Der Schuldendienst beanspruchte 2020 circa 28 % des Staatsbudgets.

Prozess gegen Schwager Ben Alis: Im März 2021 wurde **Belhassen Trabelsi**, der Schwager des ehemaligen Autokraten Zine al-Abidine Ben Ali, in Abwesenheit wegen **Korruption** zu 10 Jahren Gefängnis und einer Geldstrafe verurteilt. Damit ist einer von diversen langwierigen Prozessen zur **Aufarbeitung** der nepotistischen Kleptokratie unter Ben Ali zu Ende gegangen. Trabelski hält sich jedoch in Frankreich auf und wehrt sich von dort aus gegen das Auslieferungsersuchen der tunesischen Justiz.

Türkei

Ländername	Republik Türkei
Zeitzone	MEZ +2 h
Fläche in km²	783 562 (Rang 36)
Anzahl der Einwohner	84.3 Millionen (Rang 17)
Einwohnerzahl pro km²	108 (Rang 78)
Hauptstadt	Ankara
Amtssprache	Türkisch
Verwaltungsgliederung	81 Provinzen
Wichtige Städte	Istanbul, Ankara, Izmir, Bursa, Adana, Gaziantep, Konya, Antalya, Kayseri, Diyarbakır, Mersin
Autokennzeichen | ISO-Code	TR | TUR
Währung	1 Türkische Lira = 100 Kuruş
Nationalfeiertag	29. Oktober (Ausrufung der Republik 1923)

Nach Jahrhunderten wechselvoller osmanischer Geschichte gründete Kemal Atatürk 1923 die moderne Türkische Republik. Staat und Religion sind seitdem getrennt, ohne dass die tiefe Verwurzelung des Islams in der türkischen Gesellschaft geschwunden ist. Geopolitisch befindet sich das Land an einer Schnittstelle zwischen den Krisenregionen des Balkans, des Kaukasus und des Nahen und Mittleren Ostens. Nach dem Putschversuch im Juli 2016 hat die Türkische Regierung den Ausnahmezustand verhängt und Maßnahmen erlassen, die das Land veränderten. Der Ausnahmezustand endete im Juli 2018. Heute steht der Islam im politischen und gesellschaftlichen Leben im Vordergrund.

GEOGRAFIE

Geografische Lage: Von 35°49‘ bis 42°06‘ nördlicher Breite sowie von 25°40‘ bis 44°48‘ östlicher Länge (Vorderasien und Südosteuropa)
Höchster Punkt: Ararat 5137 m
Klima: Im Norden warmgemäßigtes Klima, im Westen und Süden Mittelmeerklima, im Inneren kontinentales Steppenklima

POLITIK

Staatsform: Präsidiale Republik
Staatsoberhaupt und Regierungschef: Präsident Recep Tayyip Erdoğan (seit 27.08.2014)
Regierungsparteien: Koalition AKP (Adalet ve Kalkınma Partisi, Partei für Gerechtigkeit und Entwicklung), MHP (Milliyetçi Hareket Partisi, Partei der nationalistischen Bewegung)
Legislative: Große Nationalversammlung mit 600 für 5 Jahre gewählten Mitgliedern
Jahr der Verfassung: 1982
Wahlrecht: 18 Jahre

BEVÖLKERUNG

Bevölkerungsanteil: <15 Jahre 23.9 %, 15–64 Jahre 67.1 %, >64 Jahre 9 %
Verteilung: Stadt 76.1 %, Land 23.9 %
Wachstum: 1.1 %
Lebenserwartung: Frauen 81 Jahre, Männer 75 Jahre
Alphabetenrate: Frauen 93.5 %, Männer 98.8 %
Bevölkerungsgruppen: Türken, Kurden u. a.
Religion: Muslime (v. a. Sunniten)
Sprachen: Türkisch, Kurdisch, Minderheitensprachen

WIRTSCHAFT

BIP: 719.54 Mrd. US$
Wachstum BIP: 1.8 %
BIP/Kopf: 8548 US$
Inflation: 11.9 %
Außenhandel: Import 219.4 Mrd. US$ (Chemische Erzeugnisse 14.7 %, Maschinen 10.1 %, Rohstoffe außer Brennstoffe 7.1 %, Gold 5.4 %, Eisen und Stahl 4.8 %), Export 169.48 Mrd. US$ (Textilien und Bekleidung 15.6 %, Kfz und -Teile 14.3 %, Nahrungsmittel 9.3 %, Maschinen 8.4 %, Eisen und Stahl 6.4 %)
Erwerbstätige nach Sektoren: Landwirtschaft 18 %, Industrie 26.1 %, Dienstleistungen 55.9 %
Arbeitslosenquote: 13.9 %
CO_2-Emission/Kopf: 5 t

RÜCKBLICK

Corona-Pandemie: Während die offiziell gemeldeten Infektionszahlen bis Ende Oktober 2020 kaum über 60 000 pro Woche stiegen, setzte ab Mitte November 2020 ein markanter Anstieg mit zeitweise fast 220 000 Fällen pro Woche ein. Nach einem Rückgang war ab Mitte März 2021 erneut ein rasanter Anstieg der Infektionszahlen zu konstatieren, Mitte April 2021 wurden innerhalb einer Woche 414 000 Infektionen gemeldet. Die **Istanbuler Ärztekammer äußerte erhebliche Zweifel an den offiziellen Zahlen**. Während des Ramadan ordnete die Regierung an, dass Restaurants lediglich Essen zum Mitnehmen anbieten durften, außerdem galt eine Ausgangssperre unter der Woche von 19 bis 5 Uhr, am Wochenende ganztägig. Die Schulen blieben seit März 2020 meist geschlossen. Am 26.04.2021 wurde eine totale Ausgangssperre bis zum Ende des Ramadan am 17.05.2021 verhängt. Nur für Einkäufe oder dringend erforderliche Termine durfte das Haus verlassen werden, Reisen waren genehmigungspflichtig. Außerdem wurde auch der Verkauf von Alkohol bis zum Ende des Ramadan untersagt. Für Touristen galten die Maßnahmen indes nicht. Am 13.01.2021 hatten die Impfungen begonnen, nachdem aus China Sinovac-Impfdosen eingetroffen waren. Zu den prioritär geimpften Gruppen gehörten auch in der Tourismusbranche Beschäftigte. Insgesamt wurden seit Beginn der Pandemie bis zum 30.06.2021 5 420 156 Infektionen und 49 687 Todesfälle gemeldet, was 0.06 % der Bevölkerung entsprach. 18.2 % waren vollständig geimpft.

Hagia Sophia wieder Moschee: Der **Staatsrat**, das Oberste Verwaltungsgericht der Türkei, **hob** am 10.07.2020 den **Beschluss** der türkischen Regierung **aus dem Jahre 1934 auf**, **mit dem** die frühere byzantinische Kirche und spätere Moschee **Hagia Sophia zum Museum erklärt worden war**. Staatspräsident Recep Tayyip Erdoğan übertrug darauf das Gebäude der Zuständigkeit der staatlichen Religionsbehörde Diyanet, wie es bereits mit der Hagia Sophia in Iznik und Trabzon der Fall gewesen war, die 2011 und 2013 gleichfalls ihren Status als Museum verloren hatten. Die Entscheidung führte weltweit zu Protesten. Die EU-Außenminister forderten die türkische Regierung am 13.07.2020 auf, die Entscheidung wieder rückgängig zu machen. Außenminister Mevlüt Çavuşoğlu wies die Kritik zurück und erklärte, es handle sich um eine Frage der nationalen Souveränität. **Am 24.07.2020** fand **unter Teilnahme Erdoğans das erste Gebet in der Hagia Sophia** statt.

Präsident Erdoğan beim Freitagsgebet am 24.07.2020 in der Hagia Sophia.

Kündigung der Istanbul-Konvention: Ein Präsidialerlass Erdoğans vom 20.03.2021 erklärte den Austritt der Türkei aus dem Übereinkommen des Europarats zur Verhütung und Bekämpfung von Gewalt gegen Frauen und häuslicher Gewalt, der sog. Istanbul-Konvention, die das Land 2012 als weltweit erster Staat ratifiziert hatte. Ein Sprecher Erdoğans erklärte am 21.03.2021, die Konvention sei missbraucht worden, um Homosexualität als normal darzustellen, was den gesellschaftlichen Werten der Türkei widerspreche. In der seit 2002 an der Macht befindlichen islamisch-konservativen Partei für Gerechtigkeit und Entwicklung (AKP) war schon seit längerem ein solcher Schritt gefordert worden. Die Konvention gefährde die türkische Familie und ermögliche sexuellen Minderheiten, ihre Ansichten zu propagieren, wurde argumentiert. Die Kündigung internationaler Abkommen erfordert gemäß der türkischen Verfassung zwar die Zustimmung des Parlaments, doch Erdoğan hatte sich bereits 2018 per Dekret das Recht zuerkannt, solche Schritte allein vornehmen zu können.

Proteste an der Bosporus-Universität: An der Bosporus-Universität kam es nach der Ernennung eines neuen Rektors zum 01.01.2021 durch Staatspräsident Erdoğan **zu heftigen Protesten** von Studenten und Dozenten. Der neue Leiter der Hochschule, Melih Bulu, ein seit langem aktives Mitglied der AKP, hatte an der Hochschule lediglich promoviert, aber nie dort gelehrt. Zwar wurden Hochschulrektoren in der Türkei seit Jahrzehnten durch den Staatspräsidenten ernannt. Allerdings traf dieser seine Wahl anhand einer von der jeweiligen Hochschule vorgelegten Liste mit mehreren Namen. Die Verfassungsänderungen von 2017, die die Befugnisse des Staatspräsidenten erheblich erweitert hatten, sahen dies nicht mehr vor. Allerdings wurde meist ein Professor der betreffenden Hochschule ernannt. Auch Studenten anderer Universitäten schlossen sich den Protesten an, der Istanbuler Bürgermeister Ekrem Imamoğlu unterstützte sie gleichfalls. Die Polizei ging rigoros gegen die Manifestationen vor, am 01.02.2021 stürmte sie den Universitätscampus. Immer wieder kam es zu Festnahmen von Protestteilnehmern. Die Proteste gingen auch in den kommenden Monaten weiter. Am 29.01.2021 wurden 4 Studenten, die zu den Organisatoren einer Ausstellung auf dem Universitätscampus gehörten, verhaftet. Ein dort ausgestelltes Bild, auf dem die Große Moschee in Mekka zu sehen war, aber anstelle der Kaaba ein anatolisches Fabelwesen und an den Ecken des Bildes die Regenbogenfahnen der LGBT-Bewegung zeigte, hatte zur Einleitung eines Strafverfahrens wegen Beleidigung der religiösen Werte durch die Istanbuler Staatsanwaltschaft geführt.

Währung und Wirtschaft unter Druck: Die türkische Währung geriet von Neuem unter Druck, am 26.10.2020 betrug der Kurs des US$ erstmals 8 Lira, am 05.11.2020 wurden 10 Lira für einen Euro gezahlt. Auslöser der Kursentwicklung war die Entscheidung der Zentralbank am 22.10.2020, den Zinssatz weiterhin – trotz einer Jahresinflation von 11.9 % – bei 10.25 % zu belassen. Das Handelsbilanzdefizit weitete sich 2020 aus, wozu auch der Verlust von Deviseneinnahmen durch den Rückgang der Einnahmen aus dem Tourismus um 70 % infolge der COVID-19-Pandemie beitrug. Die Exporte waren deutlich zurückgegangen, zugleich wurden über Monate hinweg mehr Gelder abgezogen als neu investiert. Die zunehmende Schwäche der türkischen Währung belastete auch viele türkische Unternehmen, deren Schulden aus Krediten in ausländischer Währung permanent stiegen. Die Zentralbank opferte große Teile ihrer Devisenreserven, um die Lira zu stützen. Schätzungen zufolge wurden 2020 mehr als 100 Mrd. $ dafür aufgewendet. **Finanzminister Berat Albayrak**, ein Schwiegersohn des Staatspräsidenten, **trat** am 08.11.2020 von seinem Amt **zurück**, wofür er gesundheitliche Gründe anführte. Bereits am 06.11.2020 hatte Erdoğan den erst seit Juli 2019 im Amt befindlichen **Gouverneur der Zentralbank**, Murat Uysal, entlassen. An dessen Stelle trat **Naci Ağbal**, der Vorgänger Albayraks im Finanzministerium. Albayraks Nachfolge übernahm Lütfi Elvan, ein früherer Entwicklungsminister. Ağbal **erhöhte** am 19.11.2020 den **Leitzins** auf 15 %. Doch schon am 20.03.2021 wurde **Ağbal wieder entlassen**. Noch am 17.03.2021 hatte er den Leitzins auf 19 % erhöht, nachdem die Lira im Februar infolge steigender Preise für US-amerikanische Staatsanleihen wieder unter Druck geraten und die Inflation auf 15.6 % gestiegen war. Zu Ağbals Nachfolger wurde Şahap Kavcioğlu, ein früherer AKP-Abgeordneter, ernannt, der die Auffassung Erdoğans teilt, wonach hohe Inflation die Folge hoher Zinsen sei. Er war bereits der vierte Zentralbankgouverneur innerhalb von 20 Monaten. Die türkische Währung geriet nach den personellen Veränderungen rasch wieder unter Druck. Lag sie vor Ağbals Entlassung bei 7.22 Lira pro Dollar, waren es am 30.03.2021 bereits 8.35. Seither verlor sie kontinuierlich weiter an Wert.

Politische Prozesse: Am 03.07.2020 fielen die Urteile im **Prozess gegen 11 angeklagte Menschenrechtler**, die im Juli 2017 bei einem Seminar auf der Insel Büyükada im Marmarameer festgenommen worden waren. 7 Angeklagte, darunter der Deutsche

Peter Steudtner und der Schwede Ali Gharavi, wurden freigesprochen, 4 zu Haftstrafen verurteilt. Darunter befand sich der Ehrenpräsident der türkischen Sektion von Amnesty International, Taner Kılıç, dem die Mitgliedschaft in einer Terrororganisation vorgeworfen wurde. Er wurde zu 6 Jahren und 3 Monaten Haft verurteilt. Alle Verurteilten wollten die Urteile anfechten; vorerst blieben sie auf freiem Fuß.
Der frühere Türkeikorrespondent der „Welt", **Deniz Yücel**, wurde am 16.07.2020 **in Abwesenheit zu 2 Jahren und 9 Monaten Haft verurteilt**. Ihm wurde Propaganda für die Arbeiterpartei Kurdistans (PKK) vorgeworfen. Yücel war bis Februar 2018 ein Jahr lang ohne Anklage in Haft festgehalten worden, bevor er das Land verlassen konnte. Als Beweise dienten der Staatsanwaltschaft vor allem Artikel Yücels, die in der „Welt" erschienen waren. Das türkische Verfassungsgericht hatte die Untersuchungshaft des Journalisten 2019 für rechtswidrig erklärt, da das Recht auf persönliche Freiheit und Sicherheit sowie die Meinungs- und Pressefreiheit verletzt worden seien. So könne Yücel nicht für Aussagen von Interviewten verantwortlich gemacht werden. Yücels Anwalt kündigte Revision an und kritisierte, dass das Urteil des Verfassungsgerichts nicht berücksichtigt worden sei.
Am 08.10.2020 wurde eine **neue Anklageschrift gegen den Unternehmer und Mäzen Osman Kavala** eingereicht, der sich seit 2017 in Untersuchungshaft befindet. Die Staatsanwaltschaft warf ihm vor, in den Putschversuch 2016 verwickelt gewesen zu sein, weshalb sie lebenslange Haft forderte, sowie weitere 20 Jahre wegen Spionage. Die Haftbeschwerde Kavalas wurde vom Verfassungsgericht am 22.12.2020 abgelehnt, da die Untersuchungshaft seine Grundrechte nicht verletze. Der Europäische Gerichtshof für Menschenrechte (EGMR) hatte im Dezember 2019 die sofortige Freilassung Kavalas angeordnet, was von der türkischen Justiz ignoriert wurde.
Der Journalist **Can Dündar**, der seit 2016 in Deutschland im Exil lebt, wurde am 23.12.2020 in Abwesenheit **zu 18 Jahren und 9 Monaten Haft verurteilt**. Er habe sich Staatsgeheimnisse mit der Absicht der militärischen und politischen Spionage verschafft. Außerdem wurde er zu 8 Jahren und 9 Monaten Gefängnis wegen Unterstützung von Terrorismus verurteilt. Dündar hatte über die Waffenlieferungen der türkischen Regierung an islamistische Rebellengruppen in Syrien berichtet.
Ebru Timtik, eine Anwältin, die im März 2019 wegen ihr vorgeworfener Verbindungen zu einer linksextremen Gruppe zu einer mehrjährigen Haftstrafe verurteilt worden war, **verstarb** am 27.08.2020 **am 238. Tag eines Hungerstreiks**, mit dem sie ein faires Gerichtsverfahren erzwingen wollte. Ihr gleichfalls verurteilter Kollege Aytaç Ünsal, der mit ihr in den Hungerstreik getreten war, wurde kurz nach ihrem Tod freigelassen, am 09.12.2020 aber erneut verhaftet, nachdem die Haftunfähigkeitsbescheinigung widerrufen worden war.

Kurden: Die türkische Armee setzte ihre **Angriffe auf mutmaßliche Stützpunkte der PKK-Guerilla im Nordirak** fort. Bei einer am 10.02.2021 in den Gara-Bergen bei Dohuk durchgeführten türkischen Militäroperation kamen 13 seit mehreren Jahren von der PKK gefangengehaltene türkische Soldaten, Polizisten und Geheimdienstmitarbeiter ums Leben. Laut offiziellen türkischen Angaben wurden sie von der PKK getötet. Am 15.02.2021 wurden **bei landesweiten Razzien 718 Kurden festgenommen**, darunter auch Mitglieder der Demokratischen Partei der Völker (HDP), die die Anliegen der Kurden und anderer Minderheiten vertritt. Gegen die beiden HDP-Abgeordneten Hüda Kaya und Ömer Faruk Gergerlioğlu, die Kritik an der Operation in den Gara-Bergen geübt hatten, wurde ein Strafverfahren eingeleitet, u. a. wegen Beleidigung des türkischen Staates. Devlet Bahçeli, der Vorsitzende der mit der AKP koalierenden ultranationalistischen Partei der nationalistischen Bewegung (MHP) forderte dazu auf, die **HDP gerichtlich** zu **verbieten**. Der oberste Staatsanwalt reichte am 17.03.2021 beim Verfassungsgericht einen entsprechenden Antrag ein. Er argumentierte, die HDP stelle lediglich den verlängerten Arm der verbotenen PKK dar. Sie habe versucht, die Einheit von Staat und Nation zu zerstören. Die Annahme des Verbotsantrags wurde vom Verfassungsgericht zuerst aus formalen Gründen zurückgewiesen, eine überarbeitete Fassung dann am 21.06.2021 angenommen.

Spannungen mit Griechenland und der EU: Die Ankündigung der türkischen Regierung, das Forschungsschiff Oruç Reis zu seismischen Untersuchungen in der Nähe der griechischen Insel Kastelorizo zu entsenden, führte im Juli und August 2020 zu den größten Spannungen der letzten 25 Jahre mit dem Nachbarland. Schließlich vereinbarten die beiden Länder am 24.09.2020, Sondierungsgespräche über die mit den maritimen Grenzen und jeweiligen Ansprüchen verbundenen Fragen aufzunehmen. Am 25.01.2021 fand in Istanbul die erste Runde dieser Gespräche statt. Die bilateralen Spannungen belasteten auch das Verhältnis der Türkei zur EU, zusätzlich zu den schon seit längerem durchgeführten Aktivitäten türkischer Forschungs- und Bohrschiffe in der Ausschließlichen Wirtschaftszone (AWZ) Zyperns.

Umstrittenes Mittelmeer

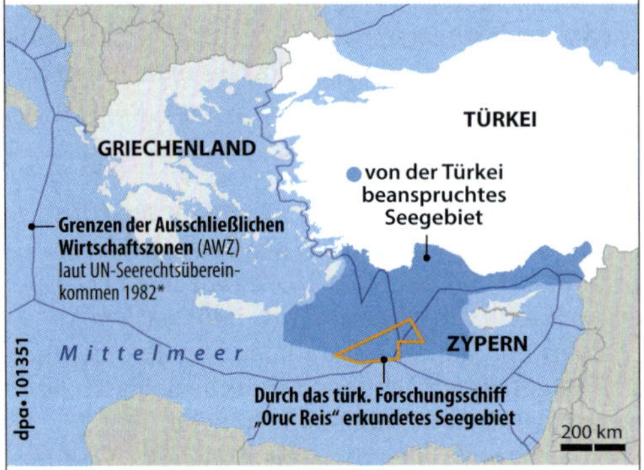

*Abkommen UNCLOS III nicht von der Türkei anerkannt
Quellen: dpa; globalsecurity.org; Türk. Amt für Seefahrt, Hydro- und Ozeanographie; Flanders Marine Institute

Um angesichts der schwierigen Lage der Wirtschaft Sanktionen vonseiten der EU zu entgehen, bemühte sich die türkische Regierung plötzlich um **freundlichere Töne gegenüber der EU**. So sprach Erdoğan im November 2020 bei einem Kongress seiner AKP-Partei davon, die Zukunft der Türkei liege in Europa. Noch Ende Oktober hatte er den französischen Präsidenten Emmanuel Macron in beleidigender Weise verbal attackiert. Beim EU-Gipfeltreffen am 10.12.2020 verhinderten Deutschland und einige weitere Länder die Verhängung schärferer Sanktionen gegen die Türkei. Man erweiterte lediglich die bereits bestehende Sanktionsliste um einige Personen und Firmen, die an den Erdgasbohrungen beteiligt waren. Beim Besuch des EU-Ratspräsidenten Charles Michel und der EU-Kommissionspräsidentin Ursula von der Leyen bei Erdoğan am 06.04.2021 beschränkten sich die Gesprächsthemen vor allem auf die Migration und die griechisch-türkischen Spannungen. Von EU-Seite wurden Gespräche über die Ausweitung der Zollunion und Visafreiheit für türkische Bürger angeboten. Auf dem EU-Gipfeltreffen vom 25.06.2021 wurden **der Türkei weitere 3.5 Mrd. € im Rahmen des 2016 vereinbarten Abkommens zugesagt**. In diesem hatte sich die Türkei auf die Rücknahme von Flüchtlingen und die Verhinderung illegaler Migration in die EU verpflichtet.

Kaukasus: Während des Krieges um Bergkarabach zwischen Aserbaidschan und Armenien vom 27.09.–10.11.2020 **unterstützte die Türkei Aserbaidschan** mit Waffenlieferungen, insbesondere Drohnen. Außerdem entsandte sie türkische Militärberater und syrische Söldner, die sie zuvor in syrischen Rebellengebieten rekrutiert hatte. Die Siegesparade am 10.12.2020 in Baku, bei der auch 2700 türkische Soldaten mitmarschierten, nahm Erdoğan gemeinsam mit dem aserbaidschanischen Präsidenten İlham Äliyev ab.

Turkmenistan

▸ 692

Ländername	Turkmenistan
Zeitzone	MEZ +4 h
Fläche in km²	488 100 (Rang 52)
Anzahl der Einwohner	6 Millionen (Rang 112)
Einwohnerzahl pro km²	12 (Rang 181)
Hauptstadt	Aschgabat
Amtssprache	Turkmenisch
Verwaltungsgliederung	5 Provinzen und 1 Hauptstadtdistrikt
Wichtige Städte	Aschgabat, Turkmenabat, Daschogus, Mary, Serdar, Turkmenbaschi
Autokennzeichen | ISO-Code	TM | TKM
Währung	1 Turkmenistan-Manat = 100 Teňňe
Nationalfeiertag	27. September (Unabhängigkeit 27.10.1991)

Der mittelasiatische Staat ist trotz reicher Erdgas- und Erdölvorkommen ein armes Land, das zum größten Teil aus Wüsten und Wüstensteppen besteht. Der in Monokultur betriebene Anbau von Baumwolle hat Turkmenistan schwere ökologische Schäden zugefügt. Neben der Wasserknappheit ist das Land auch von Nahrungsmittelengpässen betroffen. Das 2021 begründete Zwei-Kammer-Parlament hat kaum Einfluss auf das diktatorische Regime.

GEOGRAFIE

Geografische Lage: Von 35°08′ bis 42°47′ nördlicher Breite sowie von 52°26′ bis 66°39′ östlicher Länge (Zentralasien)
Höchster Punkt: Ayrybaba 3139 m
Klima: Kontinentales Wüsten- und Steppenklima

POLITIK

Staatsform: Präsidiale Republik
Staatsoberhaupt und Regierungschef: Präsident Gurbanguly Berdimuhamedow (seit 14.02.2007)

Regierungspartei: DPT (Demokratische Partei Turkmenistans)
Legislative: Nationalversammlung mit 124 für 5 Jahre gewählten Mitgliedern, Volksrat mit für 5 Jahre 48 gewählten und 8 ernannten Mitgliedern
Jahr der Verfassung: 2016
Wahlrecht: 18 Jahre

BEVÖLKERUNG

Bevölkerungsanteil: <15 Jahre 30.8 %, 15–64 Jahre 64.4 %, >64 Jahre 4.8 %
Verteilung: Stadt 52.5 %, Land 47.5 %
Wachstum: 1.5 %
Lebenserwartung: Frauen 72 Jahre, Männer 65 Jahre
Alphabetenrate: Frauen 99.6 %, Männer 99.8 %
Bevölkerungsgruppen: Turkmenen, Usbeken, Russen u. a.
Religionen: Muslime, Christen
Sprachen: Turkmenisch, Russisch, Usbekisch u. a.

WIRTSCHAFT

BIP: 47.35 Mrd. US$
Wachstum BIP: 0.8 %
BIP/Kopf: 7967 US$
Inflation: 7.6 %
Außenhandel: Import 3.22 Mrd. US$ (Maschinen und Ausrüstungen 33.2 %, Metalle und Erzeugnisse 16.3 %, Chemische Erzeugnisse 10.3 %, Transportmittel 6.6 %, Kunststoffe und Gummierzeugnisse 5.5 %), Export 7.12 Mrd. US$ (Erdgas 55.2 %, Erdöl 22.6 %, Ölprodukte 12.8 %, Baumwollstoffe 0.7 %)
Erwerbstätige nach Sektoren: Landwirtschaft 19.5 %, Industrie 42.6 %, Dienstleistungen 37.9 %
Arbeitslosenquote: 4 %
CO_2-Emission/Kopf: 15.2 t

RÜCKBLICK

Corona-Pandemie: Aus Turkmenistan gab es nach wie vor **keine Angaben** zur Verbreitung von COVID-19. Dennoch wurde inoffiziell von hohen Ansteckungsraten ausgegangen. Andererseits galt ein grundsätzliches **Einreiseverbot**. Einreisen nach Turkmenistan waren nur über einen internationalen Flughafen und einen Hafen am Kaspischen Meer möglich, mit anschließender Quarantäne von drei Wochen.

Knappheit: Der **Mangel an Lebensmitteln** verschärfte sich 2020/21. Demgegenüber hielt das Regime von Präsident Gurbanguly Berdimuhamedow an der Illusion fest, sein Land befinde sich in einem „goldenen Zeitalter" des Überflusses. Nach Berichten von Menschenrechtsorganisationen und ausländischen Medien fehlten in den staatlichen Geschäften **Grundnahrungsmittel;** teils wurden sie rationiert oder nur noch an die lokale Bevölkerung abgegeben. Dem stand ein privates Angebot gegenüber, das für die Mehrheit der Bevölkerung **nicht** mehr **erschwinglich** war, zumal die Erwerbslosigkeit bei 50–60 % lag – offiziell nur bei 4 %. Die Landwirtschaft konnte den nationalen Bedarf nur noch zu etwa zwei Fünfteln decken. Die meisten **Lebensmittelimporte** kamen aus Iran. Zu den Ursachen der Nahrungsmittelunsicherheit zählten die staatliche Vernachlässigung des Agrarbereichs und **Wasserknappheit**. Diese hatte verschiedene Ursachen: Fokussierung auf bewässerungsintensive Kulturen, veraltete Bewässerungstechnik, Mehrverbrauch durch Bevölkerungswachstum und wiederkehrende **Dürren** wie 2018. Im Winter 2020/21 und Frühjahr 2021 blieben erneut Regenfälle aus, sodass der Füllstand der großen Wasserreservoirs deutlich unter dem langjährigen Durchschnitt lag. Hinzu kam 2020 eine **wirtschaftliche Stagnation** infolge der Corona-Pandemie.

Regime: Eine Verfassungsänderung, die am 01.01.2021 in Kraft trat, schuf ein **Zwei-Kammer-Parlament:** Das Unterhaus (Medschlis) mit 125 Abgeordneten wurde durch ein Oberhaus (Volksrat) mit 56 Mitgliedern ergänzt, das bei seiner ersten Wahl am 28.03.2021 von Wahlmännern aus den sechs höchsten Verwaltungsregionen bestimmt wurde; acht Volksräte ernennt der Staatspräsident. Die Reform änderte nichts am **diktatorischen und kleptokratischen Charakter** des Regimes. Zu seinen Merkmalen gehören auch regelmäßige Umbesetzungen im Regierungsapparat wie zuletzt im Februar 2021. Nach dem **Korruptionsindex** von Transparency International lag Turkmenistan 2020 auf Rang 165 von 180.

Abhängigkeit: Ausländische **Direktinvestitionen** konzentrierten sich auf den **Energiesektor**, sie halbierten sich jedoch 2018–2020 im Vergleich zum vorigen Dreijahreszeitraum. Hauptakteure waren Konzerne aus der VR China, Malaysia und den Vereinigten Arabischen Emiraten, die Erdöl- und Erdgasvorkommen erschlossen. Turkmenistan verfügte über fast ein Zehntel der **Weltreserven** an Erdgas. Hauptabnehmer war **China**; die vereinbarte jährliche Abnahmemenge von 65 Mrd. m^3 wurde 2019 jedoch nur zur Hälfte erreicht, die Kapazität der Hauptpipeline über Usbekistan und Kasachstan war nicht ausgeschöpft.

Tuvalu

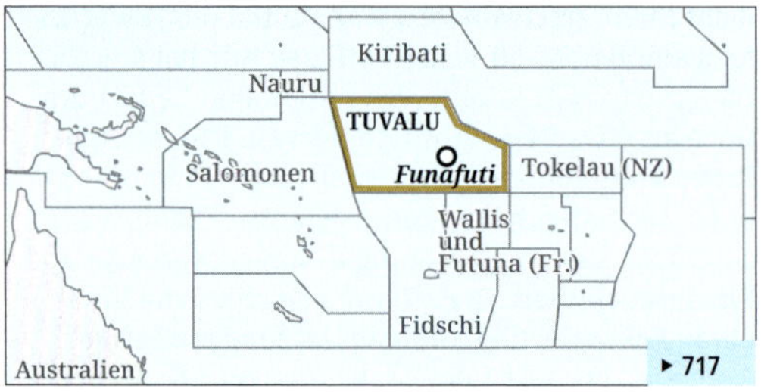

▸ 717

Ländername	Tuvalu
Zeitzone	MEZ +11 h
Fläche in km²	26 (Rang 193)
Anzahl der Einwohner	11 792 (Rang 194)
Einwohnerzahl pro km²	454 (Rang 16)
Hauptstadt	Funafuti
Regierungssitz	Vaiaku
Amtssprachen	Tuvaluisch, Englisch
Verwaltungsgliederung	8 Verwaltungseinheiten
Wichtige Städte	Funafuti, Motufoua, Teava
Autokennzeichen | ISO-Code	TUV | TUV
Währung	Australischer Dollar = 100 Cents
Nationalfeiertag	1. Oktober (Unabhängigkeit 1978)

Der kleine Inselstaat im Pazifik gehört zu den abgelegensten Gebieten der Erde. Gleichwohl setzt er sich international nicht nur für ein Atomwaffenverbot ein, sondern auch für die Reduzierung des Kohlendioxidausstoßes, um einem durch die globale Erwärmung verursachten Anstieg des Meeresspiegels entgegenzuwirken, der die Existenz der flachen Inseln beenden könnte.

GEOGRAFIE

Geografische Lage: Von 5°41′ bis 9°25′ südlicher Breite sowie von 176°08′ bis 179°54′ östlicher Länge (Ozeanien)
Höchster Punkt: Unbenannt 5 m
Klima: Tropisches Seeklima

POLITIK

Staatsform: Parlamentarische Demokratie unter konstitutioneller Monarchie
Staatsoberhaupt: Britische Königin, vertreten durch die Generalgouverneurin Teniku Talesi Honolulu (seit 22.08.2019)
Regierungschef: Premierminister Kausea Natano (seit 20.09.2019)
Regierungspartei: keine
Legislative: Versammlungshaus mit 16 für 4 Jahre gewählten Mitgliedern
Jahr der Verfassung: 1986
Wahlrecht: 18 Jahre

BEVÖLKERUNG

Bevölkerungsanteil: <15 Jahre 29.4 %, 15–64 Jahre 63.9 %, >64 Jahre 6.7 %
Verteilung: Stadt 64 %, Land 36 %
Wachstum: 1.2 %
Lebenserwartung: Frauen 70 Jahre, Männer 66 Jahre
Alphabetenrate: Frauen 99 %, Männer 99 %
Bevölkerungsgruppen: Tuvaluer, Kiribatier u. a.
Religionen: Christen (v. a. Protestanten), Sonstige
Sprachen: Tuvaluisch, Englisch, Samoanisch

WIRTSCHAFT

BIP: 48 Mio. US$
Wachstum BIP: 0.5 %
BIP/Kopf: 4372 US$
Inflation: 1.6 %
Außenhandel: Keine Angabe
Erwerbstätige nach Sektoren: Keine Angabe
Arbeitslosenquote: Keine Angabe
CO_2-Emission/Kopf: Keine Angabe

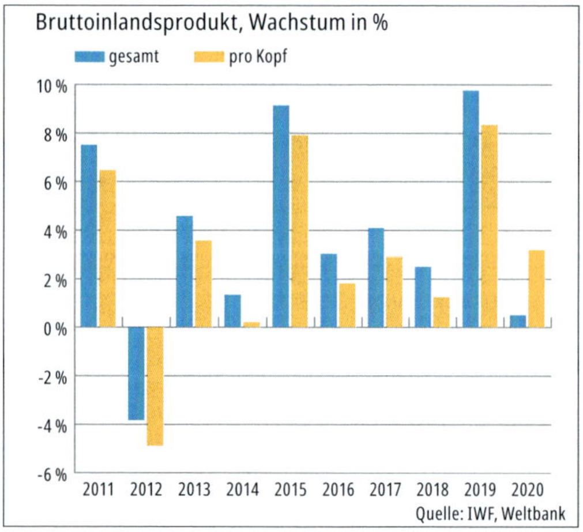

RÜCKBLICK

Corona-Pandemie: Wegen verbreiteter gesundheitlicher Vorbelastungen – 52 % der Bevölkerung gelten als adipös, die Raucherquote liegt ähnlich hoch – galt es, das Virus durch Einreisesperren zu bannen, was auch gelang. Dank einer Spende Neuseelands konnte die Impfung der Bevölkerung im April 2021 beginnen. Um die wirtschaftlichen Schäden der Pandemie zu kompensieren, wendete die Regierung Mittel im Umfang von 47 % des BIP auf, zunächst vor allem für Konsumschecks. Die Wirtschaftsdelle fiel daher mäßig aus, das BIP wuchs 2020 um 0.5 %. Die Regierung nutzte das Corona-Paket dazu, strategische Vorhaben durchzusetzen: höhere Steuern auf Alkohol, Tabak und ungesunde Lebensmittel.

Außenpolitik: Am 03.11.2020 unterzeichneten die Botschafter der USA und Tuvalus in Suva (Fidschi) ein Investitionshilfeabkommen: Mit Unterstützung der Amerikanischen Entwicklungsbank DFC soll der bilaterale Handel, der bislang nur einen Jahressumfang von 1 Mio. US$ hat, gesteigert werden; auch Infrastrukturprojekte können finanziert werden.

Atomwaffen: Die rund 300 Atomwaffentests zwischen 1946 und 1996, die Zwangsumsiedlungen und verheerende gesundheitliche und ökologische Schäden mit sich brachten, sind eine einigende historische Erfahrung der pazifischen Nationen. Tuvalu, das 2017 zu den Erstunterzeichnern gehörte, ratifizierte am 14.10.2020 den Internationalen Atomwaffenverbotsvertrag; gemeinsam mit 11 pazifischen Staaten appellierte Tuvalu in einer Erklärung aus Anlass des Internationalen Tages gegen Atomwaffentests an alle Staaten, die weitere Entwicklung von Nuklearwaffen einzustellen.

Digitalisierung: Am 14.03.2021 stellte der Minister für Äußeres, Justiz und Kommunikation, Simon Kofe, das Projekt einer vollständigen Digitalisierung des Geldverkehrs und öffentlicher Dienstleistungen mittels der dezentralen Blockchain-Technologie vor. Kofe betonte, dass die ortsungebundene Sicherung der nationalen Überlieferung angesichts der Bedrohung der Existenz des Landes durch den Klimawandel eine Leitidee seines Digitalisierungsprojektes sei.

Staatsbürgerschaft: Das Projekt der Regierung, Ausländern **für 119 000 US$ die Staatsbürgerschaft** anzubieten, um damit innerhalb von 10 Jahren etwa 79 Mio. US$ einzunehmen, war heftig umstritten. Ex-Präsident Enele Sopoaga sah dadurch die Kultur der „Tuvaluanness“ bedroht.

Uganda

▸ 638

Ländername	Republik Uganda
Zeitzone	MEZ +2 h
Fläche in km²	241 550 (Rang 79)
Anzahl der Einwohner	45.7 Millionen (Rang 31)
Einwohnerzahl pro km²	189 (Rang 53)
Hauptstadt	Kampala
Amtssprachen	Englisch, Swahili
Verwaltungsgliederung	134 Distrikte und 1 Stadt
Wichtige Städte	Kampala, Nansana, Kira, Ssabagabo, Kyengera, Mbarara
Autokennzeichen | ISO-Code	EAU | UGA
Währung	Uganda-Schilling
Nationalfeiertag	9. Oktober (Unabhängigkeit 1962)

Einst galt das ostafrikanische Binnenland mit seinen grandiosen Landschaften, der einzigartigen Tier- und Pflanzenwelt und seiner reichen Kultur als „Perle Afrikas“. Diktatur, Bürgerkrieg und wirtschaftlicher Niedergang ließen diesen Glanz zunächst verblassen. Politisch streng geführt, zeigt sich der Staat seit Jahrzehnten stabiler als sein konfliktreiches regionales Umfeld.

GEOGRAFIE

Geografische Lage: Von 4°13′ nördlicher bis 1°29′ südlicher Breite sowie von 29°33′ bis 35° östlicher Länge (Ostafrika)
Höchster Punkt: Margherita Peak 5109 m
Klima: Tropisches Höhenklima

POLITIK

Staatsform: Präsidiale Republik
Staatsoberhaupt: Präsident Yoweri Kaguta Museveni (seit 29.01.1986)
Regierungschef: Premierminister Ruhakana Rugunda (seit 18.09.2014)
Regierungspartei: NRM (National Resistance Movement)
Legislative: Nationalversammlung mit 529 für 5 Jahre gewählten Mitgliedern und 18 ernannten Mitgliedern

Jahr der Verfassung: 1995
Wahlrecht: 18 Jahre

BEVÖLKERUNG

Bevölkerungsanteil: <15 Jahre 46 %, 15–64 Jahre 52 %, >64 Jahre 2 %
Verteilung: Stadt 25 %, Land 75 %
Wachstum: 3.3 %
Lebenserwartung: Frauen 66 Jahre, Männer 61 Jahre
Alphabetenrate: Frauen 70.8 %, Männer 82.7 %
Bevölkerungsgruppen: Baganda, Banyankole, Basoga, Bakiga, Iteso, Langi, Bagisu, Acholi, Lugbara u. a.
Religionen: Christen, Muslime, Sonstige
Sprachen: Englisch, Swahili, Luganda, Regionalsprachen

WIRTSCHAFT

BIP: 37.61 Mrd. US$
Wachstum BIP: -2.1 %
BIP/Kopf: 912 US$
Inflation: 3.8 %
Außenhandel: Import 7.48 Mrd. US$ (Petrochemie 18.9 %, Chemische Erzeugnisse 16.9 %, Nahrungsmittel 7.6 %, Maschinen 7.6 %, Kfz und -Teile 7.4 %), Export 3.64 Mrd. US$ (Nahrungsmittel 47.4 %, Rohstoffe außer Brennstoffe 5.4 %, Petrochemie 4.2 %, Getränke und Tabak 4.1 %, Chemische Erzeugnisse 3.6 %)
Erwerbstätige nach Sektoren: Landwirtschaft 72.4 %, Industrie 6.6 %, Dienstleistungen 21 %
Arbeitslosenquote: 2.4 %
CO_2-Emission/Kopf: 0.1 t

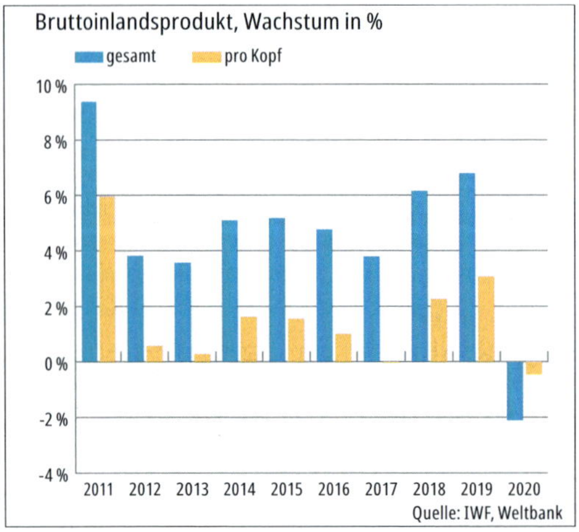

Bobi Wine, mit bürgerlichem Namen Robert Kyagulanyi Ssentamu, während einer Pressekonferenz am 22.02.2021 in Kampala.

RÜCKBLICK

Kandidatur: Im Juli 2020, etwa ein halbes Jahr vor den Präsidentschafts- und Parlamentswahlen in Uganda, trat **Robert Kyagulanyi Ssentamu** (* 1982) an die Spitze der 2004 gegründeten Oppositionspartei **National Unity Platform (NUP)** und kündigte seine Kandidatur für die Position des Staatsoberhauptes an. Der charismatische frühere Reggae-Star, besser bekannt unter seinem **Künstlernamen Bobi Wine**, trat damit gegen Langzeitpräsident Yoweri Museveni (* 1944) an, der das Land seit 1986 führte. Als Kopf der „People Power"-Bewegung fand der seit 2017 in der Politik aktive Kyagulanyi vor allem starken Rückhalt bei der jungen Generation (etwa 75 % der Bevölkerung waren unter 30 Jahre), die ihn als **Hoffnungsträger** für einen demokratischen Aufbruch sah. Im August 2020 schlossen sich 21 Parlamentsabgeordnete der NUP an.

Wahlkampf: Die Zeit vor den Wahlen war von schweren **Unruhen** geprägt. Der Staatsapparat ging mit zunehmend gewalttätigen **Aktionen gegen** die parlamentarische **Opposition** und gegen Zivilpersonen vor. Vermeintliche Regierungsgegner wurden eingeschüchtert und Journalisten angegriffen. Zahlreiche Menschen wurden bei Protestaktionen getötet. Betroffene sprachen von einer „kriegsähnlichen" Atmosphäre. Zum Ziel der **Repressionen** wurden auch Präsidentschaftskandidaten, die beispielsweise unter dem Vorwurf, sie hätten gegen Corona-Auflagen verstoßen, während ihres Wahlkampfs festgenommen wurden. Insbesondere der populäre NUP-Vorsitzende Kyagulanyi, Musevenis stärkster Widersacher, wurde auf lebensbedrohliche Weise unter Druck gesetzt, sodass er sich oftmals nur mit Schutzweste und Helm in der Öffentlichkeit zeigte. Viele seiner Berater wurden verhaftet oder verschwanden auf ungeklärte Weise. Anfang November 2020, direkt nach der offiziellen Nominierung der Präsidentschaftskandidaten, wurde Kyagulanyi, von Kameras dokumentiert, unter brutaler Behandlung festgenommen. Am 18.11.2020 folgte eine weitere **Festnahme**, die in Kampala in zweitägige **gewalttätige Auseinandersetzungen** zwischen seinen Anhängern und Sympathisanten auf der einen Seite und Sicherheitskräften und Soldaten auf der anderen Seite mündete. Die Unruhen, bei denen es auch zum Einsatz scharfer Munition kam, kosteten mindestens 100 Menschen das Leben, viele weitere wurden verletzt. Kurz vor den Wahlen zeigte die Armee in der Hauptstadt permanente Präsenz. Durch das Blockieren von sozialen Netzwerken und Messengerdiensten wurde die Internet-Kommunikation gestört.

Präsidentschaftswahlen: Bei den Wahlen am 14.01.2021 wurde **Museveni** erwartungsgemäß mit 58.4 % der Stimmen noch einmal **im Amt bestätigt**. Kyagulanyi erreichte 35.0 %. Neun weitere Kandidaten, darunter auch Patrick Oboi Amuriat vom Forum for Democratic Change (FDC), der größten Oppositionspartei, blieben chancenlos. Die Wahlbeteiligung betrug nach offiziellen Angaben 59.4 %. Die Wahlen fanden weitgehend ohne internationale Beobachtung statt. Die Opposition warf der Regierung **Wahlbetrug** vor. Kyagulanyi, der sich direkt nach dem Urnengang im Hausarrest befand, legte beim Obersten Gerichtshof Beschwerde gegen das Wahlergebnis ein, zog seine Klage aber mit Verweis auf die vermeintliche Parteilichkeit des Gerichts Mitte Februar 2021 wieder zurück. Am 12.05.2021 wurde Museveni für weitere fünf Jahre als Präsident vereidigt.

Parlamentswahlen: Bei den gleichzeitig stattgefundenen Parlamentswahlen erreichte Musevenis Partei, das **National Resistance Movement (NRM)** 336 der insgesamt 529 Sitze. Auf Kyagulanyis NUP entfielen 57 Sitze und auf FDC 32 Sitze. Die NRM sicherte sich damit die **absolute Mehrheit**, die es ihr u. a. ermöglichte, Gesetze ohne Zustimmung der Opposition auf den Weg zu bringen.

Verurteilung: Der **Internationale Strafgerichtshof** in Den Haag verurteilte den ehemaligen Kommandeur der ugandischen „Widerstandsarmee des Herrn" (LRA), **Dominic Ongwen**, am 06.05.2021 zu 25 Jahren Haft. Bereits im Februar 2021 hatte das Gericht den ehemaligen Rebellenführer für **Kriegsverbrechen und Verbrechen gegen die Menschlichkeit** schuldig gesprochen, ohne jedoch das Strafmaß festzusetzen. Als Kopf der christlich-fundamentalistischen LRA wurden dem Ugander u. a. Plünderungen, Angriffe auf Zivilpersonen, Vergewaltigungen und Morde zur Last gelegt. Die **LRA** hatte über Jahrzehnte hinweg auf brutalste Weise Uganda und die Nachbarstaaten terrorisiert und dabei nach UN-Angaben mehr als 100 000 Menschen getötet und 60 000 Kinder verschleppt. Ongwen, der selbst als Kind von der LRA zum bewaffneten Kampf gezwungen worden und später zum Kommandanten aufgestiegen war, hatte sich nach mehrjähriger Flucht 2015 der Justiz gestellt. Der Prozess war 2016 in Den Haag als bisher umfangreichstes Verfahren eröffnet worden.

Ukraine

▸ 614

Ländername	Ukraine
Zeitzone	MEZ +1 h
Fläche in km²	603 500 (Rang 44)
Anzahl der Einwohner	43.7 Millionen (Rang 35)
Einwohnerzahl pro km²	72 (Rang 110)
Hauptstadt	Kiew
Amtssprache	Ukrainisch
Verwaltungsgliederung	24 Bezirke (Oblast), 1 autonome Republik und 2 Städte
Wichtige Städte	Kiew, Charkiw, Odessa, Dnipro, Donezk, Saporischschja, Lwiw, Krywyj Rih
Autokennzeichen | ISO-Code	UA | UKR
Währung	1 Hrywnja = 100 Kopijok
Nationalfeiertag	24. August (Unabhängigkeit 1991)

Durch die Kiewer Rus, der Keimzelle russischer wie ukrainischer Staatlichkeit, verband sich die ukrainische Geschichte eng mit der russischen. Der politische und gesellschaftliche Wandel nach der Unabhängigkeit 1991 gestaltete sich schwierig. Der Erfolg der „orangen Revolution" von 2004 konnte den Gegensatz zwischen den prorussischen und den westlich orientierten Kräften nicht nachhaltig auflösen, was sich auch 2014 in den Euromaidan genannten Konflikten in den südöstlichen Landesteilen und der Krim gezeigt hat, die bis heute andauern.

GEOGRAFIE

Geografische Lage: Von 44°23' bis 52°22' nördlicher Breite sowie von 22°08' bis 40°10' östlicher Länge (Osteuropa)
Höchster Punkt: Howerla 2061 m
Klima: Gemäßigtes Kontinentalklima, im Süden der Krim subtropisch

POLITIK

Staatsform: Parlamentarisch-präsidiale Republik
Staatsoberhaupt: Präsident Wolodymyr Selenskyj (seit 20.05.2019)
Regierungschef: Ministerpräsident Denys Schmyhal (seit 04.03.2020)
Regierungspartei: SN (Sluha narodu)
Legislative: Oberster Rat mit 450 für 5 Jahre gewählten Mitgliedern
Jahr der Verfassung: 1996
Wahlrecht: 18 Jahre

BEVÖLKERUNG

Bevölkerungsanteil: <15 Jahre 16 %, 15–64 Jahre 67.1 %, >64 Jahre 16.9 %
Verteilung: Stadt 69.6 %, Land 30.4 %
Wachstum: -0.6 %
Lebenserwartung: Frauen 77 Jahre, Männer 67 Jahre
Alphabetenrate: Frauen 100 %, Männer 100 %
Bevölkerungsgruppen: Ukrainer, Russen u. a.
Religion: Christen (v. a. Orthodoxe)
Sprachen: Ukrainisch, Russisch, Minderheitensprachen

WIRTSCHAFT

BIP: 151.54 Mrd. US$
Wachstum BIP: -4.2 %
BIP/Kopf: 3653 US$
Inflation: 2.7 %
Außenhandel: Import 53.93 Mrd. US$ (Chemische Erzeugnisse 17 %, Maschinen 10.1 %, Kfz und -Teile 9.6 %, Nahrungsmittel 8.6 %, Petrochemie 6.3 %), Export 49.22 Mrd. US$ (Nahrungsmittel 28.3 %, Eisen und Stahl 16.7 %, Rohstoffe außer Brennstoffe 16 %, Natürliche Öle, Fette und Wachse 11.6 %, Elektrotechnik 4.7 %)
Erwerbstätige nach Sektoren: Landwirtschaft 14.1 %, Industrie 24.8 %, Dienstleistungen 61.1 %
Arbeitslosenquote: 9.5 %
CO_2-Emission/Kopf: 4.5 t

UMSTRITTENES GEBIET

Autonome Republik Krim
Fläche in km²: 25 081
Anzahl der Einwohner: 1.9 Millionen
Hauptstadt: Simferopol
Status: Seit der Unabhängigkeitserklärung im März 2014 unter der Verwaltung Russlands, international nicht anerkannt
Regierungschef: Präsident Sergej Aksjonow

RÜCKBLICK

Corona-Pandemie: Mit deutlich höheren Infektionsraten als im Frühjahr 2020 geriet die Ukraine im Herbst/Winter 2020 und im Frühjahr 2021 in die **zweite und dritte Pandemiewelle**. Nach Aufhebung der meisten Lockdown-Beschränkungen bis Mai 2020 hatten die COVID-19-Ansteckungen eine steigende Tendenz gezeigt. Höhepunkte waren im November 2020 und im April 2021. **Beschränkungen** des öffentlichen Lebens richteten sich im Wesentlichen nach einem regionalen, vierfarbigen **Zonensystem**. So ließ Kiew im April 2021 Schulen und Kitas schließen sowie die Benutzung des öffentlichen Nahverkehrs stark einschränken. Phasenweise gerieten Krankenhäuser aufgrund vieler Erkrankungen an ihre Leistungsfähigkeit. Bis Juni 2021 entspannte sich die Lage, sodass das ganze Land wieder in die „grüne Zone" rutschte. Die Regierung bestellte erst im Dezember 2020 **Impfstoff**, deshalb standen zum Start der Impfkampagne am 24.02.2021 nur **geringe Mengen** zur Verfügung; bis Mitte Juni war lediglich 1 % der Bevölkerung mindestens einmal geimpft. Aus einem staatlichen Corona-Hilfsfonds floss das meiste in den **Straßenbau**. Weitere Finanzhilfen gewährten EU und Weltbank. Wirtschaftlich kam der Ukraine ein hohes Preisniveau für Agrarprodukte, dem Hauptexportgut, zugute, sodass 2021 mit einem BIP-Plus (IWF: +4.0 %) gerechnet wird (2020: -4.2 %).

Machtkampf: Verfassungsgerichtsurteile vom 28.08. und 27.10.2020 stellten zentrale Institutionen der **Korruptionsermittlung** in Frage: das Nationale Antikorruptionsbüro (NABU) und die Nationale Behörde zur Korruptionsprävention (NAPC). Zum einen wurde die Ernennung des NABU-Direktors Artem Sytnyk 2015 durch den damaligen Staatspräsidenten als verfassungswidrig bezeichnet. Zum Zweiten verwarf das Gericht die strafrechtlich bewehrte Verpflichtung für Staatsbedienstete, jährlich ihr Einkommen offenzulegen. In beiden Fällen monierte das Gericht **übermäßige Eingriffe der Exekutive**. Die Verfahren gingen auf Klagen von Parlamentsabgeordneten, vor allem aus der Opposition, zurück. Staatspräsident Wolodymyr Selenskyj drohte den Richtern zunächst mit **Amtsenthebung**. Am 29.12.2020 suspendierte er den Vorsitzenden (seit 2013) Oleksandr Tupyzkyj für zwei Monate, was die Richter zurückwiesen, weil nur eine Mehrheit des 15-köpfigen Gremiums dazu berechtigt sei. Selenskyj verwies auf seine Befugnis, dies bei Verdacht einer Straftat zu tun – bei Tupyzkyj Zeugenbestechung (2010). Schließlich setzte er am 27.03.2021 durch Präsidialerlass Tupyzkyj und einen weiteren Verfassungsrichter wegen „Gefährdung der nationalen Sicherheit" ab.

Reaktionen: Die Urteile gegen NABU und NAPC riefen EU, G7, Internationalen Währungsfonds (IWF) und die USA auf den Plan. Sie machten weitere Finanzhilfen von einer wirksamen Korruptionsverfolgung durch die 2014–2018 installierten Institutionen abhängig. Das Parlament stellte die NABU-Tätigkeit zwar auf eine neue gesetzliche Grundlage, die Absicherung von Sytnyk als Direktor blieb jedoch in der Schwebe. **Politische Interventionen der** internationalen **Kreditgeber** riefen auch Personalwechsel an der Spitze der **Zentralbank** und des staatlichen Energiekonzerns **Naftogaz** hervor: Zentralbankgouverneur Jakow Smolij reichte am 01.07.2020 wegen „systematischen Drucks“ seitens der Politik – etwa von Präsident Selenskyj, die Leitzinsen weiter zu senken – seinen Rücktritt ein. Die Leitzinsen waren bereits aufgrund der Corona-Pandemie von 13.5 auf 6 % herabgesetzt worden (wieder 7.5 % ab April 2021). Das Parlament billigte am 16.07.2020 die Berufung des Chefs der staatlichen Ukrgasbank Kyrylo Schewtschenko zum Zentralbankchef. Wegen eines hohen Jahresverlusts bei Naftogaz löste die Regierung am 28.04.2021 den Vorstandsvorsitzenden (seit 2014) Andriy Kobolyew ab. Teile des Aufsichtsrats trugen die Entscheidung nicht mit, die NAPC verlangte deren Aufhebung, der **IWF verzögerte** die **Auszahlung** einer weiteren Tranche des Mitte 2020 vereinbarten **Hilfskredits** über 5 Mrd. US$. Den Chefposten bei Naftogaz übernahm der geschäftsführende Energieminister Juri Witrenko. Gegen den „Oligarchen“ Ihor Kolomojskyj und seine Familie gingen die USA am 05.03.2021 mit **Einreiseverboten** vor, ebenso gegen einen mit ihm verbundenen Abgeordneten, der hinter der Verfassungsklage gegen das NABU stand.

Kommunalwahlen: Bei den Lokal- und Regionalwahlen am 25.10.2020 etablierte sich die **Präsidentenpartei** „Diener des Volkes“ (SN) auf der Ebene der Rayons und Oblasten mit 17 bzw. 20 % knapp als stärkste Kraft, allerdings mit deutlichen **Stimmeneinbußen** gegenüber der Parlamentswahl 2019. Auch eine gleichzeitige, nichtrepräsentative „Umfrage des Präsidenten“ (fünf Vorschläge, u. a. weniger Abgeordnete in der Werchowna Rada) verstärkte die Mobilisierung für die SN nicht. Die Beteiligung lag bei lediglich 37 % (Wahlen) bzw. 46 % (Umfrage). Insgesamt wuchs die **Parteienvielfalt,** was auch an der Verhältniswahl mit offenen Listen in Kommunen mit mehr als 10 000 Einwohnern lag. Daneben stärkten **populäre Bürgermeister** mit eigenen Wahlplattformen ihren Einfluss.

Ostukraine: Entlang einer rund 450 km langen Kontaktlinie standen sich weiterhin ukrainische Streitkräfte und Bewaffnete der **Separatistenrepubliken** Luhansk und Donezk, die von russischen Militärs und Geheimdienstangehörigen unterstützt wurden, gegenüber. Nach einem Waffenstillstand vom 27.07.2020 (gültig bis 31.03.2021) beruhigte sich der **Stellungskrieg** bis Ende des Jahres 2020; ab Februar/März 2021 nahmen die **Waffenstillstandsverletzungen** jedoch wieder zu. Das dokumentierten Beobachter der OSZE, die auch in der Trilateralen Kontaktgruppe zum Austausch militärischer und politischer Fragen zwischen der Ukraine und Russland vermittelte. Eine übergreifende Lösung des Konflikts zeichnete sich nicht ab. Die von der Ukraine ökonomisch und finanziell weitgehend isolierten „Volksrepubliken“ haben seit Beginn des Kriegs (2014) etwa die Hälfte ihrer vormals 6 Mio. Bewohner verloren. Der kleine **Grenzverkehr** erstarb, weil Mitte 2021 nur noch einer von vormals fünf Übergängen offen war.

Russland: Große **Militärmanöver** Russlands im März/April 2021 an der Grenze zur Ukraine und auf der 2014 annektierten Halbinsel Krim, verbunden mit Kriegsdrohungen, alarmierte die ukrainische Seite und ließ Staatspräsident Selenskyj mehrfach, u. a. am 08.04.2021 bei US-Präsident Joe Biden, Gespräche für einen **NATO-Beitritt** verlangen. Vor Besuchen in Frankreich (16.04.2021) und Deutschland (15.06.2021) forderte er die Wiederaufnahme von Gipfeltreffen zur Ostukraine im „Normandie-Format“ (mit Russland) sowie Waffenlieferungen. In der Ukraine wurde befürchtet, dass die russische Armee nach Westen vorstößt und die Ukraine vom Asowschen Meer abschneidet. Durch eine russische **Sperre** (April bis 31.10.2021) konnte die ukrainische Marine nicht mehr ins Asowsche Meer einlaufen. Am 17.04.2021 wiesen die Ukraine und Russland gegenseitig **Diplomaten** aus. Innenpolitisch standen der mit dem russischen Präsidenten Wladimir Putin verbundene **„Oligarch“** Wiktor Medwedtschuk sowie ein weiterer Politiker der prorussischen „Oppositionsplattform – Für das Leben“, Taras Kosak, im Visier von Staat und Justiz: Drei Fernsehsender im Besitz von Kosak mussten schließen, von Medwedtschuks Firmen wurden Vermögenswerte eingezogen (jeweils Februar 2021) und gegen den Unternehmer selbst wurde wegen „Staatsverrats“ ermittelt (Mai 2021).

Krim: Die G7-Staaten nahmen auf ihrem Gipfel im Juni 2021 einen Vorschlag von Staatspräsident Selenskyj für eine diplomatische **Geprächsplattform** zur Krim auf; die Gründung war für August 2021 geplant. Dringlich wurde die **Wasserfrage:** Die Ukraine hatte den Nord-Krim-Kanal gesperrt, über den die Halbinsel bis 2014 etwa 85 % ihres Bedarfs an Süßwasser (aus dem Dnipro) deckte. Russland als Besatzungsmacht vermochte es nicht, Ersatz zu schaffen. Stattdessen wurden verstärkt Brunnen ins Grundwasser gebaut; es bestand die Gefahr, dass die Speicher infolge erhöhter Entnahme durch eindringendes Meerwasser versalzen. Eine dreijährige **Dürre** verschärfte den Wassermangel auf der Krim.

Ungarn

▸ 619

Ländername	Ungarn
Zeitzone	MEZ ±0 h
Fläche in km²	93 024 (Rang 108)
Anzahl der Einwohner	9.7 Millionen (Rang 94)
Einwohnerzahl pro km²	105 (Rang 81)
Hauptstadt	Budapest
Amtssprache	Ungarisch
Verwaltungsgliederung	19 Komitate und 1 Stadt
Wichtige Städte	Budapest, Debrecen, Szeged, Miskolc, Pécs, Győr
Autokennzeichen | ISO-Code	H | HUN
Währung	Forint
Nationalfeiertage	15. März (Revolution 1848), 20. August (Heiligsprechung von Stefan I. 1083), 23. Oktober (Revolution 1956)

Ungarn ist ein relativ kleines Binnenland im Herzen Europas mit weiten fruchtbaren Ebenen, bewaldeten Mittelgebirgen und über 2000 Sonnenstunden im Jahr. In seiner wechselvollen Geschichte geriet das Land immer wieder in den Einflussbereich verschiedener Großmächte. Die sowjetische Vorherrschaft verhinderte lange Zeit eine Öffnung zum Westen. Durch die Mitgliedschaften in NATO und Europäischer Union wurde die Westintegration schließlich abgeschlossen. Gleichwohl blieb die ungarische Gesellschaft parteipolitisch und sozial tief gespalten. Mit der EU kam es in jüngster Zeit zu Streitigkeiten bezüglich Rechtstaatlichkeit und Pressefreiheit.

GEOGRAFIE

Geografische Lage: Von 45°44′ bis 48°34′ nördlicher Breite sowie von 16°06′ bis 22°53′ östlicher Länge (Mitteleuropa)
Höchster Punkt: Kékes 1014 m
Klima: Gemäßigt kontinentales, relativ trockenes Klima

POLITIK

Staatsform: Parlamentarische Republik
Staatsoberhaupt: Präsident János Áder (seit 10.05.2012)
Regierungschef: Ministerpräsident Viktor Orbán (seit 29.05.2010)
Regierungspartei: Fidesz-MPSZ (Fiatal Demokraták Szövetsége-Magyar Polgári Szövetség, Bund Junger Demokraten-Ungarischer Bürgerbund)
Legislative: Nationalversammlung mit 199 für 4 Jahre gewählten Mitgliedern
Jahr der Verfassung: 2012
Wahlrecht: 18 Jahre

BEVÖLKERUNG

Bevölkerungsanteil: <15 Jahre 14.4 %, 15–64 Jahre 65.4 %, >64 Jahre 20.2 %
Verteilung: Stadt 71.9 %, Land 28.1 %
Wachstum: -0.2 %
Lebenserwartung: Frauen 80 Jahre, Männer 73 Jahre
Alphabetenrate: Frauen 99.1 %, Männer 99.2 %
Bevölkerungsgruppen: Ungarn, Roma, Deutsche u. a.
Religionen: Christen, Sonstige
Sprachen: Ungarisch, Englisch, Deutsch, Minderheitensprachen

WIRTSCHAFT

BIP: 154.56 Mrd. US$
Wachstum BIP: -5 %
BIP/Kopf: 15 820 US$
Inflation: 3.3 %
Außenhandel: Import 115.48 Mrd. US$ (Chemische Erzeugnisse 14 %, Elektronik 13.9 %, Maschinen 12.7 %, Elektrotechnik 11.2 %, Kfz und -Teile 9.4 %), Export 120.36 Mrd. US$ (Kfz und -Teile 16.4 %, Elektronik 13.9 %, Elektrotechnik 13.5 %, Maschinen 12.8 %, Chemische Erzeugnisse 12.5 %)
Erwerbstätige nach Sektoren: Landwirtschaft 4.6 %, Industrie 32.8 %, Dienstleistungen 62.6 %
Arbeitslosenquote: 4.4 %
CO_2-Emission/Kopf: 5.5 t

RÜCKBLICK

Corona-Pandemie: Die zweite Welle der COVID-19-Pandemie erreichte Anfang Dezember 2020 mit fast 40 000 Infektionsfällen pro Woche ihren Höhepunkt, die dritte, noch stärkere, kulminierte Ende März 2021 mit mehr als 62 000 Fällen pro Woche. Insgesamt wurden vom Beginn bis zum 30.06.2021 808 128 Infektionen sowie 29 907 Todesfälle gezählt, was 0.31 % der Bevölkerung entsprach, einer der nicht nur europa-, sondern auch weltweit höchsten Anteile. Die Pandemie legte große Mängel im Gesundheitswesen offen, eine Folge der chronischen Unterfinanzierung vonseiten des Staates so-

Corona-Verlauf, Zeitraum 1. Januar 2020–30. Juni 2021
Werte als Bevölkerungsanteil, außer bei der Letalität

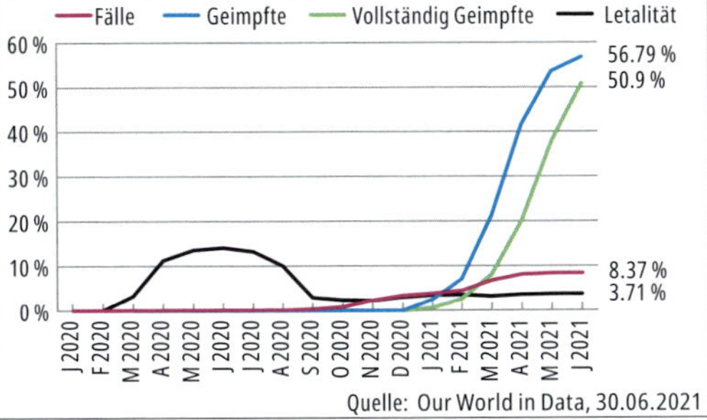

Quelle: Our World in Data, 30.06.2021

wie der – auch damit verbundenen – Abwanderung zahlreicher Ärzte nach Westeuropa. Vor allem wer beatmet werden musste, hatte nur geringe Überlebenschancen. Die ungarische Regierung reagierte auf die schwierige Lage mit einer forcierten Impfkampagne. Dabei scherte sie im November 2020 aus der gemeinsamen Impfstoffbeschaffung der EU aus und erteilte dem russischen Vakzin Sputnik V sowie dem chinesischen von Sinopharm eine Notfallzulassung. Am 30.06.2021 waren 50.9 % der Bevölkerung vollständig geimpft, einer der höchsten Anteile in der EU und weltweit.

Konflikte mit der EU: Die **EU-Kommission** legte am 30.09.2020 ihren **Bericht zum Stand der Rechtsstaatlichkeit** in den Mitgliedsländern vor, den sie insbesondere in Polen und Ungarn bedroht sah. Nachdem die Mehrheit der EU-Staaten sich dafür ausgesprochen hatte, die Entscheidung über die Auslösung des Rechtsstaatsmechanismus, mit dem EU-Gelder bei Verstößen gegen rechtsstaatliche Prinzipien zurückgehalten werden können, nicht einstimmig, sondern mit Mehrheitsbeschluss zu fällen, **blockierten Ungarn und Polen** am 16.11.2020 die **Zustimmung zum Budget**, die Einstimmigkeit erfordert. Eine von der deutschen Ratspräsidentschaft vorgeschlagene **Zusatzerklärung** räumte vom Rechtsstaatsmechanismus **betroffenen Ländern die Möglichkeit ein, gegen einen entsprechenden Beschluss der EU-Kommission vor dem EuGH zu klagen**, sodass die beiden Länder ihr Veto gegen das Budget am 09.12.2020 zurückzogen. Der Europäische Gerichtshof (EuGH) stellte in einem Urteil vom 06.10.2020 fest, Ungarn habe mit seinem **Hochschulgesetz mehrfach gegen europäisches und internationales Recht verstoßen**. Betroffen waren die EU-Verträge, die Grundrechte-Charta der EU sowie die Regeln der Welthandelsorganisation. Das Gesetz, das im April 2017 verabschiedet worden war, hatte die Zulassung von Universitäten mit einer ausländischen Trägerschaft davon abhängig gemacht, dass diese auch im Herkunftsland eine Universität betreiben. Lediglich die Central European University (CEU), die von der Soros-Stiftung finanziert wurde, konnte diese Voraussetzungen nicht erfüllen, weshalb die Vermutung nahelag, das Gesetz ziele auf diese Universität ab. Die EU-Kommission hatte damals ein Vertragsverletzungsverfahren gegen Ungarn eingeleitet und nachfolgend vor dem EuGH geklagt. Dieser folgte nun weitgehend der Argumentation der Kommission, die in dem Gesetz u. a. einen Verstoß gegen die Freiheit von Hochschuleinrichtungen sah, in der gesamten EU Dienstleistungen anzubieten oder sich niederzulassen.
In einem weiteren Urteil vom 17.12.2020 konstatierte der EuGH, **die von Ungarn an seiner Grenze zu Serbien eingerichteten Transitzonen**, wo bis vor kurzem Migranten und Flüchtlinge ausschließlich Asylanträge stellen konnten, seien **rechtswidrig**. Die ungarische Regierung hatte allerdings bereits im Mai 2020 die beiden Lager schließen lassen. Der EuGH, der bereits in einem anderen Urteil die Zustände in den beiden Lagern als haftähnlich bezeichnet hatte, stellte nun noch einmal rückwirkend einen rechtswidrigen Zustand fest. Unter anderem hielt er fest, dass die in Ungarn geübte Praxis, Migranten, die sich illegal im Land aufhalten, ohne Einzelfallprüfung sofort abzuschieben, nicht zulässig sei, da sie gegen die entsprechenden EU-Richtlinien verstoße. Ebenso werde das Recht der Asylantragsteller missachtet, vor der Entscheidung über ihren Einspruch gegen die Ablehnung des Antrags in Ungarn zu bleiben. Trotz des Urteils fuhr Ungarn fort, Asylbewerber abzuschieben. Das ungarische Helsinki-Komitee teilte am 17.01.2021 mit, innerhalb eines Monats seit der Gerichtsentscheidung seien über 3000 Personen ohne die Möglichkeit, einen Asylantrag zu stellen, nach Serbien zurückgeschickt worden. Als eine Folge des Urteils zog sich die EU-Grenzschutzbehörde Frontex aus Ungarn zurück, wie diese am 27.01.2021 mitteilte. Man werde erst zurückkehren, wenn Ungarn das Urteil umgesetzt habe.

Keine Information über Homosexualität für Minderjährige: Ein am 15.12.2020 verabschiedetes Gesetz verbot Adoptionen durch homosexuelle Paare.
In einem am 15.06.2021 verabschiedeten Gesetz, das ursprünglich gegen Pädophilie gerichtet war, wurden in die ursprüngliche Vorlage noch weitere Bestimmungen eingefügt, die Informationen über Homosexualität oder Geschlechtsumwandlungen sowie entsprechende Diskussionen nur für nicht Minderjährige gestattete. Diese Regelung stieß sowohl innerhalb Ungarns wie auch in der EU

auf Kritik. Mehrere Mitgliedsländer forderten die EU-Kommission dazu auf, tätig zu werden.

Opposition einigt sich: Die sechs wichtigsten Oppositionsparteien, die Sozialisten (MSZP), die linksliberale Demokratische Koalition (DK), die liberale Gruppierung Momentum, die rechtsnationale Jobbik, die Ökopartei LMP und die links-grüne Gruppe Dialog verständigten sich am 15.11.2020 darauf, bei den nächsten **Parlamentswahlen** im Frühjahr 2022 **mit** einem **gemeinsamen Spitzenkandidaten** anzutreten. Schon am 14.08.2020 hatten sie sich darauf geeinigt, für die 106 Wahlkreise jeweils einen gemeinsamen Kandidaten aufstellen. Am 20.12.2020 vereinbarten sie außerdem die **Aufstellung einer gemeinsamen Liste** für die Parlamentssitze, die nicht direkt vergeben werden. Der gemeinsame Spitzenkandidat und die Wahlkreiskandidaten sollen durch Primärwahlen innerhalb des Bündnisses bestimmt werden.

FIDESZ verlässt EVP: Die Abgeordneten der Regierungspartei Bund der Jungen Demokraten (FIDESZ) im Europäischen Parlament verließen am 03.03.2021 die Fraktion der Europäischen Volkspartei (EVP), nachdem zuvor 84 % der Fraktionsangehörigen sich für eine Änderung der Geschäftsordnung entschieden hatten. Damit wurde es möglich, ganze Länderdelegationen, nicht wie bisher nur einzelne Abgeordnete, aus der Fraktion auszuschließen. Am 18.03.2021 beendete der FIDESZ auch die Mitgliedschaft in der EVP.

Unabhängige Medien: Der Chefredakteur der wichtigsten unabhängigen Internet-Nachrichten-Website „Index“, Szabolcs Dull, wurde am 21.07.2020 nach Differenzen zwischen der Geschäftsführung und der Redaktion über organisatorische Veränderungen entlassen, worauf am 24.07.2020 rund 60 Angehörige der Redaktion aus Solidarität mit Dull kündigten. Der letzte unabhängige Radiosender Klubradio musste am 15.02.2021 seinen Sendebetrieb einstellen, nachdem das Budapester Stadtgericht am 09.02.2021 entschieden hatte, dass die entsprechende Anordnung der Medienaufsichtsbehörde rechtens sei. Die ausschließlich mit der Regierung nahestehenden Personen besetzte Institution hatte im September 2020 die Lizenz für den Sender wegen 2 kleinerer Unterlassungen bei den umfangreichen Meldepflichten nicht verlängert.

Uruguay

▸ 675

Ländername	Republik Östlich des Uruguay
Zeitzone	MEZ -4 h
Fläche in km²	176 215 (Rang 89)
Anzahl der Einwohner	3.5 Millionen (Rang 131)
Einwohnerzahl pro km²	20 (Rang 164)
Hauptstadt	Montevideo
Amtssprache	Spanisch
Verwaltungsgliederung	19 Departements
Wichtige Städte	Montevideo, Salto, Ciudad de la Costa, Paysandú, Las Piedras
Autokennzeichen | ISO-Code	ROU | URY
Währung	1 Uruguayischer Peso = 100 Centésimos
Nationalfeiertag	25. August (Unabhängigkeit 1825)

Im 20. Jahrhundert galt Uruguay lange als die „Schweiz Lateinamerikas“. Es zeichnete sich durch stabile politische und soziale Verhältnisse aus. In den 1970er-Jahren übernahm das Militär die Macht. Inzwischen hat der La-Plata-Staat zur Demokratie zurückgefunden.

GEOGRAFIE

Geografische Lage: Von 30°06′ bis 34°58′ südlicher Breite sowie von 53°07′ bis 58°26′ westlicher Länge (Südamerika)
Höchster Punkt: Cerro Catedral 514 m
Klima: Subtropisch-gemäßigtes Klima

POLITIK

Staatsform: Präsidiale Republik
Staatsoberhaupt und Regierungschef: Präsident Luis Lacalle Pou (seit 01.03.2020)
Regierungspartei: Partido Nacional
Legislative: Generalversammlung, bestehend aus Repräsentantenkammer mit 99 für 5 Jahre gewählten Mitgliedern und Senatorenkammer mit 30 für 5 Jahre gewählten Mitgliedern
Jahr der Verfassung: 1967
Wahlrecht: 18 Jahre

BEVÖLKERUNG

Bevölkerungsanteil: <15 Jahre 20.3 %, 15–64 Jahre 64.6 %, >64 Jahre 15.1 %
Verteilung: Stadt 95.5 %, Land 4.5 %
Wachstum: 0.3 %
Lebenserwartung: Frauen 82 Jahre, Männer 74 Jahre
Alphabetenrate: Frauen 99 %, Männer 98.4 %
Bevölkerungsgruppen: Europäer, Afrikaner, Indigene u. a.
Religionen: Christen, Sonstige
Sprache: Spanisch

WIRTSCHAFT

BIP: 55.71 Mrd. US$
Wachstum BIP: -5.7 %
BIP/Kopf: 15 778 US$
Inflation: 9.8 %
Außenhandel: Import 7.56 Mrd. US$ (Chemische Erzeugnisse 19.8 %, Nahrungsmittel 13.6 %, Erdöl 9 %, Kfz und -Teile 8.6 %, Maschinen 8 %), Export 6.85 Mrd. US$ (Nahrungsmittel 54.2 %, Rohstoffe außer Brennstoffe 26.2 %, Chemische Erzeugnisse 6.8 %, Kfz und -Teile 1.5 %, Leder und -waren 1.2 %)
Erwerbstätige nach Sektoren: Landwirtschaft 7.9 %, Industrie 18.7 %, Dienstleistungen 73.4 %
Arbeitslosenquote: 10.4 %
CO_2-Emission/Kopf: 1.9 t

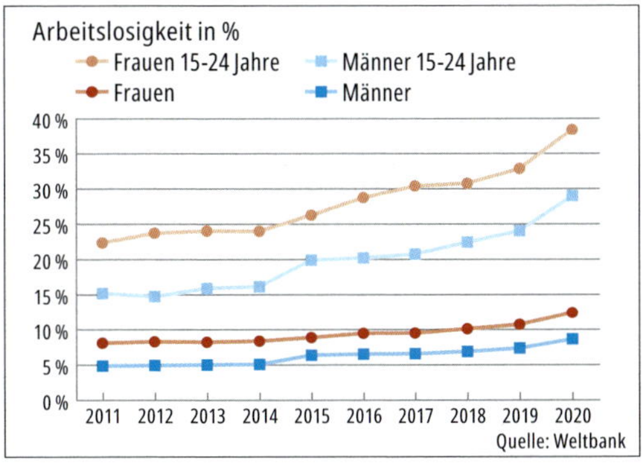

RÜCKBLICK

Corona-Pandemie: Nachdem Uruguay lange Zeit als vorbildlich bei der Eindämmung der Corona-Pandemie galt, entwickelte es sich 2021 zu einem der am stärksten betroffenen Ländern der Region. Die Regierung unter Präsident Luis Lacalle Pou war wenige Tage nach ihrem Amtsantritt am 01.03.2020 mit der Corona-Pandemie konfrontiert worden. Sie hatte umgehend die Grenzen, Schulen und Kirchen geschlossen und Konzerte und Fußballspiele abgesagt. Im Gegensatz zu anderen Ländern der Region hatte sie keine Ausgangssperren verhängt, sondern an das **Verantwortungsbewusstsein seiner Einwohner** appelliert. Am 02.07.2020 zählte die deutsche Bundesregierung Uruguay zu den weltweit 8 Ländern, für das sie aufgrund des niedrigen Infektionsgeschehen die Einreisebeschränkungen aufhob. Das Land hielt auch in der südamerikanischen Sommersaison seine Grenzen zu den Nachbarstaaten geschlossen. Dennoch stiegen die Infektionszahlen ab Dezember 2020 erst langsam, dann exponentiell an. Ende Dezember 2020 lag der Inzidenzwert erstmals oberhalb der 100er-Marke, Mitte April 2021 erreichte er fast 800. Am 07.04.2021 wurde ein Höchststand von fast 7300 Neuinfektionen registriert. Erst ab Mitte Juni 2021 fielen die Infektionszahlen langsam. Bis Ende Juni verzeichnete das Land über 370 000 positive Fälle und damit eine Infektionsrate von fast 10 % der Bevölkerung. Über 5500 Menschen waren im Zusammenhang mit einer COVID-19-Infektion verstorben. Im Norden des Landes geriet die intensivmedizinische Versorgung zeitweise an ihre Auslastungsgrenze. Einschränkungen der Reise- und Bewegungsfreiheit bestanden weiterhin nicht. Als Ursache für die ansteigenden Infektionszahlen galten die Vernachlässigung der Hygienemaßnahmen und die Nachbarschaft zu den Corona-Hotspots Argentinien und Brasilien. Das deutsche Robert-Koch-Institut stufte Uruguay am 21.03.2021 als Hochinzidenzgebiet und ab 06.06.2021 als Virusvariantengebiet ein.
Die **Impfkampagne** startete Ende Februar 2021, Ende April war bereits ein Drittel der Bevölkerung mindestens einmal geimpft. Ende Juni 2021 war über die Hälfte der Bevölkerung vollständig immunisiert, 66 % hatten mindestens eine Dosis erhalten.

Kommunalwahlen: Die Regierungspartei Partido Nacional (PN) von Präsident Luis Lacalle Pou ging aus den Kommunalwahlen am 27.09.2020 gestärkt hervor. Sie gewann 15 von 19 Gouverneursposten, 3 mehr als bei den Regionalwahlen 2015. In der Hauptstadt Montevideo setzte sich zum siebten Mal in Folge der linke Frente Amplio durch, dieses Mal mit der Senatorin und Ex-Industrie- und Energieministerin Carolina Cosse. Neben den 19 Gouverneursposten standen 117 Bürgermeistermandate sowie die Regional- und Gemeinderäte zur Wahl. Auch bei den Bürgermeistern gewann der PN mit 81 von 117 (2015: 68 von 112) die meisten Posten. Der Frente Amplio verbuchte 29 Mandate (2015: 37).

Wirtschaft: Im regionalen Vergleich brach die Wirtschaft 2020 mit 5.7 % nur gering ein. Als Folge der Corona-Krise stieg die Arbeitslosigkeit 2020 erstmals seit 2006 auf über 10 % an.

Usbekistan

▸ 692

Ländername	Republik Usbekistan
Zeitzone	MEZ +4 h
Fläche in km²	448 969 (Rang 55)
Anzahl der Einwohner	34.2 Millionen (Rang 42)
Einwohnerzahl pro km²	76 (Rang 108)
Hauptstadt	Taschkent
Amtssprache	Usbekisch
Verwaltungsgliederung	12 Provinzen, 1 autonome Republik und 1 Stadt
Wichtige Städte	Taschkent, Namangan, Andischan, Samarkand, Nukus, Buchara, Karschi
Autokennzeichen | ISO-Code	UZ | UZB
Währung	1 So'm = 100 Tiyin
Nationalfeiertag	1. September (Unabhängigkeit 1991)

Buchara, Samarkand und Taschkent waren wichtige islamische Zentren an der alten Seidenstraße und besitzen auch heute noch die magische Atmosphäre des alten Orients. Fluch und Segen des autoritär regierten mittelasiatischen Landes ist Baumwolle, die lange Zeit das wichtigste Exportprodukt war, aber zugleich verantwortlich für immense Umweltschäden ist. Derzeit setzt die Regierung auf die Revitalisierung des Tourismus.

GEOGRAFIE

Geografische Lage: Von 37°11' bis 45°34' nördlicher Breite sowie von 55°59' bis 73°09' östlicher Länge (Zentralasien)
Höchster Punkt: Hazrat Sulton 4643 m
Klima: Kontinentales Wüstenklima

POLITIK

Staatsform: Präsidiale Republik
Staatsoberhaupt: Präsident Shavkat Mirziyoyev (seit 08.09.2016)
Regierungschef: Premierminister Abdulla Aripov (seit 14.12.2016)
Regierungspartei: O'zLiDeP (Liberaldemokratische Partei)
Legislative: Oberste Versammlung, bestehend aus Abgeordnetenhaus mit 147 für 5 Jahre gewählten Mitgliedern und Senat mit 84 für 5 Jahre gewählten und 16 ernannten Mitgliedern
Jahr der Verfassung: 1992
Wahlrecht: 18 Jahre

BEVÖLKERUNG

Bevölkerungsanteil: <15 Jahre 28.8 %, 15–64 Jahre 66.4 %, >64 Jahre 4.8 %
Verteilung: Stadt 50.4 %, Land 49.6 %
Wachstum: 1.9 %
Lebenserwartung: Frauen 74 Jahre, Männer 70 Jahre
Alphabetenrate: Frauen 100 %, Männer 100 %
Bevölkerungsgruppen: Usbeken, Tadschiken, Kasachen, Russen, Karakalpaken, Tataren u. a.
Religionen: Muslime (v. a. Sunniten), Christen, Sonstige
Sprachen: Usbekisch, Russisch, Tadschikisch u. a.

WIRTSCHAFT

BIP: 57.71 Mrd. US$
Wachstum BIP: 1.6 %
BIP/Kopf: 1702 US$
Inflation: 12.9 %
Außenhandel: Import 20.02 Mrd. US$ (Maschinen 23.1 %, Chemische Erzeugnisse 14.6 %, Nahrungsmittel 9.3 %, Kfz und -Teile 8.9 %, Eisen und Stahl 7.1 %), Export 13.28 Mrd. US$ (Gold 43.7 %, Textilien und Bekleidung 14.2 %, Nahrungsmittel 10 %, Nichteisenmetalle 7.8 %, Gas 4.4 %)
Erwerbstätige nach Sektoren: Landwirtschaft 23.3 %, Industrie 29.9 %, Dienstleistungen 46.8 %
Arbeitslosenquote: 6 %
CO_2-Emission/Kopf: 2.9 t

RÜCKBLICK

Corona-Pandemie: Der COVID-19-Pandemie versuchte Usbekistan mit der konsequenten Durchsetzung von **Hygieneregeln** und ab 01.04.2021 auch mit Teilnehmerbegrenzungen bei öffentlichen und privaten Veranstaltungen beizukommen. Auf **Lockdowns** wie im Frühjahr und Herbst 2020 (geregelt durch ein zonales „Ampelsystem“) wurde **verzichtet.** Die Zahl der Infizierten lag im Juni 2021 offiziell bei rund 100 000. **Impfungen** begannen am 01.04.2021, weitere Beschaffungen von Impfstoff aus der COVAX-Initiative und aus Russland waren geplant. Einreisebeschränkungen galten nur für den Personenverkehr.

Bewältigung: Finanzhilfen für die Wirtschaft aus dem Jahr 2020 wurden vielfach erweitert und verlängert. Die Regierung von Staatspräsident Shavkat Mirziyoyev legte zur Konjunkturbelebung **Modernisierungs- und Bauprogramme** für die lokale Infrastruktur und im Wohnungswesen auf. Daneben stand die **Digitalisierung** in Verwaltung, Justiz, Gesundheitswesen und Bankensektor an. Ein Reformschwerpunkt war die **Privatisierung** staatlicher Unternehmen, auch solcher von „strategischer Bedeutung“ (u. a. Bergbau, Energie, Verkehr). Für 2021 prognostizierte der Internationale Währungsfonds in seinem Ausblick vom April ein BIP-Plus von 5 %.

Tourismus: Besonderes Augenmerk lag auf der **Wiederbelebung** des Tourismus, u. a. mit Zuschüssen für neue Hotels, Steuererleichterungen (bis 31.12.2021) und der Erschließung neuer „Tourismuszonen“. Für 2021 wurden 2 Mio. ausländische Besucher anvisiert (2019: 6.7 Mio.). Usbekistan vermarktet vor allem historische Herrscherresidenzen und Stationen der mittelalterlichen **Seidenstraße**, darunter das UNESCO-Welterbe von Buchara, Shahrisabz (Kesch), Samarkand und Xiwa. Zur besseren **„touristischen Verwertbarkeit“** ging der Staat dazu über, Bewohner zu vertreiben, etwa aus der Altstadt von Xiwa, markante Sehenswürdigkeiten zu isolieren sowie originale Denkmäler und historische Quartiere niederzureißen. An deren Stelle entstanden Freiflächen, minderwertige Ersatzbauten, Geschäftszeilen und Hotels. So wurden historisch gewachsene **Stadtanlagen zerstört,** etwa Shahrisabz – das deshalb seit 2016 auf der „roten Liste des gefährdeten Welterbes“ steht.

Kooperation: Neben der Liberalisierung der heimischen Wirtschaft versuchte Präsident Mirziyoyev den regionalen Handel in Zentralasien zu erleichtern, u. a. durch eine schnellere Grenzabfertigung und Zollerleichterungen sowie Warenverteilzentren und Freihandelszonen, so im April 2021 durch Abkommen mit **Kasachstan**. Daneben näherten sich Usbekistan und **Iran** an, wie u. a. am 14.12.2020 ein Ministertreffen (mit Indien) zur Nutzung des Tiefwasserhafens Tschahbahar am Golf von Oman für den Transithandel dokumentierte. Seit 11.12.2020 hat Usbekistan Beobachterstatus in der von Russland geführten **Eurasischen Wirtschaftsunion** (EEU).

Vanuatu

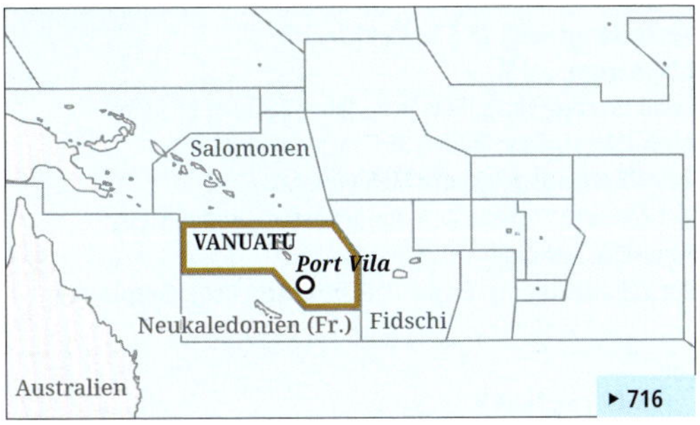

▸ 716

Ländername	Republik Vanuatu
Zeitzone	MEZ +10 h
Fläche in km²	12 189 (Rang 158)
Anzahl der Einwohner	307 150 (Rang 174)
Einwohnerzahl pro km²	25 (Rang 156)
Hauptstadt	Port Vila
Amtssprachen	Bislama, Englisch, Französisch
Verwaltungsgliederung	6 Provinzen
Wichtige Städte	Port Vila, Luganville
Autokennzeichen | ISO-Code	VAN | VUT
Währung	1 Vatu
Nationalfeiertag	30. Juli (Unabhängigkeit 1980)

Der Archipel, der bis zu seiner Unabhängigkeit 1980 den Namen Neue Hebriden trug, wurde ein Jahrhundert lang durch europäische Kolonialmächte ausgebeutet und muss als Staat erst allmählich zu einer eigenen Identität finden.

GEOGRAFIE

Geografische Lage: Von 13°04′ bis 20°15′ südlicher Breite sowie von 166°31′ bis 169°54′ östlicher Länge (Ozeanien)
Höchster Punkt: Tabwemasana 1879 m
Klima: Tropisch-ozeanisches Klima

POLITIK

Staatsform: Parlamentarische Republik
Staatsoberhaupt: Präsident Obed Moses Tallis (seit 06.07.2017)
Regierungschef: Premierminister Bob Loughman (seit 20.04.2020)
Regierungsparteien: Koalition Union of Moderate Party, Vanua'aku Pati
Legislative: Parlament mit 52 für 4 Jahre gewählten Mitgliedern
Jahr der Verfassung: 1980
Wahlrecht: 18 Jahre

BEVÖLKERUNG

Bevölkerungsanteil: <15 Jahre 38.4 %, 15–64 Jahre 58 %, >64 Jahre 3.6 %
Verteilung: Stadt 25.5 %, Land 74.5 %
Wachstum: 2.4 %
Lebenserwartung: Frauen 72 Jahre, Männer 69 Jahre
Alphabetenrate: Frauen 86.7 %, Männer 88.3 %
Bevölkerungsgruppen: Melanesier u. a.
Religionen: Christen (v. a. Protestanten), Buddhisten, Ethnische, Sonstige
Sprachen: Bislama, Englisch, Französisch, Regionalsprachen

WIRTSCHAFT

BIP: 864 Mio. US$
Wachstum BIP: -9.8 %
BIP/Kopf: 2876 US$
Inflation: 2.9 %
Außenhandel: Import 295 Mio. US$, Export 69 Mio. US$
Erwerbstätige nach Sektoren: Landwirtschaft 55.3 %, Industrie 6.3 %, Dienstleistungen 38.4 %
Arbeitslosenquote: 2 %
CO_2-Emission/Kopf: 0.3 t

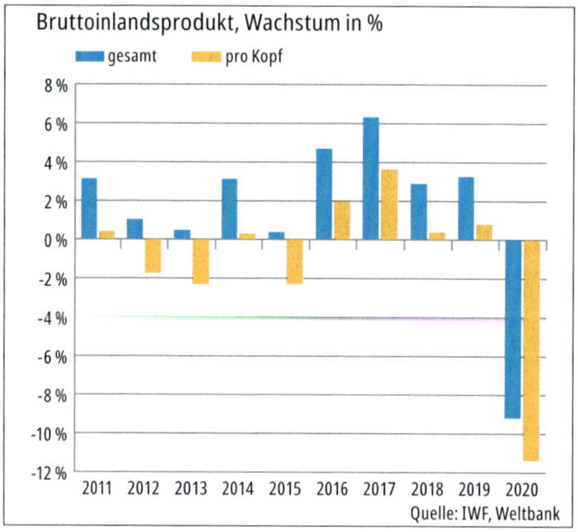

RÜCKBLICK

Corona-Pandemie: Durch die rasche Einreisesperre im März 2020 konnte das Überspringen des Virus nahezu vollständig verhindert werden. Bis zum 31.03.2021 waren nur 3 Rückkehrer positiv getestet worden; am 11.04.2021 wurde außerdem der infizierte Leichnam eines philippinischen Matrosen in der Nähe von Port Vila angeschwemmt, der von einem unter britischer Flagge fahrenden Tanker stammte. Im April 2021 begann, nach Lieferungen im Rahmen des COVAX-Programms, die Impfkampagne; am 07.06.2021 schickte auch die VR China Vakzine nach Port Vila. Die Immunisierung der Bevölkerung gilt neben der Öffnung des Fremdenverkehrs für ausgewählte Herkunftsstaaten wie Australien und Neuseeland als wichtigstes Mittel zur Überwindung der Krise. **Die wirtschaftlichen Folgen der Pandemie waren nicht nur wegen des Tourismuseinbruchs erheblich**; vielmehr wurde auch der Wiederaufbau nach dem verheerenden Zyklon Harold im April 2020 durch die Pandemierestriktionen behindert. Das BIP ging 2020 trotz erheblicher staatlicher Katastrophenhilfen um 9.8 % zurück. Ein Anstieg der Finanzhilfen internationaler Spender und der einträgliche Verkauf von Staatsbürgerschaften machten erhebliche öffentliche Ausgaben möglich, ohne dass der Haushalt defizitär wurde; das krisenbedingte Leistungsbilanzdefizit fiel mit 1 % moderat aus.

Politik: Ein von der Opposition eingebrachter Misstrauensantrag gegen Premierminister Bob Loughman, dem darin Verschwendung öffentlicher Gelder und Untreue in Zeiten der nationalen Krise zur Last gelegt wurden, löste im Juni 2021 eine **Verfassungskrise** aus. Die Regierungsfraktion beantwortete den Misstrauensantrag mit einem Eilantrag auf Ablösung des Parlamentspräsidenten Gracia Shadrak, dem sie die Annahme des Oppositionsantrags vorwarf; Shadrak wiederum weigerte sich, diesen Antrag vor der Misstrauensabstimmung zur Abstimmung zu stellen. Da ein großer Teil der Regierungsfraktion aus Protest dreimal hintereinander unentschuldigt den Parlamentsverhandlungen fernblieb, gab dies Shadrak die Gelegenheit, 18 Abgeordneten, darunter dem Premier und seinem Stellvertreter, am 08.06.2021 ihre Mandate abzuerkennen und Nachwahlen anzuordnen – der Supreme Court bestätigte am 18.06.2021 diese Anordnung, zudem traten am 21.06.2021 vier Abgeordnete der regierenden Partei zur Opposition über. Loughman war dennoch nicht zum Rücktritt zu bewegen. Da die 18 Abgeordneten gegen die Aberkennung ihrer Mandate Berufung beim Supreme Court einlegten, fand am 29.06.2021 die Abstimmung über den Misstrauensantrag statt, der mit 27 gegen 21 Stimmen abgelehnt wurde.

Vatikanstadt

▸ 625

Ländername	Staat Vatikanstadt
Zeitzone	MEZ ±0 h
Fläche in km²	< 1 (Rang 196)
Anzahl der Einwohner	809 (Rang 196)
Einwohnerzahl pro km²	1839 (Rang 4)
Hauptstadt	Vatikanstadt
Amtssprachen	Italienisch, Latein
Verwaltungsgliederung	Keine
Autokennzeichen | ISO-Code	V | VAT
Währung	1 Euro = 100 Cent
Nationalfeiertage	11. Februar (Lateranverträge 1929), 13. März (Wahl von Papst Franziskus 2013)

Die Vatikanstadt, im Herzen Roms gelegen, ist das kleinste Land der Erde. Es verfügt aber über großen Einfluss in der internationalen Politik, da der Papst als Oberhaupt der römisch-katholischen Kirche einen großen Teil der Weltbevölkerung vertritt.

GEOGRAFIE

Geografische Lage: Bei 41°54‘ nördlicher Breite und 12°27‘ östlicher Länge (Südeuropa)
Höchster Punkt: Unbenannt 75 m
Klima: Warmgemäßigtes winterfeuchtes Klima

POLITIK

Staatsform: Absolute priesterliche Wahlmonarchie
Staatsoberhaupt: Papst Franziskus (Jorge Mario Bergoglio) (seit 13.03.2013)
Regierungschef: Präsident des Governatorats Kardinal Giuseppe Bertello (seit 01.10.2011) und Kardinalstaatssekretär Pietro Parolin (seit 15.10.2013)
Regierungspartei: keine
Legislative: Päpstliche Kommission mit 7 für 5 Jahre ernannten Mitgliedern
Jahr der Verfassung: 2001
Wahlrecht: Kardinäle jünger als 80 Jahre

BEVÖLKERUNG

Bevölkerungsanteil: Keine Angabe
Verteilung: Keine Angabe
Wachstum: -0.7 %
Lebenserwartung: Frauen 81 Jahre, Männer 74 Jahre
Alphabetenrate: Frauen 100 %, Männer 100 %
Bevölkerungsgruppen: Italiener, Schweizer, Argentinier u. a.
Religion: Christen (v. a. Katholiken)
Sprachen: Italienisch, Latein u. a.

WIRTSCHAFT

BIP: Keine Angabe
Wachstum BIP: Keine Angabe
BIP/Kopf: Keine Angabe
Inflation: Keine Angabe
Außenhandel: Keine Angabe
Erwerbstätige nach Sektoren: Keine Angabe
Arbeitslosenquote: Keine Angabe
CO_2-Emission/Kopf: Keine Angabe

RÜCKBLICK

Corona-Pandemie: Insgesamt verzeichnete die Vatikanstadt seit Beginn der Pandemie 27 Corona-Infektionen, aber keine Toten. Die Impfkampagne begann am 13.01.2021. U. a. wurden Papst Franziskus und der emeritierte Papst Benedikt XVI. geimpft.

Haushalt: Wegen der Pandemie verzeichnete der Vatikan 2020 einen **Einnahmerückgang** von rund 20 %. Am 12.03.2021 legte der Vatikan den Haushaltsplan für 2021 vor. Danach rechnet er mit Einnahmen von 238 Mio. €, das waren 52 Mio. € weniger als vor der Krise 2019. Die Ausgaben sollten auf 302 Mio. € reduziert werden, ein Minus von 26 Mio. € gegenüber 2019. Deshalb ordnete der Papst am 23.03.2021 für die etwa 4000 Mitarbeiter **Kürzungen der Gehälter** zwischen 3 % (Priester) und 10 % (Kardinäle) an.

Finanzskandale: Am 24.09.2020 trat **Kurienkardinal Giovanni Angelo Becciu** von allen Ämtern zurück. Seit 2019 ermittelte die vatikanische Staatsanwaltschaft im Zusammenhang mit **Immobiliengeschäften** in London gegen Becciu und andere Verdächtige wegen Betrugs, Geldwäsche, Amtsmissbrauch, Erpressung und Korruption. Am 06.11.2020 erfolgten Razzien in Rom, Genua und Mailand. Als **Reaktion auf diesen und andere Finanzskandale** übertrug Papst Franziskus am 26.12.2020 die Verwaltung von Kapital- und Immobilienvermögen zum 01.01.2021 der Güterverwaltung des Apostolischen Stuhls (APSA).

Korruption: Papst Franziskus verschärfte am 29.04.2021 die **Regeln gegen Korruption**. Künftig müssen alle leitenden Mitarbeiter regelmäßig schriftlich erklären, dass gegen sie nicht wegen Korruption, Terrorismus, Betrug, Geldwäsche, Steuerhinterziehung oder Ausbeutung von Minderjährigen ermittelt wird oder sie wegen solcher Delikte verurteilt wurden. Außerdem wurde ihnen untersagt, in Steuerparadiesen zu investieren. Das **Sekretariat für Wirtschaft** ist künftig für alle Aufträge und Einkäufe zuständig. Das wurde am 22.06.2021 bekannt.

Organisierte Kriminalität: Der Papst setzte am 09.05.2021 eine Arbeitsgruppe ein, die sich mit der Exkommunikation von Mafiosi beschäftigen soll. Die Gruppe sollte in Zusammenarbeit mit den Bischöfen vor Ort weltweit Antimafia-Initiativen fördern. Außerdem wurde am 01.06.2021 das **kirchliche Strafgesetzbuch** reformiert. Darin ist erstmals die Unschuldsvermutung benannt. Außerdem werden Missbrauch und Delikte im Zusammenhang mit Internetpornographie deutlicher angesprochen.

Misshandlungen: In der Kritik stand der Vatikan wegen **Misshandlungen indigener Kinder in katholischen Internaten in Kanada** im vergangenen Jahrhundert. Kanadas Regierung forderte Papst Franziskus am 03.06.2021 auf, Verantwortung dafür zu übernehmen und Wiedergutmachung zu leisten. An insgesamt drei Orten wurden im Mai und Juni rund 1000 Kinderleichen gefunden. In den Internaten waren Kinder der indigenen Bevölkerung bis in die 1990er-Jahre untergebracht worden, um sie im Sinne der „christliche Zivilisation" umzuerziehen.

Missbrauchsskandale in diversen Ländern: Am 20.11.2020 legte der Vatikan einen Bericht zum Fall McCarrick vor. Der **ehemalige Erzbischof von New York** war 2018 wegen Kindesmissbrauchs vom Papst suspendiert worden. Dem Bericht zufolge hatte Papst Benedikt XVI. bereits 2000 von den Vorwürfen erfahren, ihnen aber nicht geglaubt. Gegen Kardinal Hendryk Gulbinowicz aus **Polen** verhängte der Vatikan am 06.11.2020 Disziplinarstrafen. Dem emeritierten Erzbischof von Wrocław (Breslau) wurde Missbrauch vorgeworfen. Das Rücktrittsgesuch von **Kardinal Marx in Deutschland** lehnte der Papst am 10.06.2021 ab. Marx hatte den Rücktritt am 21.05.2021 nach eigenen Worten angeboten, um Mitverantwortung für den jahrzehntelangen Missbrauch in der katholischen Kirche zu übernehmen.

Venezuela

▸ 668

Ländername	Bolivarische Republik Venezuela
Zeitzone	MEZ -5 h
Fläche in km²	916 445 (Rang 32)
Anzahl der Einwohner	28.4 Millionen (Rang 50)
Einwohnerzahl pro km²	31 (Rang 148)
Hauptstadt	Caracas
Amtssprache	Spanisch
Verwaltungsgliederung	23 Bundesstaaten, 1 abhängiges Gebiet und 1 Hauptstadtdistrikt
Wichtige Städte	Maracaibo, Caracas, Valencia, Barquisimeto, Ciudad Guayana, Maturín, Maracay
Autokennzeichen | ISO-Code	YV | VEN
Währung	1 Venezolanischer Bolívar = 100 Céntimos
Nationalfeiertag	5. Juli (Unabhängigkeit 1811)

Das erdölreiche Land im äußersten Norden Südamerikas weist eine breite Palette unterschiedlicher Naturräume auf, die von den tropischen Küsten über die weiten Ebenen der Llanos bis zu den vergletscherten Gipfeln der Anden reicht. Der 1999 an die Macht gekommene und 2013 verstorbene Präsident Hugo Chávez leitete unter dem Schlagwort der „bolivarischen Revolution" einen tiefgreifenden Wandel ein, der zu einer politischen Spaltung der venezolanischen Bevölkerung führte und ein autoritäres Herrschaftsregime etablierte, das auch von seinem Nachfolger Nicolás Maduro fortgeführt wird. Das Land schlitterte ab 2013 in eine Wirtschaftskrise mit negativen Auswirkungen wie Preissteigerungen und Versorgungsengpässen bei Grundbedarfsgütern. Etwa 5.5 Millionen Venezolaner haben seither das Land verlassen.

GEOGRAFIE

Geografische Lage: Von 0°39' bis 12°12' nördlicher Breite sowie von 59°49' bis 73°23' westlicher Länge (Südamerika)
Höchster Punkt: Pico Bolivar 4981 m
Klima: Tropisches Savannenklima, nach Südosten hin äquatoriales Regenwaldklima, im Nordwesten Trockenklima

POLITIK

Staatsform: Präsidiale Bundesrepublik
Staatsoberhaupt und Regierungschef: Präsident Nicolás Maduro (seit 19.04.2013)
Regierungspartei: PSUV (Partido Socialista Unido de Venezuela)
Legislative: Nationalversammlung mit 167 für 5 Jahre gewählten Mitgliedern
Jahr der Verfassung: 1999
Wahlrecht: 18 Jahre

BEVÖLKERUNG

Bevölkerungsanteil: <15 Jahre 27.3 %, 15–64 Jahre 64.8 %, >64 Jahre 7.9 %
Verteilung: Stadt 88.3 %, Land 11.7 %
Wachstum: -0.3 %
Lebenserwartung: Frauen 76 Jahre, Männer 68 Jahre
Alphabetenrate: Frauen 97.2 %, Männer 97 %
Bevölkerungsgruppen: Spanier, Italiener, Portugiesen, Araber, Deutsche, Afrikaner, Indigene u. a.
Religionen: Christen (v. a. Katholiken), Sonstige
Sprachen: Spanisch, indigene Sprachen

WIRTSCHAFT

BIP: 47.26 Mrd. US$
Wachstum BIP: -30 %
BIP/Kopf: 1691 US$
Inflation: 2355.1 %
Außenhandel: Import 6.55 Mrd. US$, Export 5.02 Mrd. US$
Erwerbstätige nach Sektoren: Keine Angabe
Arbeitslosenquote: 9.1 %
CO_2-Emission/Kopf: 3.4 t

RÜCKBLICK

Corona-Pandemie: Die Corona-Krise traf in Venezuela auf die bereits bestehende schwere Wirtschafts-, Gesundheits- und Versorgungskrise. Die medizinische Versorgung war prekär, für das medizinische Personal stand kaum Schutzausrüstung zur Verfügung. Zu Beginn der Pandemie hatte die Regierung die Grenzen geschlossen und eine landesweite Quarantäne verhängt, später wurde ein **On-off-System** eingeführt, bei der auf eine Woche strikter Quarantäne eine Woche mit Lockerungen folgte. Alle Reisenden, die aus den Nachbarländern einreisten, mussten sich in eines der staatlichen Quarantänezentren begeben. Bis August 2020 hatten 90 000 Menschen diese Zwangsquarantäne durchlaufen. Viele von ihnen waren Flüchtlinge, die aus dem Ausland zurückkehrten, weil sie dort von der Gesundheitsversorgung ausgeschlossen worden waren.
Im August/September 2020 erlebte das Land eine erste große Infektionswelle, die zweite Welle begann im März 2021. Nach Angaben der WHO wurden bis Ende Juni 2021 rd. 270 000 positive Fälle und rd. 3100 Todesfälle registriert. Da wenig getestet wurde, ist von einer hohen Dunkelziffer auszugehen. Die **Impfkampagne** verlief schleppend. Im Februar 2021 erhielt das Land die ersten Impfdosen des russischen Sputnik V und des chinesischen Sinopharm, Ende Juni 2021 folgte eine Schenkung des kubanischen Impfstoffs Abdala. Ende Juni 2021 hatten 4.3 % der Bevölkerung eine Erstimpfung, 0.8 % eine Zweitimpfung erhalten.

Umstrittene Parlamentswahl: Bei der am 06.12.2020 abgehaltenen Parlamentswahl konnten Staatspräsident Nicolás Maduro und die Regierungspartei Partido Socialista Unido de Venezuela (PSUV) die Legislative wieder unter ihre Kontrolle bringen. Der PSUV erzielte zusammen mit der Neunparteienallianz Gran Polo Patriótico Simón Bolívar (GPPSB) 62.7 % der Stimmen und sicherte sich damit 253 der 277 Parlamentssitze. Die restlichen 24 Sitze entfielen auf kleinere Oppositionsparteien, davon 18 auf das aus 6 moderaten Parteien bestehende Bündnis Alianza Democrática. Die Wahlbeteiligung lag nach offiziellen Angaben bei 30.1 %.
27 Oppositionsparteien hatten die Wahl **boykottiert**. Die Gruppe um den oppositionellen Ex-Präsidentschaftskandidaten Henrique Capriles Radonski wollte zunächst an der Wahl teilnehmen, schloss sich aber im Oktober 2020 dem Boykott an. Die Organisation Amerikanischer Staaten hatte bereits vor den Wahlen erklärt, dass die Voraussetzungen für eine freie und faire Wahl nicht gegeben seien. Der Präsident des alten Parlaments, Oppositionsführer Juan Guaidó Márquez, erkannte die Wahl nicht an und sah sich weiterhin als Übergangspräsident, zu dem er sich im Januar 2019 erklärt hatte. Er hatte sich dabei auf eine Verfassungsbestimmung gestützt, nach der der Parlamentspräsident die Präsidentschaft übernimmt, wenn zu Beginn der Amtszeit kein legitimer Anwärter existiert. Die Präsidentschaftswahl 2018, aus der Nicolás Maduro als Sieger hervorgegangen war, war von der Opposition und auch international als nicht regulär angesehen worden. Guaidó war von 58 Regierungen als legitimer Staatschef anerkannt worden.
Einen Tag nach den Wahlen begann die Opposition eine **virtuelle Volksbefragung** über die Anerkennung

des Wahlergebnisses. Nach Angaben der Opposition beteiligten sich dabei mit 32.2 % mehr Menschen als an den Parlamentswahlen. Das von der Opposition beherrschte alte Parlament verabschiedete ein Statut, das die eigene Wahlperiode und die von Parlamentspräsident Juan Guaidó verlängern sollte. Der Oberste Gerichtshof erklärte dieses Statut für ungültig. Das 2015 gewählte Parlament war die einzige staatliche Institution, die noch von der Opposition kontrolliert wurde. Um dieses Parlament zu umgehen, hatte Maduro 2017 eine verfassungsgebende Versammlung einberufen, die de facto als Parallelparlament arbeitete.
Der von Präsident Nicolás Maduro abhängige **Nationale Wahlrat** hatte die Parlamentswahlen im Juli 2020 auf den 06.12.2020 terminiert. Der Wahlrat hatte auch beschlossen, die Zahl der Abgeordneten von 167 auf 277 zu erhöhen. Nachdem die Opposition zum Boykott der Wahl aufgerufen hatte, übertrug das Oberste Gericht die Kontrolle mehrerer Oppositionsparteien an abtrünnige Abgeordnete, die mit Maduro kollaborieren.

Neues Parlament: Am 05.01.2021 kam das umstrittene neu gewählte Parlament zu einer **konstituierenden Sitzung** zusammen. Der ehemalige Kommunikationsminister Jorge Rodriguez wurde zum neuen Parlamentspräsidenten ernannt und löste damit den bisherigen Parlamentspräsidenten Juan Guaidó ab. Dieser schwor in einer parallelen Sitzung mit 147 Abgeordneten den Eid auf die **Fortsetzung der alten Nationalversammlung**. Einige Abgeordnete hatten sich gegen Guaidó gewandt und sahen sich nach der Parlamentswahl als abgewählt. Im Februar 2021 warf der Rechnungshof Juan Guaidó und 27 weiteren Oppositionellen vor, sich nach dem Ende ihrer Amtszeit am 05.01.2021 geweigert zu haben, eine beeidete Vermögenserklärung abzugeben. Der Rechnungshof nahm das zum Anlass, diese Oppositionellen für 15 Jahre von der **Ausübung öffentlicher Ämter auszuschließen**. Die USA und die in der Limagruppe zusammengeschlossenen südamerikanischen Staaten **erkannten das neue Parlament nicht** an. Innerhalb von Lateinamerika erkannten nur Argentinien, Mexiko, Bolivien, Nicaragua und Kuba das neue Parlament an. Auch für die Europäische Union war der bisherige Parlamentspräsident Juan Guaidó nach der Wahl nicht mehr der legitime Vertreter Venezuelas.

Anti-Blockade-Gesetz: Am 08.10.2020 verabschiedete die Verfassungsgebende Versammlung ein Gesetz, das Präsident Nicolás Maduro außerordentliche Befugnisse zum Abschluss neuer Verträge mit in- und ausländischen Privatunternehmen zur Erdölförderung und -verarbeitung verlieh. Durch diese Außerkraftsetzung bestehender Rechtsnormen kann die Regierung die Wirtschaftsblockaden umgehen, die die USA gegen die Regierung und Präsident Maduro verhängt hatten. Die Ölförderung in dem Land mit den weltweit größten Ölreserven war 2020 auf den tiefsten Stand seit 80 Jahren gesunken.

Inhaftierungen: Die Repressionspolitik gegenüber Andersdenkenden wurde durch die Corona-Pandemie verstärkt. Unter dem Vorwand der Pandemiebekämpfung wurden Dutzende regierungskritische Journalisten und Anwälte inhaftiert. Nach Angaben der Menschenrechtsorganisation Foto Penal wurden zwischen Januar und Oktober 2020 mindestens 431 Personen willkürlich und politisch motiviert verhaftet. Am 31.08.2020 **begnadigte** Präsident Maduro 110 verurteilte und inhaftierte Regimegegner.

Leopoldo López: Oppositionspolitiker Leopoldo López flüchtete im Oktober 2020 nach Spanien. Bis zu seiner Festnahme 2014 zählte López zu den einflussreichsten Regimekritikern. Er war nach Protesten mit mehr als 40 Todesopfern festgenommen und 2015 wegen Anstiftung zur Gewalt zu fast 14 Jahren Haft verurteilt worden. 2017 kam er in Hausarrest, von dem er auf Anweisung von Oppositionsführer und selbst ernannten Präsidenten Juan Guiadó im April 2019 von aufständischen Soldaten befreit worden war. Anschließend hatte er in der spanischen Botschaft in Caracas Schutz gesucht.

Bericht UN-Mission: Die UN-Fact-Finding-Mission zu Menschenrechtsverletzungen veröffentlichte im September 2020 einen Bericht, in dem sie 233 Fällen von **Menschenrechtsverletzungen** seit 2014 untersuchte. Die UN-Mission warf den Behörden und Sicherheitskräften vor, schwere Menschenrechtsverbrechen geplant und verübt zu haben, einschließlich **willkürlicher Tötungen**, systematischer **Anwendung von Folter und sexuellem Missbrauch** von Gefangenen. Nach dem Bericht gingen zwischen 2015 und 2019 zwei Drittel der Tötungen von staatlicher Hand auf die Bolivarische Polizei (FAES) und die Sonderermittlereinheit CIPC zurück. Präsident Maduro hatte die Arbeit der UN-Mission boykottiert, die daraufhin ihr Büro in Kolumbien an der Grenze zu Venezuela eingerichtet hatte.

Beziehung zur EU: Am 24.02.2021 erklärte Außenminister Jorge Arreaza die Botschafterin der EU, Isabel Brilhante Pedroso, zur unerwünschten Person.
Sie musste das Land innerhalb von 72 Stunden verlassen. Zuvor hatte die EU Sanktionen gegen 55 Regimeanhänger verhängt, darunter 19 Gouverneure, Mitglieder des Wahlrates, Militärs, Polizeichefs

und Staatsanwälte. Ihnen wurde die Einreise in die EU verboten und ihre Bankkonten eingefroren. Die EU begründete die Sanktionen mit schweren Menschenrechtsverletzungen und der Behinderung der Opposition bei den Parlamentswahlen im Dezember 2020. Brilhante Pedroso vertrat die EU in Venezuela seit 2018.

Beziehung zu USA: Am 06.08.2020 wurden 2 amerikanische Söldner zu jeweils 20 Jahren Haft verurteilt. Sie sollen im Mai 2020 an einem gescheiterten Versuch einer Entführung von Präsident Nicolás Maduro beteiligt gewesen sein. Bei der „Operation Gideon" sollen mehrere bewaffnete Gruppen von Kolumbien aus in das Land eingedrungen sein. Im Kampf mit Sicherheitskräften waren mindestens 8 Personen getötet worden. Die Söldner sollten Maduro in die USA bringen, die ein Kopfgeld von 15 Mio. US$ auf ihn ausgesetzt hatten. Die angespannte Beziehung zu den USA setzte sich auch nach Amtsantritt des neuen US-Präsidenten Joe Biden im Januar 2021 fort.

Flüchtlinge: Die Zahl der seit 2015 aus dem Land geflüchteten Venezolaner erhöhte sich bis Ende 2020 auf 5.4 Mio. Es handelte sich um die größte Fluchtbewegung in der Geschichte Südamerikas. Neben Kolumbien flohen viele Venezolaner nach Ecuador, Peru, Chile und Argentinien. Das UN-Flüchtlingskommissariat ging im Juni 2021 davon aus, dass täglich weitere 1600 bis 2000 Venezolaner ihre Heimat verließen. Kolumbien gewährte im Februar 2021 rund 1 Mio. venezolanischen Flüchtlingen ohne geregelten Aufenthalt einen **10-jährigen Schutzstatus**. Anfang 2021 hielten sich über 1.7 Mio. venezolanische Flüchtlinge in Kolumbien auf. Die USA boten den in ihrem Land lebenden venezolanischen Flüchtlingen ab März 2021 die Möglichkeit, eine 18-monatige Aufenthaltsgenehmigung und damit auch eine Arbeitserlaubnis zu erhalten. Nach Schätzungen lebten im März 2021 rund 320 000 potenzielle Antragsteller in den USA.

Wirtschaft: Venezuela litt bereits seit 2014 unter einer schweren Wirtschaftskrise. 2019 war das Bruttoinlandsprodukt um 35.0 % eingebrochen, 2020 sank es um weitere 30.0 %. Für 2021 erwartet der IWF einen weiteren Einbruch um 10.0 % sowie eine Inflation von 5500 %. Die Corona-Pandemie verschlimmerte die bestehenden Versorgungsprobleme von Trinkwasser, Strom und Benzin und den Mangel an Nahrungsmitteln und Medikamenten. Nach Angaben des Welternährungsprogramms herrschte in Venezuela eine der zehn schlimmsten Nahrungsmittelkrisen weltweit.

Vereinigte Arabische Emirate

Ländername	Vereinigte Arabische Emirate
Zeitzone	MEZ +3 h
Fläche in km²	83 600 (Rang 114)
Anzahl der Einwohner	9.9 Millionen (Rang 93)
Einwohnerzahl pro km²	118 (Rang 72)
Hauptstadt	Abu Dhabi
Amtssprache	Arabisch
Verwaltungsgliederung	7 Emirate
Wichtige Städte	Dubai, Sharja, Abu Dhabi, Al Ain, Ajman, Ras al-Khaima
Autokennzeichen | ISO-Code	UAE | ARE
Währung	1 VAE-Dirham = 100 Fils
Nationalfeiertag	2. und 3. Dezember (Unabhängigkeit 1971)

Die aus sieben Emiraten bestehende Föderation im Osten der Arabischen Halbinsel gehört zu den großen Erdöl- und Erdgasförderländern und ist einer der reichsten Staaten der Erde. Die einst beschaulichen kleinen Hafenstädte haben sich zu internationalen Verwaltungs- und Dienstleistungszentren entwickelt, die beliebte Ziele des modernen Tourismus geworden sind.

GEOGRAFIE

Geografische Lage: Von 22°37′ bis 26°04′ nördlicher Breite sowie von 51°34′ bis 56°23′ östlicher Länge (Vorderasien)
Höchster Punkt: Jabal Yibir 1527 m
Klima: Wüstenklima

POLITIK

Staatsform: Föderale Monarchie
Staatsoberhaupt: Präsident Khalifa bin Zayed Al Nahyan (seit 03.11.2004)
Regierungschef: Premierminister Mohammed bin Rashid Al Maktoum (seit 05.01.2006)
Regierungspartei: keine
Legislative: Föderativer Nationalrat mit 20 für 4 Jahre gewählten und 20 ernannten Mitgliedern
Jahr der Verfassung: 1996
Wahlrecht: Keines

BEVÖLKERUNG

Bevölkerungsanteil: <15 Jahre 14.8 %, 15–64 Jahre 83.9 %, >64 Jahre 1.3 %
Verteilung: Stadt 87 %, Land 13 %
Wachstum: 1.2 %
Lebenserwartung: Frauen 79 Jahre, Männer 77 Jahre
Alphabetenrate: Frauen 95.8 %, Männer 93.1 %
Bevölkerungsgruppen: Araber, Inder, Bangladescher, Pakistaner, Ägypter, Philippiner u. a.
Religionen: Muslime, Christen, Hindus, Buddhisten, Sonstige
Sprachen: Arabisch, Englisch, Hindi, Urdu, Persisch

WIRTSCHAFT

BIP: 354.28 Mrd. US$
Wachstum BIP: -5.9 %
BIP/Kopf: 31 982 US$
Inflation: -2.1 %
Außenhandel: Import 226.37 Mrd. US$ (Petrochemie 17.9 %, Elektronik 12 %, Gold 11.1 %, Maschinen 7.3 %, Kfz und -Teile 6.7 %), Export 306.41 Mrd. US$ (Erdöl 31.7 %, Petrochemie 16.8 %, Elektronik 7.9 %, Gas 6.2 %, Gold 4.9 %)
Erwerbstätige nach Sektoren: Landwirtschaft 1.4 %, Industrie 34.2 %, Dienstleistungen 64.4 %
Arbeitslosenquote: 5 %
CO_2-Emission/Kopf: 23 t

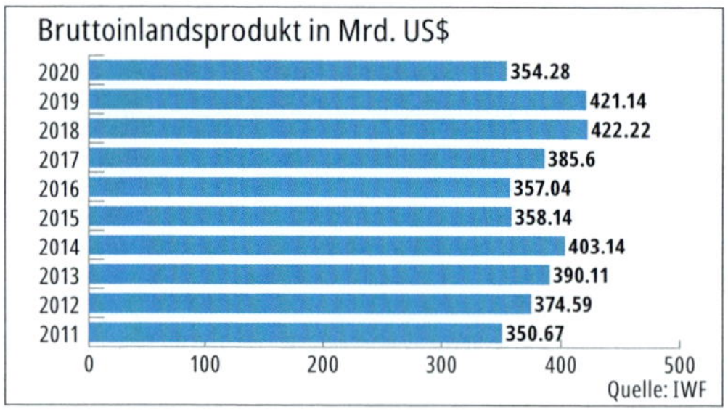

RÜCKBLICK

Corona-Pandemie: Die Infektionszahlen stiegen im Herbst 2020 etwas an, zu einem deutlichen Wachstum kam es aber erst Ende des Jahres 2020. Der Höhepunkt der Infektionswelle wurde Ende Januar 2021 mit mehr als 26 000 Fällen pro Woche erreicht. Auch wenn die Zahlen danach wieder zurückgingen, lagen sie doch weiterhin mit 13 000 bis 14 000 pro Woche recht hoch. Die Impfungen begannen am 14.12.2020. Insgesamt wurden seit Beginn der Pandemie bis zum 30.06.2021 632 907 Infektionen und 1811 Todesfälle gemeldet, was 0.02 % der Bevölkerung entsprach. 39.3 % waren vollständig geimpft.

Normalisierungsabkommen mit Israel: Der Staatsminister im Außenministerium, Anwar Gargash, unterzeichnete am 15.09.2020 in Washington ein Normalisierungsabkommen mit Israel. Bereits im Juli 2020 hatten 2 israelische Technologieunternehmen mit der in Abu Dhabi ansässigen Group 42 eine Kooperation bei der Bekämpfung der COVID-19-Pandemie vereinbart. Am 31.08.2020 landete eine Maschine der israelischen Fluggesellschaft El Al mit einer Delegation aus Israel und den USA in Abu Dhabi. Am 19.10.2020 erfolgte dann der erste Flug einer Passagiermaschine der Etihad Airways nach Israel, die mit Vertretern der israelischen Tourismusbranche zurückflog. Am 01.03.2021 überreichte der erste Botschafter der VAE dem israelischen Staatspräsidenten Reuven Rivlin sein Akkreditierungsschreiben. Israels Außenminister Yair Lapid eröffnete am 29.06.2021 die Botschaft seines Landes in Abu Dhabi.

AKW in Betrieb genommen: Am 01.08.2020 wurde der erste Reaktorblock des Atomkraftwerks Barakah, des ersten in einem arabischen Land, in Betrieb genommen. Der Testbetrieb lief bereits seit Februar 2020. Die Inbetriebnahme erfolgte 3 Jahre später als geplant. Alle insgesamt 4 Reaktoren des AKW verfügen über eine Kapazität von 5600 MW, was 25 % des Strombedarfs des Landes entspricht.

Ankündigung von Reformen: Die Regierung kündigte am 07.11.2020 eine Reihe von Reformen an. So soll künftig das Zusammenleben unverheirateter Paare erlaubt sein. Das Strafmaß für sexuelle Belästigung wurde auf mindestens ein Jahr Gefängnis und Geldbußen von rund 30 000 $ erhöht. Sogenannte Ehrenmorde sollen künftig wie Mord geahndet werden, also mit lebenslanger Haft oder der Todesstrafe. Bislang konnten Täter mit relativ milden Urteilen rechnen. Ebenso wurde Alkoholkonsum entkriminalisiert. War er bislang nur für Hotelgäste und nichtmuslimische Einwohner des Landes erlaubt, so soll es nun allen über 21-Jährigen freistehen.

Vereinigte Staaten von Amerika

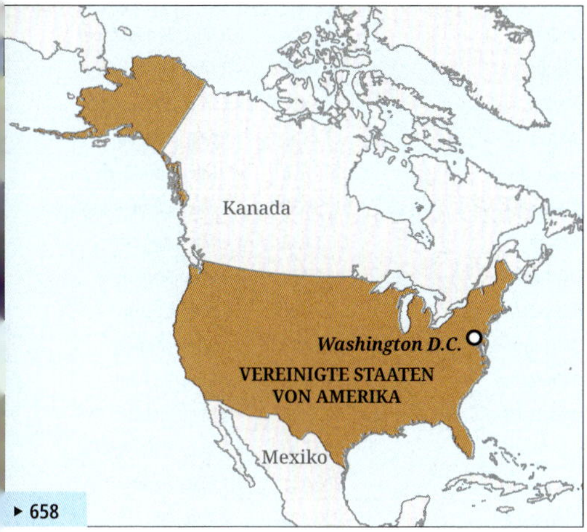

▸ 658

Ländername	Vereinigte Staaten von Amerika
Zeitzonen	MEZ -6 h bis -11 h
Fläche in km²	9 833 517 (Rang 3)
Anzahl der Einwohner	331.4 Millionen (Rang 3)
Einwohnerzahl pro km²	34 (Rang 146)
Hauptstadt	Washington D. C.
Amtssprache	Englisch
Verwaltungsgliederung	50 Bundesstaaten und 1 Bundesdistrikt
Wichtige Städte	New York, Los Angeles, Chicago, Houston, Phoenix, Philadelphia, San Antonio, San Diego, Dallas, San José, Austin
Autokennzeichen | ISO-Code	USA | USA
Währung	1 US-Dollar = 100 Cents
Nationalfeiertag	4. Juli (Unabhängigkeit 1776)

Das größte Einwanderungsland der Erde wurde im 19. und 20. Jahrhundert für Millionen Europäer zur neuen Heimat. Heute sind es überwiegend Asiaten und Lateinamerikaner, die es auf der Suche nach individueller Freiheit und wirtschaftlichem Aufstieg in die USA zieht. Dabei darf nicht übersehen werden, dass die Kluft zwischen reicher und armer Bevölkerung zunehmend größer wird. Die USA, deren Einsatz in beiden Weltkriegen entscheidend war, sehen sich nach den Anschlägen vom 11. September 2001 im Krieg gegen den internationalen Terrorismus. Weitere außenpolitische Herausforderungen des 21. Jahrhunderts für die USA bilden die machtpolitische Renaissance Russlands und der wirtschaftliche Aufstieg der Volksrepublik China, der zu einem weltweiten Wettbewerb um Energie- und andere Rohstoffe geführt hat.

GEOGRAFIE

Geografische Lage: Zentralstaaten: Von 24°33‘ bis 49°22‘ nördlicher Breite sowie von 66°58‘ bis 124°44‘ westlicher Länge; Alaska: Von 51°13‘ bis 71°25‘ nördlicher Breite sowie von 177°13‘ östlicher bis 129°59‘ westlicher Länge (Nordamerika)
Höchster Punkt: Denali (Mount McKinley) 6190 m
Zugehöriges: Guantánamo Bay (US-Marinestützpunkt auf Kuba), Hawaii
Klima: Überwiegend gemäßigtes, im Süden randtropisches Klima, in Alaska arktisches Klima

POLITIK

Staatsform: Föderale präsidiale Republik
Staatsoberhaupt und Regierungschef: Präsident Joe Biden (seit 20.01.2021)
Regierungspartei: Demokratische Partei
Legislative: Kongress, bestehend aus Repräsentantenhaus mit 435 für 2 Jahre gewählten Mitgliedern und Senat mit 100 für 6 Jahre gewählten Mitgliedern (alle 2 Jahre teilerneuert)
Jahr der Verfassung: 1789
Wahlrecht: 18 Jahre

Präsident Joe Biden und seine Stellvertreterin Kamala Harris.

BEVÖLKERUNG

Bevölkerungsanteil: <15 Jahre 18.4 %, 15–64 Jahre 65 %, >64 Jahre 16.6 %
Verteilung: Stadt 82.7 %, Land 17.3 %
Wachstum: 0.4 %
Lebenserwartung: Frauen 81 Jahre, Männer 76 Jahre
Alphabetenrate: Frauen 99 %, Männer 99 %
Bevölkerungsgruppen: Weiße, Hispanics, Afroamerikaner, Asiaten, Indigene u. a.
Religionen: Christen, Juden, Sonstige
Sprachen: Englisch, Spanisch, Chinesisch u. a.

WIRTSCHAFT

BIP: 20.93 Bio. US$
Wachstum BIP: -3.5 %
BIP/Kopf: 63 416 US$

Inflation: 1.2 %
Außenhandel: Import 2.41 Bio. US$ (Elektronik 13.9 %, Chemische Erzeugnisse 11.8 %, Kfz und -Teile 10.4 %, Maschinen 9.4 %, Elektrotechnik 5.9 %), Export 1.43 Bio. US$ (Chemische Erzeugnisse 14.9 %, Maschinen 10.5 %, Elektronik 9.4 %, Nahrungsmittel 7.4 %, Kfz und -Teile 7.1 %)
Erwerbstätige nach Sektoren: Landwirtschaft 1.3 %, Industrie 19.7 %, Dienstleistungen 79 %
Arbeitslosenquote: 8.3 %
CO_2-Emission/Kopf: 15.5 t

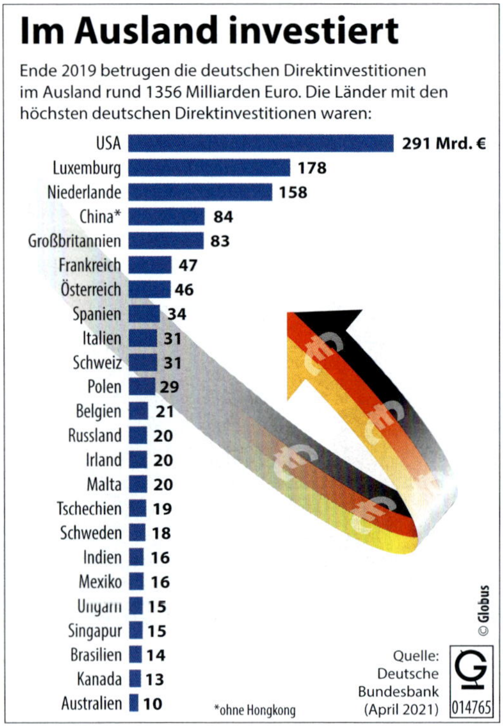

VERWALTUNGSGLIEDERUNG

Verwaltungseinheit	Fläche in km²	Einwohner	Hauptstadt
Alabama	135 767	5 Mio.	Montgomery
Alaska	1 723 337	733 391	Juneau
Arizona	295 234	7.2 Mio.	Phoenix
Arkansas	137 732	3 Mio.	Little Rock
Colorado	269 601	5.8 Mio.	Denver
Connecticut	14 357	3.6 Mio.	Hartford
Delaware	6446	989 948	Dover
District of Columbia	177	689 545	Washington D. C.
Florida	170 312	21.5 Mio.	Tallahassee
Georgia	153 910	10.7 Mio.	Atlanta
Hawaii	28 313	1.5 Mio.	Honolulu
Idaho	216 443	1.8 Mio.	Boise
Illinois	149 995	12.8 Mio.	Springfield
Indiana	94 326	6.8 Mio.	Indianapolis
Iowa	145 746	3.2 Mio.	Des Moines
Kalifornien	423 967	39.5 Mio.	Sacramento
Kansas	213 100	2.9 Mio.	Topeka
Kentucky	104 656	4.5 Mio.	Frankfort
Louisiana	135 659	4.7 Mio.	Baton Rouge
Maine	91 633	1.4 Mio.	Augusta
Maryland	32 131	6.2 Mio.	Annapolis
Massachusetts	27 336	7 Mio.	Boston
Michigan	250 487	10.1 Mio.	Lansing
Minnesota	225 163	5.7 Mio.	St. Paul
Mississippi	125 438	3 Mio.	Jackson
Missouri	180 540	6.2 Mio.	Jefferson City
Montana	380 831	1.1 Mio.	Helena
Nebraska	200 330	2 Mio.	Lincoln
Nevada	286 380	3.1 Mio.	Carson City
New Hampshire	24 214	1.4 Mio.	Concord
New Jersey	22 591	9.3 Mio.	Trenton
New Mexico	314 917	2.1 Mio.	Santa Fe
New York	141 297	20.2 Mio.	Albany
North Carolina	139 391	10.4 Mio.	Raleigh
North Dakota	183 108	779 094	Bismarck
Ohio	116 098	11.8 Mio.	Columbus
Oklahoma	181 037	4 Mio.	Oklahoma City
Oregon	254 799	4.2 Mio.	Salem
Pennsylvania	119 280	13 Mio.	Harrisburg
Rhode Island	4001	1.1 Mio.	Providence
South Carolina	82 933	5.1 Mio.	Columbia
South Dakota	199 729	886 667	Pierre
Tennessee	109 153	6.9 Mio.	Nashville
Texas	695 662	29.1 Mio.	Austin
Utah	219 882	3.3 Mio.	Salt Lake City
Vermont	24 906	643 077	Montpelier
Virginia	110 787	8.6 Mio.	Richmond
Washington	184 661	7.7 Mio.	Olympia
West Virginia	62 756	1.8 Mio.	Charleston
Wisconsin	169 635	5.9 Mio.	Madison
Wyoming	253 335	576 851	Cheyenne

US-COMMONWEALTH TERRITORIEN

Nördliche Marianen

Fläche in km²: 472
Anzahl der Einwohner: 57 560
Hauptstadt: Capitol Hill
Status: Organisiertes, nicht eingegliedertes Gebiet
Regierungschef: Gouverneur Ralph Torres

Puerto Rico
Fläche in km²: 8868
Anzahl der Einwohner: 3.2 Millionen
Hauptstadt: San Juan
Status: Organisiertes, nicht eingegliedertes Gebiet
Regierungschef: Gouverneur Pedro Pierluisi

AUSSENGEBIETE

Amerikanische Junferninseln
Fläche in km²: 348
Anzahl der Einwohner: 106 290
Hauptstadt: Charlotte Amalie
Status: Organisiertes, nicht eingegliedertes Gebiet
Regierungschef: Gouverneur Albert Bryan

Amerikanisch-Samoa
Fläche in km²: 198
Anzahl der Einwohner: 55 197
Hauptstadt: Pago Pago
Status: Nicht organisiertes, nicht eingegliedertes Gebiet
Regierungschef: Gouverneur Lemanu Peleti Mauga

Guam
Fläche in km²: 543
Anzahl der Einwohner: 168 783
Hauptstadt: Hagåtña
Status: Organisiertes, nicht eingegliedertes Gebiet
Regierungschef: Gouverneurin Lou Leon Guerrero

SONSTIGE INSELN

Baker
Fläche in km²: 2
Anzahl der Einwohner: Unbewohnt
Hauptstadt: Keine
Status: Nicht organisiertes, nicht eingegliedertes Gebiet

Howland
Fläche in km²: 2
Anzahl der Einwohner: Unbewohnt
Hauptstadt: Keine
Status: Nicht organisiertes, nicht eingegliedertes Gebiet

Jarvis
Fläche in km²: 5
Anzahl der Einwohner: Unbewohnt
Hauptstadt: Keine
Status: Nicht organisiertes, nicht eingegliedertes Gebiet

Johnston-Atoll
Fläche in km²: 3
Anzahl der Einwohner: Unbewohnt
Hauptstadt: Keine
Status: Nicht organisiertes, nicht eingegliedertes Gebiet

Kingmanriff
Fläche in km²: 1
Anzahl der Einwohner: Unbewohnt
Hauptstadt: Keine
Status: Nicht organisiertes, nicht eingegliedertes Gebiet

Midwayinseln
Fläche in km²: 6
Anzahl der Einwohner: Nur Personal
Hauptstadt: Keine
Status: Nicht organisiertes, nicht eingegliedertes Gebiet

Navassa
Fläche in km²: 5
Anzahl der Einwohner: Unbewohnt
Hauptstadt: Keine
Status: Nicht organisiertes, nicht eingegliedertes Gebiet

Palmyra
Fläche in km²: 12
Anzahl der Einwohner: Hauptsächlich Personal
Hauptstadt: Keine
Status: Nicht organisiertes, eingegliedertes Gebiet

Wake-Atoll
Fläche in km²: 7
Anzahl der Einwohner: Nur Militär und Personal
Hauptstadt: Keine
Status: Nicht organisiertes, nicht eingegliedertes Gebiet

RÜCKBLICK

Wahlen: Bei den **Präsidentschaftswahlen** vom 03.11.2020 gewann der Kandidat der Demokratischen Partei, Joe Biden, 306 Mitglieder des Wahlleutegremiums (Electoral College), das ihn am 14.12.2020 zum 46. US-Präsidenten wählte. Amtsinhaber Donald Trump, am 24.08.2020 von der Republikanischen Partei als Kandidat nominiert, kam auf 232 Elektoren. Biden erhielt landesweit 81.3 Mio., Trump 74.2 Mio. Stimmen. Die **Wahlbeteiligung** war mit 66.3 % die **höchste seit 1900**. In 84 % der rund 3100 Bezirke (Counties) gab es Mehrheiten für Trump, Biden gewann jedoch in Großstädten und Ballungsräumen sowie an der Westküste und den Neuenglandstaaten, den Hochburgen der Demokraten. Auch erreichte er unter Afroamerikanern, Asiaten und Latinos eine höhere Zustimmung als Trump. Dennoch entschieden, wie bereits 2016, nur wenige Zehntausend Stimmen in Staaten mit wechselnden Mehrheiten, den hart umkämpften **Swing States**, über Sieg oder Niederlage. Fünf davon – Michigan, Wisconsin, Pennsylvania, Georgia und Arizona – eroberte Biden von Trump zurück. Etwa 100 Mio. registrierte Wählerinnen und Wähler gaben ihre Stimme

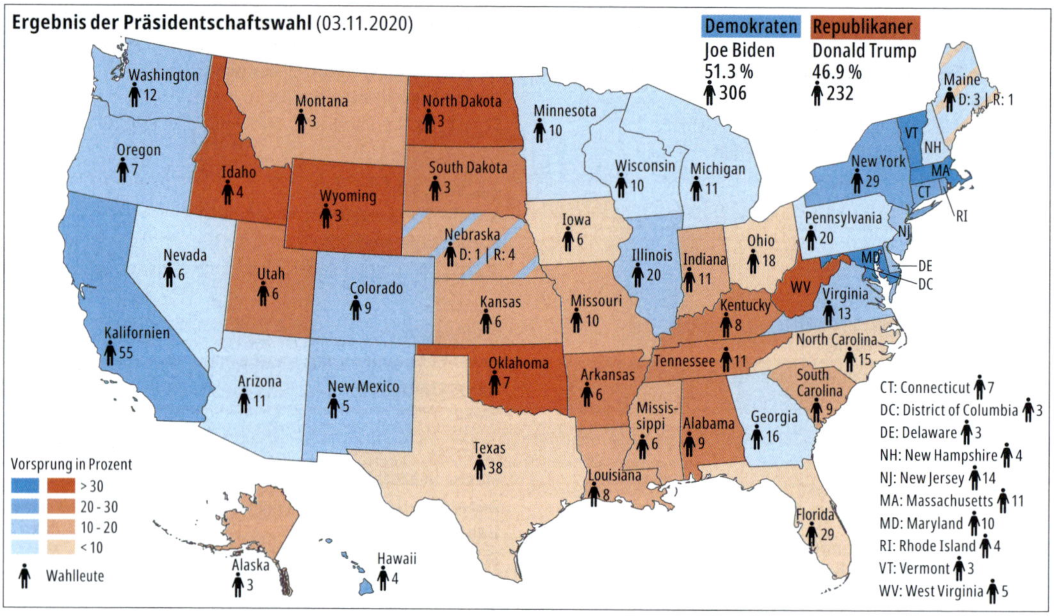

vor dem Wahltermin ab **(Early Voting)**: in dafür vorgesehen Wahllokalen oder per Briefwahl. Bei den Wahlen zum **117. Kongress** büßten die Demokraten im **Repräsentantenhaus** 13 Sitze gegenüber den Zwischenwahlen 2018 ein, verteidigten mit 220 von 435 Abgeordneten aber ihre Mehrheit. Im **Senat** verloren die Republikaner drei Sitze, sodass es einen Gleichstand von 50 gegen 50 (Demokraten inkl. zwei Unabhängige) gab. Das Ergebnis stand aufgrund einer Nach- und Stichwahl in **Georgia** für zwei Senatssitze erst am 05.01.2021 fest. Dort setzten sich Kandidaten der Demokraten knapp gegen republikanische Senatoren durch.

Vorwürfe: Bereits im Vorfeld der Wahlen zog Präsident Trump die Ergebnisse in Zweifel. Insbesondere stellte er die **Legitimität der Briefwahl** in Frage. Als sich die Niederlage gegen Biden abzeichnete, versuchte die Trump-Kampagne mit rund **60 Klagen** vor bundesstaatlichen Gerichten und dem US Supreme Court, Nach- oder Neuzählungen zu erreichen, Anpassungen des Wahlrechts in Frage zu stellen und Zertifizierungen der Wahlergebnisse zu verhindern – vergeblich. Vorwürfe, **Wahlmanipulationen** hätten Trump den Sieg „gestohlen", erwiesen sich als nicht haltbar, so auch Justizminister William Barr, der zum 23.12.2020 zurücktrat. Daneben verzögerte die Trump-Administration den Prozess der **Machtübergabe**. Die formelle Anerkennung der Elektorenwahl am 06.01.2021 durch den Kongress verzögerte sich, weil militante **Anhänger Trumps** das **Kapitol stürmten**. Fünf Personen kamen ums Leben, darunter ein Polizist. Die zuständige Capitol Police wurde der Lage nicht Herr, sodass Vizepräsident Mike Pence die Nationalgarde anforderte. 52 Personen wurden vor Ort festgenommen. 400 Ermittlungsverfahren führten später zu 176 Strafanklagen. Präsident **Trump** hatte in einer Kundgebung vor dem Weißen Haus die Teilnehmer animiert, zum Kongressgebäude zu marschieren. Angesichts der großen Empörung über die **„Entweihung"** des weltbekannten Symbols der amerikanischen Demokratie, Rücktritten weiterer Regierungsmitglieder und Absetzbewegungen in der Republikanischen Partei distanzierte sich Trump von der Gewalt und **gestand** seine **Niederlage ein.**

Demonstranten stürmen am 06.01.2021 das Kapitol in Washington D. C.

Nachspiel: Die **Verantwortung Trumps** für die Erstürmung des Kapitols war Gegenstand weiterer Auseinandersetzungen. Die Demokratische Partei versuchte, Trump in Zukunft ein öffentliches Amt zu verwehren, nachdem sich Vizepräsident Mike Pence nicht für eine Absetzung des Präsidenten wegen Amtsunfähigkeit nach dem 25. Verfassungszusatz hergegeben hatte. So leitete das Repräsentantenhaus am 13.01.2021 wegen „Anstiftung zum Aufstand" das **zweite Amtsenthebungsverfahren** gegen Trump ein, nun Ex-Präsident. Mit 56 gegen 44 Stimmen nahm der Senat am 09.02.2021 die Articles of Impeachment an, nachdem ein Antrag auf Verfassungswidrigkeit gescheitert war. Als Geschworenengericht sprach der Senat Trump dann am 13.02.2021 frei. Nur 57 statt der notwendigen 67 Senatoren hatten für schuldig gestimmt. Eine überparteiliche Kommission zur **Untersuchung** der Ereignisse vom 06.01.2021 lehnte der Senat im Mai ab, sodass lediglich das Repräsentantenhaus einen Untersuchungsausschuss bildete. Parallel dazu bereiteten die Justizministerin bzw. Generalstaatsanwältin des Staates New York und der Bezirksstaatsanwalt von Manhattan **Gerichtsverfahren** gegen Unternehmen des Ex-Präsidenten („Trump Organization") wegen Falschangaben zu Immobilienwerten gegenüber Banken und dem Fiskus vor.

Spätfolgen: Aufgrund der unter Anhängern der Republikaner weit verbreiteten Annahme, bei den Wahlen 2020 habe es massiven Betrug gegeben, verschärfte sich der politische Konflikt über **Wahlrechtsreformen** in republikanisch regierten Bundesstaaten, darunter Arizona, Arkansas, Florida, Georgia, New Hampshire und Texas. Strengere Ausweispflichten, kürzere Öffnungszeiten von Wahllokalen, weniger Gelegenheiten und kürzere Fristen fürs Early Voting sollten aus republikanischer Sicht die **„Wahlsicherheit"** erhöhen. Demokraten sahen darin den Versuch, bestimmte Bevölkerungsgruppen, in erster Linie Nichtweiße, vom Wählen abzuhalten, und erinnerten unter dem Schlagwort **„voter suppression"** an die diskriminierenden Vorschriften in den Südstaaten aus der Zeit der Rassentrennung. In anderen Bundesstaaten gab es hingegen Bestrebungen, Wählerregistrierung und Briefwahl zu erleichtern. Ein Gesetzespaket des Repräsentantenhauses zur Vereinheitlichung der Wahlstandards hatte keine Chance; der Senat weigerte sich am 22.06.2021, in eine Debatte einzutreten. Die Bundesstaaten regeln Wahlrecht und Wahlablauf weitgehend in eigener Verantwortung. Am 01.07.2021 bestätige der Supreme Court Wahlrechtsänderungen in Arizona (keine Stimmabgabe außerhalb des Wahlbezirks, keine Einsammlung von Briefwahlunterlagen durch Freiwillige). Antidiskriminierungsregeln des Voting Rights Act von 1965 hatte das Oberste Gericht der USA bereits 2013 teilweise aufgehoben. Der landesweite **Zensus** 2020, dessen Ergebnisse ab 26.04.2021 veröffentlicht wurden, gab den Startschuss, die **Kongresswahlkreise** neu zu ziehen. Jeder Wahlkreis muss etwa die gleiche Bevölkerungszahl aufweisen. Grenzen wurden in der Vergangenheit immer wieder zum Vorteil der eigenen Anhängerschaft gezogen („Gerrymandering"). Daneben werden sieben Sitze im **Repräsentantenhaus** 2022 neu verteilt: mit zwei zusätzlichen verbuchte Texas, wo die Bevölkerungszahl mit einem Plus von 16 % seit 2010 am stärksten wuchs, neben weiteren Südstaaten den größten Gewinn.

Supreme Court: Nach dem Tod der obersten Bundesrichterin Ruth Bader Ginsburg am 18.09.2020 eröffnete sich für Präsident Trump zum dritten Mal in seiner Amtszeit die Chance, einen Richter für den neunköpfigen Supreme Court zu ernennen: Bundesberufungsrichterin **Amy Coney Barrett,** die am 27.10.2020 ihren Amtseid ablegte, erhöhte die Zahl der als **konservativ-libertär** geltenden Richter am Obersten Gericht der USA auf sechs. Coney Barrett erhielt im Senat 52 Stimmen und war damit die erste Anwärterin seit 151 Jahren, die keine Stimme der Minderheitsfraktion erhielt. Seit 2017 können Mitglieder am Supreme Court mit einfacher Mehrheit im Senat bestätigt werden (vorher 60 Stimmen), seit 2013 gilt dies bereits für Richter an den übrigen **Bundesgerichten**. Letztere Regel, seinerzeit von den Demokraten durchgesetzt, verhalf nun Präsident Trump und den Republikanern, rund 230 Vakanzen an Bundesbezirks- und Bundesberufungsgerichten mit Kandidaten zu besetzen, so viele wie seit Präsident Richard Nixon (1969–1974) nicht mehr. Bundesrichter werden auf Lebenszeit ernannt.

Kontrast: Der **Wahlkonvent** der **Demokraten** kürte am 18.08.2020 Joe Biden mit 75 % der Delegiertenstimmen zum Präsidentschaftskandidaten gegen Bernie Sanders – sein schärfster Konkurrent aus den Vorwahlen und Exponent des linken Parteiflügels hatte die Bewerbung aufrechterhalten. Biden wählte mit der kalifornischen Senatorin und früheren Mitbewerberin Kamala Harris die erste nichtweiße Politikerin für die **Vizepräsidentschaft** aus. In seiner **Wahlkampagne** machte Biden die Bekämpfung der Corona-Pandemie zu einem Schwerpunkt. Trumps Slogan „America first" setzte er Wirtschaftspatriotismus entgegen („Buy American") neben sozialen Verbesserungen wie einen höheren Mindestlohn und die Beibehaltung bzw. Reaktivierung der Gesundheitsreform des früheren Präsidenten Barack Obama („Obamacare"). In der Antrittsrede nach der **Vereidigung** am 20.01.2021 vor dem Kapitol betonte er die notwendige Überwindung der tiefen politischen und gesellschaftlichen Gräben („uncivil war"). In **ersten Amtshandlungen** setzte Biden Dekrete seines Vorgängers, der nicht an der Amtseinführung teilnahm, außer Kraft: u. a. zum Bau einer „Mauer" an der Grenze zu Mexiko und der Keystone XL-Pipeline für Erdöl aus Kanada. Er kündigte den Wiedereintritt der USA in das Pariser Klimaschutzabkommen und den Verbleib in der Weltgesundheitsorganisation (WHO) an. Angesichts eines möglichen Patts zwischen Republikanern und Demokraten im **Senat** kam Vizepräsidentin Harris als Vorsitzende der kleinen Parlamentskammer die ausschlaggebende Stimme zu. Diskutiert wurde erneut die Weitergeltung des **Filibusters**, also der Möglichkeit, mit Dreiviertelmehrheit (60 Stimmen) Gesetzesvorlagen nicht zur Beratung anzunehmen und sie damit zu blockieren. Bei der Besetzung von Schlüsselposten in der Außen- und Sicherheitspolitik wählte Biden **erfahrene Diplomaten**: Anthony Blinken (Äußeres), Jake Sullivan (Nationaler Sicherheitsberater), William Burns (CIA-Direktor), Linda Thomas-Greenfield (UN-Botschafterin) und John Kerry (Sonderbeauftragter für Klimaschutz). 13 von 25 Kabinettsmitgliedern waren **Nichtweiße**, zwölf **Frauen**. Mit Lloyd Austin, einem General a. D., stand erstmals ein Afroamerikaner an der Spitze des Verteidigungsministeriums. Der kalifornische Justizminister Xavier Becerra, ein Latino, erhielt das Gesundheitsressort. Deb Haaland, eine Ureinwohnerin, wurde Innenministerin; ihr Ressort verwaltet die Bundesterritorien, darunter Reservate und Nationalparks. Die frühere Gouverneurin der US-Zentralbank (Federal Reserve) Janet Yellen übernahm das Finanzministerium.

Polizeigewalt: Die **Proteste** gegen unverhältnismäßige Gewalt, ungerechtfertigten Waffeneinsatz und Rassismus seitens der Polizei **hielten an**, befeuert von weiteren Todesfällen, die landesweit Aufsehen erregten oder vor Gericht kamen: u. a. in Louisville/Kentucky (Breonna Taylor, 13.03.2020), Kenosha/Wisconsin (Jacob Blake, 23.08.2020) und Brooklyn Center/Minnesota; (Daunte Wright, 11.04.2021). In einigen Städten folgten auf friedliche Kundgebungen Ausschreitungen und Plünderungen. Daneben kam es zu Auseinandersetzungen zwischen **militanten Gruppen** der linksautonomen Szene („Antifa") sowie „patriotischen" Bürgerwehren und rechtsextremen Milizen. In Kenosha erschoss ein selbsternannter „Wächter" zwei Demonstranten. In Portland/Oregon tötete ein Linksautonomer ein Mitglied der „Patriot Prayer" und wurde später bei der Festnahme von der Polizei erschossen. Die größte Stadt Oregons stand auch im politischen Fokus. Dorthin entsandte Präsident Trump im Juli 2020, gegen den Willen von Stadt und Bundesstaat, **Sicherheitskräfte des** dem Heimatschutzministerium (DHS) unterstellten **Grenzschutzes** (CBP), um, so die Begründung, „Anarchie" zu beenden. Der Strafprozess gegen den Polizisten Derek Chauvin, bei dessen Einsatz George Floyd am 25.05.2020 zu Tode gekommen war, endete am 20.04.2021 mit einem **Schuldspruch** wegen Totschlags und Mordes, was 22.5 Jahre Freiheitsentzug nach sich zog. Die Protestwelle im Zuge des Falls Floyd veranlasste einige Städte, Finanzmittel für die **Polizei** zu kürzen, was angesichts einer wachsenden Zahl von Tötungsdelikten 2020/21 und eines sich verschärfenden Personalmangels bei der Polizei jedoch teils wieder rückgängig gemacht wurde. Die Zahl **privater Waffenverkäufe** erhöhte sich landesweit bis Mitte 2021 deutlich. Von etwa 200 **„mass shootings"** (jeweils mehr als vier Tote) im 1. Halbjahr 2021, von Präsident Biden als „Gewaltwelle" bezeichnet, stachen zwei „Amokläufe" hervor: am 26.05.2021 der Mord an neun Angestellten einer Verkehrsgesellschaft in San José (Kalifornien) durch einen Kollegen und am 17.03.2021 in Atlanta (Georgia), als ein 21-Jähriger in asiatischen Massagesalons acht Personen erschoss.

Von der Polizei erschossen

Seit 2015 wurden in den USA insgesamt 6163 Menschen von der Polizei erschossen.

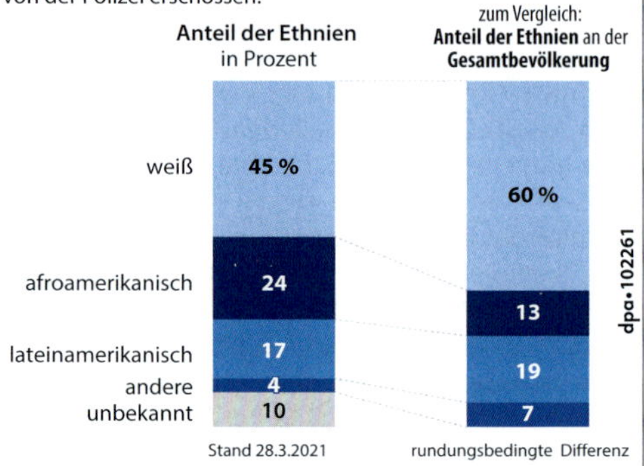

Stand Gesamtbevölkerung 2019 Quelle: Washington Post, US-Statistikbehörde

Corona-Pandemie: Die USA wurden von der **zweiten Ansteckungswelle** der COVID-19-Pandemie hart getroffen: Höhepunkt der Infektionen (7-Tage-Inzidenz), die ab Oktober 2020 steil anstiegen, war der Januar 2021; betroffen waren erstmals alle Regionen der USA. Bereits ab Juni/Juli 2020 kämpften besonders die südlichen Bundesstaaten und Kalifornien mit steigenden Ansteckungen. Ursache

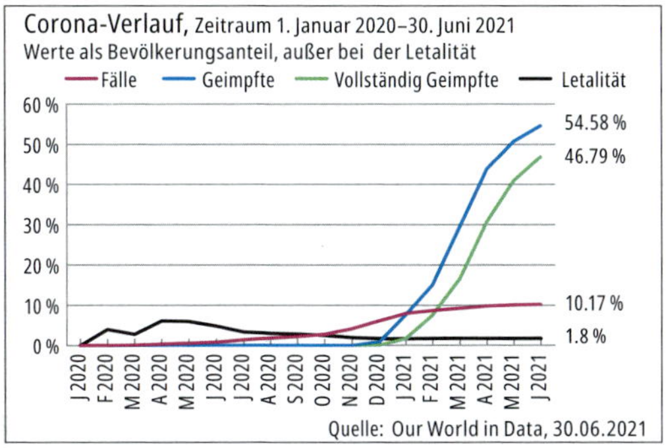

war die **verfrühte Aufhebung von Beschränkungen** im öffentlichen und Wirtschaftsleben nach dem Abklingen der ersten Welle gewesen. In der Einstellung zur Pandemie bzw. ihrer Bekämpfung spiegelte sich der **politische Graben** zwischen den Parteien wider. Für Demokraten hatte der Gesundheitsschutz, für die Republikaner mit Präsident Trump an der Spitze individuelle Freiheit und wirtschaftliche Erholung höchste Priorität. Ein Jahr nach dem Beginn der Pandemie wiesen die USA **ein Viertel der weltweiten Todesfälle** auf. 2020 steckten sich rund 22 Mio. Einwohner mit dem SARS-CoV-2-Virus an – da nur wenig getestet wurde, lagen die tatsächlichen Zahlen wahrscheinlich höher. COVID-19 war die dritthäufigste Todesursache nach Herz- und Kreislauferkrankungen sowie Krebs. Mancherorts gerieten Krankenhäuser an die Grenzen ihrer Kapazität. Dennoch stellte die Trump-Regierung mit rund 10 Mrd. US$ die Weichen für eine **erfolgreiche Impfkampagne,** die am 20.12.2020 begann. Bis zum 30.06.2021 hatten rund 54 % der Bevölkerung mindestens eine Dosis der notfallmäßig zugelassenen drei Vakzine erhalten. Die Strategie bestand aus frühzeitiger Bestellung und Bezahlung von Impf- und Transportausrüstung sowie von 1 Mrd. Impfdosen. Pharmafirmen erhielten außerdem Geld für Forschung und Entwicklung und wurden gesetzlich gegenüber möglichen Schadenersatzforderungen freigestellt. Die Zahl der **Impfstationen**, große Zentren ebenso wie Apotheken und Drogerien, war flächendeckend. Die Biden-Regierung unterstützte die Bundesstaaten durch die Behörde für Katastrophenhilfe (Fema). Deutlich rückläufige Infektionszahlen zum Sommer 2021, nach einer neuen, aber schwächeren dritten Welle im Frühjahr, traf jedoch auf eine **nachlassende Impfbereitschaft**, besonders unter jungen Erwachsenen, und auf einen harten Kern von Impfgegnern, zusammen etwa ein Fünftel der Bevölkerung. Im Mai 2021 befürwortete Biden weltweit eine zeitweilige Aufhebung des Patentschutzes für Impfstoffe. Im Juni, kurz vor seiner ersten Auslandsreise zum G7-Gipfeltreffen, schlossen sich die USA der **COVAX-Initiative** der Weltgesundheitsorganisation an und stellten 500 Mio. Impfdosen für andere Staaten zur Verfügung.

Bewältigung: Zwar zog die Konjunktur ab Mitte 2020 wieder an; für 2021 erwartete der Internationale Währungsfonds in seinem Ausblick vom April ein Plus von 6.6 % (2020: -3.5 %). Auch der **Arbeitsmarkt** belebte sich. Dennoch gingen 2020 per Saldo 9.4 Mio. Arbeitsplätze verloren, so viele wie noch nie seit der ersten landesweiten Erhebung 1939. Da die Corona-Hilfen bereits ab 01.07.2020 ausliefen, verhandelte der Kongress bereits seit Mai über ein **zweites großes Programm**. Eine Einigung kam erst am 20.12.2020 zustande. Angesichts wachsender Armut nahm sie die Aufstockung der Arbeitslosenunterstützung, Einmalzahlungen an Privathaushalte mit niedrigem Einkommen, allerdings um die Hälfte gekürzt, sowie Miethilfen und den Verzicht auf Zwangsräumungen bei Mietrückstand wieder auf. Ein Kreditprogramm für kleine und mittlere Unternehmen wurde reaktiviert und erstmals erhielten auch gemeinnützige Organisationen, Kultureinrichtungen und lokale Medien Geld. Parallel zu diesem 900 Mrd. US$ schweren Paket wurden die staatlichen Ausgaben bis zum Ende des Fiskaljahrs 2020/21 (30.09.2021) gesetzlich festgeschrieben, sodass ein erneuter Verwaltungsstillstand (Shutdown) wie zuletzt Ende 2018/Anfang 2019 vermieden würde. Der **„American Rescue Plan"** von Präsident Biden über 1900 Mrd. US$ weitete die Corona-Hilfen zu einem großen Konjunkturpaket aus, das diesmal Privathaushalte in den Mittelpunkt stellte: mit Direktzahlungen von 1400 US$ pro Person mit einem Jahreshaushaltseinkommen unter 80 000 US$, Steuergutschriften für Familien mit Kindern und Zu-

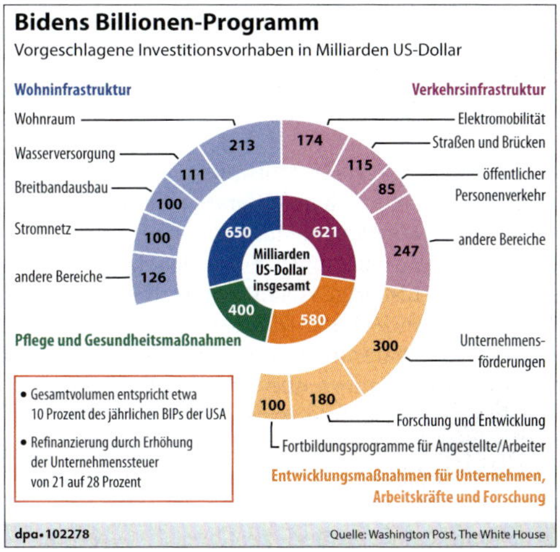

schüssen zur Kinderbetreuung. Erstmals erhielten auch Bundesstaaten und Schulen Finanzhilfen. Das Programm fand am 06.03.2021 im Senat nur eine **knappe Zustimmung** von 50 zu 49 Stimmen; alle Republikaner stimmten dagegen.

Staatsausgaben und Steuern: Daneben plante Biden, wie das Weiße Haus am 31.03.2021 bekannt gab, ein weiteres Programm mit einem Volumen von 2250 Mrd. US$ über acht Jahre. Schwerpunkte sind die landesweite Erneuerung und Modernisierung der **Verkehrsinfrastruktur** (Auto- und Wasserstraßen, Eisenbahn, Stromversorgung, Elektromobilität, Breitband-Internet), die Unterstützung der **Pflege** Angehöriger und die Industrieförderung (u. a. Produktion von Mikrochips). Bis dahin gab der Bund pro Jahr lediglich 100 Mrd. US$ für die Infrastruktur aus, weil die Befugnisse meist bei den Bundesstaaten bzw. Städten und Gemeinden liegen. Ein weiteres Programm über 1800 Mrd. US$, das Biden am 28.04.2021 dem Kongress vorstellte, richtete sich an **Familien**, u. a. mit geförderter Kinderbetreuung, der Übernahme von Bildungsausgaben (Vorschule, Community College) und einem maximal zwölfwöchigen Elternurlaub. Zur Gegenfinanzierung plante er, Teile der **Steuerentlastung für Unternehmen** unter Präsident Trump **rückgängig** zu machen. So sollen die Körperschaftsteuer von 21 auf 28 % und der Spitzensteuersatz für Jahreseinkommen über 400 000 US$ soll von 37 auf 39.6 % heraufgesetzt werden. Ein Mindeststeuersatz von 21 % wird eingeführt und die Erbschaftsteuer auf eine breitere Basis gestellt. Zur Bekämpfung von Steuervermeidung und -betrug erhält die Bundessteuerbehörde (IRS) mehr Geld (10 Mrd. US$). Bereits ohne Berücksichtigung der Biden-Ausgabenprogramme lag das **Defizit** des Staatshaushalts im Fiskaljahr 2020/21 bei 16 % des BIP. Die **niedrigen Leitzinsen** von 0–0.25 % (Federal Funds Rate), welche die Zentralbank beibehielt, erleichterte diesen Kurs, obwohl die Inflation deutlich zulegte (Mai 2021: 5 %).

Einwanderung: Nach dem Amtsantritt von Präsident Biden erhöhte sich der **Migrationsdruck** an der Grenze zu Mexiko, im März und April 2021 übertraf die Zahl der Aufgriffe von **illegal** in die USA Gekommenen bisherige Höchststände. Etwa 60 % schickte die Grenzschutzbehörde (CBP) aus Gründen der „Seuchenbekämpfung" (Corona-Pandemie) wieder zurück. Dennoch überforderte die hohe Zahl unbegleiteter Minderjähriger die Behörden zeitweise bei Unterbringung und Verteilung. Drei Viertel der ab Oktober 2020 Aufgegriffenen waren jedoch erwachsene Einzelpersonen. Zu **Migranten** aus den mittelamerikanischen Staaten El Salvador, Guatemala und Honduras gesellten sich vermehrt Südamerikaner, Afrikaner und Asiaten. Die Biden-Regierung setzte neben dem **Baustopp** für die bis zu 9 m hohen Barrieren (rund 700 km fertig gestellt) zwei **Regelungen**, die Präsident Trump per Notstand erlassen hatte, **außer Kraft**: Asylanträge brauchten nun nicht mehr auf mexikanischem Gebiet gestellt werden und unbegleitete Minderjährige wurden nicht mehr an der Grenze zurückgewiesen. Gesetzentwürfe des Repräsentantenhauses vom März 2021 sollten den **Aufenthalt „papierloser" Immigranten**, die als Kinder oder Jugendliche in die USA gekommen waren, legalisieren – ein Wahlversprechen Bidens, das auf Dekrete Präsident Obamas (DACA-Programm, 2012) aufbaute. Dem Vorhaben wurden im Senat keine Chancen eingeräumt. Der **Bekämpfung von Fluchtursachen** und Menschenschmuggel diente die erste Auslandsreise von Vizepräsidentin Harris am 08.06.2021 nach Mexiko und Guatemala.

Klimaschutz: Eine **Wende** vollzog Präsident Biden im Klimaschutz: mit einer Reihe von **Dekreten** sowie auf einem virtuellen **Klimagipfeltreffen** am 23.04.2021 mit nationalen Verpflichtungen, die mit der Rückkehr des größten Treibhausgasverursachers (Weltanteil 2019: 13 %) zum Pariser Klimaschutzabkommen von 2015 verbunden waren: Bis 2030 wollen die USA die Emissionen von CO_2-Äquivalenten gegenüber 2005 um die Hälfte verringern. Bis 2035 stellte Biden eine emissionsfreie Stromerzeugung und 2050 CO_2-Neutralität in Aussicht. Andererseits hatte etwa die Hälfte der Bundesstaaten auch während Trumps Präsidentschaft **Klimaschutzvorgaben** in Eigenregie oder in Zusammenarbeit mit der Privatwirtschaft umgesetzt (u. a. Emissionshandel, Vorgaben für Treibstoffverbrauch). Die Begünstigung fossiler Energien durch seinen Amtsvorgänger machte Biden rückgängig, indem Bundesaktivitäten zur **Öl- und Gasförderung** im Arctic National Wildlife Refuge (Alaska) ausgesetzt und Küstengebiete in Bundeseigentum nicht mehr für neue Bohrungen verpachtet werden sollen. Die Fahrzeugflotte der Bundesbehörden soll auf Elektroantrieb umgestellt werden.

Todesstrafe: Im Juli 2020 nahm der Bund nach mehr als 17 Jahren Pause die **Vollstreckung** der Todesstrafe wieder auf. Bis zum Ende der Amtszeit von Präsident Trump wurden 13 Menschen hingerichtet, zuletzt am 16.01.2021. Neben der Giftspritze wurden auf Bundesebene gerichtlich nun weitere Methoden – elektrischer Stuhl, Gas und Erschießung – zugelassen. Am 02.07.2021 verhängte die Biden-Regierung ein **Moratorium**. Bis dahin gab es ein solches in drei von 26 Bundesstaaten mit Todesstrafe. 2020 wurden in fünf US-Staaten sieben Menschen hingerichtet, 18 Personen wurden auf bundesstaatlicher Ebene zum Tode verurteilt. Im März 2020 schaffte Colorado und im Februar 2021 Virginia die Todesstrafe ab. Etwa 2600 Verurteilte warteten in den USA auf ihre Hinrichtung.

Feuer: Bei großen **Flächenbränden,** vor allem im August und September 2020, wurden in den Westküsten- und Rocky-Mountains-Staaten rund 30 000 Quadratkilometer Wald und Buschland vernichtet, eine Fläche so groß wie Belgien. **Colorado** und **Kalifornien** registrierten die schwersten Brände ihrer Geschichte. Im dicht besiedelten Kalifornien starben 33 Menschen, etwa 120 000 Menschen mussten ihre Häuser verlassen, mehr als 10 000 Gebäude verbrannten. Wissenschaftler beobachteten, dass sich die **Trockenzeiten** im Südwesten der USA ausdehnen und durch höhere Temperaturen im Frühjahr und Sommer die „Brandsaison" immer früher beginnt und auch länger anhält. Weniger Schnee im Winter und eine frühere Schneeschmelze führen im Sommer zu **Wassermangel**.

Konkurrenz und Kooperation: Die Rivalität zur **VR China** akzentuierte sich als Kern eines „globalen Wettbewerbs" zwischen Demokratien und autoritären Systemen, so Präsident Biden in einer Grundsatzrede am 04.02.2021, und bildete auch den Hintergrund erneuerter Beziehungen zur **EU und NATO**, wo die USA bestehende Konflikte mit den Verbündeten (u. a. Militärausgaben, Erdgaspipeline Nord Stream 2), zwar nicht ausräumten, aber entschärften. Präsident Biden nutzte dazu den **G7-Gipfel** vom 11. bis 13.06.2021 in Großbritannien. So wurden beiderseitige Sanktionen gegen Luftfahrtunternehmen wegen staatlicher Subventionen (Airbus, Boeing) bis 2026 ausgesetzt. Auf Initiative der USA beschlossen die G7 die **Initiative „B3W"** für Entwicklungs- und Schwellenländer als ausdrückliches „Gegenangebot" zum chinesischen Belt-and-Road-Projekt („Neue Seidenstraße"). Auf den von der Trump-Regierung angekündigten Teilabzug von Streitkräften aus **Deutschland** verzichteten die USA. Die höheren Zölle im Außenhandel mit China behielt die Biden-Regierung bei, ebenso die Höherstufung diplomatischer Kontakte zu **Taiwan** (10.01.2021). So wurde der Vertreter des von China als abtrünnige Provinz angesehenen Inselstaats in den USA zur Amtseinführung Bidens geladen. Die Hoheitsansprüche Chinas im **Südchinesischen Meer** („Neun-Striche-Linie") wiesen die USA in einer Erklärung vom 13.07.2020 erstmals direkt zurück. Als Vergeltung für die Behinderung der Wiedereinreise von US-Diplomaten nach China ordnete die US-Regierung am 22.07.2020 die Schließung des chinesischen Konsulats in Houston (Texas) an. Dem Anspruch Chinas auf Dominanz in **Spitzentechnologien** traten die USA mehrfach entgegen: mit Verfügungen vom August 2020 gegen eine Zusammenarbeit mit den chinesischen Tech-Konzernen ByteDance und Tencent. Präsident Trump wollte insbesondere einem Datenzugriff Chinas auf die Smartphone-App „TikTok" Einhalt gebieten – zum 19.09.2020 kam eine Allianz mit amerikanischen Firmen zustanden. Demselben Ziel diente das zeitgleich vorgestellte **Clean Network Program** zum Schutz von Telekommunikationsnetzen in den USA. Im Juni 2021 verabschiedete der Kongress ein weiteres Programm, um in den USA die Entwicklung u. a. von Künstlicher Intelligenz voranzubringen und die heimische Halbleiterproduktion zu forcieren. Wirtschaftssanktionen vom April 2021 gegen chinesische Institutionen, die **Supercomputer** entwickeln, waren vor allem eine Reaktion auf die Entwicklung neuartiger Hyperschallraketen. Gemeinsam mit der EU verhängten die USA überdies Strafmaßnahmen gegen China wegen schwerer **Menschenrechtsverstöße in** der Region **Xinjiang**. Der demonstrativen Stärkung der amerikanischen Verbündeten in Ostasien diente die erste Auslandsreise von Außenminister Blinken und Verteidigungsminister Austin vom 14. bis 18.03.2021 nach **Japan** und **Südkorea** sowie der Empfang des japanischen Ministerpräsidenten Yoshihide Suga am 09.04.2021 in Washington als erstem ausländischen Staatsgast Bidens.
Die Beziehungen zu **Russland** blieben trotz der verabredeten Verlängerung des Atomwaffenvertrags START frostig: vor allem aufgrund der Vergiftung des Oppositionspolitikers Alexej Nawalny und mehrere Angriffe von Computerhackern, bei denen US-Geheimdienste Verbindungen zur russischen Regierung vermuteten – was teils Sanktionen der USA nach sich zog. **Cyberattacken** betrafen u. a. die Infizierung von Computern in Regierungsstellen über eingeschleuste Schadsoftware (Mai 2020), und die Netzwerkkaperung nebst Erpressung eines Pipelinebetreibers, der deshalb im Mai 2021 die Versorgung der Ostküste der USA mit Erdölprodukten aus Raffinerien am Golf von Mexiko zeitweise einstellte. Überdies hatte der Abschlussbericht des US-Senats vom 18.08.2020 zur **„Russland-Affäre"** die Einmischung in den Präsidentschaftswahlkampf 2016 – mit Unterstützung aus der Trump-Kampagne – noch einmal bestätigt. Cyberkriminalität gehörte zu den Hauptthemen des **Gipfeltreffens** mit dem russischen Präsidenten Wladimir Putin am 16.06.2021 in Genf (Schweiz). Daneben verabredeten beide Seiten einen „strategischen Dialog" zu Raketenwaffen.

Vietnam

▸ 700

Ländername	Sozialistische Republik Vietnam
Zeitzone	MEZ +6 h
Fläche in km²	330 967 (Rang 66)
Anzahl der Einwohner	97.3 Millionen (Rang 15)
Einwohnerzahl pro km²	294 (Rang 31)
Hauptstadt	Hanoi
Amtssprache	Vietnamesisch
Verwaltungsgliederung	58 Provinzen und 5 Städten
Wichtige Städte	Ho-Chi-Minh-Stadt, Hanoi, Da Nang, Haiphong, , Bien Hoa, Can Tho
Autokennzeichen | ISO-Code	VN | VNM
Währung	1 Dong
Nationalfeiertag	2. September (Unabhängigkeit 1945)

Durch die kriegerischen Auseinandersetzungen im 20. Jahrhundert musste die vietnamesische Bevölkerung viel Leid erfahren. Heute erlebt das Land einen rasanten wirtschaftlichen Aufschwung, verbunden mit hohen Wachstumsraten. Ähnlich wie in der Volksrepublik China ist die wirtschaftliche Öffnung allerdings nicht mit einer politischen Liberalisierung verbunden.

GEOGRAFIE

Geografische Lage: Von 8°34' bis 23°22' nördlicher Breite sowie von 102°07' bis 109°28' östlicher Länge (Südostasien)
Höchster Punkt: Fan Si Pan 3143 m
Klima: Im Norden subtropisches, im Süden tropisches Monsunklima

POLITIK

Staatsform: Volksrepublik
Staatsoberhaupt: Präsident Nguyen Xuan Phuc (seit 05.04.2021)
Regierungschef: Ministerpräsident Pham Minh Chính (seit 05.04.2021)
Regierungspartei: KPV (Kommunistische Partei Vietnams)
Legislative: Nationalversammlung mit 499 für 5 Jahre gewählten Mitgliedern
Jahr der Verfassung: 1992
Wahlrecht: 18 Jahre

BEVÖLKERUNG

Bevölkerungsanteil: <15 Jahre 23.2 %, 15–64 Jahre 68.9 %, >64 Jahre 7.9 %
Verteilung: Stadt 37.3 %, Land 62.7 %
Wachstum: 0.9 %
Lebenserwartung: Frauen 80 Jahre, Männer 71 Jahre
Alphabetenrate: Frauen 93.6 %, Männer 96.5 %
Bevölkerungsgruppen: Vietnamesen, Tay, Thai, Muong, Khmer, Mong, Nung, Hoa u. a.
Religionen: Buddhisten, Christen, Ethnische
Sprachen: Vietnamesisch, Englisch, Französisch, Regionalsprachen

WIRTSCHAFT

BIP: 340.82 Mrd. US$
Wachstum BIP: 2.9 %
BIP/Kopf: 3499 US$
Inflation: 3.2 %
Außenhandel: Import 262.7 Mrd. US$ (Elektronik 24.4 %, Chemische Erzeugnisse 11.7 %, Maschinen 8.2 %, Elektrotechnik 7.4 %, Textilien und Bekleidung 7.2 %), Export 282.65 Mrd. US$ (Elektronik 34.7 %, Textilien und Bekleidung 15.1 %, Nahrungsmittel 9.1 %, Schuhe 7.2 %, Elektrotechnik 4.9 %)
Erwerbstätige nach Sektoren: Landwirtschaft 36.2 %, Industrie 28.4 %, Dienstleistungen 35.4 %
Arbeitslosenquote: 2.3 %
CO_2-Emission/Kopf: 3.1 t

RÜCKBLICK

Corona-Pandemie: Vietnam galt mit geringen Fallzahlen und wenigen Toten als Beispiel einer besonders gelungenen Pandemiebekämpfung durch Grenzschließung sowie Beschränkung und Nachverfolgung von Kontakten. Doch Ende April 2021 stiegen, wie auch im übrigen Südostasien, die Infektionszahlen steil an; in Ho-Chi-Minh-Stadt, deren Umgebung besonders betroffen war, wurde ein **Lockdown** angeordnet, doch ließ sich der exponentielle Anstieg der Infektionen bis zum Ende des Berichtszeitraums nicht bremsen. Der **schleppende Beginn der Impf-**

Offizielle Übergabe der japanischen Spende von fast 1 Million Impfdosen am 16.06.2021 in Hanoi.

kampagne wurde als wesentliches Hindernis einer effektiven Pandemiebekämpfung erkannt. Bis Ende Mai 2021 waren erst 1 Mio. Impfdosen aus COVAX-Spenden verteilt worden. Anstelle der 20 Mio. im August 2020 in Russland georderten Impfdosen hatte Moskau nur 2000 gespendet; auch Direktbestellungen in den USA und Europa wurden dort nachrangig behandelt. Nur die **VR China spendete 500 000 Dosen**, die prioritär an chinesische Staatsbürger in Vietnam verabreicht wurden. Am 30.05.2021 wandte sich Staatspräsident Nguyen Xuan Phuc in einem Aufsehen erregenden **Brief mit der Bitte um weiteren Impfstoff an den US-Präsidenten** Joe Biden, in dem er offen das Interesse Vietnams an engeren politischen Beziehungen zu den USA betonte. Während die US-Regierung eine Spende für Ende Juni 2021 in Aussicht stellte, spendete **Japan** als regionaler Gegenspieler der VR China am 16.06.2021 etwa 1 Mio. Dosen. Drei in Vietnam entwickelte Vakzine befanden sich am 01.07.2021 noch in der klinischen Testphase. Bis zu diesem Datum waren insgesamt erst 3.8 Mio. Impfdosen verteilt worden; nur etwa 220 000 Einwohner hatten die erforderliche zweite Impfung erhalten. Bis dahin waren 18 360 Infizierte und 84 Opfer registriert worden.

Parteitag: Vom 25.01.–01.02.2021 fand in Hanoi der 13. Nationalkongress der Kommunistischen Partei (CPV) statt. Der Generalsekretär Nguyen Phun Trong wurde trotz seines Alters von 76 Jahren und einer angegriffenen Gesundheit ein drittes Mal mit dem höchsten Parteiamt betraut, ein Novum seit der Herrschaft von Le Duan und der Vereinigung Vietnams 1976. Beobachter führten diesen überraschenden Ausgang der wichtigsten Personalfrage des Parteitags darauf zurück, dass Trong seinen Nachfolgekandidaten, den Leiter der Anti-Korruptions-Kampagne Tran Quoc Vuong, nicht durchsetzen konnte; dieser wurde nicht einmal ins Politbüro gewählt. Wegen seiner erfolgreichen Bewältigung der Pandemie hatten viele Beobachter mit einem Aufrücken des Ministerpräsidenten Nguyen Xuan Phuc ins höchste Parteiamt gerechnet, der aber stattdessen in das vorwiegend repräsentative Amt des Staatspräsidenten gewählt wurde. Phuc, der aus der Provinz Quang Nam stammt, wäre der erste Generalsekretär gewesen, der in der früheren Republik Vietnam aufwuchs. Neuer Regierungschef wurde Pham Minh Chính, der zuvor kein Regierungsamt ausübte, sondern im Geheimdienst und im Verwaltungsapparat der Partei aufgestiegen war. Der vierte nationale Führungsposten: das Amt des Parlamentspräsidenten ging an Vuong Dinh Hue, Sekretär des mächtigen Parteibezirks Hanoi. Eine **strukturkonservative Grundströmung des Parteitags** war bei der Wahl des obersten Parteigremiums zu erkennen: Im Politbüro nahm die Repräsentation von Militär und Polizei ebenso zu wie die von Parteiideologen, während Frauen und Technokraten Positionen einbüßten.

Repression: Seit der ersten Wiederwahl Nguyen Phun Trongs und der Niederlage des reformorientierten Ministerpräsidenten Nguyen Tan Dung 2016 hat die Repression erkennbar zugenommen: Ende 2020 zählte die Menschenrechtsorganisation „88Project“ 256 politische Gefangene, etwa dreimal so viele wie 2016. Reporter ohne Grenzen berichtete gleichzeitig von 28 inhaftierten Journalisten. Im Vorfeld des Parteitags wurden 3 Journalisten, darunter der Gründer der Vereinigung Unabhängiger Journalisten, zu hohen Haftstrafen verurteilt.

Außenpolitik: Nach neuerlichem Eindringen eines chinesischen Patrouillenbootes in die 200-Meilen-Zone bekräftigte Hanoi am 15.07.2020 die Verbindlichkeit der von Peking ignorierten Seerechtskonvention. Während des Besuches des japanischen Premiers Yoshihide Suga in Hanoi am 19.10.2020 wurde der Kauf japanischer Militärtechnologie vereinbart. Mit dem indischen Premier Narendra Modi verabredete Nguyen Xuan Phuc am 21.12.2020 eine enge maritime Zusammenarbeit; vom 26.–28.12.2020 fand eine gemeinsame Marineübung statt. Auch mit der neuen US-Administration gab es Gespräche, nach denen das gemeinsame Interesse an Schutz und Erhalt einer regelbasierten Ordnung im Südchinesischen Meer zum Ausdruck gebracht wurde.

Wirtschaft: Die pandemiebedingte Delle fiel relativ glimpflich aus: Das BIP wuchs 2020 immerhin um 2.9 %, weil die Nachfrage aus den USA und der VR China, die die EU als zweitwichtigster Handelspartner ablöste, in der zweiten Jahreshälfte anzog. Mit einer Rate von 25 % wuchsen die Exporte in die USA besonders dynamisch.

Zentralafrikanische Republik

Ländername	Zentralafrikanische Republik
Zeitzone	MEZ ±0 h
Fläche in km²	622 984 (Rang 42)
Anzahl der Einwohner	4.8 Millionen (Rang 124)
Einwohnerzahl pro km²	8 (Rang 183)
Hauptstadt	Bangui
Amtssprachen	Sango, Französisch
Verwaltungsgliederung	16 Präfekturen und 1 Stadt
Wichtige Städte	Bangui, Bimbo, Berbérati, Carnot, Bouar, Bossangoa
Autokennzeichen | ISO-Code	RCA | CAF
Währung	1 CFA-Franc (BEAC) = 100 Centimes
Nationalfeiertage	13. August (Unabhängigkeit 1960), 1. Dezember (Autonomie 1958)

Der Binnenstaat im Herzen des afrikanischen Kontinents erregte erstmals in den 1970er-Jahren durch die Schreckensherrschaft des selbsternannten Kaisers Bokassa weltweite Aufmerksamkeit. Auch nach dem Ende seines Regimes erlangte der zu den ärmsten Ländern der Erde gehörende Staat keine dauerhafte innere Stabilität. Über die Hälfte der Bevölkerung benötigt humanitäre Hilfe.

GEOGRAFIE

Geografische Lage: Von 2°14′ bis 11° nördlicher Breite sowie von 14°23′ bis 27°26′ östlicher Länge (Zentralafrika)
Höchster Punkt: Mont Ngaoui 1420 m
Klima: Tropisches, wechselfeuchtes Klima

POLITIK

Staatsform: Präsidiale Republik
Staatsoberhaupt: Präsident Faustin-Archange Touadéra (seit 30.03.2016)
Regierungschef: Premierminister Henri-Marie Dondra (seit 15.06.2021)
Regierungspartei: keine
Legislative: Nationalversammlung mit 140 für 5 Jahre gewählten Mitgliedern
Jahr der Verfassung: 2016
Wahlrecht: 18 Jahre

BEVÖLKERUNG

Bevölkerungsanteil: <15 Jahre 43.5 %, 15–64 Jahre 53.7 %, >64 Jahre 2.8 %
Verteilung: Stadt 42.2 %, Land 57.8 %
Wachstum: 1.8 %
Lebenserwartung: Frauen 56 Jahre, Männer 51 Jahre
Alphabetenrate: Frauen 25.8 %, Männer 49.5 %
Bevölkerungsgruppen: Baya, Banda, Mandschia, Sara, Mboum, Mbaka, Yakoma u. a.
Religionen: Christen, Muslime, Ethnische
Sprachen: Sango, Französisch, Regionalsprachen

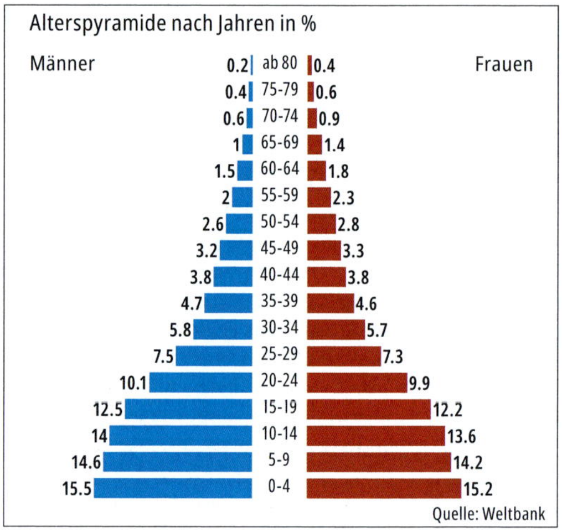

WIRTSCHAFT

BIP: 2.37 Mrd. US$
Wachstum BIP: 0 %
BIP/Kopf: 490 US$
Inflation: 2.3 %
Außenhandel: Import 560 Mio. US$, Export 120 Mio. US$
Erwerbstätige nach Sektoren: Landwirtschaft 77.1 %, Industrie 5.4 %, Dienstleistungen 17.5 %
Arbeitslosenquote: 4.3 %
CO_2-Emission/Kopf: 0.1 t

RÜCKBLICK

Zunehmende Gewalt: Im Vorfeld der für den 27.12.2020 anberaumten Präsidentschafts- und Parlamentswahlen flammten in dem krisengeschüttelten Land, das noch immer in großen Teilen von Rebellen beherrscht wird, die Spannungen zwischen den politischen Lagern wieder auf. Trotz des Friedensabkommens von 2019 entluden sich die Konflikte in neuer Gewalt. Am 17.12.2020 entstand mit der „Koalition der Patrioten für den Wandel" ein **Bündnis bewaffneter Gruppen**, das mehrere Angriffe insbesondere im Westen und Süden startete. Bei den Kämpfen wurden auch mindestens drei UN-Soldaten getötet. Die Offensive zielte darauf ab, das Land weiter zu destabilisieren und so die **anstehenden Wahlen zu behindern**. Die staatliche Führung unter Präsident Faustin-Archange Touadéra und auch Verantwortliche der UN-Blauhelmtruppe MINUSCA (Mission Multidimensionnelle Intégrée des Nations Unies pour la Stabilisation de la République Centrafricaine) vermuteten den ehemaligen Präsidenten **François Bozizé** als Unterstützer hinter der Rebellenallianz. Ihm wurde vorgeworfen, das Bündnis für eigene Machtzwecke zu nutzen. Der 2003 durch einen Putsch an die Macht gelangte und 2013 von Rebellen ins Exil getriebene Bozizé war in die Zentralafrikanische Republik zurückgekehrt, um sich als Präsidentschaftskandidat für die Wahlen 2021 aufstellen zu lassen. Am 03.12.2020 untersagte das Verfassungsgericht dem ehemaligen Präsidenten die Teilnahme, weil gegen ihn strafrechtlich ermittelt wurde. Er stand u. a. unter dem Vorwurf, aus dem Exil heraus Rebellen unterstützt zu haben, was die UN 2014 dazu veranlasst hatte, seine Konten einzufrieren. Ausgehend von dem Verdacht der Unterstützung einer terroristischen Vereinigung und der Planung eines Staatsputsches nahm im Dezember 2020 die Generalstaatsanwaltschaft Ermittlungen gegen Bozizé auf.

Präsidentschaftswahlen: Bei den Wahlen am 27.12.2020 erreichte **Touadéra** mit 53 % die Mehrheit der Stimmen. Zweitplatzierter wurde der frühere Premierminister Anicet Georges Dologuélé mit 21 %. Auf Martin Ziguélé, ebenfalls ehemaliger Premier, entfielen 8 %. Die weiteren 14 Kandidaten waren mit ihren Ergebnissen weit abgeschlagen. Einige von ihnen forderten wegen Unregelmäßigkeiten eine Annullierung der Wahlen. Das Verfassungsgericht bestätigte am 18.01.2021 Touadéra als **Wahlsieger** und korrigierte die Wahlbeteiligung mit 35 % stark nach unten. Nach ersten Angaben hatte sie bei 76 % gelegen. Die **geringe Beteiligung** erklärte sich durch den Umstand, dass die Stimmabgabe in vielen von Rebellen kontrollierten Gebieten nicht oder nur schleppend stattfinden konnte. Mit Verweis auf diese Tatsache hatten oppositionelle Stimmen bereits vor den Wahlen für eine Verschiebung plädiert. Nach den Abstimmungen sprachen sie Touadéra und seiner neu zu bildenden Regierung als Vertretung des gesamten Landes die Legitimation ab. Zeitgleich mit den Präsidentschaftswahlen fand auch die erste Runde der Parlamentswahlen statt. Am 13.02.2021 verkündete der Präsident, dass für die von Rebellen kontrollierten Regionen als neuer Termin der 27.02.2021 festgesetzt werden sollte. Die Ergebnisse dieser Wahlen standen noch aus.

Rücktritt: Am 10.06.2021 erklärte der seit 2019 amtierende Premierminister **Firmin Ngrébada** seinen Rücktritt und löste die Regierung auf. Er bezog seine Entscheidung auf die Wiederwahl Touadéras. Einen Tag später ernannte der Präsident **Henri-Marie Dondra** zum neuen Premier und beauftragte die Bildung einer neuen Regierung.

Humanitäre Lage: Nach den Wahlen versuchten Milizenverbände, die Regierung zu stürzen. Dabei kam es landesweit zu bewaffneten Kämpfen und zunehmender Gewalt, die noch einmal Tausende in die **Flucht** trieben. Im Januar 2021 ging das UN-Flüchtlingswerk UNHCR davon aus, dass 60 000 Menschen innerhalb des Landes vertrieben worden waren, weitere 30 000 hatten in den Nachbarländern Schutz gesucht. Mitte 2021 waren über 50 % der Bevölkerung auf **humanitäre Hilfe** angewiesen. Rund 2.3 Mio. Menschen, darunter ein Großteil Kinder, waren von **Hunger** bedroht. Straßenblockaden verhinderten aber in Teilen des Landes die humanitäre Versorgung der Betroffenen.

Menschenrechtsverletzungen: 2020/21 waren die bewaffneten Auseinandersetzungen weiterhin von Kriegsverbrechen und anderen Menschenrechtsverletzungen geprägt. Auch **sexualisierte Gewalt** in Form von Zwangsverheiratungen, sexueller Versklavung und Vergewaltigungen kam in großem Ausmaß vor. UN-Experten warfen im Juni 2021 in einem Bericht **russischen Söldnern**, die offiziell als Militärberater im Einsatz waren, vor, an schweren Menschenrechtsverletzungen wie exzessiven Gewaltakten und wahllosen Tötungen in der Zentralafrikanischen Republik beteiligt gewesen zu sein. Seit 2018 entsandte Russland sogenannte Ausbilder in das Bürgerkriegsland, die offiziell aber unbewaffnet und auch nicht für den militärischen Kampfeinsatz vorgesehen waren.

Zypern

▸ 628

Ländername	Republik Zypern
Zeitzone	MEZ +1 h
Fläche in km²	9251 (Rang 164)
Anzahl der Einwohner	1.2 Millionen (Rang 156)
Einwohnerzahl pro km²	131 (Rang 68)
Hauptstadt	Nikosia (Lefkosia)
Amtssprachen	Griechisch, Türkisch
Verwaltungsgliederung	6 Provinzen
Wichtige Städte	Nikosia (Lefkosia), Limassol, Strovolos, Larnaka, Lakatamia
Autokennzeichen | ISO-Code	CY | CYP
Währung	1 Euro = 100 Cent
Nationalfeiertag	1. Oktober (Unabhängigkeit 1960)

Die Insel im östlichen Mittelmeer war seit jeher wichtiger Kreuzungspunkt europäischer und vorderasiatischer Kulturen. Seiner Brückenfunktion zwischen Orient und Okzident verdankt Zypern daher ein reiches kulturelles Erbe. Seit der Besetzung des Nordteils durch türkische Truppen im Jahr 1974 ist die Insel zweigeteilt. Trotzdem konnte der griechische Südteil 2004 Mitglied der Europäischen Union werden. Die damit verbundenen Hoffnungen auf eine Wiedervereinigung erfüllten sich bislang aber nicht. Im Süden unterhält Großbritannien die Militärstützpunkte Dhekelia und Akrotiri.

GEOGRAFIE

Geografische Lage: Von 34°37' bis 35°42' nördlicher Breite sowie von 32°16' bis 34°36' östlicher Länge (Südeuropa)
Höchster Punkt: Olympus 1952 m
Klima: Mediterranes Klima

POLITIK

Staatsform: Präsidiale Republik
Staatsoberhaupt und Regierungschef: Präsident Nikos Anastasiadis (seit 28.02.2013)
Regierungspartei: DISY (Dimokratikos Synagermos, Demokratische Sammlung)
Legislative: Repräsentantenhaus mit 56 für 5 Jahre gewählten Mitgliedern
Jahr der Verfassung: 1960
Wahlrecht: 18 Jahre

BEVÖLKERUNG

Bevölkerungsanteil: <15 Jahre 16.6 %, 15–64 Jahre 69 %, >64 Jahre 14.4 %
Verteilung: Stadt 66.8 %, Land 33.2 %
Wachstum: 0.7 %
Lebenserwartung: Frauen 83 Jahre, Männer 79 Jahre
Alphabetenrate: Frauen 98.1 %, Männer 99.3 %
Bevölkerungsgruppen: Griechen u. a.
Religionen: Christen (v. a. Orthodoxe), Muslime, Buddhisten
Sprachen: Griechisch, Türkisch, Englisch u. a.

WIRTSCHAFT

BIP: 23.97 Mrd. US$
Wachstum BIP: -5.1 %
BIP/Kopf: 27 054 US$
Inflation: -1.1 %
Außenhandel: Import 8.64 Mrd. US$ (Petrochemie 16.9 %, Fahrzeuge 14.4 %, Nahrungsmittel 11.6 %, Chemische Erzeugnisse 10 %, Kfz und -Teile 7.9 %), Export 3.06 Mrd. US$ (Fahrzeuge 31.8 %, Petrochemie 20.7 %, Chemische Erzeugnisse 13.4 %, Nahrungsmittel 12.9 %, Maschinen 2.8 %)
Erwerbstätige nach Sektoren: Landwirtschaft 2 %, Industrie 16.3 %, Dienstleistungen 81.7 %
Arbeitslosenquote: 7.2 %
CO_2-Emission/Kopf: 6.2 t

UMSTRITTENES GEBIET

Türkische Republik Nordzypern
Fläche in km²: 3355
Anzahl der Einwohner: 372 486
Hauptstadt: Nikosia (Lefkosia)
Status: De-facto-Regime, Gebiet ist völkerrechtlich Teil der Republik Zypern
Regierungschef: Präsident Ersin Tatar

RÜCKBLICK

Corona-Pandemie: Die Zahl der Infektionen stieg ab Oktober 2020 wieder an und erreichte mit rund 4000 pro Woche Ende des Jahres 2020 einen ersten Höhepunkt. Nach einem Rückgang setzte Ende Februar 2021 eine neue Welle ein, die Ende April mit fast 6200 Infektionsfällen pro Woche einen neuen Höhepunkt erreichte. Die Regierung verhängte mehrfach Lockdowns von unterschiedlicher Strenge. Die Impfungen begannen am 27.12.2020. Insgesamt wurden seit Beginn der Pandemie bis zum

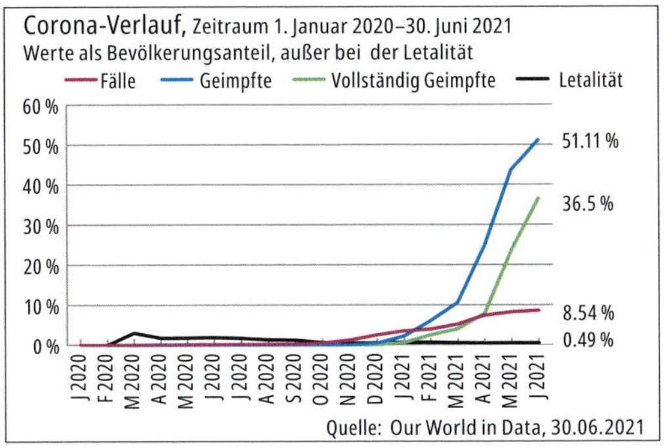

30.06.2021 75 431 Infektionen und 374 Todesfälle gemeldet, was 0.04 % der Bevölkerung entsprach. 36.5 % waren vollständig geimpft.

Präsidentenwahlen im Norden: In der (international nicht anerkannten) Türkischen Republik Nordzypern (TRNC) fand am 11.10.2020 die erste Runde der Präsidentenwahlen statt. **Ministerpräsident Ersin Tatar** (Partei der nationalen Einheit, UBP) lag mit 32.4 % an erster Stelle, gefolgt von dem als Unabhängiger kandidierenden Amtsinhaber Mustafa Akıncı mit 29.8 %. Tufan Erhürman (CTP, Republikanische Türkische Partei), ein früherer Ministerpräsident der TRNC, erhielt 21.7 %. 8 weitere Kandidaten erhielten jeweils weniger als 6 %. Im zweiten Wahlgang am 18.10.2020 setzte sich der insbesondere von den aus der Türkei stammenden Siedlern unterstützte **Tatar mit 51.7 % knapp** gegen Akıncı mit 48.3 % **durch**. Die Wahlbeteiligung lag im ersten Wahlgang bei 58.2 %, im zweiten bei 67.3 %. Die türkische Regierung hatte massiv in den Wahlkampf eingegriffen und für den Fall eines Wahlsiegs von Tatar finanzielle Unterstützung versprochen.

Neue Zyperngespräche: Erstmals seit 4 Jahren trafen vom 27. bis 29.04.2020 die obersten politischen Repräsentanten der griechisch- und der türkischzypriotischen Seite, Nikos Anastasiadis und Ersin Tatar, die Außenminister der 3 Garantiemächte des Zypernabkommens von 1959 – Griechenland, Großbritannien und die Türkei – sowie UN-Generalsekretär António Guterres in Genf zu **Gesprächen über eine Lösung der Zypernfrage** zusammen. Das **Treffen** blieb **ohne Ergebnis**, da Tatar, unterstützt von der Türkei, erklärte, Verhandlungen ohne Anerkennung der vollen Souveränität der TRNC seien sinnlos. Die Türkischzyprioten akzeptierten keinen Minderheitsstatus in einer von den Griechischzyprioten beherrschten Föderation.

Parlamentswahlen: Bei den Parlamentswahlen am 30.05.2021 lag die konservative Demokratische Sammlung (DISY) von Staatspräsident Nikos Anastasiadis mit 27.8 % (17 Sitze, -1) wie schon die beiden letzten Male vor der linken Aufbaupartei des werktätigen Volkes (AKEL) mit 22.3 % (15, -1). Beide büßten indes an Stimmen ein. Auch die zentristische Demokratische Partei (DIKO) mit 11.3 % (9) verlor an Stimmen, auch wenn die Anzahl ihrer Sitze gleich blieb. Die rechtsextreme Nationale Volksfront (ELAM) konnte mit 6.8 % (4, +2) ihren Stimmenanteil fast verdoppeln. Es folgte die Wahlallianz aus der Bewegung der Sozialdemokraten und dem Bürgerbündnis (EDEK-SYPOL) mit 6.7 % (4, -2), das zentristische Demokratische Lager (DIPA), eine Abspaltung von DIKO, mit 6.1 % (4) und schließlich das Bündnis aus der Bewegung der Ökologen und der Bürgerkooperation (KOSP) mit 4.4 % (3, +1). Die Wahlbeteiligung von 65.7 % lag geringfügig niedriger als 2016; es war die zweitniedrigste seit der Gründung der Republik Zypern 1960.

Keine Goldenen Pässe mehr: Das **Citizenship Investment Programme** der zypriotischen Regierung wurde **ab dem 01.11.2020 eingestellt**. Es hatte ermöglicht, nach einer Investition von mindestens 2.5 Mio. € die Staatsbürgerschaft zu erhalten. Mehr als 7 Mrd. € wurden auf diese Weise in den letzten Jahren eingenommen. Laut Medienberichten nutzten auch Personen mit kriminellem Hintergrund diese Möglichkeit. Nach einem kritischen Bericht der EU-Kommission war das Verfahren kurzzeitig strenger gehandhabt worden. Ende 2019 hatte die Regierung angekündigt, man werde in 9 Fällen die Einbürgerung rückgängig machen. Erst im Oktober 2020 wurden dann die entsprechenden Verfahren eingeleitet. Vor allem für Anwaltskanzleien und Bauunternehmen was es ein einträgliches Geschäft, da die meisten dieser Investitionen in den Immobiliensektor flossen. Zwei Abgeordnete, die besonders involviert waren, darunter Parlamentspräsident Dimitris Syllouris, traten zurück.

Gegen türkische Ansprüche: Türkische Forschungs- und Bohrschiffe, begleitet von Kriegsschiffen, waren **mehrfach in der Ausschließlichen Wirtschaftszone (AWZ) Zyperns** aktiv. Angesichts dessen intensivierte Zypern seine Zusammenarbeit mit anderen Ländern in der Region. Zum 01.08.2020 trat ein Abkommen Zyperns mit Frankreich über militärische Kooperation in Kraft, am 12.01.2021 wurde ein ähnlicher Vertrag mit den Vereinigten Arabischen Emiraten (VAE) unterzeichnet. Am 21.10.2020 fand in Nikosia ein Dreiergipfeltreffen von Präsident Anastasiadis mit seinem ägyptischen Amtskollegen Abdel Fattah al-Sisi und dem griechischen Ministerpräsidenten Kyriakos Mitsotakis statt.

Arktis

Territorium: Die Arktis umfasst ein etwa 26 Mio. km² großes Gebiet, in dessen Zentrum das Nordpolarmeer liegt. Flächenmäßig macht es etwa die Hälfte der Arktis aus. Die andere Hälfte bilden Inseln und Festlandgebiete der fünf Anrainerstaaten USA, Russland, Kanada, Norwegen und Dänemark (über Grönland).

Bevölkerung: In der Arktis leben etwa 4 Millionen Menschen, darunter rund eine halbe Million Angehörige von indigenen Völkern. Dazu zählen die etwa 150 000 Inuit, die in Grönland, Kanada, Alaska und Sibirien leben. Andere Polarvölker sind Jakuten, Nenzen, Samen oder Tschuktschen. Nur in Grönland und im autonomen kanadischen Nunavut stellen die Indigenen die Bevölkerungsmehrheit.

Flora: Die arktische Vegetation besteht hauptsächlich aus Flechten, Moosen und Kräutern, Gräsern sowie Sträuchern. Die Hocharktis (Polarwüste) ist so gut wie vegetationslos, während sich am südlichen Rand, der arktischen Tundra, auch Baumbestand findet. Im Sommer 2020 kam es in der Arktis wie schon im Vorjahr zu heftigen Wald- und Buschbränden, vor allem in Sibirien, wo im Sommer Temperaturen von bis zu 38 °C gemessen wurden. Auch in Alaska und der kanadischen Arktis brannten die Wälder. Insgesamt gelangten durch diese Brände in den ersten 8 Monaten des Jahres 244 Megatonnen CO_2 in die Atmosphäre.

Fauna: In der Arktis leben Eisbären, Rentiere, Moschusochsen, Polarfüchse, Wölfe und Schneehasen, außerdem Wale, Robben und viele Vogel- und Fischarten. Die Lebensgrundlage vieler Arten ist bedroht durch Jagd, Überfischung, Umweltgifte, aber auch durch den Klimawandel: So finden etwa Eisbären durch das Schmelzen des arktischen Eises immer weniger Beutetiere. In der Folge kommen Eisbären auf der Suche nach Nahrung immer häufiger in die Nähe von menschlichen Siedlungen bzw. dringen sogar dort ein.

Wirtschaft und Rohstoffe: Hauptwirtschaftszweige sind Fischerei, Pelztierjagd und -zucht sowie der Abbau von Bodenschätzen und die Förderung von Öl und Gas. Die Arktis hat eine lange Bergbautradition und ist reich an natürlichen Ressourcen wie Erdöl, Gas, Gold, Silber oder Zink. Weitere große Rohstoffvorkommen werden vermutet, größtenteils offshore. So könnten in der Arktis nach Schätzungen etwa 90 Mio. Barrel Öl ruhen und knapp 50 Mio. m³ Gas.

Politische Situation: Der politische Status des Polarmeeres ist zum Teil ungeklärt. Auf der Basis des internationalen Seerechtsübereinkommens (SRÜ), das 1994 in Kraft trat, hat jeder Anrainerstaat das Recht auf eine „Ausschließliche Wirtschaftszone" von 200 Seemeilen vor seiner Küste. Darüber hinaus kann er weitere Ansprüche geltend machen, sofern er nachweist, dass der Festlandsockel seines Territoriums über diese 200-Seemeilengrenze hinausreicht. Aus diesem Grund versuchen verschiedene Anrainerstaaten, eine Verbindung ihres Festlandsockels zum sogenannten Lomonossowrücken zu demonstrieren – einem unterseeischen, 1800 km langen Gebirgszug, der von Kanadas Norden über Grönland bis vor Russland reicht. Bisher haben Kanada, Russland und Dänemark bei den UN Ansprüche unter Berufung auf das SRÜ geltend gemacht. Darüber hinaus beanspruchen auch die USA und Norwegen weitere Gebiete in der Arktis. Durch die Erderwärmung ist die strategische Bedeutung der Arktis gewachsen: Dabei geht es zum einen um Kontrolle über die arktischen Rohstoffe, deren Erschließbarkeit durch den Klimawandel näher rückt, zum anderen um Schifffahrtsrouten wie die Nordostpassage.

Arktischer Rat: Um die Entwicklung der Polarregion, Infrastruktur, Forschung und Umweltschutz zu koordinieren, wurde 1996 der Arktische Rat gegründet. In ihm sind die Arktis-Anrainerstaaten Dänemark, Finnland, Island, Kanada, Norwegen, Russland, Schweden und die USA vertreten, außerdem 6 Organisationen, die die Interessen der indigenen Völker der Region vertreten. Ständige Beobachter im Arktischen Rat sind China, Deutschland, Frankreich, Großbritannien, Indien, Italien, Japan, die Niederlande, Polen, die Schweiz, Spanien und die Republik Korea sowie internationale Organisationen und NGOs. Am 20.05.2021 übernahm Russland von Island für zwei Jahre den Vorsitz im Arktischen Rat.

Klimawandel: In der Arktis schreitet der Klimawandel schneller voran als in der übrigen Welt. Laut einem im Mai 2021 von einer Arbeitsgruppe des Arktischen Rates erstellten Berichts stieg die jährliche Durchschnittstemperatur seit 1971 um 3.1 °C an, in der übrigen Welt im gleichen Zeitraum dagegen um 1 °C. Auch in einem Rückgang des Meereises macht sich der Klimawandel bemerkbar: So war die minimale Meereisausdehnung in der Arktis des Jahres 2020 nach Angaben des Alfred-Wegener-Instituts mit 3.8 Mio. km² der zweitniedrigste Wert, der seit Beginn der Satellitenbeobachtung 1979 in der Arktis gemessen wurde. Als maximale Meereisausdehnung 2021 wurden im März 14.72 Mio. km² gemessen. Ebenfalls auf den Klimawandel zurückgeführt wird der Abbruch eines 113 km² großen Eisstücks vom

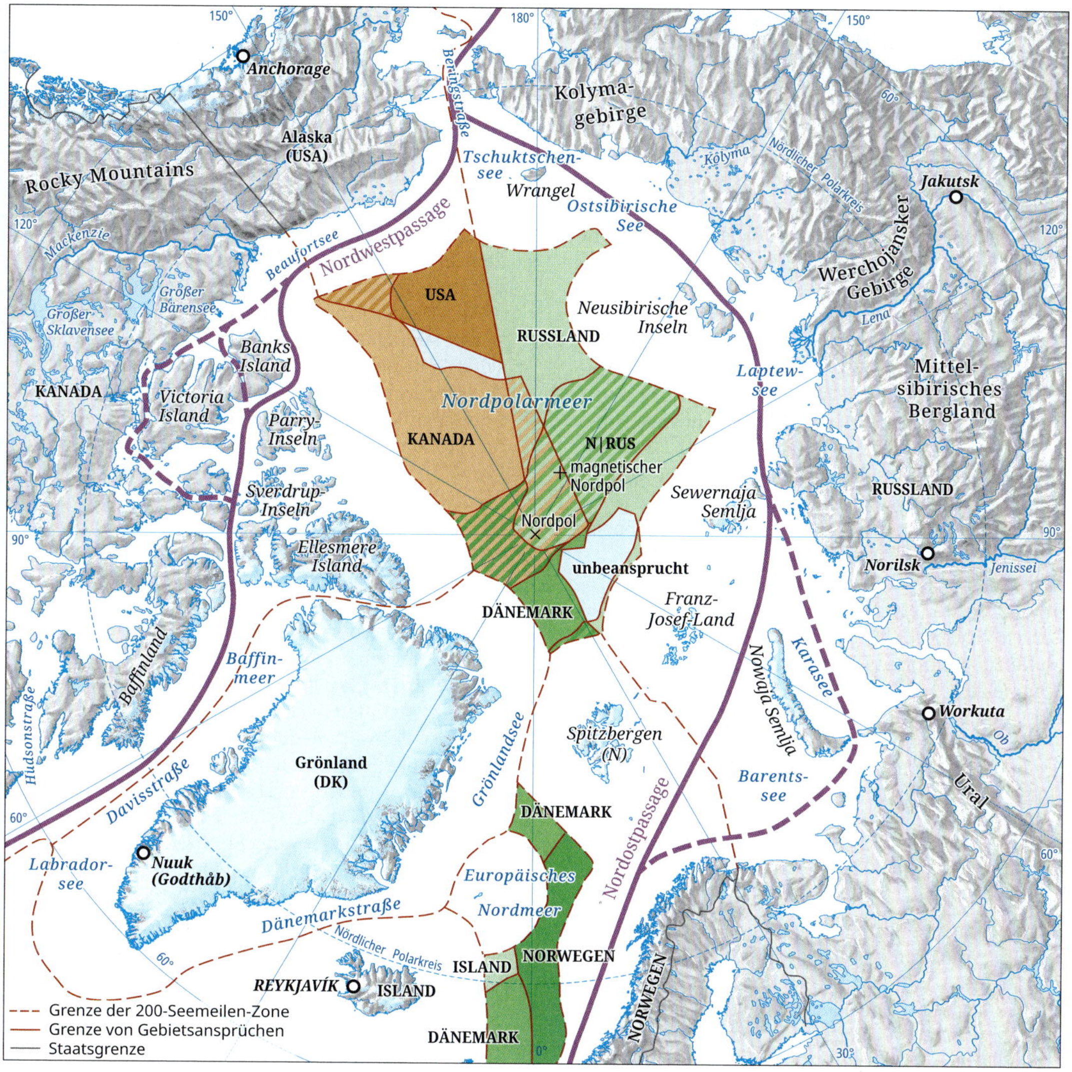

größten Gletscher der Arktis, dem Nioghalvfjerdsfjorden-Gletscher in Nordostgrönland, im September 2020.
Eine weitere Folge des Klimawandels in der Arktis ist das Tauen des Permafrostbodens, durch das im Boden gespeicherter Kohlenstoff als CO_2 in die Atmosphäre gelangt. Einer Studie zufolge sind so zwischen 2003 und 2017 jährlich 0.7 Mrd. t CO_2 in die Atmosphäre gelangt.
Am 12.10.2020 kehrte der deutsche Forschungseisbrecher „Polarstern" von einer über ein Jahr dauernden Arktisexpedition nach Bremerhaven zurück. Unter der Leitung des Alfred-Wegener-Instituts hatten sich Forscher aus 20 Nationen mit der Polarstern im Eis festfrieren lassen, um Daten etwa zu Wetter, Eissituation oder CO_2-Emissionen zu sammeln. Zu den Ergebnissen der Expedition gehört die Beobachtung, dass auch am Nordpol ein Ozonloch droht: So ist die Ozonschicht über der Arktis um ein Viertel zurückgegangen.

Antarktis

▸ 598

Territorium: Die Antarktis erstreckt sich über die Festland- und Meeresgebiete rund um den Südpol. Anders als die Arktis ist sie ein Kontinent und verfügt über eine Festlandfläche von etwa 13 Mio. km^2. Das Schelfeis eingerechnet sind es über 14 Mio. km^2. 98 % der Fläche sind ganzjährig mit einem Eismantel bedeckt. Dieser ist im Durchschnitt 2200 m dick und kann bis zu einer Höhe von 5500 m reichen. Im Februar 2021 wurde das die Antarktis umgebende Meer von der US-amerikanischen Wetter- und Ozeanografiebehörde als 5. Weltmeer anerkannt und mit Südlicher Ozean oder Südpolarmeer benannt.

Bevölkerung: Offiziell ist die Antarktis unbewohntes Gebiet. Dennoch gibt es einige feste Siedlungen, die für Wissenschaftler und anderes Personal der etwa 80 Forschungsstationen errichtet wurden. Insgesamt leben dort im Sommer bis zu 5000 und im Winter etwa 1000 Menschen. Die größte Forschungsstation ist die von den USA betriebene McMurdo-Station auf Ross Island. Hier leben im Sommer bis zu 1200 Menschen, 200 überwintern dort. Deutschland betreibt 5 Forschungsstationen in der Antarktis, darunter die erst 2009 in Betrieb genommene Neumayer III des Alfred-Wegener-Instituts im östlichen Wedellmeer. Jüngste Forschungsstation ist die seit 2020 bestehende brasilianische Station Comandante Ferraz auf der King-George-Insel.

Flora: Wegen der klimatischen Bedingungen ist die Vegetation äußerst spärlich und besteht meist aus Flechten, Moosen, Algen oder Pilzen. Auf der Antarktischen Halbinsel kommen darüber hinaus zwei Arten von Blütenpflanzen vor: die „Antarktische Schmiele" und die „Antarktische Perlwurz". Laut einer Studie des Alfred-Wegener-Instituts vom Januar 2021 könnten durch den Klimawandel bald verstärkt Moose und Flechten in die eisfreien Küstenregionen der Antarktis einwandern.

Fauna: In der Antarktis leben zahlreiche Pinguine und mehr als 20 Seevogelarten, darunter Albatrosse, Raubmöwen und Seeschwalben. Außerdem gibt es dort mehr als 200 Fischarten und bis zu 500 Mio. t Krill, ein 4–6 cm langer Krebs, der die Nahrungsgrundlage für die meisten antarktischen Tiere bietet, auch für Robben und Wale, die einzigen Säugetiere der Antarktis. Im Februar 2021 entdeckte eine internationale Forschergruppe unter 900 m dickem Schelfeis und 260 km vom Land entfernt mehrere Schwammarten, was bisherige Annahmen über die Möglichkeiten sesshaften Lebens unter diesen Bedingungen infrage stellt.

Politische Situation: Die Antarktis gilt als staatsfreies Territorium. Allerdings haben im 20. Jahrhundert 7 Staaten Ansprüche auf Teilgebiete erhoben: Großbritannien (1908/1917), Neuseeland (1923), Frankreich (1924), Australien (1933), Norwegen (1939), Chile (1940) und Argentinien (1943). Gemäß dem 1961 in Kraft getretenen Antarktisvertrag, dem inzwischen 53 Staaten beigetreten sind, ruhen diese Gebietsansprüche jedoch. Der Vertrag gibt das Gebiet südlich des 60. Breitengrades für wissenschaftliche Forschung frei. Militärische Aktivität, Atomtests und die Einfuhr radioaktiven Mülls sind untersagt. Neben dem Antarktisvertrag regeln weitere Abkommen vor allem die Antarktis betreffende Umweltfragen: die Einrichtung von Schutzzonen zur Erhaltung der antarktischen Flora und Fauna (1964), den Erhalt der antarktischen Robben (1978) und der lebenden Meeresschätze der Antarktis (1982).

Natürliche Ressourcen: In der Antarktis werden große Vorkommen an Erdöl (schätzungsweise 45 Mrd. Barrel), Erdgas (etwa 115 Bio. m^3), Gold, Platin und anderen Metallen vermutet. Abgebaut werden dürfen diese Rohstoffe jedoch nicht, da das Madrid-Protokoll seit 1998 den Abbau mineralischer Ressourcen in der Antarktis untersagt. Auch kommerzieller Fischfang ist weitgehend verboten. Gleichwohl wird in großem Stil illegal gefischt: Besonders betroffen davon ist der Schwarze Seehecht. Jahrelang sorgte auch der Walfang, den Japan vorgeblich aus wissenschaftlichen Gründen in der Antarktis betrieben hatte, für Proteste, hatte doch der Internationale Gerichtshof in Den Haag diese Praxis 2014 für illegal erklärt. Im Juli 2019 kündigte die japanische Regierung an, künftig auf den Walfang in antarktischen Gewässern zu verzichten.

Klima: Mit Wintertemperaturen von -60 °C bis -70 °C im Landesinneren ist die Antarktis der kälteste Kontinent der Erde. An den Küsten beträgt die mittlere Wintertemperatur -20 °C bis -30 °C. Die durchschnittlichen Temperaturen im Sommer liegen im Landesinneren bei -40 °C, an den Küsten zwischen 0 °C und -25 °C. In den letzten Jahren kam es auf der Antarktischen Halbinsel im Norden der Antarktis zu ungewöhnlichen Temperaturen. So wurden nach Angaben der NASA am 06.02.2020 an der argentinischen Forschungsstation Esperanza 18.3 °C gemessen. Dieser Wert wurde am 02.07.2021 nach einer Überprüfung durch die Weltorganisation für Meteorologie WMO bestätigt. Nicht bestätigen konnte die Behörde hingegen einen Temperatur-

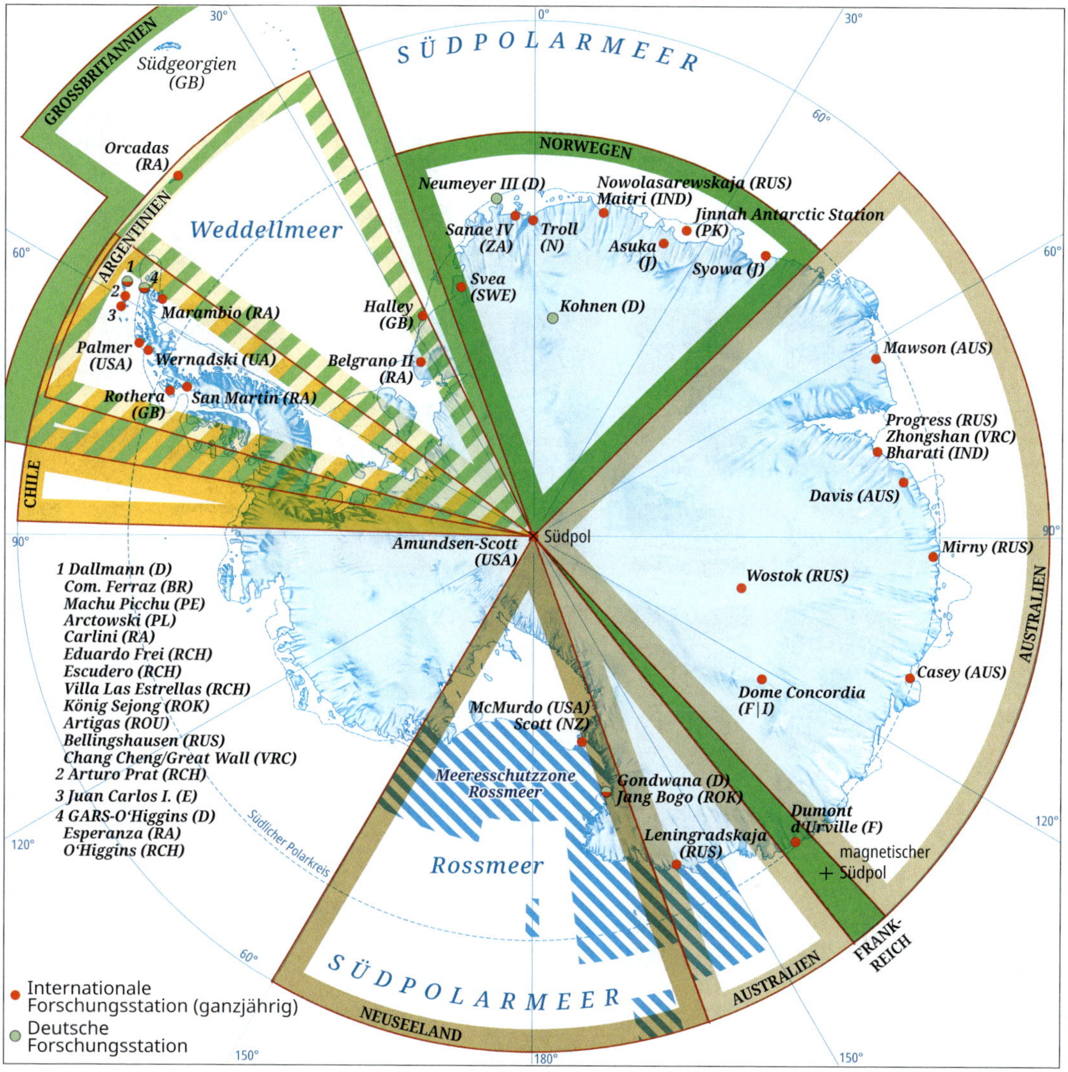

rekord von mehr als 20 °C, der am 09.02.2020 an der argentinischen Forschungsstation Marambio gemessen wurde.

Klimawandel: Wie die Arktis ist auch die Antarktis von der globalen Erderwärmung betroffen. Anders als dort spiegelt sich das in der Antarktis jedoch nicht unbedingt in schmelzendem Meereis wider. In den letzten Jahren ist allerdings auch in der Antarktis das Meereis zurückgegangen. Die minimale Meereisausdehnung wurde 2021 am 17.02. gemessen und betrug 2.79 Mio. km². Während Forscher lange Zeit davon ausgegangen waren, dass bisher nur die Westantarktis vom Klimawandel betroffen sei, zeigen neuere Messungen, dass sich z. B. auch der etwa 130 km lange ostantarktische Denmangletscher in den letzten 22 Jahren um 5.4 km zurückgezogen hat. Auch das im Juni 2021 entdeckte Verschwinden eines 700 Mio. m³ Wasser fassenden Sees, der innerhalb von drei Tagen durch eine Gletscherspalte im Amery-Schelfeis abfloss, wird mit der Erderwärmung in Verbindung gebracht. Ferner kam es auch 2021 wieder zum Abbruch riesiger Eisberge: So brach Ende Februar 2021 in der Nähe der britischen Forschungsstation ein 1270 km² großer Eisberg vom Brunt-Schelfeis ab und im Mai 2021 der 4320 km² große A-76 vom Ronne-Schelfeis.

Flaggen der Staaten

Litauen
Luxemburg
Madagaskar
Malawi
Malaysia
Malediven
Mali
Malta
Marokko
Marshallinseln
Mauretanien
Mauritius
Mexiko
Mikronesien
Moldau
Monaco
Mongolei
Montenegro
Mosambik
Myanmar
Namibia
Nauru
Nepal
Neuseeland
Nicaragua
Niederlande
Niger
Nigeria
Nordmazedonien
Norwegen
Oman
Österreich
Pakistan
Palau
Panama
Papua-Neuguinea
Paraguay
Peru
Philippinen
Polen
Portugal
Ruanda
Rumänien
Russland
Salomonen
Sambia
Samoa
San Marino
São Tomé & Príncipe
Saudi-Arabien
Schweden
Schweiz
Senegal
Serbien
Seychellen
Sierra Leone
Simbabwe
Singapur
Slowakei
Slowenien
Somalia
Spanien
Sri Lanka
St. Kitts & Nevis
St. Lucia
St. Vincent & Grenadinen
Südafrika
Sudan
Südsudan
Suriname
Syrien
Tadschikistan
Taiwan
Tansania
Thailand
Timor-Leste
Togo
Tonga
Trinidad & Tobago
Tschad
Tschechien
Tunesien
Türkei
Turkmenistan
Tuvalu
Uganda
Ukraine
Ungarn
Uruguay
Usbekistan
Vanuatu
Vatikanstadt
Venezuela
Ver. Arab. Emirate
Ver. Staaten v. Amerika
Vietnam
Zentralafrikanische Rep.
Zypern

Staaten nach Fläche in km²

1	Russland	17 098 246
2	Kanada	9 984 670
3	Vereinigte Staaten	9 833 517
4	China	9 596 961
5	Brasilien	8 515 767
6	Australien	7 692 060
7	Indien	3 287 263
8	Argentinien	2 780 400
9	Kasachstan	2 724 902
10	Algerien	2 381 741
11	Kongo, Demokratische Republik	2 344 858
12	Saudi-Arabien	2 149 690
13	Mexiko	1 964 375
14	Indonesien	1 910 931
15	Sudan	1 886 068
16	Libyen	1 759 541
17	Iran	1 648 195
18	Mongolei	1 564 116
19	Peru	1 285 216
20	Tschad	1 284 000
21	Niger	1 267 000
22	Angola	1 246 700
23	Mali	1 240 192
24	Südafrika	1 221 037
25	Kolumbien	1 141 748
26	Äthiopien	1 104 300
27	Bolivien	1 098 581
28	Mauretanien	1 030 700
29	Ägypten	1 010 408
30	Tansania	947 303
31	Nigeria	923 768
32	Venezuela	916 445
33	Namibia	824 116
34	Mosambik	799 380
35	Pakistan	796 095
36	Türkei	783 562
37	Chile	756 102
38	Sambia	752 612
39	Myanmar	676 577
40	Afghanistan	652 864
41	Somalia	637 657
42	Zentralafrikanische Republik	622 984
43	Südsudan	619 745
44	Ukraine	603 500
45	Madagaskar	587 295
46	Botswana	582 000
47	Kenia	580 367
48	Frankreich	551 500
49	Jemen	527 968
50	Thailand	513 120
51	Spanien	505 944
52	Turkmenistan	488 100
53	Kamerun	475 650
54	Papua-Neuguinea	462 840
55	Usbekistan	448 969
56	Schweden	447 425
57	Marokko	446 550
58	Irak	435 052
59	Paraguay	406 752
60	Simbabwe	390 757
61	Norwegen	386 194
62	Japan	377 930
63	Deutschland	357 376
64	Kongo, Republik	342 000
65	Finnland	338 440
66	Vietnam	330 967
67	Malaysia	330 323
68	Côte d'Ivoire	322 463
69	Polen	312 679
70	Philippinen	310 798
71	Oman	309 500
72	Italien	302 073
73	Burkina Faso	272 967
74	Neuseeland	268 107
75	Gabun	267 668
76	Ecuador	257 217
77	Guinea	245 857
78	Vereinigtes Königreich	242 495
79	Uganda	241 550
80	Ghana	238 537
81	Rumänien	238 391
82	Laos	236 800
83	Guyana	214 969
84	Belarus	207 600
85	Kirgisistan	199 949
86	Senegal	196 712
87	Syrien	185 180
88	Kambodscha	181 035
89	Uruguay	176 215
90	Suriname	163 820
91	Tunesien	163 610
92	Bangladesch	147 570
93	Nepal	147 181
94	Tadschikistan	143 226
95	Griechenland	131 957
96	Nicaragua	130 373
97	Korea, Demokratische Volksrepublik	120 538
98	Malawi	118 484
99	Eritrea	117 600
100	Benin	114 763
101	Honduras	112 492
102	Liberia	111 369
103	Bulgarien	111 002
104	Kuba	109 884
105	Guatemala	108 889
106	Island	103 000
107	Korea, Republik	100 284
108	Ungarn	93 024
109	Portugal	92 226
110	Jordanien	89 318
111	Serbien	77 612
112	Aserbaidschan	86 600
113	Österreich	83 871
114	Vereinigte Arabische Emirate	83 600
115	Tschechien	78 868
116	Panama	75 320
117	Sierra Leone	72 300
118	Irland	69 797
119	Georgien	69 700
120	Sri Lanka	65 610
121	Litauen	65 286
122	Lettland	64 573
123	Togo	56 785
124	Kroatien	56 594
125	Bosnien und Herzegowina	51 209
126	Costa Rica	51 100
127	Slowakei	49 035
128	Dominikanische Republik	48 671
129	Estland	45 227
130	Dänemark	42 921
131	Niederlande	41 542
132	Schweiz	41 291
133	Bhutan	38 394
134	Taiwan	36 193
135	Guinea-Bissau	36 125
136	Moldau, Republik	33 846
137	Belgien	30 528
138	Lesotho	30 355
139	Armenien	29 743
140	Salomonen	28 896
141	Albanien	28 748
142	Äquatorialguinea	28 052
143	Burundi	27 830
144	Haiti	27 750
145	Ruanda	26 338
146	~~Nord~~mazedonien	25 713
147	Dschibuti	23 200
148	Belize	22 966
149	Israel	22 072
150	El Salvador	21 041
151	Slowenien	20 273
152	Fidschi	18 272
153	Kuwait	17 818
154	Eswatini (Swasiland)	17 363
155	Timor-Leste	14 919
156	Bahamas	13 940
157	Montenegro	13 812
158	Vanuatu	12 189
159	Katar	11 607
160	Gambia	11 295
161	Jamaika	10 991
162	Kosovo	10 887
163	Libanon	10 452
164	Zypern	9251
165	Brunei	5765
166	Trinidad und Tobago	5127
167	Cabo Verde	4033
168	Samoa	2842
169	Luxemburg	2586
170	Komoren	2235
171	Mauritius	2040
172	São Tomé und Príncipe	964
173	Kiribati	811
174	Bahrain	771
175	Dominica	750
176	Tonga	747
177	Singapur	719
178	Mikronesien	702
179	St. Lucia	617
180	Andorra	468
181	Palau	459
182	Seychellen	457
183	Antigua und Barbuda	442
184	Barbados	431
185	St. Vincent und die Grenadinen	389
186	Grenada	345
187	Malta	315
188	Malediven	300
189	St. Kitts und Nevis	261
190	Marshallinseln	181
191	Liechtenstein	160
192	San Marino	61
193	Tuvalu	26
194	Nauru	21
195	Monaco	2
196	Vatikanstadt	< 1

Staaten nach Einwohnern

1	China	1 411 778 724
2	Indien	1 380 004 385
3	Vereinigte Staaten	331 449 281
4	Indonesien	273 523 621
5	Pakistan	220 892 331
6	Brasilien	212 559 409
7	Nigeria	206 139 587
8	Bangladesch	164 689 383
9	Russland	144 104 080
10	Mexiko	128 932 753
11	Japan	125 836 021
12	Äthiopien	114 963 583
13	Philippinen	109 581 085
14	Ägypten	102 334 403
15	Vietnam	97 338 583
16	Kongo, Demokratische Republik	89 561 404
17	Türkei	84 339 067
18	Iran	83 992 953
19	Deutschland	83 240 525
20	Thailand	69 799 978
21	Frankreich	67 391 582
22	Vereinigtes Königreich	67 215 293
23	Tansania	59 734 213
24	Italien	59 554 023
25	Südafrika	59 308 690
26	Myanmar	54 409 794
27	Kenia	53 771 302
28	Korea, Republik	51 780 579
29	Kolumbien	50 882 884
30	Spanien	47 450 795
31	Uganda	45 740 997
32	Argentinien	45 195 777
33	Algerien	43 851 043
34	Sudan	43 849 269
35	Ukraine	43 733 759
36	Irak	40 222 503
37	Afghanistan	38 928 341
38	Kanada	38 005 238
39	Polen	37 950 802
40	Marokko	36 910 558
41	Saudi-Arabien	34 813 867
42	Usbekistan	34 232 050
43	Peru	32 971 846
44	Angola	32 866 268
45	Malaysia	32 365 998
46	Mosambik	31 255 435
47	Ghana	31 072 945
48	Jemen	29 825 968
49	Nepal	29 136 808
50	Venezuela	28 435 943
51	Madagaskar	27 691 019
52	Kamerun	26 545 864
53	Côte d'Ivoire	26 378 275
54	Korea, Demokratische Volksrepublik	25 778 815
55	Australien	25 687 041
56	Niger	24 206 636
57	Taiwan	23 816 775
58	Sri Lanka	21 918 905
59	Burkina Faso	20 903 278
60	Mali	20 250 834
61	Rumänien	19 286 123
62	Malawi	19 129 955
63	Chile	19 116 209
64	Kasachstan	18 754 440
65	Sambia	18 383 956
66	Ecuador	17 643 060
67	Syrien	17 500 657
68	Niederlande	17 441 139
69	Guatemala	16 858 333
70	Senegal	16 743 930
71	Kambodscha	16 718 971
72	Tschad	16 425 859
73	Somalia	15 893 219
74	Simbabwe	14 862 927
75	Guinea	13 132 792
76	Ruanda	12 952 209
77	Benin	12 123 198
78	Burundi	11 890 781
79	Tunesien	11 818 618
80	Bolivien	11 673 029
81	Belgien	11 555 997
82	Haiti	11 402 533
83	Kuba	11 326 616
84	Südsudan	11 193 729
85	Dominikanische Republik	10 847 904
86	Griechenland	10 715 549
87	Tschechien	10 698 896
88	Schweden	10 353 442
89	Portugal	10 305 564
90	Jordanien	10 203 140
91	Aserbaidschan	10 110 116
92	Honduras	9 904 608
93	Vereinigte Arabische Emirate	9 890 401
94	Ungarn	9 749 763
95	Tadschikistan	9 537 642
96	Belarus	9 398 861
97	Israel	9 216 903
98	Papua-Neuguinea	8 947 027
99	Österreich	8 917 205
100	Schweiz	8 636 896
101	Togo	8 278 737
102	Sierra Leone	7 976 985
103	Laos	7 275 556
104	Paraguay	7 132 530
105	Bulgarien	6 927 288
106	Serbien	6 908 224
107	Libyen	6 871 287
108	Libanon	6 825 442
109	Nicaragua	6 624 554
110	Kirgisistan	6 591 604
111	El Salvador	6 486 201
112	Turkmenistan	6 031 187
113	Dänemark	5 831 404
114	Singapur	5 685 807
115	Finnland	5 530 719
116	Kongo, Republik	5 518 092
117	Slowakei	5 458 827
118	Norwegen	5 379 475
119	Oman	5 106 622
120	Costa Rica	5 094 114
121	Neuseeland	5 084 305
122	Liberia	5 057 677
123	Irland	4 994 724
124	Zentralafrikanische Republik	4 829 764
125	Mauretanien	4 649 660
126	Panama	4 314 768
127	Kuwait	4 270 563
128	Kroatien	4 047 201
129	Georgien	3 713 982
130	Eritrea	3 546 427
131	Uruguay	3 473 727
132	Bosnien und Herzegowina	3 280 815
133	Mongolei	3 278 292
134	Armenien	2 963 234
135	Jamaika	2 961 161
136	Katar	2 881 060
137	Albanien	2 837 743
138	Litauen	2 794 691
139	Moldau, Republik	2 617 820
140	Namibia	2 540 916
141	Gambia	2 416 664
142	Botswana	2 351 625
143	Gabun	2 225 728
144	Lesotho	2 142 252
145	Slowenien	2 100 126
146	Nordmazedonien	2 083 380
147	Guinea-Bissau	1 967 998
148	Lettland	1 901 548
149	Kosovo	1 775 378
150	Bahrain	1 701 583
151	Äquatorialguinea	1 402 985
152	Trinidad und Tobago	1 399 491
153	Estland	1 331 057
154	Timor-Leste	1 318 442
155	Mauritius	1 265 740
156	Zypern	1 207 361
157	Eswatini (Swasiland)	1 160 164
158	Dschibuti	988 002
159	Fidschi	896 444
160	Komoren	869 595
161	Guyana	786 559
162	Bhutan	771 612
163	Salomonen	686 878
164	Luxemburg	632 275
165	Montenegro	621 718
166	Suriname	586 634
167	Cabo Verde	555 988
168	Malediven	540 542
169	Malta	525 285
170	Brunei	437 483
171	Belize	397 621
172	Bahamas	393 248
173	Island	366 425
174	Vanuatu	307 150
175	Barbados	287 371
176	São Tomé und Príncipe	219 161
177	Samoa	198 410
178	St. Lucia	183 629
179	Kiribati	119 446
180	Mikronesien	115 021
181	Grenada	112 519
182	St. Vincent und die Grenadinen	110 947
183	Tonga	105 697
184	Seychellen	98 462
185	Antigua und Barbuda	97 928
186	Andorra	77 265
187	Dominica	71 991
188	Marshallinseln	59 194
189	St. Kitts und Nevis	53 192
190	Monaco	39 244
191	Liechtenstein	38 137
192	San Marino	33 938
193	Palau	18 092
194	Tuvalu	11 792
195	Nauru	10 834
196	Vatikanstadt	809

Europäische Union (EU)

Verträge und Mitgliedstaaten

Der Ursprung der Europäischen Union wurde in den 1950er-Jahren mit den drei **Europäischen Gemeinschaften** gelegt. Die älteste von ihnen war die 1951 vertraglich gegründete, am 23.07.1952 in Kraft getretene **Europäische Gemeinschaft für Kohle und Stahl (EGKS; auch Montanunion)**. Diese erste supranationale Organisation überhaupt diente der gemeinsamen Kontrolle der Kohle- und Stahlproduktion ihrer Mitgliedstaaten – Belgien, die Bundesrepublik Deutschland, Frankreich, Italien, Luxemburg und die Niederlande – ohne Zoll. In den **Römischen Verträgen** gründeten die sechs EGKS-Staaten mit Wirkung zum 01.01.1958 zwei weitere Organisationen: die **Europäische Wirtschaftsgemeinschaft (EWG)** mit der Idee der Schaffung eines gemeinsamen Marktes und die **Europäische Atomgemeinschaft (EURATOM)** zur gemeinsamen Förderung und Entwicklung der (friedlich genutzten) Kernenergie. Die drei Europäischen Gemeinschaften nutzten von Beginn an gemeinsame Organe (u. a. parlamentarische Versammlung; Gerichtshof); im EG-Fusionsvertrag (1965) wurden zum 01.07.1967 ihre übrigen Organe zusammengeführt.

Die beiden **Gründungsverträge der EU** sind der Vertrag über die Europäische Union (EU-Vertrag) und der Vertrag über die Arbeitsweise der Europäischen Union (AEU-Vertrag). Der EU-Vertrag wurde am 07.02.1992 im niederländischen Maastricht unterzeichnet und daher zunächst als „Vertrag von Maastricht" bezeichnet (in Kraft seit 01.11.1993); verändert und weiterentwickelt wurde der EU-Vertrag im Vertrag von Amsterdam (in Kraft seit 01.05.1999), im Vertrag von Nizza (01.02.2003) und im Vertrag von Lissabon (01.12.2009). Der AEU-Vertrag wurde als „Vertrag zur Gründung der Europäischen Wirtschaftsgemeinschaft" (EWG-Vertrag, einer der Römischen Verträge) am 25.03.1957 unterzeichnet (in Kraft seit 01.01.1958); er wurde in der Folgezeit mehrmals geändert und dabei zweimal umbenannt: mit dem Vertrag von Maastricht in „Vertrag zur Gründung der Europäischen Gemeinschaft" (EG-Vertrag); mit dem Vertrag von Lissabon erhielt er seinen heutigen Namen.

Die EWG wurde durch den Vertrag von Maastricht in **Europäische Gemeinschaft (EG)** umbenannt und die EU als Dachorganisation eingeführt; im Vertrag von Lissabon ging die EG in der EU auf. Während die EGKS nach Ende der 50-jährigen Vertragsdauer 2002 auslief, ist EURATOM bis heute eine eigenständige Organisation, die sich mit der EU sämtliche Organe teilt.

Als **Besitzstand der EU** (auch gemeinschaftlicher Besitzstand; frz.: acquis communautaire) wird die Gesamtheit aller Rechtsakte bezeichnet, die für alle EU-Mitgliedstaaten verbindlich sind. Staaten, die der EU beitreten wollen, müssen den Besitzstand in seiner Gesamtheit übernehmen – wobei in den Beitrittsverhandlungen Übergangs- und Ausnahmeregeln vereinbart werden können. Zum Besitzstand der EU zählen u. a.: die Gründungsverträge der EU (Primärrecht); die von den Organen der EU (bzw. ihrer Vorgängerorganisationen) erlassenen Rechtsvorschriften (Sekundärrecht); die Rechtsprechung des EuGH; Rechtsakte der gemeinsamen Außen- und Sicherheitspolitik (GASP) und der Zusammenarbeit im Bereich Justiz und Inneres; die von der EU (bzw. deren Vorgängerorganisationen) mit anderen Staaten oder internationalen Organisationen geschlossenen Verträge und Abkommen.

Die **Rechtsvorschriften der EU-Organe** gliedern sich nach Art. 288 AEU-Vertrag in Verordnungen (gelten allgemein, unmittelbar und verbindlich in jedem Mitgliedstaat), Richtlinien (Zielvorgaben, die von den Mitgliedstaaten in nationales Recht umgesetzt werden müssen), Beschlüsse (für die Adressaten in allen Teilen verbindlich; häufig Einzelfallentscheidungen, Ernennungen bzw. im Rahmen der GASP oder beim Abschluss internationaler Verträge) sowie Empfehlungen und Stellungnahmen (nicht verbindlich).

Mitgliedstaaten: Die erste Erweiterung der Europäischen Gemeinschaften fand 1973 durch den Beitritt von Dänemark, Großbritannien und Irland statt. Es folgten sechs weitere Erweiterungen; die bislang letzte am 01.07.2013 ließ durch den Beitritt Kroatiens die EU auf zeitweise 28 Mitgliedstaaten anwachsen. Seit dem Austritt des Vereinten Königreichs Großbritannien und Nordirland am 31.01.2020 hat die EU 27 Mitgliedstaaten mit insgesamt rund 446 Mio. Einwohnern: Belgien, Bulgarien, Dänemark, Deutschland, Estland, Finnland, Frankreich, Griechenland, Irland, Italien, Kroatien, Lettland, Litauen, Luxemburg, Malta, Niederlande, Österreich, Polen, Portugal, Rumänien, Schweden, Slowakei, Slowenien, Spanien, Tschechien, Ungarn und Zypern (de facto nur der Südteil).

Amtssprachen: Die ersten Amtssprachen der Europäischen Gemeinschaften waren Deutsch, Französisch, Italienisch und Niederländisch. Mit dem Beitritt neuer Staaten kamen jeweils Amtssprachen hinzu, zuletzt 2013 Kroatisch. Heute gibt es 24 Amtssprachen in der EU: Bulgarisch, Dänisch,

Deutsch, Englisch, Estnisch, Finnisch, Französisch, Griechisch, Irisch, Italienisch, Kroatisch, Lettisch, Litauisch, Maltesisch, Niederländisch, Polnisch, Portugiesisch, Rumänisch, Schwedisch, Slowakisch, Slowenisch, Spanisch, Tschechisch und Ungarisch.

Beitrittskandidaten: Derzeit gibt es fünf Beitrittskandidaten: Albanien (seit 27.06.2014), Montenegro (seit 17.12.2010), Nordmazedonien (seit 16.12.2005), Serbien (seit 01.03.2012) und die Türkei (seit 10.12.1999). Bereits begonnen haben die Beitrittsverhandlungen mit Montenegro (29.06.2012), Serbien (21.01.2014) und der Türkei (04.10.2005); am 24./26.03.2020 billigten Rat und ER die Aufnahme von Beitrittsverhandlungen mit Albanien und Nordmazedonien, die aber im November 2020 an einem Veto der Niederlande bzw. Bulgariens vorläufig scheiterten. Als potenzielle Beitrittskandidaten gelten Bosnien und Herzegowina (Beitrittsantrag 15.02.2016) und Kosovo – dessen 2008 erklärte Unabhängigkeit allerdings von mehreren EU-Staaten nicht anerkannt wird. Ehemalige Beitrittskandidaten, die ihren Antrag zurückgezogen haben, sind Island (zurückgezogen 2015) und die Schweiz (2016).

Organe und Institutionen (Auswahl)

Gemäß Art. 13 EU-Vertrag verfügt die Europäische Union über sieben Organe, an die die Mitgliedstaaten einen Teil ihrer Hoheitsrechte delegiert haben: Europäisches Parlament; Europäischer Rat; Rat; Europäische Kommission; Gerichtshof der Europäischen Union; Europäische Zentralbank; Rechnungshof. Darüber hinaus gibt es zahlreiche weitere Einrichtungen und Gremien, die die EU-Politik mitgestalten.

Europäisches Parlament

Abkürzung: EP
Gründung: 1952 (als Parlamentarische Versammlung der EGKS); seit 1979 alle fünf Jahre in den Mitgliedstaaten direkt gewählt
Sitz: Straßburg (weitere Standorte: Brüssel, Luxemburg)
Mitarbeiter: 6720
Vorsitz: Präsident David Sassoli (Italien, Fraktion S&D), 14 Vizepräsidenten und 5 Quästoren seit 03.07.2019 (Wahl des Präsidiums jeweils für zweieinhalb Jahre)
Aufbau: 705 Abgeordnete aus rund 200 nationalen Parteien, die sich auf EU-Ebene meist zu Europaparteien zusammengeschlossen haben. Im EP sind die Abgeordneten in (Stand: Juni 2021) sieben Fraktionen zusammengeschlossen, dazu kommen fraktionslose Parlamentarier.
23 ständige Ausschüsse: Auswärtige Angelegenheiten (Unterausschüsse: Menschenrechte; Sicherheit und Verteidigung); Entwicklung; Internationaler Handel; Haushalt; Haushaltskontrolle; Wirtschaft und Währung (Unterausschuss: Steuerfragen); Beschäftigung und soziale Angelegenheiten; Umweltfragen, öffentliche Gesundheit und Lebensmittelsicherheit; Industrie, Forschung und Energie; Binnenmarkt und Verbraucherschutz; Verkehr und Tourismus; Regionale Entwicklung; Landwirtschaft und ländliche Entwicklung; Fischerei; Kultur und Bildung; Recht; Bürgerliche Freiheiten, Justiz und Inneres; Konstitutionelle Fragen; Rechte der Frauen und Gleichstellung der Geschlechter; Petitionen
Ausschüsse mit 12-monatigem Mandat (Verlängerung möglich): Sonderausschuss zu künstlicher Intelligenz im digitalen Zeitalter (eingesetzt 18.06.2020); Sonderausschuss zu Krebsbekämpfung (18.06.2020); Sonderausschuss zu Einflussnahme aus dem Ausland auf alle demokratischen Prozesse in der Europäischen Union, einschließlich Desinformation (18.06.2020); Untersuchungsausschuss im Zusammenhang mit dem Schutz von Tieren beim Transport (19.12.2020)
Aufgaben: Das EP ist die einzige direkt gewählte EU-Institution und weltweit das einzige direkt gewählte supranationale Parlament. Es ist ein dem Rat gleichberechtigter Mitgesetzgeber und entscheidet gemeinsam mit diesem über den Haushalt der EU. Es wählt den Kommissionspräsidenten und billigt die Mitglieder der Kommission. Es kontrolliert die Arbeit von Kommission und Rat, verfügt zu diesem Zweck über Informations- und Fragerechte, kann Untersuchungsausschüsse einrichten und Klage beim EuGH erheben. Durch ein Misstrauensvotum mit Zweidrittelmehrheit der abgegebenen Stimmen und Mehrheit der Abgeordneten kann das EP die Kommission zum Rücktritt zwingen.
Internet: www.europarl.europa.eu/portal/de

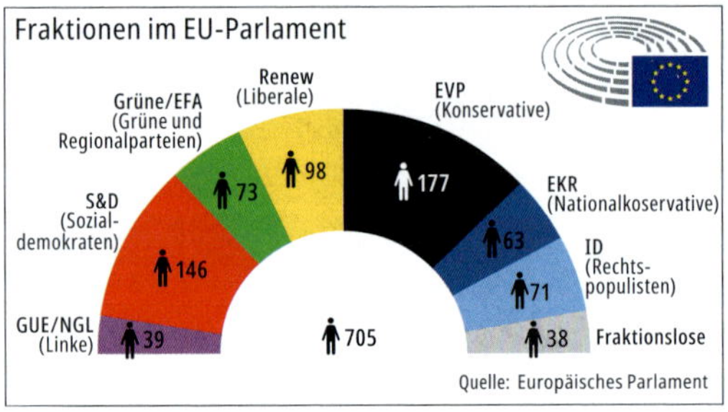

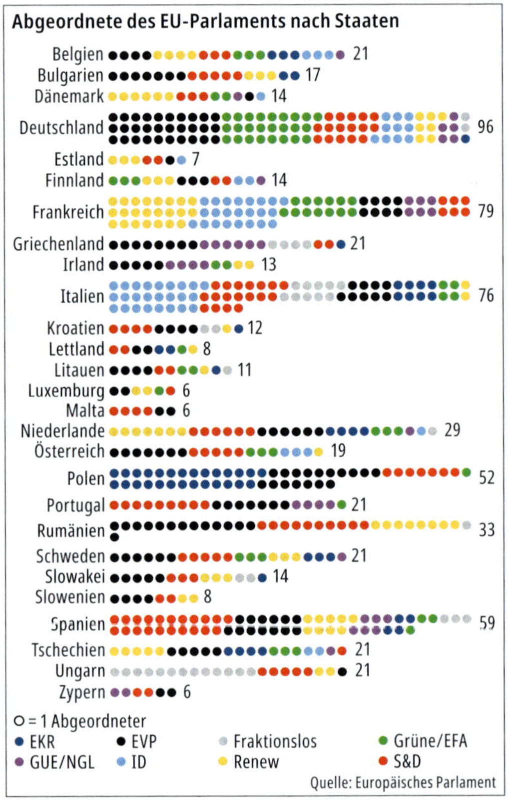

Europäischer Rat

Abkürzung: ER
Gründung: 1974 (offizielles EU-Organ seit 2009)
Sitz: Brüssel
Mitarbeiter: 3029 (Generalsekretariat; zuständig für ER und Rat)
Vorsitz: Präsident Charles Michel (Belgien) seit 01.12.2019 (zweieinhalbjährige Amtszeit, einmalige Wiederwahl möglich)
Aufbau: Der ER ist das Gremium, in dem sich die Staats- bzw.

Regierungschefs der EU-Staaten mindestens zweimal pro Halbjahr treffen (auch „EU-Gipfel" genannt); weitere Teilnehmer (ohne Stimmrecht) sind der Präsident des ER, die Präsidentin der EU-Kommission und – sofern außenpolitische Fragen diskutiert werden – der Hohe Vertreter der Union für Außen- und Sicherheitspolitik.
Aufgaben: Der ER legt die allgemeinen politischen Zielvorstellungen und Prioritäten sowie die Außen- und Sicherheitspolitik der EU fest. Er besitzt keine gesetzgeberischen Befugnisse, kann aber in seinen Beschlüssen („Schlussfolgerungen") Fristen für Gesetzesvorschläge setzen und so die politische Agenda der EU entscheidend mitbestimmen. Er wählt seinen Präsidenten, schlägt den Präsidenten der Europäischen Kommission vor (Wahl durch das EP) und ernennt den Hohen Vertreter der EU für Außen- und Sicherheitspolitik sowie die Mitglieder der Kommission (nach Wahl durch das EP); mit qualifizierter Mehrheit kann er die Amtszeit des Hohen Vertreters vorzeitig beenden. Ferner ernennt der ER alle sechs Direktoriumsmitglieder der EZB, einschließlich deren Präsident.
Internet: www.consilium.europa.eu/de/european-council

Der ER dient der Entscheidungs- und Kompromissfindung in strittigen und komplexen Fragen, in denen auf Ministerebene (im Rat der EU) keine Einigung erzielt werden konnte. Die Entscheidungen erfolgen zumeist im Konsens. Einstimmigkeit ist u. a. erforderlich bei Fragen der gemeinsamen Außen- und Sicherheitspolitik, Gewährung neuer Bürgerrechte, EU-Mitgliedschaft, EU-Finanzen und Harmonisierung nationaler Rechtsvorschriften in den Bereichen indirekte Besteuerung sowie Justiz und Inneres; in einigen weiteren Bereichen sind Entscheidungen mit qualifizierter Mehrheit (55 % der Mitgliedstaaten, die zusammen mindestens 65 % der EU-Bevölkerung ausmachen; auch „doppelte Mehrheit" genannt) erforderlich.

Rat der Europäischen Union

Abkürzung: Rat
Gründung: 1952
Sitz: Brüssel (im April, Juni und Oktober Tagungen in Luxemburg)
Mitarbeiter: 3029 (Generalsekretariat; zuständig für ER und Rat)
Vorsitz: Der jeweilige Fachminister in einer festgelegten Reihenfolge der Mitgliedstaaten (halbjährlicher Wechsel); einzige Ausnahme ist der Rat für Auswärtige Angelegenheiten, dessen (nicht stimmberechtigter) Vorsitzender der Hohe Vertreter der EU für Außen- und Sicherheitspolitik ist; Ratsvorsitze Juli 2020–Juni 2022: Deutschland (2. HJ 2020), Portugal (1. HJ 2021), Slowenien (2. HJ 2021), Frankreich (1. HJ 2022).
Aufbau: Jeder Mitgliedstaat ist im Rat durch einen Minister vertreten (daher informell auch „Ministerrat"), der befugt ist, für seine Regierung verbindlich zu handeln. Je nach Politikbereich tagt der Rat mit den Ministern der jeweiligen Ressorts in zehn verschiedenen Zusammensetzungen, den so genannten Ratsformationen: Allgemeine Angelegenheiten; Auswärtige Angelegenheiten; Beschäftigung, Sozialpolitik, Gesundheit und Verbraucherschutz; Bildung, Jugend, Kultur und Sport; Justiz und Inneres; Landwirtschaft und Fischerei; Umwelt; Verkehr, Telekommunikation und Energie; Wettbewerbsfähigkeit; Wirtschaft und Finanzen. Die Entscheidungen im Rat erfolgen mit qualifizierter Mehrheit. Vorbereitet und koordiniert wird die Arbeit des Rates durch den Ausschuss der Ständigen Vertreter (AStV): Sowohl die Ständigen Vertreter der Mitgliedstaaten bei der EU als auch deren Stellvertreter treten jeweils wöchentlich zusammen, um die Treffen des Rates vorzubereiten. Die Arbeit des Rates wird vom Generalsekretariat unterstützt, das von einem vom Rat ernannten Generalsekretär (seit 01.07.2015 Jeppe Tranholm-Mikkelsen, Dänemark) geleitet wird.
Aufgaben: Der Rat ist gemeinsam mit dem EP Gesetzgeber und Haushaltsbehörde der EU. Er dient außerdem der Koordination der Interessen der EU-Mitgliedstaaten.
Internet: www.consilium.europa.eu/de/council-eu

Europäische Kommission

Gründung: 1967
Sitz: Brüssel (Tagungen auch in Straßburg)
Mitarbeiter: 23 566
Vorsitz: Kommissionspräsidentin Ursula von der Leyen (Deutschland) seit 01.12.2019
Aufbau: Die Kommission wird jeweils nach den Wahlen zum EP gebildet und amtiert für fünf Jahre. Die Kommission hat 27 Mitglieder, eines aus jedem EU-Mitgliedstaat. Das Kollegium besteht aus der Präsidentin, 8 Vizepräsidenten – darunter 3 Exekutiv-Vizepräsidenten – und 18 Kommissaren. Dem Kollegium gehört auch (im Rang eines Vizepräsidenten) der Hohe Vertreter der EU für Außen- und Sicherheitspolitik an. Die Entscheidungen der Kommission erfolgen mit Mehrheit der Mitglieder; bei Stimmgleichheit entscheidet die Stimme der Präsidentin. Die Mitglieder der Kommission sind dem Wohl der EU verpflichtet, nicht dem ihrer Herkunftsländer.
Aufgaben: Die Europäische Kommission, auch EU-Kommission genannt, ist die Exekutive im politischen System der EU. Als einziges EU-Organ kann sie dem EP und dem Rat Gesetzesvorschläge zur Abstimmung vorlegen. Sie erstellt Haushaltspläne und (nach Annahme durch EP und Rat) überwacht deren Einhaltung. Als „Hüterin der Verträge" wacht sie außerdem über die Einhaltung des EU-Rechts innerhalb der Mitgliedstaaten. Sie vertritt die EU in internationalen Organisationen und handelt im Namen der EU internationale Verträge aus.
Internet: https://ec.europa.eu/info/index_de

Als politische Leitlinien für ihre Amtszeit 2019–2024 stellte die neue Kommission **sechs Prioritäten** vor: Ein europäischer Grüner Deal (erster klimaneutraler Kontinent werden); Eine Wirtschaft im Dienste der Menschen (soziale Gerechtigkeit und Wohlstand); Ein Europa für das digitale Zeitalter (aktive Teilhabe mit einer neuen Technologiegeneration); Förderung unserer europäischen Lebensweise (Schutz unserer Bürger und unserer Werte); Ein

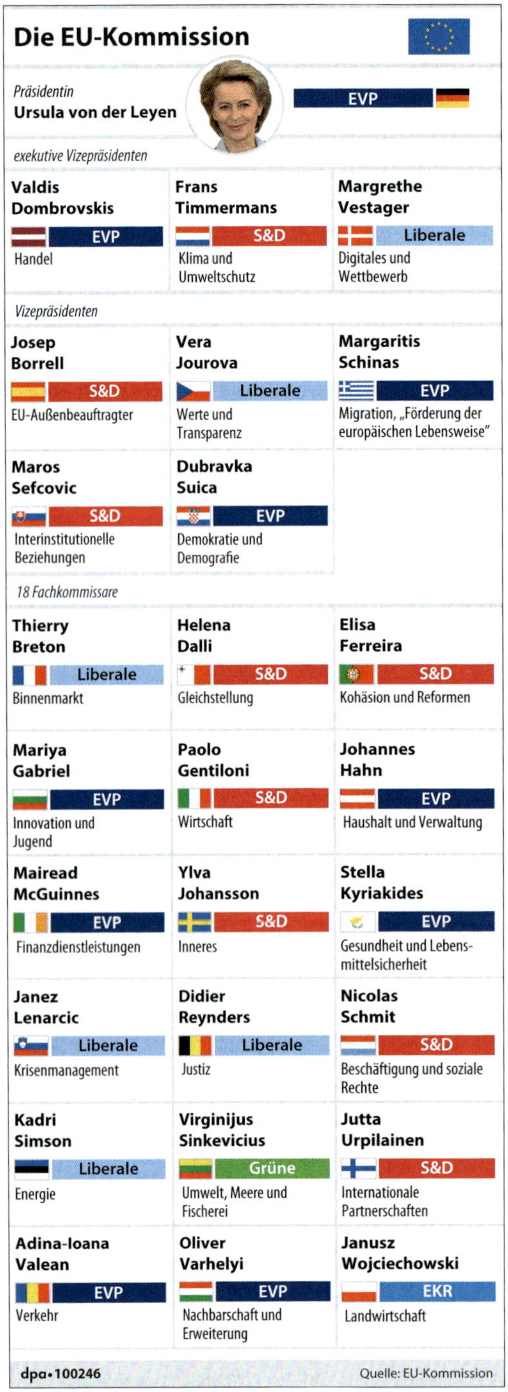

stärkeres Europa in der Welt (Festigung der verantwortungsvollen globalen Führungsrolle Europas); Neuer Schwung für die Demokratie in Europa

Mairead McGuinness, als neues Kommissionsmitglied, auf einer Pressekonferenz am 21.04.2021 in Brüssel.

(Förderung, Schutz und Stärkung unserer Demokratie). Jeder dieser Leitlinien ist eine Gruppe von Kommissionsmitgliedern zugeordnet, die aus dem für die Priorität verantwortlichen Vizepräsidenten und mehreren Kommissaren besteht.

Am 26.08.2020 trat der irische Kommissar für Handel, Phil Hogan, von seinem Amt zurück. Sein Ressort übernahm der geschäftsführende Vizepräsident Valdis Dombrovskis (Lettland). Als neues irisches Kommissionsmitglied wurde am 12.10.2020 Mairead McGuinness zur Kommissarin für Finanzdienstleistungen, Finanzstabilität und Kapitalmarktunion ernannt.

Gerichtshof der EU

Abkürzung: EuGH
Gründung: 1952 (Europäischer Gerichtshof); 1988 (Gericht der Europäischen Union)
Sitz: Luxemburg
Mitarbeiter: 2097
Vorsitz: Präsident des Europäischen Gerichtshofs Koen Lenaerts (Belgien) seit 08.10.2015, Vizepräsidentin Rosario Silva de Lapuerta (Spanien) seit 09.10.2018; Präsident des Gerichts Marc van der Woude (Niederlande), Vizepräsident Savvas Papasavvas (Griechenland), jeweils seit 27.09.2019
Aufbau: Der EuGH besteht aus zwei Gerichten: Der Europäische Gerichtshof ist das höchste rechtsprechende Organ der EU. Das Gericht der Europäischen Union (früher „Gericht erster Instanz") ist dem Gerichtshof nachgeordnet. Gegen alle Entscheidungen des Gerichts können beim Gerichtshof Rechtsmittel eingelegt werden. Neben Gerichtshof und Gericht können gemäß Art. 19, Abs. 1 EU Vertrag Fachgerichte eingerichtet werden.
Der Gerichtshof besteht aus 27 Richtern (einem pro Mitgliedstaat), die für 6 Jahre ernannt werden (Wiederernennung zulässig), und 11 Generalanwälten. Die Richter wählen aus ihrem Kreis einen Präsidenten und einen Vizepräsidenten mit einer Amtszeit von 3 Jahren (Wiederwahl zulässig). Dem Gericht gehören 2 Richter je EU Mitgliedstaat an.
Aufgaben: Der EuGH hat die Aufgabe, „die Wahrung des Rechts bei der Auslegung und Anwendung" der Verträge zu sichern.

Er legt auf Ersuchen nationaler Gerichte das EU-Recht aus und überwacht die Einhaltung der vertraglichen Verpflichtungen durch die Mitgliedstaaten. Er überprüft aufgrund von Nichtigkeits- bzw. Untätigkeitsklagen auch das Handeln von EU-Institutionen und kann EU-Rechtsakte annullieren, das Eingreifen der EU gewährleisten und (bei entstandenen Schäden aufgrund rechtswidriger Handlungen oder Unterlassungen) Strafmaßnahmen gegen EU-Institutionen beschließen.
Internet: https://curia.europa.eu/jcms/jcms/j_6/de

Das bislang einzige Fachgericht, das 2004 gegründete Gericht für den öffentlichen Dienst der EU (zuständig für dienstrechtliche Streitigkeiten zwischen der EU und ihren Bediensteten), wurde 2016 aufgelöst, seine noch laufenden Rechtssachen dem Gericht überstellt.
Seit 1952 hat der EuGH 40 406 Urteile und Beschlüsse gefällt (Stand 31.12. 2020); davon entfielen etwa 23 360 auf den Gerichtshof, 15 497 auf das Gericht und 1549 auf das Gericht für den öffentlichen Dienst.

Europäische Zentralbank

Abkürzung: EZB
Gründung: 1998 (als Nachfolgerin des 1994 gegründeten Europäischen Währungsinstituts, EWI)
Sitz: Frankfurt am Main
Mitarbeiter: ca. 3500
Vorsitz: Präsidentin Christine Lagarde (Frankreich), seit 01.11.2019; Vizepräsident Luis de Guindos (Spanien), seit 01.06.2018
Aufbau: Beschlussorgane: EZB-Rat, Erweiterter Rat; ausführende Organe: Direktorium, nationale Zentralbanken der Eurostaaten
Aufgaben: Die EZB ist die Zentralbank der (aktuell 19) Staaten, die bereits den Euro als Währung eingeführt haben. Gemeinsam mit den nationalen Zentralbanken dieser Staaten bildet sie das Eurosystem. Zusammen mit den nationalen Zentralbanken aller 27 EU-Mitgliedstaaten bildet die EZB das Europäische System der Zentralbanken (ESZB).
Kapital: Das Kapital der EZB stammt von den nationalen Zentralbanken der EU-Mitgliedstaaten und wird nach einem Schlüssel berechnet, der die Größe der Bevölkerung und des BIP berücksichtigt. Größte Kapitalzeichner sind Deutschland mit einem Anteil von 21.4 %, Frankreich (16.6 %), Italien (13.8 %) und Spanien (9.7 %). Die Zentralbanken der Eurozone zahlen ihre Anteile zu 100 % ein, die übrigen EU-Staaten zu 3.75 %. Eine Anpassung des Schlüssels erfolgt alle fünf Jahre und bei EU-Beitritten. Bei der letzten Anpassung anlässlich des Austritts Großbritanniens im Januar 2020 blieb die Höhe des gezeichneten Kapitals unverändert bei 10.8 Mrd. €, der Anteil Großbritanniens wurde auf die verbleibenden EU-Mitgliedstaaten verteilt. Die Euro-Staaten werden ihre erhöhten Anteile in zwei Raten (2021, 2022) aufstocken; die Summe des eingezahlten Kapitals wird dadurch von 7.6 Mrd. € (Stand 30.12.2020) auf 8.9 Mrd. € steigen.
Internet: www.ecb.europa.eu/ecb/html/index.de.html

Die EZB ist zuständig für die **Geldpolitik** im Euroraum. Sie verwaltet die Geldreserven des Euroraums, stabilisiert die Wechselkurse durch An- und Verkauf von Fremdwährungen, genehmigt die Ausgabe von Banknoten durch die nationalen Zentralbanken, fördert das reibungslose Funktionieren des Zahlungsverkehrs und die Stabilität des Bankensystems. Das vorrangige Ziel der EZB ist die Sicherung der **Preisstabilität,** definiert als eine jähr-

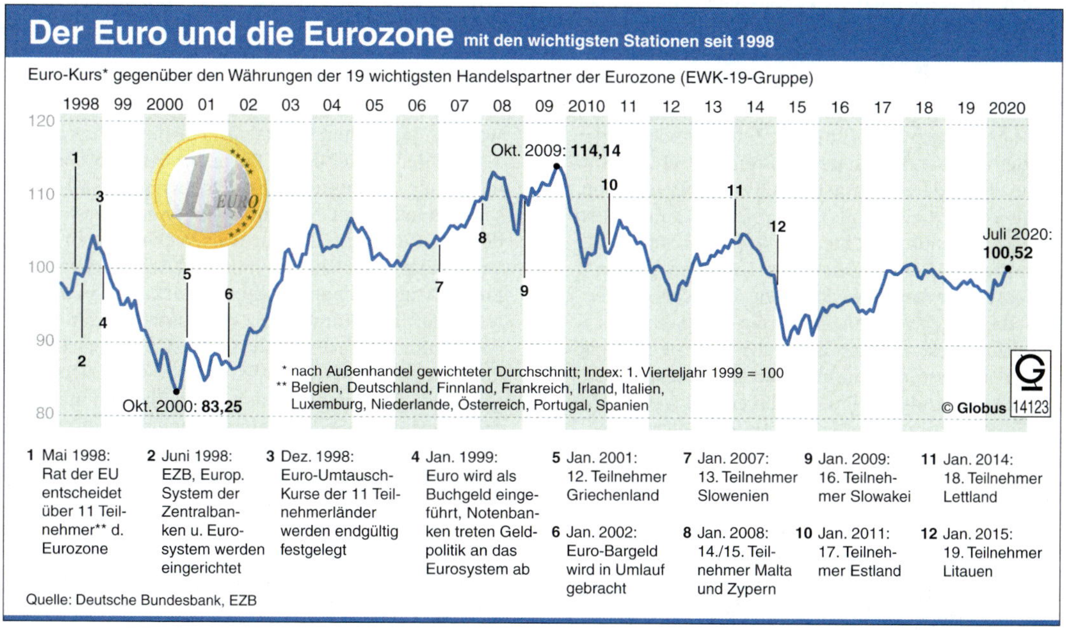

liche Inflationsrate, die „auf mittlere Sicht unter, aber nahe 2 %“ liegt – gemessen am harmonisierten Verbraucherpreisindex im gesamten Euroraum.

Die EZB legt die **Leitzinsen** des Euroraums fest. Deren wichtigster ist der Hauptrefinanzierungssatz, zu dem sich Geschäftsbanken kurzfristig gegen Einlage von Wertpapieren Geld von der Zentralbank leihen können (main refinancing operations); er liegt seit dem 16.03.2016 bei 0.0 % (historischer Tiefstwert). Weitere Leitzinsen sind: der Einlagesatz (-0.5 % seit 18.09.2019; im negativen Bereich seit 11.06.2014) – der Zinssatz, den Banken für Einlagen bei der Zentralbank erhalten (deposit facility); der Spitzenrefinanzierungssatz (0.25 % seit 16.03.2016) – derjenige Zinssatz, zu der sich Banken sehr kurzfristig („über Nacht“) Geld bei der Zentralbank beschaffen können (marginal lending facility).

Das **Direktorium** besteht aus sechs Mitgliedern mit achtjähriger Amtszeit (keine Verlängerung möglich): der Präsidentin, dem Vizepräsidenten und vier weiteren Direktoren: Philip R. Lane, (Irland, seit 1.06.2019), Fabio Panetta (Italien, seit 01.01.2020), Isabel Schnabel (Deutschland, seit 01.01.2020) und Frank Elderson (Niederlande, seit 15.12.2020). Jedes Direktoriumsmitglied ist stimmberechtigtes Mitglied im EZB-Rat.

Der in der Regel zweimal monatlich in Frankfurt am Main tagende **EZB-Rat** ist das höchste Beschlussorgan der EZB. Ihm gehören neben den Direktoriumsmitgliedern die Präsidenten der 19 nationalen Zentralbanken des Euroraums an. Besaß bis 2014 jeder Zentralbankpräsident eine Stimme, so wurde zum 01.01.2015 durch den Beitritt Litauens als 19. Mitgliedsstaat zum Euro-Währungsgebiet ein im EU-Vertrag vorgesehenes Rotationsprinzip eingeführt: die Zentralbankpräsidenten der fünf Länder mit der größten Wirtschafts- und Finanzkraft (derzeit Deutschland, Frankreich, Italien, Spanien und Niederlande) teilen sich im monatlichen Wechsel vier Stimmrechte, die übrigen 14 Staaten elf Stimmrechte. Der EZB-Rat erlässt Leitlinien und Beschlüsse über diejenigen Regelungsbereiche, die der EZB übertragen wurden. Er legt die Geldpolitik des Euroraums fest und fasst alle sechs Wochen geldpolitische Beschlüsse, die anschließend in Pressekonferenzen unter Leitung der Präsidentin erklärt werden. Das Direktorium gibt die Anweisungen zur Umsetzung der EZB-Beschlüsse an die nationalen Zentralbanken weiter.

Der **Erweiterte Rat**, der in der Regel einmal pro Quartal tagt, setzt sich aus der Präsidentin und dem Vizepräsidenten der EZB sowie den Zentralbankpräsidenten aller 27 EU-Mitgliedstaaten zusammen. Er nimmt Aufgaben wahr, die bis 1998 das EWI erfüllte (u. a. Koordinierung der Geldpolitik der nationalen Zentralbanken, Stärkung der Finanzstabilität, Schaffung eines einheitlichen Geldmarktes und Verbesserung des grenzüberschreitenden Zahlungsverkehrs) und die weitergeführt werden müssen, solange nicht alle EU-Mitgliedstaaten den Euro eingeführt haben. Außerdem wirkt er u. a. bei statistischen Erhebungen, der Erstellung des Jahresberichts und bei Vorbereitungen zur Festlegung von Wechselkursen des Euro zu Währungen von Euro-Beitrittskandidaten mit.

EWWU: Die **Europäische Wirtschafts- und Währungsunion** (EWWU) ist eine vertragliche Vereinbarung der EU-Mitgliedstaaten im Vertrag von Maastricht, sich über den Binnenmarkt hinaus in ihrer Wirtschafts- und Währungspolitik enger aneinander zu binden und insbesondere eine gemeinsame Währung einzuführen. Als Voraussetzung für die Teilnahme eines Staates am Euro wurden vier **Konvergenzkriterien** („Maastricht-Kriterien“; Art. 140 AEU-Vertrag) festgelegt: Preisstabilität (Inflationsrate nicht mehr als 1.5 Prozentpunkte über den Werten der drei preisstabilsten EU-Mitgliedsländer); gesunde und auf Dauer tragfähige öffentliche Finanzen (jährliches Defizit nicht über 3 % und Schuldenstand nicht über 60 % des BIP); Wechselkursstabilität (mindestens zweijährige Teilnahme am Europäischen Währungssystem, EWS, bei nur geringfügiger Schwankung der eigenen Währung gegenüber den übrigen Währungen); Zinssatz langfristiger Staatsanleihen nicht mehr als zwei Prozentpunkte über dem der drei preisstabilsten EU-Mitgliedsländer.

Die Verwirklichung der EWWU erfolgte in drei Stufen. In der ersten Stufe (01.07.1990–31.12.1993) war mit dem freien Kapitalverkehr (beschlossen 1986 in der Einheitlichen Europäischen Akte) bereits eine Säule des Binnenmarktes verwirklicht. Die Zusammenarbeit der Zentralbanken wurde verstärkt, der ECU (Vorläufer des Euro) als Recheneinheit verwendet, Haushaltsdisziplin und Geldwertstabilität der Mitgliedstaaten sollten gestärkt und so die wirtschaftliche Konvergenz verbessert werden. In der zweiten Stufe (01.01.1994–31.12.1998) wurde das Europäische Wirtschaftsinstitut (EWI) errichtet, um die Zusammenarbeit der Zentralbanken und die Koordinierung der Währungspolitik weiter zu verstärken (am 01.06.1998 trat die EZB an seine Stelle). Zur Vorbereitung des Europäischen Systems der Zentralbanken (ESZB) wurde ein Prozess zur Unabhängigkeit der nationalen Zentralbanken eingeleitet. Zur Gewährleistung der Haushaltsdisziplin wurde der **Stabilitäts- und Wachstumspakt** beschlossen (1997; reformiert 2005 und 2011), der die teilnehmenden Staaten auch nach Euro-Einführung auf ein jährliches Defizit von nicht über 3 % und eine Gesamtverschuldung von nicht über 60 % des BIP verpflichtet und im Übertretungsfall die Möglichkeit von Sanktionen vorsieht.

Mit Beginn der dritten Stufe (01.01.1999) wurde das ESZB errichtet; die EZB erhielt die Aufgabe einer einheitlichen Geldpolitik. In den elf Staaten, die nach Entscheidung des Rats die Konvergenzkriterien erfüllt hatten, wurde der Euro – zunächst nur als Buchwährung – eingeführt; dabei wurde der Wechselkurs zwischen den Währungen dieser Staaten unwiderruflich festgelegt. Das EWS wurde durch den **Wechselkursmechanismus II** (WKM II) abgelöst, bei dem als Maß der Stabilität nun die Schwankung der Landeswährung gegenüber dem Euro gilt. **Voraussetzung für den Beitritt eines Landes zur Eurozone** ist eine mindestens zweijährige Teilnahme am WKM II und die Erfüllung der vier Konvergenzkriterien. Noch vor Einführung des Euro-Bargelds (01.01.2002) trat Griechenland als zwölfter Euro-Staat der Eurozone bei. Durch weitere Beitritte – zuletzt am 01.01.2015 Litauen – haben inzwischen 19 EU-Mitglieder den Euro eingeführt: Belgien, Deutschland, Estland, Finnland, Frankreich, Griechenland, Irland, Italien, Lettland, Litauen, Luxemburg, Malta, Niederlande, Österreich, Portugal, Slowakei, Slowenien, Spanien und Zypern. Die übrigen EU-Staaten sind zur Einführung des Euro verpflichtet, sobald sie die Konvergenzkriterien erfüllen. Einzig Dänemark besitzt das Recht, auf einen Euro-Beitritt zu verzichten (Opt-out); im Falle Schwedens wird angesichts eines ablehnenden Referendums (2003) ein „informelles Opt-out" seitens der Kommission toleriert.

Abgrenzung zur Eurozone: Die EWWU wird im allgemeinen Sprachgebrauch oft mit der Eurozone gleichgesetzt und bezeichnet dann die Gesamtheit der 19 EU-Mitgliedstaaten, die bereits den Euro eingeführt haben. Diese Gleichsetzung ist jedoch ungenau: Mitglied der EWWU sind nicht nur die Euro-Staaten, sondern auch die (momentan acht) EU-Mitgliedstaaten, die den Euro (noch) nicht eingeführt haben.

Das Euro-Währungsgebiet (auch Eurozone, Euroraum) umfasst diejenigen – aktuell 19 – Staaten der EU, deren Währung der Euro ist. In einem weiteren Sinne zählen auch Staaten und Gebiete zur Eurozone, die den Euro nutzen, ohne Mitglied der EU und der EWWU zu sein: Andorra, Monaco, San Marino und Vatikanstadt nutzen laut Vereinbarung mit der EU den Euro offiziell als Zahlungsmittel und dürfen in begrenztem Umfang eigene Münzen prägen (jedoch keine Banknoten drucken). Auch in den beiden französischen Überseegebieten Saint Barthelémy sowie Saint-Pierre und Miquelon ist der Euro offizielles Zahlungsmittel. Weitere Staaten und Gebiete benutzen den Euro ohne ein Abkommen mit der EU, z. B. Kosovo und Montenegro, oder haben ihre Währung an den Euro gebunden.

Europäischer Rechnungshof

Abkürzung: EuRH
Gründung: 1977
Sitz: Luxemburg
Mitarbeiter: 853
Vorsitz: Präsident Klaus-Heiner Lehne (Deutschland), seit 13.09.2016
Aufbau: Der Rechnungshof besteht aus 27 Mitgliedern, einem pro Mitgliedstaat, die an keine Weisung gebunden sind. Sie werden auf Vorschlag der Mitgliedstaaten und nach Anhörung des Parlaments vom Rat für eine sechsjährige Amtszeit gewählt; Wiederwahl ist zulässig. Die Mitglieder wählen aus ihrer Mitte einen Präsidenten mit dreijähriger Amtszeit (Wiederwahl möglich).
Aufgaben: Der EuRH prüft als unabhängiges Kontrollorgan die recht- und ordnungsmäßige Erhebung und Verwendung der EU-Mittel.
Internet: www.eca.europa.eu/de/Pages/ecadefault.aspx

Der EuRH prüft Personen und Organisationen, die EU-Mittel verwalten, kontrolliert die Wirtschaftlichkeit der Mittelverwendung und erstattet dem Europäischen Amt für Betrugsbekämpfung (OLAF) Bericht über mögliche Fälle von Betrug und Korruption. Mit Prüfberichten und Empfehlungen wendet er sich an die Kommission und an Regierungen der Mitgliedstaaten. Er erstellt einen jährlichen Bericht für das EP und den Rat, den das Parlament prüft, bevor es den Haushaltsplan der Kommission billigt.

Europäischer Auswärtiger Dienst

Abkürzung: EAD
Gründung: 2011
Sitz: Brüssel
Mitarbeiter: 1742
Vorsitz: Hoher Vertreter der EU für Außen- und Sicherheitspolitik Josep Borrell Fontelles (Spanien), seit 01.12.2019
Aufbau: Dem EAD gehören Experten aus den diplomatischen Diensten der EU-Mitgliedschaften, des Rates und der Kommission an. Er unterhält weltweit in rund 140 Staaten Delegationen, deren Funktion derjenigen von Botschaften vergleichbar ist.
Aufgaben: Der EAD ist der diplomatische Dienst der EU. Er ist dem Hohen Vertreter der EU für Außen- und Sicherheitspolitik unterstellt und unterstützt diesen bei der Umsetzung der Gemeinsamen Außen- und Sicherheitspolitik (GASP) der EU.
Internet: https://eeas.europa.eu/headquarters/headquarters-homepage_en

Die mit dem Vertrag von Maastricht eingerichtete **Gemeinsame Außen- und Sicherheitspolitik (GASP)** ist eine zwischenstaatliche Kooperation der EU-Staaten für ein gemeinsames Handeln auf dem Gebiet der Außenpolitik.

Das außenpolitische Handeln der EU bewegt sich in einem Spannungsfeld: Einerseits besteht angesichts internationaler Handelskonflikte, globaler Migrationsbewegungen, zahlreicher Kriege und Bürgerkriege und des Aufstiegs neuer Mächte (z. B. China, Indien) eine wachsende Notwendigkeit, das außenpolitische Gewicht der europäischen Staaten zu bündeln, um außenpolitisch „mit einer Stimme zu sprechen". Andererseits ist eine eigenständige Außenpolitik ein wesentliches Element nationalstaatlicher Souveränität, weswegen die Mitgliedstaaten einer Übertragung ihrer Kompetenzen an die Gemeinschaft skeptischer gegenüberstehen als in anderen Politikbereichen. Aus diesem Grund hat die EU keinen Außenminister; die weltweit rund 140 Delegationen des Europäischen Auswärtigen Dienstes (EAD) heißen nicht „Botschaften", und die wichtigsten Entscheidungen werden von den Regierungschefs im ER und von den Außenministern (und ggf. weiteren Fachministern) im Rat für Auswärtige Angelegenheiten getroffen und bedürfen dort der Einstimmigkeit.

Wichtigste koordinierende Kraft auf EU-Ebene ist der **Hohe Vertreter der EU für Außen- und Sicherheitspolitik.** Als Vizepräsident der Kommission Mitglied der EU-Exekutive, ist er zugleich Vorsitzender (ohne Stimmrecht) des Rats für Auswärtige Angelegenheiten. Er ist für die Umsetzung der Beschlüsse von ER und Rat verantwortlich und vertritt gemeinsam mit dem Präsidenten des ER die EU nach außen. Unterstützt wird er vom EAD, dem diplomatischen Dienst der EU. Der EAD unterhält diplomatische Beziehungen zu zahlreichen Nicht-EU-Staaten, arbeitet mit den diplomatischen Diensten der EU-Staaten und mit internationalen Organisationen zusammen.

Ein wichtiger Teil der GASP ist die in Art. 42–46 EU-Vertrag verankerte **Gemeinsame Sicherheits- und Verteidigungspolitik (GSVP).** Sie beinhaltet Operationen außerhalb der EU mit zivilen und militärischen Kräften „zur Friedenssicherung, Konfliktverhütung und Stärkung der internationalen Sicherheit in Übereinstimmung mit den Grundsätzen der Charta der Vereinten Nationen" (Art. 42, Abs. 1 EU-Vertrag). Die GSVP-Missionen dienen der Prävention und der Lösung von Krisen sowie der Stabilisierung nach deren Überwindung. Je nach Krisenherd umfassen sie so unterschiedliche Maßnahmen wie Bekämpfung von Schmuggel und Korruption, Ausbildung von Streitkräften oder zivilen Sicherheitskräften, Bekämpfung von Piraterie oder Schleusernetzwerken, Absicherung von Waffenruhen und Aufbau rechtsstaatlicher Strukturen. Seit Einführung der GSVP gab es fast 40 zivile und militärische Missionen in Europa, Westasien und Afrika.

Die GSVP beinhaltet auch ein gegenseitiges Beistandsrecht der EU-Staaten im Falle eines bewaffneten Angriffs auf einen Mitgliedstaat (Art. 42, Abs. 7 EU-Vertrag). Da die EU selbst nicht über die erforderlichen zivilen (z. B. Polizeikräfte) und militärischen Einsatzkräfte verfügt, müssen diese von den Mitgliedstaaten gestellt werden; die EU-Staaten sind zudem verpflichtet, „ihre militärischen Fähigkeiten schrittweise zu verbessern" (Art. 42, Abs. 3 EU-Vertrag). Die Entscheidungen zur GSVP und insbesondere zum Einleiten einer GSVP-Mission trifft der Rat, und sie bedürfen der Einstimmigkeit.

Europäischer Wirtschafts- und Sozialausschuss

Abkürzung: EWSA
Gründung: 1957
Sitz: Brüssel
Mitarbeiter: 669
Vorsitz: Christa Schweng (Österreich), seit 28.10.2020
Aufbau: Je nach Einwohnerzahl sind die EU-Mitgliedstaaten mit zwischen fünf und 24 Mitgliedern vertreten. Die 329 Mitglieder sollen die europäische Zivilgesellschaft abbilden und setzen sich jeweils etwa zu einem Drittel aus Arbeitnehmer- und Arbeitgebervertretern sowie aus sonstigen Interessengruppen zusammen. Der EWSA tritt in der Regel neunmal jährlich im Plenum zusammen und bildet zudem sechs Fachausschüsse zu verschiedenen Themen.
Aufgaben: Der EWSA ist eine beratende Einrichtung der EU. Er wird zu Themengebieten, bei denen dies nach den Verträgen vorgesehen ist (z. B. in Fragen, die Wirtschafts- und Sozialpolitik betreffen), von EP, Rat und Kommission obligatorisch angehört und kann von diesen nach eigenem Ermessen auch in weiteren Fällen konsultiert werden.
Internet: www.eesc.europa.eu/de

Europäischer Ausschuss der Regionen

Abkürzung: AdR
Gründung: 1994
Sitz: Brüssel
Mitarbeiter: 494
Vorsitz: Präsident Apostolos Tzitzikostas (Griechenland) seit 12.02.2020
Aufbau: Die 329 AdR-Mitglieder, meist gewählte Kommunal- und Regionalpolitiker, sollen die europäischen Regionen und die politische Parteienlandschaft abbilden. Der AdR trifft sich sechsmal jährlich zu Plenarversammlungen, die von sechs aus seinen Mitgliedern gebildeten Fachkommissionen vorbereitet werden.
Aufgaben: Der AdR ist ein beratendes Gremium. Er soll durch Einbeziehung von Vertretern der Regionen in die EU-Entscheidungen Subsidiarität und Bürgernähe gewährleisten. Der AdR besitzt ein Klagerecht bei Verstößen gegen das Subsidiaritäts-

Apostolos Tzitzikostas beim Delphi Economic Forum am 12.05.2021.

prinzip und muss bei Entscheidungen zu Themen mit Auswirkungen auf die kommunale und regionale Ebene von EP, Rat und Kommission angehört werden.
Internet: https://cor.europa.eu/de

Europäische Investitionsbank

Abkürzung: EIB
Gründung: 1958
Sitz: Luxemburg
Vorsitz: Präsident Werner Hoyer (Deutschland), seit 01.01.2011
Aufbau: Der Rat der Gouverneure, bestehend aus je einem Minister (in der Regel dem Finanzminister) der 27 EU-Mitgliedstaaten, legt die Leitlinien der Kreditvergabe fest, entscheidet über Finanzierungen außerhalb der EU und beschließt Kapitalerhöhungen. Der Verwaltungsrat entscheidet über die Vergabe von Krediten und Bürgschaften; er besteht aus 28 Mitgliedern – 27 von den EU-Staaten, eines von der Kommission ernannt – mit fünfjähriger Amtszeit (Wiederernennung möglich). Das Direktorium, bestehend aus dem Präsidenten und acht Vizepräsidenten mit sechsjähriger Amtszeit (Wiederernennung zulässig), ist das ständige geschäftsführende Organ der EIB; es kontrolliert den Verwaltungsrat, bereitet dessen Entscheidungen vor und betreibt deren Umsetzung. Der Prüfungsausschuss, bestehend aus sechs Mitgliedern mit einer einmaligen, sechsjährigen Amtszeit, prüft die Ordnungsmäßigkeit der Geschäfte und erstattet dem Rat der Gouverneure Bericht.
Aufgaben: Die EIB ist die Bank der EU. Sie vergibt Darlehen für Projekte innerhalb (etwa 85–90 %) und außerhalb der EU, übernimmt Garantien (Bürgschaften) und bietet Beratung. Ihre Aufgabe gemäß Art. 309 AEU Vertrag ist es, mit Hilfe eigener Mittel und des Kapitalmarktes „zu einer ausgewogenen und reibungslosen Entwicklung des Binnenmarktes im Interesse der Union beizutragen". Hierbei konzentriert sie sich auf sechs Schwerpunkte: Klima und Umwelt (Übergang zu einer CO_2-armen, umweltverträglichen Wirtschaft); Entwicklung (nachhaltiges Wachstum, Verringerung von Armut und Ungleichheit); Innovation und Wissen; kleine und mittlere Unternehmen; Infrastruktur; Zusammenhalt (ausgewogene territoriale Entwicklung).
Die EIB ist autonom, nicht an Weisungen des Parlaments oder der Kommission gebunden.
Kapital: 248.8 Mrd. € (31.12.2020), davon müssen satzungsgemäß mindestens 5 % eingezahlt sein. Kapitalzeichner sind die 27 EU-Mitgliedstaaten (größte Kapitalzeichner: Deutschland, Frankreich und Italien, jeweils 46.7 Mrd. €). Rund 9 % (22.2 Mrd. €) des gezeichneten Kapitals sind eingezahlt (größte Einzahler: Deutschland, Frankreich und Italien, jeweils 4.2 Mrd. €). Die Höhe der ausstehenden Darlehen der EIB darf laut Satzung bis zu 250 % des gezeichneten Kapitals betragen.
Internet EIB: www.eib.org/de/index.htm
Internet EIF: www.eif.org

Die EIB bildet gemeinsam mit dem 1994 gegründeten **Europäischen Investitionsfonds (EIF)** mit Sitz in Luxemburg, deren Hauptanteilseigner sie ist, die EIB-Gruppe. Der EIF mit einem genehmigten Kapital von 7.4 Mrd. € (seit 12.02.2021) ist spezialisiert auf Risikokapitalfinanzierungen und Garantien zugunsten kleiner und mittlerer Unternehmen (KMU), insbesondere neu gegründeter und innovativer Unternehmen. Er vergibt keine direkten Kredite, sondern arbeitet mit anderen Instituten (z. B. privaten Banken) zusammen, bei denen er Bürgschaften für die KMU übernimmt. Durch Hebelwirkung kann er eine Wirkung erzielen, die einem Vielfachen seiner eigenen Kapitalausstattung entspricht. Im Jahr 2020 unterzeichnete die EIB Finanzierungen in einer Gesamthöhe von 66.1 Mrd. €, (2019: 63.3 Mrd. €), davon 56.8 Mrd. € (86 %) für Projekte innerhalb der EU. Etwa die Hälfte der Finanzierungen konzentrierte sich auf vier Staaten: Italien (16 %), Frankreich (14 %), Spanien (12 %) und Deutschland (9 %). Bei den Nicht-EU-Staaten entfielen ca. 1 % der Finanzierungen auf Beitrittskandidaten und potenzielle Beitrittskandidaten, 0.1 % auf EFTA-Staaten und 13 % auf sonstige Staaten.

Europäische Bürgerbeauftragte (auch Europäische Ombudsfrau)

Eingerichtet: 1994
Sitz: Straßburg
Mitarbeiter: 73
Amtsinhaberin: Emily O'Reilly (Irland), seit 01.10.2013
Aufgaben: Die Europäische Bürgerbeauftragte untersucht Beschwerden über Missstände in den Organen und Institutionen der EU; nicht zuständig ist sie für Beschwerden gegen die Rechtsprechung von Gerichtshof und Gericht sowie gegen EU-Mitgliedstaaten. Beschwerde einreichen kann jeder EU-Bürger und jede natürliche oder juristische Person mit Wohnsitz bzw. Sitz in einem EU-Mitgliedstaat.
Internet: www.ombudsman.europa.eu/de/home

Europäischer Datenschutzbeauftragter

Abkürzung: EDSB
Eingerichtet: 2004
Sitz: Brüssel
Amtsinhaber: Wojciech Wiewiórowski (Polen), seit 05.12.2019
Aufgaben: Der EDSB kontrolliert die Einhaltung der Datenschutzregeln bei der Verarbeitung personenbezogener Daten

durch Organe und Institutionen der EU; er berät EP, Rat und Kommission in Fragen des Datenschutzes, untersucht Beschwerden und arbeitet mit nationalen Datenschutzbehörden der EU-Staaten zusammen. Der EDSB wird vom EP und vom Rat mit einer Amtszeit von fünf Jahren gewählt (Wiederwahl möglich).
Internet: https://edps.europa.eu

Europäischer Datenschutzausschuss

Abkürzung: EDSA
Gründung: 2018
Sitz: Brüssel
Mitarbeiter: 84
Vorsitz: Vorsitzende Andrea Jelinek (Österreich), seit 2018
Aufbau: Der EDSA setzt sich zusammen aus dem EDSB, den Leitern der Datenschutzbehörden aller EU-Staaten sowie Islands, Liechtensteins und Norwegens.
Aufgaben: Mit Inkrafttreten der Datenschutz-Grundverordnung (DSGVO) am 25.05.2018 wurde dem EDSA die Aufgabe übertragen, eine einheitliche Anwendung des europäischen Datenschutzrechts und die Zusammenarbeit zwischen den nationalen Datenschutzbehörden zu fördern.
Internet: https://edpb.europa.eu/edpb_de

Haushalt

Die jährliche Festlegung des Haushaltsplans erfolgt in einer im Vertrag von Lissabon (Art. 310–316 AEU-Vertrag) geregelten Verfahrensweise unter Beteiligung von Kommission, Rat und Parlament: Die Kommission erhält bis zum 1. Juli von jedem Organ mit Ausnahme der EZB einen Haushaltsvorschlag für das folgende Jahr. Daraufhin verfasst sie einen Entwurf des Haushaltsplans und legt ihn bis spätestens zum 1. September Rat und Parlament vor. Zu diesem Entwurf formuliert der Rat seine Stellungnahme (die Änderungsvorschläge enthalten kann) und legt sie bis spätestens zum 1. Oktober dem Parlament vor; dieses hat nun 42 Tage Zeit, seinerseits Abänderungen vorzunehmen. Billigt das Parlament den Entwurf oder billigt der Rat alle Änderungen des Parlaments, ist der Haushaltsplan erlassen, ansonsten tritt ein Vermittlungsausschuss zusammen.

Haushaltsmittel 2021

Ausgaben in Mio. €	Zahlungen	Verpflichtungen	Haushalt	Änderung zu 2020
1 Binnenmarkt, Innovationen und Digitales	**17 192**	**20 817**	**12.8 %**	**-4.8 %**
2 Zusammenhalt und Werte	**66 154**	**52 862**	**32.5 %**	**-20.2 %**
Wirtschaftlicher, sozialer und territorialer Zusammenhalt	61 868	48 191	29.6 %	-17.7 %
Resilienz und Werte	4286	4671	2.9 %	-38.9 %
3 Natürliche Ressourcen und Umwelt	**56 804**	**58 569**	**36 %**	**-2.3 %**
Marktbezogene Ausgaben und Direktzahlungen	40 354	40 368	24.8 %	-7.1 %
4 Migration und Grenzmanagement	**2686**	**2279**	**1.4 %**	**-3.8 %**
5 Sicherheit und Verteidigung	**671**	**1709**	**1.1 %**	**+105.6 %**
6 Nachbarschaft und die Welt	**10 811**	**16 097**	**9.9 %**	**+48.4 %**
7 Europäische öffentliche Verwaltung	**10 450**	**10 448**	**6.4 %**	**+2.2 %**
Verwaltungsausgaben der Organe	8037	8035	4.9 %	+1.6 %
Gesamt	**164 767**	**162 781**	**100%**	**-5.5 %**

Quelle: EU

Der Haushaltsplan unterscheidet zwischen Mitteln für Zahlungen (den tatsächlich für das Haushaltsjahr geplanten Auszahlungen) und Mitteln für

Obergrenzen nach dem Mehrjährigen Finanzrahmen 2021–2027 (in Mio. €)

Mittel für Verpflichtungen €	2021	2022	2023	2024	2025	2026	2027	Gesamt
1 Binnenmarkt, Innovation und Digitales	**20 919**	**21 288**	**21 125**	**20 984**	**21 272**	**21 847**	**22 077**	**149 512**
2 Zusammenhalt, Resilienz und Werte	**52 786**	**55 314**	**57 627**	**60 761**	**63 387**	**66 536**	**70 283**	**426 694**
Wirtschaftlicher, sozialer und territorialer Zusammenhalt	48 191	49 739	51 333	53 077	54 873	56 725	58 639	372 577
Resilienz und Werte	4595	5575	6294	7684	8514	9811	11 644	54 117
3 Natürliche Ressourcen und Umwelt	**58 624**	**56 519**	**56 849**	**57 003**	**57 112**	**57 332**	**57 557**	**400 996**
Marktbezogene Ausgaben und Direktzahlungen	40 925	41 257	41 518	41 649	41 782	41 913	42 047	291 091
4 Migration und Grenzmanagement	**2467**	**3043**	**3494**	**3697**	**4218**	**4315**	**4465**	**25 699**
5 Sicherheit und Verteidigung	**1805**	**1868**	**1918**	**1976**	**2215**	**2435**	**2705**	**14 922**
6 Nachbarschaft und die Welt	**16 247**	**16 802**	**16 329**	**15 830**	**15 304**	**14 754**	**15 331**	**110 597**
7 Europäische öffentliche Verwaltung	**10 635**	**11 058**	**11 419**	**11 773**	**12 124**	**12 506**	**12 959**	**82 474**
Verwaltungsausgaben der Organe	8216	8528	8772	9006	9219	9464	9786	62 991
Mittel für Verpflichtungen Gesamt	**163 483**	**165 892**	**168 761**	**172 024**	**175 632**	**179 725**	**185 337**	**1 210 894**
Mittel für Zahlungen Gesamt	**166 140**	**167 585**	**165 542**	**168 853**	**172 230**	**175 674**	**179 187**	**1 195 211**

Quelle: EU

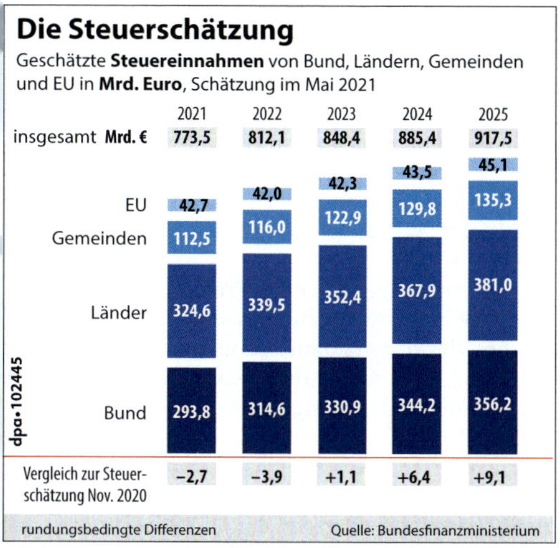

Verpflichtungen, die bereits vertraglich zugesagt werden können und in späteren Jahren ausgezahlt werden. Beim Beschließen des Jahreshaushalts ist ein mehrjähriger Finanzrahmen einzuhalten (Art. 312 AEU-Vertrag), der für einen Zeitraum von mindestens fünf Jahren aufzustellen ist. Aktuell werden siebenjährige Finanzrahmen aufgestellt; mit dem Jahr 2020 endete der Finanzrahmen 2014–2020, ab 2021 gilt der Finanzrahmen 2021–2027.

Am 18.12.2020 wurde der Haushaltsplan für das Jahr 2021 erlassen; einen Tag zuvor war der mehrjährige Finanzrahmen für die Jahre 2021 bis 2027 beschlossen worden. Der Haushalt 2021 sieht bei den Mitteln für Verpflichtungen Ausgaben von 162.8 Mrd. € vor; davon entfallen rund 36 % (58.6 Mrd. €) auf Natürliche Ressourcen und Umwelt, 32.5 % (52.9 Mrd €) auf Zusammenhalt und Werte und 12.8 % (20.8 Mrd. €) auf Binnenmarkt, Innovationen und Digitales. Der mehrjährige Finanzrahmen sieht für die Jahre 2021 bis 2027 insgesamt Ausgaben in Höhe von 1074.3 Mrd. € zu Preisen von 2018 vor. Zusammen mit dem Wiederaufbaufonds „NextGenerationEU" (750 Mrd. €) sollen damit in den kommenden sieben Jahren insgesamt über 1.8 Bio. € zur Verfügung stehen, um die Folgen der Corona-Pandemie zu meistern. Ein verstärkter Fokus soll dabei auf die Förderung des ökologischen und digitalen Wandels gelegt werden.

Politikbereiche (Auswahl)

Europäischer Binnenmarkt

Gründung: 1993; bereits 1958 bei EWG-Gründung zentrales Ziel
Gesetzliche Verankerung: Vertrag von Maastricht
Mitgliedstaaten: EU-Staaten

Der Europäische Binnenmarkt ist der gemeinsame Markt der EU-Mitgliedstaaten. Er ist ein gemeinsamer Wirtschaftsraum ohne Binnengrenzen, an dem die (bereits im EWG-Vertrag formulierten) **vier Grundfreiheiten („vier Freiheiten")** gelten: der freie (grenzenlose) Verkehr von Waren, Personen, Dienstleistungen und Kapital. Der **freie Warenverkehr** ist in den Artikeln 28–37 AEU-Vertrag verankert und am weitesten verwirklicht: Für den gesamten Warenverkehr besteht in den Staaten der EU – bereits seit 1968 – eine **Zollunion** (Art. 28 AEU-Vertrag), die Zollbehörden der Einzelstaaten arbeiten zusammen. Ein- und Ausfuhrzölle zwischen den EU-Mitgliedstaaten sind verboten (Art. 30 AEU-Vertrag), ebenso mengenmäßige Ein- und Ausfuhrbeschränkungen (Art. 34 bzw. 35 AEU-Vertrag); gegenüber Nicht-EU-Staaten erhebt die Union einheitliche Außenzölle, deren Festlegung nicht den Einzelstaaten obliegt, sondern dem Rat auf Vorschlag der Kommission (Art. 31 AEU-Vertrag).

Die **Personenfreizügigkeit** umfasst die Freiheit, in einen anderen EU-Staat einreisen (weitgehende Abschaffung von Personenkontrollen an den Binnengrenzen), dort leben, studieren und arbeiten zu können; zentrale Grundpfeiler sind die **Freizügigkeit für Arbeitskräfte** (Art. 45–48 AEU-Vertrag) und die – auch für juristische Personen geltende – **Niederlassungsfreiheit** (Art. 49–55 AEU-Vertrag). Die Freizügigkeit für Arbeitnehmer bedeutet das Recht, sich unter gleichen Bedingungen wie Inländer in einem anderen EU-Staat auf eine Stelle bewerben, sich im Staatsgebiet frei bewegen, eine Beschäftigung ausüben und sich auch nach Ende der Beschäftigung dort aufhalten zu können (Art. 45 AEU-Vertrag). Hindernisse für die Arbeitnehmerfreizügigkeit liegen immer noch in der Schwierigkeit bei der Anerkennung mancher Berufsabschlüsse.

Die **Dienstleistungsfreiheit** (Art. 56–62 AEU-Vertrag) bedeutet – zusätzlich zur Niederlassungsfreiheit – die Aufhebung aller Beschränkungen des Dienstleistungsverkehrs für Dienstleister, die in einem anderen EU-Mitgliedstaat als der Leistungsempfänger ansässig sind (Art. 56 AEU-Vertrag).
Die **Freiheit des Kapital- und Zahlungsverkehrs** (Art. 63–66 AEUV) bedeutet, dass alle Beschränkungen des Kapitalverkehrs (z. B. des Erwerbs von Aktien und Immobilien) und des Zahlungsverkehrs zwischen EU-Mitgliedstaaten sowie zwischen Mitgliedstaaten und dritten Ländern verboten sind (Art. 63 AEU-Vertrag).

Der Binnenmarkt ist nach wie vor unvollendet, und die EU unternimmt zahlreiche Maßnahmen, um Hindernisse zu beseitigen und ein besseres Funktionieren zu erreichen. Hemmnisse eines funktionierenden Binnenmarktes sind z. B. unterschiedliche nationale Steuersysteme; unterschiedliche Regeln für Unternehmensführung, elektronischen Handel oder Berufsausbildung; unterschiedliches Gesellschafts-, Vertrags- oder Produkthaftungsrecht; unterschiedliche technische Normen; nationale Märkte (Energie, Finanzdienstleistungen, Verkehr).

Europäischer Wirtschaftsraum

Abkürzung: EWR
Gründung: 1994
Gesetzliche Verankerung: Abkommen der EU und der Europäischen Freihandelsassoziation EFTA
Mitgliedstaaten: EU-Staaten, sowie Island, Liechtenstein und Norwegen

Der Europäische Wirtschaftsraum ist eine Freihandelszone zwischen der Europäischen Union und der Europäischen Freihandelsassoziation (EFTA) mit Ausnahme der Schweiz. In wichtigen Punkten entspricht der EWR einer Ausweitung der Rechte und Pflichten des Binnenmarktes auf die drei EFTA-Staaten. So gelten im EWR die vier Grundfreiheiten, und die Zölle zwischen den EWR-Mitgliedstaaten wurden aufgehoben. Im Unterschied zum Binnenmarkt gibt es im EWR keine gemeinsame Agrarpolitik, keine Zollunion (betrifft die Zölle gegenüber Drittstaaten) und nicht das Ziel einer gemeinsamen Wirtschafts- und Währungspolitik.

Freihandelsabkommen: Die EU hat mit über 40 Staaten und Staatengruppen Freihandelsabkommen abgeschlossen. Umstritten sind die Abkommen der „neuen Generation", die neben klassischen Maßnahmen wie dem Abbau von Zöllen und anderen Handelsbeschränkungen weitreichende Vereinbarungen beinhalten, die nach Ansicht von Kritikern zu einer ernsten Bedrohung für Demokratie, staatliche Souveränität und wichtige Bürger- und Menschenrechte führen können. Insbesondere Regelungen zum **Investitionsschutz**, durch die **private Schiedsgerichte (Investor-State Dispute Settlement, ISDS)** Strafen in Milliardenhöhe gegen Vertragsstaaten verhängen können, werden als Gefahr angesehen; es wird befürchtet, dass allein die Drohung solcher Strafzahlungen die staatliche bzw. EU-Politik zu Privatisierungen (z. B. der Wasserversorgung) oder zum Verzicht auf Maßnahmen zum Arbeits-, Umwelt- oder Verbraucherschutz zwingen könnte, weil diese ansonsten als „nichttarifäre Handelshemmnisse" eingestuft und sanktioniert werden könnten.

In den Verhandlungen zum Freihandelsabkommen **CETA** zwischen der EU und Kanada (vorläufig in Kraft seit 21.09.2017) akzeptierte die kanadische Seite anstelle der Schiedsgerichte die Einrichtung eines **bilateralen Investitionsgerichts (Investment Court System, ICS)**, das später durch einen multinationalen Investitionsgerichtshof ersetzt werden soll. Japan lehnte bei den Verhandlungen über das Freihandelsabkommen **EPA** (auch „JEFTA") ein solches Investitionsgericht ab, sodass über den Investitionsschutz auch nach Inkrafttreten von EPA (01.02.2019) weiter verhandelt wurde.

Die Verhandlungen über das Freihandelsabkommen **TTIP** mit den USA ruhen seit der Wahl Donald Trumps, der das Abkommen ablehnte, zum US-Präsidenten (2016). Auch unter seinem Nachfolger Joe Biden deutet sich bislang keine Neuaufnahme der Verhandlungen an.

Am 07.10.2020 sprach sich das EU-Parlament mit deutlicher Mehrheit gegen das **EU-Mercosur-Abkommen** in der geplanten Form aus. Im Juni 2019 hatten sich die EU und der südamerikanische Staatenbund Mercosur – Mitglieder: Argentinien, Brasilien, Paraguay und Uruguay – auf ein Freihandelsabkommen geeinigt, das die mit über 700 Mio. Einwohnern größte Freihandelszone der Welt schaffen sollte (seit November 2020 allerdings deutlich übertroffen von der rund 2.2 Mrd. Menschen umfassenden Freihandelszone RCEP im Asien-Pazifik-Raum). Laut Abkommen sollen auf rund 90 % der zwischen EU und Mercosur gehandelten Waren die Zölle abgeschafft werden, wodurch europäische Exportunternehmen pro Jahr 4 Mrd. € einsparen würden. Vor allem Umweltschutzorganisationen kritisierten jedoch, das Abkommen unternehme nichts gegen die weiterhin in großem Stil stattfindenden Brandrodungen im brasilianischen Regenwald und werde – weil es höhere Rindfleischimporte der EU vorsieht – den Zerstörungsprozess sogar noch beschleunigen. Zwar sind im Vertrag Umwelt- und Klimaschutzziele verankert, anders als in anderen Teilen des Vertrages sind diese jedoch nicht mit Sanktionen bewehrt. Am 14.12.2020 bekannten sich die EU und die Außenminister der vier Mercosur-Staaten in einer gemeinsamen Erklärung zum Klimaschutz und bekräftigten ihren Willen zum Abschluss des Handelsabkommens. Beide Seiten erklärten ihre Bereitschaft zu Nachverhandlungen, die die Forderungen nach Nachhaltigkeit auf eine verbindliche rechtliche Grundlage stellen sollen. Die EU-Staaten waren im Frühjahr 2021 jedoch uneins darüber, wie weit diese Verhandlungen gehen sollten. Während der deutsche Wirtschaftsminister Peter Altmaier eine zügige Lösung des Konflikts durch ein Zusatzabkommen anstrebte, lehnten mehrere EU-Staaten, darunter Frankreich und Österreich, ein Abkommen in bisheriger Form ab und forderten eine Neuverhandlung.

Am 30.12.2020 einigten sich die EU und China nach siebenjährigen Verhandlungen auf ein umfassendes **Investitionsabkommen**, das europäischen Unternehmen einen deutlich verbesserten Marktzugang in China verspricht. Das Abkommen, das als Voraussetzung für die Aufnahme von Verhandlungen zu einem Freihandelsabkommen gilt, enthält auch ein (laut Kritikern allerdings unzureichendes) Versprechen der chinesischen Führung, gegen Zwangsarbeit vorzugehen. Der Ratifizierungsprozess, der bis Anfang 2022 abgeschlossen sein sollte, wurde am 20.05.2021 vom EU-Parlament gestoppt. Das Parlament reagierte damit auf chinesische Sanktionen gegen einige Wissenschaftler und EU-Parlamentarier, die sich über Menschenrechtsverletzungen gegen Uiguren und Tibeter geäußert hatten.
Am 08.05.2021 verabredeten die EU und **Indien**, ihre seit Jahren ruhenden Verhandlungen über ein Freihandelsabkommen wieder aufzunehmen. Die Verhandlungen waren 2013 unterbrochen worden; Hauptstreitpunkte waren indische Zölle auf europäische Produkte und der Zugang indischer Arbeitskräfte zum europäischen Arbeitsmarkt. Durch eine gemeinsame Freihandelszone entstünde ein Gegengewicht gegen das von beiden Seiten mit Sorge betrachtete Erstarken Chinas.

Schengen-Raum

Gründung: 1985/1990
Gesetzliche Verankerung: Schengener Übereinkommen („Schengen I"), Schengener Durchführungsübereinkommen („Schengen II"); 1999 als Schengen-Besitzstand – der von EU-Beitrittskandidaten vollständig übernommen werden muss – in EU-Recht überführt
Mitgliedstaaten: 22 EU-Staaten (nicht dabei: Bulgarien, Kroatien, Irland, Rumänien und Zypern), sowie Island, Liechtenstein, Norwegen und die Schweiz
Beitrittskandidaten: Bulgarien, Kroatien, Rumänien und Zypern (werden in den Schengen-Raum aufgenommen, sobald sie alle Beitrittsbedingungen erfüllen)

Als **Schengen-Raum** (Schengen-Gebiet) wird die Gesamtheit der derzeit 26 Staaten (auch „Schengen-Staaten") bezeichnet, die den Schengener Abkommen beigetreten sind. An den Binnengrenzen des Schengen-Raumes finden keine systematischen personenbezogenen Grenzkontrollen mehr statt. Damit verbunden sind eine gemeinsame Politik zum Schutz der Außengrenzen, eine gemeinsame Visapolitik, eine Intensivierung der Zusammenarbeit von Polizei und Justiz und das Schengener Informationssystem (SIS), eine zentrale Datenbank zur Personen- und Sachfahndung.

Kurzzeitige Wiedereinführungen von Grenzkontrollen aufgrund schwerwiegender Bedrohungen der öffentlichen Ordnung oder der inneren Sicherheit sind möglich und werden regelmäßig anlässlich politischer Gipfeltreffen, sportlicher Großveranstaltungen oder nach Terroranschlägen angewendet. Seit Beginn der Flüchtlingskrise (2015) und dann in der Corona-Krise kehrten mehrere Staaten dauerhaft zu Grenzkontrollen zurück, was zu einer ernsthaften Gefahr für die im Schengen-Raum garantierte Reisefreiheit und damit einer wesentlichen Säule der europäischen Integration führt.

Die seit Beginn der Corona-Pandemie von zahlreichen Schengen-Staaten eigenmächtig vorgenommenen Grenzschließungen sorgten für chaotische Zustände an den Grenzen und drohen das Vertrauen in das Schengen-System nachhaltig zu beschädigen. Von Beginn an bemühte sich die EU, die vier Grundfreiheiten weitestmöglich zu erhalten und zu einem geregelten Zustand im Sinne des Schengen-Abkommens zurückzukehren. Bereits im März 2020 ließ sie grüne Vorfahrtsspuren für den Güterverkehr einrichten, um den grenzübergreifenden Transport von Waren, insbesondere von Lebensmitteln und Medikamenten zu gewährleisten. In der Folgezeit unterstützte die EU die Mitgliedstaaten bei der schrittweisen Öffnung und richtete die Internetplattform „Re-open EU" (https://reopen.europa.eu/de) ein, die Bürger aus EU- und Drittstaaten über aktuell geltende Reisebestimmungen informiert. Auf Betreiben der EU-Kommission einigten sich die EU-Staaten am 13.10.2020 auf eine bessere Koordinierung ihrer Reisebeschränkungen sowie ihrer Test- und Quarantänebestimmungen, einheitliche Kriterien (EU-Karte mit den Farbcodes Grün, Orange, Rot), eine 24-stündige Ankündigungsfrist von Reisebeschränkungen und Ausnahmen für Grenzpendler und aus wichtigen familiären Gründen.

Am 30.11.2020 formulierte EU-Kommissionspräsidentin von der Leyen drei Eckpunkte zur Weiterentwicklung des Schengen-Systems: eine bessere Sicherung der Außengrenzen, bessere polizeiliche Zusammenarbeit im Inneren und eine bessere politische Steuerung. Von der Leyen verwies darauf, dass es in den etwa fünf Jahren seit 2015 insgesamt zu 205 Schließungen von Binnengrenzen des Schengenraumes gekommen sei, während es in den neun Jahren davor nur 35 Grenzschließungen gegeben habe. Eine auf diesen Eckpunkten basierende Strategie stellte die EU-Kommission am 02.06.2021 vor. Sie umfasst vier Ziele:
1) „Wirksames Management der Außengrenzen der EU gewährleisten": ständige Reserve der Grenz- und Küstenwache (im Aufbau), Abstimmung der Informationssysteme für Grenz- und Migrationsma-

nagement (bis 2023 angestrebt), Digitalisierung des Visumsantragsverfahrens, gemeinsame Vorschriften für den Umgang mit illegalen Einreisen;
2) „Den Schengen-Raum nach innen stärken": verbesserte Zusammenarbeit der Mitgliedstaaten bei der Prävention und Bekämpfung von Bedrohungen, z. B. bei der polizeilichen Zusammenarbeit, dem Austausch von Daten (DNA, Fingerabdrücke, Fahrzeugregistrierung, Fluggastdaten);
3) „Das Krisenmanagement und die Governance verbessern": Überarbeitung des Schengen-Evaluierungs- und Überwachungsmechanismus (der sicherstellen soll, dass alle Mitgliedstaaten die Schengen-Regelungen wirksam anwenden), auf den Erfahrungen der Pandemie basierende Notfallpläne, die sicherstellen, dass Kontrollen an den Binnengrenzen die ultima ratio bleiben und der Güterverkehr auch dann aufrechterhalten bleibt;
4) „Mehr Länder in den Schengen-Raum aufnehmen": Erweiterung des Schengen-Raumes um Bulgarien, Kroatien, Rumänien und Zypern.
Die angekündigten Maßnahmen sollen das Vertrauen der Mitgliedsstaaten in das Funktionieren des Schengen-Abkommens stärken und sie überzeugen, die noch bestehenden Grenzkontrollen auslaufen zu lassen. Sie sollen den Schengen-Raum für künftige Krisensituationen festigen, indem Grenzschließungen – wenn überhaupt – geregelter und unter Aufrechterhaltung der grenzübergreifenden Güterversorgung erfolgen sollen.

Raum der Freiheit, der Sicherheit und des Rechts

Gründung: 1999
Gesetzliche Verankerung: Vertrag von Amsterdam (in Art. 3 Abs. 2 EU-Vertrag und Art. 67-89 AEU-Vertrag)
Mitgliedstaaten: EU-Staaten (Opt-out-Möglichkeiten für Dänemark und Irland)

Der Raum der Freiheit, der Sicherheit und des Rechts ist ein politisches Programm der EU, in dem Kooperationen aus den Bereichen der **Innen- und Justizpolitik** zusammengefasst sind, die zuvor zumeist auf zwischenstaatlicher Ebene entschieden wurden und somit der Einstimmigkeit im Rat bedurften. Durch die Verträge von Amsterdam und Lissabon wurden sie auf die Gemeinschaftsebene übertragen und können nun durch Mehrheitsentscheidungen im Rat und unter Mitsprache des EP weiterentwickelt werden (Dänemark und Irland dürfen über ihre Teilnahme an einzelnen Maßnahmen von Fall zu Fall entscheiden). Eine vertiefte Zusammenarbeit in diesen Bereichen war nicht zuletzt notwendig geworden, weil nach Verwirklichung des Binnenmarktes (besonders der Personenfreizügigkeit) grenzüberschreitende Kriminalität, unkontrollierte Migration und die Probleme aufgrund der Inkompatibilität nationaler Rechtsordnungen zugenommen hatten.

Wesentliche Bestandteile des Raums der Freiheit, der Sicherheit und des Rechts sind:
a) die Kernpunkte des Schengen-Besitzstandes: Wegfall der Personenkontrollen an den Binnengrenzen, eine wirksame Kontrolle an den Außengrenzen und eine gemeinsame Visapolitik (Art. 77 AEU-Vertrag);
b) eine gemeinsame Politik im Bereich Asyl, subsidiärer Schutz und vorübergehender Schutz, die jedem Drittstaatenangehörigen einen in der gesamten EU gültigen Status, gemeinsame Asylverfahren und Normen über die Aufnahmebedingungen von Schutzsuchenden (Art. 78 AEU-Vertrag) garantieren; eine Maßnahme zur gemeinsamen Asylpolitik war 2003 die Einführung der Fingerabdruck-Datenbank Eurodac;
c) eine gemeinsame Einwanderungspolitik mit wirksamer Steuerung der Migrationsströme (Art. 79 und 80 AEU-Vertrag), die legal eingereisten Personen aus Drittstaaten Rechte und Pflichten gibt, die denen von EU-Bürgern ähnlich sind, während illegale Einwanderung (und insbesondere Menschenhandel und das Schleusergeschäft) wirksam bekämpft werden;
d) eine justizielle Zusammenarbeit in Zivilsachen (Art. 81 AEU-Vertrag), die den im Binnenmarkt grenzüberschreitend tätigen Personen und Unternehmen auch im EU-Ausland Rechtssicherheit und problemlosen Zugang zu den Gerichten garantiert;
e) eine justizielle Zusammenarbeit in Strafsachen (Art. 82–86 AEU-Vertrag), die eine effektive Bekämpfung grenzüberschreitender Kriminalität ermöglicht, Rechtsvorschriften einander angleicht, Kompetenzkonflikte zwischen den Mitgliedstaaten vermeidet und die gegenseitige Anerkennung von Gerichtsurteilen garantiert; die 2002 gegründete Justizbehörde Eurojust (Sitz: Den Haag) unterstützt die Zusammenarbeit zwischen nationalen Behörden im Kampf gegen internationale Kriminalität;
f) eine polizeiliche Zusammenarbeit (Art. 87–89 AEU-Vertrag), die alle für die Ermittlung, Aufdeckung oder Verhütung von Straftaten zuständigen Behörden (u. a. auch Zollbehörden) einschließt; für die Koordination und den Informationsaustausch der nationalen Behörden ist das 1999 gegründete Europäische Polizeiamt (Europol) zuständig;
g) der Schutz personenbezogener Daten (Art. 16 AEU-Vertrag); der durch die fortschreitende Vernetzung und Digitalisierung noch gestiegenen Bedeutung des Datenschutzes trug der europäische Gesetzgeber mit der 2018 in Kraft getretenen Datenschutz-Grundverordnung (DSGVO) Rechnung.

Europäische Nachbarschaftspolitik (ENP)

Abkürzung: ENP
Gründung: 2004
Mitgliedstaaten: EU-Staaten, 16 Nachbarstaaten

Die Europäische Nachbarschaftspolitik (ENP) ist ein 2004 entwickeltes Programm, das den Nachbarstaaten der EU eine **privilegierte Partnerschaft** anbietet mit dem Ziel, Wohlstand, Demokratie, Menschenrechte, Rechtsstaatlichkeit und nachhaltige Entwicklung zu fördern. Dadurch soll die Entstehung scharfer Trennlinien an den EU-Außengrenzen zu Nachbarstaaten, die keine Beitrittsperspektive besitzen, verhindert werden. Die ENP richtet sich an insgesamt 16 Staaten: im Osten Belarus, Moldau und Ukraine; im Südkaukasus Armenien, Aserbaidschan und Georgien; im Süden Ägypten, Algerien, Israel, Jordanien, Libanon, Libyen, Marokko, Palästinensische Autonomiegebiete, Syrien und Tunesien.
Nicht einbezogen in die ENP sind tatsächliche oder mögliche EU-Beitrittskandidaten (EFTA-Staaten; Staaten des Balkans). Die Beziehungen der EU mit Russland sind in einem Partnerschafts- und Kooperationsabkommen geregelt (1997–2007; seitdem automatische Verlängerung um jeweils ein Jahr, wenn nicht einseitig gekündigt); 2003 vertieften beide Seiten ihre Zusammenarbeit im Rahmen der „vier gemeinsamen Räume" („Common Spaces"): Wirtschaft; Freiheit, Sicherheit und Recht; äußere Sicherheit; Forschung, Bildung und Kultur.

RÜCKBLICK

„Brexit": Am 24.12.2020 einigten sich die EU und Großbritannien auf ein **Handels- und Kooperationsabkommen.** Da zum Datum des Austritts Großbritanniens aus der Union am 31.01.2020 noch kein Abkommen ausgehandelt war, hatten sich beide Seiten auf eine Übergangsphase bis zum 31.12.2020 geeinigt, während der das Land im Binnenmarkt und in der Zollunion verblieb, ohne noch der EU anzugehören und die EU-Politik mitbestimmen zu können. Bei einem Verstreichen dieser Frist ohne ein Abkommen hätten zwischen beiden Seiten Zölle nach WTO-Regeln erhoben werden müssen. Am 30.12.2020 passierte das Abkommen das britische Unterhaus und wurde von EU-Kommissionspräsidentin Ursula von der Leyen und von Ratspräsident Charles Michel unterzeichnet, am Silvestertag von Elisabeth II. Damit konnte das Abkommen ab dem 01.01.2021 vorläufig angewendet werden und trat nach der Ratifizierung durch das Europäische Parlament (28.04.2021) am 01.05.2021 in Kraft.

Neben einem Freihandelsabkommen enthält das Handels- und Kooperationsabkommen die Vereinbarung einer **Zusammenarbeit in Fragen der Sicherheit für Bürgerinnen und Bürger:** Zur Bekämpfung von Terrorismus und grenzüberschreitender Kriminalität schafft es einen neuen Rahmen für die Zusammenarbeit von Strafverfolgung und Justiz in Straf- und Zivilsachen. Es enthält **keine Zusammenarbeit in der Außen- und Verteidigungspolitik** und keine gemeinsamen Standards für Finanzdienstleistungen und Datenschutz.

Ein Vertragskapitel über die **Governance** soll die Handhabung und Kontrolle des Handels- und Kooperationsabkommens sowie seine ordnungsgemäße Anwendung und Auslegung garantieren und so Bürgern und Unternehmen Rechtssicherheit im jeweiligen Ausland schaffen. Verbindliche Mechanismen zur Durchsetzung des Vertragsrechts und zur Streitbeilegung sollen verhindern, dass ein Vertragspartner seine Regulierungsautonomie für eine Verzerrung des Wettbewerbs z. B. durch ungleiche Wettbewerbsbedingungen oder Subventionen nutzt. Zur ordnungsgemäßen Anwendung wurde ein „Streitbeilegungsmechanismus" vereinbart – ein gemeinsamer Ausschuss, der in Konfliktfällen einberufen werden kann. Kommt es zu keiner Einigung, kann ein Schiedsgericht angerufen werden, dessen Urteil für beide Seiten bindend ist; es kann u. a. dazu führen, dass die Seite, der Recht gegeben wird, Zölle auf bestimmte Produkte erheben darf.
Das Freihandelsabkommen gewährt beiden Seiten den Zugang ihrer Waren zum jeweils anderen Markt **ohne Zölle und Mengenbeschränkungen**. Die Vertragsparteien sicherten sich verlässliche und gleiche Wettbewerbsbedingungen unter Aufrechterhaltung eines hohen Schutzniveaus bei Sozial- und Arbeitnehmerrechten, Umwelt- und Klimaschutz, Steuern und Subventionen zu. Ferner regelt das Abkommen die Zusammenarbeit und Vernetzung im Luft-, Straßen-, Schienen- und Seeverkehr sowie im Energiebereich und enthält auch hier Bestimmungen, die gleiche Wettbewerbsbedingungen unter Wahrung der Fahrgast- und Arbeitnehmerrechte sowie der Sicherheitsstandards garantieren sollen.

In der umstrittenen und vor allem zwischen Großbritannien und Frankreich symbolisch stark aufgeladenen Frage der **Fischereirechte** wurde noch keine dauerhafte Lösung gefunden: Bis Juni 2026 ist die Fangquote der Fischer aus der EU in britischen Gewässern um ein Drittel niedriger als bislang – britische Fischer erhalten zwei Drittel statt bislang die Hälfte; danach wird jährlich über die Fangquoten verhandelt.

Wenig von ihren Vorstellungen konnte die EU im Bereich Freizügigkeit und für die bereits **in Großbritannien lebenden EU-Bürger** durchsetzen. Letztere hatten bis zum 30.06.2021 Zeit, einen dauerhaften Aufenthaltsstatus zu beantragen. Ab Oktober 2021 benötigen EU-Bürger für die Einreise nach Großbritannien einen Pass. Wer nach Großbritannien einreisen will, um dort eine Arbeit aufzunehmen, benötigt seit 01.01.2021 ein Visum, das an Kriterien geknüpft ist.

Die Zukunft **Gibraltars** wurde aus den Verhandlungen um das Abkommen ausgeklammert und bilateralen Verhandlungen zwischen Großbritannien und Spanien überlassen. Nachdem beide Staaten kurz vor Jahresende eine Einigung erzielt hatten, trat das britische Überseegebiet zum 01.01.2021 dem Schengen-Raum bei. Die Verantwortung für die Kontrolle der Außengrenze Gibraltars trägt Spanien. Damit konnte in letzter Minute verhindert werden, dass die einzige Landgrenze der Halbinsel – täglich von 15 000 Berufspendlern aus Spanien überquert – zu einer „harten" EU-Außengrenze geworden wäre. Die Einwohner Gibraltars hatten beim Referendum 2016 mit rund 96 % für den Verbleib in der EU gestimmt.

Durch das so genannte **Protokoll zu Irland und Nordirland** wurde verhindert, dass die Insel Irland künftig durch eine „harte" EU-Außengrenze geteilt wird. Die Teilung der Insel durch eine Zollgrenze hätte beide Teile der Insel in eine ökonomische Krise stürzen und zu Spannungen führen können, die womöglich sogar den Waffenstillstand im Nordirlandkonflikt (Karfreitagsabkommen von 1998) hätten gefährden können.

Durch die Regelung des Abkommens werden in Nordirland die relevanten Regeln des Europäischen Binnenmarktes und der EU-Zollkodex angewendet, wodurch das Land – obwohl Teil des Vereinigten Königreichs Großbritannien und Nordirland – faktisch auch weiterhin Mitglied der Zollunion bleibt. Diese Regelung trat an die Stelle der anfangs diskutierten „Backstop"-Lösung, nach der nicht nur Nordirland, sondern das gesamte Vereinigte Königreich den EU-Regeln der Zollunion und des Binnenmarktes unterworfen geblieben wäre, ohne nach Ende seiner EU-Mitgliedschaft noch über diese mitbestimmen zu können. Das hätte es Großbritannien nahezu unmöglich gemacht, eigene Handelsabkommen mit Drittstaaten zu schließen.

Nach der nun getroffenen Regelung bleibt die **irisch-nordirische Grenze** offen, und es werden keine Warenkontrollen notwendig (auch Personenkontrollen werden durch den „Brexit" nicht notwendig, weil Irland wie Großbritannien nicht dem Schengen-Raum angehört). Allerdings ist dadurch eine Zollgrenze zwischen Nordirland und dem übrigen Großbritannien entstanden: Einfuhren aus dem übrigen Großbritannien oder aus Drittstaaten nach Nordirland müssen vom Zoll kontrolliert werden, sofern die Gefahr besteht, dass sie weiter in die Republik Irland (und damit in die EU) gelangen. Auch wenn für einige Güter Ausnahmen gelten, sorgte diese Regelung bereits nach wenigen Monaten für Konfliktstoff: Im März 2021 verlängerte Großbritannien eigenmächtig die Ende des Monats auslaufende Übergangsphase, während der Lebensmittellieferungen nach Nordirland noch nicht kontrolliert werden mussten, bis Oktober. Die EU leitete dagegen am 15.03.2021 rechtliche Schritte ein.

Der so genannte **Zustimmungsmechanismus** gibt der parlamentarischen Versammlung Nordirlands das Recht, vier Jahre nach Inkrafttreten des Nordirland-Protokolls (01.01.2021) für oder gegen die weitere Anwendung der EU-Vorschriften zu stimmen. Stimmt sie dagegen, erlischt das Protokoll nach zwei weiteren Jahren.

Asyl- und Flüchtlingspolitik: Im Jahr 2020 wurden in den 27 EU-Staaten rund 472 000 Asylbewerber und erstmalige Asylbewerber registriert. Gegenüber dem Vorjahr bedeutete das ein Minus von 227 000; der deutliche Rückgang gegenüber 2019 dürfte maßgeblich darauf zurückzuführen sein, dass die Corona-Pandemie Migrationsbewegungen erschwerte. Der Spitzenwert lag im Jahr 2015 bei 1.283 Mio. Asylbewerbern (EU ohne Großbritannien).

Asylbewerber und erstmalige Asylbewerber
EU27 (ohne Großbritannien)

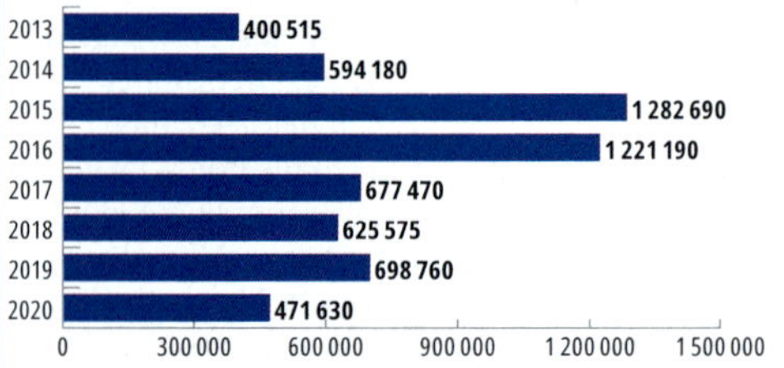

Quelle: Eurostat

Durch die Corona-Pandemie gerieten die Bedingungen, unter denen viele Flüchtlinge in den Auffanglagern leben, stärker in den Blickpunkt der europäischen Öffentlichkeit. Bereits im Frühjahr 2020 war dabei vor allem das **Flüchtlingslager Moria** auf der griechischen Insel Lesbos im Fokus der Diskussion. Das für 2800 Menschen ausgelegte Lager war Anfang des Jahres mit fast 20 000 Bewohnern stark überfüllt. Mit dem Beginn der Pandemie forderten Menschenrechtsorganisationen wegen der Gefahr eines COVID-19-Ausbruchs die Evakuierung des Lagers. Am 08.06.2020, als immer noch 12 600 Menschen (darunter rund 4000 Kinder) in Moria lebten, wurden erstmals 35 COVID-19-Fälle bekannt. Dies und die daraufhin vorgenommenen Quarantänemaßnahmen führten zu Unruhen unter den Bewohnern, in deren Verlauf es am folgenden Tag zu einem durch Brandstiftung verursachten Feuer kam, das das gesamte Lager zerstörte. In den folgenden Wochen erklärten sich insgesamt 13 europäische Staaten bereit, Flüchtlinge aus Griechenland – nicht nur aus dem Lager Moria – aufzunehmen.

Am 23.09.2020 stellte die EU-Kommission unter dem Titel „Ein Neuanfang in der europäischen Migrationspolitik“ ihren **Entwurf für eine Neuausrichtung der Asyl- und Flüchtlingspolitik** vor. Das Migrations- und Asylpaket der Kommission sieht u. a. vor: ein **obligatorisches Screening** vor der Einreise (Feststellung der Identität, Gesundheits- und Sicherheitscheck, Abnahme von Fingerabdrücken und Registrierung in der Eurodac-Datenbank und Verbesserung dieser Datenbank); **schnellere Asylverfahren** und ggf. Rückführungsverfahren an der Grenze (beschleunigte Verfahren für diejenigen, für die eine besondere Schutzbedürftigkeit nicht angenommen wird); in Krisensituationen eine bessere Unterstützung der Staaten, die wie Italien, Griechenland oder Malta besonders viele Flüchtlinge aufnehmen – die Unterstützung kann durch Aufnahme von Flüchtlingen erfolgen, aber auch durch Organisation der Rückführung (Abschiebung) abgelehnter Asylbewerber. (Die dazu von der EU-Kommission gewählte Bezeichnung **„Rückführungspatenschaften“** – englisch: „return sponsorship“ – wurde im Januar 2021 in Deutschland zum „Unwort des Jahres“ 2020 gewählt, da sie „zynisch und beschönigend“ sei.) Die Regierungen Ungarns, Polens und Tschechiens äußerten am 24.09.2020 umgehend ihre Ablehnung des am Vortag veröffentlichten Kommissionsvorschlags. Sie forderten eine stärkere Ausrichtung auf das Ziel, die Migration insgesamt einzudämmen – u. a. durch eine Unterstützung der Herkunftsländer und eine Verlagerung der „Hotspots“ in Länder außerhalb der EU.

Asylbewerber und erstmalige Asylbewerber

EU-Staat	2015	2019	2020
Belgien	44 665	27 460	16 710
Bulgarien	20 390	2150	3525
Dänemark	20 935	2700	1475
Deutschland	476 510	165 615	121 955
Estland	230	105	50
Finnland	32 345	4520	3190
Frankreich	76 165	151 070	93 470
Griechenland	13 205	77 275	40 560
Irland	3275	4780	1565
Italien	83 540	43 770	26 535
Kroatien	210	1400	1605
Lettland	330	195	180
Litauen	315	645	315
Luxemburg	2505	2270	1345
Malta	1845	4090	2480
Niederlande	44 970	25 200	15 250
Österreich	88 160	12 860	14 180
Polen	12 190	4070	2785
Portugal	895	1820	1000
Rumänien	1260	2590	6155
Schweden	162 450	26 255	16 225
Slowakei	330	230	280
Slowenien	275	3820	3550
Spanien	14 780	117 800	88 530
Tschechien	1515	1915	1160
Ungarn	177 135	500	115
Zypern	2265	13 650	7440
EU27	**1 282 690**	**698 760**	**471 630**

Quelle: Eurostat

Mit ihrem Reformvorschlag zog die Kommission die Konsequenz aus dem **Scheitern des Dublin-Verfahrens** (nach dem Dubliner Übereinkommen von 1990, in Kraft seit 1997; später ersetzt durch „Dublin II“, 2003, und „Dublin III“, 2014). Das Dublin-Verfahren legt für jeden Asylbewerber fest, welcher der Mitgliedstaaten (EU-Staaten, Island, Liechtenstein, Norwegen, Schweiz) für die Eröffnung eines Asylverfahrens zuständig ist. Dadurch sollte verhindert werden, dass die gleiche Person in mehreren Staaten Asylanträge stellt. Die Probleme des Verfahrens wurzeln u. a. darin, dass die beiden eigentlich vorrangigen Gründe zur Festlegung, welcher Staat für das Asylverfahren zuständig ist – Familienzusammenführung und Aufenthaltsbewilligung/Visum – nur relativ selten zum Tragen kommen. In vielen Fällen bleiben dadurch die Staaten, über die die Asylbewerber erstmals in die EU/ den Dublin-Raum (illegal) eingereist sind, für die Verfahren verantwortlich. Dies führt zu einer starken Belastung der süd- und südosteuropäischen Staaten an den Außengrenzen der EU, die an den Haupt-Einreiserouten (Mittelmeer, „Balkanroute“) liegen. Der Versuch, die Geflüchteten über Quoten auf alle Dublin-Staaten solidarisch zu verteilen, scheitert an der mangelnden Bereitschaft einiger EU-Staaten – vor allem der Visegrád-Staaten Polen, Slowakei, Tschechien und Ungarn – zur Aufnahme von Flüchtlingen.

Auch die Rückführung innerhalb des Dublin-Raumes in den für das Asylverfahren zuständigen Staat funktioniert oft nicht – aus mangelnder Kooperationsbereitschaft zwischen den Staaten und weil Asylbewerber durch Untertauchen die Rückführung unterlaufen. Da sich die Behandlung der Asylbewerber innerhalb der EU-Staaten unterscheidet und auch die Wahrscheinlichkeit eines positiven Asylbescheids nicht überall gleich hoch ist, reisen zahlreiche Geflüchtete aus eigenem Antrieb und entgegen der Dublin-Regelung durch Europa in das Land, in dem sie sich die besten Chancen erhoffen. Faktisch führte das dazu, dass einige EU-Staaten einen „Unterbietungswettbewerb“ bei der Behandlung von Flüchtlingen begannen, um für diese möglichst unattraktiv zu erscheinen.

Die durch das Scheitern von „Dublin“ verursachten **humanitären Folgen** sind eklatant: die Zustände in den zum Teil stark überfüllten Auffanglagern („Hotspots“) an den EU-Außengrenzen und in Nachbarstaaten werden von Menschenrechtsorganisationen als katastrophal beschrieben; nach Schätzungen der UN-Organisation für Migration (IOM) starben zwischen 2014 und 2020 mehr als 20 000 Menschen bei dem Versuch, über das Mittelmeer die EU zu erreichen, und Experten schätzen, dass die Zahl der Toten, die bereits zuvor auf dem Landweg sterben, um ein Mehrfaches höher ist; die anfangs bestrittenen Berichte über Flüchtlingsboote, die von Hoheitsgewässern europäischer Staaten abgehalten oder sogar nach deren Erreichen wieder zurückgedrängt werden („Pushback“), sind inzwischen durch zahlreiche Videos dokumentiert. Als einige der von den Schwächen des Dublin-Systems besonders betroffenen Staaten Südeuropas 2015 auf die steigenden Flüchtlingszahlen reagierten, indem sie die Geflüchteten in andere EU-Staaten weiterreisen ließen, gerieten die bevorzugten Zielländer der Migranten (u. a. in Skandinavien und im deutschsprachigen Raum) unter Druck. Sie reagierten, indem sie entgegen dem Schengen-Abkommen wieder Kontrollen an ihren Grenzen einführten. Dadurch geriet der freie Verkehr von Personen, eine der „vier Freiheiten“ des Binnenmarktes und somit eine existenzielle Grundlage der EU, in Gefahr. In der Folgezeit blieben Versuche, durch politischen Druck und rechtliche Mittel alle Staaten zur Aufnahme von Flüchtlingen zu bewegen und so das Dublin-System zu retten, erfolglos. Das Bemühen der EU-Flüchtlingspolitik richtete sich vorwiegend darauf, so viele Asylsuchende und Geflüchtete wie möglich vom Eintritt in die EU bzw. die Dublin-Staaten abzuhalten (Verträge mit EU-Nachbarstaaten, z. B. das EU-Türkei-Abkommen 2016; Verstärkung der Grenz- und Küstenwache; Kampf gegen Schleuserkriminalität).

Klimapolitik: Am 20./21.04.2021 einigten sich Vertreter der EU-Kommission, des Parlaments und der Mitgliedstaaten auf eine **Verschärfung des Klimaschutzzieles für 2030**. Bis zu diesem Zeitpunkt sollen die Treibhausgase in der EU um mindestens 55 % gegenüber dem Wert von 1990 gesenkt werden; zuvor galt ein Wert von 40 % Reduzierung. Zudem wird ein EU-Klimarat aus 15 Experten eingerichtet, dessen Aufgabe es u. a. ist, ein Zwischenziel bei den Emissionen für 2040 zu ermitteln. Im Jahr 2050 soll nach dem Willen der EU Europa der erste klimaneutrale Kontinent sein. Um ihre Ziele erreichen zu können, will die EU bis Ende 2022 zahlreiche Gesetze ändern oder neu erlassen. Für den Juli 2021 kündigte die EU-Kommission die Vorlage eines ersten, wichtigen Gesetzespaketes mit dem Titel **„Fit for 55“** an.

Umweltschützer zeigten sich dennoch enttäuscht, dass sich das Parlament, das eine Entlastung von 60 % gefordert hatte, mit seiner Position nicht durchsetzen konnte. Bemängelt wurde auch die Berechnungsmethode: Da das in Wäldern, Pflanzen und Böden gespeicherte CO_2 mit einberechnet werden dürfe, liegen die tatsächlichen Einsparungen um einige Prozentpunkte unter 55 %. Vertreter der Industrie bezeichneten dagegen die Klimaziele als ambitioniert.

Corona-Pandemie: Die COVID-19-Pandemie stellt eine beispiellose Herausforderung für die EU dar, und ihre Bewältigung war das beherrschende Thema des Jahres 2020/21. Zentrale Aufgaben waren u. a.: die Bereitstellung von Impfstoffen und sonstigen medizinischen Artikeln; das Abfedern der ökonomischen und sozialen Folgen der Pandemie; die Koordination der einzelstaatlichen Maßnahmen und die Bemühungen, eigenmächtige Reaktionen auf staatlicher Ebene (z. B. Grenzschließungen;

siehe: Schengen-Raum, S. 485) zu verhindern oder zumindest ihre Folgen abzumildern; die Entwicklung einer Perspektive für die Zeit nach der Pandemie; die Hilfe auch für Nicht-EU-Staaten sowohl in der Nachbarschaft als auch weltweit. Die EU reagierte mit umfangreichen Maßnahmen und mobilisierte – vielfach am Anleihenmarkt – finanzielle Mittel in großer Höhe.

Ein zentrales Bemühen der EU war die **Beschaffung von Medikamenten und Impfstoffen** gegen COVID-19 in möglichst großen Mengen. Am 28.07.2020 schloss die Kommission mit dem Pharmaunternehmen Gilead einen Vertrag, um sich den Arzneistoff Remdesivir zu sichern, der als erster zur Behandlung von COVID-19 zugelassen worden war. Nachdem erste Unternehmen Fortschritte bei der Entwicklung von Impfstoffen gemacht hatten, schloss die Kommission auch mit diesen Verträge ab: zuerst mit AstraZeneca (27.08.2020), in den Monaten danach auch mit Sanofi-GSK (18.09.2020), Janssen Pharmaceutica N.V. (08.10.2020) und Biontech/Pfizer (11.11.2020). Am 21.12.2020 erfolgte die erste bedingte Zulassung eines Impfstoffs (von Biontech/Pfizer), am 11.03.2021 waren bereits vier verschiedene Impfstoffe in der EU zugelassen. Bis zum 21.06.2021 waren EU-weit 385 Mio. Impfdosen geliefert, davon 325.1 Mio. verabreicht worden; 57 % der Erwachsenen in der EU hatten mindestens eine Impfung erhalten.

Am 10.10.2020 einigten sich EU-Parlament und Mitgliedstaaten über ein **1.8-Billionen-€-Paket „zum Aufbau eines grüneren, digitaleren und widerstandsfähigeren Europa“.** Mehr als 50 % dieser Mittel sollen verwendet werden, um die Modernisierung der EU voranzutreiben und in Klimawende, Digitalisierung und eine größere Krisenfestigkeit zu investieren. Die Summe setzt sich zusammen aus den rund 1.07 Bio. € des mehrjährigen Finanzrahmens 2021–2027 *(Siehe: Haushalt, S. 482)* und dem 750 Mrd. umfassenden **Wiederaufbaufonds „NextGenerationEU“**. Erklärtes Ziel dieses Fonds ist es, dass Europa gestärkt und modernisiert aus der Pandemie hervorgeht.

Mit 672.5 Mrd. € den größten Anteil an „NextGenerationEU“ hat die Aufbau- und Resilienzfazilität (ARF). Davon werden 360 Mrd. € über europäische Anleihen (für die die EU-Staaten gesamtschuldnerisch haften) am Kapitalmarkt aufgenommen, die eine längstmögliche Laufzeit bis 2058 haben können. Ziel der ARF ist es, die wirtschaftlichen und sozialen Auswirkungen der Pandemie abzumildern und die Resilienz (Stress- bzw. Krisenfestigkeit) der begünstigten Staaten sowie ihre Wachstumspotenziale und die Entstehung und Erhaltung von Arbeitsplätzen zu fördern. Mindestens 37 % der erhaltenen Mittel muss ein Staat für die ökologische Wende ausgeben, mindestens 20 % für Digitalisierung.

Der Wiederaufbaufonds „NextGenerationEU“

Programm	Aufgabe	Mrd. €
Aufbau- und Resilienzfazilität	Abmilderung der Pandemiefolgen, nachhaltige Investitionen (mind. 37 % Green Deal, mind. 20 % Digitalisierung)	672.5
Kredite		360
Zuschüsse		312.5
ReactEU	Aufbauhilfe; Abmilderung der Pandemiefolgen für Wirtschaft und Gesellschaft	47.5
Horizont Europa	Forschung und Entwicklung	5
InvestEU	Investitionen	5.6
Entwicklung des ländlichen Raums	Ländlicher Raum	7.5
Fonds für einen gerechten Übergang	Klimaneutrale Wirtschaft	10
RescEU	Medizinische Notfallreserve	1.9
Gesamt		**750**

Quelle: Europäische Kommission

Ein (mit 1.9 Mrd. € kleinerer) Teil von „NextGenerationEU“ ist das **rescEU-Programm.** Mit Unterstützung der Kommission bauen einige EU-Staaten Notfallbestände an lebensrettender medizinischer Ausrüstung (z. B. Beatmungsgeräte) auf, die in Krisenfällen schnell in ganz Europa verteilt werden können. Nachdem Deutschland und Rumänien den Anfang gemacht hatten, beteiligten sich ab dem 22.09.2020 auch Dänemark, Griechenland, Schweden und Ungarn am rescEU-Programm; am 11.01.2021 stiegen auch Belgien, die Niederlande und Slowenien ein, Deutschland eröffnete eine zweite Lagerstätte. Bereits am 22.10.2020 zeigte das Programm Früchte: Nach einem Hilfeersuchen Tschechiens, das zu diesem Zeitpunkt besonders stark von der COVID-19-Pandemie betroffen war, konnten zügig 30 Beatmungsgeräte aus rescEU-Beständen an das Land geliefert werden.

Ein weiteres kreditfinanziertes Programm der EU ist SURE (Support to mitigate Unemployment Risks in an Emergency), ein zeitlich befristetes Instrument zur Verminderung von Arbeitslosigkeitsrisiken in der Zeit der Pandemie. Durch günstige Kredite sollen Maßnahmen zur Sicherung von Arbeitsplätzen wie z. B. Kurzarbeit gefördert wer-

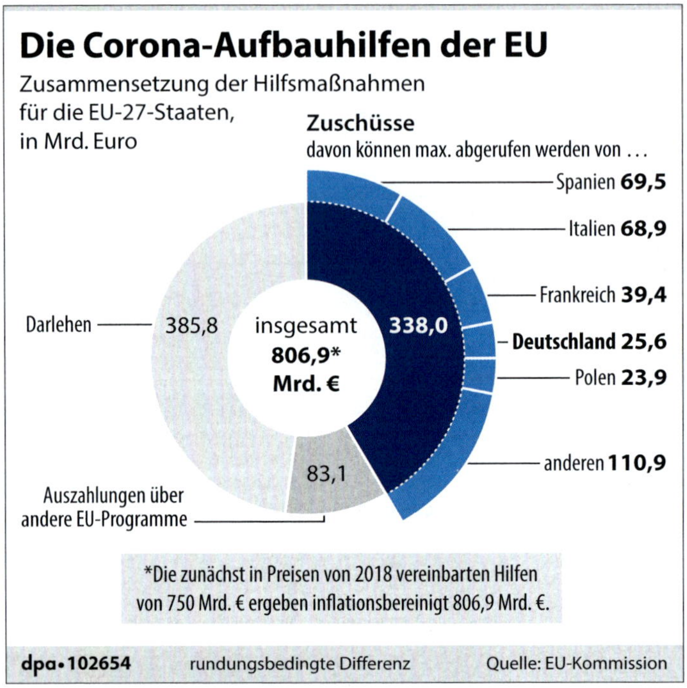

den. Am 25.09.2020 billigte der Rat erste Finanzhilfen für 16 Mitgliedstaaten im Rahmen von SURE. Bis Mai 2021 wurden an 19 EU-Staaten insgesamt 89.6 Mrd. € ausgezahlt, davon die größten Beträge an Italien (27.4 Mrd. €), Spanien (21.3 Mrd. €), Polen und Belgien (jeweils 8.2 Mrd. €). Die SURE-Anleihen werden bis zu einer Höhe von 100 Mrd. € als Sozialanleihen (was ihre zielgerichtete Verwendung zur Abfederung der sozialen Folgen der Corona-Pandemie garantieren soll) vergeben. Die erste Emission von Anleihen über 17 Mrd. € (10 Mrd. € mit einer Laufzeit bis 2030, 7 Mrd. € bis 2040) durch die EU-Kommission erfolgte am 21.10.2020. Die große Beliebtheit bei den Anlegern (mehr als 13-fache Überzeichnung) führte zu günstigen Konditionen, die die EU an die das Geld aufnehmenden Staaten weitergab.

Durch finanzielle Hilfen, aber auch durch Lieferung medizinischer Artikel einschließlich knapper Impfstoffe, unterstützte die EU auch Nicht-EU-Staaten in der Pandemie. Allein im 2. Halbjahr 2020 leistete die EU in zahlreichen Fällen finanzielle Unterstützung, u. a.: ein 110-Mio.-€-Hilfspaket für Nordafrika (02.07.2020); 64.7 Mio. € humanitäre Hilfen für Länder im südlichen Afrika (20.07.2020); 24 Mio. € für Uganda (24.07.2020); 30.5 Mio. € für Lateinamerika und die Karibik (11.09.2020); 25 Mio. € für Gambia (19.10.2020); 92 Mio. € für die Sahelzone (09.11.2020); 20 Mio. € für Gesundheitssysteme der ASEAN-Staaten (01.12.2020); 70 Mio. € für frühzeitige Impfungen auf dem Westbalkan (28.12.2020). Am 19.02.2021 verdoppelte die EU ihren Beitrag zur COVAX-Fazilität (Abk. für COVID-19 Vaccines Global Access) auf 1 Mrd. €. Diese internationale Initiative dient dem Zweck, auch den ärmeren Ländern einen fairen Zugang zu COVID-19-Impfstoffen zu ermöglichen. Ebenfalls 1 Mrd. € gab die EU am 21.05.2021 im Rahmen der „Team-Europe-Initiative" an Afrika; Ziel der Initiative ist es, die medizinische Versorgung zu verbessern, u. a. indem bessere Voraussetzungen für die ärmeren Staaten geschaffen werden, um selbst Impfstoffe zu produzieren. Neben finanziellen Zuwendungen unterstützte die EU andere Länder auch mit Sachleistungen: Die „humanitäre Luftbrücke" der EU hatte bereits in den ersten Monaten der Pandemie (bis 29.07.2020) über 1100 Tonnen medizinische Lieferungen in afrikanische, asiatische und lateinamerikanische Krisengebiete gebracht. Am 27.03.2021 unterstützte die EU eine Lieferung von rund 50 000 Impfdosen für die Republik Moldau, ferner Hilfsgüter für Montenegro und Nordmazedonien aus rescEU-Beständen; am 20.04.2021 wurde eine Lieferung von rund 650 000 Impfdosen für den Westbalkan beschlossen, am 27.04.2021 umfangreiche Hilfslieferungen (Sauerstoff, Medikamente, Ausrüstung) in das stark von COVID-19 betroffene Indien. Am 24./25. Mai verpflichteten sich die EU-Mitgliedstaaten zu einer Spende von mindestens 100 Mio. Dosen COVID-19-Impfstoff an bedürftige Länder bis Ende 2021.

Am 15.06.2021 zog die EU-Kommission eine Zwischenbilanz ihres Handelns während der Corona-Pandemie. Darin betonte Kommissionspräsidentin von der Leyen, kein Mitgliedstaat hätte schaffen können, was der EU durch gemeinsame Maßnahmen möglich gewesen sei; die Bilanz zog aber auch Lehren aus der Krise und enthielt Forderungen, um für zukünftige Krisensituationen besser gewappnet zu sein. In einem Zehn-Punkte-Katalog forderte die Kommission u. a.: eine EU-Führungsrolle beim Aufbau eines globalen Überwachungssystems zur Sammlung von Pandemie-Informationen; eine „klarere und besser koordinierte wissenschaftliche Beratung“ der politischen Entscheidungsträger (u. a. durch Ernennung eines leitenden Epidemiologen); Schaffung eines Rahmens zur Ausrufung eines Pandemie-Notstandes und eines Instrumentariums für Krisensituationen; eine europäische Gesundheitsunion zur besseren Koordination (bereits am 11.11.2020 veröffentlichte die Kommission Pläne zu einer europäischen Gesundheitsunion, die durch eine bessere Koordinierung und dem Aufbau EU-weiter und nationaler Kapazitäten das europäische Gesundheitssystem besser gegen grenzüberschreitende Gesundheitsrisiken – z. B. bei künftigen Pandemien und zur Krebsbekämpfung – wappnen soll); eine Behörde für Krisenvorsorge und -reaktion, die durch Pflege öffentlich-privater Partnerschaften und Sicherung der Lieferketten die Verfügbarkeit wichtiger medizinischer Produkte sicherstellt; Unterstützung der Mitgliedstaaten bei der Stärkung der Krisenfestigkeit ihrer Gesundheitssysteme; eine effektivere Bekämpfung von Fehl- und Desinformation.

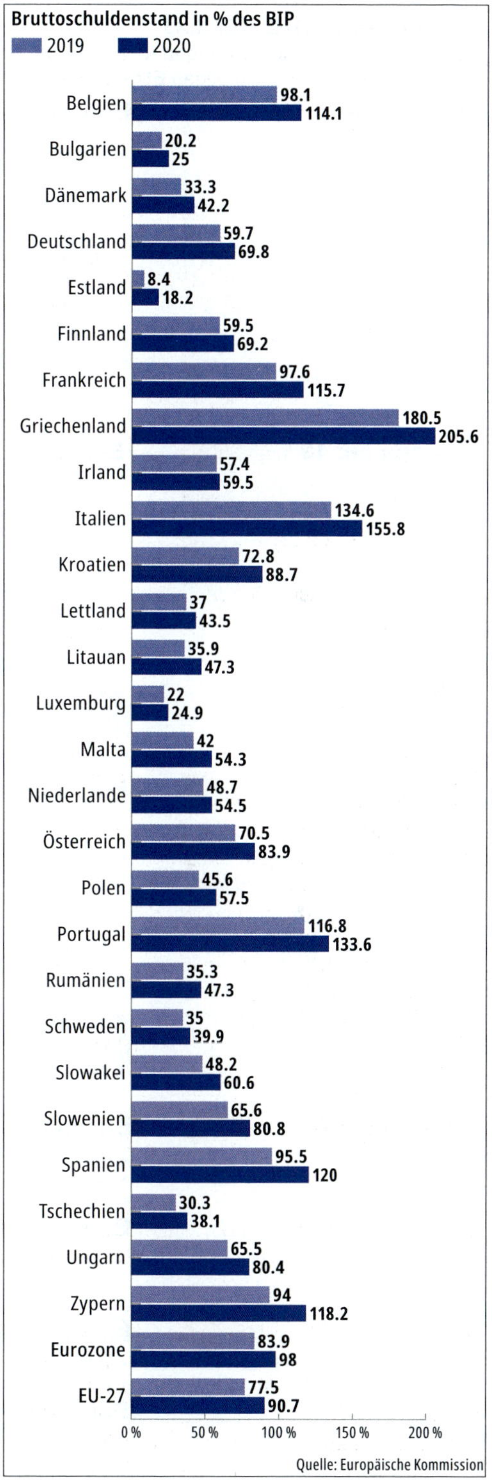

Die Geschichte der EU

Von den Römischen Verträgen (u. a. über die Gründung der Europäischen Wirtschaftsgemeinschaft EWG) im Jahr 1958 bis zur heutigen EU – die Entwicklung der Staatengemeinschaft

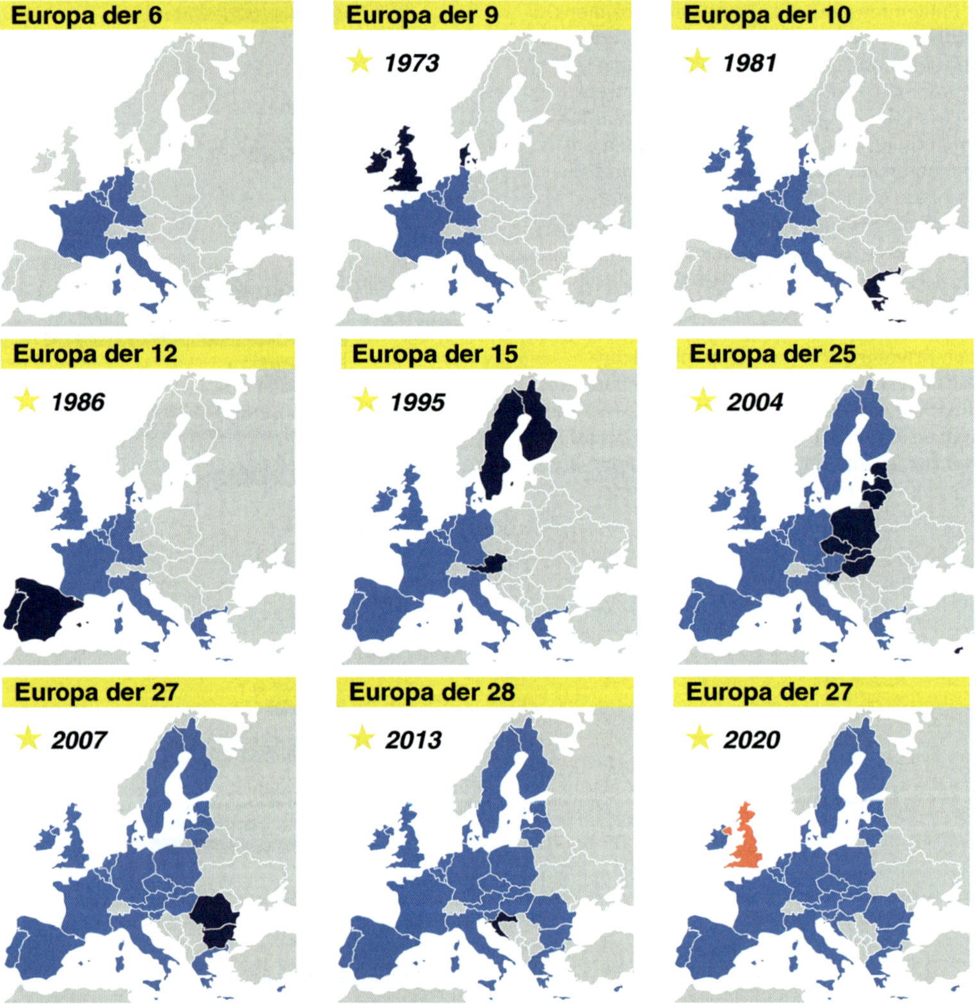

Europa der 6

Belgien
Deutschland
Frankreich
Italien
Luxemburg
Niederlande

Europa der 9

+ Dänemark
+ Großbritannien
+ Irland

Europa der 10

+ Griechenland

Europa der 12

+ Portugal
+ Spanien

Europa der 15

+ Finnland
+ Österreich
+ Schweden

Europa der 25

+ Estland
+ Lettland
+ Litauen
+ Malta
+ Polen
+ Slowakei
+ Slowenien
+ Tschechien
+ Ungarn
+ Zypern

Europa der 27

+ Bulgarien
+ Rumänien

Europa der 28

+ Kroatien

Europa der 27

• **Austritt Großbritanniens**

Quelle: EU Stand Februar 2020

dpa•GlobusSteps 13725

Vereinte Nationen

Internationale Organisationen

Mitglieder der UN und der WTO sowie Vertragsstaaten des IStGH** (mit Beitrittsjahr)

Staat	UN	WTO	IStGH
Afghanistan	1946	2016	2003
Ägypten	1945	1995	
Albanien	1955	2000	2003
Algerien	1962	*	
Andorra	1993	*	2001
Angola	1976	1996	
Antigua und Barbuda	1981	1995	2001
Äquatorialguinea	1968	*	
Argentinien	1945	1995	2001
Armenien	1992	2003	
Aserbaidschan	1992	*	
Äthiopien	1945	*	
Australien	1945	1995	2002
Bahamas	1973	*	
Bahrain	1971	1995	
Bangladesch	1974	1995	2010
Barbados	1966	1995	2002
Belarus	1945	*	
Belgien	1945	1995	2000
Belize	1981	1995	2000
Benin	1960	1996	2002
Bhutan	1971	*	
Bolivien	1945	1995	2002
Bosnien und Herzegowina	1992	*	2002
Botswana	1966	1995	2000
Brasilien	1945	1995	2002
Brunei	1984	1995	
Bulgarien	1955	1996	2002
Burkina Faso	1960	1995	2004
Burundi	1962	1995	2004–17
Cabo Verde	1975	2008	
Chile	1945	1995	2009
China	1945	2001	
Costa Rica	1945	1995	2001
Côte d'Ivoire	1960	1995	2013
Dänemark	1945	1995	2001
Deutschland	1973	1995	2000
Dominica	1978	1995	2001
Dominikanische Republik	1945	1995	2005
Dschibuti	1977	1995	2002
Ecuador	1945	1996	2002
El Salvador	1945	1995	2016
Eritrea	1993		
Estland	1991	1999	2002
Eswatini	1968	1995	
Fidschi	1970	1996	1999
Finnland	1955	1995	2000
Frankreich	1945	1995	2000
Gabun	1960	1995	2000
Gambia	1965	1996	2002
Georgien	1992	2000	2003
Ghana	1957	1995	1999
Grenada	1974	1996	2011
Griechenland	1945	1995	2002
Großbritannien und Nordirland	1945	1995	2001
Guatemala	1945	1995	2012
Guinea	1958	1995	2003
Guinea-Bissau	1974	1995	
Guyana	1966	1995	2004
Haiti	1945	1996	
Honduras	1945	1995	2002
Indien	1945	1995	
Indonesien	1950	1995	
Irak	1945	*	
Iran	1945	*	
Irland	1955	1995	2002
Island	1946	1995	2000
Israel	1949	1995	
Palästinensische Gebiete	*		2015
Italien	1955	1995	1999
Jamaika	1962	1995	
Japan	1956	1995	2007
Jemen	1947	2014	
Jordanien	1955	2000	2002
Kambodscha	1955	2004	2002
Kamerun	1960	1995	
Kanada	1945	1995	2000
Kasachstan	1992	2015	
Katar	1971	1996	
Kenia	1963	1995	2005
Kirgisistan	1992	1998	
Kiribati	1999		
Kolumbien	1945	1995	2002
Komoren	1975	*	2006
Kongo, Demokratische Republik	1960	1997	2002
Kongo, Republik	1960	1997	2004
Korea, Demokratische Volksrepublik	1991		
Korea, Republik	1991	1995	2002
Kosovo			
Kroatien	1992	2000	2001
Kuba	1945	1995	
Kuwait	1963	1995	
Laos	1955	2013	
Lesotho	1966	1995	2000
Lettland	1991	1999	2002
Libanon	1945	*	

Staat	UN	WTO	IStGH
Liberia	1945	2016	2004
Libyen	1955	*	
Liechtenstein	1990	1995	2001
Litauen	1991	2001	2003
Luxemburg	1945	1995	2000
Madagaskar	1960	1995	2008
Malawi	1964	1995	2002
Malaysia	1957	1995	
Malediven	1965	1995	2011
Mali	1960	1995	2000
Malta	1964	1995	2002
Marokko	1956	1995	
Marshallinseln	1991		2000
Mauretanien	1961	1995	
Mauritius	1968	1995	2002
Mexiko	1945	1995	2005
Mikronesien	1991		
Moldau, Republik	1992	2001	2010
Monaco	1993		
Mongolei	1961	1997	2002
Montenegro	2006	2012	2006
Mosambik	1975	1995	
Myanmar	1948	1995	
Namibia	1990	1995	2002
Nauru	1999		2001
Nepal	1955	2004	
Neuseeland	1945	1995	2000
Nicaragua	1945	1995	
Niederlande	1945	1995	2001
Niger	1960	1996	2002
Nigeria	1960	1995	2001
Nordmazedonien	1993	2003	2002
Norwegen	1945	1995	2000
Oman	1971	2000	
Österreich	1955	1995	2000
Pakistan	1947	1995	
Palau	1994		
Panama	1945	1997	2002
Papua-Neuguinea	1975	1996	
Paraguay	1945	1995	2001
Peru	1945	1995	2001
Philippinen	1945	1995	2011-19
Polen	1945	1995	2001
Portugal	1955	1995	2002
Ruanda	1962	1996	
Rumänien	1955	1995	2002
Russland	1945	2012	
Salomonen	1978	1996	
Sambia	1964	1995	2002
Samoa	1976	2012	2002
San Marino	1992		1999
São Tomé und Príncipe	1975	*	

Staat	UN	WTO	IStGH
Saudi-Arabien	1945	2005	
Schweden	1946	1995	2001
Schweiz	2002	1995	2001
Senegal	1960	1995	1999
Serbien	2000	*	2001
Seychellen	1976	2015	2010
Sierra Leone	1961	1995	2000
Simbabwe	1980	1995	
Singapur	1965	1995	
Slowakei	1993	1995	2002
Slowenien	1992	1995	2001
Somalia	1960	*	
Spanien	1955	1995	2000
Sri Lanka	1955	1995	
St. Kitts und Nevis	1983	1996	2006
St. Lucia	1979	1995	2010
St. Vincent und die Grenadinen	1980	1995	2002
Südafrika	1945	1995	2000
Sudan	1956	*	
Südsudan	2011	*	
Suriname	1975	1995	2008
Syrien	1945	*	
Tadschikistan	1992	2013	2000
Taiwan	1945-71	2002	
Tansania	1961	1995	2002
Thailand	1946	1995	
Timor-Leste	2002	*	2002
Togo	1960	1995	
Tonga	1999	2007	
Trinidad und Tobago	1962	1995	1999
Tschad	1960	1996	2007
Tschechien	1993	1995	2009
Tunesien	1956	1995	2011
Türkei	1945	1995	
Turkmenistan	1992	*	
Tuvalu	2000		
Uganda	1962	1995	2002
Ukraine	1945	2008	
Ungarn	1955	1995	2001
Uruguay	1945	1995	2002
Usbekistan	1992	*	
Vanuatu	1981	2012	2011
Vatikanstadt	*	*	
Venezuela	1945	1995	2000
Vereinigte Arabische Emirate	1971	1996	
Vereinigte Staaten von Amerika	1945	1995	
Vietnam	1977	2007	
Zentralafrikanische Republik	1960	1995	2001
Zypern	1960	1995	2002

*** Beobachterstatus**

**** Internationaler Strafgerichtshof**

Vereinte Nationen

Organisation	Vereinte Nationen
Abkürzung	UN (United Nations)
Gründungsdatum	26. Juni 1945
Sitz	New York (USA)
Haushalt	3.21 Milliarden US$ (2021)
Mitglieder	193 Staaten
Internet	www.un.org

Die Vereinten Nationen, 1945 als Nachfolgeorganisation des Völkerbunds (1918–1946) von 51 Staaten gegründet, verfolgen als wichtigste Ziele die Wahrung des Weltfriedens und der internationalen Sicherheit. Heute sind mit Ausnahme der Vatikanstadt alle als souverän anerkannten Staaten der Welt Mitglied der Vereinten Nationen.

Ziele/Grundsätze: Die Charta der Vereinten Nationen, die als eine Art Weltverfassung neben der Umschreibung von Aufgaben und Befugnissen der Organisation selbst auch allgemein den Umgang der Staaten miteinander regelt, sieht als oberstes Ziel der Vereinten Nationen die friedliche Beilegung der Streitigkeiten zwischen ihren souveränen Mitgliedstaaten. Dem Weltfrieden gleichgestellte Ziele sind die Sicherstellung der Würde und der daraus abgeleiteten Rechte jedes Menschen sowie die Schaffung sozial gerechter und freiheitlicher Lebensbedingungen.

Aufbau: Die Vereinten Nationen bestehen heute aus einem komplexen Geflecht aus Organen, Kommissionen, Abteilungen und anderen Institutionen. Wichtigster Bestandteil sind die in der UN-Charta festgelegten sog. **Hauptorgane (engl. principal organs)**, die wiederum Nebenorgane einrichten oder Fonds und Programme auflegen können und die Arbeit der Sonderorganisationen steuern.

Haushalt: Ende Dezember 2020 beschloss die Generalversammlung den Jahreshaushalt 2021 in Höhe von rd. 3.2 Mrd. US$, was einer Steigerung gegenüber 2020 um rd. 6.5 % entsprach. Die Finanzierung dieses regulären Haushalts erfolgt maßgeblich durch die Mitgliedstaaten, die entsprechend ihres wirtschaftlichen Gewichts unterschiedlich hohe Beiträge entrichten. Die vier größten Beitragszahler USA, China, Japan und Deutschland tragen fast die Hälfte des regulären UN-Haushalts. Neben diesen Pflichtbeiträgen finanzieren sich die verschiedenen Organisationen und Missionen der Vereinten Nationen aus freiwilligen Zuwendungen der Mitgliedstaaten und privater Geldgeber.

Hauptorgane

Generalversammlung

Abkürzung: GA (General Assembly)
Vorsitz: 2020/21: Volkan Bozkir (Türkei)
Aufbau: Jahrestagung mit allen Mitgliedstaaten in New York; Einsetzung von Ausschüssen (derzeit 6 Hauptausschüsse)
Aufgaben: Zentrales Beratungsorgan aller Mitgliedstaaten, Entscheidung über Zusammensetzung der anderen Organe, Mitgliedschaften, Haushalt, Verabschiedung von Resolutionen
Internet: www.un.org/en/ga

Die **Generalversammlung**, als das einzige Plenarorgan, fungiert als **politisches Hauptorgan der Vereinten Nationen** mit allumfassender Zuständigkeit. In ihr sind alle 193 Mitgliedstaaten mit gleichen Rechten vertreten.

Blick in den Sitzungssaal der 75. Generalversammlung im Oktober 2020

Sicherheitsrat

Abkürzung: SC (Security Council)
Vorsitz: Monatlich wechselnde Präsidentschaft
Aufbau: 15 Mitglieder, davon 5 ständige Mitglieder mit Vetorecht: VR China, Frankreich, Großbritannien, Russland, USA sowie 10 Mitglieder in wechselnder Besetzung durch jährliche Neuwahl von 5 Mitgliedern: gewählt für 2020/2021: Niger, St. Vincent und die Grenadinen, Estland, Vietnam, Tunesien; gewählt für 2021/2022: Irland, Norwegen, Mexiko, Indien, Kenia; gewählt für 2022/2023: Vereingte Arabische Emirate, Albanien, Brasilien, Gabun, Ghana; Einsetzung von Ausschüssen, Sanktionsausschüssen und Ad-hoc-Organen
Aufgaben: Weitreichende Kompetenzen zur Konfliktverhütung und -lösung, Verabschiedung von völkerrechtlich bindenden Resolutionen
Internet: www.un.org/securitycouncil

Der **Sicherheitsrat** ist das zentrale Organ der Vereinten Nationen für die Wahrung des Weltfriedens und der internationalen Sicherheit. Nur hier können **Beschlüsse mit völkerrechtlich bindender Wirkung** für die Mitgliedstaaten der Vereinten Nationen gefasst werden. Zudem erteilt der Sicherheitsrat Mandate für Friedenseinsätze und politische Missionen.

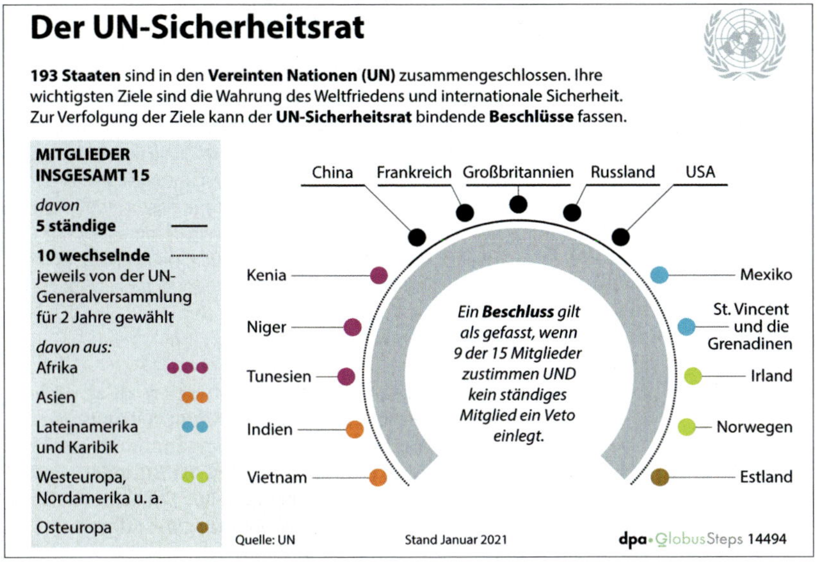

Friedenseinsätze und politische Missionen: Zentrales Instrument der Vereinten Nationen, das Ziel der Friedenssicherung zu erreichen, sind die sogenannten Friedenseinsätze (engl. peacekeeping missions). Zunächst wurden die UN-Friedenstruppen aus militärischen (sog. Blauhelmsoldaten), polizeilichen (UN Police) und zivilen Einsatzkräften vor allem zur Sicherstellung eines geschlossenen Friedens oder Waffenstillstands eingesetzt, wirkten somit als unparteilicher Puffer zwischen feindseligen Truppen. In den 1980er-Jahren veränderte sich die Qualität der Friedensmissionen jedoch dahingehend, dass nun auch Entwaffnung und Reintegration von Kämpfern, die Rückführung von Flüchtlingen oder die Unterstützung demokratischer Prozesse bis hin zur Quasi-Übernahme von Verwaltungsstrukturen dazugehören können. Und seit den 1990er-Jahren gehören auch Einsätze zum Bild, die nicht mehr in einem Nachkriegsszenario stattfanden, sondern mithelfen sollten, den Krieg zu beenden. Nach den militärischen Debakeln in Somalia, Ruanda und Bosnien gingen die Vereinten Nationen teilweise dazu über, Friedensmissionen auf Regionalorganisationen wie die NATO zu übertragen. Seit Beginn der 2000er-Jahre werden Missionen vielfach in Kooperation mit mehreren, auch nichtstaatlichen Organisationen sowie unter verstärktem Einsatz von Zivilpolizisten und Verwaltungsexperten durchgeführt. Mit diesem multidimensionalen Ansatz gelang es den Vereinten Nationen, den entstandenen Vertrauens- und Glaubwürdigkeitsverlust der Friedensmissionen abzubauen.

Koordiniert werden die Friedenseinsätze von der sog. Hauptabteilung Friedensmissionen, seit 2017 unter der Leitung von Jean-Pierre Lacroix (Frankreich). Sie ist dem UN-Sekretariat und damit dem Generalsekretär zugeordnet. Dieser beruft für jede Mission vor Ort einen Sondergesandten. Nach dem Ende der UNAMID-Mission in Darfur (Sudan) zum 31.12.2020 laufen aktuell weltweit 12 Friedensmissionen mit rd. 90 000 eingesetzten zivilen und militärischen Kräften. Rund 85 % aller Einsatzkräfte sind in den Missionen in der DR Kongo, im Sudan und Südsudan, in Mali und in der Zentralafrikanischen Republik eingesetzt, die auch zu den jüngsten Missionen gehören.

Zu den Traditionen der UN-Friedensmissionen gehört, dass die Blauhelmtruppen hauptsächlich aus Entwicklungsländern stammen. Ende April 2021 stellten Bangladesch (6626), Äthiopien (6113), Nepal (5686), Ruanda (5604), Indien (5548) und Pakistan (4516) die größten Kontingente – zusammen kommen sie auf mehr als ein Drittel aller weltweit aktiven Einsatzkräfte.

Friedensmission	Staat|Region|Ort	Sitz	Jahr	Einsatzkräfte (1. HJ 2021)	Davon Militär & Polizei
UNTSO	Israel/Palästina	Jerusalem	1948	387	155
UNMOGIP	Kaschmir (Indien/Pakistan)	Islamabad/Srinagar	1949	113	45
UNFICYP	Zypern	Nikosia	1964	1011	808
UNDOF	Golan (Israel/Palästina)	Camp Faouar	1974	1249	1069
UNIFIL	Libanon	Naqoura	1978	10 519	9504
MINURSO	Westsahara (Marokko)	Laayoune	1991	461	20
UNMIK	Kosovo	Priština	1999	342	17
MONUSCO	DR Kongo	Kinshasa	2010	17 669	13 893
UNMISS	Südsudan	Juba	2011	19 174	15 905
UNISFA	Abyei (Sudan/Südsudan)	Abyei	2011	3709	3205
MINUSMA	Mali	Bamako	2013	18 318	14 225
MINUSCA	Zentralafrikanische Republik	Bangui	2014	15 069	13 104

Neben den Friedensmissionen führen die Vereinten Nationen auch sog. politische Missionen (engl. political missions) durch, die die Stabilisierung politischer Systeme und die Lösung interner Konflikte, Krisen und Wandlungsprozesse beinhalten. Die nach der Beendigung der UNIOGBIS-Mission in Guinea-Bissau Ende 2020 aktuell noch 14 politischen Missionen werden ebenfalls aus dem Sekretariat gesteuert, jedoch über die Hauptabteilung für politische Angelegenheiten und Friedenskonsolidierung (DPPA). Diese Abteilung, seit 2018 unter der Leitung von Rosemary A. DiCarlo (USA), ging aus dem Zusammenschluss der bisherigen Hauptabteilung für politische Angelegenheiten (DPA) und der Hauptabteilung für Friedenssicherungseinsätze (DPKO) hervor.

Darüber hinaus ernennt der Generalsekretär für einzelne Staaten oder Konflikte auch sog. Spezialgesandte (engl. special envoy), die die Situation vor Ort ohne eigene Mission begleiten. Darunter befinden sich teilweise auch prominente Personen wie beispielsweise der ehemalige Bundespräsident Horst Köhler (2017–2019, Westsahara) oder Ex-US-Präsident Bill Clinton (2009, Haiti). Aktuell sind neben Westsahara (seit 1997) für folgende Gebiete Spezialgesandte benannt: Jemen (seit 2012), Syrien (2012), Afrikanische Große Seen (2013), Burundi (2016), Horn von Afrika (2018), Myanmar (2018) und Mosambik (2019). Zusätzlich laufen unter der Steuerung der DPPA die UN-Sonderbeauftragte für den Zypern-Konflikt (seit 1964) sowie seit 2017 eine Überwachungsmission für Kolumbien.

Politische Mission	Staat	Sitz	Jahr
UNSCO	Israel/Palästina	Jerusalem	1999
UNAMA	Afghanistan	Kabul	2002
UNOWAS	Westafrika/Sahel	Dakar	2002
UNAMI	Irak	Bagdad	2003
UNSCOL	Libanon	Beirut	2007
UNRCCA	Zentralasien	Aschgabat	2007
UNOAU	Afrikanische Union	Addis Abeba	2010
UNIOGBIS	Guinea-Bissau	Bissau	2010
UNRGID	Georgien	Genf	2010
UNSMIL	Libyen	Tripolis	2011
UNOCA	Zentralafrika	Libreville	2011
UNSOM	Somalia	Mogadischu	2013
BINUH	Haiti	Port-au-Prince	2019
UNMHA	Jemen	Sanaa	2019
UNITAMS	Sudan	Khartum	2020

Wirtschafts- und Sozialrat

Abkürzung: ECOSOC (Economic and Social Council)
Vorsitz: Präsident: Munir Akram (Pakistan), seit 2020
Aufbau: 54 Mitgliedstaaten bei jährlicher Nachwahl von 18 Mitgliedern; Einsetzung von Fach- und Regionalkommissionen
Aufgaben: Zentrale Plattform zur Erreichung der vereinbarten Ziele im Bereich ökonomischer, sozialer und ökologischer Nachhaltigkeit. Koordinierende Funktion ohne eigene rechtliche oder finanzielle Mittel; Wirkmächtigkeit durch Beauftragung von Studien, Durchführung von Konferenzen, Verabschiedung von Empfehlungen; Koordinierung der Arbeit der nachgeordneten Nebenorgane und Sonderorganisationen
Internet: www.un.org/ecosoc

Der **Wirtschafts- und Sozialrat** fungiert als zentrales koordinierendes Organ und Bindeglied zwischen der Politikebene der Generalversammlung und den Tätigkeiten der nachstehenden Institutionen. Er koordiniert auf zwischenstaatlicher Ebene auch die (rechtlich autonomen) Sonderorganisationen.

Sekretariat

Vorsitz: Generalsekretär: António Manuel de Oliveira Guterres (Portugal), seit 2017
Aufbau: Unterbau mit Hauptabteilungen und Büros, die die Arbeit der verschiedenen Nebenorgane und Sonderorganisationen ergänzen und unterstützen
Aufgaben: Zentrales Verwaltungsorgan, vor allem administrative Aufgaben. Generalsekretär als höchster Verwaltungsbeamter mit herausgehobener Stellung in der Vertretung der UN nach außen sowie in der Einwirkung auf die inhaltliche Agenda der anderen Hauptorgane. Einsetzen von Sonderbeauftragten, Gesandten etc. zur Wahrung der diplomatischen Aufgaben.
Internet: www.un.org/en/sections/about-un/secretariat/

Antonio Guterres spricht vor der Generalversammlung der Vereinten Nationen, am 18.06.2021, nachdem er für eine zweite Amtszeit über 5 Jahre (ab Januar 2022) wiedergewählt wurde.

Das **Sekretariat** ist das Verwaltungsorgan der Vereinten Nationen, das im Auftrag der anderen Hauptorgane planerisch und administrativ tätig wird. Geleitet wird das Sekretariat von einem **Generalsekretär**, der neben seiner nach innen gerichteten Leitungsfunktion die Vereinten Nationen auch nach außen repräsentiert und ihnen und ihren Anliegen ein Gesicht gibt. Er wird von den anderen Organen mit der Umsetzung von Beschlüssen oder der Erarbeitung von Strategien und Studien beauftragt, kann aber seinerseits auch Themen auf die Agenda der Vereinten Nationen setzen. Zudem kann er für einzelne Themen oder Missionen sog. Hohe Repräsentanten oder Sonderbeauftragte einsetzen. Seit 01.01.2017 ist **Antonio Guterres**, ehemaliger Premierminister Portugals, als Nachfolger von Ban Ki-moon (Südkorea) der neunte Generalsekretär der Vereinten Nationen. Im Januar 2021 erklärte er seine Kandidatur für eine zweite fünfjährige Amtszeit ab 2022, am 18.06.2021 nahm die UN-Vollversammlung die entsprechende Resolution zur Verlängerung seines Mandats an.

Internationaler Gerichtshof

Abkürzung: ICJ (International Court of Justice)
Vorsitz: Präsidentin: Joan E. Donoghue (USA), seit 2021
Aufbau: 15 Richter (Wahl für 9 Jahre von Generalversammlung und Sicherheitsrat)
Aufgaben: Hauptrechtsprechungsorgan der Vereinten Nationen. Verbindliche Entscheidung von internationalen Streitigkeiten auf Basis des Völkerrechts, aber keine Zwangsmittel zur Durchsetzung
Internet: www.icj-cij.org

Der **Internationale Gerichtshof** ist das **Hauptrechtsprechungsorgan** der Vereinten Nationen. Ihm gehören 15 unabhängige Richter an, die von Generalversammlung und Sicherheitsrat für jeweils neun Jahre gewählt werden.

Als sechstes Hauptorgan sieht die UN-Charta den **Treuhandrat** vor, dessen Aufgabe darin bestand, die dem Internationalen Treuhandsystem unterstellten (Kolonial-) Gebiete zu überwachen und zu unterstützen. Mit der Beendigung des letzten Treuhandabkommens hat der Treuhandrat somit de facto seine **Arbeit beendet**.

RÜCKBLICK

Die **75. Sitzung der Generalversammlung** im September 2020 unter Vorsitz von Volkan Bozkir (Türkei) war geprägt von den Bemühungen um eine Eindämmung der COVID-19-Pandemie. So fand auch die Versammlung selbst unter strengen Vorschriften und mit deutlich reduziertem Personal statt.
Die Generalversammlung in New York wurde begleitet von mehreren Gipfeltreffen, etwa einer virtuellen Veranstaltung zu den 17 Zielen für nachhaltige Entwicklung (engl. Sustainable Development Goals, SGD), einem Gipfel zur Biodiversität, einer Veranstaltung zur Finanzierung der Agenda für nachhaltige Entwicklung 2030 sowie Gedenkveranstaltungen zum 75. Jahrestag der Gründung der Vereinten Nationen und dem 25. Jahrestag der Vierten Weltfrauenkonferenz. Ergebnis dieses Gipfels war die Verabschiedung einer politischen Erklärung zum 75-jährigen Bestehen der Vereinten Nationen, in der die Mitglieder die Notwendigkeit der internationalen Zusammenarbeit und die Verstärkung der Bemühungen zur nachhaltigen Entwicklung und zum Abbau der weltweiten Ungleichheit bekräftigten. Auch wurde das Bekenntnis zur **„Aktionsdekade"** zur Umsetzung der Agenda 2030 (engl. decade of action and delivery for sustainable development) erneuert.
Die **76. Sitzung der Generalversammlung** im September 2021 wird unter dem Vorsitz von Abdulla Shahid (Malediven) stattfinden.

Der **Sicherheitsrat**, der in Zeiten der COVID-19-Pandemie ausschließlich online tagte und erst im Juni 2021 wieder zu Präsenzsitzungen zurückkehrte, fasste im Berichtszeitraum Erklärungen zu verschiedenen Krisengebieten. So verurteilte der Sicherheitsrat die Gewaltausbrüche in Mali, Bergkarabach oder Myanmar und forderte den Rückzug ausländischer Truppen aus Libyen. Bezüglich der erneuten Gewalt im Nahen Osten konnte sich der Rat nicht auf eine Resolution einigen, die über die Forderung nach der Zulassung von Hilfslieferungen und dem Schutz der Zivilbevölkerung hinausging.

Der **Wirtschafts- und Sozialrat** geriet im April 2020 in die Kritik, weil zu den zwölf Staaten, die in die UN-Frauenrechtskommission gewählt wurden, auch der Iran und Pakistan gehörten. In beiden Staaten gelten Frauen als gefährdet, auf dem Geschlechter-Ungleichheits-Index des Weltwirtschaftsrats rangieren sie auf hinteren Plätzen. Die Frauenrechtskommission ist das höchste Gremium der Vereinten Nationen zur Gleichstellung der Geschlechter.

Einer der Schwerpunkte der vor dem **Internationalen Gerichtshof** verhandelten Fälle lag in **staatlichen Konflikten über Zugänge und Kontrolle über Wasser und Seegebiete**. Dazu gehörten der Streit zwischen Bolivien und Chile über die Nutzung der Silala-Quelle, über die Seegrenze zwischen Nicaragua und Kolumbien oder die Grenzziehungen im Indischen Ozean zwischen Kenia und Somalia.

Nebenorgane

Die sog. Nebenorgane (engl. subsidiary organs) können durch die Hauptorgane der Vereinten Nationen eingesetzt werden, um die Bearbeitung der verschiedensten Zuständigkeits- und Handlungsfelder sicherzustellen. Zu den aufgeführten Nebenorganen gehören Fonds und Programme sowie Forschungs- und Ausbildungsinstitute. Daneben komplettieren die unmittelbar an die Hauptorgane angelehnten Haupt-, Sanktions- und ständigen Ausschüsse sowie Ad-hoc-Organe (Generalversammlung und Sicherheitsrat), Fach- und Regionalkommissionen sowie Sachverständigenausschüsse (ECOSOC) bzw. Hauptabteilungen und Büros (Sekretariat) die Liste der Nebenorgane im System der Vereinten Nationen.

Abkürzung	Organisation	Jahr	Sitz
CDP	Ausschuss für Entwicklungspolitik	1998	New York
CTC	Ausschuss zur Bekämpfung des Terrorismus	2001	New York
DCO	Büro für Entwicklungskoordinierung		
DPO	Hauptabteilung Friedensmissionen	1992	New York
DPPA	Hauptabteilung für politische Angelegenheiten und Friedenskonsolidierung	2019	New York
HLPF	Hochrangiges politisches Forum über nachhaltige Entwicklung	2013	New York
HRC	Menschenrechtsrat	2006	Genf
ILC	Völkerrechtskommission	1947	New York
ITC	Internationales Handelszentrum	1964	Genf
JIU	Gemeinsame Inspektionsgruppe	1968	Genf
MICT	Internationaler Residualmechanismus für die Ad-hoc-Strafgerichtshöfe	2010	Den Haag/ Arusha
OCHA	Amt für die Koordinierung humanitärer Angelegenheiten	1991	Genf, New York
OCT	Büro für Terrorismusbekämpfung	2017	New York
OHCHR	Hohes Kommissariat für Menschenrechte	1993	Genf
PBC	Kommission für Friedenskonsolidierung	2005	New York
UNAIDS	Gemeinsames Programm für HIV/ AIDS	1996	Genf
UNCD	Abrüstungskommission	1978	New York
UNCTAD	Handels- und Entwicklungskonferenz	1964	Genf
UNDP	Entwicklungsprogramm	1965	New York
UNEP	Umweltprogramm	1972	Nairobi
UNFPA	Bevölkerungsfonds	1969	New York
UN-HABITAT	Programm für menschliche Siedlungen	1978	Nairobi
UNHCR	Hohes Flüchtlingskommissariat	1950	Genf
UNICEF	Kinderhilfswerk	1946	New York
UNICRI	Interregionales Forschungsinstitut für Kriminalität und Rechtspflege	1968	Turin
UNIDIR	Institut für Abrüstungsforschung	1980	Genf
UNITAR	Ausbildungs- und Forschungsinstitut	1963	Genf
UNODA	Büro für Abrüstungsfragen	1998	New York
UNODC	Büro für Drogen- und Verbrechensbekämpfung	1997	Wien
UN-OHRLLS	Büro des Hohen Beauftragten für die am wenigsten entwickelten Länder	2001	New York
UNOPS	Büro für Projektdienste	1995	Kopenhagen
UNPFII	Ständiges Forum für indigene Fragen	2000	New York
UNRISD	Forschungsinstitut für soziale Entwicklung	1963	Genf
UNRWA	Hilfswerk für Palästinaflüchtlinge im Nahen Osten	1949	Gaza-Stadt/ Amman
UNSSC	Fortbildungsakademie des UN-Systems	2002	Turin
UNU	Universität der Vereinten Nationen	1973	Tokio
UN-WOMEN	Einheit für Gleichstellung und Ermächtigung der Frauen	2010	New York
WFP	Welternährungsprogramm	1961	Rom
	Ausschuss für nichtstaatliche Organisationen	1946	New York

Ausschuss zur Bekämpfung von Terrorismus

Abkürzung: CTC (Counter Terrorism Committee)
Gründung: 28. September 2001
Sitz: New York (USA)
Vorsitz: Vorsitzender: Tarek Ladeb (Tunesien), seit 2020; Exekutivdirektorin: Michèle Coninsx (Belgien), seit 2017
Aufgaben: Überwachung der Umsetzung der Resolution 1373 (28.09.2001) zur Bekämpfung des internationalen Terrorismus (u. a. Einfrieren der Vermögenswerte von Terroristen, strafrechtliche Verfolgung)
Internet: www.un.org/sc/ctc

Menschenrechtsrat

Abkürzung: HRC (Human Rights Council)
Gründung: 15. März 2006
Sitz: Genf (Schweiz)
Vorsitz: Präsidentin: Nazhat Shameem Khan (Fidschi), 2020
Haushalt: 65 Mio. US$ (2020)
Aufgaben: Weltweite Förderung und Schutz der Menschenrechte, Unterstützung der Mitgliedstaaten bei der Einhaltung der Menschenrechte
Internet: www.ohchr.org/en/hrbodies/hrc

Weltklimarat

Abkürzung: IPCC (Intergovernmental Panel on Climate Change)
Gründung: 1988
Sitz: Genf (Schweiz)
Vorsitz: Vorsitzender: Hoesung Lee (Südkorea), seit 2015
Aufgaben: Abschätzung der Folgen der globalen Erwärmung, Zusammenführung wissenschaftlicher Studien zum Klimawandel, Unterstützung der Mitgliedstaaten bei Maßnahmen gegen den Klimawandel
Internet: www.ipcc.ch

Amt für die Koordinierung humanitärer Angelegenheiten

Abkürzung: OCHA (Office for the Coordination of Humanitarian Affairs)
Gründung: 19. Dezember 1991
Sitz: Genf (Schweiz)/New York (USA)
Vorsitz: UN-Nothilfekoordinator: Mark Andrew Lowcock (Großbritannien), seit 2017
Haushalt: 250 Mio. US$ (2019)
Aufgaben: Koordinierung der humanitären Hilfseinsätze der Mitgliedstaaten und UN-Organisationen in humanitären Angelegenheiten
Internet: www.unocha.org

Hohes Kommissariat für Menschenrechte

Abkürzung: OHCHR (Office of the United Nations High Commissioner for Human Rights)
Gründung: 20. Dezember 1993
Sitz: Genf (Schweiz)
Vorsitz: Hohe Kommissarin für Menschenrechte Michelle Bachelet Jeria (Chile), seit 2018
Haushalt: 116 Mio. US$ (2020)
Aufgaben: Förderung und Schutz der Menschenrechte weltweit, Unterstützung des Menschenrechtsrats
Internet: www.ohchr.org

Gemeinsames Programm für HIV/AIDS

Abkürzung: UNAIDS
Gründung: 1994
Sitz: Genf (Schweiz)
Vorsitz: Exekutivdirektorin: Winnie Byanyima (Uganda), seit 2019
Haushalt: 231 Mio. US$ (2019)
Aufgaben: Weltweite Bekämpfung von HIV/AIDS, Sammlung wissenschaftlicher Studien, Förderung der Behandlung von Kranken
Internet: www.unaids.org

Handels- und Enwicklungskonferenz

Abkürzung: UNCTAD (United Nations Conference on Trade and Development)
Gründung: 30. Dezember 1964
Sitz: Genf (Schweiz)
Vorsitz: Generalsekretärin: Isabelle Durant (Interim, 2021), Rebeca Grynspan (Costa Rica), ab 2021
Haushalt: 68 Mio. US$ (2020)
Aufgaben: Unterstützung der weltweiten wirtschaftlichen Entwicklung, Schwerpunkt Handel
Internet: www.unctad.org

Entwicklungsprogramm

Abkürzung: UNDP (United Nations Development Programme)
Gründung: 1965
Sitz: New York (USA)
Vorsitz: Administrator: Achim Steiner (Deutschland), seit 2017
Haushalt: 4.5 Mrd. US$ (2020)
Aufgaben: Bekämpfung der weltweiten Armut, Unterstützung von demokratischen Strukturen, Beseitigung von Umweltproblemen und Schaffung von Arbeitsplätzen
Internet: www.undp.org

Umweltprogramm

Abkürzung: UNEP (United Nations Environment Programme)
Sitz: Nairobi (Kenia)
Vorsitz: Exekutivdirektorin: Inger Andersen (Dänemark), seit 2019
Haushalt: 460.8 Mio. US$ (2020)
Aufgaben: Formulierung internationaler und regionaler Umweltschutzrichtlinien, Unterstützung der Mitgliedstaaten bei der nationalen Umweltpolitik
Internet: www.unep.org

Programm für menschliche Siedlungen

Abkürzung: UN-HABITAT
Gründung: 19. Dezember 1977
Sitz: Nairobi (Kenia)
Vorsitz: Exekutivdirektorin: Maimunah Mohd Sharif (Malaysia), seit 2018
Haushalt: 296 Mio. US$ (2019)
Aufgaben: Durchführung von Entwicklungsprojekten (u. a. Trinkwasserversorgung), Unterstützung der Mitgliedstaaten bei Maßnahmen zum Wohnungs- und Siedlungswesen
Internet: www.unhabitat.org

Hohes Flüchtlingskommissariat

Abkürzung: UNHCR (Office of the United Nations High Commissioner for Refugees)
Gründung: 14. Dezember 1950
Sitz: Genf (Schweiz)
Vorsitz: Hoher Kommissar: Filippo Grandi (Italien), seit 2016

Haushalt: 9.15 Mrd. US$ (2021)
Aufgaben: Schutz und Unterstützung von Flüchtlingen/Vertriebenen, Unterstützung der Integration von Flüchtlingen
Internet: www.unhcr.org

Kinderhilfswerk

Abkürzung: UNICEF (United Nations Children's Fund)
Gründung: 11. Dezember 1946
Sitz: New York (USA)
Vorsitz: Exekutivdirektorin: Henrietta H. Fore (USA), seit 2018
Haushalt: 7.21 Mrd. US$ (2020)
Aufgaben: Schutz von Kindern vor Gewalt, Ausbeutung und Vernachlässigung; Notfallhilfe; Förderung der Bildungsmöglichkeiten und der medizinischen Versorgung
Internet: www.unicef.org

Welternährungsprogramm

Abkürzung: WFP (World Food Programme)
Gründung: 24. November 1961
Sitz: Rom (Italien)
Vorsitz: Exekutivdirektor: David Beasley (USA), seit 2017
Haushalt: 8.4 Mrd. US$ (2020)
Aufgaben: Sicherstellung der Nahrungsmittelversorgung für Flüchtlinge und Betroffene von Kriegen oder Naturkatastrophen, Koordinierung von Hilfslieferungen
Internet: www.wfp.org

RÜCKBLICK

Nach dem **Global Report on Food Crises, den das Welternährungsprogramm (WFP)** gemeinsam mit der FAO und weiteren Organisationen seit 2017 herausbringt, wurde 2020 mit **rd. 155 Mio. Menschen mit ungesicherter Ernährungssituation** ein neuer Höchststand erreicht (+15 % gegenüber 2019). Mehr als die Hälfte dieser Menschen lebt in afrikanischen Staaten. Bezüglich der Gesamtzahl betroffener Personen wurde die Lage in der DR Kongo, Sudan, (Nord-)Nigeria, Äthiopien, Südsudan, Simbabwe, Syrien, Jemen, Haiti und Afghanistan als besonders kritisch beschrieben. Als Hauptgründe werden Konflikte und Kriege, Naturkatastrophen und wirtschaftliche Turbulenzen genannt.

Für seine Bemühungen im Kampf gegen den Hunger und den Beitrag zur Verbesserung der Friedensbedingungen in Konfliktgebieten wurde das Welternährungsprogramm mit dem **Friedensnobelpreis 2020** ausgezeichnet. Gerade angesichts der Grenzschließungen und anderer Widrigkeiten während der COVID-19-Pandemie sah das Nobelkomitee diese Arbeit als besonders preiswürdig an.

Das **Kinderhilfswerk UNICEF** vermeldete für 2020 einen Rekord bei der Beschaffung und Verteilung von Hilfsgütern: Der Gesamtwert der Waren betrug rund 4.5 Mrd. US$ und damit etwa 17 % mehr als im Vorjahr – und das trotz Einschränkungen in Handel und Logistik durch die COVID-19-Pandemie. Neben den regulären Hilfsmitteln für Kinder beschaffte UNICEF dabei auch Millionen Masken, COVID-19-Tests und weitere Hygiene- und Schutzgüter.

Alarm schlug das Hilfswerk bezüglich des Umgangs mit **Wasser- und Sanitäreinrichtungen**. In Krisengebieten würden diese häufig Ziel von Angriffen und Zerstörungen, was massive Auswirkungen auf die Lebenssituation der Zivilbevölkerung und insbesondere von Kindern habe. Die Verbreitung von Krankheiten und die Zunahme von Mangelernährung sei direkte Folge fehlender Wasserversorgung.

Im **Weltflüchtlingsbericht für 2020** nennt das Flüchtlingshilfswerk (UNHCR) mit über 90 Mio. eine neue Höchstzahl an Menschen auf der Flucht vor Krieg, Krisen, Hunger, Gewalt oder Verfolgung. Als Gründe werden die andauernden Konflikte in Afrika und dem Nahen Osten und die fehlende Rückkehrmöglichkeit in viele Kriegsgebiete genannt. Die Hauptaufnahmestaaten waren dabei die Türkei, Kolumbien, Deutschland, Pakistan und Uganda.

Die **Corona-Pandemie** stellte das UNHCR neben der Tatsache, dass sich durch die Verschärfung der ökonomischen Situation in vielen Staaten auch die Zahl der Menschen auf der Flucht erhöhte, vor große logistische Herausforderungen und führte vielfach dazu, dass die besonders Gefährdeten und Bedürftigen nicht für Hilfe erreichbar waren.

Der **Weltklimarat (IPCC)**, derzeit inmitten der finalen Arbeiten am **Sachstandsbericht zum sog. sechsten Berichtszyklus**, der 2021/22 erscheinen soll, beschrieb in einem gemeinsamen Bericht mit dem Weltbiodiversitätsrat (IPBES) die Wechselwirkungen zwischen Klima- und Artenschutz. Die Forscher appellierten an die Politik, beide Themen zusammen zu denken, und forderten unter anderem eine deutliche Ausweitung geschützter Flächen an Land und im Meer. Zudem müsse die Kreislaufwirtschaft gestärkt und Subventionen, die etwa Überfischung oder Waldrodung begünstigten, abgebaut werden.

Mit der Berufung der Costa Ricanerin Rebeca Grynspan beschritt die **Handels- und Entwicklungskonferenz (UNCTAD)** im Juni 2021 neue Wege: Sie ist die erste Frau und die erste Südamerikanerin in diesem Amt. Grynspan folgt dem Kenianer Mukhisa Kituyi, der zur Präsidentschaftswahl 2022 in seinem Heimatland antreten wird, beziehungsweise der Belgierin Isabelle Durant, die das Amt übergangsweise ausübte.

Ihren **Jahresbericht 2020** nutzte die UNCTAD zu einem vorausschauenden Appell an die Weltgemeinschaft, die **Corona-Pandemie als Weckruf zur grundlegenden Reform der Weltwirtschaft** zu nutzen. Schwächen wie die globale Ungleichheit und Armut seien bereits vor der Krise vorhanden gewesen und durch sie nur verstärkt worden. Gegenmaßnahmen wie der massive Eingriff der Staaten seien in **dauerhafte Instrumente** zu überführen, um das System nachhaltig zu organisieren und insbesondere die besonders notleidenden Staaten zu stützen.

UNAIDS, das gemeinsame Programm für HIV/AIDS, rief in seinem **Jahresbericht** („Seizing the moment") ebenfalls dazu auf, die Erfahrungen aus der Pandemie zu nutzen. Das kollektive Bewusstsein für weltweite Seuchen sei gestärkt, die Strukturen modernisiert und bekannt geworden. Allerdings schlägt der Report auch erneut Alarm: die 2016 verabredeten **Zwischenziele auf dem Weg zu einer weitgehenden Eliminierung des HI-Virus bis 2030** seien 2020 deutlich verfehlt worden: nach wie vor wüssten zu wenige Infizierte von ihrer Krankheit, seien zu wenige überhaupt in Behandlung oder hätten gar eine Virussuppression erhalten. Schon vor der Corona-Krise lagen die **weltweiten HIV-Infektionszahlen weit über dem selbst gesteckten UNAIDS-Ziel** von maximal 500 000 neu Infizierten pro Jahr: 2019 steckten sich nach UNAIDS-Angaben **rund 1.7 Mio. Menschen** mit dem HI-Virus an. Damit gerät das Ziel, die Welt bis 2030 von dem Virus zu befreien, in weite Ferne.

Sonderorganisationen

Als UN-Sonderorganisationen (engl. specialized agencies) werden jene internationalen Organisationen bezeichnet, die über eine eigene Rechtsnatur, Mitgliedschaft und Finanzierung verfügen, gleichzeitig aber über Sonderabkommen mit den Vereinten Nationen verbunden sind. Sie bearbeiten teilweise ähnliche Aufgabenfelder wie die UN-Nebenorgane, sind dem ECOSOC zugeordnet und erstatten diesem in der Regel jährlich Bericht.

Abkürzung	Organisation	Mitglieder	Sitz
FAO	Ernährungs- und Landwirtschaftsorganisation	194	Rom
ICAO	Internationale Zivilluftfahrt-Organisation	193	Montreal
IFAD	Internationaler Fonds für landwirtschaftliche Entwicklung	177	Rom
ILO	Internationale Arbeitsorganisation	187	Genf
IMO	Internationale Seeschifffahrtsorganisation	174	London
ITU	Internationale Fernmeldeunion	193	Genf
IWF	Internationaler Währungsfonds	189	Washington D. C.
UNESCO	Organisation für Erziehung, Wissenschaft und Kultur	193	Paris
UNIDO	Organisation für industrielle Entwicklung	170	Wien
UNWTO	Weltorganisation für Tourismus	159	Madrid
UPU	Weltpostverein	192	Bern
WHO	Weltgesundheitsorganisation	194	Genf
WIPO	Weltorganisation für geistiges Eigentum	193	Genf
WMO	Weltorganisation für Meteorologie	193	Genf
	Weltbank-Gruppe	189	Washington D. C.

Enährungs- und Landwirtschaftsorganisation

Abkürzung: FAO (Food and Agriculture Organisation)
Gründung: 16. Oktober 1945
Sitz: Rom (Italien)
Mitglieder: 194
Vorsitz: Generaldirektor: Qu Dongyu (China), seit 2019
Haushalt: 2.5 Mrd. US$ (2018/2019)
Aufgaben: Bekämpfung von Unter- und Mangelernährung, Sicherstellung der weltweiten Lebensmittelversorgung
Internet: www.fao.org

Internationale Arbeitsorganisation

Abkürzung: ILO (International Labour Organisation)
Gründung: 11. April 1919
Sitz: Genf (Schweiz)
Mitglieder: 187
Vorsitz: Generaldirektor: Guy Ryder (Großbritannien), seit 2012
Haushalt: 791 Mio. US$ (2020-21)
Aufgaben: Definition und Umsetzung internationaler Arbeitsnormen, Abbau der Arbeitslosigkeit, Verbesserung des Zugangs zu menschenwürdiger Arbeit, soziale und faire Gestaltung der wirtschaftlichen Entwicklung
Internet: www.ilo.org

Internationaler Währungsfonds

Abkürzung: IMF (International Monetary Fund), IWF (Internationaler Währungsfonds)
Gründung: 22. Juli 1944
Sitz: Washington D. C. (USA)

Mitglieder: 189
Vorsitz: Geschäftsführende Direktorin: Kristalina Georgiewa (Bulgarien), seit 2019
Haushalt: 1.16 Mrd. US$ (2020)
Aufgaben: Beobachtung und Analyse der weltwirtschaftlichen und regionalen Entwicklungen sowie der Wirtschafts-, Währungs- und Finanzpolitik der Mitgliedstaaten; Beratung der Mitgliedstaaten zur Vorbeugung oder Überwindung von Finanzkrisen; Gewährung vorübergehender Finanzhilfen an Mitgliedstaaten
Internet: www.imf.org

Organisation für Erziehung, Wissenschaft und Kultur

Abkürzung: UNESCO (United Nations Educational, Scientific and Cultural Organization)
Gründung: 16. November 1945
Sitz: Paris (Frankreich)
Mitglieder: 193
Vorsitz: Generaldirektorin: Audrey Azouley (Frankreich), seit 2017
Haushalt: 1.3 Mrd. US$ (2020/2021)
Aufgaben: Förderung von Bildung, Wissenschaft, Kommunikation und Kultur im weltweiten Kontext; Betreuung des Weltkulturerbes
Internet: www.unesco.org

Weltbank-Gruppe

Gründung: 22. Juli 1944
Sitz: Washington D. C. (USA)
Mitglieder: 189
Vorsitz: Präsident: David Malpass (USA), seit 2019
Aufgaben: Förderung des wirtschaftlichen Fortschritts der Mitgliedstaaten über Finanzhilfen, Beratung und weitere Hilfen durch die (rechtlich souveränen) Teilinstitutionen der Weltbankgruppe: IDA (Internationale Entwicklungsorganisation), IBRD (Internationale Bank für Wiederaufbau und Entwicklung), IFC (Internationale Finanz-Corporation), ICSID (Internationales Zentrum zur Beilegung von Investitionsstreitigkeiten) und MIGA (Multilaterale Investitionsgarantie-Agentur)
Internet: www.worldbank.org

Weltgesundheitsorganisation

Abkürzung: WHO (World Health Organization)
Gründung: 7. April 1948
Sitz: Genf (Schweiz)
Mitglieder: 194
Vorsitz: Generaldirektor: Tedros Adhanom Ghebreyesus (Äthiopien), seit 2017
Haushalt: 5.84 Mrd. US$ (2020/2021)
Aufgaben: Verbesserung der weltweiten Gesundheitsversorgung, Auf- und Ausbau von Gesundheitsdiensten in den Mitgliedstaaten, Bekämpfung von HIV/AIDS und Pandemien, Förderung der medizinischen Forschung
Internet: www.who.int

RÜCKBLICK

Die nächste **Jahressitzung** des **Welterbekomitee der UNESCO** findet im Juli 2021 digital statt. Das eigentliche Treffen, das im Sommer 2020 in China stattfinden sollte, war aufgrund der COVID-19-Pandemie verschoben worden. Somit gab es bislang noch keine Veränderung an der Welterbeliste, die weiterhin weltweit 1121 Kultur- und Naturstätten von außergewöhnlichem Wert umfasst, davon 46 Natur- und Kulturstätten in Deutschland.

Am 01.06.2021 begann die von der Zwischenstaatlichen Ozeanographischen Kommission (IOC) der UNESCO ausgerufene **UN-Dekade der Ozeanforschung für nachhaltige Entwicklung**. Angesichts schwerwiegender Probleme der Meere wie Überfischung oder Verschmutzung wird hierbei das Ziel verfolgt, auf höchstmöglicher Ebene Lösungen zu entwickeln und umzusetzen, wobei Wissenschaft und Forschung mit Politik, Wirtschaft und Zivilgesellschaft zusammengebracht werden sollen. Dazu beschloss die UN-Generalversammlung **sieben strategische Ziele**: die Ozeane sollten „sauber", „gesund und widerstandsfähig", „produktiv", „vorausschauend", „sicher", „zugänglich" und „inspirierend" entwickelt werden.

Nach dem wirtschaftlichen Einbruch im Jahr 2020 legte der **Internationale Währungsfonds (IWF)** im Frühjahr 2021 eine deutlich günstigere Wachstumsprognose von 6 % für die Weltwirtschaft vor. Dies wurde vor allem auf die zunehmende Zahl geimpfter Personen wie auch die teils massiven Konjunkturprogramme vieler Staaten zurückgeführt. Gleichzeitig warnte der IWF mit Blick auf die **deutlichen regionalen Unterschiede** der Prognose vor einer Verschärfung der Kluft zwischen verschiedenen Staaten und Regionen. So sei auch die **Zahl von Menschen in extremer Armut** 2020 deutlich angestiegen.

Die **Weltbank** legte ein Programm zur gezielten Unterstützung von Staaten im Zuge der **COVID-19-Pandemie** auf: bis Juni 2021 wurden in 15 Monaten rund 160 Mrd. US$ eingesetzt, um direkte Folgen der Pandemie abzufedern und Investitionen in die medizinische Infrastruktur zu ermöglichen.

Die **Internationale Arbeitsorganisation (ILO)** schlug im Juni 2021 mit einem Bericht zur Kinderarbeit Alarm. Demnach lag die **Zahl der Kinder in Kinderarbeit weltweit bei rund 160 Mio.** und wies damit erstmals in den vergangenen 20 Jahren wieder eine Steigerung auf. Dabei ging der Zuwachs vor

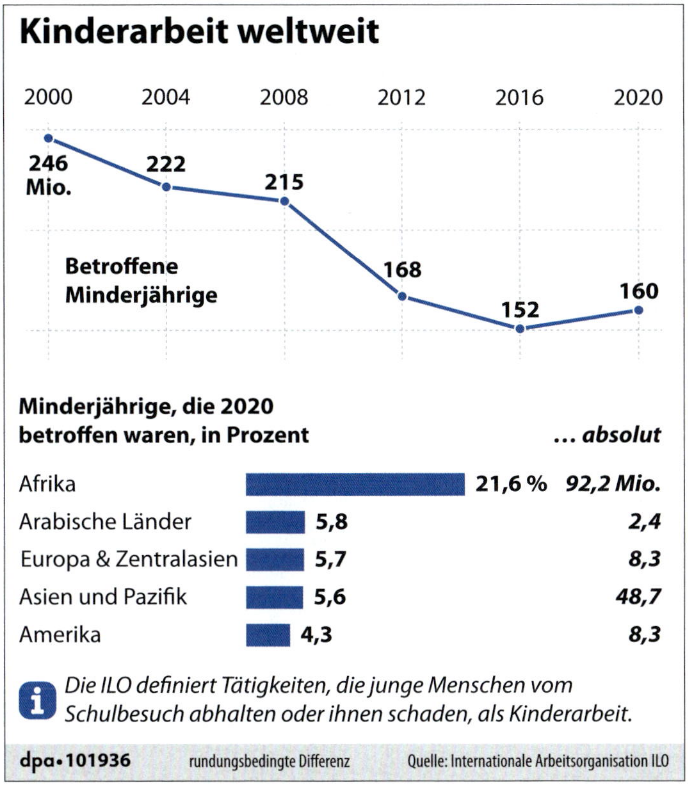

allem auf die Kinder zwischen 5 und 11 Jahren zurück. Die Hauptursachen wurden in der besonders prekären wirtschaftlichen Situation in Subsahara-Afrika sowie den wirtschaftlichen Verwerfungen durch die COVID-19-Pandemie gesehen. Die **weltweiten Schulschließungen** habe die Situation für die Kinder weiter verschärft.

In ihrem im Januar herausgegebenen **„World Employment and Social Outlook"** hatte die ILO das Fazit gezogen, dass 2020 rd. 8.8 % aller Arbeitsstunden verloren gegangen seien – mit entsprechenden Folgen auf dem Arbeitsmarkt. Das Minus sei zu etwa gleichen Teilen auf die **reduzierte Arbeitszeit** und auf den **kompletten Verlust des Arbeitsplatzes** für viele Beschäftigte zurückzuführen. Entsprechend sank 2020 auch das weltweite Einkommen durch Arbeit (-8.3 %) und stieg die Zahl der Arbeitenden in extremer Armut (+108 Mio. Menschen gegenüber 2019).

Die **Weltgesundheitsorganisation WHO** versteht sich in der COVID-19-Pandemie als zentrale Koordinationsinstanz der globalen Seuchenbekämpfung und versucht, hier die Informationen aus den Staaten einzusammeln und gemeinsam mit den betroffenen Staaten Maßnahmen zur **Verhinderung der weiteren Ausbreitung des Virus** zu entwickeln und umzusetzen. Dazu gehört auch die Versorgung mit Impfstoffen, die sich zwischen den Kontinenten stark unterscheidet. Immerhin konnte im Juni 2021 vermeldet werden, dass auch eine **Impfstoffproduktion in Afrika** vor der Umsetzung stehe.

Wie schon bei der Hilfe bei anderen Epidemien (z. B. Ebola 2014) geriet die **WHO im Laufe der Pandemie selbst in die Kritik**. Ihr wurde vorgeworfen, zu spät und nicht konsequent genug reagiert zu haben. Am stärksten war die Kritik in den USA, die im Sommer 2020 schließlich den Austritt aus der WHO ankündigten. Diesen Schritt nahm die neue US-Regierung 2021 zurück, hielt aber an der Forderung nach einer **Reform der WHO** fest.

Im Februar 2021 veranstaltete die **Landwirtschaftsorganisation FAO einen Fischereigipfel**, der in einer Erklärung zur nachhaltigen Fischerei mündete. Darin bekräftigten die Teilnehmenden den Kampf gegen Überfischung, die Förderung der Aquakultur und die Unterstützung kleiner Fischereibetriebe. Im Juni 2021 lud die FAO (digital) zum **Weltkongress für konservierende Landwirtschaft**, auf dem unter anderem Erfahrungen zur konservierenden Landwirtschaft ausgetauscht und neue Forschungen angeregt werden sollten.

Internationale Organisationen

Begriff/Kategorisierung: Beginnend mit dem 19. Jahrhundert treten im internationalen System neben den Staaten in zunehmendem Maße internationale Organisationen auf, die als Ausdruck einer steigenden Verflechtung und Vernetzung verstanden werden können.
Gebräuchlich wird anhand des rechtlichen Status zwischen Zusammenschlüssen von Staaten (sog. Zwischenstaatliche Organisationen, engl. international governmental organizations, IGO) und grenzüberschreitend tätigen gesellschaftlichen Akteuren (sog. internationale Nichtregierungsorganisationen, engl. international non-governmental organizations, INGO) unterschieden. Darüber hinaus lassen sich auch transnationale Konzerne als internationale Organisationen definieren.
Die IGOs lassen sich in politisch und nicht-politisch sowie detaillierter nach ihrer inhaltlichen Ausrichtung (militärisch, wirtschaftlich, kulturell, technisch) differenzieren. Für die folgende Auflistung wird der räumlichen Unterscheidung folgend in global agierende IGOs (mit unterschiedlichen Themenschwerpunkten) und regionale Bündnisse unterschieden. Da je nach Definition weltweit viele zehntausend Organisationen existieren, erfolgt eine eingeschränkte Auflistung der bedeutendsten Organisationen. Transnationale Konzerne bleiben ebenso unberücksichtigt wie internationale Verbände beispielsweise aus Sport oder Kultur, oder Organisationen aus dem Verwaltungsbereich (z. B. Internationale Astronautische Förderation, Europäische Patentorganisation). Dagegen werden internationale Konferenzen wie die G7-Treffen, die eine akteursähnliche Rolle im internationalen System einnehmen, mit aufgeführt.

Regionale Bündnisse

Abkürzung	Name	Mitglieder	Jahr	Sitz
AU	Afrikanische Union	55	2002	Addis Abeba
CAN	Andengemeinschaft	9	1969	Lima
LAS	Arabische Liga	22	1945	Kairo
APEC	Asiatisch-Pazifische Wirtschaftskooperation	21	1989	Singapur
SADC	Entwicklungsgemeinschaft des südlichen Afrika	16	1979	Gaborone (Botswana)
EAEU	Eurasische Wirtschaftsunion	5	2015	Moskau, Minsk, Almaty
EBRD	Europäische Bank für Wiederaufbau und Entwicklung	69	1991	London
EFTA	Europäische Freihandelsassoziation	4	1960	Genf/Brüssel/Luxemburg
COE	Europarat	47	1949	Straßburg
COMESA	Gemeinsamer Markt für das östliche und südliche Afrika	21	2000	Lusaka
MERCOSUR	Gemeinsamer Markt Südamerikas	12	1991	Montevideo
CELAC	Gemeinschaft der Lateinamerikanischen und Karibischen Staaten	33	2010	Panama-Stadt
CIS	Gemeinschaft Unabhängiger Staaten	10	1991	Minsk
GCC	Golfkooperationsrat (Golfrat)	6	1981	Riad
ACP	Gruppe der afrikanischen, karibischen und pazifischen Staaten	79	1975	Brüssel
CARICOM	Karibische Gemeinschaft	20	1973	Georgetown (Guyana)
CEFTA	Mitteleuropäisches Freihandelsabkommen	7	1992	Brüssel
	Nordischer Rat	5	1962	Kopenhagen
OAS	Organisation Amerikanischer Staaten	35	1948	Washington D. C.
NATO	Organisation des Nordatlantikvertrags	30	1949	Brüssel
OSCE	Organisation für Sicherheit und Zusammenarbeit in Europa	57	1994	Wien
ECO	Organisation für wirtschaftliche Zusammenarbeit	10	1985	Teheran
CBSS	Ostseerat	11	1992	Stockholm
SCO	Shanghaier Organisation für Zusammenarbeit	8	2001	Peking
SAARC	Südasiatische Vereinigung für regionale Kooperation	8	1985	Kathmandu
UMA	Union des Arabischen Maghreb	5	1989	Rabat
UFM	Union für den Mittelmeerraum	41	2008	Barcelona
USMCA	United States-Mexiko-Canada-Agreement	3	2020	Mexiko-Stadt
ASEAN	Vereinigung südoastasiatischer Nationen	10	1967	Jakarta
ECOWAS	Westafrikanische Wirtschaftsgemeinschaft	15	1975	Abuja
SICA	Zentralamerikanisches Integrationssystem	8	1991	San Salvador

Afrikanische Union

Gründung: 10. Juli 2002
Sitz: Addis Abeba
Mitglieder: Alle 55 souveränen afrikanischen Staaten
Vorsitz: Félix Tshisekedi (DR Kongo), seit 2021; Vorsitzender der Komission Moussa Faki Mahamat (Tschad), seit 2017
Haushalt: 681.5 Mio. € (2019)
Aufgaben: Vertiefung der wirtschaftlichen und sozialen Verflechtungen der Mitgliedstaaten, Schaffung von Frieden und wirtschaftlichem Wachstum
Internet: www.au.int

Arabische Liga

Gründung: 22. März 1945
Sitz: Kairo
Mitglieder: 22 Staaten in Nordafrika, im Nahen Osten und auf der Arabischen Halbinsel
Vorsitz: Generalsekretär Ahmed Aboul Gheit (Ägypten), seit 2016
Aufgaben: Förderung der Beziehungen der Mitgliedstaaten in politischer, sozialer, wirtschaftlicher und kultureller Hinsicht; gemeinsames Interesse der arabischen Staaten nach außen; Erreichung der Anerkennung Palästinas als souveräner Staat
Internet: https://arabmpi.org/

ASEAN

Gründung: 8. August 1967
Sitz: Jakarta
Mitglieder: 10 Staaten Südostasiens
Vorsitz: Generalsekretär Lim Jock Hoi (Brunei), seit 2018
Aufgaben: Verbesserung der wirtschaftlichen, sozialen und politischen Zusammenarbeit der Mitgliedstaaten, Schaffung eines gemeinsamen Wirtschaftsraums (u. a. Gründung der Freihandelszone AFTA 2003)
Internet: www.asean.org

Europarat

Gründung: 5. Mai 1949
Sitz: Straßburg
Mitglieder: 47 europäische Staaten; nicht-europäische Staaten (u. a. USA, Kanada, Japan) mit Beobachterstatus
Vorsitz: Generalsekretärin Marija Pejčinović Burić (Kroatien), seit 2019
Haushalt: 260 Mio. € (2021)
Aufgaben: Förderung des sozialen und wirtschaftlichen Fortschritts; Forum für Debatten und Formulierung von Konventionen zu wichtigen zwischenstaatlichen Themen (z. B. Menschenrechtskonvention)
Internet: www.coe.int

NATO

Gründung: 4. April 1949
Sitz: Brüssel
Mitglieder: 28 europäische Staaten + Kanada und USA
Vorsitz: Generalsekretär Jens Stoltenberg (Norwegen), seit 2014
Haushalt: rd. 1.9 Mrd. € (ohne Verteidigungsausgaben der Mitgliedstaaten)
Aufgaben: Verteidigungsbündnis zur Sicherstellung der militärischen Sicherheit der Mitgliedstaaten und Gewährleistung der weltweiten Stabilität
Internet: www.nato.org

OSCE

Gründung: 2. Dezember 1994
Sitz: Wien
Mitglieder: 57 Staaten aus Europa, Zentralasien (Tadschikistan, Turkmenistan, Kasachstan, Usbekistan, Kirgisistan) und Nordamerika (USA, Kanada)
Vorsitz: Generalsekretärin Helga Maria Schmid (Deutschland), seit 2020
Haushalt: 138.2 Mio. € (2020)
Aufgaben: Sicherstellung der Sicherheit für die Mitgliedstaaten im politisch-militärischen, wirtschaftlichen, sozialen und Umweltbereich; Friedens- und Beobachtungseinsätze, Wahlbeobachtungen, Wahrung der Pressefreiheit
Internet: www.osce.org

RÜCKBLICK

Das **Ministerkomitee des Europarats** kam im Berichtszeitraum zweimal zu einem virtuellen Treffen per Videokonferenz zusammen. Bei dem unter griechischem Vorsitz durchgeführten **Treffen im November 2020** bekannten sich die versammelten Außenminister zu einer gemeinsamen **Strategie zur Überwindung der COVID-19-Pandemie** unter **Einhaltung der Menschenrechte** und betonten die wichtige Rolle des Europarats zur Sicherstellung des Rechts auf Gesundheit und soziale Unterstützung in allen Mitgliedstaaten. Die anschließende deutsche Präsidentschaft, unter der im Mai 2021 das nächste Treffen stattfand, setzte die Schwerpunkte ihrer Arbeit auf die **Einhaltung der Menschenrechte im digitalen Zeitalter**, den besonderen **Schutz von Minderheiten** wie den Roma und die Gleichberechtigung der LGBT-Gemeinde sowie die stärkere **Teilhabe von jungen Menschen**. Dazu wurde im Dezember 2020 eine European Youth Convention durchgeführt, auf der die sog. European Youth Work Agenda diskutiert und weiter ausgearbeitet wurde.

In ihrem jährlichen Bericht verwies die Generalsekretärin des Europarats, **Marija Pejčinović Burić,** auf die Herausforderungen der COVID-19-Pandemie für die Rechte der Minderheiten und die Einhaltung der Menschenrechte in den Mitgliedstaaten und betonte die wichtige Rolle des Europarats, die Auswirkungen auf Menschenrechte oder Rechtsstaatlichkeit zu begrenzen.

Die Afrikanische Union (AU) setzte im Berichtszeitraum ihren Reformprozess (sog. **Agenda 2063**) fort, mit der sie die wirtschaftliche und politische Entwicklung des Kontinents voranbringen will. Ein Baustein ist die 2019 gegründete **Freihandelszone AfCFTA** (African Continental Free Trade Area), für die sich die Staats- und Regierungschefs der AU auf einem virtuell stattfindenden **Sondergipfel im Dezember 2020** auf weitere Rahmenbedingungen einigten und die zum 01.01.2021 in Kraft trat.

Angesichts der **COVID-19-Pandemie** vereinbarten die Europäische und die Afrkanische Union eine **Verstärkung der Zusammenarbeit im Gesundheitsbereich**. Das EU-finanzierte Projekt „EU für Gesundheitssicherheit in Afrika" beinhaltet Kooperation und Erfahrungsaustausch zwischen dem Europäischen Zentrum für die Prävention und die Kontrolle von Krankheiten (ECDC) und den afrikanischen Zentren für die Kontrolle und Prävention von Krankheiten (Africa CDC) und zielt auf die **gemeinsame Überwachung von Infektionskrankheiten** und die gemeinsame Reaktion auf Gesundheitskrisen.

Im Mittelpunkt des **NATO-Jahrestreffens im Juni 2021** in Brüssel stand die Annahme der sog. **Agenda NATO 2030**. Nach einem Beschluss der Mitgliedstaaten hatte Generalsekretär Stoltenberg seit 2019 einen Vorschlag für die Agenda ausgearbeitet, mit deren Hilfe sich die NATO für künftige Herausforderungen aufstellen wollte. Diese Agenda enthält insgesamt neun Punkte: 1) Verstärkung des politischen Diskussions- und Abstimmungsprozesses zwischen den Mitgliedstaaten; 2) Stärkung der militärischen Schlagkraft zur Abschreckung und Verteidigung; 3) Erhöhung der Maßnahmen zur Stärkung der Widerstandskraft der Mitgliedstaaten; 4) Einrichtung des Innovationszentrums DIANA mit verstärkter Kooperation mit Wirtschaft und Wissenschaft; 5) Verstärkung der Kooperation mit anderen Staaten/Bündnissen, insbesondere in unmittelbarer Nachbarschaft; 6) Stärkung der Kapazitäten und Strukturen in benachbarten Staaten; 7) Aktionsplan zum Klimaschutz; 8) Fortschreibung des strategischen Konzepts; 9) Erhöhung der finanziellen Ressourcen. Derzeit ist die NATO v. a. in **sechs Operationen bzw. Einsätzen** aktiv: seit 2015 unterstützt das Bündnis die nationalen Streitkräfte von **Afghanistan** mit einem Mandat für bis zu 16 500 Soldaten. Nach dem Rückzug der USA kündigte auch die NATO an, ihre Truppen ab dem 01.05.2021 schrittweise abzuziehen. Im **Kosovo** ist die NATO mit rd. 3500 Soldaten Teil des seit 1999 laufenden internationalen Einsatzes KFOR zur Absicherung der laufenden Gespräche mit der serbischen Regierung und zur Unterstützung des Aufbaus der kosovarischen Sicherheitskräfte. Darüber hinaus führt die NATO Einsätze zur **Sicherung der Mittelmeerregion**, zur Qualifizierung der **irakischen Streitkräfte,** zur **Unterstützung der Afrikanischen Union** bei der Friedensmission in Somalia (AMISOM) sowie zur **Sicherung des Luftraums** auf dem Balkan und im Baltikum durch.

Beim 37. **Gipfeltreffen** der **Vereinigung südostasiatischer Nationen (ASEAN)** im November 2020, das aufgrund der Corona-Pandemie per Videokonferenz der Staats- und Regierungschefs unter dem Vorsitz von Vietnam durchgeführt wurde, unterzeichneten die Mitgliedstaaten das **Freihandelsabkommen RCEP** mit China, Japan, Südkorea, Australien und Neuseeland und schufen damit im asiatisch-pazifischen Raum **die größte Freihandelszone der Welt.**

Das RCEP-Freihandelsabkommen

Übersicht der teilnehmenden Staaten

dpa•101697 Quelle: dpa

Im April 2021 trafen die ASEAN-Mitgliedstaaten außerplanmäßig erneut zusammen, um über die **Situation in Myanmar** zu beraten. Als Ergebnis rückten sie vom bisherigen Prinzip der Nichteinmischung in innere Angelegenheiten ab und forderten von der Militärregierung in Myanmar ein **Ende der Gewalt,** die Einleitung eines gesellschaftlichen Dialogs sowie die Freilassung von Gefangenen und Zulassung von humanitärer Hilfe.

Unter der **Präsidentschaft Albaniens** traf sich der **OSCE-Ministerrat** Anfang Dezember 2020 per Videokonferenz zu seiner **27. jährlichen Sitzung**. Neben einigen Personalfragen, unter anderem der Wahl der Deutschen Helga Maria Schmid zur **neuen Generalsekretärin**, wurden gemeinsame Erklärungen zur **Korruptionsbekämpfung**, zu Maßnahmen gegen die **internationale organisierte Kriminalität** sowie gegen **Folter** und andere repressive Maßnahmen beschlossen. Für das Jahr 2021 übernahm **Schweden** den Vorsitz der OSCE.

Als Reaktion auf die Eskalation der Gewalt im Gazastreifen trafen sich die Mitgliedstaaten der **Arabischen Liga** im April 2021 zu einer Dringlichkeitssitzung. Sie verurteilten die Gewalteskalation und forderten internationale Anstrengungen zur Verbesserung der Lage der Menschen im Gazastreifen. Zudem beschäftigte sich die Arabische Liga mit der **Situation in Libyen, Syrien und im Libanon** und rief die internationale Gemeinschaft um Hilfe bezüglich der festgefahrenen Verhandlungen zwischen den Nil-Anrainerstaaten und Äthiopien im Zusammenhang mit dem **Bau des Grand-Ethiopian-Renaissance-Staudamms** am Blauen Nil an.

Zwischenstaatliche Organisationen (IGOs)

Abkürzung	Name	Bereich	Mitglieder	Jahr	Sitz
G20	Gruppe der 20 wichtigsten Industrie- und Schwellenländer	Internationale Zusammenarbeit	19	1999	
G7	Gruppe der sieben wichtigsten Industrienationen	Internationale Zusammenarbeit	7	1975	
IAEA	Internationale Atomenergie-Organisation	Energiewirtschaft	173	1957	Wien
ICC	Internationaler Strafgerichtshof	Justiz	123	2002	Den Haag
ICDO	Internationale Zivilschutzorganisation	Zivilschutz	57	1931	Genf
IEA	Internationale Energieagentur	Energiewirtschaft	30	1974	Paris
Interpol	Internationale kriminalpolizeiliche Organisation	Sicherheit	194	1923	Lyon
IOM	Internationale Organisation für Migration	Flüchtlingshilfe, Zuwanderung	173	1951	Le Grand-Saconnex (Schweiz)
IPU	Interparlamentarische Union	Internationale Zusammenarbeit	179	1889	Genf
ISA	Internationale Meeresbodenbehörde	Umweltschutz	167	1994	Kingston (Jamaika)
ITLOS	Internationaler Seegerichtshof	Justiz	168	1996	Hamburg
OCCAR	Gemeinsame Organisation für Rüstungskooperation	Internationale Zusammenarbeit	6	1996	Bonn
OECD	Organisation für wirtschaftliche Zusammenarbeit und Entwicklung	Internationale Zusammenarbeit	38	1961	Paris
OIC	Organisation für islamische Zusammenarbeit	Internationale Zusammenarbeit	56	1969	Djidda
OIF	Internationale Organisation der Frankophonie	Internationale Zusammenarbeit, Kultur	54	1997	Paris
OPCW	Organisation für das Verbot chemischer Waffen	Nonproliferation	193	1997	Den Haag
OPEC	Organisation erdölexportierender Staaten	Energiewirtschaft	13	1960	Wien
OTIF	Zwischenstaatliche Organisation für den internationalen Eisenbahnverkehr	Verkehr	51	1893	Genf
WTO	Welthandelsorganisation	Wirtschaft	164	1995	Genf
	Commonwealth of Nations	Internationale Zusammenarbeit	54	1931	London

Internationaler Strafgerichtshof

Gründung: 1. Juli 2002
Sitz: Den Haag
Mitglieder: 123 Staaten
Vorsitz: Präsident Piotr Hofmański (Polen), seit 2021
Aufgaben: Ständiges internationales Strafgericht zur Verfolgung von Kernverbrechen des Völkerstrafrechts (Völkermord, Verbrechen gegen die Menschlichkeit, Kriegsverbrechen); keine universelle, aber weitreichende Zuständigkeit; nachrangige Kompetenz zur Rechtsprechung gegenüber nationalen Instanzen
Internet: www.icc-cpi.int

OPEC

Gründung: 14. September 1960
Sitz: Wien
Mitglieder: 13 erdölexportierende Staaten
Vorsitz: Generalsekretär Mohammed Sanusi Barkindo (Nigeria), seit 2016

Aufgaben: Schaffung eines monopolisierten Erdölmarktes zur Absicherung gegen Weltmarktpreise und zur Sicherstellung festgelegter Förderquoten
Internet: www.opec.org

Organisation für das Verbot chemischer Waffen

Gründung: 29. April 1997
Sitz: Den Haag
Mitglieder: 193 Staaten
Vorsitz: Generaldirektor Fernando Arias (Spanien), seit 2017
Haushalt: 910 Mio. US$ (2020)
Aufgaben: Überwachung der Einhaltung und Umsetzung der Chemiewaffenkonvention (1997), Festlegung der Rahmenbedingungen für die Vernichtung von Chemiewaffen
Internet: www.iom.int

Organisation für wirtschaftliche Zusammenarbeit und Entwicklung

Gründung: 30. September 1961
Sitz: Paris
Mitglieder: 38 Staaten, überwiegend aus Europa
Vorsitz: Generalsekretär Mathias Cormann (Australien), seit 2021
Haushalt: 386 Mio. € (2019)
Aufgaben: Forum zum Erfahrungsaustausch, Beitrag zu Wirtschaftsentwicklung und hohem Lebensstandard in den Mitgliedstaaten, Förderung des Welthandels
Internet: www.oecd.org

Welthandelsorganisation

Gründung: 1. Januar 1995
Sitz: Genf
Mitglieder: 164 Staaten
Vorsitz: Generaldirektorin Ngozi Okonjo-Iwela (Nigeria), seit 2021
Haushalt: 197 Mio. sfr (2020)
Aufgaben: Regelung der Handels- und Wirtschaftsbeziehungen zwischen den Mitgliedstaaten durch Koordinierung und Streitschlichtung
Internet: www.wto.org

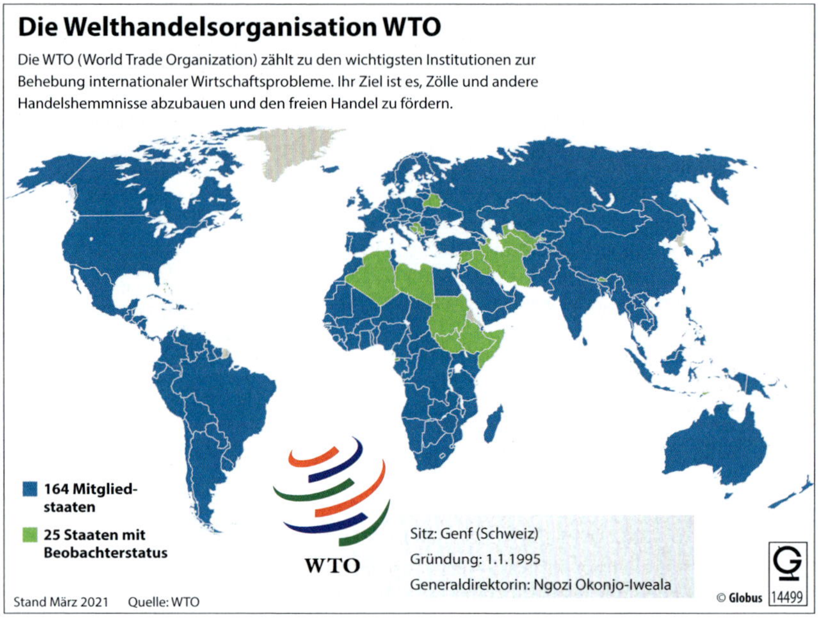

Die Welthandelsorganisation WTO
Die WTO (World Trade Organization) zählt zu den wichtigsten Institutionen zur Behebung internationaler Wirtschaftsprobleme. Ihr Ziel ist es, Zölle und andere Handelshemmnisse abzubauen und den freien Handel zu fördern.

RÜCKBLICK

Die Krise der seit Jahren schwächelnden und bedeutungsloser zu werden drohenden **Welthandelsorganisation (WTO)** konnte auch im Berichtszeitraum nicht entscheidend entschärft werden. Der **Streitschlichtungsmechanismus** wurde im November 2020 endgültig blockiert, da das zugehörige Berufungsgericht (sog. Appellate Body) über keine ernannten Richter mehr verfügt. Auch die im März 2021 ernannte **neue Generaldirektorin Ngozi Okonjo-Iweala** konnte hier keine entscheidende Wende herbeiführen. Sie ist auf die Initiative der Mitgliedstaaten angewiesen, unter denen jedoch vielfach die Haltung der USA geteilt wird, die eine weitreichende **Reform der WTO** fordern.

Nach einem coronabedingten Aussetzen der jährlichen Zusammenkunft der sieben wichtigsten Industrienationen USA, Kanada, Japan, Deutschland, Frankreich, Italien und Großbritannien (sog. **G7-Gipfel**), die 2020 nur per **Videoschalte** zusammenkamen, fand **im Juni 2021 im englischen Carbis Bay (Cornwall)** wieder ein physisches Treffen statt. Zeitweise nahmen auch Regierungsvertreter aus Australien, Südafrika, Südkorea und Indien an dem Treffen teil. Wichtigste Themen waren der Umgang mit der COVID-19-Pandemie, insbesondere der globalen Impfpolitik und der Wiederbelebung der globalen Wirtschaft, sowie der **globale Klima- und Artenschutz**. Konkret wurden unter anderem die Bereitstellung von rd. 2.3 Mrd. Impfdosen sowie massive Investitionen in Klimaprojekte in Entwicklungsländern verabredet und über das Verhältnis der Staaten zu China und Russland debattiert. Zudem wurden eine neue Digitalsteuer und eine höhere Besteuerung global agierender Unternehmen beschlossen.

Auch das **15. Treffen der 20 wichtigsten** Industrie- und Schwellenländer (G20) im November 2020 fand weitgehend als Videokonferenz und nur teilweise in der als Tagungsort vorgesehenen saudi-arabischen Hauptstadt Riad statt. Auch hier stand die **globale Wirtschafts- und Handelsentwicklung** unter dem Vorzeichen der **COVID-19-Pandemie** im Mittelpunkt. So wurde die Unterstützung bedürftiger Staaten unter anderem durch eine **Schuldenentlastung** verabredet. Zudem bekannten sich die Teilnehmer zur Umsetzung des Pariser Abkommens zum **Klimaschutz**. Das 16. G20-Treffen soll Ende Oktober 2021 unter Vorsitz von Italien in Rom stattfinden.

Auch 2020 stand die **Organisation erdölexportierender Staaten (OPEC)** aufgrund des zeitweilig stark gesunkenen Ölpreises unter massivem Druck. Die 2019 unter dem Namen OPEC+ begründete strategische Partnerschaft mit weiteren zehn Staaten verkomplizierte eine gemeinsame Antwort auf die **Ölpreiskrise**. Zwar sorgte die Erholung der Weltwirtschaft 2021 für einen kontinuierlichen **Anstieg des Ölpreises**, jedoch ist dieser weiterhin mit Unsicherheiten behaftet und die Einigung auf eine gemeinsame Strategie bezüglich der Ölfördermenge blieb auch bei den Treffen der OPEC+ im Frühjahr 2021 aus.

Der **Internationale Strafgerichtshof** wählte im Februar 2021 den Briten **Karim Khan zum neuen Chefankläger** als Nachfolger von Fatou Bensouda (Gambia). Unter seiner Führung muss das Gericht in Den Haag unter anderem entscheiden, ob es **Ermittlungen wegen Kriegsverbrechen in Afghanistan oder Palästina** einleitet und damit möglicherweise auch gegen US-Amerikaner oder Israelis ermittelt, deren Staaten das Gericht nicht anerkennen. Diskutiert wird aktuell zudem über die Aufnahme des **Straftatbestands „Ökozid"** für Verbrechen gegen die Umwelt in das Römische Statut, das die Zuständigkeiten und Rahmenbedingungen für den Internationalen Strafgerichtshof regelt.

In ihrem im Mai 2021 veröffentlichten aktuellen „Economic Outlook" sagt die **Organisation für wirtschaftliche Zusammenarbeit und Entwicklung (OECD)** der **Weltwirtschaft eine langsame Erholung** nach der COVID-19-Pandemie voraus. Allerdings würde sich die wirtschaftliche Situation in **einzelnen Staaten sehr unterschiedlich** erholen. Für die G20-Staaten wird vorhergesagt, dass das Bruttoinlandsprodukt pro Einwohner in manchen Staaten bereits 2020 (China, Türkei) oder 2021 (u. a. Deutschland) erreicht würde, in anderen Staaten dagegen erst 2024 (Südafrika, Saudi-Arabien), in Argentinien sogar erst 2026. Die OECD wies zudem in einer im Juni 2021 veröffentlichten Studie auf die **massiven psychischen Probleme** hin, die durch die Folgen der COVID-19-Pandemie

Der Ölpreis seit 1970

Preis für ein Barrel Opec-Rohöl (= 159 Liter) im Jahresdurchschnitt in US-Dollar

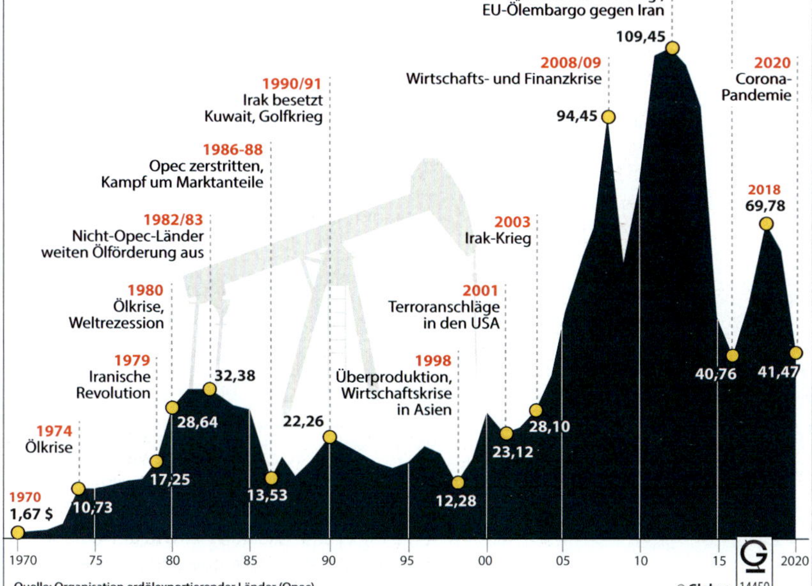

Quelle: Organisation erdölexportierender Länder (Opec)

ausgelöst worden seien. Gründe seien die Einschränkungen durch die getroffenen Schutzmaßnahmen sowie die Zunahme von Risikofaktoren wie Arbeitslosigkeit und Armut. Betroffen seien **insbesondere junge Menschen**. Die OECD forderte ihre Mitgliedstaaten auf, ihre Ausgaben im Gesundheitsbereich vor allem auf psychische Erkrankungen zu richten.
In den Fokus der Weltöffentlichkeit rückte die **Organisation für das Verbot chemischer Waffen (OPCW)** im Herbst 2020, als der russische Regierungskritiker **Alexej Nawalny** eine Vergiftung nur knapp überlebte. Die OPCW konnte nachweisen, dass Nawalny mit einem **chemischen Nervengift der Nowitschok-Gruppe** vergiftet wurde, das unter die Chemiewaffenkonvention falle.

Internationale Nichtregierungsorganisationen (INGOs)

Abkürzung	Name	Bereich	Jahr	Sitz
	350.org	Klimaschutz	2008	Oakland (USA)
AI	Amnesty International	Menschenrechte	1961	London (England)
MSF	Ärzte ohne Grenzen	Medizinische Versorgung	1971	Paris (Frankreich)
	Ashoka	Entwicklungszusammenarbeit	1987	Arlington County (USA)
BRAC	Bangladesch Rural Advancement Committee	Entwicklungszusammenarbeit	1972	Dhaka (Bangladesch)
	Barefoot College	Entwicklungszusammenarbeit	1972	Tilonia (Indien)
CESR	Center for Economic and Social Rights	Menschenrechte	1993	New York (USA)
	Climate Analytics	Klimaschutz	2008	Berlin (Deutschland)
CERES	Coalition for Environmentally Responsible Economies	Nachhaltigkeit	1989	Boston (USA)
CARE	Cooperative for Assistence and Relief Everywhere	Entwicklungszusammenarbeit	1945	Genf (Schweiz)
DRC	Danish Refugee Council	Flüchtlingshilfe	1956	Kopenhagen (Dänemark)
	FidesCo	Entwicklungszusammenarbeit	1981	Paris (Frankreich)
FIAN	FoodFirst Informations- und Aktions-Netzwerk	Ernährung	1986	Heidelberg (Deutschland)
FAN	Forest Action Network	Umweltschutz	1995	Nairobi (Kenia)
WwB	Frauen ohne Grenzen	Frauenrechte	2001	Wien (Österreich)
GI	Global Initiative Network	Menschenrechte	2013	Wien (Österreich)
	Greenpeace	Umweltschutz	1971	Amsterdam (Niederlande)
	Habitat for Humanity	Behausung	1976	Americus (USA)
	Heifer International	Armutsbekämpfung	1944	Little Rock (USA)
	HelpAge International	Entwicklungszusammenarbeit	1983	London (England)
HRF	Human Rights First	Menschenrechte	1978	New York/ Washington D. C. (USA)
HRW	Human Rights Watch	Menschenrechte	1978	New York (USA)
HI	Humanity & Inclusion (ehem. Handicap International)	Menschen mit Behinderung	1982	Lyon (Frankreich)
IJM	International Justice Mission	Menschenrechte	1994	Washington D. C. (USA)
IRC	International Rescue Committee	Flüchtlingshilfe	1933	New York (USA)
ICJ	Internationale Juristenkommission	Justiz	1952	Genf (Schweiz)
FIDH	Internationale Liga für Menschenrechte	Menschenrechte	1992	Paris (Frankreich)
	Internationale Rotkreuz- und Rothalbmond-Bewegung	Medizinische Versorgung, Katastrophenhilfe	1863	Genf (Schweiz)
IUCN	Internationale Union zur Bewahrung der Natur	Umweltschutz	1948	Gland (Schweiz)
ISHR	Internationaler Dienst für Menschenrechte	Menschenrechte	1984	Genf (Schweiz)/ New York (USA)
ITUC	Internationaler Gewerkschaftsbund	Arbeitnehmer	2006	Brüssel (Belgien)
IUFRO	Internationaler Verband Forstlicher Forschungsanstalten	Forstwirtschaft	1892	Wien (Österreich)
	Landesa	Landrechte, Frauenrechte	1967	Seattle (USA)
PETA	Menschen für die ethische Behandlung von Tieren	Tierschutz	1980	Norfolk (USA)
	Mercy Corps	Entwicklungszusammenarbeit	1981	Edinburgh (Schottland)
	OceanCare	Meeresschutz	1989	Wädenswil (Schweiz)
	Oikos International	Umweltbildung	1987	St. Gallen (Schweiz)
	One Acre Fund	Entwicklungszusammenarbeit	2006	Kakamega (Kenia)
	Opportunity International	Entwicklungszusammenarbeit	1979	Chicago (USA)
	Oxfam International	Entwicklungszusammenarbeit	1995	Oxford (England)

Abkürzung	Name	Bereich	Jahr	Sitz
PIH	Partners in Health	Medizinische Versorgung	1987	Boston (USA)
	Plan International	Kinderhilfe	1937	London (England)
RSF	Reporter ohne Grenzen	Journalismus	1985	Paris (Frankreich)
	Root Capital	Entwicklungszusammenarbeit	1999	Cambridge (USA)
	Save the Children	Kinderhilfe	1919	London (England)
	Sea Shephard Global	Meeresschutz	2013	Amsterdam (Niederlande)
TDH	Terre des hommes	Kinderhilfe	1960	Genf (Schweiz)
	Transparency International	Korruptionsbekämpfung	1993	Berlin (Deutschland)
Attac	Vereinigung zur Besteuerung von Finanztransaktionen im Interesse der Bürger*innen	Finanzpolitik	1998	Paris (Frankreich)
WIN	Water Integrity Network	Entwicklungszusammenarbeit	2006	Berlin (Deutschland)
OMCT	Weltorganisation gegen Folter	Menschenrechte	1985	Genf (Schweiz)
WEF	Weltwirtschaftsforum	Ökonomie, Globalisierung	1971	Cologny (Schweiz)
VCDNP	Wiener Zentrum für Abrüstung und Non-Proliferation	Abrüstung	2010	Monterey (USA)
WECF	Women Engage for a Common Future	Frauenrechte, Umweltschutz	1994	Utrecht (Niederlande)
	World Resources Institute	Umweltschutz	1982	Washington D. C. (USA)
	World Vision	Entwicklungszusammenarbeit	1950	Monrovia (USA)
WWF	World Wide Fund For Nature	Umweltschutz	1961	Gland (Schweiz)

Amnesty International

Gründung: 28. Mai 1961
Sitz: London
Mitglieder: Sektionen in 53 Staaten
Leitung: Internationale Generalsekretärin Agnès Callamard (Frankreich), seit 2021
Budget: 317 Mio. € (2019)
Handlungsbereiche: Überwachung und Einforderung von Menschenrechten weltweit
Internet: www.amnesty.org

Ärzte ohne Grenzen

Gründung: 22. Dezember 1971
Sitz: London
Mitglieder: 25 nationale und regionale Mitgliedsverbände (Sektionen)
Leitung: Internationaler Präsident Christos Christou (Griechenland), seit 2019
Budget: 1.68 Mrd. € (2020)
Handlungsbereiche: Medizinische Hilfe für Menschen in Not, öffentliche Aufmerksamkeit für Kriegs- und Krisengebiete und die in Not geratene Bevölkerung
Internet: www.msf.org

Greenpeace International

Gründung: 1971
Sitz: Amsterdam
Mitglieder: 27 nationale und regionale Organisationen
Leitung: Exekutivdirektorin Jennifer Morgan (USA), seit 2016
Budget: 90.2 Mio. (2019)
Handlungsbereiche: Kampagnen für Umwelt- und Naturschutz, Energiewende, bessere Tierhaltung, gegen Klimawandel, Nuklearenergie, Gentechnik, Überfischung und Verschmutzung der Meere, Zerstörung der Regenwälder
Internet: www.greenpeace.org

Oxfam International

Gründung: 1995
Sitz: Oxford
Mitglieder: 20 nationale Mitgliedsorganisationen
Leitung: Exekutivdirektorin Gabriela Bucher (Kolumbien), seit 2020
Budget: 1.02 Mio. € (2018/19)
Handlungsbereiche: Existenzsicherung in Entwicklungsländern, Zugang zu Bildung, gesundheitlichen Einrichtungen und Trinkwasser, Kampf gegen Geschlechterungerechtigkeit
Internet: www.oxfam.org

Reporter ohne Grenzen

Gründung: 1985
Sitz: Paris
Mitglieder: 7 nationale Sektionen
Leitung: Exekutivdirektor Christophe Deloire (Frankreich), seit 2012
Budget: 6.1 Mio. € (2020)
Handlungsbereiche: Dokumentation von Verstößen gegen die Presse- und Informationsfreiheit, Verbesserung des Schutzes von Journalisten, Unterstützung bei Verfolgung oder Bedrohung
Internet: www.rsf.org

Terre des hommes

Gründung: 1960
Sitz: Genf
Mitglieder: 8 nationale Mitgliedsorganisationen
Leitung: Vorsitzende Franziska Lauper (Schweiz)
Budget: 211.7 Mio. € (2019)
Handlungsbereiche: Verbesserung der Lebenssituation für Kinder weltweit (Zugang zu Bildung, Gesundheitssystem, Kampf gegen Unterernährung und Armut), Kampf gegen Kinderarbeit
Internet: www.terredeshommes.org

RÜCKBLICK

Im Mittelpunkt der weltweiten Tätigkeit des medizinischen Nothilfenetzwerks **Ärzte ohne Grenzen** standen 2020 die **Maßnahmen zur Eindämmung des Coronavirus** und zur Unterstützung der Staaten gegen die Folgen der Pandemie. Schwerpunkt war dabei die Stärkung der lokalen Gesundheitsversorgung und die Sicherstellung des Zugangs zu Impfstoffen insbesondere in aktuell jeweils **besonders betroffenen Gebieten**. Gleichzeitig liefen die Aktivitäten des Netzwerks in allen anderen Bereichen weiter, sei es im Kampf gegen alle weiteren weltweiten Krankheiten und Seuchen oder Hilfen bei Kriegen und Naturkatastrophen. Haupteinsatzgebiete waren dabei weiterhin die **Demokratische Republik Kongo (Ebola-Ausbruch)**, die Folgen der Naturkatastrophen in **Mosambik und Sudan** sowie die Situation der Geflüchteten in den Staaten rund um das **Mittelmeer** und in der **Tschadsee-Region**. Insgesamt war das Netzwerk in mehr als 70 Staaten weltweit im Einsatz.

Im Vorfeld des virtuellen Weltwirtschaftsforums legte die **Organisation Oxfam einen Report zur sozialen Ungleichheit** vor (deutscher Titel: „Das Ungleichheitsvirus"). Darin beschreibt Oxfam, wie die **COVID-19-Pandemie die Ungleichheit** zwischen Arm und Reich, zwischen den Geschlechtern und zwischen verschiedenen ethnischen Gruppen auf der ganzen Welt verschärfe. Oxfam fordert ein **gerechtes Wirtschaftssystem und diskriminierungsfreien Zugang** aller Menschen zu sozialen Grunddiensten.

Zum Treffen der G7-Staaten in Cornwall verwies Oxfam zudem auf eine **Studie des Swisse Re Institute zu den Auswirkungen des Klimawandels** und forderte die Staaten zu höheren Anstrengungen im Klimaschutz auf. Auf Basis der derzeitigen Zusagen sei ein Einbruch der Weltwirtschaft zu erwarten, der weit über den Verwerfungen der COVID-19-Pandemie liege.

Im März 2021 wurde die französische Menschenrechtsaktivistin und frühere UN-Sonderbotschafterin Agnès Callamard als Nachfolgerin von Julie Verhaar zur **neuen Generalsekretärin** der **weltgrößten Menschenrechtsorganisation Amnesty International** ernannt.

Nach einem Bericht von Amnesty International ging die **weltweite Zahl der Hinrichtungen und Todesurteile 2020** gegenüber dem Vorjahr zurück: so wurden 483 Hinrichtungen (-26 %) und 1477 Todesurteile (-36 %) registriert. Allerdings geben diese Zahlen nicht die tatsächlichen Fälle wieder, da China keine Angaben zu Hinrichtungen machte. Es wird davon ausgegangen, dass dort Tausende Hinrichtungen durchgeführt werden und das Land somit die **Liste der meisten Hinrichtungen** anführt. Dahinter folgen Iran, Ägypten, Irak und Saudi-Arabien. Insgesamt wurden Hinrich-

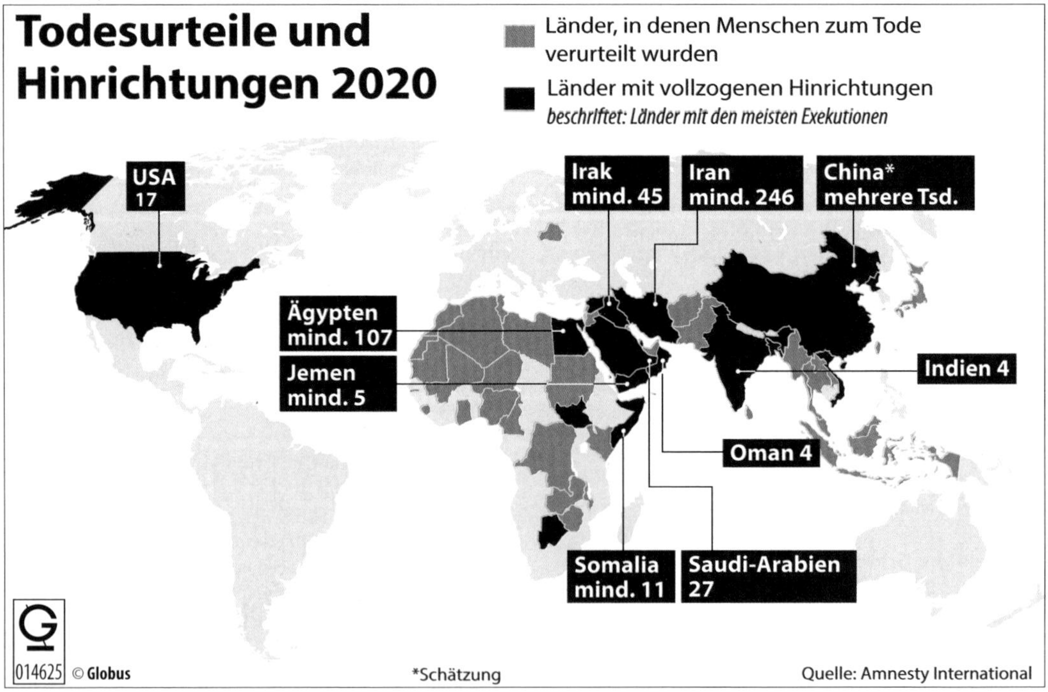

tungen in 18 Staaten dokumentiert. Dabei stieg die Zahl der Staaten, in denen die Todesstrafe gesetzlich abgeschafft ist, auf 108. In weiteren 36 Staaten gilt sie zwar de jure noch, wird de facto aber nicht mehr angewendet.

In seinem Jahresbericht beschäftigte sich Amnesty International vor allem mit den **Auswirkungen der COVID-19-Pandemie**. Demnach waren insbesondere Geflüchtete und Migranten einer erhöhten Gefahr ausgesetzt, teilweise wurde die Situation von einzelnen Regierungen durch die Räumung von Lagern zusätzlich verschärft. Auch **ethnische Minderheiten und indigene Bevölkerungsgruppen** waren von der Pandemie besonders betroffen, etwa wegen fehlenden Zugangs zum Gesundheitssystem. Amnesty rief dazu auf, die **Verteilung von Impfstoffen ohne Diskriminierungen** zu organisieren und armen Ländern Schulden zu erlassen, um die Folgen der Pandemie bewältigen zu können.

Bei der Beobachtung der weltweiten Situation der Menschenrechte richtete Amnesty besonderes Augenmerk auf die **Lage der Frauen und der LGBT-Gemeinschaft**, die in vielen Staaten Repression und Gewalt ausgesetzt seien. Dazu gehörte auch die **Gewalt von Sicherheitskräften gegen Demonstrierende**, etwa im Rahmen der weltweiten Black-Lives-Matter-Bewegung. Konkrete Fälle der **Unterdrückung von Minderheiten oder politisch Andersdenkenden** wurden unter anderem China (Uiguren und Hongkong), Belarus, Nicaragua oder Myanmar vorgeworfen. Außerdem prangerte Amnesty weiterhin die **Situation der Arbeitsmigranten in Katar** an und rief den Weltfußballverband FIFA auf, als Organisator der Weltmeisterschaft im Land für die Einhaltung ihrer Rechte zu sorgen.

Die Naturschutzorganisation **Greenpeace** organisierte im Zeichen der COVID-19-Pandemie einen breit angelegten **Hilfseinsatz für die indigenen Völker** im brasilianischen Amazonasgebiet. Es wurden per Flugzeug und Boot Tonnen von Schutzausrüstung und Hygieneartikeln verteilt sowie Krankenstationen aufgebaut.

Als größte Erfolge für das **Jahr 2020** führt Greenpeace unter anderem den von der Regierung von Kamerun zurückgezogenen Plan zur Freigabe großer Teile des Ebo-Waldes für den Holzeinschlag an. Der Wald gilt als besonders artenreich und ist unter anderem Lebensraum für zahlreiche Gorillas und Schimpansen. Zudem konnten Protestaktionen unter Beteiligung von Greenpeace erreichen, dass **Russland** eine Art von **Orcawalen** mit der Eintragung in das **Rote Buch der gefährdeten Arten** unter besonderen Schutz stellte. Dies war eine Folge des Skandals um ein Walgefängnis nahe Wladiwostock, wo Aktivisten 2019 für die Befreiung von fast 100 Orca- und Belugawalen gesorgt hatten.

Auch die im Mai 2021 durch den Europäischen Gerichtshof **gestoppte Erweiterung** des **Braunkohletagebaus Turow** im Dreiländereck Polen-Deutschland-Tschechien ist auf den gemeinsamen Kampf von Greenpeace und weiteren Umweltschutzverbänden zurückzuführen.

Im Juni 2021 verkündeten der Betreiber TC Energy Group und die Provinzregierung von Alberta die **Aufgabe des Projekts Keystone XL**, das den Bau einer neuen, fast 2000 Kilometer langen **Ölpipeline zwischen Kanada und den USA** vorsah. Gegen diesen Bau hatte Greenpeace seit Jahren gemeinsam mit den betroffenen indigenen Völkern gekämpft, entscheidende Unterstützung erhielten sie schließlich von der neuen US-Regierung, die die Genehmigung des Abschnitts in den USA zurückzog.

Aufsehen und Kritik erregte Greenpeace im Juni 2021 bei der **Fußball-Europameisterschaft**, bei der ein Aktivist kurz vor Spielbeginn zwischen Frankreich und Deutschland mit einem motorisierten Gleitschirm in der Münchner Allianz-Arena landete und zwei Zuschauer verletzte. Die Aktion war als Protest gegen den EM-Sponsor **Volkswagen** gerichtet.

Die deutsche Teilorganisation des **Kinderhilfswerks Terre des hommes** erzielte 2020 mit rd. 46 Mio. € das beste Ergebnis seiner Geschichte. Damit wurden 243 Partnerprojekte für notleidende Kinder finanziert, vor allem in Afrika, Südamerika und Indien.

Laut **Jahresbilanz der Pressefreiheit** von **Reporter ohne Grenzen** saßen zum Jahresende 2020 insgesamt mindestens 387 Journalisten und Medienvertreter weltweit in Haft. Damit hat sich die Gesamtzahl gegenüber dem Vorjahr kaum verändert. Mehr als die Hälfte der Fälle werden dabei allein fünf Staaten zugeordnet: China, Saudi-Arabien, Ägypten, Vietnam und Syrien. Hinzu kommt eine fast gleich hohe Zahl an Journalisten, die in Belarus nach der Präsidentschaftswahl im August 2020 zumindest kurzzeitig in Haft kamen. Zudem kamen 2019 **mindestens 50 Journalisten weltweit zu Tode**. Dabei waren Mexiko, Irak, Afghanistan, Indien und Pakistan die gefährlichsten Orte für Journalisten. Gleichzeitig starben Hunderte Journalisten mit oder am Coronavirus, mit dem sie sich teilweise auch aufgrund ihrer Tätigkeit vor Ort oder im Gefängnis angesteckt hatten.

Wirtschaft

Weltwirtschaft

Wirtschaftsentwicklung

Die globale Wirtschaftsentwicklung war 2020 in bisher unbekanntem Ausmaß von der Dynamik der COVID-19-Pandemie beeinflusst. Mit **einem beispiellosen Absturz der Weltjahreswirtschaftsleistung** um -3.3 % (2019: +2.8 %) registrierte der Internationale Währungsfonds (IWF) die schwerste Rezession seit Ende des Zweiten Weltkrieges. Noch nie seit Gründung des IWF 1945 brach die globale Wirtschaftsdynamik ähnlich stark in so kurzer Zeit in nahezu allen Weltregionen zugleich ein. Sowohl die globale Industrieproduktion als auch die globalen Dienstleistungsaktivitäten knickten infolge des globalen Lockdowns der Wirtschaftsaktivitäten im Frühjahr 2020 drastisch ein, erholten sich allerdings im Jahresverlauf wieder deutlich, wenn auch in regional sehr unterschiedlichem Maße. Wie bereits in der Finanz- und Wirtschaftskrise 2007/08 war die Wirtschaftsdynamik der Industriestaaten während der COVID-19-Pandemie erheblich stärker beeinträchtigt als diejenige der Schwellen- und Entwicklungsländer. Die Wirtschaftsleistung in den modernen, fortgeschrittenen Volkswirtschaften brach um -4.7 % ein, während die Wirtschaft der weniger entwickelten Staaten der Welt nur um -2.2 % schrumpfte. Insgesamt erwirtschafteten die Volkswirtschaften der Erde ein BIP in Höhe von rund 84.5 Bio. US$.

Verteilung des Welt-BIP auf ausgewählte Staaten und Regionen
in % vom Welt-BIP

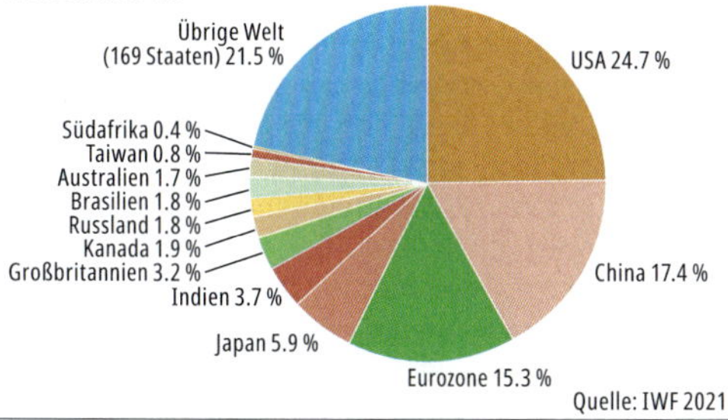

Quelle: IWF 2021

Insbesondere folgende **pandemiebedingten Angebots- sowie Nachfrageschocks** waren für die enormen wirtschaftlichen Verluste verantwortlich: **Produktionsausfälle sowie unterbrochene Absatzwege und Wertschöpfungsketten:** Infektionsgefahren in den Betrieben und zeitweilige Betriebsschließungen hatten 2020 Produktionsausfälle sowie Störungen in den globalen Wertschöpfungsketten in erheblichem Umfang zur Folge. Außerdem beeinträchtigten Erkrankungen und Tod von Beschäftigten sowie strenge Quarantänevorschriften für die Belegschaften die Wertschöpfung der Unternehmen. **Lockdown-bedingter sowie freiwilliger Konsumverzicht:** Umfangreiche Kontaktbeschränkungen, wochenlange Ausgangssperren, die zeitweiligen Schließungen im Handel und bei kontaktreichen Dienstleistungen sowie die allgemein vorherrschende Infektionsgefahr hatten einen Konsumverzicht bei den privaten Haushalten zur Folge. Insbesondere die Branchen Tourismus, Gastronomie, Veranstaltungswesen und der stationäre Einzelhandel litten unter massiven Umsatzverlusten. Ausweicheffekte wie der Umstieg auf Videokonferenzen, Online-Handel und Homeoffice konnten diese Verluste aufgrund ihrer geringeren Wertschöpfungsintensität bei Weitem nicht kompensieren. Allerdings ist zu erwarten, dass es sich bei diesen unterlassenen Konsumausgaben um zurückgestaute Kaufkraft handelt, die mit Aufhebung der Schließungen und Beschränkungen zu großen Teilen wieder freigesetzt werden wird. **Zusatzkosten:** Außerdem wurden die Volkswirtschaften durch erhebliche Zusatzkosten für Tests, Masken, Medikamente, Impfungen und Behandlungen im Gesundheitssektor belastet. **Bildungsverluste:** Teils monatelange Schulschließungen haben einen Verlust an Bildungsqualität zur Folge. Im globalen Durchschnitt entfielen 2020 nach Angaben des IWF über 50 Unterrichtstage. Diese, über längere Zeiträume nicht erworbenen Bildungs- und Lerninhalte mindern das zu erwartende Erwerbseinkommen einer ganzen Schülerinnen- und Schülergeneration und belasten damit die künftige globale Wertschöpfung.

Insgesamt sahen sich die Volkswirtschaften der Welt durch dieses von großer Unsicherheit geprägte Zusammenspiel der Faktoren 2020 **mit einer vielschichtigen ökonomischen Krise konfrontiert**, die neben eines Gesundheitsschocks auch schwerwiegende Störungen in der Binnenwirtschaft sowie einen Einbruch der Auslandsnachfrage umfasste.

Auch **die Wirtschaftsentwicklung Deutschlands** folgte dem negativen Sog der Weltwirtschaft. 2020 schrumpfte das deutsche BIP nach Angaben des Statistischen Bundesamtes um -5.3 % im Vergleich zum Vorjahr. Insgesamt wurden in Deutschland demnach Waren und Dienstleistungen in Höhe von 3.33 Bio. € (2019: 3.44 Bio. €) erwirtschaftet.

Die künftige Wirtschaftsentwicklung hängt im Wesentlichen **vom Wettlauf zwischen** den Übertragungsraten des Coronavirus mitsamt seinen Mutationen und dem globalen Immunisierungstempo der Weltbevölkerung mit Impfstoffen ab. Gelingt der Weltgemeinschaft eine rasche Impfung der Bevölkerung, erscheinen die Gefahren für die globale Wirtschaftstätigkeit wie zeitweilige Lockdowns sowie

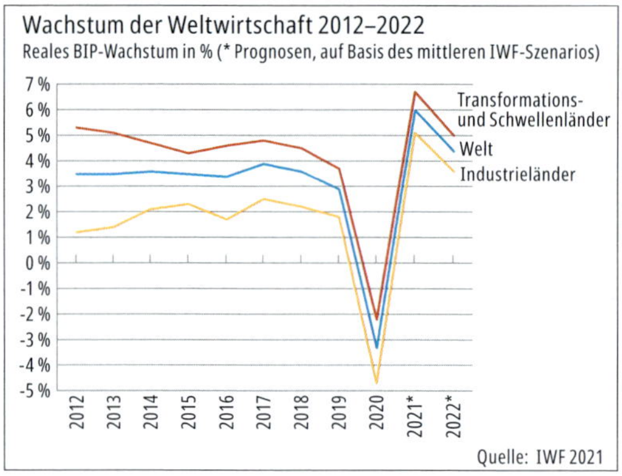

die umfangreichen Kontaktbeschränkungen und Ausgangssperren in Zukunft nur noch als gering wahrscheinlich. In diesem Szenario geht der IWF in seiner Frühjahrsprognose **von einem kräftigen Wachstum** der Weltwirtschaft 2021 um +6 % aus, darunter für die Industrieländer +5.1 %, für die Schwellen- und Entwicklungsländer +6.7 %. Im Falle eines deutlich langsameren Impftempos prognostiziert der IWF für 2021 eine Erholung um lediglich +4.5 %. *(Siehe: Verschärfung globaler Ungleichheiten durch die Corona-Pandemie, S. 534)*

Beschäftigung

Nach Schätzungen der Internationalen Arbeitsorganisation (ILO) waren 2020 von weltweit 3.4 Mrd. Erwerbspersonen (ab 15 Jahren) rund 220 Mio. arbeitslos. Weitere 168 Mio. Menschen fanden keine ausreichende Erwerbsarbeit und arbeiten daher nicht bzw. nur wenige Stunden pro Woche. Damit erhöhte sich 2020 die Zahl der Arbeitslosen mit einem Zuwachs von 33 Mio. Menschen sprunghaft; die **globale Arbeitslosenquote** kletterte auf 6.5 %.

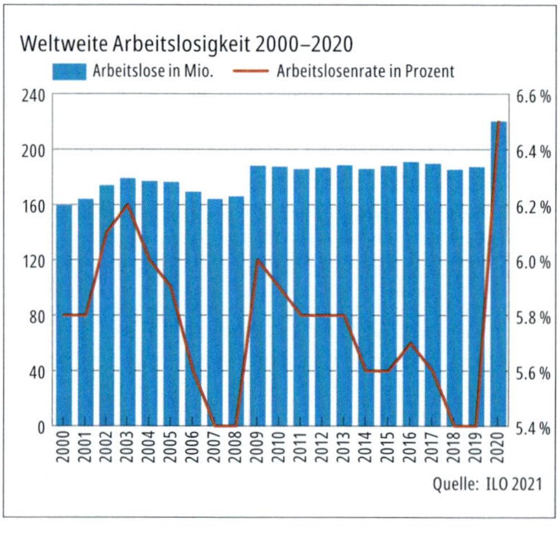

Nach Jahren stabilen Beschäftigungsaufbaus und einer global rückläufigen Arbeitslosenquote verursachte die Corona-Pandemie **erhebliche Verwerfungen auf den internationalen Arbeitsmärkten**: Nach Berechnungen der ILO gingen infolge des beispiellosen Wirtschaftseinbruchs 2020 global **etwa 255 Mio. Vollzeitarbeitsplätze verloren**. Dies entspricht etwa 9 % aller weltweit getätigten Arbeitsstunden. Davon entfiel die eine Hälfte auf den Arbeitsplatzabbau und die andere Hälfte auf Arbeitszeitverkürzungen in bestehenden Jobs. Von diesem Rückgang waren insbesondere Südamerika und die Karibik (15 %) sowie Südasien (31 %) betroffen. Die daraus entstandenen Einkommensverluste bezifferten sich auf etwa 3.7 Bio. US$ (4.4 % des Welt-BIP). Die Beschäftigungsentwicklung wiederum war **in hohem Maße branchenabhängig**. Während in vorangegangenen Wirtschaftseinbrüchen Industrie und Baugewerbe Produktionsausfälle und Jobverluste beklagten, verursachte die Corona-Pandemie insbesondere im Dienstleistungssektor erhebliche Beschäftigungsrückgänge bzw. Arbeitszeitreduzierungen. Während kontaktreiche Dienstleistungen wie der Groß- und Einzelhandel, Transport, Beherbergung und Gastronomie (-4 %) sowie die Sektoren Kunst und Unterhaltung (-3.5 %) teils massive Jobverluste verzeichneten, konnten die eher kontaktarmen Branchen IT (+1.7 %) sowie Finanz- und Versicherungswesen (+1 %) sogar Beschäftigungsgewinne registrieren. Zugleich handelte es sich bei einigen kontaktreichen Branchen um zukünftig automatisierungsanfällige Tätigkeiten, womit hierin weitere Beschäftigungsverluste zu erwarten sind. Auch die Industrie verzeichnete Arbeitsplatzverluste (-1.8 %), wenn auch in weitaus geringerem Maße als in früheren Rezessionen. Zudem hat die globale Beschäftigungsentwicklung unter Pandemiebedingungen **die demografischen Gruppen ganz unterschiedlich getroffen**: Insbesondere weibliche, jüngere und schlecht ausgebildete Arbeitskräfte verloren ihre Jobs bzw. taten sich schwer, 2020 einen neuen Arbeitsplatz zu finden. So stieg die Jugendarbeitslosigkeit sowohl in den Industriestaaten als auch in den Schwellen- und Entwicklungsländern erheblich schneller als die jeweilige Gesamtarbeitslosigkeit an. Zudem war bei den Industriestaaten zu beobachten, dass die Arbeitslosigkeit unter gering qualifizierten Menschen mit +1.2 % um das Doppelte als unter höher qualifizierten Personen (+0.6 %) zunahm. Zugleich sind die meisten Stellen und Inhaber bei kontaktreichen, personenbezogenen Geschäftstätigkeiten wie Friseurläden, Gastronomie und Wellness von Frauen besetzt, die somit unter den zeitweiligen Betriebsschließungen besonders litten.
Regional betrachtet lief die Beschäftigungsentwicklung während der Corona-Rezession wie folgt ab: In

den **Industriestaaten** kletterte die Arbeitslosigkeit im Vergleich zum Vorjahr um 12 Mio. Personen auf 6.8 % in 2020 (2019: 6 %). Parallel dazu sank die Erwerbsbeteiligung innerhalb eines Jahres um -0.4 % auf knapp 77 %, einen der tiefsten Werte überhaupt. Viele Erwerbspersonen in den Industriestaaten scheinen demnach die Hoffnung auf einen Jobeinstieg während der Corona-Rezession aufgegeben zu haben. **Die höchsten Zuwachsraten bei der Arbeitslosigkeit** unter den Industriestaaten verzeichneten mit den USA (+4.4 %), Kanada (+3.9 %) und Island (+3.6 %) drei Länder mit vergleichsweise schwach regulierten Arbeitsmärkten.

In den **Schwellen- und Entwicklungsländern** war der Anstieg der Arbeitslosigkeit mit +1.3 % stärker ausgeprägt. Zudem sank in dieser Staatengruppe die Erwerbsbeteiligung mit -3 % besonders kräftig. Die höchsten Zuwachsraten bei der Arbeitslosigkeit unter den Entwicklungs- und Schwellenländern verzeichneten v. a. stark vom internationalen Tourismus abhängige Volkswirtschaften, darunter Bahamas (+16 %), Belize (+14 %), Panama (+11 %) und Fidschi (+9 %).

Weltweit bestehen **auf den Arbeitsmärkten jedoch erhebliche räumliche Unterschiede**. Nach Angaben der ILO wiesen 2020 die Regionen Nordafrika und Naher Osten (10.2 %) sowie Südamerika und die Karibik (8.1 %) die höchsten durchschnittlichen Arbeitslosenquoten auf. Die niedrigsten Werte erreichten Südost- (5.1 %) und Ostasien (3.8 %).

Der **europäische Arbeitsmarkt** verschlechterte sich angesichts der schweren Rezession im Jahresverlauf 2020. Nach Angaben von Eurostat lag die Arbeitslosenquote im Dezember 2020 in der EU bei 7.2 % (2019: 6.5 %) und in der Eurozone bei 8.0 % (2019: 7.3 %). Dieser Trend setzte sich mit einer weiteren leichten Erhöhung der Arbeitslosigkeit im ersten Quartal 2021 auf 7.4 % fort, sodass die regelmäßige Frühjahrsbelebung auf dem europäischen Arbeitsmarkt bis dato ausfiel. Eine erfreuliche Entwicklung war bei der **Langzeitarbeitslosenquote** zu beobachten. Trotz des schwierigen gesamtwirtschaftlichen Umfeldes in Europa verringerte sich der Anteil der Langzeitarbeitslosen an allen Arbeitslosen auf 35.4 % (2019: 41.4 %). Dennoch war damit in vielen EU-Staaten fast jede/r dritte Arbeitslose seit mindestens einem Jahr auf Stellensuche. Mit steigender Dauer der Erwerbslosigkeit sinken die Chancen auf eine Neubeschäftigung. Dies gilt umso mehr, wenn keine Umschulungs- oder Weiterbildungsmaßnahmen genutzt werden.

Die **Unterschiede zwischen den EU-Staaten** sind allerdings weiterhin enorm. Während im April 2021 in Polen (3.1 %), in den Niederlanden (3.4 %) und in Tschechien (3.4 %) recht niedrige Arbeitslosenquoten gemessen wurden, standen dem mit Griechenland (15.8 %), Spanien (15.4 %) und Italien (10.7 %) recht hohe Arbeitslosenquoten gegenüber. Auf regionaler Ebene herrschte 2020 in einigen EU-Regionen wie Prag (2.3 %), Oberbayern (2.7 %) und Tirol (3 %) trotz Rezession Vollbeschäftigung. Gleichzeitig war in manchen Regionen Spaniens und Griechenlands (Kanarische Inseln (22.6 %), Andalusien (22.3 %), Westgriechenland (21.6 %)) weiterhin rund jede fünfte Erwerbsperson arbeitslos.

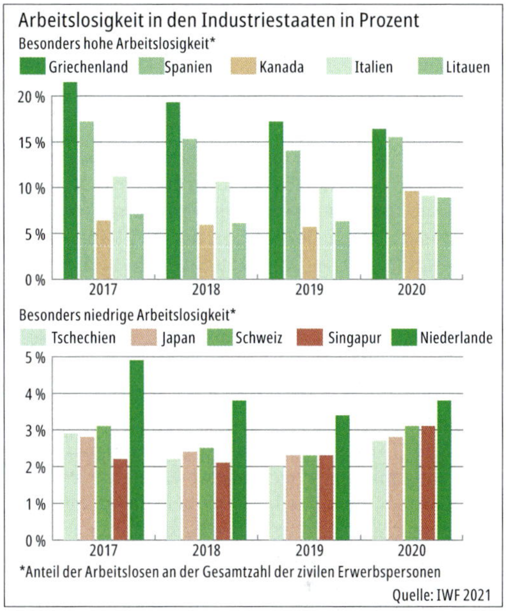

Auch der **deutsche Arbeitsmarkt** wurde von der Corona-Pandemie stark getroffen. Nach Angaben der Bundesagentur für Arbeit erreichte die Zahl der **kurzarbeitenden Personen** mit knapp 6 Mio. im April 2020 einen neuen Rekordwert. Im Jahresverlauf flachte die Kurzarbeit konjunkturbedingt ab, ehe sie zu Beginn des Jahres 2021 erneut kräftig anstieg (Januar 2021: 2.9 Mio. kurzarbeitende Personen). Besonders betroffen waren die Branchen Einzelhandel und Handel/Instandhaltung von Kfz sowie die Gastronomie. Außerdem verloren binnen eines Jahres **rund 493 000 Menschen** durch die Corona-Rezession ihren Arbeitsplatz, wodurch die Anzahl arbeitsloser Personen auf dem deutschen Arbeitsmarkt um ca. 21 % im Vergleich zum Vorjahr anstieg.

Die Arbeitslosenquote lag im Mai 2021 bei 5.9 % (Mai 2020: 6.1 %). Die sozialversicherungspflichtige Beschäftigung brach 2020 um über 500 000 Jobs vorwiegend in der Gastronomie und im Übernachtungsgewerbe ein. Die Zahl der Mini-Jobs reduzierte sich ebenfalls um etwa 500 000. Nichtsdestotrotz klagen die Unternehmen insbesondere auch in Deutschland über einen **Mangel an Fachkräften und unbesetzte Lehrstellen**. Nach Angaben des Instituts für Arbeitsmarkt- und Berufsforschung (IAB) galten im vierten Quartal 2020 über 1.1 Mio. Stellen als unbesetzt.

Welthandel

Auch die Entwicklung des Welthandels stand ganz im Zeichen der globalen Corona-Rezession. Insgesamt **brach der Wert der internationalen Handelsströme** 2020 nach Angaben der Welthandelsorganisation (WTO) um -8.5 % **ein**. Im Vergleich zur Finanz- und Wirtschaftskrise 2009 (-10.5 %) war der Rückgang damit aber nicht ganz so stark ausgeprägt. In einem optimistischen Szenario geht die WTO davon aus, dass im Zuge der globalen Konjunkturerholung auch der Welthandel 2021 seine Verluste aus dem Vorjahr überwiegend wettmachen kann (2021: +8.4 %). Neben dem globalen, pandemiebedingten Nachfrageschock führten auch Wetterkapriolen, Engpässe bei Transportkapazitäten im Schiffs- wie Flugverkehr sowie lockdownbedingte Betriebsstilllegungen zu Störungen in der globalen Handelsdynamik. Besonders betroffen sind davon gegenwärtig die Halbleiter- und Chipindustrie sowie die Holzwirtschaft.

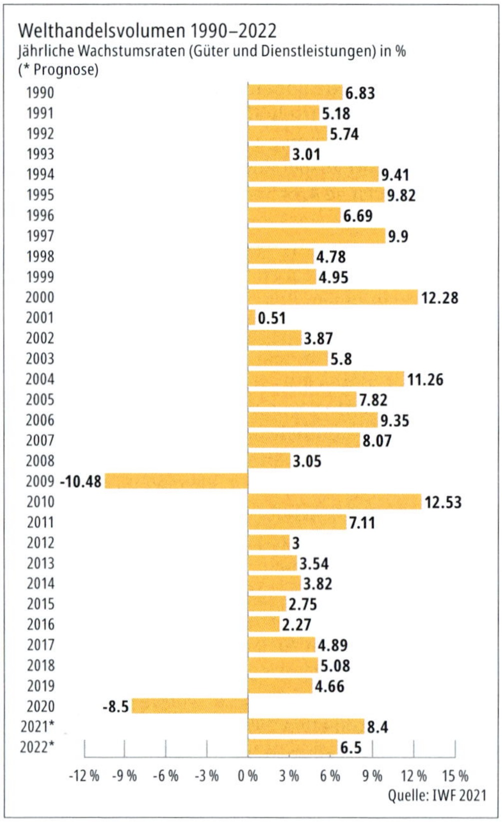

Mit Ausnahme Asiens waren 2020 alle Weltregionen gleichermaßen von erheblichen Rückgängen des Handelsvolumens betroffen. Während die Exporte aus Nordamerika (-8.5 %), Afrika (-8.1 %) und Europa (-8 %) stark sanken, verzeichnete Asien sogar ein leichtes Wachstum um +1.3 %. Beim Importgeschehen ergab sich eine ähnliche Verteilung.

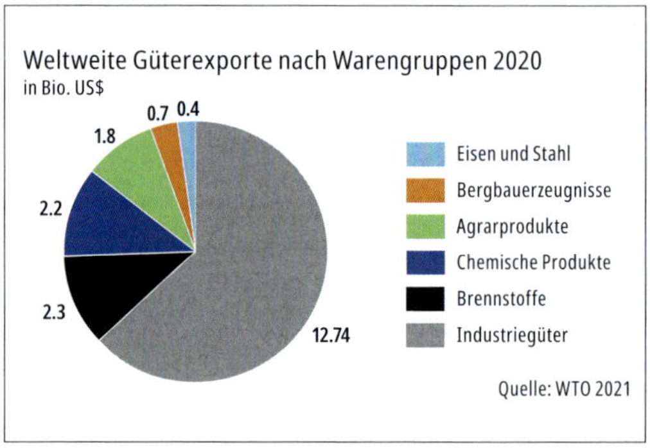

Der Wert der **weltweiten Güterexporte** ist 2020 um -5 % gesunken und belief sich auf 17.6 Bio. US$. Der Wert der globalen Güterimporte war ebenfalls rückläufig und betrug 17.8 Bio. US$ (-5.6 %). Die bedeutendsten Welthandelsströme verliefen zwischen Europa, Nordamerika und Asien (der sog. Triade), wobei der Anteil Asiens über die vergangenen Jahre beim Handelsvolumen deutlich dazugewonnen hat. Demgegenüber spielten die Außenbeziehungen der Triade, wie z. B. der Handel zwischen Nordamerika und Mittel- und Südamerika, nur eine untergeordnete Rolle. An der Spitze der **weltwelt größten Güterexporteure** nach Staatengruppen gab es einen Wechsel. **Erstmals** seit Erhebung der Daten **übernahm Asien** mit 38 % die Rolle des weltgrößten Exporteurs, gefolgt von Europa (37 %) und Nordamerika (13 %). Die westlichen Industriestaaten (inkl. Japan) vereinten Exporte im Wert von 7.5 Bio. US$ (42.6 % der weltweiten Ausfuhren) auf sich. Hierunter waren die EU-Staaten 2020 mit einem Exportwert von 3.3 Bio. US$ der größte Exporteur. Deutlich zurück gingen 2020 die Exporte der Staaten des Nahen Ostens (772 Mrd. US$; Anteil am Welthandel: 4.4 %) und der afrikanischen Staaten (375 Mrd. US$; 2.1 %). Insbesondere die erdölexportierenden Länder litten wie bereits im Vorjahr unter dem drastisch gefallenen Weltmarktpreis für Rohöl (-33.3 %). Während die G20-Staaten mit einem Exportwert von 13.6 Bio. US$ 77 % der weltweiten Ausfuhren auf sich vereinten, nahmen die ärmsten und am wenigsten entwickelten Staaten (Least Developed Countries/LDC) mit einem Exportwert von lediglich 172 Mrd. US$ (0.9 %) kaum am Welthandel teil.

Importe der führenden Welthandelsstaaten:

Rang	Staat	Mrd. US$	Weltanteil in %
1	USA	2407	13.5
2	VR China	2055	11.5
3	Deutschland	1170	6.6
4	Großbritannien	635	3.6
5	Japan	634	3.6
6	Frankreich	582	3.3
7	Niederlande	596	3.3
8	Hongkong	569	3.2
9	Südkorea	467	2.6
10	Indien	371	2.1
11	Italien	422	2.4
12	Mexiko	393	2.2
13	Kanada	413	2.3
14	Belgien	394	2.2
15	Singapur	329	1.8

Exporte der führenden Welthandelsstaaten:

Rang	Staat	Mrd. US$	Weltanteil in %
1	VR China	2591	14.7
2	USA	1431	8.1
3	Deutschland	1380	7.8
4	Niederlande	674	3.8
5	Japan	641	3.6
6	Hongkong	548	3.1
7	Südkorea	512	2.9
8	Italien	496	2.8
9	Frankreich	488	2.8
10	Belgien	419	2.4
11	Mexiko	417	2.4
12	Großbritannien	403	2.3
13	Kanada	390	2.2
14	Singapur	362	2.1
15	Russland	331	1.9

Quelle: WTO 2021

Die **globalen Dienstleistungsexporte** in Höhe von 5 Bio. US$ brachen infolge der weltweit erheblich eingeschränkten Reise- und Transporttätigkeit massiv ein. Im Jahresverlauf 2020 summierten sich die Verluste insgesamt auf etwa 1.22 Bio. US$ im Vergleich zum Vorjahr (-20 %). Besonders **dramatisch knickten globale Reisedienstleistungen** ein. Ihre Wertschöpfung schrumpfte 2020 um -63 % auf nur noch 532 Mrd. US$ (2019: 1.45 Bio. US$). Aber auch globale Transportdienstleistungen für Waren gaben unter dem Einfluss des schrumpfenden Welthandelsvolumen deutlich nach (-19 %).

Auch die **globalen Warenimporte** gingen 2020 im Vergleich zum Vorjahr mit -7.6 % deutlich zurück und beliefen sich auf 17.8 Bio. US$. Dabei waren alle Weltregionen von rückläufigen Zahlen betroffen. Besonders Afrika verzeichnete mit -20 % einen massiven Einbruch, gefolgt von Nordamerika (-12.5 %), Südamerika (-10 %), Europa (-6 %) und Asien (-1.3 %). Wie bei den globalen Exporten übernahm Asien mit einem Anteil von 37.5 % auch bei den Importen die Spitzenposition von Europa (36.5 %). Nordamerika folgt mit 13.5 % an dritter Stelle.

Die führenden Welthandelsländer waren mit mittlerweile deutlichem Vorsprung China (4.6 Bio. US$), die USA (3.8 Bio. US$) und Deutschland (2.5 Bio. US$). Zwar dominieren auf den obersten Rängen der weltweit größten Handelsnationen mehrheitlich noch die westlichen Industriestaaten, aber einige Schwellen- und Entwicklungsländer wie Indien und Mexiko holen seit einiger Zeit deutlich auf. Zusätzliche Belastung in 2020 erfuhr der Welthandel durch **die anhaltend protektionistische Handelspolitik** zwischen den großen Handelsmächten USA und China. Auch unter dem neuen US-Präsidenten Biden scheint eine Lösung des Konflikts unwahrscheinlich. Zum einen beabsichtigt die neue US-Regierung mit dem Wirtschaftsprogramm „Buy American", bei öffentlichen Infrastrukturprojekten heimische Produzenten ihren ausländischen Rivalen zu bevorzugen, zum anderen behielt die neu gewählte Regierung Strafzölle und Wirtschaftssanktionen auf ausgewählte chinesische Produkte bei. Außerdem erweiterte US-Präsident Biden die Liste chinesischer Unternehmen mit Verbindungen zum Militär oder mit Beteiligung an der Unterdrückung von Minderheiten auf 59 Firmen, in die es US-Firmen untersagt ist, zu investieren.

Unterdessen schritt in anderen Regionen der wirtschaftliche Integrationsprozess weiter fort. Mit dem „Regional Comprehensive Economic Partnership" (RCEP) entstand am 15.11.2020 **die größte Freihandelszone der Welt**. Darin verabredeten die zehn ASEAN-Mitglieder zusammen mit China, Japan, Südkorea, Australien und Neuseeland eine Handelszone, die den Abbau von Zöllen und weiteren Handelshemmnissen sowie verstärkte ausländische Direktinvestitionen in die RCEP-Mitgliedsstaaten untereinander zum Ziel hat. Zum Zeitpunkt des Vertragsabschlusses lebten im neuen Handelsbündnis rd. 2.2 Mrd. Menschen, die knapp 30 % des globalen Handelsvolumen und etwa 31 % des Welt-BIP erwirtschaften.

Die langjährige Rekordjagd **des deutschen Außenhandels** kam 2020 pandemiebedingt zu ihrem Ende. Nach Angaben des Statistischen Bundesamtes exportierte Deutschland Güter und Dienstleistungen im Wert von 1.2 Bio. € (-9 % im Vergleich zum Vorjahr) und importierte Waren in Höhe von 1 Bio € (-7 %). Trotz der negativen Entwicklung realisierte Deutschland auch in 2020 einen Handelsbilanzüberschuss in Höhe von rd. 179 Mrd. €.

Innovations- und Gründungsgeschehen

Innovationen sind ein zentraler Treiber technologischen und organisatorischen Wandels von Gesellschaften. Erst mit dem Aufkommen neuer Technologien oder besserer Produkte beginnt wirtschaftliche Dynamik. Ein häufig genutzter Indikator für das Innovationsgeschehen von Staaten, Regionen und Unternehmen ist die Anzahl der **Patentanmeldungen**. Nach Angaben der Weltorganisation für geistiges Eigentum (WIPO) wurde 2020 mit 275 900 ein neuer Rekordstand an weltweiten Patentanmeldungen registriert (+3.7 %). Mit 72 349 Anmeldungen baute China seinen Vorsprung gegenüber den USA (56 114) als weltgrößter Patentanmelder weiter aus. Es folgen Japan (49 537), die EU (39 052) und Südkorea (19 766). Mit einen Anteil von rund 77 % entstammt der größte Teil der Patentanmeldungen den Industriestaaten. Etwa 22.5 % entfallen auf Staaten mit mittlerem Einkommen, lediglich 0.5 % auf die Niedrigeinkommensländer. **Unter den Technologiefeldern** machte die Computertechnologie (9.2 % aller Anmeldungen) den größten Anteil aus, gefolgt von digitaler Kommunikation (8.3 %), elektrischen Maschinen sowie Medizintechnik (beide 6 %) und Messtechnik (4.8 %). Die Technologiekonzerne Huawei (CHN), Samsung (KOR) und Mitsubishi (JPN) gelten auf Unternehmensebene als weltgrößte Patentanmelder.
In **Europa** wurde beim Europäischen Patentamt (EPA) mit -0.7 % 2020 ein leichter Rückgang an Patentanmeldungen bei insgesamt 180 250 Neueintragungen registriert (2019: 181 406). Die aktivsten Ursprungsländer waren 2020 die USA, auf die knapp 25 % aller Anmeldungen entfielen, gefolgt von Deutschland (14 %), Japan (12 %), China (7 %) und Frankreich (6 %). Während die Niederlande (-8.2 %), Großbritannien (-6.8 %) und die USA (-4.1 %) stark rückläufige Patentanmeldungen beim EPA verzeichneten, registrierten China (+9.9 %), Südkorea (+9.2 %) und Frankreich (+3.1 %) hingegen deutliche Zuwachsraten. Bei Betrachtung der Patentanmeldungen in Europa im Verhältnis zur jeweiligen Einwohnerzahl ergibt sich ein anderes Bild: Hier belegt die Schweiz die Spitzenposition, gefolgt von Schweden und Dänemark. Die USA liegen dann nur noch auf Rang 14, Deutschland auf Platz 6 und Japan auf Rang 12.

Top-10 der Patentanmeldungen in Europa

Rang	Staat	2020	2019	Veränderung
1	USA	44 293	46 177	-4.1 %
2	Deutschland	25 954	26 762	-3.0 %
3	Japan	21 841	22 086	-1.1 %
4	VR China	13 432	12 227	+9.9 %
5	Frankreich	10 554	10 233	+3.1 %
6	Südkorea	9106	8339	+9.2 %
7	Schweiz	8112	8266	-1.9 %
8	Niederlande	6375	6942	-8.2 %
9	Großbritannien	5715	6129	-6.8 %
10	Italien	4600	4469	+2.9 %

Quelle: Europäisches Patentamt 2021

Europäische Unternehmen und Erfinder weisen damit weiterhin den größten Anteil an den Patentanmeldungen in Europa auf, auch wenn der Anteil seit 2009 von 51 % auf 46 % im Jahr 2020 gefallen ist.
Zu **den anmeldestärksten Technologiefeldern** zählten im Jahr der Corona-Pandemie erstmals die Medizintechnik mit 14 295 Patentanmeldungen (+2.6 %), gefolgt von Digitaler Kommunikation (14 122; +1 %) und der Computertechnik (13 097; +1.9 %). Dies unterstreicht die herausragende Bedeutung dieser Technologiebereiche in der digitalen Transformation der Weltgesellschaft, die alle Wirtschaftssektoren durchdringt. Die höchsten Zuwachsraten an Patentanmeldungen verzeichneten hingegen Arzneimittel (8589; +10.2 %) und Biotechnologie (7246; +6.3 %), beides Technologiefelder, die zur medizinischen Bekämpfung des Coronavirus durch Pharmazeutika und Impfstoffe den entscheidenden Beitrag leisten.
Auch 2020 spiegelt **das Unternehmensranking** die stetig steigende Bedeutung digitaler Technologien wider: der koreanische Elektronikkonzern Samsung übernahm mit 3276 Patentanmeldungen in Europa die Führungsposition, gefolgt vom letztjährigen Primus Huawei (3113; China) und LG (2909), einem weiteren Elektronikkonzern aus Südkorea.

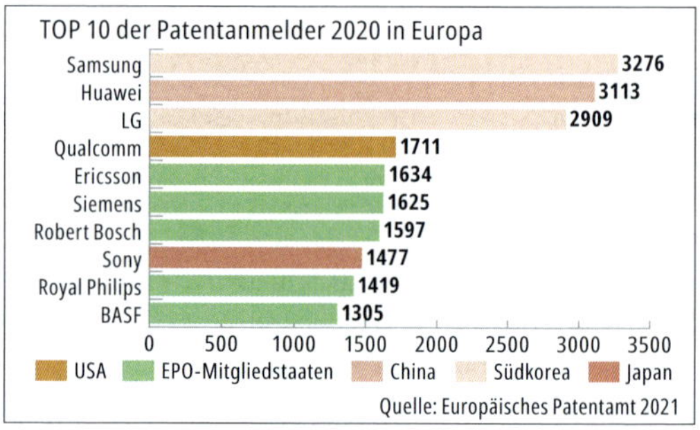

Mit Siemens, Robert Bosch und BASF befanden sich 2020 erstmals auch wieder drei deutsche Industriekonzerne unter den europäischen TOP-10.
Unternehmensgründungen führen Innovationen in den gewerblichen Handel ein und sorgen für ihre Verbreitung in Märkten. Ein wichtiger Indikator zur Erfassung der Gründungsaktivität ist **die Gründungsquote**. Sie erfasst alle werdenden und jungen

Gründer im Alter von 18–64 Jahren im Verhältnis zur Gesamtheit der 18–64-Jährigen eines Landes. Der Blick auf das globale Gründungsgeschehen zeigt ein differenziertes Bild: Nach Angaben des Global Entrepreneurship Monitors (GEM) messen insbesondere die Staaten Süd- und Mittelamerikas wie Chile mit 36.7 %, Ecuador (36.2 %), Guatemala (25 %) sowie Brasilien (23 %) die höchsten Gründungsquoten weltweit. Die Gründungsneigung ist dabei stark abhängig vom wirtschaftlichen Entwicklungsstand des jeweiligen Landes. Im Durchschnitt sind in den beobachteten Niedrigeinkommensländern sowie in den Ländern mit mittlerem Einkommen die Gründungsquoten merklich höher als in den Industriestaaten. Die Gründungsquote **Deutschlands** beträgt 7.6 % und erreicht unter 33 Ländern mit hohem Einkommen damit lediglich Rang 28.

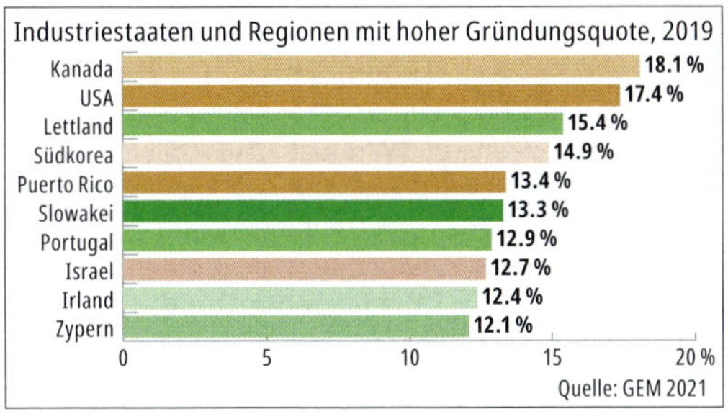

Der Anteil **etablierter Gründer** (Unternehmen älter als 3.5 Jahre) an allen 18–64-Jährigen eines Landes variiert ebenfalls zwischen den Weltregionen: Die Spitzenposition hält Madagaskar mit 20 %, gefolgt von Brasilien (16 %) und Ecuador (14 %). In Europa erzielen Griechenland (14 %) und Lettland (13 %) die höchsten Quoten. Der Anteil etablierter Gründer **in Deutschland** liegt bei 5 %.

Regionale Entwicklungen

Industriestaaten

Nach Angaben der Weltbank zählen zu den Industriestaaten („high income economies") alle Staaten mit einem Pro-Kopf-Einkommen im Jahr 2020 von über 12 536 US$. Ohne Berücksichtigung von Offshore-Steueroasen gelten demnach 39 Nationen als Industriestaaten. Nach Daten des Internationalen Währungsfonds (IWF) erstellen sie knapp 66 % der globalen Wertschöpfung und handeln 63 % der globalen Exportgüter, zählen allerdings lediglich 14 % der weltweiten Bevölkerung. Aus dieser Staatengruppe schlossen sich die sieben größten Wirtschaftsnationen („major advanced economies", 45 % des Welt-BIP, 33 % des Welthandels, 10 % der Weltbevölkerung) zur informellen Gruppe der G7 zusammen, um in Fragen zur internationalen Wirtschafts-, Handels- und Finanzpolitik gemeinsame Leitlinien zu entwickeln und umzusetzen. Hierzu zählen die USA, Japan, Deutschland, Frankreich, Großbritannien, Italien und Kanada.
Nach Angaben des IWF wurde 2020 **die Wirtschaftsentwicklung** der Industriestaaten infolge der Corona-Pandemie **schwer erschüttert**. Insgesamt brach die Jahreswirtschaftsleistung um -4.7 % ein. **Hauptursache** dieser schweren Rezession war **der nahezu weltweit geltende Lockdown** im ersten und zweiten Quartal 2020. Nicht alle wichtigen Wirtschaftsindikatoren der Industriestaaten konnten sich von dieser Stilllegung der globalen Wirtschaftsaktivität im Jahresverlauf wieder erholen. Den stärksten Rückgang verzeichnete der von den Schließungen und Kontaktbeschränkungen besonders betroffene, private Konsum (-6 %). Aber auch die Unternehmen schränkten ihre Investitionstätigkeit angesichts sich eintrübender Erwartungen deutlich ein (-3.7 %). Der Außenhandel (-0.1 %) konnte die Rezession ebenfalls kaum abmildern. Einzig der öffentliche Sektor lieferte angesichts staatlicher Wirtschaftshilfen im Umfang vieler Milliarden US$ Wachstumsimpulse (+1.2 %) *(Siehe: Verschärfung globaler Ungleichheiten durch die Corona-Pandemie, S. 534).*
Alle drei großen Währungsräume der Industriestaaten (US-Dollar, Euro und Yen) registrierten nach vielen Jahren des wirtschaftlichen Aufschwungs eine Rezession, jedoch in unterschiedlicher Intensität: Der stärkste Einbruch der Wirtschaftsaktivität wurde mit -6.6 % in der Eurozone beobachtet. Japan (-4.8 %) und die USA (-3.5 %) wurden von der Rezession weit weniger schwerwiegend getroffen.
Mit dieser Rezession wurden die Wachstumsgewinne der letzten Jahre weitgehend vernichtet. Insgesamt **summierten sich die wirtschaftlichen Wertschöpfungsverluste** der drei Währungsräume

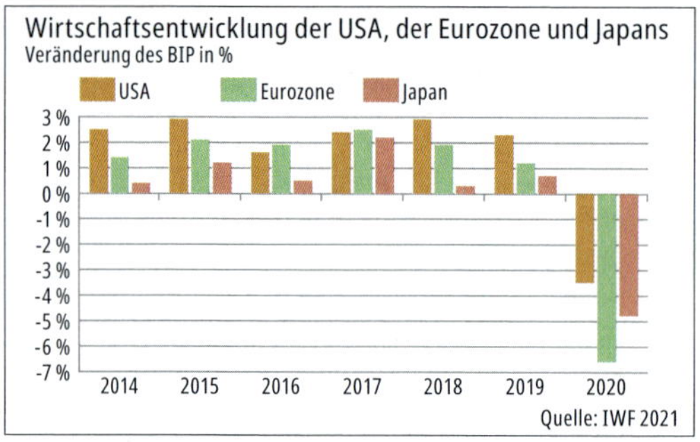

auf über 1.2 Bio. US$. Die gesamtwirtschaftliche Wertschöpfung wurde damit 2020 um drei Jahre zurückgeworfen und erreichte nur noch das Niveau von 2017. Mit Blick auf einzelne Indikatoren war die Wirtschaftsentwicklung der Industriestaaten wie folgt gekennzeichnet:

Konjunktur: Mit Ausnahme Taiwans verzeichneten 2020 alle Industriestaaten eine Schrumpfung der Wirtschaftleistung. Während Taiwan mit +3.1 % einen der höchsten BIP-Zuwächse weltweit realisierte, waren die Verluste in den vom Tourismus abhängigen Volkswirtschaften Spanien (-11 %), Großbritannien (-9.9 %) und Italien (-8.9 %) beispiellos drastisch in der jüngeren Wirtschaftsgeschichte. Deutschland verzeichnete 2020 einen BIP-Rückgang in Höhe von -5.3 %. Dabei spielten **Länge und Intensität** der jeweils national verhängten **Lockdowns keine Rolle** für die Wirtschaftsentwicklung. Im Gegenteil war während des Pandemieverlaufs sogar festzustellen, dass Volkswirtschaften wie Großbritannien, Schweiz oder Schweden, die lediglich weiche oder zunächst keine Schließungen, Kontaktbeschränkungen und Ausgangssperren ergriffen, ökonomische Verluste in ähnlicher Größenordnung registrierten wie Staaten mit harten Lockdowns.

Die Bedingungen auf den **Finanzmärkten** blieben das gesamte Jahr hindurch rezessionsbedingt günstig. Sowohl die Europäische Zentralbank (EZB) als auch die Bank of Japan (BoJ) sowie die Bank of England (BoE) behielten im Vergleich zum Vorjahr ihren äußerst expansiven geldpolitischen Kurs bei und pumpten über niedrige Leitzinssätze und großvolumige Anleihenaufkäufe Kapital in die jeweiligen Währungsräume. Auf einen ähnlichen Kurs schwenkte, konfrontiert mit dem starken Wirtschaftseinbruch, auch die US-Notenbank Federal Reserve System (Fed) ein, die im März 2020 den Leitzins auf einen Korridor zwischen 0 und 0.25 % senkte und so die Finanzierungsbedingungen für private Haushalte und Unternehmen deutlich verbesserte. **Die Außenfinanzierungsbedingungen** verschlechterten sich im Vergleich zum Vorjahr erheblich. Insgesamt flossen in die Industriestaaten ausländische Direktinvestitionen (FDI) in Höhe von nur noch 229 Mrd. US$ (2019: 763 Mrd. US$), was einen Rückgang um knapp -70 % bedeutete. Nach Angaben der Welthandels- und Entwicklungskonferenz (UNCTAD) registrierten Großbritannien und Italien einen Totalverlust an FDI-Zuflüssen im Vergleich zu 2019, gefolgt von Deutschland (-61 %) und den USA (-49 %). Angesichts der schweren Wirtschaftskrise verzichteten nahezu alle global tätigen Unternehmen auf Kapitalbeteiligungen und Fusions- und Übernahmeaktivitäten bei ausländischen Unternehmen.

Die Dynamik der **Arbeitsmärkte** gilt als der Wirtschaftsentwicklung nachlaufender Faktor, sodass sich die Pandemiefolgen für die Beschäftigung in den Industriestaaten auch wegen der implementierten staatlichen Wirtschaftshilfen erst 2021 in vollem Umfang bemerkbar machen werden. Nichtsdestotrotz ist bereits **ein kräftiger, pandemiebedingter Anstieg der Arbeitslosigkeit** festzustellen. Die Arbeitslosenrate in den Industriestaaten **schnellte** im Jahresverauf auf 6.6 % (2019: 4.8 %) und erreichte damit den höchsten Wert seit 2015. Gleichzeitig sank die Beschäftigung um -3 %; der stärkste Rückgang der letzten 30 Jahre. Die niedrigsten Quoten wurden 2020 in Tschechien (2.7 %), Japan (2.8 %) und Singapur (3.1 %), die höchsten Stände in Griechenland (16.4 %), Spanien (15.5 %) und Kanada (9.6 %) gemessen.

Mit Blick auf **die Preise** schwächte sich der Inflationsdruck konjunkturbedingt deutlich ab. Im Jahresdurchschnitt kletterten die Preise in den Industriestaaten nach IWF-Angaben um +0.7 %. Während weder Japan (+0.0 %) noch die Eurozone (+0.3 %) eine spürbare Preissteigerung registrierten, stiegen die Preise in den USA, ausgelöst durch umfangreiche staatliche Wirtschaftshilfen, zum Jahresende 2020 bereits um +1.2 %. Bezogen auf wichtige Produktgruppen war die Preisentwicklung 2020 uneinheitlich. Erdöl verbilligte sich im Jahresverlauf um rd. 33 %. Zeitweise kostete ein Barrel Erdöl im Frühjahr 2020 weniger als 20 US$. Ebenso fielen die Preise für Industriegüter leicht um ca. -3.5 %. Einen lediglich geringfügigen Anstieg registrierten die Marktwerte für Edelstahl und andere Metalle (+3.5 %). Damit wurde der seit Jahren andauernde Preisboom deutlich abgebremst. Nach Angaben der Welternährungs- und Landwirtschaftsorganisation (FAO) stiegen hingegen Nahrungsmittelpreise im Jahresverlauf 2020 relativ kräftig um +10 % an. Haupttreiber dieser Entwicklung waren deutlich gestiegene Preise für Ölfrüchte *(Siehe: Ernährung, S. 558)*.

Die **Handelsaktivität** der Industriestaaten litt erheblich unter der Corona-Rezession. Sowohl das Export- (-9.5 %) als auch das Importvolumen (-9.1 %) für Waren und Dienstleistungen knickten im Jahresverlauf ein *(Siehe: Welthandel, S. 522)*. Das Austauschverhältnis zwischen Export- und Importpreisen (Terms of Trade) verbesserte sich mit +0.7 % geringfügig. Die Leistungsbilanz der Industriestaaten war angesichts der Entwicklungen rückläufig, aber mit einem Überschuss in Höhe von 176 Mrd. US$ weiterhin positiv. Während die Eurozone (293 Mrd. US$) und Japan (166 Mrd. US$) Leistungsbilanzüberschüsse realisierten, kletterte **das Defizit der USA** mit -646 Mrd. US$ auf einen **neuen Rekordstand**.

USA

Die USA sind mit einem BIP in Höhe von 20.9 Bio. US$ die größte Volkswirtschaft der Welt und erwirtschaften damit **rd. ein Viertel** der weltweiten Wertschöpfung. Diese ökonomische Spitzenposition resultiert aus einem rohstoffreichen, infrastrukturell dicht erschlossenen Staatsgebiet, aus einem großen und kaufkräftigen Binnenmarkt und einem durch unternehmerische Initiative und freien Handel gekennzeichneten Finanz- und Wirtschaftssystem.
Nachdem im Januar 2020 die ersten COVID-19-Fälle bekannt wurden, implementierte die US-Regierung **im Frühjahr 2020 Schließungs- und Isolationsmaßnahmen** im privaten Bereich sowie bei kontaktintensiven Dienstleistungen. Rückläufige Fallzahlen erlaubten eine Öffnung der wirtschaftlichen Aktivitäten im Sommer und Herbst, ehe ab November 2020 infolge rasch steigender Infektionszahlen erneut zahlreiche Betriebe geschlossen und Kontaktbeschränkungen und Ausgangssperren erlassen wurden. Mit über 32 Mio. Infizierten und mehr als einer halben Million COVID-19-Toten (Stand 31.05.2021) gilt die USA als die am stärksten betroffene Volkswirtschaft. Noch im März 2020 verabschiedete die US-Regierung unter Donald Trump mit dem „CARES Act" **Wirtschaftshilfen** wie Steuerermäßigungen, die Erhöhung des Arbeitslosengeldes, Bürgschaften für in Not geratene Unternehmen und finanzielle Zuschüsse für Kleinst- und Kleinunternehmen in Höhe von insgesamt 2.3 Bio. US$. Im März 2021 implementierte die neue US-Regierung unter Joe Biden mit dem „American Rescue Plan" eine ganze Serie von Konjunkturpaketen in Höhe von 1.9 Bio. US$. Parallel dazu griff die US-Notenbank Fed den von Staatshilfen nur unzureichend erfassten großen Konzernen mit Krediten zu extrem niedrigen Zinsen unter die Arme.
Trotz der massiven staatlichen Interventionen **schrumpfte die US-Wirtschaft** 2020 mit -3.5 % so stark wie seit über 30 Jahren nicht mehr. Allein im besonders von Schließungen betroffenen 2. Quartal sank die Wirtschaftsleistung um 31 %. Insbesondere die inländische Nachfrage steuerte stark zum Wirtschaftsabschwung bei (-2.7 %). Während die privaten Konsumsausgaben für US-Verhältnisse mit -3.9 % außerordentlich stark einknickten, hielten sich die Verluste seitens der unternehmerischen Investitionstätigkeit mit -0.8 % im Vergleich zu anderen Industriestaaten in Grenzen. Für den US-Arbeitsmarkt hatte diese Wirtschaftsentwicklung katastrophale Folgen: Im Jahresdurchschnitt kletterte die Arbeitslosigkeit um über 4 % auf 8.1 % (2019: 3.7 %). Über 10 Mio. US-Amerikaner verloren innerhalb weniger Monate ihren Job.

Eurozone

Die Eurozone umfasst derzeit 19 Staaten in einem gemeinsamen Währungsraum und gilt mit einer Bevölkerung von etwa 343 Mio. Menschen und einem BIP von rd. 12.9 Bio. US$ neben den USA und China als der bedeutendste zusammenhängende Währungs- und Wirtschaftsraum der Welt.
Die Staaten der Eurozone hatten 2020 allesamt einen **schweren Pandemieverlauf**. Entsprechend streng fielen die Schließungs-, Kontakt- und Isolierungsmaßnahmen im Frühjahr und erneut ab November 2020 aus, um Infektionsgefahren durch das öffentliche Leben und soziale Kontakte weitgehend zu reduzieren. Während in der ersten Pandemiephase im Frühjahr 2020 auch die Industrie weitgehend geschlossen hatte, waren im Herbst kontaktreiche Dienstleistungen, Tourismusbetriebe und Bildungseinrichtungen von mehrmonatigen Schließungen betroffen. Sogar **das Schengen-Abkommen** für einen freien Personen- und Warenverkehr zwischen den EU-Staaten wurde in der ersten Pandemiephase aus Furcht vor Einschleppung des Coronavirus zeitweise von einigen Staaten, darunter auch Deutschland, ausgesetzt, mit schweren gesamtwirtschaftlichen Konsequenzen wie Produktionsausfällen und abgeschnittenen Liefer- und Absatzwegen. Insbesondere die großen Eurozonen-Ökonomien Deutschland, Frankreich, Italien und Spanien waren von einer außerordentlich hohen Welle an COVID-19-Infektionen und -Toten betroffen.
Die **Wirtschaft des Euroraums** hat 2020 durch die Corona-Pandemie einen außerordentlich schweren Schock erlitten (-6.6 %). Lockdown-Maßnahmen und die allgemeine Infektionsgefahr sorgten insbesondere in der ersten Jahreshälfte für einen **beispiellos schnellen und wuchtigen Einbruch** der Wirtschaftsleistung (-15.3 %). Erst im zweiten Halbjahr stabilisierte sich die konjunkturelle Lage etwas, was insbesondere auf gestiegene Erwartungen hinsichtlich wirksamer Impfstoffe sowie fiskal- und geldpolitischer Impulse zurückzuführen war. Besonders drastisch fiel die Rezession in den, vom Tourismus geprägten Ländern Spanien (-11 %), Italien (-8.9 %), Frankreich und Griechenland (beide -8.2 %) aus. Einen relativ milden Rezessionsverlauf

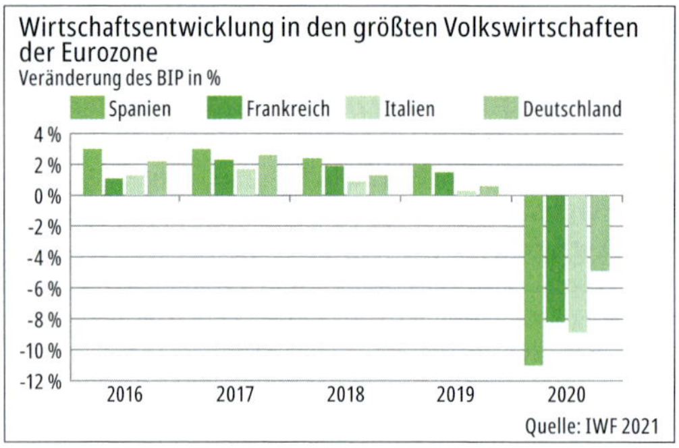

verzeichnete Litauen (-0.8 %). Als einziger Eurostaat realisierte Irland mit +2.5 % sogar einen kräftigen BIP-Zuwachs.

Die privaten Konsumausgaben gingen in der Eurozone um -8 % zurück. Auch die unternehmerische Investitionstätigkeit (-8.3 %) wurde in Mitleidenschaft gezogen. Viele Investitionsentscheidungen wurden angesichts erheblicher Umsatzausfälle auf künftige Jahre verschoben oder gestrichen. Auch der Außenbeitrag konnte infolge der weltweiten Rezession und erheblich schwächerer Handelsdynamik keine Wachstumsimpulse beisteuern (-0.5 %).

Die **Arbeitsmarktzahlen** der Eurozone verschlechterten sich angesichts des Pandemieschocks, wenn auch verglichen mit früheren Rezessionen weniger stark. Dies war vor allem eine Folge von Maßnahmen zur Arbeitsplatzsicherung wie Gehaltsverzicht oder Reduktion der Arbeitszeit. Die Arbeitslosigkeit kletterte trotzdem im Jahresverlauf auf 8.4 % (2019: 7.6 %). Über 5 Mio. Menschen verloren in der Eurozone ihren Arbeitsplatz. Allerdings verblieb die Streuung der Arbeitslosigkeit innerhalb der Eurozone nach Angaben von EUROSTAT unverändert hoch: Während Griechenland (16.3 %), Spanien (15.5 %) und Italien (9.2 %) hohe und zudem kräftig angestiegene Arbeitslosenquoten registrierten, fielen die Zahlen in Deutschland und den Niederlanden (beide 3.8 %) sowie Malta (4 %) wesentlich niedriger aus. Größtes Sorgenkind der Eurozone ist die anhaltend hohe Jugendarbeitslosigkeit. Binnen eines Jahres stieg sie um +1.8 % auf 17.4 %. In Spanien (38 %) und Griechenland (35 %) galt 2020 mittlerweile mehr als jede dritte Person zwischen 15 und 24 Jahren als arbeitslos.

Infolge der massiven Staatshilfen zur Bekämpfung des Wirtschaftsschocks **explodierte die Staatsverschuldung** in der Eurozone. Ende 2020 waren die Staaten mit 97 % ihrer Jahreswirtschaftsleistung verschuldet. (2019: 84 %). Auf Ebene einzelner Staaten wiesen Griechenland (206 %), Italien (156 %) und Portugal (134 %) die höchsten, Estland (18 %), Luxemburg (25 %) und Lettland (43 %) die niedrigsten Schuldenquoten auf.

Als ökonomische Antwort auf die schwere Rezession formulierten die Eurostaaten zusammen mit den übrigen EU-Mitgliedsländern mit **„NextGenerationEU"** ein Konjunkturpaket in Höhe von 750 Mrd. € (davon die Hälfte der Summe als nicht rückzahlbare Zuschüsse). Insbesondere die Ökologisierung und Digitalisierung von Wirtschaft und Gesellschaft sollen davon künftig bevorzugt gefördert werden. Daneben wurde **der Stabilitäts- und Wachstumspakt** zur Begrenzung von Staatsschulden und Haushaltsdefizit bis 2023 **ausgesetzt**.

Mit einem BIP in Höhe von 2.6 Bio. US$ ist **Frankreich** nach Deutschland die zweitgrößte Volkswirtschaft der Eurozone. Frankreich gilt als das von der COVID-19-Pandemie am stärksten betroffene Land Europas. Entsprechend schrumpfte das BIP 2020 mit -8.2 % beträchtlich. Die bedeutende Flugzeug- und Tourismusbranche litt besonders. Infolgedessen waren die unternehmerische Investitionstätigkeit (-10.3 %) sowie der private Konsum (-7.3 %) die Hauptfaktoren der Rezession. Mit einem Konjunkturprogramm in Höhe von 155 Mrd. € implementierte die französische Regierung das größte Paket der Eurozone. Damit stieg allerdings die Verschuldung des öffentlichen Sektors mit 114 % deutlich an (2019: 98 %).

Die drittgrößte Volkswirtschaft der Eurozone, **Italien**, (BIP 1.9 Bio. US$) gilt durch eine im Vergleich sehr hohe Arbeitslosigkeit, außerordentliche Staatsverschuldung und schwache Konjunkturdynamik als Krisenland der Eurozone. Mit -8.9 % war der BIP-Verlust während der Corona-Rezession 2020 einer der höchsten weltweit. Die italienische Regierung um den neuen Ministerpräsidenten Draghi nahm mehr als 140 Mrd. € in die Hand, um die Wirtschaft zu stützen. Eine besonders spektakuläre Maßnahme ist **das weltweit einmalige Kündigungsverbot** von Beschäftigten seitens der italienischen Wirtschaft. Trotz des Wirtschaftsschocks ging daher die Arbeitslosigkeit 2020 auf 9.2 % (2019: 10 %) zurück.

Japan

Die drittgrößte Volkswirtschaft der Welt (5 Bio. US$) war das unter den G7-Staaten **von der Corona-Pandemie** mit weitem Abstand **am schwächsten betroffene Land**. Nichtsdestotrotz schrumpfte das BIP mit -4.8 % stark. Die exportorientierte japanische Wirtschaft litt besonders unter dem Einbruch der internationalen Handelsströme. Der Außenbeitrag fiel als wichtiger Impulsgeber für das BIP-Wachstum aus (-1.1 %). Die stark negative Exporttätigkeit (-12.3 %) veranlasste die Unternehmen, ihre Investitionsentscheidungen in kommende Jahre aufzuschieben mit der Folge einer rückläufigen Investitionsneigung (-4.1 %). Den größten Wachstumseinbruch verzeichnete der private Konsum (-5.9 %) angesichts der Schließungen im kontaktintensiven Dienstleistungsbereich. Als möglicher Konjunkturimpuls fielen 2020 auch die Olympischen Sommerspiele durch ihre pandemiebedingte Verschiebung in den Juli/August 2021 weg. Mit 2.8 % herrschte in Japan eine der niedrigsten Arbeitslosenquoten unter den Industriestaaten. Dennoch verloren im Pandemiejahr über 500 000 Menschen ihren Arbeitsplatz. Als Folge kreditfinanzierter konjunktureller Stützungsmaßnahmen seitens des öffentlichen Sektors sprang Japans Staatsverschuldung auf über 256 % des BIP (2019: 235 %), womit sie als eine der höchsten weltweit gilt.

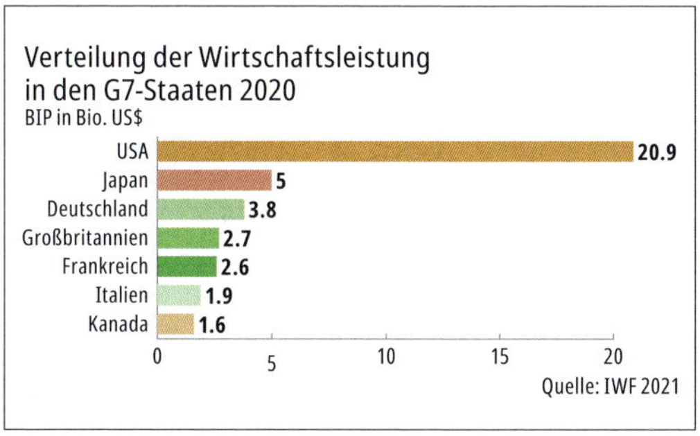

Großbritannien

Großbritannien wiederum war von der Pandemie mit außerordentlich hohen Infektionszahlen und Toten nach den USA und Frankreich das mit am stärksten betroffene Industrieland. Monatelange Betriebsschließungen in der Veranstaltungsbranche, im Hotel- und Gastgewerbe sowie im Einzelhandel gepaart mit umfangreichen und vergleichsweise strengen Kontakt- und Ausgangsbeschränkungen waren die Folge. Die Wirtschaftsentwicklung erschwerte zusätzlich der zum 01.01.2021 vollzogene Austritt Großbritanniens aus Binnenmarkt und Zollunion der EU („Brexit"), der den grenzüberschreitenden Handel mit den EU-Staaten bürokratischer und teurer machte. Allein im zweiten Quartal 2020 schrumpfte das BIP um etwa ein Fünftel gegenüber dem Vorjahr. Insgesamt erlebte Großbritannien mit einem Rückgang der Jahreswirtschaftsleistung um -9.9 % **die schwerste Rezession** seit Ende des Zweiten Weltkrieges. Alle Wirtschaftssektoren steuerten negativ zur Entwicklung bei, darunter traf es die privaten Konsumausgaben (-11 %) und die unternehmerische Investitionstätigkeit (-8.7 %) besonders hart. Die Regierung um Premierminister Boris Johnson stemmte sich u. a. mit Kurzarbeiterregelungen und milliardenschweren Konjunkturmaßnahmen gegen die ökonomischen Folgen der Pandemie. Die Arbeitslosigkeit kletterte auf 4.5 %, die Staatsverschuldung regelrecht sprunghaft auf 104 % des BIP (2019: 85 %).

Kanada

Die kanadische Wirtschaft stützt sich hauptsächlich auf Rohstoffe, Energie, Industrie und Landwirtschaft. Alle Wirtschaftszweige sind in erheblichem Maße exportabhängig, wobei die USA mit einem Anteil von über 70 % der mit Abstand größte Handelspartner sind. Die Wirtschaftsentwicklung litt unter dem Einbruch der internationalen Handelsdynamik schwer. Mit einem BIP-Rückgang in Höhe -5.4 % schrumpfte die Wirtschaftsleistung so stark wie seit vielen Jahrzehnten nicht mehr. Insbesondere auf dem kanadischen Arbeitsmarkt schlug die schwere Rezession durch. Innerhalb eines Jahres verloren nach IWF-Angaben rd. 1 Mio. Menschen ihren Job; die Arbeitslosigkeit kletterte um über +4 % auf 9.6 % (2019: 5.7 %), womit sie eine der höchsten innerhalb der Industriestaaten war. Entsprechend schwach entwickelten sich die privaten Konsumausgaben (-6.1 %). Staatliche Konjunkturpakete zur Abfederung der Rezessionsfolgen hatten zudem eine beträchtliche Erhöhung der Staatsverschuldung auf 118 % des BIP (2019: 87 %) zur Folge.

Schwellen- und Entwicklungsländer

Die Schwellen- und Entwicklungsländer vereinen Staaten **mit wirtschaftlichen, infrastrukturellen und/oder sozialen Entwicklungsrückständen** im Vergleich zu den Industriestaaten. Ein wichtiges Charakteristikum ist die Existenz ausgeprägter wirtschaftlicher und sozialer Disparitäten innerhalb eines Staates und seiner Bevölkerung. Typisch sind eine sehr ungleiche Entwicklung zwischen der Hauptstadtregion und den peripher-ländlichen Gebieten sowie ökonomische, soziale und kulturelle Unterschiede zwischen einer meist sehr kleinen, reichen Oberschicht und der armen Bevölkerungsmehrheit.

Eine viel zitierte Klassifikation wird jährlich im Weltentwicklungsbericht der Weltbankgruppe veröffentlicht. Darin werden die Schwellen- und Entwicklungsländer folgendermaßen unterteilt: **Staaten mit niedrigem Einkommen** („low-income economies"): Bruttonationaleinkommen (BNE) je Einwohner 2020 bis 1035 US$; z. B. Afghanistan, DVR Korea, Äthiopien, Senegal und Haiti; **Staaten mit mittlerem Einkommen im unteren Bereich** („lower middle-income economies"): BNE je Einwohner 2020 zwischen 1036 und 4045 US$; z. B. Kenia, Indien, Bolivien, Ägypten, Marokko, auch ehemals sozialistische Staaten wie die Ukraine; **Staaten mit mittlerem Einkommen im oberen Bereich** („upper middle-income economies"): BNE je Einwohner 2020 zwischen 4046 und 12 535 US$; z. B. Brasilien, Mexiko, VR China, Thailand, in Europa u. a. Bulgarien, Rumänien und Belarus.

Die Wirtschaftsentwickung der Schwellen- und Entwicklungsländer stand 2020 ganz im Zeichen der

Corona-Pandemie. Mit einer BIP-Schrumpfung von -2.2 % registrierte diese Staatengruppe **erstmals** in der 30-jährigen Messreihe des IWF **kein Wirtschaftswachstum**. Teilweise wurden BIP-Schrumpfungsraten noch nie dagewesenen Ausmaßes gemessen. Damit markierte 2020 das Ende eines lang andauernden Aufschwungs, der zu kontinuierlichen Verbesserungen der sozioökonomischen Situation in den Schwellen- und Entwicklungsländern sowie umfangreichen Wohlstandsgewinnen führte. Angesichts ihres schlechteren Zugangs zu Impfstoffen und der deutlich geringeren finanziellen Möglichkeiten im Vergleich zu den Industriestaaten könnte **der jahrelange wirtschaftliche Aufholprozess** vieler Schwellen- und Entwicklungsländer **gestoppt** sein oder in einigen Fällen sogar **umgekehrt werden** *(Siehe: Verschärfung globaler Ungleichheiten durch die Corona-Pandemie, S. 534)*. Besonders für Länder, die stark von Erdölexporten oder vom Tourismus abhängig sind, ist dies nach IWF-Angaben zu erwarten. Aber auch innerhalb vieler Entwicklungsländer sind die Lasten der Krise sehr ungleich verteilt. Vor allem Menschen mit schlechter Ausbildung, die junge Bevölkerung, Frauen und informell beschäftigte Arbeitnehmer sind von Job- und Einkommenseinbußen bereits überproportional betroffen.

Der Blick auf einzelne Großregionen nach IWF-Klassifikation zeichnet allerdings ein differenziertes Bild der Corona-Rezession: **Besonders katastrophal** verlief die Wirtschaftsentwicklung **in den Staaten Süd- und Mittelamerikas** (-7 %). Schwere Pandemieverläufe in den einzelnen Staaten, gepaart mit den ökonomischen Folgen des Einbruchs bei der globalen Handels- und Reisetätigkeit, ließen die Großregion in eine schwere wirtschaftliche Krise schlittern. Insbesondere die vom Tourismus abhängigen Staaten und Regionen wie Aruba (-25 %), Barbados (-17 %) oder Antigua und Barbuda (-16 %) und viele andere mehr verzeichneten hohe zweistellige Schrumpfungsraten. Die Entwicklungsfortschritte von mehreren Jahrzehnten wurden damit teils vollständig vernichtet. Aber auch die großen Volkswirtschaften der Region Brasilien (-4.1 %) und Argentinien (-10 %) litten deutlich unter einer Rezession. Die Wirtschaft **der Staaten des Mittleren Ostens und Nordafrikas** schrumpfte mit -2.9 %. Eine besonders schwere Rezession registrierten Libyen (-60 %), Libanon (-25 %) und Irak (-11 %), wohingegen Ägypten (+3.6 %) und Iran (+1.5 %) sogar ein BIP-Wachstum erzielten. Die **Schwellen- und Entwicklungsländer Europas** schrumpften ebenfalls (-2 %). Auch hier waren vom Tourismus abhängige Staaten wie Kroatien (-9 %) oder Ungarn (-6 %) von einer außerordentlich schweren Wirtschaftskrise betroffen. Die Wirtschaftsentwicklung Russlands war ebenfalls negativ (-3.1 %). Als einziges Land dieser Gruppe erzielte die Türkei einen BIP-Zuwachs (+1.8 %). Es folgen die Staaten **des subsaharischen Afrika** (-1.9 %). Auch hier sind mit Mauritius (-16 %), Cabo Verde (-14 %) und den Seychellen (-13 %) beliebte Reisezielländer von besonders schweren Konjunktureinbrüchen betroffen. Südafrika wurde ebenfalls von einer harten Rezession getroffen (-7 %). Äthiopien (+6.1 %) und Guinea (+5.2 %) hingegen verzeichneten ein kräftiges BIP-Wachstum. Auch der über viele Jahrzehnte als Wachstumsmotor geltende Raum **der Schwellen- und Entwicklungsländer Asiens** registrierte **zum ersten Mal überhaupt** mit -1 % eine Rezession. Dabei traf es die Inselstaaten Malediven (-32 %), Fidschi (-19 %) und Palau (-10 %) besonders hart. Vietnam (+2.9 %) und Myanmar (+3.2 %) realisierten indes BIP-Zuwächse. Sehr unterschiedlich waren die wirtschaftlichen Entwicklungspfade zwischen China und Indien. Während China als einzige große Volkswirtschaft mit +2.3 % ein Wirtschaftswachstum vermeldete, war Indien von einer außerordentich heftigen Rezession betroffen (-8 %).

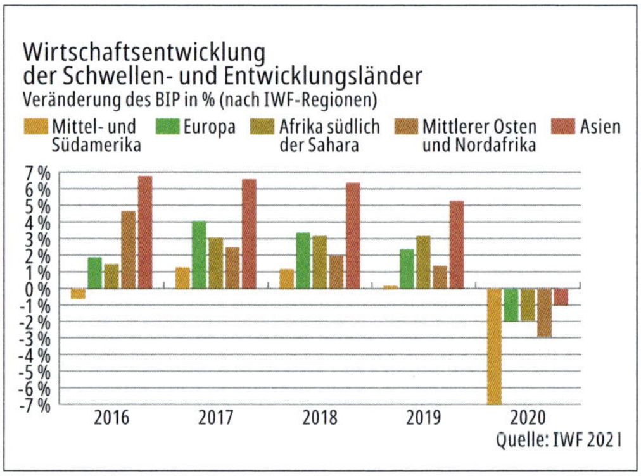

Neben einer kräftigen Inlandsnachfrage stellen **FDI einen bedeutenden Wachstumsfaktor** unter den Schwellen- und Entwicklungsländern dar *(Siehe: Finanzmärkte, S. 538)*. Allerdings verschoben oder unterließen viele international agierende Konzerne 2020 angesichts der schweren Wirtschaftskrise in den Industriestaaten Investitionen in ihre jeweiligen Auslandsmärkte. Dies bedeutete für die Schwellen- und Entwicklungsländer einen leichten Rückgang der FDI auf 616 Mrd. US$ (-12 %) bei regional sehr ungleicher Verteilung. Erneut entfiel der größte Anteil der Investitionssumme auf Asien (476 Mrd. US$; -4 %), gefolgt von den Staaten Mittel- und Südamerikas (101 Mrd. US$; -37 %), die zugleich einen beträchtlichen Verlust an FDI verzeichneten. Die Staaten Afrikas partizipierten hingegen kaum an den globalen FDI (38 Mrd. US$; -18 %). Größtes FDI-Empfängerland war mit 163 Mrd. US$ wiederholt China, was damit bereits 26 % aller FDI der Schwellen- und Entwicklungsländer allein auf sich vereinte.

Unter den Entwicklungsländern mit mittlerem Einkommen stehen einige in ihrer wirtschaftlichen und technischen Entwicklung an der Schwelle zu den Industriestaaten. Aufgrund konstant hoher BIP-Zuwächse und gesellschaftlicher Wohlstandsgewinne seit Anfang der 1990er-Jahre zählen hierzu Brasilien, Russland, Indien, die VR China sowie Südafrika **(BRICS-Staaten)**. Sie bilden die Gruppe der **Schwellenländer**, die als große Volkswirtschaften eine zentrale Rolle für die wirtschaftliche und politische Entwicklung ihrer jeweiligen Region oder ihres jeweiligen Kontinents spielen. Wirtschaftspolitisch verfolgen sie mit geringen Modifikationen die Verbesserung der wirtschaftlichen Situation durch staatlich geförderte Expansion des Unternehmertums, eine vertiefte Industrialisierung und verstärkten Fertigwarenexport in die Industriestaaten, Anreize für FDI, die Ausweisung von Sonderwirtschaftszonen sowie den Ausbau eines leistungsfähigen privaten und zunehmend digitalisierten Dienstleistungssektors. Die Wirtschaftsentwicklung dieser Staatengruppe zeigte sich im Einzelnen wie folgt:

Brasilien
Mit einem BIP in Höhe 1.4 Bio. US$ ist Brasilien die größte Volkswirtschaft Mittel- und Südamerikas. Brasiliens Wirtschaftsleistung basiert auf einem großen, verhältnismäßig kaufkräftigen Binnenmarkt sowie auf dem Export von Energie- und Agrarrohstoffen sowie Nahrungsmitteln.
Brasilien ist nach Indien das von der Pandemie **am schwersten betroffene Schwellenland**. Hauptursache ist die Verharmlosung des Pandemiegeschehens durch Staatspräsident Jair Bolsonaro. Kontaktbeschränkungen sowie Betriebs- und Fabrikschließungen wurden unterlassen bzw. auf ein absolutes Mindestmaß reduziert („Wirtschaft vor Gesundheitsschutz“). In Kombination mit der sehr hohen Bevölkerungsdichte in den brasilianischen Metropolen verbreitete sich das Coronavirus rasend schnell mit entsprechend extrem hohen Fallzahlen. **Trotz der Aufrechterhaltung des Wirtschaftsgeschehens** rutschte Brasilien mit -4.1 % in eine tiefe Rezession. Aus Furcht vor Infektionsgefahren hielten sich die brasilianischen Haushalte mit Konsumausgaben zurück. Zudem belastete die globale Rezession Brasiliens Handelstätigkeit stark. Die Exporte brachen um knapp -7 %, die Importe um fast -10 % ein. Die Arbeitslosigkeit kletterte infolge der Rezession sprunghaft auf 13.2 % im Jahresdurchschnitt 2020. Zur Bewältigung der wirtschaftlichen Folgen schnürte die brasilianische Regierung mehrere Konjunkturpakete, darunter Steuer- und Abgabensenkungen, aber auch finanzielle Unterstützung von armen und von der Pandemie besonders hart getroffenen Haushalten. Die Staatsverschuldung erreichte 99 % des BIP (2019: 87 %).

Russland
Der größte Flächenstaat der Welt gilt als einer der weltweit wichtigsten Produzenten von Energierohstoffen. So verfügt Russland über 18 % der globalen Kohle-, 17 % der Erdgas- und 6 % der Erdölreserven. Die Wirtschaftsstruktur stützt sich folglich hauptsächlich auf den Export dieser Rohstoffe, um mit den erzielten Deviseneinnahmen die Inlandsnachfrage zu beleben. Gleichzeitig ist damit die Wirtschaftsentwicklung stark von der Entwicklung der Rohstoffpreise abhängig, sodass die Volatilitäten auf den Rohstoffmärkten zu erheblichen Auswirkungen auf die russische Wirtschaft führen können.
Gemeinsam mit Indien und Brasilien war Russland 2020 besonders stark vom Pandemiegeschehen betroffen. Bereits im Dezember 2019 erließ Präsident Putin erste präventive Isolationsmaßnahmen. Die Grenzen zu China und Europa wurden geschlossen, Schulen, Kultur- und Freizeitsporteinrichtungen der Betrieb untersagt sowie Unternehmen die Gewährung von Homeoffice für ihre Beschäftigten vorgeschrieben. Diese Angebots- und Nachfrageschocks, gepaart mit einem globalen Verfall der Preise für Energierohstoffe, führten zu einem Einbruch der russischen Wirtschaftsleistung um -3.1 %. Verglichen mit den anderen BRICS-Staaten wies Russland damit einen schwächeren Rezessionsverlauf auf. Die Arbeitslosigkeit stieg stark auf 5.8 % an (2019: 4.6 %).

Indien
Indien gilt als **das vom Pandemieverlauf am schwersten getroffene** Schwellenland. Strenge Kontaktbeschränkungen und die Schließung von Schulen, Kultureinrichtungen sowie ein Versammlungsverbot größerer Menschenmengen konnten in dem sehr dicht besiedelten Land die Ausbreitung des Coronavirus nur zeitweilig bremsen. Insbesondere die Millionen Tagelöhner und anderweitig informell Beschäftigte verloren daraufhin ihre Einkommen und stürzten in große Armut. Allein im Frühjahr 2020 brach das indische BIP im Vergleich zum Vorjahresquartal um knapp -25 % ein. Erst zum Jahresende 2020 hin machten sich vermehrt positive Signale einer konjunkturellen Erholung breit. Insgesamt verlor die Wirtschaftsleistung Indiens 2020 -8 % und registrierte damit die schwerste Rezession seit Beginn der Messreihen. Insbesondere die Handelstätigkeit kollabierte. Handelte Indiens Wirtschaft 2019 noch Waren im Wert von 810 Mrd. US$, waren es 2020 lediglich Waren im Wert von 647 Mrd. US$ (-20 %).
Die Situation **am Arbeitsmarkt** verschlecherte sich wegen der Konjunkturabkühlung zusehends. Weniger als 10 % der indischen Erwerbstätigen stehen in einem vertraglich geregelten Beschäftigungsver-

hältnis. Außerdem existitieren in der indischen Gesellschaft ernorme soziale Unterschiede: Während die Volkswirtschaft weltweit die meisten Millionäre und Milliardäre beheimatet, muss ein Großteil der Arbeiterinnen und Arbeiter im Landwirtschafts- und Textilsektor mit weniger als 30 € im Monat auskommen. Trotz einer jahrelang boomenden Wirtschaftsentwicklung verharrte Indien beim Human Development Index (HDI) 2019 im Bereich der „mittleren menschlichen Entwicklung" (Rang 131 von 189) und erreichte damit keine wesentliche Verbesserung bei der Armutsbekämpfung.
28 % (etwa 360 Mio. Einwohner) der Inder gelten als arm. **Fast 900 000 Kinder** im Alter von fünf Jahren und jünger sterben in Indien jährlich an den Folgen von Unterernährung.

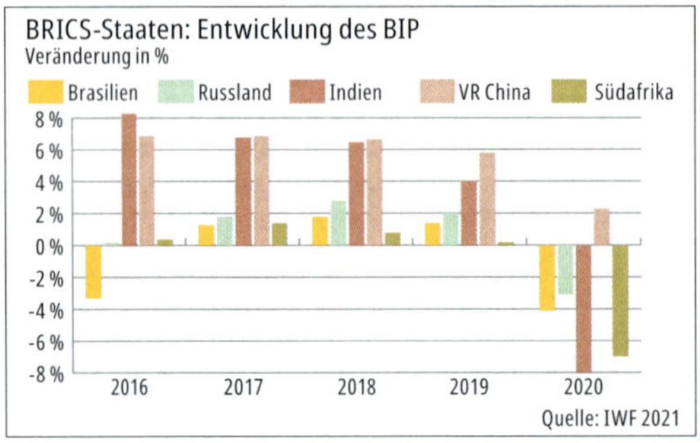

China
Durch die globale Weltmarktintegration und eine prosperierende Handelsdynamik infolge zahlreicher Faktorvorteile konnte China im Zeitverlauf in die Spitzengruppe der größten Wirtschaftsnationen vorstoßen. Mit einem BIP in Höhe von 14.7 Bio. US$ war die VR China nach Angaben des IWF vor Japan und Deutschland die zweitgrößte Volkswirtschaft der Welt. Infolgedessen zählt das Land mittlerweile **zu den Schwergewichten der Weltwirtschaft**: In über 100 Staaten, die über 80 % des Welt-BIP erwirtschaften, ist China unter den zehn größten Handelspartnern. Im Rohstoffsektor verbucht China über 40 % der weltweiten Nachfrage; ähnliche Größenordnungen ergeben sich für das produzierende Gewerbe.
Als Ursprungsland des Coronavirus geltend, realisierte China als einzige große Volkswirtschaft der Welt einen positiven BIP-Zuwachs in Höhe von +2.3 %. Damit setzte sich Chinas Aufholjagd zu den Industriestaaten wegen der weltweiten Corona-Rezession sogar beschleunigt fort. Noch im Frühjahr 2020 befand sich die chinesische Wirtschaft pandemiebedingt im Stillstand. Nahezu alle Betriebe und Fabriken mussten schließen, strenge Kontakt- und Ausgangsbeschränkungen sowie Einreisesperren wurden verhängt. Die besonders vom Coronavirus betroffe Millionenstadt Wuhan wurde mitsamt der angrenzenden Region Hubei für mehrere Wochen komplett von der Außenwelt abgeriegelt. Die Wirtschaftsleistung brach daraufhin um mehr als -6 % im zweiten Quartal ein; für chinesische Verhältnisse ein historischer Tiefststand. Mehr als 70 Mio. Chinesen verloren binnen weniger Monate ihren Arbeitsplatz. Die strikten Eindämmungsmaßnahmen verschonten China im Gegensatz zu anderen Weltregionen im Jahresverlauf aber vor weiteren Pandemiewellen. Die Infektionszahlen blieben in der zweiten Jahreshälfte sehr niedrig, womit als Folge zahlreicher Öffnungsschritte die Wirtschaftsdynamik schnell wieder an Schwung gewann. Die Fabriken liefen aufgrund verstärkter Exporte von Medizinprodukten wie Schutzmasken und Corona-Tests sowie von Eletronikgeräten zur Austattung von Heimarbeitsplätzen in den Industrieländern auf Hochtouren. **Als einzige Volkswirtschaft überhaupt** steigerte China das Exportvolumen 2020 (+4 %). Davon gestützt zog auch die inländische Nachfrage aus Konsum und Investitionen kräftig an. Zahlreiche Jobs wurden geschaffen, die Arbeitslosigkeit befand sich im Jahresdurchschnitt auf Vorjahresniveau.

Südafrika
Südafrika ist nach Nigeria die zweitgrößte Volkswirtschaft und einziges Mitglied der G20 des afrikanischen Kontinents. **Bedeutende Wirtschaftsfaktoren** sind große Rohstoffvorkommen (v. a. Steinkohle, Eisenerze und Gold), ein relaltiv gut entwickelter Finanzsektor sowie ein großer und vergleichsweise kaufkräftiger Binnenmarkt.
Mit Beginn der ersten Infektionswelle Anfang März 2020 war Südafrika **vergleichsweise spät** vom Pandemiegeschehen betroffen. Nichtsdestotrotz erlebte Südafrika im Jahresverlauf ein außerordentlich schweres Infektionsgeschehen. Die südafrikanische Regierung verfolgte einen Schaukelkurs aus zeitweilig strengen Isolationsmaßnahmen, Betriebsschließungen und Einreisesperren, gefolgt von Öffnungsschritten, die jedoch wiederholt angesichts steigender Ansteckungsraten zurückgenommen werden mussten. Im Jahresverlauf summierten sich die Wirtschaftsverluste Südafrikas auf -7 %, was einen der stärksten BIP-Rückgänge der letzten Jahrzehnte bedeutete. Insbesondere die rückläufige internationale Handelstätigkeit belastete die südafrikanische Wirtschaft. Binnen eines Jahres gingen die Exporte um -10 %, die Importe sogar um -16 % zurück. Die Arbeitslosigkeit stieg von ihrem sehr hohen Niveau ausgehend noch etwas weiter an und erreichte 29.2 % (2019: 28 %). Besonders die junge Bevölkerung Südafrikas litt unter der jahrelang anhaltend schwachen Wirtschaftsentwicklung: Die Jugendarbeitslosigkeit stieg Ende 2020 auf knapp

60 %, sodass weit mehr als jeder Zweite unter 25 Jahren keinen festen Arbeitsplatz und kein beständiges Einkommen besitzt mit teils gravierenden Folgen für bereits erzielte Fortschritte bei der Armutsbekämpfung oder der Bildungsgerechtigkeit. Beispielhaft dafür lag der Gini-Koeffizient („0" für perfekte Einkommensgleichheit und „1" für maximale Ungleichheit) Südafrikas 2017 bei 0.63, womit das Land **den globalen Spitzenplatz bei der Ungleichverteilung von Einkommen** einnimmt.

Niedrigeinkommensländer

Die UNCTAD grenzt in einer komplexen Definition aus Einkommen, Humanvermögen und ökonomischer Verletzlichkeit innerhalb der Entwicklungsländer die sog. Niedrigeinkommensländer („least developed countries", LDC) ab, wozu 2020 47 Staaten zählten.

Aus ökonomischer Perspektive sehen sich die LDC generell mit **einem schwierigen Umfeld** konfrontiert: die finanziellen Zuflüsse aus internationaler Entwicklungszusammenarbeit, ausländischen Direktinvestitionen und privaten Rücküberweisungen weisen starke jährliche Schwankungen auf, sodass eine stabile Finanzierungsbasis für dringend benötigte Investitionen in soziale wie technische Infrastruktur fehlt. Zudem erfahren die Staaten **strukturelle Benachteiligungen**. Während sie zwar 12 % der Weltbevölkerung repräsentieren, erreichen sie nur 0.9 % des globalen BIP sowie einen Anteil von lediglich 1 % am Welthandel. Zusätzlich **beeinträchtigen nichtökonomische Einflüsse** wie der internationale Terrorismus oder die globale Klimaerwärmung ihre Entwicklungsmöglichkeiten stark.

Der Pandemieverlauf in den LDC war mit Blick auf Infizierte und Gestorbene weitaus weniger katastrophal als in anderen Staatengruppen. Auch wenn viele Staaten über ein wenig leistungsfähiges Gesundheitssystem verfügen, waren sie durch ihre vergleichsweise junge Bevölkerung, ihre teils sehr geringe Bevölkerungsdichte oder auch aufgrund ihrer geografischen Insellage weniger krisenanfällig. Die **Wirtschaftsentwicklung der LDC** wurde 2020 trotzdem von Folgen der Corona-Pandemie beeinflusst. Ein herber Konjunkturdämpfer war der ausbleibende Tourismus infolge der stark eingeschränkten internationalen Reisetätigkeit. Viele beliebte Inselstaaten **verzeichneten 2020 einen Totalverlust** an Touristenankünften. Nach Angaben der Welthandelsorganisation (WTO) brachen die Einnahmen aus dem Tourismussektor in den LDC um über 85 % ein. Verwandte Wertschöpfungsketten wie Transport- und Bautätigkeit oder das Gastgewerbe berichteten ebenfalls von erheblichen Verlusten. Der Tourismus als ein wichtiger Wirtschaftsfaktor fiel damit weitgehend aus. Aber auch die **rückläufige internationale Handelsdynamik** schwächte das Wirtschaftswachstum der LDC entscheidend. Insgesamt ging 2020 das Exportvolumen um über -10 % zurück. Insbesondere ölexportierende Staaten wie Angola, Tschad oder Mosambik (-27 %), Exporteure von Industriegütern wie Guinea und Sierra Leone (-8 %) sowie Textilexporteure wie Bangladesch und Kambodscha (-7 %) verzeichneten teils hohe Verluste mit entsprechend negativen Folgen für die inländische Nachfrage. Da zugleich die Importe weniger stark sanken, kletterte das Handelsbilanzdefizit auf knapp 7 % des BIP, was einen neuen Höchststand bedeutete.

Exportgüter der LDC nach Warengruppen, 2020
Anteil am Exportvolumen in %

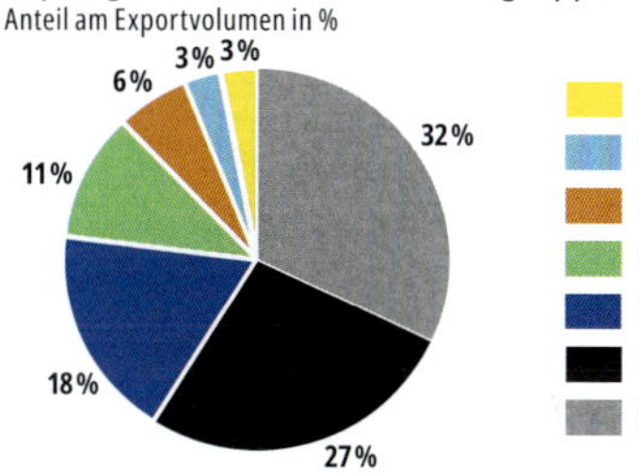

Quelle: WTO 2021

Die ökonomische Entwicklung der LDC ist auch **von exogenen finanziellen Impulsen** aus höher entwickelten Staaten abhängig. Nach UNCTAD-Angaben setzen sich diese finanziellen Mittel aus Zuflüssen aus der internationalen Entwicklungszusammenarbeit, aus Rücküberweisungen von Privatpersonen aus dem Ausland an Familienangehörige und aus ausländischen Direktinvestitionen zusammen. Allerdings ist die Bedeutung der Zuflüsse für die Wirtschaftsentwicklung innerhalb der LDC ungleich verteilt: Während die Transfers für die Wirtschaftsleistung Angolas (1 %) und Sudans (3 %) keinen großen Stellenwert besitzen, tragen sie in den Staaten Haiti (44 %), Liberia (51 %) und Südsudan (58 %) in erheblichem Umfang dazu bei.

Mit +0.0 % **stagnierte** die Wirtschaftsdynamik der LDC in 2020, wenn auch auf Ebene einzelner Staaten sehr unterschiedliche Konjunkturverläufe zu beobachten waren. Eine schwere Rezession herrschte u. a. in den Inselstaaten Vanuatu (-9.2 %) und Timor-Leste (-6.8 %), wohingegen u. a. in Äthiopien (+6 %) und Guinea (+5.2 %) ein kräftiges BIP-Wachstum realisiert werden konnte. Mit Blick auf das Pro-Kopf-Einkommen war aber mit -2.6 % ein deutlicher Rückgang festzustellen. Viele Entwicklungsfortschritte vergangener Jahre wie steigende Einkommen und zurückgehende Arbeitslosigkeit sind durch das Nullwachstum gefährdet. In 43 der 47 Niedrigeinkommensländer sank das verfügbare Einkommen, auch weil die jeweiligen Regierungen aufgrund ihrer begrenzten Ressourcen kaum Wirtschaftshilfen leisten konnten *(Siehe: Verschärfung globaler Ungleichheiten durch die Corona-Pandemie, S. 534).* **Mehr als ein Drittel der Bevölkerung** gilt infolge des Wirtschaftsschocks nun als von extremer Armut betroffen.

Einen **zentralen Multiplikator der sozialen und wirtschaftlichen Entwicklung** stellt die Bildung in den LDC dar. Trotz weiterer Fortschritte lag die Alphabetisierungsrate der Altersgruppe 15–24 Jahre mit 73 % immer noch recht niedrig. Die Grundschulabschlussquote erreichte nach Angaben der UNCTAD gerade einmal 68 % der Bevölkerung im Grundschulalter. In Eritrea (47 %) oder im Sudan (39 %) besucht mehr als ein Drittel der Kinder keine Grundschule.

Ökonomische Verteilungskonflikte

Verschärfung globaler Ungleichheiten durch die Corona-Pandemie

Regionale Verteilung von Wirtschaftshilfen

Zur Bewältigung des schweren wirtschaftlichen Einbruchs infolge der Corona-Pandemie implementierten die Staaten der Welt Hilfsprogramme, die überwiegend der Einkommenssicherung und dem Arbeitsplatzerhalt der privaten Haushalte sowie der Liquiditätssicherung der, von Betriebsschließungen betroffenen, Unternehmen dienten. Konkrete fiskalische Maßnahmen waren u. a. eine temporäre Reduzierung von Sozialbeiträgen und Steuern, die Auszahlung von Kurzarbeitergeld, Steuerstundungen sowie Sonderkredite. Nach Angaben des IWF setzten die Staaten der Erde als Reaktion auf die ökonomischen Pandemiefolgen **weltweit rund 8.5 Bio. US$** direkte Hilfsgelder ein; weitere 1.3 Bio. US$ flossen zur medizinischen Bekämpfung von Covid-99 in den Gesundheitssektor. Zählt man dazu noch indirekte Wirtschaftshilfen wie staatiche Bürgschaften, Garantien und Beteiligungen an Unternehmen (ca. 6 Bio. US$) wurden 2020 insgesamt **etwa 15 % des Welt-BIP** gegen die Corona-Pandemie und ihre ökonomischen Folgen aufgewendet. Dabei zeigt der Blick auf die regionale Verteilung der Wirtschaftshilfen, dass reiche Volkswirtschaften wie die Industriestaaten erheblich umfangereichere Konjunkturpakete verabschiedeten als die ärmeren Schwellen- und Entwicklungsländer. Spitzenreiter bei direkten Hilfszahlungen waren die USA (5.3 Bio. US$; 26 % des BIP), gefolgt von Japan (801 Mrd. US$; 16 % des BIP), China (711 Mrd. US$; 5 % des BIP), Großbritannien (440 Mrd. US$; 16 % des BIP) sowie Deutschland (419 Mrd. US$; 11 % des BIP). Indirekte Wirtschaftshilfen leisteten insbesondere Japan (1.4 Bio. US$; 28 % des BIP), Deutschland (1 Bio. US$; 28 % des BIP), Italien (665 Mrd. US$; 35 % des BIP), die USA (510 Mrd. US$; 2 % des BIP) und Großbritannien (437 Mrd. US$; 16 % des BIP). Im Ver-

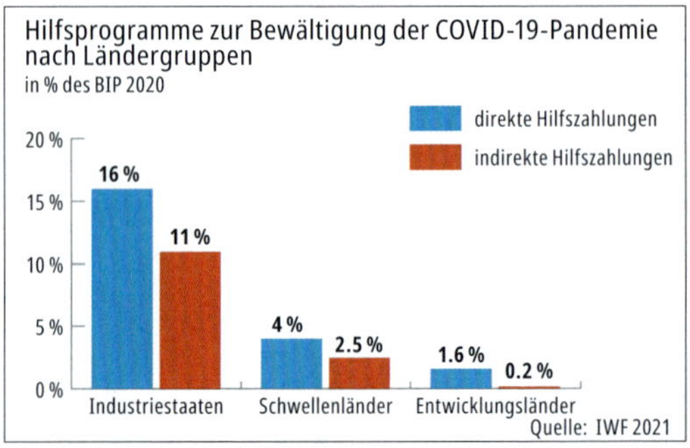

gleich dazu konnten die Regierungen der Schwellen- und Entwicklungsländer strukturell bedingt kaum fiskalische Impulse zur Stimulierung der jeweiligen Konjunktur setzen. Insbesondere die Staaten des subsaharischen Afrikas sowie die Länder des nahen und mittleren Ostens waren trotz der schweren pandemischen Situation im jeweiligen Land nicht imstande, staatliche Konjunkturprogramme aufzustellen. Lediglich Iran (30 Mrd. US$), Chile (21 Mrd. US$) sowie Malaysia und Peru (beide je 15 Mrd. US$) leisteten nennenswerte direkte Wirtschaftshilfen. Indirekte Konjunkturstützen kamen vor allem aus Kolumbien und Timor-Leste (beide je 16 Mrd. US$), Tuvalu (14 Mrd. US$) und Malaysia (12 Mrd. US$). Diese Zahlen lassen nach Angaben des IWF erwarten, dass die Wohlstandskluft zwischen den Industriestaaten und den einkommensschwächeren Entwicklungsländern im kommenden Wirtschaftsaufschwung weiter auseinander gehen wird. Die ungleich hohen nationalen Konjunkturhilfen tragen damit zu **einer weiteren Spaltung und Verfestigung** der Weltgemeinschaft in arme und reiche Wirtschaftsregionen bei.

Globale Impfstoffverteilung

Erst mit der Immunisierung eines Großteils der Weltbevölkerung wird die Corona-Pandemie mitsamt ihrer Gefahren für die globale Wirtschaftsentwicklung allmählich abklingen. Der sicherste Weg dorthin ist die Verabreichung von Impfstoffen, eine Technologie, auf die sich die Menschheit in der Vergangenheit schon oft zur Eindämmung von Infektionskrankheiten verlassen hat. Die entscheidende Herausforderung ist, diese Impfstoffe für alle Menschen der Erde fair zur Verfügung zu stellen. Nach Angaben des Impfdatensatzes der gemeinnützigen Organisation „Our World in Data" (OWiD) erhielten zum 30.06.2021 **knapp 24 % der Weltbevölkerung** (1.85 Mrd. Menschen) mindestens eine Impfdosis gegen das Coronavirus. Ein globaler Blick darauf zeigt allerdings, dass **die Impfstoffverteilung regional sehr ungleich abläuft**.
Die meisten Impfstoffdosen (53.2 %) gingen bis Ende Juni 2021 an die Länder mit mittlerem Einkommen im oberen Bereich, darunter China, Indien und Brasilien, gefolgt von den Hocheinkommensländern (32 %), wozu alle Industriestaaten zählen. Dagegen erhielten die, im globalen Vergleich, armen Staatengruppen erheblich weniger Impfstoff. Auf die Staaten mit mittlerem Einkommen im unteren Bereich entfielen immerhin noch rd. 15.5 % aller Impfstoffdosen, während in den Niedrigeinkommensländer mit 0.3 % **faktisch noch nicht geimpft** wird.
Der Blick auf Länderebene bestätigt die global ungleiche Verteilung: Ende Juni 2021 waren in den Industriestaaten Kanada (68 %), Großbritannien (66 %), Israel (64 %), Italien (56 %) und den USA (54 %) mehr als die Hälfte der jeweiligen Bevölkerung mindestens einmal gegen COVID-19 geimpft. In vielen Staaten des afrikanischen Kontinents sowie in den Inselstaaten Ozeaniens wurden hingegen trotz großer Impfbereitschaft in der Bevölkerung keine bis nur wenige 1000 Impfungen gezählt. Während sich die Hocheinkommensländer frühzeitig von den dort ansässigen Pharmafirmen große Bestände an Impfdosen sicherten, wurden viele Schwellen- und Entwicklungsländer während dieser Verhandlungen nachrangig berücksichtigt. Zudem drosselten die Hocheinkommensländer ihre Impfstoffexporte zugunsten eines zügigen nationalen Immunisierungsfortschritts. Auch die Aufhebung des Patentschutzes bei Impfstoffen zur Lösung der Knappheit bleibt unter den Industriestaaten hochumstritten. Außerdem leidet die globale Impfinitiative **COVAX** mit Ziel, bis Ende 2021 rd. 20 % der armen Weltbevölkerung durch Impfung zu schützen, unter Produktionsengpässen sowie Exportverboten aus Indien. Dazu gesellen sich in vielen Entwicklungsländern marode und ineffiziente Gesundheitssysteme sowie eine ausgeprägte Impfskepsis in manchen Staaten. Beispielsweise **verweigern** die Regierungen von **Tansania, Burundi und Eritrea** die Anschaffung von Impfdosen für eine Immunisierung der Bevölkerung.
Während also die reicheren Staaten der Welt sich kontinuierlich dem Ziel der Herdenimmunität durch Impfung annähern, wurde **in vielen ärmeren Staaten damit noch nicht einmal begonnen**. Angesichts dieser Trends ist eine weitere Verschärfung der globalen Ungleichheiten bei Einkommen und Beschäftigung durch COVID-19 zu befürchten, da das Wirtschaftsgeschehen in vielen Entwicklungsländern mangels Impffortschritts weiter beeinträchtigt bleiben wird. So schätzt der IWF, dass **die pandemiebedingten Verluste an Wirtschaftsleistung in den Schwellen- und Entwicklungsländern** mit -4.2 % bis 2024 um mehr **als das Dreifache höher ausfallen werden** als in den Industriestaaten (-0.7 %). Außerdem birgt diese Entwicklung die Gefahr weiterer Virus-

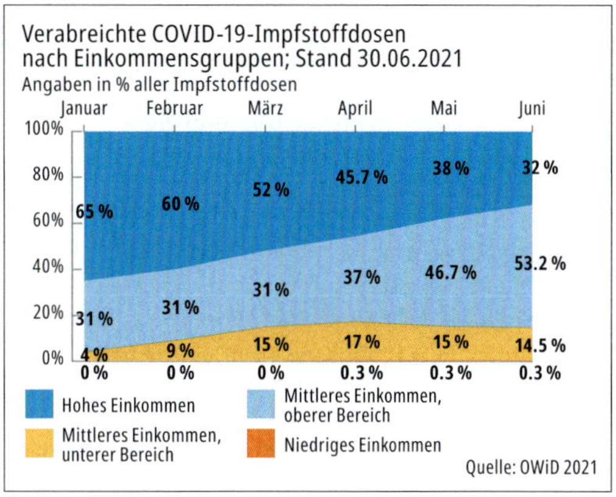

mutationen, die die Wirksamkeit der bestehenden Impfstoffe ausbremsen könnten.

Globale Einkommensungleichheit

Die **Verteilung von Arbeitseinkommen** zwischen Ländern und ihren Gesellschaften gilt in der öffentlichen Diskussion als ein zentrales Kriterium zur systematischen Erfassung und Überwindung ökonomischer Ungleichheiten. Wohlstandsunterschiede werden durch einen Vergleich der Einkommensanteile zwischen verschiedenen Perzentilen sichtbar.
Nach Angaben der World Inequality Database (WID) verdiente 2019 das **oberste Prozent der Weltbevölkerung 19 % der gesamten globalen Arbeitseinkommens,** was im Vergleich zum Vorjahr einen leichten Rückgang um 1.5 % bedeutet. Die untere Hälfte der Weltbevölkerung vereint hingegen lediglich 9.4 % aller Einkommen auf sich und damit nur die Hälfte dessen, was das erste Perzentil allein für sich vereinnahmt. Allerdings zeigt die Entwicklung, dass die Einkommensschere zwischen den Staatengruppen zumindest nicht noch größer wird. Infolge des seit Ende der 1990er-Jahre währenden, globalen wirtschaftlichen Wachstums insbesondere in den Schwellenländern kletterten die Einkommensanteile der unteren Hälfte der Weltbevölkerung um knapp 28 %, wohingegen diejenigen des obersten Prozents der Weltbevölkerung um nur 19 % zunahmen.
2019 **lebten 16 % der Weltbevölkerung in einem Staat mit hohem Einkommen**, während knapp 9 % in einem Staat mit niedrigem Einkommen wohnten (Staaten mit mittlerem Einkommen im unteren Bereich: 40 %; Staaten mit mittlerem Einkommen im oberen Bereich: 35 %). Im Vergleich zum Jahr 2000 ist der Rückgang des Anteils der Staaten mit niedrigem Einkommen besonders markant (2000: 41 %; 2019: 9 %). Im gleichen Zeitraum registrierte die Gruppe von Staaten mit einem mittleren Einkommen im oberen Bereich eine erhebliche Steigerung an Bevölkerungsanteilen. Auch wenn diese drastischen Verschiebungen **auf den ökonomischen Aufstieg der bevölkerungsreichsten Staaten** der Erde VR China und Indien zurückzuführen sind, zeugen sie doch von einer

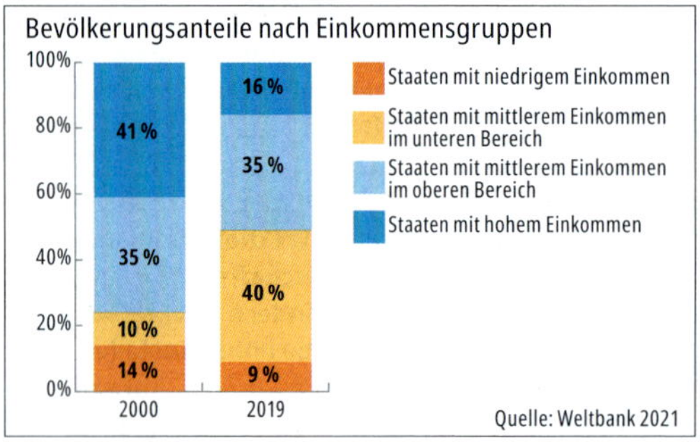

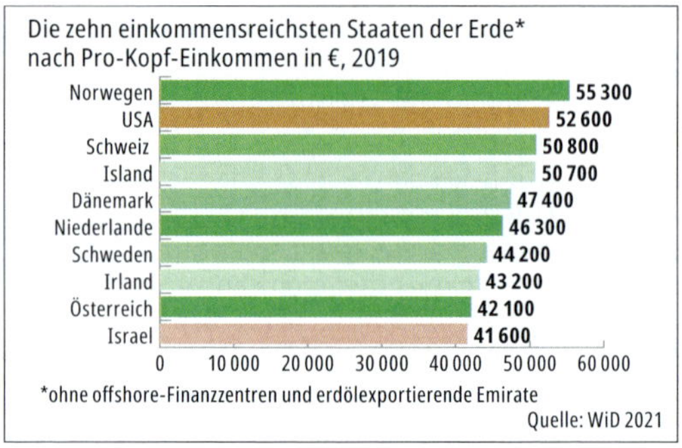

globalen Zunahme des Wohlstandes in vielen Regionen der Erde. Lebte 2000 noch jeder vierte Mensch in einem Niedrigeinkommensland, ist das 20 Jahre später nur noch bei jedem zehnten Menschen der Fall. Der Vergleich der **absoluten Pro-Kopf-Einkommen** unter den Staaten der Welt nimmt einen Blick auf das Ausmaß der globalen Wohlstandsunterschiede ein. Demnach konzentriert sich das globale Einkommen v. a. in Europa und auf dem nordamerikanischen Kontinent. Lässt man die erdölexportierenden Emirate am arabischen Golf sowie offshore-Steueroasen außer Acht, rangierte 2019 Norwegen mit einem Pro-Kopf-Einkommen von über 55 300 € an erster Stelle, gefolgt von den USA (52 600 €) und der Schweiz (50 800 €). Österreich liegt mit 42 100 € an neunter und Deutschland mit 40 100 € an dreizehnter Stelle.
Am unteren Ende der Einkommensskala liegen die Demokratische Republik Kongo (1400 €), Zentralafrika (1300 €) sowie Burundi (1000 €). Ein Einwohner Norwegens **verdiente 2019 demnach das 55-fache** eines Einwohners von Burundi.
Nach Angaben der Weltbank sind **infolge der Corona-Pandemie** und ihrer ökonomischen Folgen viele Anstrengungen in der Armutsbekämpfung der letzten Jahre zunichte gemacht worden. Wurde für 2020 zunächst ein wiederholt deutlicher Rückgang der weltweiten Armut prognostiziert, zeigte sich, dass infolge der Pandemie rd. 90 Mio. Menschen mehr von extremer Armut (weniger als 1.90 US$/Tag) betroffen waren als noch 2019.

„Working poor": Armut trotz Beschäftigung

Die Ausübung einer Beschäftigung ist in den Industriestaaten untrennbar mit dem Erwerb von Einkommen für eine maßvolle Lebensgestaltung verknüpft. Für viele Menschen in den Schwellen- und Entwicklungsländern trifft diese Erwartung an den eigenen Job indes häufig nicht zu. Trotz vertragsbasierter Beschäftigungsverhältnisse erhalten Arbeiter für ihre tägliche Berufsausübung ein Einkommen, welches zur Beseitigung materieller Armut nicht ausreicht.

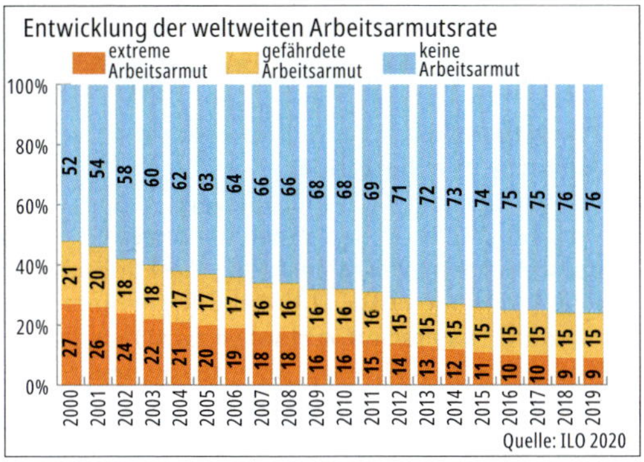

Die Internationale Arbeitsorganisation (ILO) spricht in diesen Fällen von sog. „working poor" (Arbeits- bzw. Erwerbsarmut), also Beschäftigten, die trotz eines Jobs unter sehr ärmlichen Verhältnissen leben müssen. Dabei differenziert die ILO die „working poor" in eine extreme und eine gefährdete Ausprägung: Stehen einem Haushalt trotz Beschäftigung nicht mehr als 1.90 US$ pro Tag für Konsumausgaben zur Verfügung, handelt es sich um extreme Armut trotz Beschäftigung; hat ein Haushalt hingegen bis 3.20 US$ zur Verfügung, handelt es sich um eine Armutsgefährdung trotz Beschäftigung.
Nach Angaben des Weltarbeits- und Sozialberichts der ILO galten 2019 **weltweit mehr als 630 Mio. Arbeiter als arm trotz Beschäftigung**; davon litten 230 Mio. Menschen an extremer Arbeitsarmut trotz Beschäftigung. Weitere 400 Mio. Menschen sind trotz eines Jobs von Armut gefährdet. Immerhin konnte seit der Formulierung der Millenniums-Entwicklungsziele 2000 eine Reduzierung der Erwerbsarmut beobachtet werden: Zählten zu Beginn der 2000er-Jahre noch knapp 50 % der Arbeiter (1.2 Mrd.) weltweit zu den „working poor", waren es 2019 nur noch rd. 24 %. Allerdings werden viele Erfolge auf den nationalen Arbeitsmärkten **durch das rasche Bevölkerungswachstum** in den jeweiligen Staaten wieder neutralisiert. Ein lediglich moderates Produktivitätswachstum und geringe Fortschritte bei der Durchsetzung von Arbeitnehmerrechten reichen v. a. in den Schwellen- und Entwicklungsländern nicht aus, um der wachsenden Zahl an Erwerbspersonen eine auskömmliche Jobperspektive zu bieten. Differenziert nach Berufsfeldern sind v. a. ungelernte Arbeiter in Landwirtschaft, Bergbau, Einzelhandel, Gastronomie und Baugewerbe von Arbeitsarmut betroffen. Eine demografische Perspektive auf diese Gruppe zeigt, dass jüngere Beschäftigte im Alter von 15 bis 24 Jahren überproportional unter Erwerbsarmut leiden. Auch sind weibliche Beschäftigte tendenziell eher als männliche Beschäftigte erwerbsarm.
Ein Blick auf **einzelne Regionen** bietet ein differenziertes Bild: Die meisten „working poor" leben nach Angaben der ILO 2019 im subsaharischen Afrika. Knapp 55 % aller Arbeiter (rd. 200 Mio. Menschen) gehen dort einer Arbeit nach und bleiben trotzdem arm. Besonders dramatisch dabei ist, dass es im Vergleich mit der globalen Entwicklung der Arbeitsarmutsrate (2019: 24 %) nicht gelingt, den Anteil der „working poor" signifikant zu reduzieren und – gemessen an absoluten Zahlen – sogar eine Steigerung zu beobachten ist (2000: 165 Mio. Menschen). In Burundi und Somalia **zählten 2019 mehr als 85 % der Erwerbsbevölkerung** zu den „working poor". Große Fortschritte wurden hingegen in Süd-, Ost- und Südostasien erreicht. Parallel zur anhaltend guten Wirtschaftsdynamik konnte die Zahl der „working poor" von 50 % aller Arbeiter 2004 auf rd. 20 % im Jahr 2019 reduziert werden. Die ILO fordert angesichts dieser Trends zu mehr Investitionen in Ausbildungssysteme und Bildungseinrichtungen, um zumindest die extremen Fälle von Erwerbsarmut in den Schwellen- und Entwicklungsländern zu beseitigen.

Globale Unternehmenssteuersätze: Wettlauf nach unten

Die Globalisierung und die daraus stetig steigende Mobilität von Arbeit und Kapital setzt Staaten vermehrt unter Druck, für internationale Unternehmen und Investoren **attraktive Standortbedingungen** zu bieten. Seit Jahrzehnten liefern sich daher die Industriestaaten zusammen mit offshore-Finanzplätzen wie den Bahamas, den Cayman Islands oder den Niederländischen Antillen (sog. Steueroasen) einen Unterbietungswettbewerb um Steuersätze und Steuersysteme. Eine niedrige Steuerbelastung und vorteilhafte Steuersysteme führen zu einem Standortvorteil und fördern die Ansiedlung internationaler Unternehmen und den Empfang von ausländischen Direktinvestitionen (FDI) *(Siehe: Finanzmärkte, S. 538)*.
Der Blick auf die Unternehmenssteuersätze ausgewählter Industriestaaten belegt, dass **die Steuerbelastung** für Unternehmen nach OECD-Angaben **kräftig nach unten gesenkt wurde**. Während im Jahr 2000 der Steuersatz etwa in Deutschland noch bei 51.6 % lag, sank er bis 2020 auf nur noch 29.9 %. Eine ähnlich drastische Senkung der Unternehmensbesteuerung ist in vielen Industriestaaten zu beobachten; teilweise wurden zwischen 2000 und 2020 die Steuersätze mehr als halbiert. Den **niedrigsten Steuersatz** unter den OECD-Staaten bieten gegenwärtig Ungarn mit 8.5 %, gefolgt von Irland (12.5 %) und Polen (19.0 %). Die höchste Gewinnsteuer unter den Industriestaaten verlangen mit 32.0 % Frankreich, Deutschland (29.9 %) und Japan (29.7 %). Durch diesen globalen Wettlauf nach unten **entgehen** den entwickelten Volkswirtschaften nach OECD-Schätzungen **etwa 240 Mrd. US$ an Steuereinnahmen**. Geld, das für die jeweilige Sozial- und Wirtschaftspolitik nicht zur Verfügung steht.

Stattdessen profitieren davon weltweite tätige Konzerne, die den Dumping-Wettlauf der Staaten dazu nutzen, ihre Gewinne in jene Staaten umzuleiten, die besonders niedrige Steuersätze aufweisen.
Die Corona-Pandemie mitsamt den hohen staatlichen Bewältigungskosten, der US-Regierungswechsel im Januar 2021 sowie die an Schärfe gewonnenen Gerechtigkeitsdebatten in vielen Industriestaaten der Erde ließen **die Idee einer globalen Mindestbesteuerung** in der ersten Jahreshälfte 2021 realistischer werden. Diese neue, branchenunabhängige Besteuerungspraxis soll dem Steuerwettbewerb ein Ende setzen und für zusätzliche Einnahmen in den klammen Staatskassen sorgen. Über ihre genaue Höhe wird derzeit insbesondere unter den Staaten der G7 diskutiert. Nachdem US-Präsident Biden 21 % als globalen Mindeststeuersatz vorgeschlagen hat, soll er nach Plänen des G7-Gipfels Mitte Juni 2021 nun **mindestens 15 %** betragen. Dabei dürfen die jeweiligen Regierungen ihren nationalen Körperschaftssteuersatz weiterhin selbst festlegen und auch weitaus niedrigere Steuersätze ansetzen können; jedoch mit dem Unterschied, dass die Differenz zum globalen Mindeststeuersatz vom Heimatland des Konzerns verlangt werden kann. Die Gewinne von US-Firmen würden z. B. in Irland weiter mit 12.5 % versteuert werden, allerdings müssten dann die US-Unternehmen weitere 2.5 % an den US-Fiskus entrichten. Die irische Regierung stünde demnach vor der Wahl, einen nicht unerheblichen Teil der Steuereinnahmen der US-Regierung zu überlassen oder aber selbst den Steuersatz auf 15 % anzuheben, um die Steuereinnahmen für sich alleine behalten zu können.

Marktentwicklungen

Finanzmärkte

Ausländische Direktinvestitionen

Die Globalisierung der Wirtschaft zeigt sich in besonderem Maße an den zunehmend **grenzüberschreitenden Investitionen** (sog. Ausländische Direktinvestitionen bzw. FDI) von Unternehmen und anderen **Kapitalverflechtungen** zwischen Volkswirtschaften. Wichtige Akteure sind **multinationale Unternehmen (MNU)**, deren Umsätze z. T. der Wirtschaftsleistung ganzer Volkswirtschaften entsprechen. Aufgrund ihrer staatenübergreifenden Aktivitäten und ihrer globalen Verflechtung über Handels-, Kapital- und Technologieströme gelten sie als wesentliche Treiber wirtschaftlicher Globalisierungsprozesse.

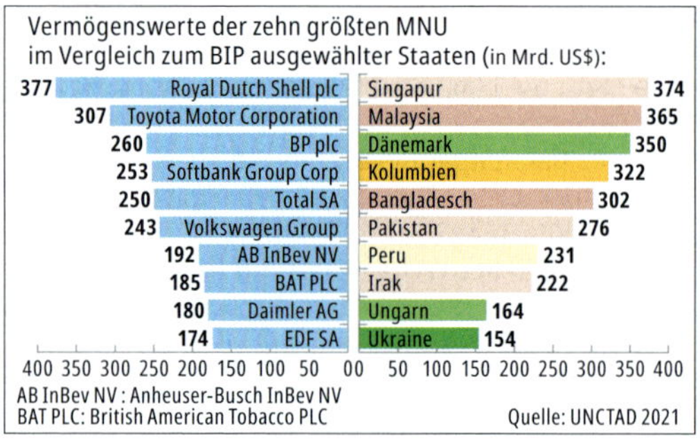

Am Beispiel der global agierenden MNU zeigt sich **der abnehmende Einfluss von Nationalstaaten** auf Weltwirtschaft und Vernetzung der Märkte. Einzelne Volkswirtschaften, aber auch supranationale Organisationen tun sich mit der Regulierung und Kontrolle globaler Märkte zunehmend schwer. So **fehlen** bspw. globale Standards einer fairen Mindestbesteuerung von MNU *(Siehe: Globale Unternehmenssteuersätze, S. 537)*, aber auch weltweit geltende Umwelt- und Arbeitsstandards als verbindliche Vorgaben für grenzüberschreitende Wirtschaftsaktivitäten.
Ausländische Direktinvestitionen gelten als relativ einfach zu messender Wirtschaftsindikator der Aktivitäten von MNU. **Nach Angaben der UNCTAD** fielen allerdings die Konjunkturimpulse von FDI im Pandemiejahr 2020 weitgehend aus. Im Jahresverlauf sanken die global getätigten FDI auf rd. 999 Mrd. US$, was einen Rückgang um -35 % im Vergleich zum Vorjahr bedeutete. Mit FDI in Höhe von 663 Mrd. US$ (-9 % gegenüber 2019) vereinnahmten die Schwellen- und Entwicklungsländer **erstmals überhaupt** den Großteil der globalen FDI. Allerdings ist die Verteilung der Summe regional sehr unterschiedlich: Der Löwenanteil des Kapitals

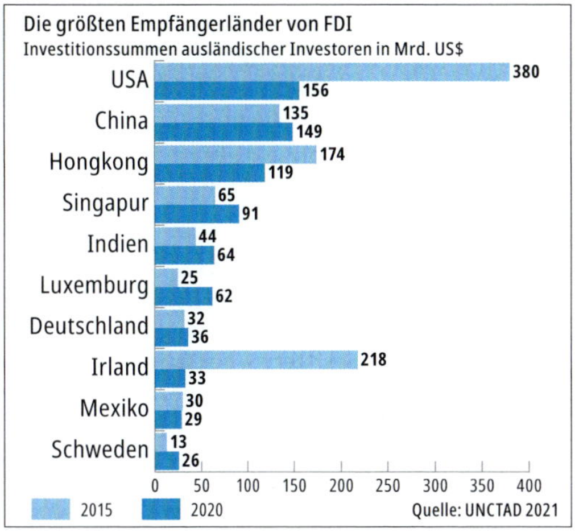

floss nach Asien (535 Mrd. US$), gefolgt von Süd- und Mittelamerika (88 Mrd. US$), während die Staaten Afrikas mit 40 Mrd. US$ lediglich marginal daran partizipierten. Größter Empfänger von FDI war die USA mit 156 Mrd. US$ (-90 % im Vergleich zum Vorjahr), gefolgt von China (149 Mrd. US$), wo einzig unter den bedeutenden Volkswirtschaften ein Zuwachs um +6 % registriert wurde.
Dahingegen flossen in die Industrieländer 2020 mit 312 Mrd. US$ lediglich knapp 31 % der globalen FDI, was einem Verlust gegenüber 2019 von 58 % gleichkommt. Insbesondere die europäischen Industriestaaten litten unter einem beispiellosen Einbruch der FDI. Binnen eines Jahres knickten die Zuflüsse um rd. 80 % auf nur noch 73 Mrd. US$ ein. Nordamerika büßte mit 42 % ebenfalls deutlich ein, empfing mit 180 Mrd. US$ allerdings erheblich größere Investitionssummen.

Staatsverschuldung

Bereits vor Ausbruch der Corona-Pandemie **belastete die hohe Staatsverschuldung** in Europa, den USA und Japan die öffentlichen Haushalte. Zins- und Rückzahlungsraten stehen für öffentliche Investitionen wie in soziale oder technische Infrastruktur oder zukunftsfähige Forschungsvorhaben nicht zur Verfügung. Eine hohe Staatsverschuldung schränkt somit die staatliche Gestaltungsfreiheit in der Wirtschafspolitik entscheidend ein. Zur Bewältigung der Corona-Krise und ihrer ökonomischen Folgen schnürten die Volkswirtschaften der Welt wiederholt kreditfinanzierte Konjunkturpakete und Wirtschaftshilfen. Nach mehreren Jahren ihrer schrittweisen Reduktion stieg die Staatsverschuldung weltweit 2020 daher wieder sprunghaft an.
Nach Angaben der EU-Kommission kletterten die Haushaltsdefizite und Staatsschulden 2020 **in vielen EU-Staaten auf neue Rekordstände.** Dabei waren **erneut die südeuropäischen Staaten** besonders hart davon betroffen. Diese Staaten litten schon vor der pandemiebedingten Rezession unter einer dramatisch hohen Staatsverschuldung. Durch mehrere Hilfspakete der Euro-Staaten und des IWF sowie umfangreiche Spar- und Reformmaßnahmen, die u. a. Rentenkürzungen und Steuererhöhungen umfassten, konnten die Schulden in den vergangenen Jahren zwar langsam abgebaut und Staatspleiten abgewendet werden. Viele dieser Erfolge wurden 2020 allerdings wieder zunichte gemacht. Die Neuverschuldung der öffentlichen EU-Haushalte betrug 6.9 % (2019: 0.5 %). Dabei realisierte kein EU-Land 2020 einen ausgeglichenen Staatshaushalt bzw. Haushaltsüberschüsse. Die größten Defizite registrierten Spanien (-11 %), Malta (-10 %), Griechenland (-9.7 %), Italien (-9.5 %) und Belgien (-9.4 %). Vergleichsweise niedrige Neuverschuldungsraten wiesen Dänemark (-1.1 %), Schweden (-3.1 %) und Bulgarien (-3.4 %) aus, womit allerdings nur Dänemark die EU-Richtlinie einer maximalen Neuverschuldung in Höhe von 3 % des BIP eingehalten hat. Allerdings setzte die EU-Kommission die Kriterien der Staatsverschuldung des Stabilitäts- und Wachstumspakts 2020 aus. Infolge der enormen öffentlichen Neuverschuldung explodierte nach EUROSTAT-Angaben die Staatsverschuldung in der EU. Mit einer Schuldenquote von knapp 91 % des BIP wurde ein neuer Höchststand erreicht. Die mit Abstand höchste Schuldenquote in der EU besitzt Griechenland (206 %), gefolgt von Italien (156 %), Portugal (134 %), Spanien (120 %) und Zypern (118 %). Die Entwicklung der Staatsverschuldung Großbritanniens stand ebenfalls ganz im Zeichen der Corona-Krise. Das Haushaltsdefizit in Höhe von -13.4 % des BIP war 2020 eines der höchsten weltweit. Die Schuldenquote belief sich Ende des Jahres auf 104 % des BIP (2019: 85 %).
Deutschlands Staatsschulden betrugen nach Angaben der Deutschen Bundesbank zum Jahresende 2020 2.2 Bio. €. Innerhalb nur eines Jahres kletterte die Staatsverschuldung um 275 Mrd. € bzw. 10.3 % des BIP. Die Schuldenquote wuchs auf 70 % des BIP an. Im Vorjahr hatte sie mit 59.7 % erstmals seit 2002 wieder den Referenzwert des Maastricht-Vertrages von 60 % unterschritten. Bund, Länder und Gemeinden sowie Sozialversicherungen trugen mit einem Defizit von 140 Mrd. € zu rd. der Hälfte des Schuldenanstiegs bei. Die andere Hälfte diente dem Bund zum Aufbau von Finanzvermögen wie zusätzliche Einlagen, Hilfskredite oder Staatsbeteiligungen an Unternehmen zur Abwendung ökonomischer Folgen aufgrund der Corona-Rezession. Die im Zuge der Wirtschafts- und Finanzkrise eingerichteten staatlichen „Bad Banks“ verringerten ihre Schulden geringfügig (2020: 184 Mrd. €). Die Hilfsmaßnahmen für angeschlagene Euro-Staaten standen mit nahezu

unveränderten 87 Mrd. € zu Buche.
Die Schuldenkrise **der USA** spitzte sich angesichts volumenstarker, kreditfinanzierter Konjunkturpakete 2020 weiter zu. Das Haushaltsdefizit lag allein 2020 bei 3.3 Bio. US$ (-16 % des BIP), was in etwa der Jahreswirtschaftsleistung Deutschlands entspricht. Auch für 2021 ist vor dem Hintergrund milliardenschwerer Wirtschaftshilfen keine Entspannung der Staatsfinanzen in Sicht. Die US-Staatsverschuldung kletterte binnen eines Jahres auf 27.3 Bio. US$ (2019: 23.3 Bio. US$); die Schuldenquote beträgt nun 127 % des BIP.
Der mit weitem Abstand am höchsten verschuldete Staat der Erde ist **Japan**. Die Staatsschulden beliefen sich nach IWF-Angaben 2020 auf 256 % des BIP. Da ein Großteil des Kapitals von inländischen Investoren geliehen ist, ist der Druck seitens internationaler Investoren für eine Konsolidierung der Staatsfinanzen vergleichsweise gering. Zur Abfederung der pandemiebedingten Rezession nahm die japanische Regierung neue Kredite in Höhe von 628 Mrd. US$ auf (-13 % des BIP).
Neben den Industrieländern leidet **auch ein Großteil der Schwellen- und Entwicklungsländer** seit Jahren unter einer hohen, bisweilen sprunghaft steigenden Auslandsverschuldung. Viele Länder sind nicht in der Lage, die Auslandsschulden zurückzubezahlen. 2020 verstärkten die pandemiebedingte Rezession, rückläufige Rohstoffpreise sowie niedrige Zinssätze die Staatsverschuldung zusätzlich. Die Summe der Auslandsschulden aller Schwellen- und Entwicklungsländer betrug 2020 8.4 Bio. US$. Davon entfielen auf die Staaten Ostasiens inkl. China sowie des Pazifiks 39 %, auf Süd- und Mittelamerika 23 %, auf Europa und Zentralasien 17 %, auf Südasien inkl. Indien 9 %, auf Afrika südlich der Sahara 8 % und auf Nordafrika und den Mittleren Osten 4 %.

Schuldenhöhe ausgewählter Entwicklungs- und Transformationsländer
(Auslandsschulden in Mrd. US$)

Staat	2000	2020	Veränderung 2000-2020
China	145	2114	+1358 %
Brasilien	242	569	+135 %
Indien	101	560	+454 %
Russland	146	491	+236 %
Mexiko	152	470	+209 %
Türkei	116	441	+280 %
Indonesien	144	402	+179 %
Argentinien	150	280	+87 %
Südafrika	25	188	+652 %
Thailand	79	180	+128 %

Quelle: Weltbank 2021

Die Folgen sind z. T. dramatisch: In vielen Staaten belastet die hohe Staatsverschuldung die wirtschaftliche Entwicklung und erschwert notwendige Investitionen in Bildung, Gesundheit und Infrastruktur. Dies wiederum verstärkt in vielen Entwicklungs- und Schwellenländern wachsende Armut und soziale Ungleichheit.

Devisen- und Kapitalmärkte

Auf **Devisenmärkten** werden Fremdwährungen untereinander gehandelt. Devisenmärkte gelten **als die umsatzstärksten Märkte der Weltwirtschaft**. Alleine 2019 erreichte nach Angaben der Bank für Internationalen Zahlungsausgleich (BIZ) der durchschnittliche Umsatz je Handelstag 6.5 Bio. US$ (etwa die doppelte Jahreswirtschaftsleistung Deutschlands) mit weiter steigender Tendenz. Die weltweit am häufigsten gehandelte Währung ist dabei der US-Dollar. 2019 war die US-amerikanische Währung an 44 % aller Devisengeschäfte beteiligt, gefolgt vom Euro (16 %) und dem japanischen Yen (8.5 %).

Währungsanteile am globalen Devisenmarkt 2019

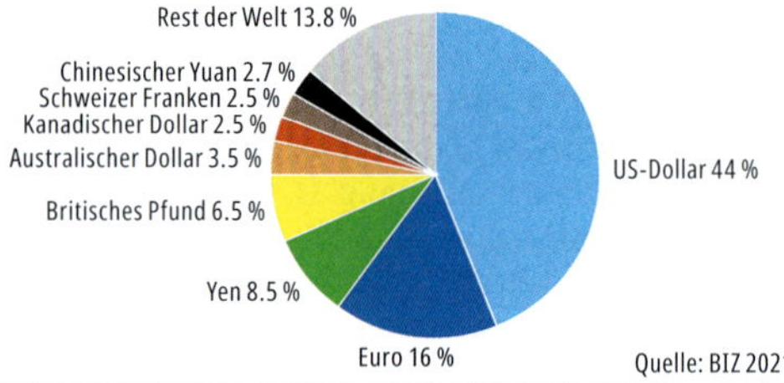

Quelle: BIZ 2021

Die global am meisten gehandelten Währungspaare waren 2019 US-Dollar mit Euro (24 %), gefolgt von US-Dollar mit japanischem Yen (13 %) und US-Dollar mit britischem Pfund (10 %). Die größten Devisenhandelsländer sind mit weitem Abstand Großbritannien und die USA. Während 2019 in Großbritannien am Finanzplatz London knapp 43 % aller Weltwährungsgeschäfte abgewickelt wurden, waren es in den USA rd. 16.5 %, gefolgt von Singapur und Hongkong (beide 7.6 %), Japan (4.5 %) und der Schweiz (3.3 %).
Die Wechselkurse internationaler Währungen nahmen nach dem Corona-Schock im Frühjahr 2020 nach Angaben der EZB einen deutlich weniger volatilen Verlauf als erwartet. Gegenüber dem US-Dollar konnte der Euro bis April 2021, angetrieben durch die Billionen-Hilfsprogramme der EZB sowie der EU-Kommission, leicht aufwerten (+5 %). Notierte der Euro noch im Mai 2020 bei 1.08 US$, erreichte er Ende Juni 2021 1.18 US$. Auch der Wechselkurs zum japanischen Yen stand ganz im Zeichen einer kontinuierlichen Aufwertung (+14 %; 132 Yen/€). Damit erholte sich der Wechselkurs des Euro etwas, da noch im Mai 2020 ein Euro mit 115 Yen gehan-

delt wurde. Gegenüber dem britischen Pfund-Sterling büßte der Euro bis Juni 2021 etwas an Wert ein (-9 %). Noch im März 2020 erreichte der Euro einen historischen Höchstwert (0.93 Pfund-Sterling/€), wertete aber im Jahresverlauf wieder leicht ab (Juni 2021: 0.86 Pfund-Sterling/€).
Auch die **internationalen Kapitalmärkte** standen im Jahr 2020 unter dem Einfluss der Corona-Pandemie und ihren wirtschaftlichen Folgen. Kam es noch zu Jahresbeginn 2020 zu teils massiven, historisch beispiellosen Kursverlusten, setzte in der zweiten Jahreshälfte angesichts des niedrigen Zinsumfeldes sowie nationaler Konjunkturpakete eine teils deutliche Kurserholung der Indizes ein.

Ausgewählte Aktienindizes und ihre Entwicklung (Juli 2020–Juni 2021)

	Stand zum 30.06.2021	Entwicklung	Höchststand	Tiefststand
MSCI World	3017	+35 %	3025	2211
DAX 30	15 700	+24 %	15 802	11 450
DowJones	11 350	+38 %	11 860	8212
Nikkei 225	28 896	+30 %	30 714	21 710
Shanghai Composite	3572	+16 %	3731	2984

Quelle: finanzen.net (2021)

Geldpolitik

Die Geldpolitik beinhaltet alle Maßnahmen, womit die jeweiligen nationalen Zentralbanken den Geldumlauf und die Geld- und Kreditversorgung der Wirtschaft steuern. Das vorrangige Ziel der Geldpolitik ist es, **Preisstabilität** im jeweiligen Währungsraum zu **gewährleisten**.
Während der Corona-Krise haben weltweit Noten- und Zentralbanken ihre Geldpolitik weiter gelockert, um zinsgünstige Kredite für Wirtschaft und Staaten bereitzustellen. Allerdings schränkte das allgemein niedrige globale Zinsniveau den Spielraum vieler Notenbanken für Konjunkturimpulse ein. Lediglich die massive Ausweitung von Anleiheankäufen von Staaten und Unternehmen verblieb als einzig wirkungsvolle geldpolitische Maßnahme.
Die **US-amerikanische Notenbank Federal Reserve** (Fed) als Zentralbank des größten Weltwährungsraumes senkte infolge der Corona-Krise im März 2020 in zwei Schritten ihren Leitzins um insgesamt 1.5 % (Federal Funds Rate). Der Leitzins rangiert damit in einer Bandbreite von 0 bis 0.25 %. Die Käufe von Staatsanleihen und Hypothekenpapiere summierten sich in 2020 auf über 4 Bio. US$. Auch für 2021 kündigte Fed-Chef Powell Anleiheankäufe in Höhe von rd. 120 Mrd. US$ je Monat an.
Die **Europäische Zentralbank (EZB)** ergriff angesichts der schweren Wirtschaftskrise in der EU ebenfalls weitere geldpolitische Lockerungsschritte. Dabei beließ sie den Leitzins der Eurozone das fünfte Jahr in Folge unverändert bei 0 %. Auch der Einlagezins blieb auf mit -0.5 % auf dem Niveau des Vorjahres. Dieser Negativzins entspricht dem Strafzins, den Banken für überschüssige Liquidität bei der EZB zu zahlen haben. Erste Geschäftsbanken im Euroraum geben diesen Negativzins mittlerweile an ihre Kunden weiter. Zur Bewältigung der wirtschaftlichen Folgen schnürte die EZB im März 2020 **das Pandemie-Notfallankaufprogramm (PEPP)**. Der Gesamtumfang des PEPP wurde in drei Schritten bis Jahresende 2020 auf über 1.85 Bio. € erhöht und seine Laufzeit bis 2023 verlängert. Solche Anleihekäufe sind bereits seit Jahren ein von der EZB genutztes Mittel, um die Wirtschaftsentwicklung im Euroraum zu stimulieren. Das Instrument ist allerdings umstritten, da es eine Finanzierung staatlicher Haushalte durch die Notenbank ermöglicht. Im Mai 2020 stufte das deutsche Bundesverfassungsgericht das von der EZB aufgelegte Staatsanleihenkaufprogramm entgegen der Auffassung des Europäischen Gerichtshof als teilweise verfassungswidrig ein und forderte die EZB auf, die Verhältnismäßigkeit der Maßnahmen darzulegen.

Geldpolitische Indikatoren 2020 in ausgewählten Währungsräumen

	Inflation	Leitzins	LIBOR*	Anleihekäufe
USA	1.2 %	0-0.25 %	0.7 %	4 Bio. US$
Eurozone	0.3 %	0.0%	-0.4 %	2.2 Bio. US$
Japan	0.0 %	-0.1 %	0.0 %	k. A.
Großbritannien	0.9 %	0.1 %	0.0 %	1.2 Bio. US$

*International gültiger Referenzzinssatz als Grundlage zur Berechnung von Kreditzinsen
Quelle: Fed 2021/EZB 2021/BoJ 2021/BoE 2021

Die **Bank of England** (BoE) senkte im März 2020 als Reaktion auf die Corona-Rezession den Leitzins in zwei Schritten auf 0.1 %. Zusätzlich ergriff die Notenbank 2020 Anleiheankäufe in Höhe von rd. 1.2 Bio. US$ zur Stützung der Wirtschaft.
Auch **die japanische Notenbank** (Bank of Japan) hielt an ihrer ultra-lockeren Geldpolitik fest. Bereits 2016 führte sie Negativzinsen zur Vermeidung von Deflationsgefahren ein und beließ den Leitzins seitdem bei -0.1 %.
Die **chinesische Zentralbank** (People's Bank of China) notierte ihren Leitzins unverändert bei 3.85 %.

Regulierung der Finanzmärkte

Die Wirtschafts- und Finanzkrise 2008/09 und die folgende Staatsschuldenkrise in Europa haben die Schwächen im europäischen wie globalen Finanzsystem aufgedeckt. Ein Grundproblem der weltweit vernetzten Finanzmärkte ist, dass die Kreditaktivität im Bankensektor der EU ins Stocken geraten und der Realwirtschaft in den Euro-Staaten deshalb ein **Engpass in der Geld- und Kreditversorgung** drohen kann. Als Reaktion auf die Finanzkrise wurde im Jahr 2012 die Einführung einer **Europäischen Bankenunion** beschlossen, die sich aus drei Säulen zusammensetzt. Das Kernelement bildet die gemeinsame, europaweite Bankenaufsicht. Als unabhängiges Organ der EU beaufsichtigt die EZB gemeinsam mit den nationalen Aufsichtsbehörden im Rahmen des **Einheitlichen Europäischen Aufsichtsmechanismus** die größten Finanzinstitute der teilnehmenden EU-Staaten. Als zweite Säule der Bankenunion wurde ein **Einheitlicher Abwicklungsmechanismus** (Single Resolution Mechanism/SRM) beschlossen. Damit wurden die nationalen Abwicklungsinstitutionen durch eine zentrale europäische Entscheidungsebene ergänzt, die seit Januar 2016 die Abwicklung notleidender Banken in der Eurozone übernommen hat. Die Bankenunion soll durch ein **Europäisches Einlagensicherungssystem** (European Deposit Insurance Scheme/EDIS) als dritte Säule komplettiert werden.

Immobilienmärkte

Entwicklung und Struktur der globalen Immobilienmärkte waren **in besonderem Ausmaß von den Folgen der Corona-Pandemie** betroffen, allen voran durch die weltweit explosionsartig gestiegene Zahl an Berufstätigen im Homeoffice, die bisweilen bis weit in die erste Jahreshälfte 2021 hinein das Büro infolge strenger Unternehmensvorgaben ununterbrochen nicht mehr aufsuchten. Aber auch die global gesunkene Reise- und Handelstätigkeit steuerten negativ zur Nachfrage nach Immobilien bei.

Die **weltweit getätigten Investitionen** in Immobilien spiegeln nach Angaben von PricewaterhouseCoopers (PwC) diese Entwicklung wider. Wurde 2019 mit Investments in Höhe von rd. 1.07 Bio. US$ noch ein neuer Allzeithöchstwert erreicht, fielen die Umsätze im Jahresverlauf 2020 deutlich auf 760 Mrd. US$ (-29 %). Allerdings wurden während der Finanz- und Wirtschaftskrise 2008/09 noch erheblich höhere Einbrüche gemessen. Nach Weltregionen wurden die meisten Immobilienkäufe in Nordamerika (350 Mrd. US$; -34 %) getätigt, gefolgt von Europa (280 Mrd. US$; -24 %) und Asien (130 Mrd. US$; -19 %).

Differenziert **nach Nutzungsarten** werden weltweit die wertmäßig größten Käufe mit 255 Mrd. US$ im Bürogebäudesegment getätigt. Dahinter folgen Wohnungen (210 Mrd. US$), Industrieanlagen (163 Mrd. US$), Einzelhandelsimmobilien (89 Mrd. US$), Beherbergungsgebäude (27 Mrd. US$) und Wohnheime (16 Mrd. US$).

Auf **Ebene einzelner Nationalstaaten** waren die USA trotz hoher Verluste (-33 %) mit einer Investitionssumme in Höhe von 329 Mrd. US$ der umsatzstärkste Immobilienmarkt der Welt. Mit beträchtlichem Abstand folgen Deutschland (71 Mrd. US$; -22 %), Großbritannien (52 Mrd. US$; -16 %), Japan (38 Mrd. US$; -15 %), Frankreich (35 Mrd. US$; -35 %) und China (33 Mrd. US$; -21 %). Besonders beliebte Standorte für Immobilieninvestments in Nordamerika sind Dallas, Tampa, Salt Lake City und Washington D. C.; in Europa zählen hierzu die Städte Berlin, London, Paris und Frankfurt am Main; in Asien gehören Singapur, Shenzhen und Tokio dazu. Allerdings gelten die Immobilienmärkte in vielen Weltregionen als überhitzt. Nach Angaben der Schweizer Großbank UBS besteht die Gefahr **einer Preisblase am Immobilienmarkt** insbesondere in den Städten München, Frankfurt am Main, Toronto, Hongkong, Paris, Amsterdam und Zürich.

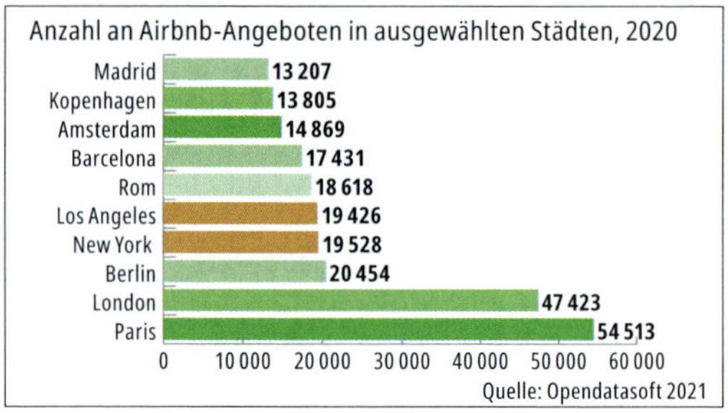

Anzahl an Airbnb-Angeboten in ausgewählten Städten, 2020

Quelle: Opendatasoft 2021

Durch technologischen Wandel sowie veränderte Konsummuster unterliegen die globalen Immobilienmärkte vermehrt **strukturellen Veränderungen**. Einen zunehmend größeren Einfluss auf die künftige Dynamik wird durch online-Vermittlungsplattformen für zeitlich begrenzte Unterkünfte erwartet. Dadurch sehen sich viele Städte zum einen mit einer enormen Ausweitung des Angebots an Übernachtungskapazitäten, andererseits mit einer weiteren Verknappung des Wohnraums konfrontiert. Bereits der Marktführer Airbnb listet für die Städte Paris, London und Berlin schon mehrere zehntausend solcher Angebote.

Daneben ermöglichen neue digitale Technologien sowie Veränderungen in der Arbeitsteilung eine räumlich und zeitlich flexible Arbeitsweise. Der Bedarf an entsprechenden Arbeitsplätzen wie Co-working-spaces wird sich in Zukunft daher stark erhöhen. So gehen Prognosen davon aus, dass allein bis 2023 12.5 % aller Büroimmobilien weltweit für eine flexible Nutzung zur Verfügung stehen werden. Allein für Europa ist nach Angaben von PwC eine Zunahme bis 2023 um +70 %, für Nordamerika von +60 % zu erwarten mit noch unabsehbaren Folgen für die Investitionstätigkeit im Büroflächensegment.

Der **deutsche Immobilienmarkt** war durch folgende Entwicklungen gekennzeichnet:

Die Zahl der Fertigstellungen auf dem deutschen Wohnungsmarkt lag nach Angaben des Statistischen Bundesamtes zum Jahresende 2020 bei 306 000

Wohnungen. Damit blieben die Fertigstellungen aber weiterhin deutlich unter der Zielmarke der Bundesregierung von 375 000 neuen Wohnungen pro Jahr zur Entschärfung der Wohungsnot. Mit einem Zuwachs von 4.6 % beschleunigte sich der Ausbau auf dem Wohnungsmarkt im Vergleich zum Vorjahr (2018: 2 %). Allerdings reicht die Bautätigkeit bei Weitem nicht an die Werte früherer Jahre heran (1995: 600 000 fertiggestellte Wohnungen). Die Zahl der Baugenehmigungen entwickelte sich nach mehreren Jahren ohne nennenswerte Zuwächse positiv. 2020 erteilten die Baubehörden etwa 368 000 Baugenehmigungen (+2 %). Allerdings blieb das Niveau der frühen 2010er-Jahre weiterhin unerreicht. Als Gründe für die seit Jahren gebremste Entwicklung trotz zinsgünstiger Kredite gelten die hohen Preise für Grundstücke und Immobilien sowie fehlendes Bauland in den Großstädten. Zudem ist die deutsche Bauwirtschaft stark ausgelastet, sodass ein weiterer Anstieg der Bautätigkeit auch wegen des zunehmenden Fachkräfteengpasses bei den Firmen kaum noch möglich ist.

Die **Miet- und Kaufpreise** auf dem deutschen Wohnungsmarkt legten wie in den Vorjahren aufgrund von Angebotsengpässen und dem niedrigen Zinsumfeld erneut zu. Die Mietpreise im Neubausegment stiegen um 5 %, ebenso die Preise für neue Eigentumswohnungen. Die Preise für Ein- bzw. Zweifamilienhäuser kletterten sogar um 14 %. München gilt nach Angaben von empirica mit einer Nettokaltmiete 2020 in Höhe von 18.61 €/m² (+5 % gegenüber 2019) als teuerste Stadt Deutschlands, gefolgt von Frankfurt am Main (15.53€) und Stuttgart (14.68€).

Zusammen mit den Angebotsengpässen **verschärft** die rasante Preisentwicklung auf dem deutschen Wohnungsmarkt zunehmend **die Finanzierbarkeit von Wohnraum**. Während die Löhne seit 2000 preisbereinigt um etwa 36 % zulegten, verzeichneten die Bauwerkskosten Zuwächse von über 80 %.

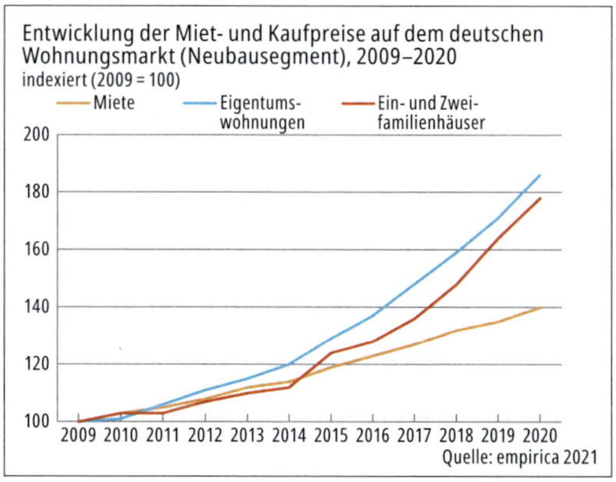

Entwicklung der Miet- und Kaufpreise auf dem deutschen Wohnungsmarkt (Neubausegment), 2009–2020
indexiert (2009 = 100)
Quelle: empirica 2021

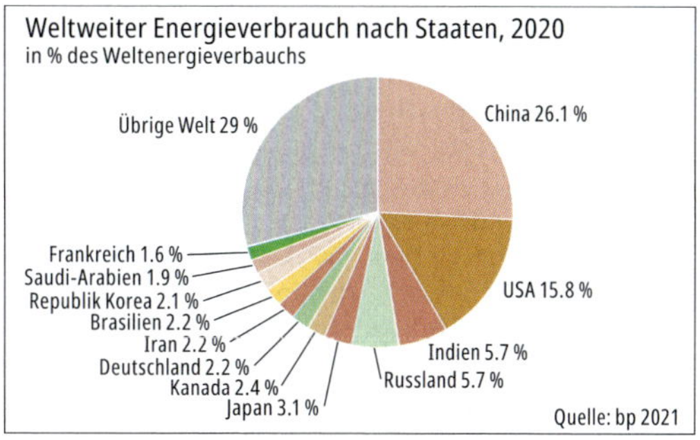

Weltweiter Energieverbrauch nach Staaten, 2020
in % des Weltenergieverbrauchs
Quelle: bp 2021

Energiemärkte

Weltweiter Energieverbrauch

Der Energiegehalt aller global eingesetzter Energieträger **(Primärenergieverbrauch)** ist nach Angaben von British Petroleum (bp) 2020 **infolge der Corona-Pandemie so stark** wie seit Ende des Zweiten Weltkrieges nicht mehr **eingebrochen**. Insgesamt sank der Weltenergieverbrauch auf 556.6 Exajoule (-9.5 %). Die starken Verluste resultierten zu einem Großteil auf den konjunkturbedingt deutlichen Verbrauchsrückgang bei Erdöl (-9.3 %). Aber auch Kohle (-6.2 %) und Erdgas (-2.3 %) verbuchten erhebliche Einbußen. Im Gegensatz dazu konnten trotz eines rückläufigen globalen Energiebedarfs die erneuerbaren Energiequellen (9.7 %) sowie Wasserkraft (1 %) im Vergleich zum Vorjahr zulegen.

Größter Energieverbraucher nach Staaten und Regionen war wiederholt China (26 %), gefolgt von den USA (16 %) und der EU (10 %), womit hierauf bereits mehr als die Hälfte des Weltenergieverbrauchs entfällt. Zum Vergleich beträgt der Anteil aller afrikanischer Staaten daran lediglich 3.3 %.

Die **Entwicklung des Welt-Energieverbrauchs** nach Energieträgern zeigt, dass die erneuerbaren Energien seit etwa 10 Jahren massiv zulegen. Ihr Anteil am globalen Energiemix kletterte von nur 1 % in 1995 auf 7 % in 2020. Allerdings wuchs gleichzeitig auch der globale Energiebedarf von rd. 350 Exa-

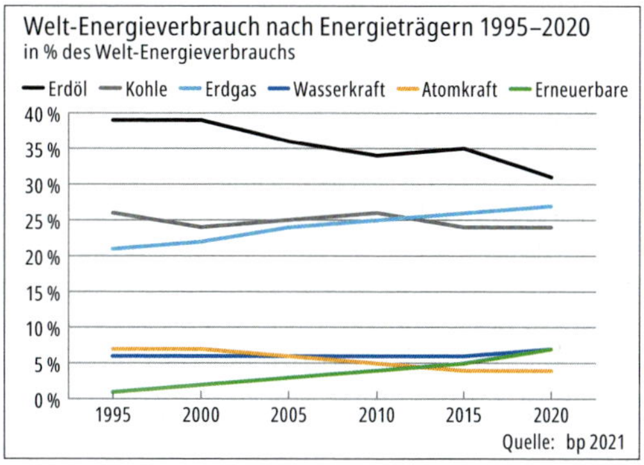

Welt-Energieverbrauch nach Energieträgern 1995–2020
in % des Welt-Energieverbrauchs
Quelle: bp 2021

joule in 1995 auf rd. 556 Exajoule in 2020 (+68 %). Während zwar die Anteile von Erdöl langsam zurückgehen, bewegt sich der globale Kohleverbrauch insgesamt seitwärts, wohingegen der anteilige Erdgasverbrauch sogar leicht ansteigt. Noch immer liefern also fossile Energieträger über 80 % des globalen Primärenergiebedarfs. Damit bleibt ihr Anteil seit Jahren auf konstant sehr hohem Niveau stabil. **Erneuerbare Energien verdrängen** demnach **fossile Energieträger** (noch) **nicht**, sondern ergänzen lediglich den global stetig steigenden Energiebedarf. Parallel zum globalen Energieverbrauch sanken erstmals seit 2010 auch **die globalen Treibhausgasemissionen**. Ihr Ausstoß betrug nach Angaben von bp 2020 32 284 Mio. t, was einem Rückgang von -6.3 % im Vergleich zu 2019 entsprach. Größter CO_2-Emittent war 2020 erneut China (30.3 %), gefolgt von den USA (13.8 %), der EU (7.9 %), Indien (7.1 %) und Japan (3.1 %). Während die Emissionen in nahezu allen Industriestaaten kräftig einbrachen – darunter in Großbritannien (-16.6 %), der EU (-13.4 %) und den USA (-11.6 %) besonders stark – wuchs der CO_2-Ausstoß in China 2020 sogar weiter an (+0.6 %). Zu den Ländern mit dem **weltweit höchsten Pro-Kopf-Energieverbrauch** gehörten 2020 unverändert Katar (594 GJ/Kopf), Singapur (584 GJ/Kopf) und Trinidad und Tobago (445 GJ/Kopf). Nach Kontinenten zählt Nordamerika mit 217 GJ/Kopf den höchsten, Afrika mit 14 GJ/Kopf den niedrigsten Pro-Kopf-Verbrauch. Europas Pro-Kopf-Verbrauch liegt bei 114 GJ/Kopf.

Energieverbrauch in Deutschland

Als ressourcenarmes Land ist Deutschlands Energieverbrauch stark auf **Importe** angewiesen. Die hohe Einfuhrabhängigkeit bringt die Gefahr von Angebotsstörungen und -unterbrechungen mit sich und geht zudem mit einem Preisrisiko für die deutsche Wirtschaft einher, zumal Deutschland bei den fossilen Energieträgern teilweise gänzlich Nettoimporteur ist. Das deutsche Energieaufkommen stammte im Jahr 2020 daher lediglich zu 29.1 % aus inländischen Quellen. Gegenüber 2019 ist die inländische

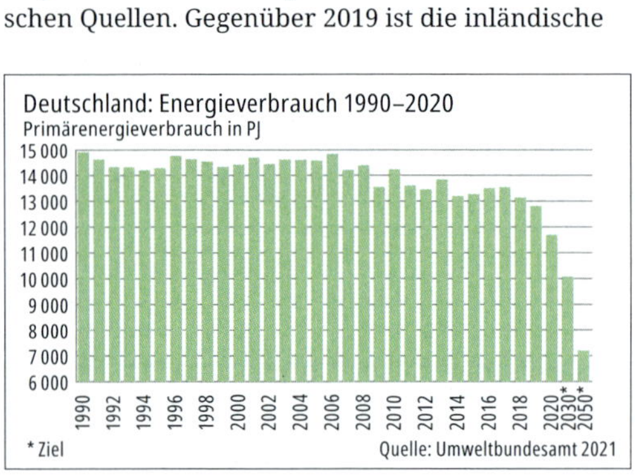

Erzeugung allerdings um +1.6 % angewachsen, was zu einem Großteil auf den Bedeutungsgewinn heimischer erneuerbarer Energien zurückzuführen ist. Der **Primärenergieverbrauch** in Deutschland sank mit 11 784 Petajoule (PJ) auf den niedrigsten Stand seit Anfang der 1970er-Jahre. Gegenüber dem Vorjahr wurde ein kräftiger Rückgang um über 1000 PJ (-9 %) registriert. Mit Ausnahme der erneuerbaren Energien verzeichneten alle weiteren Energieträger wie Erdöl und -gas, Braun- und Steinkohle sowie die Kernenergie rückläufige Zahlen.
Hauptursache für den erheblich geringeren Energiebedarf Deutschlands waren die wirtschaftlichen Folgen der Covid-99-Pandemie. Insbesondere der Lockdown im Frühjahr 2020, in dem viele Fabriken und industrielle Produktionsanlagen heruntergefahren bzw. geschlossen wurden, ließ den Energiebedarf in bis dato beispiellosem Ausmaß einbrechen. Aber auch fortschreitende Verbesserungen bei der Energieeffizienz zeigten sich für den Verbrauchsrückgang verantwortlich. Die **konjunktur- und effizienzbedingte Verringerung** des Primärenergiebedarfs sorgte dafür, dass die energiebedingten Treibhausgasemissionen in Deutschland 2020 um etwa 40 Mio. t sanken (-20 %).
Erdöl blieb mit einem Anteil von 33.7 % der mit großem Abstand wichtigste Energieträger des deutschen Energiemix. Allerdings blieb der Verbrauch 2020 weit unter dem Vorjahresniveau. Insgesamt wurden 3973 PJ Erdöl in Deutschland verbraucht; ein Rückgang zu 2019 um -11.9%. Zu diesem außerordentlichen Rückgang trug die stark verminderte Transporttätigkeit im Luft- und Schiffsverkehr bei *(Siehe: Güterverkehr in Deutschland, S. 551)*. Infolgedessen sank der Bedarf an Luftkraftstoffen (-54 %) und schwerem Heizöl (-51 %) rapide ab. Aber auch der Verbauch von Kfz-Kraftstoffen war im Jahresvergleich rückläufig. Während Dieselkraftstoffe eine Verringerung um -9 % registrierten, fiel der Rückgang bei Ottokraftstoffen mit -10 % etwas stärker aus. Lediglich der Verbrauch von leichtem Heizöl konnte mit +3.3 % zulegen. Viele Privathaushalte füllten ihre Öltanks angesichts eines sehr niedrigem Preisniveaus für Heizöl im Jahreverlauf kräftig auf. So fielen die Preise für leichtes Heizöl 2020 um -26 %, für Dieselkraftstoff um -11 % und Ottokraftstoffe um -10 %. Wegen sehr begrenzter inländischer Ölvorkommen ist Deutschland fast ausschließlich von Importen abhängig. Die Importquote beträgt 98 %. Größte Importeure waren Russland (33.9 %), Großbritannien (11.6 %) und die USA (11.3 %).
Mit einem Anteil am deutschen Energiemix von 26.6 % ist **Erdgas** der zweitwichtigste Energieträger. Die Nachfrage nach Erdgas entwickelte sich angesichts überdurchschnittlicher Temperaturen und

Deutschland: Energieträger 2020
Anteil am Primärenergieverbrauch in %

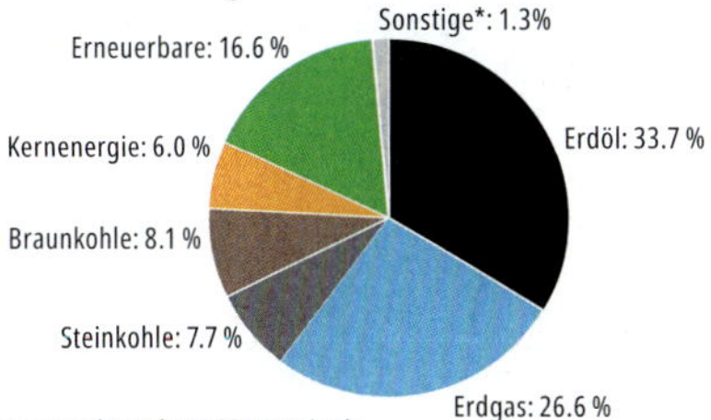

Gesamtverbrauch: 11 784 Petajoule
*einschließlich Stromhandelssaldo
Quelle: AG Energiebilanzen 2021

wirtschaftlicher Rezession ebenfalls rückläufig. Insgesamt wurden 2020 3136 PJ Erdgas verbraucht; ein Rückgang von -9.4 %. Konjunkturbedingt verringerte sich der Verbrauch der Industrie um etwa -9 %. Auch im Dienstleistungssektor war der Verbrauch aufgrund von Betriebsschließungen und verringerter Büronutzung durch die pandemiebedingte Ausweitung von Homeoffice rückläufig (-9 %). Im Gegensatz dazu legte der Erdgasverbrauch der privaten Haushalte leicht zu (+2.5 %). Viele Menschen mussten sich angesichts der Eindämmungsmaßnahmen des Coronavirus zwangsläufig mehr zuhause aufhalten. Weiter verstärkt wird der Verbrauch der privaten Haushalte durch den weiterhin hohen Zubau an erdgasbeheizten Wohneinheiten. Zum Jahresende 2020 waren bereits 52 % aller Wohnungen in Deutschland mit einer Gasheizung ausgestattet. Ähnlich wie beim Erdöl ist der Erdgasverbrauch in hohem Maße von Importen abhängig. Die **Importquote** betrug 2020 rd. 95 %. Bedeutende Lieferstaaten sind Russland (51 %), Norwegen (26 %) und Niederlande (21 %).

Die **erneuerbaren Energien** bildeten 2020 mit 1961 PJ (16.6 %) den drittwichtigsten Energieträger am deutschen Energiemix. Ihre Bedeutungszunahme 2020 resultierte aus eine deutlichen Zunahme der Stromerzeugung aus erneuerbaren Energien in Kombination mit einer höheren Beimischung von Biokraftstoffen im Verkehrssektor. Unter den regenerativen Energieträgern dominiert Biomasse (Holzpellets, Hackschnitzel, Stroh, Getreide, Biogas, Biodiesel u. a.) mit 51 %, gefolgt von Windenergie (24 %) und Solarenergie (10 %). Die stärksten Zuwächse erzielten 2020 Solarenergie (+8 %) und Geothermie (+8 %). Es folgen Windenergie (+4 %) und Biomasse (+2 %). **Typisch** für die erneuerbaren Energien ist ihre dynamische Entwicklung in den letzten Jahrzehnten. Lag ihr Anteil am Primärenergiebedarf 1990 noch bei 1.5 %, verzehnfachte er sich in den zurückliegenden 30 Jahren.

Braunkohle löste mit einem Anteil von 8.1 % am deutschen Energiemix erstmals die Steinkohle als viertwichtigsten Energieträger ab. Dabei gilt die Braunkohle als einziger Energieträger, der zur Deckung des Bedarfs **nicht** nach Deutschland importiert werden muss. Der Verbrauch an Braunkohle betrug 2020 956 PJ, was im Vergleich zum Vorjahr allerdings eine erhebliche Verringerung (-17.8 %) bedeutete. Ursachen waren der pandemiebedingte Stromverbrauchsrückgang, die witterungsbedingte Zunahme der Stromproduktion aus Wind- und Photovoltaikanlagen sowie allgemeine Wettbewerbsnachteile durch die niedrigen Erdgaspreise bei gleichzeitig steigenden Preisen für den Kohlenstoffdioxidausstoß. Die inländische Braunkohleförderung ging in den deutschen Revieren angesichts der negativen Verbrauchsentwicklung weiter zurück. Während das Rheinische Revier besonders kräftige Fördereinbußen verzeichnete (-21 %), waren diese in Mitteldeutschland (-17 %) sowie in der Lausitz (-12 %) schwächer ausgeprägt.

Der Anteil des ehemals sehr bedeutenden Energieträgers **Steinkohle** ist seit Jahrzehnten rückläufig und erreichte 2020 nur noch 7.7 % am deutschen Primärenergieverbrauch. Insgesamt wurden in Deutschland 904 PJ Steinkohle verbraucht, was einen weiteren deutlichen Rückgang zum Vorjahr bedeutete (-16.6 %). Mit Inkrafttreten des Kohleverstromungsbeendigungsgesetzes (KVBG) 2019 ist ein weiterer beträchtlicher Bedeutungsverlust der Steinkohle zu erwarten. Da der Steinkohlenbergbau in Deutschland 2018 mit Schließung der letzten Zeche Prosper-Haniel in Bottrop eingestellt wurde, beträgt die Importquote 100 %. Wichtige Importländer sind Russland (45 %), die USA (18 %) und Australien (12 %).

Die **Kernenergie** verzeichnete 2020 ebenfalls Verluste (-14.2 %). Insgesamt leistete die Kernenergie einen Beitrag von 702 PJ zur Energiebilanz, was einen Anteil von 6 % am Primärenergieverbrauch ausmacht.

Der **Stromverbrauch** Deutschlands verringerte sich 2020 angesichts der reduzierten Wirtschaftsaktivität. Insgesamt wurden 572.2 Mrd. kWh elektrischer Strom erzeugt (-9.1 % im Vergleich zum Vorjahr). Damit lag die gesamte deutsche Bruttostromerzeugung erstmals wieder auf dem Niveau von 1990. Die Stromerzeugung aus den einzelnen Energieträgern entwickelte sich jedoch uneinheitlich. Den stärksten Zuwachs verzeichneten erneut die erneuerbaren Energien (+8.9 %). Damit deckten sie knapp 44 % der Bruttostromerzeugung ab. Den größten Anteil daran hatte Windenergie mit 22.9 % (114.4 PJ), womit sie Braunkohle und Erdgas (beide 91.9 PJ) als wichtigste Energieträger verdrängte. Solarenergie erzielte einen Anteil von 8.8 % am Strommix, gefolgt von Biomasse (7.8 %) und Wasserkraft (3.3 %). Die erneuerbaren Energien übertrafen damit zum ersten Mal überhaupt die gesamte Stromerzeugung

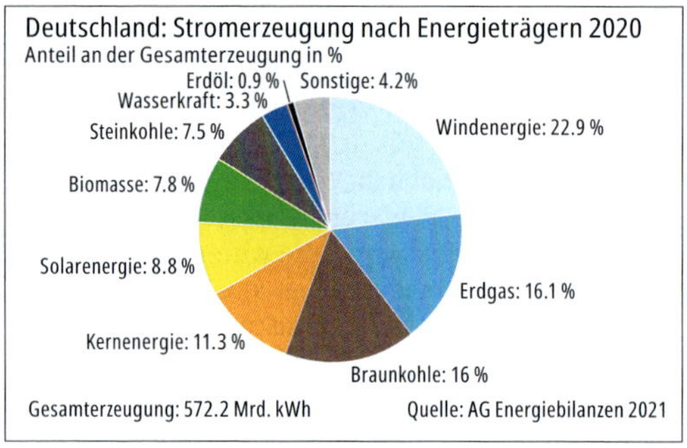

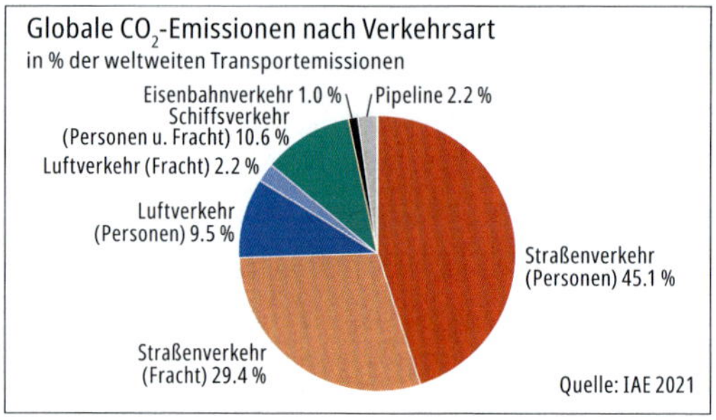

aus Erdöl, -gas und Kohle (40 %). Die Kernenergie steuerte zum deutschen Strommix noch einen Anteil in Höhe von 11 % bei.
Die zukünftige Entwicklung des Energiemixes ist neben demografischen, wirtschaftlichen und meteorologischen Faktoren vor allem von den **energiepolitischen und regulatorischen Rahmenbedingungen** abhängig. Maßgeblich sind mittel- und langfristig der schrittweise Atomausstieg bis Ende 2022 und der Ausstieg aus der Kohleverstromung bis zum Jahr 2038. Diese Entwicklungen werden von einer fortgesetzten Förderung des Ausbaus der Nutzung erneuerbarer Energien begleitet. Allerdings gerät beispielsweise bei der Windkraftnutzung der weitere Kapazitätsaufbau ins Stocken. Wurden 2017 noch rd. 1800 Windenergieanlagen zugebaut, waren es 2020 lediglich 420. Zugleich sank die neu installierte Windenergieleistung 2020 um 73 % gegenüber 2017.

Mobilität

Mobilität von Personen und Gütern ist eine **entscheidende Voraussetzung** für eine funktionierende arbeitsteilige Wirtschaftsweise. Mobilität wird ausgelöst von Bedürfnissen, die für Menschen nicht unmittelbar vor Ort befriedigt werden können. Für den Zugang zu Angeboten und Leistungen an anderen Orten werden folglich Ortsveränderungen von Personen oder Waren notwendig. Die zur Ortsveränderung benutzten Instrumente stellen **Verkehrsmittel** wie Auto, LkW, Bahn, Schiff, Flugzeug, Fahrrad oder Fuß dar. Aus dem Zusammenwirken dieser Verkehrsmittel resultiert wiederum das **Verkehrsgeschehen**.
2020 wurde das globale Mobilitätsgeschehen ganz erheblich von den Folgen der Corona-Pandemie beeinflusst. Reise- und Kontaktbeschränkungen reduzierten in beispiellosem Maße den internationalen Fernverkehr. Zugleich erlitt auch der Nahverkehr infolge von Ausgangsbeschränkungen und vermehrtem Online-Shopping erhebliche Einbrüche. Aus Furcht vor Infektionsgefahren mieden viele Menschen außerdem die Nutzung des Öffentlichen Personennahverkehrs (ÖPNV). Nicht zuletzt flachten urbane Verkehrsspitzenzeiten angesichts verstärkter Homeoffice-Tätigkeit sowie geschlossener Betreuungseinrichtungen und Schulen deutlich ab. So brachen die Fahrten in den großen Innenstädten in Großbritannien im Vergleich zu 2019 mit -52 %, in den USA mit -44 % und in Deutschland mit -40 % drastisch ein.
2018 wurden durch das globale Verkehrsgeschehen nach Angaben der Internationalen Energieagentur (IEA) über 8.25 Bio. t CO_2 in die Atmosphäre emittiert, was knapp **einem Viertel** aller weltweiten Kohlendioxidemissionen entspricht.
Mit diesem vergleichsweise hohen CO_2-Austoß steht die Mobilität von Menschen und Waren in einem problematischen Zusammenhang *(Siehe: UMWELT: Klima, S. 568)* mit der Erwärmung des Weltklimas.
Die Entwicklung **des Elektromotors sowie anderer alternativer Antriebstechniken (Brennstoffzelle)** gilt seit vielen Jahren als erfolgsversprechende Schlüsseltechnologie hin zu klimafreundlichen und doch motorisierten Mobilitätsformen. In Verbindung mit regenerativ erzeugtem Strom emittiert der Betrieb eines Elektrofahrzeuges deutlich weniger CO_2 als Fahrzeuge mit Verbrennungsmotor. Allerdings herrschen im Segment der Elektromobilität **technische und wirtschaftliche Markteintrittsbarrieren** wie eine geringe Reichweite, schwächelnde Akkus, hohe Anschaffungskosten sowie eine mangelhafte Ladeinfrastruktur. Nichtsdestotrotz befindet sich der Markt für E-Mobilität angesichts zahlreicher staatlicher Kaufanreize in vielen Ländern der Erde

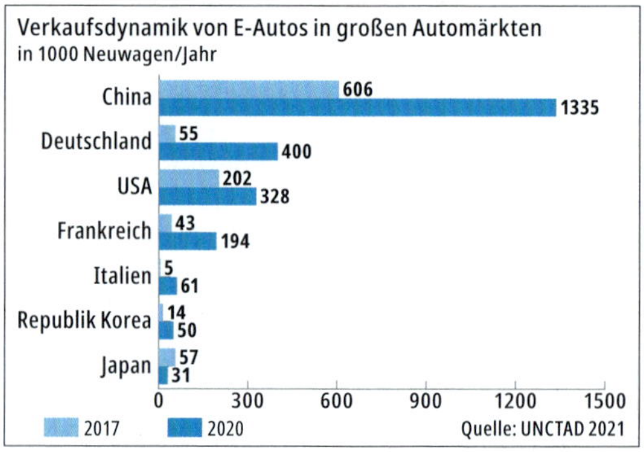

auf einem dynamischen Wachstumspfad. Insgesamt wurden nach Angaben des E-Mobility Index 2020 weltweit rd. 2.5 Mio. Elektrofahrzeuge verkauft. Größter Markt mit ca. 1.3 Mio. verkauften E-Autos (53 %) ist China. Dies entspricht einer Zunahme im Vergleich zu 2017 um 120 %. Zugleich kündigten mit Volvo (SWE; bis 2030), Ford (USA; bis 2030) Audi (D; bis 2033) General Motors (USA; bis 2035) sowie VW (D; bis 2035) große globale Automobilhersteller **den Ausstieg aus der Produktion von Kfz mit Verbrennungsmotoren** an.

Den größten Marktanteil halten E-Autos hingegen in Deutschland mit 12.6 % am Gesamtmarkt im Jahr 2020, gefolgt von Frankreich (9.5 %), China (5.7 %), Italien (4.1 %) und der Republik Korea (2.7 %).

Des Weiteren waren die globalen Verkehrsmärkte für Personen und Güter durch folgende Entwicklungen gekennzeichnet:

Nach Angaben des Internationalen Transportforums (ITF) entwickelte sich das globale **Güterverkehrsgeschehen** 2019 uneinheitlich. Im Eisenbahngüterverkehr war das Frachtaufkommen wie bereits im Vorjahr rückläufig. Dabei ging das Aufkommen in den USA (-9.3 %) und der EU (-9.9 %) vergleichsweise kräftig zurück. Im Gegensatz dazu realisierte der Straßengüterverkehr ein Wachstumsplus (USA: +0.1 %; EU: +1 %). Der internationale Luftfrachtgüterverkehr verbuchte 2019 mit -9.2 % ebenfalls leichte Verluste. Auf den internationalen Gewässern hingegen wurden 2019 erneut mehr Güter gehandelt (+3 %). Der **Personenverkehr** der OECD-Mitgliedsstaaten kletterte nach Angaben der Organisation für wirtschaftliche Zusammenarbeit (OECD) 2019 auf geschätzt 14.7 Bio. Personenkilometer (Pkm). Mit 6.6 Bio. Pkm liegen die USA an der Spitze, gefolgt von Japan (1.4 Bio. Pkm) und Deutschland (1 Bio. Pkm).

Innerhalb der OECD-Staaten wurden 2019 rund **985 Mrd. € in die Verkehrsinfrastruktur** investiert. Damit ergab sich im Vergleich zum Vorjahr ein deutlicher Zuwachs in Höhe von +11.3 %. Die mit Abstand größte Investitionssumme leistet China mit 709 Mrd. €, was rd. 72 % der weltweiten Straßenbauinvestitionen entspricht. Es folgen die USA (106 Mrd. €), Deutschland (24 Mrd. €), Großbritannien (22 Mrd. €) und Frankreich (21 Mrd. €).

Globaler Personenverkehr

Straßenverkehr: Der Weltbestand an Kraftfahrzeugen (ohne Nutzfahrzeuge) liegt gegenwärtig nach Angaben des Umweltbundesamtes bei **schätzungsweise 1.2 Mrd. Kfz** (2019: 1.16 Mrd.; +3.2 %). Damit hat sich ihre Anzahl seit Beginn der 1980er-Jahre mehr als verfünffacht. **Mit Blick auf die Kfz-Neuzulassungen** war nach OECD-Angaben 2019 ohne Daten aus China und den USA Russland mit 4.75 Mio. Neuzulassungen größter Absatzmarkt. Es folgen Deutschland mit 3.61 Mio. und Japan mit 3.42 Mio. Neuzulassungen. Beim weltweiten Straßennetz entfielen laut CIA World Factbook bei einer Gesamtlänge von rd. 48 Mio. km die höchsten Anteile auf die USA (14 %), Indien (10 %) und China (9 %). In den meisten Industriestaaten wird der Straßenbau seit Jahren zunehmend eingeschränkt, da der vordringliche Bedarf weitgehend gedeckt ist und Gesichtspunkte des Natur- und Umweltschutzes gegen eine weitere Verdichtung des Straßennetzes sprechen. In vielen Entwicklungs- und Transformationsländern besteht hingegen Nachholbedarf.

In den OECD-Staaten wurden 2019 **95.6 Mrd. €** in den Straßenbau investiert. Im Vergleich zum Vorjahr ergab sich damit geringer Zuwachs von +1 % Die höchste Summe investierten die USA mit 48 Mrd. €, was knapp der Hälfte der gesamten Investitionstätigkeit der OECD-Staaten entspricht. Es folgen Japan (16.5 Mrd. €), Italien (7.4 Mrd. €) sowie Kanada (4.8 Mrd. €).

Eisenbahnverkehr: Die Staaten mit den **größten Streckennetzen** waren nach Angaben des Internationalen Eisenbahnverbandes (UIC) die USA (293 564 km), die EU (230 548 km), die VR China (124 000 km) und Russland (87 157 km). Bei der Verteilung nach Kontinenten lag Europa (Weltanteil 32 %) vorne, gefolgt von Nord- und Südamerika (28.5 %), Asien (25.6 %) und Afrika (3.3 %). Beim Vergleich mit den Zahlen früherer Jahre wird deutlich, dass die Größe des Streckennetzes in den meisten Staaten stagniert. Veränderungen ergeben sich derzeit vorrangig in den ökonomisch erstarkten Schwellenländern, etwa in Russland oder China, das auch nach Fertigstellung der Strecke Peking–Tibet weiter an großen Fernverbindungsstrecken baut. Die globale Beförderungsleistung lag 2019 bei etwa 3.7 Bio. Personenkilometern (Pkm), wovon auf Asien 81 % entfallen. Die höchsten Beförderungszahlen erzielten laut UIC mit deutlichem Abstand Indien (1.15 Bio. Pkm) und China (774 Mrd. Pkm), gefolgt von Japan (250 Mrd. Pkm), Russland (133 Mrd. Pkm) und Frankreich (94 Mrd. Pkm). Die meisten Fahrgäste wiederum wurden mit rd. 9 Mrd. in Japan befördert. Es folgen Indien (8.44 Mrd.), China (4.21 Mrd.) und Deutschland (2.12 Mrd.). Zu den **weltgrößten Eisenbahnkonzernen** nach Fahrgästen zählten 2019 Indian Railway (8.44 Mrd.), East Japan Rail (6.46 Mrd.), China Railway High-Speed (2.35 Mrd.), Deutsche Bahn (2.12 Mrd.) sowie West Japan Railway Company (1.91 Mrd.).

Luftverkehr: Die Entwicklungen im Weltluftverkehr stand 2020 ganz im Zeichen der Corona-Pandemie. Reise- und Kontaktbeschränkungen zur Eindämmung des Coronavirus brachten den internationalen Luftverkehr für einige Monate nahezu komplett zum

Erliegen. Im April und Mai 2020 lagen die internationalen Flugbewegungen um -93 % unter dem des Vorjahresniveaus. Eine Erholung im Luftverkehr trat bis Jahresende 2020 nicht ein. Insgesamt fielen im Vergleich zum Vorjahr rd. 15 Mio. Flugbewegungen aus. Am stärksten waren Asien (-4.7 Mio. Flüge) und Europa (-4.6 Mio.) betroffen, gefolgt von Nord- (-2.9 Mio.) und Südamerika (-1.4 Mio.). Infolgedessen brachen nach Angaben der Internationalen Zivilluftfahrtorganisation (ICAO) die Passagierzahlen im Vergleich zum Vorjahr **mit -60 % in bisher unbekanntem Ausmaß** ein. Insgesamt beförderten die Fluggesellschaften 2020 lediglich 1.8 Mrd. Fluggäste, was in etwa dem Stand des Jahres 2013 entspricht. 2019 waren es noch rd. 4.5 Mrd. Flugpassagiere gewesen. Besonders hart getroffen hat es die internationalen Flugreisen (-74 %), während die Inlandsflüge mit -50 % etwas weniger stark einknickten. Der **ökonomische Schaden** dieser Luftverkehrskrise ist indes enorm. 2020 summierten sich die Verluste im internationalen Luftverkehrsgeschäft auf 114 Mrd. US$, wobei Europa mit Einbußen in Höhe von 41 Mrd. US$ am schwersten betroffen war. Außerdem wurden viele Tausend Arbeitsplätze in der Branche vernichtet. Einige Airlines meldeten Insolvenz an und stellten ihren Betrieb ein.
Gemessen an der Zahl der ein- und aussteigenden Passagiere dominierten 2020 infolge der weltweiten Luftfahrtkrise erstmals chinesische Flughäfen, da dort die Pandemie vergleichsweise früh einen milden Verlauf nahm. Größter Airport war Guangzhou (China) mit 43.7 Mio. Fluggästen, gefolgt von Atlanta (USA; 42.9 Mio.) und Chengdu (China; 40.7 Mio.).

Die größten internationalen Flughäfen 2020 nach Passagieraufkommen

Rang 2020	Rang 2019	Flughafen	Passagiere	Veränderung ggü. Vorjahr
1	11	Guangzhou, CHN	43.7 Mio.	-40.4 %
2	1	Atlanta, USA	42.9 Mio.	-61.2 %
3	24	Chengdu, CHN	40.7 Mio.	-27.1 %
4	10	Dallas, USA	39.3 Mio.	-47.6 %
5	26	Shenzhen, CHN	37.9 Mio.	-28.4 %
6	48	Chongqing, CHN	34.9 Mio.	-22.0 %
7	2	Peking, CHN	34.5 Mio.	-65.5 %
8	16	Denver, USA	33.7 Mio.	-51.1 %
9	37	Kunming, CHN	32.9 Mio.	-31.4 %
10	46	Shanghai, CHN	31.1 Mio.	-31.7 %

Quelle: ACI 2021

Die größten Fluggesellschaften nach Anzahl der internationalen Passagiere waren 2019 (neuere Zahlen nicht verfügbar) Ryanair (146.2 Mio.; IRL), easyJet (85 Mio.; GBR), Emirates (58.6 Mio.; VAE), Lufthansa (52.5 Mio.; DEU) und Turkish Airlines (42.2 Mio.; TUR).

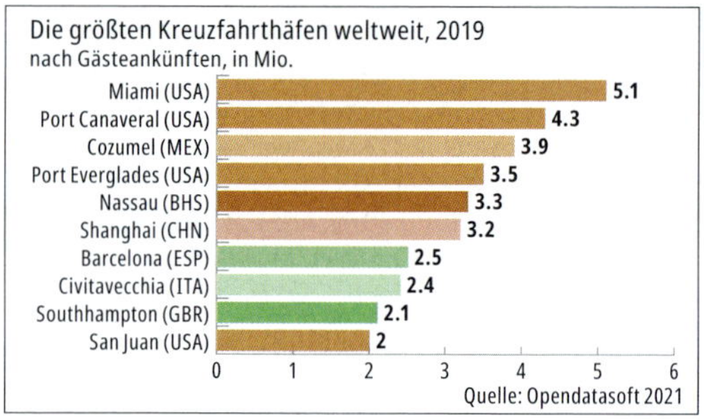

Schiffsverkehr: Im Bereich des internationalen Schiffspersonenverkehrs verzeichnete die Kreuzfahrtindustrie 2019 erneut weitere Zuwächse. Angaben des Branchenverbandes Cruise Lines International Association (CLIA) zufolge wurden 2019 weltweit 29.7 Mio. Passagiere gezählt (2018: 28.5 Mio; +4.2 %). Die höchsten Zuwachsraten registrierten Destinationen in den Schwellen- und Entwicklungsländern, insbesondere in Asien. Dabei setzt die Branche weltweit rd. 154 Mrd. US$ um und bietet über 1.17 Mio. Arbeitsplätze. Die meisten Passagiere kommen aus Nordamerika (15.4 Mio.), gefolgt von Europa (7.7 Mio.) und Asien (3.7 Mio.). Beliebte Reiseziele waren mit 34 % aller Ankünfte die karibischen Inselstaaten gefolgt von den Destinationen am Mittelmeer (18 %). Mit 5.1 Mio. Gästeankünften galt Miami (USA) 2019 als größter Kreuzfahrthafen.

Personenverkehr in Deutschland

Die Verkehrsmittelwahl (sog. modal split) in Deutschland ist stark vom motorisierten Individualverkehr (MIV) geprägt. Allerdings zeigen die Daten des Umweltbundesamtes, dass sich eine langsame Abkehr vom Auto als Hauptverkehrsmittel hin zu einer vermehrten Nutzung des Umweltverbundes (Nahverkehr, Fahrrad, Fußverkehr) abzeichnet. Insgesamt wies das Auto 2019 einen Anteil an allen Verkehrsmitteln von 78.5 % (1991: 81.7 %) auf. Es folgen der Schienenpersonenverkehr (8.6 %; 1991: 6.5 %), der öffentliche Straßenpersonenverkehr (6.8 %; 1991: 9.3 %) und der Luftverkehr (6.1 %; 1991: 2.5 %). Die gesamte jährliche Fahrleistung kletterte 2019 um

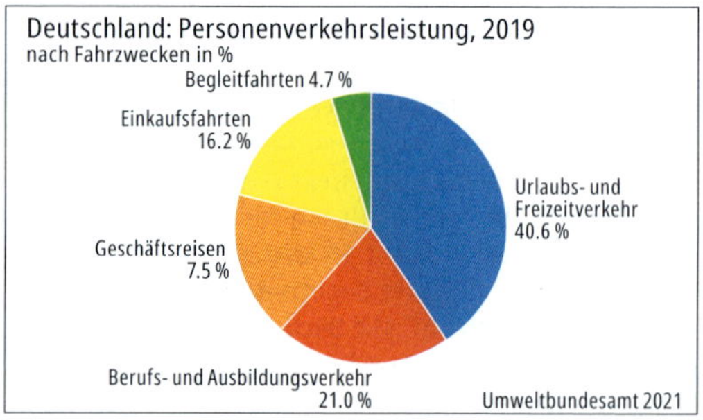

+0.5 % auf 1.167 Mrd. Personenkilometern (Pkm). Dabei zeigt der langfristige Trend, dass **die Mobilität innerhalb Deutschlands** in den letzten 30 Jahren stetig **zugenommen hat** (Fahrleistung 1991: 874.7 Mrd. Pkm; +33 %). Rd. 41 % der Personenverkehrsleistung entfällt auf den Urlaubs- und Reiseverkehr, gefolgt vom Berufs- und Ausbildungsverkehr (21 %) sowie Einkaufsfahrten (16.2 %).
Die steigenden Mobilitätszahlen führen mittlerweile in vielen deutschen Städten zu vermehrten Verkehrs-, Emissions- und Lärmbelastungen. Nach Angaben von Global Traffic Scorecard war **München 2020 die staureichste Stadt** Deutschlands. Der durchschnittliche Zeitverlust pro Fahrer summierte sich trotz des pandemiebedingten geringeren Verkehrsaufkommens auf 65 Stunden, was im Vergleich zum Vorjahr allerdings einen Rückgang um 25 % bedeutete. Es folgen die Städte Berlin (46 Stunden; -30 %), Nürnberg (35 Stunden; -17 %) und Hamburg (33 Stunden; -31 %).
Straßenverkehr: Der Bestand an Kraftfahrzeugen kletterte in Deutschland 2020 trotz der pandemiebedingten Wirtschaftskrise auf 59 Mio., was im Vergleich zum Vorjahr einer weiteren Zunahme von 1.4 % entspricht. Damit steigt die Anzahl an Kfz in Deutschland mittlerweile seit über 30 Jahren konstant an. Auf Pkw entfielen davon 48.24 Mio. (+1.1 %), auf Krafträder 4.66 Mio. (+3.4 %) und auf Lkw 3.41 Mio. (+4.1 %). Allerdings verspürte die Anzahl an Neuzulassungen einen deutlichen konjunkturbedingten Effekt. Insgesamt waren die Neuzulassungen 2020 mit -16.3 % außerordentlich rückläufig. Insgesamt wurden 3.54 Mio. neue Kraftfahrzeuge zugelassen. Davon entfielen auf Pkw 2.91 Mio., auf Lkw 295 000 und auf Krafträder 222 000. Während Pkw (-19.3 %) und Lkw-Neuzulassungen (-14 %) stark einknickten, legte der Absatz an Krafträdern verhältnismäßig kräftig zu (+32 %).
In Deutschland wurden 2018 laut Angaben des Verkehrsinvestitionsberichts der Bundesregierung etwa **7.38 Mrd. € an Bundesmitteln für Straßenbauprojekte** bereitgestellt. Der Schwerpunkt der Investitionen war Erhalt und Modernisierung der bundeseigenen Straßennetze, ergänzt um die Weiterführung und Fertigstellung laufender Vorhaben zur Beseitigung von Engpässen an hoch belasteten Verkehrsknoten und -strecken. Mittlerweile beträgt die Summe allein zur Erhaltung des Bundesfernstraßennetzes 4.47 Mrd. €, wodurch bereits 60.5 % der gesamten Bundesmittel für Straßenbau gebunden sind. Ein Teil der Ausgaben wurde mit Einnahmen aus der Lkw-Maut (rd. 5.1 Mrd. €) finanziert, die neben den Autobahnen seit 2018 auch für die Nutzung von Bundesstraßen erhoben wird.
Das überörtliche Straßennetz in Deutschland umfasste nach Zahlen des Bundesverkehrsministeriums im Jahr 2019 insgesamt etwa 229 900 km, davon 13 100 km Bundesautobahnen, 37 900 km Bundesstraßen, 87 000 km Landstraßen und 91 900 km Kreisstraßen. Die Zahlen sind seit vielen Jahren annähernd konstant.
Unfallstatistik: 2020 wurden auf Deutschlands Straßen nach Angaben des Statistischen Bundesamtes 2.24 Mio. Unfälle polizeilich erfasst (-16.4 %). Dabei starben 2719 Personen, womit die Zahl im Vergleich zu 2019 um -10.7 % zurückging. Die Zahl der verletzten Personen betrug ca. 330 000 (-14.7 %). Die teils deutlichen Rückgänge der Zahlen sind überwiegend durch das reduzierte Verkehrsgeschehen in Deutschland als Folge der Corona-Pandemie begründet.
Öffentlicher Personenverkehr: Die seit Jahren steigenden Fahrgastzahlen des öffentlichen Personenverkehrs mit Bus und Bahn in Deutschland fanden 2020 **angesichts der Corona-Pandemie ein abruptes Ende**. Schulschließungen, Homeoffice-Pflicht sowie generelle Kontakt- und Ausgangsbeschränkungen, gepaart mit dem Unbehagen eines erhöhten Infektionsrisikos in den Verkehrsmitteln des öffentlichen Personenverkehrs, führten zu stark rückläufigen Nutzerzahlen. Nach vorläufigen Angaben des Statistischen Bundesamtes fuhren 2020 rd. 8.18 Mrd. Personen mit den öffentlichen Verkehrsträgern. Dies entspricht einer außerordentlich starken Abnahme im Vergleich zu 2019 um -45 %. Zudem ist eine erhebliche Abwanderung von Stammkunden im ÖPNV festzustellen. Seit den Lockdown-Maßnahmen im November 2020 wurden nach Angaben des Verbandes Deutscher Verkehrsunternehmen (VDV) etwa 15 % aller Abonnements gekündigt. Alle Beförderungsarten waren von teils beträchtlichen Einbußen der Fahrgastzahlen betroffen. Die meisten der beförderten Personen entfielen auf den Liniennahverkehr (8.03 Mrd; -30 %), gefolgt vom Eisenbahnverkehr (82 Mio.; -45.6 %), dem Luftverkehr (58 Mio.; -75 %) und Fernbuslinien (6 Mio.; -71 %). Dabei verlief das Pendleraufkommen recht synchron zum Pandemieverlauf. Während insbesondere im Frühjahr 2020 erhebliche Rückgänge im Fahrgastaufkommen zu registrieren waren, erholten sich die Zahlen in den Sommermonaten. Gegen Jahresende führte der weiche Lockdown hingegen zu weniger stark rückläufigen Pendlerzahlen. Allerdings stiegen **knapp 30 % der ÖPNV-Nutzer** während der Pandemie auf das Auto als Hauptverkehrsmittel um.
Radverkehr: In deutschen Haushalten ist das Fahrrad das am meisten verbreitete Fahrzeug. Rd. 80 % der Haushalte verfügen über ein Fahrrad, etwa 30 % aller Haushalte verfügen über drei und mehr Fahrräder. Der Gesamtbestand (inkl. E-Bikes) lag 2020 bei rd. 79 Mio. Fahrrädern (davon 7.1 Mio. E-Bikes). Dabei galt **die Radbranche ökonomisch als eine der wenigen Profiteure** der Corona-Pandemie. Reisebe-

schränkungen, gepaart mit geringer Infektionsgefahr durch die Bewegung an der frischen Luft, verhalfen der Branche im Jahresverlauf **zu einem regelrechten Absatzboom**. Nach Angaben des Zweirad-Industrie-Verbands (ZIV) wurden 2020 erstmals über 5 Mio. Fahrräder und E-Bikes verkauft. Das Absatzplus betrug damit +17 % im Vergleich zum Vorjahr. Der Verkauf von E-Bikes legte im selben Zeitraum sogar um +43 % zu. Nach Angaben des Statistischen Bundesamts besaßen damit 11.4 % aller deutschen Haushalte ein E-Bike. Allerdings führten die Schließungen der Industrieanlagen in China im ersten Quartal 2020 in der zweiten Jahreshälfte zu vermehrten Lieferverzögerungen und Materialengpässen.
Der Anteil des Radverkehrs an der Verkehrsmittelwahl betrug in Deutschland nach der neuesten Erhebung „Mobilität in Deutschland“ 11 % und stieg damit gegenüber den Vorgängerstudien 2002 (9 %) und 2008 (10 %) weiter an. Dabei bestehen aber deutliche regionale Unterschiede insbesondere auch zwischen städtischen und ländlichen Regionen (Werte zwischen 7 und 15 %; auf Ebene der Bundesländer: höchste Werte 21 % Bremen, 15 % Hamburg; niedrigste Werte 6 % Thüringen, 2 % Saarland). Die deutschen Städte mit den höchsten Radverkehrsanteilen am modal split sind gegenwärtig Erlangen (28 %), Heidelberg (27 %), Bremen (24 %), Karlsruhe (24 %) und Freiburg (23 %).
Der Anteil von Radfahrenden an **Straßenverkehrsunfällen** lag 2019 unverändert bei rd. 29 %. 445 Radfahrer kamen dabei ums Leben.

Globaler Güterverkehr

Schienengüterverkehr: Im Güterverkehr auf der Schiene wurden die USA von China als weltgrößtes Transportland erstmals 2019 abgelöst. Insgesamt wurden auf Chinas Schienen nach OECD-Angaben Güter in Höhe von 2.88 Bio. Tonnenkilometer (tkm) transportiert. Auf den weiteren Plätzen folgen Russland (2.60 Bio. tkm) und die USA (2.36 Mio. tkm). Eines der **größten Infrastrukturprojekte** weltweit im Schienenverkehr ist die von der chinesischen Regierung verfolgte Idee einer **„Neuen Seidenstraße“** (Belt and Road Initiative). Mit neuen Schienennetzen soll ein dichtes Handelsnetzwerk zwischen Asien, Afrika und Europa mit schnellen Zugverbindungen geschaffen werden, entlang dessen sich die daran partizipierenden Staaten wirtschaftliche Impulse durch Investition, Produktion und Handel erhoffen. Ein wichtiges Teilprojekt darin ist der Neu- und Ausbau der Zugverbindung zwischen Duisburg (DEU) und Chongqing (CHN), wodurch die Transportzeit für Güterzüge auf unter acht Tage verkürzt werden soll. Indes ist die Neue Seidenstraße international sehr umstritten, da die überwiegend chinesischen Investitionen neue Abhängigkeiten von China schaffen sowie dem globalen Machtstreben der zweitgrößten Volkswirtschaft der Welt dient. Auf regionaler Ebene sieht wiederum **das EU-Konzept der Transeuropäischen Netze** (TEN) u. a. den Aus- und Neubau der paneuropäischen Schienenwege vor. Während einige Schienenprojekte wie Paris–London oder die Öresund-Landverbindung (Kopenhagen–Malmö) bereits fertiggestellt werden konnten, befindet sich das Kernstück der Eisenbahnachse Berlin–Palermo, der Brenner-Basistunnel zwischen dem bayrisch-tirolerischen Inntal und Südtirol, noch in Bau. Im Mai 2021 wurde bekanntgegeben, dass die Fertigstellung erst 2032 erfolgen wird. Ebenfalls in Bau befinden sich weiterhin die Hochgeschwindigkeits-Eisenbahnachse Paris–Madrid sowie die Baltisch-Adriatische Achse Danzig–Bologna.
Seegüterverkehr: Der Weltseegüterverkehr stieg nach Zahlen der Welthandels- und Entwicklungskonferenz der Vereinten Nationen (UNCTAD) 2019 gegenüber dem Vorjahr weiter an. Insgesamt wurden auf den weltweiten Schiffsrouten Güter in Höhe von 11.1 Bio. t transportiert (+2.8 % im Vergleich zu 2019). Dabei wurden rd. 58 % des weltweiten Seegüterumschlags (6.4 Mrd. t.) in den Schwellen- und Entwicklungsländern verladen. Den höchsten Anteil unter den Regionen verzeichnete Asien (41 %) vor Nord- und Südamerika (22 %) und Europa (16 %). Die wichtigsten weltweit beförderten Güter waren erneut Rohöl (1.86 Mrd. t; -1.1 % gegenüber 2018), Eisenerz (1.45 Mrd. t; -1.5 %), Steinkohle (1.29 Mrd. t; +2.4 %) und Getreide (477 Mio.t; +0.4 %). Auch die Zahl weltweit transportierter Container erreicht seit 2009 jährlich neue Rekordhöhen. 2019 stieg sie um +2.2 % auf rd. 811 Mio. TEU (Twenty-foot Equivalent Unit/Standardcontainer). Insgesamt wurden rd. 20 % der weltweiten Schifffahrtsgüter in Containern transportiert. Die höchsten Umschlagszahlen erreichten 2019 die Seehäfen Shanghai (43 Mio. TEU), Singapur (37.5 Mio. TEU) und Ningbo-Zhoushan (27.5 Mio. TEU). Mit Rotterdam (Rang 10; 14.5 Mio. TEU) befand sich in den Top 10 nur ein Hafen außerhalb von Ost- bzw. Südostasien. Hinter Rotterdam und Antwerpen (Rang 13) lag Hamburg als drittgrößter europäischer Containerhafen auf Rang 17 (9 Mio. TEU).
Der Seegüterverkehr hat weiterhin mit **Piraterie** zu kämpfen. 2020 stieg die Zahl weltweiter Überfälle mit 195 (+20 % gegenüber 2019) kräftig an. Den Schwerpunkt der weltweiten Piraterie bildete mit 84 Überfällen (+31 % gegenüber 2019) Westafrika mit Golf von Guinea, gefolgt von Südostasien mit 62 gemeldeten Überfällen (+17 %). Am häufigsten waren Schiffe aus Griechenland (45), Singapur (30), Deutschland (18) und Hongkong (13) betroffen.
Luftgüterverkehr: Das weltweite Frachtaufkommen im Flugverkehr war weniger stark von der Corona-Pandemie betroffen. Nach Angaben von Airport

Council International (ACI) sank der weltweite Güterumschlag im Luftverkehr 2020 um -8.9 % auf etwa 109 Mio. t. Die höchsten Frachtumsätze verzeichneten Memphis (4.6 Mio. t.), Hongkong (4.4 Mio. t) und Shanghai (3.6 Mio. t).

Die größten internationalen Flughäfen 2020 nach Frachtaufkommen

Rang	Flughafen	Fracht in Mio. Tonnen	Veränderung ggü. Vorjahr
1	Memphis, USA	4.61	+6.1 %
2	Hongkong, CHN	4.46	-7.1 %
3	Shanghai, CHN	3.68	+1.4 %
4	Anchorage, USA	3.15	+15 %
5	Louisville, USA	2.91	+4.6 %
6	Incheon, KOR	2.82	+2.1 %
7	Taipeh, TWN	2.32	+7.4 %
8	Los Angeles, USA	2.22	+6.6 %
9	Doha, QAT	2.17	-1.8 %
10	Miami, USA	2.13	+2.2 %

Quelle: ACI 2021

Die weltgrößten Frachtfluggesellschaften sind gegenwärtig FederalExpress (17.5 Mio. t), gefolgt von Quatar Airways (13 Mio. t) und United Parcel Service (12.8 Mio. t). Mit 7.2 Mio. t rangiert Lufthansa auf Platz 7 weltweit.

Güterverkehr in Deutschland

Die Entwicklung **des Güterverkehrs in Deutschland war 2020** insgesamt nur geringfügig vom Pandemieverlauf bestimmt. Lediglich im April und Mai 2020 wurden lockdownbedingt deutlich weniger Gütertransporte registriert als üblich. Allerdings konnten die Verluste mit der konjunkturellen Erholung in der zweiten Jahreshälfte teilweise kompensiert werden. Nach vorläufigen Angaben des Statistischen Bundesamtes wurden **etwa 3.9 Mrd. t Güter** auf den deutschen Verkehrswegen transportiert. Dies entspricht einer leichten Abnahme zu 2019 um -3.8 %. Differenziert nach Transportart entfielen davon auf den Straßengüterverkehr rd. 3.1 Mrd. t. (78 %). Es folgten der Eisenbahnverkehr (320 Mio. t), der Seeverkehr (273 Mio. t), die Binnenschifffahrt (187 Mio. t) sowie Rohrfernleitungen (81 Mio. t). Mit knapp 4.5 Mio. t blieb die innerdeutsche Luftfracht nahezu bedeutungslos.

Deutschland - Güterverkehr 2020

Verkehrszweig	Beförderte Güter in Mio. t	Veränderung zum Vorjahr	Tonnen-km in Mrd.
Straßenverkehr	3109.2	-3 %	303.0
Eisenbahnverkehr	320.1	-5.8 %	108.4
Seeverkehr	273.2	-5.9 %	k. A.
Binnenschifffahrt	187.8	-8.4 %	46.2
Rohrfernleitungen (Rohöl)	81.7	-4 %	16.6
Luftverkehr	4.5	-3.8 %	k. A.
GESAMT	3976.5	-3.8 %	

Quelle: Statistisches Bundesamt 2021

Nach Angaben des Statistischen Bundesamtes registrierten die Seehäfen Hamburg (109.2 Mio. t), Bremerhaven (46.5 Mio. t) und Wilhelmshaven (22.8 Mio. t) den größten Containerumschlag. Der umschlagsstärkste deutsche Frachtflughafen war 2020 erneut Frankfurt am Main mit 1.9 Mio. t.

Einzelhandel

Der Umsatz der 250 weltweit größten Einzelhandelsunternehmen betrug 2019 nach Angaben von Deloitte 4.85 Bio. US$, was einer Zunahme im Vergleich zum Vorjahr von +2.3 % (2018: +4.1 %) entspricht. Dabei wird der globale Einzelhandel von **nordamerikanischen und eruopäischen Konzernen** dominiert. Von den 250 größten Einzelhändlern weltweit stammen 87 aus Europa (35 %) und 80 (32 %) aus den USA und Kanada. Mit Blick auf die Umsatzerlöse führen wiederum die nordamerikanischen Konzerne mit 2.28 Bio. US$ (Weltanteil: 47 %) deutlich vor ihren europäischen Konkurrenten (1.61 Bio. US$; 33 % Weltanteil). In Europa hatten die meisten Einzelhandelsunternehmen ihren Sitz in Deutschland (18), gefolgt von Großbritannien (14) und Frankreich (12). Die zehn größten Einzelhandelsunternehmen weltweit werden ausschließlich von US-amerikanischen und europäischen Konzernen angeführt. Mit einem Umsatz von 524 Mrd. US$ gilt Wal-Mart Stores Inc. als der größte Einzelhändler der Welt.

Die weltweit größten Einzelhandelsunternehmen 2019

Unternehmen	Herkunftsland	Umsatz in Mrd. US$	Auslandsumsatz
Wal-Mart Stores, Inc.	USA	524	23 %
Amazon.com, Inc.	USA	158	31 %
Costco Wholesale Corp.	USA	152	27 %
Schwarz-Gruppe	Deutschland	126	66 %
The Kroger Co.	USA	121	0 %
Walgreens Boots Alliance	USA	116	10 %
The Home Depot, Inc.	USA	110	8 %
Aldi Einkauf GmbH & Co. oHG and Aldi International Services GmbH & Co. oHG	Deutschland	106	69 %
CVS Health Corp.	USA	86	0 %
Tesco plc	Großbritannien	81	21 %

Quelle: Deloitte 2021

Den einzigen Platzwechsel in der Rangliste im Vergleich zum Vorjahr vollzog der US-Onlinehändler Amazon.com Inc, der mit einem Umsatz 2019 in Höhe von 158 Mrd. US$ Costco Wholesale Corp. von Platz 2 der Top-90 verdrängte. Erst 2015 stieß Amazon.com Inc. überhaupt in die Top-10 vor. Mit **der Schwarz-Gruppe** (126 Mrd. US$) **und Aldi Einkauf GmbH & Co. oHG and Aldi International Services GmbH & Co. oHG** (106 Mrd. US$) zählen auch zwei deutsche Einzelhandelskonzerne zu den größten Einzelhändlern der Welt. Erst mit Blick auf die Top-20 durchbrachen asiatische Unternehmen wie JD.com Inc. (Rang 13, 74 Mrd. US$, China), Aeon Co. Ltd. (Rang 14, 72.7 Mrd. US$, Japan) und Seven & i Holdings Co. Ltd. (Rang 18, 58.5 Mrd. US$, Japan) die europäische und US-amerikanische Dominanz.
Die Liste der am schnellsten wachsenden Einzelhändler führten 2019 hingegen asiatische Unternehmen an. Mit einem Fünfjahreswachstum von +103 % belegt der koreanische Onlineversandhändler Coupang Corp. den Spitzenplatz, gefolgt vom indischen Supermarktkonzern Reliance Retail Limited (+55 %) und vom US-amerikanischen Onlinehändler Wayfair Inc. (+47.2 %). Mit Zalando SE (+24 %) befindet sich auch ein deutscher Einzelhändler in diesen Top-10.
Auf Produktebene (Textilien, Haushaltswaren und Freizeitartikel, Lebensmittel) war 2019 folgende Entwicklung festzustellen: Die höchsten Umsätze weltweit erzielt die Lebensmittelbranche (3.2 Bio. US$; +66 % gegenüber 2018), gefolgt von Haushaltswaren und Freizeitartikeln (934 Mrd. US$; +19 %) sowie Textilien (467 Mrd. US$; +10 %).
Auch wenn für 2020 keine statistischen Daten verfügbar sind, ist zu erwarten, dass **die Corona-Pandemie** im Einzelhandelssektor zu erheblichen Verwerfungen geführt haben wird. Während Onlinehändler von den Geschäftsschließungen stark profitieren werden, treffen diese den stationären Einzelhandel besonders hart. Branchenbezogen wiederum zählen die Lebensmittel- und die Baumarktbranche zu Krisengewinnern, während Kleidungs- und Kosmetikhändler erhebliche Umsatzeinbußen registrieren.

Kommunikation

Die internetbasierten Informations- und Kommunikationstechnologien (IKT) zählen zu den am schnellsten wachsenden Märkten weltweit. Gerade **im Pandemiejahr 2020** erlebte die internetbasierte Kommunikation zwischen Menschen angesichts globaler Eindämmungs- und Isolationsmaßnahmen **einen beispiellosen Boom**. Nutzungszeiten, mobile-App-Downloads und Umsatzerlöse erreichten neue Rekordmarken. Zugleich wurde die App-Branche von großen Verwerfungen getroffen. Während Reise- und Mobilitäts-Apps nach Jahren außerordentlich dynamischer Zuwachsraten erhebliche Einbrüche ihrer Nutzerzahlen registrierten, erlebten Unterhaltungs-, Shopping-, Social-Media-, sowie Videochat- und Konferenz-Apps einen ungeahnten Boom. Insgesamt wurden 2020 218 Mrd. mobile App-Downloads getätigt. Die weltweit meisten Downloads 2020 **zählten mobile Apps aus dem Social-Media-, Unterhaltungs- und Videochatsegment**. An der Spitze rangiert das chinesische Videoportal TikTok mit 985 Mio. Downloads und löste damit die bis dato US-dominierte Spitzengruppe ab. Es folgen der Instant-Messaging-Dienst WhatsApp (695 Mio.) sowie die Videochat-App Zoom Cloud Meetings (665 Mio.).

Die weltweit häufigsten mobile App-Downloads 2020
App Store und Goolge Play

App	Symbol	Unternehmen	Herkunftsland	Downloads
TikTok	TikTok	ByteDance	China	985 Mio.
WhatsApp		Facebook	USA	695 Mio.
Zoom Cloud Meetings	zoom	Zoom	USA	665 Mio.
Facebook		Facebook	USA	660 Mio.
Instagram		Facebook	USA	555 Mio.
Facebook Messenger		Facebook	USA	505 Mio.
Snapchat		Snap	USA	335 Mio.
Google Meet		Alphabet	USA	315 Mio.
Telegram		k. A.	Russland	305 Mio.
Netflix		Netflix	USA	245 Mio.

Quelle: SensorTower 2021

Insgesamt erreichte 2020 der Anteil der globalen Internetnutzer nach Schätzungen der Internationalen Fernmeldeunion (ITU) mit **knapp 55 % einen neuen Höchstwert**. Allerdings bedeutet diese Zahl auch, dass trotz der pandemiebedingten Bedeutungszunahme des Internets weltweit immer noch **3.7 Mrd. Menschen kein Internet** nutzen. Zwischen den Weltregionen offenbaren sich zudem erhebliche Unterschiede. Während in den Industriestaaten 87 % der Bevölkerung regelmäßig im Netz surfen, verringert sich dieser Anteil in den Niedrigeinkommensländern auf kaum mehr als 20 %. Die Internetnutzung in der jungen Bevölkerung (15–24 Jahre) ist in allen Weltregionen trotz großer Unterschiede ungleich höher. Während in den Industriestaaten rd. 98 % der jungen Bevölkerung das Internet nutzen, sind es in den Niedrigeinkommensländern immerhin 38 %. Von allen internetbasierten IKT-Anwendungen hat **die Mobilfunknutzung** seit der Jahrtausendwende das stärkste Wachstum erfahren. Mit 105 Mobilfunkverträgen pro 100 Einwohner war jedoch die Verbreitungsrate der Mobilfunknutzung 2020 leicht rückläufig. Insbesondere in den Schwellen- und Entwicklungsländern verringerte sich die Penetrationsquote auf 99 Mobilfunkverträgen je 100 Einwohner (-9), während sie in den Industriestaaten auf 133 je 100 Einwohner (+4) zulegte. Parallel dazu ist **eine massive Ausweitung der verfügbaren Übertragungskapazitäten** festzustellen. Von einer Mobilfunkabdeckung durch die Netze LTE, 3G und 2G wird nach Angaben der ITU estmals überhaupt die gesamte Weltbevölkerung erfasst. 85 % der Weltbevölkerung steht dabei der Mobilfunkstandard LTE zur Verfügung (3G: 8.5 %; 2G: 6.5 %). Auch hier spiegeln sich bei regionaler Betrachtung die ökonomischen Entwicklungsunterschiede wider: Während in den Industriestaaten knapp 97 % Zugang zu einem LTE-Netz haben, profitieren in den Niedrigkeinkommensländer lediglich etwa 40 % der Menschen davon. Währenddessen boten 2020 erste Mobilfunkunternehmen in den Industriestaaten **das neue und leistungsfähigere 5G-Netz** an. Die **Nutzungszeit eines Mobilfunkgerätes** steigt indes seit Jahren sehr dynamisch an und **übertrifft mittlerweile** in vielen Ländern die Nutzungszeiten des Fernsehens. Im Durchschnitt wird ein Mobilfunkgerät 2020 täglich 4:10 Stunden (+0:30 Stunden gegenüber 2019) genutzt. Die höchsten durchschnittlichen Nutzungszeiten pro Tag entfallen auf Indonesien (5:10 Stunden), Brasilien (4:50 Stunden) und Indien (4:40 Stunden).

Sektorale Entwicklungen

Dienstleistungen

Globale Entwicklung des tertiären Sektors

Die wirtschaftliche Entwicklung der Industriestaaten ist seit Jahrzehnten von einer zunehmenden **Tertiärisierung** der Wirtschaft geprägt. Diese **Verschiebung des Wirtschaftsschwerpunkts von der Industrie hin zu den Dienstleistungen** zeigt sich v. a. bei der Zunahme der Beschäftigten- und Wertschöpfungsanteile des Dienstleistungssektors. Dabei dominiert der Dienstleistungssektor in den Industriestaaten seit mittlerweile über 20 Jahren die gesamtwirtschaftliche Wertschöpfung, wohingegen die Tertiärisierung der Ökonomie in den Schwellen- und Entwicklungsländern wesentlich langsamer abläuft. Beispielsweise weist Luxemburg mit einem Anteil von 79.2 % am BIP den höchsten, Turkmenistan mit lediglich 28.1 % den geringsten Tertiärisierungsgrad der Welt auf.

Tertiärisierungsgrad ausgewählter Staaten (in % des BIP)

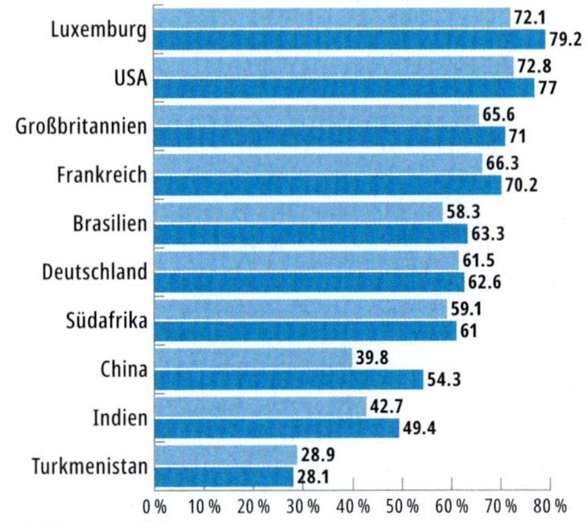

Quelle: Weltbank 2021

Dabei betreffen die Zunahme und wachsende Bedeutung nicht jeden Dienstleistungsbereich gleichermaßen. Während sich **einfachere Dienstleistungen** – wie z. B. im Einzelhandel, im medizinisch-pflegerischen und sozialen Bereich oder im Reinigungs- und Wachdienst – in den letzten Jahren eher unterdurchschnittlich entwickelten, fand das Wachstum vor allem bei den qualifizierten, sogenannten unternehmensnahen Dienstleistungen statt. Diese Dienstleistungsaktivitäten, für deren Ausübung eine höhere Ausbildung und spezialisierte Kenntnisse erforderlich sind, werden vielfach als sog. **quartärer Sektor** von den weniger qualifizierten und geringer bezahlten Tätigkeiten abgegrenzt. Zu den qualifizierten Dienstleistungen gehören etwa

Rechts- und Unternehmensberatungen, Finanzdienstleistungen, Medizin sowie Wissenschaft und Forschung. Die höchste Dynamik weisen wissensintensive Dienstleistungen auf, die zu den unternehmensnahen Dienstleistungen zählen. Aufgrund des Bedeutungsgewinns steht der Dienstleistungssektor in den entwickelten Staaten verstärkt im **Fokus der Wirtschaftspolitik**. Insbesondere die Arbeitsmarktpolitik stützt sich auf den tertiären und quartären Sektor. Zudem bedarf die Schaffung neuer Arbeitsplätze im Dienstleistungssektor meist – mit Ausnahme von Forschung und Entwicklung – geringerer Investitionen als in der Industrie.
Im Zuge der Globalisierung hat der Handel mit Dienstleistungen *(Siehe: Welthandel, S. 522)* stark an Gewicht gewonnen, auch wenn deren Wert noch deutlich unter dem der weltweiten Güterexporte liegt.
Die **Digitalisierung** verändert nicht nur die Industrie, sondern auch den Dienstleistungssektor grundlegend. Viele bestehende Wertschöpfungsketten und Geschäftsmodelle werden sich infolge der Digitalisierung stark verändern oder gar wegfallen, zugleich ermöglichen digitale Technologien neue Geschäftsmodelle, Vertriebsstrategien oder Dienstleistungsprozesse. Galt der Dienstleistungssektor insgesamt als relativ krisensicher und unbeeindruckt von konjunkturellen Schwankungen, **stellte die Corona-Pandemie gerade den Servicesektor vor große Schwierigkeiten**. Personenbezogene und damit kontaktreiche Dienstleistungen wie im Handel, im Gastgewerbe, in der Kultur- und Unterhaltungsbranche sowie im Sport litten unter monatelangen Schließungen und Umsatzausfällen. Zudem belastete die stark rückläufige nationale wie internationale Reisetätigkeit weitere Servicebranchen wie die Hotellerie sowie das Transport- und Verkehrswesen. Im Vergleich zum Industriesektor war in der Corona-Rezession damit **erstmalig der Dienstleistungsbereich** von einer stark rückläufigen Geschäftstätigkeit in Kombination mit Umsatzausfällen und Jobverlusten betroffen.

Wissensintensive Dienstleistungen

Unternehmensorientierte – und insbesondere wissensintensive – Dienstleistungen zählen zu den **Wachstumsbranchen der entwickelten Volkswirtschaften.** Dies wird v. a. zurückgeführt auf eine stete Steigerung der Nachfrage nach Dienstleistungen durch die Globalisierung (höherer Beratungsbedarf multinationaler Unternehmen, Zunahme der Logistik infolge zunehmenden Handels), die Entwicklung und Markteinführung neuer Dienstleistungen durch die Dienstleister selbst (z. B. Finanzprodukte, Software) sowie den statistischen Effekt, dass Beschäftigte nicht nach ihrer Tätigkeit, sondern nach ihrer Arbeitsstätte gezählt werden, so dass z. B. ein Jurist einer Anwaltskanzlei zum Dienstleistungssektor, derjenige im Management eines Industriebetriebs jedoch zur Industrie gehört. Daher resultiert das Wachstum des Sektors auch aus der zunehmenden Auslagerung von Tätigkeiten aus Industrieunternehmen.
Wissensintensive Dienstleistungsbranchen gelten als vergleichsweise innovativ und wettbewerbsfähig und sind damit ein bedeutender Faktor für das Wirtschafts- und Beschäftigungswachstum von Staaten und Regionen. Es handelt sich dabei um Dienstleistungen, bei denen die Erzeugung oder Nutzung neuen Wissens im Vordergrund steht. Sie sind gekennzeichnet durch einen überdurchschnittlich hohen Anteil an (Fach-)Hochschulabsolventen. Hierzu zählen v. a. Forschungs- und Entwicklungsdienstleistungen, Ingenieursdienstleistungen, Telekommunikations- und Informationsdienstleistungen, Werbung und Marktforschung sowie Finanz-, Versicherungs- und Wirtschaftsdienstleistungen (Unternehmensberatung).
Aufgrund der großen Bedeutung forschungsintensiver Industrien und Dienstleistungen setzen die entwickelten Industriestaaten verstärkt auf den **Ausbau von Forschung und Entwicklung (F&E)**, sowohl im öffentlichen Forschungssektor als auch in der Unternehmensforschung. Diese Entwicklung spiegelt sich in einem zunehmenden Anteil der F&E-Beschäftigten an der gesamten Erwerbsbevölkerung wider. So erhöhte er sich nach Eurostat-Angaben in der EU27 2019 auf 1.40 % (Eurozone: 1.50 %). Die höchsten Anteile innerhalb der EU erreichten Dänemark (2.12 %), Luxemburg (1.93 %) und Finnland (1.92 %), die niedrigsten Rumänien (0.36 %), Zypern (0.42 %) und Malta (0.60 %). Um die Wettbewerbsfähigkeit der EU zu fördern, ist die Erhöhung der **F&E-Intensität**, d. h. der prozentuale Anteil der F&E-Ausgaben am BIP, in der EU auf 3 % bis zum

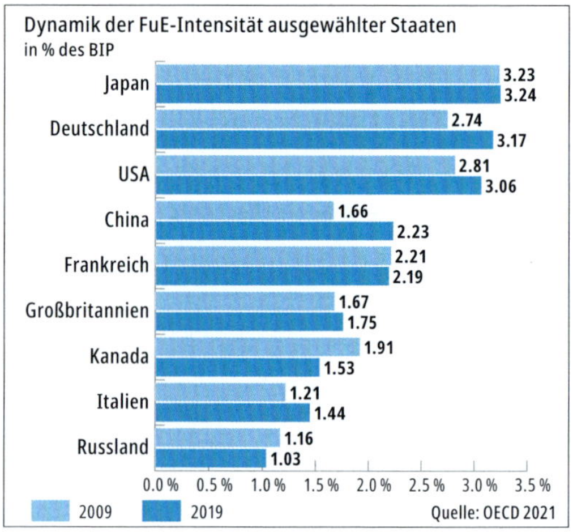

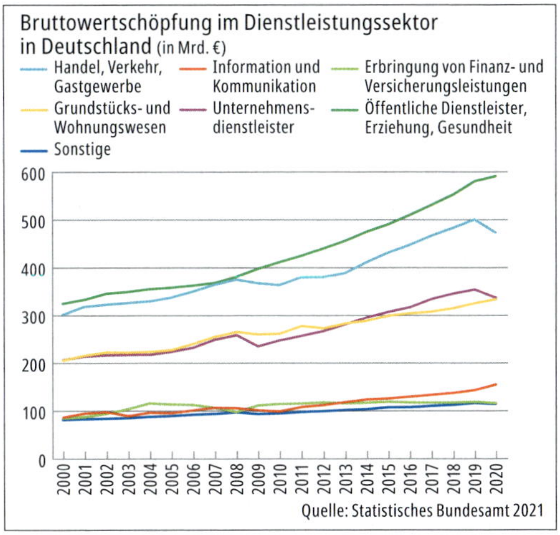

Jahr 2020 eines der fünf Leitziele der „Strategie Europa 2020". 2019 beliefen sich die Ausgaben für Forschung und Entwicklung im EU-Durchschnitt auf 2.19 % des BIP und damit weit unter der gesetzten Zielmarke. Ein Vergleich mit anderen wichtigen Volkswirtschaften zeigt, dass die F&E-Intensität in der EU deutlich niedriger ist als in anderen Industriestaaten darunter die Republik Korea (4.64 %), Japan (3.24 %) oder die USA (3.06 %). Selbst China gibt mit einem Anteil in Höhe von 2.23 % mehr als die EU für Forschungs- und Entwicklungstätigkeiten aus. Innerhalb der EU verzeichneten Schweden (3.4 %), Österreich (3.19 %), Deutschland (3.17) und Dänemark (2.95 %) die höchste F&E-Intensität, während Rumänien (0.47 %), Malta (0.61 %) und Zypern (0.63 %) die niedrigsten Werte aufwiesen.

Entwicklung in Deutschland

Nach einer langjährigen Wachstumsphase setzte die Corona-Pandemie dem Expansionskurs des deutschen Dienstleistungssektors ein abruptes Ende. Sowohl die Umsätze als auch die Beschäftigung mussten im Jahresverlauf 2020 teils deutliche Verluste hinnehmen. Im Vergleich zum vorpandemischen 4. Quartal 2019 knickten die Umsätze in den Quartalen 2020 erheblich ein. Mit -21 % war das 2. Quartal 2020 lockdownbedingt am stärksten betroffen. Aber auch im 1., 3. und 4. Quartal lagen die Verluste zwischen 7 und 16 %. Die Beschäftigung im deutschen Dienstleistungssektor ging ebenfalls zurück, allerdings weitaus weniger schwankend. Alle vier Quartale verzeichneten dabei Rückgänge zwischen -0.1 % und -3.1 %. Der Anteil des Dienstleistungssektors an der Bruttowertschöpfung aller Wirtschaftsbereiche betrug 2019 in Deutschland 62.6 %. Rund 80 % aller Unternehmen in Deutschland sind Dienstleistungsunternehmen. Die größten Dienstleistungsbranchen, gemessen an der Bruttowertschöpfung sowie am Anteil der Beschäftigten, stellen die öffentlichen Dienstleistungen (u. a. Gesundheitswesen, Verwaltung, Bildung, Zivilschutz), Handel, Verkehr und Gastgewerbe sowie die unternehmensnahen Dienstleistungen.
Allerdings war die Entwicklung im Dienstleistungssektor uneinheitlich. Den weitaus größten Umsatzverlust registrierten mit -27.2 Mrd. € (-5 %) Handel, Verkehr und Gastgewerbe. Ähnlich schwer war der Wirtschaftszweig der Unternehmensdienstleistungen betroffen. Hier summierten sich die Umsatzeinbußen auf -17 Mrd. € (-5 %). Aber auch die Erbringung von Finanz- und Versicherungsleistungen realisierte mit -2.5 Mrd. € leichte Verluste (-2 %). Im Gegensatz dazu steigerte die Informations- und Kommunikationsbranche die Umsätze um 11.6 Mrd. € (+8 %). Daneben entwickelten sich die Grundstücks- und Immobilienbranche (+3 %) sowie die öffentlichen Dienstleister, Erziehung und Gesundheit (+2 %) positiv. Auf Ebene einzelner Branchen fuhren die Reisebranche (-100 %), Messe- und Kongressveranstalter (-82 %) sowie die Luftfahrt (-51 %) enorme Verluste ein. Dahingegen profitierten Wach- und Sicherheitsdienste (+9 %) sowie Post-, Kurier- und Expressdienste (+24 %) ökonomisch von der Corona-Pandemie.

Tourismus

Der weltweite Tourismussektor erlebte infolge der COVID-19-Pandemie **einen historisch beispiellosen Einbruch** *(Siehe: GLOBALE THEMEN: Tourismus, S. 20).* Trug der Tourismussektor nach Angaben des Welttourismusverbandes (WTTC) 2019 noch 10.3 % zum globalen BIP bei, rutschte der Anteil 2020 auf lediglich 5.5 % ab. Strenge nationale wie internationale Reisebeschränkungen **vernichteten** im Vergleich zum Vorjahr **Wertschöpfung** in Höhe von 4.5 Bio. US$. Der globale Umsatz im Tourismussektor betrug 2020 nur noch 4.7 Bio. US$ (2019: 9.2 Bio. US$). Gleichzeitig wurden durch diese außerordentliche Branchenkrise weltweit rd. 62 Mio. Arbeitsplätze abgebaut. Waren 2019 noch ca. 334 Mio. Menschen im Tourismus beschäftigt, wurden 2020 nur noch 272 Mio. Beschäftigte gezählt. Der langjährige, globale Tourismusboom fand damit ein abruptes Ende.
Nach Angaben der Welttourismusorganisation (UNWTO) sank die Zahl der weltweiten Ankünfte gegenüber dem Vorjahr um -73 % auf 405 Mio. Während zu Jahresbeginn 2020 noch vergleichsweise stabile Ankunftszahlen verzeichnet wurden, kam mit Ausrufung der COVID-19-Pandemie durch die WHO im März 2020 der internationale Tourismus zum Erliegen. Im April (-97 % Ankünfte im Vergleich zu 2019) und Mai (-96 %) fand **praktisch keine Reisetätigkeit** mehr statt. In der Folge verzich-

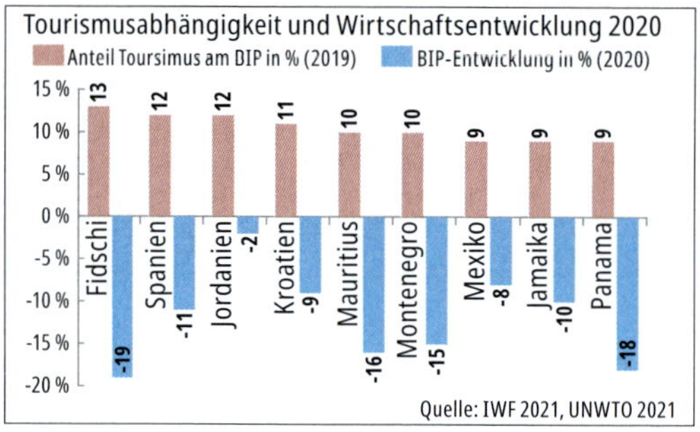

teten viele Menschen aus Furcht vor einer Infektion mit dem Coronavirus, aber auch zur Vermeidung von Quarantänebestimmungen bei der Ein- und Ausreise auf eine Urlaubsreise, sodass sich selbst in den nordhemisphärischen Sommermonaten Juni bis August die Reisetätigkeit von dem Schock nicht mehr erholen (-78 % gegenüber 2019) konnte. **In absoluten Ankunftszahlen** war Europa von der Tourismuskrise am schwersten betroffen. Insgesamt zählte Europa 2020 einen Verlust von etwa 515 Mio. Ankünften (-70 % gegenüber 2019), darunter Südeuropa 217 Mio., Westeuropa 134 Mio., Mittel- und Osteuropa 101 Mio. sowie Nordeuropa 63 Mio. Mit rd. 303 Mio. weniger Ankünften registrierten auch Asien und der pazifische Raum herbe Rückgänge (-84 %). Es folgen Amerika (-150 Mio.; -69 %), Afrika (-47 Mio.; −69 %) und der Mittlere Osten (-54 Mio.; -75 %). Die Folge waren schwere wirtschaftliche Verwerfungen in den einzelnen Tourismusgroßregionen. Die höchsten Umsatzverluste verzeichneten die karibischen Staaten (-58 %), gefolgt vom asiatisch-pazifischen Raum (-54 %), Europa (-51 %) und dem Mittleren Osten (-51 %). Die Jobverluste infolge des Umsatzeinbruchs waren hingegen in denjenigen Großregionen besonders heftig, in denen staatliche Konjunkturmaßnahmen zur Beschäftigungssicherung mangels Wirtschaftskraft nicht oder nur unzureichend implementiert werden konnten *(Siehe: Verschärfung globaler Ungleichheiten durch die Corona-Pandemie, S. 534).* Daher verzeichneten Afrika (-30 %), Nordamerika (-28 %) und die Karibik (-25 %) dramatische Verluste, wohingegen Europa (-9 %) vom Jobabbau deutlich schwächer betroffen war.
Mit Blick auf einzelne Staaten hatten in hohem Maße vom Tourismus abhängige Länder wie zahlreiche karibische und ozeanische Inselstaaten aber auch Spanien und Kroatien mit einer außerordentlich schweren Wirtschaftskrise und hohen Beschäftigungsverlusten zu kämpfen.

Industrie

Globale Entwicklung des Industriesektors

Die Industrie gilt als Motor des gesamtwirtschaftlichen Wachstums. Charakteristische Merkmale des produzierenden Gewerbes sind die Massenproduktion relativ homogener Güter unter Einsatz standardisierter Produktionsverfahren. Eine hochspezialisierte Arbeitsteilung verbunden mit Automatisierung und Digitalisierung haben eine vergleichsweise hohe Kapital- und Arbeitsproduktivität zur Folge, sodass der Industriesektor durch sog. Skaleneffekte als relativ wertschöpfungsintensiv gilt. Dabei entfallen auf die Industriestaaten nach IWF-Klassifikation 56.2 % der globalen Industrieproduktion. Europa gilt unter den Industriestaaten mit einem Weltanteil von 22.3 % als größter Produzent, gefolgt von Nordamerika (19.3 %) und Japan (13.3 %). Zweitgrößte Industriegroßregion sind die Schwellen- und Entwicklungsländer Asiens (35.2 %). In dieser Staatengruppen befindet sich mit China mit einem Weltanteil in Höhe von 27.6 % auch der größte Industrieproduzent aller Staaten. Süd- und Mittelamerika (5 %) sowie Afrika (1.7 %) produzieren hingegen deutlich weniger Industriegüter.
Die globale Entwicklung des Industriesektors 2020 wurde von den Folgen der COVID-19-Pandemie dominiert. Die rapide Verschlechterung der Weltkonjunktur in Kombination mit den nahezu weltweit verhängten Betriebsschließungen im März und April 2020 ließen die Industrieproduktion in bis dato beispiellosem Ausmaß um -8 % einbrechen. Während die Industriestaaten (-9.7 %) und die Schwellen- und Entwicklungsländer ohne China (-21.7 %) außerordentlich hohe Produktionseinbrüche registrierten, konnte China im Pandemiejahr 2020 sogar seine Industrieproduktion um +1.3 % steigern.
Bezogen auf einzelne Industriebranchen fielen die

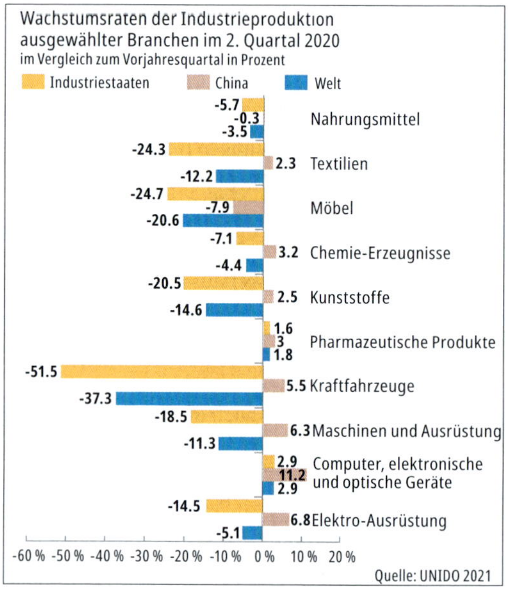

Folgen des weltweiten Lockdown im 2. Quartal 2020 recht unterschiedlich aus. Dabei profitierte insbesondere die Pharmabranche von einer ungebremst hohen Nachfrage angesichts der neuartigen Viruserkrankung (+1.8 %). Noch stärker fiel der Anstieg lediglich bei Computern und anderen elektronischen Geräten aus (+2.9 %), wobei dieses Produktionswachstum einzig von China ausging, das im 2. Quartal 2020 die schwerwiegendsten Folgen des Lockdowns bereits hinter sich gelassen hatte. Besonders drastische Produktionseinbußen mussten langlebige Konsum- und Investitionsgüter hinnehmen. So war die Herstellung von Kraftfahrzeugen im Vergleich zum 2. Quartal 2019 weltweit um -37.3 % rückläufig. Ohne die sich bereits erholende chinesische Kfz-Produktion (+5.5 %) wäre der Einbruch noch weitaus tiefer erfolgt.
Schwere Verluste schrieben auch die Herstellung von Möbeln (-20.6 %), die Kunststoffindustrie (-14.6 %), die Produktion von Maschinen und Ausrüstung (-11.3 %) sowie die Textilindustrie (-12.2 %). Viele Industriebranchen konnten ihre Produktion allerdings über das Gesamtjahr 2020 stabilisieren. Im 4. Quartal 2020 realisierten einige Branchen bereits wieder teils erhebliche Zuwächse im Vergleich zum Vorjahresquartal. Von der langsam anziehenden Weltkonjunktur – insbesondere in China – profitierten die Herstellung elektronischer Geräte (+8.8 %), von Computern (+7.5 %) und Kunststoffen (+3.6 %). Auch die schwer getroffene Autoindustrie konnte sich von ihren herben Verlusten des ersten Halbjahres 2020 wieder etwas erholen (+3.9 %). Unterdessen blieb die Produktion von Nahrungsmitteln (-0.7 %) und Möbeln (-0.9 %) auch zum Jahresende 2020 hin leicht rückläufig.
Auf regionaler Ebene waren 2020 folgende Entwicklungen zu beobachten: In den **Industriestaaten** kam es bereits seit Mitte 2018 zu einem kontinuierlich rückläufigen Produktionswachstum der Industrie. Grund dafür waren zunächst vor allem die handelspolitischen Unsicherheiten zwischen den USA, China und der Europäischen Union sowie der Brexit. 2020 wurde dieser negative Trend durch den Ausbruch der Corona-Pandemie verstärkt und massiv überlagert. In **Nordamerika** ist die Produktionsleistung 2020 um 13.1 % zurückgegangen, nachdem allein im zweiten (-15.9 %) und dritten (-5.6 %) Quartal drastische Verluste registriert worden sind. Zum Jahresende hin erholte sich die Industrieproduktion leicht, wenn sie auch mit -3.1 % immer noch weit unter Vorjahresniveau lag. Auch **die europäische Industrieproduktion** knickte 2020 ein, allerdings mit 7.2 % deutlich weniger stark ausgeprägt als in Nordamerika. Zum Jahresende 2020 hin war auch in Europa eine langsame Abnahme der Verluste zu beobachten. Insgesamt blieben die hoch

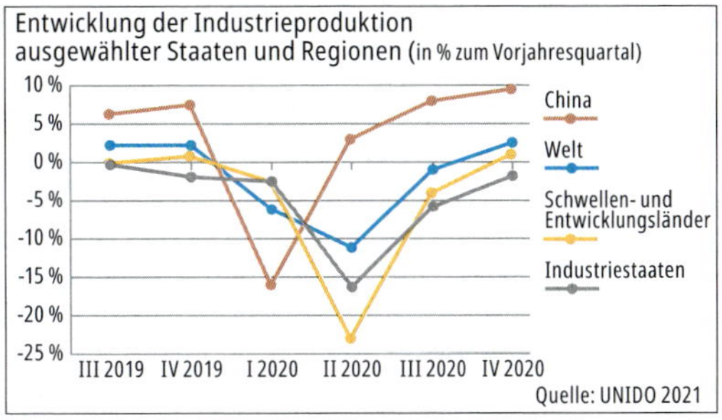

industrialisierten Staaten Europas aber weiter stark von der Corona-Pandemie sowie den Handelsbeschränkungen infolge des Brexit betroffen. Selbst im 4. Quartal registrierten Frankreich (-4.4 %), Großbritannien (-3.7 %), die Schweiz (-3.3 %), Deutschland (-3.1 %), Italien (-3 %) und Spanien (-2.2 %) noch eine Schrumpfung ihres industriellen Outputs im Vergleich zum Vorjahresquartal. Dahingegen kam die Industrietätigkeit in Irland (+17.3 %), Polen (+5.5 %), Lettland (+3.8 %) und Ungarn (+2.3 %) zum Jahresende hin in Schwung und ließ die Produktionskrise hinter sich.
In den industrialisierten Ländern **Ost- und Südostasiens** brach die Produktion innerhalb der Industriestaaten mit -4.8 % am schwächsten ein. Neben einem insgesamt milderen Pandemieverlauf waren in diesen Staaten ab dem 2. Quartal 2020 bereits wieder die Produktionsanlagen geöffnet. Lediglich Japan (-3.5 %) vezeichnete im 4. Quartal 2020 noch eine rückläufige Produktion, während Singapur (+11.4 %), die Republik Korea (+8.2 %) sowie Taiwan (+2.1 %) bereits Produktionszuwächse realisierten.
Für die Industrieländer liegt **eine der größten Herausforderungen** der nächsten Jahre neben der Bewältigung der wirtschaftlichen Folgen der Corona-Krise in der Sicherung der Fachkräftebasis. Aufgrund des demografischen Wandels, der viele Industrienationen besonders stark trifft, ist in zahlreichen Branchen inzwischen ein Fachkräfteengpass zu verzeichnen. Zudem erobern die aufstrebenden **Schwellen- und Entwicklungsländer** aufgrund ihrer Wettbewerbsvorteile durch geringere Umwelt- und Sozialstandards immer neue Industriebereiche.
China als weltgrößter Industrieproduzent genießt aufgrund eines jahrelang dynamischen Produktionswachstums mittlerweile eine Sonderstellung und wird daher als einziges Land der Erde in den offiziellen Industriestatistiken einzeln ausgewiesen. Auch 2020 besaß China mit einem Produktionswachstum von +1.3 % ein Alleinstellungsmerkmal und **erzielte als einziger industrieller Großproduzent ein Wachstumsplus**. Allein im 4. Quartal lag die Zuwachsrate bei +9.4 %, sodass China seinen Weltanteil an der Industrieproduktion weiter ausbauen

konnte. Besonders dynamische Branchenzahlen meldeten die Pharmaindustrie (+12.4 %), die Computerindustrie (+11 %) sowie der Kfz-Bau (+14.2 %). Die **weiteren Schwellen- und Entwicklungsländer Asiens** waren hingegen von einer schweren Krise im produzierenden Gewerbe betroffen (-22.5 %). Zum Jahresende hin war diese zumindest in Indien (+1.3 %), aber auch in Vietnam (+9 %) und Pakistan (+10.9 %) im Vergleich zum 4. Quartal 2019 überwunden. Im Gegensatz dazu litten die Mongolei (-10.2 %), die Philippinen (-7.5 %), Indonesien (-3.1 %) und Thailand (1.9 %) an weiter rückläufigen Produktionszahlen, sodass insbesondere die über Jahrzehnte wirtschaftlich robusten ASEAN-Staaten eine schwere Wirtschaftskrise durchliefen.
Auch die Staaten **Süd- und Mittelamerikas** konnten sich dem negativen Sog der globalen Rezession 2020 nicht entziehen. Im Gesamtjahr 2020 brach die Industrieproduktion um 16.9 % ein. Dabei zeigten die beiden größten Industrieproduzenten der Großregion eine uneinheitliche Entwicklung: Während sich Brasilien zum Jahresende hin vom Schock allmählich erholte (+5.2 %), waren die Zahlen in Mexiko (-0.5 %) aufgrund der weiter schwachen Impulse aus den NAFTA-Mitgliedsstaaten USA und Kanada rückläufig.
Von allen Großregionen **am schwersten getroffen war 2020 Afrika**. In beispiellosem Ausmaß verlor der afrikanische Kontinent binnen nur eines Jahres mehr als die Hälfte seiner Industrieproduktion (-57.6 %), auch wenn diese Zahlen lediglich auf Schätzungen mangels gesicherter Daten basieren.

Entwicklung in Deutschland

Der deutsche Industriesektor konnte sich 2020 nicht den Folgen der Corona-Pandemie entziehen. Im Gesamtjahr ergab sich ein Produktionsverlust von rd. 7 % im Vergleich zum Vorjahr. Die Umsatzverluste summierten sich im Vergleich zu 2019 sogar auf -9 %. Besonders drastisch waren die Einbrüche im 2. Quartal, als viele Betriebe ihre Produktionsanlagen lockdownbedingt schließen mussten. Zweitweise brach die Produktion um bis zu -25 % im Vergleich zum Vorjahr ein. Auch die Umsätze knickten entsprechend stark um bis zu -32.8 % im April 2020 gegenüber April 2019 ein. In der zweiten Jahreshälfte stabilisierte sich die deutsche Industrieproduktion aufgrund der sich weltweit langsam erholenden Konjunktur wieder etwas. Zum Jahresende hin drehten Produktion und Umsatz – angeschoben durch das kräftige Wirtschaftswachstum in China – wieder in den deutlich positiven Bereich. Im Vergleich zum Vorjahresmonat legte die Produktion im Dezember 2020 um +5.1 % und der Umsatz um +4.1 % zu. Im Zuge dieser Entwicklungen war auch die Beschäftigung in der Industrie rückläufig. Allerdings fiel der Jobabbau mit -4 % im Vergleich zu 2019 dank staatlicher Arbeitsplatzerhaltungsmaßnahmen wie Kurzarbeit schwächer aus, als es Umsatz- und Produktionszahlen erwarten ließen. Nach Industriezweigen war der deutsche Kraftfahrzeugbau als größter Wirtschaftszweig am schwersten von der Wirtschaftskrise betroffen. Im Gesamtjahr 2020 büßten die deutschen Autobauer rd. -58 Mrd. € Umsatz ein (-15 %).

Die bedeutendsten Industriezweige in Deutschland im Jahr 2020

Branche	Zahl der Betriebe	Beschäftigte	Umsatz in Mrd. €	Entgelte in Mrd. €	Exportquote
Kraftfahrzeugbau	967	0.98 Mio.	378	52.5	64 %
Maschinenbau	3797	0.99 Mio.	217	53.2	63 %
Elektrotechnik/ Elektronik	1388	0.38 Mio.	68.1	20.6	65 %
Chemische Industrie	1103	0.33 Mio.	136.7	20.8	63 %
Nahrungs- und Futtermittelindustrie	2433	0.46 Mio.	146	15.6	23 %
Metallerzeugnisse	4299	0.76 Mio.	182.5	34.1	40 %
Verarbeitendes Gewerbe insgesamt	23 323	5.5 Mio.	1659	288.5	50 %

Quelle: Statistisches Bundesamt 2021, Eigene Berechnungen

Aber auch im Maschinenbau (-27 Mrd. €), bei Elektronikerzeugnissen (-5 Mrd. €) sowie in der Metallindustrie (-17 Mrd. €) waren herbe Umsatzverluste zu beobachten. Einzig die Nahrungsmittelindustrie konnte ihre Umsätze in Höhe von 2 Mrd. € steigern. **Bedenklich bleibt**, dass die deutsche, exportstarke Industrie bereits seit Mitte 2018 überwiegend Produktionsverluste verzeichnet, welche durch die Corona-Krise nur erheblich verschärft wurden. Als Ursachen dafür sind die allgemein schwache Weltkonjunktur – insbesondere in China – die Nachwehen der protektionistischen Handelspolitik der USA unter Ex-Präsident Trump sowie strukturelle Umbrüche in der Automobilbranche auszumachen. Gerade der Kfz-Bau als wichtigster deutscher Industriezweig steht durch die verschärfte E-Mobilität-Konkurrenz aus den USA und China, Automatisierung und Digitalisierung der Produktion sowie durch ein sich verschlechterndes Image infolge der Abgasskandale und anderer Querelen unter hohem Anpassungsdruck.

Ernährung

Globale Ernährungssituation

Nach Angaben der Ernährungs- und Landwirtschaftsorganisation der Vereinten Nationen (FAO) ist die globale Ernährungssituation insbesondere durch folgende Faktoren gekennzeichnet:
Hunger: Hunger wird durch die Verbreitung von

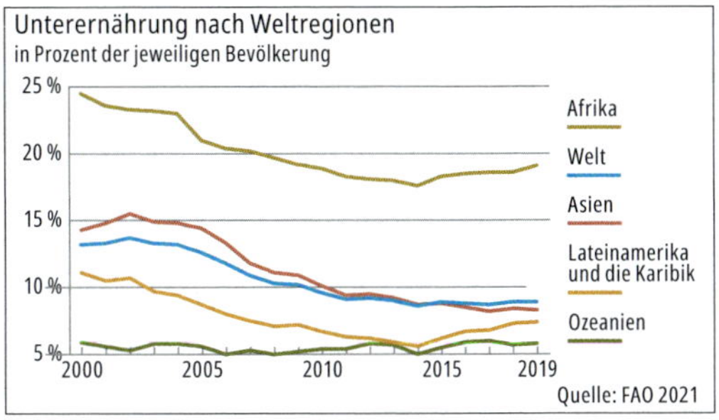

Unterernährung festgestellt, die durch mangelnden Zugang zu einer ausreichenden Ernährung für die Deckung des täglichen Energiebedarfs gekennzeichnet ist. In vielen Fällen tritt Hunger in Zusammenhang mit Armut oder Krisenereignissen wie Dürren oder Kriegen auf. Nach Angaben der FAO **waren 2019 rd. 2 Mrd. Menschen von Hunger betroffen**, was etwa **26 % der Weltbevölkerung** entspricht. Regional differenziert ist in Afrika das Hungerleiden recht weit verbreitet. 2019 litt fast jeder fünfte Afrikaner (19 %) an Unterernährung. In Asien lag der Anteil unterernährter Menschen bei etwa 8 %, in Süd- und Mittelamerika bei 7 % sowie in Ozeanien bei 6 %. In absoluten Zahlen waren 2019 in Indien (190 Mio.) am meisten Menschen von Hunger betroffen, gefolgt von China (120 Mio.) und Pakistan (40 Mio.). Besonders gravierend ist die Lage der extrem unterernährten Menschen. **Mehr als 700 Mio. Menschen (9 % der Weltbevölkerung) waren 2019 extrem unterernährt**, was einem neuen Höchststand entspricht. Seit 2015 hat ihre Zahl sogar um +25 % zugenommen. Als schwer betroffen gelten v. a. viele Mio. Kinder und Jugendliche des globalen Südens. Nach Angaben der Welthungerhilfe **sterben jährlich rd. 5 Millionen Kinder** insbesondere an den Folgen extremer Unterernährung. Trotz politischer Anstrengungen zur Verringerung des globalen Hungerproblems sind damit weiterhin keine Erfolge bei dessen Bekämpfung festzustellen. Gemessen **am Welthunger-Hunger Index 2020** der Welthungerhilfe, welcher die Situation der allgemeinen Unterernährung, der Kindersterblichkeit und der hungerbedingten Wachstumsverzögerungen bei Kindern zusammenfasst, herrscht in der Zentralafrikanischen Republik, im Tschad, im Südsudan, in Syrien, in Madagaskar sowie in der Demokratischen Republik Kongo eine sehr ernst zu nehmende Hungersituation. Insbesondere die Kinder dieser Staaten leiden an schweren Formen körperlicher Auszehrung und Wachstumsverzögerungen sowie an hoher Kindersterblichkeit infolge unzureichender Kalorienaufnahme.

Ernährungssicherheit: Der Zugang zu Nahrung ist hauptsächlich durch die Höhe des Einkommens sowie der Nahrungsmittelpreise bestimmt. Außerdem ist der physische Zugang durch eine funktionierende Infrastruktur wie die eines Lebensmitteleinzelhandels, Kühlketten, von Märkten, Straßen und anderen Transportmöglichkeiten abhängig. Nach FAO-Angaben existieren **für weltweit mehr als 2 Milliarden Menschen lediglich unsichere Zugänge** zur Nahrungsmittelversorgung (davon entfallen immerhin 8 % auf Europa und Nordamerika). Damit sieht sich rd. ein Viertel der Weltbevölkerung mit der Ungewissheit konfrontiert, den täglichen Nahrungsbedarf weder quantitativ noch qualitativ decken zu können. Einige Staaten davon weisen aufgrund ihrer geografischen Lage besonders ungünstige Anbaubedingungen in der Landwirtschaft auf. Die Ernährungssicherheit dieser Staaten gilt als besonders gefährdet. Ihre Lageungunst befördert zudem die Importabhängigkeit der Nahrungsmittelversorgung bei Qualität, Menge und Preis. Nach Angaben der FAO zählen zu den von Unterversorgung gefährdetsten Staaten der Welt Indien, Kenia, Laos, Syrien, Turkmenistan und Vietnam. Bezogen auf Getreide sind beispielsweise Cabo Verde sowie einige karibische und pazifische Inselstaaten zu 100 % importabhängig.

Fettleibigkeit: Neben dem globalen Hungerproblem sind mit rasant ansteigender Dynamik auch viele Menschen der Erde von sog. Fettleibigkeit (Adipositas) betroffen. Darunter ist ein Ernährungsphänomen zu verstehen, das mit starkem Übergewicht und deutlich positiver körperlicher Energiebilanz einhergeht. Folge ist eine überproportionale Vermehrung des Körperfettes sowie ein erhöhtes Risiko für Begleiterkrankungen wie Bluthochdruck, Herz- und Zuckerkrankheiten sowie psychische Belastungen. Knapp 13 % der Erdbevölkerung sind von Adipositas betroffen. Nach FAO-Angaben zählt Ozeanien mit rd. 28 % den größten Anteil fettleibiger Menschen an der Gesamtbevölkerung, gefolgt von Nordamerika und Europa mit einem Anteil in Höhe von 26.9 % an der Bevölkerung.

Auf Länderebene nehmen ausschließlich ozeanische Inselstaaten die vordersten Ränge bei der Betroffenheit durch Fettleibigkeit ein. So gelten im Inselstaat Nauru 61 % der Bevölkerung als adipös.

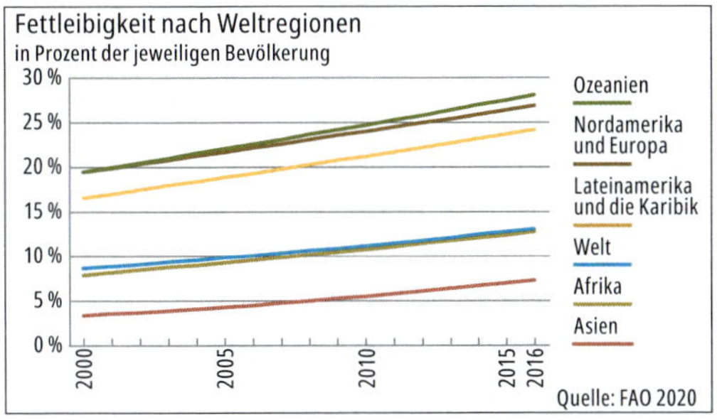

An zweiter Position rangiert Palau (55.3 %), dahinter die Marshallinseln (52.9 %). Als erstes Industrieland belegen die USA mit einem Anteil von 36.2 % Platz 10.

Nahrungsmittelangebot: Nach den statistischen Angaben der FAO nahm 2020 die **Weltgetreideproduktion** wiederholt zu. Insgesamt ernteten die Staaten der Welt rd. 2.77 Mrd. t Getreide, darunter 775 Mio. t Weizen und 514 Mio. t Reis. Größter Weizenproduzent war mit 137 Mio. t die EU vor China (136 Mio. t) und Indien (108 Mio. t). Auch **die globale Fleischproduktion** kletterte 2020 mit rd. 337 Mio. t auf einen neuen Höchststand. Mit 137 Mio. t übernahm Geflügelfleisch erstmals die Spitzenposition, gefolgt von Schwein (105 Mio. t) und Rind (72 Mio. t). Die Weltproduktion bei **Ölfrüchten** stieg 2020 ebenfalls auf 597 Mio. t an (+21 Mio. t; +4 %). Der Löwenanteil davon entfiel auf Sojabohnen (337 Mio. t.), gefolgt von Raps (69 Mio. t). Größte Produzenten von Sojabohnen sind Brasilien (126 Mio. t), USA (97 Mio. t) und Argentinien (51 Mio. t).

Preisentwicklung: Nach vielen Jahren relativ stabiler Weltmarktpreise für landwirtschaftliche Erzeugnisse steigen die Werte nach FAO-Angaben seit Ende 2019 sprunghaft an und kletterten nur binnen eines Jahres um +27 %. Alle Agrarerzeugnisse registrierten dabei Preisanstiege. Besonders stark fielen die Preiserhöhungen bei Ölfrüchten (+58 %) und Zucker aus (+28 %). Angetrieben wurde die Preisralley von einer dynamischen Nachfrage – insbesondere aus China – in Kombination mit witterungsbedingten Angebotsengpässen, bspw. in Nordamerika und Europa. Der Preisboom bei Ölfrüchten wiederum war durch die stetig steigenden Beimischquoten von Biosprit bei Kfz-Kraftstoffen begründet.

Weltagrarhandel: Der Handel mit landwirtschaftlichen Erzeugnissen boomt. Innerhalb **der letzten 30 Jahre hat sich das Volumen des Weltagrarhandels mehr als verfünffacht**. Auch 2018 konnte bei den Exporten agrarischer Erzeugnisse mit 1.4 Bio. US$ ein erneuter Zuwachs (+7.8 %) registriert werden.

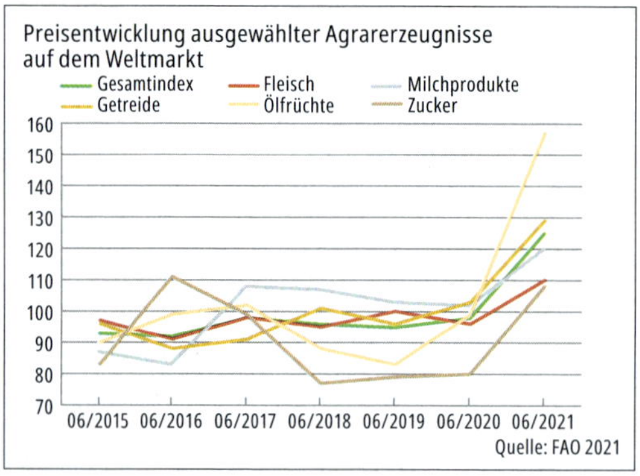

Umsatzstärkste Produktgruppe waren Obst und Gemüse (23 %), gefolgt von Getreide (14 %) und Fischerzeugnissen (11 %). Auf Ebene einzelner Staaten exportieren die USA mit 122 Mrd. US$, Niederlande (83 Mrd. US$), China (81 Mrd. US$) und Brasilien (71 Mrd. US$) wertmäßig die meisten Erzeugnisse. Deutschland belegt mit 70 Mrd. US$ den fünften Rang. Zu den weltgrößten Importeuren landwirtschaftlicher Erzeugnisse zählen mit 156 Mrd. US$ China gefolgt von den USA (147 Mrd. US$) und Deutschland (86 Mrd. US$).

Landwirtschaft in Deutschland

Die Situation der deutschen Landwirtschaft verschlechterte sich gegenüber dem Vorjahr nach vorläufigen Schätzungen des deutschen Bauernverbandes. Der Produktionswert aller tierischen und pflanzlichen Erzeugnisse sowie Dienstleistungen war 2020 um -4 % auf 56 Mrd. € rückläufig. Dabei verringerten sich sowohl die Produktionswerte tierischer wie pflanzlicher Erzeugnisse. Ausschlaggebend für diese negative Entwicklung waren niedrigere Erzeugerwerte bei Kartoffeln und Getreide, die durch die leichten Zuwächse bei Ölsaaten, Obst und Wein nicht kompensiert werden konnten. Der regionale Ausbruch der Afrikanischen Schweinepest in Brandenburg und Sachsen sowie die pandemiebedingten Engpässe bei Schlachtkapazitäten belasteten wiederum die Erzeugerwerte tierischer Produkte. Aber auch rückläufige EU-Ausgleichszahlungen drückten auf Wirtschaftlichkeit und Stimmung unter den deutschen Landwirten.

Die Nettowertschöpfung als Indikator für die Einkommensentwicklung bei den deutschen Landwirten verschlechterte sich ebenfalls. Binnen eines Jahres sank sie um 12.8 % auf 15.8 Mrd. € bzw. 34 400 € je Arbeitskraft.

Weiter wachsende Bedeutung in Deutschland erfährt der **ökologische Landbau**. Die ökologisch bewirtschaftete Fläche kletterte 2019 auf 9.7 % (1.6 Mio. ha) der gesamten landwirtschaftlich genutzten Fläche. Auch die Zahl der rein nach ökologischen Kriterien wirtschaftenden Betriebe stieg

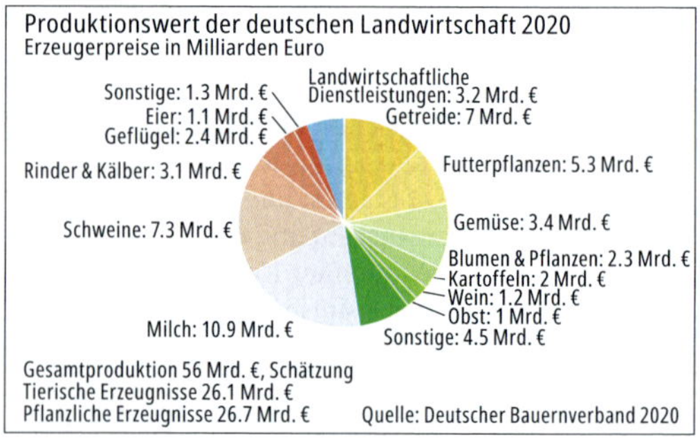

weiter auf 33 711 an, womit mittlerweile 12.9 % aller Landwirtschaftsbetriebe auf eine ökologische Bewirtschaftungsform entfallen. Nach Anbauverbänden waren diese Betriebe am häufigsten in Bioland (8154) organisiert, gefolgt von Naturland (3922) und Demeter (1695).

Bergbau

Rohstoffabbau im globalen Überblick

Jede wirtschaftliche Tätigkeit erfordert den Einsatz von Rohstoffen, die als Basis aller Produktionsvorgänge am Anfang der Wertschöpfung stehen. Deshalb sind der Zugang zu Rohstoffvorkommen und die langfristige **Sicherung der Rohstoffverfügbarkeit von strategischer Bedeutung** für die Wirtschaftsentwicklung. Um die Versorgung mit Rohstoffen nachhaltig zu gestalten, sollten sie möglichst sparsam eingesetzt und effizient genutzt werden.

Im Folgenden werden vornehmlich **mineralische Rohstoffe** behandelt. Diese umfassen metallische Rohstoffe, nichtmetallische Rohstoffe (z. B. Gesteine und Sedimente, Salze, Edelsteine) und Energierohstoffe *(Siehe: Energiemärkte, S. 543).*

Im Jahr 2019 wurden weltweit insgesamt 17.9 Mrd. t mineralische Rohstoffe (einschließlich mineralischer Brennstoffe wie Kohle, Erdöl und -gas) bergbaulich gefördert. Im Vergleich zum Vorjahr fiel die Steigerung mit +1.1 % relativ moderat aus. Bezogen auf längere Zeiträume erhöhte sich die globale Fördermenge seit 2000 um +58 %, seit 1984 sogar um +92 %. Dabei unterscheiden sich die Gesamtfördermengen zwischen den einzelnen Rohstoffen zum Teil erheblich: Während 2019 weltweit 1.54 Mrd. t Eisenerz gefördert wurden, entfielen bspw. auf Kupfer nur 20.6 Mio. t (rd. 75-mal weniger). Damit war die Kupferförderung aber wiederum etwa 6181-mal höher als die Abbaumenge von Gold (3300 t). Die Menge des 2019 produzierten Platins (184 t) machte dagegen nur etwa 5.5 % der globalen Goldförderung aus.

Räumlich ist eine große Konzentration der weltweiten Bergbautätigkeit festzustellen. Knapp 59 % aller Rohstoffe werden in Asien abgebaut, gefolgt von Nordamerika (15.8 %) und Europa (7.1 %). **Bedeutendster Bergbaustaat** ist mit rd. 24 % aller weltweit geförderten Rohstoffe China. Insgesamt ist der

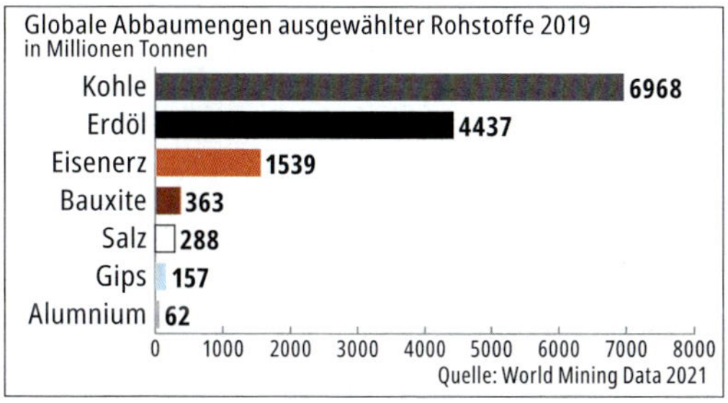

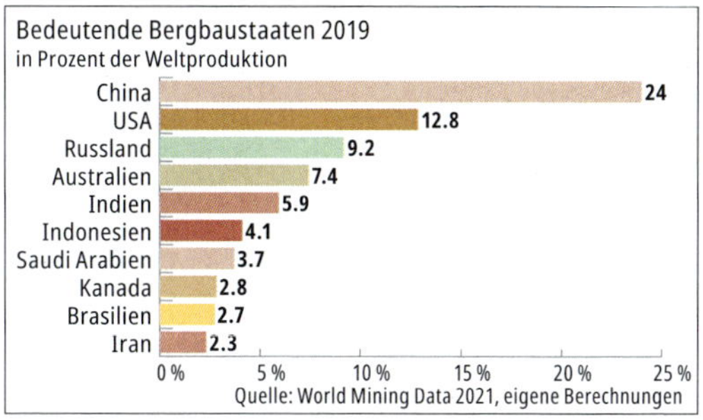

bevölkerungsreichste Staat der Erde beim Abbau von 32 verschiedenen mineralischen Rohstoffen führend, darunter Aluminium, Titan, Gold, Wolfram und Blei. Auf Platz zwei rangieren die USA (12.8 %), gefolgt von Russland (9.2 %) und Australien (7.4 %). Wie bei der Förderung ist auch bei den sicher vorhandenen und als wirtschaftlich abbaubar eingestuften **Reserven** vieler mineralischer Rohstoffe eine starke räumliche Konzentration auf nur wenige Staaten festzustellen. So verfügt etwa Australien über ein Viertel der Weltreserven an Eisenerz, Chile über beinahe ein Drittel der globalen Kupfer-Reserven und Südafrika über 72 % der Weltreserven von Platin.

Insbesondere für die Entwicklung innovativer Technologien wird eine Vielzahl von Rohstoffen benötigt, bei denen es sich häufig um Spezialmetalle handelt und jedes Jahr nur sehr geringe Mengen gefördert werden können. Die Vorkommen und der Abbau dieser Metalle sind meist auf wenige Länder, teilweise sogar nur auf einen einzigen Staat konzentriert, sodass die Abhängigkeit von Importen für andere Staaten groß ist. Sie gelten aufgrund dieser Bedingungen auch als **strategisch bedeutsame oder kritische Rohstoffe**: Die Produktion von **Niob** bspw., das als Stahlveredler und für Superlegierungen u. a. bei Flugzeugturbinen verwendet wird, fand im Jahr 2019 beinahe ausschließlich in zwei Staaten statt: In Brasilien wurden 87 % und in Kanada 10 % der Weltbergbauproduktion von Niob geleistet.

Ähnlich verhält es sich bei **Kobalt**, das u. a. für Akkus mobiler Endgeräte oder auch für Elektromotoren verwendet wird: 71 % der weltweiten Produktion fanden in der DR Kongo statt, wo sich zugleich auch über 50 % der Weltreserven befinden. Bei den z. B. in Bildschirmen, Smartphones, Batterien, Computerchips oder Windkraftturbinen verwendeten Metallen **der Seltenen Erden** handelt es um eine Gruppe von insgesamt 17 Elementen, darunter etwa Scandium, Yttrium und Neodym, die nur in geringer Konzentration vorkommen und deshalb nur mit hohem Aufwand gewonnen werden können. Die Förderung dieser Seltenerdmetalle konzentrierte sich im Jahr 2019 zu fast zwei Dritteln in China, wo

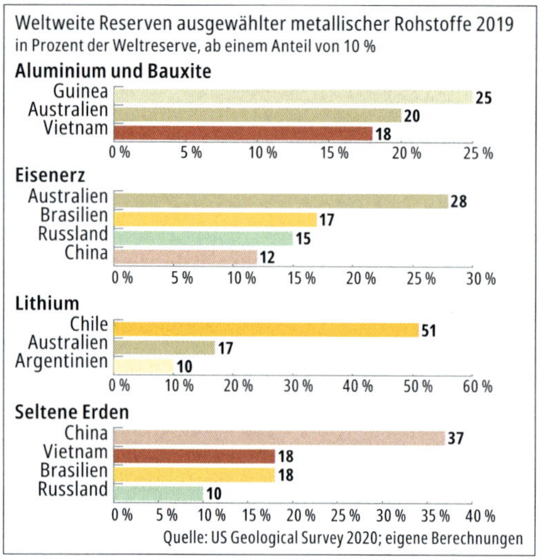

Weltweite Reserven ausgewählter metallischer Rohstoffe 2019
in Prozent der Weltreserve, ab einem Anteil von 10 %
Quelle: US Geological Survey 2020; eigene Berechnungen

132 000 t von weltweit etwa 210 000 t der Seltenen Erden abgebaut wurden. Weitere große Abbaugebiete befinden sich in den USA (12 %), Myanmar und Australien (beide 10 %). Insgesamt fördern somit **nur vier Staaten** rd. 95 % aller Seltenen Erden weltweit. Zugleich vervierfachte sich ihre Förderung seit 1985.

Angesichts eines tiefgreifenden globalen Strukturwandels durch die Energiewende, die fortschreitende Digitalisierung und Trends wie der zunehmenden Elektromobilität *(Siehe: Mobilität, S. 546)* wird die Nachfrage nach solchen räumlich sehr konzentriert vorkommenden und in nur wenigen Ländern abgebauten **Rohstoffen für Hochtechnologie-Anwendungen** in den nächsten Jahren deutlich steigen. Bereits heute zeichnen sich bei einigen Rohstoffen Engpässe und Preissteigerungen ab, was besonders für innovative und zugleich importabhängige Wirtschaftsstandorte wie Deutschland eine Gefährdung der Wettbewerbsfähigkeit mit sich bringt. Deshalb werden Strategien gesucht, um auch künftig die Versorgungssicherheit zu gewährleisten, indem neue Lagerstätten erkundet, Substitutionsmöglichkeiten erforscht und das Recycling verbessert werden. Derartige Strategien sind auch deshalb erforderlich, da die **Vorräte** aller mineralischen Rohstoffe begrenzt sind. Zwar wird nach derzeitigem wissenschaftlichem Kenntnisstand bei keinem bergbaulich zu gewinnenden Rohstoff eine kurz- oder mittelfristige Erschöpfung der Vorkommen erwartet. Allerdings sind genaue Prognosen schwierig. Einerseits muss bekannt sein, wie groß die gegenwärtigen Reserven sind, d. h. welche Vorkommen sicher nachgewiesen und mit vorhandener Technologie wirtschaftlich abbaubar sind. Andererseits ist der Verbrauch entscheidend, der wiederum stark von den Weltmarktpreisen bestimmt wird. Aufgrund dieser Dynamik und der Vielzahl unsicherer Faktoren wird häufig die **statische Reichweite** für Rohstoffvorkommen angegeben. Diese stellt den gegenwärtigen Kenntnisstand im Hinblick auf die bekannten und abbauwürdigen Reserven sowie die aktuelle Förder- und Verbrauchsmenge dar. Sie berechnet sich aus dem Verhältnis der weltweiten Reserven zur weltweiten Bergwerksförderung eines Jahres. Das **Leichtmetall Lithium**, das bei aufladbaren Batterien Anwendung findet und vor allem im Bereich der E-Mobilität eine Schlüsselkomponente darstellt, hat bezogen auf das Jahr 2019 eine statische Reichweite von etwa 220 Jahren.

Die **Preisentwicklung** bei mineralischen Rohstoffen war in den letzten Jahrzehnten durch einen Wechsel von Hochpreisphasen mit einem ausreichenden Angebot und Phasen niedriger Nachfrage und entsprechend tiefen Preisen gekennzeichnet. Insbesondere die Preisdynamik bei Industriemetallen und Stahlveredlern steht in einem engen Zusammenhang mit der globalen Konjunkturent-

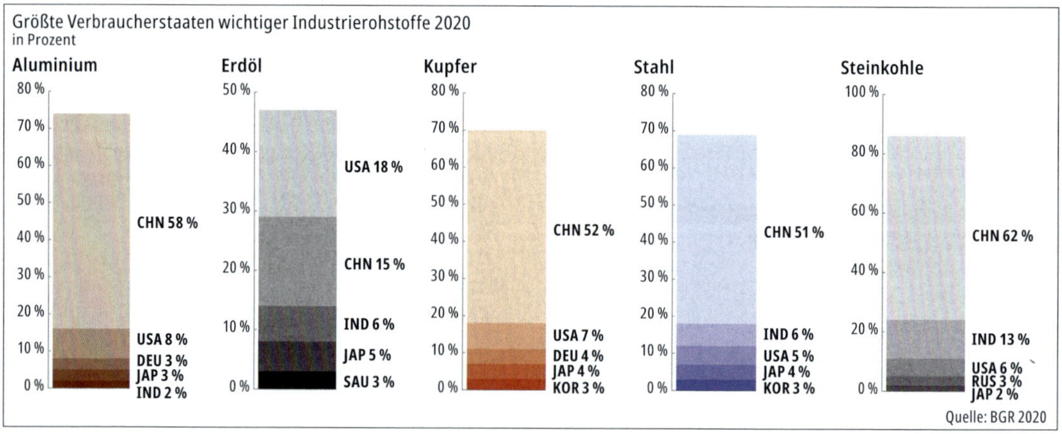

Größte Verbraucherstaaten wichtiger Industrierohstoffe 2020
in Prozent
Quelle: BGR 2020

Statische Reichweiten ausgewählter metallischer Rohstoffe 2019
in Jahren

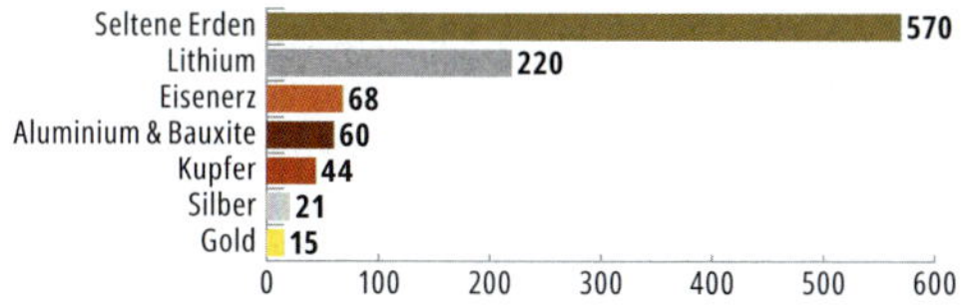

Quelle: US Geological Survey 2020; eigene Berechnungen

wicklung, während bei Hochtechnologiemetallen, die für Zukunftstechnologien verwendet werden, eher kurzfristige technologie- und spekulationsbedingte Preisanstiege auftreten. Nach einem vorläufigen Preishöchststand 2011 sanken die Preise für viele mineralische Rohstoffe bis 2016 auf einen Tiefststand, ehe 2017/18 deutliche Preissteigerungen einsetzten. 2019 war hingegen von wiederholt leicht fallenden Rohstoffpreisen gekennzeichnet.
In der Preisperiode Juni 2020 bis Mai 2021 war bei nahezu allen metallischen Rohstoffen hingegen ein spekulations- wie konjunkturbedingter Preisanstieg zu beobachten. Insbesondere die anziehende US- und chinesische Konjunktur befeuerten die Weltmarktpreise für metallische Rohstoffe in unerwartetem Ausmaß. Einen **der größten Preisanstiege** zwischen Juni 2020 und Mai 2021 registrierte Eisenerz mit +113 % auf mittlerweile 175 € je t, was zugleich eine neue Rekordmarke bedeutete. Auch der Kupferpreis verdoppelte sich bis Mai 2021 nur innerhalb eines Jahres. Damit kostete eine Tonne Kupfer Mitte Mai 2021 rd. 8500 €. Erst Anfang 2016 erreichte der Kupferpreis mit etwa 4300 € einen Tiefststand. Mit einem Preisplus von über 104 % nahm der Marktwert von Zinn eine recht ähnliche Entwicklung. Auch bei Aluminium (+66 %), Zink (+50 %) und Nickel (+42 %) haben sich 2020/21 die Jahresdurchschnittspreise gegenüber der Vorjahresperiode aufgrund gestiegener Nachfrage, insbesondere aus China, deutlich erhöht. Mit einem Zuwachs von 32 % entwickelte sich der Preis für Blei etwas moderater. Bei den Edelmetallen war die Preisentwicklung 2020/21 uneinheitlich: Während bei Silber (+52.5 %), Platin (+40 %) und Palladium (+39 %) deutliche Preissteigerungen beobachtet wurden, war der Goldpreis hingegen bis Mai 2021 leicht rückläufig (-5.6 %). Damit kostete eine Feinunze Gold im Mai 2021 ca. 1500€.
Bedenklich bleibt die Tatsache, dass in vielen, darunter auch sehr bedeutenden Bergbaustaaten Rechtsstaatlichkeit und demokratische Stabilität häufig nur unzureichend oder überhaupt nicht garantiert sind. Mit rd. 10.6 Mrd. t entstammen knapp 60 % aller bergbaulich geförderten Rohstoffe nach Angaben von World Mining Data aus demokratisch instabilen Staaten. Weitere 7.2 % der weltweiten Förderung vereinen sogar Staaten auf sich, deren demokratische und rechtsstaatliche Verfassung als extrem instabil gilt. In diesen instabilen Staaten bestimmen Korruption, Nepotismus, staatliche Willkür aber auch gewaltsame Konflikte bei der Verteilung der rohstoffbezogenen Exporteinnahmen eine große Rolle. Folge ist häufig, dass trotz eines vergleichsweise großen Rohstoffreichtums die Gesellschaften vieler Entwicklungsländer unter Armut leiden. Zudem neigen rohstoffreiche Länder aufgrund ihrer einseitigen Wirtschaftsstruktur häufig zu verzögertem wirtschaftlichem Strukturwandel und einer erhöhten ökonomischen Krisenanfälligkeit (**sog. Ressourcenfluch**).

Umwelt

Durch die Zunahme der Weltbevölkerung geht Lebensraum für Pflanzen und Tiere zugunsten von Siedlungen, Infrastruktur, Industrieanlagen, Abfalldeponien, Bergbau und landwirtschaftlichen Flächen verloren; zudem werden die verbliebenen Ökosysteme durch menschliche Aktivitäten, v. a. durch die Übernutzung natürlicher Ressourcen beeinträchtigt. Natur und Menschen gleichermaßen leiden unter Emissionen aus Haushalten, Industrie und Verkehr, wegen ihrer Wirkungen auf den Organismus oder die Atmosphäre. All dies beeinträchtigt Ökosystemdienstleistungen. Viele Aktivitäten mit negativen Umweltauswirkungen verzeichneten seit Beginn der Industrialisierung um 1750, andere seit Mitte des 20. Jh. einen exponentiellen oder ähnlich steilen Anstieg. Aufgrund dieser tiefgreifenden Einflüsse wurde der Begriff **Anthropozän** geprägt, ein Erdzeitalter, das Mitte des 20. Jh. begann.

© World Wide Fund For Nature (WWF), Living Planet Report 2018

Nachhaltigkeit

Der Begriff Nachhaltigkeit stammt ursprünglich aus der Forstwirtschaft: Im Jahr 1713 forderte Hans Carl von Carlowitz in einem Lehrbuch, nur so viel Holz zu schlagen, wie im selben Zeitraum nachwächst. In die Umweltpolitik ging der Begriff 1987 mit dem Bericht der World Commission on Environment and Development (Brundtland-Kommission) ein; er definiert eine Entwicklung als nachhaltig, die die Bedürfnisse der Gegenwart befriedigt, ohne zu riskieren, dass künftige Generationen ihre Bedürfnisse nicht befriedigen können.

Bei der UN-Konferenz über Nachhaltige Entwicklung im Juni 2012 in Rio de Janeiro beschloss die Weltgemeinschaft, sich **17 Ziele zur nachhaltigen Entwicklung bis 2030** zu setzen, kurz SDGs (Sustainable Development Goals) oder Agenda 2030. Sie wurden am 01.09.2015 von der UN-Generalversammlung verabschiedet und betreffen u. a. Landwirtschaft, Biodiversität, Ressourcennutzung, Wasser und Klima. Das 7. Umweltaktionsprogramm (UAP) der EU (2013–2020) formuliert **Nachhaltigkeitsziele der EU** für den Erhalt des Naturkapitals, eine ressourcenschonende, wettbewerbsfähige Wirtschaft sowie den Schutz der Menschen vor Umweltbelastungen und Gesundheitsgefahren. Der am 04.12.2019 veröffentlichte Bericht „Die Umwelt in Europa" der Europäischen Umweltagentur bilanziert, dass Maßnahmen zur Ressourceneffizienz und Emissionsreduktion erfolgreicher waren als jene zum Schutz der Ökosysteme und zum Wohlergehen der Menschen. Die Emissionen aus Verkehr und Landwirtschaft sind gestiegen, ebenso seit 2014 der Endenergieverbrauch. Mit der aktuellen Entwicklung wären die Klima- und Energieziele bis 2030 nicht zu erreichen. Am 17.03.2021 billigten die Botschafter der EU-Mitgliedstaaten ein Mandat für den Rat, Verhandlungen mit dem Europäischen Parlament über das 8. UAP aufzunehmen. Die Europäische Kommission hatte am 14.10.2020 ihren Vorschlag für das 8. UAP vorgelegt, das auf dem am 11.12.2019 vorgestellten „Green Deal" der EU basiert: eine Reihe von Maßnahmen, um den effizienten Umgang mit Ressourcen zu fördern, den Klimawandel aufzuhalten, gegen den Verlust an Biodiversität vorzugehen und die Schadstoffbelastung zu reduzieren. Die **Nationale Nachhaltigkeitsstrategie der Bundesregierung** wurde am 17.04.2002 beschlossen, als Leitfaden nicht nur für die Umwelt-, sondern auch für die Sozial- und Wirtschaftspolitik; seit 2016 orientiert sie sich an den SDG als sog. Indikatoren. Am 10.03.2021 beschloss die Bundesregierung als Weiterentwicklung die Deutsche Nachhaltigkeitsstrategie 2021; u. a. wurden Pandemie-Prävention und weltweiter Bodenschutz als neue Indikatoren aufgenommen. Als Ergebnis des im Oktober 2019 begonnenen Nachhaltigkeitsdialogs mit Institutionen, Organisationen und Einzelpersonen werden sog. Transformationsbereiche stärker berücksichtigt, z. B. Kreislaufwirtschaft, nachhaltiges Bauen und Verkehrswende, nachhaltige Agrar- und Ernährungssysteme. Ebenfalls am 10.03.2021 erschien der zweijährliche „Indikatorenbericht" des Statistischen Bundesamts. Die Bilanz ist bei den Zielen zu Umwelt, Ökologie und Energie weiterhin gemischt; z. B. gibt es Erfolge im Bereich erneuerbare Energien oder Luftreinhaltung, aber Defizite bei Treibhausgas- oder Stickstoffemissionen.

Einen immer größeren Einfluss auf die **Nachhaltigkeit der Landwirtschaft** haben steigender Lebensstandard und neue Konsummuster, z. B. der zunehmende Verzehr von Fleisch, Eiern und Milch nicht zuletzt in aufstrebenden Schwellenländern. Sie führen zu einer Ausdehnung der landwirtschaftlichen Flächen, meist auf Kosten der Wälder, einer weiteren Zunahme der Bewässerungslandwirtschaft und einer wachsenden Konkurrenz um die Wassernutzung zwischen Landwirtschaft, Industrie und Haushalten; innerhalb der Landwirtschaft kommt die Konkurrenz durch Energiepflanzen hinzu. Zum steigenden Wasserverbrauch der Landwirtschaft zählt auch das so genannte „virtuelle Wasser" – also das gesamte Wasser, das in ein Produkt investiert wird, bei Fleisch auch Regen oder Bewässerung für den Futteranbau. Laut Water Footprint Network beläuft sich das für 1 kg Tomaten auf 214 l, für 1 kg Rindfleisch auf 15 415 l (konventionelle Erzeugung).

Weltweit summieren sich laut dem FAO-Bericht „State of Food and Agriculture 2019" die **Lebensmittelverluste** auf 1.3 Mrd. t/a, ein Drittel der Gesamtproduktion. D. h. sie gelangen nicht in den Handel, je nach Produkt und Region v. a. durch Fehler bei der Ernte, unzulängliche Lagerung oder fehlende Transportinfrastruktur. Das betrifft Obst und Gemüse (45 %), Fisch und Meeresfrüchte (35 %) sowie Getreideprodukte (30 %). **Lebensmittelabfälle** in Handel und Gastronomie oder bei Verbrauchern sind eher ein Problem reicherer Länder, u. a. durch optische Mängel, zu große Packungen, Verwechseln von Mindesthaltbarkeits- und Verzehrdatum oder schlechte Lagerung im Haushalt. In der EU ist die Reduzierung von Lebensmittelabfällen Teil des „Green Deal".

Durch Sortierung und Recycling von **Abfall** lassen sich Ressourcen und Energie zurückgewinnen. Doch laut dem ersten Weltabfallbericht („Global Waste Management Outlook"), 2015 vom UN Environment Programme (UNEP) und dem Internationalen Verein für Abfallwirtschaft (ISWA) erstmals veröffentlicht, sind mindestens 2 Mrd. Menschen nicht an Abfallsammelsysteme angeschlossen, mindestens 3 Milliarden fehlt ein Zugang zu geordneten Abfallentsorgungsanlagen. Jährlich fallen weltweit ca. 2 Mrd. t Haushaltsabfall an. Das gesamte Abfallaufkommen, einschließlich Gewerbe- und Industrieabfällen, Bauschutt etc., liegt bei 7–10 Mrd. t. Die Mengen können nur geschätzt werden, weil Daten aus vielen Nicht-OECD-Staaten fehlen. Bevölkerungswachstum, Verstädterung und Wirtschaftswachstum lassen die Abfallmengen weiter steigen, außer in Regionen mit hohem Einkommen. Allerdings fällt in den wohlhabenden Ländern derzeit rund die Hälfte des Abfalls an. Laut dem Bericht „Environment at a Glance" zur Situation in den **OECD-Staaten** fielen dort 2019 538 kg Haushaltsabfall pro Person an (2000: 547 kg). 42 % (2000: 54 %) davon wurde auf Deponien entsorgt; während dies in Deutschland, Finnland, Schweden und der Schweiz verboten ist, spielen Deponien in der OECD-Region Amerika immer noch die Hauptrolle. OECD-weit wird 25 % der Haushaltsabfälle recycelt, 20 % zur Energiegewinnung verbrannt, 10 % kompostiert. In **Deutschland** fielen 2018 laut Umweltbundesamt (UBA) 535 kg (2000: 458 kg) pro Person an, verwertet wurden 99 % (51 %), davon 69 % stofflich. Seit den 1990er-Jahren steigt die Verpackungsabfallmenge, 2018 waren es knapp 228 kg pro Person (2000: 186 kg). Als Gründe dafür nennt das UBA die steigende Zahl kleiner Haushalte, die kleine Portionsgrößen kaufen und veränderte Konsumgewohnheiten: mehr verpackte Lebensmittel einschließlich fertiger Mahlzeiten zum Mitnehmen, mehr Einweg-Getränkeverpackungen, mehr Einkäufe im Versandhandel. Die seit 01.01.2019 geltenden höheren Verwertungsquoten für Verpackungsabfälle werden zum 01.01.2022 nochmals leicht angehoben. Im Rahmen der **EU-Kunststoffstrategie**, von der EU-Kommission im Januar 2018 beschlossen, mussten die Mitgliedsländer bis 03.07.2021 ein Verkaufsverbot von Einweg-Kunststoffartikeln (Strohhalme, Besteck, Fast-Food-Verpackungen, Wattestäbchen etc.) umsetzen. Artikel, die nicht verboten werden können (z. B. Tampons, Feuchttücher, Zigarettenfilter, Getränkebecher) müssen einen Warnhinweis tragen. Außerdem müssen die Mitgliedstaaten bis 2025 77 %, bis 2029 90 % der Einwegkunststoffartikel (auch Flaschen) getrennt sammeln, und der Gehalt an Recyclingkunststoff in Flaschen muss bis 2025 25 %, bis 2030 30 % betragen.

Laut „Global E-waste Monitor 2020" der United Nations University stieg das globale Aufkommen an **Elektro- und Elektronikschrott** (ohne Solarzellen) von 2014 bis 2019 um 21 %, von 44.4 Mio. t/a auf 53.6 Mio. t/a (7.3 bzw. 6.4 kg pro Person); nur 17.4 % (17.0 %) davon wurden nachweisbar recycelt – obwohl für 71 % der Weltbevölkerung in 78 Ländern entsprechende gesetzliche Regelungen gelten.

	E-Schrott-Aufkommen		Dokumentiert gesammelt und ordnungsgemäß recycelt	
	Mt	kg/P.	Mt	%
Afrika	2.9	2.5	0.03	0.9
Amerika	13.1	13.3	1.2	9.4
Asien	24.9	5.6	2.9	11.7
Europa	12	16.2	5.1	42.5
Ozeanien	0.7	16.1	0.06	8.8

Quelle: Global E-waste Monitor 2020

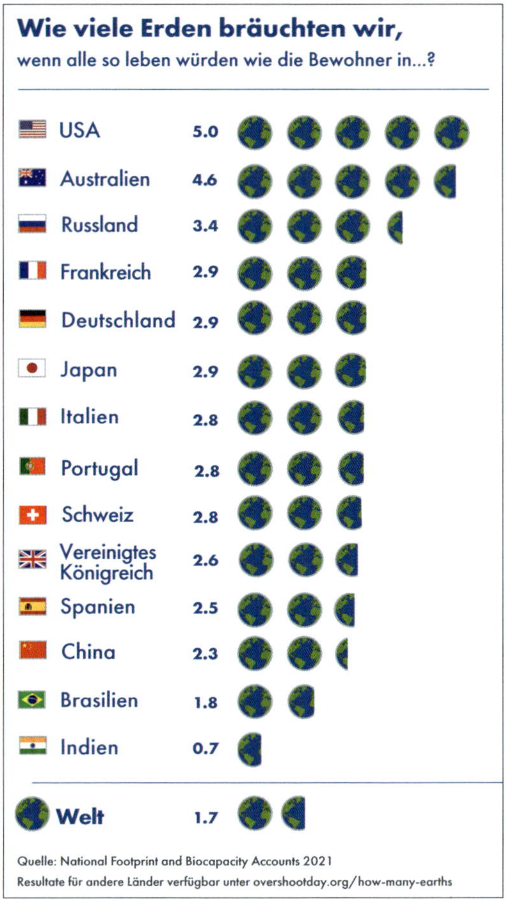

Der 2019 weltweit angefallene E-Schrott enthält Materialien im Wert von ca. 57 Mrd. US$: v. a. Eisen, Aluminium, Kupfer, aber auch Gold, Silber, Platin, Palladium, Kobalt, Indium etc. sowie Kunststoffe. Keine andere Abfallart verzeichnet größere Zuwächse, Erstens, weil die Geräte für immer mehr Menschen auch in ärmeren Ländern erschwinglich werden, zweitens, weil in reicheren Ländern der schnelle Austausch gegen neue Geräte propagiert wird. Ein großes Problem ist der illegale Export von Elektro- und Elektronikschrott aus Industrieländern, vorgeblich zur Reparatur und Weiterverwendung, also unter Umgehung des Basler Übereinkommens. Die Geräte werden in den Zielländern mit unzulänglichen Methoden zerlegt oder als Abfall entsorgt, z. B. offen eingeschmolzen oder verbrannt, was zu erheblichen Umwelt- und Gesundheitsbelastungen führt; zudem gehen die wertvollen Materialien verloren.
Das Ecological Footprint Network vergleicht die Biokapazität der Erde, d. h. die Ressourcen aus Landwirtschaft, Fischerei etc. und die Aufnahmefähigkeit der Erde für Abfälle und Emissionen, mit dem Verbrauch durch die Menschheit und errechnet daraus den Tag des Jahres, an dem die Kapazitäten der Erde erschöpft sind: den Earth Overshoot Day (Erdüberlastungstag). Darauf basiert der **Ökologische Fußabdruck** der Welt und einzelner Länder. Die Biokapazität schwankt von Jahr zu Jahr z. B. durch Düngung, Zerstörung von Ökosystemen, Wetter oder Bevölkerungsgröße, aktuell liegt sie bei 1.6 gha (globale Hektar) pro Person. Der Fußabdruck hängt u. a. von Verbrauch und Produktionseffizienz ab. Die Welt hat die Biokapazität erstmals 1970 überschritten. 2021 lag der Ökologische Fußabdruck bei 2.8 gha/Person und der Earth Overshoot Day damit am 29.07., nahe den bisher frühsten am 26.07.2019 und 25.07.2018. D. h. die Menschheit verbrauchte 2021 etwa 1.7-mal mehr als globale Ressourcen in einem Jahr verfügbar sind. Bei einem Lebensstil aller Menschen wie in Deutschland (Overshoot Day: 05.05.2021) ergäbe sich etwa das Dreifache, bei dem der USA das Fünffache der Kapazität. 2020 lag der Erdüberlastungstag wegen der pandemiebedingten Einschränkungen v. a. im ersten Halbjahr am 22. August.

Emissionen

Zahl und Menge der weltweit vermarkteten Chemikalien sind unbekannt. Eine Orientierung bieten Informationen zur REACH-Verordnung der EU (Registration, Evaluation, Authorisation and Restriction of Chemicals), die am 01.07.2004 in Kraft trat. Alle Chemikalien, von denen mehr als 1 t/a in der EU hergestellt oder in die EU eingeführt wird, müssen vor dem Inverkehrbringen registriert werden. Ende Juli 2021 enthielt die REACH-Datenbank 23 346 Substanzen. Viele umweltrelevante Stoffe werden aber nicht absichtlich hergestellt, sondern sind Nebenprodukte von industriellen oder Verbrennungsprozessen, z. B. Dioxine oder Stickoxide. Abfälle können eine Vielzahl an Schadstoffen enthalten, die aus Müllkippen, aus Deponien ohne ausreichende Abdichtung oder bei der (offenen) Verbrennung ohne Abgasreinigung in die Umwelt gelangen; dies betrifft v. a. Entwicklungsländer.

Abhängig von ihren Emissionswegen und chemischen Eigenschaften **verbreiten** sich chemische Verbindungen in Wasser, Gewässersedimenten, Luft und Böden und werden z. T. von Pflanzen aufgenommen. Metalle und persistente (schwer abbaubare) Substanzen sammeln sich in Böden und Sedimenten an, und es kann zu einer Anreicherung im Verlauf der Nahrungskette kommen. D. h. von Pflanzen oder Plankton über Pflanzenfresser zu kleinen und dann immer größeren, immer weniger Fleischfressern, ggf. bis hin zum Menschen, findet eine Aufkonzentration der Belastung statt. Dies betrifft z. B. Quecksilber oder persistente Chemikalien wie Dioxine. Langlebige Gase wie CO_2 oder FCKW akkumulieren in der Atmosphäre.

Seit den 1970er-Jahren wurden **internationale Abkommen** geschlossen, um die Ausbreitung umweltschädlicher Substanzen einzudämmen. Die älteren beziehen sich auf Umweltgüter wie Luft, Ozonschicht, Klima, die jüngeren setzen an der Quelle an, z. B. Basler Übereinkommen über den internationalen Verkehr gefährlicher Abfälle, Rotterdamer Übereinkommen zum internationalen Handel mit Gefahrstoffen, Stockholmer Übereinkommen über persistente organische Schadstoffe oder Minamata-Abkommen zu Quecksilber.

Luft

Zu den wichtigsten primären **gasförmigen Luftschadstoffen** in der Atemluft zählen Schwefeldioxid (SO_2) v. a. aus Kraftwerken, Stickoxide (NO_x) aus Verkehr, Kraftwerken und Landwirtschaft, Ammoniak (NH_3) aus der Viehhaltung sowie Schwermetalle aus Industrieanlagen. Zu den sekundären Luftschadstoffen gehört Ozon („Sommersmog"), das durch fotochemische Reaktionen aus NO_x entsteht. Flüchtige organische Verbindungen stammen v. a. aus Lösemitteln, können aber auch aus Kunststoffen oder Baumaterialien ausgasen. **Feinstaub** PM_{10} bzw. Ultrafeinstaub $PM_{2.5}$ ist allein definiert durch den Durchmesser von weniger als 10 µm bzw. 2.5 µm, gleich ob Straßenabrieb, Ruß, Pollen oder auch Partikel, die aus gasförmigen Luftschadstoffen wie NH_3 entstehen.
Ein Sonderfall ist **Quecksilber**: Laut „Global Chemicals Outlook II" des UNEP stammen zwar 60 % der globalen Emissionen aus Böden und Wasser, es sind aber v. a. Ablagerungen anthropogener Emissionen, die wieder ausgasen; 30 % sind direkte anthropogene, meist industrielle Emissionen (mehr als 2000 t/a) und 10 % stammen aus natürlichen Quellen wie Vulkanen. Quecksilber reichert sich in der Nahrungskette an.

Luftverschmutzung führt zu Vegetationsschäden, Überdüngung von Ökosystemen durch Stickstoff sowie zur Versauerung oder Kontamination von Böden. Sie ist die **Hauptursache für umweltbedingte Krankheiten** und verursacht laut „Global Environmental Outlook 6" (2019) des UNEP weltweit 6–7 Mio. vorzeitige Todesfälle jährlich, die meisten in Ost- und Südasien – also in der Region, die am stärksten belastet ist durch die Produktion von Waren für andere Teile der Welt, v. a. Westeuropa und Nordamerika. Allgemein leiden unter Luftverschmutzung v. a. Menschen in urbanen Regionen von Ländern mit mittlerem und geringem Einkommen und die rd. 3 Mrd. Menschen, die für Kochen, Heizen und Beleuchtung auf feste Brennstoffe oder Kerosin angewiesen sind; darauf sind 2.8–3.6 Mio. Todesfälle zurückzuführen. Luftverschmutzung verursacht laut WHO bei Erwachsenen einen großen Teil der Todesfälle durch Herzkrankheiten (24 %), Schlaganfälle (25 %), chronische obstruktive Lungenerkrankung (43 %) und Lungenkrebs (29 %). Die Feinstaub-Fraktion $PM_{2.5}$ war einer 2021 veröffentlichten internationalen Studie unter Leitung der Harvard University zufolge die Ursache von 18 % der Todesfälle weltweit im Jahr 2018; 2012, vor der Verschärfung der Luftqualitätsregelungen in China, waren es noch 21.5 %.

Als erstes internationales Umweltabkommen beschlossen europäische Staaten, die USA, Kanada und die Sowjetunion 1979 das **Übereinkommen über weiträumige grenzüberschreitende Luftverunreinigung** (Convention on Long-range Transboundary Air Pollution, LRTAP). Es trat am 16.03.1983 in Kraft; viele der Vertragsparteien haben allerdings acht später vereinbarte Zusatzprotokolle nicht ratifiziert.

Global wurde der **Emissionsrückgang** in einigen Weltregionen und Sektoren ausgeglichen durch steigende Emissionen in aufstrebenden Volkswirtschaften und Regionen mit starker Urbanisierung. In der **EU** sind laut dem Bericht „Air Quality in Europe 2020" der Europäischen Umweltagentur die Emissionen aller primären Luftschadstoffe 2000–2018 gesunken und haben sich entkoppelt von der ökonomischen Entwicklung (Anstieg des BIP). Am stärksten war der Rückgang bei SO_2 mit 79 % (1990–2015: 89 %), am geringsten bei NH_3 mit nur 10 % (1990–2015: 23 %) und einem leichten Anstieg seit 2015, verursacht v. a. durch die Landwirtschaft. Die Emissionen von Arsen gingen um 35 % zurück, Cadmium um 42 %, Nickel um 59 % und Blei um 68 %. Die Jahresmittel der PM_{10}-Konzentration sanken 2009–2018 um 18–19 % im Durchschnitt aller Messstellen, um 13 % bei den ländlichen; alle außer den industriellen Messstellen zeigen 2016–2018 einen Anstieg. Ein „Corona-Effekt" zeigt sich v. a. beim NO_2: Die Hintergrundbelastung sank umso mehr, je strenger die Moblilitätsbeschränkungen waren, wobei auch das Wetter eine Rolle spielte. Die Spanne reichte von 59 % in Barcelona bis 27 % in Frankfurt am Main. Die PM_{10}-Hintergrundbelastung sank nur um rund 20 %, da der Verkehr nicht die Hauptquelle ist.

Vorläufige Daten des Umweltbundesamtes (UBA) vom Februar 2021 zeigen, dass 2020 in **Deutschland** der NO_2-Jahresmittelwert an städtisch-verkehrsnahen Messstationen seit 2000 stärker sinkt als an anderen städtischen oder ländlichen Stationen. Der Grenzwert 40 µg/m³, identisch mit den WHO-Empfehlungen, wurden laut UBA-Schätzung an 3–4 % der verkehrsnahen Stationen überschritten. Die stark wetterabhängige Ozonbelastung lag 2020 unter dem Mittel der letzten 20 Jahre; an 13 Tagen wurde der Informationsschwellenwert (Warnung über die Medien) von 180 µg/m³ überschritten. Die ebenfalls vom Wetter mit beeinflussten PM_{10}- und $PM_{2.5}$-Jahresmittelwerte sind weiter gesunken, auf den geringsten Wert seit 2000 bzw. 2010. Die EU-Grenzwerte – 40 µg/m³ PM_{10}, 25 µg/m³ $PM_{2.5}$ – wurden eingehalten, anders als die niedrigeren WHO-Empfehlungen: 25 µg/m³ PM_{10} wurden an 5 % und 10 µg/m³ $PM_{2.5}$ an 13 % der Stationen überschritten.

Ozonschicht

Die Konzentration von Ozon (O_3) in der Atmosphäre ist in 15–25 km Höhe, d. h. in der Stratosphäre, besonders hoch. Diese Ozonschicht absorbiert UV-C- und UV-B-Licht, das für alle lebenden Organismen schädlich ist. Bestimmte chlorhaltige Kohlenwasserstoffe, v. a. die früher als Treibmittel für Schaumstoffe, Kälte- und Lösemittel verwendeten FCKW, sowie die z. T. noch als Feuerlöschmittel eingesetzten Halone sind sehr stabil und deshalb ungiftig. Aufgrund dieser Stabilität gelangen sie bis in die Stratosphäre, wo sie unter dem Einfluss von Sonnenlicht v. a. zu Beginn des Polartags zerfallen. Dies löst eine Kettenreaktion aus, die Ozon abbaut. Um dem entgegenzuwirken, wurde 1985 das Wiener Übereinkommen zum Schutz der Ozonschicht verabschiedet; es trat am 22.09.1988 in Kraft, enthält allerdings keine rechtlich bindenden Verpflichtungen. Dafür wurde 1987 das **Montrealer Protokoll über Stoffe, die zum Abbau der Ozonschicht führen** verabschiedet, das am 01.01.1989 in Kraft trat. Wiener Übereinkommen und Montrealer Protokoll wurden – ebenso wie spätere Zusatzvereinbarungen – von allen UN-Mitgliedern sowie der EU ratifiziert. Die mehrmals angepassten, schrittweisen Verbote ozonschädlicher Stoffe, von denen viele auch starke Treibhausgase sind, gelten inzwischen für 99 % der Substanzen. Die Emissionen sind entsprechend gesunken, wegen der Langlebigkeit der Substanzen regeneriert sich die Ozonschicht aber nur langsam. Im Mai 2019 wurde bekannt, dass große Mengen des verbotenen, stark ozonschädlichen FCKW R-11 (Trichlorfluormethan, CCl_3F) in die Atmosphäre gelangten, u. a. aus illegalen Fabriken in China. Allerdings zeigten im Februar 2021 im Wissenschaftsmagazin Nature veröffentlichte Analysen, dass die Konzentration in der Atmosphäre seither rapide zurückging, sodass der Schaden für die Ozonschicht vernachlässigbar sei.

Das **Ozonloch über der Antarktis** war 2020 mit ca. 18 Mio km² so groß wie noch nie seit Beginn der Aufzeichnungen 1957 und außergewöhnlich stabil. Normalerweise schließt es sich, wenn sich im Lauf des Frühjahrs der Polarwirbel auflöst, ein großes winterliches Tiefdruckgebiet über der Antarktis. 2020 blieb der Polarwirbel stabil und verhinderte bis Anfang Dezember einen Luftmassenaustausch mit wärmeren Regionen. Forscher des Deutschen Zentrums für Luft- und Raumfahrt vermuten als Ursache den El-Niño-Effekt, der den Pazifik vor der Küste Südamerikas ungewöhnlich stark abgekühlt hat.

Klima

Die globale Klimaerwärmung beruht auf der im 19. Jh. entdeckten Eigenschaft der unteren Atmosphäre (Trophosphäre), wie ein Glasdach die Wärmeabstrahlung der Erdoberfläche und der bodennahen Luftschichten ins Weltall zu verringern. Andernfalls läge die bodennahe Weltmitteltemperatur heute nicht bei 14.5 °C, sondern bei -18 °C. Zu diesem Effekt tragen v. a. Wasserdampf, Kohlendioxid (CO_2), bodennahes Ozon (O_3), Methan (CH_4) und Lachgas (Distickstoffoxid, N_2O) bei. Zwar sind ihre atmosphärische Konzentration wie auch die globale Mitteltemperatur natürlichen Schwankungen unterworfen, doch werden diese zunehmend überlagert durch menschliche Aktivitäten, die zu einer Anreicherung der Treibhausgase und dadurch zu einer globalen Erwärmung durch den **anthropogenen Treibhauseffekt** führen. Der letzte Sachstandsbericht („Climate Change 2014“) des Intergovernmental Panel on Climate Change (IPCC) bilanzierte die Erkenntnisse der weltweiten Klimaforschung mit den Worten: „Die Erwärmung des Klimasystems ist eindeutig, und die Veränderungen seit den 1950er-Jahren haben über Jahrzehnte bis Jahrtausende nicht Ihresgleichen. Die Atmosphäre und die Ozeane haben sich erwärmt, die Schnee- und Eisbedeckung ist zurückgegangen, der Meeresspiegel und die Konzentration der Treibhausgase sind gestiegen“.

Die Weltmeteorologie-Organisation (WMO) bilanziert in ihrem „Greenhouse Gas Bulletin 2020“, dass der Strahlungsantrieb, d. h. der Treibhauseffekt, 1990–2019 um 45 % zunahm; zu 80 % ist dies auf **Kohlendioxid (CO_2)** zurückzuführen. Der Anstieg während des letzten Jahrzehnts verlief 100- bis 200-mal schneller als am Ende der letzten Eiszeit. CO_2 stammt überwiegend aus der Verbrennung fossiler Energieträger, wobei der Zuwachs gegenüber dem Vorjahr nach Berechnungen des Global Carbon Project (GCP) 2019 nur 0.1 % betrug (2018: 0.6 %, 2017: 1.5 %). Nach vorläufigen Berechnungen des GCP sanken die CO_2-Emissionen 2020 wegen der Regelungen zur Eindämmung von COVID-19 um 7 %, so stark wie nie zuvor. Allerdings wird dies nach Einschätzungen der WMO keinen nachhaltigen Einfluss auf den CO_2-Gehalt der Atmosphäre haben, da der Rückgang in der Dimension natürlicher Schwankungen liegt und jegliche Emission zum Anstieg des CO_2-Gehaltes führt. 2009–2018 sammelten sich 44 % des emittierten CO_2 in der Atmosphäre, 29 % an Land, v. a. in Wäldern, und 23 % in den Ozeanen, den sog. „CO_2-Senken".

Die wichtigsten anthropogenen Treibhausgase 2019

	CO_2	CH_4	N_2O
Konzentration in der Atmosphäre	411 ppm	1877 ppb	332 ppb
Anstieg in den letzten 10 Jahren	2.37 ppm/a	7.3 ppb/a	0.96 ppb/a
Zunahme seit dem Vorjahr	2.6 ppm (0.64 %)	8 ppb (0.43 %)	0.9 ppb (0.27 %)
Konzentration im Vergleich zu 1750	148 %	260 %	123 %
Verweildauer in der Atmosphäre	120 Jahre	12 Jahre	116 Jahre
Anteil am anthropogenen Treibhauseffekt	66 %	16 %	7 %

Quelle: WMO Greenhouse Gas Bulletin 2020

Methan (CH_4) stammt zu 60 % aus anthropogenen Quellen, z. B. Viehhaltung, Reisanbau, Erdöl- und Erdgasförderung, Mülldeponien sowie Verbrennung von Biomasse und zunehmend auch aus auftauenden Permafrostböden. Ab Anfang der 1980er-Jahre sank die jährliche Zunahme der Emissionen auf nahe Null in den Jahren 1999–2006, seit 2007 steigen sie wieder. Beobachtungsdaten und Isotopenanalysen zeigen, dass die Zunahme durch tropische Feuchtgebiete sowie die Landwirtschaft in den mittleren und nördlichen Breiten verursacht wird. Eine weitere Quelle sind Lecks bei der Erdgasförderung, die oft jahrelang unbemerkt bleiben und inzwischen von Satelliten aufgespürt werden. **Lachgas** (Distickstoffoxid, N_2O) stammt zu rd. 40 % aus anthropogenen Quellen wie Stickstoffdünger, Verbrennen von Biomasse und industriellen Prozessen. In den letzten 40 Jahren stiegen die Emissionen um 30 %; die WMO vermutet als Hauptursache eine Zunahme der Stickstoffdüngung. Fluorchlorkohlenwasserstoffe (FCKW) und andere **halogenhaltige Kohlenwasserstoffe** tragen 11 % zur Zunahme des Treibhauseffekts bei. Der Atmosphärengehalt der FCKW und der meisten Halone, die auch die Ozonschicht schädigen, sinkt in den letzten Jahren. Der von teilhalogenierten Fluorchlorkohlenwasserstoffen (H-FCKW) und Fluorkohlenwasserstoffen (FKW) hingegen steigt erheblich, die Konzentration bleibt aber auf dem sehr geringen ppt-Niveau (parts per trillion). Der Atmosphärengehalt des mit 3200 Jahren extrem langlebigen Schwefelhexafluorid (SF_6), ein Isoliergas für elektrische Anlagen, hat sich seit Mitte der 1990er-Jahre etwa verdoppelt.

Nach Berechnungen der WMO für ihren jährlichen Bericht „The State of the Global Climate" war 2020 mit 1.2 °C (2019: 1.1 °C) über dem Mittelwert 1850–1900 das drittwärmste Jahr, die letzten sechs Jahre waren die wärmsten Jahre und **2011–2020 das wärmste Jahrzehnt** seit Beginn der instrumentellen Messungen. Das bisher wärmste Jahr war 2016 mit einem besonders starken El Niño, einer zyklischen Veränderung der Meereszirkulation im Pazifik. Im EU-Erdbeobachtungsprogramm Copernicus war 2020 mit mehr als 1.6 °C, im Winter sogar mehr als 3.4 °C über dem Mittelwert 1981–2010 das wärmste Jahr in **Europa**. Am stärksten betroffen waren der Osten und Nordosten im Herbst und Winter. Im Nordosten lagen im Winter die Höchsttemperaturen um bis zu 9 °C, die Mindesttemperaturen um bis zu 6 °C höher als 1981–2010. Die Abweichung betrug 2020 in **Deutschland** 1.5 °C, im Januar, Februar, April und August über 3 °C. Mit einer Jahresmitteltemperatur von 10.4 °C war es das zweitwärmste Jahr seit Beginn der Aufzeichnungen 1881 (2018: 10.5 °C, 2019: 10.3 °C). 2020 war das dritte zu trockene Jahr in Folge. Einzelne regenreiche Monate wie der Mai 2020 können das Defizit v. a. in tieferen Bodenschichten nicht ausgleichen.

Immer häufiger sind die **Meere** von Hitzewellen betroffen, die 2019 und 2020 in 84 %, 2016 in 88 % der Ozeane mindestens einmal auftraten, berichtet die WMO in ihrem Klimabericht 2020. 45 % der Hitzewellen wurden als stark, 28 % als moderat eingestuft. Im Nordostpazifik entwickelte sich 2020 eine teils dauerhafte Wärmeregion in ähnlichem Ausmaß wie 2013; damals hielten sich Reste bis 2016. Der Meeresspiegel ist global seit 1993 im Mittel um 3.3 mm/a gestiegen, seit Beginn des 20. Jh. um ca. 20 cm. Überdurchschnittlich war der Anstieg 2020 auf der Südhemisphäre, z. B. jeweils östlich von Madagaskar, Neuseeland und Südamerika. In den letzten Jahrzehnten beschleunigt sich der Anstieg durch die verstärkte Eisschmelze an den Polen und in Gebirgen. Da die Ozeane seit 1980 laut IPCC 20–30 % des anthropogenen CO_2 aufgenommen haben und dieses im Wasser Kohlensäure bildet, sinkt der pH-Wert (Säuregrad) der Meere. Seit Beginn der Industrialisierung ist der pH-Wert laut NOAA durchschnittlich um 30 % gesunken. Copernicus bilanziert für 1985–2019 ein Absinken von 8.11 auf unter 8.06 auf der logarithmischen Skala.

In dem am 20.05.2021 veröffentlichten „Arctic Climate Change Update" konstatiert der Arctic Council

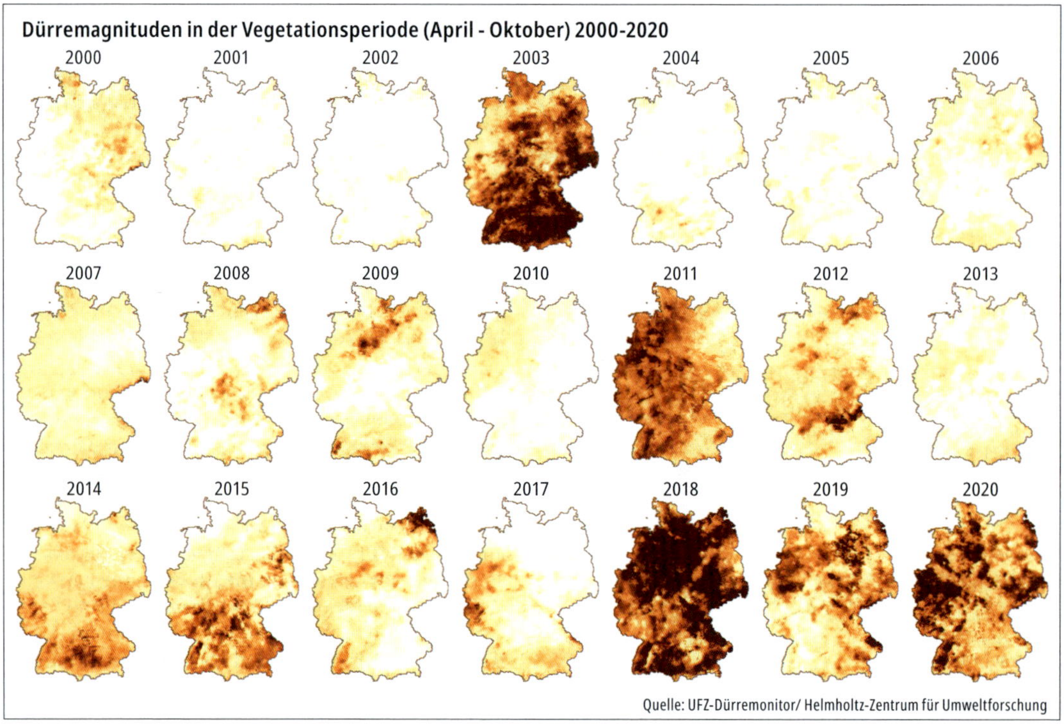

für die **Arktis** 1979–2019 mit 3.1 °C eine dreimal so starke Erwärmung wie im globalen Mittel, noch mehr als zuvor angenommen. Es kommt vermehrt zu Waldbränden. Die WMO verzeichnete 2020 in Sibirien eine Erwärmung von bis zu 5 °C. Bei einer Hitzewelle wurden am 20.06.2020 nördlich des Polarkreises in Werchojansk 38 °C gemessen. Die Gletscher an Land schmelzen immer schneller, v. a. in Grönland. Der tauende Permafrostboden gefährdet Gebäude und Infrastruktur. Die Ausdehnung des Meereises nahm 1979–2019 um 43 % ab, das Eis ist jünger und dünner als in den 1980er-Jahren. Laut WMO-Klimabericht gingen 2019/20 152 Gt Eis verloren (2018/19 329 Gt), v. a. weil Eisberge abbrachen und der warme Ozean Gletscherzungen schmelzen lässt. Die Eisschmelze kann eine sog. **Klimarückkoppelung** zur Folge haben: Zum einen gibt es in der Arktis immer weniger helles Meereis, das Sonnenlicht reflektiert (Albedo-Effekt), dafür aber mehr dunkles Ozeanwasser, das Sonnenlicht absorbiert, was zu der beschleunigten Erwärmung führt. Zum anderen entweicht aus aufgetautem Permafrost das Treibhausgas Methan; laut IPCC enthalten arktische und boreale Dauerfrostböden 1460–1600 Mio. t organischen Kohlenstoff, fast doppelt soviel wie der Kohlenstoffgehalt der Atmosphäre. In der **Antarktis** kommt es seit den späten 1990er-Jahren und verstärkt seit 2005 zu starken Eisverlusten von 175-225 Gt/a, 90 % davon in der Westantarktis und auf der Antarktischen Halbinsel. Dort fließt das Eis immer schneller ab, beschleunigt durch schmelzende Gletscherzungen im Meer und Abbrechen von Schelfeis.

Globale Daten für **Gebirgsgletscher** sammelt der World Glacier Monitoring Service (WGMS). Sog. Referenzgletscher mit mindestens 30-jähriger Datenreihe haben im hydrologischen Jahr 01.10.2019–30.09.2020 rd. 0.6 m w. e. (Wasseräquivalent, 1 m w. e. entspricht 1.1 m Eis oder 1000 kg/m^2) verloren, 2018/19 mehr als 1.2 m w. e. 2011–2018 schmolzen weltweit im Durchschnitt rd. 92 cm w. e. Eis, 2001–2010 rd. 81 cm w. e., 1991–2000 rd. 43 cm w.e. und 1981–1990 rd. 29 cm w. e. Langfristig kann es durch fehlende Gletscher zu sommerlichem Wassermangel in Gebirgstälern und Flüssen kommen.

In der 1992 auf dem Erdgipfel in Rio de Janeiro (Brasilien) unterzeichneten **Klimarahmenkonvention** (KRK) formulierten 152 Staaten das gemeinsame Ziel, „die Stabilisierung der Treibhausgaskonzentrationen in der Atmosphäre auf einem Niveau zu erreichen, auf dem eine gefährliche anthropogene Störung des Klimasystems verhindert wird“. Die KRK trat am 21.03.1994 in Kraft. Auf dem Weltklimagipfel von Cancún (Mexiko) Ende 2010 wurde dieses Ziel erst-

mals verbindlich konkretisiert: Die Erwärmung soll bis 2100 unter 2 °C gegenüber dem vorindustriellen Niveau bleiben. Das **Übereinkommen von Paris** geht noch weiter: Der Temperaturanstieg soll „deutlich unter" 2 °C liegen, möglichst bei 1.5 °C; es trat am 04.11.2016 in Kraft. Teil des Übereinkommens sind „nationally determinded contributions" (NDC): Jede Vertragspartei muss regelmäßig aktualisierte Treibhausgas-Minderungsziele vorlegen und entsprechende Maßnahmen umsetzen; die Zusagen sind nicht völkerrechtlich bindend. Aufgrund der langen Verweildauer von Treibhausgasen in der Atmosphäre würde der Treibhauseffekt in den nächsten Jahrzehnten allerdings auch bei einem starken Rückgang der Emissionen zunächst noch zunehmen.
In seinem „Emissions Gap Report 2020" kommt das UNEP – basierend auf Projektionen vor der Pandemie – zu dem Ergebnis, dass die G20-Staaten insgesamt ihre NDC nicht erfüllen werden. Demnach werden zwar die meisten Mitglieder einschließlich der EU erfolgreich sein, aber Australien, Brasilien, Kanada, die Republik Korea und die USA scheitern; für Indonesien und Saudi-Arabien fehlen Informationen. Damit bleibt eine Lücke („emissions gap") zwischen den prognostizierten Treibhausgas-Emissionen einerseits und dem kostengünstigsten Pfad zum Erreichen der Klimaziele andererseits: Für das ursprüngliche 2 °C-Ziel müssten die jährlichen Emissionen 2030 um 15 Gt CO_2e (CO_2-Äquivalente) niedriger sein als die NDC, für das 1.5 °C-Ziel um 32 Gt CO_2e.
Die CO_2e-Emissionen in der **EU** sind 1990–2018 um 22.5 % gesunken. Deutschland steuerte 2018 knapp 23 % der Emissionen bei und lag mit 10.4 t/Person (2017: 11) im Mittelfeld, bei einem EU28-Durchschnitt von 8.4 t (2017: 10.4); das Spektrum reicht von unter 6 t in Malta, Schweden und Kroatien bis über 15 t in Estland und Luxemburg. Bezogen auf das BIP hingegen liegt Deutschland mit 266 (277) t pro Einheit nur knapp über dem EU28-Durchschnitt von 281 (288) t. Bulgarien steht trotz durchschnittlicher Pro-Kopf-Emissionen mit großem Abstand an der Spitze (1143 t), vor Estland und Polen. Schweden rangiert hingegen am unteren Ende (106 t), nach Dänemark und Luxemburg. Die EU-Staats- und Regierungschefs einigten sich am 11.12.2020, das Klimaziel der Union für 2030 von mindestens 40 % auf mindestens 55 % Emissionsminderung anzuheben. Am 21.04.2021 verständigten sich Rat und Parlament auf ein Ziel von 55 %; um es zu erreichen, sollen Wälder als CO_2-Senken aufgeforstet werden. Ein 15-köpfiger Expertenrat soll die Umsetzung begleiten.

2010–2017 stagnierten die Treibhausgasemissionen in **Deutschland,** laut UBA sind sie 2020 um 8.7 % (2019: 6.3 %) gesunken. Damit wurde das 2014 mit dem Aktionsprogramm Klimaschutz beschlossene Ziel erreicht: 40 % geringere Emissionen als 1990. Den größten Beitrag leistete wieder die Energiewirtschaft mit -14.5 % (2019: -16.7 %), v. a. weil weniger Braunkohle verstromt wurde. Wesentlicher Treiber dieser Entwicklung sind laut UBA die niedrigen Weltmarktpreise für Gas und die Reform des EU-Emissionshandels, die den CO_2-Preis steigen ließ; dadurch wird der Betrieb von Gaskraftwerken oft günstiger als der von Kohlekraftwerken. Das am 12.12.2019 verabschiedete, am 01.01.2020 in Kraft getretene Bundes-Klimaschutzgesetz legt verbindliche Treibhausgasminderungsziele für 2020 bis 2030 in den verschiedenen Sektoren fest. Nachdem das Bundesverfassungsgericht am 24.03.2021 geurteilt hatte, das Gesetz verletze die Freiheitsrechte der jungen Generation, da es hohe Emissionsminderungslasten unumkehrbar auf die Zeit nach 2030 verschiebe, verabschiedete der Bundestag am 24.06.2021 eine Novelle des Gesetzes mit neuen Zielen: 65 % statt 55 % weniger Treibhausgase bis 2030, 88 % weniger bis 2040, Jahr für Jahr und nach Sektoren gestaffelt; schließlich Klimaneutralität 2045 statt 2050, d. h. die gesamten Emissionen müssen dann durch Senken aufgenommen werden. Am 15.04.2021 legte der mit dem Klimagesetz eingerichtete Expertenrat für Klimafragen seinen ersten „Bericht zur Vorjahresschätzung der deutschen Treibhausgasemissionen" vor. Demnach lagen die Emissionen für alle Sektoren außer den Gebäuden unter dem im Gesetz festgelegten Zielwerten. Dabei handelt es sich um einen „Corona-Effekt": Aufgrund der Entwicklungen der letzten Jahre konnte man 2020 um 45–48 Mt höhere CO_2e-Emissionen erwarten und eine Überschreitung nur im Verkehrssektor. Doch es kam zu einer rückläufigen Wirtschaftsentwicklung und durch Homeoffice und Kurzarbeit wurde weniger Energie für Mobilität verbraucht, dafür mehr für die Heizung in Wohnungen oder die häufiger gelüfteten Schulen und Büros.

Wasser

Von den 35 Mio. km³ Süßwasser der Erde sind 70 % in permanenten Eis- und Schneeschichten gebunden, 30 % liegen in Form von Grundwasser vor, 0.3 % befinden sich in Flüssen und Seen.
Der **Wasserbedarf** hat sich in den letzten 100 Jahren versechsfacht, seit den 1980er-Jahren um ca. 1 %/a; er wuchs damit mehr als doppelt so schnell wie die Weltbevölkerung. Bei der Wasserentnahme steht die Landwirtschaft mit 69 % an erster Stelle, in manchen Entwicklungsländern sind es bis zu 95 %; 19 % der Wasserentnahme gehen in die Industrie, 12 % in Siedlungen. Rund 4 Mrd. Menschen erleben starken Wassermangel mindestens einen Monat pro Jahr, viele Grundwasserleiter sind ausgebeutet und

der Bau von Stauseen hält nicht Schritt mit dem Bevölkerungswachstum.

Laut UN Water bleibt global 80 % des **Abwassers** unbehandelt; in den am wenigsten entwickelten Ländern wesentlich mehr. Außer mit unbehandeltem Abwasser aus Industrie und Siedlungen gelangen Chemikalien aus kommunalen Kläranlagen, Mülldeponien, undichten Rohrleitungen oder Tanks und aus diffusen, schwer kontrollierbaren Quellen wie dem Abfluss von Äckern, Straßen und Parkplätzen in Gewässer. **Wassermangel und -verschmutzung** sind die Hauptursachen für den Verlust an biologischer Vielfalt und die Zerstörung von Ökosystemen, was in verminderten Ökosystemdienstleistungen (z. B. Rückgang der Fischbestände) und erhöhtem Aufwand für die Wasseraufbereitung führt; wo diese unterbleibt, kann das Gesundheitsschäden zur Folge haben. Dazu gibt es nur ältere Daten: So waren (bakteriell) verschmutztes Trinkwasser und unzulängliche Sanitäranlagen 2016 die Ursache von bis zu 60 % aller Todesfälle infolge von Durchfallerkrankungen; das entspricht 2.8 % aller Todesfälle, und 5.3 % bei Kindern unter fünf Jahren. WHO und UNICEF schätzen, dass rund 11 % der Müttersterblichkeit in Ländern mit mittlerem und niedrigem Bruttonationaleinkommen auf unhygienisches Wasser während und kurz nach Geburten zurückzuführen sind.
Das **Menschenrecht** auf Zugang zu sauberem Wasser und Sanitäranlagen bleibt laut einem Bericht von WHO und UNICEF von 2019 weiterhin einem großen Teil der Menschheit verwehrt. Demnach hatten 2017 rd. 2.2 Mrd. Menschen keinen Zugang zu sauberem Trinkwasser, 4.2 Mrd. Menschen keinen Zugang zu sicheren Sanitäranlagen und 3 Mrd. nicht zu einfachen Einrichtungen zum Händewaschen mit Seife. Mehr als 673 Mio. Menschen haben gar keinen Zugang zu Sanitäranlagen; ihre Zahl hat sich allerdings 2000–2017 halbiert. In den Zielen für nachhaltige Entwicklung wird „nachhaltiges Management von Wasser und Sanitäranlagen für Alle" bis 2030 gefordert.

Fließen **nährstoffhaltige Abwässer** unbehandelt in Gewässer oder das Meer, kommt es zu starker Überdüngung und Sauerstoffmangel; im Extremfall entstehen sauerstofffreie „Todeszonen". Andererseits könnte die Rückgewinnung von Nährstoffen aus Abwasser laut „UN Water" 13 % des globalen Düngebedarfs der Landwirtschaft decken, v. a. für Stickstoff und Phosphor (dessen bergbaulich erschließbaren Reserven zur Neige gehen). Große, zentrale Abwassersysteme sind allerdings für viele Staaten nicht geeignet, der Trend geht weltweit zu dezentralen Systemen. In Deutschland haben Kläranlagen dafür gesorgt, dass der Phosphatgehalt von Gewässern zurückging, z. B. im Bodensee von 84 µg/l Ende der 1970er-Jahre auf aktuell 6–8 µg/l, typisch für einen Alpensee. Wegen des geringeren Fischbestandes kommt es an phosphatarmen Seen zu Protesten von Berufsfischern. Mehr Fische u. a. Organismen könnten allerdings zu Sauerstoffmangel in tiefen Schichten führen, wo tote Biomasse abgebaut wird, denn im wärmeren Wasser löst sich weniger Sauerstoff und manche Seen werden klimabedingt weniger durchmischt.

Weit verbreitete **chemische Schadstoffe** im Grundwasser sind laut dem UNEP-Bericht „Global Chemicals Outlook II (GCO II, 29.04.2019)" Industriechemikalien wie Lösemittel und zunehmend auch Substanzen aus dem Fracking zur Gas- und Ölförderung. Mehr als 750 verschiedene Chemikalien werden in den USA dafür verwendet, darunter Benzol und Blei. Lange Zeit unbeachtet blieb die Wasserbelastung mit per- und polyfluorierten Alkylverbindungen wie PFOS und PFOA. Sie wurden u. a. als wasser- oder fettabweisende Beschichtung von Textilien und Papier oder als Löschschäume verwendet und gelangten v. a. nahe Industrieanlagen oder Flughäfen ins Grundwasser. Weltweit werden rund 100 000 t/a **pharmazeutische Wirkstoffe** für Menschen und Tiere produziert. Entsprechend ihrer chemischen Struktur können Kläranlagen die etwa 4000 aktiven Substanzen zu 20–80 % abbauen. In einigen Ländern übersteigt der Antibiotikaeinsatz bei Nutztieren den bei Menschen, in der EU ging er 2016–2018 für lebensmittelliefernde Tiere stark zurück.
GCO II verzeichnet in reicheren Ländern für 40 %, in ärmeren für 54 % des Schadstoffeintrags **Landwirtschaft** und Lebensmittelverarbeitung als Quellen. In der EU sind 38 % der Gewässer durch den Abfluss von landwirtschaftlichen Flächen geschädigt. Mit steigender Zahl der Nutztiere einschließlich Fischen gelangen auch mehr Tierpharmazeutika (Antibiotika, Impfstoffe, Wachstumsbeschleuniger) in Gewässer und Grundwasser. Weltweit nimmt die Verwendung von Pestiziden zu, wenn auch die einzelne Anwendung geringer dosiert wird. In Deutschland wird offenbar in den meisten Bächen in landwirtschaftlichen Gebieten der RAK-Wert für Pestizide überschritten, ein Grenzwert, der negative Auswirkungen auf Gewässerorganismen verhindern soll. Das zeigt eine 2021 veröffentlichte Studie des Helmholtz-Zentrums für Umweltforschung in 12 Bundesländern; die RAK-Werte wurde an 81 % der mehr als 100 Messstellen überschritten, bis zum hundertfachen, und bei 18 % für mehr als zehn Pestizide.

Ozeane

Ozeane bedecken 71 % der Erdoberfläche, enthalten rd. 97 % der weltweiten Wasservorkommen (knapp 1.4 Mrd. km^3), produzieren 40 % des Sauerstoffs und beherbergen bis zu 80 % des Lebens auf der Erde, zu

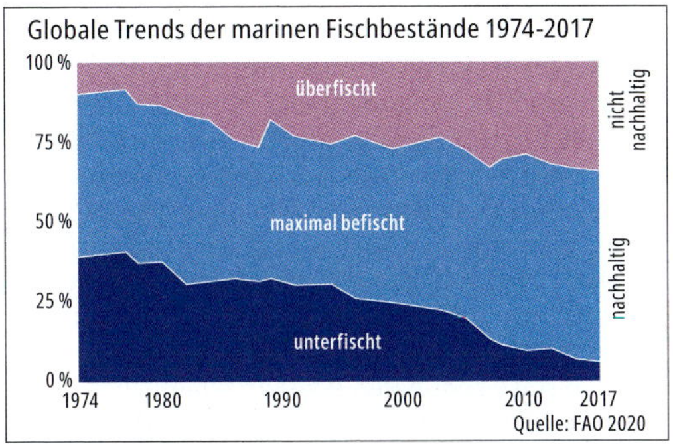

einem großen Teil in Form von Plankton. Nach UN-Angaben leben 40 % der Weltbevölkerung in einem 100 km breiten Streifen entlang der Küsten. Mehr als 3 Mrd. Menschen sind für Ernährung und Lebensunterhalt auf die Ressourcen der Küsten und Meere angewiesen. Küstennahe Ökosysteme wie Mangrovenwälder und Korallenriffe beherbergen eine große Zahl von Tier- und Pflanzenarten.

Bei den Eingriffen in marine Ökosysteme steht die **Überfischung** im Vordergrund. Zwar stammt laut dem FAO-Bericht „State of Fisheries and Aquaculture (SOFIA, 02.06.2020)“ seit 2016 weltweit der meiste Fisch für den menschlichen Konsum aus Aquakulturen. Ihr Durchschnittsertrag lag 2006–2015 bei 59.7 Mio. t/a, 2018 bei 82.1 Mio. t; inzwischen ist der jährliche Zuwachs von 5.3 % in den Jahren 2001–2018 auf 3.2 % im Jahr 2018 gesunken. Aber da Aquakulturen mit Fütterung dominieren, kann deren steigende Produktion im Fall von Raubfischen wie Lachs zur Überfischung beitragen. Inzwischen werden deshalb 25–35 % des Fischmehls und -öls aus zuvor ungenutzten Abfällen der Fischverarbeitung hergestellt. In Kanada, den USA und der EU sind auch Insektenlarven als Proteinfutter zugelassen. Bis 1950 war die Überfischung auf Fanggründe im Nordatlantik, im Nordpazifik und im Mittelmeer beschränkt, inzwischen ist sie ein globales Phänomen. Laut SOFIA sank der Anteil biologisch nachhaltig bewirtschafteter Fischgründe von 90 % im Jahr 1974 auf 65.8 % im Jahr 2017; dies entspricht 78.7 % der Fangmenge. Die in einigen Ländern oder Regionen erzielten Erfolge konnten noch keine globale Trendumkehr bewirken. Dies zeigt laut FAO, dass der Zustand von Fischbeständen schlecht ist und sich weiter verschlechtert, wo Regelungen fehlen oder unzulänglich sind. Dabei hat die FAO schon am 31.10.1995 ihren „Code of Conduct for Responsible Fisheries“ beschlossen, der seither als Vorbild für die Entwicklung von Fangquoten und Regelungen für die Aquakultur gilt. Um diese Forderungen zu bekräftigen und bisherige Erfolge zu würdigen, beschloss das Committee on Fisheries der FAO am 01.02.2021 eine neue Deklaration zu nachhaltiger Fischerei und Aquakultur; u. a. fordert sie, die wissenschaftliche Basis für Management und Monitoring von Fischbeständen zu stärken und dafür neue elektronische Technologien einzuführen sowie neue internationale Standards, um den Verlust von Fischerträgen und die Rückwurfrate zu verringern. Die FAO schätzt, dass weltweit 35 % der Erträge aus Fischerei und Aquakulturen ungenutzt bleiben, was auch zur Überfischung beiträgt. Um Verluste zu reduzieren, ist neben politischen Regelungen u. a. auch der Zugang zu Märkten erforderlich.

Das 1994 in Kraft getretene **UN-Seerechtsübereinkommen** (UN Convention on the Law of the Sea, UNCLOS) mit dem Übereinkommen zur Erhaltung und Bewirtschaftung gebietsübergreifender und weit wandernder Fischbestände von 1995 (Fish Stocks Agreement) bildet den rechtlichen Rahmen für alle Aktivitäten im Bereich der Ozeane, auch hinsichtlich ihres Schutzes und ihrer nachhaltigen Nutzung. Zusätzlich beschloss die UN-Generalversammlung am 06.07.2015 die Entwicklung eines rechtsverbindlichen Instruments unter UNCLOS für den Schutz der Biodiversität der Ozeane und die nachhaltige Nutzung ihrer Ressourcen außerhalb der Hoheitsgewässer, um damit die Verpflichtung aus Ziel 14 für Nachhaltige Entwicklung umzusetzen. Schon am 12.12.1970 wurden Meeresgebiete außerhalb der Ausschließlichen Wirtschaftszonen und damit auch die dortigen Rohstoffvorkommen im Meeresboden zum Erbe der gesamten Menschheit erklärt. Für den Nordatlantik ist seit 1998 das OSPAR-Übereinkommen zum Schutz der Meeresumwelt in Kraft. Seine fünf Arbeitsgebiete sind: Schutz der Ökosysteme und Biodiversität, Gefahrstoffe, radioaktive Substanzen, Überdüngung, Umweltziele und Management für Offshore-Aktivitäten. Das Abkommen entstand durch die Zusammenlegung der Oslo-Konvention zur Verklappung (1972) und der Paris-Konvention zu Industrieabwässern (1974).

Am 01.01.2014 trat die reformierte **Gemeinsame Fischereipolitik der EU** in Kraft, bei der Nachhaltigkeit und Wiederaufbau überfischter Bestände im Mittelpunkt stehen. Seit 2020 sollen die Bestände entsprechend dem maximalen Dauerertrag (Maximum Sustainable Yield, MSY) bewirtschaftet werden. Der Monitoringbericht des „Scientific, Technical and Economic Committee for Fisheries“ vom 28.04.2021 verzeichnet für den Nordostatlantik (einschließlich Nicht-EU-Gebiete) 2005–2018 einen Rückgang der überfischten Bestände von fast 80 % auf nahe 40 %, 2019 folgte ein leichter Anstieg. Für Mittelmeer und Schwarzes Meer liegen weniger Daten vor; 2018 waren 83 % der Bestände überfischt. In der EU sind die auch weltweit geächteten Grundschleppnetze unterhalb von 800 m Tiefe, in empfindlichen

Regionen unterhalb von 400 m Tiefe, seit 12.01.2017 verboten, da sie den Meeresboden schädigen und zu viel Beifang führen (zu kleine Fische, Meeressäuger, Vögel). Die 2008 in Kraft getretene **Meeresstrategie-Rahmenrichtlinie** der EU hat zum Ziel, bis 2020 einen „guten Zustand der Meeresumwelt" zu erreichen. Dennoch sind laut dem Bericht der EU-Kommission zur Richtlinie vom Juni 2020 43 % des Schelfs und Kontinentalabhangs sowie 79 % des küstennahen Meeresbodens v. a. durch Grundschleppnetze geschädigt. Des Weiteren führten Landgewinnung, Küstenschutz, Hafenbau, Abfallentsorgung und nicht nachhaltige Aquakultur zum Verlust von einem Viertel der küstennahen Meeresboden-Habitate, was Auswirkungen auf viele, auch kommerziell genutzte Arten hat. Die steigende Zahl invasiver Arten bedroht Ökosysteme v. a. im Mittelmeer. Sie werden meist durch Schiffe eingeschleppt, z. B. durch den Suezkanal.

Ökologische Gütesiegel signalisieren, dass Fischprodukte nachhaltig erzeugt wurden. Die unabhängige Organisation Marine Stewardship Council (MSC, gegründet 1996) lizenziert entsprechende Meeresfischerei. Während der WWF die Leistung des MSC anerkennt, einen Umweltstandard geschaffen zu haben, sieht er aber zunehmende Mängel und fordert eine Reform. Nachhaltig produzierende Zuchtbetriebe können sich vom Aquaculture Stewardship Council (ASC) zertifizieren lassen; besser bewertet der WWF die Naturland-Zertifizierung für Zuchtfisch.

Durch den **Klimawandel** wird sich die biologische Vielfalt in den Weltmeeren langfristig verändern, weil sich die Arten unterschiedlich schnell oder gar nicht anpassen können; dies kann Auswirkungen auf die Fischerei haben. Ozeane absorbieren mehr als 90 % der zusätzlichen **Wärme**, die durch den anthropogenen Treibhauseffekt entsteht. Laut dem WMO-Bericht „State of the Global Climate 2020" vom 15.04.2021 hat die Erwärmung im Bereich 0–2000 m 2019 den Höchststand von 2018 überschritten, und nach vorläufigen Analysen ist 2020 eine weitere Steigerung zu erwarten. Nahe der Oberfläche haben sich die Meere in den meisten Regionen um ein Grad oder mehr erwärmt. Dies führt zu einer schwächeren Durchmischung und dadurch zu einem geringeren Sauerstoffgehalt. Marine „Hitzewellen" *(Siehe: Klima, S. 568)* können zu Korallensterben, extremem **Sauerstoffmangel** („Todeszonen") oder der Massenvermehrung von Algen führen. Fische und Meeressäuger zwingt dies zur Abwanderung in kältere Gewässer. Die Ozeane nehmen einen Teil des des anthropogenen CO_2 auf *(Siehe: Klima, S. 568)*, das Kohlensäure bildet; das saurere Wasser schädigt die Kalkschalen bzw. -Skelette von Schnecken, Muscheln, Korallen und Algen.

Der Großteil der **Meeresverschmutzung** stammt aus Quellen an Land: Industrieabwässer, Motoröl, Luftschadstoffe, Dünger, Abfälle aller Art. Hinzu kommen Erdöl, Abwässer und Abfälle von Schiffen. Industrielle Schadstoffe wie langlebige organische Chemikalien (z. B. Polychlorierte Biphenyle, PCB) oder Quecksilber reichern sich in der Nahrungskette an. Stickstoff- und Phosphatverbindungen gelangen aus der Verbrennung fossiler Brennstoffe und mit ungeklärten Abwässern in die Meere, aber v. a. von stark gedüngten landwirtschaftlichen Flächen über Flüsse oder Küsten. Die Überdüngung mit diesen Stoffen kann eine Massenvermehrung von Algen zur Folge haben, die wiederum zu Sauerstoffmangel in den betroffenen Meeresgebieten führt.

Anhand einer Metaanalyse wissenschaftlicher Veröffentlichungen bilanzieren Forscher des Alfred-Wegener-Instituts (AWI), dass knapp 75 % des **Abfalls im Meer und an Stränden** ab 5 mm Größe aus Kunststoffen bestehen. Da der Abbau von Kunststoffen durch chemische oder biologische Prozesse im Meer viele hundert Jahre dauern kann, werden größere Teile über lange Zeit zu **Mikroplastik** zerrieben, Partikel kleiner als 5 mm. Abfall in dieser Größe besteht im Schnitt zu 95 % aus Kunststoff. In europäischen Meeren gibt es laut AWI kein abfallfreies Gebiet, und durch Tiefseegräben treibt der Abfall von den Küsten in entlegene Tiefseegebiete. Im arktischen Meereis fanden AWI-Forscher 12 000 Mikroplastik-Teilchen pro Liter. Eine weitere Quelle für Mikroplastik sind Schiffsanstriche sowie Kunstfaser-Textilien (z. B. Fleece), deren Fasern sich beim Tragen und v. a. beim Waschen lösen und von Kläranlagen nicht zurückgehalten werden. Der Anteil von Partikeln aus Kosmetika (z. B. Peelings) ist laut AWI vergleichsweise gering. Mikroplastik kann bis in die Körperzellen von Weichtieren wie Muscheln und damit auch in die menschliche Nahrungskette gelangen – zusammen mit persistenten Umweltchemikalien wie DDT oder PCB, die an der Oberfläche haften. Eine im Dezember 2020 veröffentlichte britische Metastudie fand sehr unterschiedliche Belastungen von Meerestieren: bis zu 2.9 Partikel/g Fisch, bis zu 10.5 Partikel/g bei Weichtieren; die Aufnahme mit der Nahrung bei Menschen wird auf 55 000 Partikel jährlich geschätzt.

Im Onlineportal Litterbase katalogisiert das AWI Wechselwirkungen mit Abfall für 3420 Arten von Tieren, Pflanzen und Mikroorganismen, zu 67 % handelte es sich um Kunststoffabfall, zu 63 % um Teile über 5 mm Größe. Am häufigsten betroffen sind Fische (24 %), Seevögel (16 %), Krebstiere (11 %) sowie Bakterien und Blaualgen (10 %). Tiere können Kunststoffteile mit ihrer Nahrung verwechseln (39 % der Fälle) und dann evtl. „mit vollem Ma-

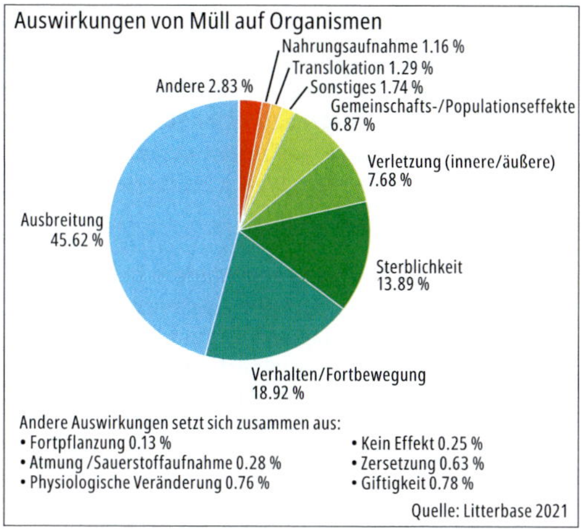

gen verhungern"; sie können sich auch in Kunststoff verstricken (20 %) oder ihn besiedeln (39 %). Die häufigste Konsequenz ist, dass die Tiere mit dem Kunststoff im Meer „reisen", dann können sie evtl. am „Reiseziel" als gebietsfremde Arten zum Problem werden. Problematisch ist auch der in vielen Kunststoffen enthaltene Weichmacher Bisphenol A, da er den Hormonhaushalt von Meerestieren so verändern kann, dass sie steril werden.

Bis zum 03.07.2021 müssen die EU-Mitglieder die Kunststoffprodukte-Richtlinie in nationales Recht umsetzen und Einweg-Kunststoffartikel verbieten, die besonders häufig als Abfall ins Meer gelangen (z. B. Strohalme, Besteck, *siehe Nachhaltigkeit, S. 564*). Bis 28.06.2021 muss die EU-Richtlinie zu Hafenauffangeinrichtungen für Schiffsabfälle in nationales Recht umgesetzt sein. In Deutschland wurde 2016 der **Runde Tisch Meeresmüll** gegründet. Die 50 Experten aus Fachbehörden, wissenschaftlichen Einrichtungen, Fischerei und Umweltverbänden haben u. a. Empfehlungen für die Entsorgung von Fanggeräten formuliert und die Wirkung von Pfandsystemen untersucht.

Lärm, u. a. durch Schiffe, militärisches Sonar, Schallkanonen zur Suche nach Erdöl und Erdgas sowie Windkraftanlagen oder deren Bau kann das Gehör von Walen und Delfinen schädigen, sie sogar töten; andere Meerestiere können herannahende Räuber oder Beute überhören. Durch Ausweichverhalten gehen Lebensräume verloren oder die Tiere werden durch höheren Energieverbrauch geschwächt. Eine im Februar 2021 veröffentlichte Metaanalyse des AWI mit mehr als 500 Studien zeigt, dass die Tonhöhen des Meereslärms zu einem großen Teil in dem Bereich liegen, in dem Meerestiere kommunizieren. Und dass z. B. vor Rammarbeiten in Windparks

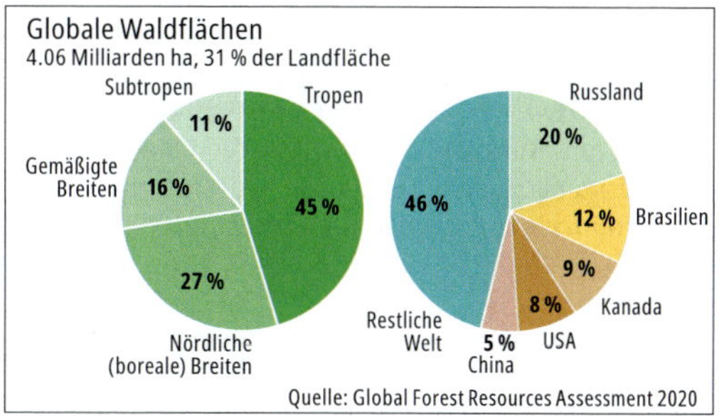

nicht nur Schweinswale flüchten, sondern auch Quallen und Muscheln. Der International Council for the Exploration of the Sea (ICES) führt seit 2015 das europäische Schallregister, aus Deutschland liefert das Bundesamt für Seeschifffahrt und Hydrographie die Messungen des Überwachungssystems „MarinEars", die im Internet zugänglich sind.

Wälder

Nach Ende der letzten Eiszeit vor 10 000 Jahren waren rund 6 Mrd. ha bzw. 45 % der Landflächen von Wald bedeckt. Weltweit gibt es 80 000 bis 100 000 Baumarten; zusammen mit den größeren Sträuchern machen sie die Hälfte der Gefäßpflanzen aus. Laut FAO sind 34 000 Arten sozioökonomisch, ökologisch oder wissenschaftlich relevant, aber nur 2360 Arten spielen eine Rolle in der Forstwirtschaft.

Das jüngste „Global Forest Resources Assessment" der FAO (21.07.2020) zeigt, dass der Waldverlust sich verlangsamt: 1990–2000 ging die Waldfläche um 7.8 Mio. ha/a zurück, 2000–2010 um 5.2 Mio. ha/a und 2010–2020 um 4.7 Mio. ha/a. Wälder enthalten 606 Gt lebende Biomasse (über und unter der Erde) sowie 59 Gt Totholz. Relevant ist dies für die Rolle der Wälder als dritter großer Kohlenstoffspeicher („Kohlenstoffsenke") neben Ozeanen und Atmosphäre. Daran ist lebende Biomasse zu 44 %, organische Substanz der Böden zu 34 % beteiligt, der Rest entfällt auf Totholz und Streu. Vor allem junge Wälder mit starkem Zuwachs verbrauchen große Mengen CO_2. Zwar stieg der Zuwachs 1990–2020 von 132 auf 137 m³/ha; am höchsten ist er in den tropischen Wäldern in Süd- und Zentralamerika sowie West- und Zentralafrika. Allerdings sank der Kohlenstoffvorrat in den Wäldern im selben Zeitraum von 668 auf 662 Gt/ha.

93 % (3.75 Mrd. ha) der Wälder entstanden durch Naturverjüngung, ihr Anteil sinkt. 7 % (290 Mio. ha) der Wälder wurde angepflanzt, davon 45 % (131 Mio. ha) in Form von intensiv bewirtschafteten Plantagen mit nur ein oder zwei Arten. In Südamerika sind 99 % der angepflanzten Wälder Plantagen, in Europa nur

6 %. Primärwälder – natürliche Wälder ohne Anzeichen menschlichen Einflusses – bedecken immer noch 1.11 Mrd. ha; davon liegen 61 % in Brasilien, Kanada und Russland. Weltweit ist die Fläche dieser ökologisch besonders wertvollen Wälder seit 1990 um 81 Mio. ha zurückgegangen, aber 2010–2020 weniger als halb so schnell wie in der Dekade zuvor.

Wälder sind entscheidend für die **Biologische Vielfalt**, sie bilden die Lebensgrundlage für etwa 80 % der an Land lebenden Tier- und Pflanzenarten. Die FAO bilanziert in ihrem „Globalen Waldzustandsbericht 2020" (State of the World's Forests, 22.05.2020), dass sie der Lebensraum von 80 % der Amphibien, 75 % der Vögel und 68 % der Säugetiere sind. Rund 60 % der Gefäßpflanzen sind in tropischen Wäldern zu finden. Mangroven bilden die Laichgründe zahlloser Fisch- und Krustentierarten; außerdem halten sie Sedimente zurück, die ansonsten Seegraswiesen und Korallenriffe überdecken würden – weitere Biotope für viele marine Arten.

Bei der **Nutzung** der Wälder dominiert die Produktion von Holz und anderen Produkten. Bei Wäldern, die dem Schutz von Boden und Wasser dienen, verzeichnet Europa den größten Anteil; nur in Afrika und Ozeanien nahm deren Anteil nicht zu. Der starke Anstieg 2010–2020 fand v. a. in der Russischen Föderation statt. Die Waldfläche, die dem Schutz der Biodiversität gewidmet ist, nahm in Europa und Südamerika deutlich weniger zu als weltweit, in Europa ist er zudem am niedrigsten (4 %), in Afrika am höchsten (24 %).

	2020		Änderung (1000 ha/a)		
Hauptnutzungszweck der Wälder	ha	%	1990-2000	2000-2010	2010-2020
Produktion	1.15 Mrd	31	-2317	-1553	+3737
Mehrfachnutzung	749 Mio.	22	-2872	-2973	-1226
Schutzgebiete	726 Mio.	18	+6203	+10 099	+2829
Biodiversität	424 Mio.	11	+3601	+5127	+2344
Boden-/Wasserschutz	298 Mio.	12	+2460	+2925	+6511
Soziale Zwecke	186 Mio.	6	-786	-6	+186

Summe ist nicht 100 %, es gibt sonstige und unbekannte Nutzungen

Die Waldfläche in Schutzgebieten wie Nationalparks hat seit 2010 langsamer zugenommen, in einigen Ländern ist sie wegen illegaler Aktivitäten oder Übergreifen der Landwirtschaft sogar zurückgegangen. In Südamerika liegen die größten Waldgebiete, die sozialen Zwecken wie Tourismus, Erholung, Bildung und Forschung dienen, und ihr Anteil an der Gesamtfläche ist am höchsten (22 %). Die FAO schätzte den wirtschaftlichen Wert der Ökosystemdienstleistungen von Wäldern 2018 auf bis zu 16.2 Bill. US$. 2017 waren mehr als 2 Mrd. Menschen weltweit auf Holz als Energiequelle angewiesen; über 90 % des Feuerholzes und der Holzkohle weltweit wird in Entwicklungsländern verbraucht. Industrieländer erzeugen etwa die Hälfte der Energie aus Biomasse mit Holz.

Abholzung und Schädigung von Wäldern haben nach wie vor ein alarmierendes Ausmaß und betreffen auch die ökologisch besonders wertvollen Primärwälder, konstatierte die FAO in ihrem „Waldzustandsbericht 2020". Seit 1990 gingen etwa 420 Mio. ha verloren, wobei die Verlustrate gesunken ist: von 16 Mio. ha/a in den 1990er-Jahren auf 10 Mio. ha/a 2015–2020. Die Ausbreitung von landwirtschaftlichen Großbetrieben für Exportprodukte sowie der Subsistenzlandwirtschaft sind die Hauptursachen für Waldverlust – dabei ist die Biodiversität der Wälder ein wichtiger Faktor für Resilienz und Anpassungsfähigkeit der Nahrungsmittelproduktion an den Klimawandel: Wälder schützen vor Desertifikation und Erosion und beherbergen Bestäuber, Mangroven schützen Küstengebiete vor Überflutung. Eine im März 2021 publizierte Studie zeigt, dass der Export von Gütern eine wichtige Ursache für Waldverlust in den Tropen ist. Die wichtigsten „Waldrisiko-Güter" sind Rindfleisch, Soja, Kaffee, Kakao, Palmöl und Holz. So führen Kaffeeimporte der USA, Deutschlands und Italiens zu starken Waldverlusten in Vietnam. 2015 verursachte jeder Einwohner eines G7-Landes 58 m^2 Waldverlust durch Konsum. Japan, Deutschland, Frankreich, Großbritannien und Italien hatten ihren „Wald-Fußabdruck" zu 91–99 % in anderen Ländern, davon 46–57 % in den Tropen. Weitere Ursachen für Waldverlust sind Feuer, Schädlinge und Krankheiten sowie invasive gebietsfremde Arten.

Primäre Tropische **Regenwälder** spielen für die Biodiversität und als Kohlenstoffsenke eine bedeutende Rolle. Ihre Fläche hat nach den im März 2021 veröffentlichten Analysen des Netzwerks Global Forest Watch (GFW) 2020 zum dritten Mal in Folge zugenommen, um 12.2 % auf 4.2 Mio. ha, etwa die Fläche der Niederlande (höchste Verluste: 6.13 Mio. ha 2016); die daraus resultierenden CO_2-Emissionen beziffert GFW mit 2.64 Gt, was den jährlichen Emissionen von 570 Mio. Autos entspreche, etwa der Flotte der USA. Allein 1.7 Mio. ha gingen in Brasilien verloren, rd. dreimal mehr als in der Dem. Rep. Kongo an zweiter Stelle. Die brasilianische Regierung duldet illegales „Land Grabbing" für Abholzungen, Bergbau, Gas- und Ölbohrungen in indigenen Gebieten.

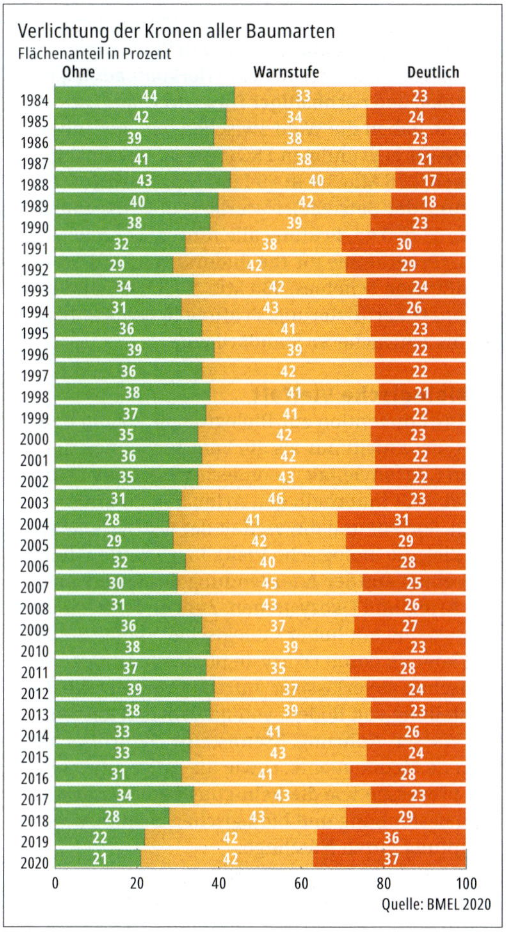

In Europa leiden viele Waldgebiete nach wie vor unter **Luftschadstoffen** („Waldsterben"), wobei die Belastung in den meisten Regionen leicht zurückgegangen ist. Die Emissionen führen v. a. zu einer Versauerung der Böden, der Stickstoff aus Verkehr, Landwirtschaft und anderen Quellen außerdem zu Schäden durch ein Nährstoff-Ungleichgewicht. Zunehmend wirken sich die Folgen der Klimaveränderung aus, z. B. durch Trockenheit und nachfolgendem Schädlingsbefall. Dies kann chronische Effekte durch Luftschadstoffe überlagern. Bei der „Waldzustandserhebung 2020" in Deutschland war der Kronenzustand im Durchschnitt aller Baumarten wie 2019 so schlecht wie nie zuvor. Die Dürre seit 2018 führte verbreitet zum vorzeitigen Abfallen der Blätter und begünstigte bei der Fichte die Massenvermehrung von Borkenkäfern. Immer mehr Bäume sterben ab, vor allem mehr als 60 Jahre alte, aber auch jüngere. Gegenüber 2019 gestiegen ist der Anteil deutlicher Kronenverlichtung bei Fichte (von 36 auf 44 %) und Buche (von 47 auf 55 %), konstant geblieben ist er bei der Kiefer (26 %) und gesunken bei der Eiche (von 50 auf 38 %).

Trotz zahlreicher Bemühungen gibt es bisher noch **keine globale Konvention zum Schutz der Wälder**. Das im Jahr 2000 eingerichtete UN-Waldforum (UN Forum on Forests, UNFF) hat sich 2007 auf ein Internationales Abkommen geeinigt. Obwohl völkerrechtlich nicht verbindlich, wurde es als erstes globales Abkommen zum Schutz der Wälder begrüßt. Erstmals werden darin Kriterien einer nachhaltigen Waldbewirtschaftung umfassend und einheitlich definiert. Unter der **Klimarahmenkonvention** wurde seit 2005 über den Schutz der Wälder verhandelt und 2007 das Programm REDD (Reduktion von Emissionen aus Entwaldung und Degradierung von Wäldern) etabliert. Bis 2015 wurde es um die nachhaltige Waldbewirtschaftung zu REDD+ erweitert, aber noch nicht komplett umgesetzt. Ärmere Staaten sollen finanziell unterstützt werden, wenn sie ihre Regenwälder schützen bzw. nachhaltig bewirtschaften.

In vielen Ländern fehlen Regeln zur nachhaltigen Bewirtschaftung, aber auch Wirtschaftskriminalität gefährdet die Wälder. Nach Schätzungen von Interpol (2019) wird **illegales Holz** – d. h. gefährdete oder geschützte Arten, Abholzungen ohne Genehmigung oder in Schutzgebieten – im Wert von 51–152 Mrd. US$/a gehandelt, das entspricht 15–30 % des legalen Holzhandels. UNEP schätzt, dass es in einigen tropischen Ländern sogar 50–90 % sind. In Deutschland stammen nach Schätzungen des Johann Heinrich von Thünen-Instituts, Bundesforschungsinstitut für Ländliche Räume, Wald und Fischerei 2–5 % der importierten Hölzer aus illegalem Holzeinschlag, bei einzelnen, v. a. tropischen Ländern kann es weit mehr sein.

Die seit März 2013 geltende **EU-Holzhandelsverordnung** (European Timber Regulation, EUTR) verbietet die Vermarktung von illegal eingeschlagenem Holz und verpflichtet alle Marktteilnehmer, Angaben zur Art und Herkunft sowie zum Weiterverkauf ihrer Produkte machen zu können. Dadurch soll eine Vermischung von illegalen und legalen Hölzern verhindert werden. Die EUTR erfasst rund 90 % der holzhaltigen Produkte, auch Druckerzeugnisse. Die zuständige Kontrollbehörde in Deutschland ist die Bundesanstalt für Landwirtschaft und Ernährung, Gutachten erstellt das in Europa einmalige Kompetenzzentrum Holzherkünfte am Thünen-Institut. Mikroskopische Holzartbestimmungen sowie genetische Analysen, mit denen sich die Herkunft von Hölzern bestimmen lassen, ergaben, dass

Massivholz größtenteils korrekt, Holzwerkstoffe wie Sperrholz, Span- und Faserplatten hingegen häufig unvollständig oder in Teilen falsch deklariert waren. Gleiches gilt für Papier und Zellstoff. Das BMEL unterstützt darüber hinaus das Global Timber Tracking Network (GTTN), das internationale Analysestandards erarbeitet und mit Dienstleistern für genetische Analysen zur Rückverfolgung von Lieferketten kooperiert. Holzkohle unterliegt nicht der EUTR; bei einer im November 2020 veröffentlichten Analyse von Holzkohle aus dem Einzelhandel in ganz Europa fand das Thünen-Institut in 46 % (Deutschland: 23 %) der Packungen tropisches oder subtropisches Holz; nur auf einem Viertel der Packungen waren Holzarten genannt, doch die Hälfte dieser Angaben war falsch.

Die EU-Handelsverordnung ergänzt die freiwilligen Partnerschaftsabkommen (Voluntary Partnership Agreements, VPA) der EU mit wichtigen Holzlieferländern seit 2003 im Rahmen des **FLEGT-Aktionsplans** (Forest Law Enforcement, Governance and Trade). Im Rahmen dieser Abkommen richten die Partnerländer ein Genehmigungs- und Lizenzsystem ein, um zu gewährleisten, dass nur legal eingeschlagenes Holz in die EU exportiert wird. Im Gegenzug erhalten sie Unterstützung beim Aufbau von Kontrollsystemen und der Planung legaler Einkommensmöglichkeiten für die im illegalen Holzeinschlag Beschäftigten. Seit 15.11.2016 stellt Indonesien als erstes Partnerland FLEGT-Lizenzen für Holzexporte aus. Voraussetzung dafür war die Anerkennung des mit EU-Unterstützung weiterentwickelten indonesischen Kontrollsystems. Während 2002 nur ein Fünftel des Holzes in Indonesien legal geschlagen wurde, stammten 2016 über 90 % der Holzexporte aus Fabriken und Wäldern, die von unabhängigen Stellen überwacht werden. FLEGT-Abkommen wurden auch mit Ghana, Guyana, Honduras, der Rep. Kongo, Kamerun, Liberia, Vietnam und der Zentralafrikanischen Republik geschlossen. Verhandlungen laufen mit Côte d'Ivoire, der Dem. Rep. Kongo, Gabun, Laos, Malaysia und Thailand; Konsultationen gibt es mit der VR China und Myanmar. Weitere Länder haben Interesse bekundet. Das FAO-EU-FLEGT Programm unterstützt rund 250 Projekte in 26 Tropenholz produzierenden Ländern bei Maßnahmen gegen illegale Abholzungen und illegalen Holzhandel. In deutsches Recht umgesetzt werden die europäischen Vereinbarungen durch **Holzhandels-Sicherungs-Gesetz** (Gesetz gegen den Handel mit illegal eingeschlagenem Holz, HolzSiG) vom 11.07.2011. Es befugt die Bundesanstalt für Landwirtschaft und Ernährung (BLE), verdächtiges Holz zu beschlagnahmen und zugunsten der Bundesrepublik Deutschland zu versteigern.

Verbraucher haben aber die Möglichkeit, beim Kauf von Holzprodukten einschließlich Papier auf Gütesiegel zu achten, die eine **Herkunft aus legalem Einschlag und nachhaltiger Forstwirtschaft** garantieren. Sie haben die Wahl zwischen dem auf Initiative von NGOs gegründeten FSC (Forest Stewardship Council, 226 Mio. ha in 89 Ländern, jährliche Prüfung der Betriebe), Naturland in Deutschland (über 53 000 ha, Prüfung alle fünf Jahre) sowie dem PEFC (Programme for the Endorsement of Forest Certification Schemes, 330 Mio. ha, in 55 Ländern, regionale Zertifizierung, Prüfung in Stichproben), das als schwächerer Standard gilt.

Biologische Vielfalt

Die UN-Konvention zur Biologischen Vielfalt definiert diese nicht nur als die Verschiedenheit der Arten („Artenvielfalt"), sondern schließt auch die Variabilität innerhalb von Arten (lokale Unterarten, Sorten) und die Vielfalt der Ökosysteme ein. Das Ziel, die biologische Vielfalt zu erhalten, folgt zum einen aus der Anerkennung des Eigenwerts von Arten und Ökosystemen. Zum anderen sind Ökosysteme mit hoher biologischer Vielfalt stabiler und können damit Ökosystemdienstleistungen für Menschen zuverlässiger aufrechterhalten: die Bereitstellung von Böden, von natürlichen Ressourcen wie Wasser, Nahrung, Brennstoffe, Naturfasern und biogene Medikamente, sowie die Aufrechterhaltung von Prozessen wie die Reinigung von Wasser und Luft, Bestäubung und biologische Schädlingsbekämpfung durch Nützlinge.

2021 waren knapp 2.12 Mio. Arten wissenschaftlich beschrieben; die Zahl der tatsächlich existierenden Arten ist weit höher. Schätzungen kommen, je nach der gewählten Systematik der Arten, zu sehr unterschiedlichen Ergebnissen. Demzufolge lässt sich auch die Aussterberate nur schätzen, da zusätzlich zu den bekannten eine unbekannte Zahl unentdeckter Arten ausstirbt.

Seit 1963 veröffentlicht die Weltnaturschutzunion IUCN (International Union for Conservation of Nature) regelmäßig eine **Rote Liste** der bedrohten Arten. Für die Ausgabe vom März 2021 wurden 134 425 Arten bewertet, das entspricht 6 % der wissenschaftlich beschriebenen Arten; einzelne Gruppen sind sehr unterschiedlich vertreten: 75 % der Wirbeltiere, 13 % der Pflanzen, 2 % der Wirbellosen, darunter 1 % der Insekten. Von den bewerteten Arten fallen 37 480 in die Kategorien gefährdet, vom Aussterben bedroht oder stark bedroht. Dies betrifft 41 % der Amphibien, 34 % der Koniferen, 33 % der Korallenriffe, 36 % der Haie und Rochen, 28 % ausgewählter Krustentiere und 26 % der Säugetiere. Die **Aussterberate** liegt laut Weltbiodiversitätsrat IPBES (Intergovernmental Science-Policy Platform on Biodiversity and Ecosystem Services) zwischen zehn- und mehrere hundertmal höher als ohne menschlichen Einfluss.

Der IPBES kommt in seinem „Global Assessment Report 2019“ zu dem Ergebnis, dass menschliche Aktivitäten 70 % der Landoberfläche verändert haben, 66 % der Meeresoberfläche zunehmend beeinträchtigt werden und seit 1700 85 % der Feuchtgebiete verloren gegangen sind. Weil Ökosysteme fragmentiert werden, Siedlungen sich immer mehr ausbreiten und der unregulierte Wildtierhandel zunimmt, steigt das Risiko für die Entstehung von Zoonosen wie COVID-19. Der IPBES warnte im April 2020, dass in Säugetieren und Wasservögeln 1.7 Mio. Viren existieren, die möglicherweise Menschen infizieren können.

Bei 25 % der Pflanzen und 33 % der Land- und Süßwassertiere, die laut Roter Liste ausgestorben sind, waren **gebietsfremde Arten** dafür mitverantwortlich – zu diesem Schluss kommt ein internationales Forscherteam in einer am 26.06.2020 veröffentlichten Studie. Weltweit sind aktuell 18 000 solcher Arten erfasst. Manche wurden absichtlich freigelassen, z. B. zur Schädlingsbekämpfung (Aga-Kröte in Australien), die meisten aber versehentlich eingeschleppt, z. B. im Ballastwasser von Handelsschiffen (chinesische Wollhandkrabbe in Norddeutschland) oder Transportkisten (Asiatischer Laubholzbockkäfer in Europa und Nordamerika). Die unbeabsichtigte Verschleppung nimmt stark zu, begünstigt durch neue Verbreitungswege wie den Handel mit Exoten, Müll als „Floß“ im Meer oder neue Handelsrouten im eisfreien Norden durch den Klimawandel. Dieser ermöglicht auch zunehmend die Besiedlung neuer Lebensräume und die Vermehrung auf Kosten heimischer Arten, da die Feinde der Ursprungsregion fehlen. Die EU führt seit 02.08.2016 eine Liste mit invasiven gebietsfremden Arten von EU-weiter Bedeutung; derzeit gelten für 36 (2017: 23) Pflanzen- und 30 (25) Tierarten Restriktionen hinsichtlich Haltung bzw. Anbau, Import, Handel und Zucht.

Im Rahmen der Habitat- und der Vogelschutz-Richtlinie müssen die EU-Mitgliedsländer Berichte zur Lage der Artenvielfalt vorlegen; es ist die umfangreichste Datenerhebung über den Zustand der Natur in Europa. Die Europäische-Umweltagentur (EEA) veröffentlicht auf dieser Basis alle fünf Jahre einen **Bericht zur Lage der Natur in der EU**. Der dritte Bericht vom 10.10.2020 bewertet den Zustand von 15 % (2015: 16 %) der Lebensräume als gut, 45 % (47 %) als mangelhaft und 36 % (30 %) als schlecht. Von den untersuchten Pflanzen- und Tierarten außer Vögeln sind 27 % (23 %) in einem guten, 42 % (42 %) in einem mangelhaften und 21 % (18 %) in einem schlechten Zustand. Von den Vogelarten haben 47 % (52 %) einen guten, 20 % (15 %) einen mangelhaften und 19 % (17 %) einen schlechten Zustand. Unter den Belastungen der Arten und Lebensräume stehen Schadstoffe in Luft, Wasser und Boden, z. T. aus der Landwirtschaft, mit 50 % an erster Stelle. Es folgen landwirtschaftliche Praktiken (s. u.) mit 21 %, Urbanisierung und Freizeitaktivitäten mit 13 % sowie die Forstwirtschaft mit 11 %. Weitere Belastungen sind Veränderungen an Gewässern (Staudämme, Wasserentnahme) sowie invasive gebietsfremde Arten und der Klimawandel. Für Vögel kommt noch mit 13 % die illegale Jagd dazu, der europaweit 52 Mio./a zum Opfer fallen. Am 17.03.2021 entschied der EuGH, dass die Vogeljagd mit Leimruten, die Befürworter als Tradition erhalten wollten, gegen die Vogelschutzrichtlinie verstößt, da der hohe Beifang die betroffenen Arten stark schädige.

Das Bundesamt für Naturschutz veröffentlichte am 19.05.2020 ihren Bericht zur **„Lage der Natur in Deutschland“**. Für 25 % der Arten ist die Situation günstig (2015: 20 %), in den Alpen sogar für 48 % (33 %); dazu zählen v. a. Säugetiere und Weichtiere. Ungünstig ist sie für 63 % (65 %), besonders schlecht für Schmetterlings-, Käfer- und Gefäßpflanzenarten. Bei diesen sind rund die Hälfte der untersuchten Arten in einem schlechten Erhaltungszustand. In letzten zwölf Jahren zeigte sich bei der Hälfte der Arten ein stabiler oder positiver Trend, bei 34 % ein negativer. Unter den Lebensraumtypen haben nur 30 %, in den Alpen 67 %, einen günstigen Erhaltungszustand, v. a. Felsen und Schutthalden. Für 32 % konstatiert der Bericht einen ungünstig-unzureichenden Zustand, z. B. für Meere und Küsten; Moore, Quellen und Sümpfe sowie Grünlandbiotope. Letztere sind zu über 90 % in einem ungünstigen Zustand, in der Kategorie ungünstig-schlecht stehen sie an erster Stelle. In den letzten zwölf Jahren zeigten 54 % der Lebensraumtypen einen stabilen oder positiven Trend, 41 % einen negativen.

Die **Landwirtschaft** als Ursache für den Rückgang der Biodiversität an Land spielt in Deutschland und der EU eine Hauptrolle: hoher Stickstoffeintrag in Böden und Gewässer, Pestizide, Intensivierung (Monokulturen). Der Verlust artenreicher Wiesen durch Düngung und häufige Mahd ist ein wesentlicher Treiber für den Rückgang der Biodiversität, da viele Insektenarten (Bestäuber) auf diese Biotope angewiesen sind und sich deren Rückgang wiederum auf die gesamte Nahrungskette mit

Vögeln, Kleinsäugern etc. auswirkt. Aber auch wenn traditionelle Nutzungsformen wie die Beweidung von Magerrasen aufgegeben werden, geht die Biodiversität zurück.

Die Landwirtschaft ist allerdings auch selbst vom Rückgang der Agrobiodiversität, der **genetischen Vielfalt von Nutztieren und -pflanzen** betroffen. Vielfalt gewährleistet Resilienz, liefert genetisches Material z. B. für krankheits- oder trockenheitsresistente Neuzüchtungen. Laut dem FAO-Bericht „The State of the World's Biodiversity for Food and Agriculture" vom 22.03.2019 liefern von den ursprünglich 6000 für die Ernährung kultivierten Pflanzenarten heute nur 200 dazu einen wesentlichen Beitrag, wobei nur neun Arten 66 % der Produktion ausmachen: Weizen, Mais, Reis, Kartoffeln, Sojabohne, Cassava, Ölpalme, Zuckerrohr und -rübe. Von den weltweit 7745 lokalen Nutztierrassen sind nur 7 % ungefährdet; 26 % sind vom Aussterben bedroht, zu den restlichen Arten fehlen Informationen. Tierische Produkte auf dem Weltmarkt stammen von rund 40 Arten, wobei nur eine Handvoll Arten dominieren. Als Hauptursachen für den Artenschwund nennt die FAO Veränderungen bei Wasserverfügbarkeit und -management, Intensivierung der Landwirtschaft, unangepasste landwirtschaftliche Methoden, Verlust traditionellen Wissens, Veränderungen bei Demografie, Märkten und Konsumgewohnheiten. Die von der BLE geführte **Rote Liste der Nutztierrassen in Deutschland** stufte 2019 von den 77 einheimischen Großtierrassen 54 (2017: 55) als gefährdet ein. Von diesen gelten 36 (2017: 36) als Beobachtungspopulationen, für die die BLE eine Konservierung von genetischem Material (Kryoreserve) und Monitoring empfiehlt. Als stärker gefährdete Erhaltungspopulationen gelten 14 (2017: 15) Rassen, für diese empfiehlt die BLE darüber hinaus Zuchtprogramme. Allein 15 der 21 Rinderrassen gelten als gefährdet. Für Geflügel und Kleintiere fehlen vergleichbare Daten.

Bei der Übernutzung von Ökosystemen spielt auch die **Umweltkriminalität** eine wichtige Rolle; laut Interpol und UNEP steht sie nach dem Handel mit gefälschten Produkten und dem Drogenschmuggel weltweit an dritter Stelle der organisierten (Wirtschafts-)Kriminalität. Ökologische und ökonomische Schäden entstehen durch illegalen Holzeinschlag, illegalen Bergbau u. a. mit Quecksilber bei Goldminen, illegale Fischerei, illegale Abfallentsorgung sowie Wildern geschützter Arten und Schmuggel von Produkten wie Elfenbein. Deutschland ist ein wichtiger Umschlagplatz für bedrohte Arten, u. a. wegen der viermal jährlich stattfindenden Terraristika, der größten Reptilienmesse der Welt; der Handel mit

Pythons werden für viele Zwecke gewildert: als Haustiere, für Leder, Fleisch und traditionelle Medizin.

Arten, die im Herkunftsland geschützt sind, ist innerhalb der EU legal. Der „World Wildlife Crime Report" des UN Office on Drugs and Crime vom 10.07.2020 zeigt, dass Wilderei ein globales Problem ist: 6000 Arten wurden 1999–2018 beschlagnahmt, keine betrifft mehr als 5 % der Fälle, aus keinem Land kommen mehr als 9 % der beschlagnahmten Sendungen, die Täter stammen aus 150 Ländern. Gemessen am wirtschaftlichen Wert der beschlagnahmten Ladungen dominierten 2014–2018 Rosenholz (31.7 %), Elefanten (30.6 %), Schuppentiere (13.9 %) und Nashörner (11.8 %); 2009–2013 hingegen nur Rosenholz (40.7 %) und Elefanten (33.1 %).

Die bisher umfassendste internationale Vereinbarung zum Schutz der biologischen Vielfalt ist die am 29.12.1993 in Kraft getretene **Biodiversitäts-Konvention** (CBD). Über den Erhalt der biologischen Vielfalt hinaus hat sie als weitere Ziele die nachhaltige Nutzung der Ökosysteme und die faire Aufteilung der daraus resultierenden Gewinne (Nagoya-Protokoll, in Kraft seit 12.10.2014) sowie die biologische Sicherheit (Cartagena-Protokoll, in Kraft seit 11.09.2003). Die 20 **Aichi-Ziele zur Artenvielfalt**, z. B. Abbau schädlicher Subventionen, Nachhaltigkeit bei Konsum, Landwirtschaft und Fischerei, Ende des Aussterbens von Arten, Wissenstransfer wurden zum ursprünglichen Zieljahr 2020 nicht erreicht oder waren nicht gut messbar; neues Zieljahr der überarbeiteten Ziele ist 2030. Der „Global Biodiversity Outlook 5" vom 18.08.2020 der CBD berichtet aber auch von Erfolgen. So ging der Waldverlust zurück, einige Inseln wurden von invasiven Arten befreit und Schutzgebiete wurden 2000–2020 massiv ausgeweitet, an Land von 10 % auf mindestens 15 % der Fläche (Ziel: 17 %), im Meer und an Küsten von 3 % auf mindestens 7 % (Ziel: 10 %), und bei den Gebieten mit Schlüsselfunktion für die Biodiversität von 29 auf 44 % (ohne Zielwert). Der WWF beklagt allerdings, dass viele Lebensräume, z. B. marine und Süßwasserhabitate, nicht ausreichend repräsentiert sind; zudem seien viele Schutzgebiete zu klein oder zu isoliert, um Habitate zu erhalten, manche auch zu schlecht verwaltet. In Deutschland gibt es neun Schutzgebietskategorien, u. a. Nationalparke, Biosphärenreservate, Naturschutzgebiete und besonders geschützte Biotope. Da sie z. T. überlappen, lässt sich keine Gesamtfläche errechnen. Land- und Forstwirtschaft oder Tourismus ist in vielen dieser Gebiete möglich, beim Naturpark ist umweltverträglicher Tourismus sogar Teil des Konzepts.

Bereits am 01.07.1975 ist das **Washingtoner Artenschutzabkommen** (Convention on International Trade in Endangered Species of Wild Fauna and Flora, CITES) in Kraft getreten. Mittels Handelskontrollen oder -verboten für rd. 5800 Tier- und 30 000 Pflanzenarten soll es deren Bestände schützen. Bei der 18. Vertragsparteienkonferenz im August 2018 in Genf wurden für 142 Tier- und 20 Pflanzenarten Handelsbeschränkungen eingeführt oder verschärft, u. a. für Giraffen und bestimmte tropische Hölzer. Das totale Handelsverbot für Elfenbein wurde bestätigt, gegen den Widerstand einiger Länder im südlichen Afrika. Sie argumentierten, dass die Elefantenbestände sich erholt hätten und die Tiere in manchen Gegenden eine Gefahr für Menschen seien. Allerdings sind totale Handelsverbote leichter durchzusetzen als ein eingeschränkter Handel, bei dem illegale Ware mittels gefälschter Papiere in den Handel kommen kann, was Wilderei und Schmuggel Vorschub leistet. Handelserleichterungen wurden hingegen beschlossen für Musikinstrumente oder deren Teile aus bestimmten Tropenhölzern.

Im Rahmen der **EU-Agrarreform**, auf die sich Parlament und Mitgliedstaaten am 25.06.2021 einigten, müssen die Staaten u. a. ab 2023 mindestens 25 % ihrer Direktzahlungen für Landwirte an ökologische Kriterien binden. Am 24.06.2021 verabschiedete der Bundestag das **Insektenschutzpaket** auf der Basis des Aktionsprogramms Insektenschutz der Bundesregierung vom 01.09.2019. U. a. werden artenreiches Grünland, Streuobstwiesen und Trockenmauern als Rückzugsgebiete für Insekten geschützt und die Lichtverschmutzung sowie der Einsatz von Pflanzenschutzmitteln in Schutzgebieten eingedämmt oder verboten, wobei für letzteres viele Ausnahmen gelten. In Naturschutzgebieten, Nationalparks oder gesetzlich geschützten Biotopen gelten damit strengere Vorgaben für den Insektenschutz.

Der negative Einfluss der Landwirtschaft auf die Biodiversität ließe sich durch einen höheren Anteil **Ökologischer Landwirtschaft** verringern, die z. B. auf Mineraldünger verzichtet und Schädlinge mit Nützlingen bekämpft oder ihre Ausbreitung durch angepasste Anbaustrategien bremst. Auch die Vielfalt der Ackerfrüchte ist höher. Die Internationale Vereinigung der ökologischen Landbaubewegungen IFOAM verzeichnet eine weitere Zunahme des Ökolandbaus: Ende 2019 wurden weltweit 1.5 % der Anbauflächen, 72.3 Mio. ha ökologisch bewirtschaftet, eine Zunahme von 1.6 % gegenüber Ende 2018. Den höchsten Anteil verzeichnen Liechtenstein (41 %), Österreich (26.1 %) sowie São Tomé und Príncipe (24.9 %), die größte Fläche hingegen Australien (35.7 Mio. ha), Argentinien (3.7 Mio. ha) und Spanien (2.4 Mio. ha); die Hälfte der ökologisch bewirtschafteten Flächen liegt in Ozeanien (36 Mio. ha), gefolgt von Europa (16.5 Mio. ha) und Lateinamerika (8.3 Mio. ha). Eurostat nennt für die EU 2019 13.8 Mio. ha oder 8.5 % der Ackerfläche (2018: 13.5 Mio. ha, 7.5 %), für Deutschland 7.7. % (7.3 %). Laut Statistischem Bundesamt wurden 2020 in Deutschland 9.6 % (2019: 7.8 %) der Fläche, 1.59 Mio. ha von 13.5 % aller Agrarbetriebe ökologisch bewirtschaftet. Ziel der Nachhaltigkeitsstrategie der Bundesregierung ist ein Anteil von 20 %. In der EU soll im Rahmen des Europäischen Green Deals bis 2030 ein Viertel der landwirtschaftlichen Fläche ökologisch bewirtschaftet werden; weitere Ziele sind die Halbierung der Risiken durch Pestizide und Nährstoffverluste (Nitrat).

ABKÜRZUNGEN UND ERKLÄRUNGEN

A

ACC: Anti-Korruptions-Kommission
ACP: Gruppe der afrikanischen, karibischen und pazifischen Staaten
AEUV: Vertrag über die Arbeitsweise der Europäischen Union
AFCFTA: Panafrikanische Freihandelszone zwischen 54 Mitgliedsstaaten der Afrikanischen Union
Alphabetenrate: Eine statistische Größe, die den Anteil der Bevölkerung angibt, die in der Regel über 15 Jahre alt ist sowie lesen und schreiben kann.
AMISOM: Friedenstruppe der Afrikanischen Union
ANC: Südafrikanischer Nationalkongress
APEC: Asiatisch-Pazifische Wirtschaftskooperation
APTA: Freihandelsabkommen zwischen Bangladesch, China, Indien, Laos, Südkorea und Sri Lanka. 2020 Beitritt der Mongolei.
ASC: Aquaculture Stewardship Council. Unabhängige, gemeinnützige Nachhaltigkeits- und Zertifizierungsorganisation für Aquakultur.
ASEAN: Verband Südostasiatischer Nationen
AU: Afrikanische Union
AWZ: Ausschließliche Wirtschaftszone

B

Bafin: Bundesanstalt für Finanzdienstleistungsaufsicht
Basel-Konvention: Internationales Übereinkommen über die Kontrolle der grenzüberschreitenden Verbringung gefährlicher Abfälle und ihrer Entsorgung
BBK: Bundesamt für Bevölkerungsschutz und Katastrophenhilfe
BER: Flughafen Berlin-Brandenburg
BGE: Bundesgesellschaft für Endlagerung
BGR: Bundesamt für Geowissenschaften und Rohstoffe
BIP/Kopf: Bruttoinlandsprodukt je Einwohner
BIP: Bruttoinlandsprodukt. Wert aller Waren und Dienstleistungen, die in einem bestimmten Zeitraum (meist einem Jahr) innerhalb der Landesgrenzen einer Volkswirtschaft durch In- und Ausländer produziert werden.
BIP-Deflator: Maßstab für die Inflation, der das Verhältnis des nominalen Bruttoinlandsproduktes eines Jahres zum realen Bruttoinlandsprodukt darstellt. Er beruht nicht auf einem festen Warenkorb, der jedes Jahr gleichbleibt, sondern bewertet alle in einer Volkswirtschaft in dem berechneten Jahr produzierten Güter und Leistungen. Er ist damit ein Preisindex auf breiter Grundlage, mit dem Preissteigerungen und Inflationsraten über einen längeren Zeitraum berechnet werden können.
BIRN: Netzwerk von Nichtregierungsorganisationen, die sich für Meinungsfreiheit, Menschenrechte und demokratische Werte in Süd- und Osteuropa einsetzen.
BIZ: Bank für Internationalen Zahlungsausgleich
BRICS-Staaten: Bündnis der aufstrebenden Wirtschaftsmächte Brasilien, Russland, Indien, China und Südafrika
BVT: Österreichisches Bundesamt für Verfassungsschutz und Terrorismusbekämpfung

C

CAI: Investitionsabkommen zwischen der EU und China
CAN: Andengemeinschaft
CARE: Große private Hilfsorganisation mit dem Schwerpunkt Nothilfe, globale Armutsbekämpfung und Entwicklungszusammenarbeit
CARICOM: Karibische Gemeinschaft
CAS: Internationales Sportschiedsgericht
CBD: Biodiversitätskonvention
CBDC: Digitales Zentralbankgeld
CBSS: Ostseerat
CCAMLR: Kommission zum Erhalt der lebenden Meeresschätze der Antarktis
CDC: Zentrum für Krankheitskontrolle und -prävention
CDP: Ausschuss für Entwicklungspolitik
CEA: Europäische Gebietskörperschaft Elsass
CEFTA: Mitteleuropäisches Freihandelsabkommen
CELAC: Gemeinschaft der Lateinamerikanischen und Karibischen Staaten
CEPAL: Wirtschaftskommission der Vereinten Nationen für Lateinamerika und die Karibik
CERES: Koalition von umweltbewussten Volkswirtschaften
CETA: Europäisch-kanadisches Wirtschaftsabkommen
CEU: Zentraleuropäische Universität. Privatuniversität mit Sitz in New York, einem Campus in Budapest und einer Akkreditierung in Wien.
CIDH: Interamerikanischer Gerichtshof für Menschenrechte
CIS: Gemeinschaft Unabhängiger Staaten
CITES: Übereinkommen über den internationalen Handel mit gefährdeten Arten freilebender Tiere und Pflanzen oder auch Washingtoner Artenschutzübereinkommen
COE: Europarat
COMESA: Gemeinsamer Markt für das östliche und südliche Afrika
CONMEBOL: Südamerikanischer Fußballverband
COVAX: COVID-19 Vaccines Global Access. Eine von der WHO im April 2020 ins Leben gerufene Initiative

mit dem Ziel, dass alle Länder unabhängig von ihrer Kaufkraft bestmöglichen Zugang zu Impfstoffen gegen COVID-19 erhalten.
CPEC: Chinesisch-pakistanischer Wirtschaftskorridor
CTC: Ausschuss zur Bekämpfung von Terrorismus

D
DEA: US-amerikanische Drogenvollzugsbehörde
DFC: Amerikanische Entwicklungsbank
DFL: Deutsche Fußball-Liga
DPO: Hauptabteilung Friedenssicherungseinsätze der Vereinten Nationen
DPPA: Hauptabteilung für politische Angelegenheiten und Friedenskonsolidierung
DSGVO: Datenschutzgrundverordnung
DSN: Österreichische Direktion für Staatsschutz und Nachrichtendienst

E
EAD: Europäischer Auswärtiger Dienst
EAEU/EEU: Eurasische Wirtschaftsunion
Earth Overshoot Day: Erdüberlastungstag. Es ist der Tag des Jahres, an dem die menschliche Nachfrage nach nachwachsenden Rohstoffen das Angebot und die Kapazität der Erde zur Reproduktion dieser Ressourcen im laufenden Jahr übersteigt.
EBRD: Europäische Bank für Wiederaufbau und Entwicklung
ECDC: Europäisches Zentrum für die Prävention und die Kontrolle von Krankheiten
ECO: Organisation für wirtschaftliche Zusammenarbeit
ECOSOC: Wirtschafts und Sozialrat der Vereinten Nationen
ECOWAS: Westafrikanische Wirtschaftsgemeinschaft
EDSB Europäischer Datenschutzbeauftragter
EEG: Erneuerbare-Energien-Gesetz
EFF: Erweiterte Fondsfazilität des IWF. In ihrem Rahmen werden einem Mitgliedsland über einen längeren Zeitraum hinweg mit höheren Finanzierungsbeiträgen Hilfen geleistet.
EFTA: Europäische Freihandelsassoziation
EGKS: Europäische Gemeinschaft für Kohle und Stahl bzw. Montanunion
EGMR: Europäischer Gerichtshof für Menschenrechte
EHRC: Gleichstellungs- und Menschenrechtskommission
EIB: Europäische Investitionsbank
EIF: Europäische Investitionsfonds
Empirica: Unabhängiges wirtschafts- und sozialwissenschaftliches Forschungs- und Beratungsinstitut
EMRK: Europäische Menschenrechtskommission
ENP: Europäische Nachbarschaftspolitik
EP: Europäisches Parlament
EPA: Freihandelsabkommen zwischen der EU und Japan, auch unter JEFTA bekannt.
ER: Europäischer Rat
ERP: Wirtschaftshilfeprogramm
Erwerbstätige: Erwerbstätige sind Personen im Alter von 15 Jahren und mehr, die mind. eine Stunde in der Woche gegen Entgelt einer beruflichen Tätigkeit nachgehen bzw. in einem Arbeitsverhältnis stehen (Arbeitnehmerinnen und Arbeitnehmer) oder selbstständig ein Gewerbe, einen freien Beruf, ein Handwerk oder eine Landwirtschaft betreiben oder als mithelfende Familienangehörige im Betrieb eines Familienmitgliedes mitarbeiten, ohne dafür Lohn oder Gehalt zu beziehen. Als Erwerbstätige gelten auch Personen, die vorübergehend nicht arbeiten, sofern sie formell mit ihrem Arbeitsplatz verbunden sind.
ESA: Europäische Weltraumorganisation
ESFI: Europäische Fonds für strategische Investitionen, auch unter „Juncker-Fonds" bekannt.
ESZB: Europäisches System der Zentralbanken
EU: Europäische Union
EuG: Gericht der Europäischen Union
EuGH: Europäischer Gerichtshof
EURATOM: Europäische Atomgemeinschaft
EuRH: Europäischer Rechnungshof
Eurodac: Eine EU-weite biometrische Datenbank, in der die Fingerabdruckdaten von Asylbewerbern sowie Staatsangehörigen von Nicht-EU-Ländern bzw. Ländern des Europäischen Wirtschaftsraums zum Abgleich zwischen den EU-Ländern gespeichert werden.
EUROJUST: Justizbehörde der Europäischen Union für justizielle Zusammenarbeit in Strafsachen
EUROSTAT: Statistisches Amt der Europäischen Union
EUTR: Europäische Holzhandelsverordnung
EWI: Europäisches Wirtschaftsinstitut
EWR: Europäischer Wirtschaftsraum
EWS: Europäisches Währungssystem
EWSA: Europäischer Wirtschafts- und Sozialausschuss
EWWU: Europäische Wirtschafts- und Währungsunion
EZB: Europäische Zentralbank

F
FAO: Ernährungs- und Landwirtschaftsorganisation der Vereinten Nationen
FATF: Die „Financial Action Task Force" ist eine selbstständige und internationale Expertengruppe zur Erarbeitung von Maßnahmen zur Bekämpfung von Geldwäsche und Terrorismusfinanzierung. Grün-

dung 1989 auf Veranlassung der G7-Staaten und der EU-Kommission.
FCKW: Fluorchlorkohlenwasserstoffe
FDI: Ausländische Direktinvestitionen
Fridays for Future: Internationale Bewegung von jungen Menschen, die sich für den Klimaschutz einsetzen. Jeden Freitag wird weltweit dafür gestreikt, dass die 2015 im UN-Weltklima-Abkommen beschlossenen Klimaziele eingehalten werden.
FHM: Staatliche Gesundheitsbehörde Schwedens
FIDH: Internationale Liga für Menschenrechte
FIFA: Weltfußballverband
Fiskalpolitik: Alle finanzpolitischen Maßnahmen des Staates im Dienst der Konjunkturpolitik mittels öffentlicher Einnahmen und Ausgaben.
FLEGT: Aktionsplan für die Durchsetzung, Steuerung und den Handel im Forstrecht der Europäischen Union. Es ist eine Initiative der Europäischen Union zur Bekämpfung des illegalen Holzeinschlags und der damit verbundenen sozialen, wirtschaftlichen und ökologischen Schäden.
Freedome House: In den USA ansässige Nichtregierungsorganisation, deren Ziel es ist liberale Demokratien weltweit zu fördern.
FSB: Inlandsgeheimdienst der Russischen Föderation
FSC: Internationale Non-Profit-Organisation, die ein System zur Zertifizierung nachhaltiger Forstwirtschaft erschaffen hat, betreibt und weiterentwickelt.

G
G20: Gruppe der 20, die Europäische Union und die 19 wichtigsten Industrie- und Schwellenländer
G5: Gruppe der fünf wichtigsten Schwellenländer
G7: Gruppe der sieben wichtigsten Industrienationen
GASP: Gemeinsame Außen- und Sicherheitspolitik der Europäischen Union
GATT: Allgemeines Zoll- und Handelsabkommen
GEM: Global Entrepreneurship Monitor. Jährliche Bewertung des nationalen Niveaus der unternehmerischen Tätigkeit in mehreren verschiedenen Ländern.
GFW: Global Forest Watch. Eine Open-Source-Webanwendung zur Überwachung der weltweiten Waldbestände, nahezu in Echtzeit.
Gini-Koeffizient: Maßzahl zwischen 0 und 1 zur Beschreibung der Ungleichheit einer Verteilung. Je ungleicher die Verteilung ist, desto näher liegt der Wert bei 1, Gleichverteilung hat den Wert 0.
GNA: Regierung der Nationalen Übereinkunft. Die UN-gestützte Regierung für Westlibyen von 2015-2021.
Green Deal: Konzept für ein europäisches Klimagesetz zur Verwirklichung einer CO_2-neutralen Europäischen Union bis 2050
GSVP: Gemeinsame Sicherheits- und Verteidigungspolitik der Europäischen Union
GTTN: Global Timber Tracking Network. Globales Netzwerk zur Bestimmung der geografischen Herkunft von Holz, u. a. zur Unterstützung im Kampf gegen illegalen Holzeinschlag.
Guillotine-Klausel: Bedingung, die die Annahme eines Vertragspakets davon abhängig macht, dass alle Verträge angenommen werden.

H
HDI: Index der menschlichen Entwicklung. Maßstab für den Entwicklungsstand eines Staates.
HLPF: Hochrangiges Politisches Forum zu Nachhaltiger Entwicklung
HRC: Menschenrechtsrat der Vereinten Nationen
Human Rights Watch: US-amerikanische, international tätige, nichtstaatliche Menschenrechtsorganisation

I
IAB: Institut für Arbeitsmarkt- und Berufsforschung
IAEA: Internationale Atomenergie-Agentur
IAEO: Internationale Atomenergie-Organisation
ICAO: Internationale Zivilluftfahrtorganisation
ICDO: Internationale Zivilschutzorganisation
ICES: Internationaler Rat für Meeresforschung
ICJ: Internationaler Gerichtshof
ICS: Investitionsgerichtssystem
ICTY: Internationaler Strafgerichtshof für das ehemalige Jugoslawien
IEA: Internationale Energieagentur
IEC: Unabhängige Wahlkommission
IFAD: Internationaler Fonds für landwirtschaftliche Entwicklung
IFOAM: Internationale Vereinigung der ökologischen Landbaubewegungen
IFRC: Internationale Rotkreuz- und Rothalbmond-Bewegung
IGO: Internationale Organisation mit Völkerrechtsstatus
IHS: Institut für höhere Studien
IKRK: Internationales Komitee vom Roten Kreuz
IKT: Informations- und Kommunikationstechnologie
ILC: Völkerrechtskommission
ILO: Internationale Arbeitsorganisation
IMO: Internationale Seeschifffahrtsorganisation
Indepax: Institut für Entwicklungs- und Friedensstudien
INF-Vertrag: Mittelstrecken-Nuklearstreitkräfte-Vertrag oder Washingtoner Vertrag über nukleare Mittelstreckensysteme

INGO: Internationale Nichtregierungsorganisation
IOM: Internationale Organisation für Migration
IPBES: Weltbiodiversitätsrat
IPCC: Weltklimarat
IRC: Internationale Hilfsorganisation für Flüchtlinge und Kriegsopfer
ISA: Internationale Meeresbodenbehörde
ISO-Codes: Länderkodierliste, bei den Staaten wird der dreibuchstabige ISO-3-Code nach DIN EN ISO 3166-1 angewendet.
ISP: Institut des öffentlichen Dienstes in Frankreich. Nachfolger der Elite-Hochschule ENA
ISS: Internationale Raumstation
IStGH: Internationaler Strafgerichtshof
ISWA: International Solid Waste Association. Gemeinnützige Nichtregierungsorganisation mit dem Ziel eine professionelle Abfallwirtschaft zu fördern und weiterzuentwickeln.
ITC: Internationales Handelszentrum
ITF: Internationales Transportforum
ITLOS: Internationaler Seegerichtshof
ITU: Internationale Fernmeldeunion
ITUC: Internationaler Gewerkschaftsbund
IUCN: Weltnaturschutzunion
IWF: Internationaler Währungsfonds

K
KPK: Antikorruptionsbehörde
KRK: Klimarahmenkonvention
KSK: Kommando Spezialkräfte der Bundeswehr

L
Laizität: Prinzip der Trennung zwischen Religion/Kirche und Staat
LAS: Arabische Liga
LDC: Am wenigsten entwickelte Länder
Letalität: Demografische Größe für die Anzahl der krankheitsbedingten Todesfälle bezogen auf die Anzahl der Erkrankten.
LIMA-Gruppe: Multilaterales Bündnis von aktuell 13 amerikanischen Staaten, das sich aufgrund der Krise in Venezuela gründete.
LRTAP: Übereinkommen über weiträumige grenzüberschreitende Luftverunreinigung oder auch Genfer Luftreinhaltekonvention

M
MERCOSUR: Gemeinsamer Südamerikanischer Markt
MICT: Internationaler Residualmechanismus für die Ad-hoc-Strafgerichtshöfe
MINURSO: UN-Mission für das Referendum in Westsahara
MINUSCA: Multidimensionale Integrierte Stabilisierungsmission der Vereinten Nationen in der Zentralafrikanischen Republik
MINUSMA: UN-Mission für die Stabilisierung von Mali
MINUSTAH: UN Mission zur Stabilisierung Haitis
MIV: Motorisierter Individualverkehr
MNU: Multinationale Unternehmen
MONUSCO: UN-Mission für die Stabilisierung der Demokratischen Republik Kongo
Mortalität: Demografische Größe für die Anzahl der Sterbefälle bezogen auf die gesamte Bevölkerung
MSC: Marine Stewardship Council. Eine gemeinnützige Organisation, die zum Schutz der Ozeane ein Zertifizierungsprogramm für nachhaltige Fischerei und ein Umweltsiegel entwickelte.
MSF: Ärzte ohne Grenzen
MSY: Maximaler nachhaltiger Ertrag. Die maximale Fangmenge, die über einen unbestimmten Zeitraum aus dem Bestand einer Art entnommen werden kann.

N
NAFTA: Nordamerikanisches Freihandelsabkommen
NASA: Nationale Luft- und Raumfahrtbehörde der Vereinigten Staaten von Amerika
NATO: Organisation des Nordatlantikvertrags
NDC: Die national festgelegten Beiträge sind das Herzstück des Pariser Klimaabkommens. Alle Vertragsstaaten formulieren in ihnen ihre Emissionsminderungs- und Anpassungsziele, die sie international kommunizieren und regelmäßig aktualisieren müssen.
NEA: Nationale Energiebehörde
NextGenerationEU: Wiederaufbaufonds der Europäischen Union
NGO/NRO: Nichtregierungsorganisation
NOAA: Wetter- und Ozeanografiebehörde der USA
NVK: Nationaler Volkskongress

O
OAS: Organisation Amerikanischer Staaten
OCHA: Amt der Vereinten Nationen für die Koordinierung humanitärer Angelegenheiten
OCT: Büro der Vereinten Nationen für Terrorismusbekämpfung
ODKB: Organisation des Vertrags über kollektive Sicherheit, ein von Russland geführtes Militärbündnis.
OECD: Organisation für wirtschaftliche Zusammenarbeit und Entwicklung
OHCHR: Hohes Kommissariat für Menschenrechte
OPCW: Organisation für das Verbot chemischer Waffen

OPEC: Organisation erdölexportierender Staaten
Open Skies: Abkommen zwischen den NATO-Ländern und Russland gestattet Beobachtungsflüge im Luftraum der jeweils anderen Seite.
OSPAR: Abkommen zum Schutz der Meeresumwelt des Nordostatlantiks (vom Nordpol über Grönland bis zu den Azoren sowie die gesamten west- und nordeuropäischen Küstengewässer einschließlich der Barentssee).
OSCE/OSZE: Organisation für Sicherheit und Zusammenarbeit in Europa
OWiD: Our World in Data. Online-Publikation mit unzähligen Grafiken zu u. a. demographischen, geographischen und epidemiologischen Themen und deren historischen Entwicklung.

P
PBC: Kommission für Friedenskonsolidierung
PEPP: Pandemie-Notfallaufkaufprogramm der Europäischen Zentralbank. Es handelt sich um ein temporäres Ankaufprogramm für Anleihen öffentlicher und privater Schuldner.
PIF: Forum der pazifischen Inselstaaten
PNRR: Nationaler Wiederaufbauplan

R
RAK: Regulatorisch Akzeptable Konzentration. Der RAK-Wert beschreibt die behördlich zugelassene Konzentration eines Pflanzenschutzmittels.
RCEP: Asiatisch-pazifisches Freihandelsabkommen zwischen China und 14 weiteren Staaten.
REACH-Verordnung: Europäische Chemikalienverordnung zur Registrierung, Bewertung, Zulassung und Beschränkung chemischer Stoffe.
RFI: Notfallkredit des IWF
RKI: Robert-Koch-Institut
ROG: Reporter ohne Grenzen

S
SAARC: Südasiatische Vereinigung für regionale Kooperation
SADC: Entwicklungsgemeinschaft des südlichen Afrika
SCO: Shanghaier Organisation für Zusammenarbeit
SDG: Ziele für nachhaltige Entwicklung
SICA: Zentralamerikanisches Integrationssystem
SIS: Schengener Informationssystem
SNMG: Ständiger maritimer Einsatzverband der NATO
SOHR: Syrische Beobachtungsstelle für Menschenrechte
SRÜ: Seerechtsübereinkommen der Vereinten Nationen von 1982
Staatsform: Darunter versteht man die äußere politische Organisationsform eines Staates. Es gibt eine Vielzahl unterschiedlicher Systeme, u. a. 1) die moderne Unterteilung: Monarchie, Aristokratie, Demokratie, 2) nach dem Staatsoberhaupt: Monarchie, Republik, 3) nach Art der Regierung: parlamentarisches, präsidiales Regierungssystem, 4) nach der rechtlichen Bindung des Herrschers: Absolutismus, Verfassungsstaat oder 5) nach der Binnengliederung: Einheits- oder Bundesstaat. In den unterschiedlichen Varianten existieren zudem auch viele Mischformen, wie z. B. Wahlmonarchie, Diktatur, Volksrepublik oder Islamische Republik.
STC: Südlicher Übergangsrat im Jemen

T
TDH: Terre des hommes
TEN: Transeuropäische Netze. Eine Initiative der EU zur Umsetzung und Entwicklung des Binnenmarktes und zur Verbesserung des wirtschaftlichen und sozialen Zusammenhaltes der Union.
TEU: Twenty-foot Equivalent Unit, ein 20-Fuß-Standardcontainer.
TPLF: Volksbefreiungsfront von Tigray
Triage: In der Medizin beschreibt es im Fall eines Massenanfalls die schnelle Sichtung bzw. Einteilung der Betroffenen in unterschiedlich priorisierte Kategorien nach der Schwere ihrer Verletzungen.
TTIP: Geplante Transatlantische Handels- und Investitionspartnerschaft zwischen der Europäischen Union und den USA

U
UAP: Umweltaktionsprogramm der Europäischen Union
UBA: Umweltbundesamt
UFM: Union für den Mittelmeerraum
UMA: Union des Arabischen Maghreb
UN: Vereinte Nationen
UNAIDS: Gemeinsames Programm der Vereinten Nationen für HIV/Aids
UNAMA: Unterstützungsmission der Vereinten Nationen in Afghanistan
UNAMID: Friedenstruppe der Vereinten Nationen und der Afrikanischen Union in Darfur
UNCD: UN-Konferenz für Abrüstung. Im deutschsprachigen Raum als „Genfer Abrüstungskonferenz" bekannt.
UNCLOS: Seerechtsübereinkommen der Vereinten Nationen, dass alle Nutzungsarten der Meere regeln soll.
UNCTAD: Welthandels- und Entwicklungskonferenz
UNDOF: UN-Truppenkontingent auf den Golanhöhen

UNDP: Entwicklungsprogramm der Vereinten Nationen
UNECE: Wirtschaftskommission der Vereinten Nationen für Europa
UNEP: Umweltprogramm der Vereinten Nationen
UNESCO: Organisation für Erziehung, Wissenschaft und Kultur
UNFF: Waldforum der Vereinten Nationen
UNFICYP: Friedenstruppe der Vereinten Nationen in Zypern
UNFPA: Bevölkerungsfonds der Vereinten Nationen zur Finanzierung von Bevölkerungsprogrammen
UN-HABITAT: Wohn- und Siedlungsprogramm der Vereinten Nationen
UNHCR: Hoher Flüchtlingskommissar der Vereinten Nationen
UNICEF: Kinderhilfswerk
UNICRI: Interregionales Forschungsinstitut für Kriminalität und Rechtspflege
UNIDIR: Institut für Abrüstungsforschung
UNIDO: Organisation für industrielle Entwicklung
UNIFIL: UN-Beobachtungsmission im Libanon
UNIOGBIS: UN-Mission zur Stabilisierung des afrikanischen Staates Guinea-Bissau
UNISFA: UN-Friedensmission für das zwischen Sudan und Südsudan umstrittene Abyei-Gebiet
UNITAMS: UN-Mission zur Unterstützung des demokratischen Übergangs im Sudan und der Begleitung des innersudanesischen Friedensprozess.
UNITAR: Ausbildungs- und Forschungsinstitut
UNMIK: Interimsverwaltungsmission der Vereinten Nationen im Kosovo
UNMISS: UN-Mission im Südsudan
UNMOGIP: Militärbeobachtergruppe der Vereinten Nationen in Indien und Pakistan
UNODC: Büro für Drogen- und Verbrechensbekämpfung
UN-OHRLLS: UN-Koordinator für die am wenigsten entwickelten Länder
UNOWAS: UN-Mission für Westafrika und den Sahel
UNPFII: Ständiges Forum für indigene Fragen
UNRGID: Hauptabteilung für politische und friedensfördernde Angelegenheiten der Vereinten Nationen in Genf
UNRISD: Forschungsinstitut für soziale Entwicklung
UNRWA: Hilfswerk der Vereinten Nationen für Palästina-Flüchtlinge im Nahen Osten
UNSCO: Sonderkoordinator der Vereinten Nationen für den Nahost-Friedensprozess
UNSCOL: Sonderkoordinator der UN im Libanon
UNSMIL: UN-Mission zur Stabilisierung in Libyen
UNSOM: UN-Mission zur Unterstützung der Mission der Afrikanischen Union in Somalia
UNTSO: UN-Organisation zur Wahrung des Waffenstillstandes im Nahen Osten
UN-WOMEN: UN-Einheit für Gleichstellung und Ermächtigung der Frauen
UNWTO: Welttourismusorganisation
UPU: Weltpostverein
USMCA: Nordamerikanisches Freihandelsabkommen

V

VFA: Besuchstruppenabkommen zwischen einem Land und einer ausländischen Nation, die militärische Kräfte in diesem Land vorübergehend unterstützt.
VfGH: Verfassungsgerichtshof
Volatilität: Maß der Schwankung von Preisen, Aktien- und Devisenkursen, Zinssätzen oder auch ganzen Märkten innerhalb einer kurzen Zeitspanne.
VPA: Freiwilliges Partnerschaftsabkommen bzw. bilaterales Handelsabkommen zwischen der EU und einem holzexportierenden Land außerhalb der Europäischen Union.

W

Wada: Welt-Anti-Doping-Agentur
WEF: Weltwirtschaftsforum
WFP: Welternährungsprogramm
WGMS: Welt-Gletscher-Beobachtungsdienst
WHO: Weltgesundheitsorganisation
WID: „World Inequality Database" ist eine umfangreiche, offene und zugängliche Datenbank über die historische Entwicklung der weltweiten Verteilung von Einkommen und Vermögen sowohl innerhalb als auch zwischen Ländern.
WiD: Wissenschaft im Dialog. Eine gemeinnützige Organisation für Wissenschaftskommunikation in Deutschland.
WIPO: Weltorganisation für geistiges Eigentum
WKM: Wechselkursmechanismus
WKStA: Zentrale Staatsanwaltschaft zur Verfolgung von Wirtschaftsstrafsachen und Korruption (Österreich)
WMO: Weltorganisation für Meteorologie
WRI: Das Weltressourceninstitut ist eine unabhängige Organisation. Ihre Arbeit dient dem Ziel die Umwelt zu schützen und nachhaltige Entwicklung zu forcieren.
WTO: Welthandelsorganisation
WWF: World Wide Fund For Nature

WELTATLAS

INHALTSVERZEICHNIS

ABKÜRZUNGESVERZEICHNIS

A

AUS: Australia (engl.) Australien

B

Bol.: Bolsch | oj, -aja, -oje (rus.) Groß-
BR: Brasil (port.) Brasilien

C

Cd.: Ciudad (span.) Stadt
C., Co.: Cerro (span.) Berg, Hügel
CO: Colombia (span.) Kolumbien
CR: Costa Rica

D

DK: Danmark (dän.) Dänemark

E

E: España (span.) Spanien
EC: Ecuador

F

F: France (frz.) Frankreich
Ft.: Fort (engl.) Festung, Schanze

G

GB: Great Britain (engl.) Großbritannien
GQ: Äquatorialguinea
GR: Griechenland

H

Hist.: Historic (engl.) historisch
HN: Honduras

I

I.: Ilha (port.), Isla (span.), Island (engl.) Insel
I: Italia (ital.) Italien
IND: Indien

J

J.: Jabal, Jebel (arab.) Berg
J: Japan

K

K.: Kap
K.: Kuala (malaisch) Flussmündung

L

L.: Lake (engl.) See

M

MEX: Mexiko
MS: Mauritius
Mt.: Mount (engl.) Berg
Mtn.: Mountain (engl.) Berg
Mtns., Mts.: Mountains (engl.) Gebirge
MYA: Myanmar

N

N: Norge (norw.) Norwegen
Nev.: Nevado (span.) Berg mit Schneegipfel
NIC: Nicaragua
NL: Niederlande
NP: Nationalpark
NZ: New Zealand (engl.) Neuseeland

P

P.: Pik, Pico (span.) Bergspitze, Gipfel
P: Portugal
Pal.: Pallace (engl.) Palast
Pen.: Peninsula (engl.) Halbinsel
Pk.: Peak (engl.) Bergspitze
Pt.: Port (engl.) Hafen
Pt.: Point (engl.) Kap, Spitze
Pta.: Punta (port., span.) Kap, Spitze
Pto.: Puerto (span.) Hafen

R

R.: Río (span.) Fluss
RCH: Chile
RUS: Russland

S

S.: São (port.), San (span.) heilig, Sankt
Sa.: Serra (port.) Gebirge
Snía.: Serranía (span.) Bergland
Sra.: Sierra (span.) Gebirge
St., St: Saint (engl., frz.) Heiliger, Sankt
Sta.: Santa (span.) Heilige, Sankt
Ste: Sainte (frz.) Heilige, Sankt
Sto.: Santo (span., port.) Heiliger, Sankt
SY: Seychellen

T

TN: Tunesien
TR: Türkei

U

USA: United States of America (engl.) Vereinigte Staaten von Amerika

V

V., Vn: Volcán (span.) Vulkan

Z

ZA: Zuid-Afrika (nied.) Südafrika

DIE ERDE

DIE ERDE, ZEITZONEN
DIE ERDE, POLITISCH
DIE ERDE, PHYSISCH
ANTARKTIS

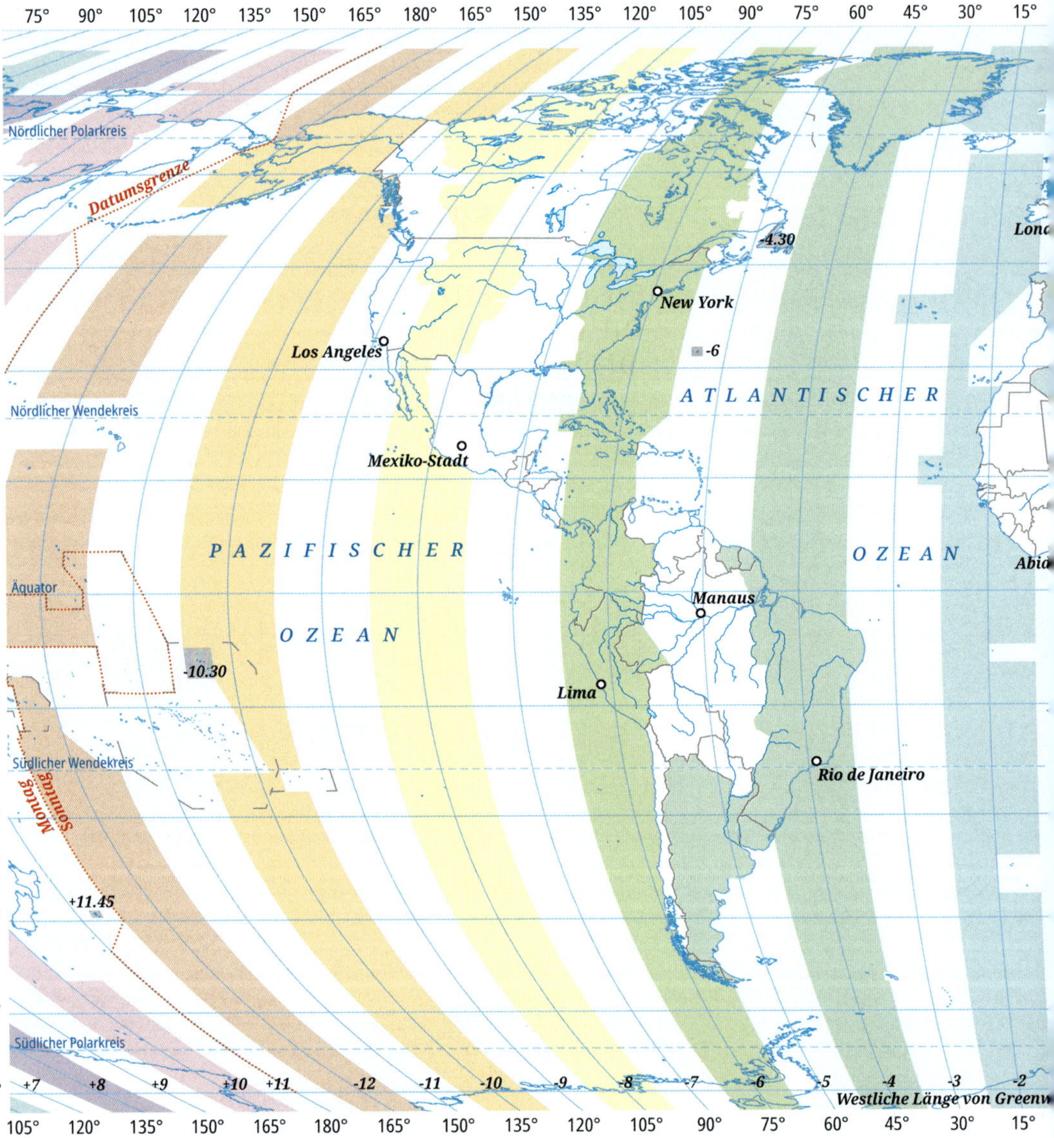

Im internationalen Verkehr sind außer der geografischen Lage von Städten die jeweils dort gültige Ortszeit von großer Bedeutung. Die Welt ist in 24 Zeitzor unterteilt, in denen es beim höchsten Sonnenstand jeweils 12 Uhr mittags ist. Im Jahr 1884 wurde international festgelegt, dass der durch Greenwich verlaufende nullte Längengrad (Nullmeridian) Grundlage für die Zonenzeiten sein soll. Von örtlichen Ausnahmen abgesehen sind die Zeitzonen jeweils 15 Längengrade breit, was einer Zeitstunde entspricht. In jeder Zeitzone werden die Uhren danach gestellt, ob sie sich westlich oder östlich von Greenwich befinden. Alle Länder, die um einen bestimmten Längengrad gruppiert sind, haben die gleiche Ortszeit. Die Grenzlinien der Zeitzonen verlaufen im festländischen Bereich meist entlang von Staatsgrenzen, was die Zeitrechnung in größeren Regionen vereinfacht.

Die Westeuropäische Zeit (WEZ) entspricht der Ortszeit des Meridians von Greenwich (0°), die Mitteleuropäische Zeit (MEZ) der Ortszeit von 15° östlich Greenwich, die Osteuropäische Zeit (OEZ) der Ortszeit von 30° östlich Greenwich.

Die deutschsprachigen Länder gehören in die Zone der Mitteleuropäischen Zeit. Aus naheliegenden Gründen ist deshalb in dieser Karte zum Auffinden der verschiedenen weltweiten Zonenzeiten die 12-Uhr-Stunde der Mitteleuropäischen Zeit als Ausgangszeit zugrunde gelegt worden. Ist es in Berlin oder München (MEZ) 12 Uhr, so ist es in London (WEZ) 11 Uhr, in Helsinki (OEZ) 13 Uhr, in Tokio 20 Uhr, in New York 6 Uhr morgens.

Die Datumsgrenze im Zentralpazifik folgt teils dem 180. Längengrad, teils staatlichen Grenzen. Beim Überschreiten der Datumsgrenze in ostwestlicher Richtung wird ein Datum (Tag) übersprungen, in westöstlicher Richtung wird das gleiche Datum wiederholt. Dadurch werden die Zeitdifferenzen ausgeglichen, die sich durch das Fahren oder Fliegen mit oder gegen die Erdumdrehung ergeben.

Die Erde, Zeitzonen

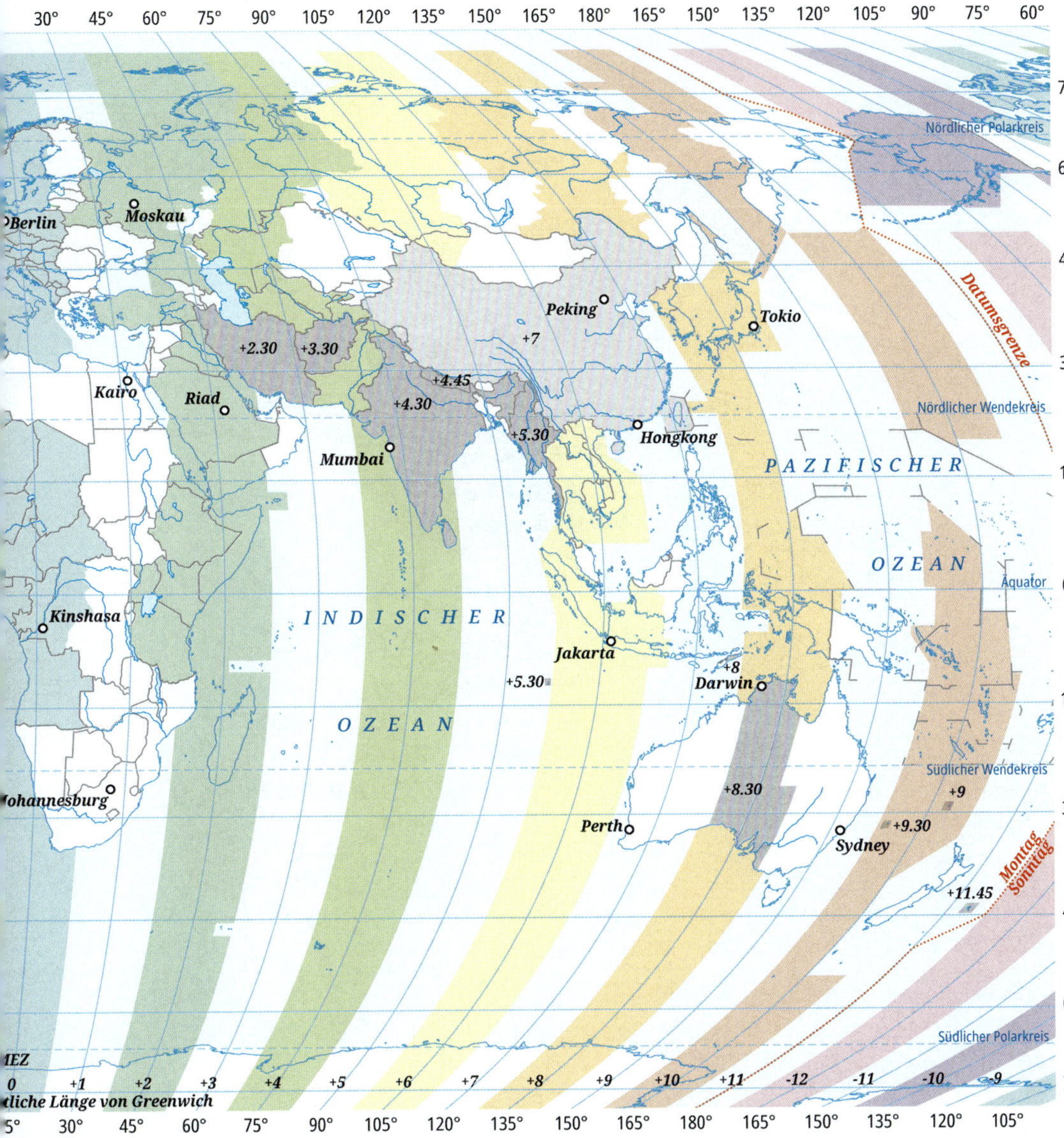

Zeitzonen

Zeitzonen

abweichende Landeszeit (bezogen auf MEZ)

Sonntag / *Montag* Datumsgrenze

GMT Greenwich Mean Time (= Koordinierte Weltzeit UTC)

MEZ Mitteleuropäische Zeit

AD	ANDORRA - Andorra la Vella
AE	VEREINIGTE ARABISCHE EMIRATE - Abu Dhabi
AG	ANTIGUA UND BARBUDA - St. John's
AL	ALBANIEN - Tirana
AM	ARMENIEN - Eriwan
AT	ÖSTERREICH - Wien
AZ	ASERBAIDSCHAN - Baku
BA	BOSNIEN UND HERZEGOWINA - Sarajevo
BB	BARBADOS - Bridgetown
BE	BELGIEN - Brüssel
BF	BURKINA FASO - Ouagadougou
BG	BULGARIEN - Sofia
BH	BAHRAIN - Manama
BI	BURUNDI - Gitega
BJ	BENIN - Porto-Novo
BN	BRUNEI - Bandar Seri Begawan
BT	BHUTAN - Thimphu
BZ	BELIZE - Belmopan
CH	SCHWEIZ - Bern
CY	ZYPERN - Nikosia
CZ	TSCHECHIEN - Prag
DJ	DSCHIBUTI - Dschibuti
DM	DOMINICA - Roseau
GD	GRENADA - St. George's
GM	GAMBIA - Banjul
GQ	ÄQUATORIALGUINEA - Malabo
GW	GUINEA-BISSAU - Bissau
HR	KROATIEN - Zagreb
HU	UNGARN - Budapest
KN	ST. KITTS UND NEVIS - Basseterre

1: 140 000 000

0 1500 3000 4500 5000 km

Die Erde, politisch

1: 140 000 000 — 0 1500 3000 4500 5000 km

30°
60°
90°
120°
150°
180°
150°
O L A R M E E R
Franz-Josef-Land
Sewernaja Semlja
Neusibirische Inseln
Wrangel-insel
Tschuktschensee
Nördlicher Polarkreis
Spitzbergen
Laptewsee
Taimyrhalbinsel
Nowaja Semlja
Karasee
BARENTSSEE
Mittel-sibirisches Bergland
Werchojansker Gebirge
Kolymagebirge
St. Lawrence I.
BERINGMEER
60°
Skandinavien
Uralgebirge
Westsibirisches Tiefland
Sibirien
Lena
Ob
Ochotskisches Meer
Kamtschatka
Aleuten
Ostsee
Sajan
Baikalsee
Sachalin
Kurilen
EUROPA
Wolga
Altai
ASIEN
Amur
Sichote Alin
Mandschurei
Hokkaido
NORD-PAZIFISCHER OZEAN
Karpaten
Alpen
Donau
Schwarzes Meer
Kaukasus
Kaspisches Meer
Balchaschsee
Aralsee
Tian Shan
Gobi
Takla-Makan
Kunlun Shan
Japanisches Meer
Honshu
Kyushu
Hindukusch
HIMALAJA
Mesopotamien
Arabische Halbinsel
Belutschistan
Thar
Südchinesisches Bergland
Ost-chinesisches Meer
Ryukyu-Inseln
Ogasawara-Inseln
30°
Nördlicher Wendekreis
Libysche Wüste
Tibesti
Rotes Meer
Rub al-Khali
Arabisches Meer
Dekhan
Golf von Bengalen
Taiwan
Hainan
Philippinensee
Luzon
Philippinen
Nördliche Marianen
Darfur
Sokotra
Somali-halbinsel
Andamanen
Süd-chinesisches Meer
Mindanao
Palau
Mikronesien
Karolinen
Nikobaren
Ceylon
Malediven
Zentralindischer Rücken
Sumatra
Kalimantan
Molukken
Sulawesi
Neuguinea
Bismarck-archipel
Salomonen
Gilbertinseln
Äquator
0°
Kongo-becken
Seychellen
Chagos-archipel
Java
Christmas I.
Komoren
Madagaskar
Maskarenen
Réunion
INDISCHER OZEAN
Bengalischer Rücken
Korallensee
Neue Hebriden
Fidschi
Große Sandwüste
Great Dividing Range
Neu-kaledonien
Südlicher Wendekreis
Kalahari
Namib
Drakensberge
AUSTRALIEN
Nullarborebene
30°
Südwestindischer Rücken
TASMAN-SEE
Nordinsel
Prince-Edward-Inseln
Crozetinseln
Kerguelen
Heard I.
Tasmanien
Neuseeland
Chatham-inseln
Südinsel
Südostindischer Rücken
SÜD-PAZIFISCHER OZEAN
ÜDPOLARMEER
Enderby-land
Belgica-Gebirge
Prinz-Charles-Gebirge
Amerikanisches Hochland
60°
Wilkesland
Balleny-inseln
Südlicher Polarkreis
Königin-Maud-Land
TARKTIS
30°
60°
90°
120°
150°
180°
150°

ANTARKTIS

1:35 000 000

0 500 1000 1500 km

EUROPA

Grönland
EUROPÄISCHES NORDMEER
Dänemarkstraße
Nördlicher Polarkreis
Jan Mayen (N)
Ittoqqortoormiit
ISLAND
Isafjördhur
Akureyri
Seydhisfjördhur
Akranes
Reykjavík
Keflavík
Vestmannæyjar
Färöer (DK)
Tórshavn
Shetland-inseln
Lerwick
Orkney-inseln
Thurso
Hebriden
Rockall (GB)
Inverness
Aberdeen
Dundee
Edinburgh
Glasgow
Nordsee
GROSSBRITANNIEN U. NORDIRLAND
Newcastle upon Tyne
Londonderry
Belfast
Carlisle
IRLAND
Galway
Limerick
DUBLIN
Cork
Leeds
Manchester
Liverpool
Kingston upon Hull
Sheffield
Birmingham
Norwich
Oxford
LONDON
Cardiff
Bristol
Keltische See
Plymouth
Southampton
Dover
Armelkanal
Kanalinseln (GB)
Cherbourg
ATLANTISCHER OZEAN
Lofoten
Tromsø
Narvik
Bodø
NORWEGEN
SCHWEDEN
Umeälv
Namsos
Trondheim
Kristiansund
Ålesund
Östersund
Dalälv
Lillehammer
Bergen
Oslo
Drammen
Falun
Västerås
Karlstad
Örebro
Vänersee
Vättersee
Stavanger
Kristiansand
Skagerrak
Göteborg
Jönköping
Aalborg
DÄNEMARK
KOPENHAGEN
Helsingborg
Kalmar
Esbjerg
Odense
Malmö
Kiel
Rostock
(DK) Bornholm
HAMBURG
Bremen
Groningen
NIEDERLANDE
Amsterdam
Elbe
BERLIN
Stettin
Hannover
Rotterdam
Antwerpen
Calais
Lille
BELG.
BRÜSSEL
Essen
Düsseldf.
Köln
DEUTSCHLAND
Leipzig
Dresden
Posen
Rhein
Erfurt
Lüttich
Bonn
Frankfurt a. Main
Pilsen
PRAG
LUX.
Luxembg.
Reims
Rouen
Le Havre
Brest
PARIS
Rennes
Lorient
Tours
Orléans
Nantes
Loire
Poitiers
FRANKREICH
Clermont-Ferrand
La Rochelle
Limoges
Golf von Biskaya
Bordeaux
Stuttgart
Nürnberg
TSCHECHIEN
Brünn
Strasbourg
MÜNCHEN
Donau
Linz
WIEN
Salzburg
Basel
Dijon
Bern
LIECHT.
Zürich
ÖSTERREICH
Innsbruck
Graz
Genf
SCHWEIZ
SLOWENIEN
Ljubljana
Lyon
MAILAND
Triest
Zagreb
St-Étienne
Turin
Verona
Venedig
Rijeka
Rhône
Genua
Bologna
SAN MARINO
Banja Luka
Nîmes
Nizza
MONACO
Livorno
Florenz
Ancona
KROATIEN
Adriatisches Meer
Biarritz
Toulouse
Montpellier
Marseille
Perpignan
ANDORRA
ITALIEN
Bastia
Korsika
Ajaccio
VATIKANSTADT
ROM
Pescara
Split
Dubrovnik
Bari
NEAPEL
Salerno
La Coruña
Gijón
Bilbao
Donostia-San Sebastián
León
Burgos
Vigo
Valladolid
Iberische Halbinsel
Saragossa
BARCELONA
Porto
SPANIEN
PORTUGAL
Coimbra
MADRID
Toledo
Mallorca
Menorca
Palma d. Mallorca
Balearen
Sardinien
Sassari
Olbia
Cagliari
Tyrrhenisches Meer
Lissabon
Setúbal
Badajoz
Albacete
Valencia
Alicante
Córdoba
Linares
Sevilla
Granada
Faro
Cádiz
Málaga
Almería
Gibraltar (GB)
Ceuta (E)
Melilla (E)
Tanger
Tetouan
Oran
ALGIER
Bejaïa
Annaba
Bizerte
TUNIS
Palermo
Messina
Reggio
Catania
Agrigent
Sizilien
Syrakus
MALTA
Valletta
Sousse
Mittelmeer
El Asnam
SÉTIF
Constantine
Sidi Bel-Abbès
Biskra
Sfax
RABAT
Fès
Oujda
CASABLANCA
Meknès
MAROKKO
Laghouat
Tozeur
TUNESIEN
Medenine
TRIPOLIS
Marrakesch
Ghardaïa
Ouargla
ALGERIEN
Misurata
Agadir
Kanarische Inseln
Madeira-Archipel (P)
Funchal
Miguel
a Delgada
70°
60°
50°
40°
20°
10°
0°
1:30 000 000
0
500
1000
1500 km

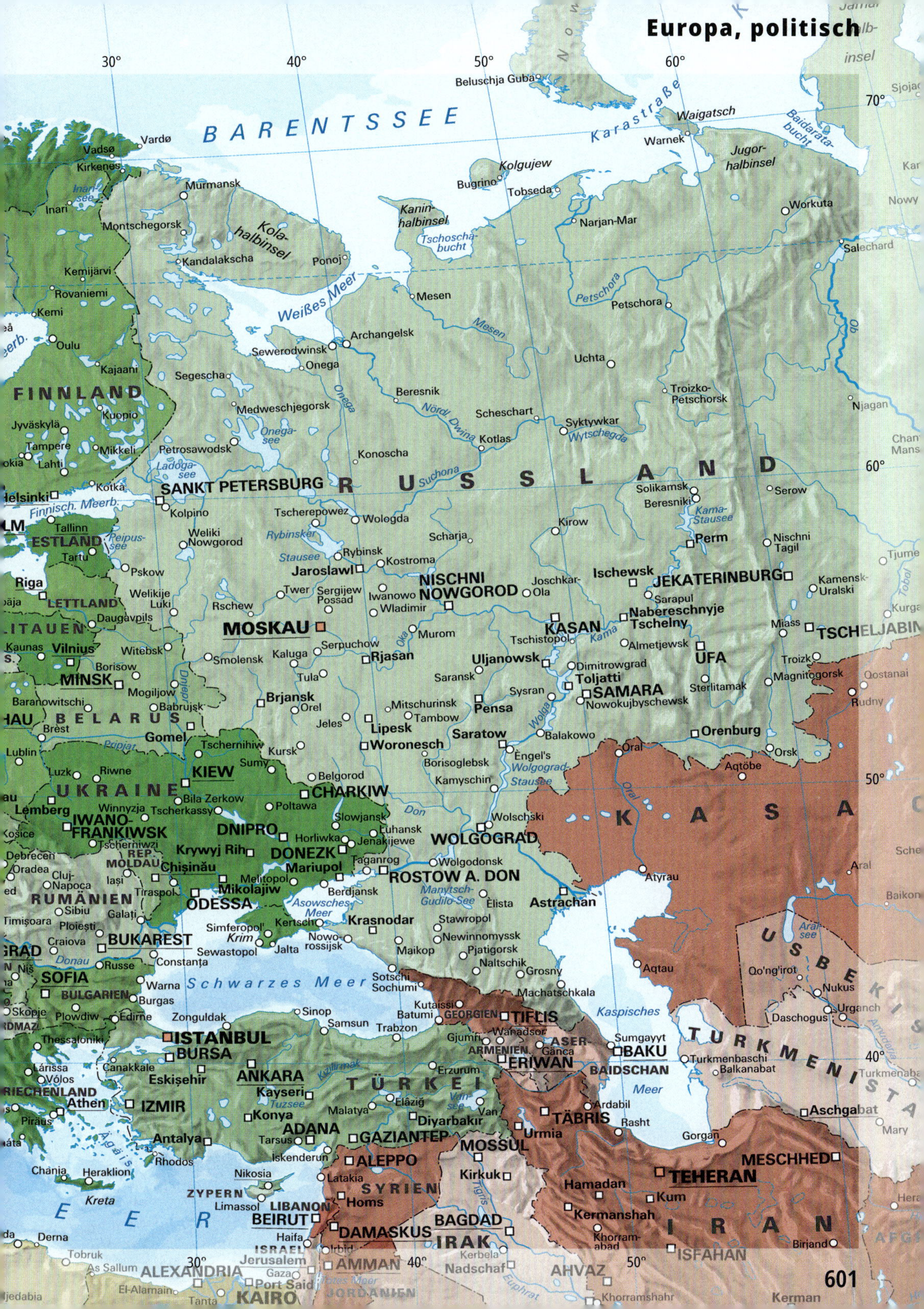
BARENTSSEE
Karastraße
Waigatsch
Baidarata-bucht
Jugor-halbinsel
Kolgujew
Kanin-halbinsel
Tschoschabucht
Kola-halbinsel
Weißes Meer
Vardø
Vadsø
Kirkenes
Inari
Inarisee
Murmansk
Montschegorsk
Kandalakscha
Ponoj
Kemijärvi
Rovaniemi
Kemi
Oulu
Kajaani
FINNLAND
Kuopio
Jyväskylä
Tampere
Mikkeli
Lahti
Helsinki
Kotka
Finnisch. Meerb.
Beluschja Guba
Bugrino
Tobseda
Narjan-Mar
Warnek
Workuta
Salechard
Mesen
Petschora
Archangelsk
Sewerodwinsk
Onega
Segescha
Medweschjegorsk
Onegasee
Petrosawodsk
Ladogasee
Uchta
Beresnik
Nördl. Dwina
Scheschart
Kotlas
Syktywkar
Wytschegda
Troizko-Petschorsk
Njagan
Konoscha
Suchona
SANKT PETERSBURG
RUSSLAND
Kolpino
Tallinn
ESTLAND
Peipussee
Tartu
Pskow
Riga
LETTLAND
Welikije Luki
LITAUEN
Daugavpils
Kaunas
Vilnius
Witebsk
MINSK
Borisow
Mogiljow
Baranowitschi
BELARUS
Brest
Bobrujsk
Gomel
Lublin
Solikamsk
Beresniki
Kama-Stausee
Perm
Serow
Nischni Tagil
Tscherepowez
Wologda
Weliki Nowgorod
Rybinsker Stausee
Rybinsk
Kostroma
Scharja
Kirow
Jaroslawl
Twer
Sergijew Possad
Iwanowo
Wladimir
NISCHNI NOWGOROD
Joschkar-Ola
Ischewsk
JEKATERINBURG
Kamensk-Uralski
Rschew
MOSKAU
Sarapul
Nabereschnyje Tschelny
Almetjewsk
KASAN
Tschistopol
Miass
TSCHELJABINSK
Smolensk
Kaluga
Serpuchow
Murom
Oka
Rjasan
Uljanowsk
Dimitrowgrad
UFA
Troizk
Magnitogorsk
Tula
Saransk
Toljatti
SAMARA
Nowokujbyschewsk
Sterlitamak
Brjansk
Orel
Mitschurinsk
Tambow
Pensa
Sysran
Jeles
Lipesk
Saratow
Balakowo
Orenburg
Kursk
Woronesch
Engel's
Wolgograd-Stausee
Orsk
Oral
Aqtöbe
Rudny
Qostanai
Tschernihiw
Sumy
KIEW
Riwne
Luzk
UKRAINE
Belgorod
CHARKIW
Borisoglebsk
Kamyschin
Bila Zerkow
Poltawa
Lemberg
IWANO-FRANKIWSK
Winnyzja
Tscherkassy
Tscherniwzi
DNIPRO
Slowjansk
Luhansk
Horliwka
Jenakijewe
Don
Wolschski
WOLGOGRAD
KASACHSTAN
Krywyj Rih
DONEZK
REP. MOLDAU
Chișinău
Mariupol
Taganrog
Wolgodonsk
ROSTOW A. DON
Atyrau
Aral
Debrecen
Oradea
Cluj-Napoca
Iași
Melitopol
Mikolajiw
Tiraspol
RUMÄNIEN
Sibiu
Galați
ODESSA
Berdjansk
Asowsches Meer
Manytsch-Gudilo-See
Elista
Astrachan
Timișoara
Ploiești
Craiova
BUKAREST
Simferopol
Krim
Sewastopol
Jalta
Kertsch
Krasnodar
Nowo-rossijsk
Stawropol
Newinnomyssk
Pjatigorsk
Maikop
Naltschik
Grosny
Aralsee
USBEKISTAN
Qo'ng'irot
Aqtau
Nukus
Urganch
Daschoguz
Constanța
Russe
Donau
SOFIA
BULGARIEN
Warna
Burgas
Schwarzes Meer
Sotschi
Sochumi
Machatschkala
Kaspisches Meer
Skopje
Plowdiw
Edirne
Zonguldak
Sinop
Samsun
Trabzon
Batumi
Kutaissi
GEORGIEN
TIFLIS
Sumgayıt
BAKU
Thessaloniki
ISTANBUL
BURSA
Gjumri
Wanadsor
ARMENIEN
Gäncä
ASERBAIDSCHAN
ERIWAN
Turkmenbaschi
Balkanabat
TURKMENISTAN
Larissa
Volos
Çanakkale
Eskişehir
ANKARA
Kızılırmak
TÜRKEI
Erzurum
GRIECHENLAND
Athen
Piräus
IZMIR
Kayseri
Tuzsee
Malatya
Elâzığ
Vansee
Van
Ardabil
Aschgabat
Mary
Konya
Diyarbakır
TÄBRIS
Urmia
Rascht
Gorgan
Antalya
Tarsus
ADANA
GAZIANTEP
MOSSUL
Iskenderun
Rhodos
Chania
Heraklion
Kreta
Nikosia
ZYPERN
Limassol
ALEPPO
Latakia
SYRIEN
Kirkuk
Tigris
MESCHHED
TEHERAN
Hamadan
Homs
LIBANON
BEIRUT
Kum
Kermanshah
DAMASKUS
BAGDAD
IRAK
IRAN
Haifa
Irbid
ISRAEL
Jerusalem
Gaza
AMMAN
JORDANIEN
Euphrat
Kerbela
Nadschaf
AHVAZ
Chorramabad
ISFAHAN
Birjand
Derna
Tobruk
As Sallum
ALEXANDRIA
Port Said
El-Alamain
Tanta
KAIRO
Chorramschahr
Kerman
MEER
30°
40°
50°
60°
70°

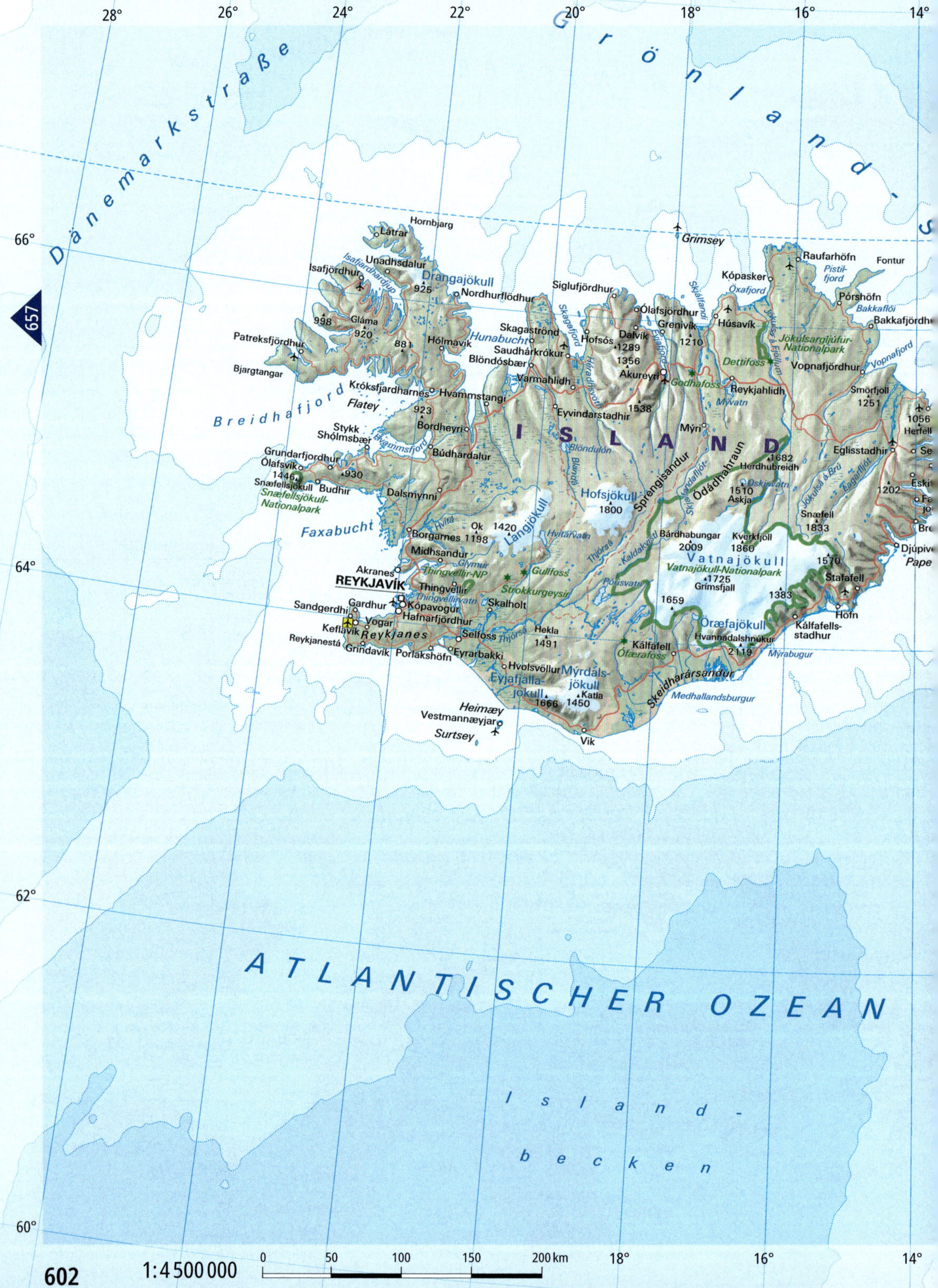

28°
26°
24°
22°
20°
18°
16°
14°
66°
64°
62°
60°
657
Dänemarkstraße
Grönland-S
ATLANTISCHER OZEAN
Island-becken
ISLAND
REYKJAVÍK
Hornbjarg
Látrar
Unadhsdalur
Ísafjördhur
Ísafjardhardjúp
Drangajökull
925
Nordhurfjördhur
998
Gláma
920
881
Hólmavík
Patreksfjördhur
Bjargtangar
Hunabucht
Skagaströnd
Saudhárkrókur
Blöndósbær
Siglufjördhur
Ólafsfjördhur
Grenivík
Dalvík
1289
1356
Hofsós
Skagafjord
Varmahlidh
Akureyri
Godhafoss
Eyjafjord
1210
Grímsey
Skjálfandi
Kópasker
Öxafjord
Raufarhöfn
Pistilfjord
Fontur
Þórshöfn
Bakkaflói
Bakkafjördhur
Húsavík
Jökulsárgljúfur-Nationalpark
Dettifoss
Vopnafjördhur
Vopnafjord
Reykjahlidh
Mývatn
Smörfjöll
1251
1056
Herfell
Egilsstadhir
1538
Eyvindarstadhir
Krókfjardharnes
Hvammstangi
Flatey
923
Bordheyri
Breidhafjord
Stykk
Shólmsbær
Hvammsfjord
Búdhardalur
Grundarfjordhur
Ólafsvík
1446
930
Snæfellsjökull
Budhir
Snæfellsjökull-Nationalpark
Dalsmynni
Faxabucht
Borgarnes
Ok
1198
1420
Langjökull
Hvítárvatn
Blöndulón
Hofsjökull
1800
Sprengisandur
Mýri
Ódádhahraun
1682
Herdhubreidh
1510
Askja
Öskjuvatn
Snæfell
1833
1202
Bárdharbungar
2009
Kverkfjöll
1860
Vatnajökull
Vatnajökull-Nationalpark
1725
Grímsfjall
1570
Stafafell
1383
1659
Djúpivogur
Papey
Höfn
Öræfajökull
Hvannadalshnúkur
2119
Kálfafellsstadhur
Mýrabugur
Midhsandur
Akranes
Glymur
Thingvellir-NP
Gullfoss
Strokkurgeysir
Thingvellir
Thingvallavatn
Gardhur
Kópavogur
Hafnarfjördhur
Skalholt
Sandgerdhi
Vogar
Keflavík
Reykjanes
Reykjanestá
Grindavík
Þorlakshöfn
Selfoss
Eyrarbakki
Hekla
1491
Thjórsá
Þórisvatn
Kaldakvisl
Kálfafell
Ófærafoss
Hvolsvöllur
Mýrdalsjökull
Eyjafjallajökull
1666
Katla
1450
Vík
Skeidharársandur
Medhallandsburgur
Heimæy
Vestmannæyjar
Surtsey
0
50
100
150
200 km

 1:4 500 000

12°
10°
8°
6°
4°
2°
0°
2°
Norwegisches
Nördlicher Polarkreis
66°
NORWEGISCHE
SEE
Becken
64°
62°
60°
Island-Färöer-Schwelle
Nordhoyar
Vidareidi
Eysturoy
Vidhoy
Streymoy
Bordhoy
Vagar
Mykines
Tórshavn
Sørvágur
Nólsoy
Sandoy
Färöer (DK)
Skúvoy
Tvøroyri
Sudhuroy
Färöer-
bank
Bill-
Bailey's-
Bank
Herma Ness
Baltasound
Yell
Unst
Fetlar
Shetlandinseln
Tangwick
Stenness
St.-Magnus-
Bucht
Whalsay
Mainland
Papa Stour
Lerwick
Foula
Scalloway
Grutness
Sumburgh
Head
610

8°
10°
12°
14°
16°
18°
20°
22°
70°
68°
66°
64°
Vesterålen
Lofoten
Røst-bank
Vestfjord
Nördlicher Polarkreis
Lopphavet
Tromsø
Ringvassøy
Vanna
Arnøy
Årviksand
Hansnes
Kvaløy
Skaland
Senja
Silsando
Gryllefjord
Finnsnes
Storsteinnes
Andenes
Andøy
Risøyhamn
Myre
Langøy
Hinnøy
Harstad
Sortland
Straumsjøen
Stokmarknes
Hadseløy
Melbu
Møysalen
1262
Møysalen-NP
Lødingen
Vestvågøy
Austvågøy
Svolvær
Leknes
Stamsund
Flakstadøy
Moskenesøy
Sørvågen
Lofotodden-NP
Værøy
Røst
Søvær øy
Skutvik
Bognes
Narvik
Bjerkvik
Skånland
Ibestad
Rolla
Andørja
Setermoen
Bardufoss
Andselv
Målselvfossen
Dividalen-Nationalpark
Ånderdalen-NP
Grytøy
Ballangen
Bjørnfjell
Bjørkåsen
Kjøpsvik
1894
Abisko
Abisko-Nationalpark
Vadvetjåkka-NP
Rohkunborri-NP
Torneträsk
Kebnekaise
2097
Nikkaluokta
Kiruna
Jukkasjärvi
Vittangi
Svappavaara
Övre Soppero
Karesuando
Kaaresuvanto
Muodoslompolo
Kilpisjärvi
Halti
1328
Reisa-NP
Bidjovagge
Kautokeino
Aiddejavrre Fjellstue
Masi
Skibotn
Nordkjosbotn
Lyngseidet
1834
Storslett
Olderdalen
Rieppe
1337
Sørstraumen
Skjervøy
Svartfjelljøkelen
1218
Øksfjord
Seiland
Seiland-Sievju-NP
Sørøysund
Sørøya
Hasvik
Sørvær
Rolvøy
Alta
1149
Hjem
Nordfold
Mørsvikbotn
Landegode
Folda
Sjunkhatten-NP
Rago-NP
Padjelanta Nationalpark
Virihaure
Akkajaure
Stora Sjöfallets Nationalpark
Sarektjåkkå
2089
Sarek-Nationalpark
Pårtetjåkkå
2002
Vietas
Stora Lulevatten
Bodø
Løding
Fauske
Sulitjelma
1907
Suliskongen
Sandhornøy
Saltfjord
Sund
Rognan
Bejarn
Ørnes
Glomfjord
Saltfjellet-Svartisen-NP
Junkerdal-NP
Storjord
Skjelåtinden
1637
Vågaholmen
Nesøy
Trænstaven
Kilboghamn
Svartisen
Stokkvågen
1294
Tomma
Nesna
Mo i Rana
Sandnessjøen
Dønna
Hemnes-berget
1916
Okstindan
Korgen
Mosjøen
Bleikvassli
Lomsdal-Visten-NP
Forvik
Vega
Brønnøysund
Laksfossen
Trofors
Hattfjelldal
Sømna
Børgefjell-NP
1703
Kvigtinden
Leka
Vikna
Rørvik
Terråk
Avsandøy
Kolvereid
Namsskogan
Røyrvik
Limingen
Høylandet
Tunnsjøen
Skogmo
Namsos
Grong
Flatanger
Bangsund
Sandvika
Hartkjølen
1390
Blåfjella-Skjækerfjella-NP
Snåsa
Snåsavatnet
Lierne-NP
Jule
Åfjord
Malm
Steinkjer
Beitstadfjord
Verdalsøra
Levanger
Rissa
Sandvika
Trondheimfjord
Stjørdalshalsen
TRONDHEIM
Heimdal
Melhus
Selbu
Skarvan und Roltdalen-NP
Storlien
Åre
Järpen
Krokom
Kolåsen
Kallsjön
Frohavet
Pieljekaise-Nationalpark
Jäkkvik
Vuolvojaure
Hornavan
Arjeplog
Uddjaure
Ammarnäs
Norra Sytertoppen
1768
Västansjö
Tärnaby
Storavan
Slagnäs
Sorsele
Arvidsjaur
Moskosel
Bredsel
Långträsk
Glommersträsk
Holmfors
Skellefteälv
Dikanäs
Marsfjället
1589
Klimpfjäll
Kultsjön
Storuman
Gunnarn
Kloverfjället
1303
Stora Blåsjön
Gäddede
Vilhelmina
Norråker
Dorotea
Stöttingfjället
662
Lycksele
Vindelälven
Viterlinden
461
Storklinten
515
Jörn
Rusksele
Boliden
Skellefteå
Skelleftehamn
Burträsk
Hällnäs
Vindeln
Valsjöbyn
Stenbidhöjden
666
Åsele
Klippberget
607
Fredrika
Bjurholm
Vännäs
Bodum
Strömsund
Björnlandet-NP
Solberg
Föllinge
Hammerdal
Junsele
Ramsele
Ångermanland
Ångermanälven
Bredbyn
Björna
Nordmaling
Umeå
Holmsund
Holmön
Umeälv
Västerbotten
Jokkmokk
Porjus
Muddus-Nationalpark
Dundret
820
Gällivare
Malmberget
Kvikkjokk
Nattavaara
Lansjärv
Vuollerim
Vuottas
Övertorneå
Overkalix
Edefors
Boden
Råneå
Tore
Kalix
Gammelstad
Luleå
Älvsbyn
Piteå
Jävre
Byske
Bygdeå
Haparanda Skärgård
Lovånger
Anttis
Pajala
Junosuando
Norrbotten
LAPPLAND
JÄMTLAND
NORRLAND
Meerbusen
Kokkola/Karleby
Jakobstad/Pietarsaari
Himanka
Kalajoki
Kannus
20°
22°
607
Husum
Södra Vallgrund
Replot/Raippaluoto
Ornsköldsvik
Haltdalen
Røros
1796
Ljungdalen
Bruntlo
Kälarne
Kirkvollen
Støren
Handal
200 km
0
50
100
150

1:4 500 000

26°
28°
30°
32°
34°
36°
38°
40°
42°
70°
68°
66°
64°
BARENTS-SEE
WEISSES MEER
Nordkap
Mehamn
Gamvik
Kjøllefjord
Nordkyn-halbinsel
Berlevåg
Kåfjord
Båtsfjord
Vardø
Varanger-halbinsel
Varangerhalvøya-NP
Vadsø
Tana
Tanafjord
Laksefjord
Ifjord
Rustefjelbma
Nordre
Varangerfjord
Rastigaissa
Levajok
Utsjoki
Kevo
Neiden
Kirkenes
Bjørnstad
Kap Skorbejewskij
Fischer-halbinsel
Kap Cypnawolok
Cypnawolok
Bol. Oserko
Linachamari
Petschenga
Kildin
Sevettijärvi
Nikel
Sapoljarny
Uraguba
Poljarnyj
Seweromorsk
Teriberka
Dalnije Selenzy
Karigasniemi
Kaamanen
Inarisee
Nyrud
Øvre-Pasvik-Nationalpark
Niskakoski
MURMANSK
Kola
Murmaschi
Tumannyj
Charlowka
Inari/Anar
Nellim
Menesjärvi
Ivalo/Avvil
Radun
Werchnetulomski
Werchnetulomsker Stausee
Tuloma
612
443
Warsino
Kap Swjatoj Nos
Gremicha
Urho Kekkosen-Nationalpark
Saariselkä
Lotta
Puloserо
Murmansk
Tschudsjawr-see
Balkon-Mylk
Lowosero
Limbowka
Keiwy-Bergland
Porttipahdan-Stausee
Sokosti
Pokka
Vuotso
Olenegorsk
Elgoras
Montschegorsk
Chibinen
Umbsee
Lowsee
Jagelutra
Ebrutschorr
Lokka-Stausee
Kirowsk
Kamennik
Kola-halbinsel
Krasnoschtschelje
Kanewka
Kowdor
Apatity
Oktjabrski
Ponoj
Vaalajärvi
Sodankylä
Poljarnyje Sori
Kandalakscha
Kolwiza
Wostotschnoje Munosero
Alakurtti
Kolwizkojesee
Unari
Pelkosenniemi
Pyhä-Luosto-NP
Pyhätunturi
Meltaus
Salla
Rohmojwa
Selenoborskij
Umba
Wjalsee
Sosnowka
Hyypiö
Kemijärvi
Zarechensk
Kowosee
Kandalakschabucht
Welikij
Oleniza
Kaschkaranzy
Kusomen
Strelna
Joutsijärvi
Hautajärvi
Peschostrow
Keret
Nis. Solotiza
Vikajärvi
Maaninkavaara
Oulanka-NP
NP Paanajärvi
Tikschesee
Tschupa
Louhi
Pirttikoski
Riisitunturi-Nationalpark
Posio
Ruka
Sosnowyj
Ambarnyj
Gridino
Tennilä
Nuupas
Ranua
Kuusamo
Pjasee
Kestenga
Engosero
Olenij
Alaniemi
Syöte-NP
Sofporog
Topsee
Kandalakscha-bucht
Rytinki
Taivalkoski
Murtovaara
Kusema
Solowezki-Inseln
Anzerskij
Oijärvi
Hossa-NP
Dwina-bucht
Peranka
Kalewala
Kepa
Solowezki-kloster
Solowezki
Rabotscheostrowsk
Sommerküste
Pertominsk
Pudasjärvi
Juntusranta
Yli-Näljänkä
Juma
Letnjaja Sol.
Puschlachta
Nenoksa
Kiiminki
Wojniza
Kalevala-NP
Kem
Schuj-insel
Onega-halbinsel
SEWERODWINSK
OULU
Ylikiiminki
Puolanka
Juschkosero
Sorokskerbucht
Juorkuna
Suomussalmi
Borowoj
Belomorsk
Ljamza
Muhos
Saarivaara
Westkarelische Höhen
Onegabucht
Hyrynsalmi
Kostomukscha
Nowoe Maschosero
Rokua-NP
Vaala
Njuksee
Beresowa
Puschno
Koleschma
Tamiza
Rantsila
Oulusee
Hämänkylä
Paltamo
Sumskij Posad
Onega
Lentiira
Kontiomäki
Ledmosero
Tikscha
Kotschkoma
Pomorje-küste
Glasanih
Pulkkila
Kajaani
Sotkamo
Kuhmo
Hukkajärvi
Worenscha
Malenga
Porog
Pyhäntä
Vuokatti
Sivakka
Ondosero
Nadwojze
Segescha
Maloschujka
Kärsämäki
Sukeva
Muesersikij
Reboly
Wygsee
Wetrany Pojas-Rücken
Vieremä
Kiuruvesi
Sonkajärvi
Valtimo
Schalgowaara
Sigowez
Waldaj
345
Pyhäjärvi
Iisalmi
Nurmes
Peninga
Republik Karelien
Wodlsee
Nurmijärvi
Lendery
Popow Porog
Padany
Maselgskaja
Segsee
Sukkosero
Selgi
Maselga
Pieavesi
Lapinlahti
Pielinen
Juuka
Patvinsuo-Nationalpark
Keitele
Nilsiä
Pinduschi
Laukaa
26°
28°
30°
32°
34°
36°

608

1:4 500 000

0 50 100 150 200 km

Bottnischer Meerbusen
Finnische Seenplatte
Finnischer Meerbusen
Rigaer Bucht
Åland (Ahvenanmaa)
Gotland
Gotska Sandön
Hiiumaa
Saaremaa
Ångermanland
Uppland
Hälsingland
Östergötland
Suomenselkä
Salpausselkä
ESTLAND
LETTLAND
STOCKHOLM
HELSINKI/ HELSINGFORS
TALLINN
RIGA
TAMPERE
TURKU/ ÅBO
UPPSALA
VÄSTERÅS
ESPOO/ ESBO
VANTAA/ VANDA
LAHTI
JYVÄSKYLÄ
Kuopio
Vaasa/ Vasa
Pori
Umeå
Gävle
Norrköping
Linköping
Södertälje
Eskilstuna
Örebro
Sundsvall
Härnösand
Örnsköldsvik
Mariehamn/ Maarianhamina
Visby
Tartu
Pärnu
Jelgava
Jurmala
Liepaja
Ventspils
Kotka
Kouvola
Lappeenranta
Nationalpark Östlicher Finnischer Meerbusen
Schärenmeer-Nationalpark
Nationalpark Gotska Sandön
Nationalpark Vilsandi
Nationalpark Soomaa
Lahemaa-Nationalpark
Gauja-Nationalpark
Slītere-Nationalpark
Nationalpark Ķemeri
Bottnische See NP
Skuleskogen-NP
Tyresta-NP
Ängsö-NP
Norra-Kvill-NP
Blå Jungfrun-NP
Färnebofjärden-NP
Björnlandet-NP
Helvetinjärvi-NP
Seitseminen-NP
Repovesi-NP
Valkmusa-NP
Ekenäs Schärenmeer-NP
Teijo-NP
Matsalu-NP
Vanha Rauma
Sammallahdenmäki
Vanha Kirkko
Suomenlinna
Drottningholm
Birka
Engelsbergs-bruk
Verla
16°
18°
20°
22°
24°
26°
28°
58°
60°
62°
605
608
613
614

1:4 500 000

0 50 100 150 200 km

605
615
Republik
Karelien
Archangelsk
Wologda
Leningrad
Nowgorod
Jaroslawl
Iwanowo
Kostr
RUSSLAND
Onegasee
Onegabucht
Wetrany-Pojas-Rücken
Wodlosero-Nationalpark
Wodlasee
Powenezbucht
Saonesche
Kischi
Kondopoga
Schuja
PETRO-SAWODSK
Medweschjegorsk
Segesha
Wygsee
Segsee
Sundsee
Suojarwi
Pitkaranta
Salmi
Olonez
Podporoschje
Lodejnoje Pole
Pascha
Nowaja Ladoga
Sjasstroj
Wolchow
Tichwin
Kirischi
Pikalewo
Boksitogorsk
Budogeschtsch
Tschudowo
Ljubytino
Borowitschi
Okulowka
Krestzy
Waldai
Bologoje
Demjansk
Wyschni Wolotschek
Ostaschkow
Seliger
Torschok
TWER
Kimry
Dubna
Konakowo
Redkino
Staritza
Rschew
Klin
Dmitrow
SERGIJEW POSSAD
Alexandrow
WLADIMIR
Kowrow
Susdal
IWANOWO
Schuja
Rostow
JAROSLAWL
KOSTROMA
Kineschma
Nerechta
Danilow
Poschechonje
RYBINSK
Rybinsker Stausee
Uglitsch
Kaschin
Kaljasin
Bescheszk
Wesegonsk
Ustjuschna
Pestowo
TSCHEREPOWEZ
Suda
Kaduj
Babajewo
Scheksna
WOLOGDA
Sokol
Kubenasee
Charowsk
Charowsker Höhe
Totma
Nikolsk
Belosersk
Weißer See
Kirillow
NP Russki Sewer
Belosersker-Kirillower Höhen
Wytegra
Oktjabrski
Kargopol
Latschasee
Konoscha
Njandoma
Plesezk
Onega
Kodino
Obserskij
Emezk
Kali
Roschegda
Welsk
Kuloj
Schenkursk
Tscharosero
Woschega
Werchowaschja Höhe
Kaljasin
Gorkier Stausee
Galitsch
Soligalitsch
Buj
Wolga
Klin-Dmitrower Höhe
Nationalpark Pleschtschejewosee
Pereslawl-Salesskij
Waldai-Nationalpark
Tichwinsker Höhe
32°
34°
36°
38°
40°
42°
44°
58°
60°
62°

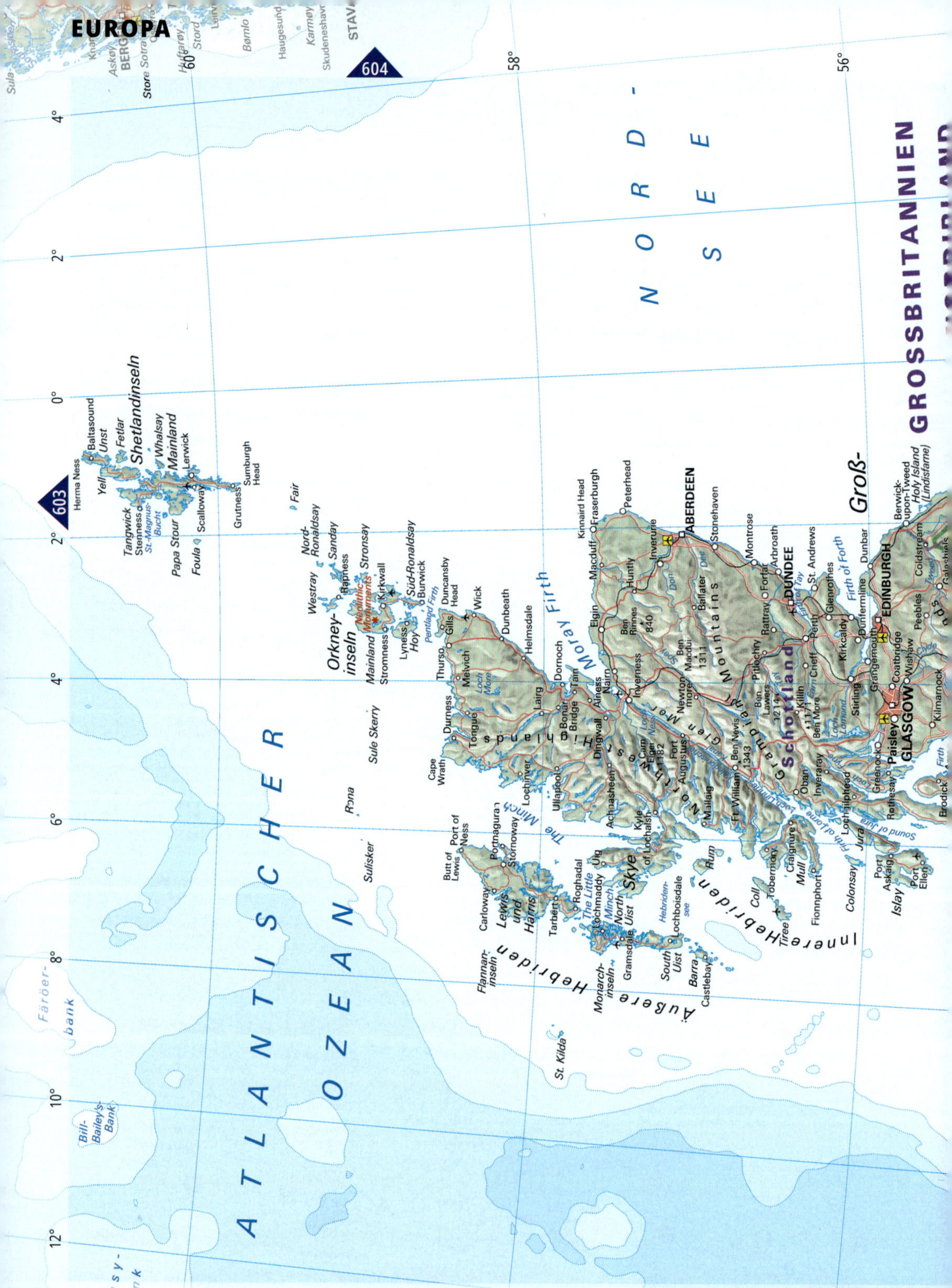

1:4 500 000

0 50 100 150 200 km

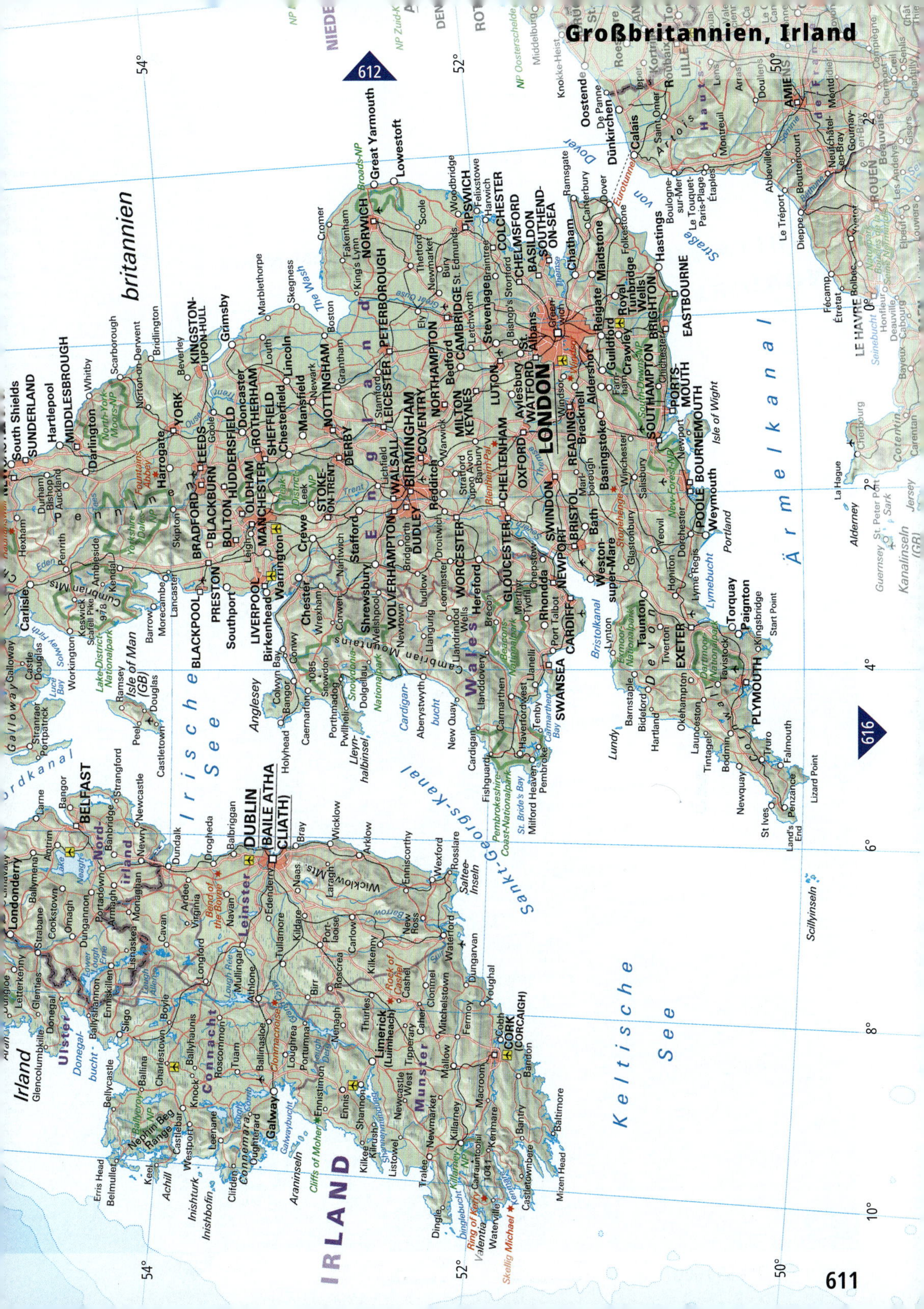
IRLAND
Irland
britannien
Irische See
Keltische See
Ärmelkanal
Sankt-Georgs-Kanal
Bristolkanal
Nordkanal
DUBLIN
BAILE ATHA CLIATH
BELFAST
CORK (CORCAIGH)
Galway
Limerick (Luimneach)
Londonderry
LONDON
BIRMINGHAM
MANCHESTER
LIVERPOOL
LEEDS
SHEFFIELD
BRISTOL
CARDIFF
SWANSEA
PLYMOUTH
SOUTHAMPTON
PORTSMOUTH
BRIGHTON
NOTTINGHAM
LEICESTER
COVENTRY
NORWICH
PETERBOROUGH
CAMBRIDGE
OXFORD
READING
IPSWICH
COLCHESTER
CHELMSFORD
YORK
KINGSTON-UPON-HULL
MIDDLESBROUGH
SUNDERLAND
Isle of Man (GB)
Anglesey
Isle of Wight
Kanalinseln (GB)
Scillyinseln
Calais
Dünkirchen
Oostende
LILLE
AMIENS
ROUEN
LE HAVRE
Cherbourg
Wales
England
612
616

 1:4 500 000

0 50 100 150 200 km

Zentraleuropa

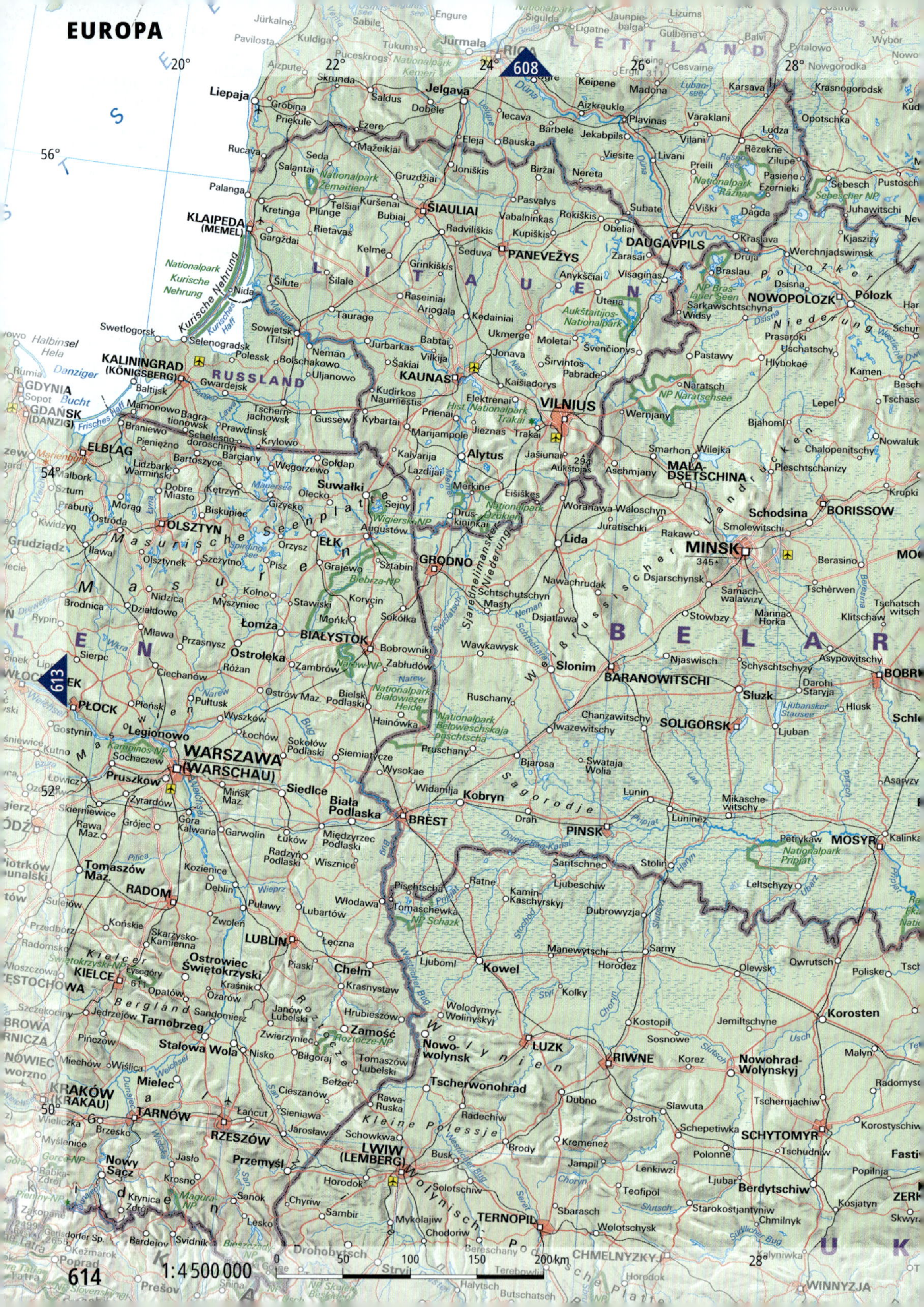
608
613
LETTLAND
LITAUEN
RUSSLAND
BELAR
RIGA
Jelgava
Liepaja
KLAIPEDA (MEMEL)
ŠIAULIAI
PANEVĖŽYS
DAUGAVPILS
KAUNAS
VILNIUS
GRODNO
KALININGRAD (KÖNIGSBERG)
GDAŃSK (DANZIG)
GDYNIA
ELBLĄG
OLSZTYN
Suwałki
EŁK
BIAŁYSTOK
Łomża
Ostrołęka
PŁOCK
WARSZAWA (WARSCHAU)
Siedlce
Biała Podlaska
BREST
RADOM
LUBLIN
KIELCE
KRAKÓW (KRAKAU)
TARNÓW
RZESZÓW
Przemyśl
Nowy Sącz
LWIW (LEMBERG)
TERNOPIL
LUZK
RIWNE
Kowel
Chełm
Zamość
NOWOPOLOZK
MINSK
BORISSOW
MALADSETSCHINA
Lida
BARANOWITSCHI
SOLIGORSK
Sluzk
PINSK
MOSYR
Kobryn
Slonim
SCHYTOMYR
Berdytschiw
Korosten
Nowohrad-Wolynskyj
CHMELNYZKYJ
WINNYZJA
Masurische Seenplatte
Kurische Nehrung
Sagorodje
Wolynien
Kleine Polessje
Polozker Niederung
1:4 500 000
0 50 100 150 200 km
20°
22°
24°
26°
28°
56°
54°
52°
50°

609
621
MOSKAU
Selenograd
Klin
Dmitrow
Sergijew Possad
Alexandrow
Wladimir
Kirschatsch
Kowrow
Dubna
Kimry
Taldom
Konakowo
Pereslawl-Salesskij
Nationalpark Pleschtschejewosee
Troize-Sergijewa Lawra
Klin-Dmitrower Höhe
Solnetschnogorsk
Puschkino
Mytischtschi
Schtschjolkowo
Himki
Balaschicha
Noginsk
Elektrostal
Orechowo-Sujewo
Ljuberzy
Schukowskij
Podolsk
Domodedowo
Klimowsk
Woskressensk
Kolomna
Jegorjewsk
Gus-Chrustalny
NP Meschtscherskij
Meschtscherser Tiefebene
Rjasan
Spassk-Rjasanski
Serpuchow
Obninsk
Tschehow
Naro-Fominsk
Stupino
Kaschira
Prioksko-Terrasnij-Nationalpark
Kaluga
Alexin
Tula
Nowomoskowsk
Schtschekino
Uslowaja
Kimowsk
Donskoj
Bogorodizk
Jefremow
Mzensk
Orjol
Brjansk
Kursk
Woronesch
Lipezk
Jelez
Mitschurinsk
Tambow
Gubkin
Staryj Oskol
Belgorod
Charkiw
Sumy
Poltawa
Kiew
Browary
Boryspil
Tschernihiw
Konotop
Nischyn
Pryluky
Lubny
Smolensk
Roslawl
Wjasma
Rschew
Jarzewo
Klinzy
Nowosybkow
Homel
Schostka
NP Mesyn
Zhukowka
Waldai-Nationalpark
NP Smolensker Seenland
NP Ugra
NP Orlowskoje Polessje
Smolensk-Moskauer Höhe
Mittelrussische Platte
Welikije Luki
Toropez
Nelidowo
Oljenino
Sytschewka
Wolga
Oka
Dnjepr
Desna
Don
Moskwa
Jelnja
Kirow
Ljudinowo
Dudorowskij
Chotynez
Kromy
Liwny
Fatesch
Lgow
Kurtschatow
Schelesnogorsk
Oboljan
Rylsk
Schebekino
Waluiki
Alexejewka
Rossosch
Liski
Ostrogoschsk
Bobrow
Semiluki
Usman
Gremjatschje
Kupjansk
Tschuhujiw
Isjum
Balaklija
Krasnohrad
Merefa
Lebedin
Ochtyrka
Myrhorod
Perejaslaw-Chmelnyzkyj
Smila
Tscherkassy
Sjewerodonezk
Starobilsk
Bilowodsk
Kantemirowka
Tscherkassy
Kanewer Stausee
Krementschuker Stausee
Petschenisker Stausee
Tschervonooskilsker Stausee
Baschnja Schamilja
R U S S L A N D
U K R A I N E
Smolensk
Kaluga
Tula
Brjansk
Orel
Kursk
Lipezk
Belgorod
Moskau
Wladimir
Rjasan
Woronesch
32°
34°
36°
38°
40°
50°
52°
54°
56°

ATLANTISCHER OZEAN
Golf von Biskaya
Ärmelkanal
Golf von St-Malo
Kanalinseln (GB)
Guernsey
St. Peter Port
Sark
Jersey
Saint Helier
Alderney
La Hague
Cherbourg
Cotentin
Carentan
Coutances
Granville
Mont-Saint-Michel
Scillyinseln
Land's End
Penzance
Lizard Point
Falmouth
Truro
St Ives
Newquay
Bodmin
Tavistock
PLYMOUTH
Torquay
Paignton
Weymouth
Portland
Lyme Bay
611
Île d'Ouessant
BREST
Pointe de St-Mathieu
Mer d'Iroise
Crozon
Châteaulin
Douarnenez
Pointe du Raz
Audierne
Bucht von Audierne
Saint-Guénolé
Pointe de Penmarch
Quimper
Concarneau
Glénan-inseln
Lorient
Île de Groix
Quiberon
Le Palais
Belle-Île
Vannes
Port-Navalo
Guérande
La Baule
St-Nazaire
Roscoff
Saint-Pol-de-Léon
Morlaix
Lannion
Perros-Guirec
Paimpol
Bucht von Saint-Brieuc
Guingamp
Saint-Brieuc
Lamballe
Dinard
St-Malo
Dinan
Bretagne
Armorique Naturpark
Carhaix-Plouguer
Rostrenen
Mur-de-Bretagne
Lac de Guerlédan
Pontivy
Ploërmel
Le Faouët
Hennebont
RENNES
Saint-Méen-le-Grand
Vitré
Lohéac
Redon
Châteaubriant
Naturpark Brière
Nozay
Ancenis
NANTES
Loire
Pornic
Bucht von Bourgneuf
Noirmoutier
Challans
Montaigu
Yeu
St-Jean-de-Monts
La Roche-sur-Yon
Les Sables-d'Olonne
La Tranche-sur-Mer
Luçon
Pertuis Breton
Ré
La Rochelle
Pertuis d'Antioche
Rochefort
Oléron
Marennes
Royan
Le Verdon-sur-Mer
Soulac
Hourtin-und-Carcans-See
Lacanau-Océan
Lacanausee
Andernos-les-Bains
Arcachon
Becken von Arcachon
Dune du Pilat
Biscarrosse
Mimizan
Côte d'Argent
Castets
Capbreton
Anglet
Biarritz
Bayonne
St-Jean-de-Luz
Punta da Escada de Bares
Ortigueira
Viveiro
Costa Verde
Ferrol
LA CORUÑA
Malpica de Bergantiños
Carballo
Betanzos
Xistral 1033
Ribadeo
Navia
Luarca
Avilés
Luanco
GIJÓN
OVIEDO
Pola de Siero
Villaviciosa
Ribadesella
Llanes
Höhlen von Altamira
SANTANDER
Laredo
Torrelavega
El Astillero
DONOSTIA-S. SEBASTIÁN
Irún
BILBAO
Barakaldo
Azpeitia
Durango
Andoain
Tolosa
Bergara
Baskenland
Euskadi
Elizondo
Irurzun
Berriozar
PAMPLONA (IRUÑA)
Alsasua
VITORIA-GASTEIZ
Estella
Navarra
Miranda de Ebro
Oña
Haro
LOGROÑO
Nájera
Tafalla
Mondoñedo
Vilalba
Asturien
Tineo
Grado
Mieres
Cangas del Narcea
Pola de Lena
Felguera
Kantabrisches Gebirge
Picos de Europa
2650
Kantabrien
Riaño Stausee
Nuevo Riaño
Reinosa
Ebro-Stausee
Cervera d. P.
Aguilar d. C.
Guardo
Cistierna
La Robla
LEÓN
Villablino
Miravalles 1969
Becerrea
Catoute 2117
Villafranca del Bierzo
Ponferrada
Astorga
Lugo
Galicien
Sarria
Monforte
Chantada
Lalín
Ordes
Curtis
Santiago de Compostela
Padrón
Fisterra
Cap Finisterre
Cée
Outes
Muros
Rías Gallegas
Vilagarcía de Arousa
Ribeira
Pontevedra
Soutelo
Redondela
Moaña
Ribadavia
Ponteareas
Balona
Incinillas
Villadiego
Ubierna
Herrera
Saldaña
Sahagún
Estépar
1:4 500 000
0 50 100 150 200 km
10° 8° 6° 4° 2°
48° 46° 44°

Frankreich

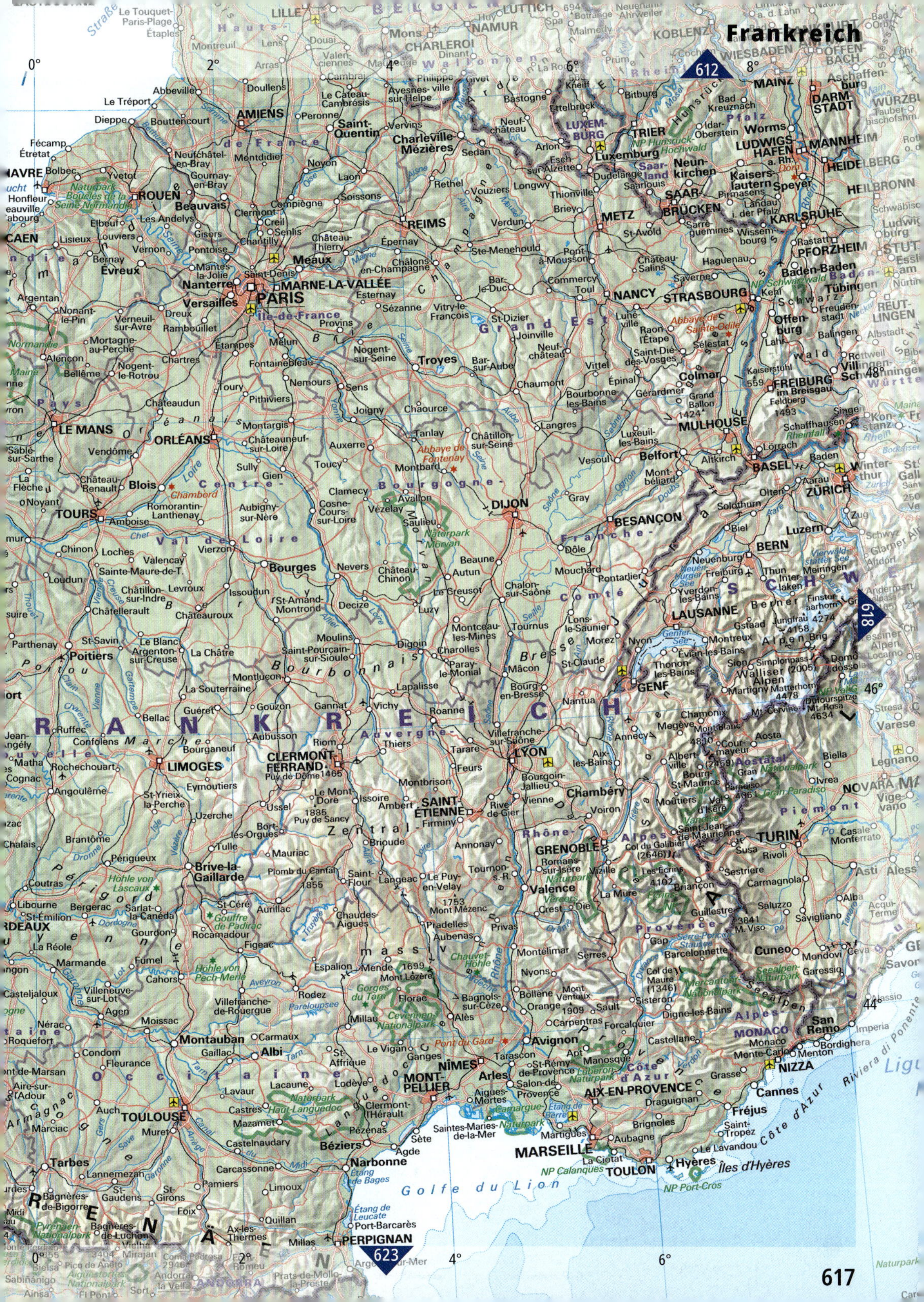

612
618
623
PARIS
Versailles
Nanterre
MARNE-LA-VALLÉE
Île-de-France
AMIENS
ROUEN
REIMS
METZ
NANCY
STRASBOURG
Grand Est
LILLE
LE MANS
ORLÉANS
TOURS
Centre-Val de Loire
Blois
Bourges
Troyes
DIJON
Bourgogne-Franche-Comté
BESANÇON
MULHOUSE
BASEL
ZÜRICH
BERN
LAUSANNE
GENF
LYON
Auvergne-Rhône-Alpes
CLERMONT-FERRAND
SAINT-ÉTIENNE
GRENOBLE
LIMOGES
Poitiers
Nouvelle-Aquitaine
Brive-la-Gaillarde
Montauban
TOULOUSE
Occitanie
MONT-PELLIER
NÎMES
Avignon
AIX-EN-PROVENCE
MARSEILLE
TOULON
Provence-Alpes-Côte d'Azur
NIZZA
MONACO
Cannes
TURIN
Perpignan
Narbonne
Béziers
Golfe du Lion
Îles d'Hyères
Riviera di Ponente
Massif Central
Alpen
FRANKREICH
SCHWEIZ
LUXEMBURG
BELGIEN
KOBLENZ
WIESBADEN
MAINZ
TRIER
SAARBRÜCKEN
MANNHEIM
HEIDELBERG
KARLSRUHE
FREIBURG
0°
2°
4°
6°
8°
44°
46°
48°

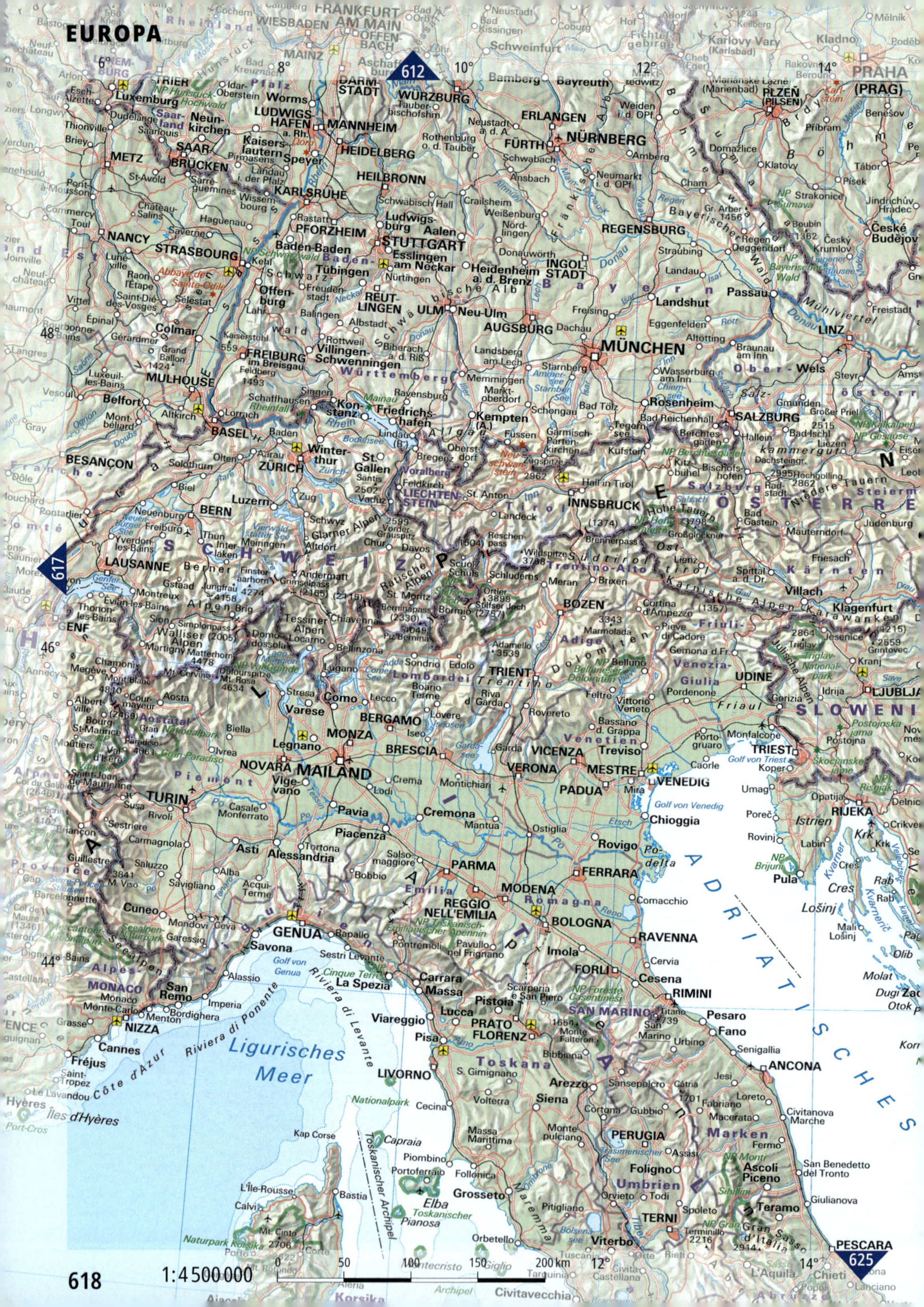

1 : 4 500 000
0 50 100 150 200 km

613
614
620
626
WIEN
BRATISLAVA
BUDAPEST
BELGRAD
SARAJEVO
SOFIA
PODGORICA
PRIŠTINA
SKOPJE
SLOWAKEI
UNGARN
KROATIEN
BOSNIEN UND HERZEGOWINA
SERBIEN
MONTENEGRO
KOSOVO
KARPATEN
Hohe Tatra
Plattensee
Donau
Theiß
Save
Drau
Dinarisches Gebirge
Waldkarpaten
Südkarpaten
Bihorgebirge
Slowakisches Erzgebirge
Serbisches Erzgebirge
BRNO (BRÜNN)
OSTRAVA
OLOMOUC
KRAKÓW (KRAKAU)
KATOWICE
KOŠICE
MISKOLC
DEBRECEN
NYÍREGYHÁZA
ORADEA
CLUJ-NAPOCA (KLAUSENBURG)
SATU MARE
BAIA MARE
ARAD
TIMIŞOARA (TEMESCHWAR)
SZEGED
KECSKEMÉT
PÉCS
GYŐR
SZÉKESFEHÉRVÁR
OSIJEK
NOVI SAD
SUBOTICA
BANJA LUKA
TUZLA
ZENICA
MOSTAR
SPLIT
KRAGUJEVAC
NIŠ
CRAIOVA
DROBETA-TURNU SEVERIN
SIBIU (HERMANNSTADT)
USCHHOROD
MUKATSCHEWE
IWANO-FRANKIWSK
16°
18°
20°
22°
24°
44°
46°

614
619
K A R P A T E N
Waldkarpaten
R U M Ä N I E N
B U L G A R I E N
U K
REP. MOLDAU
Transnistrien
Bessarabien
Siebenbürgen
Bihorgebirge
Südkarpaten
Banat
Walachei
Dobrudscha
Ludogorie
Balkan
Rila
Marmarosch
Podolische Platte
Bukowina
Donaudelta
Baltanedelta
Serbisches Erzgebirge
Slowakisches Erzgebirge
TERNOPIL
CHMELNYZKYJ
WINNYZJA
IWANO-FRANKIWSK
USCHHOROD
KAMJANEZ-PODILSKYJ
TSCHERNIWZI
KOŠICE
MISKOLC
NYÍREGYHÁZA
DEBRECEN
ORADEA
ARAD
TIMIŞOARA (TEMESCHWAR)
SATU MARE
BAIA MARE
CLUJ-NAPOCA (KLAUSENBURG)
TÂRGU MUREŞ
SIBIU (HERMANNSTADT)
BRAŞOV (KRONSTADT)
SUCEAVA
BOTOŞANI
IAŞI
CHIŞINĂU
BĂLŢI
TIGHINA
BACĂU
FOCŞANI
GALAŢI
BRĂILA
BUZĂU
PLOIEŞTI
BUKAREST
PITEŞTI
RÂMNICU VÂLCEA
CRAIOVA
DROBETA-TURNU SEVERIN
CONSTANŢA
RUSSE
PLEWEN
WARNA
BURGAS
SOFIA
STARA SAGORA
PLOWDIW
NIŠ
KUMANOVO
Dnister
Donau
Prut
Siret
Olt
Mureş
Schwarzes Meer
1:4 500 000
0 50 100 150 200 km
22°
24°
26°
28°
30°
48°
46°
44°

615
627
628
687
32°
34°
36°
38°
40°
48°
46°
44°
42°
Grebinka
Perejaslaw-Chmelnyzkyj
Lubny
Romodan
Myrhorod
Chorol
Opischnja
Kotelwa
Walky
Kolomak
Merefa
Tschuhujow
Kupjansk
Kanewer Stausee
Solotonoscha
Poltawa
Tschutowo
Wodolaha
Karliwka
Balaklija
Chervonooskilsker Stausee
Borowa
Swatowe
Nowopskow
Markiwka
Starobilsk
Bilowodsk
Millerowo
Tschertkowo
girska mszewisz Moschens Kadubrawa
Tscherkassy
Smila
Krementschuker Stausee
Globyno
Gradyschsk
Krasnohrad
Perwomajskyj
Nowi Sanschary
Isjum
Krasnopawlowka
Kreminna
NP Swjati Hory
Sjewerodonezk
Lyssytschansk
Tschyhyryn
Kamjanka
Switlowodsk
Krementschuk
Kobeljaky
Zarytschanka
Pereschtschepyne
Losowa
Barwinkowe
Slowjansk
Stanitschno-Luhanskoje
Schpola
Oleksandriwka
Pawlysch
Orel
Samara
Kramatorsk
Soledar
Zolote
Kadijiwka
Luhansk
Druschkiwka
Bachmut
Dnipro-Stausee
Nowomoskowsk
Pawlohrad
Snamjanka
Olexandrija
Konstjantyniwka
Brjanka
Altschewsk
Donezk
Kropywnyzkyj
Wilnohirsk
Kamjanske
Dnipro
Synelnykowe
Horliwka
Debalzewe
Sorokyne
Pjatychatky
Nowhorodka
Nowoukrajinka
Schowti Wody
Solone
Pokrowsk
Jenakijewe
Chrustalnyj
Antrazyt
Schachtarsk
Dowschansk
Pomnitschna
Makijiwka
Tores
Snischne
Dolynska
Krasnohoriwka
Sofijiwka
Bobrynez
Basawluk
Wilnjansk
Pokrowsk
Donezk
Amwrosiiwka
Nowoschachtinsk
Krywyj Rih
Saporischschja
Dokutschajewsk
Mateew
Konka
Wolnowacha
Jelenez
Schyroke
Marhanez
Nikopol'
Orichiw
Polohy
Rostow am Don
Nowyj Bug
Apostolowo
Kachowkaer Stausee
Enerhodar
Wassyliwka
Rosiwka
Kalmius
Mius
Taganrog
Aksaj
Batajsk
Baschtanka
Kamjana Mohyly
Asowsche Höhen
Nowa Odessa
Mychajliwka
Tokmak
Samarskoje
Beresnehuwate
Ingulez
Wel. Lepeticha
Mariupol'
Nowoasowsk
Asow
Taganrogbucht
Margaritowo
Beresiwka
Snihuriwka
Wessele
Molotschna
Kamjana Mohyla
Kugej
Mykolajiw
Nisch. Serohosy
Melitopol'
Prymorsk
Berdjansk
Ejsk
Kuschtschewskaja
Netschajane
Beryslaw
Kachowka
Dolsanskaja
Tylihulsky-Liman
Jakymiwka
Molotschnyj-Liman
Berdjansker bucht
Obytotschna-bucht
Obytotschna-küste
Staromkinskaja
Juschne
Cherson
Nowa Kachowka
Kopaskaja
Novominskaja
Otschakiw
Dnipr-Liman
Oleschky
Askanija-Nowa
Tschkalowe
Pawlowskaja
Odessa
Tschornomorsk
Golaja Prystan
Tschaplynka
Tschelbas
Nowotrojizke
Primorsko-Achtarsk
Bejsugskij-Liman
Kanewskaja
Landschaft von Tender
Krasnosnamjanskyj-Kanal
Landenge von Perekop
NP Asow-Sywasch
Utljukskyj-Liman
Henitschesk
Asowsches Meer
Kuban-Krasnodar-Niederung
Skadowsk
Armjansk
Bejsug
Kirpilskij-Liman
Brjuchowezkaja
Krasnoperekopsk
Nordkrimkanal
Landzunge von Arabat
Atschujewo
Timaschewsk
Karkinitskabucht
Rasdolne
Dschankoj
Korenowsk
Medvedovskaja
Protoka
Petrovskaja
Tschornomorske
Krasnohwardijske
Kertsch
Bucht v. Temrjuk
Temrjuk
Halbinsel Tarchankut
Nowoseliwske
Lenine
Halbinsel Kertsch
Str. v. Kertsch
Halbinsel Taman
Slawjansk an der Kuban
Dinskaja
Krasnodar
Donuslaw-see
Kirowske
Starotitarowskaja
Taman
Afipskij
Jewpatorija
Krim
Saky
Kisiltaschskij-Liman
Krymsk
Abinsk
Holmskij
Belorjetschensk
Bucht von Jewpatorija
Salgyr
Alma
Bilogorsk
Feodossija
Anapa
Gorjatschij Kljutsch
Simferopol'
Krimgebirge
Sudak
Die Halbinsel Krim wird von Russland verwaltet, von der Ukraine beansprucht.
Noworossijsk
Abrau-Djurso
921
Bachtschissarai
1545
Aluschta
Gelendschik
Sewastopol
Jalta
Roman-Kosch
Arhipo-Osipovka
Liwadija
Dschubga
Alupka
Novomichajlowskij
Tuapse
Lasarewskoje
Sotschier NP
Dagomys
Sotschi
Schwarzes Meer
Sinop
Inebolu
Ayancık
Gerze

616
10°
8°
6°
4°
42°
40°
38°
36°
PORTUGAL
SPANIEN
Punta da Escada de Bares
Ortigueira
Viveiro
Costa Verde
Ferrol
LA CORUÑA
Malpica de Bergantiños
Carballo
Betanzos
Vilalba
Mondoñedo
Luarca
Navia
Avilés
GIJÓN
OVIEDO
Pola de Siero
Villaviciosa
Ribadesella
Llanes
Höhlen von Altamira
SANTANDER
Laredo
Torrelavega
El Astillero
Barakal
Grado
Tineo
Mieres
Asturien
Cangas del Narcea
Picos de Europa
NP
2650
Kantabrien
Kantabrisches Gebirge
Rías Gallegas
Fisterra
Kap Finisterre
Cee
Curtis
Ordes
Lugo
Galicien
Outes
Muros
Santiago de Compostela
Padrón
Vilagarcía de Arousa
Ribeira
Lalín
Chantada
Sarria
Miravalles
1969
Becerreá
Villablino
Nuevo Riaño
Reinosa
Cervera d. P.
Aguilar d. C.
Incinillas
Oña
Pontevedra
NP der atlantischen Inseln von Galicien
Soutelo
Monforte
Villafranca del Bierzo
Catoute
2117
La Robla
Cistierna
Guardo
Ponferrada
Astorga
LEÓN
Saldaña
Herrera d. P.
Villadiego
Ubierna
Moaña
VIGO
Redondela
ORENSE
A Rúa
Castilla
Osorno
Baiona
Ribadavia
Ponteareas
Valencia de Don Juan
Sahagún
Estépar
BURGOS
A Guarda
Tui
Outeiro Maior
1415
Lobios
A Gudiña
Puebla de Sanabria
Benavente
Becilla de Valderaduey
Palencia
Lerma
Viana do Castelo
Nationalpark Peneda-Gerês
Verín
Montalegre
Vinhais
Bragança
Villalpando
Medina de Rioseco
y León
Salas de los Infantes
BRAGA
Chaves
Alcañices
Aranda de Duero
San Leonardo de Yagüe
Póvoa de Varzim
Arco
Guimarães
Trás-os-Montes
Macedo de Cavaleiros
Mirandela
Vimioso
VALLADOLID
Toro
Vila do Conde
Santo Tirso
Murça
Mogadouro
Zamora
Tordesillas
Cuéllar
El Espinar
Ayllón
PORTO
VILA NOVA DE GAIA
Espinho
Vila Real
Torre de Moncorvo
Almendra-Stausee
Medina del Campo
Olmedo
Cantalejo
Lamego
Duero
Vila Nova de Foz Côa
Vitigudino
Altkastilien
Arévalo
NP Sierra de Guadarrama
Ovar
Castro Daire
Beira
SALAMANCA
Segovia
El Atazar-Stausee
Albergaria-a-Velha
Vouzela
Marialva
Peñaranda de Bracamonte
Torrelaguna
Aveiro
Viseu
Alta
Celorico da Beira
Almeida
Alba de Tormes
Collado Villalba
Colmenar Viejo
Agueda
São Comba Dão
Ciudad-Rodrigo
Guijuelo
Kastilisches Scheidegebirge
Ávila
Mira
Seia
Guarda
Vilar Formoso
Pto. de Menga
(1566)
S. Sebastián de los Reyes
Mealhada
Malhão
1991
Serra da Estrela
Sabugal
Sierra de Gata
La Alberca
El Escorial
ALCORCÓN
MÓSTOLES
MADRID
Figueira da Foz
COIMBRA
Covilhã
Fundão
Béjar
El Barco de Ávila
FUENLABRADA
GETAFE
Mondego
Valverde del Fresno
Zarza d. G.
Candeleda
Figueiró dos Vinhos
1993
Serra da Gardunha
Moraleja
Jaraiz de la Vera
Talavera de la Reina
Valdemoro
Pombal
Oleiros
Coria
Plasencia
Torrijos
Aranjuez
Leiria
Mosteiro de Batalha
Sertã
Segura
Alcántara-Stausee
Nationalpark Monfragüe
Navalmoral de la Mata
Oropesa
Santa Olalla
Ocaña
Fátima
Castelo Branco
Toledo
Nazaré
Alcobaça
Tomar
Alcántara
Extremadura
Navalmorales
Mora
Vila Velha de Ródão
Los Navalucillos
Villacañas
Peniche
Óbidos
Rio Maior
Abrantes
Marvão
Aliseda
Cáceres
Las Ventas con Peña Aguilera
Los Yébenes
Madridejos
Gavião
Valencia de Alcántara
Trujillo
Guadalupe
Montes de Toledo
Tejo
Ponte de Sor
Sierra de San Pedro
Zorita
Horcajo de los Montes
Fuente el Fresno
Alcázar de San Juan
Torres Vedras
Santarém
Almeirim
Portalegre
Nationalpark Cabañeros
Alter do Chão
Alburquerque
Herrera del Duque
Alenquer
Sorraia
Miajadas
Nationalpark Las Tablas de Daimiel
Daimiel
Sintra
Vila Franca de Xira
Coruche
Mora
Monforte
Montijo
Kap Roca
Estoril
Estremoz
Elvas
Mérida
Don Benito
Puebla de Alcocer
Piedrabuena
Ciudad Real
Manzanares
LISSABON
Barreiro
Montemor-o-Novo
BADAJOZ
Alange-Stausee
Serena-Stausee
Abenójar
Calzada de Calatrava
Valdepeñas
Sesimbra
SETÚBAL
Marateca
Évora
Olivenza
Almendralejo
Castuera
Almadén
Kap Espichel
Bucht von Setúbal
Alcácer do Sal
Alqueva-Stausee
Zalamea de la Serena
Puertollano
Villanueva de los Infantes
Alentejo
Jerez de los Caballeros
Zafra
Peñarroya-Pueblonuevo
Sierra Morena
Sierra Madrona
Grândola
Oliva de la Frontera
Fuente de Cantos
Azuaga
Villanueva de Córdoba
La Carolina
Ferreira do Alentejo
Llerena
Espiel
Cardeña
Vilches
Sines
Beja
Moura
Barrancos
Fregenal de la Sierra
Fuente Obejuna
Bailén
Linares
Kap Sines
Aljustrel
Serpa
Guadalcanal
Andújar
Úbeda
Cortegana
Aracena
Sta. Olalla del Cala
Almodóvar del Río
Montoro
Baeza
Odemira
Mértola
Guadiana
Chanza
Chanza-Stausee
Constantina
CÓRDOBA
JAÉN
Jódar
São Teotónio
Almodôvar
Alcoutim
Villanueva de la C.
Valverde del Camino
Sanlúcar la Mayor
Palma del Río
Guadalquivir
Écija
Montilla
Martos
Alcaudete
Huelma
Aljezur
Algarve
La Palma del Condado
Carmona
Priego de Córdoba
Alcalá la Real
Silves
Portimão
Ayamonte
Vila Real de Santo António
HUELVA
Almonte
SEVILLA
DOS HERMANAS
Puente-Genil
Osuna
Lucena
Illora
Santa Fe
GRANADA
Kap São Vicente
Sagres
Lagos
Albufeira
Faro
Tavira
Coria del Río
Utrera
Morón de la Frontera
Loja
Mulhacén
3478
Kap Sta. Maria
Golf von Cádiz
Doñana-Nationalpark
Lebrija
Olvera
Cam-pillos
Antequera
2066
NP Sierra Nevada
Sanlúcar de Barrameda
Villamartín
Vélez-Málaga
Nerja
Motril
El Puerto de Sta. María
CÁDIZ
San Fernando
JEREZ DE LA FRONTERA
Arcos de la Frontera
Ronda
Sra. d. Ronda
Bética
MÁLAGA
Almuñécar
Adra
Torremolinos
Fuengirola
Coín
Costa de la Luz
Medina-Sidonia
Sra. Bermeja
MARBELLA
Estepona
Costa del Sol
Vejer de la Frontera
Kap Trafalgar
776
ALGECIRAS
San Roque
La Línea
Gibraltar (GB)
Tarifa
Straße von Gibraltar
841
Musa
Ceuta (E)
TANGER
Martil
Alboran (E)
1:4 500 000
0
50
100
150
200 km

617
624
633
PYRENÄEN
ANDORRA
Katalonien
Aragonien
Navarra
Rioja
Golfe du Lion
Costa Brava
Costa Dorada
Costa del Azahar
Costa Blanca
Golf von Valencia
Golf v. Sant Jordi
Illes Balears
Balearen
Mallorca
Menorca
Ibiza
Formentera
Cabrera
NP des Archipels von Cabrera
MITTELM
Región de Murcia
Mar Menor
Corniche des Dahra
Große Kabylei
Chaîne des Bibans
TOULOUSE
MARSEILLE
TOULON
PERPIGNAN
Narbonne
Béziers
Carcassonne
Pau
Tarbes
Lourdes
Bayonne
Biarritz
Irún
PAMPLONA (IRUÑA)
LOGROÑO
SARAGOSSA
LLEIDA
Manresa
TERRASSA
SABADELL
Granollers
MATARÓ
BADALONA
BARCELONA
Castelldefels
Vilanova i la Geltrú
REUS
TARRAGONA
Girona
Figueres
Palafrugell
Palamós
Blanes
Tortosa
Vinaròs
Benicarló
Benicàssim
CASTELLON DE LA PLANA
Vila-real
Sagunt
VALENCIA
Torrent
Cullera
Gandía
Dénia
Alcoi
Benidorm
Elda
ELCHE
ALICANTE
Santa Pola
Orihuela
TORREVIEJA
MURCIA
Molina de Segura
CARTAGENA
Lorca
Águilas
ALBACETE
Teruel
Cuenca
PALMA DE MALLORCA
Mahón
Ciutadella
ALGIER
BOUMERDES
TIZI OUZOU
BLIDA
MÉDÉA
BOUIRA
Cherchell
EL ASNAM
MOSTAGANEM
ORAN
RELIZANE
BEJAÏA
42°
40°
38°
36°
2°
0°
4°

Narbonne
Agde
MARSEILLE
Martigues
Brignoles
Aubagne
Fréjus
Saint-Tropez
Cannes
Côte d'Azur
La Ciotat
NP Calanques
TOULON
Hyères
Le Lavandou
Îles d'Hyères
NP Port-Cros
Golfe du Lion
Limoux
Quillan
Millas
PERPIGNAN
Port-Barcarès
Étang de Leucate
Argelès-sur-Mer
Prats-de-Mollo-la-Preste
Roses
Kap Creus
Figueres
Banyoles
Ripoll
Vic
Girona
Palafrugell
Palamós
St. Feliu de Guíxols
Blanes
Granollers
MATARÓ
BADALONA
BARCELONA
Costa Brava
LIVORNO
Meer
Nationalpark
Cecina
Capraia
Piombino
Portoferraio
Follonica
Grosseto
Elba
Toskanischer Archipel
Pianosa
Montecristo
Archipel
Kap Corse
Bastia
L'Île-Rousse
Calvi
Mt. Cinto 2706
Naturpark Korsika
Porto
Corte
2622
Mt. Rotondo
Cargèse
Aléria
Ajaccio
Korsika (F)
Mt. Incudine 2136
Solenzara
Propriano
Sartène
Porto-Vecchio
Bonifacio
Straße von Bonifacio
Maddalena
La Maddalena
Santa Teresa d. G.
Palau
NP La-Maddalena-Archipel
Costa Smeralda
Asinara
NP Asinara
Golf von Asinara
Golfo Aranci
Tempio Pausania
Olbia
Stintino
Castelsardo
Porto Torres
SASSARI
Monti
Oschiri
Ozieri
Siniscola
Alghero
Rasu 1259
Bitti
Sardinien (I)
Bosa
Macomer
Nuoro
Dorgali
Fonni
NP Gennargentu
Gennargentu 1834
Oristano
Sorgono
Tortolì
Lanusei
Terralba
Guspini
Sanluri
Linas 1236
Monastir
Muravera
Iglesias
Quartu Sant' Elena
CAGLIARI
San Pietro
Carbonia
Golf v. Cágliari
Kap Carbonara
Sant'Antioco
Sant' Antíoco
Teulada
Pula
Kap Spartivento
Ciutadella
Fornells
Menorca
Alaior
Mahón
Formentor
Pollença
Alcúdia
Artà
Cala Ratjada
Manacor
Felanitx
Porto Cristo
Mallorca
Santanyi
NP des Archipels von Cabrera
TELMEER
4°
6°
8°
10°
42°
40°
38°
36°
618
623
633
La Galite (TN)
Kap Blanc
BIZERTE
Kap Serrat
Ichkeul
Menzel Bourguiba
Sejenane
Nefza
Mateur
Tabarka
Ain Draham
Khroumirie
Tébourba
La Marsa
Karthago
TUNIS
Béja
Hammam-Lif
Grombalia
Jendouba
Téboursouk
Testour
Zaghouan
J. Zaghouan 1295
El Fahs
Enfida
Siliana
Ksar Lemsa
El Ksour
Makthar
Rouhia
KAIROUAN
Haffouz
Sbeïtla
Sufetula
Kasserine
Msaken
Amphitheater
Dellys
Tigzirt
BOUMERDES
TIZI OUZOU
Azazga
Große Kabylei
Lalla Khedidja 2307
Lakhdaria
Djurdjura
Akbou
BOUIRA
Les Portes de Fer
Sour el-Ghozlane
Chaîne des Bibans
Kleine Kabylei
BEJAÏA
Golf von Bougie
Kseur
Ziama Mansouria
J. Babor 1833
Kherrata
Chabet el-Akra
Djemila
SÉTIF
Bougaa
El Eulma
BORDJ BOU ARRERIDJ
Mansoura
Ras el-Oued
Ain Oulmene
Sidi Aïssa
M'Sila
Beni Hammad
Magra
Barika
Merouana
BATNA
Timgad
KHENCHELA
BOU-SAADA
Chott el-Hodna
DJIDJELLI
Kap Bougaroun
Zitouna
Collo
J. Goufi 1183
El Milia
Mila
Zighout Youcef
Tiddis
CONSTANTINE
Ferdjioua
Chelghoum el-Aïd
Teleghma
Aïn M'Lila
EL KHROUB
Oum el-Bouaghi
AÏN BEIDA
Aïn Fakroun
Aïn Kercha
Kap Takouch
Chetaibi
SKIKDA
Azzaba
El Arrouch
ANNABA
Ben Mehidi
Berrahal
El Kala
El Tarf
Drean
GUELMA
Hadjar
Mechroha
SOUK AHRAS
Sedrata
Oued Zenati
Ghardimaou
Sakiet Sidi Youssef
El Kef
Ouenza
1288
El Aouinet
Djerissa
Kalaat Khasba
Thala
J. Chambi 1544
TÉBESSA
Fernana
Ain Bessem
Sidi
Medjedel
Mdoukal
Chellal
Ain el-Hadjel
OUSSERA
El Kantara
Jebel
1675
Gassés
Elma Laboid
1373
Bou Hajla
Sebkhet Sidi el-Hani
Sidi Amor
Bou Hajla
Nabeul
Hammamet
Golf von Hammamet
SOUSSE
Golf von Tunis
Zembra
Qued Medjerda
W. Zeroud
W. Siliana
W. Mellègue
W. Meskiana
W. Rhumel
W. el-Ham
O. Soummam
0
50
100
150
200 km

1 : 4 500 000

619
626
TYRRHENISCHES
MEER
IONISCHES
MEER
MITTEL
Sizilien
Sizilien
MALTA
Marken
Umbrien
Kampanien
Basilicata
Apulien
Molise
Abruzzen
Kalabrien
Nebrodi
Madonie
Liparische Inseln
Stromboli
Panarea
Salina
Lipari
Filicudi
Alicudi
Vulcano
Ustica
Ägadische Inseln
Levanzo
Favignana
Marettimo
Pantelleria
NP Pantelleria
Pelagische Inseln (I)
Linosa
Lampedusa
Straße von Malta
Straße von Messina
Straße von Otranto
Golf von Gaeta
Golf von Tarent
Golf von Squillace
Golf von S. Eufemia
Golf von Policastro
Golf v. Salerno
G. v. Neapel
Golf von Manfredonia
Tremiti-Inseln
Palagruža
Lastovo
Korčula
Mljet
NP Mljet
Hvar
Vis
Gargano
NP Gargano
NP Cilento
NP Val d'Agri
NP Sila
NP Aspromonte
Nationalpark Pollino
Abruzzen Nationalpark
Circeo-Nationalpark
NP Gran Sasso
NP Majella
NP Murgia
NP Vesuv
NP Lovćen
NP Skutarisee
ROM
Vatikanstadt
Lido di Ostia
Tivoli
Frascati
Aprilia
Anzio
LATINA
Terracina
Gaeta
Formia
Ponza-Inseln
Ponza
Ischia
Capri
Sorrento
Amalfi
Pozzuoli
NEAPEL
Torre d. Greco
Pompeji
Vesuv 1281
Caserta
Capua
Benevento
Avellino
SALERNO
Paestum
Agropoli
Vallo della Lucania
Sapri
Scalea
Potenza
Melfi
Matera
Altamura
Castel del Monte
FOGGIA
Cerignola
Manfredonia
Vieste
San Severo
Campobasso
Isernia
Cassino
Abbazia di Montecassino
Sora
Frosinone
Fiuggi
L'Aquila
Sulmona
PESCARA
Chieti
Ortona
Lanciano
Vasto
Termoli
Teramo
Giulianova
Ascoli Piceno
San Benedetto del Tronto
Fermo
Macerata
Civitanova Marche
Loreto
Fabriano
Gubbio
PERUGIA
Foligno
Assisi
Spoleto
TERNI
Todi
Orvieto
Viterbo
Rieti
Civita Castellana
Tuscania
Gran Sasso d'Italia 2914
La Maiella 2793
Terminillo 2216
Barletta
Andria
Molfetta
BARI
Fasano
Brindisi
TARENT
Francavilla
Manduria
Lecce
Otranto
Gallipoli
Maglie
Gagliano d. Capo
Metaponto
Policoro
Pisticci
Trebisacce
Castrovillari
Rossano
Cariati
Punta Alice
Ciro Marina
Crotone
Isola di C. R.
Kap Rizzuto
Catanzaro
Lamezia Terme
Amantea
Cosenza
Paola
Cetraro
Belvedere Marittimo
S. Giovanni in Fiore
La Sila 1928
Soverato
Pizzo
Vibo Valentia
Kap Vaticano
Gioia Tauro
Serra San Bruno
Stilo
Monasterace Marina
Cittanova
Locri
REGGIO DI CALABRIA
Kap Spartivento
Melito di Porto Salvo
Montalto 1955
MESSINA
Milazzo
Patti
Cefalù
Termini Imerese
PALERMO
Kap San Vito
Trapani
Alcamo
Marsala
Salemi
Mazara del Vallo
Castelvetrano
Selinunte
Sciacca
Agrigent
Licata
Gela
Vittoria
Ragusa
Noto
Pachino
Ispica
SYRAKUS
Augusta
Lentini
CATANIA
Acireale
Giarre
Taormina
Ätna 3350
Randazzo
Nicosia
Enna
Caltanissetta
Canicattì
Caltagirone
Paternò
Vizzini
Palazzolo Acreide
Corleone
Lercara Friddi
Chiusa Sclafani
Gozo
Viktoria
Valletta
Ta'Dmejrek
Malta
Dubrovnik
Herceg-Novi
Kotor
Budva
Cetinje
PODGORICA
Nikšić
Trebinje
Bar
Ulcinj
Shkodër
DURRËS
TIRANA
ELBASAN
Fier
Vlorë
Kap Glossa
Lushnjë
Korfu (Kerkyra)
12°
14°
16°
18°
36°
38°
40°
42°

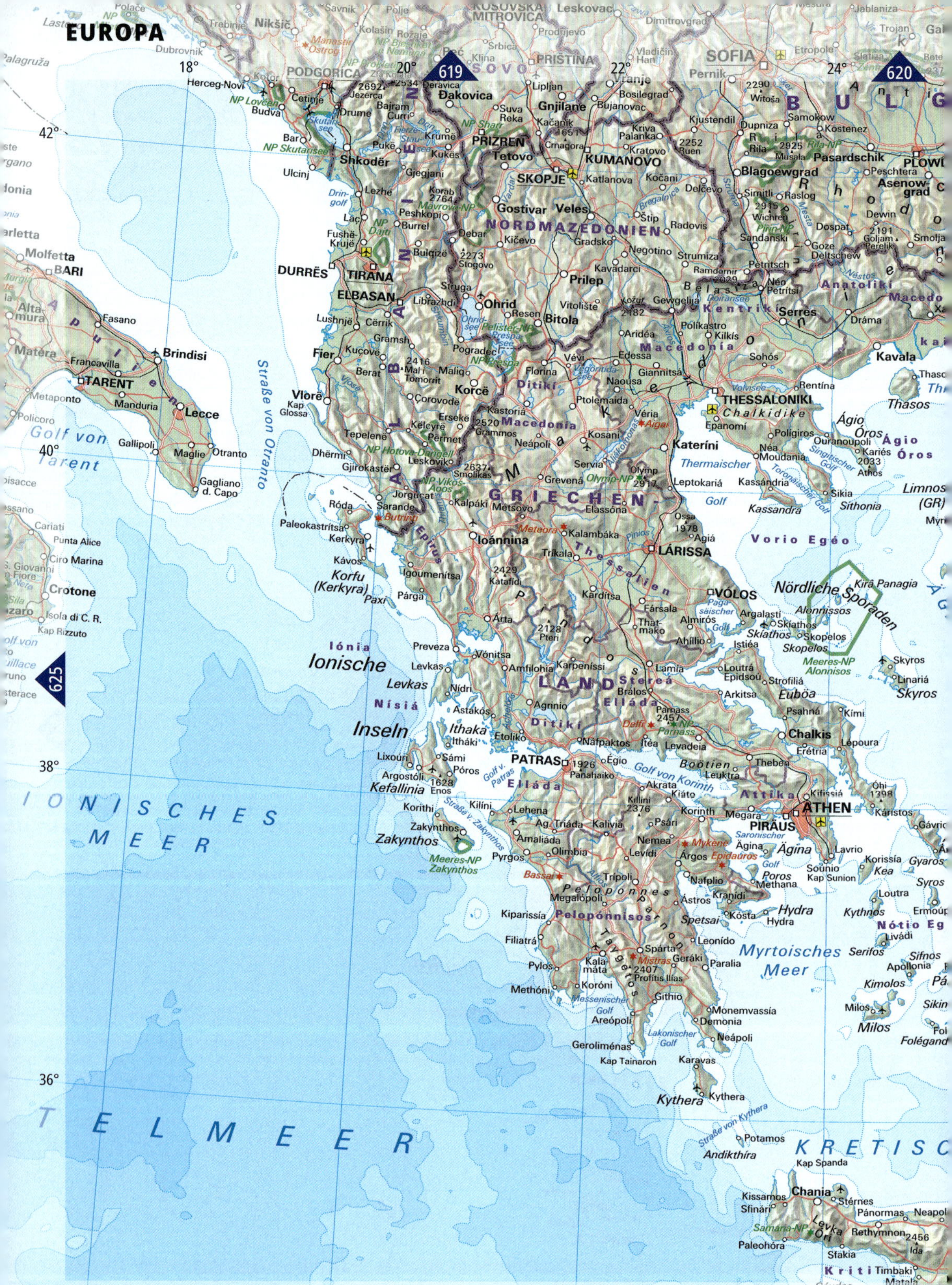

1:4 500 000

0 50 100 150 200 km

621
628
SCHWARZES MEER
Bosporus
ISTANBUL
Marmarameer
Marmara Adası
Halbinsel Kocaeli
Prinzeninseln
Ostthrakien
Thrakien
Halbinsel Biga
Golf von Saros
Golf von Gemlik
Hist. Nationalpark Gelibolu-Halbinsel
Uludağ-NP
Uludağ 2543
Kuşcenneti-NP
Kaz 1774
Golf v. Edremit
Golf von Candarlı
Golf von Kuşadası
Golf von Gökova
Halbinsel Reşadiye
Marmaris-NP
Westtaurus
Gölgeli Dağları
Ak Dağlar
Bey Dağları
Kızlar Sivrisi 3070
Olimpos-Beydağları-Nationalpark
Golf von Antalya
Köprülü-Kanyon-NP
Beyşehirsee-Nationalpark
Beyşehirsee
Eğirdirsee
Burdursee
Acısee
Sultandağı
Sultangebirge
Cihanbeyli-Hochebene
Konya-Becken
Tuz-Gölü
Küregebirge-NP
Köroğlu
Ilgaz 2587
Akçakoca
Gökçekaya-Stausee
Sarıyar-Stausee
Hirfanlı-Stausee
Başkomutan-Nationalpark
Elma 1862
Emet
Simav
Gediz
Murat 2309
Boz 2137
Honaz 2528
Katrancık 2368
Dipoiraz 2992
Geyik 2877
Boncuk 2418
Sandıras 2295
Troja
Pergamon
Milet
Pamukkale
BURGAS
Jambol
Sliwen
STARA SAGORA
Topolowgrad
Dimitrowgrad
Charmanli
Swilengrad
EDIRNE
Kırklareli
Lüleburgaz
ÇORLU
Silivri
TEKIRDAĞ
Keşan
Malkara
Şarköy
Gelibolu
Çanakkale
Lapseki
Biga
BANDIRMA
Erdek
Karacabey
Mustafakemalpaşa
BURSA
İNEGÖL
Gemlik
Mudanya
Orhangazi
Yalova
GEBZE
IZMIT
Gölcük
ADAPAZARI
Hendek
Düzce
Bolu
Gerede
ZONGULDAK
Ereğli
Karabük
Safranbolu
Bartın
Kastamonu
Çankırı
Çubuk
ANKARA
Gölbaşı
Polatlı
Haymana
Bilecik
Bozüyük
ESKIŞEHIR
Tavşanlı
KÜTAHYA
AFYONKARAHISAR
Emirdağ
Akşehir
Ilgın
Kadınhanı
KONYA
Çumra
Karaman
Seydişehir
Beyşehir
ISPARTA
Eğirdir
Burdur
Dinar
DENIZLI
NAZILLI
AYDIN
Söke
Kuşadası
Selçuk
Tire
Ödemiş
Alaşehir
UŞAK
Salihli
TURGUTLU
MANISA
IZMIR
Menemen
Çeşme
Urla
Foça
Aliağa
Dikili
Bergama
Soma
Akhisar
Kırkağaç
Ayvalık
Edremit
BALIKESIR
Susurluk
Dursunbey
Bigadiç
Milas
Bodrum
Yatağan
Muğla
Marmaris
Dalaman
Fethiye
Kaş
Kalkan
Kemer
ANTALYA
Manavgat
ALANYA
Gazipaşa
Anamur
Serik
Akseki
Bozkır
Hadım
Ermenek
Gökçeada (TR)
Bozcaada (TR)
Lesbos (GR)
Mytilini
Chios (GR)
Samos (GR)
Ikaria
Patmos
Léros
Kalymnos
Kos
Nisyros
Tilos
Symi (GR)
Rhodos (GR)
Rhodos
Lindos
Attaviros 1215
Kárpathos (GR)
Kasos
Karpathisches Meer
Dodekanes
Südliche Sporaden
Naxos
Amorgos
Astipálea
Mégiste (GR)
Straße von Kasos
Kap Sideros
Agios Nikolaos
Sitia
Ierápetra
Kap Akamas
Paphos
Nea Pafos
Morfou
Troodos-NP
Kap Gata
26°
28°
30°
32°
36°
38°
40°
42°

32°
34°
621
36°
38°
42°
40°
38°
36°
İnebolu
Ayancık
Sinop
Cide
Küregebirge-NP
K ü r e g e b i r g e
Gerze
Bartın
Alaçam
Ulus
Bafra
ZONGULDAK
Taşköprü
Boyabat
Durağan
Kastamonu
Ereğli
Akçakoagebirge
Safranbolu
SAMSUN
Akçakoca
Devrek
Karabük
Araç
Ilgaz 2587
Kargı
Terme
Ünye
Karasu
Yığılca
I l g a z g e b i r g e
Tosya
Kavak
Çarşamba
Ayvacık
ORDU
Bulancak
Tirebolu
Vakfıkebir
Düzce
Osmancık
Havza
Fatsa
Gerede
Ilgaz
Giresun
Cerkeş
Kurşunlu
Merzifon
Taşova
Bolu
İskilip
Amasya
Erbaa
Gölköy
Dereli
Niksar
3027
3331
Göynük
Çamlıdere
Kıbrıscık
Çankırı
Kızılcahamam
ÇORUM
Mecitözü
Mesudiye
P o n t i s c h e s
G i r e s u n
Nallıhan
Beypazarı
Çubuk
Zile
TURHAL
Reşadiye
Kelkit Çayı
Şebinkarahisar
Alucra
TOKAT
Sulakyurt
Alaca
Sungurlu
Kelkit Çayı
2552
K ö s e g e b i r g e
Suşehri
Sarıyar-Stausee
Akyurt
Kalecik
Karagüneybergei
Sündiken 1786
Ayaş
ANKARA
Elmadağ
Hattushash
Boğazkale
Çekerek
Deveci Dağı
Çekerek Irmağı
Sulusaray
Zara
İmranlı
Refahiye
Alpu
Mihalıççık
1862 Elma
Yozgat
Yozgat-Çamlığı-NP
Sorgun
Yıldızeli
Hafik
Porsuk
Gölbaşı
KIRIKKALE
SIVAS
Keskin
Akdağmadeni
Polatlı
Yerköy
2690
Tecergebirge
Sivrihisar
Balâ
Akpınar
Sarıkaya
Sincan
Haymana
B o z o k - H o c h e b e n e
Ak Dağlar
Şarkışla
Divriği
Kemaliye
Kaman
Kangal
Kulu
Hirfanlı-Stausee
Kırşehir
Mucur
Boğazlıyan
Gemerek
Emirdağ
Çeltic
Ü R K E I
Tuz-Gölu-
Şereflikoçhisar
2735
Arapgir
Sülüklü
Bünyan
2461 Hinzir
Hekimhan
Arguvan
Başyurt 2281
Yunak
A n a t o l i e n
Tuz-see
Gülşehir
Ortaköy
KAYSERI
Pınarbaşı
Keban
Nevşehir
Ürgüp
Gürün
Hist. Nationalpark Göreme
Erciyas 3917
Cihanbeyli
Karakaya-Stausee
Cihanbeyli-Hochebene
Becken
Develi
Tomarza
Darende
Akşehir
Eskil
AKSARAY
Tahtalıgebirge
MALATYA
Ilgın
Kadınhanı
2142 Göllu
Yeşilhisar
Tufanbeyli
Akçadağ
Şarki Karaağaç
Aşağı Pınarbaşı
Sultanhanı
3075 Bey
Elbistan
Nurhak 3081
Doğanşehir
Obruk-Hochebene
Hasan 3268
Kappadokien
Nemrut Dağı 3050
Beyşehirsee-Nationalpark
Aladağ 2305
KONYA
Yahyalı
Göksun
Nurhak
Kâhta
Niğde
Bor
Emirgazi
3756 Demirkazık
Alaberge-NP
Gölbaşı
ADIYAMAN
Beyşehir
Diporaz 2003
Karapınar
Feke
KAHRAMAN-MARAS
Besni
Atatürk-Stausee
Çumra
Seydişehir
Ereğli
Kozan
Kadirli
Türkoğlu
Pazarcık
Araban
Yavuzeli
Bozova
2288 Karadağ
Pozantı
Düziçi
Belörem
Ayrancı
3524 Medetsiz
İmamoğlu
Karatepe-Arslantaş-NP
Bahçe
Birecik-Stausee
Bozkır
Kâzımkarabekir
KARAMAN
3134 Yıldız
Bolkargebirge
Çamlıyala
Seyhan-Stausee
GAZIANTEP
Islahiye
Oğuzeli
Birecik
Suruç
Akseki
Hadım
Taşkent
Taşeli-plateau
Yüğlük 2474
TARSUS
Ceyhan
OSMANIYE
Nizip
Serik
2877 Geyik
ADANA
Hassa
Ain al-Arab (Kobanê)
Manavgat
Gündoğmuş
MERSIN
Dörtyol
Kilis
Jarablus
Göktepe
Golf von İskenderun
Ermenek
Mut
Kırobası
Karataş
İSKENDERUN
Kırıkhan
Azaz
MANBIJ
ALANYA
Erdemli
Afrin
AL BAB
Gazipaşa
2339 Karaçal
Akçalıgebirge
Gülnar
Olukbaşı
Silifke
Uluçınar
Muslimiyah
Ain Isa
Amanos
2240
Reyhanlı
ALEPPO
HATAY (ANTAKYA)
Maskane
Assad-Stausee
Sugra
As Sfire
Bozyazı
Anamur
Samandağı
IDLIB
Saraqeb
Makhfar al-Hamr
Jisr ash-Shugur
Ebla
Khanasir
Rizokarpaso
K. Apostolos Andreas
Al Haffah
Maarrat an-Numan
Abu Darikha
Türk. Rep. Nordzypern
K. Kormakitis
LATAKIA
Ghab
Khirbat Isriya
Kyrenia
NIKOSIA (LEFKOSIA)
Jablah
S Y R I E N
Morfou
Kap Akamas
Famagusta
Banias
HAMA
Poli
Montoullas
Galata
Salamija
Troodos-NP
Olympos 1952
Larnaka
Masyaf
Troodosgeb.
Kap Greko
Tartus
Ar Rastan
Jabal Rash
1354
Paphos
Nea Pafos
Chirokoitia
Safita
Amrit
Tall-kalah
HOMS
Hamidiya
ZYPERN
LIMASSOL
Furqlus
Tadmur (Palmyra)
Kap Gata
635
Al Qusair
TRIPOLI
Qumat as-Sawda 3088
Wadi Qadisha
Al Qaryatain
LIBANON
627
690
1:4 500 000
0 50 100 150 200 km

AFRIKA

1: 45 000 000

0 500 1000 1500 2000 km

Schwarzes Meer
ISTANBUL
BURSA
ANKARA
IZMIR
ADANA
GAZIANTEP
TIFLIS
BAKU
ERIWAN
T U R K M E N I S T A N
Aschgabat
TASCHKENT
Duschanbe
TÄBRIS
TEHERAN
MESCHHED
MOSSUL
ALEPPO
S Y R I E N
ZYPERN
Nikosia
LIBANON
BEIRUT
DAMASKUS
ISRAEL
Jerusalem
AMMAN
JORDANIEN
BAGDAD
I R A K
I R A N
ISFAHAN
AHVAZ
BASRA
KUWAIT
SHIRAZ
Kerman
Zahedan
AFGHANISTAN
KABUL
PESHAWAR
RAWALPINDI
Islamabad
LAHORE
AMRITSAR
FAISALABAD
LUDHIANA
MULTAN
P A K I S T A N
DELHI
JAIPUR
AGRA
LUCKNOW
KANPUR
ALLAHABAD
VARANASI
I N D I E N
BHOPAL
JABALPUR
HYDERABAD
KARATSCHI
AHMEDABAD
RAJKOT
VADODARA
INDORE
SURAT
NASIK
NAGPUR
AURANGABAD
MUMBAI (BOMBAY)
PUNE
BAN-GALORE
CHENNAI
Kochi
Madurai
Thiruvananthapuram
Colombo
SRI LANKA
MALEDIVEN
Malediven
Lakkadiven (IND)
Acht-Grad-Kanal
Arabische SAUDI-ARABIEN Halbinsel
RIAD
MEDINA
MEKKA
DJIDDA
BAHRAIN
KATAR
Doha
DUBAI
Abu Dhabi
VEREIN. ARAB. EMIRATE
Maskat
O M A N
J E M E N
SANAA
Aden
Golf von Aden
Golf v. Oman
Persischer Golf
Arabisches Meer
Rotes Meer
Sokotra (Jemen)
ALEXANDRIA
KAIRO
GIZEH
Ä G Y P T E N
Assuan
Luxor
S U D A N
OMDURMAN
KHARTUM
NYALA
ERITREA
Asmara
DSCHIBUTI
Dschibuti
ÄTHIOPIEN
ADDIS ABEBA
SÜDSUDAN
Juba
Somali-halbinsel
S O M A L I A
MOGADISCHU
UGANDA
KAMPALA
KISANGANI
K E N I A
NAIROBI
Äquator
Mombasa
RUANDA
Kigali
BUJUMBURA
BURUNDI
T A N S A N I A
DARESSALAM
Sansibar
MBUJI-MAYI
LUBUMBASHI
LUSAKA
Lilongwe
Blantyre
HARARE
SIMBABWE
MOSAMBIK
KOMOREN
Moroni
Mayotte (F)
Beira
MAPUTO
PRETORIA (TSHWANE)
JOHANNESBURG
ESWATINI (SWASILAND)
LESOTHO
Pietermaritzburg
DURBAN
Gqeberha (Port Elizabeth)
Straße von Mosambik
M A D A G A S K A R
ANTANANARIVO
Antsiranana
Toamasina
Tôlanaro
Südlicher Wendekreis
S E Y C H E L L E N
Mahé
Victoria
Amiranten
Alphonse-Gruppe
Aldabra-Gruppe
Providence-Atoll
Farquhar-inseln
Agalega-Inseln (MS)
Maskarenen
MAURITIUS
Port Louis
St-Denis
Réunion (F)
Rodrigues (MS)
Chagos-archipel (GB)
Diego Garcia
Addu
I N D I S C H E R
O Z E A N
I. Amsterdam (F)
I. Saint-Paul (F)
30°
40°
50°
60°
70°
80°
20°
10°
0°

622
20°
15°
10°
5°
35°
30°
25°
20°
15°
ATLANTISCHER OZEAN
Madeiraschwelle
Madeira-Archipel (P)
Madeira
Porto Santo
Funchal
Desertasinseln
Selvagensinseln (P)
Kanarische Inseln (E)
Santa Cruz de la Palma
La Palma
La Laguna
Teneriffa
Santa Cruz de Tenerife
La Gomera
San Sebastián de la Gomera
El Hierro
Las Palmas d. Gran Canaria
Gran Canaria
Lanzarote
Arrecife
Pto. del Rosario
Fuerteventura
Tarfaya
Becken
Nördlicher Wendekreis
SPANIEN
Lissabon
Setúbal
Sintra
Barreiro
Évora
Badajoz
Cáceres
Ciudad Real
La Mancha
Puertollano
Sines
Beja
Algarve
Lagos
Kap São Vicente
Faro
Huelva
Sevilla
Córdoba
Jaén
Linares
Guadalquivir
Andalusien
Betische Kordillere
Granada
Sierra Nevada
3478
Jerez de la Frontera
Cádiz
Golf von Cádiz
Málaga
Almería
Straße von Gibraltar
Gibraltar (GB)
Tanger
Ceuta (E)
Tétouan
Larache
Melilla (E)
Nador
Hocaima
Ouezzane
Rif
2456
Kénitra
Sale
RABAT
Oujda
Taza
Guercif
CASABLANCA
Meknès
Fès
Jadida
Azrou
Settat
Khouribga
Mittlerer Atlas
Muluya
Kap Beddouza
MAROKKO
Safi
Ben Guerir
Beni-Mellal
J. Ayachi 3737
Tendrara
Figuig
Essaouira
Marrakesch
Ighil M'Goun 4071
Ar-Rachidia
Toubkal 4167
Hoher Atlas
Erfoud
Béchar
Agadir
Taroudant
Ouarzazate
Abadla
Antiatlas
Zagora
Tiznit
Taffraoute
Sidi Ifni
Akka
Jebel Bani
Daoura
Beni-Abbès
Guelmim
Hamada du Guir
Erg er Raoui
Tan-Tan
Wadi Draa
Hamada du Draa
Tabelbala
Jebel Ouarkziz
Tinfouchy
ALGERIEN
Laayoune
El Mahbas
Tindouf
Sebkha de Tindouf
Smara
Iguidi
Erg Mcherrah
Kap Boujdour
Boujdour
Bou Kra
Dra Afratir
Ain Ben Tili
Westsahara
Bir Mogrein
Sebkhet Iguetti
Erg Chech
Chegga
Agargar
Sebkhet Aghzoumal
Sebkhet Oumm ed Droûs Telli
Sebkhet Oumm ed Droûs Guebli
Dakhla
Al Argoub
Mijek
El Hammâmi
Aoussard
Zouérat
Fdérik
Maqteïr
Erg Tanezrouft
Hamada el-Harîch
Taoudenni
Lamalaga
Tichla
Azeffâl
Nouâdhibou
Kap Blanc
Choûm
Guelb er Richât 485
El Khnâchîch
Sebkhet Chemchâm
Ouadâne
Ouarane
Atâr
Adrar
Chinguetti
Akjoujt
El Djouf
Nouâmghâr
Sebkha de Ndrhamcha
MAURETANIEN
Nouakchott
Tidjikja
Tichît
Tagant
Aouker
Araouane
Moudjéria
Tiguent
Trarza
Boutilimit
Çangrâfa
Azaouad
Aleg
Oualâta
Rosso
Senegal
El Açâba
Kiffa
Affollé
Hodh
Ayoûn el-Atroûs
Faguibine-see
Timbuktu
Bamba
Dagana
Kaédi
Néma
Niger
Saint Louis
Guiersee
Timbedgha
Diré
Lac Do
Louga
Linguère
Ouro Sogui
Mbout
Niafounké
Karaba-see
Niangay-see
Kap Verde
Sélibabi
Debo-see
Thiès
Touba
DAKAR
Diourbel
Bakel
Nioro du Sahel
Nara
Nampala
Nokara
Hombori Tondo 1155
Mopti
Douentza
Konna
SENEGAL
Kidira
Kayes
Maréna
Diéma
Mourdiah
Niono
MALI
Kaolack
Kaffrine
Tambacounda
Banjul
Bafoulabé
Kita
Djenné
Djibo
0
250
500
750 km

1:14 000 000

Mittelmeer
Mallorca
Palma d. M.
Ibiza
Formentera
Sardinien (I)
Cagliari
Tyrrhenisches Meer
Cosenza
Reggio di Calabria
Palermo
Messina
Trapani
Sizilien
Catania
Syrakus
Agrigento
Pantelleria
Ragusa
Ionisches Meer
MALTA
Valletta
Gozo
Lampedusa
Peloponnes
Patras
Kalamata
Kythera
ALGIER
Tizi Ouzou
Bejaia
Skikda
Annaba
Constantine
Blida
Médéa
SÉTIF
Batna
Biskra
Tiaret
Djelfa
Aflou
Laghouat
El Oued
Touggourt
Ghardaia
Ouargla
Hassi Messaoud
El Meniaa
Timimoun
Tademaït-Plateau
In Salah
Aoulef
Tidikelt
Asedjrad
Arak
Hoggar
Tahat 2918
Tamanrasset
Tassili du Hoggar
Bordj Mokhtar
Tessalit
Adrar des Iforas
Kidal
Anéfis
Gao
Ansongo
Ménaka
Tahoua
Niamey
Tillabéri
Maradi
Zinder
Agadez
Arlit
Assamakka
I-n-Quezzam
Aïr ou Azbine
Gréboun 1944
Bagzane 2022
Iferouâne
Ténéré du Tafassasset
Bilma
Fachi
Grand Erg de Bilma
Agadem
NIGER
Tchin-Tabaraden
Aderbissinat
Tanout
Nguigmi
Kanouri
Manga
Seguedine
Chirfa
Djado-plateau
Tibesti
Emi Koussi 3415
Pic Toussidé 3315
Bardai
Zouar
Wour
Abo-Massiv
Atafi-Massiv
Tarso Emissi 3376
Yebbi Souma
Bikubiti 2285
Jabal Nuqay 1660
Borkou
Faya-Largeau
Bodélé
TSCHAD
Nokou
Mao
Kanem
Moussoro
Ati
Nédéley
Tassili n'Ajjer
Djanet
Ghat
Illizi
Bordj el-Haoues
Adrar Soula 2254
Erg d'Admer
In Amenas
Edjelé
Bordj Omar Driss
Erg Issaouane
Östlicher Großer Erg
Großer Erg
Hamada du Tinrhert
Bordj Messouda
Ghadames
TUNIS
Bizerte
Hammamet
Sousse
Monastir
Kairouan
Kasserine
Gafsa
Sfax
Gabès
Djerba
Houmt Souk
Zarzis
Medenine
Tozeur
Schott el-Djerid
Kleine Syrte
TUNESIEN
TRIPOLIS
Suwara
Homs
Misurata
Gharyan
Nafusa
Nalut
Jadu
Mizdah
Bani Walid
Sinawan
Tripolitanien
Al Qaryah ash-Sharqiyah
Hammadah al-Hamra
Syrtebecken
Surt
Buayrat al-Hsun
Sidr
Marsa el-Brega
Ajdedabia
BENGASI
Al Marj
Beida
Große Syrte
Hun
Waddan
Soda
Zillah
Maradah
Bir Zaltan
LIBYEN
Harudsch al-Aswad
Qarat as-Sabah 1200
Sahra Awbari
Birak
Adiri
Sebha
Tamanhint
Awbari
Ghadduwah
Tmassah
Zawilah
Murzuq
Al Uwaynat
Sahra Murzuq
Al Qatrun
Waw al-Kabir
Sarir Tibesti
Tazarbu
Sarir Kalansho
Awjilah

625
634
637

Mittelmeer
Ionisches Meer
Sizilien
Palermo
Messina
Catania
Syrakus
Ragusa
Agrigento
Pantelleria
Reggio di Calabria
MALTA
Valletta
Gozo
Malta
Lampedusa
Ionische Inseln
Zakynthos
Peloponnes
Patras
Athen
Piräus
Korinth
Tripoli
Kalamata
Sparta
Areopoli
Kythera
Kykladen
Naxos
Milos
Lesbos
Chios
Samos
Ägäisches Meer
Südliche Sporaden
Chania
Heraklion
Kreta
Kissamos
Sitia
Karpathos
Rhodos
Izmir
Denizli
Aydin
Mugla
Westlicher Taurus
Antalya
Akseki
Aksehir
Isparta
Burdur
Konya
Karaman
Alanya
Anamur
Ereğli
Afyonkarahisar
Usak
Manisa
Salihli
Kütahya
Eskisehir
Bursa
Balıkesir
Edremit
Mytilini
Larissa
Volos
Demre
Golf von Antalya
Mittlerer Taurus
Aksaray
ZYPERN
Morfou
Pafos
Limassol
Tel Aviv
Port Said
Damiette
Mahalla al-Kubra
Damanhur
Mansura
Tanta
Ismailia
Suez
Shoubra al-Khaima
Gizeh
Kairo
Faijum
Zafarana
Beni Suef
Bani Mazar
Minia
Mallawi
Dairut
Assiut
Al Badari
Sohag
Girga
Kena
Luxor
Idfu
Assuan
Marsa
Nasser-Stausee
Toshka-Seen
Abu Simbel
Wadi Halfa
Abri
Karma
Dongola
Karima
Merowe
Ad Dabba
Fagrinkotti
Abu Hamad
Damir
Shandi
Omdurman
Khartum-Nord
Khartum
Al Kamilin
Wad Medani
Gesira
Dueim
Nubische Wüste
Nubien
Bajuda
Nil
Alexandria
Marsa Matruh
El-Alamain
Sidi Barrani
As Sallum
Um Saad
Tobruk
Derna
Beida
Al Marj
Bengasi
Achdar
Cyrenaika
Ajdedabia
Marsa el-Brega
Große Syrte
Syrte
Surt
Sabkhat Umm al-Izam
Buayrat al-Hsun
Misurata
Homs
Tripolis
Gharyan
Bani Walid
Tripolitanien
Al Qaryah ash-Sharqiyah
Hamra
Syrtebecken
Sidr
Marada
Sabkhat Ghuzayyil
Dur al Fawakhir
Djaghbub
Awjilah
Siwa
Kattarasenke
Hun
Waddan
Soda
Zillah
Bir Zaltan
LIBYEN
Harudsch
Qarat as-Sabah
al-Aswad
Tamanhint
Sebha
Ghadduwah
Tmassah
Zawilah
Murzuq
Waw al-Kabir
Al Qatrun
Sarir Kalansho
Tazarbu
Zighan
Rebiana
Kufra-Oasen
Al Jawf
Libysche Wüste
ÄGYPTEN
Bahariya-Oase
Farafra-Oase
Qasr Farafra
Dakhla-Oase
Mut
Kharga
Baris
Kharga-Oase
Ghurd Abu Muharrik
Al Jadida
Arabische Wüste
Golf von Suez
Nördlicher Wendekreis
Sarir Tibesti
Jabal Nugay
Bikubiti
Matan as-Sarah
Plateau von Gilf al-Kabir
Jabal Arkanu
Al Uwaynat
Uweinat
Abo-Massiv
Atafi-Massiv
Wour
Pic Toussidé
Bardai
Tarso Emissi
Yebbi Souma
Zouar
Tibesti
Emi Koussi
Borkou
Faya-Largeau
Ounianga Kébir
Erdi
Mourdisenke
Ennedi
Fada
Bodélé
Djourab
TSCHAD
Oum-Chalouba
Nédéley
Massif du Kapka
Iriba
Abéché
Moussoro
Am Djemena
Massakori
Darfur
Malha
Wadi Huwar
Wadi al-Milk
Eilai
Hamrat al-Wuzz
Hamrat as-Shaykh
SUDAN
Bilma
N'Djamena
Mongo
Ati
Abyad
15°
20°
25°
30°
35°
626
633
638
0
250
500
750 km

1:14 000 000

691

Sivas
Erzincan
Elâzığ
Bingöl
Malatya
Kahramanmaraş
Adıyaman
Diyarbakır
Batman
Siirt
Hakkâri
Urmia
Tatvan
Van
TÄBRIS
Nachitschewan
Ahar
Ardebil
Lenkoran
Astara
Taurus
Ostt Taurus
Viranşehir
Mardin
Sanli-Urfa
GAZI-ANTEP
Kamischli
Dahuk
Sirnak
Hasakah
Iskenderun
ALEPPO
Rakka
Idlib
MOSSUL
Arbil
Saqqez
Maragheh
Miyane
Zanjan
Mahabad
Divandarre
Rasht
Ramsar
Calus
Babol
Amol
Sari
Qaimshar
Damgan
Shahrud
Sabzevar
Kaswin
Takestan
KARAJ
TEHERAN
Semnan
Demawend 5671
Elburs gebirge
Große Salzwüste (Dasht-e Kavir)
SULAIMANIYA
Kirkuk
Sanandaj
Hamadan
Malayer
Save
Kum
Namak-see
Djandaq
Tabas
Hama
Deir es-Sor
IRAK
SYRIEN
Homs
Tadmur
Euphrat
Ana
Qusaiba
Takrit
Samarra
Mesopotamien
Sar-e Pol-e Zahab
Kermanshah
Borujerd
Arak
Neizaro
Delijan
Kashan
Khorramabad
Ilam
Daran
Nain
Ardakan
Kavir-e Syah-Kuh
Bakuba
Baalbek
Syrische Wüste
Ramadi
Falluja
BAGDAD
Mehran
Najafabad
ISFAHAN
Yazd
DAMASKUS
Milhsee
Kerbela
Hilla
Kut
Dezful
Kuh-e Zarde 4200
Shahreza
4074
Kuneitra
Irbid
Tigris
Masjed Soleyman
Abade
Abarqu
Shams
Rafsanjan
Ar-Rusayfah
AMMAN
Nadschaf
Diwaniya
Amara
Nasiriya
Turaif
AHVAZ
Behbahan
Yasuj
Khorramshahr
Abadan
BASRA
SHIRAZ
Sirjan
Kazerun
Estahban
Al Qurayyat
1126
Arar
Anaza
Ruwala
Al Uwaiqila
Rafkha
Kuwait-Stadt
As Salimiyah
Hawalli
Kharg
Borazjan
Bushehr
Jahrom
JORDANIEN
Maan
Dumat al-Djandal
Sakaka
Al Hadjara
Ar Ruqai
KUWAIT
Ras al-Khafji
Persischer Golf
Kangan
Bani Atiyah
910
Nefud
Hafar al-Batin
As Summan
Tabuk
Abu Ali
Jubail
Lavan
Taima
Hail
Dahna
Dammam
Dharan
Khubar
BAHRAIN
Manama
Kish
Bandar Lenge
Hidjas
Jaharah
Shammar
Al Qrtawiya
Ar Ruwais
Ras al-Khaima
SHARJA
DUBAI
Al Ula
Buraida
Unaiza
Al Madjma'a
KATAR
Ar-Rayyan
Doha
Al Wadjh
Safadja
Harrat Khaibar
Khaibar
1200
Mubarraz
Hofuf
Umm Said
Abu Dhabi
Al Ain
Birrim
Shaqra
Jabal Tuwaiq
RIAD
As Salwa
Abu al-Abyad
Umm Laddj
Al Mulailih
Nedjd
Ad Dawadimi
Al Kharj
Harad
Habshan
VEREINIGTE ARABISCHE EMIRATE
MEDINA
Afif
Kap Banas
Berenice
Yanbu al-Bahr
SAUDI-ARABIEN
Arada
Hamim
As Sanam
Al Mahakik
Al Mihrad
486
Nefud ad-Dahi
Laila
Al Bayad
Zalim
Halaib-Dreieck (unter sudanesischer Verwaltung)
Halaib
Tuwal
Usfan
Uruq Hibaka
Al Uruq al-Mutarida
J. Asotriba 2217
DJIDDA
MEKKA
Taif
Dungunab
Damrur
As Sulayyil
20°
Rub al-Khali
Al Baha
Bisha
Jabal al-Wajid
Ad Dikaka
Port Sudan
Suakin
Sabt al-Ulya
Al Quz
Dauka
OMAN
Dhofar
Karaberg
Sinkat
Haya
Tokar
Aqiq
Khamis Mushayt
Abha
Ahad Rafida
Haradja
Zahran
Nadjran
Al Qa'amiyat
Al-Kharita
Shaqqat al-Kharita
Ash Sharaura
Jabal Marat
Salalah
Mughsail
1906
J. Hamoyet 2780
Derudeb
Algena
2371
Nakfa
Farasan-inseln
Djizan
Samita
Sada
JEMEN
Jadib
al-Mahra
Zabut
ERITREA
Al Harf
Saiun
Tarim
Akordat
Bisha
Mitsiwa
Dahlak-archipel
Amran
Marib
Ramlat as-Sabatain
Hadramaut
Sayhut
Asmara
Barentu
Teseney
Mendefera
Haddja
SANAA
Manaha
J. Isbil 3199
Hodeida
Ar Rauda
Makalla
Aksum
Adigrat
Asale
Az Zuqur
Zabid
Damar
Ibb
Laudar
Taiz
Abyan
Rotes Meer
40°
45°
50°
55°
35°
30°
25°
15°

639

1:14 000 000

0 250 500 750 km

633
638
640
0°
5°
10°
15°
Tassili du Hoggar
Ténéré du Tafassasset
Bordj Mokhtar
Tessalit
Adrar des Iforas
I-n-Quezzam
Assamakka
Arlit
Gréboun 1944
Aïr ou Azbine
Iferouâne
Bagzane 2022
Agadez
Chirfa
Seguedine
Bilma
Fachi
Grand Erg de Bilma
Ténéré
Emi Koussi 3415
Tibesti
Zouar
Wour
Borkou
Faya-L
Bodélé
Djourab
Agadem
Kidal
Anéfis
Gao
Ménaka
Ansongo
Tchin-Tabaraden
Adderbissinat
Labbezanga
Ayorou
Tahoua
Talcho
Téra
Tillabéri
Niamey
Birnin-Konni
Madaoua
Dogondoutchi
Loga
Dosso
Koalla
Kantchari
Fada-N'gourma
Kamba
N I G E R
Tégouma
Tanout
Zinder
Tessaoua
Maradi
Gouré
Kanouri
Manga
Ngourti
Nguigmi
Mao
Nokou
Bosso
Diffa
Maine-Soroa
Tschadsee
Bol
Am Djemena
Massakori
Ngoura
Bokoro
Moussoro
Massaguet
Tschadbecken
T S C H
Nédéley
Ati
Mt. Guédi 1506
Mongo
Bitkine
N'DJAMENA
Massenya
Abou-Déi
Melfi
Sokoto
Argungu
Talata Mafara
Gusau
Gummi
Katsina
Magaria
Gumel
Nguru
Komadugu
Geidam
Hadejia
KANO
Azare
MAIDUGURI
Damaturu
Potiskum
Dikwa
Ngala
Kukawa
Funtua
Tiga-Stausee
Birnin Kudu
Zaria
Dan-Gulbi
Birni Gwari
Kaduna
Gongola
Bauchi
Biu
Damboa
Mandara-gebirge
Waza
Maroua
Chari
Bousso
Bongor
Yelwa
Kainji-Stausee
Kontagora
Babana
Kandi
Natitingou
Dapaong
Bembèrèkè
New Bussa
Minna
Jos
Jos-plateau
Gombe
Mubi
Guider
Numan
Yola
Garoua
Lagdo-see
Logone
Laï
Kelo
Pala
Doba
Sarh
Moissala
Moundou
Baïbokoum
Goré
Kabo
Batangafo
Djougou
Parakou
Kara
Sokodé
Togo-Atakora-Gebirge
Kişi
Saki
Ilorin
Ogbomosho
Bida
Abuja
Shendam
Jalingo
2042 Vogel Peak
Alantikagebirge
Poli
Tcholliré
N I G E R I A
Niger
Lafia
Benue
Lokoja
Makurdi
Oshogbo
Iseyin
Iwo
Ilesa
Ado-Ekiti
Akure
Owo
Ife
IBADAN
Ijebu-Ode
Abeokuta
Atakpamé
Notse
Abomey
Porto-Novo
Savè
Blitta
Idah
Katsina-Ala
Enugu
Abakaliki
Donga
Beli
Chappal Waddi 2419
Ngaoundéré
Adamaua
Mbakaou-see
Tibati
Gembé
Bocaranga
Bébouar
Mt. Karé 1113
Bozoum
Bossangoa
Bouar
Baboua
Lokossa
Cotonou
Mushin
LAGOS
BENIN CITY
Sapele
Warri
Onitsha
Ihiala
Owerri
Aba
Ugep
Wum
Mt. Oku 3008
Bamenda
Mamfe
Foumban
Bamboutos Mts. 2740
Bafoussam
Nkongsamba
Yoko
Djerem
Bétaré-Oya
Nana
Lobaye
Carnot
Berbérati
Lomé
Keta
Tema
Volta
Bucht von Benin
Niger-delta
PORT HARCOURT
Calabar
Kumba
Kamerunberg 4095
Limbe
DOUALA
Bafia
Nanga Eboko
Bertoua
Batouri
Sanaga
YAOUNDÉ
Abong Mbang
Gamboula
Nola
K A M E R U N
Edéa
Nyong
Akonolinga
M'Balmayo
Bucht von Biafra
Malabo
Bioko
3008
Kribi
Ebolowa
Sangmelima
Dja
Ngato
Mbaiki
Bangui
Boda
Damara
Bossembélé
Enyellé
Campo
Ambam
Moloundou
Souanké
Ngoko
Ouesso
Impfondo
Ubangi
K O N G O
Bata
Ncue
Evinayong
Mbini
Oyem
Mekambo
Liouesso
ÄQUATORIALGUINEA
Príncipe
São António
Kap San Juan
Cocobeach
Corisco-bucht
Mitzic
Makokou
SÃO TOMÉ UND PRÍNCIPE
São Tomé
Libreville
Gabunmündung
Äquator
Ndjolé
Booué
Makoua
Owando
Liranga
Kéllé
Kouyou
Sangha
Obouya
Mossaka
G A B U N
REP.
Kap Lopez
Port-Gentil
Lambaréné
Onangué-see
Lastoursville (Bonda)
Koulamoutou
Ogooué
Ossélé
Lukolela
Fougamou
Mimongo
Mouila
Moanda
Lékoni
Franceville
Alima
Gamboma
Omboué
Goumbi 820
Iguéla
Ndendé
Mbinda
Zanaga
Djambala
Mushie
Kasai
Kwamouth
Bandundu
Annobón (GQ)
Tchibanga
Nyanga
Kibangou
Niari
Komono
Sibiti
Pangala
Mbé
Kongo
Mayumba
Nkayi
Kulungu
Dolisie
Mi-Massi
BRAZZAVILLE
KINSHASA
Madimba
Pointe-Noire
OZEAN
von Guinea
Niederguinea

634
637
TSCHAD
SUDAN
SÜDSUDAN
ZENTRALAFRIKANISCHE REPUBLIK
DEMOKRATISCHE REPUBLIK
UGANDA
RUANDA
BURUNDI
KONGO
Tibesti
Emi Koussi 3415
Borkou
Bodélé
Djourab
Ennedi
Mourdisenke
Erdi
Ouadaï
Darfur
Kordofan
Nubische Wüste
Nubien
Bajuda
Gesira
Nubaberge
Sudd
Asandeschwelle
Kongobecken
Faya-Largeau
Ouniaga Kébir
Fada
Oum-Chalouba
Massif du Kapka 1220
Iriba
Abéché
Adré
Geneina Fort (Al Jinena)
Zalingei
J. Marra 3088
J. Gurgei 2351
Kabkabiya
Fascher
Malha
NYALA
Idd al-Ghanam
Rahad al-Bardi
Buram
Umm Dafag
Birao
N'DJAMENA
Massakori
Ngoura
Massaguet
Bokoro
Mongo
Mt. Guédi 1506
Bitkine
Massif du Guera 1613
Abou-Déia
Am Timan
Haraz-Mangueigne
Massenya
Mélfi
Bousso
Bongor
Kèndégué
Sarh
Doba
Moundou
Moissala
Goré
Kélo
Laï
Am Djemena
Ati
Oum-Hadjer
Am-Dam
Mangalmé
Goz-Beida
Moussoro
Mao
Nokou
Nédéley
Tschadsee
Chari
Salamat
Aouk
Logone
OMDURMAN
Khartum-Nord
KHARTUM
Al Kamilin
Wad Medani
Sennar
Kosti
Dueim
Singa
Damazine
Al Gabalayn
Ar Rank
Shaykh Gok
Kurmuk
Malakal
Kodok
Nasir
Malut
Karma
Donqola
Karima
Merowe
Abu Hamed
Ad Dabba
Fagrinkotti
Damir
Atbara
Shandi
Eilai
Wadi Halfa
Hamrat al-Wuzz
Hamrat as-Shaykh
Sodiri
Abyad
El Obeid
Wad Banda
En Nahud
Abu Zabad
Ar Rahad
Tingal 1459
Dilling
Qadam
Sharafa
Ad Duayn
Babanusa
Al Muglad
Abu Gabra
Kadugli
Qurdud
Tungaru
Abyei
Al Fifi
Menawashei
Bentiu
Fangak
Ayod
Gogrial
Wau
Raga
Biri
Gabir
Nyamlell
Rumbek
Shambe
Duk Faiwil
Pibor Post
Bor
Tambura
Yambio
Maridi
Amadi
Mundri
Juba
Torit
Kinyeti 3187
Kapoeta
Kasangor
Yei
Nimule
Kitgum
Gulu
Lira
Soroti
Arua
Pakwach
Hoima
Mbale
KAMPALA
Entebbe
Jinja
Masaka
Mbarara
Ntungamo
Kasese
Ft. Portal
Bunia
Margherita Peak 5109
Ruwenzori
Kabale
Victoriasee
Sese-Inseln
Bukoba
Ukerewe
Mwanza
Kigali
Goma
Bukavu
Butare
Muyinga
Gitega
BUJUMBURA
Uvira
Ndélé
Ouanda Djallé
Ouadda
Batangafo
Kabo
Kaga Bandoro
Bouca
Mbrés
Bossangoa
Bria
Ippy
Ira Banda
Sibut
Bambari
Rossombéle
Damara
Bangui
Boda
Zongo
Mobaye
Kembé
Bangassou
Rafai
Zemio
Obo
Djéma
Fodé
Alindao
Kouango
Mbaïki
Berbérati
Nola
Ouesso
Impfondo
Enyellé
Dongo
Libenge
Boyabo
Bosobolo
Gbadolite
Gemena
Bokongo
Budjala
Kungu
Mankanza
Bomongo
Bongandanga
Basankusu
Lisala
Bumba
Gundji
Mombongo
Basoko
Banalia
Yangambi
KISANGANI
Yalaki
Wenge
Lingomo
Befale
Mbandaka
Bikoro
Lukolela
Irebu
Liranga
Inongo
Ndombesee
Kutu
Bandundu
Mushie
Kwamouth
Oshwe
Dekese
Lodja
Bolaiti
Katako-Kombe
Kindu
Lomela
Ikela
Opala
Ubundu
Isangi
Lubutu
Punia
Walikale
Shabunda
Kalima
Buta
Titule
Aketi
Likati
Bondo
Monga
Bili
Lebo
Doruma
Mawa
Isiro
Faradje
Watsa
Mungbere
Djugu
Wamba
Nia-Nia
Mambasa
Kandololo
Bafwasende
Opienge
Beni
Kasindi
Butembo
Lubero
Boli
Ubangi
Kongo
Uele
Mbomou
Bomu
Kotto
Chinko
Lulonga
Maringa
Lopori
Tshuapa
Lomami
Lualaba (Kongo)
Lukenie
Kasai
Kwilu
Sankuru
Albertsee
Edwardsee
Kivusee
Tanganjikasee
Kyogasee
Kwaniasee
Weißer Nil
Blauer Nil
Jur
Lol
Bahr al-Arab
Gazellenfluss
Sobat
Pibor
Jonglei-Kanal
Wadi Howar
Wadi al-Milk
Ebola
Aruwimi
Bomokandi
Kibali
Lindi
Maiko
Lowa
Ulindi
Elila
Lukuga
Mpume
Ilebo
Mweka
Kikwit
Kasongo
Samba
Kahama
Shinyanga
Geita
Mabuki
Nzega
Nyakanazi
Kibondo
Ngara
1:14 000 000
0 250 500 750 km
15°
10°
5°
0°
20°
25°
30°

Östliches Afrika

637
638
642

1: 14 000 000

639
643
644
UGANDA
KENIA
TANSANIA
RUANDA
BURUNDI
MALAWI
SIMBABWE
KAMPALA
NAIROBI
DARESSALAM
LUSAKA
HARARE
LUBUMBASHI
Lilongwe
Kigali
BUJUMBURA
Victoria-see
Tanganjikasee
Malawisee
Sese-Inseln
Ukerewe
Albertsee
Kyogasee
Rukwasee
Mweru-See
Mweru-Wantipa-See
Bangweulusee
Kariba-Stausee
Cahora-Bassa-Stausee
Turkanasee
Natronsee
Eyasisee
Manyarasee
Sagarasee
Mtera-Stausee
Chalbi-wüste
Lorian-sumpf
Mgangerabeli-Ebene
Serengeti
Masai-steppe
Nyika-plateau
Muchinga Escarpment
Muchingageb.
Sambesigebirge
Livingstonegebirge
Mashonaland
Matabeleland
Mitumba
Mugtiaberge
Ruwenzori
Margherita Peak 5109
Kilimandscharo 5895
Mt. Kenia 5199
Mt. Elgon 4321
Mt. Meru 4567
Loolmalasin 3648
Oldeani 3185
Hanang 3417
Shagein 2219
Rungwe 2961
Uluguru-geb. 2646
Rubeho Mts. 2356
Namuli 2419
Serra Mecula 1441
Mt. Mulanje 3002
Inyangani 2592
Gorongosa 1862
Mafia
Pemba
Sansibar
Mombasa
Malindi
Lamu
Kismaayo
Jamaame
Tanga
Kilwa Kivinje
Mtwara
Kap Delgado
Mocímboa da Praia
Quirimbas-Archipel
Nacala
Moçambique
Nampula
Angoche
Quelimane
Beira
Nova Sofala
Chinde
Juân de Nova (F)
Straße von Mosambik
Komoren
Njazidja (Gra
Mwali (Mohéli)
Zomba
Blantyre
Mzuzu
Lichinga
Cuamba
Tete
Chimoio
Mutare
Bulawayo
Masvingo
Gweru
Kwekwe
Kadoma
Chitungwiza
Kariba
Livingstone
Kabwe
Ndola
Kitwe
Mufulira
Chingola
Kasama
Mbeya
Iringa
Dodoma
Morogoro
Tabora
Kigoma
Mwanza
Shinyanga
Musoma
Arusha
Moshi
Nakuru
Kisumu
Eldoret
Entebbe
Jinja
Gulu
Lira
Mbarara
Bukoba
Bukavu
Goma
Kalemie
Kindu
Garissa
Machakos
Songea
Lindi
Pemba
30°
35°
40°
0°
5°
10°
15°

1:14 000 000

0 250 500 750 km

641
644
LUSAKA
Mazabuka
Chisamba
Rufunsa
Luangwa
Zumbo
Cahora-Bassa-Stausee
Zambué
Caponda
Cahora Bassa
Bene
Balaka
Zóbuè
Zomba
Blantyre
Malema
Namuligebirge
2419
Ribáuè
Nametil
Mogincual
Moloculè
Mulanje
Erregoʼ
Tete
Angoche
Chitongo
Monze
Kafue
Chirundu
Sambesigebirge
Makuti
1553
Kariba
Choma
Karoi
Guruve
Kalomo
Kariba-Stausee
Siabuwa
Mashonaland
Bindura
Chinhoyi
HARARE
Chitungwiza
Kadoma
Chegutu
Gokwe
Hwange
Dete
SIMBABWE
Kwekwe
Chivhu
Gweru
Mvuma
Gwayi
Matabeleland
Bulawayo
Masvingo
Zvishavane
Plumtree
Mbalabala
Gwanda
West Nicholson
Francistown
Rutenga
Chiredzi
Shashe
Thuli
Chikombedzi
Serule
Selebi-
Beitbridge
Musina (Messina)
Palapye
Soutpansberg
1585
Makhado (Louis Trichardt)
Mahalapye
Tzaneen
Lephalale (Ellisras)
Limpopo
Buschveld
Mokopane (Potgietersrus)
Polokwane (Pietersburg)
Marulaneng (Hoedspruit)
Mochudi
Thabazimbi
Derdepoort
Modimolle (Nylstroom)
Olifants
Burgersfort
Mashishing (Lydenburg)
Sun City
PRETORIA (TSHWANE)
Zeerust
Mbombela (Nelspruit)
Komatipoort
Rustenburg
Mamelodi
Middelburg
Witwatersrand
Carolina
SOWETO
Springs
JOHANNES-BURG
Evaton
Ermelo
Vereeniging
Vaal-Stausee
Frankfort
eMkhondo (Piet Retief)
Heilbron
Volksrust
Kroonstad
Reitz
Harrismith
Bethlehem
Winburg
Emnambithi (Ladysmith)
Maluti Mts.
Mafadi 3450
Thabana Ntlenyana
3314
Giant's Castle
Botshabelo
Maseru
LESOTHO
Wepener
Quthing
Aliwal North
Burgersdorp
Nqanqarhu
Elliot
Mthatha (Umtata)
Queenstown
Gcuwa
Bisho
Mdantsane
Beaufort
Buffalo City (East London)
Makhanda (Grahamstown)
Port Alfred
Drakensberge
Kokstad
Harding
Port Shepstone
Port Saint Johns
DURBAN
Pietermaritzburg
Greytown
Dundee
Vryheid
Ulundi
Empangeni
St.-Lucia-See
ESWATINI (SWASILAND)
Mbabane
Manzini
Nhlangano
MAPUTO
Bela Vista
Moamba
Maputobucht
Xai-Xai
Chidenguele
Magude
Limpopo
Maquezé
Inharrime
Inhambane
Bucht v. Inhambane
Massinga
Combomune
Changane
Funhalouro
Mapinhane
Machaila
Chicualacuala
Mabote
Massangena
Save
Jofane
Bazaruto-Archipel
Kap São Sebastião
Nova Mambone
Chibabava
Nova Sofala
Beira
Chimanimani
Mt. Binga 2436
Chimoio
Mutare
Rusape
Inyangani 2592
Gorongosa 1862
Gorongosa
Catandica
Changara
Sambesi
Vila de Sena
Inhaminga
Caia
Marromeu
Chinde
Morrumbala
Mocuba
Namacurra
Quelimane
Mualama
Pebane
Moma
Kap Lipobane
Juân de Nova (F)
Straße von Mosambik
Bassas da India (F)
Europa-Insel (F)
MOSAMBIK
Mosambikbecken
Mosambikrücken
INDISCHER OZEAN
Natalbecken
30°
35°
40°
20°
25°
30°
35°
Toliara
Morombe
Manombo
Tamboharana
Maintirano
Belo Tsiribihina
Morondava
Androka

1: 14 000 000

0 250 500 750 km

AMERIKA

160°
170°
180°
170°
160°
150°
140°
130°
70°
60°
50°
40°
30°
20°
120°
110°
100
NORDPOLARMEER
Ostsibirische See
Medweschi-Inseln
Wrangel
De-Long-Straße
Tschuktschensee
Beaufortsee
Banks Island
Prinz-Albert-Halbinsel
McClure-Straße
Eglinton I.
Prince Patrick Island
Amundsengolf
Victori
Wollastonhalbinsel
Coronationgolf
Mackenziebucht
Parry-halbinsel
Tschuktschen-halbinsel
Anadyrgolf
Beringstraße
Kotzebuesund
Seward-halbinsel
Nortonsund
St. Lawrence Island
St. Matthew Island
Nunivak I.
Alaska (USA)
Fairbanks
Anchorage
Kenai-halbinsel
Cook Inlet
Nördlicher Polarkreis
Großer Bärensee
Großer Sklavensee
Athabascasee
KANADA
BERING-MEER
Pribilofinseln (USA)
St. Paul I.
St. George I.
Bristol Bay
Alaskahalbinsel
Schelichowstraße
Afognak I.
Kodiak I.
Trinity-inseln
Golf von Alaska
Chichagof I.
Baranof Island
Prince of Wales I.
Alexanderarchipel
Haida Gwaii (Königin-Charlotte-Inseln)
Königin-Charlotte-Sund
Vancouver Island
Shumagin-inseln
Unimak I.
Unalaska I.
Umnak I.
Aleuten (USA)
Atka I.
Andreanofinseln
Attu I. (USA)
Grande Prairie
Prince George
Edmonton
Jasper
Red Deer
CALGARY
Saskatoon
Kamloops
Kelowna
Medicine Hat
Regina
Lethbridge
Nanaimo
VANCOUVER
Victoria
Seattle
Olympia
Tacoma
Spokane
Missoula
Great Falls
Bismarck
Portland
Salem
Eugene
Butte
Billings
Boise
Pocatello
Casper
Rapid City
Klamath Falls
Eureka
Redding
Salt Lake City
Ogden
Cheyenne
VEREINIGTE
VON AME
Reno
Carson City
Denver
Colorado Springs
Pueblo
Grand Junction
Sacramento
Berkeley
San Francisco
Oakland
Stockton
Modesto
San Jose
Fresno
Salinas
Bakersfield
Las Vegas
Santa Fe
Amarillo
Albuquerque
LOS ANGELES
Pasadena
San Bernardino
Long Beach
Santa Ana
PHOENIX
SAN DIEGO
TIJUANA
Ensenada
Mexicali
Tucson
El Paso
Odessa
Nogales
CIUDAD JUÁREZ
Chihuahua
Ojinaga
Hermosillo
Golf von Kalifornien
Guaymas
Ciudad Obregón
Hidalgo del Parral
Los Mochis
Culiacán
La Paz
Torreón
MONTERREY
Mazatlán
Victoria de Durango
Isla Guadalupe (MEX)
MEXIKO
GUADALAJARA
LEÓN
Morelia
Colima
Toluca
Cuernavaca
Manzanillo
Chilpancingo
Acapulco de Juárez
Revillagigedo-Inseln (MEX)
I. Socorro
I. Clarión
I. Clipperton (F)
PAZIFISCHER OZEAN
Kure
Midwayinseln
Hawaii-Inseln (USA)
Lisianski
Laysan
Gardner Pinnacles
Nördlicher Wendekreis
Necker
Nihoa
Kauai
Niihau
Oahu
Honolulu
Maui
Hawaii
Hilo
Johnston-Atoll
1:60 000 000
0
1000
2000
3000 km

Ellesmere
Axel Heiberg Island
Sverdrup-inseln
Ellef Ringnes I.
Amund Ringnes I.
Cornwall I.
Graham I.
Lougheed I.
King Christian Island
Belcherkanal
Grinnell-halbinsel
Bathurst Island
Cornwallis I.
Jonessund
Devon Island
Coburg Island
Russell I.
Prince of Wales Island
Somerset Island
Lancastersund
Prince Regent Inlet
Brodeur-halbinsel
Bylot Island
Boothia-halbinsel
Golf von Boothia
King William I.
Melville-halbinsel
Rowley Island
Prince Charles I.
Air Force I.
Baffinland
Foxe-becken
Foxe-kanal
Southampton Island
Foxe-halbinsel
Cumberland-halbinsel
Cumberlandsund
Hall-halbinsel
Nottingham Island
Coats I.
Mansel I.
Hudsonstraße
Resolution Island
Ungava-halbinsel
Akpatok Island
Ungava Bay
Hudson Bay
Ottawa-Inseln
Belcher-inseln
Labradorhalbinsel
Akimiski I.
James Bay
Labrador City
Melvillesee
Mistassinisee
Lake of the Woods
Nipigonsee
Oberer See
Thunder Bay
Sault-Sainte Marie
Sudbury
Greater Sudbury
North Bay
Huronsee
Michigansee
Eriesee
Ontariosee
St.-Lorenz-Strom
St.-Lorenz-Golf
I. d'Anticosti
Neufundland
St. John's
St-Pierre und Miquelon (F)
Saguenay
Québec
Trois-Rivières
MONTREAL
Sherbrooke
Gatineau
Ottawa
Kingston
Moncton
Fredericton
Dartmouth
Halifax
Sable I.
Duluth
St. Paul
Eau Claire
Milwaukee
Madison
Rockford
Grd. Rapids
Flint
Lansing
Detroit
TORONTO
Hamilton
Oshawa
Niagara Falls
Syracuse
Buffalo
Albany
Portland
Boston
New Bedford
Worcester
Scranton
New Haven
NEW YORK
Newark
PHILADELPHIA
Pittsburgh
Toledo
Cleveland
CHICAGO
Peoria
Ft. Wayne
Columbus
Dayton
Cincinnati
Indianapolis
Louisville
St. Louis
Springfield
Evansville
Lexington
Frederick
Baltimore
Washington D. C.
Arlington
Charleston
Richmond
Hampton
Roanoke
Virginia Beach
Winston-Salem
Portsmouth
Durham
Raleigh
Nashville
Knoxville
Memphis
Charlotte
Chattanooga
Atlanta
Huntsville
Birmingham
Columbia
Macon
Columbus
Montgomery
Meridian
Jackson
Mobile
Albany
Savannah
Charleston
Jacksonville
Tallahassee
New Orleans
Daytona Beach
Orlando
Tampa
St. Petersburg
West Palm Beach
Ft. Myers
Ft. Lauderdale
Hialeah
Miami
Golf von Mexiko
Floridastraße
BAHAMAS
Nassau
Andros I.
Acklins I.
Caicosinseln (GB)
Westindische Inseln
HAVANNA
KUBA
Santa Clara
Camagüey
Holguín
Manzanillo
Santiago de Cuba
Guantánamo
Cayman Islands (GB)
Montego Bay
JAMAIKA
Kingston
Cap-Haïtien
HAITI
PORT-AU-PRINCE
SANTO DOMINGO
SANTIAGO D. L. C.
DOMINIKANISCHE REP.
Puerto Rico (USA)
Basseterre
ANTIGUA U. BARBUDA
St. John's
ST. KITTS U. NEVIS
Guadeloupe (F)
Roseau
DOMINICA
Martinique (F)
ST. LUCIA
Castries
BARBADOS
Bridgetown
ST. VINCENT U. D. GRENADINEN
Kingstown
St. George's
GRENADA
Curaçao (NL)
Port of Spain
TRINIDAD U. TOBAGO
Karibisches Meer
Cancún
Mérida
Yucatánstraße
Halbinsel Yucatán
Campeche
Chetumal
Belize-Stadt
BELIZE
Belmopan
Villahermosa
GUATEMALA
San Pedro Sula
HONDURAS
TEGUCIGALPA
San Salvador
EL SALVADOR
MANAGUA
NICARAGUA
León
San José
Limón
Colón
Puntarenas
COSTA RICA
Santa Marta
BARRANQUILLA
Cartagena
Sincelejo
Panamá-Stadt
MARACAIBO
CARACAS
Barquisimeto
Valera
Mérida
Barinas
VALENCIA
Cumaná
Barcelona
Maturín
El Tigre
Ciudad Guayana
Ciudad Bolívar
GUYANA
Georgetown
Paramaribo
SURINAME
Cayenne
Franz.-Guayana
VENEZUELA
Cúcuta
MEDELLÍN
BOGOTÁ D. C.
Lincolnsee
Naresstraße
Kennedykanal
Kane-becken
Hayes-halbinsel
Melville-bucht
Pearyland
Independencefjord
Grönland (DK)
Baffinmeer
Davisstraße
Nuussuaq-halbinsel
Disko
Norske Øer
Franske Øer
Île de France
Store Koldewey
Shannon Ø
Traill Ø
Grönlandsee
Jan Mayen (N)
Dänemarkstraße
ISLAND
Reykjavík
Färöer (DK)
Tórshavn
Rockall (GB)
Hebriden
Londonderry
IRLAND
Galway
Limerick
Cork
Labradorsee
Azoren (P)
S. Jorge
Pico
Terceira
São Miguel
Ponta Delgada
La Coruña
Vigo
Porto
Coimbra
Lissabon
Setúbal
Madeira-Archipel (P)
Funchal
Kanarische Inseln
Sta. Cruz de Tenerife
La Palma
Teneriffa
Gran Canaria
Las Palmas d. G. C.
Lanzarote
Fuerteventura
Laayoune
Agadir
Westsahara
Bermuda-Inseln (GB)
Sargassosee
ATLANTISCHER OZEAN
Nördlicher Wendekreis
MAURETANIEN
Nouakchott
CABO VERDE
Santo Antão
Mindelo
São Nicolau
São Tiago
Boa Vista
Fogo
Praia
St. Louis
Thiès
DAKAR
SENEGAL
Kaolack
GAMBIA
Banjul
Ziguinchor
Bissau
GUINEA-BISSAU
CONAKRY
Freetown
SIERRA LEONE
Monrovia
Penedos de São Pedro e São Paulo (BR)
Äquator
110°
100°
90°
80°
70°
60°
50°
40°
30°
20°
10°

Karibisches Meer
Antillen
Kleine Antillen
Äquator
Südlicher Wendekreis
B R A S I L I E N
B O L I V I E N
P E R U
K O L U M B I E N
V E N E Z U E L A
P A R A G U A Y
E C U A D O R
GUYANA
SURINAME
Franz. Guayana
PANAMA
COSTA RICA
NICARAGUA
HONDURAS
EL SALVADOR
BELIZE
JAMAIKA
HAITI
DOMINIKANISCHE REPUBLIK
TRINIDAD UND TOBAGO
BARBADOS
GRENADA
ST. LUCIA
DOMINICA
ST. VINCENT
ST. KITTS UND NEVIS
BRASÍLIA
CARACAS
BOGOTÁ D.C.
QUITO
LIMA
LA PAZ
ASUNCIÓN
MANAGUA
TEGUCIGALPA
PANAMA-Stadt
Kingston
PORT-AU-PRINCE
SANTO DOMINGO
Port of Spain
Georgetown
Paramaribo
Cayenne
Bridgetown
SÃO PAULO
RIO DE JANEIRO
BELO HORIZONTE
SALVADOR
FORTALEZA
RECIFE
MANAUS
BELÉM
CURITIBA
GOIÂNIA
CAMPINAS
GUAYAQUIL
MEDELLÍN
CALI
BARRANQUILLA
MARACAIBO
MARACAY
VALENCIA
SANTA CRUZ DE LA SIERRA
EL ALTO
Cochabamba
Arequipa
São Luís
Teresina
Natal
João Pessoa
Maceió
Aracaju
Vitória
Cuiabá
Campo Grande
Porto Velho
Rio Branco
Santarém
Macapá
Boa Vista
Iquitos
Trujillo
Chiclayo
Cusco
Antofagasta
Arica
Iquique
Salta
Sucre
Potosí
Oruro
Amazonas
Madeira
Purus
Juruá
Negro
Branco
Tapajós
Xingu
Tocantins
Araguaia
São Francisco
Paraná
Paraguay
Pilcomayo
Guaporé
Orinoco
Ucayali
Marañón
Titicacasee
Salar de Uyuni
Salar de Atacama
Ilha de Marajó
Ilha do Bananal
Galápagosinseln (EC)
Isla de Malpelo (CO)
Kokosinsel (CR)
Desventuradosinseln (Chile)
Fernando de Noronha (BR)
Ilha da Trindade (BR)
Golf von Panama
10°
0°
10°
20°
80°
70°
60°
50°
40°
90°
0
500
1000
1500 km

1:35 000 000

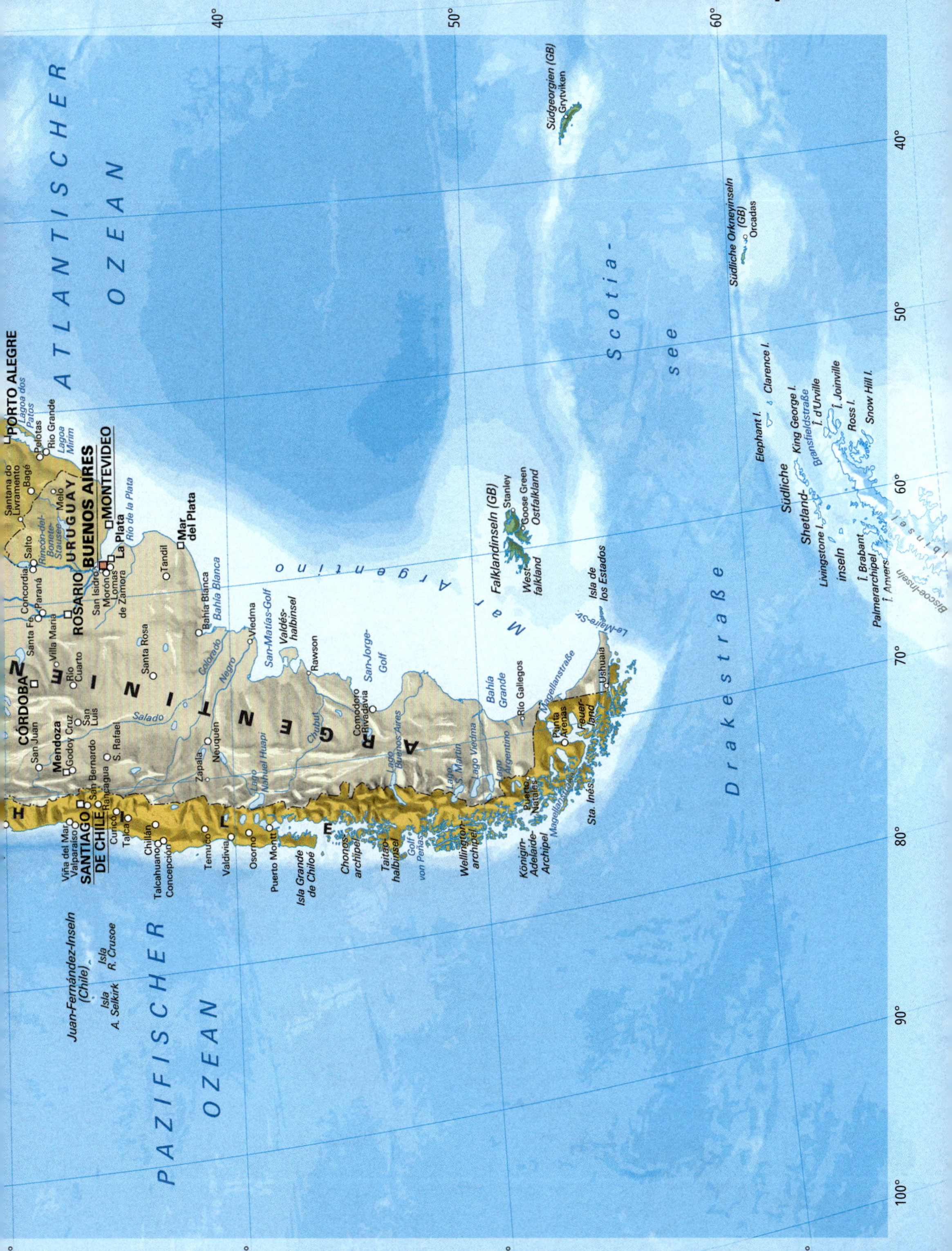
ATLANTISCHER OZEAN
PAZIFISCHER OZEAN
ARGENTINIEN
CHILE
URUGUAY
PORTO ALEGRE
Lagoa dos Patos
Pelotas
Rio Grande
Lagoa Mirim
Santana do Livramento
Bagé
Rincón-del-Bonete-Stausee
Melo
Salto
Concordia
Paraná
Santa Fe
Villa María
CÓRDOBA
Río Cuarto
San Luis
San Juan
Mendoza
Godoy Cruz
San Rafael
ROSARIO
BUENOS AIRES
MONTEVIDEO
San Isidro
Morón
Lomas de Zamora
La Plata
Río de la Plata
Mar del Plata
Tandil
Santa Rosa
Bahía Blanca
Salado
Colorado
Negro
Chubut
Viedma
San-Matías-Golf
Valdés-halbinsel
Rawson
Comodoro Rivadavia
San-Jorge-Golf
Río Gallegos
Bahía Grande
Magellanstraße
Punta Arenas
Feuerland
Ushuaia
Le-Maire-Str.
Isla de los Estados
Sta. Inés
Neuquén
Zapala
Lago Nahuel Huapi
Lago Buenos Aires
Lago S. Martín
Lago Viedma
Lago Argentino
Puerto Natales
Königin-Adelaide-Archipel
Wellington-archipel
Golf von Peñas
Taitao-halbinsel
Chonos-archipel
Isla Grande de Chiloé
Puerto Montt
Osorno
Valdivia
Temuco
Chillán
Talcahuano
Concepción
Talca
Curicó
Rancagua
San Bernardo
SANTIAGO DE CHILE
Valparaíso
Viña del Mar
Juan-Fernández-Inseln (Chile)
Isla R. Crusoe
Isla A. Selkirk
Mar Argentino
Falklandinseln (GB)
Stanley
Goose Green
Ostfalkland
Westfalkland
Südgeorgien (GB)
Grytviken
Südliche Orkneyinseln (GB)
Orcadas
Scotiasee
Drakestraße
Südliche Shetlandinseln
Elephant I.
Clarence I.
King George I.
Bransfieldstraße
Î. d'Urville
Î. Joinville
Ross I.
Snow Hill I.
Livingstone I.
Î. Brabant
Palmerarchipel
Î. Anvers
Biscoe-Inseln
30°
40°
50°
60°
70°
80°
90°
100°

1: 14 000 000

0 250 500 750 km

140°
135°
130°
125°
120°
115°
110°
105°
65°
60°
55°
Banks Island
Halbinsel
Victoria Island
Beaufortsee
Amundsengolf
Kap Kellett
Kap Lambton
Diamond-Jenness-Halbinsel
Iqaluktuuttiaq (Cambridge Bay)
Prinz-Albert-Sund
Uluqsaqtuuq
Wollaston-halbinsel
Kap Baring
Kap Bathurst
Kap Parry
Kap Dalhousie
Franklin-bucht
Parry-halbinsel
Dolphin-und-Union-Straße
K A N A D A
Kenthalbinsel
Coronationgolf
K. Barrow
Bathurst Inlet
Kingaok (Bathurst Inlet)
Kugluktuk (Coppermine)
Herschel I.
Richards Island
Tuktoyaktuk
Paulatuk
Melville Hills
Mackenzie-bucht
Mackenzie-delta
Eskimo Lakes
Bluenose-see
Barren
Inuvik
Sitidgi-see
Crossley-Seen
Horton
Hortonsee
Napaktulik-see
Contwoyto-see
British Mts.
Richardson Mts.
Maunoir-see
Aubrysee
Coppermine
Colville Lake
Lac des Bois
Dease Arm
Großer Bärensee
Port Radium (abandoned)
Spike Mountain 2139
Old Crow
1035
Tetlit Zheh (Fort McPherson)
Mackenzie
Belotsee
Smith Arm
Northwest Territories
Yamba-see
Pointsee
Grassee
Eagle Plains
Fort Good Hope
Hottah-see
Arctic Red
Peel
Mahony-see
McVicar Arm
Hardisty-see
Rae-see
MacKaysee
Ogilvie Mts.
Mount Burgess 1621
Norman Wells
Great Bear
Faber-see
1799
Yukon
Mackenzie
Tulita (Fort Norman)
Grandinsee
La-Martre-See
Wernecke Mts. 2366
2515
Mount Eduni 2352
Franklin Mts.
Kellersee
Behchokò
Yellowknife
2667
Mackenzie Mountains
1577
Hornplateau
North Arm
Großer Sklavensee
838
Willow-see
Dawson
Glenboyle
Keno Hill
2235
Keele Peak 2972
Selwyn Mountains
Wrigley
Fort Resolution
Klondike
Yukon-plateau
Fort Simpson
Mills-see
Fort Providence
Hay River
Pine Point
Stewart Crossing
Stewart
Yukon
Pelly Crossing
2022
2190
Pelly
Dawson Ra.
Tungsten
Liard-plateau
Kakisa-see
Tathlinasee
Buffalo-see
Caribou Mts.
1036
Beaver Creek
Carmacks
Ross River
Logan Mts.
Nahanni Butte
Trout-see
Fort Liard
Bistchosee
Meander River
High Level
Fort Vermilion
Pelly Mts.
Kluane-see
5029
ROCKY MOUNTAINS
Watson Lake
Zama-see
Rainbow Lake
Mt. Logan 5959
Haines Junction
Whitehorse
Teslin
Liard
Fort Nelson
5489
Mt. St. Elias
Malaspina-gletscher
Teslinsee
Cassiar Mts.
Toad River
Atlin-see
Skagway
Haines
Yakutat
King Peak 2846
2910
North Star
Clear Hills
Peace River
Mt. Fairweather 4671
Küstengebirge
Dease Lake
Stikine
Juneau
Stikine-plateau
British
Fort Ware
Fort Saint John
Kap Fairweather
Kap Spencer
Hoonah
Admiralty I.
Omineca Mts.
Williston-see
Dawson Creek
Grande Prairie
Chichagof I.
Kupreanof I.
Sitka
Petersburg
Skeena Mts.
Kruzof I.
Baranof I.
Kuiu I.
Wrangell
Alexander-Archipel
Revillagigedo I.
Stewart
Prince of Wales I.
Hazelton
Fraser-becken
Stuartsee
Grande Cache
Fort Saint James
Mt. Robson
Kap Ommaney
Ketchikan
Babinesee
Topley
Vanderhoof
Cariboo Mountains
Prince George
Baker I.
Noyes I.
Suemez I.
Dall I.
Terrace
Nechakoplateau
Kap Chacon
Prince Rupert
Kitimat
Whitesail-see
Knewstubbsee
Quesnel
Kap Muzon
Fraser-plateau
Dixon Entrance
Eutsuk-see
Williams Lake
100 Mile House
Graham I.
Masset
Pitt I.
Haida Gwaii
Hecatestraße
Princess Royal I.
Anahim Lake
Bella Coola
Banks I.
Charlotte
Queen Charlotte City
Clinton
Kamloops

652
658

Beaufortsee
Melville Island
Banks Island
Viscount-Melville-Sund
Prinz-Albert-Halbinsel
Victoria Island
Stefansson Island
Storkerson-halbinsel
Prince of Wales Island
Prescott I.
Russell Island
Byam Martin I.
Kap Kellett
Sachs Harbour
Kap Dalhousie
Kap Bathurst
Kap Lambton
Kap Parry
Kap Elvira
Kap Baring
Amundsengolf
Parry-halbinsel
Paulatuk
Melville Hills
Uluqsaqtuuq
Diamond-Jenness-Halbinsel
Prinz-Albert-Sund
Wollaston-halbinsel
McClintock-Kanal
Gateshead Island
Collison-halbinsel
Iqaluktuutiaq (Cambridge Bay)
Victoriastr.
King William I.
Uqsuqtuuq (Gjoa Haven)
Kenthalbinsel
Coronationgolf
Kugluktuk (Coppermine)
K. Barrow
Königin-Maud-Golf
Adelaide-halbinsel
Dolphin-and-Union-Straße
Mackenziebucht
Richards Island
Tuktoyaktuk
Mackenzie-delta
Eskimo Lakes
Liverpoolbucht
Inuvik
Tetlit Zheh (Fort McPherson)
Herschel I.
K A N A D A
Nördlicher Polarkreis
Fort Good Hope
Northwest Territories
Großer Bärensee
Smith Arm
Dease Arm
McVicar Arm
Norman Wells
Tulita (Fort Norman)
Mount Eduni 2552
Port Radium (abandoned)
Kingaok (Bathurst Inlet)
Barren Grounds
Nunavut
Mackenzie Mountains
Franklin Mts.
Selwyn Mountains
Wrigley
Hornplateau
Liard-plateau
Fort Simpson
Nahanni Butte
Behchokǫ̀
Yellowknife
Großer Sklavensee
Fort Providence
Hay River
Fort Resolution
Pine Point
Reliance
Fort Liard
Fort Smith
Caribou Mts.
Fort Nelson
Toad River
Meander River
Rainbow Lake
High Level
Fort Vermilion
Fort Chipewyan
Athabascasee
Fond-du-Lac
Stony Lake
Cluff Lake Mine
Wollaston Lake Landing
Wollastonsee
Birch Mts.
Clear Hills
North Star
Fort Saint John
Dawson Creek
Peace River
Grande Prairie
Valleyview
Slave Lake
Fort MacKay
Fort McMurray
La Loche
Kinoosao
Reindeersee
Southend
Lynn Lake
Thompson
Beauval
Sandy Bay
Alberta
Saskatchewan
Rocky Mountains
Qamanittuaq
Dubawntsee
Kasbasee
Nueltinsee
1: 14 000 000
0 250 500 750 km
135° 130° 125° 120° 115° 110° 105° 100°
70° 65° 60° 55°

651

655
Devon Island
Kap Sherard
Philpots I.
Jonessund
Lancastersund
Baffin Bay
Baffinbecken
Bylot I.
K. Graham Moore
Mittimatalik
Eclipsesund
Prince Regent Inlet
Admiralty Inlet
Ikpiarjuk (Arctic Bay)
Borden-halbinsel
Brodeur-halbinsel
Bernierbucht
Golf von Boothia
Boothia Isthmus
Taloyoak
Simpson-halbinsel
Kugaaruk (Pelly Bay)
Committee Bay
Wales I.
Melville-halbinsel
Hallsee
Sanirajak (Hall Beach)
Parry Bay
Jens Munk I.
Koch I.
Bray I.
Rowley I.
Spicer-inseln
Baird-halbinsel
Foley I.
Prince Charles Island
Air Force Island
Kangiqtugaapik
K. Raper
Henry-Kater-Halbinsel
Home Bay
Merchants Bay
Kap Dyer
Cumberland-halbinsel
Pangniqtuuq
Hoare Bay
Kap Mercy
Cumberlandsund
Nettillingsee
Baffinland
Kordilleren
Davisstraße
2591
Foxebecken
Rae-Isthmus
Naujaat (Repulse Bay)
Repulse Bay
Winter I.
Vansittart I.
White I.
Frozenstr.
Wager Bay
Lorillard
Roes-Welcome-Sund
Southampton Island
623
Salliq (Coral Harbour)
Bell-halbinsel
Boas
Chesterfield Inlet
Igluligaarjuk
Kap Low
Fisherstr.
Evansstr.
Coats Island
Mansel Island
Foxekanal
K. Dorchester
Foxe-halbinsel
Kinngait (Cape Dorset)
Mill I.
Salisbury I.
Nottingham I.
Charles Island
K. Wolstenholme
Ivujivik
Salluit
Kangiqsujuaq
Amadjuaksee
Lemieuxinseln
Kap Murchinson
Hall-halbinsel
Iqaluit
Frobisherbucht
Loks Land
Meta-Incognita-Halbinsel
Kimmirut
Big I.
Edgell I.
Resolution I.
East Bluff
Hudsonstraße
Kap Labrador
Killiniq
Akpatok I.
Torngat Mts.
Ungava Bay
Kangirsuk
Cratère du Nouveau-Québec
657
Nantaissee
Klotzsee
Chukotat
Ungava-halbinsel
Arnaud (Payne)
Paynesee
Faribaultsee
La-Potheriesee
Tassialoucsee
Kuujjuaq (Fort-Chimo)
Koksoak
Baleine
George
Tikirarjuaq (Whale Cove)
Arviat
Hudson Bay
Smith Island
Povungnituk
Ottawa-Inseln
Inukjuak
Chavignysee
Feuilles
Mélèzes
Caniapiscau
Le-Moyne-See
Champdoré-see
Chakonipau-see
Labrador-halbinsel
Mintosee
Sleeper-inseln
Nastapoka-Inseln
Umiujaq
Guillaume-Delisle-See
Eau-Claire-See
Ibervillesee
Caniapiscau-Stausee
Schefferville
Bienvillesee
Barrensgrounds
661
Kap Churchill
Port Nelson
Kap Tatnam
Nelson
Hayes
Fort Severn
Winisk
Kap Henrietta Maria
Belcherinseln
Kuujjuarapik
Gd. Rre. de la Baleine
Brisay
Long I.
Laforge-2
La-Grande-4-Stausee
La-Grande-3-Stausee
Pointe Louis-XIV
Robert-Bourassa-Stausee
Radisson
Sakami
Sakamisee
Chisasibi
Naococanesee
Opiskotéosee
Labrador City
Gagnon
659
Godssee
90° 85° 80° 75° 70° 65° 60° 55° 50°
70° 65° 60° 55°

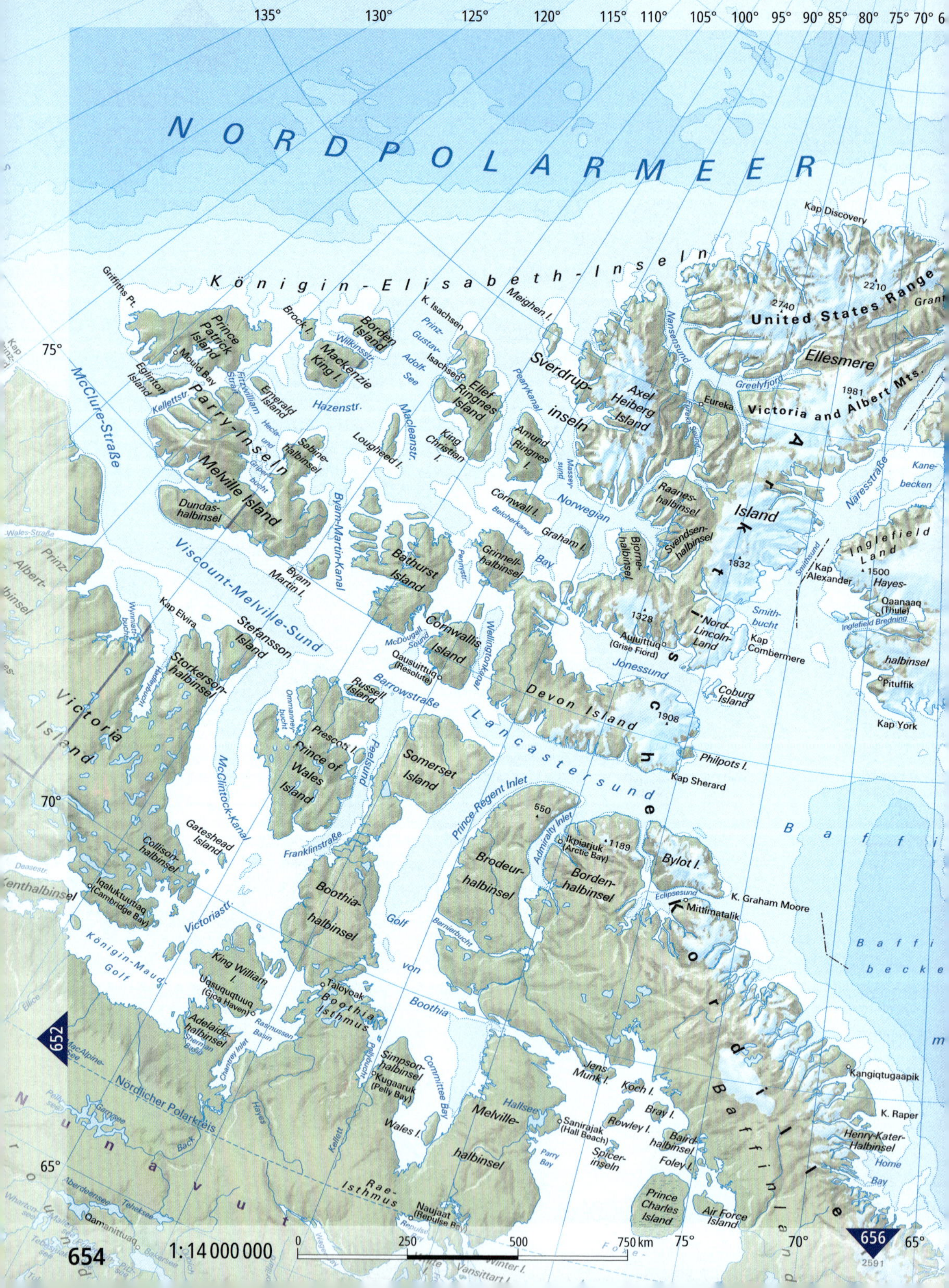
135°
130°
125°
120°
115°
110°
105°
100°
95°
90°
85°
80°
75°
70°
75°
70°
65°
NORDPOLARMEER
Kap Discovery
Königin-Elisabeth-Inseln
Griffiths Pt.
K. Isachsen
Meighen I.
2210
2740
United States Range
Ellesmere
Greelyfjord
1981
Victoria and Albert Mts.
Eureka
Prince Patrick Island
Mould Bay
Eglinton Island
Brock I.
Borden Island
Wilkinsstr.
Mackenzie King I.
Prinz-Gustav-Adolf-See
Isachsen
Ellef Ringnes Island
Peary-Kanal
Sverdrup-inseln
Nansensund
Axel Heiberg Island
Kellettstr.
Fitzwilliam Strait
Emerald Island
Hazenstr.
McClure-Straße
Parry-Inseln
Hecla und Griper-bucht
Sabine-halbinsel
Melville Island
Dundas-halbinsel
Lougheed I.
Maclean-str.
King Christian I.
Amund Ringnes I.
Massey-sund
Norwegian Bay
Cornwall I.
Belcherkanal
Graham I.
Raanes-halbinsel
Svendsen-halbinsel
Bjorne-halbinsel
Arktische Kordillere
Island
Kane-becken
Nares-straße
Inglefield Land
Kap Alexander
1500
Hayes-halbinsel
1832
Smithsund
Smith-bucht
Qaanaaq (Thule)
Inglefield Bredning
Pituffik
Kap York
Wales-Straße
Prinz-Albert-halbinsel
Viscount-Melville-Sund
Byam-Martin-Kanal
Byam Martin I.
Bathurst Island
Grinnell-halbinsel
Penny-str.
Kap Elvira
Wynniatt-bucht
Stefansson Island
McDougall Sound
Cornwallis Island
Wellingtonkanal
1328
Aujuittuq (Grise Fiord)
Nord-Lincoln-Land
Kap Combermere
Jonessund
Coburg Island
Storkerson-halbinsel
Hadleybucht
Victoria Island
Qausuittuq (Resolute)
Russell Island
Barrowstraße
Ommanney-bucht
Devon Island
1908
Lancastersund
Prescott I.
Prince of Wales Island
Peelsund
Somerset Island
Philpots I.
Kap Sherard
McClintock-Kanal
Gateshead Island
Collison-halbinsel
Franklinstraße
Prince Regent Inlet
550
Admiralty Inlet
Ikpiarjuk (Arctic Bay)
1189
Bylot I.
Baffin
Brodeur-halbinsel
Borden-halbinsel
Eclipsesund
Mittimatalik
K. Graham Moore
Dease-str.
Kent-halbinsel
Iqaluktuuttiaq (Cambridge Bay)
Victoriastr.
Boothia-halbinsel
Golf von Boothia
Bernierbucht
Baffinbecken
Königin-Maud-Golf
King William I.
Uqsuqtuuq (Gjoa Haven)
Taloyoak
Boothia Isthmus
Ellice
Adelaide-halbinsel
Sherman Becken
Rasmussen Basin
Chantrey Inlet
MacAlpine-See
Pelly-bucht
Simpson-halbinsel
Kugaaruk (Pelly Bay)
Committee Bay
Jens Munk I.
Koch I.
Kangiqtugaapik
Nördlicher Polarkreis
Garrysee
Pelly-seen
Hayes
Back
Kellett
Wales I.
Hallsee
Melville-halbinsel
Sanirajak (Hall Beach)
Bray I.
Rowley I.
Baird-halbinsel
Spicer-inseln
Foley I.
K. Raper
Henry-Kater-Halbinsel
Home Bay
Nunavut
Parry Bay
Rae-Isthmus
Naujaat (Repulse Bay)
Repulse Bay
Prince Charles Island
Air Force Island
Baffinland
Qamanittuaq (Baker Lake)
Aberdeensee
Wharton-see
Tehek-see
Winter I.
Vansittart I.
Foxe
2591
1:14 000 000
0
250
500
750 km
652
656

Kap Morris Jesup
Roosevelt Fjelde
1920
Peary Land
Kap Eiler Rasmussen
Independence Fjord
Danmark Fjord
Kronprins Christian Land
1433
Victoriafjord
1096
Knud Rasmussen Land
Norske Øer
Franske Øer
Jøkelbugten
Île de France
Grönlandsee
Danmarkshavn
Dovebucht
Store Koldewey
Shannon Ø
Hochstetter Forland
Daneborg
Kap Franklin
Foster Bay
Traill Ø
König-Oscar-Fjord
Scoresbyland
Jamesonland
Ittoqqortoormiit
Kap Brewster
Scoresbysund
Blossevilleküste
Gunnbjørn Field
König-Frederik-VIII.-Land
König-Christian-X.-Land
König-Christian-IX.-Land
Grönland (DK)
Steenstrup-gletscher
Nuussuaq
Upernavik
1890
Sigguup Nunavik
Karrat Isfjord
Uummannaq Fjord
Uummannaq
Nuussuaq-halbinsel
Sullorsuaq Vaigat
Qeqertarsuaq (Disko Ø)
Qeqertarsuaq (Godhavn)
Ilulissat
Diskobucht
Qasigiannguit (Christianshåb)
Kangerlussuaq (Søndre Strømfjord)
Kap Gustav-Holm
Dänemarkstraße
Spitzbergen
Prinz-Karl-Vorland
Isafjördur
657

654
661
Bylot I.
Borden-halbinsel
Eclipsesund
Mittimatalik
K. Graham Moore
Baffin-Bai
Baffin-becken
Nuussuaq
Upernavik
Sigguup Nunavik
1890
Karrat Isfjord
Uummannaq Fjord
Uummannaq
Nuussuaq-halbinsel
Qeqertarsuaq (Disko Ø)
Qeqertarsuaq (Godhavn)
Ilulissat
Diskobucht
Qasigiannguit (Christianshåb)
Steenstrup-gletscher
Melville-bucht
Gr
Nordbaffinland
Baffinland
Kordilleren
Jens Munk I.
Koch I.
Bray I.
Rowley I.
Baird-halbinsel
Foley I.
Spicer-inseln
Sanirajak (Hall Beach)
Parry Bay
Hallsee
Melville-halbinsel
Committee Bay
Prince Charles Island
Air Force Island
Winter I.
Vansittart I.
Foxebecken
Kangiqtugaapik
K. Raper
Henry-Kater-Halbinsel
Home Bay
2591
Merchants Bay
Cumberland-halbinsel
Kap Dyer
Pangniqtuuq
Davisstraße
Sisimiut (Holsteinsborg)
Kangerlussuaq (Søndre Strømfjord)
Maniitsoq
Nuuk (Godthåb)
K. Dorchester
Nettilling-see
Amadjuak-see
Foxe-halbinsel
Kinngait (Cape Dorset)
Mill I.
Salisbury I.
Nottingham
K. Wolstenholme
Ivujivik
Charles Island
Cumberlandsund
Hoare Bay
Kap Mercy
Lemieuxinseln
Meta-Incognita-Halbinsel
Iqaluit
Hall-halbinsel
Big I.
Kimmirut
Frobisherbucht
Kap Murchinson
Salluit
Cratère du Nouveau-Québec
667
Kangiqsujuaq
Hudsonstraße
Loks Land
East Bluff
Edgell I.
Resolution I.
Ungava-halbinsel
Klotzsee
Payne-see
Arnaud (Payne)
Kangirsuk
Akpatok I.
Killiniq
Kap Labrador
Ungava Bay
Torngat Mts.
Paamiut (Frederikshåb)
Ivittuut
Narsarsuaq
Qaqortoq (Julianehåb)
Labradorsee
Uummannarsuaq Kap Farvel
König-Frederik-VI.-Küste
Erikrücken
Kuujjuaq (Fort-Chimo)
Koksoak
Mélèzes
Caniapiscau
Le-Moyne-see
Balaine
George
Hebron
Cod Island
Labrador
Labradorküste
Chakonipau-see
Champdoré-see
South Aulatsivik I.
Nain
Labradorbecken
Caniapiscau-Stausee
Brisay
Schefferville
Smallwood-Stausee
Makkovik
Kap Harrison
Neufundland
Groswater Bay
1:14 000 000
0
250
500
750 km
85°
80°
75°
70°
65°
60°
55°
50°
45°

655
602
35°
30°
25°
20°
15°
10°
5°
70°
65°
60°
55°
40°
Daneborg
Kap Franklin
Foster Bay
Traill Ø
König-Oscar-Fjord
Scoresby-land
Jameson-land
Ittoqqortoormiit
Scoresbysund
Kap Brewster
König-Christian-X.-Land
Blosseville-küste
Gunnbjørn Fjeld
König-Christian-IX.-Land
Kap Gustav-Holm
Tasiilaq
Dänemarkstraße
2279
Jan Mayen (N)
Jan Mayen-Rücken
Nördlicher Polarkreis
Raufarhöfn
Grimsey
Hornbjarg
Hunabucht
Akureyri
Seydhisfjördhur
Egilsstadhir
Isafjördhur
ISLAND
Breidhafjord
Vatnajökull
Höfn
Langjökull
Stykk Shólmsbær
1446
Hvannadalshnjúkur
2119
Akranes
Hekla
1491
Reykjavík
Keflavík
Heimæy
Vík
Reykjanesrücken
ATLANTISCHER OZEAN

651
662
135°
130°
125°
120°
115°
110°
55°
50°
45°
40°
Baker I.
Noyes I.
Suemez I.
Dall I.
Kap Muzon
Dixon Entrance
Kap Chacon
Ketchikan
Stewart
Prince of Wales I.
Graham I.
Haida Gwaii
(Königin-Charlotte-Inseln)
Masset
Queen Charlotte City
Moresby I.
Kap St. James
Hecatestraße
Banks I.
Pitt I.
Princess
Prince Rupert
Terrace
Kitimat
Hazelton
Skeena Mts.
Omineca Mts.
Nechakoplateau
Fraserbecken
Fraserplateau
Topley
Fort Saint James
Vanderhoof
Prince George
Quesnel
Williams Lake
Cariboo Mountains
100 Mile House
Clinton
Kamloops
Lytton
Merritt
Whistler
Squamish
Powell River
Campbell River
Courtenay
Port Alberni
Nanaimo
Vancouver Island
VANCOUVER
Surrey
Chilliwack
Hope
Princeton
Kelowna
Vernon
Revelstoke
Golden
Victoria
Kap Flattery
Juan-de-Fuca-Str.
Königin-Charlotte-Sund
Port Hardy
Pacific Ranges
Mt. Waddington 4019
Bella Coola
Anahim Lake
Tatla Lake
Columbia
Columbiagebirge
Monashee Mts.
Purcell Mts.
Mt. Robson 3954
Hinton
Tête Jaune Cache
Jasper
Mt. Columbia 3747
Grande Cache
Fort Saint John
Dawson Creek
Grande Prairie
Clear Hills
North Star
Peace River
Valleyview
Slave Lake
Birch Mts.
Fort MacKay
Fort McMurray
Fort Vermilion
High Level
Chipewyan
Athabasca
Lac La Biche
Whitecourt
Edson
Entwistle
Edmonton
Vermilion
Camrose
Wetaskiwin
Wainwright
Rocky Mtn. House
Red Deer
Stettler
Castor
Elnora
Consort
Hanna
Sundre
Lake Louise
Banff
CALGARY
Radium Hot Springs
Drumheller
Oyen
Marengo
Bassano
Brooks
Tornado Mountain 3099
Medicine Hat
Lethbridge
Cranbrook
Creston
Trail
Maple Creek
Wild Horse
Mt. Cleveland 3186
Alberta
MOUNTAINS
British
Glacier Pk. 3221
Mt. Olympus 2429
Everett
Seattle
Bellevue
Tacoma
Olympia
Aberdeen
Queets
Mt. Rainier 4392
Ellensburg
Leavenworth
Washington
Spokane
Coeur d'Alene
Moyie Springs
Kalispell
Shelby
Fort Benton
Great Falls
Stanford
Missoula
Helena
White Sulphur Springs
Butte
Bozeman
Conical Pk. 3272
Granite Pk. 3903
Absaroka
Montana
Bitterroot Range
Moses Lake
Yakima
Mt. St. Helens 2550
Astoria
Longview
Kennewick
Walla Walla
Lewiston
Portland
McMinnville
Salem
Newport
Eugene
Pendleton
Grangeville
Salmon River
Salmon
Blue Mountains
Big Baldy 2963
Mountains
Oregon
Kaskadengebirge
Bend
Mount Vernon
Burns
Ontario
Payette
Boise
Nampa
Mountain Home
Idaho
Borah Pk. 3861
Arco
Idaho Falls
Pocatello
Carey
Twin Falls
Snake River Plain
Columbiaplateau
Great Sandy Desert
Harneybecken
Harney Lake
Malheur Lake
Burns Junction
Coos Bay
Kap Blanco
Coast Ranges
Medford
Klamath Falls
Adel
Pt. St. George
Crescent City
Mt. Shasta 4317
Mt. Shasta
Alturas
Warner Ra.
Granite Peak 2966
Mountain City
Thousand Springs
Wells
Winnemucca
Black Rock Desert
Battle Mountain
Carlin
Eureka
Kap Mendocino
Redding
Redwood Empire
Chico
Lovelock
Carson Sink
Shoshone Mts.
Austin
Eureka
Ely
Wheeler Pk. 4014
Reno
Carson City
Yuba City
Ukiah
Pt. Arena
Santa Rosa
Napa
Sacramento
Sierra Nevada
Nevada
Großes Becken
Tonopah
Warm Springs
Rachel
Caliente
Berkeley
San Francisco
Oakland
Stockton
Modesto
Benton
San Jose
Diablo
Santa Cruz
Fresno
Monterey
Salinas
Pt. Sur
Beatty
Cape San Martin
Las Vegas
Mt. Whitney 4421
St. George
Cedar City
Kanab
Page
Fredonia
Kayenta
Monument Valley
Salt Lake City
Ogden
Logan
Evanston
Kings Pk. 4126
Orem
Provo
Salt Lake Desert
Great Salt Lake
Duchesne
Utah
Green River
Moab
Richfield
Hanksville
Holden
Colorado
Montpelier
Sage
Wind River Range
Teton Pk. 4199
Yellowstone
West Yellowstone
ROCKY
0
250
500
750 km

1: 14 000 000

652
653
663
660
K A N A D A
Manitoba
Ontario
Barren Grounds
Winnipegsee
Winnipeg
Regina
Thunder Bay
Große Seen
Oberer See
Michigansee
Minnesota
Wisconsin
Michigan
North Dakota
South Dakota
Nebraska
Kansas
Iowa
Missouri
Illinois
Indiana
Colorado
Oklahoma
Arkansas
Kentucky
Tennessee
Zentrales Tiefland
Great Plains
VEREINIGTE STAATEN VON AMERIKA
CHICAGO
Milwaukee
Minneapolis
Saint Paul
Duluth
Fargo
Bismarck
Sioux Falls
Omaha
Lincoln
Des Moines
Kansas City
Topeka
Wichita
Saint Louis
Springfield
Memphis
Tulsa
Denver
Colorado Springs
Pueblo
Cheyenne
Indianapolis
Peoria
Madison
Green Bay
Port Nelson
Churchill
Kap Churchill
Kap Tatnam
Fort Severn
Winisk
Kap Henrietta Maria
Fort Albany
Moosonee
Hudson Bay
Sand Hills
Coteau du Missouri
Ozarkplateau
Boston Mts.
San Juan Mts.
Sangre de Cristo Mts.
105°
100°
95°
90°
85°
80°
55°
50°
45°
40°
35°

Hudson Bay
653
Smith Island
Povungnituk
Ottawa-Inseln
Churchill
Kap Churchill
Barren Grounds
Inukjuak
Port Nelson
Kap Tatnam
Sleeper-inseln
Gillam
Thompson
Lynn Lake
Kinoosao
Reindeersee
Southend
Sandy Bay
Flin Flon
The Pas
Manitoba
Fort Severn
Belcherinseln
Winisk
Kap Henrietta Maria
Kuujjuarapik
Long I.
Pointe Louis-XIV
Chisasibi
James Bay
Akimiski I.
Wemindji
Charlton I.
Eastmain
Waskaganish (Fort Rupert)
Moosonee
Fort Albany
KANADA
Norway House
Winnipegsee
Grand Rapids
Westray
Nipawin
Hudson Bay
Melfort
Tisdale
Wadena
Mafeking
Swan River
Reindeer Island
Berens Island
Canora
Yorkton
Melville
Grenfell
Dauphin
Regina
Moosomin
Brandon
Minnedosa
Pine Dock
Ashern
Hecla I.
Black Island
Manigotagan
Eriksdale
Red Lake
Central Patricia
Webequie
Ogoki
Ontario
Selkirk
Portage la Prairie
Winnipeg
Pipestone
Manitou
Westhope
Estevan
Savant Lake
Armstrong
Dryden
Kenora
Lake of the Woods
Nakina
Geraldton
Clay Belt
Ameson
Hearst
Matagami
Kapuskasing
Cochrane
Timmins
Amos
Kirkland Lake
Rouyn-Noranda
Val-d'Or
Minot
Pembina
Devils Lake
Karlstad
Grand Forks
Thief River Falls
Red Lake
International Falls
Ft. Frances
Atikokan
Mine Centre
Nipigon
Rossport
Marathon
Thunder Bay
Isle Royale
Grand Portage
Oberer See
Große Seen
Wawa
Michipicoten I.
Chapleau
Foleyet
Bismarck
North Dakota
Coteau du Missouri
Jamestown
Fargo
Moorhead
Detroit Lakes
Minnesota
Bemidji
Ely
Virginia
Little Marais
Duluth
Superior
Ashland
Keweenaw-halbinsel
Houghton
Ironwood
Covington
Marquette
Sault Ste. Marie
Upper Pen.
New Liskeard
Massey
Greater Sudbury
North Bay
659
South Dakota
Aberdeen
Redfield
Gettysburg
Watertown
Pierre
Huron
Brookings
Mitchell
Sioux Falls
Yankton
Vermillion
Sioux City
Fergus Falls
Alexandria
Brainerd
Saint Cloud
Willmar
Coon Rapids
Minneapolis
Saint Paul
Mankato
Rochester
Albert Lea
Mason City
Winona
La Crosse
Eau Claire
Wausau
Wisconsin
Rhinelander
Menominee
Iron Mtn
Escanaba
Michigan
Petoskey
Cheboygan
Manitoulin-inseln
Huronsee
Georgian Bay
Bruce-halbinsel
Traverse City
Alpena
Green Bay
Appleton
Oshkosh
Sheboygan
Milwaukee
Madison
Kenosha
Waukegan
Evanston
Chicago
Gary
Michigansee
Lower Pen.
Big Rapids
Grand Rapids
Lansing
Flint
Bay City
Saginaw
Owen Sound
Orillia
Huntsville
Pembroke
Peterborough
Toronto
Oshawa
Kingston
Ontariosee
Kitchener
Hamilton
London
Niagara Falls
Buffalo
Sarnia
Chatham
Detroit
Windsor
Ann Arbor
Toledo
Eriesee
Cleveland
Erie
Warren
Pennsylvania
Jamestown
New York
Fort Dodge
Waterloo
Dubuque
Cedar Rapids
Rockford
Des Plaines
Iowa
Ames
Des Moines
Iowa City
Davenport
Joliet
Omaha
Council Bluffs
Lincoln
Creston
Clarinda
Ottumwa
Galesburg
Burlington
Peoria
Bloomington
South Bend
Fort Wayne
Findlay
Akron
Youngstown
Canton
Pittsburgh
Altoona
Norfolk
Columbus
Grand Island
Hastings
Beatrice
Marysville
Saint Joseph
Chillicothe
Quincy
Hannibal
Champaign
Danville
Lafayette
Indiana
Muncie
Dayton
Columbus
Ohio
Newark
Zanesville
Topeka
Kansas City
Independence
Lawrence
Salina
Columbia
Jefferson City
Springfield
Illinois
Terre Haute
Indianapolis
Effingham
Saint Louis
East St. Louis
Cincinnati
Covington
Hutchinson
Emporia
Wichita
Collins
Nevada
Rolla
Mt. Vernon
Carbondale
Evansville
Owensboro
Louisville
Frankfort
Lexington
Huntington
Charleston
West Virginia
Winchester
Joplin
Springfield
Missouri
Cape Girardeau
Paducah
Kentucky
Bowling Green
Clarksville
Nashville
Staunton
Blue Ridge Mts.
Roanoke
Lynchburg
Danville
Virginia
Frederick
Arlington
Washington
Fredericksburg
Ponca City
Miami
Oklahoma
Tulsa
Muskogee
Enid
Weatherford
Boston Mts.
664
Vereinigte Staaten von Amerika
Great Plains
Zentrales Tiefland
105°
100°
95°
90°
85°
80°
55°
50°
45°
40°
0
250
500
750 km

1: 14 000 000

656
665
70°
65°
60°
55°
50°
45°
40°
75°
Labradorbecken
Ungava Bay
Akpatok I.
Killiniq
Kap Labrador
Kangirsuk
Torngat Mts.
Hebron
Cod Island
South Aulatsivik I.
Nain
Kuujjuaq (Fort-Chimo)
Labradorküste
Labrador-halbinsel
Makkovik
Kap Harrison
Groswater Bay
Rigolet
Neufundland und Labrador
Melville-see
Mealy Mts.
Happy Valley-Goose Bay
Churchill Falls
Smallwood-Stausee
Schefferville
Caniapiscau-Stausee
Brisay
Laforge-2
La-Grande-4-Stausee
Labrador City
Opiskotéo-see
Josephsee
Ashuanipi-see
Gagnon
Mont Babel 948
Manicouagan-Stausee
Petit Lac Manicouagan
Manic-Cinq
Québec
Mistassini
Mistassini-see
Chibougamau
Chibougamausee
Sept-Îles
Port-Cartier
Havre-St-Pierre
Côte Nord
Pointe-Parent
Mary's Harbour
Belle Isle
Kap Bauld
St. Anthony
Brador
Belle-Isle-Straße
Port au Choix
Harrington Harbour
White Bay
Long Range Mountains
Notre-Dame-Bucht
Fogo I.
Neufundland
Gander
Bonavista-halbinsel
Deer Lake
Grand Falls-Windsor
Corner Brook
Stephenville
Grand Lake
Goobies
Trinitybucht
St. John's
St. Albans
Placentia
Avalon-halbinsel
Kap Race
Burgeo
Fortunebucht
Fortune
Placentiabucht
Kap Ray
Channel-Port-aux-Basques
Saint-Pierre und Miquelon (F)
Cabotstraße
Jacques-Cartier-Passage
Pt-Menier
Île d'Anticosti
Gaspépassage
Sankt-Lorenz-Golf
Godbout
Baie-Comeau
Marsoui
Matane
1268
Gaspé
Gaspé-halbinsel
K. Gaspé
Chandler
Sankt-Lorenz-Strom
Notre-Dame-Berge
Rimouski
St-Paul-du-Nord
Mistassini
Alma
Saguenay
Roberval
La Tuque
Rivière-du-Loup
La Malbaie
Campbellton
Chaleurbucht
Île de Lamèque
Bathurst
Edmundston
Miramichi
Tignish
Prince Edward I.
Charlottetown
Inverness
Glace Bay
Kap Breton
Cape Breton Island
Port Hastings
Cansostraße
New Glasgow
Northumberlandstr.
Van Buren
Grand Falls
New Brunswick
Presque Isle
Woodstock
Moncton
Houlton
Fredericton
1607
Moosehead Lake
Maine
Saint John
Truro
Nova Scotia
Kingston
Dartmouth
Halifax
Sable I.
Bay of Fundy
Digby
Bridgewater
Lake Rossignol
Liverpool
Yarmouth
Barrington
Kap Sable
Calais
Bangor
Ellsworth
Skowhegan
Augusta
Portland
Golf von Maine
Mt. Washington 1917
Neuengland
Montmagny
Québec
Trois-Rivières
St-Georges
Drummondville
MONTREAL
Sherbrooke
Champlain-see
Burlington
Montpelier
Vermont
New Hampshire
Adirondack Mts.
1629
Potsdam
Concord
Portsmouth
Lowell
Salem
Boston
Mass.
Springfield
Worcester
Provincetown
Codhalbinsel
Hartford
Providence
R.I.
New Bedford
Conn.
Nantucket I.
Bridgeport
New Haven
Long I.
N.J.
NEW YORK
Trenton
PHILADELPHIA
Camden
Atlantic City
New Jersey
Cape May
Delawarebucht
Ocean City
Albany
Troy
Utica
ATLANTISCHER OZEAN
Sohm-ebene

1: 14 000 000 — 0 · 250 · 500 · 750 km

659
664
666
VEREINIGTE STAATEN VON AMERIKA
Kansas
Missouri
Illinois
Kentucky
Oklahoma
Arkansas
Tennessee
Texas
Louisiana
Mississippi
Alabama
Tiefland
Golf von Mexiko
Golf von Campeche
Nördlicher Wendekreis
MEXIKO
Sierra Madre Oriental
Sierra Madre Occidental
Mesa Central
Cordillera Neovolcánica
Halbinsel Yucatán
Hochebene von Zohlaguna
Edwards-plateau
Ozarkplateau
Cumberland Plateau
Bolsón de Mapimí
Mississippidelta
Denver
Pueblo
Wichita
Topeka
Kansas City
Saint Louis
Springfield
Indianapolis
Cincinnati
Louisville
Nashville
Memphis
Oklahoma City
Tulsa
Little Rock
Amarillo
Lubbock
Wichita Falls
Fort Worth
DALLAS
Shreveport
Jackson
Birmingham
Atlanta
Montgomery
Mobile
New Orleans
Baton Rouge
Austin
SAN ANTONIO
HOUSTON
Galveston
Corpus Christi
Laredo
Nuevo Laredo
Brownsville
Matamoros
MONTERREY
Saltillo
Torreon
Victoria de Durango
Zacatecas
San Luis Potosí
Aguascalientes
LEÓN
GUADALAJARA
Querétaro
Tampico
Cd. Victoria
MEXIKO-STADT
NEZAHUALCÓYOTL
PUEBLA
Veracruz
Toluca
Morelia
Acapulco
Villahermosa
Campeche
Mérida
Cancún
Chetumal
BELIZE
Belize-Stadt
Petén
Tallahassee
Pensacola
25°
30°
35°
20°
105°
100°
95°
90°
85°

NORD- UND MITTELAMERIKA

1:14 000 000

661
667
75°
70°
65°
60°
35°
30°
25°
20°
Albany
Salem
Boston
Provincetown
Codhalbinsel
Mass.
Worcester
Springfield
Hartford
Providence
Conn.
R.I.
New Bedford
Nantucket I.
Binghamton
Elmira
Scranton
Wilkes-Barre
Bridgeport
New Haven
N.J.
Long I.
Newark
NEW YORK
Bethlehem
Allentown
Harrisburg
Trenton
PHILADELPHIA
Wilmington
Camden
Baltimore
Atlantic City
New Jersey
Frederick
Dover
Delaware
Cape May
Delawarebucht
Arlington
Washington D. C.
Salisbury
Maryland
Ocean City
Fredericksburg
Reedville
Chesapeakebucht
Richmond
Exmore
Hampton
Portsmouth
Virginia Beach
Windsor
Albemarlesund
Greenville
Manteo
Hatteras I.
New Bern
Pamlicosund
Kap Hatteras
Kinston
Atlantic
Kap Lookout
Onslowbucht
Wilmington
ATLANTISCHER OZEAN
Hatteras-Tiefseeebene
Nordamerikanisches Becken
Bermuda-Inseln (GB)
Hamilton
Bermudaschwelle
Sargassosee
Nares-Tiefseeebene
Nördlicher Wendekreis
BAHAMAS
Grand Bahama I.
Freeport
Marsh Harbour
Great Abaco I.
Dunmore Town
New Providence I.
Nassau
Eleuthera I.
Arthur's Town
Andros Island
Exuma Cays
Exumasund
Cat I.
San Salvador
South Andros I.
Kemps Bay
Long I.
Clarence Town
Colonel Hill
Bahamabank
Crooked I.
Mayaguana I.
Acklins I.
Abraham's Bay
Camagüeyarchipel
Morón
Ciego de Ávila
Blue Hills
Cockburn Town
Caicosinseln (GB)
Turksinseln (GB)
Florida
Great Inagua I.
Matthew Town
Silver-bank
Las Tunas
Holguín
Mayarí
Manzanillo
Bayamo
Baracoa
Paso de los Vientos
Port-de-Paix
Monte Cristi
Hispaniola
San Felipe de Puerto Plata
Westindien
Puerto-Rico-Graben
Kap Cruz
Pilón
Santiago de Cuba
Guantánamo
Cap-Haïtien
SANTIAGO D. L. CABALLEROS
Gonaïves
San Francisco de Macorís
Golf von Gonâve
Hinche
DOMINIKANISCHE REPUBLIK
Salvaleón de Higüey
Monakanal
Jungferninseln (USA) (GB)
HAITI
PORT-AU-PRINCE
San Juan
San Juán
Carolina
The Valley
Anguilla (GB)
St-Martin (F)
Jérémie
Baní
La Romana
Arecibo
Caguas
Charlotte Amalie
St. Maarten (NL)
ANTIGUA UND BARBUDA
Barbuda
Les Cayes
Jacmel
Santa Cruz de Barahona
SANTO DOMINGO
Mayagüez
Ponce
St. Croix
Saba
St. John's
Basseterre
Puerto Rico (USA)
Antigua
ST. KITTS UND NEVIS
Portmore
Kingston
JAMAIKA
Große Antillen
Kap Beata
Montserrat (GB)
Guadeloupe (F)
Basse-Terre
DOMINICA

NORD- UND MITTELAMERIKA

1: 14 000 000

0 250 500 750 km

KUBA
Matanzas
Jovellanos
Santa Clara
Guines
Cienfuegos
Trinidad
Sancti Spiritus
Ciego de Ávila
Morón
Florida
Camagüey
Las Tunas
Holguín
Mayarí
Baracoa
Bayamo
Manzanillo
Santiago de Cuba
Guantánamo
Pilón
Kap Cruz
Nueva Gerona
Isla de la Juventud
Cayo Largo
Jardines de la Reina
Canarreos-archipel
Camagüeyarchipel
Caymanrücken
Caymangraben
Cayman Islands (GB)
Große Antillen
Montego Bay
Kingston
Portmore
JAMAIKA
HAITI
Port-de-Paix
Cap-Haïtien
Gonaïves
Golf von Gonâve
Jérémie
PORT-AU-PRINCE
Les Cayes
Jacmel
Hinche
Monte Cristi
Hispaniola
San Felipe de Puerto Plata
SANTIAGO D. L. CABALLEROS
San Francisco de Macorís
DOMINIKANISCHE REPUBLIK
San Juan
Baní
SANTO DOMINGO
Santa Cruz de Barahona
Kap Beata
La Romana
Salvaleón de Higüey
Monakanal
San Juán
Carolina
Arecibo
Caguas
Mayagüez
Ponce
Puerto Rico (USA)
St. Croix
Jungfer (USA)
Great Inagua I.
Matthew Town
Mayaguana I.
Crooked I.
Acklins I.
Abraham's Bay
Clarence Town
Caicos (GB)
Turksinseln (GB)
Blue Hills
Cockburn Town
Silver-bank
Passage der Winde
665
80°
75°
70°
20°
15°
10°
5°
0°
Lag. de Caratasca
K. Gracias a Dios
Cayos Miskitos
Puerto Cabezas
Miskitoküste
I. de Providencia (CO)
I. de San Andrés (CO)
Pta. Perlas
Maízinseln (NIC)
Rama
Bluefields
Bucht von San Juan del Norte
Karibisches Meer
Kolumbianisches Becken
COSTA RICA
Limón
San José
Bucht von Coronado
Palmar Norte
Osa-halbinsel
Barú 3477
David
Cerro Negro 1518
PANAMA
Panama-kanal
Mosquito-golf
Colón
Panama-Stadt
Snia. del Darién
Golf von Darién
Penonomé
Perlen-inseln
Chitré
Santiago
Azuero-halbinsel
Pedasi
Pta. Mala
Golf von Panama
Pta. Burica
I. de Coiba
Punta Mariato
Yaviza
Acandí
Riosucio
I. de Malpelo (CO)
Aruba (NL)
Oranjestad
Curaçao (NL)
Willemstad
Bonaire (NL)
Kralendijk
Islas los Roques
Kap Gallinas
K. de la Vela
Guajira-halbinsel
Punto Fijo
Paraguaná-halbinsel
Golf von Venezuela
Riohacha
Maicao
Paraguaipoa
S. Juan de Guía
Kap
BARRANQUILLA
Sta. Marta
Ciénaga
Soledad
5775 Pico Colón
Fundación
Cartagena
Arjona
Valledupar
Concepción
MARACAIBO
Cabimas
Cd. Ojeda
Maracaibo-see
Coro
Tucacas
Pto. Cabello
MARACAY
Los Teques
CARACAS
Carora
San Felipe
Barquisimeto
VALENCIA
San Carlos
Trujillo
Acarigua
Valera
Mérida
P. Bolívar 4981
Cord. de Mérida
Guanare
Barinas
VENEZUELA
S. Fernando de Apure
Calabozo
El Sombrero
Bruzual
Achaguas
El Vigía
La Fría
Bosconia
Sincelejo
Lorica
Magangué
El Banco
Montería
Ocaña
Cúcuta
San Cristóbal
Santa Bárbara
Turbo
Caucasia
Nudo de Paramillo 3730
Dabeiba
Yarumal
Barrancabermeja
Bucaramanga
Arauca
Cravo Norte
La Urbana
Orinoco
Llanos del Orinoco
Bahía Solano (Ciudad Mutis)
Quibdó
K. Corrientes
Bello
MEDELLÍN
Itagüí
Pto. Berrío
Socorro
Sonsón
Chiquinquirá
La Dorada
Tunja
Puerto Rondón
Paz de Ariporo
Puerto Nuevo
Pto. Carreño
Pto. Ayacucho
Manizales
Pereira
Honda
Nev. del Ruiz 5321
Zipaquirá
BOGOTÁ D. C.
Orocue
Armenia
Ibagué
Girardot
Villavicencio
Puerto Gaitán
San Fernando de Atabapo
Pto. Inírida
Punta Charambirá
Buenaventura
Bucht von Buenaventura
Tuluá
Buga
CALI
Palmira
Nev. del Huila 5364
S. Juan de Arama
KOLUMBIEN
Neiva
Popayán
4646 Puracé
S. José del Guaviare
Calamar
Mesa de Yambí
Maroa
San Carlos de Río Negro
San Felipe
Tumaco
El Estrecho
Kap Manglares
San Lorenzo
Pasto
Florencia
Mocoa
Miraflores
Mitú
Mesas de Iguache
Esmeraldas
Túquerres
Ipiales
Tulcán
Tres Esquinas
Pta. Galera
Rosa Zárate (Quinindé)
Ibarra
Cayambe 5790
Pta. Asís
Iauareté
Içana
S. Gabriel da Cachoeira
Sto. Domingo de los Colorados
QUITO
Lago Agrio
Puerto Leguizamo
Araracuara
Punta Alta
Chone
Manta
Quevedo
Vn. Cotopaxi 5897
Latacunga
Coca (Pto. Francisco d. O.)
Kap S. Lorenzo
Portoviejo
Jipijapa
Ambato
Pantoja
La Pedrera
Bitencourt
6267 Chimborazo
Riobamba
5319 Vn. Altar
Pto. Arturo
Salinas
GUAYAQUIL
ECUADOR
Cañar
Azogues
Cuenca
Machala
Golf von Guayaquil
I. Puná
Playas
Tumbes
Puca Urco
Nuevo Rocafuerte
670
Pebas
Iquitos
Amazonas
Loreto
Leticia
Santo Antônio do Içá
São Paulo de Olivença
Putumayo
Caquetá
Apaporis
Vaupés
Japurá
Napo
Curucay
Magdalena
Cauca
Atrato
Meta
Guaviare
Vichada
Inírida
Yarí
West-Kordillere
Zentral-Kordillere
Ost-Kordillere
668

1:14 000 000

0 250 500 750 km

55°
50°
45°
40°
15°
10°
5°
0°
ATLANTISCHER OZEAN
Guayana-becken
Mittelatlant
Demerara-Tiefseeebene
Guayana-plateau
Äquator
Amazonasmündung
Bucht von Marajó
SURINAME
Franz.-Guayana
Guayana
(verwaltet von Frz.-Guayana, beansprucht von Suriname)
Amapá
Sa. do Tumucumaque
Sa.d. Almeirim
Paramaribo
Nieuw Amsterdam
Nieuw Nickerie
Groningen
Wasjabo
Zanderij
Albina
St-Laurent-du-Maroni
Afobaka
Kourou
Cayenne
Pointe Béhague
Saint-Élie
Regina
Kap Orange
St-Georges
Maripasoula
Saül
Van-Blommestein-meer
Kabalebo-Stausee
Vilhelminageb.
Coeroeni
Oranjegeb.
São João do Caçiporé
I. de Maracá
Nordkap
Amapá
Araguari
Serra do Navio
Ferreira Gomes
Pta. de Santarém
I. Caviana de Fora
Macapá
Santana
Mazagão
K. Maguari
Chaves
I. de Marajó
Monte Dourado
Almeirim
I. Grande do Gurupá
Anajás
Soure
Curuçá
Salinópolis
Vigia
Castanhal
Bragança
Kap Gurupi
I. de São João
Capanema
Viseu
Turiaçu
Cururupu
Ponta de Pedras
Gurupa
Breves
Abaetetuba
BELÉM
São Miguel do Guama
Porto de Moz
Portel
Cametá
Oriximiná
Óbidos
Monte Alegre
Juruti
Amazonas
Santarém
Parintins
Pacoval
Senador José Porfírio
Mocajuba
Baião
Altamira
Paragominas
Pinheiro
Alcântara
São Luís
I. Santana
Primeira Cruz
Tutóia
Barreirinhas
Parnaíba
Camocim
Zé Doca
Itapecuru Mirim
Santa Inês
Chapadinha
Luzilândia
Sobral
Tianguá
Tiracambu
Gurupi
Capim
Tucuruí
Aveiro
Itaituba
Trombetas
Curuá
Maicuru
Paru
Jari
Maroni
Oiapoque
Maranhão
Georgetown
Mahaicony
New Amsterdam
Ceará
671

667
PAZIFISCHER
OZEAN
ECUADOR
PERU
ANDEN
Ostkordillere
Zentralkordillere
Westkordillere
Pampas del Sacramento
Sierra Cuntamana
Serra do Divisor
Acre
La Montaña
Maynas
Sechura-wüste
Peru-Chile-Graben
Atacama-Graben
Nascarücken
Chilebecken
Cord. Vilcabamba
Cord. de Apolobamba
Südlicher Wendekreis
Golf von Guayaquil
I. Puná
QUITO
GUAYAQUIL
LIMA
Callao
Sto. Domingo de los Colorados
Punta Alta
Manta
Chone
Quevedo
Kap S. Lorenzo
Portoviejo
Latacunga
Ambato
Vn. Cotopaxi 5897
Cayambe 5790
Lago Agrio
Coca (Pto. Francisco d. O.)
Puerto Leguizamo
Araracuara
Pantoja
Jipijapa
Chimborazo 6267
Vn. Altar 5319
Riobamba
Salinas
Playas
Cañar
Azogues
Cuenca
Machala
Tumbes
Nuevo Andoas
Pto. Arturo
Puca Urco
Pebas
Iquitos
Loreto
Leticia
Tabatinga
Atalaia do Norte
Estirão do Equador
La Pedrera
Máncora
Talara
Pta. Pariñas
Loja
Macará
Zamora
Zumba
Borja
Barranca
Orellana
Nauta
Requena
Lagunas
Flor de Punga
Sta. Isabel
Paita
Sullana
Piura
Huancabamba
Sechura
Pta. Aguja
Pta. Negra
Olmos
Chachapoyas
Yurimaguas
Moyobamba
Tarapoto
Bambamarca
Chiclayo
Cajamarca
Juanjuí
Pacasmayo
Otuzco
Santiago de Chuco
Trujillo
Tayabamba
Contamaná
Eirunepé
Envira
Cruzeiro do Sul
Porto Válter
Tarauacá
Feijó
Taumaturgo
Sena Madureira
Pucallpa
Chimbote
Nev. Huascarán 6768
Casma
Huaráz
La Unión
Yerupajá 6632
Huarmey
Tingo María
Huánuco
Iparia
Puerto Victoria
Puerto Portillo
Cerro de Pasco
Barranca
Huacho
Pta. Salinas
Huaral
San Ramón
Atalaya
Shepahua
La Oroya
Jauja
Huancayo
Camisea
Chilca
Huancavelica
Quellouno
Ayacucho
Chincha Alta
Paracashalbinsel
Punta Paracas
Pisco
Ica
Palpa
Nasca
Puquio
Coracora
Abancay
Cusco
Ausangate 6372
Sicuani
Quince Mil
Macusani
Sandia
Ayaviri
Manú
Puerto Maldonado
Inapari
Brasiléia
Cobija
Nev. Coropuna 6425
Chivay
Co. de Pomasi 5465
Nev. Ampato 6288
Huancané
Juliaca
Puno
Lomas
Chala
Atico
Camana
Arequipa
Co. Jatitapadia 5431
Mollendo
Ilo
Tacna
Vn. Tacora 5950
Arica
Cuya
Zigua
Pampa del Tamarugal
Iquique
Caleta Lobos
Tocopilla
Toco
Mejillones
Pta. Tetas
Antofagasta
Baquedano
Los Vientos
Calama
Marañón
Ucayali
Amazonas
Yavari
Putumayo
Napo
Curucay
Tigre
Pastaza
Juruá
Tarauacá
Alto Purús
Iaco
Urubamba
Apurímac
Caquetá
Iça
85°
80°
75°
70°
5°
10°
15°
20°
0
250
500
750 km

1: 14 000 000

668
669
672
674
65°
60°
55°
5°
10°
15°
20°
BRASILIEN
BOLIVIEN
PARAGUAY
Amazonas
Pará
Rondônia
Mato Grosso
Hochland von Mato Grosso
Mato Grosso do Sul
Goiás
Pantanal
Llanos de Chiquitos
Chaco
Ostkordillere
Zentralkordillere
Serra do Norte
Serra do Tombador
Serra do Cachimbo
Serra dos Carajás
Serra do Roncador
Serra das Divisões
Serra de Maracaju
Chapada dos Parecis
Sa. dos Pacaás Novos
Sertão de Camapuã
Serra dos Gradaús
Cord. de Lípez
Rio Negro
Negro
Solimões (Amazonas)
Amazonas
Madeira
Purus
Juruá
Tefé
Coari
Jaú
Uatumã
Tapajós
Juruena
Teles Pires
São Manuel ou Teles Pires
Jamanxim
Curuá
Iriri
Xingu
Arinos
Sangue
Verde
Roosevelt
Ji-Paraná
Guaporé
Iténes o Guaporé
Mamoré
Beni
Ituxi
Acre
Tapauá
Paraguai
Taquari
Araguaia
Mortes
Culuene
Pilcomayo
Paraná
Ilha Tupinambarana
Ilha do Bananal
L. Badajós
L. Piorini
L. Rogagua
Lago Ginebra
L. de Poopó
Balbina-Stausee
Rio-Manso-Stausee
MANAUS
Manacapuru
Anamã
Codajás
Coari
Tefé
Juruá
Fonte Boa
Jacitara
Maraã
Japurá
Barcelos
Moura
Presidente Figueiredo
São Antônio do Abunari
Itacoatiara
Urucará
Parintins
Juruti
Óbidos
Oriximiná
Santarém
Pacoval
Altamira
Senador José Porfírio
Porto de Moz
Almeirim
Gurupá
Breves
Portel
Cametá
Tucuruí
Maués
Aveiro
Itaituba
Careiro
Nova Olinda do Norte
Borba
Beruri
Novo Aripuanã
Manicoré
Tapauá
Camaruã
Canutama
Lábrea
Humaitá
Pauiní
Vila Porto Franco
Vila do Carmo
Jacareacanga
Parauapebas
Carajás
São Félix do Xingu
Tucumã
Cachimbo
Santana do Araguaia
Porto Velho
Jaci Paraná
Abunã
Ariquemes
Ji-Paraná
Guajará-Mirim
Guayaramerín
Riberalta
Cacoal
Vilhena
Costa Marques
Alta Floresta
Peixoto de Azevedo
Itaúba
Sinop
Juína
Juara
Utiariti
Lucas do Rio Verde
São José do Xingu
Santa Terezinha
São Félix do Araguaia
São Miguel do Araguaia
Comodoro
Diamantino
Rosario Oeste
Paranatinga
Nova Xavantina
Vila Bela da Sant. Trindade
Pontes e Lacerda
Barra d. Bugres
Cuiabá
Várzea Grande
Porto Esperidião
Cáceres
Poconé
Rondonópolis
Poxoréo
Barra do Garças
Guiratinga
Alto Garças
Itiquira
Alto Araguaia
Sonora
Coxim
Rio Verde de Mato Grosso
Jataí
Rio Verde
Serranópolis
Corumbá
Puerto Suárez
Puerto Busch
Miranda
Anastácio
Aquidauana
Campo Grande
Ribas do Rio Pardo
Água Clara
Três Lagoas
Aparecida do Taboado
Andradina
Araçatuba
Sidrolândia
Maracaju
Jardim
Bela Vista
Rio Brilhante
Dourados
Ponta Porã
Pedro Juan Caballero
Pres. Epitácio
Pres. Prudente
Paranavaí
Porto São José
Maringá
Londrina
Apucarana
Umuarama
Concepción
Pozo Colorado
Puerto la Esperanza
Fuerte Olimpo
Puerto Bahía Negra
General Eugenio A. Garay
Mariscal Estigarribia
Filadelfia
Dr. P. P. Peña
Sta Victoria
Fortín General Díaz
Los Blancos
Rivadavia
San Pedro
Lima
Yacuiba
Villamontes
Boyuibe
Camiri
Charagua
Monteagudo
Padilla
Sucre
Potosí
Tarija
Tupiza
Villazón
La Quiaca
Uyuni
Padcaya
Rio Mulatos
Challapata
Poopó
Oruro
Cochabamba
Epizana
Aiquile
Mairana
SANTA CRUZ DE LA SIERRA
Montero
Puerto Grether
Villa Tunari
San Julián
El Cerro de Concepción
San José de Chiquitos
Santo Corazón
Santiago
San Ignacio de Velasco
Concepción
San Matías
Perseverancia
Trinidad
San Borja
Santa Ana de Yacuma
San Ramón
Magdalena
Tartagal
Aguas Blancas
Abra Pampa
Susques
Pichanal
Libertador Gral. San Martín
S. Antonio de l. Cobres
Jujuy
Salta
Jujuy
Julaca
Paz
Coroico
Sucre

60°
55°
50°
5°
10°
15°
20°
669
671
675
BRASILIEN
Amazonas
Pará
Mato Grosso
Hochland von Mato Grosso
Goiás
Tocantins
Mato Grosso do Sul
São Paulo
PARAGUAY
Chaco Boreal
Llanos de Chiquitos
Pantanal
MANAUS
BELÉM
BRASÍLIA
D. Federal
GOIÂNIA
SANTA CRUZ DE LA SIERRA
Manacapuru
Anamã
Codajás
Coari
Beruri
Careiro
Itacoatiara
Urucará
Parintins
Juruti
Oriximiná
Óbidos
Santarém
Monte Alegre
Almeirim
Porto de Moz
Gurupá
Breves
Abaetetuba
Cametá
Mocajuba
Baião
Portel
Senador José Porfírio
Altamira
Pacoval
Aveiro
Itaituba
Maués
Nova Olinda do Norte
Borba
Novo Aripuanã
Manicoré
Tapauá
Vila Porto Franco
Vila do Carmo
Jacareacanga
São Antônio da Abunari
Moura
Presidente Figueiredo
Balbina-Stausee
Tucuruí
Tucuruí-Stausee
Jacundá
Marabá
Itupiranga
Parauapebas
Carajás
Araguatins
São Geraldo do Araguaia
São Felix do Xingu
Tucumã
Xinguara
Araguaína
Redenção
Conceição do Araguaia
Santana do Araguaia
Imperatriz
Tocantinópolis
Porto Franco
Carolina
Balsas
Dom Eliseu
Paragominas
São Miguel do Guama
Capanema
Bragança
Salinópolis
Curuçá
Vigia
Soure
Anajás
Chaves
Mazagão
Monte Dourado
Ponta de Pedras
I. de Marajó
I. Grande do Gurupá
Serra dos Carajás
Sa. do Gurupi
Sa. do Tiracambu
Serra do Cachimbo
Serra dos Gradaús
Serra do Estrondo
Serra do Norte
Serra do Tombador
Serra do Roncador
Serra Dourada
Serra Geral de Goiás
Chapada dos Parecis
Serra das Divisões
Sertão de Camapuã
Serra de Maracajú
Ilha do Bananal
Ilha Tupinambarana
Cachimbo
Alta Floresta
Peixoto de Azevedo
Itaúba
Sinop
Lucas do Rio Verde
Juara
Juína
Utiariti
Santa Terezinha
São José do Xingu
São Felix do Araguaia
Guaraí
Pedro Alonso
Miracema do Tocantins
Paraíso do Tocantins
Porto Nacional
Brejinho de Nazaré
Gurupi
Dianópolis
Natividade
Taguatinga
Paranã
Campos Belos
Minaçu
Porangatu
São Miguel do Araguaia
Bandeirantes
Uruaçu
Niquelândia
Serra-da-Mesa-Stausee
Goianésia
Ceres
Planaltina
Formosa
Ceilândia
Gama
Luziânia
Unaí
Anápolis
Aparecida de Goiânia
Itaberaí
Goiás
Pires do Rio
Morrinhos
Rio Verde
Jataí
Itumbiara
Uberlândia
Patos de Minas
Patrocínio
Ituiutaba
Uberaba
Araxá
Ji-Paraná
Cacoal
Vilhena
Comodoro
Porto Velho
Diamantino
Rosario Oeste
Vila Bela da Sant. Trindade
Pontes e Lacerda
Barra d. Bugres
Porto Esperidião
Cáceres
Cuiabá
Várzea Grande
Poxoréo
Paranatinga
Nova Xavantina
Aruanã
Barra do Garças
Rondonópolis
Guiratinga
Alto Garças
Itiquira
Alto Araguaia
Pocone
Sonora
Coxim
Rio Verde de Mato Grosso
Corumbá
Puerto Suárez
San Matías
San Ignacio de Velasco
San José de Chiquitos
Santiago
Santo Corazón
Concepción
Puerto Busch
Puerto Bahía Negra
Fuerte Olimpo
General Eugenio A. Garay
Mariscal Estigarribia
Filadelfia
Dr. P. P. Peña
Puerto la Esperanza
Bela Vista
Pedro Juan Caballero
Ponta Porã
Miranda
Anastácio
Campo Grande
Sidrolândia
Jardim
Maracaju
Rio Brilhante
Dourados
Ribas do Rio Pardo
Água Clara
Três Lagoas
Aparecida do Taboado
Santa Fé do Sul
Andradina
São José do Rio Preto
Araçatuba
Pres. Epitácio
Tupã
Pres. Prudente
Marília
Assis
Bauru
Jaú
Barretos
Franca
Ribeirão Preto
Catanduva
Araraquara
São Carlos
Rio Claro
Limeira
Piracicaba
Ourinhos
Paranavaí
Londrina
Apucarana
Sorocaba
Porto São José
Madeira
Purus
Tapajós
Xingu
Iriri
Tocantins
Araguaia
Juruena
Teles Pires
Paraná
Paranaíba
Rio Grande
1:14 000 000
0 250 500 750 km

40°
35°
30°
5°
10°
15°
20°
Fernando de Noronha (BR)
Vila dos Remédios
Parnaíba
Tutóia
I. Santana
Primeira Cruz
Barreirinhas
Camocim
Acaraú
Sobral
Caucaia
FORTALEZA
Itapagé
Maranguape
Maracanaú
Tianguá
Serra da Ibiapaba
Luzilândia
Itapecuru Mirim
Chapadinha
Peritoro
Codó
Caxias
Teresina
Piripiri
Pedro II
Ipu
Canindé
Aracati
Areia Branca
Macau
Pta. Coconho
Touros
Ceará-Mirim
Kap S. Roque
Natal
Parnamirim
Canguaretama
Mossoró
Russas
Quixadá
Boa Viagem
Crateús
Senador Pompeu
Campo Maior
Alto Longá
S. Miguel do Tapuio
Amarante
Valença do Piauí
Floriano
Tauá
Iguatu
Cedro
Sousa
Pombal
Patos
Caraúbas
Patu
Currais Novos
Nova Cruz
João Pessoa
Santa Rita
Campina Grande
Goiana
Carpina
Olinda
RECIFE
Jaboatão d. G.
Cabo de Santo Agostinho
Caruaru
Arcoverde
Garanhuns
Barreiros
União dos Palmares
Rio Largo
Maceió
São Miguel dos Campos
Arapiraca
Penedo
Aracajú
Estância
Conde
Alagoinhas
Camaçari
SALVADOR
I. de Itaparica
Valença
I. de Tinharé
Itacaré
Ilhéus
Una
Canavieiras
Belmonte
Porto Seguro
Prado
Pta. da Baleia
Caravelas
Abrolhos-bank
São Mateus
Linhares
Colatina
Pta. dos Camboios
Vitória
Vila Velha
Cachoeiro d. I.
Campos dos Goytacazes
Kap São Tomé
Macaé
Cabo Frio
Niterói
RIO DE JANEIRO
NOVA IGUAÇU
Duque d. C.
Petrópolis
Barra Mansa
Três Rios
Juiz de Fora
Barbacena
Muriaé
Manhuaçu
Cons. Lafaiete
BELO HORIZONTE
João Monlevade
Ipatinga
Caratinga
Sete Lagoas
Gov. Valadares
Teófilo Otoni
Nanuque
Serra do Chifre
Itamaraju
Eunápolis
Almenara
Itapebi
Araçuaí
Berilo
Salinas
Montes Claros
Bocaiúva
Janaúba
Manga
Cândido Sales
Itapetinga
Itabuna
Vitória da Conquista
Poções
Ipiaú
Jequié
Brumado
Caetité
Urandi
Carinhanha
Paramirim
Bom Jesus da Lapa
Santa Inês
Santo Antônio de Jesus
Muritiba
Feira de Santana
Itaberaba
Lençóis
Itaetê
Paratinga
Ibotirama
Barreiras
Igarité
Irecê
Baixa Grande
Capim Grosso
Serrinha
Santaluz
Tucano
Euclides da Cunha
Senhor do Bonfim
Jeremoabo
Uauá
Xique-Xique
Barra
Petrolina
Juàzeiro
Remanso
Casa Nova
Curaçá
Paulo Afonso
Sobradinho-Stausee
Itaparica-Stausee
Afrânio
S. Raimundo Nonato
Serra dois Irmãos
S. João do Piauí
Paulistana
Simplício Mendes
Canto do Buriti
Bertolínia
Uruçuí
Boa-Esperança-Stausee
Picos
Fronteiras
Crato
Juazeiro do Norte
Salgueiro
Chapada Araripe
Chapada Diamantina
Serra do Espinhaço
Serra da Chaparaó
Rio Grande do Norte
Ceará
Paraíba
Pernambuco
Alagoas
Sergipe
Bahia
Piauí
Sertão
Espírito Santo
Rio de Janeiro
Minas Gerais
Jaguaribe
Parnaíba
S. Francisco
Pardo
Jequitinhonha
Doce
Preto
Gurguéia
Itapicuru
Sulphur-bank
Brasilianisches Becken
ATLANTISCHER OZEAN
Ilha da Trindade (BR)

671
Cuya
Zapiga
Iquique
Salar de Coipasa
Salar de Uyuni
Potosí
Río Mulatos
Uyuni
Padcayo
Monteagudo
Charagua
Camiri
Boyuibe
General Eugenio A. Garay
Puerto Bahía Negra
Puerto Busch
70°
65°
60°
Fuerte Olimpo
Caleta Lobos
Co. Aucanquilcha 6176
Julaca
Tupiza
Villamontes
Tarija
5869 Ollagüe
Cord. de Lípez
Mariscal Estigarribia
Puerto la Esperanza
Yacuiba
Villazón
La Quiaca
Tocopilla
Toco
Chuquicamata
Sta. Victoria
Tartagal
Dr. P. P. Peña
Filadelfia
Calama
Licancabur 5921
Abra Pampa
Aguas Blancas
PARAGUAY
Mejillones
San Pedro de Atacama
Jujuy
Susques
Pichanal
Los Blancos
Pozo Colorado
Salar de Atacama
Fortín General Díaz
Südlicher Wendekreis
Pta. Tetas
Antofagasta
Baquedano
6050
Cordón de Puntas Negras
S. Antonio de l. Cobres
Libertador Gral. San Martín
Rivadavia
Co. Pular 6225
San Salvador de Jujuy
Laguna Yema
Las Lomitas
Chaco Central
Llullaillaco 6739
Grl. Güemes
Los Vientos
Nev. de Cachi 6380
Salta
Formosa
Cachi
La Viña
San José de Metán
S. Lorenzo
Pirané
25°
Taltal
Antofalla 6409
Vn. Galán 5912
Rosario de la Frontera
Monte Quemado
Chaco Austral
Formosa
Antofagasta de la Sierra
El Tala
Pampa d. l. Guanacos
Cordillera de Domeyko
Puna de Atacama
Burruyacu
Santiago
Pres. Roque Sáenz Peña
San Juan Bautista
Chañaral
San José Norte
San Miguel de Tucumán
Tintina
Pilar
Catamarca
Tucumán
Nev. Ojos de Salado 6880
Caldera
Concepción
Termas de Río Hondo
del
Gral. Pinedo
Resistencia
Corrientes
La Banda
Andalgalá
Santiago del Estero
Quimili
Villa Angela
Copiapó
Bonete Chico 6759
Pta. Cachos
Tinogasta
Suncho Corral
Los Amores
San Lorenzo
Estero
Añatuya
Famatina
San Fernando del Valle de Catamarca
Bella Vista
Huasco
Va. Mazán
Vallenar
Chumbicha
Reconquista
Pinto
Goya
Mercedes
6250
San Martín
Tostado
Villa Unión
Chilecito
Recreo
Vera
Pta. Carrizal
La Rioja
Va. Ojo de Agua
Ceres
Mesopotamia
La Rioja
Patquía
Salinas Grandes
Santa
Monte Caseros
La Serena
Coquimbo
30°
Pta. Lengua de Vaca
San José de Jáchal
Deán Funes
Fe
Chamical
Laguna Mar Chiquita
Ovalle
6216 Cerro Olivares
Cruz d. Eje
Sunchales
La Paz
Rafaela
Federal
San Juan
Salsacate
CÓRDOBA
Sierras de Córdoba
San Francisco
Concordia
Salto
Calingasta
San Juan
Chepes
Córdoba
Santa Fe
Paraná
Entre
Villaguay
Illapel
Co. Mercedario 6770
Encón
Villa Dolores
Río Tercero
Las Varillas
Colón
Paysandú
Los Vilos
Luján
Villa María
Cañada de Gómez
La Ligua
Aconcagua 6961
Jocolí
Bell Ville
S. Lorenzo
Ríos
Mendoza
San
Viña del Mar
Valparaíso
Los Andes
Godoy Cruz
Guaymallén
Río Cuarto
ROSARIO
Casilda
Gualeguaychú
San Luis
Venado Tuerto
S. Nicolás d. l. Arroyos
Tupungato 6570
La Paz
SANTIAGO DE CHILE
San Antonio
Peñaflor
San Bernardo
Beazley
Villa Mercedes
La Carlota
Dolores
Laboulaye
Pergamino
Zárate
BUENOS AIRES
Rancagua
Rufino
San Isidro
Luján
Monte Comán
Luis
Junín
Morón
Quilmes
Pichilemu
San Rafael
San Fernando
Pampa
Chivilcoy
Lomas d. Z.
La Plata
Grl. Alvear
Unión
Realicó
Grl. Villegas
Lincoln
Curicó
Bragado
35°
Mendoza
Cerro Nevado 3810
Seca
General Pico
Saladillo
Constitución
Talca
Malargüe
Chascomús
Cauquenes
Linares
Santa Isabel
Victorica
Trenque Lauquen
Pehuajó
Las Flores
Parral
Dolores
Catriló
Buenos Aires
Santa Rosa
Vn. Domuyo 4709
Olavarría
Azul
Talcahuano
Concepción
Coronel
Chillán
Pampa
Rivera
Ayacucho
Grl. Acha
Cor. Suárez
Pta. Lavapié
Húmeda
Tandil
Los Ángeles
Chos Malal
Colorado
La Pampa
Benito Juárez
Lebu
Catriel
Cor. Pringles
Balcarce
Mar del Plata
Neuquén
Victoria
Curacautín
Añelo
Puelches
Tres Arroyos
Isla Mocha
Irene
Bahía Blanca
Miramar
Nueva Imperial
Temuco
Neuquén
Grl. Roca
Colorado
Necochea
Zapala
Chelforó
Cor. Dorrego
Plaza Huincul
Río Colorado
Bahía Blanca
I. Trinidad
Loncoche
Ezequiel Ramos Mexía Stausee
Choele Choel
Pedro Luro
Valdivia
Río Negro
40°
Limay
Negro
Bahía Anegada
La Unión
Chasicó
Valcheta
Carmen de Patagones
Bahía Mansa
Osorno
Sierra Colorada
San Antonio Oeste
Viedma
Pilcaniyeu
1:14 000 000
0
250
500
750 km
Puerto Montt
San Carlos de Bariloche
Maquinchao
San-Matías
Sierra Grande
Pargua
676
60°

55°
50°
45°
40°
25°
30°
35°
Campo Grande
Três Lagoas
Andradina
São José do Rio Preto
Catanduva
Ribeirão Preto
Barretos
Franca
Passos
Barbacena
Juiz de Fora
Campos dos Goytacazes
Kap São Tomé
Macaé
Cabo Frio
Araçatuba
Pres. Epitácio
Tupã
Araraquara
São Carlos
Poços de Caldas
Pouso Alegre
Três Rios
Barra Mansa
Petrópolis
Duque d. C.
Niterói
NOVA IGUAÇU
RIO DE JANEIRO
Pres. Prudente
Marília
Bauru
Jaú
Rio Claro
Limeira
Piracicaba
Itajubá
Serra da Mantiqueira
Lorena
Taubaté
S. José d. Campos
Dourados
Ponta Porã
Rio Brilhante
Maracaju
Assis
Ourinhos
CAMPINAS
Jundiaí
SÃO PAULO
Sorocaba
Osasco
Sto. André
Santos
S. Vicente
I. de S. Sebastião
Paranavaí
Londrina
Bandeirantes
Apucarana
Maringá
Umuarama
Itapeva
Salto del Guairá
Guaíra
Tibaji
Piraí do Sul
Apiaí
Registro
Peruíbe
Iguape
Santa Helena
Cascavel
Ponta Grossa
CURITIBA
I. das Peças
Paranaguá
Cd. del Este
Foz do Iguaçu
Guarapuava
Irati
Lapa
Oviedo
Pato Branco
União da Vitória
Mafra
Joinville
Eldorado
Bernardo de Irigoyen
Itajaí
Blumenau
Rio do Sul
Chapecó
Joaçaba
Encarnación
Oberá
I. de Sta. Catarina
São José
Florianópolis
Erechim
Lages
Sta. Rosa
Santo Ângelo
Carazinho
Ijuí
Passo Fundo
Tubarão
Laguna
Kap Santa Marta
S. Borja
Cruz Alta
Vacaria
Araranguá
Santiago
Caxias do Sul
Santa Maria
Santa Cruz do Sul
Novo Hamburgo
Torres
Alegrete
Canoas
Osório
Cachoeira d. S.
PORTO ALEGRE
Rosário d. S.
S. Gabriel
Caçapava d. S.
Camaquã
Rivera
Mostardas
Bagé
Canguçu
Tacuarembó
Pelotas
Rio Grande
Melo
Jaguarão
Taim
Lagoa Mirim
Lagoa Mangueira
Treinta y Tres
Cerro Chato
Sta. Vitória do Palmar
Chuy
Minas
Rocha
Pta. del Diablo
Maldonado
MONTEVIDEO
Santos-plateau
ATLANTISCHER OZEAN

674
ATLANTISCHER OZEAN
Valdivia
Osorno
La Unión
Bahía Mansa
Puerto Montt
Ancud
Pargua
Isla Grande de Chiloé
Castro
Quellón
Loncoche
Temuco
Nueva Imperial
Neuquén
Grl. Roca
Zapala
Plaza Huincul
Choele Choel
Río Colorado
Pedro Luro
I. Trinidad
Rio Negro
Negro
Carmen de Patagones
Viedma
Bahía Anegada
San Antonio Oeste
Valcheta
Sierra Colorada
Chasicó
Ezequiel-Ramos-Mexía-Stausee
Limay
Pilcaniyeu
San Carlos de Bariloche
Co. Tronador 3460
Maquinchao
Igro. Jacobacci
Sra. Añueque 1535
Norquinco
Puelche
Sierra Grande
San-Matías-Golf
Pta. Norte
Valdés-halbinsel
Pta. Pirámides
Pto. Madryn
Trelew
Rawson
Pta. Ninfas
Telsen
Gan-Gan
Leleque
Esquel
Co. Corcovado 2300
Corcovado-golf
Golf von Ancud
I. Guafo
Tecka
José de San Martín
Paso de Indios
Las Plumas
Chubut
Chico
Pta. Roja
Bahía Camarones
K. Dos Bahías
I. Magdalena
Pto. Cisnes
I. Guamblin
Chonos-archipel
Alto Río Senguer
I. Melchor
Pto. Aisén
I. Humos
Coihaique
R. Mayo
Sarmiento
L. Colhué Huapí
San-Jorge-Golf
Comodoro Rivadavia
Caleta Olivia
Las Heras
Fitz Roy
Kap Tres Puntas
Deseado
Pto. Deseado
Taitao-halbinsel
Co. S. Valentín 4058
L. Gral. Carrera
L. B. Aires
Chile Chico
Perito Moreno
Co. Cojudo Blanco 1335
S. Rafael Gletscher
Kap Tres Montes
Golf von Peñas
Cochrane
I. Byron
I. Prat
Puerto Yungay
Santa Cruz
Gran Altiplanicie Central
I. Campana
I. P. Lynch
L. S. Martín
L. Cardiel
Gdor. Gregores
I. Esmeralda
Archipiélago Wellington
Co. Lautaro 3607
Tres Lagos
Pto. San Julián
Chico
I. Mornington
Co. Murallón 3600
L. Viedma
L. Argentino
Moreno-gletscher
Archipiélago Madre de Dios
El Calafate
Pto. Santa Cruz
I. Duque de York
Grey-gletscher
I. Hanover
Esperanza
Bahía Grande
I. Diego de Almagro
28 de Noviembre
Río Gallegos
Gallegos
Puerto Natales
Königin-Adelaide-Archipel
Muños-Gamero-Halbinsel
Pta. Delgada
Pta. Dungeness
Magellanstraße
Kap Deseado
Isla Riesco
Seno Otway
Sombrero
Punta Arenas
Pta. de Arenas
I. Desolación
Brunswick-halbinsel
San Sebastián
Tierra del Fuego
Río Grande
Feuerland
I. Sta. Inés
I. Clarence
2207
Brecknock-halbinsel
2488
L. Fagnano
Ushuaia
Mitrehalbinsel
Kap San Diego
Le-Maire-Straße
Isla de los Estados
Isla Londonderry
I. Hoste
Puerto Williams
Isla Navarino
Kap Hoorn
Yaghan-becken
Falklandinseln (GB) (Malvinen)
Westfalkland
Mt. Adam 700
Mt. Usborne 705
K. Dolphin
Darwin
Stanley
Fitzroy
Goose Green
Ostfalkland
Weddell I.
K. Meredith
Falklandsund
75°
70°
65°
60°
40°
45°
50°
55°
0
250
500
750 km
1:14 000 000

ASIEN

ASIEN, POLITISCH
WESTLICHES SIBIRIEN
ÖSTLICHES SIBIRIEN
KASACHSTAN
MONGOLEI
ÖSTLICHES CHINA, KAMTSCHATKA, KURILEN
TÜRKEI, NAHER OSTEN
AFGHANISTAN, PAKISTAN, NORDINDIEN
CHINA
JAPAN, KOREA
SÜDINDIEN, GOLF VON BENGALEN
SÜDOSTASIEN, PHILIPPINEN
INDONESIEN
NEUGUINEA
SALOMONEN

ASIEN

BARENTSSEE
Karasee
Laptewsee
Nowaja Semlja
Franz-Josef-Land (RUS)
Sewernaja Semlja
Taimyrhalbinsel
Jamal-halbinsel
Gydanhalbinsel
Kanin-halbinsel
Kola-halbinsel
Weißes Meer
Karastraße
Waigatsch
Kolgujew
Jenissei
Ob
Lena
Irtysch
Angara
Untere Tunguska
Steinige Tunguska
Chatanga
Wiljui
Baikalsee
R U S S L A N D
K A S A C H S T A N
M O N G O L E I
C H I N A
U S B E K I S T A N
TURKMENISTAN
KIRGISISTAN
TADSCHIKISTAN
AFGHANISTAN
P A K I S T A N
I R A N
IRAK
SYRIEN
TÜRKEI
Arabische Halbinsel
SAUDI-ARABIEN
JEMEN
OMAN
I N D I E N
NEPAL
BHUTAN
BANGLADESCH
MYANMAR (BIRMA)
THAILAND
LAOS
KAMBODSCHA
VIETNAM
SRI LANKA
MALEDIVEN
ÄTHIOPIEN
SOMALIA
KENIA
Arabisches Meer
Golf von Bengalen
Golf von Aden
Persischer Golf
Rotes Meer
Kaspisches Meer
Südchinesisches Meer
Golf von Oman
MOSKAU
NISCHNI NOWGOROD
JEKATERINBURG
KASAN
UFA
SAMARA
TSCHELJABINSK
OMSK
NOWOSIBIRSK
Krasnojarsk
Irkutsk
Ulaanbaatar
WOLGOGRAD
ROSTOW A. DON
TASCHKENT
ALMATY
ÜRÜMQI
TEHERAN
BAKU
TIFLIS
ERIWAN
BAGDAD
DAMASKUS
RIAD
DUBAI
MASKAT
KABUL
ISLAMABAD
LAHORE
KARATSCHI
DELHI
MUMBAI (BOMBAY)
BANGALORE
CHENNAI (MADRAS)
KOLKATA (KALKUTTA)
DHAKA
KATHMANDU
RANGUN
BANGKOK
HANOI
PEKING
CHONGQING
CHENGDU
KUNMING
GUANGZHOU
SHENZHEN
MOGADISCHU
ADDIS ABEBA
SANAA
KUALA LUMPUR
50° 60° 70° 80° 90° 100° 110° 120° 130°
80° 70° 60° 50° 40° 30° 20° 10°
1:60 000 000
0 1000 2000 3000 km

Ostsibirische See
Wrangel
De-Long-Straße
Tschuktschensee
Medweschi-Inseln
Ajon
Neusibirien
Große Ljachowinsel
Kleine Ljachowinsel
Laptewstraße
Nördlicher Polarkreis
Tschuktschen-halbinsel
Beringstraße
Seward-halbinsel
Alaska
(USA)
Nortonsund
St. Lawrence Island
Anadyr-golf
Mal. Anjui
Bol. Anjui
Kolyma
Omolon
Penschina
Anadyr
Ust-Nera
Susuman
Jagodnoje
Magadan
Tajgonos-halbinsel
Schelichowgolf
Kamtschatka
Karaginski-I.
BERINGMEER
St. Matthew Island
Nunivak I.
Anchorage
Kenai-halbinsel
Cook Inlet
Golf von Alaska
Bristol Bay
Afognak I.
Kodiak I.
Trinity-inseln
St. Paul I.
St. George I.
Pribilof-inseln (USA)
Alaskahalbinsel
Shumagin-inseln
Unimak I.
Unalaska I.
Umnak I.
Aleuten (USA)
Atka I.
Andreanofinseln
Kiska I.
Attu I. (USA)
Kommandeur-inseln (RUS)
Ochotskisches Meer
Schantar-inseln
Sachalin-bucht
Ocha
Nikolajewsk am Amur
Amur
Belogorsk
Komsomolsk am Amur
Blagoweschtschensk
Tatarensund
Sachalin
Poronajsk
Petropawlowsk-Kamtschatski
Paramuschir
Onekotan
Schiaschkotan
Simuschir
Urup
Iturup
Kunaschir
Kurilen (RUS)
Juschno-Sachalinsk
Chabarowsk
Wudalianchi
QIQIHAR
Hegang
Jiamusi
HARBIN
Jixi
Mudanjiang
JILIN
Ussurijsk
Wladiwostok
Nachodka
FUSHUN
ANSHAN
Dandong
NORDKOREA
Cheongjin
Hamheung
Wonsan
Japanisches Meer
Hokkaido
Wakkanai
Asahikawa
Kitami
Kushiro
Obihiro
SAPPORO
Tomakomai
Hakodate
Aomori
Hachinohe
Morioka
Miyako
Akita
Honshu
Yamagata
SENDAI
JAPAN
Niigata
Nagaoka
Fukushima
Koriyama
Toyama
Kanazawa
Fukui
TOKIO
KAWASAKI
YOKOHAMA
NAGOYA
KYOTO
KOBE
OSAKA
Hamamatsu
SEOUL
SONGNIM
Chuncheon
INCHEON
SUWON
SÜDKOREA
Cheongju
DAEJEON
DAEGU
Ulsan
BUSAN
HIROSHIMA
Kitakyushu
FUKUOKA
Shikoku
Kumamoto
Nagasaki
Kyushu
Miyazaki
Kagoshima
Osumi-Inseln
Tokara-Archipel
Amami-Inseln
Miyake
Hachijo
Gelbes Meer
Jeju
SHANGHAI
Nantong
HANGZHOU
NINGBO
Wenzhou
Ostchinesisches Meer
Naha
Ryukyu-Inseln
TAIPEH
TAINAN
KAOHSIUNG
Minami-Daito (J)
Ogasawara-Inseln (J)
Vulkaninseln Io Kazan Retto (J)
Minami Tori (J)
NORDPAZIFISCHER OZEAN
Kure
Midwayinseln
Lisianski
Laysan
Hawaii-Inseln (USA)
Gardner Pinnacles
Nördlicher Wendekreis
Necker
Nihoa
Niihau
Kauai
Oahu
Honolulu
Maui
Hawaii
Johnston-Atoll
Bataninseln
Babuyaninseln
PHILIPPINEN
Philippinensee
QUEZON
Naga
Legaspi
Calbayog
Tacloban
Cebu
Butuan
DAVAO
General Santos
Asuncion
Agrihan
Pagan
Alamagan
Guguan
Sarigan
Anatahan
Nördliche Marianen (USA)
Tinian
Saipan
Rota
Guam (USA)
Mikronesien
Taongi
MARSHALLINSELN
Bikini
Ralik-gruppe
Rongelap
Ratak-gruppe
Wotje
Kwajalein
Lae
Maloelap
Majuro
Yapinseln
MIKRONESIEN
Chuukinseln
Pohnpei
Palikir
PALAU
Sonsorol-inseln
60°
50°
40°
30°
20°
150°
160°
170°
180°
130°
140°

Nowaja Semlja
Matotschkin Schar
Beluschja Guba
K. Schelanija
1547
Nowosemeljansker Graben
Karasee
Karastraße
Waigatsch
Warnek
Dolgij
Jugorhalbinsel
Jary
Otschenyrd 1363
Workuta
Baidaratabucht
Nadujacha
Jamalhalbinsel
Tambej
Sjojacha
Weiße Insel
Schokalskogo-I.
Wilkizki-I.
Sibirjakow-I.
Olenij-I.
Leskina
Javajhalbinsel
Gydansker Bucht
Gyda
Gydanhalbinsel
Jenisseibucht
Woronzowo
Dixon
Swerdrup-I.
Inseln des Arktischen Instituts
Iswestija-ZIK-Inseln
Sergej-Kirow-Inseln
Nordenskjöld-Archipel
Russki-I.
Chariton-Laptew-Küste
Taimyrhalbinsel
Pjassinabucht
Byrrangagebirge
Pjassina
Nordsibirisches Tiefland
Dudypta
Wolotschanka
Heta
Karaul
Pjassinosee
Dudinka
Talnah
Norilsk
Melkersee
Putoranagebirge
Ketasee
Chantaisker Stausee
Kurejka
Igarka
Kureika-Stausee
Swetlogorsk
Jenissei
Turuchansk
Sewernaja
Tembentschi
Turomtschana
Wiwi
Untere Tunguska
Mittelsibirisches Bergland
Tutontschany
Tura
Wereschtschagino
Werchneimbatsk
Bahta
Tajmura
Kusmowka
Surinda
Podkamennaja Tunguska
Tschunja
Krasnojarsk
RUSSLAND
Bor
Sewero Jenisseisk
Lysaja 1052
Bol. Pit
Zentral
Jenisseisk
Lesosibirsk
Angara
Karabula
Tschuna
Mys Kamennyi
Jarotosee
Antipajuta
Tasowsker Bucht
Tasowhalbinsel
Obbusen
Nowy Port
Salechard
Autonomer Kreis der Jamal-Nenzen
Ob
Polui
Nyda
Kutopjugan
Tasowski
Nadym
Nowy Urengoi
Korottschajewo
Makowskojesee
Makowskaja
Tas
Hudosei
Pur
Ajvasedapur
Tarko-Sale
Pjakupur
Beloiarsk
Kazym
Westsibirisches Tiefland
Tschertowosee
Nojabrsk
Kogalym
Tromjegan
Agan
Raduschnyj
Chanty-Mansiisk
Neftejugansk
Surgut
Pyt-Jah
Autonomer Kreis der Chanten und Mansen
Irtysch
Demjanka
Bol. Jugan
Wach
Sabun
Nischnewartowsk
Larjak
Ketsk-Tymsker Tiefland
Jelogui
Sym
Kas
Ust-Tym
Tym
Wasjugan
Kargasok
Tschischapka
Parabel
Kolpaschewo
Ket
Belyj Jar
Tschulym
Tschulymsker Tiefland
Wasjugan-Tiefland
Tomsk
Tewris
Tara
Tjukalinsk
Biasa
Melezk
70°
65°
60°
55°
75°
80°
85°
90°
95°
100°
1:14 000 000
0
250
500
750 km
685

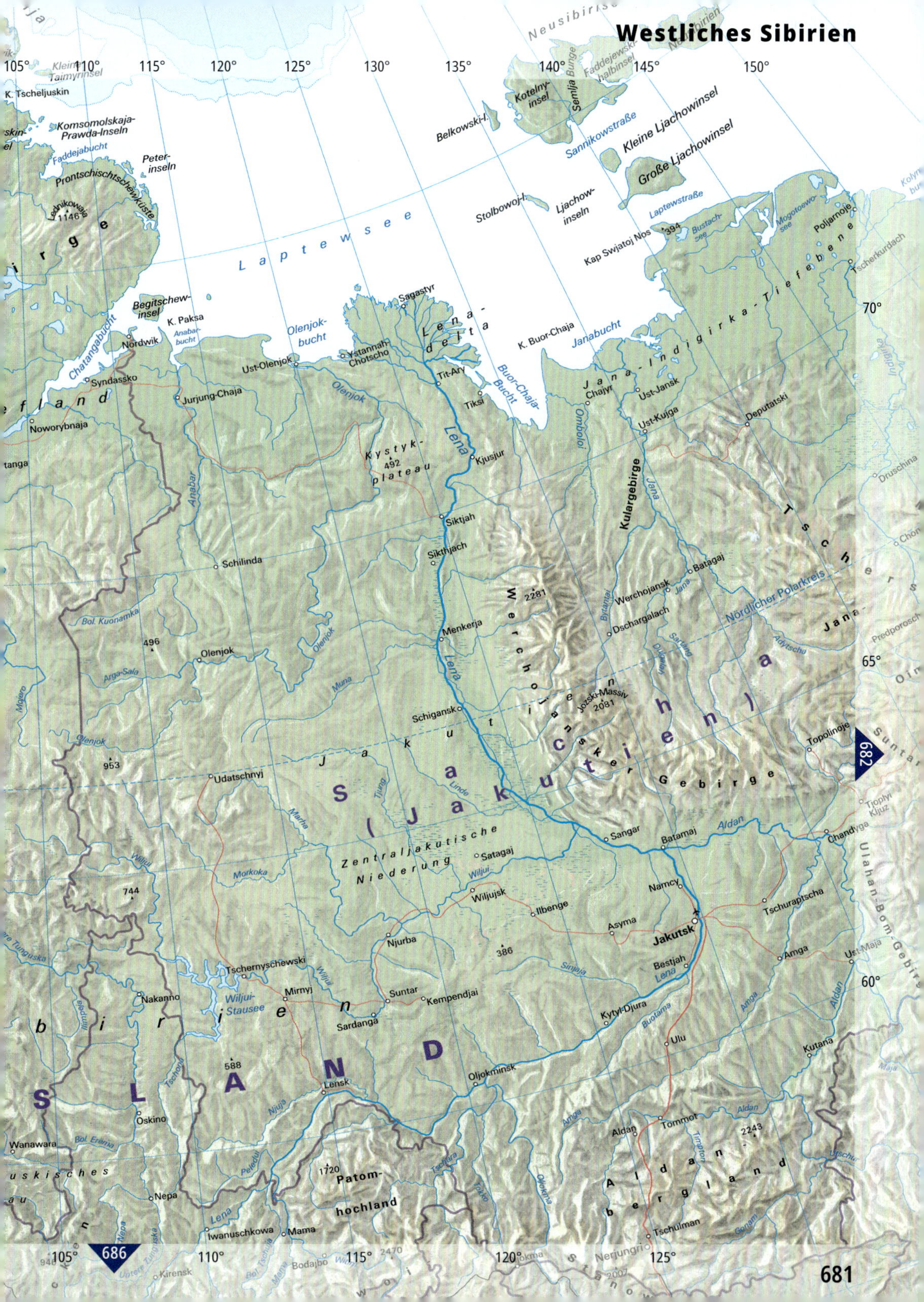
105°
110°
115°
120°
125°
130°
135°
140°
145°
150°
Kleine Taimyrinsel
K. Tscheljuskin
Komsomolskaja-Prawda-Inseln
Faddejabucht
Peter-inseln
Prontschischtschewküste
Lednikowaja 1146
Neusibirische Inseln
Belkowski-I.
Kotelny-insel
Semlja Bunge
Faddejewski-halbinsel
Sannikowstraße
Kleine Ljachowinsel
Große Ljachowinsel
Stolbowoj-I.
Ljachow-inseln
Laptewstraße
Kap Swjatoj Nos 394
Bustach-see
Mogotoewo-see
Poljarnoje
Tscherkurdach
Laptewsee
Begitschew-insel
K. Paksa
Anabar-bucht
Chatangabucht
Nordwik
Syndassko
Olenjok-bucht
Ust-Olenjok
Ystannah-Chotscho
Sagastyr
Lena-delta
Tit-Ary
Tiksi
Buor-Chaja-Bucht
K. Buor-Chaja
Janabucht
Jana-Indigirka-Tiefebene
70°
Chajyr
Ust-Jansk
Ust-Kujga
Deputatski
Omboloi
Jurjung-Chaja
Noworybnaja
Olenjok
Kystyk-plateau 492
Lena
Kjusjur
Anabar
Siktjah
Sikthjach
Kulargebirge
Jana
Druschina
Tscherskigebirge
Schilinda
Batagaj
Werchojansk
Bytantai
Dschargalach
2281
Nördlicher Polarkreis
Bol. Kuonamka
496
Olenjok
Olenjok
Menkerja
Lena
Adytscha
Jana
Predporoschny
65°
Arga-Sala
Muna
Werchojansker Gebirge
Jozski-Massiv 2081
Migero
Schigansk
Olenjok
953
Jakutien
Sacha
Topolinoje
Udatschnyj
Tjung
Linde
Marha
Zentraljakutische Niederung
Sangar
Batamaj
Aldan
Chandyga
Tjoplyi Kljuz
Ulahan-Bom-Gebirge
Wiljui
Satagaj
Morkoka
Wiljui
744
Wiljujsk
Namcy
Ilbenge
Tschuraptscha
Asyma
Jakutsk
Njurba
386
Bestjah
Amga
Ust-Maja
Untere Tunguska
Tschernyschewski
Wiljui
Sinjaja
Lena
60°
Wiljui-Stausee
Mirnyj
Suntar
Kempendjai
Nakanno
Ilimpeja
Sardanga
Kytyl-Djura
Buotama
Amga
Aldan
Ulu
Kutana
Maja
588
Tschona
Oljokminsk
Lensk
Nijuja
Oskino
Ange
Aldan
Tommot
Aldan
2243
Wanawara
Bol. Erema
Peleduj
1720
Patom-hochland
Tschara
Timpton
Aldanbergland
Utschur
Nepa
Oljokma
Lena
Iwanuschkowa
Mama
Tokko
Tschulman
Gonam
Nepa
Untere Tunguska
Kirensk
Bodajbo
Witim
Mama
2470
Neryungri
2007
110°
115°
120°
125°
105°
Stanowoi
Mittelsibirisches Bergland
Nordsibirisches Tiefland
Suntar
Indigirka
Kolyma
Oimjakon

686
682

681

1: 14 000 000

sibirische
See
Medweschi-Inseln
Wrangel
Gerald
De-Long-Straße
Tschuktschensee
K. Schelagski
K. Billingsa
Leningradski
Ajon
Pewek
Tschaunbucht
Krestowo
Medweschka
Rytkutschi
Paljawaam
Anadyrbergland
Wankarem
Enurmino
Koljutschinsker Bucht
Kap Deschnjow
Tscherski
Nischne-Kolymsk
Anjujsk
Kolyma
Bilibino
Mal. Anjui
Anjuigebirge
RUSSLAND
Amguéma
Nördlicher Polarkreis
Tschuktschenhalbinsel
Lorino
Egwekinot
Krestabucht
Mandrikowo
Staduhino
Bol. Anjui
Omolon
Autonomer Kreis der Tschuktschen
Pekulnejgeb.
Tanjurer
Welkal
Enmelen
Nunligran
Prowidenija
Tschuktschenkap
Oloigebirge
Oloi
Jablon
Lamutskoje
Anadyr-
Ugolnye Kopi
Anadyr
K. Geka
Anadyrgolf
St. Lawrence I. (USA)
Usch-Urektschan-Gebirge
Golaja 1437
Markowo
Krasneno
Krassee
Anadyrtiefebene
Beringowski
Omolon
Walunnaja 1242
Penschina
Majn
Welikaja
1653
Ajanka
Mejnypilgyno
K. Nawarin
Oklan
Oklanplateau
Manily
Kamenskoje
Belaja
Hatyrka
Korjakengebirge
Ledjanaja 2562
Gischiga
Ewensk
Awekowa
Talowka
1484
Tajgonoshalbinsel
Topolowka
Gischigabucht
Penschinabucht
Pachatschi
Apuka
Tilitschiki
Oljutorskibucht
Oljutorskihalbinsel
K. Oljutorski
Korf
Korfbucht
Ilpyrskoje
Karaginski-golf
Karaginski
Palana
Ossora
2550
Beringmeer
Kamtschatka-becken
Tigil
K. Osenoj
Icy C.
Pt. Lay
Kap Lisburne
Wevok
Tikigaq (Point Hope)
Kivalina
Wainwright
Beringstraße
165°
170°
175°
180°
60°
65°
70°
160°
650
689

KASACHSTAN
USBEKISTAN
KIRGISISTAN
Perm
JEKATERINBURG
Tjumen
Tobolsk
UFA
TSCHELJABINSK
Kurgan
Miass
Slatoust
Magnitogorsk
Orenburg
Orsk
Nowotroizk
Aqtöbe
Troizk
Qostanai
Rudny
Petropawl
OMSK
Kökschetau
Nur-Sultan
Pawlodar
Ekibastus
Temirtau
Qaraghandy
Balqasch
Balqaschsee
Siebenstromland
Taldy-Kurgan
ALMATY
Bischkek
Issykkul
Taras
Schymkent
TASCHKENT
Namangan
Andischan
Kokand
Fergana
Osch
Samarkand
Buchara
Nawoi
Nukus
Urgench
Qysylorda
Turkistan
Kentau
Aralsee
Kleiner Aralsee
Syrdarja
Baiqongyr/ Baikonur
Tafelland von Turgai
Turgaisenke
Hungersteppe
Mujunkum
Karatau
Kysylkum
Kasachische Schwelle
Mugodscharberge
Tien Schan
Ural
Irtysch
Ischim
Tobol
Kurgan
Swerdlowsk
Tjumen
Omsk
Nowosibirsk
Ural-Tau
Baschkortostan
Udmurtische Republik
Tscheljabinsk
Kirgisischer Alatau
Ferganakette
Alaigebirge
Kaschgar
Turkmenabat
Karschi
Aqsu
Ishim
Semipalatinsk
Ajdarkul
Amudarja
Turan
Chanty-Mansisk
Surgut
Neftejugansk
Ob
Kulunda
Sarysu
Tengizsee
1:14 000 000
0 250 500 750 km
55° 60° 65° 70° 75° 80°
55° 50° 45° 40°
691

680
689
693
85°
90°
95°
100°
105°
110°
55°
50°
45°
40°
R U S S
Zentraltunguskisches Plateau
Sewero Jenisseisk
Lysaja 1052
Jenisseisk
Lesosibirsk
Motygino
Karabula
Keschma
Ust-Ilimsk
Nepa
Kirensk
Iwanuschkowa
Nowy Uoyan
Sewerobajkalsk
Ust-Kut
Magistralnyj
Now. Igirma
Angara
Jenissei
Angararücken
Lena-Angara-Plateau
Bratsk
Bratsker Stausee
Tschunski
Tajschet
Kansk
Krasnojarsk
Atschinsk
Bol. Murata
Ujar
Melezk
Belyj Jar
Asino
Tomsk
Tschulymsker Tiefland
Mariinsk
Anschero Sudschensk
Jurga
Kemerowo
NOWOSIBIRSK
Leninsk Kusnezki
Belowo
Kisseljowsk
Prokopewsk
Nowokusnezk
Meschduretschensk
Schorija-bergland
Uschur
Wyesschi Log
Krasnojarsker Stausee
Schira
Tschernogorsk
Abakan
Minusinsk
Chakassien
Osinniki
Togul
1886
Abasa
Sajan-Schuschensker Stausee
Östlicher Sajan
Westlicher Sajan
Nischneudinsk
Tulun
Irkutsk
Igschei
Katschug
Schigalowo
Sima
Tscheremchowo
Usolje-Sibirskoje
Angarsk
Irkutsk
Ust-Ordynski
Baikalsee
Turka
Turuntaewo
Selenginsk
Ulan-Ude
Burjat
Listwjanka
Bajkalsk
Orlik
3164
Kyren
Muhorschibir
Chöwsgöl Nuur
Dalahaj
Sakamensk
Suchbaatar
Darchan
Chatgal
3093
Kysyl
Tuwa
2591
Ak-Dovurak
Tannu-Ola
Erzin
3276
Bisk
Artybasch
Gorno-Altajsk
Tscherga
Ust-Kan
Belokuriha
Barnaul
Republik Altai
Altai
Novaja Inja
Aktash
3056
Koschi Agatsch
Ust-Koksa
Tjungur
Ridder
Öskemen
Belucha 4506
Altai
Haxman Qaynary
Ülkennaryn
Samarskoje
Kurschim
Quotanqaraghay
Khuiten Uul 4374
Balyqtybulaq
Saissansee
Kokpekty
Saissan
Habahe
Burqin
Altay
Majkaptschigaj
3816
Fuhai
Fuyun
Uws Nuur
Ulaangom
Türgen 3978
Achit
Tsagaannuur
Ölgii
Chjargas Nuur
Char Us Nuur
Chowd
Dörgön Nuur
Tes
Tsagaan-Uul
Mörön
Selenge
Chutag
Erdenet
Orchon
Bulgan
2548
Telmen
3531
Uliastaj
4021
Changaigebirge
3482
Tsetserleg
2199
Ulaanbaatar
Lun
Tuul
Tsagaanchuluut
3012
Arbajcheer
Bajanchongor
Tajgan
Altai
Buuzagaan
Mandalgow
M O N G O L
Mongolischer Altai
4231
3617
3412
Dzüyl
Scharga
3765
Bor-Usuur
Ertai
Altai Shan
Ulungur He
Tacheng
Emin
2845
Urho
Karamay
2923
Dsungarei
3479
2920
Mönh Tsast uul 3802
Bajan-Owoo
3590
Howd
Gobi-Altai
Salaa
2825
Dalandsadgad
Tast Uul 2517
Gurwantes
Gurbantünggüt Shamo
Altain Caadah Gov'
Ebinur Hu
Jinghe
Kuytun
Shihezi
Changji
ÜRÜMQI
5445
Bogda Shan
3234
Barkol
Nom
Karlik Shan
Tomort 4925
Hami
Hamibecken
Turfan
Turfanbecken
Kümüx
Bosten Hu
Luntai
Korla
Yuli
2809
Kuruktag
Kuqa
1789
Hongliuyuan
Guazhou
2017
Bei Shan
Mazongshan
Saihan Toroi
Ximiao
Alxa Gaoyuan
Alashan Shamo (Badain Jaran)
Bayan
Yumen
Jiayuguan
Jiuquan
Zhangye
Jinchang
Wuwei
Qilian Shan
5646
Qilian
Yumenguan
Dunhuang
Lop Nur
Xinjiang Uygur Zizhiqu (Autonomes Uigurisches Gebiet)
Tarimbecken
Argan
Tokum
Aksay
Danghe Shan
Tuanjie Feng 5808
Takla Makan
Ruoqiang
Aktaz
Huatugou
Youdunzi
Nan Shan
Datong

680
695
85°
90°
95°
100°
105°
110°
60°
55°
50°
45°
40°
RUSSLAND
MONGOLEI
Krasnojarsk
Irkutsk
Burjatien
Tuwa
Chakassien
Republik Altai
Tomsk
Kemerowo
Nowokusnezk
Abakan
Minusinsk
Atschinsk
Kansk
Bratsk
Ust-Ilimsk
Tajschet
Angarsk
Usolje-Sibirskoje
Ulan-Ude
Kysyl
Ulaanbaatar
Darchan
Suchbaatar
Erdenet
Bulgan
Mörön
Uliastaj
Chowd
Ölgii
Altai
Bajanchongor
Arbajcheer
Mandalgow
Dalandsadgad
Sajnshand
Tschojr
Hami
Turfan
Guazhou
Dunhuang
Baikalsee
Angara
Jenissei
Selenge
Zentraltunguskisches Plateau
Lena-Angara-Plateau
Östlicher Sajan
Westlicher Sajan
Tannu-Ola
Mongolischer Altai
Changaigebirge
Gobi-Altai
Gobi
Bargusingebirge
Jablonowy
Tschulymsker Tiefland
Schorija-bergland
Kusnezker Alatau
Krasnojarsker Stausee
Bratsker Stausee
Uws Nuur
Chöwsgöl Nuur
Bogda Shan
Karlik Shan
Bei Shan
Alxa Gaoyuan
Lop Nur
Turfanbecken
Hamibecken
Altajn Caadah Gov'
Tsambagarav
Mönh Tsast uul 3802
Chüiten Uul 4374
Turgen 3978
Baotou
Jiayuguan
0 250 500 750 km

1: 14 000 000

115°
120°
125°
130°
135°
140°
145°
60°
55°
50°
45°
40°
681
682
688
697
696
Njurba
Asyma
386
Jakutsk
Tschuraptscha
Suntar
Kempendjai
Sardanga
Bestjah
Lena
Amga
Ust-Maja
Ochotsk
Lisjansk halbinsel
Kytyl-Djura
Lensk
N
D
Oljokminsk
Ulu
Kutana
Ulahan-Bom-Gebirge
Judoma
Maja
K. Enken
Kekra
Patom-
hochland
Aldan
Tommot
Aldan
2243
Timpton
Aldan
bergland
Utschur
1906
Ajan
Dschugdschurgebirge
2470
Tschulman
Gonam
Oljokma
Nerjungri
2007
Stanowoigebirge
Schantarinseln
Gr. Schantar
K. Alexandra
Skallistyj Golez
2467
Tschiltschi
Uda-bucht
Tschumikan
Akademie-bucht
Tynda
Seja-Stausee
Uda
2384
Tugur
Nikolajewsk am Amur
1463
Tungir
Uteni
Skoworodino
Seja
Amur
Olginsk
Albazino
Megotscha
Transbaikalien
Briakan
Chabarowsk
Sofijsk
Fewralsk
Selemdscha
Duki
Mohe
Schimanowsk
2167
Tscherjschewsk
Mangui
Tahe
Tschegdomyn
Komsomolsk am Amur
Huma
Swobodnyj
Bureja-Stausee
Amursk
Sretensk
Schilka
Schelopugino
Balej
Belogorsk
Olotschi
Blagoweschtschensk
Sawitinsk
Tyrma
Burejagebirge
Slawjanka
Tardoki-Jani
2077
Uljatuj
Akuraj
Gegen Gol
Alihe
Jagdaqi
Ganhe
Kleiner Chingan
HEIHE
Borsja
Priargunsk
Ergun
782
Birobidschan
Chabarowsk
Krasnokamensk
Sunwu
Oblutsche
Jüdischer Autonomer Oblast
Birofeld
Fuyuan
Manzhouli
Nenjiang
Jiayin
Leninskoje
Pusino
Yakeshi
Wudalianchi
Hulun Buir
Hulun Nuur
Wehe
Bei'an
Tongjiang
Wjasemskij
Samarga
Zalantun
Yichun
Fuyu
Hegang
Fujin
Bikin
Wostock
Mingshui
Jiamusi
Raohe
QIQIHAR
Baiquan
SHUANGYASHAN
1712
Buir Nuur
Arxan
Lindian
Tieli
Chalchgol
Daqing
SUIHUA
Huanan
Dalneretschensk
Anda
Qitaihe
Hulin
Primorje
1504
Tailai
Heilongjiang
Matad
Zhaodong
Songhua
Jixi
Mishan
Ulanhot
HARBIN
Acheng
Linkou
Chanka-see
Dalnejegorst
Rudnaja Pristan
Erdenetsagaan
Holin Gol
Baicheng
Shangzhi
Mudanjiang
Spassk-Dalnij
Großer Chingan
Taonan
Songyuan
Yushu
1691
Suifenhe
Arsenjew
1855
Olga
Zhangguangcai Ling
Ning'an
Ussurijsk
Xi Ujimqin Qi
Jilin
Nong'an
Artjom
1950
CHANGCHUN
Jiaohe
Wladiwostok
Sapowednyj
Bairin Zuoqi
JILIN
Dunhua
Tumen
Nachodka
Shuangliao
Xilinhot
Linxi
Tongliao
Siping
Yanji
Hunchun
Peter-der-Große-Bucht
Xi Liao He
Changtu
Liaoyuan
Innere Mongolei
Meihekou
Helong
Najin
Chifeng
Aohan Qi
TIELING
BAISHAN
Cheongjin
Japanisches Meer
Fuxin
SHEN-YANG
Weichang
2540
Beipiao
FUSHUN
Tonghua
Chaoyang
Benxi
Hyesan
JINZHOU
ANSHAN
Liaoning
Ganggye
Gimchaek
Haicheng
Yingkou
Fengcheng
Dandong
Sinuiju
Hamheung
Heungnam
Huicheon
Zhangjiakou
Beijing
Xingcheng
Golf von

125°
130°
135°
140°
145°
150°
60°
55°
50°
45°
682
687
697
Bergland
Oimjakon
Jakutsk
Namcy
Asyma
Aldan
Lena
Oljokminsk
Bestjah
Kytyl-Djura
Tschuraptscha
Chandyga
Kljuz
Tjoplyj
Suntar-Chajata-Gebirge
Mus-Chaja
2959
Susuman
Jagodnoje
Kulu
2588
Maga
Ust-Omtschug
Buotama
Amga
Ulu
Ust-Maja
Ulahan-Bom-Gebirge
Aldan
Tommot
Aldan-Bergland
Timpton
2243
Kutana
Judoma
Maja
Ochota
Ochotsk
Inja
Talon
Tauiskaja-bucht
Lisjanskogo-halbinsel
Nerjungri
Tschulman
2007
Gonam
Utschur
Stanowoigebirge
1906
Dschugdschurgebirge
K. Enken
Kekra
Ajan
Tynda
Skoworodino
Seja-Stausee
Seja
Amur
Uda
Uda-bucht
Schantarinseln
Gr. Schantar
Tschumikan
2384
Akademie-bucht
Tugur
K. Alexandra
K. Elisawety
Bucht von Sachalin
Ochotskisches Meer
Tahe
Schimanowsk
Selemdscha
Olginsk
Fewralsk
Swobodnyj
Briakan
Amgun
Nikolajewsk am Amur
Ocha
Chabarowsk
Belogorsk
Tschegdomyn
2167
Duki
Lasarewo
Blagoweschtschensk
HEIHE
Sawitinsk
Bureja-Stausee
Burejagebirge
Sofijsk
Nogliki
Sachalin
Sunwu
Tyrma
Komsomolsk am Amur
Amursk
Alexandrowsk-Sachalinski
Tymowskoje
1610
Opatina
Jiayin
Oblutsche
Jüdischer Autonomer Oblast
Birobidschan
Birofeld
Leninskoje
Pusino
Fuyuan
Slawjanka
Tardoki-Jani
2077
Sowetskaja-Gawan
Yichun
Hegang
Tongjiang
Jiamusi
Fujin
SUIHUA
SHUANGYASHAN
Uglegorsk
Tatarensund
Poronajsk
Terpenija-bucht
Kap Terpenija
Ussuri
Bikin
Wjasemskij
Huanan
Qitaihe
Hulin
Raohe
Westock
Samarga
Sichote-Alin
Jixi
Linkou
Mishan
Chanka-see
Dalneretschensk
Primorje
Cholmsk
Newelsk
Juschno-Sachalinsk
Korsakow
Aniwa-bucht
Kap Aniwa
Kurilenbecken
Mudanjiang
Suifenhe
Ning'an
Spassk-Dalnij
Arsenjew
Dalnegorsk
Rudnaja Pristan
1855
La-Pérouse-Straße
Die südlichen Kurileninseln Etorofu, Kunaschiri, Schikotan und Habomai werden verwaltet von Russland, beansprucht von Japan.
Simuschir
Tschernye Bratja
Urup
Kurilsk
Etorofu (Iturup)
Kunaschiri
Juschno-Kurilsk
Schikotan
Habomai
Ussurijsk
Artjom
Wladiwostok
Olga
Tumen
Hunchun
Peter-der-Große-Bucht
Najin
Nachodka
Sapowedny
Cheongjin
Rebun
Rishiri
Wakkanai
Haboro
Mombetsu
Shiretoko halbinsel
Asahikawa
Takikawa
Asahi
2290
Kitami
Otaru
SAPPORO
Nemuro
Obihiro
Tomakomai
Kushiro
Okushiri
Muroran
Hokkaido
Hakodate
Hiro'o
Kap Erimo
Mutsu
Aomori
Hirosaki
Japanisches
Gimchaek
Yanji
Dunhua
Acheng
Bei'an
Kleiner Chingan
Tsugarustraße
0
250
500
750 km

1: 14 000 000

683
155°
160°
165°
170°
175°
180°
55°
50°
45°
Oklan-plateau
Manily
Kamenskoje
Penschina
2562
Omsuktschan
Gischiga
Awekowa
1484
Ewensk
Tajgonos-halbinsel
Topolowka
1964
Gischiga-bucht
Penschina-bucht
Schelichow-
golf
Tachtojamsk
Jamsk-bucht
Pjagina-halbinsel
Palana
Ossora
Ilpyrskoje
Karaginski-
golf
Karaginski
Pachatschi
Apuka
Oljutorski-bucht
Oljutorski-halbinsel
K. Oljutorski
Tilitschiki
Korf
Korf-bucht
2550
Tigil
K. Juschnyi
K. Osenoj
Chairjusowo
Ust-Kamtschatsk
Kljutschi
Kljutschewskaja Sopka
4835
Krutogorowski
3622
Esso
Atlasowo
Kamtschatka-bucht
Kronozki-see
Milkowo
Kronozki-bucht
Korjakskaja Sopka
3456
Elisowo
Petropawlowsk-Kamtschatski
Oktjabrski
2476
K. Lopatka
Atlasowa
Schumschu
Paramuschir
Sewero-Kurilsk
Onekotan
Kamtschatka
Zentralkette
Korjakengebirge
Kamtschatka-
becken
Bering
meer
Nikolskoje
Bering
Mednyi
Kommandeurinseln
(RUS)
Attu I.
(USA)
Semichi-Inseln
Buldir I.
Kiska I.
Nearinseln
Agattu I.
Ratteni
PAZIFISCHER
OZEAN

621
625
20°
25°
30°
35°
40°
45°
UNGARN
RUMÄNIEN
MOLDAU
KROATIEN
BOSNIEN UND HERZEGOWINA
SERBIEN
MONTENEGRO
KOSOVO
BULGARIEN
NORD-MAZEDONIEN
ALBANIEN
GRIECHENLAND
TÜRKEI
ZYPERN
SYRIEN
LIBANON
ISRAEL
JORDANIEN
ÄGYPTEN
BUDAPEST
Szolnok
Kecskemét
Szekszárd
Szeged
Pécs
Zagreb
Osijek
Novi Sad
Satu Mare
Baia Mare
Oradea
Bistrița
Cluj-Napoca
Arad
Timișoara
Hunedoara
Sibiu
Târgu Mureș
Suceava
Botoșani
Bălți
Iași
Piatra Neamț
Chișinău
Tiraspol
Bacău
Tighina
Bârlad
Focșani
Brașov
Buzău
Galați
Brăila
Bolhrad
Ismail
Târgoviște
Pitești
Ploiești
Craiova
Reșița
Drobeta-T. Severin
BUKAREST
Widin
Alexandria
Plewen
Russe
Silistra
Constanța
Dobritsch
Warna
Burgas
Sliwen
Stara Sagora
Plowdiw
Kardschali
Edirne
Kirklareli
Tekirdağ
Çorlu
ISTANBUL
Izmit
Gemlik
İnegöl
BURSA
Bandırma
Çanakkale
Balıkesir
Kütahya
Eskişehir
ANKARA
Polatlı
Kırıkkale
Kırşehir
Yozgat
Çorum
Amasya
Tokat
Sivas
Erzincan
Samsun
Ordu
Trabzon
Rize
Giresun
Gümüşane
Bayburt
Sinop
Bafra
Kastamonu
Çankiri
Gerede
Zonguldak
Ereğli
Küregebirge
Pontisches Gebirge
Anatolien
Östlicher Taurus
Westlicher Taurus
Mittlerer Taurus
Taurus
Afyonkarahisar
Uşak
Salihli
Manisa
IZMIR
Çeşme
Edremit
Mytilini
Lesbos
Chios
Samos
Aydın
Denizli
Muğla
Burdur
Isparta
Akşehir
Dinar
Konya
Aksaray
Nevşehir
Kayseri
Niğde
Ereğli
Karaman
Karadağ
2288
Antalya
Aksekî
Alanya
Anamur
Silifke
Mersin
Tarsus
ADANA
Osmaniye
Kahramanmaraş
Malatya
Elâzığ
Tunceli
Bingöl
Diyarbakır
Adiyaman
Viranşehir
Sanlıurfa
GAZIANTEP
Iskenderun
Hatay
Idlib
ALEPPO
Rakka
Hasakah
Latakia
Hama
Homs
Deir es-Sor
Tadmur
Tartus
Tripoli
BEIRUT
DAMASKUS
Kuneitra
Haifa
Irbid
Ar-Rusayfah
AMMAN
Tel Aviv-Jaffa
Jerusalem
Jericho
Totes Meer
Gaza
Beer Sheva
Negev
Maan
Akaba
Elat
Al Qurayyat
Turaif
Syrische Wüste
Anaza Ruwala
Dumat al-Djandal
Sakaka
Tabuk
Al Bad
Bani Atiyah
Duba
Al Wadjh
Al Ula
Taima
Jaharah
Hidjas
Safadja
Harrat Khaibar
Khaibar
Umm Laddj
Birrim
Yanbu al-Bahr
MEDINA
Al Mulaihah
Kap Banas
Berenice
Rotes Meer
Nikosia
Morfou
Larnaka
Limassol
Pafos
Rhodos
Demre
Karpathos
Kreta
Heraklion
Chania
Kissamos
Sitia
Kythera
Milos
Naxos
Kykladen
Südliche Sporaden
Ägäisches Meer
Limnos
Thasos
Athos
2033
Thessaloniki
Kavala
Komotini
Edessa
Kosani
Olymp
2917
Larissa
Volos
Lamia
Agrinion
Pindos
Patras
Levadeia
Euböa
Piräus
ATHEN
Korinth
Tripoli
Sparta
Kalamata
Areopoli
2407
Peloponnes
Amaliada
Zakynthos
Kefallinia
Lefkada
Ionische Inseln
Korfu (Kerkyra)
Ioannina
Vlorë
Elbasan
Tirana
Durrës
Bitola
Skopje
Kumanovo
Blagoewgrad
Kjustendil
Prizren
Priština
Peć
Podgorica
Shkodër
Mostar
Sarajevo
Tuzla
BELGRAD
Kraljevo
Kruševac
Niš
SOFIA
Balkan
Split
Dubrovnik
Durmitor
2522
Bari
Barletta
Brindisi
Lecce
Tarent
Crotone
Kap Rizzuto
Calabria
Ionisches Meer
Adriatisches Meer
Otranto
ODESSA
Mikolajiw
Cherson
Nowa Kachowka
Kachowkaer Stausee
Saporischschija
Nikopol
Krywyj Rih
Perwomajsk
Uman
Winnyzja
Smila
Krementschuk
Tscherkassy
Krementschuker Stausee
Slowjansk
Isjum
CHARKIW
DONEZK
Jenakijewe
Horliwka
Mariupol
Melitopol
Berdjansk
Taganrog
Nowoschachtinsk
ROSTOW AM DON
Batajsk
Ejsk
Asowsches Meer
Dschankoj
Krim
Jewpatorija
Simferopol
Sewastopol
Jalta
Feodossija
Kertsch
Krasnodar
Noworossijsk
Armawir
Maikop
Tuapse
Lasarewskoje
Sotschi
Adler
Sochumi
Die Halbinsel Krim wird von Russland verwaltet, von der Ukraine beansprucht.
Schwarzes Meer
Donaudelta
IWANO-FRANKIWSK
Tscherniwzi
Uschgorod
Nyíregyháza
Miskolc
Debrecen
Košice
WIEN
Graz
Győr
Mittelmeer
Al Marj
Beida
Derna
BENGASI
Achdar
Cyrenaika
Tobruk
Ajdedabia
Marsa el-Brega
Um Saad
As Sallum
Sidi Barrani
Marsa Matruh
El-Alamain
ALEXANDRIA
Damanhur
Tanta
Mahalla al-Kubra
Damiette
Port Said
Arish
Mansura
Ismailia
SHOUBRA AL-KHAIMA
GIZEH
KAIRO
Suez
Sahra at-Tih
Sinai
Jabal at-Tih
Zafarana
Golf von Suez
Golf v. Akaba
J. Katrina
2637
J. Gharib
1751
Scharm el-Scheich
Kap Mohammed
HURGHADA
Bur Safaga
Al Qusair
Arabische Wüste
Kattarasenke
Siwa
Djaghbub
Awjilah
Dur al Fawakhir
Sabkhat Ghuzayyil
Sarir Kalansho
Faijum
Beni Suef
Al Jadida
Bahariya-Oase
Ghurd Abu Muharrik
Bani Mazar
Minia
Mallawi
Dairut
Assiut
Al Badari
Sohag
Girga
Kena
Luxor
Idfu
Assuan
Marsa al'Alam
Kharga
Kharga-Oase
Baris
Mut
Dakhla-Oase
Farafra-Oase
Qasr Farafra
Libysche Wüste
Kufra-Oasen
Al Jawf
Rebiana
Zighan
Tazarbu
Gilf al-Kabir
1064
Nördlicher Wendekreis
0
250
500
750 km

1:14 000 000

684
692
635
45°
50°
55°
60°
65°
40°
35°
30°
25°
Wolgograd
Wolschski
Achtubinsk
Elista
Astrachan
Atyrau
Qulsary
Inderbor
Maqat
Rep. Kalmückien
Budjonnowsk
Kotschubej
Pjatigorsk
Grosny
Machatschkala
Kaspijsk
Derbent
Wladikawkas
Kutaissi
TIFLIS
Rustawi
Gjumri
ERIWAN
ASERBAIDSCHAN
Gäncä
Stepanakert
Sumqayıt
BAKU
Lenkoran
Nachitschewan
Ardebil
TÄBRIS
Sabalangebirge
Urmia
Maragheh
Van
Hakkâri
Dahuk
Arbil
SULAIMANIYA
Kirkuk
Samarra
Bakuba
BAGDAD
Falluja
Kerbela
Hilla
Kut
Diwaniya
Nadschaf
Amara
Nasiriya
BASRA
Abadan
Khorramshahr
AHVAZ
Dezful
Kuwait-Stadt
As Salimiyah
Hawalli
KUWAIT
Ras al-Khafji
Hafar al-Batin
Ar Ruqai
Rafkha
Jubail
Dammam
Dharan
Khubar
BAHRAIN
Manama
KATAR
Doha
Ar-Rayyan
Hofuf
Mubarraz
RIAD
Buraida
Unaiza
Al Majdma'a
Al Qrtawiya
Shaqra
Ad Dawadimi
Al Khari
Harad
Abu Dhabi
Abu al-Abyad
Al Ain
DUBAI
SHARJA
Ras al-Khaima
Fujaira
OMAN
Maskat
Matrah
Sohar
Golf von Oman
Persischer Golf
Straße von Hormus
Bandar Abbas
Qeshm
Kish
Bandar Lenge
Lavan
Kangan
Bushehr
Borazjan
Kazerun
SHIRAZ
Jahrom
Estahban
Sirjan
Kerman
Rafsanjan
Bam
Zahedan
Kahnuj
Iranshahr
Chabahar
Jask
Yazd
Ardakan
Nain
ISFAHAN
Najafabad
Shahreza
Kashan
Kum
Arak
Malayer
Hamadan
Kermanshah
Borujerd
Khorramabad
Ilam
Sanandaj
Saqqez
Zanjan
Kaswin
KARAJ
TEHERAN
Takestan
Rasht
Bandar Anzali
Sari
Gorgan
Babol
Amol
Qaimshar
Semnan
Damgan
Shahrud
Sabzevar
Neyshabur
MESCHHED
Torbat-e Heidariye
Gonabad
Tabas
Birjand
Zabol
Quchan
Bojnurd
Aschgabat
Tedschen
Mary
Serdar
Balkanabat
Turkmenbaschi
Turkmenabat
Buchara
Urganch
Xiwa
Daschogus (Taschaus)
Nukus
Qo'ng'irot
Mo'ynoq
Kara-Bogas-Gol
Garabogaz
Aqtau
Mangistau
Schangaösen
Fort-Schewtschenko
Beineu
Aralsee
Kaspisches Meer
Tjulenji-Inseln
Große Salzwüste (Dasht-e Kavir)
Dasht-e Lut
Elbursgebirge
Kuhrud Gebirge
Zagrosgebirge
Kopet-Dag
Demawend 5671
Ust-Jurt-Plateau
Kysylkum
Karakum
TURKMENISTAN
USBEKISTAN
IRAN
IRAK
KASACHSTAN
Herat
Shindand
Farah
Kuh-e Eshger
Kuh-e Palangan
Kuh-e Taftan 3941
Kuh-e Hezar 4466
Kuh-e Bakhun 3280

1:14 000 000

0 250 500 750 km

685
694
698
Tian Shan
KIRGISISTAN
ALMATY
Bischkek
Issykkul
Naryn
Kaschgar
Yengisar
Shache (Yarkand)
Yecheng
Hotan
Aksu
Kuqa
Korla
Turfan
Turfanbecken
Hami
Hamibecken
Kuruktag
Lop Nur
Dunhuang
Xinjiang Uygur Zizhiqu (Autonomes Uigurisches Gebiet)
Tarimbecken
Takla Makan
Qiemo (Qarqan)
Altun Shan
Qimantag Shan
Golmud
Ulugh Muz Tagh
Hoh Xil Shan
Kunlun Shan
Aksay Qin
Karatax Shan
K2 8611
Gasherbrum (Hidden Peak) 8068
Nanga Parbat 8126
Karakorum
Ladakhkette
Tibet
(Xizang Zizhiqu)
Hochland von Tibet
Tanggula (Dangla) Shan
Nganglong Gangri
Transhimalaja
Nyainqentanglha Shan
Lhasa
Xigaze
Himalaja
Mahabharatkette
Mt. Everest 8848
Kangchendzonga 8586
Dhaulagiri 8167
Annapurna 8091
Nanda Devi 7817
Kathmandu
Pokhara
NEPAL
BHUTAN
Thimphu
Sikkim
Darjeeling
Srinagar
Jammu und Kashmir
Leh
Ladakh
Himachal Pradesh
Punjab
Haryana
Uttarakhand
Uttar Pradesh
Bihar
Jharkhand
Westbengalen
Chhattisgarh
Madhya Pradesh
Odisha
Meghalaya
Tripura
GUJRANWALA
AMRITSAR
LAHORE
LUDHIANA
Jalandhar
Shimla
Chandigarh
Dehra Dun
DELHI
Neu-Delhi
MEERUT
GHAZIABAD
FARIDABAD
Bareilly
AGRA
JAIPUR
Ajmer
Gwalior
LUCKNOW
KANPUR
ALLAHABAD
VARANASI (BENARES)
Gorakhpur
PATNA
Gaya
Jhansi
BHOPAL
INDORE
Ujjain
JABALPUR
Raipur
Bhilai
Durg
VADODARA
Vindhyakette
Satpuragebirge
Ranchi
Jamshedpur
HAORA
KOLKATA (KALKUTTA)
Sundarbans
Gangesmündungen
BHADRAKH
Cuttack
Bhubaneswar
BANGLADESCH
DHAKA
Rajshahi
KHULNA
CHITTAGONG
Cox's Bazar
Gangesdelta
Brahmaputra
Guwahati
Shillong
Khasiberge
Ganges
75°
80°
85°
90°
95°
40°
35°
30°
25°
20°

685
693
700

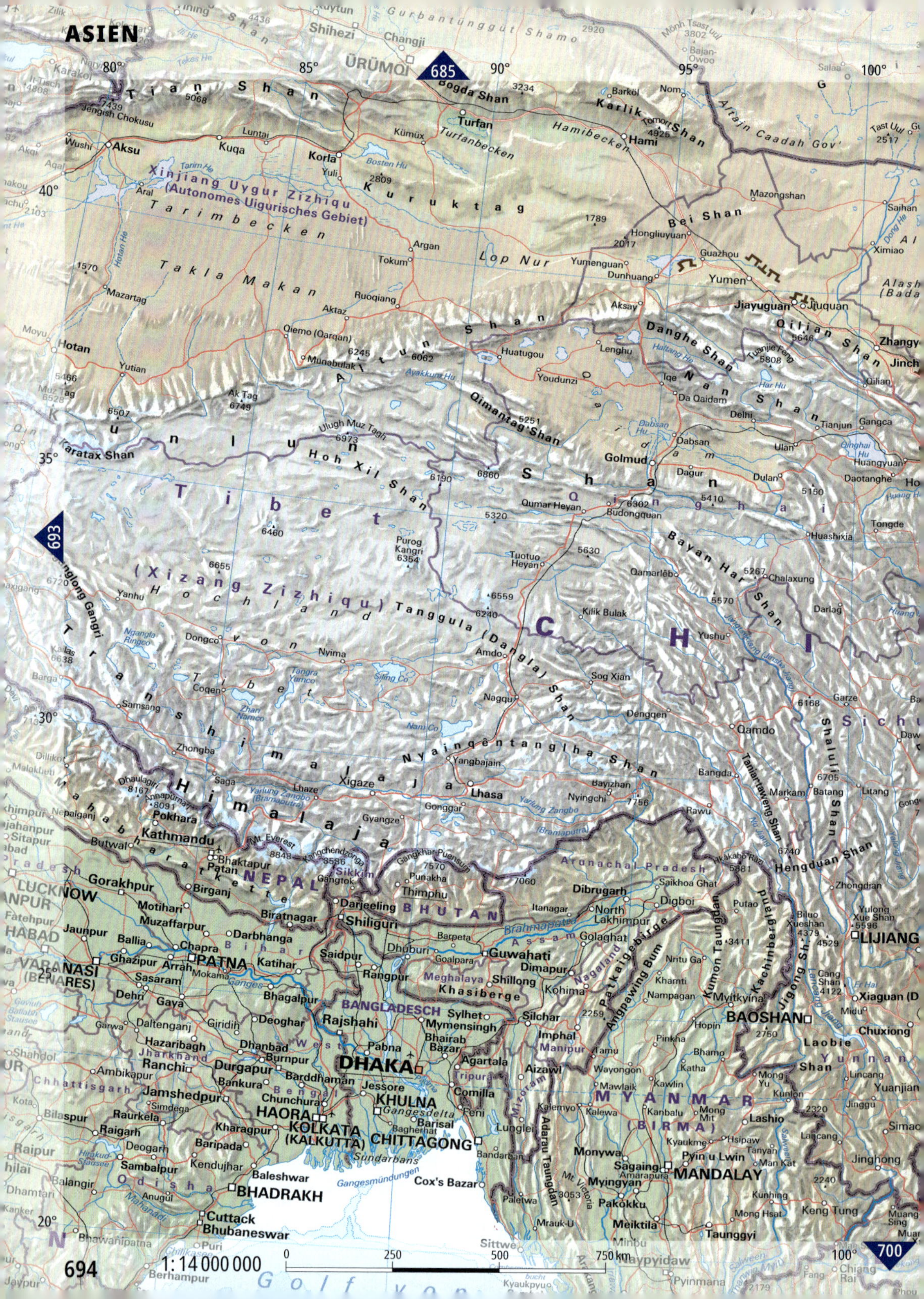
Tian Shan
Jengish Chokusu
Aksu
Kuqa
Korla
Turfan
Kümüx
Turfanbecken
Bogda Shan
Karlik Shan
Hamibecken
Hami
Barkol
ÜRÜMQI
Shihezi
Changji
Gurbantünggüt Shamo
Xinjiang Uygur Zizhiqu
(Autonomes Uigurisches Gebiet)
Tarimbecken
Kuruktag
Takla Makan
Lop Nur
Argan
Tokum
Ruoqiang
Aktaz
Qiemo (Qarqan)
Hotan
Yutian
Mazartag
Bei Shan
Hongliuyuan
Dunhuang
Yumenguan
Guazhou
Yumen
Jiayuguan
Jiuquan
Qilian Shan
Danghe Shan
Nan Shan
Mazongshan
Aksay
Huatugou
Lenghu
Youdunzi
Da Qaidam
Delhi
Golmud
Dabsan
Dagur
Ulan
Dulan
Huangyuan
Daotanghe
Tianjun
Qinghai Hu
Qimantag Shan
Altun Shan
Ulugh Muz Tagh
Kunlun Shan
Karatax Shan
Hoh Xil Shan
Tibet
(Xizang Zizhiqu)
Hochland von Tibet
Purog Kangri
Qumar Heyan
Budongquan
Tuotuo Heyan
Tanggula (Dangla) Shan
Bayan Har Shan
Qamarlêb
Chalaxung
Darlag
Kilik Bulak
Yushu
Amdo
Nagqu
Sog Xian
Dengqen
Qamdo
Nyima
Dongco
Yanhu
Coqen
Samsang
Siling Co
Nam Co
Transhimalaja
Nyainqêntanglha Shan
Yangbajain
Lhasa
Xigaze
Saga
Lhaze
Zhongba
Gyangze
Gonggar
Nyingchi
Bayizhan
Bangda
Markam
Batang
Litang
Shaluli Shan
Hengduan Shan
Rawu
Himalaja
Mt. Everest
Kangchendzonga
Dhaulagiri
Annapurna
Kathmandu
Pokhara
Bhaktapur
Patan
NEPAL
Sikkim
Gangtok
Punakha
Thimphu
BHUTAN
Darjeeling
Shiliguri
Arunachal Pradesh
Dibrugarh
Itanagar
North Lakhimpur
Digboi
Assam
Golaghat
Guwahati
Dhuburi
Goalpara
Barpeta
Dimapur
Kohima
Meghalaya
Shillong
Khasiberge
Nagaland
Patkaigebirge
Angpawng Bum
Kumon Taungdan
Myitkyina
Kachinberge
Putao
BAOSHAN
LIJIANG
Xiaguan
Chuxiong
Yunnan
Laobie Shan
Gorakhpur
Motihari
Muzaffarpur
Darbhanga
Biratnagar
Birganj
Butwal
Nepalganj
Bihar
PATNA
Arrah
Chapra
Ballia
Ghazipur
Jaunpur
Sasaram
Dehri
Gaya
Katihar
Saidpur
Rangpur
Bhagalpur
Deoghar
Giridih
Dhanbad
Burnpur
Daltenganj
Hazaribagh
Jharkhand
Ranchi
Ambikapur
Durgapur
Bankura
Barddhaman
Jamshedpur
Chhattisgarh
Bilaspur
Raurkela
Raigarh
Kharagpur
HAORA
KOLKATA
(KALKUTTA)
Baripada
Kendujhar
Sambalpur
Balangir
Baleshwar
BHADRAKH
Odisha
Angul
Cuttack
Bhubaneswar
Puri
Berhampur
BANGLADESCH
Rajshahi
Pabna
Mymensingh
Sylhet
Bhairab Bazar
DHAKA
Jessore
KHULNA
Gangesdelta
Barisal
CHITTAGONG
Sundarbans
Gangesmündungen
Cox's Bazar
Bandarban
Agartala
Tripura
Comilla
Feni
Silchar
Imphal
Manipur
Aizawl
Mizoram
Lunglei
Kalemyo
Kalewa
Tamu
MYANMAR
(BIRMA)
Lashio
Hsipaw
MANDALAY
Sagaing
Amarapura
Monywa
Myingyan
Pakokku
Meiktila
Taunggyi
Naypyidaw
Pyinmana
Sittwe
Kyaukpyu
Mt. Victoria
Adarau Taungdan
Jinghong
Keng Tung
Simao
Golf von
1:14 000 000
0
250
500
750 km

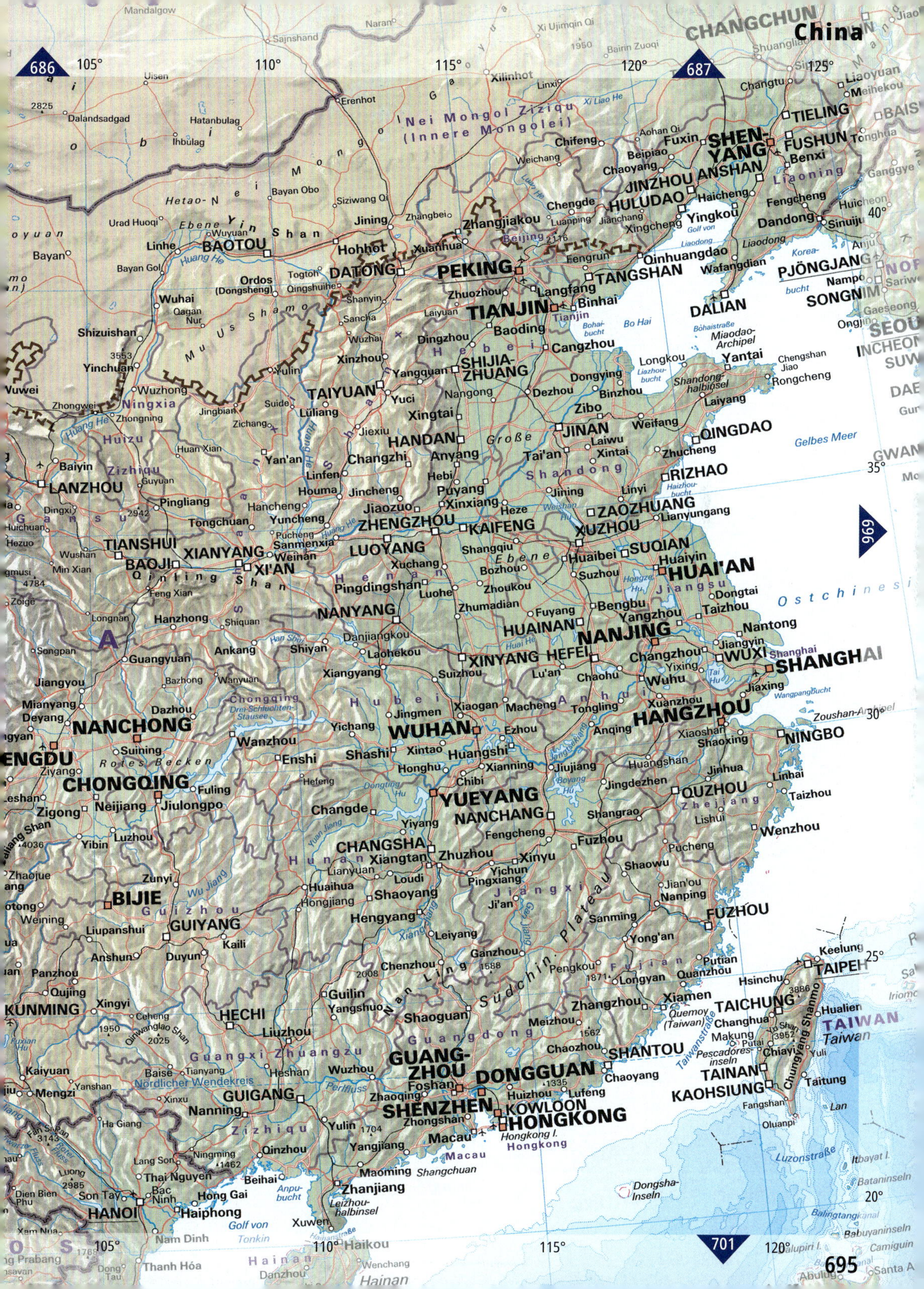
686
687
696
701
105°
110°
115°
120°
125°
40°
35°
30°
25°
20°
Mandalgow
Sajnshand
Naran
Xi Ujimqin Qi
CHANGCHUN
Shuangliao
Bairin Zuoqi
Xilinhot
Linxi
Changtu
Liaoyuan
Meihekou
Erenhot
Uisen
Dalandsadgad
Hatanbulag
Ihbulag
Nei Mongol Ziziqu
(Innere Mongolei)
Xi Liao He
TIELING
FUSHUN
SHEN-YANG
Benxi
Aohan Qi
Fuxin
Chifeng
Beipiao
Chaoyang
Weichang
JINZHOU
ANSHAN
HULUDAO
Haicheng
Yingkou
Liaoning
Fengcheng
Dandong
Sinuiju
Chengde
Luanping
Jianchang
Xingcheng
Golf von Liaodong
Liaodong
Bayan Obo
Siziwang Qi
Jining
Zhangbei
Zhangjiakou
Xuanhua
Beijing
Hetao-Nei
Yin Shan
Ebene
Wuyuan
Urad Huoqi
Linhe
BAOTOU
Hohhot
Bayan
Bayan Gol
Huang He
Ordos (Dongsheng)
Togtoh
Qingshuihe
DATONG
PEKING
Fengrun
Qinhuangdao
TANGSHAN
Wafangdian
Korea-bucht
PJÖNGJANG
Nampo
SONGNIM
Langfang
Binhai
TIANJIN
Tianjin
Bohaibucht
Bo Hai
DALIAN
Wuhai
Oagan Nur
Mu Us Shamo
Shanyin
Sancha
Laiyuan
Zhuozhou
Baoding
Dingzhou
Cangzhou
Bohaistraße
Miaodao-Archipel
Yantai
Longkou
Chengshan Jiao
Rongcheng
Shizuishan
Yinchuan
3553
Wuzhai
Xinzhou
SHIJIA-ZHUANG
Hebei
Yangquan
Yulin
Dongying
Liaozhou-bucht
Shandong-halbinsel
Laiyang
Wuwei
Wuzhong
Zhongwei
Ningxia
Zhongning
TAIYUAN
Yuci
Nangong
Dezhou
Binzhou
Zibo
Weifang
QINGDAO
Suide
Jingbian
Zichang
Lüliang
Xingtai
JINAN
Huizu
Jiexiu
HANDAN
Große
Laiwu
Xintai
Tai'an
Zhucheng
Gelbes Meer
Baiyin
Zizhiqu
Huan Xian
Yan'an
Linfen
Changzhi
Anyang
Shandong
RIZHAO
Haizhoubucht
LANZHOU
Guyuan
Pingliang
Houma
Jincheng
Hebi
Puyang
Jining
Linyi
Dingxi
Hancheng
Jiaozuo
Xinxiang
Heze
Weishan Hu
ZAOZHUANG
Lianyungang
Huichuan
Gansu
Tongchuan
Yuncheng
ZHENGZHOU
KAIFENG
XUZHOU
Hezuo
TIANSHUI
XIANYANG
Pucheng
Sanmenxia
LUOYANG
Shangqiu
Huaibei
SUQIAN
Huaiyin
HUAI'AN
Wushan
BAOJI
XI'AN
Weinan
Ebene
Min Xian
Qinling Shan
Henan
Xuchang
Bozhou
Suzhou
Hongze Hu
Jiangsu
4784
Feng Xian
Pingdingshan
Zhoukou
Dongtai
Ostchinesisches
Zoige
Luohe
Zhumadian
Bengbu
Taizhou
Longnan
Hanzhong
Shiquan
NANYANG
Fuyang
Yangzhou
Nantong
HUAINAN
NANJING
Songpan
Han Shui
Ankang
Shiyan
Danjiangkou
Huai He
Jiangyin
Guangyuan
Laohekou
XINYANG
HEFEI
Changzhou
WUXI
Shanghai
SHANGHAI
Jiangyou
Bazhong
Wanyuan
Xiangyang
Suizhou
Lu'an
Chaohu
Yixing
Wuhu
Tai Hu
Jiaxing
Mianyang
Dazhou
Chongqing
Drei-Schluchten-Stausee
Hubei
Jingmen
Xiaogan
Macheng
Anhui
Tongling
Xuanzhou
Wangpangbucht
Deyang
NANCHONG
Yichang
WUHAN
Ezhou
Anqing
HANGZHOU
Zhoushan-Archipel
CHENGDU
Suining
Wanzhou
Xintao
Huangshi
Xiaoshan
Shaoxing
NINGBO
Ziyang
Rotes Becken
Enshi
Shashi
Honghu
Xianning
Jiujiang
Huangshan
Jinhua
CHONGQING
Fuling
Hefeng
Chibi
Dongting Hu
Poyang Hu
Jingdezhen
QUZHOU
Linhai
Leshan
Zigong
Neijiang
Jiulongpo
Changde
YUEYANG
NANCHANG
Shangrao
Zhejiang
Taizhou
Lishui
Luzhou
Yiyang
Fengcheng
Wenzhou
4036
Yibin
Yuan Jiang
CHANGSHA
Fuzhou
Xiangtan
Zhuzhou
Xinyu
Pucheng
Zhaojue
Zunyi
Hunan
Lianyuan
Loudi
Yichun
Shaowu
Huaihua
Shaoyang
Pingxiang
Jiangxi
Jian'ou
Nanping
BIJIE
Hongjiang
Ji'an
Zhaotong
Guizhou
Wu Jiang
Hengyang
Sanming
FUZHOU
Weining
GUIYANG
Leiyang
Gan Jiang
Yong'an
Liupanshui
Kaili
Xiang Jiang
Ganzhou
Putian
Keelung
TAIPEH
Anshun
Duyun
Chenzhou
1588
Pengkou
Fujian
Quanzhou
Hsinchu
Panzhou
2008
Nan Ling
Südchin. Plateau
1871
Longyan
Xiamen
3886
Qujing
Guilin
Zhangzhou
Quemoy (Taiwan)
TAICHUNG
Hualien
KUNMING
Xingyi
Yangshuo
Shaoguan
Changhua
Yu Shan
TAIWAN
Taiwan
Ceheng
HECHI
Liuzhou
Guangdong
Meizhou
1562
Makung
3952
Taiwanstraße
Chungyang Shanmo
1950
Qinwanglao Shan
2025
Pescadores-inseln
Putai
Chiayi
Yuli
Fuxian Hu
Guangxi Zhuangzu
GUANG-ZHOU
Chaozhou
SHANTOU
Kaiyuan
Baise
Tianyang
Heshan
Wuzhou
DONGGUAN
Chaoyang
TAINAN
Nördlicher Wendekreis
Foshan
1335
Mengzi
Yanshan
GUIGANG
Perlfluss
Zhaoqing
Huizhou
Lufeng
KAOHSIUNG
Taitung
Xinxu
Nanning
SHENZHEN
KOWLOON
HONGKONG
Fangshan
Ha Giang
Zizhiqu
Yulin
Zhongshan
Lan
Oluanpi
3143
1704
Macau
Hongkong I.
Hongkong
Lang Son
Ningming
Qinzhou
Yangjiang
Macau
Luzonstraße
Itbayat I.
Luong
2985
Thai Nguyen
1462
Beihai
Maoming
Shangchuan
Dongsha-Inseln
Bataninseln
Bac Ninh
Anpu-bucht
Zhanjiang
Dien Bien Phu
Son Tay
HANOI
Hong Gai
Haiphong
Leizhou-halbinsel
Balingtangkanal
Golf von Tonkin
Xuwen
Babuyaninseln
Nam Dinh
Hainanstraße
Haikou
Camiguin
Thanh Hóa
Hainan
Wenchang
Hainan
Danzhou
Santa A
Abulug
Calupiri I.
Luang Prabang

110°
115°
120°
125°
40°
35°
30°
25°
687
695
701
HARBIN
Acheng
Baicheng
Taonan
Songyuan
Yushu
Nong'an
CHANGCHUN
JILIN
Jiaohe
Dunhua
Shuangliao
Siping
Tongliao
Changtu
Liaoyuan
Meihekou
TIELING
BAISHAN
SHEN-
YANG
FUSHUN
Benxi
Tonghua
ANSHAN
Haicheng
JINZHOU
HULUDAO
Fuxin
Beipiao
Chaoyang
Chifeng
Weichang
Aohan Qi
Xilinhot
Linxi
Bairin Zuoqi
Xi Ujimqin Qi
Holin Gol
Erenhot
Sajnshand
Naran
Uisen
Dalandsadgad
Hatanbulag
Ihbulag
Urad Huoqi
Bayan Obo
Siziwang Qi
Linhe
Wuyuan
BAOTOU
Bayan Gol
Jining
Zhangbei
Hohhot
DATONG
Wuhai
Ordos
(Dongsheng)
Togtoh
Qingshuihe
Qagan Nur
Zhangjiakou
Xuanhua
Chengde
Luanping
Jianchang
Xingcheng
Yingkou
PEKING
Beijing
Zhuozhou
Langfang
TIANJIN
Tianjin
Binhai
TANGSHAN
Qinhuangdao
Fengrun
Dingzhou
Baoding
SHIJIA-
ZHUANG
Cangzhou
Yangquan
TAIYUAN
Yuci
Lüliang
Xinzhou
Shanyin
Sanchа
Wuzhai
Yulin
Suide
Jingbian
Zichang
Yan'an
Huan Xian
Jiexiu
Xingtai
Nangong
HANDAN
Changzhi
Linfen
Houma
Anyang
Hebi
Puyang
Xinxiang
Jincheng
Jiaozuo
ZHENGZHOU
KAIFENG
LUOYANG
Sanmenxia
Weinan
XI'AN
XIANYANG
Tongchuan
Hancheng
Yuncheng
Pingliang
Xuchang
Pingdingshan
NANYANG
Luohe
Zhoukou
Zhumadian
Shangqiu
Bozhou
Heze
Jining
DALIAN
Wafangdian
Dandong
Fengcheng
Sinuiju
Huicheon
Ganggye
Hyesan
Anju
PJÖNGJANG
Nampo
SONGNIM
Sariwon
NORDKOREA
Hamheung
Wonsan
Koson
Gaeseong
Ongjin
Chuncheon
SEOUL
INCHEON
SUWON
Wonju
Cheongju
DAEJEON
Gunsan
Jeonju
SÜDKOREA
GWANGJU
Mokpo
Masan
Yeosu
Jeju
Bo Hai
Yantai
Longkou
Dongying
Binzhou
Dezhou
Zibo
JINAN
Weifang
Laiyang
Rongcheng
Tai'an
Laiwu
Xintai
QINGDAO
Zhucheng
RIZHAO
Linyi
ZAOZHUANG
XUZHOU
Lianyungang
Huaibei
SUQIAN
Suzhou
Huaiyin
HUAI'AN
Fuyang
Bengbu
HUAINAN
Dongtai
Yangzhou
NANJING
Taizhou
Nantong
HEFEI
XINYANG
Lu'an
Chaohu
Changzhou
Jiangyin
WUXI
Yixing
Wuhu
Shanghai
SHANGHAI
Tongling
Xuanzhou
Jiaxing
HANGZHOU
Anqing
Xiaoshan
Shaoxing
NINGBO
Zoushan-Archipel
Huangshan
Jingdezhen
Jinhua
QUZHOU
Linhai
Taizhou
Lishui
Wenzhou
Pucheng
Shaowu
Jian'ou
Nanping
Sanming
FUZHOU
Yong'an
Putian
Quanzhou
Longyan
Zhangzhou
Xiamen
Quemoy
(Taiwan)
Keelung
TAIPEH
Hsinchu
TAICHUNG
Changhua
Makung
Hualien
TAIWAN
Taiwan
Chiayi
TAINAN
KAOHSIUNG
Taitung
Fangshan
Yuli
SHANTOU
Chaoyang
Chaozhou
Meizhou
Shaoguan
GUANG-
ZHOU
DONGGUAN
Foshan
Zhaoqing
SHENZHEN
Zhongshan
Huizhou
Lufeng
KOWLOON
HONGKONG
Hongkong I.
Hongkong
Macau
Jiangmen
Maoming
Zhanjiang
Yangjiang
Yulin
Wuzhou
Guilin
Yangshuo
Liuzhou
Hezhou
Chenzhou
Ganzhou
Ji'an
Leiyang
Hengyang
Shaoyang
Loudi
Xiangtan
Zhuzhou
CHANGSHA
Lianyuan
Huaihua
Hongjiang
Yiyang
Changde
YUEYANG
NANCHANG
Fengcheng
Shangrao
Fuzhou
Xinyu
Yichun
Pingxiang
Jiujiang
Chibi
Xianning
Huangshi
Ezhou
WUHAN
Xiaogan
Macheng
Jingmen
Suizhou
Xiangyang
Danjiangkou
Laohekou
Shiyan
Ankang
Shiquan
Hanzhong
Enshi
Yichang
Shashi
Xintao
Honghu
Hefeng
Wanzhou
Nei Mongol Zizhiqu
(Innere Mongolei)
Jilin
Liaoning
Hebei
Henan
Hubei
Anhui
Jiangsu
Shandong
Zhejiang
Jiangxi
Fujian
Hunan
Guangdong
Ningxia
Korea
Korea-
bucht
Gelbes Meer
Ostchinesisches
Meer
Ryukyu-Inseln
Okinawa-Inseln
Okinawa
Naha
Amami-Inseln
Saki-Inseln
Miyako-Inseln
Ishigaki
Iriomote
JAPAN
Ryukyugraben
Taiwanstraße
Pescadores-
inseln
Jejustraße
Koreastraße
Shimono
Goto-
Archipel
Nagasaki
Fukue
Yoron
Okinoerabu
Tokara-
Huang He
Großer Chingan
Ebene
Großer
Mu Us Shamo
Yin Shan
Hetao-Ebene
Shandong-
halbinsel
Chengshan
Jiao
Bohaistraße
Miaodao-
Archipel
Liaodong
Golf von
Liaodong
Laizhou-
bucht
Bohai-
bucht
Haizhou-
bucht
Hangzhou-
bucht
Hongze-
Hu
Tai Hu
Dongting
Hu
Poyang
Hu
Jangtsekiang
Xiang Jiang
Gan Jiang
Südchinesisches Bergland
Nan Ling
Plateau
Changbai Shan
Baiquan
Daqing
Anda
Ulan
Zhaodong
SUIHUA
Tieli
Lindian
Baruun-Urt
Matad
Erdene
Zhangguangcai Ling
2540
1950
1915
1950
3886
3952
2008
1588
1871
1562
1335
1704
1691
2116
0
250
500
750 km
Lan
Dongsha-
Leizhou-
halbinsel
Haikou
Xuwen
Luzonstraße

1:14 000 000

688
135°
140°
145°
150°
40°
35°
30°
25°
Primorje
Chankasee
Spassk-Dalnij
Arsenjew
Ussurijsk
Artjom
Wladiwostok
Nachodka
Sapowedny
Dalnejegorsk
Rudnaja Pristan
Olga
Mishan
Peter-der-Große-Bucht
Japanisches
Meer
Ulleungdo
La-Perouse-Straße
Wakkanai
Rebun
Rishiri
Haboro
Asahikawa
Asahi 2290
Takikawa
Otaru
SAPPORO
Mombetsu
Shiretoko-halbinsel
Kitami
Obihiro
Kushiro
Nemuro
Hokkaido
Tomakomai
Muroran
Hakodate
Hiro'o
Kap Erimo
Okushiri
Oshima-halbinsel
Etorofu (Iturup)
Kunaschiri
Juschno-Kurilsk
Schikotan
Habomai
Tsugarustraße
Mutsu
Aomori
Hachinohe
Hirosaki
Odate
Morioka
Miyako
Kamaishi
Akita
Sakata
Ishinomaki
SENDAI
Sado
Ryotsu
Yamagata
Niigata
Fukushima
Nagaoka
Koriyama
Aizu-Wakamatsu
Joetsu
Noto-halbinsel
Toyama
Nagano
Utsunomiya
Iwaki
Hitachi
Mito
Kanazawa
Hotaka 3190
Maebashi
Saitama
TOKIO
Chiba
KAWASAKI
YOKOHAMA
Fukui
Matsumoto
Kofu
Tsuruga
Gifu
Fuji 3776
Oki-Inseln
Okistraße
Tottori
Matsue
Hamada
Chugokugebirge
Himeji
KYOTO
NAGOYA
Toyohashi
Shimizu
Ito
Tateyama
Oshima
Okayama
OSAKA
KOBE
Matsusaka
Hamamatsu
HIROSHIMA
Wakayama
Kii
Tanabe
Tokushima
JAPAN
Miyake
Hachijyo
Aoga
Izu-Inseln
Hofu
Ube
Matsuyama
Shikokubergland
Kochi
Shikoku
Beppu
Oita
Kumamoto
Kyushu-bergland
Nobeoka
Kyushu
Miyazaki
Miyakonojo
Osumi-halbinsel
Tanega
Yaku
Satsunan-Inseln
Minami-Daito (J)
Tori
Japangraben
Izu-Bonin-Graben
PAZIFISCHER
OZEAN
Mukoshima-rettō
Titishima-rettō
Hahashima-rettō
Ogasawara-Inseln
Kita-Io-Jima
Kazan-rettō (J)
Vulkaninseln (J)
Minami-Io-Jima
Nördlicher Wendekreis

693
Udaipur
Guna
Lalitpur
Chhatarpur
Banda
Rann von Kutch
Siddhapur
Palanpur
Neemuch
Tikamgarh
Rewa
Radhanpur
Mandasor
Sironj
Bhuj
Mahesana
Jaora
Biaora
Basoda
Katni
Gandhidham
Gandhinagar
AHMEDABAD
Ratlam
Nagda
BHOPAL
Damoh
Golf von Kutch
Okha
Gujarat
Nadiad
Dohad
Ujjain
Vindhyakette
Jamnagar
RAJKOT
Vasad
Godhra
INDORE
Dewas
JABALPUR
Halbinsel Kathiawar
Botad
Khambhat
Piparia
Narsimhapur
Dhoraji
Bhavnagar
VADODARA
Narmada
Madhya Pradesh
Mandla
Porbandar
Jetpur
Khargon
Khandwa
Chhindwara
Seoni
Bharuch
Mahuva
SURAT
Satpuragebirge
Gondia
Veraval
Nandurbar
Burhanpur
Achalpur
Bhandara
Durg
Bhilai
Dadra und Nagar Haveli und Daman und Diu
Navsari
Bhusawal
Golf von Khambhat
Daman
Dhulia
Jalgaon
Amravati
NAGPUR
Raj Nandgaon
Silvassa
Malegaon
Akola
Wardha
NASIK
Karanja
Yavatmal
Maharashtra
Chandrapur
AURANGABAD
Jalna
INDIEN
Bhiwandi
MUMBAI (BOMBAY)
KALYAN-DOMBIVLI
THANA
Parbhani
Ahmadnagar
Godavari
Nanded
Kaddam
Jagdalpur
PIMPRI-CHINCHWAD
Lonavale
Dekhan
Daund
PUNE
Karmala
Latur
Nizamabad
Mahad
Baramati
Bidar
Warangal
Pandharpur
Solapur
Secunderabad
Kottagudem
Karad
Gulbarga
HYDERABAD
Ratnagiri
Sangli
Chitapur
Telangana
Eluru
Kolhapur
Ichalkaranji
Bijapur
Macherla
Guntur
Vijayawada
Karnataka
Raichur
Tenali
Malvan
Belgaum
Nandikotkur
Machilipatnam
Panjim
Dharwad
Adoni
Karnulu
Andhra Pradesh
Goa
Hubli
Gadag
Hospet
Ballari
Giddalur
Ongole
Karwar
Karnataka-plateau
Proddatur
Badvel
Kavali
Kumta
Anantapur
Davangere
Cuddapah
Nellore
Bhatkal
Shimoga
Kundapura
Bhadravati
Tirupati
Udupi
Tumkur
Chittoor
Mangalore
Sakleshpur
Hassan
Vellore
CHENNAI
Puttur
BANGALORE
Kasaragod
Kanchipuram
Madurantakam
Madikeri
Mysore
Krishnagiri
Kannur
Puducherry
Mahe
Salem
Udagamandalam
Cuddalore
Amindiven
Erode
Tiruppur
Tamil Nadu
Kozhikode
Karur
Kumbakonam
Coimbatore
Palghat
Pollachi
Nagapattinam
Lakshadweep
Kavaratti I.
Thrissur
Tiruchirapalli
Thanjavur
Cannanore-Inseln
Vaparai
Dindigul
Ernakulam
Madurai
Palkstraße
Kochi (Cochin)
Kerala
2019
Virudunagar
Jaffna
Lakkadiven (IND)
Alappuzha
Ramanathapuram
Rameswaram
Mullaittivu
Neun-Grad-Kanal
Quilon
Tirunelveli
Thoothukudi
Nedumangad
Palayankottai
Trincomalee
Thiruvananthapuram
Anuradhapura
SRI
Golf von Mannar
Polonnaruwa
Nagercoil
K. Comorin
Puttalam
Eravur
Acht-Grad-Kanal
Lakkadivenmeer
Kurunegala
Kandy
Ihavadiffulu-Atoll
Negombo
Pidurutalagala 2524
Colombo
Sri Jayewardenepura Kotte
Avissawella
Badulla
Moratuwa
Ratnapura
Makunudu-Atoll
Tiladummati-Atoll
Galle
Weligama
Matara
Hambantota
Nordmalosmadulu-Atoll
Fadiffolu-Atoll
Südmalosmadulu-Atoll
Nordmale-Atoll
Kardivakanal
Male
Ari Atoll
Südmale-Atoll
Malediven
Felidu-Atoll
Nordnilandu-Atoll
Mulaku-Atoll
Südnilandu-Atoll
Kolumadulu-Atoll
Veimandukanal
Haddumati-Atoll
Suvadiva-Atoll
MALEDIVEN
Arabisches Becken
Kankanküste
Malabarküste
Westghats
Ostghats
Koromandelküste
INDO
65°
70°
75°
80°
20°
15°
10°
5°
0
250
500
750 km

1: 14 000 000

694
700
702
BANGLADESCH
DHAKA
KHULNA
CHITTAGONG
KOLKATA
(KALKUTTA)
HAORA
Jessore
Comilla
Barisal
Cox's Bazar
Sundarbans
Gangesdelta
Gangesmündungen
Patna
Rajshahi
Bhagalpur
Durgapur
Ranchi
Jamshedpur
Hazaribagh
Dhanbad
Burnpur
Barddhaman
Bankura
Kharagpur
Baripada
Baleshwar
Kendujhar
Sambalpur
BHADRAKH
Odisha
Cuttack
Bhubaneswar
Puri
Chilikasee
Berhampur
Sompeta
Srikakulam
Vizianagaram
VISHAKHAPATNAM
Golf von Bengalen
MYANMAR
(BIRMA)
MANDALAY
Sagaing
Monywa
Myingyan
Pakokku
Meiktila
Minbu
Taunggyi
Naypyidaw
Pyinmana
Taungngu
Tayet
Pyay
Sittwe
Kyaukpyu
Rambrè
(Ramree I.)
Man'aung
Thandwe
(Sandoway)
Arakangebirge
Irrawaddy
Nyaunglebin
Hinthada
Bago
RANGUN
(YANGON)
Thaton
Pathein
(Bassein)
Bogale
Golf von Martaban
Irrawaddymündungen
Kyaikkami
Moulmein
(Mawlamyine)
Ye
Dawei
(Tavoy)
Myeik
(Mergui)
Mergui-Archipel
Tenasserimgebirge
Kanmaw Island
Preparis I.
Große Kokosinsel
(MYA)
Alexandrakanal
Kokoskanal
Nordandaman
Mittelandaman
Andamanen
(IND)
Südandaman
Port Blair
Andamanensee
Andamanenbecken
Kleinandaman
Andamanen
und Nikobaren
Zehn-Grad-Kanal
Car Nicobar I.
Tillanchang Dwip
Tarasa Dwip
Trinkat I.
Katchall I.
Kleinnikobar
Großnikobar
Nikobaren
(IND)
Großer Kanal
THAILAND
BANGKOK
Chiang Mai
Chiang Rai
Lampang
Uttaradit
Sukhothai
Phitsanulok
Phichit
Tak
Nakhon Sawan
Nakhon Pathom
Kanchanaburi
Ratchaburi
Phetchaburi
Bucht von Bangkok
Chonburi
Pattaya
Rayong
Prachuap Khiri Khan
Chumphon
Isthmus von Kra
Ranong
Surat Thani
Ko Phangan
Ko Samui
Nakhon Si Thammarat
Krabi
Phuket
Ko Phuket
Trang
Songkhla
Hat Yai
Langkawi
Alor Setar
George Town
Penang
Taiping
Ipoh
Vientiane
(Viangchan)
LAOS
Lashio
Kengtung
Jinghong
Banda Aceh
Weh
Sigli
Lhokseumawe
Takengon
Langsa
Meulaboh
Belawan
MEDAN
Binjai
Tebingtinggi
Pematangsiantar
Tanjungbalai
Tobasee
Sibolga
Padang Sidempuan
Simeulue
Banyakinseln
Nias
Batuinseln
Siberut
Äquator
Straße von Malakka
INDISCHER OZEAN
85°
90°
95°
100°
20°
15°
10°
5°
0°

694
CHINA
MYANMAR (BIRMA)
LAOS
THAILAND
KAMBODSCHA
VIETNAM
MALAYSIA
Yunnan
Guangxi Zhuangzu
Hainan
Shan
MANDALAY
Naypyidaw
RANGUN (YANGON)
KUNMING
HANOI
Haiphong
Golf von Tonkin
Vientiane (Viangchan)
Luang Prabang
Chiang Mai
BANGKOK (KRUNG THEP)
PHNOM PENH
HO-CHI-MINH-STADT (SAIGON)
Da Nang
Hue
Nha Trang
Golf von Martaban
Andamanensee
Andamanenbecken
Andamanen (IND)
Port Blair
Nikobaren (IND)
Mergui-Archipel
Golf von Thailand
Isthmus von Kra
Phuket
Surat Thani
Hat Yai
Straße von Malakka
KUALA LUMPUR
George Town
Malaiische Halbinsel
MEDAN
Banda Aceh
SINGAPUR
Natunasee
Riau-Archipel
Kuching
Annamitische Kordillere
Khorat-Plateau
Mekong
Mekongmündungen
Tonle Sap
Con Dao
Tenasserimgebirge
Arakangebirge
Irrawaddymündungen
Zehn-Grad-Kanal
Großer Kanal
95°
100°
105°
110°
20°
15°
10°
5°
0°
699
702
0 250 500 750 km

1: 14 000 000

695
696
703
115°
120°
125°
130°
20°
15°
10°
5°
JAPAN
Ganzhou
Yong'an
Pengkou
Putian
Keelung
TAIPEH
Longyan
Quanzhou
Zhangzhou
Xiamen
Quemoy (Taiwan)
Meizhou
Chaozhou
SHANTOU
Chaoyang
DONGGUAN
Huizhou
Lufeng
KOWLOON
HONGKONG
Hongkong I.
Hongkong
Macau
TAICHUNG
Changhua
Makung
Putai
Pescadores-inseln
Chiayi
Yu Shan 3952
Chungyang Shanmo
TAINAN
KAOHSIUNG
Fangshan
Oluanpi
Taitung
Lan
Hualien
TAIWAN
Taiwan
Yuli
Taiwanstraße
Ryukyu
Saki-Inseln
Miyako-Inseln
Ishigaki
Iriomote
Nördlicher Wendekreis
Luzonstraße
Itbayat I.
Bataninseln
Dongsha-Inseln
Balingtangkanal
Babuyaninseln
Dalupiri I.
Camiguin I.
Babuyankanal
Abulug
Santa Ana
Laoag
Tuguegarao
Cord. Central
Tabuk
Bandue
2928
Sierra Madre
San Fernando
Baguio
Alaminos
Casiguran
Dagupan
Luzon
Tarlac
Cabanatuan
Iba
1486
Mt. Pinatubo
Angeles
Olongapo
CALOOCAN
QUEZON
Mariveles
MANILA
Calamba
Lucena
Daet
Batangas
Lopez
Naga
Catanduanes I.
Virac
Legaspi
Sorsogon
Luzon-see
Calapan
Boac
Marinduque I.
Burias I.
2585
Mindoro
Sibuyan I.
San Jose
Tablas I.
Masbate
Masbate
Laoang
Calbayog
Samar
Mindorostraße
Kalibo
Roxas
Sibuyan-see
Panay
Ormoc
Tacloban
Leyte
Cebu
Cuyo-Inseln
Iloilo
Cebu
Maasin
Dinagat I.
San Jose
Bacolod
Naga
Talibon
Dumaran I.
Kabankalan
Siargao I.
Negros
Surigao
Bohol
Cagayan-inseln
Tanjay
Mindanaosee
Butuan
Philippinensee
Philippinengraben
PHILIPPINEN
Paracel-inseln (Verwaltet von China, beansprucht von Vietnam)
Scarborough Shoal
Südchinesisches Becken
Meer
Calamian-gruppe
El Nido
Taytay
Thitu
passage
Discovery Great Reef
Palawan
Puerto Princesa
Quezon
Palawan-
Spratlyinseln
2085
Mt. Mantalingajan
Balabac I.
Balabacstraße
Banggi
Amboyna Cay
Cagayan Sulu I.
Tubbataha-riffe
Sulusee
Sulubecken
Dipolog
Cagayan de Oro
2404
Iligan
Bislig
Pagadian
Mindanao
Lanao-see
Mt. Apo 2954
Tagum
DAVAO
Mati
Cotabato
Morogolf
Zamboanga
Basilan I.
Koronadal
General Santos
Jolo I.
Jolo
Samales-inseln
Tapul-inseln
Sarangani-Inseln
Miangas
Tawi-Tawi-Gruppe
Sulu-Inseln
Kota Kinabalu
Kinabalu 4095
Sandakan
Beaufort
Lahad Datu
Lahad-Datu-Bucht
Bandar Seri Begawan
BRUNEI
Sipitang
Kuala Belait
Miri
Sapulut
Tawau
Sibutu-Inseln
Sebuku-bucht
2377
Mulu
2160
Tarakan
Bunyu
Tanjungselor
Celebessee
Celebesbecken
Karakelong
Talaudinseln
Kaburuang
Sangihe
Tahuna
Sangihe-Inseln
Siau
Tahulandang
Morotai
Hosegeb 2012
Song
2550
Kemal 2053
Maratua
Tanjungredeb
Tobelo
2988
Manado
Bitung
Amurang
Tondano
Jailolo
1635
Halmahera
Ternate
Tidore
Kobe
Kotamobagu
Tentolomatinan 2207
Tolitoli
Sangkulirang
Kap Mangkalihat
Sojol 3000
Marisa
Gorontalo
Putussibau
Muarawahau
Müllergebirge
Iranggebirge
1730
(Borneo)
Longiram
Kutai
Samarinda
Lohjanan
Donggala
Tomini
Molukkensee
Kayoa
Saketa
Gebe
Kasiruta
Bacan
Raja-Ampat-Inseln
Batanta
Waigeo
S
I
A

 1: 14 000 000 — 0 250 500 750 km — 110°

701
704
710
115°
120°
125°
130°
5°
0°
10°
Palawan
Puerto Princesa
Discovery Great Reef
Dumaran I.
Bacolod
Cebu
Kabankalan
Negros
Naga
Talibon
Bohol
Tanjay
Siargao I.
Surigao
Butuan
Mindanaosee
Cagayan-Inseln
Tubbataha-riffe
Mt. Mantalingajan
2085
Balabac I.
Balabacstraße
Banggi
Cagayan Sulu I.
Amboyna Cay
Sulusee
Sulubecken
Dipolog
Cagayan de Oro
Iligan
2404
Bislig
Pagadian
Mindanao
Tagum
DAVAO
Mt. Apo 2954
Mati
Cotabato
Morogolf
Zamboanga
Basilan I.
Koronadal
General Santos
Jolo I.
Jolo
Samales-inseln
Tapul-inseln
Tawi-Tawi-Gruppe
Sulu-Inseln
Kota Kinabalu
Kinabalu 4095
Sandakan
Lahad Datu
Lahad-Datu-Bucht
Beaufort
Bandar Seri Begawan
BRUNEI
Sipitang
Kuala Belait
Miri
Sapulut
Tawau
Sibutu-Inseln
Sebuku-bucht
2377
Mulu
2160
Tarakan
Bunyu
Tanjungselor
Celebessee
Celebesbecken
Sarangani-Inseln
Miangas
Karakelong
Talaudinseln
Kaburuang
Sangihe
Tahuna
Sangihe-Inseln
Siau
Tahulandang
Morotai
Tobelo
Sonsorol-inseln
Tobi
Hosegeb 2012
2550
Kemal 2053
Maratua
Tanjungredeb
2988
Liangpran 2240
Müllergebirge
Muarawahau
Sangkulirang
Kap Mangkalihat
Tolitoli
Tentolomatinan 2207
Manado
Bitung
Amurang
Tondano
Kotamobagu
Jailolo
1635
Ternate
Tidore
Halmahera
Kobe
Gebe
Waigeo
Sojol 3000
Lesung 1730
Marisa
Gorontalo
Golf von Tomini
Togianinseln
Kayoa
Saketa
Kasiruta
Bacan
Molukkensee
Halmaherasee
Raja-Ampat-Inseln
Salawati
Batanta
Longiram
Kutai
Samarinda
Lohjanan
Donggala
Palu
Uebonti
Luwuk
Basiano
Bisa
Sesepe
Kofiau
Muarateweh
Balikpapan
Makassarstraße
2528
Torenali
Gimpu
Mapane
Peleng
Banggai-Inseln
Todeli
Sula-Inseln
Mangole
Taliabu
Obi-Inseln
Adua
Tanahgrogot
Karosa
Kolonedale
Pindolo
Golf von Tolo
Seramsee
Pisang-Inseln
Tanjung Besar 1892
Amuntai
Negara
Tabudarat
Sulawesi (Celebes)
Mamuju
Palopo
Masamba
Towutisee
Nord-bandabecken
Sanana
Wahai
Piru
Binaia 3019
Mamasa
Malunda
Polewali
Majene
Makale
Enrekang
Manui
Namlea
2736
Buru
Tifu
Amahai
Ambon
Seram
Kualakapuas
Banjarmasin
Martapura
Meratusgebirge
Kotabaru
Pagatan
Laut
Parepare
Golf von Bone
Kendari
Wowoni
Kolaka
Banda-Inseln
Kap Selatan
Laut Kecil-inseln
Watampone (Bone)
Raha
Buton
Pangkajene
MAKASSAR
Karamian
Kabaena
Muna
Tukangbesi-Inseln
Bandasee
Weberbecken
INDONESIEN
2878
Baubau
Bulukumba
Masalembu Besar
Bawean
Bontosunggu
Benteng
Selayar
Südbandabecken
Floressee
Madura
Kangean-inseln
Bonerate-Inseln
Macaninseln
Daya-Barat-Inseln
Damar
Romang
Yamdena
Kamal
Sumenep
SURABAYA
Balisee
Wetar
1412
Babarinseln
Pasuruan
Kleine Sundainseln
Alor
Ilwaki
Leti-Inseln
Saumlaki
Semeru 3676
Merapi 2800
Singaraja
Sumbawa Besar
Bima
Komodo
Reo
Flores
Larantuka
Kalabahi
Atauro
Dili
Lospalos
Sermata-Inseln
Selaru
Banyuwangi
3142
Agung
Amlapura
Mataram
Dompu
Labuan Bajo
Lomblen
Pantar
Tatamailau 2963
TIMOR-LESTE
Denpasar
Bali
Praya
Lombok
Taliwang
Sumbawa
Sumbastraße
Ende
Memboro
Waingapu
Kefamenanu
Timor
Sawusee
Sumba
1225
Baing
Kupang
Timorrinne
Sawu
Roti
Timorsee
Melville
Bathurst I.
Sahul Banks
Ashmore-Inseln
Cartierinseln
Beaglegolf
Darwin
Adelaide River
Nord-australisches Becken
Sahulschelf
Kap Londonderry
Scott Reef
Admiralitätsgolf
Bonaparte-Archipel
Kalumburu
Joseph-Bonaparte-Golf
Yorksund
Heywood-inseln
Wyndham

703

1: 14 000 000 — 0, 250, 500, 750 km

PAZIFISCHER OZEAN
MIKRONESIEN
Caroline Seamounts
Ostkarolinenbecken
Äquator
Melanesien
PAPUA-NEUGUINEA
Bismarck-archipel
Bismarcksee
Salomonensee
New Britain-Bougainville-Graben
Louisiade-Archipel
Calvados Chain
Bismarckgebirge
Owen-Stanley-Gebirge
Port Moresby
Lae
Madang
Wewak
Rabaul
Kavieng
Kimbe
Alotau
Buka I.
Bougainville
Choiseul
New-Georgia-Archipel
Shortlandinseln
Treasury-inseln
New Ireland
New Britain
Admiralitätsinseln
Manus I.
Lorengau
Ninigo-Inseln
Sae-Inseln
Kanietinseln
Hermit-inseln
Awin I.
Mussau Island
Sankt-Matthias-Gruppe
Lyra Reef
Ysabelkanal
Lavongai (New Hanover)
Tabarinseln
Fangalawa
Lihirinseln
Nuguria-Inseln
Namatanai
Tanga-Inseln
Feni-Inseln
Greeninseln
Nukumanu-Inseln
Takuu-Inseln
Gazelle-halbinsel
Hormo-Inseln
Karkar I.
Long I.
Umboi I.
Vitu-Inseln
Talasea
Ulamona
Milim
Lemankoa
Wakunai
Arawa
Buin
Fauro I.
Chirovanga
Korasa
Luti
Parasо
Ringgi
Hovoro
New Georgia
Egholo
Mbatuna
Faraulep
Namonuito Atoll
Ulul
Pisaras
Murillo
Hallinseln
Nomwin
Oroluk
Senyavininseln
Palikir
Pohnpei
Mokil
Olimarao
Woleai
Lamotrek
Ifalik
Elato
Pulap
Puluwat
Pulusuk
Faichuk
Nomoneas
Chuukinseln
Sapwuahfik Atoll
Nomoi-Inseln (Mortlockinseln)
Nukuoro
Kapingamarangi
Angoram
Bogia
Eram
Wabag
Mt. Hagen
Mendi
Goroka
Watarais
Saidor
Sag Sag
Kandrian
Huon-halbinsel
Finschhafen
Huongolf
Kikori
Baimuru
Kerema
Terapo
Purutu I.
Kiwai I.
Daru
Papuagolf
Bereina
Ilaura
Maiama
Guari
Mt. Albert Edward 3990
Popondetta
Tufi
Warrior riffe
Kupiano
Mt. Simpson 3039
Rabaraba
Salamo
Goodenough I.
Fergusson I.
D'Entrecasteaux-inseln
Normanby I.
Trobriandinseln
Kiriwina I.
Woodlarkinseln
Misima I.
Bwagaoia
Rossel I.
Vanatinai (Tagula I.)
Pocklington Reef
Lockhart River
Prinzessin-Charlotte-Bucht
Kap Melville
Marina Plains
Korallensee
Mt. Wilhelm 4509
Mt. Ulawun 2334
Suavanao
Filuo
Mbambar
145°
150°
155°
5°
0°
10°
713
706

705
713
716

1: 14 000 000

AUSTRALIEN, OZEANIEN

AUSTRALIEN, OZEANIEN

1:45 000 000

0 500 1000 1500 2000 km

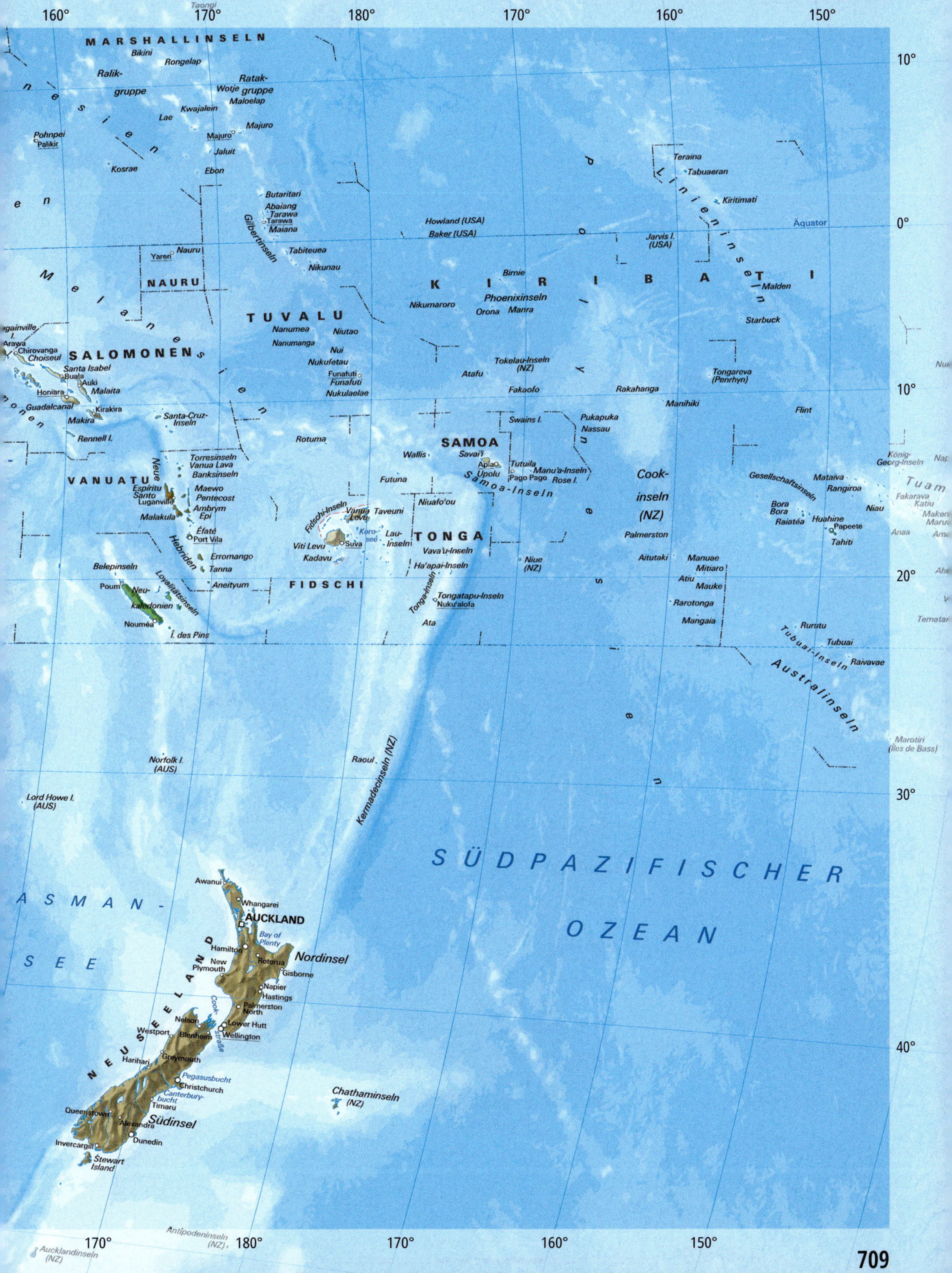
160°
170°
180°
170°
160°
150°
10°
0°
10°
20°
30°
40°
MARSHALLINSELN
Bikini
Rongelap
Ralik-
gruppe
Ratak-
gruppe
Wotje
Maloelap
Kwajalein
Lae
Majuro
Jaluit
Ebon
Pohnpei
Palikir
Kosrae
Butaritari
Abaiang
Tarawa
Maiana
Gilbertinseln
Tabiteuea
Nikunau
Nauru
Yaren
NAURU
TUVALU
Nanumea
Niutao
Nanumanga
Nui
Nukufetau
Funafuti
Nukulaelae
Howland (USA)
Baker (USA)
KIRIBATI
Birnie
Phoenixinseln
Nikumaroro
Orona
Manra
Teraina
Tabuaeran
Linieninseln
Kiritimati
Äquator
Jarvis I.
(USA)
Malden
Starbuck
Tokelau-Inseln
(NZ)
Atafu
Fakaofo
Tongareva
(Penrhyn)
Rakahanga
Manihiki
Flint
Pukapuka
Nassau
Swains I.
SALOMONEN
Chirovanga
Choiseul
Arawa
Santa Isabel
Buala
Auki
Malaita
Honiara
Guadalcanal
Kirakira
Makira
Rennell I.
Santa-Cruz-
Inseln
Rotuma
SAMOA
Savai'i
Apia
Upolu
Wallis
Tutuila
Pago Pago
Manu'a-Inseln
Rose I.
Samoa-Inseln
Futuna
Niuafo'ou
Cook-
inseln
(NZ)
Palmerston
Aitutaki
Gesellschaftsinseln
Maiao
Rangiroa
Bora Bora
Raiatea
Huahine
Papeete
Tahiti
Niau
Torresinseln
Vanua Lava
Banksinseln
VANUATU
Espíritu Santo
Luganville
Maewo
Pentecost
Ambrym
Epi
Malakula
Éfaté
Port Vila
Erromango
Tanna
Aneityum
Neue Hebriden
Belepinseln
Poum
Neu-
kaledonien
Loyalitätsinseln
Nouméa
I. des Pins
Fidschi-Inseln
Vanua Levu
Taveuni
Koro-
see
Lau-
Inseln
Viti Levu
Suva
Kadavu
FIDSCHI
TONGA
Vava'u-Inseln
Ha'apai-Inseln
Tonga-Inseln
Tongatapu-Inseln
Nuku'alofa
Ata
Niue
(NZ)
Manuae
Mitiaro
Atiu
Mauke
Rarotonga
Mangaia
Rurutu
Tubuai
Tubuai-Inseln
Raivavae
Australinseln
Marotiri
(Îles de Bass)
Raoul
Kermadecinseln (NZ)
Norfolk I.
(AUS)
Lord Howe I.
(AUS)
SÜDPAZIFISCHER
OZEAN
TASMAN-
SEE
Awanui
Whangarei
AUCKLAND
Bay of
Plenty
Hamilton
Rotorua
Nordinsel
New
Plymouth
Gisborne
Napier
Hastings
Palmerston
North
Cook-
Straße
Nelson
Westport
Blenheim
Lower Hutt
Wellington
NEUSEELAND
Harihari
Greymouth
Pegasusbucht
Christchurch
Canterbury-
bucht
Timaru
Queenstown
Alexandra
Südinsel
Dunedin
Invercargill
Stewart
Island
Chathaminseln
(NZ)
Antipodeninseln
(NZ)
Aucklandinseln
(NZ)
Mikronesien
Melanesien
Polynesien

115°
120°
703
125°
Heywood-inseln
Buccaneer-archipel
Mt. Hann 779
K. Leveque
Sundaystraße
Kimberley Plateau
Derby
Rowley Shoals
Broome
Fitzroy Crossing
Bidyadanga (Lagrange)
Ngumpan
Rowleyschelf
Große
Wallal Downs
Sandfire Roadhouse
Sandwüste
20°
Exmouth-plateau
Dampier-archipel
Port Hedland
De Grey
Barrow I.
Dampier
Karratha
Marble Bar
Percival Lakes
Lake Tobin
Telfer
L. Dora
Nordwestkap
Exmouth
Exmouthgolf
Onslow
Nullagine
Lake Auld
Kunawaritji Roadhouse
Hamersley Range
L. Blanche
Nanutarra Roadhouse
957
Mt. Meharry 1253
No. 24 Well
Coral Bay
North
Paraburdoo
Newman
Winning
Lake Disappointment
Südlicher Wendekreis
Kenneth Range
West
Ashburton
Gibsonwüst
Lake MacLeod
Mt. Augustus 1105
Wester
Basin
Collier Range
Austral
Gascoyne
Kumarina
Carnarvon
Gascoyne Junction
Mt. Gascoyne 789
Landor
Everard Junction
Lake Sprenger
25°
Shark Bay
Robinson Range
Kap Inscription
Wooramel Roadhouse
Mt. Gould 710
770
Carnegie
Lake Carnegie
Warburton
Denham
Byro
Katalundi
Wangawol
Lake Gillen
Overlander Roadhouse
Hamelin
Murchison
Meekatharra
Wiluna
Zuytdorp Cliffs
793
L. Wells
Twin Peaks
Cue
L. Throssel
Greenough
Dalgaranga Hill 652
Sandstone
Agnew
Melrose
Cosmo Newberry
Yeo L.
Victo
Ajana
Yuna
Yalgoo
Mount Magnet
Lake Rason
Neale Junction
Houtman Abrolhos
Mullewa
Laverton
Geraldton
Leonora
Malcolm
L. Carey
Mingenew
543
Dongara
Morawa
Paynes Find
L. Minigwal
Lake Moore
L. Barlee
Eneabba
Coorow
Menzies
Menangina
L. Rebecca
30°
Wubin
Nullarb
Badgingarra
Pithara
Cervantes
Cadoux
Koolyanobbing
Kalgoorlie-Boulder
Moora
Zanthus
Southern Cross
Coolgardie
Rawlinna
Perth-becken
Lancelin
L. Lefroy
Goomalling
Merredin
L. Cowan
Euclabe
PERTH
Northam
Lake Johnston
Norseman
Fremantle
Corrigin
Hyden
Caiguna
Lake Hope
L. Dundas
Balladonia Motel
Twilight Cove
Mandurah
Brookton
Kulin
Darling Ra.
Williams
Narrogin
Lake King
Bunbury
Geographe Bay
Collie
Wagin
Lake Grace
Scaddan
Tower Pk. 585
Ravensthorpe
Kap Naturaliste
Busselton
Kojonup
Katanning
Esperance
Esperancebucht
Orleans Farm
Israelite Bay
Naturaliste-plateau
Nannup
Bridgetown
Jerramungup
K. Arid
Augusta
Manjimup
Kap Leeuwin
Mount Barker
Bremer Bay
Walpole
Albany
Bald Head
35°
1: 14 000 000
0
250
500
750 km
125°

712
713
714
715
130°
135°
140°
20°
25°
30°
35°
Northern Territory
Queensland
South Australia
AUSTRALIEN
Tanami-wüste
Barklytafelland
Gulf Country
Davenport Range
MacDonnell Ranges
Musgrave Ranges
Simpsonwüste
Lake-Eyre-Becken
Channel Country
Großes Artesisches Becken
Sturt-Steinwüste
Strzelecki-wüste
Tirari-wüste
Grey Range
Flinders Ranges
Gawler Ranges
Benda Range
Gowan Range
Große Australische Bucht
Head of Bight
Nuyts-Archipel
Eyre-halbinsel
Yorke-Halbinsel
Spencer-golf
St.-Vincent-Golf
Investigatorstraße
Kangaroo I.
Flinders I.
Wellesley-inseln
Sir-Edward-Pellew-Inseln
Sunset Country
Big Desert
Lake Eyre North
Lake Eyre South
Lake Mackay
Lake Torrens
Lake Gairdner
Lake Frome
L. Blanche
L. Amadeus
Serpentine Lakes
Murray
Darling
Diamantina
Cooper Creek
Warburton Creek
ADELAIDE
Alice Springs
Tennant Creek
Mount Isa
Port Augusta
Broken Hill
Coober Pedy
Uluru (Ayers Rock)
Mt. Zeil 1511
Mt. Liebig 1525
Mt. Woodroffe 1436
Birdsville
Marree
Whyalla
Port Pirie
Mildura
Renmark
Victor Harbor
Eucla
Ceduna
Port Lincoln
Normanton
Karumba
Burketown
Camooweal
Cloncurry
Hughenden
Richmond
Winton
Longreach
Boulia
Windorah
Tibooburra
Wilcannia
Menindee

704
710
714
Südbanda-becken
Weber-becken
Daya-Barat-Inseln
Damar
Romang
Wetar
1412
Babarinseln
Yamdena
Saumlaki
Selaru
Tanimbarinseln
Leti-Inseln
Sermata-Inseln
Alor
Kalabahi
Ilwaki
Atauro
Dili
Lospalos
Larantuka
Lomblen
Pantar
Tatamailau
2963
TIMOR-LESTE
Kefamenanu
Timor
Kupang
Roti
Sawu
Macaninseln
Timorrinne
Timorsee
Arafurasee
Kai Besar
Kai-Inseln
Tayandu-Inseln
Kola
Wokam
Kobroor
Aruinseln
Trangan
Yos Sudarso
Kimaan
Komoran
K. Vals
Baubau
Buton
Muna
Raha
Tukangbesi-Inseln
Melville I.
Bathurst I.
Cobourg-halbinsel
Van Diemen-Golf
Beagle-golf
Darwin
Goulburn-inseln
Marchinbar I.
K. Wessel
Wessel-inseln
Nhulunbuy
Kap Arnhem
Gove-halbinsel
Gunbalanya (Oenpelli)
Jabiru
Arnhem-land
Adelaide River
Pine Creek
Mountain Valley
Katherine
Mataranka
Roper Bar
Bickerton I.
Groote Eylandt
Limmen Bight
Maria I.
Carpentariagolf
Kap Londonderry
Joseph-Bonaparte-Golf
Admiralitätsgolf
Kalumburu
Bonaparte-Archipel
Yorksund
Scott Reef
Sahulschelf
Sahul Banks
Ashmore-Inseln
Cartierinseln
Heywood-inseln
Buccaneer-archipel
K. Leveque
Sundaystraße
Wyndham
Mt. Hann
779
Kununurra
Timber Creek
Willeroo
Larrimah
Sir-Edward-Pellew-Inseln
Borroloola
Dunham River
Lake Argyle
Top Springs
Daly Waters
Cape Crawford
Gununa
Kimberley Plateau
Derby
Kalkarindji
Newcastle Waters
Elliott
Barklytafelland
Wallhallow
Broome
Fitzroy Crossing
Halls Creek
Nicholson
Tanamiwüste
Helen Springs
Ngumpan
Alexandria
Große Sandwüste
Billiluna
Lake Gregory
Tennant Creek
Barkly Homestead
Camooweal
Northern Territory
Davenport Range
Wauchope
Mount Isa
Lake Nash
L. White
Lake Wills
Percival Lakes
Lake Tobin
Telfer
L. Dora
Mt. Leichhardt
1142
Ammaroo
Mt. Octy
695
Ooratippra
Dajarra
Lake Auld
Kunawaritji Roadhouse
Lake Mackay
Yuendumu
Tobermorey
L. Blanche
No. 24 Well
Tarlton Downs
Harts Range
Mt. Brassey
1215
Mt. Liebig
1525
Mt. Zeil
1511
Lake Disappointment
L. MacDonald
Glen Helen
Alice Springs
Gibsonwüste
Western Australia
MacDonnell Ranges
L. Amadeus
Bedourie
Everard Junction
Lake Sprenger
853
Yulara
Stevensons Peak
1032
863
Uluru (Ayers Rock)
Erldunda
Simpsonwüste
Carnegie
Lake Carnegie
Warburton
Mt. Hinkley
1032
Tomkinson Ranges
Kulgera
Musgrave Ranges
Mt. Cecil
551
Finke
Lake Gillen
Amata
Mt. Kintore
1073
Mt. Woodroffe
1436
Lake-Eyre-Becken
Peera Peera Poolanna L.
Warburton Creek
L. Wells
Große Victoriawüste
817
Watarru
Mt. Illbillee
696
Marla
Macumba
L. Throssel
Cosmo Newberry
Oodnadatta
Melrose
Yeo L.
Neale Junction
Lake Rason
South Australia
Lake Eyre North
Tirari-wüste
Mabel Creek
Coober Pedy
Malcolm
L. Carey
Jubilee Lake
125°
130°
135°
10°
15°
20°
25°
1:14 000 000
0
250
500
750 km

Nordöstliches Australien

710
712
130°
135°
140°
30°
35°
40°
Yulara
Erldunda
Simpson-
wüste
Stevensons Peak
1032
863
Uluru
(Ayers Rock)
Kulgera
Mt. Cecil
551
Birdsville
Lake-Eyre-
Becken
Peera Peera
Poolanna L.
Warburton Creek
Große
Artesis
Becke
L. Yamma Yamma
Windorah
Bilpa Morea Claypan
Country
Mt. Hinkley
1032
Musgrave Ranges
Tomkinson Ranges
Amata
Mt. Kintore
1073
Mt. Woodroffe
1436
Mt. Illbillee
696
Marla
Oodnadatta
Macumba
Cooper Creek
Nockatunga
817
Wataru
Große
Victoriawüste
South
Australia
AUSTRAL
Lake Conway
Lake Eyre North
Lake Eyre South
Tirari-
wüste
Sturt-
Stein-
wüste
Strzelecki-
wüste
Grey Range
Neale Junction
Serpentine Lakes
Mabel Creek
Coober Pedy
L. Blanche
Tibooburra
Milparinka
Jubilee Lake
L. Maurice
Marree
Andamooka
Leigh Creek
1086
Lake Frome
Packsaddle
Maralinga
Watson
Wynbring
Tarcoola
Kingoonya
Pimba
Parachilna
Flinders Ranges
Frome Downs
Wilcannia
270
472
Nullarborebene
Loongana
Rawlinna
Lake Everard
Lake Gairdner
Lake Torrens
Island Lagoon
1186
Hawker
Broken Hill
Eucla
Yalata
Head of Bight
Coorabie
Penong
Fowlers-
bucht
Ceduna
Lake Acraman
Port Augusta
Olary
Benda Range
704
Menindee
Eucla-
becken
Madura
Caiguna
Twilight Cove
Große
Australische Bucht
Nuyts-Archipel
Streaky Bay
Gawler Ranges
Buckleboo
Iron Knob
Whyalla
Port Pirie
Lake Gampung
Port Kenny
Anxiousbucht
Elliston
Kyancutta
Kimba
Lock
Eyre-
halbinsel
Flinders I.
Wallaroo
Yorke-Halbinsel
Morgan
Murray
Renmark
Darling
Wentworth
Mildura
Mount Hope
Port Neill
Spencer-
golf
Port Wakefield
Port Lincoln
Sedan
Loxton
Sunset Country
ADELAIDE
Murray Bridge
Tailem Bend
Ouyen
Inneston
Yorketown
K. Spencer
St.-Vincent-
Golf
Alexandrina
Pinnaroo
Lascelles
Investigatorstraße
Cape Borda
Kingscote
Victor Harbor
Big Desert
Keith
Lake Hindmarsh
Kangaroo I.
Charlton
Kingston SE
Dimboola
Little Desert
Horsham
Naracoorte
Ararat
Beachport
Millicent
Casterton
Hamilton
Mount Gambier
Warrnambool
Portland
Kap Nelson
Portland-
bucht
Princetown
Südaustralisches Becken
INDISCHER
OZEAN
1: 14 000 000
0
250
500
750 km